HANDBOOK
OF
CHEMICAL
PRODUCTS

化工产品手册 第六版

有机化工原料

赵晨阳　主编

化学工业出版社
·北京·

本书是《化工产品手册》第六版分册之一。在前一版的基础上增添了发展迅速的新品种，更新了相关数据、标准，完善和补充了产品应用新领域及新制备方法等。共收集了约1300个有机化工原料品种，包括脂肪族化合物，芳香族化合物，卤代烃化合物，醇、酚、醚及其衍生物，醛、酮及其衍生物，羧酸及其衍生物，含氮、含硫化合物，杂环化合物，元素有机化合物，多官能团复杂化合物等。本书是化工、医药、轻纺等行业科研、生产、营销及相关专业人士不可缺少的工具书之一。

图书在版编目（CIP）数据

化工产品手册·有机化工原料/赵晨阳主编．—6版．北京：化学工业出版社，2015.10（2022.2重印）
ISBN 978-7-122-25195-4

Ⅰ.①有…　Ⅱ.①赵…　Ⅲ.①有机化工-原料-手册
Ⅳ.①TQ204-62

中国版本图书馆CIP数据核字（2015）第222554号

责任编辑：夏叶清　　文字编辑：韩霄翠
责任校对：王素芹　　装帧设计：尹琳琳

出版发行：化学工业出版社（北京市东城区青年湖南街13号　邮政编码100011）
印　　装：北京虎彩文化传播有限公司
880mm×1230mm　1/32　印张27¾　字数1304千字　2022年2月北京第6版第2次印刷

购书咨询：010-64518888　　售后服务：010-64518899
网　　址：http://www.cip.com.cn
凡购买本书，如有缺损质量问题，本社销售中心负责调换。

定　　价：**99.00元**

前言

有机化工原料是各种有机化学品生产的基础。随着科学技术的不断进步，有机化工原料的新品种不断涌现，质量标准不断更新，新的制备方法和应用领域相继被开发，为化工行业进一步发展注入了新的活力。《有机化工原料》作为《化工产品手册》第六版的分册之一，将全面系统地把握这一领域的发展，以满足市场及各行业不同读者的需求。

《有机化工原料》在第五版的基础上，增添发展迅速的新品种，更新相关数据标准，完善和补充产品应用新领域及新的制备方法等，共介绍了有机化工原料约 1300 个品种，全书内容包括下面几个方面：A 脂肪族化合物，B 芳香族化合物，C 卤代烃化合物，D 醇、酚、醚及其洐生物、E 醛、酮及其衍生物，F 羧酸及其衍生物，G 含氮化合物，H 含硫化合物，I 杂环化合物，J 元素有机化合物，K 多官能团复杂化合物，L 其他有机化合物。为便于查阅，本书采用常用的方法进行目录分类。每个品种的内容有：产品名、英文名、别名、结构式、分子式、物化性质、质量标准、用途、制法、安全性及参考生产企业。其中，质量标准以独立表格呈现。

因本书涉及很多量、单位、数据等，为简化统一在此说明。

(1) 除注出外，本书中百分含量“%”均为质量含量。体积含量则表示为% (体积)。

(2) 除注出外，酸值、酯值、羟值、皂化值、胺值为每克本品使用 KOH 的毫克数，即以 KOH 计，mg/g；曾用 mgKOH/g。碘值单位 gI_2/100g (本品)。溴值单位 mgBr/100g (本品)。碘价、酸价、溴价或溴指数即为碘值、酸值、溴值。

(3) 除注出外，相对密度为 20℃本品与 4℃水的相对密度，即 d_4^{20}。

(4) 除注出外，折射率为 20℃本品与钠黄光 D 的相对值，即 n_D^{20}。本书将折光指数、折光率等统一为折射率。

(5) 除注出外，旋光度为 20℃本品与钠黄光 D 的相对值，即 $[\alpha]_D^{20}$。

(6) 除注出外，本书中黏度指各种测试方法获得的数据，具体需依据给出的单位判断其归属。

(7) 除注出外，本书中溶解度指一定温度下，饱和溶液中 100g 溶剂溶解的溶质的克数。

《有机化工原料》分册注重实际需要，覆盖面广，技术信息来源准确可靠，是化工、医药、轻纺等行业科研、生产、营销以及相关专业人士不可缺少的工具书之一。本书力争为读者提供最新、最准确、最完整的产品信息。

本书由赵晨阳主编，参编人员有刘树中、赵胜刚。

本书编写时间较为仓促，难免会有疏漏之处，敬请广大读者批评指正。

编者

2015 年 12 月

目录

A 脂肪族化合物

Aa 脂肪族烃类

Aa001 甲烷 …… 2
Aa002 乙烷 …… 3
Aa003 丙烷 …… 3
Aa004 正丁烷 …… 4
Aa005 异丁烷 …… 5
Aa006 正己烷 …… 5
Aa007 乙烯 …… 6
Aa008 丙烯 …… 7
Aa009 丁烯 …… 8
Aa010 1,3-丁二烯 …… 9
Aa011 异戊二烯 …… 11
Aa012 乙炔 …… 12
Aa013 乙烯基乙炔 …… 13

Ab 脂环族化合物

Ab001 环己烷 …… 14
Ab002 乙基环己烷 …… 15
Ab003 环十二烷 …… 15
Ab004 溴代环戊烷 …… 16
Ab005 氯代环己烷 …… 16
Ab006 环戊烯 …… 17
Ab007 环己烯 …… 17
Ab008 环戊二烯 …… 18
Ab009 甲基环戊二烯 …… 18
Ab010 六氯环戊二烯 …… 19
Ab011 双环戊二烯 …… 20
Ab012 1,5-环辛二烯 …… 20
Ab013 莰烯 …… 21
Ab014 苧烯 …… 21
Ab015 蒎烯 …… 22
Ab016 环戊醇 …… 23
Ab017 环己醇 …… 23
Ab018 环戊基乙醛 …… 24
Ab019 环戊酮 …… 25
Ab020 环己酮 …… 25
Ab021 环庚酮 …… 26
Ab022 2-莰酮 …… 27
Ab023 *β*-紫罗兰酮 …… 28
Ab024 环丙烷羧酸 …… 28
Ab025 环戊基乙酸 …… 28
Ab026 环己烷羧酸 …… 29
Ab027 环烷酸 …… 29
Ab028 环烷酸盐 …… 30
Ab029 松香酸 …… 30
Ab030 *α*-乙酰-*γ*-丁内酯 …… 31
Ab031 葡萄糖酸-*δ*-内酯 …… 32
Ab032 *γ*-壬内酯 …… 32
Ab033 环己胺 …… 33
Ab034 *ε*-己内酰胺 …… 33
Ab035 *ε*-己内酯 …… 35
Ab036 *N*-甲基环己胺 …… 35
Ab037 *N*,*N*-二甲基环己胺 …… 36
Ab038 环己亚胺 …… 36
Ab039 二环己胺 …… 36
Ab040 环丁砜 …… 37
Ab041 1,4-环己二酮 …… 38
Ab042 *γ*-丁内酯 …… 38

B　芳香族化合物

Ba　单环芳烃

Ba001　苯 …… 41
Ba002　甲苯 …… 43
Ba003　二甲苯 …… 44
Ba004　邻二甲苯 …… 46
Ba005　间二甲苯 …… 47
Ba006　对二甲苯 …… 48
Ba007　1,2,3-三甲苯 …… 49
Ba008　1,2,4-三甲苯 …… 49
Ba009　1,3,5-三甲苯 …… 50
Ba010　1,2,4,5-四甲苯 …… 51
Ba011　乙苯 …… 52
Ba012　异丙基苯 …… 53
Ba013　异丁基苯 …… 53
Ba014　叔丁基苯 …… 54
Ba015　烷基苯 …… 54
Ba016　苯乙烯 …… 55
Ba017　α-甲基苯乙烯 …… 56
Ba018　环氧苯乙烷 …… 57
Ba019　二乙烯基苯 …… 57

Bb　多环芳烃及其他稠环芳烃

Bb001　联苯 …… 59
Bb002　异丙基联苯 …… 59
Bb003　二苯基甲烷 …… 60
Bb004　二对甲苯基甲烷 …… 60
Bb005　萘 …… 60
Bb006　1-甲基萘 …… 62
Bb007　2-甲基萘 …… 62
Bb008　四氢化萘 …… 63
Bb009　2-甲氧基萘 …… 64
Bb010　2-乙氧基萘 …… 64
Bb011　蒽 …… 65
Bb012　蒽油 …… 65
Bb013　2-甲基蒽 …… 66
Bb014　荧蒽 …… 66
Bb015　茚 …… 66
Bb016　2,3-二氢茚 …… 67
Bb017　苊 …… 67
Bb018　芴 …… 68
Bb019　菲 …… 68
Bb020　屈 …… 69
Bb021　芘 …… 69

Bc　非苯系芳烃

Bc001　环庚三烯 …… 70
Bc002　环辛四烯 …… 70
Bc003　环戊二烯 …… 71
Bc004　环十八碳九烯 …… 71

C　卤代烃化合物

Ca　脂肪族卤代烃

Ca001　(一) 氯甲烷 …… 73
Ca002　二氯甲烷 …… 74
Ca003　三氯甲烷 …… 75
Ca004　四氯甲烷 …… 76
Ca005　一溴甲烷 …… 77
Ca006　二溴甲烷 …… 78
Ca007　三溴甲烷 …… 78
Ca008　四溴甲烷 …… 79

Ca009 一碘甲烷 …… 79
Ca010 二碘甲烷 …… 80
Ca011 二氟一氯甲烷 …… 80
Ca012 二氟二氯甲烷 …… 81
Ca013 一氟三氯甲烷 …… 81
Ca014 1,1,2-三氟-1,2,2-三氯乙烷 …… 82
Ca015 1,1-二氟乙烷 …… 82
Ca016 （一）氯乙烷 …… 83
Ca017 1,2-二氯乙烷 …… 84
Ca018 1,1,2-三氯乙烷 …… 85
Ca019 1,1,1-三氯乙烷 …… 85
Ca020 六氯乙烷 …… 86
Ca021 （一）溴乙烷 …… 87
Ca022 1,2-二溴丙烷 …… 88
Ca023 1,1,2,2-四溴乙烷 …… 88
Ca024 碘乙烷 …… 89
Ca025 2-氯丙烷 …… 89
Ca026 1,2-二氯丙烷 …… 90
Ca027 1,2,3-三氯丙烷 …… 90
Ca028 1-溴丙烷 …… 91
Ca029 2-溴丙烷 …… 91
Ca030 1-溴-3-氯丙烷 …… 92
Ca031 1,2-二溴乙烷 …… 92
Ca032 1-碘丙烷 …… 93
Ca033 1-氯-2-甲基丙烷 …… 93
Ca034 1-溴-2-甲基丙烷 …… 94
Ca035 1-碘-2-甲基丙烷 …… 94
Ca036 1-氯丁烷 …… 95
Ca037 1-溴丁烷 …… 95
Ca038 1,4-二溴丁烷 …… 96
Ca039 1,4-二溴戊烷 …… 96
Ca040 1-溴异戊烷 …… 96
Ca041 1-溴（正）辛烷 …… 97
Ca042 1-溴十二烷 …… 97
Ca043 1-溴十六烷 …… 98
Ca044 氯乙烯 …… 98
Ca045 三氯乙烯 …… 99
Ca046 四氯乙烯 …… 100
Ca047 氟乙烯 …… 101
Ca048 1,1-二氟乙烯 …… 102
Ca049 三氟氯乙烯 …… 102
Ca050 四氟乙烯 …… 103
Ca051 3-氯丙烯 …… 103
Ca052 1,2,3-三氯丙烯 …… 104
Ca053 3-溴丙烯 …… 104
Ca054 六氟丙烯 …… 105
Ca055 2-氯-1,3-丁二烯 …… 105
Ca056 3-氯丙炔 …… 106
Ca057 3-溴丙炔 …… 106

Cb 芳香族卤代芳烃及其衍生物

Cb001 氟苯 …… 108
Cb002 氯苯 …… 108
Cb003 溴苯 …… 109
Cb004 2,4-二氯氟苯 …… 110
Cb005 邻二氯苯 …… 111
Cb006 对二氯苯 …… 111
Cb007 间二氯苯 …… 112
Cb008 2,4-二氟溴苯 …… 113
Cb009 三氯苯 …… 113
Cb010 对氟甲苯 …… 114
Cb011 间氟甲苯 …… 115
Cb012 对氯甲苯 …… 115
Cb013 邻氯甲苯 …… 116
Cb014 间氯甲苯 …… 116
Cb015 邻溴甲苯 …… 117
Cb016 2,4-二氯甲苯 …… 117
Cb017 氯化苄 …… 118
Cb018 对氯氯苄 …… 119
Cb019 邻氯氯苄 …… 119
Cb020 对叔丁基氯苄 …… 120
Cb021 对氯氰苄 …… 120
Cb022 间甲基氯苄 …… 121
Cb023 ω,ω,ω-三氟甲苯 …… 121
Cb024 间二(三氟甲基)苯 …… 122
Cb025 4,4′-二氟二苯甲烷 …… 122
Cb026 α,α,α-三氯甲苯 …… 123
Cb027 邻氯三氟甲基苯 …… 123
Cb028 间氯三氟甲基苯 …… 124
Cb029 对氯三氟甲基苯 …… 124

Cb030 间溴三氟甲基苯 …………… 125
Cb031 2,4-二氯三氟甲基苯 ……… 125
Cb032 3,4-二氯三氟甲基苯 ……… 126
Cb033 邻氯-ω,ω,ω-三氯甲苯……… 126
Cb034 3,4-二甲基溴苯 …………… 127
Cb035 氯乙氧基苯 ………………… 127
Cb036 对氯二苯甲烷 ……………… 128
Cb037 1-溴萘 ……………………… 128
Cb038 间氟硝基苯 ………………… 129
Cb039 1,2,3-三氟-4-硝基苯 ……… 129
Cb040 3-氯-4-氟硝基苯 …………… 129

D 醇、酚、醚及其衍生物

Da 脂肪族醇、醚及其衍生物

Da001 甲醇 ………………………… 132
Da002 乙醇 ………………………… 133
Da003 正丙醇 ……………………… 135
Da004 异丙醇 ……………………… 136
Da005 正丁醇 ……………………… 137
Da006 异丁醇 ……………………… 138
Da007 叔丁醇 ……………………… 139
Da008 叔戊醇 ……………………… 140
Da009 2-庚醇 ……………………… 140
Da010 2-辛醇 ……………………… 141
Da011 2-乙基（-1-）己醇 ………… 142
Da012 3-甲基-1-丁醇 ……………… 142
Da013 4-甲基-2-戊醇 ……………… 143
Da014 正癸醇 ……………………… 143
Da015 1-十二烷醇 ………………… 144
Da016 正十六（烷）醇 …………… 145
Da017 松油醇 ……………………… 145
Da018 乙二醇 ……………………… 146
Da019 1,2-丙二醇 ………………… 147
Da020 1,3-丁二醇 ………………… 148
Da021 1,4-丁二醇 ………………… 149
Da022 新戊二醇 …………………… 150
Da023 2,2,4-三甲基-1,3-戊二醇 …… 150
Da024 1,6-己二醇 ………………… 151
Da025 2,5-二甲基-2,5-己二醇 …… 151
Da026 1,2,3-丙三醇 ……………… 151
Da027 1,1,1-三羟甲基丙烷 ……… 153
Da028 季戊四醇 …………………… 153
Da029 木糖醇 ……………………… 154
Da030 山梨醇 ……………………… 155
Da031 甘露醇 ……………………… 156
Da032 丙烯醇 ……………………… 157
Da033 炔丙醇 ……………………… 158
Da034 γ-乙酰丙醇 ………………… 158
Da035 2-丁烯-1,4-二醇 …………… 159
Da036 2-丁炔-1,4-二醇 …………… 159
Da037 环氧乙烷 …………………… 160
Da038 1,2-环氧丙烷 ……………… 160
Da039 缩水甘油 …………………… 161
Da040 环氧氯丙烷 ………………… 162
Da041 氟乙醇 ……………………… 163
Da042 氯乙醇 ……………………… 163
Da043 溴乙醇 ……………………… 164
Da044 1-氯-2-丙醇 ………………… 164
Da045 1,4-二氯-2-丁醇 …………… 165
Da046 β,β,β-三氯叔丁醇 ………… 165
Da047 3-氯-1,2-丙二醇 …………… 165
Da048 甲醇钠 ……………………… 166
Da049 乙醇钠 ……………………… 166
Da050 甲醚 ………………………… 167
Da051 乙醚 ………………………… 167
Da052 （正）丙醚 ………………… 168
Da053 异丙醚 ……………………… 169
Da054 （正）丁醚 ………………… 169
Da055 甲基叔丁基醚 ……………… 170
Da056 乙二醇单甲醚 ……………… 171

Da057　乙二醇单乙醚 ………………… 171
Da058　乙二醇单乙醚醋酸酯 ………… 172
Da059　乙二醇单丁醚 ………………… 172
Da060　1,2-丙二醇-1-单甲醚 ………… 173
Da061　一缩二乙二醇单乙醚 ………… 173
Da062　三乙二醇醚 …………………… 174
Da063　乙烯基乙醚 …………………… 175
Da064　(一) 氯甲醚 ………………… 175
Da065　2,2′-二氯二乙醚 …………… 176
Da066　2,2′-二氯二甲醚 …………… 176

Db　芳香族醇、酚及其衍生物

Db001　苯酚 ………………………… 177
Db002　邻甲酚 ……………………… 178
Db003　间甲酚 ……………………… 179
Db004　对甲酚 ……………………… 179
Db005　对叔丁基苯酚 ……………… 180
Db006　3,4-二甲酚 ………………… 181
Db007　2,4,5-三氯苯酚 …………… 181
Db008　邻苯二酚 …………………… 182
Db009　间苯二酚 …………………… 182
Db010　对苯二酚 …………………… 183
Db011　2,3,5-三甲基对苯二酚 …… 184
Db012　对叔丁基邻苯二酚 ………… 185
Db013　焦性没食子酸 ……………… 185
Db014　愈创木酚 …………………… 186
Db015　对氯苯酚 …………………… 187
Db016　2,4-二氯（苯）酚 ………… 188
Db017　2,5-二氯（苯）酚 ………… 188
Db018　五氯（苯）酚 ……………… 189
Db019　2,4,6-三溴苯酚 …………… 189
Db020　2,4,6-三溴间甲基苯酚 …… 189
Db021　双酚 A ……………………… 190
Db022　2,2′,6,6′-四溴双酚 A ……… 191
Db023　邻苯基苯酚 ………………… 191
Db024　对硝基苯酚 ………………… 192
Db025　邻硝基苯酚 ………………… 192
Db026　间硝基苯酚 ………………… 193
Db027　对硝基苯酚钠 ……………… 193
Db028　对亚硝基苯酚 ……………… 194
Db029　苦味酸 ……………………… 194
Db030　2,6-二氯-4-硝基苯酚 ……… 195
Db031　4-硝基间甲基苯酚 ………… 195
Db032　2,4,6-三(二甲氨基甲基)苯酚 ……………………… 196
Db033　4-硝基-2-氨基苯酚钠 ……… 197
Db034　α-萘酚 ………………… 197
Db035　β-萘酚 ………………… 198
Db036　二苯醚 ……………………… 199
Db037　十溴二苯醚 ………………… 199
Db038　苯甲醚 ……………………… 200
Db039　2,3-二氯苯甲醚 …………… 200
Db040　对溴苯甲醚 ………………… 201
Db041　安息香乙醚 ………………… 201
Db042　丁基羟基茴香醚 …………… 202
Db043　邻硝基苯甲醚 ……………… 202
Db044　对硝基苯乙醚 ……………… 203
Db045　对氨基苯乙醚 ……………… 203
Db046　对乙酰氨基苯甲醚 ………… 204
Db047　邻氨基对甲苯甲醚 ………… 204
Db048　苯甲醇 ……………………… 205
Db049　苯乙醇 ……………………… 205
Db050　二苯基丙醇 ………………… 206
Db051　溴代乙醛缩二乙醇 ………… 206

E　醛、酮及其衍生物

Ea　脂肪族醛、酮及其衍生物

Ea001　甲醛 ………………………… 208
Ea002　乙醛 ………………………… 209
Ea003　丙醛 ………………………… 210
Ea004　(正)丁醛 …………………… 210
Ea005　异丁醛 ……………………… 211
Ea006　(正)戊醛 …………………… 211

Ea007 （正）庚醛 …… 212
Ea008 乙二醛 …… 212
Ea009 甲缩醛 …… 213
Ea010 戊二醛 …… 213
Ea011 多聚甲醛 …… 214
Ea012 丙烯醛 …… 214
Ea013 丁烯醛 …… 215
Ea014 柠檬醛 …… 216
Ea015 氯乙醛 …… 216
Ea016 三氯乙醛 …… 217
Ea017 三溴乙醛 …… 217
Ea018 丙酮 …… 218
Ea019 2-丁酮 …… 219
Ea020 甲基叔丁基酮 …… 220
Ea021 甲基异丁基(甲)酮 …… 220
Ea022 2-戊酮 …… 221
Ea023 3-戊酮 …… 221
Ea024 甲基戊酮醇 …… 222
Ea025 2-庚酮 …… 222
Ea026 双乙烯酮 …… 223
Ea027 甲基乙烯酮 …… 223
Ea028 丁烯酮 …… 224
Ea029 4-甲基-3-戊烯-2-酮 …… 224
Ea030 乙酰丙酮 …… 225
Ea031 过氧化甲乙酮 …… 226
Ea032 氯丙酮 …… 226
Ea033 六氟丙酮 …… 227
Ea034 丙酮氰醇 …… 227

Eb 芳香族醛、酮及其衍生物

Eb001 苯甲醛 …… 229
Eb002 对甲氧基苯甲醛 …… 230
Eb003 3,4.5-三甲氧基苯甲醛 …… 230
Eb004 间羟基苯甲醛 …… 231
Eb005 对羟基苯甲醛 …… 232
Eb006 3,5-二氯-4-羟基苯甲醛 …… 232
Eb007 间苯氧基苯甲醛 …… 232
Eb008 间硝基苯甲醛 …… 233
Eb009 邻硝基苯甲醛 …… 234
Eb010 5-氯-2-硝基苯甲醛 …… 234
Eb011 2,6-二氯苯甲醛肟 …… 235
Eb012 2-羟基-1-萘甲醛 …… 235
Eb013 邻乙氧基萘甲醛 …… 236
Eb014 苯乙酮 …… 236
Eb015 对异丁基苯乙酮 …… 237
Eb016 对硝基苯乙酮 …… 237
Eb017 环丙基-4-氯苯甲酮 …… 237
Eb018 邻氯苯乙酮 …… 238
Eb019 对氯苯乙酮 …… 238
Eb020 2,5-二氯苯乙酮 …… 239
Eb021 α-氯代苯乙酮 …… 239
Eb022 α-溴代苯乙酮 …… 240
Eb023 苯丙酮 …… 240
Eb024 苯丁烯酮 …… 241
Eb025 二苯乙醇酮 …… 241
Eb026 1-四氢萘酮 …… 242
Eb027 苯绕蒽酮 …… 242
Eb028 （对）苯醌 …… 243
Eb029 四氯苯醌 …… 244
Eb030 对苯醌二肟 …… 245
Eb031 蒽醌 …… 245
Eb032 2-甲基蒽醌 …… 246
Eb033 1-氯蒽醌 …… 246
Eb034 2-氯蒽醌 …… 247
Eb035 1,4-二羟基蒽醌 …… 247
Eb036 (9,10-)菲醌 …… 248

F 羧酸及其衍生物

Fa 脂肪族羧酸及其衍生物

Fa001 甲酸 …… 250
Fa002 乙酸 …… 251
Fa003 丙酸 …… 252
Fa004 正丁酸 …… 253

Fa005 异丁酸 …………………… 254
Fa006 2-乙基丁酸 …………………… 254
Fa007 正戊酸 …………………… 255
Fa008 异戊酸 …………………… 255
Fa009 叔戊酸 …………………… 255
Fa010 己酸 …………………… 256
Fa011 庚酸 …………………… 256
Fa012 正辛酸 …………………… 257
Fa013 异辛酸 …………………… 257
Fa014 壬酸 …………………… 258
Fa015 癸酸 …………………… 259
Fa016 月桂酸 …………………… 259
Fa017 肉豆蔻酸 …………………… 259
Fa018 软脂酸 …………………… 260
Fa019 硬脂酸 …………………… 260
Fa020 丙烯酸 …………………… 261
Fa021 甲基丙烯酸 …………………… 262
Fa022 2-丁烯酸 …………………… 262
Fa023 10-十一碳烯酸 …………………… 263
Fa024 油酸 …………………… 264
Fa025 亚油酸 …………………… 264
Fa026 芥酸 …………………… 265
Fa027 糠氯酸 …………………… 265
Fa028 丙炔酸 …………………… 266
Fa029 2-丁炔酸 …………………… 266
Fa030 过氧乙酸 …………………… 266
Fa031 羟基乙酸 …………………… 267
Fa032 乙醛酸 …………………… 268
Fa033 乳酸 …………………… 268
Fa034 乙酰丙酸 …………………… 269
Fa035 氯乙酸 …………………… 270
Fa036 二氯乙酸 …………………… 270
Fa037 三氯乙酸 …………………… 271
Fa038 溴乙酸 …………………… 272
Fa039 氟乙酸 …………………… 272
Fa040 三氟乙酸 …………………… 273
Fa041 全氟辛酸 …………………… 273
Fa042 葡糖酸 …………………… 274
Fa043 12-羟基硬脂酸 …………………… 274
Fa044 乙二酸 …………………… 274
Fa045 丙二酸 …………………… 275
Fa046 丁二酸 …………………… 276
Fa047 戊二酸 …………………… 277
Fa048 己二酸 …………………… 278
Fa049 癸二酸 …………………… 279
Fa050 十二烷二酸 …………………… 279
Fa051 苹果酸 …………………… 280
Fa052 2,3-二羟基丁二酸 …………………… 281
Fa053 二乙三胺五乙酸 …………………… 281
Fa054 四羟基丁二酸(二)钠 …………………… 282
Fa055 柠檬酸 …………………… 282
Fa056 顺丁烯二酸 …………………… 283
Fa057 反丁烯二酸 …………………… 284
Fa058 衣康酸 …………………… 285
Fa059 山梨酸 …………………… 286
Fa060 聚马来酸 …………………… 287
Fa061 醋酸酐 …………………… 287
Fa062 丁酸酐 …………………… 288
Fa063 丁二酸酐 …………………… 288
Fa064 戊二酸酐 …………………… 289
Fa065 顺丁烯二酸酐 …………………… 289
Fa066 光气 …………………… 290
Fa067 乙酰氯 …………………… 291
Fa068 氯乙酰氯 …………………… 291
Fa069 二氯乙酰氯 …………………… 292
Fa070 溴乙酰溴 …………………… 292
Fa071 丙酰氯 …………………… 293
Fa072 丁酰氯 …………………… 293
Fa073 4-氯代丁酰氯 …………………… 294
Fa074 棕榈酰氯 …………………… 294
Fa075 硬脂酰氯 …………………… 294
Fa076 己二酰氯 …………………… 295
Fa077 甲酸钠 …………………… 295
Fa078 醋酸钠 …………………… 295
Fa079 醋酸铅 …………………… 296
Fa080 丙酸钠 …………………… 297
Fa081 草酸钠 …………………… 297
Fa082 己酸钠 …………………… 298
Fa083 正辛酸钠 …………………… 298
Fa084 异辛酸钠 …………………… 298

Fa085 月桂酸钠 …… 299
Fa086 十一碳烯酸锌 …… 299
Fa087 丙二酸钠 …… 299
Fa088 二硬脂酸羟铝 …… 299
Fa089 甲酸甲酯 …… 300
Fa090 甲酸乙酯 …… 301
Fa091 甲酸丁酯 …… 301
Fa092 醋酸甲酯 …… 302
Fa093 醋酸乙酯 …… 302
Fa094 醋酸乙烯酯 …… 303
Fa095 醋酸正丁酯 …… 304
Fa096 丙酸甲酯 …… 305
Fa097 丙酸乙酯 …… 305
Fa098 丙酸丁酯 …… 306
Fa099 丁酸异戊酯 …… 306
Fa100 己酸乙酯 …… 307
Fa101 己酸烯丙酯 …… 307
Fa102 丙烯酸甲酯 …… 308
Fa103 丙烯酸乙酯 …… 309
Fa104 丙烯酸（正）丁酯 …… 309
Fa105 丙烯酸-2-羟基乙酯 …… 310
Fa106 丙烯酸-2-羟基丙酯 …… 311
Fa107 丙烯酸-2-乙基己酯 …… 311
Fa108 甲基丙烯酸甲酯 …… 312
Fa109 甲基丙烯酸乙酯 …… 313
Fa110 甲基丙烯酸正丁酯 …… 313
Fa111 甲基丙烯酸异丁酯 …… 314
Fa112 甲基丙烯酸-2-羟基乙酯 …… 314
Fa113 十一碳烯酸乙酯 …… 315
Fa114 亚油酸乙酯 …… 315
Fa115 氯甲酸甲酯 …… 315
Fa116 氯甲酸乙酯 …… 316
Fa117 氯甲酸异丙酯 …… 316
Fa118 氯甲酸环己酯 …… 317
Fa119 氯甲酸苄酯 …… 317
Fa120 氯甲酸间甲苯酯 …… 317
Fa121 氯乙酸甲酯 …… 318
Fa122 二氯乙酸甲酯 …… 318
Fa123 氯乙酸乙酯 …… 319
Fa124 溴乙酸甲酯 …… 319
Fa125 氟乙酸甲酯 …… 320
Fa126 氟乙酸乙酯 …… 320
Fa127 甲氧基乙酸甲酯 …… 320
Fa128 乙酰乙酸甲酯 …… 321
Fa129 乙酰乙酸乙酯 …… 321
Fa130 草酸二乙酯 …… 322
Fa131 草酸二丁酯 …… 322
Fa132 丙二酸二甲酯 …… 323
Fa133 丙二酸二乙酯 …… 323
Fa134 丙二酸二丁酯 …… 324
Fa135 马来酸二辛酯 …… 324
Fa136 己二酸二辛酯 …… 325
Fa137 己二酸二异癸酯 …… 326
Fa138 壬二酸二辛酯 …… 326
Fa139 癸二酸二丁酯 …… 327
Fa140 癸二酸二辛酯 …… 328
Fa141 正丁基丙二酸二乙酯 …… 328
Fa142 乙氧基亚甲基丙二酸二乙酯 …… 329
Fa143 原甲酸三甲酯 …… 329
Fa144 原甲酸三乙酯 …… 330
Fa145 碳酸二甲酯 …… 330
Fa146 碳酸二乙酯 …… 331
Fa147 碳酸丙烯酯 …… 332
Fa148 硝酸异丙酯 …… 332
Fa149 亚磷酸三甲酯 …… 333
Fa150 亚磷酸三乙酯 …… 333
Fa151 磷酸三甲酯 …… 334
Fa152 磷酸三乙酯 …… 334
Fa153 磷酸二辛酯 …… 335
Fa154 磷酸三辛酯 …… 336
Fa155 磷酸三(β-氯乙基)酯 …… 336
Fa156 硫酸二甲酯 …… 337
Fa157 环氧乙酰蓖麻油酸甲酯 …… 337
Fa158 环氧糠油酸丁酯 …… 338
Fa159 环氧硬脂酸丁酯 …… 339
Fa160 环氧硬脂酸辛酯 …… 339
Fa161 环氧大豆油 …… 340
Fa162 环氧大豆油酸辛酯 …… 341
Fa163 氯化石蜡-52 …… 341

Fa164 氯化石蜡-42 …… 342
Fa165 氯化石蜡-70 …… 343
Fa166 磷酸三(2,3-二溴丙基)酯 …… 344
Fa167 三氯乙基磷酸酯 …… 344
Fa168 五氯硬脂酸甲酯 …… 345
Fa169 $C_5 \sim C_9$ 酸乙二醇酯 …… 345
Fa170 柠檬酸三丁酯 …… 346
Fa171 油酸四氢糠醇酯 …… 346
Fa172 癸二酸丙二醇聚酯 …… 347
Fa173 过氧化二碳酸二环己酯 …… 348
Fa174 过氧化二碳酸二-(2-乙基己)酯 …… 348
Fa175 氨基甲酸甲酯 …… 349
Fa176 氨基甲酸乙酯 …… 349

Fb 芳香族羧酸及其衍生物

Fb001 苯甲酸 …… 350
Fb002 对甲基苯甲酸 …… 351
Fb003 邻甲基苯甲酸 …… 352
Fb004 对叔丁基苯甲酸 …… 352
Fb005 水杨酸 …… 352
Fb006 对羟基苯甲酸 …… 353
Fb007 间羟基苯甲酸 …… 354
Fb008 邻甲基水杨酸 …… 355
Fb009 没食子酸 …… 355
Fb010 对甲氧基苯甲酸 …… 356
Fb011 间苯氧基苯甲酸 …… 357
Fb012 3,4,5-三甲氧基苯甲酸 …… 357
Fb013 邻苯甲酰苯甲酸 …… 357
Fb014 2,4,5-三氟苯甲酸 …… 358
Fb015 2,3,4,5-四氟苯甲酸 …… 358
Fb016 邻氯苯甲酸 …… 359
Fb017 2,4-二氯苯甲酸 …… 359
Fb018 2,5-二氯苯甲酸 …… 360
Fb019 间氯过氧苯甲酸 …… 361
Fb020 对硝基苯甲酸 …… 361
Fb021 苯甲酰氯 …… 361
Fb022 邻甲基苯甲酰氯 …… 362
Fb023 对溴甲基苯甲酰溴 …… 362
Fb024 苯甲酸钠 …… 363
Fb025 苯乙酸 …… 363
Fb026 对羟基苯乙酸 …… 364
Fb027 肉桂酸 …… 364
Fb028 α-羟基苯乙酸 …… 365
Fb029 邻氯苯乙酸 …… 365
Fb030 对氯苯氧异丁酸 …… 365
Fb031 苯基丙酮酸 …… 366
Fb032 间苯二甲酸 …… 366
Fb033 对苯二甲酸 …… 367
Fb034 对苯二甲酰氯 …… 368
Fb035 双酚酸 …… 368
Fb036 单宁酸 …… 369
Fb037 过氧化二苯甲酰 …… 370
Fb038 1-羟基-2-萘甲酸 …… 371
Fb039 2-羟基-3-萘甲酸 …… 372
Fb040 α-萘乙酸 …… 372
Fb041 1,4,5,8-萘四甲酸 …… 373
Fb042 苯酐 …… 374
Fb043 四溴苯酐 …… 375
Fb044 Δ^4-四氢邻苯二甲酸酐 …… 375
Fb045 偏苯三(甲)酸(单)酐 …… 376
Fb046 均苯四(甲)酸二酐 …… 376
Fb047 1,8-萘二甲酸酐 …… 377
Fb048 4-溴-1,8-萘二甲酸酐 …… 378
Fb049 苝酐 …… 378
Fb050 苯甲酸甲酯 …… 379
Fb051 醋酸苄酯 …… 379
Fb052 邻羟基苯甲酸甲酯 …… 380
Fb053 对羟基苯甲酸乙酯 …… 381
Fb054 水杨酸戊酯 …… 381
Fb055 水杨酸苯酯 …… 382
Fb056 α-氯代苯乙酸乙酯 …… 382
Fb057 邻苯二甲酸二甲酯 …… 383
Fb058 邻苯二甲酸二乙酯 …… 383
Fb059 邻苯二甲酸二丁酯 …… 384
Fb060 邻苯二甲酸二烯丙酯 …… 385
Fb061 邻苯二甲酸二庚酯 …… 385
Fb062 邻苯二甲酸二正癸酯 …… 386
Fb063 邻苯二甲酸二异癸酯 …… 387

Fb064 邻苯二甲酸二甲氧基乙酯 …… 387
Fb065 邻苯二甲酸丁·苄酯 …… 388
Fb066 邻苯二甲酸二辛酯 …… 389
Fb067 四氢邻苯二甲酸二辛酯 …… 389
Fb068 邻苯二甲酸二环己酯 …… 390
Fb069 对苯二甲酸二甲酯 …… 390
Fb070 间苯二甲酸二苯酯 …… 391
Fb071 间苯二甲酸二辛酯 …… 391
Fb072 偏苯三甲酸三异辛酯 …… 392
Fb073 丁基酞酰甘油醇酸丁酯 …… 393
Fb074 二甘醇二苯甲酸酯 …… 393
Fb075 过氧化氢二异丙苯 …… 394
Fb076 苯基乙基丙二酸二乙酯 …… 394
Fb077 4-正丁基苯甲酸-4′-氰基苯酚酯 …… 395
Fb078 对正戊基联苯腈 …… 395
Fb079 4-正戊基-4′-腈基联苯 …… 395
Fb080 4-正戊基-4′-联苯甲酸对腈基酚酯 …… 395
Fb081 4-丙基-4′-腈基苯基环己烷 …… 396
Fb082 4-壬氧基苯甲酸-4′-(4-甲基己氧酰) …… 396
Fb083 4-(正戊氧基)-苯基-4-(4-戊氧基-2,3,5,6-四氟苯基)乙炔基苯甲酸酯 …… 396
Fb084 碳酸二苯酯 …… 397
Fb085 磷酸三苯酯 …… 398
Fb086 磷酸三甲苯酯 …… 399
Fb087 亚磷酸苯二辛酯 …… 400

G 含氮化合物

Ga 脂肪族含氮化合物

Ga001 硝基甲烷 …… 402
Ga002 硝基乙烷 …… 403
Ga003 1-硝基丙烷 …… 403
Ga004 2-硝基丙烷 …… 404
Ga005 一甲胺 …… 404
Ga006 二甲胺 …… 405
Ga007 三甲胺 …… 406
Ga008 乙胺 …… 407
Ga009 二乙胺 …… 408
Ga010 三乙胺 …… 409
Ga011 正丙胺 …… 410
Ga012 异丙胺 …… 411
Ga013 二异丙胺 …… 412
Ga014 二丙胺 …… 412
Ga015 三丙胺 …… 413
Ga016 正丁胺 …… 414
Ga017 异丁胺 …… 415
Ga018 仲丁胺 …… 415
Ga019 叔丁胺 …… 416
Ga020 正戊胺 …… 417
Ga021 正癸胺 …… 417
Ga022 十二(烷)胺 …… 418
Ga023 硬脂胺 …… 418
Ga024 *N*,*N*-二甲基十八烷(基)胺 …… 419
Ga025 1-二甲氨基-3-氯丙烷盐酸盐 …… 420
Ga026 乙醇胺 …… 420
Ga027 二乙醇胺 …… 421
Ga028 三乙醇胺 …… 422
Ga029 *N*-甲基二乙醇胺 …… 422
Ga030 *N*,*N*-二甲基乙醇胺 …… 423
Ga031 *N*,*N*-二乙基乙醇胺 …… 423
Ga032 *N*,*N*-二异丙基乙醇胺 …… 424
Ga033 异丙醇胺 …… 425
Ga034 *N*,*N*-二甲基异丙醇胺 …… 425
Ga035 乙二胺 …… 426
Ga036 丙二胺 …… 427

Ga037 1,6-己二胺 …… 427
Ga038 1,10-癸二胺 …… 428
Ga039 二亚乙基三胺 …… 429
Ga040 三亚乙基四胺 …… 429
Ga041 四亚乙基五胺 …… 430
Ga042 六亚甲基四胺 …… 431
Ga043 3-二甲氨基丙胺 …… 431
Ga044 *N*,*N*-二乙基-1,4-戊二胺 …… 432
Ga045 甲酰胺 …… 432
Ga046 *N*-甲基甲酰胺 …… 433
Ga047 *N*,*N*-二甲基甲酰胺 …… 434
Ga048 乙酰胺 …… 435
Ga049 *N*,*N*-二甲基乙酰胺 …… 435
Ga050 乙酰基乙酰胺 …… 436
Ga051 乙酰基乙酰二乙胺 …… 436
Ga052 乙酰乙酰甲胺 …… 437
Ga053 丙烯酰胺 …… 437
Ga054 甲基丙烯酰胺 …… 438
Ga055 亚甲基双丙烯酰胺 …… 438
Ga056 2-氯乙酰胺 …… 439
Ga057 丁二酰亚胺 …… 439
Ga058 *N*-溴代琥珀酰亚胺 …… 440
Ga059 盐酸羟胺 …… 440
Ga060 硫酸羟胺 …… 441
Ga061 *N*,*N*-二乙基羟胺 …… 442
Ga062 亚氨基二乙酸 …… 442
Ga063 *β*-丙氨酸 …… 443
Ga064 氨基壬酸 …… 443
Ga065 氨基甲酸甲酯 …… 444
Ga066 氨基甲酸乙酯 …… 444
Ga067 甲氨基甲酰氯 …… 445
Ga068 二甲氨基甲酰氯 …… 445
Ga069 二乙氨基甲酰氯 …… 446
Ga070 水合肼 …… 446
Ga071 1,1-二甲基肼 …… 447
Ga072 氨基脲 …… 448
Ga073 盐酸氨基脲 …… 448
Ga074 均二甲脲 …… 449
Ga075 丙二酰(缩)脲 …… 449
Ga076 *N*,*N*′-二氯-5,5-二甲基乙内酰脲 …… 450
Ga077 丙酮缩氨脲 …… 450
Ga078 乙腈 …… 451
Ga079 丙腈 …… 452
Ga080 丁腈 …… 453
Ga081 异丁腈 …… 453
Ga082 正戊腈 …… 454
Ga083 丙烯腈 …… 454
Ga084 羟基乙腈 …… 456
Ga085 氯乙腈 …… 456
Ga086 *γ*-氯丁腈 …… 457
Ga087 *β*-二甲氨基丙腈 …… 457
Ga088 2-甲基-2-羟基丙腈 …… 458
Ga089 丙二腈 …… 458
Ga090 丁二腈 …… 459
Ga091 己二腈 …… 459
Ga092 偶氮二异丁腈 …… 460
Ga093 偶氮二异庚腈 …… 461
Ga094 氰乙酸 …… 461
Ga095 氰乙酸甲酯 …… 462
Ga096 氰乙酸乙酯 …… 463
Ga097 氰乙酰胺 …… 464
Ga098 异氰酸甲酯 …… 464
Ga099 异氰酸异丙酯 …… 465
Ga100 异氰酸丁酯 …… 465
Ga101 十八烷基异氰酸酯 …… 466
Ga102 六亚甲基-1,6-二异氰酸酯 …… 466
Ga103 异氰尿酸三(2-羟乙基)酯 …… 467
Ga104 氰胺 …… 467
Ga105 双氰胺 …… 468
Ga106 盐酸胍 …… 468
Ga107 硝酸胍 …… 469
Ga108 碳酸胍 …… 470
Ga109 氨基胍酸式碳酸盐 …… 470
Ga110 盐酸乙脒 …… 471
Ga111 氨基乙酸 …… 472
Ga112 2-氨基戊二酸 …… 473

■ Gb 芳香族含氮化合物

Gb001 硝基苯 …… 475
Gb002 对硝基甲苯 …… 476
Gb003 邻硝基甲苯 …… 476
Gb004 间硝基甲苯 …… 477
Gb005 邻硝基乙苯 …… 477
Gb006 对氟间苯氧基甲苯 …… 478
Gb007 间氟硝基苯 …… 478
Gb008 1,2,3-三氟-4-硝基苯 …… 478
Gb009 3-氯-4-氟硝基苯 …… 478
Gb010 对硝基氯苯 …… 478
Gb011 间硝基氯苯 …… 479
Gb012 邻硝基氯苯 …… 480
Gb013 2,5-二氯硝基苯 …… 480
Gb014 五氯硝基苯 …… 481
Gb015 邻硝基苯酚 …… 481
Gb016 间硝基苯酚 …… 481
Gb017 对硝基苯酚 …… 481
Gb018 对亚硝基苯酚 …… 481
Gb019 对硝基苯酚钠 …… 481
Gb020 邻硝基苯甲醚 …… 481
Gb021 对硝基苯乙醚 …… 482
Gb022 间硝基苯甲醛 …… 482
Gb023 邻氨基对甲苯甲醚 …… 482
Gb024 对氨基苯乙醚 …… 482
Gb025 对乙酰氨基苯甲醚 …… 482
Gb026 邻硝基苯甲醛 …… 482
Gb027 5-氯-2-硝基苯甲醛 …… 482
Gb028 2,6-二氯苯甲醛肟 …… 482
Gb029 对硝基苯乙酮 …… 482
Gb030 对硝基苯甲酸 …… 482
Gb031 2,4-二硝基甲苯 …… 482
Gb032 2,4-二硝基氟苯 …… 482
Gb033 2,4-二硝基氯苯 …… 483
Gb034 间硝基三氟甲基苯 …… 484
Gb035 2-氯-5-硝基三氟甲基苯 …… 484
Gb036 4-氯-3,5-二硝基三氟甲基苯 …… 484
Gb037 苦味酸 …… 485
Gb038 4,4′-二硝基二苯醚 …… 485
Gb039 苯胺 …… 485
Gb040 邻甲苯胺 …… 486
Gb041 对甲苯胺 …… 487
Gb042 2,6-二甲基苯胺 …… 487
Gb043 3,4-二甲基苯胺 …… 488
Gb044 邻乙基苯胺 …… 489
Gb045 2-甲基-6-乙基苯胺 …… 489
Gb046 2,6-二乙基苯胺 …… 490
Gb047 DL-α-苯基乙胺 …… 490
Gb048 α-甲基苯乙胺 …… 490
Gb049 2,5-二甲氧基苯胺 …… 491
Gb050 2,5-二氯苯胺 …… 491
Gb051 3,4-二氯苯胺 …… 492
Gb052 2,6-二氯苯胺 …… 493
Gb053 3,5-二氯苯胺 …… 494
Gb054 邻氯苯胺 …… 494
Gb055 邻氯苯胺盐酸盐 …… 495
Gb056 间氯苯胺 …… 496
Gb057 间氯苯胺盐酸盐 …… 496
Gb058 对氯苯胺 …… 497
Gb059 4-氟苯胺 …… 497
Gb060 2,4-二氟苯胺 …… 498
Gb061 2,3,4-三氟苯胺 …… 499
Gb062 间三氟甲基苯胺 …… 499
Gb063 对三氟甲基苯胺 …… 500
Gb064 邻硝基苯胺 …… 500
Gb065 间硝基苯胺 …… 501
Gb066 对硝基苯胺 …… 501
Gb067 2,4-二硝基苯胺 …… 502
Gb068 邻硝基对甲苯胺 …… 503
Gb069 对硝基邻甲苯胺 …… 503
Gb070 邻硝基对甲氧基苯胺 …… 504
Gb071 4-硝基-2-氯苯胺 …… 505
Gb072 2-硝基-4-氯苯胺 …… 505
Gb073 邻茴香胺 …… 506
Gb074 对茴香胺 …… 506
Gb075 邻苯二胺 …… 507
Gb076 间苯二胺 …… 508
Gb077 对苯二胺 …… 509

Gb078 2,4-二氨基甲苯 …………… 509
Gb079 N-甲基苯胺 ………………… 510
Gb080 N-乙基苯胺 ………………… 511
Gb081 对羟基苯乙酰胺 …………… 511
Gb082 N-乙基间甲苯胺 …………… 512
Gb083 乙酰苯胺 …………………… 512
Gb084 对甲氧基-N-乙酰苯胺 ……… 513
Gb085 邻甲氧基-N-乙酰乙酰苯胺 ……………………… 513
Gb086 间氨基-N-乙酰苯胺 ………… 514
Gb087 对氨基-N-乙酰苯胺 ………… 514
Gb088 3-[N′,N′-二(乙酰氧乙基)氨基]-N-乙酰苯胺 ………… 515
Gb089 4-甲氧基-3-[N′,N′-二(乙酰氧乙基)氨基]-N-乙酰苯胺 ………………… 516
Gb090 N-乙酰乙酰苯胺 …………… 516
Gb091 邻氯-N-乙酰乙酰苯胺 ……… 517
Gb092 N,N-二甲基苯胺 …………… 517
Gb093 对氨基-N,N-二甲基苯胺 … 518
Gb094 N,N-二乙基苯胺 …………… 519
Gb095 N,N-二乙基间甲苯胺 …… 519
Gb096 N,N-二乙基间羟基苯胺 …… 520
Gb097 N,N-二(乙酰氧乙基)苯胺 ……………………… 521
Gb098 N,N-二羟乙基苯胺 ………… 521
Gb099 N,N-二氰乙基苯胺 ………… 521
Gb100 N,N-二乙基间甲苯(甲)酰胺 ……………………… 522
Gb101 N-苯甲酰氨基乙酸 ………… 522
Gb102 2,6-二氟苯甲酰胺 ………… 523
Gb103 3,5-二硝基苯甲酰氯 ……… 523
Gb104 3,4,5-三甲氧基苯甲酰肼 …… 524
Gb105 α-苯乙酰胺 ………………… 524
Gb106 邻苯二甲酰亚胺 …………… 525
Gb107 N-苯基马来酰亚胺 ………… 525
Gb108 二苯胺 ……………………… 526
Gb109 4-氨基二苯胺 ……………… 527
Gb110 4,4′-二氨基二苯胺硫酸盐 ……………………… 527
Gb111 对氨基偶氮苯盐酸盐 ……… 528
Gb112 4,4′-二氨基二苯醚 ………… 529
Gb113 米蚩(勒氏)酮 …………… 529
Gb114 联苯胺硫酸盐 ……………… 530
Gb115 3,3′-二甲基联苯胺 ………… 530
Gb116 3,3′-二氯联苯胺盐酸盐 …… 531
Gb117 N,N′-二苄基乙二胺二盐酸盐 ………………… 532
Gb118 N,N′-二苯基脲 …………… 532
Gb119 α-萘胺 ……………………… 533
Gb120 8-乙酰氨基-2-萘酚 ………… 533
Gb121 邻氨基苯酚 ………………… 534
Gb122 间氨基苯酚 ………………… 535
Gb123 对氨基苯酚 ………………… 535
Gb124 邻氨基对甲苯酚 …………… 536
Gb125 邻氨基对硝基苯酚 ………… 537
Gb126 3-二乙氨基苯酚 …………… 538
Gb127 邻氨基苯甲酸 ……………… 538
Gb128 对氨基苯甲酸 ……………… 539
Gb129 间二甲氨基苯甲酸 ………… 540
Gb130 L-苯丙氨酸 ………………… 540
Gb131 D-(－)-对羟基苯基甘氨酸 ……………………… 542
Gb132 对氰基苯甲酸乙酯 ………… 542
Gb133 苯甲腈 ……………………… 542
Gb134 苯乙腈 ……………………… 543
Gb135 对羟基苯甲腈 ……………… 543
Gb136 对羟基苯乙腈 ……………… 544
Gb137 间苯二甲腈 ………………… 544
Gb138 对苯二甲腈 ………………… 545
Gb139 对甲氧基苯甲腈 …………… 545
Gb140 α-异丙基对氯苯乙腈 ……… 546
Gb141 苯基异氰酸酯 ……………… 546
Gb142 间三氟甲基苯异氰酸酯 …… 547
Gb143 对硝基苯异氰酸酯 ………… 547
Gb144 2,4-甲苯二异氰酸酯 ……… 548
Gb145 二苯甲烷二异氰酸酯 ……… 549
Gb146 4,4′,4″-三苯甲烷三异氰酸酯 ………………… 549
Gb147 多亚甲基多异氰酸酯 ……… 550

Gb148 1,5-萘二异氰酸酯 ………… 550
Gb149 1,5-(或1,8-)二硝基蒽醌 …… 551
Gb150 1-氨基蒽醌 ………………… 552
Gb151 2-氨基蒽醌 ………………… 553
Gb152 1,4-二氨基蒽醌 …………… 554
Gb153 1,4-二氨基蒽醌隐色体 …… 554

H 含硫化合物

Ha 脂肪族含硫化合物

Ha001 二硫化碳 …………………… 557
Ha002 氧硫化碳 …………………… 558
Ha003 二甲基二硫 ………………… 558
Ha004 甲硫醇 ……………………… 559
Ha005 乙硫醇 ……………………… 559
Ha006 正丙硫醇 …………………… 560
Ha007 丁硫醇 ……………………… 561
Ha008 正辛硫醇 …………………… 561
Ha009 全氯甲硫醇 ………………… 562
Ha010 2-巯基乙醇 ………………… 562
Ha011 硫代双乙醇 ………………… 563
Ha012 二甲基硫醚 ………………… 563
Ha013 羟基乙硫醚 ………………… 564
Ha014 3-甲硫基丙醛 ……………… 564
Ha015 巯基乙酸 …………………… 565
Ha016 2-巯基丙酸 ………………… 566
Ha017 蛋氨酸 ……………………… 566
Ha018 乙基硫酸钠 ………………… 567
Ha019 黄原酸钠 …………………… 567
Ha020 二硫化二异丙基黄原酸酯…… 568
Ha021 二甲基亚砜 ………………… 568
Ha022 氯化亚砜 …………………… 569
Ha023 二甲基砜 …………………… 569
Ha024 环丁砜 ……………………… 570
Ha025 乙丙二砜 …………………… 570
Ha026 甲磺酰氯 …………………… 570
Ha027 甲烷磺酸 …………………… 571
Ha028 2-氨基乙磺酸 ……………… 571
Ha029 硫脲 ………………………… 572
Ha030 二氧化硫脲 ………………… 573
Ha031 氨基硫脲 …………………… 574
Ha032 氨基磺酸 …………………… 574
Ha033 硫代二丙腈 ………………… 575
Ha034 氰亚胺二硫代碳酸二甲酯…… 575
Ha035 *O,O′*-二甲基二硫代磷酸酯 ………………… 575
Ha036 *O,O′*-二甲基二硫代(乙酸甲酯)磷酸酯 ……………… 576
Ha037 *O,O′*-二甲基硫代磷酰一氯 ……………………… 576
Ha038 *O,O′*-二乙基硫代磷酰一氯 ……………………… 577
Ha039 二甲氨基二硫代甲酸铵 …… 578

Hb 芳香族含硫化合物

Hb001 苯磺酸 ……………………… 579
Hb002 苯亚磺酸钠 ………………… 579
Hb003 对甲基苯磺酸 ……………… 580
Hb004 对甲基苯磺酸钠 …………… 580
Hb005 烷基苯磺酸钠 ……………… 581
Hb006 间硝基苯磺酸钠 …………… 581
Hb007 间氨基苯磺酸 ……………… 582
Hb008 间氨基苯磺酸钠 …………… 583
Hb009 对氨基苯磺酸钠 …………… 583
Hb010 对氨基苯磺酰乙基硫酸 …… 584
Hb011 2,4-二氨基苯磺酸 ………… 584
Hb012 4-氯苯胺-3-磺酸 ………… 585
Hb013 3-氨基-6-氯甲苯-4-磺酸 …… 586
Hb014 4-氨基-2-氯甲苯-5 磺酸 …… 586
Hb015 2-氨基苯酚-4-磺酸 ………… 587
Hb016 苯胺-2,5-二磺酸 ………… 587
Hb017 苯磺酸甲酯 ………………… 588

Hb018 苯磺酸异丙酯 ……………… 588
Hb019 烷基磺酸苯酯 ……………… 588
Hb020 磺胺 ……………………… 589
Hb021 邻甲苯磺酰胺 ……………… 590
Hb022 对甲苯磺酰胺 ……………… 590
Hb023 2-氨基苯酚-4-磺酰胺 ……… 591
Hb024 苯磺酰氯 …………………… 591
Hb025 对氯苯磺酰氯 ……………… 592
Hb026 对乙酰氨基苯磺酰氯 ……… 592
Hb027 苄(基)硫醇 ………………… 593
Hb028 苯硫酚 ……………………… 593
Hb029 芪氏酸 ……………………… 594
Hb030 苯基硫脲 …………………… 594
Hb031 *N*,*N*-二苯基硫脲 ………… 595
Hb032 苯基甲硫醚 ………………… 596
Hb033 二苯硫醚 …………………… 596
Hb034 2-萘磺酸 …………………… 596
Hb035 1-萘酚-5-磺酸 ……………… 597
Hb036 吐氏酸 ……………………… 597
Hb037 克列夫酸 …………………… 598
Hb038 1-萘胺-4-磺酸钠 …………… 599
Hb039 1-氨基-2-萘酚-4-磺酸 ……… 600
Hb040 γ 酸 ……………………… 600
Hb041 J 酸 ………………………… 601
Hb042 6-硝基-1,2-重氮氧基萘-4-磺酸 ……………………… 602
Hb043 双 J 酸 ……………………… 603
Hb044 2-萘胺-4,8-二磺酸 ………… 603
Hb045 H 酸单钠盐 ………………… 604
Hb046 亚甲基二萘磺酸钠 ………… 605
Hb047 蒽醌-1,5-二磺酸 …………… 606
Hb048 二苯砜 ……………………… 606
Hb049 苯磺酰肼 …………………… 606
Hb050 对甲苯磺酰肼 ……………… 607

I 杂环化合物

I001 吡咯 ……………………… 610
I002 四氢吡咯 ………………… 610
I003 2-吡咯烷酮 ……………… 610
I004 *N*-甲基-2-吡咯烷酮 …… 611
I005 *N*-甲基-3-吡咯烷醇 …… 612
I006 *N*-乙基吡咯烷酮 ……… 612
I007 *N*-辛基吡咯烷酮 ……… 612
I008 聚乙烯吡咯烷酮 ………… 613
I009 呋喃 ……………………… 613
I010 2,3-二氢呋喃 ………… 614
I011 四氢呋喃 ………………… 614
I012 2-甲基呋喃 ……………… 615
I013 2-甲基四氢呋喃 ……… 616
I014 2-甲基-3-呋喃硫醇 …… 616
I015 糠醇 ……………………… 617
I016 四氢糠醇 ………………… 618
I017 糠醛 ……………………… 618
I018 古马隆 …………………… 619
I019 香豆素 …………………… 620
I020 二氧五环 ………………… 621
I021 1,4-二氧六环 ………… 621
I022 糠胺 ……………………… 622
I023 咪唑 ……………………… 623
I024 2-甲基咪唑 ……………… 623
I025 4-甲基咪唑 ……………… 624
I026 2-苯基咪唑 ……………… 624
I027 苯并咪唑 ………………… 625
I028 2-乙基-4-甲基咪唑 …… 625
I029 1-甲基-4-硝基-5-氯咪唑 … 626
I030 2-(二氯甲基)苯并咪唑 … 626
I031 *N*,*N*-羰基二咪唑 ……… 626
I032 咪唑烷基脲 ……………… 626
I033 2,5-二氧代-4-咪唑烷基脲 … 627
I034 尿唑 ……………………… 628
I035 4-苯基尿唑 ……………… 628
I036 噻唑 ……………………… 628

I037 2,4-二甲基噻唑 ………………… 629
I038 2-氨基-4-甲基噻唑 ………………… 629
I039 2-氨基-5-硝基噻唑 ………………… 629
I040 2-氨基苯并噻唑 ………………… 630
I041 2-氨基-6-硝基苯并噻唑 ………… 630
I042 2-氨基噻唑盐酸盐 ………………… 631
I043 磺胺噻唑 ………………………… 631
I044 3-甲基-2-苯并噻唑酮腙 ………… 632
I045 氨噻肟酸 ………………………… 632
I046 2-氨基-5-巯基-1,3,4-噻二唑 ………………………… 632
I047 2-甲基-5-巯基-1,3,4-噻二唑 ………………………… 633
I048 1*H*-3-氨基-1,2,4-三唑………… 633
I049 苯并三唑 ………………………… 634
I050 三环唑 …………………………… 634
I051 咔唑 ……………………………… 635
I052 *N*-乙基咔唑 ………………………… 636
I053 *N*-乙烯(基)咔唑 ………………… 636
I054 噻吩 ……………………………… 637
I055 3-甲基噻吩 ………………………… 638
I056 2-噻吩(基)甲醛 ………………… 638
I057 2-噻吩(基)乙酸 ………………… 639
I058 四氢噻吩 ………………………… 639
I059 氟康唑 …………………………… 640
I060 吩噻嗪 …………………………… 640
I061 吡啶 ……………………………… 641
I062 六氢吡啶 ………………………… 642
I063 2-甲基吡啶 ………………………… 642
I064 3-甲基吡啶 ………………………… 643
I065 4-甲基吡啶 ………………………… 644
I066 2,4-二甲基吡啶 ………………… 644
I067 2,6-二甲基吡啶 ………………… 645
I068 4-二甲氨基吡啶 ………………… 646
I069 2-乙烯基吡啶 ……………………… 646
I070 烟酸 ……………………………… 646
I071 异烟酸 …………………………… 647
I072 尿嘧啶 …………………………… 648
I073 6-甲基尿嘧啶 ……………………… 648
I074 2,4-二氨基-6-羟基嘧啶 ………… 649
I075 4,6-二氯-5-硝基嘧啶 ………… 649
I076 2-甲基-4-氨基-5-(乙酰氨基甲基) 嘧啶 ………………… 650
I077 双氨藜芦啶 ………………………… 650
I078 吗啉 ……………………………… 651
I079 *N*-甲基吗啉 ………………………… 651
I080 *N*-乙基吗啉 ………………………… 652
I081 喹啉 ……………………………… 653
I082 4-甲基喹啉 ………………………… 653
I083 8-氨基-6-甲氧基喹啉 ………… 653
I084 8-羟基喹啉 ………………………… 654
I085 2-甲基-8-羟基喹啉 ……………… 654
I086 六水哌嗪 ………………………… 655
I087 *N*-甲基哌嗪 ………………………… 655
I088 *N*-乙基哌嗪 ………………………… 656
I089 二苯甲基哌嗪 ……………………… 656
I090 *N*-氨乙基哌嗪 ……………………… 656
I091 1-甲基-4-氨基哌嗪 ……………… 656
I092 吲哚 ……………………………… 657
I093 2-苯基吲哚 ………………………… 658
I094 喹唑酮 …………………………… 658
I095 吡唑蒽酮 ………………………… 659
I096 三唑酮 …………………………… 659
I097 *N*-甲基哌啶 ………………………… 660
I098 氯吡多 …………………………… 660
I099 吡嗪 ……………………………… 661
I100 2-甲氧基-3-甲基吡嗪 ………… 661
I101 2,3-吡嗪二羧酸 ………………… 661
I102 巴比土酸 ………………………… 662
I103 三聚氰氯 ………………………… 662
I104 三聚氰酸 ………………………… 663
I105 三聚氰胺 ………………………… 664
I106 6-苯基胍胺 ………………………… 664
I107 6-氨基嘌呤 ………………………… 665
I108 3-甲基-1-(4-磺酸基苯基)-5-吡唑(啉)酮 ………………… 665
I109 3-甲基-1-(2,5-二氯-4-磺酸基苯基)- 5-吡唑(啉)酮 ………… 666
I110 5-羟基-3-甲基-1-苯基吡唑酮 ………………………… 666

J　元素有机化合物

Ja　有机硅化合物

Ja001　甲基三氯硅烷 …… 669
Ja002　二甲基二氯硅烷 …… 669
Ja003　三甲基氯硅烷 …… 670
Ja004　四氯化硅 …… 670
Ja005　苯基三氯硅烷 …… 670
Ja006　二苯基二氯硅烷 …… 671
Ja007　甲基三乙氧基硅烷 …… 671
Ja008　正硅酸乙酯 …… 671
Ja009　六甲基二硅氧烷 …… 672
Ja010　二甲基硅油 …… 672
Ja011　八甲基环四硅氧烷 …… 674
Ja012　二甲基硅氧烷混合环体 …… 675
Ja013　乙烯基三甲氧基硅烷 …… 675
Ja014　乙烯基三乙氧基硅烷 …… 676
Ja015　乙烯基三(β-甲氧基乙氧基)硅烷 …… 676
Ja016　γ-氨基丙基三乙氧基硅烷 …… 677
Ja017　γ-(乙二氨基)丙基三甲氧基硅烷 …… 677
Ja018　乙烯基三氯硅烷 …… 678

Jb　有机磷化合物

Jb001　乙酰甲胺磷 …… 679
Jb002　甲基对硫磷 …… 679
Jb003　对硫磷 …… 681
Jb004　甲拌磷 …… 682
Jb005　二嗪磷 …… 682
Jb006　辛硫磷 …… 683
Jb007　敌百虫 …… 683
Jb008　O,O′-二甲基二硫代磷酸酯 …… 684
Jb009　O,O′-二甲基二硫代(乙酸甲酯)磷酸酯 …… 685
Jb010　O,O′-二甲基硫代磷酰一氯 …… 685
Jb011　O,O′-二乙基硫代磷酰一氯 …… 686
Jb012　亚磷酸三甲酯 …… 686
Jb013　亚磷酸三乙酯 …… 686

Jc　有机铝及其他金属有机化合物

Jc001　三乙基铝 …… 687
Jc002　三异丁基铝 …… 687
Jc003　异丙醇铝 …… 688
Jc004　二氯化乙基铝 …… 688
Jc005　(一)氯化二乙基铝 …… 689
Jc006　甲基锂 …… 689
Jc007　正丁基锂 …… 689
Jc008　环烷酸盐 …… 690
Jc009　环烷酸钴 …… 690
Jc010　环烷酸镍 …… 691
Jc011　二月桂酸二正丁基锡 …… 692
Jc012　辛酸亚锡 …… 692
Jc013　氧化双三丁基锡 …… 693
Jc014　钛酸四异丙酯 …… 693
Jc015　钛酸四丁酯 …… 693
Jc016　二氯二茂钛 …… 694
Jc017　二茂铁二氯二茂锆 …… 694

K　多官能团复杂化合物

Ka　氨基酸和蛋白质

Ka001　L-胱氨酸 …… 696
Ka002　L-半胱氨酸盐酸盐（一水合物） …… 697
Ka003　乙酰半胱氨酸 …… 698

Ka004 盐酸半胱氨酸甲酯 ………… 699
Ka005 羧甲司坦 ………… 699
Ka006 甘氨酸 ………… 700
Ka007 L-丝氨酸 ………… 701
Ka008 L-亮氨酸 ………… 702
Ka009 L-异亮氨酸 ………… 703
Ka010 L-谷氨酸 ………… 704
Ka011 L-谷氨酸钠 ………… 705
Ka012 L-谷氨酰胺 ………… 706
Ka013 L-盐酸赖氨酸 ………… 707
Ka014 L-精氨酸 ………… 708
Ka015 L-盐酸精氨酸 ………… 709
Ka016 L-缬氨酸 ………… 710
Ka017 L-丙氨酸 ………… 711
Ka018 β-丙氨酸 ………… 712
Ka019 L-组氨酸 ………… 713
Ka020 L-苏氨酸 ………… 714
Ka021 L-天(门)冬氨酸 ………… 715
Ka022 L-天(门)冬酰胺 ………… 716
Ka023 L-苯丙氨酸 ………… 716
Ka024 L-酪氨酸 ………… 716
Ka025 L-色氨酸 ………… 717
Ka026 DL-色氨酸 ………… 719
Ka027 DL-蛋氨酸 ………… 719
Ka028 L-蛋氨酸 ………… 720
Ka029 L-脯氨酸 ………… 721
Ka030 L-瓜氨酸 ………… 722
Ka031 L-鸟氨酸盐酸盐 ………… 722
Ka032 氨基丁酸 ………… 723
Ka033 三碘甲状腺原氨酸 ………… 723
Ka034 三碘甲状腺原氨酸钠 ………… 724
Ka035 左旋甲状腺素钠 ………… 724
Ka036 左旋多巴 ………… 725
Ka037 白蛋白 ………… 726
Ka038 人血白蛋白 ………… 726
Ka039 干扰素 ………… 727
Ka040 鱼精蛋白 ………… 727
Ka041 硫酸鱼精蛋白 ………… 728
Ka042 明胶 ………… 728
Ka043 骨胶 ………… 731
Ka044 铁蛋白 ………… 731
Ka045 鞣酸蛋白 ………… 732
Ka046 丝肽 ………… 732
Ka047 丝素 ………… 732
Ka048 干酪素 ………… 733
Ka049 玉米醇溶蛋白 ………… 734
Ka050 索马甜 ………… 734
Ka051 牛磺酸 ………… 735

▪ Kb 核 酸

Kb001 腺嘌呤磷酸盐 ………… 737
Kb002 别嘌醇 ………… 737
Kb003 硫鸟嘌呤 ………… 738
Kb004 硫唑嘌呤 ………… 739
Kb005 6-巯嘌呤 ………… 740
Kb006 6-氨基嘌呤 ………… 741
Kb007 氟胞嘧啶 ………… 741
Kb008 氟尿嘧啶 ………… 741
Kb009 呋喃氟尿嘧啶 ………… 742
Kb010 腺苷 ………… 743
Kb011 腺苷蛋氨酸 ………… 743
Kb012 阿糖腺苷 ………… 744
Kb013 尿苷 ………… 745
Kb014 碘苷 ………… 745
Kb015 溴苷 ………… 746
Kb016 无环鸟苷 ………… 746
Kb017 肌苷 ………… 747
Kb018 异丙肌苷 ………… 748
Kb019 三唑核苷 ………… 748
Kb020 腺苷酸 ………… 749
Kb021 环磷酸腺苷 ………… 749
Kb022 胞二磷胆碱 ………… 750
Kb023 植酸 ………… 751
Kb024 鞣酸 ………… 751

▪ Kc 糖和糖苷

Kc001 甘油醛 ………… 752

Kc002　D-葡萄糖 …… 752
Kc003　肝素（钠盐） …… 753
Kc004　甲壳素 …… 754
Kc005　壳聚糖 …… 755
Kc006　甘露醇 …… 756
Kc007　山梨醇 …… 757
Kc008　葡醛内酯 …… 758
Kc009　肌醇 …… 758
Kc010　葡萄糖酸钙 …… 759
Kc011　乳糖 …… 760
Kc012　乳糖醇 …… 761
Kc013　琼脂 …… 762
Kc014　果胶 …… 762
Kc015　蔗糖 …… 763
Kc016　三氯蔗糖 …… 764
Kc017　木糖 …… 765
Kc018　木糖醇 …… 765
Kc019　海藻酸钠 …… 766
Kc020　透明质酸 …… 767
Kc021　甜菊糖苷 …… 768

■ Kd　萜、甾类化合物

Kd001　月桂烯 …… 769
Kd002　芳樟醇 …… 769
Kd003　香茅醇 …… 770
Kd004　香茅醛 …… 770
Kd005　香叶醇 …… 771
Kd006　柠檬醛 …… 771
Kd007　柠檬烯 …… 772
Kd008　松油醇 …… 772
Kd009　橙花醇 …… 772
Kd010　樟脑 …… 772
Kd011　冰片（2-莰醇） …… 772
Kd012　紫杉醇 …… 773
Kd013　蒎烯 …… 773
Kd014　莰烯 …… 773
Kd015　愈创木薁 …… 773
Kd016　胆酸 …… 774
Kd017　雌甾酮 …… 774
Kd018　雌二醇 …… 775
Kd019　雌三醇 …… 775

参考文献

产品名称中文索引

产品名称英文索引

A 脂肪族化合物

HANDBOOK OF CHEMICAL PRODUCTS

Aa 脂肪族烃类

Aa001 甲烷

【英文名】 methane

【别名】 沼气；甲基氢化物；marsh gas；methyl hydride

【CAS登记号】 [74-82-8]

【结构式】 CH_4

【物化性质】 无色无臭可燃性气体，燃烧时呈青白色火焰，化学性质较稳定。沸点－161.4℃。熔点－182.6℃。自燃点537.78℃。燃烧热（25℃）802.86kJ/mol。密度 0.7168kg/m^3 或相对密度（d_4^0）0.5547（空气＝1）。临界温度－82.1℃。临界压力 4.54MPa。微溶于水，溶于乙醇、乙醚等有机溶剂。

【质量标准】 HG/T3633—1999 纯甲烷

项目	优等品	一等品	合格品
甲烷纯度/%（体积） ≥	99.995	99.99	99.9
乙烷含量/×10^{-6} ≤	15	25	600
氧(亚)含量/×10^{-6}	5	10	50
氮含量/×10^{-6} ≤	15	35	250
氢含量/×10^{-6} ≤	5	10	50
水含量/×10^{-6} ≤	5	15	50

【用途】 在一定条件下，甲烷能发生卤化反应得到甲烷的卤代烃。经氧化得到醇、醛、酮、酸。经硝化得到甲烷的硝基化合物，也能发生热解得到烯、炔烃等化合物。甲烷除用作燃料外，大量用于氨、尿素和炭黑的合成，还可用于甲醇、氢、乙炔、乙烯、甲醛、二硫化碳、硝基甲烷、氢氰酸和1,4-丁二醇等化合物的生产。甲烷氯化可得一、二、三氯甲烷及四氯化碳。

【制法】 (1) 从天然气分离。天然气中含甲烷 80%～99%，干天然气经清净后使用；湿天然气经清净后，用冷凝法、吸收法、吸附法分离出乙烷以上轻烃后使用。

(2) 从油田气分离。石油开采时从油井中逸出天然气，其中干气含甲烷 80%～85%；湿气含甲烷 10%。在加压和冷凝的情况下，可以液化用作化工原料。

(3) 从炼厂气分离。各炼厂石油加工气体中含甲烷 20%～50%。用吸收蒸馏法和冷凝蒸馏法从石油加工气体中分离乙烯、丙烯时可副产甲烷、氢或纯甲烷。

(4) 从焦炉气分离。焦炉气含甲烷约 20%～30%，干馏煤气含甲烷约 40%～60%。采用深冷法分离焦炉气制氢时副产甲烷。

【安全性】 无毒。短期暴露于甲烷中可产生头晕、呼吸困难，皮肤带有蓝色和失去知觉症状。皮肤和眼睛与液体甲烷接触可引起冻伤，吸入液体甲烷可引起口腔和咽喉冻伤。与空气的混合气体在燃点时能发生爆炸，爆炸极限为 5.3%～14%（体积）。加压下用钢瓶贮存，从天然气中回收的甲烷可在－162℃超低温下液化成液化天然气用贮罐贮存。气态甲烷可经管道输送。容器勿受撞击，防止日光照射，贮于低温、通风良好处，严禁明火，经常检查有无漏气。

【参考生产企业】 成都天然气化工总厂，天津市赛美特特种气体公司，佛山科的气体化工有限公司，抚顺极顺精细化工有限公司。

Aa002 乙烷

【英文名】 ethane

【别名】 甲基甲烷；bimethyl；dimethyl；methylmethane；ethyl hydride

【CAS登记号】 [74-84-0]

【结构式】 CH_3CH_3

【物化性质】 无色无臭，易燃性气体。沸点－88.63℃。熔点－172℃。自燃点515℃。密度（20℃）1.353kg/m^3 或相对密度（d_4^0）1.0493（空气＝1）、液体相对密度（d_4^0）0.446。折射率1.0379。临界温度32.6℃。临界压力4.88MPa。微溶于水、丙酮，可溶于苯。

【质量标准】

项目		指标
乙烷含量/%	≥	95.0
甲烷含量/%	<	1.5
丙烷含量/%	<	4.5
丁烷含量/%	<	0.5
C_5 以上含量/%	<	0.1
氮含量/%	<	0.1
二氧化碳含量/%	<	0.5
硫化氢含量/$\times 10^{-6}$	<	25

【用途】 除作燃料和冷冻剂外，大量用于裂解制乙烯，也用于氯乙烯、氯乙烷、硝基乙烷及硝基甲烷等化合物的制备。

【制法】 (1) 从油田气分离。乙烷在天然气中的含量约5%～10%。由天然气深冷分离而得的凝析液，是以乙烷、丙烷、丁烷为主要组分的轻质烃类混合物，其组成与天然气的来源及分离加工温度、压力条件有关，以乙烷37.6%、丙烷35.9%、丁烷11.6%、异丁烷3.9%、正戊烷3.1%、其他7.9%的组成最为典型。

(2) 从炼厂气分离。在各炼厂石油加工气体中，除含有甲烷以外，还含有乙烷、丙烷以及碳四和碳五烃等，经分离可得乙烷。

(3) 从裂解气分离。用深冷法可以分出乙烷。

【安全性】 易燃。高浓度乙烷有窒息性和麻醉性。暴露在乙烷中可引起头昏眼花。应注意通风，严防漏气。避免与高氯酸盐、过氧化物、高锰酸盐、氯酸盐和硝酸盐等氧化剂接触。与空气形成爆炸性混合物，爆炸极限3.2%～12.5%。可用钢瓶装运。在压缩乙烷情况下，禁止用客机和客车载运，用运输机载运则限于150kg。禁止客机或客车，甚至运输机载运液体乙烷，也可经管路液态输送。

【参考生产企业】 天津精华石化有限公司天泰公司，大连光明特种气体有限公司，天津市赛美特特种气体公司，大连大特气体有限公司。

Aa003 丙烷

【英文名】 propane

【别名】 dimethylmethane；propyl hydride

【CAS登记号】 [74-98-6]

【结构式】 $CH_3CH_2CH_3$

【物化性质】 无色可燃气体。化学性质稳定，不易发生化学反应。沸点－42.07℃。熔点－189.69℃。自燃温度468℃。气体相对密度1.56（空气＝1），液体相对密度0.531（0℃）。折射率1.2898。临界温度96.8℃。临界压力4266kPa。微溶于水和丙酮，可溶于乙醇，易溶于乙醚、苯和氯仿。

【质量标准】 SH/T0553—1993 工业丙烷

项目	指标		
	95号	85号	70号
丙烷含量/%(体积) ≥	95	85	70
C_2 烃类含量/%(体积) ≤	—	—	3
不饱和烃含量/%(体积)	—	—	—
蒸汽压(37.8℃)/kPa ≤		1430	
铜片腐蚀/级 ≤		1	
总硫含量/(mg/m^3) ≤	10	20	30

【用途】 除用作燃料和冷冻剂外，主要用于裂解制乙烯和丙烯的原料，也用于制丙烯腈、硝基丙烷、全氯乙烯。在炼油厂作脱沥青、脱硫的溶剂等。

【制法】 存在于天然气、油田气和炼厂气中，经分离制得。

【安全性】 与空气形成爆炸混合物，爆炸极限为2.4%～9.5%（体积）。用钢瓶装，应贮于阴凉处，远离热源及明火。

【参考生产企业】 中国石化北京燕山石油化工有限公司，中国石油天然气股份有限公司大庆石化公司，锦州燕山石油化工有限公司，扬子石化炼化有限责任公司，中国石化济南炼油厂。

Aa004 正丁烷

【英文名】 *n*-butane

【别名】 甲基乙基甲烷；butane

【CAS登记号】 [106-97-8]

【结构式】 $CH_3CH_2CH_2CH_3$

【物化性质】 无色、可燃性气体，具有天然气的臭味。沸点−0.5℃（101.3kPa）。熔点−138.35℃。密度2.4553kg/m^3（101.3kPa，25℃），气体的相对密度2.046（空气=1）。折射率1.3326。临界压力3.797MPa。临界温度152.01℃。临界体积225cm^3/mol。不溶于水，易溶于乙醇、乙醚、氯仿及其他烃类。

【质量标准】 SH/T 0553—1993 工业丁烷

项目	指标		
	95号	85号	70号
丁烷/%(体积) ≥	95	85	70
C_5 及 C_5 以上烃类/%(体积) ≤	无	1	2
不饱和烃/%(体积)	—	—	—
蒸气压(37.8℃)/kPa ≤		485	
铜片腐蚀/级 ≤		1	
总硫含量/(mg/m^3) ≤	30	40	50

【用途】 与丙烷混合作为液化石油气。大量用于取暖、炊事和工业加热，也用于合成丁烯、丁二烯、异丁烷、顺丁烯二酸酐、醋酸、乙醛、卤代丁烷、硝基丁烷等，还可以作为发动机燃料掺和物以控制挥发分。此外，还用作重油精制脱沥青剂、油井中蜡沉淀溶剂、二次石油回收的流溢剂、树脂发泡剂、海水转化为新鲜水的制冷剂以及烯烃齐格勒聚合溶剂等。

【制法】 存在于油田气、湿天然气和裂解气中，可经分离而得。

(1) 从油田气和湿天然气分离。将油田气或湿天然气加压冷凝分离，得含丙烷、丁烷的液化混合气，再用蒸馏法分离。

(2) 从石油裂解的 C_4 馏分分离。石脑油中等深度裂解产物含丁烷约6.5%。重质馏分裂解产物中丁烷含量低。近年来，有的炼厂催化装置改用分子筛催化剂以及加氢裂化工艺，丁烷产率有所提高。由催化裂化装置来的尾气，经分馏，分离出 C_3 馏分、异丁烯和 C_5 馏分以后，从塔底送入前乙腈萃取蒸馏塔，由塔顶得到90%以上的正丁烷。

【安全性】 轻微毒性。高浓度丁烷有窒息性，刺激和麻醉作用。生产现场应注意通风，严防漏气。与空气形成爆炸性混合物，爆炸极限1.8%～8.4%。可在世界范围内用管道、铁路槽车、海上油轮、驳船、槽车和金属容器输送。应贮于阴凉、通风处，远离热源及明火，与氧化剂隔绝。

【参考生产企业】 黑龙江石油化工厂，河北中海石油中捷石化有限公司，中原石油勘探局天然气产销总厂，锦州燕山石油化工有限公司。

Aa005 异丁烷

【英文名】 isobutane

【别名】 2-甲基丙烷；butane

【CAS登记号】 [75-28-5]

【结构式】 $(CH_3)_2CHCH_3$

【物化性质】 无色，可燃气体。沸点 −11.7℃。熔点 −145℃。相对密度 0.551（25℃）。折射率 1.3169。临界温度 138.81℃。临界压力 2.96MPa。微溶于水。

【质量标准】 GB/T 19465—2004 工业用异丁烷

项目		Ⅰ型	Ⅱ型
异丁烷含量/%	≥	99.5	95.0
总不饱和烃含量/%		—	由供需双方协商确定
水含量/%	≤	0.002	0.005
酸(以 HCl 计)/%	≤	0.0001	—
蒸发残留物/%	≤	0.01	—
高沸点残留物(38℃)/(mL/100mL)	≤	—	0.05
硫含量/(μg/mL)	≤	1	3
气相中不凝性气体(25℃)/%(体积)	≤	1.5	—
蒸气压(21.1℃)/MPa		—	0.21～0.23

【用途】 与异丁烯经烃化制异辛烷，作为汽油辛烷值改进剂。经裂解可制异丁烯与丙烯。与异丁烯、丙烯进行烷基化可制烷基化汽油。可制备甲基丙烯酸、丙酮和甲醇等。还可用作冷冻剂。

【制法】 存在于石油气、天然气和裂化气中。由石油裂化过程中产生的碳四馏分，经分离制得。

【安全性】 毒性不大，对皮肤和黏膜有刺激和麻醉作用。长期吸入浓度为 100～300mg/m³ 的 C_3～C_4 烷烃，可出现头痛、易倦、多汗症状。与空气形成爆炸性混合物，爆炸极限为 1.9%～0.4%（体积）。采用加压钢瓶贮存，并远离火种、热源，应与氧气钢瓶分开存放。

【参考生产企业】 黑龙江石油化工厂，河北中海石油中捷石化有限公司，中原石油勘探局天然气产销总厂，锦州燕山石油化工有限公司。

Aa006 正己烷

【英文名】 *n*-hexane

【别名】 二丙基；dipropyl

【CAS登记号】 [110-54-3]

【结构式】 $CH_3(CH_2)_4CH_3$

【物化性质】 无色易挥发液体。沸点 68.95℃。熔点 −95℃。闪点（开杯）−20℃。自燃点 260℃。相对密度 0.6591。折射率 1.37506。临界温度 234.2℃。临界压力 3.00MPa。难溶于水，可溶于乙醇，易溶于乙醚、氯仿、酮类等有机溶剂。

【质量标准】 GB 17602—1998 工业己烷

项目		指标
密度(20℃)/(kg/m³)		655～681
气味①		无残留异味
贝壳松脂丁醇值①		—
溴指数	≤	1000
颜色(满足下列两指标之一)		
赛波特色号	≥	28
铂-钴色号	≤	10
馏程		
初馏点/℃	≥	63
干点/℃	≤	71
硫水量/(mg/kg)	≤	10
不挥发物/(mg/100mL)	≤	1
苯含量/%	≤	0.1

① 除作为植物油脂提取溶剂外，可执行协议指标。

【用途】 用作溶剂，如丙烯等烯烃聚合时的溶剂、食用植物油的提取剂、橡胶和涂料的溶剂以及颜料的稀释剂。正己烷也是高辛烷值燃料。

【制法】 存在于直馏汽油、铂重整抽余油或湿性天然气中，含量1%～15%。目前，工业生产主要是从铂重整装置的抽余油中分离，抽余油中含己烷11%～13%。用精馏法除去轻重组分后，得到含正己烷60%～80%的馏分。采用双塔连续精馏，再经0501型催化剂加氢，除去苯等不饱和烃，得到合格产品。美国还采用吸附分离法制备正己烷。

【安全性】 中等毒性。小鼠吸入4h LC_{50}为48g/L，大鼠经口LD_{50}为32.0g/kg。短期暴露的有害作用及症状，吸入或暴露超过500mg/kg可引起头痛、急性腹痛、脸发烧、手指和脚趾麻木与虚弱，超过1500mg/kg时，除可引起上述症状外，还引起视力模糊、食欲降低和体重减少。如果停止暴露则大多数症状在几个月内消失。贮存及运输时在钢制贮罐或特殊制作的槽车中运送，严防明火、曝晒。贮运中应按易燃易爆化学品处理。

【参考生产企业】 中国石化北京燕山石油化工股份有限公司，吉化集团吉林市锦江油化厂，中国石油天然气股份有限公司辽阳石化分公司，南京扬子石化炼化有限责任公司，天津市津宇精细化工有限公司，江都市海辰化工有限公司，淄博市临淄东方红化工厂，淄博市临淄天德精细化工研究所，山东胜海化工股份有限公司。

Aa007 乙烯

【英文名】 ethylene

【别名】 elayl; olefiant gas; ethene

【CAS登记号】 [74-85-1]

【结构式】 $CH_2{=}CH_2$

【物化性质】 常温常压下为无色可燃性气体，略有烃类特有的气味。沸点－103.71℃。凝固点－169.4℃。相对密度（d_4^0）0.00126、（d_4^{-10}）0.384。折射率（n_D^{100}）1.363。膨胀系数（－17.8℃）0.006894。蒸发潜热（－103.71℃）495.98J/g。临界温度9.90℃。临界压力4.95MPa。临界密度0.227kg/L。1体积的乙烯气体在0℃时溶于约4体积的水；25℃时溶于约9体积的水，0.5体积的乙醇；15.5℃时溶于0.05体积的乙醚。溶于丙酮和苯。

【质量标准】 GB/T 7715—2003

项目		优等品	一等品
乙烯含量/%（体积）	≥	99.95	99.90
甲烷和乙烷含量/(mL/m^3)	≤	500	1000
C_3和C_3以上含量/(mL/m^3)	≤	20	50
一氧化碳含量/(mL/m^3)	≤	2	5
二氧化碳含量/(mL/m^3)	≤	5	10
氢含量/(mL/m^3)	≤	5	10
氧含量/(mL/m^3)	≤	2	5
乙炔含量/(mL/m^3)	≤	5	10
硫含量/(mg/kg)	≤	1	2
水含量/(mL/m^3)	≤	5	10
甲醇含量/(mg/kg)	≤	10	10

注：氢含量按用户要求，需要时测定。

【用途】 石油化工最基本原料之一。大量用于聚乙烯、氯乙烯及聚氯乙烯、乙苯、苯乙烯及聚苯乙烯以及乙丙橡胶等材料的合成。广泛用于乙醇、环氧乙烷及乙二醇、乙醛、乙酸、丙醛、丙酸及其衍生物等多种基本有机原料的合成。经卤化，可制氯代乙烯、氯代乙烷、溴代乙烷。经齐聚可制α-烯烃，进而生产高级醇、烷基苯等。

【制法】 乙醇脱水和焦炉气分离生产乙烯的方法已很少采用，目前应用最广泛的高温裂解法是管式炉裂解法。绝大部分乙烯是以石油烃为原料经高温过程使烃分子裂解成氢、乙烯、丙烯、丁二烯及芳烃等一系列较小分子的产物以及一次产物进一步反应所形成的较大分子的副产物。这些裂解产物通过物理分离和化学精制过程即可分出高纯度乙烯、丙烯、丁二烯以及苯、甲苯和二甲苯等石油化工基础原料。

【安全性】 低毒性气体。对眼、鼻、咽喉和呼吸道黏膜有轻微刺激性。短期接触乙烯不会引起人体慢性病痛，但长期接触可引起头昏、全身不适、乏力、思维不集中，个别人还会引起胃肠道功能紊乱。液态乙烯接触皮肤和黏膜可造成冻伤。中毒者应立即撤离中毒环境，吸新鲜空气，必要时吸氧，进行人工呼吸，使用呼吸兴奋剂。眼睛如溅入液态乙烯，应立即用缓流清水冲洗15min后送医院诊治。乙烯与空气形成爆炸性混合物，爆炸极限3.1%～32.0%（体积）。通常采用压力下冷冻贮存，也可采用液相或气相管道输送。

【参考生产企业】 北京东方石油化工有限公司，中国石化北京燕化石油化工股份有限公司化工一厂，吉林石化乙烯厂，中国石化扬子石油化工公司烯烃厂，中国石化大庆石油化工总厂化工一厂，齐鲁石油化工公司烯烃厂，上海石油化工股份有限公司，中原石油化工有限责任公司，中国石油天然气股份有限公司辽阳石化分公司。

Aa008 丙烯

【英文名】 propylene

【别名】 1-propene; methylethylene; methylethene

【CAS登记号】 [115-07-1]

【结构式】 $CH_3CH=CH_2$

【物化性质】 常温常压下为无色可燃性气体，略有烃类特有的气味。沸点－47.4℃。凝固点－185.25℃。液体相对密度0.5139、气体相对密度1.49（空气＝1）。折射率（n_D^{-40}）1.3567。黏度15×10^{-3} mPa·s（－185℃），4.4×10^{-4} mPa·s（－110℃）。临界温度91.9℃。临界压力4.45MPa。临界密度0.233kg/L。微溶于水，可溶于乙醇和乙醚。

【质量标准】 GB/T 7716—2002

项目		优等品	一等品
丙烯含量/%(体积)	≥	99.6	99.2
烷烃含量/%(体积)		余量	余量
乙烯含量/(mL/m^3)	≤	50	100
乙炔含量/(mL/m^3)	≤	2	5
甲基乙炔和丙二烯含量/(mL/m^3)	≤	5	20
氧含量/(mL/m^3)	≤	5	10
一氧化碳含量/(mL/m^3)	≤	2	5
二氧化碳含量/(mL/m^3)	≤	5	10
丁烯和丁二烯含量/(mL/m^3)	≤	5	20
硫含量/(mg/kg)	≤	1	5
水含量/(mg/kg)	≤	10	10
甲醇含量/(mg/kg)	≤	10	

【用途】 石油化工基本原料之一。可用于生产多种重要有机化工原料，如丙烯腈、环氧丙烷、异丙苯、环氧氯丙烷、异丙醇、丙三醇、丙酮、丁醇、辛醇、丙烯醛、丙烯酸、丙烯醇、丙酮、甘油、聚丙烯等。在炼油工业上是制取叠合汽油的原料，还可以用于合成树脂、合成纤维、合成橡胶及多种精细化学品等的生产。

【制法】 （1）炼厂催化裂化气经蒸馏除去C_2和C_4馏分，得到丙烯、丙烷馏分，再经精馏得丙烯。

（2）石油烃类经高温裂解的产物，是乙烯生产的联产品。

（3）丙烷脱氢。催化剂为氧化铬-氧化铝，反应温度635℃，丙烷转化率54%，丙烯选择性76%，回收率93%。

【安全性】 对皮肤和黏膜略有刺激性。高浓度丙烯有麻醉作用，有窒息性。对心血管毒性比乙烯强，可引起心室性早搏、血压降低和心力衰竭。皮肤和黏膜接触液态丙烯会引起冻伤。中毒后必须立即撤离现场。眼睛沾染丙烯，应立即用清水冲洗15min以上，去医院诊治。为了防止中毒，设备管道必须严密，操作现场要通风。与空气形成爆炸性混合物，爆炸极限2.0%～11.1%（体积）。空气中的最大容许浓度为0.1%。管道输送，或用耐压贮罐、槽车运送，严防烟火，贮于阴凉、干燥、通风处。

【参考生产企业】 中国石化上海石油化工有限公司，中国石化北京燕山石油化工有限公司，中国石化扬子石油化工有限责任公司，中国石化齐鲁石油化工公司，吉林石油化工有限公司，中国石化大连石油化工公司，中国石化大庆石油化工总厂化工一厂。

Aa009 丁烯

【英文名】 butene

【别名】 butylene

【CAS 登记号】 [106-98-9]

【分子式】 C_4H_8

【物化性质】 丁烯有四种异构体，其物性如下表。1-丁烯和顺2-丁烯不溶于水，易溶于乙醇、乙醚，微溶于苯，反2-丁烯微溶于苯，皆可与空气形成爆炸性混合物。

项目	1-丁烯	顺2-丁烯	反2-丁烯	异丁烯
英文名	butene	2-butene		isobutene
别名	α-butylene	*cis*-2-butylene	*trans*-2-butylene	isobutylene
结构	$CH_3CH_2CH{=}CH_2$	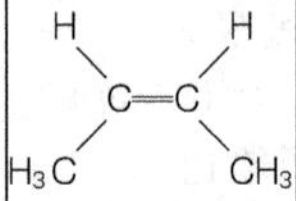	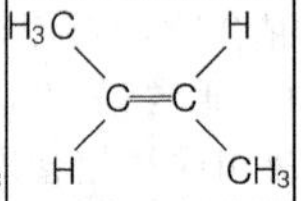	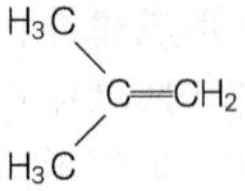
凝固点/℃	−185.35	−138.92	−105.53	−140.34
沸点/℃	−6.25	3.72	0.88	−6.90
相对密度(d_4^{20})	0.5951	0.6154	0.5984	0.5879
闪点/℃	−80	−80	−80	
临界温度/℃	146.40	162.40	155.46	144.73
临界压力/MPa	4.02	4.15	4.15	3.99
临界体积/(L/mol)	0.240	0.234	0.238	0.239
折射率(液体)	1.3962	1.3946	1.3862	1.3811
表面张力(20℃)/($\times10^{-5}$N/m)	1.250	1.507	1.343	1.242
爆炸极限(空气中)/%	1.6～10	1.7～9.7	1.7～9.7	1.8～8.8

【质量标准】 SH/T 1546—2009 工业用1-丁烯标准

项目		优级品	一级品
1-丁烯含量/%	≥	99.3	99.0
正、异丁烷含量/%		—	—
异丁烯+2-丁烯含量/%	≤	0.4	0.6
1,3-丁二烯+丙二烯含量/(mL/m³)	≤	120	200
丙炔含量/(mL/m³)	≤	5	5
总羰基含量(以乙醛计)/(mg/kg)	≤	5	10

续表

项目		优级品	一级品
水含量/(mg/kg)	≤	20	25
硫含量/(mg/kg)	≤	1	1
甲醇含量/(mL/m³)	≤	5	10
甲基叔丁基醚含量/(mL/m³)	≤	5	10
一氧化碳含量/(mL/m³)	≤	1	1
二氧化碳含量/(mL/m³)	≤	5	5

【用途】 丁烯为重要的基础化工原料之一。1-丁烯是合成仲丁醇、脱氢制丁二烯

的原料；顺、反 2-丁烯用于合成 C_4、C_5 衍生物及制取交联剂、叠合汽油等。异丁烯是制造丁基橡胶、聚异丁烯橡胶的原料，与甲醛反应生成异戊二烯，可制成不同分子量的聚异丁烯聚合物以用作润滑油添加剂、树脂等，水合制叔丁醇，氧化制有机玻璃的单体甲基丙烯酸甲酯。此外，异丁烯还是抗氧剂叔丁基对甲酚和环氧树脂及有机合成原料。

【制法】 (1) 甲基叔丁基醚分解法。利用混合 C_4 中的异丁烯在催化剂作用下与甲醇选择性醚化生成甲基叔丁基醚，再分解可得高纯度异丁烯。这是目前生产异丁烯的主要方法。

(2) 天然气、炼厂气及石油馏分催化裂化、石油烃裂解所得 C_4 馏分均含有丁烯的各种异构体，经过分离，可得 1-丁烯、顺 2-丁烯、反 2-丁烯、异丁烯等。根据裂解原料不同和裂解方式差异所得产物 C_4 组成如下。

裂解方式	BASF	管式炉	蒸汽	沙子炉
裂解原料	Minas 原油	石脑油	石脑油	40～60℃汽油
C_3 含量/%	—	1～2	少量	4.5
正丁烷含量/%	3.7	2～5	少量	—
异丁烷含量/%	1.1	2～5	—	—
异丁烯含量/%	1.95	5～10	20	28.2
1-丁烯含量/%	11.5	35～40	35	31.8
反 2-丁烯含量/%	5.6	痕量	17	—
顺 2-丁烯含量/%	7.6	痕量	17	—
1,3-丁二烯含量/%	50.6	45～52	25	35.5
C_5 以上含量/%	0.02	2～5	少量	—

采用 50%硫酸抽提 C_4 馏分中的异丁烯。首先将 C_4 馏分与硫酸混合，酯化成硫酸氢叔丁酯，加热水解得到异丁烯和叔丁醇。异丁烯再经碱洗、水洗、压缩、精馏得纯度为 98%以上的异丁烯。叔丁醇在加热下脱水，也得异丁烯。

此外，采用正丁醇、异丁醇脱水或正丁烷、异丁烷脱氢，叔丁醇脱水等可制得相应的 1-丁烯，顺、反 2-丁烯，异丁烯等。

【安全性】 未列入有毒物质中，但具有一定的窒息作用及麻醉作用，工作场所最高容许浓度为 100mg/m^3。应注意通风，严防漏气。在空气中的爆炸极限为 1.6%～9.7%（体积）。用耐压钢瓶或槽车运输。放置容器须防碰撞，存放阴凉、通风库房，远离氧化剂，严禁明火。

【参考生产企业】 中国石化齐鲁石油化工股份有限公司橡胶厂，吉化公司锦江油化厂，南京扬子石化炼化有限责任公司。

Aa010 1,3-丁二烯

【英文名】 1,3-butadiene

【别名】 二乙烯；乙烯基乙烯；α,γ-butadiene；bivinyl；divinyl；erythrene；vinylethylene；biethylene；pyrrolylene

【CAS 登记号】 [106-99-0]

【结构式】 $CH_2=CHCH=CH_2$

【物化性质】 具有微弱芳香气味的无色气体，易液化。丁二烯分子内的 C—C 单键内旋转分为顺式和反式构型，反式构型丁二烯分子比较稳定。沸点 −4.41℃。凝固点 −108.91℃。闪点 < −6℃。相对密度 0.6211。折射率（n_D^{-25}）1.4292。临界温度 152℃。临界压力 4326.58kPa。临界密度 0.245g/cm^3。溶于醇和醚，也可溶于丙酮、苯、二氯乙烷、醋酸戊酯和糠醛、醋酸铜氨溶液中，不溶于水。在氧气存在

下易聚合。

【质量标准】 GB/T 13291—2008（工业级）丁二烯

项目	优级品	一级品	合格品
外观	无色透明无悬浮物		
1,3-丁二烯含量/% ≥	99.5	99.3	99.0
二聚物(以4-乙烯基环己乙烯计)/(mg/kg) ≤	1000		
总炔/(mg/kg) ≤	20	50	100
乙烯基乙炔/(mg/kg) ≤	5	5	—
水含量/(mg/kg) ≤	20	20	300
羰基化合物(以乙醛计)/(mg/kg) ≤	10	10	20
过氧化物(以过氧化氢计)/(mg/kg) ≤	5	10	10
阻聚剂 TBC/%	由供需双方商定		
气相氧/%(体积) ≤	0.2	0.3	0.3

【用途】 用于生产丁苯橡胶、顺丁橡胶、乙丙橡胶、丁腈橡胶、氯丁橡胶、丁苯胶乳等橡胶及生产ABS、BS、SBS、MBS、环氧化聚丁二烯树脂、液体丁二烯齐聚物等树脂；在有机化工生产中，用于合成环丁砜、1,4-丁二醇、已二腈、蒽醌、1,4-己二烯、环辛二烯、环十二碳三烯等。

【制法】 (1) 乙醇法。以乙醇为原料，以氧化镁、二氧化硅为主催化剂，加入活性添加剂，在360～370℃下，催化脱氢和脱水，生成丁二烯。

(2) 抽提法。乙烯裂解装置副产C_4馏分，用溶剂抽提法提取丁二烯，依采用的溶剂不同，可分为乙腈抽提法和*N*,*N*-二甲基甲酰胺抽提法。

① 乙腈抽提法。以乙腈为萃取剂。将乙烯裂解装置副产的C_4馏分送入丁二烯萃取精馏塔，顶部加入乙腈，丁烯及少量丁烷从塔顶排出；丁二烯、炔烃和乙腈进入第一解吸塔，乙腈被解吸出来，并返回萃取精馏塔。丁二烯和炔烃进入第二萃取塔，塔顶加入乙腈，丁二烯从塔顶出来，进入水洗塔，再经精馏脱水得聚合级丁二烯。

② *N*,*N*-二甲基甲酰胺抽提法。以*N*,*N*-二甲基甲酰胺为萃取剂。C_4馏分二次萃取，二次精馏，制取合格的丁二烯产品。第一次萃取脱除比丁二烯难溶于*N*,*N*-二甲基甲酰胺的杂质，如丁烯、丁烷；第二次萃取脱除比丁二烯易溶于*N*,*N*-二甲基甲酰胺的杂质，如乙烯基乙炔。第一次精馏脱除比丁二烯轻的组分，如甲基乙炔；第二次精馏脱除比丁二烯重的组分，如顺2-丁烯、1,2-丁二烯、C_5馏分及高沸点物，最后得到99.5%以上的1,3-丁二烯成品。

【安全性】 毒性较小，其毒性与乙烯类似，但对皮肤和黏膜的刺激较强，高浓度时有麻醉作用。动物吸入0.67%浓度的丁二烯，每天7.5h，经8个月，除少数例外，一般对生长和健康无妨碍。液态丁二烯因低温可造成冻伤。生产设备应密封，严防跑、冒、滴、漏。防火、防热。与空气形成爆炸性混合物，爆炸极限2%～11.5%（体积）。工作场所最高容许浓度为2200mg/m³。丁二烯在贮存中易聚合，主要由于容器中存在空气以致生成过氧化物，应保证容器清洁和干燥，并进行惰性气体置换和氮封。较长时间贮存及运输时，需加入一定量的阻聚剂。加入阻聚剂的丁二烯在使用前必须利用无机酸进行酸洗脱除阻聚剂。

【参考生产企业】 北京东方石油化工有限公司，中国石化扬子石油化工有限责任公司，中国石化股份有限公司齐鲁分公司，北京燕山石油化工股份有限公司，中国石油兰州化学工业公司，中国石化上海石油化工股份有限公司，中国石化大庆石油化工公司，上海赛科石油化工有限公司。

Aa011 异戊二烯

【英文名】 isoprene

【别名】 2-甲基-1,3-丁二烯；2-methyl-1,3-butadiene

【CAS 登记号】 [78-79-5]

【结构式】

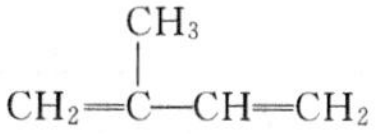

【物化性质】 无色易挥发、刺激性油状液体。沸点 34.07℃。凝固点 −145.96℃。闪点 −48℃。自燃点 220℃。相对密度 0.681。折射率 1.4219。不溶于水，溶于苯，易溶于乙醇、乙醚、丙酮中。

【质量标准】

项目		指标（聚合级）
异戊二烯/%	≥	97
异戊二烯二聚体/%	≤	0.1
α-烯烃/%	≤	1.0
β-烯烃/%	≤	2.8
炔烃/$\times 10^{-6}$		50
丙二烯/$\times 10^{-6}$		50
1,3-丁二烯/$\times 10^{-6}$		80
环戊二烯/$\times 10^{-6}$		1
羰基化合物/$\times 10^{-6}$		10
硫化物/$\times 10^{-6}$		5
过氧化物/$\times 10^{-6}$		5
乙腈/$\times 10^{-6}$		8

【用途】 主要用于生产聚异戊二烯橡胶，也是丁基橡胶的第二单体，还可用于制造农药、医药、香料及黏结剂等。

【制法】 (1) 脱氢法。异戊烷脱氢制异戊烯，异戊烯再脱氢得异戊二烯，然后经乙腈或 *N*,*N*-二甲基甲酰胺萃取蒸馏分离出异戊二烯纯品。

(2) 合成方法。有烯醛法、乙炔-丙酮及丙烯二聚法三种方法。

① 烯醛法。由异丁烯和甲醛合成，分为一步气相催化合成法和二步法。二步法是在酸性催化剂存在下，异丁烯与甲醛经普林斯（Prins）反应生成 4,4-二甲基-1,3-二氧六环（DMD），第二步 DMD 裂解生成异戊二烯、甲醛和水。

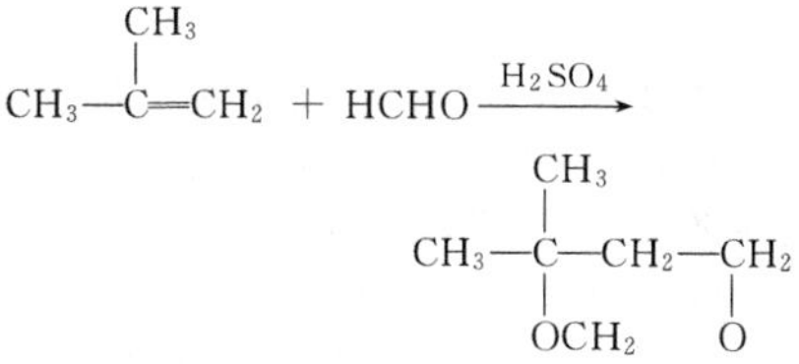

(DMD)

$$DMD \xrightarrow{裂解} 本品 + HCHO + H_2O$$

② 乙炔-丙酮法。由三步反应组成：

$$C_2H_2 + CH_3COCH_3 \xrightarrow[2026kPa]{10\sim40℃}$$

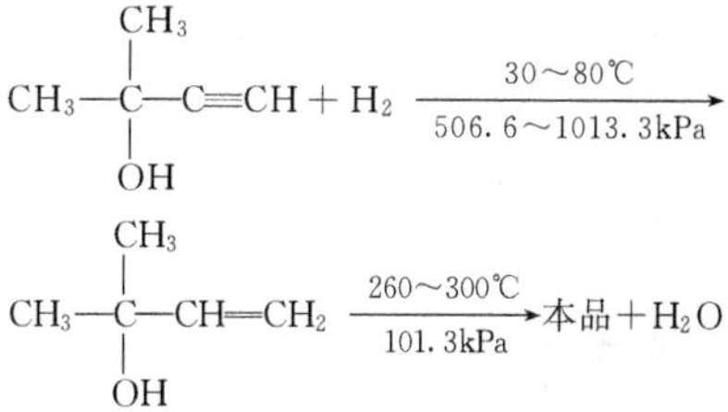

③ 丙烯二聚法。由三步反应组成：(a) 丙烯在催化剂作用下发生二聚反应得 2-甲基-1-戊烯；(b) 2-甲基-1-戊烯在酸性固体催化剂存在下异构化为 2-甲基-2-戊烯；(c) 2-甲基-2-戊烯在催化剂作用下，于 650～800℃温度裂解得到异戊二烯。

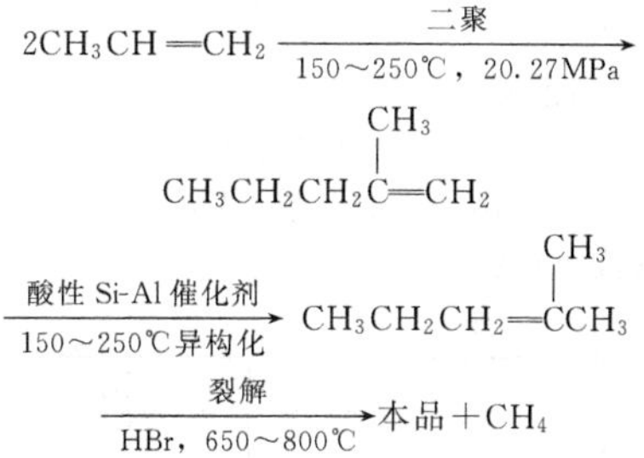

(3) 抽提法。乙烯装置副产 C_5 馏分分离异戊二烯，C_5 馏分的产率一般为裂解原料的 5%～8%，其中异戊二烯含量

为15%～25%。异戊二烯产率为裂解原料的0.5%～1.0%。用普通蒸馏法难以得到高纯产品，一般采用萃取蒸馏和共沸蒸馏法，已工业化的萃取蒸馏方法有乙腈法、*N*,*N*-二甲基甲酰胺法、*N*-甲基吡咯烷酮法等。

【安全性】 蒸气和液体能刺激眼、皮肤和呼吸系统。高浓度蒸气有麻醉作用，口服会损害内脏。工作场所应通风良好，操作人员应戴口罩。空气中最大容许浓度为0.04mg/L。与空气形成爆炸性混合物，爆炸极限为1.6%。用金属桶盛装，放置容器应防破损。最好在户外存放或存入易燃品仓库内。其分子中含有的共轭双键，易发生聚合作用，在贮存时常加入0.05%～0.06%的阻聚剂，并每周取样分析一次，以核实阻聚剂与聚合物含量。

【参考生产企业】 山东东明石化集团玉皇实业有限公司，中国石化上海石油化工股份有限公司。

Aa012 乙炔

【英文名】 acetylene

【别名】 电石气；ethyne；ethine

【CAS登记号】 [74-86-2]

【结构式】 CH≡CH

【物化性质】 无色有毒气体。性质活泼，能发生加成反应和聚合反应，在氧气中燃烧产生3500℃以上的高温和强光。沸点－84℃。熔点（118.656kPa）－80.8℃。闪点（闭杯）－17.78℃。自燃点305℃。相对密度1.0869（空气＝1）。折射率1.00051。微溶于水，溶于乙醇、苯、丙酮。

【质量标准】

（1）乙炔

项目		指标
乙炔/%	≥	99.08
丁二炔/%		微量
乙烯基乙炔/%	＜	0.02
乙烯/%	＜	0.01
丙二烯/%	＜	0.35
甲基乙炔/%	＜	0.42
CO_2/%	＜	0.01

续表

（2）GB 6819—2004 溶解乙炔

项目	指标
乙炔的体积分数/%	98.0
磷化氢、硫化氢试验	硝酸银试纸不变色

【用途】 有机合成的重要原料之一。可制备乙醛、醋酸、丙酮、季戊四醇、丙炔醇、1,4-丁炔二醇、1,4-丁二醇、丁二烯、异戊二烯、氯乙烯、偏氯乙烯、三氯乙烯、四氯乙烯、醋酸乙烯、甲基苯乙烯、乙烯基乙炔、乙烯基乙醚、丙烯酸及其酯类等。乙炔亦是合成橡胶、合成纤维和塑料的单体，也可直接用于金属的切割和焊接。

【制法】 （1）电石与水作用得到乙炔。

（2）天然气制乙炔法。预热到600～650℃的原料天然气和氧进入多管式烧嘴板乙炔炉，在1500℃下，甲烷裂解制得8%左右的稀乙炔，再用*N*-甲基吡咯烷酮提浓制得99%的乙炔。

【安全性】 具有麻醉作用，其麻醉性比单烯烃强得多。高浓度乙炔气爆炸危险性比毒性事故多。乙炔有阻止氧化的作用，使脑缺氧，引起昏迷麻醉，但对生理机能没有影响。吸入高浓度乙炔后，呈现酒醉样兴奋，能引起昏睡、紫绀、瞳孔发直、脉搏不齐等。苏醒后有对相关事故的发生经过丧失记忆能力等症状。停止吸入即迅速好转。发生中毒时应迅速脱离中毒现场，进行治疗。此外，应注意乙炔中常含有的磷化氢和砷化氢等杂质引起的中毒。在空气中爆炸极限2.3%～72.3%（体积）。远距离输送乙炔时，必须使用特殊制造的乙炔钢瓶，短距离用管线运输。

【参考生产企业】 北京市普莱克斯实用气体有限公司，杭州电化集团气体有限公司，上海中远化工有限公司，南京特种气体厂有限公司，龙口华东气体有限公司，仪征市溶解乙炔气制造有限公司，镇江市乙炔气厂，中国石化集团四川维尼纶厂，龙海市气体有限责任公司。

Aa013 乙烯基乙炔

【英文名】 vinyl acetylene

【CAS登记号】 [689-97-4]

【结构式】

$$CH_2{=}CH{-}C{\equiv}CH$$

【物化性质】 具有类似乙炔气味的气体。沸点 5.1℃。熔点 －118℃。相对密度（d_0^0）0.7095。折射率 1.4161。

【质量标准】 乙醛<0.1%；不含二乙烯基乙炔。

【用途】 主要用于生产氯丁橡胶和胶黏剂甲醇胶等，也用于制取二乙烯基醚及甲基乙烯基（甲）酮为基础的多聚体。

【制法】 乙炔经预处理后，在氯化亚铜和氯化铵盐酸溶液存在下于 80～84℃进行二聚即得。

【安全性】 有毒。对人体有刺激和麻醉作用。中毒后引起头痛、眩晕、咽喉干燥、腿部无力，有时呕吐，并能引起神经、肝等疾病。设备管道应密闭，防止泄漏。操作人员应穿戴防护用品。在空气中非常容易氧化而成爆炸性的过氧化物，爆炸极限 1.17%～73.3%（体积）。空气中最高容许浓度为 0.01mg/L。采用钢瓶包装。易发生加成反应和聚合反应。加入 0.1%的木焦油作阻聚剂，低温下贮存。

【参考生产企业】 成都侨源实业有限公司，杭州电化集团有限公司，南京特种气体厂有限公司，龙口华东气体有限公司。

Ab 脂环族化合物

Ab001 环己烷

【英文名】 cyclohexane

【别名】 六氢化苯；hexahydrobenzene；hexamethylene；hexanaphthene

【CAS 登记号】 [110-82-7]

【结构式】

【物化性质】 具有“船式”和“椅式”两种分子构象。在室温下每1000个环己烷分子中只有1个分子处于“船式”构象。常温下为无色可燃液体，具有刺激性气味。沸点80.738℃。凝固点6.554℃。相对密度0.77855。折射率1.42623。闪点(闭杯，98%) −18℃。自燃点260℃。不溶于水，溶于乙醇，丙酮和苯。

【质量标准】

(1) SH/T 1673—1999 工业用环己烷

项目	优等品	一等品	合格品
外观	在18.3～25.6℃下无沉淀、无浑浊的透明液体		
色度(铂-钴色号) ≤	10	15	20
密度(20℃)/(g/cm³)	0.777～0.782		
纯度/% ≥	99.90	99.70	99.50
苯/(mg/kg) ≤	50	100	800
正己烷/(mg/kg) ≤	200	500	800
甲基环己烷/(mg/kg) ≤	200	500	800
甲基环戊烷/(mg/kg) ≤	150	400	800
馏程(101.3kPa，包括80.7℃) ≤	1.0	1.5	2.0
硫/(mg/kg) ≤	1	2	5
不挥发物/(mg/100mL)	1	5	10

(2) GB/T 14305—1993 化学试剂环己烷

项目	分析纯	化学纯
环己烷(C_6H_{12})/% ≥	99.5	99.0
密度(20℃)/(g/mL)	0.778～0.779	0.776～0.780
结晶点/℃ ≥	5.5	5.0
蒸发残渣/% ≤	0.002	0.005
苯(C_6H_6)/% ≤	0.05	0.1
环己烯(C_6H_{10})/% ≤	0.05	0.1
易炭化物质	合格	合格
水分(H_2O)/% ≤	0.02	0.05

【用途】 用作尼龙6和尼龙66的原料。是纤维素醚、树脂、蜡、油脂、沥青和橡胶的优良溶剂，还可用作聚合反应稀释剂、涂料脱膜剂、清净剂、己二酸萃取剂和黏结剂等。

【制法】 纯苯在镍催化剂存在下，液相加氢制得环己烷，副产低压蒸气，反应生成物经冷却，蒸馏后，即得环己烷。

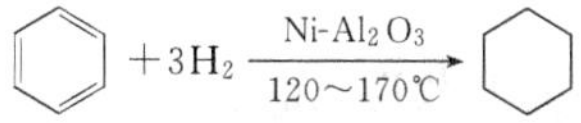

【安全性】 有中等毒性,对中枢神经系统有抑制作用,高浓度环己烷有麻醉作用,会影响造血功能及消化系统功能。环己烷蒸气和空气形成爆炸性混合物。生产设备要密封,防止物料泄漏。操作人员佩戴好防护用具。在空气中的爆炸极限为1.31%~8.35%。空气中最高容许浓度为1015mg/m³。采用铁桶或槽车装运,贮运中要避免高温曝晒和金属撞击。按有毒易燃物品规定贮运。失火时用干粉灭火,用水灭火无效。

【参考生产企业】 北京燕山石油化工有限公司,锦化化工有限公司,江苏扬农化工集团有限公司,中国神马集团尼龙 66 盐有限责任公司,岳阳石油化工总厂化工二厂,杭州市东升化工厂,济南云翔化工有限公司,沈阳市安源化工有限公司。

Ab002 乙基环己烷

【英文名】 ethyl cyclohexane

【别名】 环己基乙烷; cyclohexylethane

【CAS 登记号】 [1678-91-7] 【结构式】

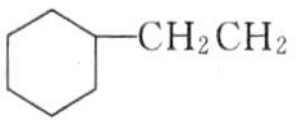

【物化性质】 无色透明液体。沸点 131.8℃。熔点-111.31℃。闪点 35℃。自燃点 262℃。相对密度 0.7880。折射率 (n_D^{10}) 1.4330。蒸 气 压 (20℃) 13.33kPa。燃 烧 热 值 4873.770kJ/mol。不溶于水,能与醇、醚、丙酮和苯、四氯化碳混溶。

【质量标准】

项目	指标
含量/%	99. 2
环己烷/%	0.06
甲基环己烷/%	0. 15
其他有机物/%	0. 56
水分/% ≤	0.06

【用途】 有机合成原料。用作溶剂、色谱 分析标准物质等,还用作金属表面处 理剂。

【制法】 乙苯在镍或铂催化下,于 200~300℃氢化制得。

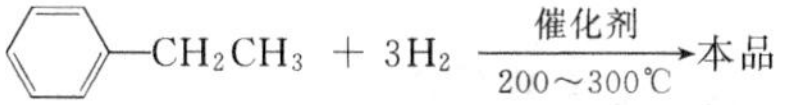

【安全性】 毒性比苯、甲苯、二甲苯低,工作场所最高容许浓度 500×10⁻⁶,防护方法参见环己烷。用镀锌铁桶装,150kg/桶。属于二级易燃液体。应贮于阴凉、通风仓库内,远离火源、热源,防止阳光曝晒,应与氧化剂分开存放,搬运时轻装轻卸,防止破损。铁路危规编号 62006。

【参考生产企业】 江苏省扬农化工集团有限公司,北京佳友盛新技术开发中心,上海友盛化工科技有限公司,杭州市东升化工厂。

Ab003 环十二烷

【英文名】 cyclododecane 【CAS 登记号】 [294-62-2] 【结构式】

$$CH_2(CH_2)_{10}CH_2$$

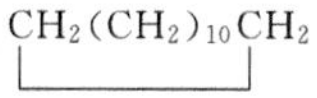

【物化性质】 无 色 晶 体。 沸 点 (2.40kPa) 118℃。熔点 60~61℃。相对 密度 0.871。

【用途】 用作尼龙的单体、十二内酰胺的中间体。

【制法】 (1) 环十二碳三烯加氢制取。也可由石油裂解所得 C_4 馏分中的 1,3-丁二烯直接进行三聚成环十二碳三烯,再经加氢制得。加氢所用催化剂为骨架镍,在压力 $1.961 \sim 2.941 \text{MPa}$ 、反应温度 $80 \sim 100 \, \text{℃条件下进行。}$

(2) 以环十二酮为原料,用锌汞齐和 盐酸进行还原制得。

【安全性】 环癸烷对小鼠灌胃 LD_{50} 为 5g/kg。 $C_5 \sim C_{10}$ 环烷涂敷在豚鼠表皮上,即引起发红、表皮肥厚等炎症反应,且随分子中碳原子的增加而效应加剧，因此是有一定毒性的。其余参见环己烷。

【参考生产企业】 江苏省扬农化工集团有限公司，岳阳石油化工总厂化工三厂，济南云翔化工有限公司。

Ab004 溴代环戊烷

【英文名】 bromocyclopentane

【别名】 cyclopentyl bromide

【CAS 登记号】 [137-43-9]

【结构式】

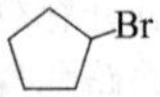

【物化性质】 无色液体。具有类似樟脑的香气。久置变为棕色。沸点 137～139℃。闪点 35℃。相对密度 1.3860。折射率 1.4885。溶于乙醇、乙醚，不溶于水。

【质量标准】

项目	指标
含量/% ≥	99
水分/% ≤	0.1
pH 值	6～8
不挥发物/$\times 10^{-6}$ ≤	50

【用途】 用于合成医药（环戊甲噻嗪）等有机物的中间体。

【制法】 以环戊醇为原料，与氢溴酸混合加热、回流后，经蒸气蒸馏、分层后，对油层用 5% 碳酸钠溶液洗涤，再经干燥、过滤、分馏，收集 136～139℃馏分即得。

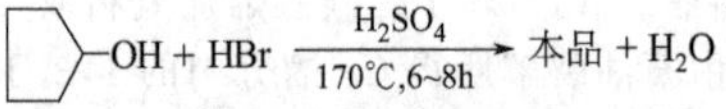

【安全性】 浓度高时损害肝脏，有麻醉作用。参见 1-溴代异戊烷。生产现场要有良好的通风，设备应密闭。操作人员穿戴防护用具。采用铁桶或铁桶内衬塑料桶包装。贮存于阴凉、通风处。防晒、防热，远离火源。按一般化学品规定贮运。

【参考生产企业】 宜兴市芳桥东方化工厂，宜兴市兴丰化工厂，青岛东海源生化科技有限公司，上海元吉化工有限公司。

Ab005 氯代环己烷

【英文名】 cyclohexyl chloride

【别名】 chlorocyclohexane

【CAS 登记号】 [542-18-7]

【结构式】

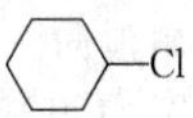

【分子式】 $C_6H_{11}Cl$

【物化性质】 为无色液体，具有窒息性气味。沸点 142℃。熔点 −44℃。相对密度 1.000。折射率 1.4626。不溶于水，溶于乙醇。

【质量标准】

项目	指标
外观	无色液体
含量/% ≥	95
相对密度(d_4^{20})	1.00
沸点/℃	142
熔点/℃	−44

【用途】 医药中间体，用于制取抗癫痫、痉挛药盐酸苯海索。

【制法】 以环己醇经氯化制得。将环己醇与盐酸混合，在水浴上加热，回流，当内温逐步上升，达 104℃左右，回流反应即告完成，冷却至室温，静置分层后，弃去酸水，先后分别以饱和盐水及 $NaHCO_3$ 饱和液各洗涤一次后，以无水氯化钙脱水，经分馏，捕集 141～142℃馏分，即为产品。

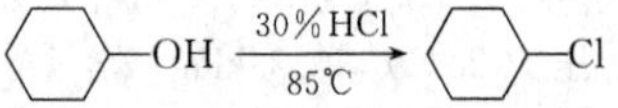

【安全性】 环己烷具有麻醉及刺激皮肤作用，其卤代物作用更强。生产车间应有良好通风，设备应密闭。操作人员应穿戴防护用具。采用铁桶或槽车装运。易燃。应贮存在干燥、阴凉、通风良好的仓库内。远离火种、热源。防晒、防止撞击。按易燃物品规定贮运。轻装、轻卸，防止包装破损。

【参考生产企业】 葫芦岛市华福实业总公

司，浙江华兴化学农药有限公司，浙江黄岩新飞化工有限公司，宜兴市芳桥东方化工厂。

Ab006 环戊烯

【英文名】 cyclopentene

【CAS登记号】 [142-29-0]

【结构式】

【物化性质】 无色、有刺激性的液体。沸点 44.2℃。熔点 −135.076℃。相对密度 0.772。折射率 1.4225。闪点 −50℃。表面张力 16.0mN/m。黏度（50℃）0.2mPa·s。着火点 385℃。临界温度 233℃。临界体积 0.276mL/g。临界压力 4.64MPa。溶于乙醇、乙醚、苯及石油醚，不溶于水。

【质量标准】 含量≥99%。

【用途】 大量用于制造聚环戊烯橡胶。也用于制取环戊基苯酚（消毒剂）、环醛、环戊二醇等。

【制法】 （1）最早曾用环戊醇在 380～400℃下，用氧化铝为催化剂进行气相脱水制取。

（2）BASF-Erdchemie 法。以石油裂解的副产 C_5 馏分为原料，经加热，使其中的环戊二烯二聚成双环戊二烯，用 *N*-甲基吡咯烷酮抽提出来，再经裂解成环戊二烯，通过选择加氢成环戊烯后，加进含环戊二烯的物料中，再经抽提、蒸馏及分馏，得环戊烯和异戊二烯。

（3）Bayer 法。C_5 馏分经热处理，得双环戊二烯，再经解聚成环戊二烯。最后经催化加氢而成环戊烯。使用钯系催化剂，Cr 或 Ti 为助催化剂，Li-Al 尖晶石为载体。

（4）IFP 法。法国石油化学研究所研制的催化剂进行上项操作制取环戊烯的方法。催化剂由 $Cd_2Ti\text{-}(OC_6H_5)_2$ 和 $Li(t\text{-}BuO)_3AlH$ 构成，转化率 99.99%，选择性 97%。

【安全性】 强烈刺激皮肤和黏膜，误入眼中会引起角膜浑浊，口服后会引起胃肠剧痛和恶心呕吐。生产车间及实验室均应有良好的通风设施，操作人员应穿戴好防护用具。蒸馏操作不得蒸干以防爆炸。20℃，0.1MPa 时爆炸极限 3.4%～8.5%（体积）。用金属桶盛装，贮存于易燃品仓库内，保持通风良好，防晒，远离火种、热源。搬运时轻装轻卸，避免破损。

【参考生产企业】 大连天力科技发展有限公司，常州市新华活性材料研究所，上海邦成化工有限公司，上海共禾化工有限公司，江苏富利达化工有限公司，山东玉皇化工有限公司。

Ab007 环己烯

【英文名】 cyclohexene

【别名】 1,2,3,4-tetrahydrobenzene

【CAS登记号】 [110-83-8]

【结构式】

【物化性质】 无色易燃液体。沸点 83℃。熔点 −103.5℃。闪点 −11.67℃。相对密度 0.81096。折射率 1.44654。不溶于水，易溶于醚。

【质量标准】 HG/T 4002—2008 工业用环己烯

项目		优等品	一等品	合格品
外观		透明液体,有特殊刺激气味		
环己烯/%	≥	99.0	97.0	95.0
环己烷/%	≤	1.0	1.5	2.3
氯代环己烷/%	≤	1.0	1.5	1.5
苯/%	≤	0.5	1.0	2.2
色度(铂-钴色号,Hazen单位)	≤	10	15	20
水分/%	≤	0.03	0.05	0.10

【用途】 是有机合成原料，用于合成赖氨酸、环己酮和苯酚，还可用作催化剂溶剂和石油萃取剂。

【制法】 由环己醇在催化剂硫酸存在下，加热生成环己烯，蒸馏得粗制品。再用精盐饱和液洗涤，然后用硫酸钠溶液中和微量的酸，经水洗、分层、干燥、过滤、精馏，收集 82～85℃馏分得成品环己烯。

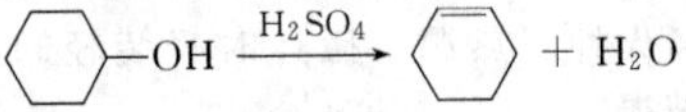

【安全性】 具有中等毒性，其毒害作用基本上与环己烷相似。当溅及皮肤时，因其很快蒸发而引起刺激。当吸入人体时，有麻醉作用。对温血动物麻醉作用快，但不引起间歇性痉挛或战栗，可使血压下降，脉搏和呼吸减少。生产现场应保持良好通风，操作人员穿戴防护用具。空气中最高容许浓度 1015mg/m^3。用玻璃瓶包装，每瓶重 20kg，外套木箱。在室温下贮存。易燃，贮运中要隔绝火源，避免碰撞。

【参考生产企业】 招远市金顺达化工有限公司，山东寿光圣海化工有限公司，上海邦成化工有限公司，上海共禾化工有限公司，新乡市华瑞精细化工有限公司。

Ab008 环戊二烯

【英文名】 cyclopentadiene

【别名】 1,3-cyclopentadiene

【CAS 登记号】 [542-92-7]

【结构式】

【物化性质】 无色流动性易燃液体，且极易挥发，有类似萜烯气味。因含有两个双键及一个活性亚甲基，性质很活泼。在常温下也易于聚合成二聚环戊二烯，但受热(176.6～190℃）仍可变为环戊二烯。沸点 41.5℃。熔点 －85℃。相对密度 0.8024。折射率 1.4429。自燃点 640℃（空气中）。蒸发热 3547.195kJ/mol。不溶于水，易溶于乙醇、乙醚、苯、丙酮、四氯化碳等有机溶剂。

【用途】 主要用于制造二烯类农药、塑料、涂料、医药、香料、合成橡胶、石油树脂、高能燃料等。

【制法】 (1) 从工业副产物中回收环戊二烯。①以煤焦油粗苯头馏分为原料，经聚合、蒸馏，分离得到二聚环戊二烯，然后在 350～370℃进行热裂解制得。②将天然气，石油烃类高温裂解，在适当条件下，也可得到环戊二烯。

(2) 合成法。以环戊烯或环戊烷为原料，采用活性氧化铝、氧化铬、氧化钾为催化剂，反应温度 600℃，2666～3333Pa 压力下脱氢制取环戊二烯。此外，还可以 1,4-戊二烯、1,3-戊二烯为原料，制取环戊二烯。

【安全性】 蒸气具有麻醉性，能抑制中枢神经，并能损坏肝脏及血液，造成类似苯中毒的效应。经常吸入低浓度蒸气能产生头痛，腹痛，以及黄疸、贫血等症状。工作场所应通风良好，操作人员应穿戴防护用具。应及时将吸入蒸气的患者脱离污染区，安置休息并保持温暖。严重者须就医诊治。工作场所空气中最大容许浓度 5.0mg/m^3。贮存时用玻璃瓶或金属桶盛装。放置容器需防破损。贮存于阴凉、通风良好处，防热，远离火源。与氧化剂隔绝。

【参考生产企业】 上海梅山企业发展有限公司南京化工实业公司。

Ab009 甲基环戊二烯

【英文名】 methylcy clopentadiene

【别名】 1-methylcyclopenta-1,3-diene

【CAS 登记号】 [96-39-9]

【结构式】

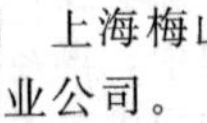

【物化性质】 无色液体。沸点 200℃。熔点－51℃（95%产品）。闪点 26℃。相对

密度 0.941。折射率 1.4520。易溶于乙醇、乙醚、苯，不溶于水。

【质量标准】 无色或微黄色的透明液体。含量≥90%（环戊二烯二聚体 6%～8%，其他烃类 2%左右）。

【用途】 用作高能火箭燃料、增塑剂和固化剂生产的原料。

【制法】 以石油高温裂解焦油为原料，经蒸馏，切割其中 C_6 原料油，经二聚化成聚合油，再经蒸馏，收集粗二聚混合物，通过加热解聚、精馏，得纯环戊二烯及粗甲基环戊二烯，将粗甲基环戊二烯经二聚化成粗二聚甲基环戊二烯，减压蒸出二聚甲基环戊二烯及苯等杂质，解聚、粗馏得环戊二烯及甲基环戊二烯，最后经减压精馏，分别制得环戊二烯和甲基环戊二烯。

【安全性】 参见环戊二烯。有类似苯中毒的效应。工作场所应通风良好，操作人员应穿戴防护用具。贮存时用玻璃瓶或金属桶盛装。贮存于阴凉、通风良好处，防热、远离火种。与氧化剂隔绝。

【参考生产企业】 辽阳虹马化工有限责任公司，北京北化精细化学品有限责任公司，宜兴市永泰化工有限公司，山东恒佳药化有限公司。

Ab010 六氯环戊二烯

【英文名】 hexachlorocyclopentadiene

【别名】 全氯环戊二烯

【CAS 登记号】 [77-47-4]

【结构式】

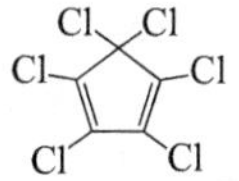

【物化性质】 淡黄色油状液体，有刺激性气味，不可燃。在氯化铁存在下，加热到 90～95℃可生成二聚体。沸点 239℃。凝固点 −10℃。相对密度（d_4^{25}）1.7091。折射率（n_D^{25}）1.5658。不溶于水，可溶于乙醚、四氯化碳等有机溶剂中。

【质量标准】

项目	指标
外观	浅黄色至棕黄色透明液体
含氯量/%	76～79
相对密度	1.69～1.73
酸度/%	≤0.3

【用途】 主要用来制取有机氯杀虫剂、艾氏剂、狄氏剂和耐燃塑料。

【制法】 以环戊二烯为原料，氯化得四氯环戊烷，四氯环戊烷在 170～180℃预氯化，并于 490～540℃进行高温氯化脱氢制得。

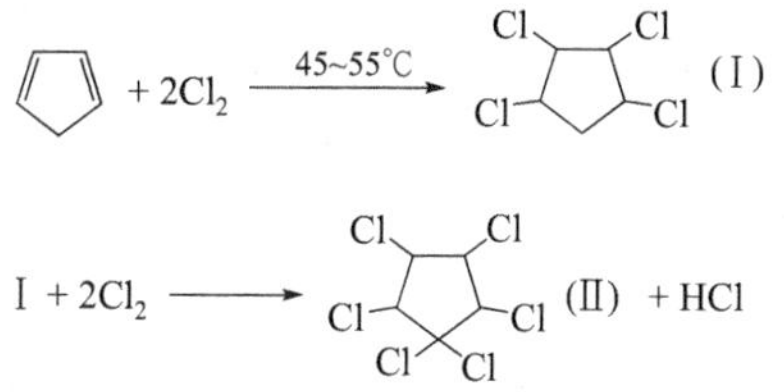

$$\text{II} + 2Cl_2 \longrightarrow \text{本品} + 4HCl$$

此外，以石油戊烷为原料，经光氯化和高温氯化合成六氯环戊二烯，收率 70%左右。

$$C_6H_{12} + nCl_2 \xrightarrow[80\sim95℃]{\text{光}} C_5H_{12-n}Cl_n + nHCl$$

$$C_5H_{12-n}Cl_n + (10-n)Cl_2 \xrightarrow[450\sim480℃]{\text{催化剂}} \text{本品} + HCl + Cl_2$$

【安全性】 有毒，经皮肤吸收进入血液引起中毒，对肝脏等器官有危害作用。大鼠在 250mg/m³ 的气氛中能存活的最长时间为 0.25h，纯度为 93.3%的六氯环戊二烯对大鼠和兔一次经口 LD_{50} 为 420～620mg/kg。接触皮肤后，应立即用碱性溶液洗净。设备应密闭，车间应有良好的通风。操作人员应穿戴防护用具。采用耐腐蚀设备贮存，如耐酸陶瓷坛等。按易燃有毒品规定贮运。

【参考生产企业】 江苏太仓市新塘第二化工厂，上海沪联化工二厂，江苏安邦电化有限公司。

Ab011 双环戊二烯

【英文名】 dicyclopentadiene

【别名】 二聚环戊二烯

【CAS登记号】 [77-73-6]

【结构式】

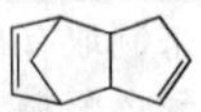

【物化性质】 无色结晶，有类似樟脑气味。有α和β两种异构体，双环戊二烯中主要含的是α异构体。因双环戊二烯含有双键，故易于进行加成反应和自聚反应。沸点170℃（分解）。凝固点31.5℃，33℃（α异构体），19.5℃（β异构体）。闪点32.22℃。自燃点680℃。相对密度（d_{20}^{20}）0.979。折射率（n_{D}^{35}）1.5061。溶于醇。

【质量标准】

项目	指标
外观	黄色或淡黄色液体或晶体
凝固点/℃ ≥	30
纯度/% ≥	95

【用途】 用作合成橡胶、农药、医药、合成树脂、涂料等的原料，加氢后用作高能燃料。

【制法】 将煤焦油的轻苯馏分蒸馏，切取<70℃的苯头馏分，其中含环戊二烯约30%，再经加热，聚合，蒸馏得成品双环戊二烯。以烃裂解工业中的C_5馏分为原料，经加热二聚，再进行减压蒸馏分离制得。其次，以环戊二烯为原料，经二聚亦可制得。

【安全性】 有毒，大鼠经口LD_{50}为820mg/kg，兔经皮肤吸收LD_{50}为6.72mL/kg。具有麻痹性及局部刺激作用，急性中毒能引起昏迷。大鼠经口中毒的主要病理变化是肺、胃、肠、肾及膀胱的广泛充血及出血。装置、设备容器应密封，加强通风。操作人员应穿戴防护用具。发生急性中毒者应将其移至新鲜空气处，按一般麻醉药物中毒症治疗处理。空气中最高容许浓度为5mg/m³。贮存时采用小口铁桶包装，贮存于阴凉通风处。按有毒易燃危险品规定贮运。

【参考生产企业】 海城利奇碳材有限公司，辽阳石油化纤公司红方金澳化工厂，宜兴威特石油化工添加剂厂，辽阳石油化纤公司金天化工厂，湖州城区天顺化工厂，山东东明石化集团玉皇实业有限公司，濮阳市新豫化工物资有限公司。

Ab012 1,5-环辛二烯

【英文名】 1,5-cyclooctadiene

【CAS登记号】 [111-78-4]

【结构式】

【物化性质】 无色液体，能发生氢化、聚合、环氧化、加成反应。沸点（101.4kPa）151℃（90%工业品）。凝固点−70℃（纯品）。闪点35℃。着火点270℃。相对密度0.880。折射率1.494。黏度（20℃）1.38mPa·s。不溶于水。

【用途】 在工业上1,5-环辛二烯主要用于制取尼龙8、辛二酸、辛烯二酸、耐低温增塑剂、聚酰胺纤维的单体、环氧树脂的活性稀释剂、乙丙橡胶第三单体及阻燃剂等。

【制法】 (1) 零价镍催化法。1,3-丁二烯在零价镍配位络合物的催化作用下进行环化反应而成。

(2) 镍络合物催化法。1,3-丁二烯在双丙烯腈镍络合物和三苯膦为催化剂的作用下进行环化反应制取。反应溶剂以苯、环己烷、己烷及环辛二烯等非极性溶剂为宜。

【安全性】 低毒，但能刺激皮肤，引起过敏、皮炎，也可引起眼睛、眼睑发炎。生产中操作人员应穿戴防护用具。生产设备应密闭，车间要有良好通风。应贮存于不锈钢瓶或塑料桶中，放在阴凉、通风、干燥的库房内，远离火种、热源。按一般化学品规定贮运。

【参考生产企业】 上海邦成化工有限公司，南京化工实业公司。

Ab013 莰烯

【英文名】 camphene

【别名】 2，2-dimethyl-3-methylenenorbornane；3，3-dimethyl-2-methylenenorcamphane

【CAS登记号】 [79-92-5]

【结构式】

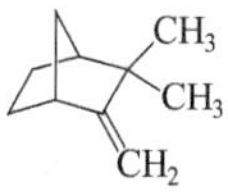

【物化性质】 无色结晶。沸点159～162℃。熔点48～51℃。相对密度0.879。折射率1.4551。溶于醚，微溶于醇，不溶于水。

【质量标准】 工业品含量≥95%；熔点≥45℃。

【用途】 莰烯用作合成樟脑、香料、农药、硫氰醋酸异莰酯、醋酸异莰酯等的原料。

【制法】 以优质松节油（主要组成为蒎烯）为原料，经减压蒸馏，提取α-蒎烯，用水合氧化钛作催化剂，在（135±2)℃下进行异构化反应。异构液经减压分馏得莰烯。

【安全性】 毒性为樟脑的1/30。应用镀锌铁桶200kg包装，按易燃危险物品规定贮运。

【参考生产企业】 上海新华香原料工贸公司，浙江嘉兴中华化工集团有限责任公司，上海市黄埔化工厂，西安太宝化工有限责任公司。

Ab014 苧烯

【英文名】 limonene

【别名】 柠檬烯；双戊烯；1-methyl-4-(1-methylethenyl) cyclohexene；*p*-mentha-1,8-diene；cinene；cajeputene；kautschin

【CAS登记号】 [138-86-3]

【结构式】

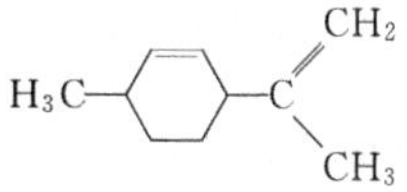

【物化性质】 常温下为无色易燃液体，有好闻的柠檬香味。苧烯有右旋体和左旋体两种异构体。存在于各种香精油，特别是柠檬油、橙子油、苧蒿油、莳萝油、佛手柑油中。与干燥氯化氢或溴化氢生成一卤化物，与液态氯化氢或溴化氢生成二卤化物。在空气中氧化生成薄膜，氧化的行为与橡胶和干性油的氧化相似。沸点175.5～176℃（101.72kPa)(右旋*d*-)、175.5～176.5℃（101.72kPa)(左旋*l*-)、178.64℃（消旋体*l*-)。凝固点－95.5℃（右旋*d*-)、－95.3℃（消旋体*l*-)。相对密度（$d_4^{20.5}$）0.8402（右旋*d*-)、（$d_4^{20.5}$）0.8407（左旋*l*-)、0.8404（消旋体*l*-)。折射率1.4727（右旋*d*-)、（n_D^{21}）1.474（左旋*l*-)、1.4727（消旋体*l*-)。比旋光度（$[\alpha]_D^{9.5}$）123.8°（右旋*d*-)、－101.3°（左旋*l*-)。不溶于水，与乙醇混溶。

【质量标准】

项目	指标
外观	微黄色易流动液体
相对密度(d_{20}^{15})	0.84～0.87
190℃以前馏出物/% ≥	95
折射率(200℃)	1.4680～1.4820

【用途】 用作磁漆、假漆、各种含油树脂、树脂蜡、金属催干剂的溶剂；用作香料调制橙花油和橘子油等，也可制成柠檬系精油的代用品，还可以合成香芹酮等。用作油类分散剂、橡胶添加剂、润湿剂等。

【制法】 广泛存在于天然的植物精油中。其中主要含右旋体的有蜜柑油、柠檬油、香橙油、樟脑白油等。含左旋体的有薄荷油等。含消旋体的有橙花油，杉油和樟脑白油等。在制造时，分别由上述精油进行分馏制取，也可以从一般精油中萃取萜烯，或在加工樟脑油及合成樟脑的过程中，作为副产物制得。所得双戊烯，经蒸馏提纯可得苧烯。用松节油作原料，进行分馏、得α-蒎烯，经异构化制莰烯，然后分馏得到。莰烯的副产物为双戊烯。此外，用松节油水合制松油醇时也可副产双戊烯。

【安全性】 无毒。用铁桶或铝桶包装，每桶净重170kg或50kg。密封贮存于阴凉、通风处。防火、防晒。按一般易燃化学品规定贮运。

【参考生产企业】 苏州合成化工厂，温州市化学试剂有限公司，福建建阳化工总厂，广州市黄埔化工厂，上海华谊集团华原化工有限公司。

Ab015 蒎烯

【英文名】 pinene

【别名】 6,6,10-三甲基双环-[3,1,1]-庚-2-烯；2，6，6-trimethylbicyclo [3，1，1] hept-2-ene；6，6-dimethyl-2-methylenebicyclo[3,1,1]heptane；nopinene

【CAS登记号】 [80-56-8]（α-蒎烯）；[127-91-3]（β-蒎烯）

【结构式】

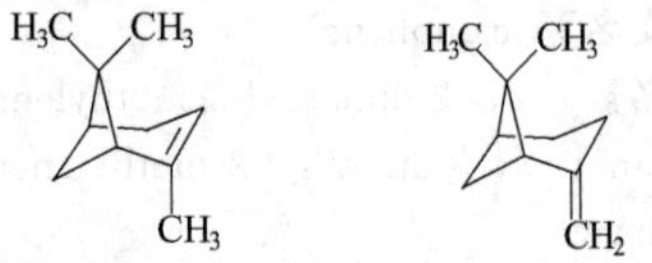

【物化性质】 有α-蒎烯和β-蒎烯两种异构体。α-蒎烯是松节油的主要成分，在马尾松脂松节油中，其含量占86%。β-蒎烯是松节油的次要成分，在马尾松脂松节油中含量占5%。无色透明液体，具有松萜特有的气味，有左旋 *l*-，右旋 *d*-，消旋 *dl*-三种形式。不溶于水，溶于乙醇，乙醚，醋酸等有机溶剂，易溶于松香。物性指标如下表。

项目	*d*-(右旋)体	α-蒎烯 *l*-(左旋)体	*dl*-(消旋)体	β-蒎烯 *l*-(左旋)体
沸点/℃	155～156	155～156	155～156.2	164
熔点/℃	−57	−55	−102.2	—
相对密度(d_4^{20})	0.8591～0.8600	0.8590～0.8598	0.8582～0.8592	0.8740(15℃)
折射率(n_D^{20})	1.4658～1.4663	1.4662～1.4670	1.4658～1.4664	1.4872
比旋光度($[\alpha]_D^{20}$)/(°)	+51.14	−51.28	0	−22.4

【质量标准】

(1) LY/T 1183—1995 α-蒎烯

项目		指标	
		90	95
外观		透明、无杂质、无悬浮物	
色度(铂-钴色号)	≤	35	
相对密度(d_4^{20})		0.855～0.865	
折射率(n^{20})		1.4640～1.4680	
酸值/(mgKOH/g)	≤	0.50	
水分/%	≤	0.10	
不挥发物含量/%	≤	1.0	

续表

项目		指标	
		90	95
溶解度(80%乙醇)/%(体积)	≥	—	16
含量(色谱法)/%	≥	90	95

(2) LY/T 1182—1995 β-蒎烯

项目		指标		
		80	90	95
外观		透明、无杂质、无悬浮物		
色度(铂-钴色号)	≤	35		
相对密度(d_4^{20})		0.860～0.870		

续表

项目	指标		
	80	90	95
折射率(n^{20})	1.4720～1.4800	1.4750～1.4810	1.4760～1.4820
酸值/(mgKOH/g) ≤	0.50		
水分/% ≤	0.10		
不挥发物含量/% ≤	1.0		
溶解度(80%乙醇) ≥ /%(体积)	—	—	16
含量(色谱法)/% ≥	80	90	95

【用途】 重要的有机合成原料，可用于合成一系列香料产品，以及合成樟脑、龙脑等。蒎烯经臭氧氧化可得蒎酮酸，再进一步氧化可得蒎酸，可制取植物生长刺激素，合成润滑剂及增塑剂等。蒎烯还可制成蒎烯树脂等，也可作漆蜡等的溶剂。

【制法】 由松节油在减压下分馏得到。

【安全性】 无毒。遇高温、明火、氧化剂有燃烧危险。宜贮于阴凉、通风处，远离明火热源，防止阳光曝晒，与氧化剂分开存放，包装要密封，搬运时轻装轻卸，严防破损。

【参考生产企业】 温州市化学试剂有限公司，广西梧州松脂股份有限公司，云南三木有限公司思茅香料厂，苏州合成化工厂。

Ab016 环戊醇

【英文名】 cyclopentanol

【别名】 羟基环戊烷；cyclopentyl alcohol

【CAS 登记号】 [96-41-3]

【结构式】

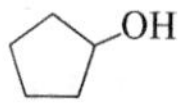

【物化性质】 无色芳香黏稠液体，易燃。沸点 140.8℃。熔点 −19℃。闪点 51.5℃。相对密度 0.9478。折射率 1.4530。溶于乙醇，微溶于水。

【质量标准】

项目	指标
沸点/℃	139～141
折射率(n_D^{20})	1.453
相对密度(d_4^{20})	0.9488

【用途】 主要用作有机合成中间体，用于医药、染料和香料等的生产，也可用作药品和香料的溶剂。

【制法】 由己二酸在氢氧化钡作用下，经干馏得环戊酮。环戊酮与四氢锂铝在乙醚中，室温下加氢还原，或在铬铜催化剂存在下，于 150℃，15MPa 下催化加氢或在铂催化剂存在下，0.2～0.3MPa 压力下催化加氢得环戊醇粗制品，然后精馏得成品。

【安全性】 在高浓度下有麻醉作用。详细毒性机理未见报道。生产过程中，应注意设备密闭，保持良好通风。操作人员戴好防护用具。用聚乙烯塑料桶包装，每桶 20kg。密闭，避光贮存。按一般易燃化学品规定贮运。

【参考生产企业】 江西师大化工有限公司，南京大唐化工有限公司，江苏省海门市电镀三厂，抚顺隆亿石油化工有限公司，扬州高华化工有限公司，大连天力科技发展有限公司。

Ab017 环己醇

【英文名】 cyclohexanol

【别名】 六氢苯酚；hexahydrophenol

【CAS 登记号】 [4354-58-9]

【结构式】

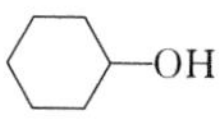

【物化性质】 无色油状可燃液体。有类似樟脑的气味。具有吸湿性。低于凝固点时呈白色结晶体。沸点 161.1℃。凝固点 25.15℃。闪点（开杯）67.2℃。相对密度 0.9493。折射率 1.4648。黏度（30℃）41.067mPa·s。可与乙醇、醋酸乙酯、亚麻仁油、芳烃、乙醚、丙酮、氯仿等有机溶剂混溶，微溶于水。

【质量标准】 HG/T 4121—2009 工业用环己醇

项目		优等品	一等品	合格品
环己醇/%	≥	99.5	97.0	95.0
环己酮/%	≤	0.05	2.00	3.00
轻组分①/%	≤	0.3	0.5	1.0
重组分②/%	≤	0.2	0.4	0.5
色度(铂-钴色号，Hazen单位)	≤	10	15	20
水/%	≤	0.05	0.15	0.50

① 轻组分为除环己酮之外色谱保留值比环己醇小的所有组分。

② 重组分为色谱保留值比环己醇大的所有组分。

【用途】 环己醇可用于制备己二酸、己二胺、环己酮、己内酰胺。还用于生产不饱和聚酯树脂、增塑剂、涂料和清漆等。也是织物的整理剂、皮革柔软剂。也可作橡胶、醇酸树脂、醋酸纤维、乙基纤维及硝化棉的溶剂。

【制法】 (1) 苯酚加氢法。苯酚蒸气和氢气在镍催化剂存在下，在110～125℃、压力1.078～1.471MPa，在管式反应器中进行加氢反应制得环己醇蒸气产品，经换热，冷凝，分离除氢后再精馏得成品。

(2) 环己烷氧化法。苯蒸气在镍催化剂存在下，于120～180℃进行加氢反应得环己烷，环己烷氧化制造环己醇根据不同催化剂分为以下三种方法。a. 钴盐催化法。以环烷酸钴、硬脂酸钴或辛酸钴为催化剂。b. 以硼酸或偏硼酸为催化剂，在空气氧化过程中，硼酸与环己基过氧化氢生成过硼酸环己醇酯，然后再变成硼酸环己醇酯，或者与生成的环己醇结合生成硼酸环己醇酯和偏硼酸环己醇酯。然后水解，油相经提纯即得成品。c. 无催化剂氧化法。以环己烷为原料，在压力1.47～1.96MPa，温度170～200℃下，用氧含量为10%～15%的空气氧化得环己基过氧化氢，再经浓缩后，于70～160℃催化分解，即得环己醇和环己酮。

【安全性】 有毒，其毒性比苯强烈，吸入环己醇蒸气时，对中枢神经和肌肉有麻痹作用，对皮肤和黏膜有刺激性。动物实验发现对肝、肾、血管都会引起病理变化。反复在兔子的皮肤上涂抹环己醇溶液，可引起体温降低，麻痹及抽搐等症状。生产设备应密闭，防止跑、冒、滴、漏。操作人员应戴防护用具。工作场所环己醇最高容许浓度为50mg/m³。与空气混合爆炸极限1.52%～11.1%（体积）。贮存时采用铁桶包装，每桶200kg，桶要严密，存放于干燥阴凉通风处，要注意防水、防晒、防火、防潮。按易燃有毒物品规定贮运。

【参考生产企业】 锦化化工有限责任公司，大连天力科技发展有限公司，山东方明化工有限公司，河南省长葛市化工三厂，江西师大化工有限公司，岳阳石油化工总厂化工二厂，南京大唐化工有限公司。

Ab018 环戊基乙醛

【英文名】 cyclopentyl acetaldehyde

【CAS登记号】 [5623-81-4]

【结构式】

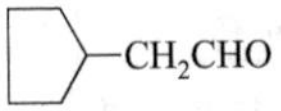

【物化性质】 无色油状液体。与水形成共沸物，共沸点94～96℃。

【用途】 为有机合成和医药中间体。可用以制造降压利尿药环戊甲噻嗪。

【制法】 由环戊基乙酸还原而得粗品，与亚硫酸氢钠加成得环戊基乙醛亚硫酸氢钠加成物，蒸馏得环戊基乙醛。

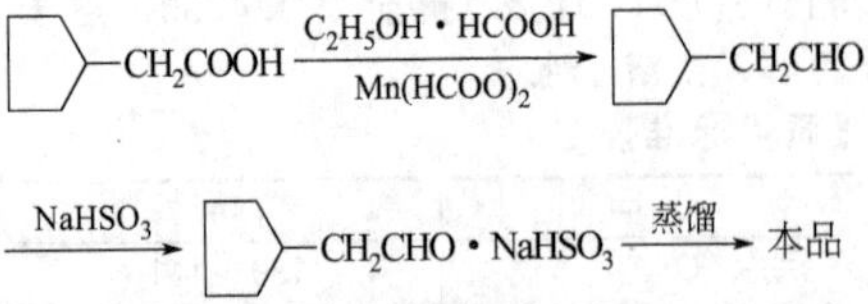

【安全性】 对神经系统有麻醉作用，勿直接与人体接触。车间应有良好的通风，设

备密闭，操作人员穿戴防护用具。贮存时采用聚乙烯塑料桶包装，每桶 20kg。密闭保存，避光避热，贮于阴凉通风处。按一般化学品规定贮运。

【参考生产企业】 北京北化精细化学品有限公司，江西师大化工有限公司。

Ab019 环戊酮

【英文名】 cyclopentanoe

【别名】 环戊烷酮；ketocyclopentane；ketopentamethylene；adipic ketone

【CAS 登记号】 [120-92-3]

【结构式】

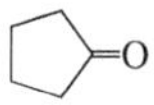

【物化性质】 液体，具有令人愉快的薄荷气味。易聚合，尤其是有酸存在时更易聚合。沸点 130.6℃。熔点 −58.2℃。闪点 29.82℃。相对密度 (d_4^{18}) 0.9509。折射率 1.4366。微溶于水，能与乙醇、乙醚混溶。

【质量标准】

项目		指标
含量/%	>	99
不挥发物/%	<	0.01
游离酸(以己二酸计)/%	<	0.02

【用途】 是一种有机化工原料。是医药及香料工业的原料，可制备新型香料氢茉莉酮酸甲酯，也用于橡胶合成与生化研究。

【制法】 由己二酸制得。将己二酸加热至 285～295℃，在氢氧化钡存在下生成环戊酮，经蒸馏，用乙醚萃取，再分馏制得成品。

【安全性】 低毒。小鼠腹腔 LD_{50} 为 1950mg/kg。易燃，蒸气能与空气形成爆炸性混合物。遇明火、高热、氧化剂有引起燃烧的危险。高浓度时有麻醉作用。应用镀锌桶，190kg/桶，二级易燃液体，密封贮存。

【参考生产企业】 北京化工厂，岳阳石油化工总厂，辽阳天成化工有限公司，南京化学工业有限公司。

Ab020 环己酮

【英文名】 cyclohexanone

【别名】 ketohexamethylene；pimelic ketone

【CAS 登记号】 [108-94-1]

【结构式】

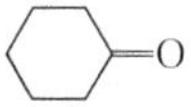

【物化性质】 无色透明液体，带有泥土气息，含有痕迹量的酚时，则带有薄荷味。不纯物为浅黄色，随着存放时间生成杂质而显色，呈水白色到灰黄色，具有刺鼻臭味。沸点 155.6℃。熔点 −32.1℃。闪点 54℃（开杯），63℃（闭杯）。自燃点 520～580℃。相对密度 0.9478，(d_4^{25}) 0.9421。折射率 1.4507。蒸气压 (47℃) 2kPa。黏度 (25℃) 2.2mPa·s。10℃时在水中溶解度 10.5%；12℃时水在环己酮中溶解度 5.6%。易溶于乙醇和乙醚。

【质量标准】

(1) GB/T 10669—2001 工业环己酮

项目		优等品	一等品	合格品
色度(铂-钴色号，Hazen 单位)	≤	15	25	—
密度 ρ_{20}/(g/cm³)		0.946～0.947	0.944～0.948	
在 0℃、101.3kPa 馏程范围/℃		153.0～157.0	152.0～157.0	
馏出 95mL 时的温度间隔/℃	≤	1.5	3.0	5.0
水分/%	≤	0.08	0.15	0.20
酸度(以乙酸计)/%	≤	0.01		—
折射率(n_D^{20})		由供需双方协商确定		
纯度/%	≥	99.8	99.5	99.0

(2) HG/T 3455—2000 化学试剂环己酮

项目	分析纯	化学纯
外观	无色透明液体	
环己酮($C_6H_{10}O$)含量/% ≥	99.5	99.0
折射率(n_D^{20})	1.4500～1.4510	1.4500～1.4510
与水混合试验	合格	合格
蒸发残渣/% ≤	0.05	0.05

【用途】 环己酮是制取己内酰胺和己二酸的主要中间体。用于医药，涂料，橡胶，染料及农药等工业，也可用作飞机用润滑油淤渣的溶剂，还用作擦亮金属的脱脂剂，木材着色涂漆后，可用环己酮脱膜、脱污、脱斑。

【制法】 (1) 苯酚法。以镍作催化剂，由苯酚加氢得环己醇，然后以锌作催化剂，脱氢得环己酮。

$$C_6H_5OH + 3H_2 \xrightarrow[120\sim180^\circ C]{Ni} C_6H_{11}OH \xrightarrow[380\sim476^\circ C]{Zn} C_6H_{10}O$$

(2) 环己烷氧化法。以环己烷为原料，无催化下，用富氧空气氧化为环己基过氧化氢，再在铬酸叔丁酯催化剂存在下分解为环己醇和环己酮，醇、酮混合物经一系列蒸馏精制即得产品。

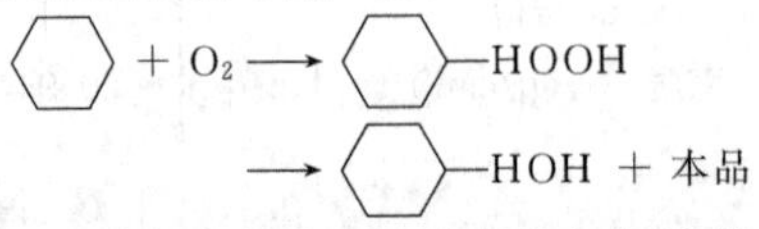

(3) 苯加氢氧化法。苯与氢气在镍催化剂存在下，在 120～180℃下进行加氢反应生成环己烷，环己烷与空气在 150～160℃，0.908MPa 下进行氧化反应生成环己醇和环己酮的混合物，经分离得环己酮产品。环己醇在 350～400℃，有锌钙催化剂存在下进行脱氢反应生成环己酮。

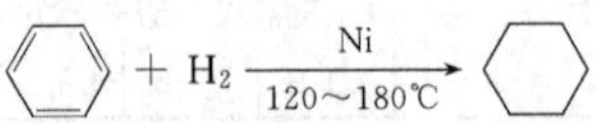

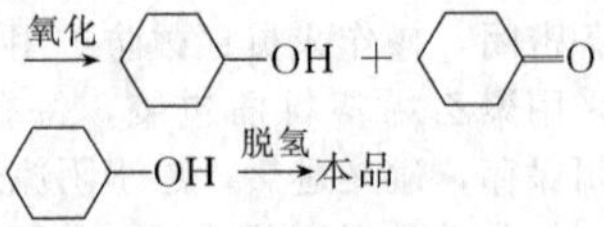

【安全性】 大鼠经口 LD_{50} 为 1.62mL/kg。高浓度的环己酮蒸气有麻醉性，对中枢神经系统有抑制作用。对皮肤和黏膜有刺激作用。高浓度的环己酮发生中毒时会损害血管，引起心肌，肺，肝，脾，肾及脑病变，发生大块凝固性坏死。通过皮肤吸收引起震颤麻醉、降低体温、终至死亡。在 25×10^{-6} 的气氛下刺激性小，但在 50×10^{-6} 以上时，就无法忍受。生产设备应密闭，应防止跑、冒、滴、漏。操作人员穿戴好防护用具。与空气混合爆炸极限 3.2%～9.0%（体积）。工作场所环己酮的最高容许浓度为 $200mg/m^3$。采用铁桶包装，也可用槽车运输。贮运中严禁烟火和撞击。

【参考生产企业】 北京市通州永乐长城化工有限公司，锦化化工（集团）有限责任公司，南京化学工业有限公司，浙江巨化集团公司，山东东明石化集团有限公司，岳阳石油化工总厂化工二厂，杭州三墩化工助剂厂，江苏江都市天林化工有限公司，山东方明化工有限公司。

Ab021 环庚酮

【英文名】 cycloheptanone

【别名】 软木酮；suberone；ketoheptamethylene；ketocycloheptane

【CAS 登记号】 [502-42-1]

【结构式】

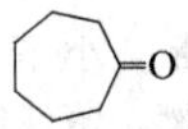

【物化性质】 无色油状液体。沸点 179～180℃。闪点 55℃。相对密度 0.9490。折射率 1.4608。几乎不溶于水，易溶于醇和醚。

【质量标准】 纯度（HPLC 法）≥98%。

【用途】 用于有机合成，经肟化可制环庚酮肟。

【制法】 由环己酮与硝甲烷加成、还原、重氮化、扩环制得。将甲醇、硝基甲烷、环己酮加入反应锅中搅拌，在5～10℃滴加碱液，冷至－4℃反应1h，滤出沉淀，加水溶解，用乙酸酸化至pH为4～5，再加热溶解，静置，分取油层得硝甲基环己醇粗油；再将粗油用铁粉还原，得胺甲环己醇还原液；加入亚硝酸钠溶液，在0～8℃重氮化后，升温至25℃搅拌1.5h，再升温至85℃，然后进行水蒸气蒸馏，馏出物静置，分取油层减压蒸馏，收集60℃（1.87kPa）馏分，得环庚酮成品。

【安全性】 有毒。小鼠腹腔 LD_{50} 为750mg/kg。易燃。遇高热、明火、氧化剂有引起燃烧的危险。用铁桶包装。贮存于阴凉、通风的库房内，避免阳光直射。泄漏时切断一切电源，戴好防毒面具与手套，用砂土吸收。

【参考生产企业】 上海万凯化学有限公司，上海益民化工有限公司，上海浦东新区中华化工（集团）有限公司，南京化学工业有限公司。

Ab022 2-莰酮

【英文名】 camphor

【别名】 樟脑；2-bornanone；2-camphanone

【CAS登记号】 [76-22-2]

【结构式】

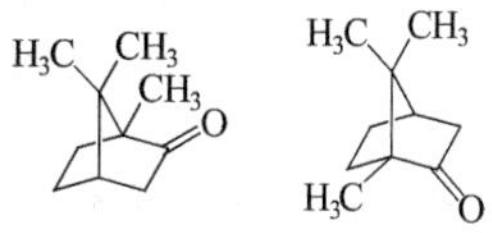

l-型　　*d*-型

【物化性质】 无色或白色晶体，颗粒状或易破碎的块状。易燃。有毒。有刺激性芳香味。室温下慢慢地挥发。在空气中爆炸极限0.6%～3.5%。化学性质稳定。缓和氧化时生成樟脑酸。还原时生成龙脑。沸点（101.3kPa）209℃。熔点179℃、（*d*-型）179.8℃、204℃升华。相对密度（d_4^{25}）0.992。比旋光度（$[\alpha]_D^{25}$）＋41～＋43°（*c*＝10，U.S.P.乙醇中）。微溶于水，溶于乙醇、乙醚、氯仿、二硫化碳、溶剂石脑油及挥发或不挥发的油类。

【质量标准】 GB/T 4895—2007

项目		优级	1级	2级
外观		白色粉末状结晶		
比旋光度（$[\alpha]_D^{20}$）		－1.5°～＋1.5°		
水分		石油醚溶剂清晰透明		
熔点(毛细血管法)/℃	≥	174.0	170.0	165.0
含量①(化学法或GC法)/%	≥	96.0	95.0	94.0
不挥发物/%	≤	0.05	0.05	0.10
乙醇不溶物/%	≤	0.01	0.01	0.015
酸值②/%	≤	0.01	0.01	0.01
硫酸显色②(标准 I_2)(mol/L)	≤	0.001	—	—

① 化学法测定的是总酮含量；GC法测定的是莰酮-2的含量，报告时应注明方法。

② 酸值和显色不作为一般要求，仅在有特殊需求时使用。

【用途】 用于医药工业，制取强心剂，兴奋剂，清凉剂，止痒剂及衣服、书籍的防蛀药，也用于制取赛璐珞和纤维素的酯类和醚类的增塑剂，还用来制取焰火、杀虫剂、火药的爆炸稳定剂以及涂料等。

【制法】 （1）樟脑油提纯法。樟木根、干、枝切成木片进行水蒸气蒸馏得樟脑油，经真空蒸馏、冷冻、离心、升华，制取精制品。

（2）合成法。以松节油为原料，由其中提取蒎烯，经异构化得莰烯，然后与醋酸进行酯化，生成醋酸异龙脑酯，再经皂化水解得异龙脑，最后脱氢、蒸馏、升华，得到合成樟脑。

【安全性】 有中等毒性，小鼠经口 LD_{50} 为1.3 g/kg。大鼠皮下注射最低致死量为

2.2g/kg。其蒸气可使昆虫、麻雀等小鸟致死，在浓度 200×10^{-6}（1.3mg/L）的蒸气下，小鼠吸入 5～10min 就会乱跳不安，呼吸困难，眩晕，激烈的痉挛，之后呼吸停止而致死。可损害家兔的心脏功能，其毒性远比氯仿为大。生产设备要密闭，防止泄漏，操作人员戴好防护口罩。生产现场保持良好通风。樟脑蒸气对人体也能引起心脏功能障碍，会使人出现昏睡、呼吸困难、颌肌激烈麻痹而死。工作场所最高容许浓度 $2mg/m^3$。采用塑料袋外套纸箱或麻袋或木箱包装。每袋 25kg 或 50kg。贮存于阴凉，通风处，远离火源。运输中要防火，防热。

【参考生产企业】 上海华谊集团华原化工有限公司，苏州合成化工有限公司，天津市天河化学试剂厂，天津市苏庄化学试剂厂，江西樟脑厂，北京化工厂，四川泸州化工厂，四川宜宾林化厂，广西梧州松脂厂，江西吉水县金康天然香料厂，云南思茅地区制药厂。

Ab023 β-紫罗兰酮

【英文名】 β-ionone

【别名】 4-(2,6,6-三甲基-1-环己-1-烯基)-3-丁烯-2-酮；乙位紫罗兰酮；4-(2,6,6-trimethyl-1-cyclohexen-1-yl)-3-buten-2-one

【CAS 登记号】 [79-77-6]

【结构式】

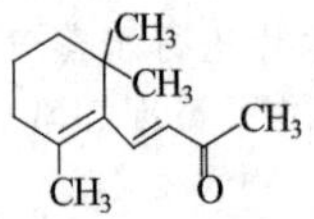

【物化性质】 浅黄至无色液体。有紫罗兰香味。沸点 140℃（2.4kPa），126～128℃（1.6kPa）。相对密度 0.945。折射率 1.5205。溶于乙醇、乙醚、丙二醇，不溶于水和甘油。

【质量标准】 淡黄色液体。含量（光谱法）92%～94%。

【用途】 合成维生素 A 的原料。也是一种香料，用于多种香型的香精中。

【制法】 由柠檬醛与丙酮在稀苛性钠溶液中缩合，再用硫酸或磷酸环化得 α、β-紫罗兰酮。将 α 体分离后得 β 体。

【安全性】 低毒。大量长期接触、吸入或吞咽，能引起变态反应。生产操作中还未发现操作人员有严重中毒现象。按生产操作要求应穿戴防护用具。用镀锌铁桶包装，每桶净重 30kg。贮存于阴凉、通风、干燥处。防火、防潮、防晒。按一般化学品规定贮运。

【参考生产企业】 广州百花香料股份有限公司，浙江黄岩中兴香料有限公司，南京化学工业有限公司。

Ab024 环丙烷羧酸

【英文名】 cyclopropanecarboxylic acid

【别名】 环丙甲酸

【CAS 登记号】 [1759-53-1]

【结构式】

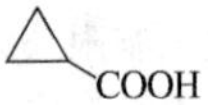

【物化性质】 无色液体。沸点（1.7kPa）88℃。折射率（20.5℃）1.4390。可溶于芳烃溶剂。

【质量标准】 含量 90%。

【用途】 为有机合成中间体。可用于合成拟除虫菊酯类农药和抗菌新药环丙烷氟哌酸等药物。

【制法】 以 γ-丁内酯为原料，在卤化剂与醇的存在下，开环形成 γ-氯代丁酸丁酯，在强碱存在下，合环得环丙烷羧酸酯，经水解得环丙烷羧酸。

【参考生产企业】 中科院成都有机化学研究所试制，上海万凯化学有限公司。

Ab025 环戊基乙酸

【英文名】 cyclopentyl acetic acid

【别名】 环戊乙酸

【CAS 登记号】 [1123-00-8]

【结构式】

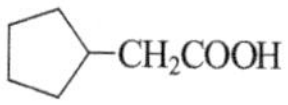

【物化性质】 无色液体。沸点 226～230℃。熔点 13～14℃。相对密度（18℃）1.0216。折射率（18℃）1.4523。不溶于水，溶于有机溶剂。

【质量标准】

项目	指标
外观	无色油状液体
熔点/℃	13～14
沸点(2.8kPa)/℃	135

【用途】 是一种有机合成原料，可用于合成环戊基乙醛，进而制备环戊甲噻嗪。

【制法】 由溴代环丙烷与丙二酸二乙酯作用，得环戊基丙二酸二乙酯，再经水解、脱羧制得。

【参考生产企业】 常州制药厂，常州红卫化工厂，北京化工厂。

Ab026 环己烷羧酸

【英文名】 cyclohexanecarboxylic acid

【别名】 环己甲酸；环己基甲酸；hexahydrobenzoic acid

【CAS 登记号】 [98-89-5]

【结构式】

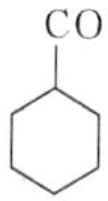

【物化性质】 无色片状或柱状结晶。沸点 232.5℃。熔点 28～30℃。相对密度（d_4^{15}）1.0480。折射率 1.4530。微溶于水，溶于乙醇、乙醚和氯仿。

【质量标准】 纯度≥92.6%；熔点 30～31℃。

【用途】 是一种有机合成原料，可用于合成抗孕 392 药物和治疗血吸虫新药吡喹酮药物等；还可用作硫化橡胶增容剂、石油澄清剂。

【制法】 (1) 苯甲酸催化氢化法。

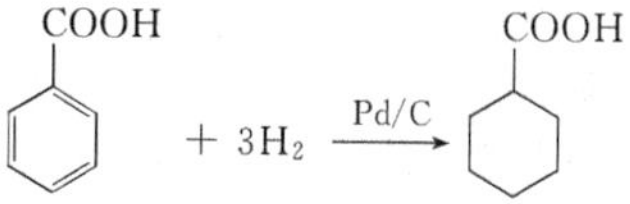

(2) 环己醇法。

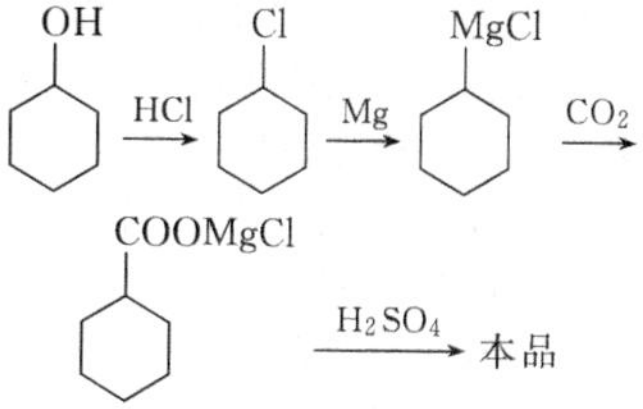

【参考生产企业】 南京市江宁区盛业化工有限公司，北京恒业中远化工有限公司，江都市大江化工厂，南京市江宁区新庄精细化工厂，石家庄市京东医药有限公司，苏州市苏瑞医药化工有限公司。

Ab027 环烷酸

【英文名】 naphthenic acid

【CAS 登记号】 [1338-24-5]

【分子式】 $C_nH_{2n-2}O_2$；$C_nH_{2n-4}O_2$

【物化性质】 环烷酸是一类从石油产品精制分离出来的饱和脂肪酸。分单环和多环。本品为深棕色油状液体。精制后为透明的淡黄色或橙色液体，有特殊气味。由于原油物化性质及馏分的不同，所得环烷酸的分子量、相对密度、黏度、凝点和折射率也有差异。环烷酸是一种很弱的酸，对某些金属有腐蚀作用，与金属作用生成盐。几乎不溶于水，而溶于石油醚，乙醇，苯和烃类等。

【质量标准】

项目	指标
外观	清晰透明淡黄色或棕褐色油状液体，常温目测无水
含量/%　≥	85
不皂化物/%　≤	15
酸值/(mgKOH/g)≥	185
析出物试验	无
催干试验/h	2～4

【用途】 主要用于制取环烷酸盐类，其钠盐是廉价乳化剂、农业助长剂、纺织工业的去污剂；铅、锰、钴、铁、钙等盐类是印刷油墨及涂料的干燥剂。铜盐，汞盐用作木材防腐剂及农药、杀菌剂，铝盐用于润滑脂及凝固汽油和照明弹，其镍、钴、钼盐可作为有机合成催化剂和催干剂，某些盐类还可作为特殊油品的添加剂。环烷酸的高碳数脂肪族酯类适于作精密机械油，用于电话机、钟表、计量器等方面，还可用于制取合成洗涤剂、杀虫剂、橡胶促进剂以及作溶剂使用。

【制法】 含环烷基原油中的煤油或柴油馏分，经碱洗得到“碱渣”，其中含环烷酸钠，经硫酸酸化、水洗，得粗环烷酸，再经二次蒸馏，得精制成品环烷酸。

【安全性】 低毒，小白鼠经口 LD_{50} 为 0.9g/kg，大白鼠经口 LD_{50} 为 5.4g/kg。游离环烷酸的 LD 为 3.5g/kg，环烷酸的中性盐的 LD 为 6000mg/kg。有特殊的刺激性气味。对眼、呼吸道黏膜及皮肤有刺激性。中毒症状是头晕、周身无力、血小板减少、咽喉干、痛。操作人员要穿戴防护用具。工作场所最高容许浓度 $5mg/m^3$。采用铁桶包装，每桶净重 180kg。按危险品规定贮运。

【参考生产企业】 中国石化天津分公司炼油厂，辽阳石油化纤公司金兴化工厂，绥中县精细化工厂，上海长风化工厂，淄博中元化工有限公司，中国石化齐鲁分公司，江西东川化工有限公司，淄博市临淄银通助剂厂，东营市恒益化工有限责任公司。

Ab028 环烷酸盐

【英文名】 naphthenates

【分子式】 $Me^{n+}(—OOCR)_n$

【物化性质】 环烷酸盐的物理性质和状态，不仅取决于金属离子，而且依赖于环烷酸的沸程和酸值。对同一金属离子，环烷酸的酸值越大，沸程温度越低，则形成盐的分子量越小，色泽越浅，黏度越小，且易燃。能与环烷酸形成盐的金属有锂、钠、钾、钙、铁、钴、镍、铜、铅以及稀土元素等 20 多种。Na^+、K^+ 等盐溶于水、甲醇、乙醇等，不溶于油。Ca^{2+}、Co^{2+}、Ni^{2+}、Fe^{2+}、Cu^{2+}、Mn^{2+}、Pb^{2+} 等盐不溶于水，微溶于乙醇，易溶于油、苯、甲苯等有机溶剂。

【用途】 可用作催干剂、催化剂、杀菌剂、乳化剂和润滑添加剂等。

【制法】 (1) 皂化法。将金属碱液直接与环烷酸发生皂化反应生成环烷酸盐。常用于制备 Na^+、K^+、NH^{4+} 等盐。

(2) 复分解法。是将金属盐溶液与环烷酸钠进行复分解反应。常用于制备 Ca^{2+}、Co^{2+}、Cu^{2+}、Zn^{2+} 和 Pb^{2+} 等盐。

(3) 熔融法。是将金属氧化物、氢氧化物或其碳酸盐与环烷酸在 50～200℃下进行反应，不断除去反应生成的水，使反应完全。

(4) 金属直接氧化法。是金属粉末与环烷酸在有催化剂的条件下，进行氧化还原反应制环烷酸盐。已用于 Ni^{2+}、Co^{2+}、Mn^{2+} 盐的制备。

【安全性】 除 Na^+、K^+ 盐外，Pb^{2+}、Cu^{2+}、Co^{2+}、Zn^{2+}、Mn^{2+} 等盐类都有一定的毒性，环烷酸中性盐口服最少致死剂量是 6000mg/kg。防止生产装置泄漏、保持通风良好。操作人员需配戴安全防护用具，避免吸入或溅及皮肤。采用镀锌铁桶装运，按有毒易燃物品规定贮存于远离火源、阴凉通风处，不可与氧化剂共贮混运。

【参考生产企业】 中国石化天津分公司炼油厂，辽阳石油化纤公司金兴化工厂，上海长风化工厂，淄博中元化工有限公司，中国石化齐鲁分公司，岳阳石油化工总厂。

Ab029 松香酸

【英文名】 abietic acid

【别名】 13-isopropylpodocarpa-7，13-dien-

15-oic acid；sylvic acid

【CAS 登记号】［514-10-3］

【结构式】

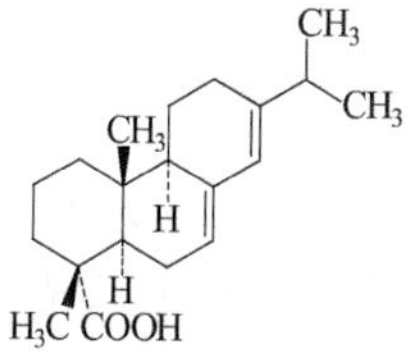

【物化性质】微黄至黄红色透明硬脆的玻璃状固体，有松油气味。沸点（666Pa）300℃。软化点 72～74℃（环球法）。闪点 216℃。着火点 480～500℃。相对密度 1.067。折射率 1.5453。比旋光度（$[\alpha]_D^{24}$）−106°（c=1，绝对酒精中）。不溶于冷水，微溶于热水，易溶于乙醇、苯等有机溶剂，溶于油类和碱性溶剂。

【质量标准】

项目	指标
熔脂温度/℃	98
净脂油含量/%	35～38
水含量/%≤	0.5

【用途】是黏合剂、涂料、农药乳化剂、印刷油墨、润滑剂、皮革填孔剂和医药的原料，也用于合成塑料和合成橡胶方面。

【制法】将松脂放在铜锅或铝锅内，外用火加热，熔融蒸煮松脂靠滴入水进行水蒸气蒸馏。蒸出松节油后，于 210℃左右放出松香酸即可。

【安全性】无剧毒，但其蒸气可引起头痛、眩晕、咳嗽、气喘等急性中毒症状。生产时应注意戴好口罩等防毒用品，工作场所要有良好的通风条件。用内衬纸袋的硬纸板箱或木箱包装。避热、避光，防止氧化变质。注意防火，远离氧化剂和酸碱物品。贮存于阴凉、干燥的地方。按易燃化学品规定运输。

【参考生产企业】北京天利生物化工有限公司，华北天能医药化工有限公司。

Ab030 α-乙酰-γ-丁内酯

【英文名】α-acetylbutyrolactone

【别名】3-acetyldihydro-2（3H）-furanone；α-(2-hydroxyethyl) acetoacetic acid γ-lactone；α-acetyl-γ-hydroxybutyric acid γ-lactone；α-acetobutyrolactone

【CAS 登记号】［517-23-7］

【结构式】

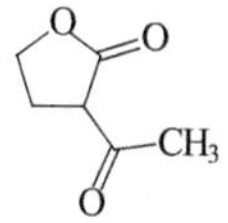

【物化性质】浅色液体，有类似酯的气味。与铁接触时溶液呈蓝至浅蓝紫色。沸点 bp_{30} 142～143℃、bp_{18} 130～132℃、bp_5 107～108℃。闪点 110℃。相对密度 1.1846；d_{20}^{20} 1.185～1.189。折射率 1.4562。在水中的体积溶解度为 20%，水在其中的体积溶解度为 12%。

【质量标准】

项目	一级品
外观	不溶于 10 号药典标准比色液
含量/% ≥	93
折射率(n_D^{20})	1.4560～1.4620

【用途】合成维生素 B 的重要中间体，也是合成 3,4-二取代基吡啶、5-(β-羟乙基)-4-甲基噻唑的中间体。

【制法】双乙烯酮和无水乙醇在乙醇钠催化下酯化生成乙酰乙酸乙酯。乙酰乙酸乙酯与环氧乙烷及氢氧化钠缩合生成 α-乙酰-γ-内酯钠盐，再用盐酸酸化得 α-乙酰-γ-丁内酯。粗酯用苯萃取后经蒸馏得成品。

【安全性】有一定毒性，对皮肤、黏膜有刺激作用。车间应通风、设备应密闭，操作人员应穿戴防护用具。铝桶包装，规格 100kg。按易燃有毒化学品规定贮运。

【参考生产企业】西安太宝化工有限责任

公司，东北制药总厂。

Ab031 葡萄糖酸-δ-内酯

【英文名】 gluconolactone

【别名】 葡糖酸内酯；D-gluconic acid δ-lactone；glucono delta lactone；delta gluconolactone

【CAS 登记号】 [90-80-2]

【结构式】

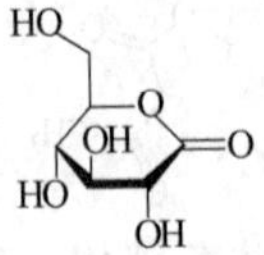

【物化性质】 白色结晶粉末。无臭或略带气味。熔点 117.8℃（153℃分解）。相对密度 1.760。比旋光度（$[\alpha]_D^{20}$）+61.7°（$c=1$）。易溶于水，并缓慢水解。稍溶于乙醇、不溶于乙醚。

【质量标准】 GB 7657—2005 食品添加剂 葡萄糖酸-δ-内酯

项目	指标
葡萄糖酸-δ-内酯($C_6H_{10}O_6$)/%	99.0～100.5
砷(As)/% ≤	0.0003
重金属(以 Pb 计)/% ≤	0.002
铅(Pb)/% ≤	0.001
还原性物质(以 D 葡萄糖计)/% ≤	0.5
硫酸盐(以 SO_4 计)/% ≤	0.03
氯化物(以 Cl 计)/% ≤	0.02

注：砷（As）的质量分数、重金属（以 Pb 计）的质量分数和铅（Pb）的质量分数为强制性要求。

【用途】 用作调味剂、豆腐凝固剂、pH 降低剂及膨松剂的原料。加于牛乳中可防止生成乳石。酿酒业可用作啤酒石的防止剂。加入牙膏中有助于清除牙垢。

【制法】 原料葡萄糖酸钙先用硫酸进行水解，得葡萄糖酸溶液。经过滤去除硫酸钙沉淀，再用氢氧化钡及草酸精制溶液，并沉降分离，去除溶液中的 SO_4^{2-} 及 Ca^{2+}。然后通过离子交换树脂，进一步净化葡萄糖酸溶液。将溶液浓缩至 80%～85%浓度，加入葡萄糖酸-δ-内酯晶种，继续浓缩并结晶，经离心分离、水洗、干燥得成品。

【安全性】 无毒。1933 年美国 FDA 已批准为无毒性食品添加剂。塑料袋包装。按一般化学品规定贮运。

【参考生产企业】 浙江瑞邦大药厂，山东济宁市第一化工厂，湖北省化学研究所，南京金龙化工厂。

Ab032 γ-壬内酯

【英文名】 γ-nonlactone

【别名】 椰子醛

【CAS 登记号】 [104-61-0]

【结构式】

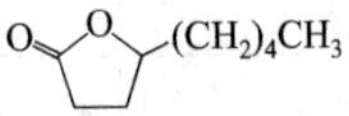

【物化性质】 无色液体，具有强烈的椰子香味，冲淡时，具有似桃、杏的香气。沸点（1.73kPa）136℃。相对密度（19℃）0.9672。折射率（19.5℃）1.4462。不溶于水，溶于乙醇及大多数有机溶剂。具有一般内酯的性质，与碱作用生成羟基酸盐。

【质量标准】 QB/T 1121—2007 食品添加剂 γ-壬内酯

项目	指标
外观	无色至浅黄色液体
香气	具有椰子样香气
相对密度(25℃/25℃)	0.958～0.966
折射率(20℃)	1.4460～1.4500
溶解度(25℃)	1mL 试样全溶于 5mL 60%(体积分数)乙醇中
酸值 ≤	2.0
含量(GC)/% ≥	98.0

【用途】 用于配制果香型饮料香精，如椰子香精、苦杏仁香精等，还用作高级化妆

品调香用的香料。也是一种有机合成的原料。

【制法】（1）由7-羟基正壬酸与硫酸共热脱水制得。

$$CH_3CH_2CH(OH)(CH_2)_5COOH \xrightarrow{H_2SO_4} \text{本品} + H_2O$$

（2）用铈、钒等高价醋酸盐或醋酸锰作氧化剂，由α-庚烯与醋酸反应制得。

$$2Mn(OCOCH_3)_3 + C_5H_{11}CH{=}CH_2 \longrightarrow \text{本品}$$

【安全性】贮存在阴凉、干燥、通风的仓库内，避免杂气污染，远离火源。

【参考生产企业】上海轻工专科学校实验工厂，上海华盛香料厂，上海兴华香料化工有限公司，浙江瑞安市精细日用化工有限公司。

Ab033 环己胺

【英文名】cyclohexylamine

【别名】六氢苯胺；cyclohexanamine

【CAS登记号】[108-91-8]

【结构式】

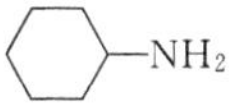

【物化性质】无色液体，有难闻的气味。具有强有机碱性质。沸点134℃。凝固点−17.7℃。相对密度0.8191，(d_{25}^{25}) 0.8647。折射率1.4585。闪点（开杯）32.22℃。与多种有机溶剂混溶。0.01%的水溶液，pH值10.5，与水形成共沸物，共沸点96.4℃。

【质量标准】

项目		优级品	一级品
外观		无色油状液体，有刺激味	
含量/%	≥	99.3	98
苯胺含量/%	≤	0.1	0.15
水分/%	≤	0.2	0.5

【用途】用以制备环己醇、环己酮、己内酰胺、醋酸纤维和尼龙6等。环己胺本身为溶剂，可在树脂、涂料、脂肪、石蜡油类中应用。也用于制取脱硫剂、促进剂、乳化剂、防腐剂、抗静电剂、胶乳凝固剂、石油添加剂、杀菌剂、杀虫剂及染料中间体。

【制法】苯胺在钴催化剂存在下加氢，然后精馏制得。

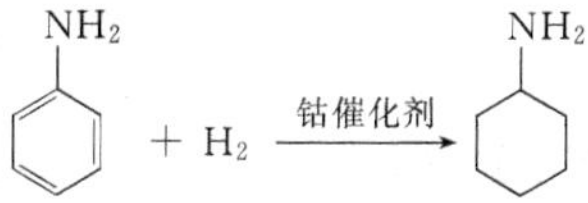

【安全性】大鼠经口LD_{50}为0.71mL/kg，小鼠吸入LC_{100} 4.3mg/L，MLC 0.1 mg/L。环己胺呈强碱性，因此刺激皮肤和黏膜。吸入蒸气可引起恶心和麻醉，经皮肤吸收能引起过敏症。设备要密闭，装置内要通风，操作人员戴防护用具。工作场所空气中最高容许浓度1mg/m^3。环己胺呈强碱性，能吸收空气中二氧化碳而迅速生成白色结晶的碳酸盐。因此，贮存包装应密闭。采用铁桶包装，每桶150kg或170kg。贮存在阴凉、通风、干燥处。防止日晒。隔绝热源和火源。按易燃、有毒化学品规定贮运。

【参考生产企业】南京金田化工有限公司，中国石化集团南京化工厂，山东海化集团潍坊振兴焦化有限公司化工分厂，山东恒大化工有限公司，河南三化集团有限公司精细化工厂，上海昊化化工有限公司，南京米兰化工有限公司。

Ab034 ε-己内酰胺

【英文名】ε-caprolactam

【别名】2-oxohexamethylenimine；2-ketohexamethylenimine；aminocaproic lactam

【CAS登记号】[105-60-2]

【结构式】

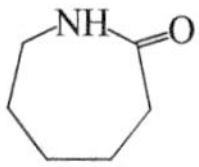

【物化性质】白色薄片或熔融体。沸点（101.3kPa）268.5℃。闪点（开杯）

125℃。熔点 69～71℃。相对密度（d_4^{75}）1.02（液体）、（d_4^{25}）1.05。折射率（n_D^{40}）1.4935、（n_D^{31}）1.4965。熔化热 121.8J/g。蒸发热 487.2J/g。黏度（78℃）9mPa·s。蒸气压 0.3999（100℃）kPa、6.665kPa（180℃）、101.3kPa（268.5℃）。溶于水、氯化溶剂、石油烃、环已烯、苯、甲醇、乙醇、乙醚。

【质量标准】 GB/T 13254—2008 工业用已内酰胺

项目	优等品	一等品	合格品
外观	固体为白色、片状，无可见机械杂质；液体为无色透明液体，无可见机械杂质		
50%水溶液色度 ≤（铂-钴色号，Hazen 单位）	3	5	8
结晶点/℃ ≥	68.9	68.8	68.5
高锰酸钾吸收值 ≤	5	8	18
挥发性碱/(mmol/kg) ≤	0.4	0.8	1.5
290nm 波长处吸光度 ≤	0.04	0.10	0.20
酸度/(mmol/kg) ≤	0.05	0.10	—
或碱度/(mmol/kg) ≤	0.10	0.20	—
铁含量/(mg/kg) ≤	0.2	0.5	1.0
环已酮肟含量/(mg/kg) ≤	20	20	—

【用途】 主要用来生产聚已内酰胺树脂，聚已内酰胺纤维和人造革等，也用作医药原料。

【制法】 (1) 环已烷氧化法。苯经加氢反应得环已烷，经氧化得环已酮和环已醇混合物，分离得环已醇经催化脱氢生成环已酮。环已酮与羟胺进行肟化反应，所得环已酮肟，经贝克曼重排，生成已内酰胺，反应产物中的硫酸用氨中和分出副产物的硫铵，得粗已内酰胺再经三氯乙烯萃取，真空蒸馏和重结晶等精制工序后，得纯已内酰胺。

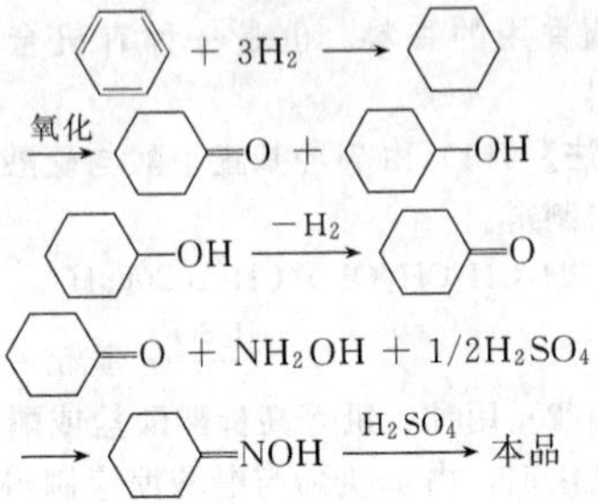

(2) 环已烷光亚硝化法。环已烷与氯化亚硝酰在加有碘化铊的高压汞灯光照射下生成环已酮肟盐酸盐，然后经贝克曼移位，生成已内酰胺的硫酸溶液，再经氨水中和以及萃取和精馏等工序，即得已内酰胺。

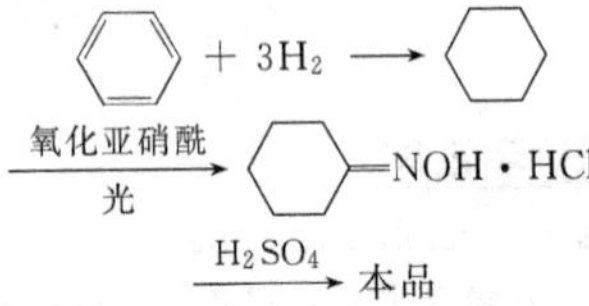

(3) 苯酚法。苯酚在镍催化剂存在下加氢，制得环已醇，提纯后脱氢得粗环已酮。环已酮提纯后与羟胺反应得到环已酮肟，再经贝克曼移位生成已内酰胺、反应产物中的硫酸用氨中和得副产物硫胺。粗已内酰胺经一系列化学与物理处理得到纯已内酰胺。环已醇反应如下，后续步骤同方法（1）和（2）。

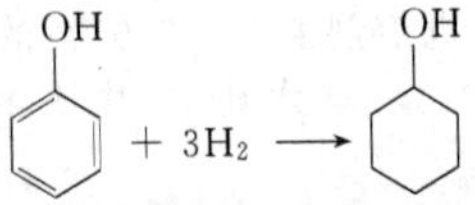

【安全性】 有毒。大鼠经口 LD_{50} 为 2.14g/kg，小鼠吸入 LC_{50} 为 450mg/m^3。长期吸入会引起慢性中毒，如神经衰弱、头昏、头痛、出鼻血和呼吸道发炎等。对皮肤有腐蚀作用，要避免直接接触。生产现场要强制通风。操作人员要穿戴劳动保护用具。空气中最高容许浓度为 10mg/m^3。采用塑料袋包装、热合封口，外套尼龙编织袋或牛皮纸袋，每袋 25kg。贮存于干燥清洁的仓库内，防火、防潮、防热、防晒。保存期三个月。

【参考生产企业】 南京化学工业（集团）有限公司，岳阳石油化工总厂锦纶厂，巴陵石油化工有限责任公司，石家庄炼油厂，上海至鑫化工有限公司。

Ab035 ε-己内酯

【英文名】 ε-caprolactone

【别名】 6-hexanolactone

【CAS登记号】 [502-44-3]

【结构式】

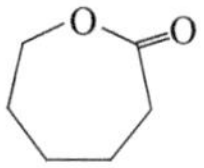

【物化性质】 无色油状液体，具有芳香气味。不稳定，易燃，易聚合，加热成双聚物。易与有机氮化物反应，贮存时不能与无机酸、有机酸、碱、酸性及碱性盐类、水以及水蒸气接触，也不能与铜锌接近。沸点215～216℃，98～99℃（266.644Pa）。燃点127℃。相对密度1.0693。折射率1.4495。冰点−18℃。易溶于水、乙醇、苯。不溶于石油醚。

【质量标准】

项目		指标
含量/%	≥	98
水分/%	<	0.2
酸值/(mgKOH/g)	<	3
折射率(n_D^{20})		1.4637

【用途】 主要用于合成橡胶、合成纤维、合成树脂方面的生产。可制取己内酰胺、己二酸，可与各种树脂掺和改善其光泽、透明性和防黏性。可制取黏合剂、涂料、环氧树脂稀释剂和溶剂等。

【制法】 环己酮过氧酸氧化法。环己酮经过氧酸氧化制得。所用有机过氧酸主要包括乙酸、过丙酸、三氟过氧乙酸、过氧苯甲酸、间氯过氧苯甲酸等，这些过氧酸都可以与环乙酮反应得到己内酯，且收率较高。

【安全性】 低毒，大鼠经口LD_{50}为4290mg/kg。操作人员应穿戴防护用具。可按有毒化学品防护方法采取措施。ε-己内酯易与有机化合物反应，贮存时不得与无机酸、有机酸、碱、酸性及碱性盐类、水及水蒸气接触，也不能与锌、铜接近，故不能用镀锌铁桶或铜、锌容器贮运。可用铝桶包装。保存时需充氮气，并放入少量亚磷酸酯类稳定剂。按易燃、有毒化学品规定贮运。

【参考生产企业】 上海轩峰精细化工有限公司。

Ab036 *N*-甲基环己胺

【英文名】 *N*-methylcyclohexylamine

【别名】 二甲氨基环己烷；*N*-cyclohexylmethylamine

【CAS登记号】 [100-61-7]

【结构式】

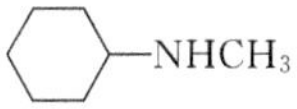

【物化性质】 有氨味、苦味的无色液体。沸点149℃。闪点29℃。密度0.868 g/cm^3。折射率1.4560。微溶于水，能溶于苯、醇等。

【质量标准】

项目		指标
外观		无色透明液体
沸程/℃		147～149
折射率(n_D^{20})		1.4555～1.4565
含量/%	≥	99

【用途】 用作药物及染料中间体。

【制法】 (1) 环己酮为原料，先将铝片浸泡在甲醇中，再加$HgCl_2$，继续浸泡，对铝片进行活化。往活化好的铝片中加乙醇，在搅拌下滴加甲胺、环己酮，加热回流，加入NaOH，用苯提取两次，经水洗、蒸馏，即得。

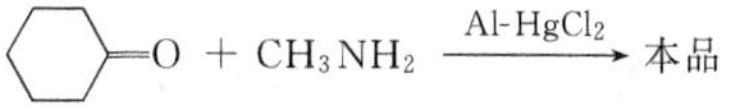

(2) 以环己胺为原料制得。

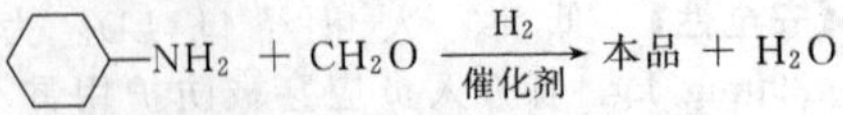

【安全性】 对皮肤有刺激作用，低毒，生产及应用时戴好防护口罩及手套，不慎接触后用大量清水冲洗。用镀锌铁桶包装，170kg/桶。易燃液体，密封保存，放在通风及阴凉处，远离火种及热源，防火运输。

【参考生产企业】 上海大众药业有限公司，河南三化集团有限公司，南京米兰化工有限公司，常州越兴化工有限公司，浙江省温岭制药厂。

Ab037 *N*,*N*-二甲基环己胺

【英文名】 *N*,*N*-dimethylcyclohexylamine

【别名】 二甲氨基环己烷；二甲基氨苯；*N*-cyclohexyldimethylamine

【CAS登记号】 [98-94-2]

【结构式】

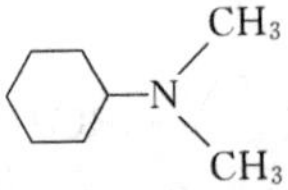

【物化性质】 无色液体。沸点159℃。凝固点<−77℃。密度0.849g/cm³。闪点（开杯）43.33℃。微溶于水，能与醇、苯、丙酮混合。

【质量标准】

项目	指标
外观	无色透明液体
沸程/℃	157～160(无蒸馏残液)
折射率(n_D^{20})	1.4535～1.4540
含量/% ≥	98.5

【用途】 用作聚氨基甲酸酯塑料催化剂、橡胶促进剂和合成纤维的中间体。

【制法】 以环己胺为原料，在催化剂的作用下制得。

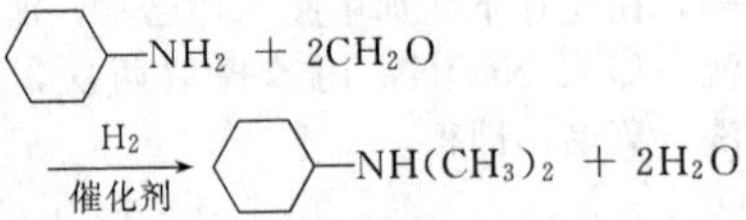

【安全性】 本品有氨味和苦味，对皮肤有刺激作用，低毒，生产及应用时戴好防护口罩和手套，不慎接触后用大量清水冲洗。用铁桶包装，50kg/桶，170kg/桶。二级易燃液体，密封保存，放在阴凉处，远离火种热源，防火运输。

【参考生产企业】 江苏省金坛市华阳化工厂，江都市曙光化工厂，河南三化集团有限公司，山东恒大化工有限公司。

Ab038 环己亚胺

【英文名】 cyclohexylamine

【别名】 环六亚甲亚胺；cyclohexanamine；aminocyclohexane；hexahydroaniline

【CAS登记号】 [108-91-8]

【结构式】

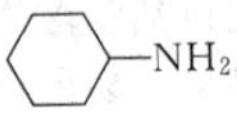

【物化性质】 液体，具有胺的气味。沸点138℃。熔点−17.7℃。相对密度（d_{25}^{25}）0.8647。折射率（n_D^{25}）1.4565。能与水部分混溶。

【用途】 是医药、农药中间体。在医药方面用于制青霉素等，在农药方面用于合成除草剂、杀菌剂，还用于橡胶硫化剂、照相药剂、防锈剂、树脂添加剂等。

【制法】 (1) 1,6-己二胺法，由1,6-己二胺经脱氨基和环化制得。

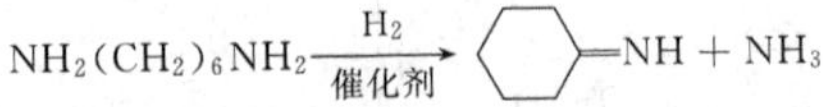

(2) 己内酰胺法。

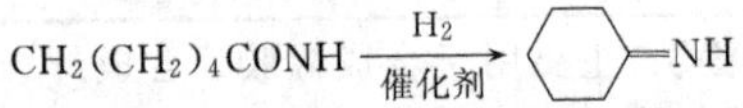

【安全性】 大鼠经口 LD_{50} 为0.71mL/kg。

【参考生产企业】 江苏省射阳县化工厂，江都大江化工厂，金坛市华阳化工厂，上海昊化化工有限公司，山东诸城化肥股份有限公司。

Ab039 二环己胺

【英文名】 dicyclohexylamine

【别名】 *N*-cyclohexylcyclohexanamine；dodecahydrodiphenylamine

【CAS登记号】［101-83-7］

【结构式】

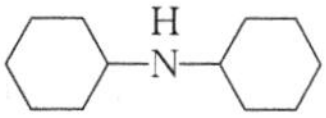

【物化性质】 无色透明油状液体，呈强碱性，有刺激性氨味，易燃、高毒。沸点255.8℃（分解）。凝固点−2℃。闪点96℃。相对密度0.9103、（d_{25}^{25}）0.9104。折射率1.4842。（n_D^{25}）1.4823。微溶于水，与有机溶剂混溶。

【质量标准】 无色透明油状液体。含量≥92%。

【用途】 有机合成中间体，可用于制取染料用中间体、橡胶促进剂、硝化纤维漆、杀虫剂、催化剂、防腐剂、气相缓蚀剂及燃料抗氧化添加剂等。

【制法】 以苯胺为原料，在催化剂存在下，高温高压加氢，制得二环己胺。

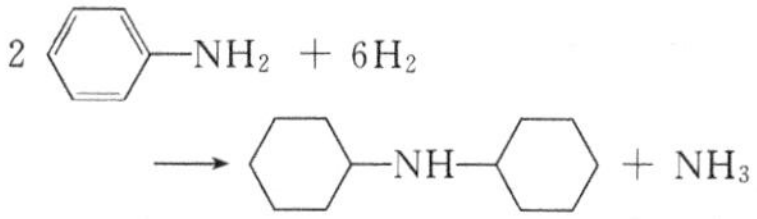

【安全性】 高毒。小鼠LD_{50}为2g/kg，大鼠LD_{50}为3.49g/kg。具有较强的渗透性臭气，因此，较易被发现。二环己胺可经皮肤吸收，引起皮肤过敏和坏疽，蒸气可引起恶心和麻醉，但不会引起血液中毒。据报道二环己胺可引起癌症。生产设备应密闭，防止跑、冒、滴、漏。操作现场强制通风，操作人员戴防护用具。工作场所空气中最高容许浓度10mg/m³。用铁桶密闭包装，净重150kg。贮存于阴凉、通风、干燥处，隔绝火源，装卸运输应按易燃有毒化学品规定贮运。

【参考生产企业】 北京石鹰化工厂，沈阳东北助剂总厂，鞍山市鑫达化工厂，南通第三制药厂，诸城市良丰化学有限公司，淄博嘉实化工有限公司，山东荣成市化工总厂。

Ab040 环丁砜

【英文名】 sulfolane

【别名】 四亚甲基砜；四氢噻吩砜；tetrahydrothiophene 1,1-dioxide；tetramethylene sulfone；thiophane sulfone

【CAS登记号】［126-33-0］

【结构式】

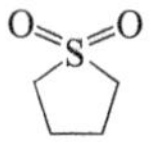

【物化性质】 无色无味固体，在27～28℃时，熔化成无色透明液体。具有很好的化学和热稳定性。沸点287℃。凝固点27.4～27.8℃。相对密度（d_4^{30}）1.261。折射率（n_D^{30}）1.481。黏度（30℃）10.34mPa・s。闪点（开杯）176.7℃。可与水，混合二甲苯，甲硫醇，乙硫醇混溶，也可溶于芳烃和醇类，对石蜡烃和烯烃溶解度很小。

【质量标准】

项目	指标
相对密度(d_4^{30}) ≥	1.220
折射率(n_D^{30})	1.480～1.483
闪点/℃ ≥	130

【用途】 主要用作液-汽萃取的选择性溶剂。主要用作芳烃抽提的萃取剂，聚合物纺丝或浇膜溶剂，天然气及合成气、炼厂气的净化、合成气的净化脱硫，以及作为橡胶、塑料的溶剂等。还可用于纺织印染工业作为印染助剂。

【制法】 以丁二烯，二氧化硫为原料，在对苯二酚的甲醇溶剂存在下，于耐压反应器内加热（100～110℃）合成为环丁烯砜甲醇溶液，分馏后，精环丁烯砜在含镍催化剂存在下加氢转化为环丁砜，再经气液分离，分馏后得成品。

【安全性】 大鼠经口LD_{50}为1.54mL/kg。可燃，具腐蚀性，可致人体灼伤。操作人员必须严格遵守操作规程做好防护准备。贮存于阴凉、通风的库房。远离火种、热源。应与氧化剂分开存放，切忌混储。配备相应品种和数量的消防器材，储区应备有泄漏应急处理设备和合适的收容材料。

【参考生产企业】 大连瑞泽农药股份有限公司，江苏徐州造漆厂，江苏中泰石化助剂有限公司，海宁远东化工有限公司，成都嘉茂化工有限公司，辽阳光华化工有限公司，锦州六陆实业股份有限公司，青岛双桃精细化工有限公司。

Ab041 1,4-环己二酮

【英文名】 1,4-cyclohexanedone

【CAS 登记号】 [637-88-7]

【结构式】

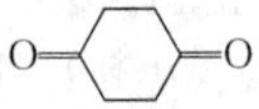

【物化性质】 无色结晶。能溶于氯仿、乙醇，不溶于石油醚、乙醚。

【质量标准】 熔点范围（化学纯）76～79℃；灼烧残渣（硫酸盐）0.1%。

【用途】 用于有机合成，也是通用试剂。

【制法】 向反应釜中加入配制好的乙醇钠，再加入乙醚及丁二酸二乙酯，于水溶回流，回收乙醚，然后冷至室温，加入10%的稀硫酸调至pH为2，将结晶滤出，用水洗后，干燥得丁二酰丁二酸二乙酯粗品。将粗品用乙醇重结晶得纯品，再将丁二酰丁二酸二乙酯放回烧瓶内，加入浓硫酸、水、乙醇的混合物，在油溶回流、冷却，用氨水中和至pH等于8，再用氯仿提取，回收氯仿即得粗品，然后将粗品进行减压蒸馏，将馏出物倒入冷的石油醚中，过滤、晾干，即为1,4-环已二酮产品。

【参考生产企业】 北京化工厂，河北华戈精细化学有限公司，陕西宏庆医药化学有限公司，浙江省台州市椒江天一化工厂，岳阳石油化工总厂。

Ab042 γ-丁内酯

【英文名】 butyrolactone

【别名】 4-羟基丁酸内酯；dihydro-2(3*H*)-furanone；γ-butyrolactone；1,2-butanolide；1,4-butanolide；γ-hydroxy-butyric acid lactone；3-hydroxybutyric acid lactone；4-hydroxybutanoic acid lactone

【CAS 登记号】 [96-48-0]

【结构式】

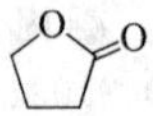

【物化性质】 无色透明的油状液体，具有一定的吸湿性和轻微的气味。凝固点－43.53℃。沸点206℃（101.3kPa）。闪点（开杯）98℃。燃点455℃。相对密度 d_0^0 1.1441、d_0^{15} 1.1286。折射率 n_D^{25} 1.4348。与水、醇、酯、醚、酮和芳烃互溶，在直链烷烃和环烷烃中微溶。

【质量标准】

项目		一级品
纯度/%	>	99
色度(铂-钴)	<	20
水分/%	<	0.10
密度(20℃)/(g/cm³)		1.120～1.130

【用途】 主要用于合成吡咯烷酮，氯苯氧基丁酸类除莠剂，植物生长调节剂。也可作聚合物溶剂，石油加工的萃取剂等。

【制法】 (1) 1,4-丁二醇脱氢法。以乙炔和甲醛为原料，乙炔和甲醛反应先生成1,4-丁二醇（Reppe法），然后1,4-丁二醇经催化脱氢得γ-丁内酯。该法主要采用Cu基催化剂，添加Zn、Al、Cr、Mn等助剂以提高催化剂的活性和产物选择性。

(2) 顺酐加氢法。以顺酐及其衍生物为原料，该法同时生成γ-丁内酯、1,4-丁二醇和四氢呋喃3种化学品，可通过催化剂及操作条件的选择控制产物的比例。顺酐加氢可以在不同的反应体系中进行，从催化剂角度有均相和多相催化体系，其中多相催化体系又可分为液相、气相和超临界相。

(3) 以农产废料为原料的糠醛加氢

法。反应以燕麦壳、甜菜渣等为原料，经过水解生成糠醛。然后在铬酸镁、铬酸锌催化剂作用下，于 400～420℃，糠醛脱羰生成呋喃，再在骨架镍催化剂作用下，于 100℃，2.5MPa 下加氢成四氢呋喃，最后在铜基催化剂作用下，于 120℃下氧化生成 γ-丁内酯。

【安全性】 大鼠经口 LD_{50} 为 17.2mL/kg。属低毒类物质，对中枢神经有麻醉作用，对皮肤有刺激作用，其烟雾对眼睛、黏膜和上呼吸道有刺激作用。可以用普通钢质容器贮运，不能用橡胶、酚醛树脂、环氧树脂、混凝土和锋利设备贮运，在钢质容器中长期存放颜色略微变黄。贮运时要远离火种、热源，防止阳光直射，保持容器密封。贮存于干燥、阴凉、通风空间内，并与氧化剂、酸类、碱类分开。

【参考生产企业】 东北制药总厂，上海吴淞化工总厂，上海太阳神复旦高科技产生有限公司，南京金龙化工厂，张家港市新宇化工厂，海盐乳胶涂料厂，台州市联盛化学工业有限公司，沈阳东进化工产业有限公司，合肥江阴化肥总厂，合肥江淮化肥总厂，青岛三力化工技术有限公司，上海万凯化学公司。

B 芳香族化合物

HANDBOOK OF CHEMICAL PRODUCTS

Ba 单环芳烃

Ba001 苯

【英文名】 benzene

【别名】 benzol；cyclohexatriene

【CAS 登记号】 [71-43-2]

【结构式】

【物化性质】 无色至淡黄色易挥发的非极性液体。易燃，有毒。具有高折射性和强烈芳香味。沸点 80.1℃。凝固点 5.53℃。闪点（闭杯）−11.1℃。自燃点 562.22℃。相对密度 0.8790。折射率 1.5011、(n_D^{25}) 1.4979。与乙醇、乙醚、丙酮、四氯化碳、二硫化碳和醋酸混溶，微溶于水。

【质量标准】

（1）GB/T2283—2008 焦化苯

项目	优等品	一等品	合格品
外观	透明液体，无可见杂质		
色度(铂-钴) 不深于	20		
密度(20℃)/(g/m^3)	0.878～0.881	0.876～0.881	
苯含量/% ≥	99.90	99.60	—
甲苯含量/% ≤	0.05	—	—
非芳烃含量/% ≤	0.1	—	—
馏程(大气压 101325Pa，包括 80.1℃)/℃ ≤	—	—	0.9
结晶点/℃ ≥	5.45	5.25	5.00
酸洗比色(按标准比色液)不深于	0.05	0.10	0.20
溴价/(g/100mL) ≤	0.03	0.06	0.15
二硫化碳/(g/100mL) ≤	—	0.005	0.006
噻吩/(g/100mL) ≤	—	0.04	0.06
总硫/(mg/Kg) ≤	1	—	—
中性试验	中性		
水分	室温(18～25℃)下目测无可见不溶解的水		

注：槽车中苯的水层高度大于 5mm，铁桶中苯的水层高度大于 1mm 不得发货。如产品已经运至需方时复检超出上述规定应由供需双方协议。

（2）GB/T 3405—2011 石油苯

项 目	指标		试验方法
	石油苯-535	石油苯-545	
外观	透明溶液，无不溶水及机械杂质		目测[①]
色度(铂-钴色号) ≤	20	20	GB/T3143、ASTM D1209[②]
纯度/% ≥	99.80	99.90	ASTM D4492
甲苯/% ≤	0.10	0.05	ASTM D4492
非芳烃/% ≤	0.15	0.10	ASTM D4492

续表

项目		指标		试验方法
		石油苯-535	石油苯-545	
噻吩/(mg/kg)	≤	—	0.6	ASTM D1685 ASTM D4735③
酸洗比色		酸层颜色不深于1000mL稀酸中含0.20g重铬酸钾的标准溶液	酸层颜色不深于1000mL稀酸中含0.10g重铬酸钾的标准溶液	GB/T2012
总硫含量/(mg/kg)	≤	2	1	SH/T0253④ SH/T0689
溴指数/(mg/100g)	≤	—	20	SH/T0630 SH/T1551⑤ SH/T1767
结晶点(干基)/℃	≥	5.35	5.45	GB/T3145
1,4-二氧己烷/%		由供需双方商定	ASTM D4492	
氮含量/(mg/kg)		由供需双方商定	SH/T0657 ASTM D6069	
水含量/(mg/kg)		由供需双方商定	SH/T0246 ASTM E1064	
密度(20℃)/(kg/m^3)		—	GB/T2013 SH/T0604	
中性试验		中性	GB/T1816	

① 将试样注入100mL玻璃量筒中，在(20±3)℃下观察，应是透明、无不溶水及机械杂质。对机械杂质有争议时，用GB/T511方法进行测定，结果应为无。

② 有异议时，以ASTM D1209为仲裁方法。

③ 有异议时，以ASTM D4735为仲裁方法。

④ 有异议时，以SH/T0253为仲裁方法。

⑤ 有异议时，以SH/T1551为仲裁方法。

【用途】 最重要的基本有机化工原料之一，广泛用作合成树脂，塑料，合成纤维，橡胶，洗涤剂，染料，农药，医药和炸药等的原料，还可用作溶剂，在炼油工业中用作提高汽油辛烷值的掺和剂。

【制法】 (1) 炼焦副产回收苯。高温炼焦副产的高温焦油中，含有一部分苯。首先经初馏塔初馏，塔顶得轻苯，塔底得重苯，得到的重苯可用作制取古马隆树脂的原料。将轻苯先经初馏塔分离，塔底混合馏分经酸碱洗涤除去杂质，然后进吹苯塔蒸吹，再经精馏塔精馏得纯苯。

(2) 铂重整法。用常压蒸馏得到的轻汽油（初馏点约138℃），截取大于65℃馏分，先经含钼催化剂，催化加氢脱出有害杂质，再经铂催化剂进行重整，用二乙二醇醚溶剂萃取，然后再逐塔精馏，得到苯、甲苯、二甲苯等产物。

(3) 裂解汽油制苯法。裂解汽油一般含芳烃约40%～70%。芳烃中含苯约37%，甲苯约14%，二甲苯约5%。用加氢脱烷基法提取苯。首先将裂解汽油进行二段催化加氢，催化脱烷基和氢气提纯，将烷基苯转化成苯，然后经分馏得到苯。

【安全性】 有毒。年轻成年大鼠经口LD_{50}为3.8mL/kg。对皮肤和黏膜有局部刺激作用，吸入和经皮肤吸收可引起中毒。当吸入高浓度的苯蒸气时可强烈作用于中枢神经，很快引起酒醉状、痉挛。在呈现较强兴奋作用后继而引起关节炎、沉闷、抑郁、疲乏无力、昏睡、眩晕和头痛等。严重者可因呼吸中枢痉挛而死亡。当发生急性苯中毒时，应及时将患者撤离现场，进行人工呼吸或给以呼吸兴奋剂和强心剂并送医诊治。操作人员应定期体检。一般苯中毒症状经治疗后是可以恢复的，也有由于造血功能完全被破坏，而患致死的颗粒性白细胞消失症。操作现场最高容许浓度为80mg/m³。用小口铁桶或铁路槽车装运。每桶160kg，包装外应有明显易燃危险品标志。

【参考生产企业】 大庆石化分公司化工一厂，中国石化镇海炼油化工股份有限公司，中国石油化工股份有限公司洛阳分公司，大庆石化分公司化工一厂，邯郸钢铁基团有限责任公司，石家庄焦化集团有限责任公司，山西延长石油（集团）有限责任公司延安炼油厂，吉林化学工业股份有限公司炼油厂，上海宝钢化工有限公司，中国石化扬子石油化工有限责任公司，中国石化集团长岭炼油化工厂，昆明钢铁总公司焦化厂。

Ba002 甲苯

【英文名】 toluene

【别名】 methylbenzene; toluol; phenylmethane

【CAS 登记号】 [108-88-3]

【结构式】

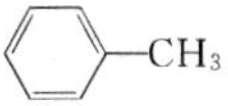

【物化性质】 无色透明液体，有类似苯的气味，毒性中等，可燃。沸点110.6℃。熔点−95℃。闪点4.44℃。自燃点536.1℃。相对密度0.8667。折射率1.4967、(n_D^{25}) 1.49414。溶于乙醇、苯、乙醚，不溶于水。与醋酸形成恒沸点混合物，沸点为104～104.2℃，熔点为−9.5℃。

【质量标准】

(1) GB/T 2284—2009 焦化甲苯

项目		优等品	一等品	合格品
外观		透明液体,无沉淀物及悬浮物		
色度(铂-钴) 不深于		20		
密度(20℃)/(g/m³)		0.864～0.868		0.861～0.870
馏程(大气压101.325Pa,包括110.6℃)/℃	≤	—	1.0	2.0
酸洗比色(按标准比色液)	≤	0.15	0.20	0.25
苯含量/%	≤	0.10	—	—
非芳烃含量/%	≤	1.2	—	—
C_8 芳烃含量/%	≤	0.10	—	—
总硫/(mg/kg)	≤	2	150	—
溴价/(g/100mL)	≤	—	—	0.2
水分		室温(18～25℃)下目测无可见不溶解的水		

注：槽车中甲苯的水层高度大于5mm，铁桶中苯的水层高度大于1mm不得发货。如产品已经运至需方时复检超出上述规定应由供需双方协议。

(2) GBT3406—2010 石油甲苯

项目		指标		试验方法
		Ⅰ号	Ⅱ号	
外观		透明液体,无不溶水及机械杂质		目测①
色度(铂-钴色号,Hazen单位)	≤	10	20	GB/T3143、ASTM D1209②
密度(20℃)/(kg/m³)		—	865～868	GB/T2013③、SH/T0604
纯度/%	≥	99.9	—	ASTM D6526
烃类杂质含量				GB/T3144
苯含量/%	≤	0.03	0.10	ASTM D6526④

续表

项目		指标		试验方法
		Ⅰ号	Ⅱ号	
C8 芳烃含量/%	≤	0.05	0.10	GB/T3144
非芳烃含量/%	≤	0.10	0.25	ASTM D6526④
酸洗比色		酸层颜色不深于 1000mL 烯酸中含 0.2g 重铬酸钾的标准溶液		GB/T2012
总硫含量/(mg/kg)	≤	2		SH/T0253⑤、SH/T0689
蒸发残余物/(mg/100ml)	≤	3		GB/T3209
中性试验		中性		GB/T1816
溴指数/(mg/100g)		由供需双方商定		SH/T0630、SH/T1551、SH/T1767

① 将试样注入 100mL 玻璃量筒中，在 20±3℃下观察，应透明、无不溶水及机械杂质，对机械杂质有争议时，用 GB/T511 方法进行测定，结果应为无。

② 有争议时，以 ASTM D1209 为仲裁方法。

③ 有争议时，以 GB/T2013 为仲裁方法。

④ 有争议时，以 ASTM D6526 为仲裁方法。

⑤ 有争议时，以 SH/T0253 为仲裁方法。

【用途】 基本有机原料之一，大量用作提高辛烷值汽油组分和多种用途的溶剂。从甲苯可以衍生出苯、二甲苯、苯甲酸、甲苯二异氰酸酯、氯化甲苯、甲酚和对甲苯磺酸等许多种化工原料。这些原料可进一步制造合成纤维、塑料、炸药和染料等。

【制法】 (1) 炼焦副产回收法（参见苯）。

(2) 铂重整法（参见苯）。

【安全性】 具有中等毒性，大鼠经口 LD_{50} 为 7.53g/kg。对皮肤和黏膜刺激性大，对神经系统作用比苯强，但因甲苯最初被氧化生成苯甲酸，对血液并无毒害。连续 8 小时吸入浓度为 (100～200) $\times 10^{-6}$ 的甲苯蒸气时，会出现疲惫、恶心、错觉、活动失灵、全身无力、嗜睡等；短时间吸收 600×10^{-6} 蒸气时，会引起过度疲惫、激烈兴奋、恶心、头痛等症状。在空气中爆炸极限 1.27%～7.0%。工作场所最高容许浓度为 750mg/m³。用每桶 170kg 的小口铁桶或每车 50t 的槽车装运。

【参考生产企业】 邯郸钢铁集团有限责任公司，太原钢铁焦化厂，上海高桥石油化工公司上海炼油厂，上海宝钢化工有限公司，济南钢铁集团总公司焦化厂，中国石化集团公司长岭炼油化工有限责任公司，中国石化集团公司长岭炼油化工厂，中国石化扬子石油化工有限责任公司，昆明钢铁总公司焦化厂。

Ba003 二甲苯

【英文名】 xylene

【别名】 dimethylbenzene；xylol；混合二甲苯

【CAS 登记号】 [1330-20-7]

【结构式】

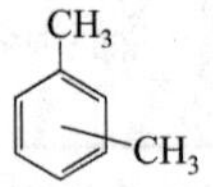

【物化性质】 无色透明液体。对二甲苯、邻二甲苯，间二甲苯及乙苯的混合物。沸点 137～140°℃。闪点 29℃。相对密度约 0.86。溶于乙醇和乙醚，不溶于水。

【质量标准】

(1) GBT3407—2010 石油混合二甲苯

项目	指标		试验方法
	3℃混合二甲苯	5℃混合二甲苯	
外观	透明液体，无不溶水及机械杂质①		目测①
色度(Hazen 单位，铂-钴色号) ≤	20		GB/T3143
密度(20℃)/(kg/m³)	862～868	860～870	GB/T2013②、SH/T0604
馏程/℃			GB/T3146③
初馏点 ≥	137.5	137	
终馏点 ≤	141.5	143	
总馏程范围 ≤	3	5	
酸洗比色	酸层颜色不深于1000mL烯酸中含0.3g重铬酸钾的标准溶液	酸层颜色不深于1000mL烯酸中含0.5g重铬酸钾的标准溶液	GB/T2012
总硫含量/(mg/kg) ≤	2		SH/T0253④、SH/T0689
蒸发残余物/(mg/100mL) ≤	3		GB/T3209
铜片腐蚀	通过		GB/T11138
中性试验	中性		GB/T1816
溴指数/(mg/100g)	供需双方商定		SH/T0630、SH/T1551、SH/T1767

① 将试样注入100mL玻璃量筒中，在20±3℃下观察，应透明、无不溶水及机械杂质，对机械杂质有争议时，用GB/T511方法进行测定，结果应为无。

② 有争议时，以ASTM D1209为仲裁方法。

③ 有争议时，以GB/T2013为仲裁方法。

④ 有争议时，以ASTM D6526为仲裁方法。

（2）GB/T 16494—1996 化学试剂 二甲苯

项目	分析纯	化学纯
含量(C_8H_{10})/% ≥	99.0	99.0
色度(黑曾单位) ≤	10	20
蒸发残渣/% ≤	0.001	0.002
酸度(以H^+计)/(mmol/100g) ≤	0.025	0.05
碱度(以OH^-计)/(mmol/100g) ≤	0.025	0.05

续表

项目	分析纯	化学纯
易炭化物质/% ≤	合格	合格
硫化合物(以SO_4计)	0.006	0.01
苯(C_6H_6)/% ≤	0.1	0.2
甲苯($C_6H_5CH_3$)/% ≤	0.1	0.5
乙基苯($C_6H_5C_2H_5$)/% ≤	19	24
噻吩及其同系物(以C_4H_4S计)/% ≤	0.0001	0.0001
水分(H_2O)/% ≤	0.03	0.06

(3) GB/T2285—93 焦化二甲苯

项目	3℃二甲苯	5℃二甲苯	10℃二甲苯
外观	室温(18～25℃)下透明液体,不深于每 1000mL 水中含有 0.003g 重铬酸钾的溶液的颜色	室温(18～25℃)下透明液体，不深于每 1000mL 水中含有 0.03g 重铬酸钾的溶液的颜色	
密度(20℃)/(g/cm³)	0.857～0.866	0.856～0.866	0.840～0.870
馏程(大气压 101325Pa)/℃ 初馏点/℃ ≤	137.5	136.5	135.0
终点/℃ ≤	140.5	141.5	145.0
酸洗比色(按标准比色液) ≤	0.6	2.0	4.0
水分	室温(18～25℃)下目测无可见不溶解的水		
中性试验	中性		
铜片腐蚀试验 ≤	2号(即中等变色)	—	—

注：1. 铜片腐蚀试验为参考指标。

2. 槽车中二甲苯水层高度大于 5mm，铁桶中二甲苯的水层高度大于 1mm 不得发货。若产品运至需方时复检超过上述规定应由供需双方协议。

【用途】 混合二甲苯是邻、间、对二甲苯和乙基苯的混合物。作为化学原料使用时，可将各异构体预先分离。混合物主要用作涂料的溶剂和航空汽油添加剂。

【制法】 (1) 炼焦副产回收苯法。参见苯。

(2) 铂重整法。参见苯。

【安全性】 具有中等毒性。二甲苯蒸气对小鼠的 LC 为 6000×10^{-6}，大鼠经口最低致死量 4000mg/kg。经皮肤吸收后，对健康的影响远比苯小。空气中二甲苯含量达到 0.17×10^{-6}，就能感到臭味，甲苯为 0.48×10^{-6}，苯为 1.5×10^{-6}。在这样浓度下，苯有引起慢性中毒的危险，而对二甲苯几乎不用担心。高浓度二甲苯蒸气，如浓度高于 1000×10^{-6} 以上，除了伤害黏膜，刺激呼吸道外，还呈现兴奋，麻醉作用，甚至造成出血性肺气肿而致死。二甲苯经口服引起中毒的情况极少。若不慎口服了二甲苯或含有二甲苯的溶剂时，即强烈刺激食道和胃，并引起呕吐，还可能引起出血性肺炎，应立即饮入液体石蜡，并诊治。包装、标志、贮运及交货验收按 ZBE30005 进行（其余参见苯）。

【参考生产企业】 中国石化北京燕山石油化工有限公司炼油事业部，中国石油天然气股份有限公司抚顺石化分公司，吉林化学工业股份有限公司，中国石化集团茂名石油化工公司，中国石化集团公司长岭炼油化工有限责任公司，中国石化集团公司金陵石化有限责任公司炼油厂，昆明钢铁总公司焦化厂，中国石化扬子石油化工有限责任公司。

Ba004 邻二甲苯

【英文名】 *o*-xylene

【别名】 1，2-二甲苯；1，2-dimethylbenzene

【CAS 登记号】 [95-47-6]

【结构式】

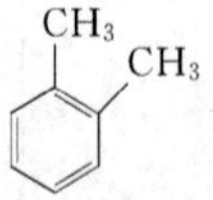

【物化性质】 无色透明液体，有芳香气味。沸点 144.4℃。熔点 −25.2℃。闪点 32.0℃。自燃点 500℃。相对密度

0.89679。折射率 1.5016。黏度（20℃）0.92mPa·s。可与乙醇、乙醚、丙酮和苯混溶，不溶于水。

【质量标准】 SH/T1613.1—1995 石油邻二甲苯

项目	优等品	一等品	试验方法
外观	清晰,无沉淀物	清晰,无沉淀物	目测
纯度/% ≥	98	95	SH/T1613.2
非芳烃＋碳九芳烃/% ≤	1.0	1.5	SH/T1613.2
色度(铂-钴色号,Hazen 单位) ≤	10	20	GB/T3143
酸洗比色	酸层颜色应不深于重铬酸钾含量为 0.15g/L 标准比色液的颜色	—	GB/T2012

【用途】 主要用作化工原料和溶剂。可用于生产苯酐、染料、杀虫剂和药物，如维生素等。亦可用作航空汽油添加剂。

【制法】 铂重整法得到的二甲苯馏分，进入邻二甲苯塔，再进行（精）馏即可得到邻、间、对位二甲苯。

【安全性】 爆炸极限 1.1%～6.4%（体积）。其余参见苯。

【参考生产企业】 抚顺石油化工分公司石油三厂，中国石油天然气股份有限公司抚顺石化分公司，大庆石油化工总厂炼油厂，中国石化扬子石油化工有限责任公司，中国石化股份有限公司齐鲁分公司，中国石化股份有限公司齐鲁分公司，中国石油天然气股份有限公司吉林石化公司。

Ba005 间二甲苯

【英文名】 *m*-xylene

【别名】 1,3-二甲苯；1,3-dimethylbenzene

【CAS 登记号】 [108-38-3]

【结构式】

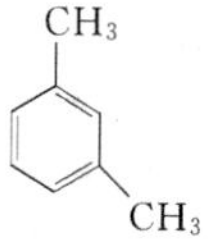

【物化性质】 无色透明液体，有强烈芳香气味。沸点 139.1℃。熔点 −47.842℃。闪点 29.44℃。自燃点 527.78℃。相对密度 0.8642、（d_4^{15}）0.8684。折射率 1.4973、（n_9^{20}）1.4972、（n_9^{25}）1.4971。不溶于水，溶于乙醇和乙醚。

【质量标准】 SH/T1766.1—2008 石油间二甲苯

项目	指标	试验方法
外观	清澈透明,无沉淀	目测①
纯度/% ≥	99.50	SH/T1766.2
乙苯/% ≤	0.10	SH/T1766.2
对二甲苯＋邻二甲苯/% ≤	0.45	SH/T1766.2
非芳香烃/% ≤	0.10	SH/T1766.2
总硫含量/(mg/kg) ≤	2	SH/T1147
色度(铂-钴色号,Hazen 单位) ≤	10	GB/T3143
溴指数 ≤	10	SH/T1551

① 目测方法：将试样注入 100mL 的量筒中，在室温下目测。

【用途】 主要作溶剂，用于制造间苯二甲酸，间甲基苯甲酸，间苯二甲腈等。也可作医药、香料、彩色电影胶片的油溶性成色剂等的原料和染料中间体。

【制法】 是生产对二甲苯的副产物，制备方法参见对二甲苯。

【安全性】 大鼠经口 LD_{50} 为 7.71mL/kg。对小鼠致死浓度为 50mg/L。其余参见二甲苯。

【参考生产企业】 中国石化北京燕化股份有限公司，江苏东联化工有限公司，中国石化扬子石油化工有限责任公司，江阴市苏利精细化工有限公司，上海石油化工股份有限公司。

Ba006 对二甲苯

【英文名】 *p*-xylene

【别名】 1,4-二甲苯；1,4-dimethylbenzene

【CAS 登记号】 [106-42-3]

【结构式】

【物化性质】 无色液体，在低温下结晶。沸点 138.37℃。熔点 13.263℃。闪点 27.2℃。相对密度 0.8611、(d_4^{25}) 0.8610。折射率 (n_D^{21}) 1.5004、(n_D^{25}) 1.4958。可与乙醇、乙醚、苯、丙酮混溶，不溶于水。

【质量标准】 SH/T1486.1—2008 石油对二甲苯

项目		指标		试验方法
		优等品	一等品	
外观		清澈透明，无机械杂质、无游离水		目测①
纯度②/%	≥	99.7	99.5	SH/T1489、SH/T1486.2
非芳香烃含量②/%	≤	0.10		SH/T1489、SH/T1486.2
甲苯含量②/%	≤	0.10		SH/T1489、SH/T1486.2
乙苯含量②/%	≤	0.20	0.30	SH/T1489、SH/T1486.2
间二甲苯含量②/%	≤	0.20	0.30	SH/T1489、SH/T1486.2
邻二甲苯含量②/%	≤	0.10		SH/T1489、SH/T1486.2
总硫含量/(mg/kg)	≤	1.0	2.0	SH/T1147
色度(铂-钴色号,Hazen 单位)	≤	10	10	GB/T3143
酸洗比色		酸层颜色应不深于重铬酸钾含量为 0.10g/L 标准比色液的颜色		GB/T2012
溴指数③/(mgBr/100g)	≤	200	200	SH/T1551、SH/T1767
馏程(101.3kPa,包括 138.3℃)/℃	≤	1.0	1.0	GB/T3146

① 在 18.3～25.6℃进行目测。

② 有异议时，以 SH/T1489 方法测定结果为准。

③ 有异议时，以 SH/T1551 方法测定结果为准。

【用途】 主要用作聚酯（涤纶）纤维和树脂、涂料、染料和农药等的原料。

【制法】 原料甲苯在烷基转移反应器中，进行烷基转移反应，生成二甲苯和苯。混合二甲苯在异构化反应器中，使部分间二甲苯异构化生成对二甲苯，反应物在稳定塔中除去轻馏分后与烷基转移工段来的二甲苯混合进入脱 C_9 馏分塔，在塔顶获得对二甲苯含量较高的混合二甲苯，塔釜为 C_9 以上组分。从稳定塔塔顶得到的混合二甲苯进入吸附分离工段，采用非分子筛型固体吸附剂吸附对二甲苯，解吸得纯度高达 99.9%的对二甲苯产品，同时副产间二甲苯。此外，还有低温结晶分离法和氟化氢-三氟化硼抽提法。

【安全性】 对小鼠致死浓度为 15～35 mg/L。爆炸极限 1%～6%（体积）。采用镀锌铁桶密封包装或用不锈钢槽车装运，同时加氮封保护。冬季应有防冻措施，按易燃有毒物品规定贮运。其余参见二甲苯。

【参考生产企业】 中国石化北京燕化有限公司化工一厂，中国石化股份有限公司天津分公司化工厂，上海石油化工股份有限公司，中国石化扬子石油化工有限责任公司，中国石油天然气股份有限公司乌鲁木齐石化分公司江阴市苏利精细化工有限公司。

Ba007 1,2,3-三甲苯

【英文名】 1,2,3-trimethlbenzene

【别名】 连三甲苯

【CAS登记号】 [526-73-8]

【结构式】

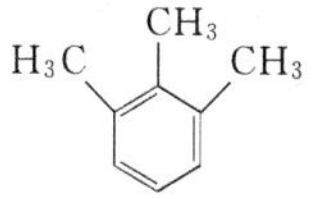

【物化性质】 无色透明液体。沸点175～176℃。熔点−25.4℃。闪点48℃。相对密度0.8944。折射率1.5149。溶于醇、醚、苯、丙酮等有机溶剂。

【质量标准】

项目	指标
含量(GC)/% ≥	99.5
相对密度(d_4^{20})	0.891～0.897
折射率(n_D^{20})	1.514～1.516

【用途】 用于生产苯胺染料，醇酸树脂，聚酯树脂及连苯三甲酸等。

【制法】 从催化重整或石油裂解的石油芳烃和煤焦油芳烃中均含有一定量的连三甲苯。在重整芳烃中含连三甲苯约88.7%。经精馏、酸洗、再精馏得成品。

【安全性】 对眼，皮肤，黏膜有刺激作用。大鼠经口LD_{50} 5000mg/kg。操作中应戴口罩，手套。易燃，遇明火、高温或接触氧化剂有发生燃烧的危险，生产设备应密闭，严防跑、冒、滴、漏。应贮于阴凉、通风仓库内，远离火源、热源，防止阳光曝晒，应与氧化剂分开存放，搬运时轻装轻卸，防止破损。按易燃化学品规定运输。

【参考生产企业】 中国石化扬子石油化工有限责任公司，中国石油锦州石油化工公司，辽阳石油化纤英华化工厂。

Ba008 1,2,4-三甲苯

【英文名】 pseudocumene

【别名】 偏三甲苯；假枯烯；1,2,4-trimethylbenzene；pseudocumol

【CAS登记号】 [95-63-6]

【结构式】

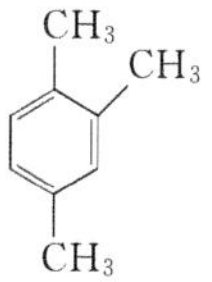

【物化性质】 无色液体。沸点168℃。熔点−44℃。闪点48℃。相对密度0.8758。折射率n_D^{21} 1.5048。不溶于水，溶于乙醇，乙醚和苯。

【质量标准】 Q/SH 1070 105—2005 1,2,4-三甲苯

项目	理化指标		典型数据	测试方法
	JLP-1	JLP-2		
外观	无色透明液体			目测
偏三甲苯/% ≥	98.00	98.50	98.58	见注
均三甲苯/% ≤	实测	实测	0.12	
连三甲苯/% ≤	实测	实测	0.49	
邻甲乙苯/% ≤	实测	0.8	0.47	
异丁基苯/% ≤	实测	实测	0.16	
重芳烃/%	实测	实测	0.18	
C_{10}/%	实测	实测	0.02	
硫含量/×10^{-6}	—	5(最大)	3.5	SH/T0253-92
溴值/(mgBr/100g)	—	200	120	GB/T11135、GB/T11136
密度(20℃)/(kg/m³)	实测值		875.4	GB/T1884、GB/T1885

注：HP-5毛细管色谱柱0.32mm×60m×0.25μm；柱温采用程序升温法；FID检测器；计算方法采用带校正因子的面积归一化法。

【用途】 为基本有机化工原料，可用于生产医药（维生素 E）、染料与合成树脂。还可制偏苯三酸酐、均苯四甲酸二酐、水溶性醇酸树脂，不饱和聚酯树脂以及增塑剂，环氧树脂固化剂及表面活性剂。

【制法】 由催化重整和石脑油裂解所得的 $C_9 \sim C_{10}$ 芳烃中分离。重整芳烃中偏三甲苯含量高达 40%以上。采用精馏法可得到 99%以上的纯产品。

【安全性】 小鼠腹腔注射 LD_{50} 为 2mL/kg。有毒，刺激黏膜和中枢神经，引起中枢神经障碍，皮肤出血性贫血，气管炎，肺水肿等。易燃易爆。装入经检查符合要求的油罐，油罐车，或铁桶等容器。产品注入容器时，应根据气温变化情况，考虑产品膨胀时，留出产品的安全空间，切不可充满。贮运中必须严禁烟火，并执行有关安全防火规定，同时应设置完善的消防设备。

【参考生产企业】 中国石油锦州石油化工公司，中国石油兰州石油化工公司，无锡百川化工股份有限公司，中国石化扬子石油化工有限责任公司。

Ba009 1,3,5-三甲苯

【英文名】 mesitylene

【别名】 均三甲苯；1，3，5-trimethylbenzene；*sym*-trimethylbenzene

【CAS 登记号】 [108-67-8]

【结构式】

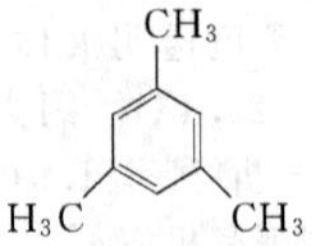

【物化性质】 无色透明液体。沸点 164.7℃。熔点 −45℃（α 型）、−51℃（β 型）。闪点 44℃。自燃点 550℃。相对密度 0.864。折射率 1.4994。不溶于水，溶于乙醇，能以任意比例溶于苯、乙醚、丙酮。

【质量标准】 Q/SHJL 0208—2002 1,3,5-三甲苯

项目	指标	典型数据	测试方法
外观	无色透明液体		目测
均三甲苯/%	98.0	98.64	见注
偏三甲苯/%	1.0	0.74	
间对甲乙苯/%	实测	0.48	
邻甲乙苯/%	实测	0.11	
硫含量/$\times 10^{-6}$	实测	0.1	SH/T0253-92
密度(20℃)/(kg/m^3)	—	864.5	GB/T1884、GB/T1885

注：HP-5 毛细管色谱柱 0.32mm×60m×0.25μm；柱温采用程序升温法；FID 检测器；计算方法采用带校正因子的面积归一化法。

【用途】 有机合成原料，用于制取均苯三甲酸，以及抗氧剂，环氧树脂固化剂，聚酯树脂稳定剂，醇酸树脂增塑剂，制取 2,4,6-三甲苯胺用于生产活性艳蓝、K-3R 等染料。

【制法】 (1) 由 C_9 芳烃分离。

(2) 在重整重芳烃中均三甲苯约 11.8%。但由于它的沸点（164.7℃）与邻甲乙基苯沸点极其相近（165.15℃），采用精馏法难以分离。

(3) 以偏三甲苯为原料的异构化法，分馏所得均三甲苯单程产率 21.6%。纯度达 95%以上。同时副产 4%～7%的均四甲苯和 9%的二甲苯。反应器床层平均温度 260℃，压力 2.35MPa，空速 $1.0h^{-1}$，重整氢与油的摩尔比为 10∶1，在催化剂作用下，偏三甲苯转化率 46%，选择性 47%，均三甲苯单程产率 21.6%。

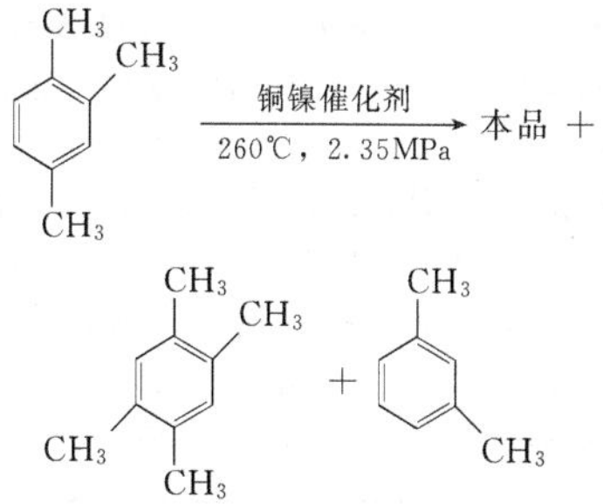

【安全性】 毒性强度与二甲苯相同。刺激鼻喉，引起肺炎，损害神经系统及肝脏接触皮肤能使之脱脂。空气浓度 (7000～9000)×10^{-6}时，能使小鼠停止反射。空气中最高容许浓度为 125mg/m^3。操作现场应通风良好，操作人员应穿戴防护用具。装入陶瓷坛，塑料桶，玻璃瓶中，应严密封口，再装入木箱，箱内用不燃材料衬垫妥实，箱外用铁丝或铁皮捆紧。每箱净重不超过 50kg。标有“易燃物品”标志。装入厚度不小于 1.2mm 的铁桶内，严密封闭，每桶净重不超过 200kg。应防火贮存，避免阳光曝晒，与氧化剂分开存放，搬运时轻装轻卸，防止包装破损。

【参考生产企业】 中国石化集团公司金陵石化有限责任公司炼油厂，中国石油锦州石油化工公司，石家庄昊普化工有限公司，中国石化扬子石油化工有限责任公司。

Ba010 1,2,4,5-四甲苯

【英文名】 durene

【别名】 均四甲苯；杜烯；1,2,4,5-tetramethylbenzene

【CAS 登记号】 [95-93-2]

【结构式】

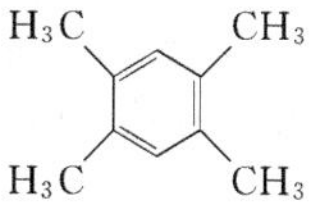

【物化性质】 白色单斜晶体。沸点 196.8℃。熔点 79.2℃。闪点 73℃。相对密度 ($d_{15.5}^{15.5}$) 0.8918。溶于乙醇、乙醚及苯，不溶于水。

【质量标准】

项目		指标
外观		白色晶体
凝点/℃	>	77
纯度/%	≥	98

【用途】 主要用于制取均苯四甲酸二酐，也用于生产聚酰亚胺树脂、染料、增塑剂、表面活性剂等。

【制法】 工业上曾将 C_9～C_{10} 芳烃馏分以蒸馏法除萘后，经冷冻 (−70℃)、重结晶，制取四甲苯。但成本较高。现已被合成法代替，合成法通常以间二甲苯为原料，加入无水三氯化铝，在 100℃通入氯甲烷进行反应后，静置、冷却，分出上层深绿色油状物，经干燥、常压蒸馏，收集 180～205℃馏分即得。

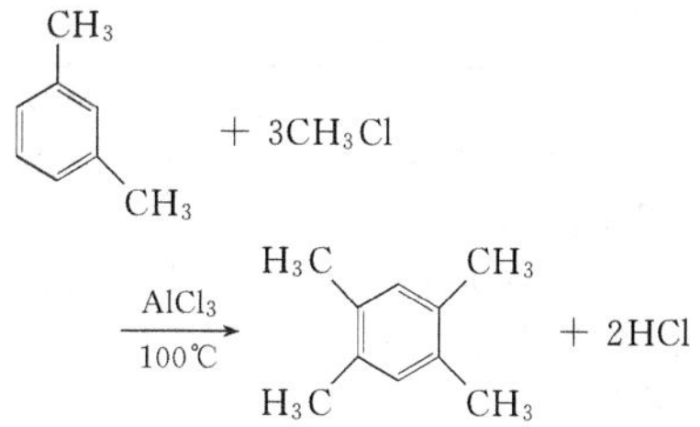

此外，还有以二甲苯和偏三甲苯进行异构化、烷基化及转化烷基化，偏三甲苯歧化—异构化等制取四甲苯的方法。

【安全性】 有中等毒性，小鼠、大鼠灌胃 LD_{50} 分别为 3.4g/kg、6.7g/kg。可使动物精神萎靡、中枢神经系统兴奋性受到抑制。对皮肤的刺激极弱，并未导致过敏，也未见经皮肤吸收的征象。空气中最大容许浓度 50mg/m^3。用铁桶内衬塑料袋包装，贮于通风、干燥处，防潮、防晒，远离火源。按有毒化学品规定贮运。

【参考生产企业】 辽阳石油化纤英华化工厂，中国石油抚顺石油化工公司，石家庄昊普化工有限公司，溧阳市诚兴化工有限公司，浙江森太化工股份有限公司。

Ba011 乙苯

【英文名】 ethylbenzene

【别名】 乙基苯；苯乙烷；苄基甲基

【CAS登记号】 [100-41-4]

【结构式】

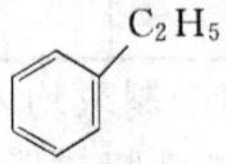

【物化性质】 无色液体，具有芳香气味，蒸气略重于空气。沸点136.2℃。凝固点−95℃。闪点15℃。自燃点432.22℃。相对密度（d_4^{25}）0.8671。折射率（n_D^{100}）1.5009。比热容1.717 J/(g·℃)。黏度（25℃）0.64mPa·s。溶于乙醇、苯、四氯化碳及乙醚，几乎不溶于水。

【质量标准】 SH/T1140—2001

项目	指标		试验方法
	优等品	一等品	
外观	无色透明均匀液体，无机械杂质和游离水		目测①
密度(20℃)/(kg/m³)	866～870		GB/T4472
水浸出物酸碱性(pH值)	6.0～8.0		SH/T1146
纯度/% ≥	99.70	99.50	SH/T1148
二甲苯/% ≤	0.10	0.15	SH/T1148
异丙苯/% ≤	0.03	0.05	SH/T1148
二乙苯/% ≤	0.001	0.001	SH/T1148
硫/% ≤	0.0003	不测定	SH/T1147

① 将试样注入50mL比色管中，液面与刻度齐平，在有足够自然光线或有白色背景的灯光下径向目测，发生争议时，按GB/T605仲裁，铂-钴标度应不大于5号。

【用途】 生产苯乙烯，对硝基苯乙酮，甲基苯甲酮的原料。在医药上用作合霉素和氯霉素的中间体。此外，还可作溶剂使用。

【制法】 （1）烃化法。苯和乙烯在三氯化铝催化剂存在下，在液相95～100℃温度下进行烷基化反应，反应物经水解，中和后，进入苯回收塔除去低沸物，塔釜液经精馏得精制品乙苯。

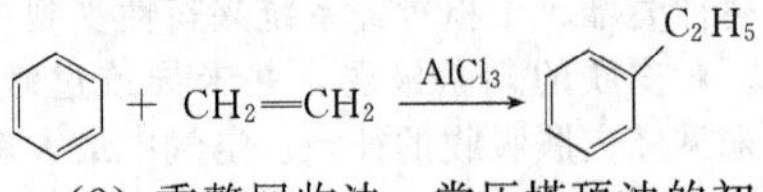

（2）重整回收法。常压塔顶油的初馏点至138℃的馏分，经预分馏切割60～138℃馏分预加氢，再经铂重整，脱戊烷后用二乙二醇醚进行芳烃抽提，精馏得二甲苯，再将二甲苯进一步精馏得产品乙苯。

【安全性】 有毒。对小鼠的LC_{50}为10400×10^{-6}。对皮肤的刺激性比甲苯，二甲苯更强，其蒸气在呈现毒害作用的浓度以下时，会刺激眼睛、呼吸器官和黏膜。同时能使中枢神经系统先兴奋，而后呈麻醉状态。常温下，使动物吸入饱和的乙苯蒸气30～60min即可致死，1%浓度即刺激黏膜，在2～3h内，因对中枢神经作用而引起神经错乱，麻醉而死。浓度为1000×10^{-6}时，对人的眼睛及皮肤有强烈的刺激。操作现场应加强通风、排风，设备应密闭，防止泄漏。操作人员应戴防护面具。发现急性中毒时，应立即离开现场，必要时进行人工呼吸，注射强心剂，并请医生治疗。工作场所最高容许浓度为100×10^{-6}。属易燃有毒物品，可采用铁桶包装或槽车运输，应存放于通风阴凉处，防止曝晒和受热。

【参考生产企业】 苏州久泰集团公司，江苏丹化集团有限责任公司，兰州汇丰石化有限公司，辽阳鼎鑫化工有限公司。

Ba012 异丙基苯

【英文名】 cumene

【别名】 枯烯；(1-methylethyl) benzene；cumol；isopropylbenzene

【CAS 登记号】 [98-82-8]

【结构式】

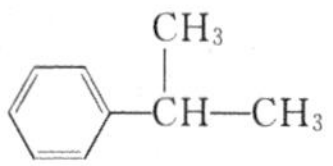

【物化性质】 无色液体。沸点 152～154℃。熔点－96℃。闪点（闭杯）35℃。自燃点 500℃。相对密度 0.8618。折射率 1.4915。黏度（20℃）0.791mPa·s。临界温度 351.4℃。临界压力 3.21MPa。不溶于水，溶于乙醇、乙醚，苯和四氯化碳。

【质量标准】

项目	优级	一级
外观	无色透明液体	
异丙苯/%	99.5	98.5
乙苯/%	0.2	0.3
丁苯/%	0.08	0.5
沸点/℃	152.5	152.5
相对密度(20℃)	0.862	0.862
折射率	1.4914	1.4914
闪点/℃	43.9	43.9

【用途】 主要用于合成苯酚、丙酮，亦用于合成其他有机化工产品。

【制法】 由苯与丙烯作用。

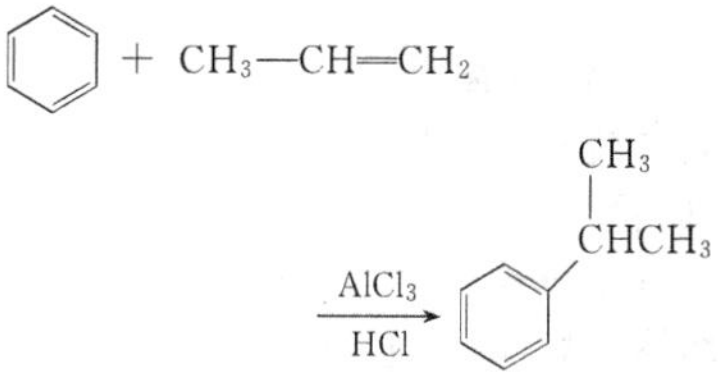

丙烯与苯以（0.3～0.35）∶1 的比例进烃化塔，反应温度 95～100℃。反应生成异丙苯 30%～35%，多异丙苯 10%～15%。反应物经冷却，沉降分离，分出络合物循环使用，烃化液则经水解，中和，精馏分离，除去乙苯，所得粗异丙苯，经蒸馏得产品，纯度达 98%以上。

【安全性】 异丙苯蒸气对小鼠致死浓度为 2000×10^{-6}。对大鼠经口 LD_{50} 为 2910 mg/kg。可作麻醉剂和抑制剂，毒性较强，蒸气能刺激皮肤及呼吸系统，刺激眼部可引起结膜炎，液体经皮肤吸收，进入体内排除缓慢，可产生积蓄作用，造成严重毒害。车间应有良好通风，设备应密闭，操作人员应穿戴防护用具。空气中爆炸极限 1.0%～8.0%（体积）。工作场所最高容许浓度为 $245mg/m^3$。异丙苯产品可装在与苯相同的密闭容器中贮存（参见苯）。危规号 62045。按危险品规定贮运。

【参考生产企业】 北京燕山石化公司，江都市利达化工有限公司。

Ba013 异丁基苯

【英文名】 isobutylbenzene

【别名】 2-甲基丙基苯；(2-methylpropyl)benzene；2-methyl-1-phenylpropane

【CAS 登记号】 [538-93-2]

【结构式】

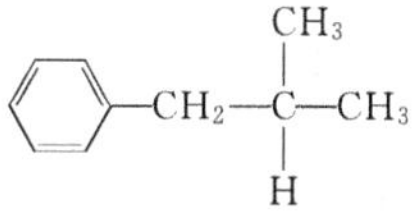

【物化性质】 无色液体。沸点 173℃。熔点－52℃。闪点（闭杯）52.2℃。自燃点 420℃。相对密度 0.8532。折射率 1.4866。与三氧化铬作用生成苯甲酸，不溶于水，溶于乙醇，醚，苯和丙酮。

【质量标准】

指标名称	指标
络异丁基苯含量/% ≥	98.50
正丁基苯含量/% ≤	0.30
密度(20℃)/(g/cm³)	0.851～0.854
折射率(n_D^{20})	1.4855～1.4875

【用途】 用于生产医药布洛芬，涂料，增塑剂，表面活性剂，也可用作溶剂。

【制法】 以甲苯、丙烯为原料，在碱金属催化剂存在下进行侧链烷基化。反应以金属钾为催化剂制得。

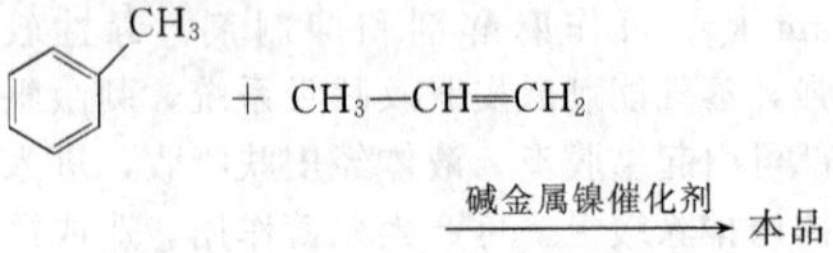

该反应中每摩尔钾量为 0.02g（$K/Na_2CO_3=4:1$）。反应温度 190～205℃，压力 2.94MPa，反应时间 1.5～2.0h，丙烯与甲苯比为 1∶1。该方法定向性好，产率高，产物单一，处理工艺简单，经精馏得纯品，甲苯转化率 54.53%，异丁基苯选择性为 89.6%，异丁基苯收率为 48.88%。

【安全性】 微毒，大鼠经口 LD_{50} 为 5000mg/kg。可燃，应贮阴凉，通风仓库内，远离火种，热源，与氧化剂分开存放。保持包装完整，防止损坏。镀锌铁桶包装，聚四氟乙烯衬垫，净重 150kg。

【参考生产企业】 吉化集团吉林市锦江油化厂，北京燕山石化公司。

Ba014 叔丁基苯

【英文名】 *tert*-butylbenzene

【别名】 2-甲基-2-苯基丙烷；2-methyl-2-phenylpropane

【CAS 登记号】 [98-06-6]

【结构式】

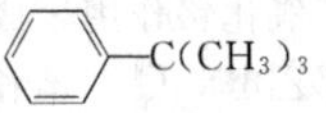

【物化性质】 无色液体，易燃。沸点 169℃。熔点 −57.85℃。闪点（开杯）60℃。自燃点 450℃。相对密度 0.8665。折射率 1.492。不溶于水，能与醇、醚、酮、苯等有机溶剂混溶。

【质量标准】

项目	指标
纯度/% ≥	98
相对密度(d_4^{20})	0.865～0.867
馏程(馏出 95%以上温度范围)/℃	167～170
闪点(宾斯克-马丁法)/℃	50
折射率(n_D^{20})	1.492～1.494

【用途】 抗过敏性药物——安其敏，盐酸氯苯丁嗪的中间体。聚合物交联剂。

【制备方法】 (1) 叔丁醇法。由叔丁醇与苯催化烃化。

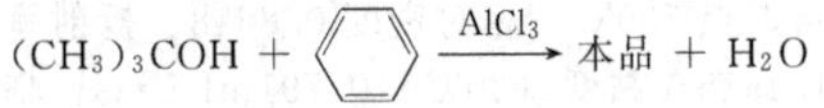

将苯冷至 5～6℃，加入三氯化铝，于搅拌下加入叔丁醇的苯溶液，温度保持 8～11℃。加毕继续搅拌 4h，反应完成后，吸出苯溶液，三氯化铝用水破坏后，用苯抽提。苯液倒入冰水中，水洗至中性，蒸去苯及低沸点物，收集 161.5～174℃馏分。

(2) 异丁烯法。由异丁烯与苯在三氯化铝存在下反应制得。

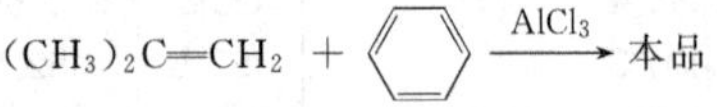

【安全性】 微毒。大鼠经口 LD_{50} 为 5000mg/kg。易燃，遇高热，明火，或接触氧化剂有燃烧危险。贮运见异丙苯。

【参考生产企业】 昆山城东化工有限公司，镇江市海通化工有限公司，常熟市前港化工有限责任公司。

Ba015 烷基苯

【英文名】 alkyl benzene

【别名】 十二烷基苯

【CAS 登记号】 [123-01-3]

【结构式】 C_6H_5R

【物化性质】 无色无臭的液体。沸点 260～320℃。不溶于水，易溶于有机溶剂。

【质量标准】 GB/T5177—2008 工业直链烷基苯

项目			优等品	一等品	合格品
外观			水白透明、无悬浮物的液体		
生物降解度			工业直链烷基苯经磺化、中和制成的烷基苯磺酸钠，初级生物降解物 7d 后不低于 90%		
色度/(Hazen)		≤	10	20	100
折光指数 n_D^{20}			1.4820～1.4850	1.4820～1.4870	1.4820～1.4890
密度(20℃)/(g/cm³)			0.885～0.870		
溴价/(gBr/100g)		≤	0.02	0.03	0.25
可磺化物/%		≥	98.5	97.5	96.5
平均相对分子质量			238～250	238～250	235～250
水分/%		<	0.010	0.010	0.050
馏程/℃	体积分数 5%	>	280	280	270
	体积分数 5%	<	310	315	320

【用途】 主要用作洗衣粉的中间体，如十二烷基苯磺酸钠，也用于制农药乳化剂十二烷基苯磺酸钙。

【制法】 (1) 直接合成法。α-烯烃与苯在三氯化铝催化剂存在下，进行烷基化反应，反应物经碱洗，水洗，再经脱苯，精馏，即得精烷基苯。

(2) 氯化法。C_{10}～C_{13}正构烷烃经氯化生成氯代烷烃，再以三氯化铝为催化剂，与苯缩合得直链烷基苯。

【安全性】 一般芳香烃毒性较大，其中以苯对中枢神经和血液的作用最强。当带有烷基侧链时，对黏膜的刺激性和麻醉性增强，但在生物体内，由于侧链先被氧化成醇进而变为羧酸，故对造血机能并无损害。生产过程中，应注意防护，操作人员应穿戴防护用具。用槽车或铁桶包装，按有毒可燃品规定贮运。

【参考生产企业】 抚顺石化分公司洗涤剂化工厂，吉化集团吉林市锦江油化厂，金陵石化公司华隆工业公司南京洗涤剂厂，金桐石油化工有限公司，江苏丹化集团公司，中国石油集团股份公司九江分公司。

Ba016 苯乙烯

【英文名】 styrene

【别名】 乙烯基苯；ethenylbenzene；styrol；styrolene；cinnamene；cinnamol；phenylethylene；vinylbenzene

【CAS 登记号】 [100-42-5]

【结构式】 $C_6H_5CH{=}CH_2$

【物化性质】 无色油状液体，有芳香气味。沸点 145℃。凝固点 −30.6℃。闪点（开杯）31.11℃。自燃点 490℃。相对密度 0.9051。折射率 1.5467。黏度（20℃）0.763mPa·s。微溶于水，溶于乙醇、乙醚、甲醇、丙酮和二硫化碳。

【质量标准】 GB/T 3915—2011 工业用苯乙烯

项目		指标			试验方法
		优等品	一等品	合格品	
外观		清晰透明，无机械杂质和游离水			目测①
纯度/%	≥	99.8	99.6	99.3	GB/T12688.1②
聚合物/(mg/kg)	≤	10	10	50	GB/T12688.3
过氧化物(以过氧化氢计)/(mg/kg)	≤	50	100	100	GB/T12688.4
总醛(以苯甲醛计)/(mg/kg)	≤	100	100	200	GB/T12688.5

续表

项目	指标			试验方法
	优等品	一等品	合格品	
色度(铂-钴色号,Hazen 单位) ≤	10	15	30	GB/T6051
乙苯/% ≤	0.08	—	—	GB/T12688.1②
阻聚剂(TBC)/(mg/kg)	10～15(或按需)③			GB/T12688.8

① 将试样置于 100mL 比色管中，其液层为（50～60）mm，在日光或日光灯透射下目测。

② 有争议时，以内标法测定结果为准。

③ 如遇特殊情况，可按供需双方协议执行。

【用途】 主要用作聚苯乙烯、丁苯橡胶工程塑料（如 ABS、AAS 等）、离子交换树脂、医药等的原料。

【制法】 以乙苯为原料，在以三氧化铁或铝为主的 T-315 铂催化剂存在下，在 550～560℃温度下，脱氢生成苯乙烯，再经精馏，提纯得 99.5%以上的精苯乙烯。

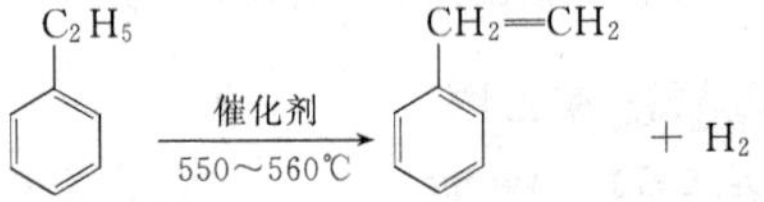

【安全性】 有毒。毒性比苯弱。当加热或暴露日光下，或在过氧化物存在下容易聚合，聚合时释放热量，并能引起爆炸。苯乙烯具有引人发笑的臭味，在 25×10^{-6} 就可以明显地察觉到。在 50×10^{-6} 就会感到不快，但在这样浓度下，尚无毒害作用。随浓度升高，则刺激性增强，可刺激皮肤，呼吸道。在通风不良的室内进食时会刺激胃黏膜。苯乙烯与苯不同，不会造成慢性中毒，因为苯乙烯在生物体内容易被氧化成苯甲酸、苯基甘醇、苯乙醇酸等，进而成为马尿酸或葡萄糖酸酯而被排出体外。生产设备应密闭，防止跑、冒、滴、漏。注意个人防护，工作时应穿戴个人防护用具。操作人员进行定期检查，有呼吸系统疾病、肝脏病、肾脏病或血液病者，不宜从事本操作。空气中最高容许浓度为 420mg/m³。爆炸极限 1.1%～6.1%（体积）。用镀锌铁桶包装，包装时加入阻聚剂，贮存于 25℃以下低温环境中或冷藏仓库内，以防聚合变质。应远离火源，不得在日光下直接曝晒。贮存期为一个月。按易燃有毒物品规定贮运。

【参考生产企业】 中国石化北京燕化石油化工股份有限公司化工一厂，中国石油天然气股份有限公司大连石化分公司，吉林化学工业股份有限公司，江苏丹化集团公司，中国石化股份有限公司齐鲁分公司，中国石化扬子石油化工有限公司。

Ba017 α-甲基苯乙烯

【英文名】 α-methylstyrene

【别名】 2-苯基丙烯；2-phenylpropene

【结构式】

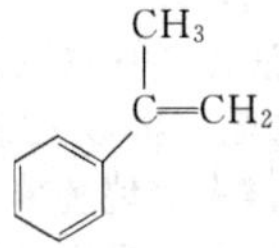

【物化性质】 无色液体，受热或在催化剂作用下聚合。沸点 165℃、54.5～55℃（1866.5Pa）。熔点 −23.2℃。相对密度（d_{25}^{25}）0.9062。黏度（20℃）0.94mPa·s。闪点 57.8℃（开杯）。自燃点 573.89℃。折射率 1.53864。在空气中爆炸极限 0.7%～3.4%。工业产品通常加入阻聚剂，如叔丁基儿茶酚。不溶于水，溶于醚、苯、氯仿。

【质量标准】

项目	一级品	二级品
外观	浅黄色液体	黄色液体
折射率(n_D^{20})	1.5300	1.5280
杂质总含量/% ≤	10	15

【用途】 用作聚合物单体，如丁甲苯橡胶和耐高温塑料。也可用以制取涂料、热熔胶、增塑剂以及合成麝香等。

【制法】 由异丙苯法生产苯酚和丙酮时，

可副产 α-甲基苯乙烯。

【安全性】 毒性中等。应避免吸入或与皮肤接触。在空气中的最高容许浓度为 $375mg/m^3$。操作人员应穿戴防护用具。易燃易爆，应采用铁桶包装，贮存于阴凉通风处，温度不得高于 35℃。按易燃易爆有毒物品规定贮运。

【参考生产企业】 中国石油化工股份有限公司上海高桥分公司，无锡市恒辉化学有限公司，江都市利达化工有限公司，江苏丹化集团公司。

Ba018 环氧苯乙烷

【英文名】 phenyl epoxy ethane

【别名】 氧化苯乙烯；苯基环氧乙烷；phenyl oxirane

【CAS 登记号】 [96-09-3]

【结构式】

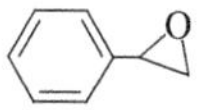

【物化性质】 无色液体。沸点 191℃。相对密度 1.049。溶于水。

【质量标准】

项目		指标
色度(铂钴液)	≤	40
含量/%	≥	95
含溴量/%	≤	0.06
相对密度(d_4^{20})		1.049～1.054
沸程/℃		191～195
折射率(n_D^{20})		1.5320～1.5350

【用途】 可用作环氧树脂稀释剂、UV-吸收剂、稳定剂等，也是重要中间体，可制 β-苯乙醇，还是合成左旋咪唑的主要中间体。

【制法】 由苯乙烯、溴化钠、硫酸、液体烧碱经卤醇化反应、皂化反应、精馏环氧苯乙烷。

【安全性】 其毒性及防护参见环氧乙烷。采用 200kg 镀锌铁桶装。贮存于阴凉、干燥、通风的库房内，远离火种、热源，防潮、防晒，密封贮存。按一般化学品规定贮运。

【参考生产企业】 江苏省太仓市时思化工助剂厂，山东潍坊大成盐化公司，盐城市滨江精细化工有限公司。

Ba019 二乙烯基苯

【英文名】 divinyl benzene

【别名】 乙烯基苯乙烯；苯二乙烯；vinyl styrene

【CAS 登记号】 [1321-74-0]

【结构式】

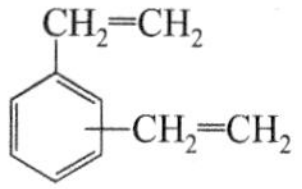

【物化性质】 有三种异构体，三种异构体均为无色液体，易聚合。含 55% 的二乙烯基苯为淡黄色液体，凝固点 -87℃。沸点 195℃。相对密度（d_{25}^{25}）0.918。不溶于水，溶于甲醇、乙醚。易燃。在常温下能自聚。三种异构体的物性指标如下表。

项目	邻二乙烯基苯	间二乙烯基苯	对二乙烯基苯
结构	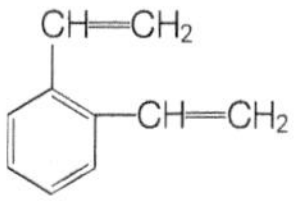	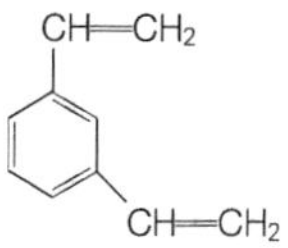	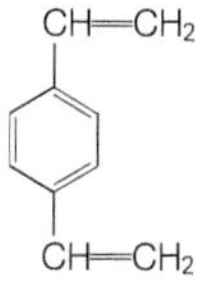
沸点/℃	53℃(399Pa)	60(666Pa)	52℃(399Pa)
凝固点/℃	—	-67℃	31℃
相对密度	0.934(21℃)	0.926(22℃)	0.913(40℃)
折射率	1.5760(21℃)	1.5745(21℃)	1.5820(40℃)

【质量标准】 SB/T 1485.1—95

项目	DVB45			DVB55			试验方法
	优等	一等	合格	优等	一等	合格	
外观	无色或淡黄色透明液体						目测
二乙烯苯/% ≥	45			55			SH/T1485.2
二乙苯/% ≤	6.0	8.0	12.0	2.5	4.0	6.0	SH/T1485.2
萘/% ≤	1.5	1.5	2.0	1.5	1.5	2.0	SH/T1485.2
溴指数/(gBr/100g) ≥	165	160	155	180	175	170	SH/T1485.5
特丁基邻苯二酚(TBC)/%	0.09～0.11						SH/T1485.4
聚合物/% ≤	0.005						SH/T1485.3

【用途】 是重要的交联剂，可用作离子交换树脂，聚酯树脂和聚合单体组分。也可用作聚苯乙烯，丁苯橡胶的改性剂等。

【制法】 乙烯和苯经烷基化制取乙苯时，作为副产物得到混合二乙基苯，此二乙基苯的三种异构体沸点相近、难以分离。所以，通常以混合二乙基苯为原料，经脱制取邻、间、对二乙烯基苯。

【安全性】 毒性类似甲苯、大鼠经口 LD_{50} 为 4040mg/kg。对人体可刺激皮肤，呼吸道，其刺激性随温度升高而增强。长期接触易引起贫血。使用时，避免吸入或与皮肤接触，如不慎溅入眼睛或接触皮肤，应迅速用石灰水或清水冲洗。设备应密闭，生产现场应加强通风，杜绝跑、冒、滴、漏现象。应加强个人防护。用镀锌铁桶或铝桶包装，贮存期不超过 3 个月，不超过 20℃ 的低温贮存。贮存时应加含量为（900～1100）$\times 10^{-6}$ 的阻聚剂。严禁接近火源。不要用铁器敲击。按易燃化学品规定贮运。

【参考生产企业】 江苏丹化集团有限责任公司，江苏常泰化工集团公司武进化工厂，山东东大化学工业集团公司，淄博市嘉龙化工科技有限公司。

Bb 多环芳烃及其他稠环芳烃

Bb001 联苯

【英文名】 diphenyl

【别名】 苯基苯；1,1′-biphenyl；bibenzene；phenylbenzene

【CAS 登记号】 [92-52-4]

【结构式】

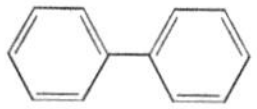

【物化性质】 白色或略带黄色鳞片状结晶，具有独特的香味。沸点 255.9℃。熔点 71℃。闪点 113℃。相对密度 0.992。折射率 1.475，(n_D^{77}) 1.588。不溶于水、酸及碱，溶于醇、醚、苯等有机溶剂。化学性质与苯相似，可被氯化、硝化、磺化和氢化。

【质量标准】

项目	指标
熔点范围/℃	68～70
灼烧残渣/% ≤	0.05
不溶物/% ≤	0.02

【用途】 有机热载体，也是高质量绝缘液的原料；用作增塑剂，防腐剂；还用于制造染料、工程塑料和高能燃料等。

【制法】 在高温焦油中约含 3.0%，经分馏制得，亦可以苯为原料进行合成。以洗油馏分为原料，切取 250～260℃馏分再精馏，切取 253～257℃馏分，经冷却结晶分离得成品。苯经热裂解脱氢制得。

【安全性】 有刺激作用，损害心肌，肝肾。大鼠经口 LD_{50} 为 3280mg/kg（25%橄榄油溶液），对家兔为 2400mg/kg。可燃，遇高温，明火，氧化剂有燃烧危险，应贮于阴凉，通风仓库内远离火种，热源，并与氧化剂、强酸类物质分开存放，轻装轻卸，保持包装完整。

【参考生产企业】 江苏苏化集团有限公司，鞍山市贝达实业有限公司，辽宁鞍山市贝达实业有限公司，鞍钢实业三块石化工厂，镇江市润州第二化工厂。

Bb002 异丙基联苯

【英文名】 isopropyl diphenyl

【CAS 登记号】 [7116-95-2]

【结构式】

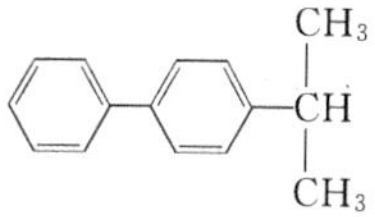

【物化性质】 透明液体。沸点 291℃。熔点 4℃。闪点 100℃。相对密度 0.965。折射率 1.569。能与有机溶剂混合。

【用途】 可作热载体、高真空泵油、润滑油、媒染剂、表面活性剂、也作合成纤维和塑料的原料。

【制法】 丙烯、丙酮、丙基氯对联苯的烷基化反应。采用的催化剂有 $AlCl_3$、H_2SO_4、H_3PO_4、HF、BF_3、硅铝酸以及分子筛等。将联苯和催化剂置于反应瓶中，丙烯经干燥后通入瓶底，以鼓泡方式通过液层反应，反应温度 175～200℃，反应完毕，冷却反应液至 80～100℃趁热抽滤，滤液分馏，收集 154 ～ 160℃

(1333Pa) 馏分。当催化剂浓度为6%，丙烯配比为0.8时，联苯转化率58%，异丙基联苯单程收率42%～48%，选择性80%以上。

【安全性】 大鼠一次灌胃 LD_{50} 为8.5 g/kg。以0.85g/kg剂量灌胃15次导致中枢神经系统抑制，血红蛋白及红细胞含量减少，网织红细胞增多及血液中残余氮增长100%。对皮肤有强烈的刺激作用。操作中应穿防护服，戴手套，防止皮肤接触。包装及贮运方法参见联苯。

【参考生产企业】 北京杨村化工有限公司，江苏苏化集团有限公司。

Bb003 二苯基甲烷

【英文名】 diphenylmethane

【别名】 苄基苯；1，1′-methylenebis [benzene]；benzylbenzene；ditan

【CAS登记号】 [101-81-5]

【结构式】

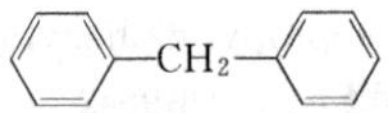

【物化性质】 无色针状结晶，有橘子香味。沸点264.3℃、158℃（4.67kPa）。熔点25.3℃。相对密度1.006（液体），(d_4^{10}) 1.3421（固体）。折射率1.5753。不溶于水，溶于乙醇，乙醚，氯仿，苯和环己烷。

【质量标准】

项目		指标
凝固点/℃	≥	24
相对密度(d_4^{20})		1.004～1.008
乙醇溶解试验		合格
灼烧残渣/%	≤	0.1

【用途】 有机合成原料，可用于生产染料，医药等。

【制法】 由氯苄与苯在铝汞齐（或无水氯化铝）催化作用制得。

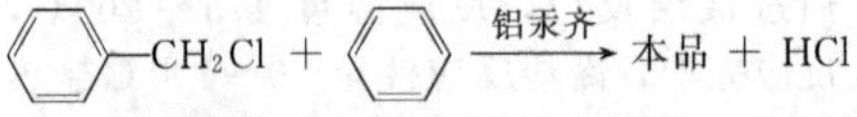

先将干燥过的苯与铝汞齐加热，然后慢慢通入氯苄，回流2h，冷却加水搅拌，静置除水，余下物用5%碱液洗涤，水洗，最后减压蒸馏得成品。

【安全性】 大白鼠经口 LDL_0 5000mg/kg。其余参见联苯。贮于阴凉通风仓库内，远离火种，热源，保持包装完整，应密封保存。

【参考生产企业】 金坛市兰陵化工有限公司，金坛市华康精细化工厂。

Bb004 二对甲苯基甲烷

【英文名】 di-*p*-tolylmethane

【CAS登记号】 [4957-14-6]

【结构式】

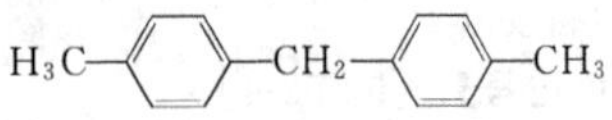

【物化性质】 棱柱体结构。沸点285.5～286.5℃，165℃（1.6kPa）。熔点28℃。相对密度(d_4^{25}) 0.9800。溶于乙醇和乙醚。

【质量标准】

项目	指标
沸程/℃	285～310
相对密度(d_4^{25})	0.9800
凝固点/℃	-25
热稳定性	在300℃蒸发回流48h，性能无变化

【用途】 用作高温加热载体。

【制法】 甲苯、甲醛在硫酸存在下进行缩合，经萃取、中和、蒸馏、过滤，切取285～310℃馏分为产品。

【安全性】 毒性较强。详细毒性未见报道。工作场所应通风良好，设备应密闭，操作人员应穿戴防护用具。用240L铁桶包装，按易燃有毒物品规定贮运。

【参考生产企业】 上海市农药研究所，金坛市兰陵化工有限公司。

Bb005 萘

【英文名】 naphthalene

【别名】 naphthalin；naphthene；tar camphor

【CAS登记号】［91-20-3］

【结构式】

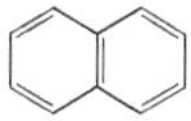

【物化性质】 色有光泽的单斜晶体。可燃。樟脑丸之气味，在常温亦颇具挥发性，能升华，亦能和水蒸气一同挥发。沸点218℃。熔点80.29℃。闪点（开杯）78.89℃。（闭杯）88℃。燃点86℃。自燃点526.11℃。相对密度1.145、(d_4^{100}) 0.9625。折射率 (n_D^{85}) 1.5898、(n_D^{100}) 1.58212。不溶于水，可溶于乙醚、乙醇、氯仿、二硫化碳、苯等。

【质量标准】 GB/T6699—1998 焦化萘

项目	精萘			工业萘		
	优等品	一等品	合格品	优等品	一等品	合格品
外观	白色粉状、片状结晶	白色略带微红或微黄粉状、片状结晶		白色，允许带微红或微黄粉状、片状结晶		
结晶点/℃ ≥	79.8	79.6	79.3	78.3	78.0	77.5
不挥发物/% ≤	—	0.01	0.02	0.04	0.06	0.08
灰分/% ≤	—	0.006	0.008	0.01	0.01	0.02
酸洗比色按标准比色液 ≤	2号	4号	—	—	—	—

注：1. 不挥发物按生产厂出厂检验数据为准。
2. 工业萘按液体供货时不挥发物指标由供需双方规定。

【用途】 是基本化工原料，主要用于生产苯酐、各种萘酚、萘胺等。也是生产合成树脂、增塑剂、橡胶防老剂、表面活性剂、合成纤维、染料、涂料、农药、医药和香料等的原料。

【制法】 (1) 由煤焦油分离。高温煤焦油中萘约占8%～12%，将煤焦油蒸馏，切取煤油，经脱酚、脱喹啉、蒸馏得成品萘。

(2) 由石油烃制得。催化重质重整油，催化裂化轻循环油，裂解制乙烯的副产焦油等。其组成如下表，表中芳烃经催化脱烷基和热解脱烷基均可以生产萘。

项目	催化重整油	催化裂化轻循环油	蒸气裂解副产品	煤焦油
芳烃总量/%	90～95	45～65	70～95	95～100
烷基苯类/%	20	25	20	5
二氢茚和四氢萘/%	15	25	10	5
烷基茚/%	2	7	18	3
烷基萘类/%	55	35	45	75
联苯和烷基类/%	6	6	5	10
三环化合物/%	2	2	2	2

【安全性】 萘的水溶性较小，而且不易被吸收，故其毒性不太强。吸入浓的萘蒸气或萘粉末时，能促使人呕吐，不适，头痛。特别是损害眼角膜，引起小水泡及点状浑浊，还能使皮肤发炎，有时还能引起肺的病理改变，还可损害肾脏，引起血尿，但没有致癌性。生产设备及容器应密闭，防止蒸气粉末外逸，操作现场强制通风。若发现中毒现象，要立即移至新鲜空气处，多饮热水，使之呕吐，进

行人工呼吸，严重者送医院治疗。工作场所萘的最大容许浓度为 10×10^{-6}。液体萘用槽车运输、固体精萘用牛皮纸袋装，净重 25kg。运输贮存过程中，防止火种。

【参考生产企业】 上海宝钢化工有限公司，酒泉钢铁（集团）有限责任公司焦化厂，新余钢铁集团总公司，四川攀钢煤化工厂，山东鲁抗医药集团济宁煤化公司，鞍山市贝达实业有限公司，北京华腾化工有限公司，鞍钢实业化工公司，河北定州东旭化工有限公司，辽阳石油化纤公司英华化工厂，鞍钢实业三块石化工厂，上海申立化工有限公司，山东金能煤炭气化有限公司，浙江日出精细化工有限公司，鞍山市天长化工有限公司，鞍钢附属企业公司化工厂。

Bb006 1-甲基萘

【英文名】 1-methylnaphthalene

【别名】 α-甲基萘

【CAS 登记号】 [90-12-0]

【结构式】

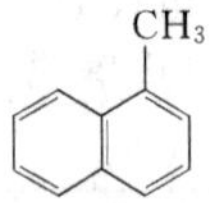

【物化性质】 无色油状液体，有类似萘的气味，能与蒸气一同挥发。沸点 244.6℃。熔点 −30.6℃。闪点 82.2℃。自燃点 529℃。相对密度 1.0202。折射率 1.6170。不溶于水，易溶于乙醚和乙醇，易燃。

【质量标准】

（1）YB/T 5153—1993 工业甲基萘

项目		一级	二级
甲基萘含量(α-甲基萘和β-甲基萘之和)/%	≥	70	60
萘含量/%	≤	12	15
水分/%	≤	2.0	2.0

（2）GB/T 24212—2009 甲基萘油

项目		指标
密度(20℃)/(g/cm³)		1.020～1.050
甲基萘(α+β)含量/%	≥	50.0
萘含量/%	≤	12.0
水分/%	≤	2.0

【用途】 可用于聚氯乙烯纤维和涤纶的印染载体，六六六的乳化剂，还可作热载体和溶剂，表面活性剂，硫黄的提取剂，也可用作生产增塑剂，纤维助染剂的原料。

【制法】 在高温焦油中约含 0.8%～1.2%，将 230～300℃ 的洗油馏分脱酚，脱吡啶碱后，精馏切取 240～245℃ 甲基萘馏分，冷冻至 −20℃，此时 β-甲基萘析出，在 −20℃ 不结晶的馏分即为 α-甲基萘馏分，经磺化、水解后可得工业纯品。

【安全性】 毒性比萘小。空气中最大容许浓度为 20mg/m³。操作人员应穿戴防护用具。用沥青麻袋或塑料袋装，沥青纸袋外套麻袋包装，严密封口。每袋净重不超过 50kg。包装上应有明显的“易燃物品”标志。遇高热、火种、氧化剂有燃烧危险，贮于阴凉通风仓库内，温度不宜超过 30℃。搬运时禁止抛摔和撞击。

【参考生产企业】 鞍钢实业化工公司，鞍山市贝达实业有限公司，辽阳市会福化工厂，张家港市东兴福利有机化工厂，莱芜雅鲁生化有限公司，上海梅山企业发展有限公司南京化工实业分公司。

Bb007 2-甲基萘

【英文名】 2-methyl naphthalene

【别名】 β-甲基萘；β-methylnaphthalene

【CAS 登记号】 [91-57-6]

【结构式】

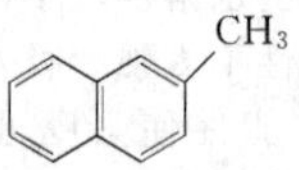

【物化性质】 白色或浅黄色单斜晶体或熔融状结晶体。沸点 241℃。熔点 34.5℃。

相对密度 1.0058。折射率 1.6019。不溶于水，易溶于乙醇和乙醚等有机溶剂，易燃。

【质量标准】

(1) YB/T 4150—2006 β-甲基萘

项目		优等品	一等品	合格品
外观		白色或略有颜色的结晶		
β-甲基萘/%	≥	97.3	97.0	95.0
吲哚/%	≤	0.02	0.2	—

(2) YB/T 5153—1993 工业甲基萘

项目		一级	二级
甲基萘含量(α-甲基萘和β-甲基萘之和)/%	≥	70	60
萘含量/%	≤	12	15
水分/%	≤	2.0	2.0

(3) GB/T 24212—2009 甲基萘油

项目		指标
密度(20℃)/(g/cm³)		1.020～1.050
甲基萘(α+β)含量/%	≥	50.0
萘含量/%	≤	12.0
水分/%	≤	2.0

【用途】 在医药上制取维生素 K_3，氧化制 β-萘酚，作长效或短效口服避孕药。农业上合成植物生长抑制剂，DDT 乳化剂，经磺化后能作去垢剂，还可用作纤维助染剂和润湿剂的原料。

【制法】 在高温焦油中约含 1.0%～1.8%。以煤焦油中的洗油为原料，经脱酚，脱吡啶碱后精馏切取 240～245℃ 甲基萘馏分，冷冻至 −20℃，此时，2-甲基萘呈结晶析出。然后再用发汗结晶法或甲醇、乙醇重结晶进行精制，即得产品。

【安全性】 毒性比萘小。工作场所空气中最大容许浓度为 $20mg/m^3$。操作人员应穿戴防护用具。用沥青麻袋或塑料袋装，沥青纸袋外套麻袋包装，严密封口。每袋净重不超过 50kg。包装上应有明显的"易燃物品"标志。遇高热、火种、氧化剂有燃烧危险，贮于阴凉通风仓库内，温度不宜超过 30℃。搬运时禁止抛摔和撞击。

【参考生产企业】 鞍钢实业化工公司，宝山钢铁股份有限公司化工分公司，山东定陶友帮化工有限公司，张家港市东兴福利有机化工厂，辽阳市宏伟区欣欣化工有限公司，莱芜雅鲁生化有限公司。

Bb008 四氢化萘

【英文名】 tetralin

【别名】 1,2,3,4-四氢化萘；1,2,3,4-tetrahydronaphthalene

【CAS 登记号】 [119-64-2]

【结构式】

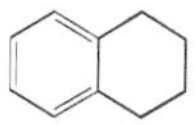

【物化性质】 无色液体，有刺激气味。其蒸气比空气重 3.6 倍。沸点 206～207℃。熔点 −36℃。闪点（闭式）71.2℃。相对密度 0.971，(d_4^{25}) 0.9659。折射率 1.54614。蒸汽压（38℃）133.322Pa。比热容（18℃）1.69J/(g·℃)。汽化热 331.9J/g。燃烧热 5660.952kJ/mol。不溶于水，溶于乙醇、乙醚、丙酮、醋酸、苯和石油醚。

【质量标准】 纯度 ≥98%；硫含量 ≤ 1×10^{-6}。

【用途】 大量用于制造杀虫剂西维因的中间体甲萘酚；还用以制造润滑剂，以及用来降低高黏度油的黏度，并广泛用作有机物（树脂、蜡、油脂、涂料、塑料等）的溶剂。还可用于煤气工业中溶解，清除设备中的萘沉积，并作为洗涤煤气用液。它与酒精和苯混合可作为内燃机的燃料。此外还可作脱脂剂，软化剂，低沸点有机化合物蒸气的吸收剂，驱虫剂及松节油的代用品。

【制法】 由萘在镍催化剂上选择加氢制得。催化剂采用钼酸镍，在绝热反应器中进行气相催化反应，压力 2.94MPa，反应温度 300℃。加料空速 0.8h。氢/萘为 2500～6400（体积），萘单程转化率 85%，选择性 92%以上。加氢产品经气提，精馏后四氢萘纯度达 98%以上。

【安全性】 毒性不大，有一定麻醉作用，能引起头痛，不适及皮肤湿疹。鼠类经口 LD_{50} 为 2900mg/kg。四氢萘与空气长时间接触能生成过氧化四氢萘引起爆炸，使用中必须戴护目镜，防毒面具及橡胶手套。空气中爆炸极限 0.8%～5%（体积），在空气中容许浓度为 0.05mg/kg。四氢萘为三级可燃液体，具有火灾危险。必须贮于阴凉、通风处，远离热源、火种，与氧化剂分开存放，轻装轻卸，保持包装完整。

【参考生产企业】 鞍钢实业化工有限公司，上海宝钢化工有限公司，上海仓口精细化工有限公司苏州分公司。

Bb009 2-甲氧基萘

【英文名】 2-methoxynaphthalene

【别名】 2-萘甲醚；methyl β-naphthyl ether

【CAS 登记号】 [93-04-9]

【结构式】

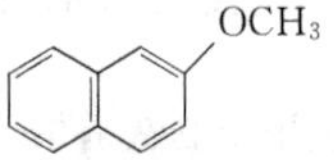

【物化性质】 白色结晶。能升华和进行水蒸气蒸馏。沸点 274℃，138℃（1.33kPa）。熔点 73～74℃。微溶于水、甲醇、乙醇。溶于乙醚和二硫化碳，易溶于苯和氯仿。

【质量标准】

项目		指标
外观		白色结晶体
含量/%	>	99
水分/%	<	0.3
萘酚/%	<	0.5

【用途】 在医药上用于生产萘普生、三烯高诺酮、18-甲基炔诺酮等。

【制法】 (1) 可用 2-萘酚与甲醇或硫酸二甲酯反应制得。将 2-萘酚、甲醇、硫酸加入反应釜中，加热回流 6h，冷却、过滤、洗涤到中性，减压蒸馏收集 160～180℃（2.67kPa）馏分，再经甲醇重结晶即得。

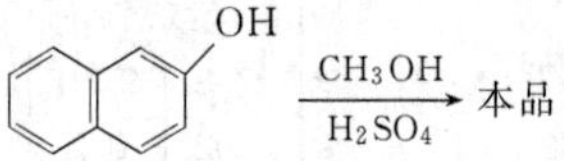

(2) 将 2-萘酚、氢氧化钠溶液和水加到反应釜中，于 10℃加入硫酸二甲酯，在不超过 36℃搅拌反应 3h，再升至 76～80℃反应 1.5h，冷却到 50℃，用氨水调 pH 值至 11，冷却、过滤得粗品，用乙醇重结晶得。

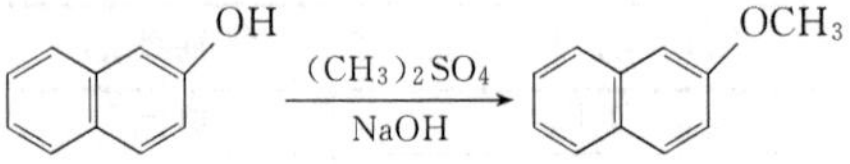

【参考生产企业】 鞍钢实业化工公司，临海市吉翔化工有限公司。

Bb010 2-乙氧基萘

【英文名】 2-ethoxynaphthalene

【中文名称】 2-萘乙醚；ethyl β-naphthyl ether；ethyl β-naphtholate

【CAS 登记号】 [93-18-5]

【结构式】

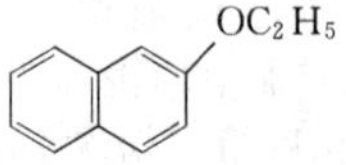

【物化性质】 白色结晶。沸点 282℃。熔点 37.5℃。相对密度（d_{20}^{20}）1.0640。折射率（$n_D^{47.3}$）1.5932。不溶于水，溶于醇、醚、氯仿、二硫化碳、石油醚、甲苯等有机溶剂。

【质量标准】 含量≥99%；熔点≥36℃。

【用途】 在医药上用于生产乙氧萘青霉素钠。

【制法】 用 2-萘酚与乙醇在硫酸存在下醚化制得。将乙醇加入反应釜中，再加 2-萘酚，使其溶解，滴加浓硫酸，加热回流

10h，将反应液加到5%氢氧化钠溶液中，立即析出灰白色结晶，过滤滤饼用水洗至pH值为7.5。干燥得粗品，减压蒸馏精制，收集138～140℃（1.6kPa）馏分即为。

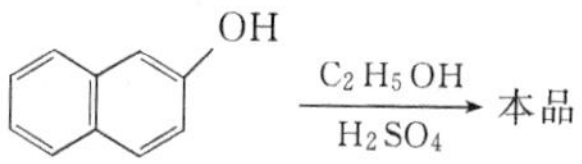

【参考生产企业】 扬州四方香精香料有限公司，常熟市芙蓉化工有限公司。

Bb011 蒽

【英文名】 anthracene

【CAS登记号】 [120-12-7]

【结构式】

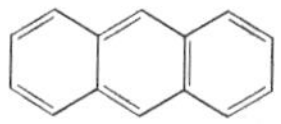

【物化性质】 带有淡蓝色荧光的针状晶体。具有半导体的性质。比较活泼，在空气中，日光下易被氧化，加热时升华。沸点340℃。熔点218℃。闪点（闭杯）121.11℃。自燃点472℃。相对密度（d_4^{27}）1.25，（d_4^{25}）1.252。折射率（n_D^{90}）1.5948。黏度（222.3℃）50.1mPa·s。不溶于水，微溶于醇、醚，能溶于苯，氯仿和二硫化碳。

【质量标准】 YB/T 5085—1996 工业蒽

项目		特级	一级	二级
蒽含量/%	≥	36	32	25
油含量/%	≤	6	11	15
水分/%	≤	2.0	3.0	5.0

【用途】 主要用于制造染料中间体蒽醌及单宁。可用作杀虫剂、杀菌剂和汽油阻凝剂。高纯蒽用于制取单晶蒽，用在闪烁计数器上。

【制法】 以粗蒽为原料，用重质苯一次结晶，过滤后，用三次结晶的母液再进行二次结晶，然后用糠醛进行三次结晶，过滤后，离心，干燥得成品精蒽，或用丁醇，焦油作溶剂，经五次结晶过滤后得成品。

【安全性】 有毒，小鼠工业蒽灌胃LD_{50}为4.88g/kg。能刺激呼吸道和呼吸器官及皮肤。夏天阳光直接照射时，能引起皮炎，长期接触可使面部及手部色素沉着，皮肤上层角化等。生产设备要求密闭，生产现场需通风良好，操作人员应穿戴防护用具，皮肤可涂擦一些保护性软膏。其粉尘与空气混合能爆炸，爆炸极限为5.04g/m³。工作场所空气中最高容许浓度0.1mg/m³。用内衬塑料袋外层麻袋包装。每袋25kg或50kg。贮存于阴凉、通风、干燥处。

【参考生产企业】 鞍钢实业化工公司，江都市精细化工厂，常州市武进临川化工有限公司，盐城江海化工集团公司，攀枝花钢铁集团煤化工公司，鞍山市天长化工有限公司。

Bb012 蒽油

【英文名】 nthracene oil

【物化性质】 是从煤焦油中切取含蒽的馏分，沸程一般为270～360℃。

【质量标准】 GB/T24211—2009 蒽油

项目		指标
密度(20℃)/(g/cm³)		1.080～0.180
馏程(101.325kPa)		
300℃前馏出量/%	≤	10.0
360℃前馏出量/%	≥	50.0
黏度(E_{80})	≤	2.0
水分/%	≤	1.5

【用途】 用以提取粗蒽，用于生产炭黑及鞣剂。也可精制提取精蒽。蒽油还可制木材防腐油和杀虫剂，或用作燃料。

【制法】 粗蒽油经管式炉加热，在一次蒸发器脱水后，无水蒽油再在管式炉二段加热进入二次蒸发器，塔侧线采出的为Ⅱ蒽油，塔顶混合气进入再蒸馏塔，该塔塔底采出物为Ⅰ蒽油，Ⅰ、Ⅱ蒽油混合即为蒽油。

【安全性】 毒性参见蒽。为黏稠状液体，

用槽车或油桶装运。按危险品规定运输。

【参考生产企业】 鞍山市中联化工品有限公司，酒泉钢铁（集团）有限责任公司，石家庄焦化集团有限责任公司，莱芜钢铁股份有限公司焦化厂，上海焦化有限公司，山东民生煤化工有限公司，济宁凯模特化工有限公司，河北定州东旭化工有限公司，天津市振强化工有限公司。

Bb013 2-甲基蒽

【英文名】 2-methylanthracene

【CAS 登记号】 [613-12-7]

【结构式】

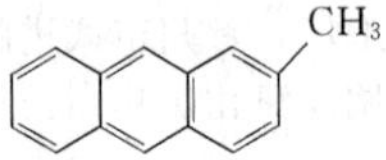

【物化性质】 无色鳞片状结晶。沸点360℃（升华）。熔点207℃。相对密度（d_4^0）1.181。溶于苯，不溶于水，微溶于乙醇、乙醚、醋酸，难溶于甲醇和丙酮。

【用途】 以2-甲基蒽与蒽，二甲基蒽为原料，共聚的合成树脂，可用作涂料、塑料，还可作荧光剂和试剂。

【制法】 以二蒽油为原料，精馏切取352～365℃馏分，精制得纯品。

【安全性】 参见蒽。

【参考生产企业】 武钢集团焦化有限公司，北京安瑞奇化学科技有限公司，江都市精细化工厂。

Bb014 荧蒽

【英文名】 fluoranthene

【别名】 1,2-benzacenaphthene

【CAS 登记号】 [206-44-0]

【结构式】

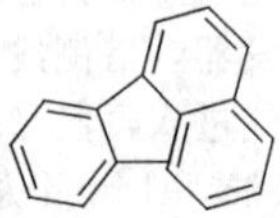

【物化性质】 无色或黄绿色针状结晶，可燃，有毒。沸点384℃，250～251℃（7.99kPa）。熔点109～110℃。相对密度1.252。折射率（$n_D^{18.7}$）1.0996。不溶于水，稍溶于乙醇。可溶于二硫化碳，醋酸，易溶于乙醚，苯类，紫外线下显荧光。

【质量标准】 含量≥90%。

【用途】 用作非磁性金属表面探伤荧光剂，合成黄色、蓝色还原染料，制造医药等。

【制法】 在高温焦油中约含1.8%～2.5%。以370～440℃的二蒽油为原料，经真空精馏，萃取、冷却、结晶、分离、干燥得纯品。

【安全性】 有毒，且有腐蚀性。大鼠经口LD_{50}为2000mg/kg。操作人员应戴防护用具。密封保存，有机腐蚀品，其他参见苊。

【参考生产企业】 鞍钢实业化工公司，上海宝钢化工有限公司，鞍山市贝达实业有限公司，鞍山市天长化工有限公司。

Bb015 茚

【英文名】 indene

【别名】 indonaphthene

【CAS 登记号】 [95-13-6]

【结构式】

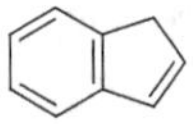

【物化性质】 无色透明液体，在空气中易氧化，暴露在空气和日光中能形成聚合物。沸点181.6℃。熔点−2℃。闪点78.33℃。相对密度0.9968、（d_4^4）1.0081、（d_4^{25}）0.9915、（d_4^{50}）0.9692。折射率1.5762，（$n_D^{18.5}$）1.5773。不溶于水，溶于苯、醇、醚等大多数有机溶剂。

【质量标准】

项目	指标
相对密度(d_4^{20})	0.993～0.997
折射率(n_D^{20})	1.574～1.577
灼烧残渣(硫酸盐)% ≤	0.1
乙醇溶解试验	合格

【用途】 合成古马隆-茚树脂，杀虫剂，

亦可用于有机溶剂。

【制法】 在高温焦油中，茚含量0.25%～0.3%。主要存在于沸程168～175℃的煤焦油及粗苯馏分中，在200℃以前的重质苯中，古马隆和茚含量约占4%以上。经精馏得纯品。

【安全性】 大鼠可耐受反复六次吸入3.8～4.2mg/L而无可见中毒症状。工作场所空气中最大容许浓度为240mg/m^3。可燃，遇明火，高热，有发生燃烧的危险，应贮存阴凉、通风良好仓库内，远离热源、火种，与氧化剂分开存放，轻装轻卸，保持包装完整，不宜久存，防止变质。

【参考生产企业】 鞍山市贝达实业有限公司。

Bb016 2,3-二氢茚

【英文名】 indan

【别名】 茚满；2,3-dihydro-1*H*-indene；hydrindene

【CAS登记号】 [496-11-7]

【结构式】

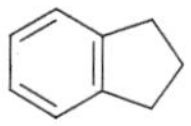

【物化性质】 无色液体。沸点178℃，98℃（9.33kPa）。熔点－51.4℃。相对密度0.9639。折射率1.5378。不溶于水，可溶于醇、醚等有机溶剂。

【用途】 可作航空燃料的防震剂、橡胶工业防震剂，它的衍生物可制二十多种医药，还可用于有机合成工业，作溶剂使用，二氢茚经裂化可制苯类产品。

【制法】 以二氢茚含量为35%的重质苯为原料，经乳化塔精馏，塔顶切取182℃馏分，即为含量90%以上的二氢茚。

【安全性】 微毒。大鼠经口LD_{50}为5000mg/kg。用玻璃瓶装。

【参考生产企业】 吉林市大宇化工有限公司。

Bb017 苊

【英文名】 acenaphthene

【别名】 苊烯；1,8-ethylenena

【CAS登记号】 [208-96-8]

【结构式】

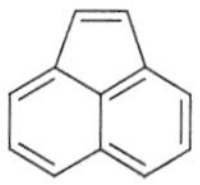

【物化性质】 白色或略带黄色斜方针状结晶。沸点278℃。熔点95.5℃。相对密度1.0242。折射率（n_D^{100}）1.6048。熔化热247.28J/g。蒸发热134.31J/g。易燃。不溶于水，微溶乙醇，能溶于热醚，热苯，甲苯，冰醋酸，氯仿和石油醚。

【质量标准】

项目	一级	二级
纯度(色谱)% ≥	95	93

【用途】 有机合成原料，经硝化可制硝基苊，进一步氧化可制1,8-萘二甲酸酐和苊醌，可用于合成染料、聚酯树脂、聚酯纤维。还可用于制荧光颜料，药品，杀虫剂等。苊脱氢得苊烯，可制苊烯树脂。

【制法】 在高温焦油中约含1.2%～1.8%。以洗油为原料，经精馏、冷却、结晶、分离得到。

【安全性】 参见1-甲基萘。用沥青麻袋或塑料袋，沥青纸袋包装。塑料袋和纸袋外套麻袋，每袋净重不超过80kg。包装上应有"易燃物品"标志。按易燃物品规定贮运。属于二级易燃固体，危规编号72011，贮于阴凉通风库房内，温度不超过30℃，远离热源，火种，与氧化剂、易燃物品分开存放。

【参考生产企业】 鞍钢实业化工公司，鞍山市贝达实业有限公司，莱芜雅鲁生化有限公司，山东定陶友帮化工有限公司，鞍山市天长化工有限公司，鞍山钢铁集团公司化工总厂，攀枝花钢铁集团煤化工公司，石家庄焦化集团有限责任公司。

Bb018 芴

【英文名】 fluorene *o*-biphenylenemethane

【别名】 diphenylenemethane；2，2′-methylenebiphenyl

【CAS 登记号】 [86-73-7]

【结构式】

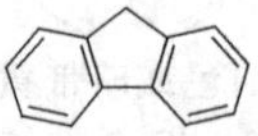

【物化性质】 白色小片状结晶，不纯时有荧光。沸点 297.9℃。熔点 115～116℃。相对密度（d_4^0）1.203。熔化热 350J/g。蒸发热 120.9J/g。不溶于水，溶于乙醇，乙醚，苯，二硫化碳等有机溶剂。

【质量标准】

项目	指标
熔点/℃	113～116
灼烧残渣/%	0.05

【用途】 合成染料、医药、农药、工程塑料，抗冲击有机玻璃等的原料。合成三硝基芴酮用于静电复印技术。芴可以代替蒽醌合成阴丹士林染料。可用于制造抑制痉挛药物、镇静药、镇痛药、降血压药；合成杀虫剂，除草剂；制抗冲击有机玻璃和芴醛树脂；亦可用于润湿剂、洗涤剂、液体闪光剂、消毒剂等。

【制法】 在高温焦油中约占 1.0%～2.0%。以低萘洗油或洗油残渣为原料，精馏切取 289～303℃ 馏分，冷却结晶，分离压榨得压榨芴，以甲苯萃取后即得工业芴。

【安全性】 有毒，小鼠腹腔注入 LD_{50} 为 260mg/kg。操作人员应穿戴防护用具。用塑料袋装。

【参考生产企业】 鞍山市贝达实业有限公司，莱芜雅鲁生化有限公司，鞍钢实业化工公司，山东定陶友帮化工有限公司，常州市武进临川化工有限公司，鞍钢附属企业公司化工厂。

Bb019 菲

【英文名】 phenanthrene

【CAS 登记号】 [85-01-8]

【结构式】

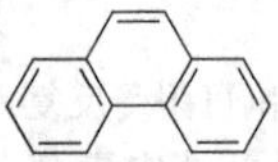

【物化性质】 白色有光泽并发荧光的片状晶体，能升华。沸点 340℃。熔点 100℃。自燃点 185℃。相对密度（d_4^4）0.9800、（d^{25}）1.179。折射率（n_D^{129}）1.5943。不溶于水稍溶于乙醇，能溶于乙醚、冰醋酸、苯、四氯化碳和二硫化碳等。溶液具有蓝色荧光。

【质量标准】

项目	指标
外观	白色结晶
熔点/℃	96～99
灰分/%	<0.05

【用途】 菲经氧化制菲醌，用于代替有机汞剂农药西力生，赛力散。在造纸工业，可作纸浆防雾剂，还用于硝化甘油炸药和硝化纤维稳定剂及制烟幕弹。菲的固体氧化物可制耐燃性好的电器绝缘材料和饱充剂。在医药上，菲可合成生物碱（吗啡和咖啡碱）、二甲基吗啡和许多对生殖器官具有特殊生理作用的医药。在染料工业上，菲可制取 2-氨基菲醌，苯绕蒽酮，硫化还原染料（蓝 BO，黑 BB 及棕色）等。此外，塑料工业上合成鞣剂以及菲在高温高压下加氢可制得过氢菲，是高级喷气式飞机的燃料。

【制法】 在高温焦油中约含 4.5%～5.0%由粗蒽精馏所得菲馏分为原料，经二甲苯，酒精萃取，重结晶制得。工业菲经磺化结晶后可得精菲。

【安全性】 小鼠经口 LD_{50} 为 700mg/kg，静脉注射 LD_{50} 为 56mg/kg。可能致癌。操作人员应戴橡胶手套，面罩，穿工作服，强制通风，维持空气中浓度低于爆炸限。装入坚固木箱，木桶或塑料桶中，内衬塑料袋或牛皮纸，包装口应严密不漏，箱外用铁丝，铁皮捆紧。每箱净重不超过50kg。贮放于开阔区域。

【参考生产企业】 鞍山市贝达实业有限公司，常州市武进临川化工有限公司，江都市精细化工厂，河北定州东旭化工有限公司。

Bb020 䓛

【英文名】 chrysene

【别名】 1,2-苯并菲；稠二萘；1,2-benzphenanthrene

【CAS 登记号】 [218-01-9]

【结构式】

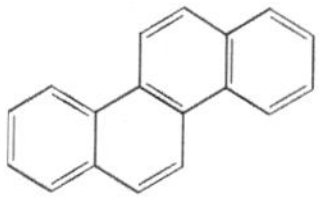

【物化性质】 白色或带银灰色、黄绿色鳞片状或平斜方八面结晶体，在苯中结成无色斜方片晶，在紫外线下有紫色荧光。可燃。有毒。真空中易升华。沸点 440.7℃；熔点 255℃；相对密度 1.274。不溶于水，微溶于醇、醚等，可溶于热苯和热甲苯。

【质量标准】 无色至微黄色片状结晶。熔点 250～255℃。

【用途】 用于非磁性金属材料表面探伤用荧光剂。用作化学仪器紫外线过滤剂、光敏剂、照相感光剂，也用作合成染料的原料，代替洗油作农药“敌稗”的溶剂和增效剂。

【制法】 在高温焦油中约含 0.65%。经精馏制取。以 370～440℃二蒽油馏分为原料，经减压精馏、萃取、冷却、结晶、分离、干燥得纯品。蒸馏蒽油沸点＞360℃的残渣为原料，经初馏除去沥青后，精馏切取 400～450℃馏分，结晶分离油分后，以苯类重结晶即可制得。从煤焦化中温沥青蒸馏中提取。

【安全性】 有毒，防止皮肤直接接触和吸入蒸气。车间应有良好通风，设备应密闭，操作人员应穿戴防护用具。可燃，应贮于阴凉通风仓库内，瓶装。

【参考生产企业】 鞍山市贝达实业有限公司，鞍钢实业化工公司，盐城江海化工集团公司。

Bb021 芘

【英文名】 pyrene

【别名】 benzo[*def*]phenanthrene

【CAS 登记号】 [129-00-0]

【结构式】

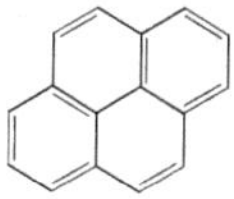

【物化性质】 淡黄色单斜晶体。沸点 393℃。熔点 150℃。相对密度（d_4^{22}）1.271。不溶于水，易溶于乙醚，二硫化碳，苯和甲苯。

【质量标准】 纯度≥90%。

【用途】 有机合成原料。经氧化可制 1,4,5,8-萘四甲酸，用于染料，合成树脂和工程塑料。酰化后可制还原染料艳橙 GR 及其他多种染料，还可制杀虫剂，增塑剂等。

【制法】 （1）以二蒽油为原料，真空精馏、萃取、重结晶、提纯制得。

（2）以蒸馏蒽油高于 360℃残渣为原料，精馏切取芘馏分，以苯为溶剂，浓硫酸洗涤，除去盐基及不饱和化合物，再以溶剂油重结晶即得纯品。

【安全性】 有毒。大鼠 LD_{50} 为 0.17 mg/L，小鼠 LD_{50} 为 0.8g/kg。急性中毒时，先引起兴奋，随后转为抑制、痉挛、四肢轻瘫、眼及上呼吸道黏膜刺激。操作人员应穿戴防护用具。塑料袋包装，系属危险品，按危险品规定运输。

【参考生产企业】 鞍山市贝达实业有限公司，鞍山市天长化工有限公司，鞍钢实业化工公司，上海焦化有限公司，鞍山钢铁集团公司化工总厂。

Bc 非苯系芳烃

Bc001 环庚三烯

【英文名】 cycloheptatriene

【别名】 4-轮烯；1,3,5-环庚三烯；1,3,5-cycloheptatriene；CHT；tropilidene

【CAS登记号】 [1120-53-2]

【结构式】

【物化性质】 易燃液体，不具芳香性，在空气中久置能成树脂样物质。沸点116～117℃。熔点－79.5℃。闪点3℃。密度(25℃) 0.888g/mL。折射率1.519。不溶于水，易溶于苯，溶于乙醇。其乙醇溶液加浓可发热变成深棕红色。

【用途】 用于有机合成。环辛四烯与环庚三烯可作罗丹明6G染料激光器的三重态猝灭剂。

【制法】 可通过苯与重氮甲烷发生光化学反应，或环己烯与二氯卡宾的加合物经热裂解而制得环庚三烯。

【安全性】 对眼睛、皮肤和呼吸道有刺激作用。引起头痛、咳嗽、咽痛、恶心、腹痛，使皮肤脱脂等。对眼睛、呼吸道和皮肤有刺激作用。若吞咽可能伤害肺部器官。万一接触眼睛，立即使用大量清水冲洗并送医诊治。穿戴合适的防护服、手套并使用防护眼镜或者面罩。其蒸气与空气可形成爆炸性混合物，遇明火、高热极易燃烧爆炸。与氧化剂接触猛烈反应。容易自聚，聚合反应随着温度的上升而急骤加剧。流速过快，容易产生和积聚静电。若遇高热，容器内压增大，有开裂和爆炸的危险。远离火源。安瓿瓶外普通木箱，螺纹口玻璃瓶、铁盖压口玻璃瓶、塑料瓶或金属桶（罐）外普通木箱。储存于阴凉、通风的库房。远离火种、热源。防止阳光直射。库温不宜超过30℃。保持容器密封，严禁与空气接触。应与氧化剂、食用化学品分开存放，切忌混储。不宜久存，以免变质。采用防爆型照明、通风设施。禁止使用易产生火花的机械设备和工具。储区应备有泄漏应急处理设备和合适的收容材料。

【参考生产企业】 北京大田丰拓化学技术有限公司，阿法埃莎（天津）化学有限公司。

Bc002 环辛四烯

【英文名】 cyclooctatetraene

【别名】 [8]-轮烯；1,3,5,7-环辛四烯；1,3,5,7-cyclooctatetraene；COT

【CAS登记号】 [629-20-9]

【结构式】

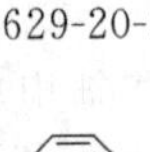

【物化性质】 室温下为无色至金黄色液体。易燃，属于环状多烯烃，结构与苯相似。与苯不同，环辛四烯不具芳香性。它的化学物化性质类似于不饱和烃，可以发生加成反应，易加氢生成环辛烷，也容易被氧化和发生聚合。相反苯则易进行亲电取代反应。沸点 142～143℃。熔点 −5～−3℃。闪点 −11℃。密度 0.9250g/cm³。折射率 1.5290。不溶于水，溶于乙醇、乙醚、丙酮、苯。

【用途】 广泛用于有机合成，也用于制造合成纤维、染料、药物等。

【制法】 1911 年德国化学家 R. 威尔施泰特用伪石榴碱作原料制得环辛四烯。第二次世界大战期间，德国化学家 J. W. 雷佩发现 4 个乙炔分子在氰化镍存在及加压下发生环化反应，生成环辛四烯，并用于大量制备。

【安全性】 吸入、口服或经皮肤吸收后对身体有害。对眼睛和皮肤有刺激性。遇明火、高热或与氧化剂接触，有引起燃烧爆炸的危险。储存于阴凉、通风的库房。远离火种、热源。库温不宜超过 30℃。包装要求密封，不可与空气接触。应与氧化剂分开存放，切忌混储。不宜大量储存或久存。采用防爆型照明、通风设施。禁止使用易产生火花的机械设备和工具。储区应备有泄漏应急处理设备和合适的收容材料。

【参考生产企业】 广州佰默生物科技有限公司，阿法埃莎（天津）化学有限公司。

Bc003 环戊二烯

（参见 Ab008）

Bc004 环十八碳九烯

【英文名】 1,3,5,7,9,11,13,15,17-cyclooctadecanonaene

【别名】 [18]-轮烯；1,3,5,7,9,11,13,15,17-环十八烯；[18]-annulene

【CAS 登记号】 [2040-73-5]

【结构式】

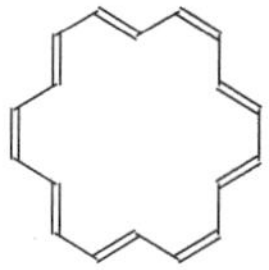

【物化性质】 具有芳香性。热至 230℃仍稳定，可发生亲电取代反应。含有 18 个碳原子的环状共轭烯烃。[18] -轮烯具有平面结构，环内氢原子的相互排斥已不起主要作用。沸点 522.3℃；闪点 278.7℃；密度 0.873g/cm³；折射率 1.436。

【制法】 它由 Sondheimer 等人首先在 1962 年合成出来。轮烯一般用碳原子数适当的 α,ω-二炔基物在醋酸亚铜吡啶溶液中氧化偶联得环状物。再经重排、催化加氢制得。

C 卤代烃化合物

HANDBOOK OF
CHEMICAL PRODUCTS

Ca 脂肪族卤代烃

Ca001 (一)氯甲烷

【英文名】 (mono) chloromethane

【别名】 甲基氯；chloromethane；methyl chloride

【CAS 登记号】 [74-87-3]

【结构式】 CH_3Cl

【物化性质】 无色气体，具有醚臭和甜味，可压缩为液体。有麻醉作用。易燃。热稳定性好，400℃以下不与金属反应。沸点 −23.73℃。熔点 −97.7℃。闪点(开杯) <0℃。蒸发热 428.75kJ/kg。熔化热 129.8kJ/kg。自燃点 632℃。相对密度 (d_0^0) 气体 1.74 (空气=1)。折射率 (n_D^{25}) 1.0007 (气体)、($n_D^{-23.7}$) 1.3712 (液体)。液体黏度 (20℃) 0.244mPa·s、蒸气黏度 0.62×10^{-3} mPa·s。临界温度 143.1℃。临界压力 6.7MPa (绝对压力)。微溶于水，溶于乙醇、苯、四氯化碳，与氯仿、乙醚和冰醋酸混溶。对铝、镁和锌具腐蚀性。

【质量标准】 HG/T 3674—2000 工业氯甲烷

项目		优等品	一等品	合格品
外观		棕色黏稠液体		
纯度/%	≥	99.5	99.0	98.0
水分/%	≤	0.010	0.080	0.150
酸度(以 HCl 计)/%	≤	0.0015	0.005	0.008
蒸发残渣/%	≤	0.0030	0.005	0.008

【用途】 重要的甲基化剂，用于生产甲基纤维素、氢醌二甲醚、甲硫醇、甲胂酸盐等。也用于制取二氯甲烷、氯仿、四氯化碳、三甲基丁烷及甲基氯硅烷、四甲基铅。还可用作制冷剂，发泡剂，橡胶、树脂、有机化合物的溶剂。医药上用作局部麻醉剂。

【制法】 (1) 甲醇氯化法。一定比例的盐酸与甲醇在三氯化铁或氯化锌为催化剂存在下进行反应，生成的粗品经干燥、压缩、冷凝，得液体成品。

$$CH_3OH + HCl \xrightarrow[\text{或 } FeCl_3]{ZnCl_2} CH_3Cl + H_2O$$

(2) 甲烷氯化法。将甲烷在高温下通氯气进行氯化，氯化产物经水吸收除去氯化氢，再经压缩和冷凝分离出未反应的甲烷后，分馏即得成品氯甲烷和多氯化物。

$$CH_4 + Cl_2 \longrightarrow CH_3Cl + HCl$$

【安全性】 有毒。小鼠 LC_{50} 为 3146×10^{-6}。由于氯甲烷具有香气，作用缓慢，刺激和麻醉作用都较弱，即使到了危险浓度，中毒者仍感觉不到，因此慢性中毒的情况较多。长时间吸入少量蒸气会发生慢性或亚急性中毒，从眩晕、酒醉样症状进而引起食欲不振、嗜睡、行走不便、行动失灵等，还可能出现视觉障碍。大量吸入会损害心肌。与液体氯甲烷接触，可致冻伤。症状严重时，则呈现痉挛、昏睡而致死。中毒后应立即离开现场，急救治疗。与空气形成爆炸性混合物，爆炸极限 8.1%～17.2% (体积)。工作场所空气中最高容许浓度 80mg/m³。按有毒物品规定贮运。经加压液化后在 500kg 或 1000kg 钢瓶或槽车中贮运。装料量为 300kg 或 500kg，禁止超装。处理、贮运均应通风良好，避免曝晒，保持在40℃以下。

【参考生产企业】 浙江省新安化工集团股份有限公司，山东大成化工集团农药股份有限公司，蓝星星火化工厂，四川自贡鸿鹤化工股份有限公司，滁州市华夏化工有限责任公司，浙江衢化氟化学有限公司。

Ca002 二氯甲烷

【英文名】 methylene chloride

【别名】 dichloromethane; methylene dichloride; methylene bichloride

【CAS登记号】 [75-09-2]

【结构式】 CH_2Cl_2

【物化性质】 无色透明易挥发液体。具有类似醚的刺激性气味。热解后产生HCl和痕量的光气，与水长期加热，生成甲醛和HCl，进一步氯化，可得三氯甲烷和四氯化碳。沸点40℃。熔点－95.1℃。自燃点640℃。相对密度1.3266。折射率1.4244。黏度（20℃）0.43mPa·s。临界温度245℃。临界压力6.171MPa。溶于约50倍的水，溶于酚、醛、酮、冰醋酸、磷酸三乙酯、乙酰乙酸乙酯、环己胺。与其他氯代烃溶剂和乙醇、乙醚及*N*,*N*-二甲基甲酰胺混溶。

【质量标准】

(1) GB/T4117—2008（工业级）二氯甲烷

项目		优等品	一等品	合格品
外观		无色澄清、无悬浮物、无机械杂质的液体		
二氯甲烷①/%	≥	99.90	99.50	99.20
水/%	≤	0.010	0.020	0.030
酸(以HCl计)/%	≤	0.0004		0.0008
色度(铂-钴色号，Hazen单位)	≤	10		
蒸发残渣/%	≤	0.0005		0.0010

① 添加的稳定剂的量不计入二氯甲烷的质量分数。

(2) GB/T16983—1997 化学试剂二氯甲烷

项目		分析纯	化学纯
含量(CH_2Cl_2)/%	≥	99.5	99.0
色度(黑曾单位)	≤	10	20
密度(20℃)/(g/mL)		1.320～1.330	1.320～1.330
蒸发残渣/%	≤	0.002	0.004
酸度(以H^+计)/(mmol/100g)	≤	0.03	0.05
游离氯(Cl)/%	≤	0.0001	0.0002
铁(Fe)/%	≤	0.0001	0.0002
水分(H_2O)/%	≤	0.05	0.10

【用途】 除用于有机合成外，还广泛用作醋酸纤维素成膜、三醋酸纤维素抽丝、石油脱蜡、气溶胶以及抗生素、维生素、甾族化合物生产中的溶剂，也用于金属表面漆层清洗脱脂及脱膜剂。此外，也可用于谷物熏蒸和低压冷冻机及空调装置的制冷。在聚醚型尿烷泡沫塑料生产中用作辅助发泡剂，以及用作挤压聚砜型泡沫塑料的发泡剂。

【制法】 (1) 天然气氯化法。天然气与氯气反应，经水吸收氯化氢副产盐酸后，用碱液除去残余微量的氯化氢，再经干燥、压缩、冷凝、蒸馏，得成品。

$$CH_4 + 2Cl_2 \xrightarrow{380\sim420℃} CH_2Cl_2 + 2HCl$$

(2) 氯甲烷氯化法。氯甲烷与氯气在4000kW光照下进行反应，生成二氯甲烷，经碱洗、压缩、冷凝、干燥和精馏得成品。主要副产为三氯甲烷。

$$CH_3Cl + Cl_2 \xrightarrow[光照]{410\sim420℃} CH_2Cl_2 + HCl$$

【安全性】 毒性很小，且中毒后苏醒较快，故可用作麻醉剂。年轻成年大鼠经口LD_{50}为1.6mL/kg。对皮肤及黏膜有刺激性。操作时应戴防毒面具，发现中毒后立即脱离现场，对症治疗。空气中最高容许浓度500×10^{-6}。用镀锌铁桶密闭包装，每桶250kg。火车槽车、汽车均可运输。应贮存在冷暗干燥、通风良好的地方，注意防潮。

【参考生产企业】 巨化集团公司，四川自贡鸿鹤化工股份有限公司，四川泸州鼎力碱业有限公司，邯郸市林峰精细化工有限公司，河南省南阳市石油化工厂，浙江衢化氟化学有限公司，北京北化精细化学品有限责任公司，天津市化学试剂一厂，西安化学试剂厂，成都化学试剂厂，重庆市东方试剂总厂。

Ca003 三氯甲烷

【英文名】 chloroform

【别名】 氯仿；trichloromethane

【CAS 登记号】 [67-66-3]

【结构式】 $CHCl_3$

【物化性质】 无色透明、高折射率、易挥发的液体。有特殊香甜气味。不易燃，与火焰接触会燃烧，并放出光气。在氯甲烷中最易水解成甲酸和 HCl。稳定性差，450℃以上发生热分解，能进一步氯化为 CCl_4。沸点 61.3℃。熔点 −63.2℃。相对密度 1.4832。折射率（n_D^{25}）1.4422。黏度（20℃）0.563mPa·s。临界温度 263.4℃。临界压力 5.45kPa。与乙醇、乙醚、苯、石油醚、四氯化碳、二硫化碳和挥发油等混溶。微溶于水，25℃时 1mL 溶于约 200mL 水。

【质量标准】

（1）GB/T4118—2008（工业级）三氯甲烷

项目		优等品	一等品	合格品
外观		无色澄清，无悬浮物，无机械杂质		
三氯甲烷①/%	≥	99.90	99.50	99.20
四氯化碳/%	≤	0.04	0.08	0.20
水/%	≤	0.010	0.020	0.030
酸(以 HCl 计)/%	≤	0.0004	0.0006	0.0010
色度(铂-钴色号，Hazen 单位)	≤	10	15	25

① 添加的稳定剂的量不计入三氯甲烷的质量分数。

（2）GBT682—2002（试剂级）三氯甲烷

项目		分析纯	化学纯
三氯甲烷($CHCl_3$)/%	≥	99.0	98.5
乙醇(CH_3CH_2OH)稳定剂/%		0.3～1.0	0.3～1.0
密度(20℃)/(g/mL)		1.471～1.484	1.471～1.484
蒸发残渣/%	≤	0.0005	0.001
酸度(以 H^+ 计)/(mmol/100g)	≤	0.01	0.02
氯化物(Cl)/%		0.00005	0.0001
游离氯(Cl)/%	≤	0.0005	0.001
水分(H_2O)/%	≤	0.03	0.05
羰基化合物(以 CO 计)/%	≤	0.0003	0.0005
易炭化物质		合格	合格
适用于双硫腙试验		合格	—

【用途】 主要用于生产氟利昂（F-21、F-22、F-23）、染料和药物。医药上用作麻醉剂及天然或发酵药物的萃取剂，也可作为香料、油脂、树脂、橡胶的溶剂和萃取剂，与四氯化碳混合可制成不冻的防火液体。还可配制熏蒸剂，用作杀虫防霉剂的中间体。

【制法】（1）三氯乙醛法（氯油法）。三氯乙醛（氯油）与氢氧化钙（或氢氧化钠）反应生成三氯甲烷，经冷凝、水洗、沉淀、蒸馏，即得成品。

$$2CCl_3CHO + Ca(OH)_2 \longrightarrow 2CHCl_3 + Ca(HCOO)_2$$

或 $CCl_3CHO + NaOH \longrightarrow CHCl_3 + HCOONa$

（2）乙醛法。石灰水氯化得漂白液 [$Ca(ClO)_2$ 水溶液]，与乙醛水溶液反应生成粗氯仿，经蒸馏得成品。

$$2CH_3CHO + 3Ca(ClO)_2 \longrightarrow CHCl_3 + Ca(HCOO)_2 + 2Ca(OH)_2$$

【安全性】 具有麻醉性。大量吸入高浓度蒸气能损伤呼吸系统、心、肝和肾，甚至突然致死。其蒸气可刺激眼黏膜而引起损害，进入眼睛能引起眼球震颤症。慢性中毒表现为呕吐、消化不良、食欲减退、虚弱，严重者患忧郁症和精神病等。露置在日光、氧气、湿气中，特别是和铁接触时，则产生光气而使人中毒。操作时，要求设备密闭，加强通风和个人防护。空气中最高容许浓度 240mg/m³。用铁桶包装，必要时镀锌或衬酚醛涂层，加 5%无水乙醇作稳定剂。每桶装 200kg。置于干燥阴凉处。为防止生成光气应避光、隔热贮存。按易挥发、有毒物品规定贮运。

【参考生产企业】 中国北方化学工业总公司，天津渤海化工有限责任公司天津化工厂，巨化集团公司，四川自贡鸿鹤化工股份有限公司，湖南株洲化工集团有限责任公司，江苏梅兰化工股份有限公司，浙江衢化氟化学有限公司。

Ca004 四氯甲烷

【英文名】 carbon tetrachloride

【别名】 四氯化碳；tetrachloromethane；perchloromethane

【CAS 登记号】 [56-23-5]

【结构式】 CCl_4

【物化性质】 无色透明易挥发液体，具有特殊的芳香气味。味甜。有毒。不易燃。加热到 250℃，能分解为光气和 HCl，与氢等还原成氯仿。沸点 76.72℃。熔点 −22.92℃。蒸气压（20℃）11.9102kPa。气体密度 5.37g/L 或相对密度 5.3（空气=1）、液体相对密度 1.5940。折射率（n_D^{25}）1.4604。临界温度 283.2℃。临界压力 4.6MPa。1mL 四氯甲烷溶于 2000mL 水，与乙醇、乙醚、氯仿、苯、二硫化碳、石油醚和多数挥发油等混溶。

【质量标准】

（1）GB/T4119—2008（工业级）四氯化碳

项目	优等品	一等品
外观	无色澄清，无悬浮物，无机械杂质	
四氯化碳①/% ≥	99.80	99.50
三氯甲烷/% ≤	0.05	0.3
四氯乙烯/% ≤	0.03	0.1
水/% ≤	0.005	0.007
酸(以 HCl 计)/% ≤	0.0002	0.0008
色度(铂-钴色号，Hazen 单位) ≤	15	25

① 添加的稳定剂的量不计入三氯甲烷的质量分数。

（2）GBT688—2011（试剂级）四氯化碳

项目	分析纯	化学纯
含量(CCl_4)/% ≥	99.5	99.0
密度(20℃)ρ/(g/mL)	1.592～1.598	1.592～1.598
色度(黑曾单位) ≤	10	10
蒸发残渣/% ≤	0.001	0.001
水分/% ≤	0.02	0.05
酸度(以 H^+ 计)/(mmol/g) ≤	0.00005	0.0001
游离氯(Cl)/% ≤	0.0001	0.0001
二硫化碳(CS_2)/% ≤	0.0005	0.001
还原碘的物质	合格	合格
易炭化的物质	合格	合格
三氯甲烷($CHCl_3$)/% ≤	0.05	0.2
适用于双硫腙试验	合格	—

【用途】 主要用作优良的溶剂、干洗剂、灭火剂、制冷剂、香料的浸出剂以及农药等。也可用来合成氟利昂、尼龙 7、尼龙 9 的单体。还可制三氯甲烷和药物。在金属切削中用作润滑剂。

【制法】 （1）甲烷热氯化法。甲烷与氯气混合，在 400～430℃下发生热氯化反应，制得粗品和副产盐酸，粗品经中和、干燥、蒸馏提纯，得成品。

（2）二硫化碳法。氯气和二硫化碳以铁作催化剂在 90～100℃下反应，反应产物经分馏、中和、精馏，得成品。该法投资少，产品易提纯，但成本高，设备腐蚀严重。

(3) 甲烷氧氯化法。氯利用率高，无氯化氢及废卤代烃污染。

(4) 高压氯解法。可避免生成四氯乙烯。

(5) 甲醇氢氯化法。产品质量好，经济效益高。

此外，二氯甲烷和三氯甲烷生产均可联产四氯甲烷。

【安全性】 小鼠 LC_{50} 为 9528×10^{-6}。麻醉性比氯仿小，但对心、肝、肾的毒性强。饮入 2～4mL 四氯化碳的急性中毒者也能致死。刺激咽喉，可引起咳嗽、头痛、呕吐，而后呈现麻醉作用，昏睡，最后肺出血而死。慢性中毒能引起眼睛损害、黄疸、肝脏肿大等症状，慢性中毒应对症治疗；急性中毒应采取急救措施，立即远离现场，吸氧、静卧保暖。溅到皮肤及眼上可用清水或 2%碳酸氢钠或 1%硼酸溶液冲洗。如误服，应立即用 1∶2000 高锰酸钾溶液洗胃。空气中最高容许浓度 $65mg/m^3$。用内涂环氧树脂的黑铁圆桶或白铁桶包装，每桶 200kg。入库时桶横卧，避免日晒，远离热源，防止生成光气。可以公路或铁路运输。

【参考生产企业】 巨化集团公司，浙江衢化氟化学有限公司，四川自贡鸿鹤化工股份有限公司，四川泸州鼎力碱业有限公司，邯郸市林峰精细化工有限公司。

Ca005 一溴甲烷

【英文名】 methyl bromide

【别名】 甲基溴；bromomethane；monobromomethane

【CAS 登记号】 [74-83-9]

【结构式】 CH_3Br

【物化性质】 无色气体。通常无臭，高浓度时具有类似氯仿的甜气味，有辛辣味。在空气中不易燃，但在氧中能燃烧。溴化烷烃的化学性质活泼，但溴原子数增加，性质趋于稳定。溴甲烷可发生水解、氨化、氰化、成酯等反应。沸点 3.56℃。熔点 −93.66℃。密度（20℃）气体 3.974g/L。折射率（n_D^{-20}）1.4432。黏度（0℃）0.397mPa·s。临界温度 191℃。临界压力 8.45MPa。20℃，99.7kPa 条件下在水中溶解度为 1.75g/100g。低于 4℃时生成水合结晶 $CH_3Br\cdot20H_2O$。易溶于乙醇、氯仿、乙醚、二硫化碳、四氯化碳、苯。液体溴甲烷能与醇、醚、酮等混溶。

【质量标准】 GB434—1995 溴甲烷原药

项目	优等品	一等品
外观	常温常压下，为无色气体。在受压或冷冻状态下，为无色或淡黄色的透明液体	
溴甲烷含量/% ≥	99.5	98.5
酸度(以 HBr 计)/% ≤	0.02	0.05
不挥发物含量/% ≤	0.03	0.1

【用途】 大量用于植物保护作杀虫剂、杀菌剂、谷物熏蒸剂，也可作为木材防腐剂、制冷剂、低沸点溶剂。用于有机合成，可制一氟一氯甲烷；与氯化苦配制成增湿剂。

【制法】 (1) 溴化钠法。将甲醇与硫酸加入溴化钠中，升温至 60℃进行反应，制得溴甲烷气体，经冷凝后进 5%的 NaOH 碱洗塔脱酸，送入硫酸干燥塔脱水，再经精馏制得纯品。

$$CH_3OH+NaBr+H_2SO_4\longrightarrow CH_3Br+NaHSO_4+H_2O$$

(2) 氢溴酸法。以甲醇与氢溴酸直接反应制得。

$$CH_3OH+HBr\longrightarrow CH_3Br+H_2O$$

(3) 溴素法。在水的存在下，用硫、溴和甲醇进行反应。

$$CH_3OH+3Br_2+S\xrightarrow{H_2O}6CH_3Br+H_2SO_4+2H_2O$$

【安全性】 剧毒。大鼠 6h 吸入 LC 514×

10^{-6}。在 35×10^{-6} 以上的环境长久工作会致死。对人体主要引起神经系统障碍、肺水肿、肾闭锁等。潜伏期数小时，开始时感到头疼、不适，继而呈现举止失调，视觉模糊，甚至出现癫痫和痉挛。与空气形成爆炸性混合物，爆炸极限 13.5%～14.5%（体积）。工作场所要求通风良好，穿着皮制劳动保护用品。操作人员应经常验血，当血中溴量达到 5mg/100mL 时，即应引起注意。工作场所为 $60mg/m^3$。空气中最高容许浓度 $80mg/m^3$。铝与溴甲烷接触能自燃，应严防溴甲烷与铝制品接触。包装应标明“毒品”标志，使溴甲烷溶于过量溶剂中并存放阴暗处。严禁使用橡胶制品和铝制品包装。

【参考生产企业】 连云港市海水化工一厂，连云港死海溴化物有限公司，日出实业集团，无锡奥灵特清洗剂科技有限公司。

Ca006 二溴甲烷

【英文名】 methylene bromide

【别名】 dibromomethane; methylene dibromide

【CAS 登记号】 [74-95-3]

【结构式】 CH_2Br_2

【物化性质】 无色或浅黄色液体。不易燃。沸点 97℃。熔点 −52.5℃。相对密度 2.4970。折射率 1.5420。黏度（20℃）1.02mPa·s。临界温度 310℃。临界压力 7.194MPa。与乙醇、乙醚、丙酮混溶。每 1000g 水可溶二溴甲烷 11.70g（15℃）、11.93g（30℃）。

【质量标准】

项目	指标
外观	外观无色液体
相对密度(d_4^{20})	2.480～2.500
沸程(馏出 95%)/℃	96.0～98.5
酸度/% ≤	0.05
折射率(n_D^{20})	1.539～1.544

【用途】 有机合成原料。可作溶剂、制冷剂、阻燃剂和抗爆剂组分。在医药上用作消毒剂和镇静剂，还用于农药腈菌唑和其他有机合成等。

【制法】 (1) 三溴甲烷法。先用三氧化二砷和液碱反应，配制亚砷酸钠液。将亚砷酸钠液加热至 65℃，在搅拌下慢慢加入溴仿，全部加完后继续搅拌回流 4h，使反应完全，将反应物加入 5～6 倍水中，吸出油状物，进行分馏，再用水洗至中性，用氯化钙脱水、精馏，得产品。

$$As_2O_3+6NaOH \longrightarrow 2Na_3AsO_3+3H_2O$$

$$CHBr_3+Na_3AsO_3+NaOH \longrightarrow CH_2Br_2+NaBr+Na_3AsO_4$$

(2) 二氯甲烷法。无水 CH_2Cl_2 在无水 $AlBr_3$ 催化下与 HBr 反应制取二溴甲烷，同时产生氯溴甲烷。

(3) 溴氯甲烷溴化氢法。

$$As_2O_3+6NaOH \longrightarrow Na_3AsO_3+H_2O$$

$$CH_2BrCl+HBr \longrightarrow CH_2Br_2+HCl$$

【安全性】 毒性与二氯甲烷相似。吸入高浓度的二溴甲烷会引起头痛、眩晕、呕吐，并常引起视力障碍，严重时则引起运动失调、痉挛、神志昏迷；更严重时，因神经障碍而引起发狂，甚至昏睡而致死，解剖结果发现脑内出血。可经皮肤吸收而中毒。急性中毒后应立即远离现场，对症治疗。操作时应戴好防护用具，车间要求通风良好，设备应密闭。空气中最高容许浓度 20×10^{-6}。用 100mL 玻璃瓶包装。其余参见一溴甲烷。

【参考生产企业】 山东大地盐化集团，无锡奥灵特清洗剂科技有限公司，北京恒业中远化工有限公司。

Ca007 三溴甲烷

【英文名】 bromoform

【别名】 溴仿；tribromomethane

【CAS 登记号】 [75-25-2]

【结构式】 $CHBr_3$

【物化性质】 无色重质液体，有类似氯仿的气味。沸点 149.5℃。熔点 7.7℃。相对密度 2.8899g/cm^3。折射率 1.5976。黏度（15℃）2.152mPa·s。溶于约 800 倍的水。与乙醇、乙醚、氯仿、苯、石油醚、丙酮、不挥发和易挥发的油混溶，与许多有机溶剂形成共沸物。

【质量标准】

项目	指标
含量/% ≥	99
水分/% ≤	0.1
pH 值	6～8
不挥发物/×10^{-6} ≤	50

【用途】 用作染料中间体、消毒剂、镇痛剂、麻醉剂、制冷剂、选矿剂、沉淀剂、溶剂和抗爆液组分等。

【制法】 在碱性条件下，丙酮与次溴酸钠作用，得三溴丙酮，继续在碱性条件下分解，得粗品。经蒸馏、洗涤、过滤、干燥制得成品。

$$CH_3COCH_3+3NaOBr \xrightarrow{NaOH} CH_3COCBr_3+3NaOH$$

$$CH_3COCBr_3+NaOH \longrightarrow CHBr_3+CH_3COONa$$

【安全性】 毒性与氯仿相似，但比氯仿强。家兔皮下注射 LD1000mg/kg。人吸入溴仿蒸气时，会出现催泪、流涎、咽部和喉头感到痒痛，面部发红，进而损伤肝脏。生产和使用时应有良好的通风设施，设备要密闭，并有安全保护措施。溅到皮肤上用水冲洗，误食后立即清洗胃肠。不易燃易爆。空气中最高容许浓度 0.5×10^{-6}。用玻璃瓶包装，其余参见一溴甲烷。

【参考生产企业】 江苏省盐城市龙升化工有限公司，江苏大成医药化工有限公司。

Ca008 四溴甲烷

【英文名】 tetrabromomethane

【别名】 四溴化碳；carbon tetrabromide

【CAS 登记号】 [558-13-4]

【结构式】 CBr_4

【物化性质】 灰白色粉末。沸点 189～190℃。熔点 48.4℃（α 型），90.1℃（β 型）。相对密度（d_4^{100}）3.42。不溶于水，溶于氯仿、二硫化碳、氢氟酸，在乙醇、乙醚中的溶解度为 3%。

【质量标准】

项目	指标
熔点/℃	90～91
灼烧残渣(以硫酸盐计)/%	0.1
溴化物/%	0.01
醇溶解度	试验合格

【用途】 用于制造医药麻醉剂、制冷剂。可作农药原料、染料中间体、分析化学试剂以及用于合成季铵类化合物。

【制法】 以四氯化碳为原料，与三溴化铝反应制得。

$$3CCl_4+4AlBr_3 \xrightarrow{100℃} 3CBr_4+4AlCl_3$$

【安全性】 有毒。对眼睛和呼吸道有刺激作用。患者有流泪、咳嗽、咽痛，并可造成角膜溃疡。吸入高浓度或导致支气管炎、肺炎和肺水肿，也可伴有肝、肾损害。低度慢性暴露可致肝损伤。操作人员应穿戴防护用具。远离火种、热源。密封保存。空气中最高容许浓度 1.4mg/m^3。按一般化学品规定贮运。以 100g 玻璃瓶装，外用木箱或纸箱保护。宜贮存于阴凉、干燥、通风的库房内。

【参考生产企业】 北京恒业中远化工有限公司，江苏省南京市达尼化工有限公司。

Ca009 一碘甲烷

【英文名】 methyl iodide

【别名】 iodomethane

【CAS 登记号】 [74-88-4]

【结构式】 CH_3I

【物化性质】 无色易燃液体，见光变红色。沸点 42.4℃。熔点 −66.45℃。相对密度（20℃）2.279。折射率 1.5317。微溶于水，能与乙醇、乙醚混溶，溶于丙酮和苯。

【质量标准】

项目	分析纯	化学纯
含量/% ≥	98.0	95.0
石油醚溶解试验	合格	
酸度	合格	

【用途】 在医药工业用于碘甲基蛋氨酸（维生素 U）、镇痛药、解毒药磷敌等药物的生产。在有机合成上用作甲基化剂合成碘仿，还用作灭火剂等。

【制法】 由硫酸二甲酯歧化制得。

$$(CH_3)_2SO_4 \xrightarrow[H_2O]{KI,CaCO_3} CH_3I$$

【安全性】 大鼠经口服 LD_{50} 为 220 mg/kg。吸入本品蒸气能产生眩晕、昏迷、神志恍惚等症。对眼睛、皮肤有刺激作用。氨是碘甲烷的特效解毒剂。用 25kg 或 50kg 铁桶包装或玻璃瓶外用木箱内衬垫料包装。贮存于阴凉、通风的仓间内，远离热源和火种，避光保存。与食用原料、氧化剂隔离贮存。

【参考生产企业】 上海实验试剂有限公司，南京市宣达化工有限公司。

Ca010 二碘甲烷

【英文名】 diiodomethane

【别名】 methylene iodide; methylene diiodide

【CAS 登记号】 [75-11-6]

【结构式】 CH_2I_2

【物化性质】 重质高折射率黄色液体。置于空气中易分解，暴露于光、空气、湿气中易变黑。通常冷至 0℃时开始结晶。沸点 180℃（分解）。熔点 5.7℃。相对密度 3.3254。折射率（n_D^{15}）1.7425。黏度（10℃）3.35mPa·s。溶于约 70 倍的水，与乙醇、乙醚、丙醇、异丙醇、已烷、环已烷、氯仿及苯混溶。可溶解硫和磷。

【质量标准】

项目	指标
相对密度(d_4^{20})	3.325～3.335
凝固点/℃	5～6
游离碘	合格
酸性试验	合格

【用途】 有机合成原料、化学试剂和药品中间体，可用于制造 X 射线造影剂，测定矿物密度和折射率，以及分离矿物等。

【制法】 (1) 碘仿-亚砷酸钠法。首先用三氧化二砷和液碱反应，配制亚砷酸钠，然后由碘仿、亚砷酸钠溶液混合，在搅拌下加热至 60～65℃，再加氢氧化钠一步反应制取二碘甲烷。反应产物经水洗、蒸馏、脱色、结晶、分离和干燥，得成品。

(2) 碘仿法。碘仿与醋酸钠作用制得，经蒸馏得成品。

(3) 相转移催化合成法。以三乙基苄基氯化铵为催化剂，由二氯甲烷与碘化钠反应制得。

$$CH_2Cl_2 + 2NaI \xrightarrow{TEBA/H_2O} CH_2I_2 + 2NaCl$$

【安全性】 有毒。比二溴甲烷的麻醉性弱，嗅后引起头痛、呼吸困难，其余参见二溴甲烷。用棕色玻璃瓶包装，每瓶 5kg。瓶外用避光纸包裹。

【参考生产企业】 天津渤海化工有限责任公司，山东东岳化工有限公司，无锡共禾化工厂，南京市宣达化工有限公司。

Ca011 二氟一氯甲烷

【英文名】 chlorodifluoromethane

【别名】 氟利昂-22；F-22；Freon 22

【CAS 登记号】 [75-45-6]

【结构式】 $CHClF_2$

【物化性质】 无色、不燃、近似无臭的气体。沸点 −40.8℃。熔点 −146℃。液体密度 1.2130g/cm³，气体 4.82×10^{-3} g/cm³。微溶于水。

【质量标准】 GB/T 7373—2006

项目	Ⅰ型		Ⅱ型
	优等品	一等品	
二氟一氯甲烷/% ≥	99.9	99.6	99.95
水分/% ≤	0.0010	0.0030	0.0020
酸度(以HCl计)/% ≤	0.0001	0.0001	0.0001
蒸发残留物/% ≤	0.010		
氯化物(Cl)试验	通过试验		—
不凝性气体(25℃)/%(体积) ≤	1.5		—
气相中氧(20℃)/%(体积) ≤	—		0.005

注：二氟一氯甲烷作为制冷剂时检验氯化物（Cl）试验、不凝性气体的体积分数（25℃）。

【用途】 主要用作聚四氟乙烯树脂的原料，亦用作制冷剂、灭火剂、农药喷雾剂，还可用作飞机推进剂。

【制法】 (1) 间接法。以氯仿和氟化氢为原料，在催化剂五氯化锑存在下制得。

$$CHCl_3+2HF\xrightarrow[392.26\sim588.39kPa]{SbCl_5,30\sim80℃}CHClF_2+2HCl$$

(2) 直接法。由甲烷与氯、无水氟化氢在流化床反应器中合成。

$$CH_4\xrightarrow{Cl_2,HF}\text{本品}$$

【安全性】 毒性极小，基本无毒。采用中压钢瓶包装。包装压力严禁超过1.5MPa。气瓶涂银灰色。

【参考生产企业】 江苏梅兰化工股份有限公司，浙江临海市利民化工有限公司，浙江鹰鹏化工有限公司，浙江莹光化工有限公司，江苏常熟市制冷剂厂，常熟三爱富中昊化工新材料有限公司，山东东岳化工有限公司，山东海化集团有限公司，山东海洋化工集团有限公司灭火剂厂。

Ca012 二氟二氯甲烷

【英文名】 dichlorodifluoromethane

【别名】 氟利昂-12；difluorodichloromethane；Freon-12；F-12

【CAS登记号】 [75-71-8]

【结构式】 CCl_2F_2

【物化性质】 无色、不浑浊、几乎无臭、无腐蚀性、无刺激性的不燃气体。高浓度时微有类似醚的气味。沸点－29.8℃。熔点－158℃。液体密度（－29.8℃）1.486g/cm^3。临界压力4.01MPa。临界温度111.5℃。不溶于水，溶于乙醇、乙醚。

【质量标准】 GB 7372—1987

项目	优级品	一级品	合格品
纯度/% ≥	99.8	99.5	99.0
水分/% ≤	0.0005	0.001	0.003
酸度(以HCl计)/% ≤	0.00001	0.0001	0.0001
蒸发残留物/% ≤	0.01	0.01	0.02

【用途】 可用作制冷剂、灭火剂、杀虫剂和喷射剂，也是氟树脂的原料。

【制法】 四氯化碳与氟化氢在五氯化锑催化剂存在下进行反应，控制回流冷凝温度为－5℃时，主要得到该品。

$$CCl_4+2HF\xrightarrow[80℃,709.1kPa]{SbCl_5}CCl_2F_2+2HCl$$

【安全性】 毒性很小，高浓度时有麻醉性。与火焰或热金属表面接触可能产生有毒物质。空气中最高容许浓度1000×10^{-6}。用中压钢瓶包装，每瓶净重40kg。贮存于阴凉、通风处，贮运中严禁撞击和曝晒。

【参考生产企业】 常熟三爱富中昊化工新材料有限公司，常熟鸿嘉氟科技有限公司销售科，呼和浩特市德汇制冷设备有限责任公司，江苏梅兰化工股份有限公司，临海市利民化工有限公司，浙江省莹光化工有限公司。

Ca013 一氟三氯甲烷

【英文名】 trichlorofluoromethane

【别名】 氟利昂-11；三氯一氟甲烷；trichloromonofluoromethane；fluorotrichloromethane；fluorocarbon 11；FC 11

【CAS 登记号】 [75-69-4]

【结构式】 CCl_3F

【物化性质】 无色液体或气体，有醚味，不燃。沸点 23.7℃。熔点 −111℃。相对密度 ($d_4^{17.2}$) 1.494。折射率 ($n_D^{18.5}$) 1.3865。几乎不溶于水，易溶于乙醇、醚。

【质量标准】 GB/T 7371—1987 工业用一氟三氯甲烷

项目	优级品	一级品	合格品
外观	无色，不浑浊		
气味	无异臭		
纯度/% ≥	99.8	99.5	99.0
水分/% ≤	0.001	0.002	0.005
酸度(以 HCl 计)/% ≤	0.0001	0.0001	0.0001
蒸发残留物/% ≤	0.01	0.01	0.02

【用途】 用作制冷剂、气雾剂、灭火剂、发泡剂、抽提剂、溶剂、干洗剂等。医学上也曾作麻醉剂使用。该物质对大气臭氧层破坏力极强。

【制法】 有四氯化碳和氢氟酸在五氯化锑催化下反应，再经分馏即可。

【安全性】 高浓度可诱发心律不齐和抑制呼吸功能。受高热分解，放出有毒的氟化物和氯化物气体。若遇高热，容器内压增大，有开裂和爆炸的危险。储存在阴凉干燥的地方，不得靠近热源，严禁日晒雨淋，在装卸运输过程中，严禁撞击、摔落、拖拉和直接曝晒。

【参考生产企业】 济南华临化工有限公司。

Ca014 1,1,2-三氟-1,2,2-三氯乙烷

【英文名】 1,2,2-trichloro-1,1,2-trifluoroethane

【别名】 氟利昂-113；三氟三氯乙烷；Freon 113；F-113

【CAS 登记号】 [76-13-1]

【结构式】 $CFCl_2CF_2Cl$

【物化性质】 无色无味透明易挥发液体。化学性质稳定，对金属无腐蚀性，常温下不燃烧。沸点 47.57℃。熔点 −35℃。相对密度 (d_4^{25}) 1.565。折射率 (n_D^{25}) 1.354。黏度 (25℃) 0.68mPa·s。临界压力 3.41MPa。临界温度 214.1℃。几乎不溶于水，溶于醇、醚及大多数有机溶剂。对油脂类溶解性良好。

【质量标准】 HG 2304—92

项目	优级品	一等品	合格品
纯度/% ≥	99.9	99.5	99.0
蒸发残渣/% ≤	0.001	0.002	0.003
酸度(以 HCl 计)/% ≤	0.0001	0.0001	—
水分/% ≤	0.002	0.005	0.007

【用途】 主要用作聚三氟氯乙烯单体，也用作制冷剂、清洗剂、干洗剂、发泡剂、灭火剂和溶剂。

【制法】 (1) 六氯乙烷法。六氯乙烷与氟化氢在催化剂五氯化锑存在下进行反应，反应产物经碱洗、水洗、分馏、提纯，得成品。

$$CCl_3CCl_3 + 3HF \xrightarrow[140℃, 0.5MPa]{SbCl_5} CFCl_2CF_2Cl + 3HCl$$

(2) 四氯乙烯法。该方法是六氯乙烷法生产的技术改进。工艺简化，产率高，改善了劳动保护条件。

$$CCl_2{=}CCl_2 + 3HF + Cl_2 \xrightarrow{SbCl_5} CFCl_2CF_2Cl + 3HCl$$

【安全性】 低毒。吸入后能引起眩晕、麻醉、恶心、呕吐等症状，但一旦脱离污染环境，呼吸新鲜空气或输氧，症状就会消失。无爆炸危险。空气中最高容许浓度 1000×10^{-6}。用 240L 铁桶包装，每桶 200kg。用敞口容器存放时，需加水密封。不可与火焰直接接触。按危险品规定贮运。

【参考生产企业】 上海三爱富新材料股份有限公司，常熟三爱富中昊化工新材料有限公司，浙江宁海泰达化工纤维厂。

Ca015 1,1-二氟乙烷

【英文名】 1,1-difluoroethane

【别名】 偏二氟乙烷；氟利昂-152
【CAS登记号】 [75-37-6]
【结构式】 CH_3CHF_2
【物化性质】 无色易液化的气体。高温下失掉氟化氢生成氟乙烯。易氯化成一氯二氟乙烷，脱氯化氢即成偏氟乙烯。沸点−24.95℃。熔点−117℃。密度0.9583kg/L。黏度0.219mPa·s。临界温度113.45℃。临界压力4.54MPa。不溶于水。
【质量标准】 GB/T 19602—2004（工业级）1,1-二氟乙烷（HFC-152a）

项目		Ⅰ型	Ⅱ型
1,1-二氟乙烷/%	≥	99.8	99.5
水/%	≤	0.001	0.002
酸(以HCl计)/%	≤	0.0001	
蒸发残留物/%	≤	0.01	
气相中不凝性气体(25℃)/%(体积)	≤	1.5	—
氯化物(Cl^-)试验		合格	—

【用途】 有机合成中间体，制取氟乙烯和偏氟乙烯的重要原料，也可用作制冷剂、飞机推进剂。
【制法】 以乙炔为原料，在催化剂（如三氟化硼、氟磺酸、五氟化锑）的作用下，在一定压力、温度下与氟化氢发生反应，产物经水洗、碱洗、除酸后，再经分馏提纯后制得。
【安全性】 低毒。与氧化剂接触会猛烈反应。与空气混合形成爆炸性混合物，遇热源和明火有燃烧爆炸的危险，爆炸范围为5.1%～17.1%。宜用钢瓶贮运，切勿临近火源并避免高温。
【参考生产企业】 浙江省化工研究院有限公司，上海三爱富新材料股份有限公司，常熟三爱富中昊化工新材料有限公司，浙江蓝天环保高科技股份有限公司，苏州亚科化学试剂股份有限公司，常熟中昊化工新材料有限公司。

Ca016 (一)氯乙烷

【英文名】 ethyl chlorid
【别名】 乙基氯；chlorethyl；aethylis chloridum；ether chloratus；ether hydrochloric；ether muriatic
【CAS登记号】 [75-00-3]
【结构式】 CH_3CH_2Cl
【物化性质】 常温常压下为气体，低温或压缩时为无色低黏度易挥发液体。极易燃烧。具有类似醚的气味。干燥的氯乙烷稳定，无腐蚀性，但在水和碱存在下会水解成醇，氯原子易发生取代反应，热稳定性好，类似氯甲烷。沸点12.3℃。熔点−138.7℃。自燃点519℃。闪点−43℃（开杯），−50℃（闭杯）。液体相对密度（d_4^0）0.9214，蒸气相对密度2.22（空气=1）。蒸汽压（20℃）134.788kPa。临界温度187.2℃。临界压力5.2689MPa。与乙醚混溶，溶于乙醇，溶解度为48.3g/100mL。微溶于水，20℃时溶解度0.574g/100mL。
【质量标准】

项目		指标
水分/$\times10^{-6}$	<	15
110℃蒸发残渣/$\times10^{-6}$	≤	120
酸度(以HCl计)/$\times10^{-6}$	≤	120

【用途】 主要用作四乙基铅、乙基纤维素及乙基咔唑染料等的原料，也可作烟雾剂、冷冻剂、局部麻醉剂、乙基化剂、烯烃聚合溶剂、汽油抗震剂等。还用作聚丙烯的催化剂，磷、硫、油脂、树脂、蜡等的溶剂或农药、染料、医药及其中间体的合成。
【制法】 (1) 乙烯氢氯化法。以乙烯与氯化氢为原料进行加成反应制取。该方法技术经济比较合理，有气相法和液相法两种。液相法为在$AlCl_3$等催化剂存在下，用高浓度乙烯在氯乙烷等溶剂中与氯化氢进行反应（30～40℃，253～303kPa），碱洗后进行气液分离，蒸馏得纯品。气相法是以$AlCl_3$、NH_4Cl、硅胶等为催化剂，用较低浓度的乙烯乙烷混合气为原料，在

130～250℃下反应制取。

（2）乙烷氯化法。工业上以热氯化法为主，即将乙烷在250～500℃、压力202～304kPa下进行氯化反应。副产的氯化氢和乙烯反应，也可制得氯乙烷。

【安全性】 低毒，但随吸入量的增加，会对心、肾及肝脏有一定毒害。低浓度(1%)有麻醉性，吸入后呈现轻度麻醉症状，如困倦、精神不安、轻度黏膜刺激症状。吸入4%以上，会呈现精神紊乱、呼吸急促、反应消失、神智昏迷等深度麻醉，停药后可苏醒。当浓度达到30%以上时，可因心脏衰竭及呼吸麻痹而致死。豚鼠45min吸入MLC 4000×10^{-6}。生产及使用时应注意通风、排风、防止外漏。操作人员应戴防护口罩。本品失火时宜用二氧化碳灭火。极易燃烧，燃烧时有发绿色火焰。与空气形成爆炸性混合物，爆炸极限3.16%～15%（体积）。空气中最高容许浓度2600mg/m³。贮运中严禁泄漏，应使用合格耐压钢瓶或贮罐包装，需保证不使钢瓶跌落、撞击、受热，可用冷盐水（夹套）低温贮运。

【参考生产企业】 天津渤海化工有限责任公司天津化工厂，大连染料化工有限公司，洪泽银珠化工集团有限公司，邯郸滏阳化工集团有限公司，天津市北辰区现代化工厂。

Ca017 1,2-二氯乙烷

【英文名】 1,2-dichloroethane

【别名】 *sym*-dichloroethane; ethylene chloride; EDC; dutch liquid; ethylene dichloride

【CAS登记号】 [107-06-2]

【结构式】 $ClCH_2CH_2Cl$

【物化性质】 无色透明油状液体，有类似氯仿的气味，味甜。有剧毒。对水、酸、碱稳定，具有抗氧化性。沸点83.7℃。熔点－35.3℃。闪点17℃（闭杯），21℃（开杯）。相对密度（d_4^0）1.2529。折射率1.4448。临界温度290℃。临界压力5.36MPa。溶于约120倍的水，与乙醇、氯仿、乙醚混溶。能溶解油和脂类、润滑脂、石蜡，不腐蚀金属。

【质量标准】

（1）HG/T 2662—1995 工业1,2-二氯乙烷

项目	一等品	合格品
外观	外观透明液体无悬浮物	
含量/% ≥	99.5	98.0
密度(ρ_{20})/(g/cm³)	1.253～1.256	1.250～1.257
水分/% ≤	0.08	
色度(铂-钴色号,Hazen单位) ≤	10	20
酸度(以HCl计)/% ≤	0.004	0.005

（2）GB/T15895—1995 化学试剂 1,2-二氯乙烷

项目	分析纯	化学纯
二氯乙烷(CH_2ClCH_2Cl)/% ≥	99.0	98.5
色度(黑曾单位) ≤	10	20
沸点/℃	83.5±1	
蒸发残渣/% ≤	0.002	0.005
酸度(以H^+计)/(mmol/100g) ≤	0.03	0.06
氯化物(Cl)/% ≤	0.001	0.002
易炭化物质/% ≤	合格	合格
水分(H_2O)/% ≤	0.05	0.10

【用途】 主要用于生产氯乙烯、乙二胺及乙二酸、乙二醇的原料。在医药工业上为生产灭虫宁、哌吡嗪的原料。可作脂肪、蜡、胶的溶剂，还可作洗涤剂、萃取剂、农药和金属脱油剂。在农业上可用作粮食、谷物的熏蒸剂、土壤消毒剂等。

【制法】 （1）乙烯与氯气直接合成法。以乙烯和氯气在1,2-二氯乙烷介质中进行氯化得到粗二氯乙烷及少量多氯化物，加碱闪蒸除去酸性物及部分高沸物，用水洗

涤至中性，共沸脱水，精馏，得成品。

(2) 乙烯氧氯化法。乙烯经氯气氯化生成二氯乙烷。由二氯乙烷裂解制氯乙烯时回收的氯化氢和预热至150～200℃的含氧气体（空气）和乙烯，通过载于氧化铝上的氯化铜催化剂，在压力0.0683～0.1033MPa、温度200～250℃下反应，粗产品经冷却、加压、精制，得二氯乙烷产品。该过程是氯乙烯生产的中间步骤，可参见氯乙烯。

(3) 生产氯乙醇、环氧乙烷时，副产本品。

【安全性】 高毒。大鼠经口 LD_{50} 为680 mg/kg。对黏膜有刺激作用。可引起角膜混浊和肺水肿，抑制中枢神经系统，刺激胃肠道和引起肝、肾的脂肪性病变，直到死亡。皮肤接触能引起皮炎。美国环保局将其列为致癌物。生产现场严防跑、冒、滴、漏。操作时应戴防毒面具，穿防护衣，戴防护手套。注意防火。发现中毒立即离开现场，脱去污染衣服，用乙醇擦洗并用水冲洗毒物。误服者立即洗胃，送医院诊治。蒸气与空气形成爆炸性混合物，爆炸极限6.2%～15.6%（体积）。空气中最高容许浓度400mg/m^3。可用管道贮运或240L铁桶包装，每桶净重200kg。应贮存于阴凉通风处，远离火源。应与氧化剂隔离。

【参考生产企业】 无锡贝尔化工公司，江苏丹化集团有限责任公司，淄博市昊虹工贸有限公司。

Ca018 1,1,2-三氯乙烷

【英文名】 1,1,2-trichloroethane

【别名】 *β*-三氯乙烷；三氯化乙烷；vinyl trichloride

【CAS登记号】 [79-00-5]

【结构式】 $CHCl_2CH_2Cl$

【物化性质】 纯品为无色透明液体，有类似氯仿的特殊甜味。不易燃。沸点113.7℃。熔点－37℃。相对密度1.4431。折射率1.4711。蒸气压（20℃）2.4339 kPa。临界温度333℃。临界压力5.141 MPa。可与醇、醚、酮、酯混溶，不溶于水。

【质量标准】

项目	指标
沸程(馏出量95%)/℃	112～114
相对密度(d_4^{20})	1.435～1.440
不挥发物/% ≤	0.05
氯化物/% ≤	0.02

【用途】 主要用作脂肪、油、蜡、树脂的溶剂，染料及香料的萃取剂，树脂和橡胶等的中间体，农业上用作杀虫剂、熏蒸剂以及合成1,1-二氯乙烯的原料。

【制法】 (1) 氯乙烯氯化法。预先在反应釜内投入三氯乙烷，于20～25℃下通入氯乙烯和氯气（摩尔比1∶1.2）进行氯化合成。生成物经水洗、分离制得。

$$ClCH{=}CH_2+Cl_2 \longrightarrow Cl_2CHCH_2Cl$$

(2) 1,2-二氯乙烷氯化法。在三氯化铝或其他金属氯化物存在下，于60℃氯化即得。

$$CH_2ClCH_2Cl+Cl_2 \longrightarrow CH_2ClCHCl_2+HCl$$

【安全性】 高毒。小鼠吸入4h，其 LD_{50} 为 2000×10^{-6}，经口 LD_{50} 0.1～0.2g/kg。对眼、鼻黏膜有刺激作用。空气中最高容许浓度 10×10^{-6}。用耐酸铁桶包装。

【参考生产企业】 常熟市长江精细化工厂，北京恒业中远化工有限公司，山东淄博市临淄江塬化工厂，沈阳化学试剂厂。

Ca019 1,1,1-三氯乙烷

【英文名】 1,1,1-trichloroethane

【别名】 *α*-三氯乙烷；甲基氯仿；偏三氯乙烷；methyl chloroform；methylchloroform

【CAS登记号】 [71-55-6]

【结构式】 CH_3CCl_3

【物化性质】 无色透明液体，有醚的气味。不燃、低毒。化学稳定性好。在水、强光、热或电弧的影响或某些盐类的诱导作用下可能发生水解反应，生成光气、氯气、氯化氢、亚乙烯基氯等产物。沸点74.0℃。熔点 −33.0℃。相对密度1.3249。黏度（20℃）8.58×10^{-4} Pa·s。不溶于水，溶于乙醇、氯仿、苯、丙酮、四氯化碳、甲醇、乙醚等有机溶剂。具有高效、多功能的溶解能力，对金属惰性，低潜热，高蒸气密度，高渗透能力。

【质量标准】

项目	一级品	合格品
外观	无色透明液体	
含量/% ≥	95	94
相对密度(20℃)	1.312～1.321	1.300～1.334
沸程(常压下)/℃	72～88	72～88
酸度(以 HCl 计) ≤ /×10^{-6}	10	20
不挥发物/×10^{-6} ≤	10	10
水分/×10^{-6} ≤	100	100
铝合金腐蚀试验	无腐蚀	无腐蚀

【用途】 可作清洗剂，清洗电子零部件，也可作金属脱脂的清洗剂。还可利用本品的低表面张力和高渗透能力的特性，测定金属焊接处的泄漏，也可用作气溶胶烟雾剂、耐火焰涂层材料、切削油冷却剂和制作低毒不燃的黏合剂。偏三氯乙烷的衍生物是有效的杀虫剂，制药工业的中间体。经氯化可制1,1,1,2-四氯乙烷。经脱氯化氢可制偏二氯乙烯。

【制法】 （1）乙烷氯化法。由乙烷（或乙烯）氯化制得。

$$CH_3CH_3 + 3Cl_2 \longrightarrow CH_3CCl_3 + 3HCl$$

（2）偏二氯乙烯氢氯化法。由偏二氯乙烯与氯化氢经催化加成制得。

$$CH_2{=}CCl_2 + HCl \xrightarrow{35℃, FeCl_3} CH_3CCl_3$$

（3）氯乙烯氢氯化法。由氯乙烯与氯化氢作用，制得偏二氯乙烯，再经氯化制得。

$$CHCl{=}CH_2 + HCl \xrightarrow[\text{液相, } FeCl_3]{30\sim50℃\text{, 氯氧化}} CHCl_2CH_3$$

$$CHCl_2CH_3 + Cl_2 \xrightarrow[\text{UV 光照}]{\text{氧化, 气相}} CH_3CCl_3 + HCl$$

【安全性】 工业上毒性最小的氯代溶剂之一。几内亚猪、鼠和兔的口服 LD_{50} 剂量为5～12g/kg。吸入1,1,1-三氯乙烷的蒸气能抑制中枢神经系统。工业品用白铁桶装，有100kg、200kg、250kg三种。试剂用500g玻璃瓶装。

【参考生产企业】 江苏盐城华丰化工厂，浙江巨化化工矿业公司，北京北化精细化学品有限责任公司，天津市天大化工实验厂。

Ca020 六氯乙烷

【英文名】 hexachloroethane

【别名】 全氯乙烷；carbon hexachloride；perchloroethane

【CAS 登记号】 [67-72-1]

【结构式】 CCl_3CCl_3

【物化性质】 无色针状斜方晶体，有类似樟脑香味，不易燃。易升华。沸点（103.591kPa）186℃。熔点186～187℃。相对密度 2.094。蒸气压（20℃）27.9Pa。溶于乙醇、乙醚、苯、氯仿和油类，不溶于水。

【质量标准】 HG/T 3261—2002

项目	优级品	一等品	合格品
外观	白色结晶		
纯度/% ≥	99.5	99.0	98.0
水分/% ≤	0.02	0.06	0.08
初熔点/℃ ≥	184	183	
灰分/% ≤	0.02	0.04	0.06
铁(以 Fe 计) ≤ 含量/%	0.006	0.008	0.015
游离氯(Cl_2)试验	合格	—	
氯化物(以 Cl ≤ 计)含量/%	0.01	0.04	0.06
醇不溶物 ≤ 含量/%	0.02	0.05	0.10

【用途】 用作溶剂及有机合成中间体。用于生产氟利昂-113、农药、医药、兽药、发烟剂、除泡剂、铝制品的脱气剂、脱氧剂（铝、镁、铜及其合金）、切削油添加剂和聚氯乙烯助增塑剂。还用作樟脑代用品和橡胶硫化促进剂。

【制法】（1）三氯乙烯光氯化法。三氯乙烯与氯气发生光氯化反应生成五氯乙烷，再与液碱作用生成四氯乙烯。四氯乙烯与液氯（1∶0.213）经光氯化反应制得粗制品，再经纯碱液中和、水洗、冷却结晶、离心过滤、干燥、粉碎制得成品。

$$CCl_2{=}CCl_2+Cl_2\xrightarrow[115\sim120^\circ C]{光照}CCl_3CCl_3$$

（2）四氯乙烯氯化法。

【安全性】 是氯代烃中毒性最大的一种，对人的中枢神经有毒害作用。常温时蒸气浓度小，故对肝、肾的毒性小。狗静脉注射 MLD 325mg/kg。生产设备应密闭。生产现场保持良好通风。操作人员应戴防护用具。空气中最高容许浓度 1×10^{-6}。用内衬塑料袋的铁桶包装，每桶净重 50kg。按危险品规定贮运。要避免受热和升华。

【参考生产企业】 常熟市长江精细化工厂，常熟三爱富氟化工有限责任公司，淄博市临淄天德精细化工研究所。

Ca021 (一)溴乙烷

【英文名】 ethyl bromide

【别名】 乙基溴；monobromoethane；bromic ether；hydrobromic ether；bromoethane

【CAS 登记号】 [74-96-4]

【结构式】 CH_3CH_2Br

【物化性质】 无色透明易燃、易挥发性液体。具有醚臭和辛辣味。其蒸气有毒，在空气中和遇光时变成淡黄色。沸点 38.4℃。熔点 −119.3℃。相对密度 1.4612。折射率 1.4244。蒸气压（20℃）51.462kPa。自燃点 511℃。液体能与多数中性或酸性有机溶剂混溶，形成共沸物，如含 3%乙醇、1%异丙醇、50%正戊烷、72%醋酸、6.5%乙二醇、12%醋酸异戊酯者，其共沸点分别为 37.6℃、38.4℃、33.0℃、118.3℃、146.8℃、150.2℃。与乙醇、乙醚、氯仿及其他有机溶剂混溶，微溶于水。

【质量标准】 HG/T 2560—2006（工业级）溴乙烷

项目	优等品	一等品	合格品
密度(ρ_{20})/(g/cm^3)	1.440～1.460		
溴乙烷含量/% ≥	99.5	99.0	98.0
蒸发残渣含量/% ≤	0.003	0.006	0.01
水分含量/% ≤	0.05	0.10	0.15
酸度试验	合格	合格	合格

【用途】 在有机合成中用作乙基化剂，也是合成农药、医药、染料、香料的原料，还可用作制冷剂、溶剂和熏蒸剂等。

【制法】（1）氢溴酸法。乙醇和氢溴酸（或溴化钠）在硫酸存在下，加热到回流温度，进行置换反应，粗产品用硫酸洗涤，碳酸钾中和得成品。

（2）乙醇溴化法。在溴中加入无水乙醇和硫黄，使溴慢慢与乙醇作用，反应温度 60～90℃，反应产物经冷却，去酸即得溴乙烷。

$$3Br_2+S+4H_2O\longrightarrow 6HBr+H_2SO_4$$

$$HBr+C_2H_5OH\xrightarrow[\triangle]{H_2SO_4}C_2H_5Br+H_2O$$

【安全性】 大鼠 LC_{50} 为 27000×10^{-6}。毒性高于氯乙烷，而低于溴甲烷。对人体，慢性中毒可引起神经障碍、兴奋、出汗。急性中毒能引起暂时性四肢僵直，瞳孔散大，面部潮红，脉搏频数和尿频等。应保持生产设备密闭。生产现场应通风良好。操作人员应佩戴防护用具。其蒸气与空气形成爆炸性混合物，爆炸极限 6.75%～11.25%（体积）。空气中最高容许浓度 890mg/m^3。易燃，应按易燃物品规定贮运。一般可用槽车、铁桶和钢瓶等包装贮运，但一般是自产自用。

【参考生产企业】 江苏省宜兴市芳桥兴达化工厂，上海宝山区罗店化工总厂，连云港市海水化工一厂，盐城市龙升化工有限公司，苏州市晶华化工有限公司，宜兴市骋源化工有限公司？浙江省富阳市向新化工有限公司。

Ca022 1,2-二溴丙烷

【英文名】 propylene dibromide

【别名】 二溴化丙烯；二溴丙烷；1,2-dibromopropane；propylene bromide

【CAS 登记号】 [78-75-1]

【结构式】 $CH_3CHBrCH_2Br$

【物化性质】 不燃不爆的液体。沸点139.6℃。熔点－58℃。密度1.933 g/cm³。折射率1.5192。水中溶解度25℃时0.2%，80℃时0.3%，受高温时能分解放出毒气。

【质量标准】

项目	指标(化学纯)
密度/(g/cm³)	1.930～1.936
沸程(馏出量95%)/℃	140～143
折射率(n_D^{20})	1.519～1.521
不挥发物/%	0.01
游离酸(以醋酸计)/%	0.05

【用途】 用作有机合成原料、化学试剂及溶剂。

【制法】 (1) 丙烯与溴直接反应制取。

$$CH{=}CHCH_3+Br_2\longrightarrow CH_3CHBrCH_2Br$$

(2) 溴丙烷与铁粉混合后，加热至40～50℃。慢慢滴加溴素，回流2h，反应毕，用水洗涤，除去铁渣后，用碳酸钠溶液洗至中性，再经干燥、分馏，收集140～144℃馏分，即得。

$$CH_3CH_2CHBr+1/2Br_2\xrightarrow{Fe}CH_3CHBrCH_2Br$$

(3) 丙醇溴化法。

$$CH_3CH_2CH_3OH\xrightarrow[H_2SO_4]{HBr}CH_3CH_2CH_2Br+H_2O$$

$$CH_3CH_2CH_2Br\xrightarrow{Br_2}CH_3CHBrCH_2Br+HBr$$

【安全性】 有毒。小鼠及豚鼠吸入50min 66mg/L的1,2-二溴丙烷，即可在1～2d内死亡。猫吸入25mg/L，3h即死亡。易经皮肤吸收。蒸气刺激眼黏膜及呼吸道，能引起结膜炎、支气管炎、喉头炎、食欲不振、抑郁。操作人员应穿戴防护用具。工作场所空气中最高容许浓度190mg/m³。以500g玻璃瓶装，外用木箱或纸箱保护。应有明显的“有毒品”标志。属有机毒品。应贮存于阴凉、干燥、通风的库房中。远离火种、热源。防晒、防潮。不得与氧化物混储混运。

【参考生产企业】 北京恒业中远化工有限公司，上海海曲化工有限公司，天津市光复精细化工研究所，成都格雷西亚化学技术有限公司公司（简称“西亚试剂”）。

Ca023 1,1,2,2-四溴乙烷

【英文名】 1,1,2,2-tetrabromoethane

【别名】 四溴化乙炔；均四溴乙烷；sym-tetrabromoethane；acetylene etrabromide

【CAS 登记号】 [79-27-6]

【结构式】 $CHBr_2CHBr_2$

【物化性质】 白色或淡黄色易燃液体，具有樟脑和碘仿嗅味。光照和受热时能分解，颜色变黄。高于190℃时分解产物为剧毒的碳酰溴蒸气。沸点243.5℃。熔点0℃。相对密度2.9656。折射率1.638。与乙醇、乙醚、氯仿、苯胺、冰醋酸混溶，不溶于水。

【质量标准】 HG/T 2426—1993

项目	优等品	一等品	合格品①
外观	(目测)无色或淡黄色无浑浊、无沉淀透明液体		
色度/APHA ≤	80	200	300
相对密度(d_{25}^{25})	2.955～2.970	2.950～2.970	2.900～2.970
凝固点/℃	－2～0		—

续表

项目	优等品	一等品	合格品①
含量/% ≥	98.0	97.0	96.0
pH值	5.0～7.0	—	—
无机卤化物含量/10^{-6} ≤	15.0	—	—

① 合格品为阻燃剂品。

【用途】 用于合成季铵化合物、医药、染料中间体，也用以制取化学纤维助催化剂、涤纶氧化工序的引发剂、制冷剂、灭火剂和熏蒸消毒剂等。

【制法】 将净化的乙炔直接通入已放入溴素及水的反应器中，控制压力在1.9613～4.9033kPa、反应温度<50℃条件下进行反应，然后用稀碱液洗涤，除去上层碱液后，用水洗，制得成品。

【安全性】 有毒。豚鼠经口LD_{50}约400mg/kg。人体吸入后能严重损伤肝脏，还能引起呼吸困难、运动失调、肺出血而死。生产设备应密闭。生产现场应保持良好通风。操作人员佩戴好防护用具。工作场所空气中最高容许浓度1×10^{-6}（$14mg/m^3$）。采用塑料桶包装。因本品易燃，应贮存在阴凉通风处，远离火源，防潮、防晒。按易燃化学品规定贮运。

【参考生产企业】 江苏省宜兴市芳桥兴达化工厂，天津市化学试剂一厂，上海实验试剂有限公司，上海试一化学试剂有限公司，北京恒业中远化工有限公司。

Ca024 碘乙烷

【英文名】 iodoethane

【别名】 乙基碘；ethyl iodide

【CAS登记号】 [75-03-6]

【结构式】 CH_3CH_2I

【物化性质】 无色至淡黄色液体。久置变红。高热下分解出有毒烟气，遇水和蒸汽能产生有毒有腐蚀性烟气。与氧化剂能发生剧烈反应，遇明火能燃烧。沸点72℃。熔点−108℃。密度$1.950g/cm^3$。折射率1.5130。微溶于水并分解。溶于乙醇、乙醚，能与大多数有机溶剂混溶。

【质量标准】

项目	化学纯
含量/% ≥	98.5
沸程(馏出量94%)/℃	71.0～72.5
挥发残渣/%	0.01
酸度与氧化物	符合试验
水分	符合试验

【用途】 用作化学试剂、医药用助渗剂（测定心血液输出量）。也用于有机合成和用作试剂。甲状腺肿治疗药，植物生长刺激素等。

【制法】 (1) 以乙烯与氢碘酸经加成反应制得。

(2) 由乙醇与三碘化磷反应制得。将乙醇与赤磷置反应瓶中在水浴上加热回流，缓缓加入碘粒，继续回流。然后将反应液蒸出，得黄色粗品，再经洗涤、干燥、过滤，即得成品。

【安全性】 有毒。操作人员应穿戴防护用具。吸入浓度达141×10^{-6}的空气24h可致死。工作场所空气中最高容许浓度50×10^{-6}。以25～500mL玻璃瓶装，外用木箱或纸箱保护。贮存于阴凉、干燥、通风的库房中，远离火种、热源，避光保存。不得与食用化工原料混放。

【参考生产企业】 上海实验试剂有限公司，太仓市鑫鹄化工有限公司，北京恒业中远化工有限公司，温州市化学用料厂。

Ca025 2-氯丙烷

【英文名】 isopropyl chloride

【别名】 异丙基氯；2-chloropane

【CAS登记号】 [75-29-6]

【结构式】 $CH_3CHClCH_3$

【物化性质】 无色液体，具有愉快的气味。沸点35.4℃。凝固点−117℃。相对密度(20℃) 0.850。折射率1.3811 (15℃)，

1.377（20℃）。因其结构上的氯原子很活泼，能与芳胺、脂肪胺反应，脱去氯化氢生成*N*-异丙基芳胺、异丙基脂肪胺，氯原子水解后生成异丙醇。不同温度下，在水中的溶解度为0.44%（0℃）、0.362%（10℃）、0.344%（12.5℃）。溶于甲醇和乙醚。

【用途】 有机合成原料，用于制农药毒草胺，也用作溶剂。

【制法】（1）异丙醇氯化法。

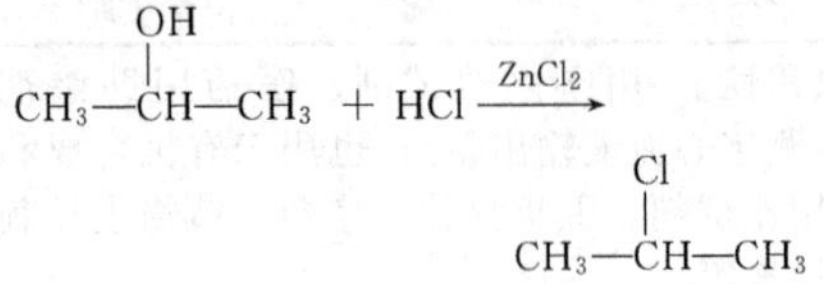

（2）丙烯与氯化氢加成法。

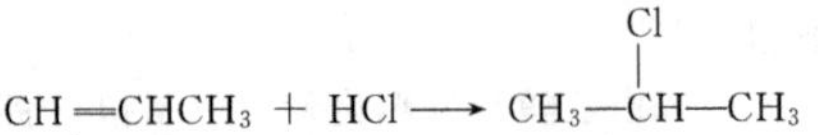

【安全性】 蒸气与液体能刺激皮肤、眼睛和呼吸系统。高浓度时有麻醉作用，会抑制中枢神经系统。长期接触对肝、肾有损害。存于阴凉、通风仓间内，远离火源、热源，避免阳光直射，与氧化剂隔离储运，玻璃瓶外木箱或钙塑箱加固内衬垫料或铁桶装。

【参考生产企业】 无锡奥灵特清洗剂科技有限公司，浙江嘉化集团股份有限公司，上海实验试剂有限公司，盐城市龙升化工有限公司。

Ca026 1,2-二氯丙烷

【英文名】 propylene dichloride

【别名】 1,2-dichloropropane

【CAS登记号】 [78-87-5]

【结构式】 $CH_3CHClCH_2Cl$

【物化性质】 无色易燃液体，有氯仿气味。沸点95～96℃。凝固点－100℃。闪点4℃。相对密度（20℃）1.156。折射率1.4388。微溶于水，能与有机溶剂混溶。

【用途】 用作有机合成原料，油类、脂肪的溶剂，洗涤剂、树脂、农药的原料。经氨化可制得丙二胺。

【制法】 丙烯与氯气在二氯丙烷中液相低温氯化制得。

【安全性】 长期接触高浓度本品可引起肝、肾坏死。小鼠LD_{50}为860mg/kg，在空气中小鼠致死浓度为2000×10^{-6}。与氧化剂能发生强烈反应。其蒸气与空气形成爆炸性混合物，遇明火、高热能引起燃烧爆炸，空气中的爆炸极限3.14%～14.5%（体积）。

【参考生产企业】 岳阳磊鑫化工有限公司，浙江联盛化学工业有限公司，北京恒业中远化工有限公司，天津市科密欧化学试剂有限公司，天津市光复精细化工研究所。

Ca027 1,2,3-三氯丙烷

【英文名】 1,2,3-trichloropropane

【CAS登记号】 [96-18-4]

【结构式】 $CH_2ClCHClCH_2Cl$

【物化性质】 无色易燃液体。沸点156.8℃。熔点－14.7℃。闪点（开杯）82.2℃。自燃点304.4℃。相对密度1.3889。折射率（n_D^{25}）1.4852。微溶于水。可溶解油、脂、蜡、氯化橡胶和多数树脂。

【质量标准】

项目	指标
外观	无色或淡黄色透明液体
含量/% ≥	90
沸点/℃	156.85
相对密度(d_4^{20})	1.3889
熔点/℃	－14.7

【用途】 用于生产农药和有机合成、气相色谱对比样品。主要用于生产1,2,3-三氯丙烯，也是一种较好的溶剂，还可用作农药矮壮素和燕麦敌的原料。

【制法】（1）α-氯丙烯氯化法。丙烯高温氯化得烯丙基氯，经洗涤、分离后，再经低温氯化，分馏，即得成品。

$$CH_3CH{=}CH_2+Cl_2\xrightarrow{470\sim500℃}CH_2ClCH{=}CH_2+HCl$$

$$CH_2ClCH{=}CH_2+Cl_2\xrightarrow{25℃}本品$$

（2）二氯异丙醇法。

$$CH_2ClCHOHCH_2Cl+PCl_5\longrightarrow 本品+POCl_3+HCl$$

【安全性】 易燃。其蒸气有麻醉性，其作用与氯仿相似，但较慢。能侵害心、肝、肾等内脏。操作人员应戴防护口罩。空气中最高容许浓度 150mg/m^3。采用塑料桶或铁桶包装，每桶 200kg，按易燃化学品规定贮运。贮运时应放于阴凉、通风处，远离火源，应与氧化剂、碱类、食用化学品分开存放，切忌混储。

【参考生产企业】 岳阳磊鑫化工有限公司，北京恒业中远化工有限公司，张家港博迈化学有限公司，临沂天鸿化工科技有限公司。

Ca028 1-溴丙烷

【英文名】 1-bromoprane

【别名】 溴代正丙烷；丙基溴；propyl bromide

【CAS 登记号】 [106-94-5]

【结构式】 $CH_3CH_2CH_2Br$

【物化性质】 无色易燃液体。沸点 71℃。熔点 −110℃。相对密度（20℃）1.3537。折射率 1.434。闪点 25℃。微溶于水，能与醇、醚混溶。

【质量标准】

项目		指标
含量/%	≥	99
色度/APHA	≤	10
水分/%	≤	0.1
不挥发物/×10^{-6}	≤	10
pH 值		6～7

【用途】 用于医药、农药、染料、香料等的制备，也用作 Grignard 试剂的原料。

【制法】 （1）氢溴酸法

$$CH_3CH_2CH_2OH\xrightarrow[H_2SO_4]{HBr}CH_3CH_2CH_2Br+H_2O$$

（2）溴化钠法

$$CH_3CH_2CH_2OH\xrightarrow[H_2SO_4]{NaBr}CH_3CH_2CH_2Br$$

（3）溴化法

$$CH_3CH_2CH_2OH+Br_2\xrightarrow{P}CH_3CH_2CH_2Br+H_2O$$

【安全性】 毒性与溴乙烷相似，动物接触麻醉浓度可引起肺、肝损害。用 250kg 铁桶装，或玻璃瓶外木箱或钙塑箱加固，内衬垫料。贮存于阴凉、通风的仓库内，避免阳光曝晒。远离火种及热源，与氧化剂隔离储运。

【参考生产企业】 无锡奥灵特清洗剂科技有限公司，宜兴市骋源化工有限公司，山东兄弟科技股份有限公司，盐城市龙升化工有限公司，上海试一化学试剂有限公司，潍坊裕凯化工有限公司。

Ca029 2-溴丙烷

【英文名】 2-bromopropane

【别名】 溴代异丙烷

【CAS 登记号】 [75-26-3]

【结构式】 $(CH_3)_2CHBr$

【物化性质】 无色易挥发液体。沸点 59.38℃。熔点 −89℃。相对密度（20℃）1.3140。折射率 1.4251（20℃）。微溶于水，能与醇、醚、苯、氯仿混溶。

【质量标准】

项目		指标
含量/%	≥	99
色度/APHA	≤	10
水分/%	≤	0.1
不挥发物/×10^{-6}	≤	10
pH 值		6～7

【用途】 用于医药、农药等的制造。

【制法】 （1）异丙醇-溴氢酸法

$$(CH_3)_2CHOH+HBr\xrightarrow{H_2SO_4}(CH_3)_2CHBr+H_2O$$

（2）异丙醇-溴化钠法

$$2(CH_3)_2CHOH+2NaBr+H_2SO_4\longrightarrow(CH_3)_2CHBr+Na_2SO_4+H_2O$$

【安全性】 毒性低于1-溴丙烷。小鼠在1000×10^{-6}浓度时吸入36min死亡。受高热分解出有毒气体。用250kg铁桶装，或玻璃瓶外木箱或钙塑箱加固，内衬垫料。储存于阴凉、通风的仓库内，避免阳光曝晒。远离火种及热源，与氧化剂隔离储运。

【参考生产企业】 无锡奥灵特清洗剂科技有限公司，宜兴市骋源化工有限公司，山东兄弟科技股份有限公司，盐城市龙升化工有限公司，上海实验试剂有限公司。

Ca030 1-溴-3-氯丙烷

【英文名】 1-bromo-3-chloropropane

【CAS 登记号】 [109-70-6]

【结构式】 $BrCH_2CH_2CH_2Cl$

【物化性质】 无色液体。沸点142～143℃。相对密度（20℃）1.592。折射率1.4851。不溶于水，溶于乙醇、醚及氯仿。

【质量标准】

项目	指标
含量/% ≥	99
水分/% ≤	0.1

【用途】 用于合成医药炎镇痛、氟奋乃静、三氟拉嗪等，还用于其他有机合成。

【制法】 由α-氯丙烯与溴化氢加成制得。

$$CH_2{=}CHCH_2Cl+HBr \longrightarrow CH_2BrCH_2CH_2Cl$$

【安全性】 误服、皮肤接触或吸入蒸气有害。较强烈地刺激皮肤、眼睛和黏膜。操作人员必须穿戴全身防护服。用250kg铁桶包装或玻璃瓶外木箱内衬垫料。贮存于阴凉、通风的仓间内。与酸类、食用原料隔离贮运。

【参考生产企业】 山东默锐化学有限公司，无锡奥灵特清洗剂科技有限公司，宜兴市骋源化工有限公司，上海实验试剂有限公司，寿光富康制药有限公司。

Ca031 1,2-二溴乙烷

【英文名】 1,2-dibromoethane

【别名】 *sym*-dibromoethane；EDB；ethylene dibromide；ethylene bromide

【CAS 登记号】 [106-93-4]

【结构式】 $BrCH_2CH_2Br$

【物化性质】 常温常压下为挥发性的无色液体，有特殊甜味。常温下比较稳定，但在光照下能缓缓分解为有毒物质。沸点131.4℃。熔点9.9℃。冰点−8.3℃。相对密度2.1792。折射率1.5380。黏度（20℃）1.727mPa·s。表面张力（20℃）38.91mN/m。蒸气压（20℃）1.133kPa。溶于约250倍的水，与乙醇、乙醚、四氯化碳、苯、汽油等多种有机溶剂互溶，并形成共沸物。

【质量标准】

项目	指标
沸点/℃	131.36
相对密度(d_4^{20})	2.1791
含量/% ≥	99
水分/% ≤	0.1
pH值	6～8
不挥发物/$\times10^{-6}$ ≤	100
游离溴/%(以HBr计) ≤	0.01

【用途】 用作乙基化试剂、溶剂。农业上用作杀线虫剂、合成植物生长调节剂。医药上用作合成二乙基溴苯乙腈中间体，溴乙烯、亚乙烯基二溴苯阻燃剂。还可用作汽油抗震液中铅的消除剂、金属表面处理剂和灭火剂等。

【制法】 （1）乙烯溴化法。工业生产采用乙烯与溴进行非催化加成，反应速率随反应温度升高而增加，水蒸气的存在能加速反应的进行。反应排放尾气中含过剩乙烯和HBr，经洗涤塔用水洗涤脱HBr，再回收过剩乙烯。

$$CH_2{=}CH_2+Br_2 \xrightarrow{<100℃} BrCH_2CH_2Br$$

（2）乙烷溴化制得。

$$CH_3CH_3+2Br_2 \longrightarrow BrCH_2CH_2Br+2HBr+2H_2O$$

（3）乙二醇和溴氢酸反应制得。

$$HOCH_2CH_2OH + 2HBr \xrightarrow{H_2SO_4} BrCH_2CH_2Br + 2H_2O$$

【安全性】 蒸气有毒，浓度高时能引起麻醉作用，全麻时会引起肺水肿致死。吸入致死浓度 1000×10^{-6}。对啮齿动物有致癌作用。蒸气刺激呼吸道，损伤肝、肾。液体接触皮肤可致溃烂。受到沾污时，应立即脱去外衣，擦干皮肤。生产场所要求通风良好，备有防毒面具和防护服等。空气中最低中毒浓度 25×10^{-6}。空气中最高容许浓度 130×10^{-9}。避免与铝、镁、钾、钠等接触或与强碱和富氯物质接触。贮运条件和防护要求同一溴甲烷。

【参考生产企业】 江苏省宜兴市芳桥兴达化工厂，江苏省金坛市华东化工研究所，江苏宜兴市兴丰化工厂，江苏盐城化工四厂。

Ca032 1-碘丙烷

【英文名】 1-iodopropane

【别名】 碘代正丙烷；丙基碘；propyl iodide

【CAS 登记号】 [107-08-4]

【结构式】 $CH_3CH_2CH_2I$

【物化性质】 无色或微黄色液体。沸点 102.4℃。熔点－101.4℃。闪点小于 23.9℃。相对密度 1.747。折射率 1.5051。溶于水，20℃时在 100g 水中能溶解 1-碘丙烷 0.11g。与乙醇、乙醚混溶。遇明火、高热，能燃烧，受高热放出有毒气体，能与氧化剂发生反应。

【质量标准】

项目	化学纯
密度/(g/cm³)	1.743～1.750
沸程(馏出量 95%)/℃ ＞	101～103
折射率(n_D^{20})	1.504～1.506
不挥发物/%	0.05
游离酸(以 HI 计)/%	0.05

【用途】 用作溶剂、分析化学试剂、有机合成原料。

【制法】 将正丙醇与赤磷混合，在水浴上加热，加入碘，在保温下进行反应，经分馏得粗品，再经洗涤、干燥、过滤、分馏而成。

【安全性】 有毒。操作人员应穿戴防护用具。以 250mL 玻璃瓶装，外用木箱或纸箱保护。包装应有明显的“有毒品”标志。属有机有毒品，危规编号 84017。贮于阴凉、干燥、通风的库房中。远离火种、热源。不得与食用化工原料、氧化剂混放。

【参考生产企业】 太仓市鑫鹄化工有限公司，北京恒业中远化工有限公司，上海嘉辰化工有限公司，天津市光复精细化工研究所，温州市化学用料厂。

Ca033 1-氯-2-甲基丙烷

【英文名】 1-chloro-2-methylpropane

【别名】 异丁基氯；1-氯异丁烷；氯代异丁烷；iso-buthyl chloride

【CAS 登记号】 [513-36-0]

【结构式】 $(CH_3)_2CHCH_2Cl$

【物化性质】 无色液体。沸点 68～69℃。闪点（开杯）小于 7℃。熔点－131℃。相对密度（d_4^{15}）0.883。折射率 1.3984。不溶于水，与乙醇、乙醚混溶。易燃，遇高热，即分解放出有毒的光气。与氧化剂发生强烈反应，遇明火立即燃烧。

【质量标准】

项目	指标
外观	无色透明液体
纯度/%(气相色谱) ≥	99.5
色度/APHA ≤	100
异丁醇/%(气相色谱) ≤	0.2
氯代叔丁烷/%(气相色谱) ≤	0.2
其余杂质/%(气相色谱) ≤	0.1
水分/$\times10^{-6}$(卡尔·费休) ≤	100

【用途】 用作医药原料、增塑剂、溶剂、杀虫剂原料、脱蜡剂、分析化学试剂，还

可用于橡胶工业。

【制法】 以异丁醇与盐酸在氯化锌存在下反应制得。

【安全性】 毒性比1-氯丁烷大。其蒸气与空气混合形成爆炸性混合物，遇明火或高热极易燃烧爆炸。与氧化剂接触会猛烈反应。以250mL玻璃瓶包装，外用木箱或纸箱保护。应注明“易燃物品”字样，危规编号61050。贮存于阴凉、干燥、通风的库房中。最高库温不得超过30℃。不得与氧化物共放一处。包装要坚固、密封。

【参考生产企业】 扬州市普林斯化工有限公司，无锡奥灵特清洗剂科技有限公司，上海实验试剂有限公司，上海试一化学试剂有限公司，苏州亚科化学试剂股份有限公司。

Ca034 1-溴-2-甲基丙烷

【英文名】 1-bromo-2-methylpropane

【别名】 异丁基溴；1-溴代异丁烷；iso-butyl bromide

【CAS登记号】 [78-77-3]

【结构式】 $(CH_3)_2CHCH_2Br$

【物化性质】 易燃，无色液体。沸点91.5℃。熔点－118.5℃。相对密度1.264。折射率1.435～1.437。微溶于水(0.6g/L)，与乙醇、乙醚等有机溶剂混溶。

【用途】 用作溶剂、分析试剂及有机合成原料。

【制法】 以异丁醇为原料，与三溴化磷反应制取。

【安全性】 吸入、摄入或经皮吸收后对身体有害。其蒸气对眼睛、黏膜和上呼吸道有刺激作用，且与空气混合形成爆炸性混合物，遇明火或高热极易燃烧爆炸。与氧化剂接触会猛烈反应。贮存于阴凉、干燥、通风的库房中。库温不得超过30℃。与氧化物分开存放，切忌混储。

【参考生产企业】 盐城市龙升化工有限公司，无锡奥灵特清洗剂科技有限公司，上海实验试剂有限公司，建德市兴峰化工有限公司，沈阳化学试剂厂，成都格雷西亚化学技术有限公司公司（简称“西亚试剂”）。

Ca035 1-碘-2-甲基丙烷

【英文名】 1-iodo-2-methylpropane

【别名】 异丁基碘；1-碘代异丁烷；碘代异丁烷；iso-butyl iodide；1-iodoisobutane

【CAS登记号】 [513-38-2]

【结构式】 $(CH_3)_2CHCH_2I$

【物化性质】 无色至浅黄色液体。沸点120℃；熔点－93℃；闪点（开杯）22.2℃。密度1.605g/cm³。折射率1.4960。不溶于水，与醇、醚混溶。遇光变为棕色。易燃。遇高热、明火、氧化剂，有引起燃烧的危险。

【质量标准】

项目	指标(化学纯)
密度/(g/cm³)	1.60～1.61
沸程(馏出量95%)/℃	118～122
不挥发物/%	0.01
折射率(n_D^{20})	1.495～1.497

【用途】 用作溶剂、分析试剂、有机合成原料。

【制法】 赤磷与异丁醇混合，在水浴加热后，加入碘片，进行反应，再经蒸馏得粗品。粗品经洗涤、干燥、过滤，再经分馏，收集119～122℃馏分，即为成品。

【安全性】 对呼吸道、眼睛和皮肤有刺激性。热解可放出有毒气体。接触后可引起烧灼感、咳嗽、喘息、喉炎、气短、头痛、恶心和呕吐等。易燃，遇明火、高热、氧化剂能燃烧，并放出有毒气体。与氧化剂能发生强烈反应。其蒸气比空气重，能在较低处扩散到相当远的地方，遇明火会引着回燃。以100g玻璃瓶包装，外用木箱或纸箱保护。本品属一级易燃液体、危规编号 61053。贮于阴凉、干燥、通风的库房中。远离火种、热源。最高库温不得超过 30℃。注意防晒、避光保存。不得与氧化剂共存一处。

【参考生产企业】 北京恒业中远化工有限公司，上海试一化学试剂有限公司，上海海曲化工有限公司

Ca036 1-氯丁烷

【英文名】 1-chlorobutane

【别名】 正丁基氯；氯代正丁烷；*n*-butyl chloride；butyl chloride；*n*-propylcarbinyl chloride

【CAS 登记号】 [109-69-3]

【结构式】 $CH_3CH_2CH_2CH_2Cl$

【物化性质】 无色易燃液体。沸点 78.4℃。熔点 −123.1℃。闪点（开杯）−9.4℃。自燃点 460℃。相对密度（d_{20}^{20}）0.8875。折射率 2.4021。黏度（20℃）0.45mPa·s。蒸气压（20℃）10.6791kPa。几乎不溶于水，12℃时水中溶解度 0.066%，与乙醇和乙醚混溶。

【质量标准】

项目	指标
外观	淡色澄清液体
含量/% ≥	85
水分/% <	0.5

【用途】 在医药工业中，用作合成动物驱虫剂和保泰松药物的原料；在有机合成中，用作合成月桂酸二丁基铝、丁基纤维素等的原料。另外，还用作乙烯聚合催化剂的助剂，脱蜡剂及其他有机合成等。

【制法】 正丁醇和浓盐酸在 $ZnCl_2$ 催化下进行反应，然后将反应产物洗涤、干燥、分馏，收集 75～78.5℃馏分为成品。

【安全性】 毒性比低级卤烃小，大鼠经口 LD_{50} 为 2.67mg/kg。对皮肤有强烈刺激性，有较轻微麻醉作用，可按卤烃类化合物毒性防护方法处理。用铁桶包装，每桶200kg，贮于阴凉、干燥处，用红色字样标明“易燃”和划上危险品标签运输。

【参考生产企业】 建湖县鑫鑫化工有限公司，宜兴市骋源化工有限公司，上海试一化学试剂有限公司，上海实验试剂有限公司，三门峡奥科化工有限公司。

Ca037 1-溴丁烷

【英文名】 *n*-butyl bromide

【别名】 溴代正丁烷；正丁基溴；1-bromobutane

【CAS 登记号】 [109-65-9]

【结构式】 $CH_3(CH_2)_3Br$

【物化性质】 无色液体。沸点 101.6℃。熔点 −112.4℃。相对密度（20℃）1.276～1.279。折射率（20℃）1.4398。沸程（馏出 95%时）100～120℃。不溶于水，易溶于醇、醚。性质稳定，但在常温下易起火。

【质量标准】

项目	指标
含量/% ≥	99
水分/% ≤	0.1
色度/APHA	10
pH 值	6～8
不挥发物含量/×10⁻⁶ ≤	50

【用途】 用于合成麻醉药盐酸丁卡因，也用于生产染料和香料。

【制法】 (1) 正丁醇溴化法。

$$CH_3CH_2CH_2CH_2OH + P + Br_2 \longrightarrow 本品 + P_2O_5 + H_2O$$

(2) 硫酸催化法。

$$CH_3CH_2CH_2CH_2OH + NaBr \xrightarrow{H_2SO_4} 本品 + NaHSO_4 + H_2O$$

【安全性】 有毒，能刺激皮肤。250kg 铁桶包装。参见 2-溴丙烷。

【参考生产企业】 盐城科利达化工有限公司，寿光富康制药有限公司，三门峡奥科化工有限公司，无锡奥灵特清洗剂科技有限公司，宜兴市骋源化工有限公司，天津

化学试剂一厂，上海实验试剂有限公司。

Ca038 1,4-二溴丁烷

【英文名】 1,4-dibromobutane

【别名】 溴化四次甲基；tetramethylene dibromide；1,4-butylenedibromide

【CAS 登记号】 [110-52-1]

【结构式】 $BrCH_2(CH_2)_2CH_2Br$

【物化性质】 无色或微黄色液体。沸点197～198℃。熔点－16.53（－20℃）℃。闪点 54℃。相对密度（20℃）1.7890。折射率 1.5190。不溶于水，溶于醇、醚、氯仿。

【质量标准】

项目		指标
含量/%	≥	99
色度/APHA		10
水分/%	≤	0.1
pH 值		6～8
不挥发物/×10⁻⁶	≤	100

【用途】 有机合成中间体，用于制造氨茶碱、咳必清、驱蛲净等。

【制法】 (1) 由四氢呋喃经开环、溴化制得。加入氢溴酸，在搅拌下滴加四氢呋喃，再滴加硫酸，温度控制在 50℃以下。然后升温至 108℃左右回流 4h，反应完毕后继续搅拌 1h，放冷分取下层液，用纯碱溶液洗至中性，加无水氯化钙干燥，过滤得成品。

(2) 由 1,4-丁二醇溴化制得。将氢溴酸加入反应锅内，搅拌冷至 10℃，滴加硫酸。加毕，再滴加 1,4-丁二醇，温度不超过 15℃，搅拌 30min。在 100～110℃下保温 6h。冷至室温，分取下层液，用纯碱溶液洗至中性。氯化钙脱水后，过滤得 1,4-二溴丁烷。

【安全性】 有局部刺激性，高浓度时有麻醉作用。以 250kg 铁桶包装。

【参考生产企业】 无锡奥灵特清洗剂科技有限公司，盐城科利达化工有限公司，盐城市龙升化工有限公司，宜兴市佳凌达化工有限公司。

Ca039 1,4-二溴戊烷

【英文名】 1,4-dibromopentane

【CAS 登记号】 [626-87-9]

【结构式】 $CH_2BrCH_2CH_2CHBrCH_3$

【物化性质】 具有酒味的液体。沸点(19.998kPa) 145～147℃（稍有分解）。凝固点－34.42℃。相对密度 1.6222。折射率 1.5085。

【质量标准】

项目		指标
含量/%	≥	93
水分/%	≤	0.1
pH 值		6～8
不挥发物/×10⁻⁶	≤	100

【用途】 在有机合成中用作烷基化剂，也可用作抗疟药磷酸伯氨喹的中间体。

【制法】 将 2-甲基四氢呋喃用氢溴酸及硫酸开环溴化合成制得。先将氢溴酸投入反应锅内，冷却，在搅拌下依次缓缓加入 2-甲基四氢呋喃及硫酸，在温度不超过 40℃时加完，升温到 60℃，反应一段时间后，再于 80～85℃下反应，冷却后分馏得溴化物，用水洗涤至中性，得 1,4-二溴戊烷油状物。

【安全性】 有刺激性，能刺激皮肤、眼、呼吸道，对皮肤有去脂和麻醉作用。微粒体突变试验-鼠伤寒菌 10μmol/平皿。操作时应避免直接接触，穿戴防护用具。采用铁桶或铁桶内衬塑料桶包装，按一般化工、医药原料贮运。

【参考生产企业】 浙江联盛化学工业有限公司，济南市天桥天营化学研究所，河南豫辰精细化工有限公司。

Ca040 1-溴异戊烷

【英文名】 isoamyl bromide

【别名】 异戊基溴；1-溴代-3-甲基丁烷；

溴代异戊烷；1-bromo-3-methylbutane

【CAS 登记号】 [107-82-4]

【结构式】 $(CH_3)_2CHCH_2CH_2Br$

【物化性质】 无色液体。沸点 120.4℃。熔点-112℃。相对密度 1.2071。折射率 1.4420。与乙醇、乙醚混溶。微溶于水，16.5℃时水中溶解度 0.02g/100mL。

【质量标准】

项目		指标
含量/%	≥	99
HBr 含量/%	≤	0.1
水分/%	≤	0.05
沸点/℃		118～122
不挥发物含量/×10⁻⁶	≤	50

【用途】 有机合成中间体，用于生产染料、医药（如巴比妥类催眠剂）等。

【制法】 由异戊醇与氢溴酸在 100～106℃反应合成。在反应罐中，按配料比加入异戊醇及氢溴酸，搅拌加热到 95～100℃，回流 1h，在此温度下将硫酸缓缓加入，以氢溴酸不溢出为度，在 100～105℃反应 5h，蒸馏，将蒸馏液收集于分液罐。用水洗涤后，加 5%～7%碳酸钠溶液调节 pH 值 8～9，分去水层，再水洗至 pH 值 5～6 为止，分尽洗液，加氯化钙脱水。在 21.33～14.66kPa 下减压蒸馏，收集 118～122℃馏分，得产品。

【安全性】 浓度高时会损害肝脏，有麻醉作用。人体吸入 LC_{50} 为 21300mg/m³，腹腔注射 LD_{50} 为 480mg/kg。其余参见 1,4-二溴戊烷。

【参考生产企业】 盐城锦标化学工业有限公司，北京中胜华腾科技有限公司（原北京三盛腾达科技有限公司）。

Ca041 1-溴(正)辛烷

【英文名】 *n*-octyl bromide

【别名】 正辛基溴；溴代正辛烷；溴辛烷；1-bromooctane

【CAS 登记号】 [111-83-1]

【结构式】 $CH_3(CH_2)_6CH_2Br$

【物化性质】 无色液体。沸点 198～200℃。熔点-55℃。相对密度（d_4^{25}）1.108。折射率（n_D^{25}）1.4503。不溶于水，与乙醇、乙醚混溶。

【质量标准】

项目		指标
含量/%	≥	99
水分/%	≤	0.05
pH 值		6～8
不挥发物/×10⁻⁶	≤	50

【用途】 有机合成原料。

【制法】 硫酸与溴化钠混合后，加入正辛醇进行回流，反应所得粗品经硫酸洗涤、水洗、10% Na_2CO_3 液洗涤，然后用无水硫酸钠干燥，蒸馏制得。

【安全性】 低毒。大鼠经口 LD_{50} 为 4.49 mL/kg。热分解放出有毒溴化物烟雾。100mL 玻璃瓶装，外用木箱或纸箱保护。贮存于阴凉、干燥、通风的库房内。

【参考生产企业】 江苏省金坛市华东化工研究所，无锡奥灵特清洗剂科技有限公司，江苏省宜兴市芳桥兴达化工厂，盐城科利达化工有限公司，杭州市晟达化工有限公司。

Ca042 1-溴十二烷

【英文名】 1-bromododecane

【别名】 十二烷基溴；月桂基溴；溴代十二烷；dodecyl bromide；lauryl bromide

【CAS 登记号】 [143-15-7]

【结构式】 $CH_3(CH_2)_{10}CH_2Br$

【物化性质】 无色至淡黄色刺激性液体，有椰子气味。沸点 276℃。熔点-9.5℃。闪点 110℃。相对密度 1.0399。折射率 1.4583。不溶于水，溶于乙醇、乙醚、丙酮等。

【质量标准】

项目		指标
含量/%	≥	98.5
水分/%	≤	0.1
pH 值		6~8
不挥发物/$\times 10^{-6}$	≤	100

【用途】 用作溶剂，也可用于阻燃剂三(十二烷基硫醇)锑、抗氧剂十二烷基硫醇、表面活性剂十二烷基二甲基苄基氯化氨(洁尔灭)、苯扎溴铵，以及其他阻燃剂和表面活性剂等的合成。

【制法】 (1) 氢溴酸法。以十二醇为原料，在硫酸存在下与氢溴酸反应制得。

$$CH_3(CH_2)_{11}OH + HBr \xrightarrow{H_2SO_4} CH_3(CH_2)_{11}Br + H_2O$$

(2) 溴化钠法

$$CH_3(CH_2)_{11}OH + NaBr \xrightarrow{H_2SO_4} CH_3(CH_2)_{11}Br$$

(3) 溴化法

$$3Br_2 + 2P \longrightarrow 2PBr_3$$

$$3CH_3(CH_2)_{11}OH + PBr_3 \longrightarrow 3CH_3(CH_2)_{11}Br + H_3PO_4$$

【安全性】 有毒，长期吸入能引起神经障碍。用 200kg 塑料桶包装。

【参考生产企业】 宜兴市骋源化工有限公司，盐城科利达化工有限公司。

Ca043 1-溴十六烷

【英文名】 1-bromohexadecane

【别名】 正十六烷基溴；鲸蜡基溴；1-溴代鲸蜡烷

【CAS 登记号】 [112-82-3]

【结构式】 $CH_3(CH_2)_{14}CH_2Br$

【物化性质】 浅黄色液体。沸点 336℃。熔点 17~19℃。相对密度(20℃) 0.9991。折射率 1.4618。不溶于水，溶于醚、醇。

【质量标准】

项目		指标
含量/%	≥	98.0
水分/%	≤	0.1
pH 值		6~8
不挥发物/$\times 10^{-6}$	≤	50

【用途】 用于生产表面活性剂，还用于制杀菌剂、去污剂等。

【制法】 在赤磷的作用下，由十六烷醇在 120~130℃下直接溴化制得。

$$CH_3(CH_2)_{14}CH_2OH \xrightarrow[P]{Br_2} CH_3(CH_2)_{14}CH_2Br + HBr$$

【参考生产企业】 宜兴市骋源化工有限公司，盐城科利达化工有限公司，无锡奥灵特清洗剂科技有限公司，盐城市龙升化工有限公司。

Ca044 氯乙烯

【英文名】 vinyl chloride

【别名】 chloroethylene

【CAS 登记号】 [75-01-4]

【结构式】 $CH_2{=}CHCl$

【物化性质】 无色易液化气体。具有醚臭。可发生聚合、共聚、加成、缩合、取代等反应，生产出多种产品。沸点 −13.8℃。熔点 −153.8℃。闪点(闭杯) −17.8℃。自燃点 472℃。相对密度 0.9106。折射率 1.4046。蒸气压(20℃) 337.3kPa。微溶于水。不同温度时，水中的溶解度(体积)：0.81%(0℃)、0.57%(10℃)、0.29%(20℃)。溶于乙醇、乙醚、四氯化碳、苯。

【质量标准】

项目		指标
含量/%	≥	99.99
水分/$\times 10^{-6}$	<	60
氯化氢含量/$\times 10^{-6}$	≤	1
铁(Fe^{3+})含量/$\times 10^{-6}$	<	1

【用途】 塑料工业的重要原料。主要用于生产聚氯乙烯树脂。与醋酸乙烯、偏氯乙

烯、丁二烯、丙烯腈、丙烯酸酯类及其他单体共聚生成共聚物，也可用作冷冻剂等。

【制法】 (1) 乙烯氧氯化法。该法世界公认为技术经济较合理的方法。乙烯与氯气在三氯化铁催化剂存在下，液相直接氯化生成1,2-二氯乙烷。1,2-二氯乙烷经精制后裂解，得氯乙烯和氯化氢，经精馏得到成品氯乙烯。副产品氯化氢、乙烯与空气，通过载于氧化铝上的氯化铜触媒进行氧氯化反应得1,2-二氯乙烷，精制后在500℃、2.0～2.5MPa压力下，在管式炉内裂解生成氯乙烯和氯化氢，精制得产品氯乙烯。副产品氯化氢可再返回氧氯化反应器与乙烯再进行氧氯化反应。

$$C_2H_4+Cl_2 \longrightarrow CH_2ClCH_2Cl \longrightarrow CH_2{=}CHCl+HCl$$

$$C_2H_4+2HCl+1/2O_2 \longrightarrow CH_2ClCH_2Cl+H_2O$$

(2) 乙炔气相合成法。该法工艺简单，产品纯度高，但耗电量大，成本高，并有汞污染问题。由电石发生的乙炔与氯化氢混合，在氯化汞存在下，于170～190℃进行反应，反应产物经水洗、碱洗、压缩、全凝、初馏、精馏，得氯乙烯单体。

(3) 乙烯直接氯化法。

$$CH_2{=}CH_2+Cl_2 \longrightarrow CH_2ClCH_2Cl$$

$$CH_2ClCH_2Cl+NaOH \longrightarrow CH_2{=}CHCl+NaCl+H_2O$$

(4) 烯炔联合法。

$$CH_2{=}CH_2+Cl_2 \longrightarrow CH_2ClCH_2Cl \xrightarrow{\text{裂解}} CH_2{=}CH_2Cl+HCl$$

$$CH{\equiv}CH+HCl \longrightarrow CH_2{=}CH_2Cl$$

【安全性】 对人体有麻醉作用。含量达20%～40%时，可使人发生急性中毒而失去知觉，呼吸渐缓，终致死亡。长期接触能引起指骨溶失症或肝脾肿大等症状。氯乙烯致癌性存有争议。发现急性中毒时应及早移出现场，静卧保暖、松衣、输氧气或人工呼吸。如皮肤被液体污染，宜用大量清水冲洗。生产设备应严防跑、冒、滴、漏。操作人员应佩戴防护用具。在空气中爆炸极限3.6%～26.4%（体积）。空气中最高容许浓度1×10^{-6}。可用管道、耐压贮罐贮运。公路、铁路均可运输。应隔绝明火，避免和氧化剂接近，防止日晒、受热，运输中防止撞击。

【参考生产企业】 黑龙江齐化化工有限责任公司，山东德州石油化工总厂，齐鲁石油化工股份有限公司氯碱厂，四川宜宾天原集团有限公司，沧州化工实业集团公司，天津大沽化工股份有限公司。

Ca045 三氯乙烯

【英文名】 trichloroethylene

【别名】 trichloroethene

【CAS登记号】 [79-01-6]

【结构式】 $Cl_2C{=}CHCl$

【物化性质】 无色稳定、低沸点重质油状液体，具有类似氯仿的气味，不易燃，易挥发，与普通金属不发生化学反应。沸点86.7℃。熔点－87.1℃。闪点32.2℃。自燃点410℃。相对密度（d_{25}^{25}）1.456～1.462。折射率1.4782。临界温度271℃。临界压力5.02MPa。与一般有机溶剂混溶，微溶于水。

【质量标准】 HG/T 2542—1993　工业三氯乙烯

项目	优等品	一等品	合格品
色度(铂-钴色号，Hazen单位) ≤	15	30	40
密度 ρ_{20}/(g/cm³)	1.460～1.466		1.457～1.472
蒸馏试验(0℃，101.325kPa)			
初馏点/℃ ≥	85.5	85.0	84.5
干点/℃ ≤	91.0	91.0	91.0
馏出95%(体积)的温度/℃ ≤	88.5	89.0	90.0
蒸发残渣/% ≤	0.005		0.010
酸度(以HCl计)/% ≤	0.001	0.001	0.001

续表

项目	优等品	一等品	合格品
碱度(以 NaOH 计)/% ≤	0.025	0.025	0.025
水分/% ≤	0.01	0.02	0.02
游离氯	合格	合格	—
加速氧化试验后酸度(以 HCl 计)/% ≤	0.02	—	—

【用途】 优良的溶剂，不易燃，为苯和汽油很好的代用品。可用作金属表面处理剂，电镀、上漆前的清洁剂、金属的脱脂剂和脂肪、油、石蜡的萃取剂、农药杀虫剂。医药上治疗钩虫病药的原料，以及有机化工原料。

【制法】 (1) 乙炔法。以电石发生的乙炔和氯气为原料、四氯化碳为稀释剂、三氯化铁为催化剂液相合成1,1,2,2-四氯乙烷，再加石灰乳脱氯化氢，得粗三氯乙烯，经粗馏、精馏，即得产品。

$$CH\equiv CH + 2Cl_2 \longrightarrow CHCl_2CHCl_2$$

$$CHCl_2CHCl_2 + Ca(OH)_2 \longrightarrow CHCl=CCl_2 + 2H_2O + CaCl_2$$

(2) 乙烯直接氯化法。乙烯经直接氯化得四氯乙烷和五氯乙烷的混合物，通过对其进行气相裂解制取三氯乙烯和四氯乙烯。

$$CH_2=CH_2 + Cl_2 \longrightarrow CHCl_2CHCl_2 + CHCl_2CCl_3 + HCl$$

$$CHCl_2CHCl_2 \longrightarrow CHCl=CCl_2 + HCl$$

$$CHCl_2CHCl_2 \longrightarrow CCl_2=CCl_2 + HCl$$

(3) 乙烯氧氯化法。以乙烯、氧气(或空气)、氯气为原料，经催化氯化氧化得三氯乙烯产品，同时还可得四氯乙烯。

$$CH_2=CH_2 + Cl_2 \longrightarrow CH_2ClCH_2Cl$$

$$CH_2ClCH_2Cl + Cl_2 + O_2 \longrightarrow CHCl=CCl_2 + CCl_2=CCl_2 + H_2O$$

【安全性】 有麻醉性，刺激眼、鼻、喉，长时间与皮肤接触则引起皮炎。人在含三氯乙烯 3000×10^{-6} 的空气中不到10min，就会失去知觉，浓度在 400×10^{-6} 下暴露20min后就会引起麻醉。美国职业安全和卫生管理局(OSHA)规定三氯乙烯最大TWA（体内容许总量）浓度为 100×10^{-6}，暴露时间为8h。当皮肤接触时，应用肥皂水洗掉，进入眼睛时，先用水冲洗15min以上，再接受医生治疗。口服后，应饮食盐水、肥皂水，进行催吐。操作设备应密闭，防止跑、冒、滴、漏，个人应佩戴防护用具。以镀锌铁桶密闭包装，存放于阴凉通风处。贮运时注意防火、防晒、防止撞击。

【参考生产企业】 辽宁锦化化工（集团）有限责任公司，锦化化工集团氯碱股份有限公司，无锡化工集团股份有限公司，江苏省盐城市电化厂，盐城市华丰化工厂。

Ca046 四氯乙烯

【英文名】 tetrachloroethylene

【别名】 全氯乙烯；perchloroethylene；ethylene tetrachloride；tetrachlorethylene

【CAS登记号】 [127-18-4]

【结构式】 $Cl_2C=CCl_2$

【物化性质】 无色透明液体，具有类似乙醚的气味。不燃。性质稳定。在无空气、湿气和催化剂存在时，加热到500℃，仍很稳定。耐水解。无闪点。沸点121℃。凝固点约−22.0℃。相对密度1.6227。折射率1.50547。能溶解如橡胶、树脂、脂肪、$AlCl_3$、S、I_2、$HgCl_2$ 等多种物质。溶于约10000倍体积的水。与乙醇、乙醚、氯仿、苯混溶。长期在光、水、氧气存在下分解为三氯乙醛及光气，对金属有腐蚀性。一般添加 $(10\sim500)\times10^{-6}$ 的胺类或苯酚的衍生物作为抗分解剂。

【质量标准】 HG/T 3262—2002（工业级）四氯乙烯

项目	Ⅰ型	Ⅱ型
色度(Hazen 单位) ≤	15	50
密度 ρ_{20}/(g/cm³)	1.615～1.625	1.615～1.630
纯度/% ≥	99.6	98.5
蒸发残渣含量/% ≤	0.005	0.007
水分/% ≤	0.0050	0.0070

续表

项目		Ⅰ型	Ⅱ型
碱度(以 NaOH 计)/%	≤	0.03	0.03
稳定性试验(铜片腐蚀量)/(mg/cm²)	≤	0.50	1.0
残留气味		无异味(必要时测定)	—

【用途】 可用作溶剂、干洗剂、动植物油萃取剂、灭火剂和烟幕剂等。还可用于合成三氯乙酸和含氟有机化合物等。

【制法】 (1) 乙烯法。①直接氯化：乙烯和氯在含 $FeCl_3$ 催化剂的1,2-二氯乙烷溶液中，于280～450℃进行反应，生成1,2-二氯乙烷，再进一步氯化成三氯乙烯和四氯乙烯，经蒸馏后，分别用 NH_3 中和、洗涤、干燥，即得成品。

$$CH_2=CH_2+Cl_2\xrightarrow[\triangle]{FeCl_3}CH_2ClCH_2Cl$$

$$\xrightarrow{Cl_2}CHCl=CCl_2+CCl_2=CCl_2+HCl$$

② 氧氯化法：以乙烯和氯加成生成1,2-二氯乙烷，1,2-二氯乙烷与氯、氧在以 $CuCl_2$ 和 KCl 为催化剂以及425℃、138～207kPa 条件下进行氧氯化反应，产物经冷却、水洗、干燥后蒸馏，得高纯度产品。

$$CH_2=CH_2+Cl_2\xrightarrow[\triangle]{FeCl_3}CH_2ClCH_2Cl$$

$$8CH_2ClCH_2Cl+6Cl_2+7O_2\longrightarrow 4CHClCCl_2+4CCl_2CCl_2+14H_2O$$

(2) 烃类氧化法。将含甲烷、乙烷、丙烷、丙烯等的烃类混合物于50～500℃氯化热解，得氯代烃类的混合物，精馏后分离成各种产品。

$$CH_3CH_2CH_3+8Cl_2\longrightarrow CCl_2=CCl_2+CCl_4+8HCl$$

(3) 乙炔法 (Wacker 法)。乙炔和氯加热氯化生成1,1,2,2-四氯乙烷，用碱脱去氯化氢得三氯乙烯，再经氯化生成五氯乙烷，然后再用碱脱去氯化氢得四氯乙烯。因乙炔价昂，已逐步为乙烯法等代替。

$$CH\equiv CH+2Cl_2\longrightarrow CHCl_2CHCl_2$$

$$\xrightarrow{Ca(OH)_2}CHCl=CCl_2\xrightarrow{Cl_2}$$

$$CHCl_2\cdot CCl_3\xrightarrow{Ca(OH)_2}CCl_2=CCl_2$$

【安全性】 有毒，是中枢神经抑制剂，吸入、吞咽或经皮肤吸收都能引起强烈的危害，如头痛、颤抖、呕吐，严重时失去知觉终至死亡。对眼睛和皮肤有刺激性。当皮肤接触后，应立即用水清洗。接触浓度较高四氯乙烯的操作人员要戴防毒面具及防护手套等。空气中最高容许浓度 100×10^{-6}。贮存与运输参见三氯乙烯。

【参考生产企业】 辽宁锦西化工总厂，江苏盐城电化厂，上海氯碱化工股份有限公司，重庆化工研究院，上海电化厂，辽宁锦州农药厂，河南庆阳化学工业公司，江苏南京四方化工厂，江苏连云港市海水化工一厂。

Ca047 氟乙烯

【英文名】 fluoroethylene

【别名】 乙烯基氟；vinyl fluoride；monofluoroethylene

【CAS 登记号】 [75-02-5]

【结构式】 $CH_2=CHF$

【物化性质】 常温常压下为无色有醚味的可燃气体。化学性质活泼，可与溴式卤化氢加成。还易与烯烃、氟代烯烃、苯乙烯等共聚。沸点−72.2℃。凝固点−162℃。密度 (−72.2℃) 0.853g/cm³。临界温度54.7℃。临界压力5.1MPa。临界密度0.320g/cm³。微溶于水，溶于乙醚、乙醇、丙酮。

【用途】 主要用于生产聚氟乙烯，也用于其他树脂的合成。

【制法】 (1) 乙炔法采用乙炔与氟化氢催化加成的方法。

$$CH\equiv CH+HF\xrightarrow[\text{活性炭}]{HgCl}CH_2=CHF$$

(2) 氯乙烯法。

$$CH_2=CHCl+HF\longrightarrow CH_3CHClF$$

$$\xrightarrow{\text{加热}}CH_2=CHF+HCl$$

【安全性】 是所有含氟烯烃中毒性最低的。自燃极限 2.6%～27.1%（体积）。液态氟乙烯装钢瓶，长期保存不聚合，加入少量萜烯则更为安全。氟乙烯爆炸非常剧烈，反应器、聚合釜的安全阀要灵敏。可液化装钢瓶贮运，因临界温度低，夏季贮存，应多加注意。

【参考生产企业】 上海三爱富新材料股份公司，无锡化工集团股份有限公司。

Ca048 1,1-二氟乙烯

【英文名】 1,1-difluoroethylene

【别名】 偏氟乙烯；偏二氟乙烯；vinylidene fluoride

【CAS 登记号】 [75-38-7]

【结构式】 $CH_2=CF_2$

【物化性质】 具有轻微醚臭、无色、可燃的气体。沸点－85.7℃。熔点－144.1℃。相对密度（d_4^{24}）0.617。临界温度 30.1℃。临界压力 4.29MPa。临界密度 0.417g/cm³。微溶于水，溶于乙醇和乙醚。

【质量标准】

项目		指标
外观		无色无臭气体
色谱杂质峰高(1mV 色谱仪除空气峰外,允许有一个)/mm	≤	2
含氧量/×10⁻⁶	<	50

【用途】 可制造聚偏氟乙烯（耐辐照材料）、氟橡胶和氟塑料等，也可与其他单体共聚制取各种共聚体和含氟弹性体，如耐油的低温特殊橡胶。也用作特种溶剂。

【制法】 偏二氟乙烷氯化法。以干燥的乙炔在氟磺酸存在下与氢氟酸反应，生成 1,1-二氟乙烷，经压缩、分馏、提纯，得精制 1,1-二氟乙烷，将其与定量配比的氯气充分混合于 650～680℃热解生成粗偏氟乙烯，再经压缩、分馏、提纯，得精单体。也可采用以 1,1,1-三氯乙烷一步反应制得 1,1-二氟-1-氯乙烷，然后热裂解脱氯化氢。

【安全性】 小鼠吸入 LD_{50} 为 12800×10^{-6}（体积）。与空气混合能形成爆炸性混合物。接触热、火星、火焰或氧化剂易燃烧爆炸。若遇高热，可发生聚合反应，放出大量热量而引起容器破裂和爆炸事故。气体比空气重，能在较低处扩散到相当远的地方，遇火源会着火回燃。操作时加强通风。中毒后按一般中毒处理。空气中燃烧极限 5.5%～21.3%。储存于阴凉、干燥、通风良好的不燃库房。远离火种、热源。应与氧化剂、酸类分开存放，切忌混储。采用防爆型照明、通风设施。禁止使用易产生火花的机械设备和工具。储区应备有泄漏应急处理设备。

【参考生产企业】 江苏常熟市三爱富中昊化工新材料有限公司，辽宁华锦化工（集团）有限公司。

Ca049 三氟氯乙烯

【英文名】 trifluorochloroethylene

【别名】 氯三氟乙烯；1-chloro-1,2,2-trifluoroethylene

【CAS 登记号】 [79-38-9]

【结构式】 $CF_2=CFCl$

【物化性质】 无色、具有乙醚气味的气体，在水中分解，易聚合。沸点－28.36℃。熔点－168.11℃。相对密度 1.35（液体）。临界温度 105.8℃。临界压力 4.063MPa。溶于醚。

【质量标准】

项目		指标
纯度/%	≥	99.5
色谱杂质峰高/cm	≤	0.3
含氧量/×10⁻⁶	≤	50
酸性		无

【用途】 聚三氟氯乙烯的单体，能制造氟塑料、氟橡胶及氟氯润滑油等重要产品。还可用作生产吸入麻醉剂的原料。用于以

氟取代甾体、碳水化合物中的羟基用作防腐剂。

【制法】 以1,1,2-三氟-1,2,2-三氯乙烷(氟利昂-113)为原料，在甲醇分散介质中，和锌粉反应脱氯，再经分馏提纯，得成品。若加压至1.17MPa进行反应，可提高反应温度，增加反应速度和收率，并减少甲醇的用量。

【安全性】 剧毒。大鼠经口LD_{50}为268mg/kg，24小时吸入LC 1000×10^{-6}。在空气中易氧化而分解成光气。对人体心血管、神经系统有明显影响，中毒症状为头痛、恶心、呕吐，重者则损害肾脏，并能出现黄疸。发现中毒症状，应及时治疗。操作现场严格保持良好的通风，操作人员应戴防护用具。空气中燃烧极限16%～34%(体积)。空气中最高容许浓度2×10^{-6}。储存于阴凉、通风仓间内。仓温不宜超过30℃。远离火种、热源。防止阳光直射。应与氧化剂、易燃、可燃物等分开存放。储存间内的照明、通风等设施应采用防爆型，开关设在仓外。用清洁、干燥的耐压不锈钢钢瓶盛装，需低温(－30～－20℃)贮运，长期贮存应加阻聚剂。按有毒危险化学品规定贮运。

【参考生产企业】 江苏康泰氟化工有限公司，青岛宏丰集团有限公司，常熟市三爱富中昊化工新材料有限公司。

Ca050 四氟乙烯

【英文名】 tetrafluoroethylene

【别名】 全氟乙烯；perfluoroethylene；tetrafluoroethene；TFE

【CAS登记号】 [116-14-3]

【结构式】 $CF_2{=}CF_2$

【物化性质】 无色无臭气体。有氧存在时，易形成不稳定易爆炸的过氧化物。沸点－76.3℃。熔点－142.5℃。相对密度($d_4^{-76.3}$) 1.519。燃点620℃。临界温度33.3℃。临界压力3.92MPa。溶于丙酮、乙醇。不溶于水。

【质量标准】

项目		指标
外观		无色无臭气体
纯度		聚合级
一氟乙烯	<	1
三氟乙烯	<	0.5
F-22		无
F-32	<	5

【用途】 制备聚四氟乙烯及其他氟塑料、氟橡胶和全氟丙烯的单体。可用作制造新型的热塑料、工程塑料、耐油耐低温橡胶、新型灭火剂和抑雾剂的原料。

【制法】 原料氟利昂-22(二氟一氯甲烷)经气化、预热，通入裂解炉，热裂解产生含四氟乙烯单体的裂化气，经水洗、碱洗、压缩、冷冻脱水、干燥、分馏等工序，最后精馏得成品。

【安全性】 有毒，刺激眼睛，引起呕吐。老鼠4h吸入LD_{50}为4000×10^{-6}。操作时应加强通风。操作人员应戴防护口罩。自燃极限为11%～60%(体积)，引燃温度只有180℃。需在加有阻聚剂的钢瓶或受压容器中低温贮存，不能长途运输。

【参考生产企业】 江苏常熟市三爱富中昊化工新材料有限公司，上海三爱富新材料股份公司。

Ca051 3-氯丙烯

【英文名】 allyl chloride

【别名】 烯丙基氯；3-chloropropylene；chlorallylene；3-chloro-1-propene

【CAS登记号】 [107-05-1]

【结构式】 $CH_2{=}CHCH_2Cl$

【物化性质】 无色易燃有毒液体，有腐蚀性和刺激性气味。能发生氧化、加成、聚合、水解、氨化、氰化、酯化等反应。沸点45℃。凝固点－134.5℃。相对密度0.9382。折射率(n_D^{25}) 1.4160。黏度(20℃) 0.336mPa·s。闪点(闭杯)

-31.7℃。比热容（30℃）1.633J/g·℃。蒸气压（20℃）39.396kPa。自燃点392℃。微溶于水，与乙醇、氯仿、乙醚和石油醚混溶。

【质量标准】 无色透明液体。含量≥95%。

【用途】 生产甘油、环氧氯丙烷、丙烯醇等的有机合成中间体，也是农药、医药的原料。还可用作合成树脂、涂料、胶黏剂、增塑剂、稳定剂、表面活性剂、润滑剂、土壤改良剂和香料的原料。

【制法】（1）高温氯化法。丙烯经预热后进行高温氯化，经冷凝得粗品，精馏得成品。

（2）氧氯化法。以丙烯、氯化氢和氧在碲催化剂存在下，进行气相反应制得。

（3）烯丙醇氯化法。此法适于小批量生产采用。

【安全性】 蒸气刺激性强，麻醉作用弱，强烈刺激眼、鼻和咽喉。对肝脏损害小，而对肺、肾的损害大。在卤代烃中，烯丙基氯是毒性大的物质。大鼠经口LD_{50}为0.7g/kg。大鼠吸入浓度为300×10^{-6}的蒸气，几小时内即可死亡。对豚鼠，浓度为10～100mg/L即强烈刺激黏膜，进而侵入肺部而致死。能经皮肤吸收，如果附着在衣服上必须立刻更换。操作人员应穿戴防护用具。工作场所空气中最高容许浓度1×10^{-6}（3mg/m³）。可用铁桶、槽车装运。贮槽应密闭存放于阴凉、通风处。防火、防爆、防晒、防泄漏。铁路、公路均可运输。按易燃有毒物品规定贮运。

【参考生产企业】 湖南省岳阳市云溪区湘达化工厂，山东齐河银飞达化工有限公司。

Ca052 1,2,3-三氯丙烯

【英文名】 1,2,3-trichloropropylene

【CAS登记号】 [96-19-5]

【结构式】 $CH_2ClCCl{=}CHCl$

【物化性质】 无色或微黄色油状液体。沸点142℃。相对密度（d_{20}^{20}）1.414。折射率1.503。不溶于水，溶于乙醇、乙醚、苯、氯仿。

【质量标准】

项目	指标
外观	无色或微黄色油状液体
含量/%　≥	80(顺、反式之和)
相对密度(d_{20}^{20})	1.41～1.42

【用途】 主要用作农药除草剂燕麦畏、燕麦敌1号的中间体，也是制造特种塑料的原料。

【制法】 以1,2,3-三氯丙烷为原料，经一步脱氯化氢、氯化、二步脱氯化氢，再经分离制得。

$$CH_2ClCHClCH_2Cl+NaOH\xrightarrow[90℃]{乙醇}CH_2ClCCl{=}CH_2(A)+NaCl+H_2O$$

$$A+Cl_2\xrightarrow{12℃}CH_2ClCCl_2CH_2Cl(B)$$

$$B+NaOH\xrightarrow[90℃]{乙醇}本体+NaCl+H_2O$$

【安全性】 有毒，对人体的肺、胃有刺激作用，因产品中含少量氯丙酮，故具有催泪性。操作时应穿戴防护用具，附着在衣服上应立即更换。自用时以管道运输；外销可用铁桶包装。

【参考生产企业】 上海瀚鸿化工科技有限公司，百灵威科技有限公司。

Ca053 3-溴丙烯

【英文名】 3-bromopropene

【别名】 烯丙基溴

【CAS登记号】 [557-93-7]

【结构式】 $CH_2{=}CHCH_2Br$

【物化性质】 无色液体，具有令人不愉快的气味。沸点71℃。熔点-119.4℃。相对密度（20℃）1.398。折射率（25℃）1.465。不溶于水，溶于醇、醚、四氯化碳、氯仿。

【质量标准】

项目	指标
含量/% ≥	98
水分/% ≤	0.1
pH 值	6~7
不挥发物/$\times 10^{-6}$ ≤	50

【用途】 用于有机合成如合成染料、香料。医药工业上用于西可巴比妥的制造。农业上可用作土壤熏蒸剂。

【制法】 (1) 丙烯醇与溴化氢作用制得。

$$CH_2{=}CHCH_2OH + HBr \xrightarrow{H_2SO_4} CH_2{=}CHCH_2Br + H_2O$$

(2) 丙烯溴化法。

$$CH_2{=}CHCH_3 + Br_2 \longrightarrow CH_2{=}CHCH_2Br + HBr$$

【安全性】 有催泪性并能灼烧皮肤。误服或吸入蒸气会中毒。用250kg塑料桶或铁桶包装或玻璃瓶外木箱或钙塑箱加固内衬垫料。贮存于阴凉、通风的仓间内。远离热源、火种，避免阳光直射。与氧化剂隔离贮运。

【参考生产企业】 江苏宜兴芳桥兴达化工厂，宜兴芳桥东方化工厂，盐城市龙升化工有限公司，盐城海龙祥化工有限公司，湖南省岳阳市云溪区湘达化工厂。

Ca054 六氟丙烯

【英文名】 hexafluoropropylene

【别名】 全氟丙烯；perfluoropropylene

【CAS 登记号】 [116-15-4]

【结构式】 $CF_3CF{=}CF_2$

【物化性质】 无色无臭不可燃气体。沸点 −29.4℃。熔点 −156.2℃。相对密度 (d_4^{-40}) 1.565。在500℃以上分解为五氟丁烯及八氟丁烯。

【质量标准】

项目	指标
外观	无色无臭气体
色谱分析	1mV 色谱仪上除空气峰外都是单峰
含氧量/$\times 10^{-6}$ ≤	50

【用途】 合成氟橡胶 F20-41、F246 和氟塑料 F46 等含氟高分子材料的单体之一。还可用于全氟磺酸离子交换膜（用于食盐电解）、氟碳油和全氟环氧丙烷等的原料。

【制法】 四氟乙烯经稳压计进入高温裂解炉裂化，裂化气经除酸、干燥、压缩后送往精馏工段，再经粗馏、冷冻、脱气、精馏，得成品。

【安全性】 有毒气体，动物中毒解剖检验，可见肺脏充血、气管上皮细胞脱落、肝细胞浑浊肿胀、肾小管变性坏死等现象，老鼠暴露 4h LC_{50} 为 750×10^{-6}（体积）。对人体呼吸道、肺、肾和肝有影响。工作现场要求强制排风。操作人员应戴防毒口罩。发现中毒及时送医院救治。采用压力大于 1.568MPa 的钢瓶和耐压贮槽低温贮运，避免曝晒和撞击。按危险品规定贮运。

【参考生产企业】 浙江省三环化工有限公司，衢州市九州化工有限公司，浙江省巨化股份公司氟聚厂。

Ca055 2-氯-1,3-丁二烯

【英文名】 2-chloro-1,3-butadiene

【别名】 chloroprene

【CAS 登记号】 [126-99-8]

【结构式】 $CH_2{=}CClCH{=}CH_2$

【物化性质】 无色可燃液体，易挥发，有辛辣气味。能发生加成、聚合反应。沸点 59.4℃。熔点 (−130±2)℃。闪点（开杯）−20℃。相对密度 0.9583。折射率 1.4585。溶于乙醇，微溶于水。

【质量标准】

项目	指标
外观	无色透明液体
含量/% ≥	99.3
二氯丁烯/% ≤	0.3
乙醛/% ≤	0.1
二乙烯基乙炔	无
乙烯基乙炔/% ≤	0.01
酸度	中性

【用途】 制造氯丁橡胶的单体。

【制法】 (1) 电石乙炔法。由电石发生乙炔，然后乙炔二聚成乙烯基乙炔，经吸收、解吸、精馏后，与氯化氢加成，再经减压精馏得精品。

(2) 丁二烯法。以 1,3-丁二烯为原料，经氯化得 3,4-二氯-1-丁烯和 1,4-二氯-2-丁烯的混合物，在含有少量铜的 $CuCl_2$ 存在下，于 130～145℃进行蒸馏，即可将 1,4-异构物转化为 3,4-二氯-丁烯。再经脱氯化氢，即得产品。

【安全性】 刺激性极强，主要表现在对中枢神经系统及呼吸道等的损害。在浓度为 100×10^{-6}下中毒时能引起头痛、全身无力、嗜睡、记忆力减弱，也能引起肝、肾损害、血压下降、脱毛、秃发，并损害生殖细胞。因此，有 2-氯-1,3-丁二烯蒸气存在的工序不允许女工参加。2-氯-1,3-丁二烯蒸气除能被吸入外，也能经皮肤吸收。应特别强调远距离仪表控制操作，严防跑、冒、滴、漏。加强防护措施，强制排风。操作人员应穿戴防护用具。与空气形成爆炸性混合物，爆炸极限 2.5%～12%（体积）。空气中最高容许浓度 $90mg/m^3$。贮存于带夹套保温冷却设备中，或采用不含铜的钢瓶包装，并加入阻聚剂。低温贮存。按易燃有毒化学品规定贮运。

【参考生产企业】 中国蓝星（集团）有限公司，盐城水利化工有限公司。

Ca056 3-氯丙炔

【英文名】 propargyl chloride

【别名】 炔丙基氯；3-chloro-1-propyne

【CAS 登记号】 [624-65-7]

【结构式】 $HC{\equiv}CCH_2Cl$

【物化性质】 可燃性液体。沸点 57℃。熔点 −78℃。闪点 32.2～35℃。相对密度 1.0297。折射率 1.4320。几乎不溶于水、甘油，与苯、四氯化碳、乙醇、乙二醇、乙醚、乙酸乙酯混溶。

【质量标准】

项目	指标
沸点/℃	54～60
相对密度(d_4^{25})	1.0239
折射率(n_D^{20})	1.4329

【用途】 有机合成中间体，如用于制医药优降宁等，也可用于制取土壤熏蒸剂。

【制法】 由炔丙醇在吡啶存在下与三氯化磷作用制得。

$$CH{\equiv}CCH_2OH + PCl_3 \xrightarrow[\text{氯化}85\sim100℃]{\text{吡啶}} 3CH{\equiv}CCH_2Cl + H_3PO_3$$

【安全性】 催泪。刺激皮肤。毒性未见报道。操作时应穿戴好防护用品，避免直接接触，触及皮肤后，用大量水冲洗。工作场所应通风良好、设备应密闭。可用瓶装，贮存于阴暗处，防火、防热。按危险品规定贮运。

【参考生产企业】 武汉瑞阳化工有限公司，上海邦成化工有限公司。

Ca057 3-溴丙炔

【英文名】 propargyl bromide

【别名】 溴丙炔

【CAS 登记号】 [106-96-7]

【结构式】 $HC{\equiv}CCH_2Br$

【物化性质】 无色液体。沸点 88～90℃。闪点 10℃。相对密度（9℃）1.579。折射率 1.4922。溶于苯、乙醚、乙醇和氯仿。

【质量标准】

项目		指标
含量/%	≥	99
色度/APHA		20
水分/%	≤	0.1
pH 值		6～8
不挥发物/×10^{-6}	≤	50

【用途】 用于合成乙炔各种衍生物；医药工业上用于制造抗霉菌药氯丙炔碘。

【制法】 由丙炔醇与三溴化磷反应制得。

$$3CH\equiv CCH_2OH + PBr_3 \longrightarrow 3CH\equiv CCH_2Br + H_3PO_3$$

【安全性】 豚鼠经口 LD_{50} 为 0.029 mg/kg。误服、吸入有毒。蒸气刺激性很强，能对眼睛、鼻、皮肤造成危害。3-溴丙炔为强催泪剂。使用玻璃瓶外木箱或钙塑箱加固内衬垫料。储存于阴凉、干燥、通风的仓库内。远离热源，火源，避免阳光直射。与氧化剂和其他抵触物品隔离贮运。

【参考生产企业】 江苏宜兴芳桥东方化工厂，盐城市龙升化工有限公司，盐城科利达化工有限公司，盐城海龙祥化工有限公司。

Cb 芳香族卤代芳烃及其衍生物

Cb001 氟苯

【英文名】 fluorobenzene

【别名】 氟化苯

【CAS 登记号】 [462-06-6]

【结构式】 C_6H_5F

【物化性质】 无色液体，具有和苯相似的气味。沸点 85.2℃。闪点 −12.78℃。熔点 −41.2℃。相对密度 1.0225。折射率 1.4684。溶于醚，醇，不溶于水。

【质量标准】

项目	指标
沸程(95%)/℃	82.5～87
折射率(n_D^{20})	1.465～1.470

【用途】 主要用于制取抗精神病特效药物氟呱丁醇、达罗呱丁苯等，也用于杀虫剂，及用于塑料和树脂聚合物的鉴定。

【制法】 (1) 以苯胺为原料，经希曼反应制得。苯胺用 31% 盐酸成盐后，降温至 −8℃，加亚硝酸钠溶液进行重氮化。将重氮液降温至 −10℃，加入氟硼酸溶液，滤出氟硼酸重氮苯结晶，干燥后，热解、蒸馏得成品，总收率 53%。此法消耗大量硼酸，废气多，成本较高。

(2) 用干燥的亚硝酸钠与苯胺在无水氟化氢中作用，然后使重氮化合物溶液保持 40℃以下，收率 80%。此法优点是成本低，废气少。

(3) 三氟醋酐法。以三氟醋酐与环己烷为原料，经加成反应，然后与氟化氢反应生成 1,1-二氟环己烷和三氟醋酸；1,1-二氟环己烷再经脱氢、脱氟化氢，即得氟苯。

【安全性】 有毒，操作场所应通风良好，操作人员穿戴防护用具。空气中最高容许浓度为 2.5mg/m³。易燃。塑料桶外套铁桶包装，净重 20kg 或 200kg。贮存期一年，应密闭贮存于干燥，阴凉通风处，远离火种、热源，防止日光照射，应与氧化剂分开存放。按易燃品规定贮运。

【参考生产企业】 阜新恒辉化工有限公司，江苏省万源化工有限公司，东至德泰精细化工有限公司，中国鹰鹏化工有限公司，江苏三益化工有限公司，盘锦盘助化工助剂有限公司，龙口市龙海精细化工有限公司，沈阳大元化工厂，盐城氟源化工有限公司，江西德安氟化总厂，山东富通化学有限公司。

Cb002 氯苯

【英文名】 chlorobenzene

【别名】 一氯代苯；monochlorobenzene；benzene chloride

【CAS 登记号】 [108-90-7]

【结构式】 C_6H_5Cl

【物化性质】 无色透明，易挥发的液体，有杏仁味。易燃。沸点 132.2℃。闪点 28℃。凝固点 −45.6℃。自燃点 637.78℃。相对密度 (d_4^{25}) 1.1004、(d_4^{30}) 1.0995、(d_{25}^{20}) 1.1058。折射率 1.5248。可溶于大多数有机溶剂，不溶于水。空气中爆炸极限 1.83%～9.23% (体积)。

【质量标准】 GB2404—2006

项目		优等品	一等品	合格品
外观		无色或微带黄色的透明液体		
水分/%	≤	0.05	0.10	0.15
酸度(以 H_2SO_4 计)/%	≤	0.001	0.001	0.001
氯苯含量/%	≥	99.8	99.5	99.0
低沸物含量/%	≤	0.05	0.15	0.20
高沸物含量/%	≤	0.15	0.35	0.65

【用途】 氯苯是染料，医药，有机合成的中间体。用于制造苯酚，硝基氯苯，苯胺以及杀虫剂 DDT，还用于制取溶剂和橡胶助剂，涂料，快干墨水及干洗剂等。

【制法】 (1) 苯液相氯化法。苯与氯气在氯化铁催化下连续氯化得氯化液，经水洗，碱洗，中和，食盐干燥，进入初馏塔脱苯，脱焦油。粗氯代苯进入精馏塔，塔顶馏出一氯苯成品，塔釜物料再经过一个精馏塔分离出一氯苯。反应放出的氯化氢用水吸收，副产盐酸，多氯苯回收得对二氯苯和邻二氯苯。

(2) 苯气相氧氯化法。苯蒸气、空气、氯化氢气混合物温度 210℃，进入氯化反应器，在迪肯型催化剂 ($CuCl_2$、$FeCl_3$ 附在三氧化铝上) 存在下进行氯化。反应温度 300℃，单程转化率 10%～15%，氯化氢转化率 98%，生成物含多氯苯 6%。

【安全性】 具有中等毒性，大鼠经口 LD_{50} 为 2910mg/kg。对皮肤黏膜和上呼吸道有刺激作用。抑制中枢神经系统，具有麻醉作用。对肝脏，肾脏及造血系统有不良影响。慢性中毒引起头痛、头晕、精神不振、消化不良等症状。应加强现场通风排气。操作人员穿戴防护用具，避免与人体直接接触，如有接触即用大量水冲洗，严重者应诊治。工作场所最高容许浓度为 350mg/m^3。用槽车或铁桶包装。为液体易燃物，贮存在禁火区，与火源隔绝。防止阳光曝晒或在温度较高的地方贮存。

【参考生产企业】 天津渤海化工有限责任公司天津化工厂，中国石化集团南京化学工业有限公司化工厂，天津市塘沽恒利化工厂，江苏苏化集团有限公司，安徽八一化工股份有限公司，江都市天元化工有限公司，西陇化工有限公司，河南开普化工股份有限公司，江苏三益化工有限公司。

Cb003 溴苯

【英文名】 bromobenzene

【别名】 一溴代苯；monobromobenzene；phenyl bromide

【CAS 登记号】 [108-86-1]

【结构式】 C_6H_5Br

【物化性质】 无色油状液体。沸点 156℃。熔点 −31℃。闪点 51℃。相对密度 1.4952、(d_4^0) 1.5220、(d_4^{10}) 1.5083、(d_4^{15}) 1.5017、(d_4^{30}) 1.4815、(d_4^{71}) 1.426。折射率 1.5602、(n_D^{15}) 1.5625。不溶于水，溶于苯、醇、醚、氯苯等有机溶剂。

【质量标准】

项目		指标
含量/%	>	99.5
相对密度(d_4^{20})		1.494～1.496
沸程/℃		155～157
折射率(n_D^{20})		1.5592～1.5602
酸度(HBH)		0.0008
水分/%		0.05
不挥发物/%		0.05

【用途】 有机合成原料。医药中间体。

【制法】 由苯与溴作用制得。先将铁粉和苯加入反应器，在搅拌下慢慢加入溴素，于 70～80℃保温反应 1h，所得粗品用水及 5%氢氧化钠溶液洗涤，静置分层、蒸馏、干燥、过滤，再经分馏切取 155～157℃馏分制得成品。

【安全性】 对皮肤，黏膜的刺激比氯苯强，有麻醉性，能使中枢神经中毒。大鼠经口 LD_{50} 500mg/kg。参见氯苯。操作人员应穿戴防护用具。易燃，应贮于阴凉通风仓库内，远离热源，严禁明火，应与氧化剂分开存放，搬运时轻装轻卸，保持包装完整。按易燃物品规定贮运。

【参考生产企业】 盐城市龙升精细化工厂，沭阳县丰泰化学品有限公司，宜兴市佳凌达化工有限公司，启东市三利化工有限公司，盐城科利达化工有限公司，江苏大成医药化工有限公司，盐城市福友医药化工有限公司，阜宁胜达医药化工有限公司，三门峡奥科化工有限公司，盐城海龙祥化工有限公司，江苏丰华化学工业有限公司，无锡奥灵特清洗剂科技有限公司。

Cb004 2,4-二氯氟苯

【英文名】 2,4-dichlorofluorobezene

【CAS 登记号】 [1435-48-9]

【结构式】

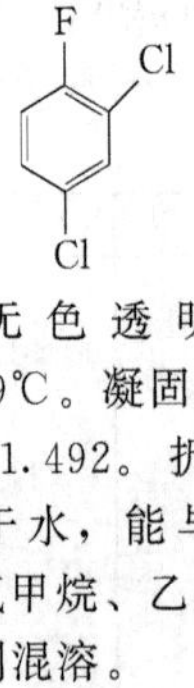

【物化性质】 无色透明液体。沸点(99.01kPa) 169℃。凝固点−23℃。相对密度（20℃）1.492。折射率（20℃）1.5242。不溶于水，能与苯、甲苯、丙酮、乙醇、二氯甲烷、乙酸乙酯、环已烷等多种有机溶剂混溶。

【质量标准】 YY/T 0241—1996 2,4-二氯氟苯

项目	一等品	合格品
含量(以 $C_6H_3FCl_2$ 计)/% ≥	99.5	99.0
2-氟-5-氯硝基苯/% ≤	0.4	
折射率(n_D^{20})	1.520～1.525	

【用途】 是新一代含氟喹酮类抗菌药环丙沙星、环丙氟哌酸等抗感染药物的中间体，也可用于农药的合成等。

【制法】

(1) 3-氯-4-氟苯胺重氮化法。该法工艺成熟，产品质量好，但价格较高，故只限于实验室合成用。

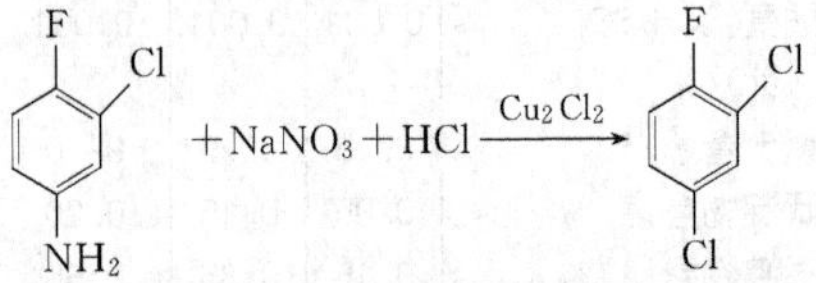

(2) 2,4-二硝基氟苯氯化法。该法是2,4-二氯氟苯的主要生产方法，其成本最低，经济效益最好。

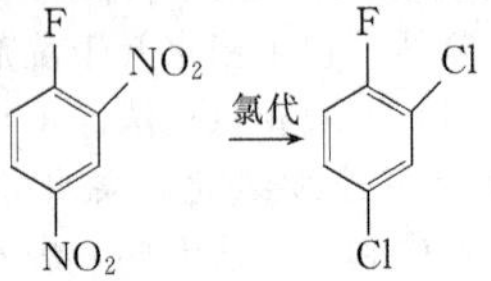

(3) 3-氯-4-氟硝基苯氯化法。该法 3-氯-4-氟硝基苯的转化率为 95%，生成 2,4-二氯氟苯的选择性为 90%。反应中若用硝酰氯替代氯气，选择性可提高到 94.3%。

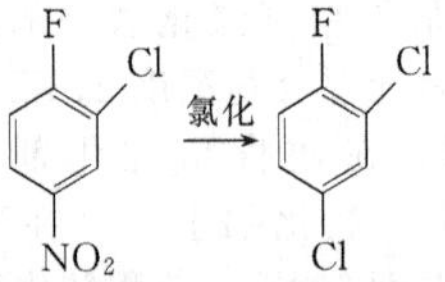

(4) 5-氯-2-氟硝基苯氯化法。该法产品收率为 74.5%。

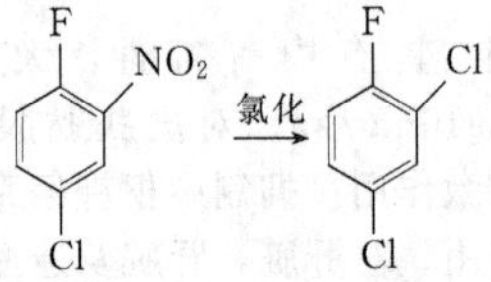

【安全性】 采用 250kg 铁桶包装。

【参考生产企业】 中国鹰鹏化工有限公司，盐城氟源化工有限公司，衢州瑞源化工有限公司，浙江三门解氏化学工业有限公司，阜新特种化学股份有限公司，江苏暨阳化工集团有限公司，浙江永太化学有

限公司。

Cb005 邻二氯苯

【英文名】 *o*-dichlorobenzene

【别名】 1，2-二氯苯；1，2-dichlorobenzene；orthodichlorobenzene

【CAS登记号】 [95-50-1]

【结构式】

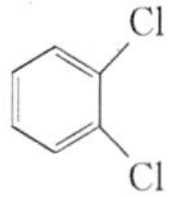

【物化性质】 无色流动液体，具芳香味，可燃。沸点180.5℃。熔点−15℃。自燃点647.78℃。闪点（闭杯）66℃。相对密度1.3059，（d_4^{25}）1.3003。折射率1.5515，（n_D^{25}）1.5491。不溶于水，能与乙醇、乙醚和苯混溶。

【质量标准】 HG/T3602—2010 邻二氯苯

项目	优等品	一等品	合格品
外观	无色或微黄色透明液体		
密度(20℃)/(g/cm³)	1.300～1.330		
邻二氯苯纯度/% ≥	99.00	95.00	90.00
低沸物含量/% ≤	0.10	0.20	0.50
间二氯苯含量/% ≤	0.20	0.50	1.00
对二氯苯含量/% ≤	0.50	3.50	6.00
高沸物含量/% ≤	0.20	2.00	15.00
水分/% ≤	0.03	0.03	0.05
酸度(以H_2SO_4计)/% ≤	0.001	0.001	0.001

【用途】 特殊用途溶液，除去发动机零件上的炭和铅；作为抗锈剂，脱脂剂，脱除金属表面涂层而不腐蚀金属；染料工业上用于制造还原蓝CLB和还原蓝CLG等；聚合物湿纺溶剂，降低纤维热收缩率；环氧树脂稀释剂，冷却剂，热交换介质；还用于制杀虫剂，医药长效磺胺等。也用作配漆溶剂。

【制法】 (1) 氯苯副产回收法。在生产一氯苯过程中，蒸馏出一氯苯成品后的塔釜物料，是生产二氯苯的原料。此物料经真空蒸馏蒸出混合二氯苯，再在结晶器中对二氯苯结晶后，母液即为以邻二氯苯为主的混合物。

(2) 以邻氯苯胺为原料，经重氮化，置换制得。将邻氯苯胺及盐酸加入反应锅中，于25℃以下混匀，冷却至0℃，滴入亚硝酸钠溶液，温度维持在0～5℃，得重氮盐溶液，加入Cu_2Cl_2的盐酸溶液中，充分搅拌，混匀，升温至60～70℃，反应1h，冷却，静置分层，油层用5%氢氧化钠和水反复洗涤，以无水氯化钙脱水，分馏收集沸程177～183℃馏分，即得成品。

【安全性】 大鼠经口LD_{50}为500mg/kg。具有高的刺激性，吞咽和吸入有中等毒性。工作场所应通风良好，设备密闭，操作人员应穿戴防护用具。空气中最高容许浓度为50×10^{-6}。用铁桶包装，每桶200kg。贮运时防震，防晒，防火，防潮，注意安全。按有毒物品规定贮运。

【参考生产企业】 中国石化集团南京化学工业有限公司化工厂，江都市天元化工有限公司，江都市海辰化工有限公司，江都市利达化工有限公司，天津市塘沽恒利化工厂，浙江日出精细化工有限公司，江苏扬农化工集团有限公司，山东大成化工集团成加成国际贸易有限公司。

Cb006 对二氯苯

【英文名】 *p*-dichlorobenzene

【别名】 1,4-二氯苯；paracide；PDB

【CAS登记号】 [106-46-7]

【结构式】

【物化性质】 白色结晶，易升华，有刺激性气味，可燃。沸点174℃。熔点53℃。闪点（闭杯）67℃。相对密度（$d_4^{20.5}$）

1.4581。折射率（n_D^{25}）1.5434、（n_D^{60}）1.5285。不溶于水，可溶于乙醇、乙醚、苯等多种有机溶剂。

【质量标准】 对二氯苯

项目		指标
外观		白色针晶，其熔铸体略带黄色
熔点/℃	≥	50.5
苯不溶物/%	≤	0.05

【用途】 有机合成原料，用于合成染料（大红色基 GG）及农药中间体，用作熏蒸杀虫剂，织物防蛀剂，空气脱臭剂，65%～70%用于制造卫生球，少量用于特压润滑剂，腐蚀抑制剂。

【制法】 （1）苯定向氯化。将苯置于氯化反应器中，加苯重量的 0.1%～0.6%的硫化锑，通入氯气，控制氯化温度在 20℃左右，氯化 30～45min，加入苯磺酸定向催化剂，然后再通入氯气，当二氯苯晶体析出时，将反应液加外观无色透明液体热到 50～60℃，再缓速通氯气直到反应液增重理论量的 95%左右为止，收率 70%～75%。

（2）由氯苯生产过程中回收。将氯苯精馏塔底物，经真空蒸馏蒸出混合二氯苯，在结晶器中进行结晶制得较纯的对二氯苯。

【安全性】 雄性大鼠经口 LD_{50} 为 3863 mg/kg；雌性大鼠经口 LD_{50} 为 3790 mg/kg。具有中等毒性，刺激眼睛和黏膜。空气中最高容许浓度为 75×10^{-6}。工作人员穿戴防护用具。用铁桶包装。贮运时防震、防晒、防火、防水。按有毒化学品规定贮运。

【参考生产企业】 中国石化集团南京化学工业有限公司化工厂，江都市天元化工有限公司，江都市海辰化工有限公司，天津市塘沽恒利化工厂，天津渤海化工集团公司，江都市利达化工有限公司，江苏扬农化工集团有限公司。

Cb007 间二氯苯

【英文名】 *m*-dichlorobenzene

【别名】 1,3-二氯苯；1,3-dichlorobenzene

【CAS 登记号】 [541-73-1]

【结构式】

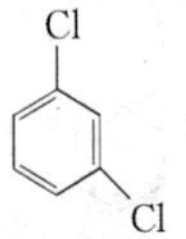

【物化性质】 无色液体。沸点 172℃。熔点−24℃。相对密度 1.2884、（d_4^{25}）1.2828。折射率 1.5459、（$n_D^{20.9}$）1.5457。溶于乙醇、乙醚，不溶于水。

【质量标准】 间二氯苯

项目		指标
外观		无色透明液体
含量/%	≥	99.5
异构体/%	≤	0.2
酸值/%	≤	0.001

【用途】 有机合成原料，是医药、农药、染料等工业的重要中间体。

【制法】 （1）间苯二胺与硫酸、亚硝酸钠经重氮化反应，制成重氮盐，再经氯化而成。

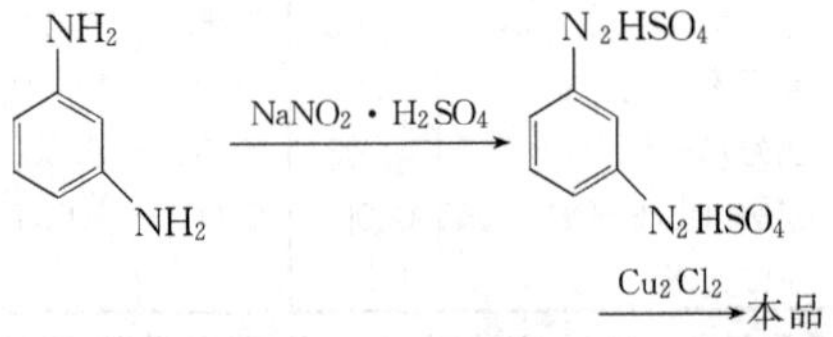

（2）间氯苯胺经重氮化、氯化而成。

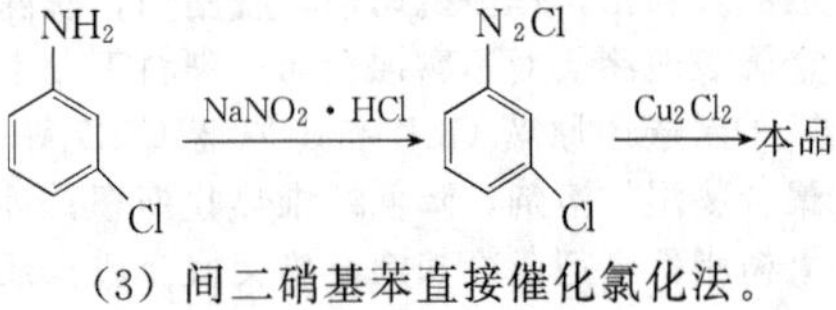

（3）间二硝基苯直接催化氯化法。

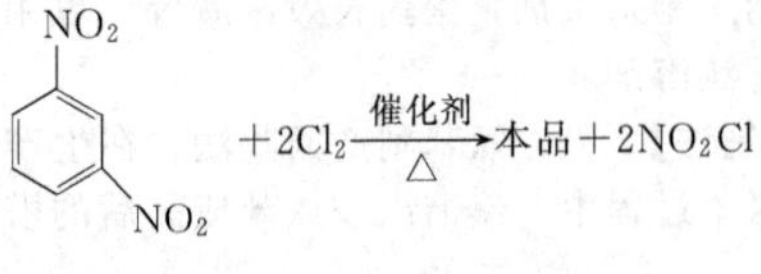

其中的副反应为：

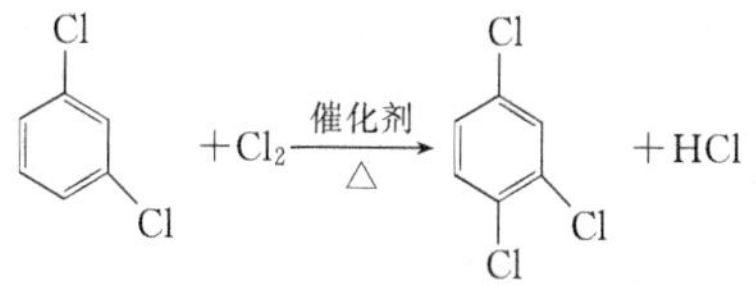

【安全性】 吸入后引起头痛、倦睡、不安和呼吸道黏膜刺激。对眼和皮肤有强烈刺激性。贮运时防震、防晒、防火、防潮，按有毒物品规定贮运。

【参考生产企业】 安徽立兴化工有限公司，江都市海辰化工有限公司，江苏常州市武进振华化工厂，盘锦盘助化工试剂有限公司。

Cb008 2,4-二氟溴苯

【英文名】 2,4-difluorobromobenzene

【CAS 登记号】 [348-57-2]

【结构式】

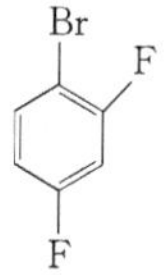

【物化性质】 无色透明液体。熔点－4℃。沸点 145～146℃。相对密度 1.708。折射率 1.505。可与苯混溶。

【质量标准】 含量≥98%。

【用途】 用于合成广谱低毒深部抗真菌药物氟康唑等。

【制法】 由间二氟苯溴化而得。将间二氟苯与四氯化碳及铁粉混合，搅拌加热至45℃左右，慢慢滴加由溴与四氯化碳组成的溶液，滴完后继续搅拌 30min，至无白烟产生为止。冷却，加入 20%亚硫酸氢钠溶液，搅拌至无色。分出有机层，用10%氢氧化钠液洗涤，水洗至中性。用无水硫酸钠干燥过夜。进行常压蒸馏，收集144～148℃馏分，得到本品，收率 83%。

【安全性】 用 50kg 铁塑桶包装。

【参考生产企业】 江苏常州市武进振华化工厂（原江苏武进振华化工厂），扬中市德立医药化工有限公司，浙江永太化学有限公司，阜新金特莱氟化学有限责任公司，金坛市金冠化工有限公司，盐城氟源化工有限公司。

Cb009 三氯苯

【英文名】 trichlorobenzene

【CAS 登记号】

1,2,3-三氯苯，CAS [87-61-6]

1,2,4-三氯苯，CAS [120-82-1]

1,3,5-三氯苯，CAS [108-70-3]

【结构式】

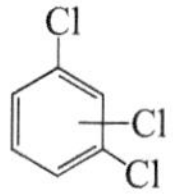

【物化性质】 有 1,2,4-三氯苯、1,3,5-三氯苯及 1,2,3-三氯苯三种异构体。市售产品为大量的 1,2,4-三氯苯及少量的 1,2,3-和 1,3,5-三氯苯等的混合物。馏程范围 208～218℃。相对密度 1.46。折射率 1.572。比热容 0.84J/g。蒸发潜热 243.5 J/g。可燃。可与绝大多数有机溶剂及油类互溶，不溶于水。三种异构体的物性指标见下表。

项目	1,2,4-三氯苯	1,2,3-三氯苯	1,3,5-三氯苯
外观及溶解性	无色菱形结晶，不溶于水，微溶于乙醇，易溶乙醚	板状结晶（酒精中），不溶于水，微溶乙醇，易溶于乙醚	长针状结晶不溶于水，微溶乙醇，易溶于乙醚
熔点/℃	17.15	53.4	63.5
沸点/℃	213.5	218.0～219.0	208.5
相对密度	(d_4^{10})1.574 (d_4^{20})1.4542	—	—
折射率（液体）(n_D^{25})	1.5524	—	—

【质量标准】 淡黄色透明液体，凝固点≥12℃。

【用途】 可作为溶剂，用以制取农药、染料、变压器油、电解液、润滑油和传热介质。

【制法】 主要有热解和碱解两种生产方法，两种生产方法所得三氯苯均为1,2,4-三氯苯、1,3,5-三氯苯及1,2,3-三氯苯三种异构体的混合物，以1,2,4-三氯苯为主要组分。

(1) 热解法。干燥的六六六无毒体在热解釜中加热热解即得三氯苯，同时副产大量氯化氢。

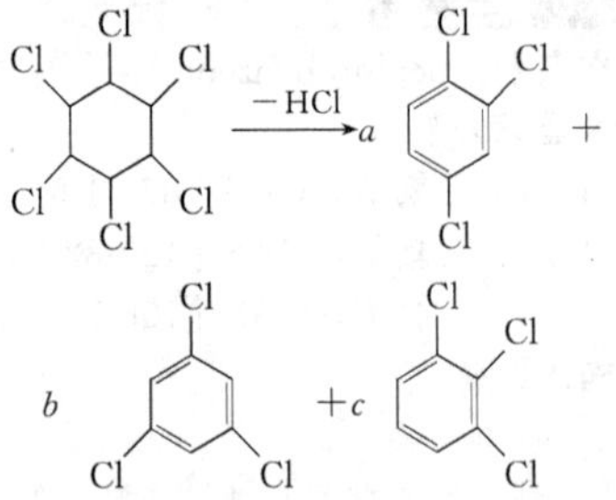

$(a+b+c=1)$

(2) 碱解法。六六六无毒体与石灰乳共热即得三氯苯，同时副产大量氯化钙液。

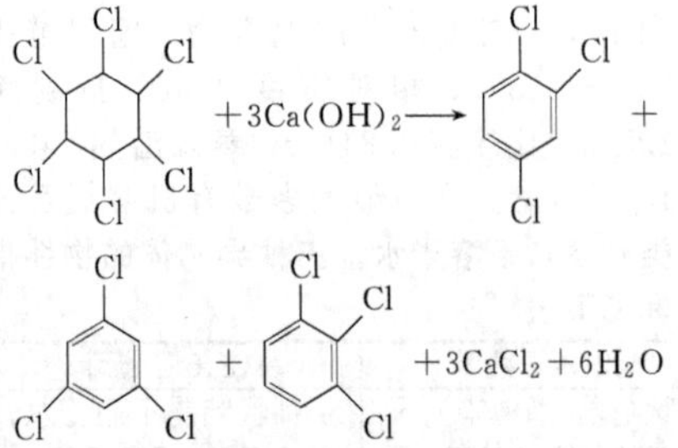

【安全性】 有毒，对皮肤有刺激作用，但挥发度小，具有麻醉性，对人能引起急性或慢性的精神障碍。大鼠经口1,2,4-三氯苯LD_{50}为756mg/kg。防治方法可参照氯苯。操作人员应穿戴防护用具。用铁桶包装，贮存于阴凉通风处。按有毒危险品规定运输。

【参考生产企业】 天津市金万达化工有限公司，沈阳化工股份有限公司，江都市海辰化工有限公司，江苏省万源化工有限公司。

Cb010 对氟甲苯

【英文名】 *p*-fluorotoluene

【别名】 对甲基氟苯

【CAS登记号】 [352-32-9]

【结构式】

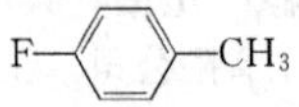

【物化性质】 无色透明液体。沸点(100.8kPa) 115.5℃。熔点−56℃。闪点40℃。相对密度(d^{16}) 1.001。折射率1.470。能与醇、醚以任意比例混溶。

【质量标准】 无色透明液体。含量99.7%。

【用途】 可用于染料、杀虫剂、医药的合成。

【制法】 由对氨基甲苯重氮化后再分解制得。

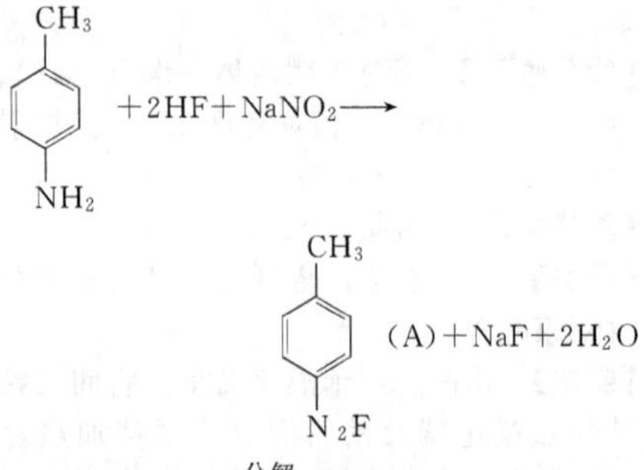

$$A \xrightarrow{\text{分解}} \text{本品} + N_2$$

【安全性】 吸入、口服或经皮肤吸收后对身体有害。其蒸气或雾对眼睛、皮肤、黏膜和呼吸道有刺激性。空气中浓度超标时，佩戴防毒面具，戴化学安全防护眼镜。螺纹口玻璃瓶、铁盖压口玻璃瓶、塑料瓶或金属桶（罐）外木板箱。贮存在通风、阴凉处。

【参考生产企业】 江苏省万源化工有限公司，盐城氟源化工有限公司（原江苏射阳县氟都化工有限公司)，阜新恒辉化工有限公司，南阳市威特化工有限责任公司，盘锦盘助化工助剂有限公司，东至德泰精细化工有限公司，沈阳大元化工厂，阜新特种化学股份有限公司，辽宁天合精细化工股份有限公司。

Cb011 间氟甲苯

【英文名】 *m*-fluorotoluene

【别名】 间甲基氟苯；3-氟甲苯

【CAS 登记号】 [352-70-5]

【结构式】

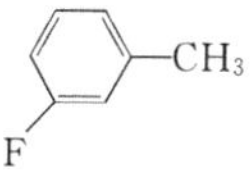

【物化性质】 无色液体。沸点 116℃。熔点 −111℃。闪点 9.0℃。相对密度 (d^{13}) 0.997。折射率 1.4691。不溶于水，能与醇、醚混溶。

【质量标准】 无色透明液体。含量 99.5%。

【用途】 用于有机合成，经氯化、氧化制得 2,4-二氯-5-氟苯甲酸，可用作制取医药中间体。

【制法】 以间硝基甲苯为原料，经还原制得间氨基甲苯，再经重氮化，热解制得。

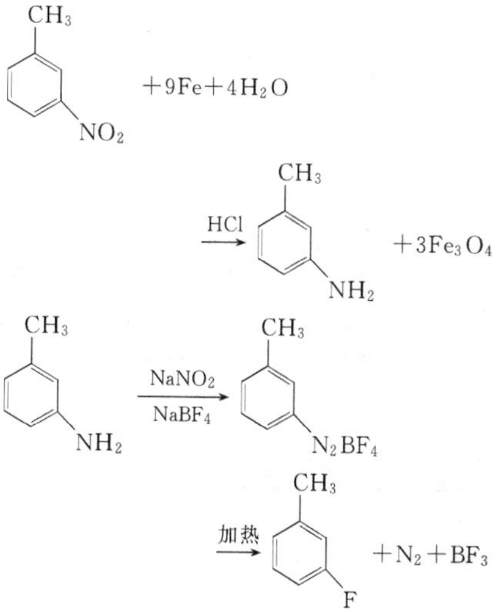

【安全性】 受高热释出有毒气体，毒性极低，每天经口给予 1mL/kg，连续 25 天，在病理学上没有发现变化。用镀锌铁桶装，每桶净重 200kg，贮存在通风、阴凉处。

【参考生产企业】 阜新恒辉化工有限公司，南阳市威特化工有限责任公司，天津市兴隆化工有限公司，盘锦盘助化工助剂有限公司，沈阳大元化工厂，丹阳市万隆化工有限公司，阜新特种化学股份有限公司，辽宁天合精细化工股份有限公司，江苏省万元外化工有限公司。

Cb012 对氯甲苯

【英文名】 *p*-chlorotoluene

【别名】 4-氯-1-甲基苯；1-chloro-4-methylbenzene

【CAS 登记号】 [106-43-4]

【结构式】

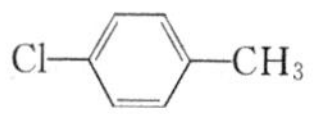

【物化性质】 无色油状液体。可进行水蒸气蒸馏。其甲基可以氧化制得相应的醛和酸。沸点 162.4℃。熔点 7.5℃。燃点>500℃。相对密度 1.0697。折射率 1.5211。微溶于水。可溶乙醇、乙醚、丙酮、苯及氯仿。

【质量标准】 无色油状液体。沸程 158～163℃的馏出量 95%。

【用途】 有机合成原料。合成医药、农药和染料的中间体，用于合成乙胺嘧啶、芬那露，也可用作溶剂。

【制法】 (1) 由对氨基甲苯重氮化，氯化制得。

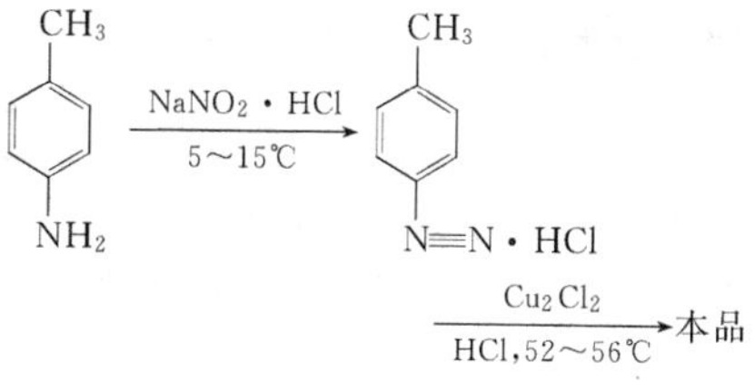

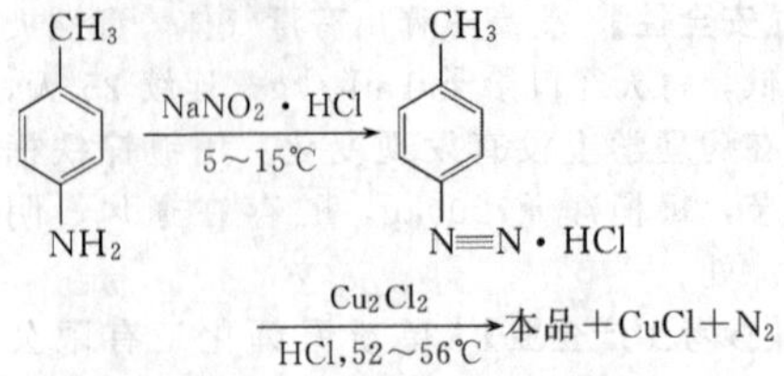

(2) 由甲苯进行芳环氯化制得。

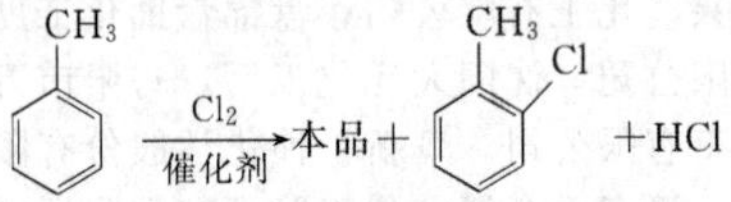

【安全性】 有毒，对呼吸道有损伤。对眼、鼻有刺激作用。防止直接接触，生产设备应密闭，加强工作场所通风，操作人员应穿戴防护用具。用塑料桶包装，每桶25kg。贮于通风干燥处。按有毒化学品规定贮运。

【参考生产企业】 江苏长三角精细化工有限公司，丹阳中超化工有限公司，溧阳市有机合成化工厂，南通市东昌化工有限公司，杭州萧山前进化工有限公司，江苏新业化工有限公司，浙江省东阳兴华化工有限公司，江苏宏兴化学有限公司，湖南株洲化工集团翔宇精细化工有限公司，常州化工厂。

Cb013 邻氯甲苯

【英文名】 *o*-chlorotoluene

【别名】 2-氯甲苯；1-chloro-2-methylbenzene

【CAS登记号】 [95-49-8]

【结构式】

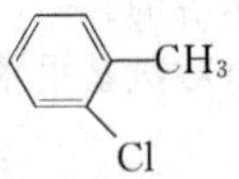

【物化性质】 无色液体。沸点 158.5℃。熔点 －35.45℃。闪点（开杯）52.2℃。燃点＞500℃。相对密度 1.0826。折射率 1.5258。微溶于水，易溶于醇、醚、苯、氯仿、丙酮、四氯化碳及庚烷，能随水蒸气挥发。

【质量标准】

项目	一级品	合格品
纯度/% ≥	96.0	94.0
水分/% ≤	0.10	0.20

【用途】 有机合成中间体，溶剂。

【制法】 由邻甲苯胺为原料，经重氮化再与氯化亚铜作用而得。先将盐酸加入邻甲苯胺中，加入亚硝酸钠溶液，在 0～5℃反应得重氮盐。再将氯化亚铜溶液加入对甲苯胺重氮盐中，混合温度不超过 25℃，搅拌后，放置过夜，蒸馏即得粗品，经洗涤、干燥、蒸馏，收集 157～160℃馏分即为成品。此外，甲苯经芳环氯化，分离也可制得。

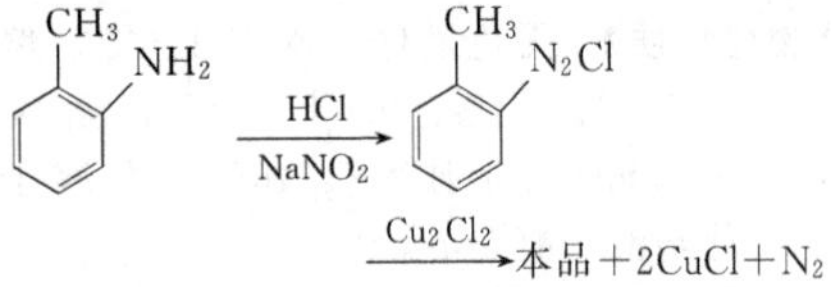

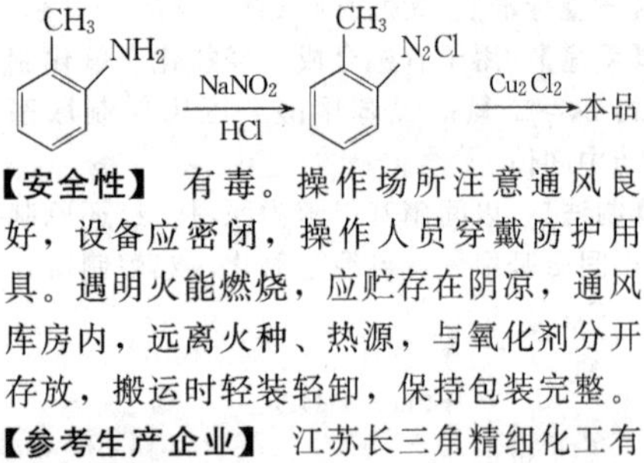

【安全性】 有毒。操作场所注意通风良好，设备应密闭，操作人员穿戴防护用具。遇明火能燃烧，应贮存在阴凉，通风库房内，远离火种、热源，与氧化剂分开存放，搬运时轻装轻卸，保持包装完整。

【参考生产企业】 江苏长三角精细化工有限公司，丹阳中超化工有限公司，溧阳市有机合成化工厂，南通市东昌化工有限公司，杭州萧山前进化工有限公司，江苏新业化工有限公司，浙江省东阳兴华化工有限公司，江苏宏兴化学有限公司，湖南株洲化工集团翔宇精细化工有限公司，常州化工厂。

Cb014 间氯甲苯

【英文名】 *m*-chlorotoluene

【别名】 3-氯甲苯；1-chloro-3-methylbenzene

【CAS登记号】［108-41-8］

【结构式】

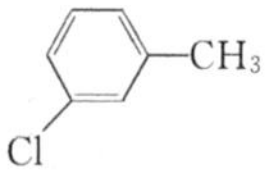

【物化性质】无色液体。沸点161.2℃。熔点−48℃。闪点50℃。燃点＞500℃。相对密度1.0722。折射率1.5214。蒸气压（43.2℃）1333.22Pa。不溶于水，易溶于苯、乙醇、乙醚和氯仿中。

【质量标准】

项目	指标
外观	中性,无色透明液体
含量/%	99.0
相对密度(d_4^{20})	1.07
凝固点/℃	−48

【用途】有机合成中间体，溶剂。

【制法】以间氨基甲苯为原料，经重氮化、氯代制得。将间甲苯胺加入水中，加入浓盐酸及亚硝酸钠水溶液进行重氮化反应，然后将重氮液加入氯化亚铜中，进行氯化反应，产物经蒸馏得到。

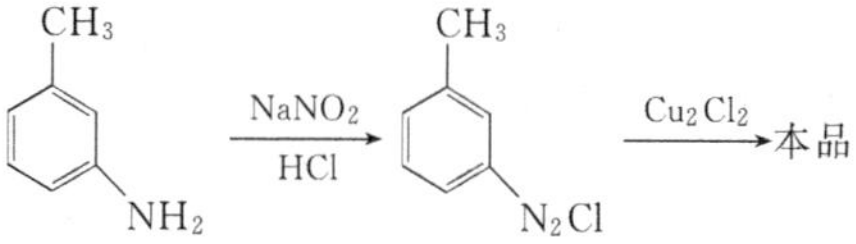

【安全性】有毒。操作场所注意通风良好，设备应密闭，操作人员穿戴防护用具。遇明火能燃烧，应贮存在阴凉，通风库房内，远离火种、热源，与氧化剂分开存放，搬运时轻装轻卸，保持包装完整。

【参考生产企业】金坛市聚源化工厂，吴江市阮氏化工有限公司，金坛市得利化工有限公司，金坛市爱德医药原料化工厂，金坛市万盛实业公司。

Cb015 邻溴甲苯

【英文名】*o*-bromotoluene

【别名】2-溴甲苯

【CAS登记号】［95-46-5］

【结构式】

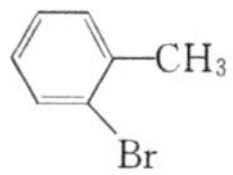

【物化性质】经氧化可生成邻溴苯甲酸。沸点181.7℃。熔点−27.8℃。闪点78℃。相对密度1.4232。折射率1.5565。不溶于水，能与醇、苯、四氯化碳混溶。

【质量标准】

项目		指标
沸程/℃		179～182
相对密度(d_4^{20})		1.420～1.424
折射率(n_D^{20})		1.5545～1.5565
不挥发物/%	≤	0.01
醇中溶解试验		合格
游离酸/%	≤	0.05

【用途】有机合成原料，医药工业用于制溴苄铵。

【制法】以邻甲苯胺为原料，经重氮化置换得到。先将氢溴酸抽入反应锅内，水下冷却至0～15℃时，加入邻甲苯胺，冷至0～5℃，滴加亚硝酸钠溶液，加毕搅拌15min，至反应达终点，后加铜粉，升温至25～30℃，控温不超过50℃。反应完毕，在100℃用蒸汽蒸出油状物，分别用3%碱液、浓硫酸、水洗涤，得精制邻溴甲苯。

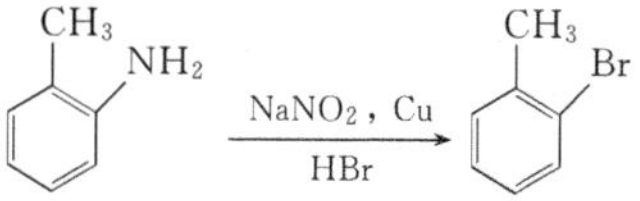

【安全性】小鼠经口LD_{50}为1864mg/kg。防护参见溴苯。按铁路危规编号84119贮运。

【参考生产企业】上海明太化工发展有限责任公司，常州市武进临川化工有限公司，无锡市郊区南方化学助剂厂，龙口市龙海精细化工有限公司。

Cb016 2,4-二氯甲苯

【英文名】2,4-dichlorotoluene

【CAS登记号】［95-73-8］

【结构式】

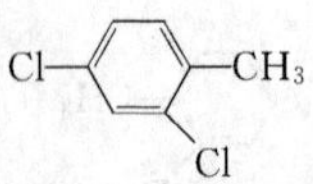

【物化性质】 无色透明液体，经氧化可生成2,4-二氯苯甲酸。沸点201℃。熔点−13.5℃。相对密度（d_{20}^{20}）1.250。折射率1.5511、（n_D^{22}）1.5480。不溶于水，溶于酮、丙酮。

【质量标准】

项目	指标
外观	中性，无色澄清液体
含量/%	99.0
相对密度(d_4^{20})	1.25
凝固点/℃	−14

【用途】 有机合成原料，医药工业上用于制造抗疟药阿的平。用于农药中间体，制造2,4-二氯苄基氯，2,4-二氯苯甲酰氯，也用于制造2,4-二氯苯甲酸。

【制法】 (1) 2,4-二氯甲苯法。用2,4-二氨基甲苯为原料，经重氮化和氯化制得。先将盐酸和水投入反应锅内，加热到50℃，搅拌下溶入2,4-二氨基甲苯，再将盐酸和氯化亚铜投入锅内，将1%亚硝酸钠溶液均匀加入，温度维持在60℃左右，静置分层，下层粗品用水洗至中性，加碱至碱性，再水洗除去碱后，分出2,4-二氯甲苯粗品，进行水蒸气蒸馏得成品。

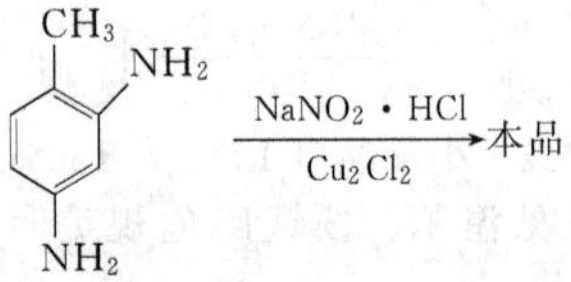

(2) 3-氯-4-甲苯胺法。经与亚硝酸钠进行重氮化反应，再与氯化铜进行桑德迈尔反应制得。

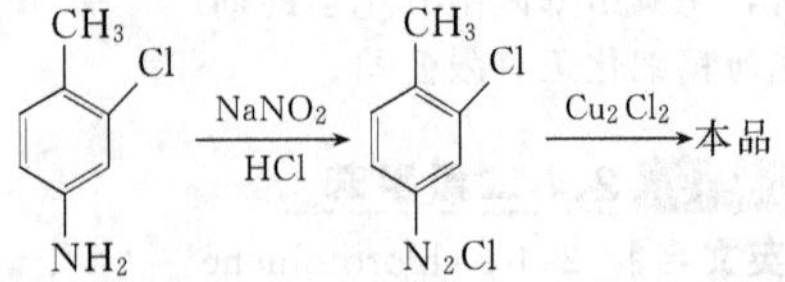

【安全性】 有毒。大鼠经口LD_{50}为4640 mg/kg。操作场所注意通风良好，设备密闭，操作人员应穿戴防护用具。遇明火燃烧，应贮于阴凉通风处，远离火源、热源，与氧化剂分开存放，与食品、饲料、种子分开存放，注意保持包装完整。按易燃物品规定贮运。

【参考生产企业】 中盐湖南省株洲化工集团有限公司，江苏省高邮市光明化工厂，高邮市康乐精细化工厂，江苏振方化工有限公司，浙江省东阳市兴华化工有限公司，湖南阿斯达生化科技有限公司，江苏宏兴化学有限公司，台州市金海医化有限公司，江苏新业化工有限公司。

Cb017 氯化苄

【英文名】 benzyl chloride

【别名】 苄基氯；α-氯甲苯；氯苯甲烷；(chloromethyl)benzene；α-chlorotoluene

【CAS登记号】 [100-44-7]

【结构式】

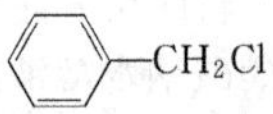

【物化性质】 无色透明液体，可燃，具有强烈刺激性气味。有催泪性。沸点179.4℃。熔点−48～−43℃。闪点（开杯）60℃。相对密度（d_{20}^{20}）1.1002。折射率1.5392、（n_D^{15}）1.5415。溶于乙醚、酒精、氯仿等有机溶剂，不溶于水，但能与水蒸气一同挥发。

【质量标准】 HG/T 2027—1991 工业氯化苄

项目		优等品	一等品	合格品
水分/%	≤	0.03	0.03	0.05
密度 ρ_{20}/(g/cm³)		1.099～1.105	1.099～1.105	1.097～1.107
酸度(以HCl计)/%	≤	0.03	0.03	0.05
不挥发物/%	≤	0.1	0.1	0.1
纯度/%	≥	98.5	97.5	95.0
杂质总量①/%	≤	1.4	2.4	4.9

① 此项包括甲苯、苯甲醛、邻（或间）氯甲苯、2,4-二氯甲苯和亚苄基二氯（二氯甲基苯）等色谱杂质。

【用途】 氯化苄主要用于增塑剂，合成香料，苄基青霉素，农药稻瘟净和三苯基甲烷染料等生产。

【制法】（1）甲苯连续光氯化法。将干燥不含铁质的甲苯加到无铁反应器中，在光照下进行高温氯化。然后分馏氯化产物，即得氯化苄，副产氯化氢用水吸收得盐酸，副产 α-二氯甲基苯可经水解作用制成苯甲醛。

（2）甲苯无光热氯化法。甲苯先静置 6h 以上以除去铁质，再经高位槽送入氯化锅中，以蒸气加热至沸腾后停止加热，通入氯气进行氯化，连续反应制得。氯化苄通过底部溢流管冷却后进入贮槽。

【安全性】 有毒，大鼠皮下注射 LD_{50} 为 1000mg/kg，吸入 LD_{50} 为 150×10^{-6}。对黏膜有强烈刺激作用，有催泪作用。高浓度时则有麻痹作用。与空气形成爆炸性混合物，爆炸极限 1.1%～14%（体积）。密闭生产，消除跑、冒、滴、漏现象。以水吸收尾气回收盐酸。操作人员应穿戴防护用具。空气中最高容许浓度为 $5mg/m^3$。用玻璃瓶，聚乙烯瓶或铁桶包装。贮存于阴凉避光处，运输中避免振动，曝晒，并远离火源。

【参考生产企业】 天津市武清县复兴福利化工厂，江苏双菱化工集团有限公司，聊城众旺化工原料有限公司，连云港泰乐化学工业有限公司，杭州长河农化有限公司，常州市迅达化工有限公司，石家庄市燕明化工有限公司，江苏东台市天祥化工有限公司，金坛市华强生物化工有限公司，南昌市兴赣科技实业有限公司。

Cb018 对氯氯苄

【英文名】 *p*-chlorobenzylchloride

【别名】 对氯苄基氯

【CAS 登记号】 [104-83-6]

【结构式】

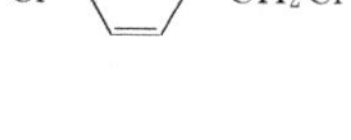

【物化性质】 针状结晶。沸点 222℃（214℃时分解）。熔点 29℃。闪点 97℃。可升华，溶于乙醚、醋酸、二硫化碳和苯，也易溶于冷乙醇。

【质量标准】 含量≥92%。

【用途】 用作有机合成原料。可用于制造对氯苯甲醇、对氯苯甲醛、对氯苯乙腈、对氯苯甲酸等。医药工业用于制乙胺嘧啶等，也用于染料工业。

【制法】（1）氯苄低温氯化法。氯化反应在硫黄和铁粉存在下进行。硫黄与铁粉比为 9∶1，反应温度 15～17℃，反应液相对密度增至 1.22 时，氯化结束，得粗品。粗品经减压蒸馏得成品收率（按氯苄计）80.8%，含量 94.4%。

（2）对氯甲苯高温氯化法。先将对氯甲苯投入反应器中，在 100℃开始缓慢通氯氯化，然后温度升至 115℃左右，将所得对氯氯苄粗品经水洗，减压蒸馏，收集 110～120℃（97.325kPa）馏分即可。

（3）氯苯法。

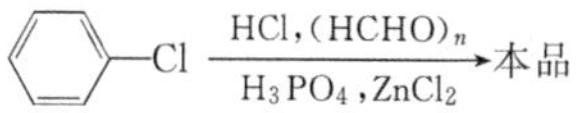

也可由对氯甲苯在偶氮二异丁腈的催化下经光照氯化制得。

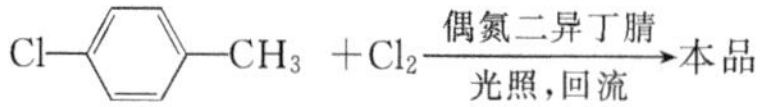

【安全性】 有毒。对眼，黏膜有刺激性，能催泪。操作时避免与人体直接接触，设备必须密闭。操作人员应穿戴防护用具。用塑料桶密闭包装。贮存于阴凉通风干燥处。按有毒物品规定贮运。

【参考生产企业】 常州市冠今化工有限公司，江苏振方化工有限公司，金坛市华强生物化工有限公司，江苏省常州市红旗化工有限公司，江苏宏兴化学有限公司，武汉市黄陂精细化工厂，溧阳市有机合成化工厂，高邮市康乐精细化工厂，太仓市医药助剂厂。

Cb019 邻氯氯苄

【英文名】 *o*-chlorobenzyl chloride

【别名】 邻氯苄基氯

【CAS 登记号】 [611-19-8]

【结构式】

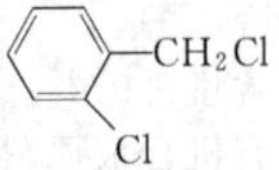

【物化性质】 无色液体。沸点 213～214℃。熔点 −17℃。相对密度（d_4^0）1.2699。折射率 1.5895。溶于苯、甲苯等有机溶剂。

【质量标准】 含量≥98%。

【用途】 有机合成原料，用于生产邻氯氰苄、邻氯苯甲醇以及合成染料等，在医药工业用于制兴奋药酶抑宁等。

【制法】 以邻甲苯胺为原料，将邻甲苯胺、盐酸、水混合，冷至 0～5℃，将亚硝酸钠滴入，进行重氮化反应。在迅速搅拌下，于 0℃倒入氯化亚铜，自然升温至 20～25℃，最后升至 60～65℃，保温 20min 后冷却，静置、分层、洗涤、蒸馏，得到邻氯甲苯。邻氯甲苯与三氯化磷混合，于 130～140℃通氯，得邻氯氯苄。

【安全性】 其蒸气有强烈刺激性和催泪性。车间应有良好的通风，设备应密闭，操作人员应穿戴防护用具。运输中作为腐蚀性液体处理。以玻璃瓶、镍桶和带有衬里的钢桶包装。也可用衬铅槽、镍槽或陶瓷槽包装。

【参考生产企业】 株洲诚业九通化工有限公司，金坛市华强生物化工有限公司，金坛市东风化工厂，江西麒麟化工有限公司，江苏东台市天祥化工有限公司，江苏宏兴化学有限公司，武汉市黄陂精细化工厂，高邮市康乐精细化工厂，张家口同邦化工有限公司。

Cb020 对叔丁基氯苄

【英文名】 *p*-tert-butylbenzylchloride

【别名】 对叔丁基苄基氯

【CAS 登记号】 [19692-45-6]

【结构式】

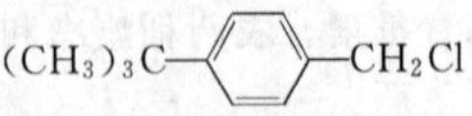

【物化性质】 无色透明液体。沸点（9.33kPa）101～105℃。闪点 94℃。相对密度 0.945。折射率 1.5218。

【质量标准】 含量≥98%；工业品含量≥94%。

【用途】 有机合成的重要中间体，主要用于医药、农药及香料方面。可用于抗过敏类药物安其敏、氯苯丁嗪的合成。

【制法】 （1）叔丁醇法。由叔丁基苯氯甲基化制得。先将叔丁基苯、盐酸、多聚甲醛、氯化锌冰醋酸投入反应釜中，于 65℃滴加三氯化磷，加毕在 65～70℃时保温，搅拌 7h，然后冷至 30℃，吸取上层苄氯粗品。用排气法除去氯化氢，最后用无水碳酸钠脱水过滤，或减压蒸馏收集 124～132℃（3.33kPa）馏分，即可。

（2）叔丁苯氯甲基化法。

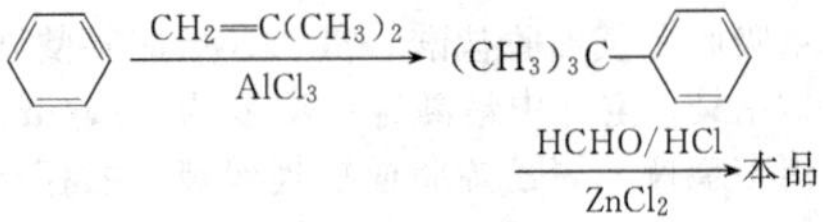

（3）对叔丁基甲苯氯化法。

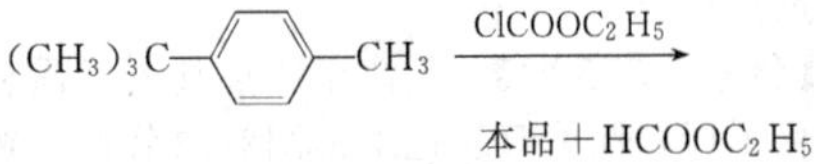

【安全性】 刺激皮肤、黏膜，催泪并有腐蚀作用。生产设备应密闭，操作中应穿戴防护用具。产品应贮于阴凉，通风良好处，密闭存放。

【参考生产企业】 镇江市前进化工厂，武进市阳湖化工厂，江苏宏兴化学有限公司。

Cb021 对氯氰苄

【英文名】 *p*-chlorobenzylcyanide

【别名】 对氯苄基氰；对氯苯乙腈

【CAS 登记号】 [140-53-4]

【结构式】

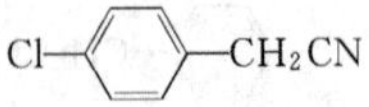

【物化性质】 无色至浅黄色固体。可燃。沸点 265～267℃。熔点 27℃。闪点 110℃。溶于丙酮及乙醇。

【质量标准】 微黄色液体。含量≥90%。

【用途】 生产药物乙胺嘧啶的中间体。

【制法】 对氯氯苄在乙醇中（或水中有新洁尔灭存在下）与氰化钠进行氰化反应即得成品。

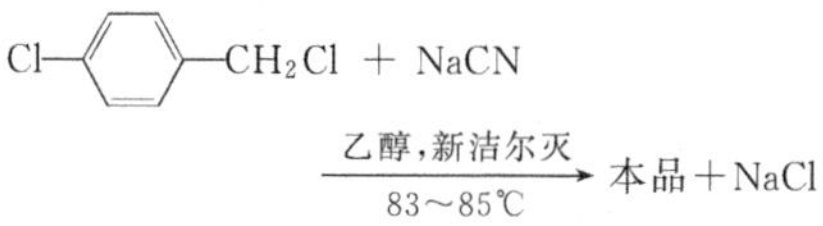

【安全性】 高毒。对皮肤及眼睛刺激性大，有催泪作用。车间应加强通风，设备应密闭，操作时穿戴好护目镜，防毒面具，手套等防护用具。溅及皮肤时，可用乙醇冲洗。用铁桶或塑料桶包装。按剧毒危险品规定贮运。

【参考生产企业】 金坛市东风化工厂，金坛市华强生物化工有限公司，丹阳市大泊化工厂，连云港润泽化学有限公司，溧阳市有机合成化工厂，盐城祥利化工有限公司，金坛市金冠化工厂。

Cb022 间甲基氯苄

【英文名】 *m*-xylylchloride

【别名】 间甲苄基氯；1-(chloromethyl) -3-methylbenzene；*α*-chloro-*m*-xylene；*m*-methylbenzyl chloride；*ω*-chloro-*m*-xylene

【CAS 登记号】 [620-19-9]

【结构式】

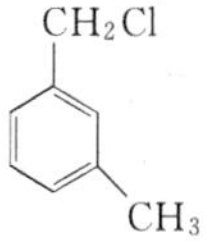

【物化性质】 液体。沸点 195～196℃。相对密度 1.064。折射率（n_D^{25}）1.5327。几乎不溶于水，与纯乙醇和醚能混合，可燃。

【质量标准】 含量≥99%。

【用途】 有机合成原料，强烈的催泪剂，医药工业用于合成敏克静尔。

【制法】 由间二甲苯、亚硫酰氯作用而得。

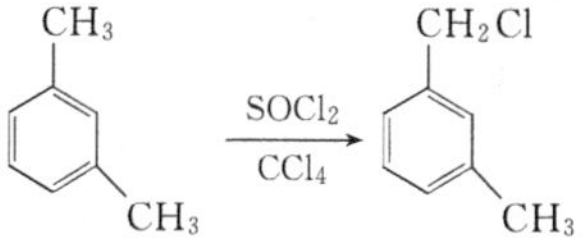

【安全性】 有高度毒性，严重刺激皮肤及眼睛，是强力催泪剂。车间应有良好通风，设备应密闭，操作中应穿防护服，戴防护手套。应贮于坚固容器内，保护容器不损坏，贮于阴凉，通风仓库内，防火，防爆，防晒。按有毒，易燃物品规定贮运。

【参考生产企业】 高邮市康乐精细化工厂，镇江市前进化工厂，沭阳县华泰化工厂。

Cb023 *ω*,*ω*,*ω*-三氟甲苯

【英文名】 *ω*,*ω*,*ω*-trifluorotoluene

【别名】 次苄基三氟；benzotrifluoride

【CAS 登记号】 [98-08-8]

【结构式】

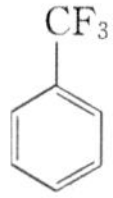

【物化性质】 无色液体，有芳香气味。熔点−29.1℃。沸点 102℃。闪点 12℃。相对密度（d_4^{14}）1.196、1.1884。折射率 1.4145。不溶于水，溶于乙醇、乙醚、丙酮、苯、四氯化碳等。

【质量标准】

项目	指标
外观	中性，无色澄清液体
沸程/℃	100～104
相对密度（d_{20}^4）	1.189～1.191
折射率（n_D^{20}）	1.414～1.416
不挥发物/%	0.05
酸碱度	合格

【用途】 用作染料及药物中间体。并用作硫化剂及绝缘油的制造。

【制法】 (1) 以ω,ω,ω-三氯甲苯与无水氟化氢作用而得。ω,ω,ω-三氟甲苯与无水氟化氢摩尔比为1∶3.88，反应温度80～104℃，压力1.67～1.77MPa，反应时间2～3h。收率72.1%。由于无水氟化氢便宜易得，设备易解决，不需特殊钢材，成本低，适合工业化。

(2) 以ω,ω,ω-三氟甲苯与三氟化锑作用而得。此法耗用锑化物，成本较高，一般只在实验室条件下采用比较方便。

【安全性】 有毒。影响中枢神经系统，空气中最高容许浓度（以氟计）为2.5mg/m³。操作场所应通风良好，操作人员戴橡胶手套，佩戴呼吸器，穿防护服，避免吸入蒸气。遇高热，明火燃烧，受热分解放出有毒氟化物气体。能与氧化剂发生强烈反应。应贮于阴凉通风仓库内，温度不超过30℃，远离火种，热源，防止阳光直射，并与氧化剂分仓存放，搬运时轻装轻卸，防止包装破损。属一级易燃液体，危规号61044。

【参考生产企业】 高邮市康乐精细化工厂，丹阳市大泊化工厂，浙江莹光化工有限公司，淮安永创化学有限公司，阜新恒辉化工有限公司，江苏丰华化学工业有限公司，江苏丰山集团有限公司，淮安平安化学有限公司，浙江省东阳市东农化工有限公司，南京希利康化工有限公司，天津市万泰精细化工厂，阜新特种化学股份有限公司，江苏宏兴化学有限公司。

Cb024 间二(三氟甲基)苯

【英文名】 *m*-ditrifluoromethylbenzene

【CAS登记号】 [402-31-3]

【结构式】

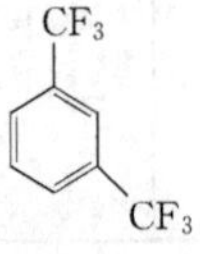

【物化性质】 无色透明液体。熔点−34.7℃。沸点115.8℃。相对密度1.394。闪点26.1℃。

【质量标准】 含量≥99%。

【用途】 用于合成苯酚类染料的中间体及氟树脂。照相和钟表行业用做溶剂。

【制法】 以间二甲苯为原料，经侧链氯化、氟化制得。

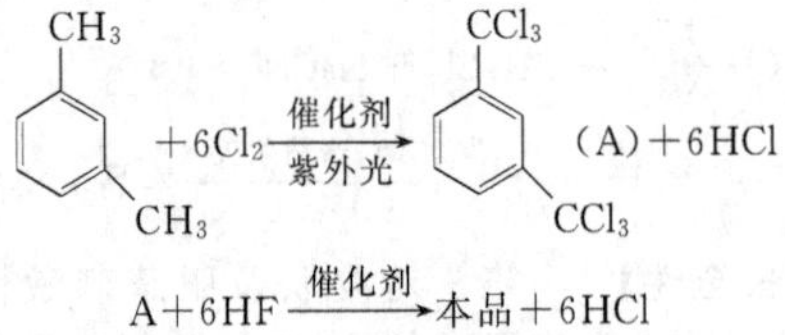

【安全性】 有毒。液体刺激皮肤，吸入过量蒸气可麻醉中枢神经，空气中最高允许浓度为2.5mg/m³。用铁桶或塑料桶，250kg/桶。

【参考生产企业】 金华市迪耳化学合成有限公司，江苏常州市武进振华化工厂（原江苏武进振华化工厂），江苏丰华化学工业有限公司（原盐城市丰华化工有限公司），高邮市康乐精细化工厂，东阳市东农化工有限公司，江苏丰山集团有限公司，淮安平安化学有限公司，沭阳县华泰化工厂。

Cb025 4,4′-二氟二苯甲烷

【英文名】 4,4′-difluorodiphenylmethane

【CAS登记号】 [457-68-1]

【结构式】

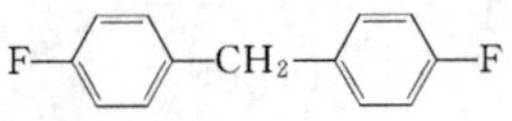

【物化性质】 白色结晶。沸点(133.3Pa)90℃。熔点29～30.5℃。不溶于水，溶于乙醇、乙醚。

【质量标准】 含量≥98%。

【用途】 主要用于合成脑血管新药新脑血益嗪。

【制法】 由4,4′-二氨基二苯基甲烷与氟硼酸进行重氮化反应，生成氟硼重氮盐，

再进行热分解制得。

【安全性】 有毒，经皮肤吸收，引起神经障碍和麻痹症。工作场所空气中最高允许浓度为 $1mg/m^3$。

【参考生产企业】 江苏省万源化工有限公司，北京恒业中远化工有限公司，江都市天元化工有限公司。

Cb026 α,α,α-三氯甲苯

【英文名】 benzotrichloride

【别名】 ω,ω,ω-三氯甲苯；三氯甲基苯；苯基氯仿；(trichloromethyl) benzene；α,α,α-trichlorotoluene；phenylchloroform；ω,ω,ω-trichlorotoluene；benzenyl trichloride；toluene trichloride

【CAS 登记号】 [98-07-7]

【结构式】

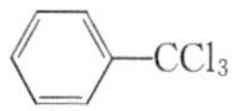

【物化性质】 无色或淡黄色液体，具特异的刺激臭。性质不稳定，在空气中发烟，遇光分解。潮湿时分解。与水或碱液即生成苯甲酸。沸点 219～223℃。熔点 −5.0℃。闪点 97℃。相对密度 1.3756。折射率 1.5580。不溶于水，溶于乙醇、乙醚、苯。

【质量标准】 无色透明，不浑浊，不冒烟。含量 90%。

【用途】 主要用作染料中间体及合成苯甲酸及苯甲酰氯的原料，还用作分析化学试剂。

【制法】 以甲苯为原料，加热至沸，在光照下或自由基引发剂作用下通入氯气进行氯化反应，至液体的沸点达 215℃时，反应完成，进行减压蒸馏，捕集沸点为 97～98℃的馏分，即得。

【安全性】 有毒，大鼠经口 LD_{50} 为 6 g/kg。操作人员穿戴防护用具。生产车间应有良好的通风，设备应密闭。内衬塑料袋，外用铁桶包装。包装上应有明显的"有毒品"字样。属有机有毒品。宜贮存于阴凉、干燥、通风的库房中，远离火种、热源，防止日光直射，不得与易燃品和食用化工原料一处堆放。搬运时轻装轻卸，防止包装破损。

【参考生产企业】 河北金谷油脂科技有限公司，淮安永创化学有限公司，浙江莹光化工有限公司，东阳市东农化工有限公司，淮安平安化学有限公司，沭阳县华泰化工厂，江苏丰山集团有限公司，海安县弘鑫化工厂，襄樊市金译成精细化工有限责任公司。

Cb027 邻氯三氟甲基苯

【英文名】 *o*-chlorotrifluoromethylbenzene

【别名】 邻氯苄川三氟

【CAS 登记号】 [88-16-4]

【结构式】

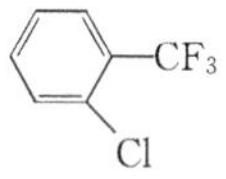

【物化性质】 有毒，无色透明液体。沸点 152.1℃。熔点 7.0℃。相对密度 1.373。折射率 1.4554。不溶于水，易溶于乙醇、乙醚。

【质量标准】 无色透明液体。含量 99.5%。

【用途】 用于医药、农药等精细有机化工产品的合成。

【制法】 按催化剂不同，有五氯化锑催化氟化法和三氯化磷催化氟化法两种氟化方法。两种方法都以邻氯甲苯为原料，经侧链光氯化，制得邻氯三氯甲基苯，再用氟化氢进行氟化即可。

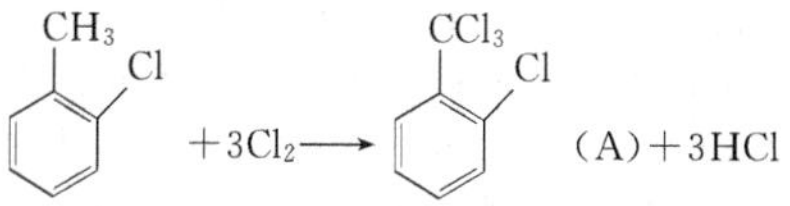

A+3HF ⟶ 本品+3HCl

【安全性】 有毒。遇明火、高热、氧化剂有引起燃烧危险，并散发出有毒气体。吸入会中毒，有刺激性。用镀锌铁桶包装，每桶净重200kg。贮存在通风、阴凉处。远离火种热源。与氧化剂、食用原料隔离贮运。

【参考生产企业】 天津市万泰精细化工厂，浙江巍华化工有限公司，淮安永创化学有限公司，辽宁天合精细化工股份有限公司，阜新特种化学股份有限公司，江苏省高邮市光明化工厂。

Cb028 间氯三氟甲基苯

【英文名】 *m*-chlorotrifluoromethylbenzene

【别名】 间氯苄川三氟

【CAS登记号】 [98-15-7]

【结构式】

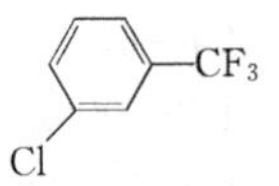

【物化性质】 无色透明液体，有刺激性。沸点137～138℃。熔点－56℃。闪点38℃。相对密度1.331。折射率1.4460(20℃)。溶于乙醇、乙醚等。

【质量标准】 无色透明液体。含量93%。

【用途】 主要用于染料的合成，如合成大红VD。也可用作溶剂。

【制法】 以间氯甲苯为原料，经氯化制得。

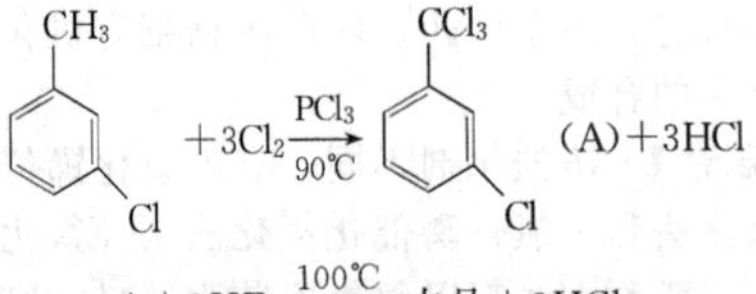

$$A+3HF \xrightarrow{100℃} 本品+3HCl$$

【安全性】 有毒。吸入会中毒，并有刺激性。蒸气能与空气形成爆炸性混合物。遇高热、明火、氧化剂引起燃烧危险。采用玻璃瓶外木箱内衬垫料或镀锌铁桶包装。储存于阴凉、通风的仓库内。远离火种、热源。与氧化剂、食用原料隔离贮运。轻装轻卸，防止包装受损。

【参考生产企业】 天津市万泰精细化工厂，江苏省高邮市光明化工厂，淮安永创化学有限公司，辽宁天合精细化工种化学股份有限公司，阜新特种化学股份有限公司。

Cb029 对氯三氟甲基苯

【英文名】 *p*-chlorotrifluoromethylbenzene

【别名】 对氯苄川三氟

【CAS登记号】 [98-56-6]

【结构式】

【物化性质】 无色油状液体。沸点139.3℃。熔点－34℃。闪点47℃。相对密度1.334(25℃)。折射率1.4469(21℃)。溶于苯、甲苯等有机溶剂。

【质量标准】

项目		指标
外观		白色结晶
含量/%	≥	99.5
熔点/℃		117.0～118.5
水分/%	≤	0.5

【用途】 用作氟乐灵、乙丁氟乐灵、氟酯肟草醚、氟磺胺草醚，以及羧氟醚除草剂等。还可用于合成医药及染料工业。

【制法】 有对氯三氯甲基苯液相氟化法和催化法。主要方法是采用对氯三氯甲基苯液相氟化法，即对氯三氯甲基苯在催化剂及加压或常压下，于低于100℃的温度下，用无水氟化氢进行氟化制得。

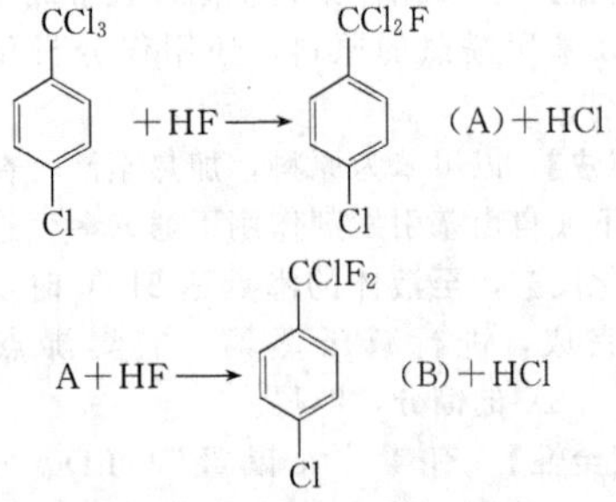

$$B+HF \longrightarrow 本品+HCl$$

【安全性】 有毒。吸入会中毒，并有刺激性。遇高温、明火、氧化剂有引起燃烧危险。本产品有刺激性，用镀锌铁桶装，每桶净重 200kg，贮存在通风防晒，防潮湿处。

【参考生产企业】 天津市万泰精细化工厂，淮安永创化学有限公司，辽宁天合精细化工股份有限公司，浙江巍华化工有限公司，阜新特种化学股份有限公司，江苏省高邮市光明化工厂。

Cb030 间溴三氟甲基苯

【英文名】 *m*-bromobenzoictrifluoride

【CAS 登记号】 [401-78-5]

【结构式】

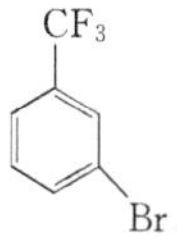

【物化性质】 无色透明液体。沸点 153.5℃。折射率 1.4347。相对密度 1.623。不溶于水，溶于乙醇、乙醚。

【质量标准】 含量≥99%；沸点 151～152℃。

【用途】 主要用于生产农药、医药，如合成减肥药物芬氟拉明等。

【制法】 (1) 三氟甲基苯直接溴化法。该方法收率为 80%。

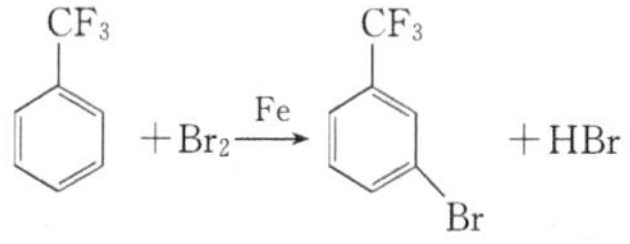

(2) 间氨基三氟甲基苯重氮化法。

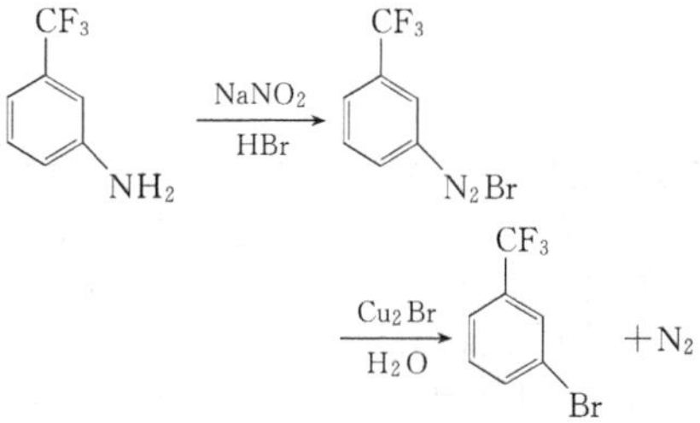

【安全性】 采用 250kg 内衬铁桶包装。

【参考生产企业】 阜新特种化学股份有限公司，辽宁天合精细化工厂，天津市万泰精细化工厂。

Cb031 2,4-二氯三氟甲基苯

【英文名】 2，4-dichlorotrifluoromethylbenzene

【CAS 登记号】 [320-60-5]

【结构式】

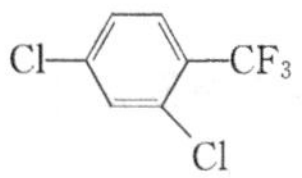

【物化性质】 无色液体。有毒，其蒸气对呼吸系统有刺激作用。沸点 117～118℃。闪点 72℃。相对密度 1.484。折射率 1.4802。不溶于水，能与乙醇、乙醚混溶。

【质量标准】 含量≥98%。

【用途】 在农药上可用作旱田除草剂敌乐胺的原料，该药应用于棉花、大豆和其他园艺作物，是一种高效、低毒旱田除草剂。另外，还用于医药及染料等的合成。

【制法】 (1) 对氯甲苯法。经氯化、侧链氯化、氟化制得。

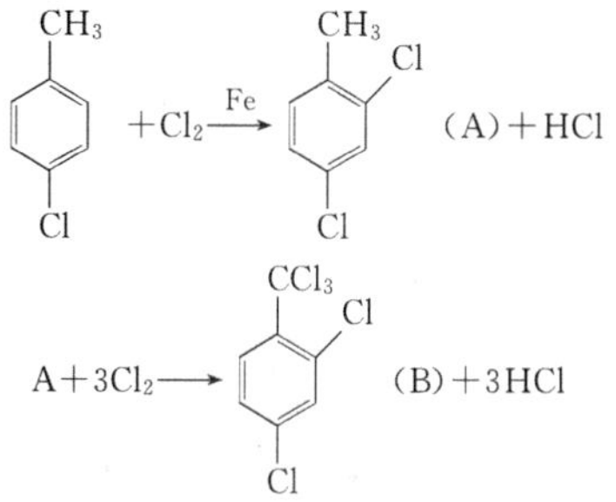

B+3HF⟶本品+3HCl

(2) 间二氯苯法。在四氯化碳存在下氟化制得。

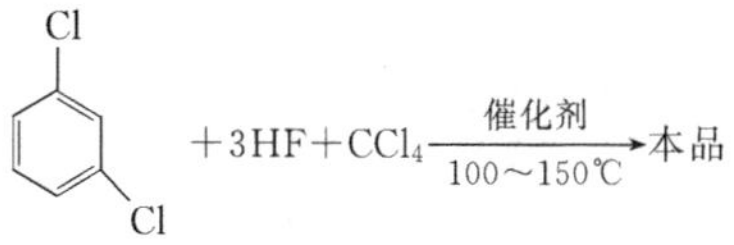

【安全性】 有毒，其蒸气对呼吸系统有刺激作用，其液体对皮肤的损伤能引起痒痛。空气中最大允许浓度为 5mg/m³。用塑料桶包装，250kg/桶。

【参考生产企业】 江苏省高邮市光明化工厂，浙江巍华化工有限公司，阜新特种化学股份有限公司，淮安永创化学有限公司。

Cb032 3,4-二氯三氟甲基苯

【英文名】 3,4-dichlorobenzoictrifluoride

【CAS登记号】 [328-84-7]

【结构式】

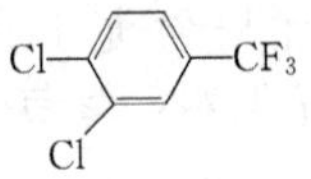

【物化性质】 无色透明液体，有卤代苯气味。有毒，其蒸气对呼吸系统有刺激作用。沸点 173～174℃。熔点 −11℃。相对密度 1.496。折射率 1.4736。不溶于水，能与乙醇、乙醚混溶。

【质量标准】 无色透明液体。含量≥99%（气相色谱）。

【用途】 用作合成二苯醚类含氟除草剂的中间体。用于合成乳氟禾草灵，氟黄胺草醚、乙羧氟草醚等。

【制法】 (1) 甲苯法。

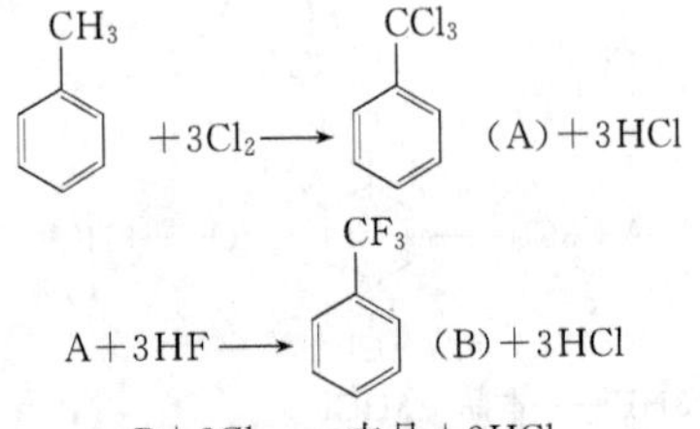

$$B + 2Cl_2 \longrightarrow 本品 + 2HCl$$

(2) 对氯甲苯法。

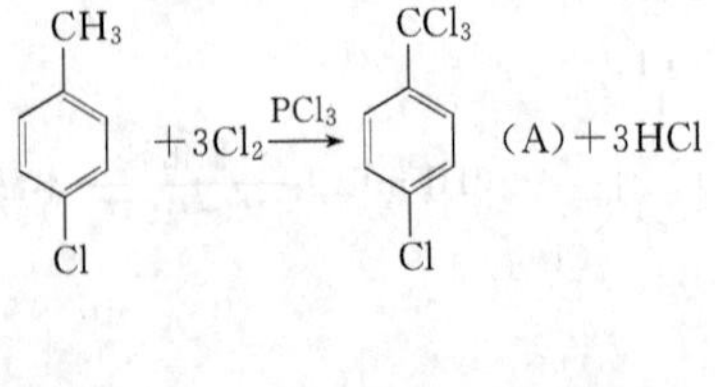

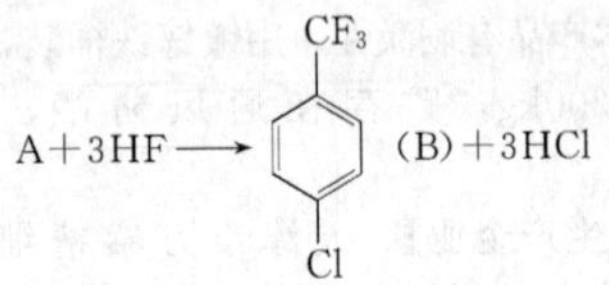

$$B + Cl_2 \xrightarrow{FeCl_3} 本品 + HCl$$

(3) 3,4-二氯三氯甲基苯氟化法。该方法产品收率 98.4%。

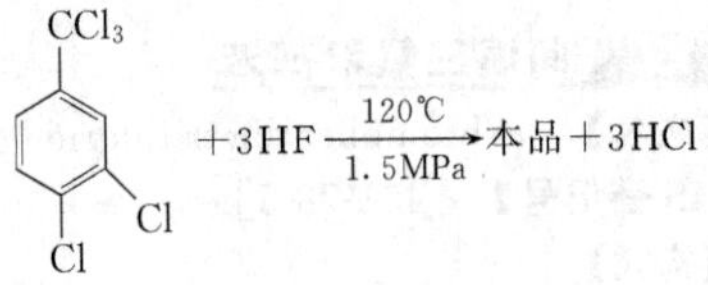

【安全性】 有毒，其蒸气对呼吸系统有刺激作用。其液体对皮肤的损伤能引起痒痛。空气中最大允许浓度为 5mg/m³。用镀锌铁桶装，每桶净重 200kg，贮存于通风、防晒、防潮湿处。

【参考生产企业】 浙江省东阳市康峰有机氟化工厂，淮安永创化学有限公司，浙江莹光化工有限公司，辽宁天合精细化工股份有限公司，阜新特种化学股份有限公司。

Cb033 邻氯-ω,ω,ω-三氯甲苯

【英文名】 *o*-chloro-*ω*,*ω*,*ω*-trichlorotoluene

【别名】 2-氯三氯甲基苯

【CAS登记号】 [2136-89-2]

【结构式】

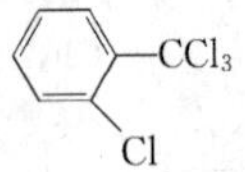

【物化性质】 深褐色油状物，在空气中吸潮，有刺激性气味。在空气中不稳定，吸潮成邻氯苯甲酸，三个氯活性强。能与其他基团缩合。沸点 264.3℃。熔点 30℃。相对密度 1.5187。折射率 1.5836。不溶于水，溶于醇、苯、醚及其他有机溶剂。

【质量标准】

项目	指标
外观	无色透明液体
含量/%≥	99
相对密度(d^{30})	1.508～1.512
折射率(n_D^{30})	1.5791

【用途】 有机合成原料。用作染料中间体。医药工业用于制造克霉唑等。

【制法】 (1) 邻氯甲苯法。以邻氯甲苯为原料，在三氯化磷存在下，通氯气制得。先将邻氯甲苯加入瓶中，再加 3% 的 PCl_3，于 90℃沸腾下开始通氯，并用光照，吸氯量增重为 85%～90%，温度最后到 210～220℃。约反应 16h。经排氯、排盐酸气后、减压蒸馏、收集 126～140℃ (2399.8Pa) 馏分为成品，收率 74%。

(2) 甲苯氯化法。将甲苯和四氯化钛冷却到 10℃左右开始通氯进行氯化，反应温度控制在 15～20℃。将反应液用水洗至 pH 为 6～7，用无水 $CaCl_2$ 干燥后，蒸馏即可得产品。

【安全性】 微粒突变试验 (鼠伤寒菌) 80μmol/(L·2h)。防护法参见二氯甲苯。用镀锌铁桶装，每桶净重 200kg。

【参考生产企业】 金坛市兰陵化工有限公司，金坛市华强生物化工有限公司，沭阳县华泰化工厂，淮安永创化学有限公司，江苏宏兴化学有限公司，浙江省东阳市东农化工有限公司。

Cb034 3,4-二甲基溴苯

【英文名】 3,4-dimethylbromobenzene

【CAS 登记号】 [583-71-1]

【结构式】

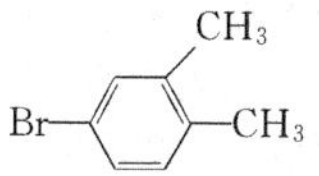

【物化性质】 无色液体。沸点 214.5℃。熔点 −0.2℃。闪点 80℃。相对密度 1.3708。折射率 1.5530。不溶于水，溶于醇、醚。

【质量标准】

项目	指标
沸程/℃	213～215.5
相对密度(d_4^{20})	1.363～1.369
折射率(n_D^{20})	1.556～1.558
灼烧残渣/%	0.05
酸度(以 HBr 计)	0.05

【用途】 作为可熔性聚酰亚胺树脂的中间体。

【制法】 由邻二甲苯溴化制得。于反应器中加入邻二甲苯，碘和铁粉，在冰盐水冷却下滴加溴素，控制加溴速度，保持反应液不超过 5℃，放出的溴化氢用氢氧化钠溶液吸收。滴加完溴后，在室温下放置过夜，用 5%稀氢氧化钠溶液在分液漏斗中洗至红色褪去，后用水洗，油层进行水蒸气蒸馏，得 3,4-二甲基溴苯。收率 75%。

【安全性】 有毒，受高热能放出有毒气体，严防直接接触和吸入蒸气。参见溴苯。遇明火能燃烧，应贮于阴凉通风仓库内，远离火种，热源，应与食用化工原料，氧化剂分开存放，搬运时轻装，轻卸，保持包装完整，防止渗漏。灭火采用雾状水、泡沫灭火剂及二氧化碳灭火剂等。

【参考生产企业】 常州华年化工有限公司，丹阳市金象化工厂，常州武进市康达化工有限公司，盐城科利达化工有限公司，广德金邦化工有限公司，阜宁胜达医药化工有限公司。

Cb035 氯乙氧基苯

【英文名】 2-chloroethoxy benzene

【别名】 苯氧氯乙烷

【CAS 登记号】 [622-86-6]

【结构式】

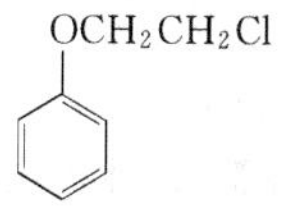

【物化性质】 固体，熔点 28℃。沸点 217～220℃、110～102℃（1.6kPa）。溶于醇、醚、苯。

【用途】 在医药上是灭虫宁的中间体。

【制法】 用苯酚和二氯乙烷反应制得。将苯酚、氢氧化钠溶液及水加入高压釜内，搅拌均匀成苯酚钠溶液，加入二氯乙烷，在 4h 内升温到 130℃，压力 0.75～0.88MPa，反应 3h。冷却到 45℃，加碱液洗涤，静置分层，加盐酸于水层回收多余苯酚。油层用水流至 pH 值为 7，蒸去二氯乙烷得粗品，再精馏即得氯乙氧基苯。

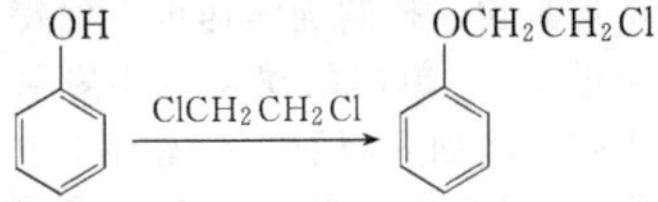

【参考生产企业】 河南开普化工股份有限公司，江苏苏化集团有限公司，天津市塘沽恒利化工厂。

Cb036 对氯二苯甲烷

【英文名】 4-氯二苯甲烷

【别名】 4-chlorodiphenylmethane

【CAS 登记号】 [831-81-2]

【结构式】

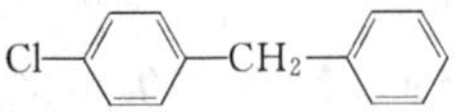

【物化性质】 无色液体。熔点 15～17℃。沸点 140℃（399.966Pa）。闪点 110℃。相对密度 1.140。折射率 1.5951。

【用途】 有机合成原料。经溴化制成的对氯二苯溴甲烷，是安其敏（抗过敏药）的原料。

【制法】 由对氯氯苄为原料，在氯化锌存在下，与苯进行反应制取。

【安全性】 参见对氯甲苯。生产设备应密闭。操作人员穿戴防护用具。采用塑料桶包装，贮存于阴凉、通风、干燥处。按有毒化学品规定贮运。

【参考生产企业】 江苏扬农化工集团有限公司，江都市利达化工有限公司。

Cb037 1-溴萘

【英文名】 1-bromonaphthalene

【别名】 α-溴萘；α-bromonaphthalene

【CAS 登记号】 [90-11-9]

【结构式】

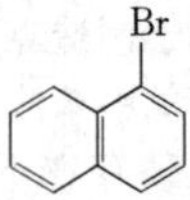

【物化性质】 室温下为油状液体，具有比萘更强的刺激气味。沸点 281℃、146～149℃（2.13kPa）。熔点 0.2～0.7℃ 及 6.2℃、闪点 110℃、相对密度 1.4834、(d_4^{25}) 1.4785、(d_4^{30}) 1.4732。折射率 1.6576、($n_D^{16.5}$) 1.66011。不溶于水，能与醇、醚、四氯化碳相混合。

【质量标准】

项目	指标
相对密度(d_4^{20})	1.482～1.492
折射率(n_D^{20})	1.657～1.659
溴化物(Br)含量/%	0.005
酸度(HBr)/%	0.005
水分/%	0.05

【用途】 有机合成原料，也是干燥物品的热载体。亦可用于折射率测定。

【制法】 由萘与溴作用制得。先将萘和四氯化碳加入反应器中，升温至 45℃，慢慢加入溴素，加完溴后，于 70～80℃ 保温，进行反应 3～4h，然后蒸馏回收四氯化碳，将反应物洗涤，减压蒸馏、洗涤、过滤，干燥得成品。

【安全性】 人体腹腔注入 LD_{50} 为 810 mg/kg。操作时应戴丁基橡胶手套，自给呼吸器，穿防护服及长筒防护靴。遇高热，明火能燃烧。应贮存于阴凉，通风仓库内，远离火种、热源，应与氧化剂，强酸分开存放，搬运时轻装，轻卸。保持包装完整。

【参考生产企业】 常州市武进临川化工有限公司，江苏华达化工集团有限公司，荣成市东立精细化工有限公司（阜新分公司），常州市武进鸣凰化学厂，石家庄天越精细化工有限公司，鞍钢实业化工公司。

Cb038 间氟硝基苯

【英文名】 *m*-nitrofluorobenzene

【别名】 间硝基氟苯

【CAS 登记号】 [402-67-5]

【结构式】

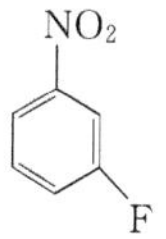

【物化性质】 沸点 205℃。熔点 44℃。密度（20℃）1327kg/m³。

【质量标准】 含量≥99.0%。

【用途】 可用于医药、农药、染料等精细化学品的合成。

【制法】 由间二硝基苯与氟化钾反应制得。

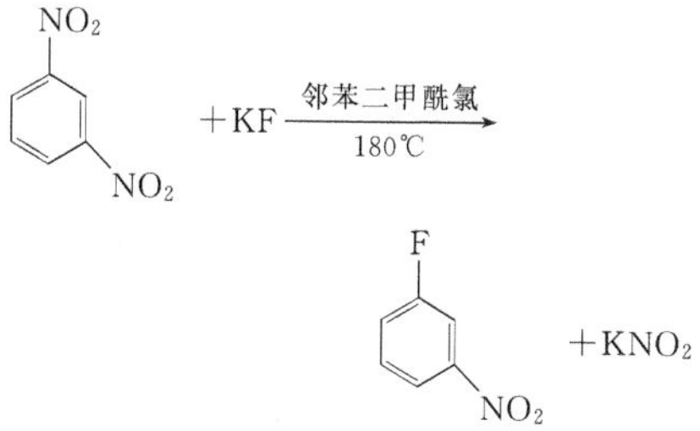

【安全性】 包装采用 200kg 衬塑铁桶。

【参考生产企业】 浙江永太化学有限公司，温州市龙基医药生物科技有限公司。

Cb039 1,2,3-三氟-4-硝基苯

【英文名】 1,2,3-trifluoro-4-nitrobenzene

【别名】 2,3,4-三氟硝基苯

【CAS 登记号】 [771-69-7]

【结构式】

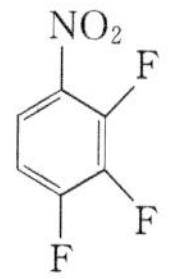

【物化性质】 淡黄色油状液体，具有刺激性。沸点（2.7kPa）92℃。闪点 93℃。相对密度 1.541。折射率 1.4920。

【质量标准】

项目	一级品	优级品	特级品
纯度/% ≥	99.0	99.5	99.8
水分% <	0.1		
闪点(2.7kPa)/℃	93		

【用途】 主要用于合成新一代氟喹诺酮类抗菌药氟嗪酸（氧氟沙星）。还可用于合成喹酮酸类抗菌药洛美沙星等。

【制法】 以 2,6-二氯苯胺为原料，经 Schiemann 反应、硝化和氟化制得。

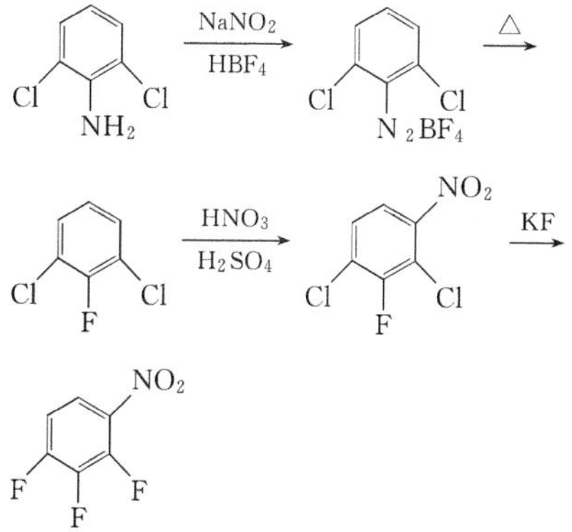

【安全性】 采用内衬塑料铁桶包装，50kg/桶。

【参考生产企业】 浙江富盛控股集团公司，浙江永太化学有限公司。

Cb040 3-氯-4-氟硝基苯

【英文名】 3-chloro-4-fluoronitrobenzene

【别名】 1-氯-2-氟-5-硝基苯

【CAS 登记号】 [350-30-1]

【结构式】

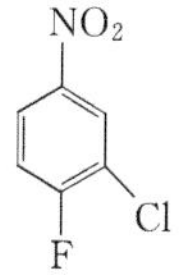

【物化性质】 白色结晶。熔点 44～47℃。沸点 227～237℃。闪点＞110℃。有刺激性。

【用途】 可用于制 3-氯-4-氟苯胺，是合成喹诺酸等药物的基本原料。

【制法】 以 3,4-二氯硝基苯为原料经对位氯原子的卤素交换制得。

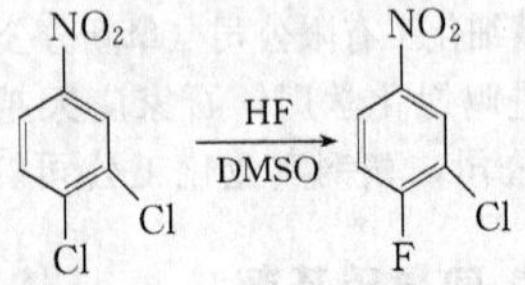

【参考生产企业】 上虞市临江化工有限公司，浙江富盛控股集团有限公司。

HANDBOOK OF
CHEMICAL PRODUCTS

D 醇、酚、醚及其衍生物

Da 脂肪族醇、醚及其衍生物

Da001 甲醇

【英文名】 methanol

【别名】 木醇；木精；methyl alcohol；wood alcohol；wood spirit

【CAS 登记号】 [67-56-1]

【结构式】 CH_3OH

【物化性质】 无色透明易燃易挥发的极性有毒液体。纯品略带乙醇气味，粗品刺鼻难闻。沸点 64.7℃。熔点 －97.8℃。闪点（开杯）16℃。自燃点 473℃。相对密度 0.7914。蒸气 1.11（空气＝1）。折射率 1.3287。表面张力（25℃）45.05mN/m。黏度（20℃）0.5945mPa·s。蒸气压（20℃）12.265kPa。能与水、乙醇、乙醚、苯、酮类和大多数其他有机溶剂混溶。

【质量标准】 GB 338—2011（工业级）甲醇

项目	优等品	一等品	合格品
色度(铂-钴色号，Hazen 单位) ≤	5	5	10
密度(ρ_{20})/(g/cm^3)	0.791～0.792	0.791～0.793	0.791～0.793
沸程①(0℃，101.3kPa)/℃ ≤	0.8	1.0	1.5
高锰酸钾试验/min ≥	50	30	20
水混溶性试验	通过试验(1+3)	通过试验(1+9)	—
水分/% ≤	0.10	0.15	0.20
酸(以 HCOOH 计)/% ≤	0.0015	0.0030	0.0050
或碱(以 NH_3 计)/% ≤	0.0002	0.0008	0.0015
羰基化合物(以 HCHO 计)/% ≤	0.002	0.005	0.010
蒸发残渣/% ≤	0.001	0.003	0.005
硫酸洗涤试验(铂-钴色号,Hazen 单位) ≤	50	50	—
乙醇/% ≤	供需双方协商	—	

① 包括 64.6℃ ±0.1℃。

【用途】 基本有机原料之一。主要用于制造甲醛、醋酸、氯甲烷、甲胺和硫酸二甲酯等多种有机产品，也是农药杀虫剂、杀螨剂以及磺胺类、合霉素等医药的原料。是合成对苯二甲酸二甲酯、甲基丙烯酸甲酯和丙烯酸甲酯的原料之一，还是重要的溶剂，亦可掺入汽油作替代燃料使用。20 世纪 80 年代以来，甲醇用于生产汽油辛烷值添加剂甲基叔丁基醚、甲醇汽油、甲醇燃料，以及甲醇蛋白等产品，大大促进了甲醇生产的发展和市场需要。

【制法】 主要是合成法，尚有少量从木材干馏作为副产回收。合成甲醇可以固体（如煤、焦炭)、液体（如原油、重油、轻油）或气体（如天然气及其他可燃性气体）为原料，经造气、净化（脱硫）变换，除去二氧化碳，配制成一定配比的合成气。在不同的催化剂存在下，选用不同的工艺条件，以高压法、低压和中压法单产甲醇，或与合成氨联产甲醇（联醇法）。将合成后的粗甲醇，经预精馏脱除甲醚，精馏制得成品甲醇。高压法为BASF最先实现工业合成的方法，但因其能耗大，加工复杂，材质要求苛刻，产品中副产物多，今后将由ICI低压和中压法及Lurgi低压和中压法取代。

【安全性】 甲醇有毒，具有显著的麻醉作用，对于视神经危害最为严重。饮入5～10mL/kg甲醇可致严重中毒，10mL/kg以上有失明危险，饮入30mL/kg可以致死。甲醇可经消化道、呼吸道及皮肤渗透侵入人体导致中毒。吸入浓的甲醇蒸气时，除了特有的酩酊、头痛症状以外，常使视力模糊而眼痛，这些症状有的在数小时之后即能发生。重症时，呈现眩晕、呼吸困难、胃痛、疝痛、便秘，有时还会有出血，需要数日才恢复。在这期间也能引起疲劳、不适，重症时能出现发绀。不论急性、慢性都需要较长时间才能恢复。其蒸气与空气形成爆炸性混合物，爆炸极限6.0%～36.5%（体积）。工作场所空气中甲醇蒸气最高容许浓度260mg/m³。用镀锌铁桶包装，每桶150kg。最大的贮槽容积2000m³，亦可用槽车装运。按易燃有毒化学品规定贮运。

【参考生产企业】 石家庄化肥集团有限责任公司，太原化学工业集团公司，哈尔滨气化厂，上海焦化有限公司，南京化学工业（集团）有限公司，浙江巨化集团公司，安徽淮化集团有限公司，德州华鲁恒升化工（集团）有限公司，河南省中原化工（集团）股份有限公司，湖南湘氮实业有限公司，陕西榆林天然气化工有限责任公司，兰州石化公司化肥厂，天津吉华化工有限公司，甘肃兰州蓝星化工有限公司，宁夏煤业有限公司。

Da002 乙醇

【英文名】 ethyl alcohol

【别名】 酒精；ethanol；absolute alcohol；anhydrous alcohol；dehydrated alcohol；ethyl hydrate；ethyl hydroxide

【CAS登记号】 [64-17-5]

【结构式】 CH_3CH_2OH

【物化性质】 无色透明、易燃易挥发液体。有酒的气味和刺激性辛辣味。沸点78.32℃（无水）；78.15℃（95%乙醇）。熔点−117.3℃（无水）。凝固点−114℃（95%乙醇）。闪点（闭杯）14℃（无水），12.8℃（95%乙醇）。自燃点793℃（95%）。相对密度0.7893（无水），（$d_4^{15.56}$）0.816（95%乙醇）。折射率1.3614（无水），（n_D^{15}）1.3651（95%乙醇）。黏度（20℃）1.41mPa·s（95%乙醇）。比热容（23℃）2.58J/g·℃（95%乙醇）。表面张力（20℃）22.8mN/m（95%乙醇）。蒸气压（20℃）5.732kPa（95%乙醇）。溶于水、甲醇、乙醚和氯仿。能溶解许多有机化合物和某些无机化合物。具有吸湿性。能与水形成共沸混合物。

【质量标准】

（1）GB18350—2001 变性燃料乙醇

项目	指标
外观	清澈透明，无肉眼可见悬浮物和沉淀物
乙醇/%(体积) ≥	92.1
甲醇/%(体积) ≤	0.5
实际胶质/(mg/100mL) ≤	5.0
水分/%(体积) ≤	0.8
无机氯(以Cl^-计)/(mL/L) ≤	32
酸度(以乙酸计)/(mL/L) ≤	56
铜/(mg/L)	0.08
pH_e值	6.5～9.0

注：应加入有效的金属腐蚀抑制剂，以满足车用乙醇汽油铜片腐蚀的要求。

（2）GB/T 678—2002 化学试剂 乙醇（无水乙醇）

项目	优级纯	分析纯	化学纯
乙醇的含量/% ≥	99.8	99.7	99.5
密度(20℃)/(g/mL)	0.789～0.791	0.789～0.791	0.789～0.791

续表

项目	优级纯	分析纯	化学纯
与水混合试验	合格	合格	合格
蒸发残渣的质量分数/% ≤	0.0005	0.001	0.001
酸度(以 H^+ 计)/(mmol/100g) ≤	0.02	0.04	0.1
碱度(以 OH^- 计)/(mmol/100g) ≤	0.005	0.01	0.03
水分/% ≤	0.2	0.3	0.5
甲醇(CH_3OH)含量/% ≤	0.02	0.05	0.2
异丙醇[$(CH_3)_2CHOH$]含量/% ≤	0.003	0.01	0.05
羰基化合物(以 CO 计)含量/% ≤	0.003	0.003	0.005
易炭化物质	合格	合格	合格
铁(Fe)/% ≤	0.00001	—	—
锌(Zn)/% ≤	0.00001	—	—
还原高锰酸钾物质(以 O 计)的质量分数/% ≤	0.00025	0.00025	0.0006

(3) GB/T 679—94 化学试剂乙醇(95%)

项目	分析纯	化学纯
乙醇含量(体积)/% ≥	95.0	95.0
与水混合试验	合格	合格
蒸发残渣/% ≤	0.001	0.002
酸度(以 H^+ 计)/(mmol/100g) ≤	0.05	0.10
碱度(以 OH^- 计)/(mmol/100g) ≤	0.01	0.02
甲醇(CH_3OH)/% ≤	0.05	0.20
丙酮及异丙醇(以 CH_3COCH_3 计)/% ≤	0.0005	0.001
杂醇油	合格	合格
还原高锰酸钾物质(以 O 计)/% ≤	0.0004	0.0004
易炭化物质	合格	合格

(4) GB10343—2008 食品酒精

项目	特级	优级	普通级
外观	无色透明		
气味	具有乙醇固有香气,香气纯正		无异臭
口味	纯净,微甜		较纯净
色度(Hazen 单位) ≤	10		
乙醇/(%体积) ≥	96.0	95.5	95.0
硫酸试验色度(Hazen 单位) ≤	10		60
氧化时间/min ≥	40	30	20
醛(以乙醛计)/(mg/L) ≤	1	2	30
甲醇/(mg/L) ≤	2	50	150
正丙醇/(mg/L) ≤	2	15	100
异丁醇+异戊醇/(mg/L) ≤	1	2	30
酸(以乙酸计)/(mg/L) ≤	7	10	20
酯(以乙酸乙酯计)/(mg/L) ≤	10	18	25
不挥发物/(mg/L) ≤	10	15	25
重金属(以 Pb 计)/(mg/L) ≤	1		
氰化物①(以 HCN 计)/(mg/L) ≤	5		

① 系指以木薯为原料的产品要求。以其他原料制成的食用酒精则无此项要求。

(5) GB 6820—1992 工业合成乙醇

项目	优等品	一等品
色度(铂-钴,Hazen 单位) ≤	5	10
乙醇含量/%(体积) ≥	96.0	96.0
酸含量(以乙酸计)/% ≤	0.0020	0.0025
醛含量(以乙醛计)/% ≤	0.0020	0.0040
甲醇含量/%(体积) ≤	0.02	0.03
蒸发残渣/% ≤	0.0025	0.0030
高锰酸钾氧化时间/min ≥	20	15
杂醇油含量/% ≤	0.0080	0.0150
水溶性试验	无乳色	无乳色

【用途】 重要的基础化工原料之一。以乙醇为原料的化工产品达二百余种。广泛用于氯乙醇、乙醚、乙醛和醋酸、醋酸乙酯等基本有机原料、农药(如各种有机磷杀虫剂和杀螨剂等),以及医药、橡胶、塑

料、人造纤维、洗涤剂等有机化工产品的生产。也是一种重要的有机溶剂，大量用于油漆、染料、医药、油脂和军工等工业生产。

【制法】 (1) 发酵法。由农副产品或工业副产物糖蜜、亚硫酸纸浆废液为原料，经糖化发酵制得。

(2) 水合法。以乙烯和水为原料，通过加成反应制取。水合法分为间接水合法和直接水合法两种。间接水合法即两步法，第一步乙烯用硫酸吸收，生成硫酸氢乙酯。第二步硫酸氢乙酯水解生成乙醇。直接水合法即一步法，由乙烯和水在磷酸催化剂存在下高温加压水合制得。该法流程简单、腐蚀性小，不需特殊钢材，副产乙醚量少，但要求乙烯纯度高，耗电量大。

(3) 无水乙醇的制备。用脱水剂除去粗乙醇中的水分，可以用苯为脱水剂，利用苯、乙醇、水形成三元共沸混合物的方法除去水分，或者用乙醇蒸气通过离子交换树脂或石灰床脱去水分的方法制得无水乙醇。

【安全性】 有毒。蒸气很容易被黏膜吸收，可经口腔、胃壁黏膜、肠吸收而迅速呈现出醇的作用。这种吸收速度与醇的浓度成正比。大量饮用烈性酒能引起胃炎，使中枢神经麻痹，酒醉后可出现行走蹒跚，神志不清，甚至引起肝病及肝硬变，直至引起胰腺疾病。乙醇中毒症状，因人而异，差别很大。蒸气与空气形成爆炸性混合物，爆炸极限 4.3%～19.0%（体积）。工作场所空气中最高容许浓度 1900mg/m^3。工业乙醇用铁桶包装，每桶 200L（180kg），不得使用镀锌容器。无水乙醇用铁桶或用玻璃瓶外加木箱包装。贮存于阴凉通风处，防热、防火、防晒。按铁路危规 61071 规定运输。

【参考生产企业】 天津市康科德科技有限公司，杭州高晶精细化工厂有限公司，无锡市东风化工厂，石家庄市有机化工厂，吉林化学工业股份有限公司，黑龙江华润金玉实业有限公司，上海华成生物制品有限公司，河南天冠企业集团有限公司，广西明阳生化科技股份有限公司，张家口长城酿造（集团）有限责任公司，吉林化学工业股份有限公司有机合成厂。

Da003 正丙醇

【英文名】 *n*-propyl alcohol

【别名】 1-丙醇；1-propanol；propylic alcohol

【CAS 登记号】 [71-23-8]

【结构式】 $CH_3CH_2CH_2OH$

【物化性质】 无色透明液体，有类似乙醇的气味。沸点 97.15℃。熔点 －127℃。闪点 22℃。相对密度 0.80375、蒸气 2.07（空气＝1）。折射率 1.38556。黏度（20℃）2.256mPa·s。临界温度 263.56℃。临界压力（20℃）5.1696MPa。能溶于水、乙醇和乙醚。

【质量标准】

项目	指标
外观	清晰液体
密度(20℃)/(kg/m^3)	803.0～804.0
水溶性试验	澄清
沸程(101.3kPa)/℃	97.2±0.6
纯度/% ≥	99.5
水含量/% ≤	0.2
酸含量(乙酸计)/% ≤	0.002
闪点(开口)/℃ >	24
折射率	1.3850～1.3860
硫化物(以硫计)/×10^{-6}	无

【用途】 主要用作溶剂及化学中间体。用作苯胺印刷油墨的特殊溶剂，纤维素羧甲基化的溶剂，醋酸纤维素的胶凝剂和增塑剂、金属脱垢剂、喷气燃料中用来控制胶凝体生成的抗微生物剂。由正丙醇生产的主要产品有醋酸正丙酯、正丙胺及二正丙胺、丙醇化尿素等，农业上还用作杀芽孢剂。

【制法】 (1) 从异丙醇副产物中回收。丙烯直接水合制异丙醇时，副产正丙醇，从中回收即可。

$$CH_2{=}CH{-}CH_3+H_2O\xrightarrow{ZnO,WO\ 或\ LiAlH_4}CH_3CH_2CH_2OH$$

(2) 环氧丙烷加氢法制备。

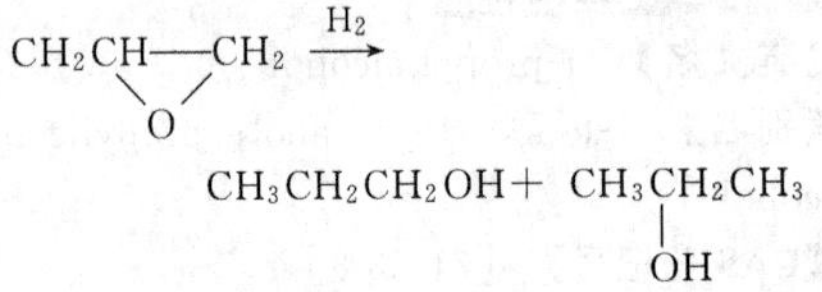

(3) 丙醛加氢法。由丙醛、丙烯醛加氢制正丙醇和烯丙醇。

$$CH_2CH_2CHO\xrightarrow{H_2}CH_3CH_2CH_2OH$$

$$CH_2{=}CHCHO\xrightarrow{H_2}CH_2{=}CHCH_2OH$$

(4) 烯丙醇加氢法。

$$CH_2{=}CHCH_2OH\xrightarrow{H_2}CH_3CH_2CH_2OH$$

(5) 甲醇法。

$$CH_3OH+CO+H_2\longrightarrow CH_3CH_2CH_2OH+C_2H_5OH$$

(6) 乙烯羰基合成法。

$$CH_2{=}CH_2+CO+H_2\longrightarrow CH_2CH_2CHO\xrightarrow{H_2}CH_3CH_2CH_2OH$$

【安全性】 低毒。高浓度蒸气有明显的麻醉作用。生产设备应密闭，车间应通风良好，操作人员应穿戴防护用具。在空气中爆炸界限 13.5%～2.1%。为可燃性液体，宜贮于铁桶中。远离火种、热源，防晒。搬运时轻装轻卸，避免撞击和损伤包装。

【参考生产企业】 天津市北星化工有限公司，山东滕州市悟通香料有限责任公司，上海试一化学试剂有限公司，北京北化精细化学品有限责任公司，武汉有机实业股份有限公司，温州市化学用料厂。

Da004 异丙醇

【英文名】 isopropyl alcohol

【别名】 2-丙醇；2-propanol；isopropanol；secondary propyl alcohol

【CAS登记号】 [67-63-0]

【结构式】 $(CH_3)_2CHOH$

【物化性质】 无色透明可燃性液体，有似乙醇的气味。沸点 82.45℃。熔点 −88.5℃。闪点（闭杯）11.7℃。相对密度 0.7855。折射率 1.3772。黏度（20℃）2.4mPa·s。蒸汽压（20℃）4.4kPa。与水、乙醇、乙醚、氯仿混溶。

【质量标准】

(1) GB/T 7814—2008 （工业级）异丙醇

项目		指标
异丙醇含量/%	≥	99.7
色度(铂-钴色号，Hazen单位)	≤	10
密度 ρ_{20}/(g/cm³)		0.784～0.786
水混溶性试验		通过试验
水分/%	≤	0.20
酸(以乙酸计)含量/%	≤	0.002
蒸发残渣/%	≤	0.002
羰基(以丙酮计)/%	≤	0.02
硫化物(以S计)/(mg/kg)	≤	2

(2) HG/T 2892—2010 化学试剂异丙醇

项目		分析纯	化学纯
含量[$(CH_3)_2CHOH$]/%	≥	99.7	98.5
密度 ρ(20℃)/(g/mL)		0.784～0.786	0.784～0.786
蒸发残渣/%	≤	0.001	0.004
与水混合试验		合格	合格
酸度(以 H^+ 计)/(mmol/100g)	≤	0.0003	0.0006
还原高锰酸钾物质/%	≤	合格	合格
易炭化物质		合格	合格
羰基化合物(以CO计)/%	≤	0.005	0.01
甲醇(CH_3OH)/%	≤	0.1	—
铁(Fe)/%	≤	0.00001	—
水分(H_2O)/%	≤	0.2	0.3

【用途】 作为有机原料和溶剂有着广泛用

途。作为化工原料，可生产丙酮、过氧化氢、甲基异丁基酮、二异丁基酮、异丙胺、异丙醚、异丙醇醚、异丙基氯化物，以及脂肪酸异丙酯和氯代脂肪酸异丙酯等。在精细化工方面，可用于生产硝酸异丙酯，黄原酸异丙酯、亚磷酸三异丙酯、三异丙醇铝以及医药和农药等。作为溶剂，可用于生产涂料、油墨、萃取剂、气溶胶剂等，还可用作防冻剂、清洁剂、调和汽油的添加剂、颜料生产的分散剂、印染工业的固定剂、玻璃和透明塑料的防雾剂等。

【制法】 工业上采用丙烯水合法，有间接水合法和直接水合法。

(1) 间接水合法。较早采用的方法。即丙烯与硫酸反应先得到硫酸氢异丙酯，后者经水解而成异丙醇。该法特点是对丙烯的纯度要求不高，而且丙烯转化率较高，可减少精制费用。但耗用硫酸量大，而且存在腐蚀设备的问题。

(2) 直接水合法。丙烯和水在催化剂存在下加温、加压进行水合反应。与丙烯硫酸水合法相比，不存在腐蚀设备问题，工艺流程简单，但丙烯单程转化率低，而且要求原料丙烯纯度达 99.5%。

【安全性】 大鼠经口 LD_{50} 为 5.47g/kg。易燃低毒物质。蒸气的毒性为乙醇的二倍，内服时的毒性则相反。高浓度蒸气具有明显麻醉作用，对眼、呼吸道的黏膜有刺激作用，能损伤视网膜及视神经。操作人员应戴防毒面具。浓度高时应戴气密式防护眼镜。在空气中自燃界限为 2.02%～7.99%。空气中最高容许浓度 980mg/m³。无水异丙醇的贮槽、管道和有关设备都可用碳钢制造，但应有防止水汽的措施。含水异丙醇必须使用有适当衬里或用不锈钢制的容器或设备，以防腐蚀。处理异丙醇的泵最好是自动控制的离心泵，并配备防爆电动机。运输可用汽车槽车、火车槽车、200L (53US gal) 铁桶或较小容器。运输容器外壁应有标明可燃性液体的标记。

【参考生产企业】 邯郸市林峰精细化工有限公司，中国石油天然气股份有限公司锦州石化分公司，中国石油天然气股份有限公司锦州石化分公司炼油一厂，上海试一化学试剂有限公司，西安化学试剂厂，江苏省江都市沪都化工厂，苏州市振兴化工厂。

Da005 正丁醇

【英文名】 *n*-butyl alcohol

【别名】 1-丁醇；酪醇；丙原醇；丁醇；1-butanol；butyl alcohol；propyl carbinol

【CAS 登记号】 [71-36-3]

【结构式】 $CH_3CH_2CH_2CH_2OH$

【物化性质】 无色液体，有酒味。沸点 117.7℃。熔点 -90.2℃。闪点 35～35.5℃（开杯）。自燃点 365℃。相对密度 (d_{20}^{20}) 0.8109。折射率 1.3993。与乙醇、乙醚及其他多种有机溶剂混溶。20℃时在水中的溶解度 7.7%，水在正丁醇中的溶解度 20.1%。

【质量标准】

(1) GB/T 6027—1998 工业正丁醇

项目		优等品	一级品	合格品
外观		透明液体,无可见杂质		
色度(铂-钴号，Hazen 单位)	≤	10		15
密度(ρ_{20})/(g/cm³)		0.809～0.811		0.808～0.812
沸程(0℃,101.325kPa)(包括 117.7℃)/℃	≤	1.0	2.0	3.0
正丁醇含量①/%	≥	99.5	99.0	98.0
硫酸显色试验②(铂-钴号)	≤	20	40	—
酸度(以乙酸计)/%	≤	0.003	0.005	0.01
水分/%	≤	0.1		0.2
蒸发残渣/%	≤	0.003	0.005	0.01

① ASDM D304—1990 未设此项。

② ASDMD304—1990 未设此项。

(2) GB/T 12590—2008 化学试剂 正丁醇

项目		分析纯	化学纯
含量[$CH_3(CH_2)_2CH_2OH$]/%	≥	99.5	98.0
色度(黑曾单位)	≤	10	15
密度(20℃)/(g/mL)		0.808～0.811	0.808～0.811
蒸发残渣/%	≤	0.001	0.005
水分(H_2O)/%	≤	0.2	—
酸度(以H^+计)/(mmol/g)	≤	0.0005	0.0015
羰基化合物(以CO计)/%	≤	0.02	0.04
酯(以$CH_3COOC_4H_9$计)/%	≤	0.1	0.3
不饱和化合物(以Br计)/%	≤	0.005	0.05
铁(Fe)/%	≤	0.00005	0.0001
易炭化物质		合格	合格

【用途】 主要用于制造邻苯二甲酸、脂肪族二元酸及磷酸的正丁酯类增塑剂，它们广泛用于各种塑料和橡胶制品中。也是有机合成中制丁醛、丁酸、丁胺和乳酸丁酯等的原料，还是油脂、药物（抗生素、激素和维生素）和香料的萃取剂，醇酸树脂涂料的添加剂等，又可用作有机染料和印刷油墨的溶剂，脱蜡剂。

【制法】 (1) 羰基合成法。焦炭造气得一氧化碳和氢气，与丙烯在高压及有钴系或铑系催化剂存在下进行羰基合成得正、异丁醛，加氢后分馏得正丁醇。

$$CH_2{=}CHCH_3+CO+H_2 \xrightarrow[\text{高压}]{140\sim150℃,\text{催化剂}} \text{丁醛} \xrightarrow{H_2} \text{本品}$$

(2) 发酵法。将粮食、谷类、山芋干或糖蜜等原料经粉碎、加水制成发酵液，以高压蒸汽处理灭菌后冷却，接入纯丙酮-丁醇菌种，于36～37℃下发酵。发酵时生成气体含二氧化碳和氢气。发酵液中含乙醇、丁醇、丙酮，通常比例为6∶3∶1。精馏后可分别得到丁醇、丙酮和乙醇等，亦可不经分离作总溶剂直接使用。

(3) 乙醛缩合法。乙醛经醇醛缩合成丁醇醛，脱水生成丁烯醛，再经加氢后得正丁醇。

$$2CH_3CHO \longrightarrow CH_3CH(OH)CH_2CHO \xrightarrow{-H_2O} CH_3CH{=}CHCHO \xrightarrow{H_2} \text{本品}$$

【安全性】 毒性大体与乙醇相同，但刺激性强，有使人难忍的恶臭。车间应加强通风，设备应密闭。其蒸气与空气形成爆炸性混合物，爆炸极限1.45%～11.25%（体积）。工作场所空气中最高容许浓度300mg/m^3。用铁桶包装，每桶160kg或200kg。应贮存在干燥、通风的仓库中，温度保持在35℃以下，仓库内防火防爆。上下装卸和运输时，防止猛烈撞击，并防止日晒雨淋。按易燃化学品规定贮运。

【参考生产企业】 北京化学工业集团公司北京化工四厂，吉林化学工业股份有限公司化肥厂，大庆龙新化工有限公司，大庆石化公司化工二厂，中国石化股份有限公司齐鲁分公司，齐鲁石化公司第二化肥厂，唐山市冀东溶剂厂，山东泗水县溶剂厂，芜湖市日新化工厂，沈阳化学试剂厂，宜兴市化学试剂厂。

Da006 异丁醇

【英文名】 isobutyl alcohol

【别名】 2-甲基-1-丙醇；2-methyl-1-propanol；isopropylcarbinol；1-hydroxymethylpropane

【CAS登记号】 [78-83-1]

【结构式】 $(CH_3)_2CHCH_2OH$

【物化性质】 无色透明液体。有特殊气味。沸点108.1℃。熔点108℃。闪点27.5℃。自燃点426.7℃。相对密度(d_4^{15}) 0.806。折射率(n_D^{15}) 1.3976。溶于约20倍的水，与乙醇和乙醚混溶。

【质量标准】 HG/T 3270—2002（工业级）异丁醇

项目		优等品	合格品
色度(铂-钴号,Hazen 单位)	≤	10	20
密度 ρ_{20}/(g/cm³)		0.801～0.803	
异丁醇含量/%	≥	99.3	99.0
酸度(以乙酸计)/%	≤	0.003	0.005
蒸发残渣/%	≤	0.004	0.008
水分/%	≤	0.15	0.30

【用途】 有机合成原料。可以用来制造石油添加剂、抗氧剂、2,6-二叔丁基对甲酚、醋酸异丁酯、增塑剂、合成橡胶、人造麝香、果子精油和合成药物等，也可用来提纯锶、钡和锂等盐类化学试剂以及用作高级溶剂。

【制法】 (1) 羰基合成法（丙烯制丁醇时的副产品）。以丙烯与合成气为原料，经羰基合成制得正、异丁醛，脱催化剂后，加氢成正、异丁醇，经脱水分离，分别得成品正、异丁醇。亦参见正丁醇。

$$CH_3CH{=}CH_2+CO+H_2\xrightarrow[24.5MPa]{140\sim150℃,\ 钴盐催化剂}(CH_3)_2CHCHO\xrightarrow[催化剂]{H_2}本品$$

(2) 异丁醛加氢法。异丁醛在镍的催化下，进行液相加氢反应，制得异丁醇。

$$(CH_3)_2CHCHO+H_2\xrightarrow[150\sim170]{Ni,4.0MPa}本品$$

(3) 从生产甲醇厂副产的异丁基油中回收合成甲醇精馏的副产物——异丁基油，经脱甲醇、盐析脱水，再经共沸精馏即可。

【安全性】 与正丁醇相似。大鼠经口 LD_{50} 为 2460mg/kg，4h 吸入 MLC0.8%。空气中最高容许浓度 100×10^{-6}。蒸气与空气形成爆炸性混合物，爆炸下限 1.68%（体积）。用镀锌铁桶包装，每桶 150kg。应存放在干燥、通风的仓库中，防止日晒雨淋。按易燃化学品规定贮运。

【参考生产企业】 北京化学工业集团公司北京化工四厂，吉林化学工业股份有限公司，吉林化学工业股份有限公司化肥厂，大庆龙新化工有限公司，大庆石化公司化工二厂，大庆石化公司化工一厂，中国石化股份有限公司齐鲁分公司，齐鲁石化公司第二化肥厂，宜兴市化学试剂厂。

Da007 叔丁醇

【英文名】 *tert*-butyl alcohol

【别名】 三甲基甲醇；2-甲基-2-丙醇；2-methyl-2-propanol；trimethyl carbinol

【CAS 登记号】 [75-65-0]

【结构式】 $(CH_3)_3COH$

【物化性质】 樟脑气味的无色结晶，易过冷，在少量水存在时则为液体。沸点 82.5℃。熔点 25.5℃。闪点 8.9℃（闭杯）。共沸点 79.92℃。相对密度 0.7887。折射率 1.3878。溶于乙醇、乙醚，与水能形成共沸混合物，含水量 21.76%。

【质量标准】 SH/T 1495—2002（工业级）叔丁醇

项目		TBA-85	TBA-95	TBA-99
外观		无色透明液体或结晶体		
叔丁醇含量/%	≥	85.0	95.0	99.0
色度/(铂-钴色号)	≤	10	10	10
密度/(kg/m³)				
20℃		812～820	—	—
26℃		—	783～790	778～783
水分/%	≤	—	—	0.3
沸程 初馏点/℃	≥	—	—	81.5
干点/℃	≤	—	—	83.0
酸度(以乙酸计)/%	≤	0.003	0.003	0.003
蒸发后干残渣/%	≤	0.002	0.002	0.002

注：叔丁醇密度的温度校正系数为 0.00091（密度计法），其适用温度范围为 18～30℃（TBA-99 为 24～30℃）。

【用途】 用于合成人造麝香及医药中间体，还可作为溶剂广泛用于生产。

【制法】 (1) 硫酸水合法。以抽提丁二烯后所余 C_4 馏分，用 60%～70%硫酸在 15～40℃萃取，使其中 99%异丁烯生成硫酸异丁酯。经将其水解得稀叔丁醇，再提浓即得成品。

（2）离子交换树脂水合法。混合 C_4 馏分与软水在阳离子交换树脂存在下水合生成叔丁醇，经分层、提浓，得 85% 叔丁醇。

（3）直接水合法。以高浓度杂多酸水溶液为催化剂。将混合碳四中的异丁烯选择水合制叔丁醇。

【安全性】 有毒，毒性介于乙醇和丙醇之间，后效作用比正丁醇和异丁醇强。大鼠经口 LD_{50} 为 3500mg/kg。对中枢神经系统具有麻醉作用，对皮肤黏膜有轻度刺激作用。生产现场要加强通风，生产设备要密闭，防止吸入和接触皮肤。操作人员应戴口罩及橡胶手套。空气中最高容许浓度 0.01%。用镀锌铁桶包装，每桶 160kg。运输中要防止曝晒，冬天贮存或运输温度不宜低于 -4℃。按易燃化学品规定贮运。

【参考生产企业】 江苏泰州石油化工总厂，山东潍坊天德化工有限公司，河南省偃师市福兴纤维素厂，沈阳化学试剂厂，天津市华东试剂厂，天津市化学试剂有限公司，沈阳化学试剂厂，西安化学试剂厂。

Da008 叔戊醇

【英文名】 *tert*-pentyl alcohol

【别名】 二甲基乙基甲醇；2-甲基-2-丁醇；2-methyl-2-butanol；*tert*-amyl alcohol；dimethyl ethyl carbinol；ethyl dimethyl carbinol；*tert*-pentanol；amylene hydrate

【CAS 登记号】 [75-85-4]

【结构式】 $(CH_3)_2C(OH)CH_2CH_3$

【物化性质】 无色易燃液体，燃烧时具有特殊的类似樟脑的气味。沸点 101.8℃。熔点 -11.9℃。闪点 24℃。自燃点 437.2℃。相对密度 0.809。折射率 1.4052。溶于 8 倍的水，与乙醇、乙醚、苯、氯仿、甘油和油类混溶。水溶液对石蕊呈中性。

【质量标准】

项目		优级品	一级品	合格品
含量/%	≥	99.0	98.0	95.0
水分/%	≤	1.0	2.0	5.0
杂质/%	≤	0.7	1.0	1.5

【用途】 主要用作新型农药粉锈宁、人造高级香料麝香、种子保护剂三唑醇及彩色胶片呈色剂的主要原料，还可用以制取增塑剂、非铁金属浮选剂和油漆溶剂等。还可用作润滑油、液压油和其他石油产品的添加剂。

【制法】 丙酮中通入乙炔经炔酮化反应生成乙炔基异丙醇，反应产物经分离后加氢、精馏，即得。

$$CH{\equiv}CH + CH_3COCH_3 \longrightarrow$$

$$(CH_3)_2\underset{\large OH}{\underset{|}{C}}C{\equiv}CH \xrightarrow{H_2} (CH_3)_2\underset{\large OH}{\underset{|}{C}}CH_2CH_3$$

【安全性】 中等毒性，大鼠经口 LD_{50} 为 1000mg/kg。刺激眼、鼻和呼吸器官。吸入其蒸气可引起眩晕、头痛、咳嗽、恶心、耳鸣、谵语，严重者可致高铁血红蛋白病和糖尿病等。生产设备应密闭，防止泄漏。操作人员应穿戴防护用具。采用铁桶密闭包装，贮存于阴凉、通风、干燥处，防热、防火，避免光线直接照射。

【参考生产企业】 江都化肥厂有限责任公司，福润化工有限公司，沈阳化学试剂厂，四川天一科技股份有限公司（化工部西南化工研究设计院），河北智通化工有限公司，上海科丰化学试剂有限公司。

Da009 2-庚醇

【英文名】 2-heptanol；

【别名】 甲基-戊基甲醇；2-羟基庚烷；仲庚醇；amylmethylcarbinol；2-hydroxyheptane

【CAS 登记号】 [543-49-7]

【结构式】 $CH_3CH(OH)(CH_2)_4CH_3$

【物化性质】 无色可燃液体，有 *dl*-、*d*-、*l*-三种异构体。*dl*-异构体、*d*-异构体、*l*-异构体的沸点分别为 158～160℃、73.5℃（2666Pa）、74.5℃（3066Pa）；相对密度分别为 0.8193、0.8190、0.8184。*dl*-异构体折射率为 1.42131。*d*-异构体比旋光度 $[\alpha]_D^{20}$ +11.45°（1.039g 于 20mL 无水乙醇中）、+13.71°（0.992g 于 20mL 苯中）。*l*-异构体旋光度 $[\alpha]_D^{17}$ 为 −10.48°（纯液体）。难溶于水，溶于乙醇、乙醚、苯。

【质量标准】

项目	指标(试剂级)
密度/(g/cm³)	0.814～0.816
沸点/℃	157～160
折射率(n_D^{20})	1.418～1.421
醇溶解试验	符合试验
酸度(以醋酸计)/%	0.03
灼烧残渣/%	0.01

【用途】 用作溶剂、有机合成中间体、分析化学试剂。

【制法】（1）溴化戊基镍与乙醛反应制取。

（2）甲基戊基甲酮与金属钠在乙醇溶液中进行反应制取。

【安全性】 毒性近于己醇，大鼠经口 LD_{50} 为 4.9g/kg。可燃，遇明火、高热、氧化剂，有燃烧的危险。用 25mL 玻璃瓶装，外用木箱保护。贮存于阴凉、干燥、通风的库房内。远离火种、热源。与氧化剂分开存放。密封保存。

【参考生产企业】 沈阳化学试剂厂，宜兴市化学试剂厂，新沂市永诚化工有限公司。

Da010 2-辛醇

【英文名】 2-octanol

【别名】 仲辛醇；secondary caprylic alcohol；methyl hexyl carbinol；hexylmethylcarbinol

【CAS 登记号】 [123-96-6]

【结构式】 $CH_3(CH_2)_5CH(OH)CH_3$

【物化性质】 无色有芳香气味的易燃油状液体。沸点 178～179℃。熔点 −38℃。闪点（开杯）88℃。相对密度（d_4^{15}）0.835。折射率 1.4256。黏度（20℃）8.2mPa·s。不溶于水，可溶于醇、醚及氯仿。

【质量标准】

项目	指标
外观	淡黄色透明液体
酸值/(mgKOH/g) ≤	1
含量/% ≥	82
水分及杂质/% ≤	5

【用途】 与苯酐酯化生成邻苯二甲酸二仲辛酯，后者是聚氯乙烯塑料较优良的增塑剂。2-辛醇也用作合成纤维油剂、消沫剂以及制取表面活性剂、煤矿用浮选剂和农药乳化剂的原料，也可作为油脂和蜡的溶剂。

【制法】 由蓖麻油水解成混合脂肪酸和甘油，回收甘油后使蓖麻醇酸和碱作用得其钠盐，将它和强碱在高温下裂解，蓖麻醇酸钠分子发生自氧化作用，断链得 2-辛醇和癸二酸双钠盐，分出的仲辛醇水溶液经蒸发得成品。

【安全性】 低毒，稍有杀菌性。小鼠经口 LD_{50} 为 1795mg/kg。生产设备应密闭，防止泄漏。操作人员应穿戴防护用具。用 240L 铁桶包装。贮存于阴凉、通风、干燥处。注意防火、防晒。按一般易燃液体化学品规定贮运。

【参考生产企业】 北京化学工业集团公司北京化工四厂，内蒙古丰琳油化有限公司，辽宁省辽阳市会福化工厂，吉林省洮南市有机化学工业（集团）有限公司，江苏吴江三联化工有限公司，江苏淮阴市天合化工厂，山东海化集团潍坊天合有机化工有限公司，潍坊天德化工有限公司。

Da011 2-乙基(-1-)己醇

【英文名】 2-ethyl-1-hexanol

【别名】 辛醇；异辛醇；2-乙基己醇；2-乙基已醇；2-ethylhexyl alcohol

【CAS登记号】 [104-76-7]

【结构式】 $CH_3(CH_2)_3CH(C_2H_5)CH_2OH$

【物化性质】 无色有特殊气味的可燃性液体。沸点184℃。熔点－70℃。闪点（开杯）81.1℃。相对密度（d_{20}^{20}）0.834。折射率1.4316。黏度（20℃）9.8mPa·s。蒸气压（20℃）48Pa。溶于约720倍的水，与多数有机溶剂互溶。

【质量标准】 GB/T 6818—1993 （工业级）辛醇（2-乙基己醇）

项目		优等品	一级品	合格品
色度/(铂-钴色号)	≤	10	10	15
密度(20℃)/(g/cm³)		0.831～0.833	0.831～0.834	
2-乙基己醇含量/%	≥	99.5	99.0	98.0
酸度(以乙酸计)/%	≤	0.01		0.02
羰基化合物含量(以2-乙基己醛计)/%	≤	0.05	0.10	0.20
硫酸显色试验(铂-钴色号)	≤	25	35	50
水分/%	≤	0.10	0.20	

【用途】 主要用于制邻苯二甲酸酯类及脂肪族二元酸酯类增塑剂，如邻苯二甲酸二辛酯、壬二酸二辛酯和癸二酸二辛酯等。还用于合成润滑剂、抗氧化剂、溶剂和消泡剂，用于纸张上浆、照相、胶乳和织物印染等方面。

【制法】 (1) 羰基合成法。以丙烯和合成气为原料，经羰基合成反应生成丁醛，两分子丁醛经缩合脱水得2-乙基（-2-）己烯醛，再经加氢得2-乙基（-1-）己醇。

$$CH_3CH{=}CH_2+CO+H_2\xrightarrow[100\sim200℃,20MPa]{催化剂}丁醛$$

$$2CH_3CH_2CH_2CHO\xrightarrow{-H_2O}CH_3CH_2CH_2CH{=}C(C_2H_5)CHO$$

$$CH_3CH_2CH_2CH{=}C(C_2H_5)CHO+2H_2\longrightarrow本品$$

(2) 乙醛缩合法。以乙醛缩合成丁醇醛，脱水得巴豆醛，加氢得正丁醛，然后将两分子正丁醛缩合脱水得2-乙基（-2-）己烯醛，再加氢得2-乙基（-1-）己醇。

$$2CH_3CHO\xrightarrow{NaOH}CH_3CH(OH)CH_2CHO\xrightarrow{-H_2O}CH_3CH{=}CHCHO$$

$$CH_3CH{=}CHCHO+H_2\xrightarrow{Ni}CH_3CH_2CH_2CHO$$

$$\xrightarrow[NaOH,100℃]{-H_2O}CH_3CH_2CH_2CH{=}C(C_2H_5)CHO\xrightarrow{H_2}本品$$

【安全性】 毒性不大。大鼠经口LD_{50}为3200～7600mg/kg。要注意设备密闭，戴好个人防护用品，保持生产现场通风良好。用镀锌铁桶包装，每桶150kg。按易燃品规定，在低温下贮运，防止曝晒。

【参考生产企业】 北京化学工业集团公司北京化工四厂，吉林化学工业股份有限公司化肥厂，天津市化学试剂有限公司，沈阳化学试剂厂。

Da012 3-甲基-1-丁醇

【英文名】 isopentyl alcohol

【别名】 异戊醇；3-methyl-1-butanol；isoamyl alcohol；isobutyl carbinol；primary isoamyl alcohol；fermentation amyl alcohol

【CAS登记号】 [123-51-3]

【结构式】 $(CH_3)_2CHCH_2CH_2OH$

【物化性质】 白色液体。有特殊不愉快气味，有辛辣而令人厌恶味。沸点134.4℃。熔点－117.2℃。闪点（开杯）55℃、（闭杯）45℃。相对密度（d_4^{15}）0.813。折射率1.4075。能与乙醇、乙醚、苯、氯仿、石油醚、冰乙酸及油类混溶。微溶于水，14℃时溶解度2g/100mL。

【质量标准】 HG/T 2891—2011 化学试剂 异戊醇

项目		分析纯	化学纯
含量($C_5H_{12}O$)/%	≥	98.5	98.0
沸点/℃		130±1.0	130±1.0
蒸发残渣/%	≤	0.002	0.004
酸度(以H^+计)/(mmol/g)	≤	0.0004	0.0008
酸与酯[以$CH_3COO(CH_2)_4CH_3$计]/%	≤	0.06	0.1
羰基化合物(以CO计)/%	≤	0.1	0.2
易炭化物质		合格	合格
铁(Fe)/%	≤	0.00003	0.00006
水分(H_2O)/%	≤	0.2	0.4
密度(20℃)/(g/mL)		0.811	

【用途】 用作脂肪、树脂、生物碱的溶剂，也是生产香料、增塑剂、医药、摄影药品的原料。

【制法】 从杂醇油中分离制得。杂醇油是酒精或白酒生产过程中的副产品，其中除含异戊醇外，还有乙醇、正丙醇、异丁醇等。

【安全性】 低毒，蒸气有毒。大鼠经口服LD_{50}为1.3g/kg，兔经皮LD_{50}为3970mg/kg。对眼睛和黏膜有强刺激作用。用铁桶或玻璃瓶外用木箱或钙塑箱内衬松软材料包装。储存于阴凉、通风的库房。远离火种、热源。保持容器密封。应与氧化剂、酸类等分开存放，切忌混储。

【参考生产企业】 天津西青区北方香料厂，天津捷特精细化工有限公司，黑龙江华润金玉实业有限公司化工公司，盐城龙冈香料化工厂，青岛加华化工有限公司，滕州市梧通香料有限责任公司，江苏省强盛化工有限公司。

Da013 4-甲基-2-戊醇

【英文名】 isobutyl methyl carbinol

【别名】 甲基异丁基甲醇；4-methyl-2-pentanol

【CAS登记号】 [108-11-2]

【结构式】 $(CH_3)_2CHCH_2CH(OH)CH_3$

【物化性质】 无色稳定的有毒液体。在低于−90℃时固化为玻璃体。沸点132℃。熔点−90℃。闪点40.6℃。相对密度(d_{20}^{20})0.8083。折射率1.4112。蒸气压(20℃)0.373kPa。黏度5.2mPa·s。与大多数普通有机溶剂互溶，微溶于水。

【质量标准】

项目		指标
外观		透明无色液体
相对密度(d_{20}^{20})		0.806～0.809
沸程/℃		128～133
水分/%	≤	0.1
酸度(以乙酸计)/%	≤	0.01

【用途】 用作染料、石油、橡胶、树脂、石蜡、硝基纤维素和乙基纤维素等的溶剂。用于有机合成的原料，也是矿物浮洗剂和刹车液等。

【制法】 以甲基异丁基（甲）酮经镍催化加氢制成，经精馏塔分馏得成品。

【安全性】 有毒，老鼠经口LD_{50}为2.6g/kg，蒸气对皮肤、黏膜有刺激作用，长期接触会引起头痛等症状。吸入蒸气后应立即移至新鲜空气处。皮肤与之接触后，用大量水冲洗。操作人员应穿戴防护用具。蒸气与空气形成爆炸性混合物，爆炸极限1%～5.5%。空气中最高容许浓度$100mg/m^3$。用200L铁桶包装，每桶装150kg。按有毒化学品规定贮运。

【参考生产企业】 沈阳化学试剂厂，郑州派尼化学试剂厂，烟台市双双化工有限公司。

Da014 正癸醇

【英文名】 *n*-decyl alcohol

【别名】 1-癸醇；1-decanol；nonylcarbinol

【CAS登记号】 [112-30-1]

【结构式】 $CH_3(CH_2)_8CH_2OH$

【物化性质】 无色黏稠液体，具有花香的甜味。凝固时，呈叶状或长方形板状结晶。沸点230℃。熔点7℃。相对密度(d_{20}^{20})0.8312。折射率1.4371。黏度

13.8mPa·s。微溶于水，水中溶解度2.8%。溶于冰醋酸、乙醇、苯、石油醚、极易溶于乙醚。

【质量标准】

项目	指标
沸程/℃	229～233
相对密度(d_{20}^{20})	0.8312
含量/%	98.0

【用途】 用于合成增塑剂、表面活性剂、消泡剂、PVC电线被覆材料。在日化方面，可用于配制化妆品及皂用香精（玫瑰花香型）；在农业方面，可用作除草剂、杀虫剂的溶剂和稳定剂以及合成的原料。是绿色果品的催熟剂，也可用于观赏植物及烟草等种子发芽的控制。在石油钻探和二次采油方面也有一定的应用。

【制法】 (1) 以椰子油为原料，在催化剂$CuO \cdot Cr_2O_3$存在下，经高温（230～260℃）、高压（8MPa）氢化而成。经减压蒸馏得C_8～C_{12}馏分，采用硼酸酯化法精制后，再经水解、减压蒸馏，收集125℃（2.66kPa）馏分即可。

(2) 丙烯在磷酸或氟化硼存在下聚合得壬烯，后者与一氧化碳和氢在液相中进行反应制得。

【安全性】 几乎无毒。大白鼠经口LD_{50}为6400～12800mg/kg，小鼠12800～25600mg/kg。小鼠腹腔注射LD_{50}为800～1600mg/kg。一般用铁桶装，大量可用槽车装运。精制品可用玻璃瓶或铁罐包装。贮槽宜接地，并用阻火器，以防火灾。宜防晒，远离火种、热源。按一般化学品规定贮运。

【参考生产企业】 吉林化学工业股份有限公司，沈阳化学试剂厂，上海隆盛化工有限公司，天津市化学试剂有限公司。

Da015 1-十二烷醇

【英文名】 1-dodecanol

【别名】 十二醇；正十二烷醇；十二碳醇；月桂醇；dodecyl alcohol；lauryl alcohol

【CAS登记号】 [112-53-8]

【结构式】 $CH_3(CH_2)_{10}CH_2OH$

【物化性质】 淡黄色油状液体或固体，有刺激性气味，可燃、低毒。沸点255～259℃。熔点24℃。相对密度（d_{20}^{25}）0.8306。折射率1.4428。闪点大于100℃。不溶于水，溶于乙醇和乙醚，1份月桂醇溶于2份70%乙醇中。

【质量标准】 HG/T 2310—92 十二醇

项目	优等品	一等品	合格品
外观	常温下为白色固体或透明液体		
色度(Hazen单位) ≤	20	30	40
酸值/(mgKOH/g) ≤	0.1	0.2	0.2
皂化值/(mgKOH/g) ≤	2.0	3.0	3.0
碘值/(g I_2/100g) ≤	0.5	1.0	1.5
羟值/(mgKOH/g)	295～301	294～304	285～315
纯度/% ≥	97.0	95.0	90.0
烷烃/% ≤	1.0	2.0	3.0

【用途】 主要用来制备增塑剂、表面活性剂及各种添加剂，也用来制备矿物浮选剂、植物生长调节剂、润滑油添加剂和特种化学品等。

【制法】 (1) 高压加氢法。椰子油在铜铬催化剂中连续加氢，得到C_8～C_{18}的混合醇。油脂中的甘油则氢解为异丙醇和水。混合脂肪醇经常压蒸去水分及异丙醇后，减压蒸馏切割C_8～C_{10}醇、C_{12}～C_{14}醇和C_{16}～C_{18}醇。

(2) 酯化加氢法。椰子油在硫酸存在下与甲醇发生酯交换反应，生成月桂酸甲酯和甘油，经催化加氢、蒸馏，得月桂醇。

【安全性】 低毒。动物实验证明毒性不大。大鼠急性经口LD_{50}为40000mg/kg。用镀锌铁桶或塑料桶包装。贮存于阴凉、通风、干燥处。防火、防热、防潮。按一般化学品规定贮运。

【参考生产企业】 天津市化学试剂一厂，沈阳化学试剂厂。

Da016 正十六(烷)醇

【英文名】 cetyl alcohol

【别名】 1-十六（烷）醇；鲸蜡醇；棕榈醇；ethal；ethol；palmityl alcohol；1-hexadecanol

【CAS 登记号】 [36653-82-4]

【结构式】 $CH_3(CH_2)_{14}CH_2OH$

【物化性质】 有玫瑰香气的白色结晶。沸点 344℃、190℃（2kPa）。熔点 49.6℃。相对密度（d_4^{50}）0.8176，（d_4^{19}）0.811。折射率 n_D^{79} 1.4283。不溶于水，溶于乙醇、乙醚、氯仿、丙酮、苯。

【质量标准】 HG/T 2545—1993 十六醇

项目	优等品	一等品	合格品
外观	常温下为白色粒状或片状固体		
熔点/℃	47.5～51.5		46.0～52.0
熔融色度(Pt-Co 色号,Hazen 单位) ≤	20		30
酸值/(mgKOH/g) ≤	0.1		0.2
皂化值/(mgKOH/g) ≤	1.0	1.5	2.0
碘值/(gI₂/100g) ≤	0.5	1.0	1.5
羟值/(mgKOH/g)	228～235	225～235	225～240
十六醇含量/% ≥	98.0	95.0	90.0
烷烃/% ≤	0.5	1.5	2.5

【用途】 主要用作洗涤剂、表面活性剂、润滑剂、医药中间体、香料及日用化学品原料、稻田保温剂、分析化学试剂，还用作气相色谱固定液等。

【制法】 以油脂为原料，经高压加氢或用金属钠还原法制取。

【安全性】 毒性不大。贮存于阴凉、干燥、通风的库房内，密封保存，25kg 或 50kg 玻璃瓶装，外用木箱或纸箱保护。

【参考生产企业】 北京北化精细化学品有限责任公司，天津市天大化工实验厂，宜兴市化学试剂厂，沈阳化学试剂厂。

Da017 松油醇

【英文名】 terpineol

【别名】 萜品醇

【CAS 登记号】 [8000-41-7]

【结构式】

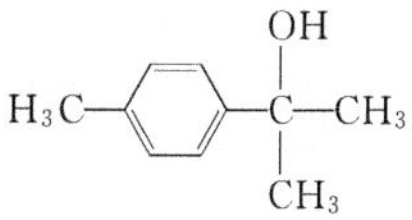

【物化性质】 无色液体或低熔点透明结晶体，具有丁香味，可燃。一般工业上出售的是三种异构体的混合物。沸程 214～224℃。固化点 2℃。相对密度 0.9337。折射率 1.4825～1.4850。旋光度 [α] −0°10′～+0°10′。微溶于水和甘油，1 份松油醇能溶于 2 份 70%（体积）的乙醇溶液中。

【质量标准】 QB/T 2617—2003

项目	甲级松油醇	松油醇
外观	无色稠厚液体，色泽不超过标准比色液 3 号色标	无色稠厚液体，色泽不超过标准比色液 3 号色标，会析出结晶
香气	似紫丁香花香气	
密度(20℃)/(g/mL)	0.932～0.938	0.931～0.937
折射率(20℃)	1.4825～1.4850	1.4825～1.4855
旋光度(20℃)	−0°10′～0°10′	—
沸程	214～224℃任意 5℃内≥90%(体积)	214℃以下馏分≤4%(体积)
溶解度(25℃)	试样 1mL 全溶于 8mL 50%(体积)乙醇或更多体积中	试样 1mL 全溶于 2mL 70%(体积)乙醇中
冻点/℃ ≥	2	—

【用途】 松油醇具有紫丁香香气，其甲酸酯及乙酸酯可用于香精的配制，也用于医药、农药、塑料、肥皂、油墨、仪表和电信工业，又是玻璃器皿上色彩的优良溶剂。

【制法】 松节油在硫酸液中，加入少量乳化剂平平加，常温下进行水化反应，使松节油中的主要成分蒎烯生成水合萜二醇，将此中间体经脱水得粗制松油醇，再经分馏、精制，得精品。

【安全性】 无毒。采用镀锌铁桶包装，每桶175kg。贮存于阴凉、通风、干燥处。防热、防潮、防晒。按一般化学品规贮运。

【参考生产企业】 宜兴市化学试剂厂，天津市天达净化材料精细化工厂。

Da018 乙二醇

【英文名】 ethylene glycol

【别名】 甘醇；1,2-ethanediol

【CAS登记号】 [107-21-1]

【结构式】 $HOCH_2CH_2OH$

【物化性质】 无色透明黏稠液体，味甜，具有吸湿性，易燃。沸点198℃；凝固点−11.5℃；闪点116℃；自燃点412.8℃；相对密度1.1088。折射率1.4318。密度（真空）（20℃）1.11336g/mL。黏度（20℃）21mPa·s。熔解热187.025J/g。蒸发热799.14J/g。蒸气压（20℃）7.999Pa。表面张力（20℃）48.4mN/m。摩尔生成热−452.3kJ/mol。比热容（20℃）2.35J/(g·℃)。与水、低级脂肪族醇、甘油、醋酸、丙酮及类似酮类、醛类、吡啶及类似的煤焦油碱类混溶，微溶于乙醚（1∶200），几乎不溶于苯及其同系物、氯代烃、石油醚和油类。

【质量标准】 GB/T 4649—2008（工业级）乙二醇

项目		优等品	一等品	合格品
外观		无色透明无机械杂质	无色透明无机械杂质	无色或微黄色透明无机械杂质
乙二醇/%	≥	99.8	99.0	—
色度(铂-钴号)				
加热前	≤	5	10	40
加盐酸加热后	≤	20	—	—
密度(20℃)(g/cm^3)		1.1128～1.1138	1.1125～1.1140	1.1120～1.1150
沸程(0℃,0.10133MPa)				
初馏点/℃	≥	196	195	193
终馏点/℃	≤	199	200	204
水分/%	≤	0.10	0.20	—
酸度(以乙酸计)/%	≤	0.001	0.003	0.01
铁/%	≤	0.00001	0.0005	—
灰分/%	≤	0.001	0.002	—
二乙二醇/%	≤	0.10	0.80	—
醛(以甲醛计)/%	≤	0.0008	—	—
紫外线透光率/%			—	—
200nm时	≥	75		
275nm时	≥	92		
350nm时	≥	99		

【用途】 主要用作聚酯纤维的原料，并用于其他聚酯树脂、不饱和聚酯树脂和1730聚酯漆。由乙二醇和聚乙二醇能衍生出多种类型的表面活性剂。其二硝基化合物二硝基乙二醇是炸药。乙二醇可降低水溶液冰点，故常用作防冻剂。此外，还用于生产增塑剂、炸药等。

【制法】 (1) 环氧乙烷直接水合法。为目前工业规模生产乙二醇的唯一方法。环氧乙烷和水在加压（2.23MPa）和190～200℃条件下，在管式反应器中直接液相水合制得乙二醇，同时副产一缩二乙二醇、二缩三乙二醇和多缩聚乙二醇。反应所得乙二醇稀溶液经薄膜蒸发器浓缩，再经脱水、精制后得合格乙二醇产品及副产品。

$$\underset{\diagdown\ \text{O}\ \diagup}{CH_2—CH_2} + H_2O \xrightarrow[\text{加压}]{\triangle} HOCH_2CH_2OH$$

(2) 环氧乙烷硫酸催化水合法。环氧乙烷与水在硫酸催化下，在60～80℃、9.806～19.61kPa的压力下水合生成乙二醇。反应液用液碱中和，经蒸发器蒸去水分，得80%的乙二醇，再在精馏塔中精馏提浓，得到98%以上的成品。本法为早期开发的方法，由于存在腐蚀、污染和产品质量问题，加之精制过程复杂，各国已逐渐停用，而改用直接水合法。

(3) 乙烯直接水合法。不经环氧乙烷而直接从乙烯合成乙二醇。

$$CH_2{=\!=}CH_2 + 1/2O_2 + CH_3COOH \longrightarrow HOCH_2CH_2OH$$

(4) 二氯乙烷水解法。

$$CH_2ClCH_2Cl + Na_2CO_3 + H_2O \longrightarrow HOCH_2CH_2OH + 2NaCl + CO_2$$

(5) 甲醛法。

$$CH_2O + CO + H_2O \xrightarrow{H_2SO_4} HOCH_2COOH$$

$$HOCH_2COOH + CH_3OH \xrightarrow{H_2SO_4} HOCH_2COOCH_3 + H_2O$$

$$HOCH_2COOCH_3 + 2H_2 \longrightarrow HOCH_2CH_2OH + CH_3OH$$

【安全性】 大鼠、豚鼠经口LD_{50}分别为8.54g/kg、6.61g/kg，小鼠经口LD_{50}为13.79mL/kg。人体LD_{50}约1.4mL/kg或100mL。对低级脊椎动物无严重毒性，但对人类则不同。由于乙二醇沸点高，蒸气压低，一般不存在吸入中毒现象。对未破损皮肤的渗入量小。对眼可引起刺激。大量饮用会刺激中枢神经，引起呕吐、疲倦、昏睡、呼吸困难、震颤、肾脏充血和出血、脂肪肝、尿闭（肾小管结晶阻塞）、支气管炎、肺炎而致死。误服者立即用1∶2000高锰酸钾溶液洗胃和导泻。严重者送医院诊治。操作人员应穿戴防护用具，定期进行体检，特别是尿常规检查。用镀锌铁桶包装，每桶100kg或200kg。乙二醇容器上应标明“有毒”字样，防止误服及吸入乙二醇蒸气。贮存时应密封，长期贮存要氮封、防潮、防火、防冻。按易燃化学品规定贮运。

【参考生产企业】 北京化学工业集团有限责任公司东方化工厂，广州化学试剂厂，中国石化北京燕化石油化工股份有限公司化工一厂，上海石油化工股份有限公司，中国石化扬子石油化工有限责任公司，新疆独山子石化总厂乙烯厂，抚顺石化分公司乙烯化工有限公司，中国石油天然气股份有限公司抚顺石化分公司，中国石油天然气股份有限公司独山子石化公司。

Da019 1,2-丙二醇

【英文名】 propylene glycol

【别名】 α-丙二醇；methyl glycol；1,2-propanediol

【CAS登记号】 [57-55-6]

【结构式】 $CH_3CHOHCH_2OH$

【物化性质】 无色黏稠稳定的吸水性液体，几乎无味无臭，可燃，低毒。沸点187.3℃。熔点-60℃。相对密度（d_{20}^{20}）1.0381。折射率1.4326。黏度（20℃）60.5mPa·s。表面张力（20℃）38mN/

m。比热容（20℃）2.49kJ/kg·℃。汽化热（101.3kPa）711kJ/kg。燃烧热（25℃）1824.0kJ/mol。闪点（开杯）99℃。自燃点415.5℃。临界温度352℃。临界压力6.1MPa。与水、乙醇及多种有机溶剂混溶。

【质量标准】（1）工业级

项目	优级品	一级品	合格品
色度(Hazen单位) ≤	10	16	40
相对密度(d_{20}^{20})	1.037～1.039	1.036～1.040	1.025～1.041
折射率(n_D^{20})	1.431～1.435	1.426～1.435	1.426～1.435
水分/% ≤	0.008	0.13	0.32
酸值(以mgKOH/g表示)/% ≤	0.05	0.08	0.20
灰分/% ≤	0.008	0.013	0.032
蒸馏试验，馏出量≥95%(体积)/℃	184～190	183～190	182～190

（2）医药级

项目	优级品	一级品	合格品
色度(Hazen单位) ≤	10	16	40
相对密度(d_4^{20})	1.037～1.039	1.036～1.040	1.036～1.040
折射率(n_D^{20})	1.431～1.435	1.426～1.436	1.426～1.435
水分/% ≤	0.05	0.08	0.20
酸值(以mgKOH/g表示)/% ≤	0.03	0.05	0.12
氯化物(以NaCl计)/% ≤	0.0008	0.0013	0.0032
硫酸盐(以Na_2SO_4计)/% ≤	0.0008	0.0013	0.0032
重金属(以Pb计)/×10^{-6} ≤	6	10	24
砷(以As_2O_3计)/×10^{-6} ≤	3	5	12
灰分/% ≤	0.008	0.013	0.032
蒸馏试验，馏出量≥95%(体积)/℃	184～190	183～190	182～190

【用途】是不饱和聚酯树脂、环氧树脂、聚氨酯树脂的原料，也是增塑剂、表面活性剂、乳化剂和破乳剂的原料。在食品工业等中，用作香精、食用色素的溶剂，烟草润湿剂，防霉剂和水果催熟防腐剂，药物赋形剂等。也可作为防冻剂、热载体和食品机械润滑剂使用。

【制法】（1）环氧丙烷直接水合法。由环氧丙烷与水在150～160℃、0.78～0.98MPa压力下，直接水合制得，反应产物经蒸发、精馏，得成品。

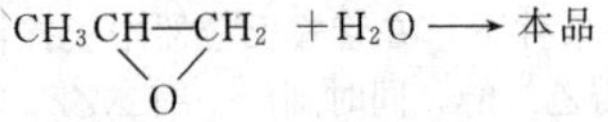

（2）环氧丙烷间接水合法。由环氧丙烷与水用硫酸作催化剂间接水合制得。

（3）丙烯直接催化氧化法。

$$CH_3CH{=}CH_2+H_2O_2\xrightarrow{\text{无水叔丁醇}}\text{本品}$$

【安全性】可燃。毒性和刺激性都非常小，大鼠静脉注射和腹腔注射LD_{50}为7000～8000mg/kg，经口LD_{50}为2800 mg/kg。有报道，当添加在食品和饮料中一次服用量过高时，有引起致命的假寐和肾脏障碍的危险。长期存放不变质，但开口则吸潮。贮存和运输容器宜选用镀锌铁桶、铝材或不锈钢制造的。按一般低毒化学品规定贮运。

【参考生产企业】龙江辰能生物工程有限公司，山东邹平铭兴化工有限公司，北京北化精细化学品有限责任公司，山东泰丰矿业集团中科化工分公司。

Da020 1,3-丁二醇

【英文名】1,3-butylene glycol

【别名】1,3-二羟基丁烷；1,3-butanediol；1,3-dihydroxybutane；β-butyleneglycol；methyltrimethylene glycol；butane-1,3-diol

【CAS登记号】[107-88-0]

【结构式】$CH_3CHOHCH_2CH_2OH$

【物化性质】无色略有苦甜味的黏性液体。熔点＜50℃。沸点207.5℃。闪点

（泰格开杯）121℃。相对密度 d_{20}^{20} 1.004～1.006。黏度（25℃）103.9mPa·s。折射率 1.4401。表面张力（25℃）37.8 mN/m。溶于水、丙酮、甲基乙基（甲）酮、乙醇、邻苯二甲酸二丁酯、蓖麻油，几乎不溶于脂肪族烃、苯、甲苯、四氯化碳、乙醇胺类、矿物油、亚麻子油。热时能溶解尼龙，也能部分溶解虫胶和松脂。因沸点较高，常压下蒸馏时易受空气氧化，故宜在减压下蒸馏。吸湿性强。

【质量标准】 无色液体。含量 98%。

【用途】 用于生产增塑剂、不饱和聚酯树脂。也可用作乳酪或肉类的抗菌剂、无油醇酸树脂的端基剂和航空工业中的脱冰剂、增湿剂、偶联剂。

【制法】 以乙醛为原料，在碱溶液中经自身缩合作用生成 3-羟基丁醛，然后加氢而成 1,3-丁二醇。

$$2CH_3CHO \xrightarrow[10\sim25℃]{碱} (A)$$

$$A + H_2 \xrightarrow[60\sim120℃]{Ni} 本品$$

【安全性】 大鼠经口 LD_{50} 为 22.8g/kg。对高等动物的毒性很低，低于 1,4-丁二醇。在高剂量情况下，具有麻醉作用，对中枢神经系统具有某种抑制作用。对皮肤和黏膜没有明显的刺激性。可以使用普通贮运方法贮运。其余参见甘油。

【参考生产企业】 北京北化精细化学品有限责任公司，上海里德化工有限公司。

Da021 1,4-丁二醇

【英文名】 1,4-butylene glycol

【别名】 1,4-二羟基丁烷；1,4-butanediol；1,4-dihydroxybutane

【CAS 登记号】 [110-63-4]

【结构式】 $HOCH_2CH_2CH_2CH_2OH$

【物化性质】 无色油状液体，可燃。沸点 228℃。熔点 20.2℃。相对密度 1.0171。折射率 1.4461。闪点（开杯）121℃。能与水混溶。溶于甲醇、乙醇、丙酮，微溶于乙醚。

【质量标准】 GB/T 24768—2009（工业级）1,4-丁二醇

项目		优等品	合格品
外观		无色透明液体，无可见杂质	
1,4-丁二醇/%	≥	99.70	99.50
色度(铂-钴色号，Hazen 单位)	≤	10	10
水分/%	≤	0.03	0.05

【用途】 主要用于制造四氢呋喃、γ-丁内酯、聚氨酯和热塑性工程塑料 PBT 树脂。还可制备 *N*-甲基吡咯烷酮、*N*-乙烯基吡咯烷酮及其他吡咯烷酮衍生物，也用于制备维生素 B_6、农药、除草剂以及用作多种工艺过程的溶剂、增塑剂、润滑剂、增湿剂、柔软剂、胶黏剂和电镀工业的光亮剂。

【制法】 (1) 乙炔法。先以乙炔和甲醛在 Cu-Bi 催化剂存在下，于 98kPa、80～95℃反应制成 1,4-丁炔二醇。1,4-丁炔二醇经骨架镍催化，于 1.372～2.06MPa、50～60℃加氢成 1,4-丁烯二酸盐，再于 13.7～20.6MPa、120～140℃下以 Ni-Cu-Mn/Al_2O_3 进一步催化加氢成 1,4-丁二醇，经离子交换树脂除去金属离子后，再经蒸馏提纯得纯品。

$$CH \equiv CH + CH_3CHO \longrightarrow HOCH_2C \equiv OCH_2OH \xrightarrow{H_2} 本品$$

(2) 丁二烯法。由 1,3-丁二烯与乙酸与氧气进行乙酰氧化反应，生成 1,4-二乙酰氧基-2-丁烯，再经加氢、水解制成。

$$CH_2 = CHCH = CH_2 + CH_3COOH + O_2 \longrightarrow CH_3COOCH_2CH = CHCH_2OOCCH_3 \xrightarrow{H_2} CH_3COO(CH_2)_4OOCCH_3 \xrightarrow{H_2O} 本品$$

【安全性】 有毒。白鼠经口 LD_{50} 为 210～420mg/kg。附着在患病或负伤的皮肤上或饮用时，起初会呈现麻醉作用，引起肝和肾特殊的病理改变，然后由于中枢神经

麻痹（无长时间的潜伏）而突然死亡。生产设备应密闭，防止泄漏，操作人员穿戴防护用具。皮肤有创伤的人严禁与1,4-丁二醇接触。采用铝、不锈钢、镀锌铁桶或塑料桶包装，或以槽车按易燃有毒物品规定贮运。因熔点高达20℃，槽车中应装有加热管。

【参考生产企业】 宜兴市化学试剂厂，郑州派尼化学试剂厂。

Da022 新戊二醇

【英文名】 neopentyl glycol

【别名】 2-二甲基-1,3-丙二醇；季戊二醇；2,2-dimethyl-1,3-propanediol；dimethyltrimethylene glycol

【CAS 登记号】 [126-30-7]

【结构式】 $HOCH_2C(CH_3)_2CH_2OH$

【物化性质】 白色结晶固体，无臭，具有吸湿性。沸点210℃。熔点124～130℃。密度（21℃）1.06g/cm³。闪点129℃。自燃点399℃。升华温度210℃。易溶于水、低级醇、低级酮、醚和芳烃化合物等。

【质量标准】 HG/T 2309—1992（工业级）新戊二醇

项目		一等品	合格品
70%水溶液色度（以 Hazen 单位计）	≤	30	80
羟基含量/%	≤	31.6	31.0
酸含量(以乙酸计)/%	≤	0.05	0.20
熔点范围/℃		123～130	118～130
水分/%	＜	1.0	1.2

【用途】 新戊二醇具有耐水、耐化学药品、耐候性。其氨基烘漆具有良好的保光性并且不泛黄。可用于制取醇酸树脂、聚酯树脂、不饱和聚酯树脂、聚氨酯泡沫塑料和合成润滑油以及用于涂料、增塑剂，还可用作生产阻聚剂、油品添加剂、稳定剂、杀虫剂的原料。

【制法】 (1) 甲酸钠法。异丁醛与甲醛在30～35℃、pH值9～11、碱催化剂存在下缩合生成羟基叔丁醛，与过量甲醛在强碱条件下还原成新戊二醇，甲醛则被氧化，并与碱作用生成甲酸钠。反应液用甲酸中和，减压蒸馏脱水，浓缩液经分层萃取，除去甲酸钠后，冷却、结晶、分离，得成品。

$$(CH_3)_2CHCHO+HCHO \longrightarrow (CH_3)_2CCH_2(OH)CHO \xrightarrow{HCHO+NaOH} \text{本品}+HCOONa$$

(2) 加氢法。由异丁醛和甲醛经缩合，得羟基新戊醛，再经加氢还原制得。

$$(CH_3)_2CHCHO+HCHO \longrightarrow HOCH_2C(CH_3)_2CHO \xrightarrow{H_2} \text{本品}$$

【安全性】 低毒。大鼠经口 LD_{50} ≥6400mg/kg。小鼠经口 LD_{50} 为3200～6400mg/kg。对皮肤刺激性小，但大量饮用会刺激中枢神经，引起呕吐、疲倦、昏睡、呼吸困难、震颤、肾脏充血和出血、肝脏脂肪病变、闭尿、支气管炎和肺炎等症状，严重者甚至导致死亡。采用镀锌铁桶包装，每桶25kg。贮存于阴凉、通风处，防晒、防热、防潮。按一般化学品规定贮运。

【参考生产企业】 吉林化学工业股份有限公司，吉林松北化工有限公司助剂厂，山东淄博市临淄永流化工股份有限公司，肥城鲁泰科技有限公司。

Da023 2,2,4-三甲基-1,3-戊二醇

【英文名】 2,2,4-trimethyl-1,3-pentanediol

【CAS 登记号】 [15904-30-0]

【结构式】

$CH_3CH(CH_3)CH(OH)C(CH_3)_2CH_2OH$

【物化性质】 白色结晶。溶于醇、酮、芳烃类溶剂，难溶于水及脂肪烃。能与多种酸类反应生成单酯或双酯。

【用途】 可用于制备不饱和聚酯。用其制成的不饱和聚酯，相对密度低，黏度低，固化时放热量小，电绝缘性、耐水性、耐热性、耐化学性均好，对玻璃纤维或其他

填料有较好的黏着力，可用来制造贮槽和管道，以装载热的浓酸、某些溶剂、弱碱、次氯酸盐溶液和浓氨。还可用于制取涂料，增塑剂，聚氨酯树脂弹性体，隔音板及玻璃布层压板的黏合剂。也可作杀菌剂，颜料调匀剂，纸张上浆剂和聚氯乙烯黏结剂的交联剂等。

【制法】 用异丁醛的三聚体 [3 $(CH_3)_2CHCHO$] 加氢而成。

【安全性】 低毒。经口 LD_{50} 大鼠为 2.5g/kg，小鼠为 2.2g/kg，小鸡为 3.55g/kg。内衬塑料袋，外套木箱或硬纸板箱包装。贮存于阴凉、干燥、通风处。远离火种、热源。按一般化学品规定贮运。

【参考生产企业】 吉化公司长松化工厂，山东淄博市临淄永流化工有限公司。

Da024 1,6-己二醇

【英文名】 1,6-hexanediol

【别名】 1,6-二羟基己烷；1,6-dihydroxyhexane；hexamethylene glycol

【CAS 登记号】 [629-11-8]

【结构式】 $HOCH_2(CH_2)_4CH_2OH$

【物化性质】 白色针状结晶。熔点 43℃。沸点 250℃。折射率 1.4579 (25℃)。闪点 101℃。偶极矩 2.48。溶于水和乙醇，微溶于热醚，不溶于苯。

【用途】 用于生产聚氨酯、不饱和聚酯、增塑剂、胶凝剂的硬化剂、润滑油的热稳定性改良剂等，还用于除菊酯杀虫剂的合成。

【制法】 由己二酸二乙酯或己二酸二甲酯在金属钠、乙醇或在酮铬氧化物的存在下进行催化还原，或将 2,4-二炔-1,6-二醇催化还原而制得。

【安全性】 大鼠经口 LD_{50} 为 3.73g/kg。

【参考生产企业】 浙江丽水南明化工有限公司，抚顺市大赋化工有限公司，辽宁天华化工有限公司，重庆福润化工有限公司，抚顺隆亿石油化工有限公司，上海邦成化工有限公司，丽水市南明化工有限公司。

Da025 2,5-二甲基-2,5-己二醇

【英文名】 2,5-dimethyl-2,5-hexanediol

【CAS 登记号】 [110-03-2]

【结构式】

$(CH_3)_2C(OH)CH_2CH_2C(OH)(CH_3)_2$

【物化性质】 在乙酸乙酯中析出棱晶，在石油醚中析出薄片状结晶。熔点 92℃。沸点 214℃。密度 0.898g/cm^3 (20℃)。溶于水、丙酮、乙醇、苯、氯仿，不溶于四氯化碳和煤油。易燃。毒性不详。

【质量标准】

项目	指标
外观	白针状结晶
熔点/℃	87～92
沸点/℃	214～215
相对密度(d_{20}^{20})	0.893～0.898

【用途】 主要用于制取农药除虫菊酯、香料、人造麝香、聚乙烯塑料交联剂和聚醚橡胶等。

【制法】 (1) 乙炔-丙酮法。由乙炔和丙酮在苯溶剂中与氢氧化钾缩合，然后用盐酸酸化，再加氢而得。

(2) 甲基丁炔醇-丙酮缩合法。

【安全性】 毒性不详。采用铁桶内衬塑料袋包装。贮存时防晒、防热、防潮。按一般化学品规定贮运。

【参考生产企业】 重庆福润化工有限公司，四川省宜宾恒德化学有限公司，四川泸州巨宏化工有限公司，上海沪试化工有限公司。

Da026 1,2,3-丙三醇

【英文名】 glycerol

【别名】 甘油；glycerin；glycerine；trihydroxypropane；incorporation factor；IFP；1,2,3-propanetriol

【CAS登记号】 [56-81-5]

【结构式】 $HOCH_2CH(OH)CH_2OH$

【物化性质】 无色、透明、无臭、黏稠液体，味甜，具有吸湿性，可燃，低毒。沸点290℃（分解）。熔点18.17℃。密度$1.261g/cm^3$。表面张力（20℃）63.4mN/m。蒸气压（100℃）26Pa。黏度（20℃）1499mPa·s。闪点（开杯）177℃。自燃点392.8℃。折射率1.474。与水和乙醇混溶，水溶液为中性。溶于11倍的乙酸乙酯，约500倍的乙醚。不溶于苯、氯仿、四氯化碳、二硫化碳、石油醚、油类。

【质量标准】 GB 13206—91

项目		优等品	一等品	二等品
外观		透明无悬浮物	透明无悬浮物	透明无悬浮物
气味		无异味	无异味	无异味
色度/(Hazen)	≤	20	30	70
甘油含量/%	≥	98.5	98.0	95.0
密度(20℃)/(g/mL)	≥	1.2572	1.2559	1.2481
氯化物含量(以Cl计)/%	≤	0.001	0.01	—
硫酸化灰分/%	≤	0.01	0.01	0.05
酸度或碱度/(mmol/100g)	≤	0.064	0.10	0.30
皂化当量/(mmol/100g)	≤	0.64	1.00	3.00
砷含量(以As计)/(mg/kg)	≤	2	2	—
重金属含量(以Pb计)/(mg/kg)	≤	5	5	—
还原性物质		无沉淀或银镜	无沉淀或银镜	—

【用途】 在医药方面，用以制取各种制剂、溶剂、吸湿剂、防冻剂和甜味剂，配制外用软膏或栓剂等。用甘油制取的硝化甘油用作炸药原料。在涂料工业中用以制取各种醇酸树脂、聚酯树脂、缩水甘油醚和环氧树脂等；在纺织和印染工业中用以制取润滑剂、吸湿剂、织物防皱防缩处理剂、扩散剂和渗透剂；在食品工业中用作甜味剂、烟草的吸湿剂和溶剂。此外，在造纸、化妆品、制革、照相、印刷、金属加工、电工材料和橡胶等工业中都有着广泛的用途。

【制法】 (1) 天然油脂水解法。天然油脂用烧碱皂化，生成脂肪酸钠盐（即肥皂）和甘油。加入食盐水，使甘油溶解在盐水内，从而使大部分甘油从肥皂中分离出来。这种含甘油的盐水在肥皂工业中称为“肥皂废液”，用酸和凝结剂（如三氯化铁、明矾等）处理，然后过滤，除去大部分杂质，再在滤液中加入碱液除去过量的凝结剂，同时调整酸碱度使呈微碱性，过滤得稀甘油，再经蒸发浓缩、减压蒸馏、脱色，得到成品甘油。

(2) 环氧氯丙烷法。环氧氯丙烷在碱性溶液中水解，蒸发浓缩得到80%的甘油，最后再经减压精馏、脱色、离子交换树脂处理，得精制甘油。

【安全性】 无毒。即使饮入总量达100g的稀溶液也无害，在机体内水解后氧化而成为营养源。在动物实验中，如使之饮用极大量时，具有与醇相同的麻醉作用。采用铝桶或镀锌铁桶包装或用酚醛树脂衬里的贮槽贮存。贮运中要防潮、防热、防水。禁止将甘油与硝酸、高锰酸钾等强氧化剂放在一起。按一般易燃化学品规定贮运。

【参考生产企业】 沈阳化学试剂厂，苏州市振兴化工厂，凯通化学试剂有限公司，山东博兴华润油脂化学有限公司，青岛红星化工集团油脂化学厂，河南省漯河红日集团有限公司，长沙市有机试剂厂，沈阳三威油脂有限公司。

Da027 1,1,1-三羟甲基丙烷

【英文名】 1,1,1-trimethylolpropane

【别名】 2-乙基-2-羟甲基-1,3-丙二醇；三甲醇丙烷；2,2-二羟甲基丁醇；TMP；2-ethyl-2-hydroxymethyl-1，3-pro panediol；tri(hydroxymethyl) propane；2，2-dihydroxymethyl butanol

【CAS登记号】 [77-99-6]

【结构式】 $CH_3CH_2C(CH_2OH)_3$

【物化性质】 白色片状结晶。沸点295℃。熔点58.8℃。相对密度1.0889。闪点(开杯)180℃。燃点193℃。燃烧热3615kJ/mol。熔融热183.4kJ/mol。易溶于水、低碳醇、甘油、*N*，*N*-二甲基甲酰胺，部分溶于丙酮、乙酸乙酯，微溶于四氯化碳、乙醚和氯仿，但不溶于脂族烃、芳香烃和氯代烃类。其吸湿性约为甘油的50%。

【质量标准】 HG/T 4122—2009 （工业级）三羟甲基丙烷

项目		一等品	合格品
外观		白色结晶或片状固体	
三羟甲基丙烷/%	≥	99.0	98.5
羟基/%	≥	37.5	
酸度(以甲酸计)/%	≤	0.002	
灼烧残渣/%	≤	0.005	
水分/%	≤	0.05	0.10
终熔点/℃	≥	57	—

【用途】 广泛用于聚酯和聚氨酯泡沫塑料生产，也用于醇酸涂料、合成润滑剂、增塑剂、表面活性剂、松香酯和炸药等的制造，还能直接用作纺织助剂和PVC树脂的热稳定剂。

【制法】 以正丁醛与甲醛在碱性条件下进行醇醛缩合反应而成。反应液经浓缩除盐，再用离子交换树脂脱色，提纯，最后以薄膜蒸发器蒸发、冷却、轧片即可。

【安全性】 微毒。对皮肤无刺激性，对大鼠试验LD_{50}为14.1g/kg。包装采用内衬塑料袋，外用木桶或铁桶包装。宜贮存在阴凉、除湿、防晒、隔热及远离火源的地方。按一般化学品规定贮运。

【参考生产企业】 营口天元实业精细化工有限公司，无锡百川化工股份有限公司。

Da028 季戊四醇

【英文名】 pentaerythritol

【别名】 四羟甲基甲烷；2，2-bis(hydroxymethyl)-1，3-propanediol；tetrakis(hydroxymethyl) methane；tetramethylol-methane

【CAS登记号】 [115-77-5]

【结构式】 $C(CH_2OH)_4$

【物化性质】 白色粉末状结晶。沸点(4kPa)276℃。熔点261～262℃。密度$1.395g/cm^3$。折射率1.548。燃点<370℃。汽化热<92kJ/mol。升华热131.5kJ/mol。易被一般有机酸酯化，与稀烧碱溶液同煮无反应。15℃时1g溶于18mL水。溶于乙醇、甘油、乙二醇、甲酰胺。不溶于丙酮、苯、四氯化碳、乙醚和石油醚等。

【质量标准】 GB/T 7815—2008 （工业级）季戊四醇

项目		98级	95级	90级	86级
外观		白色结晶			
季戊四醇/%	≥	98.0	—	—	—
季戊四醇[以$C(CH_2OH)_4$计]①/%	≥	—	95.0	90.0	86.0
羟基/%	≥	48.5	47.5	47.0	46.0
干燥减量/%	≤	0.20	0.50		
灼烧残渣/%	≤	0.05	0.10		

续表

项目	98级	95级	90级	86级
邻苯二甲酸树脂着色度/(Fe、Co、Cu标准比色液)号 ≤	1	2		4
终熔点/℃ ≥	250	—	—	—

① 季戊四醇和季戊四醇状缩甲醛的含量折算为 C $(CH_2OH)_4$ 计入。

【用途】 常用于涂料工业，是醇酸涂料的原料，能使涂料膜的硬度、光泽和耐久性得以改善。也用作清漆、色漆和印刷油墨等所需的改性松香醇的原料，并可制阻燃涂料、干性油和航空润滑油等。以季戊四醇为原料制成的季戊四醇四硝酸酯是高爆炸性炸药，季戊四醇脂肪酸酯可作聚氯乙烯类树脂的增塑剂和稳定剂。此外，还可用于医药、表面活性剂、胶黏剂、农药和润滑油等的制造。

【制法】 以甲醛和乙醛为原料，一般于40～70℃在碱性催化剂存在下缩合，然后以乙酸中和过量的碱，再蒸出过量的甲醛后经真空蒸发、冷却、过滤 制得成品，滤液在减压下浓缩、结晶、离心和干燥得成品。如使用 NaOH 为缩合剂，则中和后过滤即可，简称钠法。如使用氢氧化钙为缩合剂，需以硫酸或草酸中和，使之成为钙盐沉淀过滤除钙，简称钙法。

【安全性】 基本无毒。在人体内不产生代谢变化，但服用高剂量时，会出现高血糖或腹泻现象。皮肤和眼睛与季戊四醇的饱和溶液接触也不发生刺激或炎症。

季戊四醇粉尘在空气中的浓度达 $30g/m^3$ 以上时，能与空气形成爆炸性混合物。当超过400℃时发生爆炸，故宜贮存在阴凉、干燥、通风处，防潮、防火。用塑料袋外套聚丙烯编织袋或麻袋包装，每袋25kg。按一般化学品规定贮运。

【参考生产企业】 湖北省宜化集团有限责任公司，濮阳市鹏鑫化工有限公司，河北省保定市化工原料厂，河北省晋州市化肥厂，吉林化学工业公司长松化工厂，浙江巨化电石有限公司，河南省中原化工（集团）股份有限公司，衡阳三化实业股份有限公司，云南省云天化集团有限责任公司，辽河油田有机化工股份有限公司。

Da029 木糖醇

【英文名】 xylitol

【别名】 戊五醇；1，2，3，4，5-戊五醇；*xylo*-pentane-1,2,3,4,5-pentol；xylite

【CAS 登记号】 [87-99-0]

【结构式】 $HOCH_2(CHOH)_3CH_2OH$

【物化性质】 外形似白糖，略带甜味的斜方晶体（稳定型）或单斜晶体（亚稳型）。熔点（单斜）61.0～61.5℃、（斜方）93.0～94.5。相对密度（斜方）1.52。易溶于水，溶于乙醇及吡啶类溶剂。

【质量标准】 GB 13509—2005（食品级）木糖醇

项目	指标
含量(以干基计)/(%) ≥	98.5～101.0
熔点/℃	92.0～96.0
其他多元醇/(%) ≤	2.0
干燥失重/(%) ≤	0.50
灼烧残渣/(%) ≤	0.50
还原糖(以葡萄糖计)/(%) ≤	0.20
砷(以 As 计)/(%) ≤	0.0003
重金属(以 Pb 计)/(%) ≤	0.0010
铅/(%) ≤	0.0001
镍/(%) ≤	0.0002

【用途】 有机合成原料，可制取表面活性剂、乳化剂、破乳剂、各种醇酸树脂及涂料、清漆等。和合成脂肪酸所生成的酯是不易挥发的增塑剂。木糖醇可代替甘油，应用于造纸、日用品及国防工业中，由于它是多羟基化合物，具有甜味、无毒，适用于低热值食品和糖尿病人用作甜味剂。

【制法】 玉米芯、棉子壳、甘蔗渣和稻壳等农产品加工下脚料中所含的多缩戊糖经酸性水解成木糖，精制后，再在催化剂钠汞齐存在下加氢制得粗木糖醇，再经浓缩、结晶、分离，得结晶状木糖醇。

【安全性】 无毒。小鼠经口 LD_{50} 为 25700

mg/kg，静脉注射 LD_{50} 为 3770mg/kg。包装时内用无毒塑料袋，外用纤维乳胶袋包装。每袋 25kg，贮存于阴凉、通风、干燥处，防潮、防热、防晒。按一般化学品规定贮运。

【参考生产企业】 浙江省开化华康制药厂，河北智通化工有限公司，石家庄市石兴氨基酸有限公司。

Da030 山梨醇

【英文名】 sorbitol

【别名】 山梨糖醇；D-葡萄糖醇；蔷薇醇；花椒醇；D-glucitol；D-sorbitol；L-gulitol；sorbit

【CAS 登记号】 [50-70-4]

【结构式】 $HOCH_2(CHOH)_4CH_2OH$

【物化性质】 白色无臭结晶性粉末，有甜味，有吸湿性。存在于各种植物果实中。可燃。沸点 5℃。熔点 110～112℃。相对密度（d_{20}^{20}）1.2879。折射率（n_D^{25}）1.45831。比旋光度（$[\alpha]_D^{20}$）$-2.0°$（H_2O），$-2.10°$。溶于水，25℃时 100g 水溶解 235g 山梨醇。溶于甘油、丙二醇，微溶于甲醇、乙醇、醋酸、苯酚和乙酰胺溶液。几乎不溶于多数其他有机溶剂。

【质量标准】 (1) GB 7658—2005（食品级）山梨糖醇液

项目	指标
固形物/%	69.0～71.0
山梨糖醇/% ≥	50.0
pH 值(样品：水=1：1)	5.0～7.5
相对密度(d_{20}^{20})	1.285～1.315
还原糖(以葡萄糖计)/% ≤	0.21
总糖(以葡萄糖计)/% ≤	8.0
砷(As)/% ≤	0.0002
铅(Pb)/% ≤	0.0001
重金属(以 Pb 计)/% ≤	0.0005
氯化物(以 Cl 计)/% ≤	0.001
硫酸盐(以 SO_4计)/%	0.005
镍(Ni)/% ≤	0.0002
灼烧残渣/% ≤	0.10

注：砷（As）的质量分数、铅（Pb）的质量分数、重金属数（以 Pb 计）的质量分数为强制性要求。

(2) QB/2335—2007 牙膏用山梨糖醇液

类别	项目		低结晶型	结晶型
感官指标	外观		无色、澄清、透明、黏稠状液体	
	气味		无异味	
	滋味		甜味	
理化指标	色泽		浅于标准色	
	鉴别测试		必须通过	
	水分		30.0±1.0	
	固形物/%		70.0±1.0	
	山梨醇含量/%	≥	50	64
	折射率(20℃)		1.4575～1.4620	
	相对密度(20℃)/(g/mL)		1.285～1.315	
	pH(试样：水=1：1,质量分数)		5.0～7.5	
	还原糖/%	≤	0.21	
	总糖/%		6.0～8.0	≤3.0
	灼烧残渣/%	≤	0.10	
	氯化物(以氯计)/(mg/kg)	≤	10	
	硫酸盐(以硫酸根计)/(mg/kg)	≤	50	
	结晶倾向		-18℃,48h 不结晶	—

续表

类别	项目		低结晶型	结晶型
有毒物质	重金属(以铅计)/(mg/kg)	≤	5	
	镍/(mg/kg)	≤	1	
	砷/(mg/kg)	≤	1	
微生物	菌落总数/(CFU/g)	≤	100	
	霉菌和酵母菌/(CFU/g)	≤	20	
	粪大肠菌群/g		不应检出	
	铜绿假单胞群/g		不应检出	
	金黄色葡萄球菌/g		不应检出	

【用途】 广泛用于食品工业。在医药工业上用作合成维生素C的原料，也可用以制取醇酸树脂中的增塑剂和防冻剂。在牙膏、烟草、制革和墨水等的生产上用以代替甘油作为水分控制剂，还可用作树脂、炸药的乳化剂、增稠剂、分散剂和防锈剂的原料。

【制法】 葡萄糖在活性镍催化下，加压氢化得粗制品，以离子交换树脂除去重金属盐后即可。

【安全性】 无毒。在人体内很快被吸收，最终代谢成二氧化碳。小鼠口服 LD_{50} 为257000～23200mg/kg。用铝桶或塑料桶包装，每桶30kg或200kg。贮存于阴凉、干燥、通风处，应防潮、防热。按一般化学品规定贮运。

【参考生产企业】 石家庄市华兴医药化工厂，石家庄双联化工集团有限公司，上海中远化工有限公司，合肥江淮化肥总厂，福建省清流氨盛化工有限公司，山东寿光联盟化工集团有限责任公司，广东省怀集县威通糖醇产品有限公司，广西南宁化学制药有限责任公司。

Da031 甘露醇

【英文名】 mannitol

【别名】 D-甘露糖醇；己六醇；D-mannitol；mannite；manna sugar；cordycepic acid

【CAS登记号】 [69-65-8]

【结构式】 $HOCH_2[CH(OH)]_4CH_2OH$

【物化性质】 白色针状结晶。沸点（467kPa）290～295℃。熔点166℃。相对密度（20℃）1.489。1g甘露醇可溶于约5.5mL水、83mL醇，较多地溶于热水，溶于吡啶和苯胺，不溶于醚。其水溶液呈碱性。

【质量标准】

项目		CP2000	BP2000	USP24
酸度或碱度	≤	0.3mL (0.02mol/L NaOH)	0.3mL(0.01mol/L HCl) 或0.2mL(0.01mol/L NaOH)	0.3mL (0.02mol/L NaOH)
溶液澄清度及色泽		澄清无色	澄清无色	
氯化物/%	≤	0.003	0.005	0.007
硫酸盐/%	≤	0.010	0.010	0.010
草酸盐/%	≤	0.020	—	—
灼烧残渣/%	≤	0.1	0.1	
干燥失重/%	≤	0.5	0.5	0.3
砷盐/%	≤	0.0002		0.0001

续表

项目	CP2000	BP2000	USP24
重金属/% ≤	0.001	0.00005	
镍/% ≤	—	0.0001	—
旋光度	—	+23°～+25°（硼砂溶液中）	+137°～+145°（钼酸铵溶液中）
还原糖 ≤	—		少许沉淀
含量/%	98.0～102.0	98.0～101.5	96.0～101.5
山梨醇/% ≤		2	
细菌内毒素	—	＜100g/L(甘露醇)≤4I.U./g ≥100g/L(甘露醇)≤2.5I.U./g	—

【用途】 可用于塑料行业制松香酸酯及人造甘油树脂、炸药、雷管（硝化甘露糖醇）等。经氢溴酸反应可制得二溴甘露糖醇。

【制法】 可从海带中提取，也可从海藻中提取，但大多采用葡萄糖或蔗糖溶液电解还原或催化还原法制取。

【安全性】 小鼠口服 LD_{50} 为 22000 mg/kg，大鼠口服 LD_{50} 为 17300mg/kg。

【参考生产企业】 沈阳化学试剂厂，江苏昆山日尔化工有限公司，南通江海高纯化学品有限公司。

Da032 丙烯醇

【英文名】 allyl alcohol

【别名】 烯丙醇；2-丙烯-1-醇；2-propen-1-ol；1-propenol-3；vinyl carbinol

【CAS 登记号】 [107-18-6]

【结构式】 $CH_2=CHCH_2OH$

【物化性质】 具有刺激性芥子气味的无色液体。相对密度 0.8540。沸点 96～97℃。熔点 −50℃。折射率 1.41345。闪点 70°F（开杯）、75°F（闭杯）。自然点 713°F。在 −190℃时变成玻璃体。与水、乙醚、乙醇、氯仿和石油醚混溶。

【质量标准】

项目	指标
含量(气相色谱法或溴加成法测定)/%(体积) ≥	98
水分含量/% ≤	0.3
外观	无色液体

【用途】 是生产甘油、医药、农药、香料和化妆品的中间体，也是生产邻苯二甲酸二烯丙酯树脂及双（2,3-二溴丙基）反丁烯二酸酯的原料。烯丙醇的硅烷衍生物以及与苯乙烯的共聚物被广泛应用于涂料及玻璃纤维工业。氨基甲酸烯丙酯可用于光敏聚氨酯涂料和铸品工业中。

【制法】 (1) 环氧丙烷异构化法。该工艺简单、收率高、无腐蚀，故应用最为广泛。该法分气相法和液相法两种，我国采用气相法。环氧丙烷经气化、预热后经分布器进入悬浮床反应器，在 280℃±5℃、11.96MPa 压力下于磷酸锂催化剂存在下，异构化而得烯丙醇。

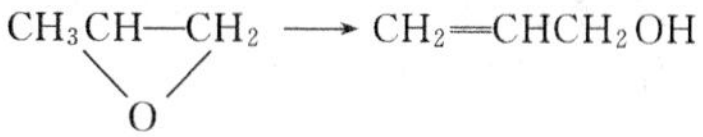

(2) 氯丙烯碱性水解法。该方法由美国壳牌石油公司和道化学公司于 1947 年分别进行研究，迄今仍沿用的主要工业生产方法。

$$CH_2=CHCH_2Cl \xrightarrow{NaOH} CH_2=CHCH_2OH$$

(3) 丙烯醛还原法。20 世纪 50 年代后期，采用以丙烯为原料，经氧化成丙烯醛；然后与异丙醇进行氢转移反应得到丙烯醇和丙酮。

$$CH_2=CHCHO+(CH_3)_2CHOH \longrightarrow CH_2=CHCH_2OH+CH_3COCH_3$$

(4) 醋酸丙烯酯法。醋酸丙烯酯技术的开发，为丙烯醇的大规模工业化生产及其衍生物的开发提供了一个有效途径。

$$CH_2{=}CHCH_2COOCH_3 + H_2O \xrightleftharpoons{H^+} CH_2{=}CHCH_2OH + CH_3COOH$$

【安全性】 毒性最强的醇之一，大鼠经口 LD_{50} 为 64mg/kg。狗经口 LD_{50} 为 40mg/kg。有特殊臭味，且能强烈地刺激眼、皮肤、咽喉、黏膜，严重时可致失明。附着在皮肤上能使之发红而产生烫伤，并迅速经皮肤吸收，而引起肝脏障碍、肾炎、血尿等症状。生产现场空气中最高容许浓度 5mg/m^3，在此浓度下刺激性已很强，无法长时间忍耐。当溅及皮肤时宜用水冲洗并涂油脂类药物。操作时穿戴防护用具。采用白铁桶包装。按易燃有毒物品规定贮运。

【参考生产企业】 山东邹平铭兴化工有限公司，山东淄博澳纳斯化工有限公司，浙江联盛化学工业有限公司。

Da033 炔丙醇

【英文名】 propargyl alcohol

【别名】 丙炔醇；乙炔基甲醇；2-丙炔-1-醇；2-propyn-1-ol

【CAS 登记号】 [107-19-7]

【结构式】 $HC{\equiv}CCH_2OH$

【物化性质】 无色、挥发性带有刺激气味的液体。相对密度 0.9715。熔点 −52～−48℃。沸点 bp_{760} 114－115℃、$bp_{490.3}$ 100℃、$bp_{147.6}$ 70℃、$bp_{35.4}$ 40℃、$bp_{20.6}$ 30℃、$bp_{11.6}$ 20℃。折射率 1.43064。黏度（20℃）1.68×10^{-3} Pa·s。闪点 33℃。蒸气压（20℃）1.55kPa。与水、苯、氯仿、1,2-二氯乙烷、乙醚、乙醇、丙酮、二噁烷、四氢呋喃、吡啶混溶，部分溶于四氯化碳，但不溶于脂肪烃。久置尤其遇光时易泛黄。

【质量标准】 工业品含量≥97.0%；水分≤0.05%。

【用途】 主要用于合成抗菌消炎药磺胺嘧啶；经部分氢化制丙烯醇可以生产树脂，经完全氢化得正丙醇，可以用作抗结核药乙胺丁醇的原料，以及制其他化工、医药产品等。能抑制酸类对铁、铜及镍等金属的腐蚀，用作除锈剂。广泛用于石油开采，还可用作溶剂、氯代烃类的稳定剂、除草剂和杀虫剂。

【制法】 以乙炔与甲醛水溶液在催化剂存在下，在 1.96MPa 压力、100～105℃温度下进行反应，得炔丙醇 37%及丁炔二醇 50%，再经分馏制得炔丙醇。

【安全性】 有毒。对皮肤和眼睛有严重刺激作用。大鼠、小鼠经口 LD_{50} 分别为 20mg/kg、50mg/kg。操作中宜戴防护眼镜及手套。由于炔丙醇闪点较低，且在有杂质存在时能发生激烈反应，应特别注意安全。短期贮运，可用洁净无锈的钢制容器。长期存放则宜用不锈钢、玻璃或酚醛树脂衬里容器，并应避免使用铝等材料。按易燃化学品规定贮运。

【参考生产企业】 浙江联盛化学工业有限公司，山西三维集团股份有限公司，上海中远化工有限公司。

Da034 γ-乙酰丙醇

【英文名】 γ-acetylpropanol

【别名】 5-hydroxy-2-pentanone；5-羟基-2-戊酮；1-戊醇-4-酮

【CAS 登记号】 [1071-73-4]

【结构式】 $CH_3COCH_2CH_2CH_2OH$

【物化性质】 无色透明液体。沸点（97.325kPa）208℃（分解）。相对密度 1.0071。折射率 1.4390。与水混溶，溶于乙醇和乙醚。

【质量标准】 含量/%≥94，水分/%≤0.5。

【用途】 医药中间体，主要用于制取抗疟药盐酸氯喹，也可用于生产维生素 B_1 等。

【制法】 (1) 2-甲基呋喃法。将 2-甲基呋喃在氯化钯催化剂存在下，于酸性水溶液中，在 0.049～0.245MPa 压力和 16～34℃温度下，氢解而得粗 γ-乙酰丙醇。再经减压蒸馏得合格产品。

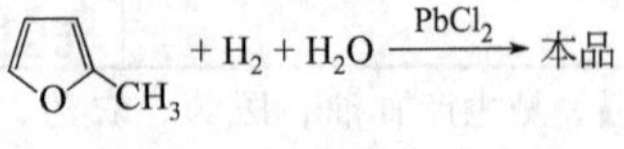

(2) γ-丁内酯法。经与醋酸在 350～390℃及催化剂存在下作用而得。

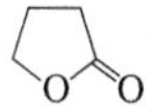 $+ CH_2COOH \longrightarrow$ 本品 $+ CO_2 + H_2O$

【安全性】 低毒。长期接触挥发出来的气体会引起慢性中毒，刺激中枢神经系统。浓溶液能引起肝、肾障碍。大鼠经口 MLD 4180mg/kg，4h 吸入 MLC 2000mg/m^3。应避免直接吸入或吞咽。设备应密闭，防止泄漏。操作人员应穿戴防护用具。操作现场保持通风良好。用干净铁桶密闭包装。存放在干燥、阴凉、通风处。按一般化学品规定贮运。

【参考生产企业】 浙江联盛化学工业有限公司，山西三维集团有限公司。

Da035 2-丁烯-1,4-二醇

【英文名】 2-butene-1,4-diol

【别名】 丁烯二醇；1,4-丁烯二醇

【CAS 登记号】 [110-64-5]

【结构式】 $HOCH_2CHCHCH_2OH$

【物化性质】 无色液体。冰点 11.8℃。沸点 84℃ (0.133kPa)。相对密度 (d_{15}^{25}) 1.070。折射率 (n_D^{25}) 1.4770。黏度 (20℃) 22Pa·s。闪点 (开杯) 128℃。易溶于水、乙醇、丙酮，几乎不溶于低级脂肪烃或芳烃。能参与酯化、烷基化、环化、取代、加成和异构化等反应。

【质量标准】 含量 96%～98%。

【用途】 主要用作制取杀虫剂、农业化学品和维生素 B_6 的中间体，少量用于聚合物生产。

【制法】 以丁炔二醇为原料经催化加氢制成。

【安全性】 白兔和豚鼠的 LD_{50} 分别为 1.25mL/kg 和 1.25～1.5mL/kg。无腐蚀性，毒性低。但对皮肤及黏膜有刺激性。生产车间应有良好的通风，设备宜密闭，防止泄漏。操作人员应穿戴护目镜、手套口罩等防护用具。产品装入棕色玻璃瓶内，外套木箱保护。

【参考生产企业】 上海中远化工有限公司，上海新城化工厂，上海新云化工有限公司，江苏泰州延龄精细化工有限公司。

Da036 2-丁炔-1,4-二醇

【英文名】 2-butyne-1,4-diol

【别名】 丁炔二醇；1,4-丁炔二醇；1,4-二羟基-2-丁炔；butynediol

【CAS 登记号】 [110-65-6]

【结构式】 $HOCH_2CCCH_2OH$

【物化性质】 白色斜方结晶。有毒。溶于水、酸性溶液、乙醇和丙酮，不溶于乙醚和苯。熔点 58℃。沸点 238℃。闪点 152℃。折射率 (n_D^{25}) 1.450。

【质量标准】

项目	指标
含量/% ≥	97.5
熔点/℃	54～56
外观	棕红色液体或固体

【用途】 可以制造丁烯二醇、丁二醇、四氢呋喃、γ-丁内酯、吡咯烷酮等一系列原料，进一步可以制造合成塑料、合成纤维 (尼龙-4)、溶剂 (N-甲基吡咯烷酮) 和防腐剂。是良好的溶剂，在电镀工业上用作亮光剂，还可用于医药及农药工业中。

【制法】 采用乙炔甲醛合成法。含 80%～90%的乙炔经压缩至 0.4～0.5MPa 的压力，预热至 70～80℃，送至反应器，以丁炔铜为催化剂，和甲醛于 110～112℃反应，得粗品。反应产物经浓缩、精制得成品，同时副产丙炔醇。

【安全性】 兔和豚鼠经口 LD_{50} 为 0.125mL/kg。对上呼吸道、眼黏膜、皮肤有麻醉性刺激作用。长期吸入浓度为 0.008～0.01mg/L 的蒸气，将引起中枢神经、肝功能、内部组织等的病变。生产车间空气中最高容许浓度<0.001mg/L。设备要求密闭，车间应强制通风，操作人员应穿戴防护用具。试剂级产品采用棕色玻璃瓶包装，每瓶 500g。也可用塑料瓶包装，每

瓶 1kg。工业产品采用 1kg 的塑料瓶包装，或 20kg 的塑料桶包装或 100kg 铁桶包装。应贮存于阴凉、通风、干燥处。防热、防晒、防潮。按有毒物品规定贮运。

【参考生产企业】 山西三维（集团）股份有限公司，上海中远化工有限公司。

Da037 环氧乙烷

【英文名】 epoxyethane

【别名】 氧化乙烯；噁烷；ethylene oxide；oxirane

【CAS 登记号】 [75-21-8]

【结构式】

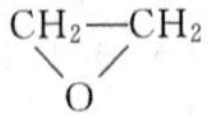

【物化性质】 在室温下为无色气体，低温时为无色易流动液体。有醚臭，高浓度时有刺激臭。沸点 10.35℃。熔点 −112.65℃。闪点低于 −17.7℃。燃点 429℃。相对密度（d_{20}^{20}）0.8711。折射率（n_D^7）1.3597。黏度（0℃）0.31mPa·s。溶于有机溶剂，可与水以任何比例混合。

【质量标准】 GB/T 13098—2006

项目		优等品	一等品
环氧乙烷/%	≥	99.95	99.90
总醛(以乙醛计)/%	≤	0.003	0.01
水/%	≤	0.01	0.05
酸(以乙酸计)/%	≤	0.002	0.010
二氧化碳/%	≤	0.001	0.005
色度(铂-钴色号，Hazen 单位)	≤	5	10

【用途】 重要的有机合成原料之一，主要用于制造乙二醇（制涤纶纤维原料）、合成洗涤剂、非离子型表面活性剂、消毒剂、谷物熏蒸剂、抗冻剂、乳化剂以及缩乙二醇类产品，也用于生产增塑剂、润滑剂、橡胶和塑料等，还可用于火箭等喷气式推进器的燃料。

【制法】 (1) 乙烯直接氧化法。乙烯和空气或氧气在银催化剂存在下，直接气相氧化生成环氧乙烷气于吸收塔内用水吸收，未反应乙烯循环回反应器，吸收液经解吸精馏，得环氧乙烷成品。

(2) 氯醇法。乙烯经次氯酸化生成氯乙醇，然后与氢氧化钙经皂化生成环氧乙烷粗品，再经分馏，制得环氧乙烷成品。

【安全性】 小鼠吸入 LC_{50} 为 1.5mg/L，大鼠吸入 LC_{50} 为 2.63mg/L。环氧乙烷在体内形成甲醛、乙二醇和乙二酸。对中枢神经系统起麻醉作用，并刺激黏膜，毒害细胞原浆。人体吸入高浓度蒸气后，即呈麻醉症状，引起恶心、呕吐。中毒后应立即撤离现场，进行吸氧、人工呼吸等抢救处理。皮肤污染者，用大量清水或 3% 硼酸溶液冲洗 15min 以上，保暖并送医院诊治。设备应密封，防止跑、冒、滴、漏。加强通风设施。操作人员应穿戴防护用具。高浓度环境中更应戴活性炭口罩或压缩空气、压缩厌氧呼吸面具。装置附近应备有水龙头及淋浴设备。在空气中爆炸极限 3%～100%。空气中最高容许浓度 0.001g/m³。因其为易燃、易爆、有毒物品，故应采用专用钢瓶或受压容器包装，每一钢瓶装 300～350kg，压力 1.0MPa。避免高温和日光曝晒，在低温下贮存。用汽车运输，应小心轻放，严禁横滚。按有毒危险品规定贮运。

【参考生产企业】 北京燕山石化公司化工一厂，北京化学工业集团有限责任公司东方化工厂，辽阳石化公司烯烃厂，抚顺石化分公司乙烯化工有限公司，中国石化扬子石油化工有限责任公司，中国石化大连石油化工公司，江苏吴江市金源化工实业公司，西安石油化工总厂，江苏省宜兴市助剂化工二厂，江苏省淮阴清江石油化工有限公司。

Da038 1,2-环氧丙烷

【英文名】 1,2-epoxypropane

【别名】 氧化丙烯；甲基环氧乙烷；propylene oxide；methyloxirane

【CAS登记号】 [75-56-9]

【结构式】

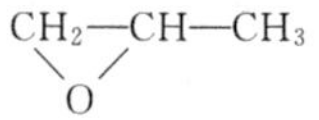

【物化性质】 无色、具有醚类气味的低沸易燃液体。工业产品为两种旋光异构体的外消旋混合物。沸点 34.24℃。凝固点 −112.13℃。闪点 < −37℃。相对密度（d_4^0）0.859。折射率 1.3664。黏度（25℃）0.28mPa·s。与水部分混溶，20℃时水中溶解度 40.5%（重量）；水在环氧丙烷中的溶解度 12.8%（重量），与乙醇、乙醚混溶，并与二氯甲烷、戊烷、戊烯、环戊烷、环戊烯等形成二元共沸物。

【质量标准】 GB/T 14491—2001

项目		优级品	一级品	合格品
色度(铂-钴色号)	≤	5	10	20
酸度(以乙酸计)/%	≤	0.003	0.006	0.010
水分/%	≤	0.02	0.04	0.10
醛(以丙醛计)/%	≤	0.010	0.030	0.100
环氧乙烷/%	≤	0.01	0.10	0.30

【用途】 有机合成的重要原料，用于制造丙二醇、丙烯醇、丙醛、合成甘油、有机酸、合成树脂、泡沫塑料、增塑剂、表面活性剂、乳化剂、湿润剂、洗涤剂、杀菌剂、熏蒸剂等。

【制法】 (1) 氯醇法。由丙烯和氯气、水在常压和 60℃下经次氯酸化生成氯丙醇，再经皂化、凝缩、蒸馏、制得。

(2) 间接氧化法。由乙苯（或异丁烷、异丙苯等）经氧化制成氢过氧化乙苯（或叔丁基过氧化氢、氢过氧化异丙苯等），在环烷酸钼等催化剂存在下，与丙烯进行环氧化反应制得。

(3) 电化氯醇法。利用氯化钠（或氯化钾、溴化钠、碘化钠）的水溶液，经电解生成氯气和氢氧化钠的原理，在阳极区通入丙烯，生成氯丙醇，在阴极区氯丙醇与氢氧化钠作用生成环氧丙烷。

【安全性】 小鼠经口 LD_{50} 为 580mg/kg。环氧丙烷为有毒物质，对皮肤、黏膜均有刺激作用，能损伤眼的角膜和结膜，引起呼吸器官疼痛、皮肤肿胀和灼伤，甚至使组织坏死。吸入其蒸气可影响中枢神经系统，呈现抑郁和呕吐、腹泻、昏迷、虚脱等症状。操作人员应佩戴防毒面罩、护目镜、防护手套。工作场所空气中最大容许浓度 1mg/m³。环氧丙烷为低沸、易燃液体，其蒸气在空气中能自燃或爆炸，应按有毒危险品规定贮运。贮槽和反应器等宜覆盖以惰性气体。容器的温度、压力应保持在 25℃、0.3MPa 以下。施行有关安全防火防爆措施。贮运容器宜用不锈钢制。

【参考生产企业】 天津大沽化工有限公司，河北省石家庄轻工化工总厂，辽宁华锦化工（集团）有限责任公司，中国石化集团金陵石油化工有限责任公司，江西省九江化工厂，山东东大化学工业（集团）公司，山东滨化集团有限责任公司，岳阳石油化工总厂，西安石油化工总厂。

Da039 缩水甘油

【英文名】 glycidol

【别名】 oxiranemethanol; 3-hydroxypropylene oxide; 2,3-epoxy-1-propanol

【CAS登记号】 [556-52-5]

【结构式】

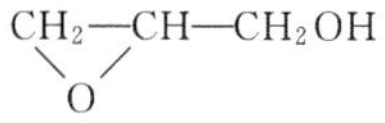

【物化性质】 无色近于无臭的液体。沸点 162～163℃（分解）。熔点 −53℃。闪点 71.5℃。燃点 415℃。相对密度 1.115。折射率 1.4311。黏度（20℃）4.00mPa·s。表面张力（22℃）45.3mN/m。与水、低碳醇、乙醚、苯、甲苯、氯仿等混溶，部分溶于二甲苯、四氯乙烯、1,1,1-三氯乙烷，几乎不溶于脂肪族和脂环族烃类。

【质量标准】 无色液体。含量 98%。

【用途】 主要用作环氧树脂稀释剂、塑料和纤维改性剂、卤代烃类的稳定剂、食品保藏剂、杀菌剂、制冷系统干燥剂和芳烃萃取剂等。缩水甘油的衍生物是树脂、塑料、医药、农药和助剂等工业的原料。

【制法】 (1) 甘油氯醇法。20 世纪 50 年代以前缩水甘油的主要合成方法。

(2) 烯丙醇法。以烯丙醇和过氧化氢在催化剂（如 $NaHWO_4$）的水溶液中进行反应（温度 40～45℃，pH 值 4～5），分离出副产的丙烯醛及未反应的烯丙醇后，经真空蒸馏制得缩水甘油纯品。

【安全性】 可通过皮肤吸入人体。与其接触能引起皮肤、眼、呼吸道、胃肠道黏膜的腐蚀。长期接触将造成皮肤坏死和严重危害眼角膜。操作和处理缩水甘油时必须穿戴安全眼镜、防护手套及有关防护用品。贮存容器必须清洁，以防发生重排和聚合反应。为防止发生聚合反应，常将其贮存在惰性溶剂如苯、甲苯、酮、酯、醚、仲醇或叔醇中。

【参考生产企业】 罗阳县华阳生化有限公司，大连天源基化学有限公司，沈阳金久奇化工有限公司。

Da040 环氧氯丙烷

【英文名】 epichlorohydrin

【别名】 表氯醇；3-氯-1，2-环氧丙烷；chloromethyloxirane；*dl*-*α*-epichlorohydrin；1-chloro-2，3-epoxypropane；*γ*-chloropropylene oxide

【CAS 登记号】 [106-89-8]

【结构式】

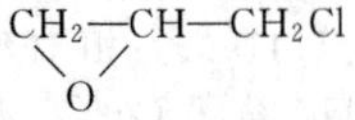

【物化性质】 挥发、不稳定的无色油状液体，有类似氯仿的气味。有毒。沸点 116.11℃。凝固点 －57.2℃。闪点（开杯）40.6℃。自燃点 415.6℃。相对密度 1.18066g/cm³。折射率 1.4382。黏度（28℃）1.03mPa·s。蒸气压（20℃）1.666kPa。与多数有机溶剂混溶，微溶于水。

【质量标准】 GB/T 13097—2007（工业级）环氧氯丙烷

项目	优等品	一等品	合格品
外观	无色透明液体、无机械杂质		
色度(铂-钴色号，Hazen 单位) ≤	15	20	25
水分/% ≤	0.020	0.060	0.100
环氧氯丙烷/% ≥	99.90	99.50	99.00
密度(ρ_{20})/(g/cm³)	1.180～1.183	1.180～1.184	1.179～1.184

【用途】 是合成甘油、环氧树脂、硝化甘油炸药、玻璃钢、电绝缘制品的主要原料。用作纤维素酯、树脂和纤维素醚的溶剂，也是生产增塑剂、稳定剂、表面活性剂及氯丁橡胶的原料。

【制法】 丙烯和氯气经高温氯化制得烯丙基氯，再经次氯酸化、环化、精馏等工艺过程制得环氧氯丙烷。

$$CH_2{=}CHCH_3+Cl_2\xrightarrow{500℃}CH_2{=}CHCH_2Cl+HCl$$

$$H_2O+2Cl_2+Na_2CO_3\xrightarrow{25℃}2HOCl+2NaCl+CO_2$$

$$CH_2{=}CHCH_2Cl+HOCl\xrightarrow{40℃}CH_2OHCHClCH_2Cl$$

$$CH_2OHCHClCH_2Cl+NaOH\xrightarrow{98℃}$$

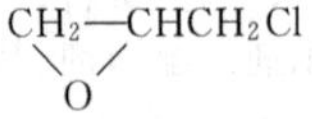

$$+NaCl+CO_2$$

【安全性】 剧毒，大鼠经口 LD_{50} 为 90mg/kg。人体吸入 MLC 20×10^{-6}。可被皮肤吸收，刺激皮肤和黏膜。较高浓度时，有麻醉作用。发生中毒时，有眼睛刺痛、结膜炎、鼻炎、流泪、咳嗽、疲倦、胃肠紊乱、恶心等症状。严重中毒时，可引起麻醉症状，甚至引起肺、肝、肾的损伤。生产设备要密闭，空气要流通，操作人员要佩戴防护用具。此外，环氧氯丙烷有激烈的自聚趋向，不应在明火中加热，以防容器爆裂。在用作试剂进行反应时，宜以惰性溶剂稀释，并缓缓加入。空气中燃烧极限（体积）上限 21.0%，下限

3.8%。空气中最大容许浓度 18mg/m^3。因氯化铁或氯化锡等能促进环氧氯丙烷自聚反应的发生，故宜贮存在干燥清洁的镀锌铁桶中，每桶 200kg。贮存于阴凉、通风、干燥处，要远离火源和热源。按易燃有毒物品规定贮运。

【参考生产企业】 天津化工厂环氧氯丙烷分厂，齐鲁石油化工股份有限公司氯碱厂，中国石化股份有限公司齐鲁分公司，山东海力实业集团有限公司，岳阳石油化工总厂环氧树脂厂。

Da041 氟乙醇

【英文名】 2-fluoroethanol

【别名】 2-氟乙醇；ethylene fluorohydrin；glycol fluorohydrin；2-fluoroethyl alcohol

【CAS登记号】 [371-62-0]

【结构式】 FCH_2CH_2OH

【物化性质】 带有醇气味的无色液体。性质稳定，蒸馏时不分解。化学性质与一般醇类相似，经氧化可得相应的醛和酸。与碱金属或碱土金属反应生成醇盐，再生成醚。沸点 103.5℃。熔点 26.45℃。相对密度 1.1040。折射率（n_D^{18}）1.3647。与水和许多有机溶剂互溶。

【质量标准】 含量（优级品）≥99%；(一级品)≥98%。

【用途】 2-氟乙醇及其衍生物用于毒杀啮齿动物，其衍生物可作除草剂及毒杀一些植物害虫。

【制法】 以 2-氯乙醇与氟化钾在乙二醇类高沸点溶剂中，于 175℃反应制得。

【安全性】 毒性较大，小鼠腹腔注射 LD_{50} 为 60mg/kg。生产设备应密闭，进行负压操作。车间应有良好的通风。操作人员应穿戴防护用具。产品应装入棕色玻璃瓶内，外套木箱包装。

【参考生产企业】 上海市南翔试剂有限公司，江苏常州天元化工厂，无锡市郊区南方化学助剂厂。

Da042 氯乙醇

【英文名】 ethylene chlorohydrin

【别名】 2-氯乙醇；2-chloroethanol；2-chloroethyl alcohol；glycol chlorohydrin

【CAS登记号】 [107-07-3]

【结构式】 $ClCH_2CH_2OH$

【物化性质】 无色透明液体，有毒。沸点 128.7℃。熔点 −62.6℃。闪点（闭杯）57.2℃。相对密度 1.2045。折射率 1.4417。黏度（20℃）3.42mPa·s。表面张力 38.9mN/m。与水、乙醇能按任意比例混合。

【质量标准】 HG/T 2547-93（工业级）氯乙醇溶液

项目		指标
氯乙醇含量/%	≥	32.0
二氯乙烷含量/%	≤	1.0
酸度(以 HCl 计)/%	≤	0.10

【用途】 是重要的有机溶剂和有机合成原料，用于制造合成橡胶、染料、医药中间体及农药等。

【制法】 (1) 氯醇法。以酒精为原料，经氧化铝催化脱水生成乙烯，与氯同时通入水中，氯与水反应生成次氯酸，次氯酸与乙烯加成得稀氯乙醇，再经中和、蒸馏，即得。

(2) 盐酸法。以盐酸和环氧乙烷为原料，经加热反应制得。

【安全性】 有毒，大鼠经口 LD_{50} 为 95mg/kg，空气中大鼠 LC_{50} 为 32×10^{-6}。在机体组织内水解产生氯化氢。吸入高浓度氯乙醇蒸气或者经皮肤接触而吸收，可引起呕吐、头痛、震颤、体温下降、四肢麻痹、心区疼痛而致死。多数情况下是在中毒之后经几小时才陷入危急状态。重症时开始有剧烈头痛，继而出现麻痹、腹泻、反复呕吐、口渴、眼灼热感，终至急性死亡。为防止中毒，设备应密闭，生产现场要求通风良好，操作人员应戴好口罩、手套等防护用具。但橡胶手套不能起到保护作用，因为氯乙醇会透过橡胶手套与皮肤接触而造成危害。如果衣服上沾有氯乙醇应立即脱去，皮肤上沾有氯乙醇应用肥皂洗涤后，再用大量水冲洗。工作场所空气中最高容许浓度 5×10^{-6}。一般用槽车运输，要避免撞击。也可用铁桶包装，每桶 200kg。防止直接接触和蒸气外逸。按有毒物品规定贮运。

【参考生产企业】 上海市南翔试剂有限公司，常州化工厂有限公司，陕西美乐集团公司化工厂，天津市化学试剂一厂，沈阳化学试剂厂，重庆东方试剂总厂。

Da043 溴乙醇

【英文名】 ethylene bromohydrin

【别名】 2-bromoethanol；*β*-bromoethyl alcohol；glycol bromohydrin

【CAS 登记号】 [540-51-2]

【结构式】 $BrCH_2CH_2OH$

【物化性质】 无色或淡黄色吸湿性液体。相对密度 d_4^0 1.7902、d_4^{15} 1.7696、1.7629、d_4^{25} 1.7560、d_4^{30} 1.7494。沸点 bp_{750} 149～150℃（分解）、bp_{20} 56～57℃、bp_{13} 48.5℃。折射率 1.49361。水溶液有甜的灼烧味，能与水混合。溶于石油醚以外的有机溶剂。水溶液遇酸、碱及加热，能加速水解。

【质量标准】

项目	指标
含量/% ≥	97
密度/(g/cm³)	1.766～1.772
折射率(n_D^{20})	1.490～1.492

【用途】 用作溶剂、有机化工原料、分析试剂。

【制法】 以环氧乙烷为原料，与溴化氢反应，反应液经碳酸钠中和、乙醚萃取后，用无水硫酸钠干燥、过滤、减压蒸馏而得。

【安全性】 有毒，比氯乙醇刺激性强。大鼠 LC_{50} 为 32×10^{-6}，豚鼠 LD_{50} 为 0.11g/kg。氯乙醇在空气中最高容许浓度 16mg/m³。要求生产设备密闭、车间保持良好通风、工作人员穿戴防护用具。250mL 玻璃瓶装，外用木箱或纸箱保护。贮存于阴凉、干燥、通风的库房内。按一般化学品规定贮运。

【参考生产企业】 成都曼诚化工有限责任公司，南京阿托化工科技有限公司，江苏昆山日尔化工有限公司。

Da044 1-氯-2-丙醇

【英文名】 *sec*-propylene chlorohydrin

【别名】 *α*-氯丙醇；1-chloro-2-propanol；1-chloroisopropyl alcohol

【CAS 登记号】 [127-00-4]

【结构式】 $CH_3CH(OH)CH_2Cl$

【物化性质】 略具醚臭的无色液体。沸点 127.4℃。闪点（开杯）51.5℃。黏度 (20℃) 4.67mPa·s。密度 1.1132g/cm³。表面张力 32.1mN/m。折射率 1.4394。溶于水、乙醇。

【质量标准】 无色液体。含量 70%。

【用途】 制造环氧丙烷和丙二醇的中间体，广泛用于聚氨基甲酸酯和其他不饱和聚酯树脂等生产。医药上用于合成氯丙嗪。

【制法】 (1) 丙烯次氯酸化法。主要由丙烯与次氯酸在 45～60℃，常压（约 0.12～0.13MPa）下进行加成反应，反应液经中和、蒸馏得成品。

$$CH_3CH{=}CH_2+HClO\xrightarrow{45\sim60℃}CH_3CH(OH)CH_2Cl$$

(2) 环氧丙烷-氯化法。

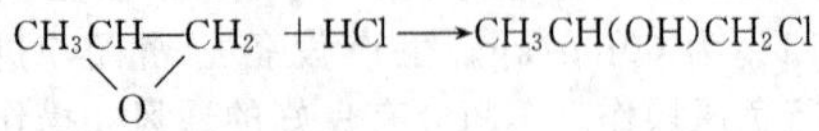

(3) 氯丙烯-硫酸法。

$$CH_2{=}CHCH_2Cl+H_2O\xrightarrow{H_2SO_4}CH_3CH(OH)CH_2Cl$$

【安全性】 有毒。吸入高浓度后内部器官及神经系统受损害，严重者致命。大鼠

LC_{50}为0.08g/m^3。工作场所空气中最高容许浓度16mg/m^3。处理和使用时，宜穿戴氯丁橡胶手套、防护服和面具，以防吸入或经皮肤吸收。能与多种金属发生反应，因而宜贮存于玻璃或陶瓷衬里的碳钢容器中，以防污染和变色。易燃并可分解为剧毒的光气，因而不宜与明火接触。按易燃有毒化学品规定贮运。

【参考生产企业】 浙江上虞奥复托化工有限公司，江苏昆山日尔化工有限公司。

Da045 1,4-二氯-2-丁醇

【英文名】 1,4-dichloro-2-butanol

【CAS登记号】 [2419-74-1]

【结构式】 $CH_2ClCH(OH)CH_2CH_2Cl$

【物化性质】 无色透明或浅棕色透明液体。折射率1.4882。沸程120.2～135℃(12.666～13.332kPa)。溶于乙醇、乙醚、苯，不溶于水。见光易变色。避光保存。

【用途】 医药中间体。

【质量标准】 含量80%～90%。

【制法】 1,2,4-丁三醇与盐酸在100～110℃反应生成1,4-二氯-2-丁醇，反应液经中和、蒸馏得成品。

【安全性】 有毒，有腐蚀性，刺激黏膜和皮肤。生产设备应密闭，防止泄漏，操作人员应佩戴防护用具，避免与人体直接接触。用铁罐包装，每罐1kg，内衬聚乙烯袋。贮存于阴凉、通风处，避光、避热，远离火源。按易燃有毒化学品规定贮运。

【参考生产企业】 湖北盛天恒创生物科技有限公司，上海宝曼生物科技有限公司。

Da046 β,β,β-三氯叔丁醇

【英文名】 β,β,β-trichloro-tert-butyl alcohol

【别名】 三氯叔丁醇；1,1,1-三氯叔丁醇

【CAS登记号】 [6001-64-5]

【结构式】 $(CH_3)_2C(OH)CCl_3 \cdot 1/2H_2O$

【物化性质】 无色结晶体，具有樟脑气味，易升华。以含半分子结晶水型和无水型两种结晶存在。含半分子结晶水型者熔点78℃，微溶于水(1∶250)，易溶于乙醇(1∶1)、甘油(1∶10)、乙醚、氯仿及挥发油。无水型者熔点97℃，沸点167℃，易溶于热水，1g能溶于1mL乙醇或10mL甘油中，溶于乙醚、石油醚、丙酮、氯仿、冰醋酸、油类。

【用途】 主要用作医药原料，可制作防腐药、止吐药及局部镇痛药。其1%水溶液或5%～10%软膏可消毒杀菌。还可用于有机合成。

【制法】 将丙酮与氯仿混合，缓缓加入KOH(或NaOH)溶液，在15℃以下进行缩合反应，反应完毕，过滤，滤液蒸馏，回收未反应的丙酮与氯仿，然后倒入冰水中，即析出结晶，用蒸馏水洗涤至无氯离子反应，在50～55℃干燥即得成品。

【安全性】 毒性很小，狗经口MLD 238mg/kg。瓶装，每瓶净重500g，20瓶装一箱。按一般化学品规定贮运。

【参考生产企业】 温州市化学用料厂，昆山日尔化工有限公司。

Da047 3-氯-1,2-丙二醇

【英文名】 α-chlorohydrin

【别名】 α-氯甘油；氯甘油；3-氯丙二醇；3-chloro-1,2-propanediol；3-chloro-1,2-dihydroxypropane；α-monochlorohydrin；β,β′-dihydroxyisopropyl chloride；glycerol α-monochlorohydrin；3-chloropropylene glycol

【CAS登记号】 [96-24-2]

【结构式】 $CH_2OHCHOHCH_2Cl$

【物化性质】 无色液体，放置后逐渐变成微带绿色的黄色液体。有愉快气味。相对密度1.3204。凝固点－40℃。折射率1.4809。沸点213℃(分解)、116℃(1.466kPa)。溶于水、乙醇、乙醚和丙酮。微溶于甲苯，不溶于苯、石油醚和四

氯化碳。易吸潮。

【质量标准】 含量≥90%。

【用途】 主要用作醋酸纤维等的溶剂，用作增塑剂、表面活性剂、染料中间体、药物如喘定等的原料。

【制法】 (1) 环氧氯丙烷水解法。环氧氯丙烷水解制得 3-氯-1,2-丙二醇，再经分馏得成品。

$$CH_3CH\!\!-\!\!CHCH_2Cl\ (\text{环氧，O 桥接}) + H_2O \xrightarrow[90\sim95^{\circ}C]{H_2SO_4} CH_2OHCHOHCH_2Cl$$

(2) 甘油氯化法。

$$CH_2OH\text{—}CHOH\text{—}CH_2OH \xrightarrow[\text{乙酸}]{HCl} CH_2OHCHOHCH_2Cl$$

【安全性】 大鼠经口 LD_{50} 为 150mg/kg，小鼠经口 LD_{50} 为 160mg/kg，大鼠吸入 MLC125mg/m^3。其防护措施参见氯乙醇。

【参考生产企业】 天津化学试剂有限公司，沈阳化学试剂厂。

Da048 甲醇钠

【英文名】 sodium methoxide

【别名】 甲氧基钠；sodium methylate

【CAS 登记号】 [124-41-4]

【结构式】 CH_3ONa

【物化性质】 无色无定形细粉末，对空气与湿气敏感，易燃。溶于甲醇、乙醇，遇水分解成甲醇和氢氧化钠。

【质量标准】 HG/T 2561—94（工业级）甲醇钠甲醇溶液

项目	指标
外观	无色至淡黄色微带浊状黏稠性液体
甲醇钠含量/%	27.5～31.0
水分/% ≤	0.35

【用途】 用作缩合剂和强碱性催化剂，以及甲氧基化剂。用于制取维生素 B_1 及 A、磺胺嘧啶等药物。少量用于农药生产。也可用作处理食用脂肪和食用油，特别是处理猪油的催化剂。还可用作分析试剂。

【制法】 氢氧化钠与甲醇在 85～100℃连续反应脱水制得。

【安全性】 甲醇钠溶液中的甲醇有剧毒。甲醇钠有强腐蚀性，能刺激眼睛和鼻子。吸入高浓度蒸气会引起强烈的刺激，严重者会影响呼吸，造成眩晕，经抢救可以恢复。但长时间吸入高浓度蒸气，会引起肺水肿而致死。应防止吸入蒸气和接触皮肤。此外，生产过程中应注意安全措施，设备应密闭，操作人员应穿戴防护用具。用铁桶密封包装，每桶 200kg，贮存于阴凉、通风、干燥处，防火、防热、防晒。按易燃化学品规定贮运。

【参考生产企业】 江苏金龙集团公司，山东新华医药集团淄川化工有限责任公司，湖北省宜化集团有限责任公司，山东省淄博市辛龙化工股份有限公司，重庆市昆仑化工厂，浙江台州东海化工有限公司，济南鲁康化学工业有限公司。

Da049 乙醇钠

【英文名】 sodium ethoxide

【别名】 乙氧基钠；sodium ethylate；caustic alcohol

【CAS 登记号】 [141-52-6]

【结构式】 CH_3CH_2ONa

【物化性质】 白色或微黄色吸湿性粉末，在空气中易分解，贮存中会变黑。遇水迅速分解成氢氧化钠和乙醇，溶于无水乙醇而不分解。

【质量标准】

项目	指标
外观	淡黄色或浅棕色液体
总碱量/%	16.5～18.0
含苯量/% ≤	3
游离碱/% ≤	0.10

【用途】 用作强碱性催化剂、乙氧基化剂

以及作为一种凝聚剂和还原剂用于有机合成中。医药工业用于制苯巴比妥、保泰松、扑痫酮、甲基多巴、丁卡因盐酸盐、易咳嗪、氨蝶呤、乙胺嘧啶、匹呋氨苄青霉素等。此外，还用于农药及作分析试剂。

【制法】 (1) 苯、乙醇、水三元共沸法。将固体氢氧化钠溶于乙醇和纯苯溶液中(或环己烷和乙醇溶液中)，加热回流，通过塔式反应器连续反应脱水，使总碱量和游离碱达到标准为止。塔顶蒸出苯、乙醇和水的三元共沸混合物，塔底得到乙醇钠的乙醇溶液。

(2) 金属钠法。由金属钠与无水乙醇作用而得。

【安全性】 无毒，是强有机碱，暴露在潮湿的空气中时，生成氢氧化钠而具有强腐蚀性。当接触皮肤或眼睛时，产生强腐蚀和刺激性。应防止与皮肤直接接触。并应配备必要的防护用品，如眼镜、手套和工作服等。用铁桶密封包装，每桶 200kg 或 160kg。贮运中要防火、防水、防潮。按易燃有毒化学品规定贮运。

【参考生产企业】 天津市东丽区福利有机化工厂，景德镇市开门子药用化工有限公司，山东新华医药集团有限责任公司，山东新华医药集团淄川化工有限责任公司，淄博市临淄金丰园化工厂。

Da050 甲醚

【英文名】 methyl ether

【别名】 二甲醚；oxybismethane；dimethyl ether

【CAS 登记号】 [115-10-6]

【结构式】 CH_3OCH_3

【物化性质】 无色易液化气体，燃烧时火焰略带光亮。沸点 −24.9℃。熔点 −141.5℃。相对密度 1.617 (空气＝1)、密度 0.661g/cm^3。气体黏度 (20℃) 85.5μPa·s。闪点 (开杯) −41.4℃。自燃点 350℃。表面张力 (−20℃、气相) 18mN/m。临界温度 128.8℃。临界压力 5.32MPa。临界密度 0.2174g/mL。溶于水、汽油、四氯化碳、苯、氯苯、丙酮及乙酸甲酯。

【质量标准】 无色气体。含量≥99%。

【用途】 甲醚主要作为甲基化剂，用于生产硫酸二甲酯及合成 *N*,*N*-二甲基苯胺、醋酸甲酯、醋酐、亚乙基二甲酯和乙烯等。也可以用作冷冻剂、发泡剂、溶剂、浸出剂、萃取剂、麻醉剂、民用复合乙醇及氟利昂气溶胶的代用品，用于护发、护肤、药品和涂料中。作为各类气雾推进剂。

【制法】 (1) 甲醇催化脱水法。甲醇蒸气在 350～400℃、1.4709MPa 下，通过磷酸铝催化剂，进行气相脱水制得。

$$2CH_3OH \xrightarrow{-H_2O} CH_3OCH_3$$

(2) 原甲酸三甲酯法。

$$HC(OCH_3)_3 \xrightarrow{FeCl_3} CH_3OCH_3 + HCOOCH_3$$

【安全性】 甲醚易燃、易爆。麻醉性比乙醚弱。浓度在 7.5mg/L 以下时，对人体可引起轻度不适感，23min 可致麻醉，26min 后失去知觉。小鼠麻醉浓度约为 12%。接触皮肤可致皮炎。操作人员宜戴口罩及橡胶手套。空气中爆炸极限 3.45%～26.7% (体积)。在生产、处理、贮存及运输中都应特别注意避开火源和加压蒸汽等。按易燃品规定贮运。其余参见乙醚。

【参考生产企业】 天津市大正化学试剂有限公司，江苏省吴县合成化工厂，武汉青江化工股份有限公司，广东省中山凯达精细化工股份有限公司。

Da051 乙醚

【英文名】 ethyl ether

【别名】 二乙醚；乙氧基乙烷；1,1-exybisethane；ethoxyethane；ether；sulfuric ether; anesthetic ether

【CAS登记号】 [60-29-7]

【结构式】 $C_2H_5OC_2H_5$

【物化性质】 无色易挥发的流动液体，易燃、味甜、有芳香气味。具有吸湿性。沸点34.5℃。闪点（闭杯）-49℃。凝固点-116.3℃。自燃点180～190℃。相对密度0.7145。折射率1.3527。黏度（20℃）0.23mPa·s。蒸气压（20℃）58.9283kPa。表面张力（20℃）17.3mN/m。比热容（30℃）2.29kJ/kg·℃。摩尔蒸发潜热（30℃）26.02kJ/mol。临界温度194。临界压力3.60MPa。溶于乙醇、苯、氯仿及石油，微溶于水。

【质量标准】 GB/T 12591—2002（试剂级）乙醚

项目		分析纯	化学纯
乙醚[$(CH_3CH_2)_2O$]/%	≥	99.5	98.5
色度(黑曾单位)		10	20
密度(20℃)/(g/mL)		0.713～0.715	0.713～0.717
蒸发残渣/%	≤	0.001	0.001
酸度(以H^+计)/(mmol/100g)	≤	0.02	0.05
过氧化物(以H_2O_2计)/%	≤	0.00003	0.00010
甲醇(CH_3OH)/%	≤	0.02	0.05
乙醇(C_2H_5OH)/%	≤	0.3	0.5
水(H_2O)/%	≤	0.2	0.3
羰基化合物(以CO计)/%	≤	0.001	0.002
易炭化物质		合格	合格

【用途】 在有机合成中主要用作溶剂。在生产无烟火药、棉胶和照相软片时，与乙醇混合用于溶解硝酸纤维素。在医药上是重要的麻醉剂。此外，还可用作化学试剂。

【制法】 (1) 乙醇-硫酸法。乙醇以浓硫酸为脱水剂，在130～135℃下反应，生成乙醚，再经中和、分馏，得成品。

(2) 从乙烯水合制乙醇副产物回收法。乙醚的主要工业来源是乙烯水合制乙醇时的副产品。乙烯催化水合制乙醇时，当采用固体磷酸催化剂时，约有2%～3%收率的乙醚生成，而在硫酸水合法中，乙醚收率可达8%～10%。根据需要调整反应条件，还可改变乙醇与乙醚的比例或专用于生产乙醚。

【安全性】 乙醚是一种有毒物质。长久呼吸乙醚气体能使呼吸器官受到刺激，发炎，记忆力减弱，产生颓伤情绪等。饮入30～60mL即可致死。燃烧时产生毒物，可使人昏迷，甚至死亡。乙醚急性中毒初期呈现兴奋状态，然后引起麻醉、呕吐，进而发绀，体温下降，四肢发冷，有时会突然停止呼吸、脉搏微弱、瞳孔放大，但不会死亡，故用作麻醉剂危险性小。严重急性中毒时，会引起呕吐，咳嗽、无力，且常常并发肾炎、支气管炎和肺炎。乙醚为一级易燃品，极易燃烧，遇明火即爆炸，能生成爆炸性过氧化物，与过氯酸或氯作用也发生爆炸。在气候炎热或强烈日光下能自行膨胀，较汽油更危险。中毒者应撤离现场，移至新鲜空气处，注意患者保温，输氧气，并诊治。生产设备应严格密封，现场保持良好通风。操作人员应穿戴好防护用具，定期进行体检。爆炸极限1.85%～36.5%（-45～13℃）。空气中最高容许浓度1200mg/L。用铁桶包装，每桶240L。宜贮存于阴凉、干燥、通风的地下室，室温应低于25℃。贮运时避免剧烈振动，防止撞击、曝晒，应与氧化剂隔离，炎热季节不得在烈日下运输。包装物上应标以“危险品”标志

【参考生产企业】 河北省辛集市精细化工厂，河北省邯郸市林峰精细化工有限公司，山东淄博市临淄东方红化工厂，北京昊科尔化工有限公司。

Da052 （正）丙醚

【英文名】 propyl ether

【别名】 二丙醚；丙氧基丙烷；1,1′-oxybispropane；dipropyl ether

【CAS登记号】 [111-43-3]

【结构式】 $CH_3CH_2CH_2OCH_2CH_2CH_3$

【物化性质】 易流动，挥发和极易着火的液体。沸点 90.5℃。熔点 −122℃。闪点（开杯）−20℃。相对密度 0.7360。折射率 1.3809。微溶于水，能与乙醇和其他醚类互溶，易生成爆炸性的过氧化物，因而制造过程不可蒸馏至干，以免引起爆炸。

【用途】 用作溶剂及有机合成原料。分析化学中用作化学试剂。

【制法】 (1) 以正丙醇与硫酸或苯磺酸共热脱水制取。

$$2CH_3CH_2CH_2OH \xrightarrow[\triangle]{H_2SO_4} 本品 + H_2O$$

(2) 正丙醇在载于氧化镁上的镍催化剂作用下，于 200℃进行气相脱水，即得丙醚。

$$2CH_3CH_2CH_2OH \xrightarrow[200℃]{Ni催化剂/MgO} 本品 + H_2O$$

【安全性】 有麻醉作用。生产设备应密闭。车间应有良好的通风。操作人员应穿戴防护用具。易着火，因此贮存、搬运及使用中应特别注意避开火源。

【参考生产企业】 上海试一化学试剂有限公司，郑州派尼化学试剂厂。

Da053 异丙醚

【英文名】 isopropyl ether

【别名】 二异丙醚；2-isopropoxypropane；diisopropyl ether；DIPE；2,2′-oxybispropane

【CAS登记号】 [108-20-3]

【结构式】 $(CH_3)_2CHOCH(CH_3)_2$

【物化性质】 无色易燃液体，具有流动性和中等挥发性，有醚类的特殊气味。沸点 68.4℃。闪点 −22℃。冰点 −86.4℃。相对密度 0.72813。折射率 1.3679。黏度(25℃) 0.379mPa·s。表面张力（23℃）32mN/m。能与水、异丙醇、丙酮、乙腈、乙醇组成共沸物。

【用途】 作为重要的溶剂广泛应用于制药、涂料清洗方面。异丙醚具有高辛烷值及抗冻性能，可用作汽油掺和剂。

【制法】 (1) 异丙醇脱水法。由异丙醇与浓硫酸或苯磺酸共热脱水制取。

$$(CH_3)_2CHOH \xrightarrow[C_6H_5SO_3H]{H_2SO_4} (CH_3)_2CHOCH(CH_3)_2$$

(2) 离子交换树脂法。

$$(CH_3)_2CHOH + CH_3CH{=}CH_2 \xrightarrow{离子交换树脂} (CH_3)_2CHOCH(CH_3)_2$$

(3) 催化合成法。由异丙醇与丙烯催化缩合制得。

【安全性】 老年大鼠、年轻的成年大鼠、成年大鼠经口 14 天 LD_{50} (mL/kg) 分别为：6.4、16.5、16.0。兔类 LC 为 1.6%。其麻醉作用比乙醚轻，但持久。人处于 3%以上浓度的空气中会造成危害，其毒性为乙醚的 1.5～2.0 倍。操作人员宜戴口罩。易燃、易挥发。为防止着火与中毒，工作场所应有良好的通风。

【参考生产企业】 中国石油锦州石化公司，上海日尔化工有限公司，昆山市石浦年沙助剂厂。

Da054 (正)丁醚

【英文名】 *n*-butyl ether

【别名】 二丁醚；butyl ether；*n*-dibutyl ether；1,1′-oxybisbutane

【CAS登记号】 [142-96-1]

【结构式】 $CH_3(CH_2)_3O(CH_2)_3CH_3$

【物化性质】 具有类似水果气味的透明液体，微有刺激性。燃烧时能产生刺激性极强的化合物。沸点 142℃。熔点 −98℃。闪点（开杯）30.6℃、(闭杯) 37℃。相对密度 0.7704、(d_4^0) 0.7481。黏度 (15℃) 0.741mPa·s。蒸发热 288kJ/kg。表面张力（15℃）23.4mN/m。几乎不溶于水。

【质量标准】

项目	指标
含量/%	99.5
色度/(APHA)	15
沸程/℃	137～143
酸度(以丁酸计)/%	0.02
水含量/%	0.10
闪点(开杯)/℃	37

【用途】 可用作树脂、油脂、有机酸、酯、蜡、生物碱、激素等的萃取和精制溶剂。和磷酸丁酯的混合溶液可用作分离稀土元素的溶剂。还可用作格氏试剂，橡胶、农药等的有机合成反应溶剂。

【制法】 (1) 以正丁醇用硫酸脱水制取。

(2) 正丁醇在三氯化铁，硫酸铜或氧化铝上进行催化脱水制取。

【安全性】 大鼠经口 LD_{50} 为 7.4 g/kg，家兔经皮 LD_{50} 为 10mL/kg，对皮肤有强烈的刺激作用，可经皮肤吸收。正丁醚会生成爆炸性的过氧化合物，为了防止着火和中毒，应注意生产和贮存库房应有良好的通风，设备及包装均应密闭，防止泄漏。远离火种、热源。搬运时应轻装、轻卸、避免撞击、防止包装破损。

【参考生产企业】 山东淄博市临淄东方红化工厂，常熟市中杰化工有限公司，宜兴市中港精细化工有限公司。

Da055 甲基叔丁基醚

【英文名】 methyl tert-butyl ether

【别名】 2-甲基-2-甲氧基丙烷；2-methyl-2-methoxypropane；*tert*-butyl methyl ether；MTBE

【CAS 登记号】 [1634-04-4]

【结构式】 $(CH_3)_3C(OCH_3)$

【物化性质】 无色、低黏度液体，具有类似萜烯的臭味。沸点 55.3℃。凝固点 −108.6℃。闪点（闭杯）−28℃。燃点 460℃。相对密度 0.7407。折射率 1.3694。黏度（20℃）0.36mPa·s。蒸气压（25℃）32.664kPa。临界温度 223.95℃。临界压力 3.43MPa。微溶于水，但与许多有机溶剂互溶，与某些极性溶剂如水、甲醇、乙醇可形成共沸混合物。

【质量标准】

项目	指标
外观	无色透明液体、无机械杂质
甲基叔丁基醚含量/%	97
C_4/%	0.3
$H_2O/\times10^{-6}$	280

【用途】 用作高辛烷值汽油掺加组分。作为有机合成原料，可制高纯度的异丁烯。还可用于生产 2-甲基丙烯醛、甲基丙烯酸及异戊二烯等。另外，还可用作分析溶剂、萃取剂。

【制法】 以甲醇与含异丁烯的 C_4 馏分为原料，温度 40～100℃，压力 0.7～1.4MPa 反应条件时，在磺酸型二乙烯苯交联的聚苯乙烯强酸性阳离子交换树脂存在下，进行催化醚化、分离、提纯，制得成品。

【安全性】 微毒。老鼠经口 LD_{50} 为 3865mg/kg，皮肤吸收 LD_{50} ＞10000 mg/kg。有轻度麻醉作用。对眼有刺激作用，溅入眼睛后应立即用大量水冲洗 15min 以上，并就医诊治。操作中应戴防护目镜及橡胶手套。空气中爆炸极限 1.65%～8.4%（体积）。贮存容器和密封材料与贮存汽油的要求相同，对容器材质无特殊要求，如铁、锌、铝都可应用，也可使用聚乙烯制的容器。因本品为可燃液体，装载容器应注明“易燃品”字样，按易燃品规定贮运。

【参考生产企业】 中国石化北京燕化石油化工股份有限公司，中国石油天然气股份有限公司抚顺石化分公司，吉化集团吉林市锦江油化厂，吉林化学工业股份有限公司有机合成厂，黑龙江石油化工厂，大庆石化公司化工一厂，中国石化股份有限公司齐鲁分公司，岳阳兴长石化股份有限公司，中国石油天然气股份有限公司独山子石化分公司。

Da056 乙二醇单甲醚

【英文名】 ethylene glycol monomethyl ether

【别名】 羟乙基甲基醚；2-甲氧基乙醇；甲基溶纤剂；methyl cellosolve；2-methoxyethanol

【CAS 登记号】 [109-86-4]

【结构式】 $HOCH_2CH_2OCH_3$

【物化性质】 无色透明液体，具有令人愉快的气味，有毒。沸点（102.391kPa）125℃。熔点－85.1℃。闪点 46.1℃。自燃点 288.3℃。相对密度 0.9663。折射率 1.4028。与水、乙醇、乙醚、甘油、丙酮、*N*,*N*-二甲基甲酰胺混溶。

【用途】 各种油脂类、硝酸纤维素、醇溶性染料和合成树脂的溶剂，测定铁、硫酸盐和二硫化碳的试剂，珐琅和清漆的快干溶剂，涂层的稀释剂，染料工业中的渗透剂和匀染剂。还用于配制密封剂。作为有机化合物生产的中间体，乙二醇单甲醚主要用于醋酸酯及乙二醇二甲醚的合成。也是生产二（2-甲氧乙基）苯二甲酸酯增塑剂的原料。另外，还可用作军用喷气染料的抗冻添加剂。

【制法】 先将甲醇投入三氟化硼-乙醚络合物中，在搅拌下缓缓通入环氧乙烷，使生成乙二醇单甲醚，加碱中和，常压蒸馏出多余甲醇并回收，减压蒸出所需产物。

【安全性】 有毒，大鼠经口 LD_{50} 为 2460mg/kg，豚鼠经口 LD_{50} 为 950 mg/kg，小鼠（空气中 7h）LC_{50} 为 4.6 mg/L。能引起贫血症（巨红细胞型），出现新生颗粒性白细胞并引起中枢神经系统障碍。操作人员应穿戴防护用具。工作场所空气中最高容许浓度 80mg/m³。采用玻璃或铁桶包装，每桶 4.5L、22.5L 或 240L。按有毒化学品规定贮运。

【参考生产企业】 吉化公司辽源有机化工厂，中国天津石油化工公司第三石油化工厂，张家港市东方化工实业总公司，青岛天音化工有限公司。

Da057 乙二醇单乙醚

【英文名】 ethylene glycol monoethyl ether

【别名】 羟乙基乙基醚；2-乙氧基乙醇；（乙基）溶纤剂；2-ethoxyethanol；ethyl cellosolve

【CAS 登记号】 [110-80-5]

【结构式】 $HOCH_2CH_2OC_2H_5$

【物化性质】 无色液体，几乎无臭。沸点 135℃；凝固点－70℃。相对密度（d_{20}^{20}）0.931、（d_4^{40}）0.9297。折射率（n_D^{25}）1.4060。黏度（20℃）2.1mPa·s。闪点（开杯）49℃、（闭杯）44℃。流动点小于 37.7℃。自燃点 237.78℃。表面张力（25℃）28.2mN/m。蒸气压 0.706kPa。与水、乙醇、乙醚、丙酮及液体酯类混溶，能溶解多种油类、树脂及蜡等。

【质量标准】

项目	指标(分析纯)
沸程(馏出 95%)/℃	133.5～135.5
相对密度(d_4^{20})	0.928～0.931
水溶解度	合格
醇溶解度	合格
游离酸(以乙酸计)/% <	0.01
醛和酮/% <	0.0001
灼烧残渣/% <	0.005

【用途】 可用作硝基赛璐珞、假漆、天然和合成树脂等的溶剂，还可用于皮革着色剂、乳化液稳定剂、涂料稀释剂、脱漆剂和纺织纤维的染色剂等。另外，还是生产乙酸酯的中间体。

【制法】 环氧乙烷与乙醇反应，反应产物经回收乙醇后用氢氧化钠中和、分馏得粗品，精制，收集 133.5～135.5℃馏分制得成品。

【安全性】 可经皮肤吸收的毒物。大鼠经口 LD_{50} 为 3g/kg，大鼠 LC 为 2000×10^{-6}。工作场所空气中最高容许浓度 $740mg/m^3$。操作人员应穿戴防护用具。本品为第二级易燃液体。可用桶装或瓶装。防火、防爆，贮存于阴凉、通风处，应与氧化剂隔离。按易燃有毒化学品规定贮运。

【参考生产企业】 江苏银燕化工股份有限公司，中国天津石油化工公司第三石油化工厂，张家港市东方化工实业总公司，青岛天音化工有限公司。

Da058 乙二醇单乙醚醋酸酯

【英文名】 2-ethoxyethyl acetate

【别名】 2-乙二氧基乙酸乙酯；2-ethoxyethanol acetate；cellosolve acetate；ethylene glycol monoethyl ether acetate

【CAS登记号】 [111-15-9]

【结构式】 $C_2H_5OCH_2CH_2OOCCH_3$

【物化性质】 无色液体。沸点 156.3℃。熔点 −61.7℃。闪点 51℃（闭杯）、66℃（开杯）。燃点 379℃。相对密度（d_{20}^{20}）0.975、折射率（20℃）1.4055。溶于水，可以与一般溶剂混溶。

【质量标准】

项目		指标
含量/%	≥	99.5
色度(Pt-Co,色号, Hazen单位)	≤	20
酸度(以HAc计)/%	≤	0.03
水分/%	≤	0.1

【用途】 用作溶剂，与其他化合物配合用作皮革黏合剂、油漆剥离剂、金属热镀抗腐蚀涂料等。

【制法】 (1) 乙二醇单乙醚法。

$$C_2H_5OCH_2CH_2OH \xrightarrow[H_2SO_4]{(CH_3CO)O} \text{本品}$$

(2) 2-乙氧基乙酸与乙醇反应法。

$$C_2H_5OH + C_2H_5OCH_2COOH + HCl \longrightarrow \text{本品}$$

(3) 醋酸乙酯与乙氧基乙醇酯交换法。

$$CH_3COOC_2H_5 + C_2H_5OCH_2CH_2OH \longrightarrow \text{本品} + C_2H_5OH$$

(4) 醋酸与乙氧基乙醇反应法。

$$CH_3COOH + C_2H_5OCH_2CH_2OH \longrightarrow \text{本品} + H_2O$$

(5) 环氧乙烷和醋酸乙酯反应法。

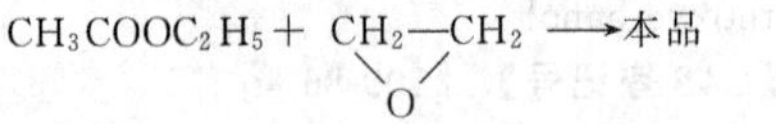

【安全性】 大鼠经口 LD_{50} 为 5.1 g/kg。经呼吸道及消化道吸收，对肾脏有损伤，接触后的症状有咽喉痛、咳嗽、精神迟钝、头痛、恶心。对眼睛和呼吸道有刺激，经常接触也可脱皮脂。用铁桶或玻璃瓶外用木箱或钙塑箱加固内衬垫料包装。贮存于阴凉、通风的库房中，远离热源、火种，避免阳光直射，与氧化剂隔离贮运。

【参考生产企业】 青岛天音化工有限公司，中国天津石油化工公司第三石油化工厂。

Da059 乙二醇单丁醚

【英文名】 ethylene glycol monobutyl ether

【别名】 羟乙基乙基醚；2-丁氧基乙醇；丁基溶纤剂；2-butoxyethanol；butyl cellosolve

【CAS登记号】 [111-76-2]

【结构式】 $HOCH_2CH_2OC_4H_9$

【物化性质】 无色易燃液体，具有中等程度醚味，低毒。沸点 171℃。闪点 61.1℃。自燃点 472℃。相对密度 0.9012、（d_{20}^{20}）0.9019。折射率 1.4198。蒸气压（20℃）0.101kPa。溶于 20 倍的水，溶于大多数有机溶剂及矿物油。与石油烃具有高的稀释比。

【质量标准】

项目	指标
相对密度(d_4^{20})	0.901～0.904
沸程(馏出量 95%时)/℃	169～172
折射率(n_D^{20})	1.418～1.420
水溶解度	合格
醇溶解度	合格
游离酸(以乙酸计)/% <	0.01
不挥发物/% <	0.005
水分/% <	0.03

【用途】 主要用作硝酸纤维素、喷漆、快干漆、清漆、搪瓷和脱漆剂的溶剂。还可作纤维润湿剂、农药分散剂、树脂增塑剂、有机合成中间体。测定铁和钼的试剂及改进乳化性能和将矿物油溶解在皂液中的辅助溶剂。

【制法】 先将丁醇加在三氟化硼-乙醚络合物中，于25～30℃通入环氧乙烷后，自动升温至80℃左右，即完成加成反应。反应产物经回收丁醇后中和、蒸馏得粗品，再经分馏，得成品。

【安全性】 具有中等毒性。大鼠经口LD_{50}为1480mg/kg，小鼠LC为700×10^{-6}。工作场所空气中最高安全性容许浓度240mg/m^3。操作设备应密闭，保持良好通风，操作人员应穿戴防护用具。采用桶装或瓶装。为第三级可燃液体。贮存于阴凉、通风处。按易燃有毒化学品规定贮运。

【参考生产企业】 青岛天音化工有限公司，中国天津石油化工公司第三石油化工厂，张家港市东方化工实业总公司。

Da060 1,2-丙二醇-1-单甲醚

【英文名】 1,2-propyleneglycol-1-monomethyl ether

【别名】 1-甲氧基-2-丙醇；2-羟丙基甲基醚；丙二醇单甲醚；1-methoxy-2-propanol

【CAS登记号】 [107-98-2]

【结构式】 $CH_3CH(OH)CH_2OCH_3$

【物化性质】 无色透明易燃的挥发性液体。沸点121℃。熔点－95℃（低于此温度成为玻璃体）。闪点（开杯）36℃。相对密度0.9234。折射率1.4036。黏度（20℃）1.9mPa·s。蒸气压（20℃）1070Pa。汽化热32.64kJ/mol。与水混溶。

【质量标准】

项目	指标
外观	无色透明液体，无机械杂质
沸程/℃	116～136
相对密度(d_{20}^{20})	0.920～0.930
酸度(以乙酸计)/% ≤	0.02
含量/% ≥	95

【用途】 作为溶剂、分散剂或稀释剂用于涂料、油墨、印染、农药、纤维素、丙烯酸酯等工业。也可用作燃料抗冻剂、清洗剂、萃取剂、有色金属选矿剂等。还可用作有机合成原料。

【制法】 1,2-环氧丙烷与甲醇在催化剂存在下进行反应，反应产物经粗馏、精馏制得成品。

【安全性】 小鼠经口LD_{50}为6.6g/kg。蒸气对动物的眼及鼻黏膜有刺激作用，饱和浓度（18.4～36.8mg/L）中，数小时致死。液体接触家兔皮肤可致麻醉，长期或较大剂量（＞10mL/kg）接触时，可致死。操作中应穿戴防护用具。此外，还应就地除去所生成的蒸气，保护皮肤。为易燃液体，应按易燃液体处理。贮槽和反应器等宜以干燥氮气覆盖。电器设备宜防爆。按易燃物规定贮运

【参考生产企业】 青岛天音化工有限公司，江苏银燕化工股份有限公司，吉化公司辽源有机化工厂。

Da061 一缩二乙二醇单乙醚

【英文名】 carbitol

【别名】 二甘醇单乙醚；卡必醇；diethylene glycol monoethyl ether; ethyl digol; 2-(2-ethoxyethoxy)ethanol

【CAS登记号】 [111-90-0]

【结构式】 $C_2H_5OCH_2CH_2OCH_2CH_2OH$

【物化性质】 无色、吸水性稳定微黏的液体。可燃。有中等程度令人愉快的气味。沸点196℃。熔点−78℃。闪点（开杯）96.1℃。相对密度（d_4^{25}）0.9855、（d_{20}^{20}）1.0273。折射率1.4273。黏度（20℃）4.5mPa·s。蒸气压（20℃）<130Pa。摩尔汽化热47.10kJ/mol。与水、丙酮、苯、氯仿、乙醇、乙醚、吡啶等混溶。

【质量标准】

项目	指标(化学纯)
相对密度(d_4^{20})	0.985～0.990
沸程(馏出95%)/℃	200～203
折射率(n_D^{20})	1.427～1.429
不挥发物/% ≤	0.01

【用途】 可用作纤维素、树脂、树胶、涂料、喷漆等的溶剂。印刷用油墨溶剂、矿物油-皂和矿物油-硫化油混合物的互溶剂、非涂料着色剂、纤维印染剂、清漆及色漆稀释剂。

【制法】 (1) 环氧乙烷法。先在反应器中加入无水乙醇、三氟化硼、乙醚溶液，再加入环氧乙烷。当反应温度升至45℃时，冷却，控制反应温度在70℃以下。反应完成后，经中和、减压蒸馏，收集90℃（0.1MPa）以下的馏分，即得成品。

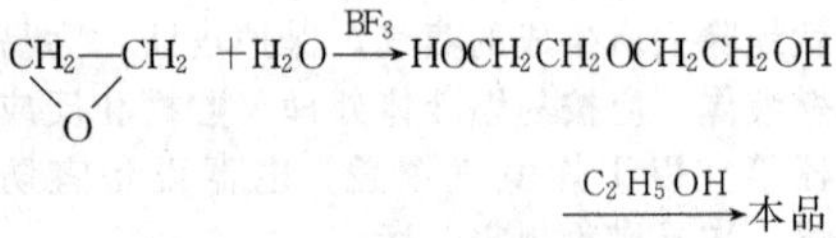

(2) 二甘醇法。由二甘醇和硫酸二乙酯反应制得。

$$HO(CH_2CH_2O)_2H \xrightarrow{(C_2H_5)_2SO_4} 本品$$

【安全性】 大鼠经口LD_{50}为8690mg/kg。对中枢神经系统有抑制作用。避免长期接触皮肤。操作人员应戴防毒口罩，避免长期大量吸入。采用玻璃瓶包装，外用木箱加固，防撞击、防热、防火。按易燃有毒物品规定贮运。

【参考生产企业】 江苏银燕化工股份有限公司，张家港市东方化工实业总公司，青岛天音化工有限公司。

Da062 三乙二醇醚

【英文名】 triethylene glycol

【别名】 三甘醇；三乙二醇；二缩三乙二醇；2,2′-ethylenedioxybis(ethanol)；2,2′-[1,2-ethanediylbis(oxy)] bisethanol

【CAS登记号】 [112-27-6]

【结构式】

$$HOCH_2CH_2OCH_2CH_2OCH_2CH_2OH$$

【物化性质】 无色透明稍带甜味的稳定的黏稠液体。沸点289.4℃。凝固点−7.2℃。闪点（闭杯）330℃。相对密度（d_4^{15}）1.1274。折射率（n_D^{15}）1.4578。蒸气压（20℃）1Pa。能与水、乙醇、苯、甲苯混溶，难溶于醚类，不溶于石油醚。它具有与烷基相连的氧原子和羟基，因此具有醇和醚的性质。

【用途】 是天然气、油田伴生气和二氧化碳的优良脱水剂、优良的有机溶剂、空气杀菌剂，聚氯乙烯、聚醋酸乙烯树脂、玻璃纤维和石棉压制板的三甘醇酯类增塑剂。还用于有机合成，如生产高沸点和良好低温性能的刹车油。

【制法】 由环氧乙烷水合生产乙二醇，副产三甘醇约占0.5%～1%。

【安全性】 小鼠、大鼠经口LD_{50}分别为21g/kg、15～22g/kg；小鼠、大鼠静脉注射LD_{50}分别为7.3～9.5g/kg、11.7g/kg。属低毒，可燃能爆炸的有机物。该品泄漏或沾污人体，可用大量水冲洗，可用清水、泡沫、沙子等灭火。在空气中爆炸下限为3.2%。空气中最大允许浓度10mg/m³。极易吸潮，应该用干燥，清洁的铝制或内壁喷铝的大桶的密闭包装，也可盛装在镀锌的密闭铁桶中，包装时最好充氮保护。每桶200kg。产品贮存在干燥、通风场所、防潮、防火、避曝晒、远离火源和热源。运输中应轻拿、轻放、防止碰撞，远离火源，按国家关于化学危险品贮运规定操作。

【参考生产企业】 北京燕山石油化工股份有限公司化工一厂，北京化学工业集团有限责任公司东方化工厂，中国石化上海石油化工股份有限公司，中国石化扬子石油化工股份有限公司，青岛天音化工有限公司。

Da063 乙烯基乙醚

【英文名】 ethyl vinyl ether

【别名】 乙基乙烯基醚；乙氧基乙烯；ethoxyethylene

【CAS登记号】 [109-92-2]

【结构式】 $CH_2=CHOC_2H_5$

【物化性质】 无色易燃液体，有活泼的化学反应性能。在液相或气相下很容易聚合，工业品含阻聚剂以防止聚合。沸点35～36℃。熔点－115.8℃。闪点－45.5℃。燃点201.66℃。相对密度0.7589。折射率1.3767。黏度（20℃）0.22mPa·s。微溶于水，仅溶解0.9%（质量）。

【质量标准】

项目	指标
外观	无色透明液体
沸点/℃	34～36
含量/% ≥	95

【用途】 用作磺胺嘧啶的中间体，亦可作共聚物的单体及有机合成原料，并能制取香料及润滑油添加剂等。在医药上用作麻醉剂、镇痛剂。

【制法】 由电石发生乙炔，乙炔再与乙醇在氢氧化钾催化剂存在下，经加压反应制得。

$$CaC_2+2H_2O \longrightarrow C_2H_2+Ca(OH)_2$$

$$C_2H_2+C_2H_5OH \xrightarrow[140\sim150℃]{KOH} CH_2=CHOC_2H_5$$

【安全性】 可使中枢神经麻痹，其麻醉作用比乙醚强一倍。大鼠吸入浓度为44mg/L的乙烯基乙醚蒸气4h，有60%死亡。在空气中的爆炸极限1.7%～28%（体积）。参见乙醚。一般自用，常贮存在地下，低温密封贮存，以使蒸发损失减到最小。按易燃有毒化学品规定贮运。

【参考生产企业】 武汉新景化工有限责任公司，上海金泓化工有限责任公司，湖北老河口荆洪化工有限责任公司。

Da064 (一)氯甲醚

【英文名】 chloromethyl methyl ether

【别名】 一氯甲基甲基醚；氯代二甲醚；chloromethoxymethane；methyl chloromethyl ether；monochloromethyl ether；chlorodimethyl ether；CMME

【CAS登记号】 [107-30-2]

【结构式】 CH_3OCH_2Cl

【物化性质】 无色透明液体，易挥发，有刺激性臭味，具有催泪性。沸点59℃。熔点－103.5℃。相对密度1.0605。折射率1.39737。在水中分解，溶于乙醇、丙酮、乙苯、苯和氯仿。

【质量标准】 HG/T 2543—93 （工业级）氯甲基甲醚

项目	一等品	合格品
总氯量/% ≥	42.0	40.0
密度(ρ_{20})/(g/cm^3)	1.065～1.075	1.065～1.085
蒸馏试验(0℃，101.325kPa)55～59.5℃馏出体积/mL ≥	75	60

【用途】 氯甲基化剂，主要用于生产阴离子交换树脂，还用于生产医药磺胺嘧啶等。

【制法】 在甲醇和甲醛的混合液中，通入氯化氢气体反应制得。生产过程中的原料和尾气均含有氯化氢，对设备腐蚀严重，目前国内生产均用水吸收尾气中的氯化氢，以增加副产、减少污染。

$$CH_3OH+HCHO+HCl \xrightarrow{45℃} CH_3OCH_2Cl+H_2O$$

【安全性】 剧毒物品，是致癌物。尤其是副产物二氯甲醚，毒性更甚，有强烈刺激性。要加强设备维修保养，防止跑、冒、滴、漏。生产现场要保持良好通风。当氯甲醚接触到人体时，宜用水冲洗。操作人员应穿戴防护用具。空气中最高容许浓度 1×10^{-6}。用聚乙烯桶包装，要求有良好的密封性。贮存于干燥、阴凉、通风处，防晒、防潮。按有毒化学品规定贮运。

【参考生产企业】 大连市旅顺口区江西化工工业总公司，濮阳市普天化工有限公司，沈阳市化工四厂，杭州晨光塑料化工有限公司。

Da065 2,2′-二氯二乙醚

【英文名】 *sym*-dichloroethyl ether

【别名】 对称二氯乙醚；β,β′-二氯代二乙醚；1,1′-oxybis[2-chloroethane]；bis(2-chloroethyl) ether；β,β′-dichloroethyl ether；DCEE

【CAS登记号】 [111-44-4]

【结构式】 $(ClCH_2CH_2)_2O$

【物化性质】 无色透明油状液体，具有刺激性气味。沸点 178℃。凝固点 −50℃。相对密度（d_{20}^{20}）1.22。折射率 1.457。黏度（25℃）2.0653mPa·s。燃点 85℃。闪点（闭杯）63（55）℃。蒸气压（20℃）93Pa。溶于水，与水形成共沸物，水 65.6%。能与醇、醚、油类、酯类等许多有机溶剂混溶，但不溶于脂肪族碳氢化合物。

【质量标准】 纯度 ≥99.0%；水分 ≤0.1%。

【用途】 用于制备二乙烯基醚、二氯杂环己烷 1,4-氧氮杂环己烷、二丁醚、4-氨基吗啉等。还可用于油脂、纤维素和树脂的溶剂等。

【制法】 (1) 氯乙醇脱水法。

$$ClCH_2CH_2OH \xrightarrow{H_2SO_4} 本品+H_2O$$

(2) 一缩二乙二醇氯化法。

$$HOCH_2CH_2OCH_2CH_2OH \xrightarrow{SOCl_2} 本品$$

(3) 环氧乙烷法。

$$\underset{\diagdown\ O\ \diagup}{CH_2—CH_2} + CH_2=CH_2+Cl_2 \longrightarrow 本品$$

【安全性】 其蒸气有毒，大鼠经口 LD_{50} 为 75mg/kg。吸入高浓度蒸气经数小时或数日后可出现肺水肿。空气中允许浓度 15×10^{-6}。用 200kg 衬塑钢桶包装或玻璃瓶外用木箱内衬垫料。储存于阴凉、干燥、通风仓间内，远离热源和火种，避免受潮；与食用原料、含水物品、氧化剂隔离储运。

【参考生产企业】 山东省邹平矿业有限公司，淮安瑞尔化学有限公司。

Da066 2,2′-二氯二甲醚

【英文名】 *sym*-dichloromethyl ether

【别名】 对称二氯甲醚；oxybis[chloromethane]；bis(chloromethyl)ether；BCME

【CAS登记号】 [542-88-1]

【结构式】 $ClCH_2OCH_2Cl$

【物化性质】 无色液体，具有令人窒息的气味。沸点 106℃。相对密度 1.315。折射率 1.4346。在潮湿的空气中不稳定，与水汽反应生成盐酸和甲醛。

【用途】 用于有机合成；医药工业用于合成抗肿瘤药消瘤芥、解毒药物双复磷等。

【制法】 由多聚甲醛与氯化氢缩合制得

$$(CH_2O)_m \xrightarrow[HSO_2Cl]{HCl} ClCH_2OCH_2Cl$$

【安全性】 剧毒并有致癌性，对脑有强烈刺激作用。在 0.47mg/L 时，短时间吸入就可引起肺水肿。玻璃瓶外用木箱内衬垫料包装。贮存于阴凉、通风的仓间内，远离热源、火种，防止受潮。与氧化剂隔离贮运。操作人员须穿戴防毒面具与防护服。

【参考生产企业】 上海华联制药有限公司，成都市科龙化工试剂厂。

Db 芳香族醇、酚及其衍生物

Db001 苯酚

【英文名】 phenol

【别名】 石碳酸；羟基苯；carbolic acid；phenic acid；phenylic acid；phenyl hydroxide；hydroxybenzene；oxybenzene

【CAS 登记号】 [108-95-2]

【结构式】

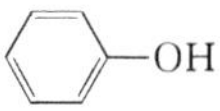

【物化性质】 无色针状结晶或白色结晶。可燃。腐蚀力强。有毒。不纯品在光和空气作用下变为淡红色或红色。与大约 8% 水混合可液化。可吸收空气中水分并液化。有特殊臭味和燃烧味，极稀的溶液具有甜味。沸点 182℃。熔点 43℃。闪点 79.5℃。自燃点 715℃。凝固点 41℃。相对密度 1.0576。折射率（n_D^{41}）1.54178。酸度系数（pK_a）(25℃) 10.0。1g 溶于约 15mL 水，12mL 苯。易溶于乙醇、乙醚、氯仿、甘油、二硫化碳、凡士林、挥发油、固定油、强碱水溶液。几乎不溶于石油醚。

【质量标准】

(1) GB/T339—2001 工业合成苯酚

项目	优等品	一等品	合格品
结晶点/℃ ≥	40.6	40.5	40.2
溶解试验[(1:20)吸光度] ≤	0.03	0.04	0.14
水分/% ≤	0.10		—

(2) GB/T 6705—2008 焦化苯酚

项目		焦化苯酚			工业酚
		优等品	一等品	合格品	
外观		白色或略有颜色的结晶			—
水分/% ≤		0.2	0.2	0.3	1.0
苯酚含量/% ≥		99.5	99.0	98.0	80.0
中性油	容量法(体积分数)/% ≤	0.05	0.10	0.10	0.50
	浊度法/号 ≤	2	4	4	—
吡啶碱含量(体积重量比)/% ≤		—	—	—	0.3

注：液体状态时外观为无色或略有颜色的透明液体

【用途】 重要的有机化工原料，在合成纤维、塑料、合成橡胶、医药、农药、香料、染料、涂料和炼油等工业中有着重要用途。可用以制取酚醛树脂、已内酰胺、双酚 A、水杨酸、苦味酸、五氯酚、己二酸、酚酞、N-乙酰乙氧基苯胺等化工产品及中间体。此外，还可用作溶剂、实验试剂和消毒剂。

【制法】 (1) 磺化法。以苯为原料，用硫酸进行磺稀硫酸化生成苯磺酸，用亚硫酸中和，再用烧碱进行碱熔，经磺化和减压蒸馏等步骤而制得。

(2) 异丙苯法。丙烯与苯在三氯化铝催化剂作用下生成异丙苯，异丙苯经氧化生成氢过氧化异丙苯，再用硫酸或树脂分解。同时得到苯酚和丙酮。

(3) 氯苯水解法。氯苯在高温高压下与苛性钠水溶液进行催化水解，生成苯钠，再用酸中和得到苯酚。

(4) 粗酚精制法。由煤焦油粗酚精制制得。

(5) 拉西法。苯在固体铝催化剂存在下，高温下进行氯氧化反应，生成氯苯和水，氯苯进行催化水解，得到苯酚和氯化氢，氯化氢循环使用。

【安全性】 大鼠经口 LD_{50} 为 530mg/kg。苯酚蒸气在较冷空气中凝成粉尘。接触皮肤能引起中毒，皮肤接触苯酚水溶液或纯苯酚时很快受到刺激产生局部麻醉，进而变邻甲酚成溃疡。一般急性中毒有虚弱感，呈现眩晕，耳鸣，出虚汗。在体内可损伤肾脏。生产现场设备应密闭。操作人员应穿戴防护用具。工作场所空气中最高容许浓度为 5×10^{-6}。用镀锌铁桶包装，每桶 200kg，贮存在低于 35℃、干燥、通风的仓库内，严禁日晒雨淋，隔离火源、热源，防止猛烈撞击，贮存期为三个月。禁止与火药、氧化性物质如过氧化物等一起运输。

【参考生产企业】 中国石化北京燕化石油化工股份有限公司化学品事业部，上海焦化有限公司，上海宝钢化工有限公司，攀枝花钢铁集团煤化公司，中化江苏公司，石家庄翼华化工纺织有限公司，兰州长兴石油化工厂，鞍钢实业三块石化工厂，南京三诺化工有限公司，鞍钢实业化工有限公司。

Db002 邻甲酚

【英文名】 *o*-cresol

【别名】 2-甲酚；2-methylphenol；*o*-cresylic acid；*o*-hydroxytoluene

【CAS 登记号】 [95-48-7]

【结构式】

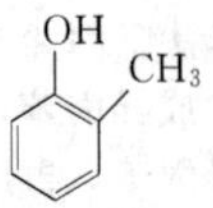

【物化性质】 无色结晶。有苯酚气味。可燃。沸点 191～192℃。熔点 30.9℃。闪点 81～83℃。自燃点 599℃。相对密度 1.0273。折射率 1.5361。溶于约 40 倍的水，在水中溶解度 40℃时达 3%，100℃时达 5.3%。溶于苛性碱液及几乎全部常用有机溶剂。

【质量标准】 GB 2279—89 邻甲酚

项目		指标
邻甲酚含量(干基)/%	≥	96
苯酚含量/%	≤	2
2,6-二甲酚含量/%	≤	2
水分/%	≤	0.5

【用途】 医药上可用作消毒剂，在有机合成工业中用于制造树脂、增塑剂、农药二甲四氯除草剂、香料和化学试剂等。

【制法】 (1) 粗酚经预脱水，再进行初馏减压精馏，得成品邻甲酚。

(2) 苯酚烷基化法。以苯酚、甲醇为原料，在约 4.14MPa 表压下及三氧化二铝催化剂存在下进行甲基化制得。

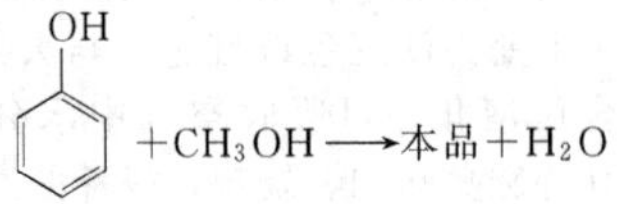

(3) 邻甲苯胺重氮化、水解法。

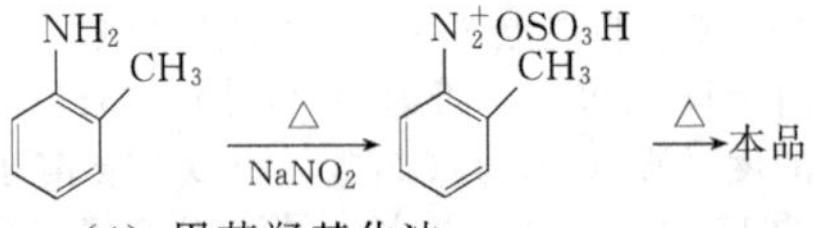

(4) 甲苯羟基化法。

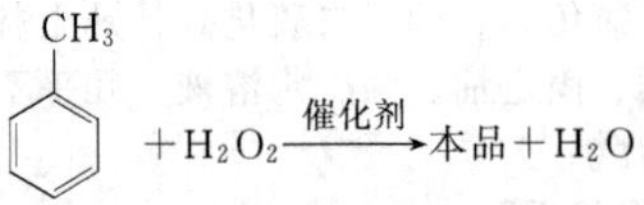

【安全性】 有毒。大鼠经口 LD_{50} 为 1350mg/kg。主要作用于中枢神经，严重时甚至致死。甲酚蒸气或者烟雾可损伤皮肤，吸入时，能引起慢性肾炎和神经障碍。生产设备应密闭，操作人员应配备防护用具。空气中爆炸下限 1.3%（体积）。工作场所空气中最高容许浓度为 5×10^{-6}。用镀锌铁桶包装，每桶 180kg。贮存在阴凉、通风处。按危险品规定贮运。

【参考生产企业】 上海宝钢化工有限公司，攀枝花钢铁集团煤化工公司，北京炼焦化学厂，兰州长兴石油化工厂，哈尔滨市依兰中太化工有限公司，鞍钢实业化工有限公司，上海焦化有限公司。

Db003 间甲酚

【英文名】 *m*-cresol

【别名】 3-甲酚；3-methylphenol

【CAS 登记号】 [108-39-4]

【结构式】

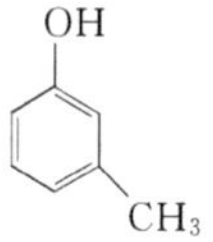

【物化性质】 无色或淡黄色可燃液体。有苯酚气味。沸点 202.2℃。熔点 12.22℃。闪点 81℃。自燃点 559℃。相对密度 1.0336。折射率 1.5282。溶于约 40 倍的水(水中溶解度 40℃时达 2.5%，100℃时达 5.5%)。溶于苛性碱液和常用有机溶剂。

【质量标准】

项目	指标
相对密度(d_4^{20})	1.034～1.036
沸程(201～203℃时馏出量)/%(体积)	95
凝固点/℃	10～12
氢氧化钠溶解度试验	合格
酯溶解试验	合格
游离酸	合格

【用途】 电影胶片用的重要原料，也是高效低毒农药如杀螟松、倍硫磷、速灭威的原料，还可用以制造树脂、增塑剂和香料等。

【制法】 (1) 甲苯与丙烯在三氯化铝的作用下生成异丙基甲苯，再经空气氧化生成氢过氧化异丙基甲苯，后者经酸解成丙酮与间、对位混合甲酚。混合甲酚和异丁烯反应后，利用反应产物间、对甲酚烷基化物沸点差的特性进行精馏加以分离，然后脱除叔丁基制得纯间甲酚。

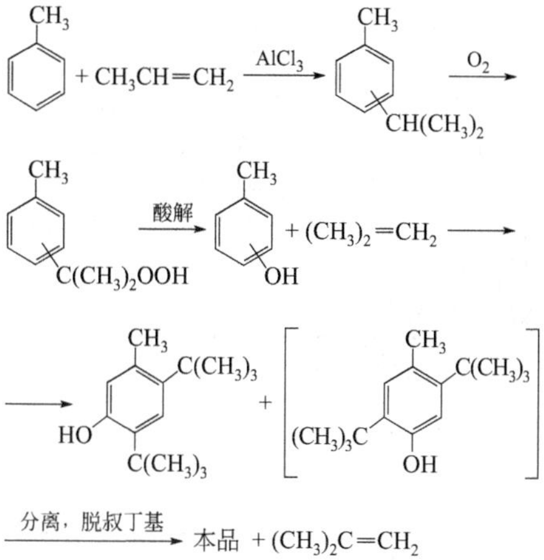

(2) 邻二甲苯在环烷酸钴催化下，由空气氧化得邻甲基苯甲酸，再以氧化铜和氧化镁为催化剂，将邻甲基苯甲酸氧化脱羧转化制得间甲酚。

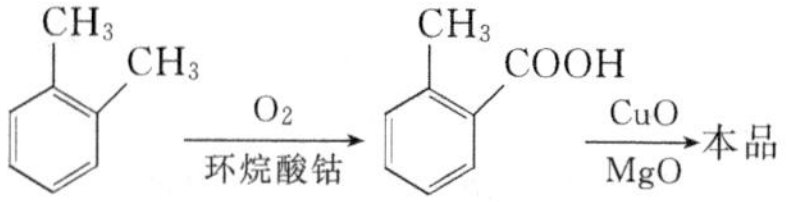

【安全性】 大鼠经口 LD_{50} 为 2020mg/kg。若溅到皮肤上，需及时用水冲洗或用酒精擦洗。参见邻甲酚。用镀锌铁桶包装，每桶净重 100kg。

【参考生产企业】 辽阳庆阳化学制品有限公司间甲酚厂，四川北方红光化工有限公司，上海宝钢化工有限公司。

Db004 对甲酚

【英文名】 *p*-cresol

【别名】 对甲基苯酚；4-甲酚；4-methyl-phenol

【CAS 登记号】 [106-44-5]

【结构式】

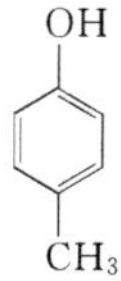

【物化性质】 无色结晶块状物，有苯酚气味。可燃。沸点 201.9℃（或 201.8；202.5）。熔点 34.69℃。闪点 86.1℃。自燃点 559℃。相对密度 1.0178（或 1.0341）。折射率 1.5312（或 1.5395）。溶于水，在水中溶解度 40℃时达 2.3%，100℃时达 5%。溶于苛性碱液和常用有机溶剂。

【质量标准】

项目	指标
含量/% ≥	98
熔点/℃	33～35
氢氧化钠溶解试验	合格
灼烧残渣(硫酸盐)/% ≤	0.2

【用途】 制造防老剂 264（2,6-二叔丁基对甲酚）和橡胶防老剂的原料。在塑料工业中可制造酚醛树脂和增塑剂。在医药上用作消毒剂。还可作染料和农药的原料。

【制法】 甲苯和硫酸进行磺化、中和，生成的对甲苯磺酸钠再经碱熔、酸化、精馏得对甲酚成品。为了得到纯度较高的对甲酚有两种工艺：精馏后所得对甲酚再经结晶分离；磺化后所得对甲苯磺酸先进行冷却、结晶、过滤，再进行中和、碱熔、酸化、精馏制得成品。

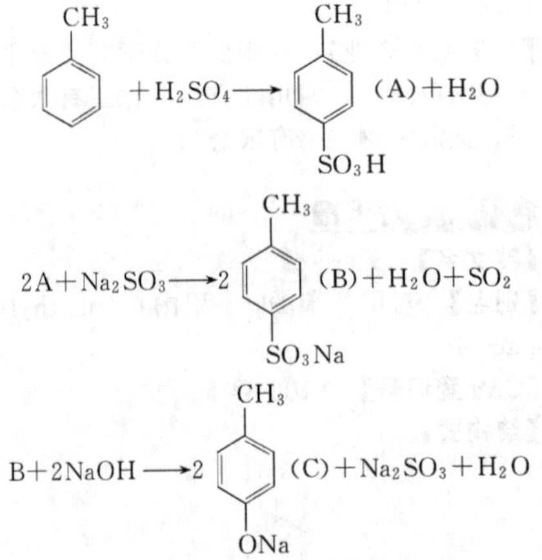

$C+SO_2+H_2O \longrightarrow$ 本品 $+Na_2SO_3$

【安全性】 大鼠经口 LD_{50} 为 1800mg/kg。参见邻甲酚。贮存在阴凉、通风处。按危险品规定贮运。

【参考生产企业】 中国石化北京燕化石油化工有限公司，辽阳滨河化工有限公司，攀枝花钢铁集团煤化工公司，兰州长兴石油化工厂，南京华晶化工有限公司。

Db005 对叔丁基苯酚

【英文名】 *p-tert*-butylphenol

【别名】 4-(1,1-dimethylethyl) phenol；butylphen

【CAS 登记号】 [98-54-4]

【结构式】

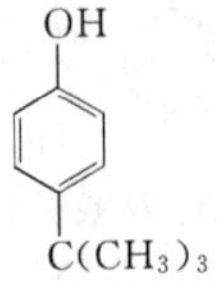

【物化性质】 白色结晶，可燃，具有轻微的苯酚臭味。沸点 236～238℃。熔点 98～101℃。相对密度（d_4^{80}）0.908，（d_4^{114}）0.9081。折射率（n_D^{114}）1.4787。溶于丙酮、苯、甲醇，苯酚。微溶于水。

【质量标准】 Q/CNPC 56—2001 对叔丁基苯酚

项目	优等品	一等品	合格品
外观	白色至浅黄色薄片		
凝固点/℃ ≥	97.0	95.0	90.0
色度(Hazen 单位) ≤	50	100	
含量/% ≥	99.0	98.5	98.0

【用途】 具有抗氧化性能，可用作橡胶、肥皂、氯代烃和硝化纤维的稳定剂。还是驱虫剂（医药）、杀螨剂克螨特（农药）及植物保护剂、香料、合成树脂的原料，也可用作软化剂、溶剂、染料与油漆的添加剂，又可用作油田用破乳剂的成分及车用机油添加剂。

【制法】 苯酚与叔丁醇反应，经水洗、结晶、离心分离、干燥得成品。

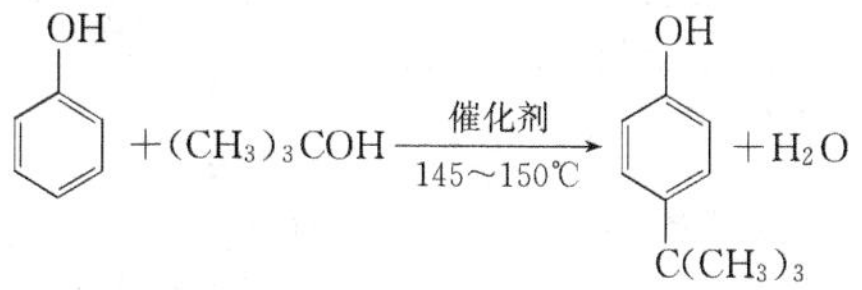

【安全性】 大鼠经口 LD_{50} 为 3.25mL/kg。对眼和皮肤、黏膜有中等刺激性。在热熔状态时能灼烧皮肤，灼烧后可先用乙醇擦拭，然后用大量温水冲洗。生产装置应密闭，操作人员应穿戴防护用具。用内衬塑料袋、外加纤维板的圆桶包装，每桶装 25kg。按一般可燃化学品规定贮运。

【参考生产企业】 吉化集团吉林市锦江油化厂，上海敏实化工有限公司，上海宝钢化工有限公司，北京恒业中远化工有限公司。

Db006 3,4-二甲酚

【英文名】 3,4-dimethylphenol

【别名】 间/对甲酚；o-4-xylenol；4-hydroxy-o-xylene；as-o-xyleno

【CAS 登记号】 [84989-04-8]

【结构式】

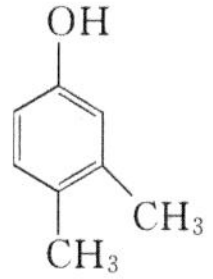

【物化性质】 白色针晶。沸点 225℃。熔点 66 ～ 68℃ （62 ～ 65℃；62.5℃；65.08℃）。相对密度 0.9830。微溶于水，溶于乙醇、乙醚。

【质量标准】

项目	指标
外观	无色至微棕色结晶
熔点/℃	62～65
含量/% ≥	95

【用途】 用于制改性聚酰亚胺、染料、杀虫剂等。

【制法】 由切除 3,5-二甲酚馏分后的工业二甲酚残渣在精馏塔内切取 223～226℃馏分，经冷却结晶、离心分离制得。另外，以邻二甲苯为原料，经硫酸磺化，再经碱熔、酸析、蒸馏，也可得 3,4-二甲酚。

【安全性】 有毒，有腐蚀性。操作时应穿戴防护用具。皮肤灼伤时，先用水冲洗，再用肥皂洗净，创伤面按一般灼伤处理。其余防护法参见苯酚。采用大口铁桶包装，每桶 180kg。贮存于阴凉、通风处，按危险品规定贮运。

【参考生产企业】 天门市德远化工科技有限公司，南京大唐化工有限责任公司，鞍山市贝达合成化工厂，吴江市万达化建有限责任公司，鞍钢实业化工有限公司，上海宝钢化工有限公司。

Db007 2,4,5-三氯苯酚

【英文名】 2,4,5-trichlorophenol

【别名】 collunosol

【CAS 登记号】 [95-95-4]

【结构式】

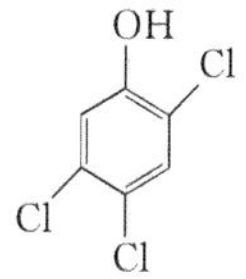

【物化性质】 针状结晶，具有酚味。熔点 68℃。沸点 253℃。相对密度 1.678 (25℃)。可燃。几乎不溶于水，易溶于乙醇、乙醚、丙酮、四氯化碳、石油醚、苯等有机溶剂。

【质量标准】 含量≥98%；灼烧残渣（硫酸盐）0.05%。

【用途】 可用于制备除草剂、杀虫剂、杀菌剂等。作为抗菌和防腐剂，广泛用于制备黏合剂、橡胶制品及纺织工业的防腐乳液。2,4,5-三氯苯酚本身可用作消毒剂，其钠盐也是杀菌剂和防腐剂，用于制造业和皮革工业。在医药上用于合成氯丙炔碘、灭菌酚等。

【制法】 四氯苯法。该方法为2,4,5-三氯苯酚生产的传统工艺，是以四氯苯为原料通过水解而得。

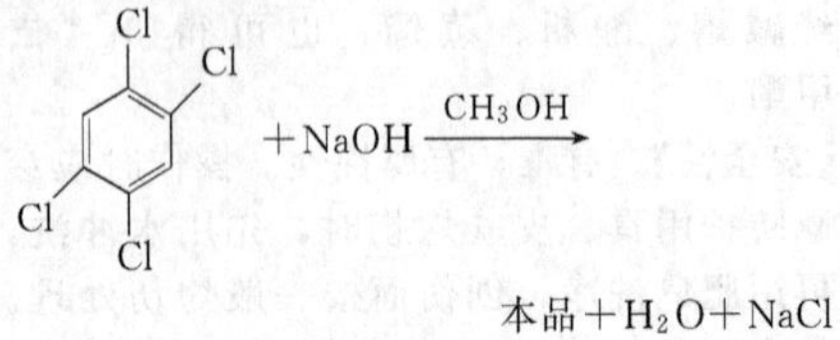

【安全性】 大鼠经口LD_{50}为820mg/kg，豚鼠经口LD_{50}为1000mg/kg。误服或吸入有较高毒性，并具有强烈刺激性。能经皮肤吸收中毒。玻璃瓶外木箱内衬垫料或铁桶。贮存于阴凉、通风的仓间内；搬运时轻装轻卸，防止容器受损。

【参考生产企业】 南京常丰农化有限公司，江苏省新业化工有限公司。

Db008 邻苯二酚

【英文名】 pyrocatechol

【别名】（焦）儿茶酚；1,2-苯二酚；1,2-二羟基苯；pyrocatechin；catechol；1,2-dihydroxybenzene；1,2-benzenediol

【CAS登记号】 [120-80-9]

【结构式】

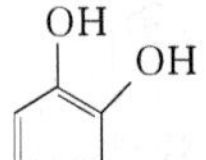

【物化性质】 无色晶体。遇空气和光变色。其溶液在空气中变为棕褐色。可燃。能升华。沸点bp_{760} 245.5℃、bp_{400} 221.5℃、bp_{200} 197.7℃、bp_{100} 176℃、bp_{60} 161.7℃、bp_{40} 150.6℃、bp_{20} 134℃、bp_{10} 118.3℃、bp_5 104℃。熔点105℃（104～105℃）。闪点（开杯）127℃。燃点127℃（在密闭釜中）。相对密度d_4^{19} 1.344。溶于2.3份水，溶于乙醇、乙醚、苯、氯仿，易溶于吡啶和苛性碱液。

【质量标准】 GB/T 23960—2009 工业用邻苯二酚

项目		优等品	合格品
外观		浅灰色至浅棕色晶体	
邻苯二酚/%	≥	99.0	98.0
终熔点/℃		103～106	
灼烧残渣/%	≤	0.04	

【用途】 重要的医药中间体，用以制取小檗碱（黄连素）和异丙肾上腺素等。还可制取香料（胡椒醛）、染料、感光材料、电镀材料、特种墨水、抗氧剂、光稳定剂、防腐剂和促进剂等。

【制法】 由邻氯苯酚在碱性介质中加压水解制得。

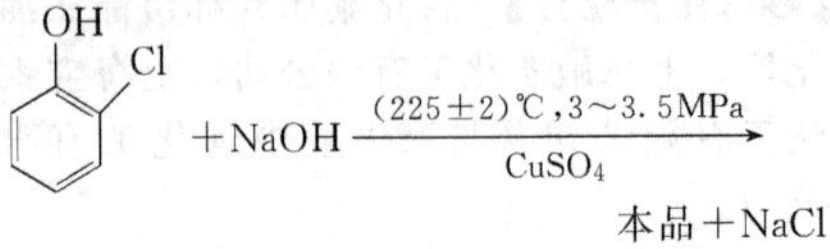

【安全性】 有毒，毒性不大。小鼠经口LD_{50}为260mg/kg，腹腔注射LD_{50}为190mg/kg。对中枢神经、呼吸系统有刺激作用。与间苯二酚及对苯二酚不同。吸入小量，可以在体内形成有机硫酸盐而解毒，随尿排出体外。生产设备应注意密闭，操作人员佩戴防护面具。采用25～180kg的铁桶包装。按一般可燃化学品规定贮运。

【参考生产企业】 常州市常宇化工有限公司，连云港三吉利化学工业有限公司，上海三爱思试剂公司，潍坊振兴宏泰化工有限公司。

Db009 间苯二酚

【英文名】 resorcinol

【别名】 雷琐辛；雷琐酚；1,3-二羟基苯；1,3-benzenediol；*m*-dihydroxybenzene；resorcin

【CAS登记号】 [108-46-3]

【结构式】

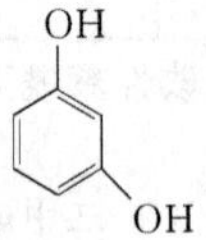

【物化性质】 有甜味、可燃的白色针晶。暴露于光和空气或与铁接触变为粉红色。相对密度 d_4^{19} 1.272。熔点 109～111℃。沸点 280℃。闪点（开杯）127℃。燃点 585℃。自燃点 607.7℃。溶于水、乙醇、戊醇，易溶于乙醚、甘油，微溶于氯仿、二硫化碳，略溶于苯。

【质量标准】 HG/T 3989—2007 间苯二酚（1,3-苯二酚）

项目		优等品	一等品	合格品
外观		白色至浅棕色片状，贮存时允许颜色变深		
干品结晶点/℃	≥	109.0	108.5	108.0
间苯二酚含量/%(化学法)	≥	99.00	98.50	98.00
间苯二酚含量(HPLC)/%	≥	99.70	99.00	98.50
对苯二酚含量(HPLC)/%	≤	0.05	0.10	0.10
邻苯二酚含量(HPLC)/%	≤	0.10	0.30	0.50
苯酚含量(HPLC)/%	≤	0.10	0.15	0.20

【用途】 是合成树脂、胶黏剂、染料（如酸性曙红等）、医药（如对氨基水杨酸）、二苯甲酮系紫外线吸收剂、感光胶片片基底层涂料、橡胶轮胎帘子线浸胶和炸药等的原料。还可用于化妆品、鞣革、织物印染并用作检测锌的试剂。

【制法】（1）苯磺酸用发烟硫酸磺化、中和，再经碱熔、酸化、正丁醇萃取、蒸去溶剂后，经蒸馏制得成品。

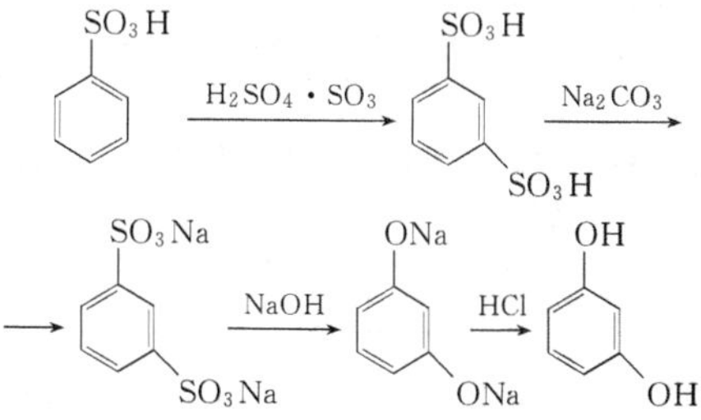

（2）由间二硝基苯加氢制得间苯二胺，再由间苯二胺水解制得。

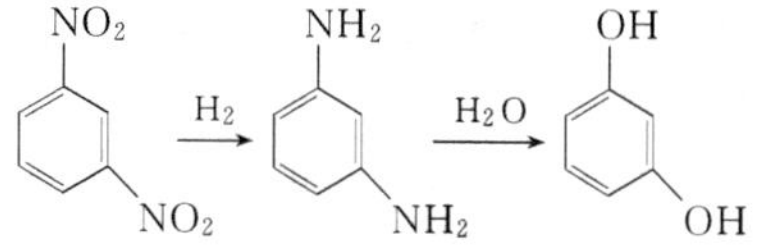

（3）间氨基苯酚水解制得。

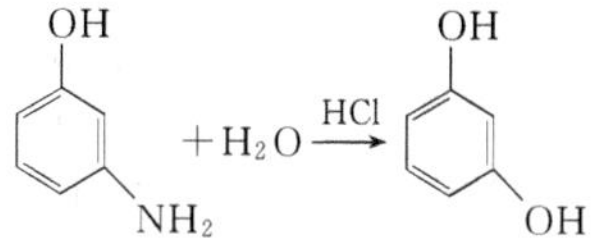

【安全性】 具有中等毒性，大鼠皮下注射 MLD450mg/kg。能刺激皮肤、黏膜，同时可经皮肤迅速吸收，生成高铁血红蛋白而引起发绀、昏睡和致命的肾脏损伤。有皮肤过敏或变态反应症的人吸入其蒸气或粉尘时，常常可引起危险的中毒。生产设备应严格密闭，操作人员穿戴防护用具，生产现场保持良好的通风。用木桶内衬塑料袋包装，每桶重 30kg。贮存于阴凉、干燥处，避光保存，注意防火、防潮。按有毒物品规定贮运。

【参考生产企业】 常州市常宇化工有限公司，吴江市汇丰化工厂，江苏中丹化工集团公司，中国石化集团南京化学工业有限公司化工厂，常州市腾扬化工有限公司。

Db010 对苯二酚

【英文名】 hydroquinone

【别名】 氢醌；孔奴尼；鸡纳酚；1,4-二羟基苯；1,4-benzenediol；*p*-dihydroxybenzene；hydroquinol；quinol；hydroquinol

【CAS 登记号】 [123-31-9]

【结构式】

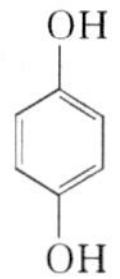

【物化性质】 白色针晶。可燃。熔点 170～

171℃。相对密度 d_{15} 1.332。沸点 285～287℃。闪点（开杯）165℃。自燃点 516℃。易溶于热水、乙醇及乙醚，微溶于苯。

【质量标准】

（1）GB/T22392—2008 摄影加工用化学品 对苯二酚

项目	指标
含量/% ≥	99.0
熔点/℃	171～175
混合物熔点/℃	不低于样品或标准样
红外标准	相符
灼烧残渣含量/% ≤	0.10
重金属含量（以 Pb 计）/% ≤	0.002
铁含量(以 Fe 计)/% ≤	0.002
溶液外观	透明无不溶物（微量絮状物除外）

（2）GB/T 23959—2009 工业用对苯二酚

项目	优等品	合格品
外观	白色或近白色固体	白色或浅色固体
对苯二酚/%	99.0～100.5	
邻苯二酚/% ≤	0.05	
终熔点/℃	171～175	
灼烧残渣含量/% ≤	0.10	0.30
重金属含量（以 Pb 计）/% ≤	0.002	—
铁(以 Fe 计)/% ≤	0.002	—
溶解性试验	通过试验	—

【用途】 主要用于制取摄影胶片的黑白显影剂、蒽醌染料、偶氮染料、合成氨脱硫工艺辅助溶剂、橡胶防老剂、阻聚剂、涂料清漆的稳定剂和抗氧剂等。

【制法】 （1）苯胺在硫酸介质中经二氧化锰氧化成对苯醌，再经铁粉还原生成对苯二酚，经浓缩、脱色、结晶、干燥得成品。

（2）以硝基苯为原料，经加氢、加热制得。

【安全性】 中等毒性。大鼠经口 LD_{50} 为 320mg/kg。在动物实验中，反复给予 30～50mg/kg 剂量可引起急性黄色肝萎缩，除严重损伤肾脏外，并能发生异常的色素沉着。服用 1g 对苯二酚能刺激食道而引起耳鸣、恶心、呕吐、腹痛、虚脱。服用 5g 可致死。此外，长期接触对二苯酚蒸气、粉尘或烟雾可刺激皮肤、黏膜，并引起眼的水晶体浑浊。操作现场空气中最高容许浓度 2mg/m^3。生产设备应密闭，操作人员应穿戴好防护用具。用聚乙烯塑料袋包装，每袋 5kg，每 4 袋装一木箱；或用圆木箱内衬塑料袋包装，每桶 50kg。贮存于阴凉、干燥处，避免日光曝晒，防潮、防热。按有毒物品规定贮运。

【参考生产企业】 常州市常宇化工有限公司，连云港三吉利化学工业有限公司，上海球龙化工有限公司，无锡市富安化工厂，盐城凤阳化工有限公司，廊坊三威化工有限公司。

Db011 2,3,5-三甲基对苯二酚

【英文名】 2,3,5-trimethylhydroquinone

【别名】 2,3,5-三甲基-1,4-苯二酚；2,3,5-trimethyl-1,4-benzenediol

【CAS 登记号】 [697-82-5]

【结构式】

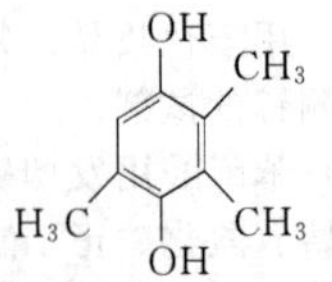

【物化性质】 结晶状固体，熔点 173℃。

【用途】 在医药上用于合成维生素 E 醋酸酯等。

【制法】 用 1,2,4-三甲苯经磺化、硝化、还原、氧化制得。

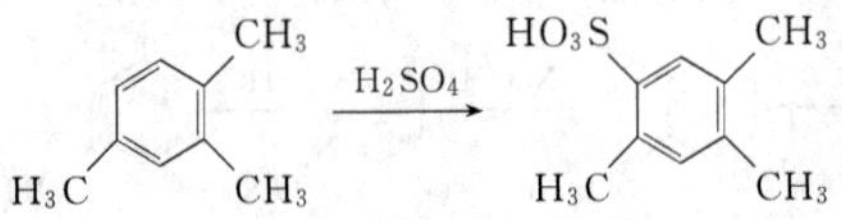

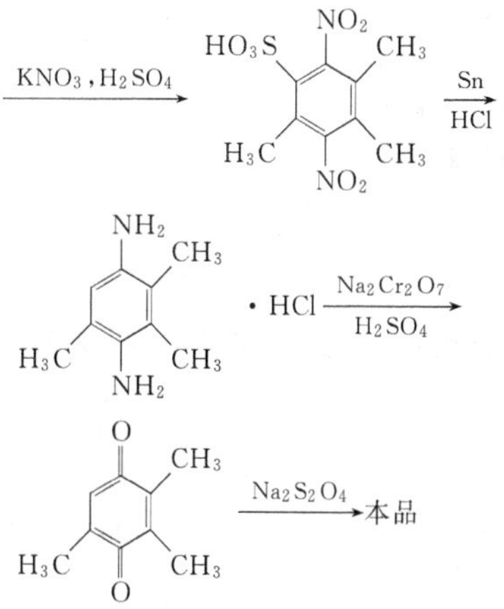

【参考生产企业】 浙江东工制药有限公司，无锡市天达精细化工厂，湖南海利化工股份有限公司。

Db012 对叔丁基邻苯二酚

【英文名】 *p*-tert-butylcatechol

【别名】 对叔丁基儿茶酚；4-tert-butyl-1,2-dihydroxybenzene

【CAS 登记号】 [98-29-3]

【结构式】

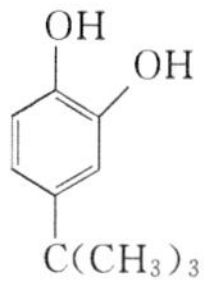

【物化性质】 无色晶体，可燃。沸点 285℃。熔点 52～55℃。相对密度（d_{25}^{60}）1.049。闪点 151℃。溶于甲醇、四氯化碳、苯、乙醚、乙醇及丙酮，微溶于 80℃的水，在 60℃时阻聚效能较对苯二酚高 25 倍。

【质量标准】

项目	指标
外观	白色至浅黄色结晶或黏稠状液体，无机械杂质
阻聚效果	82℃苯乙烯引发聚合时间≥30min

【用途】 烯烃单体蒸馏或贮运时的高效阻聚剂，特别适合于苯乙烯、丁二烯及其他乙烯基单体。也可用作抗氧剂、杀虫剂的稳定剂等。

【制法】 叔丁醇与邻苯二酚在二甲苯、磷酸介质中缩合，反应产物经沉降分离、中和、水洗、减压蒸馏、石油醚重结晶制得。

【安全性】 有毒。对皮肤有强烈刺激性，能灼伤皮肤。应用时避免与皮肤直接接触。生产设备应密闭，防止泄漏。生产现场应保持良好的通风，操作人员应穿戴防护用具。内用塑料袋，外用带色的塑料桶包装，每桶装 20kg。放于阴暗避光处，远离热源。按有毒物品规定贮运。

【参考生产企业】 辽阳鼎鑫化工有限公司，无锡市天达精细化工有限公司，北京朝福化工实验厂，江苏太湖实业有限公司，无锡市化工助剂厂，盘锦辽河油田金环实业有限责任公司，无锡市富安化工厂。

Db013 焦性没食子酸

【英文名】 pyrogallol

【别名】 焦棓酸；连苯三酚；1,2,3-苯三酚；1,2,3-benzenetriol；pyrogallic acid；1,2,3-trihydroxybenzene

【CAS 登记号】 [87-66-1]

【结构式】

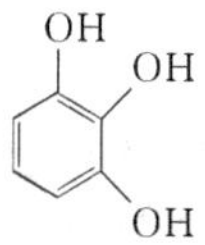

【物化性质】 白色无臭晶体。有苦味。暴露于空气和光变成灰色。慢慢加热开始升华。沸点 309℃。熔点 133～134℃。相对密度（d_4^4）1.453。折射率（n_D^{134}）1.561。溶于水、乙醇、乙醚，微溶于苯、氯仿、二硫化碳。暴露在空气中时，水溶液颜色变暗，而其苛性碱溶液则变色较快。

【质量标准】

项目	指标
熔点/℃	131～133
水溶解试验	合格
灼烧残渣(硫酸盐)/% ≤	0.025
氯化物(Cl^-)/% ≤	0.001
硫酸盐(SO_4^{2-})/% ≤	0.010
没食子酸	合格

【用途】 可用于制备金属胶状溶液，皮革着色，毛皮、毛发等的染色、蚀刻等，还可用作电影胶片的显影剂、红外线照相热敏剂、苯乙烯阻聚剂、医药和染料的中间体以及分析用试剂等。

【制法】 由没食子酸加热脱羧即得。

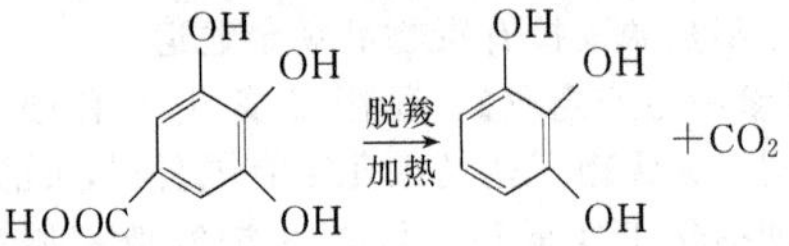

【安全性】 剧毒。大鼠经口 LD_{50} 为 789mg/kg，狗经口 LD25mg/kg。对皮肤、黏膜的刺激性极强，曾有经皮肤吸收中毒死亡的病例。吞服时能损伤消化器官、肝、肾，造成溶血、昏睡、虚脱甚至死亡。沾染皮肤后，应立即脱掉沾染毒物的衣服、鞋、袜等，用大量水冲洗。吞咽后立即送医院诊治。操作人员应穿戴防护用具。分析纯试剂用棕色玻璃瓶装，每瓶重 100g；化学纯试剂及工业品用木箱内衬塑料及醋酸纤维袋包装，每箱重 25kg。注意避光、密封、防潮。按有毒物品规定贮运。

【参考生产企业】 南京龙源天然多酚合成厂，六盘水神驰生物科技有限公司，湖南海利化工股份有限公司，遵义市泰丰精细化工厂，温州市瓯海精细化工公司，五峰赤诚生物科技有限公司。

Db014 愈创木酚

【英文名】 guaiacol

【别名】 邻甲氧基苯酚；2-methoxyphenol；methylcatechol；*o*-hydroxyanisole；1-hydroxy-2-methoxybenzene

【CAS 登记号】 [90-05-1]

【结构式】

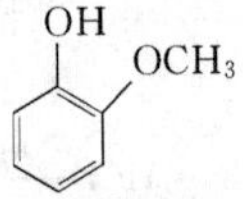

【物化性质】 白色或微黄色结晶或无色至淡黄色透明油状液体。可燃。有特殊芳香气味。在木材干馏油中的酸性成分含60%～90%的杂酚油。其中主要是愈创木酚。露置空气或日光中逐渐变成暗色。沸点 205 (204～206)℃。熔点 32 (31～32)℃。相对密度 (d_4^{19}) 晶体 1.129，液体约 1.112。折射率 1.5429。闪点 (开杯) 82℃。凝固点 28℃，低于 28℃时仍可长时间保持液态。略溶于水和苯。易溶于甘油。与乙醇、乙醚、氯仿、油类、冰醋酸混溶。

【质量标准】 黄色透明油状液体或结晶。含量≥97%。

【用途】 在医药上用以制造愈创木酚磺酸钙；在香料工业上用以制造香兰素和人造麝香等。

【制法】 将邻氨基苯甲醚在低温下重氮化，再在硫酸铜介质中水解，水解产物经萃取、蒸馏得成品。

【安全性】 大鼠经口 LD_{50} 为 725mg/kg，皮下注射 LD_{50} 为 900mg/kg。有较强的苯酚特性和中等毒性。对皮肤有刺激性。大量服用能刺激食道和胃，使心力衰竭，虚脱而死亡。其毒性及防护方法详见苯酚。用铁桶包装，每桶净重 200kg。按有毒物品规定贮运。

【参考生产企业】 连云港三吉利化学工业有限公司，浙江省嘉兴市巨强化工有限公司，河北省青县天源工业有限公司，青岛亿明翔精细化工科技有限公司，安徽八一化工股份有限公司，吴江市黎里助剂厂，嘉兴市华杰精细化工有限公司台州市奥力特精细化工有限公司。

Db015 对氯苯酚

【英文名】 *p*-chlorophenol

【别名】 4-氯苯酚；4-chlorophenol

【CAS 登记号】 [106-48-9]

【结构式】

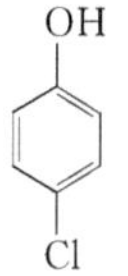

【物化性质】 无色针状结晶，具有令人不愉快的臭味。熔点 43.2～43.7℃。沸点 bp 220℃。相对密度 d_4^{78} 1.2238。折射率 n_D^{55} 1.5419，n_D^{40} 1.5579。微溶于水，易溶于苯、乙醇、乙醚、甘油及苛性碱液。

【质量标准】 HG/T 2544—1993 工业对氯苯酚

项目		优等品	一等品
对氯苯酚含量/%	≥	99.0	98.0
结晶点/℃	≥	42.5	39.5
水分/%	≤	0.20	0.30

【用途】 主要用于农药、医药、染料、塑料等工业，亦用作乙醇变色剂、精炼矿物油选择性溶剂、显微分析等；农业上主要用于合成粉锈宁、味菌酮、羊毛杀菌剂、防落素、丙虫磷、毒鼠磷、杀虫剂等；染料工业用于制 1,4-二羟基蒽醌，1,4-二氨基蒽醌，对氨基酚和氢醌等；医药工业用于羧化制 5-氯-2-羟基苯甲酸钠，合成对氯苯氧异丁酸以及其他药物。还用于合成抗氧剂 BHA（丁基羟基茴香醚）等。

【制法】 (1) 苯酚直接氯化法。以苯酚为原料，按所用的氯化剂和溶剂的不同，分为下面三种方法。①氯化硫酰法。以苯酚为原料，用氯化硫酰为氯化剂，在铁催化剂作用下制得。该法对氯苯酚产率较高，达 70%～75%。②苯溶剂法。以苯为溶剂，氯气为氯化剂，由苯酚直接氯化制得。③无溶剂氯化法。采用铁、溴等为催化剂，将氯气通入熔融苯酚，直接氯化而制得一氯苯酚。反应液经洗涤后，进行减压蒸馏，收集对氯苯酚含量≥95%馏分。以苯酚计收率（邻/对位合计）≥95%，以氯计收率 95%，对/邻位比为 3～4，产品含量≥98%。

(2) 对二氯苯水解法。以对二氯苯为原料，用水或醇或苯为溶剂制得。

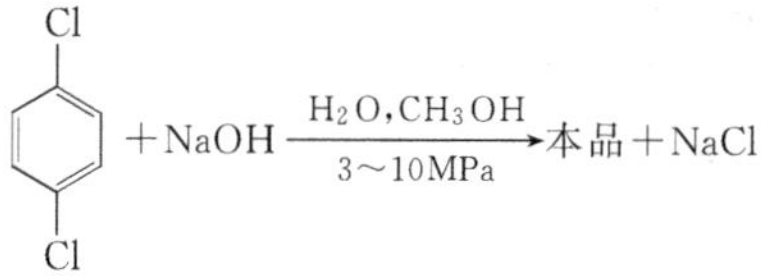

(3) 对氯苯胺法经重氮化、水解而得。

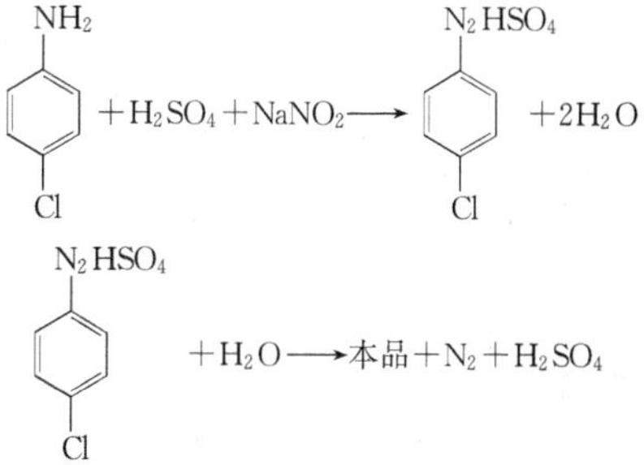

(4) 对氨基苯酚法经重氮化、置换而得。

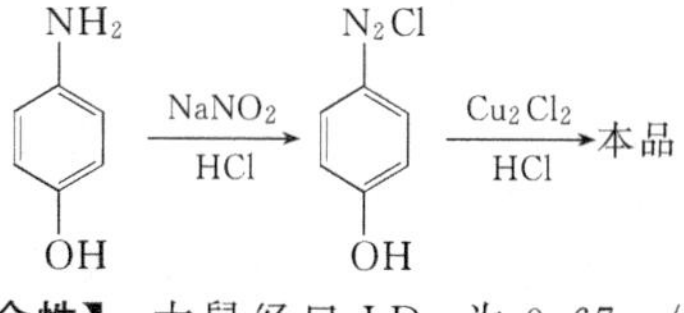

【安全性】 大鼠经口 LD_{50} 为 0.67 g/kg。对眼睛、黏膜、呼吸道及皮肤有强烈刺激作用。中毒表现有烧灼感、咳嗽、喘息、喉炎、头痛和恶心。接触其粉尘时，应佩头罩型电动送风过滤式防尘呼吸器。用螺纹口玻璃瓶、铁盖压口玻璃瓶、塑料瓶或金属桶（罐）外木板箱。贮存于阴凉、通风仓间内。远离火种、热源。防止阳光直射。搬运时要轻装轻卸，防止包装及容器损坏。分装和搬运作业要注意个人防护。

【参考生产企业】 盐城市巨龙化工有限公司，盐城市绿叶化工有限公司，江苏新业化工有限公司，盐城市华业医药化工有限公司，溧阳市福利精细化工厂，建湖县鑫鑫化工有限公司，盐城汇龙化工有限公司，湖南海利化工股份有限公司。

Db016 2,4-二氯(苯)酚

【英文名】 2,4-dichlorophenol

【CAS 登记号】 [120-83-2]

【结构式】

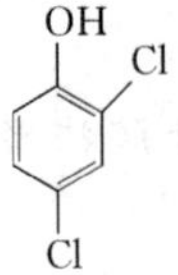

【物化性质】 白色固体。有酚臭。易燃。沸点 210℃。熔点 42～43℃。闪点 113℃。相对密度（d_{25}^{65}）1.383。溶于乙醇、乙醚、氯仿、苯和四氯化碳，微溶于水。

【质量标准】 熔点/℃ ≥34；相对密度（d_4^{40}）1.40～1.408。

【用途】 主要用作合成农药除草醚、2,4-D、伊比磷及医药硫双二氯酚的中间体。

【制法】 苯酚在铁催化下通氯气氯化而得。

【安全性】 易挥发，腐蚀性强，能灼烧皮肤，刺激眼睛及皮肤。中毒严重者，可产生贫血及各种神经系统症状。对皮肤过敏者，可引起皮炎而难治愈。车间应通风良好，设备应密闭。操作时应戴口罩、眼镜和胶皮手套。如不慎溅及皮肤，应立即用酒精擦洗或用稀碱水冲洗。若已入口，应立即用温水和氧化镁（30g/L）洗胃。飞溅衣服上，立即更换衣服并洗澡，以防渗入皮肤。用铁桶包装。本品易燃，应远离火源，贮存于阴凉、干燥、通风处。发生 2,4-二氯（苯）酚火灾时，用水、黄沙、泡沫二氧化碳灭火。

【参考生产企业】 盐城市巨龙化工有限公司，江苏新业化工有限公司，盐城市华业医药化工有限公司，溧阳市福利精细化工厂，建湖县鑫鑫化工有限公司，盐城汇龙化工有限公司。

Db017 2,5-二氯(苯)酚

【英文名】 2,5-dichlorophenol

【CAS 登记号】 [583-78-8]

【结构式】

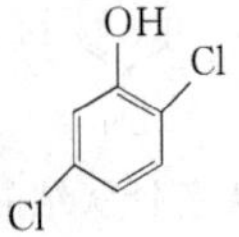

【物化性质】 白色针状结晶。有特殊臭味。沸点 211℃（101.858kPa）。熔点 56～58℃。微溶于水，溶于乙醇、乙醚、苯。

【质量标准】 浅黄色至黄色粉末结晶。含量≥80%。

【用途】 农药中间体，主要用于制造除草剂麦草丹及 DP 防霉剂等。

【制法】 (1) 以 2,5-二氯苯胺为原料，加硫酸及亚硝酸钠进行重氮化，经水解而得成品。

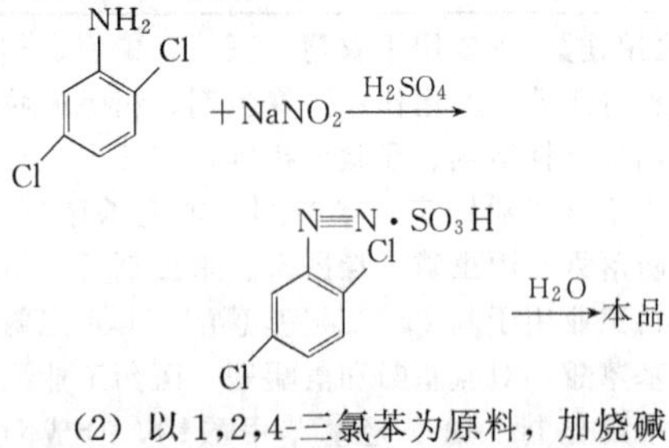

(2) 以 1,2,4-三氯苯为原料，加烧碱和溶剂在一定温度和压力下进行水解反应，得 2,5-二氯苯酚钠和 2,4-二氯苯酚钠，再经盐酸酸化而得粗品混合物。然后，以尿素加成法分离 2,4-二氯苯酚后得 2,5-二氯（苯）酚成品。

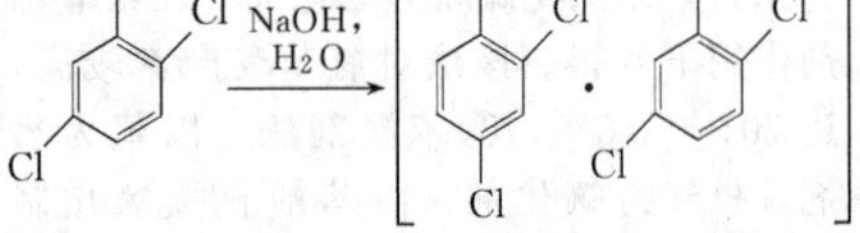

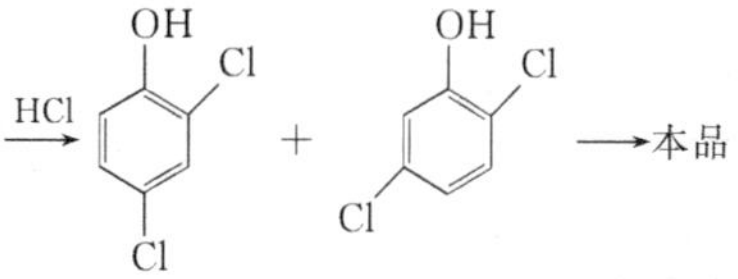

【安全性】 有毒。生产设备应密闭，操作现场应通风良好，操作人员要穿戴防护用具。用纤维板包装桶包装，内衬聚氯乙烯包装袋，每桶净重 40kg，贮存于阴凉、干燥仓库，防止日晒。

【参考生产企业】 青岛亿明翔精细化工科技有限公司，河北思尔可化学有限责任公司，江都市海辰化工有限公司，新乡市银光化工有限公司。

Db018 五氯(苯)酚

【英文名】 pentachlorophenol

【别名】 penta；PCP；penchlorol

【CAS 登记号】 [87-86-5]

【结构式】

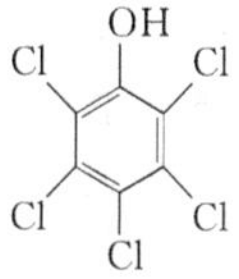

【物化性质】 纯品为白色晶体。熔点 174℃（1 个结晶水），191℃（无水物）。沸点（100.525kPa）309～310℃（分解）。相对密度（d_4^{22}）1.978。溶于稀碱液及丙酮、乙醇、乙醚、苯等有机溶剂，微溶于水。

【质量标准】

项目		优等品
含量/%	≥	90
冰点/℃	≥	185
苯不溶物/%	≤	5.5
碱不溶物/%	≤	1.0
游离酸/%	≤	0.3

【用途】 主要用作除草剂，纺织品、皮革、纸张、木材的防腐剂和防霉剂。用于防治白蚁钉螺等亦有效。

【制法】 先将五氯苯酚钠和水配成一定浓度溶液，再以盐酸酸化、结晶、过滤洗涤，制得成品。

【安全性】 有毒。雄大鼠和雌大鼠经口 LD_{50} 分别为 146mg/kg 和 175mg/kg。对皮肤有刺激性。生产场所应通风良好，操作人员应穿戴防护用具。用塑料编织袋，内衬塑料袋包装，每袋净重 50kg 或 100kg。贮运时应注意防火、防潮。

【参考生产企业】 天津大沽化工厂，盐城汇龙化工有限公司，无锡市石油化工总厂。

Db019 2,4,6-三溴苯酚

【英文名】 2,4,6-tribromophenol

【CAS 登记号】 [118-79-6]

【结构式】

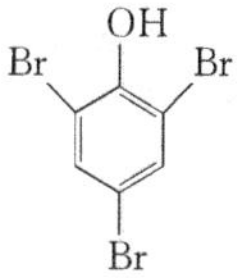

【物化性质】 针状晶体，可升华。沸点 244℃。熔点 94～96℃。密度 2.55g/cm³。微溶于水，溶于乙醇、氯仿、乙醚和甘油。

【用途】 用作抗真菌剂、阻燃剂、防腐剂及消毒剂等。

【制法】 苯酚与溴进行溴代反应制得。

【安全性】 大鼠经口 LD_{50} ＜2000 mg/kg。

【参考生产企业】 山东天一化学有限公司，山东天信化工有限公司，莱州市高得化工有限责任公司。

Db020 2,4,6-三溴间甲基苯酚

【英文名】 2,4,6-tribromo-*m*-cresol

【别名】 2,4,6-三溴间羟基甲苯；2,4,6-tribromo-3-methylphenol；2,4,6-tribromo-3-hydroxytoluene

【CAS 登记号】 [4619-74-3]

【结构式】

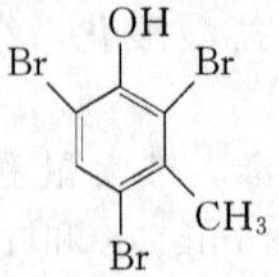

【物化性质】 黄色针状晶体，熔点 84℃。

【质量标准】 黄色晶体。含量>95%；熔点 84℃。

【用途】 抗真菌剂。

【制法】 以间甲酚为原料，在氯仿和铁粉存在下于冷却时慢慢滴加溴素，在室温下搅拌，进行反应，将反应液用水洗涤，然后再用亚硫酸氢钠溶液搅拌洗涤，在氯仿液中加入活性炭，加热搅拌后，趁热过滤，滤液冷冻过夜后，乃有固体析出，经过滤，所得滤饼，以 70% 乙醇洗涤后，于低温下干燥，即得成品。

【安全性】 对皮肤及黏膜有强的刺激性及毒性。生产设备应密闭，车间应通风。操作人员穿戴防护用具。内衬塑料袋，外套木桶或塑料桶包装。贮存于阴凉、干燥、通风处。防晒、防潮。按有毒化学品规定贮运。

【参考生产企业】 上海第十七制药厂。

Db021 双酚 A

【英文名】 bisphenol A

【别名】 2,4,6-三溴间羟基甲苯双酚基丙烷；二酚基丙烷；4,4′-(1-methylethylidene) bisphenol；4,4′-isopropylidenediphenol；2,2-bis (4-hydroxyphenyl) propane

【CAS 登记号】 [80-05-7]

【结构式】

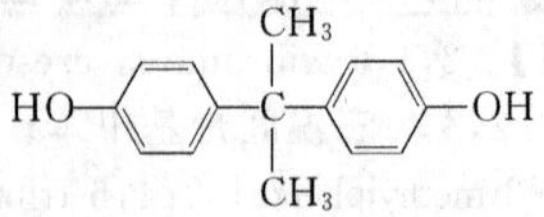

【物化性质】 白色针晶或片状粉末。可燃。微带苯酚气味。沸点 (1.733kPa) 250～252℃。熔点 150～155℃。闪点 79.4℃。相对密度 (d_{25}^{25}) 1.195。溶于乙醇、丙酮、乙醚、苯及稀碱液等，微溶于四氯化碳，几乎不溶于水。

【质量标准】 GB/T 28113—2011 工业用双酚 A

项目		优等品	一等品	合格品
外观		白色粒状或片状，无机械杂质		
双酚 A/%	≥	99.85	99.70	99.50
苯酚/%	≤	0.005	0.010	0.030
2,4-异构体/%	≤	0.050	0.100	0.200
结晶点/℃	≥	156.6	156.5	156.0
熔融色度(铂-钴号,Hazen 单位)	≤	20	—	—
溶液色度①(铂-钴号,Hazen 单位)	≤	—	20	50
水分/%	≤	0.08	0.10	0.10

① 溶液色度应为 35.5g 样品溶于 50mL 甲醇的色度。

【用途】 用于制造多种高分子材料，如环氧树脂、聚碳酸酯、聚砜和酚醛不饱和树脂等。亦用于制造聚氯乙烯热稳定剂、橡胶防老剂、农用杀菌剂、涂料、油墨的抗氧剂和增塑剂等。

【制法】 苯酚与丙酮在催化剂存在下缩合，经水洗、结晶、过滤，得粗品，经重结晶、离心分离、干燥，得成品。

【安全性】 毒性比酚类小，属低毒物质。大鼠经口 LD_{50} 为 4200mg/kg。中毒时会感觉口苦、头痛。对皮肤、呼吸道、眼角膜有刺激症状。操作人员应穿戴防护用具，生产设备应密闭，操作现场应通风良好。采用内衬塑料袋的木桶、铁桶或麻袋包装，每桶（袋）净重 25kg 或 30kg。贮运中应防火、防水、防爆。宜放于干燥、通风的地方。按一般化学品规定贮运。

【参考生产企业】 岳阳石油化工总厂，无锡市石油化工总厂，天津市有机化工二厂，蓝星新材料无锡树脂厂，天津市敬业精细化工有限公司，浙江日出精细化工有限公司，岳阳铭德石油化工有限公司，山东默锐化学有限公司。

Db022 2,2′,6,6′-四溴双酚A

【英文名】 2，2′，6，6′-tetrabromobisphenol A

【CAS登记号】 [79-94-7]

【结构式】

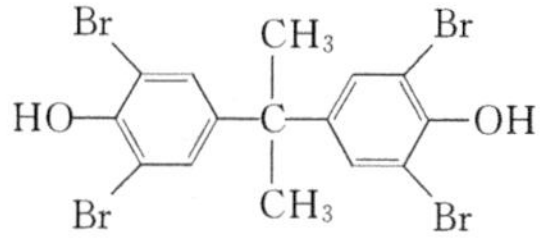

【物化性质】 灰白色粉末。沸点316℃（分解）。熔点180～184℃。溶于甲醇和乙醚，不溶于水。

【质量标准】 HG2341—92 四溴双酚A

项目	优等品	一等品	合格品
溴含量/% >	58.0	57.5	57.0
熔点(初熔点)/℃ ≥	178	175	172
加热减量/% ≤	0.10	0.30	0.50
色度(黑曾) ≤	20	50	80

【用途】 用于塑料、橡胶、纺织、纤维和造纸等工业作阻燃剂，如用于环氧、聚碳酸酯、聚酯、酚醛及ABS等树脂中，使制品具有良好的阻燃性和自熄性。

【制法】 双酚A在室温下加溴、通氯经溴化反应、过滤、水洗、干燥，得成品。

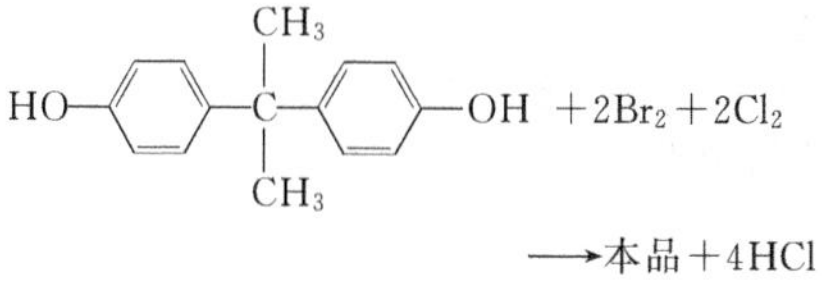

【安全性】 无毒。用塑料袋包装。按一般化学品规定贮运。

【参考生产企业】 台州市中荣化工有限公司，寿光市海洋化工有限公司，济南泰星精细化工有限公司，江苏昊华精细化工有限公司，山东天一化学有限公司，山东天信化工有限公司，莱州市凯乐化工厂，山东潍坊龙威实业有限公司。

Db023 邻苯基苯酚

【英文名】 *o*-phenylphenol

【别名】 2-羟基联苯；邻羟基联苯；2-联苯酚；邻苯基酚；（1,1′-biphenyl）-2-ol；2-biphenylol；orthoxenol；*o*-hydroxydiphenyl；2-hydroxydiphenyl

【CAS登记号】 [90-43-7]

【结构式】

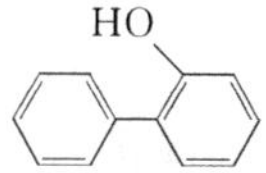

【物化性质】 白色、浅黄色至浅红色粉末。可燃。遇高热、明火或与氧化剂接触，有引起燃烧的危险。受热分解放出有毒的氧化氮烟气。沸点280～284℃。熔点55.5～57.5℃。闪点（闭杯）123.9℃。几乎不溶于水，易溶于甲醇、丙酮、苯、二甲苯、三氯乙烯、二氯苯等有机溶剂。

【质量标准】 含量≥98%；熔点51～59℃。

【用途】 有强力杀菌功能，用作木材、皮革、纸的防腐以及水果蔬菜肉类的储存防腐。还用于阻燃剂、保鲜剂、染色剂载体、表面活性剂、染料中间体、化妆品以及用于生产高级炸药的生产。

【制法】 （1）采用环己酮路线制备OPP，即以环己酮为原料，在酸催化下缩合脱水得到双聚中间体2-(1-环己烯基）环己酮和2-环己亚烷基环己酮，再经脱氢合成邻苯基苯酚。

（2）从磺化法生产苯酚的副产物中得到邻苯基苯酚和对苯基苯酚的混合物，将其加热溶于三氯乙烯中，经冷却析出对位苯基苯酚结晶，经离心过滤，固体干燥得对苯基苯酚。母液用碳酸钠溶液洗涤后，加稀氢氧化钠中和，再酸化得邻苯基苯酚。

【安全性】 大鼠经口LD_{50}为2.48g/kg。

对皮肤、眼睛有刺激性。工作人员应作好防护。严禁与氧化剂、碱类、食用化学品等混装混运。运输途中应防曝晒、雨淋，防高温。

【参考生产企业】 德国拜耳、日本三光、美国陶氏化学，盐城市华业医药化工有限公司，浙江建德建业有机化工有限公司，常州市常宇化工有限公司（常州常宇化工厂），杭州欣阳三友精细化工有限公司。

Db024 对硝基苯酚

【英文名】 *p*-nitrophenol

【别名】 4-硝基-1-羟基苯；4-nitrophenol

【CAS登记号】 [100-02-7]

【结构式】

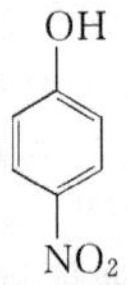

【物化性质】 纯品为浅黄色结晶。无味。沸点 216℃（279℃分解）。熔点 114～116℃。相对密度 1.479。常温下微溶于水（1.6%，25℃），不易随蒸汽挥发。易溶于乙醇、氯仿及乙醚。可溶于碱液。

【质量标准】 HG/T 4296—2012 对硝基苯酚

项目	一等品	合格品
外观	浅黄色至浅褐色结晶	
对硝基苯酚/% ≥	93.00	90.00
游离酸(以HCl计)/% ≤	0.15	0.30
对硝基苯酚纯度(GC)/% ≥	99.50	98.00
灰分/% ≤	1.1	2.0

【用途】 用作农药、医药及染料的中间体，也用作皮革防霉剂以及酸值指示剂。

【制法】 对硝基氯苯在氢氧化钠溶液中加热、加压进行水解。反应毕，经冷却、酸化、再冷却、结晶、离心分离，得成品。

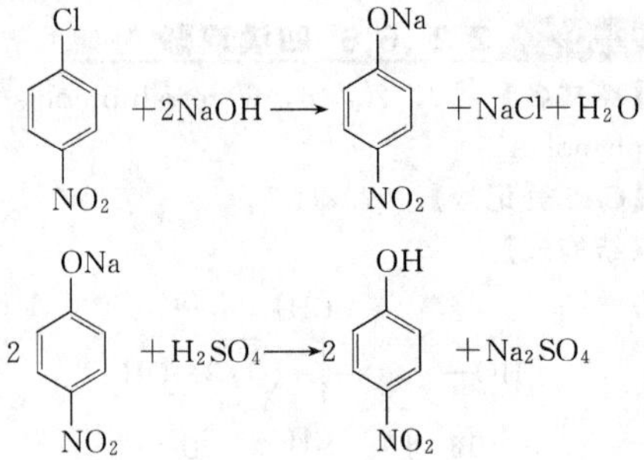

【安全性】 有毒。小鼠、大鼠经口 LD_{50} 分别为 467mg/kg、616 mg/kg。易燃。与皮肤接触会引起中毒。生产操作人员应穿戴防护用具。生产场所应有良好通风条件。用复合编织袋内衬聚乙烯避光袋包装，每袋净重 50kg 或 100kg。应存放于阴凉、通风、干燥的库房中。远离火种，不得和食品添加剂共贮混运。

【参考生产企业】 安徽八一化工股份有限公司，连云港泰盛化工有限公司，南京大唐化工有限责任公司，宏发集团公司，中国石化集团南京化工厂。

Db025 邻硝基苯酚

【英文名】 *o*-nitrophenol

【别名】 2-nitrophenol

【CAS登记号】 [88-75-5]

【结构式】

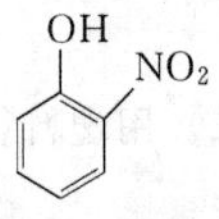

【物化性质】 浅黄色针晶或棱晶，能与蒸汽一同挥发。有毒。沸点 216℃。熔点 44～45℃。相对密度（d_4^{40}）1.2941。折射率（n_D^{50}）1.5723。溶于乙醇、乙醚、苯、二硫化碳、氢氧化碱和热水，微溶于冷水。

【质量标准】

项目	指标
外观	浅黄色或黄绿色结晶
熔点/℃ ≥	42
含量/% ≥	85

【用途】 医药、染料中间体，亦可用作单色 pH 值指示剂。

【制法】 (1) 水解法。以邻硝基氯苯为原料，与氢氧化钠溶液在 0.2～0.4MPa 压力、130～150℃温度下水解，反应毕，经硫酸酸化冷却、结晶、离心分离得成品。

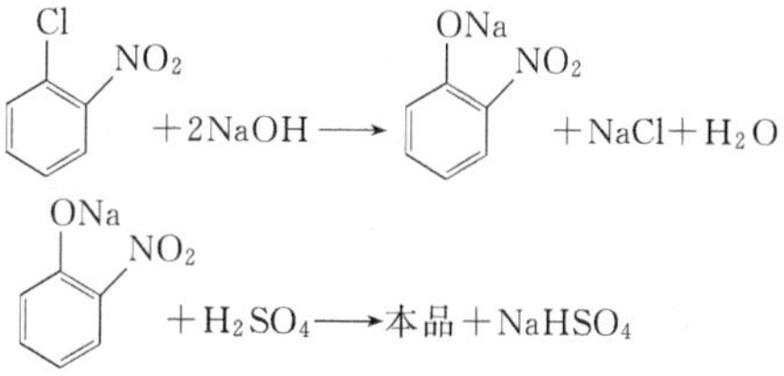

(2) 硝化法。以苯酚为原料。经硝酸硝化制得对硝基苯酚和邻硝基苯酚混合物，再经蒸汽蒸馏、冷却、结晶、离心分离制得成品。

【安全性】 有毒。易燃。与皮肤接触有强烈刺激。小狗静脉注射 LD_{50} 为 100 mg/kg。生产场所应有良好通风，设备应密闭。操作人员应穿戴防护用具。采用铁桶或编织袋内衬塑料袋包装，每桶（袋）净重 50kg。贮存于通风干燥的库房中。远离火种，不得和食品添加剂共贮混运。按有毒化学品规定贮运。

【参考生产企业】 安徽八一化工股份有限公司，南京力达宁化学有限公司产品，高邮市有机化工厂，河南平舆县宏昌精细化工厂，洛阳市曙光化工厂。

Db026 间硝基苯酚

【英文名】 *m*-nitrophenol

【别名】 3-nitrophenol

【CAS 登记号】 554-84-7

【结构式】

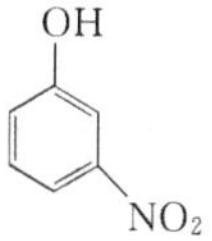

【物化性质】 淡黄色晶体。沸点 194℃。熔点 97℃。相对密度 1.485、(d_4^{100}) 1.2797。微溶于水，易溶于乙醇和乙醚。

【用途】 用作医药、染料中间体，用作分析试剂，也用于有机合成。

【制法】 由间硝基苯胺经重氮化、水解制得。将间硝基苯在搅拌下慢慢加入稀硫酸中，降温至 0℃以下。在搅拌下慢慢加入亚硝酸钠水溶液，并保持温度在 15℃以下，重氮化完成后反应液应为深棕色透明液体。再将重氮盐在搅拌下慢慢加入 125℃的热稀硫酸中，加完后保温 1～2h。放冷，将结晶滤出，用水洗至 pH 值 3～4，滤干，减压蒸馏即得成品。

【安全性】 小鼠、大鼠经口 LD_{50} 分别为 1414mg/kg、933mg/kg。对皮肤有强烈刺激作用。能经皮肤和呼吸道吸收。生产操作人员应穿戴防护用具。生产场所应有良好通风条件。应存放于阴凉、通风、干燥的库房中。远离火种，不得和食品添加剂共贮混运。

【参考生产企业】 上海三爱思试剂公司，北京恒业中远化工有限公司。

Db027 对硝基苯酚钠

【英文名】 sodium *p*-nitrophenolate

【别名】 4-硝基苯酚钠；对硝基酚钠；*p*-nitrophenol sodium salt

【CAS 登记号】 [824-78-2]

【结构式】

【物化性质】 橙黄色晶体。溶于水及一般有机溶剂，在低于 36℃时形成含 4 个结晶水的淡黄色单斜晶体；高于 36℃则形成 2 个结晶水的晶体，两者在 120℃时失

水，成红色的不含结晶水的固体。

【质量标准】 HG/T 2586—2010 对硝基酚钠

项目		一等品	合格品
外观		黄色至橘黄色结晶(潮品)	
对硝基酚钠/%	≥	65.00	60.00
游离碱/%	≤	0.70	1.00
对硝基酚钠纯度(以对硝基苯酚计)(HPLC)/%	≥	99.50	99.00
水不溶物/%	≤	0.10	0.50

【用途】 主要用于制造对氨基苯酚，农药1605等以及医药扑热息痛、显影剂（米妥尔）和染料中间体。无水物可作有机试剂。

【制法】 以稀碱溶液与对硝基氯苯混合升温，进行水解反应，经冷却、结晶、离心分离，得成品。

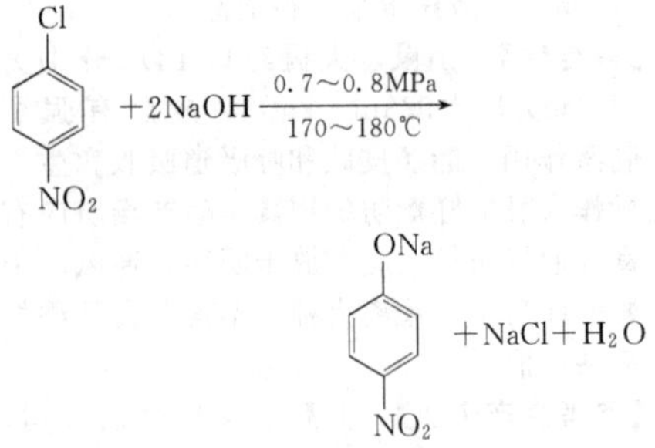

【安全性】 有毒。狗静脉注射 LD_{100} 为10mg/kg。能通过皮肤和呼吸道引起中毒。早期中毒症状为嘴唇、指端等部位呈灰紫色。严重中毒者呈现溶血性黄疸出血、肝功能异常等症状。生产车间应有良好的通风，生产设备应密闭。操作人员要穿戴防护用具。中毒后请医师诊治。采用铁桶或麻袋内衬塑料袋包装，每桶（袋）净重50kg或100kg。贮存于阴凉、干燥、通风处。严禁接触氧化剂。防晒，防潮。按易燃易爆有毒物品规定贮运。

【参考生产企业】 南京大唐化工有限责任公司，安徽八一化工股份有限公司，南京化学工业有限公司。

Db028 对亚硝基苯酚

【英文名】 4-nitrosophenol

【别名】 quinone oxime; quinone monoxime

【CAS登记号】 [104-91-6]

【结构式】

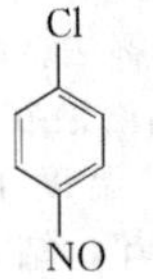

【物化性质】 淡黄色针状晶体。熔点126～128℃。分解点144℃。126℃变棕色。溶于乙醇、乙醚、丙酮，略溶于水，溶于碱液呈棕色，稀释后成绿色。若混有杂质、接触浓酸、碱或明火，会引起燃烧或爆炸。

【质量标准】 褐色粉末。熔点125～130℃。

【用途】 有机中间体，可用于生产橡胶交联剂、硫化蓝BRN、硫化深蓝BBF、硫化还原蓝RNX。亦可制造解热镇痛药扑热息痛等。

【制法】 由苯酚和亚硝酸钠在硫酸存在下进行亚硝化反应，然后稀释，经离心过滤而得成品。

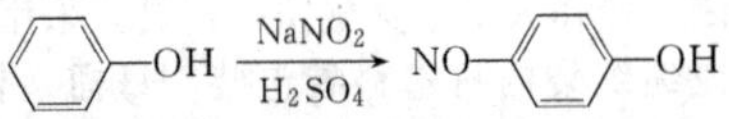

【安全性】 有毒，接触皮肤能引起过敏反应。并有产生高铁血红蛋白的作用。易燃易爆。为一级易燃物质。包装要密封，贮存于阴凉、通风良好处。按危险品规定贮运。

【参考生产企业】 南京力达宁化学有限公司，安徽八一化工股份有限公司。

Db029 苦味酸

【英文名】 picric acid

【别名】 2,4,6-三硝基苯酚；2,4,6-trinitrophenol; picronitric acid; carbazotic acid;

nitroxanthic acid

【CAS 登记号】 [88-89-2]

【结构式】

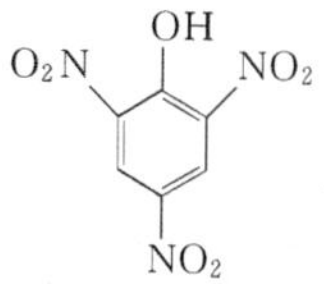

【物化性质】 黄色晶体。味很苦，不易吸湿。干燥时易爆炸。沸点>300℃（升华，爆炸）。密度 1.763g/cm³。自燃点 300℃。闪点 150℃。熔点 122～123℃。难溶于冷水，较易溶于热水，溶于乙醇、乙醚、苯和氯仿。

【质量标准】 GB/T 25784—2010 2，4，6-三硝基苯酚（苦味酸）

项目		优等品	一等品
外观		黄色粒状结晶	
干品结晶点/℃		120.0	119.0
水分/%		10.0～20.0	10.0～20.0
硫酸根离子/%	≤	0.5	1.0
硝酸含量		不显色	不显色
水不溶物/%	≤	0.1	0.2
灰分/%	≤	0.2	0.2

【用途】 有机中间体。用以制取红光硫化黑及酸性染料、照相药品、炸药及农药氯化苦等。医药上用作外科收敛剂。此外，常用于有机碱的离析和提纯。

【制法】 2，6-油（2，4-二硝基氯苯和 2，6-二硝基氯苯）以氢氧化钠水解，得 2，4-二硝基氯苯和 2，6-二硝基苯酚钠，酸化后用混酸硝化，经吸滤水洗得成品。

【安全性】 有毒。大鼠经口 LD_{50} 为 120mg/kg。有刺激性。味苦。能通过呼吸道或皮肤吸收，引起中毒。能使唾液、鼻黏膜变黄，皮肤、头发变褐，并且洗不掉。苦味酸中毒时呈现头痛、恶心、神经炎、妇女闭经。生产设备要密闭。室内保持湿润和良好通风。操作人员要穿戴防护用具。工作场所空气中最高容许浓度 0.1×10^{-6}。采用木桶内衬塑料袋包装，每桶 25kg。贮存在阴凉、通风的仓库内。贮存时要保持含 10%水分。按易燃易爆物品规定贮运。

【参考生产企业】 大连染料化工有限公司，沈阳瑞丰精细化学品有限公司，北京恒业中远化工有限公司，温州市华侨化学试剂有限公司，中国石油吉林石化公司染料厂。

Db030 2,6-二氯-4-硝基苯酚

【英文名】 2，6-dichloro-4-nitrophenol

【CAS 登记号】 [618-80-4]

【结构式】

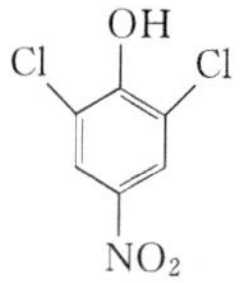

【物化性质】 浅棕色晶体。熔点 125℃（分解）。溶于乙醚、氯仿和热乙醇，难溶于水和苯。

【质量标准】 熔点≥124℃。乙醇溶解试验合格。灼烧残渣≤0.1%。

【用途】 有机合成中间体。

【制法】 将对硝基苯酚溶解在乙醇中，然后在盐酸溶液中不断加氯酸钾水溶液，结晶析出后，经过滤、水洗而得粗品，用氯仿或乙醇重结晶，再以石油醚萃取，冷却，结晶而得精品。

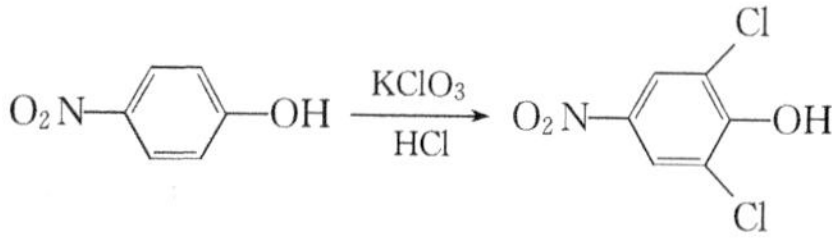

【安全性】 采用铁桶包装，贮存于干燥、通风良好处。按危险品规定贮运。

【参考生产企业】 建湖县鑫鑫化工有限公司，南京大唐化工有限公司，上海嘉辰化工有限公司。

Db031 4-硝基间甲基苯酚

【英文名】 4-nitro-*m*-cresol

【别名】 4-nitro-3-phenylphenol

【CAS 登记号】 [2581-34-2]

【结构式】

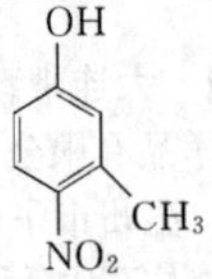

【物化性质】 针状或柱状黄色晶体。遇空气、光照也不变色。熔点 128～129℃。沸点 200℃（分解）。闪点 110℃。着火点 455℃。极易溶于乙醇、乙醚、氯仿和苯，难溶于冷水。其钠盐和钾盐都是含 2 分子结晶水的黄色叶状晶体。

【质量标准】 针状黄色晶体。熔点 128～129℃。

【用途】 用途较广，主要用来制造一种高效、低毒、低残留的优良有机磷杀虫剂杀螟松。

【制法】 以间甲酚为原料。

(1) 盐酸亚硝化氧化法。将间甲酚与 15%盐酸、亚硝酸钠、氢氧化钠在反应温度 (0±3)℃下进行反应，制得亚硝基化合物。再在 38%硝酸中于 (40±2)℃时进行氧化，即得。产率 87%。

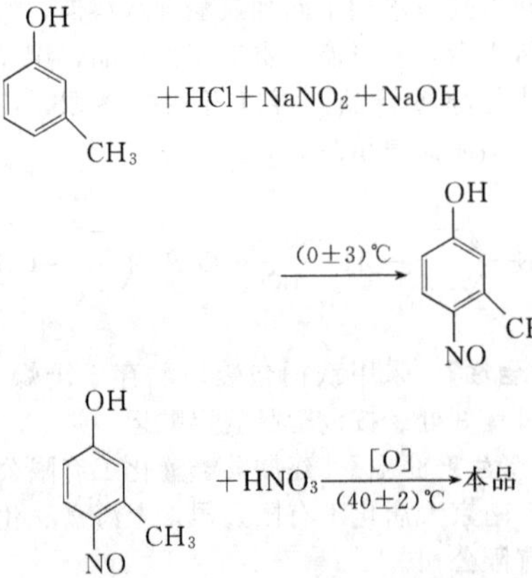

(2) 硝酸一步法。将间甲酚滴加于 －5～0℃的 20%硝酸和 40%亚硝酸钠溶液中，搅拌 10min 后，升温至 30℃并保温 2h，即得。产率为 99%。

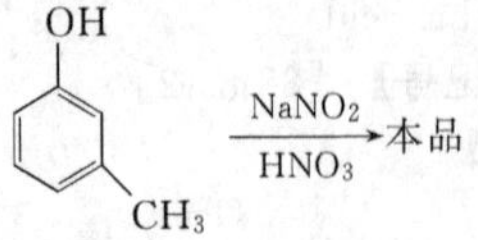

【安全性】 生产车间应有良好的通风，设备应密闭。操作人员应穿戴防护用具。采用内衬塑料袋，外套铁桶包装。贮存于阴凉、干燥、通风处。远离火种、热源，防晒、防潮。按有毒物品规定贮运。

【参考生产企业】 东营市瀚博化工有限公司，浙江常山化工有限公司。

Db032 2,4,6-三(二甲氨基甲基)苯酚

【英文名】 2,4,6-tris(dimethylaminomethyl)phenol

【别名】 DMP-30

【CAS 登记号】 [90-72-2]

【结构式】

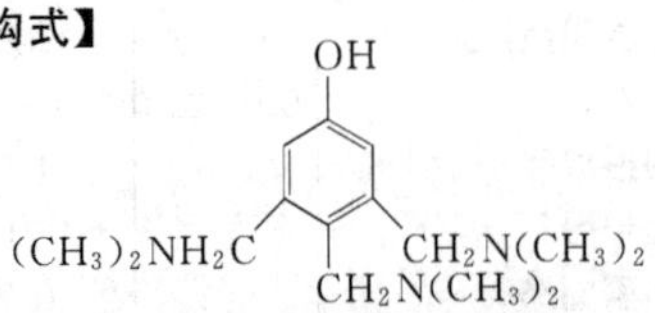

【物化性质】 无色或淡黄色透明液体。可燃。纯度为 96%以上（换算为胺）、水分为 0.10%以下（卡尔-费歇法）、色调为 2～7（卡迪纳尔法）时，相对密度 0.972～0.978。沸点约 250℃。折射率 (n_D^{25}) 1.514。闪点 110℃。具有氨臭。不溶于冷水，微溶于热水，溶于醇、苯、丙酮。

【质量标准】

项目		指标
外观		无色或淡黄色透明液体
含量/%	≥	95
含氮量/%	≥	14.95
水分/%	≤	0.1
黏度(25℃)/(mPa·s)		40～80
折射率(n_D^{20})		1.516±0.005
相对密度(d_4^{20})		0.97～0.99

【用途】 热固性环氧树脂固化剂、胶黏剂、层压板材料和地板的密封剂、酸中和剂和聚氨基甲酸酯生产中的催化剂。

【制法】 苯酚与二甲胺、甲醛反应后，反应产物经分层、真空脱水、抽滤而得成品。

【安全性】 低毒。其蒸气对皮肤有刺激作用。操作人员应穿戴防护用具。接触皮肤后，用水冲洗。防护参照一般胺类化合物。采用镀锌铁桶包装，每桶净重 50kg、100kg、200kg。贮存于阴凉、干燥、通风处。按一般可燃化学品规定贮运。不能与酸性、食用性等化工产品混运，密封保存，防止吸湿。

【参考生产企业】 上海齐沪化工有限公司，上海嘉辰化工有限公司。

Db033 4-硝基-2-氨基苯酚钠

【英文名】 sodium 2-amino-4-nitrophenolate

【别名】 对硝基邻氨基酚钠；sodium *o*-amino-*p*-nitrophenolate

【CAS 登记号】 [61702-43-0]

【结构式】

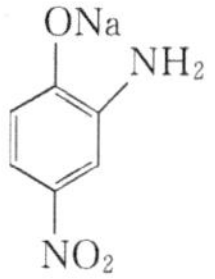

【物化性质】 棕黄色片状结晶，含结晶水的钠盐。熔点 80～90℃，154℃（无水物）。溶于酸。

【质量标准】 棕黄色松散结晶。水不溶物/%≤0.5；含量/%≥98。

【用途】 用以制取反应染料、酸性媒介棕 RH 和活性黑 K、B、R 的中间体及医药中间体。

【制法】 将 2,4-二硝基氯苯用碱水解，制备 2,4-二硝基苯酚钠，后者再经二硫化钠还原，得成品。

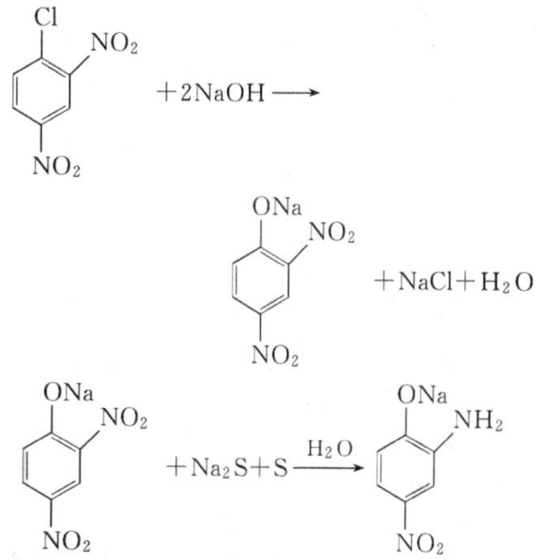

【安全性】 对眼及皮肤有刺激性。生产设备应密闭。现场应有良好通风，操作人员要穿戴防护用具。采用内衬塑料袋、外套聚丙烯编织袋包装。易燃易爆。应防高温，贮存于阴凉、干燥、通风处。按有毒物品规定贮运。

【参考生产企业】 上海喻旨化工有限公司，安徽省广德县旭龙化工有限公司，江阴市海辰化工有限公司。

Db034 α-萘酚

【英文名】 1-naphthol；α-naphthol；1-hydro xynaphthalene

【别名】 甲萘酚；1-萘酚

【CAS 登记号】 [135-15-3]

【结构式】

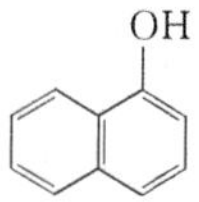

【物化性质】 无色或黄色菱形结晶或粉末。可燃。有毒。有难闻的苯酚气味。加热随水蒸气蒸发。能升华。遇光变黑。沸点 278～280℃（升华）。熔点 96℃。相对密度（d_4^{99}）1.0989。折射率（n_D^{99}）1.6224。黏度（98.7℃）1.6206mPa·s。溶于乙醇、乙醚、苯、氯仿及碱溶液，不溶于水。

【质量标准】 GB/T 25782—2010 1-萘酚

项目		优等品	合格品
外观		白色至灰色片状	浅灰色至红褐色片状
结晶点/℃	≥	94.50	92.00
1-萘酚的纯度	≥	99.50	96.00
低沸物含量/%	≤	0.10	0.20
2-萘酚含量/%	≤	0.10	4.00
1-萘胺的含量/%	≤	0.10	0.10

注:外观贮存时允许颜色变黑。

【用途】 染料、医药、农药(西维因)、香料和橡胶防老剂的基本原料或中间体,以及彩色电影胶片的成色剂。

【制法】 (1) α-萘胺水解法。α-萘胺以稀硫酸为介质水解得α-萘酚粗品,粗品经分离中和、蒸馏,得成品。

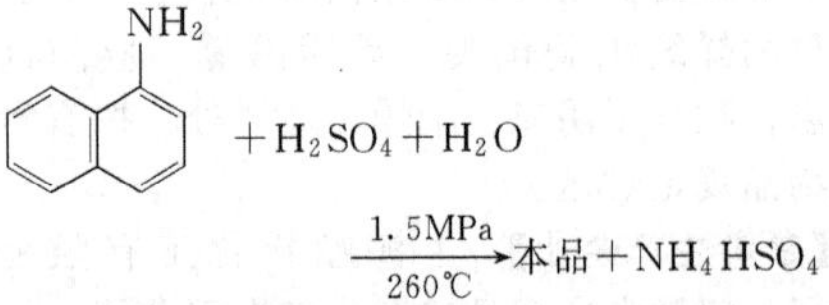

(2) 磺化法。精萘用硫酸进行低温磺化得 α-萘磺酸,同时副产 β-萘磺酸,分离副产物后经中和、碱熔、酸化,再经分离、蒸馏,得成品。

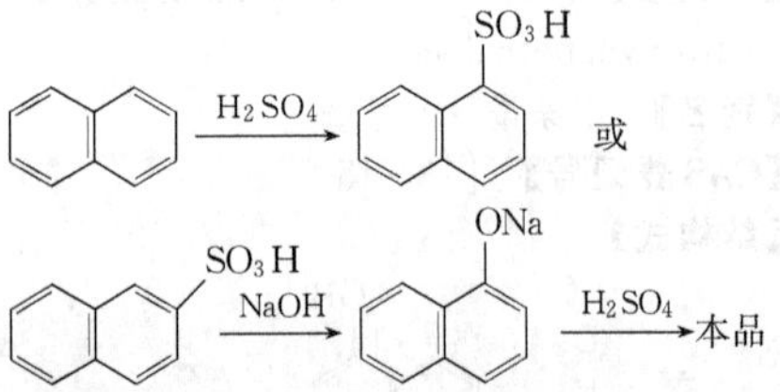

【安全性】 有毒。大鼠经口 LD_{50} 为 2590mg/kg。吞咽或经皮肤吸收都能引起中毒,其症状是呕吐、腹泻、腹痛、贫血、虚脱。对眼和黏膜有刺激性。生产设备要密闭。操作人员应穿戴防护用具。参见 β-萘酚。内衬塑料袋、外套麻袋或铁桶包装。每桶袋 50kg。贮存于密闭、避光、通风处。按易燃有毒物品规定贮运。

【参考生产企业】 北京恒业中远化工有限公司,江苏华达化工集团有限公司,常州市常宇化工有限公司。

Db035 β-萘酚

【英文名】 2-naphthol

【别名】 2-萘酚;乙萘酚;2-naphthalenol;β-naphthol;beta-naphthol;β-hydroxynaphthalene

【CAS 登记号】 [135-19-3]

【结构式】

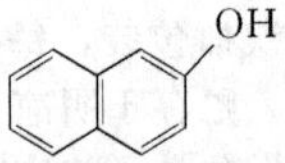

【物化性质】 白色有光泽的碎薄片或白色粉末。可燃。久贮颜色逐渐变深,在空气中稳定,但暴露在太阳光下时颜色逐渐变深。加热升华,有刺激性苯酚气味。沸点 285～286℃。熔点 123～124℃。闪点 161℃。密度 1.28g/cm³。不溶于水,易溶于乙醇、乙醚、氯仿、甘油及碱溶液。

【质量标准】 GB/T1646—2003 β-萘酚

项目		优等品	合格品
外观		灰白色薄片或粉末(贮存时允许变暗黄色或暗红色)	
干品初熔点/℃	≥	120.0	119.5
2-萘酚/%	≥	99.0	98.5
1-萘酚/%	≤	0.30	
萘含量/%	≤	0.10	0.50
2,2-联萘酚/%	≤	0.20	0.50
水分/%	≤	0.10	
乙醇中溶解度		合格	

注:非用于医药和香料的 2-萘酚产品,"乙醇中溶解度"指标免检。

【用途】 重要的有机原料及染料中间体,用于制造吐氏酸、丁酸、β-萘酚-3-甲酸,并用于制造防老剂丁、防老剂 DNP 及其他防老剂、有机颜料及杀菌剂等。

【制法】 精萘用 98%硫酸磺化,分离得 β-萘磺酸,用亚硫酸钠将其中和成钠盐。再经碱熔,得 β-萘酚钠,再以硫酸酸化得 β-萘酚,经煮沸、水洗、干燥、蒸馏得精β-萘酚。

【安全性】 毒理和苯酚相似，而且是更强的腐蚀剂。对皮肤有强烈刺激作用。易于经皮肤吸收。对血液循环和肾脏有毒害作用。此外，还能引起眼角膜损伤。虽然致死量不明确，但有外用3～4g而死亡的病例。生产设备要密闭、防泄漏，溅到皮肤上需及时洗净。车间应通风，设备应密闭。操作人员应穿戴防护用具。内衬塑料袋、外套麻袋或编织袋包装，每袋净重50kg或60kg。贮运时要防火，防潮，防曝。存放在干燥、通风处。按易燃有毒物品规定贮运。

【参考生产企业】 北京恒业中远化工有限公司，江苏华达化工集团有限公司，常州市常宇化工有限公司。

Db036 二苯醚

【英文名】 phenyl ether

【别名】 苯基醚；1，1′-oxybisbenzene；diphenyl ether；diphenyl oxide

【CAS登记号】 [101-84-8]

【结构式】

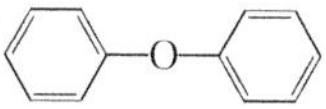

【物化性质】 无色结晶或液体。易燃。低毒。具有桉叶油气味。沸点258℃。熔点28℃。闪点115℃。凝固点27℃。自燃点617.8℃。相对密度1.0863。折射率1.5780。溶于乙醇、乙醚、苯和冰醋酸，不溶于水、无机酸溶液和碱溶液。

【质量标准】 HG/T3265—2002

项目	优等品	一等品	合格品
色度(铂-钴色号，Hazen单位) ≤	20	30	50
结晶点/℃ ≥	26.5		
水分/% ≤	0.03	0.04	0.05
二苯醚含量/% ≥	99.8	99.5	99.0
苯酚含量/% ≤	0.005	0.010	0.020
总氯含量/(ng/μL)≤	10	20	40
总硫含量/(ng/μL)≤	5	8	10

【用途】 有机合成中间体，大量用于香料工业，特别是用作皂用香料，还可作合成树脂和其他有机合成工业的原料。与联苯混合后是工业上良好安全的高温有机载热体，在350℃下可长期使用。

【制法】 氯苯与苯酚在苛性钠溶液中，在氧化铜催化剂存在下缩合生成二苯醚，经碱洗及蒸馏精制得成品。

【安全性】 低毒。工作场所空气中最高容许浓度为1×10^{-6}。用铁桶包装，每桶200kg。按有毒物品规定贮运。

【参考生产企业】 山东大地盐化集团，江苏苏化集团有限公司，江苏化工农药集团有限公司。

Db037 十溴二苯醚

【英文名】 decabromodiphenyl oxide

【CAS登记号】 [1163-19-5]

【结构式】

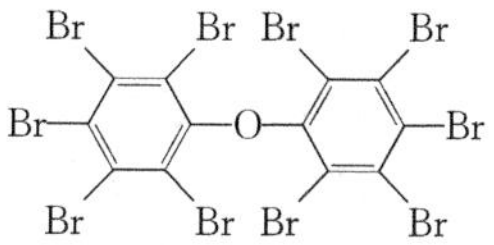

【物化性质】 白色或淡黄色粉末。熔点304～309℃。几乎不溶于所有溶剂。热稳定性良好。

【质量标准】

项目	指标
外观	白色或淡黄色粉末
熔点/℃	304～309
溴含量/% >	82
粒度	200目全通过
热失重(每分钟升高5℃)	
失重5%/℃	320
失重10%/℃	335
失重50%/℃	385

【用途】 添加型阻燃剂，用途广泛，可用于聚乙烯、聚丙烯、ABS树脂、聚对苯二甲酸丁二酯（PBT）、聚对苯二甲酸乙二酯（PET）以及硅橡胶、三元乙丙橡胶

等制品中。与三氧化二锑并用阻燃效果更佳，是无污染阻燃剂。

【制法】（1）溶剂法。将二苯醚溶于溶剂中，加入催化剂，然后向溶剂中加入溴素进行反应。反应结束后过滤、洗涤、干燥即得成品。常用的溶剂有二溴乙烷、二氯乙烷、二溴甲烷、四氯化碳、四氯乙烷等。

（2）过量溴化法。即用过量溴素作溶剂的溴化方法。将催化剂溶解在水中，向溴素中滴加二苯醚进行反应。反应结束后将过量溴蒸出，中和，过滤，干燥，即得成品。

【安全性】 大鼠经口 LD_{50} >15g/kg。可以用于塑料制品，由于原料有毒，生产设备应密闭，操作现场应有良好通风。操作的通风，设备应密闭。操作人员穿戴防护用具。用铁桶或编织袋内衬塑料袋包装，每桶（袋）净重 25kg。贮存于干燥、通风良好的库房中。贮运时注意防火、防晒。按一般化学品规定贮运。

【参考生产企业】 山东大地盐化集团，山东天一化学有限公司，寿光卫东化工有限公司，江阴市苏利精细化工有限公司，潍坊玉成化工有限公司，济南泰星精细化工有限公司，山东天信化工有限公司，常州市资江化工有限公司。

Db038 苯甲醚

【英文名】 anisole

【别名】 茴香醚；甲氧基苯；methoxybenzene

【CAS 登记号】 [100-66-3]

【结构式】

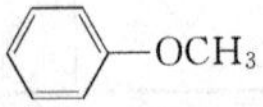

【物化性质】 无色液体，具有芳香气味。易燃。沸点 155℃。熔点 −37.5℃。相对密度 0.9961、(d_4^{18}) 0.9956、(d_4^{45}) 0.9701。折射率 1.5179。不溶于水，溶于乙醇、乙醚。

【质量标准】

项目	指标
外观	无色液体
相对密度(d_4^{20})	0.9954
含量/% ≥	95

【用途】 有机合成原料。

【制法】 以苯酚钠为原料，在低于 10℃的条件下逐渐加入硫酸二甲酯后，升温至 40℃，加热回流至反应结束，分出油层，经脱水干燥、减压蒸馏制得。

【安全性】 大鼠经口 LD_{50} 为 3700mg/kg，皮下注射 LD4000mg/kg。反复与人的皮肤接触，可引起细胞组织脱脂、脱水而刺激皮肤。生产车间应有良好的通风，设备应密闭。操作人员穿戴防护用具。装于细口玻璃瓶内，外用塑料桶包装。贮存于阴凉、干燥、通风处。防晒、防潮，远离火种、热源。按一般化学品规定贮运。

【参考生产企业】 淮安德邦化工有限公司，江阴市倪家巷化工有限公司浙江，浙江省嘉兴市巨强化工有限公司，常州市优胜化工厂。

Db039 2,3-二氯苯甲醚

【英文名】 2,3-dichloroanisole

【CAS 登记号】 [1984-59-4]

【结构式】

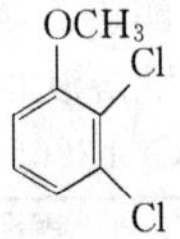

【物化性质】 白色结晶。熔点 31～33℃。

【质量标准】 含量 99%。

【用途】 制药中间体，用于合成利尿酸等。

【制法】 由 2,3-二氯苯酚经甲基化制得。将二氯苯酚与 30% 氢氧化钠溶液一起加到反应釜中，搅拌使其溶解，在 65～75℃滴加硫酸二甲酯与氢氧化钠溶液，于

80℃反应 1.5h，冷却到 50℃，加水后再冷却到 10℃。过滤后滤饼加入到乙醚中，用无水硫酸钠干燥、过滤，滤液回收乙醚即得。

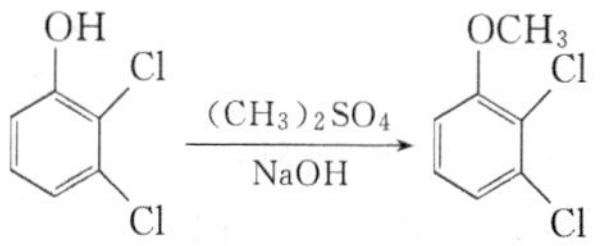

【参考生产企业】 常州新北飞达助剂有限公司，桐乡兴龙精细化工有限公司。

Db040 对溴苯甲醚

【英文名】 *p*-bromophenylmethylether

【别名】 对溴茴香醚；*p*-bromoanisole；4-bromoanisole

【CAS 登记号】 [104-92-7]

【结构式】

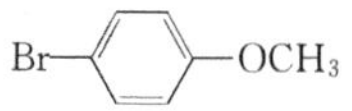

【物化性质】 无色液体。沸点 11.5℃。熔点 215～216℃。

【质量标准】

项目	指标
外观	无色液体
含量/%	98
沸点/℃	215～216
熔点/℃	11.5
折射率(n_D^{20})	1.5605

【用途】 妇科药泰舒的中间体。

【制法】 以苯甲醚为原料，在冰醋酸中与溴素进行溴化反应，最后经洗涤、减压蒸馏制得。

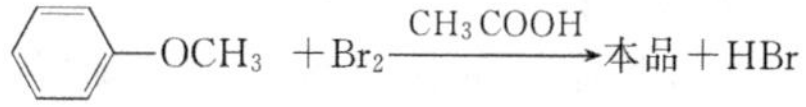

【安全性】 用 5kg 玻璃瓶装，外用木箱或纸箱保护。贮于阴凉、通风、干燥的库房内，远离火种、热源，防潮、防晒，严密封存。按一般化学品规定贮运。

【参考生产企业】 山东省济南市鲍山化工厂，桐乡兴龙精细化工有限公司，山东广恒化工有限公司，常州华年化工有限公司，江阴市康达化工有限公司，中外合资无锡美华化工有限公司。

Db041 安息香乙醚

【英文名】 benzoin ethyl ether

【别名】 乙氧基苯偶姻；苯偶姻乙醚；ethoxybenzoin

【CAS 登记号】 [574-09-4]

【结构式】

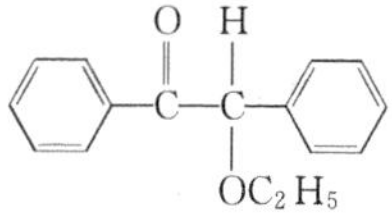

【物化性质】 白色或浅黄色针晶。沸点(2.666kPa) 194～195℃。熔点 59～61℃。相对密度(d_4^{17}) 1.1016。折射率 1.5727。不溶于水，溶于丙酮、氯仿、乙醇、乙醚、苯等。

【质量标准】

项目	一级品	工业品
外观	白色固体粉末	淡黄色块状固体
熔点/℃	62	62

【用途】 光敏剂。主要用于印刷工业制作感光树脂板，在配制溶剂时，用作光敏剂起光固化作用。

【制法】 苯甲醛在催化剂存在下缩合得安息香（二苯乙醇酮），后者再用盐酸和无水乙醇进一步缩合制得。

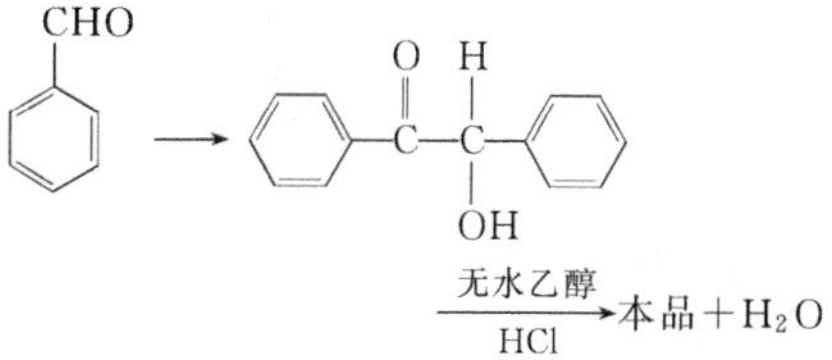

【安全性】 低毒。对人体无直接或间接危害。用塑料袋外加木桶包装，避光保存。按一般化学品规定贮运。

【参考生产企业】 无锡市化工助剂厂，常州市武进雪堰万寿化工有限公司。

Db042 丁基羟基茴香醚

【英文名】 butylated hydroxyanisole (BHA)

【别名】 叔丁基-4-羟基茴香醚；(1,1-dimethylethyl) -4-methoxyphenol；2 (3) -*tert*-butyl-4-hydroxyanisole；BHA

【CAS 登记号】 [25013-16-5]

【结构式】

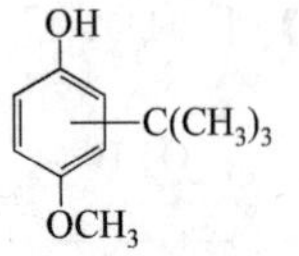

【组成】 3-叔丁基-4-羟基茴香醚 (3-BHA) 和少量 2-叔丁基-4-羟基茴香醚 (2-BHA)。

【物化性质】 白色或微黄色蜡样结晶性粉末，有特异的酚类臭和刺激性气味。沸点 264～270℃ (733mmHg)。熔点 48～55℃。对热相当稳定，长时间光照颜色变深，在弱碱性条件下较稳定。易溶于乙醇 (25g/100mL，25℃)、丙二醇 (50g/100mL，25℃)、猪油 (50g/100mL，25℃)、玉米油 (30g/100mL，25℃) 和部分植物油等，不溶于水。

【质量标准】 GB 1916-2008 食品添加剂 叔丁基-4-羟基茴香醚

项目	指标
性状	白色或微黄色结晶或蜡状固体，具有轻微特征性气味，不溶于水易溶于乙醇和丙二醇
含量($C_{11}H_{16}O_2$)/% ≥	98.5
熔点/℃	48～63
硫酸灰分/% ≤	0.05
砷(As)/(mg/kg) ≤	2
铅(Pb)/(mg/kg) ≤	2

【用途】 脂溶性抗氧化剂。用作食品抗氧剂，能阻碍油脂食品的氧化作用，延缓食品开始败坏的时间。其在食品中的最大用量以脂肪计不得超过 0.2g/kg。其用量为 0.02%时比 0.01%的抗氧效果提高 10%，当用量超过 0.02%是抗氧化效果反而下降。丁基羟基茴香醚与二丁基羟基甲苯等其他脂溶性抗氧化剂混合使用，效果更好。还可用作化妆品的抗氧化剂，能对酸类、氢醌、甲硫氨基酸、卵磷脂及硫化二丙酸等起抗氧化作用。亦可作饲料的抗氧剂。

【制法】 以对氨基苯甲醚和亚酸钠为原料，在硫酸的存在下进行重氮化，经过滤、水解、蒸馏制得。或者将溶剂苯、叔丁醇和对羟基苯甲醚依次加入反应釜加热溶解，在催化剂作用下反应，经洗涤、蒸馏和重结晶得成品。

【安全性】 小鼠、大鼠经口 LD_{50} 分别为 2000mg/kg、2200 mg/kg。

【参考生产企业】 宜兴市江山生物科技有限公司，河南新宇食品添加剂有限公司，上海海曲化工有限公司。

Db043 邻硝基苯甲醚

【英文名】 *o*-nitroanisole

【别名】 2-硝基苯甲醚；2-nitroanisole；1-methoxy-2-nitrobenzene

【CAS 登记号】 [91-23-6]

【结构式】

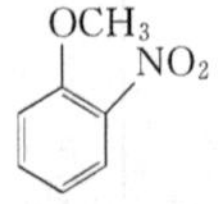

【物化性质】 无色至浅黄色易燃液体。沸点 277 (272～273℃)℃。熔点 9.4℃。相对密度 1.2540。折射率 1.5620。溶于乙醇和乙醚，不溶于水。

【质量标准】 淡黄色至深棕色透明液体，不含机械杂质和游离水。干品凝固点≥9.5℃。硝基氯苯含量≤1%。

【用途】 染料、医药中间体，主要用于生产邻氨基苯甲醚及联大茴香胺、大红色基 B 等，亦可制造清洗剂。

【制法】 邻硝基氯苯和烧碱、甲醇进行甲氧基化反应得粗品，粗品经蒸馏、洗涤、干燥，得成品。

【安全性】 有毒。对皮肤有刺激性，可引起皮炎、渗出性脓疮，并能引起人的血液中毒，麻醉中枢神经。生产设备要密闭，杜绝跑、冒、滴、漏现象。操作人员应穿戴防护用具。要有良好通风。采用铁桶包装，要密封良好。仓库要严禁烟火。按易燃有毒物品规定贮运。

【参考生产企业】 巩义市孝义镇化工厂，安徽八一化工股份有限公司。

Db044 对硝基苯乙醚

【英文名】 *p*-nitrophenetole

【别名】 对乙氧基硝基苯；4-硝基苯乙醚；*p*-nitrophenyl ethyl ether

【CAS 登记号】 [100-29-8]

【结构式】

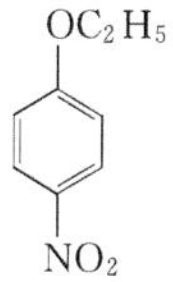

【物化性质】 淡黄色结晶。沸点 283℃、112～115℃（0.4kPa）。熔点 60℃（58℃）。相对密度 d_4^{100} 1.1176。微溶于水、冷乙醇和冷石油醚。易溶于醚，溶于热乙醇和热石油醚。

【用途】 用作药物和染料的中间体。在医药上用于合成非那西丁等。

【制法】 由对硝基氯苯与乙醇经醚化反应制得。将对硝基氯苯和乙醇加到反应釜内，升温至 82℃，滴加乙醇氢氧化钠溶液，在 85～88℃反应 3h。反应液碱度降到 0.9%以下，降温至 75℃，用浓盐酸将 pH 值调至 6.7～7。静置分层后取油层，加热水洗去硝基酚钠，油层进行减压精馏，取 214～218℃（2.66～5.32kPa）馏分即得。

【安全性】 有毒。吸入、食入都危害健康。戴安全防护眼镜，穿防毒物渗透工作服，接触粉尘时，佩戴自吸过滤复式防尘口罩。包装采用小开口钢桶，螺纹口玻璃瓶、铁盖压口玻璃瓶、塑料瓶或金属桶（罐）外木板箱。贮存于阴凉、通风仓库内。远离火种、热源，防止阳光直射，容器密封。搬运时轻装轻卸。

【参考生产企业】 南京大唐化工有限责任公司，浙江省黄岩精细化学品有限公司。

Db045 对氨基苯乙醚

【英文名】 *p*-phenetidine

【别名】 对乙氧基苯胺；4-氨基苯乙醚

【CAS 登记号】 [156-43-4]

【结构式】

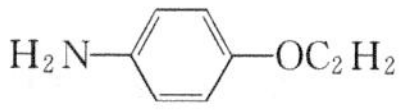

【物化性质】 无色油状液体。熔点 2.4℃。沸点 253～255℃。相对密度 1.0652。几乎不溶于水和无机酸，溶于乙醇、乙醚、氯仿。

【质量标准】

项目	优级品	医药品	工业品
性状	浅棕色至红色液体		
含量/% ≥	98.5～99.0	98.5～99.0	98.5～99.0
有机氯/% ≤	0.015	0.02	—
易碳	不深于 6 号比色液		

【用途】 医药工业用于制造非那西丁、安痨息等；也用作橡胶助剂的中间体。

【制法】 （1）对氨基苯酚法经与氯乙烷反应制得。

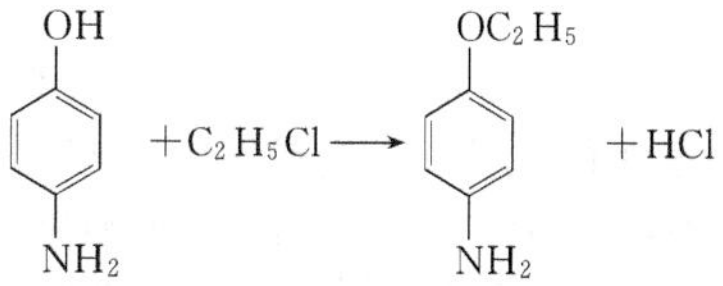

（2）对硝基苯乙醚加氢法。

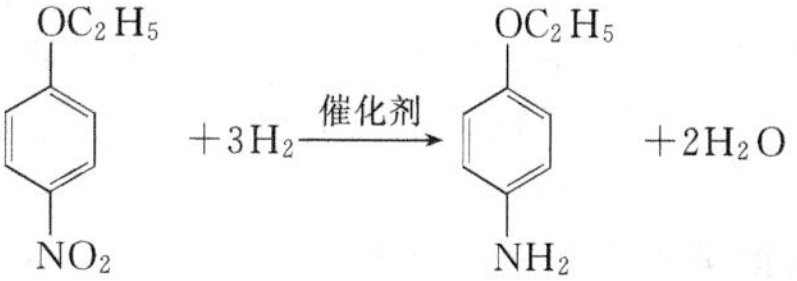

【安全性】 遇热分解出有毒气体。有毒，能经皮肤吸收，产生类似苯胺的中毒症状，如头痛、眩晕、发绀等。玻璃瓶外木箱内衬垫料或铁桶。贮存于阴凉通风的仓库内，远离火种、热源，避免阳光直射，与食用原料隔离贮运。

【参考生产企业】 安徽佰仕化工有限公司，湖北楚源高新科技股份有限公司，江苏中丹化工集团泰兴市化工厂，河北省青县天源工业有限公司，张家港丰达制药有限公司，沧州华通化工有限公司，四川北方红光化工有限公司，张家港市信一化工厂。

Db046 对乙酰氨基苯甲醚

【英文名】 *p*-acetanisidine

【别名】 *p*-acetanisidide

【CAS登记号】 [51-66-1]

【结构式】

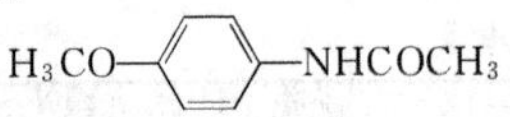

【物化性质】 灰白色晶体。熔点130～132℃。溶于热水、苯、乙醇和氯仿。易燃，低毒。

【用途】 染料分散深蓝HGL及医药的中间体。

【制法】 以对氨基苯甲醚于50℃时与乙酐混合，加热至70℃进行反应，然后冷却、过滤、水洗、干燥，即得。

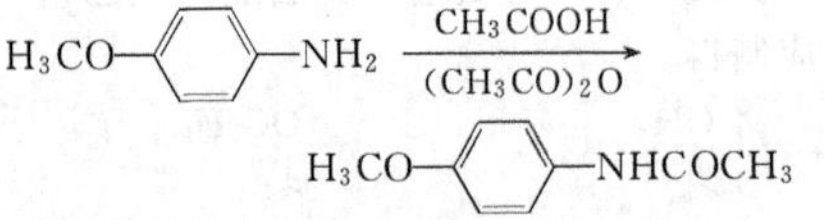

【安全性】 有毒。能刺激皮肤及黏膜。生产设备应密闭，车间应有良好的通风。操作人员应穿戴防护用具。溅及皮肤、眼睛，立即用水冲洗。内衬塑料袋，外套铁桶或木桶包装。贮存于阴凉、干燥、通风处。防晒、防潮，远离火种、热源。按有毒化学物品规定贮运。

【参考生产企业】 上海南方染料厂，锡山市安达化工有限公司，安徽淮化集团有限公司。

Db047 邻氨基对甲苯甲醚

【英文名】 *o*-amino-*p*-methyl phenyl methylether

【别名】 2-甲氧基-5-甲基苯胺

【CAS登记号】 [120-71-8]

【结构式】

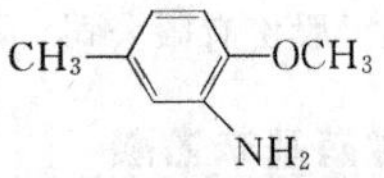

【物化性质】 白色结晶。熔点51.5℃。沸点235℃。难溶于水，溶于醇、醚，不溶于苯。

【用途】 是一种染料中间体。在直接染料方面用于合成C.I.29050、29065、27885等。在酸性染料方面用于合成C.I.14940、14965等。

【制法】 (1) 对氯甲苯法。对氯甲苯经硝化、甲氧基化、还原反应制得。

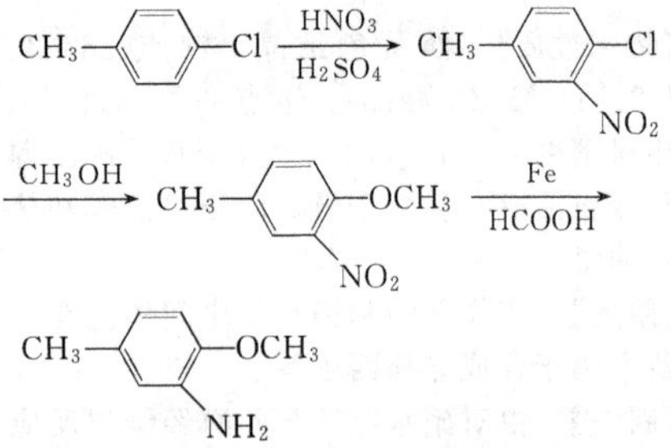

(2) 对氯-*N*,*N*-二乙基苄胺法经硝化、甲氧基化、还原反应制得。

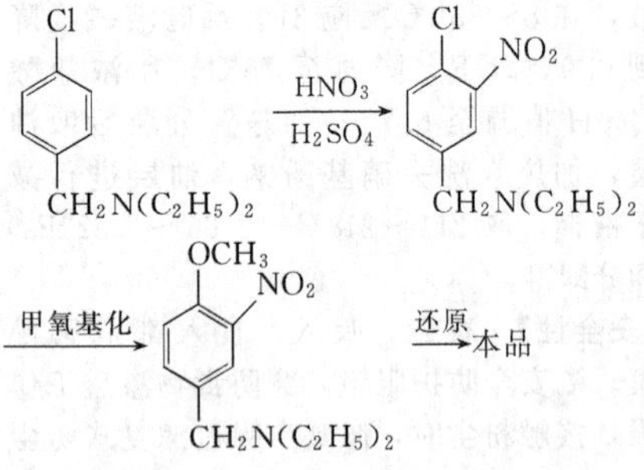

【安全性】 有毒、有刺激性。受热散发出有毒气体。皮肤接触用水冲洗，再用肥皂彻底洗涤。包装采用玻璃瓶外木箱内衬垫料。贮存于阴凉、通风的仓库内，远离火种、热源，避免阳光直射，与食用原料隔离贮运。

【参考生产企业】 百灵威科技有限公司。

Db048 苯甲醇

【英文名】 benzyl alcohol

【别名】 苄醇；benzenemethanol；phenylcarbinol；phenylmethanol；α-hydroxytoluene

【CAS 登记号】 [100-51-6]

【结构式】

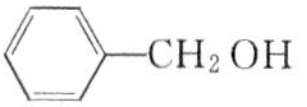

【物化性质】 无色透明液体，稍有芳香气味。可燃。沸点：bp_{760} 204.7℃、bp_{400} 183.0℃、bp_{200} 160.0℃、bp_{100} 141.7℃、bp_{60} 129.3℃、bp_{40} 119.8℃、bp_{20} 105.8℃、bp_{10} 92.6℃、bp_{5} 80.8℃、$bp_{1.0}$ 58.0℃。熔点 −15.4℃。自燃点 436℃。相对密度 1.04535、(d_4^{25}) 1.04156。折射率 1.53955、(n_D^{25}) 1.53837。闪点 100.4℃。稍溶于水，能与乙醇、乙醚、氯仿等混溶。

【质量标准】 QB/T 2794—2010 食品添加剂　苯甲醇

项目	指标
外观	无色液体
香气	微弱的芳香、果香香气
相对密度(25℃/25℃)	1.042～1.047
折射率(20℃)	1.5360～1.5410
溶解度(25℃)	1mL 试样全溶于 30mL 蒸馏水中
酸值　　≤	0.5
含量(GC)/%　　≥	98.0

【用途】 除作香料用于调配香精外，亦可用于医药针剂中作添加剂、药膏剂或药液里作为防腐剂。可用作尼龙丝、纤维及塑料薄膜的干燥剂，染料、纤维素酯、酪蛋白的溶剂，制取苄基酯或醚的中间体，并广泛用于制笔（圆珠笔油）、油漆溶剂等。

【制法】 氯化苄（苄基氯）在弱碱水溶液中加热水解，水解产物经油水分离得粗苯甲醇，再经减压分馏得成品。

【安全性】 低毒，大鼠经口 LD_{50} 为 3100mg/kg。大量附着在皮肤上时具有较强的毒性。生产设备要密闭，防止跑、冒、滴、漏。操作人员要穿戴防护用具。用 500mL 棕色试剂瓶包装或用 20kg 聚乙烯桶包装。密闭避光保存，贮存于阴凉、干燥、通风处。按易燃物品规定贮运。

【参考生产企业】 天津市永安化工厂，常熟市金城化工有限公司，武汉市有机实业股份有限公司，寿光市鲁源盐化有限公司，江苏省常熟市金城化工厂，泰兴市德源精细化工厂。

Db049 苯乙醇

【英文名】 phenethyl alcohol

【别名】 β-苯基乙醇；2-苯基乙醇；苄基甲醇；benzeneethanol；2-phenylethanol；β-phenylethyl alcohol；benzyl carbinol；β-hydroxyethylbenzene

【CAS 登记号】 [60-12-8]

【结构式】

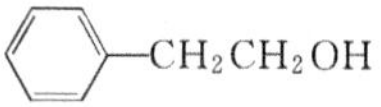

【物化性质】 具有玫瑰香气的无色液体。沸点 bp_{750} 219～221℃、bp_{14} 104℃、bp_{12} 98～100℃。熔点 −25.8℃。相对密度 (d_4^{25}) 1.0235、(d_{25}^{25}) 1.017～1.019。折射率 1.530～1.533。闪点 102.2℃。黏度 (25℃) 7.58mPa·s。溶于乙醇、乙醚、甘油，略溶于水，微溶于矿油。

【质量标准】

(1) QB/T 1782—2006 β-苯乙醇

项目	指标
外观	无色液体
香气	具有和谐、温和的玫瑰、蜂蜜样香气
相对密度(25℃/25℃)	1.017～1.020
折射率(20℃)	1.5290～1.5350
溶解度(25℃)	1mL 试样全溶于 2mL 50%(体积分数)乙醇中
含醇量(GC)/% ≥	98.0

(2) QB/T 2644—2004 食品添加剂苯乙醇

项目	指标
外观	无色液体
香气	具有温和暖香、玫瑰、蜂蜜样香气
相对密度(25℃/25℃)	1.017～1.020
折射率(20℃)	1.5290～1.5350
溶解度(25℃)	1mL 试样全溶于 2mL 50%(体积分数)乙醇中
含醇量(GC)/% ≥	98.0
砷含量/(mg/kg) ≤	3
重金属含量(以 Pb 计)/(mg/kg) ≤	10

【用途】 调配玫瑰香型花精油和各种花香型香精，如茉莉香型、丁香香型、橙花香型等，几乎可以调配所有的花精油，广泛用于调配皂用和化妆品香精。此外，亦可以调配各种食用香精，如草莓、桃、李、甜瓜、焦糖、蜜香、奶油等型食用香精。

【制法】 (1) 环氧乙烷法。在无水三氯化铝存在下，由苯与环氧乙烷发生 Friedel-Crafts 反应制得。

(2) 氧化苯乙烯法。以氧化苯乙烯在少量氢氧化钠及骨架镍催化剂存在下，在低温、加压下进行加氢即得。

【安全性】 对鼠类有刺激和麻醉作用，大鼠、小鼠和小白鼠的急性口服 LD_{50} 分别为 1700mg/kg、800mg/kg 及 400mg/kg。美国允许用于食品中，欧洲以 2mg/kg 浓度用于人造香精，刺激和过敏试验对人是阴性的。装于玻璃瓶中，外套木桶或塑料桶包装，贮存于阴凉、干燥、通风处。防晒、防潮，远离火种、热源。按一般化学品规定贮运。搬运时要轻装轻卸，避免包装破损。

【参考生产企业】 浙江芳华日化集团有限公司，盐城鸿泰生物工程有限公司。

Db050 二苯基丙醇

【英文名】 3,3-diphenyl-1-propanol

【CAS 登记号】 [20017-67-8]

【结构式】

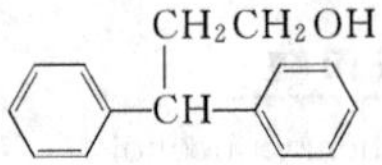

【物化性质】 透明液体，相对密度 1.067。沸点 185℃ (1.33kPa)。折射率 1.5848。

【用途】 在医药上用于合成乳酸心可定等。

【制法】 用二苯丙酸经酯化，还原得到。

【安全性】 编织袋内衬聚乙烯塑料袋包装。置密闭容器中，干燥通风处贮存。

【参考生产企业】 天津红旗制药厂，山东济南制药厂等。

Db051 溴代乙醛缩二乙醇

【英文名】 bromoacetaldehyde diethyl acetal

【别名】 brom acetal

【CAS 登记号】 [2032-35-1]

【结构式】 $BrCH_2CH(OC_2H_5)_2$

【物化性质】 液体。沸点 (18mmHg) 66～67℃。相对密度 1.280。折射率 1.4376 (1.4418)。溶于乙醇、乙醚。

【质量标准】 含量≥96.5%。

【用途】 合成药物扑尔敏的中间体。

【制法】 醋酸乙烯酯经与溴素加成、与无水乙醇缩合生成溴乙醛，后者在干燥溴化氢作用下与乙醇加成得溴代乙醛缩二乙醇粗品。经氨中和未反应的溴化氢，减压分馏，收集 71～76℃ (2.666kPa) 馏分，即得成品。

【安全性】 具有强烈的刺激气味，有催泪性。生产设备要密闭，操作人员应戴好防护用具，生产现场应保持良好的通风。密封保存。

【参考生产企业】 武汉会中化工制造有限公司，黄石市美丰化工有限责任公司。

E 醛、酮及其衍生物

HANDBOOK OF CHEMICAL PRODUCTS

Ea 脂肪族醛、酮及其衍生物

Ea001 甲醛

【英文名】 formaldehyde

【别名】 methanal；oxomethane；oxymethylene；methylene oxide；formic aldehyde；methyl aldehyde

【CAS登记号】 [50-00-0]

【结构式】 HCHO

【物化性质】 无色可燃气体，具有强烈的刺激性、窒息性气味。沸点−19.5℃。熔点−92℃。相对密度（气体）1.067（空气=1），（液体）(d_4^{-20}) 0.815。着火点430℃。临界温度137.2～141.2℃。临界压力6.81～6.06MPa。易溶于水，水溶液浓度最高可达55%，40%的水溶液俗称福尔马林。溶于乙醇、乙醚、丙酮。反应性强，易聚合。工业品甲醛溶液中一般加8%～12%甲醇作阻聚剂。

【质量标准】 GB/T 9009—2011（工业级）甲醛溶液

项目	50%级		44%级		37%级	
	优等品	合格品	优等品	合格品	优等品	合格品
密度(ρ_{20})/(g/cm³)	1.147～1.152		1.125～1.135		1.075～1.114	
甲醛含量/%	49.7～50.5	49.0～50.5	43.5～44.4	42.5～44.4	37.0～37.4	36.5～37.4
酸(以甲酸计)/% ≤	0.05	0.07	0.02	0.05	0.02	0.05
色度(铂-钴号,Hazen单位) ≤	10	15	10	15	10	—
铁含量/% ≤	0.0001	0.0010	0.0001	0.0010	0.0001	0.0005
甲醇含量/% ≤	1.5	供需双方协商	2.0	供需双方协商	供需双方协商	

【用途】 重要有机原料之一。主要用于生产酚醛树脂、脲醛树脂、三聚氰胺树脂，异戊橡胶、MDI、维尼龙、尼龙4及聚甲醛塑料，还用于合成1,4-丁二醇、季戊四醇、三羟甲基丙烷、新戊二醇、乌洛托品、炸药及染料、农药、医药等。农业上用于土壤消毒、杀虫以及尿素甲醛形式的缓效肥料。此外，还用于鞣革剂、防腐剂、脱臭剂、交联剂、光硬化剂、多价螯合剂、热固性和油溶剂涂料、黏结剂等。

【制法】 (1) 甲醇氧化法。甲醇、空气和水在600～700℃通过浮石银催化剂或其他固体催化剂，如铜、五氧化二钒等，直接氧化生成甲醛，用水吸收成甲醛液。收率以甲醇计为85%～90%。

(2) 天然气直接氧化法。原料天然气（或煤矿瓦斯气）与空气混合后，于600～680℃下在铁、钼等的氧化物催化剂作用下，一步氧化得到甲醛。用水吸收得到30%左右的甲醛液产品。

（3）甲缩醛氧化法。其制备过程包括甲缩醛的合成、甲缩醛氧化和高浓度甲醛的吸收与处理。

（4）二甲醚氧化法。系采用合成气高压法合成甲醇副产的二甲醚为原料，以金属氧化物为催化剂氧化而成。

（5）甲醇脱氢法。甲醇直接脱氢可得到无水甲醛，同时副产氢气。该工艺是极具吸引力的甲醛制法。其进展关键在于过程催化剂性能的提高。

【安全性】 有毒。对人的眼、鼻等有刺激作用。吸入甲醛蒸气会引起恶心、鼻炎、支气管炎和结膜炎等。当误服甲醛液时，应立即用水洗胃，再服用3%碳酸铵或15%醋酸铵100mL。甲醛接触皮肤，会引起灼伤，应用大量水冲洗，再用肥皂水或3%碳酸氢铵溶液洗涤。操作现场采用敞开式厂房，自然通风。操作人员应穿戴防护用具。与空气形成爆炸性混合物，爆炸极限7%～73%（体积）。空气中最大容许浓度 10×10^{-6}。采用衬防腐材料的200L（53 US gal）铁桶包装，净重200～210kg，汽车或槽车运输。甲醛水溶液不稳定，甲酸和多聚甲醛浓度随时间增加而增加，且与温度有关。低温贮存能使酸度降至最低，但为防止聚合，可添加甲醇或甲基、乙基纤维素之类的稳定剂阻聚。按有毒化学品规定贮运。

【参考生产企业】 中国石化上海石油化工股份有限公司，中国石化集团四川维尼纶厂，吉林化学工业股份有限公司化肥厂，南京梅山化工总厂，寿光市旭东化工有限公司，河北省冀州市银河化工有限责任公司属股份制企业，浙江巨化股份有限公司，四川省华源化工有限公司。

Ea002 乙醛

【英文名】 acetaldehyde

【别名】 ethanal; acetic aldehyde; ethylaldehyde

【CAS登记号】 [75-07-0]

【结构式】 CH_3CHO

【物化性质】 无色、易燃、易挥发、易流动的液体，有辛辣刺激性气味。沸点20.16℃。熔点－123.5℃。闪点（闭杯）－38℃。相对密度0.7780。折射率1.3311。比热容（25℃）1.41J/g·℃。临界温度181.5℃。临界压力6.40MPa。与水、乙醇、乙醚、苯、汽油、甲苯、二甲苯和丙酮混溶。

【质量标准】

项目		乙烯法	乙醇法
含量/%	≥	99.7	98
水分/%	<	0.03	—
乙酸/%	<	0.04	—
巴豆醛/%	<	0.03	—
三聚乙醛/%	<	0.01	—
过氧乙酸/%	<	0.01	—
氯化物/$\times10^{-6}$	<	30	无

【用途】 重要有机合成原料之一，主要用于生产醋酸、醋酸酐、2-乙基己醇、丁醇、季戊四醇、聚乙醛和三氯乙醛，以及其他化工产品。

【制法】 （1）乙烯直接氧化法。乙烯和氧气通过含有氯化钯、氯化铜、盐酸及水的催化剂，一步直接氧化合成粗乙醛，然后经蒸馏得成品。

（2）乙醇氧化法。乙醇蒸气在300～480℃下，以银、铜或银-铜合金的网或粒作催化剂，由空气氧化脱氢制得乙醛。

（3）乙炔直接水合法。乙炔和水在汞催化剂或非汞催化剂作用下，直接水合得到乙醛。因有汞害问题，已逐渐为他法取代。

（4）乙醇脱氢法。在添加钴、铬、锌或其他化合物的铜催化剂作用下，乙醇脱氢生成乙醛。

【安全性】 小鼠灌胃 LD_{50} 为1232mg/kg。乙醛为易燃有毒液体。对眼、皮肤和呼吸器官有刺激作用。轻度中毒会引起气喘、咳嗽及头痛等症状，重者会引起肺炎及脑膜炎。长期接触会引起红细胞降低、血压升高。操作人员必须穿戴好劳动保护用具。其蒸气与空气形成爆炸性混合物，爆炸极限 4.0%～57.0%（体积）。操作现场空气中最高容许浓度 200×10^{-6}。用铝制贮槽贮存。稀乙醛可用铁桶包装。用汽车或槽车运输，厂内可用管道输送。按易燃有毒化学品规定贮运。

【参考生产企业】 吉林化学工业股份有限公司电石厂，中国石油大庆石化公司化工二厂，中国石化上海石油化工股份有限公司，中国石化扬子石油化工有限责任公司。

Ea003 丙醛

【英文名】 propionaldehyde

【别名】 methylacetaldehyde；propylaldehyde；propanal

【CAS 登记号】 [123-38-6]

【结构式】 CH_3CH_2CHO

【物化性质】 无色透明易燃液体，有窒息性刺激气味，毒性中等。沸点 bp_{760} 49℃、bp_{740} 47℃、bp_{687} 45℃。熔点－81℃。相对密度 0.8071、(d_4^0) 0.8432、($d_4^{9.7}$) 0.8192、(d_4^{33}) 0.7898。折射率 $n_{580}^{16.6}$ 1.3695、n_D^{19} 1.36460。黏度（25℃）0.320mPa·s。燃点 220℃。闪点（开杯）－9.44～－7.22℃。比热容（20℃）2.1856J/g·℃。汽化热（0.1MPa）896J/g。蒸气压（20℃）34.4kPa。表面张力（20℃）21.8mN/m。溶于水，与乙醇和乙醚混溶。

【质量标准】 含量≥95（包含约 2%的丙酮）%；环氧丙烷含量≤1%。

【用途】 重要的有机原料，可用于制取醇酸树脂、高效低毒农药除草剂、杀虫剂、抗冻剂、防霉剂、橡胶促进剂及镇静药物等。还可作乙烯聚合的链终止剂。

【制法】 (1) 环氧丙烷异构化法。1,2-环氧丙烷在铬钒催化剂存在下经气相异构化制得。

(2) 羰基合成法。由乙烯与一氧化碳、氢气经一步反应而成。最初以羰基钴为催化剂，在 14.7～19.6MPa 高压下进行，近年发展了以铑膦络合物为催化剂的合成法，反应温度 100℃，压力 1.27～1.47MPa。该法无异构体产生，分离简便。此外，还有丙醇氧化法及丙烯醛加氢法等。

【安全性】 中等毒性。大鼠经口 LD_{50} 为 1400mg/kg，LC8000 $\times10^{-6}$。对皮肤、眼、口、鼻腔黏膜有刺激作用，长期吸入或大量吸入会有窒息性症状。操作现场应保持良好的通风，操作人员应穿戴防护用具。用铝桶密封包装，每桶 160kg。按易燃、有毒化学品规定贮运。

【参考生产企业】 武汉市合中化工制造有限公司，上海丰达香料有限公司。

Ea004 (正)丁醛

【英文名】 *n*-butyraldehyde

【别名】 *n*-butanal

【CAS 登记号】 [123-72-8]

【结构式】 $CH_3CH_2CH_2CHO$

【物化性质】 无色透明可燃液体，有窒息性醛味。沸点 75.7℃。熔点－99℃。闪点－6.6℃。自燃点 230℃。相对密度 0.8017。折射率 1.3843。蒸气压（20℃）12.198kPa。黏度（20℃）0.449mPa·s。微溶于水。与乙醇、乙醚、乙酸乙酯、丙酮、甲苯、多种其他有机溶剂和油类混溶。

【质量标准】

项目	指标
外观	无色透明液体
相对密度(d_4^{20})	0.803～0.809
沸程 70～78℃时馏出量/%（体积） ≥	95
含酸(以丁酸计)/% ≤	0.5
含量/% ≥	96

【用途】 主要用作制取聚乙烯醇缩丁醛、丁酸和丁酸纤维素等的原料。它的衍生物可作增塑剂、溶剂、涂料、分散剂、橡胶

促进剂及杀虫剂等。医药工业用于制"眠尔通"、"乙胺嘧啶"、氨甲丙二酯等。

【制法】 (1) 丙烯羰基合成法。该法又分高压法和低压法，所用原料都是丙烯、一氧化碳和氢气。高压法用羰基钴为催化剂，在140～180℃、19.6～34.3MPa下反应，消耗大、成本高；低压法以羰基铑膦络合物为催化剂，在90～120℃、1.96MPa下反应，消耗低，收率高达98%。

(2) 乙醛缩合法。

$$2CH_3CHO \xrightarrow{缩合} CH_3CHOHCH_2CHO \xrightarrow{-H_2O} CH_3CH{=}CHCHO \xrightarrow{H_2} CH_3CH_2CH_2CHO$$

(3) 丁醇氧化脱氢法。以银为催化剂，由丁醇经空气一步氧化，再反应物冷凝、分离、精馏制得成品。

【安全性】 小鼠吸入2h LC_{50}为36～64mg/L。对呼吸道黏膜有刺激作用。应防止直接吸入正丁醛蒸气。操作现场应保持良好的通风，操作人员应戴好口罩等防护用品。在空气中爆炸极限下限为1.5%(体积)。用不锈钢桶或铝桶内衬聚乙烯包装，重量100kg或40kg。按易燃有毒化学品规定贮运。贮存于低温通风处，远离火焰和氧化剂。

【参考生产企业】 上海芳依司香料化工有限公司，山东淄博三昊精细化工有限公司，江苏宜兴中港精细化工厂。

Ea005 异丁醛

【英文名】 isobutylaldehyde

【别名】 2-甲基丙醛

【CAS登记号】 [78-84-2]

【结构式】 $(CH_3)_2CHCHO$

【物化性质】 无色有刺激性液体。沸点64.5℃。熔点－65.9℃。闪点－10.6℃。相对密度0.7938。折射率1.373。微溶于水，溶于苯、氯仿、乙醇和乙醚。

【用途】 有机合成原料，用于制造橡胶硫化促进剂和防老剂、异丁醇、异丁酸、甲基丙烯酸甲酯等，还可用作树脂、香料、表面活性剂增塑剂、添加剂、医药的原料。

【制法】 以丙烯、一氧化碳和氢气为原料，经羰基合成得正丁醛与异丁醛的混合物，再经分馏制得成品。

【安全性】 毒性与正丁醛相同。对大鼠经口致死量为3700mg/kg，对大鼠的致死量为16000×10^{-6}。铁桶或玻璃瓶外用木箱或钙塑箱加固内衬垫料包装。贮存于阴凉、通风的仓间内。包装要密封，不宜久储，防止变质。远离火种和热源，与氧化剂隔离贮运。

【参考生产企业】 淄博三昊精细化工有限公司，宜兴市中港精细化工厂，上海芳依司香料化工有限公司。

Ea006 (正)戊醛

【英文名】 *n*-valeraldehyde

【别名】 pentanal；valeral；valeric aldehyde

【CAS登记号】 [110-62-3]

【结构式】 $CH_3CH_2CH_2CH_2CHO$

【物化性质】 无色、具有特殊香味的浸透性液体。沸点103℃。熔点－91℃。闪点(开杯)18℃。相对密度0.8109。折射率1.3941。黏度(20℃)0.54mPa·s。溶于水，在水中溶解度为1.35%。

【用途】 主要用途是加氢制戊醇及氧化制戊酸，也可作香料和橡胶促进剂的原料。

【制法】 (1) 正戊醇氧化法。气相氧化在550℃下进行；液相氧化在$Na_2Cr_2O_7$与H_2SO_4存在下进行。

(2) 1-丁烯羰基合成法。1-丁烯与合成气(CO/H_2)在19.6～29.4MPa，150～170℃下反应。

【安全性】 大鼠灌胃LD_{50}为5.66mg/kg。刺激性较弱，但有麻醉性。生产设备应密闭。车间应有良好的通风。操作人员应穿戴防护用具。戊醛易氧化成酸，故贮运时要求容器及管道密封，防止空气氧化。又因易燃，贮藏处要防火、防晒。灭火可用泡沫灭火器、干粉灭火器及二氧化碳灭火器。

【参考生产企业】 浙江建德建业有机化工有限公司，河南省尉氏县香料厂，北京化工厂。

Ea007 （正）庚醛

【英文名】 *n*-heptanal

【别名】 heptaldehyde；heptylaldehyde；oenanthal；enanthal；oenanthol；oenanthaldehyde；enanthaldehyde

【CAS 登记号】 [111-71-7]

【结构式】 $CH_3(CH_2)_5CHO$

【物化性质】 无色油状可燃液体，有果子香味。沸点 bp_{760} 152.8℃、bp_{30} 59.6℃、bp_{10} 42.5℃。熔点 −43.3℃。相对密度 d_4^0 0.83423、d_4^{15} 0.82162、d_4^{30} 0.80902。折射率 1.42571。与乙醇和乙醚混溶，微溶于水。

【质量标准】

项目	指标
含量/% ≥	88
相对密度(d_4^{20})	0.817
折射率(n_D^{20})	1.4120～1.4200

【用途】 合成香料的重要原料。可用于制取庚醇、庚酸酯类等。也是制药、有机合成及橡胶制品的原料。

【制法】 蓖麻油-10-十一烯酸的副产物。由蓖麻油（主要成分为蓖麻酸的甘油酯）与甲醇进行酯交换生成蓖麻酸甲酯，然后在 300℃热解，经蒸馏得 10-十一烯酸甲酯与正庚醛的混合物，从中分离正庚醛，再用亚硫酸氢钠和碳酸钠提纯得纯正庚醛。

【安全性】 大鼠经口 LD_{50} 为 14000mg/kg，小鼠经口 LD_{50} 为 10000mg/kg。长期接触会引起头晕，并能腐蚀皮肤。操作时应戴口罩及橡胶手套。用铝桶包装，每桶 50kg 或 100kg。按一般化学品规定贮运。

【参考生产企业】 太原中联泽农化工有限公司，上海芳依司香料化工有限公司。

Ea008 乙二醛

【英文名】 glyoxal

【别名】 ethanedial；biformyl；diformyl；oxalaldehyde

【CAS 登记号】 [107-22-2]

【结构式】 OHCCHO

【物化性质】 无色或淡黄色棱状结晶或液体，结晶易潮解。沸点 50.5℃。熔点 15℃。相对密度 1.27、(d^{20}) 1.14。折射率 ($n_D^{20.5}$) 1.3826。其蒸气为绿色，燃烧时具紫色火焰。放置、遇水（猛烈反应）或溶于含水溶剂时迅速聚合。通常以各种聚合形式存在。加热时无水聚合物又转变成单体。将聚合物与对丙烯基茴香醚、苯乙醚、黄樟脑、甲基壬基甲酮或苯甲醛共热，可得单体溶液。水溶液含单分子乙二醛，呈弱酸性，化学性质活泼，能与氨、酰胺、醛、含羧基的化合物进行加成或缩合反应。溶于水，易溶于常用有机溶剂。

【质量标准】

项目	指标
含量/%	30～32
甲醛/% <	12
游离酸/% <	1.5
乙二醇/% <	6

【用途】 利用乙二醛可使明胶（动物胶）、乳酪、聚乙烯醇和淀粉等成为不溶性胶黏剂。可用作人造丝阻缩剂和涂料、医药等的原料。可作不溶性染料的原料，并可用作聚丙烯纤维整理剂，用于防水火柴、除虫剂、除臭剂、尸体防腐剂、砂型固化剂。

【制法】 乙二醇经空气催化氧化得粗乙二醛，再经离子交换树脂处理、活性炭脱色、浓缩后，得 40%的成品。

【安全性】 大鼠、豚鼠经口 LD_{50} 分别为：2020mg/kg、760mg/kg；小鼠经口 LD_{50}

600～1000mg/kg。具有中等毒性，强烈刺激皮肤、黏膜。工作场所应通风，设备应密闭，操作人员穿戴防护用具。用塑料桶包装，每桶25kg。贮存时防止日晒。

【参考生产企业】 湖北恒日化工股份有限公司，上海长风化工厂，长春大成集团，江苏兴达化工有限公司，广州市荟普新材料有限公司。

Ea009 甲缩醛

【英文名】 methylal

【别名】 二甲氧基甲烷；甲醛缩二甲醇；dimethoxymethane；formal；formaldehyde dimethyl acetal

【CAS登记号】 [109-87-5]

【结构式】 $CH_2(OCH_3)_2$

【物化性质】 无色澄清易挥发可燃液体，有氯仿气味和刺激味。沸点44℃。熔点−104.8℃。闪点−17.8℃。自燃点237.2℃。相对密度0.8560、(d_4^{14}) 0.8669。折射率1.3513。溶于3倍的水，20℃时水中溶解度32%（质量）。与多数有机溶剂混溶。

【质量标准】

项目		指标
含量/%	≥	85
甲醛/%	≤	15
水分/%	≤	0.5

【用途】 主要用于生产阴离子交换树脂，也用作溶剂和特种燃料，还用于香料制造、生产人造树脂。用作格利雅反应和雷帕（合成）反应的反应介质。

【制法】 甲醇和甲醛用浓硫酸为催化剂，在合成塔中进行合成，控制塔顶温度在41.5～42℃的馏分即为甲缩醛。

【安全性】 大鼠LC约为15000×10^{-6}。毒性不大，但能引起肺、肾障碍。在高浓度下有麻醉作用。生产设备应密闭。操作人员应穿戴防护用具。工作场所空气中最高容许浓度3100mg/m³。用塑料桶包装，每桶净重20kg。贮存于阴凉、干燥、通风处，远离火源，防热、防晒、防潮。按易燃化学品规定贮运。

【参考生产企业】 河北省冀州市银河化工有限责任公司，南京布莱克精细化工有限公司，上海元吉化工有限公司，上海邦成化工有限公司，上海元吉化工有限公司，江苏三益化工有限公司，江苏省南通市振南精细化工有限公司。

Ea010 戊二醛

【英文名】 glutaraldehyde

【别名】 1,5戊二醛；1,5-pentandeial；glutaral；glutaric dialdehyde；pentanedial；1,3-diformylpropane

【CAS登记号】 [111-30-8]

【结构式】

CH_2CHO
|
CH_2
|
CH_2CHO

【物化性质】 带有刺激性特殊气味的无色或淡黄色透明状液体。性质活泼，易聚合氧化，与含有活泼氧的化合物和含氮的化合物会发反应。不易燃，遇明火、高热可燃。沸点：187～189℃、106～108℃（50mmHg）、71～72℃（10mmHg）。闪点−14℃。折射率n_D^{25} 1.43300。溶于水，易溶于乙醇、乙醚等有机溶剂。

【用途】 在油田化学品中，可作水基油井压裂液的杀菌剂、纤维素的交联剂等。戊二醛作为水处理杀菌剂可广泛应用于循环水系统的杀菌，可有效地控制各种水系统得微生物数量，可以有效地剥离生物黏泥和生物膜，投入量一般为50～100mg/L。它具有季铵盐系列杀菌剂未及的优点，不发泡，使用方便，与缓蚀剂配伍性能好。在实际使用中，戊二醛常与季铵盐等其他药剂复合使用。制革工业中，与铬结合鞣制皮革，但不能与含酚类的植物鞣剂和合成鞣剂混用。

【制法】 以丙烯醛与乙烯基乙醚反应进行

水解合成。由丙烯醛和乙酸基乙醚以锌盐为催化剂，在90℃下、0.1MPa压力下，环化成2-乙氧基3,4-二氢吡喃，再经水解开环，转化率达95%。

【安全性】 25%水溶液大鼠经口LD_{50}为2.38mL/kg，兔经皮LD_{50}为2.56mL/kg。对呼吸道黏膜、眼睛和皮肤有刺激作用，但要比甲醛、乙二醛小得多，常温下蒸气均可忍受，经常处理戊二醛溶液时，最好戴上橡胶手套和防护眼镜，避免人体直接接触。

【参考生产企业】 上海浦东兴邦化工发展有限公司，武汉新景化工有限责任公司，老河口荆洪化工有限责任公司，上海实验试剂有限公司，上海富蔗化工有限公司，天津科密欧化学试剂开发中心，江苏永华精细化学品有限公司。

Ea011 多聚甲醛

【英文名】 paraformaldehyde

【别名】 仲甲醛；固体甲醛；paraform；polyoxymethylene；formamint

【CAS登记号】 [30525-89-4]

【化学通式】 $(CH_2O)_n$

【物化性质】 白色可燃结晶粉末，具有甲醛气味。熔点121～123℃。闪点71.1℃。自燃点300℃。缓慢溶于冷水，在热水中溶解较快。在水溶液中释放出甲醛。20℃时水中溶解度0.24g/100g H_2O。不溶于乙醇、乙醚。溶于苛性钠、钾溶液。

【质量标准】 含量：一级品95%，二级品93%。

【用途】 用于制取合成树脂（如人造角制品或人造象牙）与胶黏剂等。用于制药工业（避孕乳膏的有效成分）及病房、衣服和被褥等的消毒，可用作熏蒸消毒剂、杀菌剂和杀虫剂。

【制法】 将甲醛液经减压蒸发，在催化剂存在下缩合，再经过滤、水洗和真空干燥，制得成品。

【安全性】 其粉尘100mg/m³经大鼠连续吸入9个月，机体未发生本质变化。遇强酸、强碱或高温，即分解出甲醛而引起刺激及中毒。现场操作人员出现上呼吸道和皮肤方面的疾病，基本上是由于其分解物甲醛所引起。空气中最高容许浓度5mg/m³。其防护措施参见甲醛。采用塑料袋外套编织袋包装，每袋50kg。按一般化学品规定贮运。

【参考生产企业】 寿光市旭东化工有限公司，青州市恒兴化工有限公司，河北省冀州市银河化工有限责任公司属股份制企业，山东瑜臻化工有限责任公司。

Ea012 丙烯醛

【英文名】 acrolein

【别名】 败脂醛；2-propenal；acrylic aldehyde；acrylaldehyde；acraldehyde

【CAS登记号】 [107-02-8]

【结构式】 $CH_2{=}CHCHO$

【物化性质】 无色透明易燃易挥发不稳定液体，具有强烈刺激性，其蒸气有强烈催泪性。暴露于光和空气中或在强碱或强酸存在下易聚合。沸点52.5～53.5℃。熔点−86.9℃。闪点（开杯）−18℃。蒸气压（20℃）27.997kPa。相对密度0.8410。折射率1.4017。黏度（20℃）0.393mPa·s。溶于2～3倍的水，溶于乙醇、乙醚、丙酮。

【质量标准】

项目		指标
相对密度(d_{20}^{20})		0.842～0.846
含量/%	≥	92
10%水溶液的pH值(25℃)	≤	6.2
其他饱和羰基物总量(以乙醛计)/%		5.3
对苯二酚/%		0.10～0.25
水分/%	≤	0.5

【用途】 用于制造蛋氨酸、烯丙醇、丙烯酸、戊二醛、1,2,6-己三醇、2,3-二溴丙

醛及交联剂等的原料，还用于胶体锇、钌、铑的制造。丙烯醛的二聚体可用于制二醛类化合物，广泛用于造纸、鞣革和纺织助剂。也可用作油田注入水的杀菌剂，以抑制注入水中的细菌生长。另外，丙烯醛还可用来生产抗肿瘤药甲胺蝶呤等。

【制法】 (1) 丙烯催化空气氧化法。于反应温度 310～470℃、常压的条件下将丙烯在钼酸铋及磷钼酸铋系催化剂存在下与空气进行直接氧化，从生成的反应产物中除去副产的酸后，再经蒸馏，即得成品。

(2) 甘油脱水法。将甘油与硫酸氢钾或硫酸钾、硼酸、三氯化铝在温度 215～235℃下共热制得。

(3) 甲醛-乙醛法。在以硅酸钠浸渍过的硅胶催化作用下，由甲醛和乙醛气相缩合制得。

【安全性】 大鼠经口 LD_{50} 为 0.046 g/kg，小鼠皮下注射 LD_{50} 为 30mg/kg。为刺激性强的极毒液体，强烈地刺激眼和呼吸道黏膜，造成眼结膜炎、喉炎、支气管炎，更高浓度的蒸气能引起肺炎、肺出血、肺水肿和呼吸困难。误服丙烯醛会引起严重肠胃病及肺出血等。亦可经皮肤吸收而中毒。其蒸气和空气形成爆炸性混合物，爆炸极限 2.8%～31% (体积)。丙烯醛在光、热或微量污物的影响下，会迅速聚合，同时释放出大量热量而有发生爆炸的危险。在无机酸、碱或胺类的作用下，也会高度发热。操作人员应戴防护口罩。工作场所空气中最高容许浓度 0.25mg/m^3。如果与无机酸、碱接触，宜加入缓冲溶液(冰醋酸 84%，照相级对苯二酚 8%，无水碳酸钠 8%) 加以控制。贮运所用设备及管道阀门必须十分洁净，并用惰性气体扫洗。按危险品规定贮运。

【参考生产企业】 老河口荆洪化工有限责任公司，武汉有机实业股份有限公司，上海金泓化工有限公司。

Ea013 丁烯醛

【英文名】 crotonaldehyde

【别名】 巴豆醛；β-甲基丙烯醛；2-butenal；β-methyl acrolein

【CAS 登记号】 [123-73-9]

【结构式】 $CH_3CH{=}CHCHO$

【物化性质】 有顺式和反式两种异构体。顺式异构体不稳定。普通商品是反式异构体。无色透明易燃液体。有毒，有窒息性刺激气味。与光或空气接触，变为淡黄色液体，逐渐氧化成巴豆酸。其蒸气对眼及呼吸道有毒，为极强的催泪剂。沸点 102.2℃。熔点 −69℃。闪点 (开杯) 13℃。相对密度 (d_4^{25}) 0.8495，蒸气 2.41 (空气=1)。折射率 1.4384。易溶于水，可与乙醇、乙醚、苯、甲苯、煤油和汽油等以任何比例互混。

【质量标准】 含量≥70 (其余为水)%；醋酸乙烯含量<1%。

【用途】 最重要的用途是制备山梨酸。还可用于制取丁烯酸、丁醛、3-甲氧基丁醛、3-甲氧基丁醇、丁醇、2-乙基己醇等。另外，丁烯醛还可用于制取选矿用发泡剂、合成树脂、染料及橡胶抗氧剂、杀虫剂及军用化学品。

【制法】 由乙醛在碱或阴离子交换树脂催化作用下液相缩合生成丁醇醛，丁醇醛再在稀酸中加热缩合脱水制得。

【安全性】 小鼠 LC_{50} 为 1.51mg/L。与皮肤接触有灼烧痛感，长期吸入使人记忆力衰退，对黏膜组织有破坏作用。操作时应戴好口罩、手套等防护用品。空气中爆炸极限 2.91%～15.5% (体积)。空气中最高容许浓度 0.5mg/m^3。用铁桶包装，但用水饱和的丁烯醛应用铝、不锈钢桶或酚醛树脂衬里的桶包装。应避免与热源或明火接触，贮存容器应严格密闭。按易燃有毒化学品规定贮运。

【参考生产企业】 南通醋酸化工股份有限

公司，吉林市淞泰化工有限责任公司。

Ea014 柠檬醛

【英文名】 citral

【别名】 3,7-二甲基-2,6-辛二烯-1-醛；香叶醛；橙花醛；neral；geranial；3,7-dimethyl-2,6-octadienal

【CAS登记号】 [5392-40-5]

【结构式】

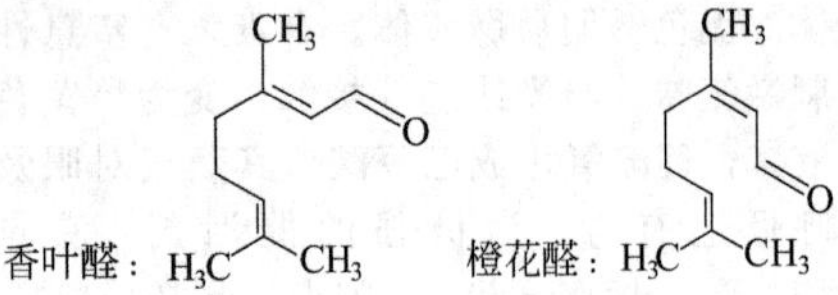

【物化性质】 无色至淡黄色油状液体，具有强烈的柠檬香气。有两种几何异构体香叶醛和橙花醛。沸点 228～229℃。燃点 92℃。相对密度（d_{25}^{25}）0.885～0.891、0.8888（香叶醛）、0.8860（橙花醛）。折射率 1.4860～1.4900、1.4898（香叶醛）、1.4869（橙花醛）。易挥发，不溶于水，能 10 倍溶于 60%乙醇，溶于丙二醇、苯酸苄酯、酞酸二乙酯、矿物油、酯类和氯仿等，不溶于甘油。

【质量标准】 QB/T1789—2006 97%柠檬醛

外观	淡黄色液体
香气	强烈的柠檬样香气
相对密度(25℃/25℃)	0.885～0.891
折射率(20℃)	1.4860～1.4900
溶解度(25℃)	1mL 试样全溶于 7mL 70%(体积分数)乙醇中
酸值 ≤	5.0
含醛量(以柠檬醛计)/% ≥	97.0

【用途】 主要用于合成紫罗兰酮、二氢大马酮等香料；作为有机原料可还原为香茅醇、橙花醇与香叶醇；还可转化成柠檬腈。医药工业中用于制造维生素 A 和 E 等。

【制法】 用减压精馏法或化学法从山苍子油（山苍子的果实经水蒸气蒸馏可得到 3%～5%的精油）中提取而得。

【安全性】 大鼠口服 LD_{50} 为 4960 mg/kg。10kg 或 25kg 塑料桶包装。存贮于阴凉、通风的仓库中，远离热源和火种。

【参考生产企业】 广州百花香料股份有限公司，广西柳州鑫业香料有限公司。

Ea015 氯乙醛

【英文名】 chloroacetaldehyde

【别名】（一）氯乙醛；monochloroacetaldehyde；2-chloro-1-ethanal

【CAS登记号】 [107-20-0]

【结构式】 $ClCH_2CHO$

【物化性质】 具刺鼻辛辣气味的易燃有毒液体。沸点 85℃（85～86℃），闪点 87.78℃，溶于水、乙醚、甲醇、丙酮等。40%水溶液为无色透明液体，相对密度（d_{25}^{25}）1.19，沸点 99～100℃，凝固点 −16.3℃，折射率（n_D^{25}）1.397。在水中浓度大于 50%时，析出半水物片晶。半水物熔点 43～50℃，沸点 85.5℃（分解成水和氯乙醛），溶于水、乙醇乙醚。

【质量标准】 10%水溶液的含量 10%；氯化氢 10%。

【用途】 主要用于有机合成，如制备磺胺噻唑以及杀菌剂等。

【制法】 由氯和氯乙烯在氧化塔内反应 6～7h，当氯乙醛含量达 10%时，终止反应，然后分离副产物三氯乙烷，得氯乙醛水溶液。

【安全性】 有毒，具有酸腐蚀性，对皮肤及黏膜有刺激作用。生产场所应加强通风，设备应密闭。操作人员应穿戴防护用具。空气中最高容许浓度 $3mg/m^3$。用耐强酸性腐蚀的容器包装。按有毒、强腐蚀性化学品规定贮运。

【参考生产企业】 杭州欣阳三友精细化工有限公司，江苏靖江市化学材料厂，武进市吉田化工厂。

Ea016 三氯乙醛

【英文名】 trichloroacetaldehyde

【别名】 chloral

【CAS 登记号】 [75-87-6]

【结构式】 Cl_3CCHO

【物化性质】 无色易挥发油状液体，有刺激性气味。可与水形成三氯乙醛水合物。沸点 97.8℃。熔点 −57.5℃。蒸气压（20℃）4.666kPa。蒸发潜热 2.257×10^5 J/kg。相对密度 1.510，（d_4^{25}）1.5050。折射率 1.45572，（$n_{He}^{21.4}$）1.45412。溶于水、乙醇、乙醚和氯仿。

【质量标准】

项目	一级品	二级品
外观	无色透明	无色透明
油状	黄色油状液体	黄色油状液体
含量/% ≥	94	70
盐酸/% ≤	1	5.5

【用途】 主要用于制造农药如杀虫剂滴滴涕、敌百虫、敌敌畏，除草剂三氯乙醛脲。医药上用于生产氯霉素、合霉素、催眠剂水合三氯乙醛等，也可作为有机原料用于生产 *N*,*N*-二甲基甲酰胺和三氯甲烷等。

【制法】 乙醇氯化法。乙醇与氯气阶梯式反应生成产物为醇合三氯乙醛、水合三氯乙醛和三氯乙醛的混合物，统称为氯油。将氯油与浓硫酸反应，然后采用简单的蒸馏，即可得到三氯乙醛精制品。副产物氯乙烷经水洗、碱洗、干燥、冷凝、蒸馏后包装可供生产农药。氯化氢可用水吸收后生成 30%盐酸。

【安全性】 小鼠灌胃 LD_{50} 为 710～850 mg/kg。腐蚀性物品，有麻醉性，接触皮肤时会引起灼伤，接触眼睛会致散瞳。吸入过量，严重时会造成窒息。设备应加强通风，对尾气进行处理。当与人体接触时，应用大量水冲洗，严重者送医院救治。操作人员应穿戴防护用具。用塑料桶或内衬防腐涂层的铁桶或陶瓷坛包装。防冻、防热、避水。每桶（坛）净重 25kg、35kg 或 40kg。用管道或火车、汽车运输。按腐蚀性化学品规定贮运。

【参考生产企业】 天津渤海化工有限责任公司天津化工厂，河北邯郸滏阳化工集团有限公司，江苏南通江山农药化工股份有限公司，山东大成集团大成农药股份有限公司。

Ea017 三溴乙醛

【英文名】 bromal

【别名】 溴醛；tribromo acetaldehyde

【CAS 登记号】 [115-17-3]

【结构式】 Br_3CCHO

【物化性质】 微黄色油状液体。在 50℃下能与水结合成固体三溴乙醛水合物，该水合物加热时即分解为水和三溴乙醛。沸点 174℃（分解）。相对密度 d_4^{19} 2.66。溶于水、乙醇、乙醚。

【质量标准】

项目	分析纯	化学纯
含量/%	99.5	99.5
氯化物/%	0.002	0.006
灼烧残渣(以硫酸盐计)/%	0.05	0.03
硫酸变黑试验	符合试验	符合试验

【用途】 用作有机化工原料、分析试剂。

【制法】 （1）由乙醇与溴素反应制取。

（2）由三氯乙醛与溴素反应制取。

（3）由三聚乙醛与溴素反应制取。

【安全性】 有毒。要求生产设备密闭，车间保持良好通风，工作人员穿戴防护用具。用 100mL 玻璃瓶装，外用木箱或纸箱保护。应有明显的“有毒品”字样，危规编号 84036，贮存于阴凉，干燥，通风的库房内。密封保存。

【参考生产企业】 靖江市马龙化工制造有限公司，北京恒业中远化工有限公司，潍坊海天盐化有限公司，南通醛酸化工股份有限公司。

Ea018 丙酮

【英文名】 acetone

【别名】 二甲基酮；2-propanone；dimethylformaldehyde；dimethyl ketone；pyroacetic ether

【CAS登记号】 [67-64-1]

【结构式】 CH_3COCH_3

【物化性质】 最简单的饱和酮。无色易挥发易燃液体，微有香气。沸点56.1℃。熔点－94.6℃。闪点（开杯）－16℃。自燃点538℃。相对密度0.7848，(d_{25}^{25}) 0.788。折射率1.3591。黏度（25℃）0.316mPa·s。能与水、甲醇、乙醇、乙醚、氯仿和吡啶等混溶。能溶解油、脂肪、树脂和橡胶。

【质量标准】

（1）GB/T 6026—1998（工业级）丙酮

项目		优级品	一级品	二级品
色度(铂-钴号，Hazen单位)	≤	5	5	10
密度(20℃)/(g/cm³)		0.789～0.791	0.789～0.792	0.789～0.793
沸程(0℃,101.3kPa)(包括56.1℃)/℃	≤	0.7	1.0	2.0
蒸发残渣/%	≤	0.002	0.003	0.005
酸度(以乙酸计)/%	≤	0.002	0.003	0.005
高锰酸钾时间试验(25℃)/min	≥	120	80	35
水混溶性		合格	合格	合格
水分/%	≤	0.30	0.40	0.60
醇含量/%	≤	0.2	0.3	1.0
纯度/%	≥	99.5	99.0	98.5

注：异丙苯法不考核醇含量。

（2）GB/T686—2008（试剂级）丙酮

项目		分析纯	化学纯
含量(CH_3COCH_3)/%	≥	99.5	99.0
密度/(g/mL)		0.790	
沸点/℃		56±1	
与水混合试验		合格	
蒸发残渣/%	≤	0.001	
水分/%	≤	0.3	0.5
酸度(以H^+计)/(mmol/g)	≤	0.0005	0.0008
碱度(以OH^-计)/(mmol/g)	≤	0.0005	0.0008
醛(以HCHO计)/%		0.002	0.005
甲醇/%		0.05	0.1
乙醇/%		0.05	0.1
还原高锰酸钾物质		合格	

【用途】 用于制取有机玻璃单体、双酚A、二丙酮醇、己二醇、甲基异丁基酮、甲基异丁基甲醇、佛尔酮、异佛尔酮、氯仿、碘仿等重要有机化工原料。在涂料、醋酸纤维纺丝过程、钢瓶贮存乙炔、炼油工业脱蜡等方面用作优良的溶剂。在医药工业，是维生素C和麻醉剂索佛那的原料之一，也用作各种维生素和激素生产过程中的萃取剂。在农药工业，丙酮是合成丙烯拟除虫菊酯的原料之一。

【制法】 （1）异丙苯法。以丙烯和苯为原料，经烃化制得异丙苯，再以空气氧化得到氢过氧化异丙苯，然后以硫酸或树脂分解，同时得到丙酮和苯酚。

（2）发酵法。以谷物、甘薯和糖蜜等为原料，经微生物发酵得丙酮-丁醇混合物，再蒸馏、精制，得丙酮和丁醇。

（3）乙炔水合法。

$$2C_2H_2+3H_2O\xrightarrow[\text{催化剂}]{400\sim450^\circ C}CH_3COCH_3+CO_2+2H_2$$

（4）丙烯直接氧化法。工艺路线与乙烯直接氧化制乙醛法相似。

$$C_3H_6+PdCl_2+H_2O\longrightarrow CH_3COCH_3+2HCl+Pd$$

【安全性】 易燃有毒物品，毒性中等。大鼠经口LD_{50}为10.7mL/kg。轻度中毒对眼及上呼吸道黏膜有刺激作用，重度中毒有晕厥、痉挛，尿中出现蛋白和红细胞等症状，小鼠暴露在丙酮蒸气30～40mg/L中2h呈侧卧的中毒症状；暴露在150mg/L中2h则致死。人体发生中毒时，应立即离开现场，呼吸新鲜空气，重者送医院抢救。操作现场应保持良好的通风，操作人员应穿戴防护用品。蒸气与空气形成爆炸性混合物，爆炸极限 2.15%～13.0%（体积）。空气中最高容许浓度 1000×10^{-6}。用 200L（53 US gal）铁桶包装，每桶净重 160kg，铁桶内部应清洁、干燥。贮存于干燥、通风处，温度保持在 35℃以下，装卸、运输时防止猛烈撞击，并防止日晒雨淋。按防火防爆化学品规定贮运。

【参考生产企业】 无锡市三吉助剂有限责任公司，华北制药股份有限公司，中国石油化工股份有限公司上海高桥分公司，江都市天达化工厂，扬州市富齐化工厂，中国蓝星化工新材料股份有限公司哈尔滨分公司。

Ea019 2-丁酮

【英文名】 methyl ethyl ketone

【别名】 甲基乙基（甲）酮；甲乙酮；丁酮；2-butanone；ethyl methyl ketone

【CAS 登记号】 [78-93-3]

【结构式】 $CH_3CH_2COCH_3$

【物化性质】 无色易燃液体，有丙酮的气味。沸点 79.6℃。熔点 −85.9℃。闪点（开杯）−6℃。自燃点 515.6℃。比热容 2.297kJ/(kg·℃)。相对密度 0.8054。折射率 1.3788。黏度（20℃）0.41mPa·s。20℃时，水中溶解度 26.8%，水在 2-丁酮中的溶解度 11.8%。溶于水、乙醇和乙醚，可与油混溶。

【质量标准】 SH/T 1755—2006 工业用甲乙酮

项目		通用级	氨酯级
外观		无色透明液体，无机械杂质	
纯度/%	≥	99.5	99.7
水分/%	≤	0.1	0.05
沸程：初馏点/℃	≥	78.5	78.5
干点/℃	≤	81.0	81.0

续表

项目		通用级	氨酯级
色度(铂-钴号)	≤	10	10
密度(20℃)/(g/cm³)		0.804～0.806	0.804～0.806
不挥发物/(mg/100mL)	≤	5	5
酸度(以乙酸计)/%	≤	0.005	0.003
醇(以丁醇计)/%	≤	—	0.3

【用途】 可用作涂料及多种树脂的溶剂以及用作精制润滑油的脱蜡溶剂。还用于生产医药、染料、洗涤剂和香料等。在电子工业中用作集成电路光刻后的显影剂。

【制法】 (1) 硫酸间接水合法。含丁醇的混合 C_4 馏分与硫酸接触生成酸式硫酸酯和中式硫酸酯，然后用水稀释，水解生成仲丁醇水溶液，再经脱水、提浓得仲丁醇。纯仲丁醇经镍或氧化锌催化脱氢后，得成品。

(2) 正丁烯直接水合法。有以树脂为催化剂和以杂多酸为催化剂两种方法。

(3) 仲丁醇脱氢法。有气相法与液相法，大部分采用气相法脱氢工艺。即仲丁醇在脱氢催化剂作用下经脱氢制得丁酮。

$$(CH_3)_2\overset{\overset{OH}{|}}{C}HCH_3 \xrightarrow{\text{催化剂}} CH_3CH_2\overset{\overset{O}{\|}}{C}CH_3 + H_2$$

(4) 乙烯气相氧化法。

$$CH_2{=}CHCH_2CH_3 \xrightarrow[\text{催化剂}]{O_2} CH_3CH_2\overset{\overset{O}{\|}}{C}CH_3$$

(5) 异丁苯法。

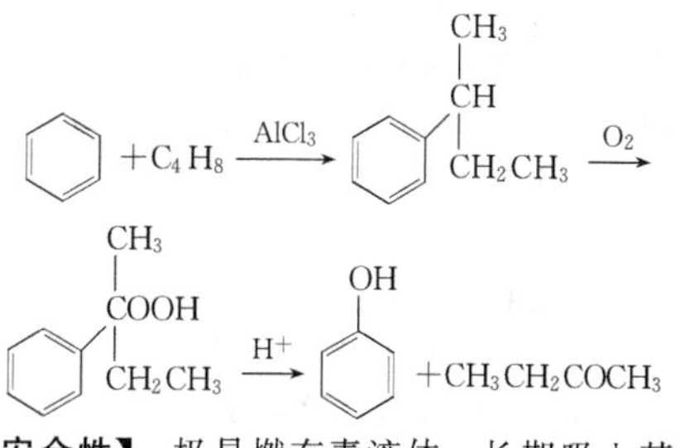

【安全性】 极易燃有毒液体，长期吸入其蒸气会使眼、鼻、喉等黏膜受刺激，而引起炎症。操作现场应保持良好的通风，操

作人员应戴口罩及橡胶手套。当皮肤或眼接触 2-丁酮后，应立即用大量水冲洗，严重者送医院治疗。空气中最高容许浓度 200×10^{-6} 或 590mg/m^3。在空气中的爆炸极限 1.97%～10.1%（体积）。用铁桶包装。按有毒易燃化学品规定贮运。

【参考生产企业】 中国石油天然气股份有限公司抚顺石化分公司，黑龙江石油化工厂，江都市天达化工厂，江苏泰州石油化工总厂，中国石油天然气公司兰州炼油化工总厂，江苏省江都市天林化工有限公司。

Ea020 甲基叔丁基酮

【英文名】 pinacolone

【别名】 频哪酮；3,3-二甲基丁酮；3,3-dimethyl-2-butanone；*tert*-butyl methyl ketone；pinacolin

【CAS 登记号】 [75-97-8]

【结构式】

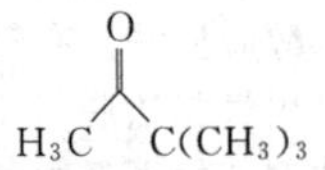

【物化性质】 无色液体，具有薄荷气味。相对密度 d_{25}^{25} 0.7250。熔点 −52.5℃。沸点 106.2℃。折射率 n_D^{25} 1.3939。溶于醇、醚、酮，蒸气易挥发。

【用途】 用于生产农药杀菌剂苄氯三唑醇、三唑酮、三唑醇、双苯三唑酮、烯唑酮、辛唑酮，以及植物生长调节剂多效唑、烯效唑、抑芽唑、缩株唑、甲基抑霉唑等。还用于其他有机合成。

【制法】 (1) 丙酮法。丙酮先还原成频哪醇，再在酸性介质中脱水重排而得。

$$2CH_3COCH_3 \longrightarrow (CH_3)_2\underset{}{\overset{OH}{\overset{|}{C}}}-\overset{OH}{\overset{|}{C}}(CH_3)_2 \longrightarrow (CH_3)_3CCOCH_3+H_2O$$

(2) 异戊醇法。异戊醇高温脱水生成异戊烯，异戊烯和甲醛在无机酸存在下反应而得。

$$(CH_3)_2CHCH_2CH_2OH \longrightarrow (CH_3)_2CHCH=CH_2+H_2O$$

$$(CH_3)_2CHCH=CH_2+HCHO \longrightarrow (CH_3)_3CCOCH_3$$

(3) 叔戊醇法。叔戊醇在盐酸中与甲醛缩合、异构化重排而得。

$$(CH_3)_3\overset{OH}{\overset{|}{C}}CH_2CH_3+HCHO \longrightarrow (CH_3)_3CCOCH_3$$

【安全性】 有毒，鼠皮下注射 LD_{50} 为 700mg/kg。

【参考生产企业】 盐城市绿叶化工有限公司，姜堰市鸿泰化工厂，江苏华昌集团有限公司，吴县市阳澄湖合成助剂厂，江都市宝利化工厂，兰州兰炼助剂厂。

Ea021 甲基异丁基(甲)酮

【英文名】 isopropylacetone

【别名】 4-甲基-2-戊酮；六碳酮；methyl isobutyl ketone；4-methyl-2-pentanone

【CAS 登记号】 [108-10-1]

【结构式】 $(CH_3)_2CHCH_2COCH_3$

【物化性质】 无色稳定可燃液体，有愉快气味。沸点 117～118℃。凝固点 −84.7℃。自燃点 460℃。闪点 22.78℃。相对密度 0.8020。折射率 1.3962。微溶于水，可与多数有机溶剂互溶。

【质量标准】 HG/T 3481—1999 （试剂级）4-甲基-2-戊酮（甲基异丁基甲酮）

项目		分析纯	化学纯
外观		无色透明液体	
4-甲基-2-戊酮[$CH_3COCH_2CH(CH_3)_2$]/%	≥	99.0	98.0
色度(黑曾单位)	≤	15	30
密度(20℃)/(g/mL)		0.799～0.802	0.799～0.802
蒸发残渣/%	≤	0.005	0.02
游离酸(以 CH_3COOH 计)/%	≤	0.02	0.03
水分(以 H_2O 计)/%	≤	0.1	0.2

【用途】 优良的溶剂。用作选矿剂、油品脱蜡用溶剂、彩色影片成色剂、四环素、除虫菊酯类和 DDT 的溶剂、黏合剂、橡胶胶水、飞机和模型的蒙布漆。可作一些无机盐的有效分离剂，用于从铀分出钚，

从钽分出铌，从铪分出锆。它的过氧化物是聚酯类树脂聚合反应中非常重要的引发剂。也用于有机合成工业。还可用作乙烯型树脂的抗凝剂和稀释剂。

【制法】 (1) 异丙醇法。由异丙醇在常压下缩合而得，其主要反应式如下：

$$(CH_3)_2CHOH \xrightarrow{\text{脱氢}} (CH_3)_2CO + H_2 \uparrow$$

$$(CH_3)_2CHOH + (CH_3)_2CO \xrightarrow[\text{缩合}]{\text{脱氢}} \text{本品} + H_2O$$

(2) 丙酮法。以丙酮为原料，经三步反应制得，其反应式如下：

$$CH_3COCH_3 \xrightarrow{NaOH} (CH_3)_2COHCH_2COCH_3 \xrightarrow[-H_2O]{H_3PO_4} (CH_3)_2C{=}CHCOCH_3 + H_2 \xrightarrow{Cu} \text{本品}$$

【安全性】 大鼠经口 LD_{50} 为 2.08 g/kg，豚鼠 LC 为 20000×10^{-6}。有强的局部刺激性和毒性，试验动物在 1%（重量）的浓度下吸入 4h 即可致死。在生产现场应保持良好的通风，生产设备应保持密闭，操作人员应戴好防护用具。其蒸气与空气形成爆炸性混合物，爆炸极限 1.4%～7.5%（体积）。空气中最高容许浓度 100×10^{-6}。用 200L（53 US gal）铁桶包装，每桶净重 160kg。贮运中注意防火。按易燃化学品规定贮运。

【参考生产企业】 中国石化金陵石化公司化肥厂，北京北化精细化学品有限责任公司，中国石油吉化集团公司，南京金龙化工厂。

Ea022 2-戊酮

【英文名】 methyl propyl ketone

【别名】 甲丙酮；甲基丙基甲酮；2-pentanone；2-oxopentane

【CAS 登记号】 [107-87-9]

【结构式】 $CH_3CH_2CH_2COCH_3$

【物化性质】 无色液体。沸点 102.4℃。熔点 −77.8℃。闪点（闭口）7.2℃。相对密度 0.8076。折射率 1.3902。能溶于乙醇、乙醚，微溶于水。

【质量标准】

项目	指标
外观	无色透明液体
含量/% ≥	99
沸点/℃	101～103
熔点/℃	−78
闪点/℃	7
折射率(20℃)	1.389～1.391
相对密度(d_4^{20})	0.809

【用途】 用作溶剂、萃取剂，有机合成原料。

【制法】 (1) 由 2-仲戊醇脱氢制得。

$$CH_3CH_2CH_2CH(OH)CH_3 \longrightarrow CH_3CH_2CH_2COCH_3 + H_2$$

(2) 由丁酰乙酸乙酯与水共热制得。

【安全性】 大鼠经口 LD_{50} 为 3.73 g/kg。对眼睛和气管黏膜有极强的刺激性，高浓度下具有麻醉性。生产设备应密闭，车间应通风，操作人员应穿戴防护用具。工作场所空气中最高容许浓度 700mg/m³。采用耐压钢瓶或耐压贮槽贮运，避免曝晒和撞击。按有毒易燃化学品规定贮运。

【参考生产企业】 常熟市中杰化工有限公司，天津市豹鸣精细化工有限公司，江苏宜兴市中港精细化工厂，山东武城康达化工有限公司，浙江佳斯化工有限公司。

Ea023 3-戊酮

【英文名】 diethyl ketone

【别名】 1,3-二甲基丙酮；二乙酮；二乙基甲酮；3-pentanone；dimethylacetone；propione；methacetone

【CAS 登记号】 [96-22-0]

【结构式】 $CH_3CH_2COCH_2CH_3$

【物化性质】 无色液体。具有丙酮气味。沸点 101.7℃。熔点 −42℃。闪点（闭口）0.8136℃。相对密度 1.3927。溶于乙醇、乙醚、水。

【质量标准】 无色液体。沸点 101.7℃。

【用途】 化学试剂，有机合成原料。

【制法】 由3-戊醇氧化制得，氧化反应在90℃进行，反应完成后，经分馏，收集101～104℃的馏分，即得。

【安全性】 大鼠LC为16000×10^{-6}，大鼠经口LD_{50}为2.1g/kg。对眼睛和气管黏膜有强烈的刺激性，使人感到呼吸困难，能引起头痛。浓度高时有麻醉作用。生产设备应密闭，车间应有良好的通风。操作人员应穿戴防护用具。采用耐压钢瓶或耐压贮槽贮运，避免曝晒和撞击。按有毒易燃化学品规定贮运。

【参考生产企业】 天津市豹鸣精细化工有限公司，江苏宜兴市中港精细化工厂，山东武城康达化工有限公司，浙江佳斯化工有限公司。

Ea024 甲基戊酮醇

【英文名】 diacetone alcohol

【别名】 双丙酮醇；二丙酮醇；4-羟基-4-甲基-2-戊酮；4-hydroxy-4-methyl-2-pentanone

【CAS登记号】 [123-42-2]

【结构式】 $(CH_3)_2C(OH)CH_2COCH$

【物化性质】 白色或微黄色透明液体，具有芳香味。沸点167.9℃。熔点－44℃。闪点13℃（开杯），8℃（闭杯）。相对密度（d_4^{25}）0.9306，蒸气4.00（空气＝1）。折射率1.4232。可溶于水、乙醇、乙醚和氯仿等，不稳定，与碱作用或在常压蒸馏时即分解。室温下长期储存易聚合。

【质量标准】

项目		指标(工业级)
馏程/℃		148～170
馏出量/%	≥	95

【用途】 可用作中间体。用来制造亚异丙基丙酮、甲基异丁基酮、甲基异丁基甲醇及已二醇、佛尔酮、异佛尔酮，还广泛用作涂料光亮剂、氨基漆、硝基漆的稀释剂以及乙酰基纤维素、环氧树脂等溶剂。

【制法】 丙酮在碱性催化剂作用下缩合制得。

【安全性】 大鼠经口LD_{50}为4.0 g/kg 刺激眼睛、皮肤和呼吸道黏膜。经呼吸道和消化道进入体内，影响神经系统，损伤肝和胃。吸入高浓度蒸气会形成肺水肿，甚至昏迷。长期接触能导致皮炎。采用铁桶或玻璃瓶外用木箱内衬垫料包装。贮存于阴凉、通风的仓间内，远离热源和火种，避免阳光直射。与氧化剂、酸类隔离贮运。

【参考生产企业】 天津市北星新技术开发公司，常熟市虞东化工厂，上海圣宇化工有限公司。

Ea025 2-庚酮

【英文名】 2-heptanone

【别名】 甲基戊基甲酮；甲基正戊基酮；methyl amyl ketone

【CAS登记号】 [110-43-0]

【结构式】 $CH_3(CH_2)_4COCH_3$

【物化性质】 无色、具有香味、稳定的液体。沸点151.5℃。熔点－35℃。闪点47℃。相对密度0.8166、（d_4^0）0.8324、（d_4^{15}）0.8197、（d_4^{30}）0.8068。折射率1.4067、（n_D^{15}）1.41156、（n_D^{25}）1.40729。黏度（25℃）0.766mPa·s。极微溶于水，溶于乙醇、乙醚。

【质量标准】

项目		指标
含量/%	≥	95
沸程/℃		
初馏点		147
终馏点		154

【用途】 用作工业溶剂和香料的合成，如用于制石竹油之组分等。

【制法】 (1) 提取法。由丁香油或桂皮油萃取制得。

(2) 2-庚醇法。由2-庚醇脱氢制得。

$$CH_3(CH_2)_4CH(OH)CH_3 \longrightarrow CH_3(CH_2)_4COCH_3+H_2$$

（3）*n*-丁基乙酰乙酸乙酯法。

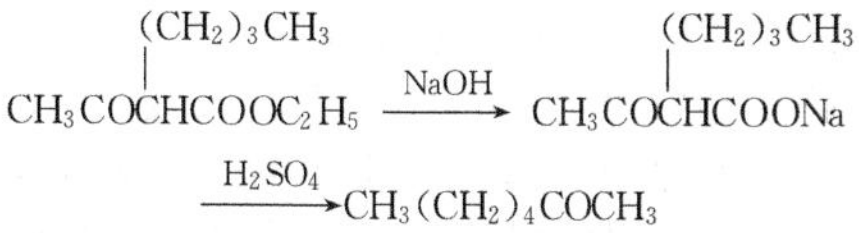

【安全性】 大鼠经口 LD_{50} 为 1.67g/kg，刺激性、毒性远比 2-戊酮为大。在空气中对大鼠的致死浓度 LC 为 4000×10^{-6}，比戊酮大 4 倍。生产设备应密闭，车间应有良好的通风。操作人员应穿戴好防护用具。采用铁桶包装，贮运中注意防火，远离火种、热源，包装上应加易燃物标签。按有毒易燃化学品规定贮运。

【参考生产企业】 江苏宜兴市中港精细化工厂，山东武城康达化工有限公司。

Ea026 双乙烯酮

【英文名】 diketene

【别名】 二乙烯酮

【CAS 登记号】 [674-82-8]

【结构式】

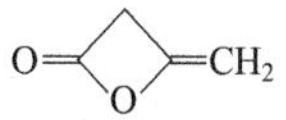

【物化性质】 无色有刺激臭味的可燃液体。沸点 127.4℃。熔点 −6.5℃。闪点 33.9℃。相对密度（d_{20}^{20}）1.0897。折射率 1.4379。比热容 0.1990kJ/kg·℃。不溶于水，溶于普通有机溶剂。化学性质活泼。

【质量标准】

项目	一级品	二级品
外观	无色或微黄色透明液体	
含量/% ≥	95	92
醋酐/% ≤	4	7

【用途】 主要用作有机合成的原料，如合成丁酮酸、乙酰乙酸酯类、酰胺类及吡唑酮类。同时也用于制造增塑剂、染料、合成纤维、纤维素酯软片，以及医药（解热药及安定剂）、农药和食品防腐剂等。此外，在香料、食品（甜味素）、饲料添加剂（喹乙醇）及合成树脂、橡胶、助剂方面，亦有广泛应用。

【制法】 冰醋酸在磷酸三乙酯存在下，于 750～780℃裂解得乙烯酮，再于 8～10℃聚合生成双乙烯酮。

【安全性】 动物 MLC：猫 1.0～1.5mg/L，家兔 2.5mg/L，大鼠 3.0mg/L。对组织黏膜有强烈的刺激作用，具有催泪性，中毒严重者能引起肺气肿、肺水肿，甚至肺出血而死。操作人员应佩戴防护用具。溅到皮肤上应用大量水冲洗，严重者就医诊治。空气中最高容许浓度 0.5～1.0mg/m³。易燃，应贮于铝制或搪玻璃容器中，低温（0～5℃）存放。运输中不得与火、无机酸及水接触，严禁撞击，以防爆炸。按易燃化学品规定贮运。

【参考生产企业】 苏州浩波科技股份有限公司，江苏南通江山农药化工股份有限公司，山东淄博开发区医药化工厂，山东新华制药厂，青岛邦立精细化工有限公司，武汉制药厂，南通醋酸公司，姜堰扬子江化工厂，江苏兴化化肥厂、山东胶州黄海化工公司。

Ea027 甲基乙烯酮

【英文名】 methyl vinyl ketone

【别名】 3-丁烯-2-酮；亚甲基丙酮；丁烯酮

【CAS 登记号】 [78-94-4]

【结构式】 $CH_3COCH{=}CH_2$

【物化性质】 无色液体，有强烈辛辣味，具有刺激性。可燃。沸点 81.4℃。闪点（闭杯）−6.67℃。相对密度（25℃）0.8407。折射率（20℃）1.4086。易溶于水、甲醇、乙醇、乙醚、丙酮和冰醋酸，微溶于烃类化合物。与水形成二元共沸物，共沸点 75℃（101.3kPa），其中含水 12%。

【质量标准】 含量≥95.0%。

【用途】 用作烷基化剂和合成甾族化合物

及维生素 A 等的中间体；还用作聚合单体制取阴离子树脂。

【制法】 丙酮与甲醛在烧碱存在下缩合，脱水得粗品，然后精制得纯品。

【安全性】 小啮齿动物口服 LD_{50} 为 15～30mg/kg。有毒。对眼、鼻和咽喉黏膜有刺激作用。吸入蒸气可引起喘息、支气管炎和肺水肿。皮肤接触后会产生斑痕并可经皮肤吸收中毒。以 160kg 装圆铁桶包装，每桶 160kg±0.1kg。

【参考生产企业】 浙江新和成股份有限公司，山东淄博开发区医药化工厂，青岛邦立精细化工有限公司。

Ea028 丁烯酮

【英文名】 methyl vinyl ketone

【别名】 甲基乙烯基（甲）酮；3-丁烯-2-酮；3-buten-2-one；3-oxo-1-butene；acetylethylene；methylene acetone

【CAS 登记号】 [78-94-4]

【结构式】 $CH_3COCHCH_2$

【物化性质】 具有刺激性臭味的无色液体，可燃。沸点 81.4℃（79～80℃）。折射率 1.4086（1.4081）。相对密度（d_4^{25}）0.8407。闪点（闭杯）－6.67℃。易溶于水、甲醇、乙醇、乙醚、丙酮和冰醋酸，微溶于烃类。与水形成二元共沸混合物，共沸点 75℃（101.3kPa)(含水 12%)。

【质量标准】 含量≥88%；水分≤1.8%。

【用途】 可用作聚合反应的单体，制取阴离子树脂。用作烷基化剂和合成甾族化合物及维生素 A 等的中间体。也可制取毒气。

【制法】 丙酮与甲醛在烧碱存在下缩合、脱水，得粗品，然后精制得纯品。

$$CH_3COCH_3+HCHO\xrightarrow[80\sim90℃]{NaOH}CH_3COCH_2CH_2OH$$

$$\xrightarrow[\text{草酸}]{-H_2O}CH_3COCH{=}CH_2$$

【安全性】 有毒。小啮齿动物经口 LD_{50} 15～30mg/kg。对眼、鼻和咽喉黏膜有刺激作用，引起视力障碍。吸入蒸气可引起喘息、支气管炎和肺水肿。皮肤接触后会产生斑痕，并可经皮肤吸收中毒。多次中毒会致敏。应避免与人体接触，触及部位用清水冲洗，敷以油膏。操作人员应穿戴防护用具。可用玻璃容器或涂塑料层的铁桶包装。按易燃有毒物品规定贮运。

【参考生产企业】 浙江新和成股份有限公司，浙江瑞安市精细日用化工有限公司，上海赛亚精细化工有限公司。

Ea029 4-甲基-3-戊烯-2-酮

【英文名】 mesityl oxide

【别名】 亚异丙基丙酮；异亚丙基丙酮；异丙烯基丙酮；甲基戊烯酮；4-methyl-3-penten-2-one；isopropylideneacetone

【CAS 登记号】 [141-79-7]

【结构式】 $(CH_3)_2C{=}CHCOCH_3$

【物化性质】 无色油状可燃液体，有像蜂蜜的气味。自燃点 344.44℃。相对密度 0.86532。沸点 130 ～ 131℃。蒸气压（20℃）1.160kPa。凝固点－59℃。折射率 1.4434。黏度（20℃）0.6mPa·s。闪点（闭杯）31℃。溶于约 30 倍的水，与多数有机溶剂混溶。

【质量标准】

项目	指标
外观	浅黄色透明液体
沸程[馏出 95%(体积)]/℃	120～131
酸值(以乙酸计)/%	≤0.2

【用途】 中沸点强溶剂。用作硝酸纤维素和多种树脂，尤其是乙烯基树脂以及喷漆等的溶剂。重要的有机合成中间体，主要用于药物、精细化学品及杀虫剂等。也是生产甲基异丁基（甲）酮的原料。

【制法】 丙酮在氢氧化钠存在下缩合成二丙酮醇，二丙酮醇在磷酸存在下脱水，经分馏收集 126～131℃的粗制品，再进行精馏，收集 128～132℃馏分而得成品。

$$2CH_3COCH_3 \xrightarrow{NaOH} (CH_3)_2\underset{}{C}(OH)CH_2COCH_3$$

$$\xrightarrow[\text{磷酸}]{-H_2O} (CH_3)_2C{=}CHCOCH_3$$

【安全性】 毒性较高。小鼠灌胃给药 LD_{50} 为 710 ±85 mg/kg。小鼠经口 2h LC_{50} 为 10000 ±270mg/m³、大鼠经口 4h LC_{50} 为 9000 ± 600mg/m³。在（250～500）×10^{-6}下，除有麻醉作用外，还能引起蛋白尿、尿浑浊和浮肿等肾脏障碍。在 50×10^{-6}下，对人体无害，但对咽喉、眼有刺激作用，其不愉快的臭味能持续 3～6h，即使在 25×10^{-6}下，对眼也有刺激作用。要求设备密封，操作人员应佩戴好防护用具。空气中最高容许浓度 0.5×10^{-6}。用 200L（53 US gal）铁桶包装，每桶净重 160kg。贮运中注意防火，包装品应加易燃标签。按易燃化学品规定贮运。

【参考生产企业】 上海雅洁化工有限公司。

Ea030 乙酰丙酮

【英文名】 acetyl acetone

【别名】 2，4-戊二酮；间戊二酮；2，4-pentanedione；diacetyl methane

【CAS 登记号】 [123-54-6]

【结构式】 $CH_3COCH_2COCH_3$

【物化性质】 无色易流动液体，有酯的气味，冷却时凝成有光泽的晶体。受光作用时，转化成褐色液体，并且生成树脂。沸点 140.5℃。熔点 −23℃。闪点 40.56℃。相对密度（d_{20}^{20}）0.9753。折射率 1.4494。溶于水、乙醇、氯仿、乙醚、苯、丙酮和冰醋酸。

【质量标准】 无色或微黄色透明液体。含量≥90%。

【用途】 有机合成的中间体，与胍生成的氨基-4,6-二甲基嘧啶为重要的制药原料。可作醋酸纤维素的溶剂，汽油及润滑剂的添加剂，色漆和清漆的干燥剂，杀菌剂，杀虫剂等。乙酰丙酮还可作为石油裂解、加氢反应和羰基化反应的催化剂，氧气的氧化促进剂等。

【制法】 （1）丙酮和醋酐缩合法。此路线工艺简单、成熟、收率高。但三氟化硼属危险性气体，使用不方便，废液的处理难度大。

$$CH_3COCH_3 + (CH_3CO)_2O \xrightarrow[BF_3]{H_2SO_4} CH_3COCH_2COCH_3 + CH_3COOH$$

（2）醋酸乙酯-丙酮法。该法是一种经典合成方法。该工艺需用金属钠，给工业化生产带来一定危险性。

$$CH_3COOC_2H_5 + CH_3COCH_3 \xrightarrow{C_2H_5ONa} CH_3COCH_2COCH_3 + C_2H_5OH$$

（3）乙酰乙酸乙酯-醋酐法。该工艺操作简单、方便，设备投资少，但其技术经济指标不太理想，原料成本相当于进口产品价格。

$$CH_3COCH_2COOC_2H_5 + (CH_3CO)_2O \longrightarrow CH_3COCH_2COCH_3 + CH_3COOC_2H_5 + CO_2$$

（4）乙酰乙酸乙酯-乙烯酮法。此法反应条件温和，收率较高。但工艺流程长，原料价格高，投资大。

$$CH_3COCH_2COOC_2H_5 + CH_2{=}C{=}O \longrightarrow CH_3COCH(COCH_3)COOC_2H_5$$

$$CH_3COCH(COCH_3)COOC_2H_5 + H_2O \longrightarrow CH_3COCH_2COCH_3 + C_2H_5OH + CO_2$$

（5）乙烯酮-丙酮缩合转化法。

$$CH_2{=}C{=}O + CH_3COCH_3 \xrightarrow{\text{缩合}} CH_3COOC(CH_3){=}CH_2 \xrightarrow{\text{转化}} CH_3COCH_2COCH_3$$

（6）丙酮-醋酸乙酯法。

$$CH_3COOC_2H_5 + CH_3COCH_3 \xrightarrow{Na} CH_3COCH{=}C(ONa)CH_3 + C_2H_5OH + H_2$$

$$CH_3COCH{=}C(ONa)CH_3 + HCl \longrightarrow CH_3COCH_2COCH_3 + NaCl$$

【安全性】 中等毒性。能刺激皮肤、黏膜，当人体在（150～300）×10^{-6}下长时间逗留即能受害，出现头痛、恶心、呕吐、眩晕和感觉迟钝等症状，但在75×10^{-6}浓度下即无危险。生产应采用真空密闭装置。操作现场应加强通风、尽量减少跑、冒、滴、漏。发生中毒要及早离开现场，呼吸新鲜空气。操作人员应穿戴防护用具，并定期进行职业病检查。用铁桶内衬塑料袋或塑料桶包装，每桶250kg。防火、防潮，贮存于危险品库内。按危险化学品规定贮运。

【参考生产企业】 山东淄博开发区医药化工厂，山东平原新力化工有限公司，仙居县化工药剂厂。

Ea031 过氧化甲乙酮

【英文名】 methyl ethyl ketone peroxide

【别名】 过氧化2-丁酮；MEKP；2-butanone peroxide

【CAS登记号】 [1338-23-4]

【结构式】

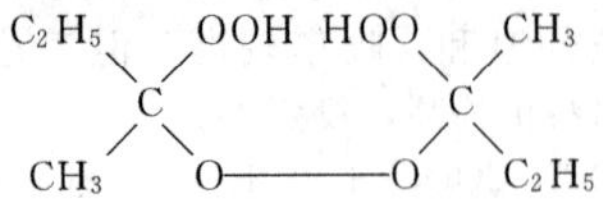

【物化性质】 无色透明油状液体，具有宜人气味。相对密度 d_4^{15} 1.042。在室温下稳定，当温度高于100℃时即发生爆炸。

【质量标准】

项目	Ⅰ型	Ⅱ型	Ⅲ型
外观	无色透明液体。15℃时无结晶析出，不发生浑浊		
活性氧含量/% ≥	11～12	9.5～10.5	9～9.5

【用途】 在聚酯及丙烯酸系聚合物生产中用作催化剂，是最安全的过氧化物，还广泛用于强化聚酯玻璃纤维生产作硬化剂。

【制法】 由甲乙酮与过氧化氢（双氧水）反应制取该反应是在酸性条件进行的，常用的酸有磷酸、硫酸、硝酸和盐酸，以磷酸和硫酸的效果较好。经氧化、中和、分离、脱水、静置、过滤，最后加入增溶剂而得成品。

【安全性】 吸入其蒸气，可刺激黏膜，血中出现高铁血红素。人类口服后能迅速发生虚脱，呕血、长时间胃出血终至死亡。小鼠经口 LD_{50} 为250mg/kg，涂敷家兔皮肤上一小时后呈现强烈溶血现象。滴入家兔眼中，可致缩瞳、角膜浑浊，终至丧失视力。操作人员应注意穿戴防护用具、口罩、防护眼镜等。铁桶包装，低温存放，贮运中应防火、防晒，严禁撞击。按危险物品规定贮运。

【参考生产企业】 江苏江阴前进化工厂，浙江黄岩焦坑化学厂，山东淄博大华化工厂，河南开封油脂化工厂。

Ea032 氯丙酮

【英文名】 chloroacetone

【别名】 chloracetone；1-chloro-2-propanone；monochloracetone；acetonyl chloride；chloropropanone；1-chloro-2-ketopropane；1-chloro-2-oxopropane

【CAS登记号】 [78-95-5]

【结构式】 CH_3COCH_2Cl

【物化性质】 无色液体，有极强刺激臭味。沸点119℃。熔点－44.5℃。闪点（开杯）27℃。相对密度（d_4^{25}）1.123，（d_4^{15}）1.135。折射率1.4350。溶于10倍重量的水，与乙醇、乙醚、氯仿混溶。

【质量标准】 沸程117～119℃；相对密度（d_4^{20}）1.162～1.168。

【用途】 用于有机合成，制备染料、杀虫剂、药物、香料、抗氧剂、干燥剂、乙烯型感光树脂。

【制法】 （1）丙酮氯化法。丙酮和碳酸钙搅拌形成浆状，加热回流，停止加热后通入氯气，约3～4h后，加水使生成的氯化钙溶解，反应液分成两层，收集油层，经精制，得成品。

（2）丙酮非氯气氯化法。以丙酮为原

料，由氯酸钾等氧化剂与氯化氢反应分解产生的氯气氯化制得。

(3) 氯代三聚氰酸法。以三氯三聚氰酸为卤化剂，以硫酸水溶液为催化剂，对丙酮进行氯化反应制得。

【安全性】 小鼠、大鼠经口 14 天 LD_{50} 分别为 127mg/kg，100 mg/kg；大鼠吸入 (1h) LC_{50} 为 262×10^{-6}。对生物组织有强刺激性，在日光的作用下分解而生成催泪性极强的气体，该气体在 0.018mg/L 时就有催泪作用，人在 0.11mg/L 的气氛中忍受不到 1min。生产时设备应密闭，操作人员需穿戴防护用具，特别应注意眼睛的保护。用 500mL 玻璃瓶包装，外用木箱，小心轻拿轻放。按有毒化学品规定贮运。

【参考生产企业】 江阴市永达化工有限公司，无锡市美华化工有限公司，上海传信化工有限公司。

Ea033 六氟丙酮

【英文名】 hexafluoroacetone

【别名】 全氟丙酮；1,1,1,3,3,3-hexafluoro-2-propanone

【CAS 登记号】 [684-16-2]

【结构式】 CF_3COCF_3

【物化性质】 不燃性气体。对热稳定，300℃长期加热，也不显著分解。550℃以上开始裂解，相继生成六氟乙烷、二氟碳烯等。沸点 −27.28℃。熔点 125.45℃。相对密度 ($d^{23.3}$) 1.323、($d^{44.4}$) 1.149。临界压力 2.834MPa。溶于氯代烃。

【用途】 主要用作有机溶剂，与环氧乙烷共聚可得到耐高温、耐腐蚀涂料及黏着剂，还是合成医药、农药、高分子材料及有机化学品的原料。

【制法】 (1) 全氟异丁烯（四氟乙烯裂解而成）经高锰酸钾氧化制得。

(2) 以六氟环氧丙烷在 Sb_2O_5 催化剂存在下，在 $<200℃$ 和 0.103～14.179MPa 下，进行异构化制得。

【安全性】 具有中等毒性，对皮肤及眼有强烈刺激作用。TLV（阈限值）0.1×10^{-6}。动物试验表明：大鼠暴露 30min 的 LC_{50} 为 5.52mg/L。暴露 3h 的 LC_{50} 为 1.69mg/L，呈现中枢神经系统抑制、肺中有淤血、水肿及出血；狗吸入浓度 30.6mg/L 的 30min 即处于麻醉状态。无致癌性，但有明显的致畸作用。生产设备应密闭，车间应有良好的通风，操作人员应穿戴防护用具 如产品触及皮肤及眼睛，应用水冲洗，严重者就医诊治。用钢瓶贮运，一般充压至 2～5MPa，贮存于阴凉、干燥、通风处。

【参考生产企业】 昆山化工实验工厂，北京恒业中远化工有限公司。

Ea034 丙酮氰醇

【英文名】 acetone cyanohydrin

【别名】 丙酮合氰化氢；2-甲基-2-羟基丙腈；2-甲基乳腈；2-methyllactonitrile；2-hydroxy-2-methylpropanenitrile；α-hydroxyisobutyronitrile

【CAS 登记号】 [75-86-5]

【结构式】 $(CH_3)_2C(OH)CN$

【物化性质】 无色至淡黄色液体。沸点 95℃。熔点 −19℃。闪点 63℃。相对密度 0.932，(d_4^{25}) 0.9267。折射率 (n_D^{15}) 1.3980，1.3996。易溶于水和常用有机溶剂，但不溶于石油醚和二硫化碳。

【质量标准】

项目	优级品	一级品	合格品
外观		棕黄色透明液体	深褐色或淡蓝色液体，有少量沉淀物
pH 值(10%水溶液)	2～4	2～4	2～4
含量/% ≥	93	90	87
氢氰酸含量/% ≤	2.0	2.5	3.5

【用途】 重要有机合成中间体，用于合成

甲基丙烯酸甲酯、2-甲基异丁酸乙酯、偶氮二异丁腈、杀虫剂以及用作金属分离提炼剂。

【制法】 以丙酮与氢氰酸在碱性条件下进行加成反应制取。

【安全性】 大鼠经口 LD_{50} 为 170mg/kg。对呼吸、消化系统均有很大毒性，皮肤吸收后也会产生中等毒性。小鼠处于蒸气中在 90s 内即死亡。生产车间应有良好通风，操作人员应穿戴特殊的防护衣帽，身体任何一部分均不得裸露在外。中毒者应立即医治。生产和使用常在同一场所，不需转运。按有毒化学品规定贮运。

【参考生产企业】 吉林化学工业股份有限公司，北京恒业中远化工有限公司，河北志诚化工集团有限公司。

Eb 芳香族醛、酮及其衍生物

Eb001 苯甲醛

【英文名】 benzaldehyde

【别名】 安息香醛；benzoic aldehyde；artificial essential oil of almond

【CAS 登记号】 [100-52-7]

【结构式】

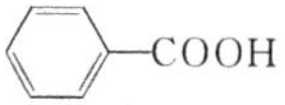

【物化性质】 无色或浅黄色，强折射率的挥发性油状液体，具有苦杏仁味。可燃，燃烧时具有芳香气味。在空气中氧化成苯甲酸。沸点 179℃。闪点（闭杯）64.5℃。凝固点 −56℃。自燃点 192℃。相对密度（d_4^{10}）1.0415、（d_4^{15}）1.050。折射率 1.5455。与乙醇、乙醚、挥发油和不挥发油混溶，微溶于水。

【质量标准】

（1）HG/T 4421—2012 苯甲醛

项目	一等品	合格品
外观	无色或微黄色液体	
苯甲醛纯度/% ≥	99.50	99.00
氯化物含量/% ≤	0.20	0.20
苯甲酸含量/% ≤	0.50	1.00
密度(20℃)/(g/cm³)	1.040～1.050	1.040～1.050

（2）GB 28320—2012 食品添加剂 苯甲醛

项目	指标
外观	无色至黄色液体，具有甜香、强烈的杏仁香气
苯甲醛纯度/% ≥	98.0
酸值(以 KOH 计)/(mg/g) ≤	5.0
折射率(20℃)	1.544～1.547
相对密度(25℃/25℃)	1.040～1.047
氯化物[①]	负反应

① 氯化物含量只有以二氯甲基苯为原料的产品测定该项目。

【用途】 医药、染料、香料的中间体，主要用于制造月桂酸、月桂醛、品绿等。

【制法】 （1）亚苄基二氯水解法。将甲苯在适当的条件下进行侧链氯化得亚苄基二氯，再经碱性或酸碱联合水解、真空蒸馏制得苯甲醛，副产苯甲酸。

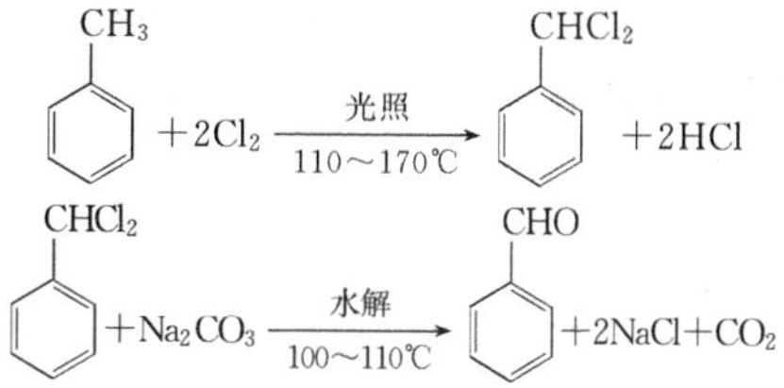

（2）甲苯氧化法。该法可得无氯苯甲醛，可分为液相法和气相法两种。液相法氧化甲苯大多采用锰或钴的卤化物或有机酸盐为催化剂，溴为助催化剂；气相法属于多相催化过程。

（3）苄醇氧化法。该方法以金属催化剂、杂多酸以及离子液体为催化体系。

【安全性】 低毒。人经口 LD50～60g/kg。对神经有麻痹作用，对皮肤有刺激作用，对皮肤过敏者能引起皮炎。当溅到皮肤上时，用清水冲洗。生产车间应通风良好，设备应密闭。操作人员应佩戴防护用具。

爆炸下限 1.4%。属危险品。用铝桶包装，每桶净重 100kg 或 200kg。运输中避免强烈震动，贮存于阴凉、通风处，远离火源。

【参考生产企业】 武汉市有机实业股份有限公司，江阴市百汇香料有限公司，浙江嘉化集团股份有限公司，张家港亚细亚化工有限公司，常州市迅达化工有限公司，辽阳市东阳精细化工有限公司。

Eb002 对甲氧基苯甲醛

【英文名】 *p*-anisaldehyde

【别名】 4-甲氧基苯甲醛；大茴香醛；茴香醛；4-methoxybenzaldehyde；anisic aldehyde

【CAS 登记号】 [123-11-5]

【结构式】

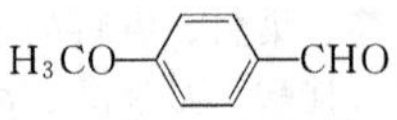

【物化性质】 无色透明油状液体。沸点 249.5℃，134～135（1.6kPa）。熔点 0℃。相对密度（d_4^{15}）1.1191。折射率 1.5730，（n_D^{13}）1.5764。不溶于水，溶于苯，易溶于乙醇、乙醚、丙酮、氯仿等。

【质量标准】 GB 28354—2012 大茴香醛

项目	指标
外观	无色至浅黄色液体，具有强烈的甜香、花香香气
大茴香醛含量/% ≥	97.0
酸值(以 KOH 计)/(mg/g) ≤	6.0
折射率(20℃)	1.568～1.574
相对密度(25℃/25℃)	1.115～1.123

【用途】 是有机合成中间体，用于合成羟氨苄青霉素，作为中味型香料广泛用于配制花香型香料，也用于食品及日用化学工业。

【制法】 (1) 用硫酸二甲酯进行苯酚的甲基化，然后利用氯甲基化反应使茴香醚氯甲基化，并与乌洛托品成盐，再经水解将氯甲基转变为醛基（索姆莱反应），制得。

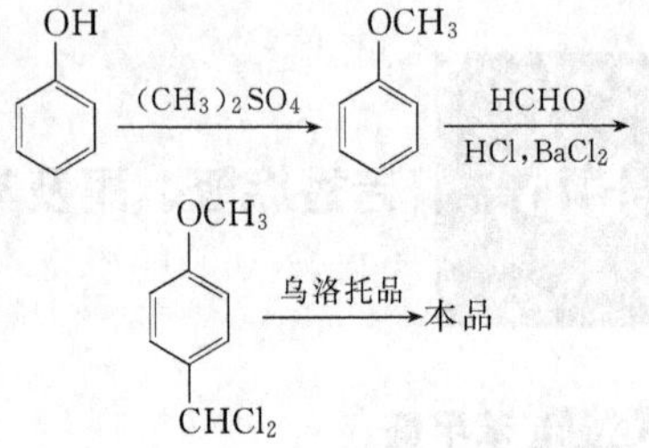

(2) 用对甲基苯酚生成对甲基苯甲醚，再氧化得。氧化中所用氧化剂为重铝酸钾、高锰酸钾或二氧化锰等。

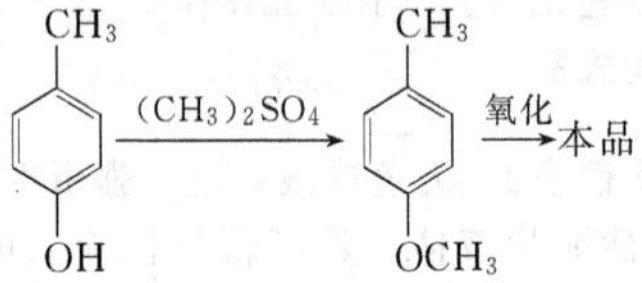

【安全性】 大鼠经口 LD_{50} 为 1510mg/kg。其气体与空气形成爆炸性混合物。应穿戴防护眼镜、防护衣、防护手套。用塑料桶 200kg，5～25kg 聚乙或聚丙塑料桶装，外加纸板桶。

【参考生产企业】 江都市海辰化工有限公司，金坛市华盛化工助剂有限公司，江苏张家港市飞宇化工有限公司，江阴市百汇香料有限公司，南京广通医药化工有限责任公司。

Eb003 3,4.5-三甲氧基苯甲醛

【英文名】 3,4,5-trimethoxybenzaldehyde

【CAS 登记号】 [86-81-7]

【结构式】

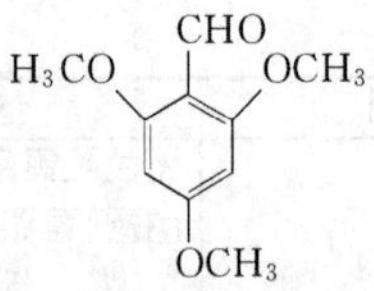

【物化性质】 白色至微黄色针状晶体。熔点 74～75℃。

【质量标准】

项目	指标
含量/%	95～98
熔点/℃	74～75
外观	白色或微黄色晶体

【用途】 用作磺胺增效剂、抗菌增效剂TMP的重要中间体。

【制法】 以对硝基甲苯为原料，经氧化还原，再以亚硝酸钠重氮化、水解得对羟基苯甲醛，经溴化、二甲氧基化、甲基化制得。

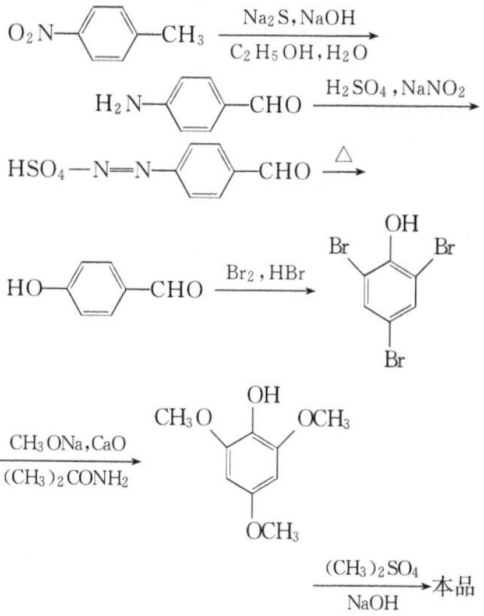

【安全性】 要求生产设备密闭，车间通风良好。操作人员穿戴防护用具。用桶装。贮存在阴凉、干燥、通风的库房内，严密封存。按一般化学品规定贮运。

【参考生产企业】 宜兴市星宇医药化工有限公司，寿光富康制药有限公司，宜兴市星宇医药化工有限公司，山东潍坊大成盐化公司。

Eb004 间羟基苯甲醛

【英文名】 *m*-hydroxybenzaldehyde

【别名】 3-羟基苯甲醛

【CAS登记号】 [100-83-4]

【结构式】

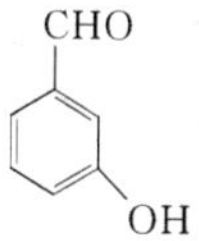

【物化性质】 无色或淡黄色结晶状固体。熔点103～104℃。沸点240℃、191℃（6.7 kPa）。微溶于水，溶于热水、乙醇、丙酮、乙醚和苯。能升华，不能进行水蒸气蒸馏。

【质量标准】

项目	指标
外观	淡黄色至白色粉状结晶
含量/%　　≥	99.0
熔点/℃	102～104
水分/%　　≤	0.5

【用途】 用作医药、染料、杀菌剂、照相乳化剂等精细化学品的中间体。

【制法】 用间硝基苯甲醛制备，有两种方法合成。

(1)

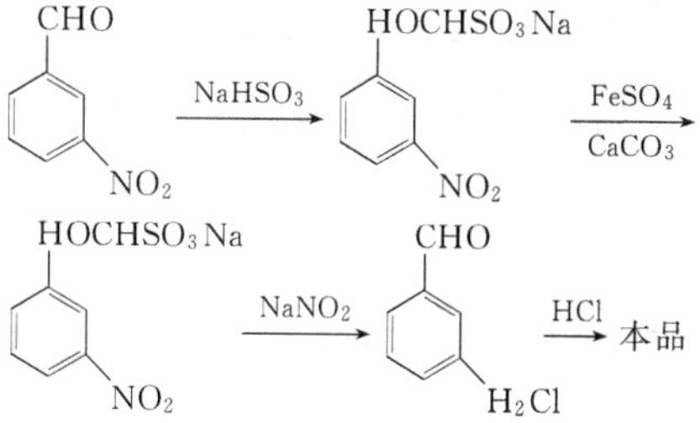

(2)

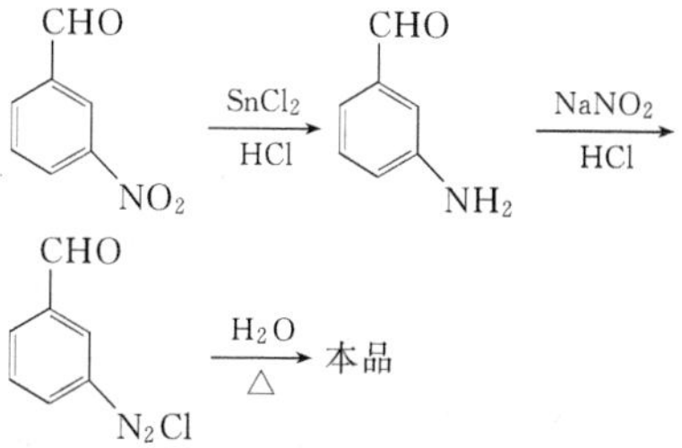

【安全性】 其气体与空气形成爆炸性混合物。燃烧产生有刺激性、腐蚀性及（或）有毒的气体。吸入、食入及皮肤接触有害。应穿戴防护眼镜、防护服及防护手套。以纸板桶包装，每桶25kg净重。

【参考生产企业】 上海康文医药中间体公司，靖江市江鸿化生物有限公司，扬州沃尔化工有限公司。

Eb005 对羟基苯甲醛

【英文名】 *p*-hydroxybenzaldehyde

【别名】 4-羟基苯甲醛；甲醛基苯酚；*p*-formylphenol

【CAS 登记号】 [123-08-0]

【结构式】

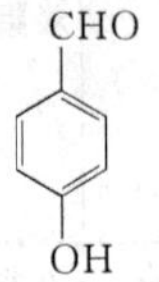

【物化性质】 无色结晶性粉末。相对密度 (d_4^{30}) 1.129。熔点 115～116℃。易溶于乙醇、乙醚、丙酮、乙酸乙酯，稍溶于水，溶于苯。易升华。

【质量标准】

项目	产品指标	精品指标
外观	浅黄色或类白色结晶	白色结晶
含量/% ≥	99	99.5
熔点/℃	115.0～117.0	117.0～118.5
水分/% ≤	0.5	0.5

【用途】 在医药上用于合成苯扎贝特、杜娟素等。

【制法】 (1) 用苯酚与氯仿或三氯乙醛或氢氰酸一氯化氢反应，均可制得对羟基苯甲醛。

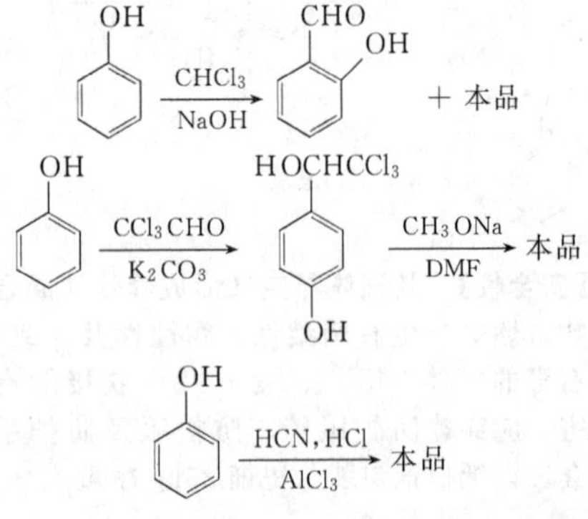

(2) 用对氨基甲醛重氮化，水解制得对羟基苯甲醛。

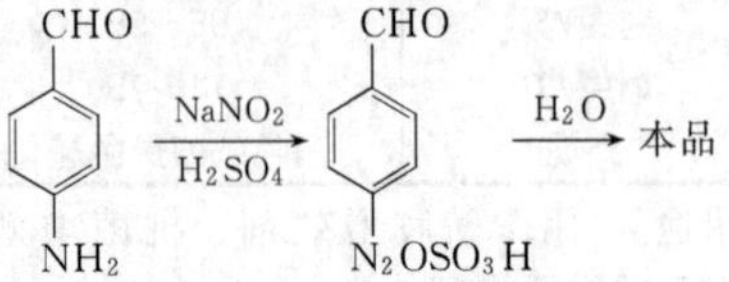

【参考生产企业】 湖北永安集团江都市海辰化工有限公司，嘉兴市金禾化工有限公司，金坛市华盛化工助剂有限公司，寿光市天成精细化工厂，嘉兴市金利化工有限责任公司，常州市孟达精细化工有限公司。

Eb006 3,5-二氯-4-羟基苯甲醛

【英文名】 3,5-dichloro-4-hydroxybenzaldehyde

【CAS 登记号】 [2314-36-5]

【结构式】

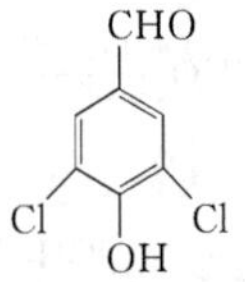

【物化性质】 白色微针状固体。熔点 150～153℃。

【用途】 在农业上用作合成羟敌草腈的原料，是良好的选择性除草剂。医药方面用于合成防治败血症的原料。也是抗病毒剂的原料，还可用作合成杀菌剂的原料等。

【制法】 由对羟基苯甲醛氯化制得。收率为 90%～92%。

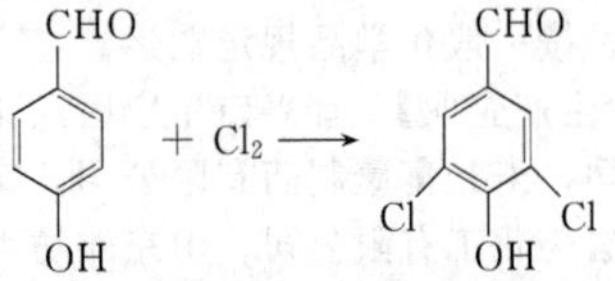

【参考生产企业】 东营旭业化工有限公司，金坛市华盛化工助剂有限公司，天津天大天久科技股份有限公司。

Eb007 间苯氧基苯甲醛

【英文名】 *m*-phenoxy benzaldehyde

【别名】 3-苯氧基苯甲醛；3-phenoxybenzaldehyde；MPA

【CAS登记号】 [39515-51-0]

【结构式】

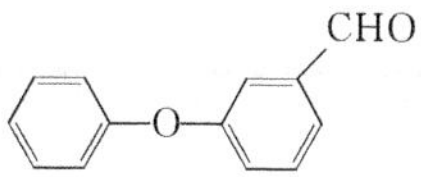

【物化性质】 工业品为深棕色油状物。沸点 173～174℃（399Pa），170～178℃（533Pa）。熔点 13～14℃。闪点 177℃。折射率 1.595。溶于水（25℃，58mg/L）。

【质量标准】

项目	优级品	一级品	合格品
外观	浅黄色透明液体		
间苯氧基苯甲醛含量/% ≥	98.0	97.5	96.0
间苯氧基环氯醛含量/% ≤	0.6	0.8	1.2
酸值/(mg NaOH/g) ≤	5.0	5.0	5.0

【用途】 可用于合成多种拟除虫菊酯类农药，如溴氰菊酯、氰戊菊酯、氯氰菊酯等。

【制法】 工业化主要有两种方法：溴苯甲醛法和间甲苯酚法。溴苯甲醛法成本高、杂质多、产品提纯困难。目前国内均采用间甲苯酚路线，即经醚化先制得间苯氧基甲苯，再经氯化、水解、精制等工序制得最终产品。

① 醚化。以间甲酚与卤代苯为原料，在碱性条件下反应制得间苯氧基甲苯（MPT）。

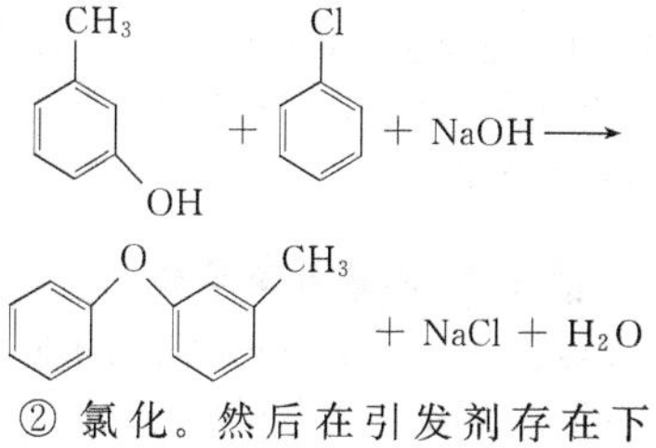

② 氯化。然后在引发剂存在下将 MPT 进行氯化制得一氯苄和二氯苄。

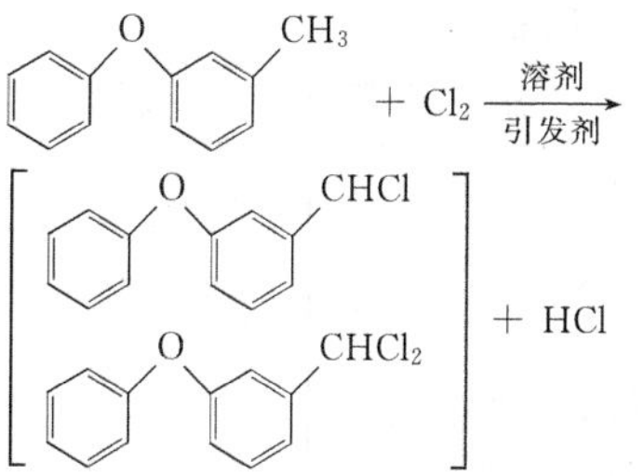

③ 水解。氯化后的氯化液再经水解为 MPA，最后进行精制提纯即可。a. 混酸法水解：用硫酸和冰醋酸配成 65% 的混酸进行水解。b. 稀硝酸法水解：用 5%～10% 的稀硝酸及氧化剂，压力为 2～10MPa 下水解。

【安全性】 吸入、食入及接触有害，严重时会致命。其气体与空气形成爆炸性混合物。遇热、火花易燃烧。燃烧产生有刺激性、腐蚀性及（或）有毒的气体。应穿戴防护眼镜、防护衣、防护手套。用 200kg 镀锌桶包装。保持容器密封、直立，贮存于阴凉、干燥、通风的环境中。

【参考生产企业】 南京广通医药化工有限公司，连云港市国盛化工有限公司，江苏省金坛市华盛化工助剂有限公司。

Eb008 间硝基苯甲醛

【英文名】 *m*-nitrobezaldehyde

【别名】 3-硝基苯甲醛

【CAS登记号】 [99-61-6]

【结构式】

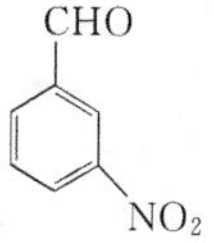

【物化性质】 黄色结晶状固体。相对密度 1.2792。熔点 58～59℃。沸点 164℃（3.06kPa）。几乎不溶于水，溶于醇、醚、丙酮、氯仿和苯。能进行水蒸气蒸馏。

【质量标准】

项目	指标
外观	白色或淡黄色结晶性粉末
含量/% ≥	99
熔点/℃	57～59
干燥失重/% ≤	0.5
灼烧残渣/% ≤	0.1
重金属/% ≤	0.001
邻硝基苯甲醛/% ≤	0.4

【用途】 在医药上用于合成碘普酸钙、碘番酸、间羟胺重酒石酸盐、尼莫地平、尼卡地平、尼群地平、尼鲁地平等。

【制法】 用苯甲醛经硝化制得。将硫酸加入反应釜中，边搅拌边加入硝酸钠，加热至 70℃使其全部溶解，降温到 5℃，滴加苯甲醛，5～10℃加完，反应 1h，将反应物慢慢加于碎冰中，充分搅拌使完全析出，滤出沉淀，在 10℃用碳酸钠洗去酸，滤干，用酒精洗涤除去邻硝基物，低温减压干燥得到本品。

【安全性】 应避免吸入、食入及皮肤接触，穿戴防护眼镜、防护衣、防护手套。包装采用 25kg 纸板桶（内衬双层塑料袋）。贮存于阴凉、干燥处，容器密封，远离强氧化剂、强碱。

【参考生产企业】 芮城县顺昌化工有限公司，山西慧之海生物化工有限公司，天津天大天久科技股份有限公司。

Eb009 邻硝基苯甲醛

【英文名】 *o*-nitrobenzaldehyde

【别名】 2-硝基苯甲醛

【CAS 登记号】 [552-89-6]

【结构式】

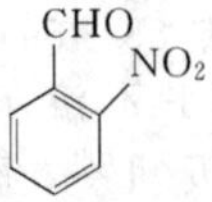

【物化性质】 亮黄色针状晶体，有苯甲醛香味，可随水蒸气挥发。熔点 43～44℃。沸点 153℃（3.1kPa）。闪点＞110℃。易溶于乙醇、乙醚、苯，微溶于水，与吡咯剧烈反应。

【质量标准】

项目	指标
纯度/% ≥	99
水分/% ≤	0.8
不溶物/% ≤	0.1

【用途】 可制造抗心绞痛药硝基吡啶（心痛定），将其硝基还原成氨基后成为邻氨基苯甲醛，由它可合成喹啉环类药物。

【制法】 以邻硝基甲苯为原料，有下面两种工艺制得邻硝基苯甲醛。

(1)

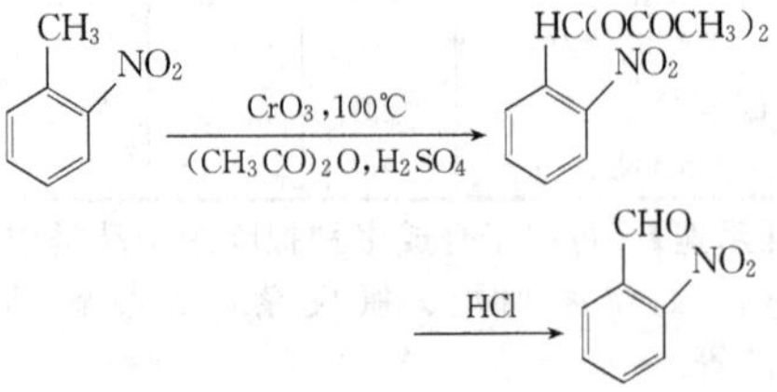

(2)

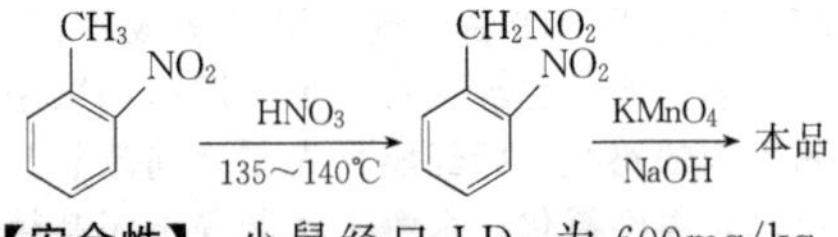

【安全性】 小鼠经口 LD_{50} 为 600mg/kg。吸入、食入、皮肤接触都有刺激，应穿戴好防护衣物。包装采用 25kg 塑料编织袋。贮存于阴凉、干燥处，保持容器密封。远离强氧化剂及强碱。

【参考生产企业】 仪征东方化工有限公司，上海盛欣医药化工有限公司，浙江崇一医药有限公司。

Eb010 5-氯-2-硝基苯甲醛

【英文名】 5-chloro-2-nitrobenzaldehyde

【别名】 2-硝基-5-氯苯甲醛

【CAS 登记号】 [6628-86-0]

【结构式】

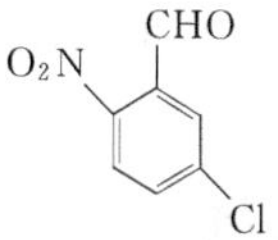

【物化性质】 黄色针状结晶。熔点77～78℃。

【质量标准】 含量98%；熔点66～68℃。

【用途】 是植物生长调节剂吲唑乙酯的原料，也是医药中间体。

【制法】

(1) 硝化、还原、重氮化及桑德迈尔反应法。

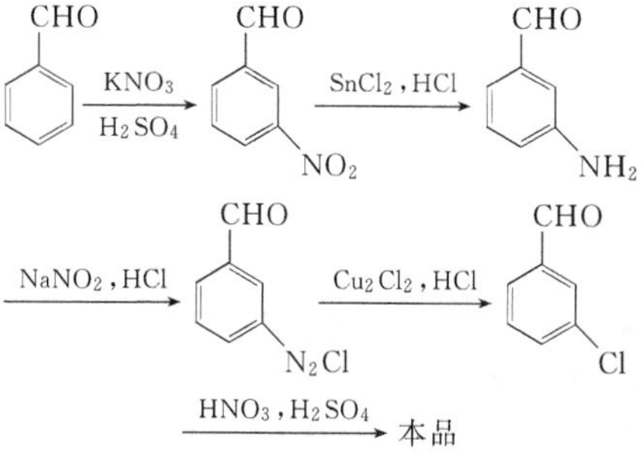

(2) 氯化及硝化法。第一步氯化收率73.2%，第二步硝化收率77.1%。

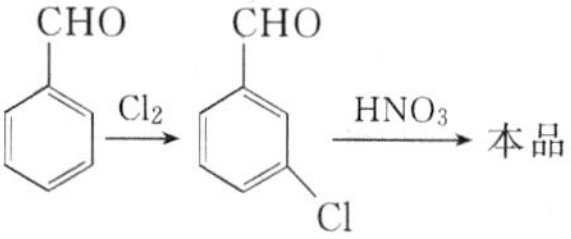

【安全性】 包装采用25kg纸板桶。

【参考生产企业】 仪征东方化工有限公司，上海氟德化工有限公司。

Eb011 2,6-二氯苯甲醛肟

【英文名】 2,6-dichlorobenzaldoxime

【CAS登记号】 [25185-95-9]

【结构式】

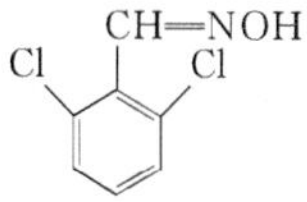

【物化性质】 白色晶体。熔点149～150℃。

【质量标准】 外观白色晶体。熔点149～150℃。

【用途】 医药（双氯苯唑青霉素）的中间体。

【制法】 以2,6-二氯甲苯与氯化亚砜混合，以三氯化磷为催化剂，在紫外光照射下，加热到200℃，通入氯气进行反应，同时用液碱吸收尾气，直至增加重量达理论重量为止，得2,6-二氯苄双氯，将其加入硫酸中，搅拌下加热至50～55℃，反应3h，然后分次加入盐酸羟胺，保温3h后，将反应产物缓缓加入冰水中，不停搅拌，过滤，冷水洗涤即得。

【安全性】 刺激皮肤。车间应通风良好，设备应密闭，操作人员应戴口罩、手套。采用内衬塑料袋，外套编织袋包装。贮存于阴凉、干燥、通风处，防晒、防潮。按一般化学品规定贮运。

【参考生产企业】 上海邦成化工有限公司，浙江衢州新未来化学品有限公司，山东省龙口市龙海精细化工有限公司。

Eb012 2-羟基-1-萘甲醛

【英文名】 2-hydroxy-1-naphthaldehyde

【别名】 1-甲酰基-2-萘酚；1-formyl-2-naphthol

【CAS登记号】 [708-06-5]

【结构式】

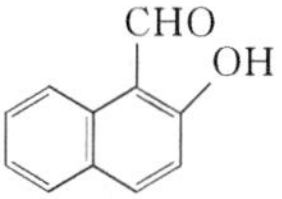

【物化性质】 无色针状或棱柱状晶体。在蒸汽中稍有挥发，遇氯化铁呈棕色。沸点(3.6kPa) 192℃。熔点82℃。不溶于水，溶于乙醇、乙醚和石油醚，可溶于碱的水溶液，溶于浓硫酸呈黄色。

【质量标准】 含量≥99%。

【用途】 有机合成原料。

【制法】 以2-萘酚、氯仿为原料，在碱性条件下反应。2-萘酚溶于乙醇后，在搅拌下，加入氢氧化钠溶液，然后升温至80℃，开始滴加氯仿，控制反应物在沸腾状态下进行反应。加料毕，继续保温搅拌1h，然后蒸出过量的乙醇和氯仿，冷却，滴加浓盐酸至刚果红试剂呈酸性，加水，使析出的油状物中的氯化钠溶解，分出油状物，洗涤，减压蒸馏，收集175～180℃（2666Pa）的馏分，即可。

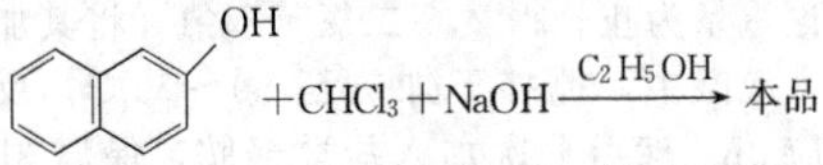

【安全性】 采用内衬塑料袋，外用铁桶包装，贮存于阴凉、干燥、通风处，防晒、防潮。按一般化学品规定贮运。

【参考生产企业】 常州市武进临川化工有限公司，临海市杜桥精细化工厂，常州市武进鸣凰化学厂，浙江佳斯化工有限公司，荣成市东立精细化工有限公司（阜新分公司）。

Eb013 邻乙氧基萘甲醛

【英文名】 *o*-ethoxy-1-naphthaldehyde

【别名】 2-乙氧基萘醛

【CAS登记号】 [19523-57-0]

【结构式】

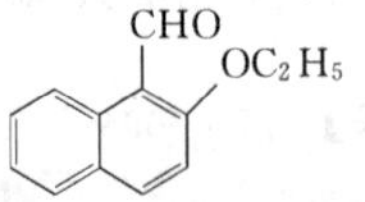

【物化性质】 黄色结晶型固体。熔点115℃。沸点185～187℃（3.33kPa）。溶于乙酸、乙醇。

【用途】 用于合成乙氧萘青霉素钠。

【制法】 用2-乙氧基萘经甲酰化制得。将二甲基甲酰胺加入反应釜中，加入2-乙氧基萘，在80℃以下滴加三氯氧磷，于95℃反应2h，倒入冰中，静置，过滤，在60℃下干燥制得邻乙氧基萘甲醛。

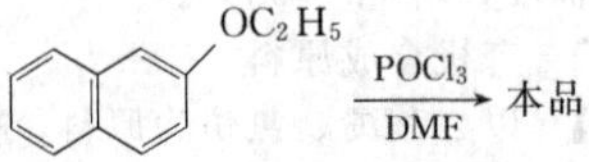

【参考生产企业】 常州市武进临川化工有限公司，江苏金坛市华盛化工助剂有限公司。

Eb014 苯乙酮

【英文名】 acetophenone

【别名】 乙酰苯；甲基苯基酮；1-phenylethanone；phenyl methyl ketone；acetylbenzene；hypnone

【CAS登记号】 [98-86-2]

【结构式】

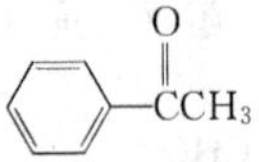

【物化性质】 无色具有高折射率液体，有愉快的芳香气味。沸点202.6℃，79（1.33kPa）。熔点20.5℃。闪点105℃。相对密度（d_{15}^{15}）1.033。折射率1.5339。微溶于水，易溶于醇、醚、氯仿、脂肪油和甘油，溶于浓硫酸时呈橙色。

【质量标准】

项目	优级品	一级品
外观	无色透明或微黄色液体	无色透明或微黄色液体
含量/% ≥	99	98
熔点/% ≥	19	18

【用途】 用于合成苯乙醇酸、α-苯基吲哚、异丁苯丙酸等，也用作塑料的增塑剂。

【制法】

（1）苯与乙酰氯反应。

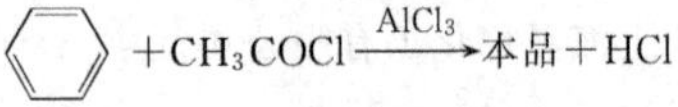

（2）苯与乙酐反应。

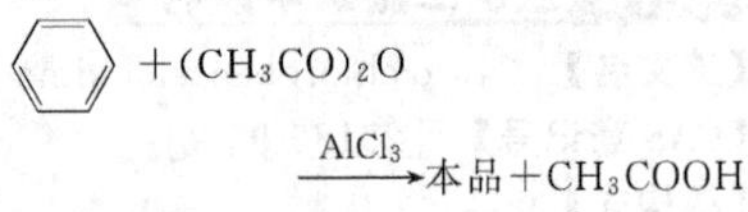

（3）苯与乙酸反应。

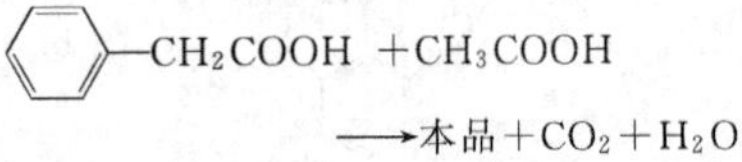

（4）乙苯多相氧化法

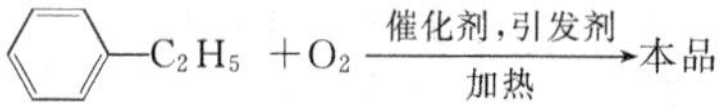

【安全性】 大鼠经口 LD_{50} 为 0.90 g/kg。其蒸气有麻醉作用，能引起皮炎。用镀锌铁桶，净重 200kg±1kg。产品运输、贮存时应放置在阴凉、干燥处，不能接近火源、热源。

【参考生产企业】 天津汇宇实业有限公司，江苏武进振华化工厂，江苏省泰兴市沃特尔化工厂。

Eb015 对异丁基苯乙酮

【英文名】 *p*-isobutylacetophenone

【别名】 4-异丁基苯乙酮

【CAS 登记号】 [38861-78-8]

【结构式】

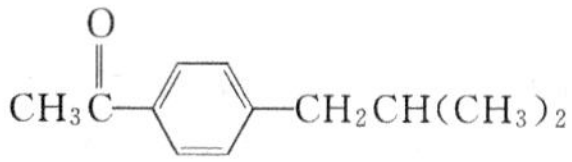

【物化性质】 液体，沸点 124～130℃(1.33kPa)。

【用途】 合成解热镇痛药布洛芬等。

【制法】 用异丁苯与乙酰氯反应制得。

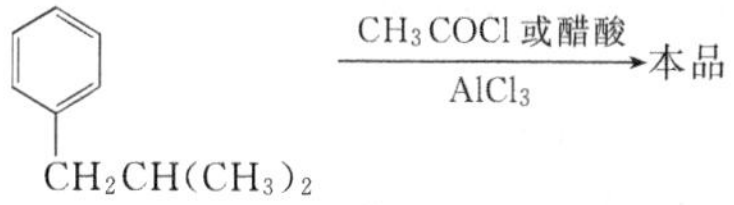

【参考生产企业】 北京马氏精细化学品有限公司，江苏江阴市宝利化工厂。

Eb016 对硝基苯乙酮

【英文名】 *p*-nitroacetophenone

【别名】 4-nitroacetophenone

【CAS 登记号】 [100-19-6]

【结构式】

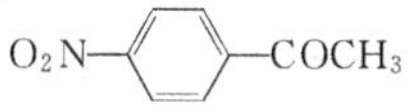

【物化性质】 纯品为淡黄色晶体或针晶。熔点 80～82℃。沸点 202℃。易溶于热乙醇、乙醚和苯，不溶于水。

【质量标准】

项目		指标
外观		黄色或淡黄色晶体
含量/%	≥	95
熔点/℃		77～81
酸度/%	≤	0.2
水分/%	≤	0.2

【用途】 有机合成中间体，是制造合霉素和氯霉素等医药的原料。

【制法】 (1) 乙苯在 30～35℃下用混酸硝化得硝基乙苯。经精馏后得对硝基乙苯和联产品邻硝基乙苯。对硝基乙苯在催化剂硬脂酸钴存在下，在 140～150℃、0.2MPa 压力下，用空气氧化得对硝基苯乙酮。反应产物经水洗、中和、离心脱水、干燥，得成品。

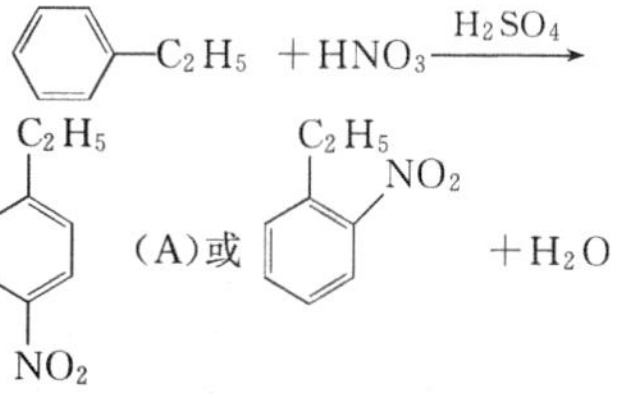

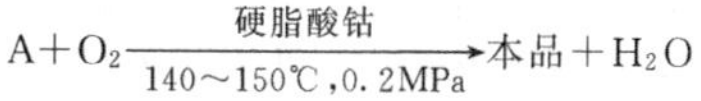

（2）对硝基苯甲酰氯法。

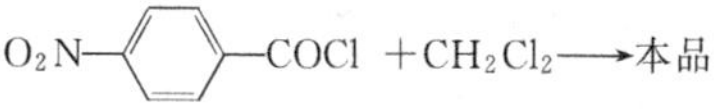

【安全性】 毒性不详。生产设备要密闭，操作人员应穿戴防护用具。采用铁桶或木桶内衬塑料袋包装。每桶净重 25kg 或 50kg。贮存于干燥、通风处。

【参考生产企业】 泰兴市东进医药化工厂，上海立科药物化学有限公司。

Eb017 环丙基-4-氯苯甲酮

【英文名】 cyclopropyl-4-chlorophenyl ketone

【CAS 登记号】 [6640-25-1]

【结构式】

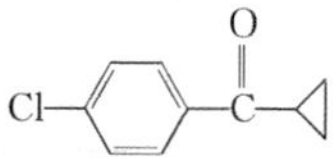

【物化性质】 熔点 29～31℃。沸点 110～112℃（1.33kPa）。折射率 1.5688（25℃）。

【质量标准】

项目	指标
外观	清澈琥珀色液体，有果香气
主含量/% ≥	99
熔点/℃	29～31
1-氯萘/% ≤	0.2
高沸物/% ≤	0.2
水分/% ≤	0.1

【用途】 用于合成高生物活性新型拟除虫菊酯类农药环丙基-4-氯苯酮肟-*O*-(3-苯氧基苄基）醚。

【制法】 由 γ-氯代丁酰氯与氯苯反应而得，收率可达 68.5%。

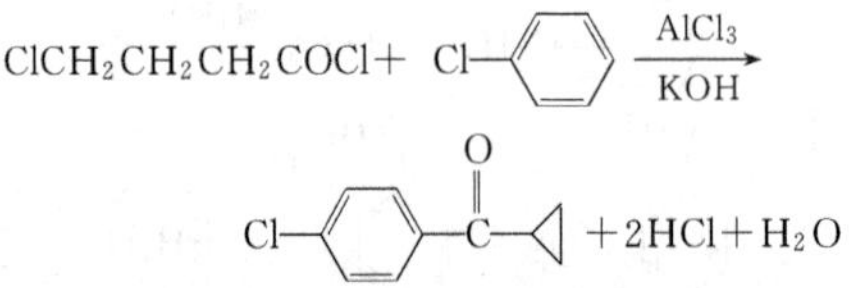

【安全性】 净重 50kg，铁塑桶包装。

【参考生产企业】 江苏省江阴市康达化工有限公司，天津汇宇实业有限公司。

Eb018 邻氯苯乙酮

【英文名】 *o*-chloroacetophenone

【CAS 登记号】 [2142-68-9]

【结构式】

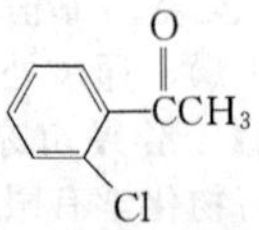

【物化性质】 无色油状液体。沸点 113℃（2.4kPa）。微溶或难溶于水中，可溶解在乙醚中。

【质量标准】

项目	指标
外观	白色或类白色结晶粉末
含量/% ≥	97
水分/% ≤	0.3

【用途】 用于合成支气管扩张药盐酸氯丙那林（氯喘）及其他精细化学品等。

【制法】 （1）邻硝基乙苯法。

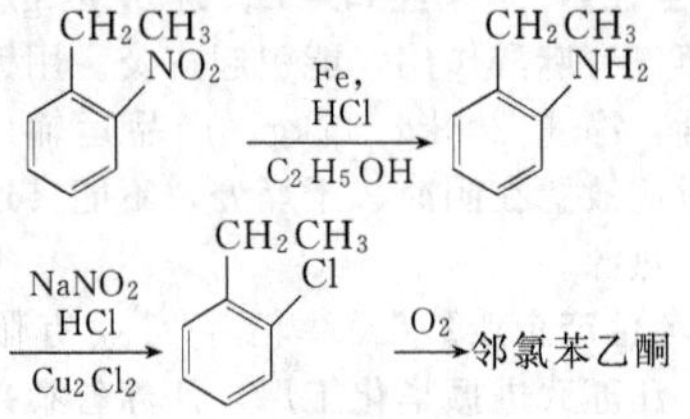

（2）邻氯苯甲酰氯法。向反应器中先加入二氯甲烷，其中悬浮固体无水三氯化铝。再加入烷基铝卤化物 $(CH_3)_{1.5}AlCl_{1.5}$。当二氯甲烷开始回流时，迅速加入邻氯苯甲酰氯，添加后，继续搅拌 1h。然后将反应混合物注入水中。此时因放热引起分解反应而使二氯甲烷沸腾。经蒸馏处理得产品。

【安全性】 邻氯苯乙酮受热分解放出有毒烟雾氯化氢。食入、吸入、接触到眼睛、皮肤均造成伤害。应穿戴防护手套、防护眼镜、防护衣。贮存于环境温度，容器高度密封。

【参考生产企业】 台州东升医药化工有限公司，北京奥得赛化学有限公司。

Eb019 对氯苯乙酮

【英文名】 *p*-chloroacetophenone

【别名】 1-(4-chlorophenyl) ethanone；4-chloroacetophenone

【CAS 登记号】 [99-91-2]

【结构式】

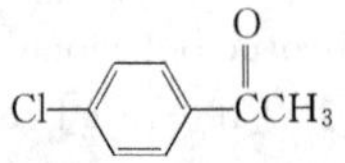

【物化性质】 室温下为白色液体。沸点 bp_{24} 124～126℃，bp 237℃。熔点 20～21℃（有报道 18.4℃）。相对密度 1.192，d_4^{25} 1.188。折射率 1.555，n_D^{25} 1.553。闪点 90℃。不溶于水，溶于有机溶剂。

【质量标准】

项目	指标
外观	无色或微黄色液体
含量/% ≥	99.5
熔点/℃	20
水分/% ≤	0.2
异构体/% ≤	0.2

【用途】 用于合成扁桃酸、荧光增白剂AD以及其他精细化学品等。

【制法】 由氯苯与醋酐在三氯化铝存在下缩合而得，收率83.1%。

【安全性】 有毒，强烈刺激眼、鼻、咽喉。燃烧产生有刺激性、腐蚀性/有毒性的气体。应穿戴防护眼镜、防护衣、防护手套。以铁桶包装，200kg/桶。

【参考生产企业】 江苏常州市武进振华化工厂，上海浦东华辐化学品有限公司，北京维达化工有限公司，山西新天源医药化工有限公司。

Eb020 2,5-二氯苯乙酮

【英文名】 2,5-dichloroacetophenone

【别名】 2,5-二氯乙酰苯；2,5-二氯苯基甲基甲酮；2,5-dichlorophenyl methyl ketone

【CAS登记号】 [2476-37-1]

【结构式】

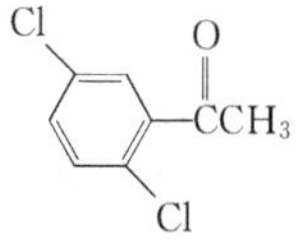

【物化性质】 无色至微黄色油状液体。沸点251℃，102～104℃（399.96Pa）。相对密度1.327。折射率（n_D^{25}）1.5595。熔点14℃。易溶于苯、乙醇、丙酮，不溶于水。

【质量标准】 无色至微黄色油状液体。沸点251℃。

【用途】 农药有机磷杀螟威的中间体。

【制法】 以对二氯苯为原料，在无水三氯化铝存在下，加热熔融（60～70℃），滴加乙酰氯后升温至110～115℃，6h后，再降至70～80℃，放入冷水，进行水解，静置分层，取下层油状物，用热水洗，加酸调pH值达7～8，减压蒸馏，收集122～124℃（2.2605kPa）馏分，即得。

【安全性】 强烈刺激眼睛、呼吸道。生产设备应密闭，车间应通风良好，操作人员穿戴防护用具，尤着重戴护目镜及口罩、手套等。严密封装于玻璃瓶中，外套木桶或铁桶。贮存于阴凉、干燥、通风处，防晒、防潮，远离火种、热源。搬运时轻装轻卸，以防包装破损。

【参考生产企业】 江苏常州市武进振华化工厂，常州市江南医药原料厂。

Eb021 α-氯代苯乙酮

【英文名】 α-chloroacetophenone

【别名】 氯代乙酰苯；氯乙酰苯；2-chloro-1-phenylethanone；2-chloroacetophenone；α-chloroacetophenone；phenacyl chloride；chemical mace；CN

【CAS登记号】 [532-27-4]

【结构式】

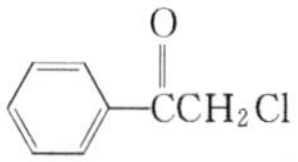

【物化性质】 白色或浅黄色结晶。沸点244～245℃，139～141℃（1.86kPa）。相对密度（d_4^{15}）1.324。熔点54℃或56.5℃。不溶于水，溶于乙醚、乙醇、氯仿、苯等。能进行水蒸气蒸馏。

【质量标准】

项目	指标
外观	白色或类白色结晶体
熔点/℃	54～56
水分/% ≤	0.5
含量/%	99

【用途】 用于有机合成，在医药上用于合成盐酸四咪唑等。

【制法】 (1) 苯乙酮氯化法。将苯乙酮抽入反应釜中，通入氯气，在 60～80℃下反应，直到通氯到达理论量，减压蒸去低沸物，冷到 5℃以下，静置，析出结晶，过滤得到产品。

(2) 氯乙酰氯法。将二氯亚砜加入氯乙酸中，搅拌回流，蒸馏出粗品，将其与二硫化碳混合，慢慢加入苯、无水三氯化铝和二硫化碳的混合液中，保持温度在 30℃以下，加完后加热回流，静置，倒入冰水及稀盐酸溶液中，过滤吹干，用稀乙醇结晶，所得产物减压蒸馏即得。

【安全性】 有毒。大鼠经口 LD_{50} 为 50mg/kg。对眼睛、皮肤和黏膜有强刺激性和腐蚀性。受高热分解释放出有毒气体。与水或蒸气接触会释出有毒性和腐蚀性的气体。强腐蚀性物品。是一种催泪性军用毒剂。

【参考生产企业】 建德市紫山湾精细化工有限公司，常州市高科生物化学有限公司。

Eb022 α-溴代苯乙酮

【英文名】 ω-bromoacetophenone

【别名】 溴乙酰苯；2-bromo-1-phenylethanone；phenacyl bromide

【CAS 登记号】 [70-11-1]

【结构式】

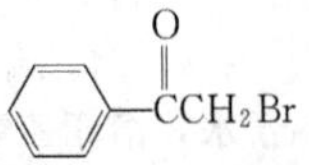

【物化性质】 白色结晶。沸点 (2.40 kPa) 135℃。折射率 (15℃) 1.709。熔点 51℃。不溶于水，溶于乙醇、乙醚、氯仿和苯。与高锰酸作用生成苯甲酸、

【质量标准】

项目	指标
外观	白色或浅黄色结晶
含量/% ≥	99
熔点/℃	58～59

【用途】 为有机合成原料，医药工业用于制止血速等，与硫脲作用可合成 α-氨基-4-苯基噻唑、

【制法】 由苯乙酮溴化制得。另外，苯乙酮与溴在三氧化二铝存在下作用亦可制得，收率 94%、

【安全性】 有毒，有极强催泪性。遇明火能燃烧，受高热发出大量催泪性蒸气。采用玻璃瓶外木箱内衬垫料或铁桶包装。贮于阴凉、通风的仓间内。远离火种、热源。与氧化剂、食用原料隔离储运。搬运时轻装轻卸，防止容器受损。

【参考生产企业】 张家港市信谊化工有限公司，常州市江南医药原料厂，江苏常州市武进振华化工厂。

Eb023 苯丙酮

【英文名】 propiophenone

【别名】 苯基乙基酮；1-phenyl-1-propanone；ethyl phenyl ketone；propionylbenzene；phenyl ethyl ketone

【CAS 登记号】 [93-55-0]

【结构式】

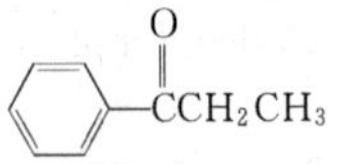

【物化性质】 结晶或无色液体。沸点 218℃，92.2℃ (1.33kPa)。熔点 21℃。闪点 99℃。相对密度 1.0105 (液体)，(d_4^0) 1.157 (固体)。折射率 1.5269。不溶于水、乙二醇、丙二醇和甘油，溶于醇、醚、苯、甲苯等。

【质量标准】

项目	指标
外观	无色或淡黄色液体
纯度/% ≥	99
熔点/℃	19～20
溶解性	溶于苯、醇等有机溶剂

【制法】 用苯与丙酰氯缩合，水解制得。

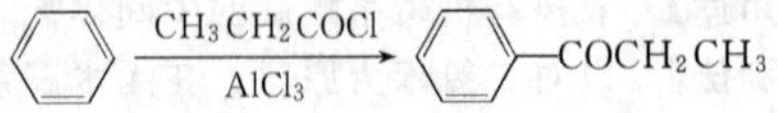

【安全性】 燃烧产生刺激性、腐蚀性和(或)有毒的气体。其气体与空气形成爆炸性混合物。吸入、食入及皮肤接触有害。应穿戴防护眼镜、防护服、防护手套。

【参考生产企业】 潍坊潍泰化工有限公司，宜兴市中港精细化工有限公司，江苏常州后美化工厂，江苏省金坛市医药化工厂，昆山城东化工有限公司，无锡美华化工有限公司。

Eb024 苯丁烯酮

【英文名】 benzylideneacetone

【别名】 苯亚甲基丙酮；甲基苯乙烯基甲酮；4-phenyl-3-buten-2-one；benzalacetone；methyl styryl ketone；cinnamyl methyl ketone；acetocinnamone

【CAS 登记号】 [122-57-6]

【结构式】

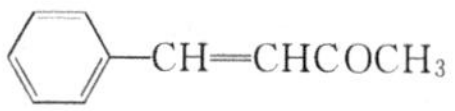

【物化性质】 白色或浅黄色结晶，具有香豆素气味。沸点 260～262℃。熔点 41.5℃。相对密度 (d_{15}^{15}) 1.0377，($d_4^{45.2}$) 1.0097。折射率 ($n_D^{45.9}$) 1.5836。微溶于水，溶于硫酸、苯、乙醇、氯仿。遇光颜色变深。长时间受热易分解。

【质量标准】

项目	指标
熔点/℃	40～42
沸点(1.07kPa)/℃	123～126
国际市场上含量 99%的商品熔点/℃	39～41

【用途】 在香料工业用于制香料、增香剂或用做香料的防挥发剂；染料工业用作媒染剂、固着剂，还用于配制镀锌增光剂等。

【制法】 以苯甲醛为原料，与丙酮缩合制得。

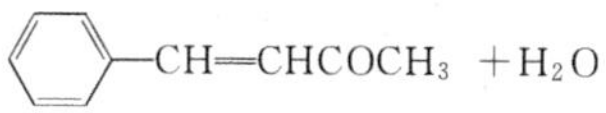

【安全性】 毒性不详，但可刺激皮肤、黏膜而致起泡。生产设备要密闭，操作人员要戴防护用具。按一般化学品规定贮运。

【参考生产企业】 武汉有机合成材料研究所，武汉有机实业股份有限公司。

Eb025 二苯乙醇酮

【英文名】 benzoin

【别名】 1,2-二苯羟乙酮；安息香；苯偶姻

【CAS 登记号】 [579-44-2]

【结构式】

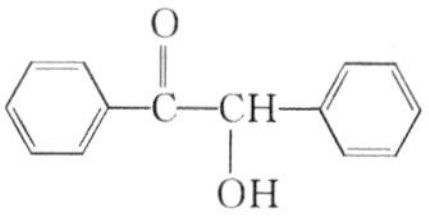

【物化性质】 白色或淡黄色棱柱体结晶。沸点 344℃。熔点 133℃。不溶于冷水，微溶于热水和乙醚，溶于乙醇。可还原费林氏液，与浓硫酸作用生成联苯酰。在乙醇中与钠汞齐作用生成氢化苯偶酰。在 250℃时与氢碘酸作用生成联苯酰。

【质量标准】

项目	指标
外观	白色或淡黄色结晶
熔点/℃	132～137
对锌灵敏度	合格
灼烧残渣(SO_4)/% ≤	0.1

【用途】 为有机合成原料，用于制联苯甲酰等。医药工业用于制苯妥英钠。

【制法】 由苯甲醛与少量氰化钾共热制得。将苯甲醛、乙醇加入反应瓶中，再加入少量氰化钾水溶液，于水浴加热回流 1h，静置，过滤，得粗品，用乙醇重结晶即得成品。

【安全性】 热分解或燃烧放出有刺激性的剧毒气体，吸入、食入及皮肤接触有害。应穿戴防护眼镜、防护服及防护手套。用复合编织袋或纸板桶包装，每桶 25kg。

贮存于阴凉、干燥处，容器密封。远离强氧化剂。

【参考生产企业】 常州市武进雪堰万寿化工有限公司，镇江新区建兴化工有限公司，嘉兴大明实业有限公司，无锡市化工助剂厂，利安隆（天津）实业有限公司，上海泰禾（集团）有限公司，江苏省丹徒县建兴化工有限公司，靖江市宏程化工制造有限公司，上虞市恒升化工有限公司，宁波志华化学有限公司。

Eb026 1-四氢萘酮

【英文名】 1-tetrahydro nathpalone

【别名】 1-萘满酮

【CAS 登记号】 [529-34-0]

【结构式】

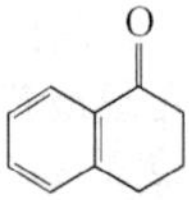

【物化性质】 无色油状液体，工业品略带淡黄色。遇光颜色逐渐变深至暗红色，稍有类似樟脑的气味，加热时有薄荷气味。沸点 255～257℃。相对密度（15.6℃）1.098。折射率 1.5712（15.45℃），1.5693（20℃）。熔点 8℃。不溶于水，溶于多种有机溶剂。

【质量标准】

项目	指标
外观	无色或浅黄色油状液体
含量(GLC)/%　≥	98.0
熔点/℃	5.3～6.0
沸程/℃(0.8kPa)	113～116
折射率(n_D^{20})	1.5685
闪点(FP)/℃　＞	110

【用途】 主要用于脱氢制甲萘酚。医药工业用于合成 18-甲基炔诺酮，还可以用作溶剂和塑料的软化剂，其氯化物具有杀虫和忌避作用。

【制法】（1）四氢萘氧化法。可用铬酸酐和过氧化氢氧化四氢萘，也可用氧气或空气在钴、铜、锰、镍等金属盐催化剂或烷基吡啶与铬盐复合催化剂存在下，使四氢萘氧化制得。

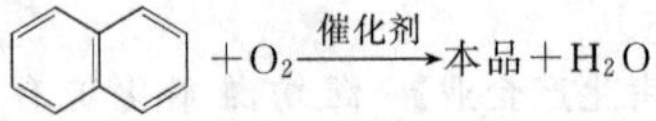

（2）γ-苯丁酸环化法。由 γ-苯丁酸与磷酸-磷酸酐、多磷酸、氢氟酸或浓硫酸作用，再经环化制得。该反应温度为 90℃，收率为 75%～86%。

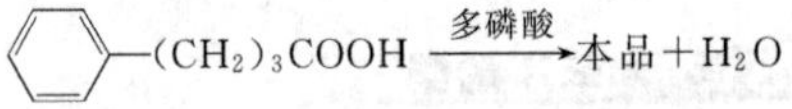

（3）γ-苯丁酰氯环化法。在无水三氯化铝或无水四氯化锡存在下脱氯化氢环化得。

（4）γ-丁内酯法。经与苯缩合得。

【安全性】 食入造成危害，皮肤接触、吸入有刺激。应穿戴防护眼镜、防护衣、防护手套。其气体与空气形成爆炸性混合物。燃烧产生有刺激性、腐蚀性及（或）有毒性的气体。用 200kg 铁桶装。贮存于阴凉干燥处，容器高度密封。远离强氧化剂、强还原剂。

【参考生产企业】 浙江新三和医药化工股份有限公司，衢州精益助剂有限公司。

Eb027 苯绕蒽酮

【英文名】 benzanthrone

【别名】 苯并蒽酮；7*H*-benz[*de*]anthracen-7-one

【CAS 登记号】 [82-05-3]

【结构式】

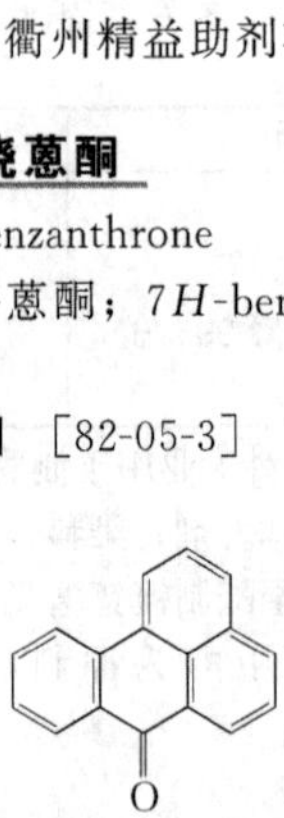

【物化性质】 淡黄色针状结晶。熔点 170℃。不溶于水，溶于硫酸中形成红光

带绿色荧光的橙色液体。

【质量标准】

项目	指标
外观	绿色至黄绿色膏状物
含量/% ≥	97
氯苯不溶物(干品)/% ≤	10
熔点/℃ ≥	168.5
蒽醌含量(干品)/% ≤	0.1

【用途】 用作还原染料，如还原艳绿FFB、还原灰M、还原橄榄绿B、还原黑BBN等的中间体。

【制法】 将蒽醌溶解于硫酸中，然后均匀地加入硫酸铜、甘油和水的混合溶液，再在120～125℃下加入锌粉进行还原反应制得。

$$CH_2OH-CHOH-CH_2OH \xrightarrow[Zn]{H_2SO_4} CH_2{=}CHCHO+2H_2O$$

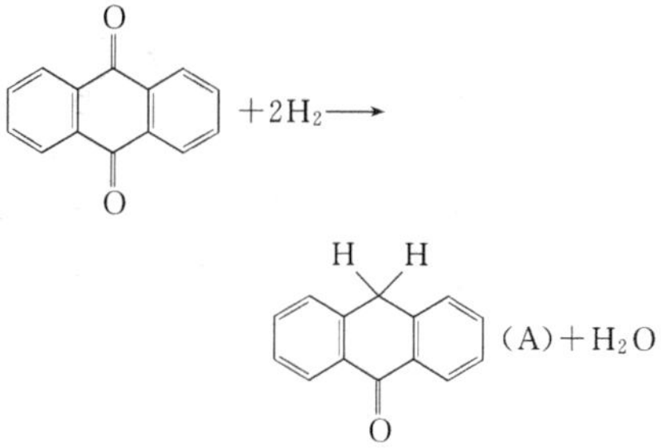

$$A+CH_2{=}CHCHO \xrightarrow[CuSO_4]{55\sim118℃} 本品+H_2O$$

【安全性】 有毒。大鼠、小鼠腹腔注射LD_{50}分别为1.5g/kg、0.29g/kg。人体与之直接接触或在其粉尘中操作，会引起皮炎、湿疹及皮肤变棕黑色等现象，甚至对肝、胃引起不良影响。生产车间应有良好的通风，设备要求密闭，操作人员应穿戴防护用具。采用铁桶或纸板桶包装，内衬塑料袋，每桶净重50kg或100kg。贮存于阴凉、干燥处。按有毒化学品规定贮运。

【参考生产企业】 常熟市金虞山染料有限公司产品，徐州开达精细化工有限公司，台州市大丰化工有限公司，常熟市振业化工有限公司，常熟市杨园幸福化工厂，上海市南翔化工厂。

Eb028 (对)苯醌

【英文名】 quinone

【别名】 1,4-苯醌；2,5-cyclohexadiene-1,4-dione；*p*-quinone；1,4-benzoquinone；1,4-cyclohexadienedione

【CAS登记号】 [106-51-4]

【结构式】

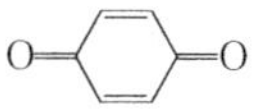

【物化性质】 黄色结晶。有刺激性气味。可燃。能升华。其蒸气易挥发，并部分分解。相对密度1.318。熔点116℃。溶于乙醇、乙醚和碱，微溶于水。

【质量标准】 GB/T 23675—2009 对苯醌

项目	优等品	一等品
外观	黄色粉末（贮存时允许颜色加深）	
对苯醌/% ≥	99.00	98.50
初熔点/℃ ≥	112.0	112.0
灼烧残渣(以硫酸盐计)/% ≤	0.05	0.10
水分/% ≤	0.50	1.00
铁/(mg/kg) ≤	30	50

【用途】 用于制造对苯二酚，也是染料中间体、橡胶防老剂、丙烯腈和醋酸乙烯聚合引发剂，以及氧化剂等。

【制法】 将苯胺溶于稀硫酸中，经二氧化锰氧化，用蒸汽蒸馏法分离提纯、结晶、脱水、干燥，得成品。

【安全性】 大鼠经口LD_{50}为130 mg/kg。具有高毒性。易挥发、升华。对眼睛、皮肤、黏膜，特别对眼角膜有强烈刺激性，长期接触会引起眼球晶状体混浊、溃疡等角膜障碍。生产车间应有良好的通风，设备应密闭。操作人员应穿戴防护用具。空气中最高容许浓度 0.1×10^{-6}。用聚乙烯塑料袋包装，盛放于塑料桶内。贮存时应避光、防晒、防热。按易燃有毒物品规定贮运。

【参考生产企业】 湖北开元化工科技股份有限公司，盐城凤阳化工有限公司，大连化工研究设计院，海南中信化工有限公司。

Eb029 四氯苯醌

【英文名】 tetrachloroquinone

【别名】 2,3,5,6-四氯-1,4-苯醌；四氯（代）醌；2,3,5,6-tetrachloro-1,4-benzoquinone；tetrachloro-*p*-benzoquinone；tetrachloroquinone；spergon；vulklor；chloranil

【结构式】

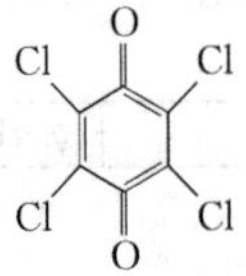

【物化性质】 金黄色叶状结晶或黄色结晶粉末。在酸性介质中稳定，碱性介质中会分解。熔点 290℃。相对密度 1.97。溶于乙醚和苯，微溶于醇，难溶于氯仿、四氯化碳和二硫化碳，不溶于水。

【质量标准】

项目	指标
外观	微带青绿或灰色的黄色结晶粉末
含量/%	99
总氯量/% ＞	54
熔点/℃ ＞	289
水分/% ＜	0.5

【用途】 用作天然橡胶、丁基合成橡胶、丁腈胶和氯丁胶的硫化剂。主要用于制造丁基胶内胎、外胎，硫化胶囊，耐热制品，绝缘电线等。可单用也可与硫黄和其他硫化促进剂（一般是与促进剂 DM）混合使用，用以制造电缆和海绵橡胶制品，用量 0.5%～4.0%。如添加 5%～20%能提高胶料同织物材料的黏接强度。还用来制造抗恶性肿瘤药物亚胺醌、癌抑散，制造利尿药安体司通；也用作染料中间体和农用拌种剂等。

【制法】 先将氢氧化钠配制成 160kg/m^3 左右的溶液，然后将六氯苯与氢氧化钠按摩尔比为 1∶（2.5～2.6）的比例，把六氯苯加入到碱液中，搅拌均匀后加入到高压水解釜。搅拌下加热至釜内压力到 2MPa 时停止加热。由于反应是放热反应，随着反应进行，反应温度进一步升高到 230℃，釜内压力达 2.55MPa，保持此条件继续反应 20min，水解即完成。然后泄压出料，冷却结晶，过滤后即得鳞片状结晶五氯酚钠。将制得的五氯酚钠加入反应釜，搅拌下加水配制成 20%的溶液，再加入等摩尔的 31%的盐酸进行酸化，酸化温度保持在 80～90℃。酸化结束后，反应物料经水洗、过滤、干燥，即得五氯酚。将五氯酚配成 10%左右的溶液加入反应釜中，再加入五氯酚重量约 6%的无水三氯化铁，搅拌下升温至 70℃以上，并开始通入氯气，保持反应温度于 95℃以上，直至反应油状物完全澄清无颗粒，即为反应终点。然后静置分去水层，在油状物中加入 98%的浓硫酸进行酸化，反应结束后，反应产物经水洗、过滤、干燥，即得成品。

【安全性】 采用聚丙烯编织袋包装，每袋 25kg；采用纸板桶包装，每袋 40kg；采用铁桶包装，每袋 125kg（也可根据客户要求包装）。储藏稳定性良，避免与碱性物质接触。

【参考生产企业】 北京成宇化工公司，江苏省建湖县鑫鑫化工有限公司，宁波金腾化工有限公司，上海金锦乐实业有限公司，上海聚豪精细化工有限公司。

Eb030 对苯醌二肟

【英文名】 *p*-benzoquinone dioxime

【别名】 对醌二肟；*p*-quinone dioxime

【CAS 登记号】

【结构式】

【物化性质】 浅黄色针状结晶或深棕色粉末。易燃。熔点 240℃（分解）。相对密度 1.2～1.4。易溶于乙醇、乙酸、乙酸乙酯，溶于热水，不溶于冷水、苯和汽油。

【质量标准】

项目	指标
外观	黄色或黄褐色粉末
含量/% ≥	98
灰分/% ≤	0.1
水分/% ≤	0.2
分解点/℃	235～242
乙醇溶解性	合格

【用途】 用作丁基胶、天然胶、丁苯胶、聚硫"ST"型橡胶的硫化剂，特别适用于丁基胶。氧化剂（如 Pb_3O_4、PbO_2）对其有活化作用。在胶料中易分散，硫化快，硫化胶定伸强度高。临界温度比较低，有焦烧倾向。加入某些防焦剂（如苯酐、防焦剂 NA）、促进剂（如秋兰姆、噻唑类、二硫代氨基甲酸盐类）能有效地改善操作安全性。有变色及污染性，只适用于暗色制品。当用促进剂 DM 作活性剂时，抗焦烧性要比氧化铅好，变色性也减弱，但炭黑胶料例外。当以四氯苯醌为活性剂时，活化作用比氧化铅强得多。主要用以制造气囊、水胎、电线电缆的绝缘层，耐热垫圈等。用量 1～2 份。与氧化铅 10～6 份或促进剂 DM 4～2 份配合。也可用于自硫化型的胶黏剂，也是检测镍的试剂。

【制法】 先将 30%的氢氧化钠溶液加入反应釜，在搅拌下缓缓将苯酚加入，使之溶于氢氧化钠溶液。降温至 0℃再加入亚硝酸钠和 30%的硫酸，使温度保持在 7～8℃进行反应，逐渐有亚硝基酚结晶析出。搅拌 1h 后，静置过滤，结晶经水洗，得亚硝基酚。再经转位，与盐酸羟胺水溶液混合，加热至 70℃进行肟化反应。反应完成后，过滤得对苯醌二肟。

【安全性】 有毒，操作应佩戴合成橡胶手套和防尘口罩，防止皮肤接触和吸入，远离明火和高温热源。采用牛皮纸袋内衬塑料袋包装，每袋 25kg。密闭储存于阴凉通风处。保质期 12 个月，过期复检合格仍可使用。运输过程中防止雨淋和曝晒，不能与强氧化剂混储混运。

【参考生产企业】 浙江衢州新未来化学品有限公司，营口天元实业精细化工有限公司，上海建平化工有限公司。

Eb031 蒽醌

【英文名】 anthraquinone

【别名】 9,10-蒽醌；9,10-蒽二酮；9,10-anthracenedione；9,10-anthraquinone；9,10-dioxoanthracene

【CAS 登记号】 [84-65-1]

【结构式】

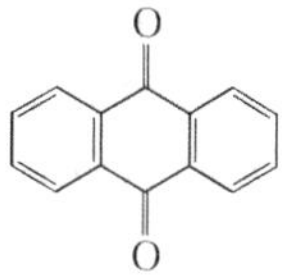

【物化性质】 可燃，黄色针状结晶。沸点 376.8℃。闪点（闭杯）185℃。熔点 286℃。相对密度 1.42～1.44。溶于乙醇、乙醚和丙酮，不溶于水。

【质量标准】 GB/T 2405—2013 蒽醌

项目	优等品	一等品	合格品
外观	黄色或浅灰至灰绿色结晶(粉末)		
干品初熔点/℃ ≥	284.2	283.0	280.0
蒽醌/% ≥	99.00	98.50	97.00
灰分/% ≤	0.20	0.50	0.50
加热减量/% ≤	0.20	0.40	0.50

【用途】 有机染料重要中间体。可生产还原染料、分散染料、酸性染料、反应染料等。在造纸工业中用作蒸解剂。在化肥工业

中用以制造脱硫剂蒽醌二磺酸钠。

【制法】（1）精蒽氧化法。将纯度86%以上的精蒽投入汽化锅，加热使之熔化，在265～270℃下保温，通入过热蒸汽使之汽化。蒽蒸气和热空气混合进入固定床氧化反应器内，在（365±2）℃下，在V_2O_5催化剂的催化下，发生氧化反应生成蒽醌。反应生成的蒽醌蒸气进入薄壁冷凝器冷凝即得成品。

（2）苯酐法。苯酐与苯在无水三氯化铝的催化下进行缩合，生成苯甲酰苯甲酸铝复盐，经水解、酸化得苯甲酰苯甲酸，再以发烟硫酸为脱水剂脱水、闭环制得成品。

【安全性】低毒。能引起过敏性湿疹、鼻炎、支气管哮喘。生产车间应有良好的通风，设备要密闭，操作人员应穿戴防护用具。用铁桶或麻袋包装，内衬塑料袋。每桶（袋）净重100～200kg。存放时保持干燥，防火、防潮。按一般有毒化学品规定贮运。

【参考生产企业】石家庄白龙化工股份有限公司，浙江吉华集团有限公司，中国石化集团胜利石油管理局胜大化工一厂，江都市精细化工厂，湘渝化工有限公司，杭州力禾颜料有限公司，北京炼焦化学厂，上海宝钢化工有限公司，南京恒信达化工有限公司，江苏亚邦集团公司，江阴市龙达化工有限公司，江阴市夏港化工二厂，山东神工化工股份有限公司。

Eb032 2-甲基蒽醌

【英文名】2-methylanthraquinone

【别名】2-甲基-9,10-蒽二酮；β-甲基蒽醌；2-methyl-9,10-anthracenedione；β-methylanthraquinone

【CAS登记号】[84-54-8]

【结构式】

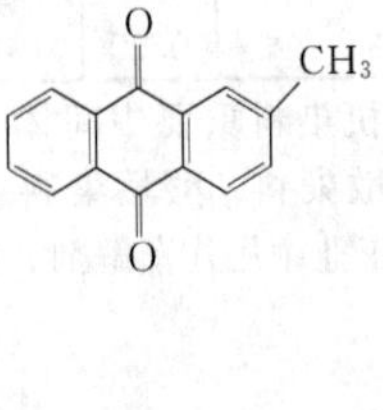

【物化性质】黄色晶体。熔点175～176℃。不溶于水，溶于乙醇、乙醚、苯和乙酸乙酯。

【质量标准】

项目	指标
外观	黄色晶体
含量/% ≥	95
熔点/℃	175～176

【用途】染料中间体，感光树脂的感光剂，有机合成原料。在碘存在下，氯化成1-氯-2-甲基蒽醌；硝化成1-硝基-2-甲基蒽醌，均为染料中间体。

【制法】将甲苯与无水三氯化铝加热，控制温度在45～50℃，在外部冷却下加入邻苯二甲酸酐，混合物保温至反应完全。将反应混合物倒入10%硫酸水溶液中，含产品的浆状物经水洗、分层、分离。含产品的溶剂层与5%碳酸钠溶液混合、过滤、洗涤、干燥制得2-对甲苯酰苯甲酸，然后与发烟硫酸在115℃加热1h进行闭环，将产物倾入冷水中，过滤、水洗、干燥制得。

【安全性】低毒。能引起过敏性湿疹、鼻炎、支气管哮喘。生产设备应密闭，车间应有良好的通风，操作人员应穿戴防护用具。采用内衬塑料袋，外套编织袋或铁桶包装，贮存于阴凉、干燥、通风处。远离火种、热源。按一般有毒化学品规定贮运。

【参考生产企业】江阴市马镇有机化工有限公司，宜兴环球精细化工有限公司，湖南湘渝化工有限公司，衢州门捷化工有限公司，江苏傲伦达科技实业股份有限公司。

Eb033 1-氯蒽醌

【英文名】1-chloroanthraquinone

【别名】α-氯蒽醌；α-chloroanthraquinone

【CAS登记号】[82-44-0]

【结构式】

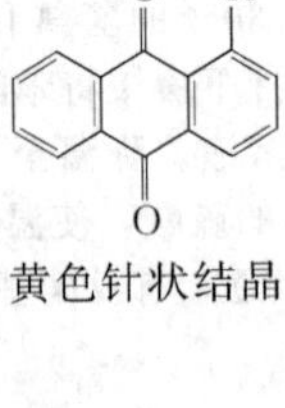

【物化性质】黄色针状结晶。升华。熔点

162℃。溶于醋酸、硝基苯、热苯、戊醇，微溶于热乙醇，不溶于水。

【质量标准】 GB/T 23665—2009 1-氯蒽醌

项目		优等品	一等品
外观		浅黄色粉末	
干品初熔点/℃	≥	159.0	156.5
1-氯蒽醌纯度/%	≥	99.00	98.50
汞/(mg/kg)	≤	0.50	1.00
水分/%	≤	0.50	1.00

【用途】 用作蒽醌还原染料及其他蒽醌染料的中间体，如还原棕 BR 染料。

【制法】 蒽醌以硫酸、硝酸配成的混酸进行硝化，再以亚硫酸钠进行磺化，生成蒽醌-1-磺酸钠。在沸腾状态下滴入氯酸钠的盐酸溶液进行氯化，过滤，干燥得成品。

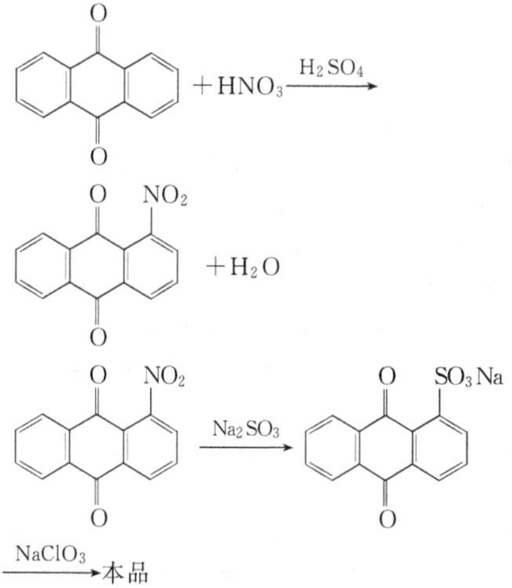

【安全性】 采用铁桶内衬塑料袋包装，每桶净重 50～100kg。应贮存于干燥、通风处，防晒、防潮。按一般有毒化学品规定贮运。其余参见蒽醌。

【参考生产企业】 江苏日欣实业集团有限公司，衢州市巨化聚华联谊公司，湖南省新化县湘渝化工有限责任公司，江都市富邦化工有限公司，湖南湘渝化工有限公司。

Eb034 2-氯蒽醌

【英文名】 2-chloroanthraquinone

【别名】 β-氯蒽醌；β-chloroanthraquinone

【CAS 登记号】 [138-09-9]

【结构式】

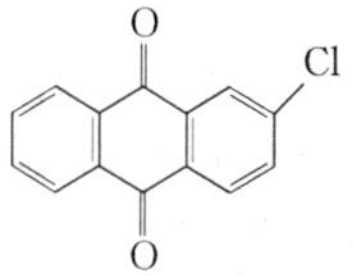

【物化性质】 浅黄色针晶。熔点 211℃。升华。不溶于水，溶于热苯、硝基苯、浓硫酸。

【质量标准】

项目		指标
外观		灰绿色膏状物
含量(干品)/%	≥	96
水分/%	≤	45
熔点/℃		207.5

【用途】 染料中间体，用于制造 2-氯基蒽醌。后者是还原蓝 RSN 的重要中间体。

【制法】 苯酐与氯苯在无水三氯化铝存在下反应，得氯苯甲酰苯甲酸铝复盐，经水解酸化，再以发烟硫酸脱水、闭环、离析、过滤得成品。

【安全性】 低毒。参见蒽醌。采用铁桶内衬塑料袋包装，每桶净重 35～40kg。存放于干燥，通风处，防晒，防潮。按一般有毒化学品规定贮运。

【参考生产企业】 江阴市马镇有机化工有限公司，上海华元实业总公司，江苏武进振华化工厂。

Eb035 1,4-二羟基蒽醌

【英文名】 quinizarin

【别名】 醌茜；奎札因；1,4-dihydroxy-anthraquinone；1,4-dihydroxy-9,10-anthracenedione

【CAS 登记号】 [81-64-1]

【结构式】

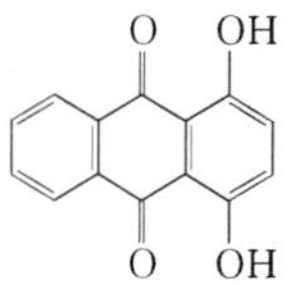

【物化性质】 从醋酸中析出者为橙色结晶。熔点 200～203℃。从乙醚中析出者为橙色片状结晶，从乙醇、苯、甲苯及二甲苯中析出者为深红色针晶，熔点 196℃。在高真空中升华。适量溶于乙醇呈红色，溶于乙醚呈棕色及黄色荧光，溶于苛性碱液和氨呈紫色。与二氧化碳产生黑色沉淀。1g 能溶于约 13g 的沸冰醋酸。

【质量标准】

项目	指标
外观	橙红至深棕色膏状物
含量(干品)/% ≥	92
水分/%	55～60
三羟基物含量/% ≤	1.5
干品初熔点/℃ ≥	190
氯苯不溶物含量/% ≤	1.5

【用途】 染料中间体，用于生产分散蓝 HSR、还原灰 BG 和还原棕 BR 等，也可用于生产分散染料橙 GL 及酸性染料。

【制法】 苯酐和对苯二酚在硼酸存在下于浓硫酸中缩合，再经稀释、水洗、中和、氧化、压滤，得成品。

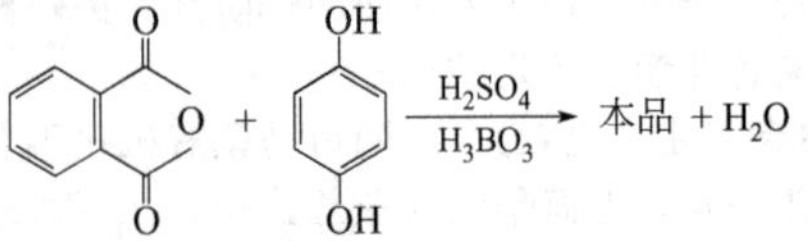

【安全性】 毒性和蒽醌相似。燃烧时火焰带有腐蚀性。对皮肤能引起过敏。操作人员应穿戴防护用具。当皮肤与之接触时需用大量水冲洗，可参见蒽醌。采用铁桶内衬塑料袋包装。每桶净重 20～50kg。贮存在干燥、通风处。应防晒、防潮。按危险物品规定贮运。

【参考生产企业】 鞍山华兴化工有限公司，丹东市汤山城染化厂，湖北楚源精细化工集团股份有限公司，湖北开元化工科技股份有限公司。

Eb036 (9,10-)菲醌

【英文名】 (9,10-)phenanthraquinone

【别名】 (9,10-)菲二酮；(9,10-)phenanthrenequinone；(9,10-)phenanthrenedione

【CAS 登记号】 [84-11-7]

【结构式】

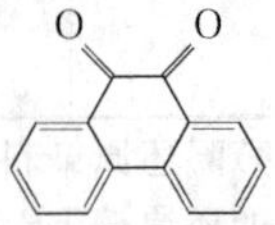

【物化性质】 橙黄色针状晶体，升华，升华得橙红色片状体。与亚硫酸钠作用生成不稳定的亚硫酸氢盐。经进一步氧化，可得联苯二甲酸。还原成菲氢醌。沸点＞360℃。相对密度（d_4^{19}）1.405。熔点 208.5～210℃。不溶于水，微溶于乙醇、苯、醋酸乙酯，溶于乙醚和热醋酸，在浓硫酸中溶解并呈现暗绿色。

【质量标准】 含量 99≥%。

【用途】 还原染料的中间体，还是一种农业拌种剂，可代替汞剂。

【制法】 (1) 化学法。用重铬酸钠（或钾）与菲在硫酸水溶液中氧化。

(2) 电解氧化法。电解液含三氧化铬 120g/L、硫酸 450g/L，含菲 35g/L。阴极电流密度 3.75A/cm²，电解液温度 60～65℃，经电解 8h 后，过滤，得产品。

【安全性】 小鼠经口最低中毒量 20 mg/kg（连续一日）。可通过皮肤吸收中毒。操作人员应穿戴防护用具。采用内衬塑料袋，外套编织袋包装，贮存于阴凉、干燥、通风处，防晒、防潮，远离火种、热源。按一般化学品规定贮运。

【参考生产企业】 常州市武进临川化工有限公司，北京恒业中远化工有限公司，上海长风化工厂。

F 羧酸及其衍生物

HANDBOOK OF CHEMICAL PRODUCTS

Fa 脂肪族羧酸及其衍生物

Fa001 甲酸

【英文名】 methanoic acid

【别名】 蚁酸；formic acid

【CAS 登记号】 [64-18-6]

【结构式】 HCOOH

【物化性质】 无色发烟易燃液体，具有强烈的刺激性气体。沸点 100.7℃。熔点 8.4℃。相对密度 1.220。折射率 1.3714。闪点（开杯）69℃。自燃点 601℃。表面张力（20℃）37.58mN/m。黏度（20℃）1.784mPa·s。临界温度 308℃。临界压力 7.04MPa。溶于水、乙醇和乙醚，微溶于苯。

【质量标准】

(1) GB/T 2093—2011 （工业级）甲酸

项目	94%			90%			85%		
	优等品	一等品	合格品	优等品	一等品	合格品	优等品	一等品	合格品
外观	无色透明液体、无悬浮物								
甲酸/% ≥	94.0			90.0			85.0		
色度(铂-钴色号，Hazen 单位) ≤	10	10	20	10	10	20	10	20	30
稀释试验(样品+水=1+3)	不浑浊	不浑浊	通过试验	不浑浊	不浑浊	通过试验	不浑浊	通过试验	通过试验
氯化物(以 Cl 计)/% ≤	0.0005	0.001	0.002	0.0005	0.002	0.002	0.002	0.004	0.006
硫酸盐(以 SO_4 计)/% ≤	0.0005	0.001	0.005	0.0005	0.001	0.005	0.001	0.002	0.020
铁含量(以 Fe 计)/% ≤	0.0001	0.0004	0.0006	0.0001	0.0004	0.0006	0.0001	0.0004	0.0006
蒸发残渣/% ≤	0.006	0.015	0.020	0.006	0.015	0.020	0.006	0.020	0.060

(2) GB/T 15896—1995 （试剂级）甲酸

项目	分析纯	化学纯
甲酸含量/% ≥	88.0	85.0
与水混合试验	合格	合格
蒸发残渣/% ≤	0.002	0.002
氯化物(Cl)/% ≤	0.0005	0.001
亚硫酸盐(SO_3)/% ≤	合格	合格
硫酸盐(SO_4)/%	0.001	0.002
铁(Fe)/% ≤	0.0003	0.0005
重金属(Pb)% ≤	0.0003	0.0005

【用途】 基本有机原料。可用于合成甲酸酯、甲酸盐、甲酰胺和二甲苯甲酰胺等产品。用于生产农药杀虫脒。是医药冰片、维生素 B_1 的原料。在天然橡胶生产中用作絮凝剂。皮革生产中用于鞣革的脱毛、脱灰和防霉等，还可用于处理青贮饲料等。

【制法】 (1) 甲酸钠法。一氧化碳和氢氧化钠溶液在 160～200℃ 和 2MPa 压力下反应生成甲酸钠，然后经硫酸酸解、蒸馏即得成品。

$$CO + NaOH \xrightarrow{160\sim200^\circ C} HCOONa$$

$$2HCOONa + H_2SO_4 \longrightarrow HCOOH + Na_2SO_4$$

(2) 甲醇羰基合成法（又称甲酸甲酯法）。甲醇和一氧化碳在催化剂甲醇钠存在下反应，生成甲酸甲酯，然后再经水解生成甲酸和甲醇。甲醇可循环送入甲酸甲酯反应器，甲酸再经精馏即可得到不同规格的产品。

$$CH_3OH + CO \xrightarrow{CH_3ONa} HCOOCH_3$$

$$HCOOCH_3 + H_2O \longrightarrow HCOOH + CH_3OH$$

(3) 甲酰胺法。一氧化碳和氨在甲醇溶液中反应生成甲酰胺，再在硫酸存在下水解得甲酸，同时副产硫酸铵。

$$CH_3OH + CO \longrightarrow HCOOCH_3$$

$$HCOOCH_3 + NH_3 \longrightarrow HCONH_2 + CH_3OH$$

$$HCONH_2 + H_2SO_4 + H_2O \longrightarrow HCOOH + (NH_4)_2SO_4$$

【安全性】 甲酸能溶解脂肪。吸入甲酸蒸气对鼻和口腔黏膜有严重的刺激作用，并会导致发炎。在处理浓甲酸时，必须戴好防护面罩和橡胶手套。车间必须有淋浴和洗眼设备，工作场所要有良好的通风环境。吸入中毒者要立即离开现场，吸入新鲜空气，并吸入2%的雾化碳酸氢钠。一旦接触甲酸，要立即用大量清水冲洗，注意不能用湿布擦拭。空气中最高容许甲酸浓度为5×10^{-6}。25kg塑料桶包装。贮存时应远离热源，不要与硫酸或氧化剂共同贮存。要放置在阴凉、干燥、通风处。包装容器要密封。

【参考生产企业】 黑龙江鸿利化工有限责任公司，浙江巨化集团公司，山东济南石化集团股份有限公司，山东肥城阿斯德化工有限公司，山东德清县东安化工厂，重庆川东化工有限公司，天津有机化学工业总公司。

Fa002 乙酸

【英文名】 acetic acid

【别名】 醋酸；冰醋酸；acetic acid glacial

【CAS登记号】 [64-19-7]

【结构式】 CH_3COOH

【物化性质】 无色透明液体，有刺激性气味。沸点117.9℃。熔点16.635℃。相对密度1.0492。折射率1.3716。闪点（开杯）57℃。自燃点465℃。黏度（20℃）11.83mPa·s。与水、乙醇、苯和乙醚混溶，不溶于二硫化碳。

【质量标准】 GB/T1628.1—2000

项目		优级品	一级品	合格品
色度(铂-钴色号，Hazen单位)	≤	10	20	30
乙酸含量/%	≥	99.8	99.0	98.0
水分/%	≤	0.15	—	—
甲酸含量/%	≤	0.06	0.15	0.35
乙醛含量/%	≤	0.05	0.05	0.10
蒸发残渣/%	≤	0.01	0.02	0.03
铁含量(以Fe计)/%	≤	0.00004	0.0002	0.0004
还原高锰酸钾物质/min	≥	30	5	—

【用途】 最重要的有机化工原料之一。主要用于合成醋酸乙烯、醋酸酯、醋酸盐和氯代醋酸等产品，是合成纤维、胶黏剂、医药、农药和染料的重要原料，也是优良的有机溶剂，在塑料、橡胶、印刷等行业中也有十分广泛的用途。

【制法】 (1) 乙醛氧化法。乙醛与空气或氧气在醋酸锰和醋酸钴催化剂存在下，液相氧化生成醋酸。反应过程中除含有未反应的乙醛外，还副产醋酸甲酯、醋酸乙酯和甲酸等。精制过程中需添加少量高锰酸钾等氧化剂进行蒸馏，以除去少量杂质。

$$CH_3CHO + 1/2O_2 \xrightarrow{Co(Ac)_2,Mn(Ac)_2} CH_3COOH$$

(2) 低碳烃（丁烷或石脑油）氧化法。丁烷或石脑油及均相催化剂（醋酸钴、醋酸锰等）溶解于乙酸中，在高压下送入空气进行氧化反应，即可生成乙酸，同时副产甲酸、丙酸、丁酸和醋酸乙酯。甲酸、丙酸和丁酸可作为副产品回收。反应条件为 95～100℃和 1.01～5.47MPa。

(3) 甲醇羰基合成法。此法分为低压羰基合成法和高压羰基合成法。前者选用铑-碘为主体催化剂，反应可以在较温和的条件下进行；后者选用钴-碘为主体催化剂，反应在较苛刻的条件下进行。

① 低压羰基合成法：原料甲醇经预热后送入反应器底部，同时用压缩机把一氧化碳送入反应器，反应温度 175～200℃，一氧化碳分压为 1～1.5MPa。反应后的产物分离装置分离后即可得成品乙酸。以甲醇计，收率和选择性均高于 99%。

$$CH_3OH + CO \xrightarrow{Rh\text{-}I} CH_3COOH$$

② 高压羰基合成法：甲醇与一氧化碳在乙酸水溶液中反应，以羰基钴为催化剂，碘甲烷为助催化剂，反应条件为 250℃和 70MPa。反应后的产物经分离系统分离后，即可得成品。以甲醇计，收率可达 90%。

$$CH_3OH + CO \xrightarrow[\triangle]{Co\text{-}I} CH_3COOH$$

【安全性】 对小鼠和家兔的经口 LD_{50} 分别为 3310mg/kg 和 1200mg/kg。低浓度的乙酸无毒，但当其水溶液或在溶剂中的浓度超过 50%时，对皮肤就有强烈的腐蚀性，对眼、呼吸道、食道及胃有强烈的刺激作用，能引起呕吐、腹泻、神经麻痹和尿中毒，甚至死亡。吸入乙酸中毒者应立即离开现场，呼吸新鲜空气。当乙酸触及皮肤时，应立即用大量清水或 2%的碳酸氢钠溶液冲洗。误服时用温水或 2.5%的氧化镁溶液洗胃，禁止用碳酸氢钠溶液洗胃，重症者应立即送医院治疗。工作场所乙酸的最高允许浓度为 10×10^{-6}。用铝合金桶或塑料桶包装。大量的运输由铁路槽车完成，有时也用驳船运输乙酸。乙酸贮运时应远离火种、热源，不可与氧化剂、碱类物品共贮混运。贮存乙酸的容器要注意密封，注意防火、防爆。

【参考生产企业】 北京化学工业集团公司有机化工厂，天津市东丽区东大化工厂，中国石化扬子石油化工有限责任公司，云南云维集团有限公司，山西三维股份有限公司，湖南省东江精细化工厂，上海丰达香料有限公司。

Fa003 丙酸

【英文名】 propionic acid

【别名】 propanoic acid

【CAS 登记号】 [79-09-4]

【结构式】 CH_3CH_3COOH

【物化性质】 无色液体，有刺激性气味。沸点 144.1℃。熔点 −22℃。闪点（开杯）65.5℃。燃点 485℃。相对密度 0.992。折射率 1.3874。能与水混溶，溶于乙醇、丙酮和乙醚。

【质量标准】

(1) HG 2925—1989 (1997) （食品级）丙酸

项目		指标
色度(铂-钴色号)	≤	25
丙酸含量/%	≥	99.5
相对密度(d_{20}^{20})		0.993～0.997
沸程(≥95%)/℃		138.5～142.5
蒸发残渣/%	≤	0.01
水分/%	≤	0.01
醛(以丙醛计)/%	≤	合格
易氧化物(以甲酸计)		合格
重金属(以 Pb 计)/%	≤	0.001
砷(As)/%	≤	0.0003

(2) GB/T 22145—2008 （饲料级）丙酸

项目		指标
丙酸含量/%	≥	99.5
相对密度(20℃)		0.993～0.997
沸程(≥95%)/℃		138.5～142.5
水分/%	≤	0.3
铅/%	≤	0.001
砷/%	≤	0.0003

【用途】 有机合成原料，主要用于合成丙酸盐和酯类产品。其钙盐和钠盐是优良的防腐剂，用于烤制食品及谷物类的防腐。其酯类可作为香料和涂料的特殊溶剂，丙酸苯汞是一种良好的涂料杀菌剂。丙酸还可作在青贮饲料的添加剂、农药敌稗、茅草枯等除草剂方面。

【制法】 (1) 低碳烃直接氧化法。以低碳烃为原料氧化生产乙酸时能联产甲酸和丙酸，分离后即可得到丙酸。(参见乙酸)。

(2) 雷珀 (Reppe) 法。乙烯在羰基镍催化作用下与一氧化碳和水反应一步合成丙酸。

$$CH_2{=}CH_2+CO+H_2O\xrightarrow{\text{羰基镍}}CH_3CH_2COOH$$

(3) 丙醛氧化法。丙醛在丙酸锰催化剂存在下，与空气或氧气反应生成丙酸。

$$CH_3CH_2CHO+1/2O_2\xrightarrow{\text{丙酸锰}}CH_3CH_2COOH$$

(4) 丙腈水解法。由丙腈在浓硫酸催化作用下水解制得。

$$CH_3CH_2CN\xrightarrow[H_2O]{H_2SO_4}CH_3CH_2COOH$$

(5) 丙烯酸法。由丙烯酸加氢还原制得。

$$CH_2{=}CHCOOH+H_2\longrightarrow CH_3CH_2COOH$$

(6) 乙醇羰基化法。乙醇与一氧化碳在催化剂存在下反应制得。

$$CH_3CH_2OH+CO\longrightarrow CH_3CH_2COOH$$

【安全性】 小鼠经口 LD_{50} 为 3.5～4.3 g/kg。丙酸是可燃液体，低毒，对黏膜有刺激作用，有杀菌作用。当皮肤上沾染丙酸时要用大量清水冲洗。爆炸极限 2.1%～12.0%，空气中最大容许浓度为 150 mg/m^3。99.5%以上的丙酸需用合金或铝贮罐包装，稀丙酸不能使用铝贮罐，可用合金钢或塑料衬里的普通钢贮罐包装。

【参考生产企业】 淄博隆邦化工有限公司，河南康源化工集团有限公司，北京北化精细化学品有限责任公司，上海丰达香料有限公司，滕州市腾龙化工有限公司，上海市熠群化工有限公司。

Fa004 正丁酸

【英文名】 butyric acid

【别名】 酪酸；butanoic acid；*n*-butyric acid；ethylacetic acid

【CAS 登记号】 [107-92-6]

【结构式】 $CH_3CH_2CH_2COOH$

【物化性质】 无色油状液体，具有刺激性及难闻的气味。沸点 (101kPa) 163.7℃。熔点−4.26℃。闪点 77℃ (开杯)。相对密度 0.959。折射率 1.3984。能与水、乙醇和乙醚混溶。

【质量标准】 QB/T 2796—2010 (食品级) 正丁酸

项目	指标
外观	无色液体
香气	具有强烈的黄油样香气，带腐臭气息
相对密度(d_{25}^{25})	0.952～0.960
折射率(20℃)	1.397～1.399
含量(GC)/% ≥	98.0
重金属(以 Pb 计)/(mg/kg) ≤	10

【用途】 主要用于合成各种丁酸酯和丁酸纤维素等。其酯类可用作食品添加剂，不同的酯类有不同的香味，可用作不同的食用香精。丁酸纤维素用于喷漆和模塑方面，具有较强的耐热、耐光和抗湿性能，同时具有优良的成型和稳定性能。正丁酸还可用作谷物的保鲜剂和制药的原料。

【制法】 (1) 正丁醛氧化法。正丁醛在醋酸锰或醋酸钴存在下，与空气或氧气进行氧化反应，即得正丁酸。正丁醛可由正丁醇氧化脱氢或丙烯羰基化反应制得。

$$C_3H_7CHO+1/2O_2\xrightarrow{Mn(Ac)_2}C_3H_7COOH$$

(2) 丙烯羰基合成法。以 $Ni(CO)_4$ 为催化剂，由丙烯经羰基化合成。

$$CH_{23}CH{=}CH_2+CO+H_2O\xrightarrow{\text{催化剂}}C_3H_7COOH$$

(3) 正戊醇硝酸氧化法。由正戊醇在

沸腾的浓硝酸中先发生消除反应，失去一分子水而生成烯烃，烯烃再进一步被硝酸氧化而失去一个碳原子，生成正丁酸。

（4）发酵法。以淀粉和糖蜜为原料，采用丁酸菌发酵法可制取丁酸和乳酸。

【安全性】 低毒，有类似猫尿的臭味。对皮肤和黏膜有刺激作用。给小鼠和大鼠灌胃时 LD_{100} 为 2.4g/kg，大鼠几昼夜之后死亡，小鼠20s左右死亡。在空气中正丁酸浓度较高的现场工作时，要佩戴过滤式防毒面具，并要注意保护皮肤和眼睛。工作场所要注意通风。用铝桶包装，每桶净重100kg或200kg，按腐蚀类物品规定运输。

【参考生产企业】 淄博三昊精细化工有限公司，淄博隆邦化工有限公司，山东齐鲁石化第二化肥厂精细化工厂，北京恒业中远化工有限公司，上海诚信化工有限公司，江苏宜兴市中港精细化工厂，南京东方明珠化工有限公司。

Fa005 异丁酸

【英文名】 isobutyric acid

【别名】 2-甲基丙酸；2-methylpro-panoic acid

【CAS登记号】 [79-31-2]

【结构式】 $(CH_3)_2CHCOOH$

【物化性质】 无色油状液体，具有强烈刺激性气味。沸点154.5℃。熔点－47℃。闪点76.67℃（闭杯）。相对密度0.949。折射率1.3930。表面张力（20℃）(25.2±0.3)mN/m。能与水混溶，溶于乙醇、乙醚等。

【质量标准】

项目	指标
含量/% ≥	98.0
沸点/℃	148.5～156.0
相对密度(d_4^{20})	0.948～0.950
不挥发物/%	0.005

【用途】 主要用作异丁酸酯类产品的合成。主要酯类产品有异丁酸甲酯、丙酯、异戊酯、苄酯等，可作为食品保鲜剂和香料的原则，也可用于制药工业，还可用于制造清漆和增塑剂。

【制法】 （1）异丁醛直接氧化法。异丁醛与空气或氧气直接进行氧化反应即得。

$$(CH_3)_2CHCHO + 1/2O_2 \longrightarrow (CH_3)_2CHCOOH$$

（2）甲基丙烯酸加氢法。

$$CH_2{=}C(CH_3)COOH \xrightarrow{H_2} (CH_3)_2CHCOOH$$

【安全性】 参见正丁酸。

【参考生产企业】 上海建北有机化工有限公司，吉林松北化工有限公司助剂厂，江苏宜兴市中港精细化工厂，江苏盐城龙冈香料化工厂，中山市石岐区明达香精香料厂。

Fa006 2-乙基丁酸

【英文名】 2-ethylbutanoic acid

【别名】 二乙基乙酸；2-ethylbutyric acid

【CAS登记号】 [88-09-5]

【结构式】 $CH_3CH_2CH(C_2H_5)COOH$

【物化性质】 无色透明液体。沸点194.2℃。熔点－15℃。闪点99℃。相对密度0.9245。折射率1.4133。20℃时，2-乙基丁酸在水中的溶解度1.6%。水在2-乙基丁酸中的溶解度3.3%。

【质量标准】

项目	指标
含量/%	95～98
相对密度(d_4^{20})	0.9240～0.9250

【用途】 用作增塑剂、调味剂、干燥剂、防腐剂、药物和涂料的原料，亦可用作化妆品的原料。

【制法】 （1）2-乙基丁醇经氧化生成酸。

$$CH_3CH_2CH(C_2H_5)CH_2OH + O_2 \longrightarrow 本品 + H_2O$$

（2）3-戊醇在硫酸作用下与无水甲酸反应可得2-乙基丁酸。

$$CH_3CH_2CH(OH)CH_2CH_3 + HCOOH \xrightarrow[15\sim20℃]{H_2SO_4} 本品 + H_2O$$

【安全性】 大鼠经口 LD_{50} 为 2200mg/kg，家兔涂皮 LD_{50} 为 520mg/kg。操作人员应穿戴防护用具。用 100kg 铝桶装。按一般化学品规定贮运。

【参考生产企业】 天津市光复精细化工研究所，上海嘉辰化工有限公司。

Fa007 正戊酸

【英文名】 *n*-valeric acid

【别名】 戊酸；缬草酸；pentanoic acid；valeric acid

【CAS 登记号】 [109-52-4]

【结构式】

$CH_3(CH_2)_3COOH$

【物化性质】 无色透明液体。沸点 186.05℃(100kPa)。熔点 −33.83℃。相对密度 0.9391。折射率 1.4085。溶于水、乙醇和乙醚。

【质量标准】

项目	指标
外观	无色透明液体
熔点/℃	−33.83
相对密度(d_4^{20})	0.9390～0.9393

【用途】 主要用于生产戊酸酯，作香料的原料。在医药上用作消毒剂的原料。

【制法】 正戊醇经电解氧化即得。也可用甲酸与 1-丁烯反应生成正戊酸。

$$CH_3(CH_2)_3CH_2OH \xrightarrow{[O]} CH_3(CH_2)_3COOH$$

【安全性】 低毒。小鼠静脉注射 LD_{50} 为 (1290±53) mg/kg。防护措施参见正丁酸。用不锈钢桶或塑料桶包装，净重 100kg 或 200kg。按一般化学品规定贮运。

【参考生产企业】 江苏吴江三联化工有限公司，浙江衢州恒顺化工有限公司，河北邯郸市科正化工有限公司。

Fa008 异戊酸

【英文名】 isovaleric acid

【别名】 3-methylbutanoic acid；isovalerianic acid；isopropylacetic acid

【CAS 登记号】 [503-74-2]

【结构式】 $(CH_3)_2CHCH_2COOH$

【物化性质】 无色透明液体，具有难闻的气味。沸点 176.7℃。熔点 −29.3℃。相对密度 0.9286。折射率 1.4033。溶于水。与乙醇、乙醚混溶。

【质量标准】

项目	指标
含量/% ≥	99.0
密度(20℃)/(g/cm³)	0.925～0.929
沸点/℃	172.5～177
熔点/℃	−29±1
闪点/℃	92

【用途】 用于合成异戊酸酯产品，用作香料的原料。

【制法】 异戊醛经催化氧化生成异戊酸。

$$(CH_3)_2CHCH_2CHO + 1/2O_2 \longrightarrow (CH_3)_2CHCH_2COOH$$

【安全性】 大鼠经口 LD_{50} 为 2000mg/kg，家兔涂皮 LD_{50} 为 310mg/kg。用不锈钢桶或塑料桶包装。净重 100kg 或 200kg。按一般化学品规定贮运。

【参考生产企业】 上海华盛香料厂，江苏盐城龙冈香料化工厂，河南省尉氏县香料厂。

Fa009 叔戊酸

【英文名】 pivalic acid

【别名】 三甲基乙酸；新戊酸；2,2-二甲基丙酸；2,2-dimethylpropanoic acid；trimethylacetic acid

【CAS 登记号】 [75-98-9]

【结构式】 $(CH_3)_3CCOOH$

【物化性质】 无色结晶。沸点 163.8℃。熔点 35.5℃。相对密度 0.905。折射率 ($n_D^{36.5}$) 1.393。溶于水，易溶于乙醇、乙醚。

【质量标准】

项目	指标
外观	无色结晶
沸点/℃	163～163.5
熔点/℃	33～35
相对密度(d_4^{20})	0.903～0.904

【用途】 用作烯烃聚合引发剂 TBPP 的原料，亦可用作聚氯乙烯的稳定剂和香料的原料等。

【制法】 (1) 异丁醇和甲酸在浓硫酸作用下反应得叔戊酸。

$$CH_3CH(CH_3)CH_2OH + HCOOH \xrightarrow{H_2SO_4} (CH_3)_3CCOOH$$

(2) 异丁烯和一氧化碳经加压催化合成叔戊酸，然后经精馏即可得成品。

$$(CH_3)_2C{=}CH_2 + CO + H_2O \xrightarrow{H_2SO_4} (CH_3)_3CCOOH$$

(3) 叔丁醇与甲酸在浓硫酸存在下反应制得。

$$(CH_3)_3COH + HCOOH \xrightarrow{H_2SO_4} (CH_3)_3CCOOH$$

【安全性】 有腐蚀性。大鼠经口 LD_{50} 为 900mg/kg，家兔涂皮 LD_{50} 为 1900 mg/kg。采用内衬塑料袋外用木桶包装。注意防潮、防晒，在阴凉、干燥、通风处贮放。按一般化学品规定贮运。

【参考生产企业】 河北邯郸市林峰精细化工有限公司，邯郸市邯钢集团化学品有限公司，淄博镇荣工贸有限公司。

Fa010 己酸

【英文名】 *n*-caproic acid

【别名】 羊油酸；hexanoic acid

【CAS 登记号】 [142-62-1]

【结构式】 $CH_3(CH_2)_4COOH$

【物化性质】 无色或淡黄色油状液体，有汗臭味。沸点 (100kPa) 205℃。熔点 3.4℃。相对密度 0.9274。折射率 1.4170。熔化热 15.20kJ/mol。溶于乙醇和乙醚。

【质量标准】 QB/T 2797—2010 (食品级) 己酸

项目	指标
外观	无色至浅黄色油状液体
香气	干酪、汗液样气息
含量(GC)/% ≥	98.0
折射率/20℃	1.4150～1.4180
相对密度(25℃/25℃)	0.923～0.928

【用途】 基本有机原料，可用于生产各种己酸酯类产品。医药中用于制备己雷琐辛，也可作香料、润滑油的增稠剂、橡胶加工助剂、清漆催干剂等。

【制法】 (1) 仲辛醇氧化法。仲辛醇在硝酸作用下，氧化生成己酸，然后精制得成品。

$$CH_3(CH_2)_5CH(OH)CH_3 \xrightarrow[HNO_3]{[O]} CH_3(CH_2)_4COOH$$

(2) 正己醇氧化法。正己醇经空气或氧气氧化生成正己酸。

$$CH_3(CH_2)_5OH + O_2 \longrightarrow CH_3(CH_2)_4COOH + H_2O$$

(3) 己腈水解法。己腈水解生成己酸。

$$CH_3(CH_2)_4CN + 3H_2O \longrightarrow CH_3(CH_2)_4COOH + NH_3 \cdot H_2O$$

(4) 正己醛氧化法。正己醛氧化生成正己酸。

$$CH_3(CH_2)_4CHO \xrightarrow{[O]} CH_3(CH_2)_4COOH$$

【安全性】 低毒。大鼠经口 LD_{50} 为 3000mg/kg，小鼠腹腔注射 LD_{50} 为 318mg/kg。用镀锌铁桶包装，净重 100kg 或 200kg。按一般化学品规定贮运。

【参考生产企业】 江苏吴江三联化工有限公司，河南省尉氏县香料厂，淄博胜宝化工有限公司，濮阳市冠宇化工有限公司。

Fa011 庚酸

【英文名】 *n*-heptoic acid

【别名】 正庚酸；葡萄花酸；*n*-heptylic acid；heptanoic acid

【CAS登记号】 [111-14-8]

【结构式】 $CH_3(CH_2)_5COOH$

【物化性质】 无色透明油状液体。微有腐败的脂肪气味。沸点 223.5℃。熔点 −10.5℃。相对密度 0.9181、(d_4^0) 0.9345、(d_4^{15}) 0.9222、(d_4^{30}) 0.9099。折射率 1.4230。熔化热 14.95kJ/mol。微溶于水，溶于乙醇和乙醚。

【质量标准】

项目		指标
含量/%	≥	93
相对密度(d_4^{20})		0.910～0.925
馏程(218～225℃)/%	≥	90
折射率(n_D^{20})		1.440～1.438
重金属及砷试验		液色不得深于对照液

【用途】 用于生产庚酸酯类产品，也作香料的原料。

【制法】 以1-己烯和合成气为原料，先羰基化生成庚醛，再经空气氧化即可生成庚酸。

$$CH_3(CH_2)_3CH{=}CH_2+CO+H_2 \longrightarrow CH_3(CH_2)_4CH_2CHO$$

$$CH_3(CH_2)_4CH_2CHO+1/2O_2 \longrightarrow CH_3(CH_2)_4CH_2COOH$$

【安全性】 无毒。大鼠经口 LD_{50} 为 7000mg/kg，小鼠经口 LD_{50} 为 6400mg/kg。用100kg铝桶。按“一般化学品规定”贮运。

【参考生产企业】 上海丰达香料有限公司，江苏吴江三联化工有限公司，浙江衢州恒顺化工有限公司。

Fa012 正辛酸

【英文名】 caprylic acid

【别名】 羊脂酸；*n*-octanoic acid

【CAS登记号】 [124-07-2]

【结构式】 $CH_3(CH_2)_6COOH$

【物化性质】 无色透明液体。沸点 237℃。熔点 16.5℃。闪点 106℃。相对密度 0.910。折射率 1.4280。微溶于热水，溶于大部分有机溶剂，如乙醇、乙醚、氯仿、苯、二硫化碳、石油醚和冰醋酸。

【用途】 用于生产药物、染料、香料等。还用作杀虫剂、防霉剂、防锈剂、缓蚀剂、发泡剂、消泡剂等。

【制法】 (1) 辛醛氧化法。

$$CH_3(CH_2)_5CH_2CHO \xrightarrow{[O]} \text{本品}$$

(2) 正己基丙二酸法。

$$CH_3(CH_2)_4CH_2CH(COOH)_2 \longrightarrow \text{本品}+CO_2$$

(3) 正辛醇氧化脱氢法。

$$CH_3(CH_2)_6CH_2OH \longrightarrow \text{本品}$$

(4) 1-辛烯法。由1-辛烯和过氧乙酸反应制得。

$$CH_3(CH_2)_5CH{=}CH_2+CH_3COOOH \longrightarrow \text{本品}$$

【安全性】 大鼠经口 LD_{50} 为 10.080 mg/kg。用塑料或铁桶 180kg/桶包装，防火，防潮。正辛酸按一般化学品贮运。

【参考生产企业】 浙江衢州恒顺化工有限公司，上海圣宇化工有限公司，江苏神州化学工业有限公司，上海丰达香料有限公司。

Fa013 异辛酸

【英文名】 isooctanoic acid

【别名】 2-乙基己酸；2-ethylhexanoic acid

【CAS登记号】 [149-57-5]

【结构式】 $CH_3(CH_2)_3CH(C_2H_5)COOH$

【物化性质】 无色微有臭味的液体，可燃。沸点 228℃。熔点 −8.3℃。相对密度 (d_4^{25}) 0.9031。微溶于冷水，溶于热水和乙醚，微溶于乙醇。

【质量标准】

项目	指标
外观	白色液体
含量/% ≥	98
酸值/(mgKOH/g)	380～390

【用途】 主要用于生产其盐类和酯类产品。其盐类可用作涂料和清漆的干燥剂，其酯类可作为增塑剂和医药羧苄青霉素的原料，还用于许多染料、香料的合成。

【制法】 (1) 2-乙基己醇氧化法。由 2-乙基己醇在氢氧化钠水溶液中经高锰酸钾氧化生成异辛酸钠，再经硫酸中和制得。

$$CH_3(CH_2)_3CH(C_2H_5)CH_2OH+NaOH+KMnO_4 \xrightarrow{H_2SO_4} CH_3(CH_2)_3CH(C_2H_5)COOH$$

(2) 2-乙基己烯醛氧化法。以丙烯羰基合成生产 2-乙基己醇的中间产品 2-乙基己烯醛为原料，通过选择性加氢制得 2-乙基己醛，再经液相氧化生成 2-乙基己醇。

$$CH_3(CH_2)_3CH(C_2H_5)CHO \xrightarrow{[O]} CH_3(CH_2)_3CH(C_2H_5)COOH$$

(3) 2-乙基己醇催化脱氢酯化法。2-乙基己醇在碱性条件下，以氧化镉、氧化锌、二氧化锰为催化剂，于 180～210℃脱氢生成 2-乙基己酸酯（异辛酸酯），异辛酸酯经皂化生成相应的盐和醇，盐经硫酸酸化后，再经精馏得异辛酸成品。

【安全性】 低毒。大鼠经口 LD_{50} 为 3000mg/kg，小鼠静脉注射 LD_{50} 为 1120mg/kg。对呼吸道和黏膜有刺激性。对大鼠灌胃，发现内脏器官淤血，肝营养障碍和肾多处坏死。设备应密闭，操作人员宜戴口罩及防护眼镜。用内衬塑料袋铁桶或镀锌铁桶包装，净重 180kg。也可用塑料桶包装，净重 25kg。按一般化学品规定贮运。

【参考生产企业】 天津市涂料包装器材厂助剂分厂，湖州伊唯尔实业有限公司，河南庆安化工集团有限公司，天津市津鸽化工有限公司。

Fa014 壬酸

【英文名】 pelargonic acid

【别名】 nonanoic acid；nonylic acid；nonoic acid

【CAS 登记号】 [112-05-0]

【结构式】 $CH_3(CH_2)_7COOH$

【物化性质】 无色油状液体，微有特殊气味。工业品呈淡黄色。沸点 255.6℃。熔点 11～12.5℃。相对密度 0.904～0.910。折射率 1.4322。不溶于水，溶于乙醇、乙醚和氯仿。

【质量标准】 HG/T 4480—2012 工业用壬酸

项目	Ⅰ型	Ⅱ型	Ⅲ型
外观	无色至微黄色油状液体,低温时呈黏稠状液体或半固体		
壬酸/% ≥	98.0	95.0	90.0
水分/% ≤	0.2	0.2	0.2
碘值/(g/100g) ≤	0.5	0.8	1.0
酸值(以 KOH 计)/(mg/g)	345～355	345～355	345～355
色度(铂-钴色号,Hazen 单位) ≤	40	80	—

【用途】 有机合成原料，经氧化可制成壬二酸，氨化可制成壬胺，加压氢化可制成壬醇，还可用于生产壬酸酯类增塑剂等。

【制法】 (1) 油酸经硝酸或臭氧氧化制得。

$$CH_3(CH_2)_7CH=CH(CH_2)_7COOH+HNO_3 \xrightarrow{[O]} \text{本品}$$

(2) 以 1-辛烯和合成气为原料，经羰基化制得壬醛，然后经空气氧化生成壬酸。

$$CH_2=CH(CH_2)_5CH_3+CO+H_2 \longrightarrow CH_3(CH_2)_7CHO \xrightarrow{[O]} \text{本品}$$

【安全性】 有腐蚀性。小鼠经口 LD_{50} 为 15mg/kg，静脉注射 LD_{50} 为 224mg/kg。

操作人员应穿戴防护用具。工业品用塑料桶，每桶 25kg。分析试剂用玻璃瓶装，每瓶 500g。按一般化学品贮运。

【参考生产企业】 上海申禾精细化工有限公司，吴江慈云香料香精有限公司，四川西普化工股份有限公司。

Fa015 癸酸

【英文名】 *n*-capric acid

【别名】 decanoic acid；capric acid

【CAS 登记号】 [334-48-5]

【结构式】 $CH_3(CH_2)_8COOH$

【物化性质】 白色结晶，具有难闻的气味。沸点 270℃。熔点 31.5℃。相对密度 0.8858。折射率（n_D^{40}）1.4169。不溶于水，溶于大部分有机溶剂和稀硝酸。

【质量标准】 企业标准

项目	指标
外观	白色结晶
含量/%	98.5～100
酸值/(mgKOH/g)	325±8
碘价	2～3
熔点/℃	29.5～31
灰分/%	<0.005
折射率(n_D^{40})	1.4285±0.0010

【用途】 主要用于制取癸酸酯类产品，其酯类用作香料、湿润剂、增塑剂和食品添加剂等。

【制法】 椰子油、月桂油或山苍子油经水解生成月桂酸，同时副产癸酸，其收率为月桂酸的 30%。参见月桂酸。

【安全性】 小鼠经口 LD_{50} 大于 10g/kg。无毒，但对皮肤有刺激作用。用铝桶包装，每桶 100kg。按一般化学品规定贮运。

【参考生产企业】 吴江慈云香料香精有限公司。

Fa016 月桂酸

【英文名】 lauric acid

【别名】 十二烷酸；十二酸；dodecanoic acid；laurostearic acid；dodecoic acid

【CAS 登记号】 [143-07-7]

【结构式】 $CH_3(CH_2)_{10}COOH$

【物化性质】 无色针状晶体。沸点 298.9℃。熔点 44.2℃。相对密度（d_4^{50}）0.8679。折射率（n_D^{50}）1.4304。溶于甲醇，微溶于丙酮、石油醚和水。

【质量标准】

项目	指标
外观	白色结晶
熔点/℃	42.5～44.2
含量/% ≥	95
碘价/(g 碘/100g)	1～4
酸值/(mgKOH/g)	276～284
灰分/% ≤	0.05

【用途】 用作生产醇酸树脂、湿润剂、洗涤剂、杀虫剂、表面活性剂、食品添加剂和化妆品等的原料。

【制法】 (1) 从天然植物油脂经皂化或高温高压分解制得。

(2) 从合成脂肪酸中分离。用来制取十二烷酸的天然植物油有椰子油、山苍子核仁油、棕榈核仁油及山胡椒仁油等。

【安全性】 无毒。对皮肤刺激性小。用塑料袋外套麻袋包装，每袋 25kg、50kg。按一般化学品规定贮运。

【参考生产企业】 温州化学用料厂，广州市天赐高新材料科技有限公司，武汉远诚化工集团。

Fa017 肉豆蔻酸

【英文名】 myristic acid

【别名】 十四烷酸；tetradecanoic acid

【CAS 登记号】 [544-63-8]

【结构式】 $CH_3(CH_2)_{12}COOH$

【物化性质】 白色结晶性蜡状固体。沸点（13.3kPa）250℃。熔点 53.9℃。相对密度（d_4^{50}）0.8622、（d_4^{70}）0.8528、（d_4^{90}）0.8394。折射率（n_D^{60}）1.4305、（n_D^{70}）1.4273。

不溶于水，溶于醇、酮、醚、石油醚。

【用途】 主要用作生产表面活性剂的原料，用于生产山梨醇酐脂肪酸酯、甘油脂肪酸酯、乙二醇或丙二醇脂肪酸酯等，还可用于生产肉豆蔻酸异丙酯等。

【制法】 (1) 甘油三（十四酸）酯法。

$$\begin{array}{l} CH_2OCOC_{13}H_{27} \\ | \\ CHOCOC_{13}H_{27} \\ | \\ CH_2OCOC_{13}H_{27} \end{array} \xrightarrow[HCl]{NaOH} \text{本品} + C_3H_5(OH)_3$$

(2) 十四烷醇法。

$$CH_3(CH_2)_{12}CH_2OH \xrightarrow{NaOH} \text{本品}$$

【安全性】 鼹鼠静脉注射 LD_{50} 为 (43±2.6)mg/kg。

【参考生产企业】 北京北化精细化学品有限责任公司，江苏阳升化工有限公司。

Fa018 软脂酸

【英文名】 palmitic acid

【别名】 十六烷酸；棕榈酸；hexadecanoic acid；hexadecylic acid；cetylic acid

【CAS 登记号】 [57-10-3]

【结构式】 $CH_3(CH_2)_{14}COOH$

【物化性质】 白色带珠光的鳞片。沸点 351.5℃。熔点 63.1℃。相对密度 (d_4^{62}) 0.853。折射率 (n_D^{80}) 1.4273。不溶于水，微溶于石油醚，溶于乙醇。易溶于乙醚，氯仿和醋酸。

【质量标准】

项目	指标
凝固点/℃	40～47
碘值/(g/100g)	39～50
皂化值/(mgKOH/g)	190～205
酸值/(mgKOH/g)	190～203
水分/% ≤	1
色度(Hazen 单位)	400

【用途】 是生产肥皂、蜡烛、润滑脂、软化剂和合成洗涤剂的原料。

【制法】 由柏油或棕榈油水解后，先经减压蒸馏分离出不饱和脂肪酸，再经重结晶而制得。

【安全性】 低毒，有刺激性。小鼠静脉注射 LD_{50} 为 57mg/kg。操作人员应穿戴防护用具。用硬纸箱或编织袋内衬塑料袋包装，每箱（或袋）净重 25kg、50kg。贮存于阴凉、干燥、通风处，注意远离火源和氧化剂。按一般化学品规定贮运。

【参考生产企业】 淄博凤宝化工有限公司，福建省沙县天然香料化工厂。

Fa019 硬脂酸

【英文名】 stearic acid

【别名】 十八烷酸；octadecanoic acid

【CAS 登记号】 [57-11-4]

【结构式】 $CH_3(CH_2)_{16}COOH$

【物化性质】 纯品为带有光泽的白色柔软小片。工业品呈白色或微黄色颗粒或块，为硬脂酸与软脂酸的混合物，并含有少量油酸，略带脂肪气味。沸点 376.1℃（分解）。熔点 69.6℃。相对密度 0.9408。折射率 (n_D^{80}) 1.4299。在 90～100℃下慢慢挥发。微溶于冷水，溶于酒精、丙酮，易溶于苯、氯仿、乙醚、四氯化碳、二硫化碳、醋酸戊酯和甲苯等。

【质量标准】 GB 9103—88 工业硬脂酸

项目	一级品	合格品
碘值/(g/100g) <	2.0	8.0
皂化值/(mg/g)	206～211	193～220
酸值/(mg/g)	205～210	190～218
色度(Hazen 单位) ≤	200	400
凝固点/℃	54～57	≥52
水分/% ≤	0.20	0.30
无机酸/% ≤	0.001	0.001

【用途】 可作天然胶、合成胶（丁基胶除外）及胶乳的硫化活性剂，也用作塑料增塑剂和稳定剂的原料。医药上用于配制软膏、栓剂等。此外，还可用于制造化妆品、蜡烛、防水剂、擦亮剂等。

【制法】 在硬化油中加入分解剂，然后水

解得粗脂肪酸，再经水洗、蒸馏、脱色即得成品。同时副产甘油。

【安全性】 无毒。可用硬纸箱或编织袋内衬塑料袋包装。每箱（袋）净重 25kg 或 50kg。贮存于阴凉、干燥、通风处，注意远离火源和氧化剂。按一般化学品规定贮运。

【参考生产企业】 丹东龙泽化工有限责任公司，河南久玖化工有限公司，上海制皂有限公司，沈阳三威实业有限公司，上海中鼎化学有限公司，江苏昆宝集团有限责任公司，杭州电化集团股份有限公司油化厂，山东瑞星化工有限公司。

Fa020 丙烯酸

【英文名】 acrylic acid

【别名】 2-propenoic acid; vinylformic acid

【CAS 登记号】 [79-10-7]

【结构式】 CH_2═CHCOOH

【物化性质】 无色液体，有刺激性气味。酸性强，有严重腐蚀性。沸点（101.3kPa）141℃。熔点 13.5℃。闪点（开杯）68.3℃。相对密度（d_{20}^{20}）1.052。折射率（n_D^{25}）1.4185。能溶于水、乙醇和乙醚。易聚合。

【质量标准】 GB/T 17529.1—2008 工业用丙烯酸

项目	精丙烯酸型	丙烯酸型	
		优等品	一等品
外观	无色透明液体，无悬浮物和机械杂质		
丙烯酸/% ≥	99.5	99.2	99.0
色度(铂-钴色号,Hazen 单位) ≤	10	15	20
水分/% ≤	0.15	0.10	0.20
总醛/% ≤	0.001	—	—
阻聚剂[4-甲氧基苯酚(MEHO)]/×10⁻⁶	200±20(可与用户协商)		

【用途】 重要的有机化工原料，也是重要的合成树脂单体。其主要衍生产品是各种丙烯酸酯和丙烯酸盐等，最常见的酯类和盐类产品有丙烯酸甲酯、乙酯、丁酯、异辛酯、羟乙酯、羟丙酯和丙烯酸钠等。由于丙烯酸的分子具有不饱和的双键和羧基官能团，能与许多单体发生共聚和均聚反应，用作涂料、黏合剂和各种助剂的原料，广泛应用于化工、轻工、纺织、建材和医药等行业和领域。

【制法】 (1) 丙烯氧化法。丙烯在钼系催化剂作用下，在一定的温度下经二步氧化生成丙烯酸，然后经水吸收，溶剂萃取和减压蒸馏获得成品。

$$CH_2{=}CHCH_3+O_2\xrightarrow{330\sim430℃}本品+H_2O$$

$$CH_2{=}CHCHO+1/2O_2\xrightarrow[280\sim360℃]{}本品$$

(2) 丙烯腈水解法。丙烯腈在硫酸催化剂存在下，进行水解反应，第一步水解生成丙烯酰胺硫酸盐，再经水蒸气直接水解生成丙烯酸，然后经减压蒸馏即得成品。

$$CH_2{=}CHCN+H_2O+H_2SO_4\xrightarrow{90\sim100℃}$$

$$CH_2{=}CHCONH_2\cdot H_2SO_4\xrightarrow[125\sim135℃]{水蒸气}本品$$

【安全性】 大鼠口服 LD_{50} 为 590mg/kg。有较强的腐蚀性，中等毒性。其水溶液或高浓度蒸气会刺激皮肤和黏膜。注意不得与丙烯酸溶液或蒸汽接触，操作时要佩戴好工作服和工作帽、防护眼镜和胶皮手套。生产设备应密闭。工作和贮存场所要具有良好的通风条件。采用聚乙烯衬里的铁桶包装，每桶重 200kg，也可用不锈钢或碳钢贮槽，但必须防止水分和湿气，以防生锈造成丙烯酸聚合。在贮存和运输时都要添加 200×10^{-6} 的阻聚剂。按“腐蚀性化学品规定”贮运。

【参考生产企业】 北京化学工业集团有限责任公司东方化工厂，吉联（吉林）石油化学有限公司，上海高桥石化丙烯酸厂，江苏南通市振南化工厂，江苏裕廊化工有限公司，河南省金凤化工有限公司。

Fa021 甲基丙烯酸

【英文名】 methacrylic acid

【别名】 2-methyl-2-propenoic acid; α-methylacrylic acid

【CAS登记号】 [79-41-4]

【结构式】 $CH_2=C(CH_3)COOH$

【物化性质】 常温下为无色透明液体。易聚合。沸点（100kPa）159～163℃。熔点14℃。闪点77℃。相对密度1.0153。折射率（n_D^{25}）1.4314。黏度（25℃）1.3 mPa·s。易溶于热水、乙醇及大多数有机溶剂。

【质量标准】

项目	指标
外观	＞16℃，无色或微黄色透明液体，无机械杂质； ＜16℃，白色结晶
含量/% ≥	98%
色度(Pt-Co色号) ≤	15

【用途】 重要的有机化工原料和聚合物的中间体。其最重要的衍生产品甲基丙烯酸甲酯生产的有机玻璃可用于飞机和民用建筑的窗户，也可加工成纽扣，太阳滤光镜和汽车灯透镜等；生产的涂料具有优越的悬浮、流变和耐久特性；制成的黏结剂可用于金属、皮革、塑料和建筑材料的黏合；甲基丙烯酸酯聚合物乳液用作织物整理剂和抗静电剂。另外，甲基丙烯酸还可作为合成橡胶的原料。

【制法】 (1) 丙酮氰醇法。丙酮和氢氰酸在碱催化剂存在下，反应生成丙酮氰醇，再与浓硫酸反应生成甲基丙烯酰胺硫酸盐，然后经水解即可生成甲基丙烯酸。生产中要求丙酮氰醇和硫酸中不含水分，否则会产生丙酮或α-羟基异丁酸甲酯留在产品中，影响产品质量。

$$(CH_3)_2CO + HCN \xrightarrow{\text{碱}} (CH_3)_2C(OH)CN \xrightarrow{H_2SO_4}$$

$$CH_2=C(CH_3)CONH_2 \cdot H_2SO_4 \xrightarrow{H_2O} \text{本品}$$

(2) 异丁烯氧化法。异丁烯经两步氧化，第一步生成甲基丙烯醛，第二步生成甲基丙烯酸，然后经精馏得到合格产品。也可用叔丁醇代替异丁烯生产。

$$CH_2=C(CH_3)CH_3 + O_2 \longrightarrow CH_2=C(CH_3)CHO + H_2O$$

$$CH_2=C(CH_3)CHO + 1/2O_2 \longrightarrow \text{本品}$$

(3) 甲基丙烯腈水解法。以异丁烯为原料，经氨氧、水解制得。

$$CH_2=C(CH_3)CH_3 \xrightarrow[\text{催化剂}]{NH_3, O_2} CH_2=C(CH_3)CN \xrightarrow[H_2SO_4]{\text{水解}} \text{本品}$$

(4) 异丁烷氧化法。经氧化制得甲基丙烯醛，再经氧化制得。

【安全性】 具有中等毒性，大鼠经口LD_{50}为8400mg/kg。对皮肤和黏膜有较强的刺激性，但未发现致癌现象。能与空气形成爆炸混合物，爆炸极限为2.1%～12.5%。生产车间要求有良好的通风条件，操作人员要穿戴好防护用品，尤其要戴好防护目镜。触及皮肤时要用大量清水冲洗。工作场所容许极限浓度100×10^{-6}。用聚乙烯衬里铝桶或玻璃和不锈钢容器包装，桶装净重200kg。贮存期为三个月左右。解冻时，解冻温度应在室温25℃左右进行，待完全熔化和混合均匀后方可使用。按危险品规定贮运。

【参考生产企业】 上海制笔化工厂，江苏溧阳正大化工有限责任公司，山东省寿光市宏远化学工业有限公司，江苏吉化集团苏州安利化工有限公司，西安有机化工厂。

Fa022 2-丁烯酸

【英文名】 crotonic acid

【别名】 巴豆酸；solid crotonic acid; butenoic acid

【CAS登记号】 [107-93-7]

【结构式】 $CH_3CH=CHCOOH$

【物化性质】 单斜针状或棱状结晶。有顺、反两种同分异构体。顺式丁烯酸与60%硫酸、微量盐酸或溴化氢共热，可转化为反式丁烯酸。反式丁烯酸在甲苯溶液中能转化成顺式丁烯酸。沸点169℃（顺式、100kPa），184.7℃（反式）。熔点15.5℃（顺式），71.4～71.7℃（反式）。相对密度1.0265（顺式），（d_4^{15}）1.018（反式）。折射率1.4456（顺式），（n_D^{77}）1.4228（80℃）（反式）。顺式2-丁烯酸在100mL（20℃）水中溶解度为7.61g。溶于乙醇。反式2-丁烯酸在100mL水中的溶解度（25℃）为9.4g。溶于乙醇、乙醚和丙酮。

【质量标准】

项目	指标
外观	无外界颗粒
纯度(干试样)/% ≥	98.5
溶液色泽(APHA)/×10⁻⁶ ≤	25
熔点(干试样)/℃ ≥	70.0
水分/% ≤	1.0
羰基值(以CO计)/% ≤	0.5

【用途】 主要用于树脂、杀菌剂、涂料、增塑剂和药物。其最主要的用途是作聚醋酸乙烯涂料的原料。另外，醋酸乙烯-丁烯酸共聚物可用作装订书籍的热熔黏合剂，也可用作壁纸的涂料和纸张、层压板的黏合剂及胶卷显影剂和静电复印液组分。

【制法】 以巴豆醛为原料，在催化剂乙酸铜-乙酸钴的混合物存在下经空气或氧气氧化即可制得。此外，由木材干馏可得小量丁烯酸，实验中由乙醛与丙二酸缩合也可制备。

【安全性】 在食品中1%丁烯酸41天内对小鼠未显示出明显毒性，但丁烯酸刺激皮肤，其刺激性与丙烯酸相近。操作中应戴防护眼镜及橡胶手套。用内衬塑料袋的纸桶或镀锌铁桶包装。按“一般化学品规定”贮运。

【参考生产企业】 上海君创生物科技有限公司，黄冈市天然药业有限公司。

Fa023 10-十一碳烯酸

【英文名】 10-hendecenoic acid

【别名】 10-十一烯酸；10-undecenoic acid；undecylenic acid

【CAS登记号】 [112-38-9]

【结构式】 $CH_2=CH(CH_2)_8COOH$

【物化性质】 带有光泽的无色液体，有水果的特殊香味。沸点（100kPa）275℃。熔点24.5℃。闪点148℃。相对密度（d_4^{25}）0.4075。折射率（n_D^{25}）1.4464。微溶于水，溶于乙醇和乙醚。

【质量标准】 QB/T 4418—2012 10-十一烯酸

项目	指标
外观及气味	无色至苍黄色液体，具有特殊水果型香味
相对密度(25℃/25℃)	0.908～0.915
折射率(25℃)	1.4460～1.4530
含量(GC)/% ≥	96.0

【用途】 十一烯酸是合成香料的重要原料，用来制备γ-十一内酯、聚环十五内酯、麝香酮、壬醛和壬醇等，也可作抗菌素药和治疗皮肤霉菌病药物（如脚气灵等）的原料。

【制法】 (1) 蓖麻油直接裂解法。将蓖麻油投入不锈钢反应锅内，直火加热，减压干馏，收集馏出液，再分馏可得十一烯酸，同时得到庚酸。

(2) 蓖麻油酸甲酯法。蓖麻油（蓖麻油酸甘油酯）与甲醇进行酯交换后，经高温裂解得十一烯酸甲酯，再经皂化、酸化精制后，得成品，并副产庚醛、甘油等产品。

【安全性】 低毒，有轻微的刺激性，对大

鼠的经口 LD_{50} 为 2500mg/kg。操作人员应穿戴防护用具。用铝桶或塑料桶包装，每桶重 20kg、50kg 或 100kg。

【参考生产企业】 上海雅沪化工有限公司，上海天成化工有限公司。

Fa024 油酸

【英文名】 oleic acid

【别名】 顺式十八碳-9，12-二烯酸；(*Z*)-9-octadecenoic acid

【CAS 登记号】 [112-80-1]

【结构式】

$$CH_3(CH_2)_7CH{=}CH(CH_2)_7COOH$$

【物化性质】 纯品为无色透明液体，在空气中颜色逐渐变深。工业品为黄色到红色油状液体，有猪油气味。沸点 223℃ (1.333kPa)，286℃ (13.3kPa)。熔点 13.4℃ (α 型)，16.3℃ (β 型)；闪点 372℃。相对密度 0.8905。折射率 1.4582。不溶于水，溶于酒精、苯和氯仿等有机溶剂。

【质量标准】 QB/T 2153—2010 工业油酸

项目	Y-4 型	Y-8 型	Y-10 型
外观	淡黄色至棕红色油状液体		
凝固点/℃	4.0	8.0	10.0
碘值/(gI₂/100g)	80～102	80～102	80～102
皂化值/(mgKOH/g)	190～205	190～205	185～205
酸值/(mgKOH/g)	190～203	190～203	185～203
水分/%	0.3		
色度(10%乙醇溶液,Hazen 单位)	200		
$C_{18:1}$含量①/%	70		

① $C_{18:1}$含量是指顺（式）十八碳-9-烯酸的含量。

【用途】 油酸是有机化工原料，经环氧化可生产环氧油酸酯，可作增塑剂。经氧化可生产壬二酸，是聚酰胺树脂的原料。此外，油酸还可作为农药乳化剂、印染助剂、工业溶剂、金属矿物浮选剂、脱模剂等。也可作为复写纸、圆珠笔油和打字蜡纸生产的原料。各种油酸盐产品也是油酸的重要衍生产品。作为化学试剂，用作色谱对比样品及用于生化研究，检测钙、铜以及镁、硫等元素。

【制法】 以动植物油脂和乳化液于 105℃下水解，用硬脂酸净化，经一次压榨除去硬脂酸，分离得粗油酸，经脱水、蒸馏、冷冻。再经二次压榨，除去软脂酸，最后经脱水精制制得成品。本法可联产硬脂酸，同样由油脂制硬脂酸时，也会联产油酸。

【安全性】 小鼠静脉注射 LD_{50} 为 230±18mg/kg。一般贮存于陶瓷罐或镀锌铁桶中，每桶重 25kg 或 180kg。应存放在阴凉通风处，避免日晒雨淋，应与碱类、易燃易爆物品隔离，远离火源。按一般化学品规定贮运。

【参考生产企业】 淄博市周村天合化工有限公司，上海海曲化工有限公司，济南博奥化工有限公司，石家庄市海森化工有限公司，上海元吉化工有限公司。

Fa025 亚油酸

【英文名】 linoleic acid

【别名】 十八碳-9，12-二烯酸；9，12-linoleic acid；linolic acid

【CAS 登记号】 [60-33-3]

【结构式】

$$CH_3(CH_2)_4CH{=}CHCH_2CH{=}CH(CH_2)_7COOH$$

【物化性质】 纯品为无色液体，工业品为淡黄色。沸点 224℃ (1.333kPa)，228℃ (1.866kPa)。熔点 −12℃。相对密度 0.9025、(d_4^{18}) 0.9038、(d_4^{22}) 0.9007。折射率 1.4699、($n_D^{11.5}$) 1.4715、($n_D^{21.5}$) 1.4683、(n_D^{50}) 1.4588。不溶于水，易溶于大多数有机溶剂。

【质量标准】

项目		指标
酸值/(mgKOH/g)	≥	195
碘价/(g碘/100g)	≥	148
凝固点/℃	≤	-5
水分/%	<	0.1
相对密度(d_4^{15})		0.895～0.905
折射率(n_D^{15})		1.465～1.470

【用途】 亚油酸主要用作涂料和油墨的原料，也可用于生产聚酰胺、聚酯和聚脲等产品。同时，具有降低人体血液中胆固醇及血脂的作用，可作为治疗动脉粥样硬化药物（如益寿宁、脉通等）的原料。

【制法】 植物油（如豆油等）经皂化、酸化制得混合脂肪酸产品，然后经冷冻分离和精制得成品。

【安全性】 无毒。贮存与运输时不锈钢或铝桶包装，每桶重 200kg。因本产品分子中具有两个双键易氧化，贮存时要加入一定抗氧剂 VE 或叔丁基对羟基茴香醚，应贮存于阴凉通风处，避免日光直接照射，远离火源和氧化剂。按一般化学品规定贮运。

【参考生产企业】 福州市下濂油酸厂，上海汶水化工有限公司，哈尔滨轻工化学总厂。

Fa026 芥酸

【英文名】 erucic acid

【别名】 油菜酸；顺式-13-二十二碳烯酸；(*Z*)-13-docosenoic acid

【CAS 登记号】 [112-86-7]

【结构式】

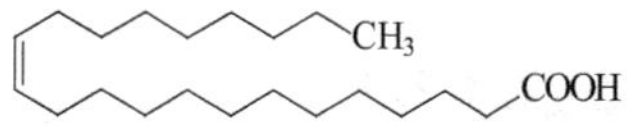

【物化性质】 无色针状结晶。沸点 381.5℃（分解）。熔点 33.5℃。相对密度（d_4^{55}）0.860。折射率（n_D^{45}）1.4534，（n_D^{65}）1.44794。不溶于水，极易溶于醚，溶于乙醇、甲醇。

【质量标准】

项目	指标
C_{22}含量/%	85.0～92.0
熔点/℃	25～32

【用途】 用作精细化学品的中间体，用来制备各种表面活性剂、润滑剂、增塑剂、软化剂、防水剂、去污剂等。芥酸氢化制成二十二烷酸，进一步加工制成山酸。芥酸裂解可制取壬酸和十三碳二元酸。

【制法】 以菜油为起始原料生产脂肪酸，从菜油脂肪酸分离出芥酸。对混合脂肪酸采用冷冻、压榨、初步分离后，再采用减压精馏可得较纯的芥酸。

【参考生产企业】 四川西普化工股份有限公司，山东省淄博市临淄阿林达化工有限公司，四川古杉油脂化学有限公司，四川天宇油脂化学有限公司。

Fa027 糠氯酸

【英文名】 mucochloric acid

【别名】 黏氯酸；2,3-二氯丁烯醛酸；2,3-dichloro-4-oxo-2-butenoic acid；dichloromalealdehydic acid

【CAS 登记号】 [87-56-9]

【结构式】

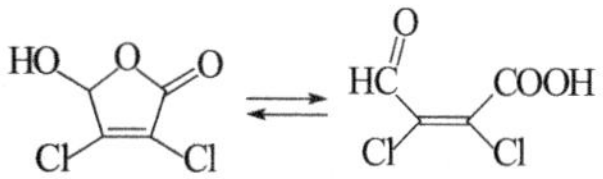

【物化性质】 白色或微黄色结晶状粉末。熔点 125～127℃。闪点 100℃。微溶于冷水，溶于沸水、乙醇、乙醚和热苯。在空气中稳定，但易潮解。

【质量标准】

项目		指标
含量/%	≥	96
含水/%	≤	0.5

【用途】 用于合成广谱高效新型杀螨剂哒螨酮，除草剂苯纳松，也用于医药胺吡啶等和感光材料的合成。

【制法】 (1) 糠醛氧化氯化法。糠醛在强酸性溶液中通入氯气进行氧化和氯化制得。

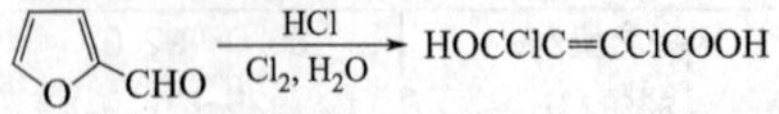

（2）二氧化锰-盐酸氧化氯化法。在盐酸存在下，糠醛与二氧化锰在低温下进行氧化，然后再升高温度进行氯化制得。

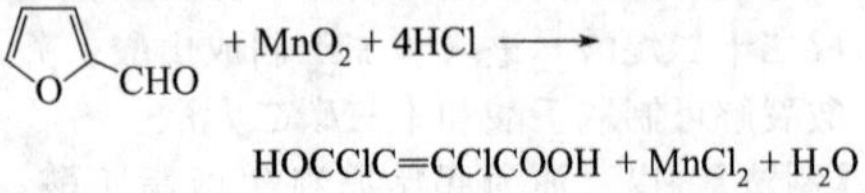

【安全性】 大鼠口服 LD_{50} 为 500～1000mg/kg。对皮肤和眼睛有刺激作用。外编织袋、内塑料袋包装。防潮，避免日光曝晒。

【参考生产企业】 江东化工股份有限公司。

Fa028 丙炔酸

【英文名】 propiolic acid

【别名】 乙炔羧酸；propargylic acid；(2-) propynoic acid；acetylenecarboxylic acid

【CAS 登记号】 [471-25-0]

【结构式】CH≡CCOOH

【物化性质】 无色液体。沸点 143.85℃。熔点 8.85℃。相对密度 1.1380、(d_4^{15}) 1.1435、(d_4^{25}) 1.1325。折射率 ($n_D^{20.4}$) 1.4302。具有炔烃和羧酸的双重特性，能进行还原、加成、氧化、酯化和环化以及生成盐和酰氯等反应。

【用途】 可用于制取丙酸、均苯三甲酸、卤代丙烯酸、二卤代丙烯酸、二乙炔二羧酸、丙炔酸乙酯、吡唑啉酮、二溴巴豆酸、乙氧基巴豆酸等。

【制法】 以乙炔钠和 CO_2 在 3.55～7.09MPa 和 90℃以下温度反应得到。

【安全性】 有腐蚀性，对皮肤、眼睛和黏膜有强刺激性。皮肤接触会引起灼伤。应戴好防毒面具与手套。眼睛受刺激、皮肤接触用大量水冲洗。贮存与运输时按一般化学品规定贮运。

【参考生产企业】 苏州园方化工有限公司，济南浩化实业有限责任公司，江苏泰基实业有限公司。

Fa029 2-丁炔酸

【英文名】 tetrolic acid

【别名】 甲基丙炔酸；2-butynoic acid；methylpropiolic acid；methylacetylenecarboxylic acid

【CAS 登记号】 [590-93-2]

【结构式】$CH_3C{\equiv}CCOOH$

【物化性质】 无色片状晶体。沸点 202.85℃。熔点 76℃。摩尔燃烧热 2270.7J/mol。具有炔烃和羧酸的双重特性，能进行还原、加成、氧化、酯化和环化以及生成盐和酰氯等反应。

【质量标准】 含量≥98%。

【用途】 可用于制取二溴巴豆酸、乙氧巴豆酸、丁炔酸乙酯、丁炔（酸）酰氯及丁炔（酸）酰胺。

【制法】（1）乙炔二羧酸（或其钾盐）与水共热至沸以制取。

$$HOOC{\equiv}COOH \xrightarrow{H_2O} \text{本品}$$

（2）α,α-二氯丙烯与金属钠反应制得丙炔基钠，再经 CO_2 处理，最后酸化，即得。

$$CH_3CH{=}CCl_2 \xrightarrow{Na} CH_3CH{\equiv}C\cdot Na \xrightarrow{CO_2} CH_3CH{\equiv}CCOONa \xrightarrow{H^+} \text{本品}$$

【安全性】 贮存与运输时按一般化学品规定贮运。

【参考生产企业】 上海金冠化工有限公司，嘉兴君康工贸有限公司。

Fa030 过氧乙酸

【英文名】 peracetic acid

【别名】 过乙酸；过醋酸；ethaneperoxoic acid；peroxyacetic acid；acetyl hydroperoxide

【CAS 登记号】 [79-21-0]

【结构式】 CH_3COOOH

【物化性质】 无色透明液体。产品通常为32%～40%乙酸溶液。沸点110℃（强烈爆炸）。闪点58.3℃。相对密度1.0375。折射率1.3974。酸度系数（pK_a）8.2。溶于水、乙醇、甘油、乙醚。

【质量标准】 GB 19104—2008　过氧乙酸溶液

项目	Ⅰ型	Ⅱ型	Ⅲ型
过氧乙酸（以 $C_2H_4O_3$ 计）/% ≥	15	18	25
硫酸盐(以 SO_4 计)/% ≤	3		
灼烧残渣/% ≤	0.1		
重金属(以 Pb 计)/(mg/kg)	5		
砷(As)①/(mg/kg)	3	3	—

① 当Ⅱ型产品用于漂白剂和有机合成时不控制砷的质量分数。

注：过氧乙酸（$C_2H_4O_3$）的质量分数、重金属（以Pb计）的质量分数、砷（As）质量分数为强制性要求。

【用途】 有机合成中用作氧化剂和环氧化剂。在纺织、纸张、油脂、石蜡和淀粉工业中用作漂白剂。在医学领域用作杀菌剂和杀虫剂。

【制法】 (1) 醋酸氧化法。由醋酸与过氧化氢反应制得。

$$CH_3COOH + H_2O_2 \xrightarrow{H_2SO_4} CH_3COOOH$$

(2) 乙醛氧化法。

$$CH_3CHO \xrightarrow{[O]} CH_3COOOH$$

【安全性】 剧毒。大鼠经口 LD_{50} 为1540mg/kg、吸入450mg/m^3。对皮肤有强腐蚀性。有爆炸危险性。用聚乙烯衬里外用木箱包装。贮存于阴凉、通风良好的不燃材料结构的低温库房。避免受热，防止阳光直射。与其他物品及金属隔离贮运。严防产生电火花等情况。大量储存须装置自动喷水设施。

【参考生产企业】 山东瑞兴化工有限公司，北京蓝海化工厂，济宁鲁源医药化工有限公司。

Fa031 羟基乙酸

【英文名】 hydroxyacetic acid

【别名】 乙醇酸；glycolic acid

【CAS登记号】 [79-14-1]

【结构式】 $HOCH_2COOH$

【物化性质】 纯品为无色易潮解晶体，工业品为70%水溶液，淡黄色液体，具有类似烧焦糖的气味。沸点100℃（分解）。熔点80℃，10℃（工业品）。闪点300℃（分解）。相对密度（d_4^{25}）1.49。溶于水、乙醇及乙醚。

【质量标准】

项目	指标
总酸(以羟基乙酸计)/%	70～72
游离酸(以羟基乙酸计)/%	62.4
甲酸/%	0.45
灰分/%	0.35
铁(以 Fe 计)/×10^{-6}	10
铜(以 Cu 计)/×10^{-6}	5
氯化物(以 Cl 计)×/10^{-6} ≤	10
悬浮物(以体积计)/×10^{-6} ≤	0.015
色度(Gardner) ≤	5

【用途】 有机合成的原料，可用于生产乙二醇，可制取纤维染色剂、皮革染色剂、鞣革剂、清净剂、焊接剂的配料、清漆配料、铜蚀剂、黏合剂、电镀药剂、石油破乳剂和金属螯合剂等。也可用作化学分析试剂。

【制法】 (1) 氯乙酸法。氯乙酸在碱性条件下水解得粗品，然后经甲醇酯化得羟基乙酸甲酯，蒸馏后再水解即得成品。

$$CH_2ClCOOH + NaOH \xrightarrow{水解} 本品 + NaCl$$

(2) 高温高压法。由甲醛、一氧化碳和水反应制得。

$$HCHO + CO + H_2O \longrightarrow 本品$$

(3) 氰化水解法。由甲醛和氢氰酸为原料，经加氰合成和酸性水解制得。

$$HCHO+HCN \longrightarrow HOCH_2CN$$

$$HOCH_2CN+2H_2O \xrightarrow{H^+} 本品+NH_4^+$$

（4）氰化钠法。以甲醛、氰化钠为原料，经加氰和酸性水解两步制得。

$$HCHO+NaCN+2H_2O \longrightarrow HOCH_2COONa+NH_3$$

$$HOCH_2COONa \xrightarrow{H^+} 本品+Na^+$$

【安全性】 大鼠经口 LD_{50} 为 1950mg/kg。纯品毒性较低，但因为强酸，有刺激性，与皮肤接触会发生严重肿痛。现场操作人员要穿戴好防护用具，生产设备要严格密闭，工作现场要有良好的通风设备。用玻璃瓶或有衬里的铁桶包装，量大时可用衬里的槽车运输，并应对槽车保温，并备有外加热管，用于冷天卸货。包装容器应有警告标记，标明不得与皮肤、眼睛和衣服接触。

【参考生产企业】 泰兴市沃特尔化工有限公司，沈阳市佳恒化工有限公司。

Fa032 乙醛酸

【英文名】 glyoxylic acid

【别名】 oxoacetic acid; formylformic acid; glyoxalic acid; oxoethanoic acid

【CAS 登记号】 [298-12-4]

【结构式】 OHCCOOH

【物化性质】 水溶液为无色透明液体。熔点 98℃（无水物）、70～75℃（半水化合物）、50℃（一水物）。溶于水，微溶于乙醇、乙醚和苯。

【质量标准】

项目	指标
乙醛酸含量/%	40
氯化物(以 Cl^- 计)/%	0.02
重金属(以 Pb^{2+} 计)/$\times10^{-6}$	50
硫酸盐(以 SO_4^{2-} 计)/%	0.04
灰分/%	0.04
铁/%	0.01

【用途】 是香兰素的原料，用作高级香料。

【制法】 （1）草酸电解法。草酸水溶液经电解还原，生成乙醛酸稀溶液，然后经蒸发、浓缩、冷冻、过滤逐渐提浓，得成品。

$$HOOC-COOH+2H^+ \xrightarrow{电解} 本品+H_2O$$

（2）乙二醛氧化法。乙二醛在催化剂作用下经空气或氧气氧化，生成乙醛酸，然后经精制提纯得成品。

$$OHCCHO+1/2O_2 \xrightarrow{催化剂} 本品$$

【安全性】 有毒，有腐蚀性，能刺激皮肤和黏膜。40% 产品大鼠经口 LD_{50} 为 70mg/kg。操作人员要注意穿戴好劳保用品，沾及皮肤时要用大量清水冲洗。用玻璃瓶或透明塑料桶装。净重 2kg、5kg、10kg、25kg 和 50kg。按有毒化学品规定贮运。

【参考生产企业】 石家庄市石兴氨基酸有限公司，青州市奥星化工有限公司，沧州金狮化工有限公司。

Fa033 乳酸

【英文名】 lactic acid

【别名】 2-羟基丙酸；2-hydroxypropionic acid

【CAS 登记号】 [50-21-5]

【结构式】 $CH_3CHOHCOOH$

【物化性质】 纯品为无色液体，工业品为无色到浅黄色液体。无气味，具有吸湿性。沸点（2kPa）122℃。熔点 18℃。相对密度（d_4^{25}）1.2060。折射率 1.4392。能与水、乙醇、甘油混溶，不溶于氯仿、二硫化碳和石油醚。在常压下加热分解，浓缩至 50%时，部分变成乳酸酐，因此产品中常含有 10%～15%的乳酸酐。

【质量标准】 GB 2023—2003 （食用级）乳酸

项目	L(+)乳酸	DL-乳酸
L(+)乳酸占总酸的含量/% ≥	95	—
色度(APHA) ≥	50	150

续表

项目		L(+)乳酸	DL-乳酸
乳酸含量/%	≤	80～90	80～90
氯化物(以 Cl^- 计)/%	≤	0.002	0.002
硫酸盐(以 SO_4^{2-} 计)/%	≤	0.005	0.005
铁盐(以 Fe 计)/%	≤	0.001	0.001
灼烧残渣/%	≤	0.1	0.1
砷(以 As 计)/(mg/kg)	≤	1	1
重金属(以 Pb 计)/(mg/kg)	≤	10	10
钙盐		合格	合格
易炭化物质		合格	—
醚中溶解度		合格	合格
柠檬酸、草酸、磷酸、酒石酸		合格	好
还原糖		合格	合格
甲醇/%	≤	0.2	—
氰化物/(mg/kg)	≤	5	5

【用途】 主要用于食品和医药工业。在食品和饮料中主要用作酸味剂和防腐剂等。医药方面用于消毒防腐。乳酸的主要系列产品是乳酸盐和乳酸酯，乳酸钠可用于解除因腹泻所致的脱水、糖尿病和胃炎引起的中毒。乳酸钙有补充钙质、固齿和助长骨骼发育的作用。乳酸酯类主要用作溶剂、增塑剂和香料的原料。

【制法】 (1) 发酵法。以粮食为原料，糖化后接入乳酸菌，在 pH 值 5～5.5 和 49℃温度条件下发酵，然后用碳酸钙中和，趁热过滤、精制得乳酸钙，再酸化过滤、浓缩、脱色即得成品。

$$C_6H_{12}O_6 \xrightarrow[49℃]{pH\ 5\sim5.5} CH_3CH(OH)COOH$$

(2) 合成法。乙醛与氢氰酸作用生成2-羟基丙腈，然后经水解生成乳酸。

$$CH_3CHO + HCN \longrightarrow CH_3CH(OH)CN$$

$$CH_3CH(OH)CN + H_2SO_4 + H_2O \longrightarrow CH_3CH(OH)COOH + (NH_4)_2SO_4$$

(3) 丙烯腈法。丙烯腈经与硫酸反应生成粗乳酸，再与甲醇反应生成乳酸甲酯，经蒸馏得精酯，精酯加热分解得乳酸。

$$CH_3CH(OH)CN \xrightarrow{H_2SO_4} CH_3CH(OH)COOH \xrightarrow{CH_3OH} CH_3CH(OH)COOCH_3 \xrightarrow{H_2O} CH_3CH(OH)COOH$$

【安全性】 大鼠经口 LD_{50} 为 3730mg/kg。纯品无毒，其重金属盐有毒。药用小包装为 500g，试剂瓶装。食用乳酸用塑料桶包装，每桶净重 25kg。注意密封保存。按一般化学品规定贮运。

【参考生产企业】 郑州天润乳酸有限公司，上海申夏生物化工有限公司，淄博天智化工有限公司，上海丰达香料有限公司，河南金丹乳酸科技股份有限公司。

Fa034 乙酰丙酸

【英文名】 levulinic acid

【别名】 左旋糖酸；4-oxopentanoic acid；laevulinic acid；β-acetylpropionic acid

【CAS 登记号】 [123-76-2]

【结构式】 $CH_3COCH_2CH_2COOH$

【物化性质】 白色片状结晶，易燃，有吸湿性。沸点 (1kPa) 139～140℃。熔点 37.2℃。相对密度 1.1335。折射率 1.4396。易溶于水和醇、醚类有机溶剂。常压下蒸馏几乎不分解，若长时间加热则失水而成为不饱和的 γ-内酯。

【质量标准】

项目	指标
外观	无色或淡黄色结晶体
相对密度(d_4^{20})	1.1335
沸点(1kPa)/℃	139～140
熔点/℃	37.2
折射率(n_D^{20})	1.4396

【用途】 主要用作树脂、医药、香料、涂料的原料和溶剂。在医药工业中，其钙盐可制成静脉注射剂和消炎痛等。它的低级酯可作食用香精或烟草香精。用其制取的

双酚酸可生产水溶性树脂，应用于造纸工业生产过滤纸。还可用于制取农药（如植物激素等）、染料和表面活性剂等。

【制法】 棉子壳或玉米芯生产糠醛后的纤维素残渣或废山芋渣用盐酸加压水解后（150℃以上，350～500kPa），经过滤，真空蒸馏即得成品。此外，糠醇在盐酸存在下，加压水解也可制得。

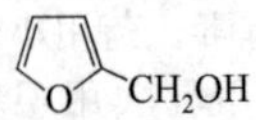 $+H_2O \xrightarrow{HCl}$ 本品

【安全性】 低毒。采用塑料桶包装，外加木箱加固。贮存于阴凉、干燥、通风处。远离火源。按易燃化学品规定贮运。

【参考生产企业】 陕西天澳实业股份有限公司，河北亚诺化工有限公司，淄博市临淄有机化工股份有限公司。

Fa035 氯乙酸

【英文名】 chloroacetic acid

【别名】 一氯醋酸；chloroethanoic acid；monochloroacetic acid；MCA

【CAS登记号】 [79-11-8]

【结构式】 $ClCH_2COOH$

【物化性质】 无色或淡黄色结晶，有刺激性气味，易潮解。有四种结晶体（α,β,γ和δ型）。有强烈的腐蚀性，能腐蚀皮肤，破坏所有非贵重金属、橡胶和木材等。沸点 187.85℃。熔点：α型 63℃、β型 56.2℃、γ型 52.5℃、δ型 42.75℃。相对密度（d_4^{40}）1.4043。折射率（n_D^{60}）1.4330。黏度 1.29mPa·s。溶于水和乙醇、乙醚等大多数有机溶剂。

【质量标准】 HG/T3271—2000 （工业级）氯乙酸

项目		优等品	一等品	合格品
氯乙酸(CH_2Cl COOH)含量/%	≥	99.0	97.5	96.0
二氯乙酸($CHCl_2$ COOH)含量/%	≤	0.5	1.5	2.5
乙酸(CH_2 COOH)含量/%	≤	0.5	—	—
结晶点/℃	≥	60	—	—

【用途】 是有机化工原料，主要用作农药、医药和染料的中间体。农药上用于生产乐果、除草剂2,4-D及丁酯、2,4,5-T、硫氰乙酸和α-萘乙酸；医药工业中用于合成咖啡因、巴比妥、肾上腺素、维生素B_6和氨基乙酸；染料行业中用于生产靛蓝染料。氯乙酸也可用于生产羧甲基纤维素（CMC）和有色金属浮选剂Z-200＃，还可用作色层分析试剂等。

【制法】 （1）醋酸氯化法。冰醋酸在硫黄催化作用下，于95℃左右与氯气反应，即得氯乙酸产品，然后经冷却、结晶、过滤，除去母液即得氯乙酸成品。尾气送吸收塔回收盐酸。

$$CH_3COOH+Cl_2 \xrightarrow[95℃]{硫黄} ClCH_2COOH+HCl$$

（2）三氯乙烯水解法。

$$ClCH=CCl_2+2H_2O \longrightarrow ClCH_2COOH+2HCl$$

（3）羟基乙酸氯化法。

$$HOCH_2COOH+HCl \longrightarrow ClCH_2COOH+H_2O$$

【安全性】 剧毒，有强烈的刺激性和腐蚀性，沾染皮肤能引起烧伤，长期接触其蒸气可导致嗅觉障碍、慢性鼻咽炎、皮肤瘙痒、干燥和脱屑。用10%溶液给大鼠灌胃，其LD_{50}为55mg/kg。生产设备应密闭，防止泄漏，操作人员要穿戴好防护用具，溅及皮肤或眼睛要用大量清水冲洗，严重者立即送医院治疗。用编织袋内衬塑料袋包装，每袋净重25kg或50kg。也可用PVC塑料桶包装。贮存于阴凉干燥处，防雨淋、防潮湿。按一般化学品规定贮运。

【参考生产企业】 无锡化工集团股份有限公司，濮阳晨光化工有限公司，石家庄市合成化工厂，河北冀衡集团药业有限公司，上海青东化工厂。

Fa036 二氯乙酸

【英文名】 dichloroacetic acid

【别名】 二氯醋酸；bichloracetic acid；

dichlorethanoic acid；DCA

【CAS 登记号】 [79-43-6]

【结构式】 $CHCl_2COOH$

【物化性质】 无色，具有刺激性气味的液体。低温时为结晶，有两种结晶形态，两类结晶熔点分别−4℃和 9.7℃。沸点 193～194℃。相对密度 1.5634。折射率（n_D^{22}）1.4659。溶于水、乙醇和乙醚。

【质量标准】

项目	指标
含量/%	80～90
密度/(g/cm³)	1.550～1.565
游离氯化物/% ≤	0.10

【用途】 用作有机合成中间体，用于制二氯乙酸甲酯和医药尿囊素及阳离子染料等。

【制法】（1）醋酸氯化母液回收法。由醋酸氯化得氯乙酸母液，氯乙酸母液在硫黄催化下，进行氯化反应，经蒸馏制得。

$$CH_2ClCOOH \xrightarrow[Cl_2]{\text{硫黄}} Cl_2CHCOOH$$

（2）三氯乙醛法。三氯乙醛经氰化、脱氯化氢和水解制得。

$$CCl_3CHO + NaCN \xrightarrow[\text{戊醇}]{CaCO_3} CCl_3CH(OH)CN$$

$$CCl_3CH(OH)CN \xrightarrow{-HCl} Cl_2CHCOCN$$

$$Cl_2CHCOCN + H_2O \longrightarrow Cl_2CHCOOH + HCN$$

（3）乙酸法。由乙酸在碘催化下经氯化制得。

【安全性】 大鼠经口 LD_{50} 为 2.82g/kg。显著刺激皮肤、黏膜。要求生产设备密闭，车间通风良好，工作人员穿戴防护用具。以 70kg 大口塑料桶包装。贮存于阴凉、干燥、通风的库房内。按一般化学品规定贮运。

【参考生产企业】 成都科龙化工厂，江苏常州市科丰化工有限公司。

Fa037 三氯乙酸

【英文名】 trichloroacetic acid

【别名】 三氯醋酸；TCA

【CAS 登记号】 [76-03-9]

【结构式】 CCl_3COOH

【物化性质】 无色结晶体，有特殊气味，易潮解，不易燃。沸点 196～197℃。熔点 57～58℃。相对密度（d_4^{61}）1.629。溶于乙醇、乙醚、丙酮、苯、四氯化碳、己烷、邻二甲苯和水。其水溶液呈强酸性。

【质量标准】

项目	分析纯	化学纯
三氯乙酸含量/% ≥	99.0	98.5
凝固点/℃	56～58	55～58
澄清度试验	合格	合格
灼烧残渣(以 SO_4^{2-} 计)/% ≤	0.03	0.03
氯化物(Cl^-)/% ≤	0.005	0.002
硫酸盐(SO_4^{2-})/% ≤	0.01	—
磷酸盐(PO_4^{3-})/% ≤	0.001	—
硝酸盐(NO_3^-)/% ≤	0.001	0.001
铁(Fe^{3+})/% ≤	0.0005	—
重金属(以 Pb^{2+} 计)/% ≤	0.0005	—
硫酸试验	合格	合格

【用途】 主要用作生物化学药品提取剂，如三磷酸腺苷、细胞色素丙和胎盘脂多糖等高效药品的提取。还可用作农药的原料、蛋白质的沉淀剂和显微镜样品的固定剂。

【制法】（1）由醋酸氯化后分离。以氯乙酸母液作原料，硫黄粉为催化剂，在 90～100℃条件下继续氯化，然后再结晶，即得。

$$CH_3COOH + Cl_2 \xrightarrow[130\sim140℃]{\text{硫黄}} CCl_3COOH + HCl$$

（2）三氯乙醛法。由三氯乙醛与发烟硝酸共熔氧化制得。

$$CCl_3CHO + 2HNO_3 \longrightarrow CCl_3COOH + 2NO_2 + H_2O$$

【安全性】 大鼠经口 LD_{50} 为 5000mg/kg。有毒，有刺激性，腐蚀性极强。设备要求密闭，勿与人体接触，操作人员要戴好防护用品。用陶瓷罐包装，外用木箱加固。贮存于阴凉干燥处，搬运时要轻拿轻放。按有毒化学品规定贮运。

【参考生产企业】 江苏南通林港化工有限公司，靖江市富源精细化工有限公司，海祁安化工有限公司。

Fa038 溴乙酸

【英文名】 bromoacetic acid

【别名】 一溴醋酸

【CAS 登记号】 [79-08-3]

【结构式】 $BrCH_2COOH$

【物化性质】 无色晶体。沸点 208℃。熔点 50℃。相对密度 d_4^{19} 1.93。易溶于水、乙醇、乙醚。可溶于丙酮、苯。易潮解。

【质量标准】

项目	指标
外观	无色晶体
含量/% ＞	95
熔点/℃	50

【用途】 农药、医药中间体。还可生产其酯类。

【制法】 (1) 以醋酸为原料，在吡啶存在下滴加溴素进行反应制得。

$$CH_3COOH+Br_2 \xrightarrow{\text{吡啶}} BrCH_2COOH+HBr$$

(2) 由氯乙酸与氢溴酸反应制得。

$$ClCH_2COOH+HBr \longrightarrow BrCH_2COOH+HCl$$

(3) 由羟乙酸与氢溴酸反应制得。

$$HOCH_2COOH+HBr \longrightarrow BrCH_2COOH+H_2O$$

【安全性】 大鼠经口 LD_{50} 为 100mg/kg。刺激皮肤、黏膜，引起灼伤。毒性比氯乙酸强。生产车间应通风，设备应密闭，操作人员应佩戴防护眼镜、口罩、手套、防护服等防护用具。内衬塑料袋，外套木桶或不锈钢桶包装。防晒、防潮。贮存于阴凉、干燥、通风处。按有毒化学品规定贮运。

【参考生产企业】 江苏省宜兴市芳桥兴达化工厂，江苏盐城科利达化工有限公司，江苏盐城胜达化工有限公司。

Fa039 氟乙酸

【英文名】 fluoroacetic acid

【别名】 一氟醋酸；fluoroethanoic acid；gifblaar poison

【CAS 登记号】 [144-49-0]

【结构式】 CH_2FCOOH

【物化性质】 无色针状晶体。燃烧时呈绿色火焰。解离常数比乙酸大，随着乙酸氟取代数的增加，解离常数也随之增大。沸点 165℃。熔点 33℃。摩尔汽化焓 83.89kJ/mol。摩尔燃烧热 −715.8kJ/mol。能与醇、胺生成盐、酯和酰胺。对一般氧化剂无反应。

【质量标准】 含量＞99%。

【用途】 直接应用很少。主要用其钠盐作为杀鼠药使用，对人及家禽、牲畜均有毒。

【制法】 (1) 用氯乙酸为原料，以氟化钾与之反应制得。

$$ClCH_2COOH+KF \longrightarrow FCH_2COOH+KCl$$

(2) 以工业生产的氟乙酸钠与硫酸混合蒸馏制得。

$$2FCH_2COONa+H_2SO_4 \xrightarrow[\triangle]{\text{蒸馏}} 2FCH_2COOH+Na_2SO_4$$

【安全性】 人口服 5mg/kg 以下即能致死。大鼠口服 LD0.1～5mg/kg，小鼠 0.1mg/kg。大白鼠口服 LD_{50} 为 220 μg/kg，皮下注射 LD_{50} 为 5mg/kg。剧毒，由皮肤吸收能引起中毒。其酯类如氟乙酸甲酯，田鼠经口 LD_{50} 为 6～10mg/kg，氟乙酸乙酯也有相同的毒性。生产设备应密闭，生产车间应通风良好。操作人员应佩戴口罩、防护眼镜、手套等防护用具。溅及皮肤或眼睛，应立即用肥皂、水冲洗，严重者就医诊治。工作场所空气中最高容许浓度 0.05mg/m³。宜贮存于玻璃或耐腐蚀合金不锈钢和铝容器中。严密封存，贮存于阴凉、干燥、通风的库房内。防晒、防热。

【参考生产企业】 江苏常州天元化工厂，上海至鑫化工有限公司。

Fa040 三氟乙酸

【英文名】 trifluoroacetic acid

【别名】 perfluoroacetic acid

【CAS登记号】 [76-05-1]

【结构式】 CF_3COOH

【物化性质】 无色挥发性发烟液体，与醋酸气味相似。沸点 71.1℃。熔点 −15.6℃。相对密度 1.489。折射率 1.2850。能与水、氟代烷烃、甲醇、苯、乙醚、四氯化碳和己烷混溶。可部分溶解六碳以上烷烃和二硫化碳，是蛋白质和聚酯的优良溶剂。可经氢化锂铝或硼氢化钠还原为三氟乙醛和三氟乙醇。在 205℃以上稳定，但其酰胺和酯则较易水解，因此能以酸或酐的形式，制取糖类衍生物、氨基酸和肽衍生物。

【质量标准】

项目		指标
纯度/%	≥	99.0
HCl/%	≤	0.1
H_2SO_4/%	≤	0.1
HF/$\times 10^{-6}$	≤	50

【用途】 可作甲苯磺化和硝化以及烃类卤化的溶剂，还可用作催化剂，用于酯化和环化以及贝克曼重排，据报道效果比硫酸好。也是合成含氟有机化合物的重要中间体和合成含氟高分子材料的重要原料，也用于农药、医药的合成和生化研究。还用作选矿剂。

【制法】 (1) 以 2,3-二氯六氟-2-丁烯氧化制备。

$$CF_3CCl{=}CClCF_3 \xrightarrow{[O]} CF_3COOH$$

(2) 以氟为催化剂对 2,3-二氯六氟-2-丁烯进行氧化以制备。

$$CF_3CCl{=}CClCF_3 \xrightarrow[F_2]{O_2} CF_3COCl \xrightarrow{H_2O} CF_3COOH$$

【安全性】 毒性低于氟乙酸，大鼠口服 LD_{50} 为 200mg/kg，小鼠静脉注射 LD_{50} 为 1200 mg/kg。因酸性强，其蒸气能刺激眼和黏膜，如与皮肤接触，能引起深度烧伤。生产设备应密闭，车间应有良好的通风。操作人员穿戴防护用具。空气中最高容许浓度 2mg/m^3。宜贮存于玻璃或耐腐蚀合金不锈钢和铝容器中，严密封存。贮存在阴凉、干燥、通风的库房内。远离火种、热源，防晒、防潮。

【参考生产企业】 济南万兴达化工有限公司，上海金开贸易有限公司，邯郸市林峰精细化工有限公司，江苏康泰氟化工有限公司。

Fa041 全氟辛酸

【英文名】 perfluorocapylic acid

【CAS登记号】 [335-67-1]

【结构式】 $CF_3(CF_2)_6COOH$

【物化性质】 白色晶体。沸点 189～191℃。表面张力为 19mN/m (0.1%溶液)，在 32℃ 水中的溶解度 0.01～0.023mol/L。呈强酸性。

【质量标准】 室温下为白色晶体。沸程 (1.33kPa) 88～93.5℃。

【用途】 主要用作表面活性剂、乳化剂。全氟辛酸及其钠盐或铵盐用于四氟乙烯聚合及氟橡胶生产时作分散剂。

【制法】 将纯度 99.5%原料辛酰氯与氟化氢及少量正丁基硫酸投入电解槽，于 20～25℃下通电（电压 5～8V），电解产物用碱中和，再用酸酸化，蒸馏之，即得全氟辛酸。

$$C_7F_{15}COCl \xrightarrow{HF} C_7F_{15}COF \xrightarrow{NaOH} C_7F_{15}COONa \xrightarrow{H_2SO_4} C_7F_{15}COOH$$

【安全性】 为强酸性，其蒸气刺激皮肤和眼及黏膜，加热到 250℃，可放出毒性气体。生产设备应密闭，车间应有良好的通风，操作人员应穿戴防护用具。宜贮存于玻璃或耐腐蚀合金不锈钢和铝容器中，严密封存。贮存在阴凉、干燥、通风的库房内。远离热源，防晒、防潮。

【参考生产企业】 中昊晨光化工研究院，江苏泗阳县青云精细化工有限公司，阜新氟化学有限责任公司，南京康满林化工实业有限公司。

Fa042 葡糖酸

【英文名】 gluconic acid

【别名】 葡萄糖酸；1,2,3,4,5-五羟基己酸；D-gluconic acid；dextronic acid；maltonic acid；glyconic acid；glycogenic acid；pentahydroxycaproic acid

【CAS 登记号】 [526-95-4]

【结构式】

$OHCH_2CH(OH)CH(OH)CH(OH)CH(OH)COOH$

【物化性质】 微酸性结晶。熔点 131℃。酸度系数（25℃）3.60。比旋光度 $[\alpha]_D^{20}$ −6.7（$c=1$）。相对密度（25℃）1.24（50%水溶液）。溶于水，微溶于醇，不溶于乙醇及大多数有机溶剂。

【用途】 用于生产葡萄糖酸盐如葡萄糖酸钠，葡萄糖酸钾，葡萄糖酸钙等。

【制法】 由葡萄糖氧化或生物发酵可制得葡萄糖酸。

【安全性】 几乎无毒，无腐蚀，无刺激性气味。

【参考生产企业】 上海爱立久进出口有限公司，山西立通油脂化工厂。

Fa043 12-羟基硬脂酸

【英文名】 12-hydroxystearic acid

【CAS 登记号】 [106-14-9]

【结构式】

$$CH_3(CH_2)_5CHOH(CH_2)_{10}COOH$$

【物化性质】 片状或针状结晶。熔点 82～93℃。可燃，低毒。不溶于水，溶于乙醇、乙醚和氯仿。

【质量标准】

项目		指标
外观		蜡黄色固体
熔点/℃	≥	72
皂化值/(mgKOH/g)		178～188
羟价/(mgKOH/g)	≥	145
含水/%	≤	3
碘价/(g碘/100g)/%	≤	5
酸值/(mgKOH/g)		172～183

【用途】 用以配制防锈润滑脂，如锂基润滑油等。

【制法】 由蓖麻油在镍-铝催化剂存在下，于 185℃和 5MPa 条件下加氢，反应产物经皂化、酸解即得产品。

【安全性】 低毒。用纤维乳胶袋包装，净重 25kg。注意防火。按一般化学品规定贮运。

【参考生产企业】 上海爱立久进出口有限公司，山西立通油脂化工厂。

Fa044 乙二酸

【英文名】 oxalic acid

【别名】 草酸；ethanedioic acid

【CAS 登记号】 [144-62-7]

【结构式】 $(COOH)_2$

【物化性质】 乙二酸是无色结晶，含有二个水分子的乙二酸具有单斜晶型，加热至熔点 101～102℃时失去结晶水并开始升华。熔点 101～102℃（二水物），189.5℃（无水）（分解）。相对密度（$d_4^{18.5}$）1.653（二水物），（d_4^{17}）1.90（无水）。易溶于乙醇，溶于水，微溶于乙醚，不溶于苯和氯仿。

【质量标准】 GB/T 1626—2008 （工业级）草酸

项目		Ⅰ型			Ⅱ型		
		优等品	一等品	合格品	优等品	一等品	合格品
含量(以 $H_2C_2O_4 \cdot 2H_2O$ 计)/%	≥	99.6	99.0	96.0	99.6	99.0	96.0
硫酸根(以 SO_4 计)/%	≤	0.07	0.10	0.20	0.10	0.20	0.40
灼热残渣/%	≤	0.01	0.08	0.20	0.03	0.08	0.15
重金属(以 Pb 计)/%	≤	0.0005	0.001	0.02	0.00005	0.0002	0.0005
铁(以 Fe 计)/%	≤	0.0005	0.0015	0.01	0.0005	0.0010	0.01
氯化物(以 Cl 计)/%	≤	0.0005	0.002	0.01	0.002	0.004	0.01
钙(以 Ca 计)/%	≤	0.0005	—	—	0.0005	0.001	—

【用途】 草酸主要用于生产抗菌素和冰片等药物以及提炼稀有金属。此外，草酸还可用于合成各种草酸酯、草酸盐和草酰胺等产品，而以草酸二乙酯及草酸钠、草酸钙等产量最大，还可用于钴-钼-铝催化剂的生产、金属和大理石的清洗及纺织品的漂白。

【制法】 (1) 甲酸钠法。一氧化碳净化后在 1.8～2.0MPa 压力下与氢氧化钠反应，生成甲酸钠，然后经 400℃高温脱氢生成草酸钠，草酸钠再经铅化（或钙化）、酸化、结晶和脱水干燥等工艺，得到草酸。

(2) 氧化法。以淀粉或葡萄糖母液为原料，在矾催化剂存在下，与硝酸-硫酸进行氧化反应得草酸。废气中的氧化氮送吸收塔回收生成稀硝酸。

$$C_6H_{12}O_6 + HNO_3 \xrightarrow[40\sim60℃]{H_2SO_4 \cdot V_2O_5} HOOCCOOH + H_2O + NO$$

(3) 羰基合成法。一氧化碳经提纯到 90%以上，在钯催化剂存在下与丁醇发生羰基化反应，生成草酸二丁酯，然后通过水解得到草酸。此法分为液相法和气相法两种，气相法反应条件较低，反应压力为 300～400kPa。而液相法反应压力为 13.0～15.0MPa。

a. 气相法：

$$CO + C_4H_9OH \xrightarrow[300\sim400kPa]{PaCl_2, 80\sim150℃} (COOC_4H_9)_2 \xrightarrow{H_2O} HOOCCOOH$$

b. 液相法

$$CO + C_4H_9OH \xrightarrow[13\sim15MPa]{PaCl_2 \cdot CuCl_2} (COOC_4H_9)_2 \xrightarrow{H_2O} HOOCCOOH$$

(4) 乙二醇氧化法。以乙二醇为原料，在硝酸和硫酸存在下，用空气氧化制得。

【安全性】 有毒，有腐蚀性，对皮肤和黏膜有刺激性，服用草酸对肾会发生明显伤害，肾小管内出现草酸钙沉积，患者表现出软弱无力，全身疼痛和体重减轻的症状。对人的最低致死量为 71mg/kg。操作现场应有良好的通风条件，要穿戴好防护用具，特别是有草酸粉尘的地方，工作人员一定要戴好防毒面具。草酸误服者最好是用含钙和镁的清毒剂洗胃，皮肤沾上草酸要用大量清水冲洗。用聚丙烯编织袋内衬塑料袋包装。贮存温度不要超过 40℃，应防潮、防晒、防雨，远离氧化物和碱性物质。按有毒化学品规定贮运。

【参考生产企业】 山西省原平市化工有限责任公司，牡丹江鸿利化工有限责任公司，合肥东风化工总厂。

Fa045 丙二酸

【英文名】 malonic acid

【别名】 丙烷二羧酸；甲烷二羧酸；胡萝卜酸；甜菜酸；缩苹果酸；propanedioic acid；methanedicarboxylic acid

【CAS 登记号】 [141-82-2]

【结构式】 $HCOOCCH_2COOH$

【物化性质】 白色结晶。沸点 140℃（分解）。熔点 135.6℃（少量升华）。相对密度（d_4^{16}）1.619。易溶于水，溶于乙醇和乙醚、吡啶。脱水后生成丙二酸酐，脱羧生成乙酸。

【质量标准】

项目		指标
含量/%	≥	98.5
凝固点/℃	≥	135
溶解性		在甲醇和水中溶解
色度(APHA)	≤	25

【用途】 有机合成原料。主要衍生产品是丙二酸二乙酯，医药中用于生产巴比妥酸盐等。另外，丙二酸可作电镀抛光剂、炸药控制剂和热焊接助熔添加剂等。

【制法】 工业上丙二酸用量较少，一般不作为产品提出，而是直接生产成丙二酸酯，必要时再由酯水解制出丙二酸。丙二酸酯的生产方法为氯乙酸与氰化钠在碱性条件下生成氰乙酸钠，然后用硫酸酸解得丙二酸，进一步酯化得丙二酸酯。

$$ClCH_2COOH + NaCN \xrightarrow{NaOH} CNCH_2COONa + NaCl + H_2O$$

$$CNCH_2COONa + NaOH \xrightarrow{H_2O} CH_2(COONa)_2 + NH_3$$

$$CH_2(COONa)_2 + H_2SO_4 \longrightarrow CH_2(COOH)_2 + Na_2SO_4$$

$$CH_2(COOH)_2 + 2ROH \rightleftharpoons CH_2(COOR)_2 + 2H_2O$$

【安全性】 低毒。对小鼠经口 LD_{50} 为 1.54g/kg。对皮肤和黏膜有刺激作用，但不及乙二酸严重。生产丙二酸时一般不需特殊防护，但氰基乙酸和氰化钠均为烈性毒物，所以处理含有氰基的化合物时必须特别小心，要穿戴好防毒用具，同时要制定相应的安全措施。用编织袋内衬塑料衬里包装，净重 25kg。按一般化学品规定贮运。

【参考生产企业】 江苏武进市常申化工厂，上海诚心化工有限公司。

Fa046 丁二酸

【英文名】 succinic acid

【别名】 琥珀酸；butanedioic acid；amber acid；ethylenesuccinic acid

【CAS 登记号】 [110-15-6]

【结构式】 $HOOCCH_2CH_2COOH$

【物化性质】 无色结晶体，味酸，可燃。有两种晶形（α 型和 β 型），α 型在 137℃以下稳定，而 β 型在 137℃以上稳定。在熔点以下加热时，丁二酸升华，脱水生成丁二酸酐。沸点 235℃（分解）。熔点 188℃。相对密度（d_4^{25}）1.572。折射率（20℃）1.452。溶于水、乙醇和乙醚。不溶于氯仿、二氯甲烷。

【质量标准】

项目		指标
含量/%	≥	99.0
硫酸盐/%	≤	0.02
氯化物/%	≤	0.007
重金属/%	≤	0.002
铁/%	≤	0.002
灰分/%	≤	0.1
熔点/℃	≥	185
水溶性		溶解后无色透明或基本无色透明

【用途】 基本有机化工原料。主要用于涂料、染料、黏合剂和医药方面。由丁二酸生产的醇酸树脂具有良好的曲挠性、弹性和抗水性。丁二酸的二苯基酯是染料的中间体，与氨基蒽醌反应后生成蒽醌染料。医药工业中可用它生产磺胺药、维生素 A、维生素 B 和止血药等。另外，丁二酸在纸张制造、纺织行业中也有广泛的用途，还可用作润滑剂、照相化学品和表面活性剂的原料。丁二酸还可作食品酸味剂用于酒、饲料、糖果等的调味。

【制法】 (1) 氧化法。石蜡经氧化生成各种羧酸的混合物，分离后可得丁二酸。

(2) 加氢法。顺丁烯二酸酐或反丁烯二酸在催化剂作用下加氢反应，反应温度约为 130～140℃，催化剂为镍或贵金属，反应生成丁二酸，然后经分离得到成品。

(3) 丙烯酸羰基合成法。丙烯酸和一氧化碳在催化剂作用下，生成丁二酸。

(4) 电解氧化法。苯酐与硫酸和水按 1∶0.5∶4 比例，在陶瓷电解罐中电解，可得丁二酸。

(5) 乙炔法。乙炔与一氧化碳及水在 [$CO(CO)_4$] 催化剂存在下。反应温度 80～250℃，压力 2.94～49.03MPa，于酸性介质中反应可得丁二酸。

【安全性】 毒性较小，大鼠口服 LD_{50} 为 8530mg/kg。对皮肤有一定的刺激性，对全身不产生毒害作用。处理或接触丁二酸蒸气时要注意穿戴好防护用品，以免引起咳嗽和刺激皮肤。用编织袋或铁桶内衬塑料袋包装，每桶重 100kg，袋装重 25kg。贮存时要保持阴凉、干燥，防碱，防氧化剂。按一般化学品规定贮运。

【参考生产企业】 安庆和兴化工有限责任公司，江苏省丹阳市仙桥涂料有限公司。

Fa047 戊二酸

【英文名】 glutaric acid

【别名】 胶酸；α,γ-丙烷二羧酸；α,γ-propane-dicarboxylic acid；pentanedioic acid；1,3-propanedicarboxylic acid

【CAS 登记号】 [110-94-1]

【结构式】 $HOOC(CH_2)_3COOH$

【物化性质】 针状或大针状结晶。存在于甜菜中，通常含 1mol 结晶水。沸点 303℃（101kPa，几乎不分解）。熔点 97.5～98℃（无水物）。燃烧热 2.151 J/mol。相对密度（d_4^{15}）1.429。折射率（$n_\alpha^{106.4}$）1.42793，（$n_\beta^{106.4}$）1.43545。易溶于水、酒精、乙醚和氯仿，微溶于石油醚。

【质量标准】

项目		指标
含量/%	≥	99
熔点/℃		96～99
碘值		1
水中不溶物/%	≤	0.01
灼烧残渣/%	≤	0.1

【用途】 生产戊二酸酐的原料，用作合成树脂、合成橡胶聚合时的引发剂。

【制法】 (1) 环己酮氧化法。环己酮经硝酸氧化生产己二酸时副产戊二酸。

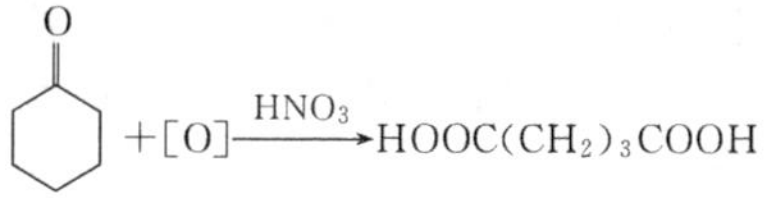

(2) 副产回收法。石蜡氧化生产氧化石蜡时回收戊二酸。回收方法一般采用水萃取法（或蒸馏、闪蒸和水蒸气蒸馏等）和结晶法。

(3) 环戊酮液相氧化法。

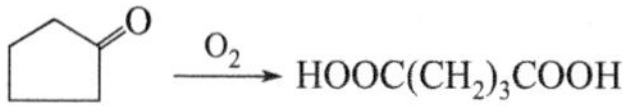

(4) γ-丁内酯法。

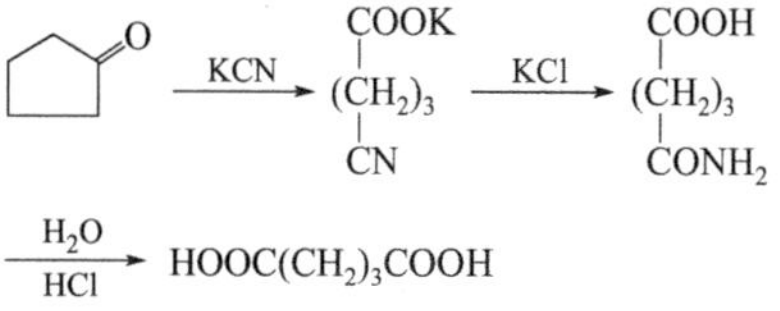

(5) 二氢呋喃法。

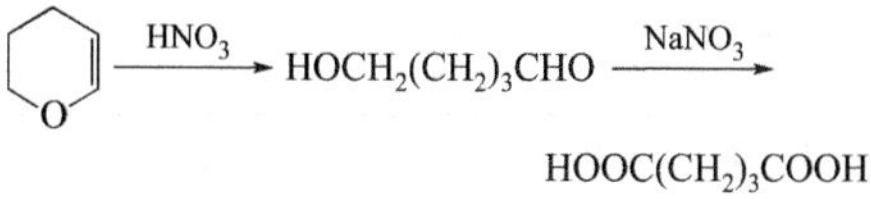

(6) 戊二腈法。

$$NCCH_2CH_2CH_2CN \xrightarrow[HCl]{H_2O} HOOC(CH_2)_3COOH$$

【安全性】 有毒。将戊二酸注入家兔皮下，发现对肾有剧烈的毒害。严禁口服，操作人员应戴口罩及橡胶手套。

【参考生产企业】 北京维达化工有限公司，辽阳市宏伟区宏光化工厂。

Fa048 己二酸

【英文名】 adipic acid

【别名】 肥酸；hexanedioic acid；1,4-butanedicarboxylic acid

【CAS 登记号】 [124-04-9]

【结构式】 $HOOC(CH_2)_4COOH$

【物化性质】 白色结晶体，有骨头烧焦的气味。沸点（101kPa）332.7℃（分解）。熔点 153℃。闪点（开杯）209.85℃。燃点 231.85℃。相对密度（d_4^{25}）1.360。熔融黏度（160℃）4.54mPa·s。微溶于水，易溶于酒精、乙醚等大多数有机溶剂。

【质量标准】 SH/T 1499.1—1997 精己二酸

项目		优等品	一等品	合格品
外观		白色结晶粉末	白色结晶粉末	白色结晶粉末
含量/%	≥	99.7	99.7	99.5
熔点/℃	≥	151.5	151.6	151.0
氨溶液色度（铂-钴色号）	≤	5	5	15
水分/%	≤	0.20	0.27	0.40
灰分/(mg/kg)	≤	7	10	35
铁含量/(mg/kg)	≤	1.0	1.0	3.0
硝酸含量/(mg/kg)	≤	10.0	10.0	50.0
可氧化物(以乙二酸计)/(mg/kg)	≤	60	70	—
熔融物色度（铂-钴色号）	≤	50	—	—

【用途】 主要用作尼龙 66 和工程塑料的原料，也用于生产各种酯类产品，用作增塑剂和高级润滑剂。己二酸还用作聚氨基甲酸酯弹性体的原料，各种食品和饮料的酸化剂，其作用有时胜过柠檬酸和酒石酸。己二酸也是医药、杀虫剂、黏合剂、合成革、合成染料和香料的原料。

【制法】 (1) 环己烷氧化法。环己烷在钴催化剂作用下，第一步氧化生成环己醇和环己酮，反应条件为 150～160℃，810～1013kPa。环己醇和环己酮再经硝酸氧化生成己二酸。反应条件为 60～80℃，100～400kPa。粗品经重结晶精制得到成品。

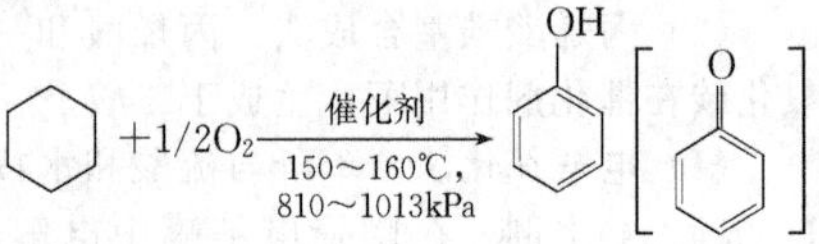

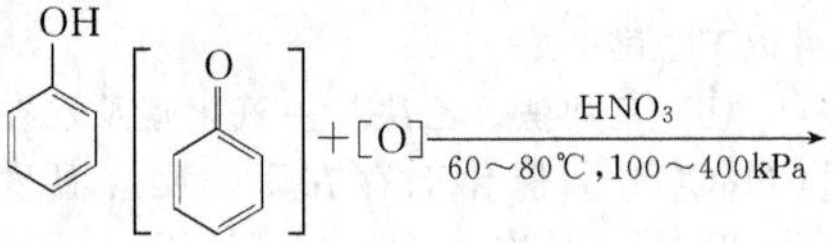

$HOOC(CH_2)_4COOH$

(2) 丁二烯两步羰化法。以丁二烯和一氧化碳为原料，先使丁二烯转化为 3-戊烯酸甲酯，再经羰化制己二酸二甲酯，最后经水解制得。

$$CH_2{=}CHCH{=}CH_2 + CO + CH_3OH$$

$$\longrightarrow CH_3CH{=}CHCH_2COOCH_3 \xrightarrow[CH_3OH]{CO}$$

$$CH_3OOCCH_2CH_2CH_2CH_2COOCH_3(A)$$

$$A + H_2O \longrightarrow 本品 + 2CH_3OH$$

(3) 环己烯-水合-氧化法。以苯和氢为原料进行苯部分加氢制得环己烯，再经水合生成环己醇，将环己醇用硝酸氧化生产己二酸。

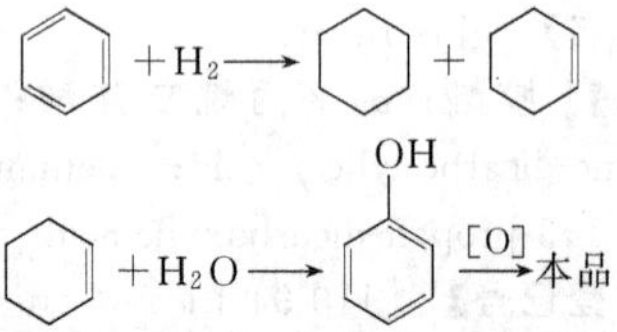

【安全性】 己二酸性质稳定，低毒。可与柠檬酸或酒石酸一样使用，不潮解。用带塑料衬里的编织袋包装，净重 25kg。贮存于干燥阴凉处，运输时要注意防雨。按一般化学品规定贮运。

【参考生产企业】 北京精求化工有限公司，天津市帆利精细化工有限公司，中国石油天然气股份有限公司辽阳石化分公司。

Fa049 癸二酸

【英文名】 sebacic acid

【别名】 decanedioic acid; 1,8-octanedicarboxylic acid

【CAS 登记号】 [111-20-6]

【结构式】 $HOOC(CH_2)_8COOH$

【物化性质】 白色片状结晶，可燃。沸点(13.3kPa) 294.5℃。熔点 134～134.4℃。相对密度 1.2705。折射率（$n_D^{133.3}$）1.422。摩尔燃烧热 5.424MJ/mol。微溶于水，溶于酒精和乙醚。

【质量标准】 GB/T 2092—92 （工业级）癸二酸

项目		优级品	一级品	合格品
癸二酸含量/%	≥	99.5	99.2	98.5
灰分/%	≤	0.08	0.10	0.20
水分/%	≤	0.30	0.30	0.60
碱溶色度(铂-钴色号)	≤	35	45	85
熔点范围/℃		131.0～134.5	131.0～134.5	129.0～134.5

【用途】 主要用作癸二酸酯类增塑剂和尼龙塑模树脂的原料，还可用作耐高温润滑油的原料。其主要酯类产品是甲酯、异丙酯、丁酯、辛酯、壬酯和苯甲酯，常用酯是癸二酸二丁酯和癸二酸二辛酯。癸二酯增塑剂可广泛用在聚氯乙烯、醇酸树脂、聚酯树脂和聚酰胺模塑树脂中，由于其低毒和耐高温的性能，所以经常用于一些特殊用途的树脂中。用癸二酸生产的尼龙模塑树脂具有较高的韧性和较低的吸湿性，也可加工成很多特殊用途的产品。癸二酸还是橡胶的软化剂、表面活性剂、涂料及香料的原料。

【制法】 (1) 蓖麻油裂解法。蓖麻油在碱作用下加热水解生成蓖麻油酸钠皂，然后加硫酸酸解生成蓖麻油酸。在稀释剂甲酚的存在下，加碱加热到 260～280℃进行裂解，生成癸二酸双钠盐及仲辛醇和氢气，裂解物经水稀释后，加热加酸中和，把双钠盐变成单钠盐，再用活性炭脱色后的中和液煮沸加酸，使癸二酸单钠盐变成癸二酸结晶析出，再经分离、干燥即得成品。

(2) 电解己二酸法。电解偶联低级二元酸单酯，是制取长链二元酸酯的方法之一。用己二酸单酯偶联可得 75%～78%的癸二酸二甲酯，再经水解可得产品。

(3) 石油正癸烷发酵法。利用 200# 溶剂油或 166～182℃馏分中分离制得的正癸烷，以解脂假丝酵母发酵制得癸二酸。

(4) 新环戊酮法。以钯盐—铜或铁为催化剂，在乙醇、丙醇或其他醇的溶剂中，在 40～60℃低温和常压的缓和条件下，将环戊烯用空气氧化生成环戊酮，然后用铁催化剂氧化和二聚而成。

【安全性】 癸二酸基本无毒，但生产中所用甲酚有毒，要防止中毒（参见甲酚）。生产设备应密闭。操作人员应戴口罩及手套。用编织袋或麻袋内衬塑料袋包装，每袋净重 25kg、40kg、45kg 或 50kg。贮存于阴凉通风处，防火防潮。勿与液酸和碱混放。按易燃品规定贮运。

【参考生产企业】 河北衡水京华化工厂，河北凯德生物材料有限公司，山东莘县四强化工集团有限公司，通辽市兴合化工有限公司，上海邦成化工有限公司，江苏吴江康联化工有限公司，河北省邯郸滏阳化工集团有限公司，南宫市盛华化工有限责任公司。

Fa050 十二烷二酸

【英文名】 dodecanedioic acid

【别名】 月桂二酸

【CAS 登记号】 [693-23-2]

【结构式】 $HOOC(CH_2)_{10}COOH$

【物化性质】 为白色粉末状或片状结晶。沸点（2.0kPa）254℃。熔点 128.7～

129℃。在水中溶解度小，热稳定性好。

【质量标准】 白色粉末。沸点 308～310℃。

【用途】 可用作合成尼龙 6～12 和模塑树脂的原料、饱和聚酯的改性剂、粉末涂料、增塑剂、合成润滑油、金属沉淀剂、合成大环麝香原料。

【制法】 以环己烷为原料，在甲醇中与过氧化氢反应，制成环己基过氧化物，再经催化开环、二聚，得十二烷二酸甲酯，精制后，皂化，即得十二烷二酸。

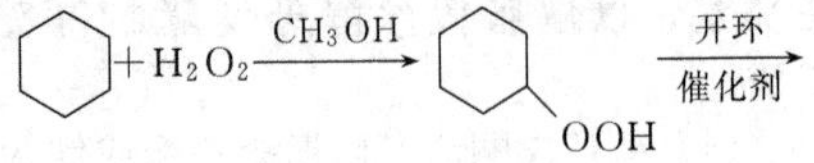

$$C_6H_{11}OOH \xrightarrow{二聚} CH_3OOC(CH_2)_{10}COOCH_3$$

$$\xrightarrow[皂化]{NaOH} HOOC(CH_2)_{10}COOH$$

【安全性】 毒性极低，对黏膜及皮肤有刺激性。操作人员应穿戴防护用具。内衬聚乙烯袋外用瓦楞纸箱，按 10kg 装，或纤维板桶 100kg 装。按一般化学品规定贮运。

【参考生产企业】 山东淄博广通化工有限责任公司，北京金源化学集团有限公司，广州伟伯化工有限公司。

Fa051 苹果酸

【英文名】 malic acid

【别名】 羟基丁二酸；hydroxybutanedioic acid；hydroxysuccinic acid

【CAS 登记号】 [6915-15-7]

【结构式】 $HOOCCH_2CH(OH)COOH$

【物化性质】 苹果酸为三斜晶系白色晶体。有旋光性，以左旋体（L-型）、右旋体（D-型）、外消旋体（DL-型）三种形式存在。左旋体苹果酸广泛存在于自然界，是苹果的主要酸组分；右旋体为一种化学实验品；外消旋体广泛用作食品酸化剂。苹果酸能进行许多二元酸、一元醇和羟基羧酸的特征性反应，生成酯、酰胺和酰氯。熔点 L-苹果酸 100℃（至 140℃时分解），D-苹果酸 101℃，DL-苹果酸约 131～132℃。比旋光度（$[\alpha]_D$）（L-苹果酸）$-2.3°$（$c=8.5$）。苹果酸在正常情况下稳定，湿度高时有吸湿性。易溶于甲醇、乙醇、丙酮和其他许多极性溶剂。20℃时 L-苹果酸在不同物质中的溶解度（g/100 g）：甲醇 197.22、乙醚 2.70、乙醇 86.60、丙酮 60.66、水 36.35，几乎不溶于苯。在相同的温度下，DL-苹果酸溶解度（g/100g）：甲醇 82.70、乙醚 0.84、乙醇 45.53、丙酮 17.75、水 55.8，几乎不溶于苯。

【质量标准】 GB 13737—2008 （食用级）L-苹果酸

项目		指标
L-苹果酸（以 $C_4H_6O_5$ 计）/%	≥	99.0
比旋光度$[\alpha]_D^{20}$/(°)		−1.6～−2.6
硫酸盐（以 SO_4 计）/%	≤	0.02
氯化物（以 Cl 计）/%	≤	0.004
砷（以 As 计）/(mg/kg)	≤	2
重金属（以 Pb 计）/(mg/kg)	≤	10
铅(Pb)/(mg/kg)	≤	2
灼烧残渣/%	≤	0.10
澄清度试验		通过试验
富马酸/%	≤	0.5
马来酸/%	≤	0.05

【用途】 用于食品工业作酸化剂（饮料，硬糖），生产医药和化妆品，用作螯合剂（金属清洁剂）和缓冲剂、纺织工业用阻凝剂、有机合成原料。

【制法】 （1）DL-苹果酸的合成。以顺丁烯二酸或反丁烯二酸在高温、加压下水合制取。用阴、阳离子交换树脂提纯。

（2）L-苹果酸的合成。利用短杆菌氨基因细胞由反丁烯二酸制得。

【安全性】 安全、无毒。小包装（23kg）可用多层纸袋包装，大包装用纤维板桶装。50%工业级苹果酸溶液可用槽车运输，贮存中应避免高温、高湿度，以免结块。

【参考生产企业】 南京国海生物工程有限公司，江苏常州常茂生物化学工程有限公司，山西太明化工工业有限公司，北京北化精细化学品有限责任公司，江苏武进市雪龙化工厂。

Fa052 2,3-二羟基丁二酸

【英文名】 *dl*-tartaric acid

【别名】 *dl*-酒石酸；2，3-dihydroxybutanedioic acid；racemic tartaric acid；racemic acid；*dl*-tartaric acid；resolvable tartaric acid

【CAS登记号】 [133-37-9]

【结构式】 $HOOC(CHOH)_2COOH$

【物化性质】 酒石酸分子中有两个不对称碳原子，有四种异构体，即右旋、左旋、外消旋和内消旋酒石酸。工业上生产量最大的是外消旋酒石酸，是无色晶体。熔点206℃（210℃时分解）。相对密度1.697（一水化物）。溶于水和乙醇，微溶于乙醚，不溶于苯。

【质量标准】 GB 15358—2008（食用级）*dl*-酒石酸

项目		结晶品	无水品
dl-酒石酸(以干基计)/%	≥	99.5	
熔点范围/℃		200～206	
硫酸盐(以 SO_4 计)/%	≤	0.04	
重金属(以 Pb 计)/%	≤	0.001	
砷(以 As 计)/%	≤	0.0002	
易氧化物试验		通过试验	
干燥减量/%	≤	11.5	0.5
灼烧残渣/%	≤	0.10	

【用途】 主要用作食品酸味剂，其盐类用作镜子镀银和金属处理。在纺织工业中，酒石酸用作媒染剂，控制氯从漂白粉中释出。医药上用于制造辛可芬。另外，酒石酸也可用在制革和电讯器材行业。

【制法】 (1) 顺酐氧化法。顺丁烯二酸酐与过氧化氢溶液在钨酸作用下进行反应，生成环氧丁二酸，然后经水解，得酒石酸，再经冷却、结晶、分离和干燥得纯品。

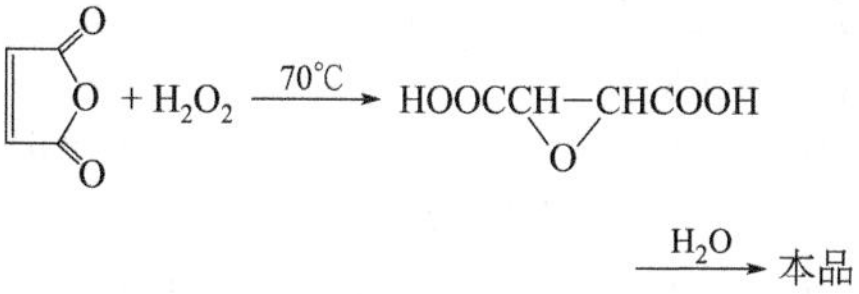

(2) 酒石法。以酿造葡萄酒时的粗酒石为原料，经石灰乳处理成酒石酸钙，再经硫酸酸化制得。

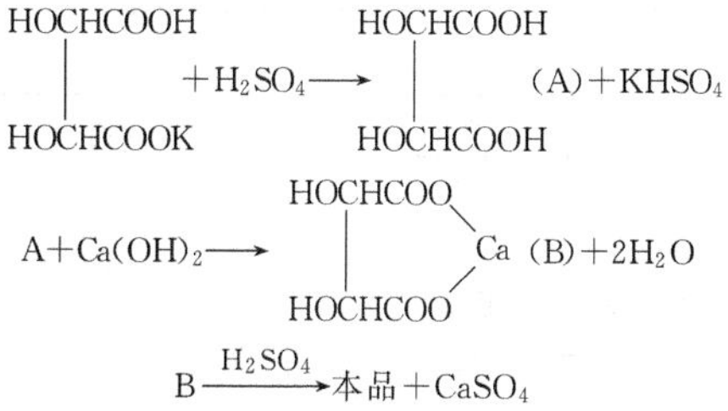

【安全性】 低毒。其酸性较强，对牙齿有腐蚀性，据报道，操作人员在浓度为1.1mg/m^{3}的环境中工作时，会出现牙齿损伤，而且引起胃炎，因此，操作现场要有良好的通风条件，生产设备要做到无泄漏。用编织袋或麻袋内衬塑料袋包装，每袋净重25kg或50kg。远离氧化剂和火源，不能与液碱存放一起，注意防雨防潮，存放于干燥阴凉处。按一般化学品规定贮运。

【参考生产企业】 河北智通化工有限责任公司，山西太明化工工业有限公司，天津市津西渤海化工厂，上海新浦化工厂，江苏锡山市东绛利华化工厂，杭州金田化工有限公司。

Fa053 二乙三胺五乙酸

【英文名】 pentetic acid

【别名】 二乙三胺五醋酸；二亚乙基三胺

五乙酸；二乙烯三胺五乙酸；二乙烯三胺五醋酸；*N*,*N*-bis{2-[bis(carboxymethyl)amino]ethyl}glycine；diethylenetriamine pentaacetic acid；{[(carboxymethyl)imino]bis(ethylenenitrilo)}tetraacetic acid；DTPA；pentacarboxymethyl diethylenetriamine

【CAS 登记号】 [67-43-6]

【结构式】

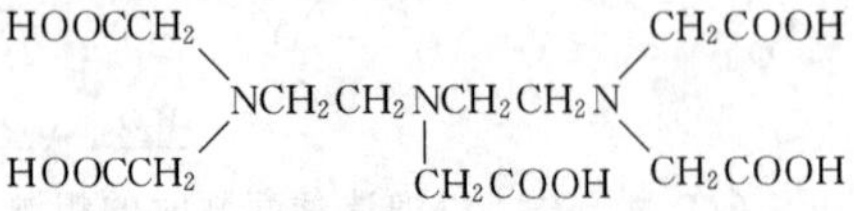

【物化性质】 白色结晶或结晶状粉末。熔点 230℃（分解）。溶于热于和碱溶液，微溶于冷水，不溶于醇醚等有机溶剂。

【质量标准】 参考标准

项目		指标
含量($C_{14}H_{23}N_3O_{10}$)/%	≥	99.0
螯合值		253～258
Na_2CO_3 中溶解度		合格
灼烧残渣(以硫酸盐计)/%	≤	0.1
铁(Fe)/%	≤	0.002
重金属(以 Pb 计)/%	≤	0.005
pH 值		2.1～2.5

【用途】 用作制浆、造纸、污水处理、金属切削液以及水基涂料的消泡剂，消泡效果较好。特别是在制浆造纸工业中，它可以消除浮浆，并能提高洗浆速度、洗涤质量和漂白质量，减少良浆流失，消除纸面上的斑点、透明点、洞眼等。

【制法】 二乙三胺与氯乙酸缩合得二乙三胺五乙酸。

【参考生产企业】 淄博三威化工厂，北京恒业中远化工有限公司，温州市化学用料厂，北京市庆盛达化工技术有限公司。

Fa054 四羟基丁二酸（二）钠

【英文名】 dihydroxytartaric acid disodium salt

【别名】 双羟基酒石酸（二）钠

【结构式】 $NaOOCC(OH)_2C(OH)_2COONa$

【物化性质】 白色晶体。能溶于无机酸，并分解。水合物的熔点 285～288℃（分解）。

【质量标准】 企业标准：外观白色粉末。含量≥99.0%。

【用途】 主要用作染料中间体及有机化工原料，测钠试剂。

【制法】 以酒石酸为原料，与硝酸、硫酸在低温（30～40℃）下，进行酯化反应，再经碳酸钠水解，最后用纯碱中和至 pH 值 6～7。经静置、分层、过滤，水洗制得成品。

【安全性】 无毒。浆状物用铁桶包装。宜贮存于阴凉、干燥、通风的库房中。按一般化学品规定贮运。

【参考生产企业】 武汉神舟化工有限公司，上海邦成化工有限公司。

Fa055 柠檬酸

【英文名】 citric acid

【别名】 枸橼酸；β-羟基丙三羧酸；3-羟基-3-羧基-1,5-戊二酸；β-hydroxy propanetricarboxylic acid

【CAS 登记号】 [77-92-9]

【结构式】

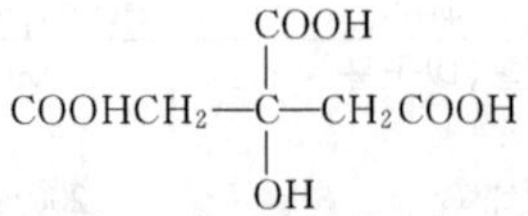

【物化性质】 白色半透明晶体或粉末。从冷溶液中结晶出来的柠檬酸含有 1 分子水，在干燥空气中易失去结晶水。熔点 153℃（无水物），100℃（一水物）；相对密度（d_4^{18}）1.665（无水物），1.542（一水物）；折射率 1.493～1.509；摩尔燃烧热（25℃）1.952MJ/mol（一水物），1.96MJ/mol（无水物）。易溶于水和乙醇，溶于乙醚。可燃。

【质量标准】 GB/T 8269—2006

项目	无水柠檬酸		一水柠檬酸		
	优级	一级	优级	一级	二级
鉴别试验	符合试验		符合试验		
柠檬酸含量/%	99.5～100.5		99.5～100.5		≥99.0
透光率/% ≥	98.0	96.0	98.0	95.0	—
水分/% ≤	0.5		7.5～9.0		—
易炭化物 ≤	1.0		1.0		—
硫酸灰分/% ≤	0.05		0.05		0.1
氯化物/% ≤	0.005		0.005		0.01
硫酸盐/% ≤	0.01		0.015		0.05
草酸盐/% ≤	0.01		0.01		—
钙盐/% ≤	0.02		0.02		—
铁/(mg/kg) ≤	5		5		—
砷盐/(mg/kg) ≤	1		1		—
重金属(以Pb计)/(mg/kg) ≤	5		5		—
水不溶物	滤膜基本不变色，目视可见杂色颗粒不超过3个		滤膜基本不变色，目视可见杂色颗粒不超过3个		—

【用途】 广泛用作食品、饮料的酸味剂和药物添加剂，亦可用作化妆品、金属清洗剂、媒染剂、无毒增塑剂和锅炉防垢剂的原料和添加剂。其主要盐类产品有柠檬酸钠、钙和铵盐等，柠檬酸钠是血液抗凝剂，柠檬酸铁铵可作补血药品。

【制法】 主要采用发酵法生产，其原料可用糖蜜、蔗糖、甘薯和石油烃等碳水化合物。一般采用真菌为菌种发酵生产，按发酵方式可分为表面发酵和深层发酵两大类，表面发酵是早期的生产方法，用某些青霉菌或黑曲霉菌为菌种；深层发酵法亦以黑曲霉菌为菌种，发酵过程中生成小球形的丝菌聚集体，应避免生成长而薄的丝菌体，发酵条件为pH值1.5～2.8，同时需通入无菌空气并伴随搅拌，发酵完毕过滤除去丝菌体及残存的固体渣滓，滤液用碳酸钙中和获得柠檬酸钙，然后用浓硫酸中和得柠檬酸粗品，再经离子交换树脂精制、浓缩和结晶得到成品。

【安全性】 无毒。用编织袋内衬塑料袋包装，也可用牛皮纸袋包装，每袋净重25kg。密封保存，贮运中要防热防潮。按一般化学品规定贮运。

【参考生产企业】 武汉远锦科技发展有限公司，上海金益食品有限公司，山东银丰化工集团股份有限公司，连云港诺贝生化科技有限公司，河北省定州市新元柠檬酸有限公司。

Fa056 顺丁烯二酸

【英文名】 maleic acid

【别名】 马来酸；顺酸；失水苹果酸；(*Z*)-butenedioic acid；toxilic acid；*cis*-1,2-ethylenedicarboxylic acid

【CAS登记号】 [110-16-7]

【结构式】

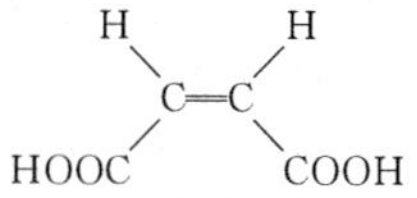

【物化性质】 单斜晶系无色结晶，有涩味。约在138℃时分解。熔点138～139℃。相对密度1.590。溶于水、乙醇和丙酮，不溶于苯。

【质量标准】

项目		指标
含量/%	≥	98
水分/%	≤	0.5
色度/%	≤	30

【用途】 主要用于生产农药马拉松、达净松，合成不饱和树脂和酒石酸、琥珀酸等产品，也用于涂料、食品和印染助剂中。

【制法】 (1) 苯氧化法。纯苯经预热后，在钒系列催化剂作用下，经空气氧化生成顺丁烯二酸酐，反应温度为 360℃，然后经水吸收、浓缩、结晶和干燥得顺酸产品。

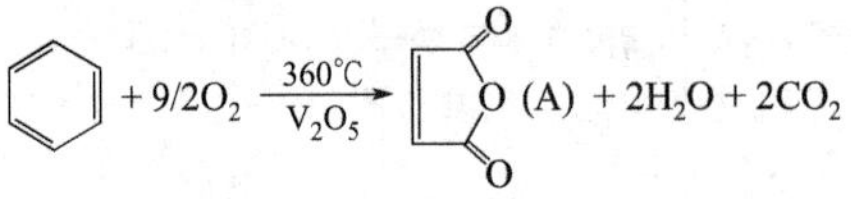

A $\xrightarrow{H_2O}$ 本品

(2) 丁烯（烷）氧化法。丁烯（烷）在钒系催化剂作用下，经空气氧化生成顺酐，反应温度 350～450℃，然后经水吸收生成顺酸，再经浓缩、干燥得成品。

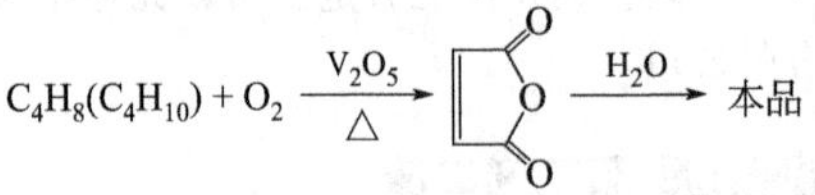

此外，萘或邻二甲苯氧化生成苯酐时可副产顺酸。

【安全性】 有毒，大鼠经口 LD_{50} 为 708mg/kg。刺激皮肤和黏膜，引起结膜、角膜红肿以及视力减退，甚至失明。皮肤接触液态酸，可致烧伤。操作过程中要穿戴好防护用品，设备要密闭，防止跑冒滴漏，现场应有良好的通风条件。沾染顺酸后要用大量清水冲洗。着火时要用水或 CO_2 喷雾灭火器，不能使用 $NaHCO_3$ 灭火器，因其易造成顺酸急速分解。产品采用编织袋内衬塑料袋进行包装，每袋净重 25kg。注意防潮、远离火源和碱性物质。

【参考生产企业】 江苏常州常茂生物化学工程有限公司，浙江东阳市天宇化工有限公司，山西太原市侨友化工有限公司。

Fa057 反丁烯二酸

【英文名】 fumaric acid

【别名】 富马酸；延胡索酸；(2*E*)-2-butenedioic acid；allomaleic acid；*trans*-1,2-ethylenedicarboxylic acid

【CAS 登记号】 [110-17-8]

【结构式】

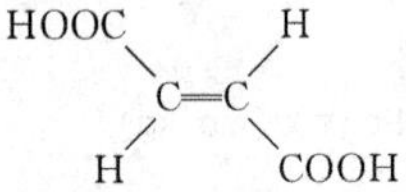

【物化性质】 单斜晶系无色针状或小叶状结晶，有水果酸味。熔点 287℃ (290℃升华)。相对密度 1.635。微溶于水、乙醚和醋酸，溶于乙醇。几乎不溶于氯仿。

【质量标准】 GB 25546—2010 食品添加剂 富马酸

项目		指标
外观		白色结晶粉末或结晶颗粒，有酸味
富马酸(以 $C_4H_4O_4$ 计，以干基计)%		99.5～100.5
砷(As)/(mg/kg)	≤	2
铅(Pb)/(mg/kg)	≤	2
灼烧残渣/%	≤	0.1
马来酸/%	≤	0.10
水分/%	≤	0.5

【用途】 主要用作不饱和树脂和醇酸树脂的原料。与醋酸乙烯聚合可生产黏合剂，也可用作医药的原料。在食品和饮料行业用作酸味剂。

【制法】 (1) 顺酸异构化法。顺酸在硫脲催化剂作用下，加热到 145～260℃ 经异构化生成反酸。然后经过滤、洗涤、干燥得成品。

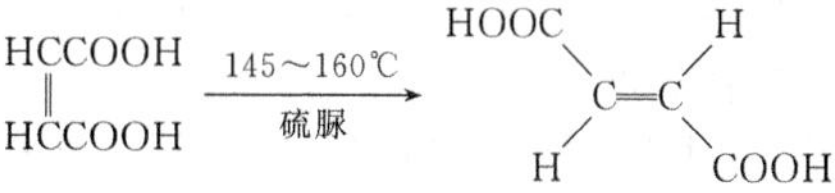

（2）发酵法。以液体石蜡为原料，假丝酵母为菌种进行深层发酵，然后经分离、脱色、结晶干燥等多步工序获得反丁烯二酸成品。反丁烯二酸还可从山芋、淀粉发酵制得。

（3）糠醛法。以糠醛为原料，经氯酸钠氧化制得。

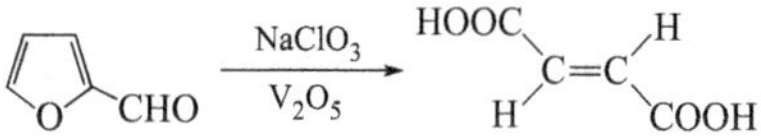

【安全性】 无毒。家兔经口 LD_{50} 为 5000 mg/kg，小鼠内腹膜注入 LD_{50} 为 200 mg/kg。具有轻微刺激作用。遇明火、高热可燃。粉体与空气可形成爆炸性混合物，当达到一定浓度时，遇火星会发生爆炸。受高热分解，放出刺激性烟气。用编织袋内衬塑料袋包装，每袋净重 25kg，也可用纸板桶内衬塑料袋包装，每桶净重 30kg 或 50kg。贮存于阴凉干燥处。

【参考生产企业】 石家庄白龙化工股份有限公司，山东省丝绸研究所周村助剂实验厂，天津有机化学工业总公司。

Fa058 衣康酸

【英文名】 itaconic acid

【别名】 亚甲基丁二酸；亚甲基琥珀酸；methylenesuccinic acid

【CAS 登记号】 [97-65-4]

【结构式】

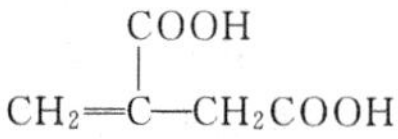

【物化性质】 为无色晶体，在真空下能升华。熔点 167～168℃。相对密度 1.6320。溶于水、乙醇和丙酮，微溶于氯仿、苯和乙醚。易聚合，也能与其他单体共聚。不易挥发，过热能分解。

【质量标准】 QB/T 2592—2003

项目		优级	一级
外观性状		白色结晶或粉末，无肉眼可见外来杂质，50g/L 溶液不出现浑浊	
含量/%	≥	99.5	99.0
熔点/℃		165～169	
色度/APHA	≤	10	20
干燥失重/%	≤	0.3	0.5
灼烧残渣/%	≤	0.1	
氯化物(以 Cl^- 计)/(mg/kg)	≤	25	
硫酸盐(以 SO_4^{2-} 计)/(mg/kg)	≤	100	
铁(以 Fe^{3+} 计)/(mg/kg)	≤	10	
重金属(以 Pb+计)/(mg/kg)	≤	30	

【用途】 制备合成纤维、合成树脂与塑料、离子交换树脂的重要单体，还用作地毯裱里剂、纸的涂层剂、黏结剂、涂料的分散乳化剂、高聚物的增塑剂等。

【制法】 （1）发酵法。以碳水化合物（葡萄糖、淀粉等）加适量氮源和无机盐，经土曲霉的生物化学作用制得。

（2）化学合成法。

① 以农产品为原料。此类原料有柠檬酸、异柠檬酸、乌头酸或其酸酐等。以柠檬酸为原料，以负载的磷酸盐为催化剂，在 290～340℃ 反应得到柠康酸，再加热至 220℃ 异构化，得衣康酸。

② 以石油化工产品为原料。以丁二酸酐或丁二酸二酯为原料，以钍盐为催化剂，与甲醛反应，生成柠康酸，再加热异构化制得衣康酸。

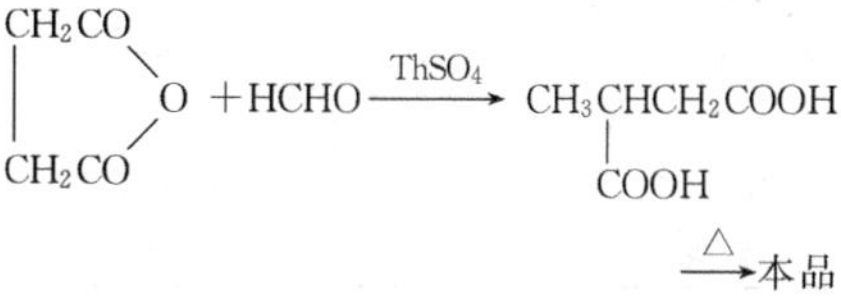

③ 新的化学合成法。以顺丁烯二酸酐为主要原料，经酯化、加成、亚甲基化和水解四步反应合成衣康酸。

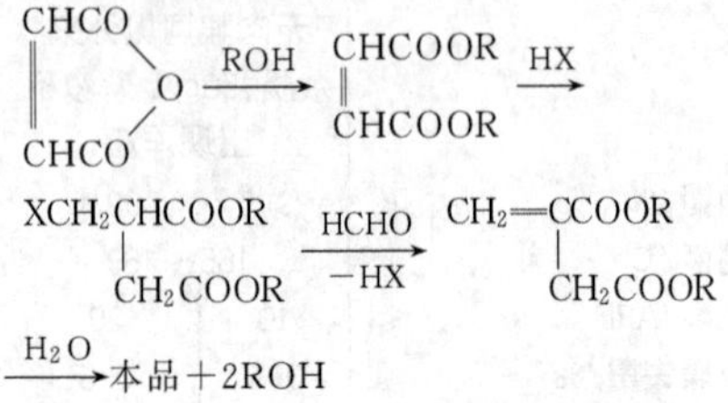

【安全性】 毒性小，对健康危害不大，但其蒸气具有毒性。生产中设备应密闭，操作人员要穿戴防护用具。需装入内衬塑料袋的纸桶中，严密贮存，要注意防潮、防热和防氧化剂。按一般化学品规定贮运。

【参考生产企业】 浙江国光生化股份有限公司，青岛扶桑精制加工有限公司，山东中舜集团有限公司，南京华锦生物制品有限公司，江苏省锡山市发酵甘油厂。

Fa059 山梨酸

【英文名】 sorbic acid

【别名】 2,4-已二烯酸；(2*E*，4*E*)-2,4-hexadienoic acid；2-propenylacrylic acid

【CAS 登记号】 [110-44-1]

【结构式】 $CH_3CH=CHCH=CHCOOH$

【物化性质】 白色结晶性粉末。无味，无臭。沸点 228℃（分解）。熔点 134.5℃。闪点 127℃。酸度系数（25℃）4.76。溶于乙醇和乙醚，不溶于水。

【质量标准】 GB 1905—2000 （食用级）山梨酸

项目		指标
山梨酸含量(干基计)/%		99.0～101.0
熔点/℃		132～135
灼烧残渣含量/%	≤	0.2
重金属含量(以Pb计)/%	≤	0.001
砷含量/%	≤	0.0002
水分/%	≤	0.5

【用途】 食品及饲料的防腐剂。山梨酸作为防腐剂也用于医药工业、轻工业化妆品、烤烟叶，以及作为杀虫剂使用。作为不饱和酸用于树脂、香料和橡胶工业。也用来配制试剂。

【制法】 (1) 乙烯酮法。此法是目前国际上工业化生产较普遍采用的方法。醋酸经高温裂解生成乙烯酮，然后与巴豆醛缩合成聚酯，再经水解、精制即得成品。

$$CH_3COOH \xrightarrow{\text{高温}} CH_2=C=O+H_2O$$

$$CH_2=C=O+CH_3CH=CHCHO \longrightarrow \text{本品}$$

(2) 丙二酸法。由丙二酸、巴豆醛缩合、脱羧制得。

$$CH_2(COOH)_2+CH_3CH=CHCHO \longrightarrow \text{本品}$$

(3) 丙酮法。由丙酮与巴豆醛缩合，再经脱氢制得。

$$CH_3CH=CHCHO+CH_3COCH_3 \xrightarrow{-H_2}$$

$$CH_3CH=CHCH=CHCOCH_3 \xrightarrow{NaClO}$$

$$CH_3CH=CHCH=CHCOONa \xrightarrow{HCl} \text{本品}$$

(4) 丁二烯法。以丁二烯和乙酸为原料，在醋酸锰催化剂存在下，于 140℃ 加压缩合，制得 γ-乙烯-γ-丁内酯。丁内酯在酸性离子交换树脂作用下，开环得山梨酸。

$$CH_3COOH+CH_2=CHCH=CH_2 \xrightarrow[\text{加压}]{MnAc_2}$$

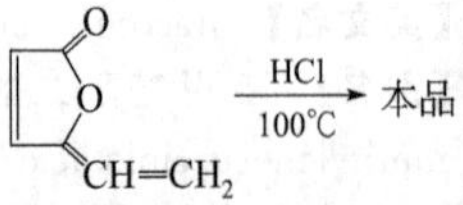

【安全性】 低毒。大鼠经口 LD_{50} 为 8000mg/kg。设备应密闭，操作人员应戴口罩及橡胶手套。用塑料袋和塑料衬里，外套编织袋或纸桶包装。净重 1kg，5kg。注意防潮、防晒，勿与其他化学物品接触，按一级化学品规定贮运。

【参考生产企业】 浙江宁波王龙集团公司，泰州市明光食品添加剂有限公司，香港新实业国际集团（吉林）山梨酸有限公司，天津市化学试剂有限公司，天津市汉沽区海中化工厂，浙江余姚市食品添加剂厂。

Fa060 聚马来酸

【英文名】 polymaleic acid

【别名】 聚顺丁烯二酸；hydrolyzed polymaleic anhydride

【CAS 登记号】 [26099-09-2]

【结构式】

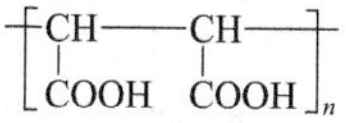

【物化性质】 棕红色黏稠液体。相对密度 1.20 (20/20℃)。

【用途】 用于棉织物进行防皱整理。

【制法】 顺丁烯二酸酐在催化剂作用下聚合、水解制得。

【参考生产企业】 上海迈瑞尔化学技术有限公司，孝感深远化工有限公司（原孝感深远医药化工厂）。

Fa061 醋酸酐

【英文名】 acetic anhydride

【别名】 乙酸酐；乙酐；acetic oxide；acetyl oxide

【CAS 登记号】 [108-24-7]

【结构式】 $(CH_3CO)_2O$

【物化性质】 无色易挥发液体，具有强烈刺激性气味和腐蚀性。沸点 138.63℃。熔点 −74.13℃。闪点（开杯）64.4℃。自燃点 388.9℃。相对密度（d_{20}^{20}）1.0820。折射率 1.390。黏度（20℃）0.91mPa·s。溶于冷水，在热水中分解成醋酸，与乙醇生产乙酸乙酯。溶于氯仿、乙醚和苯。

【质量标准】 GB/T 10668—2000 （工业级）乙酸酐

续表

项目	优等品	一等品	合格品
色度(铂-钴色号，Hazen 单位) ≤	10	15	25
乙酸酐含量/% ≥	99.0	98.0	96.0
蒸发残渣/% ≤	0.005	0.010	0.010
铁含量(以 Fe 计)/% ≤	0.0001	0.0002	0.0005
还原高锰酸钾物质/指数(mg/100mL) ≤	60	80	—

【用途】 是重要的有机化工原料。主要用于制造醋酸纤维、农药、医药、染料和香料等。在医药上用于制造合霉素、地巴唑、阿司匹林等药物。在化工生产中用作强乙酰化剂和脱水剂。

【制法】 (1) 醋酸裂解法。以醋酸为原料，磷酸三乙酯为催化剂，在裂解炉内高温真空裂化生成中间体乙烯酮，再用醋酸吸收即得乙酐，精制后得成品。

$$CH_3COOH \xrightarrow[700\sim740℃,10\sim20kPa]{磷酸三乙酯} CH_3{=}C{=}O + H_2O$$

$$CH_3COOH + CH_3{=}C{=}O \longrightarrow (CH_3CO)_2O$$

(2) 乙醛氧化法。乙醛进入乙醛氧化塔，以醋酸钴，醋酸铜为催化剂，被氧化为过氧乙酸，过氧乙酸和过量的乙醛反应即生成乙酐。除去催化剂、醋酸，精制后即得成品。

$$CH_3CHO + O_2 \xrightarrow[40\sim60℃\ 醋酸乙烯稀释剂]{Cu(Ac)_2, Co(Ac)_2} CH_3COOOH$$

$$CH_3COOOH + CH_3CHO \longrightarrow (CH_3CO)_2O + H_2O$$

(3) 乙酰氯法。乙酰氯与乙酸钠反应制得。

$$CH_3COCl + CH_3COONa \longrightarrow (CH_3CO)_2O$$

(4) 羰基化法。此法是一条新工艺路线，由乙酸甲酯与一氧化碳经羰基化反应制得。

$$CH_3COOCH_3 + CO \longrightarrow (CH_3CO)_2O$$

【安全性】 有毒。大鼠经口 LD_{50} 为 1780mg/kg。对眼及黏膜具有强烈的刺激性，浓度为 0.36mg/m³ 时即对眼有刺激；0.18mg/m³ 时，就能改变人的脑电图像，还能引起细胞组织蛋白质变质。其蒸气刺激性更强，极易烧伤皮肤及眼睛，如经常接触会引起皮炎和慢性结膜炎。当溅及或黏附于皮肤时，要立即用清水或2%苏打水冲洗，全身中毒时应就医诊治。设备应密封，防止泄漏。操作人员要穿戴好防护用品。空气中最高容许浓度5×10^{-6}。用铝桶或铝罐包装，净重100kg或200kg。也可用铝制槽车贮运。包装容器应进行清洗、干燥和试压方可使用，定量装入乙酐后再行密封待运。运输时防止激烈震动，运输工具应附有遮盖物。贮存于阴凉、干燥、通风处，避免日晒，远离火源、热源以及氧化剂如硝酸、三氧化铬等。按危险品规定贮运。

【参考生产企业】 南通醋酸化工股份有限公司，吉林化学工业股份有限公司电石厂，上海化学试剂有限公司有机化工厂，江苏丹化集团有限责任公司，南京醋酸化工厂，上海焦化有限公司。

Fa062 丁酸酐

【英文名】 butyric anhydride

【别名】 酪酸酐；butanoic acid anhydride；butyryl oxide

【CAS登记号】 [106-31-0]

【结构式】

$CH_3CH_2CH_2COOCOCH_2CH_2CH_3$

【物化性质】 无色透明可燃液体，低毒。沸点(101.3kPa) 199.4～201.4℃。熔点-75℃。闪点86.1℃。相对密度0.9668。折射率1.4070。蒸气压(20℃) 39.4Pa。溶于水并分解生成丁酸，溶于乙醚。

【质量标准】

项目		指标
外观		无色透明油状液体
含量/%	≥	95
沸点/℃		190～205

【用途】 是制备丁酸酯、香料和丁酸纤维素的原料。在医药上作胆囊造影剂碘泛酸的原料。

【制法】 丁酸和乙酐在触媒存在下加热进行反应得丁酐，副产醋酸，然后经分离、精制即得成品。

【安全性】 低毒。在水和醇中分解为丁酸。因生产过程中使用乙酐作原料，故应按乙酐的要求防毒和保护。参见乙酐。采用铝桶或铝贮槽包装，桶装净重100kg，200kg。贮存于阴凉、干燥、通风处。与酸、碱和腐蚀性化合物隔离。防火、防水、防晒。按一般化工产品规定运输。

【参考生产企业】 河北邯郸市林峰精细化工有限公司，山东淄博齐科化工有限责任公司。

Fa063 丁二酸酐

【英文名】 succinic anhydride

【别名】 琥珀酸酐；dihydro-2,5-furandione；succinic acid anhydride；succinyl oxide；2,5-diketotetrahydrofuran

【CAS登记号】 [108-30-5]

【结构式】

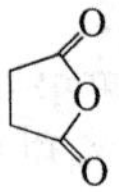

【物化性质】 常温下为白色正交锥形和双锥形结晶。在空气中稳定，不易潮解。稍有刺激性气味。沸点261℃。熔点119.6℃。升华点(266Pa) 90℃。相对密度1.2340。不溶于水和乙醚，溶于氯仿。在冷水中水解较慢，在热水中则迅速水解。

【质量标准】

项目		指标
外观		白色透明薄片
熔点/℃		118.3
总酸度/%	≥	99.5
不饱和物/%	≤	0.5
氯化物(Cl^-)/%	≤	0.15
浊度(5%水溶液)/号	≤	10
硫酸盐(以SO_4^{2-}计)/%	≤	0.04
重金属/10^{-6}	≤	20

【用途】 是涂料、医药、合成树脂和染料的原料。由其制造的涂料具有耐曲挠性和抗水性。医药上用其生产维生素A和磺胺药等。农药上可用于生产杀菌剂、杀虫剂、植物生长调节剂。丁二酸酐及其衍生物可用作烯烃聚合催化剂、酯类高分子缩合物的交联剂、高聚物的光稳定剂、紫外线吸收剂等，也用作油田助剂。丁二酸酐还可生产增塑剂。

【制法】 (1) 丁二酸脱水法。丁二酸加热到260℃以上，或加入一定量的四氢萘和甲苯，同时加热到200 ℃以上，即可脱水生成丁二酸酐。

$$HOOC(CH_2)_2COOH \xrightarrow{260℃} 本品$$

(2) 顺酐直接催化加氢法。顺丁烯二酸酐在催化剂钯/氧化铝（或铜的钼酸盐）存在下，于160℃、5.8MPa下直接加氢得丁二酸酐。

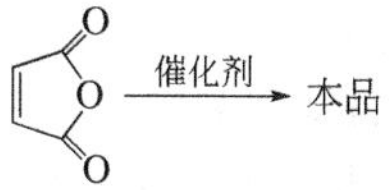

【安全性】 低毒。生产中处理热的丁二酸或酐时，应戴活性炭防毒面罩及手套，以防刺激黏膜、灼伤皮肤。

【参考生产企业】 江苏省昆山市石浦年沙助剂厂，陕西宝鸡宝玉化工有限公司，杭州金帆达化工有限公司，陕西利君精细化工有限公司。

Fa064 戊二酸酐

【英文名】 glutaric anhydride

【别名】 胶酸酐

【CAS登记号】 [108-55-4]

【结构式】

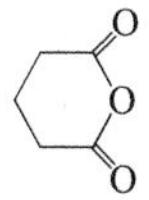

【物化性质】 针状晶体。沸点287℃。熔点41～56℃。相对密度 (d_4) 1.429。可溶于乙醚、乙醇和四氢呋喃。吸水后生成戊二酸。

【质量标准】 白色或浅灰棕色固体。含量（酸酐）≥92%。

【用途】 用于塑料，橡胶，树胶，医药等的生产和酰胺的制备。

【制法】 (1) 用脱水剂如乙酐等加热使戊二酸脱水制取。

$$HOOC(CH_2)_3COOH \xrightarrow{\triangle} 本品 + H_2O$$

(2) 加热混合二元羧酸（丁二酸，戊二酸，己二酸），使丁二酸和戊二酸直接脱水酐化，收集一定温度的馏分制得戊二酸酐。

【安全性】 参见戊二酸。可用内衬聚乙烯塑料袋外用聚丙烯编织袋包装。每袋25kg。按一般化学品规定贮运。

【参考生产企业】 北京维达化工有限公司，上海三微实业有限公司，北京华腾化工有限公司，上海品沃化工有限公司，武汉苏汉化工有限公司。

Fa065 顺丁烯二酸酐

【英文名】 maleic anhydride

【别名】 顺酐；马来酸酐；失水苹果酸酐；2,5-furandione；*cis*-butenedioic anhydride；toxilic anhydride

【CAS登记号】 [108-31-6]

【结构式】

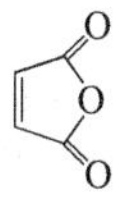

【物化性质】 斜方晶系无色针状或片状结晶体，易燃，易升华。沸点202℃。熔点52.8℃。闪点（开杯）110℃。自燃点447℃。相对密度1.480。溶于水生成顺丁烯二酸。在25℃时，100g溶剂中的溶解度：丙酮227g，醋酸乙酯122g，氯仿52.5g，苯50g。溶于乙醇并生成酯。

【质量标准】

(1) GB/T 3676—2008 （工业级）

顺丁烯二酸酐

项目		优等品	一等品
顺丁烯二酸酐(以 $C_4H_2O_3$ 计)/%	≥	99.5	99.0
熔融色度(铂-钴色号，Hazen 单位)	≤	25	50
结晶点/℃	≤	52.5	52.0
灼烧残渣/%	≤	0.005	0.005
铁(以 Fe 计)/(μg/g)	≤	3	—
加热后的熔融色度(铂-钴色号,Hazen 单位)	≤	供需方协商	—

(2) HG/T 3459—2003 (试剂级) 顺丁烯二酸酐

项目		优等品	一等品
含量($C_4H_2O_3$)/%	≥	99.5	98.5
熔点范围/℃		52.0～54.0	51.0～54.0
澄清度试验		合格	合格
水不溶物/%	≤	0.005	0.01
灼烧残渣(以硫酸盐计)/%	≤	0.01	0.05
氯化物(Cl)/%	≤	0.01	0.05

【用途】 主要用于生产不饱和树脂、醇酸树脂、农药马拉硫磷、高效低毒农药4049、长效碘胺的原料，也是生产油墨助剂、造纸助剂、增塑剂以及酒石酸、富马酸、四氢呋喃等的有机化工原料。

【制法】 (1) 苯氧化法。苯在 V-Mo-P 系催化剂作用下，在固定床中发生氧化反应，生成顺丁烯二酸酐，反应温度为365℃(反应床层也可用沸腾床，但消耗高)。然后用水吸收生成顺丁烯二酸，再经共沸脱水和精馏，刮片得到成品。

$+9/2O_2 \xrightarrow[365℃]{催化剂}$ 本品

(2) 丁烷(或丁烯)氧化法。丁烷(或丁烯)在 V-Mo 催化剂作用下，经空气或氧气氧化生成顺酐，反应温度 350～400℃。然后再经水吸收，脱水和精制得到成品。

$C_4H_{10}(C_4H_8)+O_2 \longrightarrow$ 本品 $+H_2O$

【安全性】 有毒。小鼠经口 LD_{50} 为 60～465mg/kg。其毒性比顺酸大，能刺激皮肤及黏膜。当人体接触高温液体时，其刺激性更为严重，能造成皮肤灼烧至伤，结膜、角膜红肿，严重时导致视力减退甚至失明。当溅及皮肤时要用大量清水冲洗。生产设备要密闭，操作人员要穿戴好防护用具。在空气中最高容许浓度 0.25×10^{-6}。用内衬塑料袋，外套编织袋包装，净重 25kg、50kg，也可用内衬塑料袋，外装铁桶或木桶包装，净重 50kg。防止雨淋和日晒。贮存期为 3 个月。

【参考生产企业】 山西舜都集团有限公司，天津有机化学工业总公司中河化工厂，常州曙光化工厂，山东胜利油田石油化工有限责任公司，石家庄白龙化工股份有限公司，开封油脂化工厂。

Fa066 光气

【英文名】 phosgene

【别名】 氯代甲酰氯；碳酰氯；carbonic dichloride; carbonyl chloride; chloroformyl chloride

【CAS 登记号】 [75-44-5]

【结构式】 $Cl_2C=O$

【物化性质】 无色至淡黄色液体或易液化的气体。浓缩时，具有强烈刺激性气味或窒息性气味。沸点 7.48℃。熔点 −127.84℃。相对密度 1.381，(d_4^0) 1.432。微溶于水，并逐渐水解。易溶于苯、甲苯、四氯化碳、醋酸和氯仿等。不可燃。

【质量标准】

项目		指标
外观		淡黄色液体
含量/%	≥	98
盐酸含量/%	≤	0.1
游离氯/%	≤	0.1

【用途】 是重要的有机化工中间体。广泛用于农药、医药、染料等行业，也用于生

产高分子合成材料，如聚碳酸酯、聚氨酯和甲苯二异氰酸酯等。在军事上曾用作毒气。此外，还可用于生产柔软剂 VS（十六烷基异氰酸酯）、矿物浮选剂及饲料添加剂咪唑脲等。

【制法】 由煤气发生炉生产的一氧化碳气体，经水洗、干燥后送入合成反应器，与氯气反应制得气态光气，经冷凝后变成液态进入贮罐，未冷凝的残余光气用碱破坏后，送入烟囱排空。

【安全性】 为强烈刺激性气体，剧毒。吸入后可引起炎症或糜烂，表现为肺气肿、肺炎等。如发现漏气应立即喷氨破坏光气。轻度中毒者脱去工作服，在空气流通处静卧，注意保温，重者送医院抢救。车间要通风良好，生产设备应密闭，严防泄漏，排出气体应彻底加以破坏消毒，操作人员应穿戴好防毒面具及防护用具。用钢瓶包装。贮运时应严防高温、震动、撞击，严禁泄漏。严格按照有毒气体规定运输。

【参考生产企业】 苏州天马医药集团，连云港市金囤农药有限公司，山东省平原永恒化工公司。

Fa067 乙酰氯

【英文名】 acetyl chloride

【别名】 氯乙酰

【CAS 登记号】 [75-36-5]

【结构式】 CH_3COCl

【物化性质】 无色透明发烟液体，有刺激性气味。沸点（100kPa）50.9℃。熔点 −112℃。闪点 4℃。相对密度 1.1051。折射率 1.3890。与乙醚、醋酸和苯混溶，遇水和醇发生猛烈反应，并分解为氯化氢。

【质量标准】

项目	一级品	二级品
含量/% ≥	98	95
熔点/℃	52～56	49～54

【用途】 为农药和医药的原料，还是制造水处理剂亚乙基二磷酸的中间体，也用于制造新型电镀络合剂。

【制法】 由冰醋酸与三氯化磷反应，然后经精馏，得成品。生产中尾气 HCl，宜用水吸收，加以利用。

【安全性】 极强烈地刺激眼、皮肤、黏膜，产生严重烧伤。车间应有良好的通风，设备应密闭。操作人员须穿戴防护服、眼镜及橡胶手套。

【参考生产企业】 江阴市月城江南精细化工厂有限公司，江苏武进市崔桥卫星化工厂，山东华孟集团有限公司化工厂，浙江省湖州沙龙化工有限公司，北京金龙化学试剂有限公司，北京大兴兴福精细化学研究所，天津市化学试剂一厂，山东新华医药集团淄川化工有限责任公司。

Fa068 氯乙酰氯

【英文名】 chloracetyl chloride

【别名】 氯代乙酰氯

【CAS 登记号】 [79-04-9]

【结构式】 $ClCH_2COCl$

【物化性质】 为无色或微黄色液体，有强烈的刺激性，遇水分解。沸点 107℃。凝固点 −22.5℃。相对密度 1.4202。折射率 1.4541。能溶于苯、四氯化碳、醚和氯仿中。

【质量标准】 GJB 702—1989

项目	指标
外观	无色或微黄色透明液体
沸程/℃	104～108
蒸馏量/mL ≥	95
二氯乙酰氯含量（质量）/% ≤	2.0

【用途】 用于合成医药及农药，也可用作萃取溶剂、制冷剂、助染剂和润滑油添加剂等。

【制法】 氯乙酸与氯气及二硫化二氯反应制得氯乙酰氯。

【安全性】 为强刺激性液体，大鼠经口 LD_{50} 120mg/kg，小鼠静脉注射 LD_{50} 32mg/kg。操作人员要穿戴好防护用品，生产现场要有良好的通风条件。设备要密闭。用玻璃瓶或陶瓷罐外用木箱包装。注意密封，防潮、防晒，按有毒化学品规定运输。

【参考生产企业】 济南市曲堤化工有限公司，辽宁盘锦市双环化工厂，上海群力化工有限公司，山东淄博市临淄天元福利化工厂，山东济南市闻韶化工有限公司，山东淄博市临淄区罗鑫化工厂，苏州兴成化工有限公司，山东省华孟集团有限公司化工厂。

Fa069 二氯乙酰氯

【英文名】 dichloroacetyl chloride

【别名】 氯化二氯代乙酰；二氯代乙酰氯；dich-loroethanoyl chlorid

【CAS 登记号】 [79-36-7]

【结构式】 $Cl_2CHCOCl$

【物化性质】 无色有刺激性液体。沸点 108～110℃。相对密度（d_4^{16}）1.5315。折射率（n_D^{30}）1.4591。能与乙醚混溶，遇水、乙醇即分解。在空气中发烟。

【质量标准】 含量≥98%。

【用途】 用于乙烯基杀虫剂的合成，还用于羊毛毡缩绒整理、漂白、脱色、保鲜、杀菌、消毒等。

【制法】 三氯乙烯与催化剂偶氮二异丁腈加热至 100℃，通入氧气，在 0.6MPa 压力下反应，维持油浴温度在 110℃，反应 10h，于常压下蒸出产品二氯乙酰氯。该反应副产物三氯环氧乙烷与甲胺、三乙胺、吡啶等胺类化合物反应亦可转化为二氯乙酰氯。

【安全性】 刺激性强。大鼠经口 LD_{50} 为 2.46g/kg。生产车间宜通风，生产设备应密闭。操作人员穿戴防护用具，注意眼及皮肤的保护。严密封存于棕色玻璃瓶内，外用木箱保护，防晒、防潮，贮存于阴凉、干燥、通风处。按刺激性物质规定贮运。

【参考生产企业】 淄博市临淄双鸿化工厂，盐城市蓝晶有机化工有限公司，淮安德邦化工有限公司。

Fa070 溴乙酰溴

【英文名】 bromoacetyl bromide

【别名】 溴代乙酰溴

【CAS 登记号】 [598-21-0]

【结构式】 $BrCH_2COBr$

【物化性质】 无色透明或微黄色液体。沸点 147～150℃。相对密度（$d_{21.5}^{21.6}$）2.317。折射率 1.5475。溶于苯、乙醚、氯仿。在水及醇中分解，在空气中发烟。

【质量标准】

项目	指标
外观	无色或淡黄色烟液体
含量/% ≥	98
水分/% ≤	0.1
pH 值	6～8
不挥发物/×10⁻⁶ ≤	50

【用途】 主要用作医药中间体，是生产麻醉药 γ-羰基丁酸钠的原料。

【制法】 以冰醋酸为原料，与赤磷混合后，滴加溴素至半量时进行加热、光照，继续加溴，加料毕，升温至 140℃，冷后蒸馏，收集 146～152℃的馏分，即得。

【安全性】 有刺激性及腐蚀性。生产设备应密闭，车间要有良好的通风。操作人员应穿戴防护用具如护目镜、口罩、手套及工作服等。应严密封装在棕色玻璃瓶内，外套木箱保护。在阴凉、干燥、通风处贮存。防晒、防潮。按刺激性物质妥善搬运。

【参考生产企业】 江苏大成医药化工有限公司，盐城市标业化工有限公司，宜兴市佳凌达化工有限公司，宜兴市芳桥东方化工厂，北京金龙化学试剂有限公司。

Fa071 丙酰氯

【英文名】 propionyl chloride

【别名】 氯丙酰；氯化丙酰；propanoyl chloride

【CAS 登记号】 [79-03-8]

【结构式】 CH_3CH_2COCl

【物化性质】 无色液体，有刺激性气味。沸点 80℃。闪点 12℃。凝固点 −94℃。相对密度 1.065。折射率 1.4032。溶于乙醇，在水中分解。

【质量标准】

项目	指标
外观	无色透明液体
含量/% ≥	99
沸程(馏出 95%)/℃	78～81
相对密度(d_4^{20})	1.055～1.065
不挥发物/%	合格
磷化合物(PO_4^{3-})	合格

【用途】 医药工业用于生产抗癫痫药甲妥因、利胆醇、抗肾上腺素药甲氧胺盐酸盐；农药工业用于生产敌稗；有机合成中用作丙酰化试剂，也是制备各种丙酸衍生物的中间体。

【制法】 (1) 三氯化磷法。丙酸与三氯化磷在 45℃下反应，反应产物经冷凝精馏后即得成品。

$$3CH_3CH_2COOH + PCl_3 \xrightarrow{45℃} 3C_2H_5COCl + H_3PO_3$$

(2) 苯甲酰氯法。由丙酸与苯甲酰氯作用制得。

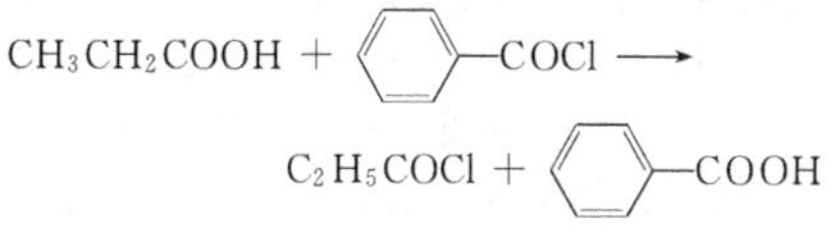

【安全性】 有强烈的毒性和刺激性，极强地刺激皮肤和黏膜，甚至引起灼伤。遇水分解，产生出氯化氢。生产设备应密闭，现场要有良好的通风条件。操作人员要穿戴好劳保用品。应用密闭、防热、防潮包装。一般作中间体自用。按有毒化学品规定贮运。

【参考生产企业】 山东新华医药集团淄川化工有限责任公司，山东华孟集团有限公司化工厂，浙江省湖州沙龙化工有限公司，江苏中外合资无锡美华化工有限公司，北京金龙化学试剂有限公司，江阴市月城江南精细化工厂有限公司，江苏武进市崔桥卫星化工厂，常州市元通精细化工有限公司。

Fa072 丁酰氯

【英文名】 *n*-butyryl chloride

【别名】 氯化正丁酰；butanoyl chloride；butyryl chloride

【CAS 登记号】 [141-75-3]

【结构式】 C_3H_7COCl

【物化性质】 具有盐酸刺激性气味的无色透明液体。易燃，具有腐蚀性和有毒的烟雾。沸点 (100kPa) 102℃。闪点<21℃。凝固点 −89℃。相对密度 1.0277。折射率 1.4121。能与醚混溶。在水或醇中分解。

【质量标准】

项目	指标
含量/% ≥	99
沸程(馏出 95%)/℃	100～104
溶液透明性	合格
不挥发物/% ≤	0.005
磷化合物(以 PO_4^{3-} 计)/% ≤	0.02

【用途】 用于有机合成，医药上用于合成利尿酸。

【制法】 以丁酸为原料，用亚硫酰氯进行氯化（正丁酸：亚硫酰氯=1：1.587）得丁酰氯，反应产物经常压蒸馏，收集 95～115℃的馏分，即得成品。

$$C_3H_7COOH + SOCl_2 \xrightarrow{\triangle} C_3H_7COCl + SO_2 + HCl$$

【安全性】 有毒。吞咽和吸收具有很高的毒性，对组织有强的刺激性。生产设备应密闭，防止泄漏。现场要有良好的通风条件。操作人员要戴好防护用品。采用玻璃瓶包装，要求密闭。贮存于阴凉通风处，避雨水、防潮、防晒、防撞击。按有毒物品规定贮运。

【参考生产企业】 江阴市月城江南精细化工厂有限公司，浙江省湖州沙龙化工有限公司，江苏武进市崔桥卫星化工厂，山东华孟集团有限公司化工厂。

Fa073 4-氯代丁酰氯

【英文名】 4-chlorobutyryl chloride

【CAS登记号】 [4635-59-0]

【结构式】 $ClCH_2CH_2CH_2COCl$

【物化性质】 白色至微黄色、有刺激性的液体。沸点 173～174℃。闪点 72℃。相对密度 1.2581。折射率 1.4616。溶于乙醚。

【用途】 用作医药氟哌啶醇及三氟哌丁苯等的中间体。

【制法】 以 γ-丁内酯为原料，与氯化锌共热至 55～60℃，反应 1h，缓缓加入氯化亚砜，反应 2h，再升温至 80℃，静置过夜，取上清液，蒸馏后，再重蒸馏一次，收集 173～174℃馏分即得。

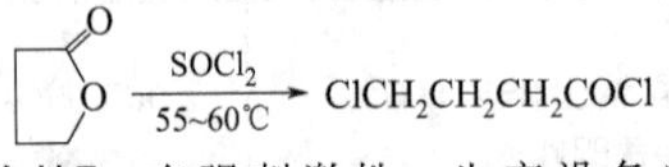

【安全性】 有强刺激性。生产设备应密闭，生产车间宜有良好通风。操作人员应穿戴防护用具。用贮存于棕色玻璃瓶内，外用木箱或塑料桶保护。存放于阴凉、干燥、通风处。防晒、防潮，远离火种、热源。按一般化学品规定贮运。

【参考生产企业】 杭州浙大泛科化工有限公司，浙江省湖州沙龙化工有限公司。

Fa074 棕榈酰氯

【英文名】 palmitoyl chloride

【别名】 十六碳酰氯；hexadecanoyl chloride

【CAS登记号】 [112-67-4]

【结构式】 $C_{15}HC_{31}OCl$

【物化性质】 无色液体。沸点 (2.6kPa) 199℃。熔点 11～12℃。折射率 1.4512。溶于乙醚，在乙醇和水中分解。

【质量标准】 淡黄色液体，室温下无固体析出。无水分。

【用途】 为有机合成中间体。在医药上用于制取氯霉素十六碳酸酯及无味氯霉素等。

【制法】 以棕榈酸为原料，苯为溶剂，经亚硫酰氯氯化，回收产生的二氧化硫及氯化氢，反应产物经减压精馏，回收过量的亚硫酰氯及苯后，冷却，即得成品。

$$C_{15}H_{31}COOH+SOCl_2\xrightarrow{苯}C_{15}H_{31}COCl+SO_2+HCl$$

【安全性】 有毒。有强腐蚀性。遇水产生氯化氢气体，与皮肤接触会引起灼伤，当溅到皮肤上时，要用大量清水冲洗，或用石灰水和 1% 氨水交替冲洗。车间要有良好通风。生产设备要密闭，操作人员要穿戴好防护用品。用玻璃瓶密闭包装，外加木框保护。按有毒化学品规定运输。

【参考生产企业】 湖北襄西化学工业有限公司，武汉合中化工制造有限公司。

Fa075 硬脂酰氯

【英文名】 *n*-octadecanoyl chloride；stearoyl chloride

【别名】 正十八碳酰氯；十八酰氯

【CAS登记号】 [112-76-5]

【结构式】 $C_{17}H_{35}COCl$

【物化性质】 黄色透明的油状液体。沸点 (0.27kPa) 174～178℃。熔点 23℃。相对密度 0.915。折射率 1.4541。溶于烃类，如苯、醚及醇。遇水、氨、醇等均能反应。

【质量标准】 红黄色透明液体。皂化值 380～400/(mgKOH/g)。

【用途】 主要用作彩色电影胶片成色剂（如 535,577,169,133 等）的中间体。用以制取酰胺酸酐。用作醇的酯化及其他有机化合物合成的原料。

【制法】 将硬脂酸与光气在催化剂存在下进行反应，然后用氮气驱除物料中的 HCl 气体和未反应的光气，静置后减压蒸馏得到成品。

$$C_{17}H_{35}COOH+COCl_2 \xrightarrow[55\sim65℃]{催化剂} C_{17}H_{35}COCl+CO_2+HCl$$

【安全性】 有毒。对皮肤、黏膜、眼睛等有刺激性和腐蚀性。车间应通风良好，设备应密闭。操作人员要戴好劳保用品。溅及皮肤后要用大量清水冲洗。用瓷瓶包装，净重 20kg。贮存于干燥通风处。轻拿轻放，按有毒化学品规定运输。

【参考生产企业】 南安市鑫泉化工有限公司，武汉合中化工制造有限公司。

Fa076 己二酰氯

【英文名】 hexanedioyl chloride

【CAS 登记号】 [111-50-2]

【结构式】 $ClCO(CH_2)_4COCl$

【物化性质】 无色或淡黄色液体。沸点 (1.6kPa) 126℃。闪点 50℃。相对密度 0.963。折射率 1.4263。在水和醇中分解。

【质量标准】 淡黄色透明液体，室温下无固体析出。无水分。

【用途】 有机中间体。医药上用以合成胆影酸。

【制法】 以己二酸为原料，用亚硫酰氯在 90～95℃下氯化得粗品，反应产物经回流、减压蒸馏除去剩余的亚硫酰氯，即得成品己二酰氯。

$$HOOC(CH_2)_4COOH+SOCl_2 \longrightarrow ClCO(CH_2)_4COCl+SO_2+H_2O$$

【安全性】 有毒。有强烈的腐蚀性，吸水后，易分解，产生氯化氢气体。操作人员应穿戴好防护用品，设备要密闭，防止泄漏。车间要通风良好。用玻璃瓶包装，应防水、防晒、密封好。按有毒化学品规定运输。

【参考生产企业】 北京马氏精细化学品有限公司，河北邯郸市林峰精细化工有限公司。

Fa077 甲酸钠

【英文名】 sodium formate

【别名】 蚁酸钠

【CAS 登记号】 [141-53-7]

【结构式】 HCOONa

【物化性质】 白色粉末。有吸水性，有轻微的甲酸气味。熔点 253℃。密度 1.919g/cm³。溶于水和甘油，微溶于乙醇，不溶于乙醚。

【质量指标】 Q/Y TH003—2003

项目	优等品	一等品	合格品
甲酸钠/% ≥	96.5	95.0	93.0
水分(H_2O)/% ≤	0.2	1.5	2.5
铁(Fe 含量)/% ≤	0.0005	0.001	0.002
有机杂质/% ≤	3.0	4.5	6.0

【用途】 是生产甲酸和草酸的中间体，还用于生产二甲基甲酰胺等。也用于医药、印染工业。也是重金属的沉淀剂。

【制法】 (1) 合成法。一氧化碳和烧碱在 160℃和 2MPa 条件反应，即可生成甲酸钠。

(2) 季戊四醇副产。

【安全性】 有毒。参见甲酸。一般为中间体自用。可用内衬塑料袋，外套编织袋包装。按一般化学品规定贮存和运输。

【参考生产企业】 保定市化工原料厂，云南云天化股份公司，牡丹江鸿利化工有限责任公司，淄博天智化工有限公司，重庆川东化工集团公司，山西省原平市化工有限责任公司。

Fa078 醋酸钠

【英文名】 sodium acetate

【别名】 乙酸钠

【CAS 登记号】 [127-09-3]

【结构式】 CH_3COONa

【物化性质】 无色无味的结晶体，在空气中可被风化，可燃。于123℃时脱去3分子水。自燃点607.2℃。熔点324℃（无水），58℃（三水）。密度1.528g/cm³（无水），1.45g/cm³（三水）。溶于水和乙醚，微溶于乙醇。

【质量标准】 GB/T 693—1996 （试剂级）三水合乙酸钠

项目		优级纯	分析纯	化学纯
含量($CH_3COONa \cdot 3H_2O$)/%	≥	99.5	99.0	98.0
pH(50g/L,25℃)		7.5～9.0	7.5～9.0	7.5～9.0
澄清度试验		合格	合格	合格
水不溶物/%	≤	0.002	0.002	0.005
氯化物(Cl)/%	≤	0.0003	0.001	0.003
硫酸盐(SO_4)/%	≤	0.002	0.005	0.005
磷酸盐(PO_4)/%	≤	0.0002	0.0002	0.0005
铝(Al)/%	≤	0.0005	0.0005	0.001
钾(K)/%	≤	0.002	—	—
钙(Ca)/%	≤	0.001	0.002	0.005
铁(Fe)/%	≤	0.0002	0.0002	0.0005
铜(Cu)/%	≤	0.0005	0.0005	0.001
铅(Pb)/%	≤	0.0005	0.0005	0.001
还原高锰酸钾物质/%(以HCOOH计)	≤	0.005	0.01	0.02

【用途】 用于印染、医药和照相等工业部门。可用于制取各种化工产品，如呋喃丙烯酸、醋酸酯和氯乙酸等，还可用作肉类防腐剂及化学试剂。

【制法】 由醋酸钙与纯碱进行复分解反应，变为醋酸钠，将反应液浓缩，加活性炭脱色，然后进行冷却结晶，离心分离即得成品。当需获得无水醋酸钠时，将结晶醋酸钠再重新熔化，真空吸滤，将母液结晶放在不锈钢槽中冷却，然后再离心、吸滤、甩干后，用电加热法使晶体脱水，干燥，即得无水品。也可用醋酸和苛性钠直接反应生成醋酸钠。

【安全性】 无毒。用内衬塑料袋，外套编织袋或麻袋包装。醋酸钠具有潮解性，贮运中要注意防潮，严禁与腐蚀性气接触，防止曝晒和雨淋，运输要加防雨覆盖物。

【参考生产企业】 江苏省如皋市京都化工有限责任公司，山西省忻州市试剂化工厂，常熟市南湖化工有限责任公司，淄博天智化工有限公司，山东淄川精细化工厂，西三维集团股份有限公司工业无水醋酸钠公司，广州市黄埔化工厂。

Fa079 醋酸铅

【英文名】 lead acetate

【别名】 乙酸铅；plumbous acetate

【CAS登记号】 [6080-56-4]

【结构式】 $(CH_3COO)_2Pb \cdot 3H_2O$

【物化性质】 白色结晶或片状粉末。易燃。工业品常常是褐色或灰色的大块。当暴露在空气中时，吸收二氧化碳变成不溶于水的物质。沸点280℃（无水物）。熔点75℃（失水）。密度2.50g/cm³。溶于水，微溶于醇，易溶于甘油。

【质量标准】 HG/T 2630—2010 （试剂级）三水合乙酸铅

项目		分析纯	化学纯
含量[$Pb(CH_3COO)_2 \cdot 3H_2O$]/%	≥	99.5	98.0
澄清度试验/号		3	5
水不溶物含量/%		0.005	0.01
氯化物(Cl)/%	≤	0.0005	0.002
总氮量(N)/%	≤	0.001	0.002
钠(Na)/%	≤	0.005	0.02
钾(K)/%	≤	0.005	0.02
钙(Ca)/%	≤	0.005	0.02
铁(Fe)/%	≤	0.001	0.002
铜(Cu)/%	≤	0.001	0.005

【用途】 用于医药、农药、染料和涂料等工业部门。可制造各种铅盐、抗污涂料、水质防护剂、颜料填充剂、涂料干燥剂、纤维染色剂、重金属氰化过程的溶剂和化学分析试剂。

【制法】 氧化铅与醋酸在60℃条件下反应制得。

【安全性】 毒性较高。主要对循环系统有损害。其气体经由上呼吸道进入呼吸系统，会引起口干，咽喉发热，胃部疼痛，有时流涎、恶心、胸痛、便秘，甚至排出黑褐色的血便，脉搏不规则，头脑发呆等症状。呈现醋酸铅中毒者，应停止从事铅的作业并进行治疗。生产设备应严格密封，定期检查。生产人员要戴好防护用品，定期检查身体。用塑料袋外加木箱包装，每袋25kg。按有毒化学品规定贮运。

【参考生产企业】 山东省淄博市淄川程鹏化工厂，温州市化学用料厂，上海浦东新区杨思化工厂，富阳市中信冶金科技有限公司。

Fa080 丙酸钠

【英文名】 sodium propionate

【别名】 propionic acid sodium salt; impedex

【CAS登记号】 [137-40-6]

【结构式】 CH_3CH_2COONa

【物化性质】 白色颗粒或结晶性粉末，无臭或稍有特异臭味。有吸湿性，易溶于水，溶于乙醇，微溶于丙酮。

【质量标准】 HG 2930—1987 (1997) 饲料级丙酸钠

项目		指标
含量(以丙酸钠干基计)/%	≥	99.0
水中溶解状态		微混浊
游离酸(以丙酸计)/%	≤	0.11
干燥失重/%	≤	5.0
游离碱(以 Na_2CO_3 计)/%	≤	0.16
重金属(以Pb计)/%	≤	0.002
砷(As计)/%	≤	0.0002

【用途】 丙酸钠为防腐剂，在酸性介质中对各类霉菌、好氧芽孢杆菌或革兰阴性杆菌有较强的抑制作用。对防止黄曲霉菌素的产生有特效，而对酵母几乎无效，也可作为食品的防腐剂。在制革中作蒙囿剂，以提高皮革的耐碱力和鞣制的均匀性。

【制法】 由丙酸与氢氧化钠或碳酸钠中和制得。

【参考生产企业】 广州慧之海（集团）科技发展有限公司，宜兴市江山生物科技有限公司，滕州市腾龙化工有限责任公司，连云港格兰特化工有限公司，天津市光复精细化工研究所，山东省滕州市滕宝化工有限责任公司。

Fa081 草酸钠

【英文名】 sodium oxalate

【别名】 乙二酸钠

【CAS登记号】 [62-76-0]

【结构式】 $Na_2C_2O_4$

【物化性质】 白色结晶粉末。熔点250～270℃（分解）。密度2.34g/cm^3。溶于水，不溶于乙醇。

【质量指标】 (1) GB1254—2007 工业基准试剂 草酸钠

项目		指标
含量($Na_2C_2O_4$)/%		99.95～100.05
pH值(30g/L,25℃)		7.5～8.5
澄清度试验/号	≤	2
干燥失量/%	≤	0.01
氯化物(Cl)/%	≤	0.001
硫化合物(以 SO_4 计)/%	≤	0.002
总氮量(N)/%	≤	0.001
钾(K)/%	≤	0.005
铁(Fe)/%	≤	0.0005
重金属(以Pb计)/%	≤	0.001
易炭化物质		合格

(2) GB/T 1289—1994（化学试剂）草酸钠

项目		优级品	分析纯
草酸钠($Na_2C_2O_4$)含量/%	≥	99.8	
pH值(30g/L溶液,25℃)		7.5～8.5	

续表

项目		优级品	分析纯
澄清度试验		合格	合格
水不溶物/%	≤	0.005	0.01
干燥失重/%	≤	0.01	0.02
氯化物(Cl^-)/%	≤	0.001	0.002
硫化合物(以SO_4^{2-}计)/%	≤	0.002	0.004
总氮量(N)/%	≤	0.001	0.002
钾(K)/%	≤	0.005	0.01
铁(Fe)/%	≤	0.0002	0.0005
重金属(以Pb计)/%	≤	0.001	0.002
易炭化物质/%	≤	合格	合格

【用途】 主要作生产草酸的中间体，也可用于纤维素整理剂、纺织品、皮革加工及标准试剂。

【制法】 一氧化碳和氢氧化钠在160℃和2MPa条件下反应，生成甲酸钠，然后再将甲酸在400℃温度下脱氢即得草酸钠。

【安全性】 有毒。操作人员应穿戴防护用具。中间体一般自用。可用内衬塑料袋，外套编织袋包装。按一般化学品规定贮运。

【参考生产企业】 沈阳市新光化工厂，山西物产精细化工有限公司，上海市金山区兴塔美兴化工厂，广州化学试剂厂，成都金山化学试剂有限公司，天津市化学试剂一厂。

Fa082 己酸钠

【英文名】 sodium caproate

【别名】 sodium capronate

【CAS登记号】 [10051-44-2]

【结构式】 $CH_3(CH_2)_4COONa$

【物化性质】 白色结晶或粉末，微溶于醇，不溶于醚和苯。

【用途】 有机合成原料。

【制法】 己酸与氢氧化钠溶液中和而得。

【安全性】 低毒。内衬塑料袋，外用编织袋包装。按一般化学品规定贮运。

【参考生产企业】 北京化工厂，上海南翔试剂有限公司。

Fa083 正辛酸钠

【英文名】 sodiumn octanoate

【CAS登记号】 [1984-06-1]

【结构式】 $CH_3(CH_2)_6COONa$

【物化性质】 乳白色细微颗粒，易溶于水，不溶于醇。

【质量标准】

项目		指标
含量/%	≥	98.5
pH值(10%水溶液)		8～10
氯化物(Cl^-)/%	≤	0.02
硫酸值(SO_4^{2-})/%	≤	0.05

【用途】 是治疗皮肤霉菌药物的原料。

【制法】 正辛酸与氢氧化钠反应即得。

【安全性】 基本无毒。在大鼠的饮用水中加入1%的辛酸钠一个月未见中毒。但它解离的酸对皮肤和黏膜有刺激作用，饮用时能引起腹泻、呕吐和肠胃痛等。严禁口服，操作人员应戴橡胶手套。用玻璃瓶或木桶包装。按一般化学品规定贮运。

【参考生产企业】 上海豪申化学试剂有限公司，北京北化精细化学品有限责任公司。

Fa084 异辛酸钠

【英文名】 sodium 2-ethylcaproate

【别名】 2-乙基己酸钠；sodium 2-ethylhexanoate

【CAS登记号】 [1984-06-1]

【结构式】 $CH_3(CH_2)_3CH(C_2H_5)COONa$

【物化性质】 无色或微黄色透明液体。

【质量标准】 企业标准

项目	指标
外观	微黄色透明液体
含量/%	55～60
相对密度(d_4^{20})	1.089～1.098

【用途】 主要用于合成异辛酸及其钙、镁盐等。也用作制药的成盐剂、涂料的催化干剂、聚合物的稳定剂、交联剂、油品的

增稠剂及燃料油节能的添加剂等。

【制法】 由辛醇与固体烧碱反应制得。

【安全性】 无毒。用塑料桶或内衬塑料袋外套铁桶或镀锌铁桶包装。塑料桶装25kg，铁桶或镀锌铁桶装180kg。按一般化学品规定贮运。

【参考生产企业】 石家庄盛通化工有限公司，河北金通医药化工有限责任公司，石家庄市万福化工有限公司，上海浦东升飞精细化工厂。

Fa085 月桂酸钠

【英文名】 sodium laurate

【CAS登记号】 [629-25-4]

【结构式】 $CH_3(CH_2)_{10}COONa$

【物化性质】 白色粉末状结晶。易溶于水，微溶于醇、醚等有机溶剂。

【用途】 有机合成原料。

【制法】 月桂酸与氢氧化钠溶液作用而得。

【安全性】 低毒。小鼠最低致死量400mg/kg。内衬塑料袋，外用编织袋包装，每袋25kg。按一般化学品规定。

【参考生产企业】 北京笃信精细制剂厂，衢州明锋化工有限公司。

Fa086 十一碳烯酸锌

【英文名】 zinc undecylenate

【CAS登记号】 [14363-14-5]

【结构式】 $[CH_2CH(CH_2)_8COO]_2Zn$

【物化性质】 有特殊气味的白色无定型粉末。易燃。熔点115～116℃。几乎不溶于水及醇。

【质量标准】

项目	指标
含量/% ≥	98
熔点/℃	116～121
水分/% ≤	1

【用途】 为有机合成中间体，用于制取抗霉菌药（治疗脚癣及皮肤霉变病）和化妆品等。

【制法】 以精制的十一烯酸与氧化锌加热反应，制得十一烯酸粗品，再经洗涤、烘干后即得成品。

【安全性】 低毒，长期接触可引起食欲不振、咽喉炎等症状。操作人员应佩戴防尘口罩及手套。以纸袋、塑料袋及铁桶包装。贮存于阴凉、通风、干燥处。防热、防晒、防潮。按一般化学品规定贮运。

【参考生产企业】 湖北巨胜科技有限公司。

Fa087 丙二酸钠

【英文名】 sodium malonate

【CAS登记号】 [141-95-7]

【结构式】 $NaOOCCH_2COONa$

【物化性质】 白色结晶，可溶于水，不溶于醇、醚和苯。

【质量标准】 白色结晶。含量95%～98%。

【用途】 医药上作增效联磺和巴比妥的原料，也可作香料和染料的原料。

【制法】 (1) 由丙二酸与氢氧化钠溶液中和制得。

$$HOOCCH_2COOH + NaOH \longrightarrow \text{本品}$$

(2) 由氯乙酸、氰化钠制得。

$$ClCH_2COOH + Na_2CO_3 \longrightarrow ClCH_2COONa$$

$$ClCH_2COONa + NaCN \longrightarrow CNCH_2COONa$$

$$CNCH_2COONa + NaOH \xrightarrow{H_2O} \text{本品} + NH_3$$

【安全性】 低毒。大鼠腹腔注射LD_{50}为1100mg/kg，家兔皮下注射最低致死量1584mg/kg。采用塑料袋，外加编织袋包装。按一般化学品规定贮运。

【参考生产企业】 上海南翔试剂有限公司，天津市化学试剂有限公司。

Fa088 二硬脂酸羟铝

【英文名】 aluminium hydroxydistearate

【CAS登记号】 [300-92-5]

【结构式】 $AlC_{17}H_{35}COOC_{17}H_{35}COOOH$

【物化性质】 白色粉末。低毒。熔点145℃。密度1.009g/cm³。不溶于水，乙醇和乙醚。与芳烃和脂肪烃作用形成胶体。

【质量标准】

项目	指标
外观	白色无定型粉末
Al_2O_3/%	8～11
熔点/℃	155～170
水分/% ≤	1.5
游离酸/% ≤	3.5
硫酸根/% ≤	1.8

【用途】 用作金属防锈剂、建筑材料防水剂、涂料和油墨增光增稠剂、化妆品乳化剂、塑料润滑剂等的原料。

【制法】 将熔融的硬脂酸与过量氢氧化钠溶液混合制得皂液，然后在碱液存在下向皂液注入稀硫酸铝溶液，进行复分解反应，经洗涤、离心、脱水为二硬脂酸羟铝的粗品，最后经洗涤、干燥得到成品。

【安全性】 低毒，按一般低毒化学品防护方法防护。用内衬塑料袋，外套纸袋包装。每袋净重20kg。贮存于阴凉通风处，远离火源，不得与酸碱物质混放，以防产品变质。按一般化学品规定贮运。

【参考生产企业】 广州华立颜料化工有限公司，天津市港昌化工有限公司。

Fa089 甲酸甲酯

【英文名】 methyl formate

【别名】 formic acid methyl ester

【CAS登记号】 [107-31-3]

【结构式】 $HCOOCH_3$

【物化性质】 无色液体，易挥发，有香味。易燃。沸点31.5℃。熔点－99℃。闪点（闭杯）－19℃。相对密度0.9742。折射率1.3433。汽化热502J/g。比热容2.47J/g·℃。20℃时在水中的溶解度30.4g/100mL。溶于乙醚、甲醇。易水解，空气中湿气的存在也能使其水解。

【质量标准】

项目	指标(试剂级)
含量/% ≥	98
相对密度(d_4^{20})	0.972～0.978
沸程(31.5～34.5℃馏出)/% ≥	95
不挥发物/% ≤	0.006
酸碱性	合格

【用途】 用作有机合成的原料。可制甲酸、甲酰胺、二甲基甲酰胺、乙二醇、氯甲酸三氯甲酯、乙二酸酯、醋酐、醋酸等，还可用于硝酸纤维素和醋酸纤维素的溶剂、医药制造的中间体以及熏蒸杀菌剂。

【制法】 (1) 直接酯化法。甲酸和甲醇在氯化钙存在下酯化生成甲酸甲酯，然后再用无水碳酸钠干燥，经过滤得成品。

$$HCOOH + CH_3OH \xrightarrow{CaCl_2} HCOOCH_3 + H_2O$$

(2) 二氧化碳法。在三氟化硼的甲醇溶液中，以铱络合物作催化剂，通入二氧化碳和氢气，在100℃，5.88MPa下反应生成甲酸甲酯。

(3) 甲醇羰基化法。该反应通常在温度80～100℃、压力为4.9～9.8 MPa下进行，可使用多种催化剂，工业上广泛采用的是甲醇钠和甲醇钾催化剂。

$$CH_3OH + CO \longrightarrow HCOOCH_3$$

(4) 甲醇气相催化脱氢法。甲醇脱氢于常压、300℃温度下，在催化剂存在下进行。

$$2CH_3OH \longrightarrow HCOOCH_3 + 2H_2$$

(5) 甲醇氧化脱氢法。

$$CH_3OH \xrightarrow{O_2} HCOOCH_3$$

(6) 合成气一步合成法。该反应是一个原子经济型反应，即全部反应物分子生成目的产物分子，是比较先进的甲酸甲酯生产方法。

$$2CO + 2H_2 \longrightarrow HCOOCH_3$$

【安全性】 有较强的刺激性，能刺激眼、

鼻，并引起胸部压迫感、呼吸困难。家兔连续吸入蒸气，即陷入深度麻醉，呼吸困难、痉挛、昏睡而死亡。操作场所必须保持良好通风，保证设备密闭，操作人员应戴眼镜、防护面具，穿防护服。工作场所最高容许浓度 250mg/m³。用铁桶包装。桶口要密闭性好。贮存于阴凉通风处。按“易燃有毒危险品规定”贮运。

【参考生产企业】 鞍山市凤祥精细化工有限公司，山东省菏泽市化工有限公司，郑州森奥化工有限责任公司，肥城阿斯德化工有限公司。

Fa090 甲酸乙酯

【英文名】 ethyl formate

【别名】 formic acid ethyl ester

【CAS 登记号】 [109-94-4]

【结构式】 $HCOOCH_2CH_3$

【物化性质】 无色透明液体，易挥发，有好闻的芳香味。沸点 54.4℃。熔点 −80.5℃。闪点 −20℃。蒸气压 (20.6℃) 26.664kPa。相对密度 0.9168。折射率 1.3598。汽化热 407J/g。比热容 2J/g·℃。与乙醇、乙醚混溶，易溶于丙酮。在水中溶解度 11.8g/100mL。不稳定，在水中能逐渐分解。

【质量标准】

项目		指标
含量/%	≥	98
相对密度(d_4^{20})		0.917～0.921
沸程(54～56℃馏出)/%	≤	95
折射率(n_D^{20})		1.359～1.361
不挥发物/%	≤	0.02
水分		符合试验

【用途】 硝基纤维素、醋酸纤维素等的溶剂。医药工业的中间体。烟草、谷物、高粱的杀菌剂，还可用作食品及烟草用香精。

【制法】 (1) 酸酯化法。甲酸与乙醇在硫酸催化下直接酯化，经中和水洗后精馏得成品。

$$HCOOH + C_2H_5OH \xrightarrow{H_2SO_4} HCOOC_2H_5 + H_2O$$

(2) 三氯化铝催化酯化法。由甲酸和乙醇在结晶三氯化铝催化剂存在下酯化制得。

$$HCOOH + C_2H_5OH \xrightarrow{AlCl_3} HCOOC_2H_5 + H_2O$$

【安全性】 毒性较甲酸甲酯稍弱。大鼠经口 LD_{50} 为 4290mg/kg。对眼、鼻有刺激作用。操作场所应加强通风。若皮肤接触，应立即用清水冲洗。作业场所最高容许浓度为 300mg/m³。用铁桶包装，规格 180kg。贮存于阴凉通风处，远离火种、热源。按易燃危险品规定贮运。

【参考生产企业】 济南鲁康化学工业有限公司，台州东海化工有限公司，临海市跃江化工有限公司，上海汇源化工原料有限公司。

Fa091 甲酸丁酯

【英文名】 butyl formate

【CAS 登记号】 [592-84-7]

【结构式】 $HCOOCH_2CH_2CH_2CH_3$

【物化性质】 无色液体，有水果香味。沸点 98.4℃。熔点 −95.8℃。闪点 180℃。蒸气压 (25℃) 3.73kPa。相对密度 0.8854。折射率 1.3857。汽化热 363J/g。比热容 61.2J/g·℃。微溶于水，溶于丙酮，能与乙醇、乙醚等有机溶剂混溶。能很好地溶解硝基纤维素、醋酸纤维素以及纤维素醚等。

【用途】 在生产涂料、胶片、人造革时用作溶剂，还用于香料生产和有机合成。

【制法】 甲酸与丁醇在催化剂硫酸存在下进行酯化反应，再经脱水、精制得成品。

$$HCOOH + C_4H_9OH \xrightarrow{H_2SO_4} HCOOC_4H_9 + H_2O$$

【安全性】 有麻醉作用，刺激性强。少量吸入即引起难以忍耐的刺激，对眼睛的刺激尤为强烈。狗在 43.5mg/L 浓度下暴露

70min 即产生麻醉，经 90min 可引起麻醉及死亡。操作场所保持通风良好。注意设备密闭，防止泄漏。操作人员应穿戴防护装具。若溅入眼内，应立即用大量水冲洗，沾污皮肤则用肥皂、清水洗净。用铁桶或塑料桶包装。应注意包装桶盖的密封，贮存于阴凉干燥通风处，防晒、防火。运输时注意防止碰撞。

【参考生产企业】 上海浦杰香料有限公司。

Fa092 醋酸甲酯

【英文名】 methyl acetate

【别名】 乙酸甲酯

【CAS 登记号】 [79-20-9]

【结构式】 CH_3COOCH_3

【物化性质】 无色液体，具有芳香味。沸点 57℃。熔点 −98.1℃。闪点 −10℃。蒸气压（20℃）22.64kPa。相对密度 0.93。折射率 1.3594。汽化热 410.8J/g。比热容 2.1J/g·℃。与醇、醚互溶，20℃时在水中溶解度为 31.9g/100mL。易水解。易燃。

【质量标准】

项目	优等品	一级品
外观	无色透明，无悬浮物	无色透明，无悬浮物
色度(铂-钴色号，Hazen 单位) ≤	10	10
乙酸甲酯含量/% ≥	99.5	99.0
水分/% ≤	0.3	0.3
酸度(以乙酸计)/% ≤	0.03	0.03
蒸发残渣/% ≤	0.05	0.05

【用途】 硝基纤维素和醋酸纤维素的快干性溶剂，用于涂料，还用于人造革及香料的制造以及用作油脂的萃取剂，也是制造染料和药物的原料。

【制法】 醋酸与甲醇以硫酸为催化剂直接进行酯化反应生成醋酸甲酯粗制品，再用氯化钙脱水，碳酸钠中和，分馏得成品。

$$CH_3COOH + CH_3OH \xrightarrow{H_2SO_4} CH_3COOCH_3 + H_2O$$

【安全性】 大鼠经口 LD_{50} 为 2900mg/kg。醋酸甲酯对眼睛和上呼吸道有较强的刺激作用，在高浓度下有麻醉性。工作场所应保持良好的通风，操作人员应备佩面具、手套、防护服等必要装具。工作场所的最高容许浓度为 610mg/m³。采用铁桶包装或瓶装。贮存应注意防火，防止日光直射。按“易燃危险品规定”贮运。

【参考生产企业】 江苏丹化集团公司，山东临邑县宏达化工有限公司，辽阳石油化纤公司金兴化工厂，山东鲁源石油化工有限公司，大庆市天源化工厂，上虞市临江化工有限公司。

Fa093 醋酸乙酯

【英文名】 ethyl acetate

【别名】 乙酸乙酯；acetic acid ethyl ester；acetic ether；vinegar naphtha

【CAS 登记号】 [141-78-6]

【结构式】 $CH_3COOCH_2CH_3$

【物化性质】 无色、具有水果香味的易燃液体。沸点 77.1℃。熔点 −83.6℃。闪点（开杯）4℃。蒸气压（20℃）9.7kPa。相对密度 0.9003。折射率 1.3723。汽化热 366.5J/g。比热容 1.92J/g·℃。与醚、醇、卤代烃、芳烃等多种有机溶剂混溶，微溶于水。

【质量标准】 GB/T 3728—2007 （工业级）乙酸乙酯

项目	优等品	一等品	合格品
外观	透明液体，无悬浮杂质		
乙酸乙酯/% ≥	99.7	99.5	99.0
乙醇/% ≤	0.10	0.20	0.50
水/% ≤	0.05	0.10	
酸(以 CH_3COOH 计)/% ≤	0.004	0.005	
色度(铂-钴色号，Hazen 单位) ≤	10		

续表

项目	优等品	一等品	合格品
密度(ρ_{20})/(g/cm³)	0.897～0.902		
蒸发残渣/% ≤	0.001	0.005	
气味①	符合特征气味、无异味、无残留气味		

① 为可选项目

【用途】 许多类树脂的高效溶剂，广泛应用于油墨、人造革、胶黏剂的生产中，也是清漆、香料的组分。还用作制药过程和有机酸的萃取剂。乙酸乙酯也是制造染料和药物的原料。

【制法】 (1) 直接酯化法。是国内工业生产醋酸乙酯的主要工艺路线。以醋酸和乙醇为原料，硫酸为催化剂直接酯化得醋酸乙酯，再经脱水、分馏精制得成品。

$$CH_3COOH+C_2H_5OH \xrightarrow{H_2SO_4} CH_3COOC_2H_5+H_2O$$

(2) 乙醛缩合法。以烷基铝为催化剂，将乙醛进行缩合反应生成醋酸乙酯。国外工业生产大多采用此工艺。

$$2CH_3CHO \xrightarrow{Al(OR)_3} CH_3COOC_2H_5$$

(3) 乙烯与醋酸直接酯化生成醋酸乙酯。

$$CH_3COOH+CH_2{=}CH_2 \xrightarrow{磷酸盐} CH_3COOC_2H_5$$

【安全性】 醋酸乙酯的毒性较小，大鼠经口 LD_{50} 为 11.3mL/kg。但对黏膜有中等程度的刺激作用。人在接触高浓度时，可引起眼、鼻、咽喉和呼吸道刺激症状，严重时会出现进行性的麻醉作用。生产车间应加强通风，注意防止设备泄漏，操作人员配备穿戴护目镜、面具、防护服。操作场所最高容许浓度为 1400mg/m³。爆炸极限 2.13%～11.4%（体积）。用铁桶包装。规格 180kg/桶。贮存于阴凉通风处，远离火源，防止日光曝晒。按易燃危险品规定贮运。

【参考生产企业】 天津市冠达有机化工厂，山东金沂蒙集团有限公司，山西三维集团股份有限公司，临海市跃江化工有限公司，石家庄新宇三阳实业有限公司，顺德市顺冠气体溶剂有限公司，江苏三木集团有限公司，南昌市赣江溶剂厂，天津市泰森化工集团有限公司。

Fa094 醋酸乙烯酯

【英文名】 vinyl acetate

【别名】 乙酸乙烯酯；acetic acid ethenyl ester；acetic acid vinyl ester

【CAS 登记号】 [108-05-4]

【结构式】 $CH_3COOCH{=}CH_2$

【物化性质】 无色易燃液体，有甜的醚香味。沸点 72.2℃。熔点 −93.2℃。闪点(开杯) −1℃。相对密度 0.9317。折射率 1.3953。与乙醇混溶，能溶于乙醚、丙酮、氯仿、四氯化碳等有机溶剂，不溶于水。易聚合。

【质量标准】 SH/T 1628.1—1996 （工业级）

项目	优等品	一等品	合格品
外观	无色透明,无机械杂质		
密度(20℃)/(g/cm³)	0.930～0.934	0.930～0.934	0.929～0.935
色度/(铂-钴色号) ≤	5	10	15
沸程(101.325kPa)/℃	71.0～73.5	71.0～73.5	71.0～73.5
蒸发残渣/% ≤	0.005	0.050	0.050
酸度(以乙酸计)/% ≤	0.005	0.02	0.02
醛含量(以乙醛计)/% ≤	0.02	0.03	0.05
水分/% ≤	0.04	0.10	0.20
活性度/min ≤	11.5	12.0	—
纯度/% ≥	99.8	—	—
阻聚剂(对苯二酚)	由供需双方商定		

【用途】 主要用作制造合成纤维维尼纶的原料，也是 EVA 等多种共聚树脂的组分。醋酸乙烯酯的聚合产物，也就是聚醋酸乙烯衍生物及聚乙烯醇被广泛用作黏结剂、建筑涂料、纺织品上浆剂和整理剂、纸张增强剂，以及用于制造安全玻璃等。

【制法】（1）乙炔法。以载于活性炭上的醋酸锌为催化剂，乙炔与醋酸在常压及170～230℃下反应。反应产物经粉末分离、气体分离、除醛、粗馏、精馏得精醋酸乙烯酯。

$$CH_3COOH+C_2H_2 \longrightarrow CH_3COOCH=CH_2$$

（2）乙烯气相法。乙烯、氧气和醋酸在钯-金（或铂）催化剂存在下，于160～180℃，<1MPa压力条件下气相反应生成醋酸乙烯酯，再经分离、精馏得精品。

$$CH_3COOH+CH_2=CH_2+1/2O_2 \longrightarrow CH_3COOCH=CH_2+H_2O$$

（3）乙烯液相法。乙烯、醋酸以氯化钯、氯化铜为催化剂反应得醋酸乙烯酯。

（4）乙醛醋酐法。以乙醛醋酐为原料，先合成亚乙基二醋酸，再经脱醋酸反应，由一步法或两步法合成。

【安全性】醋酸乙烯酯毒性低，大鼠经口LD_{50}为2920mg/kg。有麻醉性和刺激作用，高浓度蒸气可引起鼻腔发炎、眼睛出现红点。皮肤长期接触有产生皮炎的可能。操作场所保持良好通风，操作人员应配备防护装具。皮肤接触后，立即用肥皂和水洗净并涂抹润肤剂。用铁桶包装或槽车散装。贮存处应阴凉通风、防火、防晒，按易燃有毒物品规定贮运。

【参考生产企业】北京东方石油化工有限公司有机化工厂，石家庄化工化纤有限公司，山西三维（集团）股份有限公司，中国石化上海石油化工股份有限公司，安徽皖维高新材料股份有限公司，福建纺织化纤集团有限公司，湖南省湘维有限公司，中国石化集团四川维尼纶厂，广西维尼纶集团有限责任公司，贵州水晶化工股份有限公司。

Fa095 醋酸正丁酯

【英文名】*n*-butyl acetate

【别名】乙酸正丁酯；acetic acid butyl ester

【CAS登记号】［123-86-4］

【结构式】$CH_3COO(CH_2)_3CH_3$

【物化性质】具有愉快水果香味的无色易燃液体。沸点126℃。凝固点－77.9℃。闪点（开杯）33℃。蒸气压（20℃）1.33kPa。相对密度0.8825。折射率1.3951。汽化热309.4J/g。比热容（20℃）1.91J/(g·℃)。与醇、酮、醚等有机溶剂混溶，与低级同系物相比，较难溶于水。

【质量标准】GB/T 3729—2007（工业级）

项目		优等品	一等品	合格品
乙酸正丁酯/%	≥	99.5	99.2	99.0
正丁醇/%	≤	0.2	0.5	—
水/%	≤	0.05	0.10.	0.10
酸(以 CH_3COOH 计)/%	≤	0.010		
色度(铂-钴色号，Hazen 单位)	≤	10		
密度(ρ_{20})/(g/cm^3)		0.878～0.883		
蒸发残渣/%	≤	0.005		
气味①		符合特征气味，无异味，无残留气味。		

① 为可选项目

【用途】优良的有机溶剂，对醋酸丁酸纤维素、乙基纤维素、氯化橡胶、聚苯乙烯、甲基丙烯酸树脂以及许多天然树胶如栲胶、马尼拉胶、古巴树脂、达玛树脂等均有良好的溶解性能。广泛应用于硝化纤维清漆中，在人造革、织物及塑料加工过程中用作溶剂，在各种石油加工和制药过程中用作萃取剂，也用于香料复配及杏、香蕉、梨、菠萝等各种香味剂的成分。

【制法】通常采用醇、酸直接酯化法。以醋酸和正丁醇为原料，硫酸为催化剂，进行酯化反应，酯化液经中和、脱水、分馏制得成品。生产工艺有连续法及间歇法，视生产规模不同而定。

【安全性】急性毒性较小，大鼠经口LD_{50}为14.13g/kg。但有麻醉和刺激作用，在 34～50mg/L 浓度下对人的眼、鼻有相当强烈的刺激。在高浓度下会引起麻醉。操作场所要保持良好通风，操作人员要配备防护装具。如溅入眼内应即用清水冲洗并用药物照料。操作场所最高允许浓度为 700mg/m^3。用铁桶包装，规格 180kg。注意封口密闭，贮于阴凉通风处，防止日光直射。远离火源。按易燃危险品规定办理运输。

【参考生产企业】 山西三维集团股份有限公司，淄博鼎奥化工科技有限公司，石家庄新宇三阳实业有限公司，石家庄市恒世达化工有限公司，上海溶剂厂，江苏三木集团有限公司，南昌市赣江溶剂厂，山东金沂蒙集团有限公司，广州溶剂厂，江门谦信化工发展有限公司。

Fa096 丙酸甲酯

【英文名】 methyl propionate

【别名】 propanoic acid methyl ester

【CAS 登记号】 [554-12-1]

【结构式】 $CH_3CH_2COOCH_3$

【物化性质】 无色液体，有水果香味。易燃。沸点 79.8℃。熔点 −87.5℃。闪点 −2℃。相对密度（d_{20}^{20}）0.9150。折射率 1.3775。与醇、醚、烃类等多种有机溶剂混溶，微溶于水。

【质量标准】 含量≥99%。

【用途】 硝酸纤维素的溶剂，用于硝基喷漆、涂料生产，也可用作香料及调味品的溶剂。还用作有机合成中间体。

【制法】 丙酸与甲醇在硫酸催化下进行酯化反应，然后经中和、分馏等得成品。

$$C_2H_5COOH + CH_3OH \xrightarrow{H_2SO_4} CH_3CH_2COOCH_3 + H_2O$$

【安全性】 有刺激性和麻醉作用。大鼠经口最低致死量 2550mg/kg，小鼠经口 LD_{50} 为 3460mg/kg，吸入 LD_{50} 为 27000mg/m^3。用铁桶包装。按易燃化学品规定贮运。

【参考生产企业】 常州大进化工科技有限公司，盐城市春竹香料有限公司，天津市溶剂厂。

Fa097 丙酸乙酯

【英文名】 ethyl propionate

【别名】 propanoic acid ethyl ester

【CAS 登记号】 [105-37-3]

【结构式】 $CH_3CH_2COOCH_2CH_3$

【物化性质】 无色液体，有菠萝香味。沸点 99.1℃。熔点 −73.9℃。闪点 12℃。相对密度 0.8917。折射率 1.3839。汽化热 335.25J/g。比热容 2.07J/g·℃。蒸气压（20℃）3.7kPa。与乙醇、乙醚混溶，微溶于水。能溶解硝酸纤维素，而不溶解醋酸纤维素。

【质量标准】 QB/T 1771—2006 丙酸乙酯（该标准同 QB/T 1954—2007 食用级丙酸乙酯）

项目	指标
性状及香气	具有果香、朗姆酒样香气、醚香，无色液体
相对密度（25℃/25℃）	0.886～0.889
折射率(20℃)	1.3830～1.3850
酸值 ≤	1.0
含酯量(GC)% ≥	97.0

【用途】 作为食用香料，用于调制具有蜜糖、香蕉、菠萝、奶油香型香料。在制造纤维素醚、酯时用作溶剂，也是多种天然树脂和合成树脂的溶剂，以及用于有机合成。

【制法】 丙酸与乙醇在硫酸催化下直接酯化，然后经中和、水洗、精馏得成品。

$$C_2H_5COOH + C_2H_5OH \xrightarrow{H_2SO_4} CH_3CH_2COOC_2H_5 + H_2O$$

【安全性】 大鼠腹腔注射 LD_{50} 为 1200 mg/kg，家兔经口 LD_{50} 为 3500mg/kg。有刺激性和麻醉作用。要加强操作场所通风。注意维护设备密闭。防止皮肤直接接触。用铁桶包装。丙酸乙酯属一级易燃危险品，在贮存中要注意防火。按易燃化学品规定贮运。

【参考生产企业】 常州大进化工科技有限公司，吴江慈云香料香精有限公司，武进市有机化工厂，江苏省武进市江南精细化工厂，盐城市春竹香料有限公司，宜兴市天源化工有限公司。

Fa098 丙酸丁酯

【英文名】 *n*-butyl propionate

【别名】 propanoic acid butyl ester; propionic acid butyl ester

【CAS 登记号】 [590-01-2]

【结构式】 $CH_3CH_2COOCH_2CH_2CH_2CH_3$

【物化性质】 无色液体，有苹果香味。沸点 145.5℃。熔点－89.5℃。闪点（闭杯）32℃。相对密度 0.8754。折射率 1.4014。汽化热 303.9J/g。比热容 1.921J/g·℃。微溶于水，与乙醇、乙醚等有机溶剂混溶。

【质量标准】 含量≥99%。

【用途】 硝酸纤维素、天然及合成树脂的溶剂。可作漆用溶剂。还用于香精制造，具有杏、桃气味。

【制法】 丙酸与丁醇以硫酸为催化剂直接酯化，然后经中和、洗涤、分馏等精制过程出成品。

$$C_2H_5COOH + C_4H_9OH \xrightarrow{H_2SO_4} CH_3CH_2COOC_4H_9 + H_2O$$

【安全性】 大鼠经口 LD_{50} 为 5000mg/kg。毒性比醋酸丁酯略高，有刺激性。用铁桶包装。贮于阴凉通风处。注意防火。按易燃危险品规定运输。

【参考生产企业】 盐城市春竹香料有限公司，宜兴市天源化工有限公司，沈阳化学试剂厂，北京大兴兴福精细化学研究所。

Fa099 丁酸异戊酯

【英文名】 isoamyl butyrate

【别名】 酪酸异戊酯；isopentyl butyate

【CAS 登记号】 [106-27-4]

【结构式】

$CH_3CH_2CH_2COOCH_2CH_2CH(CH_3)_2$

【物化性质】 无色或略带黄色的透明液体。具有强烈的香蕉、洋梨芳香气味。沸点 168.9℃。熔点－73.2℃。相对密度 0.8627。折射率 1.4110。易溶于乙醇、乙醚等有机溶剂。几乎不溶于水、丙二醇、甘油。

【质量标准】

(1) QB/T 1775—2006 丁酸异戊酯

项目	指标
外观	无色液体
香气	具有果香香气
相对密度(25℃/25℃)	0.861～0.866
折射率(20℃)	1.4090～1.4140
溶解度(25℃)	试样 1mL 全溶于 4mL 70%(体积分数)乙醇中
酸值 ≤	1.0
含酯量(GC)% ≥	98.0
沸程(175～183℃)/% ≥	95

(2) QB/T 2646—2004 （食用级）丁酸异戊酯

项目	指标
外观	无色液体
香气	具有果香香气
相对密度(25℃/25℃)	0.861～0.866
折射率(20℃)	1.4090～1.4140
溶解度	1mL 试样全溶于 4mL 70%(体积分数)乙醇中
酸值 ≤	1.0
含酯量(GC)% ≥	98.0
砷/(mg/kg) ≤	3
重金属含量(以 Pb 计)/(mg/kg) ≤	10

【用途】 用作香料，在制药和香料生产中用作萃取剂，以及用作醋酸纤维素的溶剂

和喷漆、涂料的溶剂。

【制法】 正丁酸与异戊醇在催化剂硫酸存在下进行酯化反应，再经中和、水洗、减压蒸馏精制得成品。

$$CH_3(CH_2)_2COOH+(CH_3)_2CH(CH_2)_2OH \xrightarrow{H_2SO_4} 本品+H_2O$$

【安全性】 大鼠经口 LD_{50} 为 12.21g/kg。无毒，但对皮肤有刺激作用，吸入高浓度蒸气时，有麻醉性。操作场所应保持通风良好，操作人员佩戴防护装具，并避免接触皮肤。用镀锌铁桶或铝桶包装。贮运无特殊要求。

【参考生产企业】 天津市捷特精细化工有限公司，盐城市龙冈香料化工厂，吴江慈云香料香精有限公司，盐城市春竹香料有限公司，上海闵南化工厂，扬州四方香精香料有限公司，广州百花香料股份有限公司，上海申宝香精香料有限公司，青岛赛特香料有限公司。

Fa100 己酸乙酯

【英文名】 ethyl caproate

【别名】 hexanoic acid ethyl ester; ethyl hexanoate

【CAS 登记号】 [123-66-0]

【结构式】 $CH_3(CH_2)_4COOC_2H_5$

【物化性质】 无色至淡黄色液体，有水果香气味。沸点 228℃。熔点 −67℃。相对密度 (d_4^{25}) 0.9037。折射率 1.4241。溶于乙醇、乙醚，不溶于水。

【质量标准】

(1) GB 8315—2008 (食用级) 己酸乙酯

项目	指标
相对密度(25℃/25℃)	0.867～0.871
折射率(20℃)	1.4060～1.4090
溶解度(25℃)	1mL 试样全溶于 2mL 70%(体积分数)乙醇中
酸值 ≤	1.0
含量(GC)/% ≥	98.0
重金属含量(以 Pb 计)/(mg/kg) ≤	10
砷含量/(mg/kg) ≤	3

(2) QB/T 1778—2006

项目	指标
外观	无色液体
香气	具有酒样香气
相对密度(25℃/25℃)	0.867～0.871
溶解度(25℃)	试样 1mL 全溶于 2mL 70%(体积分数)乙醇中
酸值 ≤	1.0
含酯量(GC) ≥	98.0%

【用途】 有机合成。配制食品用香精，用于烟草及酒类调香。还可用作有机溶剂。

【制法】 正己酸与乙醇在硫酸存在下进行酯化反应，再经中和、水洗、分馏得成品。

$$CH_3(CH_2)_4COOH+C_2H_5OH \xrightarrow{H_2SO_4} CH_3(CH_2)_4COOCH_2CH_3+H_2O$$

【安全性】 毒性低微，对人体无不良影响。但高浓度下有麻醉性。家兔皮肤涂抹 500mg，24h 后，呈适度刺激影响。用镀锌铁桶或铝桶包装。按一般化学品规定贮运。

【参考生产企业】 吴江慈云香料香精有限公司，盐城市春竹香料有限公司，辽宁天缘集团沈阳天缘石油化工总厂，上海闵南化工厂，河南康源化工集团有限公司，盐城鸿泰生物工程有限公司，天津市捷特精细化工有限公司，上海华盛香料厂。

Fa101 己酸烯丙酯

【英文名】 allyl hexanoate

【别名】 allyl capronate

【CAS 登记号】 [123-68-2]

【结构式】 $CH_3(CH_2)_4COOCH_2CH=CH_2$

【物化性质】 无色至淡黄色液体，有菠萝香气。沸点 186～188℃。相对密度 0.885～0.890。折射率 1.422～1.426。易溶于有机溶剂中，不溶于水。

【质量标准】 QB/T 2519—2011 己酸烯丙酯

项目	指标
相对密度(25℃/25℃)	0.884～0.890
折射率(20℃)	1.4220～1.4260
溶解度	1mL 试样全溶于 6mL 70%(体积分数)乙醇中
酸值 ≤	1.0
己酸烯丙酯含量 ≥ (GC)/%	98.0
烯丙醇含量 ≤ (GC)/%	0.1

【用途】 用于配制食用香精、香料。也是有机合成的中间体。

【制法】 己酸与烯丙醇在硫酸催化下直接酯化，然后经中和、水洗、精馏制得成品。

$$CH_3(CH_2)_4COOH + CH_2{=}CHCH_2OH \xrightarrow{H_2SO_4} 本品 + H_2O$$

【安全性】 毒性低微，对皮肤也无刺激作用。大鼠经口 LD_{50} 为 500mg/kg，小鼠经口 LD_{50} 为 630mg/kg，家兔涂皮 LD_{50} 为 810mg/kg，豚鼠经口 440mg/kg。用铝桶或塑料桶包装。按一般化学品规定贮运。

【参考生产企业】 盐城市春竹香料有限公司，上海申宝香精香料有限公司，常州市松盛香料有限公司，天津市捷特精细化工有限公司，上海华盛香料厂，昆山市鹿都香料厂。

Fa102 丙烯酸甲酯

【英文名】 methyl acrylate

【别名】 2-propenoic acid methyl ester; acrylic acid methyl ester

【CAS 登记号】 [96-33-3]

【结构式】 $CH_2{=}CHCOOCH_3$

【物化性质】 无色易挥发液体。具有辛辣气味，有催泪作用。沸点 80.5℃。熔点 −75℃。闪点（闭杯）−3℃。相对密度 0.9535。折射率 1.4021。汽化热 0.39 kJ/g。比热容 2.0J/(g·℃)。蒸气压 (20℃) 9.09kPa。溶于乙醇、乙醚、丙酮及苯，微溶于水。在水中溶解度为 6g/100mL (20℃)。易聚合。

【质量标准】 GB/T 17529.2—1998

项目	优等品	一等品
纯度/% ≥	99.5	
色度(铂-钴色号, Hazen 单位) ≤	10(散),20(桶)	
酸度(以丙烯酸计)/% ≤	0.01	0.02
水分/% ≤	0.05	0.10
阻聚剂(MEHQ) 含量(质量)/×10⁻⁶	100±10	

注：阻聚剂含量可与用户协商制定。

【用途】 有机合成中间体，也是合成高分子聚合物的单体。由丙烯酸甲酯共聚的橡胶具有良好的耐高温和耐油性能。与丙烯腈共聚，可改善其可纺性、热塑性及染色性能。与甲基丙烯酸甲酯醋酸乙烯或苯乙烯共聚，可制出性能良好的涂料和地板上光剂。在医药制造、皮革加工、造纸、黏合剂制造等方面也广泛应用。

【制法】 (1) 丙烯腈水解法。以丙烯腈为原料，在硫酸作用下水解生成丙烯酰胺硫酸盐，再与甲醇酯化得粗丙烯酸甲酯，再经盐析、分馏得成品。

$$CH_2{=}CHCN + H_2SO_4 + H_2O \longrightarrow CH_2{=}CHCONH_2 \cdot H_2SO_4$$

$$CH_2{=}CHCONH_2 \cdot H_2SO_4 + CH_3OH \xrightarrow{H_2SO_4} CH_2{=}CHCOOCH_3 + NH_4HSO_4$$

$$CH_2{=}CHCONH_2 \cdot H_2SO_4 + CH_3OH \longrightarrow CH_2{=}CHCOOCH_3 + NH_4HSO_4$$

(2) 丙烯氧化法。丙烯为原料，先氧化生成丙烯醛，再氧化生成丙烯酸。再由丙烯酸与甲醇以硫酸或离子交换树脂为催化剂液相酯化生成丙烯酸甲酯，酯化产物经脱水分馏得成品。

$$CH_2{=}CHCH_3 + O_2 \longrightarrow CH_2{=}CHCHO + H_2O$$

$$CH_2{=}CHCHO + 1/2O_2 \longrightarrow CH_2{=}CHCOOH$$

$$CH_2{=}CHCOOH+CH_3OH \xrightarrow{[H^+]} CH_2{=}CHCOOCH_3+H_2O$$

（3）乙烯酮法。乙烯酮与甲醛以三氟化硼为催化剂进行缩合，再用甲醇急冷，同时酯化生成丙烯酸甲酯。

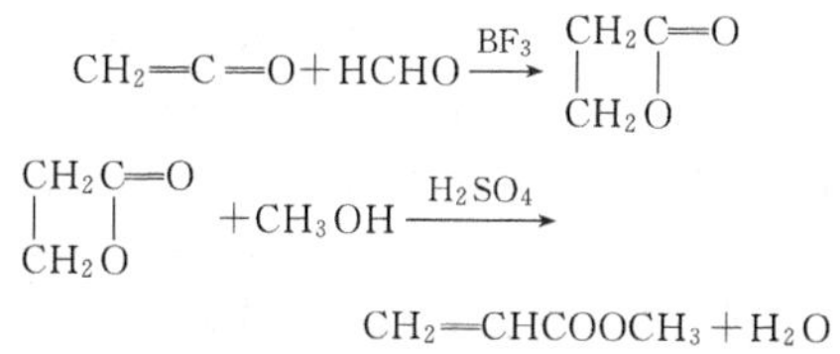

【安全性】 大鼠经口 LD_{50} 为 300mg/kg。兔口服 LD_{50} 为 280mg/kg。丙烯酸甲酯毒性中等，对眼、皮肤、黏膜有较强的刺激和腐蚀作用，并可经皮肤吸收而引起中毒。慢性中毒症状为头痛、嗜睡、手脚痉挛等。操作场所应加强通风。操作人员应佩戴胶手套、面罩、防护服等防护装具。发生中毒应即移至通风良好处静休，服用葡萄糖和维生素 B、C 等。工作场所最高容许浓度为 $35mg/m^3$。用镀锌铁桶包装。应单独贮存，防止日光直射，贮存温度＜21℃，长期贮存及运输应加阻聚剂。注意防火。按易燃品规定贮运。

【参考生产企业】 北京化学工业集团有限责任公司东方化工厂，上海高桥石化丙烯酸厂，吉联（吉林）石油化学有限公司，淄博助剂二厂，江阴市东风化工总厂有限公司，北京东方化工厂，江苏裕廊化工有限公司。

Fa103 丙烯酸乙酯

【英文名】 ethyl acrylate

【别名】 2-propenoic acid ethyl ester; acrylic acid ethyl ester

【CAS 登记号】 [140-88-5]

【结构式】 $CH_2{=}CHCOOCH_2CH_3$

【物化性质】 无色液体，易挥发，易燃。沸点 99.8℃，43℃（13.7kPa）。熔点＜－72℃。闪点（闭杯）15℃。相对密度 0.9234。折射率 1.4057。汽化热 0.35 kJ/g。比热容 1.97J/(g·℃)。蒸气压（20℃）3.93kPa。与乙醇、乙醚混溶，溶于氯仿，稍溶于水。

【质量标准】 GB/T17529.3—1998

项目		优等品	一等品
纯度/%	≥	99.5	99.2
色度(铂-钴色号，Hazen 单位)	≤	10(散),20(桶)	
酸度(以丙烯酸计)/%	≤	0.01	
水分/%	≤	0.05	0.10
阻聚剂(MEHQ)含量/$\times 10^{-6}$		15±5	

注：阻聚剂含量可与用户协商制定。

【用途】 高分子合成材料单体，并用于制造涂料、黏合剂、皮革加工处理剂、纺织助剂、添加剂等。

【制法】 丙烯酸与乙醇在催化剂（离子交换树脂或硫酸）存在下进行液相酯化反应，反应所得粗酯经脱重组分、萃取、精馏等过程得到成品。

$$CH_2{=}CHCOOH+C_2H_5OH \xrightarrow{[H^+]} CH_2{=}CHCOOC_2H_5+H_2O$$

【安全性】 毒性较丙烯酸甲酯稍低，大鼠经口 LD_{50} 为 830mg/kg。对眼、黏膜皮肤有较强程度的刺激作用。防护要求参照丙烯酸甲酯。车间应通风，设备应密闭，操作人员应穿戴防护用具。最高容许浓度 $86mg/m^3$。用镀锌铁桶包装，单独存放。防止日光直射，低温贮存并加阻聚剂、防火，按易燃危险品规定贮运。

【参考生产企业】 北京化学工业集团有限责任公司东方化工厂，上海高桥石化丙烯酸厂，吉联（吉林）石油化学有限公司，江阴市东风化工总厂有限公司，天津华东试剂厂，北京东方化工厂，天津市化学试剂有限公司，青州贝特化工有限公司。

Fa104 丙烯酸(正)丁酯

【英文名】 *n*-butyl acrylate

【别名】 2-propenoic acid butyl ester; acrylic acid *n*-butyl ester

【CAS 登记号】 [141-32-2]

【结构式】 $CH_2═CHCOOC_4H_9$

【物化性质】 无色液体。沸点 146～148℃，69℃（6.7kPa）。熔点 −64.6℃。闪点（闭杯）39℃。相对密度 0.894。折射率 1.4174。溶于乙醇、乙醚、丙酮等有机溶剂。几乎不溶于水，20℃时在水中溶解度为 0.14g/100mL。

【质量标准】 GB/T17529.4—1998

项目	优等品	一等品
纯度/% ≥	99.5	99.0
色度(铂-钴色号，Hazen 单位) ≤	10(散),20(桶)	
酸度(以丙烯酸计)/% ≤	0.01	
水分/% ≤	0.05	0.10
阻聚剂(MEHQ)含量/×10⁻⁶	50±5	

注：阻聚剂含量可与用户协商制定。

【用途】 高分子聚合物单体，主要用作纤维、橡胶、塑料、涂料、黏合剂、纺织助剂，也可用作皮革和纸张的处理剂。

【制法】 (1) 丙烯酸甲酯法。丙烯酸与正丁醇在硫酸催化下进行酯化，再经中和、水洗、脱醇、精馏得成品丙烯酸丁酯。

$$CH_2═CHCOOH+C_4H_9OH \xrightarrow{H_2SO_4} \text{本品}+H_2O$$

(2) 丙烯腈水解法。将丙烯腈与硫酸一起加热到 90℃，使丙烯腈水解成丙烯酰胺的硫酸盐，硫酸盐进一步酯化生成丙烯酸酯。近年有专利报道，以丙烯腈为原料，采用一步法生产，酯的收率可达 95%。

$$CH_2═CHCN \xrightarrow[H_2O]{H_2SO_4} CH_2═CHCONH_2 \cdot H_2SO_4 \xrightarrow{C_4H_9OH} \text{本品}$$

或

$$CH_2═CHCN \xrightarrow[H_2SO_4]{C_4H_9OH,H_2O} \text{本品}$$

(3) β-丙内酯法。以乙酸为原料，磷酸三乙酯为催化剂，在 625～730℃下裂解生成乙烯酮，然后与无水甲醛在 $AlCl_3$ 或 BF_3 催化剂存在下进行气相反应，生成 β-丙内酯。β-丙内酯直接与丁醇及硫酸反应制得丙烯酸丁酯。

$$CH_3COOH \longrightarrow CH_2═C═O \xrightarrow{HCHO} \begin{matrix} CH_2C═O \\ | \quad | \\ CH_2O \end{matrix} \xrightarrow[H_2SO_4]{C_4H_9OH} \text{本品}$$

【安全性】 大鼠经口 LD_{50} 为 3730mg/kg。毒性与丙烯酸甲酯相近。对眼及皮肤有刺激。操作场所应空气流通。操作人员要佩戴防护装具。用镀锌铁桶包装。贮存于阴凉、干燥、通风处。贮存与运输前应加阻聚剂。

【参考生产企业】 北京化学工业集团有限责任公司东方化工厂，上海高桥石化丙烯酸厂，吉联（吉林）石油化学有限公司，江阴市东风化工总厂有限公司，天津华东试剂厂，天津市化学试剂有限公司，嘉兴市科达精细化工厂，北京东方化工厂，青州贝特化工有限公司，江苏裕廊化工有限公司。

Fa105 丙烯酸-2-羟基乙酯

【英文名】 2-hydroxy ethylacrylate

【别名】 丙烯酸-β-羟乙酯；丙烯酸羟乙酯

【CAS 登记号】 [818-61-1]

【结构式】 $CH_2═CHCOOCH_2CH_2OH$

【物化性质】 无色液体。沸点（667Pa）74～75℃。熔点 −70℃。闪点（开杯）104℃。相对密度 1.1098。折射率 1.4469。黏度（25℃）5.34mPa·s。溶于一般有机溶剂，与水混溶。

【质量标准】

项目	(优级品)指标
纯度/% ≥	96.5
水分/% ≤	0.5
游离酸/% ≤	1.5
色度(APHA) ≤	50
阻聚剂(MEHQ)/×10⁻⁶	400±40

【用途】 用作制备热固性涂料的单体。在黏合剂方面，与乙烯基单体共聚，可改进

其黏接强度。在纸加工方面，用于制涂层用丙烯酸乳液，可提高其耐水性和强度。

【制法】 丙烯酸与环氧乙烷在催化剂及阻聚剂存在下进行加成反应，生成丙烯酸-2-羟基乙基酯粗成品，经脱气、蒸馏得成品。

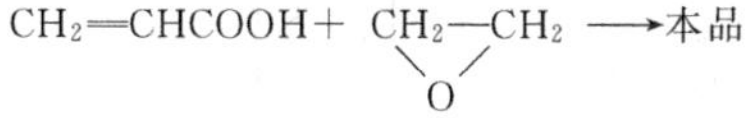

【安全性】 有一定毒性。大鼠经口 LD_{50} 为 1.0g/kg。吸入后有明显的刺激作用。皮肤刺激程度较轻，但对眼部伤害较严重。操作人员应戴防护眼镜。用镀锌铁桶包装。贮存于阴凉通风处。库房应专用，不与其他物品混贮。注意防火。贮存及运输前应加阻聚剂。

【参考生产企业】 江苏银燕化工股份有限公司，南京伊迪化工有限公司，北京东方化工厂，上海华谊丙烯酸有限公司，青州贝特化工有限公司。

Fa106 丙烯酸-2-羟基丙酯

【英文名】 2-hydroxypropyl acrylate

【别名】 HPA

【CAS 登记号】 [999-61-1]

【结构式】

【物化性质】 为色度 30 以下的透明液体。沸点（666.61Pa）77℃。凝固点＜－60℃。闪点（开杯）100℃。相对密度 1.0536。折射率（n_D^{25}）1.4443。溶解于水和一般有机溶剂。可与水以任何比例混溶。

【质量标准】

项目	指标
纯度/% ≥	96.5
水分/% ≤	0.5
游离酸/% ≤	1.0
色度(APHA) ≤	50
阻聚剂(MEHQ)/×10^{-6}	200±20

【用途】 可用于生产热固性涂料、胶黏剂、纤维处理剂和合成树脂共聚物的改性剂，也可用作丙烯酸类树脂所用的主要交联性官能团单体之一。

【制法】 丙烯酸与环氧丙烷在催化剂和阻聚剂存在下进行加成反应，生成丙烯酸-2-羟基丙酯粗成品，再经脱气、精馏得成品。丙烯酸由丙烯氧化或丙烯腈水解制得。

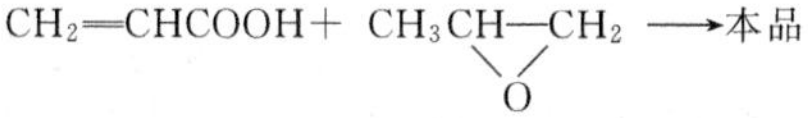

【安全性】 有毒。皮肤或眼睛接触时，会引起突发症。生产操作必须备有防毒面具。工作环境容许浓度为 $3mg/m^3$。用聚乙烯罐装，每罐 20kg，或用不锈钢桶装，每桶 20kg。

【参考生产企业】 江苏银燕化工股份有限公司，北京东方亚科力化工科技有限公司，南京伊迪化工有限公司。

Fa107 丙烯酸-2-乙基己酯

【英文名】 2-ethylhexyl acrylate

【别名】 丙烯酸异辛酯；AEH

【CAS 登记号】 [29590-42-9]

【结构式】 $CH_2=CHCOOCH_2CH(C_2H_5)(CH_2)_3CH_3$

【物化性质】 无色透明液体。沸点 215～219℃。熔点－90℃。闪点（开杯）82℃。相对密度 0.8859。折射率 1.4358。几乎不溶于水。与醇、醚能混溶。易聚合。

【质量标准】 GB/T 17529.5—1998

项目	优等品	一等品
纯度/% ≥	99.0	
色度(铂-钴色号,Hazen 单位) ≤	10(散)，20(桶)	15(散)，20(桶)
酸度(以丙烯酸计)/% ≤	0.01	
水分/% ≤	0.10	0.15
阻聚剂(MEHQ)含量/×10^{-6}	50±5	

注：阻聚剂含量可与用户协商制定。

【用途】 高分子聚合物的单体，还可用于合成纤维织物加工、涂料、黏合剂及塑料改性等方面。

【制法】(1) 直接酯化法。丙烯酸与2-乙基己醇以硫酸为催化剂进行酯化，再经中和、脱醇和精馏得成品。

$$CH_2{=}CHCOOH+CH_3(CH_2)_3CH(C_2H_5)CH_2OH \xrightarrow{H_2SO_4} 本品$$

(2) 酯交换法。丙烯酸甲酯与2-乙基己醇在催化剂四氯化钛存在下进行酯交换反应生成丙烯酸2-乙基己酯，精制得成品。

$$CH_2{=}CHCOOCH_3+CH_3(CH_2)_3CH(C_2H_5)CH_2OH \xrightarrow{催化剂} 本品+CH_3OH$$

【安全性】大鼠经口 LD_{50} 为5.6g/kg。其毒性比同系列的低级酯要低。对皮肤的刺激程度中等。用镀锌铁桶包装，贮存于阴凉通风处。注意防火。贮存及运输前需添加阻聚剂。

【参考生产企业】北京东方化工厂，北京东方亚科力化工科技有限公司，江阴市东风化工总厂有限公司，上海华谊丙烯酸有限公司。

Fa108 甲基丙烯酸甲酯

【英文名】methyl methacrylate

【CAS登记号】[80-62-6]

【结构式】$CH_2C(CH_3)COOCH_3$

【物化性质】无色液体，易挥发，易燃。沸点100～101℃。熔点-48℃。闪点（开杯）10℃。相对密度0.9440。折射率1.4142。蒸气压（25.5℃）5.33kPa。溶于乙醇、乙醚、丙酮等多种有机溶剂。微溶于乙二醇和水。在光、热、电离辐射和催化剂存在下易聚合。

【质量标准】HG/T 2305—1992

项目		优等品	一等品	合格品
色度/(铂-钴色号)	≤	10	20	30
密度(ρ_{20})/(g/cm³)		0.942～0.946	0.938～0.948	
酸含量(以甲基丙烯酸计)/%	≤	0.01	0.04	0.08
水分/%	≤	0.05	0.3	0.5
甲基丙烯酸甲酯含量/%	≥	99.8	99.0	98.0

【用途】有机玻璃的单体，也用于制造其他树脂、塑料、涂料、黏合剂、润滑剂、木材浸润剂、电机线圈浸透剂、纸张上光剂、印染助剂和绝缘灌注材料。

【制法】(1) 丙酮氰醇法。丙酮氰醇与硫酸反应生成甲基丙烯酰胺硫酸盐，经水解后再与甲醇酯化得甲基丙烯酸甲酯粗制品，然后经盐析、粗馏、精馏得成品。通常丙酮氰醇由氰化钠制得。

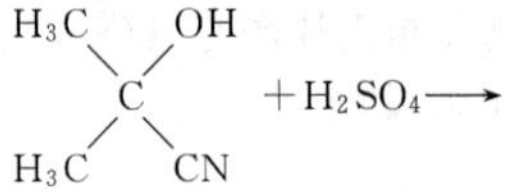

$$CH_2{=}C(CH_3)CONH_2\cdot H_2SO_4 \xrightarrow{H_2O}$$

$$CH_2{=}C(CH_3)COOH \xrightarrow{CH_3OH} 本品$$

(2) 异丁烯法。异丁烯在钼催化剂存在下用空气两段氧化。异丁烯先氧化成甲基丙烯醛，再进一步氧化成甲基丙烯酸。甲基丙烯酸与甲醇酯化得甲基丙烯酸甲酯。最近，又开发出一步氧化法工艺。异丁烯以 N_2O_4 为氧化剂，K_2CO_3 或 MnO_2 为催化剂，直接氧化生成甲基丙烯酸。然后再用甲醇酯化。

(3) 丙烯法。丙烯、一氧化碳与甲醇进行羰化反应生成2-甲氧基异丁酸甲酯，然后通过水解反应分解成甲基丙烯酸甲酯和甲醇。

(4) 异丁醛一步氧化法。以杂多酸及其盐类为催化剂，由异丁醛一步氧化生产甲基丙烯酸，甲基丙烯酸再与甲醇酯化成甲基丙烯酸甲酯。

【安全性】毒性较小。大鼠经口 LD_{50} 为9400mg/kg。吸入致死浓度 LC_{50} 为15.33g/m³，作业最高容许浓度为410mg/m³。但其嗅阈为130～250mg/m³，当其浓度尚未达产生毒性之前，其强烈臭味已使人难忍。人体皮肤接触甲基丙烯酸甲酯，只有极少数人会出现红疹。由于生产甲基丙烯酸甲酯的原料氰化钠和中间体氰化氢剧毒，生产装置必须严格保证设备密闭，并保持良好通风，操作人员应有严格的防护措施，配备必要的防护装具。发现中毒现象应立即移至空气新鲜处及时抢救。用镀锌铁桶或铝桶包装。贮于阴凉通风之专用仓库内，远离火种、热源，避免日光直射。

【参考生产企业】 黑龙江安达龙新化工有限公司，吉化集团苏州安利化工有限公司，江苏省常熟市琴沪化工厂，浙江宁波有机化工厂，河南省郑州市有机玻璃厂，重庆永川化工厂，广东茂名有机化工厂，哈尔滨有机玻璃厂，浙江温州头桥有机制品厂。

Fa109 甲基丙烯酸乙酯

【英文名】 ethyl methacrylate

【CAS 登记号】 [97-63-2]

【结构式】 $CH_2{=}C(CH_3)COOC_2H_5$

【物化性质】 无色液体。沸点 118～119℃。熔点－75℃。闪点（开杯）35℃。相对密度 0.9135。折射率 1.4147。与乙醇、乙醚混溶，微溶于水。易聚合。

【质量标准】

项目	一级品	合格品
含量/% ≥	98	98
游离酸/% ≤	0.2	0.5
色度(Hazen 单位) ≤	20	20

【用途】 与其他单体共聚，可得酯类共聚物，还可用于涂料工业、黏合剂、纤维处理剂及成型材料的制造等。

【制法】 丙酮氰醇与硫酸反应生成甲基丙烯酰胺，再经水解并与乙醇酯化得粗成品，然后进行脱水、精馏得成品。

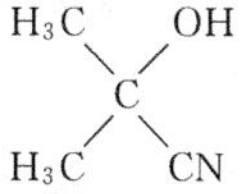

$+H_2SO_4 \longrightarrow$

$CH_2{=}C(CH_3)CONH_2 \cdot H_2SO_4 \xrightarrow{H_2O}$

$CH_2{=}C(CH_3)COOH \xrightarrow{C_2H_5OH}$ 本品

【安全性】 毒性与甲基丙烯酸甲酯相近。防护要求与甲基丙烯酸甲酯同。用镀锌铁桶包装。贮存运输需加阻燃剂，并在10℃以下存放。

【参考生产企业】 上海制笔化工厂，抚顺安信化学有限公司，青州贝特化工有限公司。

Fa110 甲基丙烯酸正丁酯

【英文名】 *n*-butyl methacrylate

【别名】 甲基丙烯酸丁酯

【CAS 登记号】 [97-88-1]

【结构式】

$$CH_2{=}C(CH_3)COOCH_2CH_2CH_2CH_3$$

【物化性质】 无色液体。沸点 160～163℃。熔点小于－50℃。闪点 50℃。相对密度 0.894。折射率 1.4229。溶于乙醇、乙醚，不溶于水。易聚合。

【质量标准】 甲基丙烯酸正丁酯

项目	I	II	
		一级品	合格品
外观	无色透明液体,无机械杂质	无色或微黄色透明液体	
含量/% ≥	96	95	95
酸度/%(以甲基丙烯酸计) ≤	1.5	0.2	1.0
密度/(g/cm³)	0.895	—	—
活性(落球法)/min	110～210		
阻聚剂含量	无或按用户要求		

【用途】 制备高聚物或共聚物的单体。用于有机玻璃改性，并可用作纸张、皮革、纺织品的整理剂、乳化剂、上光剂、防臭剂，还可用作涂料的溶剂，用作石油添加剂和黏结剂的组分。

【制法】 甲基丙烯酸与正丁醇在硫酸催化下进行酯化反应，再经盐析、精馏得成品。

$$CH_2{=}C(CH_3)COOH+C_4H_9OH \xrightarrow{H_2SO_4} CH_2{=}C(CH_3)COOC_4H_9+H_2O$$

【安全性】 与甲基丙烯酸甲酯基本相同，毒性较低。大鼠经口 LD_{50} 为 20mL/kg。防护要求与甲基丙烯酸甲酯同。用镀锌铁桶包装。要求在阴凉处存放，贮存温度<20℃。注意防火。成品加阻聚剂后保存期为三个月。

【参考生产企业】 上海制笔化工厂，苏州三友利化工有限公司，抚顺安信化学有限公司，中国石油天然气集团公司吉化集团公司，淄博益利化工新材料有限公司，青州贝特化工有限公司，淄博宝翠实业有限公司。

Fa111 甲基丙烯酸异丁酯

【英文名】 isobutyl methacrylate

【别名】 甲基丙烯酸丁酯

【CAS登记号】 [97-86-9]

【结构式】

$$CH_2=C(CH_3)COOCH_2CH(CH_3)_2$$

【物化性质】 无色液体。沸点 155℃。闪点 49℃（开杯）。相对密度 0.8858。折射率 1.4199。黏度（25℃）1.24mPa·s。易溶于醇、醚，不溶于水。易聚合。

【质量标准】 甲基丙烯酸异丁酯

项目		指标
色度(Pt-Co 色号)	≤	20
含量/%	≥	98
游离酸(以甲基丙烯酸计)/%	≤	1

【用途】 有机合成单体，用于合成树脂、塑料、涂料、印刷油墨、胶黏剂、润滑油添加剂、牙科材料、纤维处理剂、纸张涂饰剂等。

【制法】 甲基丙烯酸与异丁醇在硫酸催化下酯化生成，再经精馏得成品。甲基丙烯酸以丙酮氰醇为原料制得。

$$CH_2=C(CH_3)COOH+(CH_3)_2CHCH_2OH \xrightarrow{H_2SO_4} \text{本品}+H_2O$$

【安全性】 甲基丙烯酸异丁酯毒性基本与甲基丙烯酸甲酯相同，防护要求也相同。用镀锌铁桶包装。贮存于阴凉处，温度<10℃。注意防火。长期贮存、运输需加阻聚剂对苯二酚 0.06%～0.10%。按易燃化学品规定运。

【参考生产企业】 上海大沪化工有限公司，抚顺安信化学有限公司，东营市达伟塑化有限责任公司，青州贝特化工有限公司。

Fa112 甲基丙烯酸-2-羟基乙酯

【英文名】 2-hydroxyethyl methacrylate

【别名】 甲基丙烯酸羟乙酯

【CAS登记号】 [868-77-9]

【结构式】 $CH_2=C(CH_3)COOCH_2CH_2OH$

【物化性质】 无色透明易流动液体。沸点（1.333kPa）95℃。熔点 −12℃。闪点（开杯）108℃。相对密度 1.074。折射率（n_D^{25}）1.4505。溶于普通有机溶剂。与水混溶。易聚合。

【质量标准】

项目		指标
纯度/%	≥	97.0
水分/%	≤	0.3
游离酸/%	≤	0.5
色度(APHA)	≤	30
阻聚剂(MEHQ)/$\times10^{-6}$		50±10

【用途】 主要用于树脂及涂料的改性。与其他丙烯酸类单体共聚，所得树脂可含有活性羟基。与三聚氰胺-甲醛（或脲醛）树脂、环氧树脂等共同反应，用于制造双组分涂料。加入高级轿车涂料中，可长期保持镜面光泽，还可用作合成纺织物的胶黏剂和医用高分子单体等。

【制法】 (1) 甲基丙烯酸与环氧乙烷在催化剂和阻聚剂存在下加成反应生成粗甲基丙烯酸-2-羟基乙酯，再经脱气、分馏得成品。

$$CH_2=C(CH_3)COOH+\underset{\diagdown\ O\ \diagup}{CH_2—CH_2} \longrightarrow \text{本品}$$

(2) 甲基丙烯酸钾盐与氯乙醇在阻聚剂存在下反应生成粗甲基丙烯酸-2-羟基乙酯，经盐析、精制得成品。

$CH_2{=}C(CH_3)COOK + ClCH_2CH_2OH \longrightarrow$ 本品 $+ KCl$

【安全性】 毒性低，大鼠经口 LD_{50} 为 11.2g/kg。大鼠吸入试验器官正常，无中毒症状。用镀锌铁桶包装。应在低于 10℃的环境中存放，并加放阻聚剂。

【参考生产企业】 江苏银燕化工股份有限公司，北京东方亚科力化工科技有限公司，南京伊迪化工有限公司，青州贝特化工有限公司。

Fa113 十一碳烯酸乙酯

【英文名】 ethyl undecylenate

【CAS 登记号】 [692-86-4]

【结构式】 $CH_2{=}CH(CH_2)_8COOCH_2CH_3$

【物化性质】 可燃液体。沸点 263.5～265.5℃，131.5℃（2.13kPa）。熔点 −38℃。闪点（开杯）110℃。相对密度（d_4^{15}）0.8827。折射率（n_D^{25}）1.4449。不溶于水，溶于乙醇、乙醚、醋酸等有机溶剂。

【质量标准】

项目	指标
含量/% ≥	96
碘值/(g I_2/100g)	112～120
酸值/(mgKOH/g) ≤	2
水分/% ≤	0.05

【用途】 主要用作脊椎造影剂碘苯酯的原料中间体。

【制法】 十一烯酸和乙醇在硫酸催化下直接酯化得粗十一烯酸乙酯，再经中和、水洗及减压分馏得成品。

$$CH_2{=}CH(CH_2)_8COOH + C_2H_5OH \xrightarrow{H_2SO_4} CH_2{=}CH(CH_2)_8COOC_2H_5 + H_2O$$

【安全性】 无毒。用玻璃瓶包装。按易燃化学品规定贮运。

【参考生产企业】 上海制笔化工厂，中国石油天然气集团公司吉化集团公司。

Fa114 亚油酸乙酯

【英文名】 ethyl linoleate

【别名】 十八碳-9,12-二烯酸乙酯；(*Z*,*Z*)-9,12-octadecadienoic acid ethyl ester

【CAS 登记号】 [544-35-4]

【结构式】 $CH_3(CH_2)_4CH{=}CHCH_2CH{=}CH(CH_2)_7COOCH_2CH_3$

【物化性质】 无色至浅黄色油状液体。沸点（1.6kPa）212℃。相对密度 0.8865。折射率 1.4675。不溶于水，溶于乙醇、乙醚，与脂肪族溶剂、油类及 *N*,*N*-二甲基甲酰胺等混溶。

【质量标准】

项目	指标
酯值/(mg KOH/g)	180～185
碘值/(g I_2/100g) ≥	153
酸值/(mg KOH/g) ≤	1
相对密度(d_4^{20})	0.870～0.886
折射率(n_D^{30})	1.455～1.460
氯化物/% ≤	0.014
重金属/$\times 10^{-6}$ ≤	20

【用途】 主要用作制药原料，具有降低胆固醇与血脂，防治动脉粥样硬化症。

【制法】 以豆油或葵花子油及乙醇为原料，以硫酸为催化剂，进行酯化反应生成混合脂肪酸乙酯，再用尿素络合得粗品，经减压分馏得成品。

$$CH_3(CH_2)_4CH{=}CHCH_2CH{=}CH(CH_2)_7COOH + C_2H_5OH \xrightarrow{H_2SO_4} \text{本品} + H_2O$$

【安全性】 无毒。用铝桶或玻璃瓶包装。贮存时注意避光、避热。

【参考生产企业】 盐城华德生物工程有限公司，武汉市合中化工制造有限公司，杭州华东医药集团五丰制药厂。

Fa115 氯甲酸甲酯

【英文名】 methyl chlorocarbonate

【别名】 氯碳酸甲酯；carbonochloridic acid methyl ester；methyl chloroformate

【CAS 登记号】 [79-22-1]

【结构式】 $ClCOOCH_3$

【物化性质】 无色透明液体，具有刺激性

气味。有催泪作用。剧毒、易燃、有腐蚀性。沸点71℃。闪点17℃。相对密度1.2231。折射率1.3865。乙醇、乙醚混溶，溶于苯和氯仿，微溶于水，并被水逐渐分解。

【质量标准】

项目	指标
外观	无色透明液体
含量/% ≥	95
游离酸/% ≤	4
相对密度(d_4^{24})	1.21～1.23

【用途】 农药原料，用以制取除草剂灭草灵、杀菌剂多菌灵等，也是医药原料，过去曾有人用以制取催泪性毒气。

【制法】 甲醇与光气进行酯化反应，所得酯化液经水洗、脱除杂质后再蒸馏精制得成品。光气系用焦炭发生一氧化碳再与氯气反应生成。

【安全性】 高毒，大鼠经口 LD_{50} ＜50mg/kg。对呼吸道和眼黏膜有强烈刺激作用，当其浓度达52.8mg/m^{3}时，即能引起催泪。操作场所应保持良好通风，严格防止跑冒滴漏。操作人员应穿戴防护装具。空气中最高容许浓度为5mg/m^3。用铁桶内衬塑料袋或塑料桶包装。按有毒、易燃危险品规定贮运。

【参考生产企业】 上海中远化工有限公司，上海爱生比益化工有限公司，江苏常隆化工有限公司，沙隆达蕲春有限公司，太原化学工业集团有限公司，无锡市惠山农药厂，江苏省新沂农药有限公司，江苏神农化工集团有限公司，昆山东辰化工有限公司。

Fa116 氯甲酸乙酯

【英文名】 ethyl chloroformate

【别名】 氯碳酸乙酯；carbonochloridic acid ethyl ester；chloroformic acid ethyl ester；ethyl chlorocarbonate

【CAS登记号】 ［541-41-3］

【结构式】 $ClCOOC_2H_5$

【物化性质】 无色透明液体，具有刺激性臭味。易燃、有毒、有腐蚀性。沸点93℃。熔点－81℃。闪点＜16℃。相对密度1.1352。折射率1.3974。与乙醇、乙醚混溶，但能被乙醇分解。溶于苯、氯仿，不溶于水，而能被水分解。

【质量标准】

项目	指标
外观	无色透明液体
含量/% ≥	95
沸程/℃	92～96

【用途】 有机合成中间体，用以制取甲酸二乙酯，异氰酸酯、医药、农药，除草剂以及浮选剂等。

【制法】 光气与无水乙醇进行酯化反应生成氯甲酸乙酯，然后经脱除杂质、脱水、分馏等精制过程得成品。

$$COCl_2 + C_2H_5OH \longrightarrow ClCOOC_2H_5 + HCl$$

【安全性】 与氯甲酸甲酯相同，高毒。对呼吸道、眼结膜有剧烈刺激作用。防护要求也与氯甲酸甲酯的要求相同。用铁桶内衬塑料袋包装。按易燃有毒危险化学品规定贮运。

【参考生产企业】 上海爱生比益化工有限公司，江苏常隆化工有限公司，无锡市惠山农药厂，江苏省新沂农药有限公司，江苏神农化工集团有限公司，山东华阳科技股份有限公司，昆山东辰化工有限公司，上海中远化工有限公司。

Fa117 氯甲酸异丙酯

【英文名】 isopropyl chloroformate

【CAS登记号】 ［108-23-6］

【结构式】 $ClCOOCH(CH_3)_2$

【物化性质】 无色透明液体。沸点104.6～104.9℃（101.46kPa）。折射率1.4013。溶于乙醚，不溶于水。

【质量标准】 无色或微黄色液体。含量≥0.85kg/L。

【用途】 用作农药中间体，矿石浮选剂和游离基聚合反应引发剂，如氯乙烯聚合反应的引发。

【制法】 异丙醇与光气反应合成，然后经驱气、蒸馏，精制得成品。

$$(CH_3)_2CHOH+COCl_2 \xrightarrow{15\sim20℃} ClCOOCH(CH_3)_2$$

【安全性】 大鼠经口 LD_{50} <100mg/kg。氯甲酸异丙酯的毒性比氯甲酸甲酯稍低，但仍属高毒。防护要求与氯甲酸甲酯相同。陶坛包装。按易燃有毒危险化学品规定贮运。

【参考生产企业】 江苏苏化集团新沂农化有限公司，无锡市惠山农药厂，江苏神农化工集团有限公司，昆山东辰化工有限公司，江苏常隆化工有限公司。

Fa118 氯甲酸环己酯

【英文名】 cyclohexyl chloroformate

【CAS 登记号】 [13248-54-9]

【结构式】

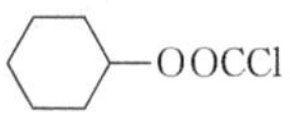

【物化性质】 无色至淡棕黄色透明液体。沸点 87.5℃ (3.6kPa)。溶于乙醚。

【质量标准】 浅棕色透明液体。含量≥0.85kg/L。

【用途】 农药中间体。

【制法】 环己醇与光气经低温反应进行酯化，然后经驱气、蒸馏等过程进行精制得到成品。

【安全性】 铁桶内衬塑料袋包装。按有毒危险品规定贮运。其余参见氯甲酸甲酯。

【参考生产企业】 江苏苏化集团新沂农化有限公司，江苏嘉隆化工有限公司，无锡市惠山农药厂。

Fa119 氯甲酸苄酯

【英文名】 carbobenzoxy chloride

【别名】 carbonochloridic acid phenylmethyl ester; benzyl chloroformate; chloroformic acid benzyl ester; benzylcarbonyl chloride

【CAS 登记号】 [501-53-1]

【结构式】

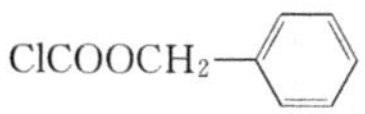

【物化性质】 无色油状液体。沸点 (2.67kPa) 103℃。闪点 91℃。相对密度 1.195。折射率 1.5190。溶于乙醚、丙酮、苯等有机溶剂。在水与乙醇中会分解。

【质量标准】 含量≥95%。

【用途】 农药中间体。在抗生素合成中用作氨基保护剂。

【制法】 (1) 光气和苯甲醇反应法。苯甲醇与光气进行酯化反应生成氯甲酸苄酯，再经脱气、蒸馏精制得成品。

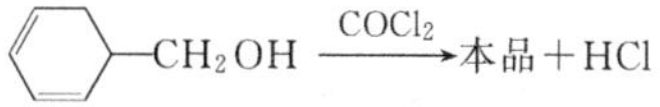

(2) 苄醇和氯甲酸三氯甲酯反应法。

【安全性】 高毒。毒性及防护要求参见氯甲酸甲酯。用铁桶内衬塑料袋包装。按有毒化学品规定贮运。

【参考生产企业】 江苏苏化集团新沂农化有限公司，无锡市惠山农药厂，昆山东辰化工有限公司，江苏嘉隆化工有限公司，江苏常隆化工有限公司。

Fa120 氯甲酸间甲苯酯

【英文名】 *m*-tolyl chloroformate

【别名】 间甲苯基氯甲酸酯

【CAS 登记号】 [29430-39-5]

【结构式】

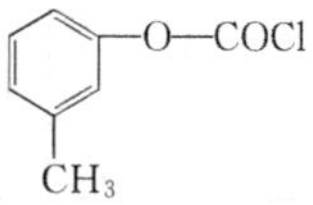

【物化性质】 无色透明液体。可燃，有腐蚀性。沸点 (2.67kPa) 102℃。相对密度 (d_4^{25}) 1.16。微溶于水，溶于丙酮、乙醇、氯仿、苯、甲苯等有机溶剂。

【质量标准】 无色至稍呈色透明液体。含

量≥80%

【用途】 农药速灭威的中间体。

【制法】 以间甲酚、烧碱与光气为原料在溶剂甲苯中低温反应，生成氯甲酸间甲苯酯。粗制品经静置分层，分离除去盐、水，再经分馏分离溶剂后得成品。

【安全性】 有毒。对眼、皮肤、黏膜有较强刺激性，具有催泪作用。设备应加强密闭，保持操作场所通风良好。操作人员穿戴防护装具。如发生接触皮肤的情况，应立即用稀纯碱溶剂洗涤，然后用大量清水冲洗。用铁桶包装。按有毒危险化学品规定贮运。

【参考生产企业】 上海瀚鸿化工科技有限公司。

Fa121 氯乙酸甲酯

【英文名】 methyl chloroacetate

【别名】 chloroacetic acid methyl ester

【CAS登记号】 [96-34-4]

【结构式】 $CH_2ClCOOCH_3$

【物化性质】 无色透明液体，具有轻微的刺激气味。易燃、有毒、有腐蚀性。沸点129.8℃。熔点－33℃。闪点51℃。相对密度1.2337。折射率1.4220。与乙醇、乙醚、丙酮、苯等有机溶剂混溶。微溶于水。

【质量标准】

项目		优级品	一级品	合格品
氯乙酸甲酯含量/%	≥	99.0	98.0	95.0
二氯乙酸甲酯含量/%	≤	0.3	0.5	0.5
游离酸/%	≤	0.2	0.3	0.8
水分/%	≤	0.2	0.2	0.4

【用途】 乐果等农药及医药的重要中间体，也可用作溶剂，作黏结剂、表面活性剂的原料。

【制法】 氯乙酸与甲醇直接酯化。粗酯经中和、精馏得成品。

$$ClCH_2COOH+CH_3OH \longrightarrow ClCH_2COOCH_3+H_2O$$

【安全性】 毒性较大，对眼、鼻、咽喉有强烈刺激作用。皮肤接触会灼烧并引起皮炎。应加强生产设备的密封密闭，避免接触和吸入。操作人员应穿戴防护用具。用铁桶包装。密闭桶盖，贮于阴凉通风处。按有毒化学品规定贮运。

【参考生产企业】 江苏省海门市农药厂，淄博合力化工有限公司，山东青州市第二福利化工厂，淄博德丰化工有限公司，辽宁阜新三晶化工有限责任公司，吉化集团吉林市联合化工厂。

Fa122 二氯乙酸甲酯

【英文名】 methyl dichloroacetate

【CAS登记号】 [116-54-1]

【结构式】 $CHCl_2COOCH_3$

【物化性质】 无色透明液体。易燃，有毒，有刺激性。沸点142.8℃。熔点－51.9℃。闪点80℃。相对密度1.3774。折射率1.4421。不溶于水，溶于乙醇。

【质量标准】

项目		优级品	一级品	合格品
二氯乙酸甲酯含量/%	≥	99.0	98.5	97
氯乙酸甲酯含量/%	≤	0.5		
三氯乙酸甲酯含量/%	≤	0.3		
水分/%	≤	0.2		
游离酸		合格	—	—

【用途】 医药合成的中间体，用以制造合霉素、氯霉素等药品。

【制法】 二氯乙酸和甲醇进行酯化反应生成二氯乙酸甲酯，粗酯经中和、水洗、蒸馏、精馏成为成品。

$$Cl_2CHCOOH+CH_3OH \longrightarrow Cl_2CHCOOCH_3+H_2O$$

【安全性】 有毒。刺激眼、皮肤和黏膜，遇水形成腐蚀性物质。设备密闭，防止泄漏，保持通风良好，操作人员的防护装具应齐全正确使用。用铁桶内衬塑料包装。按有毒危险品规定贮运。

【参考生产企业】 山东青州市第二福利化工厂，辽宁阜新三晶化工有限责任公司，吉化集团吉林市联合化工厂，上海南汇兴绿精细化工厂，常州市福顺化工有限公司。

Fa123 氯乙酸乙酯

【英文名】 ethyl chloroacetate

【别名】 chloroacetic acid ethyl ester

【CAS登记号】 [105-39-5]

【结构式】 $CH_2ClCOOCH_2CH_3$

【物化性质】 无色透明液体。有辛辣的刺激性臭味，易燃。沸点144.2℃。熔点−26℃。闪点65℃。相对密度1.1585。折射率1.4215。不溶于水，溶于乙醇、乙醚。在热水和碱液中会分解。

【质量标准】

项目	指标
含量/% ≥	99.5
水分/% ≤	0.2
游离酸/% ≤	0.1

【用途】 用作溶剂和有机合成原料，用来制取抗肿瘤药物5-氟尿嘧啶、香料及毒气。

【制法】 氯乙酸和乙醇以硫酸为催化剂直接酯化，粗酯经碱洗中和、水洗、精馏得成品。

$$ClCH_2COOH+C_2H_5OH \xrightarrow{H_2SO_4} \text{本品}+H_2O$$

【安全性】 毒性大。大鼠经口LD_{50}<50mg/kg。对眼、皮肤、黏膜有刺激作用，其蒸气有麻醉性。应严格防止直接接触和吸入。操作人员应穿戴防护用具。用玻璃瓶包装。贮存于阴凉通风处，按有毒危险品规定贮运。

【参考生产企业】 山东青州市第二福利化工厂，淄博德丰化工有限公司，辽宁阜新三晶化工有限责任公司，江苏常州天元化工厂，江苏宝应县大有化学品制造有限公司，山东新华医药集团淄博东风化工有限责任公司，山东华孟集团有限公司化工厂。

Fa124 溴乙酸甲酯

【英文名】 methyl bromoacetate

【别名】 溴代醋酸甲酯

【CAS登记号】 [96-32-2]

【结构式】 $CH_2BrCOOCH_3$

【物化性质】 无色透明液体。沸点144℃(分解)，64℃(4.399kPa)。闪点62℃。凝固点<−50℃。相对密度(d_{25}^{25})1.655。折射率1.4586。溶于乙醇、乙醚、丙酮、苯，不溶于水。

【质量标准】

项目	指标
含量/% ≥	99
色度(APHA)	20
水分/% ≤	0.2

【用途】 有机合成中间体，杀虫剂、除霉剂的溶剂。

【制法】 以冰醋酸为原料，在乙酐中与赤磷、沸石共热回流，升温至60～70℃时，滴加溴素，保温反应1h后，冷却、过滤，经减压蒸馏得溴乙酸，再与甲醇投入四氯化碳中，加入硫酸，加热回流，进行酯化，回收甲醇后，剩余物进行洗涤，干燥后，减压蒸馏，即得。

$$CH_3COOH \xrightarrow[P]{Br_2} BrCH_2COOH \xrightarrow[CH_3OH]{CCl_4 \cdot H_2SO_4} BrCH_2COOCH_3$$

【安全性】 属高毒性化合物。强烈刺激眼黏膜。有刺激作用的浓度为0.003mg/L。能经受1min的浓度为0.055mg/L。还可导致皮肤过敏及肺水肿。操作人员应极其仔细地保护呼吸器官和眼睛。采用A型过滤式工业用防毒面罩，戴密封眼镜、手套，穿工作服。生产设备严密防止漏气。空气中最高容许浓度100mg/m³。贮存于棕色玻璃瓶内，外用木箱保护。存放于阴凉、干燥、通风处。防晒、防潮，远离火种、热源。按有毒化学品规定贮运。

【参考生产企业】 江苏宜兴市芳桥东方化工厂，中外合资无锡美华化工有限公司，金坛市长江化工有限公司。

Fa125 氟乙酸甲酯

【英文名】 methyl fluoroacetate

【CAS登记号】 [453-18-9]

【结构式】 $CH_2FCOOCH_3$

【物化性质】 无色透明酯味液体。沸点104.5℃。闪点−32℃。相对密度1.1744，(d_4^{15}) 1.1613。折射率1.3679。蒸汽压(20℃) 80Pa。溶于水。

【质量标准】

项目		Ⅰ	Ⅱ
纯度/%	≥	98.0	98.5
水分/%	≤	0.5	1.0
氯乙酸甲酯/%	≤	0.5	0.5

【用途】 氟乙酸甲酯是生产氟啶酸、环丙氟啶酸、5-氟尿嘧啶、氟苷、喃氟啶、双呋啶5-氟-4-羟基嘧啶等药物的基本原料。

【制法】 由氯乙酸甲酯与氟化钾反应制得。

$$ClCH_2COOCH_3+KF \longrightarrow FCH_2COOCH_3+KCl$$

【安全性】 其蒸气和液体能刺激眼睛和呼吸系统。用25kg塑料桶或200kg衬塑钢桶包装。

【参考生产企业】 江苏江都市蒙升泰化工厂，浙江蓝天环保高科技股份有限公司，金华经济开发区华森化工有限公司，江苏常州天元化工厂。

Fa126 氟乙酸乙酯

【英文名】 ethyl fluoroacetate

【CAS登记号】 [459-72-3]

【结构式】 $CH_2FCOOC_2H_5$

【物化性质】 无色液体。沸点117～118℃。闪点30℃。相对密度1.0912。折射率(n_D^{25}) 1.3740。溶于水。

【质量标准】 无色液体。沸程117～118℃。

【用途】 医药工业用于5-氟尿嘧啶、5-氟嘧啶醇的合成，这两种药物都用于治疗恶性肿瘤。

【制法】 反应器内先加入乙酰胺，在油浴130～250℃加热搅拌30min，除去水分，再加入原料氯乙酸乙酯及氟化钾，缓缓升温，在搅拌下，通过分馏柱（分馏柱气温维持在115～120℃）蒸出反应生成物，再经分馏柱精馏，收集115～120℃的馏分即得。

$$ClCH_2COOC_2H_5+KF \xrightarrow[130℃]{CH_3CONH_2} FCH_2COOC_2H_5+KCl$$

【安全性】 有毒。田鼠经口LD_{50}为6～10mg/kg。生产设备应密闭，操作人员应穿戴防护用具。严密封闭于玻璃瓶内。外套不锈钢桶。贮存于阴凉、干燥、通风处。防晒、防潮，远离火种、热源。按有毒化学品规定贮运。

【参考生产企业】 江苏江都市蒙升泰化工厂，金华经济开发区华森化工有限公司，张家港市富豪实验化工厂，江苏如东丰利化工厂，江苏常州天元化工厂。

Fa127 甲氧基乙酸甲酯

【英文名】 methoxyacetic acid methyl ester

【CAS登记号】 [6290-49-9]

【结构式】 $CH_3OCH_2COOCH_3$

【物化性质】 无色透明液体。沸点(101.7kPa) 131℃。闪点35℃。相对密度1.0511。折射率1.3964。易溶于乙醇、乙醚，溶于丙酮，微溶于水。

【质量标准】

项目		指标
外观		无色透明
含量/%	≥	96
水分/%	≤	0.2
游离氯/%	≤	0.5
沸程(128～132℃馏出)/%	≥	95

【用途】 医药合成的中间体，主要用来合成周效磺胺、维生素 B_6 等。

【制法】 以氯乙酸甲酯和甲醇钠为原料，在甲醇中进行甲氧基化反应，反应完成后经过滤分离盐分，再经蒸馏脱溶剂，然后在减压下精馏得成品。

$$ClCH_2COOCH_3 + CH_3ONa \longrightarrow 本品 + NaCl$$

【安全性】 易燃。遇高热、明火、氧化剂有引起燃烧的危险。用砂土、水泥、雾状水、二氧化碳、抗溶性泡沫灭火。烧伤伤口应保洁、保暖，送医院诊治。用镀锌铁桶包装。

【参考生产企业】 苏州市华丰精细化工有限公司，常州佳尔科星火化工有限公司，山东武城康达化工有限公司。

Fa128 乙酰乙酸甲酯

【英文名】 methyl acetoacetate

【别名】 丁酮酸甲酯；3-oxobutanoic acid methyl ester

【CAS 登记号】 [105-45-3]

【结构式】 $CH_3COCH_2COOCH_3$

【物化性质】 无色透明液体，具有芳香味。沸点 171.7℃（轻微分解）。闪点 −80℃。相对密度 1.0762。折射率 1.4184。与乙醇、乙醚混溶，微溶于水。在沸点温度下稍有分解。与 $FeCl_3$ 混在一起时即呈深红色。

【质量标准】 HG/T 4479—2012 工业用乙酰乙酸甲酯

项目		指标
外观		无色透明液体
乙酰乙酸甲酯/%	≥	99.0
酸度(以乙酸计)/%	≤	0.1
水分/%	≤	0.1

【用途】 有机合成原料，纤维素树脂的溶剂，用于医药、农药合成。

【制法】 双乙烯酮与甲醇以浓硫酸为催化剂进行酯化，再经粗分馏、精馏得成品。

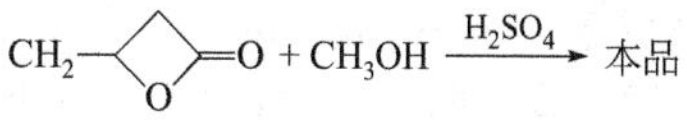

【安全性】 毒性较小，大鼠经口 LD_{50} 为 3.0g/kg。大鼠试验在浓蒸气中接触 8h，未发现死亡。有中等程度的刺激性和麻醉性。应加强设备密闭和操作场所的通风。操作人员配戴防护装具。用铝桶包装。注意桶盖密封良好。贮于阴凉通风处。防火。按易燃有毒化学品规定贮运。

【参考生产企业】 河北贝斯特化工科技有限公司，台州市东方特殊化学品有限公司，广州汇普化工新材料有限公司，上海彭浦化工厂，淄博开发区医药化工厂，南通醋酸化工股份有限公司，江苏省昆山市石浦年沙助剂厂，张家港希望化学品有限公司。

Fa129 乙酰乙酸乙酯

【英文名】 ethyl acetoacetate

【别名】 丁酮酸乙酯；3-氧代丁酸乙酯；3-oxobutanoic acid ethyl ester；acetoacetic acid ethyl ester；acetoacetic ester

【CAS 登记号】 [141-97-9]

【结构式】 $CH_3COCH_2COOCH_2CH_3$

【物化性质】 无色液体，具有愉快的水果香气。有酮式和烯醇式两种异构体。沸点 181℃。熔点 < −45℃。闪点（闭杯）84.4℃。相对密度 1.0282、(d_4^{10}) 1.0357、(d_4^{17}) 1.0288、(d_4^{25}) 1.0213、(d_4^{54}) 0.9924、(d_4^{75}) 0.9703。折射率 1.4194。蒸气压（20℃）106.66Pa。与一般有机溶剂混溶，易溶于水。

【质量标准】 GB 28344—2012 食品添加剂 乙酰乙酸乙酯

项目		指标
外观		无色至黄色液体，有果香、甜香和朗姆样香气
乙酰乙酸乙酯含量(两异构体之和)/%	≥	97.5
酸值(以 KOH 计)/(mg/g)	≤	5.0
折射率(20℃)		1.418～1.421
相对密度(25℃/25℃)		1.022～1.027

【用途】 可用于合成吡啶、吡咯、吡唑酮、嘧啶、嘌呤和环内酯等杂环化合物。在农药、香料、光化学品、聚合催化剂等方面也都有重要应用，还可作食品着香剂，也作为溶剂使用，还是检测铊、氧化钙、氢氧化钙和铜的试剂。

【制法】 (1) 双乙烯酮与乙醇酯化法。双乙烯酮和无水乙醇在浓硫酸催化下进行酯化，得乙酰乙酸乙酯粗品。再经减压精馏得成品。

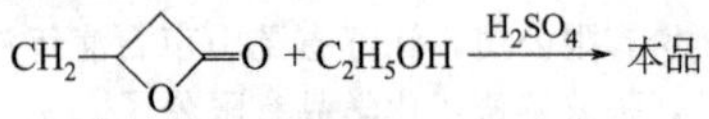

(2) 乙酸乙酯自缩合法。由两分子乙酸乙酯在金属钠存在下自缩合制得。

$$2CH_3COOC_2H_5 \xrightarrow{Na} \text{本品}$$

【安全性】 毒性较小，大鼠经口 LD_{50} 为 3.98g/kg。但具有中等程度的刺激性和麻醉性，生产装置设备应保证密闭，良好通风。操作人员配备防护装具。用铝桶包装，桶盖密封性要好，贮于阴凉通风处，防火。按易燃有毒化学品规定贮运。

【参考生产企业】 河北贝斯特化工科技有限公司，台州市东方特殊化学品有限公司，广州汇普化工新材料有限公司，上海彭浦化工厂，青岛双桃精细化工（集团）有限公司，淄博开发区医药化工厂，南通醋酸化工股份有限公司，江苏省昆山市石浦年沙助剂厂，张家港希望化学品有限公司，天津市化学试剂有限公司，西安太宝化工有限责任公司。

Fa130 草酸二乙酯

【英文名】 diethyl oxalate

【别名】 乙二酸二乙酯；草酸乙酯；ethanedioic acid diethyl ester；ethyl oxalate；diethyl ethanedioate；oxalic acid diethyl ester

【CAS 登记号】 [95-92-1]

【结构式】 $CH_3CH_2OOCCOOCH_2CH_3$

【物化性质】 无色油状液体，有芳香气味。沸点 185.4℃。熔点 −40.6℃。闪点（开杯）75℃。相对密度 1.0785。折射率 1.4101。汽化热 284.5J/g。比热容 1.81 J/(g·℃)。与乙醇、乙醚、丙酮等常见溶剂混溶。微溶于水，并被水逐渐分解。

【质量标准】 HG/T 3272—2002（工业级）

项目		一等品	合格品
酯含量(以 $C_6H_{10}O_4$ 计)/%	≥	98.5	97.0
蒸馏试验(180～188℃馏分)/mL	≥	95	93
酸度(以 $C_2H_2O_4$ 计)/%	≤	0.20	0.30
水分/%	≤	0.10	0.20
蒸发残渣/%	≤	0.005	0.010

【用途】 主要用作医药原料中间体。是苯巴比妥、硫唑嘌呤、周效磺胺、磺胺甲基唑、羧苯酯青霉素、乙哌氧氨苄青霉素、乳酸氯喹、噻苯咪唑等药物的中间体，也是染料的中间体，还可用作塑料的促进剂。

【制法】 无水草酸与乙醇在溶剂甲苯存在下进行酯化生成粗草酸二乙酯。粗酯经精馏成为成品。

$$HOOCCOOH + 2C_2H_5OH \longrightarrow C_2H_5OOCCOOC_2H_5 + 2H_2O$$

【安全性】 有毒，大鼠经口 LD_{50} 为 0.4～1.6g/kg。在机体内易水解为酸和醇而造成较强的腐蚀性和刺激性，其突出症状为呼吸紊乱和肌肉颤动。应注意避免吸入蒸气和接触皮肤。

【参考生产企业】 山东省邹平县齐苑化工有限公司，牡丹江鸿利化工有限责任公司，淄博旭升化工有限公司，重庆市昆仑化工厂，上海新云化工有限公司，山西原平盛源化工有限责任公司，上海浦东旭光化工厂，山东省淄博市淄川新兴福利化工厂，江苏省太仓市时思化工助剂一厂。

Fa131 草酸二丁酯

【英文名】 dibutyl oxalate

【别名】 乙二酸二丁酯；dibutyl ethanedioate

【CAS 登记号】 [2050-60-4]

【结构式】 $C_4H_9OOCCOOC_4H_9$

【物化性质】 无色油状液体，微有芳香气味。沸点 245.5℃。熔点 29.6℃。相对密度 0.9873。折射率 1.4180。汽化热 230 J/g。比热容 1.846J/(g·℃)。溶于乙醇、乙醚。不溶于水，但易水解。

【质量标准】

项目	指标
含量/% ≥	98.0
相对密度(d_4^{20})	0.983～0.989
游离酸(以草酸计)/% ≤	0.05
灼烧残渣/% ≤	0.01
水分	合格

【用途】 有机合成原料。也用作硝基纤维素增塑剂。

【制法】 (1) 一氧化碳偶合法。丁醇、一氧化碳和氧以 $PdCl_2$-$CuCl_2$ 为催化剂偶合反应生成草酸二丁酯。另外，以 Pb/C 为催化剂，在亚硝酸酯存在下，使一氧化碳偶合反应得草酸二丁酯。

(2) 草酸与丁醇经酯化反应，再经减压蒸馏得成品。

$$HOOCCOOH + 2C_4H_9OH \longrightarrow C_4H_9OOCCOOC_4H_9 + 2H_2O$$

【参考生产企业】 山东省邹平县齐苑化工有限公司，上海新云化工有限公司。

Fa132 丙二酸二甲酯

【英文名】 methyl malonate

【别名】 丙二酸甲酯；propanedioic acid dimethyl ester；dimethyl malonate

【CAS 登记号】 [108-59-8]

【结构式】 $CH_3OOCCH_2COOCH_3$

【物化性质】 无色液体。沸点 181.4℃。熔点 −62℃。相对密度 1.156。折射率 1.4135，(n_D^{17}) 1.4149。溶于醇、醚等有机溶剂，微溶于水。

【质量标准】 HG/T 3273—2002（工业级）

项目		一等品	合格品
色度(铂-钴色号，Hazen 单位)	≤	20	40
酯含量(以 $C_5H_8O_4$ 计)/%	≥	99.0	98.5
酸含量(以 $C_3H_4O_4$ 计)/%	≤	0.10	0.30
水分/%	≤	0.10	—

【用途】 医药中间体。

【制法】 氯乙酸与碳酸钠作用生成氯乙酸钠，再用氰化钠进行氰化得氰乙酸钠。氰乙酸钠水解成丙二酸钠，然后在硫酸存在下与甲醇酯化得丙二酸二甲酯粗制品，经洗涤、蒸馏得成品。

$$2ClCH_2COOH + Na_2CO_3 \longrightarrow 2ClCH_2COONa + H_2O + CO_2$$

$$ClCH_2COONa + NaCN \longrightarrow CNCH_2COONa + NaCl$$

$$CNCH_2COONa + NaOH + H_2O \longrightarrow CH_2(COONa)_2 + NH_3$$

$$CH_2(COONa)_2 + 2CH_3OH + 2H_2SO_4 \longrightarrow CH_3OOCCH_2COOCH_3 + 2H_2O + 2NaHSO_4$$

【安全性】 毒性较丙二酸二乙酯稍大。大鼠经口 LD_{50} 为 5331mg/kg。丙二酸二甲酯在机体内会水解产生丙二酸，应尽量避免吸入或皮肤接触，接触后应及时洗净。用铁桶包装，每桶 200kg。贮存无特殊要求。按一般化学品规定贮运。

【参考生产企业】 河北诚信有限责任公司，淄博德丰化工有限公司，石家庄市联碱厂化工分厂，山东新华医药集团淄博东风化工有限责任公司，山东桓台新华精细化工有限公司，常州市康瑞化工有限公司。

Fa133 丙二酸二乙酯

【英文名】 ethyl malonate

【别名】 丙二酸乙酯；propanedioic acid diethyl ester；diethyl malonate；malonic ester

【CAS 登记号】 [105-53-3]

【结构式】 $C_2H_5OOCCH_2COOC_2H_5$

【物化性质】 无色液体，具有甜的醚气

味。沸点 199.3℃。熔点 −50℃。闪点 100℃。相对密度 1.0551。折射率 1.4135。与醇、醚混溶，溶于氯仿、苯等有机溶剂。稍溶于水，20℃时水中溶解度为 2.08g/100mL。

【质量标准】

项目	指标
外观	淡黄色透明液体
含量/% ≥	98
相对密度(d_4^{20})	1.050～1.060
酸度(以丙二酸计)/% ≤	0.5
馏程(195～202℃馏出)/% ≥	85

【用途】 主要用于有机合成，是染料、香料的中间体，也是合成氯喹、保泰松、巴比妥等医药的原料。

【制法】 (1) 氯乙酸钠法。氯乙酸在 30℃用碳酸钠中和生成氯乙酸钠，在 92～95℃用氰化钠氰化，再用碱水解生成丙二酸钠。丙二酸钠经干燥后在硫酸存在下与乙醇于 70～72℃进行酯化。酯化产物经洗涤、蒸馏得成品丙二酸二乙酯。

$$2ClCH_2COOH + Na_2CO_3 \longrightarrow 2ClCH_2COONa + H_2O + CO_2$$

$$ClCH_2COONa + NaCN \longrightarrow CNCH_2COONa + NaCl$$

$$CNCH_2COONa + NaOH + H_2O \longrightarrow CH_2(COONa)_2 + NH_3$$

$$CH_2(COONa)_2 + 2C_2H_5OH + 2H_2SO_4 \longrightarrow C_2H_5OOCCH_2COOC_2H_5 + 2H_2O + 2NaHSO_4$$

(2) 氰乙酸钠法。由氰乙酸与乙醇直接酯化制得。

$$CNCH_2COONa + HCl \longrightarrow CNCH_2COOH + NaCl$$

$$CNCH_2COOH + 2C_2H_5OH \xrightarrow{H_2SO_4} C_2H_5OOCCH_2COOC_2H_5 + NH_4HSO_4$$

【安全性】 毒性低，大鼠经口 LD_{50} > 1600mg/kg，但在机体内会水解成酸，要避免接触。接触后要洗净。操作人员应戴橡胶手套。用铁桶或镀锌铁桶包装，规格 200kg。按可燃化学品规定贮运。

【参考生产企业】 河北诚信有限责任公司，淄博德丰化工有限公司，山东新华医药集团淄博东风化工有限责任公司，山东恒台新华精细化工有限公司。

Fa134 丙二酸二丁酯

【英文名】 dibutyl malonate

【别名】 丙二酸丁酯

【CAS 登记号】 [1190-39-2]

【结构式】 $C_4H_9OOCCH_2COOC_4H_9$

【物化性质】 无色液体。沸点 251～252℃。熔点 −83℃。闪点 88℃。相对密度 0.9824。折射率 1.4162。不溶于水，溶于乙醇、乙醚、丙酮、苯、醋酸等有机溶剂。

【质量标准】 含量≥95%。

【用途】 有机合成原料。在医药工业中用于合成磺胺-6-甲氧基嘧啶等药物。

【制法】 丙二酸钠与丁醇在硫酸存在下经酯化反应生成丙二酸二丁酯，再经中和、水洗、蒸馏等精制过程成为成品。

$$CH_2(COONa)_2 + 2C_4H_9OH + H_2SO_4 \longrightarrow C_4H_9OOCCH_2COOC_4H_9 + Na_2SO_4 + 2H_2O$$

【安全性】 毒性较低，能刺激呼吸道，有轻微的腐蚀性。按一般化学品处理。用铁桶包装，按可燃化学品规定贮运。

【参考生产企业】 河北诚信有限责任公司，淄博德丰化工有限公司。

Fa135 马来酸二辛酯

【英文名】 diisooctyl maleate

【别名】 顺丁烯二酸二(2-乙基己)酯；顺丁烯二酸二异辛酯；失水苹果酸二异辛酯；增塑剂 DOM；di(2-ethylhexyl) maleate；dioctyl maleate；diisooctyl maleate；plasticizer DOM；DOM

【结构式】

```
                 C2H5
                 |
CHCOOCH2CH(CH2)3CH3
‖
CHCOOCH2CH(CH2)3CH3
                 |
                 C2H5
```

【物化性质】 无色透明液体。沸点 195～207℃（0.667kPa）。凝固点－50℃。闪点180℃。相对密度 0.944（25℃）。折射率 1.4535（25℃）。黏度（23℃）17mPa·s。溶于大多数有机溶剂，不溶于水。

【质量标准】

项目	指标
含量/% ≥	98
色泽(Pt-Co 色号) ≤	45
酸值/(mgKOH/g) ≤	0.10
相对密度(20℃)	0.941～0.945
水分/%	0.1

【用途】 用作内增塑剂，可与氯乙烯、乙酸乙烯酯、苯乙烯和丙烯酸酯类共聚，得到的共聚物具有优良的耐冲击性能，可用于薄膜、涂料、黏合剂、橡胶、颜料的固着剂、石油添加剂、纸张处理剂等方面。与乙酸乙烯酯的共聚物为富有弹性的橡胶状物，可作涂料使用。与氯乙烯的共聚物制成的薄膜具有良好的低温柔软性。在共聚物中的比例不易过大，一般不超过10%，过大时共聚树脂的耐热性和力学性能下降，也可用作丁二酸二辛酯磺酸钠（快速渗透剂 T）的中间体。

【制法】 将异辛醇、顺丁烯酸酐和对甲苯磺酸加入搪瓷反应釜中，搅拌下加热使物料熔融，在 1～2h 内升温至 140℃左右，保温酯化至水分全部脱尽。反应完成后，将产物冷却至 80℃以下，在搅拌下逐渐加入氢氧化钠溶液中和至 pH 为 7～8，然后水洗、减压蒸馏、过滤，即得成品。

【安全性】 低毒。此产品可完全生物降解，降解不会危害环境。使用过程中不要吸入蒸气，应避免物料接触眼睛、皮肤和衣物。此产品未被国家列为对环境危害的物质。应储存在室内通风干燥处。易燃，应避免火源，不可与氧化剂或爆炸性物共储运。

【参考生产企业】 菏泽市牡丹区三和源化工有限公司，上海华熠化工助剂有限公司，天津有机化学工业总公司天津溶剂厂，苏州东方红化工厂。

Fa136 己二酸二辛酯

【英文名】 dioctyl adipate

【别名】 己二酸二（2-乙基己）酯；己二酸二异辛酯；增塑剂 DOA；di(2-ethylhexyl)；DOA adipate；diisooctyl adipate；plasticizer DOA

【结构式】

$$CH_3(CH_2)_3\overset{\overset{\displaystyle C_2H_5}{|}}{C}HCH_2OOC(CH_2)_4COOCH_2\overset{\overset{\displaystyle C_2H_5}{|}}{C}H(CH_2)_3CH_3$$

【物化性质】 无色或浅黄色透明油状液体。微具气味。沸点 215℃（0.67kPa）、16℃7（0.13kPa）。闪点 193℃。凝固点－75℃。相对密度 0.990（20℃）。折射率 1.444～1.448。黏度 18.5（20℃）mPa·s。溶于甲醇、甲苯、氯溶剂、醋酸乙酯、矿物油、植物油等有机溶剂。不溶于水，微溶于乙二醇。

【质量标准】 HG/T 3873—2006 己二酸二辛酯

项目	优等品	一等品	合格品
外观	透明，无可见杂质的油状液体		
色度(铂-钴色号) ≤	20	50	120
纯度/% ≥	99.5	99.0	98.0
酸值/(mgKOH/g) ≤	0.07	0.15	0.20
水分/% ≤	0.10	0.15	0.20
密度(20℃)/(g/cm³) ≤	0.924～0.929	0.924～0.929	0.924～0.929
闪点/℃ ≥	190	190	190

【用途】 为聚氯乙烯、氯乙烯共聚物、聚苯乙烯、硝酸纤维素和合成橡胶的典型耐寒增塑剂，增塑效率高，受热变色性小，可赋予制品良好的低温柔软性和耐光性。与邻苯二甲酸二辛酯等并用，可用于耐寒性的农用薄膜、冷冻食品包装膜，人造革板材、户外水管。无毒，可用于食品包装材料。挥发性较大，耐水性、迁移性、电

绝缘性等方面尚有一定的不足。

【制法】 己二酸和辛醇按摩尔比1∶2.5的比例投入反应釜，加入硫酸，搅拌下升温，抽真空。控制酯化温度120～130℃，真空度86.7～90.7kPa，反应时间2h。反应中加入活性炭，用以吸附氧气和脱色。反应完成后的酯化液在60～65℃的温度下，用2%的液碱中和。静置分层。酯层再用60～65℃的温热水洗涤。分去水层后的粗酯进行减压蒸馏，在真空933kPa、150～160℃的条件下脱醇，回收辛醇。脱醇后的酯经压滤后得成品。若需进一步精制，可经高真空蒸馏，收集210℃，667Pa左右的馏分。

【安全性】 毒性很低，对人体的致死量大约为500000mg/kg体重。对大白鼠经口半数致死量LD_{50}为3000～6000mg/kg。对皮肤及眼睛的刺激也很轻微。用清洁的铁桶包装，每桶净重180kg。应储存在阴凉通风干燥处。容器用无色橡胶垫密封防止漏损。

【参考生产企业】 天津有机化学工业总公司天津溶剂厂，山西太原溶剂厂，辽宁营口市塑料助剂厂，吉林市石井沟联合化工厂。

Fa137 己二酸二异癸酯

【英文名】 diisodecyl adipate

【别名】 己二酸二癸酯；增塑剂DIDA；DIDA；diisodecyl adipate；plasticizer DIDA

【CAS登记号】

【结构式】

$$\begin{array}{l}\quad CH_3 \qquad\qquad\qquad\qquad\qquad\qquad\qquad\qquad CH_3 \\ CH_3CH(CH_2)_6CH_2OOC(CH_2)_4COOCH_2(CH_2)_6CHCH_3\end{array}$$

【物化性质】 清澈易流动的油状液体。沸点245（0.665kPa）℃。熔点－66℃。闪点227℃。着火点257℃。相对密度0.918（20℃）。折射率1.4500（25℃）。黏度26mPa·s（20℃）。

【质量标准】

项目		指标
相对密度(25℃)		0.916±0.003
酯含量/%	≥	99.6
色度(Pt-Co色号)	≤	50
水分/%	≤	0.10
酸度(以醋酸计)/%	≤	0.01

【用途】 为一种优良的耐寒增塑剂，性能与己二酸二辛酯（DOA）相近，但挥发性仅为己二酸二辛酯的三分之一，而与邻苯二甲酸二辛酯（DOP）相当。具有良好的耐水抽出性能。与聚氯乙烯相容性较差，常与邻苯二甲酸酯类主增塑剂并用于要求耐寒性和耐久性兼备的制品，如人造革、户外用水管、一般用途的薄膜和薄板、电线、电缆护套等，也可用作大多数合成橡胶的增塑剂。在塑溶胶中，黏度特性良好。

【制法】 由己二酸和异癸醇在硫酸催化下酯化而得。

$$HOOC(CH_2)_4COOH+2(CH_3)_2CH(CH_2)_6CH_2OH \xrightarrow{H_2SO_4} \text{本品}$$

【安全性】 毒性很低。对皮肤及眼睛的刺激也很轻微。应储存在阴凉通风干燥处。容器应用无色橡胶垫密封防止漏损。

【参考生产企业】 天津有机化学工业总公司天津溶剂厂，上海华熠化工助剂有限公司。

Fa138 壬二酸二辛酯

【英文名】 di-2-ethylhexyl azelate

【别名】 壬二酸二(2-乙基己基)酯；壬二酸二辛酯；增塑剂DOZ；DOZ；di-2-ethylhexyl azelate；dioctyl azelate；plasticizer DOZ

【结构式】

$$\begin{array}{l}\qquad\qquad\quad C_2H_5 \qquad\qquad\qquad\qquad\qquad\qquad\quad C_2H_5 \\ CH_3(CH_2)_3CHCH_2OOC(CH_2)_7COOCH_2CH(CH_2)_3CH_3\end{array}$$

【物化性质】 几乎无色的透明液体。毒性低。沸点376℃（0.1MPa）、237℃

(0.667kPa)、208～210℃（0.267kPa）。闪点213℃。凝固点－65℃。相对密度0.917（25℃）。折射率1.4512。黏度0.015Pa·s（25℃）。溶于大多数有机溶剂，不溶于水。

【质量标准】

项目	指标
酯含量/%　≥	99.0
色度(Pt-Co色号)　≤	75
相对密度(20℃)	0.919±0.002
酸度(以壬酸计)/%　≤	0.03

【用途】为优良的耐寒增塑剂。与聚氯乙烯、氯乙烯-醋酸乙烯共聚物，聚苯乙烯、聚醋酸乙烯酯、醋酸丁酸纤维素、硝酸纤维素、乙基纤维素等有良好的相容性。其黏度低，沸点高，增塑效率高，水抽出性小，挥发性和迁移性小，而且具有优良的耐热性、耐光性、电绝缘性和对增塑糊的黏度稳定性，耐寒性比己二酸二辛酯(DOA)好。适用于人造革、薄膜、薄板、电线和电缆护套、增塑糊等，可赋予制品良好的低温性能。

【制法】分步进行。①0.6MPa的压缩空气经冷冻脱水后，再通过硅胶或分子筛干燥，然后进入臭氧发生器，在10000～12000V电压下，无声放电生成臭氧。臭氧经水洗后与油酸在溶剂中进行臭氧化，反应温度在10℃以下。臭氧化物于50～70℃下进行分解氧化，催化剂为醋酸锰，用量为臭氧化物的0.3%。用碱液从反应物中抽提出壬二酸，再经酸化、过滤、洗涤、烘干、即得壬二酸。②将已制备的壬二酸投入反应釜，按摩尔比加入2.5倍的2-乙基己醇，再加入投料量0.3%的硫酸，于120～130℃、21.33kPa的压力下，反应4h。酯化至酸值小于2mgKOH/g时，即用碳酸钠中和至酸值小于0.15mgKOH/g。然后将所得的粗酯进行减压蒸馏，收集220～230℃（0.533kPa）馏分，再用活性炭在90～95℃进行脱色，过滤后，即得成品。

【安全性】低毒。应储存在通风干燥处。易燃，应避免火源，防止撞击。按易燃化学品规定储运。

【参考生产企业】杭州大自然有机化工实业有限公司，江苏常余化工有限公司，天津有机化学工业总公司天津溶剂厂。

Fa139 癸二酸二丁酯

【英文名】dibutyl sebacate

【别名】癸二酸二正丁酯；增塑剂DBS；di-*n*-butyl sebacate；plasticizer DBS

【结构式】$C_4H_9OOC(CH_2)_8COOC_4H_9$

【物化性质】几乎无色透明油状液体。沸点349℃（0.1MPa）、227℃（2.3kPa）。熔点－10℃。闪点202℃。相对密度0.9405（15℃）。折射率1.4390（25℃）。黏度18.5mPa·s（0℃）、8.6mPa·s（25℃）、1.9mPa·s（100℃）。溶于乙醇、乙醚和甲苯，20℃时在水中溶解度0.4g/L。

【质量标准】

项目	指标
相对密度(20℃)	0.934±0.003
水分/%　≤	1.0
色度(Pt-Co色号)　≤	50
酯含量/%　≥	99.6
酸度(以醋酸计)/%　≤	0.03

【用途】为一种耐寒增塑剂，具有很强的溶解能力，可与大多数树脂和合成橡胶相容，可作主增塑剂。低毒，可用于与食品接触的包装材料，制品手感良好。用作许多合成橡胶的增塑剂，可使制品有优良的低温性能和耐油性。其主要缺点是挥发损失较大，容易被水、肥皂水和洗涤剂溶液抽出，因此常与邻苯二甲酸酯类增塑剂并用。

【制法】由癸二酸与丁醇在硫酸的催化下酯化而得。催化剂硫酸的用量为总投料量的0.3%，反应温度为130～140℃，常压下进行酯化约4～6h。酯化时可加入总投料量0.1%～0.3%的活性炭。所得粗酯经中和、脱醇、压滤即得成品。原料癸二酸由蓖麻油制得。

$$HOOC(CH_2)_8COOH+2C_4H_9OH \xrightarrow{H_2SO_4} 本品$$

【安全性】 低毒。应储存在通风干燥处。易燃，应避免火源，防止撞击。按易燃化学品规定储运。

【参考生产企业】 天津有机化学工业总公司天津溶剂厂，河北邯郸市化工厂，沈阳市新城化工厂。

Fa140 癸二酸二辛酯

【英文名】 dioctyl sebacate

【别名】 癸二酸二异辛酯；癸二酸二（2-乙基己）酯；增塑剂DOS；decanedioic acid bis(2-ethylhexyl) ester；bis(2-ethylhexyl) sebacate；plasticizer DOS；diethylhexyl sebacate

【CAS登记号】 [122-62-3]

【结构式】

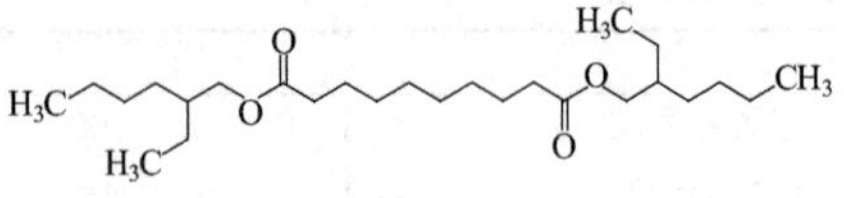

【物化性质】 为浅黄色或无色透明液体。色度（APHA）＜40。沸点377℃（0.1MPa）、256℃（0.67kPa）。着火点257～263℃。凝固点－40℃。相对密度d_{25}^{25} 0.9119。折射率n_D^{25} 1.4496。黏度25mPa·s（25℃）。不溶于水，溶于烃类、醇类、酮类、酯类、氯代烃类、醚等有机溶剂。与聚氯乙烯、硝酸纤维素、乙基纤维素等树脂和氯丁橡胶等橡胶的相溶性好。

【质量标准】 HG/T 3502—2008 工业癸二酸二辛酯

项目	优等品	一等品	合格品
外观	透明、无可见杂质的油状液体		
纯度/% ≥	99.5	99.0	99.0
色度/(Pt-Co色号) ≤	20	30	60
密度(20℃)/(g/cm³)	0.913～0.917		
酸值/(mgKOH/g) ≤	0.04	0.07	0.10
水分/% ≤	0.04	0.07	0.10
闪点(开口)/℃ ≥	215	210	205

【用途】 是优良的耐寒增塑剂。除用于聚氯乙烯电缆料外，还用于聚氯乙烯耐寒薄膜、人造革等制品，也可用作多种橡胶、硝基纤维素、乙基纤维素、聚甲基丙烯酸甲酯、聚苯乙烯、氯乙烯、醋酸乙烯共聚物等的增塑剂，具有增塑效率高、挥发性低，既有优良的耐寒性，又有较好的耐热性、耐光性和电绝缘性，但本产品迁移性较大，易被烃类抽出，耐水性也不太理想，故常与邻苯二甲酸酯类增塑剂并用。

【制法】 癸二酸和辛醇（质量比1∶1.6）在硫酸（癸二酸和辛醇总质量的0.25%）的催化下进行酯化反应，先生成单辛酯，这步酯化较为容易。第二步生成双酯，较为困难。要控制较高的温度，约130～140℃，0.093MPa真空度下进行脱水，反应时间3～5h，才可获得高收率。粗酯用2%～5%的纯碱水溶液中和，然后在70～80℃下水洗，再于0.096～0.097MPa的真空度下脱醇，当粗酯闪点达到205℃时即为终点。粗酯经压滤即得成品。

【安全性】 低毒。采用铁桶包装，每桶180kg。应储存在通风干燥处。易燃，应避免火源，防止撞击。按易燃化学品规定储运。

【参考生产企业】 北京化工三厂，吉林市石井沟联合化工厂，天津有机化学工业总公司天津溶剂厂。

Fa141 正丁基丙二酸二乙酯

【英文名】 *n*-butylmalonic acid diethyl ester

【CAS登记号】 [133-08-4]

【结构式】

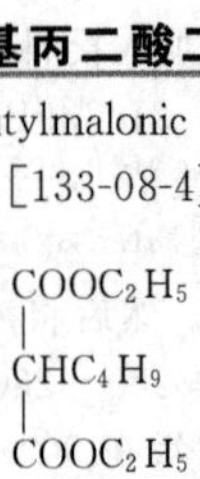

【物化性质】 无色液体，具有水果香气。相对密度（d_{25}^{25}）0.972～0.974。沸点235～240℃（101.3kPa）、140～145℃（5.33kPa）。折射率1.4220。闪点93℃。易溶于乙醇、乙醚，不溶于水。

【质量标准】 澄清液体。水分≤0.2%；含量（气相色谱法）≥75%。

【用途】 有机合成中间体，主要用于医药制造，是保泰松等药物的原料。

【制法】 丙二酸二乙酯与乙醇钠混合，再加入氯丁烷经反应生成。粗制品经分离回收乙醇、洗涤及脱水等过程得成品。

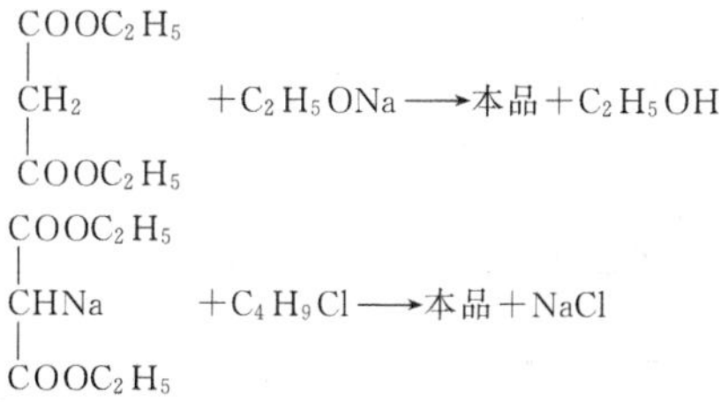

【安全性】 有麻醉作用。吸入后能引起呼吸困难。应注意生产过程的设备密闭，防止泄漏，保持通风良好。穿戴防护装具。皮肤接触后应用肥皂水和清水冲洗。用铁桶包装，规格200kg。贮于干燥阴凉处。按易燃化学品规定贮运。

【参考生产企业】 上海华氏制药有限公司第十五制药厂，芮城福斯特化工有限公司，江阴市康达化工有限公司，山东新华医药集团淄博东风化工有限责任公司，江苏省泰兴市医药化工厂。

Fa142 乙氧基亚甲基丙二酸二乙酯

【英文名】 ethoxymethylenemalonic acid diethyl ester

【CAS登记号】 [87-13-8]

【结构式】 $C_2H_5OCH{=}C(COOC_2H_5)_2$

【物化性质】 液体。沸点279～281℃。折射率1.4620。闪点155℃。相对密度（d_4^{25}）1.07。

【质量标准】 含量≥95%；折射率（n_D^{20}）1.4600。

【用途】 有机合成原料，用于医药、染料等产品制造。

【制法】 由丙二酸二乙酯与原甲酸三乙酯在催化剂存在下进行缩合反应得乙氧基亚甲基丙二酸二乙酯。再经分馏精制得成品。

$$CH_2(COOC_2H_5)_2+CH(OC_2H_5)_3 \longrightarrow C_2H_5OCH{=}C(COOC_2H_5)_2+2C_2H_5OH$$

【参考生产企业】 浙江新和成股份有限公司，天津市东丽区福利有机化工厂，淄博汇昌石化助剂有限责任公司，昆山市石浦精细化工厂，吴县锦泰有机化工有限责任公司。

Fa143 原甲酸三甲酯

【英文名】 trimethyl orthoformate

【别名】 三甲氧基甲烷；methyl orthoformate；

【CAS登记号】 [149-73-5]

【结构式】 $CH(OCH_3)_3$

【物化性质】 无色液体。沸点103～105℃。闪点15℃。折射率1.378。相对密度0.967～0.971。溶于乙醇、乙醚、苯。

【质量标准】 含量：试剂级≥99.0%，工业级≥95.0%。

【用途】 用作合成维生素B1、维生素A、磺胺嘧啶及吡哌酸药物中间体；还用于染料和香料工业。

【制法】 由氯仿和甲醇钠反应而得。

$$CHCl_3+3CH_3ONa \longrightarrow CH(OCH_3)_3+3NaCl$$

【安全性】 大鼠经口LD_{50}为3130mg/kg。为刺激性物品，对皮肤、眼睛和黏膜有刺激作用。用200kg镀锌钢桶或玻璃瓶外用木箱或钙塑箱加固内衬垫料包装。贮存于阴凉、通风的仓间内，远离火源、明火。与氧化剂隔离贮运，避免阳光曝晒。

【参考生产企业】 天津市东丽区福利有机化工厂，山东新华医药集团淄川化工有限责任公司，浙江新昌三原医药化工有限公司，上海元吉化工有限公司，上海锦超化工有限公司。

Fa144 原甲酸三乙酯

【英文名】 triethyl orthoformate

【别名】 三乙氧基甲烷；原甲酸乙酯；triethoxymethane；ethyl orthoformate

【CAS登记号】 [122-51-0]

【结构式】 $CHC_2H_5OOC_2H_5OC_2H_5$

【物化性质】 无色液体，有刺激性气味。沸点 143℃ (102kPa)。熔点＜－18℃。闪点 27℃。相对密度 0.8909。折射率 (n_D^{25}) 1.3900。与乙醇、乙醚混溶。微溶于水，但遇水会分解。

【质量标准】 无色透明澄清液体，含量≥94%。

【用途】 医药原料，是抗疟药氯喹、喹哌等的合成原料。也用于制高聚物、照相药品、感光材料、防光晕染料、花青染料及合成农药等。

【制法】 (1) 乙醇钠法。以乙醇钠和氯仿为原料，在 60～65℃下反应，生成原甲酸三乙酯粗制品，再经分馏精制得成品。

$$CHCl_3 + 3C_2H_5ONa \xrightarrow{60\sim65℃} CH(OC_2H_5)_3 + 3NaCl$$

(2) 乙醇法。用乙醇和氢氧化钠代替乙醇钠，在催化剂作用下采用固-液相转移催化法制得。

$$C_2H_5OH \xrightarrow[CHCl_2/50\%\ NaOH]{R_4NX} CH(OC_2H_5)_3$$

(3) 苯甲酰氯法。以苯甲酰氯、甲酰胺和无水乙醇为原料，在催化剂的作用下，生成原甲酸三乙酯、苯甲酸和氯化铵的混合物，经分离得到成品原甲酸三乙酯和苯甲酸。

【安全性】 毒性很低，大鼠经口 LD_{50} 为 7.06g/kg。用铁桶包装，注意桶口密封。按一般化学品规定贮运。

【参考生产企业】 天津市东丽区福利有机化工厂，山东新华医药集团淄川化工有限责任公司，浙江新昌三原医药化工有限公司，上海元吉化工有限公司，上海锦超化工有限公司。

Fa145 碳酸二甲酯

【英文名】 dimethyl carbonate

【别名】 碳酸甲酯；carbonic acid dimethyl ester；methyl carbonate

【CAS登记号】 [616-38-6]

【结构式】 $(CH_3O)_2C{=}O$

【物化性质】 无色透明液体，有刺激性气味。沸点 90.2℃。熔点 2～4℃。闪点(开杯) 21.7℃。相对密度 1.073。折射率 1.3697。不溶于水，溶于乙醇、乙醚等有机溶剂。

【质量标准】 YS/T 672—2008 碳酸二甲酯

项目	高纯级(电池级)	优级品	一级品
外观	无色透明有刺激性芳香气味的液体,无可见杂质		
碳酸二甲酯/% ≥	99.9	99.8	99.5
水分/% ≤	0.0020	0.020	0.10
甲醇/% ≤	0.0020	0.050	0.20
色度(Pt-Co) ≤	5	5	10
酸度(以碳酸计)/(mmol/100g) ≤	0.025	0.025	0.025
密度(25℃)/(g/cm³)	1.071±0.005		

【用途】 碳酸二甲酯可取代传统使用的有毒原料产品光气、硫酸二甲酯和甲基氯等。可用于非光气法合成聚碳酸酯、碳酸二苯酯、异氰酸酯及烯丙基二甘醇碳酸酯。用于合成各种氨基甲酸酯类农药，如西维因等。是有机合成中间体，用于苯甲醚、苯二甲醚、烷基芳胺、对称二氨基脲、肼基甲酸甲酯等。医药工业方面可用于制氨基噁唑烷酮、环丙沙星、β-酮羧酸酯类医药中间体等。此外，它还可用作汽油、柴油的添加剂、制冷机机油及溶剂等。

【制法】 (1) 酯交换法。由碳酸乙烯酯或碳酸丙烯酯与甲醇进行酯交换反应，可制得碳酸二甲酯。此法收率高、设备腐蚀性小、反应条件温和，但原料来源受石化工业发展制约且元素利用率低。

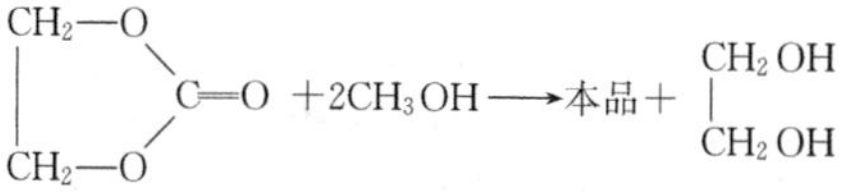

(2) 甲醇氧化羰基化法。甲醇、一氧化碳和氧气在催化剂作用下直接合成碳酸二甲酯。此法原料便宜易得，毒性小，工艺简单，是最有前途的方法。按工艺条件分类，可分为液相法和气相法，气相法又可分为一步法和两步法。

$$2CH_3OH+CO+1/2O_2 \xrightarrow{\text{催化剂}} \text{本品}+H_2O$$

(3) 尿素直接醇解法。在一定的温度、压力及催化剂作用下，通过尿素的醇解制得。

$$2CH_3OH+(NH_2)_2CO \longrightarrow \text{本品}+2NH_3$$

(4) 甲醇与 CO_2 反应直接合成法。

$$2CH_3OH+CO_2 \longrightarrow \text{本品}+H_2O$$

【安全性】 为非毒性化学品。大鼠经口 LD_{50} 为 6.4～12.8g/kg。对眼、皮肤、黏膜有轻度的刺激作用。光气法工艺中使用原料光气剧毒，必须严格保证设备密闭，加强通风，操作人员穿戴各种防护装具。用铁桶包装。易燃，与氧化剂接触能引起燃烧，应贮存于阴凉通风的专用仓库内，远离火源。防止包装容器损坏渗漏。按易燃、有毒危险化学品规定贮运。

【参考生产企业】 北京格瑞华阳科技发展有限公司，河北省新朝阳化工股份有限公司，山东海科化工集团，上海中远化工有限公司，河南省濮阳市氯碱厂，上海爱生比益化工有限公司，江阴市月城江南精细化工厂，山东石大科技集团有限公司，山东石大胜华化工股份有限公司，上海申聚化工厂有限公司，上海元吉化工有限公司，铜陵有色金属化工有限责任公司精细化工厂。

Fa146 碳酸二乙酯

【英文名】 ethyl carbonate

【别名】 碳酸乙酯；carbonic acid diethyl ester；diethyl carbonate

【CAS 登记号】 [105-58-8]

【结构式】 $(C_2H_5O)_2C{=}O$

【物化性质】 无色透明液体，微有刺激性气味。沸点 126.8℃。熔点 −43℃。闪点（闭杯）32.8℃。相对密度 0.975。折射率 1.3846。不溶于水，溶于醇、醚等有机溶剂。易燃，与空气易形成爆炸性混合物。

【质量标准】

项目	指标
外观	无色透明液体
酯含量/% ≥	99
沸程(馏出 95%)/℃	124～127.5
相对密度(d_4^{20})	0.972～0.9752
水分/% ≤	0.2
不挥发物/% ≤	0.02

【用途】 用作硝酸纤维素、天然和合成树脂的溶剂。也是有机合成的重要中间体，用于合成苯巴比妥和除虫菊酯以及用于电子管中阴极的涂层。

【制法】 无水乙醇与光气反应生成氯甲酸乙酯，再继续与乙醇反应成碳酸二乙酯。然后经水洗、蒸馏得成品。

$$C_2H_5OH+COCl_2 \longrightarrow C_2H_5OCOCl+HCl$$

$$C_2H_5OCOCl+C_2H_5OH \longrightarrow (C_2H_5O)_2CO+HCl$$

【安全性】 对眼、皮肤、黏膜有刺激作用。生产时注意设备密闭及保持通风良好，操作人员穿戴防护用具，防止光气中毒。用铁桶包装，规格 160kg。应贮于阴凉干燥通风处，远离火源。按易燃有毒危险品规定贮运。

【参考生产企业】 北京格瑞华阳科技发展有限公司，河北省新朝阳化工股份有限公司，唐山市朝阳化工总厂，上海中远化工有限公司，上海爱生比益化工有限公司，重庆长风化工厂，山东石大胜华化工股份有限公司，江苏吴县市农药化工集团公司，上海元吉化工有限公司。

Fa147 碳酸丙烯酯

【英文名】 propylene carbonate

【CAS登记号】 [108-32-7]

【结构式】

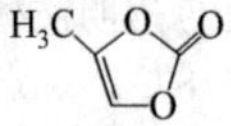

【物化性质】 无色无臭易燃液体。沸点238.4℃。熔点−49.2℃。闪点128℃。相对密度1.2047。折射率1.4218。与乙醚、丙酮、苯、氯仿、醋酸乙酯等混溶，溶于水和四氯化碳。对二氧化碳的吸收能力很强，化学性质稳定。

【质量标准】

项目	指标
外观	无色透明液体
含量/%　≥	95
有机氯/%　≤	1
沸程/℃	241±2

【用途】 是极性溶剂，用作增塑剂、纺丝溶剂、水溶性染料及颜料的分散剂。也可用作油性溶剂和烯烃、芳烃的萃取剂。碳酸丙烯酯作电池的电解液可承受较恶劣的光、热及化学变化。在地质选矿方面和分析化学方面也都有一定用途。另外，碳酸丙烯酯还可代替酚醛树脂作木材黏合剂，还用于合成碳酸二甲酯。

【制法】 (1) 光气法。丙二醇与光气作用，生成氯甲酸羟基异丙酯，然后与氢氧化钠作用生成碳酸丙烯酯，再经减压蒸馏得成品。

$$CH_3CH(OH)CH_2OH + COCl_2 \longrightarrow CH_3CH(CH_2OH)OCOCl\ (A) + HCl$$

$$A + NaOH \longrightarrow 本品 + NaCl$$

(2) 酯交换法。

$$2C_2H_5OH + COCl_2 \longrightarrow (C_2H_5)_2CO_3 + 2HCl$$

$$(C_2H_5)_2CO_3 + C_3H_6(OH)_2 \xrightarrow{Na} 本品 + 2C_2H_5OH$$

(3) 氯丙醇法。

$$ClCH_2CH(OH)CH_3 + NaHCO_3 \longrightarrow 本品 + NaCl + H_2O$$

(4) 环氧丙烷与二氧化碳合成法。二氧化碳与环氧丙烷在150～160℃、5MPa条件下反应生成碳酸丙烯酯。经减压分馏得成品。以上方法均已工业化，但前三种方法生产成本较高，产品质量欠佳，因而逐渐被第四种方法所代替。

$$CO_2 + CH_3CH\text{—}CH_2\ (\text{—O—}) \longrightarrow 本品$$

(5) 丙烯氧化与二氧化碳合成法。

$$CH_3CH{=}CH_2 + CO_2 \xrightarrow[O_2]{催化剂} 本品$$

【安全性】 毒性不详。生产时注意防止光气毒害。车间宜通风良好，设备应密闭。操作人员应穿戴防护用具。用铁桶包装，贮于阴凉通风处，远离火源。按易燃化学品规定贮运。

【参考生产企业】 唐山市朝阳化工总厂，山东石大科技集团有限公司，山东石大胜华化工股份有限公司，淄博市森杰化工助剂有限公司，濮阳市三安化工有限公司，中国石化集团南京化学工业有限公司，上海南汇化工厂，天津市东丽区东大化工厂，平邑县丰源有限责任公司，铜陵有色金属化工有限责任公司精细化工厂。

Fa148 硝酸异丙酯

【英文名】 isopropyl nitrate

【CAS登记号】 [1712-64-7]

【结构式】 $(CH_3)_2CHONO_2$

【物化性质】 无色液体。易燃、易爆。沸点100～102℃。闪点12℃。相对密度(d_{19}^{19}) 1.0361。折射率(n_D^{15}) 1.3910。溶于乙醇、乙醚。

【质量标准】

项目		指标
相对密度(d_4^{20})		1.03～1.05
酸度/(mgKOH/100mL)	≤	2
水分/%	≤	0.1
初馏点/℃(76kPa)	≥	84
10%馏出/℃(76kPa)	>	89
50%馏出/℃(76kPa)	>	92
90%馏出/℃(76kPa)	<	96
亚硝酸酯/%	≤	0.1

【用途】 主要用作汽车燃料添加剂，喷气式飞机辅助推进剂。

【制法】 异丙醇与硝酸在尿素存在下直接酯化。经分离、水洗、中和、干燥、精馏等过程得成品硝酸异丙酯。

$$(CH_3)_2CHOH + HNO_3 \xrightarrow{(NH_2)_2CO} (CH_3)_2CHONO_2 + H_2O$$

【安全性】 有毒，对人体有刺激作用。长期接触能导致慢性中毒。操作场所要强制通风，操作人员穿戴防护用具。用铁桶或铝桶包装。切忌容器满载。贮于阴凉、干燥通风处。不得与酸混贮，避免日光直射。远离火源。按爆炸危险品规定运输。

【参考生产企业】 青海黎明化工有限责任公司，天津市华玉香料香精有限公司，上海元吉化工有限公司。

Fa149 亚磷酸三甲酯

【英文名】 trimethyl phosphite

【别名】 三甲氧基磷

【结构式】 $(CH_3O)_3P$

【物化性质】 无色透明液体，有刺激性臭味。易燃。沸点 112℃。闪点（开杯）38℃。相对密度（d_5^{25}）1.0520。折射率（n_D^{22}）1.4095。黏度（25℃）0.58mPa·s。不溶于热水，溶于乙醇、乙醚、苯、丙酮、四氯化碳等有机溶剂。

【质量标准】

项目		一级品	二级品
含量/%	≥	95	90
二甲酯含量/%	≤	0.5	1.0
pH 值		6～7	6～7

【用途】 有机磷农药的重要中间体，用于生产敌敌畏、磷胺、久效磷、杀虫畏等杀虫剂农药。也用作塑料和木材的阻燃剂，以及用作合成聚合催化剂及涂料添加剂。

【制法】 (1) 酯交换法。先以苯酚与三氯化磷反应，生成亚磷酸三苯酯，然后在甲醇钠存在下与甲醇进行酯交换生成亚磷酸三甲酯，粗酯经蒸馏脱除残余甲醇及苯酚，成为成品。

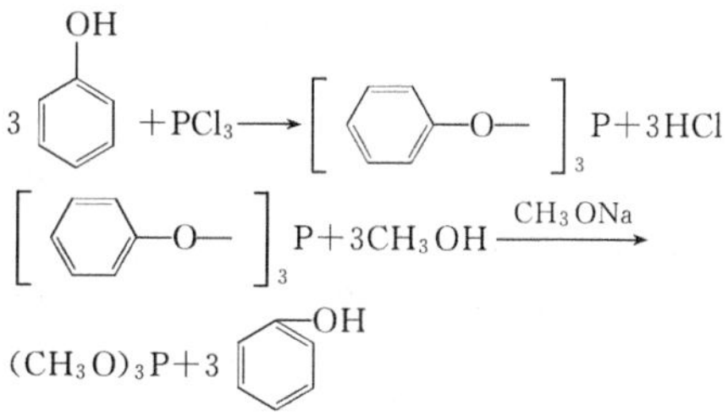

(2) 叔胺-氨法。以甲醇、三氯化磷为原料，以二甲苯为溶剂，在 N,N-二甲基苯胺存在下进行酯化反应生成亚磷酸三甲酯，再经水洗、脱水、精馏得成品。

【安全性】 毒性较小。大鼠经口 LD_{50} 为 2000mg/kg。长期接触会引起心跳过速、头晕等现象。要求设备严格密闭，保持良好通风，操作人员穿戴防护装具用品。用铁桶或塑料桶包装。贮于阴凉干燥仓库。贮存时需用氮气保护，以防自动氧化生成磷酸三甲酯。按有毒化学品规定贮运。

【参考生产企业】 姜堰市裕民化工有限公司，泰州市天成化工有限公司，江苏武进圣力化工厂。

Fa150 亚磷酸三乙酯

【英文名】 triethyl phosphite

【CAS 登记号】 [122-52-1]

【结构式】 $(CH_3CH_2O)_3P$

【物化性质】 无色透明液体，有特殊气味，可燃。沸点 156℃，49℃（1.6kPa）。闪点 54℃。相对密度 0.963。折射率 1.413。易溶于乙醇、乙醚等有机溶剂，不溶于水。在水中易逐渐水解成亚磷酸二乙酯。

【质量标准】

项目	指标
外观	无色至淡黄色透明液体
含量/%	40
沸点(2kPa)/℃	52～53
折射率(n_D^{20})	1.4130

【用途】 农药及医药中间体，用以制取杀螟威等农用杀虫剂，也可用作增塑剂和稳定剂，以及润滑油脂的添加剂。用于生产镇痛药苯噻啶。

【制法】 以无水乙醇、三氯化磷和液氨为原料在二甲苯溶剂中进行酯化反应，生成亚磷酸三乙酯，粗酯经水洗去除氯化铵及亚磷酸二乙酯，蒸馏脱溶剂后，再经精馏得成品。

$$PCl_3+3C_2H_5OH+3NH_3 \xrightarrow{\text{二甲苯}} (C_2H_5O)_3P+3NH_4Cl$$

【安全性】 有毒。小鼠腹腔 $LD_{50}>0.5$ g/kg。长期接触能引起心动过速、头晕等现象。用铁桶包装。贮存于阴凉干燥处，并用氮气保护。按有毒化学品规定贮运。

【参考生产企业】 姜堰市裕民化工有限公司，泰州市天成化工有限公司，无锡市振湖化工有限责任公司，江苏武进圣力化工。

Fa151 磷酸三甲酯

【英文名】 trimethyl phosphate

【CAS 登记号】 [512-56-1]

【结构式】 $(CH_3O)_3PO$

【物化性质】 无色透明液体，易燃。沸点 180～190℃。熔点 −46℃（α），−62℃（β）。相对密度 1.215。折射率 1.3967。易溶于水，溶于乙醚，但难溶于乙醇。

【质量标准】

项目		指标
外观		无色透明液体
色度(Pt-Co 色号)	≤	10
水分/%	≤	0.09
水溶试验		不浑浊
酸值/(mgKOH/g)	≤	0.2
热处理后酸值/(mgKOH/g)	≤	5.65
透过率/%	≥	90
热处理后透过率/%	≥	88

【用途】 主要用作医药和农药的溶剂及萃取剂，也用作农药中间体。

【制法】 三氯氧磷与甲醇在碳酸钾存在下反应得到磷酸三甲酯，同时得到磷酸二甲酯钾盐，与硫酸二甲酯反应也得磷酸三甲酯，磷酸三甲酯粗产品经水洗、脱色、脱水、减压蒸馏得成品。

$$POCl_3+5CH_3OH+K_2CO_3 \longrightarrow (CH_3O)_3PO+(CH_3O)_2PO_2K+KCl+5HCl+CO_2$$

$$(CH_3O)_2PO_2K+(CH_3)_2SO_4 \longrightarrow (CH_3O)_3PO+CH_3KSO_4$$

【安全性】 大鼠经口 LD_{50} 为 1.65g/kg。主要对中枢神经系统损害，可能引起弛缓或痉挛性瘫痪。生产操作场所应通风，生产设备应防止泄漏，操作人员穿戴防护装具。用铁桶包装，规格 200kg。贮存于阴凉干燥通风处。防火。按有毒易燃危险品规定贮运。

【参考生产企业】 无锡市振湖化工有限责任公司，江苏常余化工有限公司，淄博市周村鲁光化工有限公司，南通市如东县通园精细化工厂。

Fa152 磷酸三乙酯

【英文名】 triethyl phosphate

【CAS 登记号】 [78-40-0]

【结构式】 $(CH_3CH_2O)_3PO$

【物化性质】 无色透明液体，易燃。沸点 215℃。熔点 −56℃。闪点 115.5。相对密度 1.064。折射率 1.404。易溶于乙醇，溶于乙醚、苯等有机溶剂，也溶于水，但随着温度上升而会逐渐水解。

【质量标准】

项目	指标
外观	无色透明液体
相对密度(d_{20}^{20})	1.068～1.072
折射率(n_D^{20})	1.403～1.406
酸度(以磷酸计)/% ≤	0.01
水分检验	合格
水中溶解度	检验合格

【用途】 用作高沸点溶剂、橡胶和塑料的增塑剂，也用作制取农药杀虫剂的原料，以及用作乙基化试剂，用于乙烯酮生产。

【制法】 以三氯氧磷与无水乙醇反应生成磷酸三乙酯，经中和、过滤、脱醇、减压分馏等过程得成品。

$$POCl_3+3C_2H_5OH \longrightarrow (C_2H_5O)_3PO+3HCl$$

【安全性】 大鼠经口 LD_{50} 为 800mg/kg。磷酸三乙酯在相当高的剂量下会产生麻醉样现象和显著的肌肉松弛。对脑胆碱酯酶产生抑制。对皮肤和呼吸道表面有刺激作用。生产设备应密闭，防止泄漏。操作人员应穿戴防护装具。用玻璃瓶包装，外用木箱加固。贮存应避光、防晒、防止进水。按有毒化学品规定贮运。

【参考生产企业】 无锡市振湖化工有限责任公司，江苏常余化工有限公司，吉化集团吉林市联合化工厂，山东淄博惠华化工有限公司，辛集宏正化工有限公司，昆山市石浦年沙助剂厂，上海彭浦化工厂。

Fa153 磷酸二辛酯

【英文名】 dioctyl phosphate

【别名】 磷酸二（2-乙基己基）酯；磷酸二异辛酯；P-204；bis(2-ethylhexyl) phosphate；diisooctyl phosphate；dioctylphosphoric acid；di(2-ethylhexyl)phosphate

【结构式】

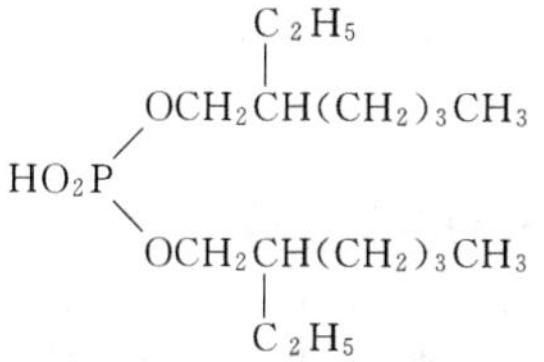

【物化性质】 无色透明黏稠液体。熔点 209℃（1.333kPa）。凝固点－60℃。相对密度 0.973（25/25℃）。折射率 1.4420（25℃）。

【用途】 用作塑料增塑剂、溶剂，还用作稀土金属萃取剂、润湿剂和表面活性剂的原料。

【制法】 分步进行：①在搪玻璃反应器内，先加入三氯氧磷，搅拌冷却至 10℃以下，滴加入 2-乙基己醇，加完后继续保持 10℃以下搅拌 1h，再慢慢升温至 20～45℃，排氯化氢 3h，然后升温至 45～50℃，用水冲泵抽氯化氢 3h，最后升温至 50～60℃，在 0.08MPa 真空度下排氯化氢气体 3h，制得磷酸二异辛基酰氯。②在反应釜内加入 20%的烧碱溶液，开启搅拌，于 60℃以下滴加上述酯化产物，升温至 80～90℃，保持 1h，静置 15min，将下层废碱水放出。再在搅拌下加入 30%的烧碱溶液，升温至 120℃回流 1h，静置 15min，放出下层碱液并回收。釜内物料在 80～99℃用 3%的碱水洗涤，静置分层后，即制得磷酸二辛酯钠盐。③在上述制得的磷酸二辛酯钠盐中搅拌下加入 10%的硫酸，控制温度 50～60℃，进行酸化反应。反应 1h 后，静置弃去下层废酸水，用水洗涤，最后在薄膜分离塔中加热至 110～120℃，除去水及低沸物即得成品。

【安全性】 低毒。应储存在室内干燥、阴凉、通风处，运输过程中应防止猛烈撞击和雨淋。遇高热、明火或与氧化剂接触，有引起燃烧的危险。

【参考生产企业】 杭州大自然有机化工实业有限公司，江苏常余化工有限公司，辽宁辽阳电化厂。

Fa154 磷酸三辛酯

【英文名】 trioctylphosphoric acid

【别名】 磷酸三（2-乙基己）酯；磷酸三异辛酯；tri-2-ethylhexyl phosphoate；TOP；TOF

【结构式】

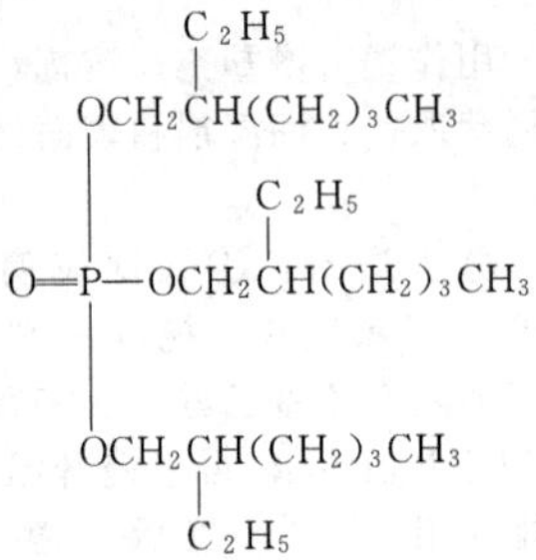

【物化性质】 无色透明黏稠液体。沸点216℃（533.3Pa）。闪点216℃。凝固点＜−90℃。相对密度0.920（20℃）。折射率1.441（25℃）。黏度14.1mPa·s（20℃）。流动点−74℃，蒸气压13.3Pa（150℃）、266.7Pa（200℃）。水中溶解度＜0.01%（25℃）。水在其中溶解度约1.4%（25℃）。可与矿物油和汽油混溶。

【质量标准】

项目	指标
外观	几乎无色透明液体
相对密度(20℃)	0.924～0.927
色度(Pt-Co色号)≤	100
酸值/(mgKOH/g)≤	0.1
折射率(n_D^{20})	1.439～1.445
闪点(开口)/℃ ≥	185

【用途】 是聚氯乙烯的优良耐寒增塑剂之一，低温性能优于己二酸酯类，且具有防腐和阻燃作用，但耐热性能差。塑化性能较差，与磷酸三甲苯酯（TCP）并用可以得到改善。与邻苯二甲酸二辛酯（DOP）等量并用可获得自熄性制品。主要用于聚氯乙烯电缆料、涂料以及合成橡胶和纤维素塑料。

【制法】 将2-乙基己醇加入反应釜，冷却降温至10℃以下，缓缓加入三氯氧磷，搅拌下进行反应，逐渐升温至60℃，用水冲泵抽真空排除反应生成的氯化氢。反应完毕后加入10%的碳酸钠溶液进行中和，再用80℃的热水洗涤，最后在余压1333.3Pa下进行蒸馏即得成品。

【安全性】 低毒。储存在室内干燥、阴凉、通风处，运输过程中应防止猛烈撞击和雨淋。遇高热、明火或与氧化剂接触，有引起燃烧的危险。

【参考生产企业】 杭州大自然有机化工实业有限公司，江苏常余化工有限公司，上海彭浦化工厂。

Fa155 磷酸三（β-氯乙基）酯

【英文名】 trichloroethyl phosphate

【别名】 阻燃剂TCEP

【CAS登记号】 [115-96-8]

【结构式】

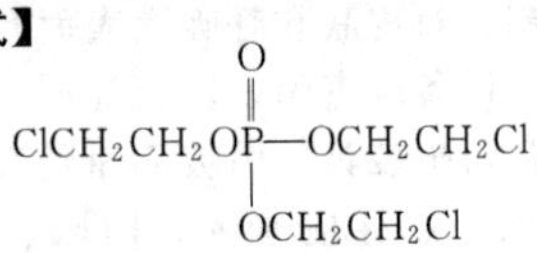

【物化性质】 浅黄色淡奶味的油状液体。水解稳定性良好。沸点194℃（1.33kPa）。凝固点−64℃。闪点265.6℃。热分解温度240～280℃。黏度0.038～0.047Pa·s。折射率（20℃）1.4731。能溶于乙醇、丙酮、酯、芳烃、氯仿、四氯化碳等有机溶剂，微溶于水。

【质量标准】

项目	指标
外观	微黄色透明液
色度(铂-钴比色) ≤	100
水分/% ≤	0.3
闪点(开杯)/℃ ≥	225
酸值/(mgKOH/g)	1

【用途】 广泛应用于醋酸纤维素、硝基纤维清漆、乙基纤维漆、聚氯乙烯、聚氨酯、聚醋酸乙烯、酚醛树脂等合成材料上。所得制品除具有自熄性外，还具有其改善耐水性、耐候性、耐寒性、抗静电性的作用，也可改善制品的物理性能，制品手感柔软，也可称为石油添加剂和烯有元素的萃取剂，并且还是制造阻燃电缆三防篷布及阻燃橡胶输送带的主要阻燃材料，一般添加量为5%～10%。

【制法】 将三氯氧磷和偏钒酸钠投入反应釜中。充氮驱尽空气，在真空下通入环氧乙烷，于45～50℃下搅拌2～3h。蒸出过量的环氧乙烷后加碱中和至中性，水洗，真空脱水，得成品。

【参考生产企业】 衡水市华兴化工厂，扬州晨化集团有限公司，如皋市恒祥化工有限公司。

Fa156 硫酸二甲酯

【英文名】 dimethyl sulfate

【别名】 二甲基硫酸；硫酸甲酯；sulfuric acid dimethyl ester；DMS

【CAS登记号】 [77-78-1]

【结构式】 $(CH_3)_2SO_4$

【物化性质】 易燃，无色油状液体。沸点188.5℃。熔点－31.75℃。闪点83.3℃。相对密度1.3283。折射率1.3874。与乙醇混溶，溶于乙醚、苯，稍溶于水，不溶于二硫化碳。

【质量标准】 HG/T 4001—2008（工业级）硫酸二甲酯

项目	一等品	合格品
外观	无色或微黄色透明油状液体	
硫酸二甲酯/% ≥	98.5	98.0
酸(以 $1/2H_2SO_4$ 计)/% ≤	0.60	0.80

【用途】 在有机合成中用作甲基化剂，用以制造甲酯、甲醚、甲胺等。是二甲基亚砜、咖啡因、可待因、香草醛、氨基比林、甲氧苄胺嘧啶和乙酰甲胺磷等的原料。

【制法】 甲醇与硫酸反应先生成硫酸氢甲酯，继之反应生成二甲醚。二甲醚与三氧化硫在溶剂和催化剂存在下反应生成硫酸二甲酯。经减压分馏精制得成品。三氧化硫由发烟硫酸发生。

$$CH_3OH+H_2SO_4 \longrightarrow CH_3HSO_4+H_2O$$

$$CH_3HSO_4+CH_3OH \longrightarrow (CH_3)_2O+H_2SO_4$$

$$(CH_3)_2O+SO_3 \longrightarrow (CH_3)_2SO_4$$

【安全性】 剧毒。大鼠经口 LD_{50} 为440mg/kg。对呼吸系统黏膜和皮肤有强烈的刺激和腐蚀作用。影响神经系统和血液系统，损害心、肺、肝、肾等功能。空气中含量达1%时，吸入人体即有致命危险。最高容许浓度为 $0.5mg/m^3$。可用氨水作为解毒剂。操作人员应穿戴防护用具。用铁桶包装，规格200kg。应贮于干燥通风处，避免日晒雨淋。按有毒危险品规定贮运。

【参考生产企业】 上海华谊集团上硫化工有限公司，北京市大兴兴福精细化学研究所，苏州市吴赣化工有限责任公司，山东新华医药集团有限责任公司，山东兴辉化工有限公司，淄博市临淄辛龙化工有限公司，武汉青江化工股份有限公司。

Fa157 环氧乙酰蓖麻油酸甲酯

【英文名】 epoxidized methyl acetoricinoleate

【别名】 环氧化乙酰蓖麻油酸甲酯；EMAR

【结构式】

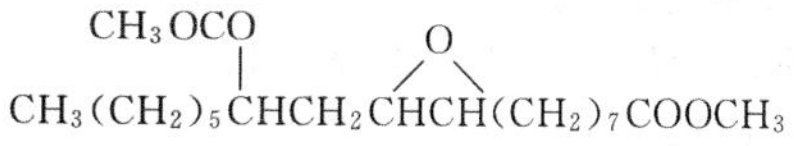

【物化性质】 浅黄色油状液体。闪点（开杯）＞190℃。相对密度0.950～0.970（20℃）。折射率1.458（20℃）。

【质量标准】

项目		一级品	二级品
色度(Pt-Co色号)	≤	500	1500
酸值/(mgKOH/g)	≤	0.30	0.50
环氧值/%	≥	3.0	2.5
皂化值/(mgKOH/g)		285～305	285～305
闪点(开杯)/℃	≥	195	190
相对密度(20℃)		0.97±0.02	0.97±0.02
加热损失(125℃，3h)/%	≤	0.5	0.8
灰分/%	≤	0.02	0.03

【用途】 为聚氯乙烯的耐寒性增塑剂。低温性能优异，光稳定性和热稳定性良好，透明度高，毒性小，可用于透明聚氯乙烯制品和薄膜等制品。

【制法】 分步进行：①将蓖麻油和甲醇以1∶8的摩尔比的比例投入反应釜，加入适量氢氧化钠，在搅拌下升温至（70±2)℃，进行醇解，醇解完成后，加硫酸中和，然后蒸馏回收甲醇及分离出浓甘油。再经盐析、水洗，得粗蓖麻油酸甲酯，经减压蒸馏得精蓖麻油酸甲酯。②精蓖麻油甲酯和醋酸酐按1∶1.8的摩尔比投入反应釜，在搅拌下升温至150～155℃，进行乙酰化，反应过程中由冷凝器回收醋酸。乙酰化完成后，产物经水洗、分离，得已酰蓖麻油酸甲酯。③环氧化反应在常温下进行，物料比为：已酰蓖麻油酸甲酯∶双氧水∶甲酸∶苯=1∶1.06∶0.46∶0.4（摩尔比)。环氧化产物经分离、碱洗、水洗、水蒸气蒸馏（脱苯)、减压蒸馏，即得成品。

【安全性】 低毒。应储存在阴凉通风干燥处。应防热、防晒、防火。按易燃化学品规定储运。

【参考生产企业】 北京化工三厂，天津有机化学工业总公司天津溶剂厂，江苏常余化工有限公司。

Fa158 环氧糠油酸丁酯

【英文名】 butyl ester of epoxy rice oil acid

【别名】 环氧脂肪酸丁酯；epoxy fatty acid butyl ester

【结构式】

【物化性质】 浅黄色透明油状液体。闪点190℃。相对密度0.90～0.912（20℃)。折射率1.4560～1.4570（20℃)。温度低于10℃，稍有沉淀。溶于氯仿、醚类、酮类、苯等有机溶剂，不溶于水。

【质量标准】

项目		指标
外观		微黄色透明油状液体
环氧值/%	>	3.2
酸值/(mgKOH/g)	≤	1.0
加热减量/%	≤	1.0
相对密度(20℃)		0.900～0.912
环氧保留率/%		90.0
闪点(开杯)/℃	≥	180
碘值/%	≤	10.0

【用途】 为聚氯乙烯的增塑剂兼热稳定剂，具有良好的耐热和耐候性。与聚氯乙烯相容性好，塑化速度快、塑化温度比邻苯二甲酸二异辛酯（DOP)、环氧脂肪酸辛酯低。主要用于聚氯乙烯薄膜、人造革等制品。

【制法】 将糠油、丁醇、硫酸以1∶1.2∶0.01的质量比投入反应釜，在130～140℃下进行酯交换反应，反应时间约8h，生成粗糠油酸丁酯。粗糠油酸丁酯经5%的纯碱溶液中和、水洗、蒸馏脱去丁醇，再经精馏即可得精糠油酸丁酯。再使精糠油酸丁酯在硫酸和冰醋酸的存在下，用双氧水在50～60℃进行环氧化，搅拌反应10～12h。原料比为精酯∶冰醋酸∶双氧水=1∶0.5∶1.2（摩尔比)，硫酸为冰醋酸和双氧水总重量的 2%。环氧化产物经水洗、碱洗、保温静置、脱醇即得成品。

【安全性】 无毒。应储存在阴凉通风干燥处。应防热、防晒、防火。按易燃化学品规定储运。

【参考生产企业】 衡阳市溶剂厂，天津滨海化工厂，天津市无机化工研究所。

Fa159 环氧硬脂酸丁酯

【英文名】 epoxidized butyl stearate

【别名】 butyl epoxy stearate; butyl ester of epoxy stearate

【CAS 登记号】

【结构式】

【物化性质】 浅黄色油状液体。闪点大于190℃。相对密度 0.90～0.912（20℃）。折射率 1.4560～1.4570（20℃）。可溶于氯仿等有机溶剂。

【质量标准】

项目		指标
外观		微黄色透明油状液体
环氧值/%		3.0～3.2
碘值/%	≤	10
酸值/(mgKOH/g)	≤	0.8
闪点(开杯)/℃	≥	180

【用途】 系环氧脂肪酸丁酯系列产品之一，为聚氯乙烯增塑剂兼稳定剂。具有良好的耐热性和耐候性，耐寒性也较佳。本系列产品与聚氯乙烯的相容性好，塑化速度快，塑化温度比邻苯二甲酸二辛酯(DOP)和环氧脂肪酸辛酯低，但挥发性较大，耐抽出性也较差，故用量不宜过高，一般以 5 份为宜。

【制法】 分步进行。①将油酸、丁醇和硫酸以 124∶40∶1 的质量比投入反应釜，在搅拌下加热至回流，进行酯化反应。当温度升到 140℃以上，出水量达到丁醇加料重量约 1/6 时停止回流，将过量的丁醇蒸出，当温度升至 145℃时，停止加热，静置分层，将上层料液进行蒸馏，先回收丁醇，再除去低沸物，最后收集 97.325～98.659kPa，230～240℃的馏分，即得油酸丁酯。上述酯化反应也可在 723-阳离子交换树脂存在下完成。②将冰醋酸、双氧水（浓度为 35.5%）、硫酸（浓度为 50%），分别加入配料槽内，搅拌下保持温度为 25～30℃，制得过氧乙酸溶液。③将油酸丁酯加入反应釜，搅拌下加热升温至 46℃，缓缓加入过氧乙酸液，要求在 1.5～2h 加完。并控制温度缓慢上升，7h 后反应温度升至 64℃。取样分析反应体系的双氧水浓度，当浓度降至 4.5%以下时，反应结束。用无离子水洗涤，离心脱水后即得成品。

【安全性】 无毒。应储存在阴凉通风干燥处。应防热、防晒、防火。按易燃化学品规定储运。

【参考生产企业】 上海达华塑料化工厂，上海群力塑料厂，哈尔滨化工四厂，辽宁丹东塑料助剂厂，湖南衡阳溶剂一厂，浙江桐乡市化工有限公司。

Fa160 环氧硬脂酸辛酯

【英文名】 2-ethylhexyl ester of epoxy stearic acid

【别名】 环氧硬脂酸-2-乙基己酯；环氧十八酸辛酯；octyl ester of epoxy stearic acid

【结构式】

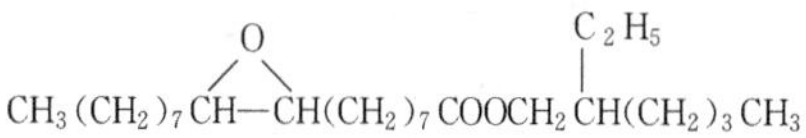

【物化性质】 浅黄色油状液体。闪点256℃。凝固点－13.5℃。相对密度 0.900～0.910（20℃）。折射率 1.4537（25℃）。黏度 30mPa·s（20℃）。

【质量标准】

项目		一级品	二级品
色度(APHA)	≤	150	250
环氧值(吡啶法)/%	≥	4.5	3.0
碘值/(g 碘/100g)	≤	10	10
酸值/(mgKOH/g)	≤	0.5	0.7
水分/%	≤	0.1	0.1
闪点/℃	≥	200	200

【用途】 是聚氯乙烯的优良增塑剂兼稳定剂，热稳定性、耐寒性、耐热性、透明性优良。与其他环氧类耐寒增塑剂相比，其挥发性小，耐抽出性高，电绝缘性好。广泛与其他增塑剂并用，一般5～10份。在农业薄膜和其他要求耐气候性、耐寒性好的制品中宜使用。

【制法】 硬脂酸和辛醇在硫酸的催化下进行酯化，经中和、蒸馏、水洗、减压蒸馏，制得硬脂酸辛酯。再将硬脂酸辛酯在硫酸和甲酸的存在下用双氧水进行环氧化，经中和、水洗、脱色、压滤即得成品。

【安全性】 无毒。应储存在阴凉通风干燥处。应防热、防晒、防火。按易燃化学品规定储运。

【参考生产企业】 南京金陵化工厂，上海群力塑料厂，浙江省桐乡市化工有限公司。

Fa161 环氧大豆油

【英文名】 epoxy soya oil

【别名】 ESO；epoxidized soyabean oil

【结构式】

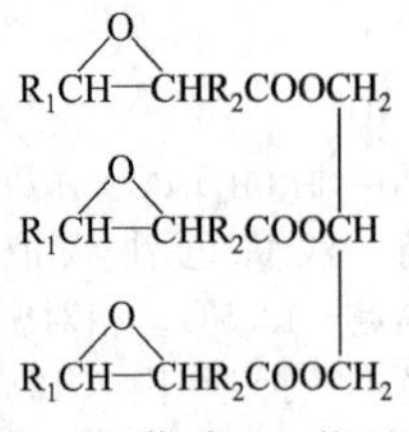

【物化性质】 浅黄色油状液体。沸点(0.5kPa) 150℃。闪点 299℃。凝固点 −8℃。折射率 (25℃) 1.4713。微溶于水，25℃在水中的溶解度<0.01%，溶于大多数有机溶剂和烃类。

【质量标准】 HG/T 4386—2012 增塑剂 环氧大豆油

项目		指标
外观		淡黄色透明液体
色度(Pt-Co)	≤	170
酸值(以 KOH 计)/(mg/g)	≤	0.6
环氧值/%	≥	6.0
碘值/%	≤	5.0
加热减量/%	≤	0.2
密度(20℃)/(g/cm³)		0.988～0.999
闪点/℃	≥	280

【用途】 广泛用作聚氯乙烯增塑剂和热稳定剂，与聚氯乙烯相容性良好，且挥发性小，迁移性小，无毒。对聚氯乙烯软制品加入2～3份，即可有良好的热、光稳定作用。可用于食品包装材料。

【制法】 甲酸和双氧水在硫酸存在下，生成过氧化甲酸，再与大豆油反应，生成环氧大豆油，过氧化甲酸复原为甲酸。因双氧水或过氧化物在高温下会分解，反应应控制在较低的温度下进行，一般为常温，苯为介质。将大豆油、甲酸、硫酸和苯投入耐酸的釜式反应器中，搅拌混合均匀后，缓缓滴加入40%浓度的双氧水，控制反应温度为室温。滴加完双氧水后，再继续搅拌一段时间，直至反应温度开始下降，反应即达终点。反应液静置分去下层废酸水，油层先用2%～5%的纯碱液中和，再水洗至中性，分去水后，油层进行水蒸气蒸馏，蒸出苯回收循环使用。余下产物进行真空蒸馏，除去低沸物和水，再经压滤即得成品。

【安全性】 无毒。应储存在室内通风干燥处，避免火源。按一般易燃化学品规定储运。

【参考生产企业】 天津有机化学工业总公

司天津溶剂厂，北京化工三厂，江苏丹化集团有限公司，淄博润湖工贸有限公司，张家口市广盛化学助剂有限公司，上海新大化工厂。

Fa162 环氧大豆油酸辛酯

【英文名】 2-ethylhexyl ester of epoxy soya bean fatty acids

【别名】 环氧大豆油酸-2-乙基己酯；环氧脂肪酸辛酯；2-ethylhexyl ester of epoxy fatty acids

【CAS 登记号】

【结构式】

【物化性质】 为浅黄色油状液体。不易挥发，具可燃性。闪点（开杯）＞200℃。相对密度（25℃）0.92～0.98。折射率（25℃）1.4580～1.4585。不溶于水，溶于有机溶剂。

【用途】 是聚氯乙烯的优良增塑剂兼稳定剂，与聚氯乙烯相容性好。制品热稳定性和耐气候性及低温性能良好，透明性优异。在农业薄膜和其他要求耐候性、耐寒性好的制品中，使用较合适。对温血动物毒性低。广泛与其他增塑剂并用。

【制法】 大豆油和辛醇在硫酸存在下于90℃左右进行醇解，醇解物用3%的纯碱液中和后回收辛醇，然后分离出甘油，经水洗和减压蒸馏得到精大豆油酸辛酯。得到的精辛酯在硫酸和甲酸的存在下用双氧水进行环氧化，反应温度50～60℃。环氧化产物经3%的纯碱液中和，再经水洗、脱色、压滤即得成品。

【安全性】 无毒。应储存在室内通风干燥处，避免火源。按一般易燃化学品规定储运。

【参考生产企业】 天津有机化学工业总公司天津溶剂厂，河北省张家口市广盛化学助剂有限公司，浙江德清县东来化学有限公司

Fa163 氯化石蜡-52

【英文名】 chlorinated paraffin-52

【别名】 氯烃-52；氯化石蜡烃

【分子式】 $C_{15}H_{26}Cl_6$

【物化性质】 浅黄色清澈液体。无毒、无味、不燃烧。热分解温度120℃以上，铁锌等金属氧化物会促进其分解。凝固点－30℃以下。相对密度（25℃）1.235～1.255。折射率（20℃）1.505～1.515。黏度（25℃）12～16Pa·s。不溶于水，易溶于苯、醚、酮、酯、环己酮、氯溶剂等有机溶剂及烃类。

【质量标准】 HG/T 2092—1991 氯化石蜡-52

项目	优等品	一等品	合格品
外观	水白色或黄色黏稠液体		
色度(Pt-Co 色号) ≤	100	250	600
密度(50℃)/(g/cm³)	1.23～1.25	1.23～1.27	1.22～1.27
氯含量/%	51～53	50～54	50～54
黏度(50℃)/mPa·s	150～250	≤300	—
折射率 n_D^{20}	1.510～1.513	1.505～1.513	—
加热减量(130℃,2h)/% ≤	0.3	0.5	0.8
热稳定指数①(175℃,4h,氮气10L/h),HCl% ≤	0.10	0.15	0.20

① 至少半年检验一次。

【用途】 主要用作聚氯乙烯的增塑剂。具有挥发性低、无毒、不燃烧、无臭、电性能好、价格低廉等特点。相容性比氯化石蜡-42好，黏度也较低。在PVC中用量可达15%～20%。特别是可单独用于氯乙烯、醋酸乙烯共聚物，具有理想的理化性能。广泛用于电缆线、地板料、压延板材、软管、塑料鞋等。还用作各种润滑油

的极压添加剂。

【制法】（1）热氯化法。将平均碳链长C15左右的液体石蜡加热脱水，过滤后与氯气在间接加热下进行氯化。氯化温度90～105℃，反应周期约30～40h，釜内压力维持在0.05MPa（表压）以下。反应过程中产生的尾气中含氯化氢和游离氯，经水吸收和碱吸收而得以处理。氯化反应完成后在氯化完成液中通入0.1MPa（表压）的干空气将溶解的氯化氢气体和游离氯带出。然后再加入一定量的饱和纯碱溶液及光热稳定剂，即为成品。

（2）引发氯化法。操作同氯化法，不同之处仅为在液体石蜡升温至60℃，加入引发剂，并开始通入氯气进行氯化操作。反应温度90～100℃左右。采用适宜的引发剂可加快氯化反应的速度，每批反应时间约4～6h。氯化液后处理同热氯化法。此法的优点是反应时间缩短，产品的色泽大大改进。存在的问题为热量的及时移出及氯化温度的控制。

【安全性】低毒。生产过程中使用的原料氯气和副产品氯化氢均有毒性和刺激性，应注意防护。应储存在阴凉通风干燥处。应防热、防晒，以免分解变质。

【参考生产企业】沈阳化工股份有限公司，山东牟平经协化工厂，山东曙光化工总厂，宁波众利化工厂，广州助剂化工厂，上海氯碱化工股份有限公司，山东莱西市金山化工厂，巩义市金源化工有限公司，锦西石化渤海集团公司。

Fa164 氯化石蜡-42

【英文名】chlorinated paraffin-42

【别名】氯化石蜡烃-42

【物化性质】金黄色或琥珀色黏稠油状液体。相对密度（20℃）1.16～1.17。不易燃烧和爆炸，挥发性极微。稍有芳香气味。与天然橡胶，氯丁橡胶，合成橡胶、聚酯和醋酸类树脂相容。加热至120℃以上徐徐自行分解，放出氯化氢气体，铁、锌等金属氧化物会促进其分解。能溶于大部分有机溶剂，如苯、氯溶剂、醚、酮、酯、环己酮，可溶于矿物油、润滑油、蓖麻油、亚麻仁油等，不溶于水和乙醇。

【质量标准】HG/T 2091—1991 氯化石蜡-42

项目	优等品	一等品	合格品
外观	水白色或黄色黏稠液体		
色度(碘) ≤	3	15	30
密度(50℃)/(g/cm³)	1.13～1.16	1.13～1.17	1.13～1.18
氯含量/%	41～43	40～44	40～44
黏度(50℃)/mPa·s	140～450	≤500	≤650
折射率 n_D^{20}	1.500～1.508	1.500～1.508	—
加热减量(130℃，2h)/% ≤	0.3	0.3	—
热稳定指数① ≤ (175℃，4h，氮气10L/h)，HCl%	0.20	0.20	0.30

① 至少半年检验一次。

【用途】主要用作聚氯乙烯的辅助增塑剂。应用于电缆料、地板料、薄膜、人造革以及水管，也用于橡胶制品。另外还广泛用作切削油、齿轮油、轧钢机油的耐极压添加剂，布类，纸类的防潮、防水蒸气用的添加剂以及涂料添加剂。

【制法】固体石蜡加热熔融，用活性白土脱色，压滤得精制石蜡。将精制石蜡加入熔融槽中加热熔化，脱尽水分后，用齿轮泵打入氯化反应器，升温至80℃，徐徐通入氯气进行氯化。氯化温度在80～100℃之间，当氯含量达到40%以上，停止通氯。每批反应时间约在25～35h。氯化产物用干燥空气和氮气吹出其溶解的氯化氢和游离氯，并加入少量饱和纯碱溶液或20%的烧碱溶液，控制酸值在0.1mgKOH/g以下，即得成品。光氯化由于设备结构复杂，特别是灯管的保护玻璃罩上，常黏结一层不透明石蜡或产物，使效率降低，因而应用较少。

【安全性】 低毒。生产过程中使用的原料氯气和副产品氯化氢均有毒性和刺激性，应注意防护。应储存在阴凉通风干燥处。应防热、防晒，以免分解变质。

【参考生产企业】 沈阳化工股份有限公司，山东牟平经协化工厂，山东莱西市金山化工厂，江门市广悦电化有限公司，巩义市金源化工有限公司。

Fa165 氯化石蜡-70

【英文名】 chlorinated paraffin-70

【分子式】 $C_{20}H_{24}Cl_{18}$～$C_{24}H_{29}Cl_{21}$

【物化性质】 白色或浅黄色粉末，化学稳定性好。耐氧化剂、酸、碱等作用；有防水性能及抗紫外线等作用；能与许多合成及天然材料有良好的相溶性，在温度达到170℃以上开始微量降解反应，脱氯化氢，生成烯烃等物质。熔点 95～120℃。相对密度 1.60～1.70。折射率 1.540～1.580 (95～120℃)。可溶于丙酮、甲乙酮、苯、甲苯、二甲苯、四氯化碳、二氯乙烷、过氯乙烯等多种溶剂。不溶于水及低级醇类，如甲醇、乙醇、异丙醇和正丁醇。

【质量标准】 HG/T 3643—1999 氯化石蜡-70

项目		一等品	合格品
外观		白色或淡黄色粉末	
氯含量/%		68～72	
软化点/℃	≥	95	90
热稳定指数/%	≤	0.2	0.3
加热减量/%	≤	1.0	
筛余物/%	≤	0.02	

【用途】 是一种用途广泛的添加型阻燃剂，具有较好的持久阻燃能力，挥发性低，且具有防潮及抗静电作用，并能提高树脂成型时的流动性和改善制品的光泽。可用于阻燃乙烯类均聚物和高聚物、聚苯乙烯、聚酯树脂、环氧树脂、聚氨酯、聚甲基丙烯酸酯以及多种合成橡胶、天然橡胶和纺织品。还可用作润滑油的抗磨添加剂，用来改善油墨光泽性和耐磨性，黏合剂改性以及木材的防腐防蛀及造纸工业的施胶、防火涂料的制造。

【制法】 (1) 溶剂-光照氯化法。主要设备为搪玻璃氯化反应器，器内装有若干支带有玻璃外罩的日光灯管，反应器上装有回流冷凝器，连接回流冷凝器的是尾气处理装置。将预氯化至含氯量 40%左右的氯化石蜡，加入 3～5 倍的四氯化碳，搅拌溶解后输入光氯化反应器，控制反应温度于回流温度下，由反应器底部通入氯气，在光照下进行氯化。若灯罩外很清洁，不影响光度，反应需 20h 左右达到终点；若灯罩不清洁，影响光度，反应需 60～70h。反应终点的判断可根据产物含氯量的分析数据作出。反应结束后，先用水洗至 pH 为 7～7.5。然后通入直接蒸汽将四氯化碳汽提出来，经冷凝、分层、分离、干燥后循环使用。脱溶剂后产物经冷却、凝结成树脂状粒块，经磨细、干燥、过筛获得最终成品。

(2) 水相悬浮法。以水为介质，将预氯化为 40%的氯化石蜡（或氯化石蜡-42）悬浮在水中，在压力为 16MPa，温度为 100～180℃的条件下进行氯化，反应时间约 12～30h。反应物料经冷却、固化、粉碎、洗涤、过滤、干燥即得成品。

【安全性】 毒性小。动物试验无中毒症状。采用塑料袋包装，每袋 20kg。储于阴凉、干燥、通风仓库内。

【参考生产企业】 沈阳化工股份有限公司，山东牟平经协化工厂，杭州富阳市精诚化工有限公司，烟台市华威工贸有限公司，青岛市海大化工有限公司，哈尔滨亿滨化工有限公司。

Fa166 磷酸三(2,3-二溴丙基)酯

【英文名】 tri (2,3-dibromopropyl) phosphate

【别名】 TDBPP

【结构式】

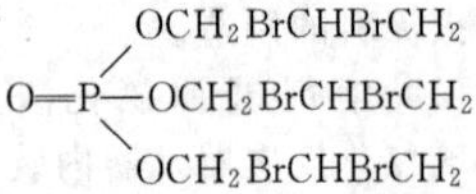

【物化性质】 浅黄色黏稠液体，溴含量68.74%，磷含量4.44%。凝固点−8～−3℃。相对密度2.10～2.30。折射率1.5730（20℃）。溶于醇、苯、四氯化碳和芳香族溶剂，不溶于水和烃类溶剂。

【质量标准】

项目		指标
折射率(n_D^{20})		1.570
色度(Pt比色)		100～200
黏度/mPa·s		3～5
酸度/(mgKOH/g)	<	0.5
水分/%	<	2
溴含量/%	≥	67.8
羟基值/%	<	3.5

【用途】 广泛使用的含溴量很高的添加型阻燃剂，同时具有一定的增塑作用。可用于聚氯乙烯、聚苯乙烯、聚醋酸乙烯酯、软质和硬质聚氨酯泡沫塑料、不饱和聚酯、酚醛树脂、丙烯酸树脂、醋酸纤维素等多种塑料的阻燃。还可用于合成纤维和化学纤维。

【制法】 将丙烯醇加入反应釜，搅拌下于10～15℃滴加溴素进行溴化反应，生成2,3-二溴丙醇。将已制得的2,3-二溴丙醇经减压蒸馏加入苯中，搅拌溶解后，再加入无水三氯化铝催化剂和三氯氧磷，加热升温至40℃进行反应，即可制得。然后经水洗，加入氨水进行中和以除去催化剂和未反应的三氯氧磷，再经水洗后，经减压蒸馏即可得成品。

【安全性】 毒性小。大鼠经口LD_{50}≥75000mg/kg。但对上呼吸道、皮肤及眼角膜有不同的刺激作用。装置设备应密闭，保持良好通风。操作人员应戴眼镜、手套等防护用品。采用塑料桶包装，每桶40kg。储存于阴凉、通风的库房。远离火种、热源。防止阳光直射。保持容器密封。应与氧化剂分开存放，切忌混储。按有毒危险品规定储运。

【参考生产企业】 天津市合成材料工业研究所，广州伟伯化工有限公司，天津市超越科技有限公司。

Fa167 三氯乙基磷酸酯

【英文名】 trichloroethyl phosphate

【别名】 磷酸三（2-氯乙基）酯；三（2-氯乙基）磷酸酯；tri（2-chloroethyl）phosphate；TCEP

【结构式】

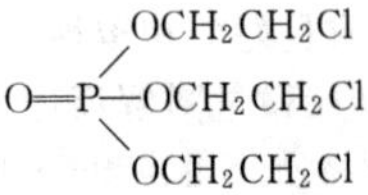

【物化性质】 浅黄色油状液体。沸点145℃（0.67kPa）、194℃（1.33kPa）。凝固点−64℃。闪点（开杯）232℃。热分解温度240～280℃。相对密度1.425。折射率1.4745。黏度40mPa·s。可溶于醇、酮、酯、醚、苯、甲苯、二甲苯、氯仿、四氯化碳，微溶于水，不溶于脂肪烃。与醋酸纤维素、硝酸纤维素、醋酸丁酸纤维素、乙基纤维素、聚氯乙烯、聚苯乙烯、酚醛树脂等高聚物相容性良好。

【质量标准】

项目		指标
外观		无色或微黄色透明液体
相对密度(20℃)		1.423～1.428
折射率(n_D^{20})		1.470～1.479
酸度/(mgKOH/g)	≤	1
色度(Pt-Co比色)	≤	100
水分/%	≤	0.3

【用途】 具有极佳的阻燃性，优良的抗低温性及抗紫外线性，其蒸气只能在225℃以上用明火直接点燃方可燃烧，但移走火源则即刻自熄。以其为阻燃剂不但可提高被阻燃材料的材料级别，而且可改善阻燃材料的耐水性、耐酸性、耐寒性及抗静电性。常用于阻燃以硝基纤维和醋酸纤维为基材的涂料，不饱和聚酯、聚氨酯、丙烯酸酯、酚醛树脂等，也可用于软质聚氯乙烯的增塑阻燃剂。用于不饱和聚酯添加量为10%～20%，在聚氨酯硬泡沫塑料（以阻燃聚醚为原料）中可10%左右，在软质聚氯乙烯中用作辅助增塑阻燃剂时为5%～10%。

【制法】 将催化剂偏钒酸钠与三氯氧磷加入反应器，搅拌均匀后，加热升温至（50±5)℃下通入环氧乙烷，搅拌并于（50±5)℃下反应2h，然后脱除过量的环氧乙烷，反应生成三氯乙基磷酸酯。反应产物经5%浓度的氢氧化钠溶液进行中和，水洗除去催化剂和酸性杂质后，进行真空蒸馏脱水，即得成品。

【安全性】 毒性低，大白鼠口服半数致死量LD_{50}为1410mg/kg。操作人员应穿戴防护用具。采用镀锌桶包装，每桶净重250kg。储存温度5～38℃之间，长期存放时，不超过35℃，并要保持空气干燥。按一般化学品规定储运。

【参考生产企业】 江苏金信科工贸有限公司，广州市裕泰精细化工，南京通联化工有限公司，建德市华海化工有限公司。

Fa168 五氯硬脂酸甲酯

【英文名】 methyl pentachlorostearate

【别名】 MPCS

【结构式】 $(C_{17}H_{30}Cl_5)COOCH_3$

【物化性质】 浅黄色油状液体，有特殊臭味。挥发度0.13～0.3mg/(cm^2·h)(100℃)。闪点大于160℃。相对密度（20℃）1.17～1.19。折射率（20℃）1.4888。黏度30～50mPa·s。

【质量标准】

项目	指标
外观	浅黄色油状液体
含氯量/%	35～37
闪点/℃	160～180
酸值/(mgKOH/g) ≤	1
热稳定性/℃ ≥	165

【用途】 用作聚氯乙烯辅助增塑剂。机械性能、电性能、耐油性和耐水性良好。不燃。但稳定性差（加入环氧增塑剂可以改善），耐寒性差，有臭味。用于电线、耐油软管等制品。

【制法】 分步进行：①将植物油油脚或合成脂肪酸、甲醇及总投料量0.5%的硫酸投入反应釜，搅拌下升温至90℃，进行酯化反应。反应生成的水由过量的甲醇带出，冷凝后进入醇蒸馏塔将甲醇蒸出，冷凝后返回反应釜。当冷凝液中无水时即为反应终点。反应产物脱除甲醇后，加入5%的烧碱溶液进行中和。静置分层，放出水层得油酸甲酯。②将制得的油酸甲酯搅拌升温至110～180℃，加入镍催化剂，通入氢气，进行加氢反应，生成硬脂酸甲酯，再经真空蒸馏而精制。③将上述反应产物硬脂酸甲酯升温至95℃，通入氯气进行氯化，生成五氯硬脂酸甲酯和五氯硬脂酰氯。氯化结束后降温至45～50℃，加入甲醇进行醇解，使酰氯生成五氯硬脂酸甲酯。然后经真空喷雾脱酸，回收氯化氢和甲醇，即得成品。

【安全性】 低毒。生产过程中使用的原料氯气和副产品氯化氢均有毒性和刺激性，应注意防护。应储存在阴凉通风干燥处。应防热、防晒，以免分解变质。

【参考生产企业】 上海中华化工厂，福建省龙岩龙化化工有限公司。

Fa169 C_5～C_9酸乙二醇酯

【英文名】 ethylene glycol C_5～C_9 mixed fatty acids

【别名】 C_5～C_9 混合脂肪酸乙二醇酯

【结构式】

$$\begin{array}{l} CH_2OOC—CR \\ | \qquad\qquad\qquad\qquad R=C_4H_9\sim C_8H_{17} \\ CH_2OOC—CR \end{array}$$

【物化性质】 浅黄色透明油状液体，有特殊的臭味。皂化值 250～350。沸点（666.6Pa）190～260℃。闪点 182℃。相对密度 0.945±0.005。折射率（20℃）1.4888。黏度（80℃）0.03～0.05Pa·s。

【质量标准】

项目		一级品	二级品
酸值/(mgKOH/g)	≤	0.20	0.40
加热减量/%	≤	0.40	0.60
色泽/(mgI/100mL KI)	≤	8	12
闪点/℃	≥	165	160

【用途】 用作聚氯乙烯的辅助增塑剂。其挥发性较大。具有较好的低温性能，与邻苯二甲酸酯并用可改善制品的耐寒性。色泽较浅，可用于浅色或艳色制品，用量一般为 5～10 份。

【制法】 首先将乙二醇和 C_5～C_9 脂肪酸按摩尔比为 1∶2 加入酯化釜中，搅拌下升温至 80～90℃，再缓缓加入总投料量 0.3%的浓硫酸和 3%的活性炭。继续升温至 130～140℃，抽真空至 93.3kPa 左右的真空度下进行酯化反应。待粗酯酸值降到 10mgKOH/g 以下时，反应即达终点。将反应产物冷却至 100℃左右进行压滤，滤液用 5%的氢氧化钠中和，静置分层，将下层碱液和皂脚分出经处理回收，上层为粗酯经真空脱水即得成品。

【安全性】 低毒。应储存在室内通风干燥处，避免火源。按易燃化学品规定储运。

【参考生产企业】 江苏常州助剂厂，上海洗涤剂五厂，江苏苏州东方化工厂。

Fa170 柠檬酸三丁酯

【英文名】 butyl citrate

【别名】 3-羟基-3-羧基戊二酸三丁酯；柠檬酸三正丁酯；tributyl citrate；2-hydroxy-1，2，3-propanetricarboxylic acid tributyl ester；citric acid tributyl ester；*n*-butyl citrate

【CAS 登记号】 [77-94-1]

【结构式】

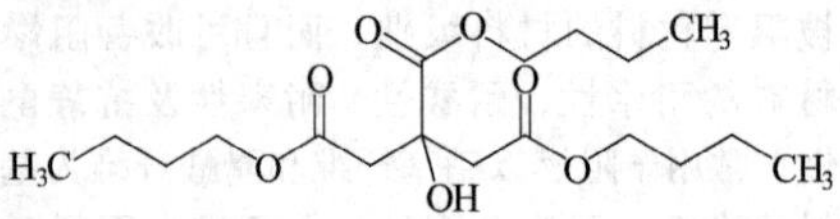

【物化性质】 无色油状液体，微有气味。沸点（2.266kPa）233℃。熔点 －20℃。闪点 185℃。相对密度（d_{20}^{20}）1.045。折射率 1.4460。黏度 31.9mPa·s。不溶于水，溶于甲醇、丙酮、四氯化碳、冰醋酸、蓖麻油、矿物油等有机溶剂。

【质量标准】

项目		指标
含量/%	≥	99.0
酸度(以柠檬酸计)/%		0.02
色度(Pt-Co 色号)	≤	50
水分/%	≤	0.30
相对密度(25℃)		1.037～1.047

【用途】 为聚氯乙烯和各种纤维素树脂的增塑剂。无毒。相容性好，增塑效率高。耐寒、耐光、耐水性优良。挥发性小。可用作食品包装材料和医疗卫生制品。电绝缘性能较差。

【制法】 柠檬酸和正丁醇（投料比 1∶1）在硫酸（投料量为柠檬酸和正丁醇总质量的 0.3%）的作用下，于 150℃回流 4～5h，当反应物的酸值降至 1mgKOH/g 以下时，即为酯化终点。产物经活性炭脱色、过滤、中和、水洗、减压蒸馏，釜液即为成品。

【安全性】 无毒。应储存在室内通风干燥处，避免火源。按易燃化学品规定储运。

【参考生产企业】 江苏无锡溶剂总厂，天津有机化学工业总公司天津溶剂厂。

Fa171 油酸四氢糠醇酯

【英文名】 tetrahydrofurfuryl oleate

【别名】 油酸四氢呋喃甲酯；THFO

【结构式】

【物化性质】 清澈黄色油状液体。沸点(666.6Pa) 240℃。闪点 213℃。着火点 230℃。凝固点 −27.8℃。相对密度(20℃) 0.928。折射率(25℃) 1.4612。黏度 9.60mPa·s (38℃)、2.71mPa·s (99℃)。不溶于水。

【质量标准】

项目	指标
馏程(666.6Pa)/℃	230～260
酸值/(mgKOH/g) ≤	0.4
皂化值/(mgKOH/g)	142～150
碘值/%	76～86

【用途】 为耐寒辅助增塑剂。与硝基纤维素、乙基纤维素、聚氯乙烯、氯乙烯共聚物、聚苯乙烯、丙烯酸类树脂等相容，塑化性能好。用作聚氯乙烯的辅助增塑剂，用量可达增塑剂总量的 1/4～1/2。可提高聚氯乙烯的捏合和塑化速度，在乳胶中能降低黏度。

【制法】 将油酸和四氢糠醇按摩尔比为 1∶2 投入反应釜，并以每摩尔油酸加对甲苯磺酸为催化剂和每摩尔油酸 100mL 苯作带水剂，搅拌下升温至 115℃左右进行酯化反应，不断蒸出的苯水共沸物，经冷凝器冷凝后进入油水分离器，上层即油层溢流返回酯化釜，下层水排放。当冷凝液中不再有水珠即为酯化完成。升温至 120℃、抽真空 28kPa 的条件下进行脱苯，然后继续升温至 125℃，抽真空至 2666.7Pa 脱除四氢糠醇。脱醇后的粗酯冷却至 70℃，加入 5%浓度的纯碱液中和，搅拌 0.5h，静置 1h，分层。分离水层后的粗酯在高真空下蒸馏，截取适宜馏分即为成品。

【安全性】 低毒。按一般化工原料处理。采用镀锌铁桶包装。应储存在室内通风干燥处，避免火源。按一般化学品规定储运。

【参考生产企业】 江苏扬州化工厂，杭州新业塑料厂。

Fa172 癸二酸丙二醇聚酯

【英文名】 polypropylene glycol sebacate

【别名】 聚癸二酸-1,2-丙二醇酯；聚癸二酸丙二醇酯；poly(1,2-propylene glycol sebacate)；polyester plasticizer；hexaplas；PPA；Paraplex XG-25

【分子式】 $C_{27}H_{52}\sim C_{18}H_{37}O_4[C_{13}H_{22}O_4]_n$

【物化性质】 分子量 2000 的聚酯为黄色透明的黏稠液体。分子量 8000 的聚酯为黄色半固体状物。闪点约 290℃。凝固点 13～15℃。相对密度 1.06 (25℃)。折射率 1.4670 (20℃)。黏度 (25℃，50%的二氯乙烷溶液) 1700mPa·s。在水中溶解度 0.0004%，水在癸二酸丙二醇聚酯中溶解度为 3.39% (25℃)。不同分子量的都可以溶于丙酮、二氯乙烷、乙醚、苯、甲苯、二甲苯、氯仿，微溶于乙醇、丁醇和脂肪烃。

【质量标准】

项目	指标
外观	浅黄色或黄色透明油状液体
分子量(冰点下降法)	1500～6000
酸值/(mgKOH/g)	1.0(分子量 1000)；2.0(分子量 2000)

【用途】 为聚氯乙烯的耐久增塑剂。耐久性良好、耐溶剂和油抽出、耐迁移、极低的挥发性。性能随分子量有很大差异。分子量高者，使用于高温和耐久的制品，如室内装饰品、医疗器械、冰箱衬里、高温绝缘材料、高湿非迁移电缆料，耐高温线材的包覆层等，但加工性能差。分子量低者，是比较常用的品种，虽然其各项耐久性能不如分子量高者，但比单体型增塑剂要优越得多，且宜于加工，常用于接触涂

料层、橡胶、聚苯乙烯、ABS和有机溶剂紧密的制品、聚氯乙烯高温电缆料、室内装饰物、地板材料、玩具、耐油软管、垫片等。在接触食品方面可用于包装薄膜、饮料软管、瓶盖垫片等。作为冲击改性剂用于硬质PVC配方中，起到改善PVC树脂脆性，增韧的效果。

【制法】 以分子量2000的聚酯为例。将癸二酸和丙二醇按摩尔比为1∶1.4加入反应釜，搅拌下加热至195～200℃进行缩聚，反应时间约1～2h。缩聚后期在减压下进行。然后加入月桂酸进行端基封锁，终止反应，月桂酸的用量为癸二酸的2.6%（mol）。减压下脱除过量的丙二醇后再经过滤即得成品。

【安全性】 无毒。应储存在室内通风干燥处，避免火源。按一般化学品规定储运。

【参考生产企业】 天津市阿普瑞克化学有限公司，江苏苏州溶剂厂。

Fa173 过氧化二碳酸二环己酯

【英文名】 dicyclohexyl peroxy dicarbonate

【别名】 引发剂DCPD；initiator DCPD

【CAS登记号】 ［1561-49-5］

【结构式】

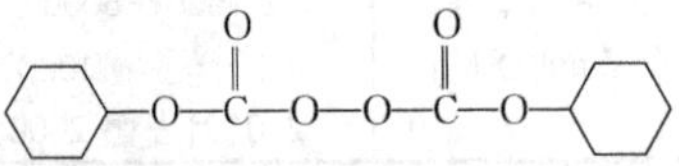

【物化性质】 白色固体粉末。熔点44～46℃。分解温度42℃。pH值7～8。属易燃物，但不会自燃。一般对冲击不敏感，室温会引起缓慢分解，阳光照射或与稳定剂、催干剂、干燥剂和铁及铜等金属接触时，能加速其分解，分解产品呈白烟及浅黄色液状物。对摩擦和撞击不敏感。纯度越低或含水量越高就越不稳定。不溶于水，微溶于乙醇和脂肪烃，溶于酮、酯，易溶于芳烃、氯烃。

【质量标准】

项目	指标
外观	室温下为白色颗粒固体
含量/% ≥	85
水分/% ≤	15
pH	7～8

【用途】 是一种高效引发剂。可用于氯化烯、乙烯、丙烯酸酯、甲基丙烯酸酯、环氧树脂、氯乙烯-醋酸乙烯共聚的聚合反应。其用量一般在0.03%～0.055%。

【制法】 由环己醇与光气反应生成氯甲酸环己酯，再与过氧化钠反应而得。滴入过氧化钠溶液中，控制反应温度，然后过滤，滤饼用冰水洗至中性。最后烘干，即得成品。

【安全性】 对眼睛、皮肤有刺激和灼伤。生产过程要严格防止光气泄漏，加强设备密闭，保持通风良好，操作时应穿戴防护用具。贮存时应避免与稳定剂、催化剂、干燥剂、铜及铁金属化合物接触，防止分解。应在低于5℃下贮存，低于10℃下运输。

【参考生产企业】 江苏省常熟市金城化工有限公司，上海试一剂化学试剂有限公司。

Fa174 过氧化二碳酸二-(2-乙基己)酯

【英文名】 di-(2-ethylhexyl) peroxydicarbonate

【别名】 过氧化二碳酸二辛酯；引发剂EHP；dioctyl peroxydicarbonate；initiator EHP

【CAS登记号】 ［16111-62-9］

【结构式】

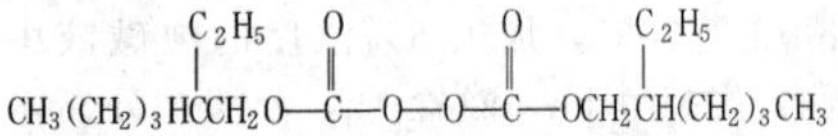

【物化性质】 无色透明液体。理论活性氧含量4.62%。含量46%EHP溶液的半衰期为：（40℃）10.33h；（50℃）1.5h，受热见光易分解。在室温下迅速分解，其蒸

气接触空气能自燃。受热或经摩擦、震动、撞击可引起燃烧或爆炸。与还原剂、促进剂、有机物、可燃物等接触会发生剧烈反应，有燃烧爆炸的危险。熔点−50℃以下（42℃分解）。闪点60℃。相对密度(20℃) 0.964。折射率1.431。不溶于水，溶于乙醇、直链烃和甲苯、二甲苯等芳烃。

【质量标准】

项目	指标
外观	无色透明液体
EHP含量/%	65
相对密度	0.889
黏度(20℃)/mPa·s	4.7
折射率	1.431
闪点/℃	60
热稳定性(临界温度)/℃	5
冷藏稳定性/℃	−25

【用途】 游离基型引发剂。可用于氯乙烯、高压聚乙烯以及其他共聚物作引发剂。也可少量用于离子型反应的聚异戊二烯橡胶中作引发剂，使其部分交联，以提高其强度。

【制法】 氯甲酸-2-乙基己酯与过氧化钠溶液反应，经分层、洗涤，用无水硫酸钠干燥，再加甲苯或二甲苯稀释至所要求的浓度，即得成品。

【安全性】 大鼠经口 LD_{50} 为1020mg/kg。易燃、易爆。对眼睛、皮肤和黏膜有刺激性。受热分解放出有腐蚀性和刺激性的烟雾。应做好全面防护。若不慎吸入或接触皮肤，应用大量流动清水或生理盐水彻底冲洗并就医。严禁与酸类，易燃物，有机物，还原剂（如胺类），自燃物品，遇湿易燃物品和重金属化合物（如促进剂、干燥剂和金属皂）接触。

【参考生产企业】 天津市汉沽高分子化工助剂厂，青岛合成材料研究所，太原化学工业集团公司，锦化化工（集团）有限责任公司。

Fa175 氨基甲酸甲酯

参见 Ga065

Fa176 氨基甲酸乙酯

参见 Ga066

Fb 芳香族羧酸及其衍生物

Fb001 苯甲酸

【英文名】 benzoic acid

【别名】 安息香酸；benzenecarboxylic acid；phenylformic acid；dracylic acid

【CAS 登记号】 [65-85-0]

【结构式】

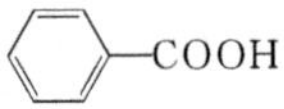

【物化性质】 鳞片状或针状结晶。具有苯或甲醛的气味。易燃。在100℃升华，蒸气易挥发。沸点249℃。闪点（闭杯）121～123℃。熔点122.4℃。相对密度（d_4^{15}）1.2659。折射率（n_D^{32}）1.504。酸度系数 pK_a（25℃）4.19。微溶于水，溶于乙醇、甲醇、乙醚、氯仿、苯、甲苯、二硫化碳、四氯化碳和松节油。

【质量标准】

（1）GB 12597—2008 工作基准试剂

项目	指标
外观	苯甲酸试剂为片状或针状结晶,能升华,难溶于水,易溶于乙醇、醚等试剂。
含量(C_6H_5COOH)/%	99.95～100.05
熔点范围/℃	121.5～123.5
澄清度试验号 ≤	2
灼烧残渣(以硫酸盐计)/% ≤	0.01
氯化合物(Cl)/% ≤	0.003
硫化合物(以 SO_4 计)/% ≤	0.003
铁(Fe)/% ≤	0.0004
重金属(以 Pb 计)/% ≤	0.0005
还原高锰酸钾物质(以 O 计)/% ≤	0.008
易炭化物质	合格

（2）GB 1901—2005 食品添加剂 苯甲酸

项目	指标
苯甲酸(以干基计)/% ≥	99.5
熔点/℃	121～123
易氧化物试验	通过试验
易炭化物试验	通过试验
重金属(以 Pb 计) ≤	0.001
砷(As)/(mg/kg) ≤	2
氯化物(以 Cl 计)/% ≤	0.014
干燥减量/% ≤	0.5
灼烧残渣/% ≤	0.05
邻苯二甲酸试验	通过试验

注：砷（As）和重金属（以 Pb 计）的质量分数为强制性要求。

（3）HG/T 3458—2000 化学试剂 苯甲酸

项目	分析纯	化学纯
苯甲酸(C_6H_5COOH)含量/% ≥	99.5	99.0
熔点范围/℃	121.0～123.0	121.0～123.0
澄清度试验	合格	合格
灼烧残渣(以硫酸盐计)含量/% ≤	0.01	0.02

续表

项　目		分析纯	化学纯
氯化物(以 Cl 计)含量/%	≤	0.01	0.02
硫化物(以 SO_4 计)含量/%	≤	0.003	0.005
铁(Fe)含量/%	≤	0.0005	0.001
重金属(以 Pb 计)含量/%	≤	0.001	0.001
还原高锰酸钾		合格	—
硫酸试验		合格	合格

(4) NY/T 1447—2007 饲料添加剂苯甲酸

项　目		指　标
外观		白色结晶体
苯甲酸/%	≥	99.5
熔点/℃		121～123
易氧化物试验		通过试验
重金属(以 Pb 计)/%	≤	0.001
砷(As)/(mg/kg)	≤	2
氯化物(以 Cl 计)/%	≤	0.014
水分/%	≤	0.5
邻苯二甲酸/(mg/kg)	≤	100
联苯类/(mg/kg)	≤	100

【用途】 广泛用于医药、染料中间体、增塑剂、香料及食品防腐剂。可用作醇酸树脂和聚酰胺（如聚己内酰胺）树脂的改性剂，也用于生产涤纶的原料对苯二甲酸以及用作钢铁设备的防锈剂。

【制法】 工业生产方法有甲苯液相空气氧化法、次苄基三氯水解法及苯酐脱羧法三种，而以甲苯液相空气氧化法最普遍。甲苯和空气通入盛有环烷酸钴催化剂的反应器中，在反应温度 140～160℃，操作压力 0.2～0.3MPa 的条件下进行反应，生成苯甲酸，经蒸去未反应的甲苯得粗苯甲酸，再经减压蒸馏，重结晶得成品。此外，由甲苯生产苯甲醛时可副产苯甲酸。

【安全性】 对大鼠经口 LD_{50} 为1700mg/kg。对微生物有强烈的毒性，但其钠盐的毒性则很低。每日口服 0.5g 以下，对人体并无毒害，用量不超过 4g 对健康也无损害。在人体和动物组织中可与蛋白质成分的甘氨酸结合而解毒，形成马尿酸随尿排出。苯甲酸的微晶或粉尘对皮肤、眼、鼻、咽喉等有刺激作用。即使其钠盐，如果大量服用，也会对胃有损害。操作人员应穿戴防护用具。采用纤维袋或麻袋内衬聚乙烯塑料袋包装。贮存于干燥通风处，防潮、防热，远离火源。

【参考生产企业】 北京宏悦顺化工厂，天津市塘沽区东大化工有限公司，本溪市福康化工有限责任公司，上海燎原第一日用化工厂，镇江市前进化工厂，浙江嘉兴嘉化集团有限责任公司，青岛天元化工股份有限公司，武汉有机实业股份有限公司，滕州市忠实恒业化工有限公司。

Fb002 对甲基苯甲酸

【英文名】 4-methylbenzoic acid

【别名】 4-甲基苯甲酸；*p*-toluicacid

【CAS 登记号】 [99-94-5]

【结构式】

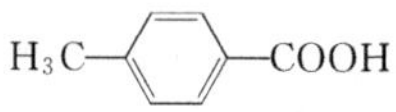

【物化性质】 白色晶体。沸点 275℃（升华）。熔点 182℃。易溶于甲醇、乙醇、乙醚，难溶于热水，随水的蒸发而挥发。

【质量标准】

项　目		指　标
外观		白色晶体
含量/%	≥	95
熔点/℃		182

【用途】 医药、感光材料、农药、颜料等的中间体。

【制法】 (1) 对二甲苯在环烷酸钴催化下氧化制得。有常压法和加压法。

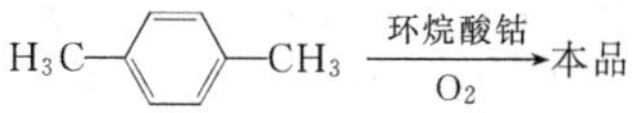

(2) 对二甲苯与浓硝酸进行氧化制取。

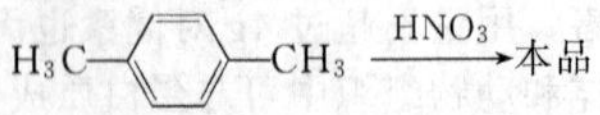

【安全性】 参见苯甲酸。包装采用内衬塑料袋，外用铁桶包装。

【参考生产企业】 新乡市祥润化工有限公司，无锡利达化工有限公司，青岛三力化工技术有限公司，江苏省泰兴市沃特尔化工厂。

Fb003 邻甲基苯甲酸

【英文名】 *o*-toluic acid

【别名】 2-甲基苯甲酸；2-methylbenzoicacid

【CAS 登记号】 [118-90-1]

【结构式】

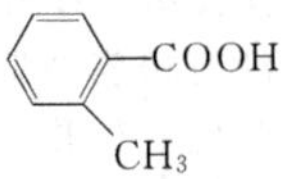

【物化性质】 白色易燃棱晶或针晶，低毒。沸点 258～259℃（100.125kPa）。熔点 103～105℃。相对密度（d_4^{115}）1.062。折射率（n_D^{115}）1.512。微溶于水，易溶于乙醇、乙醚及氯仿，能随蒸汽挥发。

【质量标准】 邻甲基苯甲酸含量≥95%。

【用途】 主要用于合成引发剂 MBPO、杀菌剂磷酰胺。亦用于香料和电影胶片的生产。

【制法】 以邻二甲苯为原料、环烷酸钴为催化剂，在温度 120℃，压力 0.245MPa 下，邻二甲苯连续进入氧化塔进行空气氧化，氧化液进入汽提塔进行浓缩，经结晶、离心，得成品。母液进行蒸馏，回收邻二甲苯及部分邻甲基苯甲酸。

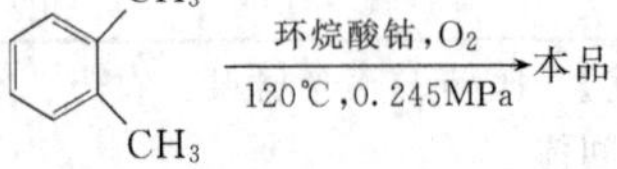

【安全性】 大鼠经口 LD_{50} 为 400mg/kg，小鼠腹腔注射 LD_{50} 为 420mg/kg。其余毒性和防护可参见苯甲酸。采用塑料编织袋包装。按一般化学药品规定贮运。

【参考生产企业】 江苏磐希化工有限公司，新乡市绿宝化工有限公司，北京恒业中远化工有限公司。

Fb004 对叔丁基苯甲酸

【英文名】 *p*-tert-butylbenzoic acid

【CAS 登记号】 [98-73-7]

【结构式】

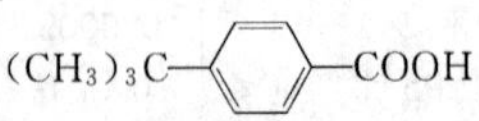

【物化性质】 无色针状结晶或结晶性粉末。具有中等毒性。相对密度（20℃）1.142。熔点 164～165℃。不溶于水，能溶于醇和苯。

【质量标准】

项目		指标
外观		白色晶体
含量/%	≥	99
熔点/℃		162～166
酸值/(mgKOH/g)		311～317
灼烧残渣/%	≤	0.5
干燥失重/%	≤	0.5
铁含量/×10⁻⁶	≤	3

【用途】 用于生产醇酸树脂改性剂、切削油、润滑油添加剂、聚丙烯成核剂、稳定剂等。用对醇酸树脂改性能改善初期光泽，提高色调、光泽的持久性等。

【制法】 以甲苯和丁烯为原料制得。

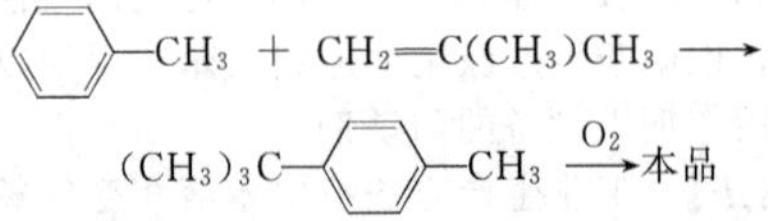

【安全性】 具有中等毒性。应穿防护衣物。应贮存于阴凉、干燥处，保持容器密封。远离强氧化剂、强碱。

【参考生产企业】 大庆市远方助剂厂，廊坊龙腾宇精细化工有限公司，上海三微实业有限公司，天津天大天久科技股份有限公司。

Fb005 水杨酸

【英文名】 salicylic acid

【别名】 邻羟基苯甲酸；柳酸；2-hydroxybenzoic acid

【CAS 登记号】［69-72-7］

【结构式】

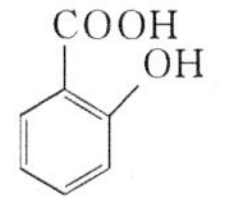

【物化性质】 白色针状结晶或单斜棱晶，有辛辣味。易燃。低毒。在空气中稳定，但遇光渐渐改变颜色。沸点（2.66kPa）211℃（76℃升华）。熔点 159℃。闪点（闭杯）157℃。相对密度 1.443。折射率 1.565。酸度系数（pK_a）2.98。微溶于水，溶于丙酮、松节油、乙醇、乙醚、苯和氯仿。其水溶液呈酸性反应。

【质量标准】 HG/T 3398—2003

项 目	指 标
外观	浅粉红色至浅棕色结晶粉末
干品初熔点/℃ ≥	156.0
邻羟基苯甲酸含量/% ≥	99.0
苯酚含量/% ≤	0.20
灰分/% ≤	0.30

【用途】 用作医药（如阿司匹林）、食品防腐剂及香料的原料。在染料工业中用以制造媒介纯黄、直接棕 3GN、酸性铬黄等，还可作橡胶硫化延缓剂和消毒防腐剂。

【制法】 苯酚与氢氧化钠反应生成苯酚钠，蒸馏脱水后，通二氧化碳进行羧基化反应，制得水杨酸钠盐，再用硫酸酸化，制得粗品，粗品经升华精制得成品。

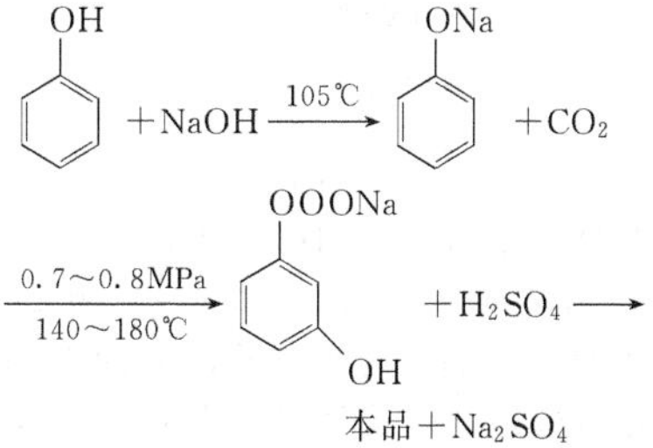

【安全性】 小鼠静脉注射 LD_{50} 为 500mg/kg，家兔经口 LD1.3g/kg。刺激皮肤、黏膜，因能与机体组织中的蛋白质发生反应，所以有腐蚀作用。能使角膜增殖后剥离。其毒性比苯酚弱，但大量服用能引起呕吐、腹泻、头痛、出汗、皮疹、呼吸频促、酸中毒症和兴奋。严重时呼吸困难、虚脱，终致心脏麻痹而死。由于水杨酸从肾脏排出，常引起急性肾炎。操作人员应穿戴劳动保护用具。采用内衬塑料袋包装，外套麻袋或聚丙烯编织袋或纤维板桶包装。贮存于阴凉、干燥、通风仓库，与爆炸物、氧化剂隔离。避光保存。

【参考生产企业】 江苏普源化工有限公司，山东省淄博市淄川区利民化工厂，郑州红兴化工有限公司，沧州华通化工有限公司，华阴市锦前程化工有限公司，山东新华医药集团有限责任公司，青岛双收农药集团股份有限公司。

Fb006 对羟基苯甲酸

【英文名】 *p*-hydroxybenzoic acid

【别名】 对羟基安息香酸

【CAS 登记号】［99-96-7］

【结构式】

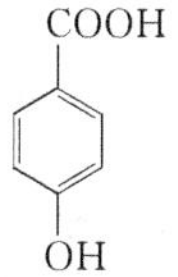

【物化性质】 无色单斜结晶。具有强烈刺激性和腐蚀性。相对密度 1.494。熔点 214～215℃（无水）。微溶于水、氯仿，溶于乙醚、丙酮和苯，可以任意比例溶于乙醇，几乎不溶于二硫化碳。

【质量标准】

项 目	医药级	工业级
外观	白色结晶粉末	白色结晶粉末
含量(以干基计)/% ≥	99.5	99.0
熔点/℃	214～217	213～216
气味	无味	无味

续表

项 目		医药级	工业级
溶解性		清澈透明	清澈透明
干燥失重/%	≤	0.20	0.50
色度(铂-钴色号)	≤	15	40
灰分/%	≤	0.02	0.15
硫酸盐(以 SO_4^{2-} 计)/%	≤	0.01	0.05
氯化物(以 Cl^- 计)/%	≤	0.005	0.02
苯酚/%	≤	0.01	0.10
水杨酸/%	≤	0.02	0.10
4-羟基间苯二甲酸/$\times 10^{-6}$	≤	500	—
甲醇不溶物/$\times 10^{-6}$	≤	50	—
钾(K^+)/$\times 10^{-6}$		10	—
钠(Na^+)/$\times 10^{-6}$	≤	10	—
铁(Fe)/$\times 10^{-6}$	≤	10	—
钙+镁(Ca^{2+}+Mg^{2+})/$\times 10^{-6}$	≤	10	

【用途】 在农药工业中用于合成除草剂、杀虫剂和兽药。在染料工业中用于合成热敏染料的显色剂，还可用于彩色胶片及合成油溶性成色剂及尼龙 12 中用作增塑剂的生产原料。对羟基苯甲酸的各种酯类可用于食品、医药、化妆品的防腐、防霉剂。还可与其他多官能团的有机物共聚得到液晶聚合物。

【制法】 (1) 对甲苯磺酰氯法。以对甲苯磺酰氯为原料，经氨化得对氨基苯磺酰胺，再在 NaOH 存在下用 $KMnO_4$ 氧化，用盐酸盐析，再经碱熔、酸析制得。

(2) 水杨酸转位法。用水杨酸经成盐、转位、中和得到对羟基苯甲酸。

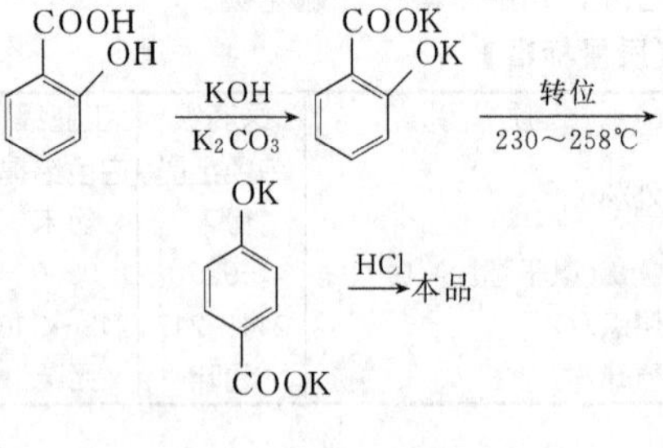

(3) 苯酚钾羧化法。此法分苯酚钾固相羧化法、苯酚钾粉末柴油介质悬浮羧化法和苯酚钾溶媒羧化法，前两种方法收率较低。

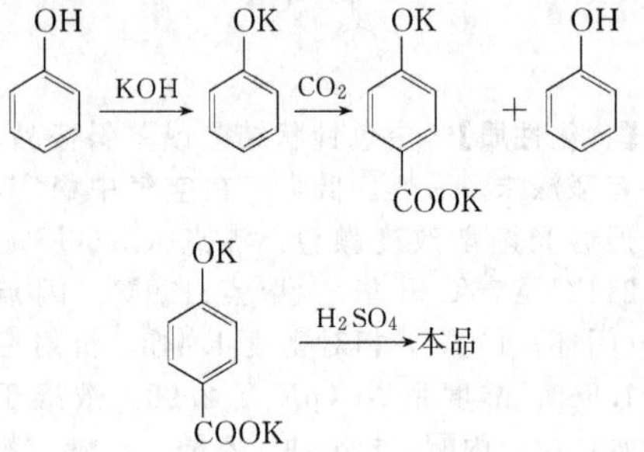

【安全性】 豚鼠腹内注射致死量为 3000mg/kg，大鼠口服 LD_{50} 为 2700mg/kg。有强烈刺激性和腐蚀性。用内二塑（二层）外编包装，每袋净重 25kg，或用 PP 袋装，净重 500kg/袋或 1000kg/袋。

【参考生产企业】 苏州林通化工科技股份有限公司，安徽郎溪县新科化工有限公司，浙江圣效化学品有限公司，武汉市远城科技发展有限公司，常州正康化工有限公司。

Fb007 间羟基苯甲酸

【英文名】 *m*-hydroxbenzoicacid

【别名】 间苯酚苯甲酸；间羟基安息香酸；3-hydroxybenzoic acid

【CAS 登记号】 [99-06-9]

【结构式】

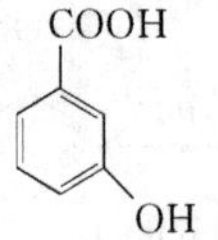

【物化性质】 白色针状结晶。熔点 202℃。相对密度 1.473（4℃）。遇明火、高热可燃。受高热分解，放出刺激性烟气。性质稳定，能发生羟基和羰基的反应。与氧化剂、氟、双醋酸铅不能配伍。易溶于热水。溶于醇、醚，微溶于冷水，不溶于苯。

【质量标准】 参考标准

项 目		指 标
外观(以粉碎样品观察)		白色块状或粉状，或微黄色或粉红色
游离苯酚/%		0.20
黑点个数	≤	12.0
含量/%	≥	99.0
初熔点		158.0
易磺化物	<	6号
异物个数	≤	5

【用途】 用作杀菌剂，防腐剂，增塑剂及医药中间体。亦可用于偶氮染料的合成。

【制法】 以苯甲酸为原料，经磺化，在碱中熔融及酸化处理制得。

【安全性】 小鼠经口 LD_{50} 为 2000mg/kg。在一般情况下接触无明显危险性，蒸气对上呼吸道、眼睛和皮肤有刺激作用。工作人员应作好防护，若不慎触及皮肤和眼睛，应立即用流动清水冲洗。对环境有危害，对水体和大气可造成污染。避免与氧化剂、碱类接触。储存于阴凉、通风仓间内。远离火种、热源。保持容器密封。应与氧化剂、碱类分开存放。

【参考生产企业】 北京恒业中远化工有限公司，佳木斯市北星有机化工有限责任公司，天津市光复精细化工研究所，泰兴市沃特尔化工有限，武汉葛化集团有限公司。

Fb008 邻甲基水杨酸

【英文名】 *o*-methylsalicylic acid

【CAS 登记号】 [83-40-9]

【结构式】

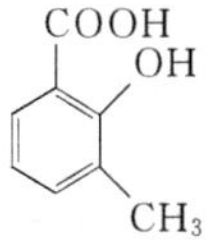

【物化性质】 白色或微红色结晶状粉末。能随水蒸气同时挥发。熔点 163～164℃。易溶于热水，能溶于醇、醚、氯仿及氢氧化钠溶液，微溶于冷水。

【质量标准】

项 目		指 标
熔点/℃	≥	162.5
水分/%	≤	0.7
含量/%		99.0～102.0
灰分(以 SO_4 计)/%	≤	0.3

【用途】 可用于制造偶氮染料，特别是酸性媒介漂蓝 B 染料，以它为原料还可制备蓝、紫、棕、绿等三苯甲烷类媒介染料 20 多种。

【制法】 有固相法和溶剂法两种生产方法，两法相比溶剂法更易于实现工业化，该法不需要处理吸湿性很强的邻甲酚钠盐干粉末。反应物料系液相，搅拌容易，羧化反应时二氧化碳气体直接通气，无需特殊的脱水和羧化设备。两种方法的生产原理是相同的。

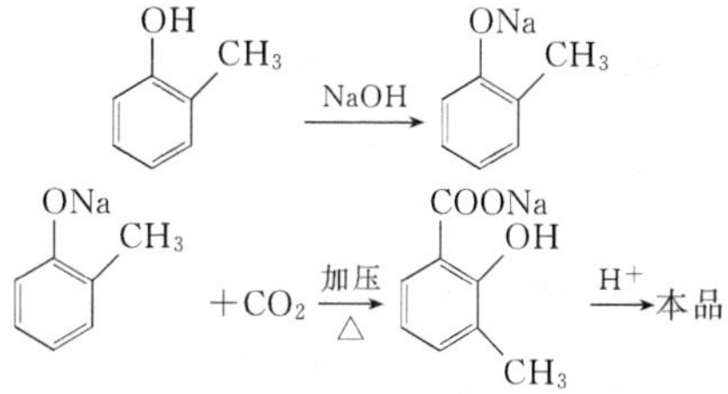

【参考生产企业】 南京大唐化工有限公司，衢州聚华公司特种试剂厂，浙江黄岩繁源化工有限公司，浙江省临海市汇丰化学厂。

Fb009 没食子酸

【英文名】 gallic acid

【别名】 3,4,5-三羟基苯甲酸；棓酸；3,4,5-trihydroxybenzoic acid

【CAS 登记号】 [5995-86-8]

【结构式】

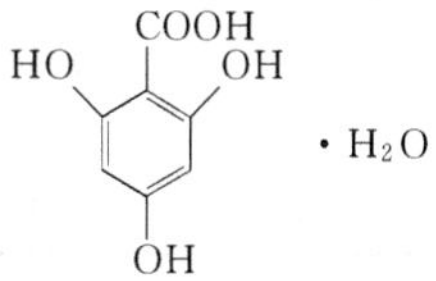

【物化性质】 含有一个结晶水的没食子酸为白色或淡黄色针状晶体，或棱柱状晶体。有绢丝光泽，味微酸，具收敛性。相对密度1.694。熔点235～240℃（分解）。在100～120℃失去结晶水，加热至200℃以上可脱羧变成焦性没食子酸。溶于乙醇、丙酮、乙二醇，微溶于水、乙醚。以单宁形式存在于五倍子，槲树皮和茶叶中。

【质量标准】

（1）LY/T 1301—2005 工业没食子酸

项目		优等品	一等品	合格品
没食子酸含量(以干基计)/%	≥	99.0	98.5	98.0
干燥失重/%	≤	10.0	10.0	10.0
灼烧残渣/%	≤	0.1	0.1	—
水溶解试验		无浑浊	微浑浊	—
单宁酸试验		无浑浊	微浑浊	—
硫酸盐(以SO_4^{2-}计)/%	≤	0.01	0.02	—
氯化物(Cl^-)/%	≤	0.01	0.02	—
色度(铂-钴色号)	≤	180	250	—
浊度(NTU)	≤	10	—	—

（2）LY/T 1643—2005 高纯没食子酸

项目		指标
没食子酸含量(以干基计)/%	≥	99.5
干燥失重/%	≤	10.0
灼烧残渣/%	≤	0.05
水溶解试验		无浑浊
单宁酸试验		无浑浊
硫酸盐(以SO_4^{2-}计)/%	≤	0.005
氯化物(Cl^-)/%	≤	0.001
色度(铂-钴色号)	≤	120
浊度(NTU)	≤	5
铁/(μg/g)	≤	5
重金属(以Pb计)/(μg/g)	≤	10

【用途】 可制备焦性没食子酸、药物、墨水、媒介染料。用来检测游离无机酸、二羟基丙酮及生物碱等。还可用作显影剂及制取食品防腐剂没食子酸丙酯，也可制取防爆剂，用作分析化学试剂。

【制法】 由五倍子单宁经加压水解后得双没食子酸，继续水解成没食子酸和葡萄糖。反应温度133～135℃，压力0.1765～0.1961MPa。

【安全性】 大鼠皮下注射LD 4000mg/kg，青蛙LD 2000mg/kg。稍有刺激性，对温血动物虽可产生高铁血蛋白，但毒性轻微，人体每日服用2～4g，也不呈现任何中毒症状。工业级产品用塑料袋外套麻袋包装，每袋50kg。试剂级产品用塑料袋包装，每袋500g，外装木箱，每箱40袋，净重20kg。贮运中应注意防潮、防霉、防氧化变质。试剂级产品应密封避光贮运。

【参考生产企业】 天津市远航化学品有限公司，上海友思生物技术有限公司，汉中天源植物化工有限公司，中国六盘水华翔化工工业有限公司，衢州市聚华特种试剂厂，湖南先伟实业有限公司香精香料厂，珠海市金山化工有限公司。

Fb010 对甲氧基苯甲酸

【英文名】 *p*-anisic acid

【别名】 4-甲氧基苯甲酸；4-methoxybenzoic acid

【CAS登记号】 [100-09-4]

【结构式】

【物化性质】 无色针状晶体。沸点275～280℃。熔点184℃。相对密度d_4^{19} 1.385。溶于乙醇、乙醚、氯仿，微溶于热水，难溶于冷水。

【质量标准】

项　目		指　标
含量/%	≥	99
熔点/℃		183～185
乙醇溶解试验		合格
灼烧残渣/%		0.1

【用途】 用作防腐剂、医药及香料的原料。

【制法】 以对羟基苯甲酸与硫酸二甲酯反应即得。

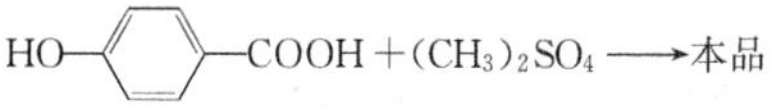

【安全性】 参见苯甲酸。采用 1kg 塑料袋装包装，5kg 塑料桶装，内衬塑料袋。10kg 纸箱装，内衬塑料袋。

【参考生产企业】 张家港市常余化工厂，靖江市马龙化工制药有限公司，浙江圣效化学品有限公司。

Fb011 间苯氧基苯甲酸

【英文名】 *m*-phenoxybenzoic acid

【CAS 登记号】 [2215-77-2]

【结构式】

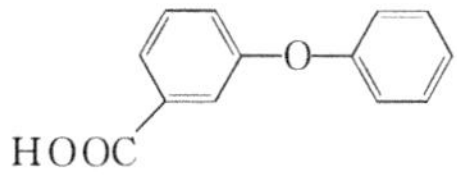

【物化性质】 白色固体。熔点 144～146℃。

项　目		一级品	二级品
外观		白色或淡黄色结晶粉末	
含量/%	≥	99.5	99.0
水分/%		0.2	0.5

【用途】 主要用于制备菊酯类杀虫剂。

【制法】 以间甲基二苯醚为原料制得。

【安全性】 包装采用袋装，净重 25kg。

【参考生产企业】 南通德宸化工有限公司，浙江省余姚化工有限责任公司。

Fb012 3,4,5-三甲氧基苯甲酸

【英文名】 3,4,5-trimethoxybenzoic acid

【CAS 登记号】 [118-41-2]

【结构式】

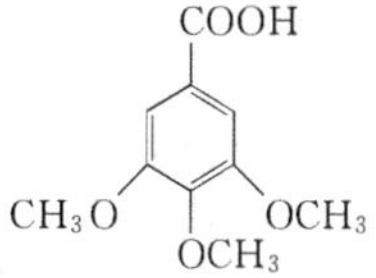

【物化性质】 水中结晶者为白色单斜结晶。微溶于水，溶于乙醇、乙醚和氯仿。熔点 171～172℃。沸点(1.33kPa) 225～227℃。

【质量标准】 白色结晶性粉末，熔点165～167℃。

【用途】 有机合成中间体。

【制法】 没食子酸与硫酸二甲酯进行甲氧基化反应，生成 3,4,5-三甲氧基苯甲酸，经中和、过滤、洗涤，得精品。

【安全性】 毒性不详。其余毒性和防护参见没食子酸。包装采用内衬塑料袋的纸桶包装，每桶装 50kg。

【参考生产企业】 上海康文医药共同体有限公司，衢州市聚华特种试剂厂，珠海市金山化工有限公司，湖南张家界奥威科技有限公司。

Fb013 邻苯甲酰苯甲酸

【英文名】 *o*-benzoylbenzoic acid

【别名】 二苯甲酮-2-羧酸；2-benzophenonecarboxylic acid

【CAS 登记号】 [85-52-9]

【结构式】

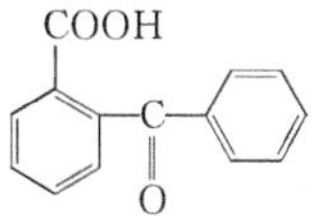

【物化性质】 三斜针晶。熔点 127～129℃。易溶于乙醇、乙醚，溶于热苯。

【质量标准】

项　目		指　标
含量/%	≥	97.5
初熔点/℃	≥	126
水分/%	≤	1

【用途】 生产蒽醌类染料中间体的主要原料，可制取蒽醌、苯绕蒽酮、1-氨基蒽醌等。

【制法】 在三氯化铝的存在下，将邻苯二甲酸酐和苯缩合，再经水解制得。反应中副产的盐酸气宜用水吸收成稀盐酸备用。

【安全性】 大鼠经口 LD_{50} 为 400mg/kg，小鼠腹腔注射 LD_{50} 为 562mg/kg。有毒。刺激皮肤及黏膜。生产设备应密闭，防止泄漏。操作人员应穿戴防护用具。采用铁桶密闭包装，每桶 170kg。贮存于阴凉、通风处。按有毒物品规定贮运。

【参考生产企业】 浙江东亚医药化工有限公司，江阴市马镇有机化工有限公司。

Fb014 2,4,5-三氟苯甲酸

【英文名】 2,4,5-trifluorobenzoic acid

【CAS 登记号】 [446-17-3]

【结构式】

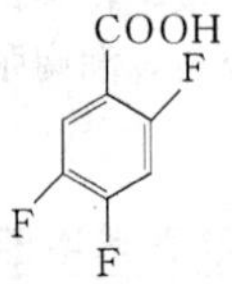

【物化性质】 白色晶体。熔点 100℃。

【质量标准】

项目		指标
外观		白色结晶
含量/%(HPLC)	≥	99.00
熔点/℃		98～101
水分/%	≤	0.5
灼烧残渣/%	≤	0.2

【用途】 是一种精细有机氟合成中间体，可用于特马沙星及液晶等的合成。

【制法】 (1) 2,4-二氟苯胺法。

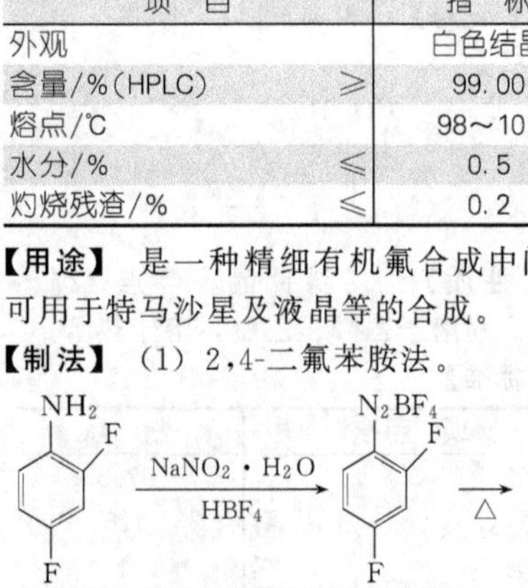

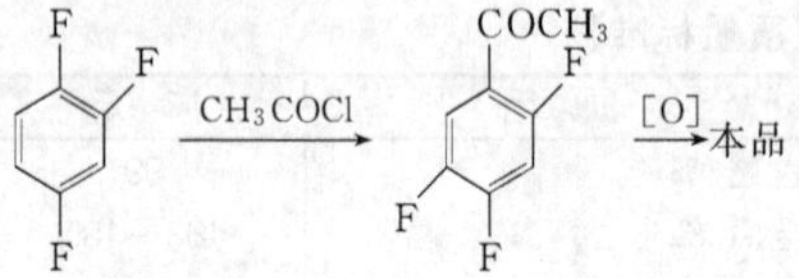

(2) 1,2,4-三氟苯法。

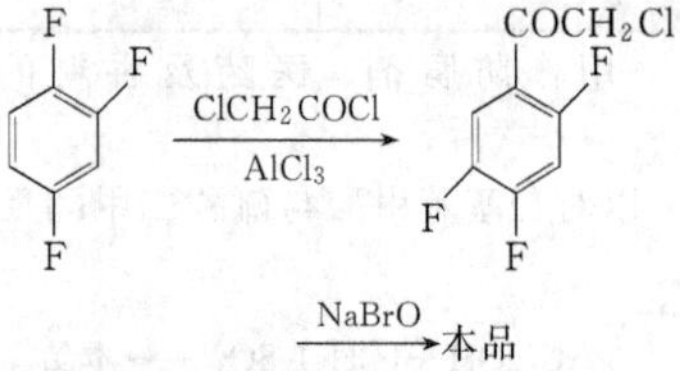

【安全性】 用内衬塑料袋外用纸板桶包装，25kg/桶。

【参考生产企业】 河北威远亨迪生物化工有限公司，宁波市化工研究设计院。

Fb015 2,3,4,5-四氟苯甲酸

【英文名】 2,3,4,5-tetrafluorobenzoic acid

【CAS 登记号】 [1201-31-6]

【结构式】

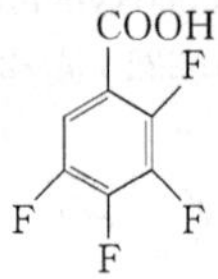

【物化性质】 无色片状结晶。熔点 85～87℃。

【质量标准】

项目		指标
外观		白色针状结晶
含量/%(HPLC)	≥	99.00
熔点/℃		86～88
干燥失重/%	≤	0.5
灼烧残渣/%	≤	0.2

【用途】 是医药中间体，用于合成第三代喹诺酮类抗菌药洛美沙星。

【制法】 (1) 以邻苯二甲酸酐为原料制得。

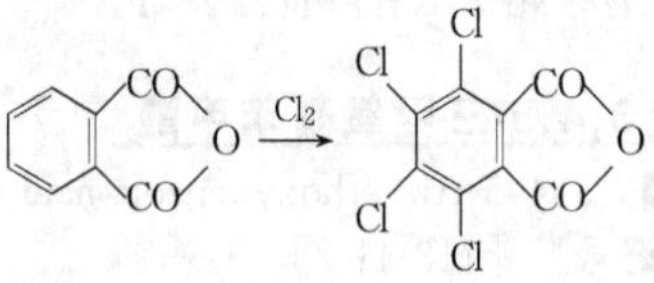

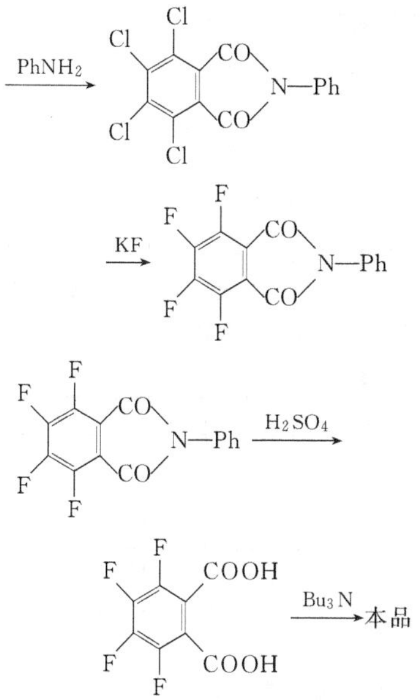

（2）3,4,5,6-四氟邻苯二甲酸法。将一定量的3,4,5,6-四氟邻苯二甲酸和H_2O在190℃下搅拌5h，反应液经过滤、洗涤、干燥得产品，再用乙醚萃取滤液中的产品，最终产品收率可达94.5%。

【安全性】 用内衬塑料袋外用纸板桶包装，250kg/桶。

【参考生产企业】 杭州科邦特化工有限公司，上海南翔试剂有限公司。

Fb016 邻氯苯甲酸

【英文名】 *o*-chlorobenzoic acid

【CAS登记号】 [118-91-2]

【结构式】

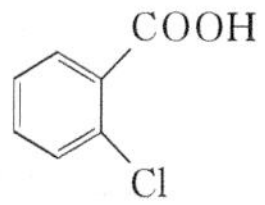

【物化性质】 近于白色粗粉末。熔点142℃。密度（20℃）1.544g/cm³。升华，无沸点。不溶于水、95%的乙醇溶液及甲苯溶液。溶于甲醇、无水乙醇、乙醚、丙酮和苯。

【质量标准】

项　目		一级品	二级品
含量/%	≥	99	98
熔点/℃		140～143	138～140
碳酸钠不溶物含量/%	≥	0.02	0.05
氯化物(Cl)/%	≤	0.01	0.05
灼烧残渣/%	≤	0.1	0.2

【用途】 染料、农药的中间体，用作杀菌剂及有机合成的原料。医药上是制氯丙嗪和抗炎灵的原料，还用作胶黏剂及涂料的防腐剂。

【制法】 （1）以苯酐为原料与氢氧化钠和氨水进行酰胺化和降解反应而制得邻氨基苯甲酸，然后用亚硝酸钠，盐酸进行重氮化，再用氯化亚铜，盐酸置换而制得邻氯苯甲酸粗品，经精制后得成品。

（2）邻氯甲苯直接氧化制得。

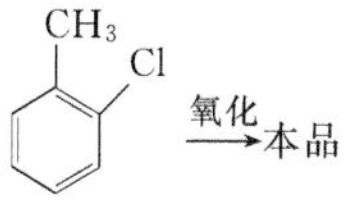

（3）邻氯甲苯氯化水解制得。

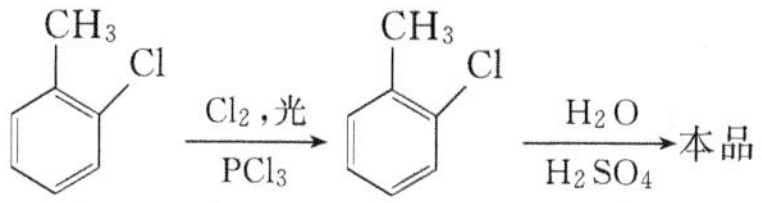

【安全性】 小鼠皮下注射LD_{50}为1200mg/kg。有毒，其毒性及防护参见苯甲酸。采用麻袋内衬塑料袋包装。每袋50kg。按有毒化学品规定贮运。

【参考生产企业】 嘉兴南湖化工厂，上海嘉辰化工化工有限公司，常州市湖滨化工有限公司。

Fb017 2,4-二氯苯甲酸

【英文名】 2,4-dichlorobenzoic acid

【CAS登记号】 [50-84-0]

【结构式】

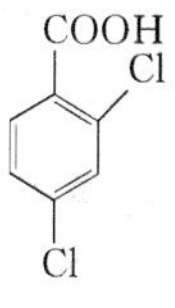

【物化性质】 白色至淡黄色针状结晶或粉末。熔点160℃，易升华，无沸点。溶于乙醇、乙醚、苯、丙酮、氯仿、5%烧碱溶液，不溶于水及庚烷。

【质量标准】 白色有丝光的鳞片或针状结晶粉末。含量≥98%。

【用途】 可用作染料、杀菌剂、药物（抗疟药、非汞利药等）的中间体。

【制法】 2,4-二氨基甲苯在硫酸、亚硝酸钠存在下，经重氮化反应，再在氯化亚铜存在下进行置换得2,4-二氯甲苯，后者用高锰酸钾氧化得2,4-二氯苯甲酸钾盐，再用盐酸酸化得2,4-二氯苯甲酸，反应产物经结晶、洗涤、干燥，得成品。

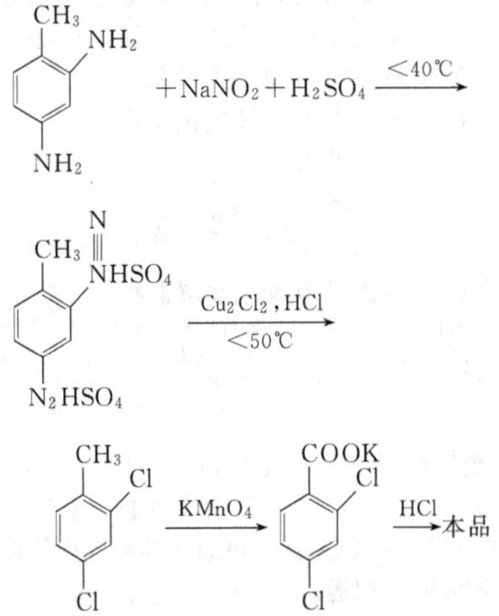

【安全性】 小鼠皮下注射 LD_{50} 为1200mg/kg。有毒，其毒性比苯甲酸的毒性强，其余参见苯甲酸。一般多作为中间体用，不作商品出售，贮于阴凉通风干燥处。

【参考生产企业】 衢州聚华试剂公司，常州市湖滨化工有限公司，浙江东阳市陈敏化工有限公司，山东龙口市龙海精细化工有限责任公司。

Fb018 2,5-二氯苯甲酸

【英文名】 2,5-dichlorobenzoic acid

【CAS登记号】 [50-79-3]

【结构式】

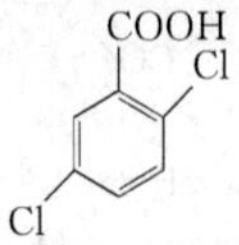

【物化性质】 针状结晶。熔点154℃。沸点301℃。可溶于热水，溶于乙醇和乙醚。在蒸气中有部分挥发。

【质量标准】

项　目	一级品
外观	针状结晶
含量(HPLC)/%　≥	99
熔点/℃	155～157

【用途】 在农药工业用于制除草剂地草平、豆科威等，该农药药害少，不受雨天影响。

【制法】 (1) 氯甲基化法。下述反应中对二氯苯的氯甲基化收率为53.4%，第三步氧化反应的收率为83%。

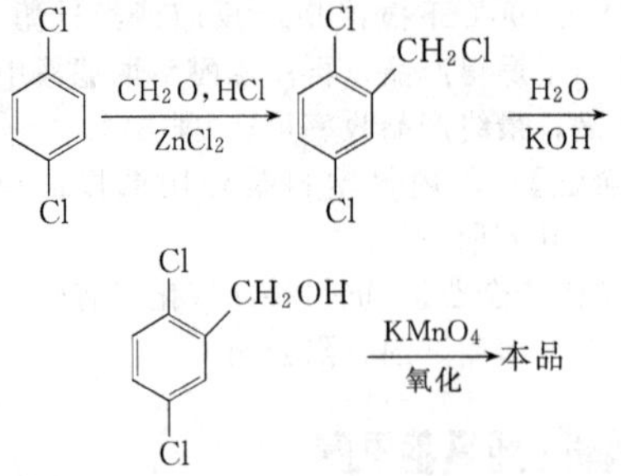

(2) 对二氯苯四氯化碳法

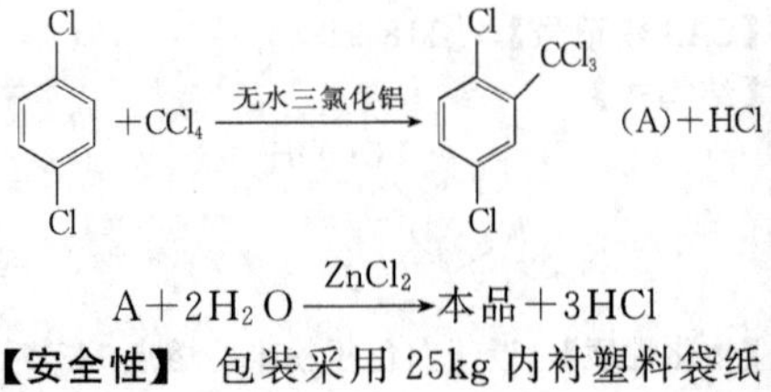

$$A+2H_2O \xrightarrow{ZnCl_2} \text{本品}+3HCl$$

【安全性】 包装采用25kg内衬塑料袋纸板桶。

【参考生产企业】 衢州市巨化聚华试剂公司，上海嘉辰化工化工有限公司，浙江省海宁市上峰化工有限公司。

Fb019 间氯过氧苯甲酸

【英文名】 *m*-chloroperoxybenzoic acid

【CAS登记号】 [937-14-4]

【结构式】

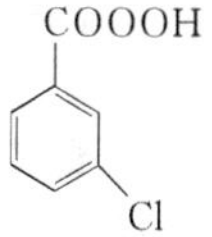

【物化性质】 白色粉末状结晶。对皮肤有刺激作用。常温、常压下稳定。熔点92～94℃（分解）。几乎不溶于水，易溶于乙醇、醚类，溶于氯仿、二氯乙烷。对热稳定，室温下年分解率为1%以下。在液态时分解速率加快。

【用途】 广泛用于环化反应、Baeyer-Villiger反应、*N*-氧化反应和*S*-氧化反应等，也可用作合成医药、农药等精细化工产品的氧化剂使用，还用作漂白剂。

【制法】 以间氯苯甲酰氯与过氧化氢反应制得。

【安全性】 对皮肤有刺激作用，能引起发炎。应穿戴防护手套、防护衣、防护眼镜。贮存时远离易燃性物料。避免受热、火花、灼烧、碰撞摩擦。

【参考生产企业】 武汉合中化工制造有限公司，上海诺泰化工有限公司，江苏省武进市永和化工厂，天津瑞发化工科技发展有限公司，上海海曲化工有限公司。

Fb020 对硝基苯甲酸

【英文名】 *p*-nitrobenzoic acid

【别名】 4-nitrobenzoic acid

【CAS登记号】 [62-23-7]

【结构式】

【物化性质】 黄白色晶体。熔点239～241℃。相对密度1.610。可燃。溶于乙醇、乙醚、氯仿、丙酮、沸水，微溶于苯、二硫化碳，不溶于石油醚。能升华。

【用途】 用于制备麻醉剂（盐酸普鲁卡因）和染料中间体，并可制取滤光剂。

【制法】 以对硝基甲苯为原料，在硫酸存在下，于55℃以重铬酸钠进行氧化反应，生成对硝基苯甲酸。反应液经过滤、离心脱水、水洗干燥，即得成品。

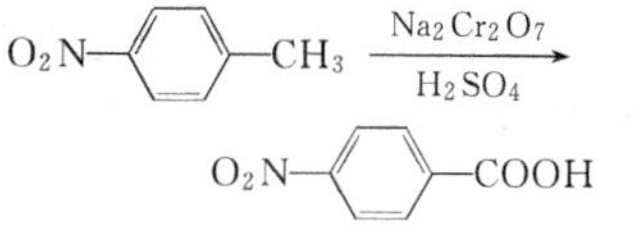

【安全性】 有毒。对皮肤有刺激性。其钠盐的小鼠LD_{50}为10mg/kg。生产设备要密闭，防止泄漏。操作人员应穿戴防护用具。采用铁桶、纤维板桶或麻袋内衬塑料袋包装。每桶（袋）净重20kg或40kg。贮存在阴凉、通风、干燥处，防热、防晒。按有毒化学品规定贮运。

【参考生产企业】 重庆市春瑞医药化工有限公司，浙江海宁永力化工有限公司。

Fb021 苯甲酰氯

【英文名】 benzoyl chloride

【别名】 苯酰氯；benzenecarbonyl chloride

【CAS登记号】 [98-88-4]

【结构式】

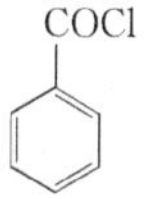

【物化性质】 无色透明易燃液体，有特殊的刺激性臭味。暴露在空气中即发烟。蒸气刺激眼黏膜而催泪。沸点197.2℃。闪点88℃。凝固点－1。相对密度1.2120，(d_4^{25}) 1.2070。折射率1.5537。遇水、氨或乙醇逐渐分解，生成苯甲酸、苯甲酰胺或苯甲酸乙酯和氯化氢。溶于乙醚、氯仿、苯和二硫化碳。

【质量标准】

项　目		指　标
外观		无色或浅黄色透明液体具有刺激性气味
含量/%	≥	98
凝固点/℃	≥	−1.8

【用途】 主要用作合成染料、医药和香料的原料，以及用于制造聚合引发剂过氧化苯甲酰、除草剂等，还可改进染色织物耐洗色牢度。

【制法】 (1) 甲苯法。原料甲苯与氯气在光照情况下反应，侧链氯化生成 α-三氯甲苯，后者在酸性介质中进行水解生成苯甲酰氯，并放出氯化氢气体，生产中宜用水吸收放出的 HCl 气。

(2) 苯甲酸法。将苯甲酸加热熔融，于 130～150℃通入光气进行酰氯化，制成苯甲酰氯。

【安全性】 有毒。大鼠经口 LD_{50} 为 2.46g/kg。兔经皮致死量 0.79g/kg。人体吸入最低中毒浓度 2×10^{-6}/min。对皮肤、眼和黏膜有强烈刺激作用，催泪性很强。操作现场应加强通风，防止跑、冒、滴、漏，操作时戴好防护眼镜及其他防护用具。空气中最高容许浓度 $5mg/m^3$。采用玻璃瓶或瓷坛包装。遇水和空气易分解为苯甲酸并放出氯化氢，因此包装要严密。贮存于干燥通风处。防热、防晒。按有毒物品规定贮运。

【参考生产企业】 成都市科龙化工试剂厂，常州市旭东化工有限公司，常熟市金城化工有限公司，天津市塘沽区东大化工有限公司，上海群力化工有限公司，山东华盂集团有限公司化工厂。

Fb022 邻甲基苯甲酰氯

【英文名】 *o*-methyl benzoyl chloride

【别名】 2-甲基苯甲酰氯

【CAS 登记号】 [933-88-0]

【结构式】

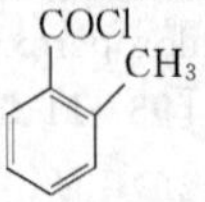

【物化性质】 纯品为无色透明液体；工业品略带浅黄色。具有强烈的刺激性气味。沸点 88～90℃。相对密度（20℃）1.185。折射率 1.5549。闪点 76℃。易水解，与氨、乙醇也发生反应。

【质量标准】 含量（气相色谱法）≥99%。

【用途】 在农药上用于制邻酰胺担菌宁苄杀菌剂、密黄隆除草剂。

【制法】 以邻甲基苯甲酸为原料生产。

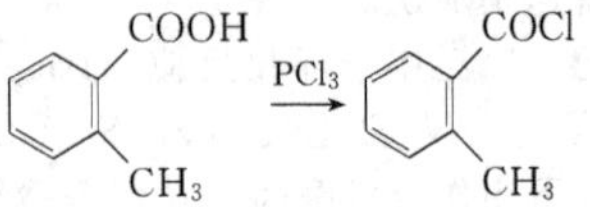

【安全性】 邻甲基苯甲酰氯有催泪刺激性，对眼黏膜、皮肤及呼吸道有很强大刺激作用。切勿接触皮肤、溅入眼睛或吸入蒸气。采用衬塑铁桶包装，净重 200kg。必须牢固密封。

【参考生产企业】 江苏磐希化工有限公司，江苏省泰兴市沃特尔化工厂，江苏金坛程宏化工厂。

Fb023 对溴甲基苯甲酰溴

【英文名】 *p*-bromomethylbenzoyl bromide

【别名】 4-溴甲基苯甲酰溴

【CAS 登记号】 [876-07-3]

【结构式】

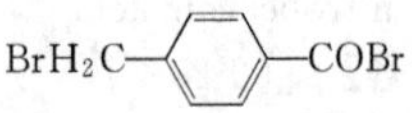

【物化性质】 液体。沸点 120～132℃ (266.7Pa)。遇水、醇分解释出溴化氢。

【用途】 用于治疗恶性淋巴瘤、网状细胞肉瘤、支气管癌及转移性癌类药物甲基苄肼的合成。

【制法】 以对甲基苯甲酸为原料，经氯化、再溴化而得，该方法收率为 90%。

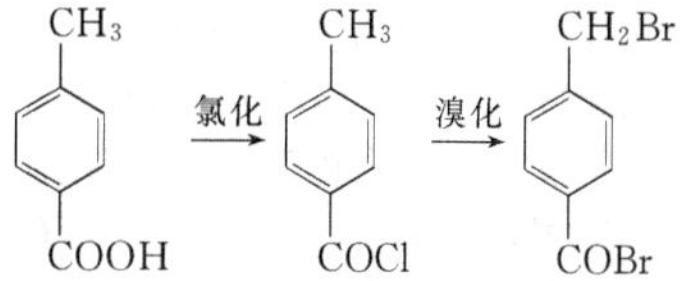

【参考生产企业】 天津市东大化工有限责任公司，武汉有机实业股份有限公司。

Fb024 苯甲酸钠

【英文名】 sodium benzoate

【别名】 安息香酸钠

【CAS登记号】 [532-32-1]

【结构式】

【物化性质】 白色结晶或颗粒，或无色粉末。易燃，低毒。带有甜涩味，溶于水和乙醇、甘油、甲醇。

【质量标准】 GB1902—2005 食品添加剂 苯甲酸钠

项目		指标
苯甲酸钠(以干基计)/%		99.0～100.5
1∶10 水溶液色度(铂-钴色号,Hazen 单位)	≤	20
溶液的澄清度试验		通过试验
易氧化物试验		通过试验
酸碱度		通过试验
重金属(以 Pb 计)	≤	0.001
砷(As)/(mg/kg)	≤	2
硫酸盐(以 SO_4 计)/%	≤	0.1
氯化物(以 Cl 计)/%	≤	0.03
邻苯二甲酸		通过试验
干燥减量/%	≤	1.5

注：砷（As）和重金属（以 Pb 计）的质量分数为强制性要求。

【用途】 用作食品防腐剂、医用杀菌剂、媒染剂，也用作香料的原料。

【制法】 以苯甲酸为原料，用碳酸氢钠中和、活性炭脱色，再经过滤、烘干、粉碎制得。

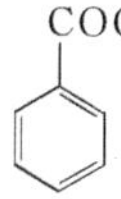

$+NaHCO_3 \longrightarrow$ 本品 $+CO_2+H_2O$

【安全性】 低毒。大鼠经口 LD_{50} 为 4.07 g/kg。应用在食品中的限量为 0.1%，不允许用于食用肉类和维生素 B_1 中。其余参见苯甲酸。

【参考生产企业】 华北制药集团有限公司，天津市塘沽区东大化工有限责任公司，本溪市福康化工有限责任公司，镇江前进化工有限公司，浙江省黄岩橡胶助剂集团公司，武汉有机实业股份有限公司。

Fb025 苯乙酸

【英文名】 phenylacetic acid

【别名】 苯醋酸；benzeneacetic acid；*a*-toluic acid

【CAS登记号】 [103-82-2]

【结构式】 $C_6H_5CH_2COOH$

【物化性质】 白色片状有光泽的结晶。易燃。有特殊气味。沸点 265.5℃。相对密度（d_4^{77}）1.091。熔点 76.5℃。微溶于冷水，溶于乙醇、乙醚和丙酮，也溶于碳酸钠和氨溶液中。

【质量标准】

项目		指标
外观		白色鳞片状结晶体
含量/%	≥	98.5
熔点/℃		76.0～78.0
干燥失重/%	≤	0.5

【用途】 用于青霉素生产过程中提高青霉素 G 的总产量，也用作香料、杀虫剂和植物生长调节剂的原料。

【制法】 以甲苯为原料，通氯生成苄基氯，经氰化生成苯乙腈，再经水解、酸化得苯乙酸，产品经静止分层、真空脱水、过滤、烘干，得成品。

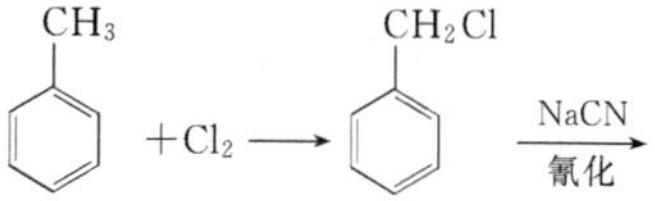

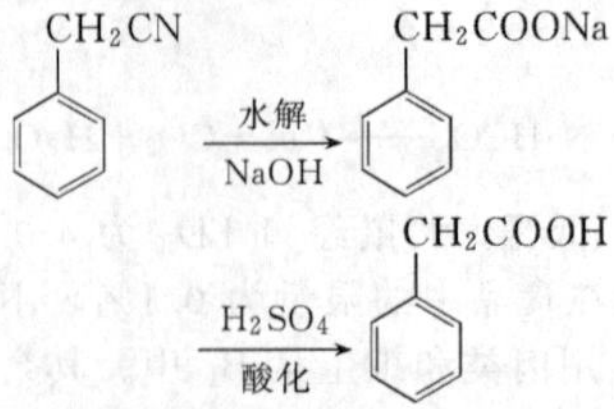

【安全性】 小鼠经口 LD_{50} 为 100～150mg/kg。对细菌有强烈的毒性。在人体中可被葡萄糖醛酸解毒。杀菌性比对溴苯乙酸还强，比邻溴苯乙酸弱。采用麻袋内衬塑料袋包装，每袋 25kg。按化学药品规定贮运。

【参考生产企业】 河北诚信有限责任公司，江苏省金坛市金冠化工厂，泰兴市德源精细化工厂，福建省永定万成化工联合总公司，武汉有机实业股份有限公司。

Fb026 对羟基苯乙酸

【英文名】 *p*-hydroxyphenylacetic acid

【CAS 登记号】 [156-38-7]

【结构式】

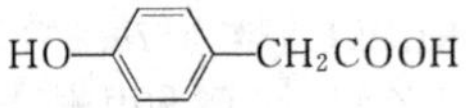

【物化性质】 白色或微黄色结晶粉末。熔点 149～151℃。

【质量标准】 含量≥98.0%。

【用途】 用于 *β*-受体阻滞药阿替洛尔和葛根黄豆甙元有效成分 4,7-二羟基异黄酮的合成，还可用作农药中间体。

【制法】 (1) 对氨基苯乙酸法。收率可达 85%左右。

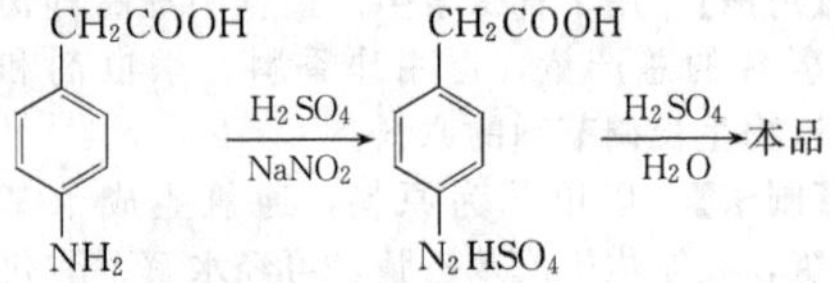

(2) 3-氟对羟基苯乙酸法。

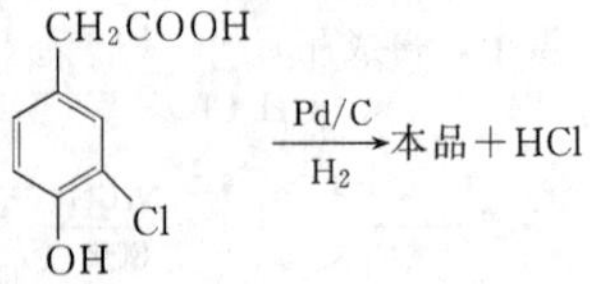

【安全性】 采用 25kg 纸板桶包装。

【参考生产企业】 济南浩化实业有限责任公司，张家口市宣化化工厂，九江沃鑫化工有限公司，常州市牛塘化工厂有限公司，山东博森精细化工有限公司。

Fb027 肉桂酸

【英文名】 cinnamic acid

【别名】 *β*-苯基丙烯酸；3-苯基-2-丙烯酸；桂皮酸；*β*-phenylacrylic acid；3-phenyl-2-propenoic acid

【CAS 登记号】 [140-10-3]

【结构式】

$$C_6H_5CH{=}CHCOOH$$

【物化性质】 其反式异构体为白色单斜棱晶。微有桂皮香气。易燃。可随蒸汽挥发。沸点 300℃。熔点 135～136℃。相对密度 (d_4^4) 1.2475。溶于乙醇、甲醇、石油醚、氯仿，易溶于苯、乙醚、丙酮、冰醋酸、二硫化碳及油类，不溶于水。

【质量标准】 GB 28347—2012 食品添加剂 肉桂酸

项 目	指 标
外观	白色结晶，有蜜香、花香气味
肉桂酸含量/% ≥	98.0
熔点/℃ ≥	132

【用途】 主要用于制备酯类，供配制紫丁香型花香香精及用作医药（心可定）的中间体，也可用作测定铀和钒的试剂。

【制法】 苯甲醛和醋酐在醋酸钠存在下于 155℃温度加热，反应完成后，通入蒸汽蒸出苯甲醛，再以烧碱中和，离心分离，所得肉桂酸钠和醋酸钠溶液，经酸析得肉桂酸，以沸水再结晶，即得精制品。

【安全性】 低毒。大鼠经口 LD_{50} 为 2500mg/kg，小鼠经口 LD_{50} 为 160mg/kg。采用内衬塑料薄膜袋，外用聚丙烯编织袋包装，每袋 10kg。

【参考生产企业】 武汉市合中化工制造有限公司，武汉有机合成材料研究所，武汉远城科技发展有限公司，北京华新化工有限公司，上虞启明化工有限公司。

Fb028 α-羟基苯乙酸

【英文名】 α-hydroxyphenylacetic acid

【别名】 扁桃酸；苦杏仁酸；苯基乙醇酸；苯羟乙酸

【CAS 登记号】 [90-64-2]

【结构式】

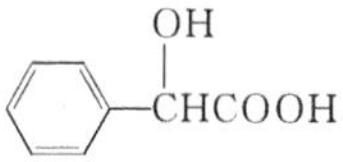

【物化性质】 白色斜方片状结晶。熔点 119℃。相对密度 1.30。长期露光则变色分解。易溶于乙醚和异丙醇。

【质量标准】

项　目	优级品	一级品
外观	白色结晶粉末	—
含量/%　≥	99.0	98.5
熔点/℃	118.0～121.0	116.0～118.0
醇溶液试验	合格	合格
硫酸盐/%　≤	0.002	0.05
铁/%	0.002	0.02

【用途】 有机合成中间体，用于医药工业领域。

【制法】 (1) 苯甲醛相转移催化法

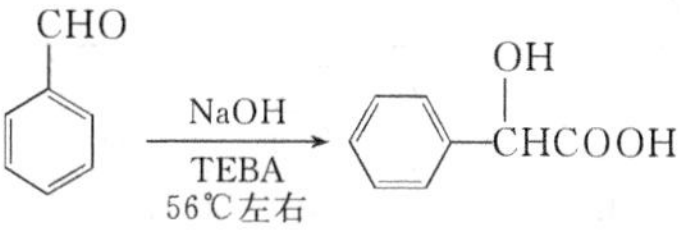

(2) 苯-乙醛酸法

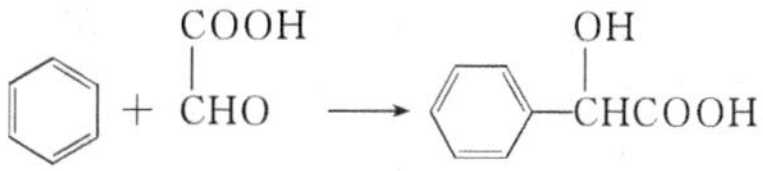

【安全性】 用 25kg 纸板桶包装。运输过程中，须严防潮湿、受热和日晒。应贮存在阴凉、干燥、通风处，并远离火种、热源。

【参考生产企业】 常州市牛塘化工厂有限公司，北京三盛腾达科技有限公司。

Fb029 邻氯苯乙酸

【英文名】 2-chlorophenyl acetic acid

【别名】 2-氯苯乙酸

【CAS 登记号】 [2444-36-2]

【结构式】

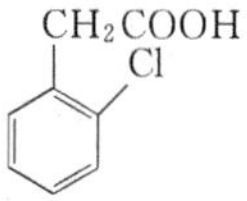

【物化性质】 白色柱状晶体。熔点 96～98℃。

【质量标准】

项　目	指　标
外观	白色柱状晶体
熔点/℃	95～97
含量/%　≥	99
干燥失重/%　≤	0.5
铁(Fe)/%　≤	0.01
砷(As)/%　≤	0.005
间位/%　≤	0.11
对位/%　≤	0.2

【用途】 用于高效消炎药物双氯灭痛的合成。

【制法】 以邻氯甲苯为起始原料，经邻氯苄基氯、邻氯苯乙腈制得。

【安全性】 包装采用 25kg 编织袋 1.62m^3/T，40kg 纸板桶 1.9m^3/T。

【参考生产企业】 九江沃鑫化工有限公司，武汉有机实业股份有限公司，江苏海翔化工有限公司，金坛市金丰化工有限公司，金坛联谊精细化工厂，安徽广德凯瑞生物化工有限公司，金坛市长江化工有限公司，泰兴市德源精细化工厂。

Fb030 对氯苯氧异丁酸

【英文名】 *p*-chlorophenoxyisobutyric acid

【别名】 4-氯苯氧基-α-甲基丙酸；4-chorophenoxy-*d*-methylpropionic acid

【CAS 登记号】 [882-09-7]

【结构式】

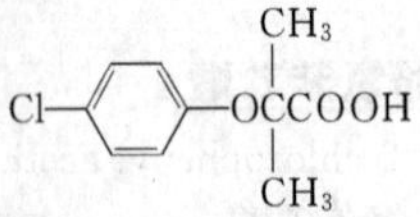

【物化性质】 结晶状固体。熔点 118～119℃（120～122℃）。

【质量标准】 含量≥98%。

【用途】 制药中间体，用于安妥明、安妥明铝盐、安妥明丙二酸酯等。

【制法】 用对氯苯酚经缩合制得。将对氯苯酚和丙酮加入反应釜内，搅拌下加入氢氧化钠，在 20℃左右滴加氯仿，于 25～30℃下反应，当反应由剧烈转到缓和时，加热回流 3h，蒸馏回收丙酮。加水，加热到 70℃使固体溶解，加盐酸中和至 pH 值为 2～3，冷却析出结晶，冷却到 10℃以下，过滤、水洗、干燥即得本品。

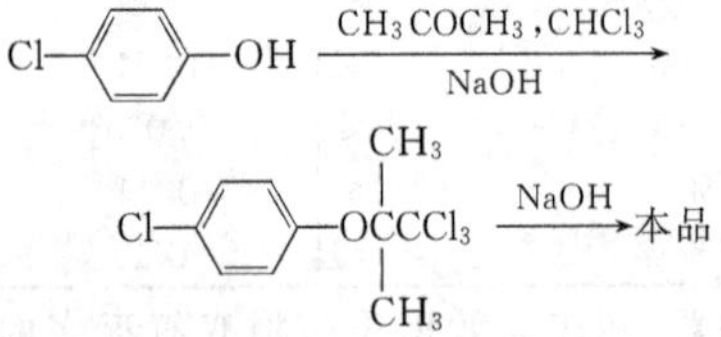

【参考生产企业】 江苏金坛市天华化工新技术研究所，江苏省太仓市茜泾化工厂。

Fb031 苯基丙酮酸

【英文名】 phenylpyruvic acid

【别名】 苯丙酮酸

【CAS 登记号】 [156-06-9]

【结构式】

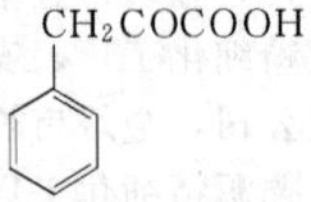

【物化性质】 白色结晶。熔点 158～160℃。溶于醇、醚、苯等溶剂。

【用途】 用作合成 L-苯丙氨酸的原料，还可用于甜味素（阿司帕替）、食品营养强化剂和多种抗癌药物的制备。

【制法】（1）氯苄法。由氯苄催化羰基化制得。

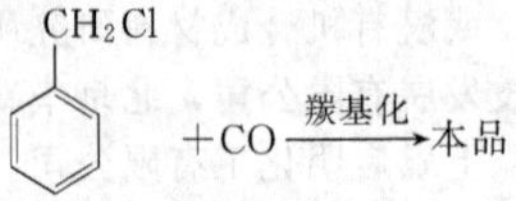

（2）α-乙酰氨基肉桂酸法。由 α-乙酰氨基肉桂酸水解制得。

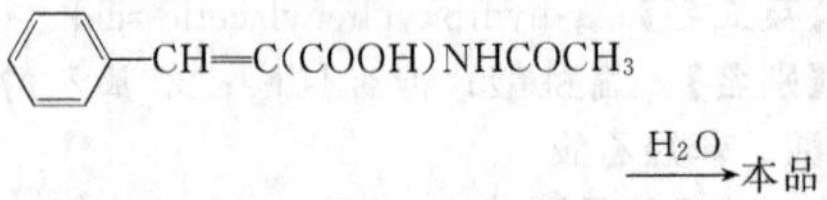

【参考生产企业】 百灵威科技有限公司，上海抚生实业有限公司。

Fb032 间苯二甲酸

【英文名】 isophthalic acid

【别名】 1,3-benzenedicarboxylic acid；*m*-phthalic acid

【CAS 登记号】 [121-91-5]

【结构式】

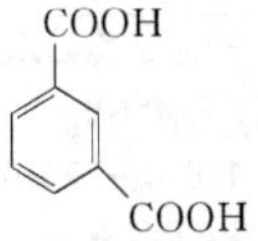

【物化性质】 由水或乙醇结晶者为无色结晶。易燃。低毒。能升华。密度 1.507。熔点 345～348℃。微溶于水，不溶于苯、甲苯和石油醚，溶于甲醇、乙醇、丙酮和冰醋酸。

【质量标准】

项　目		优级品	一级品
含量/%	≥	99.9	99.5
酸值/(mgKOH/g)		675±2	675±2
色度(DMF)APHA	≤	10	20
灰分/(mg/kg)	≤	15	20
挥发分/%	≤	0.1	0.1
铁/(mg/kg)	≤	3	5
钴/(mg/kg)	≤	2	2
锰/(mg/kg)	≤	1	1
3CBA/(mg/kg)	≤	25	30
MT 酸/(mg/kg)	≤	150	150

【用途】 用于制造醇酸树脂、不饱和聚酯

树脂及其他高聚物和增塑剂，还用于制造电影胶片成色剂，涂料和聚酯纤维染色改性剂，也用于医药领域。

【制法】(1) 一步氧化法。为常用的方法，由间二甲苯在醋酸溶剂中，以醋酸钴为催化剂、乙醛为促进剂，低温(120℃)、低压(0.6MPa)液相氧化制得间苯二甲酸及对苯二甲酸的混合物，经分离、精制得纯间苯二甲酸。

(2) 间苯二甲腈水解法。以间苯二甲腈为原料，经水解、酸化制得。

【安全性】大鼠经口 LD_{50} 为 12.2g/kg。小鼠注射 LD_{50} 为 4.2g/kg。有毒。对皮肤、黏膜有刺激作用。参见邻苯二甲酸酐。用塑料袋外加木箱包装。按有毒易燃化学品规定贮运。

【参考生产企业】上海诚心化工有限公司，北京市塑化贸易有限公司，中国石化北京燕化股份有限公司，天津市化学试剂一厂，沈阳化学试剂厂，北京石鹰化工厂，南京欧灵化工有限公司，常州市夏怡化工有限公司。

Fb033 对苯二甲酸

【英文名】terephthalic acid

【别名】1,4-benzenedicarboxylic acid; *p*-phthalic acid

【CAS 登记号】[100-21-0]

【结构式】

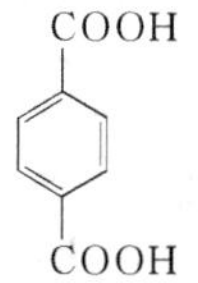

【物化性质】白色针状结晶或粉末。可燃。低毒。常压下约在 402℃升华。在密封管中约在 425℃熔化。密度 1.510g/cm^3。溶于碱溶液，微溶于热乙醇，不溶于水、乙醚、冰醋酸和氯仿。

【质量标准】SH/T 1612.1—2005 工业用精对苯二甲酸

项 目		优等品	一等品
外观		白色粉末	白色粉末
酸值/(mgKOH/g)		675±2	675±2
对羧基苯甲醛/(mg/kg)	≤	25	25
灰分/(mg/kg)	≤	8	15
总重金属(钼铬镍钴锰钛铁)/(mg/kg)	≤	5	10
铁/(mg/kg)	≤	1	2
水分/%	≤	0.2	0.5
5g/100mL DMF 色度①(铂钴色号)	≤	10	10
对甲基苯甲酸/(mg/kg)	≤	150	200

① 将适量试样均匀地分布于白色器皿或滤纸上进行目测。

【用途】制造聚酯纤维、薄膜、塑料制品、绝缘漆及增塑剂的重要原料，也用作染料中间体。

【制法】(1) 对二甲苯低温氧化法。对二甲苯在醋酸溶剂中，以醋酸钴(或醋酸锰)及溴化物为催化剂，以三聚乙醛为氧化促进剂，在 100～130℃温度和 3MPa 压力下，用空气一步低温氧化，反应产物用醋酸洗涤，然后干燥得产品对苯二甲酸。

(2) 对二甲苯高温氧化法。对二甲苯以醋酸为溶剂，以醋酸钴、醋酸锰为催化剂，在四溴乙烷存在下，于温度 220℃和压力 1.5～3MPa 下氧化。反应产物在 6.5～7.0MPa 溶解于水中成对苯二甲酸水溶液。然后用钯/活性炭作催化剂加氢处理，除去微量对羧基苯甲醛，经结晶、洗涤、干燥，得成品对苯二甲酸。

【安全性】低毒，其毒性和邻苯二甲酸基本相同。大鼠经口 LD_{50} 为 6.0g/kg，腹腔注射致死量为 800mg/kg。对皮肤的刺激性没有邻苯二甲酸强，也不呈现致敏现象。在生产过程中发生的变态反应症状、喘息、溃疡等，是由于原料的杂质造成的，在生物体中也能与邻苯二甲酸同样被分解而解毒。对过敏症者，接触可引起皮疹或支气管哮喘或支气管炎。操作中宜戴防尘口罩。空气中最高容许浓度 0.1mg/m³。采用塑料袋外套布袋或聚丙烯编织袋包装，每袋 20kg。贮存于阴凉通风干燥处。防热、防晒、防潮。按一般可燃化学品规定贮运。

【参考生产企业】 扬子石油化工公司化工厂，上海石油化工股份有限公司涤纶事业部，济南正昊化纤新材料有限公司，中国石油乌鲁木齐石化公司，天津市化学试剂有限公司，常州市夏怡化工有限公司。

Fb034 对苯二甲酰氯

【英文名】 terephthaloyl chloride

【别名】 对苯二酰二氯；1,4-苯二酰氯；1,4-benzenedicarbonyl chloride

【CAS 登记号】 [100-20-9]

【结构式】

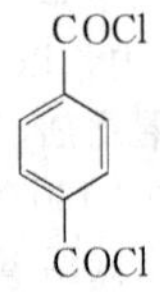

【物化性质】 单斜晶体或白色片状晶体。在湿空气中发烟，遇水分解。沸点 259℃，140～145℃（1.99kPa）。熔点83～84℃。溶于乙醇及有机溶剂。

【质量标准】 协议标准

项　目	优级品（芳纶级）	一级品（芳砜纶级）	合格品（试剂级或其他用途）
含量/%　≥	99.80	99.5	商定值
熔点/℃	82.0～83.5	81.0～83.5	商定值

【用途】 重要有机原料，可用于制造树脂、染料、颜料、医药及农药等。

【制法】 (1) 对二甲苯进行光催化氯化制得对二（三氯甲基）苯，再与对苯二甲酸加热回流进行酰氯化反应，再用固体碳酸钠调至碱性，滤除氯化钠后，将液体减压蒸馏，收集 68～75℃（1.866kPa）馏分即得。

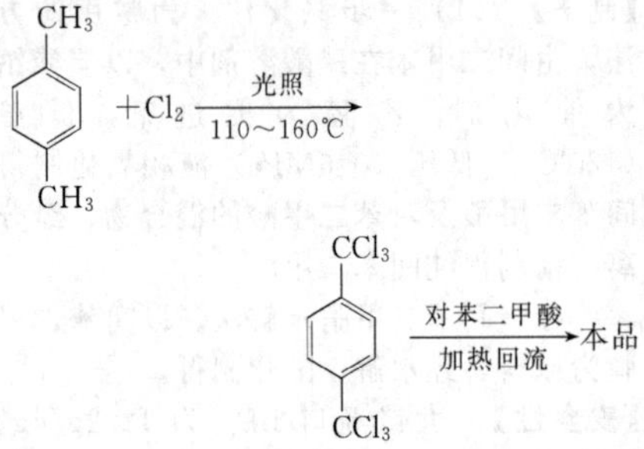

(2) 由对苯二甲酸与二氯亚砜反应制得。

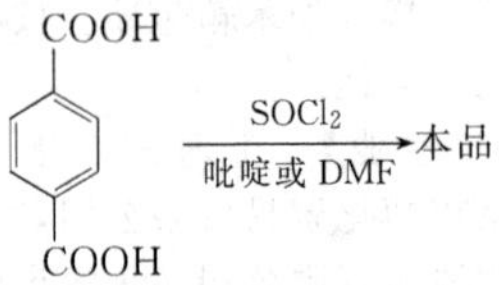

(3) 在三氯化磷存在下通入氯气制得酰氯。

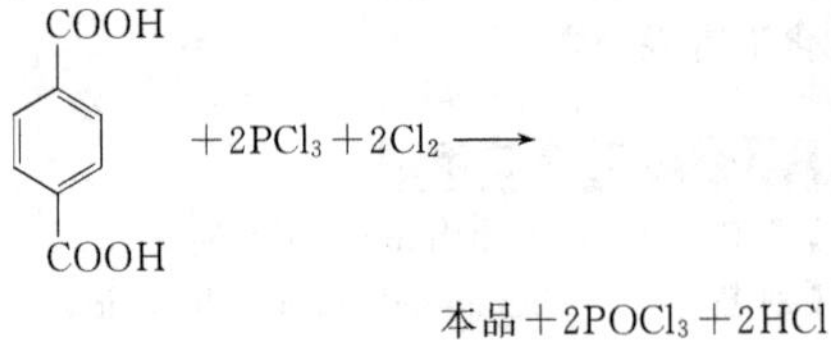

【安全性】 大鼠经口 LD_{50} 为 2500mg/kg。其余毒性及防护可参见苯甲酰氯。采用内衬塑料袋、外用铁桶或木桶包装。贮存于阴凉、通风、干燥处。避光、防热、防潮。

【参考生产企业】 江西麒麟化工有限公司，青岛三力化工技术有限公司，常州市科丰化工有限公司，常州市旭东化工有限公司，上海群力化工有限公司。

Fb035 双酚酸

【英文名】 diphenolic acid

【别名】 4,4-双(4-羟苯基)戊酸；4,4-bis[4-hydroxyphenyl] pentanoic acid；DPA；

γ，γ-bis-(p-hydroxyphenyl) valeric acid

【CAS登记号】 [126-00-1]

【结构式】

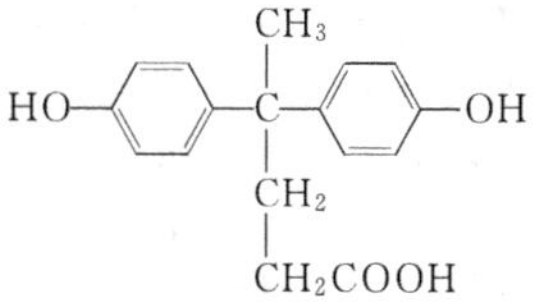

【物化性质】 淡棕褐色颗粒。密度1.30～1.32g/cm³。熔点 171～172℃。溶于醋酸、丙酮、乙醇，不溶于苯、四氯化碳和二甲苯，微溶于水。

【质量标准】

项　目	指　标
酸值/(mgKOH/g)	192～197
熔点/℃	167～172
游离酚/%　　≤	0.5

【用途】 用于制取各种合成树脂、水溶性树脂、电泳漆、亮光油墨树脂和涂料以及润滑油添加剂、化妆品、增塑剂、纺织助剂。

【制法】 由乙酰丙酸和苯酚在催化剂存在下，于酸性介质中反应制得粗制品，经精制后得成品。

【安全性】 毒性不详，但有刺激性。操作人员应穿戴防护用具。用聚丙烯编织袋(或布袋)内衬塑料袋包装，每袋 25kg。按一般化学品规定贮运。

【参考生产企业】 杭州南郊化学有限公司，廊坊三威化工有限公司。

Fb036 单宁酸

【英文名】 tannic acid；tannin

【别名】 鞣酸

【CAS登记号】 [1401-55-4]

【结构式】

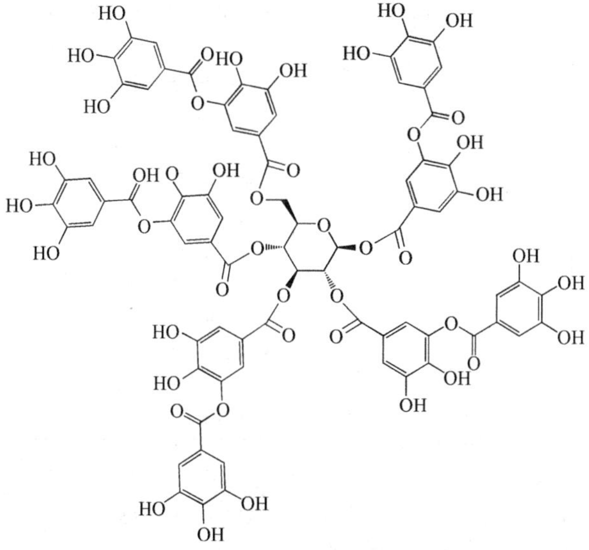

【物化性质】 淡黄色无定型粉末或松散有光泽的鳞片状或海绵状固体。暴露于空气中能变黑。无臭，有强烈的涩味。可燃。在 210～215℃ 时熔融分解。自燃点 526.6℃。闪点 187℃。溶于水、乙醇、丙酮，几乎不溶于苯、氯仿、乙醚及石油醚。

【质量标准】

（1）LY/T 1300—2005 工业单宁酸

项 目	优等品	一等品	合格品
单宁酸含量(以干基计)/% ≥	83.0	81.0	78.0
干燥失重/% ≤	9.0	9.0	9.0
水不溶物/% ≤	0.5	0.6	0.8
颜色(罗维邦单位) ≤	1.2	2.0	3.0

（2）LY/T 1640—2005 药用单宁酸

项 目	优等品	一等品	合格品
外观	淡黄色至浅棕色无定形粉末		
单宁酸含量(干基计)/% ≥	93.0	90.0	88.0
干燥失重/% ≤	9.0	9.0	9.0
灼烧残渣/% ≤	1.0	1.0	1.0
砷/(μg/g) ≤	3	3	3
重金属(以 Pb 计)/(μg/g) ≤	20	30	40
树胶、糊精试验	无浑浊	无浑浊	无浑浊
树脂试验	无浑浊	无浑浊	无浑浊

（3）LY/T 1641—2005 食用单宁酸

项 目	优等品	一等品	合格品
单宁酸含量(干基计)/% ≥	98.0	96.0	93.0
干燥失重/% ≤	9.0	9.0	9.0
灼烧残渣/% ≤	0.6	1.0	1.0
砷/(μg/g) ≤	3	3	3
铅/(μg/g) ≤	5	5	5
重金属(以 Pb 计)/(μg/g) ≤	20	20	20
树胶、糊精试验	无浑浊	无浑浊	无浑浊
树脂试验	无浑浊	无浑浊	无浑浊
没食子酸/% ≤	0.75	2.50	4.00

【用途】 医药工业中用作制取棓酸、焦棓酚、磺胺类药物的原料。在化工生产中，可制取没食子酸和焦性没食子酸。在石油工业中，用作钻探石油用泥浆处理剂的原料。此外，用单宁酸可生产皮革鞣剂、媒染剂、橡胶凝固剂、蛋白剂和生物碱沉淀剂、选矿抑制剂、酒类澄清剂以及测定铍、铝、镍、铜等金属的试剂。

【制法】 将五倍子打碎、筛选，然后用水浸渍。将浸渍的水澄清、预热，然后喷雾干燥，将制得的干粉过筛即得成品。

【安全性】 低毒，小鼠经口 LD_{50} 为 6000 mg/kg。工业品用内衬塑料袋，外套麻袋包装，每袋净重 50kg。医药品用塑料袋包装，每袋 250g。然后装于木箱中，每箱净重 10kg。应密封包装，存放于阴凉、干燥通风处，注意防潮。按一般化学品规定贮运。

【参考生产企业】 长沙市中翔化工有限公司，天津开发区乐泰化工有限公司，湖南先伟实业有限公司香精香料厂，珠海市金山化工有限公司，哈尔滨金牛精细化工厂，温州市华侨化学试剂有限公司，宜兴市展望化工试剂厂。

Fb037 过氧化二苯甲酰

【英文名】 benzoyl peroxide

【别名】 过氧化苯(甲)酰；dibenzoyl peroxide；benzoyl superoxide

【CAS 登记号】 [94-36-0]

【结构式】

$$(C_6H_5CO)_2O_2$$

【物化性质】 白色晶体，性质极不稳定，摩擦、撞击、遇明火、高温、硫及还原剂，均有引起爆炸的危险。熔点 103～106℃。溶于苯、氯仿、乙醚。微溶于乙醇及水。

【质量标准】

（1）HG/T 2717—1995 工业过氧化苯甲酰

项 目	优等品	合格品
外观	白色粉末或颗粒	
含量(干品计)/% ≥	98.2	96.0
水分/% ≤	27±2	
总氯量/% ≤	0.3	
其中氯离子/% ≤	0.25	

（2）GB19825—2005 食品添加剂稀释过氧化苯甲酰

项　目	指　标
外观	白色粉末
过氧化苯甲酰（$C_{14}H_{10}O_4$）/%	28.0±1.0
细度（R40/3 系列，φ200×50/0.075mm 试验筛，筛余物）/%　　　　≤	10
pH 值（100g/L 水溶液）	6.0～9.0
延烧试验	合格
盐酸试验	合格
铵盐试验	合格
钡试验	合格
重金属（以 Pb 计）/%　　　　≤	0.004
砷（As）/%　　　　≤	0.0003

注：表中的所有指标均为强制性要求。

【用途】 主要用作 PVC、聚丙烯腈的聚合引发剂和不饱和聚酯、丙烯酸酯的交联剂。在橡胶工业中用作硅橡胶和氟橡胶的交联剂，还可作为漂白剂、氧化剂。

【制法】 以过氧化氢与液碱反应，制得 Na_2O_2 后，再与苯甲酰氯反应制得过氧化二苯甲酰粗品，经过滤、洗涤、干燥而成。

【安全性】 用 20kg 内衬塑料袋、外用铁桶包装。属一级有机氧化剂。危规编号 22004。产品包装上应有明显的“氧化剂”字样。应贮于阴凉、干燥、通风的库房中。以水作稳定剂。一般要求含水量为 30%。最好单独存放一室。最高库温应低于 30℃。严禁与其他有机物或可燃物混放。搬运时要轻装轻卸，防止包装破损。定期检查含水情况，贮存期限三个月，最多不得超过半年。

【参考生产企业】 泰州市远大化工原料有限公司，江苏泰州市远大化工原料有限公司，江苏省金坛市长江农用化学研究所研究所，江苏强盛化工有限公司，上海嘉辰化工有限公司，常熟市金城化工厂，杭州南郊化学有限公司，山东省莱芜市合成化工厂，广州宜兴力达化工有限公司。

Fb038 1-羟基-2-萘甲酸

【英文名】 1-hydroxy-2-naphthoic acid

【别名】 1-naphthol-2-carboxylic acid

【CAS 登记号】 [86-48-6]

【结构式】

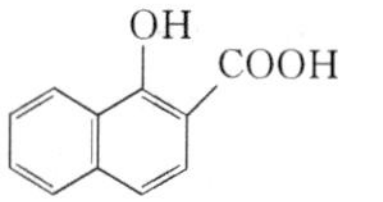

【物化性质】 白色至微红色结晶。熔点 191～192℃。溶于乙醇、苯、乙醚、三氯甲烷及碱性溶液中，几乎不溶于水，微溶于热水。

【质量标准】

项　目	一级品	二级品
外观	白色粉末	白色粉末
含量/%　　≥	98	97
熔点/℃　　≥	186	183

【用途】 生产长命电池及彩色胶片成色剂的中间体，也是某些酸性媒介染料蓝、绿等的中间体。

【制法】 以 1-萘酚为原料，首先制得钠盐，再与二氧化碳进行羧基化反应制得碳酸萘酯钠盐，然后进行分子重排得 1-羟基-2-萘甲酸钠盐，再用盐酸酸化，即得成品。

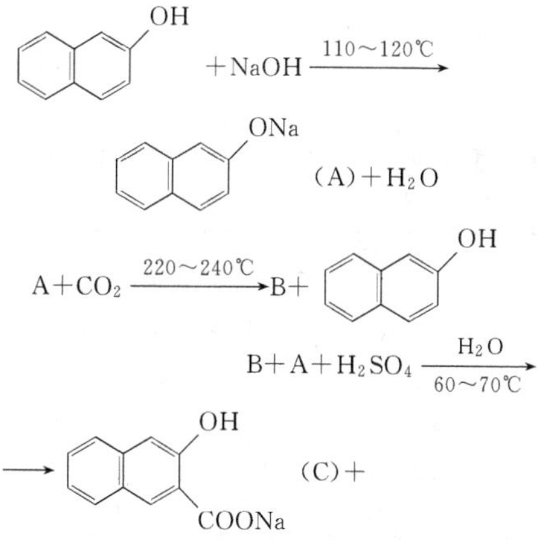

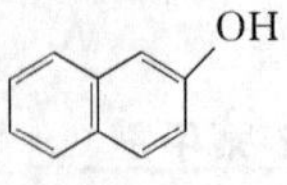

$+Na_2SO_4$

$$C+H_2SO_4 \xrightarrow[80℃]{H_2O} 本品+Na_2SO_4$$

【安全性】 有毒。其生理作用与羟基羧酸相似。生产所使用的溶剂氯苯具有麻醉性，能刺激皮肤；盐酸为挥发性气体，刺激皮肤及黏膜，容易引起咽炎。生产过程中应加强劳动保护，操作人员应穿戴好劳动保护用具。采用铁桶包装，每桶 50kg。应贮存在干燥、通风的地方，避免日晒，防止受热、受潮。

【参考生产企业】 北京恒业中远化工有限公司，上海立成化工有限公司，溧阳市长青化工有限公司。

Fb039 2-羟基-3-萘甲酸

【英文名】 3-hydroxy-2-naphthoic acid

【别名】 2-萘酚-3-甲酸；2,3-酸；2-naphthol-3-carboxylic acid；2-hydroxy-3-naphthoic acid

【CAS登记号】 [97-70-6]

【结构式】

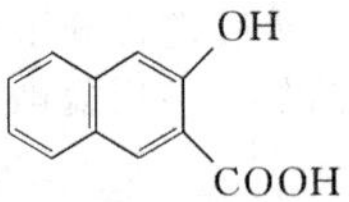

【物化性质】 黄色斜方片晶。熔点 218～221℃。溶于乙醇、乙醚、苯、氯仿和碱溶液，不溶于水。

【质量标准】 HG/T 2745—2006 2-羟基-3-萘甲酸

项 目		优等品	合格品
外观		浅黄色均匀粉末	
干品初熔点/℃	≥	218.0	217.0
2-羟基-3-萘甲酸/%	≥	98.00	97.00
2-萘酚/%	≤	0.50	1.00
1-羟基-2-萘甲酸（1,2 酸）/%	≤	0.20	0.20
2-羟基-6-萘甲酸（2,6 酸）/%	≤	0.30	0.30
氢氧化钠溶液不溶物/%	≤	0.20	0.20
水分/%	≤	0.30	0.30
灰分/%	≤	0.50	0.50

【用途】 主要用作制造色酚 AS 及其他各种色酚的中间体。也可作医药、有机颜料的中间体。

【制法】 2-萘酚与烧碱反应生成 2-萘酚钠盐，经减压蒸馏脱水后，得无水 2-萘酚钠盐，与二氧化碳进行羧基化反应，生成 2-萘酚与 2,3-酸双钠盐，经树脂分解除去 2-萘酚，用硫酸中和，酸化得 2,3-酸，经吸滤、离心分离、干燥，得成品。

【安全性】 中等毒性。大鼠皮下注射 LD_{50} 为 376mg/kg。对皮肤和黏膜有刺激性。操作人员应穿戴防护口罩和有关劳动保护用具。用内衬塑料袋的三合板木桶或铁桶包装，每桶 50kg 或 80kg。贮存于干燥、通风的地方，防热、防潮、防晒，防止压破碰坏。

【参考生产企业】 北京恒业中远化工有限公司，上海邦成化工有限公司，衢州市巨化聚华联谊公司。

Fb040 α-萘乙酸

【英文名】 α-naphthalene acetic acid

【别名】 1-萘乙酸；1-naphthyl acetic acid

【CAS登记号】 [86-87-3]

【结构式】

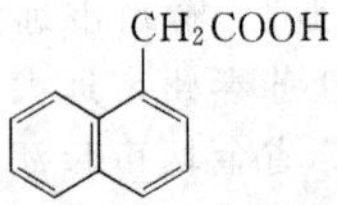

【物化性质】 白色针状结晶或结晶性粉末，无臭。熔点 133℃。高温分解，无沸点。微溶于冷水和乙醇，易溶于热水、丙酮、乙醚、氯仿、苯、醋酸及碱溶液。

【质量标准】

项　目		指　标
工业品含量/%	≥	80
精制品熔点/℃	≥	130

【用途】 用于有机合成，用作植物生长调节剂，在医药上用作鼻眼净和眼可明的原料。

【制法】 由精萘与氯乙酸在铝粉的催化下进行缩合反应，再经中和、酸析，即得成品。

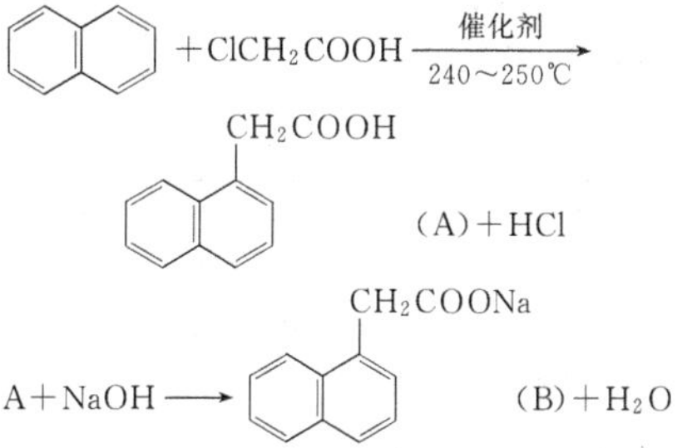

B+HCl⟶本品+NaCl

【安全性】 大鼠经口 LD_{50} 为 1.0g/kg。具有中等毒性，刺激皮肤及黏膜，对中枢神经有麻痹作用。生产过程中应注意防护，特别是干燥工段，应注意通风良好，防止粉尘飞扬，操作人员应穿戴劳动保护用具。工业原粉用塑料袋外套麻袋包装。精品采用内衬塑料袋外套麻袋或木桶包装。贮存于阴凉干燥处。防火、防潮。按有毒物品规定贮运。

【参考生产企业】 连云港市华通化学有限公司，北京恒业中远化学有限公司，上海邦成化工有限公司，上海顺强生物科技有限公司，上海诺泰化工有限公司，常州市良辉精细化工有限公司，江苏武进市临川化工厂。

Fb041 1,4,5,8-萘四甲酸

【英文名】 1,4,5,8-naphthalene tetracarboxylic acid

【CAS 登记号】 [128-97-2]

【结构式】

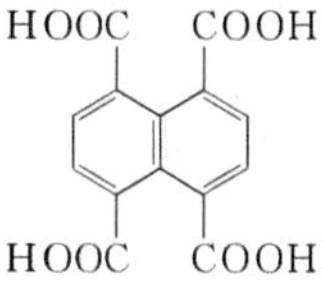

【物化性质】 白色结晶，从盐酸水溶液中得叶状或针状结晶。无特定熔点，若快速加热至 200～250℃则分解。若慢速加热至 140～150℃则为 1,4,5,8-萘四甲酸二酐。稍溶于水和热醋酸，溶于丙酮水溶液，极微溶于苯、氯仿、二硫化碳和乙醇。

【质量标准】

项　目		指　标
外观		浅黄色固体
含量/%	≥	98
灰分/%	≤	0.5

【用途】 塑料工业用于制造具有良好绝缘性和抗放射性，并可耐高温（400℃以上）的新型树脂——聚酰亚胺及 TNM 聚合物。

【制法】 (1) 芘法。以芘为原料经氯化、氧化制得。

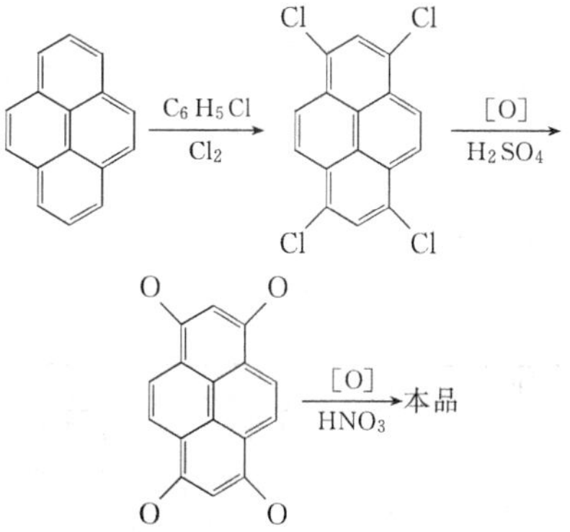

(2) 氨基甲酰氯法。

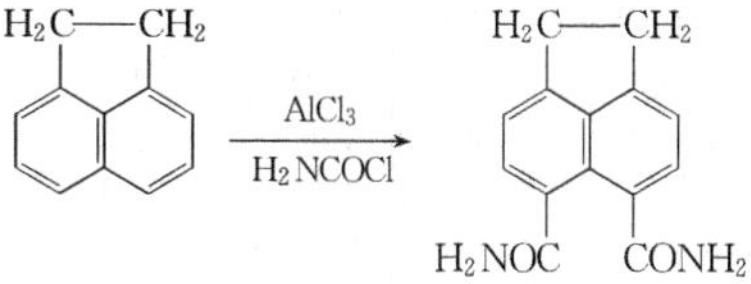

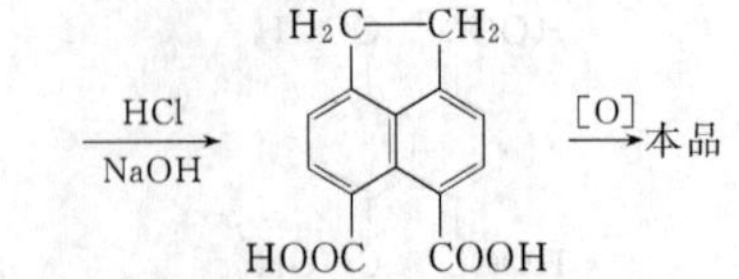

【安全性】 毒性很小，微有酸味，只要保持工作环境有良好的通风，不会危害人体健康。

【参考生产企业】 天津天大天久科技股份有限公司，廊坊龙腾宇精细化工有限公司，江苏滨海县兴荣精细化工有限公司。

Fb042 苯酐

【英文名】 phthalic anhydride

【别名】 邻苯二甲酸酐；1,3-isobenzofurandione

【CAS登记号】 [85-44-9]

【结构式】

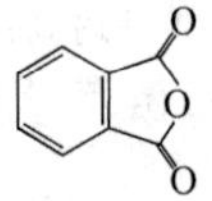

【物化性质】 白色针状晶体。易燃，在沸点以下易升华，具有轻微的气味。沸点295℃（升华）。燃点584℃。闪点（开杯）151.7℃。熔点131.6℃。相对密度d_4^{19}1.53。微溶于热水和乙醚，溶于乙醇、苯和吡啶。

【质量标准】

（1）GB/T 15336—2006 邻苯二甲酸酐

项 目	优等品	一等品	合格品
外观	白色鳞片状或结晶性粉末		色微带其他色调的鳞片状或结晶性粉末
熔融色度 ≤	20	50	100
热稳定色度 ≤	50	150	—
硫酸色度 ≤	60	100	150
结晶点/℃ ≥	130.5	130.3	130.0
纯度/% ≥	99.50	99.50	99.00
游离酸/% ≤	0.20	0.30	0.50
灰分/% ≤	0.05	—	—

（2）HG/T 3479—2003 化学试剂 邻苯二钾酸酐

项 目	分析纯	化学纯
外观	白色针状结晶	
邻苯二甲酸酐[$C_6H_4(CO)_2O$]含量/% ≥	99.7	99.0
熔点范围/℃	129～133（1℃）	129～133（2℃）
灼烧残渣(以硫酸盐计)/% ≤	0.025	0.05
氯化物(以Cl计)/% ≤	0.005	0.01
硫化合物(以SO_4计)/% ≤	0.001	0.005
重金属(以Pb计)/% ≤	0.001	0.005

【用途】 重要有机化工原料之一。可用作增塑剂、醇酸树脂、不饱和聚酯树脂、染料及颜料、医药、食品添加剂及农药等有机化合物的中间体。

【制法】 （1）萘催化氧化法。萘熔融气化后与空气在沸腾床或固定床反应器内，在催化剂五氧化二钒存在下，催化氧化生成苯酐气体，经冷凝热熔制得粗酐，通过热处理后再经减压蒸馏、冷凝、分离制得精苯酐。

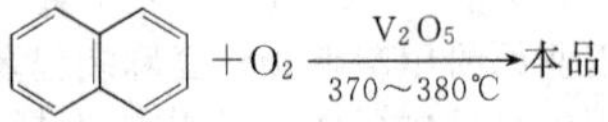

（2）邻二甲苯氧化法。以邻二甲苯为原料，与空气在五氧化二钒等催化剂存在下在固定床反应器内气相氧化成苯酐，再经精制，即得。

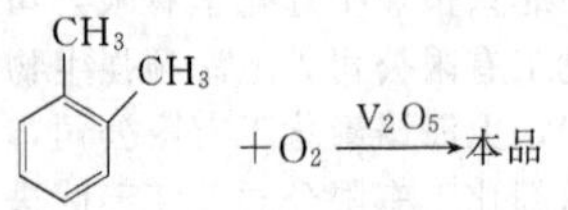

【安全性】 对大鼠经口LD_{50}为8.0g/kg。其毒性略比苯甲酸小，与苯甲酸同样对皮肤、黏膜有局部刺激性，有时会引起严重的炎症和发疱，并且有不少形成难以治愈的溃疡。生产中可采用水喷淋捕集法减少车间空气中邻苯二甲酸酐的浓度，操作人员应佩戴好劳保用具。空气中最高容许浓

度 2×10^{-6}。片状苯酐采用内衬塑料袋的编织袋或多层防潮牛皮纸袋包装。液体苯酐用保温槽车装运。贮存于干燥、通风、避光、无明火的环境中，温度低于40℃，保存期为三个月。运输过程中，应保持包装完整、防潮、防火等。

【参考生产企业】 江阴市苯酐厂，成都嘉茂化工实业有限公司，河南安庆化工高科技股份有限公司，无锡焦化厂，南京金陵石化公司化工一厂，齐鲁石化公司烯烃厂。

Fb043 四溴苯酐

【英文名】 tetrabromophthalic anhydride

【别名】 四溴邻苯二甲酸酐

【CAS登记号】 [632-79-1]

【结构式】

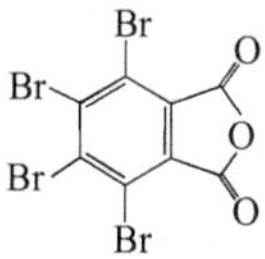

【物化性质】 淡黄白色粉末，含溴量68.9%。熔点274～276℃。不溶于水及脂肪烃溶剂，可溶于硝基苯、*N*,*N*-二甲基甲酰胺，微溶于丙酮、二甲苯、氯代烃溶剂、二噁烷。

【质量标准】

项目		指标
外观		黄白色粉末
溴含量/%	≥	64
水分/%	≤	0.2
硫含量/%	≤	0.3

【用途】 属于反应型阻燃剂，可用于聚酯、环氧树脂，也可作添加型阻燃剂。其锌盐电绝缘性较好，可用于聚苯乙烯、聚丙烯、聚乙烯、ABS树脂。

【制法】 将苯酐溶于发烟硫酸，以碘和铁粉为催化剂，在加热至75℃时加溴，然后提高温度至200℃进行反应，析出粗品后过滤以硫酸洗涤、干燥，制出成品。反应中副产物HBr以水吸收备用。另有将苯酐溶于氯磺酸中，加硫及溴进行反应以制取四溴苯酐的方法。

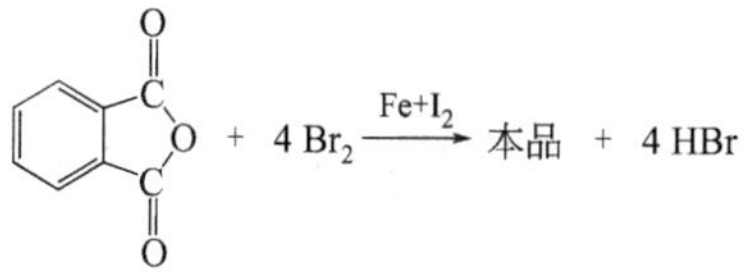

【安全性】 有毒，大鼠经口 LD_{50} 不小于50mg/kg。能刺激皮肤及黏膜。操作中应穿戴防护用具。采用内衬塑料袋的木桶或铁桶包装。避光、防热。按有毒化学品规定贮运。

【参考生产企业】 盐城市构港有机化工厂，上海嘉辰化工有限公司，上虞启明化工有限公司。

Fb044 Δ^4-四氢邻苯二甲酸酐

【英文名】 Δ^4-tetrahydrophthalic anhydride

【别名】 Δ^4-四氢苯酐；4-环己烯-1,2-二羧酸酐；4-cyclohexene-1，2-dicarboxylic acid anhydride

【CAS登记号】 [85-43-8]

【结构式】

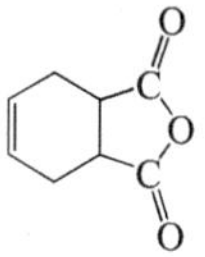

【物化性质】 白色结晶粉末，易燃。熔点103～104℃（顺式异构体）。相对密度（d_4^{105}）1.20。闪点（开杯）157℃。微溶于石油醚和乙醚，溶于乙醇、丙酮、氯仿、苯。

【质量标准】 含量≥92%；凝固点≥90.5℃；色相（APHA）≤100。

【用途】 有机合成中间体，可制取农药敌菌丹、克菌丹等，亦可制取增塑剂、环氧树脂固化剂、不饱和聚酯树脂、无溶剂漆和胶黏剂等。

【制法】 熔融的顺丁烯二酸酐与精制后的混合 C_4 馏分（其中参加反应的物质主要

是丁二烯）在苯溶剂存在下，70℃下进行双烯反应制得四氢苯酐，然后将反应液经抽滤、干燥，得成品。

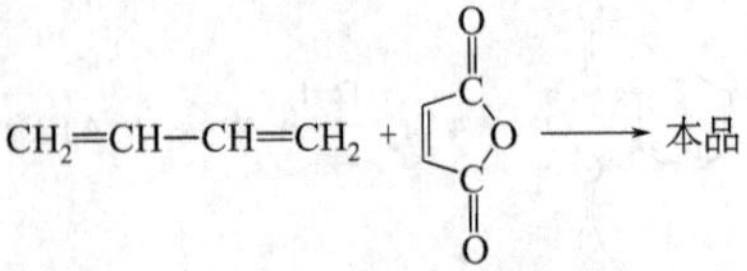

【安全性】 低毒。大鼠经口 LD_{50} 为 4590 mg/kg，小鼠腹腔注射 LD_{50} 为 500 mg/kg。与水接触生成酸，有腐蚀性。当与皮肤接触后，应立即用肥皂水洗涤。参见苯酐。采用内衬塑料袋的铁皮桶包装，每桶 50kg。贮存于阴凉通风处，严防潮湿。按易燃化学品规定贮运，切忌明火。

【参考生产企业】 丹徒县信业化工厂，衢州聚华公司特种试剂厂。

Fb045 偏苯三(甲)酸(单)酐

【英文名】 trimellitic anhydride

【别名】 偏酐；1,3-dihydro-1,3-dioxo-5-isobenzofurancarboxylic acid；trimellitic acid 1,2-anhydride；anhydrotrimellitic acid；1,3-dioxo-5-phthalancarboxylic acid

【CAS 登记号】 [552-30-7]

【结构式】

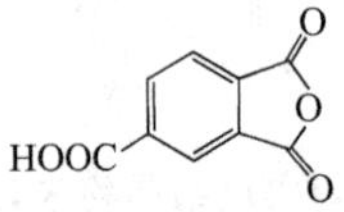

【物化性质】 针状结晶。易燃。低毒。沸点 390℃，240～245℃（1.87kPa）。相对密度（d_4^0）1.68。闪点 222℃。熔点 168℃。溶于热水及丙酮、2-丁酮、二甲基甲酰胺、乙酸乙酯、环己酮。溶于无水乙醇并发生反应。

【质量标准】 GB/T 23967—2009 工业用偏苯三酸酐

项目	指标
外观	白色或微带色片状固体
偏苯三酸酐/% ≥	95.0
酸值/(mgKOH/g) ≥	865
熔融色度/(铂-钴色号 Hazen 单位) ≤	150
结晶点/℃ ≥	164.0

【用途】 用于制造聚酯树脂及聚酰亚胺树脂、水溶性聚酯树脂、水溶性聚氨酯树脂、增塑剂和水溶性氨基醇酸树脂、环氧树脂固化剂以及高级航空润滑油、电力电容器浸渍油、粒料黏结剂、施胶剂、消烟剂、瞬时黏结剂等。

【制法】 偏三甲苯在醋酸溶液中，以醋酸钴、醋酸锰为催化剂，液相空气氧化生成偏苯三酸，再加热熔融，脱水生成偏苯三酸酐，经减压精馏、升华结晶制得成品。

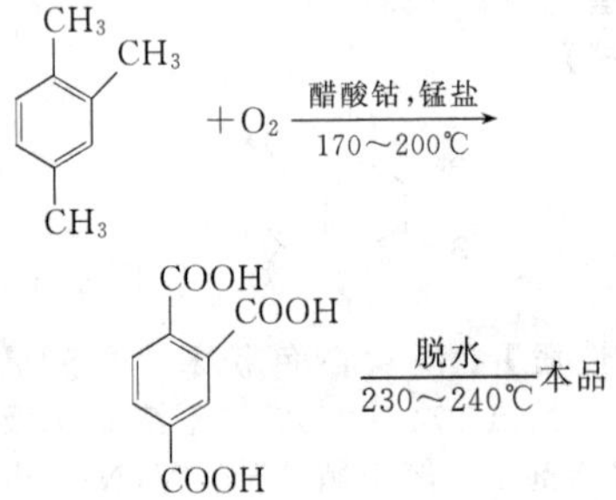

【安全性】 有毒，小白鼠口服急性 LD_{50} 为 5.6g/kg。能刺激肺、眼、鼻黏膜及皮肤，造成过敏性变态反应等障碍。操作现场应保持良好通风，操作人员应戴防护口罩、防护眼镜及有关防护用具。空气中最高容许浓度 1mg/m³。用清洁干燥的塑料桶包装，用石蜡封口，贮存于阴凉通风干燥处，防热、防潮、防晒，远离热源。按有毒物品规定贮运。

【参考生产企业】 江苏正丹集团公司，常州市正康化工有限公司，衢州聚华公司特种试剂厂，江阴长华化工（集团）公司，黄山市泰达化工有限公司。

Fb046 均苯四(甲)酸二酐

【英文名】 pyromellitic dianhydride

【CAS登记号】 [89-32-7]

【结构式】

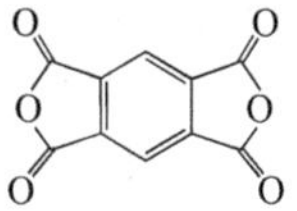

【物化性质】 白色粉末。沸点 384～400℃。相对密度 1.680。熔点 286℃。溶于二甲基亚砜、二甲基甲酰胺、丙酮，当暴露在潮湿空气中时，水解生成酸。

【质量标准】

项　目	一级品	二级品
外观	白色至淡黄绿色结晶,无机械杂质	
熔点/℃	284.0～287.0	283.5～287.0
中和当量	54.5±0.2	54.5±0.5

【用途】 用于制造聚酰亚胺树脂，是耐高温电气绝缘漆的原料，也用来制取环氧树脂固化剂和增塑剂、脲醛树脂稳定剂、酞菁蓝染料、缓蚀剂、瞬间黏结剂、电子摄影调色剂等。

【制法】 有均四甲苯氧化法和异丙基偏三甲苯（偏三甲苯经异丙基化制得）进行氧化的方法。而以均四甲苯氧化法为主，分为气相法和液相法。气相法是使空气和均四甲苯一同通过固定床管式反应器，在催化剂 V_2O_5 存在下于 350～500℃进行催化氧化反应，所得粗酐，可用蒸馏、升华或重结晶法精制得成品。液相法是在醋酸溶液中，以 Co、Mn、Cr 等为催化剂，以溴化物为助催化剂，在 160～230℃、0.7～3.5MPa 条件下，通入空气进行氧化。

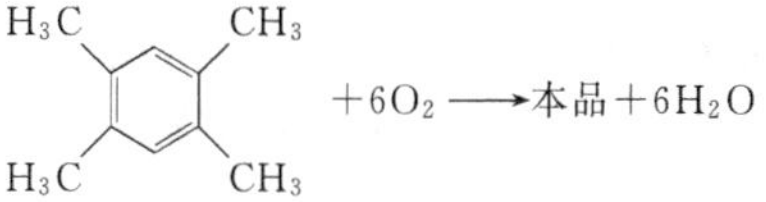

【安全性】 有毒，小白鼠口服 LD_{50} 为 300mg/kg。能刺激黏膜和皮肤，造成过敏性及变态反应等障碍，附着皮肤后，应用肥皂水冲洗。操作人员应佩戴防护口罩和眼镜。用棕色玻璃瓶或塑料桶包装，用石蜡封盖，防止吸湿。贮存于阴凉干燥处，防热、防晒、远离热源，按有毒物品规定贮运。

【参考生产企业】 溧阳市庆丰精细化工厂，廊坊三威化工有限公司，溧阳市化学工业公司，宁波志华化学工业公司，黄山市华美精细化工有限公司。

Fb047 1,8-萘二甲酸酐

【英文名】 naphthalic anhydride

【别名】 1,8-萘酐

【CAS登记号】 [81-84-5]

【结构式】

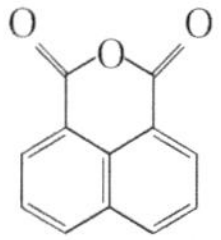

【物化性质】 在乙醇中析出针状结晶，在醋酸中析出菱形结晶。升华，无沸点。熔点 267～269℃。不溶于水、乙醚、苯，微溶于热乙醇，溶于热醋酸。

【质量标准】 YB/T 5096—2007　1,8-萘二甲酸酐

项　目	一级	二级
熔点/℃	271～274	
含量/%　　≥	98	96

注：熔点范围只作参考指标不做报废依据。

【用途】 染料、农药、医药及聚酯树脂的中间体。

【制法】 工业苊用一次空气汽化，与二次空气混合，以钴作催化剂，经氧化成 1,8-萘二甲酸酐，再经冷却制得。

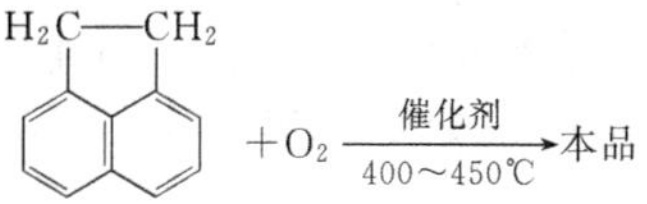

【安全性】 有毒，大鼠经口 LD_{50} 为 12340mg/kg。毒性与邻苯二甲酸酐相似，能刺激眼黏膜与呼吸道。应避免与眼睛、口腔接触。操作时应戴防护眼镜与口罩。不慎沾染时可按一般刺激征处理。用麻袋

内衬塑料袋包装，防热、防潮、防晒，贮存于阴凉通风干燥处。按有毒危险品规定贮运。

【参考生产企业】 鞍山市天长化工有限公司，鞍钢实业化工公司，辽宁联港染料化工有限公司。

Fb048 4-溴-1,8-萘二甲酸酐

【英文名】 4-bromonaphthalic anhydride

【CAS登记号】 [81-86-7]

【结构式】

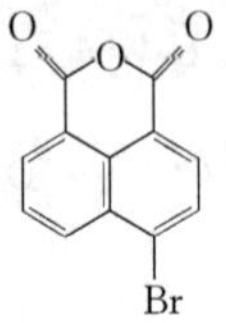

【物化性质】 白色或灰白色疏松状结晶粉末。熔点210℃。不溶于水和稀酸，溶于稀碱液而成为钠盐，溶于浓硝酸，略溶于有机溶剂，如冰醋酸、氯苯、二甲基甲酰胺、乙二醇、甲醚等。

【用途】 染料中间体，用以制造荧光黄、荧光橙等染料。

【制法】 由1,8-萘二甲酸酐在氢氧化钾碱性溶液中在低温、光照下，滴加溴进行反应，反应产物经洗涤、过滤、干燥而制得成品。

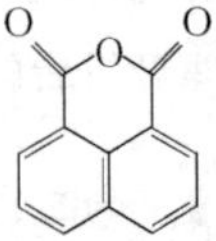 $+Br_2+KOH \longrightarrow$

本品$+KBr+H_2O$

【安全性】 有毒，对皮肤有强烈刺激性。当与皮肤接触时会引起皮炎、脓疱、色素沉淀、角化症和皮脂腺堵塞等皮肤疾病。这种炎症还会向皮肤深部发展，并遗留瘢痕，造成治疗上的困难。因此，生产设备应密闭，防止泄漏，加强通风，操作人员应穿戴防护用具。用内衬塑料袋的木桶或铁桶密闭包装。以“有毒”物品标记。按有毒物规定贮运。

【参考生产企业】 辽宁联港染料化工有限公司，荆州市江汉精细化工有限公司。

Fb049 苝酐

【英文名】 3,4,9,10-perylenetetracarboxylic dianhydride

【别名】 3,4,9,10-苝四甲酸二酐；3,4,9,10-二萘嵌苯四甲酸二酐

【CAS登记号】 [128-69-8]

【结构式】

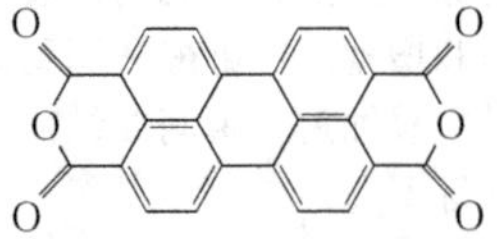

【物化性质】 棕红色粉末。熔点>300℃。溶于碱溶液。

【质量标准】

项目		指标
外观		红色闪光固体
酸值/%	≥	85
水分/%	≤	1

【用途】 染料中间体，用于合成还原大红K和R，以及用于合成树脂。

【制法】 1,8-萘酐用氨水进行氨化生成1,8-萘二甲酰亚胺，后者经碱熔得苝双二甲酰亚胺，然后用浓硫酸脱氨，最后经酸洗、水洗、过滤、烘干，得成品。

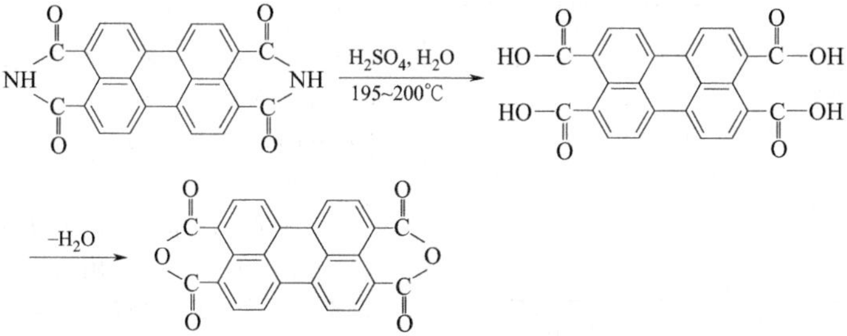

【安全性】 无毒。采用内衬塑料袋外套麻袋或编织袋包装。每袋25kg或50kg。贮存于阴凉通风干燥处，防热、防潮、防晒、防火。按一般化学品规定贮运。

【参考生产企业】 鞍山市惠丰化工有限责任公司。

Fb050 苯甲酸甲酯

【英文名】 methyl benzoate

【别名】 尼哦油；benzoic acid methyl ester；oil of Niobe

【CAS登记号】 [93-58-3]

【结构式】 $C_6H_5COOCH_3$

【物化性质】 无色油状液体，有强烈的花香和樱桃香味。沸点199.6℃。闪点83℃。熔点－12.3℃。着火温度505℃。相对密度1.0888，(d_4^{15}) 1.094。折射率1.5164，(n_D^{15}) 1.5205。与乙醚混溶，溶于甲醇、乙醇，不溶于水和甘油。

【质量标准】 GB 28352—2012 食品添加剂 苯甲酸甲酯

项 目	指 标
外观	无色液体，有刺激性的、浓重的花香，具有果香底香
苯甲酸甲酯含量/% ≥	98.0
酸值(以KOH计)/(mg/g) ≤	1.0
折射率(20℃)	1.513～1.520
相对密度(25℃/25℃)	1.082～1.089

【用途】 食用香精，用以配制草莓、菠萝、樱桃、朗姆酒等香精。

【制法】 由苯甲酸与甲醇以硫酸为催化剂进行酯化反应得苯甲酸甲酯粗品。再经回收甲醇、中和、水洗、蒸馏精制得成品。

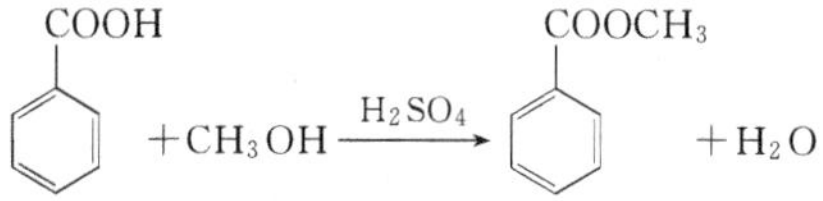

【安全性】 大鼠经口LD_{50}为3.4g/kg。采用铝桶包装。贮存于阴凉通风处，注意防火。按易燃化学品规定贮运。

【参考生产企业】 天津市南金化工有限公司，北京恒业中远化工有限公司，上海浦杰香料有限公司，上海茂昌化学制品有限公司。

Fb051 醋酸苄酯

【英文名】 benzyl acetate

【别名】 乙酸苄酯；乙酸苯甲酯；acetic acid phenylmethyl ester；acetic acid benzyl ester

【CAS登记号】 [140-11-4]

【结构式】

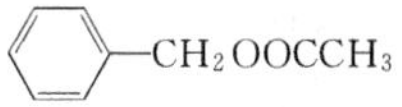

【物化性质】 无色油状液体，具有茉莉花型特殊芳香。沸点215.5℃。熔点－51.5℃。闪点102℃。相对密度1.0550。折射率1.5232。汽化热401.5J/g。比热容(20℃) 1.025J/(g·℃)。几乎不溶于水，与乙醇、乙醚等多数溶剂混溶。

【质量标准】

(1) QB/T 1769—2006 乙酸苄酯

项　目	指　标
相对密度(25℃/25℃)	1.049～1.059
折射率(20℃)	1.5000～1.5040
溶解度(25℃)	1mL 试样全溶于 5mL 60%(体积分数)乙醇中
酸值　≤	1.0
微量氯	负反应
含酯量(GC)%　≥	98.0

(2) QB/T 2645—2004（食用级）

项　目	指　标
外观	无色至淡黄色液体
香气	具有甜香、果香、茉莉花样香气
相对密度(25/25℃)	1.049～1.059
折射率(20℃)	1.5000～1.5040
溶解度(25℃)	试样 1mL 全溶于 5mL 60%(体积分数)乙醇中
酸值　≤	1.0
含酯量(GC)/%　≥	98
微量氯	负反应
砷含量/(mg/kg)　≤	3
重金属含量(以 Pb 计)/(mg/kg)　≤	10

【用途】 茉莉花等浸膏的主要组分。主要用作肥皂的加香剂和用于其他香料、香精，还可用作硝酸纤维素、醋酸纤维素、硝基漆、染料、油脂、印刷油墨等的溶剂。

【制法】 (1) 以苄醇与醋酸为原料，在硫酸催化下直接酯化生成乙酸苄酯，再经中和、水洗、分馏得成品。

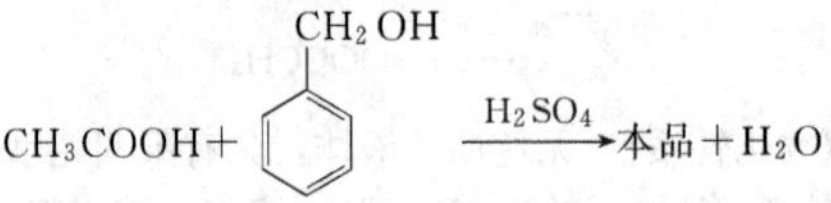

(2) 以氯苄与醋酸钠为原料，在催化剂吡啶和二甲基苯胺存在下进行反应生成醋酸苄酯。再经水洗、蒸馏得成品。

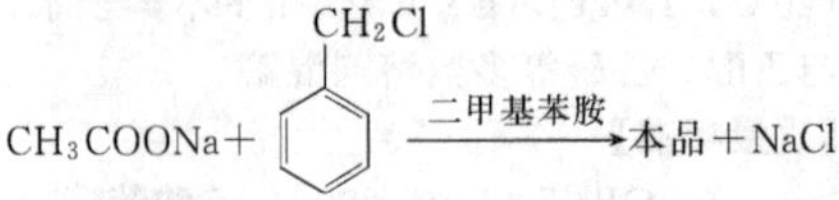

【安全性】 毒性较轻微，大鼠经口 LD_{50} 为 2490mg/kg。有刺激和麻醉作用。小鼠在 1.3g/m^3 浓度下接触 7～13h，即可出现呼吸困难并麻醉致死。由于挥发性较低，对人除有局部刺激外，未见其他不良作用。应保持操作场所通风良好。并为操作人员配置防护装具。用铁桶包装。

【参考生产企业】 武汉有机新康化工有限公司，天津市第一香料厂，天津市永安化工厂，天津市武清区复兴福利化工厂，江苏双菱化工集团有限公司，天津市隆盛化工有限公司，广州市伟香单体香料有限公司，辽宁省沈阳中际精细化工总厂，上海茂昌化学制品有限公司。

Fb052 邻羟基苯甲酸甲酯

【英文名】 methyl salicylate

【别名】 水杨酸甲酯；2-羟基苯甲酸甲酯；冬青油；柳酸甲酯；2-hydroxybenzoic acid methyl ester；wintergreen oil；betula oil；sweet birch oil；teaberry oil

【CAS 登记号】 [119-36-8]

【结构式】

【物化性质】 无色油状液体，具有冬青叶香味。沸点 223.3℃。相对密度 1.174。折射率 1.5365。闪点 101.1℃。熔点 −8～−7℃。易溶于乙醇、乙醚、冰醋酸，微溶于水。

【质量标准】 GB 28355—2012 食品添加剂 水杨酸甲酯（柳酸甲酯）

项　目	指　标
外观	无色至浅黄色液体，具有特征性的冬青香气
水杨酸甲酯含量/%　≥	98.0
酸值(以 KOH 计)/(mg/g)　≤	2.0

续表

项　目	指　标
折射率(20℃)	1.534～1.538
相对密度(25℃/25℃)	1.176～1.185

【用途】 用作有机合成中间体和溶剂。在医药上用于牙齿防腐、消毒、消炎、镇痛；是制造杀虫剂、杀菌剂的原料。还用于制造香料、化妆品、油墨、涂料，亦用作合成纤维的助染剂。

【制法】 水杨酸和甲醇在硫酸催化下进行酯化。粗酯经脱醇、中和、水洗、精馏等过程得成品。

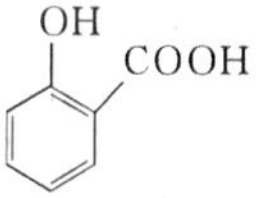

$+CH_3OH \xrightarrow{H_2SO_4}$ 本品$+H_2O$

【安全性】 毒性较高。大鼠经口 LD_{50} 为 887mg/kg。成人口服致死最低量为 170 mg/kg。咽下会严重损伤肠胃。生产设备应密闭。操作人员应穿戴防护用具。采用塑料桶或铁桶内衬塑料包装，容器必须密封。按有毒危险品规定贮运。

【参考生产企业】 陕西省华阴市锦前程药业有限公司，镇江日飞化工有限责任公司。

Fb053 对羟基苯甲酸乙酯

【英文名】 ethylparaben

【别名】 尼泊金乙酯；4-hydroxybenzoic acid ethyl ester；ethyl *p*-hydroxybenzoate

【CAS 登记号】 [120-47-8]

【结构式】

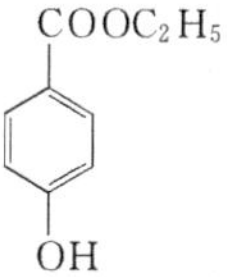

【物化性质】 白色结晶或结晶性粉末，有特殊香味。沸点 297～298℃（分解）。熔点 116℃。易溶于乙醇、乙醚和丙酮，微溶于水、氯仿、二硫化碳和石油醚。

【质量标准】 GB 8850—2005 食品添加剂　对羟基苯甲酸乙酯

项　目		指　标
对羟基苯甲酸乙酯($C_9H_{10}O_3$)(以干基计)/%		99.0～100.5
熔点/℃		115～118
游离酸(以对羟基苯甲酸计)/%	≤	0.55
硫酸盐(以 SO_4 计)/%	≤	0.024
干燥减量/%	≤	0.50
灼烧残渣/%	≤	0.05
砷(As)/%	≤	0.0001
重金属(以 Pb 计)/%	≤	0.001

注：砷（As）的质量分数和重金属（以 Pb 计）的质量分数为强制性要求。

【用途】 有机中间体。用作防腐剂、抑菌剂，用于食品、化妆品、医药品。还可用作有机分析试剂。

【制法】 由对羟基苯甲酸与乙醇在硫酸催化剂存在下进行酯化，酯化完成后在水中结晶，再经过滤、酸洗得成品。

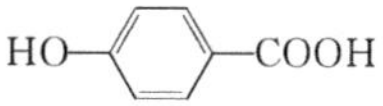

$+C_2H_5OH \xrightarrow{H_2SO_4}$ 本品$+H_2O$

【安全性】 低浓度下对人体无任何毒性和刺激性。应贮存于避光、清洁、阴凉、干燥处，密闭保存。

【参考生产企业】 上海迈普科化学有限公司，山东烟台天宇精细化工有限公司，新乡有机化工有限公司，江苏盐城拜克化学工业有限公司，南通启东晋盛大公化工有限公司，连云港泰盛化工有限公司。

Fb054 水杨酸戊酯

【英文名】 amyl salicylate

【别名】 邻羟基苯甲酸戊酯；pentyl 2-hydroxybenzoate

【CAS 登记号】 [2050-08-0]

【结构式】

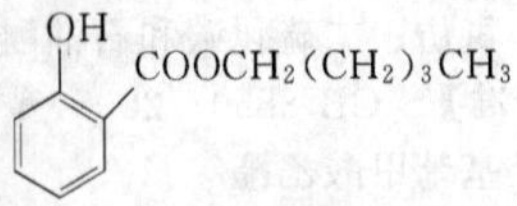

【物化性质】 无色透明液体，有芝兰香味。沸点（1.6kPa）173℃。相对密度 1.2614。不溶于水，溶于乙醚、醋酸，易溶于乙醇、丙酮、苯、四氯化碳等有机溶剂。

【质量标准】

项　目	指　标
相对密度(d_{15}^{15})	1.054
折射率(n_D^{20})	1.5051～1.5054

【用途】 有机合成原料。也用作皂用香精和溶剂。

【制法】 水杨酸与戊醇在硫酸催化下进行酯化反应，生成水杨酸戊酯。再经中和、水洗、蒸馏精馏得成品。

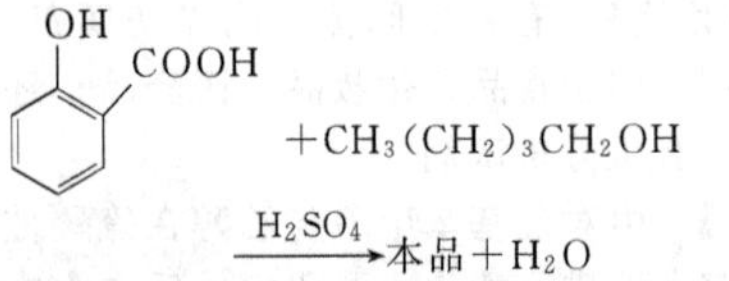

【安全性】 狗静脉注射 LD_{50} 为 500～800mg/kg。有一定毒性，对肠胃道有刺激作用。工作场所应有良好的通风，设备应密闭。操作人员应穿戴防护用具。用镀锌铁桶包装。贮于阴凉通风处，注意防火。按易燃有毒化学品规定贮运。

【参考生产企业】 常州绿宙化工研究所有限公司，杭州友邦香料香精有限公司，天津市南金化工有限公司，扬州市普州斯化工有限公司。

Fb055 水杨酸苯酯

【英文名】 phenyl salicylate

【别名】 萨罗；邻羟基苯甲酸苯酯；salol

【CAS 登记号】 [118-55-8]

【结构式】

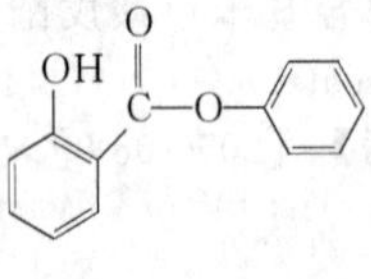

【物化性质】 无色结晶粉末，具有愉快的芳香气味（冬青油气味）。沸点（1.6kPa）173℃。密度 1.250g/cm^3。熔点 43℃。易溶于乙醚、苯和氯仿，溶于乙醇，几乎不溶于水和甘油。

【质量标准】

项　目		指　标
含量/%	≥	99
熔点/℃	≥	41
灼烧残渣/%	≤	0.05
游离酸/%		合格
氯化物/%	≤	0.03
硫酸盐/%	≤	0.1

【用途】 作为一种紫外线吸收剂，用于塑料制品。但吸收波长范围较窄，光稳定性较差。也用作医药消毒防腐剂和用于有机合成。

【制法】 水杨酸与苯酚在催化剂硫酸存在下进行酯化。酯化液经中和、水洗、蒸馏得成品。

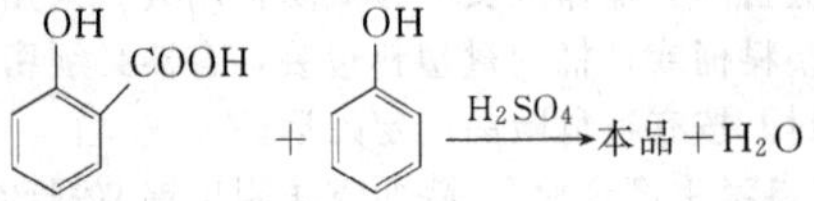

【安全性】 低毒，大鼠经口 LD_{50} 为 1.5 g/kg。美国食品药物管理局许可用于接触食品的丙烯酸树脂制品中。采用纸桶内衬塑料袋包装。按一般化学品规定贮运。

【参考生产企业】 天津化学试剂一厂，江苏洪兴化工厂，常州绿宙化工研究所有限公司。

Fb056 α-氯代苯乙酸乙酯

【英文名】 ethyl α-chlorophenylacetate

【CAS 登记号】 [943-59-9]

【结构式】

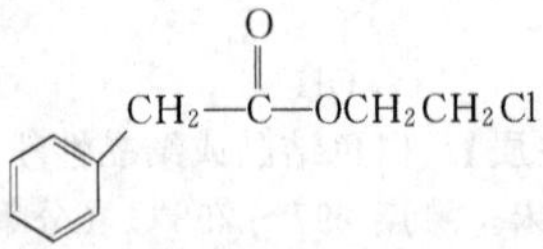

【物化性质】 黄棕色液体，具有刺激气味。

沸点（6kPa）162℃。相对密度1.1594。折射率1.5152。

【质量标准】 含量≥96%。

【用途】 农药乙基稻丰散的中间体。

【制法】 以苯乙酸为原料，在催化剂红磷存在下于85℃通氯进行氯化反应，生成α-氯代苯乙酸，然后在60～80℃与95%的乙醇进行酯化反应得α-氯化苯乙酸乙酯粗品，将其冷却分层，分去水层后经减压精馏得成品，反应中放出的HCl气体，宜用水吸收后备用。

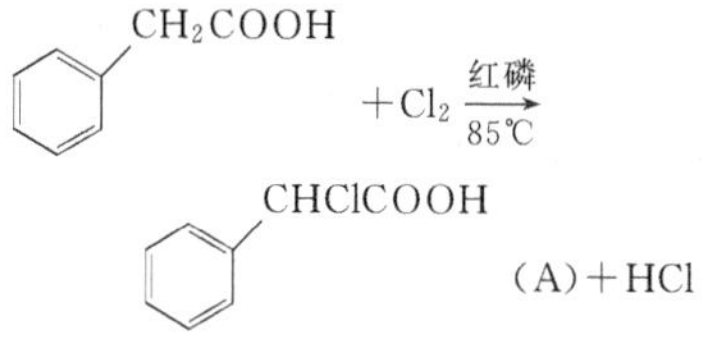

$$A+C_2H_5OH \xrightarrow{60\sim80℃} 本品+H_2O$$

【安全性】 有毒，具有刺激性，有催泪作用，具体毒性未见报道。生产车间应有良好的通风，设备应密闭，操作人员应穿戴防护用品。采用聚氯乙烯桶包装。要求容器密闭，防止泄漏。按有毒化学品规定贮运。

【参考生产企业】 天津市天翔精细化工研究所，上海茂昌化学制品有限公司。

Fb057 邻苯二甲酸二甲酯

【英文名】 dimethyl phthalate

【别 名】 1，2-benzenedicarboxylic acid dimethyl ester；phthalic acid dimethyl ester；methyl phthalate；dimethyl 1，2-benzenedicarboxylate；DMP

【CAS登记号】 [131-11-3]

【结构式】

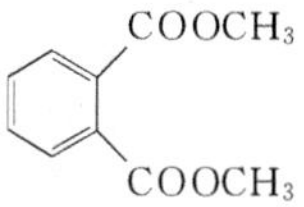

【物化性质】 无色透明油状液体，微具芳香味。沸点282℃。闪点151℃。熔点0～2℃。着火点154℃。相对密度1.192、($d_{15.6}^{15.6}$) 1.196、(d_{20}^{20}) 1.1940、(d_{25}^{25}) 1.189。折射率1.5155。黏度（20℃）22mPa·s。蒸气压（25℃）1.33Pa。与乙醇、乙醚混溶，溶于苯、丙酮等多种有机溶剂，不溶于水和矿物油。

【质量标准】

项　目		指　标
色度(APHA)	≤	30
酯含量/%	≥	98
酸度(以苯二甲酸计)/%	≤	0.01

【用途】 用作溶剂，也是增塑剂。增塑能力很强，与多种纤维素树脂、橡胶、乙烯基树脂相溶，成膜性、黏着性和防水性好。常与邻苯二甲酸二乙酯并用，主要用于醋酸纤维薄膜、清漆、玻璃纸及模塑粉等。还用作丁腈橡胶的增塑剂，制品耐寒性良好，还可用作防蚊油的成分及溶剂。

【制法】 以苯酐和甲醇为原料、硫酸为催化剂直接酯化，酯化所得粗酯经中和、水洗、脱醇、精馏得邻苯二甲酸二甲酯成品。

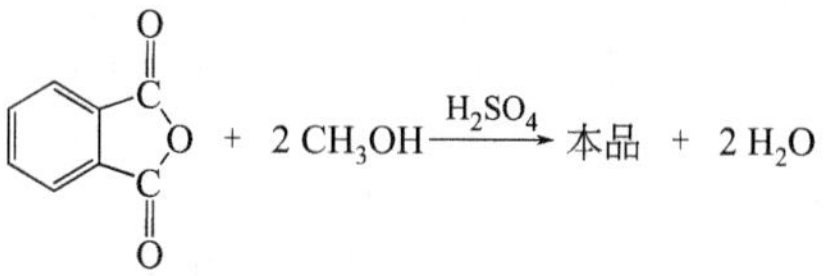

【安全性】 毒性低。大鼠经口LD_{50}为6.9g/kg。除对人眼黏膜有刺激外，还会损害皮肤或致敏。空气中最高容许浓度为$5mg/m^3$。采用镀锌铁桶包装，贮存于阴凉干燥处。隔热、防火。按一般可燃化学品规定贮运。

【参考生产企业】 上海经纬化工有限公司，天津市天翔精细化工研究所，杭州大自然有机化工实业有限公司，淄博大华化工厂，岳阳市北区云溪镇化工厂。

Fb058 邻苯二甲酸二乙酯

【英文名】 ethyl phthalate

【别名】 1,2-苯二甲酸二乙酯；邻酞酸二乙酯；增塑剂 DEP；diethyl phthalate；1,2-phthalic acid diethyl ester；plasticizer DEP

【CAS 登记号】 ［84-66-2］

【结构式】

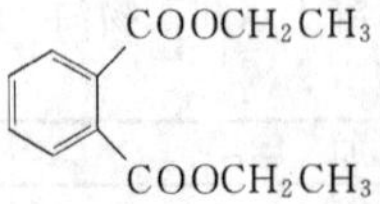

【物化性质】 无色透明油状液体，易燃、味苦。沸点 298℃（0.1MPa）。着火点 155℃。闪点 153℃。凝固点 −40℃。相对密度 1.117（20℃）。折射率 1.4990（25℃）。黏度 13mPa·s（20℃）、9.8mPa·s（25℃）。溶于醇、酮、醚、芳香烃类，与脂肪族溶剂部分相溶，不溶于水。

【用途】 为具有较强相容能力的增塑剂。与醋酸纤维素、硝基纤维素、乙基纤维素、聚醋酸乙烯、聚苯乙烯，有机玻璃相容，有良好的成膜性，黏着性和防水性。低温柔软性和耐久性优于邻苯二甲酸二甲酯。与邻苯二甲酸二甲酯并用于醋酸纤维素，有助于提高制品弹性和防水能力。用于硝基纤维素，可获得强度高，耐磨性好，无臭味的制品。无毒，可用于食品包装薄膜无毒黏合剂的增塑剂。还可用作醇酸树脂、丁腈橡胶的增塑剂。用于聚醋酸乙烯乳液黏合剂，可提高黏接力。

【制法】 醇酸直接酯化法。以苯酐和乙醇为原料，在浓硫酸的作用下，过量乙醇作为带水剂，在乙醇回流温度下进行酯化。粗酯经中和、水洗、精馏而得成品。

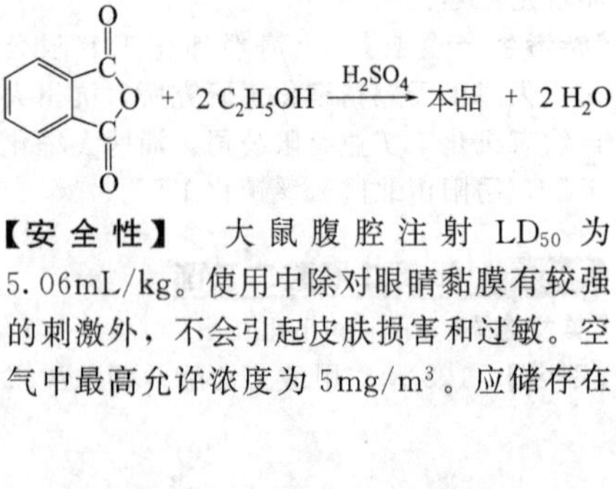

【安全性】 大鼠腹腔注射 LD_{50} 为 5.06mL/kg。使用中除对眼睛黏膜有较强的刺激外，不会引起皮肤损害和过敏。空气中最高允许浓度为 $5mg/m^3$。应储存在室内通风干燥处，避免火源。在运输过程中应防止猛烈撞击。按一般易燃化学品规定储运。

【参考生产企业】 上海华熠化工助剂有限公司，南京华立明科工贸有限公司，杭州大自然有机化工实业有限公司。

Fb059 邻苯二甲酸二丁酯

【英文名】 dibutyl phthalate

【别名】 邻酞酸二丁酯；1,2-benzenedicarboxylic acid dibutyl ester；*n*-butyl phthalate；phthalic acid dibutyl ester；DBP

【CAS 登记号】 ［84-74-2］

【结构式】

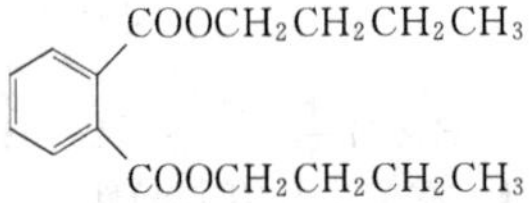

【物化性质】 无色透明油状液体，微具芳香气味，可燃。沸点 335℃。凝固点 −35℃。相对密度（d_{20}^{25}）1.045。折射率 1.4926。着火点 202℃。闪点 171℃。蒸气压（150℃）146.6Pa。汽化热 284.7J/g。比热容 1.79J/(g·℃)。黏度（25℃）16.3mPa·s。溶于普通有机溶剂和烃类。25℃时在水中溶解 0.03%，水在中溶解度 0.4%。

【质量标准】 GB/T 11405—2006 工业邻苯二甲酸二丁酯

项 目		优等品	一等品	合格品
外观		透明、无可见杂质的油状液体		
密度(20℃)/(g/cm³)		1.044～1.048		
闪点/℃	≥	160		
色度(Pt-Co 色号)	≤	20	25	60
纯度/%	≥	99.5	99.0	98.0
酸值(以 KOH 计)/(mg/g)	≤	0.07	0.12	0.20
水分/%	≥	0.10	0.15	0.20

【用途】 为增塑剂，无毒。主要用作聚氯

乙烯增塑剂，可使制品具有良好的柔软性。由于其相对价廉且加工性好，在国内使用非常广泛，几乎与DOP相当。但其挥发性和水抽出性较大，因而制品的耐久性差，应逐步限制其使用。是硝化纤维素的优良增塑剂，凝胶化能力强。用于硝基纤维素涂料，有优良的软化作用、稳定性、黏着性，还可用作聚醋酸乙烯、醇酸树脂、乙基纤维素、天然和合成橡胶，以及有机玻璃和增塑剂。

【制法】 以邻苯二甲酸酐、正丁醇为原料，以硫酸为催化剂，在常压下进行酯化反应。反应完成后用碱液中和并水洗，然后经脱醇、压滤得成品。

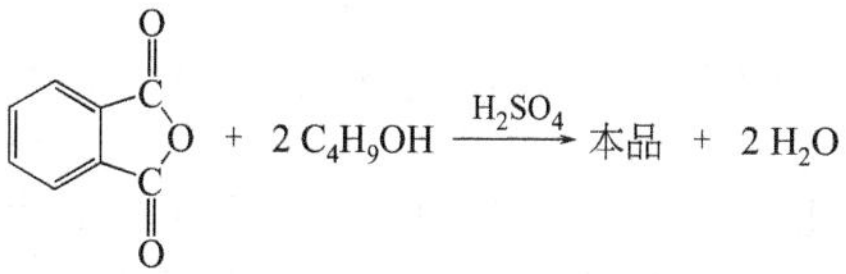

【安全性】 毒性低微，人接触可能对皮肤过敏。空气中最高容许浓度为5mg/m³。英、德、美、法、日、意等国均允许用于接触食品的塑料制品。设备应密闭，操作人员应穿戴防护用具。用铁桶包装。180kg/桶。贮存于干燥通风处。注意防雨水、防晒、防火。按一般危险品规定贮运。

【参考生产企业】 天津市天翔精细化工研究所，邯郸滏阳化工集团有限公司，金陵石化华隆工业公司宁江化工厂，濮阳县亿丰新型增塑剂有限公司。

Fb060 邻苯二甲酸二烯丙酯

【英文名】 diallyl phthalate

【别名】 邻酞酸二烯丙酯；DAP

【CAS登记号】 [131-17-9]

【结构式】

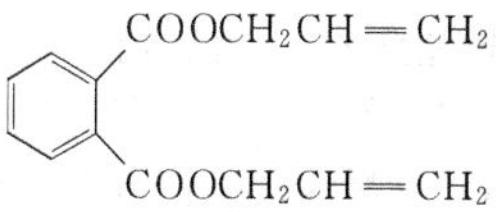

【物化性质】 无色或淡黄色油状液体。气味温和，有催泪性。沸点(0.53kPa)158℃。相对密度(d_{20}^{20})1.120。折射率(n_D^{25})1.520。闪点165.5℃。黏度13mPa·s。凝固点−70℃。不溶于水，溶于乙醇、乙醚、丙酮、苯等有机溶剂，在矿物油、甘油、乙二醇中部分溶解。

【质量标准】

项　目	一级品	二级品
外观	无色或淡黄色透明油状液体	
色度(Pt-Co色号)　≤	80	100
折射率(n_D^{25})	1.5170～1.5178	1.5165～1.5180
酸值/(mg KOH/g)　≤	1	3

【用途】 为反应型增塑剂，主要用于制备邻苯二甲酸二异丙酯树脂，用作不饱和聚酯树脂的交联剂，纤维素树脂的增强剂，和用作在不加抑制剂时即能自行聚合的树脂类的增塑剂。

【制法】 苯酐先用液碱处理生成邻苯二甲酸钠盐。再与氯丙烯进行酯化反应。粗酯经过滤、中和、水洗及减压蒸馏等精制过程，即为成品。

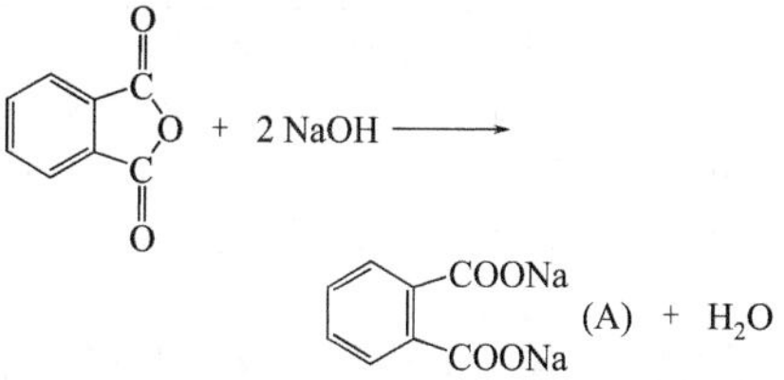

$$A + 2CH_2{=}CHCH_2Cl \longrightarrow 本品 + 2NaCl$$

【安全性】 低毒，但能刺激黏膜和皮肤，并引起皮炎。应避免接触皮肤和误入口中。生产过程应加强密闭，操作人员穿戴防护用具。采用镀锌铁桶包装。避光贮存，远离火源，贮于低温通风处。

【参考生产企业】 天津市天翔精细化工研究所，金陵石化华隆工业公司。

Fb061 邻苯二甲酸二庚酯

【英文名】 diheptyl phthalate

【别名】 增塑剂DHP；plasticizer DHP；

diheptyl phthalate

【结构式】

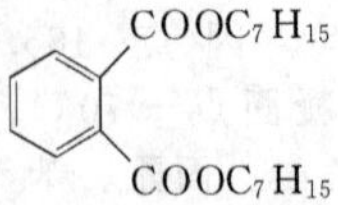

【物化性质】 无色油状透明液体。沸点235～240℃（1.333kPa）。闪点193℃。凝固点−46℃。折射率1.485。相对密度0.992（20℃）。溶于有机溶剂和烃类。与大多数工业用树脂有良好的相容性。

【质量标准】 HG 2-466—78

项目	一级品	二级品
外观	无色透明液体	无色透明液体
含量/% ≥	99.0	98.0
色度(Pt-Co色号) ≤	45	120
相对密度(20℃)	0.991～0.997	0.991～0.997
酸值/(mgKOH/g) ≤	0.1	0.2
加热减量(120℃)/% ≤	0.2	0.2
闪点(开口)/℃ ≥	185	180

【用途】 是聚氯乙烯的主增塑剂，与邻苯二甲酸二辛酯比较，其相容性和增塑效率稍好，抗张强度、伸长率、耐寒性等性能大体相同，但挥发性较大，也可用于氯乙烯共聚物、硝基纤维素漆和多种橡胶。

【制法】 以苯酐和庚醇为原料，以硫酸为催化剂，在减压下进行酯化，粗酯经中和、脱醇、压滤等后处理，即得产品。配料比一般为苯酐∶庚醇为1∶2，硫酸为总物料的0.3%，同时加入总物料0.1%～0.3%的活性炭。

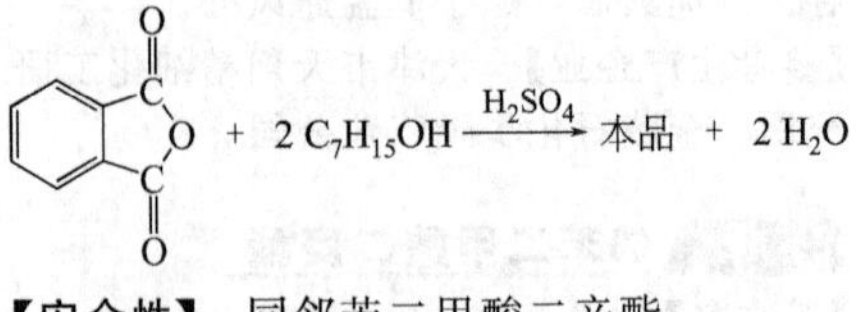

【安全性】 同邻苯二甲酸二辛酯。

【参考生产企业】 江苏徐州溶剂厂，河北邯郸化工厂，江苏无锡助剂厂。

Fb062 邻苯二甲酸二正癸酯

【英文名】 didecyl phthalate

【别名】 邻酞酸二癸酯；苯二甲酸二正癸酯；增塑剂DDP；convoil-20；plasticizer DDP

【结构式】

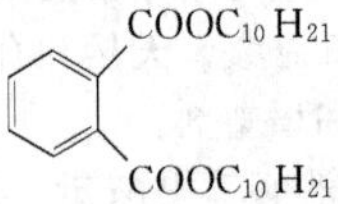

【物化性质】 无色或浅黄色油状液体。沸点261℃（0.7kPa）。熔点4～6℃。闪点232℃。相对密度0.9675（20℃）。溶于醇、醚、丙酮，不溶于水。

【用途】 为乙烯基树脂和纤维素树脂的增塑剂。与邻苯二甲酸二辛酯（DOP）相比，挥发性小，仅为邻苯二甲酸二辛酯（DOP）的四分之一，而且迁移性小，耐抽出性好。也用作气相色谱固定液，最高使用温度150℃，溶剂为丙酮、氯仿或甲醇，能选择性地保留分离芳烃化合物、不饱和化合物，卤代烃和低级烃类化合物，以及各种含氧化合物，如醇、醛、酮及酯等。

【制法】 制法可参见邻苯二甲酸二异癸酯（DCP）生产方法。由邻苯二甲酸酐与癸醇酯化而得。在实际工业生产中，没有完全直链的邻苯二甲酸二癸酯，都是支链酯的混合物，仅为异构体的比例不同。

【安全性】 低毒。采用铁桶包装，每桶200kg。应储存于通风干燥处，保持容器密闭，防止水分侵入使物料缓慢水解而变质。具有可燃性，应远离火种与热源。不可与氧化剂或爆炸性物品混储共运。防止撞击，以免损坏包装。

【参考生产企业】 上海试剂一厂，上海华熠化工助剂有限公司，南京华立明科工贸有限公司，杭州大自然有机化工实业有限公司。

Fb063 邻苯二甲酸二异癸酯

【英文名】 diisodecyl phthalate

【别名】 苯二甲酸二异癸酯；酞酸二异癸酯；增塑剂 DIDP；plasticizer DIDP

【结构式】

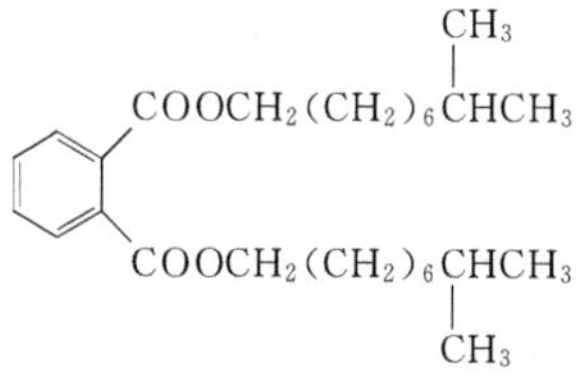

【物化性质】 无色油状液体。沸点 420℃（10kPa）、250～257℃（533Pa）。熔点 −50℃。闪点 219℃。相对密度 0.966（20℃）。折射率 1.483（25℃）。黏度 0.1mPa·s（20℃）。溶于醇、酮、醚、酯类、脂肪烃、芳香烃及卤代烃，在水中的溶解度小于 0.01%（25℃），不溶于甘油、二元醇类和某些胺类。

【质量标准】

项目		指标
酯含量/%	≥	99.6
相对密度(25℃)		0.966±0.003
水分/%	≤	0.1
色度(Pt-Co 色号)	≤	50
酸度(以醋酸计)/%	≤	0.01

【用途】 可作为乙烯基树脂、纤维素树脂的主增塑剂。其挥发性小，而迁移性、耐抽出性、电绝缘性优良。但耐寒性、相容性、增塑效率不如邻苯二甲酸二辛酯（DOP）。含邻苯二甲酸二异癸酯的制品柔软性随温度的变化较小，适用于使用温度范围宽广的制品，如电线电缆护套、农用薄膜、运输带等。用于增塑糊可赋予糊料良好的流动性，长期存放黏度变化小。受热易变色，但与酚类抗氧剂并用可以改善此性能。也可作为合成橡胶的增塑剂，对胶料的硫化无影响，也用作色谱固定液。邻苯二甲酸二异癸酯的毒性很小，英国、美国、日本、意大利、荷兰允许用于制作食品包装材料。

【制法】 邻苯二甲酸酯在工业上都是用苯酐与相应的醇在硫酸、对甲苯磺酸等酸性催化剂存在下酯化制得。催化剂用量以苯酐计为 0.2%～0.5%。在反应过程中需不断把酯化所生成的水从反应系统中除去，酯化反应一般在 2～8h 内即可完成。反应温度根据所用醇而定，为减少副反应，应选用相应的温度。为了降低反应温度并更有效的除去酯化反应生成的水，可适量加入水的一些共沸剂，如苯、甲苯、环己烷等，也常使反应在负压下操作。当使用水的共沸剂时，反应温度可降至80～130℃。将苯酐、异癸醇和催化剂硫酸加入带搅拌的反应器内，异癸醇的配比要过量，既为反应原料又为反应同时水的共沸剂。在 10kPa、150℃左右进行酯化反应，反应生成的水与异癸醇一起蒸出，经冷凝分水后，异癸醇返回反应器内。当反应过程不再产生水，即酯化反应结束。然后加入 2%～5%的热碱液中和粗酯，分去碱后，再用水洗至中性或微酸性。经减压蒸馏，脱去未反应的异癸醇及水，然后经脱色、压滤，即得成品。

【安全性】 毒性低微。采用铁桶包装，每桶 200kg。应储存于通风干燥处，保持容器密闭，防止水分侵入使物料缓慢水解而变质。具有可燃性，应远离火种与热源。不可与氧化剂或爆炸性物品混储共运。防止撞击，以免损坏包装。

【参考生产企业】 上海试剂一厂，辽宁营口市塑料助剂厂，北京化工三厂。

Fb064 邻苯二甲酸二甲氧基乙酯

【英文名】 dimethoxyethyl phthalate

【别名】 增塑剂 DMEP；plasticizer DMEP

【结构式】

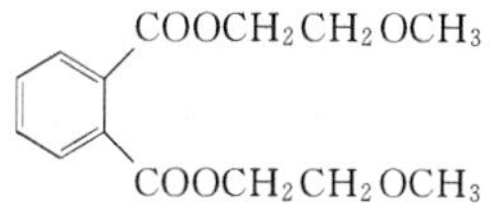

【物化性质】 为浅黄色或无色油状液体，微具芳香气味。易燃。低毒。沸点350℃。凝固点－40℃。相对密度1.170（15.5/15.5℃）。色度（APHA）＜50。在沸水中蒸煮96h的水解量为0.132%。在水中的溶解度0.85%（25℃）。溶于大多数有机溶剂，如甲醇、乙醇、丙酮、石脑油、矿物油和植物油。微溶于甘油、乙二醇类、水和某些胺类。在松节油中的溶解性在30℃以下大为降低。与大多数树脂有良好的相容性。

【质量标准】

项　目		指　标
含量/%	≥	99
色度(Pt-Co色号)	≤	45
沸点/℃		350
凝固点/℃		－40
相对密度(20℃)		1.169～1.171
折射率(n_D^{20})/%		1.502～1.503
酸值/(mgKOH/g)	≤	0.1

【用途】 可用作纤维素树脂、乙烯基树脂、合成橡胶的增塑剂，挥发性比邻苯二甲酸二乙酯（DEP）小，可赋予制品很好的耐久性，坚韧性，耐油性。用于制造漆包线、电影胶片、高强度清漆、胶黏剂和层压板胶黏剂等。

【制法】 首先环氧乙烷和甲醇在三氟化硼、乙醚作用下，进行甲氧基化反应生成甲氧基乙醇，再以硫酸为催化剂与苯酐进行酯化。粗酯液经5%的纯碱液中和、水洗、减压蒸馏，即得成品。

【安全性】 低毒。应储存在室内通风干燥处，防止水分侵入，保持容器密闭。易燃，应避免火源，不可与氧化剂或爆炸性物共储。

【参考生产企业】 上海富蔗化工有限公司，江苏省张家港市信一化工有限公司，河北张家港精细化工有限公司，江苏省沙州市化工厂。

Fb065 邻苯二甲酸丁·苄酯

【英文名】 butyl benzyl phthalate

【别名】 邻苯二甲酸丁·苯甲酯；增塑剂BBP；plasticizer BBP

【结构式】

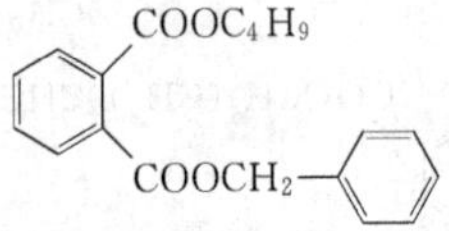

【物化性质】 透明油状液体，具有微弱的臭味。沸点370℃（0.1MPa）、221℃（0.667kPa）。熔点－35℃。闪点210℃。相对密度1.113～1.121（25℃）。折射率1.536～1.5376（25℃）。黏度65mPa·s。不溶于水，溶于有机溶剂和烃类。能与绝大多数工业用树脂相容。

【质量标准】

项　目		指　标
外观		透明油状液体
色度(Pt-Co色号)	≤	100
酸值/(mgKOH/g)	≤	0.35
闪点(开杯)/℃	≥	180
相对密度(20℃)		1.120±0.02

【用途】 用作大多数工业用树脂的主增塑剂，具有很强的溶解能力，良好的耐污染性，塑化速度快，填充剂容量大，耐水和耐油抽出。常与其他增塑剂配合，制造含有大量填充剂的塑料地板，铺面装饰材料及瓦楞板等。用其制造薄膜、板材和管材，有优良的透明性和光滑表面。用于压延法制造泡沫人造革，可降低加工温度，避免发泡剂的早期分解。

【制法】 苯酐和丁醇按质量比1∶0.52的比例进行酯化，首先生成邻苯二甲酸单丁酯。然后滴加30%的纯碱，重量大约与苯酐质量相等，再加入与苯酐质量相等的氯化苄进行缩合反应。缩合反应结束后，加水洗涤，粗酯用水蒸气蒸馏，再进一步真空蒸馏，即得成品。

【参考生产企业】 湖南长沙有机化工厂，

江苏无锡县有机化工厂，浙江温州市有机化工二厂。

Fb066 邻苯二甲酸二辛酯

【英文名】 1,2-benzenedicarboxylic acid bis(2-ethylhexyl) ester

【别名】 邻苯二甲酸二（2-乙基己）酯；bis(2-ethylhexyl) phthalate；di(2-ethylhexyl) phthalate；DOP；dioctyl phthalate；DEHP

【CAS登记号】 [117-81-7]

【结构式】

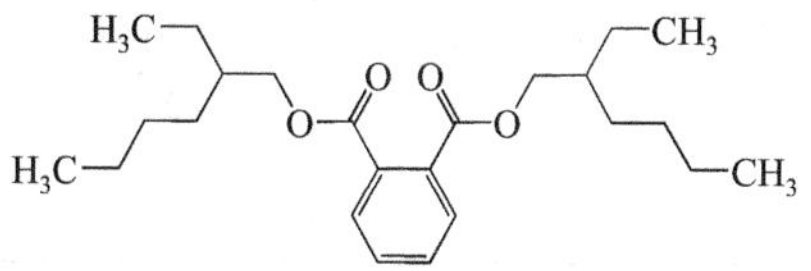

【物化性质】 无色透明液体，有特殊气味。沸点386.9℃。闪点（闭杯）206℃。着火点241℃。相对密度0.986。折射率(n_D^{25}) 1.4852。黏度81.4mPa·s。蒸汽压（200℃）176Pa。不溶于水，溶于大多数有机溶剂和烃类。与大多数工业用树脂有良好的相容性。与醋酸纤维素、聚醋酸乙烯酯部分相容。

【质量标准】 GB/T 11406—2001 工业邻苯二甲酸二辛酯

项目		优等品	一等品	合格品
密度(20℃)/(g/cm³)		0.982～0.988		
色度(铂-钴色号)	≤	30	40	60
纯度/%	≥	99.5	99.0	
水分/%	≤	0.10	0.15	
闪点/℃	≥	196	192	
酸度(以苯二甲酸计)/%	≤	0.010	0.015	0.030
体积电阻率/(×10⁹ Ω·m)	≥	1.0	①	—

① 根据用户需要，由供需双方协商，可增加体积电阻率指标。

【用途】 由于在相容性、柔韧性、低挥发性及抗抽出性等各方面性能全面优良，被认为是聚氯乙烯通用增塑剂的工业标准品，且用以作为与其他增塑剂相比较的基准。是一种较理想的主增塑剂，广泛应用于聚氯乙烯、纤维素树脂的加工。也可作为合成橡胶的软化剂。

【制法】 由苯酐与2-乙基己醇（异辛醇）在硫酸或钛酸酯、氧化亚锡、铝酸盐等非酸性催化剂催化下进行酯化反应，酯化液经中和、水洗、脱醇、脱色、压滤得成品。

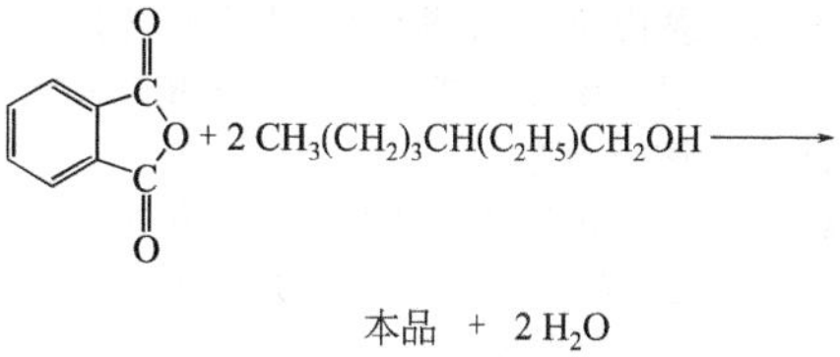

【安全性】 毒性低，动物口服LD_{50} > 30000mg/kg。法、英、日、德等国允许用于接触食品（脂肪性食品除外）的塑料制品，美国允许用于食品包装用玻璃纸、涂料、黏合剂、橡胶制品。20世纪80年代曾发生过关于DOP能否致癌的争论，目前虽无明确证据可证明，但各国都在寻找DOP的代用品。采用铁桶包装，规格200kg/桶。贮存应注意阴凉通风，防止漏水入桶，运输按一般危险品规定办理。

【参考生产企业】 山东齐鲁增塑剂股份有限公司，天津市天翔精细化工研究所，邯郸滏阳化工集团有限公司，沈阳市应用化学研究所，上海联成化学工业有限公司，山东宏信化工股份有限公司。

Fb067 四氢邻苯二甲酸二辛酯

【英文名】 dioctyl tetrahydrophthalate

【别名】 四氢邻苯二甲酸二（2-乙基己酯）；di-2-ethylhexyl tetrahydrophthalate

【结构式】

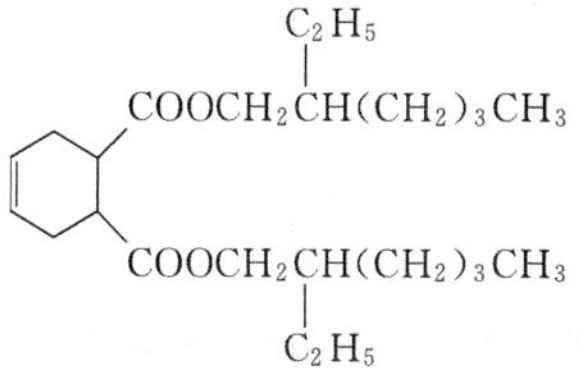

【物化性质】 几乎无色的油状液体。闪点202℃。凝固点≥90.5℃。相对密度0.969(20℃)。黏度47.2mPa·s(20℃)。溶于大多数有机溶剂，不溶于水。

【质量标准】 含量≥92%；凝固点≥90.5℃。

【用途】 是脂环族二元酸酯，用作聚氯乙烯增塑剂。与邻苯二甲酸酯相比，耐寒性突出，黏度低，所得增塑糊黏度稳定性好。可用于聚氯乙烯人造革、薄膜、塑料糊、软管的制造。

【制法】 将顺丁烯二酸酐和稍过量的丁二烯加入反应釜，在搅拌下升温至100～110℃进行双烯加成反应（即Diels-Alder反应），生成四氢邻苯二甲酸酐，收率接近100%。上述制得的四氢邻苯二甲酸酐与2.5倍摩尔的2-乙基己醇混合，在总投料量0.5%的硫酸催化下进行酯化。反应在搅拌下进行，反应温度为120～130℃。反应压力保持1.3～2.7kPa。酯化完成后，进行水洗，然后经蒸馏，即得四氢邻苯二甲酸二辛酯。

【安全性】 低毒。与水接触生成酸，有腐蚀性。当与皮肤接触后，立即用肥皂水洗涤。应储存在室内通风阴凉干燥处，严防潮湿，保持容器密闭。易燃，应避免火源，不可与氧化剂或爆炸性物共储。

【参考生产企业】 天津有机化学工业总公司天津溶剂厂，上海华熠化工助剂有限公司。

Fb068 邻苯二甲酸二环己酯

【英文名】 dicyclohexyl phthalate

【别名】 增塑剂DCHP；plasticizer DCHP

【结构式】

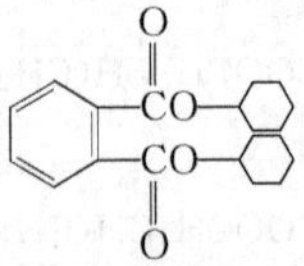

【物化性质】 具有芳香气味的白色结晶状粉末。沸点220～228℃（101.325kPa）。闪点207℃。凝固点65℃。蒸气压12Pa(150℃)。相对密度1.148(20℃)。折射率1.485(20℃)。黏度223mPa·s。溶于丙酮、甲乙酮、环乙酮、乙醚、甲苯等有机溶剂，微溶于乙二醇及某些胺类，难溶于水，与聚氯乙烯、丙烯酸树脂、聚苯乙烯、硝基纤维素等树脂相容。

【质量标准】

项　目		指　标
外观		白色结晶粉末
纯度/%	≥	99.0
熔融色度(Pt-Co色号)	≤	100
酸值/(mgKOH/g)	≤	0.1
熔点/℃		61～64
加热减量(120℃)/%	≤	0.1

【用途】 可用作聚氯乙烯、丙烯酸树脂、聚苯乙烯、硝酸纤维素等树脂的主增塑剂。耐水性好，是一种防潮增塑剂，还可用于防潮玻璃纸涂层和纸张的防潮涂料。在合成树脂黏合剂中，可提高其黏结力、耐油性和耐久性。用量一般占增塑剂总用量的10%～20%。美国、日本、德国、意大利等国允许用于与食品接触的包装材料，如食品包装袋、保鲜袋、保鲜膜等。

【制法】 以苯酐和环己醇为原料，投料比为苯酐∶环己醇=1∶2.4，以硫酸（总投料量的0.2%）为催化剂，进行酯化反应。反应压力0.08MPa，反应温度120℃，反应时间2～3h。粗酯液先用碱中和，再水洗，然后用直接水蒸气蒸馏脱去环己醇，经干燥、粉碎、过筛即得产品。

【安全性】 毒性很低。

【参考生产企业】 哈尔滨化工厂，天津化学试剂厂，上海试剂一厂。

Fb069 对苯二甲酸二甲酯

【英文名】 dimethyl terephthalate

【CAS登记号】 [120-61-6]

【结构式】

【物化性质】 无色斜方晶系结晶体。沸点283℃（230℃升华）。相对密度（d_4^{150}）1.084。折射率（n_D^{150}）1.4752。着火点155℃。熔点140.6℃。黏度（150℃）0.965mPa·s。不溶于水，溶于乙醚和热乙醇。

【质量标准】 SH/T 1543—93

项 目		优级品	一级品	合格品
外观		固态为白色薄片、熔融状态时为透明液体并无悬浮杂质		
挥发分/%(m/m)	≤	0.005		
熔融色度(铂-钴色号)	≤	10	20	30
结晶点/℃	≥	140.62	140.60	
灰分/%	≤	0.001	0.003	
酸值/(mgKOH/g)	≤	0.02	0.03	0.06
铁含量/%	≤	0.0001		0.0002
光密度(340nm)	≤	0.05	—	—
热稳定性(175℃下加热4h)(铂-钴标号)	≤	10	—	—

【用途】 涤纶树脂的中间体。也用于生产绝缘漆、黏合剂。还可用于生产增塑剂对苯二甲酸二辛酯。

【制法】 可由对苯二甲酸与甲醇在硫酸或其他催化剂催化下酯化生成。具体有间歇、连续，常压、加压等不同的工艺方法。较先进的工艺是连续合并氧化合并酯化法（威顿法）以对二甲苯和对甲基苯甲酸甲酯为原料，以钴、锰金属盐为催化剂加压氧化，继而用甲醇连续酯化得对苯二甲酸二甲酯。

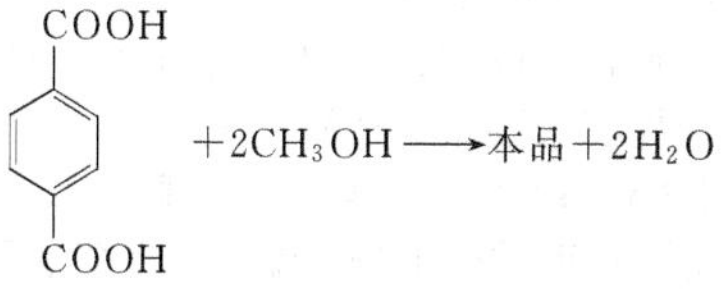

【安全性】 大鼠经口 LD_{50} 为 10g/kg。毒性很低，也无皮肤刺激作用。采用塑料编织袋包装。贮于阴凉通风处。

【参考生产企业】 常州市无明化工有限公司，中国石油化工有限公司天津分公司化工部。

Fb070 间苯二甲酸二苯酯

【英文名】 diphenyl isophthalate

【别名】 DPIP

【CAS 登记号】 [744-45-6]

【结构式】

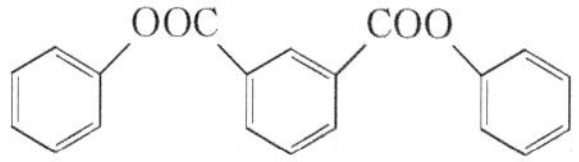

【物化性质】 白色晶体。熔点141～142℃。溶于乙醇、丙酮。

【质量标准】 白色至淡黄色结晶粉末。含量≥95%；熔点136.5～137.5℃。

【用途】 用作芳杂环高聚物（如聚苯并咪唑、聚苯并噻唑等耐高温高聚物）的原料，也可用作聚酰胺类工程塑料的增韧剂。

【制法】 以间苯二甲酸二甲酯为原料，与苯酚在正钛酸丁酯催化下，进行酯交换反应，然后经减压蒸馏，并加入间二甲苯，进行重结晶，最后经分离、干燥而得。

【安全性】 采用以50kg内衬塑料袋外套编织袋包装。贮存于阴凉、干燥、通风的库房内。远离火种、热源。严格防潮、防水。搬运时轻装轻卸，防止包装破损。

【参考生产企业】 潍坊聚利达化工有限公司，北京恒业中远化工有限公司。

Fb071 间苯二甲酸二辛酯

【英文名】 di-2-ethylhexyl isophthalate

【别名】 间苯二甲酸二(2-乙基己)酯；DOIP；di-2-ethylhexyl isophthalate

【结构式】

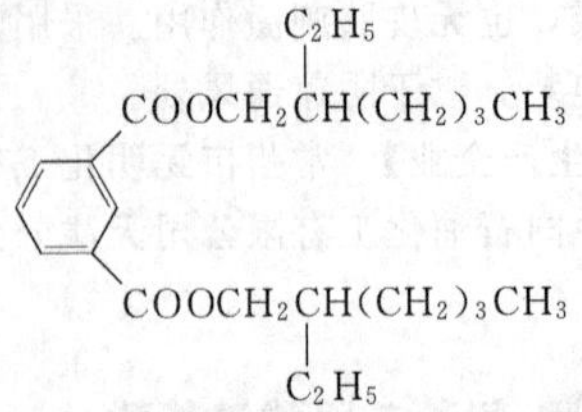

【物化性质】 几乎无色的油状液体。沸点241℃（666.6Pa）。着火点265.5℃。闪点235℃。凝固点−44℃。相对密度0.982（25℃）。折射率1.4875（25℃）。黏度55mPa·s（20℃）。20℃时在水中溶解度0.07%。

【质量标准】

项　目		指　标
外观		无色油状液体
相对密度(25℃)		0.982±0.003
水分/%	≤	0.10
色度(Pt-Co 色号)		50
酸度(以醋酸计)/%	≤	0.01
酯含量/%	≥	99.6

【用途】 用作聚氯乙烯、硝酸纤维素、乙基纤维素、聚苯乙烯等树脂的增塑剂。热、光稳定性和低温性能良好，电气性能极好。与邻苯二甲酸二辛酯（DOP）比较，更耐水、油和溶剂的抽出，挥发性更低。向硝基纤维素漆膜的迁移性非常小。增塑效率不如DOP，但可代替DOP用于各种聚氯乙烯软质制品。

【制法】 将间苯二甲酸与2-乙基己醇以质量比为1∶2的比例加入反应釜，再加入总投料量0.25%～0.3%的催化剂硫酸。在搅拌下加热至150℃左右，抽真空至真空度为93.3kPa的条件下进行酯化反应，酯化时间大约7h。酯化时同时加入总物料量的0.1%～0.3%的活性炭。粗酯经5%左右的纯碱液中和，再用80～85℃的热水洗涤。然后粗酯在130～140℃、真空度不低于93.3kPa条件下进行脱醇，直到粗酯闪点达到230℃以上为止。脱醇后的粗酯再用水蒸气蒸馏脱除低沸物。必要时可在脱醇时补加一定量的活性炭。粗酯最后经压滤即得成品。

【安全性】 同邻苯二甲酸二辛酯。

【参考生产企业】 江苏苏州溶剂厂，上海华熠化工助剂有限公司。

Fb072 偏苯三甲酸三异辛酯

【英文名】 tri(2-ethylhexyl)trimellitate

【别名】 1,2,4-三甲酸三（2-乙基己）酯基苯；偏苯三甲酸三（2-乙基己）酯；增塑剂TOTM；TOTM；plasticizer TOTM

【结构式】

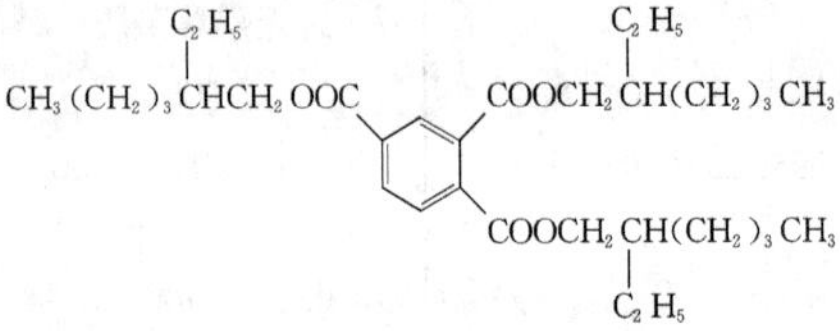

【物化性质】 透明油状液体。略有气味。色泽（APHA）<250号。沸点278～284℃（0.4kPa）、430℃（0.1MPa）。凝固点−35℃。相对密度（20℃）0.982～0.997。折射率（25℃）1.485。黏度（20℃）100～300mPa·s。

【质量标准】

项　目		指　标
外观		透明油状液体
酸值/(mgKOH/g)	≤	0.3
皂化值/(mgKOH/g)		300±10
加热减量/%		0.15
色度(碘号)	<	5

【用途】 为聚氯乙烯耐热和耐久性增塑剂。与聚氯乙烯树脂有较好的相容性，可用作耐热耐久性制品的主增塑剂。其相容性、塑化性、耐低温性、耐迁移性、耐水抽出性和热稳定性都很好，可用于耐热电线电缆料、板材、片材、密封垫等制品。耐油性不及聚酯增塑剂。

【制法】 由1,2,4-偏苯三酸酐与2-乙基己醇在硫酸催化下进行酯化，粗酯液用纯碱中和，真空脱醇，用无离子水洗涤，氧化镁净化，最后经压滤而得成品。

【安全性】 低毒。应储存在室内通风干燥处，避免火源。按易燃化学品规定储运。

【参考生产企业】 上海华溢塑料助剂合作公司，上海华熠化工助剂有限公司。

Fb073 丁基酞酰甘油醇酸丁酯

【英文名】 butyl phthalyl butyl glycollate

【别名】 丁基邻苯二甲酰基乙醇酸丁酯；BPBG

【结构式】

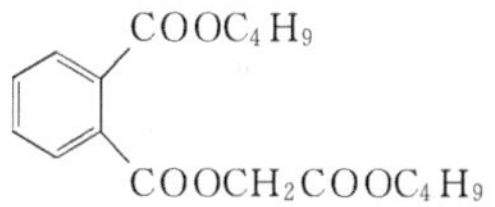

【物化性质】 几乎无色的油状液体。有良好的耐光性、耐碱性、耐寒性。沸点345℃（0.1MPa）、219℃（0.67kPa）。闪点（开杯）199℃。凝固点－35℃。相对密度1.10。折射率（25℃）1.490。黏度51mPa·s。与大部分树脂相容。在水中的溶解度0.0012%（30℃），可与蓖麻油、亚麻子油、中国桐油混溶。

【质量标准】

项目		指标
色度(Pt-Co 色号)	≤	50
皂化值/(mgKOH/g)		500±5
相对密度(20℃)		1.10±0.05
挥发物(125℃,3h)/%	≤	0.03
灰分/%	≤	0.02
闪点(开杯)/℃	≥	195
酸值/(mgKOH/g)	≤	0.35

【用途】 用作聚氯乙烯、聚苯乙烯、丙烯酸树脂和醇酸树脂的增塑剂，用量为5%～10%；用作苯酚树脂、聚醋酸乙烯和醋酸丁酯纤维素的增塑剂，用量为30%左右；用作醋酸丙烯纤维素、聚乙烯醇缩醛、氯化橡胶的增塑剂，用量为10%～25%。可赋予制品优良的柔软性、耐候性和弹性。无味、无毒、无臭、耐油和耐溶剂抽出性好，特别适用于制作食品包装和医疗用输血管、输液袋等。

【制法】 分步进行①将苯酐和丁醇按摩尔比为1∶1.05的比例投入反应釜，搅拌下升温至100℃左右进行单酯化，生成邻苯二甲酸单丁酯；②将氯乙酸和丁醇按摩尔比为1∶1.2的比例投入反应釜，搅拌下升温至（140±5)℃进行反应，生成氯乙酸丁酯；③将上述制备的邻苯二甲酸单丁酯、氯乙酸丁酯和碳酸钠按摩尔比为1∶1.1∶0.6的比例投入反应釜，搅拌下升温至150℃进行缩合。粗品用60～70℃的水进行水洗，再用10%的纯碱液进行碱洗、再用水洗后，加入薄膜蒸发器，于余压666.5Pa以下，温度（220±5)℃的条件下进行薄膜蒸发，丁酯重量的2%左右的活性炭于80～90℃下脱色，最后经压滤即得成品。

【安全性】 无毒。应储存在室内通风干燥处，避免火源。按易燃化学品规定储运。

【参考生产企业】 天津有机化学工业总公司天津溶剂厂，河北省张家口市广盛化学助剂有限公司。

Fb074 二甘醇二苯甲酸酯

【英文名】 diethylene glycol dibenzoate

【CAS 登记号】 [120-55-8]

【结构式】

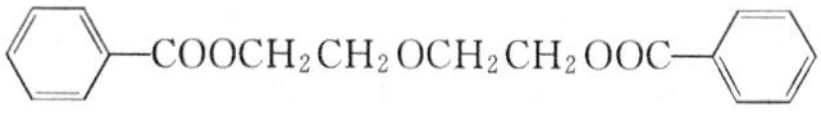

【物化性质】 无色油状液体。微有气味。相对密度（d_4^{21}）1.1751。沸点（667Pa）236℃。闪点（开杯）232℃。黏度（20℃）0.11Pa·s。折射率1.5448。微溶于水，溶于一般有机溶剂。

【用途】 为聚氯乙烯、聚醋酸乙烯酯等多种树脂用的增塑剂，具有溶解性强，相容性好，挥发低，耐油、耐水、耐光、耐污染性好等特点，适于加工聚氯乙烯地板料、增塑糊、聚醋酸乙烯酯黏合剂以及合成橡胶等。

【制法】 由二甘醇和苯甲酸为原料，直接酯化生成，再经中和、脱醇、精制得成品。

【安全性】 毒性低。大鼠经口 LD_{50} 为 5.44g/kg。用铁桶包装，按一般化学品规定贮运。

【参考生产企业】 河南安庆化工高科技股份有限公司，河南省武涉县塑光化工有限公司。Kn 芳香族含氮化合物

Fb075 过氧化氢二异丙苯

【英文名】 *p*-dipropylbenzene hydroperoxide

【CAS 登记号】 [98-49-7]

【结构式】

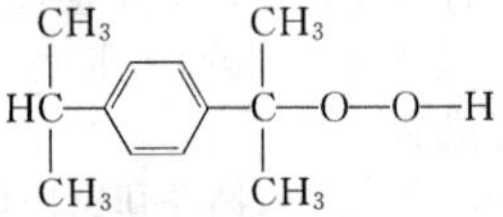

【物化性质】 浅黄色透明油状液体。熔点 30℃（对位结构 98.8%）。相对密度 0.935～0.960（纯度 50%～60%）。折射率 1.488～1.510（纯度 50%～60%）。受热或与酸、碱接触易分解。易燃，具有强氧化性。遇热、明火或与酸、碱接触剧烈反应会造成燃烧爆炸。与还原剂、促进剂、有机物、可燃物等接触会发生剧烈反应，有燃烧爆炸的危险。

【用途】 主要用作丁苯橡胶的聚合引发剂，其引发速率较过氧化氢异丙苯快 30%～50%，但较过氧化氢三异丙苯为慢。也可用作其他高聚物的引发剂。

【制法】 在由苯与丙烯反应制得生产丙酮和苯酚的原料异丙苯中，约有 11% 的二异丙苯，将此二异丙苯在温度为 110～120℃时用空气直接氧化，得到过氧化氢二异丙苯的氧化液，然后减压浓缩得到。或者利用二异丙苯在碱性条件下直接用空气氧化制得。

【安全性】 易燃，具爆炸性，具强刺激性。皮肤接触可引起灼伤，对黏膜有强烈刺激作用。避免与还原剂、酸类、碱类接触。

【参考生产企业】 甘肃兰州助剂厂，天津市汉沽高分子化工助剂厂。

Fb076 苯基乙基丙二酸二乙酯

【英文名】 diethyl ethylphenylmalonate

【CAS 登记号】 [76-67-5]

【结构式】

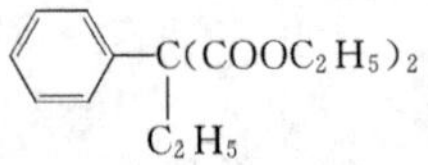

【物化性质】 无色或微黄色透明油状液体。有异臭。密度 1.071g/cm^3。沸点 170℃(2.53kPa)。折射率（n_D^{25}）1.4896。不溶于水，溶于乙醇、乙醚。

【质量标准】

项　目		优级品	一级品
含量/%	≥	95	90
相对密度		1.070～1.072	1.068～1.070
水分/%	≤	0.2	0.2
外观		无色透明	微黄透明

【用途】 有机合成原料，用作苯巴比妥、扑痫酮等药物的中间体。

【制法】 氰化苄与乙醇在硫酸存在下反应生成苯乙酸乙酯。所得苯乙酸乙酯经精馏后与草酸二乙酯及乙醇钠进行缩合反应，经盐酸酸析后再用溴乙烷进行乙基化反应，生成苯基乙基丙二酸二乙酯，最后经减压分馏精制得成品。

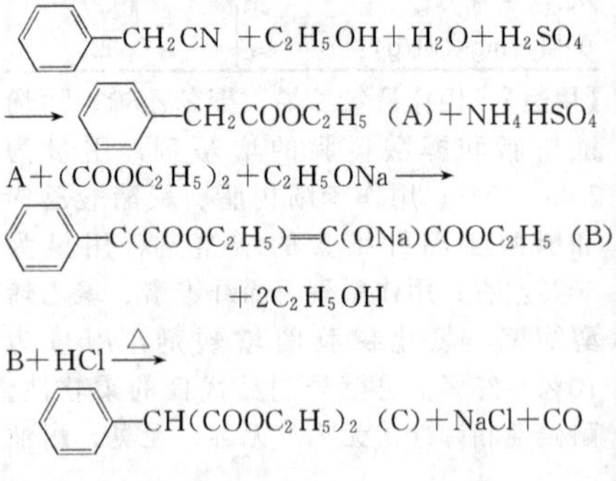

$C+C_2H_5Br+C_2H_5ONa \longrightarrow$ 本品$+NaBr+C_2H_5OH$

【安全性】 用铁桶包装。

【参考生产企业】 芮城福斯特化工有限公司，上海罗店化工总厂，江苏省泰兴市医药化工厂。

Fb077 4-正丁基苯甲酸-4′-氰基苯酚酯

【英文名】 4-cyanophenyl-4′-butylbenzoate

【结构式】

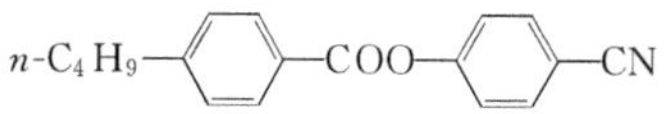

【物化性质】 白色固体。溶于乙醇、乙醚，不溶于水。

【质量标准】 企业标准

项　目		指　标
外观		白色固体
含量/%	≥	99
熔点/℃		67～68
清亮点/℃		约41(单变)
电阻率/Ω · cm	≥	1×10^{11}
水分含量/$\times10^{-6}$	≤	0.1
金属含量		合格

【用途】 用于配制混合液晶。

【制法】 丁基苯甲酸与二氯亚砜反应，生成对丁基苯甲酰氯，再与对腈基苯酚作用制得。

【安全性】 对皮肤无显著的刺激作用，但有一定的毒性，应避免吸入粉尘，工作人员应作好防护。常温避光下贮运或保存。

Fb078 对正戊基联苯腈

【英文名】 4-*n*-pentyl-4’-cyanobiphenyl

【结构式】

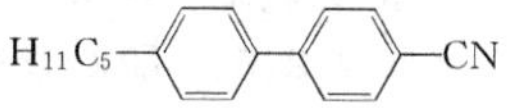

【物化性质】 常温下为白色乳状液体。能溶于己烷、石油醚、醋酸乙酯、乙醇等，不溶于水。

【质量标准】 企业标准

项　目		指　标
外观		乳白色液体
含量/%	≥	99
熔点/℃		22.5
清亮点/℃		35
电阻率/Ω · cm	≥	1×10^{11}
水分含量/$\times10^{-6}$	≤	0.1
金属含量		合格

【用途】 用于配制 TN，STN 型液晶。

【安全性】 应避免长期接触和吸入体内，工作人员应作好防护。在避光下保存或运输。

Fb079 4-正戊基-4′-腈基联苯

【英文名】 4-*n*-pentyloxy-4′-cyanobiphenyl

【结构式】

【物化性质】 白色针状结晶。溶于乙醇、乙酸乙酯、石油醚，不溶于水。

【质量标准】 企业标准

项　目		指　标
外观		白色针状结晶
含量/%	≥	99
熔点/℃		48
清亮点/℃		67.5
电阻率/Ω · cm	≥	1×10^{11}
水分含量/$\times10^{-6}$	≤	0.1
金属含量		合格

【用途】 配制 TN 型混合液晶显示材料。

【制法】 以联苯为原料，与苯磺酰氯的反应生成联苯酚磺酸酯，经溴化得对溴联苯酚磺酸酯，再经水解，二次溴化得对溴联苯酚，与溴戊烷反应生成对戊氧基联苯溴，与氰化亚铜作用制得。

【安全性】 吸入粉尘有害，工作时要作好防护。避光保存或运输。

Fb080 4-正戊基-4′-联苯甲酸对腈基酚酯

【英文名】 4-*n*-pentyloxy-4′-biphenylcarboxylic acid *p*-cyanophenyl ester

【结构式】

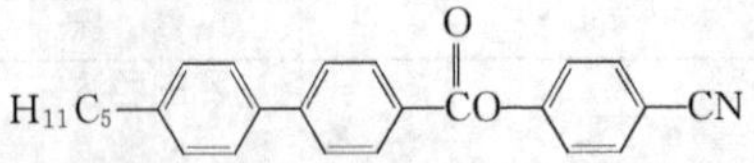

【物化性质】 白色结晶粉末。溶于卤仿、丙酮、醋酸乙酯，不溶于水。

【质量标准】 企业标准

项　目		指　标
外观		白色结晶体
含量/%	≥	99
清亮点/℃		230～232
电阻率/Ω·cm	≥	1×10^{11}
水分含量/$\times10^{-6}$	≤	0.1
金属含量		合格

【用途】 配制 TN 型混合液晶。

【制法】 由对羟基苯腈与戊烷基联苯甲酰氯缩合制得。

【安全性】 对皮肤无明显的刺激作用，但应避免吸入粉尘，工作人员应作好防护。避光保存或运输。

Fb081 4-丙基-4′-腈基苯基环己烷

【英文名】 4-propyl-1-(4′-cyanophenyl) cyclohexane

【结构式】

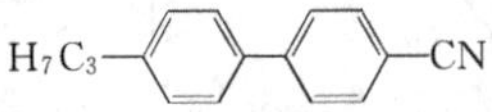

【物化性质】 白色结晶体。溶于二氯乙烷、苯、甲苯，不溶于水。

【质量标准】 企业标准

项　目		指　标
外观		白色结晶体
含量/%	≥	99
熔点/℃		43.2
清亮点/℃		46
电阻率/Ω·cm	≥	1×10^{11}
水分含量/$\times10^{-6}$	≤	0.1
金属含量		合格

【用途】 液晶显示材料。

【制法】 以环己烯为原料，与丙酰氯反应生成己烷丙酰基氯代物（Friendel-Crafts 反应），然后在苯的存在下继续进行 Friendel-Crafts 反应得到丙酰基环己烷联苯，用水合肼还原生成丙基环己烷联苯，再酰氯化，氨解脱水制得。

【安全性】 对皮肤无明显的刺激作用，但有一定的毒性，工作人员应作好防护。避光保存或运输。

Fb082 4-壬氧基苯甲酸-4′-(4-甲基己氧酰)

【英文名】 *p*-nonyl loxyl berzoic acid *p*′-(4-methylhexyl acyloxyl) phenoate

【结构式】

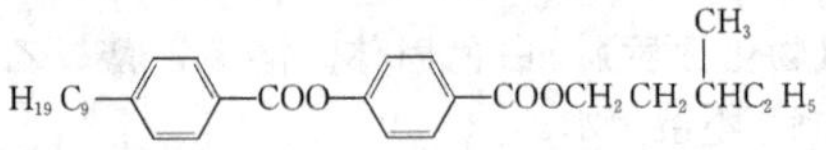

【物化性质】 白色固体。当加热到 62℃时有铁电性质，70.5℃时出现胆甾相。能与其他液晶材料混溶。溶于苯、乙醇，不溶于水。

【质量标准】 企业标准

项　目		指　标
外观		白色结晶
含量/%	≥	99
Sc* 型液晶/℃		62
清亮点/℃		70.5
水分含量/$\times10^{-6}$	≤	0.1
金属含量		合格

【用途】 大屏幕液晶屏显示材料。

【制法】 将壬氧基对苯甲酸和活性异庚酸分别经酰氯化，得到两个酰氯中间体，以对苯二酚为桥键物，分别进行缩合即可。

【安全性】 该品无刺激作用，严禁粉尘吸入体内，操作者要注意穿戴防护用具。置阴凉处避光保存或运输。

Fb083 4-(正戊氧基)-苯基-4-(4-戊氧基-2,3,5,6-四氟苯基)乙炔基苯甲酸酯

【英文名】 4-{*n*-pentyloxycarbonylphenyl-4-[(4-pentyloxyl-2, 3, 5, 6-tetrafluorophenyl)ethynyl] benzoate}

【结构式】

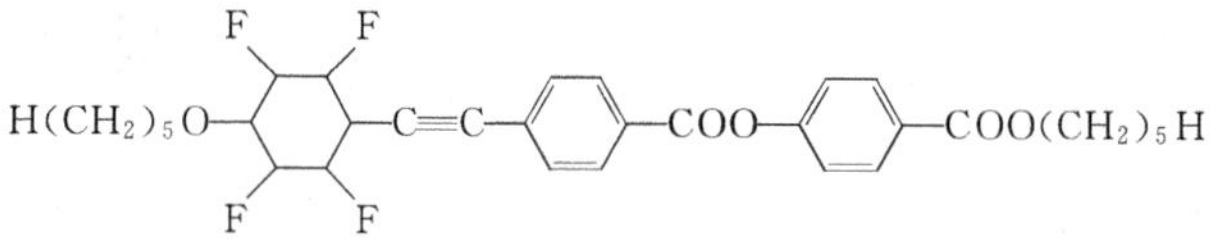

【物化性质】 白色固体，溶于苯、乙酸乙酯、丙酮，不溶于水。

【质量标准】 企业标准

项　目	指　标
外观	白色片状结晶
含量/% ≥	99
清亮点/℃	168.5
水分含量/×10^{-6} ≤	0.1
金属含量	合格

【用途】 大屏幕液晶屏显示材料。

【制法】 由对碘苯甲酸与对羟基苯甲酸戊酯作用生成 4-碘代苯甲酸-4′-甲基苯酚酯；另由 1-五氟苯-2-三甲基硅炔烷与戊醇亲和取代生成 2,3,5,6-四氟苯对戊氧基乙炔，然后将二者作用即能得到产品。

【安全性】 对皮肤无明显的刺激作用，严禁粉尘吸入体内。置阴凉处避光保存或运输。

Fb084 碳酸二苯酯

【英文名】 phenyl carbonate

【别名】 carbonic acid diphenyl ester; diphenyl carbonate

【CAS 登记号】 [102-09-0]

【结构式】 $C_6H_5OCOOC_6H_5$

【物化性质】 白色结晶固体，能被热碱分解和氨解。进行卤化、硝化反应。沸点 302℃。熔点 83℃。相对密度（d_4^{87}）1.1215。几乎不溶于水，溶于热乙醇、苯、乙醚、四氯化碳、冰醋酸等有机溶剂。

【质量标准】 企业标准

项　目	指　标
色度 ≤	30
纯度/%	99.5
酚含量/% ≤	0.3
熔点/℃	78～80

【用途】 重要的环保化工产品，可用于合成许多重要的医药、农药及其他有机化合物和高分子材料，如脂肪族单异氰酸酯和对羟基苯甲酸聚酯。也可用作聚酰胺、聚酯的增塑剂和溶剂。

【制法】 （1）光气法光。气和苯酚在 NaOH 介质中进行缩合反应生成碳酸二苯酯。反应完成后经驱气（残余光气与氯化氢气体）、静置分层、水洗、脱水以及减压蒸馏、结晶得成品。

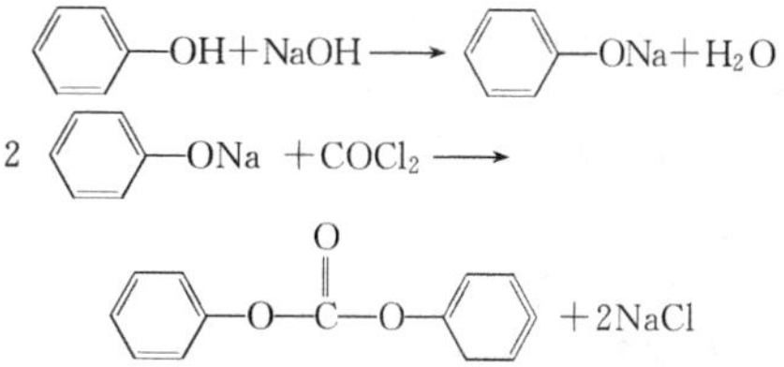

（2）酯交换法。由苯酚和碳酸二甲酯交换合成碳酸二苯酯，通常分两步进行，首先是苯酚转化为甲基苯基碳酸酯，然后再进一步与苯酚作用得到碳酸二苯酯。此路线收率较低，需开发高效催化剂和改进工艺流程。

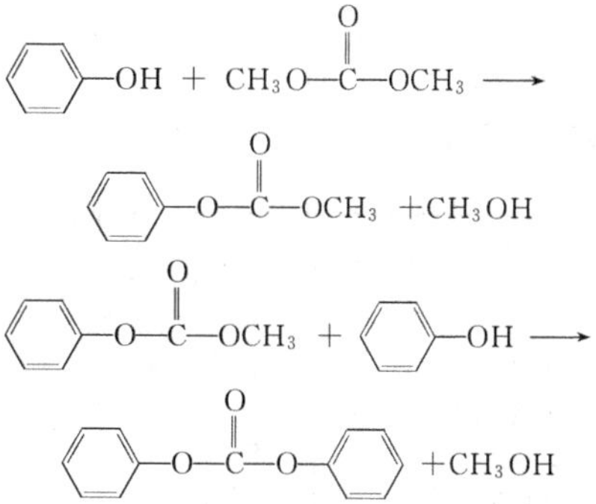

（3）苯酚氧化羰基化法。以苯酚、一氧化碳和氧气在催化剂存在下一步直接合成碳酸二苯酯。此法具有工艺简单、原料

便宜易得及无污染等特点。

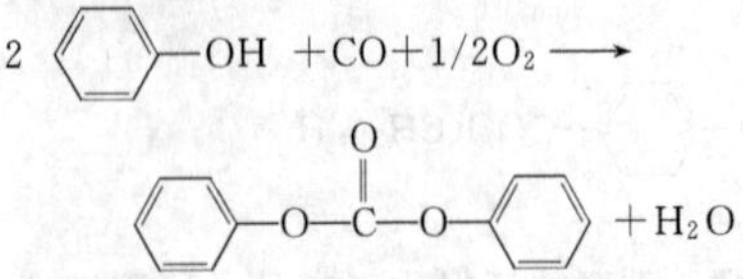

【安全性】 低毒。对皮肤有过敏性作用。注意防止生产过程中光气泄漏，生产场所应保持通风良好。操作人员应穿戴防护用具。用镀锌铁桶包装，或聚丙烯编织袋内衬牛皮纸包装。存放于通风干燥库房内。按有毒化学品规定贮运。

【参考生产企业】 唐山市朝阳化工总厂，重庆长风化工厂，上海申聚化工厂有限公司，上海元吉化工有限公司。

Fb085 磷酸三苯酯

【英文名】 triphenyl phosphate

【别名】 增塑剂 TPP；TPP；plasticizer TPP

【CAS 登记号】 [115-86-6]

【结构式】 $(C_6H_5O)_3PO$

【物化性质】 白色针状结晶。微具芳香气味。挥发度 1.15%（100℃，6h）。沸点 370℃（0.1MPa）、245℃（1.467kPa）。熔点 48.4～49.2℃。闪点 220℃。相对密度 1.268（60℃）。折射率 1.5518～1.5630（25℃）。难溶于水，微溶于乙醇，易溶于醚、苯、氯仿、丙酮等多种有机溶剂，也能溶于植物油。

【质量标准】 HG/T 2688—2005 磷酸三苯酯

项　目		优等品	一等品	合格品
外观		白色结晶粉末状或片状物		
色度(Pt-Co 色号)	≤	40	50	80
热稳定性①/(Pt-Co 色号)	≤	75	—	—
结晶点/℃	≥	48.5	48.0	47.0
酸值(以 KOH 计)/(mg/g)	≤	0.05	0.10	0.10
游离酚(以苯酚计)/%	≥	0.05	0.07	0.10
水溶性杂质①(氯化物、硫酸盐、磷酸盐)		检不出	—	—

① 根据用户要求检验。

【用途】 用作纤维素树脂，乙烯基树脂，天然橡胶和合成橡胶的阻燃性增塑剂，还可用作于黏胶纤维中作为樟脑不燃性代用品。其挥发度低，阻燃效率高，具有优良的力学性能保持率、透明性、柔软性和韧性。

【制法】 (1) 三氯氧磷直接法（又称热法）。苯酚以吡啶和无水苯为溶剂，在不超过 10℃的温度下，缓缓加入氧氯化磷，然后在回流温度下，反应 3～4h。冷却至室温后，反应物经水洗回收吡啶，离心脱水后，再用干燥的硫酸钠脱水，过滤除去硫酸钠。最后先常压蒸馏回收苯，再减压蒸馏，收集 243～245℃（1.47kPa）的馏分，经冷却、结晶、粉碎即为成品。

(2) 三氯化磷间接法（又称冷法）。苯酚熔融后，搅拌下在 25℃下滴加三氯化磷，生成亚磷酸三苯酯；然后升温至 70℃通入氯气，生成二氯代磷酸三苯酯；再于 50℃加水水解，生成磷酸三苯酯。最后水解产物用 5%纯碱水溶液进行中和、水洗、蒸发和减压蒸馏，收集 243～245℃（1.47kPa）的馏分，冷却、结晶、粉碎、包装即为成品。

【安全性】 有中等毒性，可经皮肤或呼吸道吸入而引起中毒。轻者可造成胃肠障碍，食欲不振，重者引起腿、脚、臂及手的麻痹或肌肉萎缩等现象。空气中最高允许浓度为 $3mg/m^3$。生产过程中应注意设备的密闭性和现场通风良好，操作人员应穿戴防护用具。采用内衬塑料袋，外用木桶或铁桶包装，每桶 30～150kg。按有毒危险品规定储运。

【参考生产企业】 杭州大自然有机化工实业有限公司，江苏常余化工有限公司，湖南衡阳有机化工厂。

Fb086 磷酸三甲苯酯

【英文名】 tricresyl phosphate

【别名】 磷酸三（3-甲基苯）酯；磷酸三甲酚酯；增塑剂 TCP；TCP；tricresyl phosphate；tritolyl phosphate；plasticizer TCP

【CAS 登记号】 [1330-78-5]

【结构式】

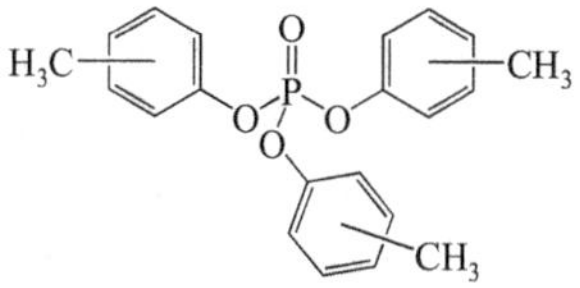

【物化性质】 为无色透明油状液体。沸点 235～255℃（0.533kPa）、410～440℃（0.1MPa），420℃分解。凝固点＜－20℃。相对密度 d_{25}^{25} 1.16。折射率 n_D^{25}1.55。黏度（20℃）78～185mPa·s。不溶于水，溶于苯、醚类、醇类、植物油、矿物油等有机溶剂。可与聚氯乙烯、聚苯乙烯、氯乙烯共聚物、合成橡胶以及许多纤维素类相容。

【质量标准】 HG/T 2689—2005 磷酸三甲苯酯

项目		优等品	一等品	合格品
外观		黄色透明油状液体		
色度(Pt-Co 色号)	≤	80	150	250
密度/(g/cm³)	≤	1.180	1.180	1.190
酸值(以 KOH 计)/(mg/g)	≤	0.05	0.10	0.25
加热减量/%	≤	0.10	0.10	0.20
闪点/℃	≥	230	230	220
游离酚(以苯酚计)/%	≤	0.05	0.10	0.25
体积电阻率①/(Ω·cm)	≥	1×10^9	1×10^9	—
热稳定性①/(Pt-Co)号	≤	100	—	—

① 根据用户要求检验。

【用途】 为阻燃性增塑剂。与许多纤维素树脂、乙烯基树脂、聚苯乙烯、合成橡胶相容，尤其与聚氯乙烯相容性极好，且可作为相容性差的助剂媒介，改善与树脂的相容性。有很好的相容性、阻燃性、防霉性、耐磨性、耐污染性、耐候性、耐辐射性和电气性能。用于涂料，可增加漆膜的柔韧性。

【制法】 (1) 三氯氧磷直接法（又称热法）。甲酚以吡啶和无水苯为溶剂，在不超过 10℃的温度下，缓缓加入氧氯化磷，然后在回流温度下，反应 3～4h。冷却至室温后，反应物经水洗回收吡啶，离心脱水后，再用干燥的硫酸钠脱水，过滤除去硫酸钠。最后先常压蒸馏回收苯，再减压蒸馏，收集 243～245℃（1.47kPa）的馏分，经冷却、结晶、粉碎即为成品。

(2) 三氯化磷间接法（又称冷法）。混合甲酚和三氯化磷在 15～20℃下反应，生成亚磷酸三甲苯酯，然后在 60～70℃通入氯气，生成二氯代亚磷酸三甲苯酯，再于 50℃下进行水解，而生成磷酸三甲苯酯。最后经水洗、中和、蒸发和减压蒸馏，截取 340～360℃（2.067kPa）馏分作为成品。

【安全性】 有中等毒性，可经皮肤或呼吸道吸入而引起中毒，发生多发性神经炎。严重中毒可造成胃肠障碍，食欲不振，并会引起腿、脚、臂及手的麻痹或肌肉萎缩等现象。生产过程中应注意设备的密闭性和现场通风良好，操作人员应穿戴防护用具。空气中最高允许浓度为 3mg/m³。采用内衬塑料袋，外用木桶或铁桶包装，每桶 30～150kg。在储运中防止碰撞，小心轻放，切勿倒置。按有毒危险品规定储运。

【参考生产企业】 杭州大自然有机化工实业有限公司，江苏常余化工有限公司，天津滨海化工厂等。

Fb087 亚磷酸苯二辛酯

【英文名】 phenyl dioctyl phosphite

【别名】 亚磷酸-苯二（2-乙基己基）酯；亚磷酸苯二异辛酯；di(2-ethylhexyl) monophenyl phosphite

【结构式】

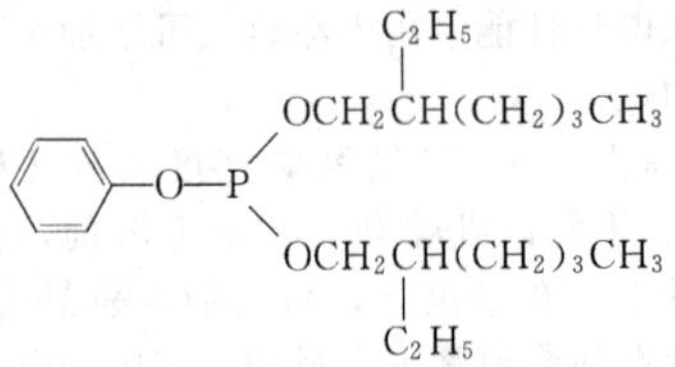

【物化性质】 无色透明油状液体。沸点 148～156℃（8Pa）。相对密度 0.942（25℃）。折射率 1.4791。易溶于一般有机溶剂。

【质量标准】

项　目	指　标
外观	无色或浅黄色透明油状液体
相对密度(20℃)	0.945～0.955
色度(Pt-Co 色号)　≤	30
折射率(n_D^{20})	1.475～1.480

【用途】 在聚氯乙烯中具有螯合剂作用，毒性低，可用于塑料医疗器械制品的增塑剂。还可用作辅助抗氧剂，具有良好的抗变色作用，可增加制品的抗氧化性和光稳定性。

【制法】 将 2-乙基己醇加入搪瓷反应釜，搅拌下加热，投入金属钠，逐步升温至 100℃，熔钠过程中排除氢气。熔钠结束后，将料温冷却至 45℃左右，搅拌下加入亚磷酸三苯酯进行酯交换反应。反应完成后，将反应物抽入不锈钢蒸馏釜，在 160℃、21.33kPa 下蒸出与酯交换产生的苯酚，得粗酯。将粗酯加入洗涤槽冷却至 20℃左右，用 15%的氢氧化钠溶液洗涤，静置，放去母液后，油层用清水漂洗至中性或微碱性。最后进行减压蒸馏，收集 180～200℃（400.0～666.5Pa）馏分，即得成品。

【安全性】 低毒。采用白铁皮铁桶包装。储存在阴凉通风干燥处。应防热、防晒、防火。按一般化学品规定储运。

【参考生产企业】 杭州大自然有机化工实业有限公司，上海彭浦化工厂，天津有机化学工业总公司天津溶剂厂。

G 含氮化合物

HANDBOOK OF CHEMICAL PRODUCTS

Ga 脂肪族含氮化合物

Ga001 硝基甲烷

【英文名】 nitromethane

【别名】 nitrocarbol

【CAS登记号】 [75-52-5]

【结构式】 CH_3NO_2

【物化性质】 易燃、有毒、无色透明油状液体，具有微弱的芳香气味。沸点 101.2℃。熔点 −28.55℃。相对密度 1.1371，(d_4^{25}) 1.1322。折射率 1.3819，(n_D^{22}) 1.38056。黏度 0.647mPa · s。蒸气压 (20℃) 3.706kPa。闪点 45℃。燃点 421℃。难溶于水，可与乙醇、乙醚和丙酮等有机溶剂混溶。20℃时水中溶解度 9.5%（体积）。

【质量标准】 HG/T 2031—2008 （工业级）硝基甲烷

项　目		优等品	一等品
外观		透明液体、有特殊气味	
硝基甲烷/%	≥	99.5	99.0
色度(铂-钴色号，Hazen 单位)	≤	20	25
密度(ρ_{20})/(g/cm³)		1.136～1.142	
水分/%	≤	0.3	0.5
酸度(以乙酸计)/%	≤	0.05	0.01

【用途】 可用作硝酸纤维素、醋酸纤维素、乙烯基树脂、聚丙烯酸酯涂料和蜂蜡等的溶剂，也可用来合成炸药、火箭燃料、医药、染料、杀虫剂、杀菌剂、稳定剂和汽油添加剂等。

【制法】 (1) 甲烷气相硝化法。将甲烷经预热与气化的硝酸、水蒸气按一定比例混合，然后进入管式反应器在常压和 450～550℃温度条件下直接进行硝化，反应产物经冷凝、吸收、蒸馏，得粗品，再经洗涤、精馏制得。

$$CH_4+HNO_3 \longrightarrow CH_3NO_2+H_2O$$

(2) 硫酸二甲酯与亚硝酸钠反应法。将亚硝酸钠和硫酸二甲酯加入反应器中进行反应，反应产物经冷凝、蒸馏、冷却分层得成品。此外，还可以采用亚硝酸钠与氯乙酸钠反应、亚硝酸盐与卤代烷反应制得。

$$(CH_3)_2SO_4+2NaNO_2 \longrightarrow 2CH_3NO_2+NaSO_4$$

【安全性】 小鼠经口 LD_{50} 为 1.44g/kg。豚鼠 LC 为 1000×10^{-6}。有很高的毒性，即使在 0.05%以下的浓度也能刺激所有动物的眼睛、呼吸道黏膜，如果长时间吸入会引起深度麻醉。在 3%的浓度下吸入两小时可因肺水肿、肝肿、肾脏的刺激而致死。操作人员必须佩戴防护用具，防止皮肤和液体产品接触。要求设备密闭，无跑、冒、滴、漏现象，加强局部或整体通风，注意安全。硝基甲烷具有爆炸性，其蒸气能与空气形成爆炸性混合物，在空气中的爆炸极限为 7.3%（体积）。生产操作场所空气中最高容许浓度 100×10^{-6}。有毒，易燃，不宜用槽车贮运。一般采用铝桶或塑料桶包装。贮存于阴凉通风处，应与氧化剂隔离。如发生火灾，应采用泡沫、二氧化碳和四氯化碳灭火器灭火。如用水灭火，则无效。按有毒、易燃物品规定贮运。

【参考生产企业】 苏州市吴赣化工有限责任公司，太原市欣吉达化工有限公司，临西金亿化工有限公司，山东宝源化工有限公司，临沂远博化工有限公司，山东兴辉化工有限公司，中国北方化学工业总公司，山东鲁光化工厂，淄博兴辉化工有限公司，淄博兴鲁化工厂，常州市康瑞化工有限公司。

Ga002 硝基乙烷

【英文名】 nitroethane

【CAS 登记号】 [79-24-3]

【结构式】 $CH_3CH_2NO_2$

【物化性质】 易燃，无色透明油状液体。沸点 114.07℃。熔点 −89.52℃。闪点 40℃（开杯）。自燃点 419℃。相对密度 1.05，(d_{25}^{25}) 1.041，(d_{20}^{20}) 1.052。折射率 1.3919。黏度（20℃）0.677mPa·s。难溶于水，能与乙醇、乙醚、三氯甲烷和碱溶液相混溶。

【质量标准】

（1）企业标准

项　目		(合格品)指标
含量/%	≥	98
相对密度(d_{20}^{20})		1.049～1.055
折射率(n_D^{20})		1.3907～1.3927
沸程/℃		112～115
不挥发物		0.01
醇中溶解试验		合格

（2）美国 CSC 企业标准（美国 Commercial Solvent Co. 标准）

项　目		指　标
含量/%	≥	92.5
硝基烷总值/%		99
相对密度(d_4^{20})		1.0413;(d_{25}^{25})1.0427
酸度(以醋酸计)/%	<	0.1
水分/%	<	0.2
色度 US APHA	<	20
沸程(101.3Pa)/℃		112～116

【用途】 用作溶剂、医药中间体、炸药、火箭燃料及分析化学试剂等。

【制法】 工业生产主要是采用低碳烷烃直接气相硝化法。以乙烷为原料，可制得硝基甲烷和硝基乙烷两种产品。以丙烷为原料，则可制得硝基甲烷、硝基乙烷、1-硝基丙烷及 2-硝基丙烷四种产品。以乙烷和丙烷为原料进行硝化可以通过改变反应条件来改变产品比例。

【安全性】 硝基丙烷的毒性与硝基甲烷近似，但局部刺激性比硝基甲烷略低。豚鼠 LC 为 30000×10^{-6}。操作时应穿戴防护用品，注意安全。车间应通风良好，设备应密闭。与空气形成爆炸性混合物，爆炸极限 3%～5%（体积）。空气中硝基乙烷的最高容许浓度 310mg/m³。四种低碳数硝基烷烃都可用桶装，硝基乙烷和硝基丙烷还可直接用槽车和贮槽装运。贮运容器一般用碳钢，不得超过 200L，并应在容器上注明易燃易爆标记。

【参考生产企业】 深圳市腾龙源实业有限公司，盐城市双鹭化工有限公司。

Ga003 1-硝基丙烷

【英文名】 1-nitropropane

【CAS 登记号】 [108-03-2]

【结构式】 $CH_3CH_2CH_2NO_2$

【物化性质】 无色液体，有类似氯仿的气味。沸点 131.18℃。熔点 −103.99℃。相对密度 1.001。折射率 1.4016。闪点（闭杯）49℃。燃点 419℃。与水共沸物硝基丙烷含量 63.5%，共沸点 91.63℃。

【质量标准】

项　目		(化学纯合格品)指标
含量/%	≥	98.0
相对密度(d_4^{20})		1.001～1.005
沸程/℃		128～132
不挥发物/%		0.05

【用途】 主要用作涂料、染料、合成树脂、纤维和合成橡胶的溶剂，也是生产胺

类、羟胺类、硝基羟基化合物和氯代硝基烷烃等化工原料的中间体，还可用作喷气发动机的燃料等。

【制法】 (1) 丙烷硝化法。先将丙烷送入预热器，于430～450℃下进行预热，然后进内衬玻璃的反应塔并喷入75%的硝酸，在390～440℃温度和0.69～0.86MPa压力下进行反应，经冷凝器冷却可得不同比例的硝基甲烷、硝基乙烷、1-硝基丙烷和2-硝基丙烷。

(2) 由丙烯等不饱和烃经气相或液相硝化，或饱和烃液相硝化亦可制得硝基丙烷。

【安全性】 硝基丙烷比硝基甲烷和硝基乙烷的毒性更强，而1-硝基丙烷的毒性比2-硝基丙烷还强，两者的局部刺激性都非常强，对肝、肾的毒性也很强。在1%以上浓度的气体中所有的实验动物都能致死。防护法参见硝基乙烷。与空气形成爆炸性混合物，爆炸极限为2.6%（体积）。

【参考生产企业】 北京恒业中远化工有限公司，北京化学试剂公司。

Ga004 2-硝基丙烷

【英文名】 2-nitropropane

【CAS 登记号】 [79-46-9]

【结构式】 $CH_3CH(NO_2)CH_3$

【物化性质】 无色液体，有类似氯仿的气味。熔点－91.32℃。沸点120.25℃。质量含量70.6%的2-硝基丙烷与水共沸物的共沸温度88.55℃。相对密度（d_{20}^{20}）0.988。折射率1.39439。闪点（闭杯）40℃。在水中溶解度（20℃）1.7%，水在2-硝基丙烷中的溶解度（20℃）0.6%。

【质量标准】 工业级含量90%，沸程119～122℃。

【用途】 用作多种树脂、蜡、脂肪、染料和涂料的溶剂，是合成医药、杀虫剂等的中间体。

【制法】 同1-硝基丙烷。

【安全性】 其毒性与防护基本上同1-硝基丙烷，但用2-硝基丙烷作溶剂时，其蒸气浓度约30×10^{-6}时就能引起头痛、恶心、呕吐、腹泻、眩晕，如浓度为$(10\sim20)\times10^{-6}$，即使每天吸入4h亦无害。操作场所空气中最高容许浓度为90 mg/m^3。贮存同硝基乙烷。

【参考生产企业】 成都川科化工有限公司。北京化学试剂公司。

Ga005 一甲胺

【英文名】 methylamine

【别名】 monomethylamine; aminomethane

【CAS 登记号】 [74-89-5]

【结构式】 CH_3NH_2

【物化性质】 在常温下为无色有氨臭的气体或液体。沸点 bp_{760} －6.3℃、bp_{400} －19.7℃、bp_{200} －32.4℃、bp_{100} －43.7℃、bp_{10} －73.8℃、49.4℃（40%一甲胺水溶液）。熔点－93.5℃。相对密度0.662，($d_4^{15.5}$) 0.904（40%一甲胺水溶液）。折射率1.351。闪点0℃（闭杯），－9.94℃（40%一甲胺水溶液）。分解温度250℃。自燃点430℃。黏度（40℃）0.0015Pa·s（40%一甲胺水溶液）。蒸气压202.65Pa（25℃）、37.330×10^3 Pa（20℃，40%一甲胺水溶液）。临界温度156.9℃，临界压力4.073kPa。易溶于水、乙醇和乙醚。易燃烧，其蒸气能与空气形成爆炸性混合物，爆炸极限5%～21%（4.95%～20.75%）。

【质量标准】 HG/T 2972—1999 40%工业一甲胺水溶液

项　目	优等品	一等品	合格品
外观	无色透明液体		
一甲胺(CH_3NH_2) ≥ /%	40.0		
二甲胺 ≤ [$(CH_3)_2NH$]/%	0.20	0.25	0.45

续表

项目	优等品	一等品	合格品
三甲胺 [$(CH_3)_3N$]/% ≤	0.10	0.15	0.25
氨(NH_3)/% ≤	0.02	0.08	0.12

【用途】 主要用作农药（乐果、杀虫脒等）、医药（咖啡因、麻黄素等）、染料（茜素中间体）、炸药及燃料（水胶炸药、一甲肼等）、表面活性剂、促进剂、显影剂和溶剂等的原料。

【制法】 由甲醇和氨以 1∶(1.5～4) 的配料比，在高温（425℃）、高压（2.45MPa）下，用活性氧化铝作催化剂进行连续气相催化反应生成一、二、三甲胺的混合粗品，再经一系列的蒸馏塔连续加压精馏分离，冷凝脱氨，脱水，可得到一、二、三甲胺工业品，同时也可根据用户需要配成40%的一、二、三甲胺水溶液出售。改变甲醇和氨的配比是得到所希望产品的有效方法，甲醇和氨的比例为 1∶1.5 时是生成三甲胺的最佳条件，而甲醇和氨的比例为 1∶4 时是生成一甲胺的最佳条件。

$$CH_3OH+NH_3 \longrightarrow CH_3NH_2+H_2O$$

$$2CH_3OH+NH_3 \longrightarrow (CH_3)_2NH+2H_2O$$

$$3CH_3OH+NH_3 \longrightarrow (CH_3)_3N+3H_2O$$

【安全性】 有毒。大鼠经口 LD_{50} 为 100～200mg/kg，大鼠 LC_{50} 为 0.448 mL/L。小白鼠以 2.4mg/L 的浓度作用 2h 死亡；猫在吸入 0.2mg/L 浓度几分钟以后，即出现明显的上呼吸道刺激症状。能刺激皮肤和黏膜，特别是对眼睛、呼吸器官作用更强。但如吸入其蒸气，则毒性比丁胺等烷基较大的胺为小。当皮肤接触后应用大量的水冲洗。眼睛溅入，应用流水冲洗15min。如吸入，应立即移至新鲜空气处，饮 3～4 杯清水，使之呕吐。操作时应穿戴防护用品，必要时应戴防毒面具。车间应有良好通风，设备应密闭。工作场所最高容许浓度为 1mg/m³。无水一甲胺用耐压钢瓶包装，一甲胺水溶液用槽车或铁桶包装。贮存于阴凉通风处，仓库温度不宜超过 30℃，应远离火种、热源，防止阳光直射。也应与氟、氯、溴、磷化氢、硫化氢、氰化氢等气体分开存放。搬运时应轻装轻卸，严防倒放。按易燃物品规定贮运。

【参考生产企业】 章丘日月化工有限公司，山东华鲁恒生集团有限公司，青海黎明化工有限责任公司，浙江江山化工股份有限公司，上海染料化工厂，安徽淮化精细化工股份有限公司，江苏新亚化工有限公司，重庆碱胺实业总公司，淮南市恩贝化工有限公司，蓝星化工新材料股份有限公司江西星火有机硅厂。

Ga006 二甲胺

【英文名】 dimethylamine

【别名】 *N*-methylmethanamine

【CAS 登记号】 [124-40-3]

【结构式】 $(CH_3)_2NH$

【物化性质】 为无色易燃气体或液体，有毒。高浓度或压缩液化时，具有强烈的令人不愉快的氨臭，浓度极低时有鱼油的恶臭。沸点 6.9℃，51.5℃（40%二甲胺水溶液）。熔点 －96℃。闪点 －17.78℃、－99.4℃（40%二甲胺水溶液）。自燃点 400℃。相对密度 0.654，($d_4^{15.5}$) 0.898（40%二甲胺水溶液）。折射率 1.347。黏度（40℃）0.0017Pa·s（40%二甲胺水溶液）。蒸气压 0.2026kPa、26.264kPa（20℃、40%二甲胺水溶液）。临界温度 164.6℃。临界压力 5.309kPa。易溶于水，溶于乙醇和乙醚。

【质量标准】

(1) 二甲胺（企业标准）

项目	优级品
$(CH_3)_2NH$/% ≥	99.0
NH_3/% ≤	0.1
CH_3NH_2/% ≤	0.3
$(CH_3)_3N$/% ≤	0.5
H_2O/% ≤	0.1

(2) HG/T 2973—1999 40%工业二甲胺水溶液

项 目	优等品	一等品	合格品
外观	无色透明液体		
一甲胺(CH_3NH_2)/% ≤	0.10	0.15	0.25
二甲胺[$(CH_3)_2NH$]/% ≥	40.0		
三甲胺[$(CH_3)_3N$]/% ≤	0.10	0.15	0.25
氨(NH_3)/% ≤	0.01	0.08	0.12

【用途】 主要用作橡胶硫化促进剂、皮革去毛剂、医药（抗菌素）、农药（福美双、杀虫脒、灭草隆等）、纺织工业溶剂、染料、炸药、推进剂及有机中间体（如二甲肼、*N*,*N*-二甲基甲酰胺）等的原料。

【制法】 将甲醇和氨以一定比例混合，在一定温度和压力下，以活性氧化铝为催化剂，合成得一、二、三甲胺混合物，然后经热交换、冷凝、脱氨、萃取、脱水、分离，得二甲胺成品。其余参见一甲胺。

$$2CH_3OH+NH_3 \longrightarrow (CH_3)_2NH+2H_2O$$

【安全性】 有毒，小白鼠吸入 2h，LC_{50} 为 3.7mg/L。操作时应穿戴防护用品，必须保护好皮肤。生产设备应严密，防止跑、冒、滴、漏。其蒸气能与空气形成爆炸性混合物，爆炸极限 2.8%～14.4%。工作场所最高容许浓度为 1mg/m^3。无水二甲胺用耐压钢瓶装，二甲胺水溶液用槽车或铁桶装。贮存于阴凉通风处，避免与爆炸物或氧化物接触，远离火源。运输时应小心轻放，严防倒置。

【参考生产企业】 章丘日月化工有限公司，山东华鲁恒生集团有限公司，青海黎明化工有限责任公司，浙江江山化工股份有限公司，江苏新亚化工有限公司，安徽淮化精细化工股份有限公司，重庆碱胺实业总公司，淮南市恩贝化工有限公司，蓝星化工新材料股份有限公司江西星火有机硅厂。

Ga007 三甲胺

【英文名】 trimethylamine

【别名】 *N*,*N*-dimethylmethanamine

【CAS 登记号】 [75-50-3]

【结构式】 $(CH_3)_3N$

【物化性质】 无水物为无色液化气体。易燃。有鱼腥的氨气味。沸点 bp_{760} 2.87℃、bp_{747} 3.2～3.8℃、26.0℃（40%三甲胺水溶液）。自燃点 190℃。闪点（闭杯）−6.67℃、−17.78℃（40%三甲胺水溶液）。凝固点 −117.1℃。相对密度 0.632，($d_4^{15.5}$) 0.827（40%三甲胺水溶液）。折射率 1.3449。燃烧热 2357kJ/mol。蒸汽压（20℃）52.662kPa（40%三甲胺水溶液）。临界温度 161℃。临界压力 4.154kPa。能溶于水、乙醇和乙醚。

【质量标准】

(1) 三甲胺（企业标准）

项 目	指标(优级品)
$(CH_3)_3N$/% ≥	98.0
NH_3/% ≤	0.3
CH_3NH_2/% ≤	0.6
$(CH_3)_2NH$/% ≤	0.3
H_2O/% ≤	0.4

(2) HG/T 2974—1999 30%工业三甲胺水溶液

项 目	优等品	一等品	合格品
一甲胺(CH_3NH_2)/% ≤	0.10	0.15	0.20
二甲胺[$(CH_3)_2NH$]/% ≤	0.10	0.15	0.20
三甲胺[$(CH_3)_3N$]/% ≥	30.0		
氨(NH_3)/% ≤	0.02	0.08	0.12

【用途】 用作消毒剂、天然气的警报剂、分析试剂和有机合成原料，也用作医药、农药、照相材料、橡胶助剂、炸药、化纤溶剂、表面活性剂和染料的原料。

【制法】 以甲醇与氨（1∶2.5）在 420℃、

4900kPa 的高温高压下，以活性氧化铝为催化剂进行反应制得粗混甲胺，经分馏得三甲胺。

$$CH_3OH+NH_3 \longrightarrow CH_3NH_2+H_2O$$

$$CH_3OH+CH_3NH_2 \longrightarrow (CH_3)_2NH+H_2O$$

$$CH_3OH+(CH_3)_2NH \longrightarrow (CH_3)_3N+H_2O$$

【安全性】 有毒。大白鼠吸入 LD_{50} 为 19mg/L。浓的三甲胺水溶液能引起皮肤有剧烈的烧灼感并使其潮红。洗去溶液后，皮肤上仍残留点状出血，并在短时仍感觉疼痛。操作时应穿戴防护用品，注意安全。设备要求严密。局部和整体通风良好。生产和使用三甲胺的工作人员应定期体检。其蒸气与空气形成爆炸性混合物，爆炸极限为 2%～11.6%。工作场所三甲胺最高容许浓度 5mg/m^3。无水三甲胺用槽车或高压容器装运。30%三甲胺水溶液用槽车、铁桶装。无水品与空气混合能形成爆炸性混合物，遇火星、高热有燃烧爆炸危险。要贮存于阴凉通风的仓库内，存放温度不宜超过 30℃。应远离火种、热源，防止阳光直射。应与酸类物资分开贮存。搬运时应轻装轻卸，防止钢瓶碰撞。

【参考生产企业】 章丘日月化工有限公司，滕州永兴化工有限责任公司，山东华鲁恒生集团有限公司，青海黎明化工有限责任公司，浙江江山化工股份有限公司，江苏新亚化工有限公司，安徽淮化精细化工股份有限公司，重庆碱胺实业总公司，淮南市恩贝化工有限公司，蓝星化工新材料股份有限公司江西星火有机硅厂。

Ga008 乙胺

【英文名】 ethylamine

【别名】 一乙胺；ethanamine；monoethylamine；aminoethane

【CAS 登记号】 [75-04-7]

【结构式】 $CH_3CH_2NH_2$

【物化性质】 无色极易挥发的液体，有氨的气味，呈碱性。具有一般胺化合物的毒性。沸点 16.6℃。熔点 −81℃。闪点 −52℃。自燃点 290.83℃。相对密度 (d_{20}^{20}) 0.6828。折射率 1.3663。临界温度 183.2℃。临界压力 5.45MPa。能与水、乙醇和乙醚混溶。

【质量标准】

(1) GB/T 23962—2009（工业级）一乙胺

项目	一乙胺（无水）		一乙胺（70%水溶液）	
	优等品	合格品	优等品	合格品
一乙胺/% ≥	99.5	99.2	70.0	
二乙胺/% ≤	0.15	0.20	0.10	0.15
三乙胺/% ≤	0.10	0.15	0.05	0.10
乙醇/% ≤	0.10	0.20	0.07	0.15
氨/% ≤	0.10	0.20	0.07	0.15
水/% ≤	0.10		—	—
色度(铂-钴色号，Hazen 单位) ≤	15	30	15	30

(2) HG/T 2719—1995 一乙胺

项目	优等品	一等品	合格品
一乙胺含量/%	49.5～51.0	49.5～51.0	49.5～51.0
无机氨含量/% ≤	0.05	0.10	0.40
二乙胺含量/% ≤	0.08	0.10	1.00
三乙胺含量/% ≤	0.03	0.07	0.20
乙醇含量/% ≤	0.05	0.05	0.40
乙腈含量/% ≤	0.08	0.10	0.50
水分含量/% ≤	50.5	50.5	50.5

【用途】 用于制造农药三嗪类除草剂（包括西玛津、阿特拉津等）、染料、表面活性剂、抗氧剂、离子交换树脂、溶剂、洗涤剂、润滑剂、冶金选矿剂，以及化妆品和医药品等。

【制法】 (1) 乙醇（气相）氨化法。将乙醇与氨以 4∶1 配比投料，在 350～400℃ 温度和 2.45～2.94MPa 压力下，以 Al_2O_3 为催化剂，进行氨化反应制得乙胺粗品。经分馏即得成品。

$$C_2H_5OH+NH_3 \longrightarrow C_2H_5NH_2+H_2O$$

（2）乙醛、氢氨化法。以乙醛、氢气和氨为原料，镍为催化剂进行反应可制得乙胺。首先将以镍为主催化剂，还原铜、还原铬为助催化剂和高岭土为载体的结构催化剂装入反应器，以空速 0.03～0.15 $L \cdot h^{-1}$通入乙醛并使氢气与乙醛的配比为 5∶1、氨与乙醛的配比为（0.4～3）∶1。将原料气化并在 80℃下进入反应器。反应温度控制在 105～200℃之间。生成物于−5℃下进行冷却，经分离得一、二、三乙胺。由于一乙胺形成速度比二、三乙胺快，所以较容易得到大量的乙胺。当要求主产品为二、三乙胺时，则需将生成的一乙胺再循环到反应系统中进行反应。

【安全性】 易燃，高毒。大鼠经口 LD_{50}为 400mg/kg。具有强烈刺激性，能刺激眼、气管、肺、皮肤和排泄系统。皮肤溅到乙胺后用大量水冲洗。溅入眼睛时，应用流水冲洗 15min。操作时应穿防护衣，戴防护手套，必要时应戴防毒面具。与空气形成爆炸性混合物，爆炸极限 3.5%～14%（体积）。工作场所最高容许浓度 $18mg/m^3$。用铁桶包装，每桶净重 170kg 或 200kg。应贮存于阴凉通风处，远离火源，严禁烟火，应与氧化剂隔离。按易燃有毒物品规定贮运。

【参考生产企业】 青海黎明化工有限责任公司，建德市新化化工有限责任公司，浙江建德建业有机化工有限公司，河北宣化化肥集团有限公司，苏州市科达石油化工厂，上海建北有机化工有限公司。

Ga009 二乙胺

【英文名】 diethylamine

【别名】 *N*-ethylethanamine

【CAS 登记号】 [109-89-7]

【结构式】 $(C_2H_5)_2NH$

【物化性质】 无色、易挥发的可燃液体，有强烈氨臭，呈碱性反应。与无机酸反应生成盐，与羧酸、羧酸酯和酸酐反应生成相应的酰胺。沸点 55.9℃。熔点 −49.8℃。闪点−23℃。自燃点 254.4℃。相对密度 0.7056。折射率 1.3823。能与水、乙醇、乙醚等有机溶剂混溶。

【质量标准】

（1）GB/T 23963—2009 工业二乙胺

		优等品	合格品
二乙胺/%	≥	99.5	99.2
一乙胺/%	≤	0.05	0.10
三乙胺/%	≤	0.1	0.1
乙醇/%	≤	0.1	0.1
水分/%	≤	0.1	0.2
色度(铂-钴色号，Hazen 单位)	≤	15	30

（2）HG/T2720—1995

		优等品	一等品	合格品
二乙胺含量/%	≥	99.0	98.5	97.5
一乙胺含量/%	≤	0.05	0.1	1.5
三乙胺含量/%	≤	0.1	0.2	0.2
乙醇含量/%	≤	0.1	0.2	0.2
乙腈含量/%	≤	0.2	0.4	0.4
水含量/%	≤	0.3	0.5	0.8

【用途】 为溶剂和化工原料中间体，可用来生产普鲁卡因、氯喹、尼可刹米、可拉明及磺胺等类医药，也用来生产农药、染料、橡胶硫化促进剂、硫氮 9 号选矿剂、纺织助剂、杀菌剂、缓蚀剂、阻聚剂及抗冻剂等。

【制法】 （1）乙醇常压气相催化法。将气相乙醇、氨和氢以 1∶0.8∶1.5（mol）混合，在 170～180℃温度预热进入装有铜镍催化剂的第一反应器，于 195～200℃下进行气相催化反应，然后再进入有铜镍催化剂的第二反应器进行合成反应，于 170～175℃下进行还原，以除去乙腈等杂质。反应气冷凝后收得一、二、三乙胺、乙醇等混合液，再经粗馏、精馏，切取 54～57℃馏分为二乙胺成品。其含量可达 95%以上，同时可得少量三乙胺。

$$2C_2H_5OH+NH_3 \xrightarrow[H_2]{Cu,Ni} (C_2H_5)_2NH+2H_2O$$

（2）氯乙烷与氨（氨水）在氢氧化钙水溶液中，于压力 2.26MPa，温度 135℃左右反应 6h，然后加入氢氧化钠破坏二乙胺氯化钙复盐的生成，最后经蒸馏、精馏，切取 55～57℃馏分为二乙胺成品，含量达 98%以上，收率 80%，同时可得少量三乙胺。

$$2C_2H_5Cl+NH_3+Ca(OH)_2 \longrightarrow (C_2H_5)_2NH+CaCl_2+2H_2O$$

（3）乙腈氢化、氨化法。

$$CH_3CN \xrightarrow[H_2]{NH_3} C_2H_5NH_2+(C_2H_5)_2NH+(C_2H_5)_3N$$

（4）乙醛氢化、氨化法。

$$6CH_3CHO \xrightarrow[H_2]{NH_3} C_2H_5NH_2+(C_2H_5)_2NH+(C_2N_5)_3N$$

（5）二乙基苯胺法。

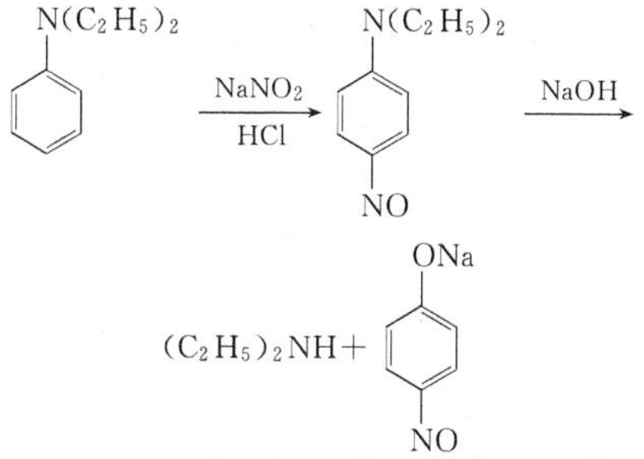

【安全性】 有毒、腐蚀性易燃品。鼠类经口 LD_{50} 为 540mg/kg。其蒸气或液体均对眼睛、皮肤和呼吸道黏膜有刺激和腐蚀作用，引起瘙痒、红肿，严重时，会造成损伤。大量接触会穿透组织引起深度坏死。生产设备应密闭。操作人员应戴防毒口罩、乳胶手套、橡胶围裙和眼镜等防护用品。溅及皮肤时，应用清水冲洗，以 2%的醋酸、柠檬酸或硼酸溶液湿敷。如眼睛溅入二乙胺，要立即张开双眼，用水进行彻底冲洗，滴入 2%的普鲁卡因或含有 0.1%肾上腺素的 0.5%的普鲁卡因溶液，随后涂擦消过毒的凡士林或橄榄油。戴上防护眼镜，请眼科医生诊治。爆炸极限 1.8%～10.1%。生产现场最高容许浓度 75mg/m^3。易燃。与空气接触能形成可燃性混合物，燃烧极限 1.8%～10.1%。应盛于密闭容器内，用铁桶包装，桶口衬聚乙烯垫圈，每桶 140kg。少量贮存可用玻璃或陶瓷容器。应贮存于阴凉通风处，严禁烟火，防止日光直射。应与爆炸物、易燃物、氧化剂等隔离。宜用带篷汽车或火车运输。

【参考生产企业】 青海黎明化工有限责任公司，建德市新化化工有限责任公司，浙江建德建业有机化工有限公司，河北宣化化肥集团有限公司，上海建北有机化工有限公司。

Ga010 三乙胺

【英文名】 triethylamine

【别名】 *N*,*N*-diethylethanamine

【CAS 登记号】 [121-44-8]

【结构式】 $(C_2H_5)_3N$

【物化性质】 无色或淡黄色透明液体，易燃，有强烈氨臭。沸点 88.8℃。熔点 −114.7℃。闪点 − 11℃。相对密度 0.7275。折射率 1.4010。溶于乙醇和乙醚。微溶于水，溶液呈碱性。

【质量标准】

（1）GB/T 23964—2009 工业三乙胺

项　目	优等品	合格品
外观	透明液体，无机械杂质	透明液体，无机械杂质
三乙胺/%　　≥	99.5	99.2
一乙胺/%　　≤	0.1	0.1
二乙胺/%　　≤	0.1	0.2
乙醇/%　　≤	0.1	0.2
水/%　　≤	0.1	0.2
色度/(铂-钴色号,Hazen 单位)　　≤	15	30

（2）HG/T 2721—1995

项　目		优等品	一等品	合格品
三乙胺含量/%	≥	99.2	98.8	98.0
一乙胺含量/%	≤	0.1	0.1	0.2
二乙胺含量/%	≤	0.2	0.5	0.7
乙醇含量/%	≤	0.2	0.3	0.3
乙腈含量/%	≤	0.2	0.3	0.4
水含量/%	≤	0.2	0.4	0.7

【用途】 在有机合成工业中可用作溶剂、催化剂及原料。可用来制取光气法聚碳酸酯的催化剂、四氟乙烯的阻聚剂、橡胶硫化促进剂、脱漆剂中的特殊溶剂、搪瓷抗硬化剂、表面活性剂、防腐剂、杀菌剂、离子交换树脂、染料、香料、药物、高能燃料和液体火箭推进剂等。

【制法】 可用乙醇和氨作用制得。将乙醇和液氨在氢气存在下，经气化后进入预热器（150±5)℃进行预热，然后进入装有铜-镍-白土催化剂的第一反应器（190±2)℃和第二反应器（165±2)℃进行合成，生成一、二、三乙胺混合物，经冷凝后，再经乙醇喷淋吸收得三乙醇胺粗品，最后经分离、脱水、分馏，收集 88～90℃馏分，得成品。

$$C_2H_5OH + NH_3 \xrightarrow{H_2} C_2H_5NH_2 + H_2O$$

$$C_2H_5NH_2 + C_2H_5OH \longrightarrow (C_2H_5)_2NH + H_2O$$

$$(C_2H_5)_2NH + C_2H_5OH \longrightarrow (C_2H_5)_3N + H_2O$$

【安全性】 易燃，有毒。蒸气或液体能刺激皮肤和黏膜。吸入蒸气后，能使呼吸器官、血液循环系统、中枢神经系统、肝脏及其他黏膜组织等机体功能失常。为一级易燃液体，与空气接触能形成爆炸性混合物，爆炸极限 1.2%～8.0%（体积），生产现场最高容许浓度 30mg/m^3。防护措施参见二乙胺。采用镀锌铁桶包装，每桶重 200kg，体积不得超过桶容积的 85%，桶口衬聚乙烯垫圈，以防泄漏。贮存时严禁烟火。放置于阴凉通风处，应与氧化剂隔离贮存。运输时防止碰撞，按易燃易爆物规定贮运。

【参考生产企业】 青海黎明化工有限责任公司，建德市新化化工有限责任公司，浙江建德建业有机化工有限公司，河北宣化化肥集团有限公司，上海威方精细化工有限公司。

Ga011 正丙胺

【英文名】 *n*-propylamine

【别名】 一丙胺；一正丙胺；正丙基胺；1-propanamine；1-aminopropane

【CAS 登记号】 [107-10-8]

【结构式】 $CH_3CH_2CH_2NH_2$

【物化性质】 无色透明液体，有强烈氨臭。沸点 47.8℃。熔点 −83℃。相对密度 0.7173。折射率 1.3879。闪点（开杯）−30℃。蒸气压（20℃）33.06kPa。自燃点 317.78℃。能溶于水、乙醇、乙醚、丙酮和苯等溶剂。

【质量标准】 HG/T 4146—2010 （工业级）一正丙胺

项　目		优等品	合格品
外观		有强烈氨的气味透明液体	
一正丙胺/%	≥	99.5	99.0
二正丙胺/%	≤	0.2	0.4
三正丙胺/%	≤	0.1	0.2
正丙醇/%	≤	0.1	0.2
水/%	≤	0.1	0.3
色度(铂-钴色号,Hazen 单位)	≤	15	15

【用途】 有机合成原料，用于制药、涂料、农药、橡胶、纤维、纺织物处理剂、石油添加剂和防腐剂，还用作试剂等。

【制法】 (1) 正丙醇法。以正丙醇为原料，在催化剂镍-铜-氧化铝（Ni-Cu-Al_2O_3）作用下，在（190±10)℃温度下进行反应，脱氢生成丙醛，与氨加成脱水得亚胺，通过丙醇和氨的比例控制，再加氢可得产品正丙胺，但同时还有二丙胺、三丙胺生成，参见三丙胺。

$$CH_3CH_2CH_2OH \xrightarrow[-H_2]{Ni\text{-}Cu\text{-}Al_2O_3}$$

$$CH_3CH_2CHO \xrightarrow[-H_2O]{NH_3}$$

$$CH_3CH_2CH{=}NH \xrightarrow{H_2} 本品$$

（2）硝基丙烷法。硝基正丙烷低压催化加氢得正丙胺。

$$CH_3CH_2CH_2NO_2 + 3H_2 \longrightarrow 本品 + 2H_2O$$

【安全性】 高毒，大鼠经口 LD_{50} 为 1.87mg/kg。对皮肤和组织有强烈的刺激性。操作时应戴防护用具，设备应密闭并防止跑、冒、滴、漏，注意安全。易燃，在空气中爆炸极限为 2.0%～10.4%。操作场所最高容许浓度 12mg/m^3。可用桶或槽车装运，包装容器要密封，贮存于阴凉通风处，严禁烟火，与氧化剂隔离贮存。按易燃、有毒物品规定贮运。

【参考生产企业】 建德市新化化工有限责任公司，浙江建德建业有机化工有限公司，天津化学试剂有限公司。

Ga012 异丙胺

【英文名】 isopropylamine

【别名】 2-氨基丙烷；一异丙胺；2-aminopropane

【CAS 登记号】 [75-31-0]

【结构式】 $(CH_3)_2CHNH_2$

【物化性质】 无色透明易挥发的液体，易燃，有氨臭，呈强碱性反应。沸点 32.4℃。熔点 −95.2℃。相对密度 0.6886。折射率 1.3742。闪点（开杯）−37℃。自燃点 402℃。能与水、乙醇、乙醚、丙酮、苯等混溶。

【质量标准】

（1）GB/T 23965—2009（工业级）一异丙胺

项目	一异丙胺（无水）		一异丙胺（70%水溶液）	
	优等品	合格品	优等品	合格品
外观	透明液体，无机械杂质			
一异丙胺/% ≥	99.5	99.2	70.0	70.0
二异丙胺/% ≤	0.1	0.2	0.1	0.2
异丙醇/% ≤	0.1	0.2	0.1	0.2
丙酮+异丙基叉异丙胺/% ≤	0.2	0.3	0.1	0.2
氨/% ≤	0.1	0.2	0.07	0.15
水/% ≤	0.1	0.2	—	—
色度(铂-钴色号，Hazen单位) ≤	15	30	15	30

（2）HG/T 2722—1995 一异丙胺

项目	优等品	一等品	合格品
一异丙胺含量/% ≥	99.5	98.8	97.5
二异丙胺含量/% ≤	0.1	0.4	0.6
异丙醇含量/% ≤	0.1	0.2	0.4
乙腈含量/% ≤	0.1	0.2	0.3
氨含量/% ≤	0.05	0.1	0.3
水含量/% ≤	0.3	0.5	1.0

【用途】 为溶剂和有机合成原料。用以合成农药，如阿特拉津、莠灭净、扑灭净、杀草净等多种除草剂、医药（如肝乐等）、染料中间体、橡胶硫化促进剂、硬水处理剂、洗涤剂、去垢剂、脱毛剂、乳化剂、表面活性剂和纺织物助剂等。

【制法】（1）丙酮氢化氨化法。将原料丙酮送入以铜-镍-白土为催化剂的反应器中，在常压和 150～220℃ 温度条件下，通入氢和氨进行反应，反应产物经精馏提纯得一异丙胺，同时也有二异丙胺生成。丙酮的转化率达 98%，一、二异丙胺总产率达 90%以上。

$$(CH_3)_2CO + NH_3 + H_2 \xrightarrow[150\sim220℃，常压]{Ni\text{-}Cu\text{-}白土} 本品 + H_2O$$

（2）异丙醇氢化氨化法。异丙醇与氨和氢气在 195℃、1.72MPa 下，通过氢氧化钡活化的多孔镍铝催化剂进行反应，生成一异丙胺和二异丙胺。反应总转化率可达86%，产品收率（以异丙醇计）达96%，其中含一异丙胺37%，二异丙胺33%，异丙醇12%，水18%。

【安全性】 有毒，大鼠经口 LD_{50} 为870mg/kg，小鼠经口 LD_{50} 为820mg/kg。浓溶液能腐蚀皮肤和黏膜。操作场所最高容许浓度 5×10^{-6}（$12mg/m^3$）。属一级易燃液体。用铁桶包装。容器要密封，贮于阴凉通风处，严禁烟火。贮存时应与氧化剂隔离。发生火灾时用二氧化碳、砂土、化学干粉或雾状水灭火。

【参考生产企业】 青海黎明化工有限责任公司，浙江建德建业有机化工有限公司，建德市新化化工有限责任公司，上海建北有机化工有限公司，苏州市科达石油化工厂。

Ga013 二异丙胺

【英文名】 diisopropylamine

【别名】 *N*-(1-methylethyl)-2-propanamine

【CAS登记号】 [108-18-9]

【结构式】 $[(CH_3)_2CH]NH$

【物化性质】 无色透明易挥发液体，易燃，有氨臭，呈强碱性。沸点83.90℃。闪点−17℃（开杯）。熔点−61℃。相对密度0.7178。折射率1.3924。蒸气压（20℃）8.0kPa。溶于多种有机溶剂。

【质量标准】 GB/T 23966—2009（工业级）二异丙胺

项 目		优等品	合格品
外观		透明液体,无机械杂质	
二异丙胺/%	≥	99.5	99.2
有机杂质/%	≤	0.3	0.5
水/%	≤	0.2	0.3
色度(铂-钴色号,Hazen单位)	≤	15	30

【用途】 用作有机合成原料，主要用于合成农药除草剂燕麦敌1、2号，合成医药肝乐、维丙胺、心得宁和普鲁本辛等，还用于合成染料、橡胶硫化促进剂、表面活性剂、洗涤剂和消泡剂等。

【制法】 (1) 丙酮催化氢化氨化法。丙酮气化后与一定量的氨、氢混合，在常压和适当温度下，连续进行催化反应，催化剂为Ni-Cu-白土，反应产物经精馏、分馏，得成品。

$$(CH_3)_2CO+NH_3+H_2 \xrightarrow[\triangle]{\text{Ni-Cu-白土}} (CH_3)_2CHNH_2$$

$$(CH_3)_2CHNH_2+(CH_3)_2CHOH \xrightarrow[\triangle]{\text{Ni-Cu-白土}} \text{本品}$$

(2) 异丙醇催化氢化氨化法。异丙醇、液氨、氢以气相按一定比例混合，在催化剂Cu-Ni-白土存在下，合成二异丙胺粗品，经萃取、分离、脱水、精馏得成品。

【安全性】 有毒，大鼠经口 LD_{50} 为770 mg/kg。其液体或蒸气能刺激皮肤、眼睛、呼吸道和肺，出现流涎和流泪，喷嚏、咳嗽症状，严重时出现震颤、痉挛、虚脱。其毒性大于甲胺和乙胺。溅及皮肤，应用大量水冲洗。操作时应穿戴防护用品，保证安全。操作场所最高容许浓度 $5mg/m^3$。为一般易燃液体。用铁桶包装，每桶170kg，严防容器损漏。贮于阴凉通风处，远离火源，应与氧化剂隔离贮存。

【参考生产企业】 青海黎明化工有限责任公司，浙江建德建业有机化工有限公司，建德市新化化工有限责任公司，上海建北有机化工有限公司。

Ga014 二丙胺

【英文名】 *n*-dipropylamine

【别名】 *N*-丙基-1-丙胺；二正丙基胺；*N*-propyl-1-propanamine

【CAS登记号】 [142-84-7]

【结构式】 $(CH_3CH_2CH_2)_2NH$

【物化性质】 无色透明液体，有氨臭，低毒。沸点109～110℃。闪点7℃。熔点

−63.6℃。相对密度 0.7401。折射率 1.4042。蒸气压（20℃）2.80kPa。微溶于水，溶于乙醇和乙醚等。与水生成水合物。

【质量标准】 HG/T 4147—2010（工业级）二正丙胺

项目		优等品	合格品
外观		有强烈氨的气味透明液体	
二正丙胺/%	≥	99.5	99.0
一正丙胺/%	≤	0.1	0.2
三正丙胺/%	≤	0.1	0.2
正丙醇/%	≤	0.2	0.4
水/%	≤	0.1	0.3
色度(铂-钴色号,Hazen 单位)	≤	15	15

【用途】 有机合成原料，用以生产氟乐灵、地乐灵、灭草猛和菌达灭等农药除草剂，二丙谷酰胺等医药，还用作锅炉防腐剂、发动机冷却剂、除碳剂、抗蚀润滑剂和乳化剂以及溶剂等。

【制法】 (1) 正丙醇氨化法。以丙醇为原料，经催化脱氢、氨化、脱水和加氢制得（参见三丙胺）。

$$C_3H_7OH \xrightarrow{-H_2} C_2H_5CHO \xrightarrow{NH_3}$$

$$CH_3CH_2CH(OH)NH_2 \xrightarrow{-H_2O}$$

$$C_2H_5CH{=}NH \xrightarrow{H_2} C_3H_7NH_2$$

$$C_3H_7NH_2+C_3H_7OH \xrightarrow{-H_2}$$

$$CH_3CH_2CH(OH)NHC_3H_7 \xrightarrow{-H_2O}$$

$$C_3H_7N{=}CHC_2H_5 \xrightarrow{H_2} (C_3H_7)_2NH$$

上述反应如采用镍-铜-浮石为催化剂，则有利于二丙胺的生成；以镍-铜-活性氧化铝为催化剂，则有利于三丙胺的生成。

(2) 丙烯腈加氢法。以丙烯腈为原料，以铜-镍类化合物为催化剂，在 40～250℃温度和 0～4.9MPa 压力下，进行催化加氢制得二丙胺。

$$2CH_2{=}CHCN+6H_2 \xrightarrow{\text{催化剂}} (C_3H_7)_2NH+NH_3$$

【安全性】 小鼠经口 LD_{50} 为 320mg/kg，大鼠经口 LD_{50} 为 280mg/kg。二丙胺一次剂量为 200mg/kg 时，能引起大鼠肝脏单氧化酶活性降低 44%～63%。能强烈刺激上呼吸道、眼睛和皮肤。内脏器官可见充血和出血，肝脏心肌出现蛋白营养不良。操作时，应穿戴必要的防护用品。操作场所最高容许浓度 $2mg/m^3$。易燃，可用铁桶或槽车装运，试剂级用玻璃瓶包装。必须盛于密闭容器，贮于阴凉通风处，远离容易着火地点，与氧化剂隔离。按危险品规定贮运。

【参考生产企业】 浙江建德建业有机化工有限公司，建德市新化化工有限责任公司，上海建北有机化工有限公司。

Ga015 三丙胺

【英文名】 tripropylamine

【别名】 三正丙基胺

【CAS 登记号】 [102-69-2]

【结构式】 $(CH_3CH_2CH_2)_3N$

【物化性质】 无色透明易燃液体，有氨臭。沸点 156℃。熔点 −93.5℃。相对密度（d_{20}^{20}）0.7558。折射率 1.4181。闪点（开杯）40.55℃。易溶于乙醇，溶于乙醚，微溶于水。

【质量标准】 HG/T 4148—2010 工业用三正丙胺

项目		优等品	合格品
外观		有类似氨味的透明液体	
三正丙胺/%	≥	99.5	99.0
一正丙胺/%	≤	0.1	0.4
二正丙胺/%	≤	0.2	0.6
正丙醇/%	≤	0.1	0.2
水/%	≤	0.1	0.3
色度(铂-钴色号,Hazen 单位)	≤	15	15

【用途】 为有机合成原料，可用于合成全氟化人造血浆和石油化工季铵分子筛催化剂，在激光技术上也有重要用途。

【制法】 以正丙醇为原料。在 Ni-Cu-Al_2O_3 催化剂作用下，脱氢生成丙醛，然后与氨加成、脱水、加氢生成丙胺，再经反复脱水、加氢生成二丙胺和三丙胺。反应温度为（210 ± 10)℃，压力为 396.66kPa。原料配比为醇：氨：氢＝4：2：4。正丙醇转化率为 75%～83%，二、三丙胺总产率为 75%～80%，其中二丙胺 37%～41%，三丙胺 35%～40%。

$$C_3H_7OH \xrightarrow{-H_2} C_2H_5CHO \xrightarrow{NH_3}$$

$$CH_3CH_2CH(OH)NH_2 \xrightarrow{-H_2O}$$

$$C_2H_5CH{=}NH \xrightarrow{H_2} C_3H_7NH_2$$

$$C_3H_7NH_2 + C_3N_7OH \xrightarrow{-H_2}$$

$$CH_3CH_2CH(OH)NHC_3H_7 \xrightarrow{-H_2O}$$

$$C_3H_7N{=}CHC_2H_5 \xrightarrow{H_2} (C_3H_7)_2NH$$

$$(C_3H_7)_2NH + C_3H_7OH \longrightarrow$$

$$(C_3H_7)_2NCH(OH)C_2H_5 \xrightarrow{-H_2O}$$

$$(C_3H_7)_2NC{=}CHCH_3 \xrightarrow{H_2} (C_3H_7)_3N$$

【安全性】 易燃，其毒性与二丙胺相似。与空气接触能形成爆炸性混合物。工作场所最高容许浓度 $2mg/m^3$。用玻璃瓶包装，每瓶 500mL，12 瓶装一木箱。贮存于阴凉通风处。按易燃化学品规定贮运。

【参考生产企业】 建德市新化化工有限责任公司，浙江建德建业有机化工有限公司，上海建北有机化工有限公司。

Ga016 正丁胺

【英文名】 *n*-butylamine

【别名】 1-丁胺；1-氨基丁烷；一正丁胺；1-butanamine；1-aminobutane

【CAS 登记号】 [109-73-9]

【结构式】 $CH_3(CH_2)_3NH_2$

【物化性质】 无色、透明、易挥发、有刺激性氨臭的液体。沸点 77.8℃。熔点 －50.5℃。闪点 －8℃。相对密度 0.7414。折射率 1.4031。蒸气压（20℃）9.6kPa。能与水、乙醇、乙醚混溶。正丁胺在水中的溶解度比正丁醇大。

【质量标准】 HG/T 4143—2010 工业用一正丁胺

项　目		优等品	合格品
外观		透明液体，有氨的气味	
一正丁胺/%	≥	99.5	99.2
二正丁胺/%	≤	0.1	0.2
三正丁胺/%	≤	0.1	0.2
正丁醇/%	≤	0.1	0.2
水分/%	≤	0.1	0.2
色度(铂-钴色号，Hazen 单位)	≤	15	15

【用途】 为有机合成原料，用于制取裂化汽油的防胶剂、汽油抗氧剂、橡胶阻聚剂、硅氧烷弹性体硫化剂、肥皂乳化剂、彩色胶片显影剂，以及制造浮选剂、杀虫剂、除草剂和治疗糖尿病的药物等。

【制法】 (1) 丁醇氨化法。将正丁醇蒸气和氨在常压下，在 170～200℃ 下，通过加热的氧化铝、氧化钼等催化剂进行反应生成丁胺混合液，然后将产物经精馏分离，可得一、二、三丁胺成品。

$$C_4H_9OH + NH_3 \longrightarrow C_4H_9NH_2 + H_2O$$

$$C_4H_9NH_2 + C_4H_9OH \longrightarrow (C_4H_9)_2NH + H_2O$$

$$(C_4H_9)_2NH + C_4H_9OH \longrightarrow (C_3H_7)_3N + H_2O$$

(2) 丁醇氯化、氨化法。将乙醇、氨水及氯丁烷压入高压釜中，搅拌升温至 85～95℃，在 0.54～0.64MPa 压力下，保温 6h，冷却，将反应液加热，回收氨气，然后加入盐酸，使 pH 值调至 3～4，再回收乙醇。之后，往反应液中加入液碱，使 pH 值调至 11～12。最后，分出上层液，经蒸馏截取 95℃ 以下馏分，得正丁胺粗品。此外，也可直接用氯代正丁烷在乙醇中与氢氧化铵作用制得。

$$C_4H_9OH + HCl \longrightarrow C_4H_9Cl + H_2O$$

$$C_4H_9Cl + NH_3 \longrightarrow C_4H_9NH_2 + HCl$$

【安全性】 有毒，大鼠经口 LD_{50} 为 500 mg/kg。具强碱性和腐蚀性，溶液或其蒸气强烈刺激人眼、皮肤和黏膜。吸入大量蒸气会引起头痛、恶心，严重者引起肺水肿。皮肤接触后应用大量水冲洗，溅入眼中，用流水至少冲洗 15min，吸入中毒者应立即移到新鲜空气处，并请医生治疗。生产设备应予密封，严防跑、冒、滴、漏，操作场所应通风良好，操作人员应穿戴防护用品。操作场所最高容许浓度为 15mg/m³。易燃，与空气接触能形成爆炸性混合物。用玻璃瓶包装，外用木框固定，每瓶 12kg。谨防容器破漏。贮存于阴凉通风处，严禁烟火，应与氧化剂隔离存放。

【参考生产企业】 浙江建德建业有机化工有限公司，建德市新化化工有限责任公司，上海建北有机化工有限公司，苏州市科达石油化工厂。

Ga017 异丁胺

【英文名】 isobutylamine

【别名】 1-氨基异丁烷；2-methyl-1-propanamine；2-methylpropylamine

【CAS 登记号】 [78-81-9]

【结构式】 $(CH_3)_2CHCH_2NH_2$

【物化性质】 无色有氨臭液体。沸点68～69℃。熔点－85℃。闪点－16℃。相对密度 d_4^{25} 0.724。折射率 1.344，n_D^{17} 1.3988。溶于水、醇和醚。具强碱性。

【质量标准】

项　目	化学纯
含量/%　≥	98.0
相对密度(d_4^{20})	0.725～0.735
水分/%＜	0.5
沸程(馏出 95%)/℃	67～69
氯化物(Cl⁻)/%	0.001

【用途】 为有机合成原料，用于合成杀虫剂，也可用作试剂。还用作矿物浮选剂、汽油抗震剂、聚合催化剂和稳定剂等。

【制法】 (1) 由异丁醇与氨作用催化脱水制得。醇经氨解反应后可得伯、仲、叔胺的混合产物，三种胺生成的比例与原料、催化剂及反应条件有关。通过调节醇和氨的比例及反应条件，可以得到目标产品。

$$(CH_3)_2CHCH_2OH + NH_3 \xrightarrow{\text{催化剂}} \text{本品} + H_2O$$

(2) 由异丁醛和氨经催化加氢制得。

$$(CH_3)_2CHCHO + NH_3 + H_2 \xrightarrow{\text{催化剂}} \text{本品} + H_2O$$

(3) 以溴代异丁烷与对甲苯磺酰胺为原料，经缩合、水解制得。先将溴代异丁烷、甲苯磺酰胺和乙醇碱液一起回流 4h，回收乙醇，待有结晶出现，再用盐酸中和，则析出大量黄色结晶，经过滤、水洗制得缩合物。然后将缩合物、硫酸和水混合加热回流 10h 后送入蒸馏塔，先加 40% 液碱使反应物呈碱性，继而进行减压蒸馏分出粗胺。最后经精制分出游离胺，切取 66.8～68.8℃馏分，即得异丁胺成品。

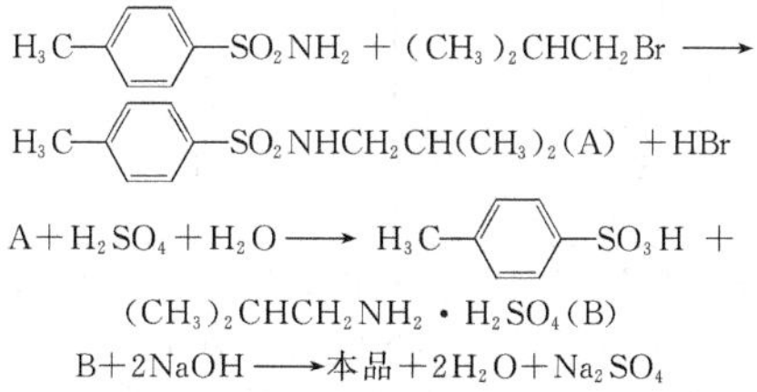

【安全性】 有毒。雄性大鼠经口（14 天）LD_{50} 为 224.4mg/kg；雌性大鼠经口 14 天 LD_{50} 为 231.8mg/kg。接触皮肤时可致皮炎而起泡。其蒸气能引起头痛、口渴、鼻黏膜干燥。储存于阴凉、通风的库房。远离火种、热源。库温不宜超过 30℃。保持容器密封。应与氧化剂、酸类分开存放，切忌混储。

【参考生产企业】 浙江建德建业有机化工有限公司，建德市新化化工有限责任公司，上海建北有机化工有限公司。

Ga018 仲丁胺

【英文名】 *sec*-butylamine

【别名】 2-丁胺；2-butanamine；2-aminobutane

【CAS 登记号】 [13952-84-6]

【结构式】 $CH_3CH_2CH(NH_2)CH_3$

【物化性质】 为无色有氨臭液体，有 *d*、*dl*、*l* 三种异构体。*dl* 型仲丁胺溶于乙醇、乙醚、丙酮。*l* 型溶于水、乙醇、乙醚和丙酮。

dl -型：沸点 63℃。熔点 −104℃。相对密度 0.724。折射率 1.394。

d -型：沸点 63℃。相对密度 d_4^{15} 0.7308。折射率 n_4^{15} 1.3963。比旋光度 $[\alpha]_D^{15}$ +7.80。

l -型：沸点 63℃。相对密度 d_4^{19} 0.728。比旋光度 $[\alpha]_D^{19}$ −7.64。

【质量标准】 HG/T 4290—2012 工业用 2-丁胺（仲丁胺）

项 目	指 标
外观	透明液体,无机械杂质
二丁胺/% ≥	99.5
有机杂质/% ≤	0.5
水分/% ≤	0.2
色度(铂-钴色号, Hazen 单位) ≤	15

【用途】 主要用作有机原料，用于合成药物、染料和农药地乐胺除草剂等。

【制法】 一般工业生产采用丁酮催化氢化氨化合成法，又分高压和低压两种方法。

（1）高压法。将丁酮和雷奈镍催化剂加入高压釜中在 160℃ 温度和 3.92～5.88MPa 压力下进行三次加氢、氨化。反应毕，经放置降温至室温出料，去废镍粉后，将料液在冰冷情况下加入 40% 的稀硫酸，控制温度不超过 30℃，然后将硫酸盐进行水蒸气蒸馏，除去仲丁醇，将所得硫酸盐水溶液进行减压浓缩、脱水得粗品，最后进行分馏精制，收集 62～63℃馏分，即为仲丁胺成品。

（2）常压法。以丁酮为原料，用 Ni-Cr-HPO$_3$ 作催化剂，在 115℃温度和常压下，以原料丁酮∶氢∶氨为 1∶3.5∶4.5 摩尔比投料，连续进行氨化还原合成反应，生产仲丁胺，其转化率和选择性分别为 99% 和 93% 以上。

$$CH_3CH_2COCH_3 + NH_3 + H_2 \xrightarrow{\text{Ni-Al 或 Ni-Cr-HPO}_3} CH_3CH_2CH(NH_2)CH_3$$

【安全性】 大鼠经口 *dl*-型仲丁胺 LD_{50} 为 380mg/kg。可刺激皮肤和眼睛结膜。生产操作场所最高容许浓度 10mg/m^3。为一级易燃液体，危规号为 61145。用铁桶包装，每桶 145kg。贮于通风换气良好的阴凉场所，严禁烟火。按易燃化学品规定贮运。

【参考生产企业】 建德市新化化工有限责任公司，浙江建德建业有机化工有限公司，苏州市科达石油化工厂。

Ga019 叔丁胺

【英文名】 *tert*-butylamine

【别名】 特丁胺；2-methyl-2-propanamine；2-aminoisobutane；2-amino-2-methylpropane

【CAS 登记号】 [75-64-9]

【结构式】 $(CH_3)_3CNH_2$

【物化性质】 无色易燃液体，有氨臭。沸点 44.4℃。熔点 −72.65℃。闪点 10℃。相对密度 0.6958、d_4^{25} 0.6867。折射率 1.3784。能与水、乙醇混溶，溶于普通有机溶剂。

【质量标准】 GB/T 24771—2009（工业级）叔丁胺

项 目	优等品	合格品
叔丁胺/% ≥	99.5	98.5
色度(铂-钴色号, Hazen 单位) ≤	15	25
水分/% ≤	0.10	0.50

【用途】 用作有机合成原料，用以合成医药（如利福平等）、杀虫剂、杀菌剂、橡胶硫化促进剂和染料着色剂，也可用作溶剂。

【制法】（1）甲基叔丁基醚-氢氰酸法。常压下甲基叔丁基醚在浓硫酸催化剂下反应，然后加入甲醇与反应中生成的甲酸反应生成甲酸甲酯，蒸馏出副产物甲酸甲酯后用氢氧化钠中和，经过蒸馏得叔丁胺。

$(CH_3)_3COCH_3+HCN \longrightarrow$

$(CH_3)_3CNH_2+HCOOCH_3$

(2) 以叔丁醇和尿素为原料在硫酸中缩合、水解，得叔丁基脲，再用40%的氢氧化钠中和，经水洗、滤干，加液碱、乙二醇混合后加热，收集40～60℃蒸馏物，然后加固碱干燥，常压分馏，收集44～47℃馏分得叔丁胺成品。

$$(CH_3)_3COH+NH_2CONH_2 \xrightarrow[\text{缩合}]{\text{浓 } H_2SO_4}$$

$$(CH_3)_3CNHCONH_2 \cdot 1/2H_2SO_4(A)+H_2O$$

$$A+NaOH \xrightarrow[\text{中和}]{pH\ 7\sim9} (CH_3)_3CNHCONH_2(B) +1/2Na_2SO_4+H_2O$$

$$B+2NaOH \xrightarrow[\text{碱解(乙二醇)}]{120℃} \text{本品}+Na_2CO_3+NH_3$$

(3) 异丁烯-氢氰酸法。首先将异丁烯与氢氰酸反应，生成叔丁胺硫酸盐，然后与氨中和，制得叔丁胺，同时副产硫酸氢铵。

$$(CH_3)_2{=}CH_2+HCN+H_2SO_4+2H_2O \longrightarrow (CH_3)_3CNH_2 \cdot H_2SO_4+HCOOH$$

$$(CH_3)_3CNH_2 \cdot H_2SO_4+NH_3 \longrightarrow (CH_3)_3CNH_2+NH_4HSO_4$$

【安全性】 具有中等毒性，对眼睛和皮肤有刺激作用。按一般胺类化合物防护。参见正丁胺。用聚乙烯塑料桶包装，每桶25kg，运输时外加木箱加固，也可用槽车和贮罐装运。贮存于阴凉通风处。因其沸点低，易挥发，宜于冬季低温运输。

【参考生产企业】 山东阳谷华泰化工有限公司，河南科来福化工有限公司，台州市东方特殊化学品有限公司，淄博华王化工有限公司，安徽省沃土化工有限公司，山东省菏泽市化工有限公司，鞍山市风祥精细化工有限公司。

Ga020 正戊胺

【英文名】 *n*-amylamine

【别名】 1-pentylamine; 1-aminopentane

【CAS 登记号】 [110-58-7]

【结构式】 $CH_3(CH_2)_3CH_2NH_2$

【物化性质】 无色液体，有氨味。沸点(10132.5Pa) 104℃。熔点－55℃。相对密度 (d_4^{19}) 0.766。折射率 (20℃) 1.4118。黏度 (20℃) 1.018mPa·s。闪点 (开杯) 7℃。能与水、甲醇、丙酮、乙醚、脂肪烃、苯等混溶。具有伯胺的化学反应性质，水溶液呈碱性。对氧化剂不稳定，在活性炭存在下能被过氧化氢水溶液分解。见光分解。

【质量标准】

项　目	指　标
纯度/%	99
沸程/℃	103～105
水分　　　≤	0.01

【用途】 用于医药、染料、乳化剂、防腐蚀剂、浮选剂、橡胶硫化促进剂等方面。

【制法】 在催化剂存在下以叠氮钠和己酸反应，经碱中和后，水蒸气蒸馏，馏出物用乙醚萃取，萃取液经精馏精制后得产品。

【安全性】 大鼠经口 LD_{50} 为 470mg/kg。能被皮肤吸收引起1～2度灼伤。为一级易燃液体，危规号61146。应密封置阴凉处贮存，玻璃瓶包装，5kg/瓶。

【参考生产企业】 建德市新化化工有限责任公司，南京旋光科技有限公司，济南路遥化工有限公司。

Ga021 正癸胺

【英文名】 *n*-decylamine

【别名】 癸胺；1-氨基癸烷；1-aminodecane

【CAS 登记号】 [2016-57-1]

【结构式】 $CH_3(CH_2)_9NH_2$

【物化性质】 无色透明液体，有氨臭，易燃。沸点220.5℃。熔点17℃。相对密度0.787。折射率1.4360。闪点85℃。微溶于水，易溶于乙醇、乙醚、丙酮、苯、氯仿。

【质量标准】

项　目	指　标
含量/%　　　　≥	98
凝固点/℃　　　≥	14.5
相对密度(d_4^{20})	0.792～0.794
折射率(n_D^{20})	1.435～1.437
灼烧残渣(以 SO_4^{2-} 计)≤	0.01

【用途】 为溶剂，可用于有机合成等，也可用作试剂。

【制法】 以癸酸为原料，硅胶为催化剂，通入氨，在380～400℃下进行氨化反应得癸腈，产物经水洗、分层、干燥、精馏，得精制癸腈。然后以镍铝为催化剂，在温度80℃、压力196.1kPa下，加氢氢化，取出反应物，过滤，除去催化剂，经分馏、精馏，收集199～221℃的馏分，得正癸胺成品。

$$CH_3(CH_2)_8COOH + NH_3 \xrightarrow[380\sim400℃]{硅胶}$$

$$CH_3(CH_2)_8CN \xrightarrow[H_2]{Ni\text{-}Al} CH_3(CH_2)_9NH_2$$

【安全性】 参见正丁胺和十二(烷)胺。

【参考生产企业】 上海友盛化工科技有限公司，建德市新化化工有限责任公司。

Ga022 十二(烷)胺

【英文名】 laurylamine

【别名】 月桂胺；1-氨基十二烷；dodecylamine；1-aminododecane

【CAS登记号】 [124-22-1]

【结构式】 $CH_3(CH_2)_{11}NH_2$

【物化性质】 白色蜡状固体。沸点259℃。熔点28.20℃。相对密度0.8015。折射率1.4421。溶于乙醇、乙醚、苯、氯仿和四氯化碳，难溶于水。

【质量标准】

(1) 国内标准

项　目	指标(化学纯)
含量/%　　　　≥	99
凝固点/℃　　　≥	27
乙醇溶解试验	合格
氯化物(Cl^-)/%	0.001
灼烧残渣(SO_4^{2-})/%	0.05

(2) 日本蝶理公司标准(1980)

项　目	指　标
外观(室温)	固体或液体
色度(APHA)　　≤	50
胺值	295～305
水分/%　　　　≤	0.5
熔点/℃	23～27
C_{12}烷基物组分含量/%	92
C_{14}烷基物组分含量/%	5
C_{16}烷基物组分含量/%	2
C_{10}烷基物组分含量/%	1

【用途】 为有机合成中间体，用于纺织及橡胶等助剂生产。也可用以制取矿石浮选剂、十二烷基季铵盐、杀菌剂、杀虫剂、乳化剂、洗涤剂和防治皮肤灼伤养津抗菌的消毒特效剂等。

【制法】 以月桂酸为原料。在硅胶催化剂存在下通入氨气进行氨化，反应生成物经水洗、干燥、减压精馏得精月桂腈。将月桂腈转入高压釜中，在活性镍催化剂存在下，经搅拌加热至80℃，反复加氢还原得月桂胺粗品，然后放冷经减压精馏，干燥后即得成品。

【安全性】 有毒，能刺激皮肤，会引起亚急性皮炎，对中枢神经有一定的刺激作用。生产设备应密闭，防止跑、冒、滴、漏，操作人员应佩戴防护用具。其他要求参见正丁胺。用镀锌铁桶加盖密闭包装，用200L钢桶包装。贮运时应将桶口向上，贮存于阴凉通风处，远离火源和热源。

【参考生产企业】 博兴华润油脂化学有限公司，张家港市飞翔化工股份有限公司。

Ga023 硬脂胺

【英文名】 stearyl amine

【别名】 十八胺；1-氨基十八烷，十八烷基胺，油脂十八胺；octadecylamine；1-aminooctadecane

【CAS登记号】 [124-30-1]

【结构式】 $CH_3(CH_2)_{16}CH_2NH_2$

【物化性质】 白色蜡状固体结晶，具有碱性。沸点348.8℃。凝固点53.1℃。相对密度0.8618。折射率1.4522。易溶于氯仿，溶于乙醇、乙醚和苯，微溶于丙酮，不溶于水。

【质量标准】 HG/T 3503—1989 十八胺

项　目		一级品	合格品
外观		白色	淡黄色
凝固点/℃	≥	37.0	35.0
总胺值(mgKOH/g)	≥	195	187
碘值/%	≤	3.0	4.0

【用途】 为有机合成原料，可合成十八烷季铵盐及多种助剂，如阳离子润滑脂的稠化剂、矿物浮选剂、农药和沥青的乳化剂、织物抗静电剂、柔软剂、湿润剂和防水剂、表面活性剂、炼油装置的缓蚀剂和彩色胶片的成色剂等。

【制法】 将硬脂酸和氨连续定量地送入液相反应塔内，于350℃下氨化，得硬脂腈，产物经水洗精馏精制后，在雷尼镍催化下，于130℃、3.43MPa压力下加氢得十八（烷）胺，再经沉淀，除去催化剂制得成品。

$$CH_3(CH_2)_{16}COOH + NH_3 \xrightarrow{350℃}$$

$$CH_3(CH_2)_{16}CN \xrightarrow[H_2]{催化剂} CH_3(CH_2)_{17}NH_2$$

【安全性】 属高级烷基胺，毒性比低级烷基胺小。根据长期喂养研究，在老鼠食物中喂500×10^{-6} 1-十八（烷）胺两年没有明显不利健康的后果，而以同样量喂狗十二个月则对胃肠系统黏液也无病理影响。对皮肤和黏膜有刺激性。勿与皮肤接触。防止设备泄漏，操作人员佩戴防护用具。用镀锌铁桶加盖密闭包装。贮运时应将桶口向上，远离火源和热源。

【参考生产企业】 杭州长龙化工有限公司，张家港市飞翔化工股份有限公司，杭州龙山化工有限公司，上海吴泾化工有限公司。

Ga024 *N*,*N*-二甲基十八烷(基)胺

【英文名】 dymanthine

【别名】 *N*,*N*-二甲基十八胺；十八烷基二甲基叔胺；*N*,*N*-dimethyl-1-octadecanamine；*N*,*N*-dimethyloctadecylamine

【CAS登记号】 [124-28-7]

【结构式】 $CH_3(CH_2)_{17}N(CH_3)_2$

【物化性质】 浅棕色黏稠液体。20℃时为浅草黄软质固体。沸点202℃。熔点22.5℃。相对密度0.84。易溶于醇类溶剂，不溶于水。

【质量标准】

（1）国内标准

项　目	优级品	一级品
外观	草黄软蜡状固体	
叔胺含量/%	97	95

（2）日本蝶理公司标准（1980）

项　目		优级品	一级品
外观		几乎无色透明液体	
色度(APHA)	≤	30	30
胺值		187±10	190±7
水分/%	≤	0.2	0.2
叔胺含量/%	≥	95	95
伯、仲胺含量/%	≤	0.3	0.3
C_{18}组分含量/%	≥	90	80±5
C_{16}组分含量/%		17±5	
C_{14}组分含量/%	≤	5	

【用途】 用以制成季铵盐型阳离子表面活性剂的重要有机合成中间体。可与环氧乙烷、硫酸二甲酯、硫酸二乙酯、氯甲烷、氯苄等反应生成不同的季铵盐阳离子，可用于织物柔软剂、抗静电剂，改善头发梳理等产品，还可用以生产驱虫剂。

【制法】 由十八胺、甲醛、甲酸经缩合制

得。先将十八胺加入反应器，在乙醇介质中搅拌均匀，温度控制在50～60℃加入甲酸，搅拌数分钟后，在60～65℃时加入甲醛，升温至80～83℃，回流保温2h，用液碱中和，使pH值大于10，静置分层，去水，减压蒸馏脱除乙醇后经冷却，即得*N*,*N*-二甲基十八胺。此外，还有直接由高级醇与二甲胺合成的方法。用十八醇与二甲胺在催化剂存在下，于180～220℃液相中进行催化胺化，脱去一分子水，即得粗叔胺，经减压蒸馏可得到高纯度的*N*,*N*-二甲基十八胺。

$$CH_3(CH_2)_{16}CH_2NH_2+2HCHO+2HCOOH \xrightarrow{乙醇} CH_3(CH_2)_{17}N(CH_3)_2+2H_2O+2CO_2$$

【安全性】 低毒。用塑料桶装，每桶50kg。长途运输时外用木条箱，桶底衬稻草。

【参考生产企业】 天津市华联有机陶土化工福利厂，上海经纬化工有限公司，淄博森杰化工助剂有限公司，博兴华润油脂化学有限公司。

Ga025 1-二甲氨基-3-氯丙烷盐酸盐

【英文名】 1-dimethylamino-3-propylchloride hydrochloride

【别名】 1-氯-3-二甲氨基丙烷盐酸盐；1-chloro-3-dimethylaminopropane hydrochloride

【CAS登记号】 [5407-04-5]

【结构式】 $(CH_3)_2NCH_2CH_2CH_2Cl \cdot HCl$

【物化性质】 无色结晶。熔点141～144℃。

【质量标准】 甲苯溶液中本品的含量45%～50%。

【用途】 用作生产药物氯丙嗪的中间体。

【制法】 将二甲胺和丙烯醇送入反应罐，在氢氧化钠存在下，在130～150℃温度和127.5～147.1kPa压力下加压合成，经回流14h制得1-二甲氨基丙-3-醇，再用亚硫酰氯进行氯化，在55～90℃温度下反应9～10h即得1-二甲氨基-3-氯丙烷盐酸盐成品。

$$(CH_3)_2NH+CH_2=CHCH_2OH \longrightarrow (CH_3)_2N(CH_2)_3OH(A)$$

$$A+SOCl_2 \longrightarrow 本品+SO_2$$

【安全性】 有腐蚀性。操作人员应穿戴防护用具。采用陶瓷罐包装，每罐25kg，外套木框保护。

【参考生产企业】 上海高桥石油化工精细化工厂，抚顺华丰化学有限公司。

Ga026 乙醇胺

【英文名】 ethanolamine

【别名】 一乙醇胺；2-羟基乙胺；氨基乙醇；2-aminoethanol；monoethanolamine；*β*-aminoethyl alcohol；2-hydroxyethylamine

【CAS登记号】 [141-43-5]

【结构式】 $HOCH_2CH_2NH_2$

【物化性质】 氨分子中的氢被羟乙基—CH_2CH_2OH取代而生成的一类化合物，可分为一乙醇胺、二乙醇胺和三乙醇胺。通常一乙醇胺简称乙醇胺。一、二、三乙醇胺在室温下均为无色透明的黏稠液体，有吸湿性和氨臭。能吸收二氧化碳和硫化氢。与无机酸和有机酸反应生成酯。均具碱性。沸点170℃。熔点10.5℃。闪点93.3℃。相对密度1.0180。折射率1.4540。动力黏度(20℃) 24.14mPa·s。能与水、乙醇和丙酮等混溶，微溶于乙醚和四氯化碳。25℃时，在苯中的溶解度为1.4%，在乙醚中的溶解度为2.1%，在四氯化碳中的溶解度为0.2%。

【质量标准】 HG/T 2915—1997（工业级）一乙醇胺

项目		Ⅰ型	Ⅱ型	Ⅲ型
总胺量(以一乙醇胺计)/%	≥	99.0	95.0	80.0
蒸馏试验(0℃，101325Pa)，168～174℃馏出体积/mL	≥	95	65	45
水分/%	≤	1.0	—	—

续表

项　目	Ⅰ型	Ⅱ型	Ⅲ型
密度(ρ_{20})/(g/cm³)	1.014～1.019	—	—
色度(铂-钴色号，Hazen单位)　≤	25	—	—

【用途】 乙醇胺主要用作合成树脂和橡胶的增塑剂、硫化剂、促进剂和发泡剂，以及农药、医药和染料的中间体，也是合成洗涤剂、纺织印染增白剂、化妆品的乳化剂等的原料，还也可用作二氧化碳吸收剂、油墨助剂、石油添加剂、吸收天然气中酸性气体的溶剂和分析试剂。

【制法】 乙醇胺可由环氧乙烷与氨反应制得。将环氧乙烷、氨水送入反应器中，在反应温度30～40℃，反应压力70.9～304kPa下，进行缩合反应生成一、二、三乙醇胺混合液，在90～120℃下经脱水浓缩后，送入三个减压精馏塔进行减压蒸馏，按不同沸点截取馏分，则可得纯度达99%的一乙醇胺、二乙醇胺和三乙醇胺成品。在反应过程中，如加大环氧乙烷比例，则二、三乙醇胺生成比例增大，可提高二、三乙醇胺的收率。

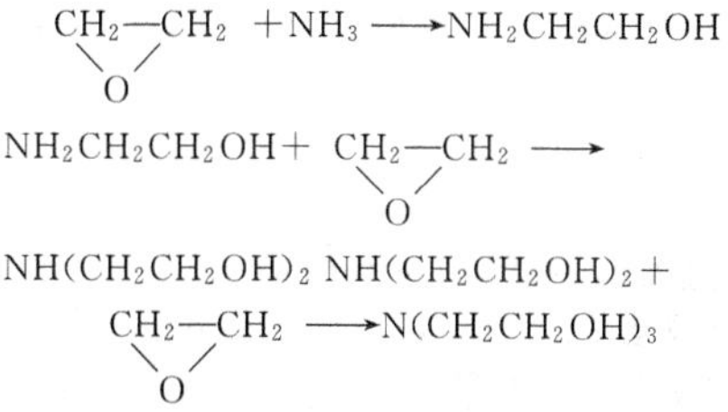

【安全性】 小鼠经口 LD_{50} 为700mg/kg，大鼠经口 LD_{50} 为2100mg/kg。乙醇胺的稀溶液具有非常弱的碱性和刺激性，随着其浓度的增大，对眼、皮肤和黏膜有刺激性。操作时应穿戴防护用品。溅入眼内时，应及时用水冲洗15min以上，必要时应请医生诊治。操作场所应保持良好通风。操作现场最高容许浓度6mg/m³。用塑料桶或新铁桶包装，每桶分别为(200±0.5) kg或(180±0.5) kg两种，每批产品平均每桶净重达到200kg或180kg。工业用乙醇胺应贮存在清洁、阴凉干燥通风的仓库中，在运输过程中应防漏、防火、防潮。

【参考生产企业】 抚顺华丰化学有限公司，江苏省宜兴市助剂化工二厂，宜兴市双利化工有限公司，江苏银燕化工股份有限公司，吉联（吉林）石油化学有限公司，上海高桥石油化工公司精细化工厂。

Ga027 二乙醇胺

【英文名】 diethanolamine

【别名】 2,2′-亚氨基二乙醇；2,2′-二羟基二乙胺；2,2-iminobisethanol；2,2-iminodiethanol；diethylolamine；bis(hydroxyethyl)amine

【CAS登记号】 [111-42-2]

【结构式】 $(CH_2CH_2OH)_2NH$

【物化性质】 无色黏性液体或结晶。有碱性，能吸收空气中的二氧化碳和硫化氢等气体。参见乙醇胺。沸点269.1℃。熔点28.0℃。相对密度(d_{20}^{20}) 1.0828。折射率1.4476。闪点146℃。25℃时，在苯中的溶解度4.2%，25℃时在乙醚中的溶解度0.8%，25℃时在四氯化碳中的溶解度小于0.1%。有吸湿性。呈碱性，能吸收空气中的二氧化碳和硫化氢。

【质量标准】 HG/T 2916—1997（工业级）二乙醇胺

项　目	Ⅰ型	Ⅱ型
二乙醇胺含量/%　≥	98.0	90.0
一乙醇胺含量+三乙醇胺含量/%　≤	2.5	4.0
相对密度(d_{20}^{30})	1.090～1.095	—
水分/%　≤	1.0	—

【用途】 二乙醇胺主要用作 CO_2、H_2S 和 SO_2 等酸性气体吸收剂、非离子表面活性剂、乳化剂、擦光剂和工业气体净化剂。在洗发液和轻型去垢剂中用作增稠剂

和泡沫改进剂，在合成纤维和皮革生产中用作柔软剂，在分析化学上用作试剂和气相色谱固定液。还可用于有机合成等。

【制法】 参见乙醇胺。

【安全性】 二乙醇胺灌胃结果：LD_{50} 小白鼠为 3.3g/kg，大白鼠 3.5g/kg，豚鼠和家兔为 2.2g/kg。急性中毒时出现呼吸道黏膜刺激症状以及运动性兴奋。对皮肤，引起动物炎症反应。二乙醇胺操作现场最高容许浓度为 $50mg/m^3$。防护措施参见乙醇胺和三乙醇胺。

【参考生产企业】 抚顺华丰化学有限公司，江苏银燕化工股份有限公司，宜兴市双利化工有限公司，江苏省宜兴市中正实业公司，常州太湖化工有限公司，上海高桥石油化工公司精细化工厂。

Ga028 三乙醇胺

【英文名】 triethanolamine

【别名】 2,2′,2″-三羟基三乙胺；2,2′,2″-nitrilotrisethanol；trihydroxytriethylamine；tris(hydroxyethyl)amine；triethylolamine；trolamine

【CAS登记号】 [102-71-6]

【结构式】 $N(CH_2CH_2OH)_3$

【物化性质】 具有轻微氨气味黏性液体。沸点 360.0℃。熔点 21.2℃。闪点 193℃。相对密度 1.1242、d_4^{60} 1.0985；折射率 1.4852。25℃时，在苯中的溶解度 4.2%，25℃时，在乙醚中的溶解度 1.6%，25℃时在四氯化碳中的溶解度 0.4%。

【质量标准】 HG/T 3268—2002（工业级）三乙醇胺

项　目		Ⅰ型	Ⅱ型
三乙醇胺含量/%	≥	99.0	75.0
一乙醇胺含量/%	≤	0.50	由供需双方协商确定
二乙醇胺含量/%	≤	0.50	由供需双方协商确定
水分/%	≤	0.20	由供需双方协商确定
色度(铂-钴色号，Hazen 单位)	≤	50	80
密度 ρ_{20}/(g/cm³)		1.122～1.127	—

【用途】 三乙醇胺可用作脱除气体中二氧化碳或硫化氢的清净液。三乙醇胺和高级脂肪酸所形成的酯广泛用作洗涤剂、乳化剂、湿润剂和润滑剂，也用于配制化妆用香脂。三乙醇胺还可用作防腐剂和防水剂，以及分析试剂和溶剂等。

【制法】 参见乙醇胺。

【安全性】 参见二乙醇胺。由于挥发性低，吸入性中毒的可能性小，但如沾染和接触，手和前臂的背面可见皮炎和湿疹。因此必须保护手的皮肤。当有气溶胶时必须保护呼吸器官。在合成纤维生产中，以及金属加工工业中，应在三乙醇胺的生产或贮运场所安装排风装置。应保持个人卫生。穿戴防护用具。

【参考生产企业】 抚顺华丰化学有限公司，江苏银燕化工股份有限公司，宜兴市双利化工有限公司，上海高桥石油化工公司精细化工厂。

Ga029 *N*-甲基二乙醇胺

【英文名】 *N*-methyldiethanolamine

【别名】 甲氨基二乙醇；*N*-双（2-羟乙基）甲胺；*N*，*N*-bis（2-hydroxyethyl）methylamine

【CAS登记号】 [105-59-9]

【结构式】 $CH_3N(CH_2CH_2OH)_2$

【物化性质】 无色或深黄色油状液体。沸点 247.2℃。闪点 260℃。凝固点 −21℃。相对密度 1.0377。折射率 1.4678。能与水、醇混溶。微溶于醚。

【质量标准】

（1）*N*-甲基二乙醇胺

项　目	优等品	一等品	合格品
含量/%	>96	93	90
水分/%	<1	1	1

（2）美国标准（1987-10）

项　目		指　标
纯度/%	≥	99
相对密度(d_{20}^{20})		1.035～1.050
色度(APHA)	≤	150
初沸点/℃	≥	240
干点/℃	≥	255
水分/%	≤	0.3

【用途】 主要用作乳化剂和酸性气体的吸收剂，也用作抗肿瘤类药物的中间体。

【制法】 将环氧乙烷与甲胺在100～170℃温度和0.0588～9.8066MPa压力下进行反应，经蒸馏、精馏得*N*-甲基二乙醇胺成品。此外，以甲醛与氰乙醇为原料，经催化加氢，或以甲醛和二乙醇胺作用均可制得*N*-甲基二乙醇胺。

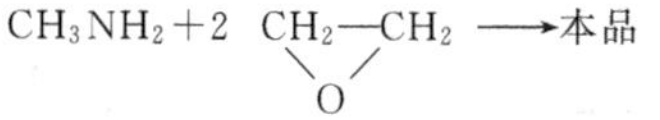

【安全性】 大鼠经口 LD_{50} 为4.78mg/kg。

【参考生产企业】 四川省精细化工研究设计院，常州市宇平化工有限公司，常州市南方精细化工厂。

Ga030 *N*,*N*-二甲基乙醇胺

【英文名】 deanol

【别名】 2-二甲氨基乙醇；2-(dimethylamino) ethanol；*β*-dimethylaminoethyl alcohol；*N*,*N*-dimethyl-2-hydroxyethylamine

【CAS登记号】 [108-01-0]

【结构式】 $(CH_3)_2NCH_2CH_2OH$

【物化性质】 具有氨臭的无色或微黄色液体，可燃。沸点134.6℃。凝固点−59.0℃。燃点41℃。闪点（开杯）40℃。相对密度（d_{20}^{20}）0.8879。折射率1.4296。黏度（20℃）3.8mPa·s。能与水、乙醇、苯、乙醚和丙酮等混溶。

【质量标准】

项　目		优等品	一等品
外观		无色透明、带微黄色液体	
含量/%	≥	98	95
伯、仲胺等/(mgmol/g)	≤	1	3

【用途】 可用以合成局部麻醉剂、抗组胺剂、镇痉剂和抗高血压等药物，也是制取乳化剂、纺织助剂、阻蚀剂、絮凝剂、防垢剂及离子交换树脂和染料等的原料，还可用作环氧树脂低温固化促进剂、聚氨酯泡沫塑料发泡剂和涂料溶剂。

【制法】 （1）环氧乙烷法。由二甲胺与环氧乙烷进行氨化，经蒸馏、精馏、脱水制得。

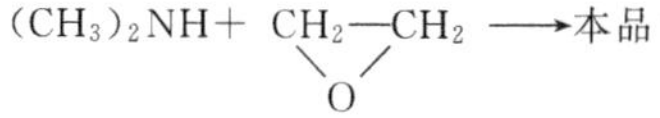

（2）氯乙醇法。由氯乙醇与碱进行皂化生成环氧乙烷，再与二甲胺合成制得。

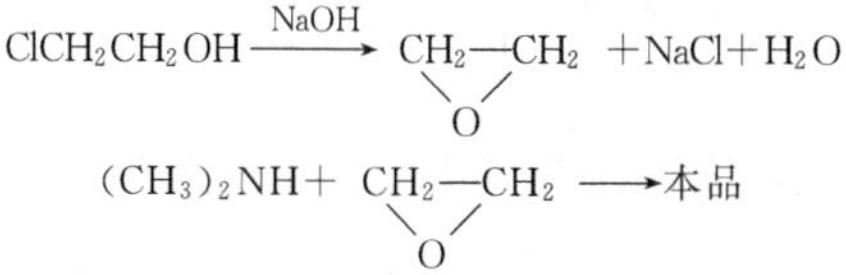

【安全性】 低毒。对皮肤和中枢神经有刺激作用。应按“有毒化学品规定”采取防护措施。采用白铁桶包装，每桶净重180kg。贮存于阴凉通风处，按易燃有毒化学品规定贮运。

【参考生产企业】 常州市宇平化工有限公司，上海华原精细化工有限公司，上海南威化工有限公司，上海纪中化工有限公司，上海双轮化工有限公司，武进市雪扬精细化工公司，常州市南方精细化工厂。

Ga031 *N*,*N*-二乙基乙醇胺

【英文名】 *N*,*N*-diethylethanolamine

【别名】 2-二乙氨基乙醇；2-diethylaminoethanol；*β*-diethylaminoethyl alcohol；2-hydroxytriethylamine

【CAS登记号】 [100-37-8]

【结构式】 $(C_2H_5)_2NCH_2CH_2OH$

【物化性质】 无色液体。微有氨臭。可燃。有吸湿性，兼具氨和醇的性状。可从空气中吸收 CO_2。沸点 163℃。凝固点 −70℃。闪点（开杯）60℃。相对密度（d_{20}^{20}）0.88～0.89。折射率（n_D^{25}）1.4389。蒸气压（20℃）2.7997kPa。可与水和乙醇混溶。呈弱碱性。

【质量标准】

项　目		化学纯	工业级
外观		—	无色或淡黄色澄清液体、呈碱性，微有氨臭
含量/%	≥	98.5	95
水分/%	≤		2
相对密度(d_4^{20})		0.882～0.886	—
沸程(馏出95%)/℃		161～164	—
杂质最高含量			
水溶解试验		合格	—
不挥发物/%		0.05	—

【用途】 可制取盐酸普鲁卡因和胃复康等药物，也用作酸性介质乳化剂和脱除天然气、炼厂气中硫化氢及二氧化碳的溶剂，还可用以制取脂肪酸的衍生物，纤维柔软剂、防锈剂和树脂的固化剂组分等。

【制法】 将氯乙醇与氢氧化钠在 105℃下进行反应，生成环氧乙烷，通入二乙胺溶液中进行反应，在常压下分出低沸物后，减压分馏得 *N*,*N*-二乙基乙醇胺成品。

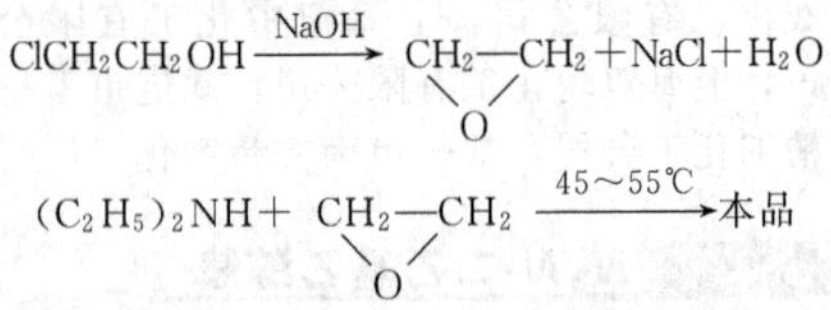

【安全性】 低毒。大鼠每日吸入浓度为 2.4mg/L 的蒸气 6h，经 5 昼夜可引起黏膜刺激而死亡。将经过中和的给大鼠一次灌胃时，其 LD_{50} 为 5.6g/kg。对人，吸入 1mg/L 的几秒钟，即出现恶心和呕吐症状。生产操作应戴用过滤式防毒面具。生产设备要密封。工作场所要整体和局部通风，不允许有蒸气排出，空气中不可形成引起任何自觉不适的浓度。工作场所最高容许浓度为 $5mg/m^3$。

【参考生产企业】 嘉兴市恒联化工厂，杭州浙大泛科化工有限公司。

Ga032 *N*,*N*-二异丙基乙醇胺

【英文名】 *N*,*N*-diisopropylethanolamine

【别名】 2-二异丙氨基乙醇；2-diisopropylamino ethanol

【CAS 登记号】 [96-80-0]

【结构式】 $[(CH3)_2CH]_2NCH_2CH_2OH$

【物化性质】 无色油状液体。沸点 191℃。闪点 79℃。相对密度（d_{20}^{20}）0.8742。折射率 1.4431。易燃。微溶于水。

【质量标准】

项　目	指　标
含量/%	98.0
外观油状	液体
沸点/℃	187～192

【用途】 用以合成有机化工产品和药物，也可用于生产纤维助剂、乳化剂和催化剂等。

【制法】 将二异丙胺及水送入反应罐中，降温至 0～5℃，通入环氧乙烷，在 30～50℃温度下进行反应，然后将反应液进行常压蒸馏，脱去 90℃下低沸物和 120℃下的中沸物，供回收套用。最后进行减压蒸馏，在 2.666kPa 压力下截取 90～100℃馏分，即得 *N*,*N*-二异丙基乙醇胺成品。

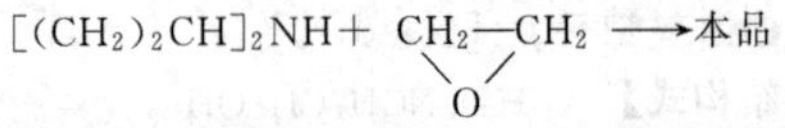

【安全性】 易燃，低毒。生产设备要密闭，车间要通风，注意防火。操作人员应穿戴防护用具。用玻璃瓶外木箱内衬塑料进行包装，贮存于阴凉、干燥、通风的仓间内；与苛性碱和氧化剂隔离贮送。

【参考生产企业】 浙江省建德市新德化工

有限公司，杭州浙大泛科化工有限公司。

Ga033 异丙醇胺

【英文名】 isopropanol amine

【别名】 一异丙醇胺；IPA；MIPA

【CAS 登记号】 [78-96-6]

【结构式】 $[CH_3CH(OH)CH_2]NH_2$

【物化性质】 异丙醇胺具有旋光性，常温为液体。沸点 160℃。凝固点 1.4℃。闪点 80℃。相对密度（d_{20}^{20}）0.9681。折射率 1.465。黏度（20℃）31mPa·s。溶于水和乙醇，水溶液呈碱性，能与酸反应生成酯，与酸的卤化物反应生成酰氨基化合物。

【质量标准】 GB/T 27566—2011 工业用一异丙醇胺

项　目		指　标
外观		透明液体
一异丙醇胺/%	≥	99.0
水分/%	≤	0.7
(二异丙醇胺＋三异丙醇胺)/%	≤	0.7
色度(铂-钴色号,Hazen 单位)		50

【用途】 可用作表面活性剂的原料，以及纤维工业的精炼剂、抗静电剂、染色助剂和纤维润湿剂。还可用于合成洗涤剂、化妆品、润滑油、切削油的抗氧剂、增塑剂、乳化剂和溶剂的制备。

【制法】 可由环氧丙烷与氨反应制得。将环氧丙烷与氨混合后，经预热进行加成反应，生成的混合物，经脱氨、脱水，进行减压蒸馏、精馏，即得成品。如在反应过程中调节环氧丙烷与氨的投料比例，可制得不同比例的异丙醇胺、二异丙醇胺和三异丙醇胺。

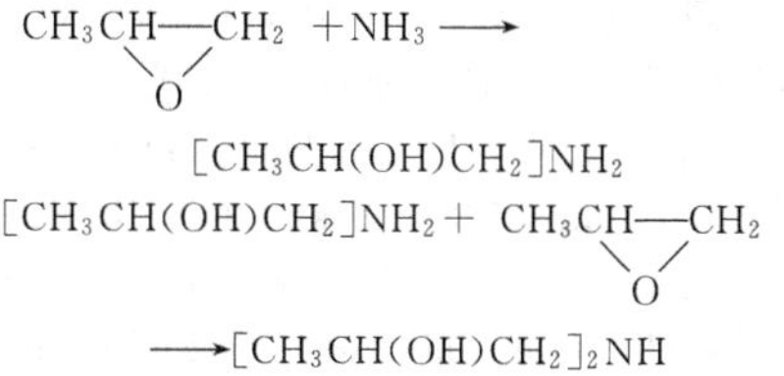

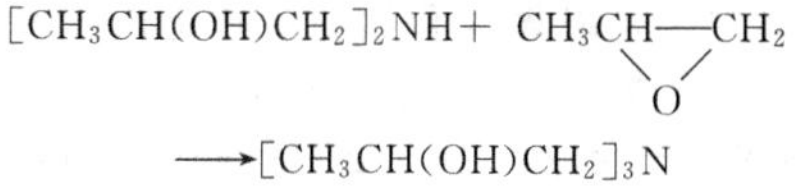

【安全性】 大鼠经口 LD_{50} 为 4.26g/kg。异丙醇胺没有特别强的毒性，因其有氨基，对眼和皮肤有一定程度的损害。用铁桶包装，每桶 100kg，国外也有用 200kg 桶装。贮运中注意防火、防热。

【参考生产企业】 杭州浙大泛科化工有限公司，常州市巨顺化工有限公司，南京红宝丽股份有限公司。

Ga034 *N,N*-二甲基异丙醇胺

【英文名】 1-*N*,*N*-dimethylin-2-propanolamine

【别名】 二甲氨基异丙醇

【CAS 登记号】 [108-16-7]

【结构式】

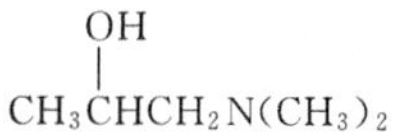

【物化性质】 无色液体，有氨味。沸点 125.8℃。熔点－85℃。相对密度（20℃）0.8645。折射率 1.4189。闪点 35℃。溶于水和醇。

【质量标准】 含量≥99.0%。

【用途】 用作药物异丙嗪、美散痛的中间体，也用作丙烯腈聚合物的稳定剂。

【制法】 (1) 由环氧丙烷与二甲胺反应制得。

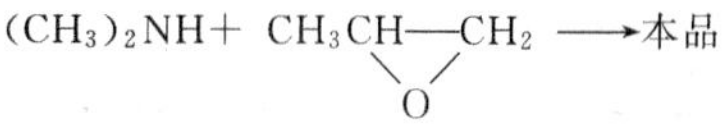

(2) 氯代异丙醇法。

$$(CH_3)_2NH + CH_3CH(OH)CH_2Cl \longrightarrow \text{本品}$$

【安全性】 能刺激皮肤和肺部。接触眼睛会产生严重刺激。呼吸道吸入可引起恶心、头痛和支气管炎，亦可出现精神错乱、神志不清，偶见惊厥。消化道摄入可引起恶心、呕吐，严重可呕血，并有神志不清、精神错乱的症状，可出现惊厥。采用 250kg 铁桶包装。贮存于阴凉、通风的

仓间内，远离火种和热源，防止阳光直射。与酸类、氧化剂隔离贮存。

【参考生产企业】 杭州浙大泛科化工有限公司，浙江建德建业有机化工有限公司。

Ga035 乙二胺

【英文名】 ethylenediamine

【别名】 1,2-二氨基乙烷；1,2-ethanediamine；1,2-diaminoethane

【CAS 登记号】 [107-15-3]

【结构式】 $H_2NCH_2CH_2NH_2$

【物化性质】 无色透明的黏稠液体，有氨臭，有毒，易燃。能吸收空气中的潮气和二氧化碳生成不挥发的碳酸盐。乙二胺还可与许多无机物形成络合物。沸点 117℃。熔点 10.8℃。闪点（闭杯）43℃。相对密度（d_{20}^{20}）0.8995。折射率 1.4565。黏度（20℃）1.6mPa・s。蒸气压（20℃）1.426kPa。能溶于水和乙醇，微溶于乙醚，不溶于苯。乙二胺具有强碱性，遇酸易成盐。与水生成水合物。25℃时 25% 溶液的 pH 值为 11.9。

【质量标准】 HG/T 3486—2000（试剂级）

项　目		指标(分析纯)
乙二胺含量($H_2NCH_2CH_2NH_2$)/%	≥	99.0
结晶点/℃	≥	10
色度(黑曾单位)	≤	10
蒸发残渣含量/%	≤	0.03
重金属(以 Pb 计)含量/%	≤	0.0002

【用途】 是重要的化工原料，广泛用以制造有机化合物、高分子化合物、药物、染料和农药等，也可用于生产螯合剂、防蚀剂、土壤改良剂、润滑剂、润滑油添加剂和橡胶促进剂，还可用作环氧树脂固化剂、乳化剂、抗冻剂、有机溶剂和化学分析试剂，以及用于铍、钸、镧、镁、镍、钍、铀等金属的鉴定，锑、铋、镉、钴、铜、汞、镍、银和铀的测定等。

【制法】 （1）二氯乙烷氨化法。将 1,2-二氯乙烷和液氨送入反应器中，在 120～180℃温度和 1.98～2.47MPa 压力下，进行热氨解反应，将反应液蒸发一部分水分和过量的氨，然后送入中和器，用 30% 液碱中和，再经浓缩、脱盐、粗馏得粗乙二胺、粗三胺和多胺混合物，最后再将粗乙二胺在常压下精馏得乙二胺成品，其含量为 70%，再加压精馏可得 90% 的成品。

$$ClCH_2CH_2Cl + 2NH_3 \longrightarrow \text{本品} + 2HCl$$

（2）乙醇胺氨化法。将乙醇胺、钴催化剂和水加入反应器，然后往其中通入氨和氢，在 20MPa 和 170～230℃下进行反应，5～10h 后，可制得乙二胺，其转化率达 69%。

$$NH_2CH_2CH_2OH + NH_3 \longrightarrow \text{本品} + H_2O$$

（3）环氧乙烷氨化法。

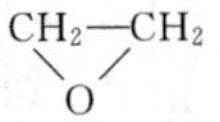
$+2NH_3 \longrightarrow \text{本品} + H_2O$

【安全性】 为易燃、有毒的强碱性腐蚀性液体。大鼠经口 LD_{50} 为 1160mg/kg，小鼠经口 LD_{50} 为 448mg/kg。蒸气或液体均刺激皮肤和黏膜，能引起过敏，呈现出变态反应。吸入高浓度乙二胺蒸气会引起气喘性支气管炎，严重时易发生致命性中毒。一般浓度对肺、肝、肾脏等均引起慢性中毒。生产设备应密闭，防止跑、冒、滴、漏。操作人员应穿戴防护用具，避免直接接触。溅及皮肤、眼、鼻，应用水或 2% 硼酸溶液冲洗，并涂以硼酸软膏。吸入蒸气时应移至新鲜空气处做深呼吸，严重时请医生治疗。生产现场最高容许浓度 10×10^{-6}。为二级易燃品，可用玻璃瓶包装，每瓶 0.5kg 或 1.5kg，也可用聚乙烯塑料桶包装，每桶 5kg、10kg 和 20～25kg。也有用磷酸锌被膜处理的铁桶或不锈钢桶包装，每桶 180kg 和 200kg，亦可用汽车槽车运输。

应密闭贮存，防潮，防热，与酸类物品隔离。

【参考生产企业】 济南弘易化工厂，武汉市合中化工制造有限公司，济南浩化实业有限责任公司，济南清河化工厂，北京北化精细化学品有限责任公司。

Ga036 丙二胺

【英文名】 propylenediamine

【别名】 1,2-二氨基丙烷；1,2-丙二胺；1,2-propanediamine

【CAS 登记号】 [78-90-0]

【结构式】 $CH_3CH(NH_2)CH_2NH_2$

【物化性质】 无色透明黏稠液体，有氨臭。具有强碱性和强吸湿性，与空气接触产生白色烟雾。沸点 120.5℃。闪点 71.1℃。相对密度 0.8584。折射率（n_D^{25}）1.4460。比旋光度 $[\alpha]_D^{25}$ +29.78°。易溶于水、乙醇和氯仿，不溶于乙醚和苯。

【质量标准】 含量≥70%。

【用途】 用于生产选矿药剂、金属钝化剂、航空用树脂固化剂、橡胶硫化促进剂，还用于染料、电镀和分析试剂。

【制法】 由1,2-二氯丙烷与液氨进行氨化制得。将1,2-二氯丙烷和25%的氨水分别加入反应器中，使温度控制在150℃左右，压力保持在2.45MPa，进行氨化反应，然后将反应液脱氨，加氢氧化钠中和至碱性，经浓缩、脱盐，进行精馏，切取112℃以上馏分为成品，其收率可达65%～70%。

$$ClCH_2CH(CH_3)Cl + 2NH_3 \longrightarrow \text{本品} + 2HCl$$

【安全性】 具有与乙二胺同样的毒性，对皮肤、黏膜有刺激作用。长期接触能引起咳嗽、支气管扩张、鼻腔出血、头痛和头晕等症状。吸入高浓度丙二胺蒸气可引起喘息，发生致命性的中毒。操作时应穿戴防护用具，防止直接接触。生产设备应密闭，防止跑、冒、滴、漏，工作场所应保持良好通风，注意安全。用铁桶包装，贮运中严禁火种，按易燃易爆物品规定贮运。

【参考生产企业】 济南浩化实业有限责任公司，广西邦德化工有限公司。

Ga037 1,6-己二胺

【英文名】 1,6-hexanediamine

【别名】 六亚甲基二胺；1,6-二氨基己烷；hexamethylenediamine；1,6-diaminohexane

【CAS 登记号】 [124-09-4]

【结构式】 $NH_2(CH_2)_6NH_2$

【物化性质】 白色片状结晶体，有氨臭，可燃。在空气中易吸收水分和二氧化碳。沸点 204～205℃。熔点 41～42℃。相对密度（d_4^{30}）0.883。折射率（n_D^{40}）1.4498。黏度（50℃）1.46kPa·s。闪点 81℃。微溶于水：0℃时 100mL 水中溶解 2.0g；30℃时 100mL 水中溶解 0.85g。难溶于乙醇、乙醚和苯。

【质量标准】 HG/T 3937—2007（工业级）1,6-己二胺

项目		优等品	一等品	合格品
熔融外观		无色透明液体		
1,6-己二胺/%	≥	99.70		
水溶液(700g/L)色度(铂-钴色号，Hazen 单位)	≤	5		
水/%	≤	0.15	0.20	0.30
结晶点/℃	≥	40.9	40.7	40.5
极谱值/[mmol(异丁醛)/t(1,6己二胺)]	≤	200		300
反式1,2-二氨基环己烷(假二氨基环己烷)含量/(mg/kg)	≤	18	24	30

【用途】 主要用于合成尼龙 66 和 610 树脂，也用以合成聚氨酯树脂、离子交换树脂和亚己基二异氰酸酯，还用于制备交联剂、黏合剂、航空涂料、环氧树脂固化剂、橡胶硫化促进剂，以及用作纺织和造

纸工业的稳定剂、漂白剂，铝合金的抑制腐蚀剂和氯丁橡胶乳化剂等。

【制法】（1）己二腈催化加氢法。有低压和高压两种方法。低压法以己二腈为原料、骨架镍为催化剂、乙醇为溶剂、氢氧化钠作助催化剂在一定温度和压力下进行反应，产物经蒸馏精馏，脱醇、脱水、脱焦、脱除轻重组分，拔顶蒸馏得精1,6-己二胺产品，其收率可达97%。

（2）高压法。以骨架钴为催化剂、液氨为稀释剂进行反应，得到的粗1,6-己二胺再经蒸馏，脱水、脱焦、脱除轻重组分和杂质，经精馏提纯，得成品1,6-己二胺，其收率达90%～93%。

$$CN(CH_2)_4CN+4H_2 \longrightarrow NH_2(CH_2)_6NH_2$$

（3）以己二酸为原料也可得到1,6-己二胺。将己二酸蒸气与过量的氨一起通过加热至340℃的硅胶等脱水催化剂，生成己二腈，然后在其中加入甲醇和液氨，用硅藻土镍为催化剂，在90～100℃下，以10.1325～20.265MPa氢进行还原得成品。

$$HOOC(CH_2)_4COOH+2NH_3 \longrightarrow CN(CH_2)_4CN+4H_2O$$

$$CN(CH_2)_4CN+4H_2 \longrightarrow NH_2(CH_2)_6NH_2$$

【安全性】毒性较大，可引起神经系统、血管张力和造血功能的改变。吸入高浓度1,6-己二胺可引起剧烈头痛。皮肤接触高浓度1,6-己二胺，可致干性或湿性坏死，低浓度可引起皮炎和湿疹。溅入眼内引起眼睑红肿，结膜充血，甚至失明。吸入中毒者应移至新鲜空气处，雾化吸入1%硼酸溶液，皮肤沾染可用3%醋酸溶液湿敷，用大量水冲洗。误服者可口服稀醋、柠檬汁洗胃，送医院诊治。工作场所最高容许浓度1mg/m³。易潮解，可燃。应装入密封的马口铁桶内，每桶200kg。贮存于阴凉通风处，避光，避热。

【参考生产企业】中国石油天然气股份有限公司，辽阳石化分公司尼龙厂。

Ga038 1,10-癸二胺

【英文名】decamethylene diamine

【别名】1,10-二氨基癸烷；decane-1,10-diamine

【CAS登记号】[646-25-3]

【结构式】$NH_2(CH_2)_{10}NH_2$

【物化性质】白色固体或浅黄色结晶。沸点139～140℃（1.6kPa），126～127℃（0.667kPa）。熔点62～63℃。溶于乙醇。在空气中与二氧化碳作用迅速成盐。

【质量标准】

项目		指标(试剂级)
含量/%	≥	98.0
醇溶解试验		合格
灼烧残渣/%	≤	0.10

【用途】有机合成原料，用于高分子的聚合和药物的精制，以及用作试剂等。

【制法】可由癸二腈催化加氢还原制得。将1,10-癸二腈和悬浮在95%乙醇中的雷尼镍催化剂装入容量为1.1L的高压反应器中，通入液氨，然后通入氢气至压力为10.34MPa，升温到125℃至氢不再吸收时，冷却，使氢和氨逸去。通入乙醇洗出反应器中反应产物，然后将乙醇溶液脱色过滤，除去催化剂，再经常压蒸去乙醇后，进行减压蒸馏，收集143～146℃（1.867kPa）馏分制得1,10-癸二胺成品。

$$CN(CH_2)_8CN+4H_2 \xrightarrow[143\sim146℃]{Ni} NH_2(CH_2)_{10}NH_2$$

此外，以癸二醇为原料，以雷尼镍作催化剂于220～260℃下进行催化氨化亦可制得1,10-癸二胺。

【安全性】有毒，会引起过敏性皮炎。操作人员应穿戴防护用具。防止吸收空气中二氧化碳，试剂级应用固体氢氧化钾干燥管保护，避光密封贮存。

【参考生产企业】天津市华环精细化工厂，北京北化精细化学品有限责任公司。

Ga039 二亚乙基三胺

【英文名】 diethylenetriamine

【别名】 二乙烯三胺；双（β-氨乙基）胺

【CAS 登记号】 [111-40-0]

【结构式】 $NH_2CH_2CH_2NHCH_2CH_2NH_2$

【物化性质】 黄色具有吸湿性的透明黏稠液体，有刺激性氨臭，可燃，呈强碱性。对铜及其合金有腐蚀性。具有仲胺的反应性，易与多种化合物起反应，其衍生物有广泛的用途。沸点 207℃。熔点 −35℃。相对密度（d_{20}^{20}）0.9586。折射率（n_D^{25}）1.4810。溶于水、丙酮、苯、乙醚、甲醇等，难溶于正庚烷。

【质量标准】

（1）企业标准

项 目	指标(工业级)
外观	无色至浅黄色液体
含量/% ≥	90
氯化物(Cl^-)/% ≤	0.05
灼烧残渣/% ≤	0.10
常压馏程/℃	185～210
相对密度(d_{20}^{20})	0.954～0.960
折射率(n_D^{20})	1.482～1.484
醇溶解试验	合格

（2）日本制铁精细化工公司标准

项 目	指 标
外观	透明液体
含量/% ≥	99.0
馏程/℃	195～215
色度(APHA) ≤	20
相对密度(d_{20}^{20})	0.950～0.954

【用途】 主要用作溶剂和有机合成中间体，可以用来制取环氧树脂固化剂、气体净化剂（脱 CO_2 用）、润滑油添加剂、乳化剂、照相化学品、表面活性剂、织物整理剂、纸张增强剂、氨羧络合剂、金属螯合剂、重金属湿法冶金及无氰电镀扩散剂、光亮剂，以及合成离子交换树脂及聚酰胺树脂等。

【制法】 可用二氯乙烷氨化法制得。将1,2-二氯乙烷和氨水送入管式反应器中于150～250℃温度和 392.3kPa 压力下进行热压氨化反应。反应液以碱中和，得到混合游离胺，经浓缩同时除去氯化钠，然后将粗品减压蒸馏，截取 195～215℃之间的馏分，即得成品。此法同时联产乙二胺、三亚乙基四胺、四亚乙基五胺和多亚乙基多胺，可通过控制精馏塔温度蒸馏胺类混合液，截取不同馏分进行分离制得。

$$2ClCH_2CH_2Cl + 3NH_3 \longrightarrow \text{本品} + 4HCl$$

【安全性】 大鼠经口 LD_{50} 为 1080mg/kg，兔经皮 LD_{50} 为 1090mg/kg。为强碱性腐蚀性液体，刺激皮肤、黏膜、眼睛和呼吸道，能引起皮肤过敏和支气管哮喘。长期接触或吸入高浓度的蒸气能引起头痛、记忆力衰退等。应避免直接与人体接触，溅及皮肤时，迅即用水或硼酸溶液冲洗，再涂以硼酸软膏，严重者送医院诊治。操作现场最高容许浓度 10^{-6}。可采用 0.5kg 或 10kg 玻璃瓶包装，50kg 聚乙烯塑料桶包装，200kg 铁桶包装。易燃，应密封贮存，存放于阴凉通风处。防潮、防热，与酸类物品隔离。可用带篷汽车或火车运输，并按"铁路危规号 96007"办理。

【参考生产企业】 天津市天大化工实验厂，辽宁沈阳化学试剂厂，西安化学试剂厂。

Ga040 三亚乙基四胺

【英文名】 triethylenetetramine

【别名】 三乙烯四胺

【CAS 登记号】 [112-24-3]

【结构式】 $NH_2C_2H_4NHC_2H_4NHC_2H_4NH_2$

【物化性质】 具有强碱性和中等黏性的黄色液体，其挥发性低于二亚乙基三胺，但其他性状相近似。沸点 266～267℃。凝固点 12℃。相对密度（d_{20}^{20}）0.9818。折射率 1.4971。闪点 143℃。自燃点 338℃。溶于水和乙醇，微溶于乙醚。易燃。

【质量标准】

项目	指标
外观	浅黄至橘黄色液体
相对密度(d_4^{20})	0.975～0.995
氯化物(Cl^-)/% ≤	0.1
灼烧残渣/% ≤	0.1
总氮量(N)/% ≥	34
沸程 150～190℃时馏出物(体积)/% ≥	90

【用途】 除作溶剂外，主要用以制取环氧树脂固化剂、橡胶助剂、乳化剂、表面活性剂、润滑油添加剂、燃料油清净分散剂、气体净化剂、无氰电镀扩散剂、光亮剂、去垢剂、软化剂、金属螯合剂以及合成聚酰胺树脂和离子交换树脂等。

【制法】 为乙二胺、二亚乙基三胺、四亚乙基五胺和多亚乙基多胺的联产品，其生产方法为二氯乙烷氨化法。参见二亚乙基三胺。

【安全性】 大鼠经口 LD_{50} 为 4340mg/kg，兔经皮 LD_{50} 为 805mg/kg。为强碱腐蚀性液体。刺激皮肤、黏膜、眼睛和呼吸道，能引起皮肤过敏、支气管哮喘等症状。长期接触会引起白细胞减少、血压降低、支气管扩张等。应避免直接与人体接触。溅及皮肤时，迅速用水或硼酸溶液冲洗，再涂以硼酸软膏。发现中毒，应立即脱离现场，呼吸新鲜空气或送医院诊治。可参照二亚乙基三胺进行包装及贮运。

【参考生产企业】 天津市天大化工实验厂，辽宁沈阳化学试剂厂。

Ga041 四亚乙基五胺

【英文名】 tetraethylenepentamine

【别名】 四乙烯五胺

【CAS 登记号】 [112-57-2]

【结构式】

$$NH_2(CH_2CH_2NH)_3CH_2CH_2NH_2$$

【物化性质】 黏稠液体，具有吸湿性，可燃。沸点 340℃。熔点 −30℃。闪点 164℃。蒸气压 <1.333Pa（20℃）。相对密度(d_{20}^{20}) 0.9980。折射率 1.5042。溶于水和多数有机溶剂，易分解。

【质量标准】

项目	指标(工业级)
外观	橘黄或橘红色液体
相对密度(d_4^{20})	0.990～1.010
氯化物(Cl^-)/% ≤	0.1
总含氮量(N)/%	33
馏程 160～210℃ (1333.22Pa)/%(体积) ≥	85
含量/%	90.0
折射率(n_D^{25})	1.501～1.505
乙醇溶解试验	合格
灼烧残渣(以硫酸盐计)/% ≤	0.1

【用途】 除可作溶剂外，主要用以制取环氧树脂室温固化剂、油品或润滑油的添加剂、原油破乳剂、燃料油清净分散剂、橡胶促进剂、酸性气体和各种染料及树脂用的溶剂、皂化剂、硬化剂、无氰电镀添加剂、聚酰胺树脂、阳离子交换树脂和高级绝缘涂料等。

【制法】 为乙二胺、二亚乙基三胺、三亚乙基四胺和多亚乙基多胺的联产品，其生产工艺参见二亚乙基三胺。

【安全性】 强碱性、腐蚀性液体。可刺激皮肤、黏膜而引起皮肤过敏和支气管哮喘等症。长期接触会引起白细胞减少、血压降低、支气管扩张等。应避免直接与人体接触，溅及皮肤时，迅速用水或硼酸溶液冲洗，再涂以硼酸软膏。发现中毒，应立即脱离现场，呼吸新鲜空气或送医院诊治。用 0.5kg 玻璃瓶、5kg 聚乙烯塑料桶、200kg 铁桶包装。应密封贮存，存放处应通风、防潮、防热，与酸类物品隔离。宜用带篷的汽车或火车运输，并按“铁路危规号 96009”办理。

【参考生产企业】 四川自贡鸿鹤化工股份有限公司，北京恒业中远化工有限公司。

Ga042 六亚甲基四胺

【英文名】 methenamine

【别名】 乌洛托品；海克沙；六次甲基四胺；hexamethylenetetramine；HMT；HMTA；hexamine；1,3,5,7-tetraazaadamantane；hexamethylenamine

【CAS登记号】 [100-97-0]

【结构式】

【物化性质】 白色吸湿性结晶粉末或无色有光泽的菱形结晶体，可燃。温度高于熔点即升华并分解，但不熔融。几乎无臭，味甜而苦。升温至300℃时放出氰化氢，温度再升高时，则分解为甲烷、氢和氮。在弱酸溶液中分解为氨及甲醛。与火焰接触时，立即燃烧并产生无烟火焰。熔点263℃。闪点250℃。相对密度1.331。可溶于水和氯仿。难溶于四氯化碳、丙酮、苯和乙醚，不溶于石油醚。

【质量标准】 GB/T 9015—1998 （工业级）六次甲基四胺（乌洛托品）

项目	指标		
	优等品	一等品	合格品
纯度/% ≥	99.3	99.0	98.0
水分/% ≤	0.5		1.0
灰分/% ≤	0.03	0.05	0.08
水溶液外观	合格		—
重金属(以Pb计)/% ≤	0.001		—
氯化物(以Cl计)/% ≤	0.015		—
硫酸盐(以SO_4计)/% ≤	0.02		—
铵盐(以NH_4计)/% ≤	0.001		—

【用途】 主要用作树脂和塑料的固化剂、氨基塑料的催化剂和发泡剂、橡胶硫化促进剂（促进剂H）、纺织品的防缩剂、光气吸收剂（与酚钠、氢氧化钠混合用于防毒面具），并用于制造农药杀虫剂。经硝化处理可制得旋风炸药。在医药工业中用作泌尿系统的消毒剂和利尿剂的原料，外用可以治癣和止汗。还可作为测定铋、铟、锰、钴、钍、铂、镁、锂、铜、铀、铍、碲、溴化物、碘化物等的试剂和色谱分析试剂等。

【制法】 由甲醛和氨缩合制得。将甲醛溶液置于反应器中，通氨，在碱性溶液中进行缩合反应，反应温度保持在50～70℃，料液经冷却进入液膜真空蒸发器，于60～80℃下蒸发，使其浓度从24%提高到38%～42%，然后将反应液过滤，经真空蒸发结晶，抽滤干燥即得成品乌洛托品。

$$6HCHO+4NH_3 \longrightarrow (CH_2)_6N_4+6H_2O$$

【安全性】 具有中等毒性。小鼠腹腔注射LD_{50}为512mg/kg，大鼠LD_{50} 1200mg/kg。刺激皮肤，能引起皮炎及皮肤湿疹。对经皮下注射后，曾发现大鼠有致癌作用。当皮肤溅上时，应用大量的水冲洗。出现急性皮炎和湿疹加重，甚至患皮肤角化病，此时应就医诊治。生产设备应密闭，防止跑、冒、滴、漏，车间应保持良好通风，操作人员应穿戴防护用具，注意安全。内用聚乙烯薄膜塑料袋、外用聚丙烯纤维编织袋包装，每袋净重25kg。袋上应注明防火防潮标志。应贮存于干燥、清洁、通风的仓库内，不得露天堆放。避免受潮、污染。运输时应装在带篷货车或清洁的船舱中。贮运过程中应与氧化剂隔离。

【参考生产企业】 山东瑞星化工有限公司，江苏永华精细化学品有限公司，苏州精细化工有限公司，天津市东丽区东大化工厂，江苏南京化学试剂有限责任公司。

Ga043 3-二甲氨基丙胺

【英文名】 3-dimethylaminopropylamine

【别名】 N,N-二甲基-1,3-丙二胺；N,N-dimethyl propylene diamine

【CAS 登记号】 [109-55-7]

【结构式】 $(CH_3)_2NCH_2CH_2CH_2NH_2$

【物化性质】 无色透明液体，空气中发烟并发黑。沸点133℃。凝固点−70℃（低于此温度凝固成玻璃体）。闪点（闭杯）15℃。相对密度（d_4^{30}）0.8100。折射率（n_D^{25}）1.4350。溶于水和有机溶剂。

【质量标准】

项　目	指　标
外观	无色透明液体
含量(氢焰色谱分析)/%　≥	98.5
沸程/℃	132.0～133.5，无蒸馏残液

【用途】 为有机原料中间体，用于制取染料、离子交换树脂。用作环氧树脂固化剂、油料和无氰电镀锌添加剂、纤维及皮革处理剂和杀菌剂等。

【制法】 以二甲氨基丙腈为原料在 Ni-Al 催化剂存在下加氢、甲醇，然后经过滤、精馏，制得 3-二甲氨基丙胺成品。

$$(CH_3)_2NCH_2CH_2CN+2H_2 \xrightarrow[CH_3OH,NH_3]{Ni\text{-}Al} (CH_3)_2NCH_2CH_2CH_2NH_2$$

【安全性】 高毒。吞咽或吸入可引起严重损害。对皮肤有强烈刺激性。大鼠经口 LD_{50} 为 1870mg/kg。生产设备应密闭，防止跑、冒、滴、漏。操作场所应保持良好通风，操作人员需穿戴好防护用具。用镀锌铁桶包装，170kg/桶。或用玻璃瓶装，每瓶净重 0.8kg，每 10 瓶装一木箱。贮存于阴凉通风处。存放期一年。易燃品，严禁火种。按易燃有毒化学品规定装卸和防火贮运。

【参考生产企业】 上海金锦乐实业公司，江苏镇江市海通化工有限公司。

Ga044 N,N-二乙基-1,4-戊二胺

【英文名】 novoldiamine

【别名】 N,N-diethyl-1,4-pentanediamine；1-diethylamino-4-aminopentane；4-amino-1-diethylaminopentane；2-amino-5-diethylaminopentane；δ-diethylamino-α-methylbutylamine；δ-diethylaminoisopentylamine

【CAS 登记号】 [140-80-7]

【结构式】

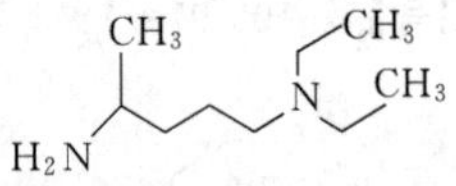

【物化性质】 具有氨气味的液体。沸点142～144℃。相对密度 d_{26}^{20} 0.819；折射率 n_D^{26} 1.4403。溶于水、乙醇和乙醚。

【质量标准】 无色透明液体。含量≥95%。

【用途】 医药中间体，用于制磷酸氯喹、阿的平等抗疟疾药物。

【制法】 以 1-二乙氨基-4-戊酮为原料进行氨化、氢化制得。先将 1-二乙氨基-4-戊酮、镍催化剂和无水乙醇加入氢化罐，在搅拌下通入液氨，然后通氢至压力为147.1kPa，加热至内压为 0.59MPa，内温为 95℃，然后再通氢保持 0.78～0.8MPa，至不再吸氢为止，经冷却，压料，过滤除去催化剂，先常压蒸馏回收乙醇，再减压蒸馏，收集 100～120℃(1333.Pa) 馏分即得成品。

$$CH_3CO(CH_2)_3N(C_2H_5)_2+NH_3+H_2 \xrightarrow[\text{乙醇}]{\text{催化剂}} \text{本品}$$

【参考生产企业】 天津市化学试剂有限公司，辽宁沈阳化学试剂厂。

Ga045 甲酰胺

【英文名】 formamide

【别名】 methanamide；carbamaldehyde

【CAS 登记号】 [75-12-7]

【结构式】 $HCONH_2$

【物化性质】 透明油状液体，略有氨臭，具有吸湿性，可燃。沸点 bp_{400} 193.5℃、bp_{200} 175.5℃、bp_{60} 147.0℃、bp_{20} 122.5℃、bp_{10} 109.5℃、$bp_{1.0}$ 70.5℃。熔点 2.55℃。闪

点 154℃。相对密度 d_4^{15} 1.13756、1.13340、d_4^{30} 1.12483。折射率 n_D^{15} 1.44911、1.44754、n_D^{110} 1.4170、n_D^{130} 1.4095。黏度（20℃）2.926mPa·s。能与水和乙醇混溶，微溶于苯、三氯甲烷和乙醚。

【质量标准】

项 目		指 标
含量/%	≥	99.5
甲醇含量/%	≤	0.1
水分/%	≤	0.1
熔点/℃		2.1～2.3
色度(APHA)		10

【用途】 是医药（咪唑、嘧啶 1,3,5-三嗪、咖啡碱、茶碱、可可豆碱）、农药、染料的原料，也是优良的有机溶剂，主要用于丙烯腈共聚物的纺丝和离子交换树脂中，以及塑料制品的防静电涂饰或导电涂饰等。甲酰胺也可用作纸张的处理剂、纤维的柔软剂和动物胶的软化剂等。此外，还用于分离氯硅烷、提纯油脂等。

【制法】 (1) 二步法。首先由一氧化碳与甲醇在甲醇钠作用下生成甲酸甲酯，然后将甲酸甲酯再氨解生成甲酰胺，反应条件为 80～100℃和 0.2～0.6MPa。

$$CO+CH_3OH \xrightarrow{\text{甲醇钠}} HCOOCH_3$$

$$HCOOCH_3+NH_3 \xrightarrow[0.2\sim0.6MPa]{80\sim100℃} HCONH_2+CH_3OH$$

(2) 一步法。由一氧化碳与氨在甲醇钠催化作用下，在 80～100℃、10～30MPa 温度压力下直接合成甲酰胺。

$$CO+NH_3 \xrightarrow[80\sim100℃,10\sim30MPa]{\text{甲醇钠}} HCONH_2$$

【安全性】 低毒。小鼠、大鼠腹腔注射 LD_{50} 分别为 4.6g/kg、5.7g/kg。对皮肤和黏膜有暂时刺激性。长期接触要穿戴好防护用品。甲酰胺商品的贮运可用不锈钢制或铝制槽（槽车）或槽式容器以及 60kg，220kg 圆桶盛装。容器材料可用聚乙烯或衬聚乙烯的钢材。密封保存，避免与水接触，贮存于阴凉通风处。

【参考生产企业】 江苏无锡展望化工试剂公司，江苏省复合肥有限责任公司，江苏新亚化工集团公司，辽宁沈阳化学试剂厂，天津市化学试剂三厂，四川天一科技股份有限公司。

Ga046 *N*-甲基甲酰胺

【英文名】 *N*-methylformamide

【别名】 *N*-monomethylformamide；NMF；MMF

【CAS 登记号】 [123-39-7]

【结构式】 $HCONHCH_3$

【物化性质】 无色透明黏稠油状液体。具有吸湿性，在酸性或碱性溶液中容易分解。沸点 198℃。熔点 −5.4℃。相对密度（d_4^{25}）0.9961。折射率（25℃）1.431。溶于水，也能溶解无机盐类。

【质量标准】

项 目		指标(一等品)
N-甲基甲酰胺含量/%	≥	99.0
水分/%	≤	0.10
色度(Pt-Co 色号)	≤	20
酸度或碱度/%	≤	0.005

【用途】 用作有机合成原料，用于农药杀虫药剂、医药、合成革、人造革等的合成，以及用作化纤纺织溶剂等。

【制法】 (1) 甲胺法。由甲胺与一氧化碳反应制得。

$$CO+CH_3NH_2 \longrightarrow CH_3NHCOH$$

(2) 甲酸甲酯法。由甲酸甲酯与甲胺反应制得。

$$HCOOCH_3+CH_3NH_2 \longrightarrow CH_3NHCOH$$

【安全性】 小鼠经口 LD_{50} 为 2600mg/kg。用 200kg 铁桶包装。密封贮存，防止泄漏，避免雨淋、曝晒，严重撞击、摩擦。远离火种、热源。一级易燃液体，危规号 61152。

【参考生产企业】 浙江新安化工集团股份

有限公司，江苏新亚化工集团公司，四川天一科技股份有限公司，盐城市双鹭化工有限公司。

Ga047 *N*,*N*-二甲基甲酰胺

【英文名】 *N*,*N*-dimethylformamide

【别名】 DMF；DMFA

【CAS登记号】 [68-12-2]

【结构式】 $HCON(CH_3)_2$

【物化性质】 无色透明液体。沸点152.8℃。熔点-61℃。闪点58℃。相对密度(d_4^{25}) 0.9445。折射率(n_D^{25}) 1.4269。自燃点445℃。为极性惰性溶剂。除卤化烃以外能与水及多数有机溶剂任意混合。

【质量标准】

(1) GB/T 17521—1998（试剂级）二甲基甲酰胺

项　目		分析纯	化学纯
含量[$HCON(CH_3)_2$]/%	≥	99.5	99.0
色度(黑曾单位)	≤	10	20
密度(20℃)/(g/mL)		0.945～0.950	0.945～0.950
蒸发残渣/%	≤	0.005	0.01
酸度(以H^+计)/(mmol/100g)	≤	0.1	0.2
碱度(以OH^-计)/(mmol/100g)	≤	0.1	0.2
铁(Fe)/%	≤	0.0005	0.001
水分(H_2O)/%	≤	0.1	0.2

(2) HG/T 2028—2009（工业级）二甲基甲酰胺

项　目		优等品	一等品	合格品
二甲基甲酰胺/%	≥	99.9	99.5	
甲醇/%	≤	0.0010	0.0030	0.0050
重组分(以二甲基乙酰胺计)①/%		供需双方协商确定		
色度(铂-钴色号，Hazen单位)	≤	5	10	20
水/%	≤	0.050		
铁/%	≤	0.05		
酸度(以甲酸计)/%	≤	0.0010	0.0020	0.0030
碱度(以二甲胺计)/%	≤	0.0010	0.0020	0.0030
PH值(25℃)20%水溶液		6.5～8.0		
电导率(25℃)/(μS/cm)	≤	2.0	—	

续表

① 重组分指色谱图中二甲基甲酰胺主峰之后的所有色谱杂质组成之和。

【用途】 优良的有机溶剂和重要的化工原料。可广泛用作聚氨酯、聚丙烯腈和聚氯乙烯等具有强大分子引力的聚合物的溶剂。在医药中用于合成磺胺嘧啶、可的松和维生素B_6等。农药中用于合成杀虫脒等。在石油化工中用于抽提丁二烯等组分。

【制法】 (1) 甲酸法。由甲酸与甲醇酯化生成甲酸甲酯，然后与二甲胺气相反应生成二甲基甲酰胺，再经蒸馏回收甲醇和未反应的甲酸甲酯后进行减压精馏制得成品。

$$HCOOH + CH_3OH \longrightarrow HCOOCH_3 + H_2O$$

$$HCOOCH_3 + (CH_3)_2NH \longrightarrow HCON(CH_3)_2 + CH_3OH$$

(2) 一步法。由二甲胺与一氧化碳在甲醇钠作用下，直接反应制得。反应条件是1.5～2.5MPa和110～150℃。粗品经精馏制得成品。

$$(CH_3)_2NH + CO \xrightarrow[110\sim150℃,1.5\sim2.5MPa]{甲醇钠} HCON(CH_3)_2$$

(3) 由一氧化碳和甲醇在高压和80～100℃温度下经羰基合成得甲酸甲酯，然后再与二甲胺反应生成二甲基甲酰胺，精馏后得到成品。

$$CH_3OH + CO \longrightarrow HCOOCH_3$$

$$HCOOCH_3 + (CH_3)_2NH \longrightarrow HCON(CH_3)_2 + CH_3OH$$

(4) 三氯乙醛法。由三氯乙醛与二甲胺反应制得。

$Cl_3CCHO+(CH_3)NH \longrightarrow HCON(CH_3)_2+CHCl_3$

【安全性】 毒性较低，对皮肤及黏膜有轻微的刺激。小鼠经口 LD_{50} 为 6.8mL/kg、大鼠 7.6mL/kg。但其原料二甲胺毒性较大，对肝脏有严重损害，因此生产设备要密闭，操作人员要戴好防护用品。采用合金钢、奥氏铬镍钢以及铝桶或镀锌铁桶包装，净重 200kg。与接触的移动部位须用石墨而不得用油脂润滑。按易燃化学品规定贮运。

【参考生产企业】 山东淄博临淄天德精细化工研究所，浙江江山化工股份有限公司，江苏武进市吕墅溶剂精炼厂，江苏宜兴市化学试剂厂，江苏新亚化工集团公司，北京金龙化学试剂有限公司，辽宁沈阳化学试剂厂，天津市化学试剂三厂。

Ga048 乙酰胺

【英文名】 acetamide

【别名】 acetic acid amide

【CAS 登记号】 [60-35-5]

【结构式】 CH_3CONH_2

【物化性质】 无色透明针状结晶。具有老鼠分泌物般的气味，易潮解，可燃，低毒。沸点（100kPa）221℃。熔点 81℃。相对密度 1.159。折射率（$n_D^{78.3}$）1.4274。溶于水、乙醇、三氯甲烷、吡啶和甘油，微溶于乙醚。

【质量标准】 含量≥99%，凝固点 78～82℃。

【用途】 用作有机溶剂、增塑剂和稳定剂。如在合成氯霉素等抗菌素中用作溶剂。在化妆品工业中用作抗酸剂。在造纸工业中用作润湿剂。此外，还用于制备安眠药、杀虫剂及塑料。

【制法】 冰醋酸与氨水反应生成醋酸铵，再经热解脱水制得乙酰胺，然后经结晶、分离得到成品，

$$CH_3COOH+NH_4OH \longrightarrow CH_3COONH_4+H_2O$$

$$CH_3COONH_4 \xrightarrow{\triangle} CH_3CONH_2+H_2O$$

【安全性】 低毒，但有刺激性，能刺激皮肤和黏膜。操作人员应佩戴防护眼镜、口罩等，做好防护措施。用玻璃瓶或塑料瓶包装。每瓶 0.5kg。外用木琵琶桶加固。按有毒化学品规定贮运。

【参考生产企业】 上海浩业化工有限公司，北京金龙化学试剂有限公司，四川成都市科龙化工试剂厂，沈阳化学试剂厂，天津市化学试剂三厂，江苏宜兴市化学试剂厂。

Ga049 *N*,*N*-二甲基乙酰胺

【英文名】 *N*,*N*-dimethylacetamide

【别名】 DMAC

【CAS 登记号】 [127-19-5]

【结构式】 $CH_3CON(CH_3)_2$

【物化性质】 无色透明液体，可燃。沸点 166℃。冰点 −20℃。相对密度（d_4^{25}）0.9366。折射率 1.4380。闪点（开杯）70℃。能与水、醇、醚、酯、苯、三氯甲烷和芳香化合物等有机溶剂任意混合。

【质量标准】

项　目		指　标
外观		无色透明液体
沸程(164～166.5℃时馏出量)/%	≥	95
酸值(按醋酸计)/%	≤	0.03
碱值(按二甲胺计)/%	≤	0.03
水分/×10⁻⁶	≤	800

【用途】 主要用作医药、树脂（聚酰胺树脂等）及合成纤维（丙烯腈）等的溶剂。还可用作反应的催化剂、电解溶剂、涂料清除剂以及多种结晶性的溶剂加合物和络合物。

【制法】 (1) 乙酐法。二甲胺与醋酐在 0～20℃时进行酰化反应，然后用液碱低温中和除去醋酸，分离出醋酸钠，中和液再进行碱洗，精馏，取沸程 164～

166.5℃馏分为成品。

$$(CH_3CO)_2O + (CH_3)_2NH \longrightarrow CH_3CON(CH_3)_2 + CH_3COOH$$

(2) 乙酰氯法。由二甲胺与乙酰氯反应制得。该工艺与国内现行乙酐法工艺相比，生产成本降低，经济效益有所提高。

$$(CH_3)_2NH \xrightarrow{CH_3COCl} CH_3CON(CH_3)_2$$

【安全性】 剧毒。可经皮肤吸收，强烈刺激眼、皮肤和黏膜。其毒性比二甲基甲酰胺强。现场操作必须穿戴好防护用品。溅及皮肤后要用大量清水冲洗。空气中最高允许浓度 20×10^{-6}。用铁桶包装，每桶180kg。存放于阴凉、通风、干燥处，避免阳光照射，不能接近火源，搬运时注意轻取轻放，按有毒物品规定运输。

【参考生产企业】 上海华原精细化工有限公司，北京北化精细化学品有限责任公司，天津市宇搏精细化工有限公司，江苏南京大唐化工有限责任公司，沈阳化学试剂厂，四川成都市科龙化工试剂厂。

Ga050 乙酰基乙酰胺

【英文名】 acetylacetamide

【别名】 丁酮酰胺

【CAS登记号】 [5977-14-0]

【结构式】 $CH_3COCH_2CONH_2$

【物化性质】 纯品为无色针状结晶，具有刺激性气味，不稳定。熔点 79℃。沸点 223.5℃。溶于水、乙醇和乙醚，微溶于其他溶剂。久贮易变质，遇铁变色。

【质量标准】

项　目	指　标
外观	无色或棕黄色透明液体
含量/%	20～24
游离丙酮/%　≤	0.05
pH值	9.0～9.5

【用途】 主要用作医药及染料中间体，可制取吡唑酮、苯甲基吡唑酮等。

【制法】 将冰醋酸裂解生成乙烯酮，然后聚合生成双乙烯酮，再加氨水氨化，即得。

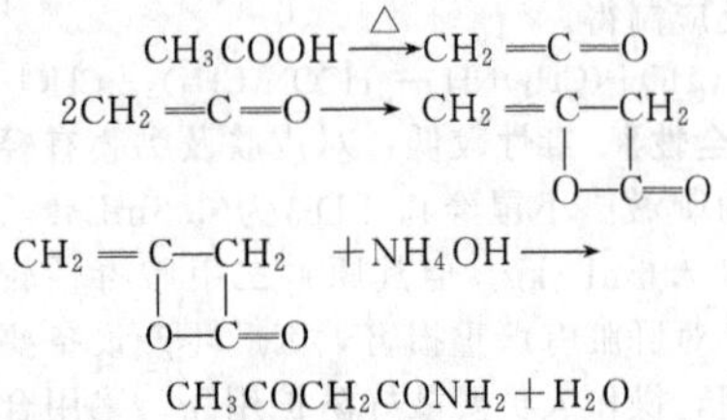

【安全性】 有毒，对肝脏、肾脏有损害，长时间接触会引起神经衰弱、肝功能异常等症状。生产装备应密闭，加强排风，操作人员要穿戴好防护用具，尽量避免与皮肤接触。用铁桶或不锈钢贮罐包装。该产品为碱性物质，不稳定，不宜久贮。一般产品以 20%～24%水溶液出售。按有毒化学品规定贮运。

【参考生产企业】 上海彭浦化工厂，江苏南京大唐化工有限责任公司，辽宁沈阳化学试剂厂。

Ga051 乙酰基乙酰二乙胺

【英文名】 aceto-*N*,*N*-diethylacetamide

【别名】 乙酰基-*N*,*N*-二乙基乙酰胺

【CAS登记号】 [2235-46-3]

【结构式】 $CH_3COCH_2CON(C_2H_5)_2$

【物化性质】 浅棕红色液体。沸点 98～100℃。相对密度 (d_{21}^{20}) 0.900～0.986。

【质量标准】 纯度≥95%；沸点 98～100℃。

【用途】 农药中间体，主要用于制取农药磷胺。

【制法】 二乙胺和双乙烯酮缩合制得。

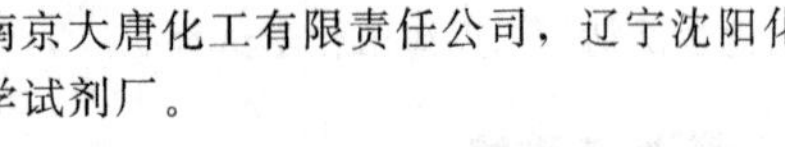

【安全性】 有毒，对眼、皮肤和黏膜有刺激性。生产设备应密封好，防止泄漏，操作人员应穿戴好防护用具。用铁桶包装，每桶 100kg。贮存于干燥通风处，应防火、防热、防晒。小心轻放，以防损坏包装。按有毒化学品规定运输。

【参考生产企业】 成都西亚化工股份有限

公司（西亚试剂），湖北巨胜科技有限公司。

Ga052 乙酰乙酰甲胺

【英文名】 aceto-*N*-methylacetamide

【别名】 乙酰基-*N*-甲基乙酰胺

【CAS 登记号】 [20306-75-6]

【结构式】 $CH_3COCH_2CONHCH_3$

【物化性质】 白色针状结晶。熔点 47～49℃。溶于乙醚、丙酮。

【质量标准】 含量≥36.0%。

【用途】 乙酰乙酰甲胺经氯化得 *α*-氯代乙酰乙酰甲胺，可用于生产农药有机磷杀虫剂久效磷，还可用于制 1,3,5-吡唑酮，进而制安乃近药物。

【制法】 由双乙烯酮与甲胺作用制得。

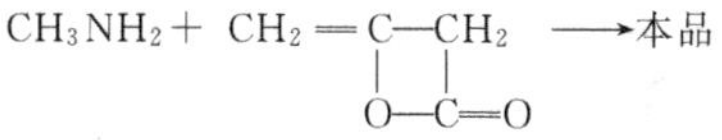

【安全性】 采用 200kg 塑料桶进行包装。

【参考生产企业】 江苏南通醋酸化工股份有限公司，江苏张家港浩波化学品有限公司，江苏张家港市希望化学品有限公司。

Ga053 丙烯酰胺

【英文名】 acrylamide

【别名】 2-propeneamide

【CAS 登记号】 [79-06-1]

【结构式】 $CH_2=CHCONH_2$

【物化性质】 剧毒。在室温下稳定，但熔融时则骤然聚合。沸点 87℃（0.26kPa），125℃（3.3kPa）。熔点 84～86℃。相对密度 d_4^{30} 1.122。为无色无臭结晶。溶于水、乙醇、丙酮、乙醚和三氯乙烷，微溶于甲苯，不溶于苯。

【质量标准】 GB/T 24769—2009 工业用丙烯酰胺

项　目	一等品	合格品
丙烯酰胺/% ≥	98.5	97.8
水/% ≤	0.4	0.8
色度(200g/L 水溶液)(铂-钴色号，Hazen 单位) ≤	10	20
阻聚剂/%	0.0003～0.0007	0.0003～0.001
电导率(400g/L 水溶液)/(μS/cm) ≤	10	30
铁/% ≤	0.0001	0.0001
铜/% ≤	0.0001	0.0002

【用途】 主要用于制造水溶性聚合物——聚丙烯酰胺，可用作隧道、油井、矿井和水坝等工程堵水固沙的化学灌浆剂；选矿、洗煤、水处理和钻井泥浆的凝絮剂和水下、地下建筑物的防腐剂等。此外，还可作土壤改良剂、纤维改性剂、黏结剂、光敏树脂交联剂和纸张增强剂等，用于乙烯基聚合物的交联剂以及使亲油性聚合物增加黏合力，增加树脂软化点和抗溶剂性。

【制法】 （1）丙烯腈直接水合法。丙烯腈和水在铜催化剂存在下，在 85～125℃和 0.3～0.4MPa 压力下直接水合制得。

$$CH_2CHCN + H_2O \xrightarrow{Cu} \text{本品}$$

（2）丙烯腈硫酸水合法。丙烯腈和水在硫酸存在下水解生成丙烯酰胺硫酸盐，然后用液氨中和生成丙烯酰胺溶液和硫酸铵。反应产物经分离过滤后，将滤液结晶、干燥即得成品。

$$CH_2CHCN \xrightarrow[95℃]{H_2SO_4} CH_2=CHCONH_2 \cdot H_2SO_4(A)$$

$$A + 2NH_3 \longrightarrow \text{本品} + (NH_4)_2SO_4$$

（3）酶催化法。在室温下将丙烯腈水溶液送入装有菌种催化剂的固定床反应器中，经反应丙烯腈 100% 转化为丙烯酰胺。经分离，甚至可不经精制、浓缩就得到丙烯酰胺的工业产品。

【安全性】 剧毒。小鼠腹腔注射 LD_{50} 为

170mg/kg，家兔 LD_{50} 为 126mg/kg。其蒸气可经呼吸道吸入或经皮肤吸收而引起中毒。主要对中枢神经系统有危害。对眼、皮肤亦有强烈的刺激作用。生产装置应密闭，厂房要有良好的通风条件，操作人员要穿戴好防护用品。空气中最高允许浓度 0.3mg/m³。用胶合板桶、塑料桶或纤维板桶内衬塑料袋包装，每桶 20kg 或 25kg。贮存于 20～30℃阴凉干燥通风处，严防雨淋和日晒。保存期一年，按有毒化学品规定运输。

【参考生产企业】 中国石油吉化集团公司，江西昌九农科化工有限公司，辽宁盘锦兴建助剂有限公司，北京市恒聚油田化学剂有限公司，山东阳光化工有限公司，山东淄博市淄川兴隆化工有限公司，河南省新乡市第一化工厂，天津市化学试剂一厂，江苏五洋集团有限公司。

Ga054 甲基丙烯酰胺

【英文名】 methacrylamide

【别名】 2-甲基丙烯酰胺

【CAS 登记号】 [79-39-0]

【结构式】 $CH_2=C(CH_3)CONH_2$

【物化性质】 纯品为白色晶体；工业品呈微黄色。熔点 110～111℃。溶于乙醇，微溶于乙醚。

【质量标准】

项　目	指　标
外观	白色或淡黄色晶体
纯度/%　　≥	95
熔点/℃	102～106

【用途】 为生产甲基丙烯酸甲酯的中间体。

【制法】 氰化钠与硫酸反应生成氰氢酸，丙酮和氢氰酸反应生成丙酮氰醇，在硫酸作用下脱水，并酰胺化得甲基丙烯酰胺的硫酸盐，然后经氨水中和、萃取、结晶、过滤、低温烘干即得成品。

$$2NaCN+H_2SO_4 \longrightarrow Na_2SO_4+2HCN$$

$$HCN+CH_3COCH_3 \longrightarrow CH_3C(OH)(CN)CH_3$$

$$CH_3C(OH)(CN)CH_3+H_2SO_4 \longrightarrow CH_3C(OH)(CN)CH_3\cdot H_2SO_4+H_2O$$

$$CH_3C(OH)(CN)CH_3\cdot H_2SO_4+2NH_3 \longrightarrow CH_2=C(CH_3)CONH_2+(NH_4)_2SO_4$$

【安全性】 有毒，其毒性比丙烯酰胺小，但其蒸气经呼吸道吸入经皮肤吸收后，有引起中枢神经障碍的危险。操作时，应戴好口罩和防毒面具，防止与皮肤直接接触。用塑料袋包装，防热，防晒，存放于20℃以下阴凉通风处，保存期 6 个月。按有毒物品规定贮运。

【参考生产企业】 淄博张店君臣化工厂，西安有机化工厂，辽宁海城三洋化工厂，四川成都市科龙化工试剂厂。

Ga055 亚甲基双丙烯酰胺

【英文名】 methylene diacrylamide

【别名】 MBA

【CAS 登记号】 [110-26-9]

【结构式】

$$CH_2=CHCONHCH_2NHCOCH=CH_2$$

【物化性质】 白色或浅黄色粉末状结晶。熔点 184℃（分解）。相对密度（30℃）1.352。溶于水，也溶于乙醇、丙酮等有机溶剂。

【质量标准】

项　目	指　标
外观	白色或浅黄色粉末
含量/%　　≥	90
水分/%　　≤	1.5
熔点/℃	180～185
水溶液	5%溶液中无不溶物或少量不溶物

【用途】 与丙烯酰胺共聚可制成油田压裂液，与某种单体共聚制取不溶性树脂，可用作堵水灌浆材料。亦可用作交联剂。在光敏材料、吸水材料、光缆涂层、生物技术方面的应用也进一步被开发。此外，还用于医疗、化妆品、纸张加工、涂料、黏合剂等方面。

【制法】(1) 丙烯腈法。丙烯腈与甲醛在硫酸催化作用下进行水解，生成亚甲基双丙烯酰胺硫酸盐，然后经氨中和，析出亚甲基双丙烯酰胺结晶，再经水洗、干燥即得成品。

$$2CH_2{=}CH\text{-}CN + HCHO + H_2SO_4 + H_2O \longrightarrow (CH_2{=}CHCONH)_2CH_2 \cdot H_2SO_4(A)$$

$$A + 2NH_3 \longrightarrow \text{本品}$$

(2) 丙烯酰胺法。由丙烯酰胺与甲醛在酸性催化下，在水或有机溶剂中反应生成 MBA，再经洗涤干燥得成品。

$$2CH_2{=}CHCONH_2 + HCHO \xrightarrow{H^+} \text{本品} + H_2O$$

(3) *N*-羟甲基丙烯酰胺法。由 *N*-羟甲基丙烯酰胺和丙烯酰胺在酸性条件下反应生成 MBA。

$$CH_2{=}CHCONHCH_2OH + CH_2{=}CHCONH_2 \xrightarrow{H^+} \text{本品}$$

【安全性】具有一定毒性，对眼睛、皮肤和黏膜有一定刺激。操作人员应穿戴防护用具，避免与人体直接接触。用塑料桶内衬塑料袋包装，每桶 10kg。贮存于阴凉干燥处。避光、避热。按有毒物品规定贮运。

【参考生产企业】四川成都市科龙化工试剂厂，辽宁海城三洋化工厂，天津市化学试剂研究所。

Ga056 2-氯乙酰胺

【英文名】2-chloroacetamide

【别名】氯乙酰胺；chloroacetamide

【CAS 登记号】[79-07-2]

【结构式】$ClCH_2CONH_2$

【物化性质】白色晶体。沸点 225℃（分解）。熔点 121℃。能溶于 10 倍的水和 10 倍的无水乙醇。极微溶于乙醚。

【质量标准】

项　目	指　标
外观	白色结晶性粉末
含量/%　　≥	99
熔点/℃	117±2
干燥失重/%　　≤	0.5
游离氯/%　　≤	0.5

【用途】用于合成氯乙腈、磺胺甲基吡嗪等有机化合物。

【制法】以氯乙酸乙酯为原料，在低于 10℃时滴加氨水，即析出白色晶体，以氨水洗去氯化铵，过滤得粗制 2-氯乙酰胺，最后以乙醇重结晶，即得。

$$ClCH_2COOC_2H_5 + NH_4OH \longrightarrow ClCH_2CONH_2 + C_2H_5OH + H_2O$$

【安全性】有刺激性及腐蚀性。能刺激皮肤及黏膜。车间应通风良好，生产设备应密闭。操作人员应穿戴防护目镜、口罩、手套等防护用具。采用内衬塑料袋，外用木箱或纸板桶包装。贮于阴凉、通风、干燥处。防晒、防潮。按刺激性物质规定贮运。

【参考生产企业】上海科丰化学试剂有限公司，四川成都市科龙化工试剂厂，北京北化精细化学品有限责任公司。

Ga057 丁二酰亚胺

【英文名】succinimide

【别名】琥珀酰亚胺；2,5-pyrrolidinedione；butanimide；2,5-diketopyrrolidine；3,4-dihydropyrrole-2,5-dione；dihydro-3-pyrroline-2,5-dione；2,5-dioxopyrrolidine

【CAS 登记号】[123-56-8]

【结构式】

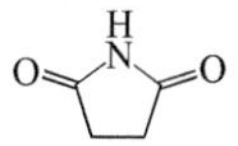

【物化性质】无色针状结晶或具有淡褐色光泽的薄片，味甜。沸点 287～289℃（轻微分解）。熔点 125～127℃。相对密度（16℃）1.412。酸度系数（pK_a）9.5。易溶于水、醇或氢氧化钠溶液，不溶于醚和氯仿等。

【质量标准】

项　目	指　标
外观	白色或淡黄色结晶粉末
含量/%　≥	98.0
熔点/℃	123～126
灼烧残渣/%　≤	0.05
酸值/(KOH mg/g)≤	0.5

【用途】 有机合成原料，植物生产激素。

【制法】 由丁二酸与氨作用，再脱水制得。

$$\begin{matrix} CH_2COOH \\ | \\ CH_2COOH \end{matrix} + 2NH_3 \longrightarrow \begin{matrix} CH_2COONH_4 \\ | \\ CH_2COONH_4 \end{matrix}$$

$$\xrightarrow[-NH_3]{-2H_2O} \text{本品}$$

【安全性】 具有刺激性。大鼠经口 LD_{50} 为 14g/kg。使用时应避免吸入，避免与皮肤接触。用内衬塑料膜的编织袋进行包装。

【参考生产企业】 浙江台州市中大化工有限公司，陕西宝鸡宝玉化工有限公司，安徽三信化工有限公司。

Ga058 *N*-溴代琥珀酰亚胺

【英文名】 *N*-bromosuccinimide

【别 名】 1-bromo-2，5-pyrrolidinedione；succinbromimide；NBS

【CAS 登记号】 [128-08-5]

【结构式】

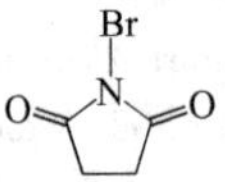

【物化性质】 白色至乳白色细粒结晶。熔点 180～183℃（分解）。密度 2.098g/cm³。溶于四氯化碳。活性溴的最小含量 44.5%。

【质量标准】

项　目	二级品	三级品
含量/%	99.5	98.5
水溶解试验	合格	合格
乙酸溶解试验	合格	合格
灼烧残渣/%　≤	0.10	0.10
氯化物(Cl^-)/%　≤	0.05	0.10

【用途】 有机化工原料。用于调节低能溴化反应，也可用于制取橡胶助剂和医药品。

【制法】 由丁二酸与氨合成丁二酸铵，再加热脱水生成琥珀酰亚胺，然后再溴化、精制得成品。

$$(CH_2COOH)_2 + 2NH_3 \longrightarrow (CH_2COONH_4)_2$$

$$(CH_2COONH_4)_2 \xrightarrow{250℃} (CH_2CO)_2NH + NH_3 + 2H_2O$$

$$(CH_2CO)_2NH + Br_2 \longrightarrow (CH_2CO)_2NBr + HBr$$

【安全性】 剧毒。对眼、黏膜和皮肤有强烈的刺激性。车间要通风良好。生产设备应密闭，防止泄漏，操作人员要穿戴好防护用品。试剂级产品用玻璃瓶包装，每瓶 10g，外加木框加固。贮存于阴凉、干燥处。按有毒化学品规定运输。

【参考生产企业】 上海昊化化工有限责任公司，江苏太仓市鑫鹄化工有限公司，上海圣宇化工公司。

Ga059 盐酸羟胺

【英文名】 hydroxylamine hydrochloride

【别名】 羟胺盐酸盐；oxammonium hydrochloride

【CAS 登记号】 [5470-11-1]

【结构式】 $NH_2OH \cdot HCl$

【物化性质】 白色针状结晶，易潮解。熔点 159℃（分解）。相对密度 1.67。溶于水、乙醇和甘油，不溶于乙醚。

【质量标准】

(1) GB/T 6685—2007 化学试剂氯化羟胺（盐酸羟胺）

项　目	优级纯	分析纯	化学纯
含量($HONH_3Cl$)/%　≥	99.0	98.5	97.0
pH 值(50g/L,25℃)	2.5～3.5	2.5～3.5	2.5～3.5
澄清度试验,号　≤	2	3	5
灼烧残渣(以硫酸盐计)/%　≤	0.01	0.01	0.05
硫酸盐(SO_4)/%　≤	0.002	0.002	0.005
铵(NH_4)/%　≤	0.1	0.1	0.3

续表

项目		优级纯	分析纯	化学纯
铁(Fe)/%	≤	0.0003	0.0003	0.0007
砷(As)/%	≤	0.0005	—	—
重金属(以 Pb 计)/%	≤	0.0003	0.0003	0.001

（2） HG/T 3736—2004 工业盐酸羟胺

项目		优等品	一等品
盐酸羟胺($HONH_3Cl$)/%	≥	99.0	98.0
硫酸盐(以 SO_4 计)/%	≤	0.005	0.020
重金属(以 Pb 计)/%	≤	0.0005	0.0005
铁(Fe)/%	≤	0.0005	0.0005
干燥减量/%	≤	0.3	0.5

【用途】 作为还原剂和显像剂，用于彩色胶片。在有机合成中用于合成肟及抗癌药和磺胺药。在合成橡胶工业中，用作不着色的短期中止剂，还可用作分析试剂，用于醛类和酮类有机化合物的检验及磺酸的微量分析，电分析中用作去极剂。

【制法】 （1）亚硝酸钠合成法。由亚硝酸钠和亚硫酸氢钠在硫酸存在下，于5℃低温下进行反应，得羟胺亚硫酸二钠盐，再与丙酮反应生成丙酮肟，最后加盐酸水解制得盐酸羟胺成品。

$$NaNO_2 \xrightarrow{2NaHSO_3, H_2SO_4} HON(SO_3Na)_2$$

$$HON(SO_3Na)_2 + (CH_3)_2CO + H_2O \longrightarrow$$

$$HON{=}C(CH_3)_2 \xrightarrow{HCl} NH_2OH \cdot HCl + (CH_3)_2CO$$

（2）硝基甲烷法。硝基甲烷与盐酸、水作用以制得盐酸羟胺。

$$CH_3NO_2 + HCl \xrightarrow{H_2O} NH_2OH \cdot HCl + CO$$

【安全性】 小鼠经口 LD_{50} 为 400mg/kg。剧毒，对皮肤有刺激性。生产设备应密闭，防止跑、冒、滴、漏，操作人员应穿戴防护用具。溅及皮肤时，可用大量水冲洗。采用内层衬塑料袋，中层衬纸袋，外层用聚乙烯的编织袋，再用木桶或纸桶包装，每袋25kg。易吸潮，加热时可深度分解，故需密封存放于干燥处，防潮、防热。按有毒物品规定贮运。

【参考生产企业】 江苏南京化学试剂有限责任公司，江苏苏州市吴赣化工有限责任公司，山东宝源化工有限公司，北京北化精细化学品有限责任公司，天津运盛化学试剂科技有限公司，辽宁沈阳化学试剂厂，山东邦德化工有限责任公司，山东科伦化工科技开发总公司，四川成都市科龙化工试剂厂。

Ga060 硫酸羟胺

【英文名】 hydroxylamine sulfate

【别名】 oxammonium sulfate

【CAS 登记号】 [10039-54-0]

【结构式】 $(NH_2OH)_2 \cdot H_2SO_4$

【物化性质】 无色或白色结晶。极易吸湿。羟胺性质很不稳定，在常温下逐渐分解，在较高温度下会爆炸，故通常将其制成比较稳定的硫酸盐和盐酸盐。其中以硫酸羟胺为最常用。沸点56.5℃。熔点约170℃（分解）。密度1.204g/cm³。易溶于水、乙醇和甲醇。

【质量标准】 日本企业标准（ANSI PH4-186-80）

项目		指标
含量[以$(NH_2OH)_2 \cdot H_2SO_4$计]/%	≥	97.0
灼烧残渣[(800±25)℃]/%	≤	0.05
重金属(以 Pb^{2+} 计)/%	≤	0.001
铁(Fe^{3+})/%		0.002
铵(以 NH_3)/%		试验通过

【用途】 用作还原剂、显影剂和橡胶硫化剂，是合成己内酰胺的重要原料，也是医药、农药的中间体，用于生产一系列异噁唑衍生物、磺胺药物和维生素 B_6、B_{12}。此外，其肟或羟肟酸衍生物可用于生产农药的杀虫剂、杀菌剂和除草剂，还可用于

高分子合成原料和化合物的精制、聚合催化剂及试剂等。

【制法】（1）以甲乙酮和硫酸及氨反应，生成甲乙酮肟，然后与硫酸反应，经水解制得硫酸羟胺（结晶型）和甲乙酮和硫铵副产。

$$(CH_3)_2CO+H_2SO_4+NH_3 \longrightarrow (CH_3)_2C{=}NOH+(NH_4)_2SO_4$$

$$(CH_3)_2C{=}NOH+H_2SO_4 \xrightarrow[\text{水解}]{H_2O} (NH_2OH)_2\cdot H_2SO_4+(CH_3)_2CO+(NH_4)_2SO_4$$

（2）由亚硝酸钠和亚硫酸氢铵混合进行反应，于低温下通入二氧化硫使反应物吸收得羟胺二磺酸盐，再进行水解，制得硫酸羟铵。

$$NaNO_2+NaHSO_3+SO_2 \xrightarrow{0\sim5℃} HON(SO_3Na)(SO_3NH_4)$$

$$HON(SO_3Na)(SO_3NH_4)+H_2O \xrightarrow{100℃} HONHSO_3Na+(NH_4)_2SO_4+H_2SO_4$$

$$HONHSO_3Na+H_2O \longrightarrow (NH_2OH)_2\cdot H_2SO_4+Na_2SO_4$$

（3）采用硫酸与硝基烃反应亦可制得硫酸羟胺。

【安全性】对小鼠，口服急性中毒 LD_{50} 为 102mg/kg。羟胺及其盐类被定为毒物或剧毒物。对眼睛及皮肤有刺激性，如果吸入是有害的。据报道，人连续口服的容许量为 2.2mg/kg。当摄取超过一定量时，不仅会出现贫血、形成正铁血红蛋白、脾脏肿大等血液中毒症状，甚至引起甲状腺功能障碍，损害神经系统。车间应有良好的通风，设备应密闭，操作人员应穿戴防护用具。用牛皮纸袋包装或用衬聚乙烯石油罐装 20kg，采用纤维桶或铁桶包装 100kg。为强酸，在碱性条件下分解速度快，且易发生爆炸，放出羟胺。因此必须贮存于阴凉干燥处和不与碱接触的地方。

【参考生产企业】北京北化精细化学品有限责任公司，上海市昊化化工公司，天津市化学试剂一厂，辽宁沈阳市试剂三厂。

Ga061 *N*,*N*-二乙基羟胺

【英文名】*N*,*N*-diethylhydroxylamine

【别名】二乙基羟胺；DEHA

【CAS 登记号】[3710-84-7]

【结构式】$(CH_3CH_2)_2NOH$

【物化性质】无色透明液体。有氨味。遇酚酞、石蕊呈弱碱性反应，pH＝7～11 时稳定。沸点 57℃（3.33kPa），133℃（分解）。熔点－15～－8℃。闪点 46.1℃。相对密度（d_0^{20}）0.867；折射率（n_D^{25}）1.4173。易溶于水，溶于乙醇、乙醚、氯仿、苯。

【质量标准】无色透明液体。沸点 13℃。

【用途】用作烯烃阻聚剂，端聚抑制剂，合成橡胶中作乙烯基单体，还可用作光化学烟雾抑制剂、抗氧剂、稳定剂。

【制法】以三乙胺和过氧化氢在复合催化剂存在下进行氧化，然后将氧化物脱水，再经加热分解制得。

$$(C_2H_5)_3N+H_2O_2 \longrightarrow (C_2H_5)_3N{=}O+H_2O$$

$$(C_2H_5)_3N{=}O \xrightarrow{\triangle} (C_2H_5)_2NOH+C_2H_4$$

【安全性】羟胺类化合物有毒，刺激眼睛及皮肤。生产设备应密闭，操作人员应穿戴防护用具。溅及皮肤时，可用大量水冲洗。采用内衬塑料袋，外用编织袋或木桶。宜贮存于阴凉、干燥、通风处，防热、防潮。按有毒物品规定贮运。

【参考生产企业】浙江嘉兴市向阳化工厂，杭州浙大泛科化工公司，江苏常州市武进雪堰万寿化工厂，山东淄博三鹏化工有限责任公司。

Ga062 亚氨基二乙酸

【英文名】iminodiacetic acid

【CAS 登记号】[142-73-4]

【结构式】 $HN(CH_2COOH)_2$

【物化性质】 白色结晶性粉末。熔点247.5℃（分解）。微溶于乙醇、乙醚、丙酮、苯和四氯化碳。

【质量标准】 含量≥98.0%。

【用途】 用于合成草甘膦的合成，还用作氨基酸型螯合树脂的合成原料，也用于橡胶和电镀工业等。

【制法】

（1）氯乙酸钠法。由氯乙酸制备氯乙酸钠，再与水合肼反应生成肼抱二乙酸，最后在亚硝酸钠作用下制得亚氨基乙酸。

$$ClCH_2COOH \xrightarrow{Na_2CO_3} ClCH_2COONa \xrightarrow[Na_2CO_3]{NH_2NH_2 \cdot H_2O} NH_2N(CH_2COONa)_2 \xrightarrow{HCl}$$

$$NH_2N(CH_2COOH)_2 \xrightarrow{NaNO_2} \text{本品}$$

（2）氯乙酸和氨基乙酸法。

$$ClCH_2COONa + NH_2NCH_2COONa \xrightarrow{Na_2CO_3}$$

$$HN(CH_2COONa)_2 \xrightarrow{HCl} \text{本品}$$

（3）氨基乙酸和乙醇腈法。

$$NH_2CH_2COOH + HOCH_2CN \longrightarrow$$

$$HN\begin{cases} CH_2COOH \\ CH_2CN \end{cases} (A) + H_2O$$

$$A + 2NaOH \longrightarrow HN(CH_2COONa)_2(B) + NH_3$$

$$B \xrightarrow{HCl} \text{本品} + 2NaCl$$

（4）氯乙酸和氨反应法。

$$2ClCH_2COOH + NH_3 + Ca(OH)_2 \longrightarrow$$

$$HN(CH_2COO)_2Ca + 2HCl \longrightarrow \text{本品}$$

【参考生产企业】 上海三爱思试剂有限公司，江苏银燕化工股份有限公司，江苏华邦生化科技有限责任公司，江苏南通永盛化工有限公司，辽宁沈阳市试剂三厂，浙江杭州萧山飞翔化工有限公司。

Ga063 β-丙氨酸

【英文名】 β-alanine

【别名】 β-氨基丙酸；3-氨基丙酸；3-aminopropanoic acid

【CAS 登记号】 [107-95-9]

【结构式】 $NH_2CH_2CH_2COOH$

【物化性质】 白色菱形结晶，微甜。溶于水，微溶于乙醇，不溶于乙醚和丙酮。熔点205℃（分解）。50%水溶液pH值6.0～7.3。25℃时，0.1L水中的溶解度为55.5g。其氢氯化物为白色片状或叶片状结晶，熔点122.5℃。其氯化铂盐为黄色片晶，熔点210℃（分解）。

【质量标准】 水分≤0.2%。

【用途】 主要用于合成医药和饲料添加剂的泛酸钙的原料，也可用于制取电镀缓蚀剂，用作生化试剂和有机合成中间体。

【制法】 （1）丙烯腈法。丙烯腈与氨在二苯胺和叔丁醇溶液中，在109℃温度和1176.798kPa压力下，进行反应，生成β-氨基丙腈，然后与氢氧化钠反应，生成β-氨基丙酸钠，最后用盐酸酸化生成β-氨基丙酸。

（2）β-氨基丙腈法由β-氨基丙腈经水解、酸析而得。

（3）琥珀酰亚胺降解法。

【安全性】 无毒。可用塑料袋包装，每袋30kg，或用纤维板桶包装，每桶50kg。

【参考生产企业】 江苏扬州宝盛生物化工公司，上海科帆化工科技有限公司，上海瀚鸿化工科技有限公司，上海求德生物化工有限公司，四川成都市科龙化工试剂厂，广州光华化学厂有限公司。

Ga064 氨基壬酸

【英文名】 aminononanoic acid

【CAS 登记号】 [1120-12-3]

【结构式】 $NH_2(CH_2)_8COOH$

【物化性质】 白色鳞片状或粉末状晶体，有涩味。为两性化合物。熔点189～190℃。易溶于热水，不溶于无水乙醇。

【质量标准】 含量98.0%。

【用途】 制尼龙-9的中间体，即用于制取聚酰胺树脂和纤维。

【制法】(1) 由壬二酸氨解氢化制得氨基壬腈，再经盐酸水解，氢氧化钠中和制得氨基壬酸成品。

(2) 由癸二酸经低温通氨制成癸二酸单酰胺，再经霍夫曼重排即得成品。

(3) 以氨作用于 ω-氯壬酸也可制得氨基壬酸。

【安全性】实际毒性很小，进入机体后似乎经过脱氨作用及转氨基作用而形成机体内的氨基酸的类似物。操作人员应穿戴防护口罩、手套和特殊工作服。定期对生产工人进行预防性检查和体检。对妇女应进行特殊功能检查。工作场所气雾最高容许浓度为 $8mg/m^3$。用塑料袋进行包装，外衬尼龙袋或塑料编织袋，贮运过程中，应注意防潮、防晒，低温存放。

【参考生产企业】上海瀚鸿化工科技有限公司，北京北化精细化学品有限责任公司。

Ga065 氨基甲酸甲酯

【英文名】methyl carbamate

【别名】甲基乌来坦；urethylane；methylurethane

【CAS 登记号】[598-55-0]

【结构式】NH_2COOCH_3

【物化性质】白色结晶。不燃。沸点 177℃。熔点 54℃。极易溶于水，也溶于乙醇、丙酮等有机溶剂。

【质量标准】

项　目		指　标
外观		白色结晶
含量/%	≥	98.5
熔点/℃		52～54
灼烧残渣/%	≤	0.1
水溶性		10%水溶液清澈透明
水分/%	≤	0.5

【用途】用于医药、农药等行业作有机合成中间体，用于芳香烃的选择性溶剂，熔融的也用作多种难溶有机物、树脂的溶剂。与甲醇作用合成碳酸二甲酯。

【制法】(1) 光气法。传统的合成方法主要以光气为原料，经醇解和氨解得到氨基甲酸甲酯。

(2) 尿素醇解法。以尿素和甲醇为原料，在催化剂的作用下得到。有常温常压催化合成法、无催化剂的高温高压合成法、中温中压催化合成法及中温低压催化合成法。

$$(NH_2)_2CO+CH_3OH \longrightarrow NH_2COOCH_3+NH_3$$

【安全性】属普通有机化工品，不误食基本对人无毒，皮肤沾染用清水、肥皂洗净即可。用 25kg 纸板桶内衬塑料袋，贮于阴凉、通风、干燥的库房，运输过程防止高温及受潮。

【参考生产企业】江苏苏州开元民生化学科技有限公司，江西江都市新华化工有限公司，北京恒业中远化工有限公司。

Ga066 氨基甲酸乙酯

【英文名】ethyl urethane

【别名】尿烷；乌拉坦；ethyl carbamate；urethane

【CAS 登记号】[51-79-6]

【结构式】$NH_2COOC_2H_5$

【物化性质】无色结晶或白色粉末，易燃，无臭，具有清凉味，与硝石相似。沸点 182～184℃。熔点 48～50℃。相对密度 (d_4^{21}) 0.9862。闪点 92℃。易溶于水、乙醇、乙醚和甘油，微溶于三氯甲烷和橄榄油。其水溶液呈中性。

【质量标准】

项　目		指　标
外观		白色结晶
熔点/℃		48～50
含量/%		99.0
水溶液试验		合格
溶解性		溶于 1.5 份水
灼烧残渣(以 SO_4^{2-} 计)/%	≤	0.1
氯化物(Cl^-)/%	≤	0.015
重金属(以 Pb^{2+} 计)/%	≤	0.001
尿素		符合检验

【用途】可作医药、农药、香料的中间

体，用以制取安眠药、镇静剂。用作马钱子碱、间苯二酚的解毒剂、杀菌剂、针剂助溶剂和印染工业着色剂，也可用作生化试剂，用于生物化学研究。尿烷本身可作成药使用，具有抗癌性能，用于治疗多发性骨髓瘤和慢性白血病等。

【制法】 硝酸与尿素反应生成硝酸尿素，然后加乙醇、亚硝酸钠，在硫酸存在下，进行酯化反应，生成尿烷和硝酸钠，反应产物经过滤除去硝酸钠，再经蒸馏、结晶、干燥，制得成品。

$$(NH_2)_2CO+HNO_3 \xrightarrow{45℃} (NH_2)_2CO \cdot HNO_3$$

$$(NH_2)_2CO \cdot HNO_3+C_2H_5OH+NaNO_2 \xrightarrow[75℃]{H_2SO_4} NH_2COOC_2H_5$$

【安全性】 有毒。对家兔静脉注射 LD_{50} 为 2000mg/kg；白鼠口服 LD_{50} 为 2700mg/kg。生产设备应注意密闭性良好，防止跑、冒、滴、漏，贮存容器应标以有毒标记，防止误食。操作人员应戴橡胶手套。皮肤沾染后，用清水和肥皂洗净。如发生误食应及时就医。采用纸板桶包装，内衬塑料袋，每桶 25kg。要密封避光存放。贮于阴凉、通风、干燥处，运输中防火、防晒、防潮。按有毒化学品规定贮运。

【参考生产企业】 苏州开元民生化学科技有限公司，江苏江都市新华化工有限公司，上海元越化工有限公司，北京北化精细化学品有限责任公司，北京恒业中远化工有限公司。

Ga067 甲氨基甲酰氯

【英文名】 methyl carbamyl chloride

【别名】 methyl aminoformyl chloride

【CAS 登记号】 [463-72-9]

【结构式】 $CH_3NHCOCl$

【物化性质】 晶体，熔点约 90℃。

【质量标准】 浅黄色或白色固体，含量≥90.0%。

【用途】 农药氨基甲酸酯杀虫剂和除草剂的中间体。

【制法】 由甲胺与光气作用而得。将 40%甲胺水溶液汽化，经干燥后与光气以 1∶1.3 的配比，甲胺以 $4m^3/h$，光气以 $8.6m^3/h$（含量 60%～70%）的速度分别进入预热器预热，甲胺预热温度控制在 220～260℃，光气控制在 200～240℃，预热的两种气体进入文氏管，在 280～300℃下进行合成，得气体甲氨基甲酰氯。然后用四氯化碳（或氯苯溶液）在 0～20℃下循环吸收，得 10%左右的甲氨基甲酰氯的四氯化碳（或氯苯）溶液，经蒸馏精馏得成品。

$$CH_3NH_2+COCl_2 \longrightarrow CH_3NHCOCl+HCl$$

【安全性】 采用聚丙烯或聚乙烯大口径塑料桶包装，每桶净重 50kg。

【参考生产企业】 江苏无锡市惠山农药厂，苏州华源农用生物化学品有限公司，宁夏三喜科技有限公司，天津市有机化工二厂。

Ga068 二甲氨基甲酰氯

【英文名】 *N*,*N*-dimethyl chloroformamide

【别名】 *N*,*N*-二甲基甲酰氯胺；DMCF

【CAS 登记号】 [79-44-7]

【结构式】 $(CH_3)_2NCOCl$

【物化性质】 无色或浅黄至浅棕色刺激性油状液体。沸点 167℃。熔点－33℃。遇水分解。溶于乙醚、二硫化碳、苯等有机溶剂。

【质量标准】

项　目	指　标
外观	浅黄色至浅棕色刺激性油状液体
含量/% ≥	90
盐及不溶物/% ≤	1
pH 值	6～7

【用途】 用于医药、农药、染料、塑料及其他精细有机化工产品的合成。

【制法】 以二甲胺为原料，与光气进行甲酰氯化反应，得二甲基甲酰氯胺粗品，经脱酸制得成品。

$(CH_3)_2NH+COCl_2 \longrightarrow (CH_3)_2NCOCl+HCl$

【安全性】 遇高热、火源或与氧化剂接触有燃烧危险。催泪剂。对皮肤、眼睛和黏膜有腐蚀性。遇水或水蒸气能产生有毒和腐蚀性烟雾。眼睛受刺激用水冲洗，对溅入眼内的严重者须就医诊治，皮肤接触先用水冲洗，再用肥皂彻底洗涤。吸入蒸气者脱离污染区，安置休息并保暖。误服应立即漱口，急送医院诊治。采用内衬塑料袋，外用铁桶的方式进行包装。

【参考生产企业】 江苏无锡市惠山农药厂，江苏苏州天马医药集团，苏州华源农用生物化学品有限公司，宁夏三喜科技有限公司，江苏昆山东辰化工有限公司。

Ga069 二乙氨基甲酰氯

【英文名】 *N*,*N*-diethylchloroformamide

【别名】 *N*,*N*-二乙基甲酰氯胺；DECF

【CAS 登记号】 [88-10-8]

【结构式】 $(C_2H_5)_2NCOCl$

【物化性质】 浅黄色刺激性油状液体。沸点 186～190℃。遇水极易分解，放出二乙胺及二氧化碳。

【质量标准】

项目	一级品	二级品
含量/% ≥	97	90
pH 值	6～7	6～7

【用途】 医药、农药中间体，用于制取抗血丝虫药海群生、除草剂杀草丹等。

【制法】 以乙二胺为原料，与光气进行甲酰氯化反应，制得粗制二乙胺基甲酰氯，经脱酸制得成品。贮存与运输时采取内衬塑料袋，外用铁桶的方式进行包装。

$(C_2H_5)_2NH+COCl_2 \longrightarrow (C_2H_5)_2NCOCl+HCl$

【参考生产企业】 江苏无锡市惠山农药厂，江苏苏州天马医药集团，江苏苏州华源农用生物化学品有限公司，宁夏三喜科技有限公司。

Ga070 水合肼

【英文名】 hydrazine hydrate

【别名】 水合联氨；diamide hydrate

【CAS 登记号】 [7803-57-8]

【结构式】 $H_2NNH_2 \cdot H_2O$

【物化性质】 无色发烟液体，呈弱碱性，微有特臭，可燃。能从空气中吸收二氧化碳。对玻璃、橡胶等材料有腐蚀性。与极易还原的汞、铜等金属氧化物和多孔性氧化物接触时，会起火分解。沸点 120.1℃。熔点 −51.7℃。闪点（开杯）73℃。相对密度（d_4^{21}）1.032。折射率 1.4280。能与水和乙醇混溶，不溶于氯仿和乙醚。

【质量标准】 HG/T 3259—2004 工业水合肼

项目	80			64	55	40	35
	优等品	一等品	合格品	合格品	合格品	合格品	合格品
外观	大于 55%水合肼为无色透明发烟液体，低于 55%水合肼为无色透明或微带混浊的液体						
水合肼($N_2H_4 \cdot H_2O$)/% ≥	80.0	80.0	80.0	64.0	55.0	40.0	35.0
肼(N_2H_4)/% ≥	51.2	51.2	51.2	41.0	35.2	25.6	22.4
不挥发物/% ≤	0.010	0.020	0.050	0.07	0.09	—	—
铁(Fe)/% ≤	0.0005	0.0005	0.0005	0.005	0.009	—	—
重金属(以 Pb 计)/% ≤	0.0005	0.0005	0.0005	0.001	0.002	—	—
氯化物(以 Cl 计)/% ≤	0.001	0.003	0.005	0.01	0.03	0.05	0.07
硫酸盐(以 SO_4 计)/% ≤	0.0005	0.002	0.005	0.005	0.005	0.005	0.01
总有机物(mg/L)	5						
PH(1%水溶液)	10～11						

【用途】 为强还原剂，是医药（如异烟肼、长效磺胺及磺胺嘧啶等）、农药（如马来酰肼 MH 等）、染料、发泡剂（如发泡剂 AC、DIPA、TSH 等）、显影剂、抗氧剂和还原剂的重要原料，也可用作大型锅炉水的脱氧剂，还用于制造高纯度金属、合成纤维、火箭燃料和炸药等。还用作分析试剂。

【制法】（1）尿素氧化法。首先将氯气与液碱配制成次氯酸钠溶液，然后将尿素和次氯酸钠、氢氧化钠混合溶液送入反应罐，在高锰酸钾或硫酸锰催化下进行氧化反应，得水合肼反应液，经蒸发、脱盐和精馏得水合肼。

（2）次氯酸钠氨化法。首先由氯气和烧碱配制成次氯酸钠，然后在 3.922×10^7Pa 压力和 130～150℃温度下进行合成，得水合肼反应液，经气提脱除多余的氨，再进行蒸发脱盐和精馏得成品水合肼。

（3）甲酮连氮法。是国外 20 世纪 70 年代发展起来的新技术。该法是氨在过量丙酮存在下，用氯或次氯酸钠氧化，生成甲酮连氮，再加压水解得到肼。该法收率高，可达 95%左右，能耗低。

【安全性】 中等毒性。大鼠经口 LD_{50} 为 60mg/kg，静脉注射 LD_{50} 为 0.57mg/kg。其蒸气及液体能经皮肤、消化道、呼吸道迅速吸收，毒性有蓄积作用，对血液和神经有毒害，长时间接触蒸气能引起兴奋（或痉挛），然后逐渐处于昏迷状态，使体温下降，呼吸困难。对眼睛有刺激性，能引起结膜炎、角膜坏死。对皮肤有腐蚀性，能引起瘙痒、结节、化脓及破坏红细胞。操作设备应严密，防止直接与人体接触，溅及人体或皮肤时要用硼酸冲洗并涂以硼酸软膏。车间应有良好通风，设备应密闭，操作人员应穿戴防护用具。采用聚乙烯塑料桶或内涂环氧树脂的铁桶包装，每桶包装规格有 40kg、50kg、150kg 或 180kg。密封保存于阴凉干燥通风处，贮运中要避免日光直射，注意防火。

【参考生产企业】 山东淄博临淄天德精细化工研究所，上海华原精细化工有限公司，上海华谊集团华原化工有限公司，湖南株洲化工集团有限责任公司，浙江巨化股份有限公司，江苏南京市化学试剂有限公司，福建泉州隆泰化工有限公司。

Ga071 1,1-二甲基肼

【英文名】 1,1-dimethyl hydrazine

【别名】 偏二甲肼

【CAS 登记号】 [57-14-7]

【结构式】 $(CH_3)_2NNH_2$

【物化性质】 为发烟性液体，有氨臭。其蒸气与空气形成易燃易爆混合物。爆炸温度范围−15～60℃。有极强的还原性，与任何氧化剂接触时均能引起燃烧、爆炸。沸点 63℃。凝固点−57.2℃。闪点 1℃。相对密度 0.7914。折射率（n_D^{22}）1.4075。自燃点 249℃。蒸气压（25℃）20kPa。易溶于水、醇、乙醚、苯及石油产品。

【质量标准】 GJB 753—1989

项 目		指 标
偏二甲肼/%	≥	98.00
水分/%	≤	0.25
偏腙/%	≤	1.35
二甲胺/%	≤	0.40
密度(15℃)/(g/cm³)		0.795～0.797
颗粒物/(mg/L)	≤	10

【用途】 用以制取植物生长调节剂，也可用作高能原料。

【制法】 可以氨水、氯化铵和二甲胺为原料经反应合成制得。先将氨水和次氯酸钠分别送入一步反应器进行反应生成氯代胺，然后将氯代胺送入二步反应器与二甲胺水溶液进行合成，生成偏二甲肼水溶液，再将此合成液送入一系列精馏塔进一步蒸馏精馏，脱除过量的氨、二甲胺和偏腙，加碱提浓、脱气后，即得成品。

$$NH_3+NaOCl \longrightarrow NH_2Cl+NaOH$$

【安全性】 毒性较大，能由呼吸道吸入，或通过皮肤、消化道、伤口进入体内而中毒。生产操作应穿戴防护用品，设备要求严密，防止跑、冒、滴、漏，注意安全。用槽、罐贮运。应贮存在阴凉通风处，防晒，防热，远离火源。按易燃、易爆物品规定贮运。严禁与氧化剂同储同运。

【参考生产企业】 北京恒业中远化工有限公司，天津市华玉香料香精有限公司。

Ga072 氨基脲

【英文名】 semicarbazide

【别名】 氨基甲酰肼；aminourea

【CAS登记号】 [57-56-7]

【结构式】 $NH_2NHCONH_2$

【物化性质】 白色片状结晶，易潮解。熔点96℃。易溶于水，不溶于乙醇和乙醚。

【质量标准】

项　目	项目(化学纯)
含量/%　≥	99.0
熔点/℃	94～97
水解试验	合格
灼烧残渣(硫酸盐)/%　≤	0.1

【用途】 有机合成原料，也是医药、农药的中间体和测定醛、酮的试剂。

【制法】 (1) 尿素-水合肼合成法。以尿素为原料，与水合肼反应制得。将尿素与水合肼以1∶1.5配比投入反应罐中进行加热搅拌溶解，于95～103℃下保温8h，反应结束后经冷却、过滤制得氨基脲成品。

$$(NH_2)_2CO+NH_2NH_2\cdot H_2O \longrightarrow NH_2NHCONH_2+NH_4OH$$

(2) 硫酸肼-氰酸钠法。硫酸肼与氰酸钠反应制得。

$$N_2H_4\cdot H_2SO_4+NaCNO \longrightarrow NH_2NHCONH_2+NaHSO_4$$

【安全性】 有一定毒性。大鼠腹腔注射LD_{50}为140mg/kg，小鼠腹腔注射LD_{50}为123mg/kg。常温保存，应贮存在干燥、通风的库房中。包装应完整。应防水、防潮。运输时要防雨淋和日光曝晒。装卸时要轻拿轻放，防止包装破损。按一般化学药品规定贮运。

【参考生产企业】 远城科技有限公司，北京马氏精细化学品有限公司，天津天成制药有限公司。

Ga073 盐酸氨基脲

【英文名】 semicarbazide hydrochloride

【别名】 氨基脲盐酸盐；aminourea hydrochloride；carbamyl hydrazine hydrochloride

【CAS登记号】 [563-41-7]

【结构式】 $NH_2NHCONH_2\cdot HCl$

【物化性质】 无色透明或白色结晶。熔点175～177℃（分解）。溶于水，不溶于无水乙醇和乙醚。

【质量标准】

项　目	项目(分析纯)
含量/%　≥	99.0
熔点范围/℃	173～177
澄清度试验	合格
水不溶物/%　≤	0.02
灼烧残渣(硫酸盐 SO_4^{2-})/%　≤	0.03
肼/%　≤	0.03

【用途】 是医药工业的原料，用以制取硝基呋喃类等药物，也用作测定酮、醛的试剂、色谱分析试剂及分离激素和精油的溶剂。

【制法】 以水合肼及尿素为原料，经缩合制得氨基脲液，然后加入盐酸进行酸化络合，经水冷结晶即得成品。在反应过程中生成的氨，用废酸（盐酸、硫酸混合液）中和后可用作肥料。

$$N_2H_4\cdot H_2O+(NH_2)_2CO \xrightarrow[\triangle]{120℃} NH_2NHCONH_2$$

$$NH_2NHCONH_2+HCl \longrightarrow NH_2NHCONH_2\cdot HCl$$

【安全性】 有毒，大鼠皮下注射LD_{50}为

2984mg/kg。用内衬塑料袋的编织袋包装，每袋15kg。常温保存，按一般化学药品规定贮运。

【参考生产企业】 天津天成制药有限公司，武汉天麦染料实业有限公司，襄樊非达化工有限公司。

Ga074 均二甲脲

【英文名】 *sym*-dimethyl urea

【别名】 二甲基脲；1,3-二甲基脲

【CAS登记号】 [96-31-1]

【结构式】 $CH_3NHCONHCH_3$

【物化性质】 为灰白色薄片结晶体。在碱存在下，可与次氯酸钠反应生成氮气。还可与氯气、醛、酮、无机酸、亚硝酸等反应。沸点268～270℃。熔点101～104℃。相对密度1.142。溶于水、乙醇、丙酮、苯和乙酸乙酯等，不溶于乙醚和汽油。

【质量标准】

项　目		一级品	合格品
外观		白色结晶形状好	微黄色结晶形状好
含量/%	≥	95	93
凝固点/℃	≥	105	103

【用途】 用作合成茶叶碱和咖啡因的中间体，也用于生产纤维处理剂。

【制法】 工业上采用熔融的尿素与一甲胺作用制得。先将尿素投入熔融罐中，加热至130～135℃将其熔融后，转入已预热至110～120℃的反应塔中，继续升温至150～175℃，开始通入净化的一甲胺气体，待一甲胺全部通完后，即反应结束，制得均二甲脲成品。

$$(NH_2)_2CO+2CH_3NH_2 \longrightarrow CH_3NHCONHCH_3+2NH_3$$

【安全性】 稍有毒性。采用纸袋包装，每袋45kg。按一般化学品贮运。

【参考生产企业】 浙江省仙居县永盛医药化工厂，浙江省仙居县鸿泰医药化工厂，南京东方明珠化工上海分公司，上海万代制药有限公司。

Ga075 丙二酰(缩)脲

【英文名】 malonylurea

【别名】 巴比妥酸

【CAS登记号】 [67-52-7]

【结构式】

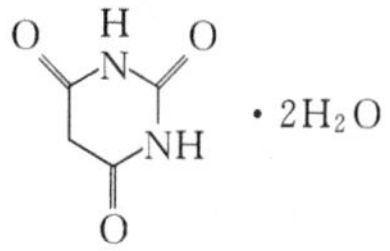

【物化性质】 白色结晶性粉末。熔点245℃(280℃脱水分解)。易溶于热水和醚，难溶于冷水和醇。与金属反应生成盐。

【质量标准】

项　目		试剂二级	试剂三级
含量/%		99.5	98.0
水溶解试验		合格	合格
灼烧残渣(硫酸盐)/%	≤	0.05	0.01
氯化物(Cl)/%	≤	0.02	0.01
硫酸盐(SO_4)/%	≤	0.005	0.01
钙(Ca)/%	≤	0.002	0.004
钡(Ba)/%	≤	0.002	0.004
铁(Fe)/%	≤	0.001	0.002
重金属(以Pb计)/%	≤	0.001	0.002

【用途】 用作有机合成原料、医药及塑料的中间体，还可用作比色法测定糠醛及多缩戊糖的试剂。

【制法】 由丙二酸二乙酯与尿素作用制得。先将尿素加入盛有甲醇的反应罐中加热回流溶解后，再加入已干燥的丙二酸二乙酯和甲醇钠，在66～68℃下回流反应4～5h。蒸馏回收甲醇后，待冷却至40～50℃，加入盐酸，调节pH=1～2，放置冷却至室温，甩出粗品，用蒸馏水冲洗一次，甩干得粗成品，再经水和活性炭精制，即得成品。

$CH_2(COOC_2H_5)_2+(NH_2)_2CO+2H_2O$

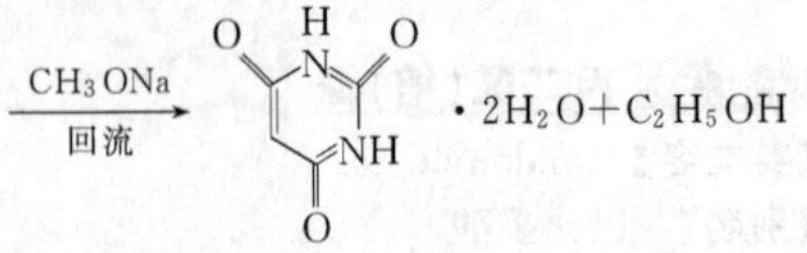

【安全性】 雄性大鼠经口 $LD_{50}>5000mg/kg$。用内衬聚乙烯薄膜袋，包装出口用铁桶或纸板圆桶包装，每桶净重25kg。

【参考生产企业】 郑州利丰化工有限公司，台州市椒江星成医药化工有限公司，扬州康宏化工有限公司，江苏兴化明升生物化学研究所。

Ga076 N,N′-二氯-5,5-二甲基乙内酰脲

【英文名】 N,N′-dichloro-5,5-dimethyl hydantoin

【别名】 二氯海因；1,3-二氯-5,5-二甲基海因；1,3-二氯-5,5-二甲基乙内酰脲；1,3-dichloro-5,5-dimethylhydantoin；1,3-dichloro-5,5-dimethyl-2,4-imidazolidinedione；DCDMH

【CAS登记号】 [118-52-5]

【结构式】

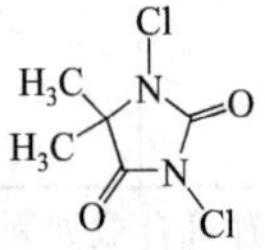

【物化性质】 白色结晶性粉末。熔点约130℃，100℃升华。相对密度（d_{20}^{20}）1.5。在强酸、强碱中分解，在水中部分分解，冒出氯气。水溶液pH值4.4。溶于氯仿、乙醇、苯。

【质量标准】 GB/T 23856—2009 二氯海因

项目		优等品	合格品
外观		白色结晶粉末	
二氯海因/%	≥	98.0	96.0
氯(以Cl计)/%	≥	35.0	34.5
干燥失重(60℃,2h)/%	≤	0.80	0.80
色度 YID 1925/%	≤	5.0	—
三氯甲烷不溶物/%	≤	0.50	—

【用途】 是一种高效、安全、广谱杀菌剂。其活性氯含量高，贮存稳定性好，被广泛应用于化工及制药工业中。具有强烈杀灭真菌、细菌及病毒效果。可用于鱼、虾、蛙、甲鱼等水产中各种疾病的预防和治疗，还可用于游泳池及日常生活中的消毒及工业循环水灭藻等。

【制法】 以5,5-二甲基乙内酰脲为原料，溶于10% Na_2CO_3 溶液中，通入氯气至呈中性，得白色晶体，过滤，取出晶体，干燥之即得。

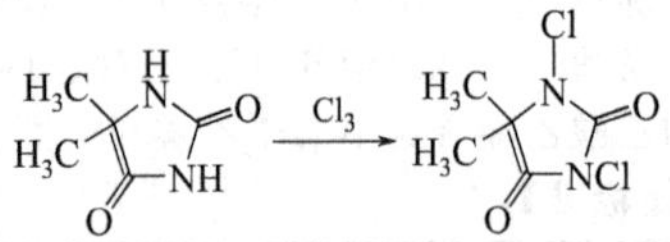

【安全性】 采用内衬塑料袋，外套编织袋或塑料桶包装。贮存于阴凉、干燥、通风处，防晒、防潮，按一般化学品规定贮运。

【参考生产企业】 南通凯贝斯贸易有限公司，上海德茂化工有限公司。

Ga077 丙酮缩氨脲

【英文名】 acetone semicarbazone

【CAS登记号】 [110-20-3]

【结构式】

$$(CH_3)_2C{=}NNH\overset{\overset{O}{\|}}{C}NH_2$$

【物化性质】 白色粉末。熔点188℃。微溶于水，能溶于醇、醚和热水中。

【质量标准】 白色粉末。熔点185～189℃，水分≤0.5%。

【用途】 是重要的精细化工中间体，主要用于合成呋喃西林、呋喃妥因、硝呋妥因醇、硝呋复林、硝呋马佐、硝呋利松等，也可作为农药、染料中间体、化学试剂、

金属配体试剂等。

【制法】 (1) 以水合肼和尿素为原料，在100℃温度下进行缩合反应，制得氨基脲，然后在65～72℃下再与丙酮缩合，制得丙酮缩氨脲粗品，经精制得成品。

$$H_2NNH_2 \cdot H_2O + NH_2\overset{O}{\overset{\|}{C}}NH_2 \longrightarrow$$

$$H_2NNH\overset{O}{\overset{\|}{C}}NH_2\ (A) + H_2O + NH_3$$

$$A + CH_3\overset{O}{\overset{\|}{C}}CH_3 \longrightarrow \text{本品} + H_2O$$

(2) 由水合肼和硝基脲反应制得氨基脲，氨基脲再与丙酮反应合成丙酮缩氨基脲。

【安全性】 低毒。按一般化学品规定防护。

【参考生产企业】 上海谱振生物科技有限公司。

Ga078 乙腈

【英文名】 acetonitrile

【别名】 甲基氰；methyl cyanide；cyanomethane；ethanenitrile

【CAS登记号】 [75-05-8]

【结构式】 CH_3CN

【物化性质】 无色透明有毒液体，有类似醚的异香。易燃，燃烧时有光亮火焰。沸点81.6℃。熔点−45.7℃。相对密度0.786。折射率(n_D^{20}) 1.3441。闪点6℃。临界温度274.7℃。临界压力4.8332MPa。黏度(20℃) 0.35mPa·s。可与水、甲醇、醋酸甲酯、丙酮、乙醚、氯仿、四氯化碳和氯乙烯混溶。与水形成恒沸混合物。

【质量标准】 SH/T 1627.1—1996

项目	指标			试验方法
	优等品	一等品	合格品	
外观	无色透明,无悬浮物		透明、无悬浮物,允许带微黄色	GB/T 7717.2
色度(Pt-Co色号) ≤	10	10	20	GB/T 605
密度(20℃)/(g/cm³)	0.781～0.784			GB/T 4472
沸程(0.10133MPa)/℃	80.0～82.0			GB/T 7534
酸度(以乙酸计)/% ≤	0.03	0.05	0.05	GB/T 7717.13
水分/% ≤	0.3	0.3	0.5	GB/T 7717.7
氢氰酸/% ≤	0.001	0.002	供需双方协议	GB/T 7717.9
氨/% ≤	0.0006	0.0006	—	SH/T 1627.3
丙酮/% ≤	0.005	0.005	0.005	SH/T 1627.2
丙烯腈/% ≤	0.01	0.03	0.05	SH/T 1627.2
重组分(含丙腈)/% ≤	0.1	0.5	—	SH/T 1627.2
铜/% ≤	0.00005	0.00005	—	GB/T 7717.14
铁/% ≤	0.00005	0.00005	—	GB/T 7717.11
纯度/% ≥	99.5	99.0	98.0	SH/T 1627.2

【用途】 主要用作溶剂。大量用于C_4馏分中组分的分离。用于从植物油和鱼肝油中分离提纯脂肪酸，也是合成橡胶、树脂、纤维、涂料及制药工业的良好溶剂。此外，还可以用于合成乙胺、乙酸等，并在织物染色、照明工业和香料工业中也有许多用途。

【制法】 乙腈的生产方法很多，其中工业生产的主要有醋酸氨化法、乙炔氨化法和丙烯氨氧化副产法等。

(1) 醋酸氨化法。以醋酸、氨为原料，在三氧化二铝催化剂作用下，在

360～420℃温度下，进行反应，一步合成乙腈，反应液经吸水和精馏即得成品。

$$CH_3COOH+NH_3 \longrightarrow CH_3CN+2H_2O$$

（2）乙炔氨化法。以乙炔、氨为原料，以三氧化二铝为催化剂，在500～600℃温度下，一步反应合成乙腈。

$$C_2H_2+NH_3 \xrightarrow{\text{催化剂}} CH_3CN+H_2$$

（3）丙烯氨氧化副产法。以丙烯、氨和空气为原料，通过催化剂合成丙烯腈时，同时副产乙腈。

$$2CH_3CH{=}CH_2+2NH_3+3O_2 \longrightarrow 2CH_2{=}CHCN+6H_2O$$

$$2CH_3CH{=}CH_2+3NH_3+3O_2 \longrightarrow 3CH_3CN+6H_2O$$

【安全性】 易燃，有毒。大鼠经口LD_{50}为3.8g/kg、小鼠为0.2g/kg。吸入乙腈蒸气或经皮肤吸收后会引起中毒，呈现恶心、呕吐、呼吸困难、极度乏力和意识模糊，血中氰化物及硫氰化物浓度增高，并出现蛋白尿等症状。如乙腈溅及皮肤，应用大量水冲洗，溅及眼内应用清水冲洗15min以上。如吸入乙腈或氰化物蒸气中毒应立即将人移至新鲜空气处，请医生诊治。生产设备应密闭，防止跑、冒、滴、漏，操作人员应穿戴防护用品。在空气中的爆炸范围为3.0%～16%（体积），工作场所乙腈最高容许浓度为70mg/m³。采用铁桶包装，每桶净重150kg。也可用汽车槽车或铁路槽车贮运。贮存地点应为阴凉、通风库房，远离火种、热源，仓库温度不超过30℃，防止阳光直射。要特别注意包装完整，防止渗漏引起中毒。应与氧化剂、酸类分开存放。贮存间内的照明通风设施应采用防爆型，开关设在仓库外。配置相应品种和数量的消防器材。禁止使用易产生火花的机械设备和工具。定期检查是否有泄漏现象，搬运时要轻装轻卸，防止包装及容器损坏。

【参考生产企业】 北京化工厂，大庆华科股份有限公司化工分公司，抚顺顺能化工有限公司，中国石化上海石油化工股份有限公司，中国石油林源炼油厂，淄博齐泰石油化工有限公司，吴江市青云精细化工有限公司。

Ga079 丙腈

【英文名】 propionitrile

【别名】 乙基氰；propanenitrile；ethyl cyanide

【CAS登记号】 [107-12-0]

【结构式】 CH_3CH_2CN

【物化性质】 无色易流动的透明液体，类似乙醚气味。易燃，有毒。水解时生成丙酸，催化加氢还原时生成丙胺。沸点97℃。凝固点－93℃。相对密度0.772。折射率1.3660。闪点16.1℃。能溶于水、醇、醚。

【质量标准】

项 目	（化学纯）指标
外观	合格
相对密度(d_4^{20})	0.781～0.785
沸程/℃	95.5～98.0(95%)
水溶解试验	合格
不挥发物/% ≤	0.005
中性试验	合格
氰化氢	合格
还原高锰酸钾物质	合格

【用途】 用作有机合成原料、溶剂和树脂添加剂。用作医药原料，主要合成解痉药2,4,6-三羟基苯丙酮和磺胺异唑等药物，也用作色谱分析标准物质。

【制法】 （1）由丙烯腈直接催化加氢制得。将丙烯腈在催化剂磷酸铜、铑、雷尼镍存在下于气相或液相中进行加氢反应，制得丙腈。

$$CH_2{=}CHCN+H_2 \longrightarrow C_2H_5CN$$

（2）丙烯腈经电解加氢二聚合制备己二腈时，在制得双氰乙基醚的同时，丙腈作为副产品制得。

（3）丙酸氨化、丙酰胺与五氧化二磷

作用也可制得丙腈。

【安全性】 有毒，兔子经皮下注射 LD_{50} 为 210mg/kg，大白鼠经口 LD_{50} 为 39mg/kg。其毒性比氰化氢、丙烯腈强得多。丙腈和其他脂肪腈一样，对中枢神经有麻醉作用，由于它在生物体内可分解成氰化氢，从而停止组织细胞的呼吸和氧化作用而致死。生产设备应密闭，操作人员应穿戴防护用具。用桶装，每桶 150kg，罐装，每罐 14kg。一级易燃液体，按危规号 61137 贮运。

【参考生产企业】 河南省新乡市巨晶化工有限公司，苏州工业园区贝利医药原料有限公司，利安隆（天津）实业有限公司。

Ga080 丁腈

【英文名】 *n*-butyronitrile

【别名】 正丙基氰；butyronitrile；butanenitrile；propyl cyanide；butyric acid nitrile

【CAS 登记号】 [109-74-0]

【结构式】 $CH_3CH_2CH_2CN$

【物化性质】 无色液体。沸点 bp_{760} 117.5℃、bp_{400} 96.8℃、bp_{200} 76.7℃、bp_{100} 59.0℃、bp_{60} 47.3℃、bp_{40} 38.4℃、bp_{20} 25.7℃、bp_{10} 13.4℃、bp_5 2.1℃、$bp_{1.0}$ −20.0℃。熔点−112.6℃。闪点（开杯）29℃。相对密度（d_4^0）0.8091、（d_4^{15}）0.7954、（d_4^{30}）0.7817。折射率 1.38385。微溶于水，可与乙醇、乙醚、二甲基甲酰胺混溶。

【质量标准】

项　目	指　标
含量/% ≥	99.0
水分/% ≤	0.3
不挥发物/% ≤	0.05

【用途】 有机合成原料。用作溶剂、医药中间体。

【制法】 由丁烯与氨氧化制得（丁烯法），或由丁醇与氨催化氧化制得（丁醇法）。

$$C_4H_8+NH_3+O_2 \longrightarrow CH_3CH_2CH_2CN(A)+2H_2O$$

$$A+NH_3 \longrightarrow 本品+H_2O+2H_2$$

【安全性】 大鼠经口 LD_{50} 50～100mg/kg，兔经皮 LD_{50} 310mg/kg，属中等毒类。蒸气剧毒，毒性与氰化氢差不多，并能经皮吸收。症状为无力、震颤、血管扩张、呼吸困难、四肢抽搐等。用 150kg 铁桶包装或玻璃瓶外用木箱或钙塑箱加固内衬垫料包装。贮存于阴凉干燥、通风的仓间内，远离热源、明火，避免阳光直射，避免受潮；与氧化剂、酸类、食用原料隔离贮运。

【参考生产企业】 浙江温州灵昆化工厂。

Ga081 异丁腈

【英文名】 isobutyronitrile

【别名】 异丙基氰；2-methylpropanenitrile；isopropyl cyanide；2-cyanopropane

【CAS 登记号】 [78-82-0]

【结构式】 $(CH_3)_2CHCN$

【物化性质】 无色有恶臭的液体。沸点 107～108℃。熔点−72℃。闪点（开杯）28.7℃，105℃（闭杯）。相对密度 0.760、$d_0^{16.25}$ 0.7731。折射率 1.3720。难溶于水，易溶于乙醇和乙醚。

【质量标准】

项　目	分析纯	化学纯
含量(气相色谱法)/% ≥	99.0	98.0
相对密度(d_4^{20})	0.792～0.794	0.791～0.794
乙醇溶解试验	合格	合格
不挥发物/% ≤	0.05	0.05

【用途】 是有机合成中间体，主要用于有机磷杀虫剂二嗪农的中间体，生产异丁脒，也用于生产丙烯酸树脂的添加剂。

【制法】 (1) 以异丁醇和氨为原料可合成异丁腈。将异丁醇与氨以 1∶2.5 配比在氧化锌催化剂存在下，在 410～450℃ 温度和常压下，于固定床管式反应器中进行合成，腈化后经水冷、冰盐水冷却、异丁醇和水两步吸收、氨解析等过程制得。异丁醇转化率接近100%，选择性90%以上，反应收率90%以上。催化剂组成为氧化锌与黏土，其配比为75∶25。催化剂使用寿命1000h，经空气活化后还可以继续使用。此法工艺流程短，设备简单，收率高，三废处理比较容易，是目前异丁腈工业生产的主要方法。

$$(CH_3)_2CHCH_2OH+NH_3 \longrightarrow CH_3CH(CN)CH_3+H_2O+2H_2$$

（2）异丁醛经氨化也可制得异丁腈。

$$(CH_3)_2CHCHO+NH_3 \xrightarrow{NaOH,Al_2O_3} CH_3CH(CN)CH_3+H_2O+H_2$$

【安全性】 属剧毒物。小鼠腹腔注射LD_{50}为25mg/kg，大鼠经口LD_{50}为200mg/kg，雄性小鼠经口LD_{50}为0.3652 mmol/kg。可经皮肤迅速吸收，经肺侵入人体，引起严重危害。在生产和使用时应戴防护手套和眼镜，在有异丁腈蒸气的场所要戴防毒面具。采用铁桶包装，每桶150kg。为有机有毒品，应按危规号84046规定贮运。

【参考生产企业】 浙江温州灵昆化工厂。

Ga082 正戊腈

【英文名】 *n*-pentanenitrile

【别名】 正丁基氰；valeronitrile；*n*-butyl cyanide；1-butyl cyanide；1-cyanobutane

【CAS登记号】 [110-59-8]

【结构式】 $CH_3(CH_2)_3CN$

【物化性质】 无色液体。遇明火能燃烧。有毒。沸点141.3℃。熔点−96.2℃。相对密度0.8014。折射率1.3973。闪点40℃。不溶于水，能与乙醇和乙醚混溶。

【质量标准】

项　目	(化学纯)指标
相对密度(d_4^{20})	0.800～0.802
含量/%	95.0
沸程/℃	140～142
不挥发物/%	0.5
氰化物(CN)/%	0.01

【用途】 用作有机合成原料，还用于苯和环己烷混合物中萃取苯。

【制法】 由溴丁烷与氰化钠作用制得。将氰化钠加水在水浴上加热溶解，然后加入一定量的95%工业乙醇和溴丁烷回流25～30h，冷却至常温，滤去溴化钠，将滤液用高效分馏柱进行分馏。在78～85℃蒸出酒精，收集85～140℃馏分并用氯化铵处理该馏分，使其分为两层，取上层液体再次进行分馏，收集138～141℃馏分即为成品。

$$CH_3CH_2CH_2CH_2Br+NaCN \xrightarrow{C_2H_5OH} CH_3(CH_2)_3CN+NaBr$$

【安全性】 有毒。小鼠皮下注射LD_{50}为524.6mg/kg。生产操作场所应严防设备跑冒滴漏，如不慎吸入蒸气，应使患者迅速离开现场，安置休息并保暖。眼睛受刺激应用水冲洗，严重者需就医诊治。皮肤接触，应先用水冲洗，再用肥皂彻底洗涤。用玻璃瓶装，并装入内衬不燃材料的木箱内，也可用铁桶包装。贮存于阴凉、通风的仓库内。远离火种、热源。与氧化剂、酸类、食用原料隔离贮运。搬运时，应轻装轻卸，防止容器破损。如遇着火，应用泡沫、二氧化碳、干粉和砂土灭火。

【参考生产企业】 江苏省金坛市东风化工厂，常州菲恩化工有限公司，浙江三门解氏化学工业有限公司，上海石化股份有限公司。

Ga083 丙烯腈

【英文名】 acrylonitrile

【别名】 乙烯基氰；2-propenenitrile；propenenitrile；vinyl cyanide

【CAS登记号】 [107-13-1]

【结构式】 $CH_2=CHCN$

【物化性质】 无色易挥发的透明液体，味甜，微臭。纯品易自聚，特别是在缺氧或暴露在可见光情况下，更易聚合，在浓碱存在下能强烈聚合。沸点 77.3℃。冰点 −84～−83℃。闪点 −5℃。相对密度 0.8060。折射率 1.3888。黏度（25℃）0.34mPa·s。蒸气压（20℃）11.07kPa。能溶于丙酮、苯、四氯化碳、乙醚、乙醇等有机溶剂。微溶于水，与水形成共沸混合物。

【质量标准】 GB/T 7717.1—2008 工业用丙烯腈

项目		指标			试验方法
		优等品	一等品	合格品	
外观①		透明液体,无悬浮物			
色度/(Pt-Co 色号)	≤	5	5	10	GB/T 3143
密度(20℃)/(g/cm³)		0.800～0.807			GB/T 4472
酸度(以乙酸计)/(mg/kg)	≤	20	30	—	
pH 值(5%的水溶液)		6.0～9.0			GB/T 7717.5
滴定值(5%的水溶液)/mL	≤	2.0	2.0	3.0	
水分/%	≤	0.20～0.45	0.20～0.60	GB/T 6283	
总醛(以乙醛计)/(mg/kg)	≤	30	50	100	GB/T7717.8
总氰(以氢氰酸计)/(mg/kg)	≤	5	10	20	GB/T 7717.9
过氧化物(以过氧化氢计)/(mg/kg)	≤	0.20	0.20	0.40	GB/T 7717.10
铁/(mg/kg)	≤	0.10	0.10	0.20	GB/T 7717.11
铜/(mg/kg)	≤	0.10	0.10	—	
丙烯醛/(mg/kg)	≤	10	20	40	
丙酮/(mg/kg)	≤	80	150	200	
乙腈/(mg/kg)	≤	150	200	300	
丙腈/(mg/kg)	≤	100	—	—	GB/T 7717.12
噁唑/(mg/kg)	≤	200	—	—	
甲基丙烯腈/(mg/kg)	≤	300	—	—	
丙烯腈/(mg/kg)		99.5	—	—	
沸程(在 0.10133MPa 下)/℃		74.5～79.0			GB/T 7534
阻聚剂,对羟基苯甲醚/(mg/kg)		34～35			GB/T 7717.15

① 取 50～60mL 试样，置于清洁、干燥的 100mL 具塞比色管中，在日光或日光灯透射下，用目测法观察。

【用途】 丙烯腈是重要的有机合成原料。主要用于制造聚丙烯腈纤维（腈纶）、丁腈橡胶、ABS 树脂、AS 树脂、聚丙烯酰胺、丙烯酸酯类、己二腈、抗水剂和胶黏剂等，也用于其他有机合成和医药工业中，并用作谷类熏蒸剂等。此外，也是一种非质子型极性溶剂。

【制法】 目前最有工业生产价值的还是丙烯氨氧化法。以丙烯、氨、空气和水为原料，按其一定量配比进入沸腾床或固定床反应器，在以硅胶作载体的磷钼铋系或锑铁系催化剂作用下，在 400～500℃ 温度和常压下，生成丙烯腈。然后经中和塔用稀硫酸除去未反应的氨，再经吸收塔用水吸收丙烯腈等气体，形成水溶液，使该水溶液经萃取塔分离乙腈，在脱氢氰酸塔除去氢氰酸，经脱水、精馏制得丙烯腈产品，其单程收率可达75%，副产品有乙腈、氢氰酸和硫铵。

$$CH_2{=}CHCH_3+NH_3+3/2O_2 \longrightarrow CH_2{=}CHCN+3H_2O$$

【安全性】 小鼠静脉注射LD_{50}为15mg/kg，大鼠LD_{50}为93mg/kg。极毒，对温血动物的毒性约为氰化氢的1/30。丙烯腈不仅蒸气有毒，而且附着于皮肤上也易经皮肤中毒。长时间吸入稀丙烯腈蒸气，则能引起恶心、呕吐、头痛、疲倦和不适等症状。生产设备要密闭，操作时要戴防护用具。丙烯腈若溅到衣服上应立即脱下衣服，溅及皮肤时用大量水冲洗。溅入眼内，需用流水冲洗15min以上。不慎吞入时，则用温盐水洗胃。如果中毒，应立即用硫代硫酸钠、亚硝酸钠进行静脉注射，并请医生诊治。其蒸气可与空气形成爆炸性混合物，25℃时爆炸极限为3.05%～(17.0±0.5)%（体积)。工作场所最高容许浓度为$45mg/m^3$。采用铁桶包装。贮存容器要密封，仓库要有良好的通风，防止日晒，要远离硫酸、硝酸等强酸性物质。按“危险品规定”贮运。

【参考生产企业】 上海石化股份有限公司，上海赛科石油化工有限责任公司，中国石油抚顺石油化工公司，大庆石化总厂，大庆油田聚合物厂，齐鲁石化公司丙烯腈厂，吉林石化公司，兰化公司石化厂，安庆石化公司腈纶厂，上海赛科石油化工有限责任公司，上海高桥石油化工公司高桥化工厂。

Ga084 羟基乙腈

【英文名】 glycolonitrile

【别名】 乙醇腈；glycolic acid nitrile

【CAS登记号】 [107-16-4]

【结构式】 $HOCH_2CN$

【物化性质】 无色油状液体。沸点183℃。熔点－67℃。相对密度1.100。可溶于乙醇、乙醚。易聚合。

【质量标准】

项目		合格品
含量/%	≥	45
甲醛/%	≤	0.8
氢氰酸/%	≤	1.0
H_2O/%		53

【用途】 有机合成原料。

【制法】 (1) 由甲醛与氢氰酸在催化剂存在下进行反应制得。

$$HCHO+HCN \longrightarrow HOCH_2CN$$

(2) 由乙醇与氨经气相催化制得。

$$CH_3CH_2OH+NH_3 \longrightarrow HOCH_2CN+3H_2$$

【安全性】 剧毒。大鼠经口LD_{50}约为8mg/kg，毒性非常强，对人体即使未经吸入，而溅污到衣服上时也可致死。易透过皮肤吸收，因其容易分解为甲醛和氢氰酸，所以有与氢氰酸几乎同等程度的毒性，能引起头痛、头晕、恶心、呕吐、无力、共济失调、体温升高。在血液中可发现氰化物。工作场所应有良好的通风，设备应密闭，操作人员应穿戴防护用具。按有毒危险品规定贮运。

【参考生产企业】 山东淄博万昌集团有限公司，上海石化股份有限公司，上海石化鑫源公司，安徽曙光化工集团。

Ga085 氯乙腈

【英文名】 chloroacetonitrile

【别名】 氯甲基氰；chloromethyl cyanide

【CAS登记号】 [107-14-2]

【结构式】 $ClCH_2CN$

【物化性质】 无色透明发烟液体，有刺激性呛味。沸点124～126℃（127℃分解)。熔点38℃。相对密度1.1930。折射率1.4202。闪点47℃。可溶于乙醇和乙醚。

【质量标准】

项　目		指标(化学纯)
含量/%	≥	97.0
相对密度(d_4^{20})		1.195～1.198
沸程(95%)/℃		123.5～126.0
不挥发物/%	≤	0.02
磷化物(PO_4^{3-})/%	≤	0.01

【用途】 用作有机合成原料和分析试剂。

【制法】 以乙醇、氯乙酸为原料，经酯化、酰胺化、脱水制得。首先将氯乙酸加入乙醇中，在搅拌下加入浓硫酸，加热回流后，停止搅拌，反应8～10h，经过滤、水洗，分去水层，得氯乙酸乙酯。然后在0～2℃下将氯乙酸乙酯加入氨水中，加毕，搅拌15min，经冷却、静置、过滤、干燥，得氯乙酰胺。最后在氯乙酰胺中加入五氧化二磷加热进行脱水反应，得氯乙腈粗品，再用五氧化二磷和氧化镁进行干燥，经减压分馏得成品。

$$ClCH_2COOH + NH_4OH \longrightarrow ClCH_2COOC_2H_5 + H_2O$$

$$ClCH_2COOC_2H_5 + NH_4OH \longrightarrow ClCH_2CONH_2 + C_2H_5OH + H_2O$$

$$3ClCH_2CONH_2 + P_2O_5 \longrightarrow 3ClCH_2CN + 2H_3PO_3$$

【安全性】 有毒，有刺激性催泪作用。应按危规号84045贮运。

【参考生产企业】 安徽曙光化工集团，河北省景县广联精细化工厂，武进星火化工厂，江苏常州天元化工厂。

Ga086 γ-氯丁腈

【英文名】 4-chlorobutyronitrile

【别名】 γ-氯代丁腈

【CAS登记号】 [628-20-6]

【结构式】 $ClCH_2CH_2CH_2CN$

【物化性质】 无色液体。相对密度1.158。沸点195～197℃。折射率1.444。

【质量标准】

项　目		指标(化学纯)
外观		无色透明液体
纯度/%	≥	99.0
水分/%	≤	0.50
相对密度(d_4^{25})		1.080
折射率(n_D^{20})		1.442～1.444

【用途】 用于精细化学品的合成，医药工业用于环丙氟哌酸的合成。

【制法】 由1,3-二溴氯丙烷与氰化钾反应制得。

$$BrCH_2CH_2CH_2Cl + KCN \longrightarrow 本品 + KBr$$

【安全性】 用塑料桶进行包装。

【参考生产企业】 浙江沙星医药化工有限公司，宁波华佳化工有限公司，浙江联盛化学工业有限公司，如东通园化工有限公司。

Ga087 β-二甲氨基丙腈

【英文名】 β-dimethyl aminopropionitrile

【别名】 二甲氨基丙腈

【CAS登记号】 [1738-25-6]

【结构式】 $(CH_3)_2NCH_2CH_2CN$

【物化性质】 无色透明液体。沸点171～173℃。熔点−44.3℃。相对密度0.8705。折射率1.4258。闪点62℃。易燃。暴露于空气中易变黄。难溶于水，能与醇、醚、苯相混溶。

【质量标准】

项　目		指标(化学纯)
含量(气相色谱法)/%	≥	97.0
相对密度(d_4^{20})		0.868～0.872
乙醇溶解试验		合格
不挥发物/%	≤	0.05

【用途】 有机合成中间体，用于合成多种维生素B，也可用作有机溶剂、高分子合成引发剂和分析试剂等。

【制法】 由二甲胺与丙烯腈作用制得。先将丙烯腈在冰冷却下加入二甲胺溶液中，然后进行加热，通过吸收，分馏精馏，收集171～173℃馏分，即得。

$$(CH_3)_2NH + CH_2{=}CHCN \longrightarrow (CH_3)_2NCH_2CH_2CN$$

【安全性】 小鼠经口 LD_{50} 为 1500g/kg。其蒸气的作用要比经口投入更危险。设备应密闭，操作人员应穿戴防护用具。按有毒化学品规定贮运。

【参考生产企业】 北京市大兴兴福精细化工研究所，淄博博科工贸有限公司，北京马氏精细化学品有限公司。

Ga088 2-甲基-2-羟基丙腈

【英文名】 acetone cyanohydrin

【别名】 2-羟基异丁腈；氰丙醇；丙酮氰醇；2-hydroxy-2-methylpropanenitrile；2-methyllactonitrile

【CAS 登记号】 [75-86-5]

【结构式】 $(CH_3)_2C(OH)CN$

【物化性质】 无色至淡黄色液体。沸点95℃。熔点−19℃。相对密度（d_4^{25}）0.9267，（d_4^{19}）0.932。折射率（n_D^{19}）1.40002，（n_D^{15}）1.3980。闪点 63℃。溶于水和乙醇、乙醚等一般有机溶剂，不溶于石油醚和二硫化碳。加热时分解为丙酮和氢氰酸。

【用途】 用于有机合成，是甲基丙烯酸甲酯、2-甲基异丁酸乙酯、偶氮二异丁腈、杀虫剂及金属分离提炼剂等的原料。

【制法】 由丙酮与氢氰酸在碱性条件下进行加成反应制得。

$$(CH_3)_2CO + HCN \xrightarrow{NaOH} (CH_3)_2C(OH)CN$$

【安全性】 大鼠口服 LD_{50} 为 170mg/kg。小鼠处于蒸气中在 90s 内死亡。对呼吸、消化系统均有很大毒性，皮肤吸收后会产生中等毒性。

【参考生产企业】 大庆石化分公司化工二厂，上海高桥石化公司高桥化工厂，中国石化上海石油化工股份有限公司，中国石油大庆炼化公司聚合物厂，中国石油抚顺石油化工公司。

Ga089 丙二腈

【英文名】 malononitrile

【别名】 二氰基甲烷；propanedinitrile；methylene cyanide；dicyanomethane；cyanoacetonitrile

【CAS 登记号】 [109-77-3]

【结构式】 $CH_2(CN)_2$

【物化性质】 无色结晶。沸点 218～219℃。熔点 32℃。相对密度 1.1910。折射率（n_D^{34}）1.4146。闪点 112℃。溶于水、丙酮和苯，易溶于乙醇、乙醚，微溶于氯仿、乙酸。

【质量标准】

项　目		指　标
外观		无色至微黄色固体
结晶点/℃	≥	31
灼烧残渣/%	≤	0.05
含量/%	≥	99
游离酸/%	≤	0.5

【用途】 有机合成原料。医药方面，用于合成维生素 B_1、氨苯蝶啶等一系列重要药物；染料方面、农药方面及其他方面都有重要的用途。

【制法】 (1) 氰基乙酰胺脱水法。常用的脱水剂有三氯氧磷、五氧化二磷、五氯化磷等。

$$(CH_3)_2NH + NCCH_2CONH_2 \longrightarrow NCCH_2CN + H_2O$$

(2) 丙二烯氧化氨解法。

$$CH_2{=}C{=}CH_2 + 2NH_3 + 2O_2 \longrightarrow NCCH_2CN + 4H_2O$$

(3) 乙腈与氯氰反应法。

$$CH_3CN + NOCl \longrightarrow NCCH_2CN + HCl$$

【安全性】 小鼠腹腔注射 LD_{50} 为 12.9 mg/kg。有毒，能使中枢神经中毒，引起癫痫。用 50kg 或 200kg 铁塑桶包装，防潮。贮存于阴凉、通风的专用仓间内，远离火种、热源；与氧化剂、酸类、食用原料隔离贮运。特别要避免高热并与碱性物质严格隔绝。

【参考生产企业】 南通富翔精细化工有限公司，江苏武进湖塘第二精细化工厂，江苏武进振华化工厂，如东县通园精细化工厂，南通市振南精细化工有限公司 盐城市双鹭化工有限公司。

Ga090 丁二腈

【英文名】 succinonitrile

【别名】 琥珀腈；1,2-二氰基乙烷；butanedinitrile；ethylene dicyanide；succinic acid dinitrile；*sym*-dicyanoethane；ethylene cyanide

【CAS 登记号】 [110-61-2]

【结构式】 $NCCH_2CH_2CN$

【物化性质】 白色蜡状结晶。沸点 265～267℃。熔点 54～56℃。相对密度（d_4^{45}）1.023，（d_4^{60}）0.985（液体）。折射率（n_D^{60}）1.41734（液体）。闪点 110℃。溶于丙酮、氯仿和二氧六环，微溶于水、乙醇、乙醚、二硫化碳和苯。与氢反应还原生成亚丁基二胺。

【质量标准】

项 目		指标(化学纯)
含量/%		99
凝固点/℃		53
乙醇溶解试验		合格
灼烧残渣(硫酸盐)/%	≤	0.1

【用途】 主要用作喹吖酮类颜料的原料，该颜料广泛应用于汽车和镀锌铁皮涂料、彩色印刷颜料和塑料制品的着色剂等，也用作从石油馏分中萃取芳香烃的溶剂和镀镍的上光剂，也用于有机合成。此外，也是生产尼龙-4 的原料，还可用作试剂。

【制法】 以丙烯腈为原料在碱性条件下，与氰氢酸反应制得。

$$CH_2=CHCN+HCN\xrightarrow{NaOH}NCCH_2CH_2CN$$

【安全性】 剧毒，有类似氰化物的作用。大白鼠经口 LD_{50} 450mg/kg。生产车间应通风良好，设备应密闭。操作人员应穿戴防护用具。一般用桶包装，每桶 180kg。应置于阴凉通风处，按危险品规定贮运。

【参考生产企业】 衡水优维精细化工有限公司，武汉神农高科技有限公司，武汉苏汉化工有限公司。

Ga091 己二腈

【英文名】 adiponitrile

【别名】 1,4-二氰基丁烷；adipic dinitrile；hexanedinitrile

【CAS 登记号】 [111-69-3]

【结构式】 $NC(CH_2)_4CN$

【物化性质】 无色透明油状液体，易燃。有轻微苦味。水解时生成己二酸，还原时生成己二胺。沸点 295℃。凝固点 1℃。相对密度 0.9650。折射率 1.4380。闪点（闭杯）159℃。溶于甲醇、乙醇、氯仿。难溶于水、环己烷、乙醚、二硫化碳和四氯化碳。

【质量标准】

项 目		指 标
含量/%		99.5
凝固点/℃	≥	1.9
色度(Hazen 值)	≤	50
酸度(0.1mol/L NaOH)/(mL/100g)	≤	1

【用途】 用于制取聚酰胺纤维的中间体己二胺、橡胶促进剂和防锈剂，也用作洗涤剂的添加剂，丙烯腈、甲基丙烯腈和甲基丙烯酸甲酯三元共聚体的纺丝溶剂，聚氯乙烯纤维湿纺和干纺溶剂，聚酰胺的着色剂，织物漂白剂的助剂，以及用作醋酸酯、丙酸酯、丁酸酯和混合酯的增塑剂。

【制法】 (1) 己二酸氨化法。将己二酸和过量的氨在催化剂磷酸或其盐类或酯类存在下，在 270～290℃ 温度下进行反应，生成己二酸二铵，然后加热脱水，生成粗己二腈，经精馏得产品。

$$HOOC(CH_2)_4COOH+2NH_3\xrightarrow[270\sim290℃]{催化剂}$$

$$NH_4OOC(CH_2)_4COONH_4 \xrightarrow[\triangle]{-4H_2O} NC(CH_2)_4CN$$

（2）丙烯腈电解二聚法。电解丙烯腈溶液用阳离子交换膜将阴极区与阳极区隔开，阳极液为稀硫酸，阴极液为丙烯腈溶液。其浓度为25%～40%。阴极电解液的pH值保持在7～9.5，丙烯腈经电解还原作用双聚成己二腈，经精馏得成品。

$$2CH_2{=}CHCN + H_2O \longrightarrow NC(CH_2)_4CN + 1/2O_2$$

此外，丁二烯氢氰化法和氯化法也可生产己二腈。

【安全性】 小白鼠灌胃LD_{50}为38.8mg/kg，大白鼠LD_{50}为154.8mg/kg。有毒，通过口腔吸入或皮肤吸收均能引起中毒。对人慢性中毒可引起白细胞减少症及单核白细胞增多症。如吸入己二腈蒸气或偶然吞下几毫升己二腈，可引起恶心、呕吐、刺激黏膜和头昏目眩，受害者应立即送往医院治疗，注射硫代硫酸钠等药品，以恢复心肺器官活动正常。如遇呼吸困难，脉搏加快，意识模糊，血压明显降低，四肢面部组织麻木或者抽搐，必须输氧。如接触眼睛，应用大量水冲洗20min，再送医院治疗。如接触皮肤，应用肥皂和水洗涤。生产车间应通风良好，设备应密闭。操作人员应穿戴防护用具。气中最高容许浓度为15～20mg/m³。有关防护措施参见丙烯腈。采用铁桶包装，每桶200kg，按易燃有毒品规定贮运。

【参考生产企业】 中国石化辽阳化纤公司，上海天原化工厂。

Ga092 偶氮二异丁腈

【英文名】 2,2′-azobisisobutyronitrile

【别名】 AIBN；α,α′-azodiisobutyronitrile；2,2′-dicyano-2,2′-azopropane

【CAS登记号】 [78-67-1]

【结构式】 $(CH_3)_2C(CN){-}N{=}N{-}C(CN)(CH_3)_2$

【物化性质】 白色柱状结晶或白色粉末状结晶，易燃。遇热分解放出氮气和含—$(CH_3)_2CCN$基的有机氰化物。熔点105℃（分解）。不溶于水，溶于甲醇、乙醇、丙酮、乙醚、石油醚和苯胺等有机溶剂。

【质量标准】

项　目		维纶级	工业级	腈纶级
外观		白色结晶粉末		
含量/%	≥	98	98	98
熔点/℃		100～103	99～103	97～103
挥发物/%	≤	0.1	0.3	0.5
甲醇不溶物/%	≤	0.01	0.1	0.5
色点/(个/10g)		10	10	10
色调	≥	90	90	90

【用途】 可作为聚氯乙烯、聚醋酸乙烯、聚丙烯腈、有机玻璃和离子交换树脂等高分子聚合物的聚合引发剂，也可作为塑料、橡胶的发泡剂。此外，还用于其他有机合成。

【制法】（1）尿素合成法。在氢氧化钠存在下，将尿素与次氯酸钠在加热条件下进行反应，合成水合肼，将所得水合肼再与丙酮缩合制得二亚异丙基联氮，然后将氰化氢（由氰化钠和硫酸制得）通入二亚异丙基联氮中进行氰化反应制得二异丁腈基肼，最后将二异丁腈基肼用液氯氧化脱氢制得偶氮二异丁腈粗品，用乙醇精制得成品。

$$NH_2CONH_2 + NaClO + 2NaOH \xrightarrow{KMnO_4} N_2H_4 \cdot H_2O + Na_2CO_3 + NaCl$$

$$N_2H_4 \cdot H_2O + 2(CH_3)_2C{=}O \longrightarrow (CH_3)_2C{=}NN{=}C(CH_3)_2 + 3H_2O$$

$$(CH_3)_2C{=}NN{=}C(CH_3)_2 + 2HCN \xrightarrow{50\sim60℃} (CH_3)_2C(CN)NHNH(CN)C(CH_3)_2 \xrightarrow{Cl_2} \text{本品}$$

（2）丙酮氰醇合成法。丙酮氰醇和水合肼直接合成二异丁腈肼，然后再用氯气氧化得到偶氮二异丁腈。

$N_2H_4 \cdot H_2O + 2(CH_3)_2C(CN)OH \longrightarrow$

$(CH_3)_2C(CN)NHNH(CN)C(CH_3)_2 \xrightarrow{Cl_2}$本品

【安全性】 有毒。大鼠口服 LD_{50} 为700mg/kg。当加热至100℃熔融时急剧分解，放出氮及数种有机氰化物，对人体毒害较大。在生产过程中使用剧毒的氰化钠。因此生产过程中更应注意设备的密闭性，防止泄漏，保持操作现场的良好通风，操作人员应穿戴防护用具。采用内衬聚乙烯薄膜袋的铁桶包装，每桶装10kg、12kg和20kg三种包装规格。易燃有毒，在室温下会缓慢分解，在30℃下贮存数月显著变质，宜贮存于干燥、通风、避光和10℃以下低温处。要远离火源、热源。按易燃有毒物品规定贮运。

【参考生产企业】 桓台县春光化工有限公司，济南汇丰达化工有限公司，青岛润兴光电材料有限公司，上海金锦乐实业有限公司，上海试四赫维化工有限公司，天津渤海化学原料有限公司。

Ga093 偶氮二异庚腈

【英文名】 azobisiso heptonitrile

【别名】 2,2′-偶氮双(2,4-二甲基戊腈)；庚腈；ABVN；2,2′-azobis(2,4-dimethyl) valeronitrile

【CAS 登记号】 [4419-11-8]

【结构式】

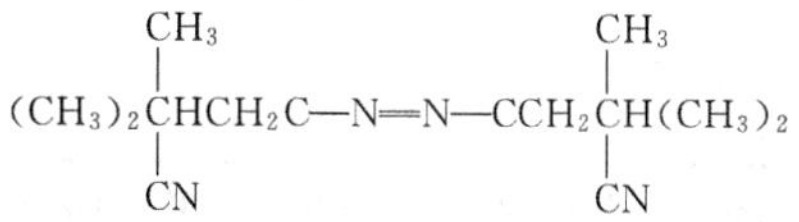

【物化性质】 无色或白色菱形片状结晶。易燃易爆。有顺式和反式两种异构体，其熔点分别是55.5～57℃和74～76℃。遇热和光分解放出氮气，同时产生含氰游离基。不溶于水，溶于醇、醚和二甲基甲酰胺等有机溶剂。

【质量标准】 企业标准

项目		指标
偶氮二异庚腈($C_{14}H_{26}N_4$)/%	≥	99.0
乳液分离时间/s	≤	30.0
挥发物/%	≤	1.0
甲醇溶解实验		合格
铁(以Fe计)/%	≤	0.002
重金属(以Pb计)/%	≤	0.001
卤化物(以Cl计)/%	≤	0.03
游离酸(以HCl计)/%	≤	0.03
次联氨基化合物($C_{14}H_{26}N_4$计)/%	≤	0.1

【用途】 可用作聚氯乙烯、聚乙烯醇、聚甲基丙烯酸甲酯等高分子化合物的聚合引发剂，用量在0.02%～0.08%。也可用作塑料和橡胶的发泡剂。ABVN是在偶氮二异丁腈（AIBN）基础上发展起来的高活性引发剂。

【制法】 甲基异丁基酮和水合肼在回流温度下进行反应，反应结束后，静置，再经蒸馏得己酮连氮。将己酮联氮与氰化氢（由氰化钠水溶液与70%的硫酸反应制得）在30～40℃下进行反应生成二异庚腈肼。二异庚腈肼再与氯气于10℃以下进行氯化反应，得到偶氮二异庚腈粗品。粗品偶氮二异庚腈溶解在乙醇中，然后冷却到0℃以下结晶，即得成品。

【安全性】 大鼠经口 LD_{50} 为700mg/kg。低毒，易燃，易爆。ABVN要求在10℃以下干燥、通风、避光储存，远离火种、热源。不得与氧化剂共贮共运。

【参考生产企业】 四川省天然气化工研究院，淄博峻川化工有限公司，大庆华兴化工有限责任公司，淄博鹏远新材料有限公司。

Ga094 氰乙酸

【英文名】 cyanoacetic acid

【别名】 氰基醋酸；malonic mononitrile

【CAS 登记号】 [372-09-8]

【结构式】 $NCCH_2COOH$

【物化性质】 白色结晶，有吸湿性。在160℃下分解成二氧化碳和乙腈。水解后生成丙二酸。沸点（2kPa）108℃。熔点66～68℃。溶于水、乙醇和乙醚，微溶于苯及氯仿。

【质量标准】

项　目		分析纯	化学纯
含量/%	≥	99.5	98.5
凝固点/℃		约65	约64
水溶解试验	≤	0.002	合格
灼烧残渣(硫酸盐)/%	≤	0.005	0.01
氰化物/%	≤	0.001	0.003
硫酸盐/%	≤	0.03	0.03
铁/%		—	0.0003
重金属(以铅计)/%		—	0.002
硫酸试验		—	合格

【用途】 有机合成中间体，主要用于合成氰乙酸酯类，在医药上用以合成巴比妥和咖啡碱等。

【制法】 以氯乙酸、碳酸钠、氰化钠为原料，经中和、氰化、盐酸酸化制得。将碳酸钠悬浮液加入氯乙酸中，在45℃以下经循环中和至pH=7.5～8，中和完毕得氯乙酸钠液。将中和液加入氰化钠溶液中在105～115℃温度下，进行氰化，保温2～3min得氰乙酸钠，然后降温至50℃以下，将氰乙酸钠投入脱水锅中用盐酸进行酸化，最后减压脱水，即得氰乙酸成品。

$$ClCH_2COOH \xrightarrow{Na_2CO_3} ClCH_2COONa$$

$$ClCH_2COONa + NaCN \longrightarrow CNCH_2COONa + NaCl$$

$$CNCH_2COONa + HCl \longrightarrow CNCH_2COOH + NaCl$$

【安全性】 有中等毒性。豚鼠经口和腹腔注射的LD_{50}为400～800mg/kg。防护措施参见氰乙酸。操作人员应穿戴防护用具。易燃有毒，采用铝桶或塑料桶密封包装，每桶200kg。贮运中要远离火源，防晒、防火。按易燃有毒危险品规定贮运。

【参考生产企业】 山东新华医药集团淄博东风化工有限责任公司，西安岚皓助剂厂，上海人民制药溶剂厂，上海新亚药业有限公司，河北诚信有限责任公司，武进惠峰合成化工厂，新沂市化工研究院。

Ga095 氰乙酸甲酯

【英文名】 methyl cyanoacetate

【别名】 丙二酸一腈甲酯；malonic acid mononitrile methyl ester

【CAS登记号】 [105-34-0]

【结构式】 $NCCH_2COOCH_3$

【物化性质】 无色至微黄色透明液体，可燃。沸点204～207℃。熔点－22.5℃。相对密度（d_4^{25}）1.1225。折射率1.4174。不溶于水。与乙醇、乙醚混溶。

【质量标准】 GB/T 26606—2011 工业用氰乙酸甲酯

项　目		一等品	合格品
外观		无色至微黄色透明液体	
氰乙酸甲酯/%	≥	99.0	0.20
丙二酸二甲酯/%	≤	0.05	0.20
酸度(以乙酸计)/%	≤	0.10	0.20
水分/%	≤	0.10	0.20
氰基丁二酸二甲酯/%	≤	供需双方协商	—
三甘氨酸三甲酯/%	≤	供需双方协商	—

【用途】 有机合成、医药、染料中间体，主要用于制造胶黏剂、2-氰基丙烯酸甲酯、维生素B_6等。

【制法】 (1) 氯乙酸与甲醇酯化法。将氯乙酸和甲醇进行酯化反应，生成氯乙酸甲酯。经精馏后制得氯乙酸甲酯精制品，与氰化钠进行氰化反应制得粗品，然后经过滤、常压蒸馏、减压精馏得氰乙酸甲酯成品。

$ClCH_2COOH + CH_3OH \longrightarrow ClCH_2COOCH_3 + H_2O$

$ClCH_2COOCH_3 + NaCN \longrightarrow CNCH_2COOCH_3 + NaCl$

(2) 氰乙酸与甲醇酯化法。将氰乙酸、甲醇、硫酸加入反应器中，加热回流3h，降温至10℃，加碳酸钠溶液中和，在132～136℃温度和2.133kPa下蒸馏，即得氰乙酸甲酯成品。

$ClCH_2COOH + CH_3OH \xrightarrow{H_2SO_4} CNCH_2COOCH_3 + H_2O$

【安全性】 易燃有毒，有中等毒性。豚鼠经口和腹腔注射的 LD_{50} 为400～800mg/kg。防护措施参见氰乙酸。操作人员应穿戴防护用具。采用铝桶或塑料桶密封包装，每桶200kg。贮运中要远离火源，防晒、防火。按易燃有毒危险品规定贮运。

【参考生产企业】 山东新华医药集团淄博东风化工有限责任公司，常熟市勤丰化工有限公司，江苏如东县通园精细化工厂，海门市南洋化工有限责任公司，江苏省金坛市盘固化工有限公司，河北诚信化工有限责任公司。

Ga096 氰乙酸乙酯

【英文名】 ethyl cyanoacetate

【别名】 cyanoacetic acid ethyl ester; cyanoacetic ester; ethyl cyanoethanoate; malonic acid ethyl ester nitrile

【CAS登记号】 [105-56-6]

【结构式】 $NCCH_2COOC_2H_5$

【物化性质】 无色或微黄色液体。有芳香气味。沸点208～210℃。熔点－22.5℃。相对密度（d_4^{25}）1.0560、（d_4^{50}）1.0306、（d_4^{70}）1.0110。折射率1.4175。闪点110℃。不溶于水。与乙醇、乙醚混溶。溶于氨水、强碱水溶液。

【质量标准】

项目	指标
外观	无色或淡黄色液体
含量/% ≥	92
含氯量(以氯乙酸乙酯计)/% ≤	3
水分/% ≤	0.5

【用途】 有机合成原料。在医药上用作合成咖啡因和维生素 B_6 的中间体，也用作彩色胶片油溶性成色剂和合成黏合剂的原料和分析试剂。

【制法】 (1) 氯乙酸酯化氰化法。将氯乙酸和乙醇进行酯化反应，生成氯乙酸乙酯，经精制后的氯乙酸乙酯与氰化钠进行氰化反应，制得氰乙酸乙酯粗品，然后进行过滤，经常压蒸馏、减压精馏即得精品氰乙酸乙酯。

$ClCH_2COOH + C_2H_5OH \longrightarrow ClCH_2COOC_2H_5$

$ClCH_2COOC_2H_5 + NaCN \longrightarrow CNCH_2COOC_2H_5 + NaCl$

(2) 氯乙酸氰化酯化法。将氯乙酸用纯碱中和生成氯乙酸钠，再与氰化钠作用制得氰乙酸钠，然后用盐酸酸化得到氰乙酸，最后与乙醇酯化得到氰乙酸乙酯，经过滤、常压蒸馏、减压精馏得成品。

$2ClCH_2COOH + Na_2CO_3 \longrightarrow 2ClCH_2COONa + H_2O + CO_2$

$ClCH_2COONa + NaCN \longrightarrow CNCH_2COONa + NaCl$

$CNCH_2COONa + HCl \longrightarrow CNCH_2COOH + NaCl$

$CNCH_2COOH + C_2H_5OH \longrightarrow CNCH_2COOC_2H_5 + H_2O$

(3) 氰乙酸酯化法。将氰乙酸与乙醇进行酯化制得。

$CNCH_2COOH + C_2H_5OH \longrightarrow CNCH_2COOC_2H_5 + H_2O$

【安全性】 剧毒。大鼠经口 LD_{50} 为400～3200mg/kg，豚鼠经皮 LD_{50} ＞5mL/kg。主要通过吞入或由皮肤吸收而引起中毒。

其毒性及防护方法参见氰乙酸。采用铝桶密封包装，每桶净重 200kg。贮运中要防潮、防晒、防火。按有毒危险品规定贮运。

【参考生产企业】 山东新华医药集团淄博东风化工有限责任公司，山东淄博荣康化工公司，江苏省金坛市盘固化工有限公司，河北诚信化工有限责任公司，新沂市化工研究院，杭州泰鑫医药化工有限公司。

Ga097 氰乙酰胺

【英文名】 cyanoacetamide

【别名】 malonamide nitrile

【CAS 登记号】 [107-91-5]

【结构式】 $CNCH_2CONH_2$

【物化性质】 白色或浅黄色针状结晶或粉末。熔点 119.5℃。微溶于水，易溶于乙醇

【质量标准】

项　目	指标(化学纯)
熔点范围/℃	118～121
乙醇溶解试验	合格
灼烧残渣(硫酸盐)/%　≤	0.1

【用途】 有机合成原料，用于合成丙二腈和电镀液，还用于合成氨苯蝶啶等药物。

【制法】 可由氰乙酸乙酯与氨作用制得。将氰乙酸乙酯冷却至 200℃以下，加入浓氨水进行反应，得混合物由浊变清，在冷水中冷却 20 分钟后析出沉淀，经过滤、甩干后得粗品，然后将氰乙酰胺粗品加入沸腾的乙醇中，待其溶解后，再加入少量活性炭脱色精制，过滤，滤液冷却析出沉淀，经甩干后于 80～100℃下干燥制得氰乙酰胺精品。

$$CNCH_2COOC_2H_5 + NH_3 \longrightarrow CNCH_2COONH_2 + C_2H_5OH$$

【安全性】 毒性较低，小白鼠灌胃的 LD_{50} 为 3200mg/kg。用玻璃瓶装，每瓶 25g，应密封贮存。

【参考生产企业】 常州佳尔科药业集团有限公司，南通市振南精细化工有限公司，常州梓瑞化工有限公司，台州市永丰化工有限公司，上海友盛化工科技有限公司，如东县通园精细化工厂，河北诚信化工有限责任公司。

Ga098 异氰酸甲酯

【英文名】 methyl isocyanate

【别 名】 isocyanatomethane; isocyanic acid methyl ester; MIC

【CAS 登记号】 [624-83-9]

【结构式】 $CH_3N=C=O$

【物化性质】 具有强烈刺鼻气味的液体。沸点 59.6℃。熔点 －45℃。相对密度 (d_4^{27}) 0.9230。折射率 (n_D^{18}) 1.3419。易溶于多种有机溶剂。性质很不稳定，遇水形成甲胺和二氧化碳，放置时会聚合成三聚异氰酸酯。

【质量标准】 日本聚氨酯工业公司标准 (1987.5)

项　目	Millonate MR100
外观	带褐色液体
MCO 固体含量/%	30～32
酸度(以 HCl 计)/%	≤0.20
黏度(25℃)/×10^{-5}Pa·s	1.2～2.5
相对密度(d_4^{25})	1.23～1.24

【用途】 有机合成中间体。在高分子工业中，用以合成聚异氰酸酯、聚氨酯类、聚脲树脂和高聚胶黏剂等。在农药工业中，用以合成西维因、涕灭威、呋喃丹等杀虫剂和杀草丹、燕麦敌等除草剂。在分析化学中用以鉴定醇类和胺类化合物，还可用来改进塑料、织物、皮革的防水性。

【制法】 (1) 一甲胺与光气酰化法。先将一甲胺与液态光气分别经蒸发器进行汽化并经过热器加热，再将这两种气体按规定配比进入管式反应器，在高温和压力下进行酰化反应得甲氨基甲酰氯。如光气过量，其收率高，质量也好。然后将甲氨基

甲酰氯在邻二氯苯溶剂中，于 130℃温度下进行脱氯化氢反应，生成的氯化氢经回流冷凝并用水吸收排入石灰水池中和排放。所得异氰酸甲酯反应液经蒸馏釜蒸馏、分离、精制制得成品。

$$CH_3NH_2+COCl_2 \longrightarrow CH_3NCO+2HCl$$

(2) 硫酸二甲酯与氰酸钾合成法。将含量为 99%的氰酸钾、氧化钙、氯化钙一起加以混合后，加入盛有邻二氯苯溶剂的反应罐中在 172～177℃温度下进行共沸，脱除微量水分，在物料沸腾状态和强烈搅拌下，徐徐加入无水硫酸二甲酯，此时异氰酸甲酯即被连续蒸出，收集沸点为 27～38℃的馏分即为成品，收率达 89%。

$$(CH_3)_2SO_4+2KOCN \xrightarrow[CaCl_2]{CaO} 2CH_3NCO+K_2SO_4$$

【安全性】 小白鼠暴露 2h 的 LC_{50} 为 0.043mg/L。对动物，先兴奋后抑制，刺激眼和上呼吸道黏膜，使体温降低。对人浓度为 0.0006mg/L 时感到刺激作用。工作场所最高容许浓度 0.05mg/m^3 或 0.02×10^{-6}。用铁桶包装。

【参考生产企业】 江苏省无锡市惠山农药厂，台州市永丰化工有限公司。

Ga099 异氰酸异丙酯

【英文名】 isopropyl isocyanate

【别名】 异丙基异氰酸酯

【CAS 登记号】 [1795-48-8]

【结构式】 $CH_3CH(CH_3)N{=}C{=}O$

【物化性质】 无色至浅黄色液体。有明显不愉快气味。沸点 74～75℃。熔点＜－75℃。相对密度 0.879。折射率 1.3886。

【质量标准】 拜耳公司标准 (1982)

项　目		指　标
含量(气相色谱法)/%	≥	98
其他异氰酸酯/%	≤	2
有机溶剂/%	≤	1
可水解氯/%	≤	0.3

【用途】 用于有机合成。

【制法】 以 *N*-异丙基氨基甲酰氯为原料，在惰性有机溶剂中加热到 130℃，进行热分解，得反应混合物经蒸馏得异氰酸异丙酯成品。

$$(CH_3)_2CHNHCOCl \longrightarrow (CH_3)_2CHNCOCl+HCl$$

【安全性】 有毒。大鼠经口 LD_{50} 为 600mg/kg，小鼠经口 LD_{50} 为 150mg/kg，豚鼠经口 LD_{50} 为 250mg/kg。蒸气对上呼吸道、眼和皮肤有不同程度的刺激作用。应使吸入蒸气患者离开现场，吸入新鲜空气。皮肤接触时可用肥皂水洗净。生产车间应有良好的通风，设备应密闭，应穿戴防护用具。用槽车或铁桶包装贮运。

【参考生产企业】 南京元嘉化工有限公司，杭州万科科技有限公司，江苏新沂市汇力精细化工有限公司。

Ga100 异氰酸丁酯

【英文名】 *tert*-butyl isocyanate

【CAS 登记号】 [1609-86-5]

【结构式】 C_4H_9NCO

【物化性质】 液体。熔点 85.5℃。密度 0.8670g/cm^3。折射率 1.4061。

【质量标准】 日本三井东压化学公司工业级标准 (1981)。异氰酸丁酯含量≥98.5%；水解氯≤0.2%。

【用途】 有机合成中间体，用于生产农药。

【制法】 由正丁胺与光气作用而得。将正丁胺、邻二氯苯加入反应器中，在搅拌下，通入经干燥的氯化氢气体直至饱和，然后在 110～160℃通入过量光气，至溶液变清后再通入 20～30min，通毕，蒸馏，收集 160℃以前馏分为邻二氯苯，收集 106～120℃馏分，加入无水碳酸钠，经不断搅拌后静置，过滤得成品。

$$C_4H_9NH_2+COCl_2 \longrightarrow C_4H_9NCO+2HCl$$

【安全性】 有毒。对动物，用异氰酸丁酯灌胃，小白鼠 LD_{50} 为 150mg/kg，大白鼠 LD_{50} 为 600mg/kg，而豚鼠 LD_{50} 为 250

mg/kg。对皮肤和黏膜有中等程度的刺激作用。对人，浓度为0.05mg/L时可感觉到刺激作用。工作现场最高容许浓度1mg/m^3。用铁桶包装，净重200kg。按有毒化学品规定贮运。

【参考生产企业】 江苏省无锡市惠山农药厂，江苏省新沂农药有限公司，江苏苏化集团新沂农化有限公司，如东县通园精细化工厂。

Ga101 十八烷基异氰酸酯

【英文名】 octadecyl isocyanate

【别名】 异氰酸十八（烷）醇酯

【CAS登记号】 [112-96-9]

【结构式】 $CH_3(CH_2)_{17}N{=}C{=}O$

【物化性质】 在常温下为无色略带浑浊的液体，易燃。沸点（266.7Pa）170℃。熔点21℃。相对密度0.8625。闪点（开杯）184℃。

【质量标准】

项　目	指　标
外观	22～25℃下为无色或淡黄色液体,贮存后允许有少许沉淀,无明显颗粒
含量/%　≥	97.0

【用途】 主要用作印染助剂、毛纺织品柔软剂VS的合成原料。也可用于防水织物表面处理。

【制法】 用十八烷基胺在氯苯溶剂存在下于50℃与光气直接反应生成十八烷基氨基甲酰氯，然后在130℃下加热分解，将反应液减压精馏分离溶剂得成品十八烷基异氰酸酯。

$$CH_3(CH_2)_{17}NH_2+COCl_2 \xrightarrow[50℃]{C_6H_5Cl}$$

$$CH_3(CH_2)_{17}NHCOCl \xrightarrow{130℃} CH_3(CH_2)_{17}NCO+HCl$$

【安全性】 有毒。其毒性及防护参见4,4′-二苯基甲烷二异氰酸酯。采用镀锌铁桶包装，每桶100kg、130kg或150kg。贮存在清洁干燥、阴凉、通风的仓库内。运输中严防雨淋、日晒。按易燃、有毒化学品规定贮运。

【参考生产企业】 徐州中远医药化工有限公司，杭州伊联化工有限公司，山东省平原永恒化工有限公司，台州市永丰化工有限公司。

Ga102 六亚甲基-1,6-二异氰酸酯

【英文名】 hexamethylene-1,6-diisocyanate

【别名】 亚己基-1,6-二异氰酸酯

【CAS登记号】 [822-06-0]

【结构式】 $OCN(CH_2)_6N{=}C{=}O$

【物化性质】 无色透明液体，稍有刺激性臭味。易燃。与醇、酸、胺能反应，遇水、碱会分解。在铜、铁等金属氯化物存在下能聚合。沸点（99725Pa）130～132℃。熔点－67℃。相对密度（$d_{15.5}^{25}$）1.04。折射率（n_D^{25}）1.4530。闪点140℃。不溶于冷水，溶于苯、甲苯、氯苯等有机溶剂。

【质量标准】

项　目	一级品	二级品
外观	无色或黄色透明液体	无色或黄色透明液体
(—NCO)含量　≥ /%	95.0	90

【用途】 主要用于生产聚氨酯涂料，同时也用作干性醇酸树脂交联剂和合成纤维的原料。

【制法】 (1) 熔融己二胺与二氧化碳在氯苯溶液中反应生成己二胺甲酸盐，然后在低温下通入光气，进行光气化反应生成己二胺甲酰氯，己二胺甲酰氯在高温下分解生成六亚甲基-1,6-二异氰酸酯，同时释放出HCl气体。反应液经降温，过滤，减压蒸出溶剂氯苯，再经减压精馏得成品。

$$NH_2(CH_2)_6NH_2+2CO_2 \longrightarrow$$

$$CO_2NH_2(CH_2)_6NH_2CO_2$$

$$CO_2NH_2(CH_2)_6NH_2CO_2+2COCl_2 \longrightarrow ClOCNH(CH_2)_6NHCOCl+2CO_2$$

$$ClOCNH(CH_2)_6NHCOCl \xrightarrow{\text{高温}} OCN(CH_2)_6NCO+2HCl$$

(2) 利用已二酸副产物已二酸盐酸盐与光气在溶剂氯苯中反应生成六亚甲基-1,6-二异氰酸酯，再经蒸馏脱溶剂及减压分馏制得成品。

$$COCl_2+HCl \cdot NH_2(CH_2)_6NH_2 \cdot HCl \longrightarrow OCN(CH_2)_6NCO$$

【安全性】 参见4,4′-二苯基甲烷二异氰酸酯。用镀锌铁桶包装，每桶10kg。贮运中应注意防火、防潮，在低温下贮运。按易燃有毒危险化学品规定贮运。

【参考生产企业】 上海嘉辰化工有限公司，河北诚信化工有限责任公司。

Ga103 异氰尿酸三(2-羟乙基)酯

【英文名】 tri(2-hydroxyethyl) isocyanurate

【别名】 三(2-羟乙基)异氰尿酸酯；赛克；THEIC

【CAS登记号】 [839-90-7]

【结构式】

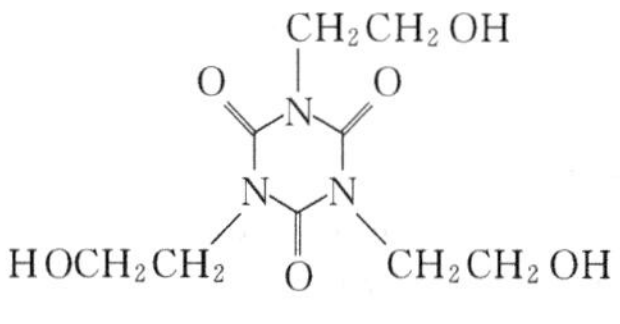

【物化性质】 白色结晶性粉末。不自燃，有防潮性。与羧酸、酸酐、卤化酰基反应生成酯。与二元酸反应生成三维结构聚酯；与异氰酸酯反应生成氨基甲酸酯；与二异氰酸酯反应生成三维结构的聚氨基甲酸酯。熔点134～136℃。溶于水和热的稀酒精，难溶于乙醇、丙酮、四氯化碳、石油醚。

【质量标准】

项 目	指 标
含氮/%	16±0.15
熔点/℃	132
羟值/(mg KOH/g)	640±10
酸值/(mg KOH/g)	1.5
外观	白色结晶性粉末

【用途】 主要用于配制聚酯类耐热绝缘漆，用于家用电器（如冷气机等）、通用小型马达线圈等。用其代替一部分多元醇，经酰亚胺改性，可得耐热性（F级～H级）、抗曲挠性、耐热冲击性优良的清漆用树脂，还可用于涂料、医药、杀虫剂及有机合成中间体等方面。

【制法】 以氰尿酸与环氧乙烷经乙基化反应而制得。

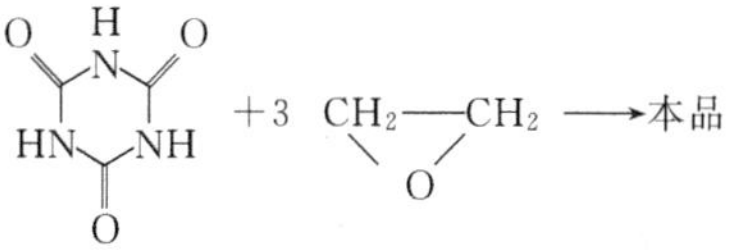

【安全性】 采用内衬塑料袋，外加铁桶方式进行包装。

【参考生产企业】 扬州三得利化工有限公司，河北海达化工有限公司，邯郸市瑞邦精细化工有限公司。

Ga104 氰胺

【英文名】 cyanamide

【别名】 氨基腈；carbodiimide；hydrogen cyanamide；carbimide；cyanogenamide；amidocyanogen

【CAS登记号】 [420-04-2]

【结构式】 NH_2CN

【物化性质】 无色结晶。沸点（2.53kPa）140℃。熔点42℃。相对密度1.282。溶于水、乙醇、乙醚、氯仿和苯，不溶于环己烷。能与水蒸气一起挥发。易聚合。

【质量标准】

项 目		指 标
含量/%	≥	90.0
水分/%	≤	3.0

【用途】 在医药工业用作生产盐酸阿糖胞苷的原料；在染料工业用于生产中间体3-氨基-5-羧基-1,2,4-三氮唑。此外还用作有机合成及塑料的原料，生产氰脲酰胺、双氰胺、氰氨基甲酸甲酯等。

【制法】 (1) 石灰氮法。

$$CaCN_2 \xrightarrow[H_2O]{H_2SO_4} NH_2CN$$

(2) 尿素法。

$$(NH_2)_2CO \longrightarrow HN_2CN + H_2O$$

【安全性】 有毒。鼠口服 LD_{50} 为 125mg/kg。用 25kg 塑料桶或封闭贮罐充装。

【参考生产企业】 山西玉新双氰胺有限公司，宁夏大荣实业集团有限公司，天津玉新化工有限公司，苏州隆泰化工有限公司。

Ga105 双氰胺

【英文名】 dicyandiamide

【别名】 氰基胍；二氰二胺；cyanoguanidine

【CAS 登记号】 [461-58-5]

【结构式】

$$H_2N\overset{\overset{\displaystyle NH}{\|}}{C}NHC{\equiv}N$$

【物化性质】 白色菱形结晶性粉末，不可燃。干燥的双氰胺性质稳定。熔点 207～209℃。相对密度 (d_4^{25}) 1.400。稍溶于水和乙醇，难溶于醚和苯。

【质量标准】 HG/T 3264—1999 双氰胺

项目		优等品	一等品	合格品
双氰胺含量/%	≥	99.5	99.0	98.5
加热减量/%	≤	0.30	0.50	0.60
灰分含量/%	≤	0.05	0.10	0.15
钙含量/%	≤	0.020	0.040	0.050
杂质沉淀试验		合格	合格	合格

【用途】 是三聚氰胺塑料的原料，也是合成医药、农药和染料的中间体。在医药上用于制取硝酸胍、磺胺类药物等。也可用来制取硫脲、硝酸纤维素稳定剂、橡胶硫化促进剂、钢铁表面硬化剂、印染固色剂、胶黏剂、合成洗涤剂、复合肥料等。

【制法】 以石灰氮为原料与水进行水解，将反应所得之悬浮状的水解液氰氨氢钙进行减压过滤，除去 $Ca(OH)_2$ 滤渣，滤液通入二氧化碳进行脱钙生成氰氨液，然后在碱性条件下和 74℃ 温度下进行聚合，经过滤、冷却结晶、分离干燥，即得成品双氰胺。

$$2CaCN_2 + 2H_2O \longrightarrow Ca(HCN_2)_2 + Ca(CH)_2$$

$$Ca(HCN_2)_2 + H_2O + CO_2 \longrightarrow 2H_2CN_2 + CaCO_3$$

$$2H_2CN_2 \longrightarrow NH_2\underset{\underset{\displaystyle NH}{\|}}{C}(NH)C{\equiv}N$$

【安全性】 可能损伤皮肤，使用时应注意防止发生皮疹。用编织袋内衬塑料袋包装，或用五层牛皮纸制成的纸袋包装。袋口应严封，不得泄漏，每袋净重 (25±0.2) kg，每批每袋产品平均净重达 25kg。应贮存于阴凉、干燥、通风处，切勿与氧化剂共贮存。在运输装卸中应防潮湿、轻拿轻放。

【参考生产企业】 宁夏远大兴博化工有限公司，天津玉新化工有限公司，宁夏嘉峰化工有限公司，宁夏兴平精细化工股份有限公司，湖南怀化宏源化工总公司。

Ga106 盐酸胍

【英文名】 guanidine hydrochloride

【别名】 氨基甲脒盐酸盐

【CAS 登记号】 [50-01-1]

【结构式】 $(NH_2)_2C{=}NH \cdot HCl$

【物化性质】 白色或微黄色块状物。熔点 181～183℃。相对密度 1.354。20℃时的溶解度：200g/100g 水、76g/100g 甲醇、24g/100g 乙醇。几乎不溶于丙酮、苯和乙醚。25℃时 4% 的水溶液的 pH 值为 6.4，接近中性。

【质量标准】

项　目		优级品	一级品
外观		白色	白色
含量/%	≥	95	90
氯化铵/%	≤	1.7	2.5
不溶物/%	≤	0.5	0.8
水分/%	<	0.5	0.5
灰分/%	<	0.2	0.5

【用途】 可用作医药、农药、染料及其他有机合成中间体，是制造磺胺嘧啶、磺胺甲基嘧啶、磺胺二甲基嘧啶等药物及叶酸的重要原料，还可用作合成纤维的防静电剂。

【制法】 以双氰氨和铵盐（氯化铵）为原料，在170～230℃下进行熔融反应，得盐酸胍粗品，经精制得成品。

$$NH_2C(=NH)C{\equiv}N + 2NH_4Cl \longrightarrow (NH_2)_2C{=}NH \cdot HCl$$

【安全性】 家兔经口LD_{50}为500mg/kg。性质较不稳定，在水溶液中可水解生成氨和尿素，故其毒性和尿素一样，胍及其衍生物一般多比脲类毒性大。防护法参见氨基硫脲。用三层牛皮纸内衬聚乙烯薄膜包装，每袋20kg。按有毒化学品规定贮运。

【参考生产企业】 江苏天泽化工有限公司，金华市中坚化工厂，唐山三鼎化工有限公司，浙江省东阳市天宇化工有限公司，莱州三鼎化工有限公司，常州市武进振宇化工厂，无锡开立达实业有限公司。

Ga107 硝酸胍

【英文名】 guanidine nitrate

【别名】 胍硝酸盐

【CAS登记号】 [506-93-4]

【结构式】 $(NH_2)_2C{=}NH \cdot HNO_3$

【物化性质】 白色结晶粉末或颗粒。有氧化性，有毒。在高温下分解并爆炸。熔点213～215℃。相对密度（d_4^{30}）1.44。不同温度、不同溶剂中硝酸胍的溶解度：100g水中12.5g（20℃）、41g（50℃）、99g（80℃）；100g甲醇中5.5g（20℃）、9.4g（40℃）、15.6g（60℃）；100g乙醇中溶解的硝酸胍：1g(20℃)、35g(50℃)、12g（76℃）。溶于水和醇。不溶于丙酮、苯和乙醚。25℃时1%的水溶液的pH值为5.7。

【质量标准】 HG/T 3269—2002　工业用硝酸胍

项　目		优等品	一等品	合格品
外观		白色或米白色颗粒状或片状结晶		
硝酸胍含量/%	≥	98.0	97.0	90.0
加热减量/%	≤	0.3	0.5	1.0
水不溶物含量/%	≤	0.05	0.10	0.15
游离酸(以HNO_3计)含量/%	≤	0.3	0.5	—
游离硝酸铵含量/%	≤	0.3	0.5	—

【用途】 主要用作炸药，其衍生物硝酸盐、苦味酸盐、氯酸盐及过氧酸盐等，可用作炸药的混合组分。用于矿山爆破炸药和火箭推进剂。在医药工业中用作生产磺胺脒、磺胺嘧啶等磺胺类药物的原料。用于制取涂料工业用的碳酸胍及其他胍盐，以及照相材料和消毒剂等。还可用作分析试剂，以检验络合酸中的胍盐。

【制法】 以双氰胺和硝酸铵为原料，以1∶2配比投料在180～205℃下进行缩合反应，经结晶、切片，制得。

$$NH_2C(=NH)C{\equiv}N + 2NH_4NO_3 \longrightarrow \text{本品}$$

【安全性】 具有中等毒性，吸入过量硝酸胍即可致死。当加热硝酸胍时会释放出氢氯酸有毒气体，对皮肤和呼吸道有刺激性。如吸入应立即用温水或温肥皂水洗胃，并及时请医生治疗。防护法参见盐酸胍。用塑料编织袋或铁桶包装，内衬聚氯乙烯塑料袋，袋装净重25kg，桶装净重50kg。为一级氧化剂，受热和震动易爆炸，包装物应注明爆炸物标志。贮存于阴凉、干燥、通风的危险品仓库内，一旦着火，用大量水灭火。装运时应小心轻放，不得敲击或扔摔，不得与可燃物质同车装运。

【参考生产企业】 金华市中坚化工厂，山东寿光富康制药有限公司，宁夏嘉峰化工有限公司，上海诺泰化工有限公司，上海顺强生物科技有限公司，浙江绍兴喜临门化工公司。

Ga108 碳酸胍

【英文名】 guanidine carbonate

【别名】 胍碳酸盐

【CAS 登记号】 [593-85-1]

【物化性质】 白色结晶性粉末。熔点198℃（部分分解）。相对密度（d_4^{30}）1.25。几乎不溶于丙酮、苯和乙醚。20℃时的溶解度：42g/100g 水、0.55g/100g 甲醇。25℃时，4%的水溶液的 pH 值为11.2。其水溶液在80℃以上时慢慢水解，放出氨气并生成尿素。

【质量标准】

（1）优级品

项　目		指标(优级品)
外观		白色
含量/%	≥	98.0
4%水溶液 pH 值		11.2±0.2
不溶物含量/%	≤	0.2
水分/%	≤	0.2
灰分/%	≤	0.2

（2）化学纯

项　目		指标(化学纯)
含量/%	≥	99.0
水溶解试验		合格
灼烧残渣(硫酸盐)/%	≤	0.2
氯化物(Cl^-)/%	≤	0.01
硫酸盐(SO_4^{2-})/%	≤	0.01

【用途】 有机合成原料和分析试剂。用于氨基树脂的 pH 调节剂、抗氧剂、树脂稳定剂和胍皂等，也用作水泥薄浆剂、表面活性剂的添加剂。在合成洗涤剂方面，用作耐湿剂和增效剂。在锌、镉、锰重量测定中，用作沉淀剂，也用于碱金属中镁的分离。

【制法】 将双氰氨和铵盐（氯化铵）在170～230℃下经熔融后，反应生成盐酸胍，加入醇钠进行中和，再使游离出来的胍吸收二氧化碳，即可制得碳酸胍。

$$\underset{\underset{NH}{\|}}{NH_2C}(NH)C{\equiv}N + 2NH_4Cl \longrightarrow (NH_2)_2C{=}NH\cdot HCl$$

$$(NH_2)_2C{=}NH\cdot HCl + RONa \longrightarrow (NH_2)_2C{=}NH + NaCl + ROH$$

$$2(NH_2)_2C{=}NH + H_2O + CO_2 \longrightarrow \text{本品}$$

【安全性】 参见盐酸胍。

【参考生产企业】 杭州泰隆化工有限公司，上海诺泰化工有限公司，常州佳纳化工有限公司，浙江绍兴喜临门化工公司，杭州电化集团有限公司。

Ga109 氨基胍酸式碳酸盐

【英文名】 aminoguanidine bicarbonate

【别名】 氨基胍重碳酸盐；氨基胍碳酸氢盐；aminoguanidine hydrogen carbonate

【CAS 登记号】 [2582-30-1]

【结构式】

$$\underset{\underset{NH}{\|}}{NH_2C}NHNH_2\cdot H_2CO_3$$

【物化性质】 白色细结晶粉末。质软。加热不稳定，超过45℃时即逐渐分解，如缓慢加热，可熔化，在油浴中加热至171～173℃时，则全部分解，其分解物溶于水，并能被其他酸分解，生成游离的氨基胍而溶于水。熔点170～172℃。几乎不溶于水，不溶于醇和其他酸。

【质量标准】

项　目		指标(化学纯)
含量(以干样品计)/%	≥	98.0
外观		白色细结晶粉末

续表

项 目		指标(化学纯)
分解点/℃		162
硝酸不溶物/%	≤	0.05
灼烧残渣(硫酸盐 SO_4^{2-})/%	≤	0.1
干燥失重/%	≤	0.5
氯化物(Cl^-)/%	≤	0.005
锌(Zn^{2+})/%	≤	0.002
铁(Fe^{3+})/%	≤	0.001
重金属(以 Pb^{2+} 计)/%	≤	0.002

【用途】 可用作医药、农药、染料、照相药剂、发泡剂和炸药的合成原料。

【制法】 (1) 以石灰氮、水合肼、碳酸氢铵为主要原料制得。先将蒸馏水加入石灰氮中，于45～50℃下保温6h，滤去废渣，得氰氨基钙溶液，然后加入稀硫酸，使pH值调至6～7，经冷却至室温过滤，即得氰胺溶液，其中再加入5%的水合肼，在50℃下保温4h，然后加入碳酸氢铵，放置，析出结晶，滤干即为氨基胍重碳酸盐粗品。接着将粗品加醋酸溶解，再加草酸，滤去草酸钙，将溶液用氨水调pH值至8～9，加入少量EDTA二钠盐，将过滤后的滤液与滤好的碳酸氢铵溶液反应，放置，结晶，滤干，分别用蒸馏水、乙醇洗涤，最后滤干即得成品。

$$2CaCN_2+2H_2O \longrightarrow Ca(NHCN)_2(A)+Ca(OH)_2$$

$$A+H_2SO_4 \longrightarrow 2NH_2CN(B)+CaSO_4$$

$$B+N_2H_4\cdot H_2O \longrightarrow \underset{\|\atop NH}{NH_2CNHNH_2}\ (C)+H_2O$$

$$C+NH_4HCO_3 \longrightarrow \text{本品}+NH_3$$

(2) 用氨基氰和硫酸肼反应，然后加入碳酸氢钠水溶液进行反应，也可制得氨基胍重碳酸盐。

$$2NH_2CN+(NH_2NH_2)_2\cdot H_2SO_4 \longrightarrow \underset{\|\atop NH}{(NH_2CNHNH_2)_2}\cdot H_2SO_4(A)$$

$$A \xrightarrow{NaHCO_3} \text{本品}+Na_2SO_4$$

【安全性】 有毒。大鼠经过长期吸入浓度为$42.6mg/m^3$的而中毒时，血红蛋白的含量和淋巴细胞均见减少，甲状腺机能受到抑制，说明有一定毒性。生产操作应采取必要的防护措施，保证安全。包装及贮运方式参见盐酸胍。

【参考生产企业】 上海至鑫化工有限公司，山西玉新双氰胺有限公司，嘉兴市步云染化厂，苏州市山菱化学品厂，嘉善海伦精细化工厂，浙江海蓝化工有限公司，杭州福得化工有限公司，靖江市东方化工有限公司，天津玉新化工有限公司。

Ga110 盐酸乙脒

【英文名】 acetamidine hydrochloride

【别 名】 乙脒盐酸盐；ethaneamidine hydrochloride；ethyl amidine hydrochloride

【CAS登记号】 [124-42-5]

【物化性质】 白色长棱柱状结晶，易潮解，有异臭。熔点164～166℃。易溶于水，在丙酮、乙醚中不溶。

【质量标准】 YY/T 0214—1995 药用中间体 乙脒盐酸盐（盐酸乙脒）

项 目		指 标
氯化铵/%	≤	5.0
含量(以 $C_2H_6N_2\cdot HCl$ 计)/%	≤	91.0
水分/%	≤	1.0

【用途】 用作医药中间体，生产维生素B_1。

【制法】 以乙腈、盐酸和甲醇为原料，经加成、氨化制得。首先在湍球塔内配制成45%的氯化氢甲醇溶液，然后投入反应罐内，经搅拌、冷却，在8～11℃加入乙腈，并在15～20℃下，保温6h得亚乙醚。再加入氨甲醇溶液，经搅拌，使其进行反应，pH值始终保持在7～8范围内，降温后，经离心分离，滤出氯化铵，滤液经浓缩离心制得成品。

$$CH_3CN+2HCl+CH_3OH \longrightarrow \overset{NH\atop \|}{CH_3COCH_3}\cdot 2HCL(A)$$

$$A+2NH_3 \xrightarrow{CH_3OH} \text{本品}+NH_4Cl$$

【安全性】 用内衬聚乙烯薄膜袋包装，每袋 25kg 装。

【参考生产企业】 天津华新制药厂，河北新兴化工有限责任公司，河北涿化（集团）股份有限公司。

Ga111 氨基乙酸

【英文名】 glycine

【别名】 甘氨酸；氨基醋酸；glycocoll；gly；aminoacetic acid；aminoethanoic acid

【CAS 登记号】 [56-40-6]

【结构式】

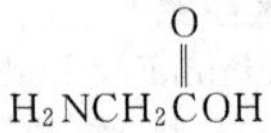

【物化性质】 白色单斜晶系或六方晶系晶体，或白色结晶粉末。分解温度 292℃。密度 1.1607g/cm³。等电点 pH 5.97。酸度系数 $pK_{\alpha\text{-COOH}}$ 2.34，$pK_{\alpha\text{-NH}_3^+}$ 9.60。无臭，有特殊甜味。与盐酸反应生成盐酸盐。易溶于水，25℃ 时为 25g/100mL；50℃ 时为 39.1g/100mL；75℃ 时为 54.4g/100mL；100℃时为 67.2g/100mL。极难溶于乙醇，在 100g 无水乙醇中约溶解 0.06g。几乎不溶于丙酮和乙醚。

【质量标准】

(1) HG/T 2029—2004（工业级）甘氨酸

项 目		优等品	一等品	合格品
氨基乙酸(以干基计)/%	≥	98.5	98.0	97.5
氯化物(以 Cl 计)/%	≤	0.40	0.50	0.60
干燥减量/%	≤	0.30		0.50
铁(Fe)/%	≤	0.003		0.005
灼烧残渣/%	≤	0.10	—	
pH 值(50g/L 水溶液)		5.5～7.0	—	
澄清度试验		澄明	—	

(2) GB 25542—2010 食品添加剂 甘氨酸（氨基乙酸）

项 目		指 标
色泽及组织状态		白色结晶性颗粒或结晶性粉末
氨基乙酸(以干基计)/%	≥	98.5～101.5
氯化物(以 Cl 计)/%	≤	0.010
砷(As)/(mg/kg)	≤	1
重金属含量(以 Pb 计)/(mg/kg)	≤	10
干燥减量/%	≤	0.20
灼烧残渣/%	≤	0.10
澄清度试验		通过试验
pH 值(50g/L 水溶液)		5.5～7.0

(3) 原料药（中国药典 2010 年版）

项 目		指 标
$C_2H_5NO_2$ 含量(以干品计)/%	≥	99.0
酸度(pH)(1.0g/20mLH_2O)		5.6～6.6
溶液透光率(1.0g/20mLH_2O,430mm)	≥	98.0
氯化物/%	≤	0.007
硫酸盐/%	≤	0.006
铵盐/%	≤	0.02
其他氨基酸/%	≤	0.5(且不得超过 1 个)
干燥失重(105℃,3h)/%	≤	0.2
炽灼残渣/%	≤	0.1
铁盐/%	≤	0.001
砷盐/%	≤	0.0001
细菌内毒素/(EU/g)(供注射用)		20
重金属/×10⁻⁶	≤	10

【用途】 可单独用或与谷氨酸钠等配合用作调味剂，也用于合成酒、酿造制品。在医药方面，可用作氨基酸制剂、金霉素的缓冲剂和作为抗帕金森氏病药物 L-多巴的合成原料。用作奶油、人造奶油和干酪的添加剂，以延长其保质期。在有机合成和生物化学中用作生化试剂和溶剂。

【制法】 (1) 氯乙酸氨化法。先将乌洛托品全部投入反应釜内，然后加入氨水，经冷却、搅拌，使乌洛托品充分溶解后，再滴加氯乙酸，在30～50℃下进行反应，在72～78℃下保温3h后，出料，用95%乙醇或甲醇进行醇析，静置10h，回收乙醇后，粗结晶物料经离心机甩干，再用乙醇精制、干燥，即得甘氨酸成品。

（2）Strecker法。用甲醛与氰化钠（或氰化钾）和氯化铵反应，同时加入冰醋酸，有亚甲基氨基乙腈的结晶析出。将产物经过滤，在硫酸存在下加入乙醇进行分解，得到氨基乙腈硫酸盐。然后加入氢氧化钡分解得到甘氨酸的钡盐。最后加入一定量的硫酸使钡定量沉淀并滤掉。将滤液浓缩、放置冷却，析出甘氨酸结晶。

（3）以明胶为原料，经水解、精制过滤、干燥而得。

【安全性】 无毒，无腐蚀性。采用塑料袋，外套丙纶编织袋、麻袋或圆木桶包装，每袋25kg。贮于阴凉通风干燥处。按一般化学品规定贮运。

【参考生产企业】 天津天成制药有限公司，石家庄市石兴氨基酸有限公司，上海泰禾（集团）有限公司，武汉阿米诺科技有限公司，河北东华化工集团，河北智通化工有限责任公司，江西电化精细化工有限责任公司，石家庄市海天精细化工有限公司，武汉汉龙氨基酸有限责任公司，南通市东昌化工有限公司，许昌东方化工有限公司，濮阳中原三力实业有限公司，宁波海德氨基酸工业有限公司，江西电化有限责任公司余江化工总厂。

Ga112 2-氨基戊二酸

【英文名】 glutamic acid

【别名】 麸氨酸；谷氨酸；2-aminopentanedioic acid

【CAS登记号】 [56-86-0]

【结构式】 $HOOC(CH_2)_2CH(NH_2)COOH$

【物化性质】 由于谷氨酸中有不对称碳原子，故形成几种立体异构体，较重要的是左旋谷氨酸（*l*-谷氨酸）和外消旋谷氨酸（*dl*-谷氨酸），均无毒。左旋谷氨酸为白色鳞片状晶体。无臭，稍有特殊的滋味和酸味，呈微酸性。与盐酸作用生成*l*-谷氨酸盐酸盐，与碱作用生成*l*-谷氨酸一钠。外消旋谷氨酸为白色结晶。右旋谷氨酸由水析出为片状结晶体。升华（*l*-谷氨酸）200℃；分解247～249（*l*-谷氨酸、*d*-谷氨酸），225～227（*dl*-谷氨酸）；相对密度d_4^{20}1.538（*l*-谷氨酸），1.4601（*dl*-谷氨酸），1.538（*d*-谷氨酸）；比旋光度（$[\alpha]_D^{22.4}$）+31.4°（6*N* HCl）（*l*-谷氨酸）。左旋谷氨酸微溶于冷水，易溶于热水，几乎不溶于乙醚、丙酮和冷醋酸中，不溶于乙醇和甲醇；外消旋谷氨酸微溶于乙醚、乙醇和石油醚。

【质量标准】

（1）企业标准

项　目		分析纯	化学纯
含量/%	≥	98.0	98.0
旋光度$[\alpha]_D^{20}$		+30°～+33°	+30°～+33°
盐酸溶解试验		合格	合格
灼烧残渣(硫酸盐)/%	≤	0.1	0.3
干燥失重/%	≤	0.5	0.5
氯化物(Cl^-)/%	≤	0.005	0.01
硫酸盐(SO_4^{2-})/%	≤	0.005	0.01
铁(Fe)/%	≤	0.001	0.005
重金属(以Pb计)/%	≤	0.001	0.002
硫酸试验		合格	合格

（2）美国食用化学品法典(FCC，1981)

项　目		指　标
含量/%	≥	99.0
砷(以As计)/$\times10^{-6}$	≤	3
氯化物/%	≤	0.2
重金属(以Pb计)/%	≤	0.002
铅/$\times10^{-6}$	≤	10
干燥损失(105℃,3h)/%	≤	0.1

续表

项　目	指　标
旋光度	
$[\alpha]_D^{25}$	+37.7°～+38.5°
$[\alpha]_D^{20}$	+31.5°～+32.2°
铵盐　≤	0.02
其他氨基试验	阴性

（3）JIS K9047—1992　L-谷氨酸

项　目	指　标
旋光度$[\alpha]_D^{20}$	+31.5°～+32.2°
在盐酸中的溶解度检验	合格
干燥失重/%　≤	0.3
灼烧残渣(硫酸盐)/%　≤	0.05
氯化物(以Cl计)/%　≤	0.02
硫酸盐(以SO_4计)/%　≤	0.03
重金属(以Pb计)/%　≤	0.003
铁(Fe)含量/%　≤	0.003
铵盐(以NH_4计)/%　≤	0.02
其他氨基酸检验	合格
砷(以As计)/%　≤	0.0001
含氮量(以N计)/%	9.4～9.6

（4）原料药（中国药典2010年版）

项　目	指　标
$C_5H_9NO_4$含量(以干燥品计)/%　≥	98.5
比旋光度(70mg/mL HCl)	+31.5°～+32.5°
溶液透光率T(1.0g/20mL HCl,430nm)%　≥	98.0
氯化物/%　≤	0.02
铵盐/%　≤	0.02
硫酸盐/%　≤	0.02
其他氨基酸　≤	0.5
干燥失重(105℃干至恒重)/%　≤	0.5
炽灼残渣/%　≤	0.1
铁盐/%　≤	0.0005

续表

项　目	指　标
重金属/$\times10^{-6}$　≤	10
砷盐/%　≤	0.0001
热原	符合规定

【用途】 左旋谷氨酸本身为药品，能治疗肝昏迷症，但疗效差。主要用于生产味精、香料，以及用作代盐剂、营养增补剂和生化试剂等。外消旋谷氨酸用于生产药物，也用作生化试剂等。

【制法】 主要用发酵法生产。以糖蜜或淀粉为原料，用谷氨酸棒杆菌，或小球菌，或节杆菌作菌种，以尿素为氮源，在30～32℃下进行发酵，发酵完毕，将发酵液分离出菌体后，用盐酸调节pH值至3.0时，作等电点提取，经分离得谷氨酸结晶，母液中的谷氨酸再经732离子交换树脂提取，经结晶、烘干，得成品。

【安全性】 无毒。用塑料袋包装，外套尼龙袋或塑料编织袋，净重25kg。贮运过程中，应注意防潮，防晒，低温存放。

【参考生产企业】 成都诚诺新技术有限公司，成都凯泰新技术有限责任公司，四川峨眉山荣高生化制品有限公司，宁波市科瑞生物工程有限公司，广州捷倍思生物科技有限公司，成都景田生物药业有限公司，上海瀚鸿化工科技有限公司，武汉汉龙氨基酸有限责任公司山东菱花集团莱州味精厂，河北省元氏县宏升化工有限责任公司，广东省肇庆香料厂有限公司，黑龙江哈尔滨白天鹅制药厂，江苏扬州宝盛生物化工公司，江苏华昌（集团）有限公司，江苏菊花味精集团有限公司，湖北峰江氨基酸有限公司，四川峨眉山荣高生化制品有限公司，浙江杭州广川生物技术有限公司。

Gb 芳香族含氮化合物

Gb001 硝基苯

【英文名】 nitrobenzene

【别名】 人造苦杏仁油；米耳班油；nitrobenzol；oil of mirbane；essence of mirbane

【CAS登记号】 [98-95-3]

【结构式】 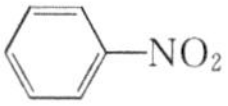

【物化性质】 纯品为无色至浅黄色油状易燃液体。沸点 210.9℃。闪点 88℃。熔点 5.85℃。自燃点 482℃。相对密度 1.2037。折射率 1.55296。溶于乙醇、乙醚和苯，微溶于水。

【质量标准】

(1) GB/T 9335—2009

		优等品	一等品
外观		浅黄色液体	
干品结晶点/℃	≥	5.5	5.4
硝基苯的纯度/%	≥	99.80	99.50
低沸物的含量/%	≤	0.05	0.10
硝基甲苯的含量/%	≤	0.05	0.10
高沸物的含量/%	≤	0.10	0.10
水分/%	≤	0.10	0.10

(2) HG/T 3451—2003 化学试剂 硝基苯

项　目		分析纯	化学纯
外观		浅黄色透明液体	
硝基苯($C_6H_5NO_2$)/%	≥	99.0	98.5
结晶点/℃	≥	5.5	5.0

续表

项　目		分析纯	化学纯
酸度(以 H^+ 计)/(mmol/100g)	≤	0.02	0.05
二硝基噻吩		合格	合格

【用途】 基本有机化工原料。可用于生产多种医药和染料中间体如苯胺、间氨基苯磺酸、二硝基苯等。亦可用作有机溶剂，有时在有机反应中作弱氧化剂。

【制法】 先将硝酸、硫酸配成混酸在一定温度下与苯连续硝化，分离出反应产物，用稀碱中和、水洗、分离，得粗硝基苯，经精馏后得成品。

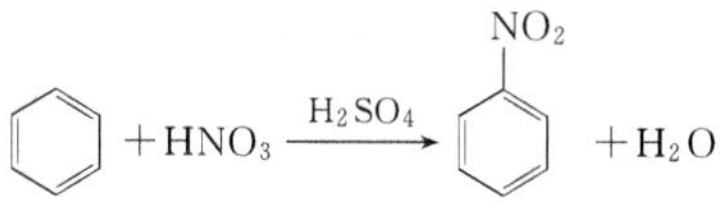

【安全性】 剧毒。家兔经口 LD_{50} 为 700 mg/kg。口服 15 滴可致死。吸入蒸气或经皮肤吸收而引起中毒。急性中毒症状为神志不清、麻醉、心力衰竭、呼吸不匀，离开中毒环境后仍有嘴唇发紫等症状。由于醇类可使硝基苯中毒者血液毒性增加，因此班前班后禁酒。工作场所空气中最高容许浓度 1×10^{-6}。生产设备要密闭，防止泄漏。通风要良好。操作人员要穿戴防护用具。采用铁桶严密包装，每桶净重 200kg。贮存于阴凉、干燥处。防火、防晒。按有毒危险物品规定贮运。

【参考生产企业】 北京恒业中远化工有限公司，辽宁庆阳化学工业集团公司，中国石化集团南京化工厂，南京化学工业有限公司，河南开普化工股份有限公司，扬州贝尔化工有限公司。

Gb002 对硝基甲苯

【英文名】 *p*-nitrotoluene

【别名】 对甲基硝基苯；4-硝基甲苯；4-nitrotoluene

【CAS登记号】 [99-99-0]

【结构式】 

【物化性质】 黄色斜方六面晶体。易燃。沸点238.5℃。熔点51.7℃。闪点106℃。相对密度 d_4^{19} 1.286、(d_4^{75}) 1.1038。折射率 (n_D^{15}) 1.5382。分配系数 lg *P*（辛醇/水）2.37。不溶于水，易溶于乙醇、乙醚和苯。

【质量标准】 HG/T2025—1991 对硝基甲苯

项目	优级品	一级品	合格品
外观	浅黄色固体	浅黄色至浅棕色固体	
凝固点(干品)/℃ ≥	51.0	50.8	50.6
对硝基甲苯含量/% ≥	99.4	99.0	98.5
邻硝基甲苯含量/% ≤	0.1	0.3	0.5
间硝基甲苯含量/% ≤	0.3	0.8	1.2
低沸物含量/% ≤	0.1	0.1	0.1
高沸物含量/% ≤	0.1	0.1	0.1
水分/% ≤	0.1	0.1	0.1

【用途】 主要用于制造对甲苯胺、甲苯二异氰酸酯，也用作染料中间体及农药、医药、塑料和合成纤维助剂的中间体。

【制法】 将甲苯用混酸硝化，经精馏结晶制得。

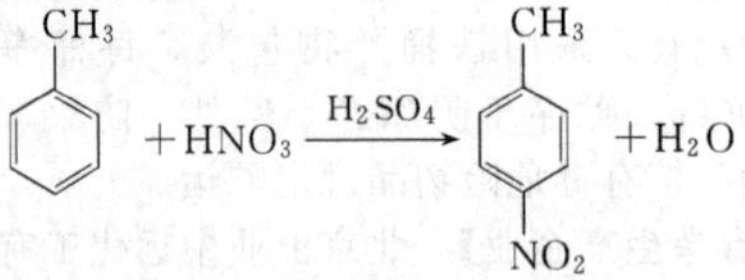

【安全性】 有毒。能经皮肤迅速吸收。吸入其蒸气可中毒。对人体的危害类似于硝基苯。能引起贫血，但比硝基苯弱。在三种异构体中，对硝基甲苯毒性最小。生产设备应密闭，防止跑、冒、滴、漏。室内应通风良好。操作人员应穿戴防护用具，避免与之直接接触。班前班后严禁饮酒。工作场所空气中硝基甲苯的最高容许浓度为 5×10^{-6}。采用铁桶包装，每桶净重200～250kg，或由带蒸汽保温装置的汽车槽车装运。贮存中要防火、防潮。按有毒化学品规定贮运。

【参考生产企业】 湖北东方化学工业有限公司，南京迪普斯化工有限公司，中国北方化学工业总公司，江苏淮化集团有限公司，四川红光化工厂，辽宁庆阳化学工业集团有限公司，江苏福斯特化工制造有限公司。

Gb003 邻硝基甲苯

【英文名】 *o*-nitrotoluene

【别名】 邻甲基硝基苯；2-nitrotoluene

【CAS登记号】 [88-72-2]

【结构式】

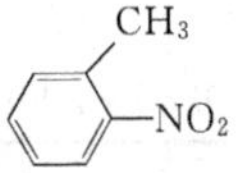

【物化性质】 黄色易燃液体。沸点221.7℃。熔点−9.5℃。闪点106℃。燃点420℃。相对密度1.163、(d_{15}^{19}) 1.1622。折射率1.5474。分配系数 lg *P*（辛醇/水）2.30。不溶于水，溶于氯仿和苯，可与乙醇、乙醚混溶。

【质量标准】 HG/T2026—1991 邻硝基甲苯

项目	优级品	一级品	合格品
外观	黄色油状透明液体	从浅黄色到浅棕色透明液体	
熔点(干品)/℃ ≥	−3.5	−3.7	−4.0
邻硝基甲苯含量/% ≥	99.6	99.0	98.4

续表

项 目	优级品	一级品	合格品
间硝基甲苯含量/% ≤	0.3	0.5	1.0
对硝基甲苯含量/% ≤	0.2	0.5	0.8
低沸物含量/% ≤	0.1	0.3	0.5
高沸物含量/% ≤	0.1	0.1	0.1
水分/% ≤	0.1	0.1	0.1

【用途】 主要用于生产邻甲苯胺等农药、染料中间体，以及涂料、塑料和医药等。

【制法】 将硫酸、硝酸配成混酸，在50℃左右使甲苯硝化，分离废酸后，经水洗、中和、干燥，最后经精馏分离制得。

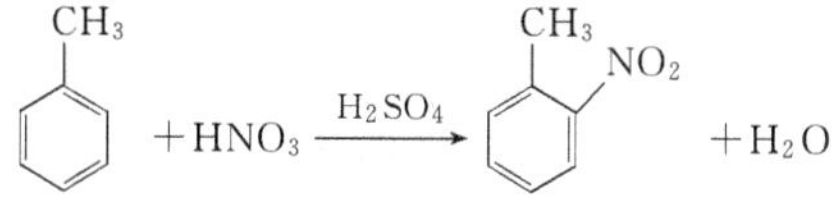

【安全性】 有毒。参见对硝基甲苯。

【参考生产企业】 湖北东方化学工业有限公司，辽宁庆阳化学工业集团有限公司，南京迪普斯化工有限公司，中国北方化学工业总公司，江苏淮化集团有限公司，江苏福斯特化工制造有限公司。

Gb004 间硝基甲苯

【英文名】 *m*-nitrotoluene

【别名】 间甲基硝基苯；3-硝基甲苯；3-nitrotoluene

【CAS 登记号】 [99-08-1]

【结构式】

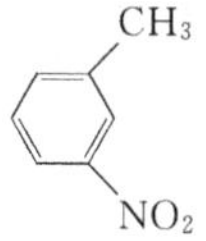

【物化性质】 黄色易燃液体或晶体。沸点 bp_{760} 232℃、bp_{100} 156.9℃、bp_{40} 130.7℃、bp_{20} 112.8℃、bp_{10} 96.0℃、bp_{5} 81.0℃、$bp_{1.0}$ 50.2。熔点 16℃。闪点 106℃。相对密度 1.1581、(d_4^{15}) 1.1630、(d_4^{59}) 1.124、d_4^{121} 1.063。折射率 1.5466、(n_D^{30}) 1.5426。分配系数 lg *P*（辛醇/水）2.40。不溶于水，溶于苯，与乙醇、乙醚混溶。

【质量标准】 间硝基甲苯

项 目	指 标
外观	浅黄色油状透明液体或晶体
含量/% ≥	99.0
邻硝基甲苯/% ≤	0.5
对硝基甲苯/% ≤	0.3
水分/% ≤	0.1

【用途】 用于有机合成作农药、医药、染料、彩色显影剂、塑料及合成纤维助剂的中间体。

【制法】 甲苯在50℃左右用混酸硝化，经分馏后精制制得。

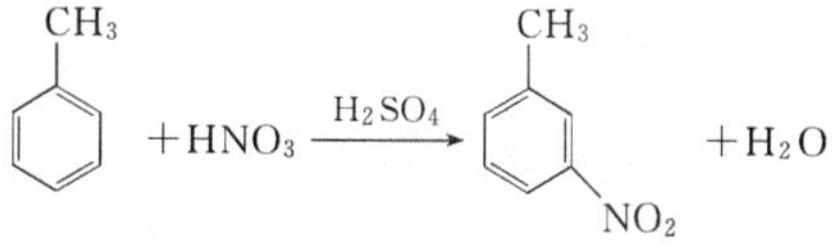

【安全性】 有毒。参见对硝基甲苯。

【参考生产企业】 湖北东方化学工业有限公司，南京迪普斯化工有限公司，四川红光化工厂，江苏淮化集团有限公司，辽宁庆阳化学工业集团有限公司，江苏福斯特化工制造有限公司。

Gb005 邻硝基乙苯

【英文名】 *o*-nitroethylbenzene

【别名】 1-乙基-2-硝基苯；1-ethyl-2-nitrobenzene

【CAS 登记号】 [612-22-6]

【结构式】

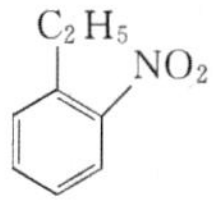

【物化性质】 黄色至浅棕色油状液体。沸点 228℃。熔点 −23℃。相对密度 ($d_4^{24.5}$) 1.126。折射率 1.5354。不溶于水，溶于乙醇、丙酮、乙醚等有机溶剂。

【质量标准】 黄色至浅棕色油状液体。含量≥90%。

【用途】 染料、农药中间体，如用以制取邻氨基苯甲酸，也可作矿山及农用炸药。

【制法】 由乙苯经混酸（以硝酸、硫酸配成）硝化，得对、邻硝基乙苯，然后分馏得邻硝基乙苯，同时联产对硝基乙苯。一般不单独生产，而是在生产对硝基苯乙酮的工艺中制取其中间产品对硝基苯乙酮的联产品。

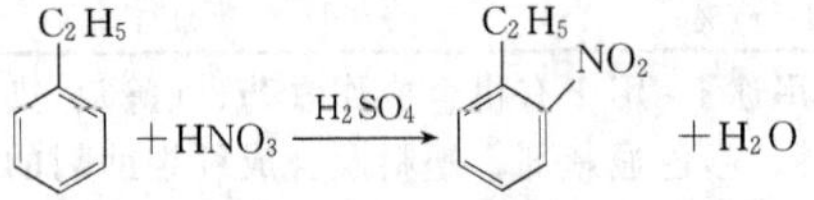

【安全性】 有毒。其余参见对硝基甲苯。

【参考生产企业】 盐城市华丰化工有限公司，昆山城东化工有限公司，辽宁庆阳化工集团有限公司。

Gb006 对氟间苯氧基甲苯

【英文名】 4-fluoro-3-phenoxytoluene

【别名】 4-氟-3-苯氧基甲苯

【CAS登记号】 [74483-53-7]

【结构式】

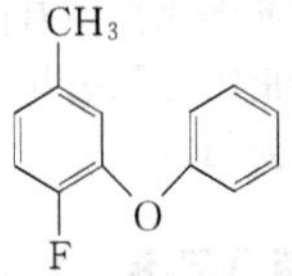

【物化性质】 无色液体。沸点 94～96℃（267Pa）。折射率 1.5559（22℃）。

【用途】 用作合成拟除虫菊酯的中间体，用于合成氟氯氰菊酯、氟氯苯菊酯、烃菊酯等。

【制法】 （1）3-溴-4-氟甲苯法。由 3-溴-4-氟甲苯与酚钠反应制得。

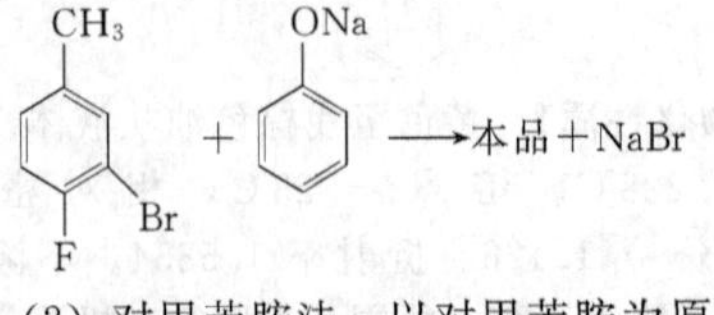

（2）对甲苯胺法。以对甲苯胺为原料制得。

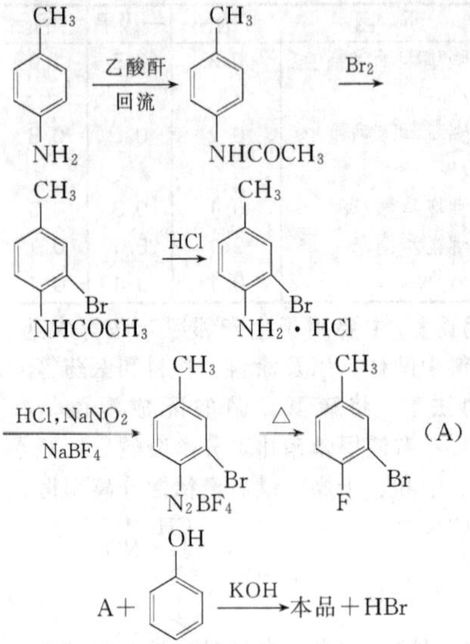

【参考生产企业】 盐城市福友医药化工有限公司，江苏东龙实业有限责任公司。

Gb007 间氟硝基苯 （参见 Cb038）

Gb008 1,2,3-三氟-4-硝基苯

（参见 Cb039）

Gb009 3-氯-4-氟硝基苯 （参见 Cb040）

Gb010 对硝基氯苯

【英文名】 *p*-chloronitrobenzene

【别名】 对氯硝基苯；4-硝基氯苯；*p*-nitrochlorobenzene；1-chloro-4-nitrobenzene

【CAS登记号】 [100-00-5]

【结构式】

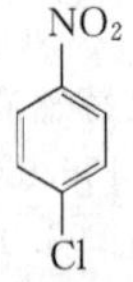

【物化性质】 浅黄色结晶。易燃。沸点 242℃（300℃分解）。熔点 83.5℃。闪点 127℃。相对密度（d_5^{90}）1.2979、d_4^{19}

1.520。难溶于水，25℃时仅溶0.03%。微溶于冷乙醇，溶于热乙醇、乙醚、丙酮和苯等有机溶剂。

【质量标准】 GB/T 1653—2013 对硝基氯苯

项目		优等品	一等品	合格品
外观		浅黄色至黄色熔铸体		
干品结晶点/℃	≥	82.4	82.0	81.5
对硝基氯苯纯度/%	≥	99.50	99.00	98.50
低沸物含量/%	≤	0.10	0.20	0.20
间硝基氯苯含量/%	≤	0.20	0.30	0.50
邻硝基氯苯含量/%	≤	0.20	0.30	0.50
2,4二硝基氯苯含量/%	≤	0.05	0.10	0.10
水分/%	≤	0.10	0.20	0.20

【用途】 制备染料（偶氮染料、硫化染料）、医药（非那西丁、扑热息痛）、农药（除草醚）的重要中间体，也可作橡胶防老剂4010等的原料。

【制法】 将硝酸、硫酸配成混酸后，与氯苯进行硝化反应，生成硝基氯苯（对位65%，邻位34%，间位1%），然后分离硝基氯苯和废酸。分离后硝基氯苯经水洗、中和，得中性硝基氯苯，再经干燥、结晶。分离出成品对硝基氯苯，共融油经精馏、脱焦、结晶得联产品邻硝基氯苯。

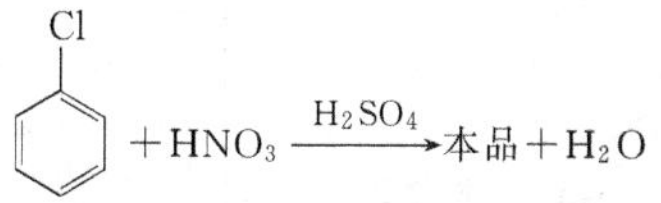

【安全性】 剧毒。经皮肤吸收或吸入其蒸气均可引起中毒，尤其与乙醇共同使用时，因生成高铁血红蛋白，会引起急性中毒致死。饮酒会加速中枢神经和血液中毒，形成过敏症。生产车间要有良好的通风设备，要密闭，严防跑、冒、滴、漏。操作人员要穿戴防护用具。采取铁桶密封包装，每桶净重200kg或250kg。贮存于阴凉、通风处。贮运中要防火、防晒、防潮。按有毒化学品规定贮运。

【参考生产企业】 安徽省怀远县虹桥化工有限公司，安徽八一化工股份有限公司，天津市宏发集团公司，吉林化学工业公司辽源兴源化工有限责任公司，中国石化集团南京化工厂，江苏扬农化工集团有限公司，河南开普化工股份有限公司。

Gb011 间硝基氯苯

【英文名】 *m*-chloronitrobenzene

【别名】 间氯硝基苯；3-硝基氯苯；1-chloro-3-nitrobenzene；*m*-nitrochlorobenzene

【CAS登记号】 [121-73-3]

【结构式】

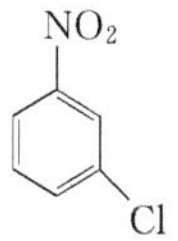

【物化性质】 浅黄色斜方棱晶。沸点 bp_{760} 236℃、bp_{12} 117。熔点46℃。闪点127℃。相对密度1.534、d_4^{60} 1.343。燃烧后分解成氧化氮及氯化氢等有毒气体。微溶于水，溶于乙醇、乙醚、苯等大多数有机溶剂。

【质量标准】 浅棕色结晶。凝固点≥43.5℃。

【用途】 有机合成原料，染料中间体，用于制间氯苯胺，亦用于医药工业。

【制法】 (1) 往氯化塔内加铁屑和干燥的硝基苯，通入氯气，反应温度控制在40～55℃。当反应产物达到密度 $1.35g/cm^3$、凝固点23℃时，即达反应终点。氯化物经水洗、中和、减压蒸馏、冷却、结晶、分离制得成品。

(2) 在生产对硝基氯苯时有少量副产品，可富集间位后，再精馏、结晶制得成品。

【安全性】 有毒。小鼠经口 LD_{50} 为390 mg/kg。能通过人体呼吸系统及皮肤引起中毒。生产场所要求设备密闭，通风良好。操作人员应穿戴防护用具。采用铁桶包装，每桶净重200kg。贮存在阴凉、干燥、通风处。贮运中要防潮、防晒、防火。

【参考生产企业】 安徽省怀远县虹桥化工有限公司，江都市海辰化工有限公司，浙江省常山化工有限责任公司，武进市雪堰万寿化工厂。

Gb012 邻硝基氯苯

【英文名】 *o*-chloronitrobenzene

【别名】 邻氯硝基苯；*o*-nitrochlorobenzene；1-chloro-2-nitrobenzene

【CAS登记号】 [88-73-3]

【结构式】

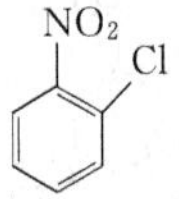

【物化性质】 浅黄色单斜针晶。易燃。沸点245.5℃（283℃分解）。熔点32.5℃。闪点127℃。相对密度 d_4^{19} 1.305。微溶于水，20℃水中溶解0.03%。易溶于乙醇、乙醚、丙酮、苯等有机溶剂。

【质量标准】 GB/T 1653—2013 邻硝基氯苯

项　目		优等品	合格品
外观		浅黄色至黄色熔铸体或油状液体	
干品结晶点/℃	≥	31.7	31.5
邻硝基氯苯纯度/%	≥	99.50	99.00
低沸物含量/%	≤	0.10	0.20
间硝基氯苯含量/%	≤	0.10	0.20
对硝基氯苯含量/%	≤	0.20	0.30
高沸物含量/%	≤	0.10	0.20
2,4二硝基氯苯含量/%	≤	0.05	0.10
水分/%	≤	0.10	0.20

【用途】 农药（如多菌灵）、染料、医药的重要中间体，也可作橡胶助剂促进剂M的原料。

【制法】 参见对硝基氯苯。

【安全性】 参见对硝基氯苯。

【参考生产企业】 安徽省怀远县虹桥化工有限公司，安徽八一化工股份有限公司，吉林化学工业公司辽源兴源化工有限责任公司，中国石化集团南京化工厂，江苏永联集团公司，浙江省常山化工有限责任公司，河南开普化工股份有限公司。

Gb013 2,5-二氯硝基苯

【英文名】 2,5-dichloronitrobenzene

【别名】 1,4-二氯硝基苯；1,4-dichloro-2-nitrobenzene

【CAS登记号】 [89-61-2]

【结构式】

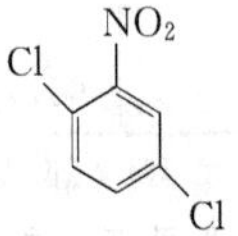

【物化性质】 从乙醇中结晶得棱柱体或片状体，从醋酸乙酯中结晶得片状体。沸点267℃。熔点56℃。相对密度（d_4^{75}）1.4390。不溶于水，溶于氯仿、热乙醇、乙醚、二硫化碳和苯。

【质量标准】 HG/T 4246—2011 2,5-二氯硝基苯

项　目		优等品	合格品
外观		淡黄色结晶	
干品结晶点/℃	≥	52.8	52.0
2,5-二氯硝基苯的纯度(GC)/%	≥	99.50	99.00
3,4-二氯硝基苯含量/%	≤	0.30	0.70
低沸物含量/%	≤	0.10	0.10
高沸物含量/%	≤	0.10	0.20
水分/%	≤	0.30	0.30

【用途】 主要用作染料中间体，用于制备2,5-二氯苯胺（大红色基GG）。亦可用作氮肥增效剂。

【制法】 对二氯苯用混酸硝化，反应产物

经水洗、中和、分离即得成品。

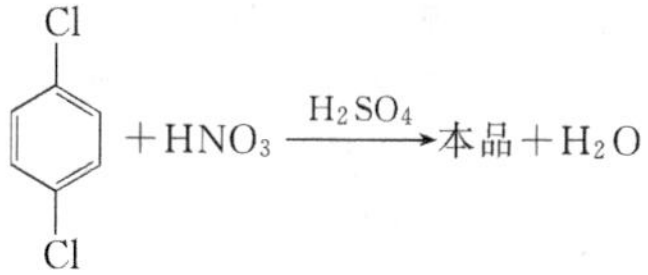

【安全性】 有毒，对皮肤及黏膜有刺激作用，但毒性比一氯硝基苯低一些，其余参见对硝基氯苯。采用铁桶包装，每桶净重200kg。按有毒危险品规定贮运。

【参考生产企业】 河南内乡县乌克生物化学制品有限公司，江都市海辰化工有限公司，吴江新达化工有限公司，吴江市汇丰化工厂，安徽八一化工股份有限公司。

Gb014 五氯硝基苯

【英文名】 quintozene

【别名】 Pentachloronitrobenzene；PCNB；terrachlor；PKHNB

【CAS登记号】 [82-68-8]

【结构式】

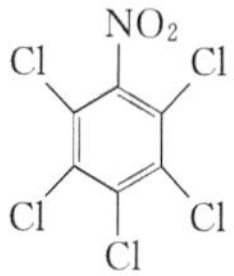

【物化性质】 纯品为无色针状结晶；工业品为微黄色。化学性质稳定，不易挥发，不易水解和氧化，不受日光、温度和酸碱度影响，在土壤中残效较长。沸点328℃(稍分解)。熔点144℃。相对密度(d_4^{25})1.718。几乎不溶于水、冷乙醇，易溶于二硫化碳、苯、氯仿。

【质量标准】

(1) HG 2460.1—93 五氯硝基苯原药

项　目	优等品	一等品	合格品
外观	浅黄色片状晶体或块状物		
五氯硝基苯含量/% ≥	95.0	92.0	88.0
六氯苯含量/% ≤	1.0	1.5	3.0
水分/% ≤	1.0	1.0	1.5
酸度(以H_2SO_4计)/% ≤	0.8	1.0	1.0

(2) HG 2460.2—93 五氯硝基苯粉剂

项　目	优等品
外观	浅黄色粉末
五氯硝基苯含量/% ≥	40.0
六氯苯含量/% ≤	1.5
水分/% ≤	1.5
细度(通过0.074mm孔径筛)/% ≥	98.0
pH值	5～6

【用途】 优良的土壤杀菌剂，用作拌种剂和土壤处理剂，用于防治棉花炭疽病、散黑穗病、蔬菜猝倒病等均有良好的效果。

【制法】 以生产对硝基氯苯副产品共融油为原料，或用硝基苯为原料，在氯磺酸和催化剂存在下，通氯气进行氯化反应，再经分离、洗涤制得成品。

【安全性】 低毒，大鼠急性经口LD_{50}为1700mg/kg。生产设备应密闭。操作人员应穿戴防护用具。采用铁桶包装，每桶净重50kg或100kg。存放于阴凉、干燥处，防止受潮。按一般化学品规定贮运。

【参考生产企业】 山西省临汾有机化工厂，浙江象山增荣实业化工有限公司。

Gb015 邻硝基苯酚 (参见Db025)

Gb016 间硝基苯酚 (参见Db026)

Gb017 对硝基苯酚 (参见Db024)

Gb018 对亚硝基苯酚 (参见Db028)

Gb019 对硝基苯酚钠 (参见Db027)

Gb020 邻硝基苯甲醚 (参见Db043)

Gb021 对硝基苯乙醚（参见 Db044）

Gb022 间硝基苯甲醛（参见 Eb008）

Gb023 邻氨基对甲苯甲醚（参见 Db047）

Gb024 对氨基苯乙醚（参见 Db045）

Gb025 对乙酰氨基苯甲醚（参见 Db046）

Gb026 邻硝基苯甲醛（参见 Eb009）

Gb027 5-氯-2-硝基苯甲醛（参见 Eb010）

Gb028 2,6-二氯苯甲醛肟（参见 Eb011）

Gb029 对硝基苯乙酮（参见 Eb016）

Gb030 对硝基苯甲酸（参见 Fb020）

Gb031 2,4-二硝基甲苯

【英文名】 2,4-dinitrotoluene

【CAS 登记号】 [121-14-2]

【结构式】

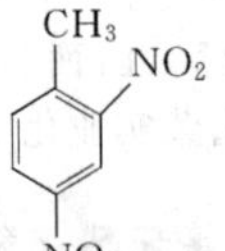

【物化性质】 黄色针晶或单斜棱晶。工业品是一种油状液体，含有2,4-二硝基甲苯、3,4-二硝基甲苯、3,5-二硝基甲苯3种异构体。相对密度（d_4^{71}）1.3208。熔点67～70℃。沸点300℃（分解）。溶于苯，稍溶于二硫化碳，微溶于乙醚、冷乙醇，极微溶于水。

【用途】 主要用于制造2,4-二硝基甲苯、氨基甲苯和2,4,6-三硝基甲苯（TNT炸药），也用于聚氨酯、染料的生产。

【制法】 邻硝基甲苯或对硝基甲苯经混酸硝化生成二硝基甲苯，反应产物经分离、水洗、蒸馏，得成品。

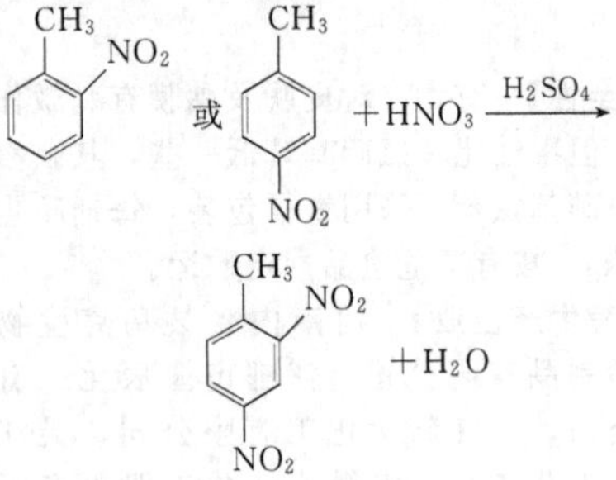

【安全性】 有毒。猫吸入21×10^{-6}蒸气7h不会中毒，但经皮肤吸入可引起中毒。对人则引起头痛、眩晕，有时引起轻微的发绀，但同时饮用大量酒后数小时会突然呈现意识不明、神志昏迷而病倒。工作场所空气中二硝基甲苯的最高容许浓度1.5×10^{-6}。工作场所设备要密闭，防止跑、冒、滴、漏。操作人员要穿戴防护用具，避免直接接触。采用铁桶包装，每桶净重200kg。贮存于阴凉、通风处。贮运中要防火、防晒。按易燃有毒物品规定贮运。

【参考生产企业】 辽宁庆阳化工（集团）有限公司，四川红光化工厂，湖北祥云（集团）有限公司。

Gb032 2,4-二硝基氟苯

【英文名】 2,4-dinitrofluorobenzene

【CAS 登记号】 [70-34-8]

【结构式】

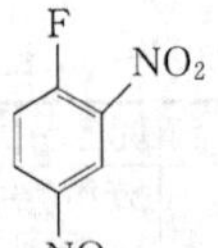

【物化性质】 淡黄色结晶或油状液体。熔点26℃。沸点296℃、178℃（2.73kPa）、

133℃ (266Pa)。相对密度 1.482。折射率 1.5690。不溶于水，溶于苯、乙醚、乙醇和丙二醇。

【质量标准】 淡黄色固体。含量≥99%，熔点 28～30℃。

【用途】 可用来制备 2,4-二氯氟苯，2,4-二氯氟苯是合成环丙沙星、培氟沙星、二氟沙星等喹喏酮类抗菌药的起始原料。也是一种重要的分析试剂。

【制法】 以 2,4-二硝基氯苯与无水氟化钾为原料，经亲核取代反应而得。

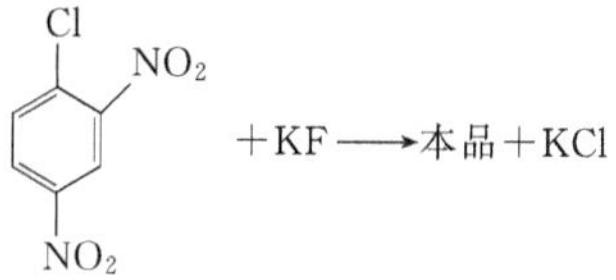

【安全性】 食入、吸入、皮肤接触都会造成危害。应穿戴合适的防护用具。采用净重 250kg 铁桶包装。

【参考生产企业】 江苏暨阳化工（集团）公司，合肥市森瑞化工有限责任公司。

Gb033 2,4-二硝基氯苯

【英文名】 2,4-dinitrochlorobenzene

【别名】 1-chloro-2,4-dinitrobenzene; *p*-chloro-*m*-dinitrobenzene; 4-chloro-1,3-dinitrobenzene

【CAS 登记号】 [97-00-7]

【结构式】

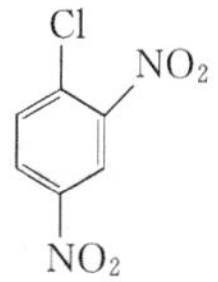

【物化性质】 有三种形态。α 型为稳定态：黄色斜方晶体（从乙醚中），相对密度（d_4^{75}）1.4982，折射率（n_D^{60}）1.5857，熔点 51℃（53℃），沸点 315℃（稍微分解），溶于乙醚、苯、二硫化碳、热乙醇，不溶于水。β 型为不稳定态：黄色斜方晶体（从乙醚中）或针晶（从乙醇中），密度 1.6867g/cm³（16℃），熔点 43℃，沸点 315℃，比 α 型容易溶于有机溶剂。γ 型为不稳定态：熔点 27℃。有苦杏仁气味，有毒。在空气中的爆炸上限 22%。

【质量标准】 HG/T 2553—2010

项目		优等品	一等品	合格品
外观		浅黄色至浅棕色熔铸体		
干品结晶点/℃	≥	48.5	47.5	47.0
2,4-二硝基氯苯/%	≥	99.00	96.00	93.00
低沸物/%	≤	0.20	1.00	1.00
二硝基氯苯异构体/%	≤	1.00	3.00	6.00
高沸物/%	≤	0.05	0.10	0.10
水分/%	≤	0.50	0.50	0.50

【用途】 主要用作染料、农药、医药等的原料，可以制取硫化黑染料、冰染染料、糖精、二硝基苯酚、二硝基苯胺、苦味酸等产品。

【制法】 (1) 由氯苯用混酸直接硝化，再经中和、水洗、分离而得产品。

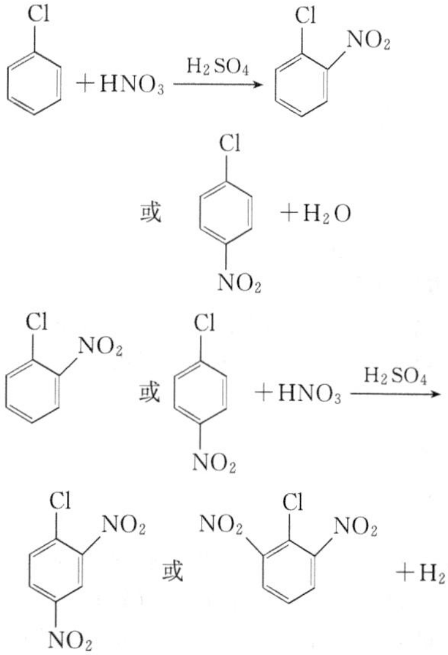

(2) 由对、邻硝基氯苯的副产品共融

油经混酸硝化、分离废酸后，中和、水洗并经结晶提纯后得成品。

【安全性】 有毒，毒性比一硝基氯苯强。对皮肤和黏膜有显著的刺激作用，引起严重的皮炎。能引起人体血液中毒和损伤肝脏、肾脏，同时损害神经以致发生神经痛、神经炎。空气中最高容许浓度 1 mg/m^3。生产设备要密闭。室内应加强通风。操作人员应穿戴防护用具。班前班后禁止饮酒。采用铁桶包装，每桶净重 200kg 或 300kg。贮存于通风阴凉、干燥处。防止和无机氧化剂及酸类混贮混运。按易燃有毒物品规定贮运。

【参考生产企业】 中国石化集团南京化工厂，天津市宏发集团公司。

Gb034 间硝基三氟甲基苯

【英文名】 3-nitrobenzotrifluoride

【别名】 3-硝基三氟甲苯

【CAS 登记号】 [98-46-4]

【结构式】

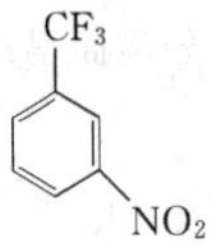

【物化性质】 无色透明液体。相对密度（d_4^{15}）1.4357。熔点 −2.4℃。沸点 202.8℃、105℃（4kPa）。折射率 1.4719。溶于乙醇、乙醚，不溶于水。

【质量标准】 含量 98%。

【用途】 在医药上用于合成苄氟噻嗪等。

【制法】 用三氟甲苯经硝化制得。

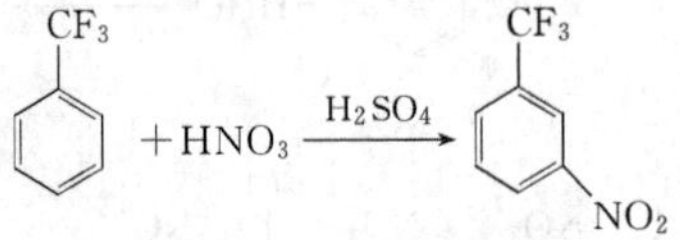

【安全性】 有毒。对皮肤和黏膜有轻刺激性。受热分解会释出有毒的氮氧化物和氟化物的烟雾。采用 250kg 内衬塑料铁桶包装。贮存于阴凉、通风的仓库内。与食用原料、氧化剂隔离贮运。

【参考生产企业】 东阳市康峰有机氟化工厂，南京大唐化工集团有限责任公司。

Gb035 2-氯-5-硝基三氟甲基苯

【英文名】 2-chloro-5-nitrotrifluorome thyl benzene

【CAS 登记号】 [121-17-5]

【结构式】

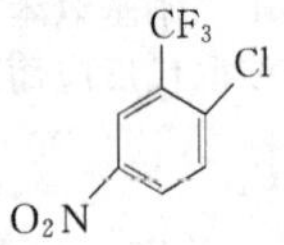

【物化性质】 相对密度 1.572。折射率 1.5083。

【用途】 用于合成 2-氯-3,5-二硝基三氟甲基苯等，它是合成急性杀鼠剂诱杀灵的重要中间体。

【制法】 由邻氯三氟甲基苯硝化而得。

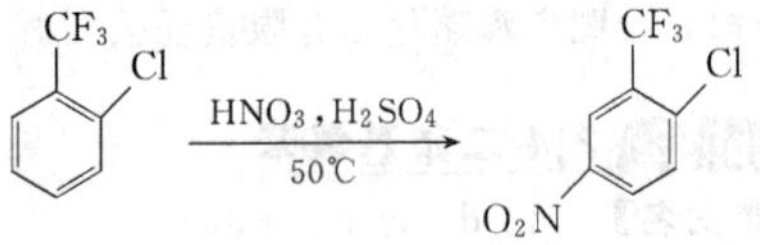

【安全性】 剧毒。吸入、吞咽或通过皮肤吸收都是致命的。应穿戴好防护用具。它燃烧可产生有刺激性、腐蚀性及（或）有毒性的气体。

【参考生产企业】 上海邦成化工有限公司，上海勤工助剂有限公司。

Gb036 4-氯-3,5-二硝基三氟甲基苯

【英文名】 4-chloro-3,5-dinitrotrifluoromethyl benzene

【CAS 登记号】 [393-75-9]

【结构式】

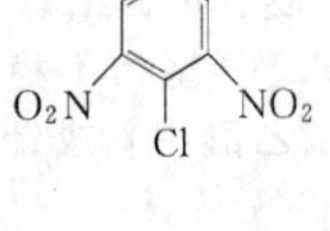

【物化性质】 常温下为淡黄色结晶。有毒。熔点 56～58℃。溶于苯、甲苯等有机溶剂。

【质量标准】 一级品含量≥98%。

【用途】 主要用于生产农药，是旱田除草剂氟乐灵的中间体，该药是优良的旱田除草剂。

【制法】 以对氯三氟甲基苯为原料，经一硝化制得 4-氯-3-硝基三氟甲基苯，再经二硝化制得产品。

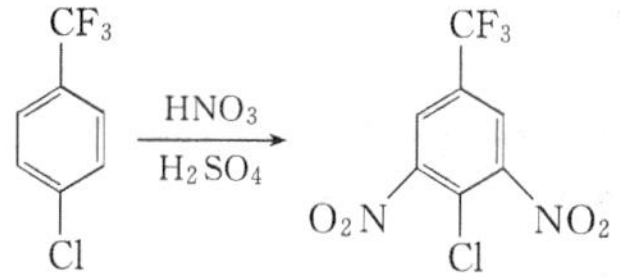

【安全性】 有毒，其蒸气对呼吸系统有强烈刺激作用，造成呼吸受阻，特别是对视神经能引起严重损害。对皮肤的刺激，产生明显的红肿结节状的湿疹。工作场所空气中最高允许浓度为 1mg/m³。

【参考生产企业】 淮安平安化学有限公司，上海嘉辰化工有限公司。

Gb037 苦味酸 （参见 Db029）

Gb038 4,4′-二硝基二苯醚

【英文名】 4,4′-dinitrodiphenyl ether

【CAS 登记号】 [101-63-3]

【结构式】

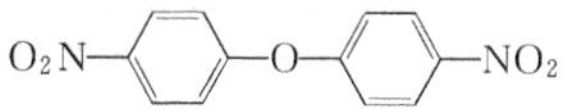

【物化性质】 黄色针状结晶。熔点 142～143℃。易溶于热醇，溶于苯、乙酸，微溶于乙醚和冷乙醇。

【质量标准】 淡黄色结晶体。含量≥99%，水分 0%。

【用途】 4,4′-二硝基二苯醚经还原可制得 4,4′-二氨基二苯醚，用于环氧树脂交联剂和耐热高分子材料聚酰亚胺的生产，也可用于制染料中间体。

【制法】 (1) 对硝基氯苯与对硝基苯酚缩合法。

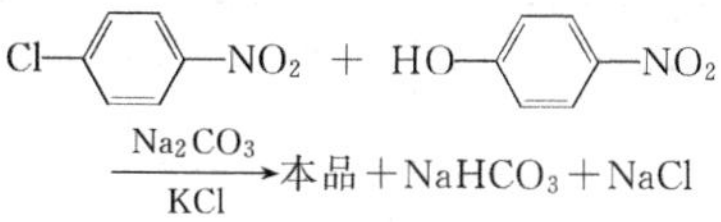

(2) 对二硝基苯法。对二硝基苯、碳酸钠和二甲基亚砜在 135℃下反应，反应结束冷却至室温后加入水析出淡黄色沉淀，经过滤、干燥、重结晶得成品，收率 91%。

(3) 对硝基氯苯和氢氧化钠法。氢氧化钠、异丙醇、对硝基氯苯在 80℃下反应，生成的结晶经过滤、水洗得到产品，收率为 91%。

【安全性】 采用 50kg 纸板桶包装。

【参考生产企业】 洛阳精成化工有限公司，南京奥德赛化工有限公司。

Gb039 苯胺

【英文名】 aniline

【别名】 氨基苯；阿尼林油；benzenamine；aniline oil；phenylamine；aminobenzene；aminophen；kyanol

【CAS 登记号】 [62-53-3]

【结构式】

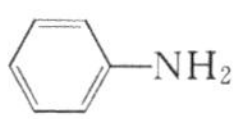

【物化性质】 无色油状易燃液体，有强烈气味。暴露于空气中或日光下变成棕色。有碱性，能与盐酸生成盐酸盐，与硫酸生成硫酸盐。沸点 184℃。闪点（开杯）70℃。自燃点 770℃。熔点 −6.3℃。相对密度 1.0217。折射率 1.5863。稍溶于水，与乙醇、乙醚、氯仿和其他大多数有机溶剂混溶。

【质量标准】

(1) GB2961—2006

项　目	优等品	一等品	合格品
外观	无色至浅黄色透明液体，贮存时允许颜色变深		
苯胺/%　≥	99.80	99.60	99.40

续表

项目		优等品	一等品	合格品
干品结晶点/℃	≥	−6.2	−6.4	−6.6
水分/%	≤	0.10	0.30	0.50
硝基苯/%	≤	0.002	0.010	0.015
低沸物/%	≤	0.005	0.007	0.010
高沸物/%	≤	0.01	0.03	0.05

(2) GB/T 691—1994 化学试剂 苯胺

项目		分析纯	化学纯
苯胺($C_6H_5NH_2$)含量/%	≥	99.5	99.0
结晶点/℃		−6.0～−6.5	−5.0～−6.5
灼烧残渣(以硫酸盐计)/%	≤	0.002	0.005
硝基苯/%	≤	0.003	—
水分(H_2O)/%	≤	0.2	—

【用途】 染料工业重要的中间体之一，也是医药、橡胶促进剂、防老剂的重要原料，还可制香料、氨基塑料、清漆和炸药等，并可作溶剂。

【制法】 (1) 铁粉还原法。硝基苯用铁粉还原，反应液用石灰中和、洗涤后，经蒸馏得成品。

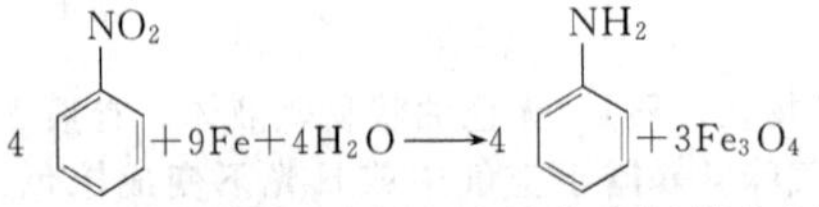

(2) 加氢还原法。硝基苯在铜催化剂存在下，在沸腾床反应器中进行气相加氢还原，得到粗苯胺，反应液经冷凝分层后，减压精馏得成品。

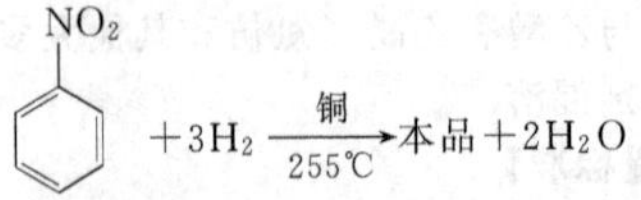

【安全性】 剧毒。狗经口 LD_{50} 为 300mg/kg。吸入其蒸气或经皮肤吸收可致中毒，引起头痛、眩晕、食欲不振、脉搏增加、呕吐、血尿，严重时能导致死亡。工作场所要通风良好，设备密闭，防止跑、冒、滴、漏。饮酒可激化中毒。操作人员应穿戴防护用具。工作场所空气中最高容许浓度 5mg/m^3。采用铁桶密闭包装，每桶净重 200kg。存放于阴凉、通风处。贮运要防潮、防晒。按有毒危险物品规定贮运。

【参考生产企业】 邯郸滏阳化工集团有限公司，吉林化学工业股份有限公司，中国石化集团南京化工厂，青岛恒昌化工股份有限公司，山东晋煤鲁晋化工有限公司。

Gb040 邻甲苯胺

【英文名】 *o*-toluidine

【别名】 邻氨基甲苯；2-氨基甲苯；2-methylbenzamine；2-aminotoluene；2-methylaniline

【CAS 登记号】 [95-53-4]

【结构式】

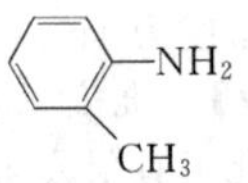

【物化性质】 浅黄色易燃液体，暴露在空气和日光中变成红棕色。能与蒸汽一同挥发。沸点 200.2℃。熔点 −14.7℃。闪点 85℃。相对密度 0.9984。折射率 1.5725。微溶于水，溶于乙醇和乙醚。

【质量标准】 HG/T 2585—2009 邻甲苯胺

项目		优等品	一等品	合格品
外观		浅黄色至棕红色油状透明液体(贮运时允许颜色变深)		
邻甲苯胺纯度/%	≥	99.4	99.0	98.5
低沸物含量/%	≤	0.10	0.10	0.20
苯胺含量/%	≤	0.20	0.20	0.30
对甲苯胺含量/%	≤	0.10	0.10	0.20
间甲苯胺含量/%	≤	0.30	0.40	0.50
高沸物含量/%	≤	0.20	0.30	0.40
水分/%	≤			0.30

【用途】 是制造枣红色基 GBC、大红色基 G、红色基 RL、色酚 ASD、酸性桃红 3B、碱性品红和碱性桃红 T 等的中间体，

也为农药（如杀虫脒）以及糖精等的中间体。还是制取选矿剂甲苯砷酸的原料。

【制法】 (1) 铁粉还原法。邻硝基甲苯在氯化铵介质中或在稀酸中用铁粉还原。反应产物经分离、精馏，即得成品。

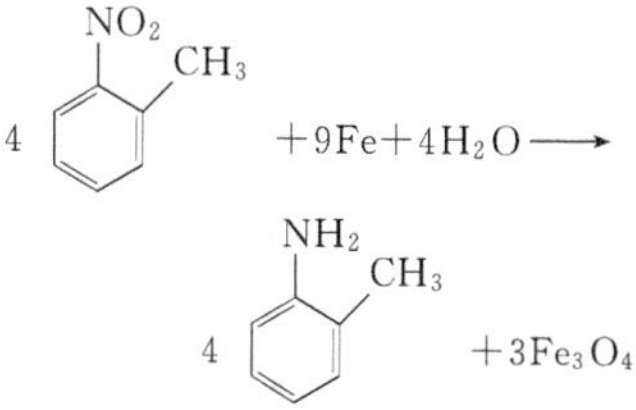

(2) 氢气还原法。邻硝基甲苯和氢气在电感应加热器中预热到 260～280℃，在铜触媒存在下加氢反应生成邻甲苯胺，反应气经冷凝后，精馏得成品。

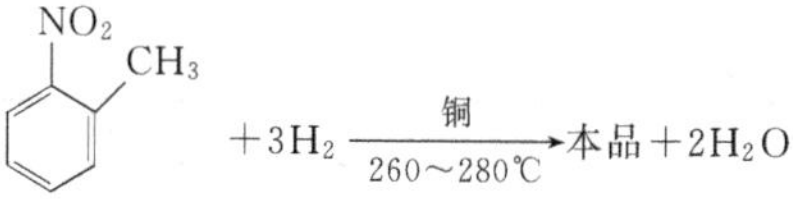

【安全性】 剧毒。大鼠经口 LD_{50} 为 0.94 g/kg。其毒性与苯胺基本相同。吸入蒸气或经皮肤吸收均会引起中毒，生成高铁血红蛋白，引起神经障碍以及致癌等。工作场所空气中最高容许浓度 5mg/m³。防护方法参见苯胺。采用铁桶包装。贮存于阴凉、通风的仓库内，严禁烟火。按有毒化学品规定贮运。

【参考生产企业】 江苏双合化工股份有限公司，江苏省双阳化工有限公司，江苏安邦电化有限公司，淄博瀚博化工有限公司。

Gb041 对甲苯胺

【英文名】 *p*-toluidine

【别名】 对氨基甲苯；4-甲基苯胺；4-methylbenzamine；4-aminotoluene；4-methylaniline

【CAS 登记号】 [106-49-0]

【结构式】

【物化性质】 白色有光泽的片状结晶。可燃。沸点 200.2℃。熔点 44～45℃。闪点 87.2℃。相对密度 0.9619。折射率 (n_D^{45}) 1.5534。微溶于水，溶于乙醇、乙醚、二硫化碳和油类。溶于稀无机酸并生成盐。

【质量标准】

项　目	一级品	二级品
外观	白色至黄褐色结晶	白色至浅棕色结晶
重氮值/%　　≥	99.0	98.5
干品凝固点/℃　　≥	42.5	42.0

【用途】 主要作为染料中间体，用以制作红色基 GL、甲苯胺红色淀、碱性品红、甲苯基周位酸、4-氨基甲苯-3-磺酸、三苯基甲烷染料等。亦可作为医药乙胺嘧啶的中间体。

【制法】 由对硝基甲苯在 124～126℃、0.2MPa 压力下，用硫化钠还原制得对甲苯胺，反应液静置分层，分去水层，然后经减压蒸馏、冷凝、结晶、干燥，得成品。

【安全性】 有毒。有致癌性。家兔中枢神经系统最低中毒浓度 0.04mg/L。在皮肤接触 40min 后，即呈中毒症状。空气中最高容许浓度 3mg/m³。毒性和邻甲苯胺相似。参见邻甲苯胺。采用铁桶包装，每桶净重 180kg。贮存于干燥、通风处，防热、防潮、防晒。按有毒物品规定贮运。

【参考生产企业】 南京迪普斯化工有限公司，衡水恒安化工有限公司，辽宁庆阳化学工业集团公司，淄博瀚博化工有限公司。

Gb042 2,6-二甲基苯胺

【英文名】 2,6-dimethylaniline

【别名】 邻二甲基苯胺

【CAS 登记号】 [87-62-7]

【结构式】

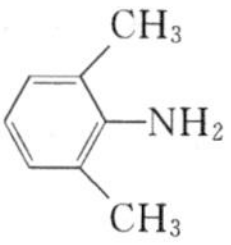

【物化性质】 微黄色液体。有毒。沸点(98.5kPa) 214℃。熔点 11℃。闪点 91℃。相对密度 0.984 (15℃)。折射率 1.5600 (20℃)。溶于乙醇、乙醚，不溶于水。

【质量标准】

项目		指标
外观		黄色油状液体
含量/%	≥	99.5
沸点/℃		216～217
水分/%	≤	0.2
杂质/%	≤	0.3(2,4-二甲基苯胺≤0.2)

【用途】 用作农药中间体，可合成甲霜灵、呋霜灵、呋酰胺、甲呋酰胺、异丁草胺和二甲草胺等。在医药上用于合成盐酸利多卡因、盐酸布比卡因、托卡铵、杜娟素等药物。

【制法】 2,6-二甲基硝基苯经还原制得。

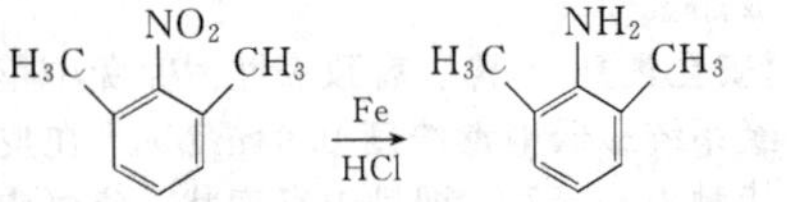

【安全性】 有毒。大鼠经口 LD_{50} 为 840 mg/kg。可引起高铁血红蛋白血症，造成组织缺氧，对中枢神经系统及肝脏损害较强，对血液作用较弱。极易经皮肤吸收。可引起皮炎。生产应严加密闭，提供充分的局部排风。尽可能机械化、自动化。提供安全淋浴和洗眼设备。可能接触其蒸气时，佩戴过滤式防毒面具。戴安全防护眼镜，穿防毒物渗透工作服，戴橡胶手套。包装采用小开口钢桶、螺纹口玻璃瓶、铁盖压口玻璃、塑料瓶或金属桶(罐)外木板箱。贮存于阴凉、通风仓库内。远离火种、热源。防止阳光直射。保持容器密封。应与氧化剂、酸类、食用化学品分开存放。搬运时要轻装轻卸，防止包装及容器损坏。

【参考生产企业】 温州天盛电化有限公司，衢州市巨化聚华联谊公司，浙江富盛控股集团有限公司，浙江省常山化工有限责任公司。

Gb043 3,4-二甲基苯胺

【英文名】 3,4-dimethylaniline

【别名】 4-氨基邻二甲苯

【CAS 登记号】 [95-64-7]

【结构式】

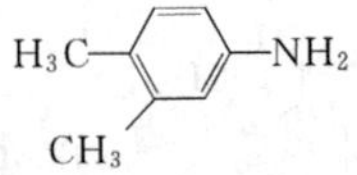

【物化性质】 片状或柱状结晶。沸点(98.5kPa) 226℃，116～118℃ (3.1kPa)。熔点 49～51℃。闪点 98℃。相对密度 1.076。微溶于水，溶于醚、石油醚等有机溶剂。

【质量标准】

项目		指标
外观		白色至浅红棕色片状晶体
含量/%	≥	99
沸点/℃		224～226
熔点/℃		50.5～51.0
水分/%	≤	0.2
杂质/%	≤	0.6

【用途】 在医药上为维生素 B_2 的中间体，亦可用作染料中间体。

【制法】 (1) 2-氯甲基-4-硝基甲苯法。

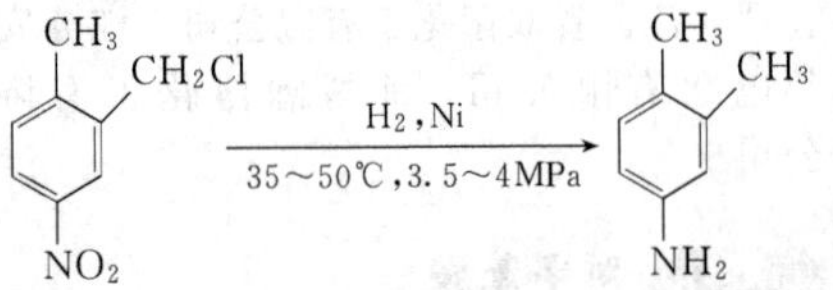

(2) 3,4-二甲基苯乙酮法。以 3,4-二甲基苯乙酮为原料，先与盐酸羟胺反应，再与多聚磷酸反应，最后水解可得产品。

【安全性】 经口摄入和经皮肤吸入会引起中毒。采用铁桶包装 50kg。贮存于阴凉、通风的仓库内，远离火源、热源，避免阳光直射。与食用原料隔离贮运。

【参考生产企业】 温州天盛电化有限公

司，陕西康源化工有限公司，台州市染料化工三厂，江苏省淮阴嘉诚化工有限公司。

Gb044 邻乙基苯胺

【英文名】 *o*-ethylaniline

【别名】 邻氨基乙苯

【CAS 登记号】 [578-54-1]

【结构式】

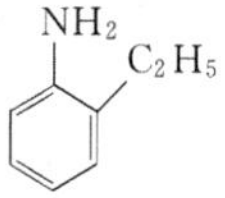

【物化性质】 浅黄色液体，露置于日光下逐渐变深。熔点 −43℃。沸点 210～216℃，112～116℃(3.333kPa)。相对密度 0.982(22℃)。折射率 1.5584(22℃)。闪点 91℃。溶于水、乙醇。

【质量标准】

项　目	指　标
外观	浅黄色液体
含量(HPLC)/%	95
沸点/℃	210～216
相对密度(22℃)	0.982
水分/%　　≤	1

【用途】 是合成苗前选择性除草剂杀草胺、灭草胺及杀虫剂乙基杀虫脒的原料，也用于制造硫化耐晒蓝染料等。

【制法】 由邻硝基乙苯还原制得。①铁粉还原法。②硫化钠还原法。硫化钠和邻硝基乙苯在 120～130℃下反应，将反应混合物分离后得产品，产品收率 95%。

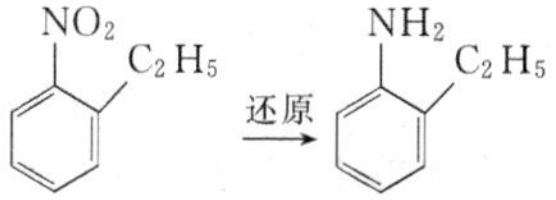

【安全性】 对眼睛有强烈刺激作用。对黏膜、上呼吸道有刺激性。吸入体内可引起高铁血红蛋白血症，出现紫绀。防护措施见 2,6-二甲基苯胺。包装采用小开口钢桶，螺纹口玻璃瓶、铁盖压口玻璃瓶、塑料瓶或金属桶（罐）外木板箱。贮存于阴凉、通风仓间内。远离火种、热源。贮存期不可太长，规定三个月轮换一次。保持容器密封。应与氧化剂、酸类、食品化学品分开存放。搬运时要轻装轻卸，防止包装及容器损坏。

【参考生产企业】 江苏省武进市第二农药厂，浙江省东阳市天宇化工有限公司。

Gb045 2-甲基-6-乙基苯胺

【英文名】 2-methyl-6-ethylaniline

【别名】 MEA

【CAS 登记号】 [24549-06-2]

【结构式】

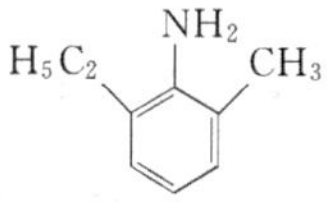

【物化性质】 纯品为无色透明油状液体，在空气中放置或遇光易氧化而呈淡黄色或棕褐色。凝固点−25℃。沸点 224℃（常压），101℃（1.33kPa）。折射率 1.525(20℃)。微溶于水，易溶于有机溶剂。

【质量标准】

项　目	指标(工业品)
外观	无色或淡黄色液体
含量/%　　≥	98
水分/%　　≤	0.2

【用途】 是氯代酰胺类除草剂乙草胺和异丙甲草胺的重要中间体，也是合成染料、医药的原料。

【制法】 以邻甲基苯胺为原料，与乙烯进行邻位烷基化而得。

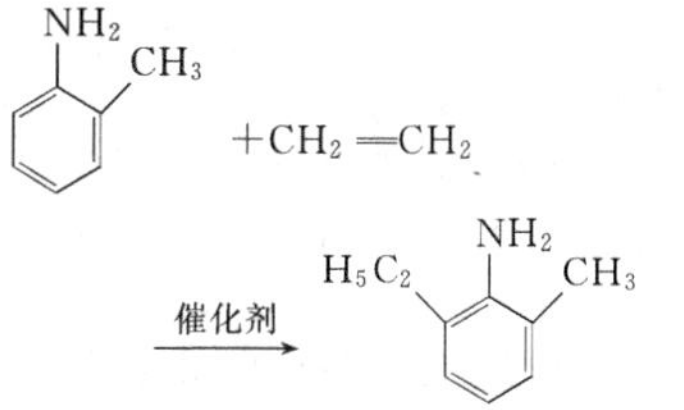

【安全性】 毒性中等，吸入、食入或接触会中毒。受热，其蒸气与空气形成爆炸性混合物。应穿戴防护衣物。包装采用

200kg 镀锌铁桶。

【参考生产企业】 天津南翔试剂有限公司，武汉福鑫化工制造有限公司，上海邦成化工有限公司。

Gb046 2,6-二乙基苯胺

【英文名】 2,6-diethylaniline

【CAS登记号】 [579-66-8]

【结构式】

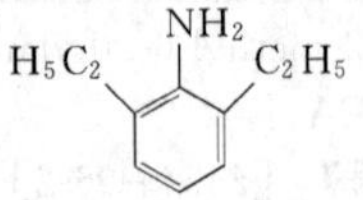

【物化性质】 无色透明液体。熔点 3℃。沸点 237.8℃。闪点 93.3℃。不溶于水，溶于大多数有机溶剂。遇光及空气很快变红。

【质量标准】 含量≥99.5%，水分≤0.2%。

【用途】 是生产农药除草剂甲草胺和丁草胺的重要中间体，也可用于染料、医药、香料、橡胶助剂及石油化工领域。其本身可代替四乙基铅作汽油抗爆剂。

【制法】 由苯胺和乙烯在催化剂作用下经烷基化反应制得。生产流程有连续和间断两种。催化剂主要有三乙基铝、二乙基氯化铝、三氯化铝加铝粉和铝屑等。

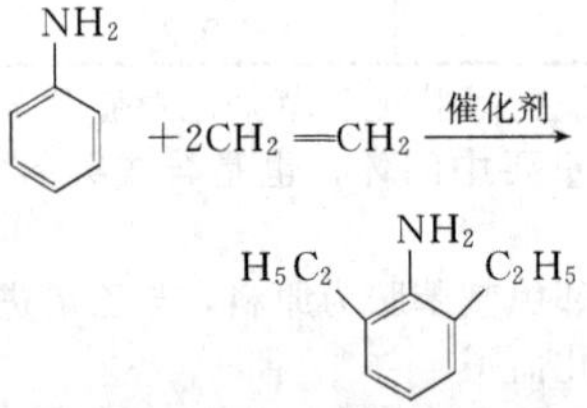

【安全性】 食入、吸入、皮肤接触均对身体造成危害。应穿戴防护用具。受热，其蒸气与空气形成爆炸性混合物。燃烧产生有刺激性、腐蚀性及（或）有毒性的气体。

【参考生产企业】 江苏丹化集团公司，中国石油吉林石化分公司染料厂，大连染料化工有限公司。

Gb047 DL-α-苯基乙胺

【英文名】 DL-1-phenylethylamine

【别名】 DL-1-苯基乙胺

【CAS登记号】 [618-36-0]

【结构式】

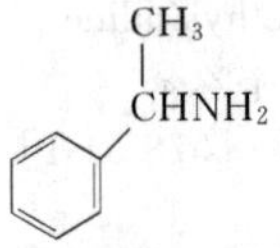

【物化性质】 无色液体，具有芳香气味。沸点 188℃，80～81℃（2.4kPa）。相对密度 0.9395（15℃）。折射率 1.5253。闪点 79℃。溶于水，能与醇、醚混溶。具强碱性，能吸收空气中的二氧化碳。

【用途】 用作医药、染料、香料和乳化剂等的合成原料。

【制法】 （1）甲酸铵法。

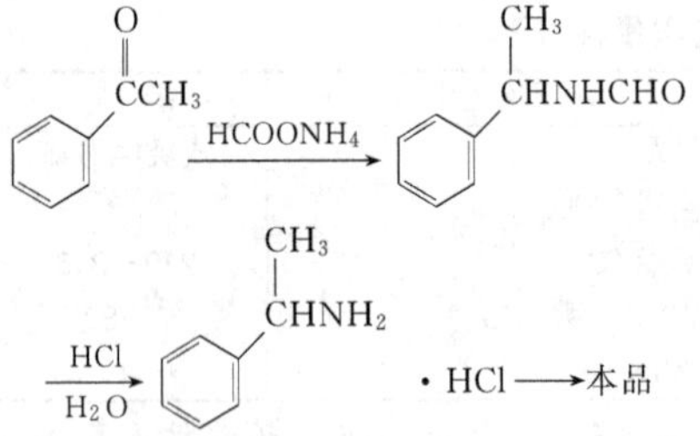

（2）氨法。

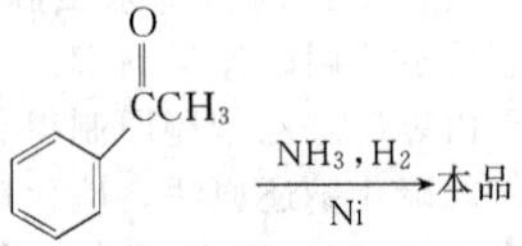

【安全性】 有毒。大鼠口服 LD_{50} 为 940 mg/kg。食入、吸入、皮肤接触都会造成危害。应穿戴防护眼镜、防护衣、防护手套。其气体与空气形成爆炸性混合物。燃烧将产生有刺激性、腐蚀性和（或）有毒性的气体。

【参考生产企业】 江苏丹化集团，中国石油吉林石化分公司染料厂。

Gb048 α-甲基苯乙胺

【英文名】 amphetamine

【别名】 苯基异丙胺；苯丙胺；α-methylbenzeneethanamine；(±)-α-methylphenethylamine；1-phenyl-2-aminopropane；β-phenylisopropylamine；β-aminopropylbenzene；(±)-desoxynorephedrine

【CAS 登记号】 [300-62-9]

【结构式】

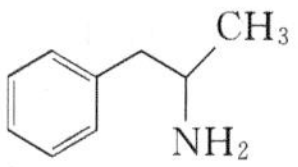

【物化性质】 无色油状液体。相对密度(d_4^{25}) 0.913。沸点 203℃。微溶于水。

【用途】 制药中间体，用于合成乳酸心可定、硫酸苯丙胺等。

【制法】 由苯乙腈制得。

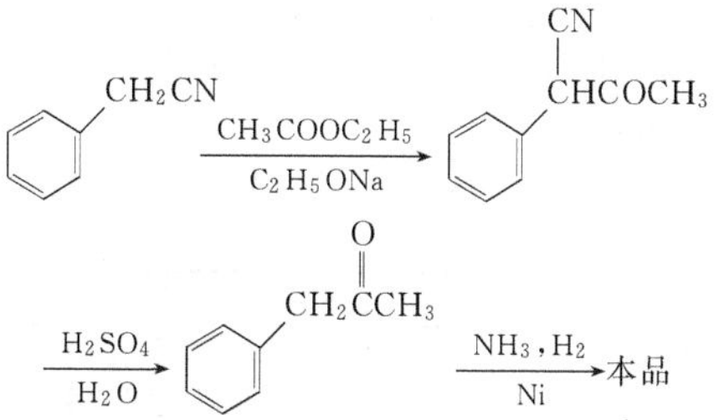

【安全性】 大鼠皮下注射 LD_{50} 为 180mg/kg。食入会导致呕吐、腹泻、腹痛、食欲不振、胃肠出血。吸入常会引起呼吸困难。皮肤接触后会发汗、发红。应远离热源或明火。

【参考生产企业】 中国石油吉林石化分公司染料厂，大连染料化工有限公司。

Gb049 2,5-二甲氧基苯胺

【英文名】 2,5-dimethoxyaniline

【别名】 氨基氢醌二甲醚；2-amino-1,4-dimethoxybenzene；aminoquinol dimethyl ether

【CAS 登记号】 [102-56-7]

【结构式】

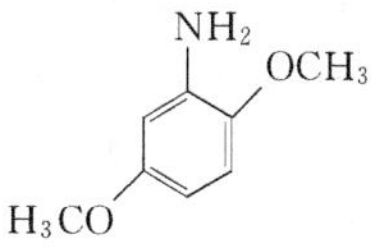

【物化性质】 灰色片状固体。熔点 69～73℃。沸点 270℃（部分分解）。溶于水、乙醇、热里格罗因。

【质量标准】 熔点≥68℃。

【用途】 用作制备冰染染料黑色盐 K 的中间体及医药、杀虫剂的中间体。

【制法】 对苯二酚溶解在液碱中生成对苯二酚钠盐。将对苯二酚钠盐和一氯甲烷在 75～120℃、1.3～1.7MPa 压力下反应生成对二甲氧基苯，再用硝酸硝化，生成 2,5-二甲氧基硝基苯，用二硫化钠将其还原，即得 2,5-二甲氧基苯胺。

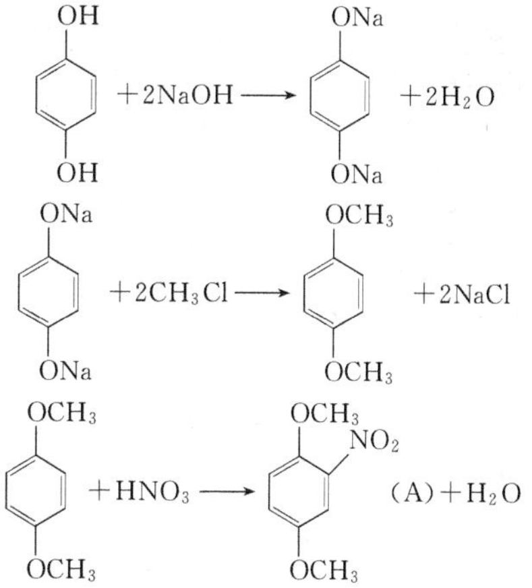

$$A + H_2O + Na_2S_2 \longrightarrow 本品 + Na_2S_2O_3$$

【安全性】 有毒。刺激皮肤及黏膜。可引起过敏症。其毒性及防护方法参照苯胺。一般为生产过程的中间体。

【参考生产企业】 天津迪澳化工有限公司，江苏省淮阴嘉诚化工有限公司，常州市武进振华化工厂。

Gb050 2,5-二氯苯胺

【英文名】 2,5-dichloroaniline

【CAS 登记号】 [95-82-9]

【结构式】

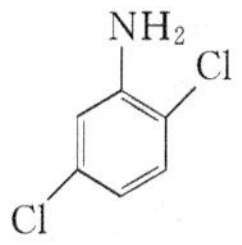

【物化性质】 纯品为白色针晶。沸点251℃。闪点110℃。熔点50℃。易溶于乙醇、乙醚、二硫化碳，不溶于水。

【质量标准】 GB/T 23667—2009 2,5-二氯苯胺

项 目		优等品	一等品
外观		白色片状、粉状或块状结晶	浅色片状、粉状或块状结晶
初熔点/℃	≤	48.0	47.5
2,5-二氯苯胺纯度/%	≥	99.5	99.0
水分/%	≤	0.10	0.50

【用途】 用于制造氮肥增效剂（*N*-2,5-二氯苯基琥珀酰胺酸）和染料中间体（2,5-二氯苯胺-4-磺酸）。

【制法】 （1）铁粉还原法。以2,5-二氯硝基苯为原料，在稀酸介质中用铁粉还原后，经中和、分离、精制制得成品。

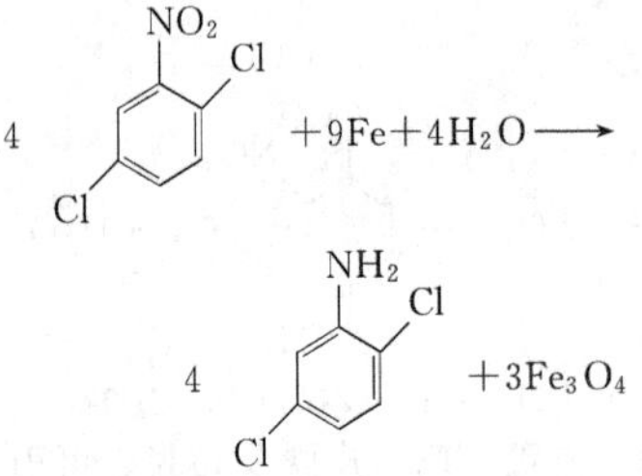

（2）加氢法。以2,5-二氯硝基苯为原料、乙醇为介质和催化剂，在加温加压下进行加氢反应，反应产物经分离、精制制得成品。

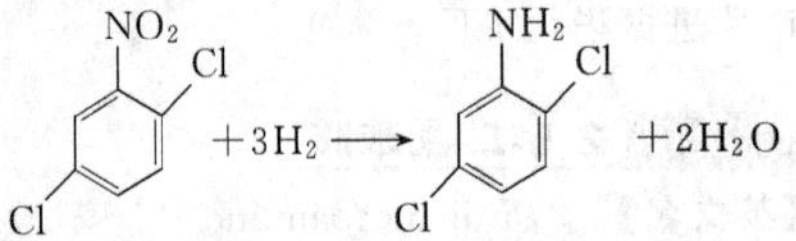

【安全性】 有毒。受热分解放出苯胺等有毒气体。大鼠经口LD_{50}为2900mg/kg。生产操作人员应穿戴防护用具。生产车间应通风良好。设备应密闭。采用铁桶包装，每桶净重150kg或200kg。贮存于通风良好、干燥、防晒的仓库内。按一般化学品规定贮运。

【参考生产企业】 吴江东风印染助剂有限公司，扬州市吉隆化工公司，江都市海辰化工有限公司。

Gb051 3,4-二氯苯胺

【英文名】 3,4-dichloroaniline

【CAS登记号】 [95-76-1]

【结构式】

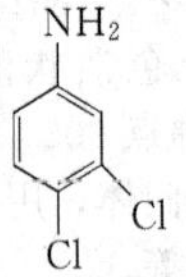

【物化性质】 褐色针晶。可燃。沸点272℃。闪点166.1℃。熔点72℃。几乎不溶于水，易溶于乙醇、乙醚，微溶于苯。

【质量标准】 GB/T 23673—2009 3,4-二氯苯胺

项 目		优等品	一等品	合格品
外观		白色结晶	白色至浅黄色结晶	白色至浅灰色或黄色结晶
初熔点/℃	≥	71.0	70.5	70.0
3,4-二氯苯胺纯度/%	≥	99.50	99.20	99.00
3,4-二氯硝基苯含量/%	≤	0.10	0.20	0.30
对氯苯胺含量/%	≤	0.20	0.30	0.50
水分/%	≤	0.10	0.30	0.50

【用途】 用作染料中间体、农药（敌稗，灭草灵等）中间体及生物活性组分中间体。

【制法】 对硝基氯苯在三氯化铁催化剂作用下，于(100±5)℃均匀通入氯气进行氯化反应，得3,4-二氯硝基苯，然后在氯化铵水溶液中用铁粉还原，得3,4-二氯苯胺。再加二甲苯多次萃取、沉积、过滤、干燥，得成品。

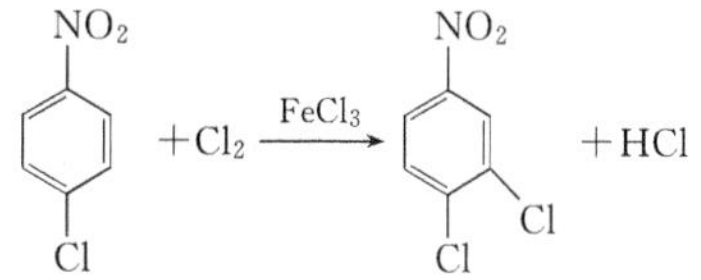

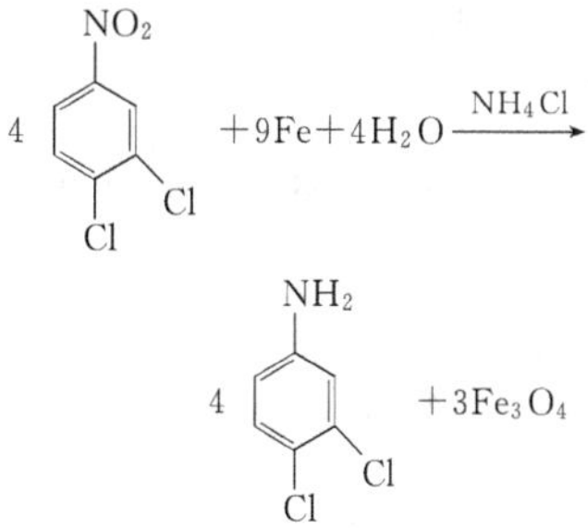

【安全性】 有毒。小鼠灌胃 LD_{50} 为 1000mg/kg，大鼠灌胃 LD_{50} 为 700mg/kg。大鼠的嗅觉阈 0.047mg/m³；眼睛光感最低 0.025mg/kg。能引起呼吸系统、神经系统及造血系统的病变。设备应密闭，防止跑、冒、滴、漏。操作时应穿戴防护用具，避免与人体直接接触。操作场所空气中最高容许浓度为 0.05mg/m³。采用铁桶包装，一般自用。以铁罐贮存，泵输送。

【参考生产企业】 衢州市巨化聚华联谊公司，南京米兰化工有限公司，天津市津西丽埠化工厂，天津市兴水化工有限公司，江都市海辰化工有限公司，常山县隆发化工有限责任公司。

Gb052 2,6-二氯苯胺

【英文名】 2,6-dichloroaniline

【CAS 登记号】 [608-31-1]

【结构式】

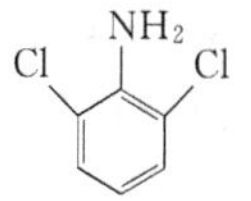

【物化性质】 从乙醇水溶液中得针状结晶。熔点 39～40℃。不溶于水，溶于乙醇和乙醚

【质量标准】 2,6-二氯苯胺

项　目		指　标
含量/%	≥	99
熔点/℃		37～39
水分/%	≤	0.1

【用途】 医药工业用于合成喹酮酸类抗菌药洛美沙星、利尿酸和可乐定，农药工业用于合成除草剂和杀菌剂。

【制法】 (1) 对氨基苯磺酰胺经氯化、水解制得。

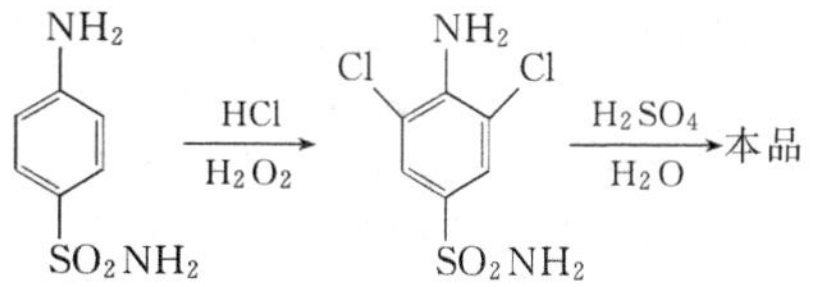

(2) 对氨基苯甲酸酯经氯化、水解脱羧制得。

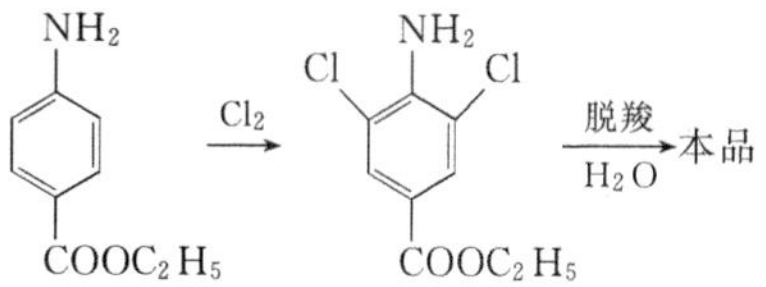

(3) 对氨基苯甲酸法。

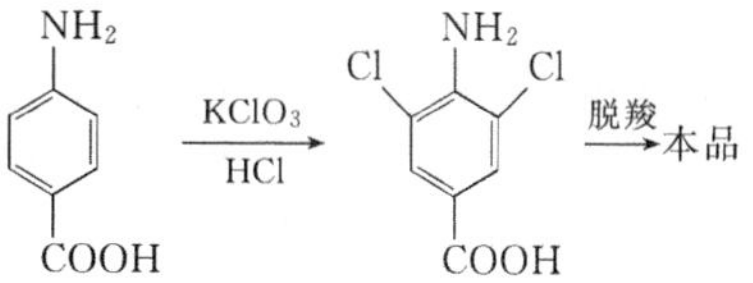

(4) 2,6-二氯苯甲酸经酰化，与羟胺反应，脱二氧化碳制得。

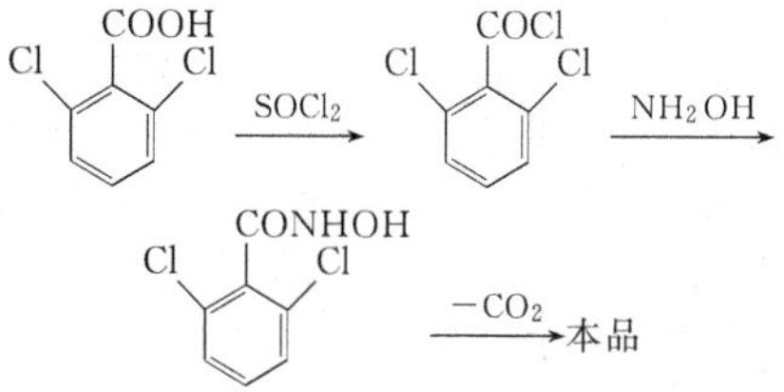

(5) 环己酮法氯化、氨化及脱氢制得。

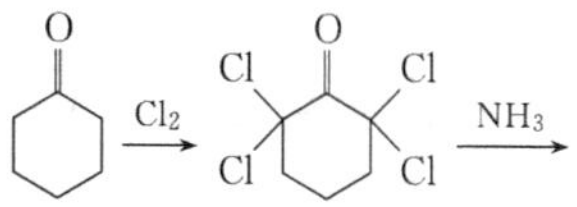

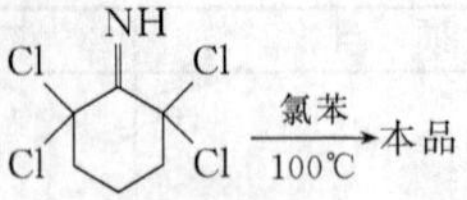

【安全性】 与苯胺和氯苯胺的作用相似。对中枢神经系统、肝、肾有损害，能引起头痛、头晕、恶心、呼吸困难等。遇明火能燃烧，受高热分解出有毒烟雾。吸入或经皮肤吸收有害。采用白铁桶、内涂塑料膜包装，贮存应防热、防潮。

【参考生产企业】 上海邦成化工有限公司，南京化学工业集团有限公司，武进市坊前精细化工厂，浙江黄岩东亚化工有限公司，衢州市康环医药化工有限公司

Gb053 3,5-二氯苯胺

【英文名】 3,5-dichloroaniline

【CAS 登记号】 [626-43-7]

【结构式】

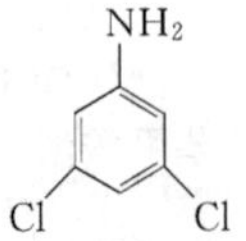

【物化性质】 白色针状结晶。熔点 51～53℃。沸点 260℃（98.8kPa）。不溶于水，溶于醇、醚、氯仿和苯。

【质量标准】 黄色粉末结晶。含量≥98%，熔点 186℃。

【用途】 用作农用杀虫剂的原料，由它可制得二甲菌核利、菌核利、乙烯菌核利、菌核净、异菌脲、乙菌利、氯苯咯菌胺和甲菌利，还可用于合成杀虫剂、除草剂、植物生长调节剂。医药工业用于制造治疗疟疾病的喹啉衍生物。染料工业用于制造偶氮染料和颜料。

【制法】（1）3,5-二氯硝基苯加氢法。

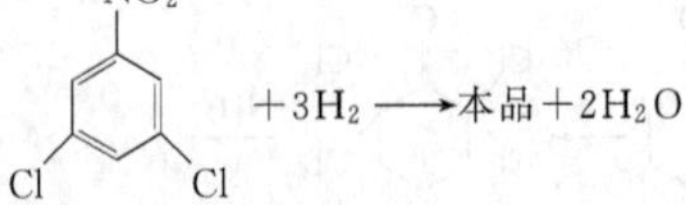

（2）多氯苯胺脱氯加氢法。

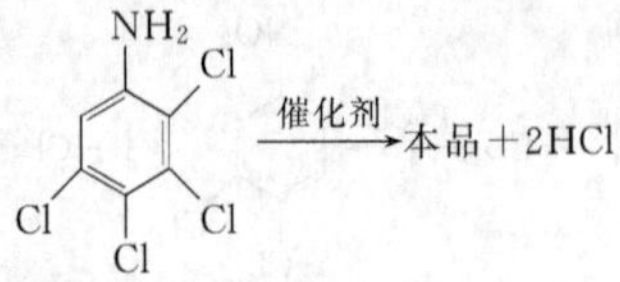

（3）碘化氢脱氯法。

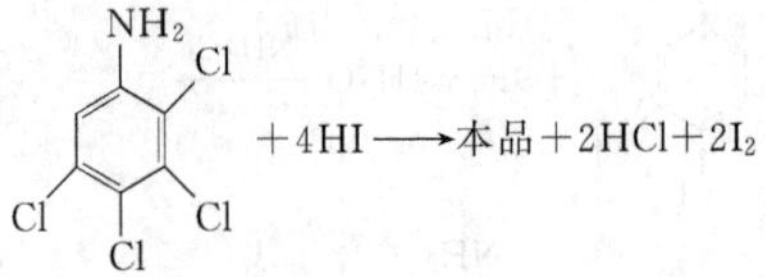

（4）氨解法。由 1,3,5-三氯苯（或 1,2,4-三氯苯）氨解制得。

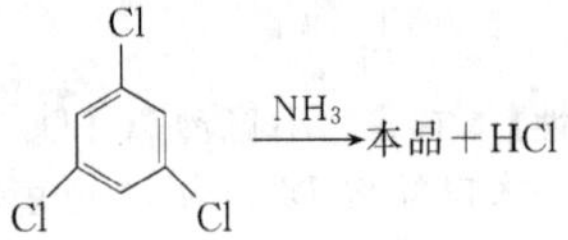

（5）脱羰基法。由 3,5-二氯苯甲酰胺脱羰基制得。

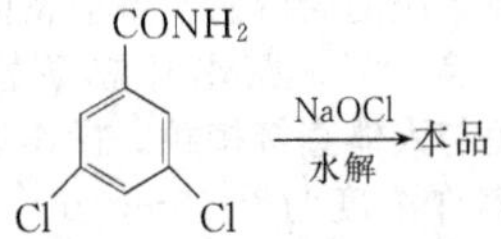

（6）2,6-二氯-4-硝基苯胺法。以 2,6-二氯-4-硝基苯胺为原料，经重氮化、加氢制得。

（7）乙酰苯胺法。以乙酰苯胺为原料，经氯化、水解后制得混合 2,4-和 2,6-二氯苯胺，再经溴化、重氮化后，制得 3,5-二氯溴苯，再经氨解制得产品。

【安全性】 受高热分解出有毒烟雾。有刺激性。吸入或皮肤吸收有害。包装采用玻璃瓶外木箱或钙塑箱，内衬垫料或木桶、纤维板桶内衬塑料袋。贮存于阴凉、通风的仓库内，远离火种、热源，避光保存。

【参考生产企业】 淄博嘉虹化工有限公司，上海群力化工有限公司，吴江市罗森化工有限公司。

Gb054 邻氯苯胺

【英文名】 *o*-chloroaniline

【别名】 邻氨基氯苯；*o*-aminochlorobenzene；2-chlorobenzenamine

【CAS 登记号】 [95-51-2]

【结构式】

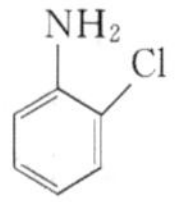

【物化性质】 琥珀色液体，有氨臭。暴露在空气中颜色变黑。相对密度 1.21253 (α 型)，1.21266 (β 型)。沸点 208.8℃。熔点：-14℃ (α 型)，-1.9℃ (β 型)。折射率 1.5895 (α 型)，1.5889 (β 型)。几乎不溶于水，溶于酸和大多数常用有机溶剂。

【质量标准】

项　目	指　标
外观	琥珀色油状透明液体
总氨基物含量/%　　≥	99
凝固点/℃　　≤	−3.5

【用途】 冰染染料色基，也作为偶氮染料（如酸性黑、酸性蓝及有机色淀水固黄 R 等）的重氮组分，并用于制取医药、农药及合成树脂。

【制法】 邻硝基氯苯在盐酸介质中用铁粉还原，经蒸汽蒸馏、真空蒸馏即得成品。

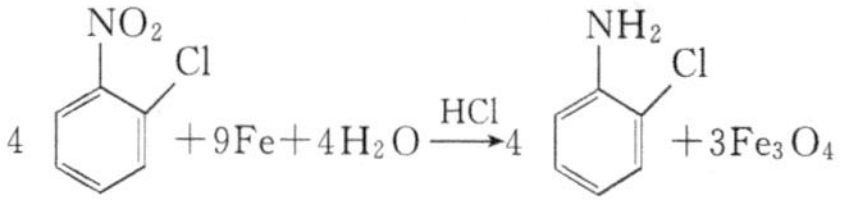

【安全性】 剧毒。吞咽、吸入蒸气或经皮肤吸收均会引起中毒。具有溶血性并能引起膀胱癌。操作时应避免吸入蒸气，防止与皮肤接触。生产设备应密闭，防止泄漏。生产现场应保持良好通风。操作人员应穿戴防护用具。采用清洁、干燥的铁桶包装，每桶 220kg。容器密封，防止暴露在空气中。避免与食物容器共同贮运。按剧毒化学品规定贮运。

【参考生产企业】 张家港市信谊化工有限公司，江苏省淮阴嘉诚化工有限公司，浙江省常山富盛化工有限公司，吴江三友化工厂，江苏省溧阳市丰耀化工有限公司。

Gb055 邻氯苯胺盐酸盐

【英文名】 *o*-chloroaniline hydrochloride

【CAS 登记号】 [137-04-2]

【结构式】

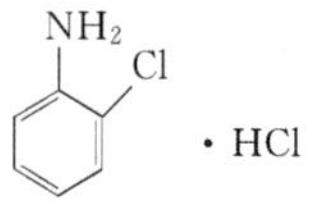

【物化性质】 白色至灰色片晶。相对密度 (d_4^{18}) 1.505。熔点 235℃。溶于水，微溶于乙醇。

【质量标准】

项　目	指　标
外观	浅灰色粉末
与酚 AS 偶合的强度	符合标准品的 100%
与色酚 AS 偶合的色光	符合标准品的色光
含量/%　　≥	90
盐酸不溶物/%　　≤	0.2

【用途】 冰染染料的色基，用于毛巾、色纱、色布等棉织物、黏胶织物的染色和印花的显色剂，还可用作染料中间体。

【制法】 邻硝基氯苯以 30% 盐酸、水、铁粉进行还原，得邻氯苯胺，经精制提纯后，再加 30% 盐酸即成盐酸盐，经过滤干燥，得成品。

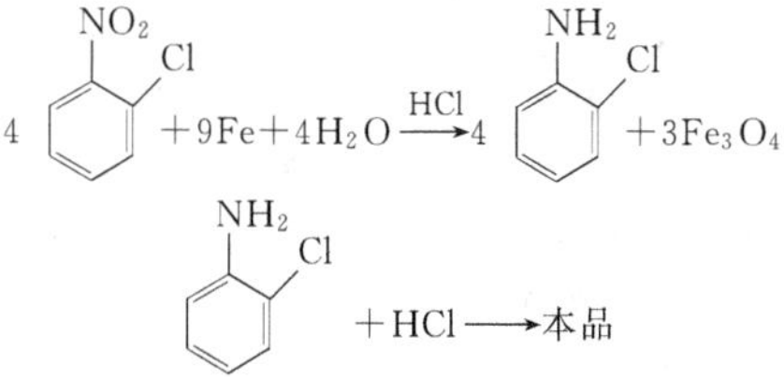

【安全性】 较稳定，不易引起中毒，但中间体邻氯苯胺剧毒，对人体有较大危害。故操作需在密闭系统内进行，避免与人体直接接触。操作人员应穿戴防护用具。采用铁桶内衬塑料袋包装，每桶 20kg。贮存于通风、干燥处，避免日晒，防止受热、受潮。按有毒化学品规定贮运。

【参考生产企业】 吴江三友化工厂，江苏省溧阳市丰耀化工有限公司。

Gb056 间氯苯胺

【英文名】 *m*-chloroaniline

【别名】 间氨基氯苯；*m*-aminochlorobenzene；3-chlorobenzenamine

【CAS登记号】 [108-42-9]

【结构式】

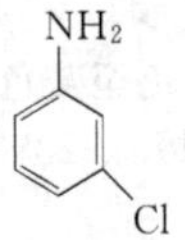

【物化性质】 无色至浅琥珀色液体，遇光或久贮则颜色变深。相对密度1.216。沸点230～231℃。熔点−10.3℃。折射率1.5931。几乎不溶于水，溶于大多数常用有机溶剂。

【质量标准】

项 目	指 标
外观	微黄色至浅棕色透明液体
含量/% ≥	99
沸程(226～231℃时馏出量)/% ≥	95

【用途】 染料、农药、医药中间体。可作冰染染料色基，棉织物、黏胶织物染色和印花显色剂的中间体。在医药上可制氯丙嗪、磷酸氯喹等，也可制杀虫剂等。

【制法】 间硝基氯苯在硫酸亚铁存在下用铁粉还原，经蒸汽蒸馏得粗品，再经真空蒸馏即得成品。

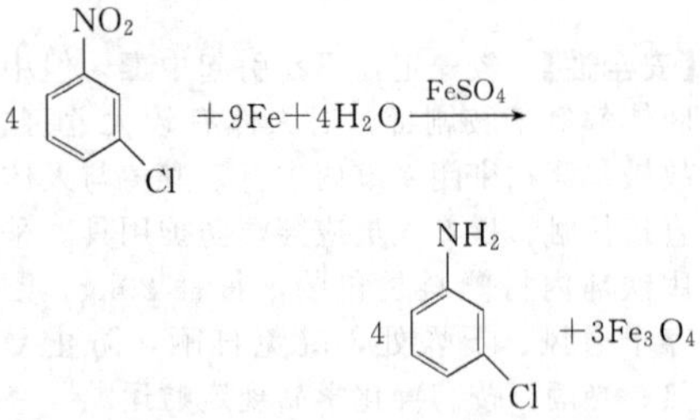

【安全性】 有毒。吞咽、吸入或经皮肤吸收均可引起中毒。具有溶血性，甚至能引起膀胱癌。急性中毒时，呈现昏迷，发绀，严重休克。生产设备应密闭，生产现场应保持良好的通风。操作人员应穿戴各种劳动保护用具，勤洗工作服，加强营养。采用铁桶包装。贮存在干燥、通风处，避免日晒。搬运时小心轻放，并防止受热、受潮。按有毒化学品规定贮运。

【参考生产企业】 常州市武进振华化工厂，安徽八一化工股份有限公司，江都市海辰化工有限公司，偃师市福兴纤维厂，海南中信化工有限公司，江苏省溧阳市丰耀化工有限公司。

Gb057 间氯苯胺盐酸盐

【英文名】 *m*-chloroaniline hydrochloride

【CAS登记号】 [141-85-5]

【结构式】

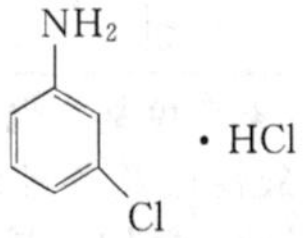

【物化性质】 灰白色片状结晶。熔点222℃。易溶于水和乙醇。

【质量标准】

项 目	指 标
外观	灰白色粉末
色光	与标准品近似
干品重氮值/% ≥	95
盐酸不溶物/% ≤	0.5

【用途】 冰染染料色基，主要用于棉、麻、黏胶织物的染色和印花的显色剂，也用作医药和农药的中间体。

【制法】 间硝基氯苯用铁粉还原得间氯苯胺，经蒸馏，再与盐酸成盐析出。再经脱水、干燥得成品。

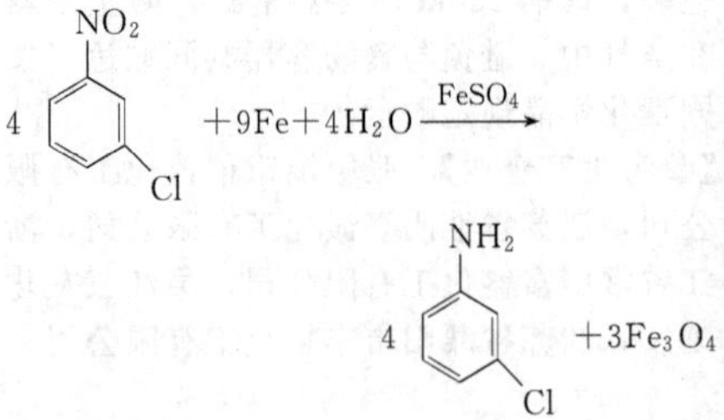

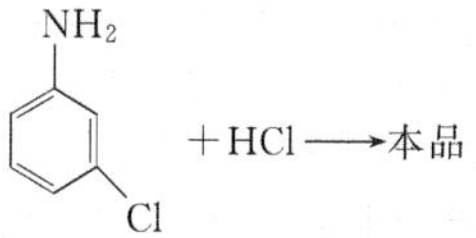

【安全性】 有毒。急性中毒时昏迷、发绀，严重者休克并有生命危险。猫皮上涂本品油膏后 3 天即死。生产车间空气中最高容许浓度 0.05mg/m³。生产车间应通风良好，设备应密闭。操作人员应戴好防护用具，避免直接接触，切忌吸入和吞入。采用内衬塑料袋的铁桶包装，每桶 20kg 或 40kg。贮存在干燥、通风的地方，防止受热、受潮。按有毒化学品规定贮运。

【参考生产企业】 江苏省溧阳市丰耀化工有限公司，江苏省淮阴嘉诚化工有限公司。

Gb058 对氯苯胺

【英文名】 *p*-chloroaniline

【别名】 对氨基氯苯；*p*-aminochlorobenzene；4-chlorobenzenamine

【CAS 登记号】 [106-47-8]

【结构式】

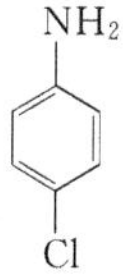

【物化性质】 白色或浅黄色晶体。熔点 68～71℃。沸点 232℃。相对密度（d_4^{19}）1.427。折射率（n_D^{87}）1.5546。溶于热水，易溶于乙醇、乙醚、丙酮、二硫化碳等常用有机溶剂。

【质量标准】

项　目	指　标
外观	白色或灰色固体
含量/% ≥	98
干品凝固点/℃ ≥	68
盐酸不溶物/% ≤	0.5

【用途】 偶氮染料及制造色酚 AS-LB 的中间体，也是利眠宁、非那西丁等医药及农药中间体。还用于生产彩色电影胶片的成色剂。

【制法】

（1）铁粉还原法。对硝基氯苯用铁粉还原，加纯碱中和，再经蒸馏而得。

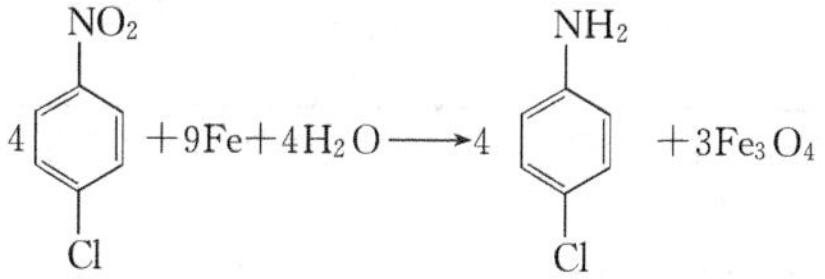

（2）加氢还原法。对硝基氯苯溶于乙醇中，在催化剂骨架镍作用下，于 100℃、压力 4～5MPa 加氢还原，然后分离溶剂和催化剂，得成品。

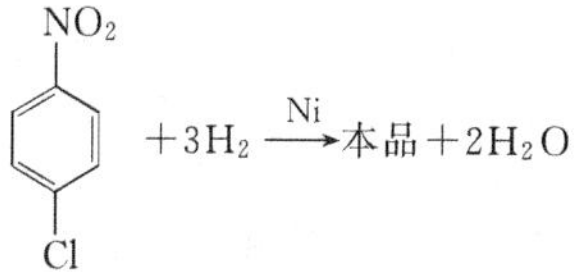

【安全性】 对人体的血液系统和神经系统有毒害作用。中毒后会引起肝肿、肝痛、记忆力衰退等症状。生产设备应密闭，通风要良好。操作人员应穿戴防护用具。采用铁桶包装，每桶净重 200kg。贮存于阴凉、通风处，防潮、防火。按有毒危险品规定贮运。

【参考生产企业】 江苏省溧阳市丰耀化工有限公司，安徽八一化工股份有限公司，南京金胜精细化工厂，江苏省淮阴嘉诚化工有限公司。

Gb059 4-氟苯胺

【英文名】 4-fluoroaniline

【别名】 对氟苯胺；对氨基氟苯；*p*-fluoroaniline

【CAS 登记号】 [371-40-4]

【结构式】

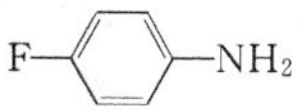

【物化性质】 液体。沸点 184～186℃。熔

点−1.9℃。闪点73℃。相对密度1.1725。(d_4^{25}) 1.1690。折射率1.51954。燃烧热5265.19kJ/mol。微溶于水。

【质量标准】

项 目	指 标
外观	浅黄色透明液体
含量/% ≥	99
水分/% ≤	0.3

【用途】 用于合成新型含氟医药、农药和染料等。

【制法】 (1) 一步法。主要是硝基苯法，经过脱氧、氢化和氟化反应制得。a. 以$PdCl_2$-V_2O_5为催化剂，一氧化碳为还原剂，在160℃反应3h，4-氟苯胺产率可达90%，另有10%的副产物苯胺。b. 以PtO_2为催化剂，BF_3-HF为氟化剂，氢气为还原剂，在42℃下反应12.5h，反应转化率100%，收率达95%。另外，一步法中还有苯基羟胺法和苯胺法。

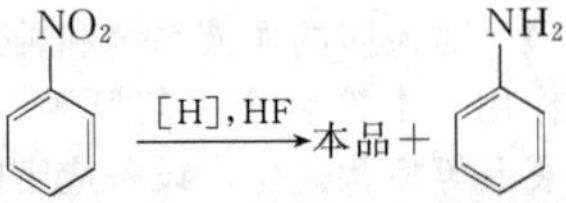

(2) 二步法。a. 对氯硝基苯氟化法。氟化催化剂常以苯乙烯共聚物为基体，接枝四苯基膦或*N*-烷基氨基吡啶盐、季铵盐类、冠醚及聚乙二醇等。氟化反应的溶剂有二甲基亚砜、二甲基甲酰胺、二甲基乙酰胺和环丁砜。b. 硝基苯氟化法。主要是电解氟化法。用硝基苯、氟化氢和季铵盐或Et_3N/HF组成的电解液，在室温下通入3～5mA/cm^{2}的电流进行电解氟化。用元素氟或AgF_2作氟化剂将氟气、氮气通入含有硝基苯的甲酸水溶液中，可制得邻、间、对位的混合氟代硝基苯；用AgF_2作氟化剂，与硝基苯、氯仿溶液回流18h，得混合氟代硝基苯。还可由对氟硝基苯还原制得。

【安全性】 大鼠经口LD_{50}为615mg/kg，小鼠经口LD_{50}为417mg/kg。遇明火能燃烧。受高热分解出有毒气体，对人体有刺激性。采用铁塑桶包装，200kg/桶，贮存于阴凉干燥处，严禁接触火源，不可日光曝晒，注意轻装轻卸，防止容器破损。

【参考生产企业】 常州市旭东化工有限公司，江苏武进市庙桥合成化工厂，辽宁天合精细化工股份有限公司。

Gb060 2,4-二氟苯胺

【英文名】 2,4-difluoroaniline

【别名】 2,4-difluorobenzenamine

【CAS登记号】 [367-25-9]

【结构式】

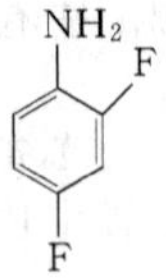

【物化性质】 无色或淡黄色透明液体，遇光后呈棕色。沸程169～171℃。熔点−7.5～−7℃。闪点70℃。折射率(n_D^{25}) 1.5043。不溶于水，易溶于乙醇和乙醚。

【质量标准】

项 目	指 标
外观	无色或微黄色透明液体
熔点/℃	−75
含量/% ≥	99

【用途】 用于医药二氟苯水杨酸和多氟啶酸的合成，也是农药的重要中间体。

【制法】 (1) 2,4-二氟硝基苯还原法。将铁粉和氯化铵水溶液加入还原釜中，加热升温至回流后，滴加2,4-二氟硝基苯，加完回流2h，反应完毕，用水蒸气蒸馏，馏出液分离后，用氯化钙干燥，即可得合格产品，收率87%。

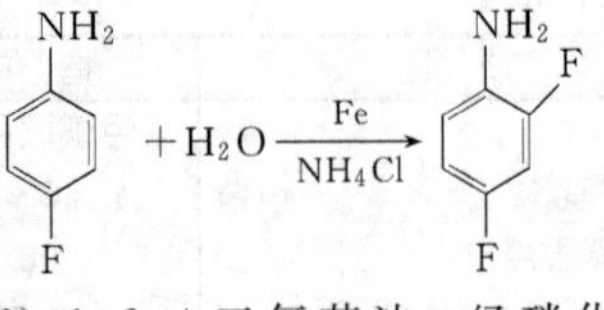

(2) 1,2,4-三氯苯法。经硝化、氟代、还原脱氯制得。

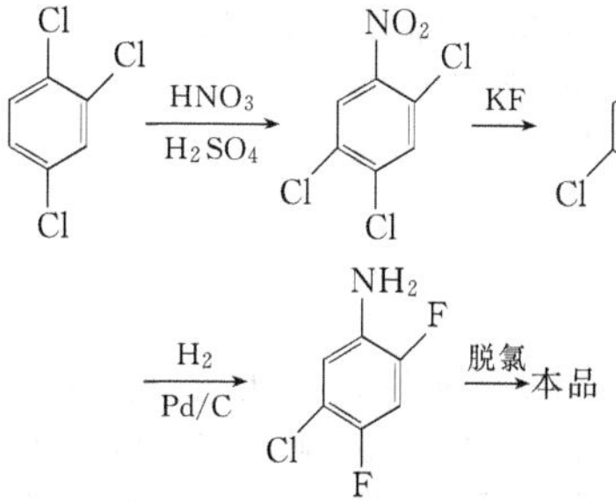

【安全性】 有毒。吸入、食入或皮肤接触会导致严重伤害或致死。易燃，燃烧产生有刺激性、腐蚀性和（或）有毒的气体。其蒸气与空气形成爆炸性混合物。应穿戴防护眼镜、防护服、防护手套。工作场所空气中最高容许浓度为 19mg/m^3。采用 250kg 内塑外铁桶包装。

【参考生产企业】 常州市旭东化工有限公司，扬中市合成化工厂，江西励远化工科技实业公司，衢州明锋化工有限公司，辽宁天合精细化工股份有限公司，常州市武进振华化工厂。

Gb061 2,3,4-三氟苯胺

【英文名】 2,3,4-trifluoroaniline

【CAS 登记号】 [3862-73-5]

【结构式】

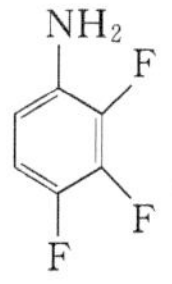

【物化性质】 无色液体。沸点（6.40kPa）92℃。

【质量标准】

项 目		指 标
含量/%	≥	99
沸点/℃		170
水分/%	≤	0.1

【用途】 主要用于合成抗菌药氟嗪酸和美沙星药物等。

【制法】 由 2,3,4-三氟硝基苯还原制得。

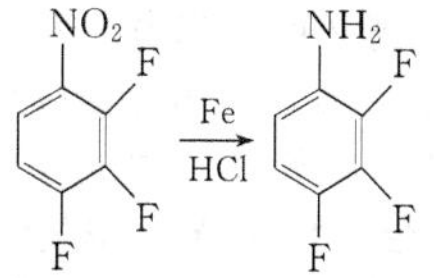

【安全性】 采用 50kg 铁塑桶包装。

【参考生产企业】 平顶山市恒兴化工有限公司，常州市武进振华化工厂，临海永太化工有限公司，台州市一洲化工有限公司。

Gb062 间三氟甲基苯胺

【英文名】 *m*-trifluoromethylaniline

【别名】 间氨基三氟甲基苯

【CAS 登记号】 [98-16-8]

【结构式】

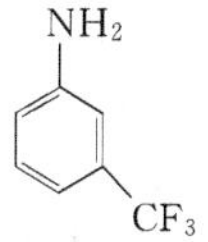

【物化性质】 无色油状液体，与苯胺气味类似。遇光氧化变成棕色。能与亚硝酸钠进行重氮化反应，生成重氮盐，并制成一系列衍生物。沸点 187.5℃。相对密度（12.5℃）1.30467。折射率（12.5℃）1.482～1.486。溶于醇、醚，不溶于水。

【质量标准】 间氨基三氟甲基苯含量≥99%。

【用途】 目前国内用于制抗精神病特效药氟奋乃静、三氟拉嗪、三氟哌丁苯等。还可用于合成除草剂氟啶酮、氟咯草酮、Norflurazon 等，用以防除麦田、棉花田等阔叶杂草和多年生杂草。

【制法】 由间硝基三氟甲苯还原制得。

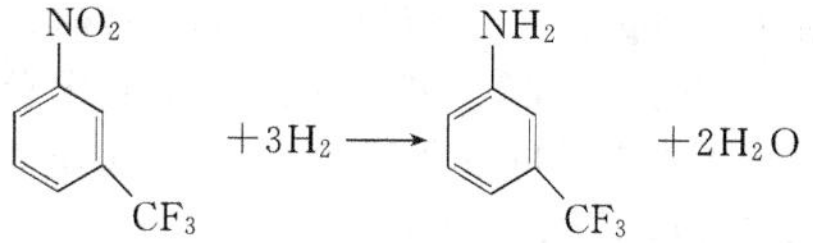

【安全性】 受热分解出有毒的烟雾。吸入、皮肤吸收、消化道进入引起中毒。采用玻璃瓶外木箱内衬垫料或铁桶包装，贮

存于阴凉、通风的仓库内。远离火种、热源，避免阳光直射。与食用原料隔离贮运。搬运时轻装轻卸，防止容器受损。

【参考生产企业】 江苏大华化学工业有限公司，阜新特种化学品股份有限公司，浙江省东阳市康峰有机氟化工厂。

Gb063 对三氟甲基苯胺

【英文名】 *p*-trifluoromethylaniline

【别名】 对氨基三氟甲基苯

【CAS 登记号】 [455-14-1]

【结构式】

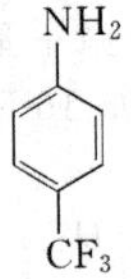

【物化性质】 无色或浅黄色固体，遇光后呈红棕色。沸点 117.5℃（8.0kPa）。熔点 38℃。闪点 86℃。相对密度（12.5℃）1.283。折射率（12.5℃）1.4840。不溶于水，能与乙醇、乙醚混溶。

【用途】 主要用于合成农药、医药等精细化学品。

【制法】 以对氯三氟甲苯为原料，同氨气在高压下反应制得。

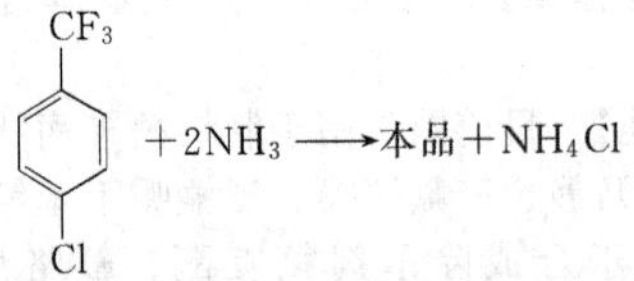

【安全性】 有毒。其液体、蒸气可经皮肤吸收，对血液或神经的毒性非常强烈，可引起膀胱癌，工作场所空气中最高容许浓度为 19mg/m³。包装采用 50kg 铁塑桶。

【参考生产企业】 浙江海蓝化工有限公司，天津中兴精细化工有限公司，山东武城康达化工有限公司。

Gb064 邻硝基苯胺

【英文名】 *o*-nitroaniline

【别名】 2-硝基苯胺；*o*-nitraniline

【CAS 登记号】 [88-74-4]

【结构式】

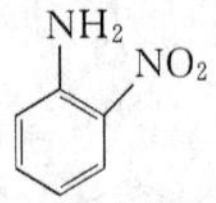

【物化性质】 橙红色针状结晶。沸点 284℃。熔点 71.5℃。闪点 168.3℃。自燃点 521℃。相对密度（d_4^{25}）0.9015。溶于乙醇和乙醚，微溶于水。

【质量标准】 GB/T4840—2007 硝基苯胺类（对硝基苯胺、对硝基苯胺、对硝基苯胺）

项 目		优等品	合格品
外观		黄色至黄棕色结晶	
干品初熔点/℃	≥	71.0	69.0
邻硝基苯胺纯度/%	≥	99.00	98.00
邻硝基氯苯/%	≤	0.20	0.70
低沸物/%	≤	0.10	0.20
对硝基苯胺/%	≤	0.10	0.20
间硝基苯胺/%	≤	0.10	0.20
高沸物/%	≤	0.20	
水分/%	≤	0.30	0.50

【用途】 用作有机中间体，是冰染染料色基 GC，以及其他染料中间体，也是农药多菌灵、防老剂 MB、光稳定剂 UV-P 的中间体。

【制法】 将邻硝基氯苯加入盛有一定浓度氨水的高压釜中，于 185～190℃、4～4.5MPa 下，进行氨解，生成邻硝基苯胺粗品再经冷却、结晶、过滤，即得成品。

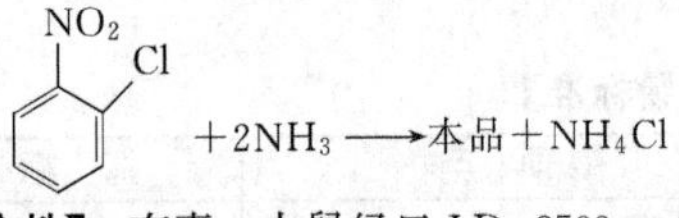

【安全性】 有毒。大鼠经口 LD_{50} 3500mg/kg。工作场所空气中最高容许浓度 0.5mg/m³。采用铁桶密封包装，每桶净重 200kg。贮存在阴凉、干燥、通风处。切勿曝晒，勿与易燃物、食品混放在一起，并隔离火源、热源。按有毒危险品规定贮运。

【参考生产企业】 巩义市嵩源有机化工厂，浙江省常山富盛化工有限公司，常山化工有限公司。

Gb065 间硝基苯胺

【英文名】 *m*-nitroaniline

【别名】 3-硝基苯胺；3-nitrobenzenamine；*m*-nitraniline

【CAS 登记号】 [99-09-2]

【结构式】

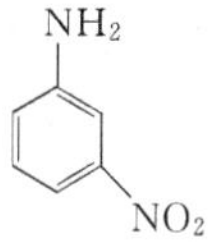

【物化性质】 黄色针状结晶或粉末，与无机酸生成水溶性盐。沸点 286～307℃（分解）。熔点 114℃。相对密度（d_4^{25}）0.9011。微溶于水，溶于乙醇、乙醚、甲醇。

【质量标准】 GB/T4840—2007 硝基苯胺类（对硝基苯胺、对硝基苯胺、对硝基苯胺）

项　目		一等品	合格品
外观		黄色针状结晶或粉末	
干品初熔点/℃	≥	112.0	111.5
总氨基值/%	≥	90.0	
间二硝基苯/%	≤	0.10	0.30
低沸物/%	≤	0.10	0.20
对硝基苯胺/%	≤	0.10	0.20
邻硝基苯胺/%	≤	0.10	0.20
高沸物/%	≤	0.10	0.20

【用途】 主要用作有机合成中间体和染料中间体，可用作冰染染料橙色基 R 和制取色酚 AS-BS。

【制法】 以硝基苯为原料，以硝酸和硫酸配成混酸进行硝化生成间二硝基苯，经亚硫酸精制，得间二硝基苯成品。以硫黄和硫化钠为原料，制取多硫化钠，用多硫化钠将间二硝基苯还原成间硝基苯胺，反应产物经重结晶、过滤得成品。

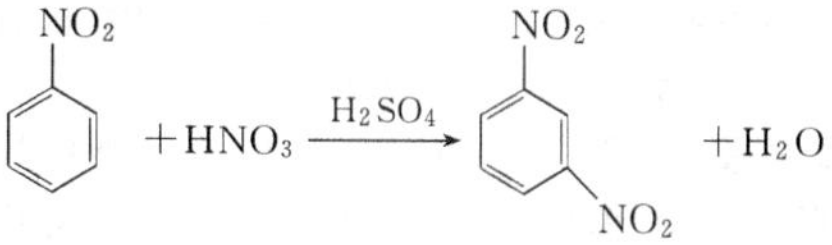

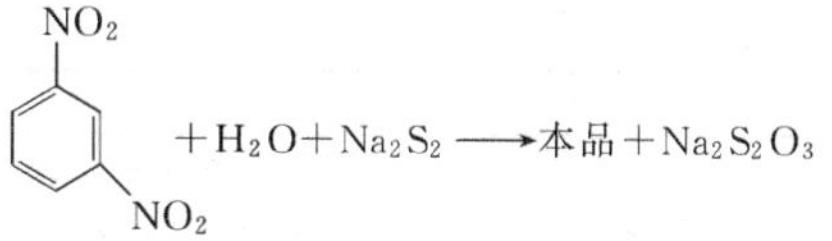

【安全性】 大鼠经口 LD_{50} 为 900mg/kg。可引起比苯胺更强的血液中毒而引起发绀。当皮肤被间硝基苯胺污染时，如果用乙醇一类的溶剂擦洗，则会增大吸收面积及吸收速度而发生危险，应该用聚乙二醇擦洗。由于其有很强的血液毒性，在处理粉末时要注意。生产设备应密闭，防止跑、冒、滴、漏。操作时要戴好防护用具。接触后要用大量水冲洗 15min。溅入眼内请医生诊治，衣服污染后要洗干净再穿。工作场所空气中最高容许浓度 1×10^{-6}。用内衬塑料袋的铁桶包装，每桶 50kg，桶上应贴有“剧毒品”标签。容器要密封，应放置于阴凉干燥、通风处，切勿曝晒，切勿与有机物、易燃物或食品混放，要远离火源、热源。搬运时轻拿轻放。按剧毒品规定贮运。

【参考生产企业】 连云港澄鑫化工有限公司，南京市六合县雄州有机化工厂，武进市东南助剂厂，无锡市丰硕化工厂。

Gb066 对硝基苯胺

【英文名】 *p*-nitroaniline

【别名】 4-硝基苯胺；*p*-nitraniline

【CAS 登记号】 [100-01-6]

【结构式】

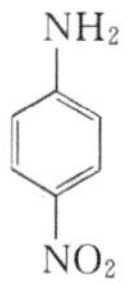

【物化性质】 黄色针状结晶。可燃。沸点 332℃。熔点 148～149℃。闪点 199℃。

相对密度 1.424。微溶于冷水，溶于沸水、乙醇、乙醚、苯和酸溶液。

【质量标准】 GB/T4840—2007 硝基苯胺类（对硝基苯胺、对硝基苯胺、对硝基苯胺）

项目		干品	潮品
外观		黄色至黄棕色结晶	
干品初熔点/℃	≥	147.0	146.5
总氨基值/%	≥	—	90.0
对硝基苯胺纯度/%	≥	99.00	—
对硝基氯苯/%	≤	0.20	0.30
低沸物/%	≤	0.10	
间硝基苯胺/%	≤	0.20	
邻硝基苯胺/%	≤	0.30	
高沸物/%	≤	0.10	
水分/%	≤	0.50	—

【用途】 可用于制黑色盐 K，供棉、麻织物染色、印花之用，但主要是偶氮染料中间体，如用于制直接墨绿 B、酸性媒介棕 G、酸性黑 10B、酸性毛元 ATT、毛皮黑 D 和直接灰 D 等。还可作农药和兽药的中间体，并可用于制造对苯二胺。此外，还可制取抗氧化剂和防腐剂。

【制法】 (1) 氨解法。将对硝基氯苯、氨水于高压釜中在 180～190℃、4.0～4.5MPa 条件下反应 10h 左右，即生成对硝基苯胺，经离析釜结晶分离及离心机甩干，得成品。

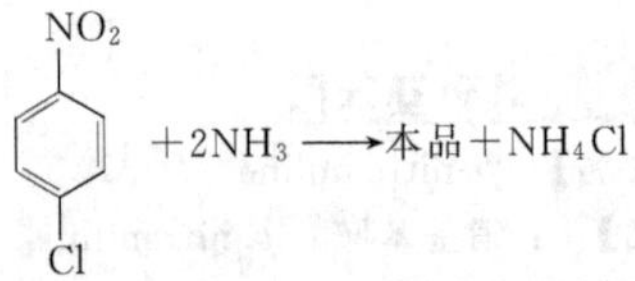

(2) 硝化水解法。*N*-乙酰苯胺经混酸硝化得对硝基-*N*-乙酰苯胺，再加热水解得成品。

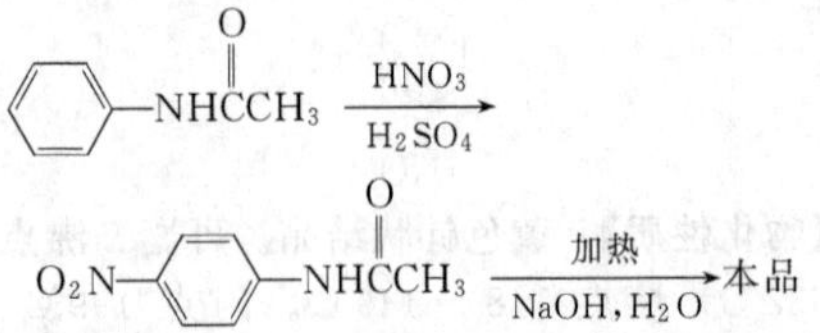

【安全性】 高毒。大鼠经口 LD_{50} 为 1410mg/kg。可引起比苯胺更强的血液中毒。如果同时存在有机溶剂或在饮酒后，这种作用更为强烈。急性中毒表现为开始头痛、颜面潮红、呼吸急促，有时伴有恶心、呕吐，之后肌肉无力、发绀、脉搏频弱及呼吸急促。皮肤接触后会引起湿疹及皮炎。操作时生产现场应通风良好，设备要求密闭，个人戴好防护用具，定期进行体格检查，包括血液、神经系统与尿的化验。急性中毒患者立即脱离现场，注意患者的保温，并静脉注射亚甲蓝液。空气中最高容许浓度 0.1mg/m³。采用内衬塑料袋、外套纤维板桶或铁桶包装，每桶 30kg、35kg、40kg、45kg、50kg 均可。贮运中防止曝晒、雨淋，防止压坏、碰破。贮存于干燥、通风处。按剧毒有机化合物规定贮运。

【参考生产企业】 成都市科龙化工试剂厂，天津华士化工有限公司，镇江精细化工有限责任公司，江阴市祝塘福达化工厂，临安市飞轮化工有限公司，衢州方达化工有限公司，常山县富盛化工厂。

Gb067 2,4-二硝基苯胺

【英文名】 2,4-dinitroaniline

【别名】 间二硝基苯胺；2,4-dinitrobenzenamine

【CAS 登记号】 [97-02-9]

【结构式】

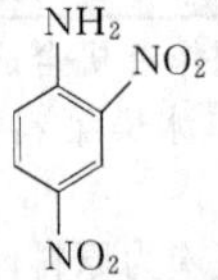

【物化性质】 黄色结晶。易燃。相对密度（d_4^{14}）1.615。闪点 223.9℃。熔点 188℃。微溶于乙醇，不溶于水，溶于酸溶液。

【质量标准】

项　目	指　标
外观	黄绿色至黄棕色结晶
干品初熔点/℃　≥	172.5
水分/%　≤	10

【用途】 染料中间体，主要用于制造偶氮染料及分散染料，也用作印刷油墨的调色剂和制取防腐剂。

【制法】 由2,4-二硝基氯苯在108～110℃和0.3～0.4MPa压力下加压氨解，反应产物经过滤、水洗至中性、干燥，得成品。

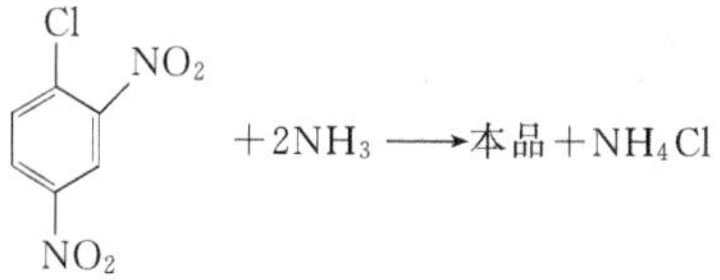

【安全性】 剧毒。对皮肤和黏膜有强烈刺激性。可经皮肤吸收引起中毒，比硝基苯胺毒性更为剧烈。采用铁桶内衬塑料袋或纸板桶包装，每桶40kg或50kg。贮运中保持干燥。按有毒危险品规定贮运，

【参考生产企业】 天津市宏发集团公司，江苏大华阳集团有限公司，中国石化集团南京化工厂。

Gb068 邻硝基对甲苯胺

【英文名】 2-nitro-p-toluidine

【别名】 2-硝基对甲苯胺

【CAS登记号】 [89-62-3]

【结构式】

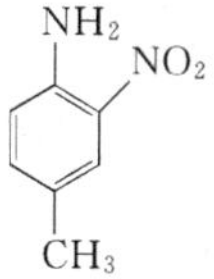

【物化性质】 橘红色可燃晶体。熔点117℃。闪点157.2℃。相对密度（d_4^{121}）1.164。溶于乙醇和浓硫酸。

【质量标准】 HG/T 3397—2010 邻硝基对甲苯胺

项　目	干品	潮品
外观	橘红色粉末	橘红色潮料
邻硝基对甲苯胺　≥（总氨基值）/%	98.50	70.00
邻硝基对甲苯胺　≥的纯度(GC)/%	99.50	99.00
干品初熔点/℃　≥	114.0	114.0
盐酸不溶物/%　≤	0.20	0.20
水分/%　≤	1.30	—

【用途】 冰染染料的色基，如红色基GL。用于棉纤维和黏胶纤维的染色和印花显色。并用作制造有机颜料如甲苯胺红和汉沙黄G的中间体。

【制法】 由对甲苯胺经对甲苯磺酰氯进行酰化，以保护其氨基，然后用硝酸硝化，再经硫酸水解脱去对甲苯磺酰基并经中和制得成品。

【安全性】 有毒。参见邻硝基苯胺。采用铁桶内衬塑料袋包装。每桶50kg或100kg。贮存在干燥、通风处，避免日晒，防止受热、受潮。按有毒危险品规定贮运。

【参考生产企业】 衡水恒安化工有限公司，河北省衡水桃城化工助剂有限公司，镇江精细化工有限责任公司。

Gb069 对硝基邻甲苯胺

【英文名】 4-nitro-*o*-toluidine

【别名】 4-硝基邻甲苯胺

【CAS登记号】 [99-52-5]

【结构式】

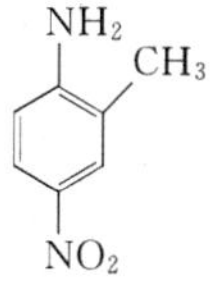

【物化性质】 黄色晶体。可燃。熔点134～135℃。闪点157.2℃。相对密度（d_4^{140}）1.1586。溶于乙醇、苯和乙酸。

【质量标准】

项目	指标
外观	姜黄色均匀粉末
色泽	与标准品近似
干品熔点/℃	127～129
盐酸不溶物/% ≤	1.5

【用途】 冰染染料色基，如红色基 RL。主要用于棉、麻纤维织物的染色和印花显色。也可用于涂料的生产。

【制法】 邻甲苯胺的氨基先用苯磺酰氯进行酰化保护，然后用硝酸硝化，再用硫酸水解以脱去苯磺酰基并经中和制得成品。

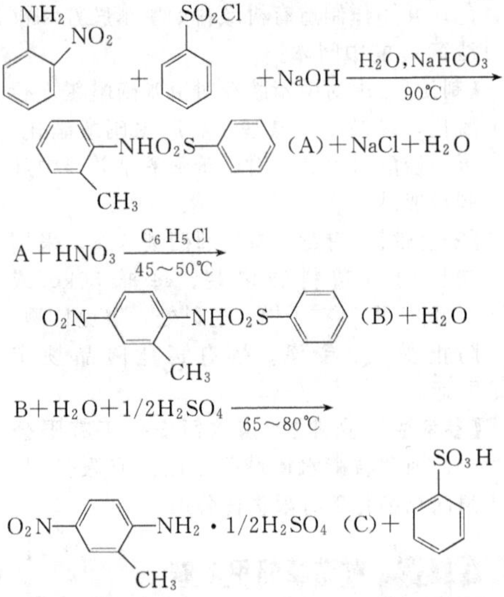

$$C + NaOH \longrightarrow 本品 + H_2O + 1/2Na_2SO_4$$

【安全性】 有毒。易被皮肤吸收，但可随尿液排出。参见对硝基苯胺。采用胶合板桶内衬塑料袋包装。每桶 30kg。贮运中要防止受热、受潮。按有毒危险品规定贮运。

【参考生产企业】 泰兴盛铭精细化工有限公司，河北省衡水桃城化工助剂有限公司。

Gb070 邻硝基对甲氧基苯胺

【英文名】 2-nitro-*p*-anisidine

【别名】 2-硝基-4-甲氧基苯胺；4-氨基-3-硝基苯甲醚；4-amino-3-nitroanisole；4-met-hoxy-2-nitroaniline

【CAS 登记号】 [96-96-8]

【结构式】

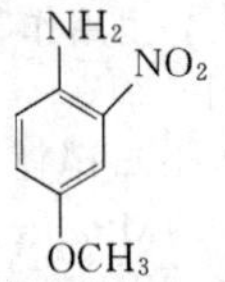

【物化性质】 橘红色粉末。熔点 129℃。溶于水、乙醇、乙醚，微溶于苯。

【质量标准】

项目		指标
外观		橘红色结晶
重氮值(干品)/%	≥	97
熔点/℃	≥	121
水分/%	≤	1
细度(干品 60 目通过)/%	≥	95
盐酸不溶物/%	≤	1

【用途】 冰染染料色基，如枣红色基 GP。主要用于棉、麻、黏胶织物的染色和印花显色。在医药上用作抗疟药伯氨喹啉的原料。

【制法】 将对甲氧基-*N*-乙酰苯胺以硝酸硝化，再用液碱水解而得。

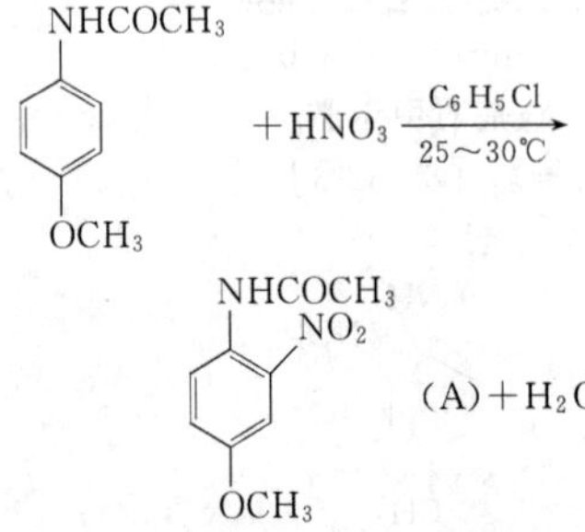

$$A + NaOH \longrightarrow 本品 + CH_3COONa$$

【安全性】 有毒。其毒性及防护方法参见邻硝基苯胺。采用铁桶内衬塑料袋包装。每桶 50kg。应贮存在干燥、通风的地方。避免日晒，防止受潮、受热。按有毒化学品规定贮运。

【参考生产企业】 镇江精细化工有限责任公司，衡水恒安化工有限公司。

Gb071 4-硝基-2-氯苯胺

【英文名】 2-chloro-4-nitroaniline

【别名】 邻氯对硝基苯胺

【CAS登记号】 [121-87-9]

【结构式】

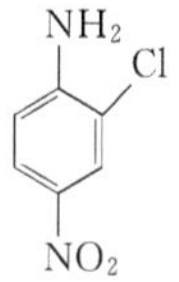

【物化性质】 黄色针晶。熔点108℃。溶于乙醇、乙醚及苯，微溶于水和强酸，不溶于粗汽油。

【质量标准】 HG/T 4032—2008 邻氯对硝基苯胺

项　目		一等品	合格品
外观		淡黄色至黄色粉末	淡黄至黄棕色或深绿色膏状物
干品初熔点/℃	≥	107.0	95.0
氨基值/%	≥	99.00	65.00
邻氯对硝基苯胺纯度(HPLC)/%	≥	99.00	90.00
对硝基苯胺含量(HPLC)/%	≤	0.10	1.50
2,6-二氯对硝基苯胺含量(HPLC)/%	≤	0.50	5.00
对氯邻硝基苯胺含量(HPLC)/%	≤	0.20	2.50

【用途】 染料和颜料的中间体，如用于制取分散红B、银朱R等，也用作医药中间体，如制取血防-67糊剂。

【制法】 对硝基苯胺加盐酸和次氯酸钠进行氯化反应。反应产物经过滤、洗涤、干燥，得成品。

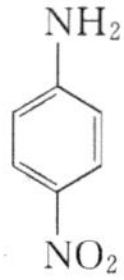

$$+HCl+NaClO \longrightarrow 本品+NaCl+H_2O$$

【安全性】 有毒。其毒性及防护方法与邻硝基对氯苯胺相似。采用铁桶或塑料袋包装，每桶（袋）50kg。贮存于阴凉、通风处。按有毒物品规定贮运。

【参考生产企业】 江苏大华阳集团有限公司，浙江省台州捷能化工厂，天津市宏发集团公司。

Gb072 2-硝基-4-氯苯胺

【英文名】 4-chloro-2-nitroaniline

【别名】 邻硝基对氯苯胺；红色基3GL；Fast Red 3GL Base

【CAS登记号】 [89-63-4]

【结构式】

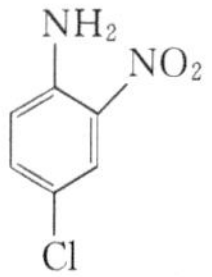

【物化性质】 橘红色结晶粉末。熔点116～117℃。不溶于水，溶于乙醇、乙醚和醋酸，微溶于粗汽油。

【质量标准】 HG/T 4022—2008 对氯邻硝基苯胺（红色基3GL）

项　目		干品	潮品
外观		橘红色粉末	橘红色或红色针状结晶
干品初熔点/℃	≥	115.0	114.0
氨基值/%	≥	99.00	90.00
对氯邻硝基苯胺纯度(HPLC)/%	≥	99.00	98.50
有机杂质总含量(HPLC)/%	≤	0.50	1.00
水分含量/%	≤	0.50	—

【用途】 冰染染料色基，用于制取大红色淀、嫩黄10G色淀等有机颜料和染料。

【制法】 2,5-二氯硝基苯加氨水氨解，结晶，抽滤，得成品。

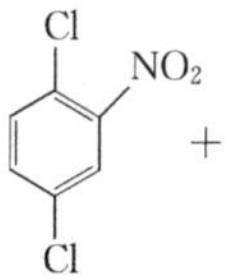

$$+2NH_4OH \longrightarrow 本品+NH_4Cl+2H_2O$$

【安全性】 高毒。其毒性与对硝基苯胺近似，可参见对硝基苯胺。采用胶合板桶或纸板桶内衬塑料袋包装，每桶 35kg 或 50kg。贮存于阴凉、通风处。贮运中防止曝晒、雨淋。按有毒化学品规定贮运。

【参考生产企业】 巩义市桥上化工厂，扬州市邗江新成化塑厂，泰兴盛铭精细化工有限公司。

Gb073 邻茴香胺

【英文名】 *o*-anisidine

【别名】 邻氨基苯甲醚；邻甲氧基苯胺；*o*-aminoanisole；*o*-methoxyaniline

【CAS 登记号】 [90-04-0]

【结构式】

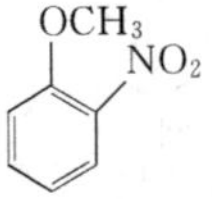

【物化性质】 浅红色或浅黄色油状液体，暴露在空气中变成浅棕色。相对密度 1.0923。沸点 224℃。熔点 6.2℃。折射率 1.5730。易燃。能与蒸汽一起挥发。溶于稀的无机酸、乙醇和乙醚，微溶于水。

【质量标准】 HG/T 2669—2008 邻氨基苯甲醚

项 目		优等品	合格品
外观		浅黄色至黄棕色透明液体	
干品结晶点/℃	≥	6.60	6.30
邻氨基苯甲醚纯度/%	≥	99.20	98.70
邻氯苯甲醚含量/%	≤	0.20	0.30
邻氯苯胺含量/%	≤	0.10	0.30
低沸物含量/%	≤	0.20	0.30
对、间氨基苯甲醚含量/%	≤	0.10	0.20
高沸物含量/%	≤	0.20	0.40
水分含量/%	≤	0.20	0.40

【用途】 可用于制取偶氮染料、冰染染料及色酚 AS-OL 等染料以及愈创木酚、安痢平等医药，还可制取香兰素等。

【制法】 以邻硝基氯苯为原料与甲醇、氢氧化钠进行甲氧基化反应，生成邻硝基苯甲醚，然后用硫化钠还原，反应产物经分离、减压蒸馏脱去残渣，得成品邻氨基苯甲醚。

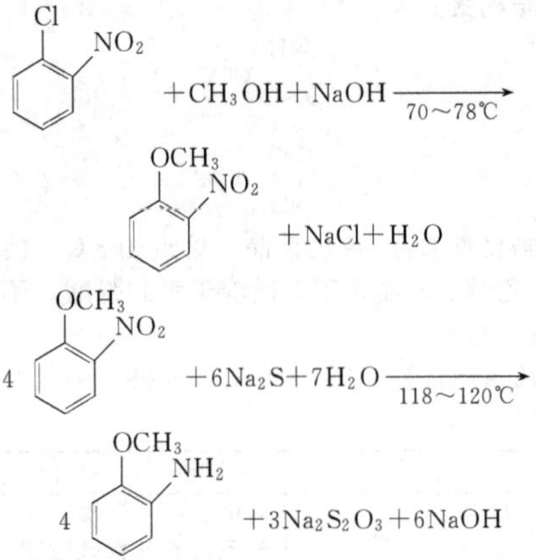

【安全性】 高毒。刺激皮肤和黏膜，引起过敏症。空气中最高容许浓度 0.5 mg/m³。其毒性及防护方法参见苯胺及对氨基苯乙醚。采用铁桶包装，每桶 200kg。贮存于干燥、通风处，避免日晒，防潮、防热。按易燃有毒危险品规定贮运。

【参考生产企业】 沧州华通化工有限公司，镇江精细化工有限责任公司，邵阳市中强染料化工有限责任公司。

Gb074 对茴香胺

【英文名】 *p*-anisidine

【别名】 对氨基苯甲醚；对甲氧基苯胺；*p*-aminoanisole；*p*-methoxyaniline

【CAS 登记号】 [104-94-9]

【结构式】

【物化性质】 熔融的晶体或白色结晶体，工业品为黄色至微红色晶体。熔点

57.2℃。相对密度（d_4^{57}）1.071。沸点243℃。折射率（n_D^{67}）1.5559。溶于乙醇和乙醚，微溶于水。

【质量标准】 GB/T 7370—2008 对氨基苯甲醚

项　目		优等品	一等品	合格品
外观		浅黄、浅灰至褐色片状或块状或熔铸体		
干品结晶点/℃	≥	57.0	56.7	56.5
对氨基苯甲醚纯度/%	≥	99.00	98.50	98.00
邻氨基苯甲醚/%	≤	0.50	0.70	1.00
对氯苯胺/%	≤	0.20	0.30	0.50
低沸物/%	≤	0.10	0.20	0.20
高沸物/%	≤	0.20	0.30	0.30
水分/%	≤	0.20	0.50	0.50

【用途】 主要用于制取枣红色基GP、蓝色盐VB、色酚AS-RL、色酚AS-SG等冰染染料及阿的平等医药。

【制法】 以对硝基氯苯为原料与甲醇、液碱进行甲氧基化反应，生成对硝基苯甲醚，再用硫化钠还原，反应产物经分离、减压蒸馏脱去残渣，得成品对氨基苯甲醚。

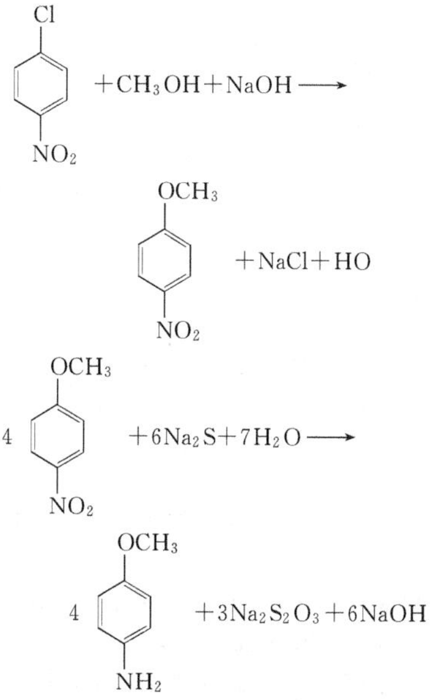

【安全性】 高毒。空气中最高容许浓度0.5mg/m³。防护方法参见邻氨基苯甲醚。采用铁桶包装，每桶净重200kg。贮存于通风、干燥处，避免日晒。按有毒危险品规定贮运。

【参考生产企业】 淄博杰昌化工有限公司，安徽八一化工股份有限公司，沧州华通化工有限公司，镇江精细化工有限责任公司，河南开普化工股份有限公司，邵阳市中强染料化工有限责任公司。

Gb075 邻苯二胺

【英文名】 *o*-phenylenediamine

【别名】 邻二氨基苯；*o*-diaminobenzene；1,2-diaminobenzene；1,2-benzenediamine

【CAS登记号】 [95-54-5]

【结构式】

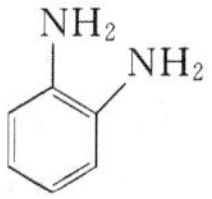

【物化性质】 无色单斜晶体，在空气和日光中颜色变深。有毒。与无机酸作用生成易溶于水的盐类。沸点256～258℃。熔点102～103℃。微溶于冷水，较多溶于热水，易溶于乙醇、乙醚和氯仿。

【质量标准】 HG 3310—1999 邻苯二胺

项　目		优等品	一等品	合格品
外观		白色至紫灰色固体	浅棕色至棕褐色结晶	
邻苯二胺含量/%	≥	99.0	90.0	88.0
邻氯苯胺/%	≤	—	1.0	1.6
邻硝基苯胺/%	≤	—	0.1	0.1

【用途】 农药多菌灵、托布津及还原染料和阳离子染料的原料。可用作毛皮染料，用于制备显影剂、表面活性剂等。

【制法】 邻硝基氯苯在高压高温下用氨水氨化生成邻硝基苯胺，反应产物经脱氨后，用20%的硫化钠在110℃下还原结晶、分离，得邻苯二胺。

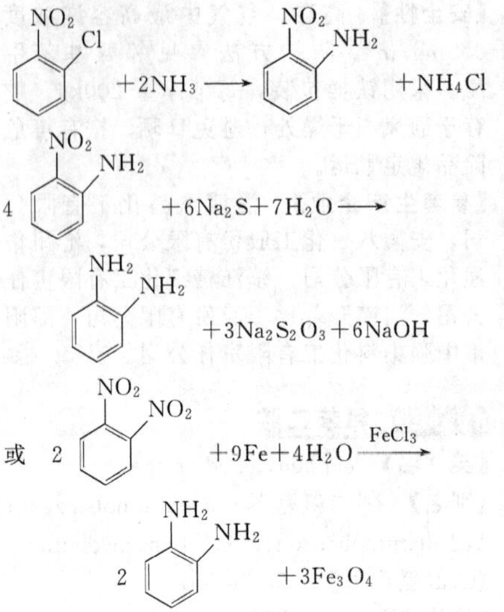

【安全性】 有毒。大鼠皮下注射 MLD 600mg/kg。采用铁桶包装，每桶 50kg。贮存时要防潮、防晒。为防止氧化，加入适量的还原剂。按有毒危险品规定贮运。

【参考生产企业】 安徽八一化工股份有限公司，靖江市三欣化工有限公司，江苏永联集团公司江阴农药厂，上海泰禾化工有限公司，海宁市通元化工厂，中国石化集团南京化工厂，南京永庆化工有限责任公司，浙江省常山县隆发化工有限责任公司，浙江富盛控股集团有限公司。

Gb076 间苯二胺

【英文名】 *m*-phenylenediamine

【别名】 间二氨基苯；1,3-benzenediamine；*m*-diaminobenzene

【CAS登记号】 [108-45-2]

【结构式】

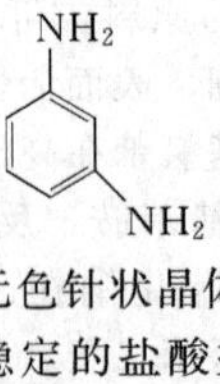

【物化性质】 无色针状晶体。在空气中不稳定，通常以稳定的盐酸盐的形式存在。沸点 282～284℃。熔点 63～64℃。相对密度（d_4^{58}）1.0696。折射率（n_D^{58}）1.6339。溶于水、乙醚和乙醇。

【质量标准】 HG/T 3401—2006 间苯二胺

项目		优等品	一等品
外观		灰色或棕褐色结晶，贮存时允许颜色变深	
干品结晶点/℃	≥	62.5	61.5
间苯二胺/%	≥	99.80	99.50
邻苯二胺/%	≤	0.05	0.20
对苯二胺/%	≤	0.05	0.20
低沸物/%	≤	0.05	0.10
高沸物/%	≤	0.05	0.10

【用途】 偶氮染料和吖嗪染料中间体，主要用于制造直接耐晒黑 RN，并用作毛皮染料。也用作环氧树脂的固化剂和水泥的促凝剂等。

【制法】 硝基苯经混酸硝化成间、邻、对二硝基苯的混合物，再经亚硫酸钠和液碱精制得间二硝基苯，然后用铁粉还原制得间苯二胺。

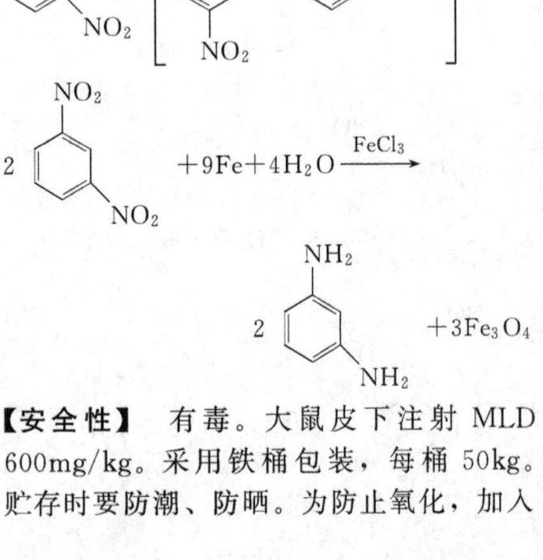

【安全性】 有毒。大鼠皮下注射 MLD 600mg/kg。采用铁桶包装，每桶 50kg。贮存时要防潮、防晒。为防止氧化，加入适量的还原剂。按有毒危险品规定贮运。

【参考生产企业】 常熟欣润染料有限公司，无锡飞鹏精细化工有限公司，天津华士化工有限公司，济南华尔沃化工有限公司，浙江富盛控股集团有限公司，辽宁庆阳化工（集团）有限公司，包头市蒙帝精细化工有限责任公司，石家庄市中汇化工有限公司。

Gb077 对苯二胺

【英文名】 *p*-phenylenediamine

【别名】 对二氨基苯；1,4-benzenediamine；*p*-diaminobenzene；*p*-aminoaniline

【CAS登记号】 [106-50-3]

【结构式】

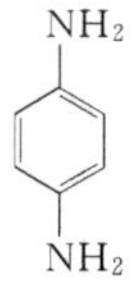

【物化性质】 白色至淡紫红色晶体。可燃。能升华。暴露在空气中变紫红色或深褐色。沸点267℃。熔点155℃。闪点140℃。溶于水、乙醇、乙醚、氯仿和苯。

【质量标准】 GB/T 25789—2010 对苯二胺

项 目	优等品	一等品	合格品
外观	白色至浅红色结晶	类白色至灰褐色结晶	黄褐色至灰褐色结晶
干品初熔点/℃ ≥	138.0	138.0	136.0
对苯二胺纯度/% ≥	99.90	99.50	99.00
邻苯二胺含量/% ≤	0.04	0.20	—
间苯二胺含量/% ≤	0.04	0.20	—
对氯苯胺含量/% ≤	0.01	0.03	—

【用途】 主要用于制造偶氮染料和硫化染料等，也可用作毛皮染料（如毛皮黑D、毛皮蓝黑DB、毛皮棕色N_2等），还可作为化妆品染发剂乌尔丝D，并可用于橡胶防老剂DNP、288及显像剂等的生产。

【制法】 对硝基苯胺在酸性介质中用铁粉还原，反应产物经分离、精馏得成品。

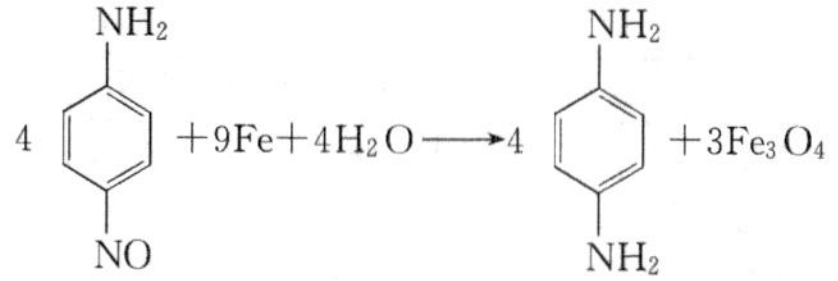

【安全性】 有毒。大鼠经口LD_{50}为80mg/kg，腹腔注射37mg/kg，家兔口服致死量250mg/kg。工作场所空气中最高容许浓度0.1mg/m³。采用铁桶密闭包装。贮存于阴凉、通风、干燥处。防热、防潮、防晒。按有毒易燃化学品规定贮运。

【参考生产企业】 衢州瑞源化工有限公司，上虞市利星化工有限公司，浙江富盛控股集团有限公司，石家庄市中汇化工有限公司，常山县海诚化工有限责任公司，上海品沃化工有限公司，无锡飞鹏精细化工有限公司，衢州市聚华特种试剂厂，蚌埠市海兴化工有限责任公司，吴江市铜罗染料化工厂，宜兴市东方精细化工厂，衢州之江化工有限公司。

Gb078 2,4-二氨基甲苯

【英文名】 2,4-diaminotoluene

【别名】 甲苯-2,4-二胺；2,4-tolylenediamine；4-methyl-*m*-phenylenediamine

【CAS登记号】 [95-80-7]

【结构式】

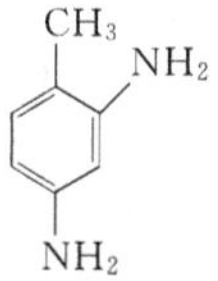

【物化性质】 无色针状或菱形结晶。沸点283～285℃。熔点97～99℃。在空气中其水溶液易变为褐色。溶于水、乙醇和乙醚。

【质量标准】 HG/T 3395—2010 2,4-二氨基甲苯

项 目	一等品	合格品
外观	深棕色或灰绿色结晶	
2,4-二氨基甲苯（偶合法）/% ≥	98.80	98.50

续表

项　目		一等品	合格品
2,4-二氨基甲苯纯度(GC)/%	≥	99.00	98.50
干品结晶点/℃	≥	96.5	96.0

【用途】 有机合成原料之一，可制取甲苯二异氰酸酯。可用作染料中间体。制成的染料可使皮毛、头发直接氧化成黑色。

【制法】 对硝基甲苯用混酸硝化，得2,4-二硝基甲苯，然后用铁粉还原，得粗制品，再经浓缩、蒸馏，得成品。

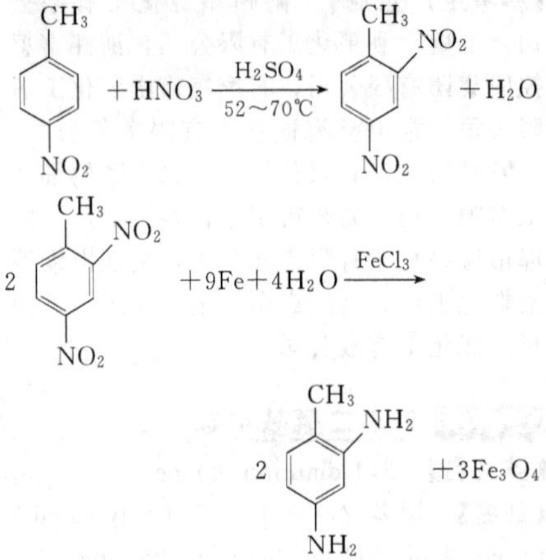

【安全性】 有毒。刺激皮肤。吞咽和吸入可引起中毒。人体每天吸入蒸气0.05mg/L，连续2个月，可致呕吐、黄疸、死于心力衰竭。空气中最高容许浓度2mg/m^3，防护方法参见邻苯二胺。采用铁桶包装，每桶50kg。贮运中不要与其他易燃品同装。按易燃有毒品规定贮运。

【参考生产企业】 南京武昕化工有限公司，陕西金阳化工有限公司，盐城永利化工有限公司，安徽砀山利华染料化工有限公司，常州市武进东南助剂厂，北京恒业中远化工有限公司，营口市东旭化工厂。

Gb079 *N*-甲基苯胺

【英文名】 methylaniline

【别名】 甲基苯胺；*N*-methylbenzenamine；monomethylaniline

【CAS登记号】 [100-61-8]

【结构式】

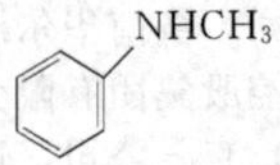

【物化性质】 无色至红棕色油状易燃液体，久贮变色。沸点196.25℃。熔点−57℃。相对密度0.9891。折射率1.5684。微溶于水，溶于乙醇、乙醚、氯仿。

【质量标准】 HG/T 3409—2010 *N*-甲基苯胺

项　目		优等品	一等品	合格品
外观		无色至浅黄色液体（贮存时允许颜色变深）		
N-甲基苯胺纯度/%	≥	99.50	99.00	98.50
N,*N*-二甲基苯胺含量/%	≤	0.50	0.70	0.90
苯胺含量/%	≤	0.10	0.20	0.30
低沸物含量/%	≤	0.03	0.06	0.10
高沸物含量/%	≤	0.10	0.20	0.30
水分/%	≤	0.10	0.20	0.30

【用途】 用作有机合成中间体、溶剂和酸接受体。

【制法】 苯胺和甲醇在铜锌铬触媒催化下生成粗品，粗品经简单蒸馏、真空蒸馏除去甲醇、水、苯胺、*N*,*N*-二甲基苯胺后得成品。

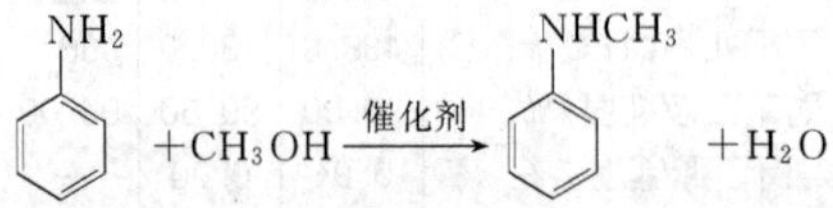

【安全性】 家兔经口LD_{50}为280mg/kg。具有与苯胺大致相同的毒性。工作场所空气中最高容许浓度5×10^{-6}。生产设备应密闭。操作人员应穿戴防护用具。采用铁桶包装，每桶180kg。贮存于通风处，防热、防潮。

【参考生产企业】 嘉兴市通元化工有限公司，无锡利达化工有限公司，江苏福仕特集团化工有限公司，无锡市杨市化工有限公司，宜兴市威特石油化工添加剂厂。

Gb080 *N*-乙基苯胺

【英文名】 ethylaniline

【别名】 *N*-乙基-α-苯胺；*N*-ethylbenzenamine；ethylphenylamine

【CAS 登记号】 [103-69-5]

【结构式】

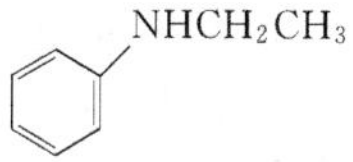

【物化性质】 无色液体。暴露于日光或空气中迅速变成褐色。沸点 204.5℃，83℃(1.33kPa)。熔点 −63.5℃。闪点 85℃。燃点 85℃（开放式）。相对密度（d_{25}^{25}）0.958。折射率 1.5559。不溶于水和乙醚，可溶于醇及大部分有机溶剂。

【质量标准】 JIS K4112—1995

项　目		指　标
外观		浅黄色至浅棕色液体
相对密度(4℃)		0.965～0.968
苯胺/%	≤	0.8
N,*N*-二甲基苯胺/%	≤	0.3
含量/%	≥	98.5
水分/%	≤	0.1

【用途】 用于有机合成，是偶氮染料和三苯甲烷染料的重要中间体，还可用于橡胶助剂和其他精细化工产品的生产。

【制法】 (1) 盐酸法。苯胺盐酸盐和乙醇在 180℃、2.94MPa 下进行反应，蒸馏出过剩的乙醇和副产物乙醚，再加入 30% NaOH 和对甲苯磺酰氯，用水蒸气蒸馏去除副产物二乙基苯胺，再加入硫酸，即可制得产品。

(2) 三氯化磷法。苯胺、乙醇和三氯化磷在 300℃、9.84MPa 下反应，将反应混合物用真空蒸馏分馏制得 *N*-乙基苯胺。

【安全性】 有毒，其毒性与苯胺类似，但稍弱。能引起高铁血红蛋白血症，造成组织缺氧，对中枢神经系统及其他脏器有损害。包装、贮运见 2,6-二甲基苯胺。

【参考生产企业】 海宁市通元化工厂，无锡利达化工有限公司，滨海恒联化工有限公司，嘉兴市通元化工有限公司，无锡市裕华化工有限公司，吴江市阮氏化工有限公司，江苏振方化工有限公司，无锡市汇友化工有限公司。

Gb081 对羟基苯乙酰胺

【英文名】 *p*-hydroxy phenylacetamide

【CAS 登记号】 [17194-82-0]

【结构式】

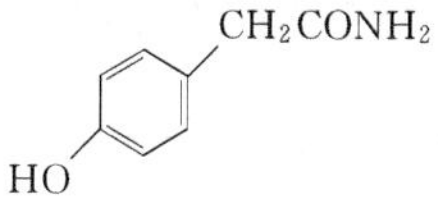

【物化性质】 白色结晶。熔点 175～177℃。

【质量标准】 企业标准

项　目		指　标
外观		白色或微黄色结晶粉末
熔点/℃		175～176
含量/%	≥	99
水分/%	≤	0.5
重金属(Pb) /×10⁻⁶	≤	10

【用途】 用于合成氨酰心安，氨酰心安是一种 β-阻滞剂，临床用于治疗高血压、心绞痛及心律失常，对青光眼亦有效。

【制法】 (1) 对羟基苯乙酸酰氨化法制得。

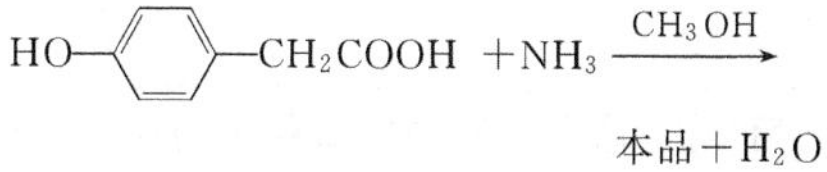

(2) 对氨基苯乙腈法。以对氨基苯乙腈为原料得对羟基苯乙腈，进一步由对羟基苯乙腈制得。

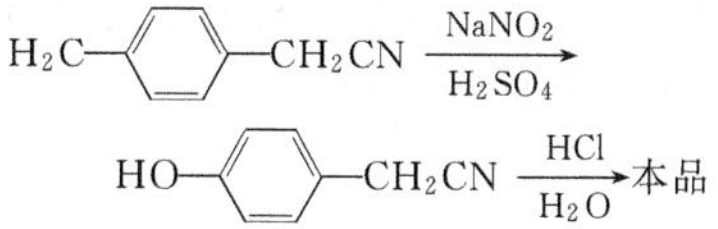

(3) 对羟基苯乙酮法。经与硫化铵作用制得。

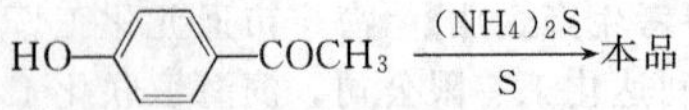

【安全性】 用纤维纸板圆桶包装，内衬塑料袋，净重25kg。

【参考生产企业】 中国昊华集团宣化有限公司，河北美化化工有限公司，常州市牛塘化工厂有限公司，金坛市金冠化工厂，溧阳市有机合成化工厂，江苏省姜堰市鑫鑫化工有限公司，泰兴市兴源石化厂，常州华年化工有限公司。

Gb082 N-乙基间甲苯胺

【英文名】 *N*-ethyl-*m*-toluidine

【CAS登记号】 [102-27-2]

【结构式】

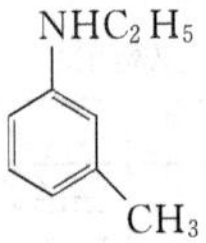

【物化性质】 淡黄色油状液体。长久暴露于空气中变为棕色。沸点221℃。密度0.945～0.951g/cm³。折射率1.5451。不溶于水及碱，易溶于乙醇和无机酸。

【质量标准】

项　目		指　标
含量/%	≥	98.5
间甲苯胺含量/%	≤	0.3
N,*N*-二乙基间甲苯胺含量/%	≤	0.7
水分/%	≤	0.3
其他/%	≤	0.3

【用途】 彩色显影剂的重要中间体，亦可作染料中间体。

【制法】 以间甲苯胺为原料，在反应釜中加热升温，在一定温度下滴加溴乙烷溶液，连续回流几小时后，再加碱液中和，分离后，经精馏制得成品。

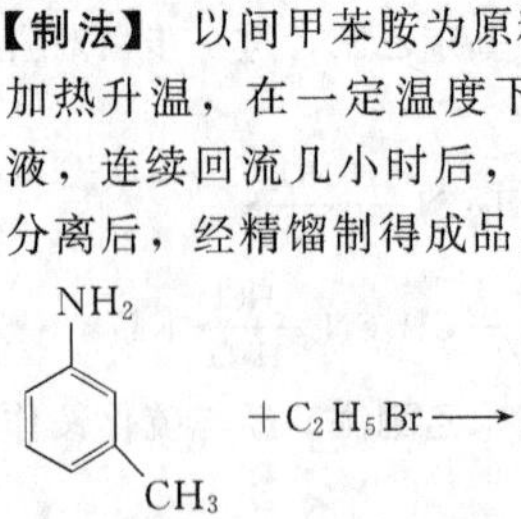

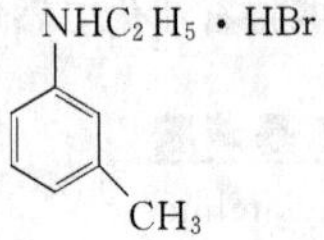

(A)

$$A + NaOH \longrightarrow 本品 + NaBr + H_2O$$

【安全性】 有毒。吸入蒸气及经皮肤吸收可引起中毒。应加强防护措施。设备应密闭。生产现场应通风良好。操作人员应穿戴防护用具。用铁桶包装，每桶净重200kg。贮存中应防火、防潮。按有毒易燃化学品规定贮运。

【参考生产企业】 海宁市通元化工厂，无锡利达化工有限公司，嘉兴市通元化工有限公司，无锡市裕华化工有限公司，江苏振方化工有限公司，无锡市汇友化工有限公司。

Gb083 乙酰苯胺

【英文名】 acetanilide

【别名】 退热冰；*N*-phenylacetamide；antifebrin；acetylaniline；acetylaminobenzene

【CAS登记号】 [103-84-4]

【结构式】

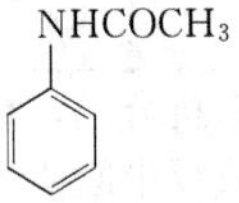

【物化性质】 白色有光泽片状结晶或白色结晶粉末。可燃。无臭。在空气中稳定，呈中性。沸点304℃。熔点114.3℃。闪点173.9℃。自燃点546℃。相对密度(d_4^{15}) 1.2190。微溶于冷水，溶于热水、甲醇、乙醇、乙醚、氯仿、丙酮、甘油和苯等。

【质量标准】 HG 2303—1992　工业乙酰苯胺

项　目		优等品	一等品	合格品
溶液色度(橙黄)	≤	2	—	—
乙酰苯胺含量/%	≥	99.6	99.2	98.8
熔点范围/℃		113～116	112～116	

续表

项　目		优等品	一等品	合格品
苯胺含量/%	≤	0.10	0.15	0.20
水分/%	≤	0.15	0.20	0.25
灰分/%	≤	0.05	0.10	

【用途】 磺胺类药物的原料，可用作止痛剂和防腐剂。在工业上可作橡胶硫化促进剂、纤维涂料的稳定剂、双氧水的抑止剂、合成樟脑及染料的中间体。

【制法】 由苯胺和冰醋酸加热反应制得。

【安全性】 大鼠经口 LD_{50} 为 800mg/kg。由呼吸和消化系统进入体内，能抑制中枢神经系统和心血管系统，大量接触会引起头昏和面色苍白等症。生产设备应密闭。操作人员应穿戴好防护用具，避免直接接触。采用内层塑料袋、外层麻袋或帆布袋包装，每袋净重 50kg。贮存在阴凉、干燥、通风处，防火、防潮。用汽车或火车运输均可。按有毒化学品规定贮运。

【参考生产企业】 上海申兴制药厂，宜兴市莱顿医化原料有限公司，新乡市天丰精细化工有限公司。

Gb084 对甲氧基-*N*-乙酰苯胺

【英文名】 *p*-acetanisidine

【别名】 对甲氧基乙酰苯胺；*N*-(4-methoxyphenyl) acetamide；*p*-acetanisidide；methacetin；*p*-methoxyacetanilide

【CAS 登记号】 [51-66-1]

【结构式】

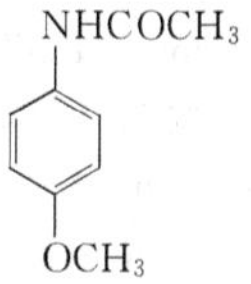

【物化性质】 白色结晶粉末，微带苦味。易燃。低毒。熔点 130～132℃。溶于乙醇、丙酮、氯仿、稀酸和碱，微溶于水。

【质量标准】

项　目		指　标
外观		褐色晶体
干品熔点/℃	≥	125
含量/%	≥	98.5
游离芳胺/%	≤	0.5
游离酸/%	≤	0.5

【用途】 生产枣红 GP 色基的原料，亦是分散藏青的中间体，还可以作医药中间体。

【制法】 以对甲氧基苯胺和醋酸进行乙酰化反应制得。用过量醋酸将反应生成的水共沸蒸出。反应产物用减压蒸馏法提纯。

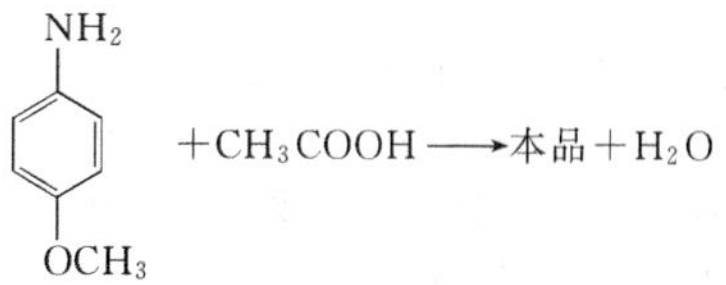

【安全性】 低毒。原料和产品均有一定毒性，因此生产过程中应注意防护。生产设备应密闭，防止吸入粉尘和与皮肤接触。生产现场应保持良好通风。操作人员应穿戴防护用具。采用大口铁桶密封包装，贮存于通风、干燥处，防止受潮，避免日光曝晒。装卸运输应按易燃有毒品规定执行。

【参考生产企业】 河北大名县名鼎化工有限责任公司，上海南方染料厂。

Gb085 邻甲氧基-*N*-乙酰乙酰苯胺

【英文名】 *o*-methoxyacetoacetanilide

【别名】 乙酰乙酰-2-甲氧基苯胺

【CAS 登记号】 [92-15-9]

【结构式】

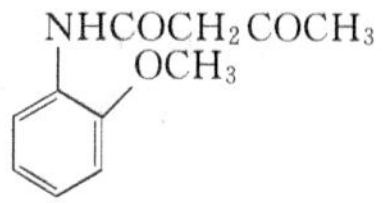

【物化性质】 白色结晶粉末，易燃。熔点 86.6℃。闪点 162.7℃。相对密度($d_{20}^{86.6}$)

1.1320。

【质量标准】

项目	指标
含量/% ≥	99.0
干品初熔点/℃ ≥	83
杂质/% ≤	0.1

【用途】主要用作染料中间体和色淀中间体，作为偶氮组分用于合成直接耐晒嫩黄5GL等。

【制法】邻氨基苯甲醚和双乙烯酮于乙醇介质中在20～25℃进行缩合反应制得。

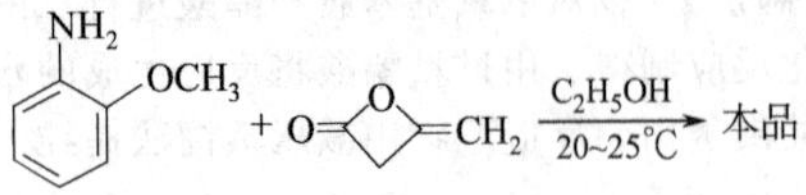

【安全性】用涂塑料玻璃纤维袋包装，每袋30kg。置于干燥、通风处，避免日晒。搬运时小心轻放。防止受潮、受热。按易燃有毒品规定贮运。

【参考生产企业】姜堰市扬子江化工有限公司，青岛双桃精细化工（集团）有限公司，天津麦迪森化学工业有限公司，青岛邦立精细化工有限公司。

Gb086 间氨基-*N*-乙酰苯胺

【英文名】*m*-aminoacetanilide

【别名】*N*-乙酰基间苯二胺；3-aminoacetanilide；*N*-acetyl-*m*-phenylenediamine；*N*-(3-aminophenyl)acetamide

【CAS登记号】[102-28-3]

【结构式】

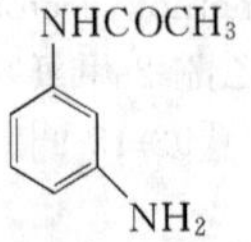

【物化性质】无色针晶或片晶。熔点87～89℃。易溶于冷水、乙醇、丙酮，微溶于苯。

【质量标准】HG/T 3603—2010 间氨基乙酰苯胺

项目	指标
外观	浅红色至红棕色粉末
总氨基值/% ≥	99.0
干品初熔点/℃ ≥	84.0
间苯二胺含量/% ≤	0.50

【用途】主要用作反应染料（如活性黄）和分散染料的中间体。

【制法】间苯二胺溶解在水中，逐渐加入盐酸，生成间苯二胺盐酸盐，再用乙酐进行酰化，反应产物经中和，得成品。

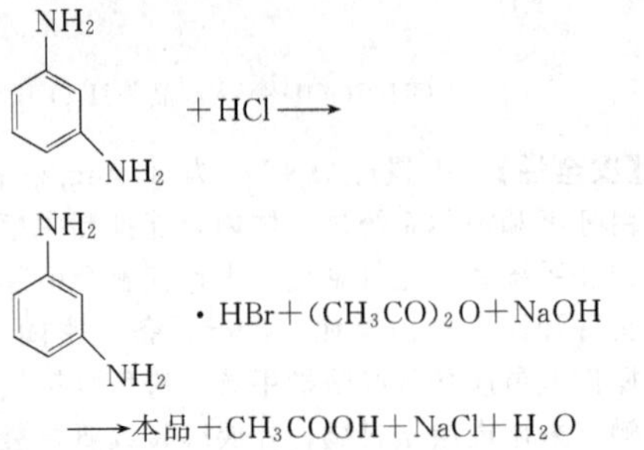

【安全性】有毒，其毒性可参见间苯二胺。除经皮肤吸收外也可由吸入粉尘而引起中毒。生产过程中应注意防尘，现场应通风良好。操作人员应穿戴防护用具。采用纤维板桶内衬塑料袋包装，每桶净重25kg。贮存于干燥、通风处，避免日晒。搬运时小心轻放，并防止受潮、受热。按有毒物品规定贮运。

【参考生产企业】无锡市裕华化工有限公司，宜兴市中正化工有限公司，无锡飞鹏精细化工有限公司，江苏海邦化学有限公司，昆山市华泰染料化工有限公司。

Gb087 对氨基-*N*-乙酰苯胺

【英文名】*p*-aminoacetanilide

【别名】*N*-乙酰基对苯二胺；*N*-(4-aminophenyl) acetamide；4′-aminoacetanilide；acetyl-*p*-phenylenediamine

【CAS登记号】[122-80-5]

【结构式】

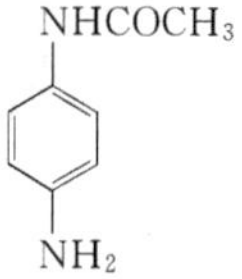

【物化性质】 白色或微红色晶体。在空气中颜色变深。可燃。沸点267℃。熔点165～168℃。微溶于水，溶于乙醇和乙醚。

【质量标准】 HG/T 3411—2010 对氨基乙酰苯胺

项 目	优等品	合格品
外观	微红色至浅棕色结晶，贮存时允许颜色变深	
对氨基乙酰苯胺/% ≥	98.00	97.00
干品初熔点/℃ ≥	161.0	160.0
稀盐酸中的溶解状态	合格	—
热水中的溶解状态	合格	—

【用途】 制取分散黄G、直接耐酸朱红4BS、耐酸品红6B、活性蓝AG、黑色盐ANB和中性亮蓝GV等染料的中间体。

【制法】 *N*-乙酰苯胺经混酸硝化，生成对硝基-*N*-乙酰苯胺，然后再用铁粉还原制得对氨基-*N*-乙酰苯胺，反应液经中和、结晶、干燥后得成品。

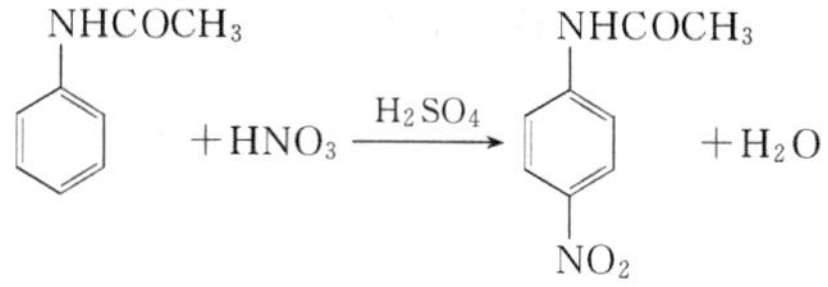

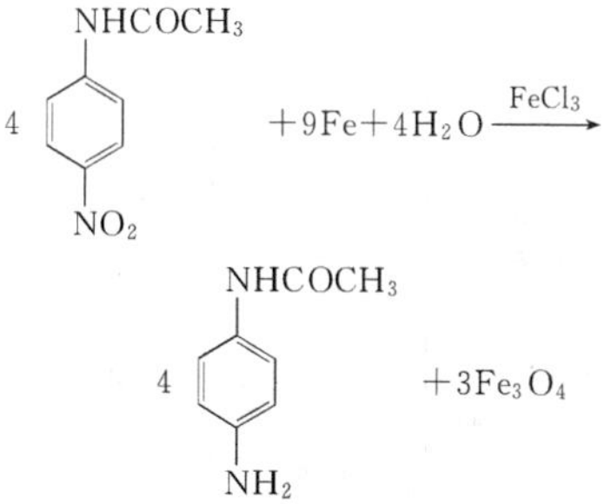

【安全性】 有毒。皮肤接触有明显的过敏现象。应防止与皮肤直接接触及吸入粉尘。生产人员操作时应穿戴防护用具。采用内衬塑料袋的铁桶包装，每桶25kg。应避光保存于阴凉、通风、干燥处，避免日晒。搬运时小心轻放，并防止受热、受潮。按有毒化学品规定贮运。

【参考生产企业】 无锡市裕华化工有限公司，无锡市汇友化工有限公司，沧州瑞东化工有限责任公司，衡水华邦化工有限公司，河北智通化工有限责任公司。

Gb088 3-[*N*′,*N*′-二(乙酰氧乙基)氨基]-*N*-乙酰苯胺

【英文名】 3-*N*′,*N*′-di(acetoxyethyl) aminoacetanilide

【CAS登记号】 [27059-08-1]

【结构式】

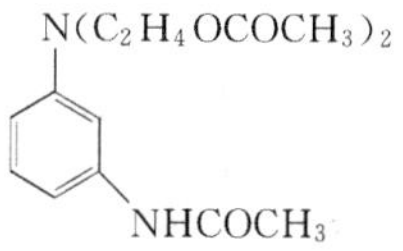

【物化性质】 白色晶体。微溶于水，溶于乙醇、乙醚。

【用途】 染料中间体，用于制取分散红玉S-2GFL，分散大红S-BWFC，分散红74、167。

【制法】 以间硝基苯胺为原料，与环氧乙烷经羟乙基化，制得3-硝基-*N*,*N*-二(羟乙基)苯胺，再经催化还原得3-氨基-*N*,*N*-(羟乙基)苯胺，最后再与乙酐经酰氧化而成3-[*N*′,*N*′-二(乙酰氧乙基)氨基]-*N*-乙酰苯胺。

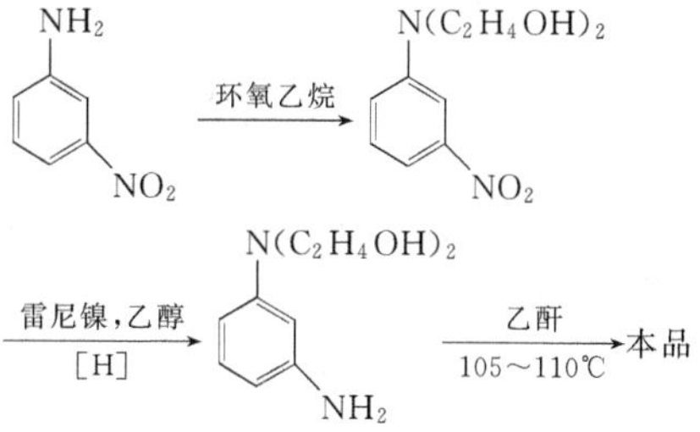

【安全性】 有毒。工作场所应有良好的通风，设备宜密闭，操作人员要穿戴防护用具。内衬塑料袋，外用纤维板桶、硬纸板

桶或木桶包装。贮存于阴凉、干燥、通风处。按有毒化学品规定贮运。

【参考生产企业】 无锡市裕华化工有限公司，宜兴市中正化工有限公司。

Gb089 4-甲氧基-3-[*N*′,*N*′-二(乙酰氧乙基)氨基]-*N*-乙酰苯胺

【英文名】 4-methoxy-3-(*N*,*N*-diacetyloxyethyl) acetanilide

【CAS 登记号】 [23128-51-0]

【结构式】

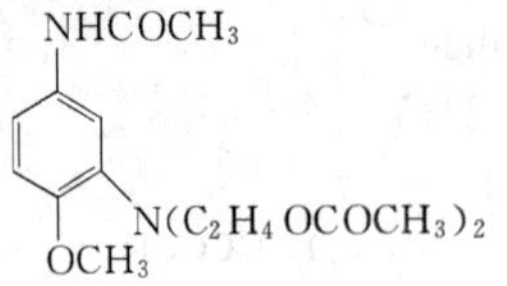

【物化性质】 白色针状晶体。

【用途】 染料中间体，用于制取分散藏青 H-GL、分散蓝 79 等染料。

【制法】 以 2,4-二硝基氯苯为原料，与甲醇进行酯化，得 3-硝基-4-甲氯基硝基苯，再经二硫化钠还原，制成 3-氨基-4-甲氧基硝基苯，然后与环氧乙烷反应，制得 3-[*N*,*N*-二（羟乙基）氨基]-4-甲氧基硝基苯，并经还原成 3-[*N*,*N*-二（羟乙基）氨基]-4-甲氧基苯胺，最后用乙酐制得 4-甲氧基-3-[*N*′,*N*′-二（乙酰氧乙基）氨基]-N-乙酰苯胺。

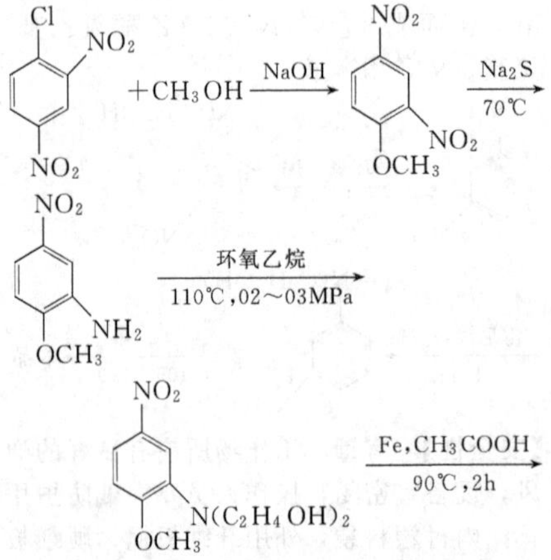

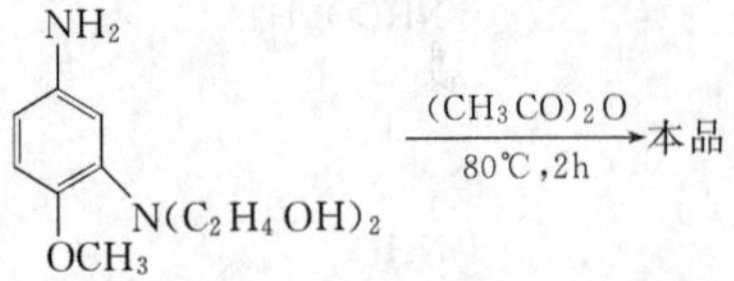

【参考生产企业】 无锡市裕华化工有限公司，宜兴市中正化工有限公司。

Gb090 *N*-乙酰乙酰苯胺

【英文名】 acetoacetanilide

【别名】 乙酰乙酰苯胺；3-oxo-*N*-phenylbutanamide；*α*-acetylacetanilide；acetoacetic anilide；*β*-ketobutyranilide

【CAS 登记号】 [102-01-2]

【结构式】

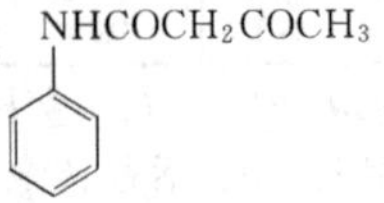

【物化性质】 白色结晶固体。可燃。化学反应性能类似乙酰乙酸乙酯。闪点 163℃。熔点 86℃。微溶于水，溶于稀碱、乙醇、氯仿、乙醚、热苯、热石油醚及酸。

【质量标准】 HG/T 2278—2008 乙酰乙酰苯胺

项 目		优等品	一等品
外观		白色至浅黄色结晶粉末或片状结晶	白色至浅黄色或极浅粉红色结晶性粉末或片状结晶
干品初熔点/℃	≥	82.5	82.0
乙酰乙酰苯胺含量/%	≥	99.0	98.0
乙酰乙酰苯胺纯度(HPLC)/%	≥	99.5	99.0
挥发分/%	≤	0.3	0.5
碱溶浊度		澄清透明	澄清透明

【用途】 染料及有机颜料中间体，用于制造酸性络合黄 GR 等染料，还用于医药及有机合成。

【制法】 苯胺和双乙烯酮以水作溶剂，在15～20℃进行缩合反应制得。

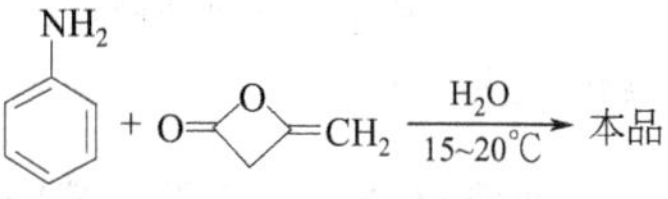

【安全性】 用塑料袋或涂塑玻璃纤维袋包装，每袋30kg。密闭贮存于阴凉、通风、干燥处，搬运时轻拿轻放。按一般化学品规定贮运。

【参考生产企业】 淄博市临淄高楼化工有限公司，江苏常余化工有限公司，张家港市常余化工厂，青岛双桃精细化工（集团）有限公司，姜堰市扬子江化工有限公司，胶州市精细化工有限公司，温州美尔诺化工有限公司，青岛邦立精细化工有限公司，南通永佳诺化工有限公司。

Gb091 邻氯-*N*-乙酰乙酰苯胺

【英文名】 *o*-chloroacetoacetanilide

【别名】 *N*-乙酰乙酰邻氯苯胺

【CAS 登记号】 [93-70-9]

【结构式】

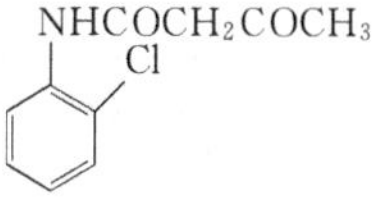

【物化性质】 白色结晶粉末。沸腾时分解。不燃。化学性质与乙酰乙酸乙酯相似。相对密度（d_{20}^{107}）1.1920。熔点107℃。不溶于水。

【质量标准】

项 目		指 标
外观		白色片晶或粉末
干品熔点/℃		103
含量/%	≥	99
碱不溶物/%	≤	0.1

【用途】 主要用于制造5-吡唑啉酮等染料中间体及汉沙黄10G色淀等，也用于颜料、香料等的生产。

【制法】 邻氯苯胺和双乙烯酮在乙醇介质中于25～30℃缩合得粗品，粗品经过滤、洗涤、干燥，得成品。

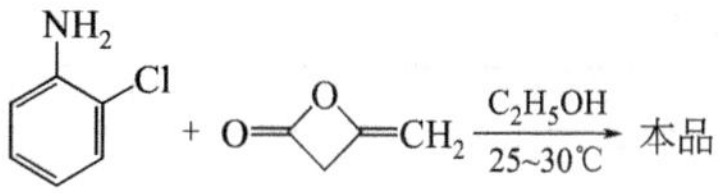

【安全性】 低毒。采用圆铁桶内衬塑料袋包装，每桶净重30kg。贮存于通风、干燥处。避光，防晒，防潮。按一般化学品规定贮运。

【参考生产企业】 姜堰市扬子江化工有限公司，青岛邦立精细化工有限公司，南通永佳诺化工有限公司，青岛双桃精细化工（集团）有限公司，胶州市精细化工有限公司。

Gb092 *N*,*N*-二甲基苯胺

【英文名】 *N*,*N*-dimethylaniline

【别名】 二甲基替苯胺；*N*,*N*-dimethylbenzenamine；dimethylphenylamine

【CAS 登记号】 [121-69-7]

【结构式】

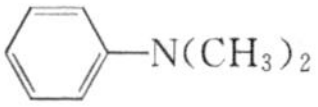

【物化性质】 淡黄色至浅褐色油状液体。可燃。有刺激臭味。沸点194℃。相对密度0.9557。折射率1.5582。闪点62.8℃。自燃点317℃。熔点1.5～2.5℃。微溶于水，溶于乙醇、氯仿、乙醚及芳香族有机溶剂。

【质量标准】

(1) GB/T 26603—2011 *N*,*N*-二甲基苯胺

项 目		优等品	合格品
外观		浅黄色至黄色液体	
干品结晶点/℃	≥	2.0	1.8
N,*N*-二甲基苯胺纯度/%	≥	99.50	98.50
N-甲基苯胺含量/%	≤	0.40	0.70
苯胺含量/%	≤	0.03	0.05
低沸物含量/%	≤	0.02	0.05
高沸物含量/%	≤	0.05	0.30
水分/%	≤	0.10	0.30

(2) HG/T 3396—2001 *N*,*N*-二甲基苯胺

项 目		优等品	合格品
外观		浅黄色至黄色液体	
干品结晶点/℃	≥	2.00	1.80
N,*N*-二甲基苯胺含量/%	≥	99.00	98.50
N-甲基苯胺含量/%	≤	0.50	0.70
苯胺含量/%	≤	0.03	0.05
水分含量/%	≤	0.10	0.30

【用途】 在农药生产上，*N*,*N*-二甲基苯胺可用于合成磺酰脲类超高效除草剂的关键中间体 2-氨基-4,6-氯嘧啶。在染料工业可用于合成碱性染料中间体米氏酮等；在香料工业中可用于合成香兰素等。

【制法】 (1) 液相合成法。传统的制备方法是以硫酸为催化剂，由苯胺和甲醇在高压反应釜中高温高压反应制得。反应产物经泄压回收甲醇，加碱中和分离，上层油状物料经减压蒸馏得成品。

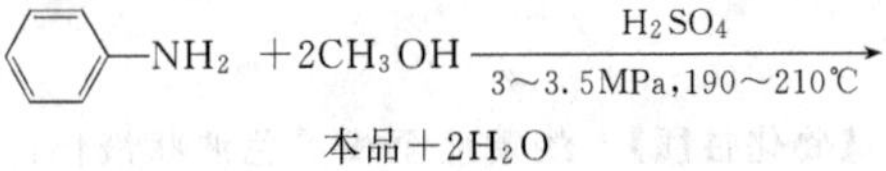

(2) 气相合成法。与液相法相比，气相法合成 *N*,*N*-二甲基苯胺往往是直接使用苯胺和甲醇作为反应原料。气相合成法存在着原料转化速率低，反应温度高的不足之处。

【安全性】 高毒。大鼠经口 LD_{50} 为 1.41mL/kg。吸入其蒸气或经皮肤吸收引起中毒。其毒性和苯胺大致相同。具有血液毒、神经毒和致癌性。应避免与皮肤接触。操作现场应有良好通风，设备应密闭。操作人员要穿戴防护用具。空气中最高容许浓度 5×10^{-6}。采用铁桶密封包装，每桶 180kg。贮存于阴凉通风处。按易燃有毒物品规定贮运。

【参考生产企业】 江苏福仕特集团化工有限公司，宜兴市兴宁化工科技有限公司，海宁市通元化工厂，无锡利达化工有限公司，台州市永丰化工有限公司，天津市明光染料化工厂，大连染料化工有限公司，吉化松北化工有限责任公司助剂厂，山东银河染化有限公司。

Gb093 对氨基-*N*,*N*-二甲基苯胺

【英文名】 dimethyl-*p*-phenylenediamine

【别名】 *N*,*N*-二甲基对苯二胺；对二甲氨基苯胺；*p*-aminodimethylaniline；*N*,*N*-dimethyl-1,4-benzenediamine

【CAS 登记号】 [99-98-9]

【结构式】

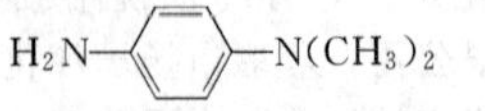

【物化性质】 无色针状结晶。纯品在空气中稳定，不纯时即液化。遇光颜色易变深。对皮肤有刺激性。沸点 262℃。熔点 39～40℃。能溶于醇、醚及氯仿。

【质量标准】

项 目		优级品	一级品	二级品
外观		黑色固体或黏稠状液体		
凝固点/℃	≥	35	32	30
国际市场上含量97%商品		熔点 34～36℃，闪点 90℃		

【用途】 可用于农药、染料和显影剂的生产，还可用于合成 *N*,*N*,*N'*,*N'*-四甲基对苯二胺固化剂，也用作测定钒的试剂。

【制法】 由二甲基苯胺经亚硝化和还原制得。

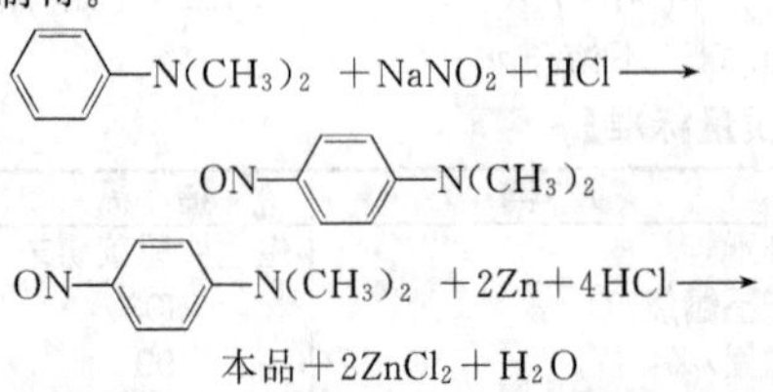

【安全性】 大鼠腹腔 LD_{50} 为 21mg/kg。对皮肤有刺激性，毒性比对苯二胺大 8 倍。受高热放出有毒气体。用玻璃瓶外木箱内衬垫料。贮存于阴凉、通风的仓库内，远离火种、热源，避免阳光直射。与食用原料隔离贮运。

【参考生产企业】 江苏振方化工有限公司，海宁市通元化工厂，吴江市阮氏化工有限公司。

Gb094 N,N-二乙基苯胺

【英文名】 diethylaniline

【别名】 二乙氨基苯；N,N-diethylbenzenamine

【CAS 登记号】 [91-66-7]

【结构式】

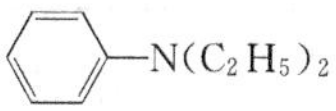

【物化性质】 无色至黄色液体。可燃。有特殊气味。能与蒸汽一同挥发。沸点 216.27℃。闪点 85℃。熔点 −38.8℃。相对密度 0.93507。折射率 1.5409。微溶于水，溶于乙醇、乙醚、氯仿和苯等有机溶剂。

【质量标准】 GB/T 23674—2009 N,N-二乙基苯胺

项 目		优等品	一等品
外观		无色至浅黄色透明液体	
N,N-二乙基苯胺纯度/%	≥	99.50	99.00
N-乙基苯胺含量/%	≤	0.10	0.30
苯胺含量/%	≤	0.05	0.20
低沸物含量/%	≤	0.20	0.30
高沸物含量/%	≤	0.15	0.20
水分/%	≤	0.10	0.30

【用途】 主要用于偶氮染料、三苯基甲烷染料及四乙基酮的生产，同时也是制药工业的中间体和彩色胶片显影剂的原料。

【制法】 将定量的苯胺、氯乙烷、烧碱共置于高压锅内加热，加压反应 3 小时，然后经蒸汽蒸馏，所得粗品加苯酐进行酰化以除去反应不完全物，然后蒸馏脱水即得成品。

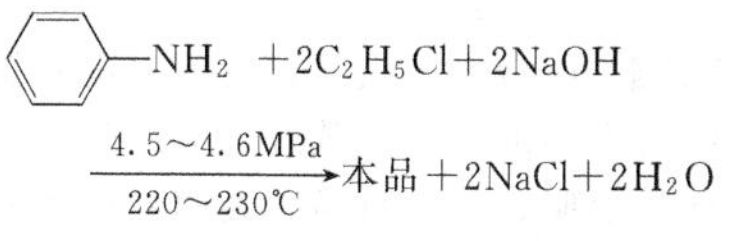

【安全性】 有毒，其毒性比 N,N-二甲基苯胺稍小（大鼠经口 N,N-二甲基苯胺 LD_{50} 1.41mL/kg），但仍为剧毒品。吸入其蒸气和经皮肤吸收而引起中毒，具有血液毒、神经毒和致癌性。应加强防护措施，使生产设备密闭，现场通风良好。操作人员应穿戴防护用具。采用铁桶密封包装，每桶净重 185kg。按有毒易燃化学品规定贮运。

【参考生产企业】 温州市鹿城振兴精细化工厂，滨海恒联化工有限公司，海宁市通元化工厂，嘉兴市通元化工有限公司，吴江市阮氏化工有限公司，嘉兴市江南化工厂，江苏振方化工有限公司，无锡市汇友化工有限公司。

Gb095 N,N-二乙基间甲苯胺

【英文名】 N,N-diethyl-m-toluidine

【别名】 间甲基-N,N-二乙基苯胺

【CAS 登记号】 [91-67-8]

【结构式】

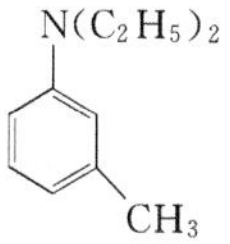

【物化性质】 无色或浅黄色液体。沸点 231～231.5℃。相对密度 0.923（20℃）。折射率 1.5361。不溶于水及碱，能与醇、醚混溶。久暴露于空气中变为棕色。

【质量标准】

项 目		指 标
含量/%	≥	99.5
N-乙基间甲苯胺/%	≤	0.2
水分/%	≤	0.01
不挥发物/%	≤	0.3

【用途】 是重要的有机中间体。工业上可用于合成彩色显影剂等感光材料，以及用于合成酸性染料和分散染料等。

【制法】 以间甲苯胺为起始原料，采用不同的烷基化剂的方法，如溴乙烷、氯乙烷

法等。

（1）溴乙烷法。

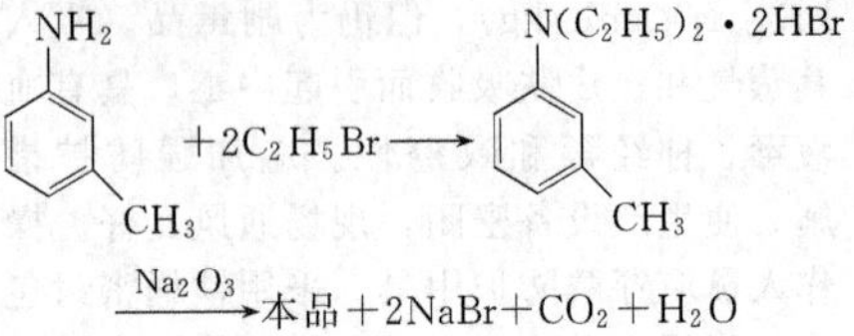

（2）氯乙烷法。

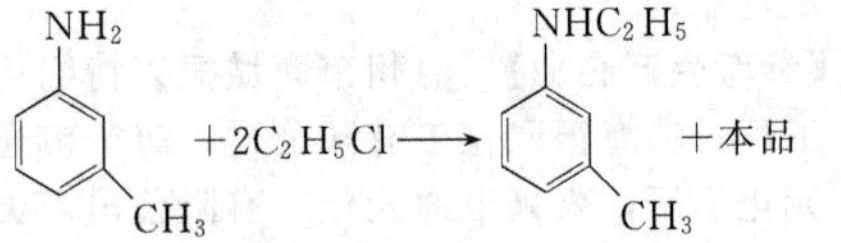

（3）乙醇法。

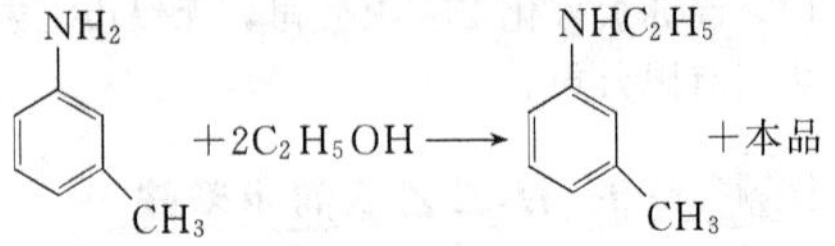

（4）亚磷酸二乙酯法。

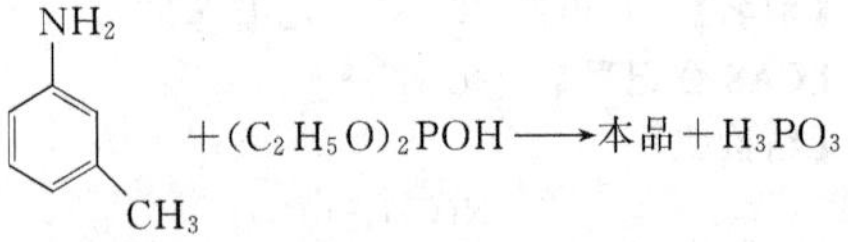

【安全性】 大鼠经皮 LD_{50} 为 1950mg/kg，大鼠吸入 LD_{50} 为 5950mg/kg，大鼠经皮 LD_{50} 为 5000mg/kg。经口摄入、呼吸道吸入、皮肤接触会引起中毒，造成头痛、神志不清等症状，重者可致昏迷。贮存于阴凉、通风的仓库内，远离火种、热源，避免阳光直射。与食用原料隔离贮运。搬运时轻装轻放，防止容器受损。

【参考生产企业】 海宁市通元化工厂，滨海恒联化工有限公司，嘉兴市通元化工有限公司，江苏振方化工有限公司，无锡市汇友化工有限公司。

Gb096 *N*,*N*-二乙基间羟基苯胺

【英文名】 *N*,*N*-diethyl-*m*-hydroxyaniline

【别名】 3-二乙氨基苯酚；间羟基-*N*,*N*-二乙基苯胺

【CAS登记号】 [91-68-9]

【结构式】

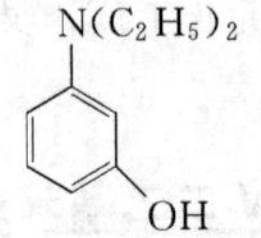

【物化性质】 白色或玫瑰色结晶。熔点 78℃。沸点 276～280℃。溶于水、乙醇、乙醚和碱，微溶于石油烃。具有刺激性。

【质量标准】 HG/T 3772—2011 间羟基-*N*,*N*-二乙基苯胺

项　目	指　标
外观	白色至玫瑰红色固体
间羟基-*N*,*N*-二乙基苯胺的纯度/%　≥	98.50
间羟基-*N*-乙基苯胺的含量/%　≤	0.80
间乙氧基-*N*,*N*-二乙基苯胺的含量/%　≤	0.80
水分/%　≤	0.20

【用途】 可用于染料工业，也是多种荧光增白剂，特别是香豆素类型荧光增白剂的重要中间体。

【制法】（1）铁粉还原法。先将间硝基苯磺酸钠用铁粉还原成间氨基苯磺酸钠，再与氯乙烷作用，经烷基化、碱熔、酸析而得。

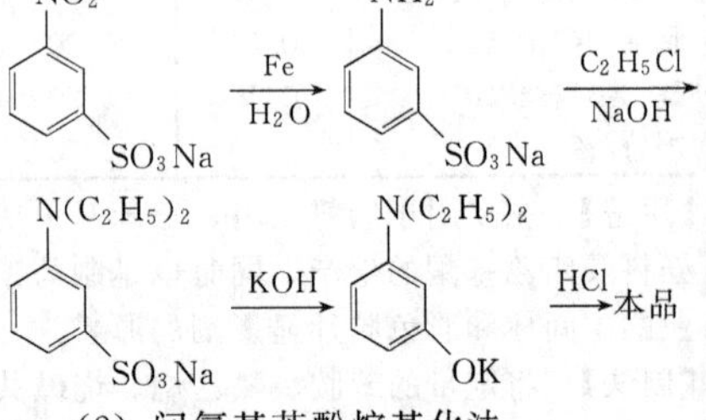

（2）间氨基苯酚烷基化法。

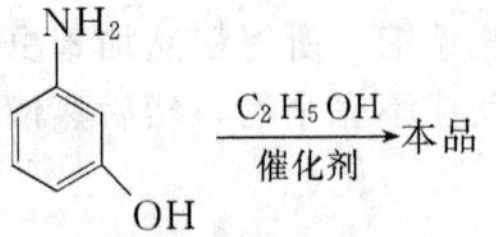

【安全性】 剧毒。如吸入、食入、皮肤接触吸收是致命的。应穿戴好合适的防护手套、防护衣服、防护眼镜。其燃烧产生有

刺激性、腐蚀性及（或）有毒性的气体。以铁桶包装 70kg/桶。

【参考生产企业】 天津华士化工有限公司，德州虹桥染料化工有限公司，石家庄市新华染料化工厂。

Gb097 *N*,*N*-二(乙酰氧乙基)苯胺

【英文名】 *N*,*N*-di(acetoxyethyl)aniline

【CAS 登记号】 [19249-34-4]

【结构式】

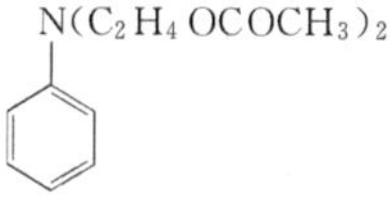

【物化性质】 白色针状晶体。溶于热水、乙醇、乙醚。

【质量标准】 含量（HPLC）≥98%。

【用途】 染料中间体。用以制取分散橙 67。

【制法】 以苯胺为原料，与环氧乙烷进行反应，制得 *N*,*N*-二羟乙基苯胺，再与乙酐经酰化反应制成 *N*,*N*-二（乙酰氧乙基）苯胺。

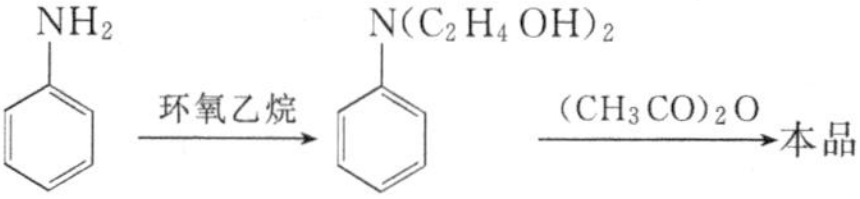

【安全性】 低毒。工作场所应有良好的通风，设备应密闭，操作人员穿戴防护用具。内衬塑料袋，外用木桶、铁桶或硬纸板桶包装。贮存于阴凉、干燥、通风处。按一般化学品规定贮运。

【参考生产企业】 无锡市裕华化工有限公司，杭州欣阳三友精细化工有限公司。

Gb098 *N*,*N*-二羟乙基苯胺

【英文名】 *N*,*N*-dihydroxyethylaniline

【CAS 登记号】 [120-07-0]

【结构式】

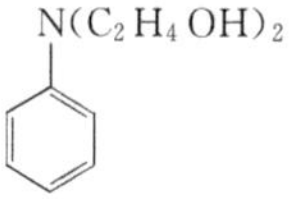

【物化性质】 微黄色晶体。熔点 56～58℃。溶于苯、乙醇及乙醚。

【质量标准】 微黄色晶体。含量≥95%。熔点 56～58℃。

【用途】 *N*-甲酰溶肉瘤素、抗瘤氨酸医药的原料及染料中间体。

【制法】 苯胺与环氧乙烷在 10%醋酸中进行加成反应，经减压蒸馏除去低沸物后，即得。

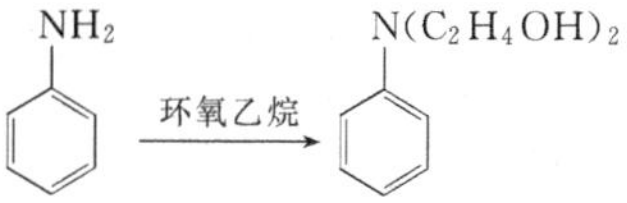

【安全性】 内衬塑料袋，外用铁桶包装。

【参考生产企业】 海宁市通元化工厂，无锡利达化工有限公司，滨海恒联化工有限公司，嘉兴市通元化工有限公司，无锡市裕华化工有限公司，无锡市汇友化工有限公司。

Gb099 *N*,*N*-二氰乙基苯胺

【英文名】 *N*,*N*-dicyanoethylaniline

【CAS 登记号】 [1555-65-4]

【结构式】

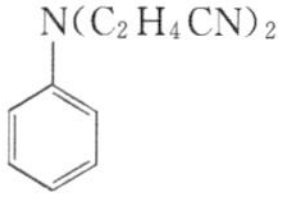

【物化性质】 白色结晶粉末，易溶于有机溶剂、稀酸、稀碱，不溶于水。

【质量标准】 纯度≥98%。

【用途】 染料中间体，用于制取分散橙 163 等。

【制法】 以苯胺为原料，与丙烯腈在乙酸、对苯二酚中，进行催化反应制成。

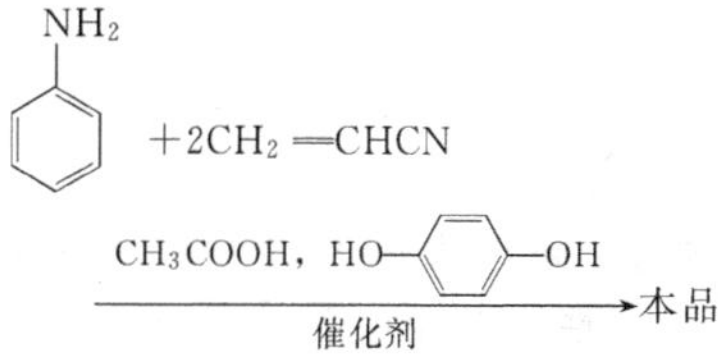

【安全性】 有毒。生产车间应通风，设备宜密闭，操作人员应穿戴防护用具。内衬

塑料袋，外用纤维板桶、硬纸板桶或木桶包装。贮存于阴凉、干燥、通风处。按有毒化学品规定贮运。

【参考生产企业】 无锡利达化工有限公司，无锡市裕华化工有限公司，临海市永太化工有限公司。

Gb100 *N*,*N*-二乙基间甲苯(甲)酰胺

【英文名】 *N*,*N*-diethyl-*m*-toluamide

【别名】 *N*,*N*-diethyl-3-methylbenzamide；M-Det；*m*-DETA；deet

【CAS 登记号】 [134-62-3]

【结构式】

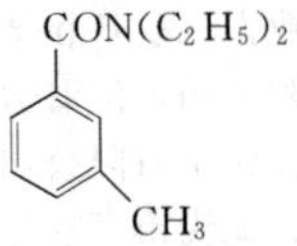

【物化性质】 淡黄色液体。有淡的柑橘清香气味。沸点 $bp_{1.0}$ 111℃。相对密度 d^{25} 0.990～1.000。折射率 n_D^{25} 1.5206。闪点(开杯) 155℃。分配系数（辛烷/水）为 105。蒸汽压（25℃）222.65×10^{-3} Pa。黏度（30℃）13.3 mPa·s。

【质量标准】

项　目	指　标
含量/%　　≥	97
酸值(mgKOH/g)　　≤	1
相对密度(d_{25}^{25})	0.996～1.003
折射率(n_D^{20})	1.5220～1.5234

【用途】 用于配制高效避蚊剂。

【制法】 以间甲基苯甲酰胺与氯乙烷反应。

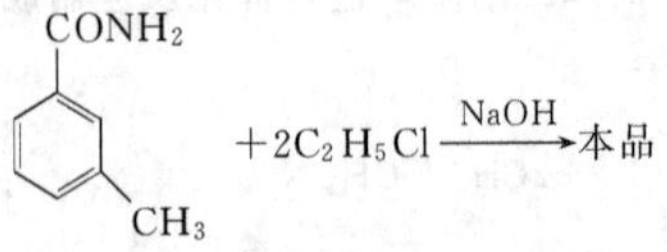

【安全性】 雄性大鼠经口 LD_{50} 为 2.43 mL/kg，雌性大鼠经口 LD_{50} 为 1.78mL/kg，兔经皮 3.18mL/kg，大鼠吸入 LC_{50} 为 5.95mg/L。用含 1%剂量的饲料喂养大鼠 200 天，无危害。以白铁桶或铝桶装。

【参考生产企业】 海宁市上峰化工有限公司，江苏磐希化工有限公司。

Gb101 *N*-苯甲酰氨基乙酸

【英文名】 hippuric acid

【别名】 马尿酸；*N*-苯甲酰甘氨酸；*N*-benzoylaminoacetic acid；*N*-benzoylglycine；benzamidoacetic acid

【CAS 登记号】 [495-69-2]

【结构式】

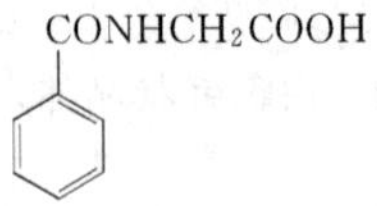

【物化性质】 无色晶体。相对密度 1.371。熔点 188～191℃。进一步加热则分解。难溶于冷水，溶于热水、氯仿、乙醇和乙醚。

【质量标准】 企业标准

项　目	二级品	三级品
外观	白色粉末	白色粉末
含量/%　　≥	99.5	98.5
水溶解实验	合格	合格
灼烧残渣(硫酸盐 SO_4^{2-})/%　　≤	0.05	0.10
熔点/℃	188～191	186～191
氯化物(Cl^-)/%　　≤	0.005	0.010

【用途】 用于医药及染料（如荧光黄 H8GL、分散荧光 FFL）中间体的生产。

【制法】 氨基乙酸在氢氧化钠溶液中与苯甲酰氯反应得苯甲酰氨基乙酸钠，然后经盐酸酸化得成品。

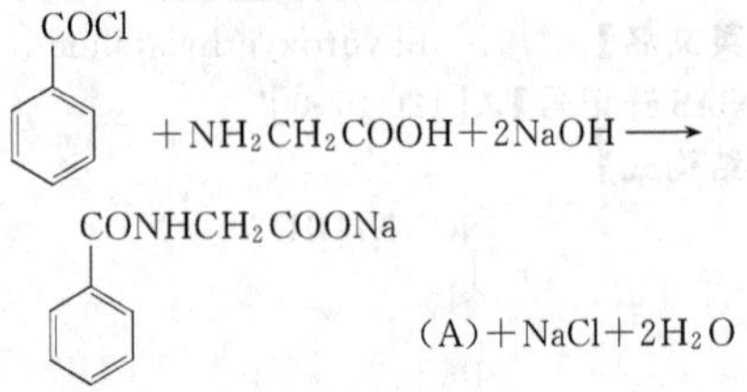

A＋HCl ⟶ 本品＋NaCl

【安全性】 用塑料袋外套麻袋包装，每袋25kg。贮存于阴凉、干燥处。防热、防晒、防潮。

【参考生产企业】 南通市东昌化工有限公司，南通市如东顺达化工有限公司苏州分公司，河北新东华氨基酸有限公司。

Gb102 2,6-二氟苯甲酰胺

【英文名】 2,6-difluorobenzamide

【CAS 登记号】 [18063-03-1]

【结构式】

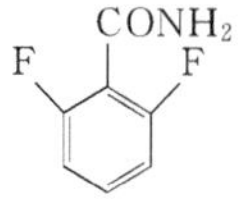

【物化性质】 白色晶体。熔点 143～145℃。

【质量标准】

项　目		指　标
外观		白色针状结晶体
含量(气相色谱纯)/%	＞	99.5
熔点/℃		145.0～147.5
水分/%	＜	0.2
灰分/%	＜	0.3
1,2,3-三氯苯/%	＜	0.20
2-氯-6-氟苯甲酰胺/%	＜	0.2
2-氟苯甲酰胺/%	＜	0.3
其他/%	＜	0.3

【用途】 与对氯异氰酸苯酯作用，可制含氟氨基甲酸酯类新杀虫剂伏虫脲。这种杀虫剂杀虫谱广，对人畜低毒，对天敌危害性小，是近年来发展的比较好的选择性杀虫剂。

【制法】 由 2,6-二氯苯腈经氟化、水解制得。

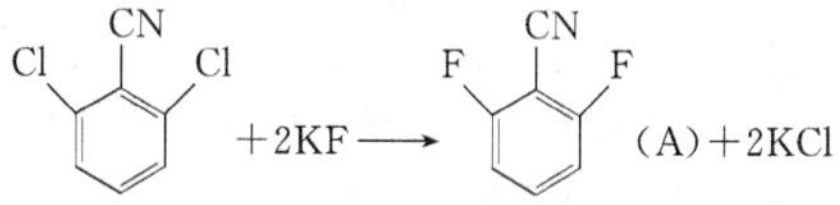

$$A \xrightarrow{H_2SO_4} \text{本品}$$

【安全性】 用纸板桶内衬塑料袋包装，每桶净重 25kg，或按用户要求包装。

【参考生产企业】 河北省内邱县恒誉精细化工有限公司，嘉兴天源药业有限公司，温州市华基化工有限公司，南京仁信化工有限公司，扬州天辰精细化工有限公司，石家庄市京东医药化工有限公司，吴江市汇丰化工厂，常州市迅达化工有限公司，常州亚邦申联化工有限公司，台州市金海医化有限公司，泰兴市永佳化工有限公司，滨海维佳化工有限公司。

Gb103 3,5-二硝基苯甲酰氯

【英文名】 3,5-dinitrobenzoyl chloride

【别名】 3,5-二硝基氯化苯甲酰

【CAS 登记号】 [99-33-2]

【结构式】

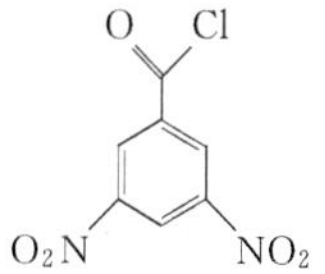

【物化性质】 黄色结晶。熔点 69.7℃。沸点（1.6kPa）196℃。在苯中结晶，易燃。溶于乙醚，能被水及醇分解，或在潮湿空气中水解生成二硝基苯甲酸及盐酸，能溶于非羟基的溶剂中而不分解。

【质量标准】 浅黄色结晶粉末。熔点67～69℃。

【用途】 维生素 D 的中间体，亦可用作消毒防腐剂和试剂。

【制法】 在一定温度下苯甲酸用混酸（硝酸和硫酸）硝化，得 3,5-二硝基苯甲酸，再用亚硫酰氯与氯气进行酰氯化，反应产物经精制得产品，反应中排出 HCl 气，可用水吸收。

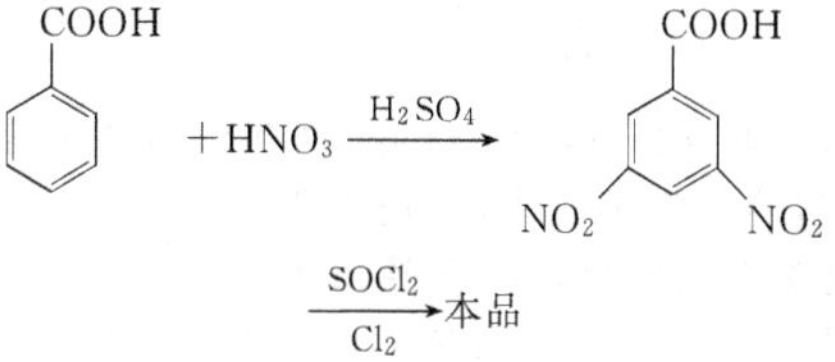

【安全性】 高毒，对黏膜、皮肤及组织有

强烈刺激性，严禁口服。生产中应防止泄漏，操作人员应穿戴防护用具。用玻璃瓶密封包装，外加木箱。按易燃有毒物品规定贮运。小心轻拿轻放，防止破损。

【参考生产企业】 泰兴盛铭精细化工有限公司，扬州天辰精细化工有限公司，常州迅达化工有限公司。

Gb104 3,4,5-三甲氧基苯甲酰肼

【英文名】 3,4,5-trimethoxybenzoyl hydrazine

【CAS 登记号】 [3291-03-0]

【结构式】

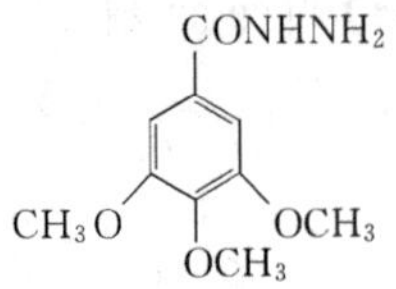

【物化性质】 无色结晶。

【质量标准】 含量 92%；水分 8%。

【用途】 用于有机合成，可作制取 3,4,5-三甲氧基苯甲醛的原料。

【制法】 以 3,4,5-三甲氧基苯甲酸即没食子酸为原料，在碱液中与硫酸二甲酯加热回流进行酯化，得 3,4,5-三甲氧基苯甲酸甲酯，再在 60～70℃下与水合肼反应制得。

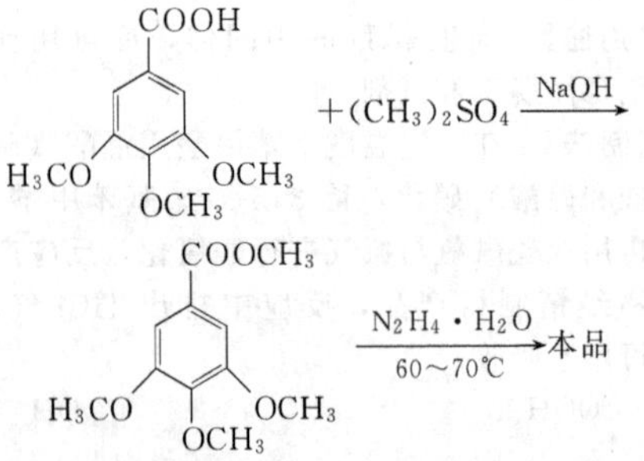

【安全性】 内衬塑料袋，外用铁桶或木桶包装。贮存于阴凉、通风处。

【参考生产企业】 南通市如东顺达化工有限公司，江苏磐希化工有限公司，嘉兴市通元化工有限公司。

Gb105 α-苯乙酰胺

【英文名】 α-phenyl acetamide

【别名】 benzeneacetamide；α-toluamide

【CAS 登记号】 [103-84-4]

【结构式】

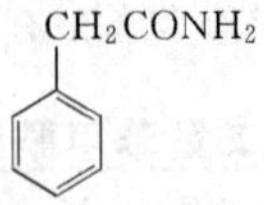

【物化性质】 白色片状结晶。可燃。低毒。熔点 157℃。沸点 280～290℃（分解）。溶于热水、乙醇，微溶于冷水、乙醚和苯。

【质量标准】

项　目	指　标
外观	白色或微黄色鳞片状结晶或粉末
含量/% ≥	97
干燥失重/% ≤	2

【用途】 主要用作青霉素 G 钾的发酵培养基和镇静药物苯巴比妥的原料。用于农药稻丰散及杀鼠原料药，还用于制备苯乙酸和香料等。

【制法】

(1) 一步法（苯乙烯胺化法）。苯乙烯、硫黄、液氨及水于 165℃、6.5MPa 压力下一步合成得粗品。粗品经脱硫、脱色、结晶、干燥，得成品。

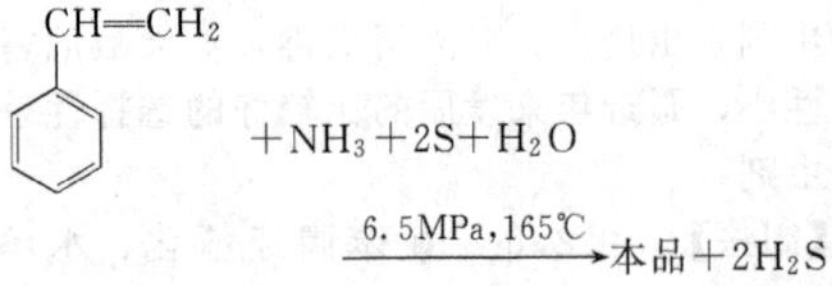

(2) 二步法。氯化苄（苄基氯）和氰化钠在二甲胺水溶液中，于 85～90℃下反应生成氰化苄（苄基氰）。反应产物经沉降分离、减压精馏得精氰化苄，后者在浓硫酸中加热水解得 α-苯乙酰胺粗品，再经离心分离、中和、结晶、去母液、干燥，得成品。

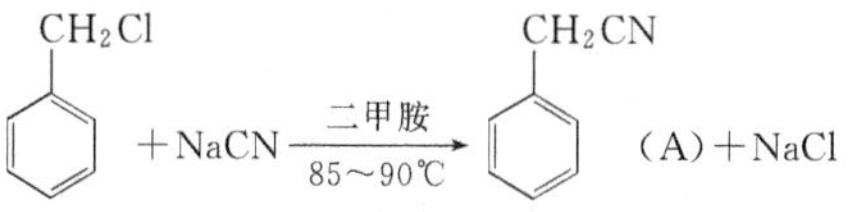

$A + H_2O \xrightarrow{H_2SO_4}$ 本品

【安全性】 低毒。

【参考生产企业】 金坛市金冠化工有限公司，台州市金海医化有限公司。

Gb106 邻苯二甲酰亚胺

【英文名】 phthalimide

【别名】 1*H*-isoindole-1，3（2*H*）-dione；*o*-phthalimide

【CAS登记号】 [85-41-6]

【结构式】

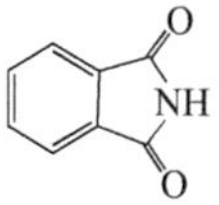

【物化性质】 纯品为白色松脆的结晶状粉末；工业品为浅黄色无定形的块状物。熔点238℃。微溶于水，溶于碱溶液、冰醋酸和吡啶，微溶于加热的三氯甲烷、苯和乙醚。

【质量标准】

项　目		指　标
外观		白色针状结晶
含量/%	≥	99
熔点/℃		238
沸点/℃		366
闪点/℃		165
密度/(g/cm³)		1.21
干燥失重/%	≤	0.5
铁/×10⁻⁶	≤	20

【用途】 可用于生产农药、染料、香料和医药，用来生产邻氨基苯甲酸和靛红酸酐。

【制法】 （1）碳铵法。苯酐和碳酸氢铵粉碎均匀后投入釜中反应，加热约4h升温到200℃，再以较快速度升温到280～300℃，熔融物出料，冷却固化即得产品。

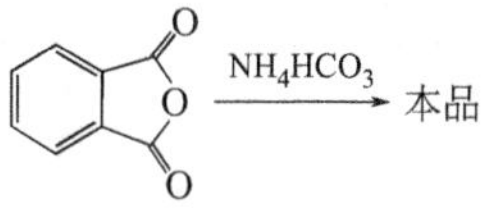

（2）尿素法。将苯酐和尿素混匀在已预热的反应釜中进行反应15～20min，反应结束后加水析出晶体，经干燥后可得产品。

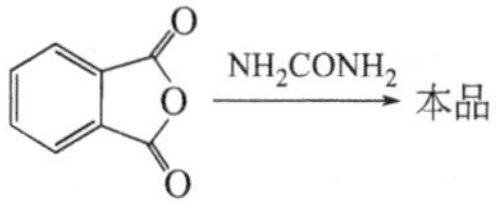

【安全性】 受热放出有毒的氧化氮气体。误服能致毒。对皮肤有轻微刺激性。玻璃瓶、塑料瓶外木箱内衬垫料或纤维桶、金属桶内衬塑料袋。贮存于阴凉通风的仓库内，远离火种、热源。与食品原料隔离贮运。搬运时轻装轻放，防止容器受损。

【参考生产企业】 淄博市临淄大荣精细化工公司，湖北仙隆化工股份有限公司，吴江市新三联化工有限公司，淮安市华泰化工有限公司，杭州万科科技有限公司，江西金海化工有限公司，靖江市恒政增稠材料厂，三门峡奥科化工有限公司，青州市奥星化工有限公司。

Gb107 *N*-苯基马来酰亚胺

【英文名】 *N*-phenylmaleimide

【别名】 1-phenyl-1*H*-pyrrole-2，5-dione

【CAS登记号】 [941-69-5]

【结构式】

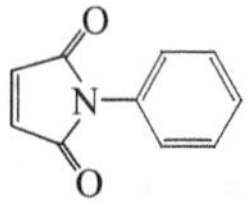

【物化性质】 黄色粉状固体。熔点88～90℃。沸点162℃（1.6kPa）。难溶于水，易溶于一般有机溶剂，尤其易溶于丙酮、醋酸乙酯和苯。

【质量标准】

项目		指标
外观		淡黄色粉状固体
熔点/℃		83.0～85.0
纯度(GC)/%	≥	98.0
灰分/%	≤	0.15
水分/%	≤	0.3
挥发物/%	≤	0.50

【用途】 用于提高树脂的耐热性，适用于制造涂料、黏合剂、感光性树脂、医药和农药等。

【制法】 (1) 一步法。将顺丁烯二酸酐和苯胺按物质的量 1∶1 在甲苯或者二甲苯中进行反应，反应结束后，经过冷却、过滤、洗涤、干燥、重结晶得到 *N*-苯基马来酰亚胺。但是此法反应的温度较高，导致副反应的发生，反应产率较低。

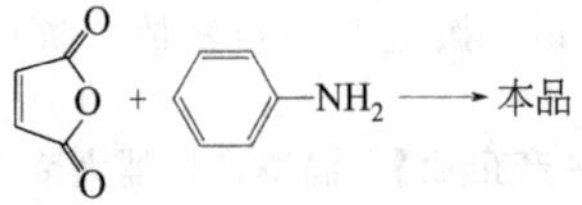

(2) 共沸法。以顺丁烯二酸酐为原料，在有机溶剂（甲苯、二甲苯、四氢呋喃、氯烷烃类）中进行反应制得，在该反应以强酸（硫酸、磷酸、对甲苯磺酸等）或以锌、锡及其化合物作为催化剂。

【安全性】 吸入、吞咽、皮肤接触有刺激作用。以编织袋包装，25kg/袋。

【参考生产企业】 温州市隆昌化工有限公司，宁波龙欣精细（德欣染料）化工有限公司，陕西宝鸡宝玉化工有限公司，湖北双峰化工有限公司，西安双马新材料有限公司，南通市振兴精细化工有限公司。

Gb108 二苯胺

【英文名】 diphenylamine

【别名】 *N*-苯基苯胺；*N*-phenylbenzeneamine

【CAS 登记号】 [122-39-4]

【结构式】

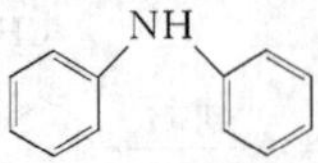

【物化性质】 无色至浅灰色结晶。可燃。有香味。遇光变成灰黑色。沸点 302℃。自燃点 634℃。闪点 152℃。熔点 54～55℃。相对密度（d_{20}^{20}）1.160。不溶于水，溶于苯、乙醇、乙醚、冰醋酸、二硫化碳和浓无机酸。

【质量标准】 GB/T 681—94 化学试剂 二苯胺

项目		指标
二苯胺[$(C_6H_5)_2NH$]含量/%		≥99.0
熔点范围/℃		52.5～54.0 (1℃)
对硝酸盐灵敏度试验		合格
杂质最高含量	乙醇溶解试验	合格
	灼烧残渣(以硫酸盐计)/%	0.01
	硝酸盐(NO_3)	合格
	苯胺($C_6H_5NH_2$)	合格

【用途】 用作酸性黄 G、酸性橙Ⅳ等偶氮染料的混合组分，也用于生产橡胶促进剂、防老剂、塑料稳定剂和兽药硫化二苯胺等，还用作硝化棉及无烟火药的安全剂等。

【制法】 将苯胺以无水三氯化铝作催化剂，进行缩合反应。反应液经中和、煮洗、真空蒸馏、用乙醇结晶，得成品。

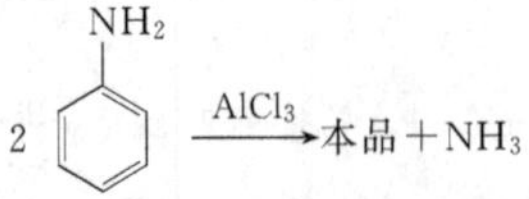

【安全性】 高毒，能刺激皮肤和黏膜，引起血液中毒等症状。病理现象类似苯胺，但毒性比苯胺稍低。生产现场应保持良好通风，设备应密闭，操作人员应穿戴防护用具，避免人体与之直接接触。空气中最高容许浓度 10mg/m³。采用内衬塑料袋的麻袋包装。应密封、避光保存，注意防火、防热。按易燃、易爆、有毒物品规定贮运。

【参考生产企业】 北京恒业中远化工有限

公司，江苏飞亚化学工业有限责任公司，南通新邦化工有限公司，辽宁庆阳特种化工有限公司，辽宁庆阳化学工业公司化工六厂，上海橡胶助剂厂金坛分厂。

Gb109 4-氨基二苯胺

【英文名】 4-aminodiphenylamine

【别名】 蓝色基 RT；蓝贝司 RT；*N*-phenyl-*p*-phenylenediamine

【CAS 登记号】 [101-54-2]

【结构式】

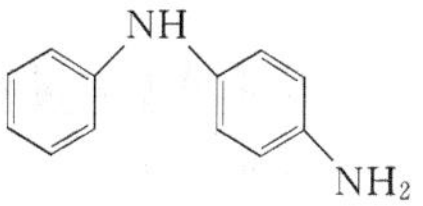

【物化性质】 灰色针晶。在空气中易氧化变色。沸点 354℃。熔点 72℃。易溶于有机溶剂如乙醇、乙醚，亦可溶于酸、碱溶液，微溶于水。

【质量标准】 HG/T 4231—2011 4-氨基二苯胺

项　目		指　标
外观		灰褐色至紫褐色固体或熔融液体
结晶点/℃	≥	70.0
加热减量/%	≤	0.50
灰分/%	≤	0.10
纯度(GC)/%	≥	98.5

【用途】 染料及橡胶助剂中间体，用于合成胺类防老剂，例如防老剂 4010、4010Na、4020 等。

【制法】 (1) 苯胺法。以对硝基氯苯和苯胺在 *N*-甲酰苯胺和碳酸钾存在下直接进行缩合反应，得 4-硝基二苯胺，经中和、水洗，再经硫化碱还原（或加氢还原）、水洗、蒸馏制得成品。

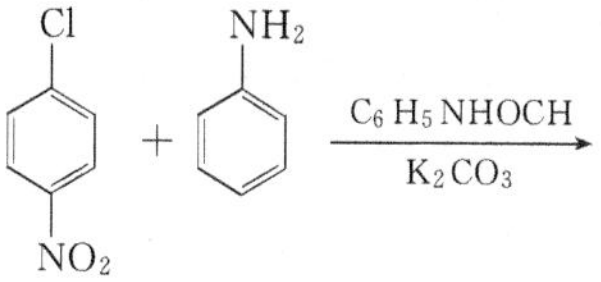

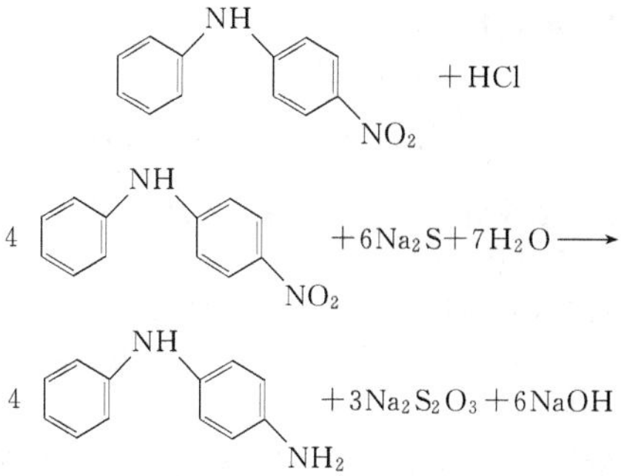

(2) 二苯胺法。以二苯胺为原料，在无机酸及亚硝酸盐的存在下亚硝化、重排、中和，再经硫化碱还原便得 4-氨基二苯胺。

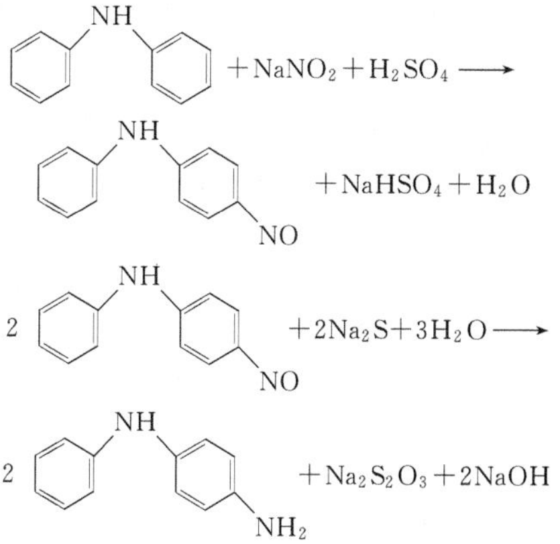

【安全性】 有毒。可经皮肤吸收引起中毒，其病理现象类似苯胺。生产场所应保持良好通风，设备应密闭。操作人员应穿戴防护用具，避免人体与之直接接触。

【参考生产企业】 上海圣奥实业（集团）有限公司，中国石化集团南京化学工业有限公司化工厂，河北大名县名鼎化工有限责任公司，江苏东龙实业有限责任公司，山西翔宇化工有限公司。

Gb110 4,4′-二氨基二苯胺硫酸盐

【英文名】 4, 4′-diaminodiphenylamine sulfate

【CAS 登记号】 [53760-27-3]

【结构式】

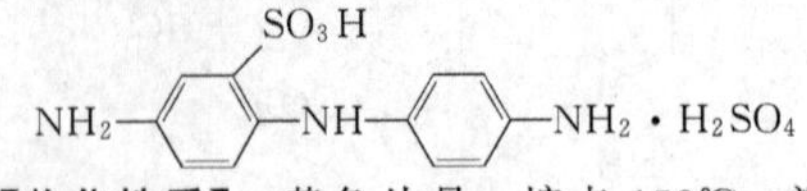

【物化性质】 黄色片晶，熔点 158℃。溶于乙醇和乙醚，不溶于水。

【用途】 冰染染料色基，即黑色基 B。可制取黑色盐 ANS，又可用于其他染料的合成。

【制法】 先将 2-氯-5-硝基苯磺酸用纯碱制成钠盐。此钠盐与对氨基-*N*-乙酰苯胺在 110℃、0.08MPa 下缩合，生成 4-硝基-4′-*N*-乙酰氨基二苯胺-2-磺酸钠，将其用盐酸酸化，然后用铁粉还原，再加稀硫酸水解以脱去磺酸基及乙酰基，即可得成品。

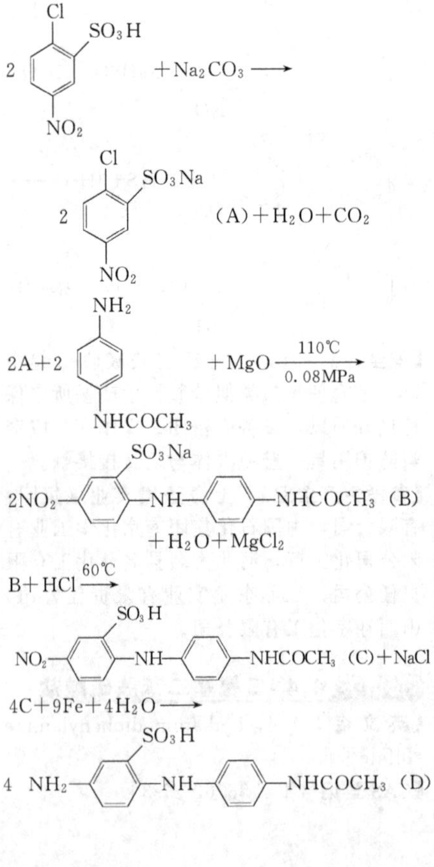

$+3Fe_3O_4$

$$D+2H_2O \xrightarrow{H_2SO_4} \text{本品}+CH_3COOH$$

【安全性】 有毒。小鼠经口 LD_{50} 为 246mg/kg，大鼠经口 LD_{50} 为 447mg/kg。其毒性及防护方法参见硝基苯。密封铁桶包装，内衬塑料袋。贮存于阴凉、通风、干燥处，防热、防晒、防潮。按有毒化学品规定贮运。

【参考生产企业】 河北省大名县名鼎化工有限责任公司，山西翔宇化工有限公司，中国石化集团南京化学工业有限公司。

Gb111 对氨基偶氮苯盐酸盐

【英文名】 *p*-aminoazobenzene hydrochloride

【CAS 登记号】 [3457-98-5]

【结构式】

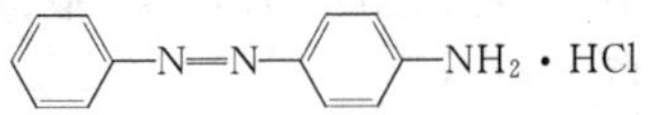

【物化性质】 钢青色针状结晶。熔点 227～228℃。微溶于水，溶于盐酸及乙醇。与稀氢氧化铵共热，析出棕色的对氨基偶氮苯结晶。

【质量标准】 钢蓝至蓝黑色粉末状结晶。含量（干品计）≥90%；水分≤35%。

【用途】 偶氮染料中间体，可用于生产直接耐晒橙 GGL、酸性大红 GK、分散黄 RG 和 FL、分散橙 GG 等染料。

【制法】 由苯胺、亚硝酸钠在盐酸介质中进行重氮化反应，得苯胺重氮盐，再与另一分子苯胺加成，生成重氮氨基苯，然后在少量苯胺盐酸盐存在下于 40～50℃进行分子重排，用盐酸酸化，得对氨基偶氮苯盐酸盐结晶。

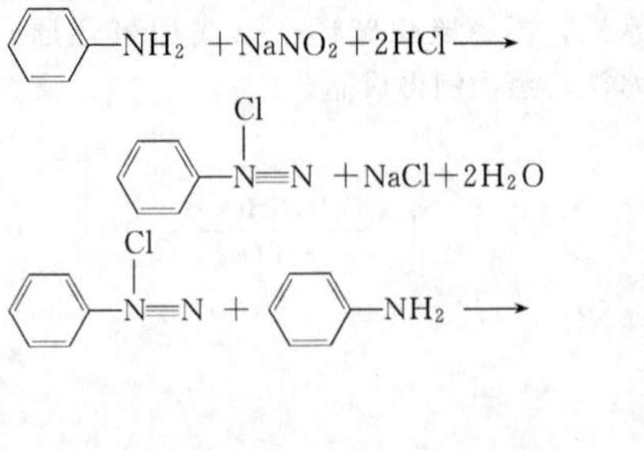

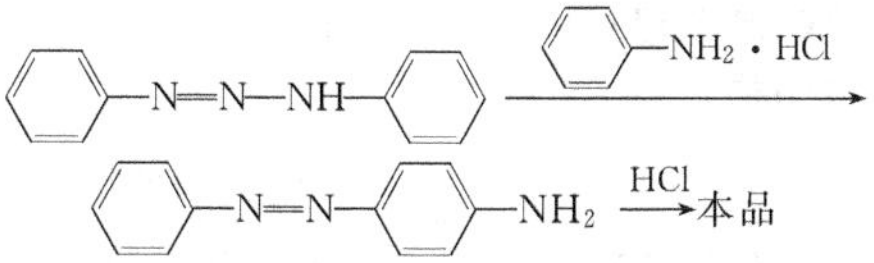

【安全性】 剧毒。毒性与苯胺相似。生产设备及管道要密闭。避免与皮肤接触，溅及皮肤时，要及时用水和乙醇冲洗。发生中毒时，可注射葡萄糖美兰制剂解毒。用木桶或麻袋内衬塑料袋包装，每桶（袋）净重 25kg 或 50kg。贮存于阴凉、干燥处，不能与有机溶剂、碱类、食品共贮或混运。贮运中防止日晒、雨淋。

【参考生产企业】 江苏省泰兴市嘉丰化工有限公司，连云港双蝶染料化工有限公司，江苏大华阳集团，江苏省高邮市化工厂。

Gb112 4,4′-二氨基二苯醚

【英文名】 4,4′-diaminodipheny ether

【别 名】 di(4-aminophenyl) ether; 4,4′-oxydianiline

【CAS 登记号】 [101-80-4]

【结构式】

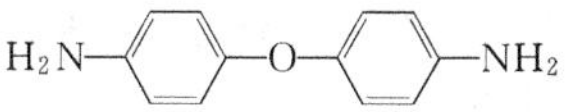

【物化性质】 白色或浅黄色晶体。无味。熔点 186～190℃。闪点 218℃。

【质量标准】

项 目	指 标
外观	白色或浅黄色晶体
熔点/℃ ≥	187
含量(以氨基值计)/% ≥	99.0

【用途】 主要用作聚酰亚胺树脂、聚酰胺树脂、环氧树脂的原料及交联剂。

【制法】 (1) 由对硝基氯苯与对硝基苯酚在硝基苯溶液中以氯化钾作催化剂进行缩合，得 4,4′-二硝基二苯醚，再经铁粉在水介质中，以氯化铵作催化剂还原得粗制品 4,4′-二氨基二苯醚，然后经萃取、脱色、中和、升华制得。

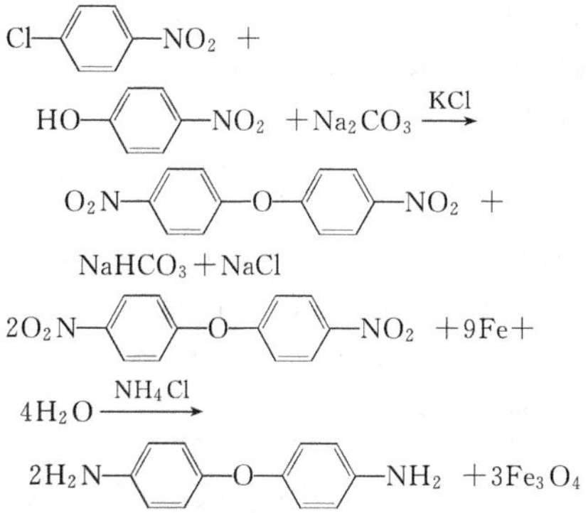

(2) 由对硝基氯苯和纯碱、亚硝酸钠在有机溶剂中缩合，得 4,4′-二亚硝基二苯醚，除溶剂后进行加氢还原，得 4,4′-二氨基二苯醚，经脱色中和，得成品。

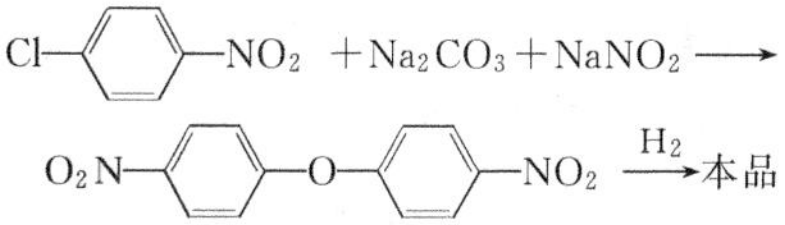

【安全性】 有毒。可致癌。吸入蒸气或粉末或经皮肤吸收均可引起中毒。能损害人的神经系统，使血形成变性血红蛋白，并有溶血作用。生产设备应密闭。生产现场应保持良好通风，防止粉尘。操作人员应穿戴防护用具。采用铁桶内衬塑料袋包装，每桶 20kg。贮存于阴凉、干燥处。防火、防潮、防晒。按易燃有毒物品规定贮运。

【参考生产企业】 山东万达化工有限公司，上海群力化工有限责任公司，安徽省怀远县虹桥化工有限公司，淄博市临淄乾浩化工有限公司，金坛市华盛化工助剂有限公司，常州瑞盛化工有限公司，北京达科思精细化工研究所。

Gb113 米蚩(勒氏)酮

【英文名】 Michler's ketone

【别名】 4,4′-二(二甲氨基)二苯甲酮；bis[4-(di-methylamino) phenyl] methanone;

4,4′-bis(dimethylamino)benzophenone

【CAS 登记号】 [90-94-8]

【结构式】

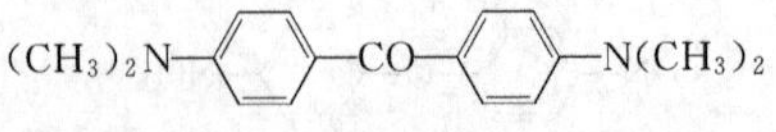

【物化性质】 银白色或浅灰绿色晶体。熔点 172℃。沸点>360℃（分解）。不溶于水，微溶于乙醇和乙醚，溶于热苯。

【质量标准】

项　目		指　标
外观		浅蓝或暗绿色结晶粉末
熔点/℃	≤	170.5
灼烧残渣/%	≤	1
水分/%	≤	0.2

【用途】 主要用作染料中间体，用以生产碱性艳蓝 B 及 R 等。

【制法】 由二甲苯胺与光气在无水氯化锌或氯化铝催化下反应制得。

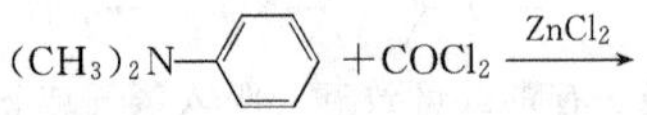

本品＋2HCl

【安全性】 有毒。刺激皮肤，引起皮炎、血液中毒，可致中枢神经麻痹。要求生产设备密闭，车间通风良好，操作人员穿戴好防护用具。可燃，遇明火能燃烧，受高热可散发出有毒气体，失火时应用雾状水、泡沫、二氧化碳、砂土灭火。产品用铁桶密封包装，包装上应有明显的“有毒品”字样，属有机有毒品，危规编号 84112。贮存于阴凉、干燥、通风的库房中，仓库严禁烟火。应与氧化剂、食用化工原料分开存放。按易燃、有毒物品规定贮运。

【参考生产企业】 上海广锐生物科技有限公司。

Gb114 联苯胺硫酸盐

【英文名】 benzidine sulfate

【别名】 4,4′-二氨基联苯硫酸盐

【CAS 登记号】 [92-87-5]

【结构式】

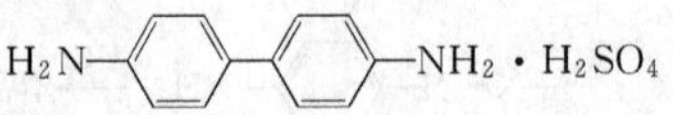

【物化性质】 白色小鳞片状晶体。溶于乙醚，极微溶于水、乙醇、稀酸。联苯胺为无色晶体。遇光或在空气中变为黄色或红褐色。熔点 127.5～128.7℃。沸点(98.7kPa) 400～401℃。微溶于水，稍溶于乙醇和乙醚，易溶于醋酸和稀盐酸。可燃。

【质量标准】

项　目		指　标
外观		浅灰色膏状物
含量(以氨基计)/%	≥	26
异构物含量/%	≤	0.7
重氮化不溶物/%	≤	0.7

【用途】 用作有机合成和偶氮染料中间体，制取直接深棕 M、直接元青、直接墨绿 B、硫化黄 GC、联苯胺黄色淀及偶氮缩合型有机颜料等，也可用于医药及化学试剂。

【制法】 硝基苯在液碱中用锌粉还原为对称二苯肼，然后在酸介质中重排，再用酸沉析，即得成品。

【安全性】 联苯胺硫酸盐是联苯胺的衍生物。有毒。能刺激皮肤和黏膜。可致敏并可引起膀胱癌。应避免其与皮肤直接接触。生产设备要密闭，防止粉尘污染空气。操作人员应穿戴防护用具。用铁桶内衬暗色塑料袋包装。贮存于阴凉、通风、干燥处。按有毒易燃化学品规定贮运。

【参考生产企业】 上海信裕生物科技有限公司，北京恒业中远化工有限公司，上海邦成化工有限公司。

Gb115 3,3′-二甲基联苯胺

【英文名】 3,3′-dimethylbenzidine

【别名】 托力丁贝司；邻联甲苯胺；*o*-

tolidine; 4, 4′-diamino-3, 3′-dimethylbiphenyl; 4,4′-diamino-3,3′-ditolyl; *p*,*p*′-di-amino-*m*,*m*′-ditolyl

【CAS 登记号】 [119-93-7]

【结构式】

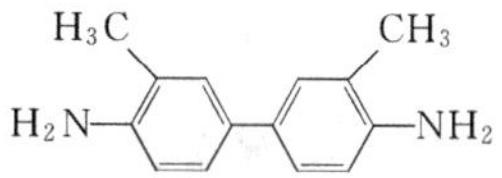

【物化性质】 白色至微红色晶体或结晶粉末。熔点 129～131℃。340℃分解。微溶于水，溶于乙醇、乙醚和稀酸。可燃。

【质量标准】

项　目		指　标
外观		灰白色晶体
湿品重氮值/%	≥	70
干品重氮值/%	≥	98
熔点(干品)/℃	≥	129
酸不溶物/%	≤	0.5

【用途】 有机合成中间体。主要用于制造染料如色酚 AS—G、青色基 R 及直接染料等。试剂级产品可作钴、铜、铬等金属的测定剂，是测水中含金（检测限 1∶107）及游离氯的极灵敏的试剂。

【制法】 将邻硝基甲苯在苛性钠介质中用锌粉（或硅铁粉）还原为 2,2′-二甲基对称二苯肼，然后在 22.5%的硫酸及焦亚硫酸钠（或盐酸）存在下，重排生成 3,3′-二甲基联苯胺硫酸盐（或盐酸盐），再加 30%液碱，脱酸而得成品。

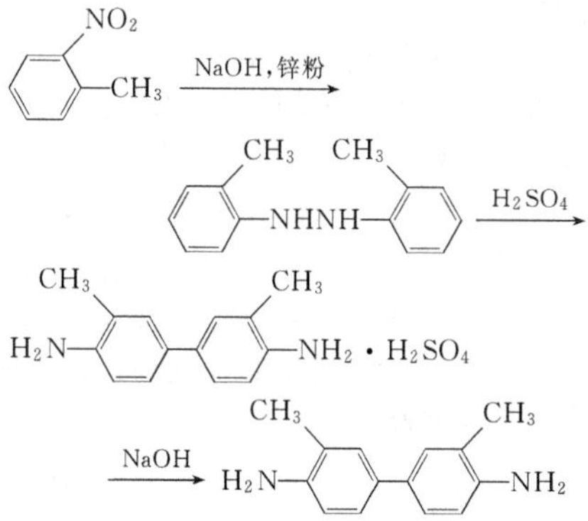

【安全性】 3,3′-二甲基联苯胺是联苯胺的衍生物。有毒。能刺激皮肤和黏膜。可致敏并可引起膀胱癌。应避免其与皮肤直接接触。生产设备要密闭，防止粉尘污染空气。操作人员应穿戴防护用具。用铁桶内衬暗色塑料袋包装。贮存于阴凉、通风、干燥处。按有毒易燃化学品规定贮运。

【参考生产企业】 杭州下沙恒升化工有限公司，大连立成染料化工有限公司。

Gb116 3,3′-二氯联苯胺盐酸盐

【英文名】 3,3′-dichlorobenzidine hydrochloride

【CAS 登记号】 [612-83-9]

【结构式】

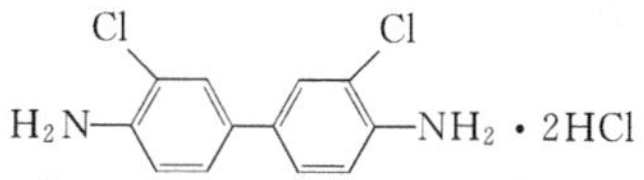

【物化性质】 白色至粉白色膏状物。熔点 132～137℃。溶于稀酸、乙醇及乙醚，微溶于水。易氧化，在稀酸溶液中稳定，重氮化速度快，经碱处理成游离胺。

【质量标准】

项　目		指　标
外观		白色至浅灰色粉末
含量(干品)/%	≥	97.5
(湿品)/%	≥	78.0
水分/%	≤	22.0

【用途】 主要用作染料中间体，用于生产偶氮染料。

【制法】 以邻硝基氯苯为原料，与 NaOH 及锌粉进行还原，制得 2,2′-二氯氢化偶氮苯。然后在稀硫酸中进行转位重排，制得 3,3′-二氯联苯胺硫酸盐，最后经盐析制成 3,3′-二氯联苯胺盐酸盐。

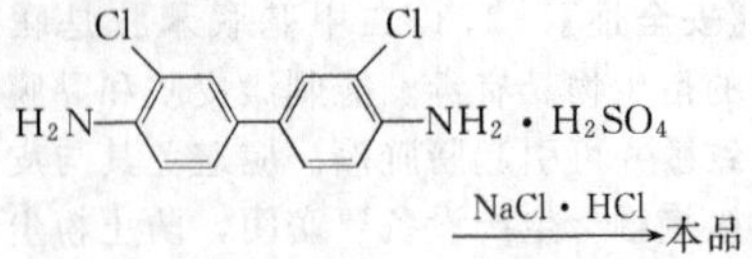

【安全性】 有毒，毒性近似于联苯胺(联苯胺盐酸盐对狗经口 LD200mg/kg)。刺激皮肤和黏膜，有过敏性，有引起膀胱癌的危险。操作人员应穿戴防护用具。要求生产设备密闭，加强环境保护。以25kg 内衬塑料袋的铁桶包装。贮存于阴凉、干燥、通风的库房中，密封保存，注意防热、防潮，不得与碱类物品一处存放。搬运时要轻装轻卸，防止包装破损。

【参考生产企业】 浙江上虞市芳华化工有限公司，山东泰山染料股份有限公司。

Gb117 N,N′-二苄基乙二胺二盐酸盐

【英文名】 benzathine dihydrochloride

【别名】 N,N′-dibenzylethylenediamine dihydrochloride; N,N′-bis(phenylmethyl)-1,2-ethanediamine dihydrochloride; 1,2-bis(benzylamino)ethane dihydrochloride

【CAS 登记号】 [3412-76-8]

【结构式】

【物化性质】 白色鳞片状晶体。无臭无味。化学性质稳定。298℃分解。水中溶解度 23.9mg/mL。

【质量标准】 药用级含量≥95%，水分≤1%。

【用途】 长效青霉素的中间体。

【制法】 氯化苄和乙二胺在碱性条件下缩合成 N,N′-二苄基乙二胺，再以稀乙醇为溶剂。滴加盐酸酸化成盐，静置冷却结晶，离心脱水，干燥而得成品。

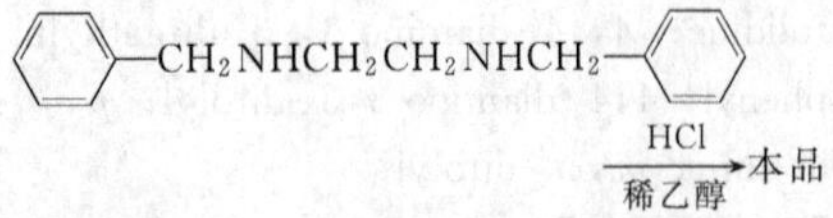

【安全性】 内衬塑料袋，外用纸箱包装。

【参考生产企业】 北京恒业中医化工有限公司，寿光畜化药有限公司。

Gb118 N,N′-二苯基脲

【英文名】 carbanilide

【别名】 二苯脲；双苯基脲；N,N′-diphenylurea; diphenylcarbamide; 1,3-diphenylurea; *sym*-diphenylurea

【CAS 登记号】 [102-07-8]

【结构式】

【物化性质】 白色棱状体结晶。熔点239～240℃。沸点 260℃。相对密度 1.239。极微溶于水、醇、丙酮或氯仿，溶于冰醋酸、乙醚，微溶于吡啶。

【质量标准】

项 目	指 标
外观	浅灰白色结晶体
熔点/℃	236～240
水分/% ≤	0.5

【用途】 在农药工业上可用于合成除草剂和杀虫剂，也可用作药物氨基苯磺酸的中间体及制磺胺药物。经醇解可生成氨基甲酸酯，是合成聚氨酯的重要母体。

【制法】

(1) 尿素法。该方法以水为溶剂，以盐酸为催化剂，由苯胺与尿素缩合而得，是工业制备 N,N′-二苯基脲的方法。

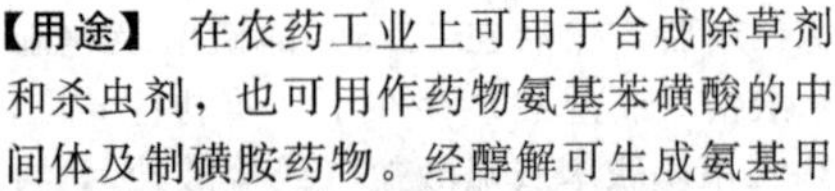

(2) 光气法。光气法传统制备 N,N′-二苯基脲的方法，以光气为原料，与苯胺反应制得。

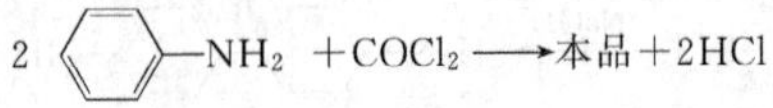

（3）异氰酸酯法。以异氰酸酯为原料，经过胺解或水解制得 N,N'-二苯基脲。由于异氰酸酯也是由光气制得的，所以异氰酸酯方法也可称为间接光气法。

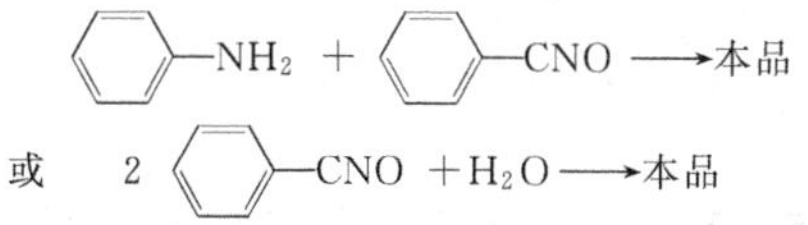

【安全性】 食入、吸入或进入眼睛会造成危害，应立即处理。内衬聚乙烯塑料袋外用聚丙烯编织袋包装，每袋净重 25kg。本品应贮存于阴凉干燥通风处，防火、防潮。按有毒化学品贮运。

【参考生产企业】 扬州市奥鑫助剂厂，重庆市昆仑化工厂，西安岚皓助剂厂。

Gb119 α-萘胺

【英文名】 1-naphthylamine

【别名】 1-萘胺；甲萘胺；1-naphthalenamine；1-aminonaphthalene；α-naphthylamine；naphthalidine

【CAS 登记号】 [134-32-7]

【结构式】

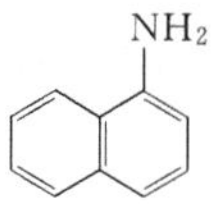

【物化性质】 白色针晶。暴露在空气中逐渐变红色，可燃。具有难闻的气味。可升华。沸点 300.8℃。闪点 69.4℃。熔点 50℃。相对密度（d_{25}^{25}）1.129。折射率（n_D^{51}）1.6703。微溶于水，易溶于乙醇、乙醚。粉末和蒸气有毒。

【质量标准】

（1）GB/T25781—2010 1-萘胺

项 目		优等品	合格品
外观		浅黄色至玫瑰色熔铸体	
干品结晶点/℃	≥	48.0	45.4
1-萘胺(总氨基值)	≥	99.50	99.00
2-萘胺(HPLC)/%	≤	0.10	—

注：合格品不适用作为生产染料的原料。

（2）HG/T 3388—1999 1-萘胺

项 目		优等品	合格品
外观		浅黄色至深玫瑰色熔铸体	
总氨基值/%	≥	99.5	99.0
2-萘胺含量/%	≤	0.1	—
干品结晶点/℃	≥	48.0	45.4

【用途】 用作直接染料（如直接耐晒蓝 B2RL、直接耐晒灰 3B）、酸性染料、冰染染料和分散染料等的中间体，还是橡胶防老剂、农药的原料。

【制法】 精萘用混酸硝化得 α-硝基萘，再用二硫化钠还原，再经蒸馏制得成品。

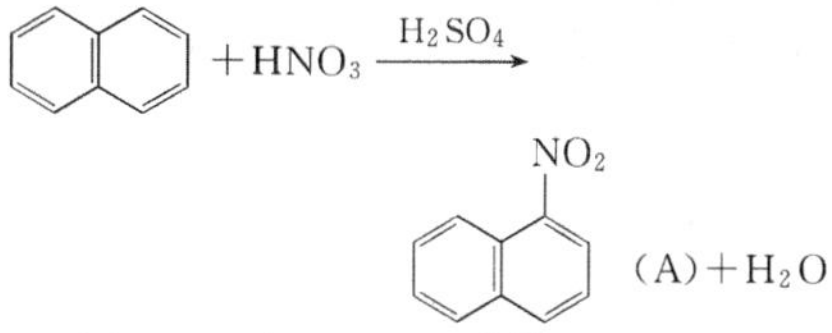

$A + Na_2S_2 + H_2O \longrightarrow$ 本品 $+ Na_2S_2O_3$

【安全性】 有毒。狗皮下注射 LD_{50} 400mg/kg。吸入其蒸气后，感觉头痛，经皮肤渗入血液中能破坏红细胞，能引起泌尿系统疾病。长期慢性中毒可引起膀胱癌。生产设备要密闭防漏。操作及搬运人员应穿戴防护用具，定期体检。空气中最高容许浓度 1mg/m^3。采用铁桶密封包装，每桶净重 200kg。贮存于通风干燥处，远离易燃物、氧化剂，避免日晒。

【参考生产企业】 常州市常宇化工有限公司，江苏华达化工集团有限公司，天津华士化工有限公司，上海松江泗联化工厂，武进市东南助剂厂，北京恒业中远化工有限公司。

Gb120 8-乙酰氨基-2-萘酚

【英文名】 8-acetamido-2-naphthol

【CAS 登记号】 [6470-18-4]

【结构式】

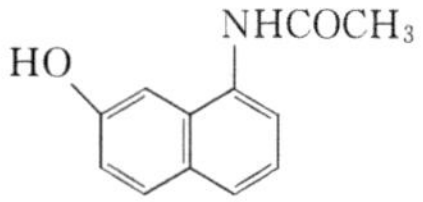

【物化性质】 片状结晶。有升华作用。溶

于乙醇、乙醚、醋酸和苯。

【质量标准】

项　目	指　标
外观	浅灰色粉末或结晶
熔点/℃　　　　　≥	190
含量/%　　　　　≥	95
碱不溶物/%　　　≤	0.1

【用途】 用作中性染料灰、棕、黑、卡其等偶合组分的中间体。

【制法】 先将1,7-克列夫酸（1-氨基-7萘磺酸）用烧碱碱熔生成8-氨基-2萘酚钠盐，再用稀酸酸化，使8-氨基-2-萘酚析出，然后用醋酐乙酰化而得成品。

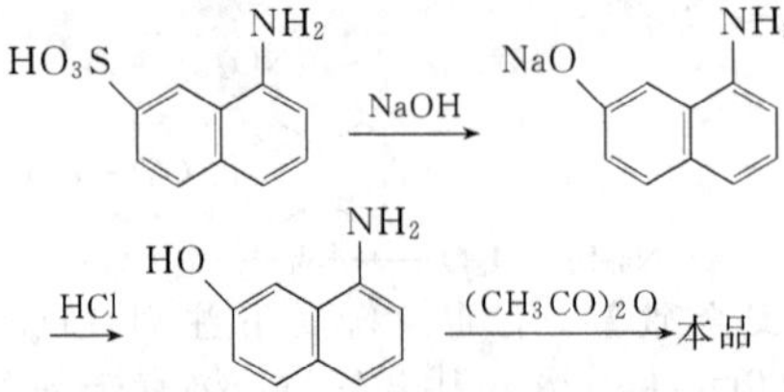

【安全性】 为萘酚系衍生物，毒性低于萘酚。对皮肤和黏膜有刺激作用，经皮肤吸收而刺激肾脏引起肾炎。车间应有良好的通风。生产设备应密闭。操作人员应穿戴好防护用具。本品能升华。应贮存在密闭容器中。按一般化学品规定贮运。

【参考生产企业】 青岛双桃精细化工（集团）有限公司，杭州可菲克化学有限公司。

Gb121 邻氨基苯酚

【英文名】 *o*-aminophenol

【别名】 邻羟基苯胺；*o*-hydroxyaniline；1-hydroxy-2-aminobenzene；2-amino-1-hydroxybenzene；2-hydroxyaniline；2-aminophenol

【CAS登记号】 [95-55-6]

【结构式】

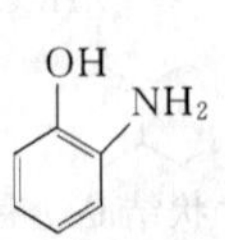

【物化性质】 纯品为白色针状结晶，遇光和在空气中逐渐变黑。能升华。遇三氯化铁呈红色，与无机酸生成易溶于水的盐。密度1.328g/cm³。熔点174℃。不溶于苯，溶于乙醇及水。

【质量标准】 灰至灰褐色粉末。含量≥95%。

【用途】 染料中间体，用于制造硫化染料、偶氮染料、毛皮染料和制造荧光增白剂EB。

【制法】 将邻硝基氯苯在氢氧化钠溶液中加热升温，在一定压力下水解，得邻硝基苯酚钠，然后用硫化碱还原，再以二氧化碳酸析，冷却、过滤，在亚硫酸氢钠溶液中浸渍后离心分离，干燥而得成品。

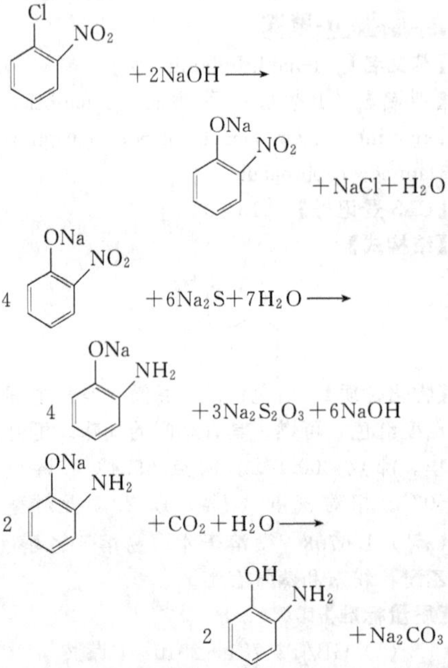

【安全性】 有毒。具有苯胺和苯酚的毒性。可经皮肤吸收而引起中毒性皮炎，及高铁血红蛋白症和哮喘。生产设备要密闭，现场应保持良好通风，操作人员要穿戴防护用具。

【参考生产企业】 高邮市助剂厂，浙江富盛控股集团有限公司，蚌埠市海兴化工有限责任公司，常州市武进雪堰万寿化工有限公司，浙江永泉化学有限公司，杭州力禾颜料有限公司，常山县海诚化工有限责任公司，江苏格罗瑞药业有限公司，济南华尔沃化工有限公司，南京力达宁化学有限公司，洛阳精成化工有限公司。

Gb122 间氨基苯酚

【英文名】 *m*-aminophenol

【别名】 间羟基苯胺；*m*-hydroxyaniline；1-hydroxy-3-aminobenzene；3-amino-1-hydroxybenzene；3-hydroxyaniline

【CAS 登记号】 [591-27-5]

【结构式】

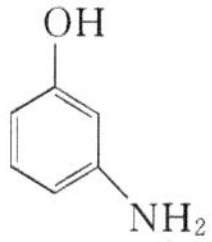

【物化性质】 白色结晶。沸点（1.466kPa）164℃。熔点 123℃。溶于水、乙醇、乙醚，难溶于苯和汽油。

【质量标准】 HG/T 4424—2012 间氨基苯酚

项　目	指　标
外观	白色或灰白色晶体
间氨基苯酚纯度/% ≥	99.00
干品初熔点/℃ ≥	121.0
水分/% ≤	0.30
灰分/% ≤	0.10

【用途】 用于生产抗氧剂、稳定剂、显影剂、彩色胶片。在医药上用于制抗结核药对氨基水杨酸。在纺织工业上用于印染和毛皮、头发的染色。

【制法】 硝基苯用发烟硫酸磺化，再用铁粉还原，然后经碱熔、酸化而得。

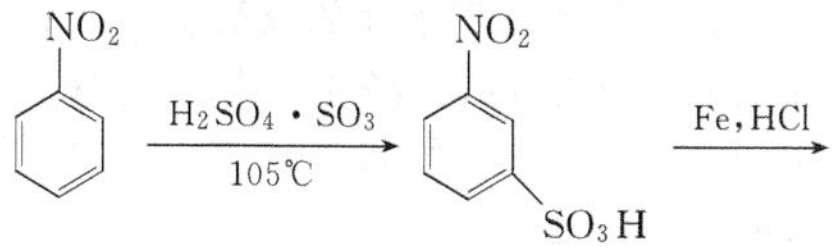

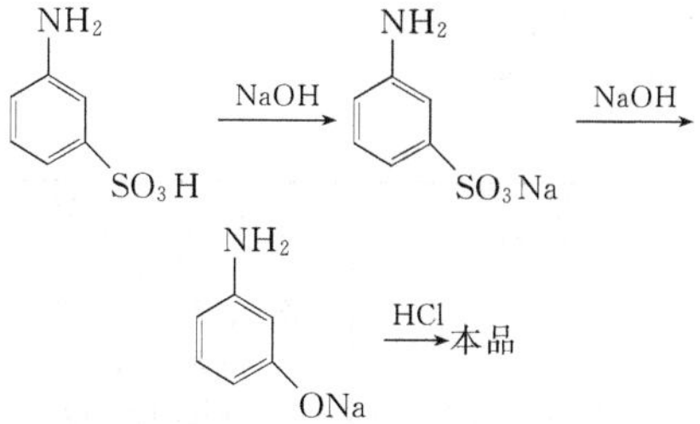

【安全性】 小鼠腹腔注射 LD_{50} 为 4.5mg/20g，经口 LD_{50} 为 4.5mg/kg。氨基苯酚分子内存在两个有毒基团，所以具有苯胺和苯酚双重毒性。可经皮肤吸收并引起皮炎，能引起高铁血红蛋白症和哮喘。密闭贮存于衬塑料袋的木桶内，防热防潮。按剧毒物品规定贮运。

【参考生产企业】 杭州力禾颜料有限公司，江苏方舟化工有限公司，沧州华通化工有限公司，石家庄市桥东印染化工厂，四川北方红光化工有限公司，山东省金乡有机化工厂，石家庄市新华染料化工厂，寿光富康制药有限公司，石家庄市中汇化工有限公司，沧州天一化工有限公司。

Gb123 对氨基苯酚

【英文名】 *p*-aminophenol

【别名】 对羟基苯胺；*p*-hydroxyaniline；4-amino-1-hydroxybenzene

【CAS 登记号】 [123-30-8]

【结构式】

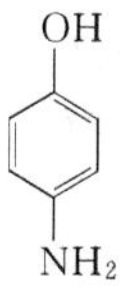

【物化性质】 白色或浅黄棕色结晶。暴露在日光下变成紫色。有强还原性。与无机酸作用生成易溶于水的盐。沸点 bp_{760} 284℃(分解)、$bp_{8.0}$ 167℃、$bp_{3.0}$ 150℃、$bp_{0.3}$ 130.2℃。熔点 189.6～190.2℃（商业产品通常为粉色，熔点 186）。稍溶于水和乙醇，不溶于苯和氯仿，溶于碱液后

很快变褐色。

【质量标准】 GB/T 21892—2008 对氨基苯酚

项目		优等品	一等品	合格品
外观		米白色至浅棕色晶体(贮存时允许颜色变深)		
氨基值/%	≥	97.00	96.50	96.00
对氨基苯酚纯度(HPLC)/%	≥	98.00	98.00	97.00
有机杂质(HPLC)/%	≤	1.20	1.20	1.50
干燥失重/%	≤	0.50	0.70	1.00
铁含量/(mg/kg)	≤	50	150	200
灰分/%	≤	1.5	2.0	3.0
熔程/℃		183.0~190.2	—	

【用途】 主要用于制造偶氮染料、硫化染料、酸性染料和毛皮染料（如毛皮棕 P）。以及制造扑热息痛、安妥明等药品，也用于制取显影剂、抗氧剂和石油添加剂等。

【制法】 (1) 对硝基苯酚经铁粉还原生成对氨基苯酚粗制品，再经焦亚硫酸钠溶液浸渍、过滤、干燥制得成品。

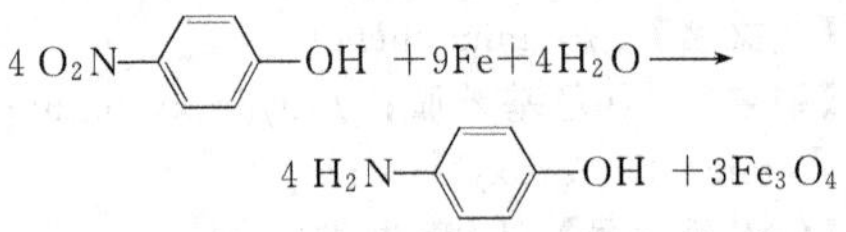

(2) 硝基苯在催化剂存在下加氢还原，得羟基苯胺，然后转位得对氨基苯酚，经精制制得成品。

(3) 以硝基苯为原料，经有机电解制得成品。

【安全性】 有毒。猫皮下注射 LD_{50} 为 37mg/kg。具有苯胺和苯酚双重毒性。可经皮肤吸收，引起皮炎、高铁血红蛋白症和哮喘。设备应密闭，生产现场保持通风良好。操作人员应穿戴防护用具。采用铁桶、纸桶或纤维板桶内衬塑料袋包装，每桶净重 35kg、40kg 或 50kg。贮存时要避光，防止受热、受潮。按有毒危险品规定贮运。

【参考生产企业】 浙江富盛控股集团有限公司，安徽八一化工股份有限公司，杭州力禾颜料有限公司，常山县海诚化工有限责任公司，石家庄市中汇化工有限公司，江苏扬农化工集团泰兴药化有限公司，四川北方红光化工有限公司，泰兴市扬子医药化工有限公司，江苏国恒药物化工有限公司，辽宁世星药化有限公司，济南润原化工有限责任公司。

Gb124 邻氨基对甲苯酚

【英文名】 2-amino-*p*-cresol

【别名】 2-氨基-4-甲酚；6-hydroxy-*m*-toluidine

【CAS 登记号】 [95-84-1]

【结构式】

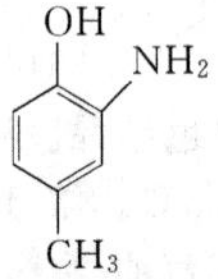

【物化性质】 为灰白晶体。遇空气易氧化变色。熔点 135 (137)℃。易溶于乙醇、乙醚、氯仿等有机溶剂。稍溶于水、苯。在热水中易溶。

【质量标准】

项目		指标
外观		灰白色至棕色颗粒结晶
含量/%	≥	95
水分/%	≤	1
灰分/%	≤	0.45
熔点/℃	≥	134

【用途】 染料中间体，主要用于荧光增白剂 DT。

【制法】 (1) 以对甲苯酚为原料，以硝酸、硫酸配制一定浓度的混酸进行硝化，反应毕，分离废酸，经洗涤蒸馏后以硫化碱还原，最后经酸析、结晶、干燥得成品。

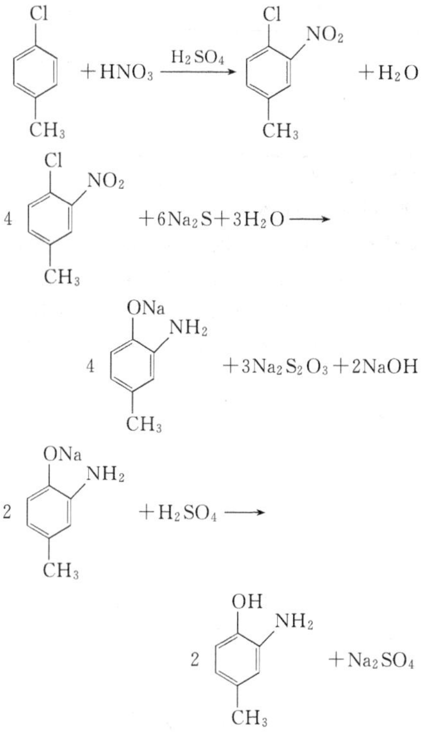

(2) 加氢还原法同方法（1），是在催化剂存在下进行。以加氢还原代替硫化碱还原。

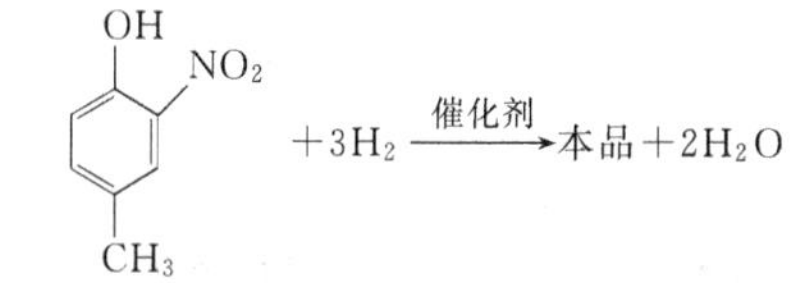

【安全性】 有毒。对皮肤有刺激作用。生产场所设备要密闭，通风要良好。生产操作人员应穿戴防护用具。以铁桶或纸板桶内衬塑料袋包装。每桶净重 25kg 或 50kg。按一般化学品规定贮运。

【参考生产企业】 江苏格罗瑞药业有限公司，南京力达宁化学有限公司，浙江永泉化学有限公司，金华市染料化工有限公司，洛阳精成化工有限公司，上海建永化工有限公司。

Gb125 邻氨基对硝基苯酚

【英文名】 2-amino-4-nitrophenol

【别名】 2-氨基-4-硝基苯酚

【CAS 登记号】 [99-57-0]

【结构式】

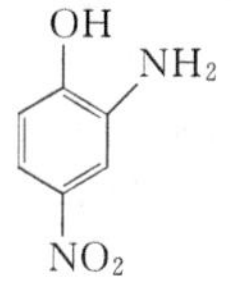

【物化性质】 棕黄色或橙色片状结晶。熔点 80～90℃（一水物，142～143℃分解）、145～147℃（无水物，195～198℃分解）。能溶于乙酸、乙醇及乙醚，稍溶于水。

【质量标准】 GB/T 21887—2008 2-氨基-4-硝基苯酚

项目		干品	潮品
外观		黄棕色结晶或粉末	黄棕色结晶
氨基值/%	≥	98.0	80.0
2-氨基-4-硝基苯酚纯度(HPLC)/%	≥	99.0	99.0
水分含量/%	≤	2.0	—
酸不溶物含量/%	≥	0.1	0.1

【用途】 染料中间体，可合成直接染料和反应染料。

【制法】 由 2,4-二硝基氯苯水解，用多硫化钠部分还原并以盐酸酸化的方法制得。

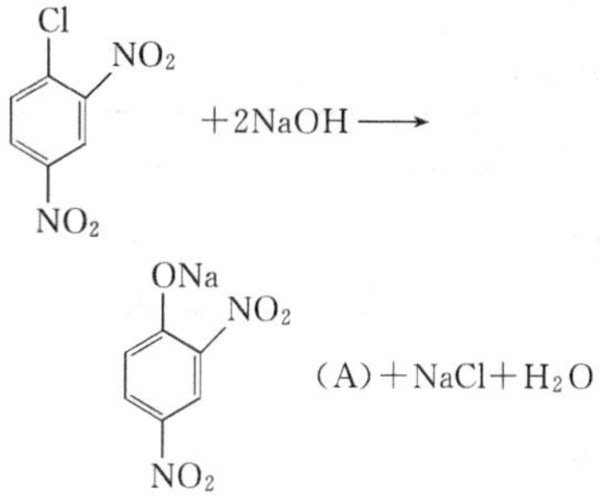

$A+Na_2S_2+H_2O \longrightarrow$

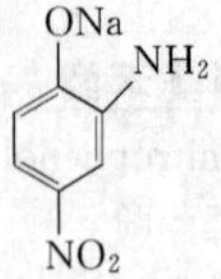

(B)$+Na_2S_2O_3$

B+HCl ⟶本品+NaCl

【安全性】 有毒。毒性及防护方法可参见硝基苯和苯酚。用铁桶内衬塑料袋包装。每桶50kg。贮存在干燥、通风处，避免日晒，防止受热、受潮。按有毒化学品规定贮运。

【参考生产企业】 河南洛染股份有限公司，浙江富盛控股集团有限公司，安徽省广德县中信化工厂，石家庄翼华化工纺织有限公司，青岛双桃精细化工（集团）有限公司，石家庄东胜化工厂，温州美尔诺化工有限公司。

Gb126 3-二乙氨基苯酚

【英文名】 3-(diethylamino)phenol

【别名】 间羟基-*N*,*N*-二乙基苯胺；*m*-hydroxy-*N*,*N*-diethylaniline

【CAS登记号】 [91-68-9]

【结构式】

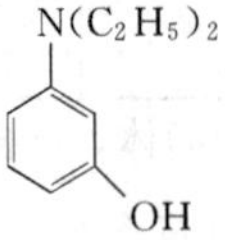

【物化性质】 白色晶体。沸点276～280℃。熔点78℃。溶于水、乙醇、乙醚和碱，微溶于石油烃。

【质量标准】 HG/T 3772—2005

项　目		指　标
外观		白色至玫瑰红色固体
干品结晶点/℃	≥	70.00
间羟基-*N*,*N*-二乙基苯胺/%	≥	97.00
间乙氧基-*N*,*N*-二乙基苯胺/%	≤	0.80
邻乙氧基-*N*,*N*-二乙基苯胺/%	≤	0.80
3,3′-(*N*,*N*-二乙基）氨基苯醚/%	≤	0.40
水分/%	≤	0.50

【用途】 玫瑰精、酸性桃红、碱性蕊香红等染料的中间体。

【制法】 间硝基苯磺酸钠用铁粉还原成间氨基苯磺酸钠，然后用氯乙烷对其氨基进行烷基化，再用氢氧化钾或氢氧化钠碱熔、用盐酸酸化，得成品。

4 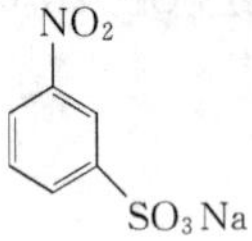 $+9Fe+4H_2O$ ⟶

4 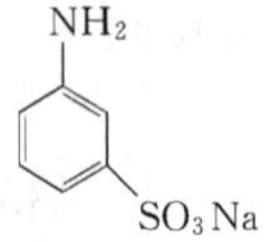 (A)$+3Fe_3O_4$

$A+2C_2H_5Cl+2NaOH$ ⟶

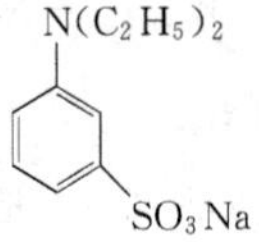 (B)$+2NaCl+2H_2O$

B+2NaOH ⟶

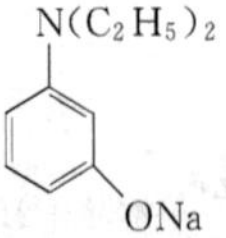 (C)$+Na_2SO_3+H_2O$

C+HCl ⟶本品+NaCl

【安全性】 有刺激性。其毒性及防护方法可参见间氨基苯酚。采用铁皮桶（熔铸体）包装，每桶净重70kg。贮运时应防晒、防水。置于阴凉、通风处。按有毒物品规定贮运。

【参考生产企业】 江苏方舟化工有限公司，石家庄市新华染料化工厂，沧州天一化工有限公司，天津华士化工有限公司。

Gb127 邻氨基苯甲酸

【英文名】 *o*-aminobenzoic acid

【别名】 氨茴酸；2-aminobenzoic acid；anthranilic acid

【CAS登记号】 [118-92-3]

【结构式】

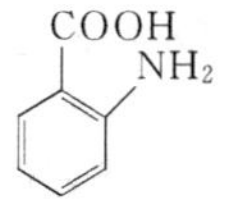

【物化性质】 黄色片状结晶。有甜味。熔点146～147℃。相对密度1.412。可燃。可升华。摩擦发光。蒸馏时分解成二氧化碳和苯胺。溶于热水、乙醇和乙醚。

【质量标准】

项　目		工业品	精品
外观		白色或黄色结晶粉末	
熔点/℃		142～147	144～147
含量/%	≥	90	99
重金属/×10⁻⁶	≤	—	30
硫酸盐/×10⁻⁶	≤	—	3300
氯化物/×10⁻⁶	≤	—	560

【用途】 用于制造偶氮染料、蒽醌染料、靛蓝染料、泰尔登药物和香料等。也作试剂，检测镉、钴、汞、镁、镍、铅、锌和铈等。

【制法】 将苯酐加氨水和液碱进行酰胺化，生成邻甲酰氨基苯甲酸钠，再用次氯酸钠溶液水解、重排，制得邻氨基苯甲酸钠，最后用盐酸酸化，得成品。

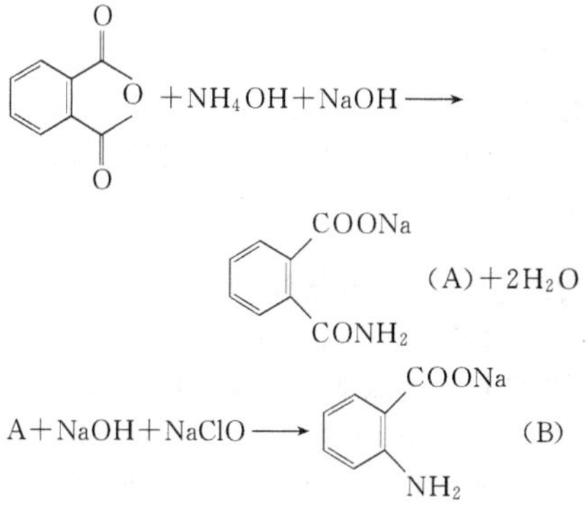

B+HCl ⟶ 本品+NaCl

【安全性】 具有中等毒性。刺激皮肤及黏膜。接触皮肤后迅速用水冲洗。生产车间应通风良好，设备应密闭。操作人员应穿戴防护用具。采用内衬聚乙烯塑料袋、外套麻袋包装，每袋50kg。贮存于干燥、通风处。按易燃有毒化学品规定贮运。

【参考生产企业】 吴江市曙光化工有限公司，吴江市新三联化工有限公司，东营市合泰化工有限公司，盐城市标业化工有限公司，温州美尔诺化工有限公司，杭州长虹精细化工厂。

Gb128 对氨基苯甲酸

【英文名】 *p*-aminobenzoic acid

【别名】 4-氨基苯甲酸；4-aminobenzoic acid；chromotrichia factor；PABA；trichochromogenic factor；anticanitic vitamin

【CAS登记号】 [150-13-0]

【结构式】

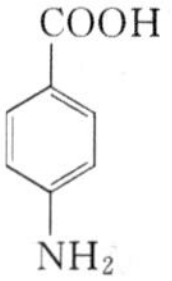

【物化性质】 无色针状晶体。在空气中或光照下变为浅黄色。熔点187～187.5℃。易溶于热水、乙醚、乙酸乙酯、乙醇和冰醋酸，难溶于水、苯，不溶于石油醚。

【质量标准】

项　目		指　标
含量/%	≥	99.5
熔点/℃		186.0～189.0
水分/%	≤	0.2
灰分/%	≤	0.1
重金属/×10⁻⁶	≤	20

【用途】 用作活性染料及偶氮染料中间体、有机化工及制药（羧基苄胺）原料、分析试剂（测铜）。还可制取防晒剂。

【制法】 (1) 以对硝基苯甲酸为原料，与食盐、盐酸、铁粉进行还原，制成对氨基苯甲酸，反应液经活性炭脱色后，过滤，滤液用盐酸酸化，以食盐盐析，过滤，即得。

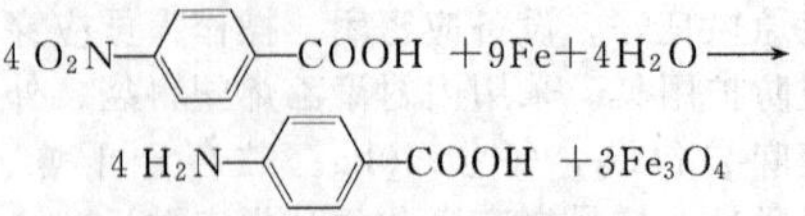

（2）以对硝基甲苯为原料，在氢氧化钠溶液中，在雷奈镍催化下，进行加氢反应，反应液经过滤、干燥即得。

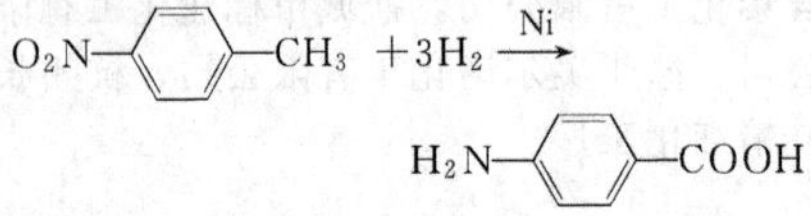

【安全性】 低毒。大鼠经口 LD_{50} 为 6000 mg/kg，小鼠经口 2850mg/kg。用 100kg 内衬塑料袋、外用铁桶包装。贮存于阴凉、干燥、通风的库房中。防止受热、受潮，避免日光照射。搬运时轻装轻卸，防止包装破损。按一般化学品规定贮运。

【参考生产企业】 常州市阳光精细化工有限公司，河北智通化工有限责任公司，常州兴慧化工有限公司，杭州长虹精细化工厂。

Gb129 间二甲氨基苯甲酸

【英文名】 *m*-dimethylaminobenzoic acid

【别名】 3-(*N*,*N*-二甲氨基）苯甲酸

【CAS 登记号】 [99-64-9]

【结构式】

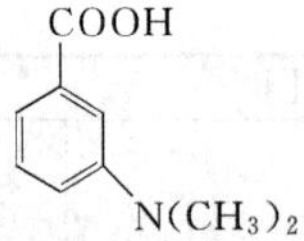

【物化性质】 白色针状结晶（水中）或者淡黄色结晶性粉末。熔点 151℃。易溶于水、乙醚、乙醇等。

【质量标准】

项　目	指　标
含量/%　≥	99
熔点/℃	151～153
不溶物/%　≤	0.2
灰分/%　≤	0.2

【用途】 合成染料、颜料、色素、试剂、农药、医药的中间体，也是感光材料、热敏和压敏材料、颜料的添加剂，还可用作生化试剂。

【制法】 （1）间氨基苯甲酸法。将间氨基苯甲酸、甲醇、Pd/C 催化剂加入反应器，用氮气置换器内空气后，再通氢气，在 0.4MPa 压力下，加热搅拌，升温至 80～90℃，慢慢加入占甲醛总量 90%的甲醛，待吸氢量达到理论值后，再加入剩余的甲醛。反应完后，降温至 70℃，过滤，并用甲醇洗涤催化剂和反应器，洗液与滤液合并浓缩、静置，有结晶析出，过滤、水洗、干燥即得。

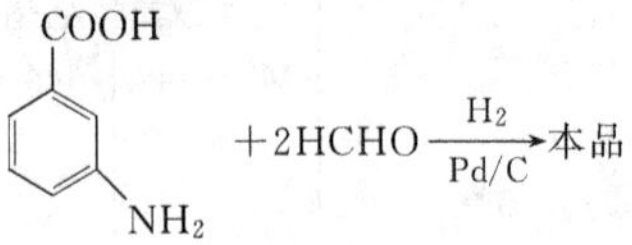

（2）间硝基苯甲酸法。经还原、甲基化、皂化制得。

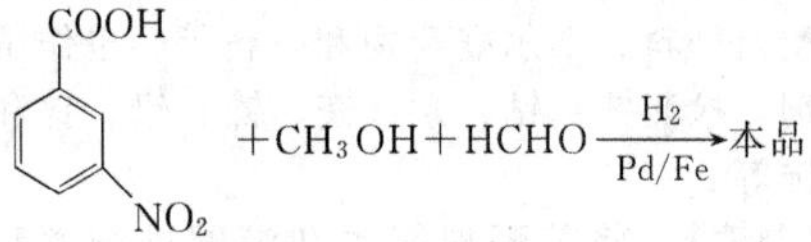

（3）间硝基邻苯二甲酸法。经还原、甲基化、脱羧基制得。

【安全性】 用纸板桶内衬塑料袋，每桶净重 25kg。

【参考生产企业】 常州市阳光精细化工有限公司，江苏山达化工有限公司，吴江市东风化工有限公司，浙江省三门县开源科技实验厂。

Gb130 L-苯丙氨酸

【英文名】 L-phenylalanine

【别名】 L-2-氨基-3-苯基丙酸；L-*α*-氨基-*β*-苯丙酸；*β*-phenylalanine；*α*-aminohydrocinnamic acid；(*S*)-2-amino-3-phenylpropanoic acid；*α*-amino-*β*-phenylpropionic acid

【CAS 登记号】 [63-91-2]

【结构式】

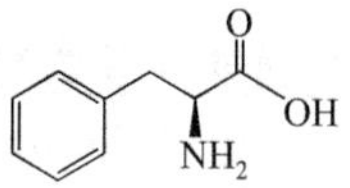

【物化性质】 白色结晶或结晶性粉末；无臭，味苦。在受热、光照、空气中稳定，碱性下不稳定。分解温度 284℃。比旋光度（$[\alpha]_D^{20}$）$-35.1°$（$c=1.94$）。等电点 pH 5.48。酸度系数（pK_a）$pK_{\alpha\text{-COOH}}$ 1.83，$pK_{\alpha\text{-NH}_3^+}$ 9.13。微溶于水，25℃时在水中的溶解度为 2.97%。几乎不溶于乙醇。

【质量标准】 中国药典 2010 年版

项目		指标
$C_9H_{11}NO_2$ 含量(以干燥品计)/%	≥	98.5
比旋光度(20mg/mL H_2O)		−33.0°～−35.0°
pH 值(0.2g/20mL H_2O)		5.4～6.0
溶液的透光率(0.50g/25mLH_2O,430nm)/%	≥	98
其他氨基酸/%	≤	0.5
氯化物/%	≤	0.02
硫酸盐/%	≤	0.02
铵盐/%	≤	0.02
干燥失重(105℃,3h)/%	≤	0.2
炽灼残渣/%	≤	0.1
铁盐/%	≤	0.001
重金属/×10⁻⁶	≤	10
砷盐	≤	0.0001
细菌内毒素/(EU/g)(供注射用)		25

【用途】 苯丙氨酸是芳香族氨基酸，属必需氨基酸，对幼儿尤其重要。在生物体内经由莽草酸、分支酸和苯丙酮酸合成，分解代谢则通过苯丙氨酸加氧酶的作用转化为酪氨酸，进而分解为乙酰乙酸进入 TCA 循环。其生理作用与酪氨酸有关。可影响甲状腺激素和毛发、皮肤的黑色素。正常人每天需要 2.2g。用于氨基酸输液、综合氨基酸制剂及营养强化剂，大量用于合成新型甜味剂天冬甜素（aspartame，L-天冬氨酸、L-苯丙氨酸结合的二肽甲酯）。

【制法】 (1) 发酵法。由糖质发酵制得。以甲醇、乙醇和乙酸为原料，用乳糖发酵短杆菌 ATCC2140，可使发酵液中 L-苯丙氨酸含量达 20g/L。用裂解烃棒状杆菌及 C_{12}～C_{14} 正构烷烃发酵，可使 L-苯丙氨酸含量达 4.5g/L。直接发酵法与其他生产方法相比，其生产成本低 30%。

(2) 酶法。苯丙氨酸解氨酶能催化 L-苯丙氨酸分解为肉桂酸和氨。借此反应的逆反应，用黏红酵母在含有 L-苯丙氨酸的培养基内所生长的该菌体中诱导产生苯丙氨酸解氨酶。在最佳条件下，反应液中添加的顺式肉桂酸有 70%转化为 L-苯丙氨酸，收率为 18g/L。

(3) 化学合成法。用化学合成法制备的氨基酸，所得产物都是外消旋体，需要进行光学拆分。本法反应收率在 90%以上，是非常有前景的合成路线。

【安全性】 密闭保存。

【参考生产企业】 武汉阿米诺科技有限公司，宁波市镇海海德氨基酸有限公司，山东万达集团，连云港手性化学有限公司，常茂生物化学工程股份有限公司，宁波市科瑞生物工程有限公司，无锡益诚化学有限公司，武汉福鑫化工有限公司，上海捷倍思基因技术有限公司，成都景田生物药业有限公司，上海瀚鸿化工科技有限公司，武汉汉龙氨基酸有限责任公司，张家港市华昌药业有限公司，四川华法美实业有限责任公司，江阴市华亚化工有限公司，冀州市化阳化工有限责任公司，苏州泛华化工有限公司，广东光华化学厂有限公司，武汉麦可贝斯生物科技有限公司，南宁市安力泰药业有限责任公司，杭州仁信化工科技有限公司，成都融纳斯化工有限公司，宁波弘诺医药科技有限公司，成都肽田生化有限公司，湖北天盟化工有限责任公司，浙江天新药业有限公司，石家庄维诺伟业生物制品有限公司，北京维多化工有限责任公司，武汉市合中化工制造有限公司，武汉武大弘元股份有限公司。

Gb131 D-(−)-对羟基苯基甘氨酸

【英文名】 *p*-hydroxyphenylglycine

【别名】 α-氨基-*p*-羟基苯乙酸；α-amino-*p*-hydroxyphenylacetic acid

【CAS 登记号】 [22818-40-2]

【结构式】

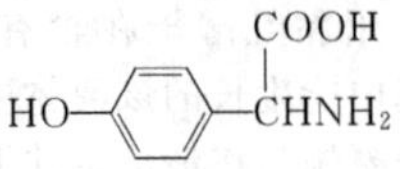

【物化性质】 结晶状固体，熔点 240℃(分解)。微溶于乙醇和水，易溶于酸或碱溶液生成盐。

【质量标准】

项目		指标
含量(电势滴定法,以干燥品计)/%	≥	98.5
干燥失重/%	≤	0.3
旋光度		−156°～−160°
铁含量/×10⁻⁶	≤	5

【用途】 是一种重要的精细化学品，是合成β-内酰胺类半合成抗菌素的侧链，用于生产羟氨苄青霉素、头孢克洛、头孢立新、头孢拉定等抗菌素药物。

【制法】 大茴香醛经环合、水解制成 DL-对羟基苯甘氨酸，再用甲醇酯化，用酒石酸拆分，得到 D-(−)-对羟基苯甘氨酸。目前，国内大部分生产企业基本都采用乙醛酸工艺生产 D-(−)-对羟基苯甘氨酸。

【安全性】 25kg 纸板桶装，内衬塑料袋。

【参考生产企业】 国药集团化学试剂有限公司，南京天成生化工程有限责任公司，百灵威科技有限公司，南京国海生物工程有限公司，滨海县常滨化工有限公司。

Gb132 对氰基苯甲酸乙酯

【英文名】 *p*-cyanoethylbenzoate

【CAS 登记号】 [7153-22-2]

【结构式】

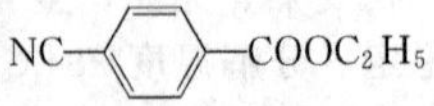

【物化性质】 白色或淡黄色结晶粉末。熔点 52～55℃。密度 1.14g/cm³。

【质量标准】 含量≥98.0%。

【用途】 用于合成嘧啶类液晶显示材料等。

【制法】 由对氨基苯甲酸重氮化、氰化、乙酯化而得。

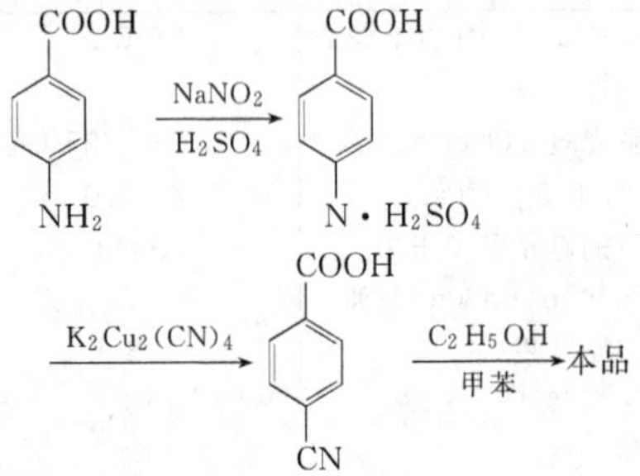

【安全性】 200kg/塑料桶。

【参考生产企业】 金坛市登冠化工有限公司，江苏省句容市顺风助剂厂，山东鲁抗生物农药有限责任公司。

Gb133 苯甲腈

【英文名】 benzonitrile

【别名】 苄腈；苯基氰；氰基苯；phenyl cyanide；cyanobenzene

【CAS 登记号】 [100-47-0]

【结构式】 C_6H_5CN

【物化性质】 无色油状液体。有苦杏仁气味，味苦涩。沸点 190.7℃。燃点 75℃。熔点 −13℃。相对密度（d_{15}^{15}）1.0102。折射率 1.5289。微溶于冷水，100℃在水中的溶解度为 1%。与常用有机溶剂混溶。

【质量标准】

项目	指标
沸程/℃	189～192
含量/% ≥	95

【用途】 主要用作苯代三聚氰胺等高级涂料的中间体，也是合成农药、脂肪族胺、苯甲酸的中间体。还可作为腈基橡胶、树脂、聚合物和涂料等的溶剂。

【制法】 (1) 甲苯通过钒铬触媒，在350℃进行气相氨氧化反应，再经精馏制得成品。

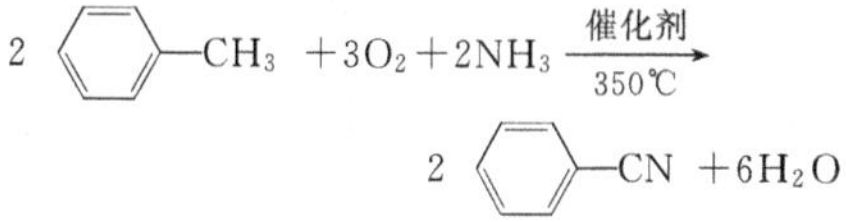

(2) 苯甲酸法。苯甲酸与氨反应制得。

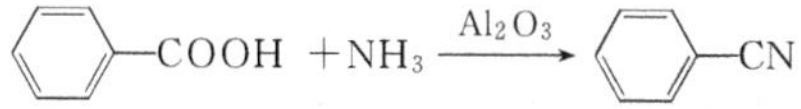

【安全性】 小鼠皮下注射 LD 180mg/kg，大鼠在其饱和蒸气中吸入 4h 也不致死亡，小啮齿动物不论是口服或腹腔注射 LD_{50} 为 400～800mg/kg。毒性大，但比低级脂肪腈的毒性小。可经皮肤吸收引起中毒，造成动物组织的痉挛和神经麻痹等症状。其蒸气对实验动物不引起痉挛，而能引起抑郁症和麻痹。生产车间应通风良好，设备密闭，操作人员应穿戴防护用具。采用铁桶包装，每桶净重 100kg。存放于阴凉、干燥处。按有毒化学品规定贮运。

【参考生产企业】 盐城市麦迪科化学品制造有限公司，武汉有机实业股份有限公司，襄樊市裕昌精细化工有限公司，武汉有机新康化工有限公司。

Gb134 苯乙腈

【英文名】 benzyl cyanide

【别名】 α-苄基氰；benzeneacetonitrile；phenylacetonitrile；α-tolunitrile；ω-cyanotoluene

【CAS 登记号】 [140-29-4]

【结构式】

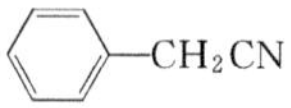

【物化性质】 无色油状液体。有芳香气味。沸点 234℃。熔点 −23.8℃。相对密度 1.0157。折射率 1.5230。不溶于水，与乙醇、乙醚混溶。

【质量标准】

项目	指标
外观	有芳香气味的无色油状液体
含量/% ≥	97
苄基氯含量/% ≤	1

【用途】 主要用作农药、医药、染料和香料的中间体，可用于制取辛硫磷、稻丰散、苯乙酸、青霉素和苯巴比妥等。

【制法】 以氯化苄（苄基氯）和氰化钠为原料、乙醇为溶剂、二甲胺为催化剂进行反应，制得粗品，粗品再经减压蒸馏而制得精品。

【安全性】 有毒。小鼠经口 LD_{50} 为 78 mg/kg。刺激眼睛和皮肤，能在机体内产生氢氰酸。生产场所应有良好通风。设备要密闭。操作人员要穿戴防护用具。空气中最高容许浓度 8mg/m³。采用铁桶包装，每桶净重 100kg。置于阴凉、干燥处。按有毒化学品规定贮运。

【参考生产企业】 丹阳市万兴化工有限公司，金坛市金冠化工有限公司，连云港立本农药化工有限公司，河北诚信有限责任公司，重庆福润化工有限公司，山西陵川化工总厂，凯明农药有限责任公司，武汉有机实业股份有限公司，常州市亚龙香科助剂厂，河南省新乡六通实业有限公司，襄樊红卫医药化工有限责任公司。

Gb135 对羟基苯甲腈

【英文名】 *p*-hydroxybenzonitrile

【别名】 对氰基苯酚

【CAS登记号】［767-00-0］

【结构式】

【物化性质】无色片状结晶。熔点113℃。

【质量标准】企业标准

项目	精品	一级品	二级品
外观	白色晶体	淡黄色或类白色晶体	
含量/%	≥99.5	≥99	≥98
熔点/℃	111.5～113.0	111.0～113.0	110.0～113.0
水分/% ≤	0.5	0.5	0.5

【用途】用于合成液晶材料、农药、香料、缓蚀剂等。

【制法】（1）对羟基苯甲酸法。由对羟基苯甲酸氨化制得。

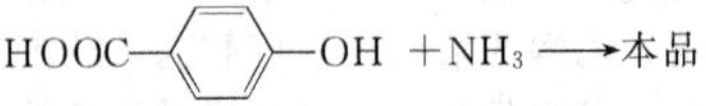

（2）对甲苯酚法。由对甲苯酚进行氨氧化制得。

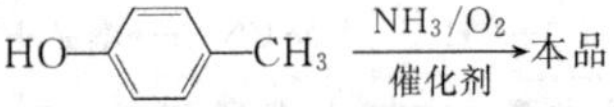

（3）对羟基苯甲醛法。由对羟基苯甲醛和盐酸羟胺反应制得。

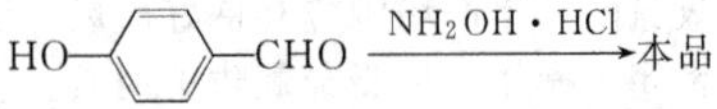

【安全性】25kg内衬塑料袋纸桶或20kg内衬塑料袋编织袋包装。

【参考生产企业】武汉有机实业股份有限公司，江苏辉丰农化股份有限公司，淄博德丰化工有限公司，济南泽溢科技有限公司，潍坊沃尔特化学有限公司。

Gb136 对羟基苯乙腈

【英文名】*p*-hydroxybenzylcyanide

【CAS登记号】［14191-95-8］

【结构式】

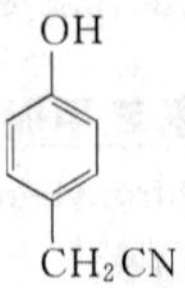

【物化性质】结晶，熔点67℃，溶于水。

【质量标准】

项目	指标
含量/% ≥	99.0
熔点/℃	66.0～68.0
干燥失重/% ≤	0.5

【用途】用作合成氨酰心安药物的中间体，该药用于治疗高血压、心绞痛及心律失常，对青光眼也有效。

【制法】（1）对氨基苯乙腈法。对氨基苯乙腈经重氮化、水解而得。

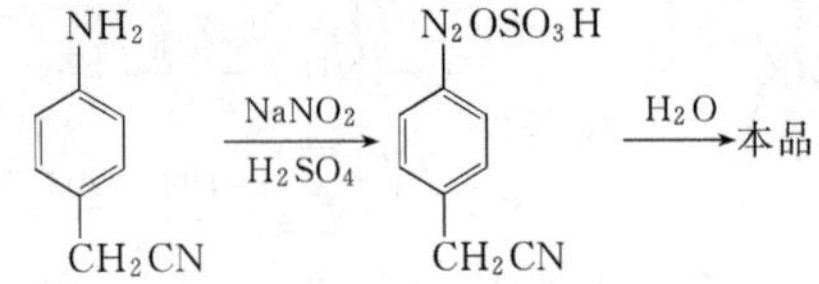

（2）对乙酰氧基苄基溴法。由对乙酰氧基苄基溴和氰化钾反应制得。

【参考生产企业】辽阳市众诺化学工业有限公司，武汉有机实业股份有限公司，安徽广德凯瑞生物化工有限公司。

Gb137 间苯二甲腈

【英文名】isophthalonitrile

【别名】1，3-二氰基苯；1，3-dicyanobenzene

【CAS登记号】［626-17-5］

【结构式】

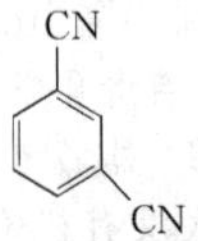

【物化性质】白色针晶。相对密度（d_4^{25}）1.27。熔点160～162℃。沸点282℃。微溶于热水，溶于热乙醇、乙醚、苯和氯仿。

【质量标准】

项目	指标
含量/% ≥	92
间、对苯二甲腈总量/% ≥	98
单腈/% ≤	0.5

【用途】用于制造塑料、合成纤维的原

料，也是制取农药百菌清的主要中间体。

【制法】 间二甲苯通过钒铬触媒在 425℃ 进行气相氨氧化反应，得湿间苯二甲腈，后者经水洗、离心脱水、干燥，得成品。

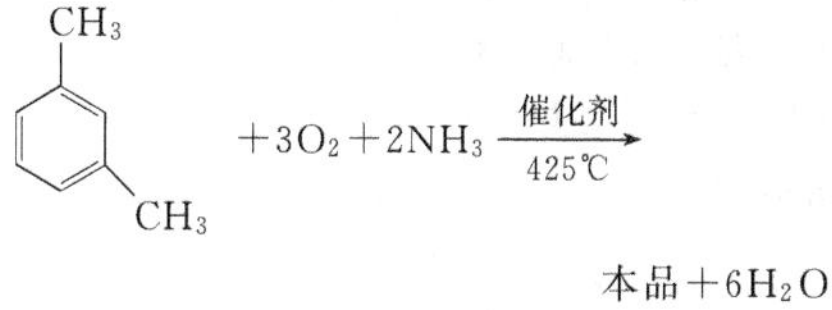

【安全性】 有毒。在动物试验中，未引起典型的痉挛。老鼠腹腔注射 LD_{50} 为 450mg/kg。大鼠经口 LD_{50} 大于 5000mg/kg。生产场所应有良好通风。操作人员应穿戴防护用具。用麻袋内衬塑料袋包装，每袋 25kg。要防潮、防晒。按有毒危险品规定贮运。

【参考生产企业】 山东大成化工集团有限公司，江阴市苏利精细化工有限公司，江苏天音化工有限公司，南京宁海化工有限责任公司。

Gb138 对苯二甲腈

【英文名】 terephthalonitrile

【别名】 1，4-二氰基苯；1，4-dicyanobenzene

【CAS 登记号】 [623-26-7]

【结构式】

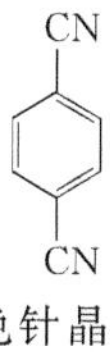

【物化性质】 无色针晶。熔点 225℃。相对密度（d_4^{25}）1.30。不溶于水，微溶于乙醇和热乙醚，溶于热苯和热醋酸。

【质量标准】

项 目	指 标
外观	白色或微黄色粉状物
总腈含量/% ≥	95
熔点/℃	216～222
水分/% ≤	5

【用途】 主要用于生产聚酯树脂和聚酯纤维。

【制法】 (1) 由二聚戊烯经氨氧化采用沸腾床反应器，内装以氧化铝或硅胶为载体，浸渍 V_2O_5、Cr_2O_3 和磷酸的催化剂，反应温度 380℃，反应压力 0.09MPa。

$$(C_5H_{10})_2 \xrightarrow[0.09MPa,380℃]{NH_3,O_2} 本品$$

(2) 对二甲苯氨氧化法。

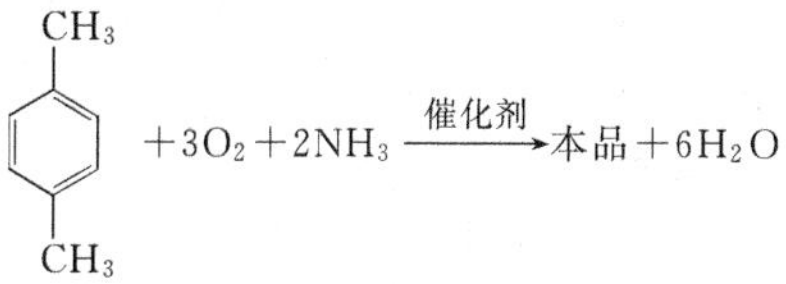

【安全性】 有毒。刺激呼吸道和黏膜。对中枢神经有极强的毒性。也能经皮肤吸收而引起中毒。应避免吸入或与皮肤接触。生产设备要密闭。操作人员应穿戴防护用具。采用铁桶包装。贮存于干燥、通风处。按有毒危险品规定贮运。

【参考生产企业】 沭阳县华泰化工厂，武汉有机实业股份有限公司。

Gb139 对甲氧基苯甲腈

【英文名】 *p*-methoxybenzonitrile

【别名】 大茴香腈；anisonitrile

【CAS 登记号】 [874-90-8]

【结构式】

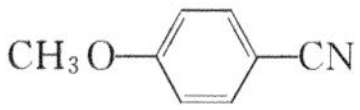

【物化性质】 白色晶体。具有强烈的香豆素气味。熔点 61～62℃。不溶于冷水，溶于热水和乙醇。

【质量标准】 含量≥99%。

【用途】 用于有机腈香料，也用于调香。

【制法】 (1) 以对羟基苯甲酸与硫酸二甲酯在碱性条件下，进行反应，制得对甲氧基苯甲酸。再与尿素和氨基苯磺酸反应即得。

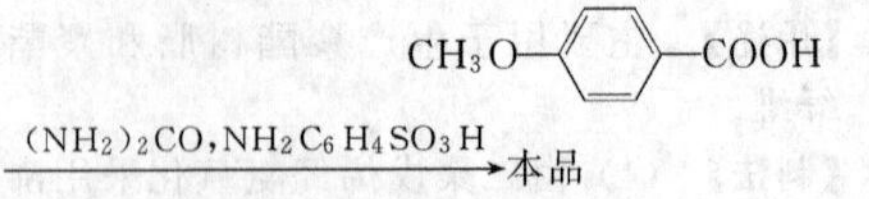

（2）对甲氧基苯甲酰胺法。

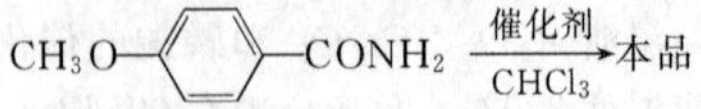

（3）对甲氧基苯甲醛法。

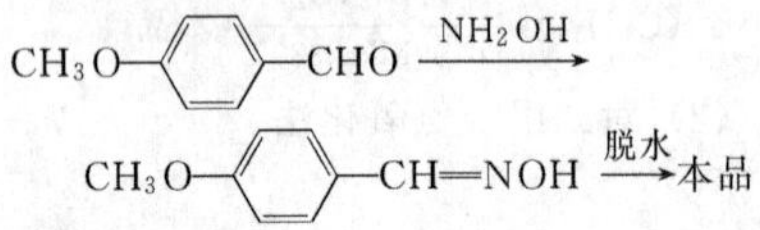

【安全性】 低毒。10kg、20kg 内衬塑料袋，外套塑料编织袋包装。

【参考生产企业】 济南泽溢科技有限公司，潍坊沃尔特化学有限公司，江苏辉丰农化股份有限公司。

Gb140 α-异丙基对氯苯乙腈

【英文名】 2-(4-chlorophenyl)-3-methylbutyronitrile

【别名】 2-对氯苯基-3-甲基丁腈

【CAS 登记号】 [2012-81-9]

【结构式】

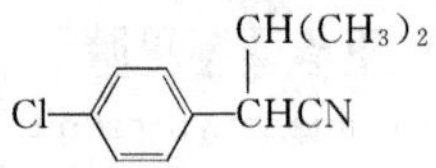

【物化性质】 略有黏性的无色透明液体。沸点 88～89℃（57.0Pa）、118～224℃（400Pa）。相对密度 1.0773。折射率 1.5213。

【用途】 用于合成 4-羟基-2-异丙基苯乙酸。也是制拟除虫菊酯和杀虫菊酯的重要中间体。

【制法】 （1）异丙基溴法。

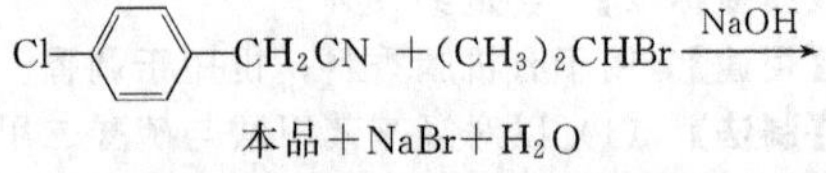

（2）苯磺酸异丙酯法。在固碱存在下，以石油醚为溶剂，苯磺酸异丙酯为烷基化试剂制得 α-异丙基对氯苯乙腈。

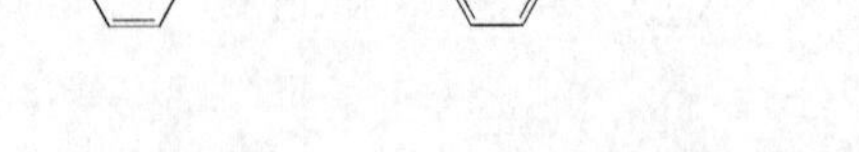

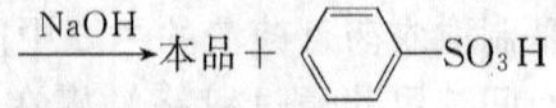

Gb141 苯基异氰酸酯

【英文名】 phenyl isocyanate

【别名】 异氰酸苯酯

【CAS 登记号】 [103-71-9]

【结构式】

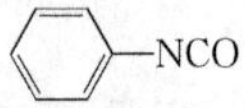

【物化性质】 无色液体。有辛辣气味和强折光性。相对密度 1.0956（19.6/4℃）。沸点 158～168℃。折射率 1.53684(19.6℃)。凝固点约－30℃。闪点 237.6℃（开杯）。在水、醇中分解。极易溶于醚、苯及氯仿。对眼有刺激性。

【质量标准】

项　目	指　标
外观	无色,浅黄色透明液体
含量/%　≥	98
游离氯/%　<	0.5

【用途】 是农药中间体，是取代脲类杀菌剂戊菌隆的中间体，也用于制造其他一些苯基取代脲类化合物等。

【制法】

（1）光气法。

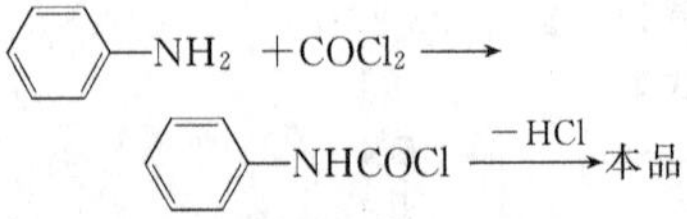

（2）三光气法。

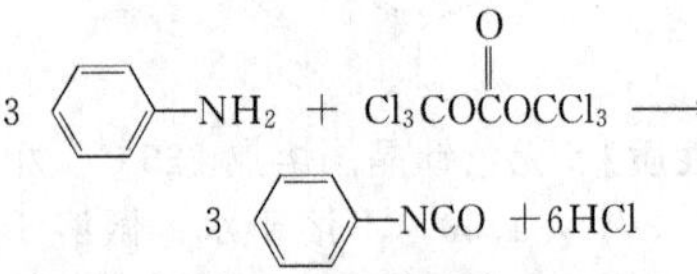

（3）羰基化一步法。

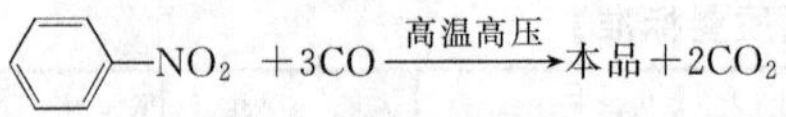

（4）碳酸二甲酯法。

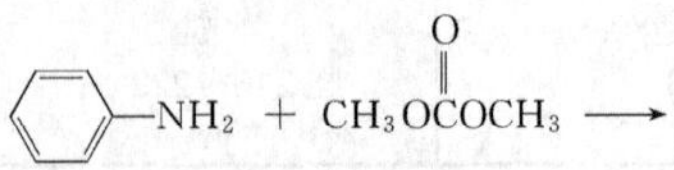

$A \longrightarrow$ 本品 $+CH_3OH$

（5）羰基化两步法。

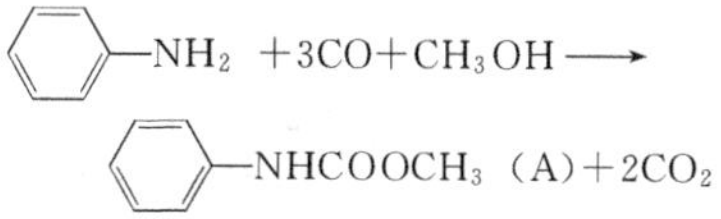

$A \longrightarrow$ 本品 $+CH_3OH$

上述五种方法中碳酸二甲酯法仅副产甲醇，而甲醇又是合成碳酸二甲酯的原料，是一种清洁生产工艺，另外在三光气法中副产盐酸，我国现已引进盐酸电解技术，可以使该法形成闭路循环，也是一种有潜力的生产方法。

【安全性】 有毒。大鼠经口 LD_{50} 为 940mg/kg。吸入本品后对呼吸道有强烈刺激性，可引起肺水肿。对眼和皮肤有刺激性，可引起灼伤。口服刺激和灼伤口腔和消化道。生产应严加密闭，提供充分的局部排风。提供安全淋浴及洗眼设备。可能接触其蒸气时，应佩戴防毒面具。穿防毒物渗透工作服，戴防化学品手套。危规号 61109，小开口钢桶；螺纹口玻璃瓶、铁盖压口玻璃瓶、塑料瓶或金属桶外木板箱；塑料瓶、镀锡薄钢板桶外满底花格箱。贮存于阴凉、通风仓库内。远离火种、热源，防止阳光直射。保持容器密封。注意防潮和雨淋，应与氧化剂、酸类、食用化学品分开存放。

【参考生产企业】 杭州万科科技有限公司，江苏苏化集团新沂农化有限公司，浙江丽水有邦化工有限公司，苏州天马医药集团精细化学品有限公司，杭州新龙化工有限公司，宁波市镇海翔宇化工有限公司，淮安瑞尔化学有限公司，安徽广信农化集团有限公司，江阴丰特利化工有限公司。

Gb142 间三氟甲基苯异氰酸酯

【英文名】 *m*-trifluoromethyl phenylisocyanate

【别名】 3-三氟甲基苯异氰酸酯；TMPI

【CAS 登记号】 [329-01-1]

【结构式】

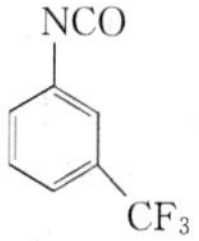

【物化性质】 在常温下为无色透明液体。沸点 54～55℃。折射率 1.467～1.468。相对密度 1.335～1.3362。遇水、碱、醇易分解，宜避光密闭保存。本品有毒。

【质量标准】 一级品含量≥98%。

【用途】 用于合成农药（如除草剂伏草隆等）、医药等精细化学品。

【安全性】 有毒，对人的眼睛和呼吸器官的黏膜有强烈的刺激性。经皮肤吸收可引起中毒，工作场所空气中最高允许浓度为 0.14mg/m^3。

【参考生产企业】 杭州万科科技有限公司，江苏苏化集团新沂农化有限公司。

Gb143 对硝基苯异氰酸酯

【英文名】 *p*-nitrophenylisocyanate

【别名】 异氰酸对硝基苯酯

【CAS 登记号】 [100-28-7]

【结构式】

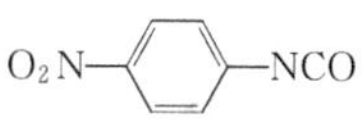

【物化性质】 亮黄色针状结晶，有刺激性气味。熔点 56～57℃。沸点 137～138℃(1.4kPa)。能被水分解，加热并长久静置能发生聚合作用。

【质量标准】

项　目		指　标
熔点范围/℃		55～57
含量/%	≥	98.0
灼烧残渣/%		0.1

【用途】 用于合成灭鼠优和灭鼠安等速效杀鼠剂，还用作测定醇类、伯胺、仲胺和

氨基酸的试剂。

【制法】 双光气法合成法。

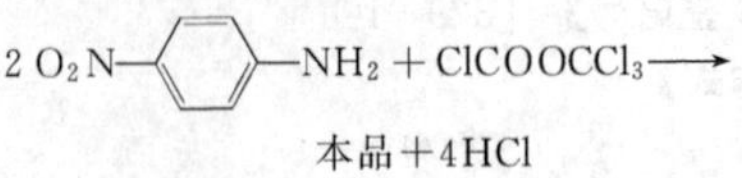

【安全性】 有毒。遇明火能燃烧。遇潮湿、水或水蒸气分解释放出有毒气体。净重 50kg 塑桶，防热，防潮贮存于阴凉、通风的仓库内。远离火种、热源。与酸类、氧化剂、食用原料隔离贮运。

【参考生产企业】 浙江丽水有邦化工有限公司，苏州华源农用生物化学品有限公司，江苏神农化工有限公司。

Gb144 2,4-甲苯二异氰酸酯

【英文名】 toluene 2,4-diisocyanate

【别名】 2,4-diisocyanato-1-methylbenzene; 2,4-diisocyanatotoluene; 2,4-tolylene diisocyanate; TDI

【CAS登记号】 [584-84-9]

【结构式】

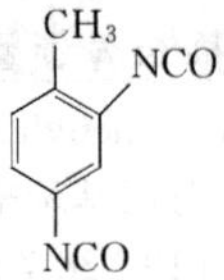

【物化性质】 无色透明或淡黄色易燃液体。有强烈的刺激气味。沸点 247℃。熔点 19.5～21.5℃。闪点 127℃。相对密度 1.217。与乙醇（分解）、二甘醇一乙醚、乙醚、丙酮、四氯化碳、苯、氯苯、煤油、橄榄油混溶。与水反应产生二氧化碳，能与含活泼氢的化合物反应。

【质量标准】 GJB 2614—1996

项　目		Ⅰ型	Ⅱ型
总异氰酸酯/%	≥	99.0	99.0
水解氯/%	≤	0.01	0.01
总氯/%	≤	0.04	0.04
结晶点/℃		5.0～6.5	12.5～13.5
色度(Hazen)	≤	50	50
密度(20℃)/(g/cm³)		1.21～1.23	1.21～1.23
折射率(n_D^{20})		1.564～1.568	1.564～1.568
酸度(以 HCl 计)/%	≤	0.04	0.04
2,4-TDI 异构体/%	≥	64.0	79.0
2,6-TDI 异构体/%	≤	36.0	21.0

【用途】 可用以制合成纤维、泡沫塑料、橡胶、涂料和胶黏剂等。与二元醇作用生成线型聚氨基甲酸酯（聚氨酯）树脂。其二聚体为混炼型聚氨酯橡胶的硫化剂。除单独使用外，也可与 2,6-甲苯二异氰酸酯以 80∶20 和 65∶35 的混合物用于生产硬质和软质聚氨酯泡沫塑料等。

【制法】 (1) 2,4-二氨基甲苯和光气反应制得。将熔融的 2,4-二氨基甲苯溶于氯苯中，在 35～45℃下与光气进行低温反应，再在 130℃以下与光气进行高温反应。反应毕，用氮气赶出氯化氢及剩余光气，再将氯苯蒸出，最后进行真空蒸馏，即得成品。

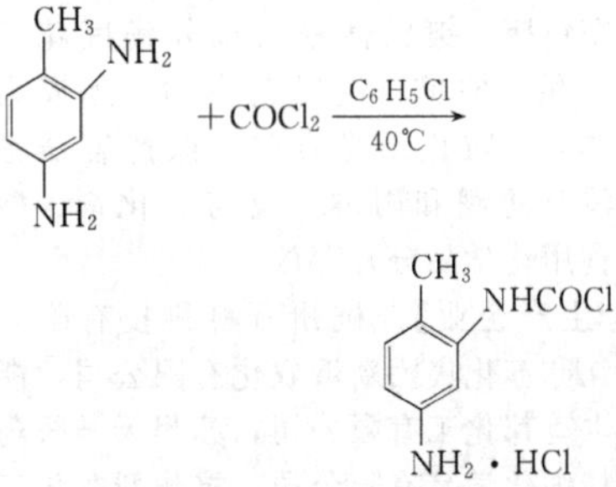

(A)

$$A + COCl_2 \xrightarrow{\text{高温}} \text{本品} + 4HCl$$

(2) 由硝基甲苯经硝化、还原，得 2,4-二氨基甲苯，再经光气化而得成品。其他新方法参见苯基异氰酸酯。

【安全性】 剧毒。对皮肤、眼睛和黏膜有强烈的刺激作用。长期接触可引起支气管炎，少数病例呈哮喘状态、支气管扩张甚

至肺心病等。大鼠在（0.5～1）$\times 10^{-6}$的浓度下，每天吸入6h，吸入5～10天，即可致死。人体吸入0.0005mg/L后，即发生严重咳嗽、气促。空气中最高容许浓度0.14mg/m^3。界区内应安装排风装置。操作人员要戴好防护用具。采用镀锌铁桶包装，每桶净重35kg。贮存在通风、干燥处。包装要密闭，避免吸潮。按有毒危险品规定贮运。

【参考生产企业】 沧州大化股份有限公司，中国蓝星（集团）总公司，山东大成化工集团有限公司。

Gb145 二苯甲烷二异氰酸酯

【英文名】 methylenedi(*p*-phenylene) diisocyanate

【别名】 亚甲基二苯基二异氰酸酯；4,4′-diisocyanato diphenylmethane；4,4′-diphenylmethane diisocyanate；MDI

【CAS登记号】 [101-68-8]

【结构式】

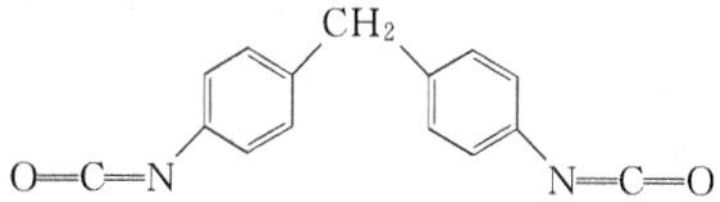

【物化性质】 白色固体。加热有刺激臭味。沸点（666.5Pa）196℃。闪点（开杯）202℃。凝固点38～39℃。相对密度（d_4^{50}）1.19。折射率（n_D^{50}）1.5906。黏度（50℃）4.9×10^{-3}Pa·s。可溶于丙酮、四氯化碳、苯、氯苯、硝基苯、二氧六环等。

【质量标准】 GB/T 13941—1992 二苯基甲烷4,4′-二异氰酸酯

项目		优等品	一等品	合格品
色度(铂-钴色号) ≤		30	100	120
MDI含量/% ≥		99.6		99.4
凝固点/℃ ≥		38.1		
水解氯含量/% ≤		0.003	0.005	
环己烷不溶物≤ /%	24h	0.3	—	
	—	0.5		1.0

续表

项目		优等品	一等品	合格品
劣化试验	色度(铂-钴色号) ≤	50	—	
	环己烷不溶物≤ /%	1.65	—	

【用途】 可广泛用于各类聚氨酯弹性体的制造，用于人造革、合成革、黏合剂、涂料、织物涂层整饰剂、人体器官代用品等的制造。

【制法】 （1）光气法。用苯胺与甲醛在酸性条件下进行缩合，反应物用碱中和后进行蒸馏，得到二苯基甲烷二胺。将得到的二苯基甲烷二胺用溶剂溶解后，进行光气化反应制成多苯基多异氰酸酯，再进行蒸馏精制，得纯二苯甲烷二异氰酸酯。

（2）氨基甲酸酯法（非光气法）。是将苯胺与氨基甲酸酯先制成苯胺基甲酸酯，再与硝基苯在硫酸存在下生成二苯甲烷二异氰酸酯的混合物，再经蒸馏得成品。

【安全性】 可导致中度眼睛刺激和轻微的皮肤刺激，可造成皮肤过敏，在空气中最大允许浓度为0.02×10^{-6}。由于MDI活泼的化学性质，在操作时防止其与皮肤的直接接触及溅入眼内，穿戴手套、防护镜、工作服等必要的防护用品。用200L镀锌铁桶，18L马口铁桶。在5℃以下贮存，在贮存过程中必须保证容器的严格干燥密封并充干燥氮气保护。一旦容器内漏入水分，切忌密封太严，应留有排气孔，以防鼓爆炸裂。

【参考生产企业】 烟台万华聚氨酯股份有限公司，常山县海诚化工有限责任公司。

Gb146 4,4′,4″-三苯甲烷三异氰酸酯

【英文名】 triphenylmethane 4,4′,4″-triisocyanate

【CAS登记号】［25656-78-4］

【结构式】

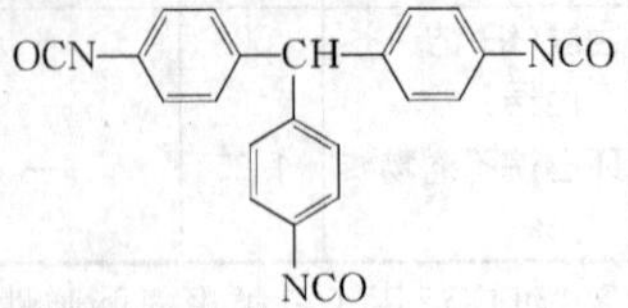

【质量标准】

项　目	指　标
外观	紫红色微带蓝色的液体
在氯苯中不溶物/%　　≤	0.1
结合力(5470# 橡胶与硬铝或钢)/MPa　　≥	3.92
在溶液中的含量/%	(20±1)

【用途】 主要用来制取胶黏剂，用于橡胶与金属、橡胶与塑料、橡胶与纤维等的黏结。在多种行业中广泛应用。

【制法】 以三（4-氨基苯基）甲烷为原料与光气反应而制得。首先将三（4-氨基苯基）甲烷和氯苯配成溶液，然后加光气进行低温反应，再慢慢升温进行反应。反应毕，用氮气赶除剩余光气和氯化氢，然后降温、过滤、蒸馏，即得成品。

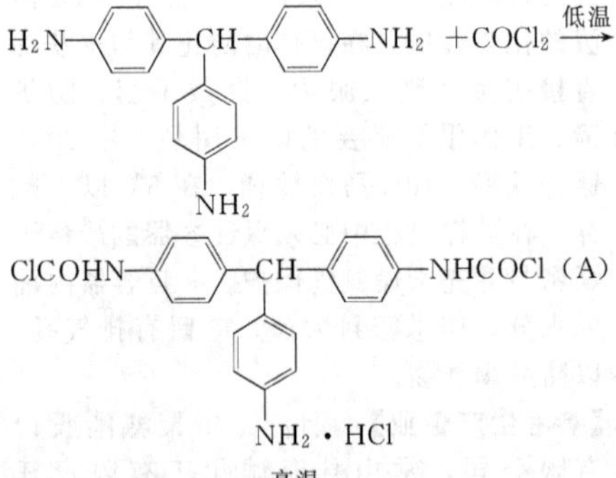

$$A + COCl_2 \xrightarrow{\text{高温}} \text{本品} + 5HCl$$

【安全性】 有毒。其毒性和防护可参见2,4-甲苯二异氰酸酯。用玻璃瓶包装，每瓶1kg。按有毒化学品规定贮运。

【参考生产企业】 烟台万华聚氨酯股份有限公司，浙江丽水有邦化工有限公司。

Gb147 多亚甲基多异氰酸酯

【英文名】 polymethylenepolyisocyanate

【别名】 多苯基多亚甲基多异氰酸酯；PMPI

【CAS登记号】［9016-87-9］

【结构式】

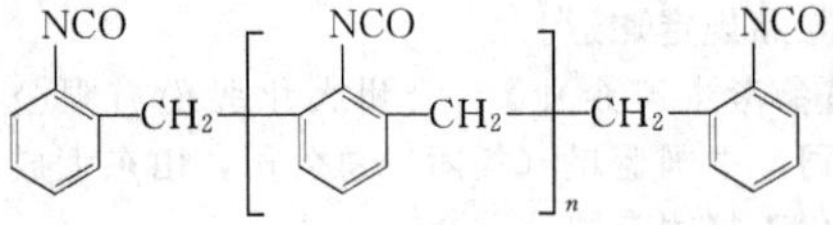

(n=0,1,2,3…)

【物化性质】 褐色透明液体，有刺激性气味。密度1.2g/cm³。引火点218℃。是一种含有不同官能团的多异氰酸酯的混合物。通常二异氰酸酯占混合物总量的50%，其余均是三官能团以上的低聚异氰酸酯。

【质量标准】

项　目	优等品	一等品
外观	棕色液体	棕色液体
异氰酸根(—NCO)含量/%	30.5～32.0	30.0～32.0
黏度(25℃)/(mPa·s)	100～250	100～400
酸度(以HCl计)/%　≤	0.10	0.20
水解氯含量/%　　≤	0.2	0.3
密度(25℃)/(g/cm³)	1.220～1.250	1.220～1.250

【用途】 用作耐热聚酯泡沫塑料的原料，也用于制备该类型的黏合剂。

【制法】 以苯胺为原料，在盐酸存在下，与甲醛反应生成多亚甲基多苯胺，然后与光气反应，经蒸馏而得。

【参考生产企业】 烟台万华聚氨酯股份有限公司，浙江丽水有邦化工有限公司。

Gb148 1,5-萘二异氰酸酯

【英文名】 1,5-naphthalene diisocyanate

【别名】 NDI

【CAS 登记号】 [3173-72-6]

【结构式】

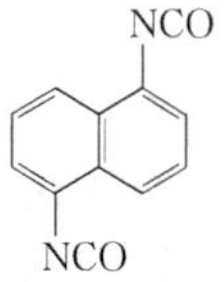

【物化性质】 淡黄色结晶薄片。有毒。熔点 126.5～127℃。沸点 167℃（667Pa），183℃（1.33kPa）。相对密度 1.42（20℃）。闪点 155℃。

【质量标准】

项 目		指 标
总氯含量/%	≤	0.1
纯度/%	≥	99.0
水解氯/%	≤	0.01
贮存期/月		6

【用途】 是合成高级聚氨酯的原料，也可用于合成涂料、黏合剂等。

【制法】（1）光气法。

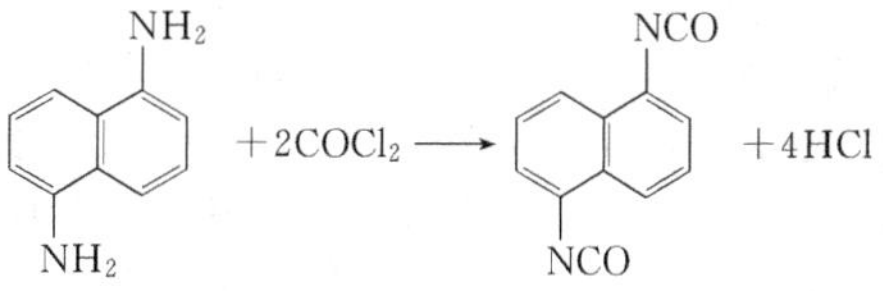

（2）三光气法。

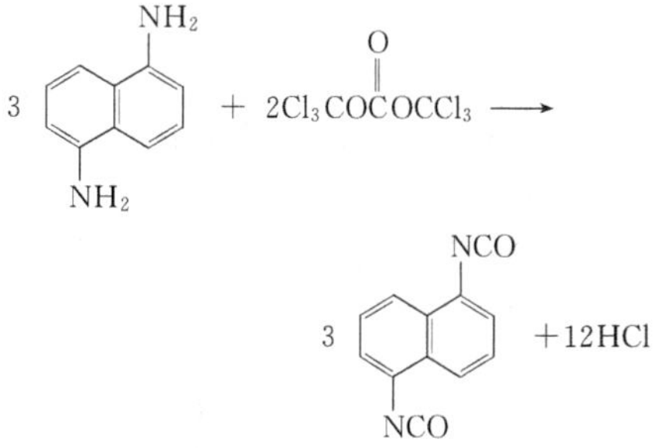

（3）羰基化一步法。

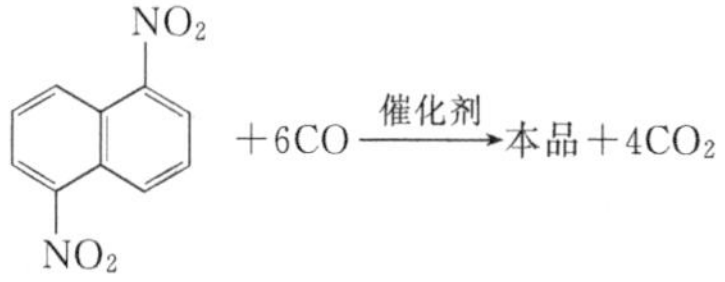

（4）羰基化两步法。

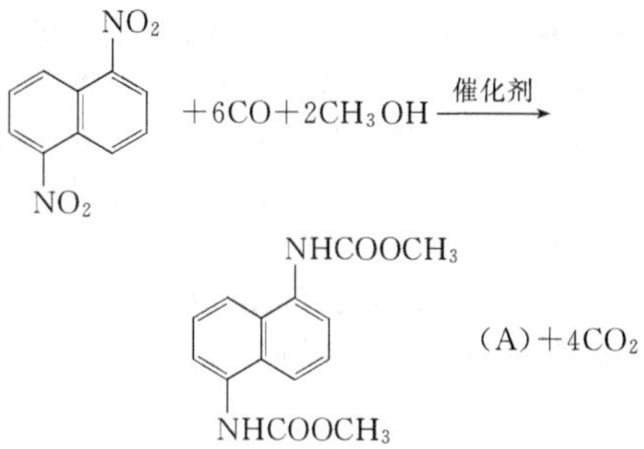

$$A \xrightarrow{\triangle} 本品 + 2CH_3OH$$

（5）碳酸二甲酯法。

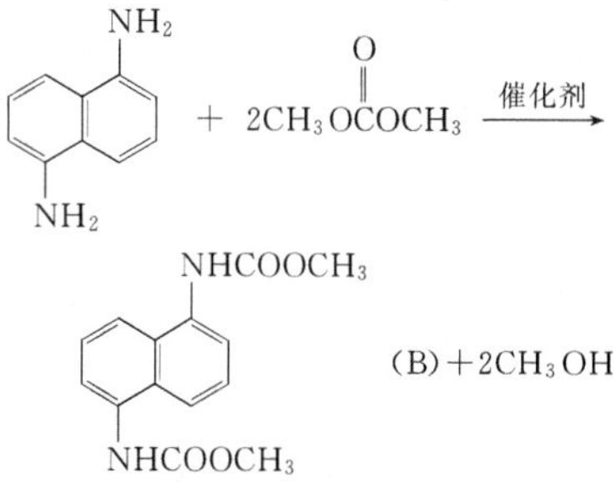

$$B \xrightarrow{\triangle} 本品 + 2CH_3OH$$

【安全性】 其粉尘有危害。生产车间要有良好通风设施，严格安全操作。工人操作时须戴上橡胶防护手套和眼罩，并穿上防护外套。用浓氨水、乙醇、水清洁地面。

【参考生产企业】 浙江丽水有邦化工有限公司，江苏苏化集团新沂农化有限公司，德州锐隆化工有限公司。

Gb149 1,5-(或1,8-)二硝基蒽醌

【英文名】 1,5-(or1,8-)dinitroanthraquinone

【CAS 登记号】 [82-35-9]（1,5-）；CAS [129-39-5]（1,8-）

【结构式】

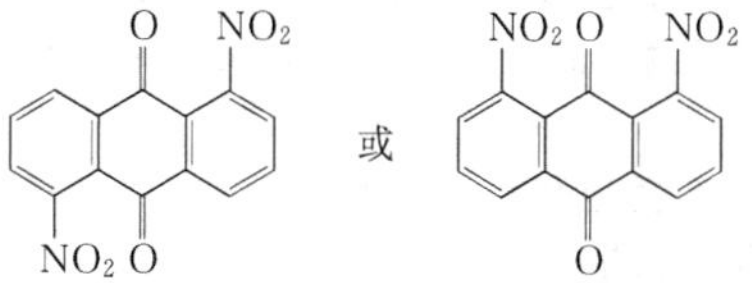

【物化性质】 1,5-二硝基蒽醌溶于热硝基苯，稍溶于热二甲苯，微溶于醋酸，极微溶于乙醇、乙醚、苯。在浓硫酸中溶液显蓝红色。能升华。苯中结晶者为浅黄色针晶，熔点 384～385℃。1,8-二硝基蒽醌在乙酐中结晶者为黄色棱晶，熔点 311～312℃。微溶于常用有机溶剂。

【质量标准】 苍黄色湿品。含量（干品）≥92%，含水≤30%。

【用途】 染料中间体。

【制法】 蒽醌在发烟硫酸存在下以硝酸硝化、稀释、过滤，再用亚硫酸钠精制、过滤即可。该反应可同时生成1,5-二硝基蒽醌、1,8-二硝基蒽醌，经分离，得到两种产品。

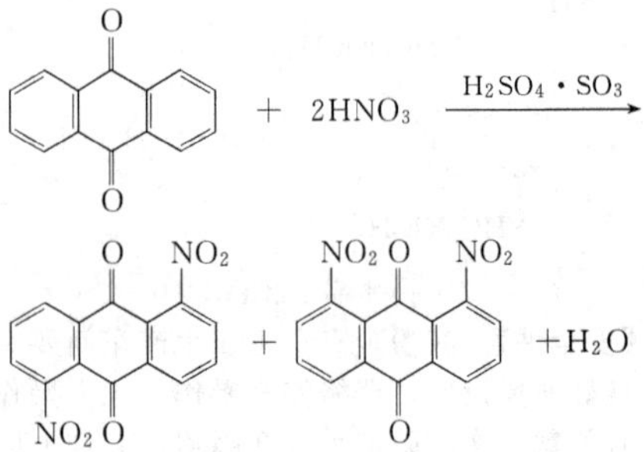

【安全性】 有毒。可引起皮肤过敏性反应。应防止粉尘飞扬。生产设备应密闭，操作人员应穿戴防护用具。用铁桶内衬塑料袋包装，每桶 50kg。防热、防潮。按一般有毒化学品规定贮运。

【参考生产企业】 青岛双桃精细化工（集团）有限公司，南京恒信达化工有限公司，武汉青江化工股份有限公司。

Gb150 1-氨基蒽醌

【英文名】 1-aminoanthraquinone

【别名】 α-氨基蒽醌；1-amino-9,10-anthracenedione

【CAS登记号】 [82-45-1]

【结构式】

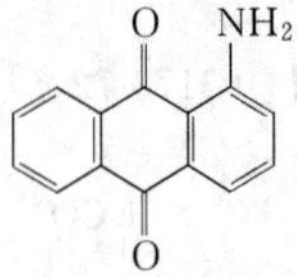

【物化性质】 红色闪光针晶。能升华。熔点 253～256℃。溶于热硝基苯、甲苯、二甲苯、乙醚、醋酸、氯仿、苯，微溶于冷乙醇，不溶于水。

【质量标准】 HG/T2079—2004 1-氨基蒽醌

项 目	优等品	一等品	合格品
外观	红色结晶粉末	红色至棕红色结晶粉末	
1-氨基蒽醌/% ≥	98.5	97.5	96.5
1,5-二氨基蒽醌/% ≤	0.3	0.5	1.0
1,8-二氨基蒽醌/% ≤	0.1	0.3	0.5
1-硝基蒽醌/% ≤	0.2	0.2	0.5
蒽醌/% ≤	0.2	0.5	1.0
水分/% ≤	0.5		
灰分/% ≤	0.5		

【用途】 还原染料、分散染料、反应染料及蒽醌系酸性染料的重要中间体。

【制法】（1）硝化还原法。蒽醌经混酸硝化得硝基蒽醌，反应产物过滤并用热水洗至中性后，用亚硫酸钠精制。其中2-硝基蒽醌与亚硫酸钠生成易溶于水的蒽醌-2-磺酸钠，过滤后洗涤除去之。所得1-硝基蒽醌用硫化钠还原得 1-氨基蒽醌粗品，经加碱液、保险粉精制除去二氨基蒽醌后再用氧气氧化、过滤、干燥，得成品。

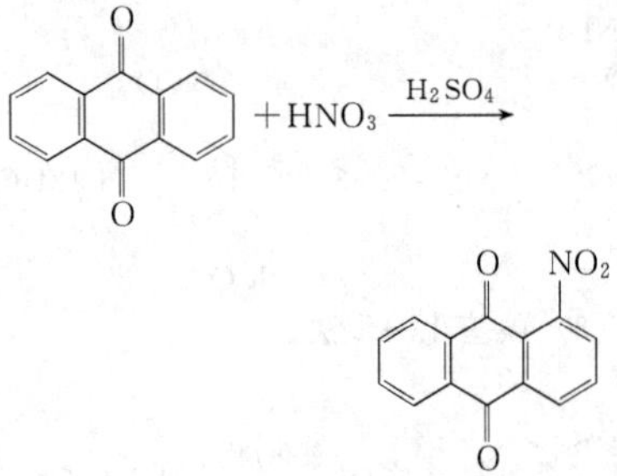

(A)

$$A + Na_2S + H_2O \xrightarrow{95\sim100℃} 本品 + Na_2S_2O_3 + NaOH$$

(2) 蒽醌磺酸盐氨解法。蒽醌与发烟硫酸在硫酸汞存在下反应，生成蒽醌-1-磺酸，经氨水中和，再置换成钠盐，然后在间硝基苯磺酸钠催化下氨解生成1-氨基蒽醌，精制后得成品。

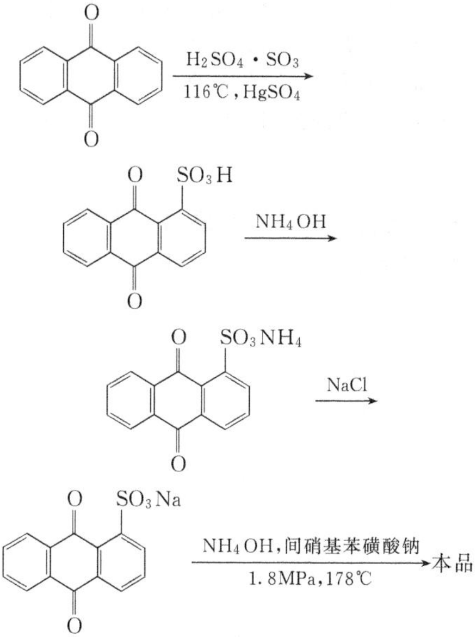

【安全性】 毒性和刺激性比蒽醌强。能造成皮肤过敏，引起湿疹。生产车间应通风良好，设备应密闭。操作时应穿戴防护用具。用铁桶内衬塑料袋包装。每桶净重25kg或50kg。贮存于阴凉、通风处。防潮、防晒。按有毒化学品规定贮运。

【参考生产企业】 南京诺邦化工有限公司，南京恒信达化工有限公司，江苏傲伦达科技实业股份有限公司，江都市精细化工厂，吴江森亮化工有限公司，吉林市龙潭区松龙助剂厂化工福利厂，南京东善化工厂，武汉青江化工股份有限公司。

Gb151 2-氨基蒽醌

【英文名】 2-aminoanthraquinone

【别名】 *β*-氨基蒽醌；*β*-aminoanthraquinone；2-amino-9,10-anthracenedione

【CAS登记号】 [117-79-3]

【结构式】

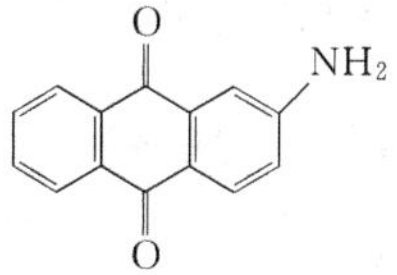

【物化性质】 红色或橙棕色针晶。能升华。熔点303～306℃。溶于乙醇、氯仿、苯和丙酮，不溶于水。

【质量标准】 2-氨基蒽醌

项　目		指　标
外观		红褐色结晶
含量/%		86～92
水分/%	≤	1
细度(通过60目筛)/%	≥	95
单锅合格率/%	≥	75

【用途】 还原染料中间体，主要用于制造还原蓝RSN、还原黄G、还原黄8G和1-氯-2氨基蒽醌染料。此外，在造纸工业中可用作催化剂以节约烧碱。

【制法】 2-氯蒽醌和氨水在催化剂硫酸铜的悬浮物中，在高温高压条件下反应制得。

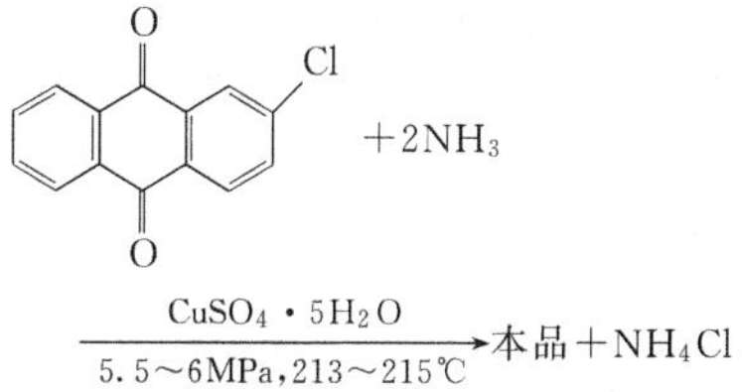

【安全性】 有毒。大鼠吸入10mg/m³ 4个月出现衰竭。对鼻腔黏膜有刺激作用。长期接触易引起皮炎、胃消化不良。生产车间应通风，设备应密闭，操作人员要穿戴防护用具。操作场所空气中最高容许浓度5mg/m³。用铁桶内衬塑料袋包装，每桶净重30～100kg。贮存于通风、干燥处。防晒、防潮。按有毒物品规定贮运。

【参考生产企业】 南京恒信达化工有限公司，杭州萧山飞翔化工有限公司，常熟市金虞山染料有限公司，杭州福德化工有限公司，上海染料有限公司染料化工十厂，北京恒业中远化工有限公司。

Gb152 1,4-二氨基蒽醌

【英文名】 1,4-diaminoanthraquinone

【CAS登记号】 [128-95-0]

【结构式】

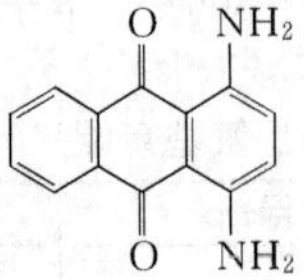

【物化性质】 熔点268℃。深紫色针晶（在吡啶中）或紫色结晶。在浓硫酸中溶液几乎无色，加硼酸后显蓝红色。溶于苯、吡啶、硝基苯、苯胺，稍溶于热醋酸、乙醇。

【质量标准】

项 目		指 标
外观		紫红色粉末
含量/%	≥	83
水分/%	≤	1

【用途】 蒽醌还原染料、分散染料、酸性染料的中间体，本身还是分散染料紫。

【制法】 对苯二酚和苯酐缩合得1,4-二羟基蒽醌，用次氯酸钠精制，然后氨化得1,4-二氨基蒽醌隐色体，再以发烟硫酸氧化制得成品。

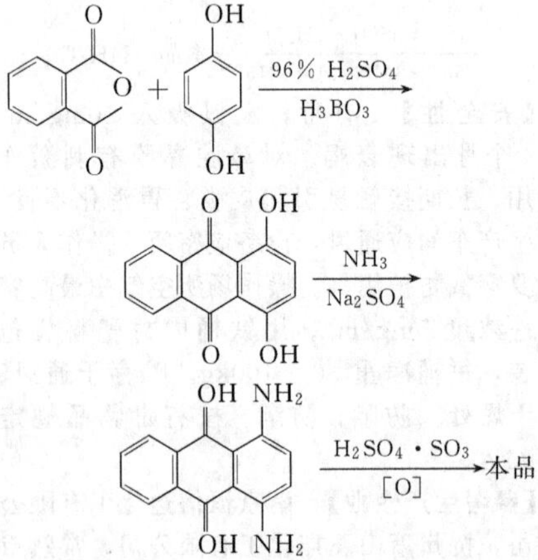

【安全性】 人体LD为1～2g/kg，大鼠腹腔注射LD_{100}为500mg/kg。用铁桶内衬塑料袋包装，每桶净重50kg。贮存于通风处，防晒、防潮。

【参考生产企业】 湖北楚源集团公司，盐城市虹艳化工有限公司，江苏傲伦达科技实业股份有限公司，常熟市振业化工有限公司，江阴天一化学品有限公司，常熟市常吉化工有限公司，南京恒信达化工有限公司。

Gb153 1,4-二氨基蒽醌隐色体

【英文名】 1,4-diaminoanthraquinone leuco (base)

【别名】 1,4-diaminoanthraquinone leuco-compound

【CAS登记号】 [5327-72-0]

【结构式】

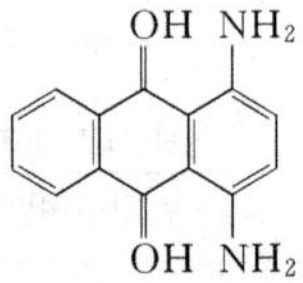

【质量标准】 GB/T 25783—2010 1,4-二氨基蒽醌隐色体

项 目		指 标
外观		黄棕色或墨绿色闪光结晶
1,4-二氨基蒽醌隐色体(化学法)/%	≥	95.00
1,4-二氨基蒽醌隐色体的纯度(HPLC)/%	≥	97.50
1-氨基-4-羟基蒽醌(HPLC)/%	≤	1.00
1,4-二氨基蒽醌氧体(HPLC)/%	≤	1.20
水分/%	≤	0.50
灰分/%	≤	0.50
pH值		7～9

【用途】 还原染料、分散染料及酸性染料的重要中间体，如用以制取还原灰BG、

还原深棕 BR、分散紫 R 及分散紫 6B 等。

【制法】 苯酐和对苯二酚在硼酸存在下，于浓硫酸介质中进行缩合，得 1,4-二羟基蒽醌。后者用次氯酸钠精制后，氨化得 1,4-二氨基蒽醌隐色体。

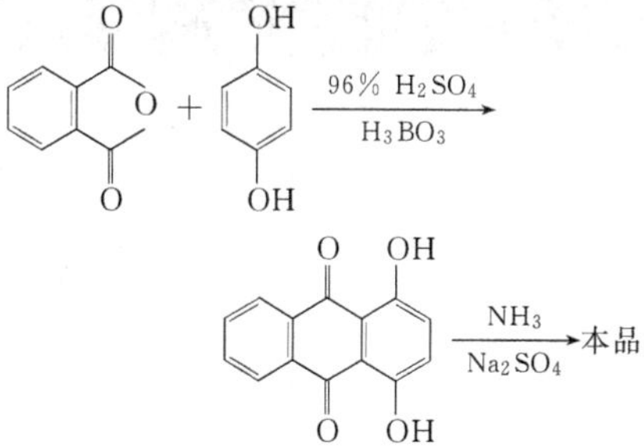

【安全性】 有毒。对呼吸系统及皮肤有刺激性，会引起湿疹。生产现场应通风良好。设备应密闭。操作人员要穿戴防护用具。用铁桶内衬塑料袋包装，每桶净重 25～50kg。贮存于阴凉、通风处，防潮、防晒、防热。按有毒物品规定贮运。

【参考生产企业】 湖北楚源集团公司，盐城市虹艳化工有限公司，枝江开元化工有限责任公司，荆州市博尔德化学有限公司，海门市宝恒化工厂，常熟市振业化工有限公司，江阴天一化学品有限公司，常熟市常吉化工有限公司，浙江省台州捷能化工厂。

H 含硫化合物

HANDBOOK OF CHEMICAL PRODUCTS

Ha 脂肪族含硫化合物

Ha001 二硫化碳

【英文名】 carbon disulfide

【别名】 carbon bisulfide; dithiocarbonic anhydride

【CAS登记号】 [75-15-0]

【结构式】 S═C═S

【物化性质】 无色或微黄色透明液体，纯品有乙醚味。沸点 46.2℃。凝固点 −116.6℃。闪点 −25℃。着火点 100℃。相对密度 1.263。折射率 1.461。蒸气压 (20℃) 39.663kPa。易燃烧。在 0℃ 以下，可析出 $2CS_2 \cdot H_2O$ 结晶。可溶于苯、乙醇和乙醚。在空气中的爆炸极限 1%～5%（体积）。

【质量标准】 GB/T 1615—2008 工业二硫化碳

项目		优等品	一等品	合格品
馏出率(15.6～46.6℃，101.32kPa)/%	≥	97.5	97.0	96.0
密度(20℃)/(g/mL)		1.262～1.265	1.262～1.267	
不挥发物/%	≤	0.005	0.007	0.010
碘还原物(以 H_2S 计)/%	≤	0.0002	0.0005	0.0008
硫酸盐		通过试验	—	—
游离酸		通过试验	—	—
硫及其他硫化物		通过试验	—	—

【用途】 人造纤维的原料，也用于生产四氯化碳、农药杀菌剂、橡胶硫化促进剂、浮游选矿剂、色漆和清漆的脱膜剂、油脂及橡胶工业用作溶剂、防腐剂等。

【制法】 (1) 木炭法。由木炭与硫黄作用制得。此法分外加热法（铁甑法）和内加热法（电加热法）。将熔融的硫黄与木炭反应后，经冷凝、精馏得成品。

(2) 天然气法。以甲烷、硫黄为原料制得。甲烷与硫黄反应温度为 500～700℃，用硅胶作催化剂，甲烷单程转化率 90%，副反应少，生成的硫化氢用克劳斯法使之转变为硫黄，循环使用。此法与铁甑法相比，反应温度低，可连续生产。

【安全性】 高浓度蒸气有麻醉作用，浓度为 0.1%～0.3%，吸入 1h 就能致死，即使低于致死量也会遗留后遗症，长期（3 个月）吸入 160×10^{-6} 以上时，1～2 年后会引起神经炎。工作场所最高容许浓度为 $60mg/m^3$。用玻璃瓶和铝桶、铁桶、贮罐之类的金属桶盛装外加木箱保护，须存放在不燃材料结构并有地面通风设施的仓库内，远离火源，避免阳光照射，夏季应采取冷却措施保持在 17℃ 以下贮存，仓库附近不可有电器设备或加热设施，须防闪电或静电引火。贮罐液面应用惰性气体封闭。按易燃物品规定贮运。

【参考生产企业】 上海百金化工集团公司，山东淄博市淄川亚龙化工厂，辽阳瑞兴化工有限公司，河南新乡白鹭化纤集团有限责任公司，湖南株洲选矿药剂厂，山西新联友化学工业有限公司，江苏南通市通海化工公司，四川成都华明玻璃纸股份有限公司。

Ha002 氧硫化碳

【英文名】 carbonyl sulfide

【别名】 羰基硫；carbon oxide sulfide (COS)；carbon oxysulfide

【CAS登记号】 [463-58-1]

【结构式】 O=C=S

【物化性质】 无色无味的气体。沸点 −50℃。熔点 −138.8℃。液体密度(−99.15℃) 1.274g/cm^3，蒸气密度(25℃)2.4849±0.0005g/L。折射率 1.3785。紫外吸收 208nm、225nm。临界压力 5.98MPa。溶于醇。

【质量标准】

项 目		指标(合格品)
纯度/%	≥	90
CO_2/%	≤	2
CO/%	≤	5

【用途】 为有机合成中间体，农药上用于合成除草剂、杀草丹、燕麦敌、杀虫剂巴丹等。

【制法】 (1) 由一氧化碳与硫黄经气相催化直接合成。催化剂可采用硫化物、醋酸钠、13X 分子筛等。

(2) 由一氧化碳与二氧化硫作用制得，以木炭为反应催化剂。

(3) 由二氧化碳与硫化氢作用制得，催化剂为碳酸钠、硫酸钾等。

(4) 由二硫化碳与尿素作用制得。

【安全性】 刺激皮肤、呼吸道，并作用于中枢神经系统，即使短期暴露也会引起严重损害。家兔吸入浓度 3000×10^{-6}，30min 会痉挛而死。在常温常压下会迅速完全汽化、扩散，并迅速燃烧。工作场所应注意通风，设备应密闭，操作人员应戴防毒面具，穿防护服，带橡胶手套。应装入经试压符合安全标准的钢瓶内，戴好安全帽，钢瓶上应有国家规定的有效使用期限的钢印，并按规定涂以颜色标志，应贮存在阴凉通风处，瓶外有防震措施。无安全帽的小钢瓶应外加木箱。

【参考生产企业】 佛山市科的气体化工有限公司，大连大特气体有限公司，天津市赛美特特种气体有限公司，山东淄博亚龙化工厂。

Ha003 二甲基二硫

【英文名】 dimethyl disulfide

【别名】 DMDS

【CAS登记号】 [624-92-0]

【结构式】 CH_3SSCH_3

【物化性质】 淡黄色透明液体。有恶臭。沸点 109.7℃。熔点 −85℃。相对密度 1.0625。折射率 1.5250。不溶于水，可与乙醇、乙醚、醋酸混溶。

【质量标准】

项 目		指 标
纯度/%	≥	99
相对密度(d_4^{20})		1.062～1.065
水分/%	≤	0.1
化学结合硫(H_2S、CH_3、SH)/%	≤	0.05

【用途】 用作溶剂、催化剂的钝化剂、农药中间体、结焦抑制剂等。

【制法】 由硫酸二甲酯与二硫化钠作用制得。在搅拌下将硫黄粉加入硫化钠溶液中，升温至 80～90℃，反应 1h，降温至 30℃左右，再将硫酸二甲酯滴入反应釜中，继续反应 2h，然后蒸馏，静置分层，分出废碱液后，再经蒸馏制得成品。

【安全性】 小鼠吸入 (25min) 25mg/L 后死亡。死亡动物呈肝变化，肾充血，支气管肺炎。易使中枢神经受损，但毒性较小。操作人员应穿戴防护用具。用铝桶或聚乙烯桶包装。铝桶为 100kg，聚乙烯桶为 3kg、5kg 或 20kg，贮存于阴凉、通风、干燥处。避免高温。

【参考生产企业】 南阳市思达特精细化学有限公司，山东沾化滨博化工有限公司，上海三微实业有限公司，河北青县大地化工有限公司，河北省景县精细化学有限公司，阿拉善达康精细化工股份有限公司，河北亚诺化工有限公司，上海浦东兴邦化工发展有限公司，淄博市博山东方化工厂，滕州吉田香料有限公司。

Ha004 甲硫醇

【英文名】 methanethiol

【别名】 硫氢甲烷；methyl mercaptan；mercaptomethane；thiomethyl alcohol；methyl sulfhydrate

【CAS 登记号】 [74-93-1]

【结构式】 CH_3SH

【物化性质】 常温下为无色易燃气体，低温下为无色液体，具有令人不愉快的臭味。沸点 5.9℃。熔点 −123～−121℃。相对密度 0.8665，(d_4^{25}) 0.9600。闪点小于 71℃。微溶于水，20℃时为 2.3%。易溶于醇、醚、石油醚等。

【质量标准】 纯度 99.5%。

【用途】 有机合成原料，可用于合成染料、医药（蛋氨酸）、农药（倍硫磷）等。

【制法】 (1) 甲醇与硫化氢气相合成法。以活性氧化铝为主催化剂，反应温度 280～450℃，反应压力 0.74～0.25MPa。此法收率高，废水少。

$$CH_3OH + H_2S \longrightarrow CH_3SH + H_2O$$

(2) 由硫脲与卤代烷反应，生成异硫脲盐，经加碱，水解制得。

$$\underset{}{NH_2\overset{\overset{\displaystyle S}{\|}}{C}NH_2} + RX \longrightarrow R\cdot S\overset{\overset{\displaystyle NH}{\|}}{C}NH_2 \xrightarrow{NaOH} CH_3SH + H_2O + NaX + H_2NCH$$

【安全性】 有毒。大鼠经口致死浓度 1%，高浓度蒸气具有麻醉作用，误服或皮肤污染，大量进入人体会损害肝脏。操作时应带橡胶手套，防护口罩，穿防护服。能与空气形成爆炸性混合物，爆炸极限为 3.9%～21.8%。工作场所最高容许浓度为 20mg/m³。装入螺丝口或铁盖压口的玻璃瓶、塑料瓶中，要严密封闭，再装入坚固木箱，箱内用草垫衬套或其他松软材料衬垫，箱外用铁皮搭角或铁丝、铁皮加固。每箱净重 20kg，还可用钢瓶盛装。放置时防碰撞，存放在阴凉、通风良好处，远离火源，不得与氧化剂、易燃物品、酸类一同贮运，不得在日光下曝晒，或受雨淋水湿，容器外应有“易燃物品”标志。

【参考生产企业】 临淄兴武化工厂，天津化学试剂研究所，山东省微山县广源化工有限公司，上海承峰化工有限公司。

Ha005 乙硫醇

【英文名】 ethanethiol

【别名】 硫氢乙烷；ethyl mercaptan；mercaptoethane；ethyl sulfhydrate；thioethyl alcohol

【CAS 登记号】 [75-08-1]

【结构式】 CH_3CH_2SH

【物化性质】 无色透明油状液体，具有强烈的持久性刺激性蒜臭味。在空气中易挥发。沸点 35℃。熔点 −147.89℃。闪点低于 0℃。自燃点 303.78℃。着火点 299℃（空气中），261℃（氧气中）。相对密度 0.8391。折射率 1.4310。蒸气压（20℃）58.928kPa。黏度（20℃）0.293mPa·s；临界温度 225.5℃，临界压力 5.32MPa。微溶于水，20℃时在水中的溶解度 1.5%（质量比值），25℃时每升水能溶解 6.76g。与水能形成水合物，低于 10℃时水合物将结晶。易溶于碱水及乙醇、乙醚等有机溶剂。

【质量标准】

项目	指标
外观	无色透明油状液体
含量/% ≥	90
乙醇含量/% ≤	5
水分/%	无
乙硫醚/% ≤	5.0

【用途】 农药工业重要中间体，主要用作抗菌剂401、农药甲拌磷、乙拌磷、异丙磷、内吸磷和甲基内吸磷等有机磷农药中间体。此外，还可用作试剂及气体的加臭味剂，其臭味在浓度为0.00019mg/L时即可嗅到。

【制法】 (1) 以无水乙醇，发烟硫酸和硫氢化钠为原料，总收率为60%～65%（以无水乙醇计）。国内此法较成熟，缺点是路线长，收率低，对原料要求高。

$$C_2H_5OH+H_2SO_4\cdot SO_3\xrightarrow{50\sim60℃}C_2H_5OSO_2OH$$

$$C_2H_5OSO_2OH+Na_2CO_3\xrightarrow{<5℃}C_2H_5OSO_2ONa$$

$$C_2H_5OSO_2ONa+NaSH\xrightarrow{100℃}C_2H_5SH+Na_2SO_4$$

(2) 由氯乙烷和硫氢化钠作用制得。收率可达80%以上（以氯乙醇计）。

$$C_2H_5Cl+NaSH\xrightarrow[0.78\sim1.96MPa]{100\sim120℃}C_2H_5SH+NaCl$$

(3) 由乙醇（或乙烯）与硫化氢经气相催化制得。反应在常压下进行，催化剂采用活性氧化铝为载体，浸渍钨酸或钨酸钠。反应温度为360～380℃。乙硫醇收率（以乙醇计），可达70%～79%。

$$C_2H_5OH+H_2S\longrightarrow C_2H_5SH+H_2O$$

【安全性】 高毒，对狗在1%以下能引起血压下降、呼吸困难。人体大量吸入会引起血压降低、呼吸困难，并有呕吐、腹泻、血尿等症状。轻者及时离开现场即可逐步痊愈；重者立即送医院治疗。生产设备应密闭，操作现场要强制通风，操作人员穿戴防护用具。一般作中间体用，不作商品出售。爆炸极限2.8%～18.2%（体积）。空气中最高容许浓度为0.5×10^{-6}。需密封贮存于阴凉、干燥、通风处。按易燃有毒物品规定贮运。

【参考生产企业】 山东省微山县广源化工有限公司，武汉科龙化工试剂厂，山东省微山县石化助剂厂，上海三微实业有限公司。

Ha006 正丙硫醇

【英文名】 *n*-propyl mercaptan

【别名】 硫氢丙烷

【CAS登记号】 [107-03-9]

【结构式】 $CH_3CH_2CH_2SH$

【物化性质】 无色或淡黄色液体。沸点67～68℃。熔点－130.5℃。相对密度(d_4^{25}) 0.8415。折射率1.43832。微溶于醇、醚。

【质量标准】

项　目	指　标
含量/%	98
沸程/℃	66～68
相对密度(d_4^{20})	0.832～0.836

【用途】 有机合成原料，农药杀虫剂的中间体。

【制法】 (1) 由溴丙烷与硫脲作用制得。

$$CH_3CH_2CH_2Br+(NH_2)_2C{=}S\longrightarrow CH_3CH_2CH_2SC(=NH)NH_2\cdot HBr+2NaOH\longrightarrow CH_3CH_2CH_2SNa+(NH_2)_2C{=}O+NaBr+H_2O$$

$$CH_3CH_2CH_2SNa+H_2SO_4\longrightarrow \text{本品}+NaHSO_4$$

(2) 由卤代丙烷与硫氢化钠作用制得。

$$CH_3CH_2CH_2X+NaSH\longrightarrow \text{本品}+NaX$$

(3) 由丙醇与硫化氢作用制得。

$$CH_3CH_2CH_2OH+H_2S\xrightarrow[\text{催化剂}]{300\sim380℃}\text{本品}+H_2O$$

【安全性】 加热分解放出氧化硫烟雾，刺激和抑制中枢神经系统，能刺激呼吸道、发热，使肌肉软弱无力、溶血性贫血、高铁血红蛋白血症、血尿、蛋白尿、发绀、痉挛，以致失去知觉。生产车间应合理通风，带护目镜，防毒面具，穿橡胶防护服。空气中最高容许浓度 1.5mg/m³。应远离火源，与氧化剂，酸性物质隔开。装入螺丝口或铁盖压口的玻璃瓶、塑料瓶中，严密封闭，再装入坚固木箱，箱内用草垫衬套或其他松软材料衬垫妥实，箱外用铁皮搭角或铁丝、铁皮加固。每桶净重不超过 20kg。装入金属容器或塑料瓶，封严后再装入满底板透笼木箱或坚固厚纸板箱、条、竹箱、纤维板箱中，箱内用松软材料衬垫，箱外用铁皮捆紧。每箱净重 20kg，每瓶净重 1kg。

【参考生产企业】 山东省微山县广源化工有限公司，武汉市合中化工制造有限公司，武汉市科龙化工试剂厂，天津化学试剂有限公司，河北诺亚化工有限公司。

Ha007 丁硫醇

【英文名】 *n*-butyl mercaptan

【别名】 正丁硫醇；1-硫代丁醇；1-butanethiol；normal butyl thioalcohol；thiobutyl alcohol

【CAS 登记号】 [109-79-5]

【结构式】 $CH_3(CH_2)_2CH_2SH$

【物化性质】 无色易流动液体，有特殊的硫醇气味。易燃。易被氧化。在碱性条件下易发生分解，并随温度的升高，分解加快。沸点 98.℃。熔点－115.7℃。相对密度（d_4^{25}）0.83679。折射率（n_D^{25}）1.44014。闪点 12℃。微溶于水，极易溶于醇、醚及硫化氢溶液。

【用途】 有机合成中间体和警告剂等。农药工业上是有机磷和硫代氨基甲酸酯等多种农药合成的重要中间体，还广泛用作溶剂、聚合反应调节剂、稳定剂等方面。

【制法】 （1）由正丁醇与硫化氢反应制得。

$$C_4H_9OH+H_2S\xrightarrow{\text{催化剂}}C_4H_9SH+H_2O$$

（2）由溴丁烷与硫脲反应制得。

$$CH_3(CH_2)_2CH_2Br+(NH_2)_2CS\longrightarrow$$

$$CH_3(CH_2)_2CH_2S\overset{\overset{NH}{\|}}{C}NH_2\cdot HBr\xrightarrow{NaOH}$$

$$CH_3(CH_2)_2CH_2SNa\xrightarrow{H_2SO_4}CH_3(CH_2)_2SH$$

【安全性】 具有中等毒性。用玻璃瓶外用木箱或钙塑箱加固内衬垫料或铁桶装。贮存于阴凉、干燥、通风的仓间内，远离火种和热源，避免阳光直射。与氧化剂和酸类及含水物品隔离贮运。

【参考生产企业】 山东省微山县广源化工有限公司，天津市化学试剂有限公司。

Ha008 正辛硫醇

【英文名】 *n*-octylmercaptan

【别名】 巯基正辛烷

【CAS 登记号】 [111-88-6]

【结构式】 $CH_3(CH_2)_7SH$

【物化性质】 无色透明液体，具有硫醇的特殊臭气。沸点 199.1℃。凝固点－49.2℃。相对密度 0.8428。折射率（n_D^{25}）1.4540。着火点 85℃。溶于乙醇、乙醚、丙酮、苯，不溶于水。

【用途】 用作橡胶助剂，医药、染料、农药的中间体。也可作表面活性剂、聚合调节剂和树脂的稳定剂。

【制法】 （1）卤(代)(正)辛烷与硫氢化钠进行反应制取。

$$CH_3(CH_2)_7X+NaSH\longrightarrow\text{本品}+NaX$$

（2）卤辛烷与硫脲反应制得卤化辛基硫脲，经 NaOH 水解成辛基硫醇钠，最后由硫酸酸化而制成正辛硫醇。

$$CH_3(CH_2)_7X+NH_2CSNH_2\longrightarrow$$

$$CH_3(CH_2)_7SC\begin{matrix}\diagup NH_2\\ \diagdown NH_2\end{matrix}\xrightarrow{NaOH}$$

$$CH_3(CH_2)_7SNa\xrightarrow{H_2SO_4}\text{本品}$$

【安全性】 硫醇类分子由于其中—SH 离子的作用，可使皮肤及黏膜中蛋白质变质，使眼结膜及角膜浑浊乃至溶解。此外，一般具有催眠作用，高浓度时能麻痹中枢神经。大部分硫醇能经皮肤吸收，涂抹皮肤上，短时会因刺激而发红，长时接触则会致癌。但随硫醇分子内碳原子数的增加，其毒性递减：$C_1>C_2>C_3>C_4>C_5>C_6>C_7>C_8$。设备应密闭，操作人员应穿戴防护用具。其余见正丙硫醇。

【参考生产企业】 山东省微山县广源化工有限公司，衢州明锋化工有限公司。

Ha009 全氯甲硫醇

【英文名】 perchloromethyl mercaptan

【别名】 三氯硫氯甲烷；trichloromethyl sulfochloride

【CAS 登记号】 [594-42-3]

【结构式】 CCl_3SCl

【物化性质】 无色油状液体，具有刺激性难闻的臭味。沸点 147～148℃（分解）。相对密度 1.694。溶于乙醇，与硫一起加热到 160℃时生成四氯化碳、二氯化硫、硫光气、全氯代二甲基二硫化物，遇碱分解为二氧化碳，氯化氢和硫。

【用途】 农药杀菌剂克菌丹、灭毒丹以及其他杀菌剂的中间体。

【制法】 由二硫化碳与氯气在稀盐酸存在下作用制得。氯化反应锅的回流冷冻盐水温度维持在 2℃，将 12%的盐酸及二硫化碳加入反应锅，同时开动搅拌通氯气，控制氯气流量使反应温度保持在（26±2)℃，通常反应 3h，测定氯化液中三氯硫氯甲烷相对密度为 1.68 以上时，停止通氯和搅拌、静置、分离，即得成品，收率 80%～90%。

【安全性】 小鼠 LC_{50} 为 0.296mg/L。人体急性中毒严重者症状是眼睛和呼吸道黏膜立即受到刺激，心动过速，苍白，气促，咳嗽，呕吐感，腹痛。20～24h 后出现中毒性支气管肺炎，伴有明显呼吸不全及血氧过少，死亡病例的肺部有弥漫性阴影，血压下降，心律不齐，心脏活动和呼吸明显抑制，无尿，36h 后死亡。一般中毒者数周后痊愈。工作场所空气中最高容许浓度 0.1×10^{-6}。贮于阴凉、通风处，与碱性物质隔离。装入良好的耐酸坛、陶瓷坛、塑料桶、玻璃瓶中，严密封口再装入木箱，箱内用不燃材料衬垫妥实，箱外应用铁丝或铁皮捆紧。每箱净重不超过 50kg，瓶装每箱净重不超过 30kg。

【参考生产企业】 浙江禾本农药化学有限公司，河南淇县天水化工厂。

Ha010 2-巯基乙醇

【英文名】 2-mercaptoethanol

【别名】 1-硫代乙二醇；monothioethylene glycol

【CAS 登记号】 [60-24-2]

【结构式】 $HOCH_2CH_2SH$

【物化性质】 无色透明液体，有特臭。沸点 157～158℃（微有分解）。凝固点<100℃。相对密度 1.1143。折射率 1.4996。闪点 73℃。黏度（20℃）3.43 mPa·s。易溶于水，乙醇和乙醚等有机溶剂，与苯可以任意比例混溶。

【质量标准】

项目	指标
含量/% ≥	95
相对密度(d_4^{20})	1.110～1.120
灼烧残渣/% ≤	0.02

【用途】 有机合成中间体，用于合成农药，医药和染料等。在橡胶、纺织、塑料、涂料工业中亦可用作助剂。

【制法】 由氯乙醇与硫氢化钠反应制得。

$$ClCH_2CH_2OH + NaSH \longrightarrow 本品 + NaCl$$

也可由硫化氢与环氧乙烷反应合成。

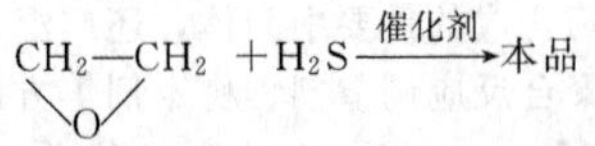

反应中所用催化剂为 717 强碱性阴离子交换树脂。环氧乙烷与硫化氢摩尔数比为 1∶3.5，反应温度为（42±1)℃，尾气负压（1333±667)Pa。粗产品含量为 52%左右。纯品收率 55%左右。过量硫

化氢用碱吸收成硫氢化钠，用于重新发生硫化氢循环使用。

【安全性】 小鼠经口 LD_{50} 为 190mg/kg，大鼠为 224mg/kg。吸入蒸气，开始为运动性兴奋，然后是长时间无力，抽搐，呼吸减慢，死亡。刺激皮肤，容易透过皮肤吸收，应带防护手套及防毒面具操作。空气中最高容许浓度 $1mg/m^3$。贮存与运输参见全氯甲硫醇。

【参考生产企业】 四川省永业化工有限公司，黑龙江省绥棱艾斯精细化工有限责任公司，四川省精细化工研究设计院，上海杰士化工有限公司，广西邦德化工有限公司，南通辉煌化工有限公司，上海三微实业有限公司。

Ha011 硫代双乙醇

【英文名】 2,2′-thiodiethanol

【别名】 硫二甘醇；2,2′-thiobisethanol；thiodiglycol；thiodiethylene glycol；bis(hydroxyethyl) sulfide

【CAS 登记号】 [111-48-8]

【结构式】 $HOCH_2CH_2SCH_2CH_2OH$

【物化性质】 糖浆状的无色透明液体，易燃，低毒。有特殊气味。沸点 283℃。凝固点 −10℃。闪点 160℃。相对密度 1.1852。折射率 1.5217。黏度（20℃）652mPa·s。溶于丙酮、乙醇、氯仿、水，微溶于苯、乙醚、四氯化碳。

【质量标准】

项　目	指　标
外观	浅黄色油状液体
含量/% ≥	80
pH 值	7

【用途】 为溶剂和有机原料中间体。用以制备增塑剂、橡胶促进剂、防老剂、防腐剂、杀虫剂、除草剂、驱避剂、染料助剂、油墨溶剂和印染助剂等。与盐酸作用可制造芥子气。

【制法】 (1) 氯乙醇法。氯乙醇和硫化钠，在 pH 9～10，温度 70～90℃下反应，反应产物经蒸发浓缩，静置过滤，除盐脱色，得产品。

$$2\,ClCH_2CH_2OH + Na_2S \xrightarrow[\text{pH }9\sim10]{70\sim90℃} (CH_2CH_2OH)_2S + 2\,NaCl$$

(2) 环氧乙烷法。由硫氢化钠与盐酸作用制得硫化氢气体，将气体硫化氢与环氧乙烷反应，控制一定配比，即得。

$$HC + NaSH \longrightarrow H_2S + NaCl$$

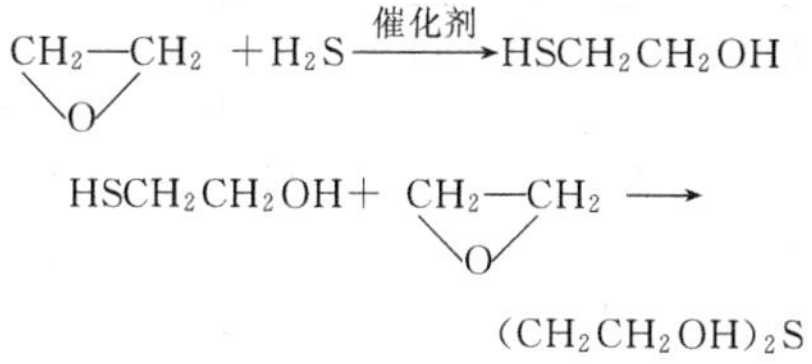

【安全性】 生产过程中发生硫化氢气体，因此应按有毒的硫化氢气体的防护要求采取措施。采用塑料桶包装，每桶 25kg。贮存于阴凉通风干燥处。易燃，贮运中要注意防火。远离火源、热源。

【参考生产企业】 黑龙江绥棱化工有限责任公司，河北诺亚化工有限公司，广东茂名云龙工业发展有限公司。

Ha012 二甲基硫醚

【英文名】 methyl sulfide

【别名】 硫代双甲烷；thiobismethane；dimethyl sulfide

【CAS 登记号】 [75-18-3]

【结构式】 $(CH_3)_2S$

【物化性质】 无色透明易挥发液体，易燃、易爆。高毒。有难闻的气味。在空气中可燃范围 2.2%～19.7%。沸点 37.5℃。熔点 −83℃。闪点 −17.8℃。相对密度 0.845。折射率 1.4353，(n_D^{25}) 1.4319。馏程 36～39℃。自燃点 206.1℃。溶于乙醇和乙醚，不溶于水。

【质量标准】 GB 28339—2012 食品添加剂 二甲基硫醚

项　目	指　标
外观	无色至苍黄色液体，有令人不愉快的生萝卜、卷心菜气味
溶解度(25℃)	1mL 试样全溶于 1mL 95%(体积分数)乙醇中
二甲基硫醚含量/% ≥	95.0
折射率(20℃)	1.423～1.441
相对密度(25℃/25℃)	0.840～0.850

【用途】 可以用作有机合成，聚合反应和氰化反应的溶剂。是生产二甲基亚砜、蛋氨酸及农药的中间体，也用于分析试验，聚丙烯腈和其他合成纤维纺丝及液压油方面，还可用作城市煤气的赋臭剂、工业净化剂、涂料脱膜剂、电池低温防腐剂、农药渗透剂等。用于血液药品、植物病理学和营养物中。

【制法】 (1) 甲醇与二硫化碳合成法。将甲醇与二硫化碳按理论比混合均匀，计量、加热，送入反应器进行反应，反应气经冷凝，精制得成品。

$$4\,CH_3OH+CS_2 \longrightarrow 2CH_3SCH_3+CO_2+2H_2O$$

(2) 甲醇与硫化氢合成法。将甲醇与硫化氢按一定比例混合，经预热后进入催化反应器进行反应，反应物经分离除水，再精馏得成品。

$$2\,CH_3OH+H_2S \xrightarrow{\gamma\text{-氧化铝}} CH_3SCH_3+2H_2O$$

(3) 硫酸二甲酯与硫化钠合成法。

$$(CH_3)_2SO_4+Na_2S \xrightarrow{90℃} CH_3SCH_3+Na_2SO_4$$

【安全性】 有毒。低浓度的二甲基硫醚蒸气一般引起恶心，食欲减退，高浓度蒸气对中枢神经系统有麻痹作用。生产过程中要密闭，防止跑、冒、滴、漏。生产现场要加强通风，操作人员应穿戴防护用具。发生中毒时应及时移至空气新鲜处，并请医生治疗。用不锈钢耐压桶包装。贮运中要远离热源，防火，防爆。按易燃、有毒化学品规定贮运。

【参考生产企业】 本溪市化工集团橡胶制品有限责任公司，浙江省衢州中科精细化学有限公司，滕州市悟通香料有限责任公司，滨州市隆华化工有限公司。

Ha013 羟基乙硫醚

【英文名】 2-(ethylthio)ethanol

【别名】 2-乙硫基乙醇；*β*-hydroxydiethyl sulfide

【CAS 登记号】 [110-77-0]

【结构式】 $CH_3CH_2SCH_2CH_2OH$

【物化性质】 无色液体，微带臭味。沸点 184℃。相对密度 (d_{20}^{20}) 1.015～1.025。易溶于水及有机溶剂。水中溶解度 26%，饱和食盐水中溶解度 1.9%。

【用途】 用作合成内吸磷、甲基内吸磷等杀虫剂的中间体。

【制法】 (1) 环氧乙烷法。以环氧乙烷为原料，与乙硫醇进行反应制得。

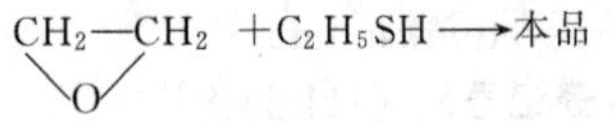

(2) 以氯乙醇为原料，与乙硫醇反应制得。

$$C_2H_5SH+NaOH \xrightarrow{\text{室温}} C_2H_5SNa+H_2O$$

$$C_2H_5SNa+ClCH_2CH_2OH \xrightarrow{70\sim80℃} \text{本品}+NaCl$$

【安全性】 有刺激性，其余毒性可参见 2-巯基乙醇。车间应有良好的通风，生产设备应密闭。操作人员应穿戴防护用具。装入玻璃瓶、塑料桶、陶瓷坛、耐酸坛中，严密封口，外用木箱保护。箱外用铁皮捆紧。轻装轻卸，防止破损。

【参考生产企业】 上海杰士化工有限公司，滕州市梧通香料有限责任公司。

Ha014 3-甲硫基丙醛

【英文名】 3-methyl thiopropanal

【别名】 菠萝醛；3-methylmercaptopropionaldehyde

【CAS登记号】［3268-49-3］

【结构式】 $CH_3SCH_2CH_2CHO$

【物化性质】 有恶臭的液体。沸点165～166℃。密度1.041g/cm^3。折射率1.4839。不溶于水，溶于乙醇、丙二醇和油类。

【质量标准】 GB 28341—2012 食品添加剂 3-甲硫基丙醛

项 目	指 标
外观	无色至苍黄色液体，强烈的易扩散的洋葱和肉样香气；稀释后，洋葱样香气减少，且有肉汤样鲜美香味
溶解度(25℃)	1mL试样全溶于1mL 95%(体积分数)乙醇中
3-甲硫基丙醛含量(单体、三聚体总量)% ≥	98.0
酸值(以KOH计)/(mg/g) ≤	10.0
折射率(20℃)	1.479～1.493
相对密度[①](25℃/25℃)	1.037～1.052

① 如果含有三聚体，则不作测定。

【用途】 医药蛋氨酸的中间体。

【制法】 由丙烯醛与甲硫醇加成制得。将丙烯醛，甲醇加入反应罐中，于搅拌下加入醋酸铜，加热至30～40℃，通入经冷却、酸洗、脱水的甲硫醇至反应液相对密度达到1.060～1.065，即得3-甲硫基丙醛。

$$CH_2{=}CHCHO + CH_3SH \xrightarrow{\text{醋酸铜}} CH_3SCH_2CH_2CHO$$

【安全性】 高毒。特征为软弱、易倦、头痛、眩晕、易愤、失眠、多汗、呼吸困难、咳嗽。生产设备应密闭，车间应有良好的通风，操作人员应穿戴好防护用具。

【参考生产企业】 滕州市悟通香料有限责任公司，山东铭兴化工有限公司。

Ha015 巯基乙酸

【英文名】 mercaptoacetic acid

【别名】 硫代乙醇酸；thioglycolic acid

【CAS登记号】［68-11-1］

【结构式】 $HSCH_2COOH$

【物化性质】 纯品为无色透明液体；工业品为无色至微黄色。沸点(3.866kPa)123℃。熔点−16.5℃。相对密度1.3253。折射率1.5030。能与水、乙醇和乙醚混溶。

【质量标准】

项 目	指 标
含量/%	64～95
色泽	无色或微黄色
透明度	澄清透明，无浑浊现象
水溶解试验	合格
灼烧残渣/% ≤	0.5
铁/% ≤	0.05

【用途】 用于生产巯基乙酸酯和盐类产品。其酯类可作为卤化聚烯烃的稳定剂，碱金属盐可作皮毛脱毛剂，铵盐可配制冷烫精，其他盐类（如铁盐等）也有很多用途。巯基乙酸也可用作检定铁、钼、铝、锡等的敏感性溶剂。

【制法】 (1) 硫氢化钠和氯乙酸在硫化氢和氮气作用下制得。

$$ClCH_2COOH + NaSH \longrightarrow HSCH_2COOH + NaCl$$

(2) 氯乙酸硫代硫酸钠与氢氧化钠合成，然后经酸解、萃取、蒸馏得到成品。

(3) 氯乙酸与硫脲、氢氧化钡反应，然后经酸解制得。

$$2\,ClCH_2COOH + Na_2CO_3 \longrightarrow 2\,ClCH_2COONa + CO_2 + H_2O$$

$$ClCH_2COONa + (NH_2)_2CS \longrightarrow C(NH)(NH_2)SCH_2COOH$$

$$2\,C(NH)(NH_2)SCH_2COOH + Ba(OH)_2 \cdot 8H_2O \longrightarrow (HSCH_2COO)_2Ba + H_2SO_4 \longrightarrow HSCH_2COOH + BaSO_4$$

【安全性】 有毒。大鼠口服 LD_{50} 为

0.15mL/kg。对皮肤有刺激作用，但低浓度对皮肤影响不大。操作人员应穿戴防护用具。采用塑料桶或玻璃瓶包装，净重5kg、10kg。

【参考生产企业】 淄博惠华化工有限公司，潍坊潍泰化工有限公司。

Ha016 2-巯基丙酸

【英文名】 2-mercaptopropionic acid

【别名】 硫羟乳酸；2-mercaptopropanoic acid；2-thiolpropionic acid；thiolactic acid

【CAS登记号】 [79-42-5]

【结构式】 $CH_3CH(SH)COOH$

【物化性质】 油状液体，具有不愉快的气味。遇冷固化。沸点（2.133kPa）117℃。相对密度（d_4^{15}）1.220。折射率（n_D^{16}）1.4823。熔点约10℃。能与水、乙醇、乙醚、丙酮混溶，能与金属形成盐类。

【用途】 用于配制香精的酸类香料，也被用于测定钴含量及协同实验检测细菌金属β-内酰胺酶。

【制法】 (1) 以硫脲为原料，先与盐酸在40℃下反应，再滴加丙烯腈，升温至90～100℃，进行反应，制得硫脲胺基乙腈，再于40℃时加入NaOH至pH=11，排除氨后，于30℃下用盐酸中和，最后用苯萃取，蒸出苯后，经减压蒸馏，收集125～140℃（2.1331kPa）馏分，即得巯基丙酸。

$$CH_2{=}CHCN + NH_2CSNH_2 \cdot HCl \xrightarrow{HCl} NH_2CSNHNHCH_2CN \xrightarrow{NaOH} CH_3CHSHCOONa \xrightarrow{HCl} \text{本品}$$

(2) 以2-氯丙酸为原料，与硫氢化钾作用制得。

$$CH_3CHClCOOH + KHS \longrightarrow \text{本品} + KCl$$

【安全性】 有毒。其余参见巯基乙酸。

【参考生产企业】 吴江市荣泰染料有限公司。

Ha017 蛋氨酸

【英文名】 methionine

【别名】 2-氨基-4-甲硫基丁酸；甲硫基丁氨酸；2-amino-4-methyl thiobutyric acid；γ-methylmercapto-α-aminobutyric acid

【CAS登记号】 [63-68-3]

【结构式】 $CH_3SCH_2CH_2CH(NH_2)COOH$

【物化性质】 DL-蛋氨酸从醇中结成白色薄片状结晶或结晶性粉末，微甜，有特殊气味。无旋光性。对热及空气稳定。DL-蛋氨酸中的D-蛋氨酸在动物体内可转变成L-蛋氨酸而发生作用。DL-蛋氨酸属于人体必需的氨基酸。L-蛋氨酸从稀醇中结成微细六方片晶。熔点281℃（分解）。相对密度1.340。比旋光度（$[\alpha]_D^{25}$）$-8.11°$（$c=0.8$）。能溶于水、稀酸和稀碱类，微溶于95%的醇，不溶于纯醇、醚和苯。1%的水溶液pH值为5.6～6.1。

【质量标准】 GB/T 17810—2009（饲料级）DL-蛋氨酸

项 目		指标
DL-蛋氨酸/%	≥	98.5
干燥失重/%	≤	0.5
氯化物(以NaCl计)/%	≤	0.2
重金属(以Pb计)/(mg/kg)	≤	20
砷(以As计)/(mg/kg)	≤	2

【用途】 为一种重要的氨基酸，在人体和动物体中能生成酪氨酸和半胱氨酸。蛋氨酸主要用作饲料添加剂，促进家畜家禽的生长、增重，增加饲养动物的瘦肉量，减少脂肪量，达到提高肉质效果。在医药方面，可用作氨基酸输液、复合氨基酸成分，还可以制取保持肝功能的药物制剂。也可用于生化研究。在工业上，蛋氨酸还用于照相技术。

【制法】 工业上合成蛋氨酸是由丙烯醛和甲硫醇为原料制得的。将丙烯醛与甲硫醇在甲酸与醋酸铜存在下缩合生成β-甲硫基丙醛，后者与氰化钠、碳酸氢铵在76～80℃下缩合生成甲硫乙基乙内酰脲，然后在 165℃下，与氢氧化钠水解，反应生成蛋氨酸钠，再用盐酸中和制得蛋氨酸成品。

【安全性】 无毒，可作饲料添加剂。大鼠腹腔注射 L 型：LD_{50} 为 29mmol/kg；D 型：LD_{50} 为 35mmol/kg。有报道，大量摄取会引起呕吐、食欲不振等症状。特别应注意的是在蛋氨酸生产过程中使用了剧毒原料氰化钠，因此生产车间应按氰化钠毒性防护要求，采取相应措施，设备应密闭，生产现场应保持良好通风，操作人员应穿戴防护用品等。采用内衬塑料袋或牛皮纸袋的木桶包装，应贮存于阴凉通风干燥处。贮运中应密闭、避光、防潮。按一般化学品规定运输。

【参考生产企业】 宁波保税区海鑫国际贸易有限公司，宁波科瑞生物工程有限公司，晋州市胜智氨基酸有限公司。

Ha018 乙基硫酸钠

【英文名】 sodium ethylsulfate

【结构式】 $C_2H_5SO_4Na$

【物化性质】 白色极易吸湿的固体，溶于乙醇和水。

【质量标准】

项　目		指　标
外观		无色或淡黄色液体
含量/%	≥	42.5
乙醇/%	≤	5
硫酸钠/%	≤	0.5
酸度 pH 值		7～8

【用途】 主要用于生产乙硫醇，它是内吸磷、甲基内吸磷、3911 和异丙磷杀虫剂的中间体。

【制法】 用无水乙醇和发烟硫酸在 35～36℃，常压下反应生成乙基硫酸，然后用碳酸钠溶液中和（或氢氧化钠），滤去硫酸钠，即得乙基硫酸钠。

$$C_2H_5OH + H_2SO_4 \cdot SO_3 \longrightarrow C_2H_5OSO_2OH + H_2SO_4$$

$$2\,C_2H_5OSO_2OH + Na_2CO_3 \longrightarrow C_2H_5SO_4Na + H_2O + CO_2$$

【安全性】 无毒。采用木桶或铁桶包装。

【参考生产企业】 招远市罗金选矿药剂厂，淄博市博山吉力浮选剂厂。

Ha019 黄原酸钠

【英文名】 sodium xanthogenate

【别名】 乙基黄原酸钠；sodium ethyl xanthate

【CAS 登记号】 [140-90-9]

【结构式】

$$C_2H_5O\overset{\overset{\displaystyle S}{\|}}{C}SNa$$

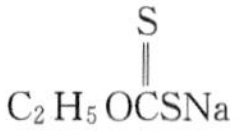

【物化性质】 白色或微黄色有丝光的针状结晶。有刺激性臭味。相对密度（d_4^{21}）1.558。易溶于水和乙醇，在热水中或加热即分解。

【质量标准】

项　目		一级品	二级品
乙基黄原酸钠含量/%	≥	82	79
游离碱/%	<	0.5	0.5

【用途】 有机合成原料，用于制麻风药、橡胶硫化促进剂，农业上用于谷物干燥。

【制法】 由二硫化碳、乙醇与氢氧化钠作用而得。

$$CS_2 + C_2H_5OH + NaOH \longrightarrow C_2H_5O\overset{\overset{\displaystyle S}{\|}}{C}SNa + H_2O$$

【安全性】 有毒，刺激性强，吸入粉尘可引起急性中毒，症状为喘息，周期性呕吐，发绀，抽搐。严重者呈现意志消失，尿中可检出蛋白、糖及少量红细胞。操作人员应戴防毒面具或口罩。装入内衬塑料袋或牛皮纸袋的坚固木箱、木桶或塑料桶中，应严密包装。箱外用铁丝、铁皮捆紧。每件净重不超过 50kg，避光存放。

【参考生产企业】 株洲明珠选矿药剂有限责任公司，烟台恒邦化工有限公司，浙江龙鑫化工有限公司。

Ha020 二硫化二异丙基黄原酸酯

【英文名】 isopropyl xanthogen disulfide

【别名】 连二异丙基黄原酸酯；bisisopropyl xanthogenate

【CAS 登记号】 [105-65-7]

【结构式】

【物化性质】 工业品为淡黄色至青绿色结晶颗粒。相对密度 1.28。熔点≥52℃。不溶于水，溶于乙醇、丙酮、苯、汽油等有机溶剂。

【质量标准】

项 目	指 标
外观	淡黄至青绿色微粒结晶
含量/% ≥	96
熔融温度/℃	52～56
苯不溶物/% ≤	2

【用途】 合成橡胶聚合用分子质量调节剂。橡胶加工用作促进剂，以及润滑油添加剂、矿石浮选剂、杀菌剂、除草剂等的生产原料。

【制法】 异丙基黄原酸钠与过硫酸钾经氧化反应生成二硫化二异丙基黄原酸酯。再经软水洗涤、真空干燥得成品。

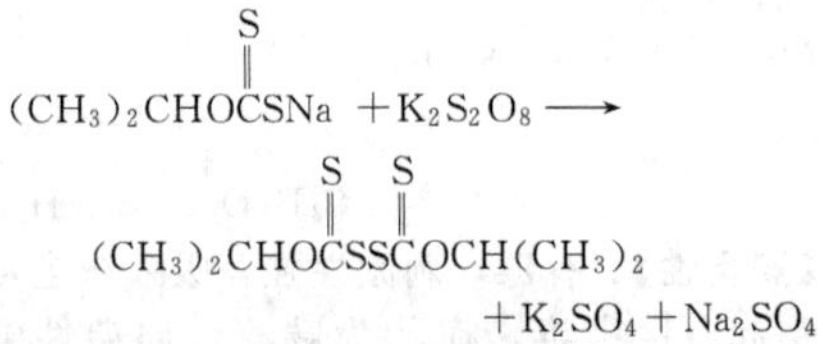

【安全性】 有毒。接触皮肤会引起过敏肿胀。车间应通风良好，设备应密闭，操作人员应穿戴防护用具。用铁桶包装或内衬塑料袋的乳胶袋包装。贮运中严禁与过氧化物接触或共存。按易燃有毒危险品规定贮运。

【参考生产企业】 河南峡威选矿药剂厂，烟台恒邦化工有限公司。

Ha021 二甲基亚砜

【英文名】 dimethyl sulfoxide

【别名】 sulfinylbismethane；methyl sulfoxide；DMSO

【CAS 登记号】 [67-68-5]

【结构式】 $(CH_3)_2SO$

【物化性质】 无色液体，具有吸湿性，可燃，几乎无臭，带有苦味。沸点 189℃。凝固点 18.4℃。闪点（开杯）95℃。燃点 300～302℃。相对密度（d_{20}^{20}）1.1014。折射率 1.4783。比热容 2.93J/kg·℃（液体）。介电常数（20℃）48.9。黏度（20℃）2.20mPa·s。溶于水、乙醇、丙酮、乙醚、苯和氯仿。是极强的惰性溶剂。

【质量标准】 GB/T 21395—2008 二甲基亚砜

项 目	优等品	一等品
结晶点/℃ ≥	18.10	18.00
酸值(以 KOH 计)/(mg/g) ≤	0.03	0.04
透光度(400μm)/% ≥	96.0	
折射率(20℃)	1.4775～1.4790	
杂质/% ≤	0.10	0.15
水分/% ≤	0.10	

【用途】 具有很高的选择性抽提能力，可用作烷烃与芳烃分离的提取溶剂。用于芳烃、丁二烯抽提、腈纶纺丝、氯仿及丙烯腈共聚纤维溶剂、涂料及塑料溶剂。是有机合成染料、制药等工业的反应介质。也是医药原料及载体、电容介质、防冻剂、刹车油、稀有金属提取剂等。是生产丙烯酸树脂及聚砜树脂的聚合和缩合溶剂。

【制法】 (1) 以甲醇和硫化氢在 γ-氧化铝作用下得到二甲基硫醚；硫酸与亚硝酸钠反应得到二氧化氮。将得到的二甲基硫醚与二氧化氮在 60～80℃进行气液相氧化反应生成粗二甲基亚砜。也有直接用氧气进行氧化，同样生成粗二甲基亚砜，然后经减压蒸馏，精制得二甲基亚砜成品。

$$2\ CH_3OH + H_2S \xrightarrow[\gamma\text{-}Al_2O_3]{800℃} (CH_3)_2S + 2H_2O$$

$$2\ NaNO_2 + H_2SO_4 \longrightarrow Na_2SO_4 + NO + NO_2 + H_2O$$

$$(CH_3)_2S + NO_2 \longrightarrow (CH_3)_2SO + NO$$

或 $$(CH_3)_2S + 1/2\ O_2 \longrightarrow (CH_3)_2SO$$

（2）甲醇二硫化碳法。甲醇和二硫化碳为原料，以γ-Al_2O_3作催化剂，先合成二甲基硫醚，再与二氧化氮（或硝酸）氧化得二甲基亚砜。

$$4\ CH_3OH + CS_2 \longrightarrow 2(CH_3)_2S + CO_2 + 2\ H_2O$$

$$(CH_3)_2S + NO_2 \longrightarrow (CH_3)_2SO + NO$$

$$3\ (CH_3)_2S + 2\ HNO_3 \longrightarrow 3\ (CH_3)_2SO + 2\ NO + H_2O$$

（3）硫酸二甲酯法。用硫酸二甲酯与硫化钠反应，制得二甲基硫醚，硫酸与亚硝酸钠反应生成二氧化氮，二甲基硫醚与二氧化氮氧化得粗二甲基亚砜，再经中和处理，蒸馏后得精二甲基亚砜。

$$(CH_3)_2SO_4 + Na_2S \longrightarrow (CH_3)_2S + Na_2SO_4$$

$$(CH_3)_2S + NO_2 \longrightarrow (CH_3)_2SO + NO$$

【安全性】 大鼠经口LD_{50}为17.9mL/kg。有毒，有报道指二甲基亚砜易渗入皮肤和组织，经常和皮肤接触，可使皮肤因吸入而变红，并引起鳞片状的脱屑，有时引起恶心、呕吐、恶寒、痉挛和视力减退，还有引起变态性反应，甚至有呈现眼球浑浊的现象。可按有毒物品规定采取防护措施。操作人员应穿戴防护用品。采用铝桶、塑料桶或玻璃瓶包装。贮存于阴凉通风干燥处，按易燃有毒物品规定贮运。

【参考生产企业】 重庆兴发金冠化工有限公司，湖北兴发化工集团股份有限公司，沈阳化学试剂厂。

Ha022 氯化亚砜

【英文名】 thionyl chloride

【别名】 亚硫酰氯；sulfurous oxychloride

【CAS登记号】 [7719-09-7]

【结构式】 $SOCl_2$

【物化性质】 无色或淡黄色易挥发液体，具有强烈的窒息性气味。当加热至140℃以上，则分解成Cl_2、SO_2和S_2Cl_2。水解得到SO_2和HCl。沸点76℃。熔点−104.5℃。相对密度1.638，(d_4^0) 1.676。折射率1.517。与苯、氯仿和四氯化碳混溶。

【质量标准】 HG/T 3788—2005 工业氯化亚砜

项　目	优等品	一等品	合格品
外观	无色至淡黄色透明有刺激性臭味的液体		
色度(K_2CrO_4)　　≤	1	2	3
密度(20℃)/(g/cm³)	1.630～1.650		
沸程(75～80℃)/%　≥（体积）	99.0	98.5	98.0
蒸馏残留物/%　　≤	0.001	0.003	0.005

【用途】 主要用于制造酰基氯化物，还用于农药、医药、染料等的生产。

【制法】 以二氯化硫与三氧化硫反应制取。

【安全性】 低毒。生产车间应有良好的通风，设备应密闭。操作人员应穿戴好防护用具。应装入玻璃瓶、塑料桶中，严密封口，外用木箱保护。轻装轻卸，防止破损。

【参考生产企业】 山东双凤股份有限公司。

Ha023 二甲基砜

【英文名】 dimethyl sulfone

【别名】 甲基磺酰甲烷；甲磺酰甲烷；sulfonylbismethane；methyl sulfone；$DMSO_2$；methylsulfonylmethane

【CAS登记号】 [67-71-0]

【结构式】 $CH_3SO_2CH_3$

【物化性质】 白色晶体。沸点238℃。熔点109℃。易溶于水、甲醇、乙醇和丙酮，微溶于乙醚。

【用途】 用作有机合成原料、高温溶剂、食品添加剂和保健品原料，也可用作气相色谱固定液和分析试剂。

【制法】 二甲基亚砜经氧化，再经结晶、重结晶、烘干得成品。

【参考生产企业】 杭州达康化工有限公司。

Ha024 环丁砜

【英文名】 sulfolane

【别名】 四亚甲基砜；四氢噻吩砜；tetrahydrothiophene 1,1-dioxide；tetramethylene sulfone；thiophane sulfone

【CAS登记号】 [126-33-0]

【结构式】

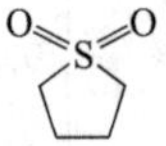

【物化性质】 无色无味固体，在27～28℃时，熔化成无色透明液体。具有很好的化学和热稳定性。沸点287℃。凝固点27.4～27.8℃。相对密度（d_4^{30}）1.261。折射率（n_D^{30}）1.481。黏度（30℃）10.34mPa·s。闪点（开杯）176.7℃。可与水，混合二甲苯，甲硫醇，乙硫醇混溶，也可溶于芳烃和醇类，对石蜡烃和烯烃溶解度很小。

【质量标准】

项目		指标
相对密度(d_4^{30})	≥	1.220
折射率(n_D^{30})		1.480～1.483
闪点/℃	≥	130

【用途】 主要用作液-汽萃取的选择性溶剂，用于聚合物纺丝或浇膜溶剂，天然气及合成气、炼厂气的净化、合成气的净化脱硫，以及作为橡胶、塑料的溶剂等，还可用于纺织印染工业作为印染助剂。

【制法】 以丁二烯，二氧化硫为原料，在对苯二酚的甲醇溶剂存在下，于耐压反应器内加热（100～110℃）合成为环丁烯砜甲醇溶液，分馏后，精环丁烯砜在含镍催化剂存在下加氢转化为环丁砜，再经气液分离，分馏后得成品。

【安全性】 大鼠经口LD_{50}为1.54mL/kg。可燃，具腐蚀性，可致人体灼伤。操作人员必须严格遵守操作规程做好防护准备。储存于阴凉、通风的库房。远离火种、热源。应与氧化剂分开存放，切忌混储。配备相应品种和数量的消防器材。储区应备有泄漏应急处理设备和合适的收容材料。

【参考生产企业】 大连瑞泽农药股份有限公司，江苏徐州造漆厂，江苏中泰石化助剂有限公司，海宁远东化工有限公司，成都嘉茂化工有限公司，辽阳光华化工有限公司，锦州六陆实业股份有限公司，青岛双桃精细化工有限公司。

Ha025 乙丙二砜

【英文名】 sulfonmethane

【别名】 2,2-二乙基砜(代)丙烷；2,2-bis(ethylsulfonyl) propane；diethylsulfondimethylmethane；propane-diethyl sulfone；sulfonal

【CAS登记号】 [115-24-2]

【结构式】

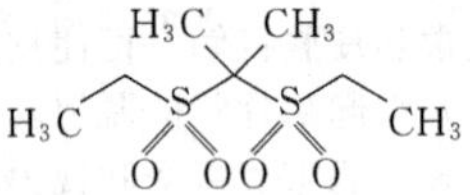

【物化性质】 近于无味的晶体。沸点300℃。熔点124～126℃。1g乙丙二砜溶于365mL水、16mL沸水、60mL乙醇、3mL沸乙醇、64mL乙醚、11mL氯仿，可溶于苯，不溶于甘油。

【用途】 用于有机微量分析测定硫的标准。生化研究。医用安眠剂。

【安全性】 可燃。加热分解释放有毒硫氧化物烟雾。贮存时库房通风低温干燥。

【参考生产企业】 上海研生实业有限公司，美国Pharmachem公司。

Ha026 甲磺酰氯

【英文名】 methylsulfonyl chloride

【别名】 甲烷磺酰氯；mesyl chloride

【CAS 登记号】 [124-63-0]

【结构式】 CH_3SO_2Cl

【物化性质】 无色透明液体。沸点(97kPa) 161℃。相对密度(d_4^{18}) 1.48053。折射率 1.4573。微溶于水，溶于乙醇和乙醚。

【质量标准】

项目	指标
外观	无色透明液体
沸点/℃	161
相对密度(d_4^{18})	1.4805

【用途】 用作生产甲磺酸的原料，也用作酯化或聚合的催化剂、染色助剂及油墨、涂料的速干剂，还可用作合成医药、农药的原料。

【制法】 以甲硫醇为原料，经湿式氯化反应制得。

【安全性】 具有较强的催泪性和刺激性。毒性较高。工作场所应通风，设备应密闭，操作人员应穿戴好防护用品。用塑料桶装，每桶净重 20kg。

【参考生产企业】 河北亚诺化工有限公司，河北清苑永利化工公司，河南科邦化工有限公司，沈阳化学试剂厂。

Ha027 甲烷磺酸

【英文名】 methane sulfonic acid

【别名】 甲基磺酸；methylsulfonic acid

【CAS 登记号】 [75-75-2]

【结构式】 CH_3SO_2OH

【物化性质】 无色或微棕色油状液体，低温下为固体。对热水、热碱液不分解。对金属铁、铜和铅等有强烈腐蚀作用。沸点(13.33kPa) 167℃。熔点 20℃。相对密度(d_4^{18}) 1.4812。折射率(16℃) 1.4317。溶于水、醇和醚，不溶于烷烃、苯、甲苯等。

【质量标准】

项目		(一)	(二)	(三)
含量/%		70±1	≥99	≥99.5
色度	≤	20	50	—
氯离子/$\times 10^{-6}$	≤	20	50	—
硫酸根/$\times 10^{-6}$	≤	100	200	—
铁/$\times 10^{-6}$	≤	10	10	—
重金属/$\times 10^{-6}$	≤	10	10	—
水分/%	≤	—	—	0.3

【用途】 甲烷磺酸是医药和农药的原料，还可用作脱水剂、涂料固化促进剂、纤维处理剂等。

【制法】 (1) 由硫氰酸甲酯经硝酸氧化制得。

(2) 由甲基异硫脲硫酸盐经氯化、氧化、水解制得。经氯化、氧化先得到甲基磺酰氯，再将其在搅拌下滴加 80℃ 热水中，保温水解约 2h，反应液经减压浓缩既得甲烷磺酸。

【安全性】 对皮肤、黏膜有强刺激作用，但比亚甲磺酸毒性小。用 250kg 塑料桶或钢塑桶包装。贮存于阴凉、通风的仓间内。远离火种、热源。与氧化剂、碱类隔离贮运。

【参考生产企业】 河北亚诺化工有限公司，唐山威格化学工业有限公司，湖北孝昌金鸡化工有限公司，沈阳化学试剂厂。

Ha028 2-氨基乙磺酸

【英文名】 2-aminoethanesulfonic acid

【别名】 牛磺酸；taurine

【CAS 登记号】 [107-35-7]

【结构式】 $NH_2CH_2CH_2SO_3H$

【物化性质】 白色针状结晶或粉末，无臭、味微酸。约 300℃ 分解。熔点 328℃ (317℃ 分解)。酸度系数 (pK_a) pK_1 1.5，pK_2 8.74。溶于冷水，易溶于热水，极微溶于乙醇，不溶于无水乙醇，对热稳定。

【质量标准】 GB 14759—2010 (食用级) 牛磺酸

项目		指标
色泽		白色
气味		无臭
组织状态		结晶或结晶性粉末
牛磺酸($C_2H_7NO_3S$以干基计)/%		98.5～101.5
电导率($\mu S \cdot cm^{-1}$)	≤	150
pH		4.1～5.6
易炭化物		通过试验
灼烧残渣/%	≤	0.1
干燥减量/%	≤	0.2
砷(As)/(mg/kg)	≤	2
澄清度试验		通过试验
氯化物(以Cl^-计)/%	≤	0.02
硫酸盐(以SO_4^{2-}计)/%	≤	0.02
铵盐(以NH_4^+计)/%	≤	0.02
重金属(以Pb计)/(mg/kg)	≤	10

【用途】 大量用于医药工业、食品工业，也用于洗涤剂工业和荧光增白剂的生产中。此外，还用于其他有机合成和生化试剂。

【制法】 (1) 一乙醇胺法。一乙醇胺与盐酸反应生成氢氯化-β-氯乙胺，再经磺化、酸化、提纯制得。

(2) 丙烯酰胺法。由丙烯酰胺与亚硫酸氢钠磺化生成β-磺酸丙酰胺盐，然后用次氯酸钠进行氧化和重排制得。

【安全性】 小鼠皮下注射 LD_{50} >1.0g/kg。个别有轻微胃肠道反应，停药后即缓解。滴眼剂对局部有轻微刺激。用25kg纸板圆桶、纸箱或纸袋装内衬两层聚乙烯袋包装。遮光、密闭，在干燥处控制在室温下保存。

【参考生产企业】 洛阳健一生物工程有限公司，金华迪康化学工业有限公司，珠海大成恒业化工有限公司，冀州市华阳化工有限责任公司，河南领先科技药业有限公司，常熟市瑞凯添加剂科技有限公司，山东晟隆精化高科技有限公司，安徽朗坤实业有限公司，广东大地食用化工有限公司，郑州大自然兽药有限公司。

Ha029 硫脲

【英文名】 thiourea

【别名】 硫代尿素；thiocarbamide

【CAS登记号】 [62-56-6]

【结构式】 NH_2CSNH_2

【物化性质】 白色或浅黄色有光泽的片状、柱状或针状结晶，有苦味。在空气中易潮解。在150℃时转变成硫氰酸铵。在真空下150～160℃时升华，180℃时分解。熔点176～178℃。相对密度1.405。具有还原性，能使游离态碘还原成碘离子。富于反应性，用以制备各种化合物。能与多种氧化剂反应生成脲、硫酸及其他有机化合物，也能与无机化合物制成易溶解的加成化合物。能溶于水和乙醇，几乎不溶于乙醚，

【质量标准】

(1) HG/T 3266—2002 工业用硫脲

项目		优等品	一等品	合格品
外观		白色结晶		
硫脲含量/%	≥	99.0	98.5	98.0
加热减量/%	≤	0.40	0.50	1.00
水不溶物含量/%	≤	0.02	0.05	0.10
硫氰酸盐(以CNS计)含量/%	≤	0.02	0.05	0.10
熔点/℃	≥	171	170	—
灰分/%	≤	0.10	0.15	0.30

(2) HG/T 3454—1999 化学试剂 硫脲

项目		分析纯	化学纯
硫脲含量(H_2NCSNH_2)/%	≥	99.0	98.0
澄清度试验		合格	合格
水不溶物/%	≤	0.002	0.010
干燥失重/%	≤	0.5	—
灼烧残渣(以硫酸盐计)/%	≤	0.005	0.020
硫氰酸盐(以CNS计)/%	≤	0.005	0.010

【用途】 用以合成磺胺噻唑、蛋氨酸和

肥猪片等药物的原料。用作染料及染色助剂、树脂及压塑粉的原料，也可用作橡胶的硫化促进剂、金属矿物的浮选剂、制邻苯二甲酸酐和富马酸的催化剂，以及用作金属防锈蚀剂。在照相材料方面，可作为显影剂和调色剂，还可用于电镀工业。

【制法】 由硫化氢气体经石灰乳负压吸收制得硫氢化钙，然后送入反应罐与氰氨化钙合成制得液体粗硫脲，经精制、真空蒸发、冷却、分离、结晶、干燥、粉碎，即得成品硫脲。此外，用硫氰酸铵法和重氮甲烷法也可制得。

$$BaS + H_2SO_4 \longrightarrow BaSO_4 + H_2S$$

$$Ca(OH)_2 + 2H_2S \longrightarrow Ca(SH)_2 + 2H_2O$$

$$Ca(SH)_2 + 2CaCN_2 + 6H_2O \longrightarrow NH_2CSNH_2 + 3Ca(OH)_2$$

【安全性】 鼠皮下注射 LD_{50} 为 4g/kg。一次作用时毒性小，反复作用时能经皮肤吸收，抑制甲状腺和造血器官的机能，引起中枢神经麻痹及呼吸和心脏功能降低等症状。生产 1～15 年的工人，会出现头痛、嗜睡、全身无力、皮肤干燥、口臭、口苦、腹上部疼痛、便秘、尿频等症状。典型症状为面色苍白、面部虚肿、腹胀、基础代谢降低，血压降低，脉搏变慢，心电图有变化。还会出现皮肤病等症状。生产的工人应戴防毒口罩；穿防护服，注意安全。生产设备应密闭，无跑、冒、滴、漏现象。用内衬聚乙烯塑料袋的编织袋包装，每袋净重 (25±0.2)kg。应贮存在阴凉通风干燥处，在贮运和装卸中应防潮。

【参考生产企业】 山东青州友邦化工有限公司，山东淄博市临淄万通精细化工厂，湖北楚星工贸集团有限公司，湖南大荣化工农药有限公司，宁夏宁河民族化工股份有限公司，上海昆山日尔化工有限公司，福建三农集团股份有限公司，上海昆山昆化集团（实业）公司。

Ha030 二氧化硫脲

【英文名】 thiourea dioxide

【别名】 甲脒亚磺酸；formamidines ulfinic acid

【CAS 登记号】 [1758-73-2]

【结构式】

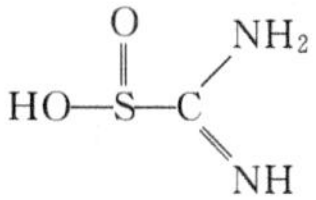

【物化性质】 为白色无臭晶体粉末，是一种既无氧化性又无还原性的稳定化合物。熔点约 126℃。加热到 100℃以上时，则慢慢分解，在 110℃时就分解生成 SO_2，继续加热，则分解为尿素和亚硫酸。在碱的作用下，能分解为尿素和亚硫酸钠。20℃时，在 1L 水中的溶解度为 26.7g。

【质量标准】 HG/T 3258—2010 工业二氧化硫脲

项目		高稳定性	普通型	
		优等品	一等品	合格品
外观		为白色粉状结晶		
二氧化硫脲 ($CH_4N_2O_2S$)/%	≥	99.0	98.0	96.0
硫脲(CH_4N_2S)/%	≤	0.20	0.30	0.50
硫酸盐(以 SO_4 计)/%	≤	0.17	0.17	0.27
铁(Fe)/%	≤	0.001	0.003	0.005
水分/%	≤	0.10	0.10	0.10
热稳定性/min		50	—	—

注：硫酸盐的含量指标为出厂时的保证值。

【用途】 稳定性高，可用作印染工业的还原剂，以代替保险粉。用于丙烯腈聚合过程，能提高聚丙烯腈纤维的拉力，改善其色泽，还可用作纸浆漂白剂、照相胶片乳剂的敏化剂、分离稀有金属铑和铱的化学试剂、增强聚乙烯的稳定剂。也广泛用于染料、医药、香料等精细化工产品的生产等。

【制法】 以硫脲和双氧水为原料制得。将蒸馏水、硫脲加入不锈钢反应罐中，在搅拌下于 8～10℃滴加双氧水，使硫脲氧化。pH 值控制在 2～3，待温度下降到 5℃左右即得二氧化硫脲结晶粗品。然后出料经离心甩干、旋风干燥制得。此外，以臭氧和硫脲为原料或以氰氨化钙、硫化铵和双氧水为原料也可制得。

$$(NH_2)_2C{=}S + 2\,H_2O_2 \longrightarrow HO\overset{\overset{O}{\|}}{S}\underset{\underset{NH}{\|}}{C}NH_2 + 2\,H_2O$$

【安全性】 毒性作用与硫脲相似，但较硫脲更强。大鼠腹腔注射 LD_{50} 为 0.42 mg/kg，且有明显积蓄作用。用纤维桶包装，内衬聚氯乙烯塑料袋或防潮纸，每桶 25kg 或 40kg。其余参见硫脲。

【参考生产企业】 河南宏业化工有限公司，江西省永泰化工有限公司，山东淄博市临淄万通精细化工厂，山东高密市保洁化工有限公司，河北省定州市昌盛化工有限公司，河北省大名县瑞恒化工有限责任公司，吉林市双鸥化工有限公司。

Ha031 氨基硫脲

【英文名】 thiosemicarbazide

【别名】 硫代氨基脲；hydrazinecarbothioamide；aminothiourea

【CAS 登记号】 [79-19-6]

【结构式】 $NH_2CSNHNH_2$

【物化性质】 白色结晶或白色结晶性粉末。易与醛和酮发生反应，生成特定的晶体产物，也易与羧酸发生反应。熔点 180～181℃（分解）。溶于水和乙醇，从水中得针状结晶。

【质量标准】 JIS K8632—1994

项　目		指　标
水溶解实验		检验合格
在甲醇中的溶解度		检验合格
灼烧残渣(硫酸盐)/%	≤	0.1
含量/%	≥	98.0

【用途】 为有机合成中间体，用于合成抗结核药氨硫脲和磺胺药物，以及杀鼠剂。还可用作铬的定量及醛酮鉴定的分析试剂。此外，也用作农药中间体、橡胶助剂和合成树脂添加剂等。

【制法】 以硫脲与水合肼为原料进行加热反应制得。此外，以水合肼和硫氰酸铵为原料，以乙醛为催化剂也可制得氨基硫脲。

$$NH_2CSNH_2 + N_2H_4 \cdot H_2O \xrightarrow{\triangle} \text{本品} + NH_4OH$$

【安全性】 小鼠经口 LD_{50} 为 10～15 mg/kg，大鼠经口 LD_{50} 为 19mg/kg。氨基硫脲为毒物，含氨基硫脲的制剂有毒。生产设备应密闭，操作人员应穿戴防护用具。用衬有聚乙烯袋的波纹纸箱包装。每箱 10kg。按有毒化学品规定贮运。

【参考生产企业】 江苏盐城永利化工有限公司，江苏常州市浩楠化工有限公司，北京恒业中远化工有限公司，浙江省金华市钱江精细化工有限公司，上海市南翔试剂厂。

Ha032 氨基磺酸

【英文名】 aminosulfonic acid

【别名】 磺酸氨；磺酰胺酸；amidosulfonic acid；sulfamic acid

【CAS 登记号】 [5329-14-6]

【结构式】 NH_2SO_3H

【物化性质】 白色斜方晶系片状结晶，无臭，不挥发，不吸湿，可燃，低毒。在 209℃时开始分解，在 260℃下，会分解成二氧化硫、三氧化硫、氮和水等。熔点 205℃。相对密度 2.126。折射率：α 型 1.553、β 型 1.563、γ 型 1.568。溶于水和液氨，微溶于甲醇，不溶于乙醇和乙醚，也不溶于二硫化碳和液态二氧化硫。氨基磺酸的水溶液具有与硫酸、盐酸一样的强酸性。

【质量标准】 HG/T 2527—1993 工业氨基磺酸

项目		优等品	一等品	合格品
外观		无色或白色结晶	无色或白色结晶	白色粉末
氨基磺酸（NH_2SO_3H）含量/%	≥	99.5	98.0	92.0
硫酸盐（SO_4）/%	≤	0.4	1.0	—
水不溶物/%	≤	0.02	—	—
铁（Fe）含量/%	≤	0.01	0.01	—
干燥失量/%	≤	0.2	—	—

【用途】 在分析化学中可作为酸碱滴定的基准试剂，也用作除草剂、防火剂，纸张和纺织品的软化剂及漂白剂、金属和陶瓷的清洁剂、合成脲醛树脂的催化剂。在偶氮染料的生产中用作除腈剂。在游泳池中作氯化和漂白液的稳定剂等。

【制法】 由尿素与发烟硫酸在40～70℃下进行磺化生成氨基磺酸粗品，然后加水进行结晶制得氨基磺酸成品。

【安全性】 低毒。鼠经口MLD 1.6g/kg。对皮肤和眼睛有一定的刺激作用。生产设备应密闭，操作人员应穿戴好防护用具。采用塑料袋包装。贮存在阴凉通风干燥处，按一般化学品规定贮运。

【参考生产企业】 湖南株洲金源化工有限公司，江苏南京云台山硫铁矿，山东青岛玉洲化工有限公司，广州增城市化肥厂，湖北福临化工股份有限公司，山西阳泉精诚化工有限公司，上海昆山日尔化工有限公司，无锡硫酸厂，上海硫酸厂。

Ha033 硫代二丙腈

【英文名】 thiodipropionitrile

【结构式】 $S(CH_2CH_2CN)_2$

【物化性质】 白色或微黄色结晶，稍有硫黄气味。相对密度1.1095（30℃）。熔点26.65℃。折射率1.5037。溶于丙酮、氯仿、苯。

【用途】 硫代二丙腈直接醇解得硫代二丙酸酯，硫代二丙酸酯是生产橡胶和聚烯烃辅助抗氧剂的原料。

【制法】 以丙烯腈和硫化钠为原料制得。

$$2\,CH_2{=}CHCN + Na_2S + 2\,H_2O \longrightarrow S(CH_2CH_2CN)_2 + 2\,NaOH$$

【安全性】 有毒。大鼠经口LD_{50}为4210mg/kg，猫经口LD_{50}为4210mg/kg。用玻璃瓶外用木箱内衬垫料。贮存于阴凉、通风的仓间内，远离火种、热源，与氧化剂、酸类隔离贮运。

【参考生产企业】 北京恒业中远化工有限公司，河南宏业化工有限公司，上海昆山昆化集团（实业）公司。

Ha034 氰亚胺二硫代碳酸二甲酯

【英文名】 dimethyl cyanoimidothiocarbonate

【CAS登记号】 [10191-60-3]

【结构式】 $(CH_3S)_2CNCN$

【物化性质】 黄色或黄绿色结晶。有恶臭气味，有毒。熔点49～54℃。

【质量标准】 含量≥90%；pH值5～7。

【用途】 医药中间体。

【制法】 石灰氮与二硫化碳反应得二硫代钙盐。经离心分离弃渣后，二硫代钙盐溶液与硫酸二甲酯进行甲酯化反应，得氰亚胺二硫代碳酸二甲酯。再经分离去除硫酸钙及蒸出低沸物，得到成品。

$$CaCN_2 + CS_2 \longrightarrow CaS_2C{=}NCN \xrightarrow{(CH_3)_2SO_4} (CH_3S)_2{=}C{=}NCN$$

【安全性】 有毒。设备应密闭，操作人员应穿戴防护用具。用塑料袋包装。规格25kg，40kg。存放于干燥通风处。防止与水接触，切勿接触皮肤。按有毒危险品规定运输。

【参考生产企业】 江苏滨海欣兴化工有限公司，江苏常熟市医药原料厂，北京恒业中远化工有限公司。

Ha035 *O*,*O*′-二甲基二硫代磷酸酯

【英文名】 *O*,*O*′-dimethyl dithiophosphate

【CAS登记号】［756-80-9］

【结构式】

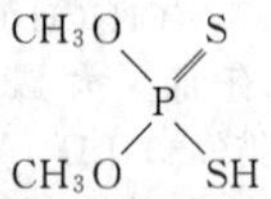

【物化性质】 无色液体，工业品为黑色液体。有恶臭气味。相对密度（d_4^{25}）1.29。沸点65℃（2kPa）。折射率1.535。

【质量标准】 黑色液体。含量≥70%。

【用途】 为农药中间体，主要用于制备乐果、马拉硫磷等有机磷农药。

【制法】 甲醇和五硫化二磷直接进行反应得到O,O'-二甲基二硫代磷酸酯。

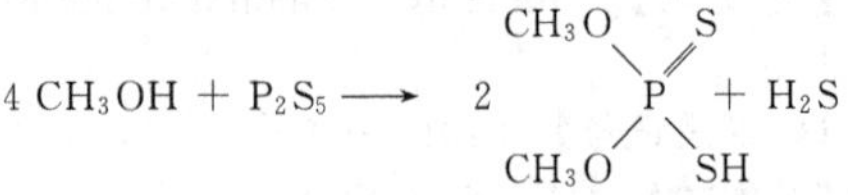

【安全性】 有毒。对皮肤有刺激作用。生产场所应有良好的通风，设备应密闭，操作人员应穿戴防护用具。塑料桶或铁桶密闭包装。贮存于阴凉通风干燥处。防热、防晒。按有毒物品规定贮运。

【参考生产企业】 山东淄博新农基农药化工有限公司，江苏东海县纯化化工有限公司，上海昆山昆化集团（实业）公司。

Ha036 O,O'-二甲基二硫代(乙酸甲酯)磷酸酯

【英文名】 O,O'-dimethyl dithio(methyl acetate)phosphate

【CAS登记号】［757-86-8］

【结构式】 $(CH_3O)_2PSSCH_2COOCH_3$

【物化性质】 无色液体，有恶臭气味。密度1.29g/cm³。沸点65℃（2kPa）。

【质量标准】 黑色液体。含量≥95%。

【用途】 农药中间体。主要用于制备乐果、马拉硫磷等有机磷农药。

【制法】 由氯乙酸甲酯与硫化物的铵盐（O,O'-二甲基二硫代磷酸铵）合成。合成所得粗制品经减压蒸馏得成品。

【安全性】 有毒。对皮肤有刺激作用。生产过程应注意防止物料泄漏，避免与人体接触。操作人员应穿戴防护用品。铁桶或塑料桶包装。贮存于阴凉、通风、干燥库房中。注意防火，按有毒物品规定贮运。

【参考生产企业】 北京恒业中远化工有限公司，河南宏业化工有限公司。

Ha037 O,O'-二甲基硫代磷酰一氯

【英文名】 O,O'-dimethyl phosphoromonochloridothionate

【别名】 二甲氧基硫代磷酰氯

【CAS登记号】［993-12-4］

【结构式】

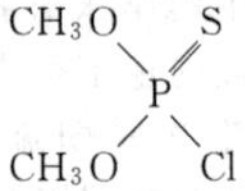

【物化性质】 无色或琥珀色液体，有刺激性气味。沸点66～67℃（2kPa）。闪点105℃。相对密度（d_4^{25}）1.32。折射率（n_D^{25}）1.4795。不溶于水，能溶于乙醇、苯、氯仿、四氯化碳、乙醚、醋酸乙酯等有机溶剂。微溶于己烷。

【质量标准】

项　目		指标
外观		无色液体
含量/%	≥	94
二氯化物/%	≤	2
二甲酯/%	≤	6

【用途】 农药中间体，用以制取杀螟松、杀螟腈及1605、甲基1605、甲胺磷和乙酰甲胺磷等，还用作选矿捕收剂。

【制法】 (1) 甲醇碱法。甲醇及三氯硫磷在0℃和甲醇溶液进行反应生成O-甲基硫代磷酰二氯，然后再在0℃条件下与甲醇进一步反应，即得O,O'-二甲基硫代磷酰一氯。反应物经水洗、减压精馏后即得成品。

$$CH_3OH + PSCl_3 \xrightarrow{0\sim2℃} CH_3OPSCl_2 + HCl$$

$CH_3OPSCl_2+CH_3OH+NaOH \xrightarrow{0\sim2℃}$ 本品

（2）甲醇钠法。经与三氯硫磷作用而得。

$2\ CH_3ONa+PSCl_3 \xrightarrow{CH_3OH}$ 本品 $+2\ NaCl$

（3）五硫化二磷法。由五硫化二磷与甲醇作用，制 *O*,*O*′-二甲基二硫代磷酸酯；再经氯化而得。

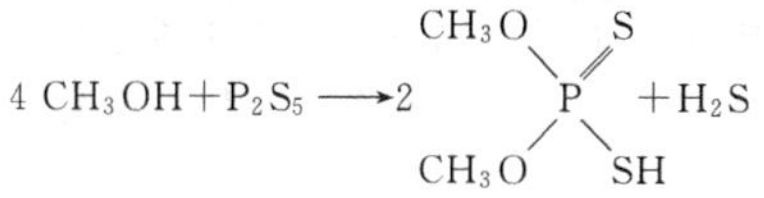

$H_2S+2\ NaOH \longrightarrow Na_2S+2H_2O$

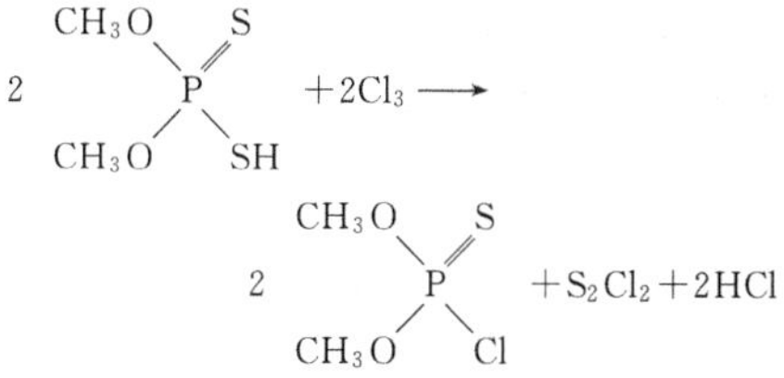

【安全性】 有毒。对眼、皮肤及黏膜有刺激性，吸入或经皮肤吸收会引起中毒。轻度中毒常引起头晕、头痛、乏力、食欲减退，继而呕吐、腹泻、四肢发麻。严重中毒者会出现昏迷、抽搐、大小便失禁和肺水肿等症状，严重者中枢神经系统或循环系统衰竭而死亡。生产、运输、使用过程中，必须防止毒物外逸，车间要通风良好，生产装置要密闭，操作人员要戴好防护用品。溅于眼中可用清水冲洗或延医诊治。溅上皮肤要用肥皂水冲洗。口服中毒者用生理盐水或 2%～4%碳酸氢钠溶液洗胃。可用陶瓷或搪瓷容器贮存。按有毒危险品规定贮运。

【参考生产企业】 湖北沙隆达股份有限公司，浙江黄岩延年褪黑素有限公司，广东番禺邦腾化工，浙江嘉化集团股份有限公司，江西省泰和农药厂。

Ha038 *O*,*O*′-二乙基硫代磷酰一氯

【英文名】 *O*,*O*′-diethyl phosphoromonochloridothionate

【CAS 登记号】 [2524-04-1]

【结构式】

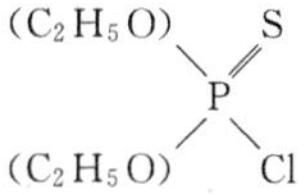

【物化性质】 无色至淡琥珀色透明液体。沸点 49℃（133Pa）。相对密度 1.202。熔点−75℃。折射率（n_D^{25}）1.4715。不溶于水，易溶于有机溶剂。在醇或醇钠中醇解。在室温下稳定，100℃时慢慢异构化。

【质量标准】

项　目		指　　标
外观		无色或淡黄色透明液体
含量/%	≥	90
三乙酯含量/%	≤	5
二氯化物含量/%	≤	1

【用途】 为有机磷农药中间体，可制取对硫磷、辛硫磷、治螟灵、1605、1059 和苏化 203 等。

【制法】（1）三氯硫磷法。三氯硫磷与无水乙醇反应生成 *O*-乙基硫代磷酰二氯，再与过量无水乙醇混合，加入碱粉生成 *O*,*O*′-二乙基硫代磷酰一氯。

$C_2H_5OH+PSCl_3 \longrightarrow C_2H_5OPSCl_2+HCl$

$C_2H_5OPSCl_2+C_2H_5OH+NaOH \xrightarrow{0\sim5℃}$ 本品

（2）五硫化二磷法。五硫化二磷和无水乙醇反应，生成 O,O′-二乙基二硫代磷酸，再和氯在低温下反应，生成 O,O′-二乙基硫代磷酰一氯。

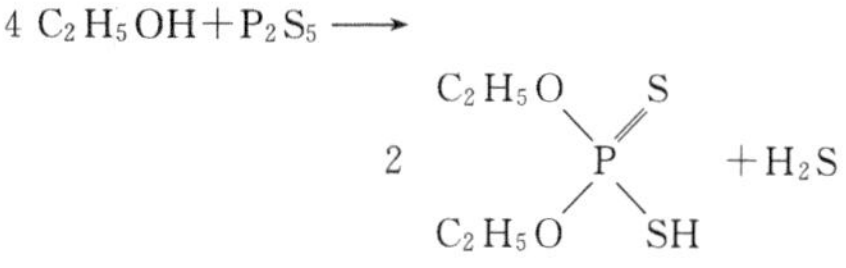

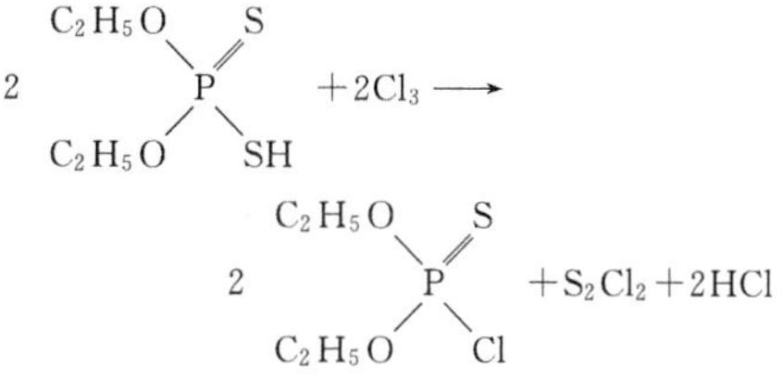

（3）乙醇钠法。由三氯硫磷与乙醇钠作用而得。

$$2\ C_2H_5ONa + PSCl_3 \xrightarrow{C_2H_5OH} \text{本品} + 2\ NaCl$$

【安全性】 *O*,*O*′-二乙基硫代磷酰一氯及部分原料有毒，对眼睛、皮肤及黏膜有刺激性，吸入蒸气会引起气管炎和肺水肿，经皮肤吸收能引起中毒。其毒性及防治方法参见*O*,*O*′-二甲基硫代磷酰一氯。可用镀锌桶或塑料桶密闭包装。贮存于阴凉通风处，防热、防火。按有毒易燃品规定贮运。

【参考生产企业】 江苏宝灵化工股份有限公司，浙江新农化工股份有限公司，江苏连云港立本农药化工有限公司，浙江化工科技集团有限公司，浙江东风化工有限公司，浙江永农化工有限公司，安徽安庆市化工总厂，福建三农集团股份有限公司，江西省泰和农药厂。

Ha039 二甲氨基二硫代甲酸铵

【英文名】 ammonium dimethyl dithiocarbamate

【别名】 *N*,*N*-二甲基二硫代氨基甲酸铵

【结构式】

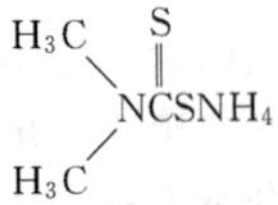

【物化性质】 黄色结晶，溶于水，在空气中分解。

【质量标准】

项　目		指标
外观		淡黄色液体
含量/%	≥	20
pH值		9～10
机械杂质/%	≤	0.01

【用途】 用作丁苯橡胶聚合用终止剂，也用作橡胶促进剂TMTD和农药福美双等的中间体。

【制法】 以40%浓度的二甲胺溶液与20%的氢氧化铵、98%浓度的二硫化碳进行缩合反应制得粗品，然后经真空吸滤得成品。

$$(CH_3)_2NH + CS_2 + NH_4OH \longrightarrow \text{本品} + H_2O$$

【安全性】 有毒。其原料二甲胺毒性较强，生产过程中应防止泄漏，操作人员要穿戴好防护用品。用聚氯乙烯塑料桶包装，每桶20kg。一般以42%的水溶液作产品包装。按有毒化学品规定贮运。

【参考生产企业】 北京恒业中远化工有限公司，浙江东风化工有限公司。

Hb 芳香族含硫化合物

Hb001 苯磺酸

【英文名】 benzenesulfonic acid

【CAS 登记号】 [98-11-3]

【结构式】 $C_6H_5SO_3H$

【物化性质】 无色针状或叶状结晶。熔点43～4437℃（1.5 个结晶水），50～51℃（无水物）。极易溶于水和乙醇，不溶于乙醚和二硫化碳，微溶于苯。

【质量标准】

项　目		指　标
外观		无色结晶
含量/%	≥	86
游离硫酸/%	≤	6.5

【用途】 有机合成原料，用于制造苯酚和间苯二酚以及催化剂等。

【制法】 以苯为原料，用浓硫酸或发烟硫酸进行磺化，再经中和、酸化制得。未反应的苯蒸气和生成的水蒸气经冷凝分离，再经碱中和，食盐脱水后循环使用。含苯的苯磺酸经真空脱苯制得精制苯磺酸。

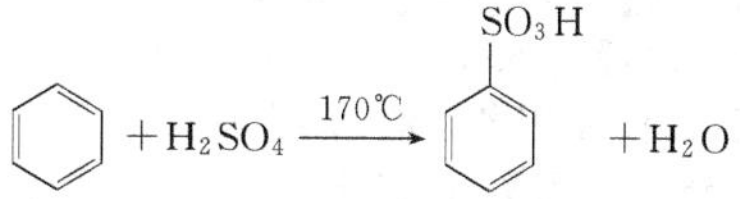

【安全性】 大鼠经口 LD_{50} 为 890mg/kg，猫经皮肤 LD_{50} 为 10mg/kg。对皮肤、眼、呼吸道有刺激作用。其钠盐无毒。操作中应穿戴防护用具。多属自用，很少出售。一般用塑料桶包装，严密封闭，贮存于防晒、防潮、通风良好处。

【参考生产企业】 盐城顺恒化工有限公司，枣庄市海龙化工有限公司，南京大唐化工有限责任公司，海安县凯旋助剂厂。

Hb002 苯亚磺酸钠

【英文名】 benzene sulfinic acid sodium salt

【CAS 登记号】 [873-55-2]

【结构式】

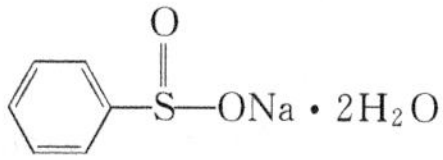

【物化性质】 无色片状晶体。溶于水，溶液呈弱碱性。

【质量标准】 HG 2260—91 照相化学品苯亚磺酸钠（乳剂用）

项　目		指　标
苯亚磺酸钠（$C_6H_5SO_2Na \cdot 2H_2O$）/%	≥	98.5
溶解性		合格
澄清度		合格
pH 值		6.0～7.5
氯化物(Cl)/%	≤	0.05
硫酸盐(SO_4)/%	≤	0.01
亚硫酸盐(SO_3)		合格
硫酚		合格
铁(Fe)/%	≤	0.0001
重金属(以 Pb 计)/%	≤	0.001
照相性能		合格

【用途】 用作分析试剂及照相还原剂。

【制法】 以苯磺酰氯与焦亚硫酸钠、水和氢氧化钠，经还原成苯亚磺酸钠，经脱色、过滤、冷却，分离除去亚硫酸氢钠后，加盐酸酸析成苯亚磺酸，用冰水淋洗，分出水分后，加液碱中和成盐，最后经脱色、浓缩、抽滤、结晶，即得。

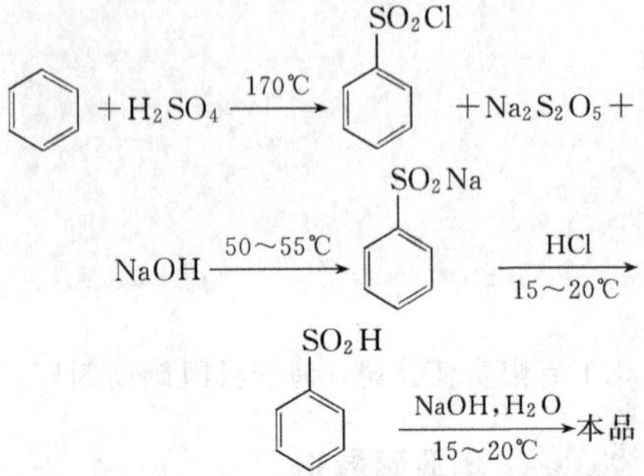

【安全性】 几乎无毒。用30kg内衬塑料袋，外套纤维板桶。

【参考生产企业】 苏州市贝斯特精细化工集团，苏州寅生化工有限公司，嘉兴市辰龙化工有限责任公司，江苏康祥集团公司，嘉兴市金利化工有限责任公司，常州市孟达精细化工有限公司，苏州诚和医药化学有限公司，盐城市麦迪科化学品制造有限公司，陕西省渭南市惠丰化学工业有限责任公司，上海永生助剂厂。

Hb003 对甲基苯磺酸

【英文名】 *p*-toluenesulfonic acid

【别名】 4-甲基苯磺酸；4-methylbenzenesulfonic acid；tosic acid

【CAS登记号】 [104-15-4]

【结构式】

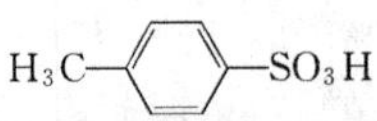

【物化性质】 无色单斜片状或柱状晶体，可燃。有时带一个或四个结晶水。沸点(2.67kPa) 140℃。熔点106～107℃（无水物）。易溶于乙醇和乙醚，稍溶于水和热苯。

【质量标准】

项 目	指 标
外观	白色或灰白色结晶
含量/% ≥	90
硫酸含量/% ≤	4

【用途】 用于制取甲酚及医药（如制取强力霉素）、农药（制取三氯杀螨醇等）、染料和洗涤剂等工业。还用于塑料和印刷涂料工业。

【制法】 以甲苯为原料，与硫酸加热煮沸进行磺化而制得。生产过程的母液中含有未结晶的甲基苯磺酸和游离硫酸。经中和后可生产甲基苯磺酸钠。

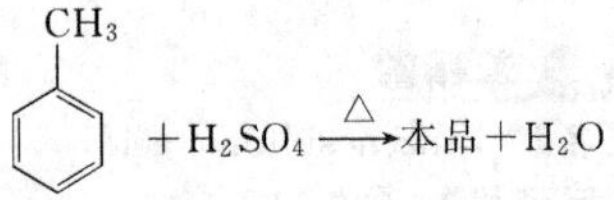

【安全性】 大鼠经口LD_{50}为2480mg/kg，小鼠经口LD_{50}为400mg/kg。具有中等毒性。刺激皮肤、眼睛和黏膜。其钠盐无毒。生产过程中使用的甲苯具有毒性，对人体的肝和造血系统以及神经系统有损害。浓硫酸具有极强的腐蚀性，因此生产系统设备应保持良好的密闭性，防止泄漏，操作人员应穿戴防护用具。采用塑料袋外加木箱包装，贮存于阴凉、通风、干燥处。按有毒化学品规定贮运。

【参考生产企业】 苏州鸿程化工有限公司，江苏奥耐斯特医药化工有限公司，苏州保丰利化工有限公司，南京九龙化工有限公司，山东科润生物化工有限公司，山东晨鸣集团化工有限公司，南京大唐化工有限责任公司。

Hb004 对甲基苯磺酸钠

【英文名】 sodium *p*-toluenesulfonate

【别名】 4-甲苯磺酸钠

【CAS登记号】 [657-84-1]

【结构式】

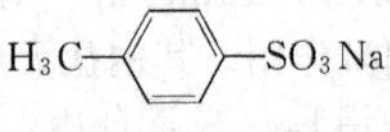

【物化性质】 白色粉状结晶体。易溶于水。

【质量标准】

项　目		指　标
外观		白色结晶粉末
活性物/%	≥	77.0
水分/%	≤	15.0
氯化物/%	≤	2.0
无机盐/%	≤	3.0

【用途】 主要用于染料工业。在化肥生产中用作碳酸氢铵结晶的添加剂，以减少碳酸氢铵的含水量，防止其结块。在合成洗涤剂生产中，用作料浆的调理剂。还用作表面活性剂。

【制法】 将甲苯用 96%～98% 的硫酸进行磺化，得对甲基苯磺酸，后者再用液碱中和得对甲基苯磺酸钠粗品，然后脱色、浓缩、结晶、离心，即得成品。

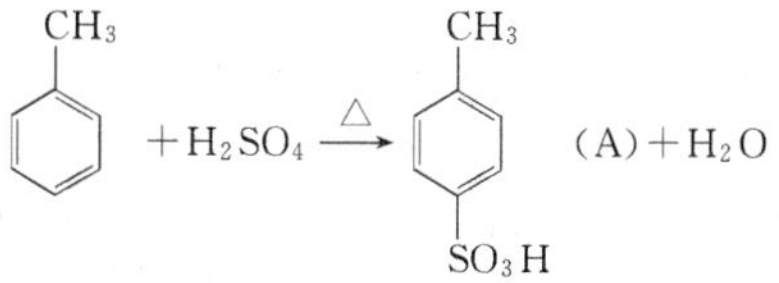

A＋NaOH ⟶ 本品＋H_2O

【安全性】 毒性及防护参见对甲基苯磺酸。采用塑料袋，外套玻璃纤维编织袋包装，每袋 50kg。贮存于阴凉、通风、干燥处。按一般化学品规定贮运。

【参考生产企业】 江苏富利达化工有限公司，枣庄鑫河塑化有限公司，江苏奥耐斯特医药化工有限公司，南京苏如化工有限公司，苏州保丰利化工有限公司，南京九龙化工有限公司，陕西省渭南市化工实业有限责任公司渭南有机分公司。

Hb005 烷基苯磺酸钠

【英文名】 sodium alkylbenezenesulfonate

【别名】 石油苯磺酸钠

【结构式】 $RC_6H_4SO_3Na$（R 为 C_{10}～C_{18}烷基）

【物化性质】 白色或淡黄色粉状或片状固体。溶于水而成半透明溶液。对碱、稀酸和硬水都比较稳定。

【质量标准】

项　目		指　标
活性物含量/%	≥	35
无机盐含量/%	≤	7
pH 值		7～8

【用途】 用作洗衣粉和液体洗涤剂的原料。

【制法】 以烷基苯为原料，用发烟硫酸于 30～40℃下进行磺化制得烷基苯磺酸，经碱中和、分馏，即得烷基苯磺酸钠。

【安全性】 有毒，浓溶液刺激皮肤。对于十二烷基苯磺酸钠，小鼠经口 LD_{50} 为 2000mg/kg，小鼠静脉注射 LD_{50} 为 105mg/kg。生产设备应密闭，操作人员应穿戴防护用具，防止误服。烷基苯磺酸钠为生产洗涤剂的中间体，一般由生产厂自用，不外售。

【参考生产企业】 天津市西青区宏发助剂厂，中国石化集团金陵石化有限公司烷基苯厂，南京卡尼尔科技有限责任公司。

Hb006 间硝基苯磺酸钠

【英文名】 sodium *m*-nitrobenzenesulfonate

【别名】 防染盐 S；Resist S

【CAS 登记号】 [127-68-4]

【结构式】

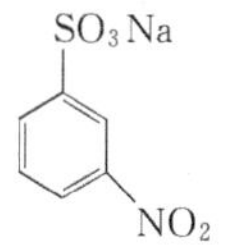

【物化性质】 白色结晶，在空气中潮解。熔点 70℃。溶于水和乙醇，并在水溶液中逐渐分解。

【质量标准】 HG/T 2591—1994 防染盐 S

项　目		指　标
外观		黄色无定形颗粒或粉状物
含量/%	≥	90.0
pH 值		7～9
水不溶物含量/%	≤	0.2
钙盐含量(以钙离子计)/%	≤	0.6
水分/%	≤	3.0

【用途】 可用作染料中间体，硫化染料的防染剂和染料的成色保护剂，并可用作船舶的除锈剂及电镀退镍剂，亦可制备香兰素等。还可在化学分析中用作化学试剂。

【制法】 以苯为原料，经发烟硫酸磺化，制得苯磺酸，再用硝酸硝化生成间硝基苯磺酸，然后用石灰乳中和得间硝基苯磺酸钙，再以纯碱置换，得成品间硝基苯磺酸钠。

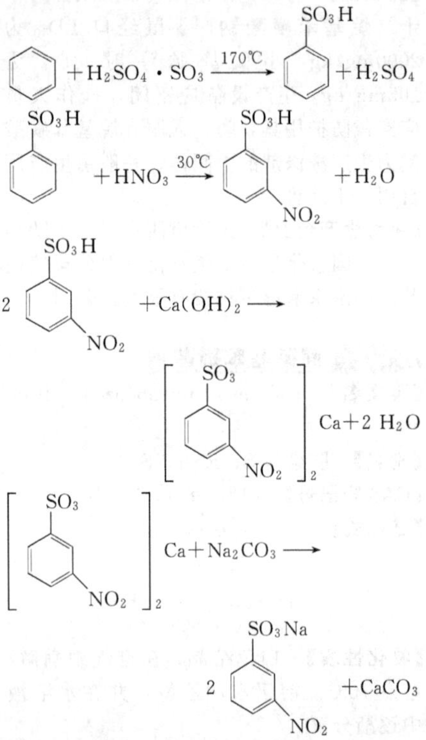

【安全性】 大鼠经口 LD_{50} 为 11000mg/kg。有毒，其毒性比间硝基苯的毒性略小。由于遇水易潮解，故吸入的粉尘易水解随生理循环排出体外而减低毒性。生产现场应加强通风，操作人员应穿戴防护用具，要求设备密闭，防止吸入粉尘。采用塑料袋外套编织袋包装，每袋重 25kg，贮运时防潮、防水、防火、防晒。按有毒物品规定贮运。

【参考生产企业】 上虞市康特化工有限公司，德州福鑫化工有限公司，德州虹桥染料化工有限公司，海宁市宏成化学助剂有限公司，吴江市震泽新农化工厂。

Hb007 间氨基苯磺酸

【英文名】 metanilic acid

【别名】 间胺酸；3-aminobenzenesulfonic acid；*m*-sulfanilic acid；aniline-*m*-sulfonic acid

【CAS 登记号】 [121-47-1]

【结构式】

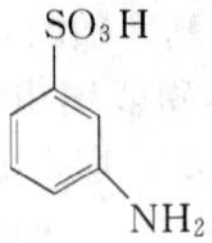

【物化性质】 纯品为白色片状结晶。熔点 288℃。相对密度（d_4^{25}）1.485。微溶于乙醇、乙醚。溶于水、碱液和浓盐酸。吸湿性强。在水中得到的结晶物分解温度为 302～304℃。

【质量标准】

项　目	指　标
外观	灰白色至浅红色结晶或浆状物
氨基值总含量/%　　≥	60，折合干晶不低于 90
纯碱中不溶物/%　　≤	1.5

【用途】 可用以制取偶氮染料、活性染料、酸性染料、硫化染料及其他染料，也用以制取香兰素及农药（防治麦锈病药），在医药工业中用以制取抗结核药的中间体间氨基酚。

【制法】 由硝基苯用发烟硫酸磺化生成间硝基苯磺酸，在铁粉存在下还原，经中和、盐酸酸析精制得成品。

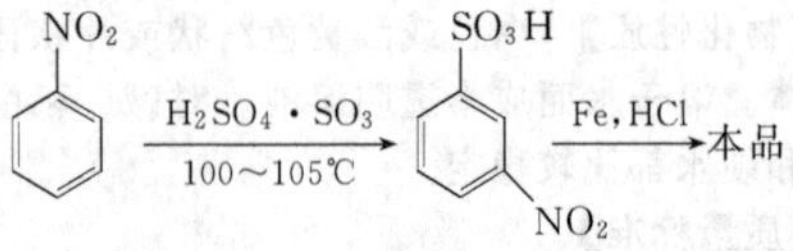

【安全性】 有毒，其毒性远比苯胺低，同时致癌性亦消失。参见苯胺。采用内衬塑料袋的铁桶包装。每桶重 50kg。贮存在阴凉、干燥、通风处，避免日晒，搬运时小心轻放，防止受热受潮。按剧毒化学品规定贮运。

【参考生产企业】 沧州华通化工有限公司，石家庄市桥东印染化工厂，江苏方舟化工有限公司，德州福鑫化工有限公司，无锡飞鹏精细化工有限公司，沧州天一化工有限公司。

Hb008 间氨基苯磺酸钠

【英文名】 sodium metanilate

【别名】 3-氨基苯磺酸钠；metanilic acid sodium salt

【CAS 登记号】 [1126-34-7]

【结构式】

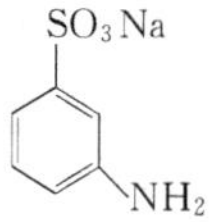

【物化性质】 白色细小晶体，由水中得到的结晶，其分解温度为 302～304℃。

【用途】 主要用作偶氮染料及医药中间体。

【质量标准】

项 目	指 标
外观	灰白色至浅红色结晶或浆状物
氨基值总含量/% ≥	60
含量/% ≥	90
在纯碱中不溶物含量/% ≤	1.5

【制法】 由硝基苯与发烟硫酸进行磺化反应，反应产物以液碱中和至中性，过滤得到间硝基苯磺酸钠盐溶液。将该溶液用铁屑作催化剂还原得间氨基苯磺酸钠，过滤除去铁泥，滤液即为间氨基苯磺酸钠盐溶液。将其在酸析锅中加硫酸至刚果红试纸变蓝，温度保持在 70℃。然后离心过滤得间氨基苯磺酸钠浆体。

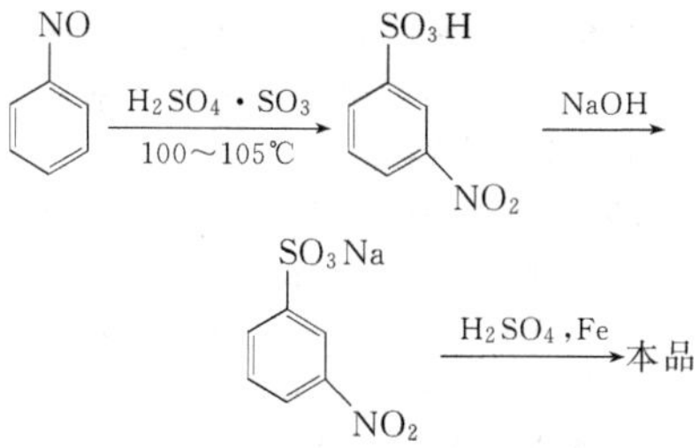

【安全性】 有毒。吞咽或经皮肤吸收会引起严重中毒，但其毒性远比苯胺小，不会致癌。生产过程中应严防误服或溅及皮肤，生产设备应密闭，防止泄漏，操作人员应穿戴防护用具。采用塑料袋，外用铁桶或木桶包装。每桶 50kg。贮存于阴凉、通风、干燥处，防热、防潮、防晒。按有毒物品规定贮运。

【参考生产企业】 江苏方舟化工有限公司，河北永泰柯瑞特化工有限公司，济南润原化工有限责任公司，德州虹桥染料化工有限公司。

Hb009 对氨基苯磺酸钠

【英文名】 sodium sulfanilate

【别名】 磺胺酸钠；sulfanilic acid sodium salt

【CAS 登记号】 [515-74-2]

【结构式】

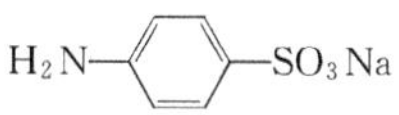

【物化性质】 闪光的片状晶体，带两分子结晶水。易溶于水，其水溶液为中性。

【质量标准】 HG/T 2746—2010 对氨基苯磺酸钠

项 目	指 标
外观	粉红色或浅玫瑰色结晶
对氨基苯磺酸钠(总氨基值)/% ≥	97.00
苯胺/% ≥	0.01
水不溶物/% ≤	0.10

【用途】 可制取酸性染料、直接染料、反

应染料及防染剂 H、助溶盐 B、增白剂 BG 等助剂，还可用作农药敌锈钠，主要用于防治小麦锈病。

【制法】 将苯胺用浓硫酸在 155～160℃磺化，制得苯胺硫酸盐，再在 180～215℃下转位成对氨基苯磺酸，然后用碳酸钠中和得对氨基苯磺酸钠，用活性炭脱色、抽滤、浓缩，经冷却结晶、离心脱水，得成品。

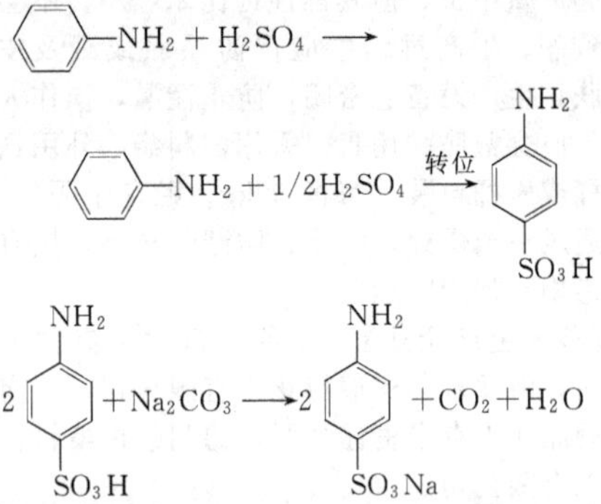

【安全性】 系苯胺的磺化物，毒性远比苯胺低。参见间氨基苯磺酸。采用铁桶或麻袋，内衬塑料袋包装。每桶（袋）25kg 或 50kg。贮存于阴凉、干燥、通风处，防止受潮变质，搬运时避免碰撞。

【参考生产企业】 天津市津鑫福利化工厂，保定顺发先进化工有限公司，天津市越过化工有限责任公司，保定市满城金星化工有限公司，石家庄市中汇化工有限公司，江阴市璜土振兴化工厂，青岛天时化工有限公司。

Hb010 对氨基苯磺酰乙基硫酸

【英文名】 *p*-aminobenzenesulfonylethyl sulfuric acid

【CAS 登记号】 [2494-89-5]

【结构式】

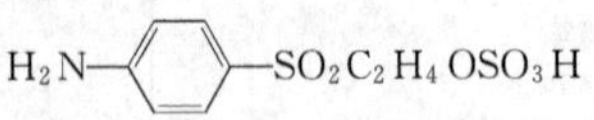

【物化性质】 白色晶体。溶于水，不溶于乙醇、乙醚和苯。能溶于碱（氢氧化钠、碳酸钠）溶液。

【质量标准】

项 目		指 标
氨基值/%	≥	93
氨基值与偶合值之差/%	≤	10
酯值/%	≥	88
水不溶物/%	≤	0.5

【用途】 染料中间体。用于制取活性蓝 KN-B、活性翠蓝 KN-G 等。

【制法】 以苯胺为起始原料，与乙酐进行酰化成 *N*-乙酰苯胺，再经氯磺化得对乙酰氨基苯磺酰氯，经中和、酸化成对乙酰氨基苯亚磺酸，然后与氯乙醇反应，制得对氨基苯磺酰乙醇，最后经硫酸处理，制得对氨基苯磺酰乙基硫酸。

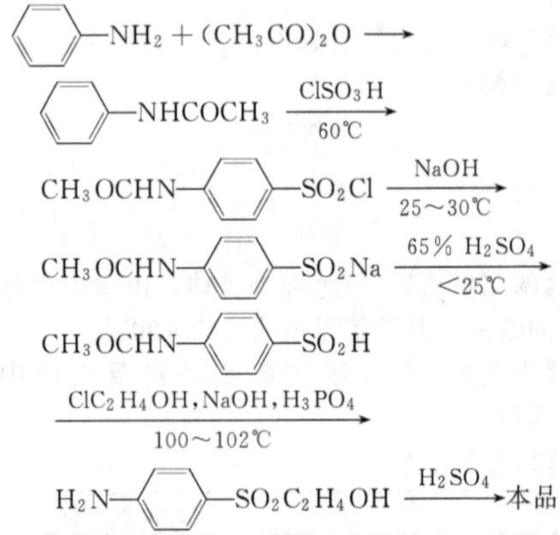

【安全性】 低毒。生产车间应通风，设备应密闭。操作人员穿戴防护用具。内衬塑料袋，外用铁桶或硬纸板桶包装。贮存于阴凉、通风、干燥处。按一般化学品规定贮运。

【参考生产企业】 浙江劲光化工有限公司，寿光富康制药有限公司，湖北楚源精细化工集团股份有限公司。

Hb011 2,4-二氨基苯磺酸

【英文名】 2,4-diaminobenzenesulfonic acid

【别名】 间苯二胺-4-磺酸；*m*-phenylenediamine-4-sulfonic acid

【CAS登记号】［88-63-1］

【结构式】

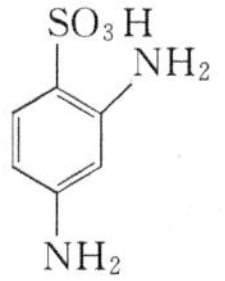

【物化性质】浅棕色结晶，从水中析出的结晶呈单斜晶体。易溶于热水，微溶于冷水，在空气中逐渐变成棕色。

【质量标准】

项　目	指　标
外观	浅棕色松散结晶
含量(合格品)/%　　≥	60
水不溶物/%　　≤	0.5

【用途】主要用于制造偶氮染料，活性染料等。

【制法】以2,4-二硝基氯苯为原料，在氧化镁存在下与亚硫酸氢钠进行磺化反应，冷却后，加入盐酸使成酸性，经加食盐、冷却、静置、抽滤、离心脱水得2,4-二硝基苯磺酸。再将其投入盛有铁屑和盐酸的还原锅中，煮沸后，以Na_2CO_3中和，再加入$NaHSO_3$，静置，抽滤。滤液经浓缩、结晶、离心脱水，得成品。

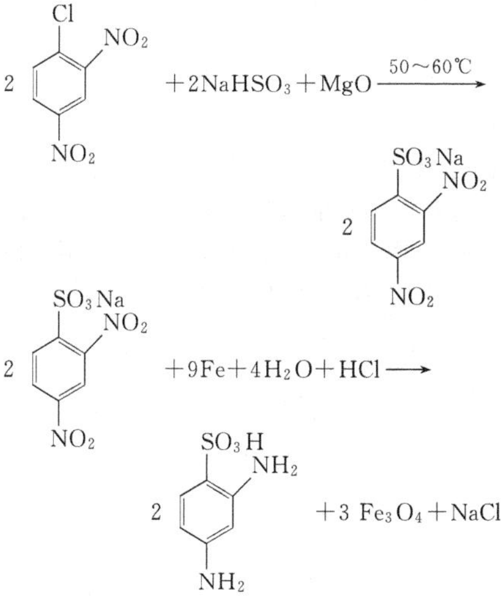

【安全性】剧毒，毒性及防护参见苯胺。包装及贮运参见间氨基苯磺酸。

【参考生产企业】山东银河染化有限公司，姜堰市嘉晟化工有限公司，河北泰丰化工有限责任公司，盐城市虹艳化工有限公司，靖江市长江化工有限公司，吴江市震泽新民助剂厂。

Hb012 4-氯苯胺-3-磺酸

【英文名】4-chloroaniline-3-sulfonic acid

【别名】2-氯-5-氨基苯磺酸；2-chloro-5-aminobenzenesulfonic acid

【CAS登记号】［88-43-7］

【结构式】

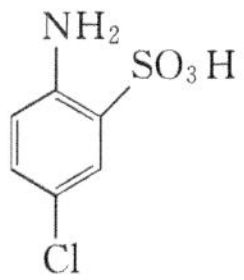

【物化性质】白色至浅灰色针状结晶或粉末。熔点280℃（分解）。微溶于水，不溶于醇和酮。

【质量标准】白色至米色或灰色结晶。重氮值≥90%。

【用途】染料中间体。

【制法】对硝基氯苯-2-磺酸（2-氯-5-硝基苯磺酸）用30%的液碱中和制得钠盐，再在盐酸和铁粉存在下还原，然后经过滤、水洗、冷却、结晶、甩水、干燥，得成品。

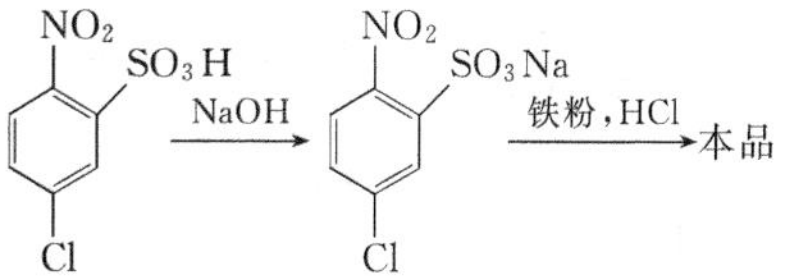

【安全性】高毒，吸入或吞下或经皮肤吸收均可引起中毒。生产过程中应注意防护措施，操作人员应穿戴防护用具，严防误服或沾染皮肤。一般不作商品出售。可采用塑料袋外用木桶或铁桶包装，贮存于阴凉、通风、干燥处，防热、防潮、防火。按有毒化学品规定贮运。

【参考生产企业】 江阴市长寿南洋化工有限公司，靖江市长江化工有限公司。

Hb013 3-氨基-6-氯甲苯-4-磺酸

【英文名】 3-amino-6-chlorotoluene-4-sulfonic acid

【CAS 登记号】 [88-53-9]

【结构式】

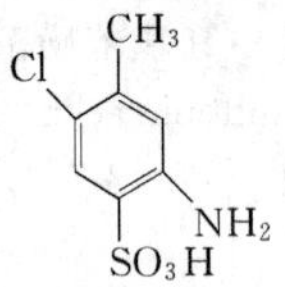

【物化性质】 白色结晶。

【质量标准】

项　目		指　标
外观		白色或带有粉红色光泽的膏状物
干品含量/%	≥	98
湿品水分/%	≤	20
细度(通过 60 目筛残留物)/%	≤	0.5
氨水中不溶物/%	≤	0.5

【用途】 染料中间体，用于制造大红色淀C、立索尔大红 IG；广泛用于配制油墨。

【制法】 以甲苯为原料，经磺化、氯化、硝化、盐析、还原，最后经压滤、干燥得成品。

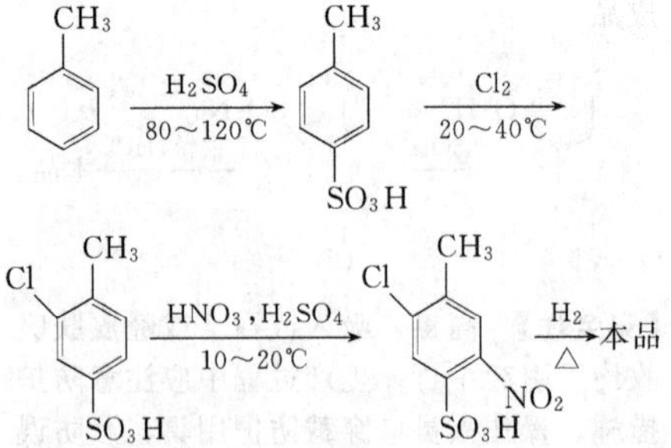

【安全性】 有毒。毒性及防护方法参见 4-氯苯胺-3-磺酸。采用内衬塑料袋的木桶或铁桶包装。贮存于阴凉、通风、干燥处，防热、防潮。按有毒化学品规定贮运。

【参考生产企业】 辽阳富洋化工有限责任公司，青岛天元化工股份有限公司，潍坊瑞基化工有限公司。

Hb014 4-氨基-2-氯甲苯-5 磺酸

【英 文 名】 4-amino-2-chlorotolulene-5-sulfonic acid

【别名】 2B 酸；2B-acid

【CAS 登记号】 [88-51-7]

【结构式】

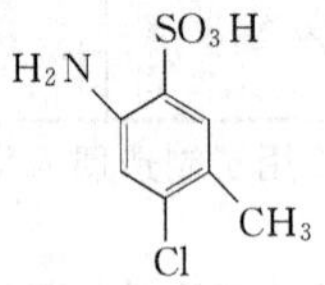

【物化性质】 灰白色膏状物。

【质量标准】

项　目		合格品
外观		灰白色或带玫瑰红色及黄色膏状物
含量/%	≥	98.5
水分/%	≤	2
细度(通过 100 目筛残留物)/%	≤	3
不溶物/%	≤	0.5

【用途】 染料中间体。

【制法】 以对硝基甲苯为原料，经氯化生成邻氯对硝基甲苯和间氯对硝基甲苯的混合物，经结晶分离出邻氯对硝基甲苯，再经还原、精制、磺化、过滤而得成品。

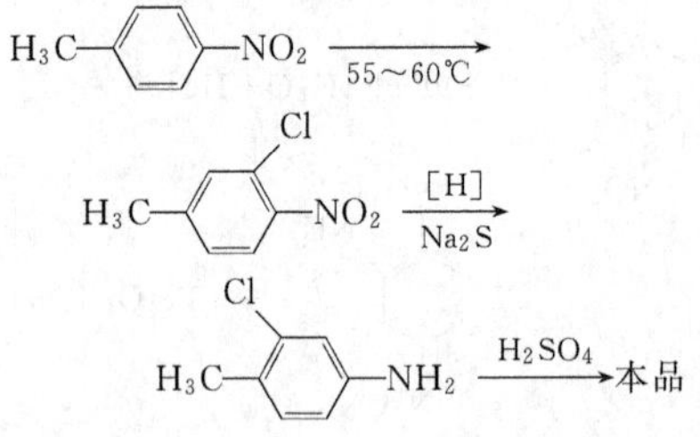

【安全性】 有毒。采用内衬塑料袋的木桶或铁桶包装。贮存于阴凉、通风、干燥处。防潮、防热。按有毒化学品规定贮运。

【参考生产企业】 南通集海化工有限公司，嘉兴市精化化工有限公司，吴江市荣泰染料有限公司，嘉兴市南化化工有限公司，浙江友好化学工业有限公司。

Hb015 2-氨基苯酚-4-磺酸

【英文名】 2-aminophenol-4-sulfonic acid

【别名】 邻氨基苯酚对磺酸；3-amino-4-hydroxybenzenesulfonic acid

【CAS 登记号】 [98-37-3]

【结构式】

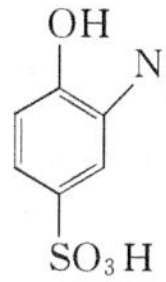

【物化性质】 灰白色或浅棕色羽毛状结晶。熔点 195℃以上。微溶于水，易溶于酸及碱，放置空气中颜色逐渐变暗。

【质量标准】

项　目		合格品
外观		浅棕色结晶粉末
含量/%	≥	96
酸不溶物/%	≤	1
熔点/℃/%	≥	190

【用途】 用作中性染料的重氮组分。

【制法】 邻硝基氯苯用氯磺酸氯磺化，得 4-氯磺酰基-2-硝基氯苯，再经氨化得 4-磺酰氨基-2-硝基氯苯，再用烧碱水解成 4-磺酰氨基-2-硝基苯酚钠盐，用盐酸酸化后，在铁粉存在下还原制得。

【安全性】 属磺胺类，有毒。口服时，可引起食欲减退、恶心、呕吐、腹泻等副作用，可对肝、肾等造成不良影响。操作人员应穿戴防护用具，设备应密闭。采用内衬塑料袋、外用木桶或纸板桶包装。每桶 50kg。按有毒物品规定贮运。

【参考生产企业】 吴江市万达化工厂，南京力达宁化学有限公司，大连立成染料化工有限公司，温州美尔诺化工有限公司，吴江市震泽新民助剂厂。

Hb016 苯胺-2,5-二磺酸

【英文名】 aniline-2,5-disulfonic acid

【别名】 2-氨基对苯二磺酸；2-amino-*p*-benzenedisulfonic acid；

【CAS 登记号】 [98-44-2]

【结构式】

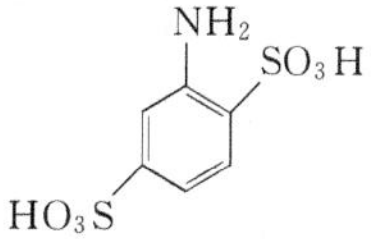

【物化性质】 黄色结晶，易溶于水和乙醇，吞入有毒。

【质量标准】 浅棕色至灰色砂粒状结晶。氨基值含量≥50.0%。

【用途】 染料中间体，主要用于制造直接耐晒蓝 RGL、活性翠蓝 KGL、活性嫩黄和活性橙等。

【制法】 间氨基苯磺酸用发烟硫酸磺化后冷却，加水稀释，升温（95℃）后加入活性炭，搅拌、过滤，滤液中加入食盐盐析而得。

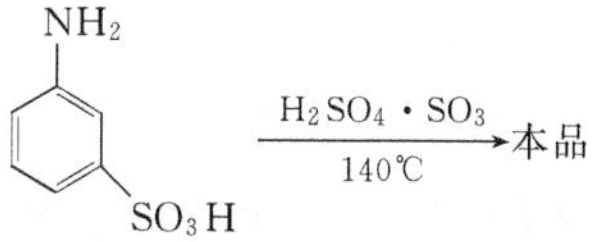

【安全性】 大鼠经口 LD_{50} 为 7760mg/kg。有毒，对皮肤有刺激性，操作中应注意避免吸进或吞入。操作人员应穿戴防护用具，避免沾及皮肤。采用内衬塑料袋的木桶包装。每桶 50kg。贮存于阴凉、通风、干燥处，防热、防火、防潮。按有毒化学品规定贮运。

【参考生产企业】 石家庄市桥东印染化工厂，河北省武强县宏达化工有限公司。

Hb017 苯磺酸甲酯

【英文名】 methyl benzenesulfonate

【CAS登记号】 [80-18-2]

【结构式】

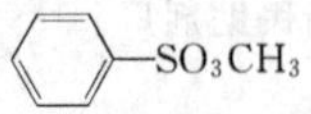

【物化性质】 液体。在水、酸、碱和乙醇中分解。沸点（2kPa）150℃。相对密度（d_4^{17}）1.2730。折射率1.5151。不溶于水，易溶于乙醇、乙醚、氯仿。

【质量标准】

项　目		指　标
含量/%	≥	97.5
苯磺酸/%	≤	0.2
苯磺酰氯/%	≤	0.1
砜及水中不溶物/%	≤	1.0
含水量		对氯化钴试纸不显色

【用途】 用作烷基化剂和生产艳绿FFB染料的辅助原料。

【制法】 先将氯磺酸投入反应罐，然后滴入苯，控制温度在20～25℃进行氯磺化反应。制得苯磺酰氯，后者再与甲醇在氢氧化钠存在下进行酯化反应而制得粗品，经精制得成品。

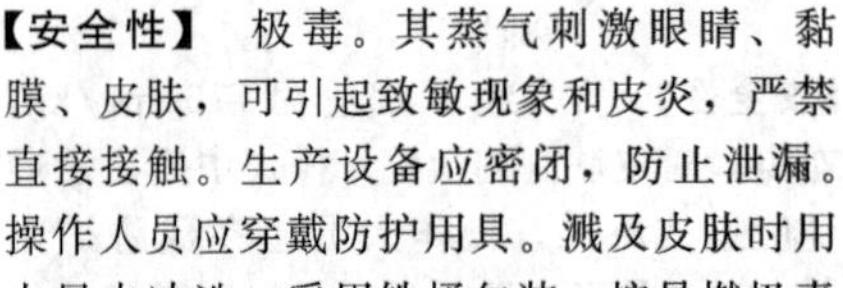

$$A+CH_3OH+NaOH \longrightarrow 本品+H_2O$$

【安全性】 极毒。其蒸气刺激眼睛、黏膜、皮肤，可引起致敏现象和皮炎，严禁直接接触。生产设备应密闭，防止泄漏。操作人员应穿戴防护用具。溅及皮肤时用大量水冲洗。采用铁桶包装。按易燃极毒物品规定贮运。

【参考生产企业】 苏州诚和医药化学有限公司，常州新区永联化工有限公司，嘉兴市金利化工有限责任公司，吉林化学工业公司辽源市第一化工厂。

Hb018 苯磺酸异丙酯

【英文名】 isopropyl benzenesulfonate

【CAS登记号】 [122838-93-1]

【结构式】

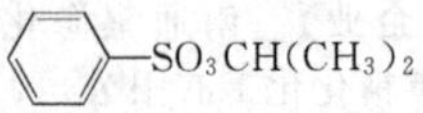

【物化性质】 折射率1.5003。不溶于水，溶于乙醇、乙醚。

【质量标准】 含量≥89%；酸度≤4%。

【用途】 橡胶防老剂4010NA的原料，也可作农药的原料。此外，还用于其他有机合成工业。

【制法】 丙烯与苯磺酸在50℃以下反应，直接生成苯磺酸异丙酯。粗酯用水洗涤，除去未反应的苯磺酸，即得成品。

【安全性】 有毒，毒性及防护参见苯磺酸甲酯。采用铁桶包装。存放于阴凉干燥处。按易燃有毒物品规定贮运。

【参考生产企业】 [苏] 吴江市万达化工厂，濮阳县亿丰新型增塑剂有限公司。

Hb019 烷基磺酸苯酯

【英文名】 phenyl alkylsulfonate

【别名】 T-50；M-50

【结构式】

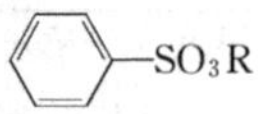

$R=C_{12}H_{25}\sim C_{18}H_{37}$

【物化性质】 浅黄色透明油状液体。平均分子量368～390。凝固点<－10℃。沸程（1.33kPa）211～279℃。闪点200～220℃。相对密度（d_{25}^{25}）1.03～1.07。折射率1.494～1.500。黏度（20℃）100～130mPa·s。溶于大多数有机溶剂，不溶于水。

【质量标准】 HG 2093—91

项　目		优等品	一等品	合格品
色度/(mg/100mL KI)	≤	3	4	7
闪点(开杯)/℃		210～240	206～240	202～240

续表

项　目		优等品	一等品	合格品
酸值/(mg KOH/g)	≤	0.05	0.05	0.08
密度(20℃)/(g/cm³)		1.030～1.070		
加热减量(125℃，2h)/%	≤	0.10	0.15	0.18
黏度(20℃)/(mPa·s)		75～125		

【用途】 为聚氯乙烯及氯乙烯共聚物的增塑剂。挥发性低，制品可有良好的耐候性、机械强度和电绝缘性。受光照有色泽变黄的倾向，耐寒性稍差，因此多与邻苯二甲酸酯类增塑剂并用。适用于制作人造革、薄膜、电线电缆、鞋底等制品。还可用作天然和合成橡胶增塑剂，可改善橡胶制品的低温挠性和回弹性。

【制法】 用经过处理的重液体石蜡与氯气、二氧化硫进行磺酰氯化反应。反应物经去除残留氯化氢后，与苯酚碱溶液进行酯化，生成烷基磺酸苯酯粗制品，再经减压分馏、脱色、脱水、过滤，得到成品。

【安全性】 毒性低。德国许可用于食品包装材料。镀锌铁桶包装，规格 200kg。存放干燥通风阴凉处。按易燃化学品规定贮运。

【参考生产企业】 濮阳县亿丰新型增塑剂有限公司，济宁市中助化工厂，河南庆安化工高科技股份有限公司。

Hb020 磺胺

【英文名】 sulfanilamide

【别名】 对氨基苯磺酰胺；4-aminobenzenesulfonamide；*p*-anilinesulfonamide；*p*-sulfamidoaniline

【CAS 登记号】 [63-74-1]

【结构式】

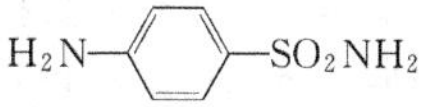

【物化性质】 白色颗粒或粉末状结晶，无臭。熔点 165～166℃。密度 1.08g/cm³。紫外吸收 255nm，312nm。味微苦。微溶于冷水、乙醇、甲醇、乙醚和丙酮，易溶于沸水、甘油、盐酸、氢氧化钾及氢氧化钠溶液，不溶于氯仿、乙醚、苯、石油醚。

【质量标准】 HG 3267—1999　工业磺胺

项　目		优等品	一级品	合格品
磺胺含量(干基)/%	≥	98.5	98.5	97.5
干燥失重/%	≤	0.5	0.8	0.8
熔点/℃	≥	163.0	162.0	160.5

【用途】 除用来制取结晶磺胺外，还可以合成其他磺胺类药物如磺胺脒、磺胺甲氧嗪、磺胺甲基嘧啶等。

【制法】 *N*-乙酰苯胺（退热冰）与氯磺酸进行氯磺化，生成对乙酰氨基苯磺酰氯，用液氨进行氨解，得相应的磺酰胺，水解、中和后得到磺胺。

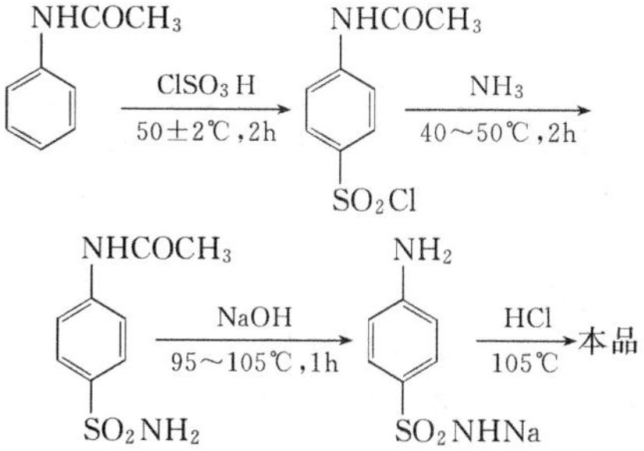

【安全性】 小鼠经口 3.8g/kg，狗经口 LD_{50} 为 2000mg/kg。可作药物使用，对细菌的生长繁殖有抑制作用。大量服用磺胺，可因吸收与排泄失去平衡而致死。人体大量服用磺胺可引起食欲减退、恶心、呕吐、腹泻等副作用，对肝、肾造成影响，亦可引起耳鸣、眩晕、头痛，甚至可出现各种精神症状，直至死亡。操作人员应穿戴防护用具。采用内衬塑料袋外套麻袋，或内衬塑料袋、中层用牛皮纸袋、外套纤维布袋包装。一般每袋 40kg。贮存在阴凉、通风、干燥处，防热、防晒、防潮。按一般化学品规定贮运。

【参考生产企业】 苏州市吴赣化工有限责任公司，衢州海顺医药化工有限公司，浙江衢州德瑞化工有限公司。

Hb021 邻甲苯磺酰胺

【英文名】 *o*-toluene sulfonamide

【别名】 2-甲苯磺酰胺

【CAS 登记号】 [88-19-7]

【结构式】

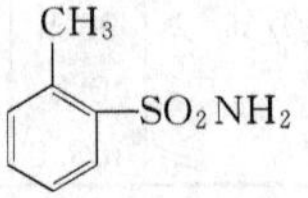

【物化性质】 无色易燃晶体，在乙醇中结晶者为八面体晶体；在水中结晶者为棱柱状晶体。熔点 156～158℃。微溶于水和乙醚，溶于乙醇。

【质量标准】

项目	指标
外观	白色粉末状结晶
熔点/℃ ≥	153.5
水分/% ≤	10

【用途】 用以制取增塑剂、胶黏剂、农药中间体及糖精等，还用于制药、镀镍、抛光等。

【制法】 甲苯用氯磺酸在低温下进行氯磺化，得邻甲苯磺酰氯和少量对甲苯磺酰氯。用冷冻结晶法分离出对位体后，加氨水进行氨化得粗邻甲苯磺酰胺，用活性炭脱色，经碱熔、酸析、结晶、离心、干燥后，得成品。

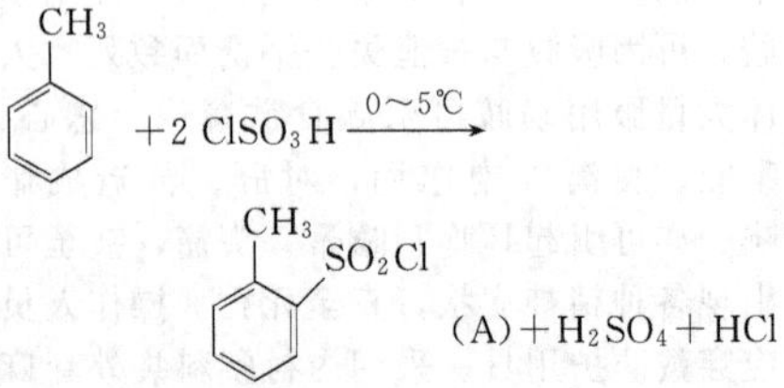

$$A+2NH_4OH \longrightarrow 本品+NH_4Cl+2H_2O$$

【安全性】 有毒。大鼠经口 LD_{50} 为 4870mg/kg。生产过程中应注意设备的密闭性，防止物料泄漏，操作人员应穿戴防护用具。采用内衬塑料袋、外套编织袋，或内层塑料袋、中层用牛皮纸袋、外套编织袋包装。每袋 25kg。贮存时要防潮，防热。按易燃有毒品规定贮运。

【参考生产企业】 嘉兴市金利化工有限责任公司，浙江嘉化集团股份有限公司，嘉兴辰龙化工有限责任公司。

Hb022 对甲苯磺酰胺

【英文名】 *p*-toluene sulfonamide

【别名】 4-甲苯磺酰胺

【CAS 登记号】 [70-55-3]

【结构式】

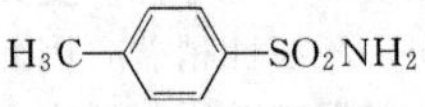

【物化性质】 白色片状结晶，易燃。熔点 138.5～139℃，105℃（水合物）。溶于乙醇，难溶于水和乙醚。

【质量标准】

项目	指标
熔点/℃ ≥	135
水分/% ≤	10

【用途】 用于有机合成，也用以制造染料（如荧光染料）、增塑剂、合成树脂、涂料、消毒剂氯胺 T、杀真菌剂等，还用于木材加工光亮剂的制造等。

【制法】 甲苯用氯磺酸进行氯磺化，制得邻甲苯磺酰氯和对甲苯磺酰氯。用冷冻结晶法分出对甲苯磺酰氯（参见邻甲苯磺酰胺），然后加氨水进行氨化得粗对甲苯磺酰胺，再经活性炭脱色、过滤、酸析，得成品。

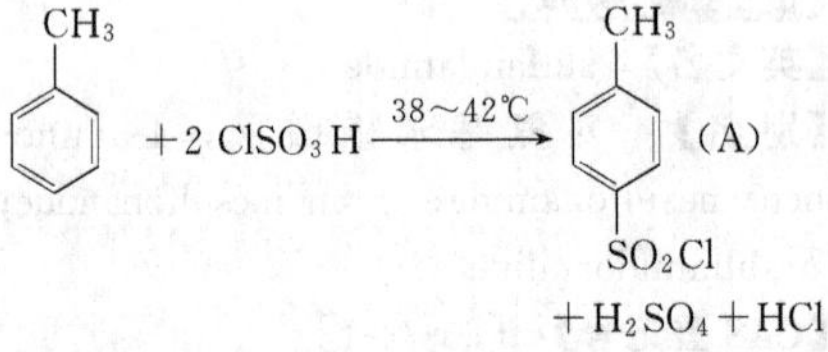

$$(A)+2\ NH_4OH \longrightarrow 本品+NH_4Cl+2\ H_2O$$

【安全性】 有毒。其毒性及防护方法参见邻甲苯磺酰胺。采用内层塑料袋、外层编织袋或内层塑料袋、中层用牛皮纸袋，外层编织袋包装。每袋 25kg。贮运中轻拿轻放，防潮、防热。按易燃有毒物品规定贮运。

【参考生产企业】 嘉兴市向阳化工厂，南通沃兰化工有限公司，嘉兴辰龙化工有限责任公司，浙江嘉化集团股份有限公司，嘉兴市金禾化工有限公司，苏州金忠化工有限公司，常州市孟达精细化工有限公司，苏州丽兰化工有限公司，苏州市鑫隆化工有限公司，潍坊浩鑫精细化工有限公司。

Hb023 2-氨基苯酚-4-磺酰胺

【英文名】 2-amino-1-phenol-4-sulfonylamide

【别名】 4-磺酰氨基邻氨基苯酚

【CAS 登记号】 [98-32-8]

【结构式】

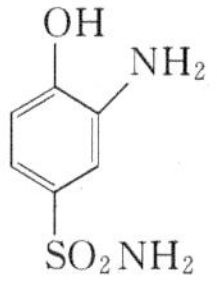

【物化性质】 灰白色或浅棕色羽毛状结晶。熔点>195℃。微溶于水，易溶于酸及碱，放置空气中颜色逐渐变暗。

【质量标准】

项 目	指 标
外观	浅棕色结晶粉末
熔点/℃ ≥	190
含量/% ≥	96
酸不溶物/% ≤	1

【用途】 用作中性染料的重氮组分。

【制法】 邻硝基氯苯用氯磺酸氯磺化，得4-磺酰基-硝基氯苯，再经氨化得4-磺酰氨基-2-硝基氯苯，再用烧碱水解成4-磺酰氨基-2-硝基苯酚钠盐，用盐酸酸化后，在铁粉存在下还原制得成品。

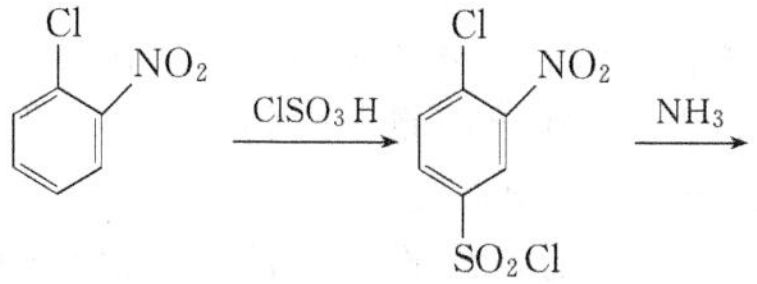

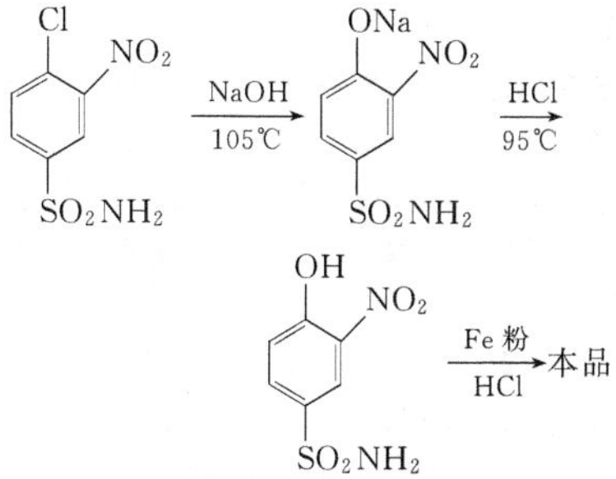

【安全性】 属磺胺类，有毒。口服时，可引起食欲减退、恶心、呕吐、腹泻等副作用，可对肝、肾等造成不良影响。操作人员应穿戴防护用具，设备应密闭。采用内衬塑料袋、外用木桶或纸板桶包装。每桶50kg。按有毒物品规定贮运。

【参考生产企业】 杭州恒升化工有限公司，吴江市万达化工厂，温州美尔诺化工有限公司，吴江市震泽新民助剂厂，吴江市新元化工厂，青岛双桃精细化工（集团）有限公司。

Hb024 苯磺酰氯

【英文名】 benzenesulfonyl chloride

【别名】 氯化苯磺酰；benzene sulfonechloride；benzenesulfonic (acid) chloride

【CAS 登记号】 [98-09-9]

【结构式】

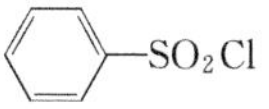

【物化性质】 无色透明油状液体。沸点251～252℃（分解）。熔点15～17℃。相对密度（d_{15}^{15}）1.3842。不溶于冷水，能溶于乙醇、乙醚。

【质量标准】

项 目	指标(合格品)
外观	微黄色油状透明液体
含量/% ≥	98.0
游离酸/% ≤	0.20

【用途】 用于染料、有机合成及医药工业（制造磺胺类药物等），也用于鉴定各种

胺类。

【制法】 先将氯磺酸投入反应釜，再于20～25℃下滴入苯，保温下进行反应。反应液经分离、萃取、减压蒸馏，得成品。操作中副产的氯化氢气体，宜用水吸收成稀盐酸备用。

【安全性】 有毒，大鼠经口 LD_{50} 为1960mg/kg，吸入 1h LC_{50} 为 32×10^{-6}。能刺激眼、皮肤、黏膜而引起炎症。生产中所用原料氯磺酸刺激性及腐蚀性极强。操作中应穿戴防护用品，设备应密闭。空气中最高容许浓度 0.3mg/m³。用塑料桶或内衬防腐蚀涂层的铁桶或陶瓷坛包装。防冻、防热、防潮。贮存在干燥，通风良好处。

【参考生产企业】 苏州诚和医药化学有限公司，嘉兴市金利化工有限责任公司，苏州市贝斯特精细化工集团，江苏和纯化学工业有限公司，嘉兴市金禾化工有限公司，江苏省太仓市茜泾化工有限公司，衡水恒安化工有限公司，江都市吴桥树脂厂，北京恒业中远化工有限公司。

Hb025 对氯苯磺酰氯

【英文名】 *p*-chlorobenzenesulfonyl chloride

【别名】 4-氯苯磺酰氯

【CAS 登记号】 [98-60-2]

【结构式】

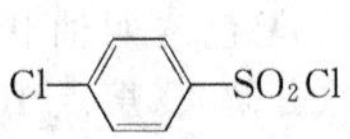

【物化性质】 白色菱状晶体。沸点(2kPa) 141℃。熔点 53℃。溶于乙醇，不溶于水。遇水分解。

【质量标准】

项 目		指 标
含量/%	≥	95
熔点/℃		52～54

【用途】 农药、工程塑料、医药的中间体，可用于制造农药杀螨剂、医药泰尔登。

【制法】 由氯苯和氯磺酸反应制得。将氯磺酸和硫酸冷却至 20℃以下，在强烈搅拌下加氯苯，于 23～25℃反应 2～3h，再升温到 60℃，维持 2h，冷却，过滤，洗涤后即得成品。

【安全性】 有毒。铁桶包装，贮存于阴凉、干燥、通风处。

【参考生产企业】 嘉兴市向阳化工厂，苏州诚和医药化学有限公司，嘉兴市金利化工有限责任公司，上海群力化工有限公司，常州金澄医药化工有限公司。

Hb026 对乙酰氨基苯磺酰氯

【英文名】 *N*-acetylsulfanilyl chloride

【别名】 4-乙酰氨基苯磺酰氯；4-(acetylamino) benzenesulfonyl chloride；*p*-acetamidobenzenesulfonyl chloride；acetanilide-*p*-sulfonyl chloride；ASC

【CAS 登记号】 [121-60-8]

【结构式】

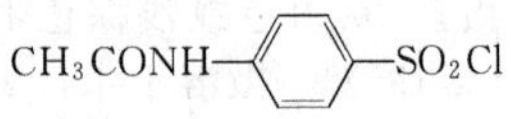

【物化性质】 浅褐色至褐色粉末或细结晶。熔点 145～148℃（分解）。易溶于乙醇、乙醚，溶于热苯、热氯仿，在水中分解。由苯析出针状晶体，由苯-氯仿析出棱柱状晶体。

【质量标准】

项 目	指 标
含量/%	30
pH 值	4

【用途】 生产磺胺药物，如氨苯磺胺、磺胺噻唑、磺胺异噁唑、磺胺甲基异噁唑、磺胺苯吡唑等的中间体，也可用作染料中间体。

【制法】 将 *N*-乙酰苯胺用氯磺酸在 20～25℃进行氯磺化制得，产物经冷却、结晶、洗涤、干燥得成品。

【安全性】 有腐蚀性，有毒。小鼠经口

LD_{50}为16500mg/kg。对皮肤和黏膜有刺激性。生产过程中应注意防护措施，防止误服。操作人员应穿戴防护用具。切勿黏沾皮肤。为有机中间体，产品易吸潮引起分解，故不宜长期贮存。一般在生产厂制出后立即用于制取其他产品。

【参考生产企业】 苏州诚和医药化学有限公司，吴江市博霖实业有限公司，衢州海顺医药化工有限公司，石家庄市中汇化工有限公司，上海宝乾精细化工有限公司。

Hb027 苄(基)硫醇

【英文名】 thiobenzyl alcohol

【别名】 α-甲苯硫酚；enzenemethanethiol；benzyl mercaptan；α-toluenethiol

【CAS登记号】 [100-53-8]

【结构式】 $C_6H_5CH_2SH$

【物化性质】 无色液体，有葱臭气。在空气中能氧化成二苄二硫。沸点194～195℃。密度(20℃)1.058g/cm³。不溶于水，易溶于乙醇、乙醚，溶于二硫化碳。

【质量标准】 无色液体。沸点194℃。

【用途】 有机合成原料。

【制法】 以S-苄基异硫脲盐酸盐与10%氢氧化钠溶液投入反应器中，用直火加热回流2h，进行水解。然后冷却，再用稀硫酸酸化，用乙醚萃取，萃取液用无水硫酸钠干燥，然后滤出干燥剂，回收乙醚，剩余物经减压蒸馏，收集98～108℃(2.6664kPa)的馏分，即得成品。

【安全性】 有强烈的刺激性，其对人体组织的刺激阈值为5×10^{-6}。生产设备应密闭，车间应有良好的通风。操作人员穿戴好防护用具。溅及皮肤、眼睛，立即用水冲洗。严密封存于玻璃瓶内，外套铁桶。贮存于阴凉、干燥、通风处，防晒、防潮，远离火种、热源。按刺激性物品规定贮运。

【参考生产企业】 浙江寿尔福化学有限公司，石家庄利达化学品有限公司，上海康晟实业有限公司，山东滕州悟通香料有限责任公司。

Hb028 苯硫酚

【英文名】 thiophenol

【别名】 巯基苯；硫酚；benzenethiol；phenylmercaptan

【CAS登记号】 [108-98-5]

【结构式】 C_6H_5SH

【物化性质】 具有强烈刺激臭味的无色透明液体。在空气中会被氧化，呈弱酸性。沸点168.3℃，46.4℃(1.33kPa)。熔点−14.80℃。相对密度(d_4^{25})1.0728。折射率(n_D^{25})1.58603。不溶于水，易溶于乙醇，与乙醚、二硫化碳互溶。

【质量标准】

项目		指标
含量/%	≥	98.0
相对密度		1.076～1.080
沸程(馏出95%)/℃		161～170
不挥发物最高含量/%		0.01

【用途】 用于合成农药克瘟散及地虫磷，也是橡胶促进剂、阻聚剂、抗氧剂及染料的中间体和原料；医药工业用于生产局部麻醉剂、氯霉素的代用品甲砜霉素，还可用于生产聚氯乙烯稳定剂、乳液聚合引发剂以及硅油动性保持剂、石油添加剂等。

【制法】 可用苯磺酸或苯磺酰氯，以锌和硫酸还原或电解还原制得，亦可以氯苯为原料，与硫化氢还原制得。

【安全性】 有毒，可燃，有腐蚀性。大鼠经口LD_{50}为46.2mg/kg。对眼睛、黏膜、呼吸道及皮肤有强烈的刺激作用，吸入后可引起喉、支气管痉挛、水肿及化学性肺炎、肺水肿而死。生产应严加密闭，提供充分的局部排风，尽可能机械化自动化。可能接触蒸汽时，应佩戴防毒面具，操作人员应穿戴防护用具。用螺纹口玻璃瓶、铁盖压口玻璃瓶、塑料瓶或金属桶(罐)，外木板箱；安瓿瓶外木板箱。贮存于阴凉、通风仓库内。远离火种、热源，防止阳光直射。保持容器密封。应与氧化剂、酸类分开存放。

【参考生产企业】 浙江寿尔福化学有限公司，盐城市虹艳化工有限公司，成都市科龙化工试剂厂。

Hb029 芪氏酸

【英文名】 amsonic acid

【别名】 氨芪磺酸；4,4′-二氨基二苯乙烯-2,2′-二磺酸；DSD 酸；2,2′-(1,2-ethenediyl) bis [5-aminobenzenesulfonic acid]；4,4′-diamino-2,2′-stilbenedisulfonic acid

【CAS 登记号】 [81-11-8]

【结构式】

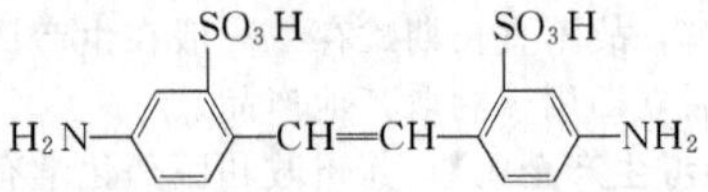

【物化性质】 黄色针状吸湿性晶体，可燃。在空气中易被氧化变红。极微溶于水，溶于乙醇和乙醚，易溶于碱溶液。

【质量标准】 HG/T 2279—2000 4,4′-二氨基二苯乙烯-2,2′-二磺酸（DSD 酸）

项 目		潮品		干品	
		一等品	合格品	一等品	合格品
外观		淡黄色膏状物		淡黄色粉末	
总氨基值(按自然商品剂型总重氮值计)/%	≥	50.0	47.0	96.0	95.0
干品总氨基值(按烘干样品总重氮值计)/%	≥	95.0	94.0	—	—
4,4′-二氨基联苄-2,2′-二磺酸(简称苄基物)含量(以 100% DSD 酸计)/%	≤	0.50	0.50	0.25	0.50
水分/%	≤	—	—	1.5	2.0
碱不溶物(以 100% DSD 酸计)/%	≤	0.10	0.10	0.05	0.10
色度[ΣOD＝OD(440nm)＋OD(460nm)＋OD(500nm)]	≤	0.20	0.25	0.10	0.20
灰分/%	≤	—	—	2.0	3.0

【用途】 主要用于制造荧光增白剂、直接冻黄 G、直接黄 R、耐晒橙 F3G 和防蛀虫剂等。

【制法】 由对硝基甲苯经发烟硫酸磺化得对硝基邻磺基甲苯，后者以稀释法分离后，在碱性条件下，用硫酸亚铁作催化剂，在 60～70℃进行空气氧化缩合反应，得 4,4′-二硝基二苯乙烯-2,2′-二磺酸，用硫酸酸析，过滤，再用铁粉及盐酸还原，经精制制得成品。

【安全性】 有毒，对皮肤有刺激性。应避免误服，避免与人体直接接触。操作人员应穿戴好劳动保护用具。采用木桶或铁桶内衬塑料袋包装。每桶 50kg。贮存在阴凉、通风的仓库内，密封保存。贮存期半年。按有毒化学品规定贮运。

【参考生产企业】 中国化工建设青岛公司，河北省东光县宏浩染料化工有限公司，四川北方红光化工有限公司，偃师太学染化有限公司，河北省衡水东港化工有限公司，石家庄市中汇化工有限公司，江苏淮河化工有限公司，浙江省金华市染料化工有限公司，河北华戈染料化学股份有限公司，山东精细化工集团公司，河南省安阳荧迪化工有限责任公司。

Hb030 苯基硫脲

【英文名】 phenylthiourea

【别名】 苯基硫代碳酰胺；phenylthiocarbamide

【CAS 登记号】 [103-85-5]

【结构式】

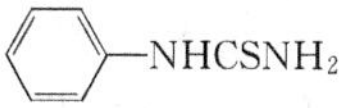

【物化性质】 白色针状结晶，微具苦味。熔点 154℃。相对密度 d_4^{19} 1.3。能溶于 400 份冷水、17 份热水，易溶于乙醇。

【用途】 用于生产 2-氨基苯并噻唑、3-氨基苯并噻唑脲等染料中间体，也可用作分析试剂。

【制法】 (1) 硫氰化钠法。由苯胺先与硫酸成盐，再与硫氰化钠进行加成反应。

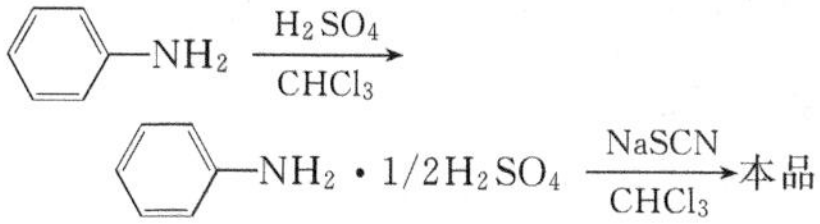

(2) 二苯基硫脲法。由苯胺与二硫化碳作用制二苯基硫脲，再经酸化、氨化而得。

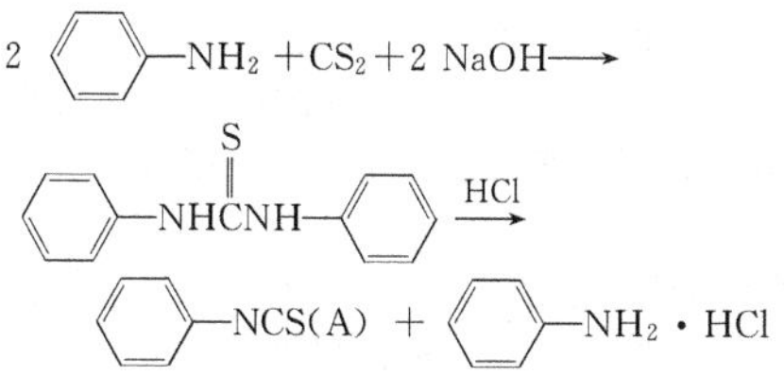

$A+NH_4OH \longrightarrow$ 本品 $+H_2O$

【安全性】 大鼠经口 LD_{50} 为 3mg/kg；兔经口 LD_{50} 为 40mg/kg。食入、吸入、进入眼睛及皮肤接触吸收都会造成危害。应穿戴合适的防护衣物以避免皮肤及眼睛接触。该品燃烧产生有刺激性、腐蚀性及有毒的气体。

贮存于凉爽、通风处，存于密闭容器内。运输须贴“毒品”标签，航空、铁路限量运输。

【参考生产企业】 台州市黄岩协和化工有限公司，北京恒业中远化工有限公司。

Hb031 *N*,*N*-二苯基硫脲

【英文名】 *sym*-diphenylthiourea

【别名】 均二苯硫脲；*N*,*N'*-diphenylthiourea；thiocarbanilide；sulfocarbanilidephenylthiourea

【CAS 登记号】 [102-08-9]

【结构式】

【物化性质】 白色有光泽的片状结晶，味苦。熔点 154～155℃。相对密度 d_4^{19} 1.32。不溶于水和二硫化碳，溶于四氢呋喃、环己酮、丙酮、醇、乙醚，微溶于聚氯乙烯用的各种增塑剂。易燃，摩擦时发光。

【质量标准】

项　目	ETU			DETU		DPTU
	优级品	一级品	合格品	一级品	合格品	一级品
外观	白色粉末			白色粉末		白色粉末
初熔点/℃　≥	195	193	192	74	72	148
加热减量/%　≤	0.3	0.3	0.5	0.3	0.4	0.3
灰分/%　≤	0.3	0.3	0.5	0.3	0.4	0.3
筛余物/%　≤	240 目,0.5	100 目,0.1		200 目,0.5	150 目,0.1	240 目,0.5

【用途】 可用于有机合成，用于制二异硫代氰酸苯酯。

【制法】 由苯胺与二硫化碳缩合而得。

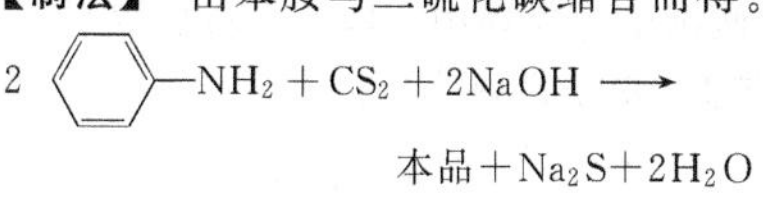

【安全性】 有毒。兔经口 MLD 1.5 g/kg。吞咽、吸入或皮肤接触吸收会造成严重伤害甚至死亡。皮肤或眼睛接触其熔融物会导致严重烧伤。应穿戴合适的防护衣物。

【参考生产企业】 济南锐铂化工有限公司，宜兴市瑞风橡塑助剂有限公司，濮阳

蔚林化工股份有限公司，青岛联昊化工有限公司。

Hb032 苯基甲硫醚

【英文名】 thioanisole

【别名】 苯硫基甲烷；茴香硫醚

【CAS登记号】 [100-68-5]

【结构式】

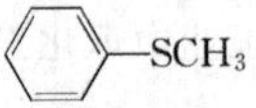

【物化性质】 无色液体。沸点 187～188℃。相对密度 1.0533。折射率 1.5842。闪点 75℃。不溶于水，可溶于一般有机溶剂。

【质量标准】 含量＞99%；水分＜0.3%。

【用途】 在医药方面用作合成抗生素、抗溃疡药物的原料；在农药方面用作合成杀虫剂、杀菌剂、除草剂的原料。还用作维生素 A 的稳定剂、芳香胺的抗氧剂、润滑油添加剂、香料合成的原料等。

【制法】 (1) 苯硫酚法。由苯硫酚和二甲硫醚反应制得。

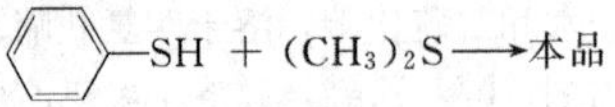

(2) 苯胺法。重氮盐（重氮盐由苯胺重氮化制得）与甲硫醇钠反应制得。

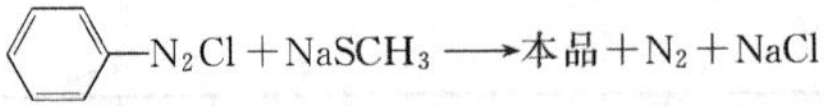

【参考生产企业】 常州泰戈化工有限公司，浙江寿尔福化学有限公司，杭州新龙化工有限公司，淄博万昌集团。

Hb033 二苯硫醚

【英文名】 phenyl sulfide

【别名】 苯硫醚；1,1′-thiobis[benzene]；diphenylsulfide

【CAS登记号】 [139-66-2]

【结构式】

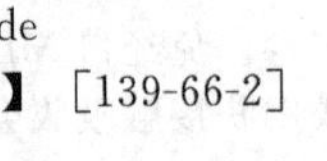

【物化性质】 无色液体，几乎无气味。沸点 296℃，189℃（6.66kPa）。熔点约 −40℃。相对密度（d_{15}^{15}）1.118。折射率（n_D^{18}）1.6350。易溶于醚、二硫化碳、苯，能溶于热醇，不溶于水。

【用途】 由可合成 2,4-二氯苯酚，用于合成除草醚、2,4-滴、EPBP、毒克散、格螨酯等；医药方面用于合成硫双二氯酚等。

【制法】 (1) 氯苯法。以氯苯为起始原料，有与硫反应的方法和与硫化氢反应的方法。

硫法：2 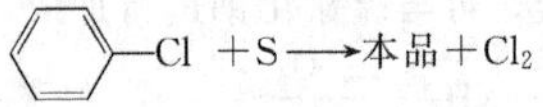

硫化氢法：

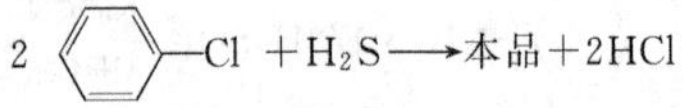

(2) 二苯基二硫醚法。将一定量的二苯基二硫醚和碘苯溶于醋酸乙酯中，用低压水银灯照射，产品收率 12%。

【安全性】 有毒。大鼠经口 LD$_{50}$ 为 0.49mL/kg。食入、吸入或皮肤接触吸收会造成严重伤害甚至死亡。应穿戴合适的防护衣物。

【参考生产企业】 浙江寿尔福化学有限公司，淄博市临淄大荣精细化工公司。

Hb034 2-萘磺酸

【英文名】 2-naphthalenesulfonic acid

【别名】 *β*-naphthalenesulfonic acid

【CAS登记号】 [120-18-3]

【结构式】

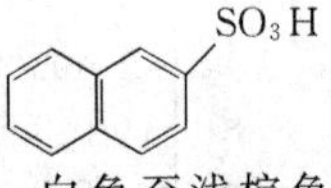

【物化性质】 白色至浅棕色结晶或片状物。熔点 124～125℃，其无水结晶物熔点为 91℃，三水结晶物熔点为 83℃。易潮解。易溶于水、乙醇及乙醚。

【用途】 用于制 2-萘酚、2-萘酚磺酸、2-萘胺磺酸等染料中间体、染料扩散剂。

【制法】 由萘经磺化而得。

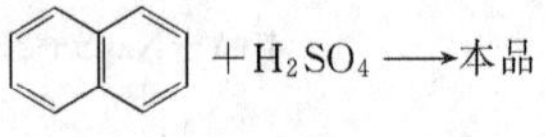

【安全性】 有毒。大鼠经口 LD_{50} 为 440mg/kg。皮肤沾染用水冲洗，并用肥皂彻底洗涤。棕色玻璃瓶外纤维板或钙塑箱内衬垫料。贮存在于阴凉、通风的仓库内。远离热源、火种。与氧化剂隔离贮运。

【参考生产企业】 南通柏盛化工有限公司，南通柏鸣化工实业有限公司，上海玛耀化学技术有限公司。

Hb035 1-萘酚-5-磺酸

【英文名】 1-naphthol-5-sulfonic acid

【别名】 1-羟基-5-萘磺酸；L 酸；1-hydroxy-5-naphthalenesulfonic acid；L acid

【CAS 登记号】 [117-59-9]

【结构式】

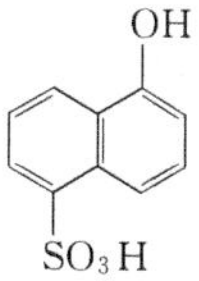

【物化性质】 通常工业品为灰白色膏状物。熔点 110～112℃。在空气中由于氧化而色泽变深，易溶于水，不溶于乙醇、乙醚等有机溶剂。

【质量标准】 GB/T 23666—2009 1-萘酚-5-磺酸(L 酸)

项 目		干品	潮品
外观		灰白色粉末	
1-萘酚-5-磺酸(偶和值)/%	≥	80.00	60.00
1-萘酚-5-磺酸纯度(HPLC)/%	≥	99.00	98.50
水不溶物/%	≤	0.10	

【用途】 用于合成酸性媒介藏青等染料，还用于合成激光印刷用的感光剂 2,1-重氮萘醌-5-磺酰氯（简称 215），是生产“215”的基础原料。

【制法】 以劳伦酸（1-萘胺-5-磺酸）为原料，与亚硫酸氢钠进行加成，再经氢氧化钠水解、硫酸中和制得。

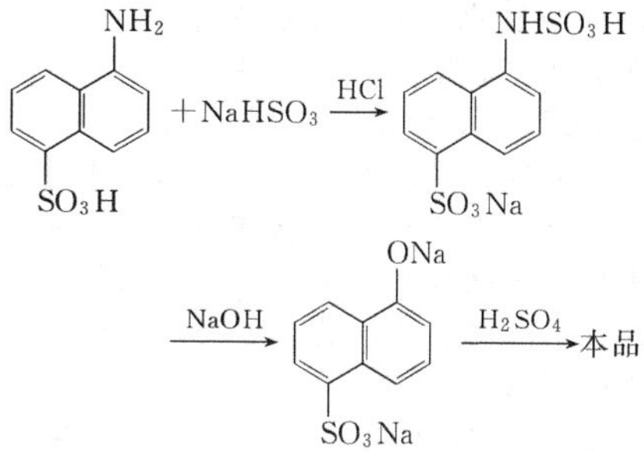

【安全性】 微毒。小鼠经口 LD_{50} 为 10 g/kg，腹腔注射 LD_{50} 为 2.5g/kg。用 50kg 内衬塑料袋，并用铁桶包装。

【参考生产企业】 吴江市汇丰化工厂，上海汇龙化工厂，上海立诚化工有限公司，天津市正汇染料化工有限公司，吴江市汇丰染料有限公司，杭州可菲克化学有限公司。

Hb036 吐氏酸

【英文名】 2-naphthylamine-1-sulfonic acid

【别名】 托拜厄斯酸；2-萘胺-1-磺酸；2-氨基-1-萘磺酸；2-amino-1-naphthalenesulfonic acid

【CAS 登记号】 [81-16-3]

【结构式】

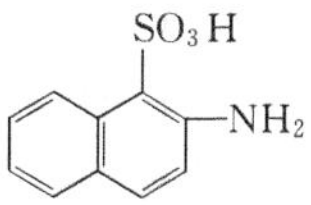

【物化性质】 白色针状结晶。微溶于冷水，溶于热水，极微溶于乙醇和乙醚。

【质量标准】 HG/T 2548—2006 2-氨基-1-萘磺酸（吐氏酸）

项 目		优等品	一等品	合格品
外观		白色至浅红色粉末		
总氨基值(以吐氏酸干品计)/%	≥	98.5	98.5	97.5
2-萘酸/%	≤	0.01	0.10	0.25
水分/%	≤	1.0	1.0	2.0

【用途】 偶氮染料及偶氮颜料中间体，用以制造 J 酸及 γ 酸、色酚 AS-SW、活性

红 K-1613 等染料，以及有机紫红、立索尔紫红和立索尔大红等颜料。

【制法】 2-萘酚在邻硝基乙苯溶剂中，以氯磺酸磺化生成 2-萘酚-1-磺酸，用纯碱中和分离得 2-萘酚-1-磺酸钠，以液氨在亚硫酸氢铵存在下氨解，得 2-萘胺-1-磺酸钠，再用盐酸酸化、过滤，制得 2-萘胺-1-磺酸。

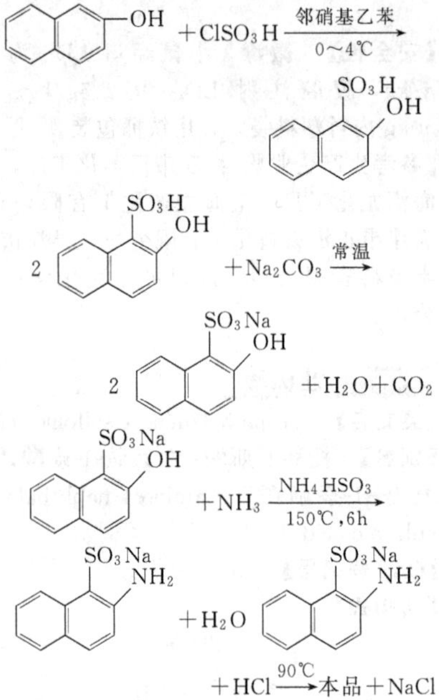

【安全性】 易氧化、有毒 LD_{50} 为 1.9 g/kg，滴入家兔眼内 500mg 24h 以后有一定刺激作用。操作人员应穿戴防护用具。采用内衬塑料袋外套麻袋，或聚丙烯编织袋或木箱包装。每袋净重 50kg。贮存于阴凉、干燥和通风处。贮运时，要注意防晒、防潮、防火。按有毒化学品规定贮运。

【参考生产企业】 衡水海江化工有限公司，中国石化集团南京化学工业有限公司化工厂，天津市大港宏利染料化工厂，杭州可菲克化学有限公司，湖北楚源高新科技股份有限公司，天津港鑫工业集团有限公司，济宁市中助化工厂。

Hb037 克列夫酸

【英文名】 Cleve's acids

【别名】 1,6-及 1,7-混合氨基萘磺酸；1-naphthylamine-6(and 7-)sulfonic acid

【CAS 登记号】 [119-79-9]

【结构式】

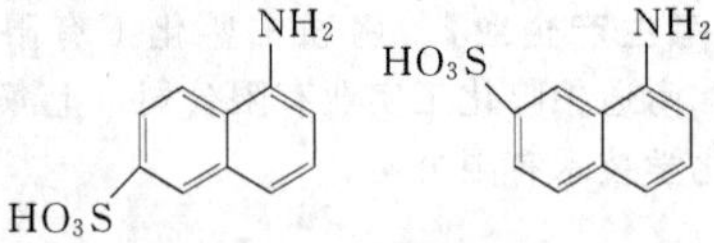

【物化性质】 无色针状结晶。微溶于水。1,6-氨基萘磺酸的熔点大于 330℃。

【质量标准】

项　目	1,6-克列夫酸	1,7-克列夫酸
外观	灰色湿料	灰色湿料
干品中总重氮值/%　≥	95	95
干品中异构物(1,7-或 1,6-酸)含量/%　≤	8	5.5
干品在氨水中不溶物含量/%　≤	0.8	0.8

【用途】 主要用于制造直接耐晒蓝 B2R、RGL、BGL、直接耐晒灰 LBN、直接耐晒棕 RTL 和直接黑 FF 等染料。还用来制造偶氮染料硫化蓝 CV，以及加工成中性染料中间体等。

【制法】 精萘在一定温度下经磺化得 2-萘磺酸，经硝化而成 1-硝基-6(7)-萘磺酸，再经还原得成品。可利用 1,6-及 1,7-氨基萘磺酸镁盐在一定温度下溶解度的差异加以分离。

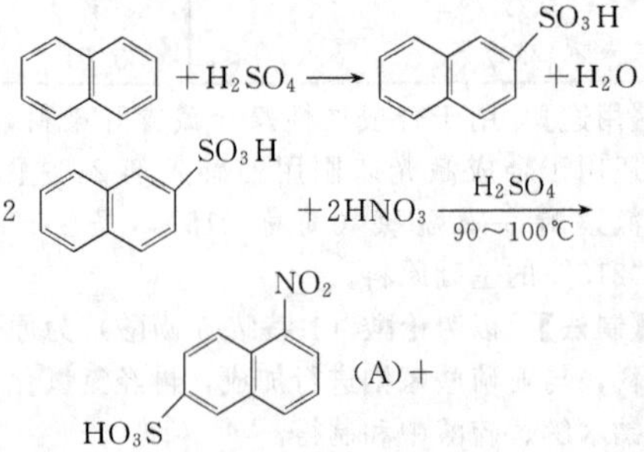

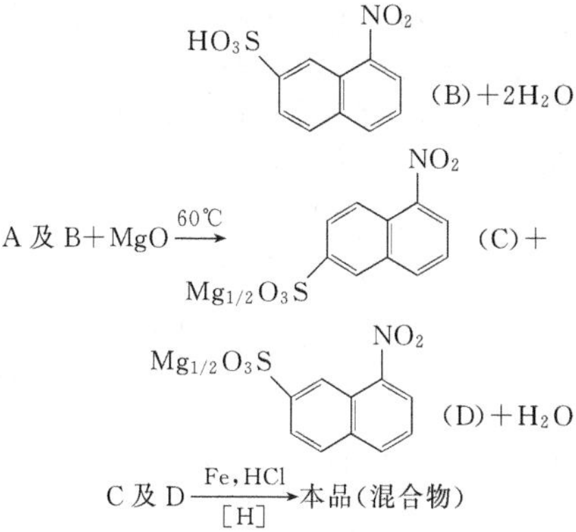

【安全性】 有毒，大鼠经口 LD_{50} 为 14mg/kg。生产设备应密闭，操作人员应穿戴防护用具。采用木桶或铁桶内衬塑料袋包装。每桶 50kg。贮存于阴凉、干燥、通风处，避免日晒，防止受潮、受热。按有毒物品规定贮运。

【参考生产企业】 上海市南翔化工厂，南通大伦化工有限公司，山东陵县信达染化（集团）有限公司，杭州可菲克化学有限公司，天津市现代化工有限公司，德州信达化工有限公司。

Hb038 1-萘胺-4-磺酸钠

【英文名】 sodium 1-naphthylamine-4-sulphonate

【别名】 4-氨基-1-萘磺酸钠；sodium-4-amino-1-naphthalenesulfonate

【CAS 登记号】 [130-13-2]

【结构式】

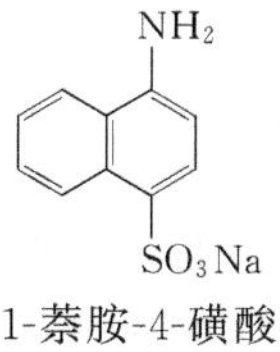

【物化性质】 1-萘胺-4-磺酸为白色结晶或粉末，在 100℃时失去水分。无水物在 280～300℃不经熔融而炭化。在空气中变为玫瑰色。其钠盐含有两分子结晶水或四分子结晶水。含四分子结晶水的钠盐则为白色或灰白。片状结晶，略带甜味。受热时分解。相对密度（d_4^{25}）1.6703。易溶于水，水溶液带蓝色荧光，溶于 95% 乙醇，不溶于乙醚，少量溶于浓的苛性碱水溶液和乙醇溶液。1% 水溶液的 pH 值为 6.8。

【质量标准】 HG/T 3387—1999 1-萘胺-4-磺酸钠

项目		优等品	一等品
外观		灰白色结晶	灰白色结晶
总氨基值/%	≥	75.0	74.0
1-萘胺含量/%	≤	0.02	0.02
水不溶物/%	≤	0.1	0.2

【用途】 偶氮染料中间体，用于生产尼文酸、直接和酸性红染料，亦可作为亚硝酸盐和碘中毒的解药。

【制法】 由 1-萘胺与硫酸在三氯苯中于 180～190℃反应生成 1-萘胺硫酸盐，继续在 224℃左右保温，使其转位成 1-萘胺-4-磺酸，然后用碳酸钠中和成钠盐溶液，用三氯苯作溶剂，将产品中未反应的原料 1-萘胺萃取出来。反应产物经浓缩、过滤、结晶而制得成品。

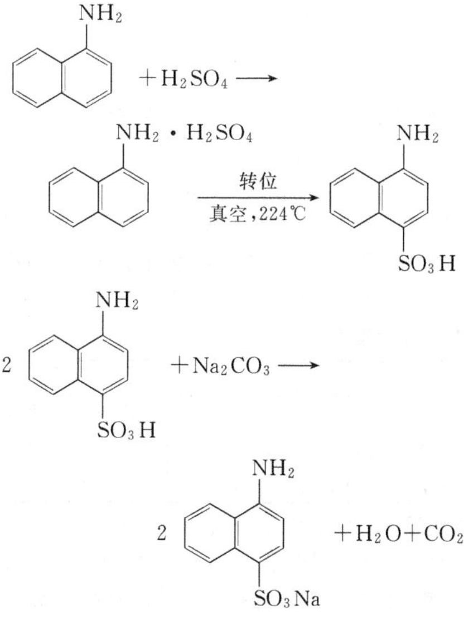

【安全性】 有毒，吸入、吞咽或经皮肤吸收都可引起中毒。生产过程中应注意采取防护措施，生产现场应保持良好的通风，操作人员应穿戴防护用具。采用麻袋内衬塑料袋或双层塑料袋包装。每袋50kg。贮存于阴凉、通风、干燥处。搬运时应防止碰破。运输时防止日晒和受潮，远离火源。按有毒化学品规定贮运。

【参考生产企业】 常州市常宇化工有限公司，江苏华达化工集团有限公司，偃师太学染化有限公司，广德县永成化工有限公司，广德县天成化工有限公司，杭州可菲克化学有限公司，常州市春港化工有限公司。

Hb039 1-氨基-2-萘酚-4-磺酸

【英文名】 1-amino-2-naphthol-4-sulfonic acid

【别名】 1,2,4-酸；1,2,4-acid；4-amino-3-hydroxy-1-naphthalenesulfonic acid；

【CAS登记号】 [116-63-2]

【结构式】

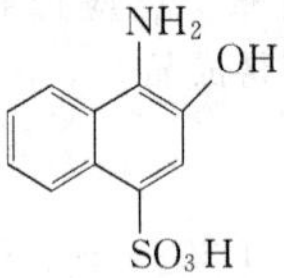

【物化性质】 白色或灰色针状结晶。通常含半分子结晶水，在空气中变成玫瑰红色，特别是在潮湿的时候更甚。不溶于冷水、乙醇、乙醚、苯，溶于热水、热亚硫酸氢钠和碱溶液，但是这些溶液如露置空气中，即很快地氧化成一种棕色的物质。

【质量标准】

项 目	指 标
外观	浅紫灰色膏状物
含量(以氨基计)/% ≥	40
含酸量(以 H_2SO_4 计)/% ≤	5

【用途】 酸性媒介染料及酸性络合染料中间体。用于制造酸性络合桃红B、酸性媒介黑R及酸性络合盐GGN、酸性媒介枣红BN等染料，也用于比色法测定磷酸盐及硅时作磷钼酸的还原剂。

【制法】 以2-萘酚为原料，经碱熔、亚硝化、加成、磺化而制得。

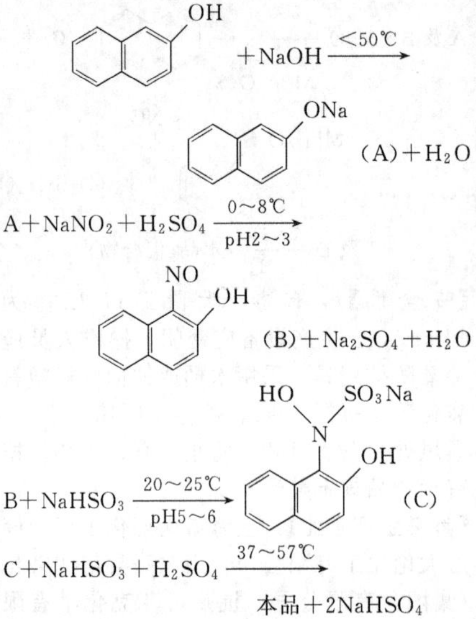

【安全性】 有毒。详细毒性未见报道。生产现场应保持良好的通风，操作人员应穿戴好保护用具。用衬塑料袋的木桶包装，每桶净重40kg。贮存于避光、干燥的库房内，防热、防潮。按有毒化学品规定贮运。

【参考生产企业】 天津三环化学有限公司，上虞市三丰化工有限公司，河北省武强县启龙化工有限公司，丹东锦龙染料化工有限责任公司。

Hb040 γ酸

【英文名】 γ-acid

【别名】 2-氨基-8-萘酚-6-磺酸；7-氨基-1-萘酚-3-磺酸；gamma acid；2-amin-8-naphthol-6-sulfonic acid；7-amino-1-naphthol-3-sulfonic acid

【CAS登记号】 [90-51-7]

【结构式】

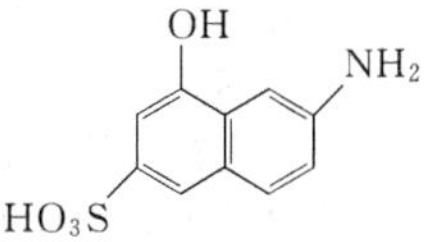

【物化性质】 纯品为白色针状结晶或结晶粉末。其碱性溶液有蓝色荧光，在空气中能氧化。其酸性溶液遇三氯化铁呈红棕色，遇漂白粉呈暗红色。溶于乙醇和乙醚，难溶于水。

【质量标准】 HG/T 3408—2007 2-氨基-8-萘酚-6-磺酸（γ 酸）

项目	干品		潮品
	优等品	一等品	
外观	浅灰色粉末或颗粒		浅灰色膏状物
2-氨基-8-萘酚-6-磺酸含量(偶合值)/% ≥	95.0	90.0	55.0
2-萘胺-6,8-二磺酸(氨基G酸)/% ≤	0.10	0.30	0.20
2-萘胺-6-磺酸(布吡酸)/% ≤	1.00	1.00	0.08
4-6-二羟基-2-萘磺酸(DOG酸)/% ≤	0.30	0.50	0.30
水分含量/% ≤	3.0	5.0	—
灰分含量/% ≤	3.0		—

【用途】 制造活性染料和直接染料的中间体，如用于制造直接重氮黑 BH、直接深棕 M、直接枣红 GB、直接红 F、直接灰 D、直接紫 N 和直接耐晒灰 B 等。还可用作指示剂。

【制法】 将 2-萘酚-6,8-二磺酸双钾盐（G盐）用氢氧化钠进行碱熔，得 2,8-二羟基-6-萘磺酸钠盐。经酸化、氨化，得 γ 酸铵盐后，用硫酸酸析，即得成品。

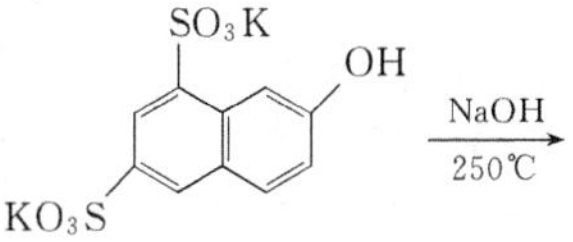

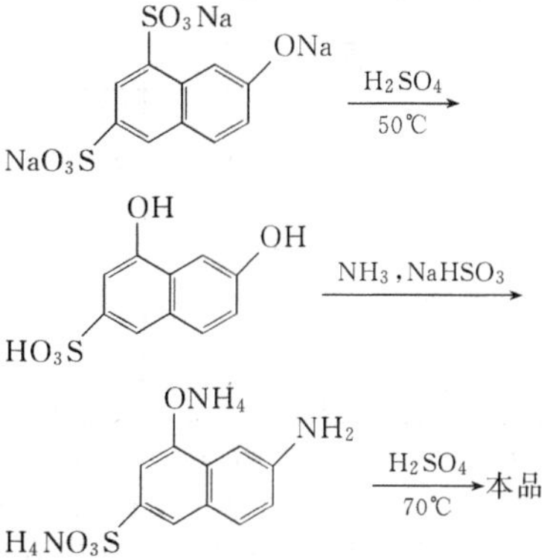

【安全性】 基本无毒。采用铁桶内衬塑料袋包装，每袋净重 50kg。应贮存在干燥通风的仓库内，防止受热，避免日晒。

【参考生产企业】 南通建民化工有限公司，上海汇龙化工厂，上虞亿得化工有限公司，杭州可菲克化学有限公司，南通兴盛化工有限公司，天津市现代化工有限公司，江苏雄鹰实业股份有限公司。

Hb041 J 酸

【英文名】 J-acid

【别名】 2-氨基-5-萘酚-7-磺酸；6-氨基-1-萘酚-3-磺酸；2-amino-5-naphthol-7-sulfonic acid；6-amino-1-naphthol-3-sulfonic acid

【CAS 登记号】 [87-02-5]

【结构式】

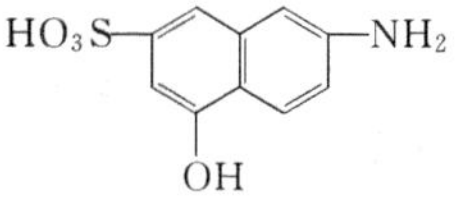

【物化性质】 浅灰色粉末或颗粒，纯品为白色针状结晶。溶于热水，难溶于冷水，几乎不溶于乙醇。溶于纯碱和烧碱等碱性溶液中，与氯化铁作用呈棕红色，进一步加热，生成棕黑色沉淀。

【质量标准】 HG/T 2075—2006 J 酸（2-氨基-5-萘酚-7-磺酸）

项　目	干　品		潮品
	优等品	一等品	
外观	浅灰色至浅棕色粉末		浅灰色至浅棕色膏状
J酸含量/% ≥	92.00	90.00	40.00
γ酸含量/% ≤	1.50		2.00
双J酸含量/% ≤	0.20		0.50
水分含量/% ≤	1.00		—
碱不溶物/% ≤	0.20	0.50	0.20

【用途】 重要的染料中间体，用以制造偶氮染料，如直接青莲R、直接耐晒灰2BL、直接耐酸紫、直接桃红、直接铜盐藏青、耐晒蓝B2R、活性大红、活性艳橙、活性草绿和活性红棕等染料，并可用于制造双J酸、猩红酸及苯基J酸等。

【制法】 将吐氏酸（2-氨基-1-萘磺酸）用发烟硫酸磺化，经水解、吸滤、洗涤、碱熔、酸化及吸滤洗涤，制得成品。

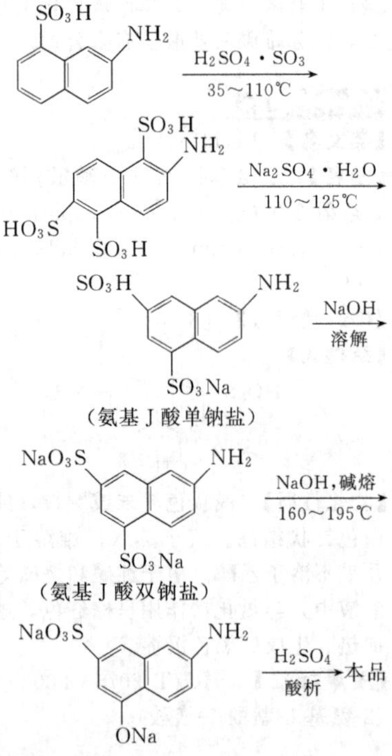

【安全性】 基本无毒，大鼠经口 LD_{50} 为11500mg/kg。J酸装于内衬塑料袋之木箱或铁桶中，每箱（桶）净重60（40）kg，袋口应双道扎口。应在清洁、有顶棚的车辆中运输。装卸时必须做到轻上轻下。贮存在干燥、清洁的房屋内，防止曝晒、雨淋。放置时箱（桶）口向上，以免产品外泄。

【参考生产企业】 杭州可菲克化学有限公司，中国石化集团南京化学工业有限公司化工厂，天津市大港宏利染料化工厂，湖北楚源高新科技股份有限公司，杭州力禾颜料有限公司，天津港鑫工业集团有限公司，上海江东化工有限公司。

Hb042 6-硝基-1,2-重氮氧基萘-4-磺酸

【英文名】 6-nitro-1,2-diazoxynaphthalene-4-sulfonic acid

【别名】 (6-)硝基(1,2,4-酸)重氮氧化物；1,2,4-氧体

【CAS登记号】 [63589-25-3]

【结构式】

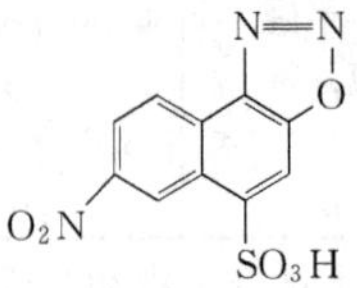

【物化性质】 黄色结晶。加热到203℃时开始分解，燃烧时有急剧分解现象。极易溶于水，其饱和水溶液可在热水中重结晶，加盐酸或硫酸也能析出结晶。

【质量标准】 HG/T 3752—2004 6-硝基-1,2-重氮氧基萘-4-磺酸

项　目	一等品	合格品
外观	浅黄色至棕色晶体	
6-硝基-1,2-重氮氧基萘-4-磺酸含量(HPLC)/% ≥	75.0	70.0
8-硝基-1,2-重氮氧基萘-4-磺酸含量(HPLC)/% ≤	2.0	4.0
1,2-重氮氧基萘-4-磺酸含量(HPLC)/% ≤	0.2	1.0

续表

项目	一等品	合格品
游离酸含量(以硫酸计)/% ≤	5.0	6.5
水不溶物含量/% ≤	0.1	0.2

注：外观在贮运时颜色允许变深。

【用途】 染料中间体，用于制取酸性媒介黑染料，如酸性媒介黑 T、酸性媒介黑 A 等。

【制法】 将 1,2,4-酸重氮氧化物溶解在发烟硫酸中，在低温下滴加混酸进行硝化，再加到冰盐水中使其析出，经过滤即得成品。

【安全性】 有毒，大量口服能引起和硝基苯同样的中毒作用。其毒性及防护方法参见硝基苯。为中间体，一般不作商品出售。可采用木桶内衬塑料袋包装。贮存于阴凉、通风、干燥处。防热、防晒、防潮。按有毒化学品规定贮运。

【参考生产企业】 天津三环化学有限公司，上虞市三丰化工有限公司，杭州下沙恒升化工有限公司。

Hb043 双 J 酸

【英文名】 bis-J-acid

【别名】 5,5′-二羟基-7,7′-二磺基-2,2′-二萘胺；5,5′-dihydroxy-7,7′-disulfo-2,2′-dinaphthylamine

【CAS 登记号】 [87-03-6]

【结构式】

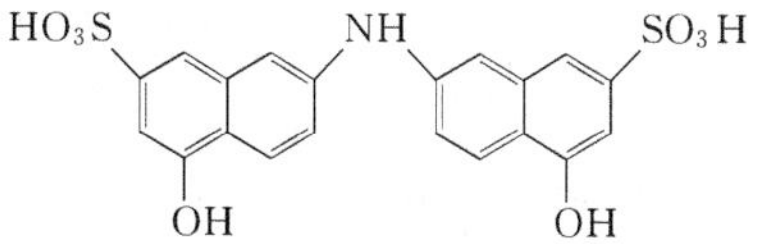

【物化性质】 灰黄色膏状物。

【质量标准】 灰黄色膏状物。含量≥40%。在碱性介质中与氨基乙酰苯胺重氮盐偶合，合成直接紫染料的色光与标准色近似或微紫。

【用途】 染料中间体，可用于生产直接桃红、直接耐酸枣红和偶氮染料等。

【制法】 由 2-氨基-5-萘酚-7-磺酸（即 J 酸）在亚硫酸氢钠存在下，于 103～105℃沸腾缩合 36h 而得。

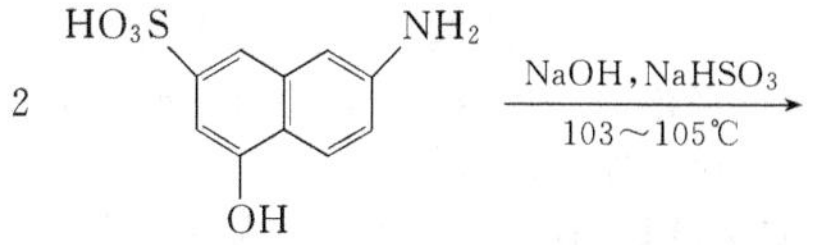

本品＋NH_3

【安全性】 有毒。采用内衬塑料袋的木箱或铁桶包装。每箱（桶）重 40kg 或 50kg。贮存于阴凉、通风、干燥处。防热、防潮。按有毒物品规定贮运。

【参考生产企业】 天津市现代化工有限公司，德州信达化工有限公司，太仓市华联化工实业有限公司。

Hb044 2-萘胺-4,8-二磺酸

【英文名】 2-naphthylamine-4,8-disulfonic acid

【别名】 氨基 C 酸；3-氨基萘-1,5-二磺酸

【CAS 登记号】 [131-27-1]

【结构式】

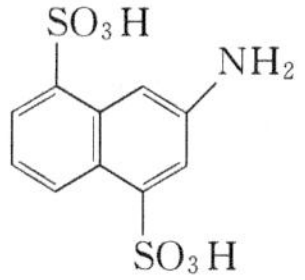

【物化性质】 白色结晶。微溶于水。

【质量标准】 GB/T 24415—2009 2-萘胺-4,8-二磺酸（氨基 C 酸）

项目	干品		潮品
	一等品	合格品	
外观	灰色(或略带红色)粉末		浅绛红色膏状物
2-萘胺-4,8-二磺酸(氨基值)/% ≥	80.00	70.00	40.00
2-萘胺-4,8-二磺酸纯度(HPLC)/% ≥	98.00	97.00	—
水不溶物/% ≤	0.20	0.40	—

【用途】 染料中间体。用于合成活性染料

和直接染料，如活性黄、活性金黄、活性棕和直接耐晒蓝 B2RL 等。

【制法】 萘经磺化、硝化，再用镁盐分离异构体制得 2-硝基-4,8-萘二磺酸镁盐，加氢氧化钠使成钠盐，然后在盐酸介质中用铁粉还原，即得成品。

【安全性】 有毒。吸入、吞咽或经皮肤吸收均能引起中毒。能刺激呼吸道、黏膜、咽喉，引起胸闷、咳嗽、头晕、恶心等症状。生产现场应保持良好通风，操作人员应穿戴防护用具。采用内衬塑料袋的铁桶包装。每桶 50kg 或 200kg。贮存于阴凉、干燥、通风处，避免日晒，防止受热、受潮。按有毒化学品规定贮运。

【参考生产企业】 盐城市虹艳化工有限公司，南通大伦化工有限公司，南通兴盛化工有限公司，杭州可菲克化学有限公司，天津市津南区振华化工厂。

Hb045 H 酸单钠盐

【英文名】 H-acid monosodium salt

【别名】 1-氨基-8-萘酚-3,6-二磺酸单钠盐；8-氨基-1-萘酚-3,6-二磺酸单钠盐；1-amino-8-naphthol-3,6-disulfonic acid monosodium salt；8-amino-1-naphthol-3，6-disulfonic acid monosodium salt

【CAS 登记号】 [5460-09-3]

【结构式】

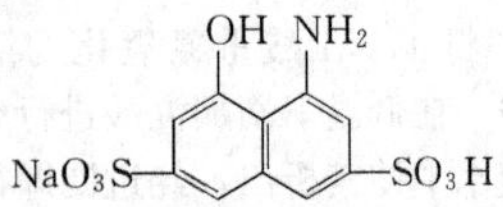

【物化性质】 灰色结晶粉末。溶于水、乙醇、乙醚及纯碱和烧碱等碱性溶液，其碱性溶液呈深绿色，遇三氯化铁呈棕红色。

【质量标准】 GB/T 1648—2007 1-萘胺-8-羟基-3,6-二磺酸单钠盐（H 酸单钠盐）

项目		膏状	粉状
外观		灰白色至米棕色或灰棕色膏状物，贮存时外观颜色允许加深	灰白色至米棕色或灰棕色粉状物
H 酸单钠盐(总氨基值)/%		42.0±2.0	≥85.0
碱不溶物(以 100%计)/%	≤	0.2	0.2
变色酸双钠盐(HPLC)/%	≤	1.0	1.0
T-酸双钠盐(HPLC)/%	≤	0.5	0.5
ω-酸(HPLC)/%	≤	0.3	0.2
水分/%	≤	—	5.0

【用途】 染料工业的重要中间体之一，用于生产其他染料中间体，如变色酸、乙酰 H 酸和苯甲酰 H 酸等。此外，亦可用于制药。

【制法】 由萘用发烟硫酸进行磺化得 1,3,6-萘三磺酸，然后用混酸硝化得 1-硝基-3,6,8-萘三磺酸，再用氢氧化铵中和、铁粉还原得 1-氨基-3,6,8-萘三磺酸三铵盐，压滤后加硫酸酸析，Na_2CO_3 溶解、过滤、碱熔、酸析制得。

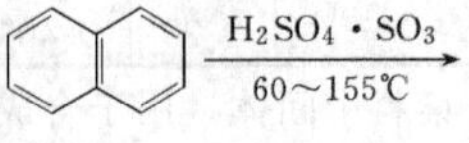

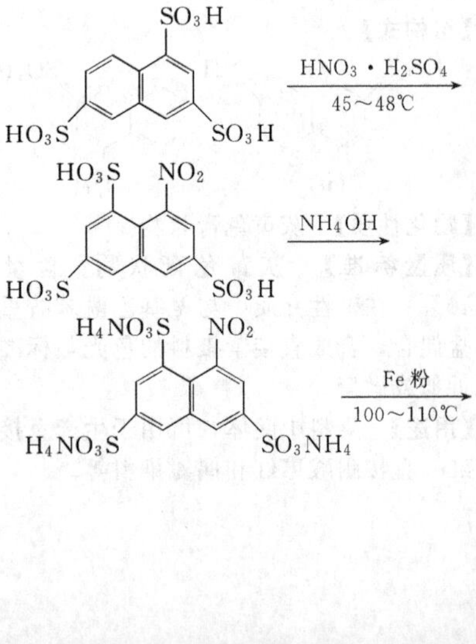

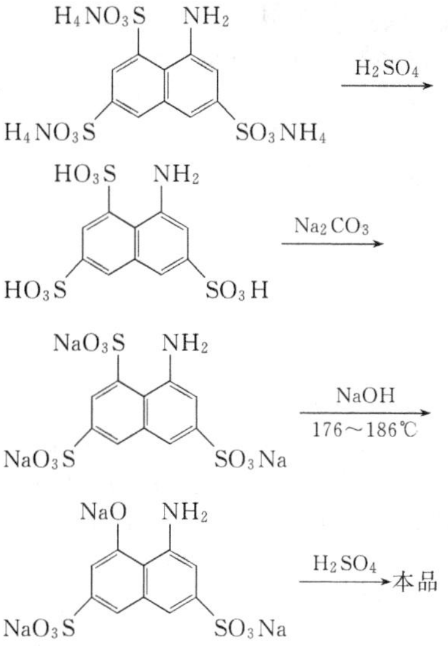

【安全性】 有毒，长期吸入会刺激黏膜，引起胸闷气促、咳嗽、头昏、乏力、口舌麻木、虚脱、指甲及面色发青等症状。操作人员应戴好劳动保护用具，生产过程中应注意劳动保护，加强通风并勤洗衣服。采用木桶内衬塑料袋包装，每桶净重50kg。贮存于阴凉、通风、干燥处。注意防潮。按有毒化学品规定贮运。

【参考生产企业】 上海昊化化工有限责任公司，河北汇昌工贸有限公司染化分公司，保定辉强化工有限公司，河北邢台万福染料化工有限公司，天津市越过化工有限责任公司，邢台市华普化工有限公司，南通兴盛化工有限公司，吉林化学工业股份有限公司染料厂。

Hb046 亚甲基二萘磺酸钠

【英文名】 2,2′-dinaphthylmethane-6,6′-disulfonic acid sodium salt

【别名】 2,2′-二萘基甲烷-6,6′-二磺酸钠；扩散剂 NNO；dispersing agent NNO

【CAS 登记号】 [26545-58-4]

【结构式】

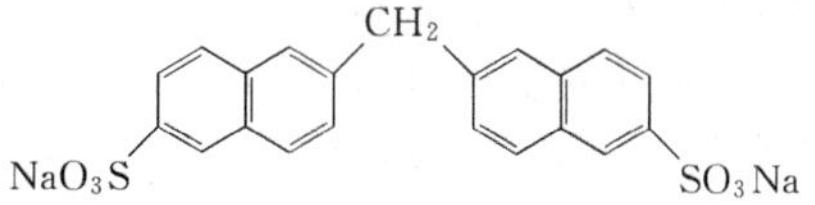

【物化性质】 米黄色或米棕色粉末。有良好的扩散性能，耐酸、耐碱、耐硬水。相对密度（d_4^{20}）1.165～1.167。

【质量标准】

项　目		指标
外观		米棕色粉末
扩散力/min	≥	120
硫酸钠含量/%	≤	3
pH 值		7～9
细度(通过 60 目筛的残余物含量)/%	≤	5

【用途】 主要用作橡胶工业乳胶的稳定剂，也用作分散染料、活性染料、还原染料的扩散剂和匀染剂，还可用作水泥、混凝土的减水剂和增强剂，以及航空喷雾农药的分散剂。在皮革工业中用作鞣皮剂。

【制法】 精萘经硫酸磺化后，再与甲醛缩合，用 42% NaOH 中和成钠盐，过滤后包装。

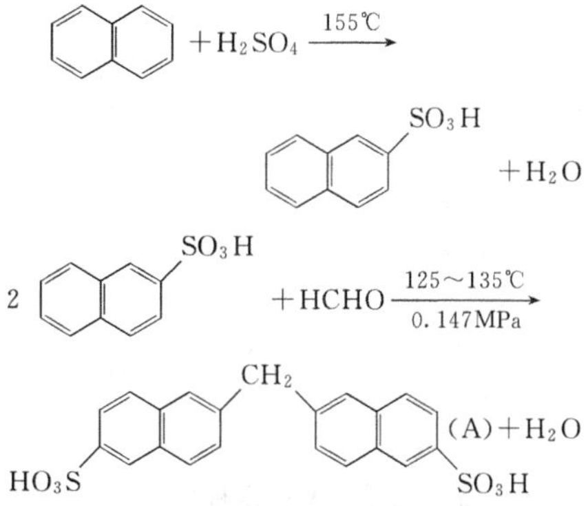

$$A + 2NaOH \longrightarrow 本品 + 2H_2O$$

【安全性】 低毒。对呼吸道及鼻腔有刺激作用。后处理工段应配备有吸尘设备，操作人员应穿戴好防护用具，设备应密闭，防止泄漏。用铁桶及化纤板桶内衬塑料袋，或塑料袋外套编织袋包装。密封贮存于阴凉、通风、干燥的库内，贮存期为两年。可用汽车、火车或槽车运输。按一般化学品规定贮运。

【参考生产企业】 徐州成正精细化工有限公司，上虞市康特化工有限公司。

Hb047 蒽醌-1,5-二磺酸

【英文名】 anthraquinone-1，5-disulfonic acid

【CAS登记号】 [117-14-6]

【结构式】

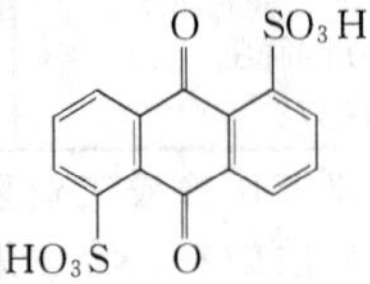

【物化性质】 浅黄色结晶，含4个结晶水。熔点310～311℃（分解）。溶于水、乙醇。无水物15℃时溶于1.5倍的水。微溶于丙酮。

【质量标准】

项目		指标
熔点/℃	≥	240
干品含量/%	≥	95
湿品含量/%	≥	60

【用途】 分散染料和还原染料的中间体。

【制法】 蒽醌用发烟硫酸磺化，得蒽醌-1,5-二磺酸，反应产物经硫酸酸析、过滤、洗涤，得成品。

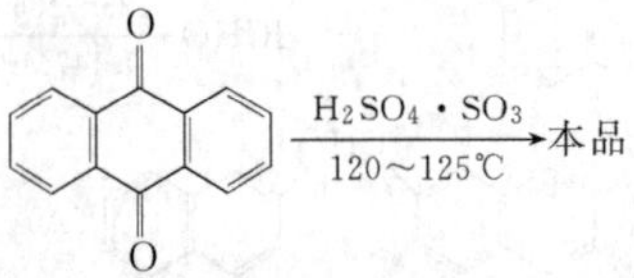

【安全性】 低毒。采用铁桶内衬塑料袋包装。每桶净重50kg。贮存于阴凉、干燥、通风处。防晒、防潮。按一般化学品规定贮运。

【参考生产企业】 湖州长盛化工有限公司，上虞市康特化工有限公司。

Hb048 二苯砜

【英文名】 diphenyl sulfone

【别名】 苯基砜；1，1′-sulfonylbisbenzene；phenyl sulfone；sulfobenzide

【CAS登记号】 [27-63-9]

【结构式】

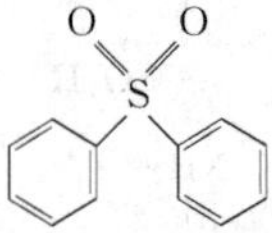

【物化性质】 白色晶体。沸点378～379℃。熔点128～129℃。不溶于冷水，微溶于沸水，溶于一定温度的乙醇和苯。

【用途】 用作医药、农药中间体。用于增韧剂，杀螨剂和有机合成。

【安全性】 大鼠经口 LD_{50} ＞2 g/kg。搬运后需彻底清洗全身。去除受污染的衣物并在再次使用前进行清洗。防止接触眼睛，皮肤及衣物，防止误食及吸入。贮存在阴凉，干燥的地方。在不使用时保持封盖紧闭。

【参考生产企业】 苏州寅生化工有限公司，南通沃兰化工有限公司，响水县现代化工有限责任公司，上海实验试剂有限公司。

Hb049 苯磺酰肼

【英文名】 benzenesulfonyl hydrazide

【别名】 苯基磺酰肼；发泡剂BSH；phenylsulfohydrazide；blowing agent BSH；porofor BSH

【CAS登记号】 [80-17-1]

【结构式】

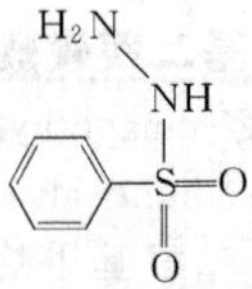

【物化性质】 白色至浅黄色结晶。发气量130（mL/g）。分解温度为90～95℃。加热分解后生成氮气、氢气和水。与酮反应

得相应的磺酰腙。对硫化促进剂和抗氧剂无反应。无毒。储存不稳定，制品有臭味。溶于无机酸和碱的水溶液及部分有机溶剂，不溶于水。

【质量标准】

项　目	指　标
外观	白色结晶粉末
熔点/℃	90～95
分解温度/℃	90～95
发气量/(mL/g)	130

【用途】 为塑料、橡胶的发泡剂。用于制鞋工业的泡沫材料，用量为3%～6.5%。用于聚氯乙烯、聚酯、聚酰胺、聚苯乙烯、酚醛树脂、环氧树脂、丁基胶、丁苯胶、硅橡胶、聚烯烃、苯乙烯与丙烯腈或丁二烯共聚物的发泡剂时，用量为1%～15%。分解时放热，一般与碳酸氢钠混用。

【制法】 将苯磺酰氯按配比溶解于苯中，制成的溶液送至高位槽备用。在搅拌反应釜中加入浓度为40%的水合肼及适量的烧碱，搅拌下溶解成均一的溶液。然后于常温下，一边搅拌一边加入苯磺酰氯的苯溶液，进行缩合反应。加料速度不宜过快，以使反应平稳，温度不超过50℃为限。待生成苯磺酰肼的反应完全后，加入适量的酸进行中和，使反应体系呈中性。因苯磺酰肼不溶于水和苯，以固体形式析出。反应产物经过滤，滤液静置分层，上层为苯，可循环使用，或蒸馏回收；下层为水溶液，可回收未反应的水合肼。滤饼经水洗数次，将所含的盐及其他水溶性物质洗尽后，于60℃下干燥，即得成品 。

【安全性】 无毒。但吸入、食入、经皮吸收，具有刺激性。空气中粉尘浓度较高时，应该佩戴自吸过滤式防尘口罩。必要时佩戴空气呼吸器。戴安全防护眼镜，穿透气型防毒服，戴防毒物渗透手套。应密封储存于通风、阴凉、干燥处，注意防潮、防热。按危险品规定储运。

【参考生产企业】 上海至鑫化工有限公司，上海雅洁化工有限公司，苏州诚和医药化学有限公司。

Hb050 对甲苯磺酰肼

【英文名】 toluene-*p*-sulfonyl hydrazide

【别名】 4-甲基苯磺酰肼；发泡剂TSH；4-methylbenzenesulfonyl hydrazide；toluene-4-sulfonyl hydrazide；*p*-toluenesulfonyl hydrazide；blowing agent TSH；TSH

【CAS登记号】 [1576-35-8]

【结构式】

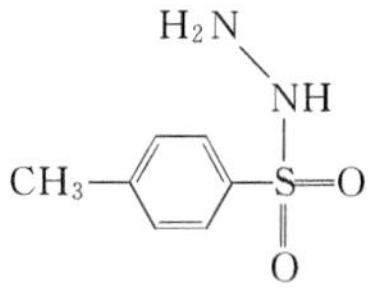

【物化性质】 白色结晶细微粉末。加热至105℃以上逐渐由熔融转为分解，放出氮气。在热水中水解生成磺酸并放出氮气。常温下无吸湿潮解现象，化学性质稳定。熔点100～110℃；相对密度1.42；标准发气量120mL/g。易溶于碱，溶于甲醇、乙醇和丁酮，微溶于水、醛类，不溶于苯、甲苯。

【质量标准】 白色粉末。纯度≥95%；灰分≤0.5%；水分≤1%；细度（通过100目英国标准筛）为100%。

【用途】 为低温发泡剂，适用于天然胶、合成胶及聚氯乙烯等多种塑料和橡胶。发生的气体和分解残渣无毒、无臭、不污染。制品泡孔结构均匀细密，收缩率小，断裂强度大，特别适合于制造闭孔泡沫塑料和海绵胶。分解温度较低，宜在70℃以下混炼。不能与二亚硝基五次甲基四胺（发泡剂H）并用，也不宜与铅盐并用，以免使胶料焦化和污染。使用时可不用发泡助剂。

【制法】 将水合肼加水稀释成10%的水溶液，投入搪瓷反应釜中，在搅拌下加入硫酸进行反应，生成硫酸肼溶液。将苯和对甲苯基磺酰氯搅拌溶解后，加入反应釜与硫酸肼混合，在常温下不断搅拌，发生缩合反应，生成对甲苯磺酰肼。因为对甲苯磺酰肼不溶于苯，而且仅微溶于水，因此以固体析出。反应过程中产生的氯化氢引出后用水吸收，而得副产盐酸。待对甲苯磺酰肼生成反应完全后，停止搅拌，反应产物经过滤，滤液静置分层，上层为苯可循环使用，水层回收未反应的硫酸肼。滤饼进行水洗，洗去酸和水溶性物后，再经脱水，于 60℃ 左右进行干燥，即得成品。

【安全性】 无污染。但生产原料对苯磺酰氯、苯有毒，操作时应注意，防止跑、冒、滴、漏。操作人员应穿戴防护用具。采用木桶内衬塑料袋或用聚丙烯编织袋内衬塑料袋包装。按一般化学品规定储运。

【参考生产企业】 天津合成材料研究所，美国尤龙罗耶尔公司，日本三协公司，常州市孟达精细化工有限公司，上海雅洁化工有限公司。

I 杂环化合物

HANDBOOK OF
CHEMICAL PRODUCTS

I001 吡咯

【英文名】 pyrrole

【别名】 氮（杂）茂；1-氮杂-2,4-环戊二烯；azole；imidole；divinylenimine

【CAS登记号】 [109-97-7]

【结构式】

【物化性质】 浅黄色或棕色油状液体，具有类似氯仿的气味。沸点 129℃。熔点 −24℃。闪点 39℃。相对密度 0.9691。折射率 1.5085。燃烧热 2373.0kJ/mol。微溶于水，易溶于乙醇、乙醚等有机溶剂。

【质量标准】 含量≥99%。

【用途】 用作色谱分析标准物质，也用于有机合成及制药工业。在医药工业上可以用于合成依洛沙星、吡咯米酸、吡咯戊酮、吡咯卡因以及病灭定（TMT）等。

【制法】 以呋喃和氨为原料，γ-氧化铝为催化剂，经气相催化反应制得。也可由1,4-丁炔二醇与氨反应制得。

【安全性】 大鼠经口 LD_{50} 为 61mg/kg。吸入蒸气可致麻醉，并可引起体温持续增高。易燃，具刺激性。高温时分解，释出剧毒的氮氧化物气体。流速过快，容易产生和积聚静电。容易自聚，聚合反应随着温度的上升而急骤加剧。其蒸气比空气重，能在较低处扩散到相当远的地方，遇火源会着火回燃。其蒸气与空气可形成爆炸性混合物，遇明火、高热能引起燃烧爆炸。与氧化剂可发生反应。若遇高热，容器内压增大，有开裂和爆炸的危险。贮存于阴凉通风的仓库，远离火种，火源。

【参考生产企业】 南京金龙化工厂，铜陵阳光合成材料有限公司，滕州市万丰香料有限公司，上海中桦化工有限公司，浙江台州清泉医药化工有限公司。

I002 四氢吡咯

【英文名】 pyrrolidine

【别名】 吡咯烷；tetrahydropyrrole

【CAS登记号】 [123-75-1]

【结构式】

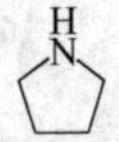

【物化性质】 无色透明液体，有特殊气味，见光或潮湿空气易变黄色。具有腐蚀性及易燃性。沸点 86～88℃。凝固点 −63℃。闪点 3℃。相对密度（$d_4^{22.5}$）0.8520。折射率（n_D^{28}）1.4402。与水混溶，溶于乙醇、乙醚、氯仿。

【用途】 可作为医药原料、特殊有机溶剂，用于制备药物、杀菌剂、杀虫剂等。

【制法】 由吡咯加氢制得。

【参考生产企业】 上海聚豪精细化工有限公司，浙江上虞市三和医药化工有限公司，上海邦成化工有限公司。

I003 2-吡咯烷酮

【英文名】 2-pyrrolidone

【别名】 α-吡咯烷酮；2-酮基吡咯烷；丁内酰胺；2-pyrrolidinone；2-oxopyrrolidine；α-pyrrolidone；2-ketopyrrolidine

【CAS登记号】 [616-45-5]

【结构式】

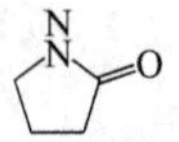

【物化性质】 无色结晶（石油醚），25℃以上为液体。在湿空气中形成单水合物（沸点 35℃）。化学性质稳定，无腐蚀性。沸点 245℃，133℃（1.6kPa）。凝固点 23～25℃（24.6℃）。闪点（开杯）129℃。相对密度（d_4^{25}）1.116。折射率 1.4870。溶于水和多数有机溶剂，难溶于石油醚。

【质量标准】 GB/T 26602—2011 工业用2-吡咯烷酮

项　目	优等品	一等品	合格品
外观	25℃以上时，无色或微黄色透明液体，无可见杂质		
2-吡咯烷酮/%　≥	99.5	99.0	98.5
水分/%　≤	0.10	0.20	
色度(铂-钴色号　≤ Hazen 单位)	20	30	
折射率(n_D^{15})	1.4820～1.4860		

【用途】 有机合成原料，γ-氨酪酸的中间体。用于合成聚乙烯基吡咯烷酮、聚吡咯烷酮、尼龙-4 等，还用作高沸点溶剂、聚结剂、增塑剂。

【制法】 (1) 丁二醇法。丁二醇经脱氢制得 γ-丁内酯，再氨化制得 2-吡咯烷酮。

(2) 顺酐法。以顺酐为原料，经加氢、氨化制得 2-吡咯烷酮。

【安全性】 大鼠经口 LD_{50} 为 328mg/kg。吸入，摄入或经皮肤吸收对身体有害。其蒸气和气溶胶对眼睛、黏膜和呼吸道及皮肤有刺激作用。密闭操作，局部排风，工作时戴护目镜、手套、防护服。用 200kg 镀锌铁桶包装。仓库阴凉通风，远离火种，火源，防晒，远离酸类及氧化剂。

【参考生产企业】 南京金龙化工厂，合肥开化化工有限公司，焦作市源海精细化工有限公司，上海友盛化工科技有限公司，浙江联盛化学工业有限公司

I004 *N*-甲基-2-吡咯烷酮

【英文名】 1-methylpyrrolidone; 1-methyl-2-pyrrolidinone; *N*-methyl-α-pyrrolidinone; *N*-methyl-γ-butyrolactone; NMP

【别名】 *N*-甲基吡咯烷酮

【CAS 登记号】 [872-50-4]

【结构式】

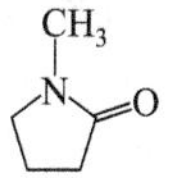

【物化性质】 无色透明油状液体，微有胺的气味。沸点 203℃、150℃ (30.66kPa)、135℃ (13.33kPa)、81～82℃ (1.33kPa)。熔点 −24.4℃。闪点 95℃。相对密度 (d_4^{25}) 1.027。折射率 (n_D^{25}) 1.4690。黏度 (25℃) 1.65mPa·s。能与水、醇、醚、酯、酮、卤代烃、芳烃互溶。挥发度低，热稳定性、化学稳定性均佳。

【质量标准】 GB/T 27563—2011 工业用 *N*-甲基-2-吡咯烷酮

项　目	优等品	合格品
外观	无色或微黄色透明液体	
N-甲基-2-吡咯烷酮/%　≥	99.80	99.50
水分/%　≤	0.05	010
色度(铂-钴色号，Hazen 单位)　≤	20	30
折射率(n_D^{20})	1.4680～1.4720	
总胺(以 CH_3NH_2 计)/%　≤	1.032～1.035	—
pH 值[(1mL/10mL)水溶液]	7～10	—

【用途】 优良的溶剂，用于芳烃抽提、丁二烯或 C_5 馏分的分离，以及天然气脱硫、乙炔提浓、合成纤维抽丝。还可用于合成染料、涂料漆、农药、医药等。

【制法】 (1) 由 γ-丁内酯与甲胺在 250℃、5.88MPa 下进行反应后，经浓缩、减压蒸馏制得。

(2) 丁二酸与甲胺，于惰性溶剂中，在雷尼镍催化下，在 200～300℃，5～20MPa 的条件下，进行反应制得。

【安全性】 小鼠灌胃 LD_{50} 为 5200mg/kg，大鼠灌胃 LD_{50} 为 7900mg/kg。小鼠吸入蒸气 2h，浓度为 0.18～0.20mg/L，可对上呼吸道及眼睛产生轻度的刺激。对皮肤有轻度刺激作用，但未见吸收作用。由于蒸气压低，一次吸入的危险性很小。但慢性作用可致中枢神经系统机能障碍，引起呼吸器官、肾脏、血管系统的病变。现场操作人员应戴口罩、防护眼镜及手套。工作场所最高容许浓度 100mg/m³。

化学性不活泼，除铜外，对其他金属如碳钢、铝等无腐蚀性。采用镀锌铁桶包装，每桶 50kg 或 100kg。按一般化学品规定贮运。

【参考生产企业】 合肥开化化工有限公司，北京恒业中远化工有限公司，浙江联盛化学工业有限公司，南京金龙化工厂，泰州延龄精细化工有限公司，浙江联盛化学工业有限公司。

I005 *N*-甲基-3-吡咯烷醇

【英文名】 *N*-methyl-3-pyrrolidinol

【别名】 *N*-甲基-3-氮杂环戊醇；*N*-methylpyrrolidinyl alcohol；*N*-methyl-3-azacyclopentanol

【CAS 登记号】 ［99445-21-3］

【结构式】

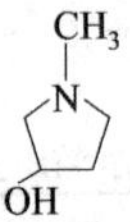

【物化性质】 无色透明液体。有刺激性。沸点 74～75℃（1.6kPa）、50～52℃（133Pa）。闪点 70℃。相对密度 0.921。折射率 1.4640。易溶于水，溶于乙醇、乙醚、苯。

【质量标准】 含量 80%～90 %。

【用途】 主要应用于医药工业。

【制法】 由1,2,4-丁三醇经氯化、环合制得。首先将丁三醇和冰醋酸加入反应锅内，搅拌加热至100℃左右，通入干燥的氯化氢气体，在 90～110℃ 间反应 30h，当尾气开始出现大量氯化氢时，检查反应终点，停通氯化氢。冷却后出料，用饱和碳酸钠溶液洗涤，进行减压蒸馏，收集 120～135℃（12.6～13.3kPa）馏分，即得 1,4-二氯-2-丁醇油状物，收率为 50%～60%。再环化，将 1,4-二氯-2-丁醇和甲胺水溶液加入环合锅内，密闭加热至 120℃，搅拌反应 10h。冷却，加固体氢氧化钠，滤去析出的无机盐。分取油层进行减压蒸馏，收集 76～85℃（2.1kPa）馏分，即为成品。水层用苯提取还能得到一部分 1-甲基-3-吡咯烷醇，收率 60% 左右。

【安全性】 有毒，其毒性及防护方法参见 *N*-甲基-2-吡咯烷酮。采用白铁桶包装，内衬聚乙烯薄膜。贮存于避光密闭容器中。按有毒化学品规定贮运。

【参考生产企业】 杭州海星化工厂，湖南洞庭药业股份有限公司，台州清泉医药化工有限公司。

I006 *N*-乙基吡咯烷酮

【英文名】 N-ethylpyrrolidone

【别名】 NEP

【CAS 登记号】 ［2687-91-4］

【结构式】

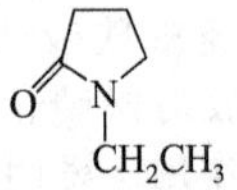

【物化性质】 高极性、高化学稳定性的无色透明液体，有弱碱性。是一种强极性有机溶剂，可与水和一般有机溶剂以任意比例互溶。其沸点 82℃。折射率 1.4665。密度 0.994。具有高溶解能力，低蒸气压及低介电常数等特性。

【用途】 工业上可用作高效选择性溶剂、催化剂及阳离子表面活性剂。可用于乙炔、丁二烯的萃取、纤维和皮革染色、天然气脱硫、高分子量聚合物聚合介质、杀虫剂、合成纤维纺丝介质、颜料分散、润滑油加工。

【参考生产企业】 泰州延龄精细化工有限公司，浙江联胜化学工业有限公司，西安庆峰医药有限公司。

I007 *N*-辛基吡咯烷酮

【英文名】 *N*-octyl-2-pyrrolidone

【别名】 1-辛基吡咯烷酮；*N*-octyl pyrrolidone；1-octyl-2-pyrrolidinone

【CAS 登记号】 [2687-94-7]

【结构式】

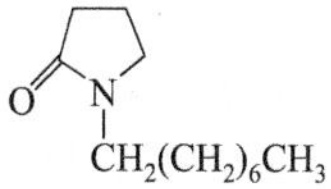

【物化性质】 白色或浅色液体。沸点 145℃ (40Pa)。熔点 10℃。闪点 116℃。密度 0.9g/cm^3。微溶于水，溶于大部分的极性、非极性溶剂。具有良好的配位能力和表面活性。无毒。不易燃。能被生物降解。

【用途】 用于医药，农药及有机合成中间体。可用于杀虫剂、棉花落叶剂、浓缩清洗剂、化学反应溶剂、药物合成介质、电子工业中的涂层剥离剂 。

【参考生产企业】 安徽海丰精细化工股份有限公司，江苏飞翔化工股份公司，浙江联胜化学工业有限公司，浙江台州市黄岩高仕医药化工有限公司。

I008 聚乙烯吡咯烷酮

【英文名】 polyvinylpyrrolidone

【别名】 聚维酮；PVP

【CAS 登记号】 [9003-39-8]

【结构式】

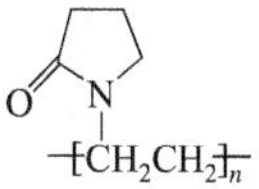

【物化性质】 粉末或水溶液。PVP 在水、醇、胺及卤代烃中易溶，不溶于丙酮、乙醚等。具有优良的溶解性、生物相溶性、生理惰性、成膜性、膜体保护能力和与多种有机、无机化合物复合的能力，对酸、盐及热较稳定。

【用途】 在化妆品工业中作为分散剂、成膜剂、增稠剂、润滑剂及黏合剂；在医药工业中是药用合成新辅料之一，可用作片剂、颗粒的黏结剂、缓释剂，注射剂的助剂和稳定剂、胶囊的助流剂，液体制剂及着色剂的分散剂，酶及热敏药物的稳定剂，难溶药物的共沉淀剂，眼药的延效剂及润滑剂和包衣成膜剂等；在涂料、颜料、塑料树脂、玻璃纤维、油墨、黏合剂、净洗剂、摄影胶卷、压片、电视显像管、生产药水、胶布、消毒剂、纸张、纺织印染等方面用作助剂。

【安全性】 常温、干燥、避光处密封保存。

【参考生产企业】 上海其福青材料科技有限公司，海南南杭药业有限公司，南京瑞泽精细化工有限公司。

I009 呋喃

【英文名】 furan

【别名】 氧杂茂；一氧化二烯五环；furfuran；oxole；tetrole；divinylene oxide

【CAS 登记号】 [110-00-9]

【结构式】

【物化性质】 无色透明液体，具有氯仿气味。沸点 (0.1MPa) 32℃。熔点 −85.68℃。闪点 (开杯) −40℃，(闭杯) −35℃。相对密度 ($d_4^{19.4}$) 0.9371。折射率 1.4216。不溶于水，溶于乙醇和乙醚等。易挥发，并易燃烧，对酸不稳定。

【质量标准】 Q/ZTQ 02—2002

项 目		指 标
外观		无色至淡黄色透明液体
含量/%(GC)	≥	99.5
有机杂质/%	≤	0.50
水分(K·F)/%	≤	0.3
色度 APHA	≤	20
相对密度		0.9370～0.9420
折射率		1.4200～1.4230
抗氧剂(BHT)/%		0.025

【用途】 用于制取吡咯、噻吩、四氢呋喃等重要有机化工中间体。在医药工业中用于制造莨菪碱、阿托品及消炎药。

【制法】 (1) 糠酸脱羧法。以糠酸为原料，将 2-呋喃甲酸加热至沸点 200～250℃左右，即分解为呋喃和二氧化碳。反应过程中，将升华的 2-呋喃甲酸返回反应器中，馏出的呋喃重新蒸馏，收集 31～34℃馏分，即得较纯的成品，收率约 75%。

(2) 糠醛直接脱羰法。糠醛在硅酸铝、金属氧化物或氢氧化物以及合金与金属的混合物等类催化剂存在下脱除羰基，反应温度约 400℃，产率达 90%。

(3) 糠醛氧化脱羰法。将糠醛与水混合，于 730℃通过熔融的金属铝，通入空气使糠醛氧化脱羰制得呋喃。此外，将糠醛和水蒸气一起通过温度 350～400℃的生石灰和消石灰，也可以脱去羰基生成呋喃。

【安全性】 小鼠吸入 LC_{50} 为 120mg/m³·h，有麻醉和弱刺激作用。吸入后，可引起头痛、头晕、恶心、呕吐、血压下降、呼吸衰竭。损害肝、肾。生产过程密闭，全面通风。可能接触蒸气时，佩戴防毒口罩。必要时佩戴自给式呼吸器。工作场所严禁吸烟。久贮或见光易变成棕色，遇矿酸或加热蒸发会树脂化，爆炸极限 V (%) 上限 1.3，下限 14.3。产品应贮存于温度≤10℃的环境中，加入 0.025%的 2,6-二叔丁基对甲苯酚（BHT）抗氧剂，与氧化剂、酸类分开存放。按易燃化学品规定贮运。贮存期 18 个月。贮存阴凉、通风场所，远离火种、热源。仓温低于 28℃。与氧化剂、酸碱分开存放。充装控制流速。轻装轻卸，运输按规定路线行驶，中途不得停驶。铁桶，每桶净重 170kg。

【参考生产企业】 浙江芳华日化集团有限公司，北京北化精细化学品有限责任公司，台州清泉医药化工有限公司。

I010 2,3-二氢呋喃

【英文名】 2,3-dihydrofuran

【CAS 登记号】 [1191-99-7]

【结构式】

【物化性质】 无色液体。密度 0.927。沸点 54～55℃。折射率 1.422～1.424。闪点−16℃。

【用途】 用作抗肿瘤药的中间体，也用于电子化学品和香料中。用于有机合成溶剂、电子化学品、特种树脂、合成香料等，用作 7-乙基色醇、异托多酸等医药化学品的重要原料。

【参考生产企业】 宁波华佳化工有限责任公司，天津运盛化学品有限公司，江苏天汁化学有限责任公司，台州清泉医药化工有限公司。

I011 四氢呋喃

【英文名】 tetrahydrofuran

【别名】 1,4-环氧丁烷；氧杂环戊烷；diethylene oxide；tetramethylene oxide

【CAS 登记号】 [109-99-9]

【结构式】

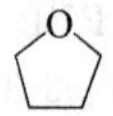

【物化性质】 无色透明液体，易燃。有乙醚气味。在空气中能生成爆炸性过氧化物。沸点 67℃。凝固点 −108℃。闪点（开杯）−17℃。自燃点 610℃。相对密度 0.985。折射率 1.4050。与水、醇、酮、苯、酯、醚、烃类混溶。

【质量标准】 GB/T 24772—2009 工业用四氢呋喃

项　目		优等品	合格品
外观		无色透明液体,无可见杂质	
四氢呋喃/%	≥	99.95	99.80
水分/%	≤	0.02	0.05
色度(铂-钴色号 Hazen 单位)	≤	5	10

【用途】 有机合成中常用的溶剂，可用作制药生产中的溶剂、天然和合成树脂（如

乙烯基树脂）及聚醚橡胶等的溶剂。此外，也是合成医药咳必清、黄体酮的原料，还用于合成己二酸、己二胺、丁二醇、丁二酸以及橡胶、高能燃料等方面。

【制法】 (1) 糠醛法。由糠醛脱羰基生成呋喃，再加氢制得。

(2) 顺酐催化加氢法。分为有液相法和气相法。

液相法：顺酐和氢从底部进入内装镍催化剂的反应器，产物中四氢呋喃与 γ-丁内酯比例可通过调整操作参数加以控制。反应产物与原料氢冷却至 50℃左右进入洗涤塔底部，使未反应的氢及气态与液态产物分离，未反应的氢及气态产物经洗涤后循环到反应器，液态产物经蒸馏制得四氢呋喃产品。只有催化剂性能好、流程简单、投资少等特点。

气相法：采用铜系催化剂，于 250℃及不大于 3.9MPa 压力下进行反应，四氢呋喃的选择性可达 95%左右。该法副产物多、收率低，至今未见工业化报道。

(3) 1,4-丁二醇脱水环化法 。先向反应器中加入 22% 的硫酸水溶液，在100℃温度以 110kg/h 的速度加入 1,4-丁二醇，塔顶温度维持在 80℃，以大约110kg/h 的速度从塔顶得到含有 80%四氢呋喃的水溶液。加入 1,4-丁二醇后，从反应器中排除焦质。将焦质进行过滤，得到的硫酸水溶液可以重新使用，这一过程的四氢呋喃收率可以达到 99%以上。

(4) 二氯丁烯法。以 1,4-二氯丁烯为原料，经水解生成丁烯二醇，再经催化加氢制得。1,4-二氯丁烯在氢氧化钠溶液中水解，110℃下生成丁烯二醇，离心分离去掉氯化钠，滤液在蒸发结晶器中浓缩，分离出碱金属羧酸盐，再在蒸馏塔中除去高沸物。将精制后的丁烯二醇送入反应器，以镍为催化剂，在 80～120℃及一定压力下，丁烯二醇加氢生成丁二醇，蒸馏后进入环合反应器，在常压及 120～140℃下于酸性介质中生成粗四氢呋喃，蒸馏脱水和脱高沸物，最后蒸馏得高纯四氢呋喃。

(5) 丁二烯氧化法。以丁二烯为原料，经氧化得呋喃，再加氢制得。此法在国外已工业化。

【安全性】 有毒，有麻醉作用。大鼠灌胃 LD_{50} 为 3000mg/kg，小鼠灌胃 LD_{50} 为 2300mg/kg，工作场所最高容许浓度 100mg/m^3。其防护方法参见糠醇。采用镀锌铁桶包装。贮存在阴凉、通风、干燥处，严禁火种。装卸运输时应按易燃危险品规定执行。

【参考生产企业】 常州市旭东化工有限公司，山东东营泳鑫精细化工有限公司山西三维集团股份有限公司，广东西陇化工有限公司，上虞市芳华化工有限公司，石家庄市京兆化工有限公司。

I012 2-甲基呋喃

【英文名】 2-methylfuran

【别名】 邻甲呋喃；邻甲基氧杂环戊二烯；α-methylfurfuran；sylvan

【CAS 登记号】 [534-22-5]

【结构式】

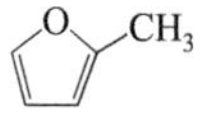

【物化性质】 无色透明液体，曝光变黑，类似醚臭易燃，能被氢氧化钠溶液分解。沸点 63.2～65.6℃。凝固点 −88.68℃。闪点 −22℃。相对密度 0.9132。折射率 1.4342。微溶于水，每 100g 水中溶解 0.3g，与多数有机溶剂混溶，与甲醇形成二元共沸混合物，与甲醇-水形成三元共沸混合物。

【质量标准】

项 目	一等品	合格品
纯度/% ≥	98	95
水分/% ≤	0.06	0.15
密度(20℃)/(g/cm³)	0.91～0.92	0.91～0.92

【用途】 在溶液聚合中用作溶剂。可用来合成戊二烯、戊二醇、乙酰丙醇及2-甲基四氢呋喃。在医药工业中，用于合成维生素B_1、磷酸氯喹和磷酸伯氯喹等。

【制法】 由糠醛（或糠醇）催化加氢制得，催化剂可为铜-铝合金或铜-铬合金，用碱作助催化剂，压力0.29～0.49MPa，温度200～210℃，氢与糠醛摩尔比为10∶1，糠醛加料速度为0.3kg/L·h。在这样的条件下，经气相加氢制得，再将反应产物冷凝，蒸出水分，精馏制得成品。2-甲基呋喃的平均单程收率达50%以上。

【安全性】 有毒。有麻醉作用，对大鼠LC_{50} 30400×10^{-6}。空气中最高容许浓度1mg/m^3。其毒性和防护参见乙醚。采用铁桶包装。每桶160kg或180kg。贮存于阴凉、避光处，注意防火。按有毒化学品规定贮运。

【参考生产企业】 台州清泉医药化工有限公司，宁夏吴忠强胜化工有限责任公司，辽阳有机化工厂，无锡天成化工有限公司，松原兴业糠醇有限责任公司。

I013 2-甲基四氢呋喃

【英文名】 tetrahydro-2-methylfuran

【别名】 四氢化-2-甲基呋喃；α-methyltetramethylene oxide

【CAS登记号】 [96-47-9]

【结构式】

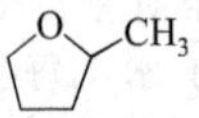

【物化性质】 无色液体。具有类似醚的气味。沸点80℃。凝固点－136℃。闪点－11℃。相对密度0.8552。折射率(n_D^{25}) 1.4025。溶于水，在水中的溶解度随温度的降低而增加。易溶于乙醇、乙醚、丙酮、苯和氯仿等有机溶剂。

【质量标准】

项 目		指 标
外观		无色透明液体
纯度/%	≥	99.0
水分/%	≤	0.50
相对密度(d_4^{25})		0.860
折射率(n_D^{20})		1.404～1.406

【用途】 主要用作树脂、天然橡胶、乙基纤维素和氯乙酸-醋酸乙烯共聚物的溶剂。用它提取脂肪族酸类，要比一般所用的低沸点溶剂好。也可作乙烯衍生物或丁二烯聚合过程的引发剂，还用来制备1,3-戊二烯，1,3-戊二烯，是合成橡胶的重要原料。在铀的冶炼工业上也相当重要。此外，也是制药工业的原料，可用于抗痔药磷酸伯氨奎等的合成。

【制法】 2-甲基呋喃由镍催化在150℃下进行加氢反应即得粗品，经脱水、精馏制得成品。另外，在生产乙酰正丙醇时可副产2-甲基四氢呋喃。

【安全性】 毒性与2-甲基呋喃相似，参见2-甲基呋喃。采用铁桶包装。贮存在阴凉、通风、干燥的仓库内，严禁烟火。搬运时小心轻放，切勿倒置，避免碰撞。按易燃有毒物品规定贮运。铁桶包装，净重170kg/桶。

【参考生产企业】 台州清泉医药化工有限公司，上海南泽化工有限公司，松原兴业糠醇有限责任公司。

I014 2-甲基-3-呋喃硫醇

【英文名】 2-methyl-3-furanthiol

【别名】 2-甲基-3-巯基呋喃；2-methyl-3-mercapto furan

【CAS登记号】 [28588-74-1]

【结构式】

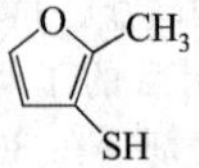

【物化性质】 浅黄色透明液体。沸点57～60℃。闪点37℃。相对密度1.145。折射

率 1.5170。

【质量标准】 GB 23487—2009 食品添加剂 2-甲基-3-呋喃硫醇

项　目	指　标
外观及气味	淡粉红色至淡橙色液体，具有烤肉香气
相对密度(25℃/25℃)	1.100～1.150
折射率(20℃)	1.5090～1.5300
含量(GC)/%　　≥	97.0

【用途】 用作调味料香精，用于肉香等食用香精。

【制法】 由 4-氧代-2-戊烯醛同硫代乙酸反应再脱水、水解制得。

【参考生产企业】 石家庄利达化学品有限公司，河北省辛集市远东香料厂，山东滕州悟通香料有限责任公司，滕州吉田香料有限公司，吴江慈云香料香精有限公司，滕州市香源化工有限责任公司。

I015 糠醇

【英文名】 furfuryl alcohol

【别名】 2-呋喃甲醇；2-furanmethanol；2-furylcarbinol；2-furancarbinol；α-furylcarbinol；furfuralcohol；2-hydroxymethylfuran

【CAS 登记号】 [98-00-0]

【结构式】

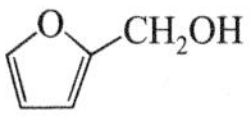

【物化性质】 无色易流动液体，暴露在日光或空气中会变成棕色或深红色，可燃，有苦味。其蒸气与空气形成爆炸性混合物。遇酸易聚合并发生剧烈的爆炸，生成不易溶化的树脂。沸点 (100kPa) 171℃。凝固点 −29℃。自燃点 490.5℃。闪点 75℃。相对密度 (d_4^{23}) 1.1282。折射率 (n_D^{23}) 1.48515。能与水混溶，但在水中不稳定，易溶于乙醇、乙醚、苯和氯仿，不溶于石油烃。

【质量标准】 GB/T 14022.1—2009 工业糠醇

项　目	优级品	一级品
外观	无色至浅黄色透明液体，无机械杂质	
密度 ρ_{20}/(g/mL)	1.129～1.135	—
折射率(n_D^{20})	1.485～1.488	—
水分含量/%　　≤	0.3	0.6
浊点 /℃　　≤	10.0	—
酸度/(mol/L)　　≤	0.01	0.01
醛含量(以糠醛计)/%≤	0.7	1.0
糠醇含量/%　　≥	98.0	97.5

【用途】 有机合成原料，可制乙酰丙酸(又名果酸)、各种性能的呋喃型树脂（如糠醇树脂、呋喃Ⅰ、Ⅱ型树脂)、糠醇-脲醛树脂、酚醛树脂以及防腐漆、防腐胶片等。以其为原料生产的增塑剂之耐寒性优于丁、辛醇酯类。又是呋喃树脂、清漆、颜料的良好溶剂，作火箭燃料。此外，还用于合成纤维、橡胶、农药和铸造工业等。

【制法】 由糠醛催化加氢制糠醇有液相加氢（中压或高压）法、气相加氢法和康尼扎罗法。

(1) 液相加氢法。采用鼓泡式反应釜将催化剂悬浮在糠醛中，采用 Cu-Cr-Ca 系催化剂，于 190～210℃，中压（5～8MPa)，经加氢反应制得。

(2) 气相加氢法。气相加氢法反应温度低，而且所用列管式反应器的长径比可达 100，物料以活塞流型通过催化剂底层，有利于抑制二次加氢，因之反应选择性高、消耗低，基本上消除了铬污染。

(3) 康尼扎罗法（自氧化-还原法)。糠醛与氢氧化钠作用，一半还原成糠醇，另一半氧化为糠酸的钠盐。该法不需要氢气，设备简单，缺点是主副产物各占一半，消耗溶剂较多，分离麻烦。

【安全性】 易燃、有毒。家鼠经口 LD_{50} 275mg/kg。其蒸气经呼吸道吸入、液体经皮肤吸收均可引起中毒。生产设备应密闭，操作现场应通风良好，操作人员应穿戴防护用具，避免直接与人体接触，防止吸入或者吞入。用清洁、干燥、有防腐层的铁桶包装。每桶 200kg。贮存在阴凉、干燥、通风处，严禁火种，切忌与强酸性、强氧化性化学药品及食品共贮运。装卸运输均按易燃有毒品有关规定执行。

【参考生产企业】 宏业生化股份有限公司，淄博海化化工有限公司，河北中化滏恒股份有限公司，河南濮阳市凯利化工有限公司，河北宝硕股份有限公司糠醇分公司，临淄有机化工股份有限公司，河北邢台春蕾糠醇有限公司。

I016 四氢糠醇

【英文名】 tetrahydrofurfuryl alcohol

【别名】 四氢化-2-呋喃甲醇；tetrahydro-2-furanmethanol；tetrahydro-2-furancarbinol；oxolan-2-methanol

【CAS 登记号】 [97-99-4]

【结构式】

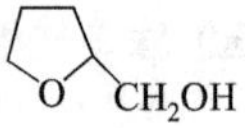

【物化性质】 无色液体，微有气味。有吸湿性。易燃。低毒。沸点（100kPa）177～178℃。自燃点 282.2℃。闪点 75℃。折射率 1.4517。相对密度 1.0544。黏度（25℃）5.49mPa·s。可与水、乙醇、乙醚、丙酮、氯仿和苯混溶，不溶于石蜡烃。

【质量标准】

项　目		指　标
含量/%	≥	98.0
密度(d_4^{20})/(g/cm³)		1.051～1.054
折射率(n_D^{20})		1.449～1.453
水分/%		0.2

【用途】 有机合成原料，可制二氢呋喃、赖氨酸、长效维生素 B1，也用以制取聚酰胺类塑料、防冻剂、除草剂、杀虫剂。其酯类用作增塑剂。树脂、涂料和油脂的溶剂。在印染工业上用作滑润剂、分散剂，还可用作脂肪酸塔罗油及一些药品的脱色、脱臭剂。

【制法】 由糖醛一步加氢或由糠醛经糠醇两步加氢制得。

(1) 一步法。糠醛一步加氢采用镍-铬-铜系催化剂，反应温度 170～180℃，压力 7.35～10.39MPa。此法产率为 70%～80%。也可用 RuO_2 作催化剂，其用量为糠醛质量的 2%，反应在 80～100℃、3.92～4.90MPa 下进行。

(2) 两步法。采用铜-镍-汞-硫系催化剂，也有用瑞尼镍或钴等作催化剂。当用瑞尼镍或铬化合物作催化剂时，温度为 130℃，压力为 9.8MPa。此外，也可用载于硅藻土上的镍作催化剂。

【安全性】 低毒，对眼睛、皮肤和黏膜有一定刺激性。灌胃时的 LD_{50} 小鼠 2300mg/kg，大鼠 2500～4000mg/kg。防护措施参见糠醇。采用清洁铁桶包装。每桶 200kg。贮存于阴凉、干燥、通风处。严禁烟火。按易燃化学品规定贮运。

【参考生产企业】 淄博华澳化工有限公司，台州清泉医药化工有限公司，山东诸城化工股份有限公司，河南实业化工有限公司

I017 糠醛

【英文名】 furfural

【别名】 2-呋喃甲醛；2-furancarboxaldehyde；2-furaldehyde；pyromucic aldehyde；artificial oil of ants

【CAS 登记号】 [98-01-1]

【结构式】

【物化性质】 无色透明油状液体，有类似苯甲醛的特殊气味。暴露在光和空气中颜色很快变为红棕色。易燃，易与蒸气一同挥发。沸点 161.7℃。凝固点 −36.5℃。

闪点（闭杯）60℃。自燃点 315.5℃。相对密度 1.1594。折射率 1.5263。微溶于水，易溶于乙醇、乙醚、丙酮、氯仿、苯。

【质量标准】 GB/T 1926.1—2009 工业糠醛

项　目	优级	一级	二级
外观	浅黄色至琥珀色透明液体，无悬浮物及机械杂质		
密度(ρ_{20})/(g/m^3)	1.158～1.161		
折射率(n_D^{20})	1.524～1.527		
水分/%　≤	0.05	0.10	0.20
酸度/(mol/L)　≤	0.008	0.016	0.016
糠醛含量/%　≥	99.0	98.5	98.5
初馏点/℃　≥	155	150	—
158℃前馏分/%≤	2	—	—
总馏出物/%　≥	99.0	98.5	—
终馏点/℃　≤	170	170	—
残留物/%　≤	1.0	—	—

【用途】 有机化工原料之一。可以用来制备顺丁烯二酸酐、己二酸、糠醇、糠酸、四氢呋喃等；在合成树脂生产中，可用来生产呋喃树脂、糠醛树脂、糠酮树脂等；在助剂方面，可合成橡胶硫化促进剂、橡胶及塑料的防老剂、防腐剂等。还可用作溶剂。此外，糠醛也用于食品、香料、染料等诸多工业。

【制法】 由多缩戊糖水解制得，凡含有一定量的多缩戊糖的农副产品，均可作为生产糠醛的原料。

(1) 硫酸水解法。此法是国内目前普遍采用的方法。原料经粉碎机粉碎后加入反应器中，再加入浓度 3%～10%的稀硫酸，充分混合后通入高压水蒸气，在反应温度 140～200℃，压力 0.6～1.0MPa 下反应 5～8h；然后用蒸汽蒸出生成的糠醛，再经冷凝后送入汽提塔，由汽提塔塔底排出废水，塔顶得到富含糠醛的水蒸气混合物。该混合物经冷凝后进入油水分层器分层，上层水相含约 8%的糠醛，送入脱甲醇塔，经脱去甲醇等低沸点反应副产物后返回汽提塔；下层油相含 6%左右的水，送入中和塔，用饱和纯碱液中和，然后进入脱水塔。从塔顶蒸出的水，经冷凝后返回油水分层器，塔底产物再经一次精馏后即得糠醛产品。

(2) 盐酸水解法。其基本反应原理与工艺过程，与第一种方法是一样的。与硫酸法相比，具有催化活性高，用酸省、浓度低，水解反应速度快，时间短，不需采用高压蒸汽，水解锅生产能力大，醛产率高，可达 13%，产品质量好，成本低于硫酸法。

【安全性】 大鼠经口 LD_{50} 为 127mg/kg。刺激皮肤和黏膜可致流泪和头痛，导致皮肤呈黄色或脱脂及过敏症。吸入高浓度的糠醛会引起炎症，甚至肺水肿、麻醉。生产设备、管道要密闭，室内要通风良好，操作时应穿戴防护用具。其蒸气与空气形成爆炸性混合物，爆炸下限 2.1%。溅及皮肤时用水冲洗，吸入浓蒸气时，应移至空气新鲜处做深呼吸或请医生诊治。空气中最高容许浓度 5×10^{-6} 或 20mg/m^3。采用清洁、干燥的铁桶包装，一般每桶 240kg。贮存于阴凉、干燥、通风处，气温保持在 40℃以下，严禁烟火，不得暴露于空气中及日光下。避光、防热、防晒、防雨淋。运输时，按易燃危险品有关规定执行。

【参考生产企业】 济南圣泉集团股份有限公司，山西省忻州市试剂化工厂，河北中化滏恒股份有限公司，河北雄县糠醛厂，河北内邱县太行糠醛有限责任公司，铁岭北方糠醛（集团）有限责任公司，定陶县隆昌糠醛有限公司，沈阳市国杰糠醛有限公司。

I018 古马隆

【英文名】 benzofuran

【别名】 香豆酮；苯并呋喃；氧茚；coumarone; cumarone

【CAS登记号】 [271-89-6]

【结构式】

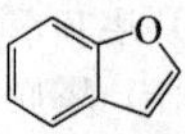

【物化性质】 无色液体。对碱、氨、氰化钾和盐酸稳定，能被高锰酸钾和其他氧化剂所分解。在高温下稳定。沸点 173～175℃。熔点＜−18℃。闪点 56℃。相对密度（$d_4^{22.7}$）1.0913。折射率（$n_D^{22.7}$）1.565，（$n_D^{16.3}$）1.56897。不溶于水，溶于乙醇、乙醚。易发生焦化作用。

【质量标准】

项　目		指标
密度(20℃)/(g/cm³)	≥	1.0780
折射率(n_D^{20})	≥	1.560
沸程(0.1MPa)[滴点～95%馏出量(容)]/℃		170～174

【用途】 有机合成原料，也可用来制备香豆酮-茚树脂。

【制法】 (1) 合成法。由水杨醛与一氯醋酸作用生成邻酰甲氧醋酸，再经闭环制得。先将水杨醛、一氯醋酸和水的混合物加入反应瓶中，在搅拌下加入氢氧化钠溶剂，然后加热至沸回流 3h，再用浓盐酸酸化、水蒸气蒸馏、冷却、过滤、水洗、干燥制得淡黄色粗品邻甲酰苯氧醋酸（熔点 130.5～133.0℃）。将上述干燥的粗品邻甲酰苯氧醋酸、无水醋酸钠粉末、醋酐和冰醋酸的混合物，在搅拌下微微回流 8h，然后倒入冰水中用乙醚提取，碱液洗涤，饱和食盐水洗涤，无水硫酸钠干燥，减压蒸馏，即得苯并呋喃成品。

(2) 萃取法。将煤焦化副产的重苯或脱酚油精馏所得的三甲苯馏分，经萃取精馏、分离制得。此外，将香豆素加热至 860℃，生成气态产物和黏稠物，将黏稠物分馏，其中 172～174℃馏分即为苯并呋喃。

【安全性】 有致癌的可能。操作人员应穿戴防护用具。内衬塑料袋，外套塑料编织袋或木桶包装。不得与氧化剂一起存放，宜贮存在干燥、通风良好处。

【参考生产企业】 上海宝钢化工有限公司，淄博市临淄临合化工厂，安阳金茂祥工贸有限公司，山东宁津德兴石油树脂有限公司，无锡市恒友橡塑化工有限公司。

I019 香豆素

【英文名】 coumarin

【别名】 1，2-苯并吡喃酮；顺式邻羟基肉桂酸内酯；2*H*-1-benzopyran-2-one；1，2-benzopyrone；*cis-o*-coumarinic acid lactone；cumarin

【CAS登记号】 [91-64-5]

【结构式】

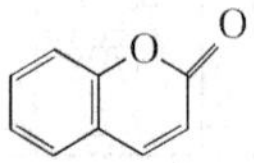

【物化性质】 具有升华性的白色结晶，有香茅香气，并略有药香香韵。沸点 299～301℃。熔点 69～71℃。闪点 151℃。相对密度 0.935。不溶于冷水，溶于热水、乙醇、乙醚、氯仿。

【质量标准】 QB/T 2544—2002

项　目		指　标
外观及气味		白色结晶。甜的、新鲜黑香豆样香气
熔点/℃	≥	69.0
溶解度(25℃)		1g 完全溶于 15mL 95%乙醇中

【用途】 用于调配香水、化妆品、皂用和烟用香精等。也是人造香荚兰香精的重要成分，常与香兰素、洋茉莉醛等香料并用。

【制法】 (1) 以水杨醛和乙酐为原料，在催化剂醋酸钠存在下，加热回流，再经蒸馏制得含 40%的缩合液，经脱苯酯、减压蒸馏得粗品，由乙醇再结晶得精制成品。

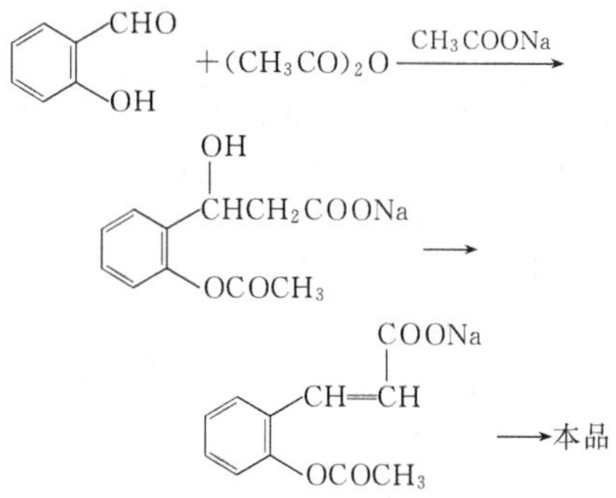

（2）由邻甲酚制取。

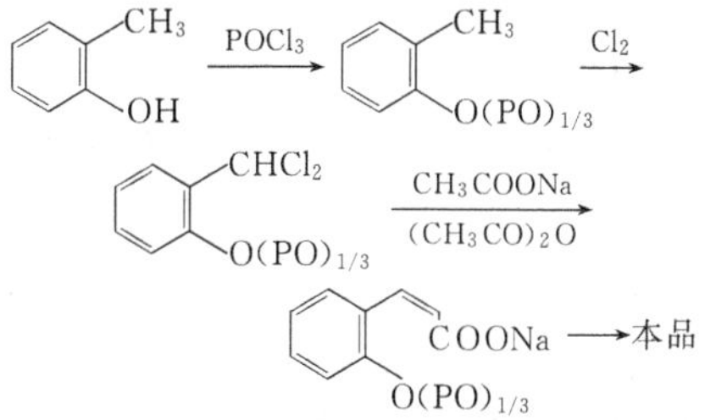

【安全性】 有毒，大鼠经口 LD_{50} 为 293mg/kg，小鼠经口 LD_{50} 为 196mg/kg，小鼠腹腔注射 LD_{50} 为 220mg/kg。工作场所应有良好的通风，设备应密闭，操作人员应穿戴防护用具。用 50kg 内衬塑料袋纸板桶包装。贮运中应注意干燥、通风、防晒、防潮、隔热。

【参考生产企业】 天津汇宇实业有限公司，上海誉通香料有限公司，南京嘉宁生物化学有限公司，高邮市康乐精细化工厂。

I020 二氧五环

【英文名】 1,3-dioxolan (e)

【别名】 1,3-二氧杂环戊烷；1,3-二噁戊烷；dihydro-1,3-dioxole；(ethylene) glycol methylene ether

【CAS 登记号】 [646-06-0]

【结构式】

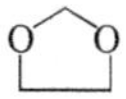

【物化性质】 常温下为无色透明液体。沸点（102kPa）78℃。凝固点−95℃。闪点 1℃。相对密度 1.060。折射率 1.4005。燃烧热 1.7MJ/mol。汽化热 481.16kJ/mol。生成热 −341.75kJ/mol。含水 6.7%的共沸混合物的共沸点 70～73℃。溶于乙醇、乙醚、丙酮，与水可任意互溶，并能使溴水脱色。

【质量标准】

项目		指标
外观		无色透明液体
含量/%	≥	99.9
水分/%	≤	0.05
沸点/℃		74～75
凝固点/℃		−26
过氧化物/%	≤	0.02

【用途】 是共聚甲醛的第二单体，又是良好的溶剂。

【制法】 以多聚甲醛为原料与乙二醇在浓硫酸存在下反应，经氯化钠盐析、固碱干燥、精馏得成品。

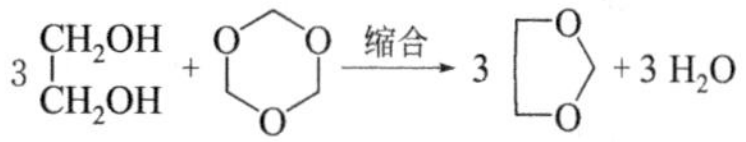

【安全性】 低毒，但长期接触皮肤可致脱脂老化。小鼠吸入蒸气 80mg/L 后，由兴奋、麻醉、呼吸减慢，终至死亡。空气中最高容许浓度 $50mg/m^3$。操作人员应戴过滤式防毒面具及密闭式防护眼镜，穿防护服，以避免与人体直接接触。采用铁桶、塑料桶或玻璃瓶包装，按一般化学品规定贮运。

【参考生产企业】 上海聚豪精细化工有限公司，淮安华泰化工有限公司，上海汇普工业化学品有限公司，南京双润科贸有限公司。

I021 1,4-二氧六环

【英文名】 dioxane

【别名】 1,4-二氧杂环己烷；1,4-二噁烷；1,4-diethylene dioxide

【CAS 登记号】 [123-91-1]

【结构式】

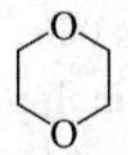

【物化性质】 无色液体，稍有清香酯味。沸点（0.1MPa）101.32℃。凝固点11.80℃。闪点5～18℃。相对密度1.0329。折射率1.4175。能与水及多数有机溶剂混溶。

【质量标准】 HG/T 3499—2004 化学试剂 1,4-二氧六环

项　目		分析纯	化学纯
1,4-二氧六环 $[(C_2H_4)_2O_2]$/%	≥	99.5	98.5
色度(黑曾单位)	≤	10	—
密度(20℃)/(g/mL)		1.030～1.035	—
结晶点/℃	≥	11.0	9.5
蒸发残渣/%	≤	0.005	0.01
酸度(以 H^+ 计)/(mmol/100g)	≤	0.2	0.3
水分(以 H_2O 计)/%	≤	0.1	0.4
过氧化物(以 H_2O_2 计)/%	≤	0.005	—
铁(Fe)/%	≤	0.0001	—

【用途】 在医药、化妆品、香料等特殊精细化学品制造，以及作为溶剂、反应介质、萃取剂使用。除可用作1,1,1-三氯乙烷的稳定剂外，应用较多的是作为聚氨酯合成革、氨基酸合成革等的反应溶剂。溶解能力强，与二甲基甲酰胺相近，比四氢呋喃强。二氧六环与三氧化硫形成络合物，可用作许多化合物合成时的硫酸化剂。也用于医药、农药的提取，石油产品的脱蜡等。可用作染料分散剂、木材着色剂的分散剂以及油溶性染料的溶剂。

【制法】（1）乙二醇法。在硫酸催化下脱水制得。

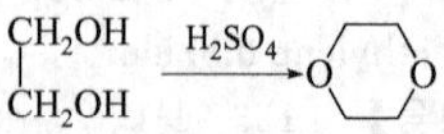

（2）环氧乙烷法。直接经二聚制得。二聚反应在酸性催化剂存在下进行，催化剂可以是硫酸氢钠、硫酸及三氟化硼等。工业级二氧六环需要精制为纯品时，可将粉状氢氧化钠加入二氧六环中，除去酸性物质和水分，滤去固体物质后蒸馏即得成品。

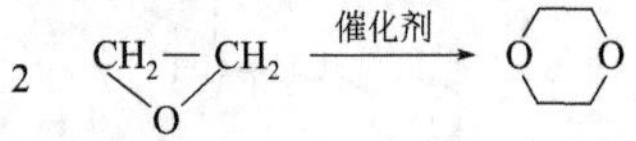

（3）二甘醇法。二甘醇在质子酸作用下分子内脱水制取二噁烷。

【安全性】 属微毒类。小鼠、大鼠经口 LD_{50} 分别为：5.7mL/kg、5.2mL/kg。与氧化剂发生强烈反应，接触空气或阳光直射易形成有爆炸危险的过氧化物，其蒸气比空气重，能在较低处扩散到很远的地方，遇火引着回燃。蒸气与空气易形成爆炸混合物，爆炸下限2.0%，爆炸上限22.2%（体积）。仓库阴凉通风，远离火种火源，仓温不超过30℃包装密封，不可接触空气，不宜久存。200kg铁桶包装。

【参考生产企业】 天津市海纳川科技发展有限公司，安徽省沃土化工有限公司，山东海澳特工贸有限公司，南通金昌化工有限公司，泰兴市江腾医药化工厂。

I022 糠胺

【英文名】 2-(aminomethyl)furan

【别名】 呋喃甲胺；麸胺；2-氨甲基呋喃；2-furanmethylamine；2-furylmethylamine；furfurylamine

【CAS登记号】 [617-89-0]

【结构式】

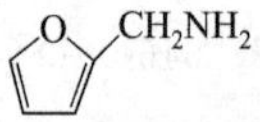

【物化性质】 无色透明液体。沸点145～146℃。闪点46℃。相对密度1.099。折射率1.4900。与水互溶，溶于乙醇乙醚。

易燃，有刺激性。

【质量标准】 Q/321283GRC03—2000

项　目		指　标
外观及气味		无色透明液体
含量/%	≥	99.5
密度(20℃)/(g/mL)		1.030～1.035
凝固点/℃		10.5～12
蒸发残渣/%	≤	0.01
酸度(以 CH_3COOH 计)/%	≤	0.01
水分/%	≤	0.1
过氧化物(以 H_2O_2 计)/%	≤	0.05

【用途】 用于有机合成，与 2,4-二氯-5-氨磺酰基苯甲酸缩合，可得强效利尿药“速尿”；“速尿”作为利尿药作用强而快，是治疗严重水肿所必需的药物。糠胺也用作抗腐蚀剂。

【制法】 由糠醛经氢化、氨化而得。将糠醛、催化剂瑞尼镍投入不锈钢反应釜中，再加入经氨饱和甲醇；再通氮置换釜内空气，然后通氢，在 45～60℃、8MPa 下搅拌吸氢 4h，至釜压不变为终点。将反应物过滤，滤液回收甲醇至尽，减压蒸馏，收集 45～67℃（0～5.3kPa）馏分，即为糠胺，收率约 40%。

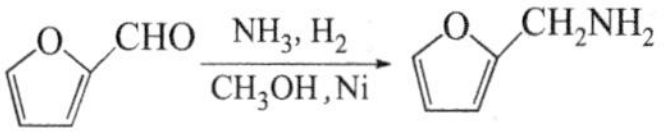

【参考生产企业】 金坛市华阳化工厂，江苏飞翔化工股份有限公司。

I023 咪唑

【英文名】 imidazole

【别 名】 甘噁啉；1,3-二唑；吡唑；glyoxaline；1,3-diazole；iminazole；miazole；pyrro[*b*]monazole；1,3-diaza-2,4-cyclopentadiene

【CAS 登记号】 [288-32-4]

【结构式】

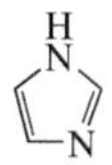

【物化性质】 无色菱形结晶。与高锰酸水溶液作用生成甲酸，与过氧化氢作用生成草酸。沸点 257℃、165～168℃（2.7kPa）、138.2℃（1.6kPa）。熔点 90～91℃。闪点 145℃。相对密度（101℃）1.0303。折射率（101℃）1.4801。易溶于水、乙醇、乙醚、氯仿、吡啶，微溶于苯，极微溶于石油醚。呈弱碱性。

【质量标准】

项　目		指　标
外观		白色结晶
沸点/℃		255
熔点/℃		88.0～91.0
含量		99.0
水分/%	≤	0.5

【用途】 主要用作环氧树脂的固化剂，其用量为环氧树脂的 0.5%～10%。咪唑是生产抗真菌药双氯苯咪唑、益康唑、酮康唑、克霉唑的主要原料之一。由咪唑和 2,4-二氯苯乙酮为主要原料可制得伊迈唑，是一种抗真菌药，还广泛用作水果的防腐剂。

【制法】 (1) 乙二醛法。由乙二醛、甲醛与硫酸铵作用制得。

(2) 邻苯二胺法。以邻苯二胺为起始原料，与甲酸环合生成苯并咪唑，再经双氧水反应开环为 4,5-二羧基咪唑，最后脱羧制得咪唑。

【安全性】 有毒。对小鼠经口 LD_{50} 为 18.80mg/kg，注射 LD_{50} 为 610mg/kg。其毒性及防护方法与乙二胺相似。采用木桶或玻璃瓶包装，贮存在阴凉、通风、干燥处。防热、防晒、防潮、防碰撞。按有毒物品规定贮运。

【参考生产企业】 盐城市华鸥实业有限公司，广西河池市化工制药厂，上海三微实业有限公司，盐城市药物化工厂。

I024 2-甲基咪唑

【英文名】 2-methylimidazole

【CAS 登记号】［693-98-1］

【结构式】

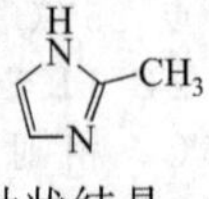

【物化性质】 针状结晶。沸点 267℃。熔点 143～144℃（136℃）。溶于水、乙醇，微溶于冷的苯中。

【质量标准】

项 目	指 标
外观	白色、米色或淡黄色柱状结晶
熔点/℃	140～146
沸点/℃	258～264
含量/% ≥	98

【用途】 制造药物灭滴灵的中间体，也是环氧树脂及其他树脂的固化剂。

【制法】（1）乙二胺法。由乙二胺和乙腈在硫黄存在下环合，然后在活性镍催化下脱氢而得。

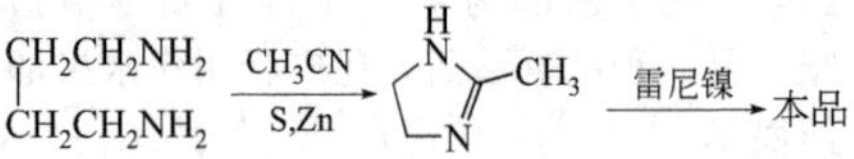

（2）乙二醛法。

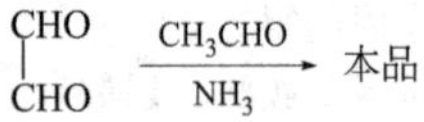

【安全性】 有毒，小鼠经口 LD_{50} 为 1400mg/kg，腹腔注射 LD_{50} 为 480 mg/kg。对皮肤引起致敏性反应，其毒性与二元胺相似。操作人员应戴防护口罩及橡胶手套。用铁桶或木桶包装，内衬塑料袋，每桶 30kg 或 50kg。贮存于阴凉通风处。防热、防晒、防潮。按有毒化学品规定贮运。

【参考生产企业】 广州市新稀冶金化工有限公司，北京恒业中远化工有限公司，上海凯乐实业发展有限公司，罗田县宏源化学原料药有限公司。

I025 4-甲基咪唑

【英文名】 4-methylimidazole

【CAS 登记号】［822-36-6］

【结构式】

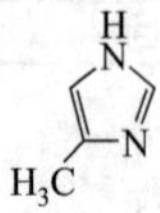

【物化性质】 白色或类白色结晶体。沸点 263℃。熔点 54～56℃。闪点 157℃。相对密度（g/mL）1.02～1.06。溶于水、乙醇。

【用途】 用作环氧树脂的固化剂，还可用于合成抗菌剂等。是药品西咪替丁的主要原料，

【制法】 由丙酮醛、乙醛和氨反应而得。

【安全性】 4-甲基咪唑可导致雄性大鼠甲状腺滤泡细胞发生异常增生；雌性大鼠则增大了甲状腺癌的发生率。贮存于阴凉通风处，防热、防晒、防潮。

【参考生产企业】 中澳合资温州澳珀化工有限公司，靖江市合成化工厂，浙江省三门县开源科技实验厂，上海太阳神复旦高科技产业有限公司，浙江康乐药业有限公司，宜兴市凯利化学制药厂，盐城市药物化工厂。

I026 2-苯基咪唑

【英文名】 2-phenylimidazole

【CAS 登记号】［670-96-2］

【结构式】

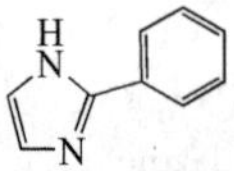

【物化性质】 白色粉状。沸点 335～33℃。熔点 146～149℃。闪点 200℃。

【用途】 可用作环氧树脂、聚氨基甲酸乙酯等的固化剂，以及用于各种医药、农药和染料中间体。

【制法】 由乙二胺脱氢可制得 2-苯基咪唑。

【安全性】 存放于密封、闭光、阴凉干燥通风处，在运输中应轻装轻卸，防止内包

装破裂，极易吸潮。

【参考生产企业】 北京精益精化工有限公司，上海三微实业有限公司，杭州民生凯普医药化工有限公司，北京成宇化工有限公司，盐城市药物化工厂。

I027 苯并咪唑

【英文名】 benzimidazole

【别名】 间二氮茚；benziminazole；1,3-benzodiazole；azindole；benzoglyoxaline；*N*,*N'*-methenyl-*o*-phenylenediamine

【CAS 登记号】 [51-17-2]

【结构式】

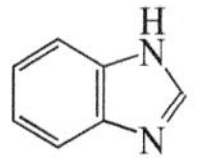

【物化性质】 白色斜方及单斜结晶。沸点>360℃。熔点 170.5℃。酸度系数(25℃) 5.48。溶于热水、醇、沸二甲苯、酸及强碱水溶液，微溶于冷水及醚，几乎不溶于苯及石油醚。有较好的化学稳定性。

【质量标准】

项 目		指 标
熔点/℃		171～173
含量/%	≥	98.0
杂质/%	≤	0.1

【用途】 合成头孢咪唑及克霉唑的中间体。

【制法】 由邻苯二胺与甲酸经环合制得。将邻苯二胺与甲酸的混合物在水浴上加热 2h，冷却，用 10%氢氧化钠溶液调节 pH 为 10，将析出的固体滤出，用冷水洗涤得粗品，收率 90%。粗品加水微沸，加活性炭脱色，趁热过滤，滤液冷至室温，再过滤，冷水洗涤，在 100℃干燥，得苯并咪唑成品。

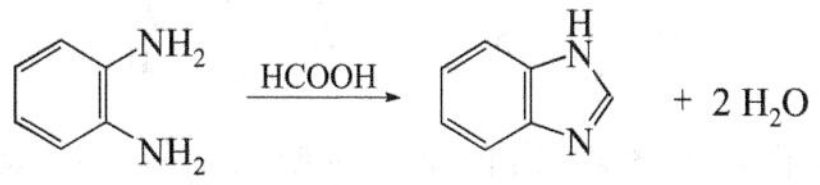

【安全性】 25kg 袋装或桶装，内衬塑料袋。

【参考生产企业】 上海三微实业有限公司，临海市智能化工厂，宜兴市东方精细化工有限公司。

I028 2-乙基-4-甲基咪唑

【英文名】 2-ethyl-4-methylimidazole

【别名】 2-ethyl-4-methylglyoxaline

【CAS 登记号】 [931-36-2]

【结构式】

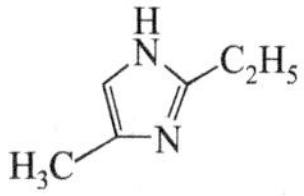

【物化性质】 浅黄色晶体，具吸湿性。沸点 292～295℃。熔点 45℃。闪点 137℃。相对密度 (d_4^{15}) 0.975。折射率 1.4995。易溶于水、乙醇，微溶于乙醚。

【用途】 作为固化剂，用于环氧胶、环氧有机硅树脂及涂料等方面。

【制法】 以 1,2-丙二胺为原料，在硫的催化下与丙腈缩合，第一步反应在 90℃下进行 4h，第二步反应升温至 140℃时进行 1h。反应完成后，降温至 90℃以下。加锌除硫，在 140℃下搅拌反应 1h 后，冷至室温，进行分离、减压蒸馏，收集 102～112℃ (1.99kPa) 的馏分。再在活性镍催化下，于 180℃进行脱氢，最后经减压蒸馏，收集 150～160℃ (1.33kPa) 的馏分即得。

【安全性】 对皮肤有致敏作用，其毒性与 2-甲基咪唑近似，可参见 2-甲基咪唑。操作人员应穿戴防护用具。用内衬塑料袋，外用铁桶或木桶包装。贮存于阴凉、通风、干燥处。防热、防晒、防潮。按有毒化学品规定贮运。

【参考生产企业】 浙江临海市凯乐化工厂，无锡市珠峰精细化工有限公司。

I029 1-甲基-4-硝基-5-氯咪唑

【英文名】 1-methyl-4-nitro-5-chloroimidazole

【别名】 5-氯-1-甲基-4-硝基咪唑

【CAS 登记号】 [4897-25-0]

【结构式】

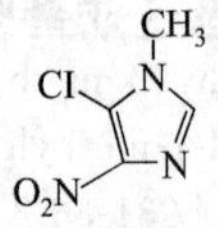

【物化性质】 熔点 148～149℃。

【用途】 用于合成抗肿瘤及辅助药物硫唑嘌呤。

【制法】 以草酸二乙酯为原料，经胺化、环合、氯化、硝化制得。

【参考生产企业】 浙江浙北药业公司，浙江东立化工厂。

I030 2-(二氯甲基)苯并咪唑

【英文名】 2-(dichloromethyl) benzimidazole

【CAS 登记号】 [5466-57-9]

【结构式】

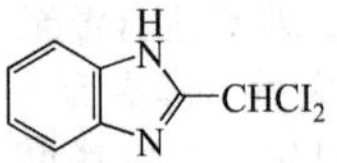

【物化性质】 暗草绿色细结晶。

【质量标准】 暗草绿色结晶。含量≥99%。

【用途】 染料中间体。

【制法】 以二氯乙酸与邻苯二胺缩合后，经中和、压滤、水洗制得。

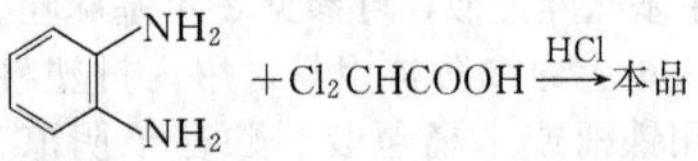

【安全性】 有毒。操作中应穿戴防护用具。贮存于阴凉、通风的库房中。按有毒化学品规定贮运。

【参考生产企业】 北京成宇化工有限公司。

I031 *N*,*N*-羰基二咪唑

【英文名】 *N*,*N'*-carbonyldiimidazole

【别名】 1,1'-carbonylbis-1*H*-imidazole

【CAS 登记号】 [530-62-1]

【结构式】

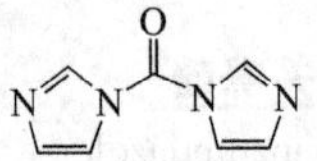

【物化性质】 白色或类白色粉末。熔点 116～122℃。

【用途】 用作合成三磷核苷、肽和酯类的缩合剂，也是合成酰基咪唑和吡藜酰胺的重要中间体，还可用于生化合成基团保护及蛋白质肽链的连接。

【制法】 将咪唑与溶于苯的光气反应，滤除反应物中的咪唑盐酸盐，滤液浓缩至干，得 *N*,*N*-羰基二咪唑，产率 91%。

【安全性】 应贮存于阴凉、通风、干燥库房中，远离火种、热源，防热、防潮、防水、防晒，运输中轻装轻放，以防包装破损，保持密封。

【参考生产企业】 盐城市药物化工厂，江苏海翔化工有限公司。

I032 咪唑烷基脲

【英文名】 imidurea

【别名】 *N*,*N'*-亚甲基二(*N'*-3-羟甲基-2,5-二氧-4-咪唑基)脲；*N*,*N''*-methylenebis{*N'*-[3-(hydroxymethyl)-2,5-dioxo-4-imidazolidinyl] urea}；methanebis [*N*,*N'*-(5-ureido-2,4-diketotetrahydroimidazole)-*N*,*N*-dimethylol]；imidazolidinyl urea

【CAS 登记号】 [39236-46-9]

【结构式】

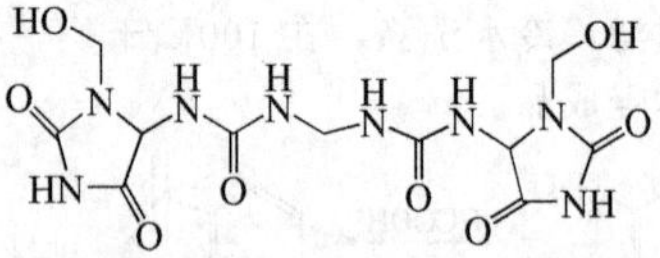

【物化性质】 白色流动性粉末。具有吸湿

性，无味或略带特征性气味，易溶于水，可溶于丙二醇和甘油，难溶于乙醇。能抑制革兰氏阴性、阳性细菌，对酵母菌及霉菌有一定的抑制作用。可与化妆品中存在的各种组分相配伍，试验结果表明其抑菌能力不受化妆品中表面活性剂、蛋白质以及其他特殊添加成分的影响。

【质量标准】 GB/T 29667—2013 化妆品用防腐剂 咪唑烷基脲

项目		指标
外观		白色流动性粉末，略带特征性气味
鉴别(红外)		与标准图谱一致
含氮量/%		26.0～28.0
pH(1%水溶液)		6.0～7.5
干燥失重/%	≤	3.0
灼烧残渣/%	≤	3.0
汞/(mg/kg)	≤	1
砷/(mg/kg)	≤	2
铅/(mg/kg)	≤	10

【用途】 可用于乳霜、香波、调理剂等产品，可单独使用，也可与尼泊金酯类、IPBC等配合使用，增强其防腐效果。pH值使用范围为3～9，一般添加量为0.2%～0.4%，最大允许添加量为0.6%，可在较宽的温度范围内（<90℃）添加。

【安全性】 大鼠经口 LD_{50} 为5200mg/kg，家兔经皮 LD_{50} >8000mg/kg，5%浓度对家兔皮肤无刺激性。贮存于避光、阴凉、干燥处，密闭保存。

【参考生产企业】 上海美林康精细化工有限公司，浙江圣效化学品有限公司，杭州德高化工开发有限公司，河北亚光精细化工有限公司。

I033 2,5-二氧代-4-咪唑烷基脲

【英文名】 allantoin

【别名】 尿囊素；1-脲基间二氮杂茂烷二酮-(2,4)；(2,5-dioxo-4-imidazolidinyl)urea；5-ureidohydantoin；glyoxyldiureide；cordianine

【CAS登记号】 [97-59-6]

【结构式】

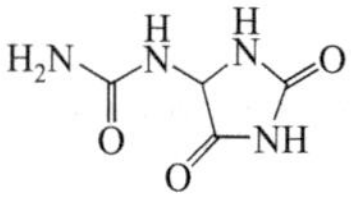

【物化性质】 无色结晶性粉末。熔点238～240℃（分解）。能溶于热水、热醇和稀氢氧化钠溶液，微溶于水和醇，几乎不溶于醚和氯仿。无臭，无味。在干燥空气中稳定，在水中长时间煮沸或强碱中则被破坏。饱和水溶液的pH为5.5。

【用途】 尿囊素具有促进皮细胞生长，使伤口迅速愈合的作用。用作抗溃疡药，与干燥氢氧化铝凝胶混合，用于消化道溃疡及炎症。该品又能软化角质素，使皮肤保持水分、滋润和柔软，是化妆品的特效添加剂。尿囊素及其衍生物还是许多日用化工产品的品质改良剂、添加剂。尿囊素蛋白质可配制抗刺激、抗头皮屑、清洁及使伤口愈合的头皮制剂，能使头发柔软，有光泽和弹性。该品是一种两性化合物，能结合多种物质形式复盐，具有避光、杀菌防腐、止痛、除臭、抗氧化作用，因此是日用化工产品，美容化妆品如雀斑霜、粉刺液、香波、肥皂、牙膏、刮脸洗剂，收敛液、抗汗除臭洗涤剂等的添加剂。尿囊素还是一种生化试剂。

【制法】 尿囊素存在于悄囊液、胎儿尿及一些植物中。但从这些物质中提取囊素成本太高。目前合成尿囊素的方法有尿酸高锰酸钾氧化法、乙二醛氧化法、二氯乙酸反应法、三氯乙醛法、草酸电解还原法、尿素乙醛酸直接缩合法。其中尿素乙醛酸直接缩合法的研究较多。尿素乙醛酸直接缩合法由两步进行。①氧化。首先用硝酸氧化乙醛得到乙醛酸。②缩合。在酸的作用下乙醛酸和尿素缩合反应即得。

【参考生产企业】 昆山市双友日用化工有限公司，苏州市家用化学品有限公司。

I034 尿唑

【英文名】 urazole

【别名】 1,2,4-三唑烷-3,5-二酮；1,2,4-triazolidine-3,5-dione；3,5-diketotriazolidine；bicarbamimide；hydrazodicarbonimide

【CAS 登记号】 [3232-84-6]

【结构式】

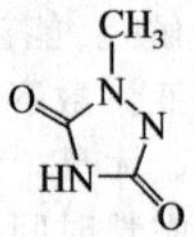

【物化性质】 白色片状晶体。为弱酸。能生成稳定的碱金属盐、铵盐和胺盐。熔点 246～248℃(分解)。溶于水，微溶于乙醇，不溶于乙醚。

【质量标准】

项目	指标
外观	白色粉末
熔点/℃	246～248
杂质	无水中不溶解物质

【用途】 用作胶片潜影稳定剂，是新型的胶片防灰雾剂。可用于彩色、地质、航空胶片。

【制法】 氯甲酸甲酯与尿素缩合成脲基甲酸甲酯，经水合肼环合成尿唑肼，最后以丙酮脱肼成尿唑，经重结晶制得成品。

【参考生产企业】 江苏永联集团公司江阴农药厂，福建龙岩龙化集团，北京恒业中远元化工有限公司。

I035 4-苯基尿唑

【英文名】 4-phenyl urazole

【别名】 稳定剂-Ⅱ；stabilizer Ⅱ

【CAS 登记号】 [15988-11-1]

【结构式】

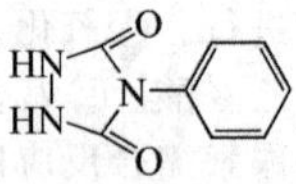

【物化性质】 无色柱状结晶。熔点 207～209℃。易溶于乙醇，难溶于乙醚。遇氧化剂变深红色。

【质量标准】

项目		合格品
含量/%	>	95
熔点/℃	>	205
水溶液反应		合格
水分/%		0.5
灼烧残渣/%		0.4
铁(Fe)/%		0.001

【用途】 用作稳定剂。

【制法】 水合肼与碳酸二乙酯缩合制得肼基碳酸乙酯，与异氰酸苯酯加成，再经碱解、酸析、环合而成。

【安全性】 有毒。操作中应戴口罩、防止粉尘吸入。用塑料瓶包装。每瓶 500g，10 瓶装一纸箱。贮存于阴凉、通风、干燥处。防晒、防热。不得与氧化剂一起存放。

【参考生产企业】 上海试四赫维化工有限公司，江苏永联集团有限公司。

I036 噻唑

【英文名】 thiazole

【别名】 硫氮(杂)茂

【CAS 登记号】 [288-47-1]

【结构式】

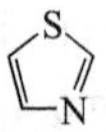

【物化性质】 无色或淡黄色有特殊臭味液体。沸点 116.8℃。闪点 22℃。相对密度(水=1) 1.20。微溶于水，易溶于乙醇、乙醚及丙酮。

【用途】 用于合成药物、杀菌剂和染料等。

【制法】 用氯乙醛与硫代甲酰胺反应制取。

【安全性】 吸入、摄入或经皮肤吸收后对身体有害，对眼睛和皮肤有刺激作用。易燃，遇明火、高热或与氧化剂接触，有引起燃烧爆炸的危险，有毒，具刺激性。

【参考生产企业】 盐城海利澳化工有限公司，滕州市万丰香料有限公司。

I037 2,4-二甲基噻唑

【英文名】 2，4-dimethylthiazole

【别名】 二甲基硫杂茂

【CAS登记号】 [541-58-2]

【结构式】

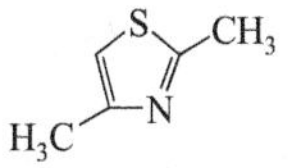

【物化性质】 液体，具吸湿性。沸点144～145℃（95.8kPa)，70～73℃（6.66kPa)。相对密度（15℃）1.0562。折射率1.5091。溶于醇、醚及冷水，在热水中溶解度稍小。

【质量标准】

项　目	指　标
外观	无色透明液体
含量/%　≥	99.5
相对密度(d_4^{25})	1.0460～1.0520
折射率(n_D^{25})	1.5040～1.5100
重金属含量(Pb)/×10^{-6} ≤	10
砷含量(As)/×10^{-6}　≤	3

【用途】 可用于有机合成及医药品的生产等。

【制法】 由乙酰胺与五硫化二磷反应，再与一氯丙酮缩合制得。先将无水苯加入反应瓶中，再加入乙酰胺和粉状五硫化二磷的混合物，在水浴上加热，再加入氯代丙酮的苯溶液，加完回流30min，然后将水加入反应混合物中，弃去上层微红色液体，取下层液加氢氧化钠使呈碱性，再加乙醚提取。提取液用无水硫酸钠干燥，过滤，常压蒸馏，收集140～150℃馏分，再将收集物重新蒸馏，收集143～145℃馏分，即为2,4-二甲基噻唑。

【参考生产企业】 滕州吉田香料有限公司，滕州市悟通香料有限公司，滕州市芳源香精香料有限公司。

I038 2-氨基-4-甲基噻唑

【英文名】 2-amino-4-methylthiazole

【别名】 4-甲基-2-噻唑胺；4-methyl-2-thiazolamine；4-methyl-2-thiazolylamine；aminomethiazole

【CAS登记号】 [1603-91-4]

【结构式】

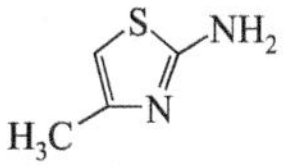

【物化性质】 白色结晶。沸点281～282℃（分解)、124～126℃（2.7kPa)、70℃（53.3Pa)。熔点45～46℃。极易溶于水、乙醇和乙醚。

【质量标准】 淡黄色粉末。含量≥98%。

【用途】 用于有机合成，制造医药及其他精细化工产品等。

【制法】 由氯丙酮和硫脲作用制得。将水和硫脲加入反应器中搅拌，于0.5h内滴入氯丙酮。随着反应的进行，硫脲逐渐溶解，然后回流反应2h。在冷却、慢慢搅拌下，加入粒状氢氧化钠，然后分出上部油层，水层用乙醚萃取。将暗红色油状物与萃取液合并，用氢氧化钠干燥，过滤，从滤液中蒸出乙醚后，剩余物减压蒸馏，收集117～120℃（1.1kPa)，或130～133℃（2.4kPa）馏分即得产品，产率70%～75%。

【安全性】 有毒，接触皮肤可引起皮炎和荨麻疹等。进入体内可引起甲状腺功能减退。

【参考生产企业】 无锡美华化工有限公司，盐城市黄隆实业有限公司，盐城荣泰化工有限公司，黄岩精细化学品集团公司，盐城海利澳化工有限公司。

I039 2-氨基-5-硝基噻唑

【英文名】 2-amino-5-nitrothiazole

【别名】 5-nitro-2-thiazolamine

【CAS登记号】 [121-66-4]

【结构式】

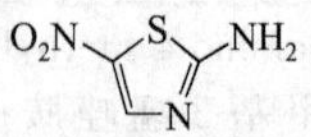

【物化性质】 黄色晶体。微苦。熔点202℃（分解）。溶于热水及稀酸，微溶于水、乙醇、乙醚等有机溶剂。

【质量标准】 淡黄色粉末。含量≥98%。

【用途】 用来制备偶氮杂环染料的重要中间体。

【制法】 以氯乙醛为原料，与硫脲进行反应制得2-氨基噻唑，再经硝化制得2-氨基-5-硝基噻唑。

【安全性】 有毒。刺激皮肤，引起皮炎、荨麻疹、皮肤变褐、甲状腺机能减退、食欲减退、恶心、呕吐等。生产设备应密闭，车间宜有良好的通风。操作人员穿戴防护用具。用内衬塑料袋的铁桶或木桶、塑料桶包装。贮存于阴凉、通风处。防热、防晒、防潮。按有毒化学品规定贮运。

【参考生产企业】 盐城荣泰化工有限公司，浙江欣阳三友精细化工有限公司，浙江临海永利精细化工厂，临海永太化工有限公司。

I040 2-氨基苯并噻唑

【英文名】 2-aminobenzothiazole

【别名】 2-benzothiazolamine

【CAS登记号】 [136-95-8]

【结构式】

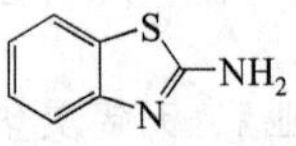

【物化性质】 白色叶状结晶。极稳定，蒸馏时也不分解。熔点128～130℃。不溶于水，易溶于乙醇、乙醚和氯仿，溶于浓盐酸。

【用途】 可用于制造阳离子紫3BL，还可用于合成3-甲基苯并噻唑腙，用于制造阳离子紫2RL等。

【制法】 (1) 氯化硫法。由苯基硫脲与氯化硫作用制得。

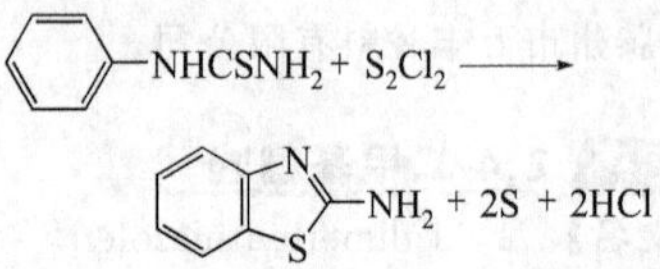

(2) 氯化亚砜合环法。该方法不仅反应时间短，操作方便，而且收率可达氯化硫法的收率，甚至更高。

【安全性】 小鼠静脉注射 LD_{50} 为126mg/kg。

【参考生产企业】 江苏盐城永利化工有限公司，北京恒业中远化工有限公司，常山县富盛化工厂。

I041 2-氨基-6-硝基苯并噻唑

【英文名】 2-amino-6-nitrobenzothiazole

【别名】 6-硝基-2-氨基苯并噻唑

【CAS登记号】 [6285-57-0]

【结构式】

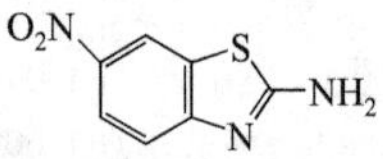

【物化性质】 橙黄色针状结晶。熔点253℃。

【质量标准】

项目		指标
含量/%	≥	97
干燥失重/%	≤	1.0
其他酸不溶物/%	≤	0.5

【用途】 是合成偶氮染料和分散染料的中间体，其衍生物可用于重金属的分析。

【制法】 (1) 两步合成法。a. 以2-氨基苯并噻唑为原料，先用乙酸酐保护氨基，再硝化，然后经水解去乙酰基，或者在浓硫酸中用浓硝酸硝化而成。所用原料2-氨基苯并噻唑可由苯胺经硫氰化、氧化合环制得。b. 以苯基硫脲为原料，先硝化成4-硝基苯基硫脲，再合环而成。

(2) 一步合成法。苯基硫脲在浓硫酸中环化、硝化两步反应在同一反应器中连续完成。将苯基硫脲溶解在98%硫酸中，于室温下，在催化量溴素作用下，于2h左右完成环化反应；然后在5～10℃下向反应液中滴加发烟硝酸，1h左右即可完成硝化反应，得2-氨基-6-硝基苯并噻唑。此方法反应时间短，操作简便，产率可达96%以上，产品含量97%，适用于工业化生产。

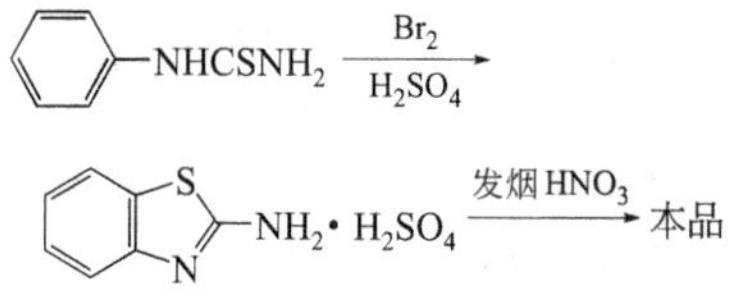

（3）对硝基苯胺法。与硫氰化钠反应得到对硝基苯硫脲，再与氯化硫作用制得2-氨基-6-硝基苯并噻唑。

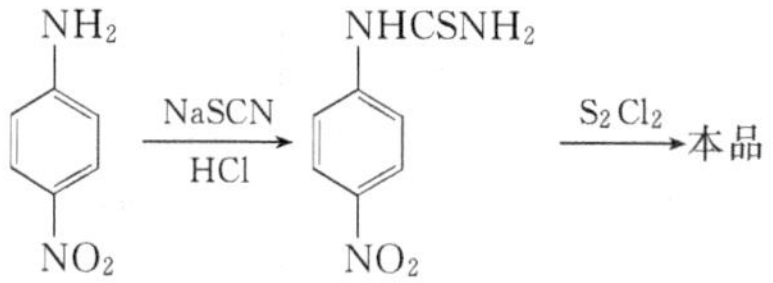

【参考生产企业】 临海永利精细化工厂，常山县富盛化工厂，温州浙南兽药厂，浙江联化科技股份有限公司。

I042 2-氨基噻唑盐酸盐

【英文名】 2-aminothiazole hydrochloride

【别名】 2-thiazolamine hydrochloride

【CAS登记号】 [3882-98-2]

【结构式】

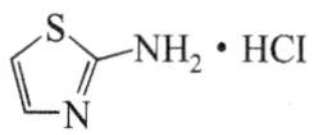

【物化性质】 浅黄色晶体，低毒。熔点90℃。溶于热水及稀无机酸，微溶于冷水、乙醇及乙醚。

【质量标准】

项　目		指　标
含量/%	≥	98
游离酸量/%		8～9
密度(20℃)/(g/cm³)		1.113

【用途】 磺胺噻唑及其衍生药物的中间体。

【制法】 以氯乙醛与硫脲在常温下缩合制得。

$$ClCH_2CHO + NH_2CSNH_2 \longrightarrow 本品 + H_2O$$

【安全性】 有毒，有强腐蚀性。对大鼠经口LD_{50}为480mg/kg，对大鼠和家兔没有蓄积作用。当空气中粉尘浓度达到0.0036～0.11mg/m^{3}时，就会使皮肤变为褐色，引起食欲减退、恶心、呕吐、皮炎等症状。有时出现荨麻疹、甲状腺机能减退、脂腺肥大等症状，从尿中排出硫脲。生产过程中应注意设备密闭，防止泄漏，加强通风，操作人员应穿戴防护用具。用内衬塑料袋的铁桶或木桶，或塑料桶包装。贮存在阴凉通风处。防热、防晒、防潮。按有毒化学品规定贮运。

【参考生产企业】 杭州欣阳三友精细化工有限公司，吴江市博霖医药化工机械有限公司，常州市吉田化工厂，盐城市华业医药化工有限公司。

I043 磺胺噻唑

【英文名】 sulfathiazole

【别名】 2-(对氨基苯磺酰胺基)噻唑；4-amino-*N*-2-thiazolylbenzenesulfonamide；2-sulfanilamidothiazole；2-(sulfanilylamino) thiazole；2-(*p*-aminobenzenesulfonami do)thiazole；norsulfazole

【CAS登记号】 [72-14-0]

【结构式】

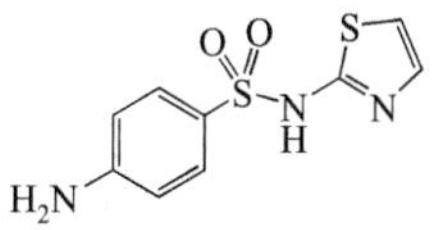

【物化性质】 白色晶体或结晶粉末。在空气中稳定，遇光变色。熔点200～204℃。酸度系数（pK_a）7.2。难溶于水，溶于丙酮、稀盐酸、氨水和碱溶液。

【用途】 属磺胺类药物，用于肺炎球菌、脑膜炎双球菌、淋球菌和溶血性链球菌的感染。

【制法】 可由2-氨基噻唑与氯化对硝基苯磺酰缩合，再经还原制得。

【参考生产企业】 上海三维制药有限公司，上海宝乾精细化工有限公司，吴江市博霖医药化工机械有限公司，苏州市吴赣化工有限责任公司，江都市苏康化工有限公司。

I044 3-甲基-2-苯并噻唑酮腙

【英文名】 3-methyl-2-benzothiazolone hydrazone

【结构式】

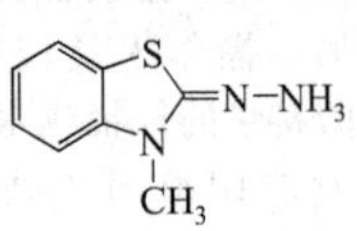

【物化性质】 白色粉末。熔点（3-甲基-2-苯并噻唑酮腙盐酸盐）276～278℃（分解）。溶于水，微溶于无水乙醇。

【质量标准】 浅灰白色粉状结晶。含量35%～40%。

【用途】 用作染料中间体以及检测试剂。

【制法】 6-甲氧基-2-氨基苯并噻唑由硫酸二甲酯进行甲基化后，与水合肼进行缩合制得。

【安全性】 有毒。设备应密闭，操作中应穿戴防护用具。贮存于阴凉、通风的库房中。按有毒化学品规定贮运。

【参考生产企业】 上海三泰染料化工厂，上海庆成染料化工有限公司，北京成宇化工有限公司。

I045 氨噻肟酸

【英文名】 2-aminothiazole-4 (methyliso ximino acid)

【别名】 2-氨基噻唑-4-(甲基异肟酸)；ATMIA

【CAS登记号】 [65872-41-5]

【结构式】

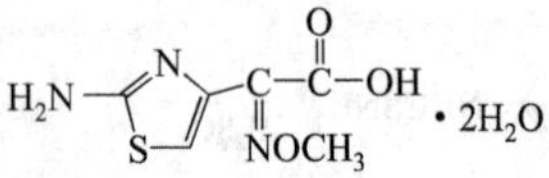

【物化性质】 白色或微黄色结晶粉末，或针状结晶。熔点128～132℃（分解）。

【质量标准】

项　目		指　标
外观		类白色粉末
熔点/℃	≥	180
含量/%	≥	99.2
水分/%	≤	0.3
透光度/%	≥	94
吸光度/%	≤	0.025

【用途】 医药中间体。

【制法】 乙酰乙酸乙酯经亚硝化、甲基化、溴代、环化、水解而成。

【安全性】 制造过程所用原料如硫酸二甲酯、亚硝酸钠、乙酰乙酸乙酯、溴及三氯甲烷均有一定毒性。操作人员必须穿戴防护用品。内衬塑料袋，外用木桶包装，每桶25kg。

【参考生产企业】 临海市新星化工厂，石家庄金通医药化工有限公司，青岛东方股份有限公司。

I046 2-氨基-5-巯基-1,3,4-噻二唑

【英文名】 2-amino-5-mercapto-1,3,4-thiodiazole

【别名】 5-氨基-1,3,4-噻二唑-2-硫醇；5-氨基-1,3,4-噻二唑啉-2(3*H*)-硫酮；5-amino-1,3,4-thiadiazole-2-thiol；5-amino-1,3,4-thia-diazoline-2(3*H*)-thione

【CAS登记号】 [2349-67-9]

【结构式】

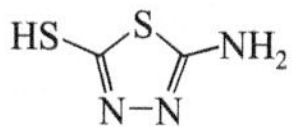

【物化性质】 结晶。熔点 233～234℃，熔融时分解。

【用途】 医药工业用于合成乙酰唑胺利尿药等，也用来测定金属密度。

【制法】 由双硫脲环合而得。环合反应在13%～15%盐酸中进行比较有利。

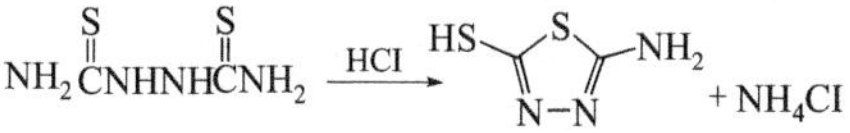

【安全性】 小鼠经口 LD_{50} 为 250mg/kg。有刺激性。

【参考生产企业】 上海申隆药业有限公司，苏州红旗化工厂，浙江花蝶染料化工厂。

I047 2-甲基-5-巯基-1,3,4-噻二唑

【英文名】 2-methyl-5-mercapto-1，3，4-thiodiazole

【CAS 登记号】 [29490-19-5]

【结构式】

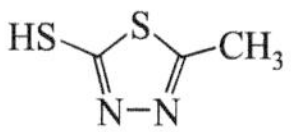

【物化性质】 白色结晶。熔点 174～175℃。易溶于热水，溶于乙醇

【质量标准】

项 目		指 标
含量/%	≥	99.0
熔点/℃		183.0～187.0
水分(K·F)	≤	0.5
透光率/%	≥	
400nm		92.0
510nm		96.0
650nm		98.0

【用途】 用于头孢唑啉、头孢西酮、唑酮头孢菌素药物的原料。

【制法】 (1) 乙酸乙酯法。经与水合肼反应后，再加热环合制得

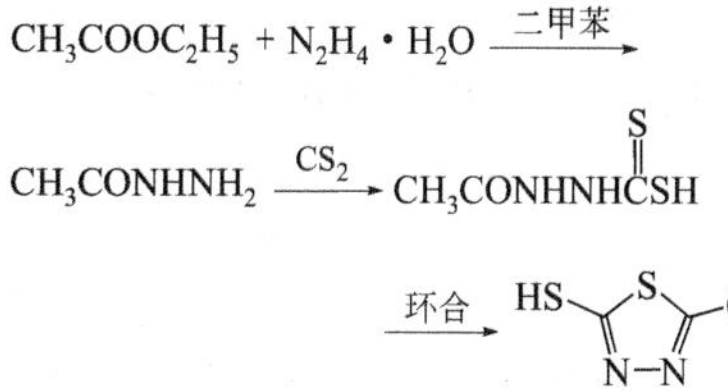

(2) 硫代乙酰胺法。在 200mL 二甲基甲酰胺中溶解 112.7g 硫代乙酰胺，在温度 10℃以下经 1h 滴加水合肼 75.1g。再于温度 10℃以下经 1h 滴加 137g 二硫化碳。然后在 35℃下搅拌 1h。反应液徐徐加热至 100℃，赶出硫化氢，至不发生硫化氢之后，减压下蒸出二甲基甲酰胺 150mL。被浓缩的反应液中加入水 250mL，冷却至 20℃。过滤析出的结晶，用水洗，干燥，得产品 169.4g，收率为 85.4%，含量 99.7%。

【参考生产企业】 浙江莹光化工有限公司，济南艾浮科技有限公司。

I048 1*H*-3-氨基-1,2,4-三唑

【英文名】 amitrole

【别名】 1*H*-1,2,4-三唑-3-胺；1*H*-1，2，4-triazol-3-amine；3-amino-1*H*-1，2，4-triazole；aminotriazole；ATA

【CAS 登记号】 [61-82-5]

【结构式】

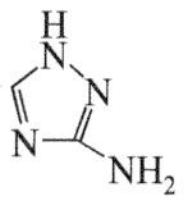

【物化性质】 结晶。熔点 159℃。

【用途】 在医药方面用作心绞痛、冠脉扩张药唑嘧胺（Trapidil）的原料；在染料方面用于合成碱性黄 25（Basic yellow25），碱性红 22（Basic Red22），碱性兰 93（Basic Blue93）等。

【制法】 (1) 氨基胍法。与甲酸反应制得。

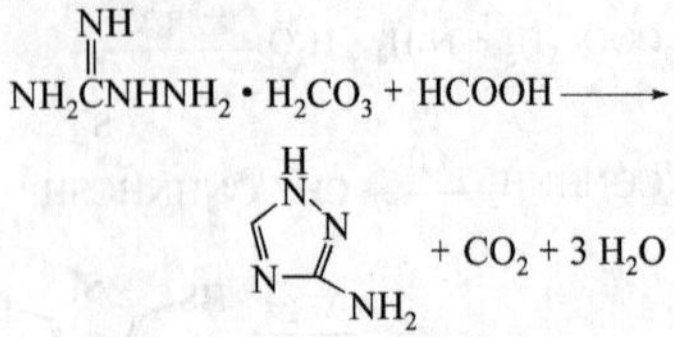

（2）氨基氰-肼法。由氨基氰、水合肼及甲酸反应制得。

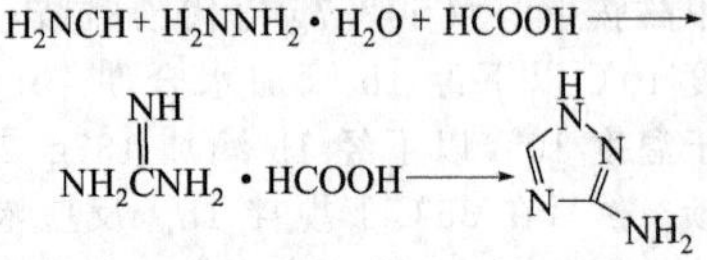

【安全性】 大鼠经口 LD_{50} 为 1100mg/kg，动物实验有致癌及致畸作用。

【参考生产企业】 湖北武汉久安药业有限公司，上海南翔试剂厂。

I049 苯并三唑

【英文名】 benzotriazole

【别名】 苯丙三氮唑；1，2，3-benzotriazole；benztriazole；azimidobenzene；benzisotriazole

【CAS 登记号】 [95-14-7]

【结构式】

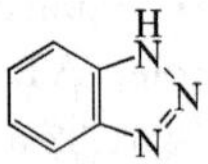

【物化性质】 无色针状结晶。沸点（2kPa）204℃。熔点 100℃。微溶于冷水、乙醇、乙醚，在空气中氧化而逐渐变红。

【质量标准】 企业标准

项目	指标
外观	针状结晶，不溶于水
熔点/℃	95～99(化学纯)
乙醇溶解试验	合格
灼烧残渣(以硫酸盐计)/%	0.1

【用途】 可作为金属防锈剂和缓蚀剂、铜、银的防变色剂、涂料添加剂、润滑油添加剂，亦可作植物生长调节剂、水处理剂、照相防雾剂、高分子稳定剂及紫外线吸收剂。此外，还可作染料中间体。

【制法】 以邻苯二胺为原料，与冰醋酸及亚硝酸钠在低温下进行反应，然后再升温继续反应，最后冷却、过滤、水洗制得。

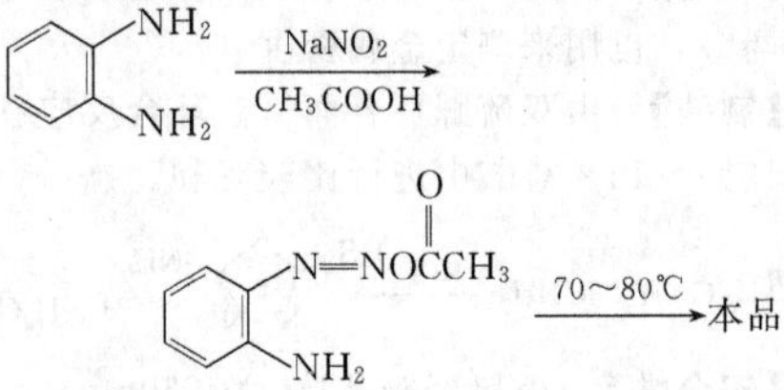

【安全性】 有毒。大鼠经口 MLD500mg/kg，腹腔注射 LD_{50} 为 1000mg/kg，静脉注射 LD_{50} 为 238mg/kg。设备应密闭，操作人员穿戴防护用具。用内衬塑料袋，外用木桶包装，也可装入玻璃瓶内。每瓶 500g，20 瓶装一木箱。箱外注明“避光”及“密封”。贮运中防潮、防晒、隔热，保持干燥、通风良好。

【参考生产企业】 上海南翔试剂厂，南京神柏化工有限公司，武汉万宝精细化工有限公司。

I050 三环唑

【英文名】 tricyclazole

【别名】 5-甲基-(1,2,4)-三唑并(3,4,*b*)苯并噻唑

【CAS 登记号】 [41814-78-2]

【结构式】

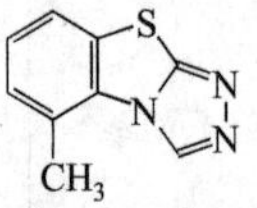

【物化性质】 白色晶体。对热稳定，不易被水和光分解。熔点 187～188℃。蒸气压（25℃）0.000266Pa。25℃时的溶解度在水中为 0.7～1.6、丙酮中为 10.4、乙醇和甲醇中为 25、苯和二甲苯中为 4.2g/L。

【质量标准】 GB 12685—2006 三环唑原药

项　目		指　标
三环唑/%	≥	95.0
干燥减量/%	≤	1.0
酸度(以 H_2SO_4 计)/%	≤	0.5

【用途】 防治水稻瘟病的内吸杀虫剂。用量低（14～27g/亩）。持效时间长（2～3周），预防效果好。

【制法】 以邻甲苯胺为原料，与硫氰酸钠加热，进行加成，制得邻甲苯基硫脲。再与溶剂 1-2-二氯乙烷于 27～33℃ 时通氯气进行反应，得 2-氨基甲苯并噻唑盐酸盐。最后将其在乙二醇中与水合肼加热（110～120℃）回流反应 6～8h 后，冷却，过滤，即得 4-甲基-2-肼基苯并噻唑。再将其与甲酸加热回流，然后加水冷却，过滤，滤饼经洗涤、干燥，即得。

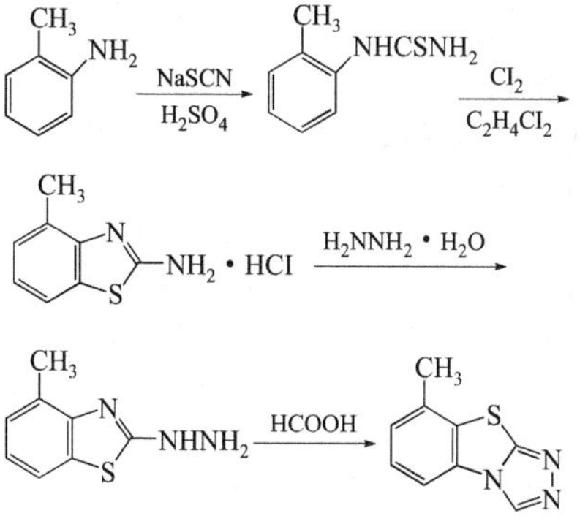

【安全性】 有毒。小鼠经口 LD_{50} 为 245mg/kg，大鼠 314mg/kg。生产车间应有良好的通风，设备应密闭。操作人员应穿戴防护用具。用内衬塑料袋，外用硬纸板箱或塑料桶包装。贮存于阴凉、干燥、通风处。防晒、防潮。按有毒化学品规定贮运。

【参考生产企业】 常州市丰登农药厂，江苏长青集团公司，江苏灶星农化有限公司，江苏江都市宙龙集团公司，江苏苏中农药化工厂，杭州南郊化学有限公司，浙江省东阳农药厂，南通润鸿生物化学有限公司。

I051 咔唑

【英文名】 carbazole

【别名】 二苯并吡咯；9-氮杂芴；carbazole；9-azafluorene；dibenzopyrrole；diphenylenimine

【CAS 登记号】 [86-74-8]

【结构式】

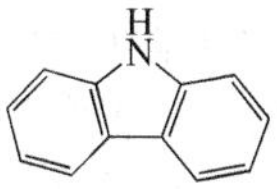

【物化性质】 白色单斜片状晶体，有特殊气味，能升华。沸点（101.3kPa）354.75℃。熔点 244.85℃。相对密度（d_4^{30}）1.10。易溶于丙酮、微溶于苯、乙醚、乙醇，难溶于氯仿、醋酸、四氯化碳及二硫化碳，不溶于水。耐酸、碱力强。溶于液态二氧化硫中或浓硫酸中呈黄色，纯净的咔唑则生成无色溶液；浓硫酸溶液中有氧化剂（HNO_3、卤素、CrO_3）存在时，呈蓝色；有芳醛、呋喃或葡萄糖时，呈红蓝紫色。咔唑类似仲胺，有一个可被碱金属取代的氢原子。

【质量标准】

项　目		指　标
含量/%	≥	99
熔点/℃		243～245
外观		类白色晶体粉末

【用途】 用于制取硫化染料（海昌蓝）、色酚 AS-IB、蒽醌还原染料、噁嗪染料以及杀虫剂四硝基咔唑。也可制取对紫外光敏感的照相干片及用作木质素、糖、甲醛的试剂。

【制法】 (1) 合成法。以邻氨基二苯胺为原料，经亚硝酸处理，制得 1-苯基 1,2,3-苯并三唑，加热后，失去氮而生成咔唑。此外，也可由 2,2′-二氨基联苯与硫酸（或盐酸）加热反应制取，该法已用于合成咔唑的衍生物。

(2) 精馏法。由高温煤焦油制精蒽时，副产咔唑。利用咔唑的沸点较高，以及在吡啶、二烷基亚砜、二烷基甲酰胺中溶解度大的特点，可用蒸馏及萃取等法分离。也可用乙二醇进行萃取精馏制取。

【安全性】 家兔皮肤上涂以4%的油膏，经24h出现皮肤水肿、发红、出血、浸润，上皮的表层干燥。对皮肤有刺激作用，使皮肤对光敏感。未列入具有致癌作用的化合物，但其某些衍生物在动物试验中表明有致癌作用。生产车间应通风，设备应密闭。操作人员穿戴防护用具。内衬塑料袋，外用硬纸板桶包装。贮存在阴凉、干燥、通风处。防晒、防潮。按一般化学品规定贮运。

【参考生产企业】 鞍钢实业化工公司，上海染料有限公司上海华亨化工厂，上海宝山化工助剂厂，上海宝钢化工有限公司，江苏武进市临川化工厂，盐城江海化工集团公司，江都市富邦化工有限公司。

I052 *N*-乙基咔唑

【英文名】 *N*-ethylcarbazole

【别名】 9-乙基咔唑；9-ethylcarbazole

【CAS登记号】 [86-28-2]

【结构式】

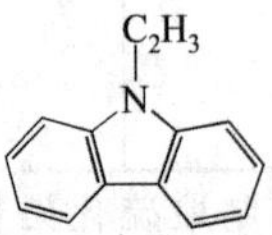

【物化性质】 无色片状晶体。沸点(1.33kPa) 190℃。熔点67～68℃。溶于热乙醇和乙醚、丙酮、氯苯和戊烷。不溶于水。

【质量标准】

项　目	指　标
含量/%　　≥	98
熔点/℃	67～68
咔唑/%　　≤	2

【用途】 用作青光海昌蓝GC及永固RL等染料的中间体。

【制法】 (1) 硫酸二乙酯法。由咔唑用硫酸二乙酯乙基化制得。

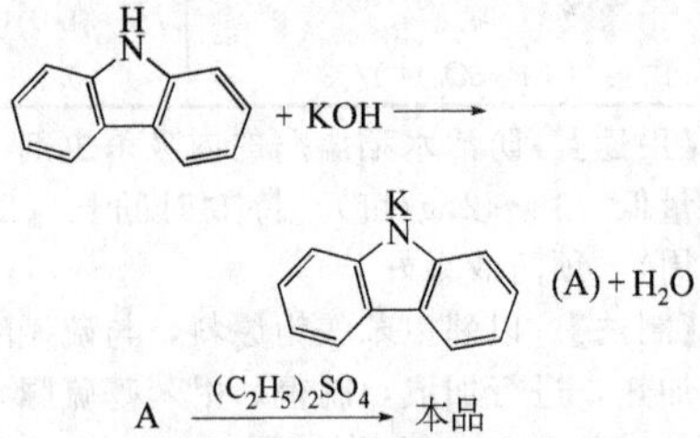

(2) 氯乙烷法。由咔唑用氯乙烷烷基化制得。先由咔唑与氢氧化钠，在270℃下反应制成钾盐，然后于215℃、0.98MPa下通入氯乙烷进行乙基化。反应完成后经精馏制得产品。

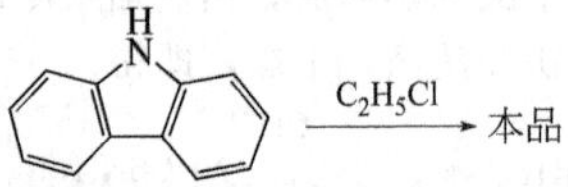

【安全性】 刺激皮肤，引起皮炎。生产车间应有良好通风，设备应密闭。操作人员应穿戴防护用具。内衬塑料袋，外套硬纸板桶。贮存于阴凉、干燥、通风处。防晒、防潮。按有毒化学品规定贮运。

【参考生产企业】 秦皇岛百耐特化工产品有限公司，河北大名县名鼎化工有限公司，武进市临川化工厂，盐城市海虹化工厂，盐城市学富宏达化工厂。

I053 *N*-乙烯(基)咔唑

【英文名】 *N*-vinylcarbazole

【CAS登记号】 [1484-13-5]

【结构式】

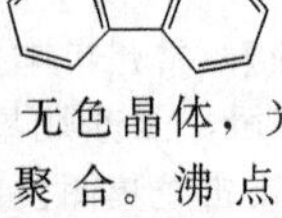

【物化性质】 无色晶体，光照后变为深色。加热即聚合。沸点(0.133kPa) 140～150℃。相对密度(d_4^{70}) 1.094。不溶于水。

【质量标准】

项　目	指　标
外观	无色晶体
熔点/℃	65
相对密度(d_4^{70})	1.094

【用途】 *N*-乙烯咔唑聚合而成聚乙烯咔唑，具有良好的耐热性与化学稳定性，软化点高，介电损失低，并具有光导能力，广泛应用于电子工业及静电复印技术。

【制法】 (1) 由咔唑钾与环氧乙烷（或氯乙烯）反应制得。

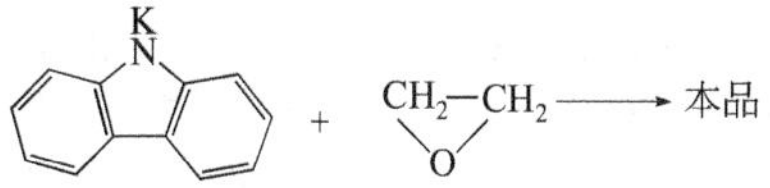

(2) 咔唑与乙炔在高压下加成制得。

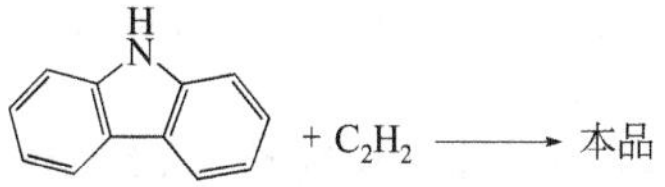

【安全性】 有毒。对皮肤有明显的致敏作用。反复接触时，其敏感性大为增加。小白鼠灌胃（混悬液）LD_{50} 为 0.05g/kg。豚鼠灌胃用 0.5g/kg，2～3 日后全部死亡。兔耳上涂敷粉末或浸入 1%乙醇溶液中 1min，即呈现炎性水肿、溃疡、脱皮、脱毛。生产车间应有良好的通风，设备应密闭。操作人员要穿戴手套、套袖、围裙、靴子。在接触的工作中，要防止日光曝晒。严禁在工作场所进餐。皮肤病患者不得从事本类工作。对过敏者应换其他工作。内衬塑料袋，外套硬纸板桶。贮存于阴凉、通风、干燥处。防晒、防潮。按有毒化学品规定贮运。

【参考生产企业】 金坛市星辰化工厂，河北大名县名鼎化工有限公司，上海染料有限公司，四川染料厂。

I054 噻吩

【英文名】 thiophene

【别名】 硫杂环戊二烯；thiofuran；thiofurfuran；thiole；thiotetrole；divinylene sulfide

【CAS 登记号】 [110-02-1]

【结构式】

【物化性质】 无色透明液体，易燃，有类似苯的芳香气味。沸点 84.2℃。熔点 −38.2℃。闪点 − 6.7℃。相对密度 1.0649、(d_4^0) 1.0873、(d_4^{25}) 1.0573、(d_4^{50}) 1.0285。折射率 1.5289、(n_D^{25}) 1.52684。溶于乙醇、乙醚及其他有机溶剂，不溶于水。

【质量标准】

项　目	一级品	二级品
折射率　≥	1.5265	1.5260
相对密度(d_4^{20})≥	1.055	1.046
含量(色谱法)/%　≥	99	95

【用途】 用于制取合成药物（如噻乙吡啶、噻嘧啶及先锋霉素等)、染料、塑料等，还可用作铀等金属的提取分离试剂。

【制法】 将苯的混合馏分精馏除去甲苯，然后用原料量 5%的 85%硫酸洗涤，以除去不饱和化合物；再以原料量 7%的 98%硫酸洗涤，将酸液与苯分离，酸液经水解，即得含量 95%的噻吩。混合馏分在精馏塔内切取噻吩馏分（含量 2%～3%），再在较高效率的精馏塔内切取含噻吩 50%～70%的馏分，最后与乙醇进行共沸精馏，切取 83.5～86℃馏分，即为产品。

【安全性】 有毒，有类似苯的强烈刺激性气味。主要是刺激中枢神经，对血液毒性强度均为苯的 1/5。经皮肤吸收或吸入其蒸气均可引起中毒。对家兔的皮下注射 MLD 830mg/kg。小白鼠吸入 30mg/L，可在 20～80 min 内死亡。生产过程中应注意设备密闭，防止泄漏。应加强现场通风。操作人员应穿戴防护用具，避免与人体直接接触。工作场所空气中最大容许浓度 0.02mg/L。易燃，有毒，且生产量较小，可采用密闭玻璃瓶包装。贮运中要防火防爆。按易燃有毒物品规定贮运。

【参考生产企业】 山东新锐达实业集团公司，潍坊昌大化工有限公司，濮阳中原贝德弗化学建材有限公司，重庆有机化工厂，鞍钢化工总厂，抚顺无翔助剂厂。

I055 3-甲基噻吩

【英文名】 3-methylthiophene

【别名】 甲基硫茂

【CAS 登记号】 [616-44-4]

【结构式】

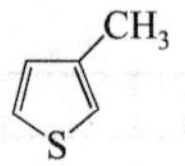

【物化性质】 无色油状液体。熔点-69℃。沸点 115～117℃。闪点 11℃。密度 1.016g/mL。不溶于水，可混溶于乙醇、乙醚、苯、丙酮、氯仿。

【用途】 用于有机合成。

【安全性】 小鼠经口 LD_{50} 为 800mg/kg，小鼠吸入 2h LC_{50} 为 18000mg/m^3。吸入、食入、经皮吸收，具有刺激性。接触后能引起头痛、恶心、呕吐。遇明火、高热或与氧化剂接触，有引起爆炸的危险。其蒸气比空气重，能在较低处扩散到相当远的地方，遇火源引着回燃。若遇高热，容器内压增大，有开裂和爆炸的危险。高浓度环境中，应该佩戴防毒口罩。紧急事态抢救或逃生时，建议佩戴自给式呼吸器，戴化学安全防护眼镜。穿相应的工作服，戴防化学手套，工作现场严禁吸烟。工作后，淋浴更衣。注意个人清洁卫生。皮肤接触，脱去污染的衣着，立即用流动清水彻底冲洗。眼睛接触，立即提起眼睑，用大量流动清水彻底冲洗。吸入，脱离现场至空气新鲜处，呼吸困难时给输氧，呼吸停止时，立即进行人工呼吸，就医。误服者给饮大量温水，催吐，就医。

【参考生产企业】 北京西恒化工有限公司，淄博凤宝化工有限公司，湘潭市岳塘区开元化工厂。

I056 2-噻吩(基)甲醛

【英文名】 2-thiophenealdehyde

【别名】 2-甲酰基噻吩；2-thiophenecarboxaldehyde；2-formylthiophene；2-thienal

【CAS 登记号】 [98-03-3]

【结构式】

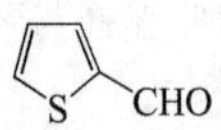

【物化性质】 具有类似杏仁气味的油状液体。沸点 197℃。闪点 77℃。相对密度 (d_{21}^{21}) 1.215。折射率 1.5920。易溶于乙醇、苯、乙醚、微溶于水。

【质量标准】 油状液体。折射率 (n_D^{20}) 1.5838 含量≥98%。

【用途】 用于将噻吩基团引入有机化合物中。在制药工业中与二甲基四氢嘧啶缩合成盐，进而制取广谱驱虫药。

【制法】 噻吩与 N,N-二甲基甲酰胺在 $POCl_3$ 存在下于 80～90℃ 保温 3h，进行缩合，经水解、中和、精制得产品。

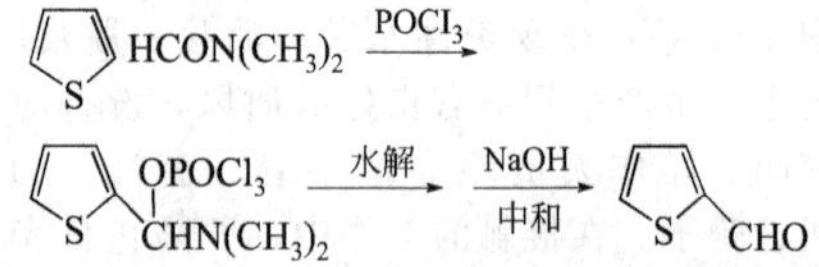

将噻吩和 N,N-二甲基甲酰胺置于反应罐中，在 10～20℃ 加入三氯氧磷，逐渐升温至 80～90℃，保温 3h 后，再冷却至 30℃左右加入冰水水解；再用 30%氢氧化钠液中和；静置分层，水层用四氯化碳提取，提取液洗涤脱水；然后回收溶剂，减压蒸馏，即得成品，收率 73%以上。

【安全性】 有毒，其毒性及防护方法参见噻吩。采用玻璃瓶或聚乙烯塑料桶密封包装，并充氮气保护，防止氧化。贮存在阴凉、通风、干燥处。防晒、防水、防止碰撞和倒置。按有毒化学品规定贮运。

【参考生产企业】 苏州恒益医药原料有限公司，临海市燎原化工有限公司，浙江省黄岩人民化学厂。

I057 2-噻吩(基)乙酸

【英文名】 2-thiopheneacetic acid

【别名】 2-thienylacetic acid

【CAS登记号】 [1918-77-0]

【结构式】

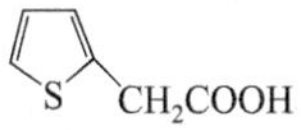

【物化性质】 白色或微黄色鳞片状结晶。沸点 160℃ (2.93kPa)。熔点 76℃。溶于水、乙醇、乙醚和四氯化碳。

【质量标准】 熔点 75～76℃；含量≤99%；干燥失重≤0.5%。

【用途】 医药中间体，用于制取先锋霉素Ⅰ号和先锋霉素Ⅱ号。

【制法】 (1) 噻吩在 85%磷酸中用醋酐乙酰化，得 2-乙酰噻吩。2-乙酰噻吩与 95%乙醇、硫黄粉、氨水在加压下转位生成 2-噻吩乙酰胺，然后再水解、精制、得 2-噻吩乙酸。

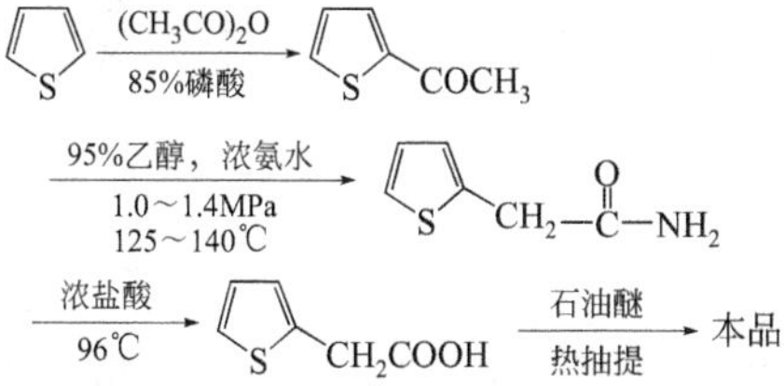

(2) 乙酰噻吩酸化法。乙酰噻吩在三氟化硼催化剂下用四醋酸铅进行氧化重排生成羧酸酯，再水解得 2-噻吩乙酸。

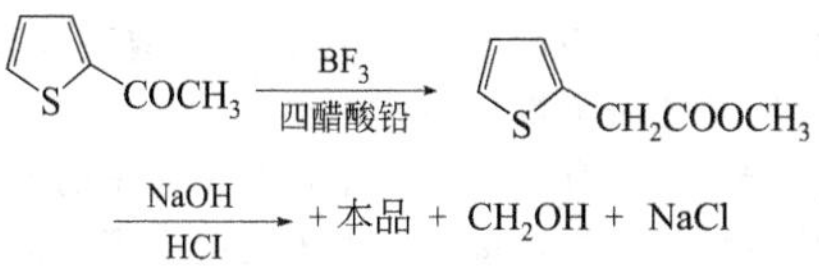

【安全性】 有毒。毒性及防护方法参见噻吩。采用玻璃瓶外用纸盒包装。轻拿轻放，避免碰撞。防热、防晒。按有毒化学品规定贮运。

【参考生产企业】 上海先锋药业公司，上海南汇县三灶日用化工厂，浙江莹光化工公司，浙江寿尔福化学有限公司，东阳市天宇化工有限公司。

I058 四氢噻吩

【英文名】 tetrahydrothiophene

【别名】 tetramethylene sulfide; thiacyclopentane; THT; THTP

【CAS登记号】 [110-01-0]

【结构式】

【物化性质】 无色或微黄色透明易燃液体。沸点 119℃。闪点 12.8℃。熔点 −96.2℃。相对密度 1.00g/cm^3。折射率 (n_D^{25}) 1.5000～1.5014。不溶于水，溶于乙醇、乙醚、苯、丙酮。

【质量标准】

项　目		指　标
纯度/%	≥	99
浊点/℃	≤	−25
色度	≤	30
残留物/%	≤	0.2

【用途】 作溶剂、有机合成中间体。用于医药和照相材料的合成。因其有特殊气味，用作燃料气添加剂，提高使用安全性。

【制法】 (1) 经典的合成方法是采用噻吩在催化剂存在下加氢还原制得。噻吩主要存在于煤焦油粗苯的馏分中，仅占 0.5%，与苯的沸点相差 4℃，分离极其困难。价格昂贵。

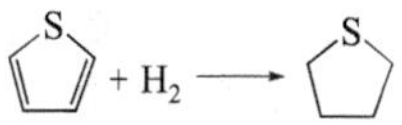

(2) 以四氢呋喃为原料，在以 γ-Al_2O_3 为载体的杂多酸催化剂存在下，以硫化氢直接硫代生成四氢噻吩。四氢呋喃、氮气、硫化氢气按比例进入装有催化剂的固定床反应器中进行反应；经两次分离后得

产品四氢噻吩，未反应的原料可回收利用。

【安全性】 小鼠吸入 2h LC_{50} 为 27000 mg/m^3。对人皮肤刺激弱，在高浓度环境中，应佩戴防毒口罩。仓间阴凉通风，远离火种热源，仓温低于 30℃，包装密封，隔离空气。灌装流速低于 3m/s，轻装轻卸。

【参考生产企业】 黑龙江绥棱化工有限公司，襄樊市隆晔医药化工有限公司，浙江寿尔福化学有限公司。

I059 氟康唑

【英文名】 fluconazole

【别名】 *α*-(2,4-difluorophenyl)-*α*-(1*H*-1,2,4-triazol-1-ylmethyl)-1*H*-1,2,4-triazole-1-ethanol；2,4-difluoro-a,*α*-bis(1*H*-1,2,4-triazol-1-ylmethyl) benzyl alcohol；2-(2,4-difluorophenyl)-1,3-bis(1*H*-1,2,4-triazol-1-yl)propan-2-ol

【CAS 登记号】 [86386-73-4]

【结构式】

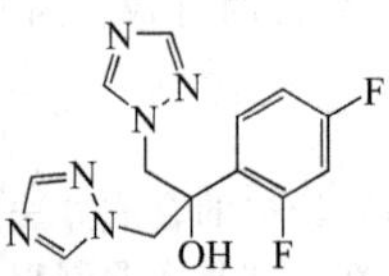

【物化性质】 白色结晶性粉末。熔点 138～140℃。溶于水，易溶于有机溶剂。

【用途】 为氮唑类抗真菌药，能作用于真菌细胞膜，有效地抑制真菌的生长、繁殖。适用于急性、复发性阴道念珠菌、黏膜念珠菌、隐球菌等的感染治疗。制剂为胶囊剂、片剂。

【制法】 由 2,4-二氟溴苯经格氏反应制得。

【参考生产企业】 北京丰德医药科技有限公司，南京仁信化工有限公司，杭州临安金龙化工有限公司，富阳金伯士化工有限公司，江苏省金坛市兢业医化技术研究所。

I060 吩噻嗪

【英文名】 phenothiazine

【别名】 2,2′-亚硫基二苯胺；二苯并噻嗪；phenothiazine；thiodiphenylamine；dibenzothiazine

【CAS 登记号】 [92-84-2]

【结构式】

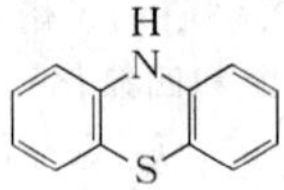

【物化性质】 淡黄或浅绿色结晶粉末。具有微弱的异臭，长时间放于空气中易氧化而颜色变深，对皮肤有刺激性。沸点 371℃。熔点 183～186℃。具有升华性，微溶于水、乙醇，可溶于醚，能很好地溶于丙酮和苯。

【质量标准】 Q/320222NAR·03—91

项目	指标
外观	淡黄色结晶粉末
熔点/℃	183～186
干燥失重/% ≤	0.1
灼烧残渣/% ≤	0.1

【用途】 主要用作丙烯酸酯生产的阻聚剂，也用于药物、染料的合成，还用作牲畜驱虫药，果树杀虫剂。

【制法】 将二苯胺、硫黄与碘混合后，加热进行反应，反应毕，将反应产物吹出、捕集后，经酒精和乌洛托品混合液洗涤，然后经热风干燥、粉碎即得。

【安全性】 有毒，尤其是精制不完全的产品混有二苯胺，摄入、吸入均会中毒。能被皮肤吸收，引起皮肤过敏，发生皮炎，毛发、指甲变色，结膜、角膜发炎，还能刺激胃肠，损害肾、肝，引起溶血性贫血、腹痛、心搏过速。操作人员应穿戴防护用具。误服者应立即洗胃，诊治。以20kg内衬塑料袋、外套编织袋或塑料桶包装。贮存于阴凉、干燥、通风的库房内。严防潮湿及水，防晒，远离火种、热源。搬运时轻装轻卸，防止包装破损。

【参考生产企业】 无锡化工助剂厂，邯郸曲周新星化工有限公司，无锡美华化工有限公司，北京通州育新化学试剂厂。

I061 吡啶

【英文名】 pyridine

【CAS登记号】 [110-86-1]

【结构式】

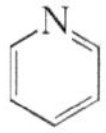

【物化性质】 无色或淡黄色液体。有吸湿性。易燃、易爆。具有令人讨厌的气味。沸点115.5℃。凝固点−42℃。闪点20℃。自燃点482℃。相对密度0.98272。折射率1.50920。溶于水、乙醇、丙酮、乙醚和苯。蒸气与空气形成爆炸性混合物，爆炸极限1.8%～12.5%（体积）。

【质量标准】 (1) GB/T 27567—2011 工业用吡啶

项　目		指标
外观		透明液体
吡啶/%	≥	99.9
色度(Hazen单位,铂-钴色号)	≤	20
水/%	≤	0.1
蒸发残渣/%	≤	0.01
氯化物(以Cl计)/%	≤	0.0005
硫酸盐(以SO_4计)/%	≤	0.001
氨(NH_3)/%	≤	0.002
铜(Cu)试验		通过试验
密度ρ_{20}/(g/cm³)		0.980～0.985
还原高锰酸钾物质试验		通过试验
与水混合试验		通过试验

(2) GB/T 689—1998 化学试剂 吡啶

项　目		分析纯	化学纯
含量(C_5H_5N)/%	≥	99.5	99.0
与水混合试验		合格	合格
蒸发残渣/%	≤	0.002	0.004
水分(H_2O)/%	≤	0.1	0.2
氯化物(Cl)/%	≤	0.0005	0.001
硫酸盐(SO_4)/%	≤	0.001	0.002
氨(NH_3)/%	≤	0.002	0.004
铜(Cu)		合格	合格
还原高锰酸钾物质		合格	合格

(3) YB/T 5069—1993 纯吡啶

项　目		指　标
色度(铂-钴单位)	≤	30
密度(20℃)/(g/cm³)		0.980～0.984
馏程(101.325kPa)		
总馏程范围/℃	≤	1.5
初馏点/℃	≥	114.5
终点/℃	≤	116.5
水分/%	≤	0.2
水溶性		全溶

【用途】 用作溶剂和酒精变性剂。用于制取无味合霉素、可的松、维生素A、青霉素及驱虫药、局部麻醉药等药物。也用于制取橡胶促进剂、软化剂、合成树脂缩合剂、涂料溶剂以及农药治螟磷的脱酸剂和染料，还用于制造乙烯吡啶、农用杀虫剂（毒死蜱）、除草剂（百草枯）等。

【制法】 (1) 煤焦油回收法。由焦炉煤气经硫酸洗涤、氨水中和得粗吡啶后，再经加热脱渣，得水吡啶。水吡啶用纯苯恒沸脱水，得无水吡啶，然后蒸馏，截取110～120℃馏分，再进行精馏，即得纯吡啶。

(2) 化学合成法。由乙醛、甲醛与氨气相反应制得。

【安全性】 大鼠经口LD_{50}为1.58 g/kg。液体及蒸气刺激皮肤和黏膜，能使神经中枢麻醉，可引起流泪、流涎、咳嗽、不适、眩晕、头痛、疲劳、呼吸频繁、四肢震颤、麻醉和昏睡等症状。1×10^{-6}以下时即有强烈的恶臭，30×10^{-6}时即开始令人难以忍受，但致命中毒的情况并不多。当皮肤接触时，发生独特的炎症，使皮肤脱脂并致皮裂，伴有剧烈的灼痛。生产设备应有良好的密闭性，防止泄漏。生产现场保持良好的通风。空气中最高容许浓度 5×10^{-6}。应避免蒸气与人体接触。孕妇不宜从事接触吡啶的工作。用镀锌小口铁桶包装。贮存于阴凉、通风处。按有毒可燃物品规定贮运。

【参考生产企业】 北京北化精细化学品有限责任公司，常州科佳化工有限公司，石家庄市有机化工厂，南通利田化工有限公司，宝山钢铁股份有限公司化工分公司，南京红太阳集团。

I062 六氢吡啶

【英文名】 piperidine

【别名】 哌啶；氮己环；hexahydropyridine

【CAS 登记号】 [110-89-4]

【结构式】

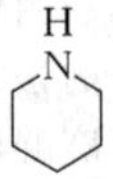

【物化性质】 无色澄清液体，有类似氨的气味。遇高热分解产生有毒的氧化氮气体。能与氧化剂发生强烈反应。遇明火燃烧，并放出有毒气体。沸点 106℃。熔点 −7℃。闪点 16℃。蒸气压（29.2℃）5.33kPa。相对密度 0.8622。折射率 1.4534。能与水混合。溶于醇、苯、氯仿等。呈强碱性。

【用途】 是一种强有机碱。用作溶剂、有机合成中间体、环氧树脂交联剂、缩合催化剂。主要在医药工业中用于制备硝酸哌啶、盐酸哌啶等药物，也用于橡胶工业和塑料工业的有机合成。还用作环氧树脂固化剂。作为化学试剂，主要用于鉴定钴、金等。

【制法】 （1）吡啶经催化氢化制得。在镍催化剂的作用下完成反应，反应液经过滤、分馏，收集即可。

（2）吡啶经钠和乙醇溶液还原制得。

【安全性】 大鼠经口 LD_{50} 为 0.52mL/kg，兔经皮 LC_{50} 为 6000mg/m^3。小剂量可刺激交感和副交感神经节，大剂量反而有抑制作用，误服后可引起虚弱、恶心、流涎、呼吸困难、肌肉瘫痪和窒息。易燃，遇明火、燃烧时会放出有毒气体。受热分解放出有毒的氧化氮烟气。与氧化剂能发生强烈反应。严禁与氧化剂混储混运。

【参考生产企业】 上海邦成化工有限公司，上海创连化工有限公司，上海光铧科技有限公司，常州市中化建化工有限公司，天津市博宇化工有限公司，上海联意化工有限公司，江苏省南京润迪实业有限公司。

I063 2-甲基吡啶

【英文名】 *α*-picoline

【别名】 *α*-甲基吡啶；*α*-皮考林；2-methylpyridine

【CAS 登记号】 [109-06-8]

【结构式】

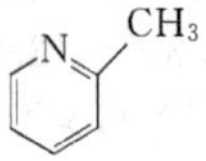

【物化性质】 无色液体。沸点 128～129℃。熔点 −70℃。闪点 26℃。相对密度（d_4^{15}）0.950。折射率 1.501。能与醇、醚混溶，易溶于水。

【质量标准】

（1）HG/T 4483—2012 工业用 4-甲基吡啶

项 目		优等品	合格品
外观		无色或浅黄色均相透明液体	
2-甲基吡啶/%	≥	99.5	99.0
水/%	≤	0.1	0.2
吡啶/%	≤	0.1	0.1
密度(ρ_{20}) /(g/mL)		0.945～0.947	0.945～0.947
与水混合试验		通过试验	通过试验

（2）YB/T5070—1993 *α*-甲基吡啶

项　　目	指　标
外观	无色至微黄色透明液体
馏程(101.325kPa,126～131℃馏出量)(体积)/%　≥	95
水分/%　≤	0.3

【用途】用作溶剂和色层分析试剂，用于制取 2-乙烯基吡啶、氮肥增效剂（N-Serve)、长效磺胺、抗矽肺病药、牲畜驱虫药、家禽用药、有机磷解毒剂、局部麻醉药、泻药、胶片感光剂的添加物、染料中间体和橡胶促进剂等。

【制法】吡啶和甲基吡啶以前都从煤焦化副产中回收。目前，国外约 95%的吡啶及吡啶类化合物是用合成法生产的。主要的合成法有乙醛法、乙炔法及丙烯腈法等。

【安全性】大鼠经口 LD_{50} 为 1.41g/kg。易燃，遇明火、高热或与氧化剂接触，有引起燃烧爆炸的危险。受热分解放出有毒的氧化氮烟气。贮存在阴凉、干燥处。按有毒化学品规定贮运。

【参考生产企业】新乡市恒基化工有限公司，南京润迪化工有限公司，上海再启生物技术有限公司，沈阳市宏飞精细化工厂，重庆浩康医药化工有限公司。

I064 3-甲基吡啶

【英文名】β-picoline

【别名】β-甲基吡啶；β-皮考林；3-methylpyridine

【CAS 登记号】[108-99-6]

【结构式】

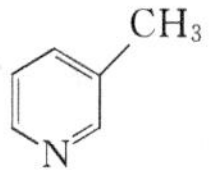

【物化性质】无色液体，有不愉快气味。沸点 143.5℃；熔点 −17.7；相对密度（d_4^{15}）0.9613；折射率（n_D^{24}）1.5043；蒸气压（81.3℃）12.87kPa。溶于水、醇、醚，溶于多数有机溶剂。

【质量标准】（1）GB/T 27715—2011 3-甲基吡啶

项　　目	指　标
外观	透明液体
3-甲基吡啶/%　≥	98.5
水/%　≤	0.2
4-甲基吡啶/%　≤	1.0
与水混合试验	通过试验

（2）YB/T 5071—2005 β-甲基吡啶馏分

项　　目	指　标
外观	无色至微黄色透明液体
密度(20℃)/(g/cm³)	0.930～0.960
馏程(大气压 101325Pa，140℃～145℃馏出量)(体积分数)/%　≥	95
水分/%　≤	0.5

【用途】是重要的化工原料和有机中间体，广泛用于农药、医药、香料、染料、日用化学品、饲料添加剂等精细化工行业，可用于生产烟酸和烟酰胺。此外，还可以合成多种系列化的衍生产品，用于精细化工中间体，如 3-吡啶甲胺、3-吡啶甲醇、5-氯烟酸等。

【制法】（1）丙烯醛氨法。以丙烯醛及氨气等为原料制得。

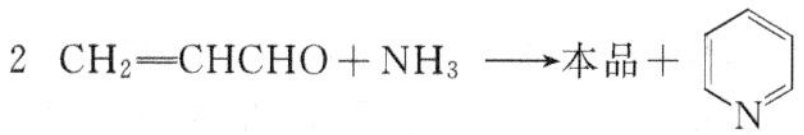

（2）丙烯醛丙醛氨法。以丙烯醛、丙醛、甲醛、氨气为原料制得。

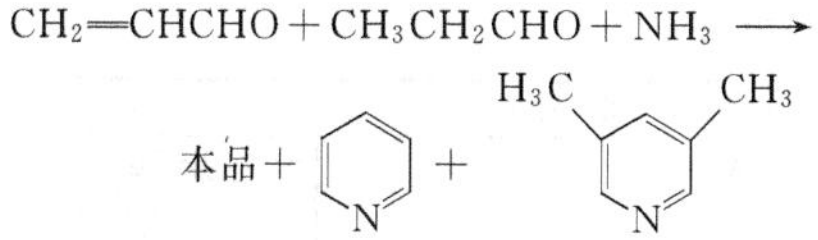

（3）以乙醛及其衍生物、甲醛和氨（胺、铵）为主要原料制得。

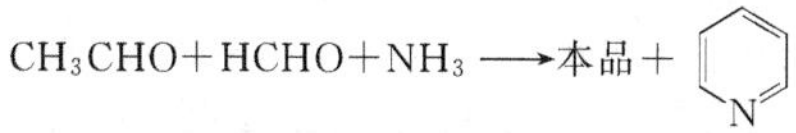

(4) 三烯丙基胺法。以三烯丙基胺为原料制得。

$$(CH_2CHCH_2)_3N \xrightarrow{ZnO} 本品$$

【安全性】 大鼠经口 LD_{50} 为 400～800mg/kg，小鼠经口 LD_{50} 为 800～1600mg/kg。易燃，遇高热、明火或与氧化剂接触，有引起燃烧爆炸的危险。受热分解放出有毒的氧化氮烟气。吸入、食入、经皮吸收。接触可出现疲乏、全身无力、嗜睡等，重者出现神经系统症状。采用小口铁桶包装。贮存于阴凉通风处。按有毒危险品规定贮运。

【参考生产企业】 长春石油化学苗栗厂，南京润迪化工有限公司，重庆浩康医药化工有限公司。

I065 4-甲基吡啶

【英文名】 γ-picoline

【别名】 γ-甲基吡啶；γ-皮考林；4-methylpyridine；

【CAS 登记号】 [108-89-4]

【结构式】

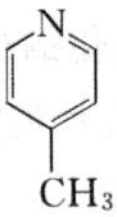

【物化性质】 无色、易燃、易挥发液体。具有不愉快的甜味。不纯物则为褐色。沸点 144.9℃；熔点 3.7℃；闪点 56.7℃；相对密度（d_4^{15}）0.9571；折射率（n_D^{17}）1.5064。溶于水、乙醇和乙醚。

【质量标准】 HG/T 4483—2012 工业用 4-甲基吡啶

项 目		指标
外观		无色或浅黄色均相透明液体
4-甲基吡啶/%	≥	98.0
水/%	≤	0.2
3-甲基吡啶/%	≤	1.0
密度(ρ_{20})/(g/mL)		0.953～0.955
与水混合试验		通过试验

【用途】 一般用作溶剂。医药工业中用以制造防治结核药物异烟肼（雷米封），亦可用以制取促进剂、农药、染料、试剂和催化剂等。

【制法】 (1) 乙醛法。以乙醛和氨为原料，在 Al_2O_3-SiO_2 催化剂存在下，缩合制得。

(2) 乙炔法。以乙炔和氨为原料，在 $ZnSO_4$-H_3BO_3-Al_2O_3 催化剂存在下缩合制得，反应产物经精制得成品。

【安全性】 有毒，大鼠经口 LD_{50} 为 1.3g/kg。防护方法参见吡啶。用铁桶包装。每桶 200kg。包装要严密防止泄漏。贮存在阴凉、干燥处。按有毒化学品规定贮运。

【参考生产企业】 邯郸林峰精细化工有限公司，衢州市瑞尔化工有限公司，南京润迪化工有限公司，重庆浩康医药化工有限公司。

I066 2,4-二甲基吡啶

【英文名】 2,4-dimethylpyridine；

【别名】 2,4-二甲基氮杂苯；2,4-卢剔啶；2,4-lutidine

【CAS 登记号】 [108-47-4]

【结构式】

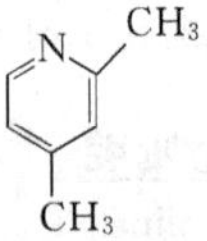

【物化性质】 无色液体，有胡椒气味。熔点－60.0℃。沸点 157～158℃。闪点 37℃。蒸气压（76.3℃）4740kPa。相对密度（水＝1）0.93。溶于水，可混溶于多数有机溶剂。

【用途】 用于有机合成，合成药物和用作溶剂。

【安全性】 中等毒性。大鼠经口 LD_{50} 为 400～800mg/kg。吸入、口服或经皮肤吸收后对身体有害。对眼睛有强烈刺激性。接触后可引起咳嗽、胸痛、呼吸困难、胃肠功能紊乱。易燃，遇高热、明火或与氧化剂接触，有引起燃烧爆炸的危险。受热分解放出有毒的氧化氮烟气。可能接触其蒸气时，应该佩戴过滤式防毒面具。紧急事态抢救或撤离时，建议佩戴隔离式呼吸器。戴化学安全防护眼镜，穿胶布防毒衣，戴橡胶手套，做好防护措施。

【参考生产企业】 北京恒业中远化工有限公司，滕州吉田香料有限公司，台州市华大药化有限公司。

I067 2,6-二甲基吡啶

【英文名】 2,6-dimethylpyridine

【别名】 22,4-二甲基氮杂苯；6-卢剔啶；2,6-lutidine

【CAS 登记号】 [108-48-5]

【结构式】

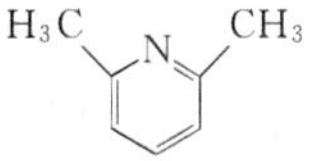

【性质】 熔点 −5.8℃。沸点 bp_{760} 144℃、bp_{87} 79℃。相对密度 0.9252。折射率 1.49797。闪点（闭杯）38℃。易溶于水，与二甲基甲酰胺、四氢呋喃混溶。

【质量标准】 Q/SP·QHY·01—99 2,6-二甲基吡啶

项　目	指　标
外观	无色或微黄色透明液体
含量/%　≥	98.5
水分/%　≤	0.1

【用途】 在医药工业中可用于生产抗动脉粥样硬化药血脉宁，还可用于生产对蛔虫、布氏姜片虫、鞭虫、蛲虫等有效的广谱驱虫药驱蛲净，以及可的松乙酸酯、氢化可的松、烟酸、剔别林等。还可用作农药、染料、印染助剂、树脂、橡胶硫化促进剂、热油安定剂的中间体；经氧化可得到二甲基吡啶酸，用作过氧化氢和过乙酸的稳定剂，还能合成山梗碱，也可用作溶剂。

【制法】 (1) 分离法。以煤焦油馏分中初馏点 142.2℃、干点 145.5℃的 3-甲基吡啶馏分为原料，利用 2,6-二甲基吡啶能与尿素生成加成物的特性，将其从混合物中分离。向 3-甲基吡啶馏分中加入浓度为 60%的尿素水溶液，并在 80℃搅拌 0.5h，然后在 0℃静置 24h，过滤，滤饼即为 2,6-二甲基吡啶的尿素加成物。在 67℃下烘干，再加热至 130～138℃，分解加成物，将上面油层进行蒸馏，收集 142～144℃馏分，即为 2,6-二甲基吡啶，收率 40%左右。

(2) 乙酰乙酸乙酯法。经环合、氧化、水解、碱解制得。

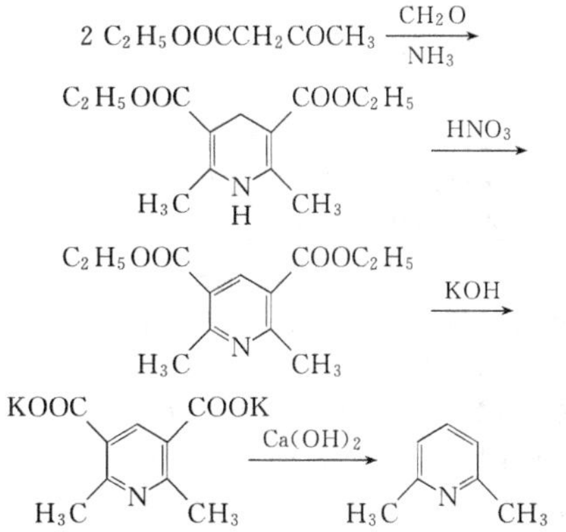

【安全性】 大鼠经口 LD_{50} 为 800mg/kg。刺激眼睛、皮肤及上呼吸道黏膜。易经皮肤吸收。可能接触蒸气时戴口罩、防护眼镜，穿相应的防护服及防化学品手套。易燃，遇高热、明火有引起燃烧的危险。受热分解放出有毒的氧化氮烟气。与氧化剂接触猛烈反应。仓间阴凉通风，远离火源火种，仓温低于 30℃，防日光直射。试剂：100mL，500mL 试剂瓶；工业品：18kg/桶，20kg/桶。放置通风干燥处。

【参考生产企业】 鞍钢焦化总厂，滕州吉田香料有限公司，靖江市维达化工有限公司。

I068 4-二甲氨基吡啶

【英文名】 4-dimethylaminopyridine

【别名】 二甲氨基吡啶；DMAP；*N*，*N*-dimethylpyridin-4-amine

【CAS 登记号】 [1122-58-3]

【结构式】

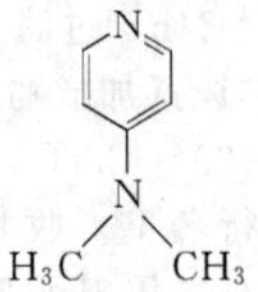

【物化性质】 白色结晶粉末。熔点 108～113℃。沸点 162℃ （6.6kPa）。闪点 230℃。难溶于水，在水中溶解度 76g/L (25℃)。已烷、环己烷，溶于乙醇、苯、氯仿、甲醇、乙酸乙酯、丙酮、乙酸和二氯乙烷。

【用途】 4-二甲氨基吡啶是一种广泛应用于化学合成的新型高效催化剂，在有机合成、药物合成、农药、染料、香料等合成的酰化、烷基化、醚化等多种类型的反应中有较高的催化能力，对提高收率有极其明显的效果。

【制法】 4-氯吡啶与二甲胺反应制得。

【安全性】 大鼠经口 LD_{50} 为 230mg/kg。

【参考生产企业】 浙江医药新昌县利华生化制品厂，台州市华大药化有限公司，浙江省仙居县医药化工实验厂，天津市西青区光辉化工厂，靖江市维达化工有限公司。

I069 2-乙烯基吡啶

【英文名】 2-vinylpyridine

【别名】 α-vinylpyr-idine；2-pyridylethylene

【CAS 登记号】 [100-69-6]

【结构式】

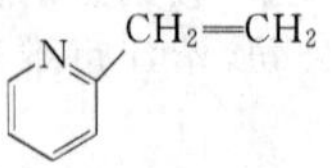

【物化性质】 无色液体。沸点 159～160℃，79～82℃（3.8663kPa）。相对密度（d_0^{20}）0.9985。折射率 1.5495。闪点 46℃。极易溶于乙醇、乙醚、氯仿，溶于苯、丙酮，微溶于水。

【质量标准】 无色液体。含量≥98%；沸点 159～160℃。

【用途】 与丁二烯、苯乙烯共聚，制成乙烯基吡啶改性乳胶，还可用作黏结剂，以及制取克矽平、培他啶等药物的中间体。

【制法】 2-羟乙基吡啶脱水法。将 2-羟乙基吡啶，氢氧化钠投入脱水锅中，缓缓加热到 95～100℃，保温反应 2h，降温到 40℃，加氢氧化钠脱水，分去水层，油层减压蒸馏，收集 60～75℃（2.27kPa）馏分，得 2-乙烯基吡啶。

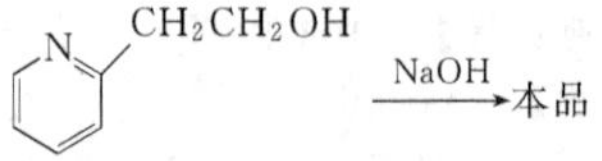

【安全性】 乙烯基吡啶有强烈的催泪性、刺激性和毒性。生产车间应有良好的通风，设备应密闭。操作人员应穿戴防护用具，如戴防毒面具、手套，穿工作服等。严密封存于玻璃瓶内，外用铁桶或木桶包装。贮存于阴凉、干燥、通风处。防晒、防潮。按有毒化学品规定贮运。

【参考生产企业】 河北斌扬集团山海关助剂厂，北京维达化工有限公司，河北亚诺化工有限公司。

I070 烟酸

【英文名】 nicotinic acid

【别名】 尼古丁酸；吡啶-3-羧酸；3-pryidinecarboxylic acid；niacin；nicamin；nicobid；wampocap

【CAS 登记号】 [59-67-6]

【结构式】

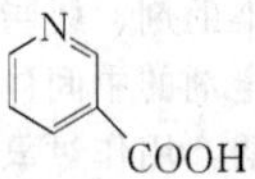

【物化性质】 白色针状结晶（水或乙醇）或晶粉。能升华，无臭，味略酸，水溶液

呈酸性。熔点 236℃ (225～227)。相对密度 1.473。溶于沸水或沸乙醇，略溶于水，碱溶液中溶解。

【质量标准】 (1) GB 14757—2010 食品添加剂　烟酸

项　目	指　标
感官指标	白色或类白色、无臭或有微臭结晶性粉末
烟酸(以干基计)/%	99.5～101.0
干燥减量/%　　≤	0.5
氯化物(以 Cl 计)/%　≤	0.02
灼烧残渣/%　　≤	0.1
砷(As) /(mg/kg)	2
熔点 /℃	234～238
重金属(以 Pb 计) /(mg/kg)　≤	20

(2) GB/T 7300—2006 饲料添加剂　烟酸

项　目	指　标
外观	白色至类白色粉末、无臭或微臭
含量($C_6H_5NO_2$，以干燥品计)/%	99.0～100.5
熔点/℃	234～238
氯化物(以 Cl 计)/%　≤	0.02
硫酸盐(以 SO_4 计)%　≤	0.02
重金属(以 Pb 计)/%　≤	0.002
干燥失重　/%　≤	0.5
炽灼残渣　/%　≤	0.1

【用途】 在医药工业方面，用于合成多种酰胺类和酯类衍生物；在饲料添加剂工业中，烟酸是构成重要辅酶Ⅰ和辅酶Ⅱ的直接前体，是重要的饲料添加剂之一；在染料工业中，是生产烟酸三嗪活性染料和偶氮染料的中间体；在食品工业中，可作去味剂或保色剂，在蔬菜保存中是保鲜剂。烟酸是重要的化工助剂，是重要的缓蚀抑制剂，也可作为对光敏感的合成树脂的光稳定剂、PVC 塑料的热稳定剂、丙烯酰胺聚合的链转移剂等。此外，烟酸还可制取烟酰氯，进而合成烟酰苯胺，用作选择性灭螺剂。

【制法】 (1) 硝酸氧化法。将 MEP、3-甲基吡啶或喹啉用硝酸进行液相氧化，可制得烟酸。

(2) 气相氧化法。该法的特点是以空气（或富氧空气）作氧化剂，在催化剂作用下，氧化 3-甲基吡啶制得烟酸。

(3) 高锰酸钾氧化法。以 3-甲基吡啶为原料，经高锰酸钾氧化制得烟酸。

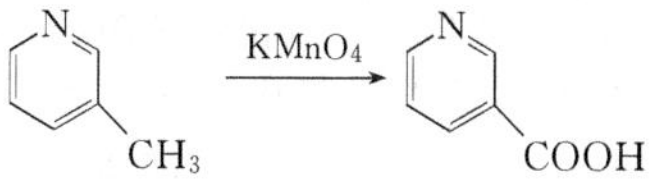

(4) 氨氧化法。甲基吡啶（或 MEP）用空气、氨进行气相催化氧化，得到烟腈；烟腈进一步水解，可得到烟酰胺或烟酸。

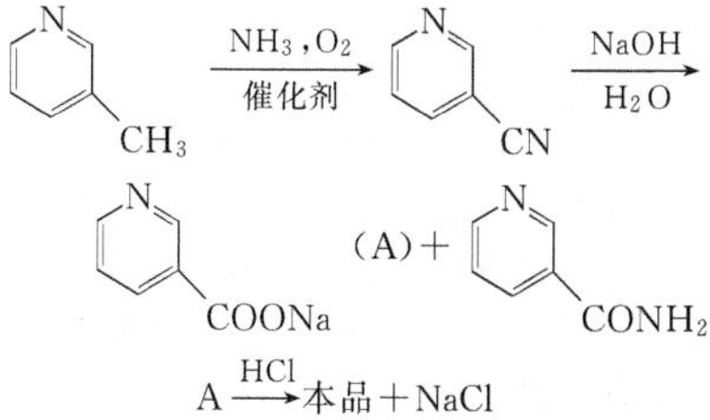

【安全性】 大鼠皮肤 LD_{50} 为 5000mg/kg。贮存于阴凉、通风处。

【参考生产企业】 湖北襄樊湖北制药厂，杭州胜大药业有限公司，天津河北制药厂，河北张家口市制药总厂，上海五洲药业有限公司，江苏常州新华实业有限公司，浙江新昌康乐化工公司。

I071 异烟酸

【英文名】 isonicotinic acid

【别名】 4-吡啶甲酸；吡啶-4-羧酸；4-pyridinecarboxylic acid；γ-pyridinecarboxylic acid；γ-picolinic acid

【CAS 登记号】 [55-22-1]

【结构式】

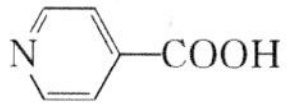

【物化性质】 水中结晶者为白色无味结晶。熔点305～307℃，260℃（2kPa）升华。微溶于水，在20℃饱和水溶液的pH值为3.6。

【质量标准】 异烟酸

项目		指标
含量/%	≥	98
含盐量/%	≤	0.5
含铁量/%	≤	0.005
熔点/℃	≥	316

【用途】 主要用于制取抗结核药物异烟肼（雷米封）的重要有机中间体，也可用于合成特非那丁。异烟肼甲烷磺酸钠、异烟腙、乙异烟胺、丙硫烟胺、异烟酰腙等衍生物异烟酸。

【制法】 （1）氧化法。又分为电氧化法和化学氧化法。电氧化法通常采用强酸硫酸作为电解质，投资少，产品质量好，但对设备腐蚀大。化学氧化法通常高锰酸钾、硝酸、臭氧、五氧化二钒为催化剂，以4-甲基吡啶、4-羟甲基吡啶等为原料制得。

（2）水解法。利用4-腈基吡啶经水解可制得异烟酸。或者通过4-吡啶羧酸酯的水解得到。

【安全性】 低毒，大鼠口服LD_{50}为5000mg/kg，小鼠口服LD_{50}为3123mg/kg。采用干净铁桶包装，贮存于阴凉、通风处。按一般化学品规定贮运。

【参考生产企业】 杭州胜大药业有限公司，浙江江北药业有限公司，河北亚诺化工有限公司。

I072 尿嘧啶

【英文名】 uracil

【别名】 2,4-dioxy pyrimidine

【CAS登记号】 [66-22-8]

【结构式】

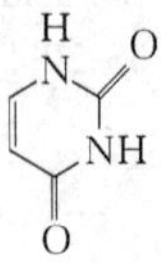

【物化性质】 白色或浅黄色针状结晶。熔点338℃。易溶于热水，微溶于冷水，溶于稀氨水，不溶于乙醇和乙醚。

【质量标准】

项目	指标
外观	白色粉末
含量	99%
水分	0.5%

【用途】 尿嘧啶是基因中不可缺的成分，可以用于药物传递及药剂。

【制法】 由苹果酸、硫酸及尿素经反应制得。在反应釜中，于搅拌和在10℃以下将尿素加入15%的发烟硫酸中，再加入苹果酸，将此混合物用蒸汽浴加热1h，反应放出一氧化碳。反应毕，将反应物倒入水中冷却结晶，过滤。将滤饼经水洗涤后，再溶于沸水中加活性炭脱色，再经过滤、冷却结晶，制得尿嘧啶成品，收率50%以上。密封、阴凉、干燥保存。

【参考生产企业】 上海雅吉生物科技有限公司，浙江黄岩人民化学厂，浙江黄岩延年褪黑素有限公司。

I073 6-甲基尿嘧啶

【英文名】 6-methyluracil

【别名】 6-methyl-2,4(1*H*,3*H*)-pyrimidinedione

【CAS登记号】 [626-48-2]

【结构式】

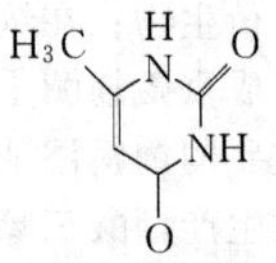

【物化性质】 无色结晶。熔点311～312℃，也有报道270～280℃（分解）。溶于水、热乙醇和碱溶液，微溶于乙醚。水溶液的pH值为13。

【质量标准】

项 目	指 标
外观	白色至浅黄色粉末
纯度/%	97
水分/%	0.5
熔点/℃	315(分解)

【用途】 用于有机合成及生化研究。是合成药物潘生丁的中间体，潘生丁是一种冠状动脉扩张药，也是一种磷酸二酯酶抑制药（抗血小板药物）。

【制法】 由尿素与乙酰乙酸乙酯缩合，再经环合制得。将尿素与乙酰乙酸乙酯加入反应锅中，混合，加乙醇-盐酸液（30%盐酸：95%乙醇=1：4），搅匀后分摊于料盘内，然后置于以浓硫酸为干燥剂的真空干燥器中，待物料全部硬结脱水后，得β-尿基巴豆酸乙酯。然后将β-脲基巴豆酸乙酯慢慢加入90℃的氢氧化钠溶液中，搅拌反应，至溶液澄清；再降温至65℃，滴加盐酸至pH为1，此时6-甲基尿嘧啶立刻沉淀出来；然后冷至30℃以下甩滤，水洗，干燥即得成品，收率80%。

【安全性】 用20kg塑料编织袋包装，内衬塑料袋。或20kg纤维板圆桶包装，内衬塑料袋，贮藏于通风干燥处。

【参考生产企业】 上海三维制药有限公司，武进鸣凰化工厂，鹿泉市弘利精细化工厂。

I074 2,4-二氨基-6-羟基嘧啶

【英文名】 2,4-diamino-6-hydroxypyrimidine

【别名】 2,6-二氨基-4-嘧啶醇；2,6-二氨基-4(1*H*)-嘧啶酮；2,6-diamino-4(1*H*)-pyrimidinone

【CAS登记号】 [56-06-4]

【结构式】

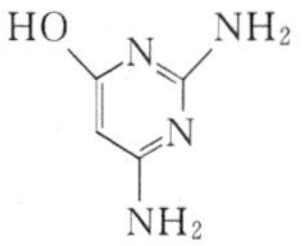

【物化性质】 黄色针状结晶。熔点285～286℃（分解）。

【用途】 用作癌敌-M、敏乐啶、叶酸、阿昔洛韦、更昔洛韦等合成中间体，也用于硝酸盐（酯）或亚硝酸盐（酯）测定。

【制法】 将硝酸胍在甲醇钠或50%NaOH溶液中加热搅拌，回流半小时后，滴加氰乙酸甲酯，回流2h，反应毕，加热回收甲醇，残留物中加热水使之溶解，升温达80℃时，加醋酸调pH为8，析出产品结晶，冷至20℃以下，过滤、洗涤、干燥即得。

【安全性】 低毒。操作人员宜穿戴防护用具。用内衬塑料袋，外用编织袋包装。贮存于阴凉、通风、干燥处，防晒、防潮，远离火种、热源。搬运时轻装轻卸，避免包装破损。

【参考生产企业】 上海三维制药有限公司，金坛市海翔化工有限公司。

I075 4,6-二氯-5-硝基嘧啶

【英文名】 4,6-dichloro-5-nitropyrimidine

【CAS登记号】 [4316-93-2]

【结构式】

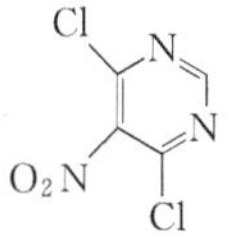

【物化性质】 白色结晶。熔点100～103℃，有催泪和刺激作用。

【用途】 维生素B_4的中间体。

【制法】 4,6-二羟基-5-硝基嘧啶与三氯氧磷在搅拌下加热至40～55℃，滴加二甲苯胺，升温至102～112℃，反应2h后降温至40℃以下，将反应液滴入冰水中，控制温度在50℃以下，冷却，静置，过滤。水洗，抽干，即得。

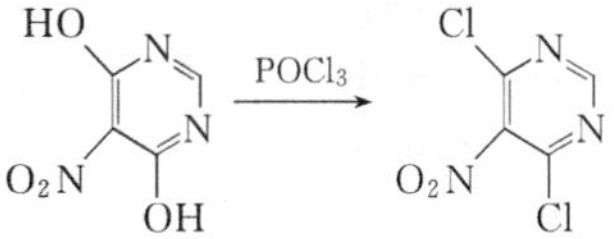

【安全性】 可刺激皮肤，引起皮疹。生产设备应密闭，操作人员应穿戴防护用具。注意不得与皮肤接触，以防引起过敏。内衬塑料袋，外套木桶或编织袋包装。贮存于阴凉、干燥、通风处。防晒、防潮。按一般化学品规定贮运。

【参考生产企业】 上海市医药股份有限公司，金坛市海翔化工有限公司。

I076 2-甲基-4-氨基-5-(乙酰氨基甲基)嘧啶

【英文名】 5-acetamidomethyl-4-amino-2-methyl pyrimidine

【结构式】

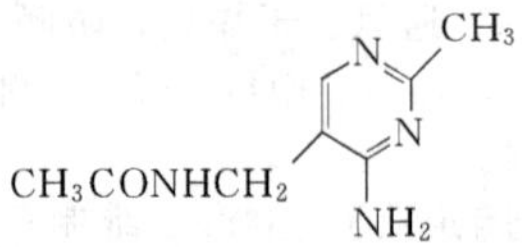

【物化性质】 浅黄色固体，溶于水。

【质量标准】 浅黄色固体，含量在70%以上，含水及氯化钠杂质。

【用途】 维生素 B_1 的中间体。

【制法】 在甲醇钠与甲醇的溶液中，α-二甲氧基甲基-β-甲氧基丙腈与盐酸乙脒经缩合，生成3,6-二甲基-4,5-二氢-2,4,5,7-四氮萘，然后在搅拌下加温水解，得到2-甲基-4-氨基-5-乙酰胺甲基嘧啶。反应产物经冷却，离心甩干得成品。

【安全性】 低毒。采用内衬塑料袋的铁桶或木桶包装。按一般化学品规定贮运。

【参考生产企业】 上海第一制药厂，上海三维制药有限公司。

I077 双氨藜芦啶

【英文名】 diaveridine

【别名】 敌菌净；5-[(3,4-二甲氧基苯基)甲基]2,4-嘧啶二胺；5-[(3,4-dimethoxyphenyl) methyl]-2, 4-pyrimidinediamine; 2, 4-diamino-5-veratrylpyrimidine; 2, 4-diamino-5-(3′, 4′-dimethoxybenzyl) pyrimidine

【CAS登记号】 [5355-16-8]

【结构式】

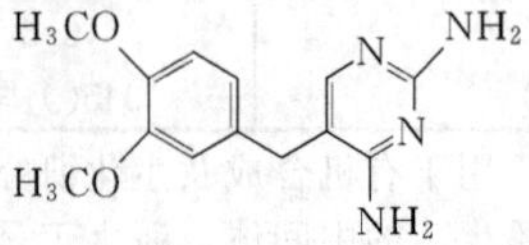

【物化性质】 白色至淡黄色结晶性粉末。几乎无臭。熔点228～233℃。溶于浓盐酸，微溶于稀盐酸，极微溶于氯仿，不溶于乙醇、乙醚、水、稀碱液。

【质量标准】 白色至淡黄色结晶性粉末。熔点228～233℃。

【用途】 兽药磺胺增效剂，防治家禽球虫病的药物。

【制法】 以香兰素为原料，加热溶解于20%液碱中，加热至60～80℃时滴加硫酸二甲酯，在保持碱性的条件下，回流3h，再分次加入液碱和硫酸二甲酯，维持pH=7～9，继续回流反应，然后冷至50℃，用甲苯萃取，回收甲苯，冷却后得3,4-二甲氧基苯甲醛（藜芦醛），将其在甲醇钠存在下，与甲氧基丙腈在65～70℃时回流5h，冷却、结晶，经过滤、干燥，得3′,4′-二甲氧基苯基-2-氰基-3-甲氧基丙烯。另取甲醇钠及甲醇加热回流20min后，加入上述缩合物，加热至87℃，蒸出醇后，继续回流5h，加入硝酸胍，于75℃搅拌2h，升温至95℃，蒸出醇后，再反应5h，冷却，析出结晶（为粗制品），溶于醋酸中，加入活性炭，加热达90～100℃，搅拌1h，然后过滤，用氨水调节滤液的pH值至8，冷却、结晶即得。

【安全性】 有毒，与其他氨基嘧啶类化合物（如2-氨基嘧啶、2-甲基-4-氨基-5-乙氧基嘧啶等）一样均能伤及肝、肾或脾脏及神经系统。生产设备应密闭，操作人员宜穿戴防护用具。按有毒化学品规定贮运。内衬塑料袋，外用编织袋或硬纸板桶包装。贮存于阴凉、干燥、通风处。防晒、防潮，远离火种、热源。搬运时轻装轻卸，以防包装破损。

【参考生产企业】 上海三维制药有限公司，上海第二制药厂。

I078 吗啉

【英文名】 morpholine

【别名】 四氢化-1,4 噁嗪；1,4-氧氮杂环己烷；tetrahydro-1,4-oxazine；diethylene oximide；diethylene imidoxide

【CAS 登记号】 [110-91-8]

【结构式】

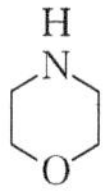

【物化性质】 无色吸水性油状液体。呈弱碱性，具氨臭。与水形成共沸物。沸点128.9℃。闪点（开杯）35℃。凝固点−4.9℃。相对密度 1.007。折射率1.4540。溶于水及甲醇、乙醇、苯、丙酮、乙醚、乙二醇等常用的溶剂。

【质量标准】 HG/T 2817—1996 工业 1,4-氧氮杂环己烷（吗啉）

项　目		一等品	合格品
外观		无机械杂质的透明无色或淡黄色液体	
1,4-氧氮杂环己烷含量/%	≥	99.0	98.0
沸程(5%～95%)/℃		126～129	126～130
密度(ρ_{20})/(g/cm³)	≤	0.999～1.002	0.999～1.002
色度(铂-钴色号，Hazen 单位)/%	≤	10	15

【用途】 吗啉是精细化学的重要中间体，其中 60%用作橡胶助剂（加硫促进剂、抗氧剂）的原料；医药方面还用于合成病毒灵、布洛芬、萘谱里甲氧氯普胺、氟联苯丙酸以及咳必定、甲灭酸等多种重要药物；有机合成方面可用作 *N*-甲基吗啉、*N*-乙基吗啉、吗啉脂肪酸盐等的中间体和原料。此外，还用作防锈剂、清罐剂、中和剂、表面活性剂、荧光增白剂等。以吗啉为取代基合成的荧光增白剂二苯乙烯三嗪型化合物，在外观、晶形及色泽上都有独特之处，特别适合于添加洗涤剂中，对洗涤剂起到增艳作用，而且耐氯漂性能也特别优异。

【制法】 由二乙醇胺经硫酸脱水，闭环得到。

$(HOCH_2CH_2)_1NH + H_2SO_4 \xrightarrow{\triangle}$

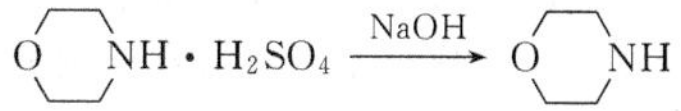

【安全性】 雌性大鼠经口 LD_{50} 为 1.05 g/kg。蒸气刺激皮肤及眼黏膜，引起呼吸困难，具有全身毒性作用，可引起肝、肾变性及坏死性病变。吸入其蒸气者，咽喉即发生剧烈疼痛，咽部黏膜剧烈充血。未稀释的吗啉附在皮肤上可引起难以忍受的疼痛，并能透过皮肤吸收。生产车间要求通风良好，设备要密闭。操作人员要十分注意保护眼睛及皮肤，戴密闭眼镜、手套等。应限制溶液中游离碱的含量不得超过2%。溅及皮肤或眼睛时，应立即用水充分冲洗。空气中最高容许浓度 0.5 mg/m³。严密封装于玻璃瓶或陶瓷罐内，外套木桶包装。贮存于阴凉、干燥、通风处。防晒、防潮，远离火种、热源。搬运时轻装、轻卸，避免包装破损。按有毒化学品规定贮运。

【参考生产企业】 吉化辽源化工有限责任公司，重庆富源化工股份有限公司，辽阳石油化纤公司亿方工业公司，抚顺市化工研究设计院，中国石化集团南京化工厂，山东省瑞星化学工业集团总公司。

I079 *N*-甲基吗啉

【英文名】 *N*-methylmorpholine

【CAS 登记号】 [109-02-4]

【结构式】

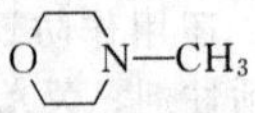

【物化性质】 无色透明液体。具有特殊的臭味。沸点114℃。熔点−65℃。蒸气压(20℃)2.213kPa。相对密度0.919。黏度(20℃)0.90mPa·s。溶于有机溶剂，能与水、乙醇混溶。

【质量标准】 无色透明液体。含量≥99%。

【用途】 主要用作溶剂、催化剂、腐蚀抑制剂，也用于橡胶硫化促进剂和其他精细化学品的合成，还用作聚氨酯塑料的发泡催化剂、合成氨基苄青霉素和羧基苄青霉素的催化剂。

【制法】 在吗啉中慢慢滴加甲醛，然后滴加甲酸，反应进行过程中，自动回流，并放出CO_2。甲酸加毕，加热回流4～5h，然后冷却，并加NaOH立即蒸馏，收集沸点99℃以前的全部馏分，然后往馏出物中加入NaOH至饱和为止，冷却，分出油层，干燥，分馏，收集沸点114.5～117℃馏分即为成品。

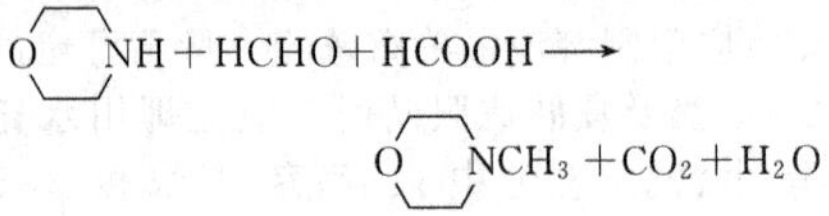

【安全性】 有毒，小白鼠吸入2h，其LC_{50}为25.2mg/L。大鼠灌胃LD_{50}为1.97mg/kg。对动物以任何途径给药，均会出现短时性兴奋，然后转为抑制、萎缩。吸入蒸气，尚有对黏膜的刺激作用，使动物出现痉挛。中毒引起的组织改变为肝、肾的营养不良性现象。对人体皮肤及黏膜均有刺激作用。生产车间应有良好的通风，设备应密闭。操作人员应穿戴防护用具。空气中最高容许浓度$5mg/m^3$。严密封存于玻璃瓶或陶瓷罐内，外套木桶包装。贮存于阴凉、干燥、通风处。防晒、防潮，远离火种、热源。搬运时轻装轻卸，避免包装破损。按有毒化学品规定贮运。

【参考生产企业】 吉化辽源化工有限责任公司，锦州兵吉燕精细化工有限公司，吉林省龙腾精细化工有限责任公司，淮安市华泰化工有限公司，江苏宝应县大有化学品制造有限公司。

I080 *N*-乙基吗啉

【英文名】 *N*-ethylmorpholine

【CAS登记号】 [100-74-3]

【结构式】

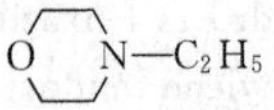

【物化性质】 无色液体。沸点138℃。闪点32℃。凝固点−63℃。蒸气压0.813kPa。相对密度0.916。

【质量标准】 无色液体。含量≥99%。

【用途】 溶剂，有机合成原料。

【制法】 吗啉在冷却搅拌下，缓缓加入溴乙烷，控制反应温度在70℃以下，加料毕，回流6h，回收未反应的溴乙烷后，冷却，用50%NaOH液中和至呈强碱性，分出油层，水层用乙醚提取，再与油层合并，回收乙醚，用无水碳酸钠干燥，再经常压分馏制得。

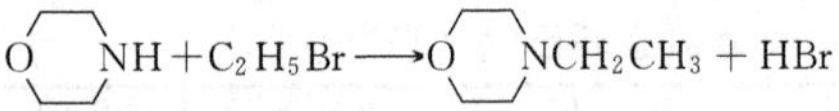

【安全性】 小白鼠吸入LC_{50}为18mg/L。大鼠灌胃LD_{50}为1.2g/kg。与吗啉同样能刺激皮肤及黏膜，但毒性较轻，未引起肝、肾的改变。对皮肤的刺激作用为吗啉的1/20。在空气中的容许浓度为5 mg/m^3。个人防护和预防措施参见吗啉。密封存于玻璃瓶或陶瓷罐内，外套木桶包装。贮存于阴凉、干燥、通风处。防晒、防潮，远离火种、热源。搬运时轻装轻卸，避免包装破损。按有毒化学品规定贮运。

【参考生产企业】 吉化辽源化工有限责任公司，锦州兵吉燕精细化工有限公司，吉林省龙腾精细化工有限责任公司，江苏宝应县大有化学品有限公司。

I081 喹啉

【英文名】 quinoline

【别名】 氮萘；苯并吡啶；leucoline；chinoleine；1-benzazine

【CAS 登记号】 [91-22-5]

【结构式】

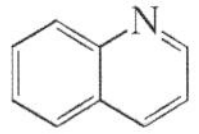

【物化性质】 无色液体，日久变黄，有特殊气味。沸点 237.7℃。熔点 −14.5℃。闪点 99℃。相对密度（d_4^{25}）1.0900。折射率 1.62683。蒸气压（59.7℃）0.13kPa。溶于水、醇、醚、二硫化碳等多数有机溶剂。

【质量标准】 YB/T 5281—2008 工业喹啉

项 目	指 标
外观	无色至浅褐色液体
密度(20℃)/(g/cm³)	1.086～1.096
水分/% ≤	0.5
喹啉/% ≥	95.0

【用途】 用于制药和高效杀虫剂，氧化后可制成吡啶羟酸。

【制法】 Combes 合成法，用芳胺与 1,3-二羰基化合物反应，首先得到高产率的 β-氨基烯酮，然后在浓硫酸作用下，羰基氧质子化后的羰基碳原子向氨基邻位的苯环碳原子进行亲电进攻，再脱水得到喹啉。

【安全性】 有毒，大鼠经口 LD_{50} 为 460mg/kg，兔经皮 LD_{50} 为 540mg/kg。吸入、食入蒸气对鼻、喉有刺激性。吸入后引起头痛、头晕、恶心。对眼睛、皮肤有刺激性。口服刺激口腔和胃。遇明火、高热可燃。与氧化剂可发生反应。受热分解放出有毒的氧化氮烟气。工作现场做好防护工作，禁止吸烟、进食和饮水。

【参考生产企业】 上海奎林化工有限公司，上海宝钢化工有限公司，鞍山钢铁集团公司化工总厂，上海金锦乐实业有限公司。

I082 4-甲基喹啉

【英文名】 lepidine

【别名】 4-methylquinoline；cincholepidine

【CAS 登记号】 [491-35-0]

【结构式】

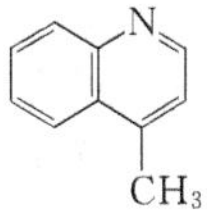

【物化性质】 无色透明油状液体。沸点 261～263℃。熔点 0℃。相对密度 1.0826。折射率 1.6190。微溶于水，能溶于醇、苯、醚。遇光变成红棕色。

【质量标准】 含量≥99%。

【用途】 用于制喹宁系抗疟药，还可制彩色电影胶片增感剂及喹啉蓝等染料。

【制法】 由 2-氯-4-甲基喹啉在钯炭催化剂存在下与乙酸钠作用制得。

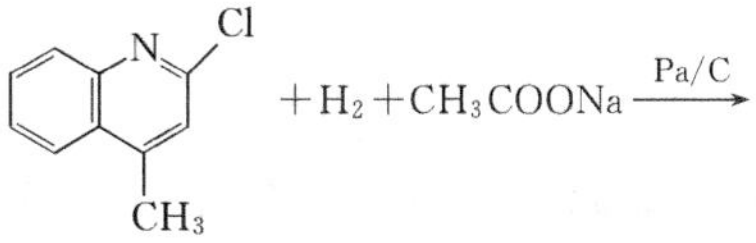

本品＋NaCl＋CH_3COOH

【参考生产企业】 鞍钢化工总厂，宜兴市宏博乳化剂厂，上海欣蒂精细化工有限公司，上海奎林化工有限公司。

I083 8-氨基-6-甲氧基喹啉

【英文名】 8-amino-6-methoxyquinoline

【别名】 6-methoxyquinolinamine；amichin

【CAS 登记号】 [90-52-8]

【结构式】

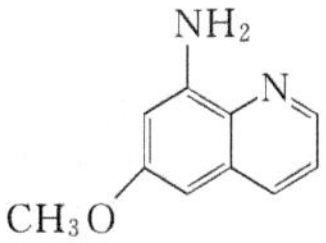

【物化性质】 结晶。沸点（0.133kPa）137～138℃。熔点 51℃。

【质量标准】 含量≥96%。

【用途】 医药中间体，主要用于制备抗疟药磷酸伯氨喹啉、扑疟喹啉。

【制法】 6-甲氧基-8-硝基喹啉在盐酸介质中用铁粉还原得6-甲氧基-8-氨基喹盐酸盐，再用液碱中和，得粗品，粗品经过滤、盐析、脱水，得成品。

【安全性】 有毒，详细毒性未见报道。操作时应避免直接与人体接触。以铁桶或木桶内衬塑料袋包装，贮存于阴凉通风处。防热、防晒、防潮。按有毒化学品规定贮运。

【参考生产企业】 宜兴市宏博乳化厂，黄岩市建业化工厂。

I084 8-羟基喹啉

【英文名】 8-hydroxyquinoline

【别名】 8-quinolinol；oxyquinoline

【CAS 登记号】 [148-24-3]

【结构式】

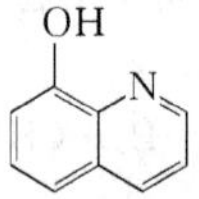

【物化性质】 白色或淡黄色晶体或结晶性粉末。能升华。沸点267℃。熔点75～76℃。不溶于水和乙醚，溶于乙醇、丙酮、氯仿、苯或无机酸。

【质量标准】 HG/T 4014—2008 化学试剂 8-羟基喹啉

项　目	分析纯	化学纯
外观	白色或淡黄色结晶或结晶性粉末,几乎不溶于水,溶于乙醇和烯酸	
C_9H_7NO/%　≥	99.5	99.0
熔点范围/℃	73.0～74.5(1℃)	72.5～74.5(1.5℃)
对镁灵敏度试验	合格	合格
乙酸溶解试验	合格	合格
灼烧残渣(以硫酸盐计)/%　≤	0.02	0.05
氯化物(Cl)/%　≤	0.002	0.004
硫酸盐(SO_4)/%　≤	0.01	0.02

【用途】 是生产抗滴虫、螺旋体、阿米巴原虫药氯碘喹啉和双碘喹啉的原料，也是制造染料、农药的中间体。其硫酸盐和铜盐络合物是优良的杀菌剂，也用作络合指示剂和色层分析试剂。

【制法】 以邻氨基苯酚和甘油为原料，经环合制得。

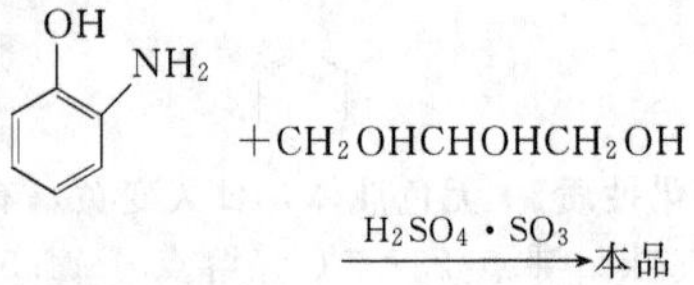

【参考生产企业】 宜兴市宏博乳化厂，苏州市贝斯特精细化工厂，寿光市奎宝化工科技有限公司，黄岩万丰化工厂。

I085 2-甲基-8-羟基喹啉

【英文名】 2-methyl-8-hydroxyquinoline

【别名】 8-羟基喹哪啶；邻羟基喹哪啶；8-hydroxyquinaldine

【CAS 登记号】 [826-81-3]

【结构式】

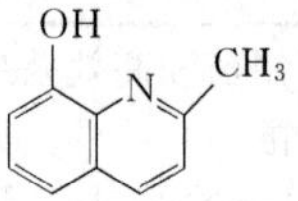

【物化性质】 无色柱状或片状结晶。带有苯酚气味。碱溶液中，与多种金属离子形成有色不溶于水的配合物。能随水蒸气挥发，在100℃升华。沸点267℃。熔点74℃。微溶于水，溶于醇，醚，苯和有机酸，不溶于水。

【质量标准】

项　目	指　标	
外观	淡棕黄色结晶性粉末	淡黄色结晶性粉末
含量/%　≥	99.50	99.91
熔点/℃	71.0～73.0	72.1～73.1
重金属/%　≤	0.002	0.002
灼烧残渣/%　≤	0.20	0.03
干燥失重/%　≤	0.50	0.35

【用途】 用作医药，农药中间体，用作萃取光度法测定的萃取剂，也可用作称量法

测定的沉淀剂，用于测定锌镁等。

【制法】 由邻氨基苯酚与巴豆醛反应制得。将邻氨基苯酚和邻硝基苯酚均匀混合，加入盐酸。在搅拌下加入巴豆醛。加热 6h，放置过夜。用水蒸气蒸馏将示反应的邻硝基苯酚蒸出，在蒸余液中加入氢氧化钠溶液使呈弱碱性，再加粉末状的碳酰内进行饱和，用水蒸气蒸馏出 8-羟基喹哪啶，将此粗品再经减压蒸馏，用乙醇重结晶，得纯品。

【参考生产企业】 上海元吉化工有限公司，上海奎林化工有限公司。

I086 六水哌嗪

【英文名】 piperazine hexahydrate

【别名】 二氮六环六水合物

【CAS 登记号】 [142-63-2]

【结构式】

【物化性质】 白色结晶，易吸潮。沸点 125～130℃。熔点 44℃。闪点 87℃。溶于水和乙醇，不溶于乙醚，其水溶液呈弱碱性反应。与锌蒸馏，即生成哌嗪。

【质量标准】 白色结晶，含量≥95%。

【用途】 主要用于生产驱肠虫药磷酸哌嗪、枸橼酸哌嗪，以及氟奋乃静、强痛定、利福平。六水哌嗪溶于乙醇，加入冰醋酸搅拌冷却即析出乙酸哌嗪，可用于合成激素类药物氢化泼尼松磷酸钠。六水哌嗪还可用于生产乙酰哌嗪医药中间体。哌嗪也应用于生产湿润剂、乳化剂、分散剂等表面活性剂类产品，生产抗氧剂、防腐剂、稳定剂、塑料加工助剂和橡胶助剂等。

【制法】 由氯乙醇经氨化、环合成哌嗪盐酸盐，再用氢氧化钠中和制得六水哌嗪。

【安全性】 低毒，大鼠经口 LD_{50} 为 1900mg/kg，小鼠经口 LD_{50} 为 11200 mg/kg。内衬塑料袋，外套以塑料桶包装，注意密封，严防吸潮。贮运中应防雨淋、防晒、防火。按一般化学品规定贮运。

【参考生产企业】 常州石油化工厂，广西桂林制药厂，常州金澄医药化工有限公司，淄博开发区医药化工厂。

I087 *N*-甲基哌嗪

【英文名】 *N*-methylpiperazine

【别名】 1-甲基哌嗪；1-methylpiperazine

【CAS 登记号】 [109-01-3]

【结构式】

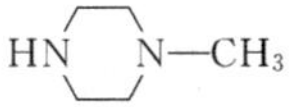

【物化性质】 无色透明液体，有强烈氨味。在高温下易氧化而变色。沸点 138 (140)℃。闪点 42℃。相对密度 0.903。折射率 1.4378。溶于水、乙醚、乙醇，与水、甲醇等任意比互溶，在水溶液中呈弱碱性。

【用途】 有机合成中间体。在医药工业中用于制取抗菌素类药物甲哌利福霉素、抗精神病药三氟拉嗪等。主要用作氧氟沙星、氯氮平、西地那非、吐立抗、佐匹克隆等药物的中间体，也可用于农药、染料、塑料等行业。

【制法】 由六水哌嗪经甲基化反应制得。将六水哌嗪及盐酸加入反应锅中，加热至 45℃，滴加甲酸和甲醛的混合液。加毕，在 50℃左右反应 2～3h，再升温回流，至二氧化碳气体不再逸出为止。冷却至 80℃，加入盐酸，加热蒸酸至干。稍冷后加入甲醇，加热回流 30min，趁热过滤（滤渣为哌嗪二盐酸盐）。滤液回收甲醇至尽，残液加入氢氧化钠溶液至 pH 为 14，蒸馏，得含水甲基哌嗪。加苯加热回流带水至尽，分馏，收集 132～140℃ 馏分，得无水甲基哌嗪。收率约 50%。

【参考生产企业】 浙江省新昌三原医药化工有限公司，济南金钠利科技有限公司，上海康晟实业有限公司，江都市新华化工有限公司，浙江白云伟业化工股份有限公司，杭州长龙化工有限公司。

I088 N-乙基哌嗪

【英文名】 N-ethylpiperazine

【CAS登记号】 [5308-25-8]

【结构式】

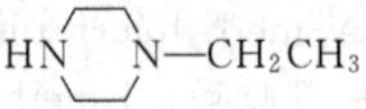

【物化性质】 无色透明液体，有强烈氨味。在高温下易氧化而变色。易溶于水、醇类等溶剂。

【用途】 作为兽药中间体，主要用于生产兽药乙基环丙沙星、蒽诺沙星，同时也可用作染料、植物保护剂的合成原料。

【参考生产企业】 杭州长龙化工有限公司，绍兴兴欣化工有限公司，浙江白云伟业化工股份有限公司。

I089 二苯甲基哌嗪

【英文名】 benzhydrylpiperazine

【别名】 N-二苯甲基哌嗪；1-二苯甲基哌嗪；1-(diphenylmethyl)piperazine

【CAS登记号】 [841-77-0]

【结构式】

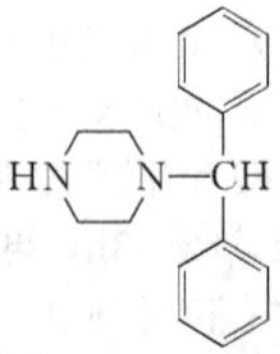

【物化性质】 熔点 88～93℃。闪点 115℃。

【用途】 H1-受体拮抗剂奥沙米特的中间体。

【制法】 (1) 以甲苯为溶剂二苯溴甲烷和无水哌嗪于 90℃反应 7h，然后依次水洗，萃取，碱调 pH，重结晶，制得白色结晶二苯甲基哌嗪。

(2) 将二苯甲醇加至浓盐酸中，搅拌回流，冷却，用乙醚提取，用无水硫酸钠干燥，蒸出乙醚，残液备用。将无水哌嗪加至甲苯中，加热至 80℃，滴加上述二苯氯甲烷，滴毕，保持 80～90℃温度进行反应。将甲苯层用稀盐酸提取，提取液用氢氧化钠碱化，得淡黄色固体，进一步提纯即可。

【参考生产企业】 扬州市奥鑫助剂厂，天津市�凯化工科技有限公司，上海康晟实业有限公司。

I090 N-氨乙基哌嗪

【英文名】 N-aminoethylpiperazine

【别名】 AEP

【结构式】

【物化性质】 无色透明液体。沸点 210～230℃。相对密度（d_{25}^{25}）0.983～0.989。

【质量标准】 日本钢铁精细化工公司标准

项　目		指　标
外观		无色透明液体
含量(色谱法)/%	≥	98
馏程/℃		210～230
相对密度(d_{25}^{25})		0.983～0.989
色号(APHA)	≤	50

【用途】 医药中间体。

【制法】 由二氯乙烷和氨反应生成乙二胺类产品时的副产品。经精馏、脱色而得。参见乙二胺。

【安全性】 低毒，大鼠经口 LD_{50} 为 2140mg/kg，小鼠经口 LD_{50} 为 250mg/kg。家兔经皮 LD_{50} 为 880mg/kg。内衬塑料袋包装、密封，严防吸潮，贮运中应防雨淋，防晒，防火。

【参考生产企业】 江苏常州石油化工厂，淄博开发区医药化工厂。

I091 1-甲基-4-氨基哌嗪

【英文名】 4-amino-1-methyl piperazine

【别名】 1-甲基-4-氨基对二氮己环

【CAS登记号】 [6928-85-4]

【结构式】

【物化性质】 无色透明黏稠液体。沸点172～175℃。折射率1.4850。相对密度0.957。燃点62℃。

【质量标准】 Q/320585 MMG01—2001

项 目		指 标
含量(色谱法)/%	≥	98.0
含肼/%	≤	0.1
灼烧残渣/%	≤	0.1

【用途】 医药中间体，用以制取抗生素利福平。

【制法】 以六水哌嗪为原料，用甲酸、甲醛进行甲基化、生成*N*-甲基-*N*′-甲酰基哌嗪，用盐酸水解生成*N*-甲基哌嗪盐酸盐。再用亚硝酸钠亚硝化得*N*-甲基-*N*′-亚硝基哌嗪，然后用锌粉、醋酸还原得1-甲基-4-氨基哌嗪。

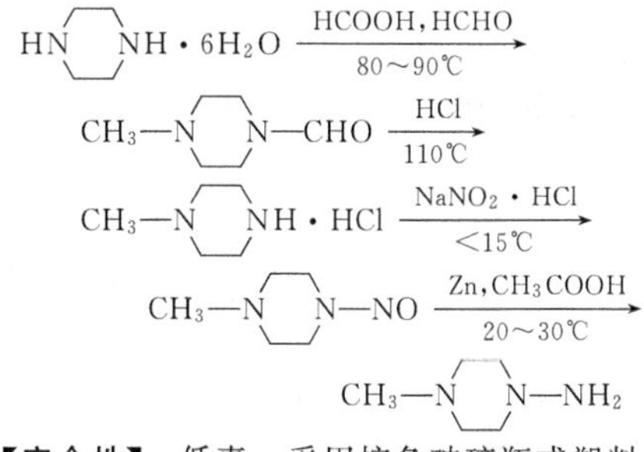

【安全性】 低毒。采用棕色玻璃瓶或塑料桶包装。贮存于阴凉、通风处。避光、防热、防晒。按一般化工产品规定贮运。

【参考生产企业】 上海南汇县三墩农化厂，宝应县大有化学品制造有限公司，福建省浦城第一化工厂，太仓市金海医药化工厂。

I092 吲哚

【英文名】 indole

【别名】 苯并吡咯；2,3-benzopyrrole

【CAS登记号】 [120-72-9]

【结构式】

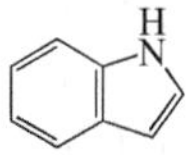

【物化性质】 无色片状结晶，有强烈粪便臭味。沸点254℃，128～133℃(3.7kPa)。熔点52.5℃。相对密度1.22。溶于热水、苯和石油中，易溶于乙醇、乙醚和甲苯。能随水蒸气挥发，置于空气中或见光变红色，并树脂化。

【质量标准】

项 目		一级品	二级品	三级品
外观		无色片状结晶		
熔点范围		52～53	51～53	51～53
纯度/%	>	99	99	98～99
灼烧残渣		0.05	0.1	0.2
铁(Fe)		0.0005	0.0005	0.0005
重金属(以Pb计)		0.0005	0.0005	0.0005

【用途】 吲哚及其同系物和衍生物广泛存在于自然界中，最初是由靛蓝降解制得。吲哚及其同系物也存在于煤焦油中；精油(如茉莉精油等)中也含有吲哚；粪便中含有3-甲基吲哚；许多瓮染料是吲哚的衍生物；动物的一种必需氨基酸色氨酸就是吲哚的衍生物，体内的许多吲哚衍生物是由它而来的；某些生理活性很强的天然物质，如生物碱、植物生长素等，都是吲哚的衍生物。其高度稀释的溶液，可以作为香料使用。吲哚主要用作香料、染料、氨基酸、农药的原料。吲哚本身也是一种香料，常用于茉莉、紫丁香、荷花和兰花等日用香精配方，用量一般为千分之几。吲哚衍生物中有一些是染料、植物生长素和医药。在染料工业，可用于合成硫化染料、靛蒽青染料，还可代替苯胺合成1,3,5-三甲基二亚甲基吲哚等。欧洲的一些厂家使用吲哚制造色氨酸，吲哚还用于合成植物生长调节剂，如吲哚乙酸和吲哚丁酸等，据报道，吲哚乙腈用作植物生长激素，其使用效果为吲哚乙酸的10倍。

【制法】 (1) 从洗油馏分提取。在高温煤焦油中，约含吲哚0.1%～0.16%。一般可从煤焦油的洗油馏分提取。将洗油馏分经碱洗、酸洗，得到甲基萘馏分，然后在高效塔中精馏，切取 225～256℃馏分段，加氢氧化钾熔融，得吲哚钾。

(2) 可由邻氨基乙苯催化脱氢制得。

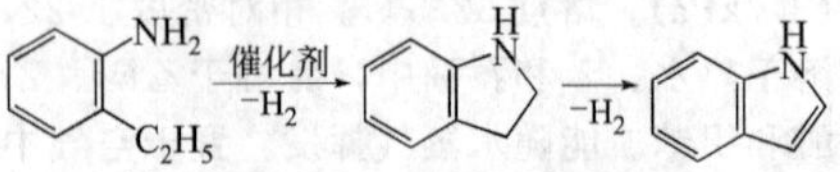

(3) 由邻硝基甲苯和草酸酯反应，生成邻硝基苯基丙酮酸，然后再制成 α-吲哚羧酸，最后与石灰一起干馏制得。

(4) 将苯胺与乙炔在 600～650℃加热合成吲哚。

(5) 以浓硝酸或铬酸氧化靛蓝得到吲哚醌，后者与锌粉进行蒸馏可得吲哚。

【安全性】 吲哚大鼠经口 LD_{50} 为 1000mg/kg，据报道，吲哚类植物生长素能使大白鼠生发肿瘤。用纸板或铁桶包装，塑袋衬里。净重 25kg/桶。

【参考生产企业】 上海香料厂，南通晓龙化工有限公司，鞍钢公司化工厂，安徽省宿州市天神生物工程有限责任公司。

I093 2-苯基吲哚

【英文名】 2-phenylindole

【别名】 α-苯基吲哚；α-phenylindole

【CAS 登记号】 [948-65-2]

【结构式】

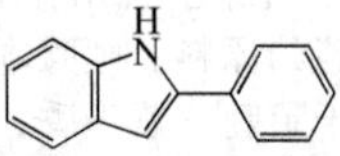

【物化性质】 黄色或酱红色叶状结晶。在空气中渐变绿色，能升华。沸点大于 360℃；熔点 189℃。溶于乙醚、苯、乙酸、氯仿和热二硫化碳，微溶于热水，不溶于稀无机酸。

【质量标准】 黄色或酱红色叶状结晶。含量 99%。

【用途】 生产阳离子橙 2GL。阳离子红 BL、阳离子红 2BL 等染料的中间体。

【制法】 在二甲苯介质中，以苯乙酮与苯肼缩合后，在氯化锌存在下闭环，再经酸煮、抽滤、水洗、抽干得成品。

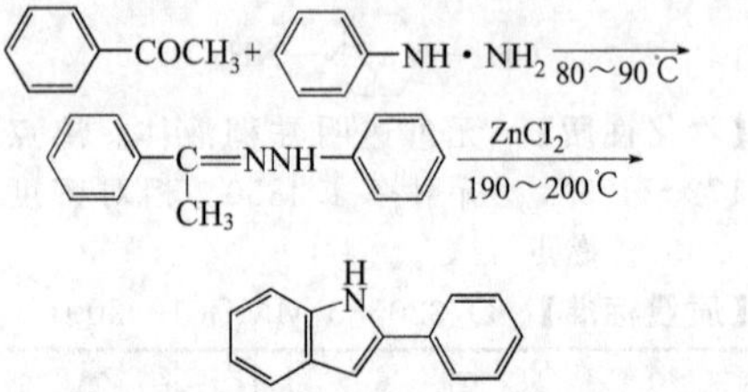

【安全性】 有毒。工作场所应加强通风，设备应密闭，操作人员应穿戴防护用具。贮存于阴凉、通风的库房中，按有毒化学品规定贮运。

【参考生产企业】 北京成宇化工有限公司，山东博山助剂厂，上海申兴制药厂，北京市大兴兴福精细化工研究所。

I094 喹唑酮

【英文名】 4-quinazolinol

【别名】 4-羟基喹唑啉；4-喹唑啉醇；4-hydroxyquinazoline；4-qunazolinone；quinazolone

【CAS 登记号】 [491-36-1]

【结构式】

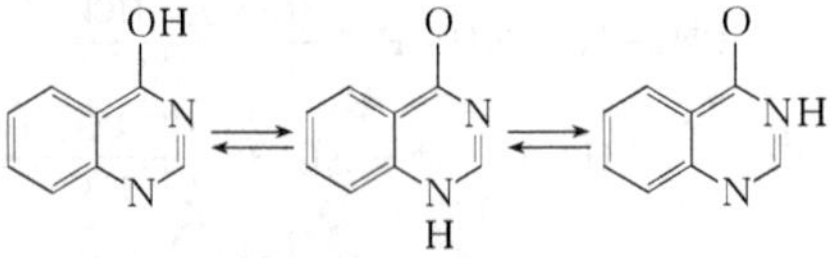

主要构型　　1*H* 构型　　3*H* 构型

【物化性质】 白色针状结晶。熔点 217～221℃（215～216℃）。

【用途】 用于抗心律失常药常咯啉的合成。

【制法】 由邻氨基苯甲酸与甲酰胺环合而得。将邻氨基苯甲酸和甲酰胺加入不锈钢反应锅中，搅拌加热 4h，维持油浴温度 140～150℃；然后在搅拌下加入冷水，待温度降至 60℃以下时，将产物加水搅拌均匀，放置过夜，过滤、水洗、醇洗、在 100～120℃干燥，即得喹唑酮，收率 80%。

【安全性】 有刺激性，小鼠经口 LD_{50} 为 609mg/kg。

【参考生产企业】 上海申兴制药厂，北京市大兴兴福精细化工研究所。

I095 吡唑蒽酮

【英文名】 1,9-pyrazoloanthrone

【别名】 1,9-吡唑并蒽酮；蒽并[1,9-*cd*]吡唑-6(2*H*)-酮；anthra[1,9-*cd*]pyrazol-6(2*H*)-one

【结构式】

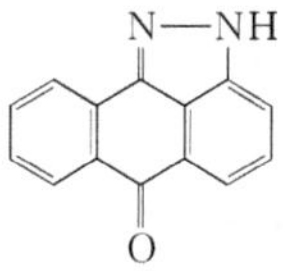

【物化性质】 黄色或深黄色粉末，熔点281～282℃。

【质量标准】

项 目		指 标
外观		暗黄色粉末
含量/%	≥	95
干品初熔点	≥	282
水分/%	≤	1
pH 值		7

【用途】 染料中间体，可用来生产还原灰M等。

【制法】 以1-氨基蒽醌为原料，用亚硝酸钠进行重氮化，用亚硫酸氢钠还原，脱水后用硫酸闭环而得。

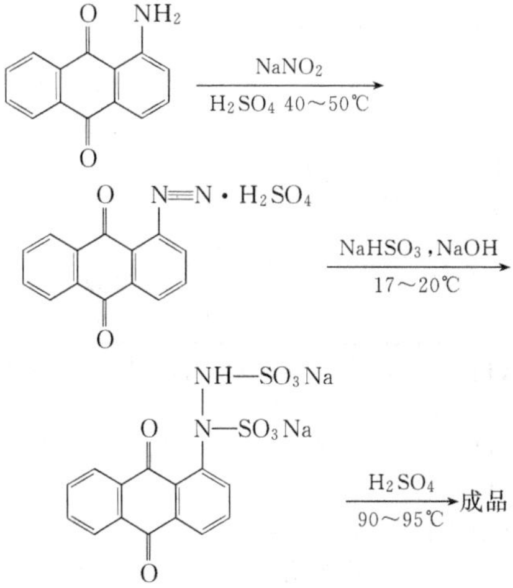

【安全性】 低毒，长期接触可引起皮肤过敏等症状。操作人员应穿工作服。操作时应避免与皮肤直接接触。采用铁桶内衬塑料袋包装。贮存于阴凉通风处。按一般有毒化学品规定贮运。

【参考生产企业】 徐州染料化工厂，浙江东阳化工三厂。

I096 三唑酮

【英文名】 triadimefon

【别名】 粉锈宁；唑菌酮；1-(4-chlorophenoxy)-3，3-dimethyl-1-(1*H*-1，2，4-triazol-1-yl)-2-butanone

【CAS登记号】 [43121-43-3]

【结构式】

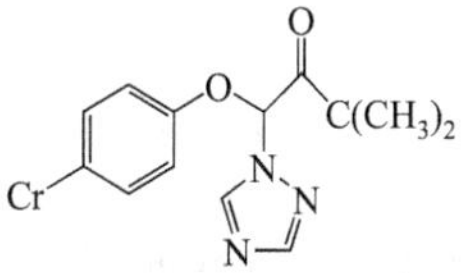

【物化性质】 无色晶体。在酸性和碱性条件下较稳定。熔点82～83℃。蒸气压(20℃)＜99×10^{-10}Pa。20℃时水中溶解度为260mg/L，易溶于环己酮、二氯甲烷，溶于异丙醇、甲苯。

【质量标准】 HG 3293—2001 三唑酮原药

项 目		指 标
外观		白色或微黄色粉末，无可见外来杂质
三唑酮含量/%	≥	95.0
对氯苯酚含量/%	≤	0.5
水分/%	≤	0.4
酸度(以 H_2SO_4 计)/%	≤	0.3
丙酮不溶物/%	≤	0.5

注：丙酮不溶物试验每三个月至少检验一次。

【用途】 高效内吸杀菌剂，防治小麦锈病、白粉病，玉米、高粱丝黑穗病，玉米圆斑病等。对小麦全蚀病、腥黑穗病、散黑穗病及瓜类、果树、蔬菜、花卉等白粉病亦有效。

【制法】 以 α-溴代频那酮与对氯苯酚钠反应，得 α-对氯苯氧基频那酮。然后与溴素反应生成 α-对氯苯氧基-α-溴代频那酮，最后与1,2,4-三唑反应即得。

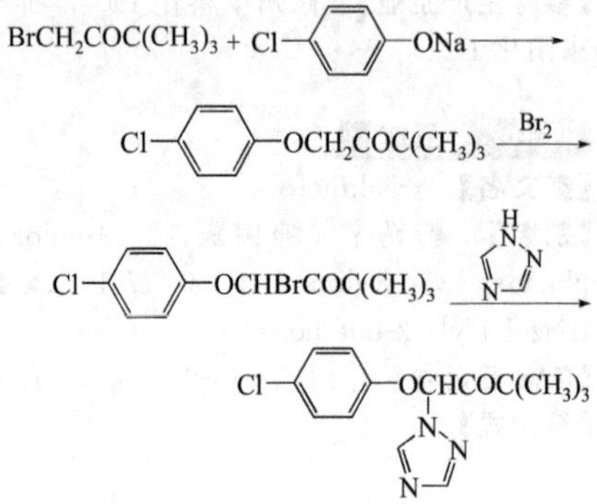

【安全性】 有毒。大鼠经口 LD_{50} 为 363～568 mg/kg。生产车间宜通风良好，设备应密闭。操作人员穿戴防护用具。用内衬塑料袋，外用木桶或铁桶包装。贮存于阴凉、干燥。通风处。防晒、防潮。按有毒化学品规定贮运。

【参考生产企业】 江苏华昌（集团）有限公司，张家港市七洲农药化工有限公司，盐城市黄隆实业有限公司，江苏克胜股份有限公司，江苏省建湖县农药厂。

I097 *N*-甲基哌啶

【英文名】 *N*-methylpiperidine

【别名】 *N*-甲基氮己环；*N*-甲基六氢吡啶

【CAS 登记号】 [626-67-5]

【结构式】

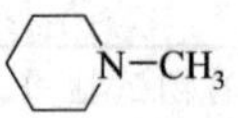

【物化性质】 无色液体，有刺激性气味。易燃。沸点 107℃。密度 0.8159g/cm³。折射率（20℃）1.4355。易溶于水、醇、醚。

【质量标准】 无色透明。含量≥98.5%。

【用途】 医药、农药等行业作有机合成中间体。

【制法】 以甲醛、甲酸作甲基化试剂，和六氢吡啶反应制得。

【安全性】 具强碱性，不慎溅入口眼，应立即以大量清水冲洗。用 200L 镀锌铁桶包装，净重 160kg，密封阴凉处保存。按易燃品贮运。

【参考生产企业】 宝应县大有化学品制造有限公司，常州艾坛化学有限公司。

I098 氯吡多

【英文名】 clopidol

【别名】 二氯二甲吡啶酚；康乐安；3,5-dichloro-2，6-dimethyl-4-pyridinol；meticlorpindol；clopindol

【CAS 登记号】 [2971-90-6]

【结构式】

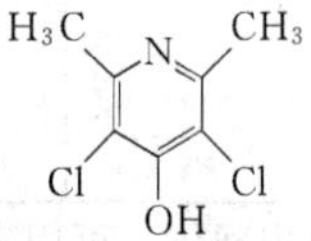

【物化性质】 白色或浅黄色无臭粉末。熔点＞320℃。略溶于 6mol/L 盐酸或 1 mol/L氢氧化钠，微溶于甲醇和乙醇，不溶于水、苯、丙酮、乙醚。

【质量标准】

项　目		指　标
外观		白色或浅黄色粉末
熔点/℃	≥	360
105℃干燥失重/%	≤	0.5
炽灼残渣/%	≤	0.3
重金属(Pb)/%	≤	0.002
氯化物/%	≤	0.05
含量/%	≥	95

【用途】 用作抗球虫病饲料添加剂，饲料中添加 125×10^{-6} 和 250×10^{-6} 时，对 15 日龄的雏鸡饲喂 10～15 天后，增重率明显提高。

【制法】 2,6-二甲基吡啶-4-酚在盐酸中通氯，进行氯化制取。

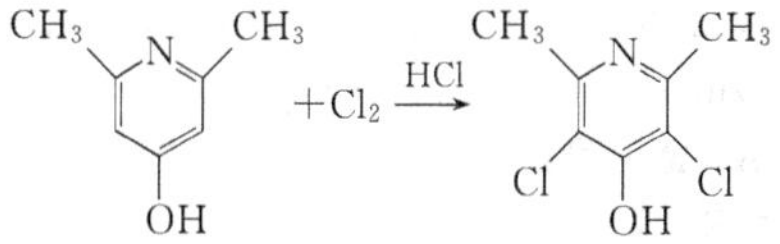

【安全性】 大鼠经口 LD_{50} 为 18g/kg。用 1kg、10kg 内衬塑料袋，外用纸箱包装。

【参考生产企业】 浙江衢州伟荣药化有限公司，上海五洲药业股份有限公司。

I099 吡嗪

【英文名】 pyrazine

【别名】 对二氮杂苯；1,4-二嗪；1,4-diazine；paradiazine

【CAS 登记号】 [290-37-9]

【结构式】

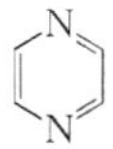

【物化性质】 无色晶体。是弱的一元碱。在乙酸中用过氧化氢氧化，得 N-氧化物。吡嗪本身不能发生硝化和磺化反应，但环上带有致活基团时能发生硝化。卤化得一卤和多卤吡嗪。易与亲核试剂反应，如与氨基钠反应得 2-氨基吡嗪。沸点 115～116℃。熔点 54℃。相对密度（d_4^{61}）1.031。折射率（n_D^{61}）1.4953。溶于水和醚，与水可组成恒沸混合物。

【用途】 用作医药中间体，香精、香料中间体。

【制法】 可由 β-羟基乙氨基乙胺、N-羟乙基乙二胺在 Ni/Al_2O_3 存在下经高温脱氢制得。

【参考生产企业】 衢州市九州化工有限公司，浙江省台州市江北化工厂，浙江黄岩高源化工有限公司，滕州市悟通香料有限责任公司，上海五洲药业股份有限公司，山东菏泽睿鹰化学化工集团公司。

I100 2-甲氧基-3-甲基吡嗪

【英文名】 2-methoxy-3-methyl pyrazine

【CAS 登记号】 [2847-30-5]

【结构式】

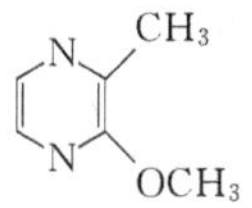

【物化性质】 无色透明液体。相对密度（水＝1）1.072。沸点 79～80℃。闪点 55℃。折射率 1.5055～1.5075。

【用途】 用于日用化妆品香精的配制，具有强烈的炒坚果香味。

【制法】 由 α-二羰基化合物与丙氨酸缩合制得。

【参考生产企业】 山东滕州悟通香料有限责任公司，滕州吉田香料有限公司。

I101 2,3-吡嗪二羧酸

【英文名】 2,3-pyrazinedicarboxylic acid

【别名】 对二氮杂苯-2,3-二羧酸

【CAS 登记号】 [89-01-0]

【结构式】

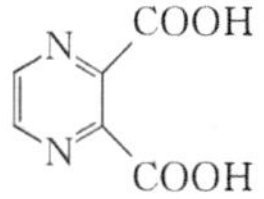

【物化性质】 含二分子结晶水者呈柱状结晶。于 100℃失去结晶水，183～185℃分解，放出 CO_2。易溶于水，溶于甲醇、丙酮、乙酸乙酯，微溶于乙醇、乙醚、氯仿、苯及石油醚。

【质量标准】 柱状晶体。含量＞95％。

【用途】 抗结核药吡嗪酰胺合成的中间体。

【制法】 以苯并吡嗪为原料，与高锰酸钾混合加热（68～70℃）2h，放置过夜，吸取上清液。下层物加水搅拌，加热至 80℃，过滤，将滤液及上清液用薄膜蒸发器浓缩，加盐酸中和至 pH 达 2，析出吡嗪二羧酸单钾盐，冷却后，甩干，并加入盐酸中搅拌升温，至溶解，于 15℃以下冷却结晶，以醇洗涤，甩干，即得。

【参考生产企业】 浙江海正集团有限公司浙江江南制药厂，浙江黄岩繁源化工有限公司，衢州市九州化工有限公司。

I102 巴比土酸

【英文名】 barbituric acid

【别名】 2,4,6(1*H*,3*H*,5*H*)-pyrimidinetrione; malonylurea; 2,4,6-trioxohexahydropyrimidine

【CAS 登记号】 [67-52-7]

【结构式】

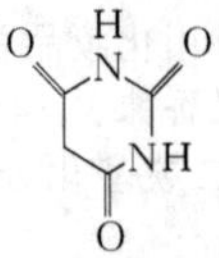

【物化性质】 白色结晶。无臭。在空气中易风化。能与金属作用形成盐。熔点248℃（部分分解）。微溶于水和乙醇，溶于乙醚。

【质量标准】

项　目	指　标
外观	白色或粉红色结晶粉末
酸碱性	呈强酸性
含量/%　≥	98
熔点/℃　≥	245

【用途】 合成巴比妥、苯巴比妥和维生素B_{12}等药品的中间体，也可用作聚合催化剂和制取染料的原料。

【制法】 丙二酸二乙酯和尿素在乙醇钠存在下于75～83℃反应生成巴比土酸钠盐，经蒸馏加盐酸析出巴比土酸粗品，粗品经精制脱色、结晶、过滤、干燥，得成品。

【安全性】 有毒，对于二水物，雄性大鼠经口LD_{50}＞5000mg/kg。有腐蚀性和刺激性。操作人员需穿戴防护用具。勿与皮肤接触。用木桶或纸板桶包装，内衬塑料袋，每桶30kg。贮存于干燥通风处，注意避光。按一般有毒药品规定运输。

【参考生产企业】 江苏兴华明升生物化学研究所，扬州染料化工厂。

I103 三聚氰氯

【英文名】 cyanuric chloride

【别名】 三聚氰酰氯；氰尿酰氯；2,4,6-三氯-1,3,5-三嗪；2,4,6-trichloro-1,3,5-triazine; trichloro-*s*-triazine

【CAS 登记号】 [108-77-0]

【结构式】

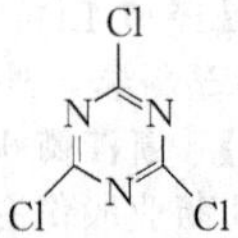

【物化性质】 具有辛辣气味的结晶体。沸点（101.858kPa）194℃。熔点145℃。密度1.93g/cm³。溶于氯仿、四氯化碳、乙醇、热的醚、丙酮、二噁烷，微溶于水。

【质量标准】 HG/T 3412—2002

	一等品	合格品
外观	白色均匀粉末	白色至微黄色均匀粉末
初熔点/℃　≥	145.5	145.0
三聚氰氯含量/%　≥	99.3	99.0
细度①(通过孔径125μm标准筛后残余物的量)/%　≤	5.0	10.0
甲苯不溶物含量/%　≤	0.3	0.5
堆积密度/(g/mL)/%　≤	0.90	1.20

①细度指标为用于染料行业的产品所规定。

【用途】 染料工业用于生产活性染料、直接染料、金属络合染料、酸性染料以及还原染料或分散染料等。农药工业用于生产除草剂以及均三嗪类农药杀虫剂等。医药工业用于合成中枢神经抑制药物和降血压药物肼基均三嗪、硫酰胺基均三嗪等。化学助剂工业用于生产荧光增白剂、橡胶稳定剂和硫化促进剂、紫外线稳定剂、抗氧剂、润滑剂与添加剂，以及纺织助剂纤维素脱水剂、降水织物和含胶纸张处理等。

【制法】 (1) 氢氰酸法。即两步法，在国外发展较快，目前世界上发达国家多采用此法。以氢氰酸为原料，经氯化制氯氰中间体，再经催化聚合制得。在工艺上有液相法、加压法和常压气相法三种。

（2）氰化钠法。以氰化钠和氯气为原料，合成氯氰，再经气相催化聚合制得二聚氯氰。

【安全性】 有毒，大鼠灌胃 LD_{50} 为 485mg/kg，小鼠灌胃 LD_{50} 为 350mg/kg。是一种强烈的催泪剂。对鼻、眼的黏膜有强烈的刺激作用，接触皮膜易产生红斑。生产过程中注意设备的密闭性，防止泄漏。操作现场应保持良好的通风，操作人员穿戴防护用具。空气中最高容许浓度 0.1mg/m^3。采用内衬塑料袋的铁桶包装。每桶 40kg。应贮存在阴凉、通风、干燥处。防热、防潮、防晒。避免与胺类及碱类物品共同贮运。可燃，遇明火、高温有发生火灾的危险。产品贮存期一般为六个月。按有毒物品规定贮运。

【参考生产企业】 天津市越过化工有限责任公司，天津市西青区津港化工厂，天津市鑫德利化学总厂，天津市星辰化工公司，盘锦辽海化工有限公司，四平联合化工股份有限公司，安达市第一精细化工厂。

I104 三聚氰酸

【英文名】 cyanuric acid

【别名】 氰尿酸；1，3，5-三嗪-2，4，6（1*H*，3*H*，5*H*）-三酮；*S*-三嗪-2，4，6-三醇；三羟基花青素（均三嗪）；1，3，5-triazine-2，4，6（1*H*，3*H*，5*H*）-trione；*sym*-triazinetriol；2，4，6-trihydroxy-1，3，5-triazine；tricyanic acid；trihydroxycyanidine

【CAS 登记号】 [108-80-5]

【结构式】

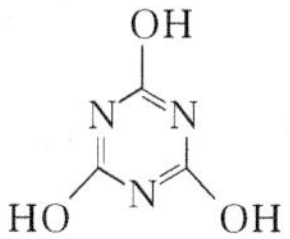

【物化性质】 白色结晶（水），无臭、味苦。与乙醇剧烈反应，与氯气接触形成爆炸性产物。沸点（2.67Pa）150～180℃（升华）。熔点 360℃。相对密度（d_4^{25}）1.75（无水），1.66（二水物）。有多种互变异构体：三—NH—型，二—NH—型，单—NH—型，三—OH—型。以三—NH—型为主。溶于水、热乙醇、吡啶、浓盐酸及硫酸，不溶于乙醚、丙酮、氯仿及苯。能升华，高温分解为氰酸。

【质量标准】

项　目		粉状	粒状
含量(干基)/%	≥	98.5	98.0
水分/%	≤	0.5	5.0
pH值(1%水溶液)	≥	2.8	2.8
灼烧残渣/%	≤	0.1	0.1
氰尿酰胺/%	≤	0.5	—
铁/×10^{-6}	≤	35	—
硫酸盐/%	≤	0.5	—
粒度		80目95%以上通过	10～30目95%以上通过

【用途】 可用于合成氯代衍生物，如三氯异氰尿酸、二氯异氰尿酸钠或钾等。还用作游泳池氯处理剂的稳定剂，也添加于动物饲料中，又可用于尼龙、聚酯、聚氨酯、丁二烯橡胶等高分子材料中。

【制法】 （1）尿素热解法经热解、环化制得。

（2）尿盐热解法。尿素与硫酸（或盐酸、硝酸）以 4.5∶4（质量）进行混合，温度 200℃，反应 5h，三聚氰酸产率 50%～53%，含量 97%～98%。

（3）一氧化氮法。以氢、一氧化碳、一氧化氮为原料，钯、铱作催化剂，于 280～480℃ 直接合成三聚氰酸，产率 60%～75%。

【安全性】 大鼠经口 LD_{50}＞5.00 g/kg 对人体皮肤及黏膜有刺激性，在 330℃以上分解产生氢氰酸。生产过程中应避免产生局部过热现象。操作人员应穿戴防护用具。采用塑料桶或内衬塑料袋的铁桶包装，防热、防晒、防潮。按剧毒化学品规定贮运。

【参考生产企业】 石家庄市南方化工有限公司，河北冀衡集团有限公司，邯郸印染有限公司，邯郸钢铁集团有限责任公司化肥厂，邯郸市石油化工厂，武进市漕桥新康化工厂，潍坊市坊子精工化学厂，山东鄄城康泰化工有限公司。

I105 三聚氰胺

【英文名】 melamine

【别名】 蜜胺；氰尿酰胺；1，3，5-triazine-2，4，6-triamine；2，4，6-triamino-*s*-triazine；cyanurotriamide

【CAS 登记号】 [108-78-1]

【结构式】

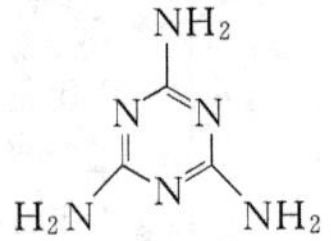

【物化性质】 白色单斜晶体，不可燃，低毒。加热升毕，急剧加热则分解。熔点354℃（分解）。密度（16℃）1.573 g/cm^3。折射率 1.872。少量溶于水、乙二醇、甘油及吡啶。微溶于乙醇，不溶于乙醚、苯、四氯化碳。

【质量标准】 GB/T 9567—1997 工业三聚氰胺

项 目	优等品	一等品
外观	白色粉末，无杂质混入	
纯度/% ≥	99.8	99.0
水分/% ≤	0.1	0.2
pH 值	7.5～9.5	7.5～9.5
灰分/% ≤	0.03	0.05
甲醛水溶解试验：		
浊度(高岭土浊度)/% ≤	20	30
色号(铂-钴号，Hazen 单位) ≤	20	30

【用途】 三聚氰胺主要用来与醛缩合，生成三聚氰胺-甲醛树脂。还可以作皮革鞣剂、阻燃化学品以及脱漆剂等。

【制法】 (1) 尿素常压气相催化合成法。尿素以氨气为载体、硅胶为催化剂，在380～400℃温度下发生分解反应生成氰酸，并进一步缩聚生成三聚氰胺，生成的三聚氰胺气冷却捕集后得粗品。粗品经溶解，除去杂质、重结晶、得精品。

(2) 双氰胺法。双氰胺在甲醇溶液存在下与氨作用生成三聚氰胺。

【安全性】 低毒，无刺激。大鼠连续 2h 吸入粉尘 $200mg/m^3$，未见中毒症状。高温下可能分解产生氰化物，故应避免高温。用塑料袋外套聚丙烯编织袋或麻袋或牛皮纸袋或涂胶玻璃丝袋包装，每袋25kg 或 40kg。贮存在阴凉、干燥、通风处。防晒、防热、防潮，严防高温下贮运。

【参考生产企业】 天津市凯威化工有限公司，武安市益丰化工有限公司，河北沧州大化集团有限责任公司，阳泉恒丰精细化工有限公司，盘锦化工有限责任公司，南京金星石化实业有限公司，江苏新亚化工集团公司，安徽三星化工集团公司涡阳县化肥厂，福建石化集团三明化工有限责任公司，山东诸城化肥股份有限公司，山东海化集团有限公司，山东海化魁星化工有限公司，河南省中原大化集团有限责任公司，川化集团有限责任公司，四川省金凤现代农业股份有限公司，新疆新化化肥有限责任公司。

I106 6-苯基胍胺

【英文名】 benzoguanamine

【别名】 6-苯基三聚氰二胺；6-phenyl-1，3，5-triazine-2，4-diamine；2，4-diamino-6-phenyl-*s*-triazine；4，6-diamino-2-phenyl-*s*-triazine

【CAS 登记号】 [91-76-9]

【结构式】

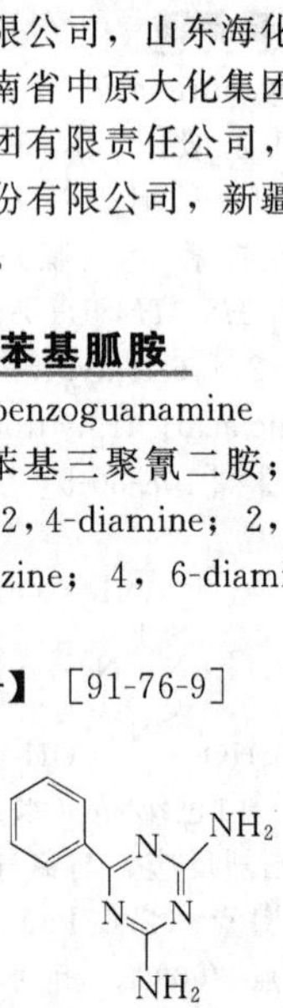

【物化性质】 白色结晶。可燃。熔点226.4℃。相对密度（d_4^{25}）1.40。溶于乙醇、乙醚、1-甲基-2-乙氧基乙醇、稀盐酸，部分溶于*N*,*N*-二甲基甲酰胺和丙酮，基本上不溶于氯仿、醋酸乙酯，不溶于水、苯和丙醚。

【质量标准】 白色粉末。熔点224～228℃。

【用途】 主要用以制取热固性树脂、改性树脂、氨基涂料和塑料、医药、农药及染料。

【制法】 以苯甲腈与双氰胺为原料，在丁醇中，以氢氧化钠为催化剂，加热反应，析出6-苯基胍胺粉末。经真空抽滤、水洗、干燥，制得成品。

【安全性】 毒性不详。其余参见三聚氰酸。

【参考生产企业】 上海南大化工厂，张家港市新宇化工厂。

I107 6-氨基嘌呤

【英文名】 adenine

【别名】 腺嘌呤；1*H*-purin-6-amine；6-aminopurine；1,6-dihydro-6-iminopurine；3,6-dihydro-6-iminopurine

【CAS登记号】 [73-24-5]

【结构式】

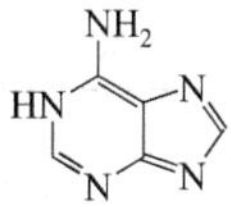

【物化性质】 白色细粉末结晶，具有强烈的咸味。熔点360～365℃（220℃开始升华）。难溶于冷水，溶于沸水、酸及碱，微溶于乙醇，不溶于乙醚及氯仿。水溶液呈中性。

【质量标准】 微黄色结晶。熔点352℃（分解）。

【用途】 用于医药及生物研究中，如嘌呤类药物合成及微生物法测定烟酸。

【制法】 丙二酸二乙酯与甲酰胺、乙醇钠缩合制得4,6-二羟基嘧啶，再用硝酸和硫酸硝化制得4,6-二羟基-5-硝基嘧啶，该产物用三氯氧磷在三乙胺溶液中氯化制得4,6-二氯-5-硝基嘧啶，然后用氨水氨化制得4,6-二氨基-5-硝基嘧啶。4,6-二氨基-5-硝基嘧啶、甲酸、甲酰胺和硫代硫酸钠一起环合生成6-氨基嘌呤。

【安全性】 有毒，大鼠口服LD_{50}为745mg/kg。生产车间应有良好的通风，设备应密闭，操作人员应穿戴防护用具。采用铁桶内衬聚乙烯塑料袋包装。贮存于阴凉、通风、干燥处。防热、防潮、防晒。按有毒化学品规定贮运。

【参考生产企业】 江苏兴化明升生物化学研究所，新乡制药股份有限公司。

I108 3-甲基-1-(4-磺酸基苯基)-5-吡唑(啉)酮

【英文名】 3-methyl-1-(4-sulfophenyl)-5-pyrazolone

【CAS登记号】 [89-36-1]

【结构式】

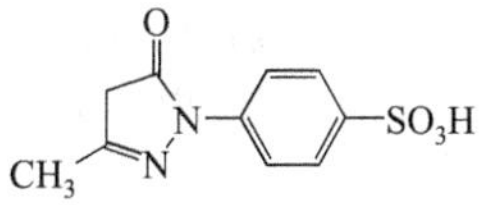

【物化性质】 白色针状或浅黄色结晶，熔点290～320℃（分解）。略溶于热水，微溶于冷水，可溶于液碱，难溶于乙醇、醋酸、乙醚。

【质量标准】

项　目	一级品	二级品
外观	浅黄色或米色膏状物	
含量(碘代值)/%　≥	45	40
亚硝化法与碘代法所测含量之差与碘代值之比/%　≤	3.0	5.0

【用途】 制造酸性黄G、弱酸性黄G等染料的中间体。

【制法】 以对氨基苯磺酸与亚硝酸钠、盐酸进行重氮化后，以亚硫酸氢钠及碳酸钠还原，以硫酸水解得对磺基苯肼，与乙酰基乙酰胺缩合、环合、酸析即可。

【安全性】 内衬塑料袋，外用铁桶包装，每袋 100kg。贮存于阴凉、通风、干燥的库房中，防止日晒、受热、受潮。搬运时轻装轻卸，防止包装破损。

【参考生产企业】 青岛双桃精细化工（集团）有限公司，胶州市精细化工有限公司。

I109 3-甲基-1-(2,5-二氯-4-磺酸基苯基)-5-吡唑(啉)酮

【英文名】 3-methyl-1-(2, 5-dichloro-4-sulfophenyl)-5-pyrazolone

【别名】 3-methyl-1-(2, 5-dichloro-4-sulfophenyl)-2-pyrazolin-5-one

【CAS 登记号】 [84-57-1]

【结构式】

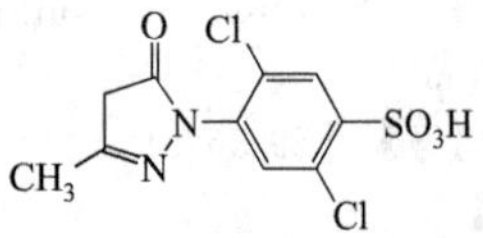

【物化性质】 白色或黄色结晶粉末，易溶于水和乙醇，溶于碱，微溶于乙醚。

【质量标准】

项　目		一级品	二级品
外观		浅黄色或米色膏状物	
含量(碘代值)/%	≥	50.0	50.0
亚硝化法与碘代法所测含量之差与碘代值之比/%	≤	3	5

【用途】 染料中间体，主要用于制造酸性嫩黄 2G 及活性嫩黄 M-5G，K-6G，X-6G 等。

【制法】 将 2,5-二氯苯胺经磺化后，用亚硝酸钠重氮化。重氮盐经亚硫酸钠、亚硫酸氢钠还原得 2,5-二氯-4-磺酸基苯肼磺酸钠盐，经硫酸酸化使成硫酸盐，再和乙酰乙酸乙酯缩合，经纯碱中和脱去乙酯，再酸化即可。

【安全性】 低毒。采用内衬塑料袋的铁桶包装。每桶 30kg 或 50kg。贮存于阴凉通风处。防止受热、受潮。按一般化学品规定贮运。

【参考生产企业】 沧州科润化工有限公司，江苏武进振华化工厂。

I110 5-羟基-3-甲基-1-苯基吡唑酮

【英文名】 norphenazone

【别名】 2,4-二氢-5-甲基-2-苯基-3*H*-吡唑-3-酮；3-甲基-1-苯基吡唑啉-5-酮；2,4-dihydro-5-methyl-2-phenyl-3*H*-pyrazol-3-one；3-methyl-1-phenyl-2-pyrazolin-5-one；1-phenyl-3-methyl-5-pyrazolone；C. I. Developer 1；developer Z；norantipyrine

【CAS 登记号】 [89-25-8]

【结构式】

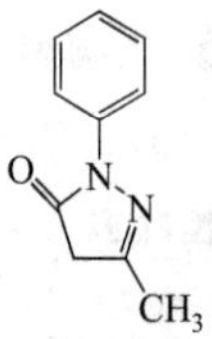

【物化性质】 白色粉末或结晶。沸点(27.33kPa) 287℃。熔点 129～130℃。蒸气压（20℃）＜ 1.33Pa。折射率 1.637。溶于水，微溶于乙醇或苯，难溶于冷水、石油醚、乙醚。

【质量标准】 HG 2-387—66

项　目		一级品
外观		浅黄色结晶或粉末
含量/%	≥	98
干燥失重/%	≤	0.5
熔点/℃		127～130

【用途】 主要用于生产医药安替比林、氨基比林、安乃近。也用于染料（永固黄 G、酸性媒介枣红 BN 等）及彩色胶片染料、农药及有机合成工业中。并可用作检测维生素 B_{12}，CO，Fe，Cu，Ni 等的化学试剂。

【制法】 用冰醋酸为原料，高温裂解得乙

烯酮，经聚合得双乙烯酮，再进行氨解制得乙酰基乙酰胺。另以苯胺为原料，在酸性条件（盐酸）下，经用 $NaNO_2$ 重氮化，再以亚硫酸氢铵和亚硫酸铵作还原剂进行还原，加硫酸水解生成苯肼。苯肼与乙酰基乙酰胺缩合制得。

【安全性】 低毒，未见有危害的报道。在生产过程中发现有接触过敏现象。吸入其蒸气会刺激呼吸道，引起胸闷、咳嗽、食欲减退等症状。皮肤接触后引起红肿等。当脱离接触后，一般症状即可消失，未见有持续效应。采用塑料袋，外套麻袋或聚丙烯编织袋或外用木桶、硬纸板桶等包装，每袋 30kg、40kg 或 50kg。贮存于干燥通风处。防止受潮、受热。按一般化学品规定贮运。

【参考生产企业】 沧州科润化工有限公司，江苏省复合肥有限责任公司，青岛双桃精细化工（集团）有限公司，胶州市精细化工有限公司。

J 元素有机化合物

HANDBOOK OF CHEMICAL PRODUCTS

Ja 有机硅化合物

Ja001 甲基三氯硅烷

【英文名】 methyl trichlorosilane

【别名】 一甲基三氯（甲）硅烷；甲基三氯甲基硅烷

【CAS登记号】 [75-79-6]

【结构式】

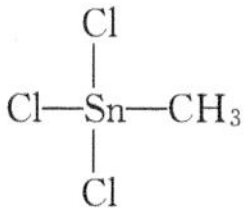

【物化性质】 无色液体，可燃、有毒。遇湿气易水解并释出盐酸。与空气形成爆炸混合物。沸点66.4℃。闪点－13.3℃。凝固点－77.8℃。相对密度（d_{28}^{25}）1.070。折射率（n_D^{25}）1.4085。

【质量标准】 GB/T 20434—2006

项 目		一等品	合格品
外观		无色透明液体	
一甲基三氯硅烷/%	≥	99.0	98.0
三甲基一氯硅烷/%	≤	0.1	0.3
四氯化硅/%	≤	0.1	0.2

【用途】 用于制取特种合成树脂、合成橡胶、特种涂料、脱膜剂、乳化剂、消泡剂和防水剂等。

【制法】 参见二甲基二氯硅烷。

【参考生产企业】 吉林化学工业股份有限公司电石厂，吉林市新亚强实业有限责任公司，浙江省开化合成材料有限公司。

Ja002 二甲基二氯硅烷

【英文名】 dimethyl dichlorosilane

【别名】 二甲基二氯（甲）硅烷

【CAS登记号】 [75-78-5]

【结构式】

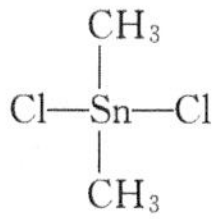

【物化性质】 无色液体，可燃、易爆。遇水形成二氯甲烷与硅氧烷复杂混合物并释放出氯化氢。沸点70.5℃。熔点－76℃。相对密度1.062，（d_{25}^{25}）1.070。折射率（n_D^{25}）1.4023，（n_D^{8}）1.405。溶于苯及乙醚。

【质量标准】 GB/T 23953—2009 工业用二甲基二氯硅烷

项 目		一等品	合格品
二甲基二氯硅烷/%	≥	99.8	99.5
一甲基三氯硅烷/%	≤	0.05	0.10

【用途】 用于制造二甲基硅醚油、硅橡胶及硅树脂等。

【制法】 氯甲烷与硅粉在氯化亚铜催化剂存在下一步直接合成，生成甲基氯硅烷混合物，经精馏提纯得产品二甲基二氯硅烷，再用减压精馏的方法分离提纯。

【安全性】 剧毒。对呼吸道及皮肤有刺激作用。长期接触后，有鼻黏膜萎缩或发生支气管炎等症状。此外，尚有头痛、嗜眠、无力、胸痛等症状。遇水释放出氯化氢，也有刺激性和腐蚀性，操作中要特别注意。触及皮肤和眼后要用大量水冲洗。设备应密闭，操作人员应穿戴好防护用具。用铁桶或棕色玻璃瓶包装。贮存于阴凉通风处、防水、防热、防火。按有毒危险品规定贮运。

【参考生产企业】 江苏宝应化工助剂厂，浙江省开化合成材料有限公司，吉林化学工业股份有限公司电石厂，吉林市新亚强实业有限责任公司。

Ja003 三甲基氯硅烷

【英文名】 trimethylchlorosilane

【别名】 三甲基氯（甲）硅烷

【CAS登记号】 [75-77-4]

【结构式】 $(CH_3)_3SiCl$

【物化性质】 无色易挥发易燃液体，遇水即水解，释放出游离盐酸。沸点57.7℃。熔点−57.7℃。闪点−27.8℃。相对密度0.8580。折射率1.3885。溶于苯、乙醚和全氯乙烯。

【质量标准】

项　目	指　标
外观	无色或淡黄色透明液体
纯度/%　　≥	98
含氯量/%	32～35

【用途】 主要用于生产有机硅聚合物及其他化合物中间体，还可作高分子化合物封头剂、干燥剂、脱水剂、高温黏合剂及树脂。

【制法】 参见二甲基二氯硅烷。

【参考生产企业】 吉林化学工业股份有限公司电石厂，江苏宝应化工助剂厂，吉林市新亚强实业有限责任公司，浙江省开化合成材料有限公司。

Ja004 四氯化硅

【英文名】 silicon tetrachloride

【别名】 四氯甲硅烷；silicon chloride

【CAS登记号】 [10026-04-7]

【结构式】 $SiCl_4$

【物化性质】 无色透明发烟液体。易流动，易挥发、具有难闻的窒息性气味，当有水存在时能腐蚀多数金属，没有水存在时，对钢、铁、普通金属及合金实际上不起作用。遇水放热，并分解成硅酸和氯化氢，遇醇同样起激烈反应。沸点57.6℃。熔点−70℃。相对密度1.483，(d_4^0) 1.52。折射率1.412。可与苯、乙醚、氯仿、石油醚、四氯化碳、四氯化锡、四氯化钛、一氯及二氯化硫以任何比例混溶。

【质量标准】

项　目	指　标
外观	无色透明液体
沸点/℃	56～59
含量/%	98.0
相对密度(d_4^{20})	1.48～1.50

【用途】 可作试剂，用于制取有机硅、硅酸酯、有机硅油、高温绝缘漆、硅树脂、硅橡胶等，还能用来吸收水分，制备战争用烟幕剂等。

【制法】 硅铁加热至200℃以上，通氯气生成四氯化硅，经精馏得成品。

【安全性】 有毒，吸入、吞咽或经皮肤吸收而引起中毒。对皮肤，眼睛，黏膜和其他组织有强烈刺激。生产及操作过程注意设备密闭，操作人员穿戴防护用具，避免直接接触。操作场所需通风良好。用玻璃坛包装，外套木箱，石膏封口。并注明“腐蚀”字样，每坛25kg。按有毒危险品规定贮运。

【参考生产企业】 上海氯碱化工股份有限公司电化厂，江苏宝应化工助剂厂。

Ja005 苯基三氯硅烷

【英文名】 phenyl trichlorosilane

【别名】 苯基三氯（甲）硅烷

【CAS登记号】 [98-13-5]

【物化性质】 无色可燃液体，高毒。沸点201℃。闪点85℃。相对密度(d_{25}^{25}) 1.321。折射率 (n_D^{25}) 1.5240。溶于苯、乙醚、全氯乙烯，遇水、甚至是空气中的微量水分，即发生激烈的水解反应，并释放出氯化氢。

【质量标准】

项　目	指　标
外观	无色或淡黄色透明液体
含量/%　　≥	98
含氯量/%	49.5
沸点/℃	201.5

【用途】 用以制备苯基硅树脂。

【制法】 氯苯与硅粉在铜催化剂存在下，一步直接合成得粗单体，经精馏得产品苯基三氯硅烷，同时副产二苯基二氯硅烷。混合单体组成一般为一苯基三氯硅烷30%，二苯基二氯硅烷8%。

【安全性】 有毒。对脂肪组织、黏膜、眼有强烈刺激作用。生产设备应密闭，操作人员穿戴防护用具。生产过程中用管路输送、产品可用聚乙烯桶或铁桶包装。贮于阴凉，干燥处，远离水、氨及火源。按易燃有毒危险品规定贮运。

【参考生产企业】 大连元永有机硅厂，合肥亚邦化工有限公司，安徽省凤台县淮峡化工有限公司。

Ja006 二苯基二氯硅烷

【英文名】 diphenyldichlorosilane

【别名】 二苯基二氯（甲）硅烷

【CAS 登记号】 [80-10-4]

【结构式】 $(C_6H_5)_2SiCl_2$

【物化性质】 无色易燃液体。遇水易水解，并释放出氯化氢。沸点 302～305℃。熔点 −22℃。闪点 142.2℃。相对密度 1.2216。折射率 1.5819。

【质量标准】

项　目	指　标
外观	无色或淡黄色透明液体
含量/%　　≥	96.4
含氯量/%	27

【用途】 主要用于生产硅树脂、二苯基硅二醇和甲基苯基硅油等。

【制法】 参见苯基三氯硅烷。

【参考生产企业】 大连元永有机硅厂，安徽省凤台县淮峡化工有限公司，合肥亚邦化工有限公司。

Ja007 甲基三乙氧基硅烷

【英文名】 methyl triethoxysilane

【别名】 甲基三乙氧基（甲）硅烷

【CAS 登记号】 [2031-67-6]

【结构式】 $CH_3Si(OC_2H_5)_3$

【物化性质】 无色液体。沸点 143℃。相对密度 0.8923。折射率 1.3835。溶于乙醇、苯和汽油。

【质量标准】

项　目	指　标
外观	无色液体
熔点/℃	−46.45
沸点/℃	143.5
折射率	1.3828
相对密度	0.8965
溶解性	苯、汽油中全溶

【用途】 用于制取有机硅玻璃树脂及其他树脂。

【制法】 用一甲基三氯硅烷在溶剂存在下，与乙醇反应，制得甲基三乙氧基硅烷

【安全性】 低毒。避免吸入或吞食。操作人员应穿戴防护用具。用玻璃瓶或塑料桶包装，贮存于阴凉通风处。按一般化学品规定贮运。

【参考生产企业】 浙江省开化合成材料有限公司，吉林市新亚强实业有限责任公司，江苏宝应化工助剂厂，安徽省凤台县淮峡化工有限公司，合肥亚邦化工有限公司。

Ja008 正硅酸乙酯

【英文名】 ethyl orthosilicate

【别名】 四乙氧基（甲）硅烷；tetraethoxysilane

【CAS 登记号】 [78-09-1]

【结构式】 $Si(OCH_2CH_3)_4$

【物化性质】 无色易燃液体，有刺激性气味。水解生成二氧化硅的胶黏物。沸点168.1℃。闪点（开杯）51.67℃。蒸气压(20℃)133.322Pa。相对密度(d_{20}^{20})0.9356。黏度（20℃）17.9mPa·s。不溶于水，溶于乙醇，微溶于苯。

【质量标准】

项　目		指　标
含量/%	≥	99
沸点/℃		168.1
相对密度		0.9356
pH 值		7

【用途】 四乙氧基硅烷主要用于制造耐化学品涂料和耐热涂料，有机硅溶剂以及精密铸造黏结剂。它完全水解后，产生极细的氧化硅粉，用于制造荧光粉。

【制法】 以四氯化硅和无水乙醇为原料，按物质的量比 1∶1.2 的比例，在常温常压下进行酯化反应。其反应产物在 150℃以上的温度进行蒸馏，排除料液中的氯化氢气体，并蒸出过量的乙醇后，再经冷却、脱色、过滤，即得产品。

【安全性】 低毒，对呼吸道和眼睛有较强的刺激作用。生产现场防止粉尘飞扬，操作人员应穿戴防护用具。空气中最高容许浓度 850mg/m³。用玻璃瓶密封包装，外用木箱加固。存放于危险品仓库中，按铁路危规 84064 号规定运输。

【参考生产企业】 常熟市中杰化工有限公司，磐石市大田化工助剂研究所。

Ja009 六甲基二硅氧烷

【英文名】 hexamethyl disiloxane

【别名】 六甲基二（甲）硅醚

【CAS 登记号】 [107-46-0]

【结构式】 $(CH_3)_3SiOSi(CH_3)_3$

【物化性质】 无色透明液体。易潮解，易燃，遇高热、明火、强氧化剂，有引起燃烧的危险。沸点 99.5℃。闪点 −1.1℃。相对密度（d_{25}^{25}）0.7606。折射率 1.3750。不溶于水，溶于多种有机溶剂。

【质量标准】

项　目	指　标
外观	无色或淡黄色透明液体
含量/%	31～36
折射率(n_D^{20})	1.374～1.376

【用途】 重要的硅油及硅树脂的中间体，医药原料，化学试剂（用作气相色谱固定液）。

【制法】 以三甲基氯（甲）硅烷为原料，在水中进行水解，然后经水洗、精馏而得。

【安全性】 包装要密封。搬运时轻装轻卸，防止包装破损。60kg 镀锌铁桶或 0.5kg 棕色玻璃瓶包装。应有明显的“易燃物品”字样。危规编号 61176。仓温＜30℃。远离火种、热源，避光贮存。

【参考生产企业】 吉林市新亚强实业有限责任公司，浙江省开化合成材料有限公司，上海树脂厂有限公司。

Ja010 二甲基硅油

【英文名】 dimethyl silicone oil

【别名】 甲基硅油

【CAS 登记号】 [63148-62-9]

【结构式】

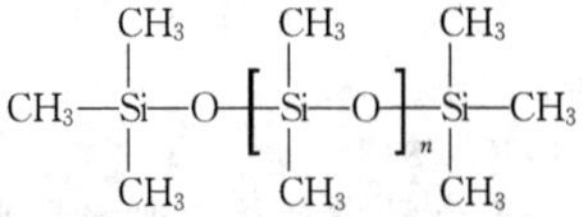

(n=3～650)

【物化性质】 透明液体至稠厚半固体。无色无味，分子量随聚合度不同而变化。黏温系数小，压缩率大，表面张力小，憎水防潮性好，比热容和导热系数小。具有优异的电绝缘性能和耐热性，闪点高、凝固点低，可在−50～200℃温度范围内长期使用。相对密度 0.930～0.975。折射率 1.390～1.410。不溶于水、甲醇、植物油和石蜡烃、微溶于乙醇、丁醇和甘油，易溶于苯、甲苯、二甲苯、乙醚和氯代烷烃。

【质量标准】 HG/T2366—1992

项目	201-10			201-20		
	优等品	一等品	合格品	优等品	一等品	合格品
运动黏度(25℃)/(mm^2/s)	10±1		10±2	20±2		20±4
黏温系数	0.55～0.59		—	0.56～0.60		—
倾点/℃ ≤	-60			-55		
闪点/℃ ≥	165	160	150	220	210	200
密度(25℃)/(g/cm^3)	0.931～0.939			0.946～0.955		
折射率(25℃)	1.3970～1.4010		1.3900～1.4010	1.3980～1.4020		1.3950～1.4050
相对介电常数(25℃,50Hz)	2.62～2.68		—	2.65～2.71		—
挥发分(150℃,3h)/% ≤	—					
酸值(mg KOH/g) ≤	0.03	0.05	0.10	0.03	0.05	0.10

项目	201-50			201-100		
	优等品	一等品	合格品	优等品	一等品	合格品
运动黏度(25℃)/(mm^2/s)	50±5		50±8	100±5		100±8
黏温系数	0.57～0.61		—	0.58～0.62		—
倾点/℃ ≤	-52					
闪点/℃ ≥	280	270	260	310	300	290
密度(25℃)/(g/cm^3)	0.956～0.964			0.961～0.969		
折射率(25℃)	1.4000～1.4040		1.4000～1.4100	1.4005～1.4045		1.4000～1.4100
相对介电常数(25℃,50Hz)	2.69～2.75		—	2.70～2.76		—
挥发分(150℃,3h)/% ≤	—			0.5	1.0	1.5
酸值(mg KOH/g) ≤	0.03	0.05	0.10	—		

项目	201-200			201-315		
	优等品	一等品	合格品	优等品	一等品	合格品
运动黏度(25℃)/(mm^2/s)	200±10		200±16	315±15		315±25
黏温系数	0.58～0.62		—	0.58～0.62		—
倾点/℃ ≤	-50					
闪点/℃ ≥	310	300	290	310	300	290
密度(25℃)/(g/cm^3)	0.964～0.972			0.965～0.973		
折射率(25℃)	1.4013～1.4053		1.4000～1.4100	1.4013～1.4053		1.4000～1.4100
相对介电常数(25℃,50Hz)	2.72～2.78		—	2.72～2.78		—
挥发分(150℃,3h)/% ≤	0.5	1.0	1.5	0.5	1.0	1.5
酸值(mg KOH/g) ≤	—					

项目	201-400			201-500		
	优等品	一等品	合格品	优等品	一等品	合格品
运动黏度(25℃)/(mm^2/s)	400±20		400±25	500±25		500±30
黏温系数	0.58～0.62		—	0.58～0.62		—
倾点/℃ ≤	-50			-47		
闪点/℃ ≥	315	305	295	315	305	295
密度(25℃)/(g/cm^3)	0.965～0.973			0.966～0.974		
折射率(25℃)	1.4013～1.4053		1.4000～1.4100	1.4013～1.4053		1.4000～1.4100
相对介电常数(25℃,50Hz)	2.72～2.78		—	2.72～2.78		—
挥发分(150℃,3h)/% ≤	0.5	1.0	1.5	0.5	1.0	1.5
酸值(mg KOH/g) ≤	—					

续表

项目	201-800			201-1000		
	优等品	一等品	合格品	优等品	一等品	合格品
运动黏度(25℃)/(mm²/s)	800±40		800±50	1000±50		1000±80
黏温系数	0.58～0.62		—	0.58～0.62		—
倾点/℃ ≤	-47					
闪点/℃ ≥	320	310	300	320	310	300
密度(25℃)/(g/cm³)	0.966～0.974			0.967～0.975		
折射率(25℃)	1.4013～1.4053		1.4000～1.4100	1.4013～1.4053		1.4000～1.4100
相对介电常数(25℃,50Hz)	2.72～2.78		—	2.72～2.78		—
挥发分(150℃,3h)/% ≤	0.5	1.0	1.5	0.5	1.0	1.5
酸值(mg KOH/g) ≤	—					

项目	201-10000		
	优等品	一等品	合格品
运动黏度(25℃)/(mm²/s)	10000±500		10000±860
黏温系数	0.59～0.63		
倾点/℃ ≤	-45		
闪点/℃ ≥	330	320	310
密度(25℃)/(g/cm³)	0.967～0.975		
折射率(25℃)	1.4015～1.4055		
相对介电常数(25℃,50Hz)	2.73～2.79		
挥发分(150℃,3h)/% ≤	0.5	1.0	1.5
酸值(mg KOH/g) ≤	—		

【用途】 在化学、制药、食品工业中用作消泡剂；化妆品工业中用作头油、发乳、美发剂、固发剂及防晒剂；塑料及橡胶的成型加工中用作高效脱模剂；用作汽车、家具、地板及皮革的抛光剂；在电器及电子工业中作耐高温介电液体。经本品处理过的玻璃、陶瓷、金属、纺织品、水泥制品等，不仅憎水，且抗腐蚀、防霉、表面光洁、手感滑爽。还可作多种材料间的高低温润滑剂及塑料制造的润滑剂及用作精密机械和仪器仪表的防震阻尼材料等。

【制法】 以二甲基二氯硅烷、水、溶剂为原料，经水解、中和、分馏得到八甲基环四硅氧烷。八甲基环四硅氧烷在催化剂作用下经聚合反应制得。

【参考生产企业】 烟台长信化工有限公司，深圳市金瑞鼎实业有限公司，青岛思力肯精细化工有限公司，杭州国信化工有限公司。

Ja011 八甲基环四硅氧烷

【英文名】 octamethylcyclotetrasiloxane

【别名】 八甲基硅油；D4；octaphenyl silsesquioxane

【CAS 登记号】 [556-67-2]

【结构式】 $[(CH_3)_3SiO]_4$

【物化性质】 无色透明或乳白色液体，可燃，无异味。沸点 175～176℃。熔点 17.5℃。闪点 56℃。不溶于水，溶于苯等有机溶剂。在酸、碱催化剂作用下可开环聚合。

【质量标准】 GB/T20435—2006

项 目	指 标
外观	无色透明液体
色度(铂-钴色号,Hazen单位) ≤	10
八甲基环四硅氧烷/% ≥	99.0
折射率(n_D^{20})	1.3960～1.3970

【用途】 是制备硅油、硅橡胶的基本原料。

【制法】 以二甲基二氯硅烷、水、溶剂为原料，经水解、中和、分馏得到八甲基环四硅氧烷。

【安全性】 对水生环境有长期的有害作用。只能在通风良好的场所使用。避免排放到环境中。贮存于阴凉、干燥的环境。

【参考生产企业】 唐山三友硅业有限责任公司，嘉兴凯华有机硅有限公司，南京中旭化工有限公司、浙江新安化工集团股份有限公司。

Ja012 二甲基硅氧烷混合环体

【英文名】 dimethylcyclosiloxane

【别名】 DMC

【分子式】 $[(CH_3)_2SiO]_n$ n=3、4、5、6、7

【物化性质】 无色透明油状液体，可燃。是以六甲基环三硅氧烷 D_3、八甲基环四硅氧烷 D_4、十甲基环五硅氧烷 D_5、十二甲基环六硅氧烷 D_6 为主的混合物。密度 0.95～0.97g/cm^3。

【质量标准】 GB/T 20436—2006 二甲基硅氧烷混合环体

项 目	指 标
外观	无色透明油状液体
折射率(n_D^{20})	1.3960～1.3970
总环体/% ≥	99.50
六甲基二硅氧烷/% ≤	0.01
酸(以 HCl 计)/% ≤	0.001

【用途】 DMC 可用作硅橡胶、硅油的主要原料。用二甲基硅氧烷混合环体制备硅橡胶、硅油及其他聚硅氧烷产品，可以进一步加工成性能更好的耐高低温、绝缘性能好、耐气候老化、耐臭氧以及耐辐射的多种改良硅橡胶及硅油，也用于橡胶填料处理及化妆品方面。

【制法】 以二甲基二氯硅烷为主要原料，在经过水解合成工序制得水解产物，再经分离、精馏制得。

【安全性】 不要接触明火，应保持通风、干燥，防止日光直接照射。应防止雨淋、日光曝晒，按危险货物运输。

【参考生产企业】 唐山三友硅业有限责任公司，浙江宏创新材料有限公司。

Ja013 乙烯基三甲氧基硅烷

【英文名】 ethenyl trimethoxysilane

【别名】 A-171；vinyl trimethoxysilane

【结构式】 CH_2=$CHSi(OCH_3)_3$

【物化性质】 无色透明液体，具有酯味。沸点 123℃。闪点 25℃。相对密度 0.89。折射率 1.40 (25℃)。溶于乙醇、异丙醇、苯、甲苯和汽油，不溶于水。与酸的水溶液混合而水解并溶于水。

【质量标准】

外观	无色透明液体
纯度/% ≥	98(气相色谱分析)
相对密度(25℃)	0.960～0.980
折射率	1.3920～1.3940

【用途】 用作聚乙烯、聚丙烯、乙丙橡胶、硅橡胶、不饱和聚酯、热固性树脂等聚合物体系复合材料的偶联剂。

【制法】 (1) 将三氯硅烷加热后通入乙炔，在液相或气相中发生加成反应而制得。反应以过氧化物、叔胺或铂盐之类的催化剂效果更好。

(2) 乙烯基三氯硅烷与甲醇混合后加热进行醇解反应，得乙烯基三甲氧基硅烷。

(3) 烷氧基硅烷通常是通过氯硅烷的烷氧基化反应而制备的，反应很容易发生，不需要催化剂，但要求能有效地除去反应中产生的氯化氢。工业生产中最好采用无水氯化氢的排放和回收措施。

【安全性】 毒性不详。特制塑料桶包装，每桶净重10kg、20kg、200kg或棕色玻璃瓶包装每瓶净重500g。密封储存于阴凉、干燥通风处，防潮防水，远离火种、热源。正常储存期不少于10个月。

【参考生产企业】 曲阜市华荣化工新材料有限公司，淄博市临淄齐泉工贸有限公司，河北省佰斯特化工有限公司。

Ja014 乙烯基三乙氧基硅烷

【英文名】 ethenyl triethoxysilane

【别名】 A-151；KBE-1003；vinyl triethoxysilane

【结构式】 $CH_2=CHSi(OC_2H_5)_3$

【物化性质】 无色透明液体。沸点161℃。闪点54℃。相对密度0.93。折射率1.40(25℃)。溶于乙醇、异丙醇、苯、甲苯和汽油，不溶于水。与酸的水溶液混合而水解并溶于水。

【质量标准】

外观	无色透明液体
含量/% ≥	99.0
相对密度(20℃)	0.960～0.970
折射率	1.3920～1.3940

【用途】 用作聚乙烯、聚丙烯、聚酯、聚酰亚胺、乙丙橡胶、硅橡胶及有机硅树脂等聚合物体系复合材料的偶联剂。

【制法】 分步进行：①乙烯基三氯硅烷的合成。将三氯硅烷加热后通入乙炔，最好在过氧化物、叔胺或铂盐之类的催化剂存在的情况下，在液相或气相中进行加成反应而制得；②乙烯基三氯硅烷与乙醇一起加热进行反应而制得乙烯基三乙氧基硅烷；③在乙醇存在的条件下，将乙烯基三氯硅烷与原甲酸三乙酯一起共热而制得。但每除去1mol的氯化物，要消耗1mol的原甲酸三乙酯。

【安全性】 毒性不详。塑料桶包装，每桶净重5kg、20kg、200kg。密封储存于阴凉、干燥通风处，防潮、防水，远离火种、热源。正常储存期不少于10个月。

【参考生产企业】 南京曙光化工集团有限公司，曲阜市华荣化工新材料有限公司。

Ja015 乙烯基三(β-甲氧基乙氧基)硅烷

【英文名】 ethenyl tri(β-methoxyethoxy) silane

【别名】 A-172；KBC-1003；3172-W；vinyl tri(β-methoxyethoxy)silane

【结构式】 $CH_2=CHSi(OCH_2CH_2OCH_3)_3$

【物化性质】 无色透明液体。在酸的水溶液中水解而溶于水。沸点285℃。闪点66℃。相对密度1.04。折射率1.43(25℃)。溶于乙醇、异丙醇、石油醚、苯和汽油，不溶于水。

【质量标准】

外观	无色透明液体
含量/% ≥	98(气相色谱分析)
相对密度(25℃)	1.0330～1.0350
折射率	1.4270～1.4285
沸点/℃	285

【用途】 用作聚乙烯、聚丙烯、聚酯、丙烯酸树脂、乙丙橡胶、顺丁橡胶、环氧树脂等聚合物体系复合材料的偶联剂。本产品是一种双功能分子，它既可和无机填料反应，也可和有机高分子反应。可用作氢氧化铝、氢氧化镁、高岭土、二氧化硅等填充聚合物的黏合促进剂，提高其机械性能和电性能，特别是在暴露于湿气后，效果更好。只要与无机填料结合，就会使填料表面疏水化，这种效应可提高填料和聚合物的相容性，从而使分散性更好，熔融度降低，使填充塑料的加工更容易。还用于乙丙共聚物及异丙二烯三元共聚物的高压电缆配方中，用于处理滑石、石英、填料。可以提高电缆绝缘层的电性能和机械性能，具有缩短混炼时间，快速挤出及改进磨耗等优点。鉴于本产品综合成本低和工艺性能良好的优点，已被美国乙烯丙烯

共聚物，乙烯、丙烯二烯类三元乙丙橡胶和交联聚乙烯电线、电缆的工业标准规范所采用。在交联聚乙烯和改性聚丙烯中加入 A-172 可提高这些聚合物对无机填料表面的黏结性。还可以用来提高丙烯酸酯类涂料对无机表面的黏结性。还可以与多种单体共聚，可制成具有较好防湿热能力的黏合剂，密封胶、涂料等产品。

【制法】 (1) 将三氯硅烷加热后通入乙炔，就可在液相或气相中发生加成反应。在过氧化物、叔胺或铂盐等催化剂存在下效果更好。

(2) 乙烯基三氯硅烷与乙二醇甲醚反应制得。

【安全性】 无毒，急性毒性 LD_{50} 为 5000mg/kg，试验中未发现任何刺激和不适。用特制塑料桶包装，每桶净重 10kg、20kg、200kg。低温、干燥、室内避光密封保存。

【参考生产企业】 哈尔滨化工研究所，曲阜市华荣化工新材料有限公司，曲阜昕地化工研究所有限公司。

Ja016 γ-氨基丙基三乙氧基硅烷

【英文名】 γ-aminopropyltriethoxysilane

【别名】 氨丙基三乙氧基硅烷；KH-550；ND2-603；A-1100

【结构式】 $H_2NCH_2CH_2CH_2Si(OCH_2CH_3)_3$

【物化性质】 无色或微黄色透明液体。沸点 217℃。闪点 104℃。相对密度 0.94。折射率 1.42 (25℃)。溶于苯、乙酸乙酯，不溶于水。

【质量标准】

外观	无色透明液体
沸点(1733.186Pa)/℃	103～108
相对密度(25℃)	0.9400～0.9460
折射率	1.4180～1.4205
水溶性[10%水溶液(体积)不溶物]/% ≤	0.4
燃点/℃	105
闪点/℃	85

【用途】 γ-氨基丙基三乙氧基硅烷被广泛应用于玻璃钢、涂料、铸造、塑料、黏合剂、密封胶、纺织印染等各行各业中。在玻璃纤维方面是一种优良的处理剂，能大大提高各种树脂、尼龙、聚砜等玻璃钢材料的机械强度、电性能和抗老化性能，这种玻璃钢广泛用于制造机械零件、建筑材料，受压容器和特种用途的材料。铸造行业中的冷硬树脂沙，是国产硅烷中最好的一种偶联剂。树脂中只要加入少量的硅烷自行溶解后呋喃沙的强度即可提高，使树脂的加入量大大减少，成本随之降低，因此添加在铸造行业中是一项十分有利的措施。在黏合中，能起到一种促进剂的作用，从而显著提高黏接物与胶黏剂的黏接力。在橡胶行业中，能起到橡胶与金属黏结的增黏剂作用。

【制法】 (1) 将三氯硅烷、乙醇和溶剂苯加入搅拌反应釜，搅拌加热下进行反应。反应结束后进行蒸馏，蒸出溶剂并回收循环使用，剩下的产物冷却后出料即得成品。

(2) γ-氨基丙基三乙氧基硅烷由三乙氧基硅烷与丙烯胺进行加成反应制得，但是，丙烯胺的毒性很大。

(3) 氯丙基三乙氧基硅烷与氨或胺反应而制得。

【安全性】 干燥阴凉处存放 12 个月。

【参考生产企业】 哈尔滨化工研究所，中国科学院，北京化学研究所。

Ja017 γ-(乙二氨基)丙基三甲氧基硅烷

【英文名】 γ-(ethylenediamine) propyl trimethoxysilane

【别名】 KH-792；A-1120；KBM-603；Z-6020；Finish；GF-9.91

【结构式】 $H_2NCH_2CH_2NHCH_2CH_2CH_2Si(OCH_3)_3$

【物化性质】 无色或微黄色透明液体。沸点 259℃。闪点 140℃。相对密度 1.03。

折射率 1.45（25℃）。溶于苯、乙酸乙酯，不溶于水。

【质量标准】

项　目		指　标
外观		无色透明液体
色度(Pt-Co色号)	≤	50
纯度/%	≥	97.0
相对密度(20℃)		1.0250±0.0050
折射率		1.4440±0.0050

【用途】用作聚乙烯、聚苯乙烯、聚氯乙烯、聚碳酸酯、聚酰胺、环氧树脂、酚醛树脂、三聚氰胺树脂等聚合物体系复合材料的偶联剂。作为酚醛和环氧模塑料的添加剂可减少模塑复合材料对水的吸收。可改善特别是低频下制品的湿态电气性能，高温下的强度也得到改善。用做硅烷基化聚氨酯聚合体时，该硅烷能显著提高对一系列塑胶的粘接力。加入单、双组分多硫密封剂，为多种基材提供了较好的黏接力，包括玻璃、铝和钢。一般用量为密封剂重量的 0.5%～1.0%。该产品分散性很好且可得到内聚脱裂而不是界面脱裂。

【制法】由乙二氨基丙烯和三甲氧基硅烷进行加成反应制得。

【安全性】毒性不详。以 5kg、10kg、200kg 塑料桶包装，特殊规格需预订。严格避光、避水、避高温，应贮存于阴凉干燥处。包装打开后，最好 1 次用完，避免空气中水汽侵入使产品水解变质。自出厂期起保质期 1 年。

【参考生产企业】日本信越化学工业株式会社，美国联合碳化物公司，哈尔滨市化工研究所，中国科学院北京化学研究所，南京翔飞化学研究所。

Ja018 乙烯基三氯硅烷

【英文名】ethenyl trichlorosilane

【别名】A-150；KA-1003；Finish GF-54；vinyl trichlorosilane

【结构式】$CH_2{=}CHSiCl_3$

【物化性质】浅黄色黏稠液体。沸点 90.6℃。闪点 21℃。相对密度 1.26。折射率 1.42（25℃）。溶于乙醇、苯、汽油，不溶于水。

【质量标准】

项　目		指　标
纯度(气相色谱分析)/%	≥	99
相对密度(25℃)		1.2650
沸点/℃		90.6

【用途】用作聚乙烯、聚苯乙烯、环氧树脂、聚酯等聚合物体系玻璃纤维复合材料的偶联剂。

【制法】硅的氢化物对取代的烯烃以及乙炔的加成反应是最重要的实验室制备方法和工业生产方法。将三氯硅烷加入反应器，搅拌下加热导入乙炔，进行气液相加成反应，或将三氯硅烷加热气化与乙炔混合进行气相加成反应，均可制得乙烯基三氯硅烷。

【安全性】用铁桶包装，每桶净重 220kg，特殊包装另外协商。低温干燥室内避光密封保存。

【参考生产企业】哈尔滨化工研究所，中国科学院北京化学所，曲阜市华荣化工新材料有限公司，淄博市临淄齐泉工贸有限公司。

Jb 有机磷化合物

Jb001 乙酰甲胺磷

【英文名】 acephate

【别名】 *O*,*S*-二甲基乙酰基硫代磷酰胺；acetylphosphoramidothioic acid *O*,*S*-dimethyl ester

【CAS登记号】 [30560-19-1]

【结构式】

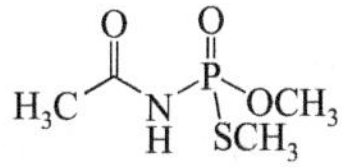

【物化性质】 纯品为白色结晶。熔点64～68℃。相对密度1.350。易溶于水、甲醇、丙酮等极性溶剂和二氯甲烷、二氯乙烷等卤代烷烃中，在苯、甲苯、二甲苯中溶解度较小，在醚中溶解度更小。在碱性介质中不稳定。

【质量标准】 HG2211—2003 乙酰甲胺磷原药

项 目		指 标
外观		白色结晶固体
乙酰甲胺磷/%	≥	95.0
乙酰胺/%	≤	0.3
甲胺磷/%	≤	0.5
水不溶物①/%	≤	0.5
水分/%	≤	0.5
酸度(以 H_2SO_4 计)/%	≤	0.5

① 在正常生产情况下，水不溶物试验至少每三个月检验一次。

【用途】 乙酰甲胺磷为广谱杀虫剂，对水稻害虫飞虱、叶蝉、蓟马、纵卷叶虫、黏虫三化螟和二化螟，棉花蚜虫、棉铃虫，果树的梨小食心虫、桃小食心虫，蔬菜的小菜蛾、斜纹夜蛾、菜青虫、小麦的麦蚜、黏虫等均有良好的防治效果。

【制法】 以甲基氯化物、氨水、二氯乙烷、乙酐、硫酸二甲酯为原料，通过胺化、酰化、异构化等反应步骤制得乙酰甲胺磷。即：胺化得到 *O*,*O*-二甲基硫代磷酰胺，经酰化得酰化物 *O*,*O*-二甲基-*N*-乙酰基硫代磷酰胺，再经异构化反应得到乙酰甲胺磷。

【安全性】 大鼠经口 LD_{50} 为 700mg/kg。

【参考生产企业】 河北威远生物化工股份有限公司，山东华阳农药化工集团有限公司，连云港市东金化工有限公司，浙江邦化集团公司，福建三农集团股份有限公司，浙江嘉化集团股份有限公司，苏州工业园区发事达氢能化学有限公司，浙江菱化实业股份有限公，江苏苏化集团有限公司。

Jb002 甲基对硫磷

【英文名】 methyl parathion

【别名】 甲基1605；phosphorothioic acid *O*,*O*-dimethyl *O*-(4-nitrophenyl) ester；*O*,*O*-dimethyl *O*-*p*-nitrophenyl phosphorothioate

【CAS登记号】 [298-00-0]

【结构式】

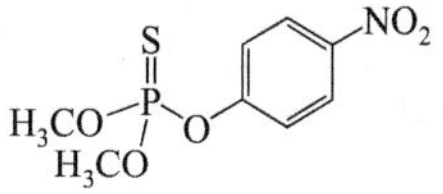

【物化性质】 纯品为白色无味结晶，呈不规则三棱柱型；工业品为黄棕色油状液体，有蒜味。在酸性和中性介质中较稳定，遇碱易水解，光和热能加速水解。熔点 37～38℃。相对密度 1.358。折射率 (n_D^{25}) 1.5367。蒸气压 (20℃) 1.29×10^{-3}Pa，(30℃) 5.07×10^{-3}Pa。易溶于苯、甲苯、二甲苯、丙酮、醇类、乙醚、脂肪族卤代烃等多种有机溶剂，微溶于石油醚类，溶于水 (50×10^{-6})。

【质量标准】

(1) GB9548—1999 甲基对硫磷原药

项　目	优等品	一等品	合格品
外观	淡黄至浅棕色液体或固体,无外来杂质		
甲基对硫磷含量/% ≥	92.0	90.0	85.0
游离对硝基苯酚和由易水解杂质生成的对硝基苯酚/% ≤	1.0	1.3	1.4
水分/% ≤	0.2	0.2	0.2
丙酮不溶物/% ≤	0.3	0.3	0.5
酸度(以 H_2SO_4 计)/% ≤	0.3	0.3	0.3

(2) GB9549—1999 甲基对硫磷原药溶液

项　目	指　标
外观	淡黄色至浅棕色液体(18℃以上),除溶剂外,无外来杂质
甲基对硫磷含量/% ≥	80.0±2.0
游离对硝基苯酚和由易水解杂质生成的对硝基苯酚/% ≤	1.3
水分/% ≤	0.2
丙酮不溶物/% ≤	0.3
酸度(以 H_2SO_4 计)/% ≤	0.3

(3) GB9550—1999 50%甲基对硫磷乳油

项　目	指　标
外观	稳定的均相液体，无可见的悬浮物和沉淀;在摄氏零度以下环境中可能有结晶析出,但温热后,应恢复原状
甲基对硫磷含量/% ≥	50.0
游离对硝基苯酚和由易水解杂质生成的对硝基苯酚/% ≤	0.8
水分/% ≤	0.2
酸度(以 H_2SO_4 计)/% ≤	0.4
乳液稳定性(稀释 200 倍)	合格
低温稳定性	合格
热贮稳定性	合格

注：低温稳定性与热贮稳定性试验至少每半年进行一次。

【用途】 高毒、高效、广谱有机磷杀虫剂。具触杀和胃毒作用，能抑制害虫神经系统中胆碱酯酶的活力而使其致死，杀虫谱广，常加工成乳油或粉剂使用，防治对象与对硫磷相似，用于防治三化螟、大螟、稻习虱、稻蓟马、稻螟蛉、棉红蜘蛛、棉铃虫、棉盲蝽、棉蚜、棉红令虫、棉蓟马等多种咀嚼口器和刺吸口器害虫，但防治效果稍低于对硫磷，因此用量要增加。瓜类（尤其是幼苗）易产生药害，禁止在蔬菜、茶叶、果树、中草药中使用。

【制法】 由 *O,O*-二甲基硫化磷酰氯在溶剂中与对硝基苯酚缩合制得。将二甲苯和对硝基酚钠在 96℃ (73.3～76.0kPa) 以下共沸脱水 2～3h，加入碳酸钠和铜粉，升温至 90℃左右，滴加 *O,O*-二甲基硫代磷酰氯。加毕，搅拌保温 2～3h。冷却至 50℃，过滤，用少量二甲苯冲洗滤渣，滤液用 5%碳酸钠溶液洗至无色，再用饱和食盐水洗至中性，分出油层，减压蒸出二甲苯，即得甲基对硫磷原油。

【安全性】 雄性大鼠经口 LD_{50} 为 14 mg/kg，雌性为 24mg/kg。大鼠经皮 LD_{50} 为 61～67mg/kg，吸入 4h LC_{50} 为 120 μg/m³。大鼠亚包性经口无作用剂量为每天 5mg/kg，狗亚急性经口无作用剂量为每天 0.1mg/kg。鲤鱼 48h LC_{50} 为 5mg/L。

【参考生产企业】 山东化阳农药化工集团有限公司，山东淄博丰叶农药股份有限公司，连云港立本农药化工有限公司，浙江嘉化集团股份有限公司，湖北仙隆化工股份有限公司，广州润土农药化工有限公司，浙江杭州庆丰农药化工股份有限公司，沙隆达郑州农药有限公司，深圳纳新世纪实业有限公司。

Jb003 对硫磷

【英文名】 parathion

【别名】 一六〇五；乙基对硫磷；phosphorothioic acid *O*,*O*-diethyl *O*-(4-nitrophenyl) ester；*O*,*O*-diethyl *O*-*p*-nitrophenyl phosphorothioate

【CAS 登记号】 [56-38-2]

【结构式】

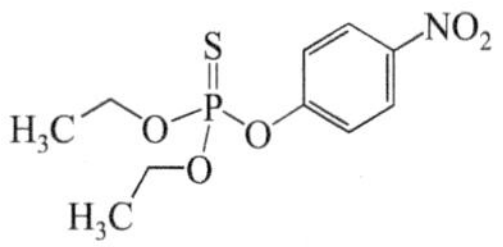

【物化性质】 纯品为淡黄色油状液体；工业品为棕色液体，具大蒜味。在中性和微酸性溶液中稳定，遇碱易分解。pH (20℃) 为 5～6 时，水解 1%需 62d。加热发生异构化。沸点 375℃。熔点 6℃。相对密度 (d_4^{25}) 1.26。折射率 (n_D^{25}) 1.5370。蒸气压 (20℃) 5.04×10^{-3} Pa。易溶于苯、甲苯、二甲苯、丙酮、乙醇等有机溶剂，微溶于烷烃，难溶于水，75℃时在水中溶解度为 24mg/L。

【质量标准】

(1) GB 2897—1995 (对硫磷原药)

项　目		一等品	合格品
外观		棕色至褐色液体	
对硫磷含量/%	≥	95.0	90.0
水分/%	≤	0.2	0.3
酸度(以 H_2SO_4 计)/%	≤	0.2	0.2

(2) GB 2898—1995(20%对硫磷乳油)

项　目		指　标
外观		棕色至褐色透明液体
对硫磷含量/%	≥	50.0
水分/%	≤	0.4
酸度(以 H_2SO_4 计)/%	≤	0.2
乳液稳定性(稀释 200 倍)		合格
低温稳定性		合格
热贮稳定性		合格

【用途】 广谱性高毒杀虫剂，兼有杀螨作用，具强烈的触杀和胃毒作用，有一定熏蒸作用，无内吸作用，但有较强的渗透作用。可防治水稻、棉花和果树等作物上的多种害虫，主要防治水稻螟虫、棉铃虫、玉米螟、高粱条螟等害虫。防治三化螟、二化螟、大螟。禁止在蔬菜、茶叶、果树、中草药上使用，瓜类对对硫磷敏感，尤其幼苗，易造成药害，不可使用。食用作物收获前 30d 禁用。

【制法】 由二乙基硫代磷酰氯在三甲胺催化下与对硝基酚钠合成制得。

【安全性】 纯品对雄性大鼠经口 LD_{50} 为 13mg/kg，雌性为 3.6mg/kg；雄性大鼠经皮 LD_{50} 为 21mg/kg，雌性为 6.8 mg/kg；大鼠吸最低致死量为 10mg/m³。大鼠经口无作用剂量每天为 2mg/kg，狗为每天 1mg/kg。鸟急性经口 LD_{50} 为 2 mg/kg。鲤鱼 LC_{50} 为 4.5mg/L (48h)。

【参考生产企业】 辽宁凤凰蚕药厂，连云港立本农药化工有限公司，常州市宝利德农药有限公司，南京仁信化工有限公司，淄博丰叶农药股份有限公司，湖北沙隆达股份有限公司，德国拜耳公司。

Jb004 甲拌磷

【英文名】 phorate

【别名】 *O*,*O*-二乙基-*S*-[(乙硫基)甲基]二硫代磷酸酯；phosphorodithioic acid *O*,*O*-diethyl *S*-[(ethylthio) methyl] ester；*O*,*O*-diethyl *S*-(ethylthio) methyl phosphorodithioate

【CAS 登记号】 [298-02-2]

【结构式】

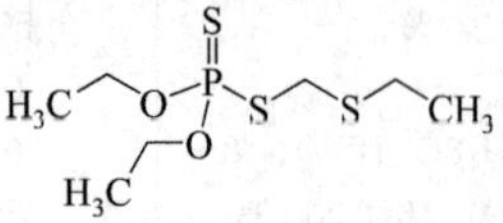

【物化性质】 无色油状液体，有臭味。沸点(106.7Pa) 118～120℃。熔点<－15℃。相对密度(d_4^{25}) 1.156。折射率(n_D^{25}) 1.5329。在室温水中溶解度为 50～60 mg/L，可溶于多数有机溶剂和脂肪油。在碱性溶液中分解失效。

【质量标准】

(1) HG2464.1—1993 (甲拌磷原药)

项　目	优等品	一等品	合格品
外观	黄棕色至棕色透明液体		
甲拌磷/% ≥	90	85	80
酸度(以 H_2SO_4 计)/% ≤	0.5	1.0	1.0
水分/% ≤	0.5	1.0	1.0

(2) HG2464.2—1993 (甲拌磷乳油)

项　目	指　标
外观	黄棕色至棕色透明液体
甲拌磷/% ≥	55.0
酸度(以 H_2SO_4 计)/% ≤	1.0
水分/% ≤	1.0
乳液稳定性(稀释 200 倍)	合格
热贮稳定性试验①	合格
低温稳定性试验①	合格

① 至少半年检验一次。

【用途】 用作剧毒、高效的广谱性杀虫剂。具有内吸和熏蒸作用，主要用于棉籽拌种、浸种或土壤处理，防治棉花早期蚜虫、红蜘蛛、蓟马等，并可兼治地老虎、蝼蛄、金针虫等地下害虫。

【制法】 由 *O*,*O*-二乙基二硫代磷酸酯和乙硫醇在甲醛水溶液存在下反应制得。

【安全性】 雌性大鼠、小鼠经口 LD_{50} (mg/kg) 分别为 1.1、2.3。

【参考生产企业】 邯郸市凯米克化工有限责任公司，北京恒业中远化工有限公司，安徽永丰农药化工有限公司，通化绿地农药化学有限公司。

Jb005 二嗪磷

【英文名】 diazinon

【别名】 二嗪农；phosphorothioic acid *O*,*O*-diethyl *O*-[6-methyl-2-(1-methylethyl)-4-pyrimidinyl] ester；thiophosphoric acid 2-isopropyl-4-methyl-6-pyrimidyl diethyl ester；*O*,*O*-diethyl *O*-2-isopropyl-4-methyl-6-pyrimidyl thiophosphate；diethyl 2-isopropyl-4-methyl-6-pyrimidyl thionophosphate；dimpylate

【CAS 登记号】 [333-41-5]

【结构式】

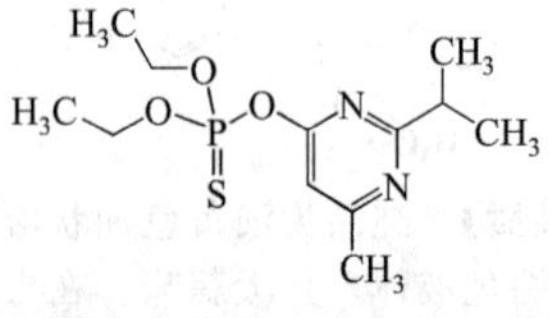

【物化性质】 纯品为无色透明液体，略带香味；工业品为淡褐棕色液体。50℃以上不稳定，对酸、碱不稳定，对光稳定。在水及稀酸中会慢慢水解。贮存时微量水分能促使其分解，变为高毒的四乙基硫代。相对密度 1.116～1.118。折射率1.4978～1.4981。蒸气压 (20℃) 1.4×10^{-2}Pa。能与丙酮、乙醇、二甲苯混溶，溶于石油醚，常温下在水中溶解度 0.004%。

【用途】 广谱性有机磷杀虫剂，具有触

杀、胃毒、熏蒸作用，也有较好的杀螨与杀卵作用。用于防治苹果蠹虫，效果同对硫磷。防治蛴螬或金针虫比对硫磷更有效。除当作一般的触杀药剂以外，还可注射牛体，能灭杀牛瘤蝇的幼虫。对牲畜的毒性较小。可加工成可湿性粉剂、乳剂和粉剂使用。除含铜杀菌剂、碱性农药外，可与大多数农药混用。

【制法】 将甲醇、氯化氢与异丁腈反应生成相应的亚氨酸酯盐酸盐；用氨处理得到异丁脒，在碱性条件下，异丁脒同乙酰乙酸乙酯缩合，得到嘧啶醇（4-羟基-2-异丙基-6-甲基嘧啶）。嘧啶醇在苯或甲苯中，在碳酸钠存在下加热回流，加入二乙基硫代磷酰氯、硝酸铜，缩合得到二嗪磷。

【安全性】 雄性、雌性大鼠经口 LD_{50} 分别为 250、285mg/kg；雌性大鼠经皮 LD_{50} 为 455mg/kg，小鼠吸入 LC_{50} 为 630mg/m³。对家兔皮肤和眼睛有轻度刺激作用。大鼠慢性毒性饲喂试验无作用剂量为每天 0.1mg/kg，猴子为每天 0.05mg/kg。在试验剂量下，对动物无致畸、致癌、致突变作用。鲤鱼 LC_{50} 为 3.2mg/L（48h），对蜜蜂高毒。

【参考生产企业】 浙江永农化工有限公司，徐州诺特化工有限公司，安徽省池州新赛德化工有限公司，浙江禾本农药化学有限公司。

Jb006 辛硫磷

【英文名】 phoxim

【别名】 肟硫磷；倍腈磷；phenylglyoxylonitrile oxime *O*,*O*-diethyl phosphorothioate

【CAS 登记号】 [14816-18-3]

【结构式】

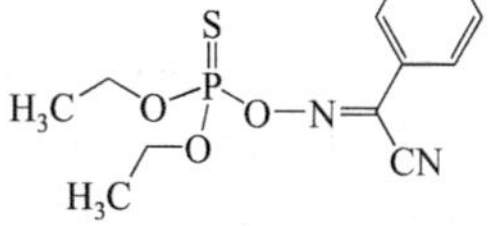

【物化性质】 纯品为浅黄色油状液体。熔点 5～6℃。相对密度 1.176。折射率 1.5405。易溶于苯、甲苯、醇类、酮类等有机溶剂。

【质量标准】 GB 9556—2008 辛硫磷原药

项 目		指 标
外观		浅黄至红棕色油状液体
辛硫酸(以顺式辛硫磷计)/%	≥	90.0
水分/%	≤	0.5
酸度(以 H_2SO_4 计)/%	≤	0.3

【用途】 辛硫磷杀虫谱广，击倒力强，以触杀和胃毒作用为主，无内吸作用，对磷翅目幼虫很有效。在田间因对光不稳定，很快分解，所以残留期短，残留危险小，但该药施入土中，残留期很长，适合于防治地下害虫。对危害花生、小麦、水稻、棉花、玉米、果树、蔬菜、桑、茶等作物的多种鳞翅目害虫的幼虫有良好的作用效果，对虫卵也有一定的杀伤作用。也适于防治仓库和卫生害虫。

【制法】 用工业乙醇与亚硝酸钠、浓盐酸反应制得亚硝酸乙酯，再与苯乙腈反应制成 2-氰基苯甲肟钠，然后与三氯硫磷和乙醇反应制得的乙基氯化物合成辛硫磷原油。

【安全性】 小鼠经口 LD_{50} >2000mg/kg。

【参考生产企业】 连云港立本农药化工有限公司，山东胜邦鲁南农药有限公司，河北智通化工有限责任公司，荆州市隆华石油化工有限公司，湖北仙隆化工股份有限公司，江苏丰山集团有限公司，江苏江南农化有限公司，武汉汉南同心化工有限公司，昆山瑞泽农药有限公司，南通市正达农化有限公司，江苏景宏化工有限公司。

Jb007 敌百虫

【英文名】 trichlorfon

【别名】 *O*,*O*-二甲基-(2,2,2-三氯-1-羟基乙基)磷酸酯；chlorofos；metrifonate；

trichlorphene; (2,2,2-trichloro-1-hydroxyethyl) phosphonic acid dimethyl ester; *O*,*O*-dimethyl; *O*, *O*-dimethyl-1-hydroxy-2,2,2-trichloroethylphosphonate2,2,2-trichloro-1-hydroxyethylphosphonate

【CAS登记号】 [52-68-6]

【结构式】

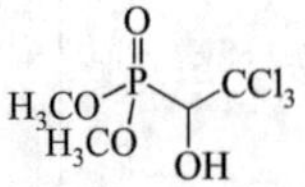

【物化性质】 纯品为稍带芳香气味的白色结晶粉末;工业品带氯醛气味。常温下稳定,于180℃开始分解。其溶液长期放置会变质,在碱性溶液中转化为毒性更大的敌敌畏,转化过程随着碱性的增强和温度的升高而加速。对金属略有腐蚀。熔点83~84℃。相对密度1.73。折射率1.3439。溶于苯、乙醇、氯仿、甲醇等多种有机溶剂,微溶于四氯化碳,不溶于石油醚,25℃时,在水中的溶解度为15.4g/100mL。

【质量标准】 GB 334—2001 敌百虫原药

项 目		优等品	合格品
外观		白色固体	
敌百虫/%	≥	97.0	90.0
酸度/%	≤	0.3	1.8
水分/%	≤	0.3	0.4
丙酮不溶物/%	≤	0.5	0.5

注:丙酮不溶物每三个月检验一次。

【用途】 一种有机磷杀虫剂。高效、低毒、低残留、广谱性杀虫剂,以胃毒作用为主,兼有触杀作用,也有渗透活性。农业上应用范围很广,用于防治菜青虫、棉叶跳虫、桑野蚕、桑黄、象鼻虫、果树叶蜂、果蝇等多种害虫。精制敌百虫可用于防治猪、牛、马、骡牲畜体内外寄生虫,对家庭和环境卫生害虫均有效。可用于治疗血吸虫病,畜牧上是一种很好的多效驱虫剂。敌百虫具有触杀和胃毒作用、渗透活性。原粉可加工成粉剂、可湿性粉剂、可溶性粉剂和乳剂等各种剂型使用,也可直接配制水溶液或制成毒饵,用于防治咀嚼式口器和刺吸式口器的农、林、园艺害虫,地下害虫即卫生害虫等。

【制法】 由甲醇与三氯乙醛混合生成半缩醛,然后在低温度下,三氯化磷与甲醇反应得到亚磷酸二甲酯,在较高的温度下,三氯乙醛与亚磷酸二甲酯发生缩合反应,制得敌百虫。

【安全性】 雄性大鼠经口 LD_{50} 为 630 mg/kg,雌性大鼠 LD_{50} 为 560mg/kg,大鼠经皮 LD_{50} >2000mg/kg。含500mg/kg饲料喂养大鼠两年,未发现异常。

【参考生产企业】 浙江巨化股份有限公司兰溪农药厂,南宁化工股份有限公司,江苏托球农化有限公司,沙隆达郑州农药有限公司,上海农化实业有限公司,南京仁信化工有限公司,武汉汉南同心化工有限公司,江苏景宏化工有限公司,河北新丰农药化工股份有限公司。

Jb008 *O*,*O*′-二甲基二硫代磷酸酯

【英文名】 *O*,*O*′-dimethyl dithiophosphate

【CAS登记号】 [756-80-9]

【结构式】

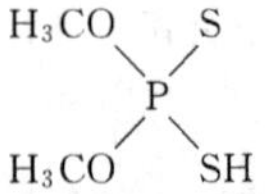

【物化性质】 无色液体,工业品为黑色液体。有恶臭气味。沸点(2kPa)65℃。相对密度(d_4^{25})1.29。折射率1.535。

【质量标准】 黑色液体。含量≥70%。

【用途】 为农药中间体,主要用于制备乐果、马拉硫磷等有机磷农药。

【制法】 甲醇和五硫化二磷直接进行反应制得。

【安全性】 有毒。对皮肤有刺激作用。生产场所应有良好的通风,设备应密闭,操作人员应穿戴防护用具。用塑料桶或铁桶

密闭包装。贮存于阴凉通风干燥处。防热、防晒。按有毒物品规定贮运。

【参考生产企业】 山东淄博新农基农药化工有限公司，江苏东海县纯化化工有限公司，上海昆山昆化集团（实业）公司。

Jb009 O,O′-二甲基二硫代(乙酸甲酯)磷酸酯

【英文名】 O,O′-dimethyl dithio(methyl acetate)phosphate

【CAS 登记号】 [757-86-8]

【结构式】

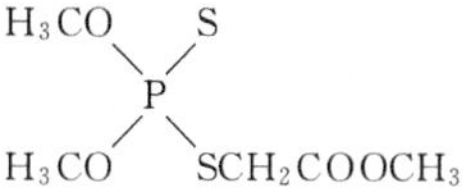

【物化性质】 无色液体，有恶臭气味。密度 1.29g/cm^3。

【质量标准】 黑色液体。含量≥95%。

【用途】 农药中间体。主要用于制备乐果、马拉硫磷等有机磷农药。

【制法】 由氯乙酸甲酯与硫化物的铵盐（O,O′-二甲基二硫代磷酸铵）合成，合成所得粗制品经减压蒸馏得成品。

【安全性】 有毒。对皮肤有刺激作用。生产过程应注意防止物料泄漏，避免与人体接触。操作人员应穿戴防护用品。用铁桶或塑料桶包装。贮存于阴凉、通风、干燥库房中。注意防火，按有毒物品规定贮运。

【参考生产企业】 北京恒业中远化工有限公司，河南宏业化工有限公司。

Jb010 O,O′-二甲基硫代磷酰一氯

【英文名】 O,O′-dimethyl phosphoromonochloridothionate

【别名】 二甲氧基硫代磷酰氯

【CAS 登记号】 [993-12-4]

【结构式】

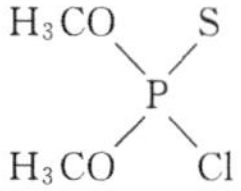

【物化性质】 无色或琥珀色液体，有刺激性气味。沸点（2kPa）66～67℃。闪点 105℃。相对密度（d_4^{25}）1.32。折射率（n_D^{25}）1.4795。不溶于水，能溶于乙醇、苯、氯仿、四氯化碳、乙醚、醋酸乙酯等有机溶剂。微溶于己烷。

【质量标准】

项目		指标
外观		无色液体
含量/%	≥	94
二氯化物含量/%	≤	2
二甲酯含量/%	≤	6

【用途】 农药中间体，用以制取杀螟松、杀螟腈及 1605、甲基 1605、甲胺磷和乙酰甲胺磷等。还用作选矿捕收剂。

【制法】 (1) 甲醇碱法。甲醇及三氯硫磷在 0℃和甲醇溶液进行反应生成 O-甲基硫代磷酰二氯，然后再在 0℃条件下与甲醇进一步反应，即得 O,O′-二甲基硫代磷酰一氯。反应物经水洗、减压精馏后即得成品。

(2) 甲醇钠法。经与三氯硫磷作用而得。

(3) 五硫化二磷法。由五硫化二磷与甲醇作用，制得 O,O′二甲基二硫代磷酸酯，再经氯化而得。

【安全性】 有毒。对眼、皮肤及黏膜有刺激性，吸入或经皮肤吸收会引起中毒。轻度中毒常引起头晕、头痛、乏力、食欲减退，继而呕吐、腹泻、四肢发麻。严重中毒者会出现昏迷、抽搐、大小便失禁和肺水肿等症状，严重者中枢神经系统或循环系统衰竭而死亡。生产、运输、使用过程中，必须防止毒物外逸，车间要通风良好，生产装置要密闭，操作人员要戴好防护用品。溅于眼中可用清水冲洗或延医诊治。溅上皮肤要用肥皂水冲洗。口服中毒者用生理盐水或 2%～4%碳酸氢钠溶液洗胃。可用陶瓷或搪瓷容器贮存。按有毒危险品规定贮运。

【参考生产企业】 湖北沙隆达股份有限公司，浙江黄岩延年褪黑素有限公司，广东番禺邦腾化工，浙江嘉化集团股份有限公司。

Jb011 *O*,*O*′-二乙基硫代磷酰一氯

【英文名】 *O*,*O*′-diethyl phosphoromonochloridothionate

【CAS 登记号】 [2524-04-1]

【结构式】

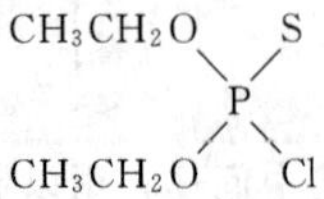

【物化性质】 无色至淡琥珀色透明液体。在室温下稳定，100℃时慢慢异构化。沸点（133Pa）49℃。熔点−75℃。相对密度1.202。折射率（n_D^{25}）1.4715。不溶于水，易溶于有机溶剂。在醇或醇钠中醇解。

【质量标准】

项　目	指　标
外观	无色或淡黄色透明液体
含量/%　　≥	90
三乙酯含量/%　　≤	5
二氯化物含量/%　　≤	1

【用途】 为有机磷农药中间体，可制取对硫磷、辛硫磷、治螟灵、1605、1059和苏化203等。

【制法】 (1) 三氯硫磷法。三氯硫磷与无水乙醇反应生成*O*-乙基硫代磷酰二氯，再与过量无水乙醇混合，加入碱粉生成*O*,*O*′-二乙基硫代磷酰一氯。

(2) 五硫化二磷法。五硫化二磷和无水乙醇反应，生成*O*,*O*′-二乙基二硫代磷酸，再和氯在低温下反应，生成*O*,*O*′-二乙基硫代磷酰一氯。

(3) 乙醇碱粉法。先由三氯硫磷与过量的无水乙醇反应生成二氯化物，二氯化物再与过量的无水乙醇混合一起，加入碱粉生成乙基氯化物。

(4) 乙醇钠法。由三氯硫磷与乙醇钠作用制得。

【安全性】 对眼睛、皮肤及黏膜有刺激性，吸入蒸气会引起气管炎和肺水肿，经皮肤吸收能引起中毒。其毒性及防治方法参见*O*,*O*′-二甲基硫代磷酰一氯。可用镀锌桶或塑料桶密闭包装。贮存于阴凉通风处，防热、防火。按有毒易燃品规定贮运。

【参考生产企业】 江苏宝灵化工股份有限公司，浙江新农化工股份有限公司，江苏托球农化有限公司，江苏连云港立本农药化工有限公司，浙江东风化工有限公司，浙江永农化工有限公司，安徽安庆市化工总厂，福建三农集团股份有限公司，江西省泰和农药厂。

Jb012 亚磷酸三甲酯 （参见 Fa149）

Jb013 亚磷酸三乙酯 （参见 Fa150）

Jc 有机铝及其他金属有机化合物

Jc001 三乙基铝

【英文名】 triethylaluminium

【CAS 登记号】 [97-93-8]

【结构式】

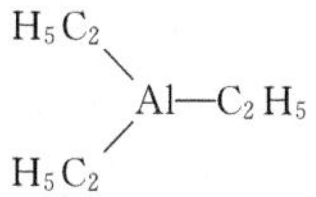

【物化性质】 化学性质极其活泼的透明液体。

【质量标准】

项　目		指　标
三乙基铝/%	≥	95.00
铝/%	≥	22.70
三正丙基铝/%	≤	0.10
三正丁基铝/%	≤	5.00
三异丁基铝/%	≤	0.10
氢(以氢化铝计)/%	≤	0.10

【用途】 用作聚合催化剂，与烯烃反应可制得烯烃二聚体、各种 α-烯烃、高碳醇和其他化学中间体，与某些过渡金属化合物构成烯烃聚合催化剂，还可作为烷基化剂、还原剂、汽油添加剂等。

【制法】

(1) 间接法。由倍半或一氯二乙基铝脱氢制取。

(2) 二步法直接合成法。先由铝粉氢化，制备二乙基氢化铝，再由二乙基氢化铝与乙烯进行乙基化而得。该反应可在反应物中加入预先制备好的三乙基铝作为种子进行反应。

$$2Al+3H_2+6(C_2H_5)_3Al \longrightarrow 6(C_2H_5)_2AlH$$

$$(C_2H_5)_2AlH+CH_2=CH_2 \longrightarrow (C_2H_5)_2Al$$

【安全性】 遇空气立即冒烟、自燃、对潮湿及微量氧反应灵敏。易引起爆炸。与酸、卤素、醇、胺类接触发生剧烈反应。对人体有灼伤性。用耐压钢瓶装。储存于干燥、阴凉的仓库内，运离火种、热源；要隔绝水源和气源；库温不宜超过 30℃；搬运时轻装轻卸，避免震动、撞击、损坏包装。

【参考生产企业】 南京通联化工有限公司，辽阳日久石油化工有限公司，上海海曲化工有限公司。

Jc002 三异丁基铝

【英文名】 triisobutyl aluminium

【CAS 登记号】 [100-99-2]

【结构式】

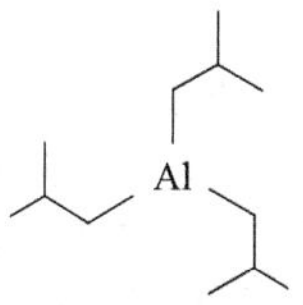

【物化性质】 无色透明液体。沸点(4kPa) 114℃。熔点 −5.6℃。闪点 < 0℃。自燃点 3.89℃。相对密度 0.7876。性质极为活泼，遇空气自燃，遇水、酸、醇、氨强烈反应并发生爆炸。

【质量标准】

项　目	指　标
外观	无色透明液体，无悬浮铝

续表

项目	指标
活性铝含量/% ≥	85
$AlHR_2$ 含量/% ≤	15

【用途】 主要用作顺丁橡胶，合成树脂，合成纤维和烯烃聚合催化剂。也可用作喷气发动机引火系统的高能燃料、还原剂和有机金属化合物的中间体等。

【制法】 采用铝粉、氢气、异丁烯于110～120℃和4.90～5.88MPa下一步直接合成。可在反应物中加入预先制备好的三异丁基铝。

$$2Al+3H_2 \longrightarrow 2AlH_3$$

$$AlH_3+2[(CH_3)_2CHCH_2]_3Al \longrightarrow 3[(CH_3)_2CHCH_2]_2AlH$$

$$[(CH_3)_2CHCH_2]_2AlH+(CH_3)_2C{=}CH_2 \longrightarrow [(CH_3)_2CHCH_2]_3Al$$

【安全性】 高毒，对人身体有强烈的腐蚀性，灼烧皮肤。需用溶剂稀释到安全浓度（一般为20g/L）后方可使用。吸入蒸气可引起类似金属烟尘热的表现，并对上呼吸道和眼结膜有刺激作用。操作人员应穿戴防护用具、设备内装料量不得大于容积的70%～75%。防止飞溅，避免爆炸。溅及皮肤和眼中后用大量水冲洗，严重者即送医院治疗。性质极为活泼，遇空气燃烧，遇水爆炸。要用耐压钢瓶贮存，设计压力78×10^4Pa，底部不准开口，使用插底管出料。接收钢瓶预先应用氮气吹扫，使其含氧量少于0.5%。贮存于干燥、阴凉处，隔绝空气、水源和气源。运输中轻拿轻放，避免震动。按易燃，易爆，有毒危险品规定贮运。

【参考生产企业】 北京燕化胜利工贸有限公司，淄博齐翔腾达化工有限公司，上海海曲化工有限公司。

Jc003 异丙醇铝

【英文名】 aluminum isopropoxide

【别名】 三异丙氧基铝；2-propanol aluminum salt；aluminum isopropylate

【CAS登记号】 [555-31-7]

【结构式】

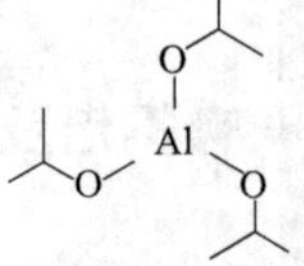

【物化性质】 吸湿性白色固体。遇水分解。沸点（1333Pa）138～148℃。熔点128～132℃。相对密度1.035。溶于乙醇、异丙醇、苯、甲苯、氯仿、四氯化碳和石油烃。

【质量标准】

项目	指标
外观	白色或半透明块状物
熔点/℃	110～135
溶解试验	溶于甲苯(1∶10),无不溶物

【用途】 用作脱水剂、催化剂、防水剂的原料，亦可用于制药工业。

【制法】 由异丙醇和铝在催化剂三氯化铝存在下加热反应，待铝溶解后，真空蒸馏，得成品。

$$2Al+6(CH_3)_2CHOH \xrightarrow[\triangle]{AlCl_3\cdot H_2O} [(CH_3)_2CHO]_3Al+3H_2$$

【安全性】 有毒。设备应密闭，操作人员应穿戴防护用具。车间应通风。用铁桶密封包装。防水、防潮。按有毒化学药品规定贮运。

【参考生产企业】 南漳县襄九精细化工有限责任公司，襄樊市金译成精细化工有限公司。

Jc004 二氯化乙基铝

【英文名】 dichloroethylaluminium

【别名】 ethylaluminium dichloride

【CAS登记号】 [563-43-9]

【结构式】

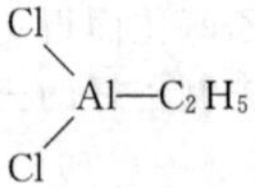

【物化性质】 黄色透明液体。有刺激性，在空气中易燃，遇水及多种物质发生激烈反应。沸点 113℃（6.67kPa），60℃（0.67kPa）。凝固点 32℃。密度 1.222g/cm^3。溶于苯、乙醚、戊烷。

【质量标准】

项　目	指　标
外观	无色或微黄色结晶
凝固点/℃	28～30
Cl/Al	1.99～2.03
含 Al/%	20.3～21.5
含 Cl/%	55.2～56.3

【用途】 用作烯烃聚合和芳烃加氢的催化剂，如用作生产聚丙烯的助催化剂。

【制法】 氯乙烷与铝粉反应，生成粗倍半物（即一氯二乙基铝和二氯乙基铝各半组成的混合物），再与无水三氯化铝反应，生成二氯乙基铝。

【安全性】 参见三异丁基铝。

【参考生产企业】 南京通联化工有限公司。

Jc005 (一)氯化二乙基铝

【英文名】 chlorodiethylaluminium

【别名】 二乙基氯化铝；diethylaluminium chloride

【CAS 登记号】 [96-10-6]

【结构式】

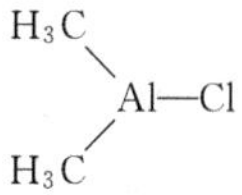

【物化性质】 无色透明液体。遇空气易自燃，遇水爆炸。沸点 208℃。熔点 −50℃。溶于汽油及芳烃，易氧化。

【质量标准】

项　目	指　标
外观	无色透明液体
纯度/% ≥	99
密度/(g/mL)	0.958

【用途】 主要用作聚烯烃，丁基橡胶和乙丙橡胶的聚合催化剂和合成有机金属化合物及避孕药的中间体。

【制法】 由氯乙烷和铝粉在活化剂碘存在下反应，生成倍半物，再与钠或氯化钠在己烷溶液存在下作用，得成品。

【安全性】 与人体接触后要用大量水冲洗。生产过程中，应采取严格的防护措施，生产设备应密闭，严防泄漏、操作人员应戴好防护用具。遇空气易发生激烈燃烧，遇水发生剧烈反应。易燃，易爆，不得与空气和水接触。用钢瓶包装，精氮保护。或稀释到 20%以下桶装并用氮封保护，严防泄漏。用己烷或汽油配成15%～20%溶液较安全。

【参考生产企业】 烟台燕德化工有限公司，南京通联化工有限公司。

Jc006 甲基锂

【英文名】 methyllithium

【别名】 lithium methanide

【CAS 登记号】 [917-54-4]

【结构式】 CH_3Li

【物化性质】 与水剧烈反应。

【用途】 甲基锂是一种有机锂试剂，这种有机金属化合物无论在固体或溶液中都是低聚态。可用于合成醚，并用于有机合成和有机金属化学。

【制法】 溴甲烷与金属锂的乙醚悬浊液反应，反应的产物是复杂的，大多数商用的甲基锂由此法制备。不含卤化物的甲基锂可以从氯甲烷制备。氯化锂在乙醚中很容易沉淀，因此不会混杂在甲基锂中。通过过滤可以获得比较纯净的甲基锂。

【参考生产企业】 济南晨晖商贸中心。

Jc007 正丁基锂

【英文名】 *n*-butyllithium

【别名】 丁基锂；butyllithium

【CAS 登记号】 [109-72-8]

【结构式】 $CH_3(CH_2)_3Li$

【物化性质】 纯品为白色粉末。沸点60～80℃。相对密度 0.68g/cm^3。易燃，具强刺激性。化学反应活性很高，与空气接触会着火。与水、酸类、卤素类、醇类和胺类接触，会发生强烈反应。商品通常是溶于己烷、环己烷、苯等饱和烃的溶液，多为淡棕色液体。

【用途】 是重要的有机锂化合物，主要用作聚合催化剂。用于引发共轭二烯烃进行阴离子聚合。通过活性聚合途径，可以合成指定结构的线型、星型、嵌段接枝、遥爪型等聚合物，也可用来制备低顺式聚丁二烯橡胶、异戊二烯橡胶、溶液丁苯橡胶、热塑性橡胶、液体橡胶、热固性树脂、涂料等。

【制法】 溴丁烷或氯丁烷与金属锂反应制得。

【安全性】 吸入、口服或经皮肤吸收对身体有害。对眼睛、皮肤、黏膜和上呼吸道有强烈刺激作用。可引起化学灼伤。吸入后，可因喉、支气管的炎症、痉挛、水肿，化学性肺炎、肺水肿而致死。中毒表现有烧灼感、咳嗽、喘息、气短、喉炎、头痛、恶心和呕吐，可引起神经系统的紊乱。储存于阴凉、干燥、通风良好的库房。远离火种、热源。应与酸类、醇类等分开存放，切忌混储。包装必须密封，切勿受潮。

【参考生产企业】 山东淄博伟强化工有限公司，浙江上虞华伦化工有限公司，北京恒业中远化工有限公司，新余市赣锋锂业有限公司。

Jc008 环烷酸盐

【英文名】 naphthenates

【分子式】 Me^{n+} （—OOCR）

【物化性质】 环烷酸盐的物理性质和状态，不仅取决于金属离子，而且依赖于环烷酸的沸程和酸值。对同一金属离子，环烷酸的酸值越大，沸程温度越低，则形成盐的分子量越小，色泽越浅，黏度越小，且易燃。能与环烷酸形成盐的金属有锂、钠、钾、钙、铁、钴、镍、铜、铅以及稀土元素等 20 多种。Na^+、K^+ 等盐溶于水、甲醇、乙醇等，不溶于油。Ca^{2+}、Co^{2+}、Ni^{2+}、Fe^{2+}、Cu^{2+}、Mn^{2+}、Pb^{2+} 等盐不溶于水，微溶于乙醇，易溶于油、苯、甲苯等有机溶剂。

【用途】 可用作催干剂、催化剂、杀菌剂、乳化剂和润滑添加剂等。

【制法】 （1）皂化法。将金属碱液直接与环烷酸发生皂化反应生成环烷酸盐。常用于制备 Na^+、K^+、NH^{4+} 等盐。

（2）复分解法。是将金属盐溶液与环烷酸钠进行复分解反应。常用于制备 Ca^{2+}、Co^{2+}、Cu^{2+}、Zn^{2+} 和 Pb^{2+} 等盐。

（3）熔融法。是将金属氧化物、氢氧化物或其碳酸盐与环烷酸在 50～200℃下进行反应，不断除去反应生成的水，使反应完全。

（4）金属直接氧化法。是金属粉末与环烷酸在有催化剂的条件下，进行氧化还原反应制环烷酸盐。已用于 Ni^{2+}、Co^{2+}、Mn^{2+} 盐的制备。

【安全性】 除 Na^+、K^+ 盐外，Pb^{2+}、Cu^{2+}、Co^{2+}、Zn^{2+}、Mn^{2+} 等盐类都有一定的毒性，环烷酸中性盐口服最少致死剂量是 6000mg/kg。防止生产装置泄漏、保持通风良好。操作人员需配戴安全防护用具，避免吸入或溅及皮肤。采用镀锌铁桶装运，按有毒易燃物品规定贮存于远离火源、阴凉通风处，不可与氧化剂共贮混运。

【参考生产企业】 中国石化天津分公司炼油厂，辽阳石油化纤公司金兴化工厂，上海长风化工厂，淄博中元化工有限公司，中国石化齐鲁分公司，岳阳石油化工总厂。

Jc009 环烷酸钴

【英文名】 cobaltous naphthenate

【别名】 石油酸钴；萘酸钴；cobalt naphenate

【CAS登记号】 [61789-51-3]

【结构式】

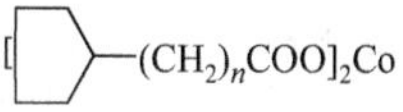

【物化性质】 棕褐色无定形粉末或紫色固体。熔点140℃。闪点48.9℃。相对密度0.95。不溶于水，微溶于乙醇，溶于乙醚、苯、甲苯、油类、石油溶剂、汽油、松节油和松香水等。

【质量标准】 HG/T 4115—2009 固体环烷酸钴

项 目		指 标
外观		蓝紫色颗粒
钴含量/%		10.0±0.5
环烷酸含量/%	≥	80.0
酸值(以KOH计)/(mgKOH/g)		190～245
加热减量/%	≤	1.5
软化点/℃		80～100
庚烷不溶物/%	≤	2.00
密度①/(g/cm³)		1.14±0.05
红外光谱①		可比

① 密度、红外光谱为根据用户要求的监测项目。

【用途】 可用作不饱和聚酯树脂的促进剂和氧化反应的催化剂，涂料油墨的催干剂，也用于涂料的紫色颜料。环烷酸钴具有优良的贮存稳定性，与环烷酸稀土相比，具有色泽浅，气味小，流动性好，催干效果好等特点。在浅色涂料中使用，更具有良好的特性，能降低漆膜的色泽、提高光泽，与钴配合用于白醇酸中，漆膜不泛黄。是环烷酸稀土的升级换代产品。

【制法】 环烷酸与氢氧化钠皂化生成环烷酸钠。氧化钴与硝酸或硫酸反应制得硝酸钴或硫酸钴。环烷酸钠与硝酸钴或硫酸钴于90℃下进行复分解反应，反应产物经水洗后再用汽油溶解除去无机物，蒸去汽油即得成品。

【安全性】 大鼠经口 LD_{50} 为 4000～6000mg/kg。工作人员应作好全身的防护工作 如不慎接触眼睛、皮肤，应立即用大量清水冲洗。失火时，用喷水或使用干粉、干砂、泡沫灭火剂扑救。前苏联车间空气中有害物质的最高容许浓度 0.1mg(Co)/m³；前苏联（1978）生活饮用水中有害物的最大允许浓度 0.3mg/L（环烷酸类）。储存于阴凉、通风仓间内。远离火种、热源。防止阳光直射。应与氧化剂分开存放。

【参考生产企业】 山东华东橡胶材料有限公司，河北福尔斯特化工有限公司，新疆独山子天利高新技术股份有限公司。

Jc010 环烷酸镍

【英文名】 nickel naphthenate

【CAS登记号】 [61788-71-4]

【结构式】

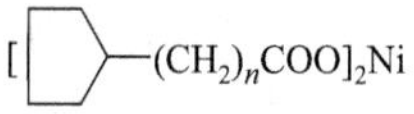

【物化性质】 绿色透明黏稠液体或紫色固体。具有分子量稳定和优良的贮存稳定性，气味小，用途广泛。不溶于水，溶于乙醇、乙醚、苯、甲苯、松节油和松香水等有机溶剂。

【用途】 主要用于顺丁橡胶的合成，也可用于涂料催干剂、木材防腐剂、织物防水剂、杀虫剂和杀菌剂等产品的有机合成。

【制法】 环烷酸钠与镍的无机盐溶液 [$NiCl_2 \cdot 6H_2O$ 或 $Ni(NO_5)_2 \cdot 6H_2O$] 进行此复分解反应，生成环烷酸镍粗品，再经精制即得成品。

【安全性】 低毒。生产过程中使用氯化镍可引起过敏性皮炎。操作人员应穿戴好防护用具。采用铁桶包装。按有毒易燃品规定储运。

【参考生产企业】 新疆独山子石化公司炼

油厂，山东省淄博市博山卢生化工厂，淄博中元化工有限公司。

Jc011 二月桂酸二正丁基锡

【英文名】 dibutyltin dilaurate

【CAS 登记号】 [77-58-7]

【结构式】

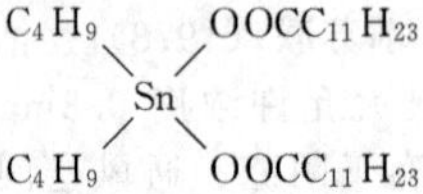

【物化性质】 淡黄色透明易燃液体。闪点226.7℃。凝固点8℃。密度1.0425kg/L。相对密度（d_{20}^{20}）1.066。溶于丙酮和苯，不溶于水。

【质量标准】

项　目	指　标
外观	淡黄色透明液体
相对密度($d_4^{23.9}$)	1.025～1.065
色度(碘比色号)　　<	5
锡含量/%	18.6±0.6

【用途】 为聚氯乙烯塑料助剂，具有优良的润滑性、透明性和耐候性。耐硫化物污染较好，但耐热性较差。在软质透明制品中作主稳定剂，在硬质透明制品中作润滑剂。还用作聚氨酯泡沫塑料合成的催化剂、硅橡胶的熟化剂等。

【制法】 以丁醇与碘、磷反应生成碘乙烷。碘乙烷与锡粉、镁粉反应生成碘代丁基锡，精制后以烧碱处理得氧化二丁基锡。氧化二丁基锡和月桂酸在60℃缩合生成二月桂酸二丁基锡。

$$3I_2+6C_4H_9OH+2P \xrightarrow{127℃} 6C_4H_9I+2P(OH)_3$$

$$2C_4H_9I+Sn \xrightarrow[120\sim140℃]{Mg} (C_4H_9)_2SnI_2$$

$$(C_4H_9)_2SnI_2+2NaOH \xrightarrow{60℃} (C_4H_9)_2SnO+2NaI+H_2O$$

$$(C_4H_9)_2SnO+2C_{11}H_{23}COOH \longrightarrow$$

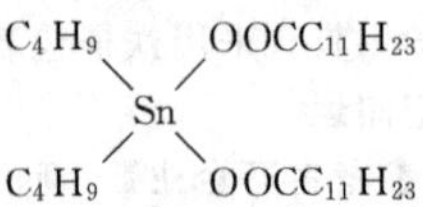

【安全性】 有毒。空气中最高容许浓度为0.1mg/m³。用马口铁桶包装。勿与酸、碱混合，应远离有机溶剂。防热、防潮、防晒。按有毒物品规定贮运。

【参考生产企业】 北京正恒化工有限公司，磐石市大田化工助剂研究所，虹鼎国际化工（南通）有限公司。

Jc012 辛酸亚锡

【英文名】 stannous caprylate

【别名】 2-乙基己酸亚锡；stannous-2-ethylhexanoate

【CAS 登记号】 [301-10-0]

【结构式】

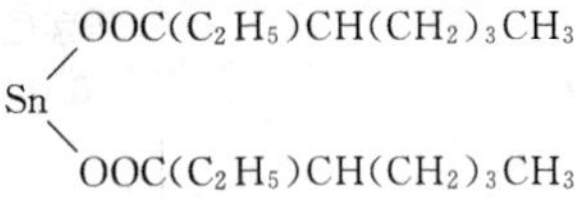

【物化性质】 白色或淡黄棕色膏状物。溶于石油醚，不溶于水。

【质量标准】

项　目	指　标
外观	白色或淡黄棕色软固体
亚锡含量/%	22
总锡/%	23

【用途】 用作聚氨酯泡沫塑料的催化剂，可单独使用或与胺类化合物混合使用。多用于软泡沫塑料。发泡后留存在泡沫内发挥防老作用。还可用作聚氨酯橡胶的引发交联剂。

【制法】 以2-乙基己酸钠与氯化亚锡进行反应制取得。

$$2CH_3(CH_2)_3CH(C_2H_5)COONa+SnCl_2 \longrightarrow$$

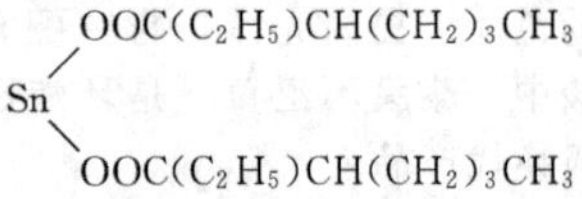

【安全性】 有毒。狗静脉注射LD35 mg/kg。据报道，有机锡化合物具有强烈的神经毒性，生产中所用氯化亚锡能刺激皮肤、眼、黏膜。因有一定毒性，操作人员应穿戴防护用具。工作场所空气中最高容许浓度 0.1mg/m^3。以 1kg 塑料瓶包装，宜贮存于阴凉、干燥、通风处。远离火种、热源。严格防潮、防晒。搬运时轻装轻卸，以防破损。

【参考生产企业】 南京中安化工有限公司，河北沧州东塑集团威达化工有限公司，常州市武进东湖化工原料有限公司。

Jc013 氧化双三丁基锡

【英文名】 bis(tributyltin)oxide

【别名】 三丁基氧化锡

【CAS 登记号】 [56-35-9]

【结构式】 $(C_4H_9)_3SnOSn(C_4H_9)_3$

【物化性质】 微黄色液体。沸点（266.6Pa）180℃。熔点＞－45℃。闪点＜100℃。相对密度(d_4^{25}) 1.17。黏度(25℃)4.8mPa.s。不溶于水，可与有机溶剂混溶。与含纤维质和木质的材料混合形成的化合物不易分解。

【质量标准】 含量 93%～95%。

【用途】 用以合成有机锡高分子树脂，用于制防腐漆和农药，如熏蒸剂和杀菌剂。

【制法】 锡和氯气首先合成四氯化锡。正丁醇与盐酸在氯化锌存在下反应生成氯丁烷。金属镁再和上述制得的四氯化锡、氯丁烷反应生成三丁基氯化锡。用氢氧化钠进一步与三丁基氯化锡作用而制得双三丁基氧化锡，精制后得成品。

【安全性】 有毒，吞咽或经皮肤吸收会引起中毒。急性中毒，可有 3～5 天的潜伏期，在此期间内，有时仅感轻度头痛，有时甚至毫无不适。中毒初期，有头痛、头胀、头晕、全身乏力、食欲减退等症状，有时伴有恶心、呕吐、失眠、体重减轻等症状，严重时病情恶化，出现精神紊乱、昏迷、血压下降、脑压升高、尿潴留、瘫痪等症状，甚至死亡。生产设备应密闭，室内保持良好通风，操作人员应穿戴防护用具。空气中最高容许浓度 0.1mg/m^3。用马口铁桶包装，每桶 15kg。按有毒药品规定贮运。

【参考生产企业】 如东县盈丰轻化厂，虹鼎国际化工（南通）有限公司。

Jc014 钛酸四异丙酯

【英文名】 tetraisopropyl titanate

【别名】 正钛酸四异丙酯

【CAS 登记号】 [546-68-9]

【结构式】 $Ti[OCH(CH_3)_2]_4$

【物化性质】 浅黄色液体，在潮湿空气中发烟。沸点（1333Pa）102～104℃。凝固点 14.8℃。密度 0.954g/cm^3。折射率 1.46。黏度（25℃）2.11mPa·s。在水中迅速分解，溶于多种有机溶剂。

【质量标准】

项　目	指　标
外观	无色至淡黄色透明液体
钛含量/%	16.62～16.80
异丙氧基含量/%	81.88～82.70
凝固点/℃	18.5
折射率(n_D^{20})	1.4685

【用途】 可用于制取金属与橡胶、金属与塑料的黏合剂，也可用作酯交换反应和聚合反应的催化剂及制药工业的原料等。

【制法】 以四氯化钛、异丙醇，液氨为原料，在甲苯的存在下进行酯化，经吸滤除去副产物氯化铵，再经蒸馏得成品。用镀锌铁桶包装。每桶 15～17kg。贮存于阴凉、干燥处。按铁路危险品 61131 号规定办理运输。

【参考生产企业】 宜兴市和桥宏达化工厂，安徽省天长市有机化工厂。

Jc015 钛酸四丁酯

【英文名】 tetrabutyl titanate

【别名】 正钛酸四丁酯

【CAS 登记号】 [5593-70-4]

【结构式】 $Ti[OC_4H_9]_4$

【物化性质】 无色至浅黄色液体，易燃、低毒。低于－55℃时为玻璃状固体，遇水分解。沸点 310～314℃。闪点 76.7℃。相对密度 0.966。折射率 1.486。除酮类外，溶于多数有机溶剂。

【质量标准】

项　目	指　标
外观	浅黄色至淡红棕色透明均匀液体
折射率(n_D^{20})	1.4900～1.4920
钛含量/%	13.80～14.00
丁氧基含量/%	84.61～85.80

【用途】 主要用于酯交换反应，可用作高强度聚酯漆改性剂，耐高温涂料添加剂、医用黏合剂、交联剂和缩合反应催化剂等。也可制取金属与橡胶、金属与塑料的改性黏合剂。

【制法】 以正丁醇、四氯化铁和氨为原料，在甲苯的存在下进行酯化反应制得粗品，再经除去副产物氯化铵、蒸馏而得成品。

【安全性】 低毒。采用镀锌铁桶包装。每桶 15～17kg。遇水分解、严防潮湿。按危险品 61131 规定运输。

【参考生产企业】 宜兴市和桥宏达化工厂，常州俭朴化工有限公司，安徽省天长市有机化工厂。

Jc016 二氯二茂钛

【英文名】 titanocene dichloride

【别名】 双环戊二烯二氯化钛；(η^5-2,4-cyclopentadien-1-yl) titanium；dichlorodi-π-cyclopentadienyltitanium；biscyclopentadienyltitanium (IV) dichloride

【CAS 登记号】 [1271-19-8]

【结构式】

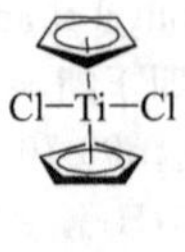

【物化性质】 红色结晶。熔点 289±2℃。密度 1.60g/cm^3。可溶于甲苯、氯仿、乙醇等，微溶于水、乙醚、苯、二硫化碳、四氯化碳等。

【用途】 用作催化剂，用于烯烃聚合及加氢反应中。

【制法】 以环戊二烯单体为反应物，以四氢呋喃等溶剂为介质，采用二乙胺法在一定的温度下制得二氯二茂钛。

【参考生产企业】 阳市金茂泰科技有限公司，上海海曲化工有限公司。

Jc017 二茂铁二氯二茂锆

【英文名】 ferrocene

【别名】 环戊二烯基铁；dicyclopentadienyliron；biscyclopentadienyliron

【CAS 登记号】 [102-54-5]

【结构式】

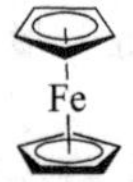

【物化性质】 橙色结晶，有类似于樟脑的气味。100℃升华。熔点 173～174℃。几乎不溶于水、10%的氢氧化钠和热的浓盐酸，溶于乙醇、乙醚、苯。

【用途】 是最重要的金属茂基配合物。可用作火箭燃料添加剂、汽油的抗爆剂和橡胶及硅树脂的熟化剂，也可做紫外线吸收剂。二茂铁的乙烯基衍生物能发生烯键聚合，得到碳链骨架的含金属高聚物，可作航天飞船的外层涂料。

【制法】 (1) 由铁粉与环戊二烯在 300℃的氮气氛中加热，或以无水氯化亚铁与环戊二烯合钠在四氢呋喃中作用而制得。

(2) 以环戊二烯、氯化亚铁、二乙胺为原料，采用电解合成法得到二茂铁。

【参考生产企业】 潍坊市博安化工有限公司，嘉兴市精化化工有限公司。

K 多官能团复杂化合物

Ka 氨基酸和蛋白质

Ka001 L-胱氨酸

【英文名】 L-cystine

【别名】 L-膀胱氨基酸；双硫丙氨酸；双硫代氨基丙酸；L-cystinic acid；dicysteine；gelucystine

【CAS登记号】 [56-89-3]

【结构式】

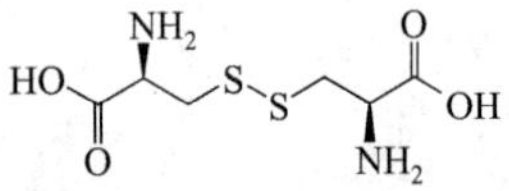

【物化性质】 白色结晶性粉末。无臭，无味。在热碱液中易分解。胱氨酸比半胱氨酸稳定，在体内转变为半胱氨酸后参与蛋白质合成和各种代谢过程，有促进毛发生长和防止皮肤老化等作用。分解温度260～261℃。比旋光度（$[\alpha]_D^{20}$）−223.4°。等电点pH4.6。微溶于水，不溶于乙醇及其他有机溶剂，易溶于稀矿酸和碱液中。

【质量标准】

（1）HG 2030—1991 工业L-胱氨酸

项 目		优等品	一等品	合格品
外观		白色六角形板状结晶或结晶粉末		
比旋光度$[\alpha]_D^{20}$		−215°～−225°	−215°～−225°	−215°～−230°
透光率/%	≥	96.0	—	—
$C_6H_{12}N_2O_4S_2$ 含量/%	≥	99.0	98.5	98.5
氯化物(以Cl计)/%	≤	0.04	0.10	0.15
铁含量(以Fe计)/%	≤	0.002	0.003	0.003
重金属含量(以Pb计)/×10⁻⁶	≤	0.001	0.002	0.002
水分/%	≤	0.20	0.30	0.40
灰分/%	≤	0.15	0.20	0.25
酪氨酸试验		合格	合格	合格

（2）原料药（中国药典2010年版）

项 目		指 标
$C_6H_{12}N_2O_4S_2$ 含量(以干品计)/%	≥	98.5
比旋光度(20mg/mL HCl)		−215°～−230°
pH值(1.0g/100mL H_2O)		5.0～6.5
氯化物/%	≤	0.02
硫酸盐/%	≤	0.02
其他氨基酸/%	≤	0.5(且不得超过1个)
干燥失重(105℃,3h)/%	≤	0.2
炽灼残渣/%	≤	0.1
铁盐/%	≤	0.001
重金属/×10⁻⁶	≤	10
砷盐/%	≤	0.0001

【用途】 氨基酸类药。是氨基酸输液和复合氨基酸制剂的重要成分。用于先天性同型半胱氨酸尿症、各种突发症、肝炎、放射性损伤的防治、由各种原因引起的巨细胞减少症和药物中毒。此外也用于急性传染病以及支气管哮喘、神经痛、湿疹和烧伤等的辅助治疗。

【制法】 将浓度为10mol/L的盐酸720kg加入到水解罐中，加热至70～80℃，迅速投入人发或猪毛400kg，继续加热到100℃，并于1～1.5h内升温至110～117℃，水解6.5～7h，从100℃起计时，冷却，过滤。滤液在搅拌下加入30%～40%的工业氢氧化钠溶液，当pH值达3.0后，碱液减速加入，直到pH值4.8为止，静置36h，分取沉淀，离心甩干，即得胱氨酸粗品，母液中含有谷氨酸、精氨酸和亮氨酸等。称取胱氨酸粗品150kg，加入10mol/L盐酸约90kg，水360kg，加热至65～70℃，搅拌溶解0.5h，再加入活性炭12kg，升温到80～90℃，保温0.5h，板框压滤。滤液加热到80～85℃，过搅拌边加入30%氢氧化钠，直至pH4.8时停止。静置，使结晶沉淀，虹吸上清液，分取底部沉淀后再离心甩干，得胱氨酸粗品。称取胱氨酸粗品100kg，加入1mol/L盐酸500L，加热至70℃，再加入活性炭3～5kg。然后升温至85℃，保温搅拌0.5h，板框压滤。滤液中加入滤液体积约1.5倍蒸馏水，加热至75～80℃，搅拌下用12%氨水中和至pH 3.5～4.0，此时胱氨酸结晶析出。结晶离心甩干，以蒸馏水洗至无氯离子，真空干燥，即可得胱氨酸成品。人发的收率可达8%，猪毛的收率可达5%。遮光、密闭保存。

【参考生产企业】 武汉阿米诺科技有限公司，宁波市镇海海德生化科技有限公司，浙江依诺生物科技有限公司，石家庄维诺伟业生物制品有限公司，武汉武大弘元股份有限公司，成都景田生物药业有限公司，武汉汉龙氨基酸有限责任公司，冀州市华阳化工有限责任公司，北京健力药业有限公司，潍坊三希化工有限公司，湖北新生源生物工程股份有限公司，上海康达氨基酸厂，无锡晶海氨基酸有限公司，四川绵竹新华化工有限责任公司，成都肽田生化有限公司。

Ka002 L-半胱氨酸盐酸盐(一水合物)

【英文名】 L-cysteine hydrochloride monohydrate

【别名】 盐酸半胱氨酸（一水合物）；L-2-氨基-3-巯基丙酸盐酸盐（水合物）；L-β-巯基丙氨酸盐酸盐（水合物）；L-β-mercapto-alanine hydrochloride monohydrate；L-(+)-α-amino-β-thiopropionic acid hydrochloride monohydrates；cysteine hydrochloride

【CAS登记号】 [7048-04-6]

【分子式】 $C_3H_7NO_2S \cdot HCl \cdot H_2O$

【物化性质】 为白色或无色结晶，具异臭味酸。熔点175～180℃。易溶于水，在乙醇中极微溶解。3%水溶液pH值1.2。溶于氨水和乙酸，不溶于多数有机溶剂。有还原性，可防止非酶褐变和抗氧化作用。半胱氨酸对酸稳定，而在中性及碱性溶液中易被空气氧化为胱氨酸，微量铁及重金属可促进其氧化。其盐酸盐较稳定，故一般都制成盐酸盐。

【质量标准】 中国药典2010年版

项目		指标
$C_3H_7NO_2S \cdot HCl$ 含量(干燥品)/%	≥	98.5
比旋度[80mg/mL HCl (0.1mol·L⁻¹)]		+5.5°～+7.0°
透光率(430nm波长处)/%	≥	98.0
酸度pH		1.5～2.0
含氯量/%		19.8～20.8
硫酸盐/%	≤	0.02
其他氨基酸/%	≤	0.5
干燥失重(室温减压干燥24h)/%		8.0～12.0
炽灼残渣/%	≤	0.1
铁盐/%	≤	0.001
重金属/$\times 10^{-6}$	≤	10
砷盐/%	≤	0.0001
热原		符合规定

【用途】 L-半胱氨酸为含硫氨基酸，属

“非必需”氨基酸。在生物体内，由蛋氨酸的硫原子与丝氨酸的羟基氧原子相置换后经由胱硫醚而合成。从L-半胱氨酸出发可生成谷胱甘肽。它参与细胞的还原过程和肝脏内的磷脂代谢，能保护肝细胞不受损害，促使肝脏功能旺盛。同时能刺激造血机能，增加白细胞和促进皮肤损伤的恢复。用于治疗放射性药物中毒、重金属中毒、中毒性肝炎、血清病等，并能预防肝坏死症。用于化妆品的烫发精，防晒霜，生发香水，养发精中。作为食品添加剂，用于面包中促进谷蛋白形成及促进发酵、出模，防止氧化。用于天然果汁，防止维生素C氧化及色变。

【制法】 (1) 提取、电解法。由人发（或猪毛）水解，提纯，精制后，电解还原，再经过滤、浓缩、析晶、干燥，可得成品。

(2) 酶法。以α-氯丙烯酸甲酯、硫脲为原料，首先制得DL-2-氨基噻唑啉-4-羧酸，再于酶的作用下水解制得L-半胱氨酸，在盐酸作用下制得成品。

【安全性】 遮光、密闭，在阴凉干燥处保存。

【参考生产企业】 成都诚诺新技术有限公司，苏州泛华化工有限公司，武汉合中化工制造公司，宁波市科诚生物技术有限公司，宁波市科瑞生物工程有限公司，宁波海硕生物科技有限公司，成都景田生物药业有限公司，武汉汉龙氨基酸有限责任公司，苏州苏瑞医药化工公司，冀州市华阳化工有限责任公司，北京健力药业有限公司，河北利得生化有限责任公司，武汉麦可贝斯生物科技有限公司，杭州仁信化工科技有限公司，潍坊三希化工有限公司，张家港曙光生物化学制品厂，宁波弘诺医药科技有限公司，成都肽田生化有限公司，武汉武大弘元股份有限公司。

Ka003 乙酰半胱氨酸

【英文名】 acetylcysteine

【别名】 *N*-乙酰基-L-半胱氨酸；痰易净；易咳净；*N*-acetyl-L-cysteine；L-α-acetamido-β-mercaptopropionic acid；*N*-acetyl-3-mercaptoalanine

【CAS登记号】 [616-91-1]

【结构式】

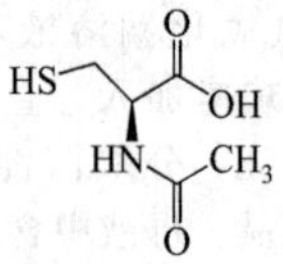

【物化性质】 为白色结晶性粉末；有类似蒜的臭气，味酸；有引湿性。在水中或乙醇中易溶。熔点101～107℃。乙酰半胱氨酸是半胱氨酸的*N*-乙酰化物，分子内所含巯基（—SH）能使黏痰中连接黏蛋白肽链的二硫键（—S—S—）断裂，黏蛋白变成小分子的肽链，降低痰的黏滞性。它还能使脓性痰中的DNA纤维断裂，故不仅能溶解白色黏痰而且能溶解脓性痰。

【质量标准】 中国药典2010年版

项目	指标
$C_5H_9NO_3S$含量（干燥品）/%	98.0～102.0
熔点/℃	104～110
比旋度	+21.0°～+27.0°
酸度(pH值)	1.5～2.5
澄清度	澄清
干燥失重(70℃,减压干燥,3h)/% ≤	1.0
炽灼残渣/% ≤	0.1
重金属/×10^6 ≤	10
热原	符合规定

【制法】 以盐酸半胱氨酸为原料制得。

【用途】 黏痰溶解药。适用于大量黏痰阻塞引起的呼吸困难，还可用于乙酰氨基酚中毒的解毒。

【安全性】 大鼠经口LD_{50}为5050mg/kg。有特殊臭味，引起恶心及呕吐。对呼吸道有刺激作用，可引起支气管痉挛，在溶液中加入异丙肾上腺素可对抗，滴入时需用吸痰器排痰。不宜与金属特别是铁、铜及橡胶和氧化剂接触。支气管哮喘患者慎用。不宜与青霉素、头孢菌素和四环素等并用，因能降低抗生素的抗菌作用。适于密封、在凉暗处保存。

【参考生产企业】 浙江金华康恩贝生物制药有限公司，武汉康宝泰化工有限公司，湖北兴恒康化工科技有限公司，武汉武大弘元药业公司，上海生物化学制药厂，上海君创生物公司，湖北新生源生物工程公司，海南金晓制药有限公司、武汉诺辉医药化工有限公司。

Ka004 盐酸半胱氨酸甲酯

【英文名】 methylcysteine hydrochloride

【别名】 L-cysteine methyl ester hydrochloride; methyl cysteine hydrochloride; methyl *β*-mercaptoalanine hydrochloride; methyl *α*-amino-*β*-mercaptopropionate hydrochloride

【CAS 登记号】 [18598-63-5]

【结构式】 $HSCH_2CH(NH_2)COOCH_3 \cdot HCl$

【物化性质】 为白色结晶或结晶性粉末。在水中极易溶，甲醇中易溶，乙醚中几乎不溶。熔点 140～141℃。比旋光度 $[\alpha]_D^{20}$ −2.9，有类似蒜的臭气，味酸，有引湿性。可溶解黏痰，有黏膜保护和修复作用。

【质量标准】 吉林省药品标准

项　目		指　标
$C_4H_9NO_2S \cdot HCl$ 含量/%	≥	98.0
酸度(pH)		2.8～3.8
硫酸盐/%	≤	0.05
干燥失重/%	≤	0.5
炽灼残渣/%	≤	0.1
重金属/$\times 10^{-6}$	≤	20

【用途】 黏痰溶解液。用于因痰液黏稠而引起的呼吸困难。

【安全性】 有恶心、呕吐、食欲不振、眩晕、水肿、大便溏薄、肝功能减退和支气管痉挛。心脏病、肝病患者忌用。阴凉干燥处保存。

【参考生产企业】 武汉武大弘元药业公司，长春大政集团制药公司，宁波镇海氨基酸厂。

Ka005 羧甲司坦

【英文名】 carbocysteine

【别名】 *S*-羧甲(基)半胱氨酸；强利灵；强利痰灵；*S*-(carboxymethyl)-L-cysteine; 3-[(carboxymethyl) thio]alanine; *S*-carboxymethylcysteine

【CAS 登记号】 [638-23-3]

【结构式】

$$HOOCCH_2SCH_2CH(NH_2)COOH$$

【物化性质】 为白色结晶性粉末，无臭。熔点 205～207℃。在热水中略溶，室温水中极微溶解，在乙醇或丙酮中不溶，在酸或碱溶液中易溶。羧甲司坦为黏液调节剂，主要在细胞水平影响支气管腺体的分泌，使低黏度的唾液黏蛋白分泌增加，而高黏度的岩藻黏蛋白产生减少，因而使痰液的黏滞性降低，易于咯出。

【质量标准】 中国药典 2010 年版

项　目		指　标
$C_5H_9NO_4S$ 含量(按干燥品)/%	≥	98.5
比旋度		−32.5°～−36.0°
酸度(pH)(1%混悬液)		2.8～3.0
溶液的澄清度(430nm 波长处透光率)/%	≥	95.0
半胱氨酸/%	≤	0.05
氯化物/%	≤	0.15
其他氨基酸/%	≤	0.5
干燥失重(105℃,3h)/%	≤	0.5
炽灼残渣/%	≤	0.2
铁盐/%	≤	0.001
重金属/$\times 10^{-6}$	≤	20

【用途】 黏痰溶解药。

【制法】 以 L-半胱氨酸盐酸盐与氯乙酸缩合制得。

【安全性】 偶有轻度头晕、恶心、胃部不适、肠泻、胃肠道出血、皮疹等不良反应。有消化道溃疡病史者慎用。密闭，置干燥阴凉处保存。

【参考生产企业】 武汉武大弘元药业公司，上海安波化工公司，宁波镇海海德氨基酸公司，南京博日国际工贸公司，广东光华化学厂有限公司，四川三高生化股份公司。

Ka006 甘氨酸

【英文名】 glycine

【别名】 氨基乙酸；氨基醋酸；glycocoll；gly；aminoacetic acid；aminoethanoic acid

【CAS 登记号】 ［56-40-6］

【结构式】

$$H_2NCH_2\overset{\overset{O}{\|}}{C}OH$$

【物化性质】 白色单斜晶系或六方晶系晶体，或白色结晶粉末。无臭，有特殊甜味。与盐酸反应生成盐酸盐。分解温度 292℃。密度 1.1607g/cm^3。等电点 pH 5.97。酸度系数 $pK_{\alpha\text{-COOH}}$ 2.34、$pK_{\alpha\text{-NH}_3^+}$ 9.60。易溶于水，25℃时为 25g/100mL；50℃时为 39.1g/100mL；75℃ 时 为 54.4g/100mL；100℃时为 67.2g/100mL。极难溶于乙醇，在 100g 无水乙醇中约溶解 0.06g。几乎不溶于丙酮和乙醚。

【质量标准】

(1) HG/T 2029—2004（工业级）甘氨酸

项 目		优等品	一等品	合格品
氨基乙酸(以干基计)/%	≥	98.5	98.0	97.5
氯化物(以 Cl 计)/%	≤	0.40	0.50	0.60

续表

项 目		优等品	一等品	合格品
干燥减量/%	≤	0.30		0.50
铁(Fe)/%	≤	0.003		0.005
灼烧残渣/%	≤	0.10	—	
pH 值(50g/L 水溶液)		5.5～7.0	—	
澄清度试验		澄明	—	

(2) GB 25542—2010 食品添加剂 甘氨酸（氨基乙酸）

项 目		指 标
色泽及组织状态		白色结晶性颗粒或结晶性粉末
氨基乙酸(以干基计)/%	≥	98.5～101.5
氯化物(以 Cl 计)/%	≤	0.010
砷(As)/(mg/kg)	≤	1
重金属含量(以 Pb 计)/(mg/kg)	≤	10
干燥减量/%	≤	0.20
灼烧残渣/%	≤	0.10
澄清度试验		通过试验
pH 值(50g/L 水溶液)		5.5～7.0

(3) 原料药（中国药典 2010 年版）

项 目		指 标
$C_2H_5NO_2$ 含量(以干品计)/%	≥	99.0
酸度(pH)(1.0g/20mL H_2O)		5.6～6.6
溶液透光率(1.0g/20mL H_2O,430mm)	≥	98.0
氯化物/%	≤	0.007
硫酸盐/%	≤	0.006
铵盐/%	≤	0.02
其他氨基酸/%	≤	0.5(且不得超过 1 个)
干燥失重(105℃,3h)/%	≤	0.2
炽灼残渣/%	≤	0.1
铁盐/%	≤	0.001
砷盐/%	≤	0.0001
细菌内毒素/(EU/g)(供注射用)		20
重金属/$\times 10^{-6}$	≤	10

【用途】 可单独用或与谷氨酸钠等配合用作调味剂，也用于合成酒、酿造制品。在医药方面，可用作氨基酸制剂、金霉素的缓冲剂和作为抗帕金森氏病药物L-多巴的合成原料。还可作奶油、人造奶油和干酪的添加剂，以延长其保质期。在有机合成和生物化学中用作生化试剂和溶剂。

【制法】 (1) 氯乙酸氨化法。先将乌洛托品全部投入反应釜内，然后加入氨水，经冷却、搅拌，使乌洛托品充分溶解后，再滴加氯乙酸，在30～50℃下进行反应，在72～78℃下保温3h后，出料，用95%乙醇或甲醇进行醇析，静置10h，回收乙醇后，粗结晶物料经离心机甩干，再用乙醇精制、干燥，即得甘氨酸成品。

(2) Strecker 法。用甲醛与氰化钠（或氰化钾）和氯化铵反应，同时加入冰醋酸，有亚甲基氨基乙腈的结晶析出。将产物经过滤，在硫酸存在下加入乙醇进行分解，得到氨基乙腈硫酸盐。然后加入氢氧化钡分解得到甘氨酸的钡盐。最后加入一定量的硫酸使钡定量沉淀并滤掉。将滤液浓缩、放置冷却，析出甘氨酸结晶。

(3) 以明胶为原料，经水解、精制过滤、干燥而得。

【安全性】 无毒，无腐蚀性。采用塑料袋，外套丙纶编织袋、麻袋或圆木桶包装，每袋25kg。贮于阴凉通风干燥处。按一般化学品规定贮运。

【参考生产企业】 天津天成制药有限公司，石家庄市石兴氨基酸有限公司，上海泰禾（集团）有限公司，武汉阿米诺科技有限公司，河北东华化工集团，河北智通化工有限责任公司，江西电化精细化工有限责任公司，石家庄市海天精细化工有限公司，武汉汉龙氨基酸有限责任公司，南通市东昌化工有限公司，许昌东方化工有限公司，濮阳中原三力实业有限公司，宁波海德氨基酸工业有限公司，江西电化有限责任公司余江化工总厂。

Ka007 L-丝氨酸

【英文名】 L-serine

【别名】 L-2-氨基-3-羟基丙酸；L-蚕丝氨基酸；L-*β*-羟基丙氨酸；L-2-aminohydroxypropionic acid；L-*β*-hydroxyalanine

【CAS 登记号】 [56-45-1]

【结构式】

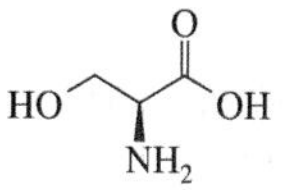

【物化性质】 白色结晶或结晶性粉末。无臭，味甜。分解温度228℃。升华温度(0.013Pa) 150℃。比旋光度（$[\alpha]_D^{20}$）$-6.83°$（$c=10.41$）。等电点pH 5.68。酸度系数 $pK_{\alpha\text{-COOH}}$ 2.21，$pK_{\alpha\text{-NH}_3^+}$ 9.15。易溶于水中，25℃时在水中的溶解度为5%。几乎不溶于乙醇、丙酮或乙醚。

【质量标准】 中国药典2010年版

项　目		指　标
$C_3H_7NO_3$ 含量/%(干燥品计)	≥	98.5
比旋光度(0.1g/mL HCl)		+14.0°～+15.6°
酸度(pH)(0.3g/30mLH_2O)		5.5～6.5
溶液透光率(1.0g/20mLH_2O,430nm)%	≥	98.0
氯化物/%	≤	0.02
铵盐/%	≤	0.02
硫酸盐/%	≤	0.02
其他氨基酸/%	≤	0.5
干燥失重(105℃,3h)/%	≤	0.2
炽灼残渣/%	≤	0.1
铁盐/%	≤	0.001
重金属/$\times10^{-6}$	≤	10
砷盐/%	≤	0.0001
细菌内毒素/(EU/g)(供注射用)	<	12

【用途】 氨基酸类药。主要用于氨基酸输液，因有特殊润湿性，也用于雪花膏、化

妆品中。丝氨酸属非必需氨基酸，是一种生糖氨基酸。在体内可由D-甘油酸作前体合成。苏氨酸、甘氨酸可转化为丝氨酸，丝氨酸亦可转化为甘氨酸。在体内丝氨酸参与-SH基及-OH基的变换和嘌呤嘧啶和卟啉的生物合成，能转变为胆碱，成磷脂成分。有特殊润湿性。在丝胶蛋白质中含量丰富，蚕茧茧衣中含量为13.64%。

【制法】 (1) 酶法。利用丝氨酸羟甲基转移酶催化甲醛和甘氨酸合成L-丝氨酸。

(2) 化学合成法。以羟基乙醛或乙烯基化合物为原料制得。

(3) 水解法。将茧衣经水解、脱酸脱色制得的洗脱液进行分级分离，再经浓缩结晶制得。

(4) 前体发酵法。添加的前提主要有甘氨酸等，经发酵制得。

【安全性】 遮光，密闭保存。

【参考生产企业】 湖北鄂州市黄冈地区丝绸厂，天津津北生物化学制药厂，四川南充制药厂，安徽省宿州市天神生物工程有限责任公司，石家庄海天精细化工有限公司，上海惠兴生化试剂有限公司，张家港市思普生化有限公司。

Ka008 L-亮氨酸

【英文名】 L-leucine

【别名】 L-2-氨基-4-甲基戊酸；L-白氨酸；L-α-氨基异丁基醋酸；L-α-氨基异己酸；leu；L-2-amino-4-methylvaleric acid；L-2-aminoisobutylacetic acid

【CAS登记号】 [61-90-5]

【结构式】

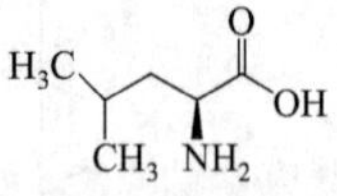

【物化性质】 白色结晶或结晶性粉末。无臭，味微苦。分解温度337℃。升华温度145～148℃。比旋光度（$[\alpha]_D^{25}$）$-10.8°$（$c=2.2$）。等电点pH5.98。酸度系数（pK_a）$pK_{\alpha\text{-COOH}}$ 2.36，$pK_{\alpha\text{-NH}_3^+}$ 9.60。25℃时在水中溶解度为2.3%，在甲酸中易溶，在乙醇或乙醚中极微溶解。

【质量标准】 中国药典2010年版 L-亮氨酸

项目		指标
$C_6H_{13}NO_2$ 含量(以干燥品计)/%	≥	98.5
比旋光度(40mg/mLHCl)		+14.9°～+15.6°
酸度(pH)(0.5g/50mLH_2O)		5.5～6.5
溶液透光率(0.5g/50mL H_2O,430nm)/%	≥	98.0
氯化物/%	≤	0.02
铵盐/%	≤	0.02
硫酸盐/%	≤	0.02
其他氨基酸/%	≤	0.5
干燥失重(105℃,3h)/%	≤	0.2
炽灼残渣/%	≤	0.1
铁盐/%	≤	0.001
重金属/$\times10^{-6}$	≤	10
砷盐/%	≤	0.0001
细菌内毒素/(EU/g)(供注射用)	<	25

【用途】 L-亮氨酸是支链氨基酸，属必需氨基酸。它的主要代谢场所在肌肉组织。转氨后生成α-酮异乙酸，又生成3-羟-3-甲基戊二酰CoA，再分裂为乙酰CoA，最终生成乙酰乙酸。因此，它是生酮氨基酸。具有促进胰岛素分泌的作用。幼儿缺乏L-亮氨酸会引起特发性高血糖症。但过多又会干扰烟酸、色氨酸代谢，引起糙皮症。天然品存在于脾脏、心脏等中，并以蛋白质形式广泛存在于各种动植物组织中，腐败分解后可游离出来。

【制法】 (1) 提取法。将干酪素、角蛋白等用盐酸或稀硫酸水解，水解液经碱中和沉淀出亮氨酸、L-异亮氨酸及L-蛋氨酸的混合物，用铜盐法精制，用β-萘磺酸使L-亮氨酸沉淀即可。

（2）发酵法。葡萄糖经发酵制得。

（3）酶法。以 α-氧代已酸、甲酸铵等为前体物，经生物反应器制得。

【安全性】 人中毒量 14～20g/d，成人经口 10g 无副作用，14～20g 无明显毒性，一次静脉注射 30g 也可耐受。糖尿病、脑血管硬化及伴有蛋白尿及血尿的肾脏病患者忌用。胃及十二指肠溃疡患者不宜口服。遮光，密闭保存。

【参考生产企业】 新疆阜丰集团有限公司，成都凯泰新技术有限责任公司，宁波市科诚生物技术有限公司，石家庄维诺伟业生物制品有限公司，武汉武大弘元股份有限公司，成都诚诺新技术有限公司，四川峨眉山荣高生化制品有限公司，宁波市科瑞生物工程有限公司，上海瀚鸿化工科技有限公司，武汉汉龙氨基酸有限责任公司，冀州市华阳化工有限责任公司，宁波弘诺医药科技有限公司，成都肽田生化有限公司，广东光华化学厂有限公司，武汉阿米诺科技有限公司，宁波市镇海海德氨基酸有限公司，四川同晟氨基酸有限公司，河北利得生化有限责任公司，张家港曙光生物化学制品厂，湖北新生源生物工程股份有限公司，武汉麦可贝斯生物科技有限公司，南宁市安力泰药业有限责任公司。

Ka009 L-异亮氨酸

【英文名】 L-isoleucine

【别名】 L-2-氨基-3-甲基戊酸；L-异闪白氨基酸；L-异白氨酸；L-α-氨基-β-甲基戊酸；ile；L-α-amino-β-methylvaleric acid；L-2-amino-3-methyl pentanoic acid；L-2-amino-3-methylvaleric acid

【CAS 登记号】 ［73-32-5］

【结构式】

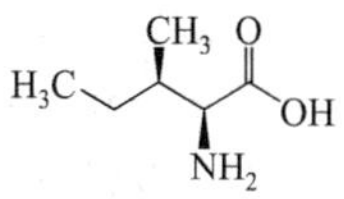

【物化性质】 白色结晶或结晶性粉末；无臭；味微苦。分解温度 284℃（分解）。升华温度 168～170℃。比旋光度 $[\alpha]_D^{20}$ +40.61°（c=4.6，6.1mol/L HCl 中），+11.09°（c=3.3，0.33mol/L NaOH 中）。等电点 pH 6.02。酸度系数（pK_a）$pK_{\alpha\text{-COOH}}$ 2.36，$pK_{\alpha\text{-NH}_3^+}$ 9.68。在水中微溶，25℃时在水中溶解度为 4.12%。在乙醇和乙醚中几乎不溶。

【质量标准】 中国药典 2010 年版 L-异亮氨酸

项目	指标
$C_6H_{13}NO_2$ 含量(干燥品计)/% ≥	98.5
比旋度(40mg/mL HCl)	+38.9°～+41.8
酸度(pH)(0.5g/50mL H_2O)	5.5～5.6
溶液透光率(0.5g/20mL H_2O,430nm)/% ≥	98.0
氯化物/%	0.02
铵盐/%	0.02
硫酸盐/% ≤	0.02
其他氨基酸/% ≤	0.5
干燥失重(105℃,3h)/% ≤	0.2
炽灼残渣/% ≤	0.1
铁盐/% ≤	0.001
重金属/×10^{-6} ≤	10
砷盐/% ≤	0.0001
细菌内毒素/(EU/g)(供注射用) <	20

【用途】 它属于必需氨基酸，是三个支链氨基酸之一，氧化分解可释放较多能量，每摩尔异亮氨酸可产生 43molATP。其代谢场所主要在肌肉，是生糖兼生酮氨基酸，代谢过程既释出乙酰 CoA，又生成琥珀酸。它有促进胰岛素分泌的作用。缺乏 L-异亮氨酸会引起骨骼肌障碍。它与另两种支链氨基酸相互之间有竞争性抑制作用8 用作氨基酸类药。为营养增补剂，与其他碳水化合物、无机盐和维生素混合后供注射用。与其他氨基酸配伍共用于氨

基酸输液和制剂。

【制法】 发酵法。以糖、氨、D-苏氨酸为原料，经黏质赛氏杆菌发酵制得。或以糖、氨、α-氨基丁酸为原料，用黄色小球菌或枯草杆菌发酵制得。

【安全性】 充氨基酸时，异亮氨酸与其他氯基酸保持适当比例，若异亮氨酸用量过大，反而产生营养对抗作用，引起其他氨基酸消耗及负氮平衡。遮光，密闭保存。

【参考生产企业】 新疆阜丰集团有限公司，成都景田生物药业有限公司，宁波勤益化工有限公司，宁波市科瑞生物工程有限公司，无锡益诚化学有限公司，武汉阿米诺科技有限公司，宁波市镇海海德氨基酸有限公司，成都诚诺新技术有限公司，成都肽田生化有限公司，石家庄维诺伟业生物制品有限公司，武汉武大弘元股份有限公司，上海瀚鸿化工科技有限公司，武汉汉龙氨基酸有限责任公司，冀州市华阳化工有限责任公司，广东光华化学厂有限公司，协和发酵，南宁市安力泰药业有限责任公司，上海瑞芳德化工有限公司，成都融纳斯化工有限公司。

Ka010 L-谷氨酸

【英文名】 L-glutamic acid

【别名】 L-麸氨酸；L-2-氨基戊二酸；L-(＋)-glutamic acid；glu；L-2-aminopentanedioic acid

【CAS 登记号】 [56-86-0]

【结构式】

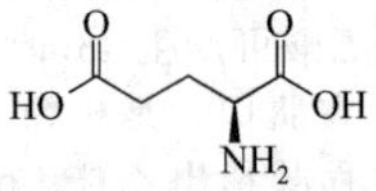

【物化性质】 白色结晶或结晶性粉末。味微酸。升华温度 200℃。分解温度 247～249℃。密度 1.538g/cm³。比旋光度 ($[\alpha]_D^{22.4}$) ＋31.4° (6mol/L HCl)。等电点 pH 3.24。酸度系数 (pK_a) $pK_{\alpha\text{-COOH}}$ 2.16，$pK_{\alpha\text{-NH}_3^+}$ 9.67，$pK_{侧链}$ 4.32。溶于热水，在室温水中微溶，25℃的溶解度为 0.84%。不溶于乙醇、丙酮、乙醚。

【质量标准】

(1) JIS K9047—1992 L-谷氨酸

项 目		指 标
旋光度($[\alpha]_D^{20}$)		+31.5°～+32.2°
在盐酸中的溶解度检验		合格
干燥失重/%	≤	0.3
灼烧残渣(硫酸盐)/%	≤	0.05
氯化物(以 Cl 计)/%	≤	0.02
硫酸盐(以 SO_4 计)/%	≤	0.03
重金属(以 Pb 计)/%	≤	0.003
铁(Fe)含量/%	≤	0.003
铵盐(以 NH_4 计)/%	≤	0.02
其他氨基酸检验		合格
砷(以 As 计)/%	≤	0.0001
含氮量(以 N 计)/%		9.4～9.6

(2) 原料药（中国药典 2010 年版）

项 目		指 标
$C_5H_9NO_4$ 含量(以干燥品计)/%	≥	98.5
比旋光度(70mg/mL HCl)		+31.5°～+32.5°
溶液透光率 T(1.0g/20mL HCl,430nm)%	≥	98.0
氯化物/%	≤	0.02
铵盐/%	≤	0.02
硫酸盐/%	≤	0.02
其他氨基酸	≤	0.5
干燥失重(105℃干至恒重)/%	≤	0.5
炽灼残渣/%	≤	0.1
铁盐/%	≤	0.0005
重金属/×10^{-6}	≤	10
砷盐/%	≤	0.0001
热原		符合规定

【用途】 属非必需氨基酸，在人体内可由 α-酮戊二酸产生。它是体内代谢的基本氨基酸之一。在谷氨酰胺合成酶催化下，能与氨反应生成谷氨酰胺由尿排出，起到解除氨毒作用。它还参与脑内蛋白质和糖代谢，促进氧化过程，改善中枢神经系统的

功能。在体内能转化为丙酮或葡萄糖，因而升高血糖，减少糖原异生，从而减少脂肪分解，减少酮体。

【制法】（1）发酵法。以薯类、玉米、木薯等的淀粉水解糖或糖蜜为原料，经发酵制得。

（2）化学合成法。丙烯腈与氢和一氧化碳在高温，高压和催化剂的作用下得到β-氰基丙醛。β-氰基丙醛与氰化钾和氯化铵进行斯脱拉克（Straker）反应生成氨基腈。将氨基腈用氢氧化钠水解，得谷氨酸二钠，然后用硫酸中和得DL-谷氨酸，再经光学拆分制得L-谷氨酸。

【安全性】人中毒量为3.0g/d。肾功能不全者慎用。遮光，密闭保存。

【参考生产企业】武汉阿米诺科技有限公司，宁波市镇海海德氨基酸有限公司，四川同晟氨基酸有限公司，安徽丰原集团，四川峨眉山荣高生化制品有限公司，成都诚诺新技术有限公司，成都凯泰新技术有限责任公司，四川峨眉山荣高生化制品有限公司，广州捷倍思生物科技有限公司，成都景田生物药业有限公司，上海瀚鸿化工科技有限公司，武汉汉龙氨基酸有限责任公司，冀州市华阳化工有限责任公司，北京健力药业有限公司，北京三盛腾达科技有限公司，成都肽田生化有限公司，石家庄维诺伟业生物制品有限公司，武汉市合中化工制造有限公司，武汉武大弘元股份有限公司，江苏华昌（集团）有限公司。

Ka011 L-谷氨酸钠

【英文名】sodium L-glutamate

【别名】L-麸氨酸钠；L-氨基戊二酸钠

【CAS登记号】[6106-04-3]

【结构式】$HOOCCH_2CH_2CH(NH_2)COONa$

【物化性质】白色结晶式结晶性粉末。味鲜美。熔点195℃。比旋光度（$[\alpha]_D^{25}$）+24.2°～+25.5°（8%，1mol/L盐酸中）。易溶于水，微溶于乙醇。

【质量标准】（1）GB/T 8967—2007 谷氨酸钠（味精）

项目	指标
感官要求	无色至白色结晶状颗粒或粉末，具有特殊鲜味，无异味，无肉眼可见杂质
谷氨酸钠/% ≥	99.0
透光率/% ≥	98
比旋光度($[\alpha]_D^{20}$)	+24.9°～+25.3°
氯化物(以Cl^-计)/% ≤	0.1
pH	6.7～7.5
干燥失重/% ≤	0.5
铁(mg/kg) ≤	5
硫酸盐(以SO_4^{2-}计)/% ≤	0.05

加盐味精

项目	指标
感官要求	无色至白色结晶状颗粒或粉末，具有特殊鲜味，无异味，无肉眼可见杂质
谷氨酸钠/% ≥	80.0
透光率/% ≥	89
食用盐(以NaCl计)/% <	20
干燥失重/% ≤	1.0
铁(mg/kg) ≤	10
硫酸盐(以SO_4^{2-}计)/% ≤	0.5

注：加盐味精需用99%的味精加盐。

增鲜味精

项目	添加5'-鸟甘酸二钠(GMP)	添加呈味核苷酸二钠	添加5'-肌甘酸二钠(IMP)
谷氨酸钠/% ≥	97.0		
呈味核苷酸二钠/% ≥	1.08	1.5	2.5
透光率/% ≥	98		
干燥失重/% ≤	0.5		

续表

项目	添加5′-鸟甘酸二钠(GMP)	添加呈味核苷酸二钠	添加5′-肌甘酸二钠(IMP)
铁(mg/kg) ≤		5	
硫酸盐(以SO_4^{2-}计)/% ≤		0.05	

注：增鲜味精需用99%的味精加盐。

（2）原料药（中国药典2010年版）

项目	指标
$C_5H_8NNaO_4\cdot H_2O$含量/%（干燥品计）	99.0～100.5
比旋光度(0.1g/1mL HCl)	+24.8°～+25.3°
酸碱度pH值	6.7～7.2
溶液透光率(1g/10mL，430nm)/% ≥	98.0
氯化物/% ≤	0.05
铵盐/% ≤	0.02
硫酸盐/% ≤	0.03
其他氨基酸/% ≤	0.5
干燥失重(97～99℃,5h)/% ≤	0.1
铁盐/% ≤	0.001
重金属/$\times10^{-6}$ ≤	10
砷盐/% ≤	0.0001
细菌内毒素/(EU/g)（供注射用） <	25

【用途】 生活中常用的调味料味精的主要成分就是谷氨酸钠，可用作氨基酸类药物。

【制法】 主要以大米、淀粉或糖蜜为原料，经糖化、发酵、提取和精制等工序制得。

【安全性】 遮光，密闭保存。

【参考生产企业】 青岛爱科罗食品有限公司，宁波市科瑞生物工程有限公司，长沙华佳化工科技有限公司，广东光华化学厂有限公司，成都融纳斯化工有限公司。

Ka012 L-谷氨酰胺

【英文名】 L-glutamine

【别名】 L-麸氨酰胺；L-氨羰基丁氨酸；L-谷氨酸酰胺；L-2-氨基戊二酸酰胺；gln；L-2-aminoglutaramic acid；L-glutamic acid-5-amide

【CAS登记号】 [56-85-9]

【结构式】

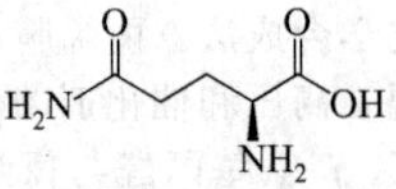

【物化性质】 白色结晶或结晶性粉末，无臭、无味。对酸、碱、热水不稳定，水解成L-谷氨酸。熔点185℃（分解）。等电点pI 5.65。比旋光度（$[\alpha]_D^{23}$）+6.1°（c=3.6）。酸度系数（pK_a）p$K_{\alpha\text{-COOH}}$ 2.17，p$K_{\alpha\text{-NH}_3^+}$ 9.13。溶于水，25℃时水中的溶解度为3.6%。难溶于乙醇，不溶于甲醇、醚、苯、丙酮、氯仿、乙酸乙酯和冰乙酸。

【用途】 参与消化道黏膜黏蛋白构成成分氨基葡萄糖的生物合成，从而促进黏膜上皮组织的修复，有助于溃疡病灶的消除。同时，它能通过血脑屏障促进脑代谢，提高脑机能，与谷氨酸一样是脑代谢的重要营养剂。

【制法】 （1）化学合成法。谷氨酸在浓硫酸存在下与甲醇酯化，得到的酯化液滴加入甲醇和二硫化碳的混合液中，滴加同时通入氨。酯化液滴加完后，继续通氨，然后加入三乙胺，在30℃密闭放置40h。经减压浓缩赶氨后，得γ-甲酯-L-谷氨酸-N-氨荒酸二铵盐浓缩液。将其加热至40～45℃，加入乙酸。搅拌30min后，减压除去二硫化碳，此时析了大量结晶。然后加入甲醇，于0℃放置12h，过滤，得谷氨酰胺粗品。经活性炭脱色、重结晶制得。

（2）发酵法。将葡萄糖或乙酸、乙醇作为培养基碳源，用黄色短杆菌菌种发酵制得。

【安全性】 密闭，避光保存。

【参考生产企业】 成都诚诺新技术有限公司，成都凯泰新技术有限责任公司，杭州达康化工有限公司，石家庄维诺伟业生物制品有限公司，武汉武大弘元股份有限公司，浙江海森药业有限公司，上海宜博生物医药科技有限公司，广州捷倍思生物科技有限公司，成都景田生物药业有限公司，上海瀚鸿化工科技有限公司，武汉阿米诺科技有限公司，宁波市镇海海德氨基酸有限公司，山东保龄宝生物技术股份公司，香港亨利实业有限公司，冀州市华阳化工有限责任公司，广东光华化学厂有限公司，上海西宝生物科技有限公司，宁波弘诺医药科技有限公司，北京三盛腾达科技有限公司，成都肽田生化有限公司，南京同和化工有限公司，天津天成制药有限公司，江阴信诚化工有限公司，杭州维康科技有限公司。

Ka013 L-盐酸赖氨酸

【英文名】 L-lysine hydrochloride

【别名】 L-2,6-二氨基己酸盐酸盐；L-赖氨酸盐酸盐；L-己氨酸盐酸盐；L-松氨酸盐酸盐；1-α,ε-diaminocaproic acid monohydrochloride

【CAS登记号】 [657-27-2]

【结构式】

$$NH_2CH_2CH_2CH_2CH_2\underset{}{C}H(NH_2)COOH \cdot HCl$$

【物化性质】 白色结晶或结晶性粉末。无臭。苦甜。吸湿性强。通常较稳定，高湿度下易结块，稍着色。酸性条件下稳定，碱性条件下遇还原糖易分解，与维生素C或维生素K_3共存时易着色。熔点263～264℃（分解）。易溶于水，水溶液呈中性至微酸性。20℃时1g该品可溶于2.5mL水、10mL甘油或1000mL丙二醇。

【质量标准】

（1）GB 10794—2009 食品添加剂 L-赖氨酸盐酸盐

项 目		指 标
外观		白色结晶或结晶粉末，无臭，无肉眼可见杂质
比旋光度$[\alpha]_D^{20}$		+20.3°～+21.5°
含量(以干物质计)/%	≥	98.5～101.5
透光率/%	≥	95.0
干燥失重/%	≤	1.0
pH		5.0～6.0
灰分/%	≤	0.2
重金属(以Pb计)/(mg/kg)	≤	5
砷(以As计)/(mg/kg)	≤	1
铵盐/%		0.02

（2）NY/T 39-1987 饲料级L-赖氨酸盐酸盐

项 目		指 标
外观		白色或淡褐色粉末，无味或微有特殊气味
含量(以$C_6H_{14}N_2O_2 \cdot HCl$计)/%	≥	98.5
比旋光度$[\alpha]_D^{20}$		+18.0°～+21.5°
干燥失重/%	≤	1.0
灼烧残渣/%	≤	0.3
pH(水溶液1+10)		5.0～6.0
铵盐(以NH_4^+)/%		0.04
重金属(以Pb计)/%	≤	0.003
砷(以As计)/%	≤	0.0002

【用途】 氨基酸类药。促进儿童生长发育，增进食欲和胃酸分泌。用于儿童营养、病后恢复和妊娠授乳期。营养学将赖氨酸列为“第一缺乏”氨基酸，在维持人体氮平衡的8种必需氨基酸中特别重要。若体内缺乏赖氨酸则引起蛋白质代谢障碍及功能障碍，导致生长障碍。儿童发育期、患病后恢复期和妊娠授乳期，对赖氨酸的营养要求更高。由于赖氨酸易吸潮，常将其制成盐酸盐，1g L-赖氨酸相当于1.25g L-赖氨酸盐酸盐。

【制法】 酸水解法、一步发酵法、二步发酵法以及合成法和酶法组合方法。

【安全性】 遮光，密封保存。

【参考生产企业】 安徽丰原集团，成都凯泰新技术有限责任公司，四川峨眉山荣高生化制品有限公司，武汉阿米诺科技有限公司，宁波市镇海海德氨基酸有限公司，四川同晟氨基酸有限公司，宁波市科瑞生物工程有限公司，吉尔生化（上海）有限公司，成都肽田生化有限公司，石家庄维诺伟业生物制品有限公司，武汉武大弘元股份有限公司，成都景田生物药业有限公司，香港亨利实业有限公司，张家港市华昌药业有限公司，冀州市华阳化工有限责任公司，杭州仁信化工科技有限公司，上海瑞芳德化工有限公司，潍坊三希化工有限公司，张家港曙光生物化学制品厂，广东肇庆星湖生物科技有限公司，杭州星耀医药有限公司。

Ka014 L-精氨酸

【英文名】 L-arginine

【别名】 L-2-氨基-5-胍基戊酸；L-蛋白氨基酸；胍基戊氨酸；阿及宁；L-arg；L-2-amino-5-guanidovaleric acid；L-α-amino-δ-guanido valeric acid；L-guanidine aminovaleric acid；L-α-amino-δ-guanidovaleric acid

【CAS登记号】 [74-79-3]

【结构式】

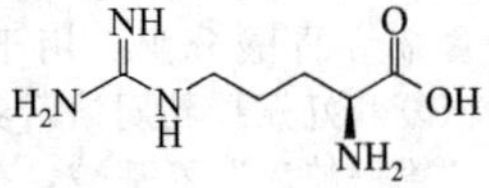

【物化性质】 白色的结晶性粉末。水溶液显碱性反应，能从空气中吸收二氧化碳。分解温度 238℃。比旋光度（$[\alpha]_D^{20}$）+26.9°（c=1.65，6.0mol/L HCl 中），+12.5°（c=3.5，水中），+11.8°（c=0.87，0.5mol/L NaOH 中）。等电点 pH 10.76。酸度系数（pK_a）$pK_{\alpha\text{-COOH}}$ 2.17，$pK_{\alpha\text{-NH}_3^+}$ 9.04，$pK_{侧链}$ 12.84。能溶于水，21℃时在水中的溶解度为 15%。微溶于醇，不溶于醚。

【质量标准】

(1) GB 28306—2012 食品添加剂 L-精氨酸

项目		指标
感官要求		白色结晶或结晶粉末,有特征性气味
L-精氨酸含量(以干物质计)/%	≥	98.5～101.5
比旋光度$[\alpha]_D^{20}$		+26.0°～+27.9°
澄清度与颜色		澄清、无色
pH		10.0～12.0
氯化物(以 Cl^- 计)/%	≤	0.1
总砷(以 As 计)/(mg/kg)	≤	2
干燥失重/%	≤	1.0
灼烧残渣/%	≤	0.2

(2) 原料药（中国药典 2010 年版）

项目		指标
$C_6H_{14}N_4O_2$ 含量(以干燥品计)/%	≥	99.0
比旋光度(80mg/mLHCl)		+26.9°～+27.9°
碱度 pH 值		10.5～12.0
溶液澄清度	≥	98.0
硫酸盐/%	≤	0.02
铵盐/%	≤	0.02
氯化物/%	≤	0.02
其他氨基酸/%	≤	0.4
炽灼残渣/%	≤	0.1
干燥失重(105℃,3h)/%	≤	0.5
铁盐/ %	≤	0.001
砷盐/%	≤	0.0001
蛋白质		通过检验
重金属/$\times10^{-6}$	≤	10
细菌内毒素/(EU/g)(供注射用)	<	10

【用途】 精氨酸是人体半必需氨基酸，即

在人体内合成能力较低，需部分从食物中补充，但是维持婴儿生长发育必不可少的氨基酸。在体内它是鸟氨酸循环的中间代谢产物，可促使尿素的生成和排泄，纠正氨中毒而能解除肝昏迷。精氨酸也是精子蛋白的主要成分，有促进精子生成，提高精子运动能量的作用。广泛存在于猪毛、蹄甲、血粉、明胶、鱼精蛋白、小杂鱼中。

【制法】 (1) 提取法。以明胶为原料，盐酸水解后与苯甲醛缩合得苯亚甲基精氨酸，经盐酸水解、活性炭处理、柱层析精制得。

(2) 发酵法。以糖类为原料经发酵法制得。

【安全性】 对肾功能减退及无尿患者或大剂量使用时，应注意高氯性酸中毒的发生。滴注太快可引起流涎、面部潮红及呕吐等。肾功能不全或无尿者慎用或禁用。爆发型肝功能衰竭者，体内缺乏精氨酸酶，不宜使用。肝功能不良时，鸟氨酸循环中所需的酶活性降低，降血氨作用不明显。遮光，密闭保存。

【参考生产企业】 四川绵竹新华化工有限责任公司，武汉阿米诺科技有限公司，宁波市镇海海德氨基酸有限公司，通州市诚信氨基酸有限公司，四川同晟氨基酸有限公司，山东保龄宝生物技术股份公司，成都诚诺新技术有限公司，成都凯泰新技术有限责任公司，石家庄维诺伟业生物制品有限公司，武汉武大弘元股份有限公司宁波市科诚生物技术有限公司，宁波市科瑞生物工程有限公司，宁波海硕生物科技有限公司，上海瀚鸿化工科技有限公司，武汉汉龙氨基酸有限责任公司，冀州市华阳化工有限责任公司，广东光华化学厂有限公司，协和发酵，武汉麦可贝斯生物科技有限公司，北京偶合科技有限公司，杭州仁信化工科技有限公司，上海求德生物化工有限公司，湖北新生源生物工程股份有限公司，宁波弘诺医药科技有限公司，成都肽田生化有限公司。

Ka015 L-盐酸精氨酸

【英文名】 L-arginine hydrochloride

【别名】 L-2-氨基-5-胍基戊酸盐酸盐；L-蛋白氨基酸盐酸盐；盐酸 L-胍基戊氨酸；L-2-amino-5-guanidovaleric acid hydrochloride; L-guanidine-aminovaleric acid hydrochloride

【CAS 登记号】 [1119-34-2]

【分子式】 $C_6H_{14}N_4O_2 \cdot HCl$

【物化性质】 白色结晶性粉末，无臭，苦涩味。分解温度 235℃。比旋光度 ($[\alpha]_D^{20}$) +12.0° ($c=4$)。易溶于水，水溶液显酸性反应。在乙醇中极微溶解。

【质量标准】 中国药典 2010 年版

项目		指标
$C_6H_{14}N_4O_2 \cdot HCl$ 含量(干燥品计)/%	≥	98.5
比旋光度[80mg/mL HCl]		+21.5°～+23.5°
溶液透光度(1g/10mL H_2O,430nm)/%	≥	98.0
硫酸盐/%	≤	0.02
磷酸盐/%	≤	0.02
铵盐/%	≤	0.02
炽灼残渣/%	≤	0.1
干燥失重(105℃,3h)/%	≤	0.2
铁盐/%	≤	0.001
蛋白质		符合要求
热源		符合规定
其他氨基酸/%	≤	0.2
重金属/$\times 10^{-6}$	≤	10
含氯量(干燥品)/%	≤	16.5～17.1
砷盐/%	≤	0.0001

【用途】 氨基酸类药。由于精氨酸水溶液显强碱性，从空气中吸收二氧化碳，多将其制成盐酸盐。是 L-精氨酸的盐酸盐。精氨酸是半必需氨基酸，即在人体内合成能力较低，需部分从食物中补充。在体内 L-盐酸精氨酸是鸟氨酸循环中间代谢产物，可促使尿素的生成和排泄，纠正氨中

毒而能解除肝昏迷。精氨酸是精子蛋白的主要成分，尚有促进精子生成、提供精子运动能量的作用。在自然界中，广泛存在于猪毛、蹄甲、血粉、明胶、鱼精蛋白、小杂鱼中。

【制法】 水解法。以明胶为原料，经酸性水解，再分离精制而得。

【安全性】 健康人一次静滴30g或肝不全病人一日静滴30g，均可耐受，无副作用。静滴过快可引起流涎、呕吐、面部潮红等。大剂量注入可引起高氯性酸血症。无尿症或肾功能减退患者慎用或忌用。

【参考生产企业】 武汉阿米诺科技有限公司，四川绵竹新华化工有限责任公司，宁波市镇海海德氨基酸有限公司，通州市诚信氨基酸有限公司，四川同晟氨基酸有限公司，宁波市科瑞生物工程有限公司，宁波海硕生物科技有限公司，上海宜博生物医药科技有限公司，广州捷倍思生物科技有限公司，成都景田生物药业有限公司，武汉汉龙氨基酸有限责任公司，冀州市华阳化工有限责任公司，协和发酵，河北利得生化有限责任公司，武汉麦可贝斯生物科技有限公司，上海求德生物化工有限公司，四川三高生化股份有限公司，湖北新生源生物工程股份有限公司，宁波弘诺医药科技有限公司，石家庄维诺伟业生物制品有限公司，武汉武大弘元股份有限公司，海南中信化工有限公司。

Ka016 L-缬氨酸

【英文名】 L-valine

【别名】 L-2-氨基-3-甲基戊酸；L-2-氨基异戊酸；L-val；L-2-aminoisovaleric acid

【CAS登记号】 [72-18-4]

【结构式】

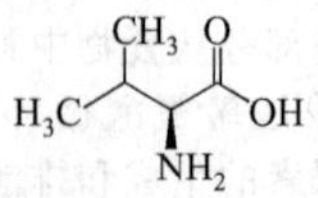

【物化性质】 白色结晶或结晶性粉末。无臭、味微甜而后苦。能升华。熔点315℃。比旋光度（$[\alpha]_D^{23}$）+22.9°（c=0.8，20%HCl）。等电点pH 5.96。酸度系数（pK_a）$pK_{\alpha\text{-COOH}}$ 2.32，$pK_{\alpha\text{-NH}_3^+}$ 9.62。密度1.230。溶于水，25℃时在水中的溶解度为8.85%。在乙醇中几乎不溶。

【质量标准】 中国药典2010年版

项目		指标
$C_5H_{11}NO_2$ 含量(干燥品计)/%	≥	98.5
比旋光度(80mg/mL HCl)		+26.6°～+28.8°
pH值(1.0g/20mL H_2O)		5.5～6.5
溶液透光度(0.5g/20mL H_2O,430nm)/%	≥	98.0
氯化物/%	≤	0.02
铵盐/%	≤	0.02
炽灼残渣/%	≤	0.1
干燥失重(105℃,3h)/%	≤	0.2
硫酸盐/%	≤	0.03
其他氨基酸/%	≤	0.5
铁盐/%	≤	0.001
重金属/×10⁻⁶	≤	10
细菌内毒素/(EU/mg)(供注射用)	<	20
砷盐/%	≤	0.0001

【用途】 L-缬氨酸是三个支链氨基酸之一，属必需氨基酸。在体内分解代谢第一步是转氨基变为α-酮异戊酸，再经脱羧作用生成甲基丙烯酰CoA，最终生成琥珀酰CoA，可见缬氨酸为生糖氨基酸。每摩尔缬氨酸氧化分解产生32mol的ATP。与亮氨酸、异亮氨酸之间有竞争性抑制作用。人体缺乏缬氨酸，会影响机体生长发育，引起神经障碍、运动失调、贫血等。

【制法】 (1) 合成法。由异丁醛与氨生成氨基异丁醇，再与氰化氢合成氨基异丁腈，然后水解而成。合成法所得为外消旋体DL-缬氨酸，须经外消旋拆开制得L-缬氨酸。

(2) 发酵法。用葡萄糖、尿素、无机盐等培养基经发酵制得。

【安全性】 遮光，密闭保存。

【参考生产企业】 山东鲁洲氨基酸有限责任公司，武汉阿米诺科技有限公司，宁波市镇海海德氨基酸有限公司，奥威医化国际，宁波市科瑞生物工程有限公司，无锡益诚化学有限公司，成都景田生物药业有限公司，上海瀚鸿化工科技有限公司，武汉汉龙氨基酸有限责任公司，张家港市华昌药业有限公司，冀州市华阳化工有限责任公司，苏州泛华化工有限公司，武汉麦可贝斯生物科技有限公司，南宁市安力泰药业有限责任公司，上海瑞芳德化工有限公司，宁波弘诺医药科技有限公司，成都肽田生化有限公司，石家庄维诺伟业生物制品有限公司，武汉武大弘元股份有限公司，广东肇庆星湖生物科技有限公司。

Ka017 L-丙氨酸

【英文名】 L-α-alanine

【别名】 L-(+)-丙氨酸；L-初油氨基酸；L-2-氨基丙酸；L-2-丝析丙酸；L-ala；L-α-aminopropionic acid；L-2-aminopropionic acid

【CAS 登记号】 [56-41-7]

【结构式】 $CH_3CH(NH_2)COOH$

【物化性质】 白色结晶或结晶性粉末，无异臭，带有甜味。分解温度 297℃。比旋光度（$[\alpha]_D^{25}$）+2.42°（$c=10$，水中），+13.7°（$c=2.06$，6mol/L HCl 中）。等电点 pH 5.97。酸度系数（pK_a）$pK_{\alpha\text{-COOH}}$ 2.34，$pK_{\alpha\text{-NH}_3^+}$ 9.60。密度 1.401g/cm³。易溶于水，25℃时在水中的溶解度为 16.5%。不溶于乙醚或丙酮。

【质量标准】

(1) GB 25543—2010 食品添加剂 L-丙氨酸

项目		指标
色泽及组织状态		白色结晶或结晶粉末
L-丙氨酸含量(以干物质计)/%	≥	98.5～101.5
干燥减量/%	≤	0.20
pH(50g/L 水溶液)		5.7～6.7
砷(以 As 计)/(mg/kg)	≤	1
重金属(以 Pb 计)/(mg/kg)	≤	10
灼烧残渣/%	≤	0.20
比旋光度$[\alpha]_D^{20}$		+13.5～+15.5

(2) 中国药典 2010 年版

项目		指标
$C_3H_7NO_2$ 含量/%(干燥品计)	≥	98.5
比旋光度(50mg/mL HCl)		+14.0°～+15.0°
酸度 pH 值(1.0g/20mL H_2O)		5.5～7.0
溶液透光度/%	≥	98.0
氯化物/%	≤	0.02
铵盐/%	≤	0.02
炽灼残渣/%	≤	0.1
干燥失重(105℃,3h)/%	≤	0.2
硫酸盐/%	≤	0.02
其他氨基酸	≤	0.5
重金属/$\times10^{-6}$	≤	10
细菌内毒素/(EU/g)(供注射用)	<	20
砷盐/%	≤	0.0001
铁盐/%	≤	0.001

【用途】 L-丙氨酸是一种非必需氨基酸，在生物体内借甘氨酸的氨基转移至丙酮酸而成。在葡萄糖丙氨酸循环中，保持低血氨水平，而氨酸是血中氮的优良运输工具。它又是一种有效生糖氨基酸。在丝绸、明胶、酪蛋白等蛋白质中含量丰富。

【制法】 (1) 酶法。以 L-天冬氨酸为原料，经脱羧、脱色、过滤、结晶、离心、洗涤、干燥得成品。

(2) 固定化酶。以反丁烯二酸为原料，先与 NH_3 在天冬氨酸的作用下转化成L-天冬氨酸，再在β-脱羧酶作用下脱羧，即得L-丙氨酸。

(3) α-溴丙酸氯化法。将α-溴丙酸、氨水、碳酸氢铵混合搅拌，然后蒸发至干，用乙醇浸泡洗去溴化铵，过滤出结晶，再经脱色过滤，加入乙醇得结晶，过滤干燥即可。

(4) 氰醇法。乙醛与氢氰酸反应生成氰醇，再与氨反应得到氨基腈，再于碱性条件下水解生成氨基丙酸钠，经离子交换得α-丙氨酸。

【安全性】 遮光，密闭保存。

【参考生产企业】 武汉阿米诺科技有限公司，樟树市仙康医药原材料有限公司，安徽华恒化工有限公司，宁波市镇海海德氨基酸有限公司，成都凯泰新技术有限责任公司，奥威医化国际，常茂生物化学工程股份有限公司，安徽华恒生物工程有限公司，宁波市科瑞生物工程有限公司，无锡益诚化学有限公司，广州捷倍思生物科技有限公司，成都景田生物药业有限公司，石家庄市海天精细化工有限公司，上海瀚鸿化工科技有限公司，张家港市华昌药业有限公司，冀州市华阳化工有限责任公司，北京健力药业有限公司，广东光华化学厂有限公司，南宁市安力泰药业有限责任公司，北京偶合科技有限公司，太原市侨友化工有限公司，成都融纳斯化工有限公司，北京三盛腾达科技有限公司，成都肽田生化有限公司，石家庄维诺伟业生物制品有限公司，武汉市合中化工制造有限公司，武汉武大弘元股份有限公司。

Ka018 β-丙氨酸

【英文名】 β-alanine

【别名】 β-氨基丙酸；3-氨基丙酸；3-aminopropanoic acid；3-aminopropanoic acid；3-aminopropionic acid

【CAS登记号】 [107-95-9]

【结构式】 $NH_2CH_2CH_2COOH$

【物化性质】 白色菱形结晶，微甜。溶于水，微溶于乙醇，不溶于乙醚和丙酮。熔点205℃(分解)。50%水溶液pH值6.0～7.3。25℃时，0.1L水中的溶解度为55.5g。其氢氯化物为白色片状或叶片状结晶，熔点122.5℃。其盐酸盐熔点(mp) 122.5；氯化铂盐熔点210℃（分解)。

【质量标准】 含量≥95%，水分0.2%。

【用途】 主要用于合成医药和饲料添加剂的泛酸钙的原料，也可用于制取电镀缓蚀剂，用作生化试剂和有机合成中间体。

【制法】 (1) 丙烯腈法。丙烯腈与氨在二苯胺和叔丁醇溶液中，在109℃温度和1176.798kPa压力下，进行反应，生成β-氨基丙腈，然后与氢氧化钠反应，生成β-氨基丙酸钠，最后用盐酸酸化生成β-氨基丙酸。

$$CH_2{=}CHCN \xrightarrow{\text{液氨、二苯胺、叔丁醇}} NH_2CH_2CH_2CN \xrightarrow{NaOH,\ H_2O} NH_2CH_2CH_2COOH$$

(2) β-氨基丙腈法。由β-氨基丙腈经水解、酸析而得。

$$NH_2CH_2CH_2CN + Ba(OH)_2 \longrightarrow (NH_2CH_2CH_2COO)_2Ba \xrightarrow{CO_2,\ H_2O} NH_2CH_2CH_2COOH$$

(3) 琥珀酰亚胺降解法。将琥珀酰亚胺加入盛有碱性次氯酸钠溶液和冰的反应器中，反应一定时间加盐酸调节至pH 4～5，减压浓缩冷却。加95%乙醇使无机盐析出，过滤、回流，加活性炭脱色，过滤，滤液经离子交换树脂精制、脱色、减压浓缩冷却结晶，再重结晶即可。

$$CH_2OONHOOCH_2 \xrightarrow{NaOCl,\ H_2O} NH_2CH_2CH_2COOH$$

【安全性】 无毒。可用塑料袋包装，每袋30kg，或用纤维板桶包装，每桶50kg。

【参考生产企业】 江苏扬州宝盛生物化工公司，上海科帆化工科技有限公司，上海瀚鸿化工科技有限公司，上海求德生物化工有限公司，四川成都市科龙化工试剂厂，广州光华化学厂有限公司。

Ka019 L-组氨酸

【英文名】 L-histidine

【别名】 L-2-氨基-3-(4-咪唑基) 丙酸；L-3-(4-咪唑基) 丙氨酸；L-his；(*S*)-*α*-amino-1*H*-imidazole-4-propanoic acid；*α*-amino-4 (or 5)-imidazolepropionic acid；glyoxaline-5-alanine

【CAS 登记号】 [71-00-1]

【结构式】

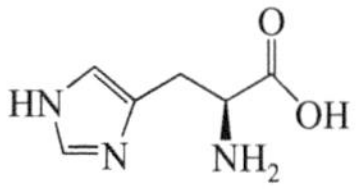

【物化性质】 无色针状或片状结晶。无臭，稍有苦味。其咪唑基易与金属离子形成络盐。软化温度 277 (287℃分解)。比旋光度 $[\alpha]_D^{25}$ −38.95° (c = 0.75～3.77)，+13.34° (c = 1.00～4.05，6.1mol/L HCl 中)，$[\alpha]_D^{20}$ −10.9° (c = 0.77，0.5mol/L NaOH 中)。等电点 p*I* 7.59。酸度系数 (pK_a) p$K_{\alpha\text{-COOH}}$ 1.82，p$K_{\alpha\text{-NH}_3^+}$ 9.17，p$K_{侧链}$ 6.00。溶于水，25℃时在水中的溶解度为 7.59%。极难溶于醇，不溶于醚。

【质量标准】 中国药典 2010 年版

项目		指标
$C_6H_9N_3O_2$ 含量(干燥品计)/%	≥	99.0
比旋光度(0.11g/mL HCl)		+12.0°～+12.8°
酸碱度 pH 值(1g/50mL H_2O)		7.0～8.5
溶液的透光度/%	≥	98.0
其他氨基酸/%	≤	0.5
硫酸盐/%	≤	0.02

续表

项目		指标
铵盐/%	≤	0.02
炽灼残渣/%	≤	0.1
干燥失重(105℃,3h)/%	≤	0.2
砷盐/%	≤	0.0001
铁盐/%	≤	0.001
氯化物/%	≤	0.02
重金属/×10⁻⁶	≤	10
细菌内毒素/(EU/g)(供注射用)	<	6

【用途】 常用者为其盐酸盐。在生物体内经由 5-磷酸核糖焦磷酸 (PRPP) 和三磷酸腺苷 ATP 合成。它是组胺、尿刊酸、肌肽等生物物质的合成前体。是半必需氨基酸，是婴幼儿生长发育必不可少的氨基酸。有尿毒症患者，供应组氨酸有利于患者对氨基酸的全面利用。长期缺乏组氨酸会出现负氮平衡、皮肤损害、血清白蛋白下降，特别是红细胞压积减低。它参与生血作用中血红蛋白的合成。常用作食品添加剂，作增味剂和营养增补剂，面包制造中添加可改善香味，应用于婴幼儿食品及手术后病人食品中。

【制法】 (1) 水解法。以猪 (牛) 血粉或猪毛或蹄甲为原料，经酸水解，然后分离精制制得。

(2) 直接发酵法。以葡萄糖为碳源，以黄色短杆菌、谷氨酸棒杆菌、黏质赛氏杆菌等的诱导药物抗性株，通过直接发酵制得。

【安全性】 低毒，成人中毒量>64g/d，成人每天摄入 32g 可耐受一较短时期；小鼠、大鼠，经口，LD_{50}>15g/kg，皮下 LD_{50}>10g/kg，大鼠腹腔注射 LD_{50}>8 g/kg；小鼠、大鼠，静脉注射 LD_{50}>2 g/kg。遮光，密闭干燥保存。

【参考生产企业】 宁波弘诺医药科技有限公司，成都肽田生化有限公司，石家庄维诺伟业生物制品有限公司，武汉武大弘元股份有限公司，湖北八峰药业，上海味之素氨基酸公司，宁波市镇海海德氨基酸有限公司，通州市诚信氨基酸有限公司，无锡晶海氨基酸公司，成都诚诺新技术有限公司，成都凯泰新技术有限责任公司，成都景田生物药业有限公司，上海瀚鸿化工科技有限公司，冀州市华阳化工有限责任公司，广东光华化学厂有限公司，成都融纳斯化工有限公司，深圳市桑达实业股份有限公司，湖北新生源生物工程股份有限公司。

Ka020 L-苏氨酸

【英文名】 L-threonine

【别名】 L-2-氨基-3-羟基丁酸；L-α-氨基-β-羟基丁酸；L-羟基丁氨酸；L-异赤丝藻氨基酸；L-thr；L-α-amino-β-hydroxybutyric acid；L-2-amino-3-hydroxybutanoic acid；L-β-hydroxy-2-aminobutyric acid

【CAS 登记号】 [72-19-5]

【结构式】

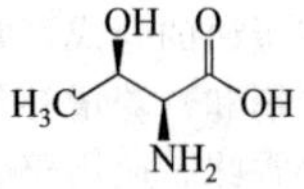

【物化性质】 白色结晶或结晶性粉末；无臭，味稍甜。熔点 253℃（分解）。软化温度 227℃。比旋光度（$[\alpha]_D^{26}$）−28.3°（c=1.09）。等电点 pI 6.16。酸度系数（pK_a）p$K_{\alpha\text{-COOH}}$ 2.71，p$K_{\alpha\text{-NH}_3^+}$ 9.62。在碱性溶液中不稳定，加热后分解生成乙醛和甘氨酸。能溶于水，25℃时在水中的溶解度为 20.5%。几乎不溶于甲醇，不溶于无水乙醇、醚和氯仿。

【质量标准】

（1）GB/T 21979—2008 饲料级 L-苏氨酸

项 目		一级	二级
色泽及组织状态		白色至浅褐色结晶或结晶粉末，味微甜	
L-苏氨酸含量(以干基计)/%	≥	98.5	97.5
比旋光度$[\alpha]_D^{20}$		−26.0°～−29.0°	
干燥失重/%	≤	1.0	
灼烧残渣/%	≤	0.5	
重金属(以 Pb 计)/(mg/kg)	≤	20	
砷(以 As 计)/(mg/kg)	≤	2	

（2）中国药典 2010 年版

项 目		指 标
$C_4H_9NO_3$ 含量/%	≥	98.5
比旋光度(3g/50mL H_2O)		−26.0°～−29.0°
溶液的透光率(1g/10mL H_2O,430nm)/%	≥	98.0
硫酸盐/%	≤	0.02
铵盐/%	≤	0.02
炽灼残渣/%	≤	0.1
干燥失重(105℃,3h)/%	≤	0.2
砷盐/%	≤	0.0001
铁盐/%	≤	0.001
氯化物/%	≤	0.02
重金属/$\times10^{-6}$	≤	10
pH 值(0.20g/20mL 水)		5.0～6.5
其他氨基酸/%	≤	0.5(且不超过一个)
细菌内毒素/(EU/g)(供注射用)	<	12

【用途】 苏氨酸是维持机体生长发育的必需氨基酸，在机体内能促进磷脂合成和脂肪酸氧化，具有抗脂肪肝的作用。它又是许多非必需氨基酸（如甘氨酸、丙氨酸、天门冬氨酸等）的前体。L-苏氨酸是谷类的第二限制性氨基酸，人体对食物蛋白质中苏氨酸的利用率又较低，所以苏氨酸是重要的营养剂。苏氨酸广泛存在于蛋白质中，如丝胶蛋白、酪蛋白、丝心蛋白等，其中酪蛋白、蛋类中含量为 4%～5%。可用作氨基酸类药。主要用于氨基酸输液，综合氨基酸制剂、食品营养强化剂。L-苏氨酸与铁的螯合物具有良好抗贫血作

用，用于贫血症及兽药。在饲料添加剂应用方面前景看好。

【制法】（1）直接发酵法。以葡萄糖为原料，以黄色短杆菌、谷氨酸棒杆菌、黏质赛氏杆菌等的营养缺陷兼药物抗性株，通过直接发酵制得。

（2）化学合成法。以甘氨酸铜为原料，在碱性条件下与乙醛作用制得苏氨酸铜，经脱铜、精制可分离出 DL-苏氨酸，最后拆分制得。

【安全性】成人一次滴注 22.5g 时可引起发烧、头痛等不良反应。遮光，密闭保存。

【参考生产企业】苍山京信生物科技有限公司，武汉阿米诺科技有限公司，宁波市镇海海德氨基酸有限公司，成都凯泰新技术有限责任公司，山东万达集团，宁波市科瑞生物工程有限公司，上海捷倍思基因技术有限公司，成都景田生物药业有限公司，石家庄市海天精细化工有限公司，上海瀚鸿化工科技有限公司，石家庄维诺伟业生物制品有限公司，武汉武大弘元股份有限公司，香港亨利实业有限公司，张家港市华昌药业有限公司，长沙华佳化工科技有限公司，冀州市华阳化工有限责任公司，苏州泛华化工有限公司，广东光华化学厂有限公司，武汉麦可贝斯生物科技有限公司，南宁市安力泰药业有限责任公司，张家港曙光生物化学制品厂，广东肇庆星湖生物科技有限公司，成都肽田生化有限公司。

Ka021 L-天(门)冬氨酸

【英文名】L-(+)-asparagic acid

【别名】L-(+)-氨基丁二酸；L-(+)-天门冬氨酸；L-(+)-氨基琥珀酸；L-ASP；L-asparaginic acid；L-aminobutanedioic acid；L-aminosuccinic acid

【CAS 登记号】[56-84-8]

【结构式】

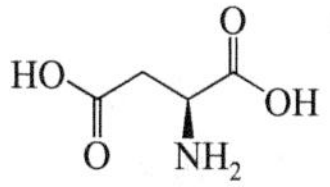

【物化性质】白色结晶或结晶性粉末，味微酸。分解温度 270℃。酸度系数(pK_a) $pK_{\alpha\text{-COOH}}$ 1.88，$pK_{\alpha\text{-NH}_3^+}$ 9.60，$pK_{侧链}$ 3.65。等电点 pI 2.77。在水中微溶，25℃时在水中的溶解度为 0.5%，可溶于沸水中。不溶于乙醇。易溶于稀盐酸及氢氧化钠溶液。

【质量标准】中国药典 2010 年版

项目	指标
$C_4H_7NO_4$ 含量(以干燥品计)/% ≥	98.5
比旋光度(80mg/mL HCl)	+24.0°～+26.0°
酸度(pH)(0.1g/20mL H_2O)	2.0～4.0
溶液透光率/% ≥	98.0
氯化物/% ≤	0.02
铵盐/% ≤	0.02
炽灼残渣/% ≤	0.1
干燥失重(105℃,3h)/% ≤	0.2
硫酸盐/% ≤	0.02
铁盐/% ≤	0.001
重金属/$\times10^{-6}$ ≤	10
其他氨基酸/% ≤	0.5
热源	符合规定

【用途】L-天(门)冬氨酸为酸性氨基酸之一，属非必需氨基酸，在体内由谷氨酸转氨给草酰乙酸而得，分解则通过脱氨基生成草酰乙酸或经天冬氨酸酶的作用脱氨生成丁烯二酸进入 TCA 循环。L-天(门)冬氨酸是生物体内赖氨酸、苏氨酸、异亮氨酸、蛋氨酸等氨基酸及嘌呤、嘧啶碱基的合成前体。它可作为 K^+、Mg^{2+} 离子的载体向心肌输送电解质，从而改善心肌收缩功能，同时降低氧消耗，在冠状动脉循环障碍缺氧时，对心肌有保护作用。L-天(门)冬氨酸参与鸟氨酸循环，促使氨和二氧化碳生成尿素，降低血液中氨和二氧化碳的量，增强肝脏

功能，消除疲劳。

【制法】 在L-天冬氨酸酶作用下由延胡索酸（反丁二酸）和氨得到L-天冬氨酸。

【安全性】 遮光，密闭保存。

【参考生产企业】 武汉阿米诺科技有限公司，宁波市镇海海德氨基酸有限公司，常茂生物化学工程股份有限公司，安徽华恒生物工程有限公司，宁波市科瑞生物工程有限公司，湖南德瑞生物产业集团有限公司，上海庭园生化科技有限公司，广州捷倍思生物科技有限公司，吉尔生化（上海）有限公司，成都景田生物药业有限公司，石家庄市海天精细化工有限公司，上海瀚鸿化工科技有限公司，武汉汉龙氨基酸有限责任公司，香港亨利实业有限公司，冀州市华阳化工有限责任公司，南宁市安力泰药业有限责任公司，太原市侨友化工有限公司，成都肽田生化有限公司，石家庄维诺伟业生物制品有限公司，武汉武大弘元股份有限公司，烟台恒源生物工程有限公司。

Ka022 L-天(门)冬酰胺

【英文名】 L-asparagine

【别名】 L-2-氨基丁二酸酰胺；L-天冬素；L-酰胺天冬酸；L-2-氨基琥珀酸酰胺；L-asn；L-2-aminosuccinamic acid

【CAS登记号】 [70-47-3]

【结构式】

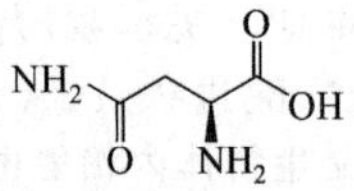

【物化性质】 无臭，白色结晶或结晶性粉末。熔点 234-235℃。比旋光度 $[\alpha]_D^{20}$ −5.30°（c=1.41），+34.26°（c=2.24，3.4mol/L HCl 中），−6.35°（c=11.23，2.5mol/L NaOH 中）。等电点 pI 5.41。酸度系数（pK_a）p$K_{\alpha\text{-COOH}}$ 2.02，p$K_{\alpha\text{-NH}_3^+}$ 8.60。相对密度（d_4^{15}）1.543。在热水中溶解，在水中略溶，25℃时在水中的溶解度为3.1%。几乎不溶于乙醇或乙醚，可溶于酸或碱溶液。

【质量标准】 中国药典 2010 年版（门冬酰胺一水物）

项　目		指　标
$C_4H_8N_2O_3 \cdot H_2O$ 含量（以干燥品计）/%	≥	98.0
比旋光度(20mg/mL 稀 HCl)		+31°～+35°
溶液透光率/%	≥	98.0
氯化物/%	≤	0.005
炽灼残渣/%	≤	0.1
干燥失重(105℃,3h)/%		11.5～12.5
硫酸盐/%	≤	0.005
其他氨基酸/%	≤	0.5
重金属/×10⁻⁶	≤	10
铁盐/%	≤	0.001
砷盐/%	≤	0.0001

【用途】 氨基酸类药。用于女性乳腺小叶增生和男性乳房发育症。

【制法】 天（门）冬氨酸乙酰化。在体内可由天（门）冬氨酸和谷氨酰胺在天（门）冬酰胺合成酶作用下生成。

【安全性】 密闭，在阴凉处保存。

【参考生产企业】 武汉阿米诺科技有限公司，常州市存仁生物工程有限公司，常州邦合氨基酸科技有限公司，无锡益诚化学有限公司，广州捷倍思生物科技有限公司，吉尔生化（上海）有限公司，上海瀚鸿化工科技有限公司，常州市伟强化工有限公司，无锡四周氨基酸有限公司，武汉武大弘元股份有限公司，石家庄市石兴氨基酸有限公司。

Ka023 L-苯丙氨酸（参见 Gb130）

Ka024 L-酪氨酸

【英文名】 L-tyrosine

【别名】 L-2-氨基-3-(对羟苯基)丙酸；L-β-对羟苯基-α-丙氨酸；L-苯酚氨基丙酸；L-β-对羟苯基-α-氨基丙酸；L-干酪氨基酸；L-tyr；L-β-p-hydroxyphenylalanine；L-α-amino-β-p-hydroxyphenylpropionic acid

【CAS登记号】 [60-18-4]

【结构式】

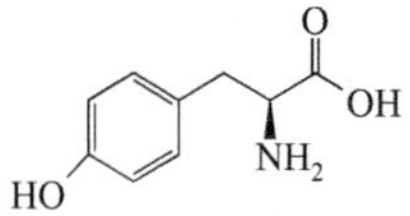

【物化性质】 白色针状结晶或结晶性粉末，味苦。纯品稳定，烃类共存下则易分解。分解温度342～344℃。比旋光度$[\alpha]_D^{22}-10.6°$(c=4HCl中)，$[\alpha]_D^{18}-13.2°$(c=4，3mol/L NaOH中)。等电点pI 5.66。酸度系数（pK_a）p$K_{\alpha\text{-COOH}}$ 2.20，p$K_{\alpha\text{-}NH_3^+}$ 9.11，p$K_{侧链}$ 10.07。相对密度1.456。微溶于水，25℃时在水中的溶解度为0.04%。不溶于无水乙醇、醚和丙酮，可溶于碱溶液。

【质量标准】 中国药典2010年版

项 目		指 标
$C_9H_{11}NO_3$ 含量(以干燥品计)/%	≥	99.0
比旋光度(50mg/mL HCl)		-11.3°～-12.1°
pH值(0.20g/100mL H_2O)		5.0～6.5
溶液的透光率(1.0g/20mL HCl，430nm)/%	≥	95.0
其他氨基酸/%	≤	0.4
氯化物/%	≤	0.02
硫酸盐/%	≤	0.02
铵盐/%	≤	0.02
干燥失重(105℃,3h)/%	≤	0.2
炽灼残渣/%	≤	0.1
铁盐/%	≤	0.001
重金属/×10⁻⁶	≤	10
细菌内毒素/(EU/mL)(供注射用)		0.25
砷盐	≤	0.0001

【用途】 L-酪氨酸是芳香族氨基酸，属非必需氨基酸。在生物体内，由L-苯丙氨酸羟基化或由分支酸、对羟苯丙酮酸合成，分解则经由对羟苯丙酮酸转入反丁烯二酸和乙酰乙酸代谢。能促进儿茶酚胺、甲状腺素、黑色素的生物合成，与植物神经、内分泌功能密切相关。是氨基酸输液及氨基酸复合制剂的原料，作营养增补剂。治疗脊髓灰质炎和性核性脑炎、甲状腺机能亢进等症，也是制造二碘酪氨酸、二溴酪氨酸及L-多巴的原料。

【制法】 (1) 提取法。由含蛋白质的物质（废丝、酪蛋白和玉米等）水解液中提取制得。

(2) 直接发酵法。以葡萄糖为原料，经发酵制得。

(3) 酶法。以苯酚、丙酮酸、氨为原料，利用β-酪氨酸酶催化制取。

【安全性】 避光，密封保存。

【参考生产企业】 武汉阿米诺科技有限公司，宁波市镇海海德氨基酸有限公司，四川同晟氨基酸有限公司，四川峨眉山荣高生化制品有限公司，宁波市科瑞生物工程有限公司，上海捷倍思基因技术有限公司，吉尔生化（上海）有限公司，成都景田生物药业有限公司，冀州市华阳化工有限责任公司，苏州泛华化工有限公司，广东光华化学厂有限公司，河北利得生化有限责任公司，武汉麦可贝斯生物科技有限公司，南宁市安力泰药业有限责任公司，成都融纳斯化工有限公司，湖北新生源生物工程股份有限公司，宁波弘诺医药科技有限公司，成都肽田生化有限公司，石家庄维诺伟业生物制品有限公司，武汉武大弘元股份有限公司，海南中信化工有限公司。

Ka025 L-色氨酸

【英文名】 L-tryptophan

【别名】 L-2-氨基-3-吲哚丙酸；L-胰化蛋白氨基酸；L-氨基吲哚丙酸；L-β-(3-吲哚基)-α-丙氨酸；L-trp；L-2-amino-3-indolepropionic acid；L-β-3-indolylalanine

【CAS登记号】 [73-22-3]

【结构式】

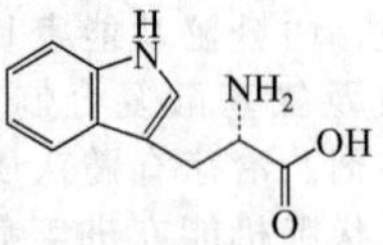

【物化性质】 白色或类白色的结晶性粉末。无臭或微臭，稍有苦味。长时间光照则着色。与水共热产生少量吲哚，如在氢氧化钠、硫酸铜存在下加热，则产生多量吲哚。与酸在暗处加热较稳定。与其他氨基酸、糖类、醛类共存时极易分解。如无烃类共存，与 5mol 氢氧化钠共热至 125℃仍稳定。用酸分解蛋白质时，色氨酸完全分解，生成腐黑物。分解温度 289℃。比旋光度 $[\alpha]_D^{20}$ + 2.4°（0.5 mol/L HCl 中），$[\alpha]_D^{20}$ +0.15°（c=2.43，0.5mol/L NaOH 中），$[\alpha]_D^{23}$ −31.5°（c=1）。等电点 pI 5.89。酸度系数（pK_a）p$K_{\alpha\text{-COOH}}$ 2.38，p$K_{\alpha\text{-NH}_3^+}$ 9.39。在水中微溶，25℃时在水中的溶解度为 1.14%。微溶于乙醇中，溶于稀酸或稀碱。

【质量标准】

(1) GB/T 25735—2010 饲料添加剂 L-色氨酸

项目		指标
性状		白色至微黄色结晶或结晶粉末，无嗅或略有气味
含量(以 $C_{11}H_{12}N_2O_2$ 计)(干基)/%	≥	98.0
干燥失重/%	≤	0.5
粗灰分/%	≤	0.5
比旋光度$[\alpha]_D^t$		−29.0°～−32.8°
pH(1%水溶液)		5.0～7.0
砷/(mg/kg)	≤	2
铅/(mg/kg)	≤	5
镉/(mg/kg)	≤	2
汞/(mg/kg)	≤	0.1
沙门氏菌(25g 样品中)		不得检出

(2) L-色氨酸（中国药典 2010 年版）

项目		指标
$C_{11}H_{12}N_2O_2$ 含量(以干燥品计)/%	≥	99.0
比旋光度(10mg/mL H_2O)		−30.0°～−32.5°
酸度 pH 值(0.5g/50mL H_2O)		5.4～6.4
溶液的透光度(0.5g/20mL HCl,430nm)/%	≥	95.0
其他氨基酸/%	≤	0.5
氯化物/%	≤	0.02
硫酸盐/%	≤	0.02
铵盐/%	≤	0.02
干燥失重(105℃,3h)/%	≤	0.2
炽灼残渣/%	≤	0.1
铁盐/%	≤	0.002
重金属/$\times10^{-6}$	≤	10
砷盐	≤	0.0001
细菌内毒素/(EU/g)(供注射用)	<	50

【用途】 色氨酸是杂环氨基酸，是一种必需氨基酸。在体内能转变为 5-羟色胺、烟酸、黑素紧张素、松果体激素和黄尿酸等多种生理活性物质。当人体缺乏色氨酸时，不仅会引起一般低蛋白症，还会产生皮肤疾患、白内障、玻璃体退化及心肌纤维化等特殊病症。它还能增强机体对 γ 射线的抵抗力。人体每日最低需要量为 0.2g。可用作氨基酸类药。用于氨基酸输液。常与铁剂、维生素等合用。与维生素 B_6 合用于改善抑郁症，防治糙皮病。作为失眠镇静剂配合 L-多巴用于治疗帕金森氏病，还用于维生素 B_6 缺乏试验。

【制法】 (1) 酶法。在色氨酸酶、色氨酸合成酶、丝氨酸消旋酶等酶的作用下得到色氨酸。

(2) 前体发酵法。以葡萄糖为碳源和能源，添加前体邻氨基苯甲酸或吲哚进行培养，将前体转化为 L-氨基酸。

(3) 直接发酵法。以葡萄糖、甘蔗糖蜜等为原料，利用色氨酸生产菌株，直接发酵得到色氨酸。

(4) 化学合成法。以吲哚为原料制得DL-色氨酸，再经拆分制得L-色氨酸。

【安全性】 成人经口耐受量是20～50mg/kg，对实验动物有致癌性，有恶心、厌食、思睡等不良反应。忌同单胺氧化酶抑制剂合用。避光，密闭保存。

【参考生产企业】 四川同晟氨基酸有限公司，宁波勤益化工有限公司，山东万达集团，武汉阿米诺科技有限公司，宁波市镇海海德氨基酸有限公司，通州市诚信氨基酸有限公司，宁波市科瑞生物工程有限公司，上海达瑞精细化学品有限公司，无锡益诚化学有限公司，吉尔生化（上海）有限公司，张家港市华昌药业有限公司，长沙华佳化工科技有限公司，冀州市华阳化工有限责任公司，成都景田生物药业有限公司，石家庄市海天精细化工有限公司，武汉汉龙氨基酸有限责任公司，香港亨利实业有限公司。

Ka026 DL-色氨酸

【英文名】 DL-tryptophan

【别名】 混旋色氨酸；DL-2-氨基-3-吲哚丙酸；DL-胰化蛋白氨基酸；DL-β-(3-吲哚基)-α-丙氨酸；DL-2-α-mino-3-indolepropionic acid；DL-2-α-mino-3-indolylpropionic acid；DL-β-3-indolylalanine

【CAS登记号】 [54-12-6]

【结构式】

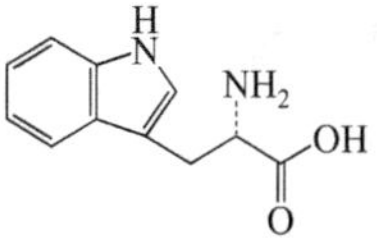

【物化性质】 无臭、味甜的白色或类白色结晶性粉末。熔点276～280℃（分解）。在水中极微溶解，25℃时在水中的溶解度为0.4%。在乙醇中微溶，在稀酸和碱中能溶。

【质量标准】 DL-色氨酸（上海市药品标准1980年版）

项　目		指　标
氮含量/%		13.4～13.9
铵盐/%	≤	0.03
重金属/$\times10^{-6}$	≤	20
炽灼残渣/%	≤	0.3
干燥失重/%	≤	0.5
氯化物/%	≤	0.05

【用途】 色氨酸属必需氨基酸。用作氨基酸类药。营养剂，补充水解蛋白注射液中色氨酸的不足，在水解蛋白输液中每3kg水解蛋白配伍25g，DL-色氨酸。可作抗氧化剂。可添加于明胶、玉米等色氨酸含量少的食物。是继蛋氨酸、赖氨酸之后的第三饲用氨基酸。

【制法】 吲哚、甲醛及二甲胺在一定条件下，经过一系列反应制得。

【安全性】 遮光，密闭保存。

【参考生产企业】 山东万达集团，吉尔生化（上海）有限公司，成都景田生物药业有限公司，上海瀚鸿化工科技有限公司，安徽省恒锐新技术开发有限责任公司，张家港市华昌药业有限公司，上海迈可生化科技有限公司，成都肽田生化有限公司。

Ka027 DL-蛋氨酸

【英文名】 DL-methionine

【别名】 DL-2-氨基-4-(甲硫基)丁酸；DL-甲硫氨酸；DL-2-amino-4-methylthiobutyric acid

【CAS登记号】 [59-51-8]

【结构式】

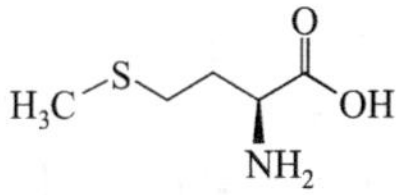

【物化性质】 白色片状结晶或粉末，有特臭，微甜。无旋光性，对热及空气稳定，对强酸不稳定，可导致脱甲基作用。熔点281℃（分解）。酸度系数（pK_a）p$K_{\alpha\text{-COOH}}$ 2.28，p$K_{\alpha\text{-NH}_3^+}$ 9.21。溶于水，

25℃时在水中的溶解度为3.5%。溶于稀酸和稀碱溶液，极难溶于乙醇，几乎不溶于乙醚。

【质量标准】 GB/T 17810—2009 饲料级DL-蛋氨酸

项目		指标
性状		白色至浅灰色粉末或片状结晶
DL-蛋氨酸/%	≥	98.5
干燥失重/%	≤	0.5
氯化物(以NaCl计)/%	≤	0.2
重金属(以Pb计)/(mg/kg)	≤	20
砷(以As计)/(mg/kg)	≤	2

【用途】 蛋氨酸是含硫氨基酸之一，属必需氨基酸。如缺乏则引起肝脏、肾脏障碍。对于保护肝功能尤其必要，大量摄入则易形成脂肪肝。能促进毛发、指甲生长、并具有解毒和增强肌肉活动能力等作用。D-构型和L-构型的蛋氨酸作用相同，而L-型价格贵得多，所以多采用DL-型。用作氨基酸类药、营养增补剂以及用作饲料添加剂。

【制法】 化学合成法。丙烯醛和甲硫醇在甲酸和乙酸铜的存在下，缩合得到甲硫基丙醛。甲硫基丙醛与氰化钠和碳酸氢铵溶液在90℃下反应得到甲硫基乙基乙内酰脲，再与氢氧化钠溶液加热，水解生成蛋氨酸钠，用盐酸中和既得产品。

【安全性】 肝昏迷忌用。遮光，密闭保存。

【参考生产企业】 山东万达集团，宁波市科瑞生物工程有限公司，成都景田生物药业有限公司，吉尔生化（上海）有限公司，武汉汉龙氨基酸有限责任公司，张家港市华昌药业有限公司，南宁市安力泰药业有限责任公司，杭州仁信化工科技有限公司，濮阳市鹏程化工有限公司，上海求德生物化工有限公司，成都融纳斯化工有限公司，深圳市桑达实业股份有限公司，张家港曙光生物化学制品厂，宁波弘诺医药科技有限公司，成都肽田生化有限公司，石家庄维诺伟业生物制品有限公司，武汉武大弘元股份有限公司。

Ka028 L-蛋氨酸

【英文名】 L-methionine

【别名】 L-2-氨基-4-甲硫基丁酸；L-甲硫氨酸；L-甲硫丁氨酸；L-met；L-2-amino-4-methylthiobutyric acid

【CAS登记号】 [63-68-3]

【结构式】

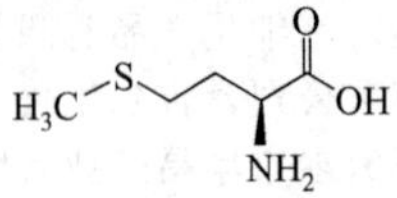

【物化性质】 白色片状结晶或结晶性粉末，有特臭，微甜。熔点280-282℃（分解）。比旋光度 $[\alpha]_D^{25}-8.11°$（$c=0.8$），$[\alpha]_D^{20}+23.40°$（$c=5.0$，3mol/L HCl中）。等电点pI 5.74。酸度系数（pK_a）p$K_{\alpha\text{-COOH}}$ 2.28，p$K_{\alpha\text{-NH}_3^+}$ 9.21。溶于水，25℃时在水中的溶解度为3%。溶于稀酸、稀碱，微溶于乙醇，几乎不溶于乙醚。

【质量标准】 L-蛋氨酸 上海市药品标准1980年版

项目		指标
$C_5H_{11}NO_2S$含量/%	≥	98.5
比旋光度[2%HCl(6mol·L^{-1})]		+21°～+25°
溶液的澄清度、颜色		澄清无色
氯化物/%	≤	0.02
硫酸盐/%	≤	0.05
铵盐/%	≤	0.02
干燥失重/%	≤	0.5
炽灼残渣/%	≤	0.1
重金属/×10^{-6}	≤	20
砷/×10^{-6}	≤	2

【用途】 是含硫氨基酸之一，属必需氨基酸。具有营养、抗脂肪肝和抗贫血作用。

L-蛋氨酸是体内胆碱生物合成的甲基供体。通常脂肪肝患者肝中磷酯酰胆碱含量减少，蛋氨酸能促进磷酯酰胆碱合成。对砷剂、巴比妥类药物引起的中毒有解毒作用。可用作氨基酸类药。用于急性肝炎、脂肪肝及肝硬变等。亦用于酒精、磺胺类中毒的辅助治疗。

【制法】 参见DL-蛋氨酸。

【安全性】 低毒，人中毒量10～46g/d，成人一次静注30g可引起呕吐和发烧。小鼠腹腔注射LD_{50}为0.132g/kg。过量会促使肝脏纤维化及诱发脂肪肝。静注会恶心、轻度胸痛、头疼和头重。长期大剂量使用，可致意识模糊和精神错乱。在肠道经细菌作用释放氨，由肠道吸收可使血氨升高，肝昏迷者忌用。遮光，密闭保存。

【参考生产企业】 无锡益诚化学有限公司，武汉阿米诺科技有限公司，宁波市镇海海德氨基酸有限公司，宁波市科瑞生物工程有限公司，上海捷倍思基因技术有限公司，成都景田生物药业有限公司，石家庄市海天精细化工有限公司，上海瀚鸿化工科技有限公司，武汉汉龙氨基酸有限责任公司，张家港市华昌药业有限公司，冀州市华阳化工有限责任公司，河北利得生化有限责任公司，杭州仁信化工科技有限公司，成都融纳斯化工有限公司，四川三高生化股份有限公司，宁波弘诺医药科技有限公司，成都肽田生化有限公司，石家庄维诺伟业生物制品有限公司，武汉武大弘元股份有限公司，修正药业集团柳河制药有限公司。

Ka029 L-脯氨酸

【英文名】 L-proline

【别名】 L-吡咯烷-2-羧酸；氢化吡咯甲酸；四氢吡咯-2-羧酸；L-pro；L-2-pyrrolidinecarboxylic acid

【CAS登记号】 [147-85-3]

【结构式】

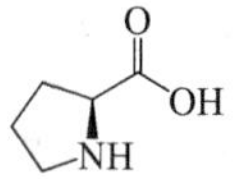

【物化性质】 针状结晶或斜方结晶。有强甜味，几乎无臭。分解温度220～222℃。比旋光度$[\alpha]_D^{20}$ −52.6°（c=0.57，0.50mol/L HCl中），−93.0°（c=2.42，0.6mol/L KOH中），$[\alpha]_D^{23.4}$−85.0°。等电点pH 6.30。酸度系数（pK_a）$pK_{\alpha\text{-COOH}}$1.99，$pK_{\alpha\text{-}NH_3^+}$10.6。极易溶于水，25℃时在水中的溶解度为162.3%。溶于乙醇，不溶于醚和丁醇，易潮解，不易得到结晶。

【质量标准】 中国药典2010年版

项目		指标
$C_5H_9NO_2$含量(以干燥品计)/%	≥	99.0
比旋光度(40mg/mL H_2O)		−84.5°～−86.0°
pH值(2.0g/20mL水)		5.9～6.9
溶液的透光度(1.0g/10mL H_2O, 430nm)/%	≥	98.0
干燥失重(105℃, 3h)/%	≤	0.3
炽灼残渣/%	≤	0.1
氯化物/%	≤	0.02
其他氨基酸/%	≤	0.5
硫酸盐/%	≤	0.02
铵盐/%	≤	0.02
砷盐/%	≤	0.0001
铁盐/%	≤	0.001
重金属/×10^{-6}	≤	10
细菌内毒素/(EU/g)(供注射用)	<	10

【用途】 是含吡咯烷的亚氨基酸，属非必需氨基酸之一。在生物体内，从谷氨酸出发经Δ′-吡咯啉-5-羧酸合成得，分解则通过与生物合成的逆反应相同的过程转向谷氨酸代谢。在骨胶原等蛋白质中，脯氨酸残基以羟基化形式（羟脯氨酸）存在。可用作氨基酸类药。为复方氨基酸大输液原

料之一。用于营养不良、蛋白质缺乏症、严重肠胃道疾患、烫伤及外科手术后的蛋白质补充。

【制法】 (1) 化学法。以谷氨酸为原料，与无水乙醇在硫酸催化下发生酯化，加入三乙醇胺将氨基硫酸盐游离出来，再用硼氢化钾还原得脯氨酸粗品，经分离、提纯可得。

(2) 直接发酵法。利用葡萄糖和黄色短杆菌变异株或谷氨酸棒杆菌野生株，经微生物发酵制得。

【安全性】 密封保存。

【参考生产企业】 武汉阿米诺科技有限公司，宁波市镇海海德氨基酸有限公司，宁波勤益化工有限公司，宁波市科瑞生物工程有限公司，无锡益诚化学有限公司，上海捷倍思基因技术有限公司，成都景田生物药业有限公司，石家庄市海天精细化工有限公司，武汉汉龙氨基酸有限责任公司，冀州市华阳化工有限责任公司，广东光华化学厂有限公司，连云港手性化学有限公司，武汉麦可贝斯生物科技有限公司，南宁市安力泰药业有限责任公司，上海瑞芳德化工有限公司，成都融纳斯化工有限公司，常州新力医药化工有限公司，广东肇庆星湖生物科技有限公司，成都肽田生化有限公司，石家庄维诺伟业生物制品有限公司，武汉武大弘元股份有限公司，扬州宝盛生物化工有限公司。

Ka030 L-瓜氨酸

【英文名】 L-citrulline

【别名】 氨甲酰鸟氨酸；L-2 氨基-5-脲基戊酸；L-*α*-amino-*δ*-ureidovaleric acid；L-*α*-amino-*δ*-carbamidobutyric acid

【CAS 登记号】 [372-75-8]

【结构式】

$H_2NCONH(CH_2)_3CH(NH_2)COOH$

【物化性质】 无色柱状结晶，味苦。熔点222℃。比旋光度（$[\alpha]_D^{20}$）+3.7°（*c*=2）。酸度系数（pK_a）pK_1 2.43，pK_2 9.41。能溶于水，不溶于甲醇和乙醇。

【用途】 瓜氨酸与鸟氨酸相同，仅存在于肝脏中，不是蛋白质的构成成分，为人体脲循环的一个重要中间物。可用于治疗高氨血症。

【参考生产企业】 吉尔生化（上海）有限公司，武汉阿米诺科技有限公司，常州市存仁生物工程有限公司，宁波市镇海海德氨基酸有限公司，常州邦合氨基酸科技有限公司，宁波市科瑞生物工程有限公司，宁波弘诺医药科技有限公司，成都肽田生化有限公司，武汉武大弘元股份有限公司，厦门市飞鹤化工有限公司，成都景田生物药业有限公司，上海汉飞生化科技有限公司，上海瀚鸿化工科技有限公司，武汉汉龙氨基酸有限责任公司，上虞市精益生物化工有限公司，北京诚志生命科技有限公司，杭州仁信化工科技有限公司，上海求德生物化工有限公司，湖北新生源生物工程股份有限公司。

Ka031 L-鸟氨酸盐酸盐

【英文名】 L-ornithine monohydrochloride

【别名】 盐酸 L-鸟氨酸；L-鸟粪氨基酸盐酸盐；L-2-5-二氨基戊酸盐酸盐；L-2-5-diaminopentanoic acid hydrochloride；L-2-5-diaminovaleric acid hydrochloride

【结构式】 $[H_2NCH_2CH_2CH_2CH(NH_2)COOH]\cdot HCl$

【物化性质】 为白色结晶性粉末，熔点226～227℃，能溶于水，不溶于甲醇、乙醇和乙醚。比旋光度+11°（5.5%，23℃）。鸟氨酸不是蛋白质的构成成分，但参与人体鸟氨酸循环，在体内能促进腐胺、精脒、精素等多胺化合物的生成，后者是促进细胞增殖的重要物质。本品有激活鸟氨酸循环、促进肝脏解氨毒作用。

【制法】 由L-精氨酸加碱水解，再加入盐酸制得。

【用途】 氨基酸类药。能激活鸟氨酸循环、促进肝脏解氨毒作用。与L-精氨酸、L-瓜氨酸等一起用作解毒药、肝功能促进剂。

【参考生产企业】 武汉阿米诺科技有限公司，宁波市镇海海德氨基酸有限公司，宁波市科瑞生物工程有限公司，武汉麦可贝斯生物科技有限公司，杭州仁信化工科技有限公司，上海求德生物化工有限公司，武汉武大弘元股份有限公司，厦门市飞鹤化工有限公司，成都景田生物药业有限公司，上海汉飞生化科技有限公司，武汉汉龙氨基酸有限责任公司，湖北新生源生物工程股份有限公司，宁波弘诺医药科技有限公司，成都肽田生化有限公司。

Ka032 氨基丁酸

【英文名】 γ-aminobutyric acid

【别名】 γ-氨基丁酸；γ-氨酪酸；4-aminobutanoic acid；γ-amino-*n*-butyric ac id；piperidic acid；GABA

【CAS登记号】 [56-12-2]

【结构式】 $H_2NCH_2CH_2CH_2COOH$

【物化性质】 为白色或几乎白色结晶性粉末，微臭，引湿性强。熔点197～203℃(分解)。氨基丁酸在水中极易溶解，在热乙醇中微溶，不溶于其他有机溶剂。

【质量标准】 QB/T 4587—2013 γ-氨基丁酸

项　目		指　标
外观		淡黄色或白色，疏松粉状体、颗粒、晶体，具有该产品特有的风味，无异味
γ-氨基丁酸含量/%	≥	20
水分/%	≤	10
灰分/%	≤	10

续表

项　目		指　标
砷(As)/(mg/kg)	≤	1.0
铅(Pb)/(mg/kg)	≤	0.5
菌落总数/(CFU/g)	≤	1000
大肠菌群/(MPN/g)	≤	30
霉菌和酵母菌/(CFU/g)	≤	50
致病菌(指沙门氏菌、志贺氏菌和金黄色葡萄球菌)		不应检出

【用途】 它是一种中枢神经触突的抑制性递质，在脑中含量很高，在脑的能量代谢中占重要地位，能激活脑内葡萄糖代谢，促进乙酰胆碱的生物合成，降低血氨，恢复脑细胞功能，增强葡萄糖磷酸酯酶的活性。临床用于肝昏迷和脑血管障碍引起的记忆障碍、语言障碍、片面性麻痹，以及脑外伤后遗症、小儿痉挛、癫痫。治疗肝昏迷的抽搐、躁动效果较好。

【制法】 (1) 以邻苯二甲酰亚胺钾和γ-氯丁腈为原料，加热反应，用硫酸处理并精制而得。

(2) 以吡咯烷酮为原料，以氢氧化钙、碳酸氢铵水解开环制得。

【安全性】 小鼠静腔注射LD_{50}为4～5 g/kg。有肠胃道机能紊乱、失眠、头痛、发热。大剂量或注射过速可出现血压降低、呼吸抑制、肌无力、运动失调等。滴注过程中有不良反应，应立即停药。

【参考生产企业】 上海元吉化工有限公司，上海瀚鸿化工科技有限公司，常州华康化学厂，宜兴市康源生物化工有限公司，上海特化医药科技有限公司，上海求德生物化工有限公司，上海西宝生物科技有限公司，上海新嵩巍有限公司，台州奥力特精细化工有限公司，常州华泰氨基酸集团有限公司。

Ka033 三碘甲状腺原氨酸

【英文名】 liothyronine

【别名】 3-3′-5-三碘-L-甲状腺氨酸；O-(4-hydroxy-3-iodophenyl)-3,5-diiodo-L-tyrosine；L-3-[4-(4-hydroxy-3-iodophenoxy)-3,5-diiodophenyl]alanine；3,5,3′-triiodothyronine；4-(3-iodo-4-hydroxyphenoxy)-3,5-diiodophenylalanine；T_3

【CAS 登记号】 [6893-02-3]

【结构式】

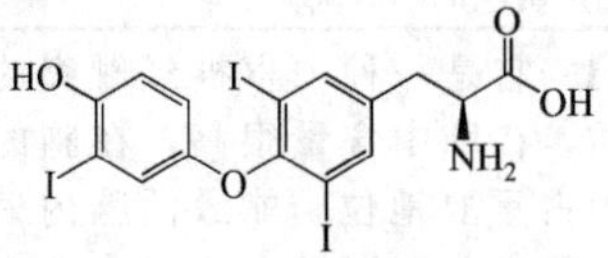

【物化性质】 为无色结晶。熔点 236～237℃(分解)。比旋光度+21.5°(29.5℃，c=4.75，在1份1mol/L盐酸+2份乙醇中)。溶于稀碱液形成棕色的水溶性钠盐，不溶于水、乙醇、丙二醇。

【用途】 用于严重慢性甲状腺缺乏症（黏液性水肿)、克汀病，还可用作甲状腺功能诊断剂。

【安全性】 −20～0℃密封避光保存。

【参考生产企业】 上海浙沛公司，上海麦莎生物科技公司，上海天呈科技公司。

Ka034 三碘甲状腺原氨酸钠

【英文名】 triiodothyronine sodium salt

【别名】 3,3′,5-三碘-L-甲状腺原氨酸钠盐；甲碘安；碘塞罗宁；L-2-amino-3-[4-(4-hydroxy-3-iodophenoxy)-3,5-diiodophenyl] propionic acid sodium salt；liothyronine sodium salt；T_3

【CAS 登记号】 [55-06-1]

【分子式】 $C_{15}H_{11}I_3NNaO_4$

【物化性质】 为白色或黄白色结晶性固体或结晶性粉末，比旋度+18°～+21°。溶于氢氧化钠溶液，微溶于乙醇，几乎不溶于水。

【用途】 主要用于黏液性水肿及其他严重甲状腺功能不足的治疗，也用作甲状腺功能的诊断剂。其作用性质和 T4 相同，但效力比 T4 大 3～5 倍。有人认为 T3 是 T4 最终的有效形式，T4 只有转变为 T3 后才能发挥生物效应，故本品可用于对于 T4 制剂反应不佳的患者。

【制法】 酪氨酸经碘化得3,5-二碘酪氨酸后，再经醋酐酰化并与对甲氧溴碘缩合，再经水解、碘化、成盐而得。

【安全性】 大剂量可引起震颤、神经兴奋性增高、失眠、心绞痛、头痛、心悸、腹泻和体重减轻，但停药后即消失。高血压、糖尿病、冠心病及快速型心律失常者禁用，一般心脏病患者慎用，以防引起心衰。避光，密闭保存。

【参考生产企业】 山东万达集团，上海淮海制药厂，英国 Glaxo，大连万邦化工公司，武汉阿米诺科技有限公司，宁波市镇海海德氨基酸有限公司，成都诚诺新技术有限公司，成都凯泰新技术有限责任公司，上海达瑞精细化学品有限公司，上海捷倍思基因技术有限公司，成都景田生物药业有限公司，张家港市华昌药业有限公司，四川华法美实业有限责任公司，金唐化学工业集团公司，武汉麦可贝斯生物科技有限公司，珠海美通化学预分散颜料色片有限公司，成都肽田生化有限公司，扬州宝盛生物化工有限公司，北京三盛腾达科技有限公司，安徽省恒锐新技术开发有限责任公司。

Ka035 左旋甲状腺素钠

【英文名】 thyroxine

【别名】 3,5,3′,5′-四碘甲腺原氨酸钠；levothyroxine sodium；levothyroxine；O-(4-hydroxy-3,5-diiodophenyl)-3,5-diiodo-L-tyrosine；3,5,3′,5′-tetraiodo-L-thyronine；T_4；(−)-3-[4-(4-hydroxy-3,5-diiodophenoxy)-3,5-diiodophenyl]alanine

【CAS 登记号】 [51-48-9]

【结构式】

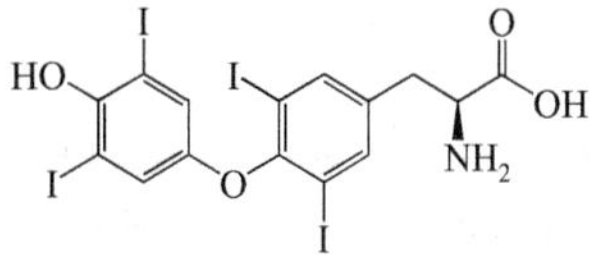

【物化性质】 L-甲状腺素为结晶，235～236℃时分解。其钠盐（左旋甲状腺素钠盐）CAS登记号为［55-03-8］，白色或淡黄色结晶性粉末，无臭，无味，有吸湿性，在空气中稳定。相对密度 2.381。比旋光度 $[\alpha]_D^{20}-4.4°$（$c=3$，70% 乙醇）。易溶于酸、碱溶液。可溶于水，25℃水中溶解度约 15mg/100mL。微溶于乙醇，不溶于氯仿和乙醚。饱和溶液的 pH 值为 8.35～9.35。

【用途】 左旋甲状腺素钠盐是甲状腺激素替代治疗药。为人工合成的左旋甲状腺素钠盐，其作用和用途与甲状腺片相似，由于本品纯度大，制剂标准化，起效缓慢、平稳，半衰期长，体内贮量大，近似于生理激素，因此为首选的甲状腺素替代治疗药。口服平均能吸收 50%。

【安全性】 代谢慢，易积蓄中毒，毒性反应为头痛、心悸、胸痛、怕热、出汗、兴奋、失眠。严重时可出现医源性甲亢，甚至可有呕吐、腹泻、发热、心律不齐甚至心绞痛和心力衰竭。应从小剂量开始缓慢地增加剂量，以免中毒。出现中毒症状后，应停药 1 周。注意患者肝、肾功能。避光，密闭低温保存。

【参考生产企业】 美国 Approred Precip-tion，加拿大 Phamascience，德国默克公司，上海迈可生化科技有限公司，杭州星耀医药有限公司。

Ka036 左旋多巴

【英文名】 Levodopa

【别名】 3-羟基-L-酪氨酸；3-(3,4-二羟基苯基)-L-丙氨酸；左多巴；多巴；levo-dopa；(－)-2-amino-3-(3，4-dihydroxy-phenyl) propanoic acid；L-dopa；(-)-3-(3，4-dihydroxyphenyl)-L-alanine；β-(3，4-dihydroxyphenyl)-L-alanine

【CAS 登记号】 ［59-92-7］

【结构式】

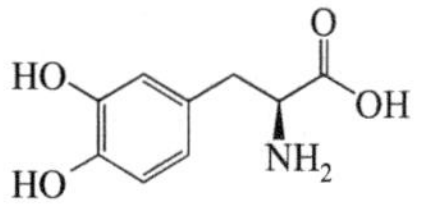

【物化性质】 为白色或类白色的结晶性粉末，无臭，无味。熔点 276～278℃（分解）。在水中微溶，在乙醇、氯仿或乙醚中不溶，在稀酸中易溶。受空气或光的影响，色可变暗。左旋多巴是由酪氨酸形成儿茶酚胺的中间产物，即多巴胺的前体。被吸收入血的 L-多巴约 95% 被外围组织中多巴脱羧酶脱羧，形成儿茶酚胺，不易通过血脑屏障，反而引起许多不良反应。仅有 1% 的 L-多巴进入脑循环，而达中枢神经系统，转变为儿茶酚胺发挥治疗作用。其本身并无显著药理作用，而是间接通过儿茶酚胺发挥疗效。

【质量标准】 中国药典 2010 年版

项　目	指　标
$C_9H_{11}NO_4$ 含量(干燥品计)/% ≥	98.0
比旋光度	－159°～－168°
吸收系数($E_{1cm}^{1\%}$)[280nm 波长处]	136～146
澄清度与颜色	合格
氯化物/% ≤	0.02
其他氨基酸	无
干燥失重(105℃干至恒重)/% ≤	1.0
炽灼残渣/% ≤	0.1
重金属/×10^{-6} ≤	10

【制法】 从藜豆种子中可提取。

【用途】 抗震颤麻痹药。可肝昏迷、消化性溃疡、充血性心力衰竭、不宁腿综合征、其他神经肌肉障碍性疾病、神经痛、脱毛症等。

【安全性】 有恶心、呕吐、食欲不振、立位低血压、房性及室性早搏、不安和失眠。偶有血压升高、幻觉。使消化性溃疡加重而引起出血。较大量可致舌、唇、面部、下颌和颈部发生不随意运动，偶见于肢体。严重心血管病、器质性脑病、内分泌失调及精神病患者禁用。遮光，密闭保存。

【参考生产企业】 广西昌洲天然产物开发有限公司，深圳市益飞生物技术有限公司，上海迈可生化科技有限公司，上海瑞芳德化工有限公司，杭州星耀医药有限公司，成都超人植化开发有限公司，上海特化医药科技有限公司。

Ka037 白蛋白

【英文名】 albumin

【别名】 清蛋白。组成：由584个氨基酸残基组成，N末端为天冬氨酸。主要有2种，人血清白蛋白和胎盘血白蛋白。

【物化性质】 等电点pH 4.7。可溶于水。对酸较稳定，受热可聚合变性。浓度大时热稳定性小，在溶液中加入氯化钠或脂肪酸盐能提高其稳定性。

【质量标准】 中国药典1995年版

项目		指标
纯度(蛋白总量)/%	≥	96.0
pH值		6.4～7.4
钠/(mmol/L)	≤	160
钾/(mmol/L)	≤	2
多聚体/%	≤	0.5
A(403nm)	≤	0.15
热原、热稳定性、HBsAg、HCV；HIV 1+2抗体		符合规定

【用途】 是血浆中含量最多的蛋白质，占总蛋白的55%。主要功能是维持血浆胶体渗透压。可作为血容量扩充剂，提高胶体渗透压，增加血容量。还可用于预防或抢救失血性休克、严重烧伤、烫伤等。也可补充机体蛋白，治疗低蛋白血症等。

【制法】 以人血浆为原料，将人血浆用碳酸钠溶液调pH 8.6，加入等体积2%利凡诺，搅拌，静置2～4h，分离，收集沉淀。将沉淀用蒸馏水溶解，调至弱酸性，加入氯化钠，搅拌解离，得解离液。解离液离心分离，分离液再用压滤器澄清过滤，然后用超滤器浓缩，得浓缩液。浓缩液在60℃恒温处理10h，澄清过滤，灭菌处理，可得成品。

【参考生产企业】 三九集团湛江开发区双林药业有限公司，广西北生药业股份有限公司，西安回天血液制品公司，广东卫伦生物制药有限公司，江西博雅生物制药股份有限公司，上海洛神生物技术有限公司，海星邦和生物制药有限公司，河北大安生物药业有限公司，贵阳黔峰生物制品有限责任公司。

Ka038 人血白蛋白

【英文名】 human serum albumin

【别名】 人血浆白蛋白；血清白蛋白；冻干人血白蛋白；human albumin；serumalbumin；albuminar；albumisol；albuspan；plasbumin；normal human serum albumin；cryodesiccant human albumin；normal human serum albumin vial

【物化性质】 系由经乙型肝炎疫苗免疫的健康人血浆或血清，用适宜方法提取，经60℃、10h灭活肝炎病毒后制成的白蛋白。冻干制剂应为白色或灰白色的疏松体，液体制剂和冻干制剂溶解后，溶液应略黏稠、黄色或绿色至棕色澄明液体，不应有异物、浑浊和沉淀。

【用途】 白蛋白占人血浆蛋白总量52%～56%。主要生理功能是使血浆维持正常的胶体渗透压。同时对某些离子和化合物(诸如Ca^{2+}、Cu^{2+}、Zn^{2+}等两价金属离子、胆红素、尿酸、脂肪酸等代谢产物、乙酰胆碱、组胺、甲状腺等调节物质以及多种药物和色素）有高度亲和力，能和这些物质可逆结合以发挥运输作用。每20mL的25%白蛋白液相当于200mL全血的功能。主要用作血容量扩充剂，提高胶体渗透压、增加血容量。用于预防或抢救失血性休克、创伤性休克、严重烧伤、烫伤等。可补充机体白蛋白，治疗低蛋白血症，由肝硬化和肾疾患所致的水肿和腹水、由脑水肿或大脑损伤所致的脑压增高，以及流产或早产妇的白蛋白缺乏。严重烧伤或其他原因失血所致的休克。

【安全性】 为防止大量注射时机体循环负担过度以及脱水，经常用5%葡萄糖溶液或生理盐水稀释后静滴。肾病患者静滴时，不宜用生理盐水稀释。如出现浑浊或摇不散沉淀，不宜使用。严重贫血，心力衰竭患者不宜大量使用。2～10℃暗处保存。

【参考生产企业】 成都蓉生药业有限责任公司，浙江海康生物制品有限责任公司，三九集团湛江开发区双林药业有限公司，上海生物制品研究所，长春生物制品研究所，广州沪穗生物制品有限公司，北京生物制品研究所，上海莱士血制品公司，华兰生物工程公司，西安瑞克生物制品有限责任公司。

Ka039 干扰素

【英文名】 interferon

【别名】 人白细胞干扰素；人纤维母细胞干扰素；人淋巴母细胞干扰素；IFN；HuIFN

【分子量】 HuIFN-α 15000～20000；HuIFN-β 25000～30000；HuIFN-γ 20000～25000

【物化性质】 α、β两型对pH2和热稳定性强，抗病毒作用强，又称抗病毒干扰素；γ型对pH2和热稳定性差，免疫功能较强，称免疫干扰素。

【用途】 干扰素是一类在同种细胞上具有广谱抗病毒活性的蛋白质，其活性的发挥受细胞基因组的调节和控制，涉及RNA和蛋白质的合成。根据产生干扰素的细胞种类不同，产生不同种的干扰素，白细胞产生的称为α-干扰素，成纤细胞产生的称β-干扰素，由抗原刺激T淋巴细胞而诱生的免疫干扰素称γ-干扰素。它们均是糖蛋白，耐酸，具有多种生物活性，除可抗病毒感染外，还能调节其他细胞功能，包括增殖和免疫反应。干扰素是病毒进入机体后诱导宿生细胞产生的反应物质。它从细胞内释放出来后，促使其他细胞抵抗病毒的感染，故称干扰素。它并不是直接抗病毒的物质，而是通过作用于其他细胞，使其产生受双股RNA激活的蛋白激酶，能使病毒蛋白不能合成，或使其产生（2′～5′）寡聚腺苷酸合成酶，激活一种内核酸酶，降解病毒的mRNA。还可产生2′-磷酸二酯酶抑制多肽的延长。

【安全性】 一般毒性低，不良反应少。肌注可见发热、头痛、肌痛、少数人有疲乏无力、胃纳不佳。静注可出现高热、寒战、呕吐、心率增快、血压升高或低血压及肾功能损害。超大剂量（每日1.7×10^5u）时有白细胞、血小板、网织细胞减少，停药后可恢复。

【参考生产企业】 广州沪穗生物制品有限公司，上海万兴生物制药有限公司，吉林市乾皓生物科技有限公司。

Ka040 鱼精蛋白

【英文名】 milt protein

【物化性质】 为白色至淡黄色粉末，有特殊味道。主要成分为碱性蛋白质，包括有鱼精蛋白和组蛋白。耐热，在210℃下保持90min，仍具有抑菌作用。可溶于水，微溶于含水乙醇，不溶于乙醇。

【质量标准】 参考标准

项目	指标
外观	白色至淡黄色粉末
重金属(以 Pb 计)/(μg/g) ≤	20
含量(鱼精蛋白,干基计)(N×3.19)/% ≥	50
干燥失重(100℃,3h)/%	7.0
砷(以 As_2O_3 计)/(μg/g) ≤	4.0
灰分/% ≤	12.0

【用途】 在碱性介质中最小抑菌浓度为70～400mg/mL。在中性和碱性条件下，对耐热芽孢菌、乳酸菌、金黄色葡萄球菌、霉菌和革兰氏阴性菌均有抑菌作用，pH值7～9时抑菌作用最强。与甘氨酸、醋酸、盐、酿造醋等合用，再配合碱性盐类，可使抑菌作用增强。对鱼糜类制品有增强弹性的效果。与调味料合用有增强鲜味作用。可作为防腐剂，用于米饭、炒面、面包、饺子等淀粉类食品中。亦可用于鱼糜类制品及调味料中。还可以与醋酸钠、甘氨酸、乙醇等复配后用于蛋糕和糊状食品中。

【制法】 将鲑鱼、淡红鲑、红鲑、鲱、鳟、鲭、鲣等鱼类的成熟雄鱼的鱼白中所含核酸和碱性蛋白，在酸性条件下分解后中和，再进行精制而制得。

【参考生产企业】 宁波海浦生物科技有限公司，正大福瑞达制药有限公司，上海第一生化药业有限公司，南海水产研究所，广州兴亿海洋生物工程有限公司，山东滨州齐隆科技有限公司，象山超星水产鱼粉有限公司，滨州齐隆生物科技饲料有限公司。

Ka041 硫酸鱼精蛋白

【英文名】 protamine sulfate

【物化性质】 白色或类白色的粉末。加热不凝固，稀氨水则能使其沉淀。在水中略溶，在乙醇或乙醚中不溶。

【质量标准】 中国药典2010年版

项目	指标
中和肝素单位/(单位/mg) ≥	100
比旋光度(10mg/mL HCl)	−65°～−85°
氮/% ≤	21.0～25.0
硫酸盐(以干品计)/% ≤	16～24
干燥失重(105℃,3h)/% ≤	5.0
汞/% ≤	符合规定
重金属/×10^{-6} ≤	20
异常毒素	符合规定
细菌内毒素/(EU/mg)(供注射用) <	6.0

【用途】 系自适宜的鱼类新鲜成熟精子中提取的一种碱性蛋白质的硫酸盐。水溶液对石蕊试纸显酸性反应。鱼精蛋白为强碱性蛋白质，带强阳电荷。它能与肝素分子中维持抗凝活性所必需的酸性基团迅速结合，使肝素失去抗凝活性。因为肝素是黏多糖的硫酸酯，强酸性，在生理范畴内其分子带阴电荷，一般认为，肝素的抗凝作用与其所带的阴电荷有关，当此阴电荷被鱼精蛋白所中和时，则失去药理作用。其分子量较小，其中含精氨酸特多，高达80%以上。

【安全性】 不可过量应用。注射必须缓慢，减少低血压的发生率。对鱼过敏者有过敏反应的报告。消毒注射用品时，勿用碱性物质。密封，在凉暗处保存。

【参考生产企业】 上海生物化学制药厂，北京北大药业公司，黑龙江多多药业公司，上海第一生化药业公司。

Ka042 明胶

【英文名】 gelatin

【物化性质】 淡黄色至黄色半透明微带光泽的细粒或薄片，无特殊臭味，无挥发性。明胶在干燥环境比较稳定，在潮湿环境易吸潮被细菌分解而变质。在水中能膨胀至原来体积 5～10 倍，温度升高至 35℃以上，膨胀的胶质溶化成胶液。胶的黏性很大，凝性很强，冷却后即成胶冻。相对密度 1.3～1.4。可溶于热水、甘油，不溶于乙醇、氯仿、苯、醚等有机溶剂。在热水、醋酸或甘油与水的热混合液中溶解，在乙醇、氯仿或乙醚中不溶。

【质量标准】

(1) QB/T1995—2005 工业明胶

项 目	指 标
外观	淡黄色或灰棕色细粒，无臭，无肉眼可见杂质
水分/% ≤	14.0
勃氏黏度(12.5%溶液)/(mPa·s) ≥	6.0
凝冻强度(12.5%溶液)/Bloomg) ≥	200
灰分/% ≤	2.5
pH(1%)溶液	5.5～7.0
水不溶物/% ≤	0.20
重金属(以 Pb 计)/(mg/kg) ≤	50

(2) GB6783—94 食品添加剂 明胶

项 目	A型						B型					
	骨食用明胶			皮食用明胶			骨食用明胶			皮食用明胶		
	A级	B级	C级	A级	B级	C级	A级	B级	C级	A级	B级	C级
感官要求	为淡黄色至黄色细粒，应保持干燥、洁净、均匀，无夹杂物。产品均应通过孔径 4mm 标准筛网。2.5%的明胶液无不适气味。											
水分/% ≤	14						14					
凝冻强度(含水分 12%的商品胶 6.67%)/Bloomg ≥	220	160	100	240	180	100	220	180	100	200	160	100
勃氏黏度(6.67%，60℃)/mPa·s ≥	3.0	2.5	1.8	3.5	3.0	2.0	4.5	3.5	2.5	5.5	4.5	3.0
透明度/mm ≥	300	150	50	300	150	50	300	150	50	300	150	50
灰分/% ≤	1.0	2.0	2.0	1.0	2.0	2.0	1.0	2.0	2.0	1.0	2.0	2.0
二氧化硫/(mg/kg) ≤	40	100	150	40	100	150	40	100	150	40	100	150
pH	4.5～6.5						5.5～7.0					
等离子点 pH	7.0～9.0						4.7～5.2					
水不溶物/% ≤	0.2						0.2					
铬/(mg/kg) ≤	—			1.0	2.0		—			1.0	2.0	
砷/(mg/kg) ≤												
重金属(以 Pb 计)/(mg/kg) ≤	50						50					
大肠菌群/(个/100g) ≤	30	30	150	30	30	150	30	30	150	30	30	150
细菌总数/(个/g) ≤	10^3	5×10^3	10^4	10^3	5×10^3	10^4	10^3	5×10^3	10^4	10^3	5×10^3	10^4
沙门氏菌	不得检出						不得检出					

(3) QB2354—2005　药用明胶

项　目				A型				B型			
				骨制药用明胶		皮制药用明胶		骨制药用明胶		皮制药用明胶	
				200	100	200	100	200	100	200	100
水分/%				14.0							
凝冻强度(6.67%溶液)/(Bloom g)			≤	200	100	200	100	200	100	200	100
勃氏黏度(6.67%溶液)/(mPa·s)			≥	2.6	1.8	3.5	2.0	4.4	2.8	4.4	2.8
黏度下降/%			≤	10.0							
透射比/%	波长/mm	450	≥	70	50	65	45	70	50	70	50
		620	≥	85	70	80	65	85	70	85	70
灰分/%			≤	1.0	2.0	1.0	2.0	1.0	2.0	1.0	2.0
pH(1%溶液)				4.0～6.5				5.3～6.5			
二氧化硫/(mg/kg)			≤	50							
过氧化物/(mg/kg)			≤	10							
水不溶物/%			≤	0.20							
镉(Cd)/(mg/kg)			≤	0.50							
铬(Cr)/(mg/kg)			≤	—		2.0		—		2.0	
砷(As)/(mg/kg)			≤	0.8							
重金属(以Pb计)/(mg/kg)			≤	50							

(4) QB/T 1997—2010　照相明胶

项　目			Ⅰ型	Ⅱ型
外观			淡黄色或黄色颗粒，可带有少量粉末，应保持干燥、洁净	
水分/%			9.0～12.0	9.0～14.0
凝冻强度(6.67%溶液)/(Bloom g)		≥	240	200
勃氏黏度(6.67%溶液)/(mPa·s)		≥	4.8～5.3	4.5～5.3
黏度下降/%		≤	7.0	10.0
冻点(10%溶液)/℃		≥	26.0	25.0
透射比(6.67%溶液)/%	450mm	≥	85	70
	620mm	≥	95	85
pH(1%)溶液			5.6～6.1	5.0～6.5
灰分/%		≤	1.0	1.0
二氧化硫/(mg/kg)		≤	25	50
水不溶物/%		≤	0.01	0.20
氯化物/%		≤	0.02	0.10

续表

项　目		Ⅰ型	Ⅱ型
钙(Ca)/(mg/kg)	≤	150	300
铁(Fe)/(mg/kg)	≤	3.0	30
铜(Cu)/(mg/kg)	≤	2.0	2.0
铅(Pb)/(mg/kg)	≤	1.0	1.0

【用途】 是动物的皮、骨、腱与韧带中含有的胶原蛋白经部分水解得到的混合物。牛骨、牛皮、猪皮明胶的氨基酸组成十分接近，胶原来源不同所制的明胶具有共性。主要氨基酸成分为甘氨酸、丙氨酸约占1/9，脯氨酸和羟脯氨酸约占2/9，这四种氨基酸共占明胶氨基酸的67%，其次是谷氨酸、精氨酸、天冬氨酸及丝氨酸，约占20%；组氨酸、蛋氨酸、酪氨酸也有少量存在，无色氨酸。分子量为19万。明胶主要用于医药和食品等工业领域。在医药工业中，明胶可用作硬胶囊材料、黏结剂、栓剂和敷料的基料等。在

食品工业中，可用于生产糖果，能够抑制糖的结晶，还可用作果汁和酒类的澄清剂。此外，作为乳化剂，可在高分子树脂合成的乳液聚合中使用。吸收性明胶海绵为局部止血剂。将其平贴于出血点，1～2min 即与出血面黏着，达到止血效果。在体内 4～6 周即被组织逐渐吸收。可用于外伤或手术时毛细血管渗出性出血及静脉出血，但不能用于动脉出血。

【制法】 用牛、猪、羊的皮、骨或白色结缔组织熬煮，去除脂肪后，第一二次熬出来的质量较好的是明胶，其后熬出的为皮胶。也有用次等原料及皮革厂生皮修剪屑和废皮熬制而制成。制备明胶可分为碱法、酸法和酶法等。一般用碱法生产。密闭，在干燥处保存。

【参考生产企业】 上海明胶厂，青岛明胶厂，天津市制胶厂，安徽蚌埠明胶厂，苏州制胶公司，南京骨胶厂，河南焦作制胶厂，湖南常德明胶厂，南京生物化学制药厂，武汉生物化学制药厂，天津生物化学制药厂，杭州萧山锦翔明胶有限公司，漯河市五龙明胶有限公司，漯河隆源明胶有限公司，厦门华烜明胶有限公司，泉州嘉合化工有限公司，江苏海安明胶化工厂，湘潭制革总厂，北京北化精细化学品有限责任公司。

Ka043 骨胶

【英文名】 bone glue

【物化性质】 无定形物质，外观为小粒、条状或片状半透明固体。主要成分为高分子蛋白质。呈金黄色或淡黄色，但较明胶深暗，微有气味，在潮湿和受热条件下易变质发臭。浸入冷水中膨胀，加热至 35℃时熔化成黏性液体，约 140℃时开始分解，黏度降低。胶中加入甲醛后，黏度提高，不易熔化。不溶于乙醇、氯仿、苯、醚、二硫化碳等有机溶剂，溶于醋酸等有机酸。

【质量标准】 QB/T 1996—2005 骨胶

项 目		指 标
性状		浅黄色到黄棕色，半透明细粉粒状或薄片，无发霉发臭现象
水分/%	≤	15.5
勃氏黏度(12.5%溶液)/(mPa·s)	≥	3.0
凝冻强度(12.5%溶液)/Bloom g	≥	120
灰分/%	≤	3.0
氯化物/%	≤	0.60
pH 值(1%胶液)		5.5～7.0

【用途】 主要用作黏合剂，广泛用于木器家具、模型、木制玩具、乐器、帆布箱、皮箱、木砂纸、砂布、胶带纸、装订等的黏接。也用于印染整理上浆、机床和仪器等的制造。还用于墨锭、墨汁的生产。日常生活中也用于调制石灰浆、老粉等。

【制法】 兽骨经蒸煮除去脂肪及矿物质后而制得。

【参考生产企业】 江苏普尔佳胶化有限公司，上海日用化学（集团）洁明日化厂，上海海曲化工有限公司，上海嘉辰化工化工有限公司，四川澳达食品有限公司，杭州萧山锦翔明胶有限公司。

Ka044 铁蛋白

【英文名】 ferritin

【物化性质】 金属蛋白质，棕红色结晶状物质，略有特殊气味。可溶于水，不溶于饱和硫酸铵溶液。

【质量标准】 日本天然品，1996

项 目		指 标
外观		棕红色固体
重金属(以 Pb 计)/(μg/g)	≤	20
干燥失重(105℃,3h)/%	≤	7.0
含量(Fe 含量,干基计)/%		6.0～20.0
砷(以 As_2O_3 计)/(μg/kg)	≤	4.0
灼烧残渣(500℃,3h)/%	≤	22.0

【用途】 主要用于营养强化剂（铁补充剂）。还可用于生化研究，用于免疫电镜技术中的电子致密物质，在电镜下对细胞抗原进行定位。

【制法】 以哺乳动物的脾脏为原料，经匀浆、离心后，加入硫酸铵沉淀，过滤洗涤后用水溶解，再用硫酸铵沉淀而制得成品。

【参考生产企业】 北京恒业中远化工有限公司，北京天来生物医学科技有限公司，广州洋程医药科技有限公司，山东东营海诺生物工程有限公司宝诺营养食品有限公司，上海美季生物技术有限公司，上海研生实业有限公司，北京双鹤药业股份有限公司，大连黑旺族保健品有限公司，上海早康保健食品有限公司。

Ka045 鞣酸蛋白

【英文名】 albumin tannate

【别名】 tannalbin

【物化性质】 用卵清蛋白或大豆蛋白与鞣酸作用而制成的棕褐色粉末；无臭，味微涩。在碱性溶液或碳酸盐溶液中即分解。在胃中不被分解，在肠内经胰液作用逐渐分解释放出鞣酸，使蛋白凝固呈现收敛作用。在水、乙醇、乙醚或氯仿中几乎不溶。

【质量标准】

项目	指标
胃蛋白酶不消化物/%	50.0～62.5
总氮量/% ≥	8
干燥失重/% ≤	5
炽灼残渣/% ≤	2.5

【用途】 用作收敛药。用于肠炎及腹泻（非细菌性）亦用于湿疹及溃疡。其特点是吸收缓慢，无刺激性，无胃肠障碍等副作用，便于儿童服用。

【制法】 以卵清蛋白或豆饼为原料制备。

【安全性】 遮光，密封保存。

【参考生产企业】 武汉宏信康精细化工有限公司，上海生物化学制药厂，上海药用辅料厂，山东济宁制药厂，山东济宁向阳制药厂，北京第四制药厂，北京向阳制药厂，北京燕京药业公司，北京顺鑫祥云药业公司，河北恒利集团制药股份有限公司，重庆华立武陵山制药公司。

Ka046 丝肽

【英文名】 silk peptide

【别名】 天然丝素肽

【物化性质】 具有微香的淡黄色澄清液体，无异味。与水、40%酒精、PVA、阴离子、阳离子、非离子以及两性表面活性剂均有很好的相容性。

【质量标准】 参考标准

项目	指标
外观	淡黄色澄清液体
总氮量/% ≥	1.1
pH值	5～7
细菌总数/(个/mL) <	100

【用途】 主要成分为氨基酸及低肽。可被人体皮肤吸收。可抑制酪氨酸酶的活性，从而抑制酪氨酸合成黑色素。可用于护肤产品中，具有保湿、增白、改善皮肤感观的功能。用于发用产品中，具有护发、增加弹性和柔软性的作用。

【制法】 由桑蚕丝蛋白在适当的条件下水解而制得。

【参考生产企业】 山东省烟台丝素研究所，湖州珍露生物制品有限公司，湖州朗深系生物技术有限公司，苏州天堂日用化学用品厂，上海日用化学（集团）洁明日化厂，湖州澳特丝生物化工有限公司，郑州市竹林仙竹洗涤用品有限公司，南通市东昌化工有限公司，北京丽源公司日用化学厂，无锡市丝梦迪天然丝肽厂，湖州澳特丝生物科技有限公司。

Ka047 丝素

【英文名】 silk powder

【别名】 桑蚕丝素

【物化性质】 为白色细粉。主要成分为高

分子蛋白质。有轻微气味，细腻滑爽，透气性好，附着力强，和人体有极好的亲和力。有一定的截留水分和油分的特性，具有保湿性，而且对色素黏附力有促进和增强作用。具有良好的稳定性，在100℃高温条件下，能保持5h，在120℃条件下，能保持30min。能吸收紫外线，具有抵御阳光照射的作用。无刺激性，无副作用。

【质量标准】 SB/T 10407—2007 丝素与丝胶

A 感官及理化指标。

项目		丝素	丝胶
外观		浅白色、淡黄色粉末状固体，无外来杂质。具有蚕丝蛋白特有的气味，无其他异味	
总氮含量/%	≥	14.5	14.0
干燥失重/%	≤	5	5
灰分/%	≤	5	5
pH		5～7	5～7
砷①(以As计)/(mg/kg)	≤	2	2
铅①(以Pb计)/(mg/kg)	≤	10	10
汞①(以Hg计)/(mg/kg)	≤	0.1	0.1

① 当丝素与丝胶作为食品、化妆品及药品与医用材料的初级原料时，其砷、铅、汞含量应符合表中要求。

B 氨基酸指标。

丝素与丝胶的氨基酸指标

项目		桑蚕		柞蚕	
		丝素	丝胶	丝素	丝胶
氨基酸含量/%	≥	90.0	87.5	90.0	87.5
甘氨酸+丙氨酸+丝氨酸/%	≥	76	—	70	—
丝氨酸+天门冬氨酸/%	≥	—	42	—	31

C 微生物指标。

丝素与丝胶的氨基酸指标

项目		丝素	丝胶
菌落总数①/(CFU/g)	≤	300	
大肠菌群①/(MPN/100g)	≤	30	
致病菌(沙门氏菌、志贺氏菌、葡萄球菌、溶血性链球菌)		不得检出	

① 当丝素与丝胶作为食品、化妆品及药品与医用材料的初级原料时，其菌落总数和大肠菌群应符合表中要求。

【用途】 可用于各种美容化妆品中，亦可用于高级爽身粉、痱子粉、肥皂和牙膏等中。

【制法】 (1) 将漂白处理过的蚕丝，用稀碱处理后，放入盐酸中，加热至60～70℃，保持24h，再搅拌30min，过滤沉淀，再将沉淀用氯化钠溶液洗至pH为6.5～7.5，过滤即可。

(2) 将蚕丝、茧壳放入碳酸钠溶液中，加热至沸腾，保持30min，再加入马赛皂水溶液，90min后加溴化锂，加热至40℃，2h后，放入水透析膜内，除去Br离子即可。

【参考生产企业】 山东省烟台丝素研究所，中国北京亚美日化厂，青岛爱康化学品有限公司，山东聊城阿华制药有限公司，上海新图精细化工有限公司，郑州市竹林仙竹洗涤用品有限公司，江门市四方精细化工有限公司。

Ka048 干酪素

【英文名】 casein

【别名】 奶酪素；酪素

【物化性质】 微黄色有奶粉气味的粒状固体。主要成分为蛋白质。一般含水量为8%～10%，在93～135℃下较长时间保持则逐渐减少水分，同时分解而颜色变暗，受热204～232℃时便焦化。干酪素与甲醛作用，变为坚硬物质，称为酪素塑料，对水的抵抗力很强。干酪素能吸收水分，如有杂质吸水性更强。当浸于水中，能迅速膨胀，但粒子并不结合。分子量75000～375000。能溶于稀碱和浓酸。

【质量标准】 QB/T 3780—1999 工业干酪素

项目	特级	一级	二级
色泽	白色或浅黄色，均匀一致	浅黄色到黄色，允许存在5%以下的深黄色颗粒	浅黄色到黄色，允许存在10%以下的深黄色颗粒
颗粒/mm ≤	2	2	3
纯度	不允许有杂质存在	不允许有杂质存在	允许有少量杂质存在
水分/% ≤	12.0	12.0	12.0
脂肪/% ≤	1.50	2.50	3.50
灰分/% ≤	2.50	3.00	4.00
酸度/°T	80	100	150

【用途】 主要用作黏合剂、增光剂、分散稳定剂和医药制剂等。

【制法】 一般由新鲜牛奶经脱脂、加酸（乳酸、醋酸、盐酸或硫酸均可）凝固、干燥制得。

【参考生产企业】 上海联枫干酪素制造有限公司，武进市万兴干酪素厂，甘肃华羚干酪素有限公司，临夏州华安生物制品有限责任公司，上海嘉辰化工有限公司，上海聚豪精细化工有限公司，山东淄川精细化工厂，潍坊真农酵素菌有限公司，青海凯兴干酪素有限责任公司。

Ka049 玉米醇溶蛋白

【英文名】 zein

【别名】 prol amine

【物化性质】 白色至浅黄色粉末或颗粒物，也可能是醇溶的黏稠液体。主要成分是醇溶性谷物蛋白质。不溶于水，易溶于乙醇。溶于乙醇后涂膜干燥后可形成不透水和空气的膜。

【质量标准】 FCC/1996

项目	指标
含量(以干基计)/%	88.0～96.0
重金属(以 Pb 计) ≤/(mg/kg)	20.0
铅/(mg/kg) ≤	5.0
灼烧残渣/% ≤	2
干燥失重(105℃,2h)/% ≤	8.0

【用途】 可用作食用表面涂膜修饰剂。

【制法】 将玉米面筋用含有氢氧化钠的碱性异丙醇水溶液提取，冷却，沉淀而制得。

【参考生产企业】 吴江市八拆药用辅料厂，高邮市日星药用辅料有限公司，石家庄天健生物工程有限公司。

Ka050 索马甜

【英文名】 thaumatin

【别名】 沙马汀；非洲甜竹素

【物化性质】 白色至奶油色无定形粉末、薄片或块状物，无味。在pH1.8～10之间较稳定。极易溶于水，可溶于60%乙醇溶液，不溶于丙酮、乙醚等有机溶剂。

【质量标准】 FAO/WHO，1983

项目	指标
含氮量(干基计)/% ≥	16.0
紫外线吸收值	正常
相当于蛋白质含量(N×5.8)/% ≥	94.0
硫酸盐灰分(干基计)/% ≤	2.0
干燥失重(105℃至恒重)/% ≤	9.0
铝(原子吸收光谱法)/(mg/kg) ≤	10
碳水化合物(干基计)/% ≤	3.0
砷(以 As 计)/(mg/kg) ≤	3
微生物指标铅(以 Pb 计)/(mg/kg) ≤	10
杂菌数/(个/g) ≤	1000
大肠杆菌	1g 中阴性

【用途】 索马甜的功能性成分是沙马汀Ⅰ和沙马汀Ⅱ，都是由氨基酸构成的直链状蛋白质，属碱性化合物。是从非洲竹芋的成熟果实的假种皮中提取的天然高分子化

合物，甜度极高，约为蔗糖的 2500～3000 倍。其水溶液具有类似薄荷的清凉爽口的甜味，索马甜是蛋白质，加热可使其发生变性失去甜味。如在 80～100℃加热，甜感下降 50%以上。可用于无热量甜味剂和调味剂。宜与碳水化合物类甜味剂配合使用。

【制法】 利用索马甜的功能性组分溶于水和分子量约 20000～22000 的特点，可用水浸取后再经超滤纯化而制得。

【参考生产企业】 南京康满林化工实业有限公司，（上海）艾泰思生物科技有限公司，九鼎化学（上海）科技有限公司，陕西帕尼尔生物科技有限公司，厦门仁驰化工有限公司，郑州康源化工产品有限公司，梯希爱（上海）化成工业发展有限公司。

Ka051 牛磺酸

【英文名】 taurine

【别名】 2-氨基乙磺酸；牛黄酸；牛胆酸；牛胆素；2-aminoethanesulfonic acid；ethylaminosulfonic acid；aminoethylsulfonic acid

【CAS 登记号】 [107-35-7]

【结构式】 $NH_2CH_2CH_2SO_3H$

【物化性质】 白色或类白色结晶或结晶性粉末。无臭或几乎无臭。味微酸。分解温度 300℃。酸度系数（pK_a）pK_1 1.5，pK_2 8.74。易溶于水，水溶液呈弱酸性。几乎不溶于乙醇、乙醚和丙酮。

【质量标准】 GB 14759—2010 食品添加剂 牛磺酸

项 目		指 标
感官要求		白色、无臭结晶或结晶性粉末
牛磺酸($C_2H_7NO_3S$,以干基计)		98.5～101.5
电导率/(μS/cm)	≤	150
pH		4.1～5.6
易炭化物		通过试验
灼烧残渣/%	≤	0.1
干燥减量/%	≤	0.2
砷(As)/(mg/kg)	≤	2
溶液澄清度		通过试验
氯化物(以 Cl^- 计)/%	≤	0.02
硫酸盐(以 SO_4^{2-} 计)/%	≤	0.02
铵盐(NH_4^+)/%	≤	0.02
重金属(以 Pb 计)/(mg/kg)	≤	10

【用途】 牛磺酸是具有简单化学结构的含硫氨基酸，它以游离的形式大量存在于人及哺乳动物的几乎所有脏器中，其中以脑、心脏和肌肉中含量较高，是人及动物的重要营养物质。人及动物必须从外界摄取一定量牛磺酸，但也能通过粒细胞代谢 L-半胱氨酸或其他方式自身合成一定量的牛磺酸。属非必需氨基酸，有助于体内半胱氨酸合成，并能促进胆汁的分泌和吸收，有利于婴儿大脑发育、神经传导、视觉机能完善、钙吸收及脂类物质的消化吸收。可用作营养强化剂。主要用于调制奶粉、营养饮料、保健饮料中。尤适用于非母乳喂养的婴儿。除营养作用外，它尚有广泛药理作用：解热、镇疼、镇静、肌松、抗惊厥、兴奋呼吸、强心、抗心律失常、降血压、降血糖、抗菌、增强免疫功能、抗血小板聚集、利胆、保肝、解毒等。

【制法】 将牛胆汁水解或将乌贼和章鱼等鱼贝类和哺乳动物肉和内脏提取、浓缩获得，也可从牛黄中提取或由化学合成。

【安全性】 小鼠皮下注射 LD_{50} ＞1.0 g/kg。个别有轻微胃肠道反应，停药后即缓解。滴眼剂对局部有轻微刺激。遮光，密闭保存。

【参考生产企业】 珠海大成恒业化工有限公司，上海捷倍思基因技术有限公司，石家庄市海天精细化工有限公司，重庆浩康医药化工有限公司，洛阳健一生物工程有限公司，常熟市金城化工有限公司，广东光华化学厂有限公司，临海市金桥化工有限公司，蓬莱化工有限公司，上海瑞芳德化工有限公司，成都融纳斯化工有限公司，深圳市桑达实业股份有限公司，杭州泰鑫医药化工有限公司，上海塔隆化工集团有限公司，镇江天弘进出口贸易有限公司，天津天成制药有限公司，天津市百灵消毒剂有限责任公司，北京康辰兴达科技发展有限公司，上海科星生物技术有限公司，邦宇生物科技有限公司，海南中信化工有限公司，青岛天尧实业有限公司，石家庄维诺伟业生物制品有限公司。

Kb 核酸

Kb001 腺嘌呤磷酸盐

【英文名】 adenine phosphate

【别名】 维生素 B_4；磷酸氨基嘌呤；6-氨基嘌呤磷酸盐；vitamin B_4；6-aminopurine phosphate

【CAS 登记号】 [70700-30-0]

【结构式】

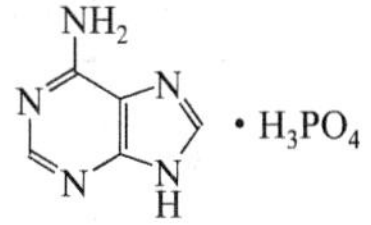

【物化性质】 熔点 360～365℃。白色结晶性粉末，味微酸。为6-氨基嘌呤的磷酸盐。在水中微溶，在乙醇或氯仿中不溶，在沸水或氢氧化钠试液中溶解，微溶于稀盐酸中。

【质量标准】 沪 Q/WS-1-703—80

项 目		指 标
含量($C_5H_5N_5 \cdot H_3PO_4$)/%	≥	98.0
含氯化合物/%	≤	0.35
硫酸盐/%	≤	0.02
干燥失重/%	≤	0.5

【用途】 系核酸和某些辅酶的活性部分，参与生物体内代谢功能，能维持红细胞内ATP水平，延长贮存血液中红细胞的存活时间。有刺激白细胞增生作用。用于防治各种原因引起的白细胞减少症，特别是由于肿瘤化学治疗、放射治疗以及苯类药物中毒所造成的白细胞减少症。经常和激素或其他维生素等药及输血并用。广泛用于血液贮存，能维持红细胞内ATP水平，延长贮存血液中红细胞存活时间。

【制法】 (1) 以次黄嘌呤为原料经氯化、羟氯化、还原、成盐过程制得。

(2) 以丙二酸二乙酯为原料，经环合、硝化、氯化、氨化制得4,6-二氨基-5-硝基嘧啶，再环合经制得6-氨基嘌呤，与磷酸成盐制得腺嘌呤磷酸盐。

【安全性】 遮光，密闭保存。

【参考生产企业】 洛阳德胜化工有限公司，上海第十二制药厂，江西恒辉医药化工有限公司，新乡市一梅化工有限公司，兴化明威化工有限公司，上海钰翔化学科技有限公司，北京恒业中远化工有限公司，石家庄第一制药厂，上海瀚鸿化工科技公司，兴化明威化工公司，台州市星明药业公司，新乡市一梅化工公司，武汉福鑫化工公司，台州恒丰医药化工公司，兴化明威化工公司，新乡拓新生化科技公司，台州市椒江星成医药化工公司，淄博市兴鲁化工公司。

Kb002 别嘌醇

【英文名】 allopurinol

【别名】 异嘌呤醇；赛洛克；痛风平；1H-吡唑并[3,4-*d*]嘧啶-4-醇；isopurinol；zyloprim；zyloric；HPP；1*H*-pyrazolo[3,4-d]pyrimidin-4-ol

【CAS 登记号】 [315-30-0]

【结构式】

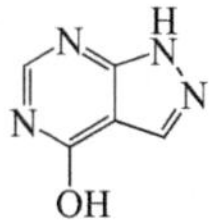

【物化性质】 为白色或类白色结晶性粉末，几乎无臭。熔点大于350℃。在水中或乙醇中极微溶解，在氯仿或乙醚中不溶，在氢氧化钠或氢氧化钾中易溶。

【质量标准】 原料药(中国药典2010年版)

项 目	指 标
含量($C_5H_4N_4O$)(以干燥品计)/%	97.0～102.0
干燥失重(105℃干至恒重)/% ≤	0.5
其他杂质	符合要求

【用途】 别嘌醇是体内次黄嘌呤的异构体，可抑制黄嘌呤氧化酶，使次黄嘌呤和黄嘌呤合成尿酸的途径受阻，从而降低血中尿酸浓度。别嘌呤醇本身也可被黄嘌呤氧化酶催化生成别黄嘌呤，后者也有抑制黄嘌呤氧化酶的作用。也用于白血病、淋巴瘤。

【安全性】 孕妇慎用，部分病人可出现皮疹、胃肠道反应及肝和造血系统损害，如转氨酶升高和白细胞减少。与抗癌药6-巯基嘌呤合用时，要将6-巯基嘌呤剂量减至常量的1/4。多饮水，以利尿酸排出。遮光，密闭保存。

【制法】 氰乙酸乙酯与原甲酸三乙酯缩合得乙氧亚甲基氰乙酸乙酯，再经环合制得别嘌呤。

【参考生产企业】 北京制药厂，江苏天禾药物研究所有限公司，杭州华飞化工公司，深圳信泰精细化工公司，宁波勤益化工公司，南京康满林化工实业公司，常州康运精细化工公司，台州市开创化工公司，重庆浩康医药化工公司，四川华法美实业有限责任公司，金唐化学工业集团公司，南京法默化工公司，南京法姆化学厂，旭富制药科技公司，北京太洋药业公司，南京仁信化工公司，苏州市尤利特生物医药科技公司，武汉市合中化工制造公司，广州市永信药业公司，武汉远城科技发展公司，海南中信化工公司。

Kb003 硫鸟嘌呤

【英文名】 thioguanine

【别名】 6-硫代鸟嘌呤；2-氨基-6-巯基嘌呤；2-aminopurine-6-thiol 6-thioguanine；2-amino-6-mercaptopurine hemihydrate

【CAS登记号】 [154-42-7]

【结构式】

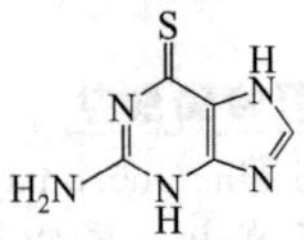

【物化性质】 熔点大于360℃。为淡黄色结晶性粉末，无臭或几乎无臭。不溶于水、乙醇或氯仿，易溶于稀氢氧化钠溶液中。

【质量标准】 原料药(中国药典2010年版)

项 目	指 标
含量($C_5H_5N_5S$)(以干燥品计)/% ≥	97.0
氮/%	40.6～43.1
干燥失重(105℃干至恒重)/% ≤	6.0
含磷物质/% ≤	0.03
游离硫	通过检验
其他物质	符合要求

【用途】 为嘌呤抗代谢药物。在体内转变成相应的核苷酸后，可抑制嘌呤核苷酸合成；它的代谢途径与巯嘌呤相似，是一种DNA碱基的同类物，可作为一个错误的碱基掺入到DNA分子中，从而影响DNA的合成和功能。主要作用于S期，为周期特异性药，与巯嘌呤有交叉耐药性，但毒性小。在体内代谢途径是：甲基化后成为2-氨基-6-甲硫嘌呤，去氨基后成为2-羟基-6-巯嘌呤，部分则氧化成硫代尿酸形式经尿排出。抗肿瘤药。用于各类白血病的治疗，急性白血病更为常用。

【制法】 由鸟嘌呤经五硫化二磷在氢氧化铵存在下，与吡啶中进行置换反应制得。

【安全性】 毒性大，一定要在医生指导下，住院治疗时使用。用药期间应严格检查血象。肝、肾功能不全患者慎用。可见白细胞、血小板减少，偶见全血象降低。胃肠反应有恶心、呕吐等。取拿药物时，避免引入和接触手和皮肤。遮光，密封保存。

【参考生产企业】 浙江海力生物制药有限公司，武汉福德化工有限公司，浙江奥马药业有限公司，杭州富马化工有限公司，江苏八巨药业有限公司，台州椒江星成医药化工厂。

Kb004 硫唑嘌呤

【英文名】 azathioprine

【别名】 6-［(1-甲基-4-硝基-1*H*-咪唑基-5)-硫代］-1*H*-嘌呤；咪唑硫嘌呤；依木兰；氮杂硫代嘌呤；6-［(1-methyl-4-nitro-1*H*-imidazol-5-yl) thio］-1*H*-purine；azothioprine；6-(1-methyl-4-nitro-5-imidazolyl) mercaptopurine

【CAS 登记号】 ［446-86-6］

【结构式】

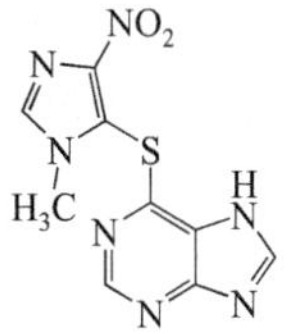

【物化性质】 为淡黄色粉末或结晶性粉末。无臭，味微苦。分解温度 243～244℃。在乙醇中极微溶解，在水中几乎不溶；在稀氨溶液中易溶。

【质量标准】 原料药(中国药典 2010 年版)

项目		指标
含量($C_9H_7N_7O_2S$)(以干燥品计)/%	≥	98.0
酸碱度 pH 值		符合规定
有关物质		符合要求
干燥失重(105℃干至恒重)/%	≤	0.5
炽灼残渣/%	≤	0.1

【用途】 是嘌呤类抗代谢物，是巯嘌呤的衍生物。在体内迅速分解为巯嘌呤而发挥抗代谢作用。巯嘌呤在体内被转化为硫代肌苷酸，后者竞争性地抑制肌苷酸转变为腺苷酸和尿苷酸，干扰嘌呤代谢，阻碍 DNA 合成，从而抑制淋巴细胞增殖，阻止抗原敏感淋巴细胞转化为免疫母细胞。对细胞免疫的抑制作用强于对体液免疫的抑制作用，对 T 细胞的抑制作用强于对 B 细胞的抑制作用。可显著抑制迟发型过敏反应和宿主抗移植物反应，也可抑制抗体生成，但抑制 IgG 生成的作用强于抑制 IgM 生成。对初次免疫应答反应作用显著，对再次免疫应答反应即使极大剂量也不能完全抑制。本药主要作用在免疫反应的诱导期，一般在抗原刺激的同时或随后 2 日内用药，抗原刺激前给药无效。其抗炎作用较环磷酰胺强。可用作免疫抑制药。主要用于治疗自身免疫性疾病，如自体免疫性溶血性贫血、结节性红斑、肾病综合征、红斑狼疮、脾切除后血小板减少症以及用于肾脏的移植。还可用于急、慢性白血病。

【制法】 草酸二乙酯经胺化、环合、氯化得 1-甲基-5-氯咪唑，再经硝化、缩合制得硫唑嘌呤。

【安全性】 用药期间应严格检查血象，肝功能不全者禁用。副作用发生率不高，表现为恶心、呕吐、腹泻、厌食、口腔损伤、皮疹、药热、脱发、急性胰腺炎和关节痛，少数人可有胆汁淤积性黄疸，SGPT 升高。停药或减量后，上述症状多可恢复。此药的骨髓抑制作用较烧化剂弱，主要表现为粒细胞缺乏症，偶见贫血和血小板减少。尚偶见肾脏损害，并可致畸胎。在与皮质激素并用时，患者易患带状疱疹、单纯疱疹和水痘等病毒感染。遮光，密闭保存。

【参考生产企业】 北京恒业中远化工有限公司，台州市东东医药化工公司，浙江益善化工公司，南京同和化工公司，浙江诚意药业有限公司，江阴信诚化工公司，南京仁信化工公司，苏州市尤利特生物医药科技公司，常州新华化学制品公司。

Kb005 6-巯嘌呤

【英文名】 6-mercaptopurine

【别名】 巯基嘌呤；1,7-dihydro-6*H*-purine-6-thione；purine-6-thiol；6MP

【CAS登记号】 [50-44-2]

【结构式】

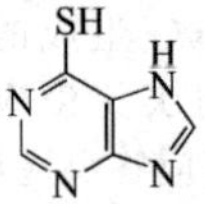

【物化性质】 其一水物为黄色结晶性粉末；无臭，味微甜。分解温度313～314℃。在水和乙醇中微溶解，在乙醚中几乎不溶。其一水物在140℃失去结晶水。易溶于碱性水溶液，但甚不稳定，缓慢水解，置空气中光照会变成黑色。可溶于沸水。

【质量标准】 原料药（中国药典2010年版）

项　目	指　标
含量($C_5H_4N_4S$)(以无水物计)/%	97.0～103.0
硫酸盐、6-羟基嘌呤	符合要求
水分/%	10.0～12.0
重金属/$\times 10^{-6}$　≤	10

【用途】 是嘌呤抗代谢物，进入体内转变成6-巯基嘌呤核苷酸，阻止肌苷酸转变为腺苷酸、黄嘌呤核苷酸，抑制CoI的生物合成。6-巯嘌呤是次黄嘌呤类似物，能竞争性抑制次黄嘌呤转变成肌苷酸，阻止鸟嘌呤转变为鸟苷酸，故抑制RNA和DNA的合成，杀伤各期增殖细胞。可用作抗肿瘤药。治疗急、慢性白血病、绒癌和恶性葡萄胎、抑制免疫。久用有一定蓄积性，癌细胞对该药易产生耐药性，但此种耐药癌细胞却对甲氨蝶呤的敏感性提高出现侧路敏感现象。

【制法】 以氰乙酸酯等为原料多步合成。将无水乙醇和乙醇钠在干燥的反应器中搅拌加热至76℃，加入硫脲，回流下滴加氰乙酸乙酯，加完后回流4h，冷却至30℃。过滤，滤饼加3.5倍水溶解并用活性炭脱色，过滤，滤液加热至90℃，滴加乙酸至pH4～5，冷却过滤得2-巯基-4-氨基-6-羟基嘧啶（Ⅰ）产品。将（Ⅰ）加水溶解，加入盐酸和硝酸，15℃滴加亚硝酸钠，加完后在pH3～4条件下反应2h，抽滤，滤饼水洗至中性，加入水中，冷至20℃以下加保险粉，25℃以下反应0.5h，35℃反应2h，抽滤得2-巯基-4,5-二氨基-6-羟基嘧啶（Ⅱ）。将（Ⅱ）和碳酸钠及适量水加热搅拌溶解，加入活性镍90～98℃回流4h。过滤，冰醋酸调滤液pH至7.5，减压浓缩后冷却抽滤得4,5-二氨基-6-羟基嘧啶（Ⅲ）。将（Ⅲ）和甲酸搅拌加热溶解后回流4h，减压回收甲酸，加6mol/L氢氧化钠溶液溶解，脱色过滤，滤液冷至20℃后，冰醋酸调pH至6，放置过夜，过滤，将滤饼和吡啶及五硫化二磷投入反应器中加热溶解，118℃反应4h，减压回收吡啶，冷却，加水重结晶得粗品，粗晶用水重结晶得精品6-巯基嘌呤。

【安全性】 胃肠道反应为恶心、呕吐、食欲减低，有时腹泻、口腔炎和口腔溃疡。骨髓抑制较明显，白细胞、血小板减少，甚至产生全血象降低。用药期间应严格检查血象。少数病人可出现肝功能损害和黄疸，一般停药后可恢复。给药过程中应进行肝功能检查。肝、肾功能不良者应减量慎用。与别嘌醇合用时，应将别嘌醇减量至原剂量的25%～50%。遮光，密闭保存。

【参考生产企业】 南京仁信化工公司，肇庆市科立化工有限公司，浙江益善化工公司，武汉福鑫化工公司，苏州市苏瑞医药化工公司，宝应县润扬化工公司，杭州维华生物技术公司，兴化明威化工公司，南京同和化工公司，宁波勤益化工公司，台州市东东医药化工公司，上海瀚鸿化工科技公司，台州恒丰医药化工公司，金坛市茂盛助剂厂。

Kb006 6-氨基嘌呤 （参见 I 107）

Kb007 氟胞嘧啶

【英文名】 fluorocytosine

【别 名】 5-氟胞嘧啶；5-氟-4-氨基-2（1*H*)-嘧啶酮；4-amino-5-fluoro-2（1*H*)-pyrimidinone；5- fluorocytosine

【CAS 登记号】 ［2022-85-7］

【结构式】

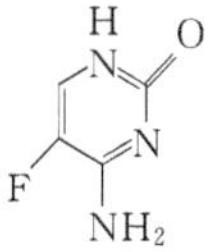

【物化性质】 为白色或类白色结晶性粉末，无臭或微臭。在室温中稳定，遇冷析出结晶、遇热小部分转变为5-氟尿嘧啶。熔点295～297℃（分解）。在水中略溶，在水中于20℃溶解度为1.2%，在乙醇中微溶，在氯仿、乙醚中几乎不溶，在稀盐酸或稀氢氧化钠溶液中易溶。

【质量标准】 原料药（中国药典2010年版）

项　目		指　标
含量($C_4H_4FN_3O$)/%	≥	98.5
pH值		5.5～7.5
溶液澄清度与颜色		符合要求
有关物质		符合要求
干燥失重(105℃干至恒重)/%	≤	0.5
炽灼残渣/%	≤	0.2
重金属/$\times10^{-6}$	≤	20

【用途】 抗真菌药物，对念珠菌、隐球菌、着色真菌和曲霉菌有明显抗菌作用，对其他真菌无抑制作用。氟胞嘧啶对真菌的抑制作用是由于它进入敏感真菌的细胞内，在胞核嘧啶脱氨酶的作用下，脱去氨基而形成抗代谢物——5-氟尿嘧啶。后者又转变为5-氟尿嘧啶脱氧核苷而抑制胸腺嘧啶核苷合成酶，阻断尿嘧啶脱氧核苷转变为胸腺嘧啶核苷，影响DNA的合成。可用作抗真菌药，主要用于皮肤黏膜念珠菌病、念珠菌心内膜炎、念珠菌关节炎、隐球菌脑膜炎和着色真菌病。

【制法】 （1）以5-氟尿嘧啶为原料，经氯化、氨化、水解而得。

（2）以2-甲氧基-4-羟基-5-氟嘧啶为原料，经氯化、氨化、水解而得。

【安全性】 小鼠经口 $LD_{50}>2000mg/kg$。用药期间应定期检查血象。肝、肾功能不全血液病患者及孕妇慎用；严重肾功能不全患者禁用。遮光，密闭保存。

【参考生产企业】 上海瀚鸿化工科技公司，中国药科大学制药厂，如东县丰利医药化工厂，苏州强达医药化学技术公司，上海第二制药厂，常州市剑湖东风化工公司，江苏中丹集团股份公司，金唐化学工业集团公司，南通精华制药公司，益鹏生物科技（深圳）公司，上海洛茵氟化工公司，重庆浩康医药化工公司杭州荣康化工公司。

Kb008 氟尿嘧啶

【英文名】 fluorouracil

【别名】 5-氟-2,4（1*H*，3*H*)-嘧啶二酮；5-fluoro-2，4（1*H*，3*H*)-pyrimidinedione；2,4-dioxo-5-fluoropyrimidine；5-FU

【CAS 登记号】 ［51-21-8］

【结构式】

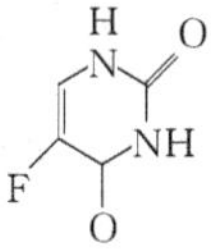

【物化性质】 白色或类白色的结晶或结晶

性粉末。分解温度281～284℃。在水中略溶，在乙醇中微溶，在氯仿中几乎不溶，可溶于稀盐酸或氢氧化钠溶液。

【质量标准】 原料药(中国药典2010年版)

项 目	指 标
含量($C_4H_3FN_2O_2$)(以干燥品计)/%	97.0～103.0
吸收系数 $E_{1cm}^{1\%}$	535～568
氟/%	13.1～14.6
溶液澄清度	符合要求
氯化物/% ≤	0.014
硫酸盐/% ≤	0.02
有关物质	符合规定
干燥失重(105℃干至恒重)/% ≤	0.5
重金属/$\times10^{-6}$ ≤	20

【用途】 为最常用的尿嘧啶抗代谢药，在体内先经过一系列反应变成氟尿嘧啶脱氧核苷酸，然后发挥效应（影响DNA合成)，还能在体内转化为氟尿嘧啶核苷掺入RNA，从而干扰蛋白质合成。主要作用在S期，但对其他各期细胞也有一定作用。易透过血脑屏障，易进入脑组织及肿瘤转移灶。约10%～30%原型由尿中排出，约60%～80%在肝内灭活变为CO_2和尿素，分别由呼吸道和尿排出。遮光，密封保存。

【制法】 (1) 直接氟化法。是以尿嘧啶、胞嘧啶、乳清酸等为原料，与惰性气体释放的氟气，或活泼性的含氟化合物反应生成相应的中间体，经后处理得到。

(2) 缩合环化法。主要以氟代甲酰乙酸酯烯醇式钠盐化合物为原料或中间体，与脲类或其衍生物缩合成环，进一步水解或氧化处理得到。

【参考生产企业】 宁波勤益化工公司，常州市剑湖东风化工公司，金坛市得利化工公司，益鹏生物科技（深圳）公司，安徽省阜阳众诚药业有限责任公司，新乡市一梅化工公司，金唐化学工业集团公司，大丰市天生药业有限公司，南京仁信化工公司，上海洛茵氟化工公司，上海捷倍思基因技术公司，上海瀚鸿化工科技公司，天津麦迪森化学工业公司，如东县丰利医药化工厂，武汉远大制药集团股份公司，南通精华制药公司，杭州荣康化工公司。

Kb009 呋喃氟尿嘧啶

【英文名】 florafur

【别名】 喃氟啶；呋氟尿嘧啶；1-(2′-四氢呋喃基)-5-氟尿嘧啶；替加氟；fluorofur；futraful；tegaful；1-(2′-tetrahydrofuryl)-5-fluorouracil；FT-207

【CAS登记号】 [17902-23-7]

【结构式】

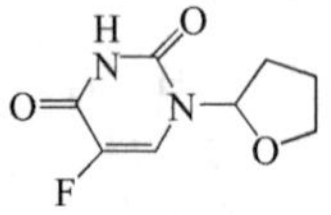

【物化性质】 无臭、无味、白色结晶性粉末。对热、光和湿度较为稳定。熔点167～168℃。易溶于碱性溶剂和极性溶剂，难溶于非极性溶剂。

【用途】 为氟尿嘧啶的潜效型衍化物。可用作抗肿瘤药。口服经肝细胞微粒体酶分解产生5-氟尿嘧啶，发挥抗癌作用。抗瘤谱与5-氟尿嘧啶相同，特点是生效迅速，血中维持时间长，化疗指数比-5-氟尿嘧啶高2倍，毒性为5-氟尿嘧啶的1/6～1/5。服后3h血中浓度达高峰，以后维持一定浓度。抑制DNA合成时间为12～18h，抑制RNA合成时间为12～24h。对多种实体瘤有效。

【制法】 (1) 5-氟尿嘧啶与四氢呋喃缩合制得。

(2) 5-氟尿嘧啶与$[(CH_3)_3Si]_2NH$作用成盐，再与2-氯四氢呋喃缩合制得。

【安全性】 不良反应与5-氟尿嘧啶相似，但较轻微。骨髓抑制比较缓和，少数病人可有轻微白细胞、血小板减少及出血倾向。胃肠道反应如恶心、呕吐、食欲减低及腹泻较多见，但较5-氟尿嘧啶为轻。此外可能引起肝、肾功能损害，故肝、肾功能障碍者慎用。忌与含钙、镁离子和含酸性的注射液混合应用。密闭贮藏保存。

【参考生产企业】 通化天马药业股份公司，西安高科陕西金方药业公司，河南天方药业股份公司，哈尔滨三联药业公司，华北制药集团制剂公司，沈阳药大药业有限责任公司，四川三精升和制药公司，天津金耀氨基酸公司，通化长青药业股份公司，通化鸿淘茂药业公司，修正药业集团股份公司，药都制药集团股份公司，重庆科瑞制药有限责任公司，北京三九药业公司，河南省安阳第一制药厂，通化茂祥制药公司，威海华新药业公司，修正药业集团长春高新制药公司。

Kb010 腺苷

【英文名】 adenosine

【别名】 腺苷；腺嘌呤核苷；6-氨基-9-*β*-D-呋喃核糖基-9*H*-嘌呤；9-*β*-D-ribofuranosyl-9*H*-purin-6-amine；9-*β*-D-ribofuranosidoadenine；adenine riboside

【CAS 登记号】 [58-61-7]

【结构式】

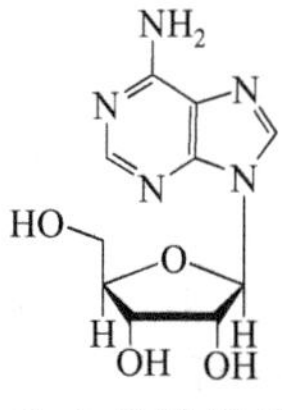

【物化性质】 为白色结晶性粉末，无臭，味苦。熔点234～235℃。比旋光度 $[\alpha]_D^{11}$ −61.7°（c=0.706，水中），$[\alpha]_D^{9}$ −58.2°（c=0.658，水中）。易溶于水，几乎不溶于乙醚、氯仿和乙醇。

【用途】 可直接进入心肌磷酸化为腺苷酸，参与心肌能量代谢，扩张冠状血管，增加冠脉血流量。由于在体内易被腺苷脱氨酶破坏，故作用不能持久。它也具有周围血管扩张作用，较冠脉扩张作用为弱，也产生短暂降压作用。此外，它还稍有减弱心肌收缩力的作用。治疗心绞痛、心肌梗死、冠脉功能不全、动脉硬化、原发性高血压、脑血管障碍、卒中后遗症、进行性肌肉萎缩等。

【制法】 以肌苷为原料经合成得到。

【安全性】 房室传导阻滞及急性心肌梗死患者禁用。

【参考生产企业】 广东肇庆星湖生物科技公司，新乡市一梅化工公司，新乡市赛特化工有限公司，同克化工（香港）公司，连云港笃祥化工公司，无锡益诚化学公司，上海德谷医药科技公司，上海特化医药科技公司，新乡拓新生物科技公司，淄博市兴鲁化工公司，厦门市飞鹤化工公司，广州捷倍思生物科技公司，上海捷倍思基因技术公司，重庆浩康医药化工公司，上海迈可生化科技公司，杭州欧康化工股份公司，新乡市天丰精细化工公司，上海瀚鸿化工科技公司，金唐化学工业集团公司，辽宁生物医药科技公司。

Kb011 腺苷蛋氨酸

【英文名】 *S*-adenosylmethionine

【别名】 *S*-腺苷蛋氨酸；*S*-(5′-脱氧腺嘌呤核苷-5′-基）蛋氨酸；*S*-(5′-desoxyadenosin-5′-yl)-L-methionine；active methionine；ademetionine；adoMet；SAMe

【CAS 登记号】 [29908-03-0]

【结构式】

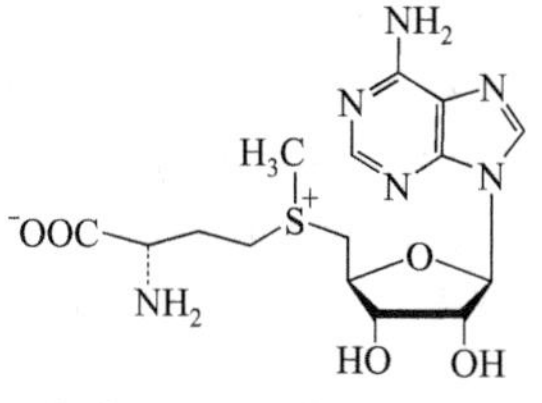

【用途】 临床用于改善肝脏功能。与L-多巴合用于治疗帕金森氏病，能提高L-

多巴疗效和减少副反应。

【制法】 腺苷蛋氨酸的生产制备方法主要有化学合成法、发酵法和酶促转化法。

(1) 化学合成法。用 *S*-腺苷同型半胱氨酸和碘甲烷反应制得。

(2) 发酵法。在培养基中添加 L-甲硫氨酸，利用酵母发酵生产腺苷蛋氨酸。

(3) 酶促转化法。利用腺苷蛋氨酸合成酶 (ATP)，与 L-甲硫氨酸制得腺苷蛋氨酸。

【安全性】 可见注射处局部疼痛、暂时性焦虑和失眠。

【参考生产企业】 德国基诺药厂，西安金绿生物工程技术有限公司，江西银海堂生物科技有限公司，张家港华昌药业公司，郑州市中原化工有限公司，苏州欧丽特生物医药公司，上海远慕生物科技有限公司。

Kb012 阿糖腺苷

【英文名】 vidarabine

【别名】 9-*β*-D-阿拉伯呋喃糖腺嘌呤；阿糖腺嘌呤；腺嘌呤阿拉伯糖苷；9-*β*-D-arabinofuranosyladenine monohydrate；arabinosyladenine；adenine arabinoside；spongoadenosine；ara-A

【CAS 登记号】 [5536-17-4]

【结构式】

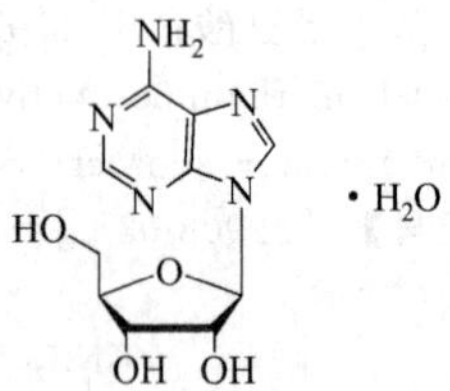

【物化性质】 无臭、无味、白色细小针状结晶或结晶性粉末。熔点 257～257.5℃ ($0.4H_2O$)。比旋光度 $[\alpha]_D^{27}-5°$ ($c=0.25$)。微溶于水、甲醇，几乎不溶于乙醚。

【用途】 能抑制 DNA 病毒的合成，为广谱的 DNA 病毒抑制剂，其中对单纯疱疹病毒Ⅰ、Ⅱ型及带状疱疹病毒的作用最明显，水痘带状疱疹病毒、牛痘病毒、乙型肝炎病毒次之。对腺病毒、伪狂犬病毒、EB 病毒、巨细胞病毒等也有抑制作用，但对核糖核酸 (RNA) 病毒无效。抗病毒机理：在体内转化为三磷酸阿糖腺苷 (Ara-ATP)，与三磷酸脱氧腺苷竞争，抑制病毒的 DNA 多聚酶 (DNA-P)，使血清中 DNA 多聚酶活性降低约 90%；另外，可掺入核苷酸间连接处，抑制核苷酸还原酶，延迟 DNA 链延伸，从而抑制病毒的合成。治疗慢性乙型肝炎、单纯疱疹病毒性脑炎、带状疱疹、生殖器疱疹、新生儿单纯疱疹感染、免疫缺陷病人的水痘带状疱疹感染、疱疹性脊髓炎、角膜炎及角膜色素层炎、巨细胞病毒性肺炎。

【制法】 (1) 以 5′-腺嘌呤核苷酸 (5′-AMP) 为原料。与对甲苯磺酰化反应得到 2′-*O*-对甲苯磺酰基腺苷-5′-单磷酸酯，经水解脱磷得到 2′-*O*-对甲苯磺酰基腺苷，对 2′-*O*-对甲苯磺酰基腺苷进行溴化得 8-溴-2′-*O*-对甲苯磺酰基腺苷，再经乙酰化得 8-羟基-N，3，5-*O*-三乙基-2′-*O*-对甲苯磺酰基腺苷，在甲醇-氨中环化得 8，2′-*O*-环化腺苷，再在甲醇-硫化氢中开环得 8-巯基阿糖腺苷，最后经氢解脱硫的成品。

(2) 以尿苷为原料。先与三氯氧化磷和二甲基甲酰胺反应，然后在碱性 (pH=9) 条件下水解得到阿糖尿苷，经嘧啶核苷磷酸化酶水解，脱去尿嘧啶得到阿糖-1-磷酸，经嘌呤核苷磷酸化酶催化，与腺嘌呤缩合即可。

【安全性】 小鼠经口 $LD_{50}>7950mg/kg$，腹腔注射 LD_{50} 为 4677mg/kg。每日剂量在 5mg/kg，副作用轻微且少见，当剂量在每日 10mg/kg 以上时，可出现厌食、恶心、呕吐、腹泻、转氨酶升高、头晕、乏力等。少数患者可出现骨髓抑制，主要表现为白细胞和血小板减少。偶可引起肌肉疼痛综合征。治疗脑炎病人偶可有震颤、共济失调痛觉异常、脑电波异常等，对肝、肾功能不全者尤易发生。有致畸作用，孕妇禁用。乳母、婴儿及肝、肾功能不全者慎用。干燥、阴暗处保存。

【参考生产企业】 上海一研生物科技有限公司，开平牵牛生化制药有限公司，武汉亚高生物工程有限公司，洪湖市亚高氨基酸制造有限公司，富阳市东辰生物工程有限公司。

Kb013 尿苷

【英文名】 uridine

【别名】 尿核苷；核糖苷；尿嘧啶核苷；二氢嘧啶核苷；1-β-D-ribofuranosyluracil；uracil riboside

【CAS 登记号】 [58-96-8]

【结构式】

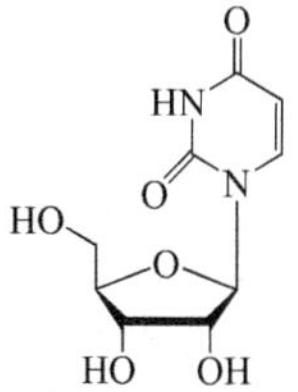

【物化性质】 白色针状结晶或粉末。无气味，味稍甜而微辛。熔点 165℃。比旋光度 $[\alpha]_D^{20}$ +4°（c=2）。能溶于水，微溶于稀醇，不溶于无水乙醇。

【用途】 尿苷是核苷类的一种，是构成动物细胞核酸的有关成分，能提高机体抗体水平。动物试验表明尿苷和肌苷等合用能促进心肌细胞代谢，加速蛋白质、核酸生物合成和能量产生，可促进和改善脑细胞代谢。可用于巨型红细胞贫血，也可与其他核苷、碱基合用于治疗肝、脑血管及心血管等疾患。

【参考生产企业】 淄博市兴鲁化工公司，新乡市一梅化工公司，上海德谷医药科技公司，北京东方德众科技发展公司，连云港笃祥化工公司，无锡益诚化学公司，新乡市赛特化工有限公司，厦门市飞鹤化工公司，如东县丰利医药化工厂，新乡拓新生化科技公司，上海捷倍思基因技术公司，上海瀚鸿化工科技公司，宁波恒飞化工公司，广东光华化学厂公司，金唐化学工业集团公司，上海迈可进出口公司，苏州工业园区赛康德万马生物科技公司，滨海顺华化工贸易公司，新乡市天丰精细化工公司，上海迈可生化科技公司。

Kb014 碘苷

【英文名】 idoxuridine

【别名】 2′-脱氧-5-碘尿苷；疱疹净；碘去氧尿苷；2′-deoxy-5-iodouridine；1-(2-deoxy-β-D-ribofuranosyl)-5-iodouracil；5-iodo-2′-deoxyuridine

【CAS 登记号】 [54-42-2]

【结构式】

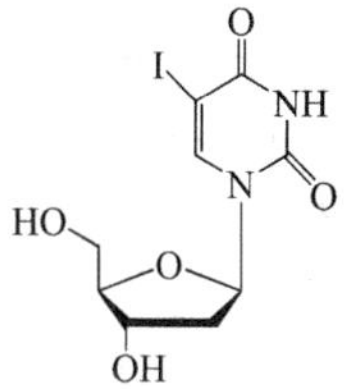

【物化性质】 白色结晶性粉末。熔点 176～184℃（分解）。比旋光度 $[\alpha]_D^{25}$ +7.4°（c=0.108，水中）。微溶于水、甲醇、乙醇、丙酮及稀盐酸，易溶于氢氧化钠溶液，几乎不溶于氯仿或乙醚。

【质量标准】 原料药(中国药典 2010 年版)

项　目	指　标
含量($C_9H_{11}IN_2O_5$)(以干燥品计)/%	98.0～102.0
熔点/℃	176～184
比旋光度(25℃，10mg/mL)	+25°～+30°
酸度 pH 值	5.5～6.5
溶液的澄清度与颜色	符合要求
5-碘尿嘧啶(吸收度比值) ≤	0.40
干燥失重(60℃减压干燥至恒重)/% ≤	1.0
炽灼残渣/% ≤	0.3

【用途】 抗病毒药。能与病毒的胸腺嘧啶核苷争夺磷酸化酶及聚合酶，使病毒合成脱氧核糖核酸能力受到抑制，停止繁殖或失去活性。在眼科主要用于治疗浅层单纯疱疹性角膜炎、眼部带状疱疹及疫苗病毒感染性疾病。

【制法】 5′-三苯甲烷-2,2′-环氧尿嘧啶核苷经水解溴化制得2′-溴代尿嘧啶核苷，再经氢代、碘化制得。

【安全性】 遮光，密闭保存。

【参考生产企业】 北京瑞博奥生物科技有限公司，新乡一梅化工厂，上海德谷医药公司。

Kb015 溴苷

【英文名】 broxuridine

【别名】 5-溴-2′-脱氧尿苷；脱氧溴尿苷；溴尿嘧啶脱氧核苷；1-(2-脱氧-*β*-D-呋喃核糖基)-5-溴尿嘧啶；5-bromo-2′-deoxyuridine；5-bromouracil deoxyriboside

【CAS登记号】 [59-14-3]

【结构式】

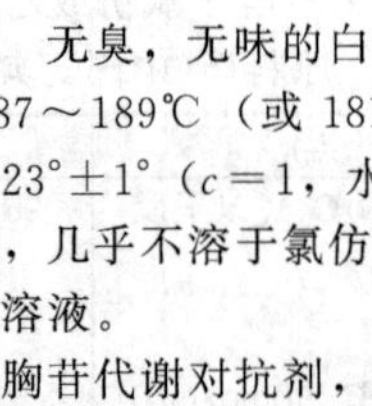

【物化性质】 无臭，无味的白色结晶性粉末。熔点187～189℃（或181～183℃）。比旋光度+23°±1°（*c*=1，水中）。难溶于水和甲醇，几乎不溶于氯仿和苯，易溶于氢氧化钠溶液。

【用途】 为胸苷代谢对抗剂，能抑制腺病毒增殖，一般作为放射增敏剂，在细胞增殖期间。代替胸腺嘧啶掺入DNA中，提高细胞对放射性和紫外线的敏感度。用于脑瘤和头颈部肿瘤的放射增敏剂，从而提高放疗效果。与抗代谢剂合用亦能提高疗效。

【安全性】 密封干燥避光保存。

【参考生产企业】 上海士锋生物科技有限公司，北京中生瑞泰科技有限公司，研域（上海）化学试剂有限公司。

Kb016 无环鸟苷

【英文名】 acyclovir

【别名】 阿昔洛韦；9-(2-羟乙氧甲基)鸟嘌呤；2-氨基-1,9-二氢-9-[(2-羟乙氧基)甲基]-6H-鸟嘌呤-6-酮；2-amino-1,9-dihydro-9-[(2-hydroxyethoxy)methyl]-6*H*-purin-6-one；acycloguanosine；9-[(2-hydroxyethoxy)methyl]guanine

【CAS登记号】 [59277-89-3]

【结构式】

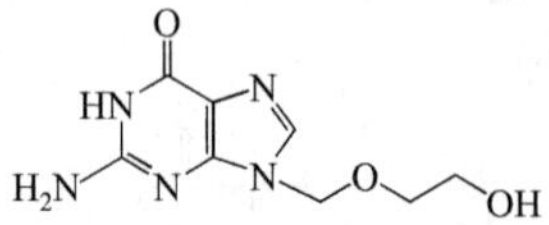

【物化性质】 无臭，无味的白色结晶性粉末。熔点256.5～257℃。在冰醋酸或热水中略溶，微溶于冷水，在乙醇中极微溶解，几乎不溶于乙醚或氯仿。易溶于稀碱溶液、稀盐酸、氨溶液和二甲亚砜。

【质量标准】 上海市药品标准1993年版

项　目		指　标
含量($C_8H_{11}N_5O_3$)/%	≥	98.0
干燥失重/%	≤	3.0
炽灼残渣/%	≤	0.1
重金属/$\times10^{-6}$	≤	10

【用途】 为含嘌呤核的新抗病毒药，是迄今最强的抗疱疹病毒药，效力比阿糖腺苷强160倍，比碘苷强10倍。对Ⅰ型和Ⅱ型单纯疱疹病毒作用最强，对水痘带状疱疹病毒、EB病毒、非洲淋巴病病毒也有效，对巨细胞病毒有效但有耐药株。此外，对乙型肝炎病毒有一定疗效，对单纯疱疹的无胸苷激酶的突变种和处在非复制

期的EB病毒（潜伏感染）以及绝大多数RNA病毒则无效。本身无抗病毒活性，进入体内后被感染疱疹病毒的细胞优先吸收，在感染细胞内转变为三磷酸化合物，对病毒DNA聚合酶有选择性抑制作用，并可掺入正在延伸的病毒的DNA链中，从而抑制病毒DNA合成或中止DNA延伸。对正常细胞作用较小，故毒性较低，具有较高的治疗指数，抗病毒作用比阿糖胞苷强160倍。适用于免疫功能受损患者的黏膜和皮肤初发或复发的单纯疱疹病毒。水痘、带状疱疹感染、免疫功能正常病人的带状疱疹和生殖器疱疹、单纯疱疹脑炎。也用于预防严重免疫受损的单纯疱疹感染。

【制法】 以鸟嘌呤为原料，可经酰化、缩合和氨解分步制备或一步制备，也可经硅烷化、缩合和水解制得。

【安全性】 小鼠经口 LD_{50} >10000mg/kg，腹腔注射 LD_{50} 1000mg/kg。偶见血中尿素氮和肌酸酐升高，可逆性的神经反应如幻觉、震颤、昏迷等。有人恶心、呕吐等胃肠道反应。常见的有注射部位发炎、坏死或静脉炎。对过敏者忌用。肾功能不良者、孕妇、授乳期妇女慎用。静脉输注应缓慢。输液时必须输入适量的水，以免无环鸟苷的结晶在肾小管内积存而影响肾功能。

【安全性】 遮光，密闭，在干燥处保存。

【参考生产企业】 新乡拓新生化科技公司，浙江物产崇一医药化工公司，浙江益善化工公司，杭州福斯特药业公司，浙江浙北药业公司，重庆浩康医药化工公司，丽珠集团常州康丽制药公司，杭州维华生物技术公司，江阴信诚化工公司，南京仁信化工公司，杭州福斯特药业公司。

Kb017 肌苷

【英文名】 inosine

【别名】 9-D-核糖次黄嘌呤；次黄嘌呤核苷；hypoxanthine riboside；9-β-D-ribofuranosylhypoxanthine；hypoxanthosine

【CAS 登记号】 [58-63-9]

【结构式】

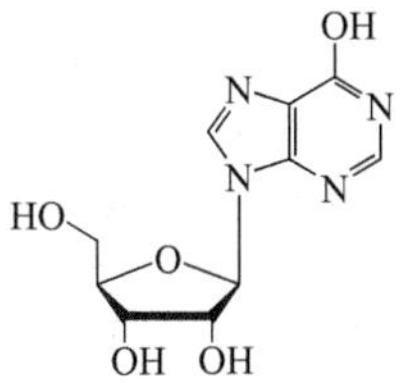

【物化性质】 为白色结晶性无臭粉末，味微苦。熔点 90℃（二水物）（218℃分解）。比旋光度 $[\alpha]_D^{18}$ −49.2°（c=0.9，水中）（二水物）。不溶于氯仿、乙醇。易溶于稀盐酸或氢氧化碱溶液。

【质量标准】 原料药(中国药典 2010 年版)

项　目		指　标
含量($C_{10}H_{12}N_4O_5$)(干燥品计)/%		98.0～102.0
溶液透光率(0.5g/50mL H_2O,430nm)	≥	98.0(注射用)
有关物质		符合要求
干燥失重(105℃干至恒重)/%	≤	1.0
炽灼残渣/%	≤	0.1(注射用)；0.2(口服用)
重金属/$\times 10^{-6}$	≤	10
异常毒素		符合规定

【用途】 肌苷的饱和水溶液约含肌苷1.5%。是人体正常成分，是体内核苷酸代谢的中间产物，在有关酶作用下，可形成次黄嘌呤核苷，并进一步转换为腺嘌呤核苷酸或鸟嘌呤核苷酸，从而亦为ATP的合成提供原料。它能直接进入细胞内，参与糖代谢，提高辅酶A的活性和活化丙酮酸氧化酶，使处于低能、缺氧状态的细胞继续顺利进行代谢，有助于受损肝细胞功能的恢复。用于白细胞或血小板减少

症，肝脏疾患及心脏病等。

【制法】(1) 棒状杆菌发酵制取肌苷酸，再用化学法脱掉磷酸得肌苷。

(2) 以腺嘌呤及硫胺素双重营养缺陷型的变异芽孢杆菌株，一步发酵制备肌苷。

【安全性】可引起轻度腹泻，不能与乳清酸、氯霉素、潘生丁及硫喷妥钠注射液配伍。遮光，密闭保存。

【参考生产企业】广东星湖生化制药厂，上海工业微生物研究所，厦门飞鹤化工公司，浙江诚意药业有限公司，上海味精厂，广州侨光制药湖北宜药集团，广东光华化学厂，金唐化工集团，常州汉泰化工公司，中国科学院上海生化所，杭州味精厂，天津市味精厂，佳木斯前进制药厂，吉林市制药厂，佳木斯生物制药厂，宜昌市第四制药厂。

Kb018 异丙肌苷

【英文名】inosine pranobex

【别名】dimethylaminoisopropanol acetamidobenzoate (1∶3)；inosiplex；methisoprinol

【CAS 登记号】[36703-88-5]

【结构式】

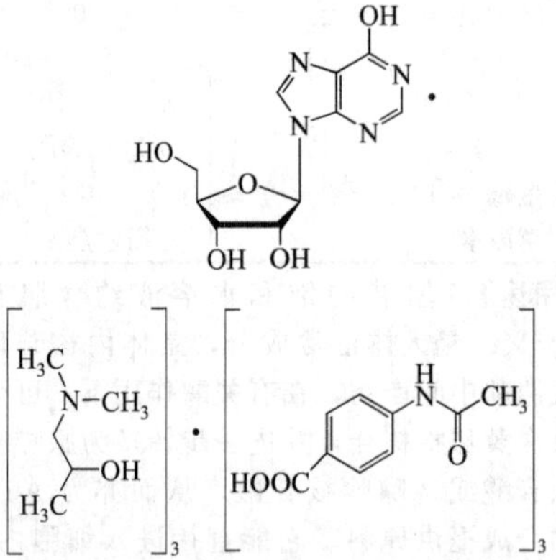

【物化性质】是肌苷和与二甲氨基异丙醇、对乙酰氨苯甲酸酯的复合物，为微黄色或无色粉末，微苦，易吸湿，可溶于水。

【用途】具有抗病毒和增强机体免疫能力的作用。临床用于流感、疱疹、麻疹、水痘、腮腺炎、肝炎，并用于多发性口角炎、局灶性生殖器炎。

【安全性】其不良反应是血中尿酸增高，轻度洋地黄样中毒作用。痛风、心脏病患者慎用。孕妇忌用。

【参考生产企业】济南明鑫制药有限公司，上海政乾公司，上海至鑫化工公司，上海同和医药公司，上海远城科技公司，济南明鑫制药公司。

Kb019 三唑核苷

【英文名】ribavirin

【别名】三氮唑核苷；酰胺三嗪核苷；病毒唑；1-β-D-呋喃核糖苷-1*H*-1,2,4-三氮唑-3-羧酰胺；利巴韦林；RTCA；tribavirin；1-β-D-ribofuranosyl-1*H*-1，2，4-triazole-3-carboxamide

【CAS 登记号】[36791-04-5]

【结构式】

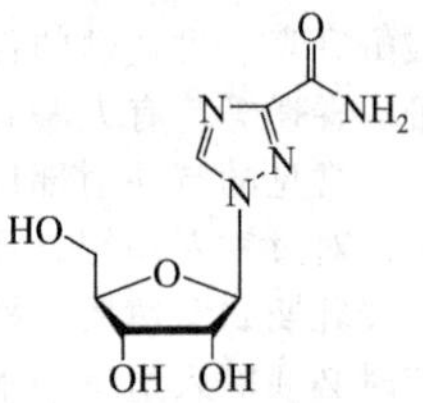

【物化性质】无臭、无味、白色结晶性粉末。常温下稳定。熔点 174～176℃和160～167℃（两种晶形）。比旋光度 $[\alpha]_D^{25}-36.5°$（$c=1$，水中），$[\alpha]_D^{20}-38°$（$c=1$，水中）。易溶于水，微溶于乙醇、氯仿和醚等。

【用途】在体内转变为三唑核苷酸，抑制次黄嘌呤核苷酸脱氢酶，阻断鸟苷酸的生物合成，从而抑制 DNA 的合成，具有广谱抗病毒（DNA 病毒、RNA 病毒）和抗肿瘤的作用。作为药物用于流感病毒 A 和 B 引起的流感、腺病毒肺炎、甲型肝炎、疱疹、麻疹等，具有防治作用。对流行性出血热也有治疗作用。

【安全性】小鼠腹腔注射 LD_{50} 为 1.3g/kg，

大鼠经口 LD_{50} 为 5.3g/kg。口服可引起腹泻，无其他明显毒性，但可有白细胞减少。剂量过大抑制血红蛋白及红细胞成熟而导致可逆性贫血。此外，动物实验中有致畸致胚胎毒的报道。

【参考生产企业】 华北制药集团，四川百利制药有限责任公司，杭州德立化工公司，上海乐丰制药有限公司，汉鼎化工公司，潜江佳泰药业公司，浙北药业公司，南京仁信化工公司，广州永信药业公司，浙江益善化工公司。

Kb020 腺苷酸

【英文名】 5′-adenylic acid

【别名】 5′-腺苷酸；muscle adenylic acid；ergadenylic acid；*t*-adenylic acid；a-denosine 5′-monophosphate；adenosine phosphate；adenosine-5′-phosphoric acid；adenosine-5′-monophosphoric acid；A-5MP；AMP

【CAS 登记号】 [61-19-8]

【结构式】

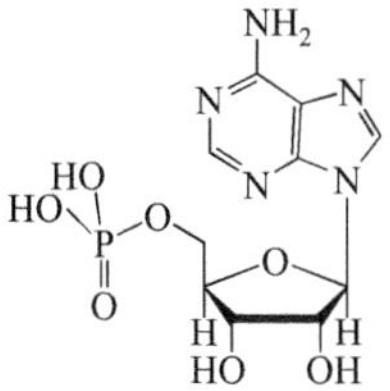

【物化性质】 白色结晶。熔点 196～200℃。比旋光度 $[\alpha]_D^{20}$ −47.5°（c=2，2% NaOH），−26.0°（c=2，10% HCl）。易溶于水，微溶于醇，不溶于醚。

【质量标准】 QB/T 4358—2012 5′-腺苷酸

项　目		指　标
外观		白色结晶或结晶性粉末，无可见异物，无味，微溶于水
鉴别		与标准品红外光谱一致
含量($C_{10}H_{14}N_5O_7P$，以干基计)/%		98.0～102.0
干燥失重/%	≤	6.0
透光率(5%水溶液)/%	≥	95.0
pH(5%水溶液)		2.0～3.5
紫外吸光度比值	A_{250}/A_{260}	0.82～0.86
	A_{280}/A_{260}	0.20～0.24
砷(以 As 计)/(mg/kg)	≤	1.0
铅(以 Pb 计)/(mg/kg)	≤	1.0
菌落总数/(CFU/g)	≤	1000
大肠菌群/(MPN/g)	<	3
霉菌和酵母菌/(CFU/g)	≤	50
致病菌(沙门氏菌、志贺氏菌、金黄色葡萄球菌、阪崎肠杆菌)		不应检出

【用途】 腺苷酸是构成动物细胞核糖核酸的四种主要单核苷酸之一，系体内的能量传递物质，但比三磷酸腺苷（ATP）稳定。具有显著的周围血管扩张和降压作用临床用于播散性硬化、卟啉症、瘙痒、肝病、静脉曲张性溃疡并发症。以腺苷酸成分为主的复合滴眼剂可用于眼疲劳、中心视网膜炎及角膜翳和疱疹等角膜表层疾患。

【安全性】 肌注可见局部红斑、全身性血管扩张、面红、头晕、呼吸困难、心悸。

【参考生产企业】 新乡市一梅化工公司，上海秋之友生物科技公司，北京赛璐珈科技公司，中江恒泰国际贸易分公司，上海德谷医药科技公司，连云港笃祥化工公司，厦门市飞鹤化工公司，绿色植物化工公司，江阴市蔚尔生物科技公司，新乡拓新生化科技公司，淄博市兴鲁化工公司，上海新浦化工厂公司。

Kb021 环磷酸腺苷

【英文名】 cyclic AMP

【别名】 3′,5′-环化腺苷酸；腺嘌呤核糖苷-3′,5′-环磷酸酯；环化腺苷酸；环磷腺苷；adenosine 3′,5′-cyclic monophosphate；adenosine 3′,5′-phosphate；cyclic adenosine 3′,5′-monophosphate；acrasin；3′,5′-AMP

【CAS 登记号】 [60-92-4]

【结构式】

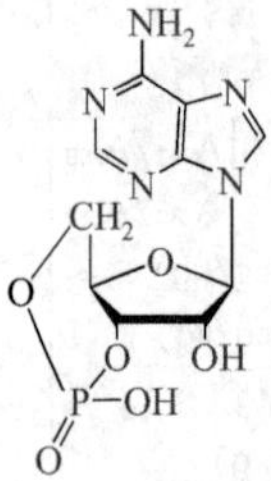

【物化性质】 白色或类白色无臭粉末。微溶于水，几乎不溶于乙醇或乙醚中。

【质量标准】 原料药(中国药典 2010 年版)

项 目	指 标
含量($C_{10}H_{12}N_5O_6P$)/% ≥	97.0～103.0
pH 值	2.0～4.0
溶液澄明度与颜色	澄明无色
有关物质	符合要求
干燥失重(105℃干至恒重)/% ≤	10.0
炽灼残渣/% ≤	0.1
重金属/$\times 10^{-6}$	20
细菌内毒素/(EU/mg) <	3.7

【用途】 蛋白激酶致活剂。能调节细胞的多种功能活动。用于缓解心绞痛及急性心肌梗死，亦用于牛皮癣。在机体中，cAMP 分布很广，从低等微生物到高等哺乳动物的细胞组织中都有，但含量很低。它是 ATP 经腺苷环化酶活化而产生。是细胞内传递激素和递质作用的中介因子，因此被称为“第二信使”。其灭活酶为磷酸二酯酶。它对很多酶催化的反应具有调节作用，可调节与细胞内贮藏的糖和脂肪反应的一系列酶的活性，对蛋白质生物合成也具有调节控制作用。可广泛参与细胞功能的调节，能舒张平滑肌、扩张血管、改善肝功能、促进神经再生、抑制皮肤外层细胞分裂和转化异常细胞的功能、促进呼吸链氧化酶的活性、改善心肌缺氧等。

【参考生产企业】 上海生物化学制药厂，江苏徐州医学院制药厂，济南明鑫制药公司，长春大政药业公司，大连金港制药公司，西安博森生物制药公司，广东三才医药集团，山东方明药业公司，江西银涛药业公司，山东潍坊制药厂，湖北凯亚制药公司，山东益健药业公司，哈尔滨三联药业公司，焦作博爱药业公司，北京四环制药公司，青岛金峰制药公司。

Kb022 胞二磷胆碱

【英文名】 citicoline

【别名】 胆碱胞嘧啶核苷二磷酸酯；胞磷胆碱；cytidine 5′-(trihydrogen diphosphate) P′-[2-(trimethylammonio) ethyl] ester inner salt；choline cytidine 5′-pyrophosphate (ester)；cytidine diphosphate choline ester；CDP-choline

【CAS 登记号】 [987-78-0]

【结构式】

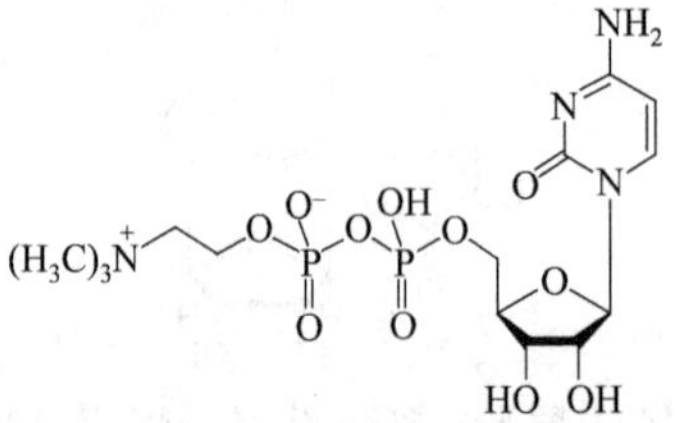

【物化性质】 为白色或类白色粉末，无臭，有引湿性。比旋光度 $[\alpha]_D^{25}$ +19.0°(c=0.86，水中)。在水中易溶，在乙醇、丙酮、氯仿中不溶。

【质量标准】 原料药 沪 Q/WS-1-406—80

项 目	指 标
含量($C_{14}H_{26}O_{11}N_4P_2$)/%	90.0～105.0
比旋度	+15°～+21°
光吸收度比值 A280nm/A260nm	2.07～2.27
pH 值	3.0～4.5

续表

项目		指标
硫酸盐/%	≤	0.25
氯化物/%	≤	0.5
蛋白质		无
干燥失重/%	≤	7.0
重金属/$\times 10^{-6}$	≤	20

【用途】 胞二磷胆碱是卵磷脂生物合成前体。分子内含胆磷和胞嘧啶，参与卵磷脂合成时把胆碱转移到甘油二酯上。卵磷脂的合成增加，有改变脑膜生理功能的作用。还能改善脑血管张力，增加脑血流量和耗氧量，并有催醒作用。用于急性颅脑外伤及脑手术后的意识障碍。脑血栓、多发性脑栓塞、震颤麻痹、卒中后遗症、脑动脉硬化所致脑供血不足、催眠药和一氧化碳中毒及各种器质性脑病。

【安全性】 小鼠、大鼠静脉注射 LD_{50} 分别为：4600±335mg/kg，4150±370mg/kg。遮光，密闭保存。

【参考生产企业】 上海秋之友生物科技有限公司，苏州天马医药集团。

Kb023 植酸

【英文名】 phytic acid

【别名】 肌醇六磷酸；inositolhexaphosphoric acid；cyclohexanehexyl hexaphosphate

【CAS 登记号】 [83-86-3]

【结构式】 $C_6H_6[OPO(OH)_2]_6$

【物化性质】 易溶于水、乙醇和丙酮，几乎不溶于乙醚、苯和氯仿。淡黄色至淡褐色浆状液体，常以钙、镁的复盐存在于植物种芽、米糠中。

【质量标准】 HG 2683—1995 食品添加剂 植酸（肌醇六磷酸）

项目		指标
外观		淡黄色或浅褐色黏稠液体
植酸($C_6H_{18}O_{24}P_6$)/%	≥	50
无机磷(以 P 计)/%	≤	0.02
氯化物(以 Cl 计)/%	≤	0.02
硫酸盐(以 SO_4 计)/%	≤	0.02
钙盐(以 Ca 计)/%	≤	0.02
砷(以 As 计)/%	≤	0.0003
重金属(以 Pb 计)/%	≤	0.003

【用途】 可用作螯合剂、抗氧化剂、水软化剂、金属防腐蚀剂及饲料添加剂等，广泛应用于食品、医药、化工、金属加工等行业。

【制法】 以米糠或麦麸为原料，经稀酸浸泡后过滤，用石灰和氢氧化钠中和、沉淀，再用离子交换树脂进行酸化交换、减压浓缩、脱色和过滤，得植酸产品。另外也可从玉米活性污泥中萃取，还可由环己六醇与磷酸合成制得。

【安全性】 从米糠中获取的植酸毒性极低。小鼠口服 LD_{50} 为 4.9g/kg，比乳酸还低。一般采用聚乙烯塑料桶包装，重量分为 1kg、10kg 和 20kg 等几种规格。按一般化学品规定贮运。

【参考生产企业】 安徽省天创生物科技有限公司，成都东方企业公司，湖北当阳市三鑫生物工程有限责任公司，新邵新星生物科技开发有限公司，靖江市盛鑫生化有限公司，上海邦伯化工有限公司，莱阳市万基威生物工程有限公司。

Kb024 鞣酸 （参见 Fb036 单宁酸）

Kc 糖和糖苷

Kc001 甘油醛

【英文名】 glyceraldehyde

【别名】 2,3-dihydroxypropanal；glyceric aldehyde；α，β-dihydroxypropionaldehyde

【CAS 登记号】 [56-82-6]

【结构式】

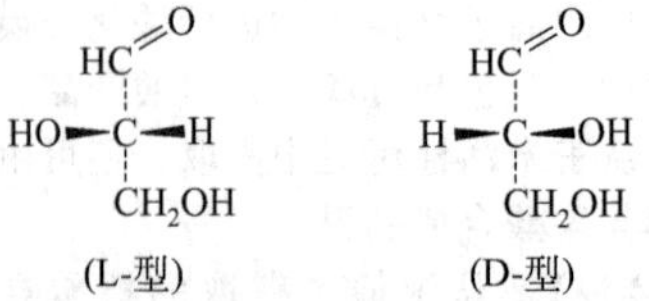

【物化性质】 甜味的无色晶体。比旋光度 $[\alpha]_D^{25}$（L-型）：−8.7°（c=2，水中）、（D-型）：+8.7°（c=2，水中）。熔点 145℃。相对密度（d_{18}^{18}）1.455。溶于水，18℃温度下 100mL 水中可溶解 3g 甘油醛。不溶于苯、戊烷等。

【用途】 用于生化研究，有机合成中间体，营养剂。

【制法】 可通过甘油的氧化制备。氧化剂可以是过氧化氢，用二价铁盐催化。L-山梨糖氧化断裂可得到 L-甘油醛；D-果糖氧化断裂可得 D-甘油醛。也可由 3-氨基-2-羟基-丙醛与亚硝酸反应制得相应的甘油醛。

【安全性】 低温储存。

【参考生产企业】 上海士锋生物科技有限公司。

Kc002 D-葡萄糖

【英文名】 glucose

【别名】 血糖；玉米葡糖、玉蜀黍糖；D-glucose；dextrose；blood sugar；grape sugar；corn sugar

【CAS 登记号】 [50-99-7]

【结构式】

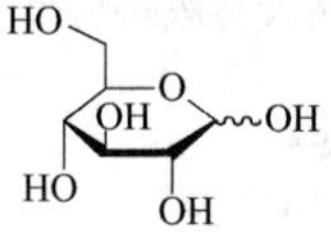

【物化性质】 无色晶体，味甜，有吸湿性。熔点 83℃（α-D-葡萄糖，一水物），148-155（β-D-葡萄糖）。比旋光度 $[\alpha]_D$：（α-D-葡萄糖，一水物）+102.0°，+47.9°（水）、（β-D-葡萄糖）+18.7°，+52.7°（c=10，水中）。易溶于水，难溶于乙醇。

【质量标准】

（1）GB/T 20880—2007 食用葡萄糖

项目	一水葡萄糖		无水葡萄糖		全糖粉
	优级品	一级品	优级品	一级品	
外观	结晶性粉末,无肉眼可见杂质				无定形粉末,无肉眼可见杂质
气味	无异味				
滋味	甜味温和、纯正、无异味				
颜色	白色或无色				
比旋光度/(°)	52.0～53.5				—
葡萄糖含量(以干物质计)≥/%	99.5	99.0	99.5	99.0	95.0
pH	4.0～6.5				
氯化物/% ≤	0.01		0.01		0.01
水分/% ≤	10.0		2.0		10.0
硫酸灰分/% ≤	0.25		0.25		0.25

(2) HG/T 3475—1999 化学试剂 葡萄糖

项目	分析纯	化学纯
比旋光度$[\alpha]_D^{20}$	+52.5°～+53.0°	
澄清度试验	合格	合格
干燥失重/%	7.5～9.1	7.0～9.1
灼烧残渣(以硫酸盐计)/% ≤	0.05	0.05
酸度(以H^+计)/(mmol/100g) ≤	0.12	0.12
氯化物(Cl)/% ≤	0.002	0.006
硫酸盐(SO_4)/% ≤	0.002	0.004
铁(Fe)/% ≤	0.0005	0.001
重金属(以Pb计)/% ≤	0.0005	0.0005
糊精及淀粉	合格	合格

【用途】 葡萄糖在自然界中分布极广，尤以葡萄中含量较多。葡萄糖是蔗糖、麦芽糖、乳糖、淀粉、糖原、纤维素等的组成单元。在肝脏内，葡萄糖在酶作用下氧化成葡萄糖醛酸，而葡萄糖醛酸在肝中可与有毒物质如醇、酚等结合变成无毒化合物由尿排出体外，可达到解毒作用。葡萄糖在生物学领域具有重要地位，是活细胞的能量和新陈代谢中间产物。植物可通过光合作用产生葡萄糖。在糖果制造业和医药领域有着广泛应用。

【制法】 可由甘油醛逐步增长碳链的方法得到。

【参考生产企业】 山东西王药业有限公司，芜湖市秦氏糖业有限公司，阳新县科生化工有限公司，老河口市香源达糖业有限公司。

Kc003 肝素（钠盐）

【英文名】 heparin

【别名】 肝素；heparinic acid

【CAS登记号】 [9005-49-6]

【结构式】

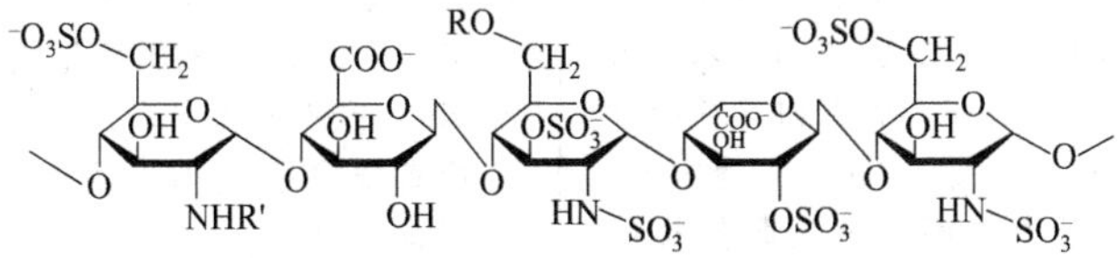

R = H 或 SO_3^-　　R' = SO_3^- 或 $COCH_3$

【物化性质】 系自猪或牛的肠黏膜中提取的硫酸氨基葡聚糖的钠盐，为白色或类白色的粉末，有引湿性。比旋光度 $[\alpha]_D^{20}+55°$，$[\alpha]_D^{25}+47°$（$c=1.5$，水中）（肝素钠盐）。在水中易溶。

【质量标准】 原料药（中国药典 2010 年版）

项　目	指　标
效价(以干燥品计)/(单位/mg) ≥	170
比旋光度(40mg/mL) ≥	+50°
总氮量/%	1.3～2.5
溶液澄清度与颜色	符合要求
吸光度(波长 260nm、280nm 处) ≤	0.10
有关物质	符合要求
残留溶剂	符合要求
干燥失重(60℃减压干燥至恒重)/% ≤	5.0
炽灼残渣/%	28.0～41.0
钠/%	9.5～12.5
重金属/$\times10^{-6}$ ≤	30
细菌内毒素/(EU/单位肝素) <	0.010

【用途】 在自然界中，肝素广泛分布在哺乳动物的肝、肺、心、脾、肾、胸腺、肠黏膜、肌肉和血液里，多与蛋白质结合成复合体存在。这种复合体无抗凝血活性，随着蛋白质除去而活性增加。在体内被肝脏产生的肝素酶灭活而从尿排泄出去。它是含有硫酸酯的黏多糖，分子结构用一个四糖重复单位表示，组分是氨基葡萄糖和艾杜糖醛酸和葡萄糖醛酸。由于肝素分子中含有约占分子量的 40% 的硫酸根阴离子，因而带有许多负电荷，这种高度带负电的物理化学特性，干扰了血凝过程的许多环节。肝素的抗血栓形成作用，除与各凝血因子活性被抑制外，尚有血管壁相互作用以及其他作用因素。除了抗凝血外，肝素还具有降血脂作用，抗动脉粥样硬化、抗炎抗过敏等作用。

【制法】 用酶解-脂法或盐解-脂法制备。

【安全性】 密封在凉暗处保存。

【参考生产企业】 山东福瑞达生物化工有限公司，枣庄市远宏生物制品有限公司，湖南长城肠衣有限公司，信阳市富程生化工业研究所，南京生物化学制药厂，江苏扬州生物化学制药厂，苏州生物化学制药厂，上海生物化学制药厂，河南鹤壁市制药厂，河南新乡生化制药厂，天津生物化学药厂，大连生物化学制药厂，成都制药三厂，唐山市生化制药厂，浙江之江制药厂，武汉生物化学制药厂，湖北沙市生物化学制药厂，桂林生物化学制药厂，南宁生物化学制药厂，昆明市生物化学制药厂，内蒙古宁城县生化制药厂，山东莱阳生物化学制药厂，安徽丰原药业股份公司马鞍山药厂，北京博康健基因科技公司，北京赛生药业公司，北京三九药业公司，北京双鹤药业股份公司，北京托毕西药业公司，长春高士达生化药业（集团）股份公司，长春英联生物技术公司，常州千红生化制药公司，成都通德药业公司，大连贝尔药业公司，抚松吉新药业公司，广东省药物研究所制药厂，哈高科白天鹅药业集团公司，湖北恒安药业公司，湖南康普制药公司，华北制药集团制剂公司，黄石市生物制药厂，吉林省辉南长龙生化药业股份公司，济南维尔康生化制药公司，江苏万邦生化医药股份公司，林州市大众药业公司 山东博士伦福瑞达制药公司，山东嘉鸿药业公司，山东鲁抗辰欣药业公司，山东省莱阳生物化学制药厂，上海第一生化药业公司，四川菲德力制药公司，四川合信药业有限责任公司，四川蜀中制药公司，苏州新宝制药公司，天津市生物化学制药厂，天津药业焦作公司，武汉长联来福生化药业有限责任公司，西安博森生物制药有限责任公司。

Kc004 甲壳素

【英文名】 chitin

【别名】 壳多糖；几丁；几丁质

【CAS 登记号】 [1398-61-4]

【结构式】

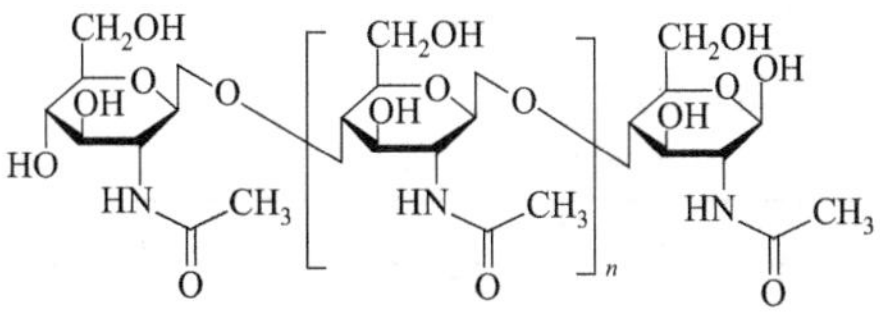

【分子式】 $(C_8H_{13}NO_5)n$

【物化性质】 无臭、无味、类白色无定形粉末。含氮量约 7.5%，高速搅拌吸水膨胀。水中形成比纤维素更好。分散相，有较强的吸附脂肪能力。脱乙酰成壳聚糖为可溶性甲壳素。能溶解于含 8%氯化锂的二甲基乙酰胺或浓酸。不溶于水、稀酸、碱、乙醇或其他有机溶剂。

【质量标准】

（1）参考标准

项　目		指　标
粒度/μm	⩽	200
pH 值(1%水混悬液)		6～8
蛋白质		双缩脲反应阴性
干燥失重/%	⩽	8.0
炽灼残渣/%	⩽	1
重金属/×10⁻⁶	⩽	20
砷/×10⁻⁶	⩽	2

（2）参考标准

项　目		指　标
外观		白色至灰白色固体
氯化物(以 Cl 计)/%	⩽	0.5
钙/(mg/kg)	⩽	50
pH 值		6.5～7.5
干燥失重/%	⩽	3
砷/(mg/kg)		未检出
重金属(以 Pb 计)/(mg/kg)	⩽	10
灼烧残渣/%	⩽	0.5

【用途】 自然界中，甲壳质广泛存在于低等植物菌类、虾、蟹、昆虫等甲壳动物的外壳、高等植物的细胞壁等。它是一种线型的高分子多糖，即天然的中性黏多糖。若经浓碱处理去掉乙酰基即得到脱乙酰壳多糖。甲壳质化学上不活泼，不与体液发生变化，对组织不引起异物反应，无毒，具有抗血栓、耐高温消毒等特点。脱乙酰壳多糖是碱性多糖，有止酸、消炎作用，可降低胆固醇、血脂。增稠剂、乳化剂、稳定剂、黏合剂、药剂辅料、医用缝合线等。其中作为辅料可用作缓释剂、润滑剂、包衣剂。通过直接压片、湿法制粒或包衣可制备相应药物的微粒剂、片剂、胶囊剂、微膜剂等。可制成透析膜、超滤膜和反渗透膜；与纤维等交链复合体可作成分子筛。与戊二醛等作交联剂，可与许多酶或微生物细胞固定化，如固定化天冬酰胺酶。可作人造皮肤、人造血管、人工肾等。聚糖可抑制胃溃疡，降低胆固醇、血脂。

【安全性】 密闭保存。

【参考生产企业】 大连鑫蝶甲壳素有限公司，上海埃力生双林生物制品有限公司，青岛利中甲壳质公司，北京东恒嘉生物技术有限责任公司，武汉三恩生物技术有限公司，磐安县万昌壳聚糖厂，南通兴成生物制品厂，潍坊市东兴甲壳制品厂，上海邦成化工有限公司，仙居县滕旺壳聚糖厂，青岛九农生物有机肥有限公司，辽宁维佳生物科技发展有限公司。武汉海瑞生物科技有限公司，台州复大海洋生物实业有限公司。

Kc005 壳聚糖

【英文名】 chitosau

【别名】 几丁聚糖；脱乙酰几丁质；聚氨基葡糖；甲壳胺

【CAS 登记号】 [9012-76-4]

【结构式】

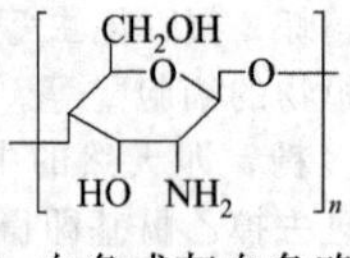

【物化性质】 白色或灰白色略有珍珠光泽半透明的片状固体。脱乙酰度为70%～90%，含氮量7%左右，不溶于水和碱溶液，可溶于大多数稀酸。

【质量标准】 参考标准

项目		指标
外观		浅黄色或灰白色
片状物水分/%	≤	13
灰分/%	≤	3
乙酸不溶物/%	≤	1
脱乙酰度/%		70～80

【用途】 可作为絮凝剂，用于废水处理。也可应用于医药、化妆品和食品工业等工业领域。在造纸工业中可用作施胶剂、助留剂和增强剂。可与毛角阮蛋白的氨基酸形成化学键结合，具有良好的直毛固定效果。

【参考生产企业】 磐安县万昌壳聚糖厂，南通兴成生物制品厂，浙江永跃海洋生物有限公司，潍坊市东兴甲壳制品厂，潍坊科海甲壳素有限公司，济南海得贝海洋生物工程有限公司，仙居县滕旺壳聚糖厂，山东东辰生化集团有限公司，桓台县金湖甲壳制品有限公司。

Kc006 甘露醇

【英文名】 mannitol

【别名】 甘露糖醇；己六醇；D-甘露醇；D-mannitol；mannite；manna sugar；cordycepic acid

【CAS登记号】 [69-65-8]

【结构式】 $HOCH_2[CH(OH)]_4CH_2OH$

【物化性质】 无色或白色结晶粉末，无吸湿性。其甜度相当于蔗糖的70%，甘露糖醇溶于水时吸收大量热，食用时有清凉的口感。在无菌溶液中较稳定，不易为空气中的氧所氧化。沸点（466.6Pa）290～295℃。熔点166℃。相对密度1.489。比旋光度 $[\alpha]_D^{20}$ +23°～+24°。易溶于热水，5.5mL沸水可溶解1g D-甘露糖醇，可溶于乙醇、吡啶和苯胺。

【质量标准】

(1) 原料药（中国药典2010年版）

项目		指标
含量($C_6H_{14}O_6$)(以干燥品计)/%		98.0～102.0
熔点/℃		166～170
比旋光度(25℃)		+137°～+145°
酸度		符合要求
溶液澄清度与颜色		符合要求
有关物质		符合要求
还原糖(消耗硫代硫酸钠的体积)/mL	≥	12.8
氯化物/%	≤	0.003
硫酸盐/%	≤	0.01
草酸盐/%	≤	0.02
干燥失重(105℃干至恒重)/%	≤	0.5
炽灼残渣/%	≤	0.1
重金属/$\times 10^{-6}$	≤	10
砷盐/%	≤	0.0002

(2) FCC，1996

项目		指标
含量(干基计)/%		96.0～101.5
重金属/(mg/kg)	≤	5
氯化物/%	≤	0.007
还原糖试验阴性干燥失重/%	≤	0.3
比旋光度$[\alpha]_D^{25}$		+137°～+145°
熔程/℃		165～168
硫酸盐/%	≤	0.01

【用途】 为多醇糖。在自然界中，甘露醇广泛存在于各种植物中，在木樨科植物花白蜡树的树汁中含量高达30%～50%，在食用菌、地衣类、胡萝卜等中也有一定含量。其中海藻、海带中甘露醇含量较高，海藻洗下的洗液中含量可达2%，海

带的洗液约含1.5%。5.07%水溶液与血清渗透压相等。其高渗溶液有脱水和利尿效果。可用作脱水药、利尿药、食品甜味剂、防粘剂、营养增补剂、品质改良剂、保湿剂。

【制法】 (1) 提取法。从海藻中可提取甘露醇，用经浸泡后的海藻制取海藻酸钠，浸泡水加碱沉淀并过滤，滤液经酸化、氧化后用离子交换树脂吸附其中的碘，使碘结晶析出，所剩水溶液中含有大量的甘露醇，可通过乙醇提取法、水重结晶法或电渗析法从中分离提纯出甘露醇。

(2) 发酵法。利用酶系统完成氢化作用。

(3) 氢化法。通过催化氢化果糖、蔗糖（转化糖）或者果葡糖浆（加高果糖玉米糖浆）来进行生产。

【安全性】 遮光，密闭保存。

【参考生产企业】 北京第三制药厂，石家庄第四制药厂，天津和平制药厂，沈阳第一制药厂，上海长征制药厂，石家庄第四制药厂，山东胶南县制药厂，山东胶南县海洋化工厂，青岛海洋化工厂，青岛市第一海水养殖场，大连水产化工厂制药点，江苏赣榆县七二化工厂，连云港制碘厂，北京第三制药厂，天津和平制药厂，沈阳第一制药厂，上海长征制药厂，禹城福田药业公司，连云港海藻公司，深圳宙邦化工公司，广州光华化学厂，广东西陇化工公司，上海塔隆化工集团，郑州鸿峰食品添加剂公司，广州道明化学公司，上海海曲化工公司，上海九邦化工公司。

Kc007 山梨醇

【英文名】 sorbitol

【别名】 D-山梨糖醇；花楸醇；蔷薇醇；D-glucitol；D-sorbitol；L-gulitol；sorbol

【CAS登记号】 [50-70-4]

【结构式】 $HOCH_2(CHOH)_4CH_2OH$

【物化性质】 白色结晶性粉末，无臭，味甜。熔点95℃。比旋光度+4.0°～+7.0°。具有6个羟基的多元醇特性，易溶于水、甘油、丙二醇、热甲醇和热吡啶，微溶于甲醇、乙醇、醋酸、苯酚和乙酰胺，可发生脱水氧化、酯化、醚化等反应。

【质量标准】 原料药(中国药典2010年版)

项 目		指 标
含量($C_6H_{14}O_6$)(以干燥品计)/%	≥	98.0
比旋光度		+4.0°～+7.0°
酸度		符合要求
溶液的澄清度、颜色		澄清无色
氯化物/%	≤	0.005
硫酸盐/%	≤	0.01
还原糖、总糖		符合规定
有关物质		符合要求
干燥失重(60℃减压干燥至恒重)/%	≤	1.0
炽灼残渣/%	≤	0.1
重金属/$\times 10^{-6}$	≤	10
砷盐/%	≤	0.0002

【用途】 山梨醇是甘露醇的同分异构体，药效亦与甘露醇相同，是有效的渗压性利尿剂。因山梨醇进入体内有较多部分转化为糖原而失去渗透活性，故作用比甘露醇弱。但溶解度比甘露醇大，可制成较高浓度的溶液，且价格比较低廉，故可作为甘露醇的代用品。用于治疗脑水肿及颅内压增高，治疗青光眼的眼内压增高，也用于心肾功能正常的水肿、少尿。

【制法】 催化还原法。以葡萄糖为原料经催化加氢制得山梨醇。另外还有电解氧化法及发酵法。

【安全性】 遮光，密封保存。

【参考生产企业】 太原制药厂，湖北宜药集团，四川西南制药厂，东北制药总厂(沈阳)，华北制药厂（在石家庄），日本味之素，北京制药厂，天津和平制药厂，禹城福田药业公司，南通凯信医药化工公司。

Kc008 葡醛内酯

【英文名】 D-glucuronolactone

【别名】 D-葡萄糖醛酸-γ-内酯；肝泰乐；肝太乐；葡醛酯；D-glucuronic acid γ-lactone；D-glucofuranurono-6，3-lactone；glucurolactone；glucurone

【CAS 登记号】 [32449-92-6]

【结构式】

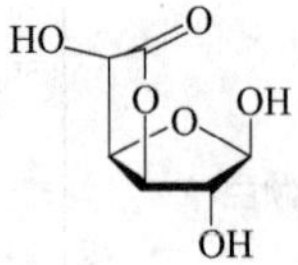

【物化性质】 为白色结晶或结晶性粉末。无臭，味微苦。遇光色渐变深。熔点 176～178℃（商品级 172℃）。相对密度 d_4^{30} 1.76。比旋光度 $[\alpha]_D^{25}$ +19.8°（c=5.19）。在水中易溶，在甲醇中略溶，在乙醇中微溶。溶于水后，一部分内酯变成葡萄糖醛酸，达到平衡状态，显酸性反应。

【质量标准】 原料药（中国药典 1995 版）

项 目	指 标
含量($C_6H_8O_6$)/%	98.5～102.0
溶液的澄清度、颜色	澄清无色
干燥失重/% ≤	0.5
炽灼残渣/% ≤	0.1
重金属/×10⁻⁶ ≤	10

【用途】 肝脏疾病辅助用药及解毒药。进入体内后，在酶的催化下，内酯环被打开，变为葡萄糖醛酸而发挥作用。葡萄糖醛酸是体内重要的解毒物质之一，能与肝内或肠内含有羧基的毒物及药物结合，形成无毒或低毒的葡萄糖醛酸结合物而由尿排出；还可以降低肝淀粉酶的活性，阻止糖原分解，使肝糖原增加，脂肪贮存减少，而起保护肝脏及解毒作用。

【安全性】 遮光，密闭保存。

【参考生产企业】 江苏天禾药物研究所有限公司，寿光市中和生物化工有限公司，苏州第五制药厂，吉林市江城制药厂，苏州勤俭制药厂，山东博山制药厂，江苏淮阴制药厂，天津淮河制药厂，北京南苑制药厂，重庆华邦制药公司，海南中信化工公司。

Kc009 肌醇

【英文名】 inositol

【别名】 环已六醇；肌糖；*myo*-inositol；*meso*-inositol；*i*-inositol；hexahydroxycyclohexane；cyclohexanehexol；cyclohexitol；meat sugar

【CAS 登记号】 [87-89-8]

【结构式】

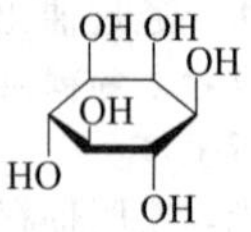

【物化性质】 为白色结晶或结晶性粉末。无臭，味甜。水溶液对石蕊试纸呈中性。在空气中稳定，对热、强酸强碱稳定。熔点 224～227℃。相对密度 1.752，1.524（二水物）。难溶乙醇，不溶于乙醚和氯仿。在水中的溶解度随温度变化而变化，水中溶解度为 15.26g/100mL（18℃）、27.56g/100mL（50℃）、74.56g/100mL（88℃）。

【质量标准】

（1）GB/T 23879—2009 饲料添加剂 肌醇

项 目	指 标
性状	无臭，味甜，白色晶体或结晶性粉末
含量(以 $C_6H_{12}O_6$ 计)/% ≥	97.0
干燥失重/% ≤	0.5
炽灼残渣/% ≤	0.1
重金属(以 Pb 计)/% ≤	0.002
砷(As)/% ≤	0.00033
熔点/℃	224～227

(2) FCC，1996

项　目		指　标
含量(干燥后)/%	≥	97.0
铅/(mg/kg)	≤	10
砷(以 As 计)/(mg/kg)	≤	3
干燥失重(105℃,4h)/%	≤	0.5
钙试验阴性灼烧残渣/%	≤	0.1
氯化物/%	≤	0.005
熔程/℃		224～227
重金属(以 Pb 计)/%	≤	0.002
硫酸盐/%	≤	0.006

(3) 中国药典 1995 年版

项　目		指　标
含量($C_6H_{12}O_6$)/%	≥	98.0
氯化物/%	≤	0.005
硫酸盐或钡盐		无
草酸盐或钙盐		无
干燥失重/%	≤	0.5
炽灼残渣/%	≤	0.1
重金属/$\times 10^{-6}$	≤	10

【用途】 肌醇通常以游离形式存在于动物的肌肉、心脏、肝、肺等组织内，也可与磷酸结合成磷酸肌酸。在低等植物中主要形式是磷酸肌醇，高等植物中则是肌醇六磷酸和肌醇六磷酸的钙镁盐。肌醇对脂质类和糖内代谢有调节作用，按传统分类划归维生素 B 族，按生物化学分类则列入单糖。维生素类药及降血脂药。促进肝及其他组织中的脂肪代谢。用于脂肪肝、高脂血症的辅助治疗。也是饲料添加剂，对虾和鲑鱼加入一定肌醇，可提高生长速度并避免常见的肌醇缺乏症。

【安全性】 密闭保存。

【参考生产企业】 安徽淮南米厂，合肥油厂，杭州粮油化工厂，青岛淀粉厂，湖南衡阳湘江农场渔场，上海金山粮食机械厂，上海松江县鱼油脂化工厂，上海崇明县城乔油厂，上海青浦县第一碾米厂，上海南汇米厂，上海县闵行粮库，上海嘉定油脂厂，上海奉贤县油脂厂，上海第四碾米厂，广东石岐制药厂，金唐化工公司，广州光华化工厂，浙江省仙居肌醇厂，山东省诸城兴贸玉米开发有限公司肌醇厂，诸城市浩天药业有限公司，河南濮阳万里肌醇有限公司，常州运莱生物化工有限公司，武汉远城科技发展有限公司，武汉合中化工制造有限公司，常州制药厂，成都十一制药厂，上海松江油脂化工厂，绍兴肌醇厂。

Kc010 葡萄糖酸钙

【英文名】 calcium gluconate

【别名】 D-gluconic acid calcium salt (2∶1)

【CAS 登记号】 [299-28-5]

【结构式】

$$Ca[HOCH_2(CHOH)_4COO]_2 \cdot H_2O$$

【物化性质】 无臭、无味的白色颗粒性粉末。比旋光度 $[\alpha]_D^{20}$ 约+6°。在沸水中易溶，在水中缓缓溶解，在无水乙醇、氯仿或乙醚中不溶。

【质量标准】

(1) GB 15571—2010 食品添加剂 葡萄糖酸钙

项　目		指　标
感官要求		白色、无臭结晶或颗粒状粉末
葡萄糖酸钙(以 $C_{12}H_{22}CaO_{14}\cdot H_2O$ 计,以干基计)		99.0～102.0
pH(50.0g/L)		6.0～8.0
氯化物(以 Cl^- 计)/%	≤	0.05
硫酸盐(以 SO_4^{2-} 计)/%	≤	0.05
还原糖(以 $C_6H_{12}O_6^-$ 计)/%	≤	1.0
干燥减量/%	≤	2.0
重金属(以 Pb 计)/(mg/kg)	≤	10
砷(As)/(mg/kg)	≤	2

(2) 原料药（中国药典 2010 年版）

项　目		指　标
含量($C_{12}H_{22}CaO_{14}\cdot H_2O$)/%		99.0～104.0
氯化物/%	≤	0.05
硫酸盐/%	≤	0.1
蔗糖或还原糖	≤	符合要求

续表

项 目	指 标
重金属/$\times 10^{-6}$ ≤	15
砷盐/% ≤	0.0002
溶液澄清度	澄清
镁盐与碱金属盐(处理后)/(mg残渣/g) ≤	5

【用途】 补钙药。它能降低毛细血管渗透性，增加致密度，维持神经和肌肉的正常兴奋性，加强心肌收缩力，并有助于骨质形成。它的抗过敏作用是由于钙离子能增加毛细血管的致密度、降低其渗透性，减少渗出，从而减轻或缓解过敏症状。

【制法】 葡萄糖母液发酵法或淀粉糖化发酵法。

【安全性】 密闭保存。

【参考生产企业】 河南兴发精细化工有限公司，山东欣宏药业有限公司，郑州瑞普生物工程有限公司，浙江温州第二制药厂，广西梧州制药厂，东北制药总厂（沈阳），江西赣江制药厂，江苏涟水制药厂，湖南零陵地区制药厂，哈尔滨第二制药厂，西安第四制药厂，上海第七制药厂，江西制药厂，杭州第一制药厂，嘉兴沪东日用助剂厂。

Kc011 乳糖

【英文名】 lactose

【别名】 4-*O*-*β*-D-galactopyranosyl-D-glucose; 4-(*β*-D-galactosido)-D-glucose; milk sugar

【CAS登记号】 [63-42-3]

【结构式】

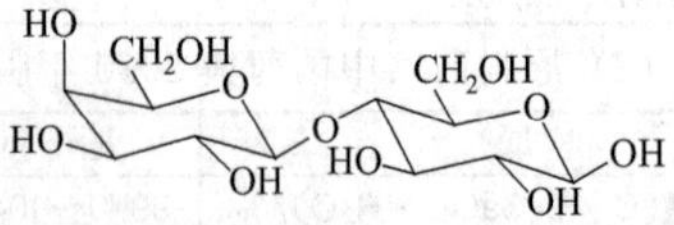

【物化性质】 为白色结晶或结晶性粉末。无臭或略有特征性气味。味甜，甜度约为蔗糖的70%。有还原性和右旋光性。分*α*-型和*β*-型两种异构体。*α*-乳糖可被酸和乳糖酶分解成葡萄糖和半乳糖，可受乳酸菌类利用而生成乳酸，但酵母不能利用。在水中结晶析出者，为一水化物 $C_{12}H_{22}O_{11} \cdot H_2O$，如在120℃下加热，可成为无水物。熔点252℃。比旋光度 $[\alpha]_D^{20}$ +53.6°。相对密度1.525（含水物）。无水物熔点201～202℃，1g可溶于5mL水或2.6mL热水，微溶于乙醇，不溶于乙醚。*β*-型乳糖是在93℃以上的热水中析出，溶解度不同于*α*-型，1g溶于2.2mL水或1.1mL热水。在2%硫酸乳浊液中可水解为葡萄糖和半乳糖。

【质量标准】

(1) HG/T 3461—1999 化学试剂 乳糖

项 目	指 标
性状	白色结晶或粉末
比旋光度$[\alpha]_D^{20}$	+52.2°～+52.8°
澄清度试验	合格
水不溶物/% ≤	0.005
酸度(以H+计)mmol/100g ≤	0.2
干燥失重/% ≤	0.5
灼烧残渣/% ≤	0.05
氯化合物/% ≤	0.005
铁(Fe) ≤	0.001
重金属(以Pb计)/% ≤	0.0005
脂肪/% ≤	0.01
糊精和淀粉	合格

(2) QB/T 3778—1999 粗制乳糖

项 目	一级	二级
滋味和气味	有乳糖特有甜味，无酸味、糊焦味和臭味	
颗粒状态	能过30目筛，呈结晶或粉状	
色泽	呈淡黄色，无褐色	
杂质	无任何机械杂质	
乳糖 ≥	90.00	85.00
氯化物/% ≤	2.00	3.00
灰分/% ≤	3.00	4.00
水分/% ≤	2.00	2.50

(3) GB 25595—2010 食品标准乳糖

项　目	指　标	检验方法
感官要求	白色到浅黄色，微甜无异味，晶体或粉状晶体	取适量试样于白色浅盘中，在自然光线下，观察其色泽和组织状态，并嗅其气味
乳糖[①](干基中)/(g/100g) ≥	99.0	—
水分/(g/100g) ≤	6.0	GB 5009.3—2010 卡尔·费休法
灰分/(g/100g) ≤	0.3	GB 5009.4
pH(10%水溶液)	4.5～7.0	称取 10g 乳糖于 100mL 烧杯中，加蒸馏水制成 10% 的水溶液，用 pH 计测其 pH 值。

① 乳糖含量按 (100－水分－灰分)/(100－水分) 计算。

【用途】 主要应用在食品工业中，用作营养型甜味剂、赋形剂、分散剂、矫味剂和营养剂。具有分散色素、压片赋形、防止结晶、降低甜度、防止黏结和增加香味的作用。

【制法】 由牛奶中的乳清（约含乳糖 5%）经加热或加石灰乳处理，除去蛋白质后，再经浓缩、冷却、结晶、干燥而制得。得率约为 60%～70%。

【参考生产企业】 常州市朗生生物工程有限公司，迈特（上海）生物科技有限公司，郑州福润德生物工程有限公司，苏州市佳禾食品工业有限公司，上海圣宇化工有限公司，石家庄精晶药业有限公司，沈阳利德尔化工制剂技术有限公司。

Kc012 乳糖醇

【英文名】 lactitol

【别名】 4-*O*-*β*-D-galactopyranosyl-D-glucitol; *β*-galactoside sorbitol; lactit; lactit M; lactite; lactobiosit; lactosit; lactositol

【CAS 登记号】 [585-86-4]

【结构式】

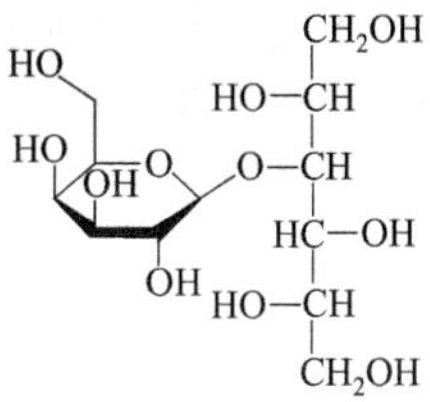

【物化性质】 白色结晶或结晶性粉末或无色液体。无臭，味甜。热量约为蔗糖的一半（8.4kJ/g）。熔点（无水物）146℃，（一水物）94～97℃或 120℃，（二水物）75℃。比旋光度 $[\alpha]_D^{23}$ +14（c=4，水中）（无水物），$[\alpha]_D^{22}$ +12.3°（一水物），$[\alpha]_D^{25}$ +13.5～15.0°（二水物）。极易溶于水。10%水溶液的 pH 值为 4.5～7.0。

【质量标准】 FAO/WHO，1996

项　目		指　标
含水量(结晶品)/%	≤	10.5
其他多元醇总量/%	≤	2.5
含水量(溶液)/%	≤	31
还原糖/%	≤	0.1
氯化物/(mg/kg)	≤	100
硫酸盐/(mg/kg)	≤	200
硫酸盐灰分/%	≤	0.1
砷(以 As 计)/(mg/kg)	≤	2
镍/(mg/kg)	≤	2
重金属(以 Pb 计)/(mg/kg)	≤	10
铅/(mg/kg)	≤	1
含量(以无水基计)/%		95～102

【用途】 主要用作食品甜味剂和组织改进剂，可用于饮料、冰淇淋、糕点和乳饮品中。

【制法】 由脱脂乳制得乳糖，然后在镍催化下经加压氢化（100℃，30%～40%乳糖，4MPa）后过滤，再经离子交换树脂和活性炭精制后浓缩，结晶，可制得成品。

【参考生产企业】 普拉克公司，保定市化工二厂，浙江开化日用化工厂，吉林市第一化工厂，北京义利食品厂，浙江仙居车头制药厂，江苏正大天晴药业股份有限公司，北京健力药业有限公司，上海定康生物医药材料科技有限公司。

Kc013 琼脂

【英文名】 agar

【别名】 洋菜；冻粉；琼脂；gelose

【CAS 登记号】 [9002-18-0]

【物化性质】 琼脂为乳白色或淡黄色薄膜或碎片与粉末。无臭或稍带臭味，口感黏滑。主要成分是聚半乳糖苷，其 90%的半乳糖分子是 D 型，10%为 L 型，并以部分硫酸酯的形式存在。不溶于冷水，可溶于热水。含水时有韧性，脱水后易粉碎。在冷水中可吸收 20 倍量的水；溶于热水后，即使其溶液浓度低至 0.5%仍可形成坚实的凝胶。浓度低于 0.1%时只能形成黏稠液体。

【质量标准】 GB 1975—2010 食品添加剂 琼脂（琼胶）

项 目	指 标
性状	类白色或淡黄色,无异味,均匀条状或粉状
水分/% ≤	22
灰分/% ≤	5
水不溶物/% ≤	1
淀粉试验	通过试验
重金属(以 Pb 计)/(mg/kg) ≤	20
铅(Pb)/(mg/kg) ≤	5
砷(As)/(mg/kg) ≤	3

【用途】 广泛应用于食品工业，可作为增稠剂、稳定剂、乳化剂、胶凝剂等。

【制法】 琼脂是海藻细胞壁中的碳水化合物。一般制取原料是石花菜。

【参考生产企业】 石狮市新明食品科技开发有限公司，汕头市明德食品添加剂有限公司，儋州惠安庄园生物工程有限公司，广东省汕头市澄海区琼胶有限公司，福建省莆田市平海琼脂厂，福建省三明陈大琼脂厂，石狮市狮头琼脂有限公司，三明市明福琼脂有限公司，南平武夷飞燕琼脂有限公司，琼海市长青琼脂厂，福建莆田平海琼脂食品厂，成都协力魔芋科学种植加工园有限公司。

Kc014 果胶

【英文名】 pectin

【CAS 登记号】 [9000-69-5]

【物化性质】 由 D-半乳糖醛酸的衍生物以 α-4-(1-4) 糖苷键聚合而形成的多糖，相对分子质量为（5～30）万，羧基以游离酸的形式存在或甲酯化形式存在。白色至黄褐色粉末，在 20 倍水中形成黏稠体，呈弱酸性。不溶于乙醇、乙醚、丙酮等有机溶剂。耐热性强，通常用乙醇、甘油、砂糖与其混合提高其水溶性。

【质量标准】

(1) GB 25533—2010 食品添加剂 果胶

项 目	指 标
性状	白色、淡黄色、浅灰色或浅棕色粉末
干燥减量①/% ≤	22
二氧化硫/(mg/kg)	5
酸不溶灰分/%	通过试验
总半乳糖醛酸/% ≤	1
酰胺化度(仅限酰胺化果胶)/% ≤	20
铅(Pb)/(mg/kg) ≤	5
(甲醇＋乙醇＋异丙醇)②/% ≤	3

① 干燥温度和时间分别为 105 ℃和 2h。
② 仅限于非乙醇加工的产品。

（2）FAO/WHO，1992

项　目		指　标
干燥失重/%	≤	12
砷(以 As 计)/%	≤	0.002
重金属(以 Pb 计)/%	≤	0.002
酸不溶性灰分/%	≤	1
酰胺取代度(总羧基)/%	≤	25
铅/%	≤	0.001
总半乳糖醛酸/%	≥	65
二氧化硫/%	≤	0.005
甲醇、乙醇和异丙醇总量/%	≤	1
含氮量/%	≤	2.5
铜/%	≤	0.005
锌/%	≤	0.0025

【用途】 一般根据果胶中甲氧基的含量来分类，甲酯化大于42.9%的果胶称为高甲氧基果胶（HMP），甲酯化小于42.9%的果胶称为低甲氧基果胶（LMP）。高甲氧基果胶水溶液在可溶性糖大于50%、pH2.6～3.4的水溶液中可形成非可逆性凝胶，凝胶能力随甲酯化程度的增加而增大。低甲氧基果胶中的羧基多以伯酰胺的形成存在，与 Ca^{2+}、Mg^{2+} 等金属离子配位后可形成可逆凝胶。工业生产的果胶的80%～90%用于食品工业，利用其凝胶性生产胶冻、果酱和软糖。还可用在医药方面作止血剂和代血浆，也可用来治疗腹泻和重金属中毒等。

【参考生产企业】 浙江省衢州果胶有限公司，砀山宇宁生物科技有限公司，三门峡银星果胶厂，烟台安德利果胶有限公司，上饶富达果胶有限公司，三门峡富达果胶工业有限公司，浙江省江山市果胶厂。

Kc015 蔗糖

【英文名】 sucrose

【别名】 砂糖；白砂糖；绵白糖；β-D-fructofuranosyl-α-D-glucopyranoside；α-D-glucopyranosyl-β-D-fructofuranoside；sugar；saccharose；cane sugar

【CAS登记号】 [57-50-1]

【结构式】

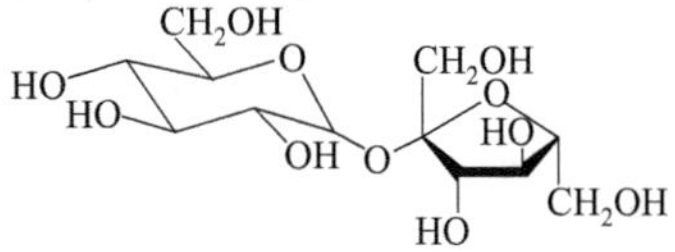

【物化性质】 天然的蔗糖分子都是右旋的，它是一个由D-(+)-葡萄糖和一个D-(−)-果糖所构成。水解后生成的等量葡萄糖和果糖混合物，是左旋的。由于水解使旋光方向发生了转变，一般把蔗糖的水解产物叫做转化糖。纯净的蔗糖为无色单斜楔形结晶或结晶性粉末。分解温度170～186℃（分解）。相对密度 d_4^{25} 1.587。比旋光度 $[\alpha]_D^{20} \geqslant +65.9°$ $(c=26)$，$[\alpha]_D^{25}$ +66.47°～+66.49°。易溶于水，微溶于乙醇，不溶于乙醚和乙酯乙酯等有机溶剂。

【质量标准】

（1）HG/T 3462—1999 化学试剂 蔗糖

项　目		分析纯	化学纯
性状		白色结晶粉末	
比旋光度 $[\alpha]_D^{20}$		+66.2°～+66.7°	
澄清度试验		合格	
水不溶物/%	≤	0.002	0.004
干燥失重/%	≤	0.03	0.06
灼烧残渣(以硫酸盐计)/%	≤	0.01	0.02
酸度(以H+计)mmol/100g	≤	0.08	0.12
氯化物(Cl)/%	≤	0.0005	0.002
硫酸盐(SO_4)/%	≤	0.002	0.008
铁(Fe)/%	≤	0.00005	0.0002
重金属(以 Pb 计)/%	≤	0.0001	0.0003
还原糖		合格	合格

（2）GB 317—2006　白砂糖

项　目	精致	优级	一级	二级
性状	颗粒均匀、干燥松散、洁白、有光泽、无明显黑点，晶粒或其水溶液味甜，无异味			

续表

项目	精致	优级	一级	二级
粒度范围/%≥				
(粗粒) 0.80～2.50mm	80			
(大粒) 0.80～2.50mm	80			
(中粒) 0.80～2.50mm	80			
(小粒) 0.80～2.50mm	80			
(细粒) 0.80～2.50mm	80			
蔗糖分/% ≥	99.8	99.7	99.6	99.5
还原糖分/% ≤	0.03	0.04	0.10	0.15
电导灰分/% ≤	0.02	0.04	0.10	0.13
干燥失重/% ≤	0.05	0.06	0.07	0.10
色值/IU ≤	25	60	150	240
混浊度/MAU ≤	30	80	160	220
不溶于水杂质/(mg/kg) ≤	10	20	40	60
二氧化硫(以 SO_2 计)/(mg/kg) ≤	6	15	30	30
其他指标	白砂糖中的砷、铅、菌落总数、大肠菌群、致病菌、酵母菌、霉菌、螨等项目的指标应符合 GB13104 的要求			

【用途】 蔗糖是最常用的甜味剂。全世界每年蔗糖的产量与消耗量均在 8000～10000 万吨左右。也可以用作化工原料，如合成蔗糖酯等。

【制法】 通常以甘蔗和甜菜根块为原料制取。

【参考生产企业】 成都金山化学试剂有限公司，天津金汇太亚化学试剂有限公司，云南德宏英茂糖业有限公司，广西欧亚糖业钦江糖厂，广东湛江丰收糖厂，广西凤糖集团鹿寨糖厂，云南德宏力量生物制品有限公司遮放糖厂，广州市华侨糖厂，云南白鹤滩食品有限责任公司，广西大新县雷平永鑫糖业有限公司，贵阳昊坤糖业有限公司，广西农垦糖业集团，昌菱制糖有限公司，广西农垦集团糖业有限责任公司，云南保升龙糖业有限公司。

Kc016 三氯蔗糖

【英文名】 sucralose

【别 名】 1′,4,6′-trichlorogalactosucrose; TGS; 1,6-dichloro-1,6-dideoxy-β-D-fructofuranosyl-4-chloro-4-deoxy-α-D-galactopyranoside

【CAS 登记号】 [56038-13-2]

【结构式】

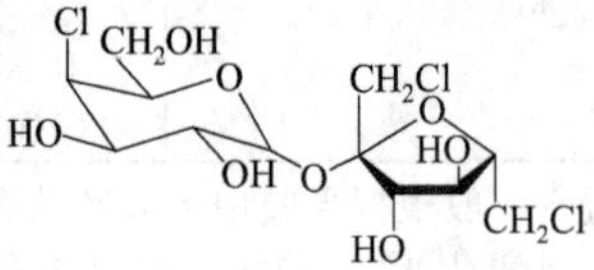

【物化性质】 白色结晶或结晶性粉末。几乎无味，无吸湿性。味极甜，甜度约为蔗糖的 600 倍，在甜感的呈现速度、最大甜味的感受强度、甜味的持续时间及后味等方面均非常接近于蔗糖。无龋齿性，不能被口腔微生物所代谢。对光、热、pH 值的变化等均很稳定。熔点 130℃，36.5℃(五水物)。比旋光度 $[\alpha]_D$ +68.2° (c=1.1，乙醇中)。极易溶于水、乙醇和甲醇。

【质量标准】

(1) GB 25531—2010 食品添加剂 三氯蔗糖

项目	指标
感官要求	白色结晶或结晶粉末，有特征性气味
三氯蔗糖(以干基计)/% ≥	98.5～102.0
比旋光度 $[\alpha]_D^{20}$	+84.0°～+87.5°
水分/% ≤	2.0
灼烧残渣/% ≤	0.7
水解产物	通过检验
相关物质	通过检验
甲醇/% ≤	0.1
铅(Pb)/(mg/kg) ≤	1

(2) FAO/WHO，1993

项　目	指　标
含量/%	98.0～102.0
甲醇(气相色谱法)/%　≤	0.1
比旋光度$[\alpha]_D^{20}$	+84.0°～+87.5°
灼烧残渣/%　≤	0.7
水分/%　≤	2.0
砷(以As计)/(mg/kg)　≤	3
重金属(以Pb计)/(mg/kg)　≤	10
10%水溶液pH值	6～7
三苯氯磷	正常
氯化单糖	正常
其他氯化双糖	正常

【用途】 可用作非营养性强力甜味剂。可应用于饮料、口香糖、乳制品、蜜饯、糖浆、面包、糕点、冰淇淋、果酱、果冻、布丁等加工食品中。

【制法】 三氯蔗糖的制取有单酯法、酶-化学法和基团迁移法三种方法。

【参考生产企业】 常州市牛塘化工厂有限公司，江苏天禾药物研究所有限公司，淄博联技甜味剂有限公司，西安皓天生物工程技术有限责任公司，金湖申凯化学有限公司，河北苏科瑞科技有限公司，盐城捷康三氯蔗糖制造有限公司，湖州市菱湖新望化学有限公司，冀州市华阳化工有限责任公司，盐城捷康生化有限公司，安徽万和制药有限公司，湖州市菱湖新望化学有限公司，丹阳市金象化工厂，江苏大汇生物科技发展有限公司。

Kc017 木糖

【英文名】 xylose

【别名】 木糖；D-木糖；(2*R*，3*S*，4*R*)-2,3,4,5-四羟基戊醛；五碳醛糖；D-xylose；wood sugar

【CAS登记号】 [58-86-6]

【结构式】

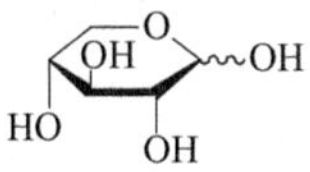

【物化性质】 为无色或白色结晶，或白色结晶性粉末，略有特殊气味和爽口甜味。甜度约为蔗糖的40%，人体不能消化吸收。木糖为五碳糖，在开链式醛式结构与δ-环氧式半缩醛结构之间存在动态平衡，因而存在变旋光现象。熔点144℃。相对密度1.525。比旋光度$[\alpha]_D^{20}$ +18.6°～+92°。易溶于水和热乙醇，不溶于乙醇、乙醚。

【质量标准】 GB/T 23532—2009　木糖

项　目	指　标	
性状	白色结晶或结晶性粉末	
纯度/%	99.0	98.5
透光率(10%水溶液)/%	98.0	96.0
水分/%　≤	0.3	
灼烧残渣/%　≤	0.05	
比旋光度	+18.5°～+19.5°	
pH	5.0～7.0	
氯化物/%　≤	0.005	
硫酸盐/%　≤	0.005	

【用途】 为无热量甜味剂，适用于肥胖症患者和糖尿病患者，也是制酱色的原料及香料原料。

【制法】 通常的制法有中和法、离子交换脱酸法、电渗析脱酸法、结晶法、连续水解层析分离法等。其中中和法与离子交换脱酸法是成熟的工艺路线。

【参考生产企业】 山东龙力生物科技股份有限公司，濮阳市鹏鑫化工有限公司，郑州天健生物技术有限公司，上海嘉辰化工有限公司，北京嘉康源科技发展有限公司，郑州利源食品添加剂有限公司，宝鸡市赫原木糖有限公司，永清天成木糖有限公司，禹城福田药业有限公司，河北恒泰集团有限公司，河南汤阴县豫鑫有限责任公司。

Kc018 木糖醇

【英文名】 xylitol

【别名】 (2*S*，4*R*)-1,2,3,4,5-戊五醇；*xylo*-pentane-1,2,3,4,5-pentol；xylite

【CAS登记号】 [87-99-0]

【结构式】

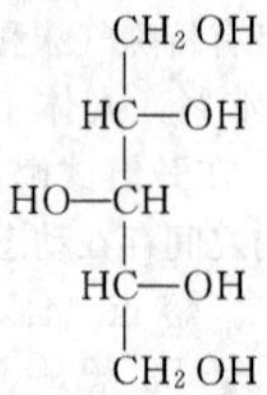

【物化性质】 白色结晶或结晶性粉末。味甜，甜度与蔗糖相当。热稳定性好。熔点93～94.5℃。沸点216℃。极易溶于水，溶解度约160g/100mL，微溶于乙醇和甲醇。溶于水时吸热，故以固体形式食用时，在口中会产生令人愉快的清凉感。10%水溶液pH值为5.0～7.0。

【质量标准】

(1) GB 13509—2005 食品添加剂 木糖醇

项 目	指 标
含量(以干基计)/% ≥	98.5～101.0
熔点/℃	92.0～96.0
其他多元醇/% ≤	2.0
干燥失重/% ≤	0.50
灼烧残渣/% ≤	0.50
还原糖(以葡萄糖计)/% ≤	0.20
砷(以As计)/% ≤	0.0003
重金属(以Pb计)/% ≤	0.0010
铅/% ≤	0.0001
镍/% ≤	0.0002

(2) FAO/WHO，1993

项 目	指 标
含量(以无水物计)/%	98.0～102.0
水分/% ≤	2.0
灼烧残渣/% ≤	0.7
甲醇/% ≤	0.1
砷(以As计)/% ≤	0.0003
重金属(以Pb计)/% ≤	0.001
比旋光度$[\alpha]_D^{20}$	+84.0°～+87.5°
三苯氧膦/% ≤	0.015
其他氯化双糖	合格
10%水溶液pH值	6～7
氯化单糖	合格

【用途】 木糖醇具有清凉的甜味，在体内代谢与胰岛素无关，不影响糖原的合成，不会增加糖尿病人血糖值，可大量作为糖尿病人和防龋齿食品的添加剂。近期试验表明具有潜在的致癌性，应用受到一定的限制。

【制法】 可以以玉米蕊、甘蔗渣、棉子壳等农副产品为原料，先使原料中的多缩戊聚糖水解为木糖，然后由镍催化加氢制取木糖。

【参考生产企业】 山东龙力生物科技股份有限公司，山东中舜科技发展有限公司，禹城绿健生物技术有限公司，河南汤阴县豫鑫有限责任公司，山东禹城福田药业有限公司，广东龙力生物科技有限公司，香港益达集团食品有限公司。

Kc019 海藻酸钠

【英文名】 sodium alginate

【别名】 褐藻酸钠；藻朊酸钠；藻胶；alginon

【CAS登记号】 [9005-38-3]

【物化性质】 为淡黄色或无色细颗粒或粉末，无毒，无气味，不纯时有轻微气味和味感。可燃，有吸湿性。黏性在pH 6～9时稳定，加热到80℃以上时则黏性降低。其羧基可与镁、汞以外的其他二价金属离子配位，因此它对重金属离子作为催化剂的发酵氧化反应有抑制作用。1%的海藻酸钠可与蛋白质形成可溶性配合物，使黏度增大，可抑制蛋白质沉淀。海藻酸钠还能形成纤维状和薄膜，且易与蛋白质、淀粉、果胶、阿拉伯胶、羧果基纤的吸收。与其他增稠性多糖的最大区别是其凝胶的形成与温度变化关系不大。直链糖醛酸聚糖，由β-D-甘露糖醛酸与α-L-古罗糖醛酸以1,4-糖苷键连接，平均分子质量32000～250000。1%水溶液pH值为6～8，3%水悬浮液的pH值为2.0～3.4。与水能形成黏胶溶液，不溶于乙醇、乙醚和氯仿等有机溶剂，易溶于碱性溶液。是亲水性高分子，水合能力很强，有吸湿性，溶于水形成黏稠胶体凝胶。

【质量标准】 GB 1976—2008 食品添加剂 褐藻酸钠

项 目		指 标
色泽及性状		乳白色至浅黄色或浅黄褐色粉状或粒状
pH		6.0～8.0
水分/%	≤	15.0
灰分(以干基计)/%		18～27
水不溶物/%	≤	0.6
透光率/%		符合规定
铅(Pb)/(mg/kg)	≤	4
砷(As)/(mg/kg)	≤	2
黏度/(mPa·s)		低黏度<150 中黏度 150～400 高黏度>400

【用途】 因用途不同，可分为遇水膨润型与非膨润型两类。它不为人体吸收，不影响人体代谢平衡。系高分子糖类物质，是一种甘露糖醛酸的低聚合体。用于增加血容量和维持血压，排除烧伤所产生的组胺类毒素以及创伤失血、手术前后循环系统的稳定、大量出血性休克、烧伤性休克、高烧和急性痢疾等全身脱水，具有良好的治疗效果。还具有使胆固醇排出体外，抑制 Pb、Cd、Sr 被人体吸收以及保护胃肠道、整肠、减肥、降血糖的作用。药剂上主要用作助悬剂、乳化剂、黏稠剂、微囊的囊材等。用作食品稳定剂、增稠剂、凝胶形成剂。作为食品添加剂，可改善食品结构，提高食品质量。同时它具有降低人体内的胆固醇含量，疏通血管，降低血液黏度，软化血管的作用。因其有优良的成膜性，它可被用于食品包装中的可食性薄膜。

【制法】 从褐藻类的海带或马尾藻中提取。

【安全性】 密闭、避光，在阴凉干燥处保存。

【参考生产企业】 青岛瑞星海藻工业有限公司，青岛明月海藻集团有限公司，青岛九龙褐藻有限公司，连云港中大海藻工业有限公司，青岛南山海藻有限公司，烟台新旺海藻有限公司，连云港海藻工业公司，奥威医化国际，广东光华化学厂公司，迈劲药业集团，南京化学试剂公司，深圳市桑达实业股份公司，厦门同永兴化工公司，海南中信化工公司。

Kc020 透明质酸

【英文名】 hyaluronic acid

【别名】 玻璃（糖醛）酸；动物糖醛酸

【CAS 登记号】 [9004-61-9]

【结构式】

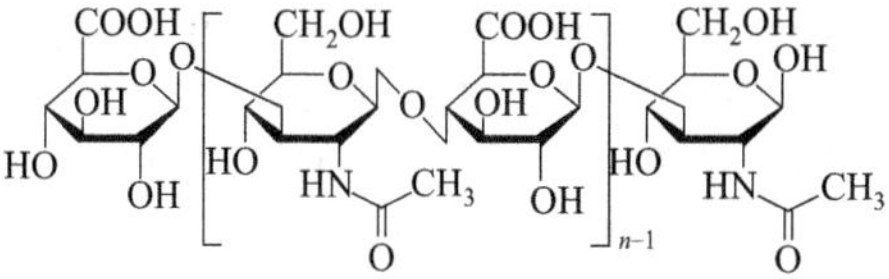

【物化性质】 为白色无定型固体，无臭无味。分子量 $3\times10^5\sim4\times10^6$，有吸湿性。最突出的是有较高的黏度特性，其溶液的黏度，遇下列情况，可发生不可逆的下降：①pH 值低于或高于 7；②透明质酸酶存在；③许多还原性物质如半胱氨酸、焦性没食子酸、抗坏血酸或重金属离子存在；④紫外线、电子束照射等。比旋光度 −70°～−80°。溶于水，不溶于有机溶剂。

【质量标准】 参考标准

项 目		指 标
外观		白色固体
特性黏度/(mL/g)	>	100
氨基葡萄糖/%	>	25
葡萄糖醛酸/%	>	25
多肽及蛋白质/%	<	20
吸湿性/(g 水/g)	>	20

【用途】 在自然界中，它广泛存在于动物各组织中，透明质酸常与蛋白质相结合，并与其他黏多糖共存。在玻璃体和滑液中，以溶解形式存在，在鸡冠和脐带中，以凝胶形式存在。水解时生成一种己糖胺（如葡萄糖胺）和一种糖醛酸（如葡萄糖醛酸）。透明质酸有很大的黏性，对骨关节具有润滑作用，能促进物质在皮肤中的

扩散，调节细胞表面和细胞周围 Ca^{2+}、Mg^{2+}、K^{+} 和 Na^{+} 的运动。是眼科“黏性手术”必备药物，也用于治疗关节炎和加速伤口愈合。并且在组织中有强力保水作用，是理想的天然保湿因子，广泛用于化妆品之中，能改善皮肤营养，使皮肤光滑细嫩。

【制法】 (1) 以公鸡冠为原料，提取透明质酸。

(2) 微生物发酵法。发酵法制备透明质酸所用的菌种主要有兽疫链球菌、马疫链球菌和类马疫链球菌等。

【参考生产企业】 烟台东诚生化有限公司，齐鲁制药厂，上海嘉辰化工化工有限公司，西安利源生物医药科技有限公司，北京天利生物化工有限公司，山东东辰生化集团有限公司，山东正大福瑞达制药，澳利集团公司，上海道舟生物科技公司，重庆浩康医药化工公司，浙江海翔药业公司。

Kc021 甜菊糖苷

【英文名】 stevioside

【别名】 甜菊糖甙；甜菊苷；steviosin

【CAS 登记号】 [57817-89-7]

【结构式】

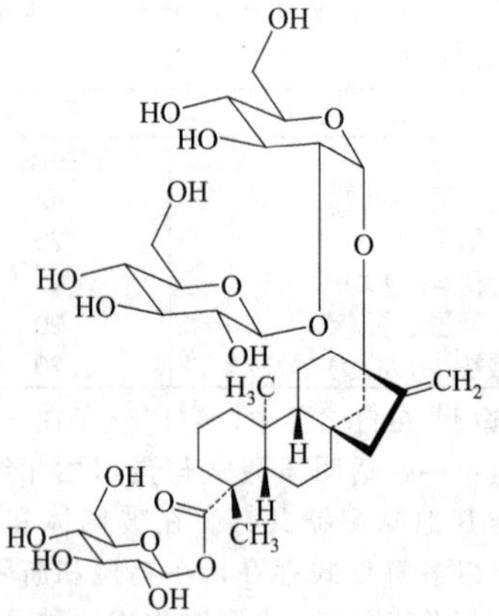

【物化性质】 甜菊苷是从菊科植物甜叶菊的叶茎中提取的糖苷。为白色或微黄色粉末。甜度约为蔗糖的 250～350 倍，可感甜感浓度约为 0.002%，甜味类似蔗糖，略有后涩味，甜味留味时间长。对热、酸、碱、盐均较稳定。在 pH>9 或 pH<3 时，长时间加热至 100℃以上会使之分解。熔点 198℃。比旋光度 $[\alpha]_D^{25}$ −39.3° (c=5.7，水中)。可溶于水、甲醇和乙醇，不溶于苯、乙醚、氯仿和乙酸乙酯等溶剂。

【质量标准】 GB 8270—1999 食品添加剂 甜菊糖甙

项 目		特级	一级	二级
性状		白色、微黄色松散粉末或晶体		
含量/%	≥	90	85	80
甜度		250	200	200
比旋光度$[\alpha]_D^{20}$		−30°～−38°		
灼烧残渣/%	≤	0.1	0.2	0.2
比吸光度 $E_{1cm}^{1\%}$	≤	0.05	0.08	0.10
干燥失重/%	≤	4	5	6
重金属含量(Pb 计)/%	≤	0.001		
砷含量(As 计)/%	≤	0.0001		

【用途】 属非发酵性类物质。适用于难以加热杀菌的食品。可用作食用甜味剂，还可应用于医药、日用化工、酿酒、化妆品等行业。

【制法】 从甜叶菊中提取甜菊苷的主要方法有溶剂提取法，包括用水和乙醇提取，然后用离子交换树脂分离、电解法、透析法、分子筛法、醋酸铜法和硫化氢法，也可采用添加化学药品等方法进行分离。

【参考生产企业】 桂林思特新技术公司，山东淄博甜叶菊公司，湖南省大自然制药有限公司，山东泰安中荟植物生化有限公司，西安保赛天然产物科技有限公司，甜叶菊食品（深圳）有限公司，湖南大自然制药有限公司，西安海天生物工程有限公司，江苏省兴化格林生物制品有限公司。

Kd 萜、甾类化合物

Kd001 月桂烯

【英文名】 myrcene

【别名】 香叶烯；7-甲基-3-亚甲基-1,6-辛二烯；7-methyl-3-methylene-1,6-octadiene；2-methyl-6-methylene-2,7-octadiene；2-methyl-6-methylene-1,7-octadiene

【CAS登记号】 [123-35-3]

【结构式】

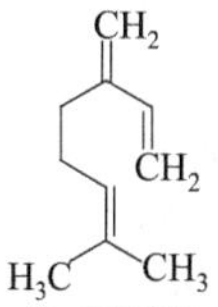

(β-月桂烯)

【物化性质】 无色或淡黄色油状液体，具有清淡的香脂气味。相对密度 0.794（β-月桂烯），d_{25}^{25} 0.7959（α-月桂烯）。折射率 1.4709（β-月桂烯），n_D^{25} 1.4661（α-月桂烯）。难溶于水，可溶于乙酸乙酯、苯、乙醚、石油醚等有机溶剂中。

【质量标准】 FCC/1996

项　目	指　标
性状	无色至苍黄色液体,甜香
含量/% ≥	90.0
折射率	1.466～1.471
相对密度	0.789～0.793
过氧化值 ≤	50.0

【用途】 月桂烯有α-月桂烯和β-月桂烯两种异构体，在自然界中存在的主要是β-月桂烯。黄栌叶和柔布叶的蒸馏液中含量分别可达 50%和 40%，此外，在肉桂油、枫茅油、柏木油、云杉油、松节油、马鞭草油、柠檬草油、柠檬油中也均有存在。可用于配制食用香精。或用作合成芳樟醇、香叶醇、橙花醇、香茅醇、香茅醛、紫罗兰酮等多种化合物的原料。

【制法】 黄栌叶或柔布叶蒸馏液再进行精馏分离而得。或以β-蒎烯为原料，经热分解制得。

【参考生产企业】 浙江建德市新化化工有限责任公司，吉水兴华天然香料有限公司，杭州禾田生物技术有限公司，杭州中香化学有限公司，梧州松脂厂经济贸易公司，遂溪松林香料有限公司，厦门中坤化学有限公司。

Kd002 芳樟醇

【英文名】 linalool

【别名】 里哪醇；沉香醇；伽罗木醇；胡妥醇；3,7-dimethyl-1,6-octadien-3-ol；2,6-dimethyl-2,7-octadien-6-ol；linalol

【CAS登记号】 [78-70-6]

【结构式】

$(CH_3)_2C{=}CHCH_2CH_2C(CH_3)(OH)CH{=}CH_2$

【物化性质】 无色油状透明液体，具有类似新鲜铃兰花香香气。α-芳樟醇是天然芳樟油、伽罗木油、白柠檬油等植物精油的主要成分，为左旋光异构体；β-芳樟醇是胡荽子油、香紫苏油的主要成分，为右旋异构体。沸点 198℃（*l* 型），198-200（*d* 型）。比旋光度 $[\alpha]_D^{20}$ −20.1°（*l* 型），+

19.3°（*d* 型）。相对密度 0.8733（*d* 型），d^{20} 0.8622（*l* 型）。折射率 1.4673（*d* 型），n_D^{22}1.4604（*l* 型）。

【用途】 可用作天然食用香料。

【制法】 芳樟醇存在于多种精油中。目前制取芳樟醇的主要方法有两种：一种方法是从芳樟油等植物精油中分离而得，得到的主要是左旋异构体；另一种方法是通过蒎烯来制备。

【参考生产企业】 四川宜宾川汇香料公司，武汉市合中化工制造有限公司，四川协力生物化学技术开发公司，广西梧州松脂股份有限公司，嘉兴香料厂，江西吉水县兴华天然香料有限公司，江西省吉安市林源香料公司，江西樟树冠京香料有限公司，三明市梅列香料厂，上海中欣香料公司，四川天一科技股份有限公司，玉溪市生物化工有限责任公司，上海奥德日化有限公司，福建省南平市天源香料香精有限公司，杭州中香化学有限公司。

Kd003 香茅醇

【英文名】 *β*-citronellol

【别名】 香草醇；3,7-dimethyl-6-octen-1-ol；2,6-dimethyl-2-octen-8-ol；citronellol；cephrol

【CAS 登记号】 [106-22-9]

【结构式】

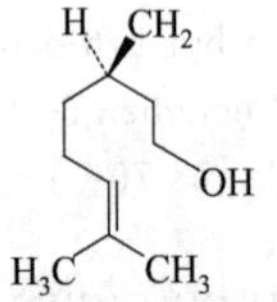

R-(+)-β-Citronellol
(右旋*β*-香茅醇)

【物化性质】 无色液体，具有令人愉快的玫瑰香气。左旋香茅醇通常称为玫瑰醇。沸点 224.5℃（右旋）。比旋光度 $[\alpha]_D^{20}$ +5.22°（右旋），−4.76°（左旋）。相对密度 0.8550（右旋），d_4^{18}1.4576（左旋）。折射率 1.4559（右旋）；不溶于水，溶于乙醇等有机溶剂。

【质量标准】 FCC/1996

项 目	指 标
醇含量(以玫瑰醇计)/% ≥	82.0
比旋光度	−4°～−9°
折射率(n_D^{20})	1.463～1.473
相对密度（d_{25}^{25}）	0.860～0.880
酯含量(以乙酸玫瑰酯计)/% ≤	0.1

【用途】 可用作食用香精配制原料。

【制法】 将香叶油加碱使香叶醇、香茅醇皂化并除去后，再进行分馏单离而得。

【参考生产企业】 上海忠化化工有限公司，上海润发化工香料有限公司，福建南平利宇香精有限公司，杭州中香化学有限公司，厦门牡丹香化实业有限公司，中野香料香精有限公司，深圳建兰化工有限公司，厦门牡丹香化实业有限公司，上海申宝香精香料有限公司。

Kd004 香茅醛

【英文名】 citronellal

【别名】 3,7-dimethyl-6-octenal

【CAS 登记号】 [106-23-0]

【结构式】

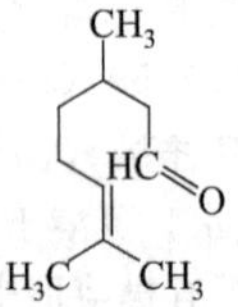

【物化性质】 无色或淡黄色油状液体，具有柠檬、香茅和玫瑰香味。在酸性介质中易重排而变成薄荷脑。有 *d*、*l* 和 *dl* 三种存在形式。*d* 型香茅醛主要存在于香茅油和桉叶油中；*l* 型香茅醛主要存在于柠檬草油中。沸点 203～204℃（*d* 型），205～208℃（*l* 型）。比旋光度 $[\alpha]_D^{18}$ +10°18′（*d* 型），−3°（*l* 型），$[\alpha]_D^{25}$ +11.50°（*d* 型）。相对密度 0.8510（*d* 型），d_{25}^{25} 0.8567（*l* 型）。折射率 1.4467（*d* 型），

1.4491（l 型）。可溶于乙醇、丙酮、乙酸乙酯等有机溶剂中，不溶于甘油和水。

【质量标准】 FCC

项 目	指 标
性状	强烈的柠檬、香茅、玫瑰型香气。外观无色至微黄色液体
含醛量/% ≥	85
酸值/(mgKOH/g) ≤	3.0
比旋光度$[\alpha]_D^{20}$	$-1°\sim+11°$
折射率(n_D^{20})	1.446～1.456
相对密度(d_{25}^{25})	0.850～0.860
溶解度	1mL 溶于 5mL 70%乙醇中

【用途】 可用作食用香精配制原料。

【制法】 从香茅油等植物精油中精馏分离而制得，也可将柠檬醛加氢，或以β-香茅醇脱氢而得。

【参考生产企业】 上海赛亚精细化工有限公司，厦门中坤化学有限公司，柳州鑫业香料有限公司，德信行（珠海）香精香料有限公司，珠海汇沣源香料有限公司，杭州中香化学有限公司。

Kd005 香叶醇

【英文名】 geraniol

【别名】 2,6-二甲基-2,6-辛二烯-8-醇；(*E*)-3,7-dimethyl-2,6-octadien-1-ol；*trans*-3,7-dimethyl-2,6-octadien-8-ol；lemonol

【CAS 登记号】 [106-24-1]

【结构式】

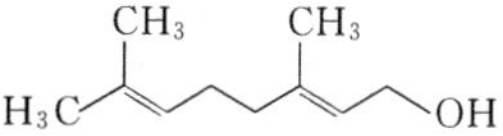

【物化性质】 无色至淡黄色油状液体，具玫瑰味香气，在空气中易被氧化。香叶醇与橙花醇互为立体异构体，与芳樟醇互为间位异构体。沸点 229～230℃。熔点 −15℃。闪点 101℃。相对密度 0.8894。折射率 1.4766。可溶于乙醇、乙醚、丙酮等有机溶剂，微溶于水。

【质量标准】 FCC/1996

项 目	指 标
性状	似玫瑰香气，无色液体
含醇量/% ≥	88
含酯量(以乙酸香叶酯计)/% ≤	1.0
含醛量(以香茅醛计)/% ≤	1.0
折射率(n_D^{20})	1.469～1.478
相对密度(d_{25}^{25})	0.870～0.885
溶解度	1mL 溶于 3mL 70%乙醇中

【用途】 可用于天然食用香料。

【制法】 可由富含香叶醇的植物精油，如香茅油、玫瑰草油分离而得。

【参考生产企业】 杭州富马化工有限公司，广州百花香料股份有限公司，昆山市同德化工实业有限公司，广西梧州松脂股份有限公司，杭州中香化学有限公司，玉溪市生物化工有限责任公司，厦门中坤化学有限公司。

Kd006 柠檬醛

【英文名】 citral

【别名】 3,7-二甲基-2,6-辛二烯-1-醛；3,7-dimethyl-2,6-octadienal

【CAS 登记号】 [5392-40-5]

【结构式】

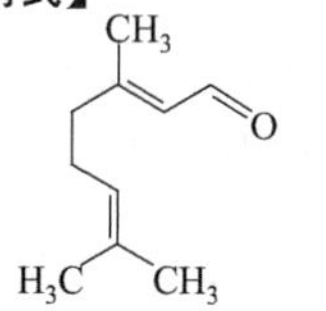

(香叶醛)

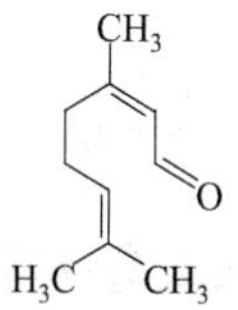

(橙花醛)

【物化性质】 无色至淡黄色油状液体，具有强烈的柠檬香气。有两种几何异构体香叶醛和橙花醛。沸点 228～229℃。燃点 92℃。相对密度 0.885～0.891（d_{25}^{25}），0.8888（香叶醛），0.8860（橙花醛）。折射率 1.4860～1.4900，1.4898（香叶醛），1.4869（橙花醛）。易挥发，不溶于水，能 10 倍溶于 60%乙醇，溶于丙二醇、苯酸苄酯、酞酸二乙酯、矿物油、酯类和氯仿等，不溶于甘油。

【质量标准】 QB/T1789—2006 97%柠檬醛

项目	指标
外观	淡黄色液体
香气	强烈的柠檬样香气
相对密度(25℃/25℃)	0.885～0.891
折射率(20℃)	1.4860～1.4900
溶解度(25℃)	1mL 试样全溶于 7mL 70%(体积分数)乙醇中
酸值 ≤	5.0
含醛量(以柠檬醛计)/% ≥	97.0

【用途】 主要用于合成紫罗兰酮、二氢大马酮等香料；作为有机原料可还原为香茅醇、橙花醇与香叶醇；还可转化成柠檬腈。医药工业中用于制造维生素 A 和 E 等。

【制法】 系用减压精馏法或化学法从山苍子油（山苍子的果实经水蒸气蒸馏可得到 3%～5%的精油）中提取而得。

【安全性】 大鼠口服 LD_{50} 为 4960mg/kg。贮存与运输时用 10kg 或 25kg 塑料桶包装。存贮于阴凉、通风的仓库中，远离热源和火种。

【参考生产企业】 广州百花香料股份有限公司，广西柳州鑫业香料有限公司。

Kd007 柠檬烯（参见 Ab014 苧烯）

Kd008 松油醇（参见 Da017）

Kd009 橙花醇

【英文名】 nerol

【别名】 *β*-柠檬醇；(*Z*)-3,7-dimethyl-2,6-octadien-1-ol；*cis*-2,6-dimethyl-2,6-octadien-8-ol

【CAS 登记号】 [106-25-2]

【结构式】

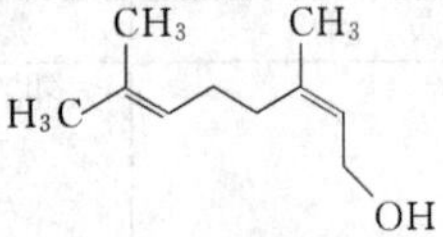

【物化性质】 无色油状液体，有近似玫瑰香气，微带柠檬香。天然橙花醇及其酯类存在于橙叶油、玫瑰油、薰衣草油、斯里兰卡香茅油等天然精油中以及柠檬、白柠檬、柚子、甜橙等水果中。沸点 227℃。相对密度（d^{15}）0.8813。可溶于乙醇、氯仿、乙醚等有机溶剂，不溶于水。

【用途】 主要用来配制果香和花香型香精。

【制法】 橙花醇的制取方法主要采用天然精油分离法。

【参考生产企业】 广西梧州松脂股份有限公司，杭州富马化工有限公司，杭州中香化学有限公司。

Kd010 樟脑（参见 Ab022 2-莰酮）

Kd011 冰片(2-莰醇)

【英文名】 borneol

【别名】 龙脑；冰片醇；冰片；*endo*-1,7,7-trimethylbicyclo[2,2,1]heptan-2-ol；*endo*-2-bornanol；*endo*-2-camphanol；*endo*-2-hydroxycamphane；bornyl alcohol

【CAS 登记号】 [507-70-0]

【结构式】

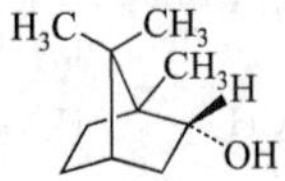

(*d*型)

【物化性质】 无色片状结晶。具有清凉樟脑气味。受热可升华，室温可缓慢挥发，有灼热感。有 *d* 型、*l* 型及 *dl* 型。*d* 型龙脑主要存在于芫荽子、香茅等天然植物精油中。*l* 型龙脑主要存在于肉豆蔻、小豆蔻、生姜等植物精油中。外消旋体主要存在于樟脑、迷迭香、百里香等植物精油中。沸点 212℃。熔点 208℃（*d* 型），204℃（*l* 型），206-207℃（*dl* 型）。比旋光度 $[\alpha]_D^{20}$（*d* 型）：+37.7°（*c*=5，乙醇中），$[\alpha]_{546}^{22}$ +44.4°（*c*=0.5，甲苯中）；（*l* 型）：−37.7°（*c*=5，乙醇中），$[\alpha]_{546}^{22}$ −44.4°（*c*=0.5，甲苯中）。相对密度 1.011（*d* 型）。不溶于水，可溶于乙醇、乙醚、乙酸乙酯和丙酮等有机溶剂。

【质量标准】 日本食品添加物公定书

项目		指标
性状		白色结晶，结晶粉状或块。有冰块特征香气
含量/%	≥	95.0
重金属(以 Pb 计)/%	≤	0.001
熔点/℃		205～210
砷(As_2O_3 计)/%	≤	0.0004
比旋光度(20℃)		−37.0°～+16°

【用途】 可用作食用香精配制原料。主要用于配制薄荷、白柠檬、果仁等香料。也可用作医药原料。

【制法】 樟脑还原法将樟脑溶于乙醇中，用金属钠进行还原（Birch 还原），或用铜、镍等为催化剂，对樟脑进行催化加氢，可得龙脑。或者利用 *α*-蒎烯羟基化方法制得。

【参考生产企业】 上海友思生物技术有限公司，江阴伊利达龙脑有限公司，新晃龙脑科技开发公司，临怀集县长林化工有限责任公司，四川乐山第八制药厂，上海嘉来木业有限公司，江西吉安市林科天然冰片厂，福建省武平县绿洲林化有限公司。

Kd012 紫杉醇

【英文名】 paclitaxel

【别名】 taxol A

【CAS 登记号】 [33069-62-4]

【结构式】

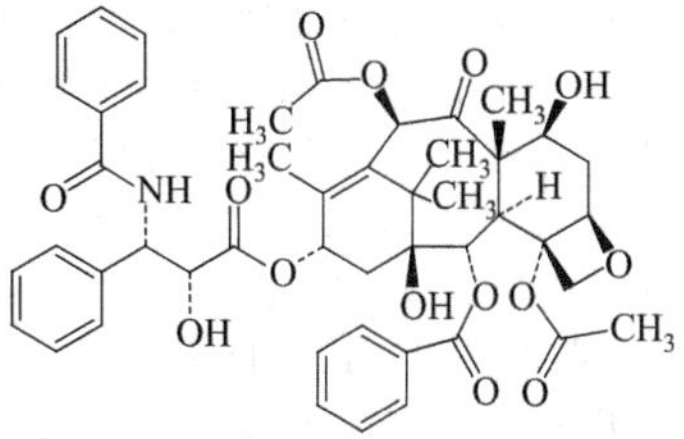

【物化性质】 无臭、无味的白色结晶或无定形粉末。熔点 213～216℃（分解）。比旋光度 $[\alpha]_D^{20}$ −49°（甲醇）。不溶于水，易溶于氯仿、丙酮等有机溶剂。

【用途】 可用于治疗转移性卵巢癌及乳腺癌，也用于治疗小细胞和非细胞肺癌、宫颈癌、抗化疗白血病等。

【制法】 可从天然或栽培的红豆杉中提取、分离纯化得到紫杉醇。

【参考生产企业】 北京四环制药厂，上海曼地亚红豆杉公司，福建南方生物技术股份有限公司，北京北方红豆杉生态科技有限责任公司，西安保赛天然产物科技有限公司，成都金蓉生物医药科技发展有限责任公司，洪雅美联曼地亚红豆杉种植公司。

Kd013 蒎烯 (Ab015)

Kd014 莰烯 (Ab013)

Kd015 愈创木薁

【英文名】 guaiacol

【别名】 邻甲氧基苯酚；2-methoxyphenol；methylcatechol；*o*-hydroxyanisole；1-hydroxy-2-methoxybenzene

【CAS 登记号】 [90-05-1]

【结构式】

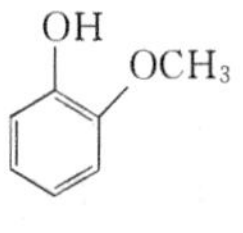

【物化性质】 白色或微黄色结晶或无色至淡黄色透明油状液体。可燃。有特殊

芳香气味。在木材干馏油中的酸性成分含60%～90%的杂酚油。其中主要是愈创木酚。露置空气或日光中逐渐变成暗色。沸点205℃（204～206℃）。熔点32℃（31～32℃）。相对密度（d_4^{19}）晶体1.129，液体约1.112。折射率1.5429。闪点（开杯）82℃。凝固点28℃（低于此温度时仍可长时间保持液态）。微溶于水和苯。易溶于甘油。与乙醇、乙醚、氯仿、油类、冰醋酸混溶。

【质量标准】 黄色透明油状液体或结晶。含量≥97%。

【用途】 在医药上用以制造愈创木酚磺酸钙；在香料工业上用以制造香兰素和人造麝香等。

【制法】 将邻氨基苯甲醚在低温下重氮化，再在硫酸铜介质中水解，水解产物经萃取、蒸馏得成品。

【安全性】 大鼠经口 LD_{50} 为725mg/kg，皮下注射 LD_{50} 为900mg/kg。有较强的苯酚特性和中等毒性。对皮肤有刺激性。大量服用能刺激食道和胃，使心力衰竭，虚脱而死亡。其毒性及防护方法详见苯酚。

【安全性】 用铁桶包装，每桶净重200kg。按有毒物品规定贮运。

【参考生产企业】 连云港三吉利化学工业有限公司，浙江省嘉兴市巨强化工有限公司，河北省青县天源工业有限公司，青岛亿明翔精细化工科技有限公司，安徽八一化工股份有限公司，吴江市黎里助剂厂，嘉兴市华杰精细化工有限公司台州市奥力特精细化工有限公司。

Kd016 胆酸

【英文名】 cholic acid

【别名】 胆酸钠；猪脱氧胆酸；3,7,12-三羟基-5*β*-胆烷酸；cholalic acid；(3*α*,5*β*,7*α*,12*α*)-3,7,12-trihydroxycholan-24-oic acid

【CAS登记号】 [81-25-4]

【结构式】

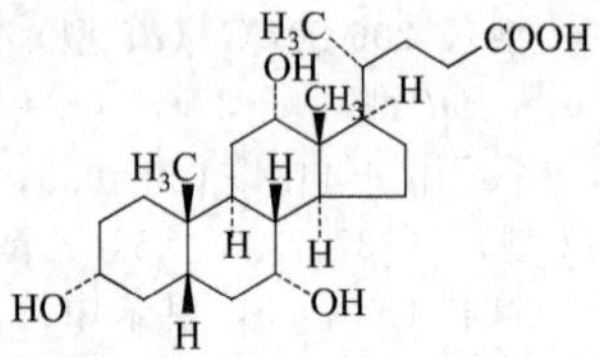

【物化性质】 为无色片状物或白色结晶粉末。味道是先甜后苦。存在于牛、羊和猪的胆汁中。熔点（一水物）198℃。比旋光度 $[\alpha]_D^{20}+37°$（乙醇中）。酸度系数 pK_a 6.4。可溶于碱金属氢氧化物或碳酸盐的溶液中。

【用途】 可作为乳化剂使用。

【制法】 有乙醇结晶法和乙酸乙酯分离法。

【参考生产企业】 湖南益阳益威生化试剂有限公司，湖南益阳益威生化试剂有限公司，陕西秦宝牧业发展有限公司，四川弘茂制药有限公司，安徽天启化工科技有限公司，常德云港生物科技有限公司。

Kd017 雌甾酮

【英文名】 estrone

【别名】 雌酚酮；雌酮；3-羟基雌甾-1,3,5(10)-三烯-17-酮；雌激素酮；氧化甾酚；动情酮；卵泡素；3-hydroxyestra-1,3,5(10)-trien-17-one；1,3,5-estratrien-3-ol-17-one；oestrone；folliculin；follicular hormone

【CAS登记号】 [53-16-7]

【结构式】

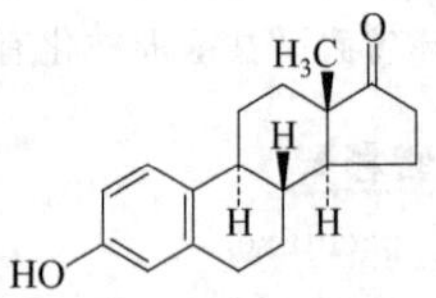

【物化性质】 为白色至乳白色结晶性粉末，无臭，无味。熔点254.5～256℃。

比旋光度 $[\alpha]_D^{22}$ +152°（c=0.995，三氯甲烷中）。几乎不溶于水，溶于乙醇、氯仿、沸乙醇、丙酮、二烷、植物油，微溶于无水乙醇、乙醚、碱液。

【用途】 可作合成炔雌酮的中间体。雌酮是卵巢成熟卵泡（主要是泡膜细胞）和黄体分泌的一种雌激素，其作用与雌二醇相同，能促进和调节女性副性器官发育，促使女性副性征出现。雌酮的雌激素活性为雌二醇的十分之一，但比雌三醇强 3 倍。口服较易失活，故口服剂量约为注射剂量的五倍以上。主要用于子宫发育不全、月经失调、更年期障碍等。

【安全性】 可引起恶心、呕吐、头昏等。久用可引起子宫内膜过度增生发生出血。避光密闭保存。

【参考生产企业】 北京恒业中远化工有限公司。

Kd018 雌二醇

【英文名】 estradiol

【别名】 雌甾二醇；雌素二醇；雌性二醇；求偶二醇；二羟基雌激素酮；(17*β*)-estra-1，3，5（10）-triene-3，17-diol；*β*-estradiol；*cis*-estradiol；3，17-epidihydroxyestratriene；dihydrofollicular hormone；dihydrofolliculin

【CAS 登记号】 [50-28-2]

【结构式】

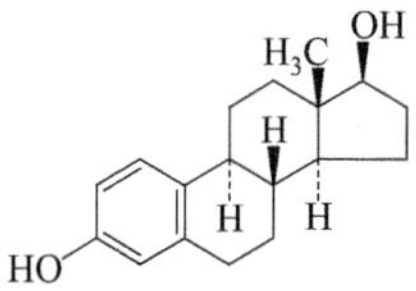

【物化性质】 白色或乳白结晶性无臭粉末。熔点 173～179℃。比旋光度 $[\alpha]_D^{25}$ +76°～+83°。在二烷、丙酮中溶解，在乙醇中略溶，在水中不溶。

【质量标准】 原料药（中国药典 2010 年版）

项　目		指　标
含量（$C_{18}H_{24}O_2$）（按无水物计）/%		97.0～103.0
熔点/℃		175～180
比旋光度（10mg/mL）		+76°～+83°
有关物质		符合要求
水分/%	≤	3.5
炽灼残渣/%	≤	0.1

【用途】 雌二醇是体内主要由卵巢成熟滤泡分泌的一种天然雌激素。作用与己烯雌酚相似而较强。它能促使性器官发育，并使子宫内膜增生、脱落，产生周期性月经，可抑制脑垂体前叶分泌促性腺激素与催乳素，并对抗雌激素作用。雌激素类药。用于子宫功能性出血、原发性闭经、绝经期综合征及前列腺癌等。

【安全性】 可有恶心、呕吐及子宫内膜过度增生而出血等。肝、肾功能不全者慎用。贮藏遮光，密闭保存。

【参考生产企业】 浙江仙琚制药股份有限公司，江西宇能医药化工有限公司，西安益尔集团，苏州市苏瑞医药化工有限公司。

Kd019 雌三醇

【英文名】 estriol

【别名】 雌甾三醇；雌激素三醇；雌甾-1，3，5（10）-三烯-3*β*，16*α*，17*β*-三醇；（16*α*，17*β*)-estra-1，3，5（10）-triene-3，16，17-triol；1，3，5-estratriene-3*β*，16*α*，17*β*-triol；16*α*-hydroxyestradiol；follicular hormone hydrate；oestriol；trihydroxyestrin

【CAS 登记号】 [50-27-1]

【结构式】

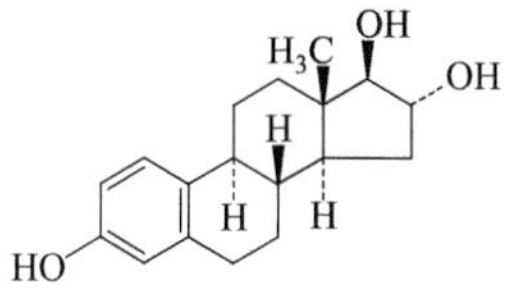

【物化性质】 无臭、无味的白色结晶性粉

末。熔点 282℃。比旋光度 $[\alpha]_D^{25}$ +58°±5°（0.04g/1mL 二氧六环中）。密度 1.27g/cm³。在吡啶中易溶，在乙醇、乙醚、氯仿或二烷中溶解，在水中不溶。

【质量标准】 美国药典标准 1995 年版

项目	指标
含量($C_{18}H_{24}O_3$)/%	97.0～102.0
干燥失重/% ≤	0.5
比旋光度(c=4mg/L,二氧杂环己烷)	+54°～+62°
炽灼残渣/% ≤	0.1

【用途】 雌三醇是体内雌二醇和雌酮的代谢产物，是主要存在于尿的一种天然激素。口服雌激素活性约为雌酮 6 倍，肌注则较弱。它对阴道和子宫颈管具有选择性作用，而对子宫实体及子宫内膜无影响。对阴道上皮角化作用比雌二醇强，能促进阴道黏膜血管新生和阴道上皮损伤愈合，同时能增强子宫颈细胞功能，使子宫颈纤维增生，从而增加宫颈部的弹性和柔软性。此外，对下丘脑和腺垂体有反馈性抑制作用，不抑制排卵，仅对黄体功能产生明显影响。

【安全性】 乳腺增生、乳房肿块、再生障碍性贫血及肝病患者忌用。遮光，密闭保存。

【参考生产企业】 浙江仙琚制药股份有限公司，江西宇能医药化工有限公司，上海杜衡生物技术有限公司，江西宇能医药化工有限公司。

参 考 文 献

［1］ The Merck Index. 14th ed.. USA：Merck & Co.，Inc，2006.

［2］ Chemical Abstracts ［DB］. https：//chemabs.cas.org/.

［3］ 化学工业出版社. 精细化工产品大全：上、下卷. 北京：化学工业出版社，2005.

［4］ 化学工业出版社. 中国化工产品大全：上、中、下卷. 北京：化学工业出版社，2012.

［5］ 王延吉. 化工产品手册：有机化工原料. 第5版. 北京：化学工业出版社，2008.

［6］ 赵晨阳. 有机化工原料手册. 北京：化学工业出版社，2013.

［7］ 赵晨阳. 化工产品手册：精细有机化工产品. 第5版. 北京：化学工业出版社，2008.

［8］ 欧阳平凯. 化工产品手册：生物化工产品. 第5版. 北京：化学工业出版社，2008.

［9］ 国家药典委员会. 中华人民共和国国家药典. 2010版. 北京：中国医药科技出版社，2010.

［10］ 中国化工信息中心. 中国化工产品目录：上、下册. 北京：化学工业出版社，2008.

［11］ 赵天宝. 化工试剂·化学药品手册. 第2版. 北京：化学工业出版社，2006.

产品名称中文索引

A

阿及宁 Ka014
9-β-D-阿拉伯呋喃糖腺嘌呤 Kb012
阿尼林油 Gb039
阿糖腺苷 Kb012
阿糖腺嘌呤 Kb012
阿昔洛韦 Kb016
安息香 Eb025
安息香醛 Eb001
安息香酸 Fb001
安息香酸钠 Fb024
安息香乙醚 Db041
氨丙基三乙氧基硅烷 Ja016
氨茴酸 Gb127
氨基苯 Gb039
L-α-氨基-β-苯丙酸 Gb130
2-氨基苯并噻唑 I040
2-氨基苯酚-4-磺酸 Hb015
2-氨基苯酚-4-磺酰胺 Hb023
3-氨基苯磺酸钠 Hb008
L-2-氨基-3-苯基丙酸 Gb130
4-氨基苯甲酸 Gb128
4-氨基苯乙醚 Db045
γ-氨基丙基三乙氧基硅烷 Ja016
β-氨基丙酸 Ga063,Ka018
3-氨基丙酸 Ga063,Ka018
L-2-氨基丙酸 Ka017
2-氨基丙烷 Ga012
氨基醋酸 Ga111,Ka006
L-(+)-氨基丁二酸 Ka021
L-2-氨基丁二酸酰胺 Ka022
γ-氨基丁酸 Ka032
氨基丁酸 Ka032
1-氨基丁烷 Ga016
2-氨基对苯二磺酸 Hb016
L-2-氨基-3-(对羟苯基)丙酸 Ka024
α-氨基蒽醌 Gb150
β-氨基蒽醌 Gb151
1-氨基蒽醌 Gb150
2-氨基蒽醌 Gb151
4-氨基二苯胺 Gb109
2-氨基-1,9-二氢-9-[(2-羟乙氧基)甲基]-6*H*-鸟嘌呤-6-酮 Kb016
6-氨基-9-β-D-呋喃核糖基-9*H*-嘌呤 Kb010
L-2-氨基-5-胍基戊酸 Ka014
L-2-氨基-5-胍基戊酸盐酸盐 Ka015
氨基胍酸式碳酸盐 Ga109
氨基胍碳酸氢盐 Ga109
氨基胍重碳酸盐 Ga109
1-氨基癸烷 Ga021
L-(+)-氨基琥珀酸 Ka021
L-2-氨基琥珀酸酰胺 Ka022
氨基磺酸 Ha032
2-氨基甲苯 Gb040
2-氨基-4-甲酚 Gb124
2-氨基-4-甲基噻唑 I038
L-α-氨基-β-甲基戊酸 Ka009
L-2-氨基-3-甲基戊酸 Ka009,Ka016
L-2-氨基-4-甲基戊酸 Ka008
2-氨基-4-甲硫基丁酸 Ha017

DL-2-氨基-4-(甲硫基)丁酸 Ka027
L-2-氨基-4-甲硫基丁酸 Ka028
氨基甲脒盐酸盐 Ga106
氨基甲酸甲酯 Fa175,Ga065
氨基甲酸乙酯 Fa176,Ga066
氨基甲酰肼 Ga072
8-氨基-6-甲氧基喹啉 I083
氨基腈 Ga104
4-氨基邻二甲苯 Gb043
氨基硫脲 Ha031
3-氨基-6-氯甲苯-4-磺酸 Hb013
4-氨基-2-氯甲苯-5 磺酸 Hb014
L-2-氨基-3-(4-咪唑基)丙酸 Ka019
3-氨基萘-1,5-二磺酸 Hb044
1-氨基-8-萘酚-3,6-二磺酸单钠盐 Hb045
8-氨基-1-萘酚-3,6-二磺酸单钠盐 Hb045
1-氨基-2-萘酚-4-磺酸 Hb039
2-氨基-5-萘酚-7-磺酸 Hb041
2-氨基-8-萘酚-6-磺酸 Hb040
6-氨基-1-萘酚-3-磺酸 Hb041
7-氨基-1-萘酚-3-磺酸 Hb040
2-氨基-1-萘磺酸 Hb036
4-氨基-1-萘磺酸钠 Hb038
氨基脲 Ga072
L-2 氨基-5-脲基戊酸 Ka030
氨基脲盐酸盐 Ga073
6-氨基嘌呤 I107,Kb006
6-氨基嘌呤磷酸盐 Kb001
α-氨基-*p*-羟基苯乙酸 Gb131
L-2-氨基-3-羟基丙酸 Ka007
L-α-氨基-β-羟基丁酸 Ka020
L-2-氨基-3-羟基丁酸 Ka020
氨基氢醌二甲醚 Gb049
L-2-氨基-3-巯基丙酸盐酸盐(水合物) Ka002
2-氨基-6-巯基嘌呤 Kb003
2-氨基-5-巯基-1,3,4-噻二唑 I046
氨基壬酸 Ga064
5-氨基-1,3,4-噻二唑啉-2(3*H*)-硫酮 I046
5-氨基-1,3,4-噻二唑-2-硫醇 I046
2-氨基噻唑-4-(甲基异肟酸) I045
2-氨基噻唑盐酸盐 I042
1*H*-3-氨基-1,2,4-三唑 I048
1-氨基十八烷 Ga023
1-氨基十二烷 Ga022
氨基C酸 Hb044
2-氨基戊二酸 Ga112
L-2-氨基戊二酸 Ka010
L-氨基戊二酸钠 Ka011
L-2-氨基戊二酸酰胺 Ka012
2-氨基-6-硝基苯并噻唑 I041
2-氨基-4-硝基苯酚 Gb125
4-氨基-3-硝基苯甲醚 Gb070
2-氨基-5-硝基噻唑 I039
氨基乙醇 Ga026
2-氨基乙磺酸 Ha028,Ka051
氨基乙酸 Ga111,Ka006
L-α-氨基异丁基醋酸 Ka008
1-氨基异丁烷 Ga017
L-α-氨基异己酸 Ka008
L-2-氨基异戊酸 Ka016
DL-2-氨基-3-吲哚丙酸 Ka026
L-氨基吲哚丙酸 Ka025
L-2-氨基-3-吲哚丙酸 Ka025
2-氨甲基呋喃 I022
氨甲酰鸟氨酸 Ka030
γ-氨酪酸 Ka032
氨噻肟酸 I045
L-氨羰基丁氨酸 Ka012
N-氨乙基哌嗪 I090
氨茋磺酸 Hb029

B

八甲基硅油 Ja011
八甲基环四硅氧烷 Ja011
巴比土酸 I102
巴比妥酸 Ga075
巴豆醛 Ea013
巴豆酸 Fa022

L-白氨酸 Ka008
白蛋白 Ka037
白砂糖 Kc015
败脂醛 Ea012
L-半胱氨酸盐酸盐(一水合物) Ka002
L-膀胱氨基酸 Ka001
棓酸 Fb009
胞二磷胆碱 Kb022
胞磷胆碱 Kb022
苝酐 Fb049
3,4,9,10-苝四甲酸二酐 Fb049
倍腈磷 Jb006
苯 Ba001
苯胺 Gb039
苯胺-2,5-二磺酸 Hb016
L-苯丙氨酸 Gb130,Ka023
苯丙胺 Gb048
苯丙三氮唑 I049
苯丙酮 Eb023
苯丙酮酸 Fb031
苯并吡啶 I081
苯并吡咯 I092
1,2-苯并吡喃酮 I019
苯并蒽酮 Eb027
1,2-苯并菲 Bb020
苯并呋喃 I018
苯并咪唑 I027
苯并三唑 I049
苯醋酸 Fb025
苯丁烯酮 Eb024
1,2-苯二酚 Db008
1,2-苯二甲酸二乙酯 Fb058
苯二甲酸二异癸酯 Fb063
苯二甲酸二正癸酯 Fb062
1,4-苯二酰氯 Fb034
苯二乙烯 Ba019
苯酚 Db001
L-苯酚氨基丙酸 Ka024
苯酐 Fb042
苯磺酸 Hb001
苯磺酸甲酯 Hb017
苯磺酸异丙酯 Hb018
苯磺酰肼 Hb049
苯磺酰氯 Hb024
苯基苯 Bb001
N-苯基苯胺 Gb108
苯基丙酮酸 Fb031
2-苯基丙烯 Ba017
β-苯基丙烯酸 Fb027
3-苯基-2-丙烯酸 Fb027
苯基砜 Hb048
6-苯基胍胺 I106
苯基环氧乙烷 Ba018
苯基磺酰肼 Hb049
苯基甲硫醚 Hb032
苯基硫代碳酰胺 Hb030
苯基硫脲 Hb030
苯基氯仿 Cb026
N-苯基马来酰亚胺 Gb107
2-苯基咪唑 I026
苯基醚 Db036
4-苯基尿唑 I035
苯基氰 Gb133
6-苯基三聚氰二胺 I106
苯基三氯硅烷 Ja005
苯基三氯(甲)硅烷 Ja005
DL-*α*-苯基乙胺 Gb047
DL-1-苯基乙胺 Gb047
β-苯基乙醇 Db049
2-苯基乙醇 Db049
苯基乙醇酸 Fb028
苯基乙基丙二酸二乙酯 Fb076
苯基乙基酮 Eb023
苯基异丙胺 Gb048
苯基异氰酸酯 Gb141
α-苯基吲哚 I093
2-苯基吲哚 I093
苯甲醇 Db048
苯甲腈 Gb133
苯甲醚 Db038

苯甲醛　Eb001
苯甲酸　Fb001
苯甲酸甲酯　Fb050
苯甲酸钠　Fb024
N-苯甲酰氨基乙酸　Gb101
N-苯甲酰甘氨酸　Gb101
苯甲酰氯　Fb021
1,4-苯醌　Eb028
苯硫酚　Hb028
苯硫基甲烷　Hb032
苯硫醚　Hb033
苯偶姻　Eb025
苯偶姻乙醚　Db041
苯羟乙酸　Fb028
苯绕蒽酮　Eb027
1,2,3-苯三酚　Db013
苯酰氯　Fb021
苯亚磺酸钠　Hb002
苯亚甲基丙酮　Eb024
3-苯氧基苯甲醛　Eb007
苯氧氯乙烷　Cb035
苯乙醇　Db049
苯乙腈　Gb134
苯乙酸　Fb025
苯乙酮　Eb014
苯乙烷　Ba011
苯乙烯　Ba016
α-苯乙酰胺　Gb105
吡啶　I061
4-吡啶甲酸　I071
吡啶-3-羧酸　I070
吡啶-4-羧酸　I071
吡咯　I001
吡咯烷　I002
L-吡咯烷-2-羧酸　Ka029
α-吡咯烷酮　I003
2-吡咯烷酮　I003
吡嗪　I099
2,3-吡嗪二羧酸　I101
吡唑　I023
1,9-吡唑并蒽酮　I095
1*H*-吡唑并[3,4-*d*]嘧啶-4-醇　Kb002
吡唑蒽酮　I095
扁桃酸　Fb028
苄醇　Db048
苄基苯　Bb003
苄基甲醇　Db049
苄基甲基　Ba011
苄(基)硫醇　Hb027
苄基氯　Cb017
α-苄基氰　Gb134
苄腈　Gb133
表氯醇　Da040
别嘌醇　Kb002
冰醋酸　Fa002
冰片　Kd011
冰片醇　Kd011
冰片(2-莰醇)　Kd011
β-丙氨酸　Ga063
β-丙氨酸　Ka018
L-(+)-丙氨酸　Ka017
L-丙氨酸　Ka017
1-丙醇　Da003
2-丙醇　Da004
丙二胺　Ga036
1,2-丙二胺　Ga036
α-丙二醇　Da019
1,2-丙二醇　Da019
丙二醇单甲醚　Da060
1,2-丙二醇-1-单甲醚　Da060
丙二腈　Ga089
丙二酸　Fa045
丙二酸丁酯　Fa134
丙二酸二丁酯　Fa134
丙二酸二甲酯　Fa132
丙二酸二乙酯　Fa133
丙二酸甲酯　Fa132
丙二酸钠　Fa087
丙二酸一腈甲酯　Ga095
丙二酸乙酯　Fa133

丙二酰(缩)脲　Ga075
N-丙基-1-丙胺　Ga014
丙基碘　Ca032
4-丙基-4′-腈基苯基环己烷　Fb081
丙基溴　Ca028
丙腈　Ga079
丙醛　Ea003
丙炔醇　Da033
2-丙炔-1-醇　Da033
丙炔酸　Fa028
1,2,3-丙三醇　Da026
丙酸　Fa003
丙酸丁酯　Fa098
丙酸甲酯　Fa096
丙酸钠　Fa080
丙酸乙酯　Fa097
丙酮　Ea018
丙酮合氰化氢　Ea034
丙酮氰醇　Ea034,Ga088
丙酮缩氨脲　Ga077
丙烷　Aa003
丙烷二羧酸　Fa045
α,γ-丙烷二羧酸　Fa047
丙烯　Aa008
丙烯醇　Da032
2-丙烯-1-醇　Da032
丙烯腈　Ga083
丙烯醛　Ea012
丙烯酸　Fa020
丙烯酸甲酯　Fa102
丙烯酸-2-羟基丙酯　Fa106
丙烯酸-2-羟基乙酯　Fa105
丙烯酸-β-羟乙酯　Fa105
丙烯酸羟乙酯　Fa105
丙烯酸-2-乙基己酯　Fa107
丙烯酸乙酯　Fa103
丙烯酸异辛酯　Fa107
丙烯酸(正)丁酯　Fa104
丙烯酰胺　Ga053
丙酰氯　Fa071
丙氧基丙烷　Da052
丙原醇　Da005
病毒唑　Kb019
玻璃(糖醛)酸　Kc020
菠萝醛　Ha014

C

L-蚕丝氨基酸　Ka007
草酸　Fa044
草酸二丁酯　Fa131
草酸二乙酯　Fa130
草酸钠　Fa081
草酸乙酯　Fa130
枸橼酸　Fa055
沉香醇　Kd002
橙花醇　Kd009
橙花醛　Ea014
稠二萘　Bb020
L-初油氨基酸　Ka017
雌二醇　Kd018
雌酚酮　Kd017
雌激素三醇　Kd019
雌激素酮　Kd017
雌三醇　Kd019
雌素二醇　Kd018
雌酮　Kd017
雌性二醇　Kd018
雌甾二醇　Kd018
雌甾三醇　Kd019
雌甾-1,3,5(10)-三烯-3β,16α,17β-三醇　Kd019
雌甾酮　Kd017
次苄基三氟　Cb023
次黄嘌呤核苷　Kb017
醋酸　Fa002
醋酸苄酯　Fb051
醋酸酐　Fa061
醋酸甲酯　Fa092
醋酸钠　Fa078
醋酸铅　Fa079

醋酸乙烯酯 Fa094
醋酸乙酯 Fa093
醋酸正丁酯 Fa095

D

大茴香腈 Gb139
大茴香醛 Eb002
单宁酸 Fb036
胆碱胞嘧啶核苷二磷酸酯 Kb022
胆酸 Kd016
胆酸钠 Kd016
蛋氨酸 Ha017
DL-蛋氨酸 Ka027
L-蛋氨酸 Ka028
L-蛋白氨基酸 Ka014
L-蛋白氨基酸盐酸盐 Ka015
氮己环 I062
氮萘 I081
1-氮杂-2,4-环戊二烯 I001
氮杂硫代嘌呤 Kb004
氮(杂)茂 I001
9-氮杂芴 I051
敌百虫 Jb007
敌菌净 I077
1-碘丙烷 Ca032
碘代异丁烷 Ca035
1-碘代异丁烷 Ca035
碘代正丙烷 Ca032
碘苷 Kb014
1-碘-2-甲基丙烷 Ca035
碘去氧尿苷 Kb014
碘塞罗宁 Ka034
碘乙烷 Ca024
电石气 Aa012
1-丁胺 Ga016
2-丁胺 Ga018
丁醇 Da005
1-丁醇 Da005
1,3-丁二醇 Da020
1,4-丁二醇 Da021
丁二腈 Ga090
丁二酸 Fa046
丁二酸酐 Fa063
1,3-丁二烯 Aa010
丁二酰亚胺 Ga057
丁基锂 Jc007
丁基邻苯二甲酰基乙醇酸丁酯 Fb073
丁基羟基茴香醚 Db042
丁基溶纤剂 Da059
丁基酞酰甘油醇酸丁酯 Fb073
丁腈 Ga080
丁硫醇 Ha007
丁内酰胺 I003
γ-丁内酯 Ab042
丁炔二醇 Da036
1,4-丁炔二醇 Da036
2-丁炔-1,4-二醇 Da036
2-丁炔酸 Fa029
丁酸酐 Fa062
丁酸异戊酯 Fa099
丁酮 Ea019
2-丁酮 Ea019
丁酮酸甲酯 Fa128
丁酮酸乙酯 Fa129
丁酮酰胺 Ga050
丁烯 Aa009
丁烯二醇 Da035
1,4-丁烯二醇 Da035
2-丁烯-1,4-二醇 Da035
丁烯醛 Ea013
2-丁烯酸 Fa022
丁烯酮 Ea027,Ea028
3-丁烯-2-酮 Ea027,Ea028
丁酰氯 Fa072
2-丁氧基乙醇 Da059
冬青油 Fb052
动情酮 Kd017
动物糖醛酸 Kc020
冻粉 Kc013
冻干人血白蛋白 Ka038

杜烯 Ba010
对氨基苯酚 Gb123
对氨基苯磺酸钠 Hb009
对氨基苯磺酰胺 Hb020
2-(对氨基苯磺酰胺基)噻唑 I043
对氨基苯磺酰乙基硫酸 Hb010
对氨基苯甲醚 Gb074
对氨基苯甲酸 Gb128
对氨基苯乙醚 Db045,Gb024
对氨基-*N*,*N*-二甲基苯胺 Gb093
对氨基氟苯 Gb059
对氨基甲苯 Gb041
对氨基氯苯 Gb058
对氨基偶氮苯盐酸盐 Gb111
对氨基三氟甲基苯 Gb063
对氨基-*N*-乙酰苯胺 Gb087
对苯二胺 Gb077
对苯二酚 Db010
对苯二甲腈 Gb138
对苯二甲酸 Fb033
对苯二甲酸二甲酯 Fb069
对苯二甲酰氯 Fb034
对苯二酰二氯 Fb034
(对)苯醌 Eb028
对苯醌二肟 Eb030
对称二氯甲醚 Da066
对称二氯乙醚 Da065
对二氨基苯 Gb077
对二氮杂苯 I099
对二氮杂苯-2,3-二羧酸 I101
对二甲氨基苯胺 Gb093
对二甲苯 Ba006
对二氯苯 Cb006
对氟苯胺 Gb059
对氟甲苯 Cb010
对氟间苯氧基甲苯 Gb006
对茴香胺 Gb074
对甲苯胺 Gb041
对甲苯磺酰胺 Hb022
对甲苯磺酰肼 Hb050
对甲酚 Db004
对甲基苯酚 Db004
对甲基苯磺酸 Hb003
对甲基苯磺酸钠 Hb004
对甲基苯甲酸 Fb002
对甲基氟苯 Cb010
对甲基硝基苯 Gb002
对甲氧基苯胺 Gb074
对甲氧基苯甲腈 Gb139
对甲氧基苯甲醛 Eb002
对甲氧基苯甲酸 Fb010
对甲氧基-*N*-乙酰苯胺 Gb084
对甲氧基乙酰苯胺 Gb084
对醌二肟 Eb030
对硫磷 Jb003
对氯苯胺 Gb058
对氯苯酚 Db015
对氯苯磺酰氯 Hb025
2-对氯苯基-3-甲基丁腈 Gb140
对氯苯氧异丁酸 Fb030
对氯苯乙腈 Cb021
对氯苯乙酮 Eb019
对氯苄川三氟 Cb029
对氯苄基氯 Cb018
对氯苄基氰 Cb021
对氯二苯甲烷 Cb036
对氯甲苯 Cb012
对氯氯苄 Cb018
对氯氰苄 Cb021
对氯三氟甲基苯 Cb029
对氯硝基苯 Gb010
L-*β*-对羟苯基-*α*-氨基丙酸 Ka024
L-*β*-对羟苯基-*α*-丙氨酸 Ka024
对羟基安息香酸 Fb006
对羟基苯胺 Gb123
D-(—)-对羟基苯基甘氨酸 Gb131
对羟基苯甲腈 Gb135
对羟基苯甲醛 Eb005
对羟基苯甲酸 Fb006
对羟基苯甲酸乙酯 Fb053

对羟基苯乙腈 Gb136
对羟基苯乙酸 Fb026
对羟基苯乙酰胺 Gb081
对氰基苯酚 Gb135
对氰基苯甲酸乙酯 Gb132
对三氟甲基苯胺 Gb063
对叔丁基苯酚 Db005
对叔丁基苯甲酸 Fb004
对叔丁基苄基氯 Cb020
对叔丁基儿茶酚 Db012
对叔丁基邻苯二酚 Db012
对叔丁基氯苄 Cb020
对硝基苯胺 Gb066
对硝基苯酚 Db024,Gb017
对硝基苯酚钠 Db027,Gb019
对硝基苯甲酸 Fb020
对硝基苯甲酸 Gb030
对硝基苯乙醚 Db044,Gb021
对硝基苯乙酮 Eb016,Gb029
对硝基苯异氰酸酯 Gb143
对硝基酚钠 Db027
对硝基甲苯 Gb002
对硝基邻氨基酚钠 Db033
对硝基邻甲苯胺 Gb069
对硝基氯苯 Gb010
对溴苯甲醚 Db040
对溴茴香醚 Db040
对溴甲基苯甲酰溴 Fb023
对亚硝基苯酚 Db028,Gb018
对乙酰氨基苯磺酰氯 Hb026
对乙酰氨基苯甲醚 Db046,Gb025
对乙氧基苯胺 Db045
对乙氧基硝基苯 Db044
对异丁基苯乙酮 Eb015
对正戊基联苯腈 Fb078
多巴 Ka036
多苯基多亚甲基多异氰酸酯 Gb147
多聚甲醛 Ea011
多亚甲基多异氰酸酯 Gb147

E

噁烷 Da037
苊 Bb017
苊烯 Bb017
蒽 Bb011
蒽并[1,9-*cd*]吡唑-6(2*H*)-酮 I095
9,10-蒽二酮 Eb031
蒽醌 Eb031
9,10-蒽醌 Eb031
蒽醌-1,5-二磺酸 Hb047
蒽油 Bb012
2,4-二氨基苯磺酸 Hb011
1,2-二氨基丙烷 Ga036
1,4-二氨基蒽醌 Gb152
1,4-二氨基蒽醌隐色体 Gb153
4,4′-二氨基二苯胺硫酸盐 Gb110
4,4′-二氨基二苯醚 Gb112
4,4′-二氨基二苯乙烯-2,2′-二磺酸 Hb029
1,10-二氨基癸烷 Ga038
L-2,6-二氨基己酸盐酸盐 Ka013
1,6-二氨基己烷 Ga037
2,4-二氨基甲苯 Gb078
4,4′-二氨基联苯硫酸盐 Gb114
2,6-二氨基-4-嘧啶醇 I074
2,6-二氨基-4(1*H*)-嘧啶酮 I074
2,4-二氨基-6-羟基嘧啶 I074
L-2-5-二氨基戊酸盐酸盐 Ka031
1,2-二氨基乙烷 Ga035
二苯胺 Gb108
二苯并吡咯 I051
二苯并噻嗪 I060
二苯砜 Hb048
二苯基丙醇 Db050
二苯基二氯硅烷 Ja006
二苯基二氯(甲)硅烷 Ja006
二苯基甲烷 Bb003
N,*N*-二苯基硫脲 Hb031
N,*N*′-二苯基脲 Gb118

N-二苯甲基哌嗪 I089
二苯甲基哌嗪 I089
1-二苯甲基哌嗪 I089
二苯甲酮-2-羧酸 Fb013
二苯甲烷二异氰酸酯 Gb145
二苯硫醚 Hb033
二苯醚 Db036
二苯脲 Gb118
1,2-二苯羟乙酮 Eb025
二苯乙醇酮 Eb025
N,N'-二苄基乙二胺二盐酸盐 Gb117
二丙胺 Ga014
二丙基 Aa006
二丙醚 Da052
二丙酮醇 Ea024
二氮六环六水合物 I086
二碘甲烷 Ca010
二丁醚 Da054
二对甲苯基甲烷 Bb004
1,4-二噁烷 I021
1,3-二噁戊烷 I020
4,4'-二(二甲氨基)二苯甲酮 Gb113
二酚基丙烷 Db021
2,4-二氟苯胺 Gb060
2,6-二氟苯甲酰胺 Gb102
4,4'-二氟二苯甲烷 Cb025
二氟二氯甲烷 Ca012
2,4-二氟溴苯 Cb008
二氟一氯甲烷 Ca011
1,1-二氟乙烷 Ca015
1,1-二氟乙烯 Ca048
二甘醇单乙醚 Da061
二甘醇二苯甲酸酯 Fb074
二环己胺 Ab039
3-(N,N-二甲氨基)苯甲酸 Gb129
二甲氨基吡啶 I068
4-二甲氨基吡啶 I068
3-二甲氨基丙胺 Ga043
β-二甲氨基丙腈 Ga087
二甲氨基丙腈 Ga087
二甲氨基二硫代甲酸铵 Ha039
二甲氨基环己烷 Ab036,Ab037
二甲氨基甲酰氯 Ga068
1-二甲氨基-3-氯丙烷盐酸盐 Ga025
2-二甲氨基乙醇 Ga030
二甲氨基异丙醇 Ga034
二甲胺 Ga006
二甲苯 Ba003
1,2-二甲苯 Ba004
1,3-二甲苯 Ba005
1,4-二甲苯 Ba006
3,4-二甲酚 Db006
二甲基氨苯 Ab037
2,6-二甲基苯胺 Gb042
3,4-二甲基苯胺 Gb043
N,N-二甲基苯胺 Gb092
2,4-二甲基吡啶 I066
2,6-二甲基吡啶 I067
N,N-二甲基-1,3-丙二胺 Ga043
2-二甲基-1,3-丙二醇 Da022
2,2-二甲基丙酸 Fa009
1,3-二甲基丙酮 Ea023
22,4-二甲基氮杂苯 I067
2,4-二甲基氮杂苯 I066
3,3-二甲基丁酮 Ea020
N,N-二甲基对苯二胺 Gb093
二甲基二硫 Ha003
N,N-二甲基二硫代氨基甲酸铵 Ha039
O,O'-二甲基二硫代磷酸酯 Jb008
O,O'-二甲基二硫代磷酸酯 Ha035
O,O'-二甲基二硫代(乙酸甲酯)磷酸酯 Jb009
O,O'-二甲基二硫代(乙酸甲酯)磷酸酯 Ha036
二甲基二氯硅烷 Ja002
二甲基二氯(甲)硅烷 Ja002
二甲基砜 Ha023
二甲基硅氧烷混合环体 Ja012
二甲基硅油 Ja010
N,N-二甲基环己胺 Ab037

2,5-二甲基-2,5-己二醇 Da025
N,N-二甲基甲酰胺 Ga047
N,N-二甲基甲酰氯胺 Ga068
1,1-二甲基肼 Ga071
3,3′-二甲基联苯胺 Gb115
O,O′-二甲基硫代磷酰一氯 Jb010
O,O′-二甲基硫代磷酰一氯 Ha037
二甲基硫醚 Ha012
二甲基硫酸 Fa156
二甲基硫杂茂 I037
二甲基脲 Ga074
1,3-二甲基脲 Ga074
2,4-二甲基噻唑 I037
O,O-二甲基-(2,2,2-三氯-1-羟基乙基)磷酸酯 Jb007
N,N-二甲基十八胺 Ga024
N,N-二甲基十八烷(基)胺 Ga024
二甲基替苯胺 Gb092
二甲基酮 Ea018
2,6-二甲基-2,6-辛二烯-8-醇 Kd005
3,7-二甲基-2,6-辛二烯-1-醛 Ea014
3,7-二甲基-2,6-辛二烯-1-醛 Kd006
3,4-二甲基溴苯 Cb034
二甲基亚砜 Ha021
N,N-二甲基乙醇胺 Ga030
二甲基乙基甲醇 Da008
N,N-二甲基乙酰胺 Ga049
O,S-二甲基乙酰基硫代磷酰胺 Jb001
N,N-二甲基异丙醇胺 Ga034
二甲醚 Da050
2,5-二甲氧基苯胺 Gb049
5-[(3,4-二甲氧基苯基)甲基]2,4-嘧啶二胺 I077
二甲氧基甲烷 Ea009
二甲氧基硫代磷酰氯 Ha037,Jb010
二聚环戊二烯 Ab011
二硫化二异丙基黄原酸酯 Ha020
二硫化碳 Ha001
1,2-二氯苯 Cb005
1,3-二氯苯 Cb007
1,4-二氯苯 Cb006
2,5-二氯苯胺 Gb050
2,6-二氯苯胺 Gb052
3,4-二氯苯胺 Gb051
3,5-二氯苯胺 Gb053
2,4-二氯(苯)酚 Db016
2,5-二氯(苯)酚 Db017
2,5-二氯苯基甲基甲酮 Eb020
2,3-二氯苯甲醚 Db039
2,6-二氯苯甲醛肟 Eb011
2,6-二氯苯甲醛肟 Gb028
2,4-二氯苯甲酸 Fb017
2,5-二氯苯甲酸 Fb018
2,5-二氯苯乙酮 Eb020
1,2-二氯丙烷 Ca026
二氯醋酸 Fa036
β,β′-二氯代二乙醚 Da065
二氯代乙酰氯 Fa069
1,4-二氯-2-丁醇 Da045
2,3-二氯丁烯醛酸 Fa027
二氯二甲吡啶酚 I098
1,3-二氯-5,5-二甲基海因 Ga076
1,3-二氯-5,5-二甲基乙内酰脲 Ga076
N,N′-二氯-5,5-二甲基乙内酰脲 Ga076
2,2′-二氯二甲醚 Da066
二氯二茂钛 Jc016
2,2′-二氯二乙醚 Da065
2,4-二氯氟苯 Cb004
二氯海因 Ga076
二氯化乙基铝 Jc004
2,4-二氯甲苯 Cb016
2-(二氯甲基)苯并咪唑 I030
二氯甲烷 Ca002
3,3′-二氯联苯胺盐酸盐 Gb116
3,5-二氯-4-羟基苯甲醛 Eb006
2,4-二氯三氟甲基苯 Cb031
3,4-二氯三氟甲基苯 Cb032
1,4-二氯硝基苯 Gb013
2,5-二氯硝基苯 Gb013
2,6-二氯-4-硝基苯酚 Db030

4,6-二氯-5-硝基嘧啶　I075
二氯乙酸　Fa036
二氯乙酸甲酯　Fa122
1,2-二氯乙烷　Ca017
2,5-二氯乙酰苯　Eb020
二氯乙酰氯　Fa069
二茂铁二氯二茂锆　Jc017
2,2′-二萘基甲烷-6,6′-二磺酸钠　Hb046
3,4,9,10-二萘嵌苯四甲酸二酐　Fb049
1,2-二羟基苯　Db008
1,3-二羟基苯　Db009
1,4-二羟基苯　Db010
3-(3,4-二羟基苯基)-L-丙氨酸　Ka036
二羟基雌激素酮　Kd018
2,3-二羟基丁二酸　Fa052
1,4-二羟基-2-丁炔　Da036
1,3-二羟基丁烷　Da020
1,4-二羟基丁烷　Da021
1,4-二羟基蒽醌　Eb035
5,5′-二羟基-7,7′-二磺基-2,2′-二萘胺　Hb043
2,2′-二羟基二乙胺　Ga027
1,6-二羟基己烷　Da024
2,2-二羟甲基丁醇　Da027
N,*N*-二羟乙基苯胺　Gb098
1,4-二嗪　I099
二嗪磷　Jb005
二嗪农　Jb005
2,3-二氢呋喃　I010
2,4-二氢-5-甲基-2-苯基-3*H*-吡唑-3-酮　I110
二氢嘧啶核苷　Kb013
2,3-二氢茚　Bb016
二氰二胺　Ga105
1,3-二氰基苯　Gb137
1,4-二氰基苯　Gb138
1,4-二氰基丁烷　Ga091
二氰基甲烷　Ga089
1,2-二氰基乙烷　Ga090
N,*N*-二氰乙基苯胺　Gb099
二缩三乙二醇　Da062
2,4-二硝基苯胺　Gb067
3,5-二硝基苯甲酰氯　Gb103
4,4′-二硝基二苯醚　Gb038
2,4-二硝基氟苯　Gb032
2,4-二硝基甲苯　Gb031
2,4-二硝基氯苯　Gb033
3,5-二硝基氯化苯甲酰　Gb103
二溴丙烷　Ca022
1,2-二溴丙烷　Ca022
1,4-二溴丁烷　Ca038
二溴化丙烯　Ca022
二溴甲烷　Ca006
1,4-二溴戊烷　Ca039
1,2-二溴乙烷　Ca031
二亚乙基三胺　Ga039
二亚乙基三胺五乙酸　Fa053
2,5-二氧代-4-咪唑烷基脲　I033
二氧化硫脲　Ha030
1,4-二氧六环　I021
二氧五环　I020
1,4-二氧杂环己烷　I021
1,3-二氧杂环戊烷　I020
二乙氨基苯　Gb094
3-二乙氨基苯酚　Gb096,Gb126
二乙氨基甲酰氯　Ga069
2-二乙氨基乙醇　Ga031
二乙胺　Ga009
二乙醇胺　Ga027
2,6-二乙基苯胺　Gb046
N,*N*-二乙基苯胺　Gb094
2,2-二乙基砜(代)丙烷　Ha025
二乙基甲酮　Ea023
N,*N*-二乙基甲酰氯胺　Ga069
N,*N*-二乙基间甲苯胺　Gb095
N,*N*-二乙基间甲苯(甲)酰胺　Gb100
N,*N*-二乙基间羟基苯胺　Gb096
O,*O*′-二乙基硫代磷酰一氯　Jb011
O,*O*′-二乙基硫代磷酰一氯　Ha038
二乙基氯化铝　Jc005

二乙基羟胺 Ga061
N,N-二乙基羟胺 Ga061
N,N-二乙基-1,4-戊二胺 Ga044
N,N-二乙基乙醇胺 Ga031
O,O-二乙基-S-[(乙硫基)甲基]二硫代磷酸酯 Jb004
二乙基乙酸 Fa006
二乙醚 Da051
二乙三胺五醋酸 Fa053
二乙三胺五乙酸 Fa053
二乙酮 Ea023
二乙烯 Aa010
二乙烯基苯 Ba019
二乙烯三胺 Ga039
二乙烯三胺五醋酸 Fa053
二乙烯三胺五乙酸 Fa053
二乙烯酮 Ea026
3-[N′,N′-二(乙酰氧乙基)氨基]-N-乙酰苯胺 Gb088
N,N-二(乙酰氧乙基)苯胺 Gb097
2-二异丙氨基乙醇 Ga032
二异丙胺 Ga013
N,N-二异丙基乙醇胺 Ga032
二异丙醚 Da053
二硬脂酸羟铝 Fa088
二月桂酸二正丁基锡 Jc011
二正丙基胺 Ga014
1,3-二唑 I023

F

发泡剂 BSH Hb049
发泡剂 TSH Hb050
反丁烯二酸 Fa057
芳樟醇 Kd002
防染盐 S Hb006
非洲甜竹素 Ka050
菲 Bb019
(9,10-)菲二酮 Eb036
(9,10-)菲醌 Eb036
肥酸 Fa048
吩噻嗪 I060
粉锈宁 I096
呋氟尿嘧啶 Kb009
呋喃 I009
呋喃氟尿嘧啶 Kb009
1-β-D-呋喃核糖苷-1H-1,2,4-三氮唑-3-羧酰胺 Kb019
呋喃甲胺 I022
2-呋喃甲醇 I015
2-呋喃甲醛 I017
麸氨酸 Ga112
L-麸氨酸 Ka010
L-麸氨酸钠 Ka011
L-麸氨酰胺 Ka012
麸胺 I022
5-氟-4-氨基-2(1H)-嘧啶酮 Kb007
氟胞嘧啶 Kb007
5-氟胞嘧啶 Kb007
氟苯 Cb001
4-氟苯胺 Gb059
4-氟-3-苯氧基甲苯 Gb006
氟化苯 Cb001
3-氟甲苯 Cb011
氟康唑 I059
氟利昂-11 Ca013
氟利昂-113 Ca014
氟利昂-12 Ca012
氟利昂-152 Ca015
氟利昂-22 Ca011
5-氟-2,4(1H,3H)-嘧啶二酮 Kb008
氟尿嘧啶 Kb008
氟乙醇 Da041
2-氟乙醇 Da041
氟乙酸 Fa039
氟乙酸甲酯 Fa125
氟乙酸乙酯 Fa126
氟乙烯 Ca047
L-脯氨酸 Ka029
富马酸 Fa057

G

伽罗木醇　Kd002
L-干酪氨基酸　Ka024
干酪素　Ka048
干扰素　Ka039
甘氨酸　Ga111,Ka006
甘醇　Da018
甘噁啉　I023
甘露醇　Da031,Kc006
D-甘露醇　Kc006
甘露糖醇　Kc006
D-甘露糖醇　Da031
甘油　Da026
甘油醛　Kc001
肝素　Kc003
肝素(钠盐)　Kc003
肝太乐　Kc008
肝泰乐　Kc008
2-庚醇　Da009
庚腈　Ga093
庚酸　Fa011
2-庚酮　Ea025
古马隆　I018
谷氨酸　Ga112
L-谷氨酸　Ka010
L-谷氨酸钠　Ka011
L-谷氨酸酰胺　Ka012
L-谷氨酰胺　Ka012
骨胶　Ka043
固体甲醛　Ea011
L-瓜氨酸　Ka030
胍基戊氨酸　Ka014
胍碳酸盐　Ga108
胍硝酸盐　Ga107
光气　Fa066
L-胱氨酸　Ka001
癸胺　Ga021
1-癸醇　Da014
1,10-癸二胺　Ga038
癸二酸　Fa049
癸二酸丙二醇聚酯　Fa172
癸二酸二丁酯　Fa139
癸二酸二辛酯　Fa140
癸二酸二(2-乙基己)酯　Fa140
癸二酸二异辛酯　Fa140
癸二酸二正丁酯　Fa139
癸酸　Fa015
桂皮酸　Fb027
果胶　Kc014
过醋酸　Fa030
过氧化苯(甲)酰　Fb037
过氧化 2-丁酮　Ea031
过氧化二苯甲酰　Fb037
过氧化二碳酸二环己酯　Fa173
过氧化二碳酸二辛酯　Fa174
过氧化二碳酸二-(2-乙基己)酯　Fa174
过氧化甲乙酮　Ea031
过氧化氢二异丙苯　Fb075
过氧乙酸　Fa030
过乙酸　Fa030

H

海克沙　Ga042
海藻酸钠　Kc019
9-D-核糖次黄嘌呤　Kb017
核糖苷　Kb013
褐藻酸钠　Kc019
红色基 3GL　Gb072
胡萝卜酸　Fa045
胡妥醇　Kd002
琥珀腈　Ga090
琥珀酸　Fa046
琥珀酸酐　Fa063
琥珀酰亚胺　Ga057
花椒醇　Da030
花楸醇　Kc007
环丙基-4-氯苯甲酮　Eb017
环丙甲酸　Ab024
环丙烷羧酸　Ab024

环丁砜 Ab040,Ha024
环庚三烯 Bc001
1,3,5-环庚三烯 Bc001
环庚酮 Ab021
环化腺苷酸 Kb021
3′,5′-环化腺苷酸 Kb021
环己胺 Ab033
环己醇 Ab017
1,4-环己二酮 Ab041
环己基甲酸 Ab026
环己基乙烷 Ab002
环己甲酸 Ab026
环己六醇 Kc009
环己酮 Ab020
环己烷 Ab001
环己烷羧酸 Ab026
环己烯 Ab007
4-环己烯-1,2-二羧酸酐 Fb044
环己亚胺 Ab038
环磷酸腺苷 Kb021
环磷腺苷 Kb021
环六亚甲亚胺 Ab038
环十八碳九烯 Bc004
1,3,5,7,9,11,13,15,17-环十八烯 Bc004
环十二烷 Ab003
环烷酸 Ab027
环烷酸钴 Jc009
环烷酸镍 Jc010
环烷酸盐 Ab028,Jc008
环戊醇 Ab016
环戊二烯 Ab008,Bc003
环戊二烯基铁 Jc017
环戊基乙醛 Ab018
环戊基乙酸 Ab025
环戊酮 Ab019
环戊烷酮 Ab019
环戊烯 Ab006
环戊乙酸 Ab025
1,5-环辛二烯 Ab012
环辛四烯 Bc002
1,3,5,7-环辛四烯 Bc002
环氧苯乙烷 Ba018
1,2-环氧丙烷 Da038
环氧大豆油 Fa161
环氧大豆油酸辛酯 Fa162
环氧大豆油酸-2-乙基己酯 Fa162
1,4-环氧丁烷 I011
环氧化乙酰蓖麻油酸甲酯 Fa157
环氧糠油酸丁酯 Fa158
环氧氯丙烷 Da040
环氧十八酸辛酯 Fa160
环氧乙烷 Da037
环氧乙酰蓖麻油酸甲酯 Fa157
环氧硬脂酸丁酯 Fa159
环氧硬脂酸辛酯 Fa160
环氧硬脂酸-2-乙基己酯 Fa160
环氧脂肪酸丁酯 Fa158
环氧脂肪酸辛酯 Fa162
黄原酸钠 Ha019
磺胺 Hb020
磺胺噻唑 I043
磺胺酸钠 Hb009
磺酸氨 Ha032
4-磺酰氨基邻氨基苯酚 Hb023
磺酰胺酸 Ha032
茴香硫醚 Hb032
茴香醚 Db038
茴香醛 Eb002
混合二甲苯 Ba003
C_5～C_9 混合脂肪酸乙二醇酯 Fa169
混旋色氨酸 Ka026
1,5-(或1,8-)二硝基蒽醌 Gb149

J

肌醇 Kc009
肌醇六磷酸 Kb023
肌苷 Kb017
肌糖 Kc009
鸡纳酚 Db010

1,6-及1,7-混合氨基萘磺酸 Hb037
几丁 Kc004
几丁聚糖 Kc005
几丁质 Kc004
L-己氨酸盐酸盐 Ka013
1,6-己二胺 Ga037
1,6-己二醇 Da024
己二腈 Ga091
己二酸 Fa048
己二酸二癸酯 Fa137
己二酸二辛酯 Fa136
己二酸二(2-乙基己)酯 Fa136
己二酸二异癸酯 Fa137
己二酸二异辛酯 Fa136
2,4-己二烯酸 Fa059
己二酰氯 Fa076
己六醇 Da031,Kc006
ε-己内酰胺 Ab034
ε-己内酯 Ab035
己酸 Fa010
己酸钠 Fa082
己酸烯丙酯 Fa101
己酸乙酯 Fa100
季戊二醇 Da022
季戊四醇 Da028
甲氨基二乙醇 Ga029
甲氨基甲酰氯 Ga067
甲拌磷 Jb004
甲苯 Ba002
甲苯-2,4-二胺 Gb078
2,4-甲苯二异氰酸酯 Gb144
4-甲苯磺酸钠 Hb004
2-甲苯磺酰胺 Hb021
4-甲苯磺酰胺 Hb022
α-甲苯硫酚 Hb027
甲丙酮 Ea022
甲醇 Da001
甲醇钠 Da048
甲碘安 Ka034
2-甲酚 Db002
3-甲酚 Db003
4-甲酚 Db004
甲磺酰甲烷 Ha023
甲磺酰氯 Ha026
甲基1605 Jb002
1-甲基-4-氨基对二氮己环 I091
1-甲基-4-氨基哌嗪 I091
2-甲基-4-氨基-5-(乙酰氨基甲基)嘧啶 I076
N-甲基苯胺 Gb079
甲基苯胺 Gb079
4-甲基苯胺 Gb041
3-甲基-2-苯并噻唑酮腙 I044
4-甲基苯磺酸 Hb003
4-甲基苯磺酰肼 Hb050
3-甲基-1-苯基吡唑啉-5-酮 I110
2-甲基-2-苯基丙烷 Ba014
甲基苯基酮 Eb014
2-甲基苯甲酸 Fb003
4-甲基苯甲酸 Fb002
2-甲基苯甲酰氯 Fb022
α-甲基苯乙胺 Gb048
α-甲基苯乙烯 Ba017
甲基苯乙烯基甲酮 Eb024
α-甲基吡啶 I063
β-甲基吡啶 I064
γ-甲基吡啶 I065
2-甲基吡啶 I063
3-甲基吡啶 I064
4-甲基吡啶 I065
N-甲基-3-吡咯烷醇 I005
N-甲基吡咯烷酮 I004
N-甲基-2-吡咯烷酮 I004
2-甲基-1-丙醇 Da006
2-甲基-2-丙醇 Da007
2-甲基丙基苯 Ba013
甲基丙基甲酮 Ea022
2-甲基丙醛 Ea005
甲基丙炔酸 Fa029
2-甲基丙酸 Fa005

2-甲基丙烷 Aa005
β-甲基丙烯醛 Ea013
甲基丙烯酸 Fa021
甲基丙烯酸丁酯 Fa110,Fa111
甲基丙烯酸甲酯 Fa108
甲基丙烯酸-2-羟基乙酯 Fa112
甲基丙烯酸羟乙酯 Fa112
甲基丙烯酸乙酯 Fa109
甲基丙烯酸异丁酯 Fa111
甲基丙烯酸正丁酯 Fa110
甲基丙烯酰胺 Ga054
2-甲基丙烯酰胺 Ga054
N-甲基氮己环 I097
N-甲基-3-氮杂环戊醇 I005
2-甲基-2-丁醇 Da008
3-甲基-1-丁醇 Da012
2-甲基-1,3-丁二烯 Aa011
甲基对硫磷 Jb002
2-甲基蒽 Bb013
2-甲基-9,10-蒽二酮 Eb032
β-甲基蒽醌 Eb032
2-甲基蒽醌 Eb032
3-甲基-1-(2,5-二氯-4-磺酸基苯基)-5-吡唑(啉)酮 I109
N-甲基二乙醇胺 Ga029
2-甲基呋喃 I012
2-甲基-3-呋喃硫醇 I014
甲基硅油 Ja010
N-甲基环己胺 Ab036
甲基环戊二烯 Ab009
甲基环氧乙烷 Da038
甲基磺酸 Ha027
3-甲基-1-(4-磺酸基苯基)-5-吡唑(啉)酮 I108
甲基磺酰甲烷 Ha023
甲基甲烷 Aa002
N-甲基甲酰胺 Ga046
2-甲基-2-甲氧基丙烷 Da055
4-甲基喹啉 I082
甲基锂 Jc006
甲基硫茂 I055
N-甲基六氢吡啶 I097
甲基氯 Ca001
甲基氯仿 Ca019
N-甲基吗啉 I079
2-甲基咪唑 I024
4-甲基咪唑 I025
α-甲基萘 Bb006
β-甲基萘 Bb007
1-甲基萘 Bb006
2-甲基萘 Bb007
6-甲基尿嘧啶 I073
N-甲基哌啶 I097
N-甲基哌嗪 I087
1-甲基哌嗪 I087
2-甲基-2-羟基丙腈 Ea034,Ga088
2-甲基-8-羟基喹啉 I085
甲基氢化物 Aa001
甲基氰 Ga078
2-甲基-3-巯基呋喃 I014
2-甲基-5-巯基-1,3,4-噻二唑 I047
甲基溶纤剂 Da056
2-甲基乳腈 Ea034
3-甲基噻吩 I055
4-甲基-2-噻唑胺 I038
甲基三氯硅烷 Ja001
甲基三氯甲基硅烷 Ja001
甲基三乙氧基硅烷 Ja007
甲基三乙氧基(甲)硅烷 Ja007
5-甲基-(1,2,4)-三唑并(3,4,b)苯并噻唑 I050
甲基叔丁基醚 Da055
甲基叔丁基酮 Ea020
2-甲基四氢呋喃 I013
甲基乌来坦 Ga065
4-甲基-2-戊醇 Da013
甲基-戊基甲醇 Da009
甲基戊基甲酮 Ea025
4-甲基-2-戊酮 Ea021
甲基戊酮醇 Ea024

甲基戊烯酮 Ea029
4-甲基-3-戊烯-2-酮 Ea029
1-甲基-4-硝基-5-氯咪唑 I029
6-[(1-甲基-4-硝基-1*H*-咪唑基-5)-硫代]-1*H*-嘌呤 Kb004
甲基溴 Ca005
7-甲基-3-亚甲基-1,6-辛二烯 Kd001
2-甲基-6-乙基苯胺 Gb045
甲基乙基(甲)酮 Ea019
甲基乙基甲烷 Aa004
甲基乙烯基(甲)酮 Ea028
甲基乙烯酮 Ea027
甲基异丁基甲醇 Da013
甲基异丁基(甲)酮 Ea021
甲基正戊基酮 Ea025
甲壳胺 Kc005
甲壳素 Kc004
DL-甲硫氨酸 Ka027
L-甲硫氨酸 Ka028
甲硫醇 Ha004
L-甲硫丁氨酸 Ka028
3-甲硫基丙醛 Ha014
甲硫基丁氨酸 Ha017
甲醚 Da050
甲脒亚磺酸 Ha030
甲萘胺 Gb119
甲萘酚 Db034
甲醛 Ea001
甲醛基苯酚 Eb005
甲醛缩二甲醇 Ea009
甲酸 Fa001
甲酸丁酯 Fa091
甲酸甲酯 Fa089
甲酸钠 Fa077
甲酸乙酯 Fa090
甲缩醛 Ea009
甲烷 Aa001
甲烷二羧酸 Fa045
甲烷磺酸 Ha027
甲烷磺酰氯 Ha026
甲酰胺 Ga045
1-甲酰基-2-萘酚 Eb012
2-甲酰基噻吩 I056
甲氧基苯 Db038
4-甲氧基苯甲醛 Eb002
4-甲氧基苯甲酸 Fb010
1-甲氧基-2-丙醇 Da060
4-甲氧基-3-[*N*′,*N*′-二(乙酰氧乙基)氨基]-*N*-乙酰苯胺 Gb089
2-甲氧基-5-甲基苯胺 Db047
2-甲氧基-3-甲基吡嗪 I100
甲氧基钠 Da048
2-甲氧基萘 Bb009
2-甲氧基乙醇 Da056
甲氧基乙酸甲酯 Fa127
甲乙酮 Ea019
假枯烯 Ba008
间氨基苯酚 Gb122
间氨基苯磺酸 Hb007
间氨基苯磺酸钠 Hb008
间氨基氯苯 Gb056
间氨基三氟甲基苯 Gb062
间氨基-*N*-乙酰苯胺 Gb086
间胺酸 Hb007
间苯二胺 Gb076
间苯二胺-4-磺酸 Hb011
间苯二酚 Db009
间苯二甲腈 Gb137
间苯二甲酸 Fb032
间苯二甲酸二苯酯 Fb070
间苯二甲酸二辛酯 Fb071
间苯二甲酸二(2-乙基己)酯 Fb071
间苯酚苯甲酸 Fb007
间苯氧基苯甲醛 Eb007
间苯氧基苯甲酸 Fb011
间/对甲酚 Db006
间二氨基苯 Gb076
间二氮茚 I027
间二甲氨基苯甲酸 Gb129
间二甲苯 Ba005

间二氯苯　Cb007
间二(三氟甲基)苯　Cb024
间二硝基苯胺　Gb067
间氟甲苯　Cb011
间氟硝基苯　Cb038,Gb007
间甲苯基氯甲酸酯　Fa120
间甲苄基氯　Cb022
间甲酚　Db003
间甲基-*N*,*N*-二乙基苯胺　Gb095
间甲基氟苯　Cb011
间甲基氯苄　Cb022
间甲基硝基苯　Gb004
间氯苯胺　Gb056
间氯苯胺盐酸盐　Gb057
间氯苄川三氟　Cb028
间氯过氧苯甲酸　Fb019
间氯甲苯　Cb014
间氯三氟甲基苯　Cb028
间氯硝基苯　Gb011
间羟基安息香酸　Fb007
间羟基苯胺　Gb122
间羟基苯甲醛　Eb004
间羟基苯甲酸　Fb007
间羟基-*N*,*N*-二乙基苯胺　Gb096,Gb126
间三氟甲基苯胺　Gb062
间三氟甲基苯异氰酸酯　Gb142
间戊二酮　Ea030
间硝基苯胺　Gb065
间硝基苯酚　Db026,Gb016
间硝基苯磺酸钠　Hb006
间硝基苯甲醛　Eb008,Gb022
间硝基氟苯　Cb038
间硝基甲苯　Gb004
间硝基氯苯　Gb011
间硝基三氟甲基苯　Gb034
间溴三氟甲基苯　Cb030
胶酸　Fa047
胶酸酐　Fa064
焦棓酸　Db013
(焦)儿茶酚　Db008
焦性没食子酸　Db013
芥酸　Fa026
L-精氨酸　Ka014
鲸蜡醇　Da016
鲸蜡基溴　Ca043
酒精　Da002
dl-酒石酸　Fa052
聚氨基葡糖　Kc005
聚癸二酸丙二醇酯　Fa172
聚癸二酸-1,2-丙二醇酯　Fa172
聚马来酸　Fa060
聚顺丁烯二酸　Fa060
聚维酮　I008
聚乙烯吡咯烷酮　I008
均苯四(甲)酸二酐　Fb046
均二苯硫脲　Hb031
均二甲脲　Ga074
均三甲苯　Ba009
均四甲苯　Ba010
均四溴乙烷　Ca023

K

卡必醇　Da061
咔唑　I051
2-莰酮　Ab022
莰烯　Ab013,Kd014
康乐安　I098
糠胺　I022
糠醇　I015
糠氯酸　Fa027
糠醛　I017
壳多糖　Kc004
壳聚糖　Kc005
克列夫酸　Hb037
孔奴尼　Db010
枯烯　Ba012
苦味酸　Db029,Gb037
苦杏仁酸　Fb028
奎札因　Eb035
喹啉　I081

4-喹唑啉醇　I094
喹唑酮　I094
醌茜　Eb035
扩散剂 NNO　Hb046

L

L-赖氨酸盐酸盐　Ka013
蓝贝司 RT　Gb109
蓝色基 RT　Gb109
L-酪氨酸　Ka024
酪醇　Da005
酪素　Ka048
酪酸　Fa004
酪酸酐　Fa062
酪酸异戊酯　Fa099
雷琐酚　Db009
雷琐辛　Db009
里哪醇　Kd002
利巴韦林　Kb019
连苯三酚　Db013
连二异丙基黄原酸酯　Ha020
连三甲苯　Ba007
联苯　Bb001
联苯胺硫酸盐　Gb114
2-联苯酚　Db023
L-亮氨酸　Ka008
邻氨基苯酚　Gb121
邻氨基苯酚对磺酸　Hb015
邻氨基苯甲醚　Gb073
邻氨基苯甲酸　Gb127
邻氨基对甲苯酚　Gb124
邻氨基对甲苯甲醚　Db047,Gb023
邻氨基对硝基苯酚　Gb125
邻氨基甲苯　Gb040
邻氨基氯苯　Gb054
邻氨基乙苯　Gb044
邻苯二胺　Gb075
邻苯二酚　Db008
邻苯二甲酸丁·苯甲酯　Fb065
邻苯二甲酸丁·苄酯　Fb065
邻苯二甲酸二丁酯　Fb059
邻苯二甲酸二庚酯　Fb061
邻苯二甲酸二环己酯　Fb068
邻苯二甲酸二甲氧基乙酯　Fb064
邻苯二甲酸二甲酯　Fb057
邻苯二甲酸二烯丙酯　Fb060
邻苯二甲酸二辛酯　Fb066
邻苯二甲酸二(2-乙基己)酯　Fb066
邻苯二甲酸二乙酯　Fb058
邻苯二甲酸二异癸酯　Fb063
邻苯二甲酸二正癸酯　Fb062
邻苯二甲酸酐　Fb042
邻苯二甲酰亚胺　Gb106
邻苯基苯酚　Db023
邻苯基酚　Db023
邻苯甲酰苯甲酸　Fb013
邻二氨基苯　Gb075
邻二甲苯　Ba004
邻二甲基苯胺　Gb042
邻二氯苯　Cb005
邻茴香胺　Gb073
邻甲苯胺　Gb040
邻甲苯磺酰胺　Hb021
邻甲酚　Db002
邻甲呋喃　I012
邻甲基苯甲酸　Fb003
邻甲基苯甲酰氯　Fb022
邻甲基水杨酸　Fb008
邻甲基硝基苯　Gb003
邻甲基氧杂环戊二烯　I012
邻甲氧基苯胺　Gb073
邻甲氧基苯酚　Db014,Kd015
邻甲氧基-*N*-乙酰乙酰苯胺　Gb085
邻联甲苯胺　Gb115
邻氯苯胺　Gb054
邻氯苯胺盐酸盐　Gb055
邻氯苯甲酸　Fb016
邻氯苯乙酸　Fb029
邻氯苯乙酮　Eb018
邻氯苄川三氟　Cb027

邻氯苄基氯 Cb019
邻氯对硝基苯胺 Gb071
邻氯甲苯 Cb013
邻氯氯苄 Cb019
邻氯三氟甲基苯 Cb027
邻氯-ω,ω,ω-三氯甲苯 Cb033
邻氯硝基苯 Gb012
邻氯-*N*-乙酰乙酰苯胺 Gb091
邻羟基苯胺 Gb121
邻羟基苯甲酸 Fb005
邻羟基苯甲酸苯酯 Fb055
邻羟基苯甲酸甲酯 Fb052
邻羟基苯甲酸戊酯 Fb054
邻羟基喹哪啶 I085
邻羟基联苯 Db023
邻酞酸二丁酯 Fb059
邻酞酸二癸酯 Fb062
邻酞酸二烯丙酯 Fb060
邻酞酸二乙酯 Fb058
邻硝基苯胺 Gb064
邻硝基苯酚 Db025,Gb015
邻硝基苯甲醚 Db043,Gb020
邻硝基苯甲醛 Eb009,Gb026
邻硝基对甲苯胺 Gb068
邻硝基对甲氧基苯胺 Gb070
邻硝基对氯苯胺 Gb072
邻硝基甲苯 Gb003
邻硝基氯苯 Gb012
邻硝基乙苯 Gb005
邻溴甲苯 Cb015
邻乙基苯胺 Gb044
邻乙氧基萘甲醛 Eb013
磷酸氨基嘌呤 Kb001
磷酸二辛酯 Fa153
磷酸二(2-乙基己基)酯 Fa153
磷酸二异辛酯 Fa153
磷酸三苯酯 Fb085
磷酸三(2,3-二溴丙基)酯 Fa166
磷酸三甲苯酯 Fb086
磷酸三甲酚酯 Fb086
磷酸三(3-甲基苯)酯 Fb086
磷酸三甲酯 Fa151
磷酸三(β-氯乙基)酯 Fa155
磷酸三(2-氯乙基)酯 Fa167
磷酸三辛酯 Fa154
磷酸三(2-乙基己)酯 Fa154
磷酸三乙酯 Fa152
磷酸三异辛酯 Fa154
硫代氨基脲 Ha031
1-硫代丁醇 Ha007
硫代二丙腈 Ha033
6-硫代鸟嘌呤 Kb003
硫代尿素 Ha029
硫代双甲烷 Ha012
硫代双乙醇 Ha011
硫代乙醇酸 Ha015
1-硫代乙二醇 Ha010
硫氮(杂)茂 I036
硫二甘醇 Ha011
硫酚 Hb028
硫鸟嘌呤 Kb003
硫脲 Ha029
硫羟乳酸 Ha016
硫氢丙烷 Ha006
硫氢甲烷 Ha004
硫氢乙烷 Ha005
硫酸二甲酯 Fa156
硫酸甲酯 Fa156
硫酸羟胺 Ga060
硫酸鱼精蛋白 Ka041
硫杂环戊二烯 I054
硫唑嘌呤 Kb004
柳酸 Fb005
柳酸甲酯 Fb052
六次甲基四胺 Ga042
六氟丙酮 Ea033
六氟丙烯 Ca054
六甲基二硅氧烷 Ja009
六甲基二(甲)硅醚 Ja009
六氯环戊二烯 Ab010

六氯乙烷 Ca020
六氢苯胺 Ab033
六氢苯酚 Ab017
六氢吡啶 I062
六氢化苯 Ab001
六水哌嗪 I086
六碳酮 Ea021
六亚甲基二胺 Ga037
六亚甲基-1,6-二异氰酸酯 Ga102
六亚甲基四胺 Ga042
龙脑 Kd011
2,4-卢剔啶 I066
6-卢剔啶 I067
2-氯-5-氨基苯磺酸 Hb012
氯苯 Cb002
4-氯苯胺-3-磺酸 Hb012
4-氯苯酚 Db015
4-氯苯磺酰氯 Hb025
氯苯甲烷 Cb017
4-氯苯氧基-α-甲基丙酸 Fb030
2-氯苯乙酸 Fb029
氯吡多 I098
α-氯丙醇 Da044
1-氯-2-丙醇 Da044
3-氯丙二醇 Da047
3-氯-1,2-丙二醇 Da047
3-氯丙炔 Ca056
氯丙酮 Ea032
2-氯丙烷 Ca025
3-氯丙烯 Ca051
氯丙酰 Fa071
α-氯代苯乙酸乙酯 Fb056
α-氯代苯乙酮 Eb021
γ-氯代丁腈 Ga086
4-氯代丁酰氯 Fa073
氯代二甲醚 Da064
氯代环已烷 Ab005
氯代甲酰氯 Fa066
氯代乙酰苯 Eb021
氯代乙酰氯 Fa068
氯代异丁烷 Ca033
氯代正丁烷 Ca036
2-氯-1,3-丁二烯 Ca055
γ-氯丁腈 Ga086
1-氯丁烷 Ca036
α-氯蒽醌 Eb033
β-氯蒽醌 Eb034
1-氯蒽醌 Eb033
2-氯蒽醌 Eb034
4-氯二苯甲烷 Cb036
1-氯-3-二甲氨基丙烷盐酸盐 Ga025
4-氯-3,5-二硝基三氟甲基苯 Gb036
氯仿 Ca003
1-氯-2-氟-5-硝基苯 Cb040
3-氯-4-氟硝基苯 Cb040,Gb009
α-氯甘油 Da047
氯甘油 Da047
氯化苯磺酰 Hb024
氯化苄 Cb017
氯化丙酰 Fa071
氯化二氯代乙酰 Fa069
氯化石蜡-42 Fa164
氯化石蜡-52 Fa163
氯化石蜡-70 Fa165
氯化石蜡烃 Fa163
氯化石蜡烃-42 Fa164
氯化亚砜 Ha022
氯化正丁酰 Fa072
3-氯-1,2-环氧丙烷 Da040
α-氯甲苯 Cb017
2-氯甲苯 Cb013
3-氯甲苯 Cb014
4-氯-1-甲基苯 Cb012
1-氯-2-甲基丙烷 Ca033
氯甲基氰 Ga085
5-氯-1-甲基-4-硝基咪唑 I029
氯甲酸苄酯 Fa119
氯甲酸环已酯 Fa118
氯甲酸甲酯 Fa115
氯甲酸间甲苯酯 Fa120

氯甲酸乙酯　Fa116
氯甲酸异丙酯　Fa117
氯三氟乙烯　Ca049
2-氯三氯甲基苯　Cb033
氯碳酸甲酯　Fa115
氯碳酸乙酯　Fa116
氯烃-52　Fa163
5-氯-2-硝基苯甲醛　Eb010,Gb027
2-氯-5-硝基三氟甲基苯　Gb035
氯乙醇　Da042
2-氯乙醇　Da042
氯乙腈　Ga085
氯乙醛　Ea015
氯乙酸　Fa035
氯乙酸甲酯　Fa121
氯乙酸乙酯　Fa123
氯乙烯　Ca044
氯乙酰　Fa067
氯乙酰胺　Ga056
2-氯乙酰胺　Ga056
氯乙酰苯　Eb021
氯乙酰氯　Fa068
氯乙氧基苯　Cb035
1-氯异丁烷　Ca033
卵泡素　Kd017
[18]-轮烯　Bc004
4-轮烯　Bc001
[8]-轮烯　Bc002

M

马来酸　Fa056
马来酸二辛酯　Fa135
马来酸酐　Fa065
马尿酸　Gb101
吗啉　I078
没食子酸　Fb009
咪唑　I023
L-3-(4-咪唑基)丙氨酸　Ka019
咪唑硫嘌呤　Kb004
咪唑烷基脲　I032
米蚩(勒氏)酮　Gb113
米耳班油　Gb001
蜜胺　I105
绵白糖　Kc015
明胶　Ka042
木醇　Da001
木精　Da001
木糖　Kc017,Kc017
D-木糖　Kc017
木糖醇　Da029,Kc018

N

奶酪素　Ka048
萘　Bb005
α-萘胺　Gb119
1-萘胺　Gb119
2-萘胺-4,8-二磺酸　Hb044
2-萘胺-1-磺酸　Hb036
1-萘胺-4-磺酸钠　Hb038
1,8-萘二甲酸酐　Fb047
1,5-萘二异氰酸酯　Gb148
α-萘酚　Db034
β-萘酚　Db035
1-萘酚　Db034
2-萘酚　Db035
1-萘酚-5-磺酸　Hb035
2-萘酚-3-甲酸　Fb039
1,8-萘酐　Fb047
2-萘磺酸　Hb034
2-萘甲醚　Bb009
1-萘满酮　Eb026
1,4,5,8-萘四甲酸　Fb041
萘酸钴　Jc009
2-萘乙醚　Bb010
α-萘乙酸　Fb040
1-萘乙酸　Fb040
喃氟啶　Kb009
尼泊金乙酯　Fb053
尼古丁酸　I070
尼哦油　Fb050

黏氯酸 Fa027
L-鸟氨酸盐酸盐 Ka031
L-鸟粪氨基酸盐酸盐 Ka031
尿苷 Kb013
尿核苷 Kb013
尿嘧啶 I072
尿嘧啶核苷 Kb013
尿囊素 I033
尿烷 Ga066
尿唑 I034
1-脲基间二氮杂茂烷二酮-(2,4) I033
β-柠檬醇 Kd009
柠檬醛 Ea014,Kd006
柠檬酸 Fa055
柠檬酸三丁酯 Fa170
柠檬酸三正丁酯 Fa170
柠檬烯 Ab014,Kd007
牛胆素 Ka051
牛胆酸 Ka051
牛黄酸 Ka051
牛磺酸 Ha028,Ka051

O

偶氮二异丁腈 Ga092
偶氮二异庚腈 Ga093
2,2′-偶氮双(2,4-二甲基戊腈) Ga093

P

哌啶 I062
蒎烯 Ab015,Kd013
疱疹净 Kb014
α-皮考林 I063
β-皮考林 I064
γ-皮考林 I065
芘 Bb021
偏苯三(甲)酸(单)酐 Fb045
偏苯三甲酸三(2-乙基己)酯 Fb072
偏苯三甲酸三异辛酯 Fb072
偏二氟乙烷 Ca015
偏二氟乙烯 Ca048
偏二甲肼 Ga071
偏氟乙烯 Ca048
偏酐 Fb045
偏三甲苯 Ba008
偏三氯乙烷 Ca019
频哪酮 Ea020
苹果酸 Fa051
葡醛内酯 Kc008
葡醛酯 Kc008
葡糖酸 Fa042
葡糖酸内酯 Ab031
葡萄花酸 Fa011
D-葡萄糖 Kc002
D-葡萄糖醇 Da030
D-葡萄糖醛酸-γ-内酯 Kc008
葡萄糖酸 Fa042
葡萄糖酸钙 Kc010
葡萄糖酸-δ-内酯 Ab031

Q

强利灵 Ka005
强利痰灵 Ka005
蔷薇醇 Da030,Kc007
羟胺盐酸盐 Ga059
2-羟丙基甲基醚 Da060
羟基苯 Db001
3-羟基苯甲醛 Eb004
4-羟基苯甲醛 Eb005
2-羟基苯甲酸甲酯 Fb052
α-羟基苯乙酸 Fb028
L-β-羟基丙氨酸 Ka007
β-羟基丙三羧酸 Fa055
2-羟基丙酸 Fa033
3-羟基雌甾-1,3,5(10)-三烯-17-酮 Kd017
L-羟基丁氨酸 Ka020
羟基丁二酸 Fa051
4-羟基丁酸内酯 Ab042
2-羟基庚烷 Da009
羟基环戊烷 Ab016

5-羟基-3-甲基-1-苯基吡唑酮　I110
4-羟基-4-甲基-2-戊酮　Ea024
8-羟基喹啉　I084
8-羟基喹哪啶　I085
4-羟基喹唑啉　I094
3-羟基-L-酪氨酸　Ka036
2-羟基联苯　Db023
1-羟基-5-萘磺酸　Hb035
2-羟基-1-萘甲醛　Eb012
1-羟基-2-萘甲酸　Fb038
2-羟基-3-萘甲酸　Fb039
3-羟基-3-羧基-1,5-戊二酸　Fa055
3-羟基-3-羧基戊二酸三丁酯　Fa170
5-羟基-2-戊酮　Da034
2-羟基乙胺　Ga026
羟基乙腈　Ga084
羟基乙硫醚　Ha013
羟基乙酸　Fa031
2-羟基异丁腈　Ga088
12-羟基硬脂酸　Fa043
羟乙基甲基醚　Da056
羟乙基乙基醚　Da057,Da059
9-(2-羟乙氧甲基)鸟嘌呤　Kb016
氢化吡咯甲酸　Ka029
氢醌　Db010
清蛋白　Ka037
氰胺　Ga104
氰丙醇　Ga088
氰基苯　Gb133
氰基醋酸　Ga094
氰基胍　Ga105
氰尿酸　I104
氰尿酰胺　I105
氰尿酰氯　I103
氰亚胺二硫代碳酸二甲酯　Ha034
氰乙酸　Ga094
氰乙酸甲酯　Ga095
氰乙酸乙酯　Ga096
氰乙酰胺　Ga097
琼脂　Kc013,Kc013
求偶二醇　Kd018
巯基苯　Hb028
L-β-巯基丙氨酸盐酸盐(水合物)　Ka002
2-巯基丙酸　Ha016
巯基嘌呤　Kb005
2-巯基乙醇　Ha010
巯基乙酸　Ha015
巯基正辛烷　Ha008
6-巯嘌呤　Kb005
屈　Bb020
全氟丙酮　Ea033
全氟丙烯　Ca054
全氟辛酸　Fa041
全氟乙烯　Ca050
全氯环戊二烯　Ab010
全氯甲硫醇　Ha009
全氯乙烷　Ca020
全氯乙烯　Ca046
炔丙醇　Da033
炔丙基氯　Ca056

R

人白细胞干扰素　Ka039
人淋巴母细胞干扰素　Ka039
人纤维母细胞干扰素　Ka039
人血白蛋白　Ka038
人血浆白蛋白　Ka038
人造苦杏仁油　Gb001
壬二酸二辛酯　Fa138,Fa138
壬二酸二(2-乙基己基)酯　Fa138
γ-壬内酯　Ab032
壬酸　Fa014
4-壬氧基苯甲酸-4′-(4-甲基己氧酰)　Fb082
鞣酸　Fb036,Kb024
鞣酸蛋白　Ka045
肉豆蔻酸　Fa017
肉桂酸　Fb027
乳酸　Fa033
乳糖　Kc011

乳糖醇　Kc012
软木酮　Ab021
软脂酸　Fa018

S

萨罗　Fb055
噻吩　I054
2-噻吩(基)甲醛　I056
2-噻吩(基)乙酸　I057
噻唑　I036
赛克　Ga103
赛洛克　Kb002
4,4′,4″-三苯甲烷三异氰酸酯　Gb146
三丙胺　Ga015
三氮唑核苷　Kb019
3-3′-5-三碘-L-甲状腺氨酸　Ka033
三碘甲状腺原氨酸　Ka033
三碘甲状腺原氨酸钠　Ka034
3,3′,5-三碘-L-甲状腺原氨酸钠盐　Ka034
三丁基氧化锡　Jc013
2,4,6-三(二甲氨基甲基)苯酚　Db032
2,3,4-三氟苯胺　Gb061
2,4,5-三氟苯甲酸　Fb014
ω,ω,ω-三氟甲苯　Cb023
3-三氟甲基苯异氰酸酯　Gb142
三氟氯乙烯　Ca049
三氟三氯乙烷　Ca014
1,1,2-三氟-1,2,2-三氯乙烷　Ca014
1,2,3-三氟-4-硝基苯　Cb039
1,2,3-三氟-4-硝基苯　Gb008
2,3,4-三氟硝基苯　Cb039
三氟乙酸　Fa040
三甘醇　Da062
三环唑　I050
三甲胺　Ga007
1,2,3-三甲苯　Ba007
1,2,4-三甲苯　Ba008
1,3,5-三甲苯　Ba009
三甲醇丙烷　Da027
2,3,5-三甲基-1,4-苯二酚　Db011
2,3,5-三甲基对苯二酚　Db011
4-(2,6,6-三甲基-1-环己-1-烯基)-3-丁烯-2-酮　Ab023
三甲基甲醇　Da007
三甲基氯硅烷　Ja003
三甲基氯(甲)硅烷　Ja003
6,6,10-三甲基双环-[3,1,1]-庚-2-烯　Ab015
2,2,4-三甲基-1,3-戊二醇　Da023
三甲基乙酸　Fa009
1,2,4-三甲酸三(2-乙基己)酯基苯　Fb072
3,4.5-三甲氧基苯甲醛　Eb003
3,4,5-三甲氧基苯甲酸　Fb012
3,4,5-三甲氧基苯甲酰肼　Gb104
三甲氧基甲烷　Fa143
三甲氧基磷　Fa149
三聚氰胺　I105
三聚氰氯　I103
三聚氰酸　I104
三聚氰酰氯　I103
三氯苯　Cb009
2,4,5-三氯苯酚　Db007
1,2,3-三氯丙烷　Ca027
1,2,3-三氯丙烯　Ca052
三氯醋酸　Fa037
三氯化乙烷　Ca018
α,α,α-三氯甲苯　Cb026
ω,ω,ω-三氯甲苯　Cb026
三氯甲基苯　Cb026
三氯甲烷　Ca003
三氯硫氯甲烷　Ha009
2,4,6-三氯-1,3,5-三嗪　I103
β,β,β-三氯叔丁醇　Da046
三氯叔丁醇　Da046
1,1,1-三氯叔丁醇　Da046
三氯一氟甲烷　Ca013
三氯乙基磷酸酯　Fa167
三(2-氯乙基)磷酸酯　Fa167

三氯乙醛　Ea016
三氯乙酸　Fa037
β-三氯乙烷　Ca018
α-三氯乙烷　Ca019
1,1,1-三氯乙烷　Ca019
1,1,2-三氯乙烷　Ca018
三氯乙烯　Ca045
三氯蔗糖　Kc016
3,4,5-三羟基苯甲酸　Fb009
3,7,12-三羟基-5β-胆烷酸　Kd016
三羟基花青素(均三嗪)　I104
2,2′,2″-三羟基三乙胺　Ga028
1,1,1-三羟甲基丙烷　Da027
三(2-羟乙基)异氰尿酸酯　Ga103
S-三嗪-2,4,6-三醇　I104
1,3,5-三嗪-2,4,6(1H,3H,5H)-三酮　I104
2,4,6-三硝基苯酚　Db029
2,4,6-三溴苯酚　Db019
三溴甲烷　Ca007
2,4,6-三溴间甲基苯酚　Db020
2,4,6-三溴间羟基甲苯　Db020
2,4,6-三溴间羟基甲苯双酚基丙烷　Db021
三溴乙醛　Ea017
三亚乙基四胺　Ga040
三乙胺　Ga010
三乙醇胺　Ga028
三乙二醇　Da062
三乙二醇醚　Da062
三乙基铝　Jc001
三乙烯四胺　Ga040
三乙氧基甲烷　Fa144
三异丙氧基铝　Jc003
三异丁基铝　Jc002
三正丙基胺　Ga015
1H-1,2,4-三唑-3-胺　I048
三唑核苷　Kb019
三唑酮　I096
1,2,4-三唑烷-3,5-二酮　I034
桑蚕丝素　Ka047
DL-色氨酸　Ka026
L-色氨酸　Ka025
沙马汀　Ka050
砂糖　Kc015
山梨醇　Da030,Kc007
山梨酸　Fa059
山梨糖醇　Da030
D-山梨糖醇　Kc007
失水苹果酸　Fa056
失水苹果酸二异辛酯　Fa135
失水苹果酸酐　Fa065
十八胺　Ga023
十八碳-9,12-二烯酸　Fa025
十八碳-9,12-二烯酸乙酯　Fa114
十八烷基胺　Ga023
十八烷基二甲基叔胺　Ga024
十八烷基异氰酸酯　Ga101
十八烷酸　Fa019
十八酰氯　Fa075
十二醇　Da015
十二酸　Fa016
十二碳醇　Da015
十二(烷)胺　Ga022
1-十二烷醇　Da015
十二烷二酸　Fa050
十二烷基苯　Ba015
十二烷基溴　Ca042
十二烷酸　Fa016
十六碳酰氯　Fa074
1-十六(烷)醇　Da016
十六烷酸　Fa018
十四烷酸　Fa017
十溴二苯醚　Db037
10-十一碳烯酸　Fa023
十一碳烯酸锌　Fa086
十一碳烯酸乙酯　Fa113
10-十一烯酸　Fa023
石碳酸　Db001
石油苯磺酸钠　Hb005

石油酸钴 Jc009
叔丁胺 Ga019
叔丁醇 Da007
叔丁基苯 Ba014
叔丁基-4-羟基茴香醚 Db042
叔戊醇 Da008
叔戊酸 Fa009
双氨藜芦啶 I077
双(β-氨乙基)胺 Ga039
双苯基脲 Gb118
双丙酮醇 Ea024
双酚A Db021
双酚酸 Fb035
双环戊二烯 Ab011
双环戊二烯二氯化钛 Jc016
双硫丙氨酸 Ka001
双硫代氨基丙酸 Ka001
4,4-双(4-羟苯基)戊酸 Fb035
双羟基酒石酸(二)钠 Fa054
N-双(2-羟乙基)甲胺 Ga029
双氰胺 Ga105
双J酸 Hb043
双戊烯 Ab014
双乙烯酮 Ea026
水合肼 Ga070
水合联氨 Ga070
水杨酸 Fb005
水杨酸苯酯 Fb055
水杨酸甲酯 Fb052
水杨酸戊酯 Fb054
顺丁烯二酸 Fa056
顺丁烯二酸二(2-乙基已)酯 Fa135
顺丁烯二酸二异辛酯 Fa135
顺丁烯二酸酐 Fa065
顺酐 Fa065
顺式-13-二十二碳烯酸 Fa026
顺式邻羟基肉桂酸内酯 I019
顺式十八碳-9,12-二烯酸 Fa024
顺酸 Fa056
L-丝氨酸 Ka007
丝素 Ka047
丝肽 Ka046
L-2-丝析丙酸 Ka017
3,5,3′,5′-四碘甲腺原氨酸钠 Ka035
2,3,4,5-四氟苯甲酸 Fb015
四氟乙烯 Ca050
1,2,4,5-四甲苯 Ba010
四氯苯醌 Eb029
2,3,5,6-四氯-1,4-苯醌 Eb029
四氯(代)醌 Eb029
四氯化硅 Ja004
四氯化碳 Ca004
四氯甲硅烷 Ja004
四氯甲烷 Ca004
四氯乙烯 Ca046
四羟基丁二酸(二)钠 Fa054
(2*R*,3*S*,4*R*)-2,3,4,5-四羟基戊醛 Kc017
四羟甲基甲烷 Da028
Δ^4-四氢苯酐 Fb044
四氢吡咯 I002
四氢吡咯-2-羧酸 Ka029
四氢呋喃 I011
1-(2′-四氢呋喃基)-5-氟尿嘧啶 Kb009
四氢化-1,4 噁嗪 I078
四氢化-2-呋喃甲醇 I016
四氢化-2-甲基呋喃 I013
四氢化萘 Bb008
1,2,3,4-四氢化萘 Bb008
四氢糠醇 I016
四氢邻苯二甲酸二辛酯 Fb067
四氢邻苯二甲酸二(2-乙基已酯) Fb067
Δ^4-四氢邻苯二甲酸酐 Fb044
1-四氢萘酮 Eb026
四氢噻吩 I058
四氢噻吩砜 Ab040,Ha024
四溴苯酐 Fb043
四溴化碳 Ca008
四溴化乙炔 Ca023
四溴甲烷 Ca008

四溴邻苯二甲酸酐 Fb043
2,2′,6,6′-四溴双酚 A Db022
1,1,2,2-四溴乙烷 Ca023
四亚甲基砜 Ab040,Ha024
四亚乙基五胺 Ga041
四乙烯五胺 Ga041
四乙氧基(甲)硅烷 Ja008
L-松氨酸盐酸盐 Ka013
松香酸 Ab029
松油醇 Da017,Kd008
L-苏氨酸 Ka020
γ 酸 Hb040
1,2,4-酸 Hb039
2B 酸 Hb014
2,3-酸 Fb039
DSD 酸 Hb029
J 酸 Hb041
L 酸 Hb035
H 酸单钠盐 Hb045
C_5～C_9 酸乙二醇酯 Fa169
S-羧甲(基)半胱氨酸 Ka005
羧甲司坦 Ka005
缩苹果酸 Fa045
缩水甘油 Da039
索马甜 Ka050

T

钛酸四丁酯 Jc015
钛酸四异丙酯 Jc014
酞酸二异癸酯 Fb063
痰易净 Ka003
碳酸丙烯酯 Fa147
碳酸二苯酯 Fb084
碳酸二甲酯 Fa145
碳酸二乙酯 Fa146
碳酸胍 Ga108
碳酸甲酯 Fa145
碳酸乙酯 Fa146
碳酰氯 Fa066
N,*N*-羰基二咪唑 I031
羰基硫 Ha002
特丁胺 Ga019
替加氟 Kb009
L-天冬素 Ka022
L-(+)-天门冬氨酸 Ka021
L-天(门)冬氨酸 Ka021
L-天(门)冬酰胺 Ka022
天然丝素肽 Ka046
甜菜酸 Fa045
甜菊苷 Kc021
甜菊糖甙 Kc021
甜菊糖苷 Kc021
萜品醇 Da017
铁蛋白 Ka044
2-酮基吡咯烷 I003
痛风平 Kb002
透明质酸 Kc020
吐氏酸 Hb036
退热冰 Gb083
托拜厄斯酸 Hb036
托力丁贝司 Gb115
2′-脱氧-5-碘尿苷 Kb014
1-(2-脱氧-*β*-D-呋喃核糖基)-5-溴尿嘧啶 Kb015
S-(5′-脱氧腺嘌呤核苷-5′-基)蛋氨酸 Kb011
脱氧溴尿苷 Kb015
脱乙酰几丁质 Kc005

W

烷基苯 Ba015
烷基苯磺酸钠 Hb005
烷基磺酸苯酯 Hb019
维生素 B_4 Kb001
稳定剂-Ⅱ I035
肟硫磷 Jb006
乌拉坦 Ga066
乌洛托品 Ga042
无环鸟苷 Kb016
五氯(苯)酚 Db018

五氯硝基苯　Gb014
五氯硬脂酸甲酯　Fa168
1,2,3,4,5-五羟基己酸　Fa042
五碳醛糖　Kc017
1-戊醇-4-酮　Da034
戊二醛　Ea010
1,5 戊二醛　Ea010
戊二酸　Fa047
戊二酸酐　Fa064
2,4-戊二酮　Ea030
戊酸　Fa007
2-戊酮　Ea022
3-戊酮　Ea023
戊五醇　Da029
1,2,3,4,5-戊五醇　Da029
(2*S*,4*R*)-1,2,3,4,5-戊五醇　Kc018
芴　Bb018

X

烯丙醇　Da032
烯丙基氯　Ca051
烯丙基溴　Ca053
酰胺三嗪核苷　Kb019
L-酰胺天冬酸　Ka022
腺苷　Kb010,Kb010
腺苷蛋氨酸　Kb011
S-腺苷蛋氨酸　Kb011
腺苷酸　Kb020
5′-腺苷酸　Kb020
腺嘌呤　I107
腺嘌呤阿拉伯糖苷　Kb012
腺嘌呤核苷　Kb010
腺嘌呤核糖苷-3′,5′-环磷酸酯　Kb021
腺嘌呤磷酸盐　Kb001
香草醇　Kd003
香豆素　I019
香豆酮　I018
香茅醇　Kd003
香茅醛　Kd004
香叶醇　Kd005
香叶醛　Ea014
香叶烯　Kd001
6-硝基-2-氨基苯并噻唑　I041
4-硝基-2-氨基苯酚钠　Db033
硝基苯　Gb001
2-硝基苯胺　Gb064
3-硝基苯胺　Gb065
4-硝基苯胺　Gb066
4-硝基苯酚钠　Db027
2-硝基苯甲醚　Db043
2-硝基苯甲醛　Eb009
3-硝基苯甲醛　Eb008
4-硝基苯乙醚　Db044
1-硝基丙烷　Ga003
2-硝基丙烷　Ga004
2-硝基对甲苯胺　Gb068
3-硝基甲苯　Gb004
4-硝基甲苯　Gb002
硝基甲烷　Ga001
2-硝基-4-甲氧基苯胺　Gb070
4-硝基间甲基苯酚　Db031
4-硝基邻甲苯胺　Gb069
3-硝基氯苯　Gb011
4-硝基氯苯　Gb010
2-硝基-4-氯苯胺　Gb072
4-硝基-2-氯苯胺　Gb071
2-硝基-5-氯苯甲醛　Eb010
4-硝基-1-羟基苯　Db024
3-硝基三氟甲苯　Gb034
(6-)硝基(1,2,4-酸)重氮氧化物　Hb042
硝基乙烷　Ga002
6-硝基-1,2-重氮氧基萘-4-磺酸　Hb042
硝酸胍　Ga107
硝酸异丙酯　Fa148
L-缬氨酸　Ka016
缬草酸　Fa007
辛醇　Da011
2-辛醇　Da010
N-辛基吡咯烷酮　I007
1-辛基吡咯烷酮　I007

辛硫磷 Jb006
辛酸亚锡 Jc012
新戊二醇 Da022
新戊酸 Fa009
溴苯 Cb003
溴丙炔 Ca057
3-溴丙炔 Ca057
1-溴丙烷 Ca028
2-溴丙烷 Ca029
3-溴丙烯 Ca053
α-溴代苯乙酮 Eb022
溴代醋酸甲酯 Fa124
N-溴代琥珀酰亚胺 Ga058
溴代环戊烷 Ab004
1-溴代-3-甲基丁烷 Ca040
1-溴代鲸蜡烷 Ca043
溴代十二烷 Ca042
溴代乙醛缩二乙醇 Db051
溴代乙酰溴 Fa070
溴代异丙烷 Ca029
1-溴代异丁烷 Ca034
溴代异戊烷 Ca040
溴代正丙烷 Ca028
溴代正丁烷 Ca037
溴代正辛烷 Ca041
1-溴丁烷 Ca037
溴仿 Ca007
溴苷 Kb015
溴化四次甲基 Ca038
2-溴甲苯 Cb015
4-溴甲基苯甲酰溴 Fb023
1-溴-2-甲基丙烷 Ca034
1-溴-3-氯丙烷 Ca030
α-溴萘 Cb037
1-溴萘 Cb037
4-溴-1,8-萘二甲酸酐 Fb048
溴尿嘧啶脱氧核苷 Kb015
溴醛 Ea017
1-溴十二烷 Ca042
1-溴十六烷 Ca043
5-溴-2′-脱氧尿苷 Kb015
溴辛烷 Ca041
溴乙醇 Da043
溴乙酸 Fa038
溴乙酸甲酯 Fa124
溴乙酰苯 Eb022
溴乙酰溴 Fa070
1-溴异戊烷 Ca040
1-溴(正)辛烷 Ca041
血清白蛋白 Ka038
血糖 Kc002

Y

2,2′-亚氨基二乙醇 Ga027
亚氨基二乙酸 Ga062
亚己基-1,6-二异氰酸酯 Ga102
亚甲基丙酮 Ea027
亚甲基丁二酸 Fa058
亚甲基二苯基二异氰酸酯 Gb145
亚甲基二萘磺酸钠 Hb046
N,*N*′-亚甲基二(*N*′-3-羟甲基-2,5-二氧-4-咪唑基)脲 I032
亚甲基琥珀酸 Fa058
亚甲基双丙烯酰胺 Ga055
亚磷酸苯二辛酯 Fb087
亚磷酸-苯二(2-乙基己基)酯 Fb087
亚磷酸苯二异辛酯 Fb087
亚磷酸三甲酯 Fa149,Jb012
亚磷酸三乙酯 Fa150,Jb013
2,2′-亚硫基二苯胺 I060
亚硫酰氯 Ha022
亚异丙基丙酮 Ea029
亚油酸 Fa025
亚油酸乙酯 Fa114
烟酸 I070
延胡索酸 Fa057
盐酸氨基脲 Ga073
盐酸半胱氨酸甲酯 Ka004
盐酸半胱氨酸(一水合物) Ka002
盐酸胍 Ga106

盐酸 L-胍基戊氨酸　Ka015
L-盐酸精氨酸　Ka015
L-盐酸赖氨酸　Ka013
盐酸 L-鸟氨酸　Ka031
盐酸羟胺　Ga059
盐酸乙脒　Ga110
羊油酸　Fa010
羊脂酸　Fa012
洋菜　Kc013
3-氧代丁酸乙酯　Fa129
1,4-氧氮杂环己烷　I078
氧化苯乙烯　Ba018
氧化丙烯　Da038
氧化双三丁基锡　Jc013
氧化乙烯　Da037
氧化甾酚　Kd017
氧硫化碳　Ha002
1,2,4-氧体　Hb042
氧茚　I018
氧杂环戊烷　I011
氧杂茂　I009
椰子醛　Ab032
一丙胺　Ga011
一碘甲烷　Ca009
一氟醋酸　Fa039
一氟三氯甲烷　Ca013
一甲胺　Ga005
一甲基三氯(甲)硅烷　Ja001
一六〇五　Jb003
一氯醋酸　Fa035
一氯代苯　Cb002
(一)氯化二乙基铝　Jc005
一氯甲基甲基醚　Da064
(一)氯甲醚　Da064
(一)氯甲烷　Ca001
(一)氯乙醛　Ea015
(一)氯乙烷　Ca016
一缩二乙二醇单乙醚　Da061
一溴醋酸　Fa038
一溴代苯　Cb003
一溴甲烷　Ca005
(一)溴乙烷　Ca021
一氧化二烯五环　I009
一乙胺　Ga008
一乙醇胺　Ga026
一异丙胺　Ga012
一异丙醇胺　Ga033
一正丙胺　Ga011
一正丁胺　Ga016
衣康酸　Fa058
依木兰　Kb004
DL-胰化蛋白氨基酸　Ka026
L-胰化蛋白氨基酸　Ka025
乙胺　Ga008
乙苯　Ba011
乙丙二砜　Ha025
乙醇　Da002
乙醇胺　Ga026
乙醇腈　Ga084
乙醇钠　Da049
乙醇酸　Fa031
γ-(乙二氨基)丙基三甲氧基硅烷　Ja017
乙二胺　Ga035
乙二醇　Da018
乙二醇单丁醚　Da059
乙二醇单甲醚　Da056
乙二醇单乙醚　Da057
乙二醇单乙醚醋酸酯　Da058
乙二醛　Ea008
乙二酸　Fa044
乙二酸二丁酯　Fa131
乙二酸二乙酯　Fa130
乙二酸钠　Fa081
2-乙二氧基乙酸乙酯　Da058
乙酐　Fa061
乙基苯　Ba011
N-乙基-α-苯胺　Gb080
N-乙基苯胺　Gb080
N-乙基吡咯烷酮　I006
乙基碘　Ca024

2-乙基丁酸 Fa006
乙基对硫磷 Jb003
乙基环己烷 Ab002
乙基黄原酸钠 Ha019
2-乙基己醇 Da011
2-乙基(-1-)己醇 Da011
2-乙基己酸 Fa013
2-乙基己酸钠 Fa084
2-乙基己酸亚锡 Jc012
2-乙基-4-甲基咪唑 I028
N-乙基间甲苯胺 Gb082
N-乙基咔唑 I052
9-乙基咔唑 I052
乙基硫酸钠 Ha018
乙基氯 Ca016
N-乙基吗啉 I080
N-乙基哌嗪 I088
2-乙基-2-羟甲基-1,3-丙二醇 Da027
乙基氰 Ga079
(乙基)溶纤剂 Da057
1-乙基-2-硝基苯 Gb005
乙基溴 Ca021
乙基乙烯基醚 Da063
2-乙基已醇 Da011
乙腈 Ga078
乙硫醇 Ha005
2-乙硫基乙醇 Ha013
乙醚 Da051
乙脒盐酸盐 Ga110
乙萘酚 Db035
乙醛 Ea002
乙醛酸 Fa032
乙炔 Aa012
乙炔基甲醇 Da033
乙炔羧酸 Fa028
乙酸 Fa002
乙酸苯甲酯 Fb051
乙酸苄酯 Fb051
乙酸酐 Fa061
乙酸甲酯 Fa092
乙酸钠 Fa078
乙酸铅 Fa079
乙酸乙烯酯 Fa094
乙酸乙酯 Fa093
乙酸正丁酯 Fa095
乙烷 Aa002
乙位紫罗兰酮 Ab023
乙烯 Aa007
乙烯基苯 Ba016
乙烯基苯乙烯 Ba019
2-乙烯基吡啶 I069
乙烯基氟 Ca047
N-乙烯(基)咔唑 I053
乙烯基氰 Ga083
乙烯基三甲氧基硅烷 Ja013
乙烯基三(β-甲氧基乙氧基)硅烷 Ja015
乙烯基三氯硅烷 Ja018
乙烯基三乙氧基硅烷 Ja014
乙烯基乙醚 Da063
乙烯基乙炔 Aa013
乙烯基乙烯 Aa010
4-乙酰氨基苯磺酰氯 Hb026
8-乙酰氨基-2-萘酚 Gb120
乙酰胺 Ga048
乙酰半胱氨酸 Ka003
乙酰苯 Eb014
乙酰苯胺 Gb083
γ-乙酰丙醇 Da034
乙酰丙酸 Fa034
乙酰丙酮 Ea030
α-乙酰-γ-丁内酯 Ab030
N-乙酰基-L-半胱氨酸 Ka003
N-乙酰基对苯二胺 Gb087
乙酰基-*N*,*N*-二乙基乙酰胺 Ga051
乙酰基-*N*-甲基乙酰胺 Ga052
N-乙酰基间苯二胺 Gb086
乙酰基乙酰胺 Ga050
乙酰基乙酰二乙胺 Ga051
乙酰甲胺磷 Jb001
乙酰氯 Fa067

乙酰乙酸甲酯　Fa128
乙酰乙酸乙酯　Fa129
N-乙酰乙酰苯胺　Gb090
乙酰乙酰苯胺　Gb090
乙酰乙酰甲胺　Ga052
乙酰乙酰-2-甲氧基苯胺　Gb085
N-乙酰乙酰邻氯苯胺　Gb091
乙氧基苯偶姻　Db041
乙氧基钠　Da049
2-乙氧基萘　Bb010
2-乙氧基萘醛　Eb013
乙氧基亚甲基丙二酸二乙酯　Fa142
2-乙氧基乙醇　Da057
乙氧基乙烷　Da051
乙氧基乙烯　Da063
蚁酸　Fa001
蚁酸钠　Fa077
L-异白氨酸　Ka009
异丙胺　Ga012
异丙醇　Da004
异丙醇胺　Ga033
异丙醇铝　Jc003
异丙肌苷　Kb018
异丙基苯　Ba012
α-异丙基对氯苯乙腈　Gb140
异丙基联苯　Bb002
异丙基氯　Ca025
异丙基氰　Ga081
异丙基异氰酸酯　Ga099
异丙醚　Da053
异丙烯基丙酮　Ea029
L-异赤丝藻氨基酸　Ka020
异丁胺　Ga017
异丁醇　Da006
异丁基苯　Ba013
4-异丁基苯乙酮　Eb015
异丁基碘　Ca035
异丁基氯　Ca033
异丁基溴　Ca034
异丁腈　Ga081
异丁醛　Ea005
异丁酸　Fa005
异丁烷　Aa005
L-异亮氨酸　Ka009
异嘌呤醇　Kb002
异氰尿酸三(2-羟乙基)酯　Ga103
异氰酸苯酯　Gb141
异氰酸丁酯　Ga100
异氰酸对硝基苯酯　Gb143
异氰酸甲酯　Ga098
异氰酸十八(烷)醇酯　Ga101
异氰酸异丙酯　Ga099
L-异闪白氨基酸　Ka009
异戊醇　Da012
异戊二烯　Aa011
异戊基溴　Ca040
异戊酸　Fa008
异辛醇　Da011
异辛酸　Fa013
异辛酸钠　Fa084
异亚丙基丙酮　Ea029
异烟酸　I071
易咳净　Ka003
引发剂 DCPD　Fa173
引发剂 EHP　Fa174
吲哚　I092
DL-β-(3-吲哚基)-α-丙氨酸　Ka026
L-β-(3-吲哚基)-α-丙氨酸　Ka025
茚　Bb015
茚满　Bb016
荧蒽　Bb014
硬脂胺　Ga023
硬脂酸　Fa019
硬脂酰氯　Fa075
油菜酸　Fa026
油酸　Fa024
油酸四氢呋喃甲酯　Fa171
油酸四氢糠醇酯　Fa171
油脂十八胺　Ga023
鱼精蛋白　Ka040

玉米醇溶蛋白 Ka049
玉米葡糖、玉蜀黍糖 Kc002
愈创木酚 Db014
愈创木薁 Kd015
原甲酸三甲酯 Fa143
原甲酸三乙酯 Fa144
原甲酸乙酯 Fa144
月桂胺 Ga022
月桂醇 Da015
月桂二酸 Fa050
月桂基溴 Ca042
月桂酸 Fa016
月桂酸钠 Fa085
月桂烯 Kd001

Z

藻胶 Kc019
藻朊酸钠 Kc019
增塑剂 BBP Fb065
增塑剂 DBS Fa139
增塑剂 DCHP Fb068
增塑剂 DDP Fb062
增塑剂 DEP Fb058
增塑剂 DHP Fb061
增塑剂 DIDA Fa137
增塑剂 DIDP Fb063
增塑剂 DMEP Fb064
增塑剂 DOA Fa136
增塑剂 DOM Fa135
增塑剂 DOS Fa140
增塑剂 DOZ Fa138
增塑剂 TCP Fb086
增塑剂 TOTM Fb072
增塑剂 TPP Fb085
樟脑 Ab022,Kd010
沼气 Aa001
蔗糖 Kc015
正丙胺 Ga011
正丙醇 Da003
正丙基胺 Ga011
正丙基氰 Ga080
正丙硫醇 Ha006
(正)丙醚 Da052
正丁胺 Ga016
正丁醇 Da005
4-正丁基苯甲酸-4′-氰基苯酚酯 Fb077
正丁基丙二酸二乙酯 Fa141
正丁基锂 Jc007
正丁基氯 Ca036
正丁基氰 Ga082
正丁基溴 Ca037
正丁硫醇 Ha007
(正)丁醚 Da054
(正)丁醛 Ea004
正丁酸 Fa004
正丁烷 Aa004
(正)庚醛 Ea007
正庚酸 Fa011
正硅酸乙酯 Ja008
正癸胺 Ga021
正癸醇 Da014
正己烷 Aa006
正十八碳酰氯 Fa075
正十二烷醇 Da015
正十六(烷)醇 Da016
正十六烷基溴 Ca043
正钛酸四丁酯 Jc015
正钛酸四异丙酯 Jc014
正戊胺 Ga020
4-正戊基-4′-腈基联苯 Fb079
4-正戊基-4′-联苯甲酸对腈基酚酯 Fb080
正戊腈 Ga082
(正)戊醛 Ea006
正戊酸 Fa007
4-(正戊氧基)-苯基-4-(4-戊氧基-2,3,5,6-四氟苯基)乙炔基苯甲酸酯 Fb083
正辛基溴 Ca041
正辛硫醇 Ha008
正辛酸 Fa012
正辛酸钠 Fa083

植酸 Kb023
茋氏酸 Hb029
仲丁胺 Ga018
仲庚醇 Da009
仲甲醛 Ea011
仲辛醇 Da010
猪脱氧胆酸 Kd016
苧烯 Ab014
β-紫罗兰酮 Ab023
紫杉醇 Kd012
棕榈醇 Da016
棕榈酸 Fa018
棕榈酰氯 Fa074
阻燃剂 TCEP Fa155
L-组氨酸 Ka019
左多巴 Ka036
左旋多巴 Ka036
左旋甲状腺素钠 Ka035
左旋糖酸 Fa034
唑菌酮 I096

产品名称英文索引

A

A-150 Ja018
A-151 Ja014
A-171 Ja013
A-172 Ja015
A-1100 Ja016
A-1120 Ja017
abietic acid Ab029
absolute alcohol Da002
ABVN Ga093
acenaphthene Bb017
acephate Jb001
acetaldehyde Ea002
acetamide Ga048
acetamidine hydrochloride Ga110
p-acetamidobenzenesulfonyl chloride Hb026
L-α-acetamido-β-mercaptopropionic acid Ka003
5-acetamidomethyl-4-amino-2-methyl pyrimidine I076
8-acetamido-2-naphthol Gb120
acetanilide Gb083
acetanilide-*p*-sulfonyl chloride Hb026
p-acetanisidide Gb084
p-acetanisidide Db046
p-acetanisidine Gb084
p-acetanisidine Db046
acetic acid Fa002
acetic acid amide Ga048
acetic acid benzyl ester Fb051
acetic acid butyl ester Fa095
acetic acid ethenyl ester Fa094
acetic acid ethyl ester Fa093
acetic acid glacial Fa002
acetic acid phenylmethyl ester Fb051
acetic acid vinyl ester Fa094
acetic aldehyde Ea002
acetic anhydride Fa061
acetic ether Fa093
acetic oxide Fa061
acetoacetanilide Gb090
acetoacetic acid ethyl ester Fa129
acetoacetic anilide Gb090
acetoacetic ester Fa129
α-acetobutyrolactone Ab030
acetocinnamone Eb024
aceto-*N*,*N*-diethylacetamide Ga051
aceto-*N*-methylacetamide Ga052
acetone Ea018
acetone cyanohydrin Ea034,Ga088
acetone semicarbazone Ga077
acetonitrile Ga078
acetonyl chloride Ea032
acetophenone Eb014
acetylacetamide Ga050
α-acetylacetanilide Gb090
acetyl acetone Ea030
acetylaminobenzene Gb083
4-(acetylamino)benzenesulfonyl chloride Hb026

acetylaniline Gb083
acetylbenzene Eb014
α-acetylbutyrolactone Ab030
acetyl chloride Fa067
N-acetyl-L-cysteine Ka003
acetylcysteine Ka003
3-acetyldihydro-2(3*H*)-furanone Ab030
acetylene Aa012
acetylenecarboxylic acid Fa028
acetylene etrabromide Ca023
acetylethylene Ea028
acetyl hydroperoxide Fa030
α-acetyl-γ-hydroxybutyric acid γ-lactone Ab030
N-acetyl-3-mercaptoalanine Ka003
acetyl oxide Fa061
acetyl-*p*-phenylenediamine Gb087
N-acetyl-*m*-phenylenediamine Gb086
acetylphosphoramidothioic acid *O*,*S*-dimethyl ester Jb001
γ-acetylpropanol Da034
β-acetylpropionic acid Fa034
N-acetylsulfanilyl chloride Hb026
1,2,4-acid Hb039
γ-acid Hb040
H-acid monosodium salt Hb045
acraldehyde Ea012
acrasin Kb021
acrolein Ea012
acrylaldehyde Ea012
acrylamide Ga053
acrylic acid Fa020
acrylic acid *n*-butyl ester Fa104
acrylic acid ethyl ester Fa103
acrylic acid methyl ester Fa102
acrylic aldehyde Ea012
acrylonitrile Ga083
active methionine Kb011
acycloguanosine Kb016
acyclovir Kb016
ademetionine Kb011
adenine I107
adenine arabinoside Kb012
adenine phosphate Kb001
adenine riboside Kb010
adenosine Kb010
adenosine 3′,5′-cyclic monophosphate Kb021
adenosine 5′-monophosphate Kb020
adenosine-5′-monophosphoric acid Kb020
adenosine phosphate Kb020
adenosine 3′,5′-phosphate Kb021
adenosine-5′-phosphoric acid Kb020
S-adenosylmethionine Kb011
5′-adenylic acid Kb020
t-adenylic acid Kb020
adipic acid Fa048
adipic dinitrile Ga091
adipic ketone Ab019
adiponitrile Ga091
adoMet Kb011
AEH Fa107
AEP I090
aethylis chloridum Ca016
agar Kc013
AIBN Ga092
L-ala Ka017
L-α-alanine Ka017
β-alanine Ga063,Ka018
albumin Ka037
albuminar Ka038
albumin tannate Ka045
albumisol Ka038
albuspan Ka038
alginon Kc019
alkyl benzene Ba015
allantoin I033
allomaleic acid Fa057
allopurinol Kb002

allyl alcohol Da032
allyl capronate Fa101
allyl chloride Ca051
allyl hexanoate Fa101
aluminium hydroxydistearate Fa088
aluminum isopropoxide Jc003
aluminum isopropylate Jc003
amber acid Fa046
amichin I083
amidocyanogen Ga104
amidosulfonic acid Ha032
2-amin-8-naphthol-6-sulfonic acid Hb040
3-aminoacetanilide Gb086
p-aminoacetanilide Gb087
4′-aminoacetanilide Gb087
m-aminoacetanilide Gb086
aminoacetic acid Ga111, Ka006
p-aminoaniline Gb077
o-aminoanisole Gb073
p-aminoanisole Gb074
1-amino-9,10-anthracenedione Gb150
2-amino-9,10-anthracenedione Gb151
1-aminoanthraquinone Gb150
2-aminoanthraquinone Gb151
β-aminoanthraquinone Gb151
p-aminoazobenzene hydrochloride Gb111
aminobenzene Gb039
2-amino-*p*-benzenedisulfonic acid Hb016
4-aminobenzenesulfonamide Hb020
2-(*p*-aminobenzenesulfonami do)thiazole I043
3-aminobenzenesulfonic acid Hb007
p-aminobenzenesulfonylethyl sulfuric acid Hb010
2-aminobenzoic acid Gb127
4-aminobenzoic acid Gb128
o-aminobenzoic acid Gb127
p-aminobenzoic acid Gb128
2-aminobenzothiazole I040
1-aminobutane Ga016
2-aminobutane Ga018
L-aminobutanedioic acid Ka021
4-aminobutanoic acid Ka032
γ -aminobutyric acid Ka032
γ-amino-*n*-butyric ac id Ka032
aminocaproic lactam Ab034
L-α-amino-δ-carbamidobutyric acid Ka030
o-aminochlorobenzene Gb054
m-aminochlorobenzene Gb056
p-aminochlorobenzene Gb058
3-amino-6-chlorotoluene-4-sulfonic acid Hb013
4-amino-2-chlorotolulene-5-sulfonic acid Hb014
2-amino-*p*-cresol Gb124
aminocyclohexane Ab038
1-aminodecane Ga021
2-amino-5-diethylaminopentane Ga044
4-amino-1-diethylaminopentane Ga044
2-amino-1,9-dihydro-9-[(2-hydroxyethoxy) methyl]-6*H*-purin-6-one Kb016
(—)-2-amino-3-(3,4-dihydroxyphenyl) propanoic acid Ka036
2-amino-1,4-dimethoxybenzene Gb049
p-aminodimethylaniline Gb093
4-aminodiphenylamine Gb109
1-aminododecane Ga022
aminoethane Ga008
2-aminoethanesulfonic acid Ha028, Ka051
aminoethanoic acid Ga111
aminoetha-noic acid Ka006
2-aminoethanol Ga026
β-aminoethyl alcohol Ga026
N-aminoethylpiperazine I090
aminoethylsulfonic acid Ka051
4-amino-5-fluoro-2(1*H*)-pyrimidinone

Kb007
L-2-aminoglutaramic acid Ka012
aminoguanidine bicarbonate Ga109
aminoguanidine hydrogen carbonate Ga109
L-2-amino-5-guanidovaleric acid Ka014
L-α-amino-δ-guanidovaleric acid Ka014
L-α-amino-δ-guanido valeric acid Ka014
L-2-amino-5-guanidovaleric acid hydrochloride Ka015
α-aminohydrocinnamic acid Gb130
3-amino-1-hyd-roxybenzene Gb122
4-amino-1-hydroxybenzene Gb123
2-amino-1-hyd-roxybenzene Gb121
3-amino-4-hydroxybenzenesulfonic acid Hb015
L-2-amino-3-hydroxybutanoic acid Ka020
L-α-amino-β-hydroxybutyric acid Ka020
L-2-amino-3-[4-(4-hydroxy-3-iodophenoxy)-3,5-diiodophenyl]propionic acid sodium salt Ka034
4-amino-3-hydroxy-1-naphthalenesulfonic acid Hb039
α-amino-*p*-hydroxyphenylacetic acid Gb131
L-α-amino-β-*p*-hydroxyphenylpropionic acid Ka024
L-2-amin-ohydroxypropionic acid Ka007
(*S*)-α-amino-1*H*-imidazole-4-propanoic acid Ka019
L-2-amino-3-indolepropionic acid Ka025
2-aminoisobutane Ga019
L-2-aminoisobutylacetic acid Ka008
L-2-aminoisovaleric acid Ka016
2-amino-6-mercaptopurine hemihydrate Kb003
2-amino-5-mercapto-1,3,4-thiodiazole I046
aminomethane Ga005
aminomethiazole I038
8-amino-6-methoxyquinoline I083
2-(aminomethyl)furan I022
L-2-amino-3-methyl pentanoic acid Ka009
o-amino-*p*-methyl phenyl methy-lether Db047
4-amino-1-methyl piperazine I091
2-amino-2-methylpropane Ga019
2-amino-4-methylthiazole I038
DL-2-amino-4-methylthiobutyric acid Ka027
L-2-amino-4-methylthiobutyric acid Ka028
2-amino-4-methyl thiobutyric acid Ha017
L-2-amino-3-methylvaleric acid Ka009
L-2-amino-4-methylvaleric acid Ka008
L-α-amino-β-methylvaleric acid Ka009
1-aminonaphthalene Gb119
2-amino-1-naphthalenesulfonic acid Hb036
1-amino-8-naphthol-3,6-disulfonic acid monosodium salt Hb045
8-amino-1-naphthol-3,6-disulfonic acid monosodium salt Hb045
1-amino-2-naphthol-4-sulfonic acid Hb039
2-amino-5-naphthol-7-sulfonic acid Hb041
6-amino-1-naphthol-3-sulfonic acid Hb041
7-amino-1-naphthol-3-sulfonic acid Hb040
4-amino-3-nitroanisole Gb070
2-amino-6-nitrobenzothiazole I041
2-amino-4-nitrophenol Gb125
2-amino-5-nitrothiazole I039
aminononanoic acid Ga064
1-aminooctadecane Ga023

α-amino-4(or 5)-imidazolepropionic acid Ka019
1-aminopentane Ga020
2-aminopentanedioic acid Ga112
L-2-aminopen- tanedioic acid Ka010
aminophen Gb039
o-aminophenol Gb121
m-aminophenol Gb122
p-aminophenol Gb123
2-amino-phenol Gb121
2-aminophenol-4-sulfonic acid Hb015
2-amino-1-phenol-4-sulfonylamide Hb023
N-(4-aminophenyl)acetamide Gb087
N-(3-aminophenyl)acetamide Gb086
(*S*)-2-amino-3-phenylpropanoic acid Gb130
α-amino-β-phenylpropionic acid Gb130
1-aminopropane Ga011
2-aminopropane Ga012
3-aminopropanoic acid Ga063,Ka018,Ka018
L-2-aminopropionic acid Ka017
3-aminopropionic acid Ka018
L-α-aminopropionic acid Ka017
β-aminopropylbenzene Gb048
γ-aminopropyltriethoxysilane Ja016
6-aminopurine I107
6-aminopurine phosphate Kb001
2-aminopurine-6-thiol 6-thioguanine Kb003
aminoquinol dimethyl ether Gb049
L-2-aminosuccinamic acid Ka022
L-aminosuccinic acid Ka021
aminosulfonic acid Ha032
5-amino-1,3,4-thiadiazole-2-thiol I046
5-amino-1-3,4-thia-diazoline-2(3*H*)-thione I046
2-aminothiazole hydrochloride I042
2-aminothiazole-4(methyliso ximino acid) I045
4-amino-*N*-2-thiazolylbenzenesulfonamide I043
L-(+)-α-amino-β-thiopropionic acid hydrochloride monohydrates Ka002
aminothiourea Ha031
2-aminotoluene Gb040
4-aminotoluene Gb041
aminotriazole I048
3-amino-1*H*-1,2,4-triazole I048
aminourea Ga072
aminourea hydrochloride Ga073
L-α-amino-δ-ureidovaleric acid Ka030
amitrole I048
ammonium dimethyl dithiocarbamate Ha039
A-5MP Kb020
3′,5′-AMP Kb021
AMP Kb020
amphetamine Gb048
amsonic acid Hb029
tert-amyl alcohol Da008
n-amylamine Ga020
amylene hydrate Da008
amylmethylcarbinol Da009
amyl salicylate Fb054
anesthetic ether Da051
anhydrotrimellitic acid Fb045
anhydrous alcohol Da002
aniline Gb039
aniline-2,5-disulfonic acid Hb016
aniline oil Gb039
p-anilinesulfonamide Hb020
aniline-*m*-sulfonic acid Hb007
p-anisaldehyde Eb002
p-anisic acid Fb010
anisic aldehyde Eb002
o-anisidine Gb073
p-anisidine Gb074
anisole Db038

anisonitrile Gb139
[18]-annulene Bc004
anthra[1,9-*cd*]pyrazol-6(2*H*)-one I095
anthracene Bb011
9,10-anthracenedione Eb031
anthranilic acid Gb127
9,10-anthraquinone Eb031
anthraquinone Eb031
anthraquinone-1,5-disulfonic acid Hb047
anticanitic vitamin Gb128
antifebrin Gb083
ara-A Kb012
9-β-D-arabinofuranosyladenine monohydrate Kb012
arabinosyladenine Kb012
L-arg Ka014
L-arginine Ka014
L-arginine hydrochloride Ka015
artificial essential oil of almond Eb001
artificial oil of ants I017
ASC Hb026
L-asn Ka022
as-o-xyleno Db006
L-ASP Ka021
L-(+)-asparagic acid Ka021
L-asparagine Ka022
L-asparaginic acid Ka021
ATA I048
ATMIA I045
9-azafluorene I051
azathioprine Kb004
azimidobenzene I049
azindole I027
2,2′-azobis(2,4-dimethyl)valeronitrile Ga093
2,2′-azobisisobutyronitrile Ga092
azobisiso heptonitrile Ga093
α,α'-azodiisobutyronitrile Ga092
azole I001
azothioprine Kb004
2B-acid Hb014

B

barbituric acid I102
BCME Da066
1,2-benzacenaphthene Bb014
benzalacetone Eb024
benzaldehyde Eb001
benzamidoacetic acid Gb101
7*H*-benz[*de*]anthracen-7-one Eb027
benzanthrone Eb027
benzathine dihydrochloride Gb117
1-benzazine I081
benzenamine Gb039
benzene Ba001
benzeneacetamide Gb105
benzeneacetic acid Fb025
benzeneacetonitrile Gb134
benzenecarbonyl chloride Fb021
benzenecarboxylic acid Fb001
benzene chloride Cb002
1,2-benzenediamine Gb075
1,3-benzenediamine Gb076
1,4-benzenediamine Gb077
1,4-benzenedicarbonyl chloride Fb034
1,3-benzenedicarboxylic acid Fb032
1,4-benzenedicarboxylic acid Fb033
1,2-benzenedicarboxylic acid bis (2-ethylhexyl) ester Fb066
1,2-benzenedicarboxylic acid dibutyl ester Fb059
1,2-benzenedicarboxylic acid dimethyl ester Fb057
1,2-benzenediol Db008
1,3-benzenediol Db009
1,4-benzenediol Db010
benzeneethanol Db049
benzenemethanol Db048
benzene sulfinic acid sodium salt Hb002
benzene sulfonechloride Hb024

benzenesulfonic acid Hb001
benzenesulfonic (acid) chloride Hb024
benzenesulfonyl chloride Hb024
benzenesulfonyl hydrazide Hb049
benzenethiol Hb028
1,2,3-benzenetriol Db013
benzenyl trichloride Cb026
benzhydrylpiperazine I089
benzidine sulfate Gb114
benzimidazole I027
benziminazole I027
benzisotriazole I049
1,3-benzodiazole I027
benzofuran I018
benzoglyoxaline I027
benzoguanamine I106
benzoic acid Fb001
benzoic acid methyl ester Fb050
benzoic aldehyde Eb001
benzoin Eb025
benzoin ethyl ether Db041
benzol Ba001
benzonitrile Gb133
benzo[*def*]phenanthrene Bb021
2-benzophenonecarboxylic acid Fb013
2*H*-1-benzopyran-2-one I019
1,2-benzopyrone I019
2,3-benzopyrrole I092
1,4-benzoquinone Eb028
p-benzoquinone dioxime Eb030
2-benzothiazolamine I040
1,2,3-benzotriazole I049
benzotriazole I049
benzotrichloride Cb026
benzotrifluoride Cb023
N-benzoylaminoacetic acid Gb101
o-benzoylbenzoic acid Fb013
benzoyl chloride Fb021
N-benzoylglycine Gb101
benzoyl peroxide Fb037
benzoyl superoxide Fb037
1,2-benzphenanthrene Bb020
benztriazole I049
benzyl acetate Fb051
benzyl alcohol Db048
benzylbenzene Bb003
benzyl carbinol Db049
benzylcarbonyl chloride Fa119
benzyl chloride Cb017
benzyl chloroformate Fa119
benzyl cyanide Gb134
benzylideneacetone Eb024
benzyl mercaptan Hb027
beta-naphthol Db035
betula oil Fb052
BHA Db042
bibenzene Bb001
bicarbamimide I034
bichloracetic acid Fa036
biethylene Aa010
biformyl Ea008
bimethyl Aa002
1,1′-biphenyl Bb001
2-biphenylol Db023
(1,1′-biphenyl)-2-ol Db023
1,2-bis(benzylamino)ethane dihydrochloride Gb117
N,*N*-bis{2-[bis(carboxymethyl)amino]ethyl}glycine Fa053
bis(2-chloroethyl)ether Da065
bis(chloromethyl)ether Da066
biscyclopentadienyliron Jc017
biscyclopentadienyltitanium(IV) dichloride Jc016
4,4′-bis(dimethylamino)benzophenone Gb113
bis[4-(di-methylamino)phenyl]methanone Gb113
bis(2-ethylhexyl)phosphate Fa153
bis(2-ethylhexyl) phthalate Fb066

bis(2-ethylhexyl)sebacate Fa140
2,2-bis(ethylsulfonyl)propane Ha025
bis(hydro-xyethyl)amine Ga027
N,*N*-bis(2-hydroxyethyl)methylamine Ga029
bis(hydroxyethyl)sulfide Ha011
2,2-bis(hydroxymethyl)-1,3-propanediol Da028
4,4-bis[4-hydroxyphenyl]pentanoic acid Fb035
2,2-bis(4-hydroxyphenyl)propane Db021
γ,*γ*-bis-(*p*-hydroxyphenyl)valeric acid Fb035
bisisopropyl xanthogenate Ha020
bis-J-acid Hb043
bisphenol A Db021
N,*N*′-bis(phenylmethyl)-1,2-ethanediamine dihydrochloride Gb117
bis(tributyltin)oxide Jc013
bivinyl Aa010
blood sugar Kc002
blowing agent BSH Hb049
blowing agent TSH Hb050
bone glue Ka043
endo-2-bornanol Kd011
2-bornanone Ab022
borneol Kd011
bornyl alcohol Kd011
BPBG Fb073
brom acetal Db051
bromal Ea017
bromic ether Ca021
bromoacetaldehyde diethyl acetal Db051
bromoacetic acid Fa038
ω-bromoacetophenone Eb022
bromoacetyl bromide Fa070
4-bromoanisole Db040
p-bromoanisole Db040
bromobenzene Cb003
m-bromobenzoictrifluoride Cb030
1-bromobutane Ca037
1-bromo-3-chloropropane Ca030
bromocyclopentane Ab004
5-bromo-2′-deoxyuridine Kb015
1-bromododecane Ca042
bromoethane Ca021
2-bromoethanol Da043
β-bromoethyl alcohol Da043
bromoform Ca007
1-bromohexadecane Ca043
bromomethane Ca005
p-bromomethylbenzoyl bromide Fb023
1-bromo-3-methylbutane Ca040
1-bromo-2-methylpropane Ca034
1-bromonaphthalene Cb037
α-bromonaphthalene Cb037
4-bromonaphthalic anhydride Fb048
1-bromooctane Ca041
2-bromo-1-phenylethanone Eb022
p-bromophenylmethylether Db040
1-bromoprane Ca028
2-bromopropane Ca029
3-bromopropene Ca053
1-bromo-2,5-pyrrolidinedione Ga058
N-bromosuccinimide Ga058
o-bromotoluene Cb015
5-bromouracil deoxyriboside Kb015
broxuridine Kb015
1,3-butadiene Aa010
α,*γ*-butadiene Aa010
n-butanal Ea004
1-butanamine Ga016
2-butanamine Ga018
n-butane Aa004
butane Aa004,Aa005
1,4-butanedicarboxylic acid Fa048
butanedinitrile Ga090
butanedioic acid Fa046
1,3-butane-diol Da020

butane-1,3-diol Da020
1,4-butane-diol Da021
butanenitrile Ga080
1-butanethiol Ha007
butanimide Ga057
butanoic acid Fa004
butanoic acid anhydride Fa062
1-butanol Da005
1,2-butanolide Ab042
1,4-butanolide Ab042
2-butanone Ea019
2-butanone peroxide Ea031
butanoyl chloride Fa072
2-butenal Ea013
butene Aa009
(2*E*)-2-butenedioic acid Fa057
(*Z*)-butenedioic acid Fa056
cis-butenedioic anhydride Fa065
2-butene-1,4-diol Da035
butenoic acid Fa022
3-buten-2-one Ea028
2-butoxyethanol Da059
n-butyl acetate Fa095
n-butyl acrylate Fa104
butyl alcohol Da005
n-butyl alcohol Da005
tert-butyl alcohol Da007
n-butylamine Ga016
tert-butylamine Ga019
sec-butylamine Ga018
butylated hydroxyanisole(BHA) Db042
tert-butylbenzene Ba014
butyl benzyl phthalate Fb065
n-butyl bromide Ca037
butyl cellosolve Da059
butyl chloride Ca036
n-butyl chloride Ca036
butyl citrate Fa170
n-butyl citrate Fa170
1-butyl cyanide Ga082
n-butyl cyanide Ga082
butylene Aa009
1,4-butylenedibromide Ca038
1,3-butylene glycol Da020
1,4-butylene glycol Da021
β-butyleneglycol Da020
butyl epoxy stearate Fa159
butyl ester of epoxy rice oil acid Fa158
butyl ester of epoxy stearate Fa159
butyl ether Da054
n-butyl ether Da054
butyl formate Fa091
2(3)-*tert*-butyl-4-hydroxyanisole Db042
tert-butyl isocyanate Ga100
n-butyllithium Jc007
butyllithium Jc007
n-butylmalonic acid diethyl ester Fa141
n-butyl mercaptan Ha007
n-butyl methacrylate Fa110
tert-butyl methyl ether Da055
tert-butyl methyl ketone Ea020
butylphen Db005
p-*tert*-butylphenol Db005
n-butyl phthalate Fb059
butyl phthalyl butyl glycollate Fb073
n-butyl propionate Fa098
2-butyne-1,4-diol Da036
butynediol Da036
2-butynoic acid Fa029
n-butyraldehyde Ea004
butyric acid Fa004
n-butyric acid Fa004
butyric acid nitrile Ga080
butyric anhydride Fa062
γ-butyrolactone Ab042
butyrolactone Ab042
n-butyronitrile Ga080
butyronitrile Ga080
butyryl chloride Fa072
n-butyryl chloride Fa072

butyryl oxide Fa062

C

cajeputene Ab014
calcium gluconate Kc010
endo-2-camphanol Kd011
2-camphanone Ab022
camphene Ab013
camphor Ab022
cane sugar Kc015
capric acid Fa015
n-capric acid Fa015
n-caproic acid Fa010
ε-caprolactam Ab034
ε-caprolactone Ab035
caprylic acid Fa012
carbamaldehyde Ga045
carbamyl hydrazine hydrochloride Ga073
carbanilide Gb118
carbazole I051, I051
carbazotic acid Db029
carbimide Ga104
carbitol Da061
carbobenzoxy chloride Fa119
carbocysteine Ka005
carbodiimide Ga104
carbolic acid Db001
carbon bisulfide Ha001
carbon disulfide Ha001
carbon hexachloride Ca020
carbonic acid diethyl ester Fa146
carbonic acid dimethyl ester Fa145
carbonic acid diphenyl ester Fb084
carbonic dichloride Fa066
carbonochloridic acid ethyl ester Fa116
carbonochloridic acid methyl ester Fa115
carbonochloridic acid phenylmethyl ester Fa119
carbon oxide sulfide (COS) Ha002
carbon oxysulfide Ha002
carbon tetrabromide Ca008
carbon tetrachloride Ca004
1,1′-carbonylbis-1*H*-imidazole I031
carbonyl chloride Fa066
N,*N*′-carbonyldiimidazole I031
carbonyl sulfide Ha002
S-carboxymethylcysteine Ka005
S-(carboxymethyl)-L-cysteine Ka005
{[(carboxymethyl)imino]bis(ethylenenitrilo)}tetraacetic acid Fa053
3-[(carboxymethyl)thio]alanine Ka005
casein Ka048
catechol Db008
caustic alcohol Da049
CDP-choline Kb022
cellosolve acetate Da058
cephrol Kd003
cetyl alcohol Da016
cetylic acid Fa018
chemical mace Eb021
chinoleine I081
chitin Kc004
chitosau Kc005
chloracetone Ea032
chloracetyl chloride Fa068
chloral Ea016
chlorallylene Ca051
chloranil Eb029
chlorethyl Ca016
chlorinated paraffin-42 Fa164
chlorinated paraffin-52 Fa163
chlorinated paraffin-70 Fa165
chloroacetaldehyde Ea015
2-chloroacetamide Ga056
chloroacetamide Ga056
chloroacetic acid Fa035
chloroacetic acid ethyl ester Fa123
chloroacetic acid methyl ester Fa121
o-chloroacetoacetanilide Gb091
chloroacetone Ea032

chloroacetonitrile Ga085
2-chloroacetophenone Eb021
4-chloroacetophenone Eb019
α-chloroacetophenone Eb021,Eb021
o-chloroacetophenone Eb018
p-chloroacetophenone Eb019
2-chloro-5-aminobenzenesulfonic acid Hb012
o-chloroaniline Gb054
m-chloroaniline Gb056
p-chloroaniline Gb058
o-chloroaniline hydrochloride Gb055
m-chloroaniline hydrochloride Gb057
4-chloroaniline-3-sulfonic acid Hb012
1-chloroanthraquinone Eb033
2-chloroanthraquinone Eb034
α-chloroanthraquinone Eb033
β-chloroanthraquinone Eb034
2-chlorobenzenamine Gb054
3-chlorobenzenamine Gb056
4-chlorobenzenamine Gb058
chlorobenzene Cb002
p-chlorobenzenesulfonyl chloride Hb025
o-chlorobenzoic acid Fb016
p-chlorobenzylchloride Cb018
o-chlorobenzyl chloride Cb019
p-chlorobenzylcyanide Cb021
2-chloro-1,3-butadiene Ca055
1-chlorobutane Ca036
4-chlorobutyronitrile Ga086
4-chlorobutyryl chloride Fa073
chlorocyclohexane Ab005
chlorodiethylaluminium Jc005
chlorodifluoromethane Ca011
3-chloro-1,2-dihydroxypropane Da047
1-chloro-3-dimethylaminopropane hydrochloride Ga025
chlorodimethyl ether Da064
1-chloro-2,4-dinitrobenzene Gb033
4-chloro-1,3-dinitrobenzene Gb033
p-chloro-*m*-dinitrobenzene Gb033
4-chloro-3,5-dinitrotrifluoromethyl benzene Gb036
4-chlorodiphenylmethane Cb036
1-chloro-2,3-epoxypropane Da040
2-chloro-1-ethanal Ea015
chloroethanoic acid Fa035
2-chloroethanol Da042
2-chloroethoxy benzene Cb035
2-chloroethyl alcohol Da042
chloroethylene Ca044
3-chloro-4-fluoronitrobenzene Cb040
chloroform Ca003
chloroformic acid benzyl ester Fa119
chloroformic acid ethyl ester Fa116
chloroformyl chloride Fa066
chlorofos Jb007
α-chlorohydrin Da047
1-chloroisopropyl alcohol Da044
1-chloro-2-ketopropane Ea032
chloromethane Ca001
chloromethoxymethane Da064
1-chloro-2-methylbenzene Cb013
1-chloro-3-methylbenzene Cb014
1-chloro-4-met-hylbenzene Cb012
(chloromethyl)benzene Cb017
chloromethyl cyanide Ga085
1-(chloromethyl)-3-methylbenzene Cb022
chloromethyl methyl ether Da064
chloromethyloxirane Da040
1-chloro-2-methylpropane Ca033
2-chloro-4-nitroaniline Gb071
4-chloro-2-nitroaniline Gb072
5-chloro-2-nitrobenzaldehyde Eb010
1-chloro-2-nitrobenzene Gb012
1-chloro-3-nitrobenzene Gb011
1-chloro-4-nitrobenzene Gb010
p-chloronitrobenzene Gb010
m-chloronitrobenzene Gb011

o-chloronitrobenzene Gb012
2-chloro-5-nitrotrifluorome thyl benzene Gb035
1-chloro-2-oxopropane Ea032
2-chloropane Ca025
m-chloroperoxybenzoic acid Fb019
4-chlorophenol Db015
p-chlorophenol Db015
1-(4-chlorophenoxy)-3,3-dimethyl-1-(1*H*-1,2,4-triazol-1-yl)-2-butanone I096
p-chlorophenoxyisobutyric acid Fb030
2-chlorophenyl acetic acid Fb029
2-chloro-1-phenylethanone Eb021
1-(4-chlorophenyl)ethanone Eb019
2-(4-chlorophenyl)-3-methylbutyronitrile Gb140
chloroprene Ca055
3-chloro-1,2-propanediol Da047
1-chloro-2-propanol Da044
1-chloro-2-propa-none Ea032
chloropropanone Ea032
3-chloro-1-propene Ca051
3-chloropropylene Ca051
3-chloropropylene glycol Da047
γ-chloropropylene oxide Da040
3-chloro-1-propyne Ca056
α-chlorotoluene Cb017
p-chlorotoluene Cb012
o-chlorotoluene Cb013
m-chlorotoluene Cb014
o-chloro-*ω*,*ω*,*ω*-trichlorotoluene Cb033
1-chloro-1,2,2-trifluoroethylene Ca049
o-chlorotrifluoromethylbenzene Cb027
m-chlorotrifluoromethylbenzene Cb028
p-chlorotrifluoromethylbenzene Cb029
α-chloro-*m*-xylene Cb022
ω-chloro-*m*-xylene Cb022
cholalic acid Kd016
cholic acid Kd016
choline cytidine 5′-pyrophosphate (ester) Kb022
4-chorophenoxy-*d*-methylpropionic acid Fb030
chromotrichia factor Gb128
chrysene Bb020
CHT Bc001
C. I. Developer 1 I110
cincholepidine I082
cinene Ab014
cinnamene Ba016
cinnamic acid Fb027
cinnamol Ba016
cinnamyl methyl ketone Eb024
citicoline Kb022
citral Ea014,Kd006
citric acid Fa055
citric acid tributyl ester Fa170
citronellal Kd004
β-citronellol Kd003
citronellol Kd003
L-citrulline Ka030
Cleve′s acids Hb037
clopidol I098
clopindol I098
CMME Da064
CN Eb021
cobalt naphenate Jc009
cobaltous naphthenate Jc009
collunosol Db007
convoil-20 Fb062
cordianine I033
cordycepic acid Da031
cor-dycepic acid Kc006
corn sugar Kc002
COT Bc002
coumarin I019
cis-*o*-coumarinic acid lactone I019
coumarone I018
o-cresol Db002
m-cresol Db003

p-cresol Db004
o-cresylic acid Db002
crotonaldehyde Ea013
crotonic acid Fa022
cryodesiccant human albumin Ka038
cumarin I019
cumarone I018
cumene Ba012
cumol Ba012
cyanamide Ga104
cyanoacetamide Ga097
cyanoacetic acid Ga094
cyanoacetic acid ethyl ester Ga096
cyanoacetic ester Ga096
cyanoacetonitrile Ga089
cyanobenzene Gb133
1-cyanobutane Ga082
p-cyanoethylbenzoate Gb132
cyanogenamide Ga104
cyanoguanidine Ga105
cyanomethane Ga078
4-cyanophenyl-4′-butylbenzoate Fb077
2-cyanopropane Ga081
ω-cyano toluene Gb134
cyanuric acid I104
cyanuric chloride I103
cyanurotriamide I105
cyclic adenosine 3′,5′-monophosphate Kb021
cyclic AMP Kb021
cyclododecane Ab003
cycloheptanone Ab021
1,3,5-cycloheptatriene Bc001
cycloheptatriene Bc001
1,4-cyclohexadienedione Eb028
2,5-cyclohexadiene-1,4-dione Eb028
cyclohexanamine Ab033,Ab038
cyclohexane Ab001
cyclohexanecarboxylic acid Ab026
1,4-cyclohexanedone Ab041
cyclohexanehexol Kc009
cyclohexanehexyl hexaphosphate Kb023
cyclohexanol Ab017
cyclohexanone Ab020
cyclohexatriene Ba001
cyclohexene Ab007
4-cyclohexene-1,2-dicarboxylic acid anhydride Fb044
cyclohexitol Kc009
cyclohexylamine Ab033,Ab038
cyclohexyl chloride Ab005
cyclohexyl chloroformate Fa118
N-cyclohexylcyclohexanamine Ab039
N-cyclohexyldimethylamine Ab037
cyclohexylethane Ab002
N-cyclohexylmethylamine Ab036
1,3,5,7,9,11,13,15,17-cyclooctadecanonaene Bc004
1,5-cyclooctadiene Ab012
1,3,5,7-cyclooctatetraene Bc002
cyclooctatetraene Bc002
1,3-cyclopentadiene Ab008
cyclopentadiene Ab008
(η^5-2,4-cyclopentadien-1-yl)titanium Jc016
cyclopentanoe Ab019
cyclopentanol Ab016
cyclopentene Ab006
cyclopentyl acetaldehyde Ab018
cyclopentyl acetic acid Ab025
cyclopentyl alcohol Ab016
cyclopentyl bromide Ab004
cyclopropanecarboxylic acid Ab024
cyclopropyl-4-chlorophenyl ketone Eb017
cysteine hydrochloride Ka002
L-cysteine hydrochloride monohydrate Ka002
L-cysteine methyl ester hydrochloride Ka004

L-cystine Ka001
L-cystinic acid Ka001
cytidine diphosphate choline ester Kb022
cytidine 5′-(trihydrogen diphosphate) P′-[2-(trimethylammonio) ethyl] ester inner salt Kb022

D

D4 Ja011
DAP Fb060
DBP Fb059
DCA Fa036
DCDMH Ga076
DCEE Da065
deanol Ga030
decabromodiphenyl oxide Db037
decamethylene diamine Ga038
decane-1,10-diamine Ga038
decanedioic acid Fa049
decanedioic acid bis(2-ethylhexyl)ester Fa140
decanoic acid Fa015
1-decanol Da014
DECF Ga069
n-decyl alcohol Da014
n-decylamine Ga021
deet Gb100
DEHA Ga061
DEHP Fb066
dehydrated alcohol Da002
delta gluconolactone Ab031
2′-deoxy-5-iodouridine Kb014
1-(2-deoxy-*β*-D-ribofuranosyl)-5-iodouracil Kb014
S-(5′-desoxyadenosin-5′-yl)-L-methionine Kb011
(±)-desoxynorephedrine Gb048
m-DETA Gb100
developer Z I110
dextronic acid Fa042
dextrose Kc002
diacetone alcohol Ea024
3-*N*′,*N*′-di(acetoxyethyl)ami noacetanilide Gb088
N,*N*-di(acetoxyethyl)aniline Gb097
diacetyl methane Ea030
diallyl phthalate Fb060
diamide hydrate Ga070
1,4-diaminoanthraquinone Gb152
1,4-diaminoanthraquinone leuco(base) Gb153
1,4-diaminoanthraquinone leuco-compound Gb153
o-diaminobenzene Gb075
m-diaminobenzene Gb076
p-diaminobenzene Gb077
1,2-diaminobenzene Gb075
2,4-diaminobenzenesulfonic acid Hb011
1-*α*,*ε*-diaminocaproic acid monohydrochloride Ka013
2,4-diamino-5-(3′,4′-dimethoxybenzyl) pyrimidine I077
4,4′-diamino-3,3′-dimethylbiphenyl Gb115
4,4′-diaminodipheny ether Gb112
4,4′-diaminodiphenylamine sulfate Gb110
4,4′-diamino-3,3′-ditolyl Gb115
p,*p*′-di-amino-*m*,*m*′-ditolyl Gb115
1,2-diaminoethane Ga035
1,6-diaminohexane Ga037
2,4-diamino-6-hydroxypyrimidine I074
L-2-5-diaminopentanoic acid hydrochloride Ka031
di(4-aminophenyl)ether Gb112
2,4-diamino-6-phenyl-*s*-triazine I106
4,6-diamino-2-phenyl-*s*-triazine I106
2,6-diamino-4(1*H*)-pyrimidinone I074
4,4′-diamino-2,2′-stilbenedisulfonic acid Hb029

2,4-diaminotoluene Gb078
L-2-5-diaminovaleric acid hydrochloride Ka031
2,4-diamino-5-veratrylpyrimidine I077
diaveridine I077
1,3-diaza-2,4-cyclopentadiene I023
1,4-diazine I099
diazinon Jb005
1,3-diazole I023
dibenzopyrrole I051
dibenzothiazine I060
dibenzoyl peroxide Fb037
N, *N*′-dibenzylethylenediamine dihydrochloride Gb117
1,4-dibromobutane Ca038
1,2-dibromoethane Ca031
sym-dibromoethane Ca031
dibromomethane Ca006
1,4-dibromopentane Ca039
1,2-dibromopropane Ca022
dibutyl ethanedioate Fa131
n-dibutyl ether Da054
dibutyl malonate Fa134
dibutyl oxalate Fa131
dibutyl phthalate Fb059
dibutyl sebacate Fa139
di-*n*-butyl sebacate Fa139
dibutyltin dilaurate Jc011
dichlorethanoic acid Fa036
dichloroacetic acid Fa036
2,5-dichloroacetophenone Eb020
dichloroacetyl chloride Fa069
2,5-dichloroaniline Gb050
2,6-dichloroaniline Gb052
3,4-dichloroaniline Gb051
3,5-dichloroaniline Gb053
2,3-dichloroanisole Db039
2,6-dichlorobenzaldoxime Eb011
1,2-dichlorobenzene Cb005
1,3-dichlorobenzene Cb007
o-dichlorobenzene Cb005
p-dichlorobenzene Cb006
m-dichlorobenzene Cb007
3,3′-dichlorobenzidine hydrochloride Gb116
2,4-dichlorobenzoic acid Fb017
2,5-dichlorobenzoic acid Fb018
3,4-dichlorobenzoictrifluoride Cb032
1,4-dichloro-2-butanol Da045
dichlorodi-π-cyclopentadienyltitanium Jc016
1,6-dichloro-1,6-dideoxy-β-D-fructofuranosyl-4-chloro-4-deoxy-α-D-galactopyranoside Kc016
dichlorodifluoromethane Ca012
1,3-dichloro-5,5-dimethylhydantoin Ga076
N,*N*′-dichloro-5,5-dimethyl hydantoin Ga076
1, 3-dichloro-5, 5-dimethyl-2, 4-imidazolidinedi-one Ga076
3,5-dichloro-2,6-dimethyl-4-pyridinol I098
1,2-dichloroethane Ca017
sym-dichloroethane Ca017
dich-loroethanoyl chlorid Fa069
dichloroethylaluminium Jc004
β,β′-dichloroethyl ether Da065
sym-dichloroethyl ether Da065
2,4-dichlorofluorobezene Cb004
3,5-dichloro-4-hydroxybenzaldehyde Eb006
dichloromalealdehydic acid Fa027
dichloromethane Ca002
2-(dichloromethyl)benzimidazole I030
sym-dichloromethyl ether Da066
1,4-dichloro-2-nitrobenzene Gb013
2,5-dichloronitrobenzene Gb013
2,6-dichloro-4-nitrophenol Db030
4,6-dichloro-5-nitropyrimidine I075

2,3-dichloro-4-oxo-2-butenoic acid Fa027
2,4-dichlorophenol Db016
2,5-dichlorophenol Db017
2,5-dichlorophenyl methyl ketone Eb020
1,2-dichloropropane Ca026
2,4-dichlorotoluene Cb016
2,4-dichlorotrifluoromethylbenzene Cb031
dicyandiamide Ga105
2,2′-dicyano-2,2′-azopropane Ga092
1,3-dicyanobenzene Gb137
1,4-dicyanobenzene Gb138
sym-dicyanoethane Ga090
N,*N*-dicyanoethylaniline Gb099
dicyanomethane Ga089
dicyclohexylamine Ab039
dicyclohexyl peroxy dicarbonate Fa173
dicyclohexyl phthalate Fb068
dicyclopentadiene Ab011
dicyclopentadienyliron Jc017
dicysteine Ka001
DIDA Fa137
didecyl phthalate Fb062
diethanolamine Ga027
diethylaluminium chloride Jc005
diethylamine Ga009
1-diethylamino-4-aminopentane Ga044
2-diethylaminoethanol Ga031
β-diethylaminoethyl alcohol Ga031
δ-diethylaminoisopentylamine Ga044
δ-diethylamino-*α*-methylbutylamine Ga044
3-(diethylamino)phenol Gb126
2,6-diethylaniline Gb046
diethylaniline Gb094
N,*N*-diethylbenze-namine Gb094
diethyl carbonate Fa146
N,*N*-diethylchloroformamide Ga069
1,4-diethylene dioxide I021
diethylene glycol dibenzoate Fb074
diethylene glycol monoethyl ether Da061
diethylene imidoxide I078
diethylene oxide I011
diethylene oximide I078
diethylenetriamine Ga039
diethylenetriamine pentaacetic acid Fa053
N,*N*-diethylethanamine Ga010
diethyl ethanedioate Fa130
N,*N*-diethylethanolamine Ga031
diethyl ethylphenylmalonate Fb076
O,*O*-diethyl *S*-(ethylthio) methyl phosphorodithioate Jb004
di(2-ethylhexyl) Fa136
di-2-ethylhexyl azelate Fa138,Fa138
di-2-ethylhexyl isophthalate Fb071
di-2-ethylhexyl isophthalate Fb071
di(2-ethylhexyl)maleate Fa135
di(2-ethylhexyl)monophenyl phosphite Fb087
di-(2-ethylhexyl)peroxydicarbonate Fa174
di(2-ethylhexyl)phosphate Fa153
di(2-ethylhexyl) phthalate Fb066
diethylhexyl sebacate Fa140
di-2-ethylhexyl tetrahydrophthalate Fb067
N,*N*-diethyl-*m*-hydroxyaniline Gb096
N,*N*-diethylhydroxylamine Ga061
diethyl 2-isopro-pyl-4-methyl-6-pyrimidyl thionophosphate Jb005
O, *O*-diethyl *O*-2-isopropyl-4-methyl-6-pyrimidyl thiophosphate Jb005
diethyl ketone Ea023
diethyl malonate Fa133
N,*N*-diethyl-3-methylbenzamide Gb100
O,*O*-diethyl *O*-*p*-nitrophenyl phosphorothioate Jb003
diethylolamine Ga027
diethyl oxalate Fa130

N,*N*-diethyl-1,4-pentanediamine Ga044
O,*O'*-diethyl phosphoromonochloridothionate Jb011
O,*O'*-diethyl phosphoromonochloridothionate Ha038
diethyl phthalate Fb058
diethylsulfondi-methylmethane Ha025
N,*N*-diethyl-*m*-toluamide Gb100
N,*N*-diethyl-*m*-toluidine Gb095
2,4-difluoro-a, α-bis(1*H*-1,2,4-triazol-1-ylmethyl)benzyl alcohol I059
2,4-difluoroaniline Gb060
2,6-difluorobenzamide Gb102
2,4-difluorobenzenamine Gb060
2,4-difluorobromobenzene Cb008
difluorodichloromethane Ca012
4,4'-difluorodiphenylmethane Cb025
1,1-difluoroethane Ca015
1,1-difluoroethylene Ca048
2-(2,4-difluorophenyl)-1,3-bis(1*H*-1,2,4-triazol-1-yl)propan-2-o I059
α-(2,4-difluorophenyl)-*α*-(1*H*-1,2,4-triazol-1-ylmethyl)-1*H*-1,2,4-triazole-1-ethanol I059
diformyl Ea008
1,3-diformylpropane Ea010
diheptyl phthalate Fb061
diheptyl phthalate Fb061
1,3-dihydro-1,3-dioxo-5-isobenzofurancarboxylic acid Fb045
dihydro-1,3-dioxole I020
dihydrofollicular hormone Kd018
dihydrofolliculin Kd018
2,3-dihydrofuran I010
dihydro-2,5-furandione Fa063
dihydro-2(3*H*)-furanone Ab042
1,6-dihydro-6-iminopurine I107
3,6-dihydro-6-iminopurine I107
2,3-dihydro-1*H*-indene Bb016
2,4-dihydro-5-methyl-2-phenyl-3*H*-pyrazol-3-one I110
1,7-dihydro-6*H*-purine-6-thione Kb005
3,4-dihydropyrrole-2,5-dione Ga057
dihydro-3-pyrroline-2,5-dione Ga057
1,4-dihydroxy-9,10-anth-racenedione Eb035
1,4-dihydroxy-anthraquinone Eb035
1,2-dihydroxybenzene Db008
m-dihydroxybenzene Db009
p-dihydroxybenzene Db010
1,3-dihydroxybutane Da020
1,4-dihydroxybutane Da021
2,3-dihydroxybutanedioic acid Fa052
5,5'-dihydroxy-7,7'-disulfo-2,2'-dinaphthylamine Hb043
N,*N*-dihydroxyethylaniline Gb098
1,6-dihydroxyhexane Da024
β,*β'*-dihydroxyisopropyl chloride Da047
2,2-dihydroxymethyl butanol Da027
(—)-3-(3,4-dihydroxyphenyl)-L-alanine Ka036
β-(3,4-dihydroxyphenyl)-L-alanine Ka036
2,3-dihydroxypropanal Kc001
α,β-dihydroxypropionaldehyde Kc001
dihydroxytartaric acid disodium salt Fa054
diiodomethane Ca010
4,4'-diisocyanato diphenylmethane Gb145
2,4-diisocyanato-1-methylbenzene Gb144
2,4-diisocyanatotoluene Gb144
diisodecyl adipate Fa137,Fa137
diisodecyl phthalate Fb063
diisooctyl adipate Fa136
diisooctyl maleate Fa135,Fa135
diisooctyl phosphate Fa153
diisopropylamine Ga013
2-diisopropylamino ethanol Ga032

N,N-diisopropylethanolamine Ga032
diisopropyl ether Da053
diketene Ea026
2,5-diketopyrrolidine Ga057
2,5-diketotetrahydrofuran Fa063
3,5-diketotriazolidine I034
2,5-dimethoxyaniline Gb049
dimethoxyethyl phthalate Fb064
dimethoxymethane Ea009
5-[(3, 4-dimethoxyphenyl) methyl]-2, 4-pyrimidinediamine I077
O,O-dimethyl Jb007
dimethyl Aa002
N,N-dimethylacetamide Ga049
dimethylacetone Ea023
dimethylamine Ga006
m-dimethylaminobenzoic acid Gb129
2-(dimethylamino)ethanol Ga030
β-dimethylaminoethyl alcohol Ga030
dimethylaminoisopropanol acetamidobenzoate (1∶3) Kb018
β-dimethyl aminopropionitrile Ga087
3-dimethylaminopropylamine Ga043
1-dimethylamino-3-propylchloride hydrochloride Ga025
4-dimethylaminopyridine I068
N,N-dimethylaniline Gb092
2,6-dimethylaniline Gb042
3,4-dimethylaniline Gb043
N,N-dimethylbenzenamine Gb092
1,2-dimethylbenzene Ba004
1,3-dimethylbenzene Ba005
1,4-dimethylbenzene Ba006
dimethylbenzene Ba003
N,N-dimethyl-1,4-benzenediamine Gb093
dimethyl 1,2-benzenedicarboxylate Fb057
3,3′-dimethylbenzidine Gb115
3,4-dimethylbromobenzene Cb034
3,3-dimethyl-2-butanone Ea020
dimethyl carbonate Fa145
N,N-dimethyl chloroformamide Ga068
dimethyl cyanoimidothiocarbonate Ha034
N,N-dimethylcyclohexylamine Ab037
dimethylcyclosiloxane Ja012
dimethyl dichlorosilane Ja002
dimethyl disulfide Ha003
O,O′-dimethyl dithio(methyl acetate) phosphate Jb009
O,O′-dimethyl dithio(methyl acetate) phosphate Ha036
O,O′-dimethyl dithiophosphate Jb008
O,O′-dimethyl dithiophosphate Ha035
dimethyl ether Da050
dimethyl ethyl carbinol Da008
(1,1-dimethylethyl)-4-methoxyphenol Db042
4-(1,1-dimethylethyl)phenol Db005
dimethylformaldehyde Ea018
N,N-dimethylformamide Ga047
2,5-dimethyl-2,5-hexanediol Da025
1,1-dimethyl hydrazine Ga071
N,N-dimethyl-2-hydroxyethylamine Ga030
O,O-dimethyl-1-hydroxy-2,2,2-trichloroethylphosphonate-2, 2, 2-trichloro-1-hydroxyethylphosphonate Jb007
1-N,N-dimethylin-2-propanolamine Ga034
dimethyl ketone Ea018
dimethyl malonate Fa132
N,N-dimethylmethanamine Ga007
dimethylmethane Aa003
6,6-dimethyl-2-methylenebicyclo[3,1,1] heptane Ab015
2,2-dimethyl-3-methylenenorbornane Ab013
3,3-dimethyl-2-methylenenorcamphane

Ab013
O,*O*-dimethyl *O*-*p*-nitrophenyl phosphorothioate Jb002
N,*N*-dimethyl-1-octadecanamine Ga024
N,*N*-dimethyloctadecylamine Ga024
3,7-dimethyl-2,6-octadienal Kd006
3,7-dimethyl-2,6-octadienal Ea014
(*E*)-3,7-dimethyl-2,6-octadien-1-ol Kd005
(*Z*)-3,7-dimethyl-2,6-octadien-1-ol Kd009
cis-2,6-dimethyl-2,6-octadien-8-ol Kd009
trans-3,7-dimethyl-2,6-octadien-8-ol Kd005
2,6-dimethyl-2,7-octadien-6-ol Kd002
3,7-dimethyl-1,6-octadien-3-ol Kd002
3,7-dimethyl-6-octenal Kd004
2,6-dimethyl-2-octen-8-ol Kd003
3,7-dimethyl-6-octen-1-ol Kd003
3,4-dimethylphenol Db006
dimethylphenylamine Gb092
dimethyl-*p*-phenylenediamine Gb093
O,*O*′-dimethyl phosphoromonochloridothionate Jb010
O,*O*′-dimethyl phosphoromonochloridothionate Ha037
dimethyl phthalate Fb057
2,2-dimethyl-1,3-propanediol Da022
2,2-dimethylpropanoic acid Fa009
N,*N*-dimethyl propylene diamine Ga043
N,*N*-dimethylpyridin-4-amine I068
2,4-dimethylpyridine I066
2,6-dimethylpyridine I067
dimethyl silicone oil Ja010
dimethyl sulfate Fa156
dimethyl sulfide Ha012
dimethyl sulfone Ha023
dimethyl sulfoxide Ha021
dimethyl terephthalate Fb069
2,4-dimethylthiazole I037
dimethyltrimethylene glycol Da022
sym-dimethyl urea Ga074
dimpylate Jb005
2,2′-dinaphthylmethane-6,6′-disulfonic acid sodium salt Hb046
2,4-dinitroaniline Gb067
2,4-dinitrobenzenamine Gb067
3,5-dinitrobenzoyl chloride Gb103
2,4-dinitrochlorobenzene Gb033
4,4′-dinitrodiphenyl ether Gb038
2,4-dinitrofluorobenzene Gb032
2,4-dinitrotoluene Gb031
dioctyl adipate Fa136
dioctyl azelate Fa138
dioctyl maleate Fa135
dioctyl peroxydicarbonate Fa174
dioctyl phosphate Fa153
dioctylphosphoric acid Fa153
dioctyl phthalate Fb066
dioctyl sebacate Fa140
dioctyl tetrahydrophthalate Fb067
dioxane I021
9,10-dioxoanthracene Eb031
2,4-dioxo-5-fluoropyrimidine Kb008
(2,5-dioxo-4-imidazolidinyl)urea I033
1,3-dioxolan(e) I020
1,3-dioxo-5-phthalancarboxylic acid Fb045
2,5-dioxopyrrolidine Ga057
2,4-dioxy pyrimidine I072
DIPE Da053
diphenolic acid Fb035
diphenyl Bb001
diphenylamine Gb108
diphenylcarbamide Gb118
diphenyl carbonate Fb084
diphenyldichlorosilane Ja006
diphenylenemethane Bb018
diphenylenimine I051
diphenyl ether Db036

diphenyl isophthalate Fb070
diphenylmethane Bb003
4,4′-diphenylmethane diisocyanate Gb145
1-(diphenylmethyl)piperazine I089
diphenyl oxide Db036
3,3-diphenyl-1-propanol Db050
diphenylsulfide Hb033
diphenyl sulfone Hb048
N,*N*′-diphenylthiourea Hb031
sym-diphenylthiourea Hb031
sym-diphenylurea Gb118
N,*N*′-diphenylurea Gb118
1,3-diphenylurea Gb118
dipropyl Aa006
n-dipropylamine Ga014
p-dipropylbenzene hydroperoxide Fb075
dipropyl ether Da052
dispersing agent NNO Hb046
ditan Bb003
dithiocarbonic anhydride Ha001
di-*p*-tolylmethane Bb004
m-ditrifluoromethylbenzene Cb024
divinyl Aa010
divinyl benzene Ba019
divinylene oxide I009
divinylene sulfide I054
divinylenimine I001
DMAC Ga049
DMAP I068
DMC Ja012
DMCF Ga068
DMDS Ha003
DMF Ga047
DMFA Ga047
DMP-30 Db032
DMP Fb057
DMS Fa156
$DMSO_2$ Ha023
DMSO Ha021
DOA adipate Fa136
(*Z*)-13-docosenoic acid Fa026
dodecahydrodiphenylamine Ab039
dodecanedioic acid Fa050
dodecanoic acid Fa016
1-dodecanol Da015
dodecoic acid Fa016
dodecyl alcohol Da015
dodecylamine Ga022
dodecyl bromide Ca042
DOIP Fb071
DOM Fa135
DOP Fb066
L-dopa Ka036
DOZ Fa138
DPA Fb035
DPIP Fb070
dracylic acid Fb001
DTPA Fa053
durene Ba010
dutch liquid Ca017
dymanthine Ga024

E

EDB Ca031
EDC Ca017
elayl Aa007
EMAR Fa157
enanthal Ea007
enanthaldehyde Ea007
enzenemethanethiol Hb027
dl-α-epichlorohydrin Da040
epichlorohydrin Da040
3,17-epidihydro-xyestratriene Kd018
epoxidized butyl stearate Fa159
epoxidized methyl acetoricinoleate Fa157
epoxidized soyabean oil Fa161
epoxyethane Da037
epoxy fatty acid butyl ester Fa158
1,2-epoxypropane Da038
2,3-epoxy-1-propanol Da039

epoxy soya oil Fa161
ergadenylic acid Kb020
erucic acid Fa026
erythrene Aa010
ESO Fa161
essence of mirbane Gb001
cis-estradiol Kd018
β-estradiol Kd018
estradiol Kd018
(17β)-estra-1,3,5(10)-triene-3,17-diol Kd018
(16α,17β)-estra-1,3,5(10)-triene-3,16,17-triol Kd019
1,3,5-estratriene-3β,16α,17β-triol Kd019
1,3,5-estratrien-3-ol-17-one Kd017
estriol Kd019
estrone Kd017
ethal Da016
ethanal Ea002
ethanamine Ga008
ethane Aa002
ethaneamidine hydrochloride Ga110
ethanedial Ea008
1,2-ethanediamine Ga035
ethanedioic acid Fa044
ethanedioic acid diethyl ester Fa130
1,2-ethanediol Da018
2,2′-[1,2-ethanediylbis(oxy)]bisethanol Da062
ethanenitrile Ga078
ethanepero-xoic acid Fa030
ethanethiol Ha005
ethanol Da002
ethanolamine Ga026
ethene Aa007
2,2′-(1,2-ethenediyl)bis[5-aminobenzene-sulfonic acid] Hb029
ethenylbenzene Ba016
ethenyl trichlorosilane Ja018
ethenyl triethoxysilane Ja014
ethenyl tri(β-methoxyethoxy) silane Ja015
ethenyl trimethoxysilane Ja013
ether Da051
ether chloratus Ca016
ether hydrochloric Ca016
ether muriatic Ca016
ethine Aa012
ethol Da016
ethoxybenzoin Db041
ethoxyethane Da051
2-ethoxyethanol Da057
2-etho-xyethanol acetate Da058
2-(2-ethoxyethoxy)ethanol Da061
2-ethoxyethyl acetate Da058
ethoxyethylene Da063
ethoxymethylenemalonic acid diethyl ester Fa142
o-ethoxy-1-naphthaldehyde Eb013
2-ethoxynaphthalene Bb010
ethyl acetate Fa093
ethylacetic acid Fa004
ethyl acetoacetate Fa129
ethyl acrylate Fa103
ethyl alcohol Da002
ethylaldehyde Ea002
ethylaluminium dichloride Jc004
ethyl amidine hydrochloride Ga110
ethylamine Ga008
ethylaminosulfonic acid Ka051
o-ethylaniline Gb044
ethylaniline Gb080
N-ethylbenzenamine Gb080
ethylbenzene Ba011
ethyl bromide Ca021
2-ethylbutanoic acid Fa006
2-ethylbutyric acid Fa006
ethyl caproate Fa100
ethyl carbamate Ga066
9-ethylcarbazole I052

N-ethylcarbazole I052
ethyl carbonate Fa146
ethyl cellosolve Da057
ethyl chlorid Ca016
ethyl chloroacetate Fa123
ethyl chlorocarbonate Fa116
ethyl chloroformate Fa116
ethyl *α*-chlorophenylacetate Fb056
ethyl cyanide Ga079
ethyl cyanoacetate Ga096
ethyl cyanoethanoate Ga096
ethyl cyclohexane Ab002
ethyl digol Da061
ethyl dimethyl carbinol Da008
ethylene Aa007
ethylene bromide Ca031
ethylene bromohydrin Da043
ethylene chloride Ca017
ethylene chlorohydrin Da042
ethylene cyanide Ga090
ethylenediamine Ga035
γ-(ethylenediamine)propyl trimethoxysilane Ja017
ethylene dibromide Ca031
cis-1,2-ethylenedicarboxylic acid Fa056
trans-1,2-ethylenedicarboxylic acid Fa057
ethylene dichloride Ca017
ethylene dicyanide Ga090
2,2′-ethylenedioxybis(ethanol) Da062
ethylene fluorohydrin Da041
ethylene glycol Da018
ethylene glycol $C_5 \sim C_9$ mixed fatty acids Fa169
(ethylene)glycol methylene ether I020
ethylene glycol monobutyl ether Da059
ethylene glycol monoethyl ether Da057
ethylene glycol monoethyl ether acetate Da058
ethylene glycol monomethyl ether Da056
1,8-ethylenena Bb017
ethylene oxide Da037
ethylenesuccinic acid Fa046
ethylene tetrachloride Ca046
N-ethylethanamine Ga009
ethyl ether Da051
ethyl fluoroacetate Fa126
ethyl formate Fa090
ethyl hexanoate Fa100
2-ethylhexanoic acid Fa013
2-ethyl-1-hexanol Da011
2-ethylhexyl acrylate Fa107
2-ethylhexyl alcohol Da011
2-ethylhexyl ester of epoxy fatty acids Fa162
2-ethylhexyl ester of epoxy soya bean fatty acids Fa162
2-ethylhexyl ester of epoxy stearic acid Fa160
ethyl hydrate Da002
ethyl hydride Aa002
ethyl hydroxide Da002
ethyl *p*-hydroxybenzoate Fb053
2-ethyl-2-hydroxymethyl-1,3-pro panediol Da027
ethyl iodide Ca024
ethyl linoleate Fa114
ethyl malonate Fa133
ethyl mercaptan Ha005
ethyl methacrylate Fa109
2-ethyl-4-methylglyoxaline I028
2-ethyl-4-methylimidazole I028
ethyl methyl ketone Ea019
N-ethylmorpholine I080
ethyl *β*-naphtholate Bb010
ethyl *β*-naphthyl ether Bb010
1-ethyl-2-nitrobenzene Gb005
ethyl orthoformate Fa144
ethyl orthosilicate Ja008
ethyl oxalate Fa130
ethylparaben Fb053

ethylphenylamine Gb080
ethyl phenyl ketone Eb023
ethyl phthalate Fb058
N-ethylpiperazine I088
ethyl propionate Fa097
ethyl sulfhydrate Ha005
2-(ethylthio)ethanol Ha013
N-ethyl-*m*-toluidine Gb082
ethyl undecylenate Fa113
ethyl urethane Ga066
ethyl vinyl ether Da063
ethyne Aa012
1,1-exybisethane Da051

F

F-12 Ca012
F-22 Ca011
F-113 Ca014
Fast Red 3GL Base Gb072
FC 11 Ca013
fermentation amyl alcohol Da012
ferritin Ka044
ferrocene Jc017
Finish Ja017
Finish GF-54 Ja018
florafur Kb009
fluconazole I059
fluoranthene Bb014
fluorene *o*-biphenylenemethane Bb018
5-fluoro-2,4(1*H*,3*H*)-pyrimidinedione Kb008
fluoroacetic acid Fa039
4-fluoroaniline Gb059
p-fluoroaniline Gb059
fluorobenzene Cb001
fluorocarbon 11 Ca013
5-fluorocytosine Kb007
fluorocytosine Kb007
fluoroethanoic acid Fa039
2-fluoroethanol Da041
2-fluoroethyl alcohol Da041
fluoroethylene Ca047
fluorofur Kb009
4-fluoro-3-phenoxytoluene Gb006
p-fluorotoluene Cb010
m-fluorotoluene Cb011
fluorotrichloromethane Ca013
fluorouracil Kb008
follicular hormone Kd017
follicular hormone hydrate Kd019
folliculin Kd017
formal Ea009
formaldehyde Ea001
formaldehyde dimethyl acetal Ea009
formamide Ga045
formamidines ulfinic acid Ha030
formamint Ea011
formic acid Fa001
formic acid ethyl ester Fa090
formic acid methyl ester Fa089
formic aldehyde Ea001
formylformic acid Fa032
1-formyl-2-naphthol Eb012
p-formylphenol Eb005
2-formylthiophene I056
Freon-12 Ca012
Freon 22 Ca011
Freon 113 Ca014
β-D-fructofuranosyl-*α*-D-glucopyranoside Kc015
FT-207 Kb009
5-FU Kb008
fumaric acid Fa057
2-furaldehyde I017
furan I009
2-furancarbinol I015
2-furancarboxaldehyde I017
2,5-furandione Fa065
2-furanmethanol I015
2-furanmethylamine I022

furfural I017
furfuralcohol I015
furfuran I009
furfuryl alcohol I015
furfurylamine I022
2-furylcarbinol I015
α-furylcarbinol I015
2-furylmethylamine I022
futraful Kb009

G

GABA Ka032
4-O-β-D-galactopyranosyl-D-glucitol Kc012
4-O-β-D-galactopyranosyl-D-glucose Kc011
β-galactoside sorbitol Kc012
4-(β-D-galactosido)-D-glucose Kc011
gallic acid Fb009
gamma acid Hb040
gelatin Ka042
gelose Kc013
gelucystine Ka001
geranial Ea014
geraniol Kd005
GF-9.91 Ja017
gifblaar poison Fa039
gln Ka012
glu Ka010
D-glucitol Da030
D-glucitol Kc007
D-glucofuranurono-6,3-lactone Kc008
gluconic acid Fa042
D-gluconic acid Fa042
D-gluconic acid calcium salt (2∶1) Kc010
D-gluconic acid δ-lactone Ab031
glucono delta lactone Ab031
gluconolactone Ab031
α-D-glucopyranosyl-β-D-fructofuranoside Kc015
glucose Kc002
D-glucose Kc002
glucurolactone Kc008
glucurone Kc008
D-glucuronic acid γ-lactone Kc008
D-glucuronolactone Kc008
glutamic acid Ga112
L-glutamic acid Ka010
L-(+)-glutamic acid Ka010
L-glu-tamic acid-5-amide Ka012
L-glutamine Ka012
glutaral Ea010
glutaraldehyde Ea010
glutaric acid Fa047
glutaric anhydride Fa064
glutaric dialdehyde Ea010
gly Ga111,Ka006
glyceraldehyde Kc001
glyceric aldehyde Kc001
glycerin Da026
glycerine Da026
glycerol Da026
glycerol α-monochlorohydrin Da047
glycidol Da039
glycine Ga111,Ka006
glyco-coll Ka006
glycocoll Ga111
glycogenic acid Fa042
glycol bromohydrin Da043
glycol chlorohydrin Da042
glycol fluorohydrin Da041
glycolic acid Fa031
glycolic acid nitrile Ga084
glycolonitrile Ga084
glyconic acid Fa042
glyoxal Ea008
glyoxalic acid Fa032
glyoxaline I023
glyoxaline-5-alanine Ka019

glyoxyldiureide I033
glyoxylic acid Fa032
grape sugar Kc002
guaiacol Db014, Kd015
L-guanidine amin-ovaleric acid Ka014
L-guanidine-aminovaleric acid hydrochloride Ka015
guanidine carbonate Ga108
guanidine hydrochloride Ga106
guanidine nitrate Ga107
L-gulitol Da030
L-gulitol Kc007

H

10-hendecenoic acid Fa023
heparin Kc003
heparinic acid Kc003
heptaldehyde Ea007
n-heptanal Ea007
heptanoic acid Fa011
2-heptanol Da009
2-heptanone Ea025
n-heptoic acid Fa011
heptylaldehyde Ea007
n-heptylic acid Fa011
hexachlorocyclopentadiene Ab010
hexachloroethane Ca020
hexadecanoic acid Fa018
1-hexadecanol Da016
hexadecanoyl chloride Fa074
hexadecylic acid Fa018
(2*E*,4*E*)-2,4-hexadienoic acid Fa059
hexafluoroacetone Ea033
1,1,1,3,3,3-hexafluoro-2-propanone Ea033
hexafluoropropylene Ca054
hexahydroaniline Ab038
hexahydrobenzene Ab001
hexahydrobenzoic acid Ab026
hexahydrophenol Ab017
hexahydropyridine I062
hexahydroxycyclohexane Kc009
hexamethyl disiloxane Ja009
hexamethylenamine Ga042
hexamethylene Ab001
hexamethylenediamine Ga037
hexamethylene-1,6-diisocyanate Ga102
hexamethylene glycol Da024
hexamethylenetetramine Ga042
hexamine Ga042
hexanaphthene Ab001
n-hexane Aa006
1,6-hexanediamine Ga037
hexanedinitrile Ga091
hexanedioic acid Fa048
1,6-hexanediol Da024
hexanedioyl chloride Fa076
hexanoic acid Fa010
hexanoic acid ethyl ester Fa100
6-hexanolactone Ab035
hexaplas Fa172
hexylmethylcarbinol Da010
hippuric acid Gb101
L-his Ka019
L-histidine Ka019
HMT Ga042
HMTA Ga042
HPA Fa106
HPP Kb002
1H-pyrazolo[3,4-*d*]pyrimidin-4-ol Kb002
HuIFN Ka039
human albumin Ka038
human serum albumin Ka038
hyaluronic acid Kc020
hydrazinecarbothioamide Ha031
hydrazine hydrate Ga070
hydrazodicarbonimide I034
hydrindene Bb016
hydrobromic ether Ca021

hydrogen cyanamide Ga104
hydrolyzed polymaleic anhydride Fa060
hydroquinol Db010,Db010
hydroquinone Db010
m-hydroxbenzoicacid Fb007
hydroxyacetic acid Fa031
L-β-hydroxyalanine Ka007
1-hydroxy-2-aminobenzene Gb121
1-hydroxy-3-aminobenzene Gb122
L-β-hydroxy-2-aminobutyric acid Ka020
2-hydroxyaniline Gb121
3-hydroxyaniline Gb122
p-hydroxyaniline Gb123
o-hydroxyaniline Gb121
m-hydroxyaniline Gb122
o-hydroxyanisole Kd015
o-hydroxyanisole Db014
m-hydroxybenzaldehyde Eb004
p-hydroxybenzaldehyde Eb005
hydroxybenzene Db001
2-hydroxybenzoic acid Fb005
3-hydroxybenzoic acid Fb007
p-hydroxybenzoic acid Fb006
4-hydroxybenzoic acid ethyl ester Fb053
2-hydroxybenzoic acid methyl ester Fb052
p-hydroxybenzonitrile Gb135
p-hydroxybenzylcyanide Gb136
hydroxybutanedioic acid Fa051
4-hydroxybutanoic acid lactone Ab042
3-hydroxybutyric acid lactone Ab042
γ-hydroxybutyric acid lactone Ab042
endo-2-hydroxycamphane Kd011
m-hydroxy-*N*,*N*-diethylaniline Gb126
β-hydroxydiethyl sulfide Ha013
(—)-3-[4-(4-hydroxy-3, 5-diiodophenoxy)-3,5-diiodophenyl]alanine Ka035
O-(4-hydroxy-3,5-diiodophenyl)-3,5-diiodo-L-tyrosine Ka035
2-hydroxydiphenyl Db023
o-hydroxydiphenyl Db023
16α-hydroxyestradiol Kd019
3-hydroxyestra-1,3,5(10)-trien-17-one Kd017
9-[(2-hydroxyethoxy)methyl]guanine Kb016
α-(2-hydroxyethyl) acetoacetic acid γ-lactone Ab030
2-hydroxy ethylacrylate Fa105
2-hydroxyethylamine Ga026
β-hydroxyethylbenzene Db049
2-hydroxyethyl methacrylate Fa112
2-hydroxyheptane Da009
L-3-[4-(4-hydroxy-3-iodophenoxy)-3, 5-diiodophenyl]alanine Ka033
O-(4-hydroxy-3-iodophenyl)-3, 5-diiodo-L-tyrosine Ka033
α-hydro-xyisobutyronitrile Ea034
hydroxylamine hydrochloride Ga059
hydroxylamine sulfate Ga060
1-hydroxy-2-methoxybenzene Db014,Kd015
2-hydroxymethylfuran I015
4-hydroxy-4-methyl-2-pentanone Ea024
1-hydroxyme-thylpropane Da006
2-hydroxy-2-methylpropanenitrile Ea034,Ga088
2-hydroxy-1-naphthaldehyde Eb012
1-hydro xynaphthalene Db034
β-hydroxynaphthalene Db035
1-hydroxy-5-naphthalenesulfonic acid Hb035
1-hydroxy-2-naphthoic acid Fb038
2-hydroxy-3-naphthoic acid Fb039
3-hydroxy-2-naphthoic acid Fb039
4-hydroxy-o-xylene Db006
5-hydroxy-2-pentanone Da034
p-hydroxy phenylacetamide Gb081
α-hydroxyphenylacetic acid Fb028
p-hydroxyphenylacetic acid Fb026
L-β-*p*-hydroxyphenylalanine Ka024

p-hydroxyphenylglycine Gb131
β-hydroxy propanetricarboxylic acid Fa055
2-hydroxy-1,2,3-propanetricarboxylic acid tributyl ester Fa170
2-hydroxypropionic acid Fa033
2-hydroxypropyl acrylate Fa106
3-hydroxypropylene oxide Da039
8-hydroxyquinaldine I085
4-hydroxyquinazoline I094
8-hydroxyquinoline I084
12-hydroxystearic acid Fa043
hydroxysuccinic acid Fa051
α-hydroxytoluene Db048
o-hydroxytoluene Db002
6-hydroxy-*m*-toluidine Gb124
2-hydroxytriethylamine Ga031
hypnone Eb014
hypoxanthine riboside Kb017
hypoxanthosine Kb017

I

idoxuridine Kb014
IFN Ka039
IFP Da026
ile Ka009
imidazole I023
imidazolidinyl urea I032
imidole I001
imidurea I032
iminazole I023
2,2-iminobisethanol Ga027
iminodiacetic acid Ga062
2,2-iminodiethanol Ga027
impedex Fa080
incorporation factor Da026
indan Bb016
indene Bb015
indole I092
L-*β*-3-indolylalanine Ka025
DL-*β*-3-indolylalanine Ka026
indonaphthene Bb015
initiator DCPD Fa173
initiator EHP Fa174
inosine Kb017
inosine pranobex Kb018
inosiplex Kb018
i-inositol Kc009
meso-inositol Kc009
myo-inositol Kc009
inositol Kc009
inositolhexaphosphoric acid Kb023
interferon Ka039
5-iodo-2′-deoxyuridine Kb014
iodoethane Ca024
4-(3-iodo-4-hydroxyphenoxy)-3,5-diiodo-phenylalanine Ka033
1-iodoisobutane Ca035
iodomethane Ca009
1-iodo-2-methylpropane Ca035
1-iodopropane Ca032
β-ionone Ab023
IPA Ga033
isoamyl alcohol Da012
isoamyl bromide Ca040
isoamyl butyrate Fa099
1,3-isobenzofurandione Fb042
isobutane Aa005
iso-buthyl chloride Ca033
p-isobutylacetophenone Eb015
isobutyl alcohol Da006
isobutylaldehyde Ea005
isobutylamine Ga017
isobutylbenzene Ba013
iso-butyl bromide Ca034
isobutyl carbinol Da012
iso-butyl iodide Ca035
isobutyl methacrylate Fa111
isobutyl methyl carbinol Da013
isobutyric acid Fa005
isobutyronitrile Ga081

isocyanatomethane Ga098
isocyanic acid methyl ester Ga098
1*H*-isoindole-1,3(2*H*)-dione Gb106
L-isoleucine Ka009
isonicotinic acid I071
isooctanoic acid Fa013
isopentyl alcohol Da012
isopentyl butyate Fa099
isophthalic acid Fb032
isophthalonitrile Gb137
isoprene Aa011
isopropanol Da004
isopropanol amine Ga033
2-isopropoxypro-pane Da053
isopropylacetic acid Fa008
isopropylacetone Ea021
isopropyl alcohol Da004
isopropylamine Ga012
isopropylbenzene Ba012
isopropyl benzenesulfonate Hb018
isopropylcarbinol Da006
isopropyl chloride Ca025
isopropyl chloroformate Fa117
isopropyl cyanide Ga081
isopropyl diphenyl Bb002
isopropyl ether Da053
isopropylideneacetone Ea029
4,4′-isopropylidenediphenol Db021
isopropyl isocyanate Ga099
isopropyl nitrate Fa148
13-isopropylpodocarpa-7,13-dien-15-oic acid Ab029
isopropyl xanthogen disulfide Ha020
isopurinol Kb002
isovalerianic acid Fa008
isovaleric acid Fa008
itaconic acid Fa058

J

J-acid Hb041

K

KA-1003 Ja018
kautschin Ab014
KBC-1003 Ja015
KBE-1003 Ja014
KBM-603 Ja017
β-ketobutyranilide Gb090
ketocycloheptane Ab021
ketocyclopentane Ab019
ketoheptamethylene Ab021
ketohexamethylene Ab020
2-ketohexamethylenimine Ab034
ketopentamethylene Ab019
2-ketopyrrolidine I003
KH-550 Ja016
KH-792 Ja017
kyanol Gb039

L

L acid Hb035
lactic acid Fa033
lactit Kc012
lactite Kc012
lactit M Kc012
lactitol Kc012
lactobiosit Kc012
lactose Kc011
lactosit Kc012
lactositol Kc012
laevulinic acid Fa034
lauric acid Fa016
laurostearic acid Fa016
lauryl alcohol Da015
laurylamine Ga022
lauryl bromide Ca042
lead acetate Fa079
lemonol Kd005
lepidine I082
leu Ka008

L-leucine Ka008
leucoline I081
Levodopa Ka036, Ka036
levodopa Ka036
levothyroxine Ka035
levothyroxine sodium Ka035
levulinic acid Fa034
limonene Ab014
linalol Kd002
linalool Kd002
linoleic acid Fa025
9,12-linoleic acid Fa025
linolic acid Fa025
liothyronine Ka033
liothyronine sodium salt Ka034
lithium methanide Jc006
2,4-lutidine I066
2,6-lutidine I067
L-lysine hydrochloride Ka013

M

M-50 Hb019
maleic acid Fa056
maleic anhydride Fa065
malic acid Fa051
malonamide nitrile Ga097
malonic acid Fa045
malonic acid ethyl ester nitrile Ga096
malonic acid mononitrile methyl ester Ga095
malonic ester Fa133
malonic mononitrile Ga094
malononitrile Ga089
malonylurea Ga075, I102
maltonic acid Fa042
manna sugar Da031, Kc006
mannite Da031, Kc006
D-mannitol Da031
mannitol Da031, Kc006
D-mannitol Kc006
marsh gas Aa001
MBA Ga055
MCA Fa035
M-Det Gb100
MDI Gb145
MEA Gb045
meat sugar Kc009
MEKP Ea031
melamine I105
p-mentha-1,8-diene Ab014
mercaptoacetic acid Ha015
L-*β*-mercapto-alanine hydrochloride monohydrate Ka002
mercaptoethane Ha005
2-mercaptoethanol Ha010
mercaptomethane Ha004
2-mercaptopropanoic acid Ha016
2-mercaptopropionic acid Ha016
6-mercaptopurine Kb005
mesitylene Ba009
mesityl oxide Ea029
mesyl chloride Ha026
L-met Ka028
metanilic acid Hb007
metanilic acid sodium salt Hb008
methacetin Gb084
methacetone Ea023
methacrylamide Ga054
methacrylic acid Fa021
methanal Ea001
methanamide Ga045
methane Aa001
methanebis[*N*,*N*′-(5-ureido-2,4-diketotetrahydroimidazole)-*N*,*N*-dimethylol] I032
methanedicarboxylic acid Fa045
methane sulfonic acid Ha027
methanethiol Ha004
methanoic acid Fa001
methanol Da001

methenamine Ga042
N,N′-methenyl-o-phenylenediamine I027
methionine Ha017
DL-methionine Ka027
L-methionine Ka028
methisoprinol Kb018
p-methoxyacetanilide Gb084
methoxyacetic acid methyl ester Fa127
o-methoxyacetoacetanilide Gb085
o-methoxyaniline Gb073
p-methoxyaniline Gb074
4-methoxybenzaldehyde Eb002
methoxybenzene Db038
4-methoxybenzoic acid Fb010
p-methoxybenzonitrile Gb139
4-methoxy-3-(N, N-diacetyloxyethyl) acetanilide Gb089
2-methoxyethanol Da056
2-methoxy-3-methyl pyrazine I100
2-methoxynaphthalene Bb009
4-met-hoxy-2-nitroaniline Gb070
1-methoxy-2-nitrobenzene Db043
2-methoxyphenol Db014,Kd015
N-(4-methoxyphenyl)acetamide Gb084
1-methoxy-2-propanol Da060
6-methoxyquinolinamine I083
methylacetaldehyde Ea003
methyl acetate Fa092
methyl acetoacetate Fa128
methylacetylenecarboxylic acid Fa029
β-methyl acrolein Ea013
methyl acrylate Fa102
α-methylacrylic acid Fa021
methylal Ea009
methyl alcohol Da001
methyl aldehyde Ea001
methylamine Ga005
methyl aminoformyl chloride Ga067
methyl α-amino-β-mercaptopropionate hydrochloride Ka004
methyl amyl ketone Ea025
2-methylaniline Gb040
4-methylaniline Gb041
methylaniline Gb079
2-methylanthracene Bb013
2-methyl-9,10-anthracenedione Eb032
2-methylanthraquinone Eb032
β-methylanthraquinone Eb032
N-methyl-3-aza-cyclopentanol I005
2-methylbenzamine Gb040
4-methylbenzamine Gb041
N-methylbenzenamine Gb079
methylbenzene Ba002
a-methylbenzeneethanamine Gb048
methyl benzenesulfonate Hb017
4-methylbenzenesulfonic acid Hb003
4-methylbenzenesulfonyl hydrazide Hb050
methyl benzoate Fb050
2-methylbenzoicacid Fb003
4-methylbenzoic acid Fb002
3-methyl-2-benzothiazolone hydrazone I044
o-methyl benzoyl chloride Fb022
m-methylbenzyl chloride Cb022
methyl bromide Ca005
methyl bromoacetate Fa124
2-methyl-1,3-butadiene Aa011
3-methylbutanoic acid Fa008
2-methyl-2-butanol Da008
3-methyl-1-butanol Da012
N-methyl-γ-butyrolactone I004
methyl carbamate Ga065
methyl carbamyl chloride Ga067
methyl carbonate Fa145
methylcatechol Db014,Kd015
methyl cellosolve Da056
methyl chloride Ca001
methyl chloroacetate Fa121

methyl chlorocarbonate Fa115
methyl chloroform Ca019
methylchloroform Ca019
methyl chloroformate Fa115
methyl chloromethyl ether Da064
methyl cyanide Ga078
methyl cyanoacetate Ga095
N-methylcyclohexylamine Ab036
methylcy clopentadiene Ab009
1-methylcyclopenta-1,3-diene Ab009
methylcysteine hydrochloride Ka004
methyl cysteine hydrochloride Ka004
methyl dichloroacetate Fa122
3-methyl-1-(2, 5-dichloro-4-sulfophenyl)-2-pyrazolin-5-one I109
3-methyl-1-(2, 5-dichloro-4-sulfophenyl)-5-pyrazolone I109
N-methyldiethanolamine Ga029
methylene acetone Ea028
methylene bichloride Ca002
2,2′-met-hylenebiphenyl Bb018
1,1′-methylenebis[benzene] Bb003
N, *N*″-methylenebis {*N*′-[3-(hydroxymethyl)-2,5-dioxo-4-imidazolidinyl]urea} I032
methylene bromide Ca006
methylene chloride Ca002
methylene cyanide Ga089
methylene diacrylamide Ga055
methylene dibromide Ca006
methylene dichloride Ca002
methylene diiodide Ca010
methylenedi(*p*-phenylene)diisocyanate Gb145
methylene iodide Ca010
methylene oxide Ea001
methylenesuccinic acid Fa058
methylethene Aa008
methyl ether Da050
2-methyl-6-ethylaniline Gb045
(1-methylethyl)benzene Ba012
methylethylene Aa008
4,4′-(1-methylethylidene)bisphenol Db021
methyl ethyl ketone Ea019
methyl ethyl ketone peroxide Ea031
N-(1-methylethyl)-2-propanamine Ga013
methyl fluoroacetate Fa125
N-methylformamide Ga046
methyl formate Fa089
2-methylfuran I012
2-methyl-3-furanthiol I014
α-methylfurfuran I012
methyl glycol Da019
methyl hexyl carbinol Da010
methyl hydride Aa001
2-methyl-8-hydroxyquinoline I085
2-methylimidazole I024
4-methylimidazole I025
methyl iodide Ca009
methyl isobutyl ketone Ea021
methyl isocyanate Ga098
2-methyllactonitrile Ea034,Ga088
methyllithium Jc006
methyl malonate Fa132
methyl mercaptan Ha004
methyl β-mercaptoalanine hydrochloride Ka004
γ-methylmercapto-α-aminobutyric acid Ha017
2-methyl-3-mercapto furan I014
3-methylmercaptopropionaldehyde Ha014
2-methyl-5-mercapto-1,3,4-thiodiazole I047
methyl methacrylate Fa108
N-methylmethanamine Ga006
methylmethane Aa002
2-methyl-2-methoxypropane Da055
2-methyl-6-methylene-2,7-octadiene Kd001

2-methyl-6-methylene-1,7-octadiene Kd001
7-methyl-3-methylene-1,6-octadiene Kd001
1-methyl-4-(1-methylethenyl) cyclohexene Ab014
N-methylmorpholine I079
1-methylnaphthalene Bb006
2-methyl naphthalene Bb007
β-methylnaphthalene Bb007
methyl *β*-naphthyl ether Bb009
1-methyl-4-nitro-5-chloroimidazole I029
6-(1-methyl-4-nitro-5-imidazolyl) mercaptopurine Kb004
6-[(1-methyl-4-nitro-1*H*-imidazol-5-yl)thio]-1*H*-purine Kb004
methyl orthoformate Fa143
methyloxirane Da038
methyl parathion Jb002
methyl pentachlorostearate Fa168
4-methyl-2-pentanol Da013
4-methyl-2-pentanone Ea021
4-methyl-3-penten-2-one Ea029
(±)-*α*-methylphenethylamine Gb048
2-methylphenol Db002
3-methylphenol Db003
4-methylphenol Db004
4-methyl-*m*-phenylenediamine Gb078
2-methyl-1-phenylpropane Ba013
2-methyl-2-phenylpropane Ba014
3-methyl-1-phenyl-2-pyrazolin-5-one I110
methyl phthalate Fb057
1-methylpiperazine I087
N-methylpiperazine I087
N-methylpiperidine I097
2-methyl-1-propanamine Ga017
2-methyl-2-propanamine Ga019
2-methylpropanenitrile Ga081
2-methylpro-panoic acid Fa005
2-methyl-1-propanol Da006
2-methyl-2-propanol Da007
2-methyl-2-propenoic acid Fa021
methylpropiolic acid Fa029
methyl propionate Fa096
2-methylpropylamine Ga017
(2-methylpro-pyl)benzene Ba013
methyl propyl ketone Ea022
2-methylpyridine I063
3-methylpyridine I064
4-methylpyridine I065
6-methyl-2,4(1*H*,3*H*)-pyrimidinedione I073
N-methyl-3-pyrrolidinol I005
1-methyl-2-pyrrolidinone I004
N-methyl-*α*-pyrrolidinone I004
N-methylpyrrolidinyl alcohol I005
1-methylpyrrolidone I004
4-methylquinoline I082
methyl salicylate Fb052
o-methylsalicylic acid Fb008
α-methylstyrene Ba017
methyl styryl ketone Eb024
methyl sulfhydrate Ha004
methyl sulfide Ha012
methyl sulfone Ha023
methylsulfonic acid Ha027
methylsulfonyl chloride Ha026
methylsulfonylmethane Ha023
3-methyl-1-(4-sulfophenyl)-5-pyrazolone I108
methyl sulfoxide Ha021
methyl tert-butyl ether Da055
α-methyltetramethylene oxide I013
4-methyl-2-thiazolamine I038
4-methyl-2-thiazolylamine I038
3-methylthiophene I055
3-methyl thiopropanal Ha014
methyl trichlorosilane Ja001

methyl triethoxysilane Ja007
methyltrimethylene glycol Da020
6-methyluracil I073
methylurethane Ga065
methyl vinyl ketone Ea027, Ea028
meticlorpindol I098
metrifonate Jb007
miazole I023
MIC Ga098
Michler's ketone Gb113
milk sugar Kc011
milt protein Ka040
DL-2-α-mino-3-indolepropionic acid Ka026
DL-2-α-mino-3-indolylpropionic acid Ka026
MIPA Ga033
MMF Ga046
monobromobenzene Cb003
monobromoethane Ca021
monobromomethane Ca005
monochloracetone Ea032
monochloroacetaldehyde Ea015
monochloroacetic acid Fa035
monochlorobenzene Cb002
α-monochlorohydrin Da047
(mono)chloromethane Ca001
monochloromethyl ether Da064
monoethanolamine Ga026
monoethylamine Ga008
monofluoroethylene Ca047
monomethylamine Ga005
monomethylaniline Gb079
N-monomethylformamide Ga046
monothioethylene glycol Ha010
morpholine I078
6MP Kb005
MPA Eb007
MPCS Fa168
MTBE Da055
mucochloric acid Fa027
muscle adenylic acid Kb020
myrcene Kd001
myristic acid Fa017

N

1-naphthalenamine Gb119
naphthalene Bb005
α-naphthalene acetic acid Fb040
1,5-naphthalene diisocyanate Gb148
2-naphthalenesulfonic acid Hb034
β-naphthalenesulfonic acid Hb034
1,4,5,8-naphthalene tetracarboxylic acid Fb041
2-naphthalenol Db035
naphthalic anhydride Fb047
naphthalidine Gb119
naphthalin Bb005
naphthenates Ab028, Jc008
naphthene Bb005
naphthenic acid Ab027
1-naphthol Db034
2-naphthol Db035
α-naphthol Db034
β-naphthol Db035
1-naphthol-2-carboxylic acid Fb038
2-naphthol-3-carboxylic acid Fb039
1-naphthol-5-sulfonic acid Hb035
1-naphthyl acetic acid Fb040
1-naphthylamine Gb119
α-naphthylamine Gb119
1-naphthylamine-6(and 7-)sulfonic acid Hb037
2-naphthylamine-4,8-disulfonic acid Hb044
2-naphthylamine-1-sulfonic acid Hb036
NBS Ga058
ND2-603 Ja016
NDI Gb148
neopentyl glycol Da022

NEP I006
neral Ea014
nerol Kd009
N-ethylpyrrolidone I006
niacin I070
nicamin I070
nickel naphthenate Jc010
nicobid I070
nicotinic acid I070
o-nitraniline Gb064
m-nitraniline Gb065
p-nitraniline Gb066
2,2′,2″-nitrilotrisethanol Ga028
4-nitroacetophenone Eb016
p-nitroacetophenone Eb016
o-nitroaniline Gb064
m-nitroaniline Gb065
p-nitroaniline Gb066
2-nitro-*p*-anisidine Gb070
2-nitroanisole Db043
o-nitroanisole Db043
o-nitrobenzaldehyde Eb009
3-nitrobenzenamine Gb065
nitrobenzene Gb001
4-nitrobenzoic acid Fb020
p-nitrobenzoic acid Fb020
nitrobenzol Gb001
3-nitrobenzotrifluoride Gb034
m-nitrobezaldehyde Eb008
nitrocarbol Ga001
m-nitrochlorobenzene Gb011
p-nitrochlorobenzene Gb010
o-nitrochlorobenzene Gb012
4-nitro-*m*-cresol Db031
6-nitro-1,2-diazoxynaphthalene-4-sulfonic acid Hb042
nitroethane Ga002
o-nitroethylbenzene Gb005
m-nitrofluorobenzene Cb038
nitromethane Ga001
p-nitrophenetole Db044
2-nitrophenol Db025
3-nitrophenol Db026
4-nitrophenol Db024
p-nitrophenol Db024
o-nitrophenol Db025
m-nitrophenol Db026
p-nitrophenol sodium salt Db027
p-nitrophenyl ethyl ether Db044
p-nitrophenylisocyanate Gb143
4-nitro-3-phenylphenol Db031
1-nitropropane Ga003
2-nitropropane Ga004
2-nitro-p-toluidine Gb068
4-nitrosophenol Db028
5-nitro-2-thiazolamine I039
2-nitrotoluene Gb003
3-nitrotoluene Gb004
4-nitrotoluene Gb002
o-nitrotoluene Gb003
m-nitrotoluene Gb004
p-nitrotoluene Gb002
4-nitro-*o*-toluidine Gb069
nitroxanthic acid Db029
NMF Ga046
NMP I004
nonanoic acid Fa014
γ-nonlactone Ab032
nonoic acid Fa014
nonylcarbinol Da014
nonylic acid Fa014
p-nonyl loxyl berzoic acid *p*′-(4-methylhexyl acyloxyl) phenoate Fb082
nopinene Ab015
norantipyrine I110
normal butyl thioalcohol Ha007
normal human serum albumin Ka038
normal human serum albumin vial Ka038
norphenazone I110
norsulfazole I043

novoldiamine Ga044
nthracene oil Bb012

O

(*Z*,*Z*)-9,12-octadecadienoic acid ethyl ester Fa114
octadecanoic acid Fa019
n-octadecanoyl chloride Fa075
(*Z*)-9-octadecenoic acid Fa024
octadecylamine Ga023
octadecyl isocyanate Ga101
octamethylcyclotetrasiloxane Ja011
1,8-octanedicarboxylic acid Fa049
n-octanoic acid Fa012
2-octanol Da010
octaphenyl silsesquioxane Ja011
n-octyl bromide Ca041
octyl ester of epoxy stearic acid Fa160
n-octylmercaptan Ha008
1-octyl-2-pyrrolidinone I007
N-octyl pyrrolidone I007
N-octyl-2-pyrrolidone I007
oenanthal Ea007
oenanthaldehyde Ea007
oenanthol Ea007
oestriol Kd019
oestrone Kd017
oil of mirbane Gb001
oil of Niobe Fb050
olefiant gas Aa007
oleic acid Fa024
1,5-(or1,8-)dinitroanthraquinone Gb149
L-ornithine monohydrochloride Ka031
orthodichlorobenzene Cb005
orthoxenol Db023
oxalaldehyde Ea008
oxalic acid Fa044
oxalic acid diethyl ester Fa130
oxammonium hydrochloride Ga059
oxammonium sulfate Ga060
oxirane Da037
oxiranemethanol Da039
oxoacetic acid Fa032
3-oxobutanoic acid ethyl ester Fa129
3-oxobutanoic acid methyl ester Fa128
3-oxo-1-butene Ea028
oxoethanoic acid Fa032
2-oxohexamethylenimine Ab034
oxolan-2-methanol I016
oxole I009
oxomethane Ea001
2-oxopentane Ea022
4-oxopentanoic acid Fa034
3-oxo-*N*-phenylbutanamide Gb090
2-oxopyrrolidine I003
oxybenzene Db001
1,1′-oxybisbenzene Db036
1,1′-oxybisbutane Da054
1,1′-oxybis[2-chloroethane] Da065
oxybis[chloromethane] Da066
oxybismethane Da050
1,1′-oxybispropane Da052
2,2′-oxy-bispropane Da053
4,4′-oxydianiline Gb112
o-4-xylenol Db006
oxymethylene Ea001
oxyquinoline I084

P

P-204 Fa153
PABA Gb128
paclitaxel Kd012
palmitic acid Fa018
palmitoyl chloride Fa074
palmityl alcohol Da016
paracide Cb006
paradiazine I099
paraform Ea011
paraformaldehyde Ea011
Paraplex XG-25 Fa172

parathion Jb003
PCNB Gb014
PCP Db018
PDB Cb006
pectin Kc014
pelargonic acid Fa014
penchlorol Db018
penta Db018
pentacarboxymethyl diethylenetriamine Fa053
Pentachloronitrobenzene Gb014
pentachlorophenol Db018
pentaerythritol Da028
pentahydroxycaproic acid Fa042
pentanal Ea006
1,5-pentandeial Ea010
pentanedial Ea010
pentanedioic acid Fa047
2,4-pentanedione Ea030
n-pentanenitrile Ga082
xylo-pentane-1,2,3,4,5-pentol Kc018
pentanoic acid Fa007
tert-pentanol Da008
2-pentanone Ea022
3-pentanone Ea023
pentetic acid Fa053
tert-pentyl alcohol Da008
1-pentylamine Ga020
pentyl 2-hydroxybenzoate Fb054
4-*n*-pentyloxy-4′-biphenylcarboxylic acid *p*-cyanophenyl ester Fb080
4-{ *n*-pentyloxycarbonylphenyl-4-[(4-pentyloxyl-2,3,5,6-tetrafluorophenyl) ethynyl] benzoate} Fb083
4-*n*-pentyloxy-4′-cyanobiphenyl Fb079
4-*n*-pentyl-4'-cyanobiphenyl Fb078
peracetic acid Fa030
perchloroethane Ca020
perchloroethylene Ca046
perchloromethane Ca004
perchloromethyl mercaptan Ha009
perfluoroacetic acid Fa040
perfluorocapylic acid Fa041
perfluoroethylene Ca050
perfluoropropylene Ca054
peroxyacetic acid Fa030
3,4,9,10-perylenetetracarb-oxylic dianhydride Fb049
phenacyl bromide Eb022
phenacyl chloride Eb021
(9,10-)phenanthraquinone Eb036
phenanthrene Bb019
(9,10-)phenanthrenedione Eb036
(9,10-)phenan-threnequinone Eb036
phenethyl alcohol Db049
p-phenetidine Db045
phenic acid Db001
phenol Db001
phenothiazine I060,I060
3-phenoxybenzaldehyde Eb007
m-phenoxy benzaldehyde Eb007
m-phenoxybenzoic acid Fb011
N-phenylacetamide Gb083
α-phenyl acetamide Gb105
phenylacetic acid Fb025
phenylacetonitrile Gb134
β-phenylacrylic acid Fb027
β-phenylalanine Gb130
L-phenylalanine Gb130
phenyl alkylsulfonate Hb019
phenylamine Gb039
1-phenyl-2-aminopropane Gb048
phenylbenzene Bb001
N-phenylbenzeneamine Gb108
phenyl bromide Cb003
4-phenyl-3-buten-2-one Eb024
phenylcarbinol Db048
phenyl carbonate Fb084
phenylchloroform Cb026
phenyl cyanide Gb133

phenyl dioctyl phosphite Fb087
o-phenylenediamine Gb075
m-phenylenediamine Gb076
p-phenylenediamine Gb077
m-phenylenediamine-4-sulfonic acid Hb011
phenyl epoxy ethane Ba018
2-phenylethanol Db049
1-phenylethanone Eb014
phenyl ether Db036
β-phenylethyl alcohol Db049
DL-1-phenylethylamine Gb047
phenylethylene Ba016
phenyl ethyl ketone Eb023
phenylformic acid Fb001
phenylglyoxylonitrile oxime *O*,*O*-diethyl phosphorothioate Jb006
phenyl hydroxide Db001
phenylic acid Db001
2-phenylimidazole I026
2-phenylindole I093
α-phenylindole I093
phenyl isocyanate Gb141
β-phenylisopropylamine Gb048
N-phenylmaleimide Gb107
phenylmercaptan Hb028
phenylmethane Ba002
phenylmethanol Db048
phenyl methyl ketone Eb014
1-phenyl-3-methyl-5-pyrazolone I110
phenyl oxirane Ba018
o-phenylphenol Db023
N-phenyl-*p*-phenylenediamine Gb109
1-phenyl-1-propanone Eb023
2-phenylpropene Ba017
3-phenyl-2-propenoic acid Fb027
1-phenyl-1*H*-pyrrole-2,5-dione Gb107
phenylpyruvic acid Fb031
phenyl salicylate Fb055
phenyl sulfide Hb033
phenylsulfohydrazide Hb049
phenyl sulfone Hb048
phenylthiocarbamide Hb030
phenylthiourea Hb030
6-phenyl-1,3,5-triazine-2,4-diamine I106
phenyl trichlorosilane Ja005
4-phenyl urazole I035
phorate Jb004
phosgene Fa066
phosphorodithioic acid *O*, *O*-diethyl *S*-[(ethylthio)methyl] ester Jb004
phosphorothioic acid *O*,*O*-diethyl *O*-[6-methyl-2-(1-methylethyl)-4-pyrimidinyl] ester Jb005
phosphorothioic acid *O*,*O*-diethyl *O*-(4-nitrophenyl) ester Jb003
phosphorothioic acid *O*, *O*-dimethyl *O*-(4-nitrophenyl) ester Jb002
phoxim Jb006
m-phthalic acid Fb032
p-phthalic acid Fb033
phthalic acid dibutyl ester Fb059
1,2-phthalic acid diethyl ester Fb058
phthalic acid dimethyl ester Fb057
phthalic anhydride Fb042
o-phthalimide Gb106
phthalimide Gb106
phytic acid Kb023
α-picoline I063
β-picoline I064
γ-picoline I065
γ-picolinic acid I071
picric acid Db029
picronitric acid Db029
pimelic ketone Ab020
pinacolin Ea020
pinacolone Ea020
pinene Ab015
piperazine hexahydrate I086
piperidic acid Ka032
piperidine I062

pivalic acid Fa009
PKHNB Gb014
plasbumin Ka038
plasticizer BBP Fb065
plasticizer DBS Fa139
plasticizer DCHP Fb068
plasticizer DDP Fb062
plasticizer DEP Fb058
plasticizer DHP Fb061
plasticizer DIDA Fa137
plasticizer DIDP Fb063
plasticizer DMEP Fb064
plasticizer DOA Fa136
plasticizer DOM Fa135
plasticizer DOS Fa140
plasticizer DOZ Fa138
plasticizer TCP Fb086
plasticizer TOTM Fb072
plasticizer TPP Fb085
plumbous acetate Fa079
PMPI Gb147
polyester plasticizer Fa172
polymaleic acid Fa060
polymethylenepolyisocyanate Gb147
polyoxymethylene Ea011
polypropylene glycol sebacate Fa172
poly(1,2-propylene glycol sebacate) Fa172
polyvinylpyrrolidone I008
porofor BSH Hb049
PPA Fa172
primary isoamyl alcohol Da012
L-pro Ka029
prol amine Ka049
L-proline Ka029
propanal Ea003
1-propanamine Ga011
propane Aa003
1,2-propanediamine Ga036
1,3-propanedicarboxylic acid Fa047
α,γ-propane-dicarboxylic acid Fa047
propane-diethyl sulfone Ha025
propanedinitrile Ga089
propanedioic acid Fa045
propanedioic acid diethyl ester Fa133
propanedioic acid dimethyl ester Fa132
1,2-propanediol Da019
propanenitrile Ga079
1,2,3-propanetriol Da026
propanoic acid Fa003
propanoic acid butyl ester Fa098
propanoic acid ethyl ester Fa097
propanoic acid methyl ester Fa096
1-propanol Da003
2-propanol Da004
2-propanol aluminum salt Jc003
2-propanone Ea018
propanoyl chloride Fa071
propargyl alcohol Da033
propargyl bromide Ca057
propargyl chloride Ca056
propargylic acid Fa028
2-propenal Ea012
1-propene Aa008
2-propeneamide Ga053
2-propenenitrile Ga083
propenenitrile Ga083
2-propenoic acid Fa020
2-propenoic acid butyl ester Fa104
2-propenoic acid ethyl ester Fa103
2-propenoic acid methyl ester Fa102
1-propenol-3 Da032
2-propen-1-ol Da032
2-propenylacrylic acid Fa059
propiolic acid Fa028
propionaldehyde Ea003
propione Ea023
propionic acid Fa003
propionic acid butyl ester Fa098

propionic acid sodium salt Fa080
propionitrile Ga079
propionylbenzene Eb023
propionyl chloride Fa071
propiophenone Eb023
n-propyl alcohol Da003
propylaldehyde Ea003
n-propylamine Ga011
propyl bromide Ca028
propyl carbinol Da005
n-propylcarbinyl chloride Ca036
propyl cyanide Ga080
4-propyl-1-(4′-cyanophenyl) cyclohexane Fb081
propylene Aa008
propylene bromide Ca022
propylene carbonate Fa147
sec-propylene chlorohydrin Da044
propylenediamine Ga036
propylene dibromide Ca022
propylene dichloride Ca026
propylene glycol Da019
1,2-propyleneglycol-1-monomethyl ether Da060
propylene oxide Da038
propyl ether Da052
propyl hydride Aa003
propylic alcohol Da003
propyl iodide Ca032
n-propyl mercaptan Ha006
N-propyl-1-propanamine Ga014
(2-)propynoic acid Fa028
2-propyn-1-ol Da033
protamine sulfate Ka041
3-pryidinecarboxylic acid I070
pseudocumene Ba008
pseudocumol Ba008
1*H*-purin-6-amine I107
purine-6-thiol Kb005
PVP I008
pyrazine I099
2,3-pyrazinedicarboxylic acid I101
1,9-pyrazoloanthrone I095
pyrene Bb021
pyridine I061
4-pyridinecarboxylic acid I071
γ-pyridinecarboxylic acid I071
2-pyridylethylene I069
2,4,6(1*H*,3*H*,5*H*)-pyrimidinetrione I102
pyroacetic ether Ea018
pyrocatechin Db008
pyrocatechol Db008
pyrogallic acid Db013
pyrogallol Db013
pyromellitic dianhydride Fb046
pyromucic aldehyde I017
pyrrole I001
pyrrolidine I002
L-2-pyrrolidinecarboxylic acid Ka029
2,5-pyrrolidine-dione Ga057
2-pyrrolidinone I003
2-pyrrolidone I003
α-pyrrolidone I003
pyrrolylene Aa010
pyrro[*b*]monazole I023

Q

4-quinazolinol I094
quinazolone I094
quinizarin Eb035
quinol Db010
quinoline I081
8-quinolinol I084
p-quinone Eb028
quinone Eb028
p-quinone dioxime Eb030
quinone monoxime Db028

quinone oxime　Db028
quintozene　Gb014
4-qunazolinone　I094

R

racemic acid　Fa052
racemic tartaric acid　Fa052
Resist S　Hb006
resolvable tartaric acid　Fa052
resorcin　Db009
resorcinol　Db009
ribavirin　Kb019
9-β-D-ribofuranosidoadenine　Kb010
9-β-D-ribofuranosylhypoxanthine　Kb017
9-β-D-ribofuranosyl-9*H*-purin-6-amine　Kb010
1-β-D-ribofuranosyl-1*H*-1，2，4-triazole-3-carboxamide　Kb019
1-β-D-ribofuranosyluracil　Kb013
RTCA　Kb019

S

saccharose　Kc015
salicylic acid　Fb005
salol　Fb055
SAMe　Kb011
sebacic acid　Fa049
secondary caprylic alcohol　Da010
secondary propyl alcohol　Da004
semicarbazide　Ga072
semicarbazide hydrochloride　Ga073
L-serine　Ka007
serumalbumin　Ka038
silicon chloride　Ja004
silicon tetrachloride　Ja004
silk peptide　Ka046
silk powder　Ka047
sodium acetate　Fa078
sodium alginate　Kc019
sodium alkylbenezenesulfonate　Hb005
sodium-4-amino-1-naphthalenesulfonate　Hb038
sodium 2-amino-4-nitrophenolate　Db033
sodium *o*-amino-*p*-nitrophenolate　Db033
sodium benzoate　Fb024
sodium caproate　Fa082
sodium capronate　Fa082
sodium ethoxide　Da049
sodium ethylate　Da049
sodium 2-ethylcaproate　Fa084
sodium 2-ethylhexanoate　Fa084
sodium ethylsulfate　Ha018
sodium ethyl xanthate　Ha019
sodium formate　Fa077
sodium L-glutamate　Ka011
sodium laurate　Fa085
sodium malonate　Fa087
sodium metanilate　Hb008
sodium methoxide　Da048
sodium methylate　Da048
sodium 1-naphthylamine-4-sulphonate　Hb038
sodium *m*-nitrobenzenesulfonate　Hb006
sodium *p*-nitrophenolate　Db027
sodiumn octanoate　Fa083
sodium oxalate　Fa081
sodium propionate　Fa080
sodium sulfanilate　Hb009
sodium *p*-toluenesulfonate　Hb004
sodium xanthogenate　Ha019
solid crotonic acid　Fa022
sorbic acid　Fa059
sorbit　Da030
sorbitol　Da030
D-sorbitol　Da030
sorbitol　Kc007
D-sorbitol　Kc007
sorbol　Kc007

spergon Eb029
spongoadenosine Kb012
stabilizer Ⅱ I035
stannous caprylate Jc012
stannous-2-ethylhexanoate Jc012
stearic acid Fa019
stearoyl chloride Fa075
stearyl amine Ga023
stevioside Kc021
steviosin Kc021
styrene Ba016
styrol Ba016
styrolene Ba016
suberone Ab021
succinbromimide Ga058
succinic acid Fa046
succinic acid anhydride Fa063
succinic acid dinitrile Ga090
succinic anhydride Fa063
succinimide Ga057
succinonitrile Ga090
succinyl oxide Fa063
sucralose Kc016
sucrose Kc015
sugar Kc015
sulfamic acid Ha032
p-sulfamidoaniline Hb020
sulfanilamide Hb020
2-sulfanilamidothiazole I043
m-sulfanilic acid Hb007
sulfanilic acid sodium salt Hb009
2-(sulfanilylamino)thiazole I043
sulfathiazole I043
sulfinylbismethane Ha021
sulfobenzide Hb048
sulfocarbanili-dephenylthiourea Hb031
sulfolane Ab040,Ha024
sulfonal Ha025
sulfonmethane Ha025
1,1′-sulfonylbisbenzene Hb048
sulfonylbismethane Ha023
sulfuric acid dimethyl ester Fa156
sulfuric ether Da051
sulfurous oxychloride Ha022
sweet birch oil Fb052
sylvan I012
sylvic acid Ab029
sym-tetrabromoethane Ca023

T

T-50 Hb019
T_3 Ka033,Ka034
T_4 Ka035
tannalbin Ka045
tannic acid Fb036
tannin Fb036
tar camphor Bb005
dl-tartaric acid Fa052,Fa052
taurine Ha028,Ka051
taxol A Kd012
TCA Fa037
TCEP Fa167
TCP Fb086
TDBPP Fa166
TDI Gb144
teaberry oil Fb052
tegaful Kb009
terephthalic acid Fb033
terephthalonitrile Gb138
terephthaloyl chloride Fb034
terpineol Da017
terrachlor Gb014
p-tert-butylbenzoic acid Fb004
p-tert-butylbenzylchloride Cb020
p-tert-butylcatechol Db012
4-tert-butyl-1,2-dihydroxybenzene Db012
1,3,5,7-tetraazaadamantane Ga042

2,2′,6,6′-tetrabromobis-phenol A Db022
1,1,2,2-tetrabromoethane Ca023
tetrabromomethane Ca008
tetrabromophthalic anhydride Fb043
tetrabutyl titanate Jc015
tetrachlorethylene Ca046
2,3,5,6-tetrachloro-1,4-benzoquinone Eb029
tetrachloroethylene Ca046
tetrachloromethane Ca004
tetrachloro-p-benzoquinone Eb029
tetrachloroquinone Eb029,Eb029
tetradecanoic acid Fa017
tetraethoxysilane Ja008
tetraethylenepentamine Ga041
2,3,4,5-tetrafluorobenzoic acid Fb015
tetrafluoroethene Ca050
tetrafluoroethylene Ca050
1,2,3,4-tetrahydrobenzene Ab007
tetrahydrofuran I011
tetrahydro-2-furancarbinol I016
tetrahydro-2-furanmethanol I016
tetrahydrofurfuryl alcohol I016
tetrahydrofurfuryl oleate Fa171
1-(2′-tetrahydrofuryl)-5-fluorouracil Kb009
tetrahydro-2-methylfuran I013
1,2,3,4-tetrahydronaphthalene Bb008
1-tetrahydro nathpalone Eb026
tetrahydro-1,4-oxazine I078
Δ^4-tetrahydrophthalic anhydride Fb044
tetrahydropyrrole I002
tetrahydrothiophene I058
tetrahydrothiophene 1,1-dioxide Ab040
tetrahydrothiophene 1,1-dioxide Ha024
3,5,3′,5′-tetraiodo-L-thyronine Ka035
tetraisopropyl titanate Jc014
tetrakis(hydroxymethyl)methane Da028
tetralin Bb008
1,2,4,5-tetramethylbenzene Ba010
tetramethylene dibromide Ca038
tetramethylene oxide I011
tetramethylene sulfide I058
tetramethylene sulfone Ab040,Ha024
tetramethylolmethane Da028
tetrole I009
tetrolic acid Fa029
TFE Ca050
TGS Kc016
thaumatin Ka050
THEIC Ga103
THFO Fa171
thiacyclopentane I058
2-thiazolamine hydrochloride I042
thiazole I036
2-thienal I056
2-thienylacetic acid I057
thioanisole Hb032
thiobenzyl alcohol Hb027
1,1′-thiobis[benzene] Hb033
2,2′-thiobisethanol Ha011
thiobismethane Ha012
thiobutyl alcohol Ha007
thiocarbamide Ha029
thiocarbanilide Hb031
2,2′-thiodiethanol Ha011
thiodiethylene glycol Ha011
thiodiglycol Ha011
thiodiphenylamine I060
thiodipropionitrile Ha033
thioethyl alcohol Ha005
thiofuran I054
thiofurfuran I054
thioglycolic acid Ha015
thioguanine Kb003
thiolactic acid Ha016
thiole I054
2-thiolpropionic acid Ha016

thiomethyl alcohol Ha004
thionyl chloride Ha022
thiophane sulfone Ab040, Ha024
thiophene I054
2-thiopheneacetic acid I057
2-thiophenealdehyde I056
2-thiophenecarboxaldehyde I056
thiophenol Hb028
thiophosphoric acid 2-isopropyl-4-methyl-6-pyrimidyl diethyl ester Jb005
thiosemicarbazide Ha031
thiotetrole I054
thiourea Ha029
thiourea dioxide Ha030
L-thr Ka020
L-threonine Ka020
THT I058
THTP I058
thyroxine Ka035
titanocene dichloride Jc016
TMP Da027
TMPI Gb142
TOF Fa154
o-tolidine Gb115
α-toluamide Gb105
toluene Ba002
toluene 2,4-diisocyanate Gb144
o-toluene sulfonamide Hb021
p-toluene sulfonamide Hb022
p-toluenesulfonic acid Hb003
toluene-4-sulfonyl hydrazide Hb050
p-toluenesulfonyl hydrazide Hb050
toluene-*p*-sulfonyl hydrazide Hb050
α-toluenethiol Hb027
toluene trichloride Cb026
α-toluic acid Fb025
p-toluicacid Fb002
o-toluic acid Fb003
o-toluidine Gb040
p-toluidine Gb041
α-tolunitrile Gb134
toluol Ba002
m-tolyl chloroformate Fa120
2,4-tolylenediamine Gb078
2,4-tolylene diisocyanate Gb144
TOP Fa154
tosic acid Hb003
TOTM Fb072
toxilic acid Fa056
toxilic anhydride Fa065
TPP Fb085
triadimefon I096
2,4,6-triamino-*s*-triazine I105
1,3,5-triazine-2,4,6-triamine I105
sym-triazinetriol I104
1,3,5-triazine-2,4,6(1*H*,3*H*,5*H*)-trione I104
1*H*-1,2,4-triazol-3-amine I048
1,2,4-triazolidine-3,5-dione I034
tribavirin Kb019
tribromo acetaldehyde Ea017
2,4,6-tribromo-*m*-cresol Db020
2,4,6-tribromo-3-hydroxytoluene Db020
tribromomethane Ca007
2,4,6-tribromo-3-methylphenol Db020
2,4,6-tribromophenol Db019
tributyl citrate Fa170
trichlorfon Jb007
trichloroacetaldehyde Ea016
trichloroacetic acid Fa037
trichlorobenzene Cb009
1,1,1-trichloroethane Ca019
1,1,2-trichloroethane Ca018
trichloroethene Ca045
trichloroethylene Ca045
tri(2-chloroethyl)phosphate Fa167
trichloroethyl phosphate Fa155, Fa167
trichlorofluoromethane Ca013

1′,4,6′-trichlorogalactosucrose Kc016
(2, 2, 2-trichloro-1-hydroxyethyl) phosphonic acid dimethyl ester Jb007
trichloromethane Ca003
(trichloromethyl)benzene Cb026
trichloromethyl sulfochloride Ha009
trichloromonofluoromethane Ca013
2,4,5-trichlorophenol Db007
1,2,3-trichloropropane Ca027
1,2,3-trichloropropylene Ca052
β,β,β-trichloro-tert-butyl alcohol Da046
α,α,α-trichlorotoluene Cb026
ω,ω,ω-trichlorotoluene Cb026
2,4,6-trichloro-1,3,5-triazine I103
trichloro-*s*-triazine I103
1,2,2-trichloro-1,1,2-trifluoroethane Ca014
trichlorphene Jb007
trichochromogenic factor Gb128
tricresyl phosphate Fb086,Fb086
tricyanic acid I104
tricyclazole I050
tri(2,3-dibromopropyl)phosphate Fa166
triethanolamine Ga028
triethoxymethane Fa144
triethylaluminium Jc001
triethylamine Ga010
triethylene glycol Da062
triethylenetetramine Ga040
tri-2-ethylhexyl phosphoate Fa154
tri(2-ethylhexyl)trimellitate Fb072
triethylolamine Ga028
triethyl orthoformate Fa144
triethyl phosphate Fa152
triethyl phosphite Fa150
trifluoroacetic acid Fa040
2,3,4-trifluoroaniline Gb061
2,4,5-trifluorobenzoic acid Fb014
trifluorochloroethylene Ca049
m-trifluoromethylaniline Gb062
p-trifluoromethylaniline Gb063
m-trifluoromethyl phenylisocyanate Gb142
1,2,3-trifluoro-4-nitrobenzene Cb039
ω,ω,ω-trifluorotoluene Cb023
1,2,3-trihydroxybenzene Db013
3,4,5-trihydroxybenzoic acid Fb009
(3α, 5β, 7α, 12α)-3, 7, 12-trihydroxycholan-24-oic acid Kd016
trihydroxycyanidine I104
trihydroxyestrin Kd019
tri(2-hydroxyethyl)isocyanurate Ga103
tri(hydroxymethyl)propane Da027
trihydroxypropane Da026
2,4,6-trihydroxy-1,3,5-triazine I104
trihydroxytriethylamine Ga028
3,5,3′-triiodothyronine Ka033
triiodothyronine sodium salt Ka034
triisobutyl aluminium Jc002
trimellitic acid 1,2-anhydride Fb045
trimellitic anhydride Fb045
1,2,3-trimethlbenzene Ba007
3,4,5-trimethoxybenzaldehyde Eb003
3,4,5-trimethoxybenzoic acid Fb012
3,4,5-trimethoxybenzoyl hydrazine Gb104
trimethylacetic acid Fa009
trimethylamine Ga007
1,2,4-trimethylbenzene Ba008
1,3,5-trimethylbenzene Ba009
sym-trimethylbenzene Ba009
2,3,5-trimethyl-1,4-benzenediol Db011
endo-1,7,7-trimethylbicyclo[2,2,1]heptan-2-ol Kd011
2, 6, 6-trimethylbicyclo [3, 1, 1] hept-2-ene Ab015
trimethyl carbinol Da007

trimethylchlorosilane Ja003
4-(2, 6, 6-trimethyl-1-cyclohexen-1-yl)-3-buten-2-one Ab023
2,3,5-trimethylhydroquinone Db011
1,1,1-trimethylolpropane Da027
trimethyl orthoformate Fa143
2,2,4-trimethyl-1,3-pentanediol Da023
trimethyl phosphate Fa151
trimethyl phosphite Fa149
2,4,6-trini-trophenol Db029
trioctylphosphoric acid Fa154
2,4,6-trioxohexahydropyrimidine I102
triphenylmethane 4,4′,4″-triisocyanate Gb146
triphenyl phosphate Fb085
tripropylamine Ga015
2,4,6-tris(dimethylaminomethyl)phenol Db032
tris(hydroxyethyl)amine Ga028
tritolyl phosphate Fb086
trolamine Ga028
tropilidene Bc001
L-trp Ka025
L-tryptophan Ka025
DL-tryptophan Ka026
TSH Hb050
L-tyr Ka024
L-tyrosine Ka024

U

10-undecenoic acid Fa023
undecylenic acid Fa023
uracil I072
uracil riboside Kb013
urazole I034
5-ureidohydantoin I033
urethane Ga066
urethylane Ga065
uridine Kb013

V

L-val Ka016
valeral Ea006
n-valeraldehyde Ea006
valeric acid Fa007
n-valeric acid Fa007
valeric aldehyde Ea006
valeronitrile Ga082
L-valine Ka016
vidarabine Kb012
vinegar naphtha Fa093
vinyl acetate Fa094
vinyl acetylene Aa013
vinylbenzene Ba016
N-vinylcarbazole I053
vinyl carbinol Da032
vinyl chloride Ca044
vinyl cyanide Ga083
vinylethylene Aa010
vinyl fluoride Ca047
vinylformic acid Fa020
vinylidene fluoride Ca048
2-vinylpyridine I069
α-vinylpyr-idine I069
vinyl styrene Ba019
vinyl trichloride Ca018
vinyl trichlorosilane Ja018
vinyl triethoxysilane Ja014
vinyl tri(β-methoxyethoxy)silane Ja015
vinyl trimethoxysilane Ja013
vitamin B_4 Kb001
vulklor Eb029

W

3172-W Ja015
wampocap I070
wintergreen oil Fb052
wood alcohol Da001

wood spirit Da001
wood sugar Kc017

X

o-xylene Ba004
m-xylene Ba005
p-xylene Ba006
xylene Ba003
xylite Da029,Kc018
xylitol Da029,Kc018
xylol Ba003
xylo-pentane-1,2,3,4,5-pentol Da029
xylose Kc017
D-xylose Kc017
m-xylylchloride Cb022

Z

Z-6020 Ja017
zein Ka049
zinc undecylenate Fa086
zyloprim Kb002
zyloric Kb002